Fortsetzung

Name, Symbol		Numerischer Wert (in Klammern Standard- abweichung in Einheiten der letzten Dezimalen)	SI-Einheit	Andere Einheiten
Neutron	μ_n	$-0{,}966\,297$ (33)	10^{-26} J T^{-1}	10^{-23} cm$^{5/2}$ g$^{1/2}$ s^{-1} (e.m.E.)
	μ_n/μ_N	$-1{,}913\,148$ (66)		
Myon	μ_μ	$4{,}490\,474$ (18)	10^{-26} J T^{-1}	10^{-23} cm$^{5/2}$ g$^{1/2}$ s^{-1} (e.m.E.)
	μ_n/μ_N	$3{,}183\,340\,2$ (72)		

Compton-Wellenlänge

des Elektrons $\lambda_{c,e} = h/m_e c$		$2{,}426\,308\,9$ (40)	10^{-12} m	
des Protons $\lambda_{c,p} = h/m_p c$		$1{,}321\,409\,9$ (22)	10^{-15} m	
des Neutrons $\lambda_{c,n} = h/m_n c$		$1{,}319\,590\,9$ (22)	10^{-15} m	
Feinstrukturkonst.	λ	$7{,}297\,350\,6$ (60)	10^{-3}	
	$1/\lambda$	$137{,}036\,04$ (11)		
Rydbergkonstante	R_∞	$1{,}097\,373\,177$ (83)	10^7 m^{-1}	10^5 cm^{-1}
Bohrscher Radius	a_0	$5{,}291\,770\,6$ (44)	10^{-11} m	10^{-9} cm
klass. Elektronradius	r_e	$2{,}817\,938$ (7)	10^{-15} m	10^{-13} cm

Boltzmannkonstante	k	$1{,}380\,662$ (44)	10^{-23} J K^{-1}	10^{-16} erg K^{-1} (cm^2 g s^{-2} K^{-1})
		$0{,}861\,735$		10^{-4} eV K^{-1}
Avogadrosche Zahl	N_A	$6{,}022\,045$ (31)	10^{23} mol^{-1}	
Molvolumen	V_m	$22{,}413\,83$ (70)	10^{-3} m^3 mol^{-1}	
($T_0 = 273{,}15$ K; $p = 101\,325$ Pa)				
molare Gaskonstante	R	$8{,}314\,41$ (26)	J mol^{-1} K^{-1}	
Faradaykonstante $F = eN_A$		$9{,}648\,455$ (27)	10^4 C mol^{-1}	
		$2{,}892\,534$ (8)		10^{14} cm$^{3/2}$ g$^{1/2}$ s^{-1} (e.s.E.)

*) Die Tabelle enthält die untereinander konsistenten Werte der fund. phys. Konstanten, die v
Committee on Data and Technology (CODATA) des Internat. Council of Scientific Unions (ICS
empfohlen und im CODATA Bulletin No. 11 vom Dez. 1973 veröffentlicht wurden. Siehe auch: M
teilungen der Physikalischen Gesellschaft der DDR Nr. 71 (1979), E. R. Cohen, B. N. Taylor, Jo
Phys. Chem. Ref. Data Vol. 2 (1973) No. 4, 663, Particle Data Group, Review of particle proper
Phys. Lett. 75 B (1978) 1.

Periode	a — I — b	a — II — b	a — III — b	a — IV — b	a — V
1	^{1}**H** 1,0079 Wasserstoff 14,01 20,28 $1s^1$				
2	^{3}**Li** 6,941 Lithium 452,15 1590,15 $[He]2s^1$	^{4}**Be** 9,0122 Beryllium 1551 ± 5 2970 $[He]2s^2$	^{5}**B** 10,811 Bor 2573 2823 $[He]2s^2p^1$	^{6}**C** 12,011 Kohlenstoff 3825 5100 $[He]2s^2p^2$	^{7}**N** [...] Stickstoff 63,29 $[He]2s^2p^3$
3	^{11}**Na** 22,9898 Natrium 370,96 1165,15 $[Ne]3s^1$	^{12}**Mg** 24,312 Magnesium 924,2 1380 $[Ne]3s^2$	^{13}**Al** 26,982 Aluminium 933,2 2740 $[Ne]2s^2p^1$	^{14}**Si** 28,086 Silicium 1683 2628 $[Ne]3s^2p^2$	^{15}**P** [...] Phosphor 317,2 $[Ne]3s^2p^3$
4	^{19}**K** 39,098 Kalium 336,8 1047 $[Ar]4s^1$	^{20}**Ca** 40,08 Calcium 1118 1760 $[Ar]4s^2$	44,96 ^{21}**Sc** Scandium 1812 3000 $[Ar]3d^14s^2$	47,90 ^{22}**Ti** Titan 1948 3533 $[Ar]3d^24s^2$	50,941 Vanadium 2163 $[Ar]3d^34s^2$
4	63,54 ^{29}**Cu** Kupfer 1356 2868 $[Ar]3d^{10}4s^1$	65,38 ^{30}**Zn** Zink 692,73 1180 $[Ar]3d^{10}4s^2$	^{31}**Ga** 69,72 Gallium 302,93 2676 $[Ar]3d^{10}4s^2p^1$	^{32}**Ge** 72,59 Germanium 1210,5 3103 $[Ar]3d^{10}4s^2p^2$	^{33}**As** Arsen 886 (subl.) $[Ar]3d^{10}4s^2$
5	^{37}**Rb** 85,47 Rubidium 312 961 $[Kr]5s^1$	^{38}**Sr** 87,62 Strontium 1042 1657 $[Kr]5s^2$	88,91 ^{39}**Y** Yttrium 1796 3883 $[Kr]4d^15s^2$	91,22 ^{40}**Zr** Zirkon 2125 4650 $[Kr]4d^25s^2$	92,91 Niob 2741 $[Kr]4d^45s^1$
5	107,87 ^{47}**Ag** Silber 1235,08 2485 $[Kr]4d^{10}5s^1$	112,40 ^{48}**Cd** Cadmium 594 1038 $[Kr]4d^{10}5s^2$	^{49}**In** 114,82 Indium 429,8 2353 $[Kr]4d^{10}5s^2p^1$	^{50}**Sn** 118,69 Zinn 505,12 2543 $[Kr]4d^{10}5s^2p^2$	^{51}**Sb** Antimon 903,7 $[Kr]4d^{10}5s^2$
6	^{55}**Cs** 132,91 Cäsium 301,7 963 $[Xe]6s^1$	^{56}**Ba** 137,34 Barium 998 1911 $[Xe]6s^2$	138,91 ^{57}**La** Lanthan 1193 3742 $[Xe]5d^16s^2$	178,49 ^{72}**Hf** Hafnium 2423 5673 $[Xe]4f^{14}5d^26s^2$	180,95 Tantal 3269 $[Xe]4f^{14}5d^36...$
6	196,97 ^{79}**Au** Gold 1337,58 3213 $[Xe]4f^{14}5d^{10}6s^1$	200,59 ^{80}**Hg** Quecksilber 234,3 629,73 $[Xe]4f^{14}5d^{10}6s^2$	^{81}**Tl** 204,37 Thallium 576,65 1730 $[Xe]4f^{14}5d^{10}6s^2p^1$	^{82}**Pb** 207,2 Blei 600,6 2013 $[Xe]4f^{14}5d^{10}6s^2p^2$	^{83}**Bi** Bismut 544,5 $[Xe]4f^{14}5d^{10}6s...$
7	^{87}**Fr*** (223) Francium – – $[Rn]7s^1$	^{88}**Ra*** 226,025 Radium 973 1413 $[Rn]7s^2$	^{89}**Ac*** (227) Actinium 1323 ~3470 $[Rn]6d^17s^2$	(261) ^{104}**Rf*** Rutherfordium – – $[Rn]5f^{14}6d^27s^2$	(262) Hahnium –

Lanthaniden

140,2 ^{58}**Ce** Cer 1071 3530 $[Xe]4f^26s^2$	140,908 ^{59}**Pr** Praseodym 1204 3485 $[Xe]4f^36s^2$	144,24 ^{60}**Nd** Neodym 1283 3400 $[Xe]4f^46s^2$	(145) ^{61}**Pm*** Promethium ~1308 ~3000 $[Xe]4f^56s^2$	150,35 ^{62}**Sm** Samarium 1345 2051 $[Xe]4f^66s^2$	151,96 ^{63}**Eu** Europium 1095 1870 $[Xe]4f^76s^2$	157,25 Gadoli[nium] 1585 $[Xe]4f^75...$

Actiniden

^{90}**Th*** (232) Thorium 2023 ~4100 $[Rn]6d^27s^2$	^{91}**Pa*** (231) Protactinium – – $[Rn]5f^26d^17s^2$	^{92}**U*** 238,02 Uranium 1405 4091 $[Rn]5f^36d^17s^2$	^{93}**Np*** (237) Neptunium 913 4175 $[Rn]5f^46d^17s^2$	^{94}**Pu*** (244) Plutonium 914 3600 $[Rn]5f^67s^2$	^{95}**Am*** (243) Americum ~1200 – $[Rn]5f^77s^2$	^{96}**Cm*** Curiu[m] ~1600 $[Rn]5f^76...$

a	VIII	b
	^{2}He 4,0026	
	Helium	
–		4,55
	[He] = 1s^2	

Legend box:

^{10}Ne	20,18
Neon	
24,48	27,102
[Ne] = [He]2s^{2}p^2	

^{10} = Ordnungszahl, Kern-Ladung
Ne = chem. Symbol
Neon = Name des Elementes

24,48 Schmelzpunkt in K (Normaldruck)
27,102 Siedepunkt in K (Normaldruck)
[Ne] = [He]2s^{2}p^6 Elektronenkonfiguration
* bedeutet: alle Isotope des Elementes sind radioaktiv
20,18 mittlere atomare Massenzahl des natürlichen Isotopengemisches
( ) weisen bei radioaktiven Elementen auf das häufigste Isotop hin

Main table

VI	b	a	VII	b	a	VIII	b
	15,999	^{9}F		18,9984	^{10}Ne		20,18
Sauerstoff			Fluor			Neon	
5	90,188	53,53		85,01	24,48		27,102
[He]2s^{2}p^4			[He]2s^{2}p^5		[Ne] = [He]2s^{2}p^6		
	32,064	^{17}Cl		35,453	^{18}Ar		39,948
Schwefel			Chlor			Argon	
(monokl.)	717,7	172,17		238,5	83,9		87,45
[Ne]3s^{2}p^4			[Ne]3s^{2}p^5		[Ar] = [Ne]3s^{2}p^6		

			VIII	b	VIII	b
096	^{24}Cr	54,938	^{25}Mn	55,84	^{26}Fe	
Chrom		Mangan		Eisen		
3	3301	1571	2370	1808	3023	
[Ar]3d^{5}4s^1		[Ar]3d^{5}4s^2		[Ar]3d^{6}4s^2		

Group VIII b (Co) | Group VIII b (Ni):

58,933	^{27}Co	58,71	^{28}Ni
Kobalt		Nickel	
1768	3143	1726	3005
[Ar]3d^{7}4s^2		[Ar]3d^{8}4s^2	

Se	78,96	^{35}Br		79,91	^{63}Kr		83,80
Selen		Brom			Krypton		
	958	265,9		331,9	116,5		120,85
[Ar]3d^{10}4s^{2}p^4		[Ar]3d^{10}4s^{2}p^5			[Kr] = [Ar]3d^{10}4s^{2}p^6		

94	^{42}Mo	(98)	^{43}Tc*	101,07	^{44}Ru
Molybdän		Technetium		Ruthenium	
3	5833	~2470	~5300	2583	4173
[Kr]4d^{5}5s^1		[Kr]4d^{6}5s^1		[Kr]4d^{7}5s^1	

102,91	^{45}Rh	106,4	^{46}Pd
Rhodium		Palladium	
2239	4000	1825	3413
[Kr]4d^{8}5s^1		[Kr]4d^{10}	

Te	127,60	^{53}I		126,90	^{54}Xe		131,30
Tellur		Iod			Xenon		
,6	1263	386,7		457,5	161,25		166,05
[Kr]4d^{10}5s^{2}p^4		[Kr]4d^{10}5s^{2}p^5			[Xe] = [Kr]4d^{10}5s^{2}p^6		

,85	^{74}Wo	186,2	^{75}Re	190,2	^{76}Os
Wolfram		Rhenium		Osmium	
33	6200	3453	5900	3320	5300
[Xe]4f^{14}5d^{4}6s^2		[Xe]4f^{14}5d^{5}6s^2		[Xe]4f^{14}5d^{6}6s^2	

192,2	^{77}Ir	195,1	^{78}Pt
Iridium		Platin	
2716	4800	2042	· 4100
[Xe]4f^{14}5d^9		[Xe]4f^{14}5d^{9}6s^1	

Po*	(209)	^{85}At*		(210)	^{86}Rn*		(222)
Polonium		Astat			Radon		
	1235	–		–	202		211
Xe]4f^{14}5d^{10}6s^{2}p^4		[Xe]4f^{14}5d^{10}6s^{2}p^5			[Rn] = [Xe]4f^{14}5d^{10}6s^{2}p^6		

Lanthaniden

58,925	^{65}Tb	162,50	^{66}Dy	164,93	^{67}Ho	167,26	^{68}Er	168,93	^{69}Tm	173,04	^{70}Yb	174,97	^{71}Lu
Terbium		Dysprosium		Holmium		Erbium		Thulium		Ytterbium		Lutetium	
533	3314	1682	2600	1743	2990	1795	2783	1818	2000	1097	~1600	1929	3590
[Xe]4f^{9}6s^2		[Xe]4f^{10}6s^2		[Xe]4f^{11}6s^2		[Xe]4f^{12}6s^2		[Xe]4f^{13}6s^2		[Xe]4f^{14}6s^2		[Xe]4f^{14}5d^{1}6s^2	

Actiniden

7Bk*	(247)	^{98}Cf*	(250)	^{99}Es*	(254)	^{100}Fm*	(257)	^{101}Md*	(258)	^{102}No*	(259)	^{103}Lr*	(260)
Berkelium		Californium		Einsteinium		Fermium		Mendelevium		Nobelium		Lawrencium	
–	–	–	–	–	–	–	–	–	–	–	–	–	–
[Rn]5f^{9}7s^2		[Rn]5f^{10}7s^2		[Rn]5f^{11}7s^2		[Rn]5f^{12}7s^2		[Rn]5f^{13}7s^2		[Rn]5f^{14}7s^2		[Rn]5f^{14}6d^{1}7s^2	

Grimsehl · Lehrbuch der Physik
BAND 4

Grimsehl
Lehrbuch der Physik

BAND 4
Struktur der Materie

18. korrigierte Auflage mit 679 Abbildungen

BEGRÜNDET VON PROF. E. GRIMSEHL
WEITERGEFÜHRT VON PROF. DR. W. SCHALLREUTER
NEU HERAUSGEGEBEN VON PROF. DR. A. LÖSCHE

Mit Beiträgen von Prof. Dr. K. Altenburg, Prof. Dr. W. Ebeling, Dr. sc. K. Kreher,
Prof. Dr. B. Kühn, Prof. Dr. K. Lanius, Prof. Dr. A. Lösche, Prof. Dr. H. Oleak,
Prof. Dr. A. Rutscher, Prof. Dr. K.-H. Schmidt, Prof. Dr. H.-J. Treder

SPRINGER FACHMEDIEN WIESBADEN GMBH 1990

Grimsehl, Ernst:
Lehrbuch der Physik / Grimsehl. – Leipzig : BSB
Teubner
Bd. 4. Struktur der Materie / begr. von E. Grimsehl;
    Weitergeführt von W. Schallreuter; Neu hrsg.
    von A. Lösche. – 18. korrigierte Aufl. – 1990.
    614 S. : 679 Abb.

ISBN 978-3-663-01453-9   ISBN 978-3-663-01452-2 (eBook)
DOI 10.1007/978-3-663-01452-2

18. Auflage
VLN 294-375/75/90
Lektor: Dr. rer. nat. Ingrid Lischke

Satz: INTERDRUCK Graphischer Großbetrieb Leipzig

Bestell-Nr. 666 624 6
04400

Inhalt

Berichtigungen zum unveränderten Nachdruck der 17. Auflage befinden sich auf Seite 615.

Geleitwort

Seit Jahrzehnten gibt der „Grimsehl" aufgrund seines bewährten didaktischen Aufbaues, durch eine ausführliche und gut faßliche Behandlung des Gesamtgebietes der Physik, dank vieler Hinweise auf Zusammenhänge zwischen den einzelnen Teilgebieten der Physik und besonders durch zahlreiche anschauliche Beispiele wertvolle Unterstützung bei der Grundlagenausbildung von Physikern, anderen Naturwissenschaftlern, Lehrern und Ingenieuren. Auch die Absolventen dieser Fachrichtungen verwenden dieses Werk oft zum Nachschlagen einzelner Abschnitte.

In allen Stellungnahmen und Einschätzungen von wissenschaftlichen Institutionen und Hochschullehrern, von seiten der Lehrmittelkommission Physik, des Ministeriums für Hoch- und Fachschulwesen und der Physikalischen Gesellschaft der DDR wurde übereinstimmend zum Ausdruck gebracht, daß der „Grimsehl" als bedeutendes Standardwerk weitergeführt werden sollte. Dank der aktiven Einflußnahme der Lehrmittelkommission Physik auf die nach dem Ableben von Herrn Prof. Dr. W. Schallreuter, dem langjährigen Herausgeber dieses Lehrbuches, entstandenen Probleme konnten für die völlige Neubearbeitung Herr Prof. Dr. Altenburg (Band 1: Mechanik, Akustik, Wärmelehre), Herr Prof. Dr. Grade-wald (Band 2: Elektromagnetisches Feld), Herr Prof. Dr. Haferkorn (Band 3: Optik) und Herr Prof. Dr. Lösche (Band 4: Struktur der Materie) gewonnen werden.

In Verbindung mit der Modernisierung der Buchgestaltung erfolgte eine grundlegende inhaltliche und stilistische Überarbeitung. Dabei wurden die Grundsubstanz des Werkes und seine charakteristischen Eigenschaften, speziell Faßlichkeit und Anschaulichkeit, beibehalten.

Durch kompaktere Darstellung und Umstellung der Stoffanordnung konnte Platz gewonnen werden für die Neuaufnahme von wesentlichen modernen Gebieten der Physik und für die Darstellung von aktuellen Zusammenhängen zwischen theoretischen Erkenntnissen und praktischen Anwendungen. Bei der Überarbeitung erfolgte eine inhaltliche Anpassung an die Lehrprogramme für die Physikausbildung an Universitäten und Hochschulen. Das Niveau der mathematischen Betrachtungsweise der Physik sollte angehoben werden. Wenn der „Grimsehl" auch kein Lehrbuch der Theoretischen Physik werden soll, so ist jedoch eine mathematische Beschreibung der Naturbeobachtung notwendig. Die SI-Einheiten und IUPAP-Empfehlungen wurden konsequent angewandt.

Leipzig, im September 1977

BSB B. G. Teubner Verlagsgesellschaft

Vorwort zur 17. Auflage

Im Laufe der Zeit haben strukturelle Erklärungen physikalischer Phänomene immer mehr an Bedeutung gewonnen. Dies führte nicht nur zum eigentlichen Verständnis der Physik, sondern bestimmt heute weitgehend die Richtung physikalischer Forschung und damit auch weite Gebiete technischer Anwendungen.

Die Strukturphysik ist ein sehr komplexes Gebiet, bedient sie sich doch der verschiedensten Methoden, um – meistens auf indirekte Weise – Aufschluß über den „Kern der Sache" zu erhalten. Ist es nicht faszinierend, wenn man das Glühen eines stromdurchflossenen Drahtes, das gelbe Leuchten von angeregtem Natrium-Dampf, die Bindung von Atomen zum Molekül, zu einem Kristall, die magnetischen Eigenschaften eines Stückes Eisen, den widerstandslosen Stromfluß in manchen Metallen bei tiefen Temperaturen und vieles andere durch die Eigenschaften und das Verhalten einer Teilchensorte, der Elektronen, erklären kann?

Dieses Beispiel zeigt, daß man trotz aller Vielfalt die Natur als Einheit betrachten muß; jede Einseitigkeit führt zu einem Verlust an Verständnismöglichkeiten.

Eine Unterteilung in Teilgebiete, in Kapitel, widerspricht diesem Prinzip der Einheit, ist aber ein unverzichtbares Hilfsmittel, um die Natur verstehen, sie übersehen zu können. Dazu sind verschiedene Standpunkte möglich.

Der ständige Zustrom neuer Erkenntnisse erweitert das Blickfeld und verschiebt die Standpunkte; er kann nicht bewältigt werden, indem man einzelne Kapitel erweitert, sondern zwingt auch zur Überarbeitung von Lehrbüchern. Das führte zu dem Versuch, das Gebiet einmal anders einzuteilen. Ausgehend vom Atom, bei dessen Untersuchung viele Begriffe und theoretische Ansätze gewonnen wurden, die auch in anderen Gebieten eine Rolle spielen, werden mit dem Kern und den Elementarteilchen zunächst die Bausteine der Materie behandelt. Die sich anschließenden Kapitel ließen sich unter der Überschrift ‚Strukturen' zusammenfassen, da hier die Anordnung der Elemente die entscheidende Rolle spielt.

Diese neue Gliederung hat das Grundproblem, nämlich die Auswahl der zu behandelnden Gebiete, nicht gelöst, da der Gesamtumfang des 4. Bandes nicht vergrößert werden sollte. In dem Stoffangebot steckt demnach eine gewisse Willkür. So wurde z. B. auf eine zusammenfassende Darstellung von Symmetrien verzichtet, die allein schon ein Lehrbuch gefüllt hätte. Manche Gebiete wurden nur kurz angedeutet (z. B. paramagnetische Elektronenresonanz) zugunsten anderer, in denen ähnliche Verfahren ausführlich besprochen werden. Besonders im 1. Kapitel werden Ansätze zur Quantenmechanik und deren Erweiterungen behandelt; damit soll nur gezeigt werden, wie experimentelle Befunde die theoretischen Vorstellungen beeinflussen. Diese Darstellung ersetzt nicht ein ausführliches Studium der theoretischen Physik.

Da die Grundelemente der Experimente meistens klassischer Art sind, werden hier i. a. nur die Meßprinzipien wiedergegeben; experimentelle Details kann man in den Bänden 1 bis 3 finden. Wenn man sich mit Strukturphysik beschäftigt, kennt man nicht nur die phänomenologische Physik, sondern hat auch in theoretischer Physik und Mathematik einige Kenntnisse erworben. Auf diesen Kreis – bezogen auf das Physikstudium also etwa auf das 3. Studienjahr – ist dieser 4. Band zugeschnitten.

Bei der Neukonzipierung des Grimsehlschen Lehrbuches standen von den 10 Autoren, die bisher den 4. Band betreut hatten, nur noch 4 zur Verfügung. Trotz der Neugliederung wurden viele Gedanken und Erfahrungen vorangegangener Auflagen übernommen. Wir möchten daher dankbar an die früheren Bearbeiter des 4. Bandes erinnern, die diesen überhaupt erst geschaffen haben. Besonderer Dank gilt aber allen, die aus den Manuskripten dieses Buch herstellten, vor allem Frau Dr. Lischke, Fachgebietsleiterin Naturwissenschaften im Verlag B. G. Teubner, für die verständnisvolle, gute Zusammenarbeit.

Leipzig, Januar 1988   A. Lösche

1. Atom

1.1. Grundlagen der Atomtheorie

1.1.1. Entwicklung der Atomistik

Aufbauend auf Arbeiten von LAVOISIER (1743–1794), LOMONOSSOW (1711–1765), J. L. PROUT (1785–1850), J. DALTON (1766–1844), A. AVOGADRO (1776–1856) u. a. hatte sich in der ersten Hälfte des 19. Jahrhunderts die Vorstellung gefestigt, daß es kleinste Bausteine der Materie geben müsse, welche die Eigenschaften der Elemente bestimmen. DALTON nannte diese in Anlehnung an LEUKIPPOS (um 450 v. u. Z.) und DEMOKRITOS (etwa 400–370 v. u. Z.) Atome, weil man damals noch annahm, sie seien unteilbar. Etwa um 1869 fanden – die reichen Erfahrungen der Chemie ausnutzend – D. I. MENDELEJEW (1834–1907) und L. MEYER (1830-1895) unabhängig voneinander eine innere Ordnung der Elemente, das Periodensystem. Dieses erlaubte in gewissen Grenzen, z. B. die Eigenschaften eines Elementes vorauszusagen, wenn man dessen relative Atommasse, die man früher Atomgewicht nannte, kannte. Diese Systematik verlangte geradezu nach einer Aufklärung des Atombaues.
Ph. LENARD (1862–1947), C. RÖNTGEN (1845–1923), W. WIEN (1864–1928), E. GOLDSTEIN (1850–1931) u. a. untersuchten Gase niedrigen Druckes in hohen elektrischen Feldern. Die Gase zeigten Leuchterscheinungen und elektrische Leitfähigkeit, deren Charakteristik von der Feldstärke und dem Gasdruck abhängt. Aus den neutralen Atomen werden positiv und negativ geladene Teilchen, ein Plasma. Bohrt man in die negative Elektrode, die Kathode, Löcher, so treten sog. Kanalstrahlen hindurch; die Analyse mit Hilfe elektrischer und magnetischer Felder zeigte, daß sie aus schweren, positiv geladenen Teilchen, Ionen, bestehen. In entgegengesetzter Richtung fliegen sehr leichte, negativ geladene, für die G. J. STONEY (1826–1911) die Bezeichnung Elektron einführte. Das sind Hinweise, daß das Atom doch nicht unteilbar ist, sondern aus schweren, positiven Rümpfen und Elektronen besteht. Diese Vorstellung wird durch die Beobachtung von W. HALLWACHS (1859–1922) unterstützt, wonach Licht aus Metallflächen negative Ladungen, die sich als Elektronen erwiesen, heraustreten läßt. Es zeigte sich, daß auch bei höheren Temperaturen oder in extrem hohen elektrischen Feldern Elektronen aus Metallen austreten. P. DRUDE (1863–1906) begründete die Leitfähigkeit der Metalle mit der freien Beweglichkeit der Elektronen im Innern dieser Stoffe. Die Elektronen mußten also so etwas wie elektrische Elementarquanten sein, die Träger der kleinsten Ladungsmenge. Diese beträgt nach heutigen Kenntnissen $e = -1{,}602 \times 10^{-19}$ As.

Mit dieser Hypothese lassen sich auch die bereits 1853 von M. FARADAY (1791–1867) gefundenen Gesetze der Elektrolyse erklären: Jedes einwertige Ion trägt unabhängig von der Masse stets die gleiche Ladung, zweiwertige die doppelte Ladung usw.

Damit war erwiesen, daß Atome aus schweren positiven Teilchen und Elektronen bestehen. Über deren Anordnung konnte man zunächst noch nichts sagen. Aus den Konstanten der van der Waalsschen Zustandsgleichung für Gase, aber auch aus der Dichte von Kristallen bekannter Zusammensetzung kann man das Atomvolumen abschätzen, woraus sich Durchmesser von etwa 10^{-10} m ergeben. Die relativen Atommassen gewann man ursprünglich durch Kombination der Massen verschiedener Moleküle; diese wurden wiederum mit physikalisch-chemischen Methoden, z. B. durch Vergleich von Gasdichten, gemessen. Es zeigte sich, daß in großen Zügen die Differenzen der Atommassen ganzzahlige Vielfache der Masse des Wasserstoffatoms sind. PROUT stellte daraufhin bereits 1815 die Hypothese auf, daß alle Atome aus Wasserstoffatomen aufgebaut sind. Diese kühne Schlußfolgerung kam dem heutigen Modell schon recht nahe, das bekanntlich erst 1932, nach der Entdeckung des Neutrons, seine jetzige Form erhielt.

Ein Atommodell muß aber auch die Strahlungseigenschaften richtig wiedergeben. FRAUNHOFER (1787–1826) beobachtete bereits 1815 im Sonnenspektrum dunkle Linien. Leuchtende Gase zeigen ein Linienspektrum, deren Frequenzen z. T. mit denen der Fraunhoferschen Linien zusammenfallen. Demnach sind nicht nur Masse und Ladung von Atomen gequantelt, auch die elektromagnetischen Wellen sind diskreter Natur. Dies zeigte sich ebenfalls bei den 1896 gefundenen Röntgenspektren, die beim Aufprall von Elektronen hoher Energie auf Metalloberflächen entstehen; auch deren Spektrum besteht bekanntlich neben einem Untergrundkontinuum aus einzelnen Linien. Die Zuordnung der Spektrallinien zu einem Grundterm ist aber nicht so einfach wie im Bereich der Massen und Ladungen. Doch bereits 1885 gelang es dem Baseler Mittelschullehrer J. J. BALMER (1825 bis 1898), die Lage im sichtbaren Frequenzbereich liegender Emissionslinien des Wasserstoffes durch die Formel

$$\lambda = K \frac{m^2}{m^2 - 2^2}$$

zu beschreiben, wobei m die Folge der ganzen Zahlen 3, 4, 5, ... durchläuft. Er und J. R. RYDBERG (1854–1919) erkannten bald, daß die Darstellung für die Wellenzahlen $\bar{\nu} = \frac{1}{\lambda}$ einfacher wird:

$$\bar{\nu} = R \left(\frac{1}{2^2} - \frac{1}{n^2} \right), \tag{1.1}$$

R bezeichnet man als Rydberg-Konstante.
W. RIETZ (1878–1909) fand, daß man alle Linien des Wasserstoffspektrums, auch die im IR und UV liegenden, mit derselben Konstanten R erfassen kann, wenn man auch den ersten Term variiert und schreibt:

$$\bar{\nu}_{mn} = R \left(\frac{1}{m^2} - \frac{1}{n^2} \right). \tag{1.2}$$

Dieses Rydberg-Rietzsche Kombinationsprinzip entwickelt also das Wasserstoffspektrum aus einer zweidimensionalen Mannigfaltigkeit. Das war etwas ganz Neues. Man war gewöhnt, daß man die Frequenzen eines Oszillators, z. B. einer schwingenden Saite, aus Grund- und Oberwellen, also als Vielfache einer Grundfrequenz aufbauen kann; hier waren zwei Werte notwendig. Hält man m fest und verändert n (Laufterm), dann erhält man eine Serie mit ganz charakteristischer Linienfolge (Abb. 1.1). Das

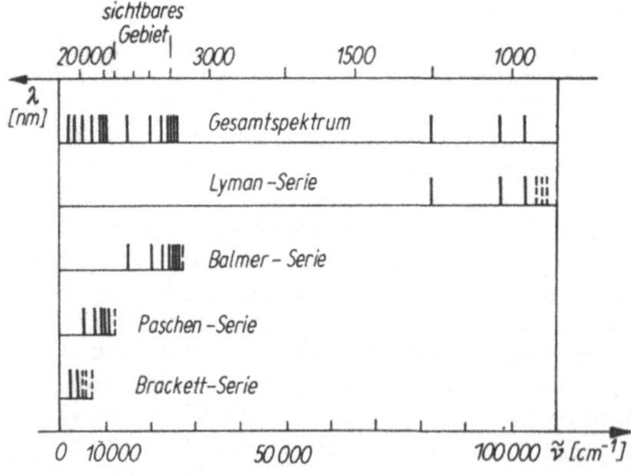

Abb. 1.1. Spektrum des Wasserstoffatoms

Spektrum stellt dann die Überlagerung aller möglichen Serien (m) dar.
In der Folgezeit fand man, daß die Spektren von He$^+$, Li^{++}, Be^{+++} dasselbe Gesetz (1.2) befolgen, nur mit einer anderen Konstanten (R). Auch die Spektren der Alkaliatome lassen sich in ähnliche Folgen zerlegen. Mit zunehmender Atommasse, mit dem Fortschreiten im Periodensystem der Elemente werden die Linienfolgen komplexer und die Harmonie von Gl. (1.2) ist nicht mehr erkennbar. Eine Theorie des Atoms muß also mindestens für leichte Elemente die empirisch gefundene Beziehung erfüllen.
Um die Jahrhundertwende stellte sich J. J. THOMSON (1857–1939) die Atome als Kugeln vor, die gleichmäßig mit positiv geladenen Masseteilchen gefüllt sind. Diese Ladungen werden durch Elektronen kompensiert, die im Feld der positiven Ladungen Schwingungen um die Ruhelage ausführen. Es läßt sich wahrscheinlich eine Anordnung finden, die Frequenzen nach (1.2) ergibt; es erhebt sich aber sofort die Frage, warum so ein statisches Modell stabil ist, denn die Elektronen und positiven Teilchen ziehen sich doch an.
Ein völlig neues Bild entstand durch die Arbeiten von GEIGER, RUTHERFORD u. a. 1909 entdeckte H. GEIGER (1882–1945), daß α-Strahlen, also energiereiche He^{++}-Kerne, die beim radioaktiven Zerfall schwerer Elemente frei werden, von dünnen Goldfolien z. T. um mehr als 90° abgelenkt werden. E. RUTHERFORD (1871–1937) erklärte diesen Effekt als Streuung an den positiven Ladungen des Kernes (die viel leichteren Elektronen spielen hierbei keine Rolle), die durch elektrostatische Abstoßung hervorgerufen wird. Wenn man annimmt, daß die gestoßenen Teilchen (Ladung $Z_2 e$) wegen ihrer großen Masse im Gitter fest bleiben, dann läßt sich die Bahnkurve des stoßenden Teilchens (Ladung $Z_1 e$) mit klassischen Methoden berechnen (Abb. 1.2), und man erhält für den differentiellen Streuquerschnitt, das ist die Wahrscheinlichkeit, das Teilchen nach einer Ablenkung um ϑ im Raumwinkel $d\Omega$ anzutreffen,

$$\frac{d\sigma}{d\Omega} = \frac{1}{4\pi\varepsilon_0} \left(\frac{Z_1 Z_2 e^2}{4 W_0} \right)^2 \frac{1}{\sin^4 \left(\frac{\vartheta}{2} \right)}, \tag{1.3}$$

(W_0 ist die Anfangsenergie des gestreuten Teilchens). Messungen dieser Art waren damals nicht einfach: Im verdunkelten Raum wurden mit dem Auge Leuchtblitze gezählt, die α-Teilchen beim Auftreffen auf einen Leuchtschirm erzeugten. Sehr sorgfältige Messungen von GEIGER und E. MARSDEN (1889–1970) bestätigten die Rutherfordsche Streuformel (1.3). Es stellte sich heraus, daß diese auch bei α-Energien von

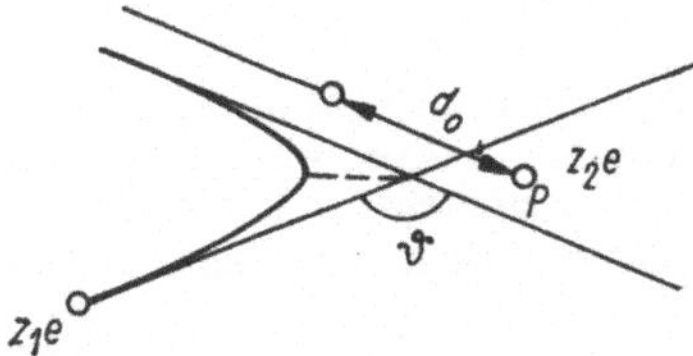

Abb. 1.2. Ablenkung geladener Teilchen (Z_1e) im Zentralfeld (Z_2e) $Z_1Z_2 > 0$,
ϑ Ablenkwinkel, d_0 kleinstmöglicher Abstand bei zentralem Stoß

15,8 MeV gilt. Dann nähern sich die α-Teilchen den Streuzentren bis auf $15 \cdot 10^{-15}$ m; in diesem Abstand muß also das Coulomb-Feld noch in Ordnung sein. Daraus schloß RUTHERFORD 1911, daß die positive Kernladung einen Durchmesser von weniger als $15 \cdot 10^{-15}$ m haben müsse. Das Atom besteht demnach aus einem schweren Kern, dessen Radius etwa den 10^{-5}ten Teil des Atomdurchmessers ausmacht, und der Elektronenhülle. Damit dieses System nicht zusammenbricht, müssen sich die Elektronen so schnell um den Kern bewegen, daß die Zentrifugalkraft die Coulombsche Anziehung gerade kompensiert; nimmt man Kreisbahnen an, dann gilt:

$$m_e\omega^2 r = \frac{1}{4\pi\varepsilon_0}\frac{Ze^2}{r^2}. \tag{1.4}$$

Das ergibt für die Umlauffrequenz ω dieselbe Größenordnung wie die der Spektrallinien (z. B. für $Z = 82$, $r \cong 10^{-10}$ m; $\omega/2\pi \cong 2 \cdot 10^{16}$ Hz). Die kreisenden Elektronen stellen aber einen rotierenden Dipol dar, der nach den klassischen Vorstellungen ständig Energie in Form elektromagnetischer Wellen abstrahlt. Die Elektronen würden dadurch gebremst und sich auf Spiralbahnen in sehr kurzer Zeit dem Kern nähern. Das Atom würde auf die Größe des Kernes zusammenschrumpfen, im Widerspruch zu den Erfahrungen.

1.1.2. Bohrsches Atommodell

M. PLANCK (1858–1947) hatte bei der Ableitung der Strahlungsformel des schwarzen Körpers (s. GRIMSEHL, Band 3) angenommen, daß die Energie eines Oszillators der Frequenz ν die Werte

$$E_n = nh\nu \tag{1.5}$$

annehmen kann ($h = 6{,}625 \cdot 10^{-34}$ Js). Um die Bedeutung dieser Beziehung zu erkennen, wollen wir sie auf einem ganz anderen Wege herleiten.

Zur Beschreibung einer Bewegung führt man in der klassischen Mechanik die Hamilton-Funktion H, die

Gesamtenergie, ein, die eine Funktion der Orts- und Impulskoordinaten q und p ist. Damit kann man die Newtonschen Bewegungsgleichungen in kanonischer Form schreiben:

$$\frac{dq}{dt} = \frac{\partial H}{\partial p} \quad \text{und} \quad \frac{dp}{dt} = -\frac{\partial H}{\partial q}. \tag{1.6}$$

Diese Form ist bekanntlich von der Art des Koordinatensystems unabhängig. Dabei ist der Impuls definiert durch

$$p = \frac{\partial E_{\text{kin}}}{\partial \dot{q}}. \tag{1.7}$$

(Wir beschränken uns hier auf die Darstellung des eindimensionalen Falles, ohne dabei die allgemeine Bedeutung dieser Aussagen außer acht zu lassen.)
Die Gesamtheit aller p und q stellt den Phasenraum dar; der jeweilige Wert von p und q bestimmt den Zustand bzw. die Phase.
Bei einer eindimensionalen Bewegung stellt der Phasenraum eine Ebene dar, und die aufeinander folgenden Bewegungszustände bilden eine Phasenbahn. Periodische Bewegungen sind an einer geschlossenen Bahn in der Phasenebene erkennbar. Den Inhalt der umschlossenen Fläche bezeichnet man als Phasenintegral

$$J = \oint p \, dq. \tag{1.8}$$

In der Hamilton-Jacobischen Form der Mechanik führt man die Wirkungsfunktion

$$S = 2 \int_0^t \dot{E}_{\text{kin}} \, d\tau \tag{1.9}$$

ein, die man als Funktion von q der Anfangs- und der Endlage und der Energie E auffaßt. Dann stellen sich die Impulse als

$$p = \frac{\partial S}{\partial q} \tag{1.10}$$

dar. Damit findet man über Gl. (1.8) einen Zusammenhang zwischen Phasenintegral und Wirkungsfunktion

$$J = \oint \frac{\partial S}{\partial q} \, dq. \tag{1.11}$$

Man nennt J oft den Periodizitätsmodul der Wirkungsfunktion.
Für einen Oszillator ist

$$E = \frac{p^2}{2m} + \frac{f}{2} q^2,$$

wobei m die Masse und f die Kraftkonstante ist. Die Phasenbahn ist daher eine Ellipse (Abb. 1.3)

$$\frac{p^2}{2mE} + \frac{q^2}{2E/f} = 1, \tag{1.12}$$

mit den Halbachsen $a = \sqrt{2mE}$ und $b = \sqrt{2E/f}$. Das Phasenintegral ist demnach $J = ab\pi = 2\pi E \sqrt{\dfrac{m}{f}}$. Da die Frequenz eines Oszillators $\nu = \dfrac{1}{2\pi}\sqrt{\dfrac{f}{m}}$ ist, folgt damit

$$J = \frac{E}{\nu}. \tag{1.13}$$

Die von PLANCK formulierte Quantenbedingung besagt, daß die Differenz der Phasenintegrale benachbarter Bahnen h sein muß, also

$$J_n - J_{n-1} = \frac{\Delta E}{\nu} = h. \tag{1.14}$$

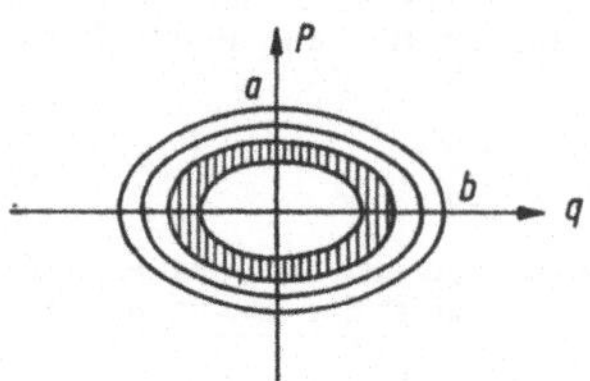

Abb. 1.3. Phasenbahnen eines eindimensionalen Oszillators q, p: allgemeine Orts- und Impulskoordinaten; die Fläche zwischen 2 benachbarten Bahnen ist h

Hieraus folgt

$$E_n = E_0 + h\nu n. \tag{1.15}$$

Das stimmt mit Gl. (1.5) überein, wenn $E_0 = 0$ gesetzt wird. In einer späteren Arbeit (1911) nimmt PLANCK $E_0 = \frac{1}{2}h\nu$ an, um gewisse Erfahrungen besser erfassen zu können. Die theoretische Begründung hierfür lieferte aber erst die Wellenmechanik.

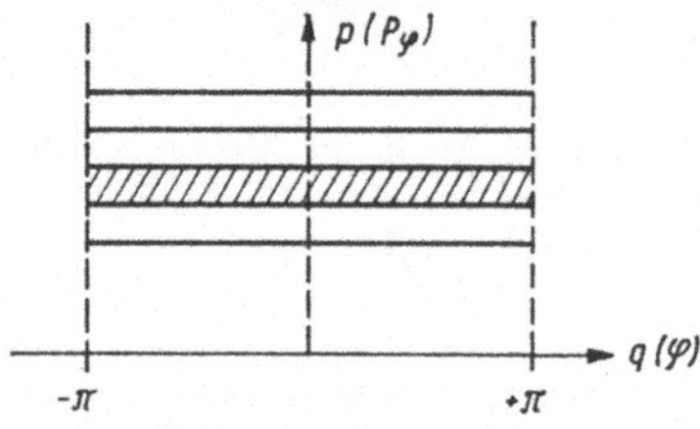

Abb. 1.4. Phasenbahnen eines starren Rotators. Die Fläche zwischen 2 benachbarten Bahnen für je 1 Umlauf $(-\pi$ bis $+\pi)$ ist h

Bei einem Rotator (Kreisbahn) ist der Drehimpuls p_φ konstant und die Phasenbahnen sind Parallele zur φ-Achse (Abb. 1.4). Es ist demnach

$$J = \int_0^{2\pi} p_\varphi \, d\varphi = 2\pi p_\varphi. \tag{1.16}$$

Hieraus folgt eine Quantelung des Drehimpulses und – wenn wir den Drehimpuls für $n = 0$ Null setzen –

$$p_\varphi = n \frac{h}{2\pi} = n\hbar. \tag{1.17}$$

NIELS BOHR (1885–1962) ging vom Rutherfordschen Atommodell aus und nahm, um stabile Atome zu erhalten, die Quantenbedingung (1.17) zu Hilfe; er löste also nicht das Problem der Energieabstrahlung, sondern postulierte:

1. Für jedes Atom gibt es stationäre Zustände, in denen es nicht strahlt; sie sind dadurch gegeben, daß der Drehimpuls eines auf einer Kreisbahn umlaufenden Elektrons nur ganzzahlige Vielfache von $\hbar$ annehmen kann.
2. Änderungen des Energieinhaltes erfolgen durch Übergänge zwischen derartigen Zuständen, wobei die Einsteinsche Frequenzbeziehung gilt:

$$\hbar\omega_{mn} = h\nu_{mn} = E_n - E_m. \tag{1.18}$$

Mit diesen beiden Postulaten kann man die Balmer-Formel herleiten. Aus den Gln. (1.4) und (1.17) erhält man zunächst den Radius der Elektronenbahn, der natürlich von n abhängt.

$$r_n = \frac{4\pi\varepsilon_0}{Zm_e e^2} \hbar^2 n^2. \tag{1.19}$$

Damit kann man über Gl. (1.17) die Umlauffrequenz des Elektrons ausrechnen:

$$\omega_n = \frac{m_e}{(4\pi\varepsilon_0)^2} \frac{Z^2 e^4}{\hbar^3} \frac{1}{n^3}. \tag{1.20}$$

Es sind nur diskrete Bahnen und Umlauffrequenzen möglich. Man erkennt leicht, daß die Keplerschen Gesetze, insbesondere auch das dritte, erfüllt sind mit der Zusatzbedingung, daß die Flächengeschwindigkeit des Leitstrahles nur bestimmte Werte (Vielfache von $\hbar$) annehmen kann.

Der Radius des kleinsten Kreises beim Wasserstoffatom, der sog. Bohrsche Wasserstoffradius, wird in der Atomphysik vielfach als Längeneinheit benutzt; er beträgt

$$r_1 = \frac{4\pi\varepsilon_0\hbar^2}{m_e e^2} = 5{,}291\,77 \cdot 10^{-11}\ \text{m}. \tag{1.21}$$

Das Verhältnis der Bahngeschwindigkeit auf der ersten Bahn zur Lichtgeschwindigkeit spielt bei der Erklärung spektraler Besonderheiten eine Rolle und wird als Sommerfeldsche Feinstrukturkonstante bezeichnet:

$$\alpha = \frac{\omega_1 r_1}{c} = \frac{e^2}{4\pi\varepsilon_0\hbar c} = 1/137{,}038\,8. \tag{1.22}$$

Die potentielle Energie des Rotators ist

$$E_{\text{pot}} = -\frac{1}{4\pi\varepsilon_0} \frac{Ze^2}{r} = -\frac{m_e Z^2 e^4}{(4\pi\varepsilon_0)^2} \frac{1}{n^2\hbar^2}$$

und die kinetische unter Verwendung von Gl. (1.19) und Gl. (1.20)

$$E_{\text{kin}} = \frac{m}{2} v^2 = \frac{1}{2} \frac{m_e Z^2 e^4}{(4\pi\varepsilon_0)^2} \frac{1}{n^2\hbar^2}.$$

Wir finden die für das Coulomb-Feld allgemein geltende Regel

$$E_{\text{kin}} = -\frac{1}{2} E_{\text{pot}} \tag{1.23}$$

auch in diesem speziellen Fall bestätigt. Damit folgt für die Energie der n-ten Bahn

$$E_n = -\frac{m_e e^4}{32\pi^2\varepsilon_0^2\hbar^2} Z^2 \frac{1}{n^2}. \tag{1.24}$$

Mit Gl. (1.18) lassen sich daraus die Frequenzen

$$\omega_{nm} = \frac{m_e e^4}{32\pi^2\varepsilon_0^2\hbar^3} Z^2 \left(\frac{1}{m^2} - \frac{1}{n^2} \right) \tag{1.25a}$$

bzw. die Wellenzahlen $\tilde{\nu}_{nm} = 1/\lambda_{nm}$,

$$\tilde{\nu}_{mn} = \frac{m_e e^4}{64\pi^3 \varepsilon_0^2 c\hbar^3} Z^2 \left(\frac{1}{n^2} - \frac{1}{m^2}\right) \qquad (1.25\,\text{b})$$

berechnen.

Das Bohrsche Modell ergibt eine Gleichung, die dem Rydberg-Ritzschen Kombinationsprinzip entspricht; sie gibt das Spektrum eines Kernes der Ladung Ze, der von einem Elektron umgeben ist, wieder. Da man weiß, daß die Energie eines solchen Kepler-Systems nur von der Länge der großen Halbachse abhängt, kann sich das Elektron auch auf Ellipsenbahnen bewegen, wenn der Kern sich in einem der Brennpunkte befindet. Der Vorfaktor hat universelle Bedeutung und wird als Rydberg-Konstante bezeichnet.

$$R_\infty = \frac{m_e e^4}{64\pi^3 \varepsilon_0^2 c\hbar^3} = 1{,}097373 \cdot 10^7 \text{ m}^{-1}. \qquad (1.26)$$

Dieses Modell beschreibt das Wasserstoffspektrum noch besser, wenn man berücksichtigt, daß der Atomkern sich mitbewegt, also Kern und Elektron um den Schwerpunkt dieses Systems kreisen. m_e muß dann durch die reduzierte Masse

$$\mu_{\text{red}} = \frac{m_e m_k}{m_e + m_k} \qquad (1.27)$$

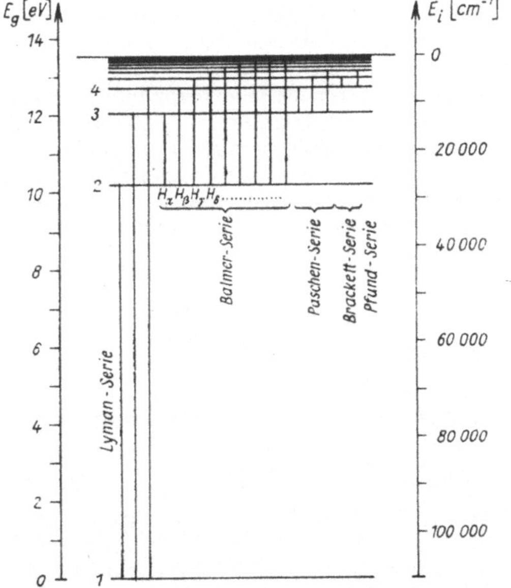

Abb. 1.5. Termschema des Wasserstoffatoms nach GROTRIAN. E_g ist die vom Grundniveau ($n = 1$) aus und E_i die von der Ionisierungsgrenze aus gemessene Energie.

Einige λ-Werte:
Lyman-Serie: (1–2) 121,57 nm, (1–3) 102,58 nm, (1–4) 97,25 nm.
Balmer-Serie: (2–3) H_α 656,28 nm, (2–4) H_β 486,13 nm, (2–5) H_γ 434,05 nm.
Weitere Serien: (3–4) 1,8751 μm, (4–5) 2,63 μm

ersetzt werden, und es ist

$$R_{\text{red}} = \frac{\mu e^4}{64\pi^3 \varepsilon_0^2 c\hbar^3}. \qquad (1.28)$$

Für das Wasserstoffatom ist diese Korrektur am größten:

$$R_\infty : R_H = 1{,}0005445.$$

Bei schweren Atomen nähert sich der Faktor immer mehr dem Wert 1.

Im Bohrschen Modell hat die Umlauffrequenz des Elektrons mit der emittierten oder absorbierten Frequenz nichts zu tun. Geht man zu immer höheren Quantenzahlen über und berechnet die Übergangsfrequenz zwischen benachbarten Zuständen ($m \cong n$, $m - n = 1$), dann wird aus (1.25 a)

$$\omega_{mn} = \frac{m_e e^4 Z^2}{16\pi^2 \varepsilon_0^2 \hbar^3} \frac{1}{n^3}.$$

Man erhält also die Beziehung für die klassische Umlauffrequenz (1.20). Für große Quantenzahlen gehen offenbar die Quantenbeziehungen in die klassischen Modelle über. Dieses *Korrespondenzprinzip*, über das später noch mehr zu sagen sein wird, ist ein sehr nützliches Instrument für die Zuordnung von Linien, Aussagen über den Polarisationszustand u. ä.

Die mit (1.24) berechneten Energiewerte sind die Bindungsenergien des Elektrons. Es hat sich eingebürgert, alle Zustände mit gleichem n einer Schale zuzuordnen und diese mit großen Buchstaben zu bezeichnen:

$n = 1$ K-Schale,
$n = 2$ L-Schale,
$n = 3$ M-Schale,
$n = 4$ N-Schale   usw.

Die schon bekannte Balmer-Serie entsteht bei Übergängen von äußeren Schalen zur L-Schale, also zum konstanten Term $m = 2$. Die meisten Linien der anderen Serien liegen im UV- bzw. IR-Gebiet. GROTRIAN (1890–1954) hat die in Abb. 1.5 benutzte Darstellung der Spektren und Terme eingeführt, aus der man die Zuordnung der Linien leicht erkennt. An Stelle der Wellenzahlen kann man auch die entsprechenden Energien [nach Gl. (1.18)] in eV angeben und erhält dadurch eine unmittelbare Vorstellung über die notwendigen Beschleunigungsspannungen, um eine Spektrallinie anzuregen.

Die Erfolge der Bohrschen Rechnungen waren für die damalige Zeit großartig. Sie stellten zwar keine echten Erklärungen dar, sie gingen von Postulaten aus; aber in welcher Theorie steckt nicht mehr oder weniger sichtbar ein Stückchen Hypothese? Sie konnte noch nicht alle bekannten Eigenheiten des H-Spektrums erklären, aber man hoffte, durch Berücksichtigung von Feinheiten, weiter zu kommen. So lassen sich z. B., wenn man auch Ellipsenbahnen zuläßt, Termaufspaltungen deuten. Vor allem die Schule von A. SOMMERFELD (1868–1951) hat hierzu wesentliche Gedanken beigetragen. Dabei wurden die Grenzen des Bohrschen Modelles deutlich abgesteckt, was mit zur Begründung einer neuen Mechanik beitrug.

Die Behandlung von Atomen mit 2 oder mehr Elektronen führt zu neuen Schwierigkeiten. Man kann mathematisch zeigen, daß 3-Körper-Probleme nur in speziellen Fällen lösbar sind; Mehrkörperprobleme können nur näherungsweise und mit größerem Aufwand behandelt werden. Diese grundsätzlichen Schwierigkeiten löst auch die Wellenmechanik nicht.

Das Bohrsche Atommodell war einer der wichtigsten Schritte auf dem Weg zu unseren heutigen Vorstellungen von der Struktur der Atome.

1.1.3. Franck-Hertzsche Stoßversuche

Die Existenz stationärer Zustände in einem dynamischen System war für die Zeit am Anfang dieses Jahrhunderts ein völlig neuartiger Gedanke. J. FRANCK (1882–1964) und G. HERTZ (1887–1975) bestätigten dies von ganz anderer

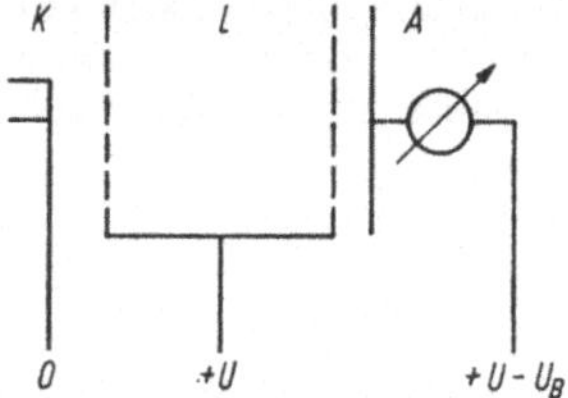

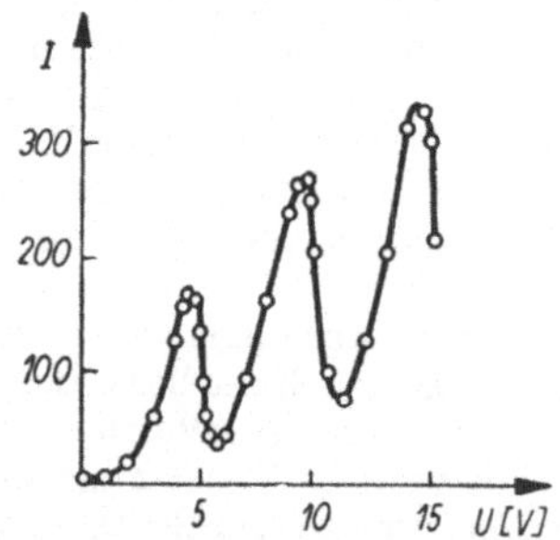

Abb. 1.6. Prinzip der Elektronenstoßanordnung von FRANCK, HERTZ.

Auf der sehr kurzen Strecke zwischen Kathode (K) und erstem Gitter erhalten die Elektronen die Energie eU. Verlieren sie im Laufraum L beim Stoß mit Atomen Energie, dann können sie das Gegenpotential zur Anode ($U - U_B$) nicht überwinden

Abb. 1.7. Strom-Spannungs-Charakteristik des Elektronenstromes bei Stößen mit Quecksilberatomen

Seite. Sie wollten mit ihren Versuchen um 1912 eine Theorie von TOWNSEND (1868–1957) prüfen, die bei Gasentladungen unter bestimmten Bedingungen eine Vervielfachung der Elektronen beim Stoß mit Atomen und Molekülen annahm. Aus einem glühenden Platindraht austretende Elektronen wurden auf eine bestimmte Energie beschleunigt und dann deren Verhalten auf verschiedene Weise analysiert.

Es zeigte sich, zum Teil erst später, daß Photoeffekte und ähnliche Erscheinungen die Deutung der Ergebnisse sehr erschwerten. Bei allen Experimenten traten Nichtlinearitäten auf. Bei Untersuchungen an Hg-Dampf zeigte sich mit der Anordnung Abb. 1.6 die in Abb. 1.7 wiedergegebene Strom-Spannungs-Charakteristik. Im Abstand von 4,9 V traten Maxima auf; der nachfolgende Abfall zeigte an, daß die Elektronen Energie verloren hatten und demzufolge nicht mehr die Auffängerelektrode erreichen konnten. Diese Energie entsprach einer Wellenlänge von 253,7 nm. WOOD hatte beobachtet, daß Quecksilber diese Frequenz stark absorbiert und emittiert und die Experimentatoren brachten diese Erscheinungen mit den Planckschen Oszillatoren in Verbindung, noch nicht mit dem Bohrschen Modell. Später konnte gezeigt werden, daß bei den charakteristischen Elektronenenergien tatsächlich auch die 253,7-nm-Linie emittiert wird. Diese „Spektroskopie mit dem Voltmeter" bestätigt also das Quantenmodell.

Derartige Elektronenstreuexperimente werden seit einiger Zeit in verstärktem Maße an Molekülen und Festkörperoberflächen gemacht; mit verfeinerten Nachweismethoden lassen sich schon sehr kleine Energieverluste und damit Energieniveaus in den bestrahlten Stoffen nachweisen.

1.2. Grundlagen der Wellenmechanik

1.2.1. Weitere Beiträge zur Photonenvorstellung

Im Verlauf der letzten Jahrhunderte wechselten die Vorstellungen über die Natur des Lichtes mehrmals. Als typische Vertreter extremer Anschauungen seien nur J. NEWTON (1642–1727) und J. A. FRESNEL (1788–1827) genannt. Im 19. Jahrhundert herrschte die Meinung vor, daß es sich um eine Wellenerscheinung handele. 1887 beobachtete H. HERTZ (1857–1894) und 1888 W. HALLWACHS (1859–1922) den Elektronenaustritt aus Metalloberflächen bei Bestrahlung mit kurzwelligem Licht. Wenn man eine kontinuierliche elektromagnetische Welle annimmt und abschätzt, welche Leistung sie auf ein Atom in der Oberfläche des Metalles übertragen kann,

dann würde es mehrere Tage· dauern, bis die zugeführte Energie ausreicht, die Austrittsarbeit für ein Elektron (A) zu überwinden.
1905 griff EINSTEIN die von PLANCK postulierte Quantenvorstellung auf und nahm an, daß Licht als ein Strom von Photonen der Energie $h\nu$ aufgefaßt werden kann, die sich geradlinig mit der Lichtgeschwindigkeit c fortbewegen. Dann ist

$$h\nu = A + \frac{m}{2}\, v^2;\qquad (1.29)$$

die Geschwindigkeit v der austretenden Elektronen konnte LENARD schon 1902 mit einer Gegenfeldmethode genau bestimmen. Diese Be

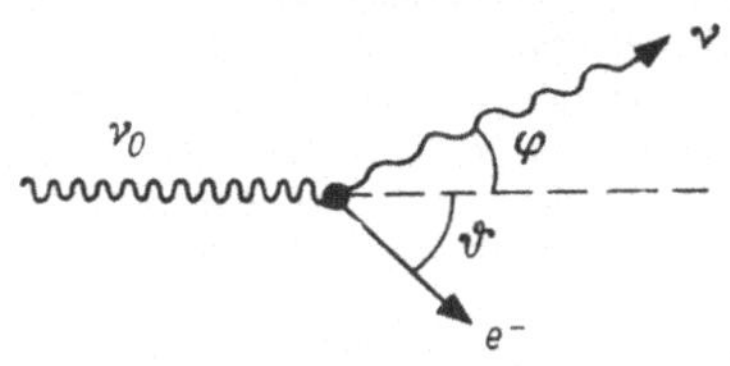

Abb. 1.8. Streugeometrie beim Compton-Effekt.
φ, ϑ: Ablenkwinkel des Photons ($h\nu$) bzw. des Elektrons (e^-)

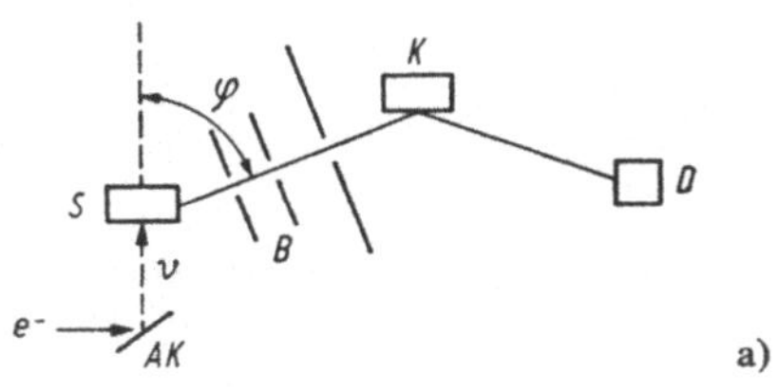
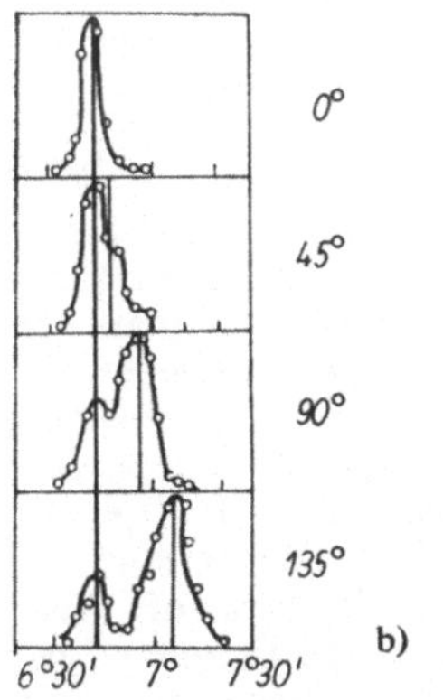

a)

b)

Abb. 1.9. Compton-Effekt
a) Experimentelle Anordnung. AK Antikathode zur Erzeugung einer möglichst intensiven Röntgenlinie; S Streufolie; B Blendensystem; K Kristall zur Wellenlängenanalyse des gestreuten Strahles; D Detektor.
b) Streuspektrum der K_α-Linie von Molybdän an Elektronen im Graphit bei Streuwinkeln von $\varphi = 0°$, 45°, 90°, 135°

ziehung gibt den experimentellen Befund gut wieder.
P. N. LEBEDEW (1866–1912) zeigte, daß auf eine Wand auftreffende elektromagnetische Strahlung einen Druck ausübt, der der Energiedichte proportional ist. Im Teilchenbild entsteht Druck durch Wandstöße, also durch Übertragung von Impuls. Wenn man das Photonenbild benutzt, muß man demnach den Photonen einen Impuls bzw. eine träge Masse zubilligen. Dieser Gedanke wurde erstmals 1904 von F. HASENÖHRL (1874–1915) ausgesprochen. Da Photonen sich mit Lichtgeschwindigkeit bewegen, muß man vom Ansatz der speziellen Relativitätstheorie ausgehen und schreiben

$$E_{\mathrm{ph}} = m_{\mathrm{ph}}c^2 = h\nu.\qquad (1.30)$$

Hieraus folgt m_{ph} und daraus der Impuls $m_{\mathrm{ph}}c$ zu

$$p_{\mathrm{ph}} = \frac{h\nu}{c} = \frac{h}{\lambda}.\qquad (1.31)$$

Der Nachweis des Impulses einzelner Photonen im Bereich des sichtbaren Lichtes ist aber unwahrscheinlich. Um 1922 untersuchte A. H. COMPTON (1892–1962) die Streuung von Röntgenstrahlen an Graphit und anderen leichten Elementen. Aus früheren Arbeiten von THOMSON war zu erwarten, daß praktisch nur Elektronen als Streuzentren wirken: sie werden von den elektromagnetischen Wellen in periodische Bewegungen versetzt und stellen so schwingende Dipole dar. Atomkerne sind wegen ihrer großen Masse zu träge. Diese Streustrahlung gleicher Frequenz wurde auch in der erwarteten Richtungsabhängigkeit beobachtet; es trat aber eine weitere Komponente auf, deren Verschiebung zu längeren Wellenlängen von der Beobachtungsrichtung abhing. Die chemische Natur des Streukörpers spielte offenbar keine Rolle (Abb. 1.8 und 1.9).
COMPTON und P. DEBYE (1884–1966) erklärten diese Erscheinung als Folge eines elastischen Stoßes zwischen Photon und Elektron. Die Energie der Röntgenstrahlung war groß gegenüber der Bindungsenergie der Elektronen der benutzten leichten Elemente, so daß viele Elektronen vom Atom abgetrennt wurden und als frei angesehen werden konnten. Dann müssen Energie- und Impulssatz gelten, wobei die relativistische Form angebracht ist (ν_0 = Frequenz vor und ν = Frequenz nach dem Stoß).
Energiesatz:

$$h\nu_0 = h\nu + m_e c^2 \left(\frac{1}{\sqrt{1 - \dfrac{v^2}{c^2}}} - 1 \right).$$

Impulssatz [mit Gl. (1.31)]:

$$\frac{h\nu_0}{c} = \frac{h\nu}{c}\cos\varphi + \frac{m_e v}{\sqrt{1-\dfrac{v^2}{c^2}}}\cos\vartheta,$$

$$0 = \frac{h\nu}{c}\sin\varphi + \frac{m_e v}{\sqrt{1-\dfrac{v^2}{c^2}}}\sin\vartheta.$$

Durch Quadrieren und Addieren der beiden Impulsgleichungen erhält man

$$\frac{m_e^2 v^2}{1-\dfrac{v^2}{c^2}} = -2\frac{h^2}{c^2}\nu\nu_0\cos\varphi + \frac{h^2}{c^2}(\nu_0^2 + \nu^2).$$

Den Energiesatz kann man durch Quadrieren auf die Form

$$\frac{h^2}{c^2}(\nu_0 - \nu)^2 + 2h(\nu_0 - \nu)\,m_e = \frac{m_e^2 v^2}{1-\dfrac{v^2}{c^2}}$$

bringen. Gleichsetzung beider Beziehungen führt zu

$$\nu_0 - \nu = \frac{h}{m_e c^2}\,\nu_0\nu(1 - \cos\varphi)$$

und nach Division durch $\nu_0\nu/c$ wird daraus

$$\lambda - \lambda_0 = \frac{h}{m_e c}(1 - \cos\varphi) = \lambda_c(1 - \cos\varphi).$$

$$(1.32)$$

Diese Gleichung gibt die Abnahme der Frequenz der gestreuten Röntgenstrahlung mit zunehmendem Streuwinkel φ richtig wieder. Die sog. Compton-Wellenlänge

$$\lambda_c = \frac{h}{m_e c} = 2{,}426\,21 \cdot 10^{-12}\,\text{m} \qquad (1.33)$$

ist eine charakteristische Größe des Elektrons; ihr Wert zeigt, daß im sichtbaren Bereich des Spektrums – abgesehen davon, daß dann keine freien Elektronen mehr entstehen könnten – ein Compton-Effekt nicht mehr beobachtbar wäre, weil $\Delta\lambda/\lambda$ zu klein ist.
Man kann diese Beziehung, allerdings mit etwas mehr Aufwand, auch durch Bestimmung des Im-

pulses des gestoßenen Elektrons überprüfen. Der Compton-Effekt gehört zu den Versuchen, welche das Photonenbild am stärksten unterstützen.
Andere Experimente, z. B. alle Interferenzversuche, lassen sich leichter mit dem Wellenbild erklären. Um beide Bilder zu retten, stellt man sich das Photon als Wellenzug endlicher Länge und den Lichtstrom als einen Fluß vieler Photonen vor. Die Länge der Photonen stimmt etwa mit der sog. Kohärenzlänge überein, das ist die maximale Wegdifferenz zweier Teilstrahlen, die nach ihrer Zusammenführung noch interferieren.
In den 60er Jahren zeigt L. JANOSSY, daß selbst dann noch Interferenzen beobachtet werden, wenn die Intensität des Primärstrahles so gering ist, daß zu jeder Zeit höchstens ein Photon im Interferometer unterwegs ist. Hier wie auch bei der gewöhnlichen Interferenz muß sich das einzelne Photon teilen, da verschiedene Photonen wegen unterschiedlicher und nichtbestimmter Phasenlagen nicht miteinander interferieren können.
Dieser Dualismus ist klassisch nicht verständlich. Er zeigt, daß man sich offenbar im atomaren Bereich von mancher gewohnten Vorstellung wie Teilchenbahn, Ort und Geschwindigkeit u. a. trennen, zumindest aber sie neu formulieren muß.

1.2.2. Materiewellen

Ein Photon als zeitlich begrenzter Wellenzug ist nicht mehr monochromatisch (Abb. 1.10). Führt man eine Fourier-Transformation durch, dann ergibt sich ein Spektrum endlicher Breite; zwischen Zeitdauer ΔT und Spektrenbreite $\Delta\nu$ besteht der fundamentale Zusammenhang

$$\Delta\nu = 1/2\pi\,\Delta T. \qquad (1.34)$$

Mit der „Dauer" des Photons ist, da es sich mit Lichtgeschwindigkeit bewegt, auch eine räumliche Ausdehnung verbunden. Wollte man ein Photon genau lokalisieren, dann müßte es ein relativ breites Frequenzspektrum haben; man braucht dann zur Darstellung eine Gruppe von Frequenzen, die sich so überlagern, daß sie nur in einem engen Bereich endliche Werte ergeben. Solch eine Gruppe verhält sich, wenn die Ausbreitungsgeschwindigkeit von der Frequenz abhängt, also wenn Dispersion vorhanden ist, ganz anders als die einzelne Welle.

Wir zeigen das an der einfachsten Gruppe, der Überlagerung zweier harmonischer Wellenzüge φ_1 und φ_2 mit den Frequenzen ω_1, ω_2 und den Wellenzahlen $k_1 = 2\pi/\lambda_1$, $k_2 = 2\pi/\lambda_2$.

$$\varphi = \varphi_1 + \varphi_2 = a\sin(\omega_1 t - k_1 x) + a\sin(\omega_2 t - k_2 x),$$

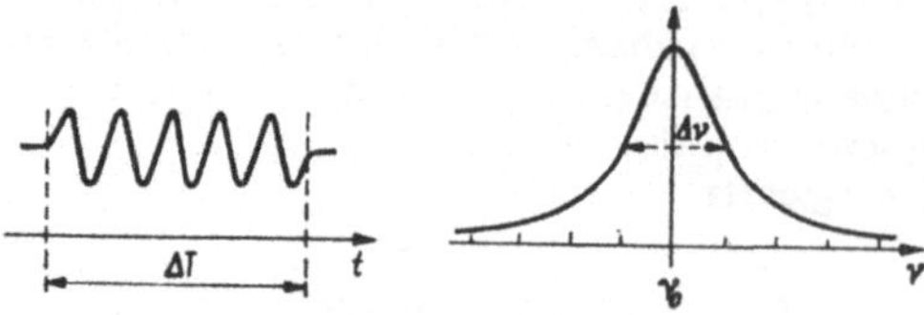

Abb. 1.10. Zusammenhang zwischen Zeit- und Frequenzspektrum

wobei $|\omega_1 - \omega_2| \ll \omega_1$, ω_2 und $|k_1 - k_2| \ll k_1$, k_2 sein sollen. Mit Hilfe der Additionstheoreme und unter Beachtung der fast gleichen Frequenzen wird daraus

$$\varphi \simeq 2a \cos\left(\frac{\Delta\omega}{2} t - \frac{\Delta k}{2} x\right) \sin(\omega t - kx).$$

Die ursprüngliche Welle ($\sin(\omega t - kx)$) wird amplitudenmoduliert mit $\cos\left(\frac{\Delta\omega}{2} t + \frac{\Delta k}{2} x\right)$. Die Ausbreitungsgeschwindigkeit ergibt sich aus der Geschwindigkeit von Punkten gleicher Phase. Für die ursprüngliche Welle gilt

$$u = \frac{\omega}{k} = \lambda\nu \tag{1.35}$$

und für die Amplitude, die sich aus beiden Teilwellen zusammensetzt, also für die Gruppe

$$u_{\text{g}} = \frac{\Delta\omega}{\Delta k} = -\lambda^2 \frac{\Delta\nu}{\Delta\lambda}. \tag{1.36}$$

Bei der Verallgemeinerung im eingangs erwähnten Sinne muß man das Wellenpaket durch ein Integral

$$\varphi = \int\limits_{\omega - \frac{\Delta\omega}{2}}^{\omega + \frac{\Delta\omega}{2}} a_\omega \sin(\omega t - kx + \vartheta)\, d\omega \tag{1.37}$$

darstellen, wobei hier noch die Anfangsphase ϑ hinzugefügt ist (Abb. 1.11); die Gruppengeschwindigkeit ist dann

$$u_{\text{g}} = \frac{d\omega}{dk}. \tag{1.36a}$$

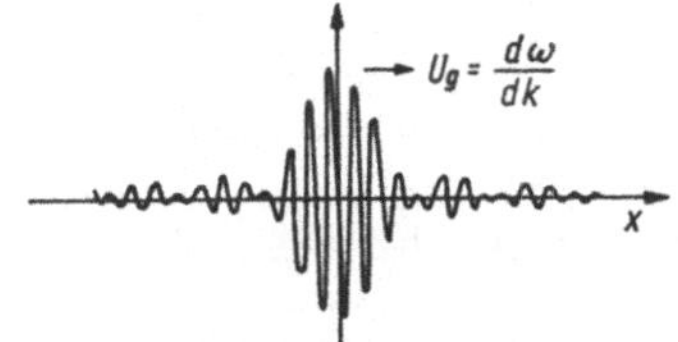

Abb. 1.11. Wellenpaket

Mit Hilfe dieses mathematischen Apparates kann man also durch Überlagerung von harmonischen Wellen, durch eine Gruppe, einen Ort lokalisieren, der sich mit der Gruppengeschwindigkeit fortbewegt. Je genauer man die Zeit fixieren will, um so breiter wird allerdings auch das Frequenz- und damit das Wellenlängenspektrum.
Anfang der 20er Jahre hatte der Compton-Effekt die Teilchenauffassung vom Licht gerechtfertigt. L. DE BROGLIE (1892–1987) stellte 1924 die Frage, ob man nicht umgekehrt Korpuskeln als Wellen darstellen kann. Einen Anstoß für diese Überlegung mag wohl auch das Streben nach Harmonie in unseren Vorstellungen von der Natur gewesen sein.
Hierzu sind natürlich nur Wellengruppen, im dreidimensionalen Raum spricht man oft von Wellenpaketen, geeignet. Die Teilchengeschwindigkeit muß dann der Gruppengeschwindigkeit entsprechen

$$v = u_{\text{g}} = \frac{d\omega}{dk} = -\lambda^2 \frac{d\nu}{d\lambda}. \tag{1.38}$$

Im potentialfreien Raum ist die Teilchenenergie durch die Beziehungen

$$\frac{p^2}{2m} = h\nu = \hbar\omega$$

mit einer Frequenz verknüpft. Daraus folgt

$$\frac{d\omega}{dk} = \frac{1}{\hbar}\frac{p}{m}\frac{dp}{dk}.$$

Da p/m die Teilchengeschwindigkeit ist, führt der Vergleich mit Gl. (1.38) zu der Bedingung

$$\frac{1}{\hbar}\frac{dp}{dk} = 1$$

bzw. wenn man bei der Integration die Konstante gleich Null setzt, zu

$$p = \hbar k = \frac{h}{\lambda} \quad \text{bzw.} \quad \lambda = \frac{h}{p} \tag{1.39}$$

(vgl. auch Abschn. 4.2.2.1.).
Dieselbe Beziehung hatten wir bereits in Gl. (1.31) abgeleitet, um den Impuls eines Photons zu berechnen; hier gilt sie für die Wellenlänge einer Korpuskel mit dem Impuls p. Wir müssen uns jetzt aber von der Vorstellung einer elektromagnetischen Welle lösen; wir sprechen von „Materiewellen" und sagen, ein Teilchen kann sich so verhalten wie eine Welle der de-Broglie-Wellenlänge $\lambda = h/p$.
Zur Prüfung dieser Auffassung schlug W. ELSÄSSER (1925) Versuche zur Elektronen- und Atombeugung an Kristallen vor. 1927 konnten C. J. DAVISSON (1881–1958) und L. H. GERMER den Nachweis durch Streuung langsamer Elektronen (30 bis 300 eV) an Nickel-Einkristallen bringen. Die reflektierten Elektronen wurden mit Faraday-Käfig eingefangen; es zeigten sich Maxima bei bestimmten Winkeln, die von der Elektronengeschwindigkeit abhängen. Die von G. P. THOMSON (1892–1975) 1927 eingeführte Methode der mittelschnellen Elektronen (etwa 10^4 eV) hat größere praktische Bedeutung: Ein durch Blenden herausgesiebter Elektronenstrahl geht durch das etwa 10 nm dicke Präparat; das Beugungsbild wird auf einer Photoplatte aufgefangen (Abb. 1.12). Die Aufnahmen sind den Laue-Diagrammen von Röntgenstrahlen sehr ähnlich. Durch Vergleich kann man die Wellenlänge der Elektronen abschätzen und die Gl. (1.39) quantitativ bestätigen. Man muß zur Berechnung von λ natürlich relativistische Massenveränderungen berücksichtigen, also

$$\lambda = \frac{h}{mv}\sqrt{1 - \frac{v^2}{c^2}} \tag{1.39a}$$

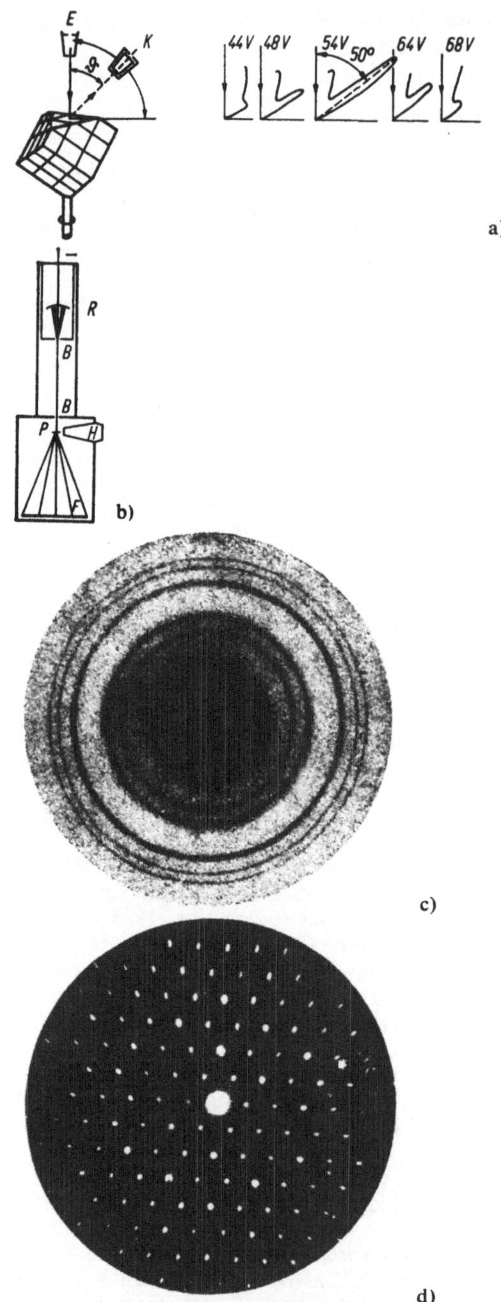

Abb. 1.12. Beugung von Elektronenstrahlen an Kristallen.

a) Reflexion langsamer Elektronen verschiedener Energien an einem Nickel-Einkristall. E Elektronenquelle; K Detektor; ϑ Streuwinkel.
b) Beugung mittelschneller Eletkronen (etwa 50 kV) an dünnen Pulver- oder Einkristallschichten. R Elektronenquelle und -optik; B Blenden; P Präparat mit Halter (H); F Film.
c) Debye-Scherrer-Ringe von Kristallpulver und
d) Beugungsmaxima eines Glimmerblättchens

setzen. Das ergibt für Elektronen folgende Wellenlängen:

Bei E: 10^2 eV, 10^3 eV, 10^4 eV, 10^5 eV, ist λ: 0,1226 nm, 0,0388 nm, 0,0122 nm, 0,00370 nm.

Man erfaßt also einen Wellenlängenbereich, in dem auch Röntgenstrahlen existieren. Die Beugung der Elektronenwellen erfolgt aber nicht an Hüllenelektronen, sondern hauptsächlich an den Atomkernen. Damit hängt das höhere Beugungsvermögen der Materie und die starke Absorption der Elektronenstrahlen zusammen; man kann nur sehr dünne Schichten (um 10 nm) benutzen. Trotzdem tritt Mehrfachbeugung auf. Heute wird Elektronenbeugung oft in Verbindung mit dem Elektronenmikroskop verwendet, dessen Funktion, besonders das höhere Auflösungsvermögen, auch durch die Welleneigenschaft der Materie bestimmt wird.

In unseren bisherigen Diskussionen scheint noch eine Diskrepanz zu stecken: Wir sprachen anfangs von einem Wellenpaket und ordnen nun dem Teilchen eine bestimmte Wellenlänge zu. Wir haben aber darauf hingewiesen, daß z. B. ein Elektron nicht eine Welle ist, sondern nur bei bestimmten Experimenten als Welle aufgefaßt werden kann. Wenn wir deren Frequenz genau definieren oder messen, verzichten wir gleichzeitig auf eine genaue Kenntnis der Zeit.

Mit dem Dualismus Welle–Korpuskel ist eine aus der alltäglichen Erfahrung heraus nicht verständliche Grenze der gleichzeitigen Kenntnis von Energie und Zeit bzw. Ort und Impuls (das sind jeweils kanonisch konjugierte Koordinaten) verbunden, die in vereinfachter Form in Gl. (1.34) bereits auftrat und nach Multiplikation mit h in der Form

$$\Delta E \, \Delta T = h \qquad (1.40)$$

geschrieben werden kann: Das Produkt aus Energie- und Zeitunschärfe ist mindestens gleich h. Diese zuerst von W. HEISENBERG formulierte Unschärferelation ist für die Quantenmechanik von grundlegender Bedeutung; wir werden später nochmals darauf zurückkommen.

1.2.3. Schrödinger-Gleichung

Wenn ein Teilchen auch als Welle aufgefaßt werden kann, müßte es möglich sein, das Verhalten aus einer Wellengleichung abzuleiten. Diese haben die Form

$$\frac{\partial^2 S}{\partial t^2} = u^2 \, \Delta S; \qquad (1.41)$$

dabei ist u die Ausbreitungsgeschwindigkeit und Δ der Laplace-Operator, also etwa in einem rechtwinkligen Koordinatensystem die Vorschrift

$$\Delta = \frac{\partial^2}{\partial x^2} + \frac{\partial^2}{\partial y^2} + \frac{\partial^2}{\partial z^2}. \qquad (1.42)$$

Wir interessieren uns nicht für den zeitlichen Verlauf, nur für die stationären Zustände, und spalten die Zeitabhängigkeit durch den Ansatz $S = \psi\, e^{-i\omega t}$ ab. Dann erhält man für die Amplitudenfunktion

$$\Delta\psi + \frac{\omega^2}{u^2}\,\psi = 0 \quad \text{bzw.} \quad \Delta\psi + \frac{4\pi^2}{\lambda^2}\,\psi = 0. \qquad (1.43)$$

Ersetzt man λ durch Gl. (1.39), dann wird

$$\frac{4\pi^2}{\lambda^2} = \frac{m^2 v^2}{\hbar^2} = \frac{2m}{\hbar^2}\,E_{\text{kin}}$$

und wenn man die kinetische Energie durch die Gesamtenergie E und die potentielle Energie U ausdrückt

$$\Delta\psi + \frac{2m}{\hbar^2}\,(E - U)\,\psi = 0. \qquad (1.44)$$

Diese Gleichung wurde erstmals 1926 von E. SCHRÖDINGER (1887–1961) angegeben; ihre Lösung, die Zustandsfunktion ψ, spiegelt die Eigenschaften des Teilchens oder des Systems wider; ψ kann komplex sein. $\psi\psi^*\,d\tau$ kann man als Wahrscheinlichkeit deuten, das Teilchen im Volumenelement $d\tau$ zu finden. Infolgedessen muß

$$\int \psi\psi^*\,d\tau = 1 \qquad (1.45)$$

sein; das ist die Normierungsbedingung. Bei positiver kinetischer Energie $(E - U > 0)$ gibt es für alle Energiewerte endliche und stetige Lösungen; für $E - U < 0$ existieren nur für ganz bestimmte Energiewerte Lösungen, die man dann als Eigenfunktion bezeichnet; die diskreten Parameter, für welche diese Lösungen existieren, nennt man Eigenwerte. Bei $U = \infty$ ist $\psi = 0$, d. h., in diesem Gebiet kann sich kein Teilchen aufhalten. Vielfach spielen bei der Auswahl unter verschiedenen mathematisch möglichen Lösungen noch physikalische Gesichtspunkte eine Rolle. Die Lösung muß „vernünftig" sein, sie soll z. B. im Unendlichen gegen Null konvergieren.
Um den Formalismus der Quantenmechanik etwas verständlich zu machen – wir haben hier keine Ableitung der Schrödinger-Gleichung im strengen Sinn gebracht, sondern nur versucht, gewisse Parallelen zu ziehen – schreiben wir Gl. (1.44) in der Form

$$\left(-\frac{\hbar^2 \Delta}{2m} + U\right)\psi = E\psi. \qquad (1.46)$$

Dann kann man die Klammer als Vorschrift auffassen, wie man ψ behandeln soll; man spricht

von Operatoren. Das Glied $-\dfrac{\hbar^2 \Delta}{2m}$ müßte dann der kinetischen Energie entsprechen und die Klammer dem Operator der Gesamtenergie, den man in Anlehnung an die Hamilton-Jacobische Mechanik den Hamilton-Operator $\overline{H}$ nennt. Damit ist

$$\overline{H}\psi = E\psi. \qquad (1.47)$$

Ein Vergleich mit dem klassischen Ausdruck für die kinetische Energie legt es nahe,

$$-i\hbar\nabla = \overline{p} \qquad (1.48)$$

als Impulsoperator einzuführen $\left(\nabla = \dfrac{\partial}{\partial x} + \dfrac{\partial}{\partial y} + \dfrac{\partial}{\partial z}\right)$.
Die Operatoren kartesischer Koordinaten sind die Koordinaten selbst: $\overline{x}, \overline{y}, \overline{z}$, d. h. die Funktion muß nur mit x, y bzw. z multipliziert werden.
Den Operator für den Drehimpuls gewinnen wir aus der klassischen Definition $\vec{L} = [\vec{r} \times \vec{p}]$ zu

$$\overline{L} = -i\hbar[\overline{r} \times \nabla] \qquad (1.49)$$

bzw. für die einzelnen Komponenten

$$\overline{L}_x = -i\hbar\left(\overline{y}\,\frac{\partial}{\partial z} - \overline{z}\,\frac{\partial}{\partial y}\right), \qquad (1.49\,\text{a})$$

$$\overline{L}_y = -i\hbar\left(\overline{z}\,\frac{\partial}{\partial x} - \overline{x}\,\frac{\partial}{\partial z}\right), \qquad (1.49\,\text{b})$$

$$\overline{L}_z = -i\hbar\left(\overline{x}\,\frac{\partial}{\partial y} - \overline{y}\,\frac{\partial}{\partial x}\right). \qquad (1.49\,\text{c})$$

Derartige Operatoren spielen in der heutigen Auffassung der Quantenmechanik eine entscheidende Rolle.

> 1. Man geht davon aus, daß jeder physikalischen Größe, jeder Observablen P, ein Operator $\overline{P}$ entspricht.
> 2. Die einzigen möglichen Werte, die bei der Messung der physikalischen Größe auftreten können, sind die Eigenwerte der Gleichung
> $$\overline{P}\psi_\lambda = p_\lambda\psi_\lambda. \qquad (1.50)$$

Die Schrödinger-Gleichung in der Form (1.47) ist ein spezieller Fall dieser Beziehung.

> 3. Bei wiederholter Messung der Größe P ist der Erwartungswert, das ist das arithmetische Mittel aller möglichen Messungen, gegeben durch
> $$\langle p \rangle = \int \psi^*\overline{P}\psi\,d\tau. \qquad (1.51)$$

Hierbei ist vorausgesetzt, daß ψ normiert ist, also Gl. (1.45) gilt.

Nicht alle Arten von Operatoren sind möglich; physikalische Bedeutung haben nur sog. *hermitesche Operatoren*, die durch die Bedingung

$$\int \psi_l{}^*\bar{P}\psi_m\, d\tau = \int \psi_m\bar{P}^*\psi_l{}^*\, d\tau \qquad (1.52)$$

definiert sind. Das ist deshalb wichtig, weil man zeigen kann, daß hermitesche Operatoren stets reelle Eigenwerte haben.

Schließlich sei noch darauf hingewiesen, daß die Reihenfolge der Anwendung von Operatoren nicht beliebig ist, sie sind nicht immer vertauschbar, Das gilt z. B. für Ort und Impuls. Es folgt mit Gl. (1.48)

$$[\bar{p}, \bar{q}] = \bar{p}\bar{q} - \bar{q}\bar{p} = i\hbar. \qquad (1.53)$$

Hieraus kann man mit etwas mathematischem Aufwand die *Heisenbergsche Umschärferelation*

$$\Delta p\, \Delta q > \hbar/2 \qquad (1.54)$$

ableiten; d. h. die nicht zu vertauschbaren Operatoren gehörenden Observablen sind nicht gleichzeitig mit beliebiger Schärfe meßbar.

Dagegen sind z. B. Impulsoperatoren miteinander vertauschbar. Denn es ist

$$[\bar{p}_l, \bar{p}_k] = \bar{p}_l\bar{p}_k - \bar{p}_k\bar{p}_l$$

$$= \left(-i\hbar \frac{\partial}{\partial x_l}\right)\left(-i\hbar \frac{\partial}{\partial x_k}\right) - \left(-i\hbar \frac{\partial}{\partial x_k}\right)\left(-i\hbar \frac{\partial}{\partial x_l}\right) = 0,$$

$$\qquad (1.55)$$

denn beim Differenzieren ist die Reihenfolge gleichgültig. Man kann zeigen, daß vertauschbare Operatoren immer die gleichen Eigenzustände haben müssen. Die dazu gehörigen Observablen sind exakt bestimmbar.

Bereits ehe SCHRÖDINGER die neuen Grundprinzipien der Quantenmechanik in die Form einer Differentialgleichung kleidete, hatte W. HEISENBERG einen anderen Weg gewählt. Die Schuld an den Unzulänglichkeiten der Bohrschen Theorie schob er auf die sehr vereinfachenden Modellvorstellungen: Um die beobachteten Spektren zu erklären, wurden Begriffe der klassischen Mechanik, wie Ort, Geschwindigkeit, Bahn u. ä., auf das Elektron übertragen, ohne irgend einen Hinweis, ob diese Begriffe auch im Mikrobereich noch gelten. Daher versuchte er, eine neue Mechanik aufzubauen, die nur beobachtbare Größen enthält, zwischen denen bestimmte Verknüpfungsrelationen bestehen müssen.

Der Messung zugänglich sind die von angeregten Atomen ausgesandten Spektrallinien und die daraus ableitbaren Energiestufen. Letztere lassen sich nach der Franck-Hertz-Methode auch unmittelbar bestimmen. Periodische Vorgänge lassen sich durch eine Fourier-Reihe beliebig genau darstellen. Das Spektrum eines Atoms – wir wiesen bereits darauf hin – läßt sich aber nicht aus Grund- und Oberwellen aufbauen, sondern hängt im einfachsten Fall von zwei Zuständen, also zwei Parametern, ab. Die Zustände des Atoms müssen demnach durch eine zweifach unendliche Mannigfaltigkeit dargestellt werden. Dafür eignen

sich am besten Matrizen, z. B.

$$\bar{P} = \begin{vmatrix} p_{11} & p_{12} & p_{13} & \cdots \\ p_{21} & p_{22} & p_{23} & \cdots \\ p_{31} & p_{32} & p_{33} & \cdots \\ \vdots & \vdots & \vdots & \end{vmatrix} = |p_{ij}|. \qquad (1.56)$$

Für diese Matrizen sollen die Gesetze der klassischen Mechanik gelten, so daß eine Matrizenmechanik die klassische Mechanik als Sonderfall enthält.

Man kann zu einer Matrix die konjugiert komplexe bilden, indem man jedes Element konjugiert komplex nimmt:

$$\bar{P}^* = |p_{ij}{}^*|. \qquad (1.57)$$

Vertauscht man Zeilen und Spalten, dann erhält man die transponierte Matrix

$$\widetilde{P} = |p_{ji}| \qquad (1.58)$$

und beides zusammen ergibt die adjungierte Matrix

$$P^+ = |p_{ji}{}^*| = \widetilde{P}^*. \qquad (1.59)$$

Stimmt eine Matrix mit ihrer adjungierten überein, ist also

$$P = \widetilde{P}^*, \qquad (1.60)$$

dann spricht man von hermitescher Matrix. Man erkennt, daß diese Bedingung der Beziehung für hermitesche Operatoren (1.52) äquivalent ist.

HEISENBERG fordert, daß physikalische Größen nur durch hermitesche Matrizen dargestellt werden (analog zur Forderung an Operatoren). Weiterhin werden Vertauschungsrelationen angenommen, die für Orts- und Impulsmatrizen [analog zu Gln. (1.53) und (1.55)] lauten

$$Q_m Q_n - Q_n Q_m = 0, \quad P_m P_n - P_n P_m = 0,$$

$$P_m Q_n - Q_m P_n = -i\hbar\delta_{nm}E. \qquad (1.61)$$

E ist die Einheitsmatrix und

$$\delta_{nm} \begin{cases} = 1 & \text{für} \quad n = m \\ = 0 & \text{für} \quad n \neq m. \end{cases}$$

Die Lösung eines Problems geht dann so vor sich: Man bildet nach den Gesetzen der klassischen Mechanik, aber mit den Variablen in Matrixform, die Hamilton-Funktion H, die damit auch Matrixcharakter hat. Dann sucht man einen Satz von Variablen, bei dem $\bar{H}$ zur Diagonalmatrix wird, also nur Elemente $H_{kk} = E_k$ enthält; diese Elemente stellen die Energieeigenwerte des Problems dar.

Obwohl vom Ansatz her die Matrizenmechanik ganz anders als die Wellenmechanik zu sein scheint, führen beide Methoden zu denselben Ergebnissen. Man kann zeigen, daß dies auf innerer Verwandtschaft beruht. Nehmen wir z. B.

an, daß wir aus der Eigenwertgleichung (1.50) einen vollständigen Satz von Eigenfunktionen ψ_λ gewonnen haben, dann kann man damit Matrizen bilden, deren Elemente z. B. die Form haben

$$p_{ij} \equiv \int \psi_i^* \bar{P} \psi_j \, \mathrm{d}\tau. \qquad (1.62)$$

Sie genügen denselben Gleichungen wie die zugehörigen Operatoren.

Nehmen wir an, wir hätten zwei solcher Operatoren $\bar{R}$ und $\bar{S}$, die auf ψ_λ ebenso wirken wie $\bar{P}$, und bilden damit analog zu Gl. (1.62) R_{ij} und S_{ij}, dann genügt es zu zeigen, daß die Analogie für Addition und Multiplikation gilt. Die Rechenregeln für Matrizen besagen

$$(R + S)_{ij} = R_{ij} + S_{ij} \qquad (1.63)$$

und

$$(RS)_{ij} = \sum_\lambda R_{i\lambda} S_{\lambda j}. \qquad (1.64)$$

Die Richtigkeit von Gl. (1.63) folgt sofort durch Einsetzen. Um Gl. (1.64) zu beweisen, entwickeln wir $\bar{S}\psi_j$ nach ψ_i

$$\bar{S}\psi_i = \sum_\lambda a_{\lambda j}\psi_\lambda, \qquad (1.65)$$

wobei der Entwicklungskoeffizient

$$a_{ij} = \int \psi_i^* \bar{S}\psi_j \, \mathrm{d}\tau = S_{ij} \qquad (1.66)$$

ist; man multipliziert hierzu (1.65) von links mit ψ_i^* und integriert über den Konfigurationsraum, wobei die Orthogonalität der Eigenfunktionen

$$\int \psi_i^*\psi_j \, \mathrm{d}\tau = \begin{array}{l} 1 : i = j \\ 0 : i \neq j \end{array} \qquad (1.67)$$

beachtet werden muß. Aus Gl. (1.64) wird mit der Definition Gl. (1.62)

$$(RS)_{ij} = \int \psi_i^* \bar{R} \sum_\lambda a_{\lambda j}\psi_\lambda \, \mathrm{d}\tau$$

$$= \sum_\lambda \int \psi_i^* \bar{R}\psi_\lambda \, \mathrm{d}\tau a_{\lambda j} = \sum_\lambda R_{i\lambda} S_{\lambda j}. \qquad (1.68)$$

Damit kann man leicht von der Operatorform zur Matrizendarstellung übergehen.
Wir können hier nicht auf die gesamte Problematik eingehen, sondern nur auf einige Grundlagen hinweisen. Die Behandlung einiger Beispiele soll diese Methoden und Prinzipien weiter verdeutlichen.

1.2.4. Anwendung der Schrödinger-Gleichung auf einfache Fälle

1.2.4.1. Kräftefreier Massenpunkt

Wenn die potentielle Energie $U = 0$ ist, kann $E = p^2/2m$ geschrieben werden. Setzt man diese Beziehung ein und berücksichtigt Gl. (1.39), dann wird die Ausgangsgleichung in rechtwinkligen Koordinaten

$$\frac{\partial^2\psi}{\partial x^2} + \frac{\partial^2\psi}{\partial y^2} + \frac{\partial^2\psi}{\partial z^2} + k^2\psi = 0. \qquad (1.69)$$

Zur Trennung der Variablen setzt man ψ als Produkt von drei Funktionen an:

$$\psi = \psi_1(x)\,\psi_2(y)\,\psi_3(z). \qquad (1.70)$$

Dann kann man umformen in

$$\frac{1}{\psi_1}\frac{\partial^2\psi_1}{\partial x^2} + k_1^2 + \frac{1}{\psi_2}\frac{\partial^2\psi_2}{\partial y^2} + k_2^2 + \frac{1}{\psi_3}\frac{\partial^2\psi_3}{\partial z^2}$$
$$+ k_3^2 = 0$$

mit

$$k_1^2 + k_2^2 + k_3^2 = k^2.$$

Damit ist das Problem auf die Lösung der Gleichung

$$\frac{\partial^2\psi_1(x)}{\partial x^2} + k_1^2\psi_1(x) = 0 \qquad (1.71)$$

zurückgeführt, die man sofort in der Form

$$\psi_1(x) = A_1 \, \mathrm{e}^{\pm ik_1 x} \qquad (1.72)$$

hinschreiben kann. Damit hat man ψ, und wir sehen, daß alle k-Werte und damit alle Energien im ganzen Raum möglich sind.
Wir nehmen jetzt an, das Teilchen sei in einem Kasten mit den Seitenlängen l_1, l_2, l_3 mit dem Rauminhalt $V = l_1 l_2 l_3$ eingeschlossen. Wir müssen jetzt aus der allgemeinen Lösung diejenigen aussuchen, für die $(\psi(x, y, z))^2$ außerhalb des Kastens verschwindet; aus Gründen der Stetigkeit verlangen wir, daß es bereits an den Begrenzungen verschwindet. Wir schreiben, um diese Randbedingungen einhalten zu können, die Lösung [(1.72) und (1.70)] in der Form

$$\psi = (A_1 \, \mathrm{e}^{ik_1 x} + A_{-1} \, \mathrm{e}^{-ik_1 x})(A_2 \, \mathrm{e}^{ik_2 y} + A_{-2} \, \mathrm{e}^{-ik_2 y})$$
$$\times (A_3 \, \mathrm{e}^{ik_3 z} + A_{-3} \, \mathrm{e}^{-ik_3 z}). \qquad (1.73)$$

Der Ursprung des Koordinatensystems liege in einer Ecke des Kastens. Dann lauten die Randbedingungen

$$A_i + A_{-i} = 0, \qquad A_i \, \mathrm{e}^{ik_i l_i} + A_{-i} \, \mathrm{e}^{-ik_i l_i} = 0.$$

Aus dem ersten Ausdruck folgt, daß ψ nur durch Sinus-Funktionen dargestellt werden kann, denn nur diese ergeben am Anfang bei beliebigen Amplitudenfaktoren Null. Das zweite Glied besagt, daß diese Sinus-Funktionen auch am gegenüberliegenden Rand verschwinden müssen; also muß $k_i l_i = n_i\pi$ sein, wobei n_i eine ganze Zahl bedeutet. Damit ist

$$\psi = A \sin\left(\frac{n_1\pi}{l_1} x\right) \sin\left(\frac{n_2\pi}{l_2} y\right) \sin\left(\frac{n_3\pi}{l_3} z\right),$$
$$(1.74)$$

$$k^2 = \left(\frac{n_1^2}{l_1^2} + \frac{n_2^2}{l_2^2} + \frac{n_3^2}{l_3^2}\right)\pi^2$$

---

und

$$E = \frac{k^2 \hbar^2}{2m} = \frac{\hbar^2}{2m} \left(\frac{n_1^2}{l_1^2} + \frac{n_2^2}{l_2^2} + \frac{n_3^2}{l_3^2} \right) \pi^2.$$

Wir erhalten also eine abzählbare, unendliche Menge erlaubter Energiewerte; sie lassen sich günstig darstellen, wenn man ein Punktgitter konstruiert, dessen Seitenlängen $1/l_1$, $1/l_2$ und $1/l_3$ sind. Derartige reziproke Gitter spielen in der Kristallphysik eine große Rolle.

1.2.4.2. Durchgang durch Potentialschwelle

Wir nehmen eine eindimensionale Bewegung an (Abb. 1.13). Das Teilchen habe eine Energie E

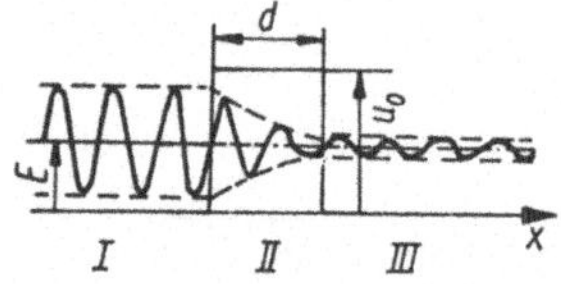

Abb. 1.13. Zum Tunneleffekt (Erläuterungen im Text)

und bewege sich zunächst im potentialfreien Gebiet I. Bei $x = 0$ beginnt ein Potential $U_0 > E$, das bis $x = d$ geht und dann wieder nach Null abfällt. Die Wellenzahlen sind

$$k_1 = \sqrt{2mE}/\hbar \quad \text{im Gebiet I und III und}$$
$$k_2 = \sqrt{2m(E - U_0)}/\hbar \quad \text{im Gebiet II.} \qquad (1.75)$$

Wir merken an, daß k_2 imaginär ist.
Nach den bisherigen Erfahrungen setzen wir die Wellenfunktion für die drei Gebiete an:

$$\psi_{\mathrm{I}} = e^{ik_1 x} + A_{-1} e^{-ik_1 x},$$
$$\psi_{\mathrm{II}} = A_2 e^{ik_2 x} + A_{-2} e^{-ik_2 x}, \qquad (1.76)$$
$$\psi_{\mathrm{III}} = A_3 e^{ik_1 x}.$$

Der Einfachheit halber haben wir $A_1 = 1$ gesetzt; ψ_{III} enthält nur ein Glied ($A_{-3} = 0$), da hier keine rücklaufende Welle zu erwarten ist.
Wie aus der Differentialgleichung [(1.71) mit Gl. (1.75)] hervorgeht, mach die 2. Ableitung von ψ bei $x = 0$ und $x = d$ einen Sprung, während die 1. Ableitung und ψ stetig sind. Aus diesen Forderungen lassen sich Beziehungen für die Konstanten gewinnen.

$x = 0$ Stetigkeit von ψ:

$$1 + A_{-1} = A_2 + A_{-2},$$

Stetigkeit von ψ':

$$k_1 - k_1 A_{-1} = k_2 A_2 - k_2 A_{-2}.$$

$x = d$ Stetigkeit von ψ:

$$A_2 e^{ik_2 d} + A_{-2} e^{-ik_2 d} = A_3 e^{ik_1 d},$$

Stetigkeit von ψ':

$$A_2 e^{ik_2 d} - A_{-2} e^{-ik_2 d} = A_3 \frac{k_1}{k_2} e^{ik_1 d}.$$

Aus diesen vier Gleichungen eliminieren wir A_{-1}, A_2 und A_{-2} und erhalten

$$A_3 = \frac{4k_1 k_2 \, e^{ik_1 d}}{(k_1 + k_2)^2 \, e^{-ik_2 d} - (k_1 - k_2)^2 \, e^{ik_2 d}}. \qquad (1.77)$$

Da – wie schon erwähnt – k_2 imaginär ist, schreiben wir $k_2 = i\varkappa$ mit

$$\varkappa = \sqrt{2m(U_0 - E)}/\hbar \qquad (1.78)$$

und es wird

$$A_3 = \frac{4ik_1 \varkappa \, e^{ik_1 d}}{(k_1 + i\varkappa)^2 \, e^{\varkappa d} - (k_1 - i\varkappa)^2 \, e^{-\varkappa d}}. \qquad (1.77a)$$

Wir führen noch die hyperbolischen Funktionen

$$\cosh x = \frac{e^x + e^{-x}}{2} \quad \text{und} \quad \sinh x = \frac{e^x - e^{-x}}{2}$$

ein und erhalten

$$A_3 = \frac{2ik_1 \varkappa \, e^{ik_1 d}}{(k_1^2 - \varkappa^2) \sinh \varkappa d + 2ik_1 \varkappa \cosh \varkappa d}.$$

Da die ankommende Welle die Amplitude 1 hat, ist das Quadrat von A_3, also der Wellenfunktion im Gebiet III, die Wahrscheinlichkeit, das Teilchen dort zu finden; wir nennen das den Transmissionskoeffizienten

$$T = A_3 A_3^*$$
$$= \frac{4k_1^2 \varkappa^2}{(k_1^2 - \varkappa^2)^2 \sinh^2 \varkappa d + 4\varkappa^2 k_1^2 \cosh^2 \varkappa d}$$

bzw. mit $\cosh^2 x - \sinh^2 x = 1$

$$T = \frac{4k_1^2 \varkappa^2}{(k_1^2 + \varkappa^2)^2 \sinh^2 \varkappa d + 4k_1^2 \varkappa^2}. \qquad (1.79)$$

Für große Werte von $\varkappa d$ kann man $\sinh^2 \varkappa d \cong \frac{1}{2} e^{2\varkappa d}$ setzen und

$$T = \frac{4}{\frac{1}{2} \left(\frac{k_1}{\varkappa} + \frac{\varkappa}{k_1} \right)^2 e^{2\varkappa d} + 4},$$

bzw., da $\varkappa$ und k_1 in derselben Größenordnung sind und die 4 im Nenner gegen $e^{2\varkappa d}$ vernachlässigt werden kann,

$$T \cong e^{-2\varkappa d} = e^{-2\sqrt{2m(U_0 - E)}\, d/\hbar} \qquad (1.79a)$$

schreiben.
Nach makroskopischen Erfahrungen würde ein Teilchen kleinerer Energie an dem höheren Potentialwall vollständig reflektiert. Quantenmechanisch bleibt eine endliche Wahrscheinlichkeit übrig, das Teilchen auch „jenseits" zu finden, wo es mit derselben Geschwindigkeit wie vor dem Wall weiterfliegt ($k_1 = k_3$). Es scheint durch den Wall hindurchzugehen. Man spricht vom Tunneleffekt. Für ein Elektron würden sich folgende

Werte für T ergeben:

	$d = 10$ nm	$d = 30$ nm
$U_0 - E = 10$ eV	$4{,}23 \cdot 10^{-2}$	$1{,}36 \cdot 10^{-7}$
$U_0 - E = 100$ eV	$5{,}8 \cdot 10^{-8}$	$1{,}97 \cdot 10^{-22}$

1.2.4.3. Starrer Rotator

Hier ist es zweckmäßig, die rechtwinkligen Koordinaten (x, y, z) durch Kugelkoordinaten zu ersetzen (Abb. 1.14). Dann ist

$$x = r \sin \vartheta \cos \varphi,$$
$$y = r \sin \vartheta \sin \varphi, \qquad (1.80)$$
$$z = r \cos \vartheta.$$

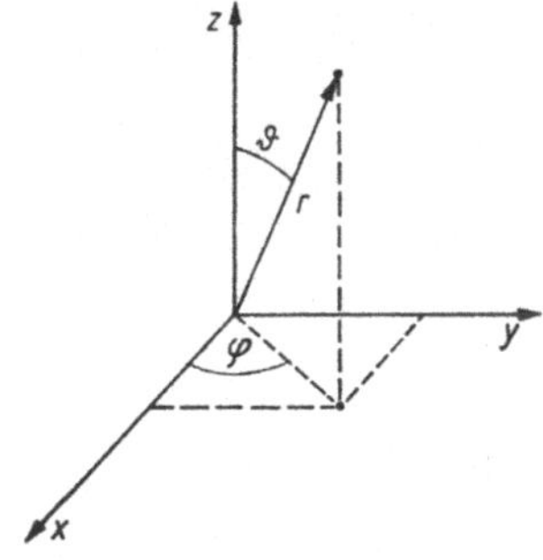

Abb. 1.14. Beziehungen zwischen rechtwinkligen und Kugelkoordinaten

Weiterhin gilt nach den Regeln der Koordinatentransformation

$$
\begin{aligned}
\frac{\partial}{\partial x} &= \sin \vartheta \cos \varphi \frac{\partial}{\partial r} + \frac{1}{r} \cos \vartheta \cos \varphi \frac{\partial}{\partial \vartheta} \\
&\quad - \frac{1}{r} \frac{\sin \varphi}{\sin \vartheta} \frac{\partial}{\partial \varphi}, \\
\frac{\partial}{\partial y} &= \sin \vartheta \sin \varphi \frac{\partial}{\partial r} + \frac{1}{r} \cos \vartheta \sin \varphi \frac{\partial}{\partial \vartheta} \\
&\quad + \frac{1}{r} \frac{\cos \varphi}{\sin \vartheta} \frac{\partial}{\partial \varphi}, \\
\frac{\partial}{\partial z} &= \cos \vartheta \frac{\partial}{\partial r} - \frac{1}{r} \sin \vartheta \frac{\partial}{\partial \vartheta}.
\end{aligned}
\quad (1.81)
$$

Der Laplace-Operator lautet

$$
\Delta = \frac{1}{r^2 \sin \vartheta} \left\{ \sin \vartheta \frac{\partial}{\partial r} \left(r^2 \frac{\partial}{\partial r} \right) + \frac{\partial}{\partial \vartheta} \right.
$$
$$
\left. \times \left(\sin \vartheta \frac{\partial}{\partial \vartheta} \right) + \frac{1}{\sin \vartheta} \frac{\partial^2}{\partial \varphi^2} \right\}. \qquad (1.82)
$$

Wir behandeln zuerst den Rotator mit fester Achse; das sei die z-Achse und die Bewegung finde in der x-y-Ebene statt $(\vartheta = \pi/2)$. Da $r = $ const ist, bleibt von (1.82) nur das Glied

$$\Delta = \frac{1}{r^2} \frac{\partial^2}{\partial \varphi^2}$$

übrig und die Schrödinger-Gleichung wird, da $U = 0$ sein soll

$$\frac{\partial^2 \psi}{\partial^2 \varphi} + \frac{2mr^2}{\hbar^2} E\psi = 0 \quad \text{bzw.} \quad \frac{\partial^2 \psi}{\partial \varphi^2} + C\psi = 0. \qquad (1.83)$$

Die allgemeine Lösung hat die Form

$$\psi = C_1 e^{+\sqrt{-C}\,\varphi} + C_2 e^{-\sqrt{-C}\,\varphi}.$$

Wir hatten bereits darauf hingewiesen, daß nur physikalisch sinnvolle Lösungen ausgesucht werden müssen. Diese müßten also eindeutig, stetig und im ganzen Raum endlich sein. Wenn $C < 0$ ist, dann sind die Exponenten reell und ψ wächst mit zunehmendem φ über alle Grenzen; dieser Fall ist also aus physikalischen Gründen unzulässig.

Für $C > 0$ schreiben wir, indem wir für $mr^2 = I$ das Trägheitsmoment einführen,

$$C = K^2 = \frac{2I}{\hbar^2} E. \qquad (1.84)$$

Dann ist

$$\psi = c_1 e^{iK\varphi} + c_2 e^{-iK\varphi}. \qquad (1.85)$$

Diese oszillierende Funktion ist für alle Werte φ stetig und endlich; sie ist aber nur für ganzzahlige Werte von K eindeutig. Damit folgt aus (1.84) für die Energiestufen dieses Rotators

$$E = \frac{\hbar^2 K^2}{2I} \quad \text{mit} \quad K = 0, \pm 1, \pm 2, \dots \qquad (1.86)$$

Vergleicht man dieses Ergebnis mit dem klassischen Ausdruck für die Rotationsenergie, dann kann man

$$L_k = \hbar K \qquad (1.87)$$

als Drehimpuls auffassen; K ist die Drehimpulsquantenzahl bei fester Achse.

Ehe wir die Schrödinger-Gleichung für den freien Rotator aufstellen, wollen wir aus dem Operator des Drehimpulses Gl. (1.49) einige allgemeine Eigenschaften ableiten. Wir bilden zunächst den Operator des Quadrates des Drehimpulses

$$\bar{L}^2 = \bar{L}_x^2 + \bar{L}_y^2 + \bar{L}_z^2$$
$$= -\hbar^2 \left(\left(\bar{y} \frac{\partial}{\partial z} - \bar{z} \frac{\partial}{\partial y} \right)^2 + \left(\bar{z} \frac{\partial}{\partial x} - \bar{x} \frac{\partial}{\partial z} \right)^2 \right.$$
$$\left. + \left(\bar{x} \frac{\partial}{\partial y} - \bar{y} \frac{\partial}{\partial x} \right)^2 \right). \qquad (1.88)$$

Damit berechnen wir die Kommutatoren und gewinnen daraus Vertauschungsrelationen. Dabei greift man wieder auf die Definition des Drehimpulses $\vec{L} = [\vec{r} \times \vec{p}]$ zurück und wendet die für Orts- und Impulskoordinaten geltenden Vertauschungsregeln Gl. (1.53) an. Weiterhin muß man berücksichtigen, daß z. B. x mit p_z und p_y vertauschbar ist. So erhält man

$$\bar{L}_y\bar{L}_z - \bar{L}_z\bar{L}_y = i\hbar\bar{L}_x,$$

$$\bar{L}_z\bar{L}_x - \bar{L}_x\bar{L}_z = i\hbar\bar{L}_y, \qquad (1.89)$$

$$\bar{L}_x\bar{L}_y - \bar{L}_y\bar{L}_x = i\hbar\bar{L}_z.$$

Das bedeutet, daß die Drehimpulskomponenten nicht gleichzeitig beliebig genau meßbar sind. Ist z. B. L_z genau bekannt, dann bleiben L_x und L_y unbestimmt usw.

Ähnliche Rechnungen führen auf

$$\bar{L}_x\bar{L}^2 - \bar{L}^2\bar{L}_x = 0,$$

$$\bar{L}_y\bar{L}^2 - \bar{L}^2\bar{L}_y = 0, \qquad (1.90)$$

$$\bar{L}_z\bar{L}^2 - \bar{L}^2\bar{L}_z = 0$$

und besagen, daß jede Drehimpulskomponente gleichzeitig mit dem Quadrat des Drehimpulses bestimmt werden kann.

Aus Gl. (1.49) gewinnen wir mit Gl. (1.81) die Drehimpulskomponenten in Kugelkoordinaten

$$\bar{L}_x = i\hbar\left(\sin\varphi\,\frac{\partial}{\partial\vartheta} + \cot\vartheta\cos\varphi\,\frac{\partial}{\partial\varphi}\right),$$

$$\bar{L}_y = -i\hbar\left(\cos\varphi\,\frac{\partial}{\partial\vartheta} - \cot\vartheta\sin\varphi\,\frac{\partial}{\partial\varphi}\right), \qquad (1.91)$$

$$\bar{L}_z = -i\hbar\,\frac{\partial}{\partial\varphi}$$

und daraus

$$\bar{L}^2 = -\hbar^2\left\{\frac{1}{\sin\vartheta}\,\frac{\partial}{\partial\vartheta}\left(\sin\vartheta\,\frac{\partial}{\partial\vartheta}\right) + \frac{1}{\sin^2\vartheta}\,\frac{\partial^2}{\partial\varphi^2}\right\}. \qquad (1.92)$$

Letzteres schreiben wir in der Form

$$\bar{L}^2 = -\hbar^2\,\Delta_{\vartheta,\varphi} \qquad (1.93)$$

wobei $\Delta_{\vartheta,\varphi}$ der Laplace-Operator für die Kugelfläche ist. Er geht aus dem für die Kugel Gl. (1.82) hervor, wenn wir $r = \text{const} = 1$ setzen (Einheitskugel).

Die bei einer Messung möglichen Drehimpulse ergeben sich [nach Gl. (1.50)] aus der Eigenwertgleichung

$$\bar{L}^2\psi = L^2\psi. \qquad (1.94)$$

Mit (1.93) und mit der Abkürzung

$$\lambda = \frac{L^2}{\hbar^2} \qquad (1.95)$$

erhält man

$$\frac{1}{\sin\vartheta}\,\frac{\partial}{\partial\vartheta}\left(\sin\vartheta\,\frac{\partial\psi}{\partial\vartheta}\right) + \frac{1}{\sin^2\vartheta}\,\frac{\partial^2\psi}{\partial\varphi^2} + \lambda\psi = 0. \qquad (1.96)$$

Das ist die Differentialgleichung einer Kugelfunktion. Die Lösung erfolgt durch den Ansatz

$$\psi = \theta(\vartheta)\,\Phi(\varphi). \qquad (1.97)$$

Eingesetzt ergibt das nach Multiplikation mit $\dfrac{\sin^2\vartheta}{\theta\Phi}$

$$\frac{\sin\vartheta}{\theta}\,\frac{\partial}{\partial\vartheta}\left(\sin\vartheta\,\frac{\partial\theta}{\partial\vartheta}\right) + \lambda\sin^2\vartheta = \frac{1}{\Phi}$$

$$\times\,\frac{\partial^2\Phi}{\partial\varphi^2} = \text{const.} \qquad (1.98)$$

Wir können $= \text{const}$ schreiben, da beide Seiten von verschiedenen Variablen abhängen. Wir haben damit für $\Phi(\varphi)$ eine Gleichung vom Typ Gl. (1.83) erhalten.

$$\frac{\partial^2\Phi}{\partial\varphi^2} = -m^2\Phi. \qquad (1.99)$$

Die Lösung lautet dann

$$\Phi_m(\varphi) = e^{im\varphi}; \qquad m = 0,\,\pm 1,\,\pm 2\,\dots \qquad (1.100)$$

Für θ bleibt dann übrig

$$\frac{1}{\sin\vartheta}\,\frac{\partial}{\partial\vartheta}\left(\sin\vartheta\,\frac{\partial\theta}{\partial\vartheta}\right) - \frac{m^2}{\sin^2\vartheta}\,\theta + \lambda\theta = 0.$$

Wir führen eine neue Variable ein

$$\xi = \cos\vartheta; \qquad \mathrm{d}\xi = -\sin\vartheta\,\mathrm{d}\vartheta; \qquad -1 \leqq \xi \leqq +1 \qquad (1.101)$$

und erhalten

$$(1 - \xi^2)\,\frac{\partial^2\theta}{\partial\xi^2} - 2\xi\,\frac{\partial\theta}{\partial\xi} + \left(\lambda - \frac{m^2}{1 - \xi^2}\right)\theta = 0. \qquad (1.102)$$

In der Theorie der Differentialgleichungen nennt man die Lösungen von (1.102) zugeordnete Legendresche Polynome; sie hängen mit den Legendreschen Polynomen über die Beziehung

$$P_l^{(m)}(\xi) = (1 - \xi^2)^{|m|/2}\,\frac{\mathrm{d}^{|m|}}{\mathrm{d}\xi^{|m|}}\,P_l(\xi) \qquad (1.103)$$

zusammen. Die ersten Legendreschen Polynome sind

$$P_0(\xi) = 1,$$

$$P_1(\xi) = \xi,$$

$$P_2(\xi) = \frac{1}{2}\,(3\xi^2 - 1),$$

$$P_3(\xi) = \frac{1}{2}\,(5\xi^3 - 3\xi),$$

$$P_4(\xi) = \frac{1}{8}(35\xi^4 - 30\xi^2 + 3),$$

$$P_5(\xi) = \frac{1}{8}(63\xi^5 - 70\xi^3 + 15\xi),$$

$$P_6(\xi) = \frac{1}{16}(231\xi^6 - 315\xi^4 + 105\xi^2 - 5),$$

$$P_7(\xi) = \frac{1}{16}(429\xi^7 - 693\xi^5 + 315\xi^3 - 35\xi). \tag{1.104}$$

Es gilt allgemein, daß P_l im Intervall $-1 < \xi < +1$ l einfache, reelle Nullstellen hat.

Wie man aus Gl. (1.102) sieht, wird das Verhalten der Lösung bei $\xi = \pm 1$ kritisch. Damit diese endlich bleibt (also eine physikalische Forderung), muß eine Reihe, in die man die Funktion entwickeln kann, eine endliche Anzahl von Gliedern haben. Hieraus folgt die Bedingung

$$\lambda = l(l + 1); \qquad l = 0, 1, 2, 3;$$

$$m = 0, 1, 2, \dots l. \tag{1.105}$$

Die Legendreschen Polynome sind gewöhnlich so normiert, daß $P_l(1) = 1$ ist. Daraus ergibt sich der Normierungsfaktor

$$N_{lm} = \sqrt{\frac{(l - |m|)! \, (2l + 1)}{(l + |m|)! \, 4\pi}}. \tag{1.106}$$

Gehen wir wieder zu $\cos\vartheta$ über, dann ist die Eigenfunktion zu (1.96), die Kugelfunktion

$$Y_{l,m}(\vartheta, \varphi) = N_{lm} P_l^{|m|}(\cos\vartheta)\, \mathrm{e}^{im\varphi} = \psi_{lm}(\vartheta, \varphi). \tag{1.107}$$

Diese Funktionen bilden ein vollständiges, orthogonales System auf der Kugelfläche ϑ, φ. Wir schreiben (1.105) mit (1.95) um zu

$$L^2 = \hbar^2 l(l + 1). \tag{1.105a}$$

Beim freien Rotator ist also ein etwas anderer Zusammenhang zwischen dem Quadrat des Drehimpulses und der Drehimpulsquantenzahl l als beim Rotator mit fester Achse Gl. (1.87). Zum Eigenwert L^2 gehören wegen Gl. (1.105) $2l + 1$ verschiedene Eigenfunktionen. Wenn unterschiedliche Eigenfunktionen denselben Eigenwert ergeben, spricht man von Entartung.

Die Eigenfunktionen von L^2 sind auch Eigenfunktionen von $\bar{L}_z$. Die Eigenwertgleichung lautet:

$$-i\hbar \frac{\partial\psi}{\partial\varphi} = L_z \psi. \tag{1.108}$$

Setzt man $\psi = \psi_{lm}$ ein, dann wird

$$-i\hbar i m \psi_{lm} = L_z \psi_{lm}.$$

Also gilt

$$L_z = \hbar m; \quad m = 0, 1, 2, \dots l. \tag{1.109}$$

Man kann sich leicht überzeugen, daß $\psi_{l,m}$ nicht auch für $\bar{L}_x$ und $\bar{L}_y$ Eigenfunktionen sind; das geht auch aus der Nichtvertauschbarkeit von $\bar{L}_x$ mit $\bar{L}_z$ hervor. Wenn also L^2 und L_z genau definiert sind, sind L_x und L_y nicht bestimmbar, solange keine Raumrichtung ausgezeichnet ist, kann man jede als z-Achse nehmen. Wir werden später sehen, daß eine Achse z. B. durch ein äußeres Feld hervorgehoben werden kann; dann gilt diese Aussage nicht mehr. Da für die Eigenwerte die klassischen Beziehungen gelten sollen, erhält man mit Gl. (1.105a) für die Energie eines Rotators

$$E_l = \frac{\hbar^2 l(l + 1)}{2I}. \tag{1.110}$$

1.2.4.4. Harmonischer Oszillator

Wir behandeln den eindimensionalen Fall und können den Hamilton-Operator in Anlehnung an die klassische Theorie

$$\bar{H} = \frac{\bar{P}_x^2}{2m} + \frac{m\omega_0^2}{2}\bar{x}^2 \tag{1.111}$$

schreiben. ω_0 ist ein Parameter, der durch den Ausdruck für die potentielle Energie $U = \frac{1}{2}kx^2 = \frac{m}{2}\frac{k}{m}x^2$ mit der Kraftkonstanten zusammenhängt; er hat vorerst noch nichts mit der zu berechnenden Frequenz des Oszillators zu tun. Die Schrödinger-Gleichung ergibt sich damit zu

$$-\frac{\hbar^2}{2m}\frac{\mathrm{d}^2\psi}{\mathrm{d}x^2} + \frac{m\omega_0^2}{2}\bar{x}^2\psi = E\psi. \tag{1.112}$$

Nach Multiplikation der Gleichung mit $2/\hbar\omega_0$ kann man die dimensionslosen Größen

$$\xi = \frac{x}{x_0}, \qquad x_0 = \sqrt{\hbar/m\omega_0}, \qquad \lambda = 2E/\hbar\omega_0 \tag{1.113}$$

einführen und erhält damit die Differentialgleichung

$$\frac{\mathrm{d}^2\psi}{\mathrm{d}\xi^2} + (\lambda - \xi^2)\,\psi = 0. \tag{1.114}$$

Setzt man $\psi = \mathrm{e}^{-\xi^2/2} v$, dann geht diese Gleichung in die Hermitesche Differentialgleichung über:

$$\frac{\mathrm{d}^2 v}{\mathrm{d}\xi^2} - 2\xi\frac{\mathrm{d}v}{\mathrm{d}\xi} + (\lambda - 1)\,v = 0. \tag{1.115}$$

Wir setzen die Lösung als Potenzreihe an

$$v(\xi) = \sum_{k=v}^{\infty} a_k \xi^k,$$

bilden hiervon $\mathrm{d}v/\mathrm{d}\xi$ und $\mathrm{d}^2v/\mathrm{d}\xi^2$ und setzt diese Ausdrücke in (1.115) ein. Wenn diese Gleichung dann für alle ξ erfüllt sein soll, müssen die Koeffizienten gleicher Potenzen von ξ gleich Null sein. Daraus ergibt sich eine Rekursionsformel für die a_l

$$a_{l+2} = \frac{2l + 1 - \lambda}{(l + 1)(l + 2)}\, a_l. \qquad (1.116)$$

Da man mit $l = 0$ oder $l = 1$ anfangen kann, ergibt diese Formel zwei Reihen mit geradzahligen bzw. ungeradzahligen Exponenten; diese beiden Reihen stellen partikuläre Lösungen dar. Die Lösung von (1.114) wäre dann $\mathrm{e}^{-\xi^2/2}v(\xi)$.

Mit zunehmendem ξ wächst $v(\xi)$ über alle Grenzen. Damit ψ trotzdem endlich bleibt, darf dieses Wachsen nur so schnell gehen, daß es von $\mathrm{e}^{-\xi^2/2}$ noch kompensiert wird. Das ist dann der Fall, wenn $v(\xi)$ nur eine endliche Anzahl von Gliedern hat. Aus (1.116) folgt die Bedingung

$$\lambda = 2n + 1; \quad n = 0, 1, 2, 3. \qquad (1.117)$$

Wir erhalten dann als Lösung von (1.115) Hermitesche Polynome $H_n(\xi)$, die durch die Beziehung

$$H_n(\xi) = \frac{(-1)^n}{\sqrt{2^n n!}\,\sqrt{\pi}}\, \mathrm{e}^{\xi^2}\, \frac{\mathrm{d}^n\, \mathrm{e}^{-\xi^2}}{\mathrm{d}\xi^n} \qquad (1.118)$$

dargestellt werden können. Der Faktor ist so bestimmt, daß die Eigenfunktionen des Oszillators

$$\psi_n(\xi) = \mathrm{e}^{-\xi^2/2} H_n(\xi) \qquad (1.119)$$

normiert sind

$$\int\limits_{-\infty}^{+\infty} \psi_n^2(\xi)\, \mathrm{d}\xi = 1. \qquad (1.120)$$

Die Bedingung Gl. (1.117) besagt in Verbindung mit Gl. (1.113), daß der Oszillator nur diskrete Energiewerte annehmen kann.

$$E_n = \hbar\omega_0 \left(n + \frac{1}{2}\right); \quad n = 0, 1, 2, 3, \ldots \qquad (1.121)$$

Er hat also auch im energetisch tiefsten Zustand bei $n = 0$ noch eine Nullpunktenergie von $E_0 = \tfrac{1}{2}\hbar\omega_0$. Das ist klassisch nicht zu verstehen,

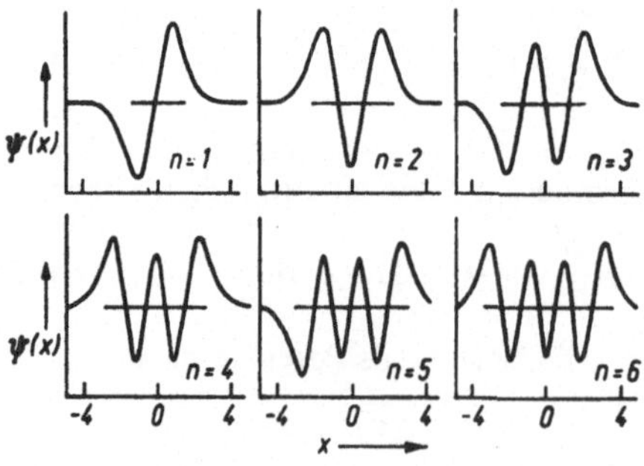

Abb. 1.15. Eigenfunktionen des linearen, harmonischen Oszillators

läßt sich aber experimentell nachweisen. So wird die Lichtstreuung in reinen, ungestörten Kristallen durch die Schwingungen der Atome hervorgerufen. Bei Abkühlung nähert sich die Intensität des Streulichtes einem endlichen Grenzwert, der den Nullpunktschwingungen zugeschrieben werden muß.

Die Energiedifferenzen von zwei Niveaus sind ganzzahlige Vielfache von $\hbar\omega_0$, entsprechen also dem klassischen Oszillatorbild mit Grund- und Oberwelle.

Wenn wir wieder in den x-Raum gehen, muß die Normierungsbedingung

$$\int\limits_{-\infty}^{+\infty} \psi_n^2(x)\, \mathrm{d}x = 1 \qquad (1.120\,\mathrm{a})$$

lauten.

Dadurch tritt im Nenner des Normierungsfaktors in Gl. (1.118) noch $\sqrt{x_0}$ hinzu. Damit ergeben sich die ersten Eigenfunktionen zu

$$\psi_0(x) = \frac{1}{\sqrt{x_0\sqrt{\pi}}}\, \mathrm{e}^{\frac{-x^2}{2x_0^2}}; \quad n = 0, \qquad (1.122)$$

$$\psi_1(x) = \frac{1}{\sqrt{2x_0\sqrt{\pi}}}\, \mathrm{e}^{-\frac{x^2}{2x_0^2}} \cdot 2\,\frac{x}{x_0}; \quad n = 1,$$

$$\psi_2(x) = \frac{1}{\sqrt{2^2 \cdot 2x_0\sqrt{\pi}}}\, \mathrm{e}^{-\frac{x^2}{2x_0^2}} \left(4\,\frac{x^2}{x_0^2} - 2\right);$$

$$n = 2.$$

Sie sind in Abb. 1.15 dargestellt. Man erkennt allgemein, daß die Schwingungsquantenzahl n die Anzahl der Nullstellen angibt. Dazwischen liegen Extremwerte, deren Anzahl also $(n + 1)$ beträgt.

1.2.4.5. Teilchen im Zentralfeld

Wir denken an ein System, das dem Wasserstoffatom weitgehend ähnlich ist: Um einen positiv geladenen Kern, dessen Masse so groß ist, daß seine Mitbewegung vernachlässigbar ist, kreist ein Elektron. Die potentielle Energie hängt dann nur von der Entfernung r ab.

$$U = -\frac{1}{4\pi\varepsilon_0}\,\frac{Ze^2}{r}. \qquad (1.123)$$

Wegen der Kugelsymmetrie ist es zweckmäßig, den Laplace-Operator in Kugelkoordinaten zu verwenden Gl. (1.82). Die Schrödinger-Gleichung (1.44) lautet, wenn man zur Abkürzung

$$\frac{2mE}{\hbar_2} = \beta \quad \text{und} \quad \frac{m}{\hbar^2}\,\frac{Ze^2}{4\pi\varepsilon_0} = \alpha \qquad (1.124)$$

setzt,

$$\frac{1}{r^2}\frac{\partial}{\partial r}\left(r^2\frac{\partial\psi}{\mathrm dr}\right) + \frac{1}{r^2\sin\vartheta}\frac{\partial}{\partial\vartheta}\left(\sin\vartheta\frac{\partial\psi}{\partial\vartheta}\right)$$
$$+ \frac{1}{r^2\sin^2\vartheta}\frac{\partial^2\psi}{\partial\varphi^2} + \left(\beta + \frac{2\alpha}{r}\right)\psi = 0. \qquad (1.125)$$

Diese Gleichung kann man durch Separation der Variablen trennen. Wir vermuten, daß dabei Kugelfunktionen eine Rolle spielen werden und schreiben

$$\psi(r,\vartheta,\varphi) = R(r)\,Y(\vartheta,\varphi). \qquad (1.126)$$

In Gl. (1.125) eingesetzt kann man nach Division durch $R\cdot Y$ Radial- und Winkelfunktion trennen:

$$\frac{1}{R}\frac{\mathrm d}{\mathrm dr}\left(r^2\frac{\mathrm dR}{\mathrm dr}\right) + r^2\left(\beta + \frac{2\alpha}{r}\right)$$
$$= -\left\{\frac{1}{Y\sin\vartheta}\frac{\partial}{\partial\vartheta}\left(\sin\vartheta\frac{\partial Y}{\mathrm d\vartheta}\right)\right.$$
$$\left. + \frac{1}{Y\sin^2\vartheta}\frac{\partial^2 Y}{\partial\varphi^2}\right\}. \qquad (1.127)$$

Diese Gleichung ist nur dann für alle r,ϑ,φ richtig, wenn beide Seiten konstant sind. Wir führen die Separationskonstante λ ein und erhalten:

$$\frac{\mathrm d}{\mathrm dr}\cdot\left(r^2\frac{\mathrm dR}{\mathrm dr}\right) + r^2\left(\beta + \frac{2\alpha}{r}\right)R - \lambda R = 0, \qquad (1.128\,\mathrm a)$$

$$\frac{1}{\sin\vartheta}\frac{\partial}{\partial\vartheta}\left(\sin\vartheta\frac{\partial Y}{\mathrm d\vartheta}\right) + \frac{1}{\sin^2\vartheta}\frac{\partial^2 Y}{\partial\varphi^2}$$
$$+ \lambda Y = 0. \qquad (1.28\,\mathrm b)$$

Die letzte Gleichung kennen wir von der Behandlung des Rotators Gl. (1.96); es ist eine Legendresche Differentialgleichung, deren Lösung die Kugelfunktionen $Y_{l,m}(\vartheta,\varphi)$ Gl. (1.107) sind mit den Eigenwerten

$$\lambda = l(l+1);\quad l = 0,1,2,3,\ldots \qquad (1.129)$$

Setzt man λ in Gl. (1.128a) ein und schreibt die Bedeutung der Parameter α und β wieder hin,

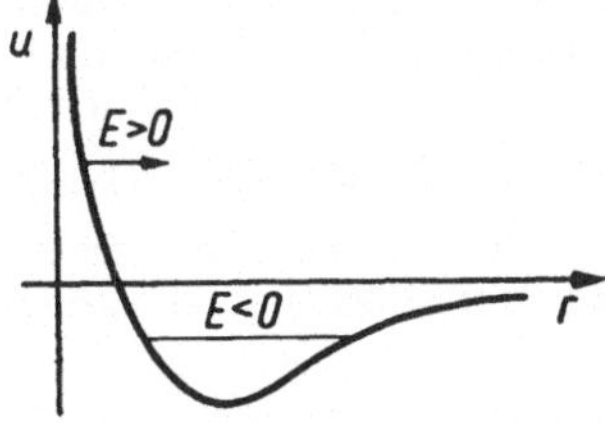

Abb. 1.16. Potential eines Elektrons bei Kepler-Bewegung um den Kern

dann wird die Gleichung für die Radialfunktion

$$\frac{\mathrm d^2 R}{\mathrm dr^2} + \frac{2}{r}\frac{\mathrm dR}{\mathrm dr} + \frac{2m}{\hbar^2}$$
$$\times\left(E + \frac{Ze^2}{4\pi\varepsilon_0 r} - \frac{\hbar^2 l(l+1)}{2mr^2}\right)R = 0. \qquad (1.130)$$

Das ist eine eindimensionale Gleichung mit dem fiktiven Potential

$$U'(r) = \frac{-Ze^2}{4\pi\varepsilon_0 r} + \frac{\hbar^2}{2mr^2}\,l(l+1). \qquad (1.131)$$

Für $r\to\infty$ geht $U'(r)\to 0$; bei großem r überwiegt zunächst das erste Glied, die Coulomb-Anziehung. Es wird $U'(r) < 0$. Bei weiterer Annäherung gewinnt das zweite Glied immer mehr an Einfluß; es sorgt für eine Umkehr der Tendenz und schließlich für ein Wachsen von $U'(r)$ über alle Grenzen bei $r\to 0$, was einer Abstoßung entspricht (s. Abb. 1.16). Es entsteht eine Potentialmulde und aus den bisherigen Erfahrungen ist zu erwarten, daß bei $E < 0$ ein diskretes Energiespektrum entsteht; das Teilchen (Elektron) wird periodische Bewegungen ausführen. Nur dieser Fall wird uns weiterhin beschäftigen. Man erkennt auch, daß der zweite Term die Rotationsenergie [E_l siehe Gl. (1.110)] darstellt. Das Minimum der Potentialmulde liegt natürlich bei

$$\frac{\mathrm dU'(r)}{\mathrm dr} = 0.$$

Auf (1.131) angewandt bedeutet das, Coulombsche Anziehung und Zentrifugalkraft kompensieren sich gegenseitig. Diese Bedingung, die bei der Bohrschen Behandlung des Wasserstoffatoms zur Aufrechterhaltung des dynamischen Gleichgewichtes eingeführt wurde, folgt hier aus dem mathematischen Ansatz.

Bei $E > 0$ wird die Bewegung des Elektrons nur einseitig bei Annäherung an den Kern begrenzt; hier sind demnach keine periodischen Bewegungen möglich. Dieser Fall hat für Streuprozesse Bedeutung, auf die wir an dieser Stelle nicht eingehen.

Da also $E < 0$ sein soll, ist auch $\beta < 0$, und wir führen aus Zweckmäßigkeitsgründen

$$\beta = -\frac{1}{r_1^2} \qquad (1.132)$$

ein.

Damit erhält die zu lösende Gleichung die Form

$$\frac{\mathrm d^2 R}{\mathrm dr^2} + \frac{2}{r}\frac{\mathrm dR}{\mathrm dr}$$
$$+ \left(-\frac{1}{r_1^2} + \frac{2\alpha}{r} - \frac{l(l+1)}{r^2}\right)R = 0. \qquad (1.133)$$

Für sehr große Entfernungen r bleibt hiervon nur übrig

$$\frac{d^2R}{dr^2} - \frac{R}{r_1^2} = 0. \tag{1.134}$$

Von den beiden Lösungen ist physikalisch nur diejenige mit negativem Exponenten brauchbar, da diese endlich bleibt, also

$$R_{r \to \infty} = e^{-r/r_1}. \tag{1.135}$$

Zur leichteren Handhabung führt man eine dimensionslose Variable

$$\varrho = 2\frac{r}{r_1} \tag{1.136}$$

ein und erhält damit

$$\frac{d^2R}{d\varrho^2} + \frac{2}{\varrho}\frac{dR}{d\varrho}$$

$$+ \left(-\frac{1}{4} + \alpha r_1 \frac{1}{\varrho} - \frac{l(l+1)}{\varrho^2} \right) R = 0. \tag{1.133a}$$

Da deren Lösung für den asymptotischen Fall in $e^{-\varrho/2}$ übergehen soll, setzen wir

$$R = e^{-\varrho/2}f(\varrho) \tag{1.137}$$

an, wobei $f(\varrho)$ eine Potenzreihe sein soll:

$$f(\varrho) = \varrho^\gamma(a_0 + a_1\varrho + a_2\varrho^2 + ...) = \sum_{\nu=0}^{\infty} a_\nu\varrho^{\gamma+\nu}. \tag{1.138}$$

Man setzt nun Gl. (1.137) in Gl. (1.133a) ein, erhält eine Differentialgleichung für $f(\varrho)$, setzt in diese den Ansatz für $f(\varrho)$ ein und ordnet nach gleichen Potenzen von ϱ. Das ergibt

$$\sum_\nu [(\gamma+\nu)(\gamma+\nu+1) - l(l+1)] a_\nu\varrho^{\gamma+\nu-1}$$

$$= \sum ((\gamma+\nu+1) - \alpha r_1) a_\nu\varrho^{\gamma+\nu-1}. \tag{1.139}$$

Damit diese Gleichung identisch erfüllt ist, müssen die Koeffizienten gleicher Potenzen von ϱ stets gleich sein. Die niedrigste Potenz tritt bei $\nu = 0$ auf; sie kommt nur auf der linken Seite der Gleichung vor; daher muß

$$\gamma(\gamma+1) - l(l+1) = 0$$

sein. Hieraus folgt $\gamma = l$ oder $\gamma = -(l+1)$. Die zweite Lösung ist wiederum aus physikalischen Gründen unbrauchbar, da dann Glieder mit $1/\varrho^{l+1}$ für $\varrho = 0$ unendlich groß werden. Setzt man $\gamma = l$ in (1.139) ein, dann führt der Koeffizientenvergleich gleicher Potenzen von ϱ zur Rekursionsformel

$$\alpha_{\nu+1} = \frac{(l+\nu+1) - \alpha r_1}{(l+\nu+1)(l+\nu+2) - l(l+1)} a_\nu. \tag{1.140}$$

Ähnlich wie beim Oszillator muß man fordern, daß die Potenzreihe endlich bleibt (ein Polynom), sonst würde das Produkt $f(\varrho)\, e^{-\varrho/2}$ mit zunehmendem ϱ gegen ∞ gehen. Es sei a_r das letzte Glied der Reihe; dann muß $a_{r+1} = 0$ werden. Aus (1.140) ergibt sich damit die Bedingung

$$l + n_r + 1 - \alpha r_1 = 0$$

bzw.

$$\frac{1}{r_1} = \sqrt{-\beta} = \frac{\alpha}{l+n_r+1}.$$

Setzt man α und β ein, erhält man

$$E = -\frac{me^4Z^2}{32\pi^2\varepsilon_0^2\hbar^2}\frac{1}{(l+n_r+1)^2}. \tag{1.141}$$

Die hier eingeführte Zahl n_r ist eine weitere Quantenzahl. Da die Energieeigenwerte jedoch nur von $(l + n_r + 1)$ abhängen, ist es berechtigt,

$$1 + l + n_r = n \tag{1.142}$$

zu setzen, womit

$$E_n = -\frac{me^4Z^2}{32\pi^2\varepsilon_0^2\hbar^2}\frac{1}{n^2} \tag{1.141a}$$

wird; das ist derselbe Wert, den das Bohrsche Modell ergab Gl. (1.24). n wird also die Rolle der Hauptquantenzahl spielen, und wir sehen bereits hier, daß die Drehimpulskomponente nur die Werte

$$l = 0, 1, 2, 3 ... (n-1) \tag{1.143}$$

annehmen kann, ohne daß sich das auf die Energie bei diesem Enteilchenmodell auswirkt; es liegt Entartung vor: Zu jedem l gehören $2l + 1$ verschiedene m-Werte; dann gibt es insgesamt zu einem bestimmten n

$$\sum_{=0}^{n-1} (2l+1) = 1 + 3 + 5 + ... + (2n-1) = n^2 \tag{1.144}$$

verschiedene Eigenfunktionen $\psi_n = R_n(r)\, Y_l^m(\vartheta, \varphi)$. Wir diskutieren zunächst den Fall $n = 1$. Dann ist

$$\psi_1 = a_0\, e^{-r/r_1}, \tag{1.145}$$

d. h. die Winkelabhängigkeit verschwindet. Damit berechnen wir die Wahrscheinlichkeit, das Elektron in einem Volumenelement $d\tau$ zu finden mit

$$W(\vec{r})\, d\tau = a_0^2\, e^{-2r/r_1}r^2 \sin\vartheta\, d\vartheta\, d\varphi\, dr. \tag{1.146}$$

und daraus nach Integration über die Winkel die Wahrscheinlichkeit als Funktion des Abstandes

$$W(r)\, dr = a_0^2 r^2\, e^{-2\frac{r}{r_1}}\, dr \int_0^{2\pi} d\varphi \int_0^{\pi} \sin\vartheta\, d\vartheta$$

$$= a_0^2 \cdot 4\pi r^2\, e^{-2r/r_1}\, dr. \tag{1.146a}$$

Die Aufenthaltswahrscheinlichkeit ist also sowohl bei $r = 0$ als auch bei $r \to \infty$ Null; der Verlauf von Gl. (1.146) ist in Abb. 1.17 wiedergegeben.

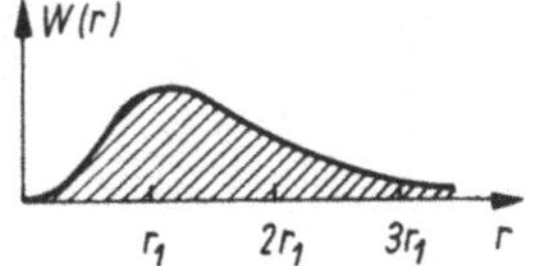

Abb. 1.17. Radiale Elektronendichteverteilung $W(r)$ der K-Schale ($n = 1$)

Um das Maximum dieser Wahrscheinlichkeit zu bestimmen, setzt man wie üblich $\dfrac{\mathrm{d}W(r)}{\mathrm{d}r} = 0$. Das führt auf die Gleichung

$$2r\left(1 - \frac{r}{r_1}\right) = 0$$

bzw.

$$r_{\max} = r_1. \tag{1.147}$$

Setzt man Gl. (1.132) und Gl. (1.141) mit $Z = 1$ ein, dann ergibt sich

$$r_{\max} = r_1 = \frac{4\pi\varepsilon_0\hbar^2}{me^2},$$

also derselbe Wert, den BOHR als Radius der kleinsten Kreisbahn erhielt Gl. (1.21). Wir können jetzt allerdings nicht mehr von einer Bahn des Elektrons sprechen, denn mit endlicher Wahrscheinlichkeit kann sich das Elektron auch in größerer oder kleinerer Entfernung vom Kern aufhalten; außerdem ist es über eine Kugelschale, also räumlich, verschmiert, nicht mehr auf eine Ebene beschränkt, wie im Bohrschen Modell.
Für quantitative Vergleiche muß man noch den Normierungsfaktor a_0 bestimmen. Es muß sein

$$a_0^2 \int_0^\infty r^2\, \mathrm{e}^{-2\frac{r}{r_1}}\, \mathrm{d}r \int_0^\pi \sin\vartheta\, \mathrm{d}\vartheta \int_0^{2\pi} \mathrm{d}\varphi$$

$$= a_0^2 \cdot 4\pi \int_0^\infty r^2\, \mathrm{e}^{-2\frac{r}{r_1}}\, \mathrm{d}r = 1. \tag{1.148}$$

Man kann zeigen, daß Integrale der Form

$$I_n = \int_0^\infty r^n\, \mathrm{e}^{-kr}\, \mathrm{d}r \quad \text{die Lösung} \quad I_n = \frac{n!}{k^{n+1}}$$

$$\tag{1.149}$$

haben. Das gibt auf Gl. (1.148) angewandt

$$a_0 = \frac{1}{\pi^{1/2} r_1^{3/2}}$$

und die normierte Eigenfunktion für $n = 1$ lautet dann bis auf einen noch unbestimmten Phasenfaktor $\mathrm{e}^{i\delta}$

$$\psi_1 = \frac{1}{\pi^{1/2} r_1^{3/2}}\, \mathrm{e}^{-r/r_1}. \tag{1.145a}$$

Damit kann man nun z. B. Mittelwerte, definiert durch Gl. (1.51) bestimmen. Eine einfache Rechnung ergibt z. B.

$$\langle r \rangle = \frac{3}{2}\, r_1 \quad \text{oder} \quad \left\langle \frac{1}{r} \right\rangle = \frac{1}{r_1}. \tag{1.150}$$

Mit der letzteren Beziehung ergibt sich dann

$$\langle U \rangle = -\frac{e^2}{4\pi\varepsilon_0 r_1} \quad \text{usw.} \tag{1.151}$$

Wir gehen nun wieder zum allgemeinen Fall über. Energieeigenwerte hatten wir in Gl. (1.141) bereits aufgeschrieben; diese hängen also nur von n ab. Den winkelabhängigen Teil der Eigenfunktionen $Y(\vartheta, \varphi)$ zerlegen wir nach Gl. (1.97) und schreiben mit Gl. (1.100) unter Einbeziehung des Normierungsfaktors

$$\psi(r, \vartheta, \varphi) = R(r)\, \theta(\vartheta)\, \mathrm{e}^{\pm im\varphi}. \tag{1.152}$$

Jede Funktion bzw. jeder Zustand wird dann durch 3 Quantenzahlen charakterisiert: n, l und m. Im Laufe der Entwicklung haben sich verschiedene Bezeichnungsweisen eingeführt, die auch heute noch benutzt werden.
Da nach den alten Vorstellungen die Bahnradien mit n zunahmen, sah es so aus, als würden die Elektronen zur Hauptquantenzahl n alle anderen mit kleinerem n schalenförmig umschließen. So entstand die Schalenvorstellung; sie führte zu den bereits beim Bohrschen Modell erwähnten Bezeichnungen

$$\left.\begin{array}{ll} n = 1 & K\text{-Schale} \\ n = 2 & L\text{-Schale} \\ n = 3 & M\text{-Schale} \\ n = 4 & N\text{-Schale} \quad \text{usw.} \end{array}\right\} \tag{1.153}$$

Wir werden sehen, daß dieses Modell nicht mehr streng aufrecht erhalten werden kann; die Schalen durchdringen sich und stören sich gegenseitig.
In den Alkalispektren (s. später) fand man, daß die Linien einer Serie bezüglich Intensität, Breite u. ä. meistens ähnlich waren und sich von denen einer anderen in dieser Charakteristik unterschieden. Es gab scharfe (sharp, s), diffuse (d) Linienfolgen, solche, die man als Hauptfolge (principal p) oder als grundlegend (fundamental, f) ansah. Später fand man, daß sich diese Serien in den Kombinationen von Bahndrehimpulsen (l) unterschieden. So hängte man den l-Werten das entsprechende Symbol des Linienhabitus an. Man

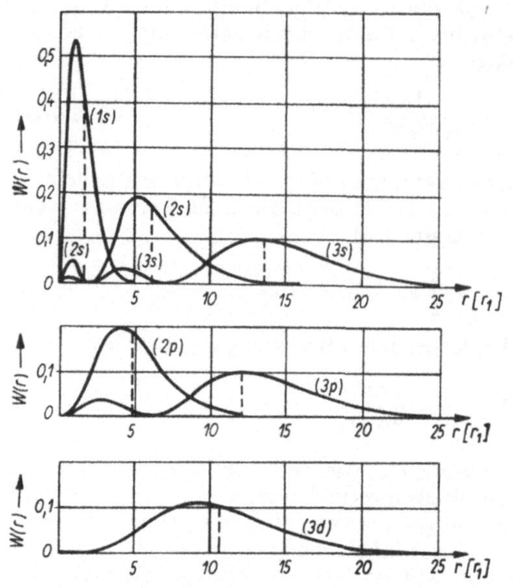

Abb. 1.18. Radiale Verteilung der Elektronendichten der *K*-, *L*- und *M*-Schalen.
Die gestrichelten Linien geben die jeweiligen Mittelwerte an

spricht bei

$$
\begin{aligned}
l &= 0 \text{ von einem } s\text{-Elektron,} \\
l &= 1 \text{ von einem } p\text{-Elektron,} \\
l &= 2 \text{ von einem } d\text{-Elektron,} \\
l &= 3 \text{ von einem } f\text{-Elektron,} \\
l &= 4 \text{ von einem } g\text{-Elektron,} \\
l &= 5 \text{ von einem } h\text{-Elektron.}
\end{aligned} \qquad (1.154)
$$

Zu einem $3d$-Zustand gehört demnach eine Eigenfunktion mit $n = 3$ und $l = 2$ usw.
Die Eigenfunktionen Gl. (1.152) können wir mit Hilfe des Ansatzes Gl. (1.138) und Gl. (1.137) und der Rekursionsformel Gl. (1.140) berechnen, wobei wir die Normierungsbedingung Gl. (1.148) anwenden. Das führt zu folgenden Ergebnissen, wenn wir abkürzend $Z \dfrac{r}{r_1} = \varkappa$ schreiben.

n	l	m	Zu-stand	$\psi = R(\varkappa)\,\theta_{l,m}\,\mathrm{e}^{\pm im\varphi}$	
1	0	0	$1s$	$\dfrac{1}{\sqrt{\pi}}\left(\dfrac{Z}{r_1}\right)^{3/2}\mathrm{e}^{-\varkappa}$	(1.155)
2	0	0	$2s$	$\dfrac{1}{4\sqrt{2\pi}}\left(\dfrac{Z}{r_1}\right)^{3/2}(2-\varkappa)\,\mathrm{e}^{-\varkappa/2}$	
2	1	0	$2p$	$\dfrac{1}{4\sqrt{2\pi}}\left(\dfrac{Z}{r_1}\right)^{3/2}\varkappa\,\mathrm{e}^{-\varkappa/2}\cos\vartheta$	

n	l	m	Zu-stand	$\psi = R(\varkappa)\,\theta_{l,m}\,\mathrm{e}^{\pm im\varphi}$ (Fortsetzung)	
2	1	± 1	$2p$	$\dfrac{1}{8\sqrt{\pi}}\left(\dfrac{Z}{r_1}\right)^{3/2}\varkappa\,\mathrm{e}^{-\varkappa/2}\sin\vartheta\,\mathrm{e}^{\pm i\varphi}$	
3	0	0	$3s$	$\dfrac{1}{81\sqrt{3\pi}}\left(\dfrac{Z}{r_1}\right)^{3/2}\times(21-18\varkappa+2\varkappa^2)\,\mathrm{e}^{-\varkappa/3}$	
3	1	0	$3p$	$\dfrac{\sqrt{2}}{81\sqrt{\pi}}\left(\dfrac{Z}{r_1}\right)^{3/2}(6-\varkappa)\,\varkappa\,\mathrm{e}^{-\varkappa/3}\cos\vartheta$	
3	1	± 1	$3p$	$\dfrac{1}{81\sqrt{\pi}}\left(\dfrac{Z}{r_1}\right)^{3/2}(6-\varkappa)\,\varkappa\,\mathrm{e}^{-\varkappa/3}\sin\vartheta\,\mathrm{e}^{\pm i\varphi}$	
3	2	0	$3d$	$\dfrac{1}{81\sqrt{6\pi}}\left(\dfrac{Z}{r_1}\right)^{3/2}\varkappa^2\,\mathrm{e}^{-\varkappa/3}(3\cos^2\vartheta-1)$	
3	2	± 1	$3d$	$\dfrac{\sqrt{2}}{81\sqrt{\pi}}\left(\dfrac{Z}{r_1}\right)^{3/2}\varkappa^2\,\mathrm{e}^{-\varkappa/3}\sin\vartheta\cos\vartheta\,\mathrm{e}^{\pm i\varphi}$	
3	2	± 2	$3d$	$\dfrac{1}{81\sqrt{2\pi}}\left(\dfrac{Z}{r_1}\right)^{3/2}\varkappa^2\,\mathrm{e}^{-\varkappa/3}\sin^2\vartheta\,\mathrm{e}^{\pm i\varphi\cdot 2\varphi}$	

Die Wahrscheinlichkeit, das Elektron in einem bestimmten Volumenelement $d\tau$ anzutreffen, ist wie in Gl. (1.146) gegeben durch

$$
W(\vec{r})\,d\tau = \psi\psi^*\,d\tau. \qquad (1.156)
$$

Zur leichteren Darstellung betrachten wir die radiale und die Winkelverteilung getrennt. Um die radiale Verteilung zu erhalten, integrieren wir [wie bei Gl. (1.146)] über ϑ, φ und erhalten

$$
W(r)\,d\tau = 4\pi r^2[R(n,l)]^2\,dr. \qquad (1.157)
$$

Diese Funktionen sind, auf r_1 bezogen, in Abb. 1.18 dargestellt. Die nach Gl. (1.51) berechneten Mittelwerte von r sind durch vertikale Striche eingetragen. $W(r)$ ist die Wahrscheinlichkeit, das Elektron in einer Kugelschale zwischen r und $r + dr$ anzutreffen. Am Kugelmittelpunkt muß dann $W(0) = 0$ sein, weil das Volumen der Kugelschale gegen Null schrumpft.
Um eine Vorstellung von der räumlichen Dichte der Elektronen $W(\vec{r})$ zu gewinnen, also bezogen auf ein Volumenelement, zerlegen wir $\psi\psi^*$ in einen radialen und einen winkelabhängigen Faktor. Der radiale

$$
W_r(\vec{r}) = [R(n,l)]^2 \qquad (1.158)
$$

hat für s-Elektronen, wie man aus Gl. (1.155) erkennt, stets bei $r = 0$ den größten Wert; s-Elektronen sind also auch im Bereich der Atomkerne anzutreffen. Bei p-, d-, f- ... Elektronen tritt in ψ stets r (bzw. $\varkappa$) als Faktor auf; daher verschwindet deren Aufenthaltswahrscheinlichkeit am Kernort. Aus dem Reihenansatz (1.138) folgt, daß n_r die Anzahl der Nullstellen angibt; man findet das in Abb. 1.18 bestätigt ($n_r = n - l - 1$). Zustände mit $n_r = 0$, d. h. 1s, 2p, 3d, 4f ... Zustände, sollten den Kreisbahnen des Bohrschen Modelles entsprechen. Man findet hier, daß die Maxima für $W(r)$ bei $1r_1$, $4r_1$, $9r_1$ ... liegen, sich die Radien also wie $1^2 : 2^2 : 3^2$ ... verhalten, wie es sich auch im Bohrschen Modell ergibt (Gl. (1.19)).

In Abb. 1.18 sehen wir auch, daß die wahrscheinlichsten Radien in erster Linie durch die Hauptquantenzahl n bestimmt werden; das ist eine Rechtfertigung der Schalenvorstellung. Die Radien nehmen aber innerhalb einer Schale mit zunehmendem l etwas ab. Im Bohrschen Modell hatten wir gezeigt, daß die große Halbachse der Bahnen durch die Energie bestimmt wird. Bahnen gleicher Energie (n) aber mit verschiedenen mittleren Radien müssen demnach Ellipsen mit unterschiedlichen kleinen Halbachsen sein.

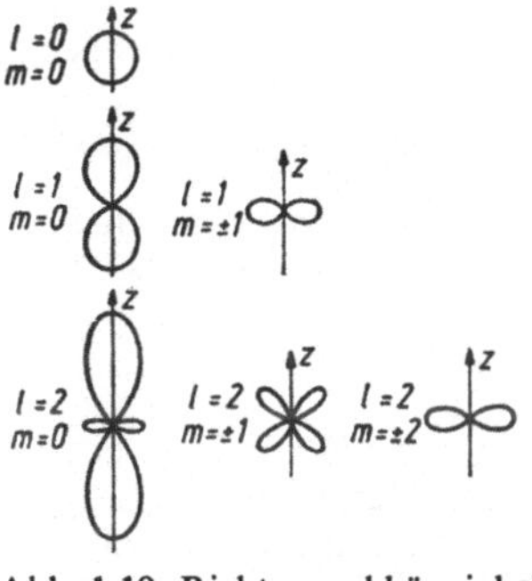

Um die Richtungsverteilung der Elektronendichte im Raumwinkelelement $d\Omega$ darstellen zu können, integrieren wir über r von 0 bis ∞ und erhalten

$$W(\vartheta, \varphi)\, d\Omega = |\theta(\vartheta)\, \Phi(\varphi)|^2\, d\Omega$$

$$= N_{l,m}^2 (\theta_{l,m}(\vartheta))^2\, d\Omega. \qquad (1.159)$$

$N_{l,m}$ ist der Normierungsfaktor. Wie man aus Gl. (1.155) sieht, verschwindet die φ-Abhängigkeit; die Verteilung ist rotationssymmetrisch bezüglich der hervorgehobenen z-Achse; das ist die Richtung, in der die Komponente des Drehimpulses einen scharfen Wert hat. Abb. 1.19 stellt diese Richtungsabhängigkeit dar.

Man kann aus den Lösungen der Differentialgleichung für die Kugelfunktionen Y_l^m auch reelle Linearkombinationen bilden, etwa

$$S_l^m(\vartheta, \varphi) = \frac{1}{\sqrt{2}}\, [Y_l^{-m}(\vartheta, \varphi) + Y_l^m(\vartheta, \varphi)] \quad m > 0$$

$$S_l^m(\vartheta, \varphi) = \frac{1}{i\sqrt{2}}\, [Y_l^{-m}(\vartheta, \varphi) - Y_l^m(\vartheta, \varphi)] \quad m < 0. \qquad (1.160)$$

Das ergibt Ausdrücke der Form

$$\left. \begin{aligned}
S_0^0 &= \frac{1}{\sqrt{4\pi}}; \qquad S_1^0 = \sqrt{\frac{3}{4\pi}}\cos\vartheta; \\[4pt]
S_1^{\pm 1} &= \sqrt{\frac{3}{4\pi}}\sin\vartheta \begin{cases} \cos\varphi \\ \sin\varphi, \end{cases} \\[4pt]
S_2^0 &= \sqrt{\frac{5}{4\pi}}\,\frac{1}{2}\,(3\cos^2\vartheta - 1), \\[4pt]
S_2^{\pm 1} &= \sqrt{\frac{5}{4\pi}} \cdot 3\sin\vartheta\cos\vartheta \begin{cases} \cos\varphi \\ \sin\varphi, \end{cases} \\[4pt]
S_2^{\pm 2} &= \sqrt{\frac{5}{48\pi}}\sin^2\vartheta \begin{cases} \cos 2\varphi \\ \sin 2\varphi. \end{cases}
\end{aligned} \right\} \qquad (1.161)$$

Jetzt ist die Verteilung nicht mehr rotationssymmetrisch bezüglich z, sondern alle 3 zueinander orthogonalen Achsen x, y, z sind ausgezeichnet, so, als wären alle Komponenten des Drehimpulses gleichzeitig scharf bestimmt. Abb. 1.20 gibt die entsprechenden Diagramme wieder. Diese Darstellung ist für bestimmte Anwendungen (z. B. Erläuterung der Molekülbindung) nützlich.

Wir sehen jetzt, in welchem Umfang die von BOHR eingeführten Vorstellungen noch angewandt werden dürfen. Insgesamt ist die Verteilung der Elektronendichte, wir haben immer nur ein Elektron betrachtet, recht kompliziert. Man kann sagen, daß n die Ausdehnung der Schale, l deren Form und m so etwas wie eine räumliche Orientierung bestimmen. Diese räumliche Orientierung ist z. B. mit Hilfe magnetischer Felder erreichbar (s. Zeeman-Effekt). Man nennt daher m magnetische Quantenzahl.

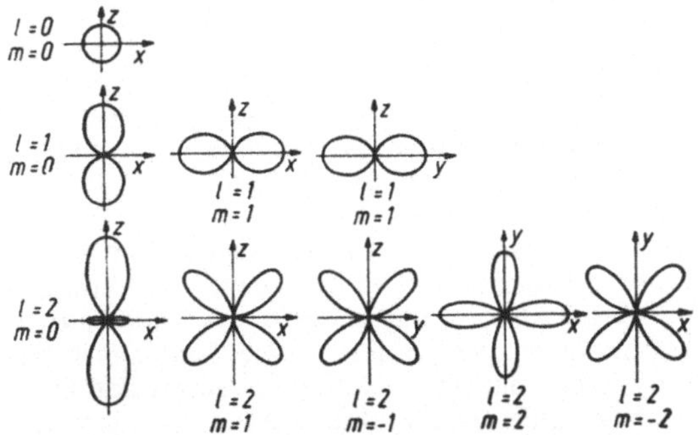

Abb. 1.19. Richtungsabhängigkeit der Elektronendichten bezüglich der Z-Achse für s-, p- und d-Zustände. Die Verteilungen sind rotationssymmetrisch zur Z-Achse

Abb. 1.20. Winkelverteilung der Elektronendichten in den Ebenen maximaler Wahrscheinlichkeit für s-, p- und d-Zustände

1.2.5. Linienintensitäten, Auswahlregeln

1.2.5.1. Zeitabhängige Schrödinger-Gleichung und Strahlungscharakter

Wir können die stationären Zustände und deren Energiewerte von einfachen atomaren Systemen berechnen. Hieraus erhält man mit Hilfe der Einsteinschen Beziehung (1.18) Frequenzen, die mit denen der beobachteten Atomspektren gut übereinstimmen. Dabei ergeben sich zwei Fragen: Wie werden die Energiedifferenzen in elektromagnetische Wellen umgesetzt? Sind Übergänge zwischen allen Energieniveaus möglich oder betrifft das nur eine bestimmte Auswahl?
Ehe wir darauf eingehen, müssen wir die Schrödinger-Gleichung erweitern, denn die bisherige Form (1.44) kann über Vorgänge, die in der Zeit ablaufen, und dazu gehören Übergänge zwischen verschiedenen Zuständen, nichts aussagen, wir hatten die Zeitabhängigkeit aus der Ausgangsgleichung (1.41) eliminiert.
Wir gehen von demselben Ansatz aus und schreiben

$$\frac{\partial^2 \Psi(x, y, z; t)}{\partial t^2} = u^2 \, \Delta\Psi(x, y, z; t). \qquad (1.162)$$

Zeit- und Ortsabhängigkeit separieren wir wieder durch den Ansatz, wobei wir die Frequenz nach der Einsteinschen Beziehung durch die Energie ausdrücken:

$$\Psi(x, y, z; t) = \psi(x, y, z) \, e^{-i \frac{E}{\hbar} t}. \qquad (1.163)$$

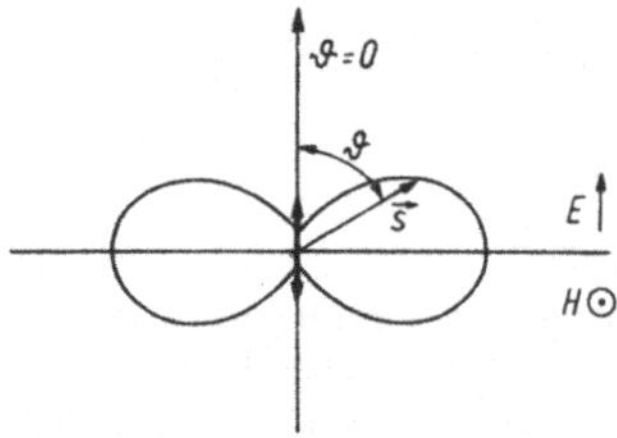

Abb. 1.21. Strahlungsdiagramm eines schwingenden Dipols.
Schwingungsrichtung: $\vartheta = 0$; $\vec{E}$ liegt in der Zeichenebene, $\vec{H}$ senkrecht dazu

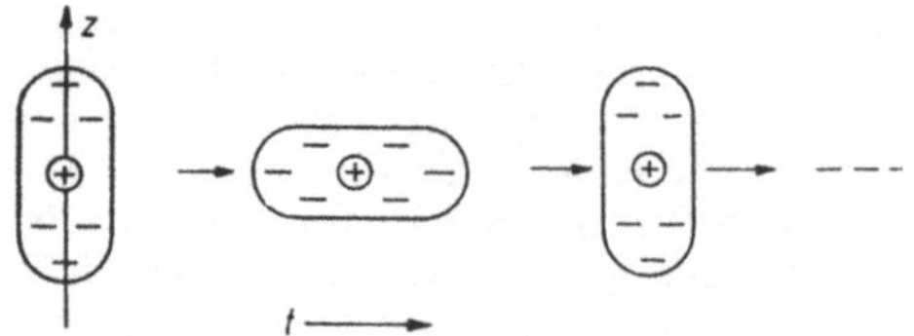

Abb. 1.22. Enstehung der Quadrupolstrahlung durch Deformationsschwingungen der Ladungswolke. z Symmetrieachse

Aus der zeitlichen Ableitung

$$\frac{\partial \Psi}{\partial t} = -i \, \frac{E}{\hbar} \, \Psi$$

gewinnen wir einen Ausdruck für die Energie bzw. den Energieoperator

$$E = i\hbar \, \frac{1}{\Psi} \, \frac{\partial \Psi}{\partial t} \qquad (1.164)$$

bzw.

$$\bar{E} = i\hbar \, \frac{\partial}{\partial t} . \qquad (1.164\,\text{a})$$

Wir setzen Gl. (1.163) in Gl. (1.162) ein, erhalten analoge Ausdrücke zu Gl. (1.43) und Gl. (1.44) mit dem Unterschied, daß jetzt E nicht mehr konstant ist, sondern durch Gl. (1.164) ersetzt werden muß. Das ergibt die zeitabhängige Schrödinger-Gleichung

$$\Delta\Psi(x, y, z; t) - \frac{2m}{\hbar^2} \, U\Psi(x, y, z; t)$$

$$+ \frac{2im}{\hbar} \, \frac{\partial \Psi(x, y, z; t)}{\partial t} = 0. \qquad (1.165)$$

Wir sehen, daß wir aus den bisherigen stationären Lösungen [z. B. Gl. (1.155)] die vollständigen Zustandsgleichungen erhalten, wenn wir nach Gl. (1.163) noch den Faktor $e^{-i \frac{E_n}{\hbar} t}$ hinzufügen.

1.2.5.2. Elektrische Dipolstrahlung

Nunmehr versuchen wir, die aufgeworfenen Fragen mit Erfahrungen aus der Makro-Physik zu lösen: Wir wissen, daß periodische Verschiebungen von Ladungen zur Abstrahlung elektromagnetischer Wellen führen. Das wird z. B. mit Dipolantennen zum Senden und Empfang kurzer Wellen benutzt. Nach den Gesetzen der Elektrodynamik ist die in eine bestimmte Richtung ϑ (Abb. 1.21) von einem Dipol abgestrahlte Energie pro Zeit- und Flächeneinheit (Poyntingvektor)

$$S_\vartheta = \frac{1}{16\pi^2 \varepsilon_0 c^3} \, \frac{\sin^2 \vartheta}{r^2} \, (\ddot{p})^2 . \qquad (1.166)$$

Das Dipolmoment p ist das Produkt aus dem Abstand zwischen positiver und negativer Ladung und dem Betrag der Ladung. Die Abnahme der Leistung mit $1/r^2$ ist charakteristisch für Dipolstrahlung.
Es ist aber auch möglich, daß sich die Form der Ladungswolke ändert, ohne daß sich die Ladungsschwerpunkte verlagern, also bei konstantem Dipolmoment (Abb. 1.22). Die Ladungsverteilung kann man in 2. Näherung durch das Quadrupolmoment Q charakterisieren, das folgendermaßen definiert ist:

$$eQ = \int (3z^2 - r^2) \, \varrho \, d\tau . \qquad (1.167)$$

ϱ ist die Ladungsdichte im Volumenelement $d\tau$ und die Integration ist über den gesamten Ladungsbereich zu erstrecken. Es ist leicht einzusehen, daß diese Art Strahlung nur in unmittelbarer Nähe beobachtbar ist, daß ihre Intensität schneller mit zunehmendem Abstand abfällt. Quantenmechanische Rechnungen ergeben, daß zwischen zwei Niveaus nur dann Quadrupolübergänge möglich sind, wenn es ein drittes Niveau gibt, von dem aus zu beiden Niveaus Dipolübergänge erlaubt sind

Es sind noch Übergänge höherer Ordnung denkbar; da aber bereits Quadrupolstrahlung nur unter besonders günstigen Voraussetzungen beobachtbar ist, wollen wir uns in der weiteren Behandlung auf elektrische Dipolübergänge beschränken.

Wir nehmen an, der Dipol führe harmonische Schwingungen aus

$$p = p_0 \cos \omega t \qquad (1.168)$$

dann wird aus Gl. (1.166)

$$S_\vartheta = \frac{p_0{}^2}{16\pi^2\varepsilon_0 c^3}\, \frac{\omega^4 \sin^2 \vartheta}{r^2}\, \cos^2 \omega t. \qquad (1.166\,\mathrm{a})$$

Die Integration über eine Kugel mit Radius r ergibt dann die gesamte, vom Dipol abgestrahlte mittlere Leistung. Es gilt

$$\left(\langle\cos^2 \omega t\rangle = \frac{1}{2}, \qquad \langle\sin^2 \vartheta\rangle = \frac{2}{3}\right),$$

$$S_{\mathrm{Dip}} = \frac{1}{6\pi\varepsilon_0 c^3}\, (\ddot{p})^2 \qquad (1.166\,\mathrm{b})$$

bzw.

$$S_{\mathrm{Dip}} = \frac{p_0{}^2}{12\pi\varepsilon_0 c^3}\, \omega^4. \qquad (1.166\,\mathrm{c})$$

Das Dipolmoment für ein Elektron im Abstand r vom Mittelpunkt des Atoms ist

$$\vec{p} = \vec{e} \cdot \vec{r}$$

Für $\vec{r}$ müssen wir den Erwartungswert nach Gl. (1.51) bilden, wobei jetzt die vollständigen, also zeitabhängigen Zustandsfunktionen zu nehmen sind. Damit wird

$$\vec{p} = e \int \psi^* \vec{r} \psi \, d\tau. \qquad (1.169)$$

Für einen bestimmten Zustand n wird, wenn wir Gl. (1.163) berücksichtigen,

$$\vec{p}_n = e \int \psi_n{}^*(x, y, z)\, \vec{r}\psi(x, y, z)\, d\tau, \qquad (1.170)$$

da sich die Zeitfaktoren $e^{-i\frac{E_n}{\hbar}t}$ und $e^{+i\frac{E_n}{\hbar}t}$ kompensieren.

Ein Elektron in einem bestimmten Zustand hat also ein konstantes Dipolmoment, stationäre Zustände sind strahlungslos. Das folgt hier aus dem Formalismus der Quantenmechanik und muß nicht mehr besonders postuliert werden. Damit verliert auch die Vorstellung des sich auf einer Ellipse bewegenden Elektrons ihren Sinn; man muß vielmehr eine Verschmierung der Ladung annehmen, wie es bereits in den Abb. 1.17 bis 1.19 zum Ausdruck kam.

Beim Übergang von einem Zustand m nach n wird mit

$$\Psi_m{}^* = \psi_m{}^*\, e^{+i\frac{E_m}{\hbar}t} \quad \text{und} \quad \Psi_n = \psi_n\, e^{-i\frac{E_n}{\hbar}t}$$

$$\vec{p}_{mn} = e^{2\pi i(\nu_m - \nu_n)t}\, e \int \psi_m{}^* \vec{r}\psi_n \, d\tau, \qquad (1.171)$$

wobei die Bohrsche Frequenzbedingung $\dfrac{E_m - E_n}{h}$ $= \nu_m - \nu_n = \nu_{mn}$ benutzt wurde. Wir können das Ergebnis mit der Vorstellung interpretieren, daß das Elektron zwischen den beiden Zuständen n und m mit der Schwingungsfrequenz ν_{mn} hin und her pendelt, was nach klassischen Vorstellungen der Elektrodynamik zur Emission von Strahlung gleicher Frequenz führt.

Zum Übergang $m \rightleftharpoons n$ gehört aber nicht nur $\vec{p}_{mn}$, sondern auch

$$\vec{p}_{nm} = e^{2\pi i(\nu_n - \nu_m)t}\, e \int \psi_n{}^* \vec{r}\psi_m \, d\tau. \qquad (1.171\,\mathrm{a})$$

Man sieht, daß

$$\vec{p}_{nm} = \vec{p}_{mn}{}^* \qquad (1.171\,\mathrm{b})$$

und

$$|p_{nm}| = |p_{mn}|$$

gilt. Die Glieder p_{nm} bilden also eine Hermitesche Matrix; die Glieder der Hauptdiagonalen (p_{ll}) sind nach Gl. (1.170) zeitlich konstant und je zwei davon symmetrisch liegende p_{mn} und p_{nm} gehören zu einem bestimmten Übergang. Das zu diesem Übergang gehörende Dipolmoment $\vec{p}_{nm}$ wird daher als Summe der beiden Matrixelemente zu bilden sein, die wegen Gl. (1.171 b) reell ist:

$$\vec{P}_{nm} = p_{mn} + p_{nm}$$
$$= 2 \cos\left(2\pi(\nu_m - \nu_n)\, t\right) e \int \psi_m{}^* \vec{r}\psi_n \, d\tau. \qquad (1.172)$$

Damit rechnen wir unter Verwendung von Gl. (1.166 b) die von N_m angeregten Atomen abgestrahlte mittlere Leistung aus und erhalten

$$S = N_m \frac{16\pi^3(\nu_m - \nu_n)^4}{3\varepsilon_0 c^3}\, e^2 \left(\int \psi_m{}^* \vec{r}\psi_n \, d\tau\right)^2. \qquad (1.173)$$

Charakteristisch ist die Proportionalität zu $(\nu_{mn})^4$, die durch den Mechanismus der Dipolstrahlung erzeugt wird, unabhängig davon, ob es sich – wie hier – um spontane Übergänge oder um erzwungene Schwingungen – wie z. B. bei der Lichtstreuung – handelt.

1.2.5.3. Einsteinsche Übergangskoeffizienten

Die Strahlungseigenschaften einzelner Atome kennzeichnet man durch Übergangswahrscheinlichkeiten; diese geben an, mit welcher Wahrscheinlichkeit der betreffende Übergang in der Zeiteinheit stattfindet. Spontane Übergänge können natürlich nur vom höheren (m) zum tieferen (n) Niveau erfolgen. Bezeichnet man die spontane Übergangswahrscheinlichkeit mit A_{mn}, dann ist die pro Zeiteinheit abgestrahlte Energie der Anzahl der im angeregten Zustand befindlichen Atome (N_m), der beim Übergang abgestrahlten Photonenenergie ($h\nu_{mn}$) und A_{mn} proportional, also

$$J_{mn} = N_m A_{mn} h\nu_{mn}. \tag{1.174}$$

Das muß natürlich mit der nach Gl. (1.173) berechneten Leistung übereinstimmen. Daraus ergibt sich

$$A_{mn} = \frac{16\pi^3(\nu_m - \nu_n)^3}{3\varepsilon_0 hc^3} e^2 \left(\int \psi_m^* \bar{r}\psi_n \, \mathrm{d}\tau\right)^2. \tag{1.175}$$

Der reziproke Wert von A_{mn} stellt so etwas wie eine Lebensdauer dar. Wenn vom Niveau m Übergänge noch zu anderen Niveaus stattfinden, ist dessen Lebensdauer

$$\tau_m = 1 \bigg/ \sum_{i=1}^{n} A_{mi}. \tag{1.176}$$

In einem äußeren Strahlungsfeld der Energiedichte ϱ_ν werden Übergänge induziert, und zwar in beiden Richtungen. Die Wahrscheinlichkeiten hierfür schreiben wir in der Form

$$B_{mn}\varrho_\nu \quad \text{bzw.} \quad B_{nm}\varrho_\nu.$$

Wir betrachten jetzt Atome in einem Hohlraum der Temperatur T; es soll Gleichgewicht herrschen. Dann stellt sich eine bestimmte spektrale Verteilung der elektromagnetischen Wellen ein. Diese induzieren in den Atomen Übergänge und im stationären Gleichgewicht muß gelten

$$N_m(A_{mn} + B_{mn}\varrho_\nu) = N_n B_{nm}\varrho_\nu, \tag{1.177}$$

bzw.

$$\frac{N_m}{N_n} = \frac{B_{nm}\varrho_\nu}{A_{mn} + B_{mn}\varrho_\nu}. \tag{1.178}$$

Andererseits ist das Verhältnis der Besetzungszahlen der Niveaus durch die Boltzmann-Statistik gegeben und es ist

$$\frac{N_m}{N_n} = \frac{g_m \, e^{-E_m/kT}}{g_n \, e^{-E_n/kT}}. \tag{1.179}$$

Hierbei sind g_i statistische Gewichte der einzelnen Energiestufen, die dann größer als 1 sind, wenn Entartung auftritt (verschiedene Eigenfunktionen liefern dieselben Eigenwerte).
Bei Gleichsetzung von Gl. (1.178) und Gl. (1.179) erhält man für die Energiedichte (Energie pro Volumeneinheit und Frequenzintervall) mit $E_m - E_n = h\nu$

$$\varrho_\nu = \frac{A_{mn} g_m}{B_{nm} g_n \, e^{h\nu/kT} - B_{mn} g_m}. \tag{1.180}$$

Das ist die Plancksche Strahlungsformel; diese Ableitung stammt von Einstein, der auch diese Übergangskoeffizienten A_{mn}, B_{mn} einführte.
Bei $T \to \infty$ muß $\varrho_\nu \to \infty$ gehen; d. h. der Nenner in Gl. (1.180) muß verschwinden. Hieraus folgt

$$g_n B_{nm} = g_m B_{mn}. \tag{1.181}$$

In nicht entarteten Systemen bedeutet das $B_{nm} = B_{mn}$, also durch ein Strahlungsfeld werden Übergänge mit gleicher Wahrscheinlichkeit in beiden Richtungen induziert.
Vergleicht man Gl. (1.180) mit der von PLANCK abgeleiteten Form, wobei er von der Wechselwirkung harmonischer Oszillatoren mit einem Strahlungsfeld ausging,

$$\varrho_\nu = \frac{8\pi h}{c^3} \, \frac{\nu^3}{e^{h\nu/kT} - 1}, \tag{1.182}$$

dann folgt unter Berücksichtigung von Gl. (1.181)

$$A_{mn} = \frac{8\pi h\nu^3}{c^3} \cdot B_{mn}, \tag{1.183}$$

das zeigt den Zusammenhang zwischen der spontanen und der induzierten Übergangswahrscheinlichkeit. Mit Gl. (1.175) ist schließlich

$$B_{mn} = \frac{2\pi^2}{3\varepsilon_0 h^2} e^2 \left(\int \psi_m^* \bar{r}\psi_n \, \mathrm{d}\tau\right)^2. \tag{1.184}$$

Mit diesen Einstein-Koeffizienten können wir auch die Absorption beim Durchgang durch eine Schicht beschreiben. Ist die Intensität I_ν (die Energie pro Frequenzeinheit, die pro Zeiteinheit durch die Flächeneinheit geht), dann ist nach dem Lambertschen Absorptionsgesetz

$$-\Delta I_\nu = \gamma_\nu I_\nu \, \mathrm{d}x$$

bzw.

$$I_\nu = I_{0,\nu} \, e^{-\gamma_\nu x}. \tag{1.185}$$

γ_ν ist der Absorptionskoeffizient bei der Frequenz ν, n_m und n_n sind hier die Teilchendichten der Atome im höheren bzw. tieferen Niveau. Da

$$\varrho_\nu = I_\nu/c \tag{1.186}$$

ist, wird die Intensitätsabnahme auf Grund von Übergängen von E_n nach E_m

$$n_n \, \Delta x B_{nm} \frac{I_\nu}{c} \, h\nu.$$

Durch induzierte und spontane Übergänge wird die Intensität verstärkt um

$$n_m \, \Delta x h\nu \left(B_{mn} \frac{I_\nu}{c} + A_{mn}\right).$$

Der Vergleich der Gesamtbilanz mit Gl. (1.185) führt zum Absorptionskoeffizienten

$$\gamma_\nu = \frac{h\nu}{c}(n_n B_{nm} - n_m B_{mn}) - \frac{h\nu}{I_\nu} n_m A_{mn}. \tag{1.187}$$

Im ungestörten Gleichgewicht gilt wiederum die Boltzmann-Verteilung (1.179); setzen wir der Einfachheit halber $g_m = g_n = 1$, dann ist

$$\frac{n_m}{n_n} = e^{-(E_m - E_n)/kT} = e^{-h\nu/kT} \, .$$

Für optische Frequenzen ist $h\nu/kT = 10^3$, also $n_m \cong 4 \cdot 10^{-44} n_n$; d. h. das höhere Niveau ist praktisch unbesetzt, alle Atome befinden sich im niedrigsten Zustand und γ_ν wird nur durch das erste Glied bestimmt

$$\gamma_\nu' = \frac{h\nu}{c} \, n_n B_{nm} \, . \tag{1.188}$$

Damit lassen sich z. B. die Fraunhoferschen Linien und die Selbstabsorption von Spektrallinien erklären.

Wird das Verhältnis n_m/n_n größer, auf die verschiedenen möglichen Mechanismen können wir hier noch nicht eingehen, dann sind induzierte und spontane Emission nicht mehr vernachlässigbar; der Absorptionskoeffizient wird kleiner.

Es ist auch möglich, $n_m > n_n$ zu machen; solchen Systemen muß man dann nach Gl. (1.179) eine negative absolute Temperatur zuschreiben. Das ist kein Widerspruch zum Nernstschen Wärmetheorem, denn diese Temperaturen erreicht man über eine Gleichverteilung ($n_m = n_n$), also über $T = \infty$. Dann wird $\gamma_\nu < 0$, d. h. es tritt keine Absorption auf, sondern Emission: Ein derartiges System verstärkt hindurchgehendes Licht. Darauf beruhen die sog. LASER (Light Amplification by Stimulated Emission of Radiation), deren Grundlagen eigentlich seit EINSTEIN (1916) bekannt sind, deren Verwirklichung aber erst durch tiefere Einsichten in atomare Wechselwirkungsmechanismen ermöglicht wurde (BASSOW, PROCHOROW, TOWNES).

1.2.5.4. Auswahlregeln

Um die Frage zu beantworten, ob ein Übergang möglich ist oder nicht, müssen wir noch die „Dipolintegrale" ausrechnen. Wir zeigen das am Beispiel eines Elektrons im Zentralfeld.

Dazu berechnen wir die Matrixelemente der Koordinaten

$$(p_{x,mn} = e x_{mn}; \; p_{y,mn} = e y_{mn}; \; p_{z,mn} = e z_{mn}),$$

$$x_{mn} = \int \psi_m^* \bar{x} \psi_n \, d\tau; \qquad y_{mn} = \int \psi_m^* y \psi_n \, d\tau;$$

$$z_{mn} = \int \psi_m^* z \psi_n \, d\tau. \tag{1.189}$$

In Gl. (1.126ff.) hatten wir gezeigt, daß wir ψ als Produkt zweier Funktionen $R(r)$ und $Y(\vartheta, \varphi)$ schreiben können. Die radiale Funktion wird kaum Wesentliches zur Findung der Auswahlregeln beitragen; wie Abb. 1.18 zeigt, überdecken sich die Funktionen mehr oder weniger und lie-

fern so einen nicht verschwindenden Beitrag zu den Integralen; Δn kann also beliebige Werte annehmen. Damit reduziert sich die Berechnung der Dipolkomponenten auf die Verwendung der Kugelfunktionen $Y(\vartheta, \varphi)$, also letzten Endes auf das Problem des starren Rotators. Wir rechnen unter Vernachlässigung der Normierungsfaktoren mit Gl. (1.107)

$$\psi(\varphi, \vartheta) = e^{im\varphi} P_l^m (\cos \vartheta) \, . \tag{1.190}$$

Wir ersetzen daher auch die rechtwinkligen Koordinaten durch Polarkoordinaten mit $r = 1$ und

$$x = \cos\varphi \sin\vartheta, \qquad y = \sin\varphi \sin\vartheta, \qquad z = \cos\vartheta,$$

$$d\tau = \sin\vartheta \, d\vartheta \, d\varphi. \tag{1.191}$$

Um zu viele Indizes zu vermeiden, schreiben wir die Quantenzahlen für den Zustand m als m, l und für den Zustand n als m', l'. Weiterhin schreiben wir in Gl. (1.191)

$$\cos\varphi = \frac{e^{i\varphi} + e^{-i\varphi}}{2} \quad \text{und} \quad \sin\varphi = \frac{e^{i\varphi} - e^{-i\varphi}}{2i}$$

Eingesetzt ergibt das dann

$$\left.\begin{aligned}
x_{mn} &= \frac{1}{2} \int_0^{2\pi} (e^{i(m'-m+1)\varphi} + e^{i(m'-m-1)\varphi}) \, d\varphi \\
&\quad \times \int_0^{\pi} P_l^m P_{l'}^{m'} \sin^2\vartheta \, d\vartheta, \\
y_{mn} &= \frac{1}{2i} \int_0^{2\pi} (e^{i(m'-m+1)\varphi} + e^{i(m'-m-1)\varphi}) \, d\varphi \\
&\quad \times \int_0^{\pi} P_l^m P_{l'}^{m'} \sin^2\vartheta \, d\vartheta, \\
z_{mn} &= \int_0^{2\pi} e^{i(m'-m)\varphi} \, d\varphi \int_0^{\pi} P_l^m P_{l'}^{m'} \cos\vartheta \sin\vartheta \, d\vartheta.
\end{aligned}\right\} \tag{1.192}$$

Da die Integration über φ und über ϑ getrennt ausführbar sind, lassen sich die Auswahlregeln für m und l unabhängig voneinander bestimmen.

Das Integral

$$\int_0^{2\pi} e^{i(m'-m)\varphi} \, d\varphi$$

in z_{mn} ist nur dann von Null verschieden, wenn $m' = m$ ist. Also hieraus folgt

$$\Delta m = 0. \tag{1.192a}$$

Die entsprechenden Integrale in x_{mn} und y_{mn} geben Beiträge für $m' - m + 1 = 0$ oder $m' - m - 1 = 0$; daraus ergibt sich

$$\Delta m = \pm 1. \tag{1.192b}$$

Das Integral über ϑ in z_{mn} schreiben wir etwas um:

$$\int_0^{\pi} \cos\vartheta P_l^m (\cos\vartheta) P_{l'}^{m'} (\cos\vartheta) \sin\vartheta \, d\vartheta$$

$$= \int_{-1}^{+1} x P_l^m(x) \, P_{l'}^{m'}(x) \, dx \, .$$

Das entsprechende Teilintegral in x_{mn} und y_{mn} lautet

$$\int\limits_{-1}^{+1} (1 - x^2)^{1/2}\, P_l{}^m(x)\, P_{l'}{}^{m'}(x)\, \mathrm{d}x.$$

Aus der Theorie zugeordneter Legendrescher Polynome[1] sind folgende Beziehungen bekannt:

$$x P_l{}^m(x)$$
$$= (2l + 1)^{-1}\{(l + m)\, P_{l-1}{}^m(x) + (l - m + 1)\, P_{l+1}{}^m(x)\} \tag{1.193a}$$

und

$$(1 - x^2)^{1/2}\, P_l{}^m(x) = (2l + 1)^{-1}\{P_{l+1}{}^{m+1}(x) - P_{l-1}{}^{m+1}(x)\},$$
$$(1 - x^2)^{1/2} P_l{}^m(x) = (2l + 1)^{-1}\{(l + m)(l + m - 1)$$
$$\times\, P_{l-1}{}^{m-1}(x) - (l - m + 1)(l - m + 2)\, P_{l+1}{}^{m-1}(x)\}. \tag{1.193b}$$

Man setzt diese Ausdrücke für die jeweils ersten Glieder in den Integralen ein und beachtet, daß die Legendreschen Polynome orthogonal sind, die Integrale also Null werden, wenn die Polynome nicht in beiden Quantenzahlen (l, m) übereinstimmen.

Dann ergibt sich aus der z_{mn}-Komponente

$$\Delta l = \pm 1 \quad (\Delta m = 0). \tag{1.193c}$$

Dasselbe erhält man aus den x_{mn}- und y_{mn}-Komponenten, wobei hier $m = \pm 1$ ist.

In analoger Weise lassen sich auch für andere Übergänge Auswahlregeln ableiten.

Aus Gl. (1.192) kann man aber auch die Polarisation der emittierten Strahlung ablesen. Für $\Delta m = 0$ war nur $z_{mn} \neq 0$, während $x_{mn} = y_{mn} = 0$ sind. Die Schwingung erfolgt demnach parallel zur z-Richtung, die Welle ist linear polarisiert.

Für $\Delta m = \pm 1$ ist $z_{mn} = 0$ und es wird

$$x_{mn} = \frac{1}{2} \int\limits_0^{2\pi} \mathrm{d}\varphi \int\limits_0^{\pi} P_l{}^m P_{l'}{}^{m+1} \sin^2 \vartheta\, \mathrm{d}\vartheta$$

und

$$y_{mn} = \frac{1}{2i} \int\limits_0^{2\pi} \mathrm{d}\varphi \int\limits_0^{\pi} P_l{}^m P_{l'}{}^{m+1} \sin^2 \vartheta\, \mathrm{d}\vartheta$$

$$= -\frac{i}{2} \int\limits_0^{2\pi} \mathrm{d}\varphi \int\limits_0^{\pi} P_l{}^m P_{l'}{}^{m+1} \sin^2 \vartheta\, \mathrm{d}\vartheta.$$

Beide Matrixelemente unterscheiden sich also nur durch einen Faktor $-i$; d. h. daß die Schwingungskomponente in y-Richtung gegenüber der in x-Richtung um $\pi/2$ phasenverschoben ist. Bei $m \to n - 1$ ergibt sich dasselbe nur mit anderem Vorzeichen. Der Übergang $\Delta m = \pm 1$ führt also zu rechts- oder linkszirkular polarisierter Strahlung.

Bis jetzt haben diese Rechnungen nur prinzipiellen Wert. Da die Energieniveaus des bisher be-

trachteten Systems Gl. (1.141a) nur von n abhängen und außerdem die Lage der x, y, z-Koordinaten jedes Atoms anders ist, beobachtet man ein Spektrum ohne veborzugte Polarisation. Erst wenn z. B. durch ein äußeres Magnetfeld eine Raumrichtung ausgezeichnet wird und damit die Energiewerte auch von m abhängen, ist eine genaue Zuordnung von Übergang und Polarisationsrichtung möglich.

Bereits in den Anfangszeiten der theoretisch verstandenen Spektroskopie hat es sich eingebürgert, Übergänge, die den auf diese Weise gewonnenen Auswahlregeln entsprechen, als erlaubte Übergänge zu bezeichnen; alle anderen galten als verboten, so als könne man der Natur Vorschriften machen. Es stellte sich auch bald heraus, daß in Alkalispektren sehr schwache, in komplizierten Atomen, Vielekektronensystemen, sogar z. T. sehr intensive „verbotene" Linien auftreten. Dazu gehört z. B. die sehr starke, grüne Quecksilberlinie. Das liegt daran, daß unsere Überlegungen nur für elektrische Dipolübergänge gelten, die Intensität der Multipolstrahlung ist i. allg. vernachlässigbar klein. In Atomen mit vielen Elektronen können sich diese gegenseitig dermaßen stören, daß sich die Intensitätsverhältnisse ändern. Es kommt z. B. bei Röntgenspektren hinzu, daß die Atomabmessungen gegenüber der Wellenlänge nicht mehr vernachlässigbar sind; dadurch treten Phasenverschiebungen auf, die zu weiteren Störungen Anlaß geben.

Übergangsverbote führen zu Zuständen langer Lebensdauer. Solche metastabilen Zustände spielen in der LASER-Physik eine große Rolle; wir können hier aber noch nicht darauf eingehen.

Elektromagnetische Wellen werden natürlich auch bei Änderungen magnetischer Zustände ausgestrahlt. Magnetische Dipolstrahlung (und Multipolstrahlung) ist bei den bisher betrachteten Elektronenübergängen vernachlässigbar; sie spielt nur in speziellen Fällen eine beobachtbare Rolle, so daß wir allgemein nicht darauf eingehen wollen. Magnetische Dipolübergänge werden aber bei reinen Spinprozessen von Bedeutung, wie sie z. B. bei der paramagnetischen Kernspinresonanz beobachtet werden; dort werden wir darauf näher eingehen (Abschnitt 4.3.4.).

1.3. Atomspektren und die Struktur der Elektronenhülle

1.3.1. Einelektronenspektren

Die Energieeigenwerte eines Atoms, das aus einem Kern der Ladung Ze und einem Elektron besteht, führen zu Spektralserien der Form

$$\tilde{v}_{mn} = R_{\mathrm{red}} Z^2 \left(\frac{1}{n^2} - \frac{1}{m^2} \right). \tag{1.194}$$

---

[1] s. z. B. MARGENAU, MURPHY: Die Mathematik für Physik und Chemie I Leipzig: B. G. Teubner 1964, S. 142ff.;
SMIRNOW: Lehrgang der höheren Mathematik, Bd. 3.2, Kap. VI. Berlin: Deutscher Verlag der Wissenschaften 1955.

Die Linien werden in Absorption beobachtet [Gl. (1.188)], wenn weißes Licht durch ‚kalten' Dampf geht; sie treten in Emission auf, wenn man die Atome anregt. Da Wasserstoff normalerweise als Molekülgas (H_2) vorliegt, erhält man zunächst das wesentlich kompliziertere Spektrum von H_2, dazu kommt das von H_2^+, und schließlich, wenn die Anregung ausreicht, um genügend Moleküle in H-Atome zu zerlegen, das H-Spektrum. Um das atomare Spektrum stärker hervortreten zu lassen, kann man Lichtquellen benutzen, in denen der Wasserstoff im statu nascendi angeregt wird.

In der Spektroskopie erfolgt die Anregung fast immer über Elektronenstöße. Dazu können gezielte Elektronenströme oder die z. B. in Gasentladungen oder Lichtbögen entstehenden Elektronen benutzt werden. Man kann auch elektrische Funken und neuerdings LASER verwenden. Die entstehenden Spektren hängen natürlich von der Energie der anregenden Elektronen ab. Zur Erzeugung von Funken benötigt man relativ hohe Spannungen; dadurch erhält man ein linienreicheres Spektrum als im Bogen. Aus diesem Grunde unterschied man früher in Spektralatlanten Funken- und Bogenspektren.

E_n [Gl. (1.141 a)] ist die Bindungsenergie eines Elektrons in der n-Schale. Der Vergleich mit Gl. (1.194) zeigt, daß dieser Energie die Frequenz der Seriengrenze ($m \rightarrow \infty$) der entsprechenden Schale entspricht. Aus der Frequenz $\tilde{\nu}_n$, gegen die eine Serie konvergiert, kann man demnach die Bindungsenergie der entsprechenden Schale bestimmen. Wird das Atom von einer elektromagnetischen Welle mit $\tilde{\nu} > \tilde{\nu}_n$ getroffen, dann kann das Elektron den Verband verlassen. Wird umgekehrt ein Elektron endlicher Energie von der n. Schale eingefangen, dann wird eine Frequenz $\tilde{\nu} > \tilde{\nu}_n$ emittiert (Abb. 1.23). Sowohl in Absorption als auch in Emission schließt sich demnach an das Linienspektrum ein kontinuierliches an, das sog. Grenzkontinuum, denn, das hatten wir früher gesehen, bei $E > 0$ treten keine diksreten Energiewerte mehr auf. Man spricht von Photoionisation bzw. Strahlungsrekombination. Die z. B. bei der Photoionisation überschüssige Quantenenergie wird dem Elektron in Form kinetischer Energie mitgegeben; diese läßt sich mit der Gegenfeldmethode bestimmen.

Es ist aber auch möglich, daß ein Elektron im Bereich eines Atomes mit $E_1 > E_n$ nur soweit abgebremst wird, daß es dieses System mit einer endlichen Energie $E_2 < E_1$ wieder verlassen kann (Abb. 1.24). Dann wird die vom Elektron abgegebene Energie in Form eines Lichtquantes

$$h\nu_{21} = E_2 - E_1 \tag{1.195}$$

ausgestrahlt. Man spricht von Bremsstrahlung, die – da sie sich bei Energien $> E_n$ abspielt – ebenfalls ein kontinuierliches Spektrum aufweist. Dieses Bremskontinuum tritt sehr charakteristisch bei Röntgenstrahlen auf (s. Abschnitt 1.3.4.3.).

1897 hatte PICKERING im Spektrum von Fixsternen eine Spektralserie gefunden, die er dem H-Atom zuschrieb, weil man sie in einer der Balmer-Formel ähnlichen Form schreiben konnte:

$$\tilde{\nu}_{\text{Pl}} = R \left(\frac{1}{2^2} - \frac{1}{m'^2} \right), \quad m' = 5/2, 3, 7/2, 4, \ldots \tag{1.196}$$

Die Linien mit ganzzahligem m' lagen dicht neben denen der Balmer-Serie, die mit halbzahligem, etwa in der Mitte zwischen zwei Balmer-Linien (Abb. 1.25). Diese Serie bereitete zunächst etwas Kopfzerbrechen, da die halbzahligen Quantenzahlen mit dem Bohrschen Modell im Widerspruch standen, bis BOHR sie dem He^+-Ion zuschrieb. Dessen Spektrum läßt sich mit Gl. (1.194) in der Form

$$\tilde{\nu}_{mn} = R_{\text{He}} \cdot 4 \left(\frac{1}{n^2} - \frac{1}{m^2} \right); \quad n, m \text{ ganzzahlig} \tag{1.197}$$

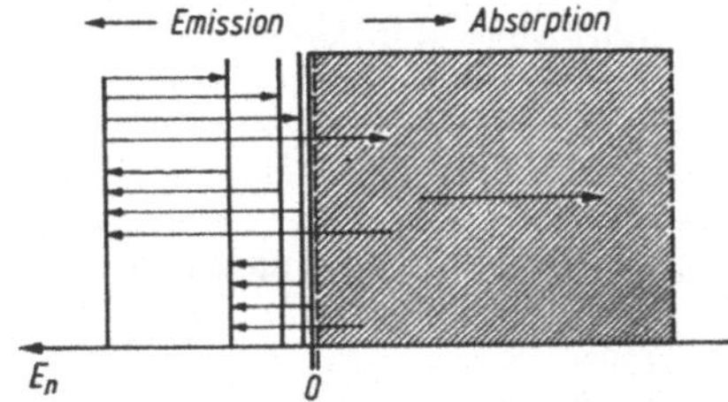

Abb. 1.23. Entstehung von Serienspektrum, Seriengrenzkontinuum und Elektronengrenzkontinuum

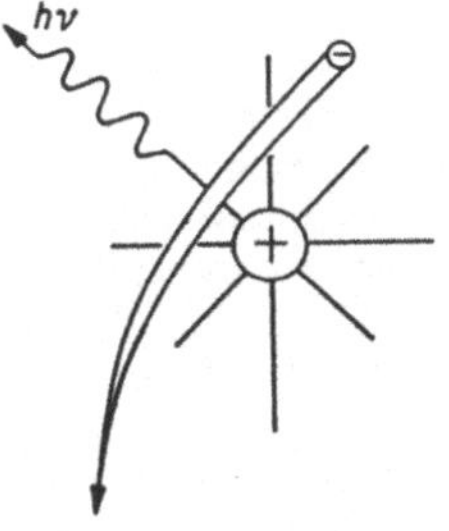

Abb. 1.24. Entstehung des Elektronengrenzkontinuums durch Abbremsung eines vorbeifliegenden Elektrons

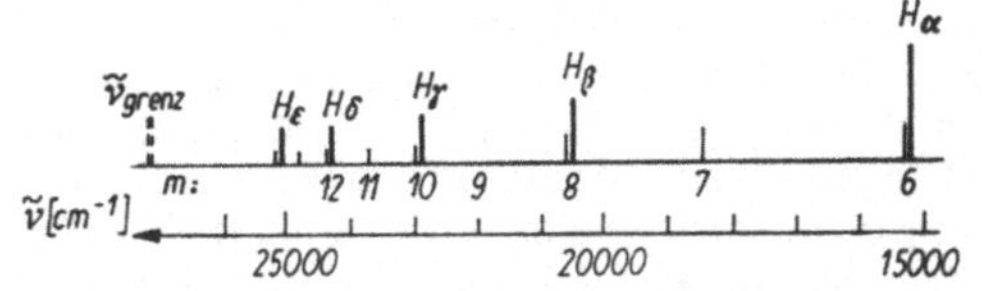

Abb. 1.25. Vergleich der Pickering-Serie Gl. (1.196a) – kleine Striche – mit der Balmer-Serie des Wasserstoffs

schreiben. Man erkennt, daß dann Gl. (1.196) in

$$\tilde{\nu}_{Pi} = 4R_{He}\left(\frac{1}{4^2} - \frac{1}{m^2}\right) \quad \text{mit} \quad m = 5, 6, 7, \ldots$$

$$(1.196\,a)$$

übergeht. Die Unterschiede der ganzzahligen Linien von (1.196) zu den nächsten Linien des H-Atoms folgen aus der etwas anderen Rydberg-Konstanten $R_{He} = 109\,722{,}267\ \text{cm}^{-1}$. Die Annahme BOHRS wurde auch experimentell bestätigt. In Laborversuchen mit reinem Wasserstoff fand man nämlich die Pickering-Serie nicht, erst als man etwas Helium zugab, trat sie auf. Ein Vergleich der beiden Spektren zeigt die Genauigkeit spektroskopischer Messungen:

He$^+$-Spektrum Pickering-Serie		H-Spektrum Balmer-Serie	
m	$\tilde{\nu}_{mn}$ [cm^{-1}]		$\tilde{\nu}$ [cm^{-1}]
6	15243,7	H	15236,7
7	18478,8		
8	20579,1	H	20570,6
9	21522,1		
10	23048,4	H	23038,3
11	28810,1		
12	24390,2	H	24378,9

Auch FOWLER hatte eine Serie, die er in einem H_2—He-Gemisch fand, zunächst mit halbzahligen Quantenzahlen dem Wasserstoff zugeschrieben, ehe er erkannte, daß sie viel besser zum Heliumion paßte.

$$\tilde{\nu}_{Fo} = 4R_{He}\left(\frac{1}{3^2} - \frac{1}{m^2}\right), \quad m = 4, 5, 6, \ldots$$

$$(1.196\,b)$$

Im kurzwelligen Ultraviolett fand LYMAN zwei weitere Serien, die man als

$$\tilde{\nu}_{Ly\,I} = 4R_{He}\left(\frac{1}{1^2} - \frac{1}{m^2}\right), \quad m = 2, 3, 4, \ldots$$

$$(1.196\,c)$$

und

$$\tilde{\nu}_{Ly\,II} = 4R_{He}\left(\frac{1}{2^2} - \frac{1}{m^2}\right), \quad m = 3, 4, 5, \ldots$$

$$(1.196\,d)$$

bezeichnet.

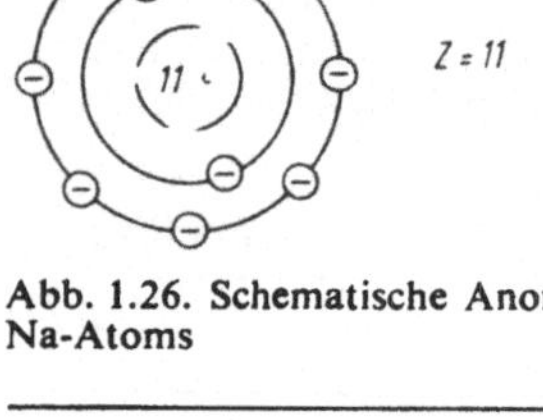

Abb. 1.26. Schematische Anordnung der Elektronen des Na-Atoms

Die gute Übereinstimmung zwischen Theorie und He$^+$-Spektrum ist zu erwarten, da auch He$^+$ ein Zweiteilchensystem ist, das sich vom Wasserstoff nur durch den schwereren Kern (geht in R ein) und die Kernladung (Z^2) unterscheidet. Ähnliches muß für alle Einelektronensysteme gelten, also für H, He$^+$, Li^{++} ($Z = 3$), Be^{+++} ($Z = 4$), B^{4+} ($Z = 5$), C^{5+} ($Z = 6$) usw. Die Spektren verschieben sich zu immer größeren Wellenzahlen. Würde man z. B. dem Eisenatom ($V = 26$) alle Elektronen bis auf eines entreißen, dann wäre die Ionisierungsenergie dieses letzten Elektrons etwa $9200\ \text{eV}$ und die Wellenzahl der Seriengrenze läge bei $R_{Fe} \cdot 26^2$, also bei $74{,}772 \times 10^6\ \text{cm}^{-1}$, d. h. bei einer Wellenlänge von $1{,}3 \cdot 10^{-8}\ \text{cm}$. Die Spektren liegen im Gebiet der Röntgenstrahlen. Der Übergang vom optischen ins Röntgengebiet erfolgt also stetig.

1.3.2. Wasserstoffähnliche Spektren

Bei Mehrelektronensystemen können wir nicht mehr diese gute Übereinstimmung zwischen der relativ einfachen Theorie und den Meßergebnissen erwarten, da die Elektronenzustände sich gegenseitig durchdringen. Man kann das bisherige Modell nicht durch wenige Zusatzglieder anpassen, da die Wechselwirkungen zwischen den Elektronen sich nicht durch einfache Ausdrücke darstellen lassen. Mit Hilfe der elektronischen Rechentechnik kann man Näherungsansätze numerisch weitgehend rechnen; darauf können wir hier nicht eingehen.

Aus dem bisherigen theoretischen Modell kann man einige weitere Regeln über Ähnlichkeiten von Spektren ableiten, die für das Verständnis der Zusammenhänge nützlich sind. Von der Chemie her ist bekannt, daß Alkaliatome (Li, Na, K, Rb, Cs) einwertig sind, also eine Elektron leicht abgeben. Dieses muß, wenn wir an die bereits erwähnte Schalenstruktur denken, offenbar außerhalb der geschlossenen Schalen sitzen, in denen jeweils alle anderen ($Z - 1$) Elektronen angeordnet sind (Abb. 1.26). Unsere weiteren Analysen spektroskopischer Daten werden das bestätigen. Diese ($Z - 1$) Elektronen werden die Kernladung $+Ze$ abschirmen. Kern $+ (Z - 1)$ Elektronen wirken dann im größeren Abstand wie ein Teilchen mit der effektiven Kernladung $Z_{eff} = 1$. Die Alkaliatome sind demzufolge dem Wasserstoff ähnlich; wir erwarten wasserstoffähnliche Spektren, die für alle Alkali-Atome im gleichen Wellenlängenbereich (sichtbares Licht) liegen. Die Übereinstimmung wird nicht so gut sein wie bei den echten Einelektronensystemen, da die Schalen, wie wir z. B. in Abb. 1.18 gesehen haben, sich räumlich überlappen. Wenn wir von den Alkaliatomen zu den jeweils nächsten Elementen des Periodensystems übergehen, dann können wir durch Ionisation weitere Teilchen mit einem äußeren Elektron erzeugen. Wir vermuten somit eine Wasserstoffähnlichkeit auch zwischen den Spektren von

Li, Be$^+$, B^{++}, C^{+++}, N^{4+}, O^{5+}, F^{6+}, Ne^{7+}

oder

Na, Mg$^+$, Al^{++}, Si^{+++}, P^{4+}, S^{5+}, Cl^6, Ar^{7+}

usw.
SOMMERFELD und KOSSEL haben, diese Überlegungen verallgemeinernd, den spektroskopischen Verschiebungssatz aufgestellt:

> Das Spektrum eines beliebigen Atoms ist, bis auf einige verständliche Ausnahmen, dem des im Periodensystem folgenden einfach ionisierten, dem des zweitnächsten zweifach ionisierten usw. ähnlich.

Das wurde u. a. auch dadurch bestätigt, daß man durch kräftige Entladungen hochionisierte Atome, denen bis zu 23 Elektronen entrissen wurden, herstellte und deren Spektren untersuchte. Diese und weitere Erfahrungen sind wesentliche Stützen für die heutigen Vorstellungen über den Aufbau der Elektronenhülle. Wir können hier nicht auf alle Atomspektren eingehen und behandeln ausführlich zunächst nur die Alkali-Spektren.

1.3.3. Alkalispektren (1. Teil)

Wenn man „weißes" Licht durch kalten Natriumdampf gehen läßt, erhält man ein Absorptionsspektrum, dessen kurzwelliger Teil in Abb. 1.27 wiedergegeben ist. Ähnliche Folgen, die sehr stark an die Balmer-Serie erinnern, beobachtet man bei allen Alkalidämpfen. Da diese Absorptionsspektren an kalten Dämpfen auftreten, muß das nie-

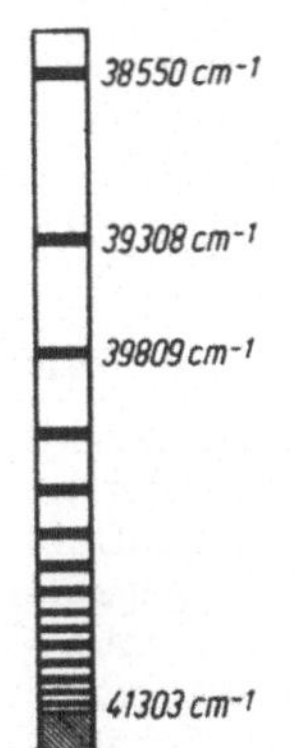

Abb. 1.27. Absorptionsspektrum des Natriums. Da das Grundniveau beteiligt ist, beobachtet man nur die Hauptserie

drigste Energieniveau, also der Grundzustand, beteiligt sein.
Es ist nicht möglich, diese Linienfolgen wie die Serien echter Einelektronensysteme durch Differenzen einfacher Terme der Art Gl. (1.194)

$$T_h = R/k^2 \qquad (1.198)$$

darzustellen. Das geht erst, wenn man die ganzzahligen k-Werte durch Korrekturgrößen a erweitert in der Form

$$k_{\mathrm{eff}} = k + a = \sqrt{\frac{R}{T_h}}; \qquad (1.199)$$

man bezeichnet k_{eff} als effektive Quantenzahl, obwohl das keine Quantenzahl im strengen Sinn ist. Die Korrekturgrößen a repräsentieren vielmehr Störpotentiale, die durch die Überlappung der Elektronenzustände entstehen und die daher vor allem von der azimutalen Verteilung der Elektronendichte, von l, abhängen.
In Emission fand man neben der bereits in Absorption beobachteten Folge, der sog. Hauptserie, noch zwei weitere, die 1. und die 2. Nebenserie, und schließlich die im Infrarotgebiet liegende Bergmann-Serie. Es zeigte sich, daß Übergänge nur zwischen Termfolgen mit verschiedenen Korrekturgliedern auftreten, d. h. zwischen Zuständen verschiedener Bahndrehimpulsquantenzahl L.

$$\text{Hauptserie} \quad \tilde{\nu}_H = R\left(\frac{1}{(1+s)^2} - \frac{1}{(k+p)^2}\right)$$
$$k = 2, 3, 4, \ldots,$$

$$\text{II. Nebenserie} \quad \tilde{\nu}_{II} = R\left(\frac{1}{(2+p)^2} - \frac{1}{(k+s)^2}\right)$$
$$k = 2, 3, 4, \ldots,$$

$$\text{I. Nebenserie} \quad \tilde{\nu}_I = R\left(\frac{1}{(2+p)^2} - \frac{1}{(k+d)^2}\right)$$
$$k = 3, 4, 5 \ldots,$$

$$\text{Bergman-Serie} \quad \tilde{\nu}_B = R\left(\frac{1}{(3+d)^2} - \frac{1}{(k+f)^2}\right)$$
$$k = 3, 5, 6 \ldots \qquad (1.200)$$

Wir haben hier k (und nicht m, n) geschrieben, da es sich nicht um die charakteristischen Quantenzahlen der K-, L-, M- usw. Schalen handelt, sondern um Zahlen eines wasserstoffähnlichen Modells. Gl. (1.200) geht in die Formeln für das Wasserstoffspektrum über, wenn s, p, d, f gleich Null sind. Auf Grund obiger Bemerkungen ist es erklärlich, daß diese Korrekturen mit wachsender Elektronenzahl zunehmen. So geht s von 0,4 für Li bis 0,87 bei Cs, p von 0, bis etwa 0,3; die d- und f-Werte sind nur bei Rb und Cs merklich von Null verschieden. Die Bezeich-

---

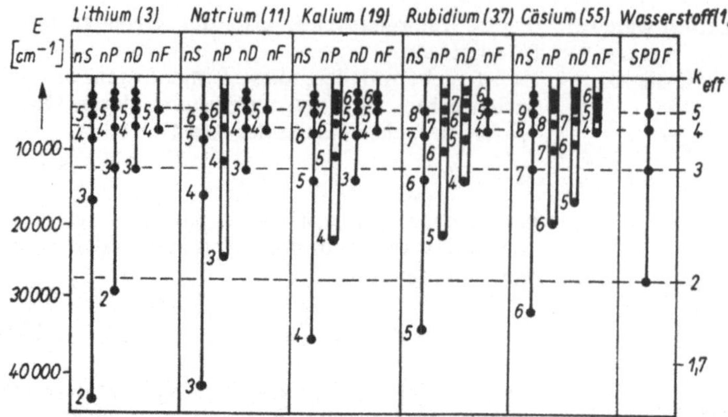

Abb. 1.28. Termschema der Alkaliatome – Vergleich mit dem des Wasserstoffatoms.
Es sind Dublett-Terme; die doppelten Linien (z. B. beim Natrium nP) deuten an, daß die Dubletts mit normalen Spektrographen beobachtbar sind

nungen s, p, d, f, sind historisch bedingt. p steht im Laufterm für die Haupt- (principal) Serie, s und d für die scharfe (sharp) und diffuse Nebenserie. f entspringt einem Irrtum: Man hielt die Linien der Bergmann-Serie ursprünglich für die Grundschwingungen und sprach von fundamentaler Serie, Die zugehörigen Terme kürzt man mit den entsprechenden großen Buchstaben ab und schreibt die Laufzahl k davor. Dann wird aus Gl. (1.200):

$$\tilde{\nu}_H = 1S - kP \qquad k = 2, 3, 4 \ldots,$$
$$\tilde{\nu}_{II} = 2P - kS \qquad k = 2, 3, 4 \ldots,$$
$$\tilde{\nu}_I = 2P - kD \qquad k = 3, 4, 5 \ldots, \qquad (1.200\,\text{a})$$
$$\tilde{\nu}_B = 3D - kF \qquad k = 4, 5, 6 \ldots.$$

Diese Beziehungen gelten für alle Alkalispektren; die einzelnen Elemente haben, wie gesagt, jeweils nur verschiedene s-, p-, d- bzw. f-Werte.
Nun hatten wir bereits darauf hingewiesen, daß das Leuchtelektron im Grundzustand z. B. bei Lithium nicht in der K-, sondern in der L-Schale ($n = 2$), bei Natrium in der M-Schale ($n = 3$) usw. sitzt. Wenn wir die Spektren durch die Differenzen der wirklichen Terme, nicht durch die des wasserstoffähnlichen Modelles, ausdrücken wollen, müssen wir z. B. für die Hauptserie schreiben:

bei Li $\quad \tilde{\nu}_{H,Li} = 2S - nP, \quad n = 3, 4, 5 \ldots$

Na $\quad \tilde{\nu}_{H,Na} = 3S - nP, \quad n = 4, 5, 6 \ldots,$

K $\quad \tilde{\nu}_{H,K} = 4S - nP, \quad n = 5, 6, 7 \ldots,$

Rb $\quad \tilde{\nu}_{H,Rb} = 5S - nP, \quad n = 6, 7, 8 \ldots,$

Cs $\quad \tilde{\nu}_{H,Cs} = 6S - nP, \quad n = 7, 8, 9 \ldots.$

$$(1.201)$$

In der Literatur werden beide Bezeichnungsweisen nebeneinander benutzt, und man muß prüfen, ob die Schalennummer oder die effektive Laufzahl gemeint ist. Die dem Wasserstoff angepaßte Schreibweise Gl. (1.200) läßt schneller Ähnlichkeiten von Serien verschiedener Alkaliatome erkennen; die Darstellung mit den „Schalenquantenzahlen" [Gl. (1.201)] rechtfertigt allein die Vielfalt der Quantenzustände, die wir in den folgenden Kapiteln noch kennenlernen werden.

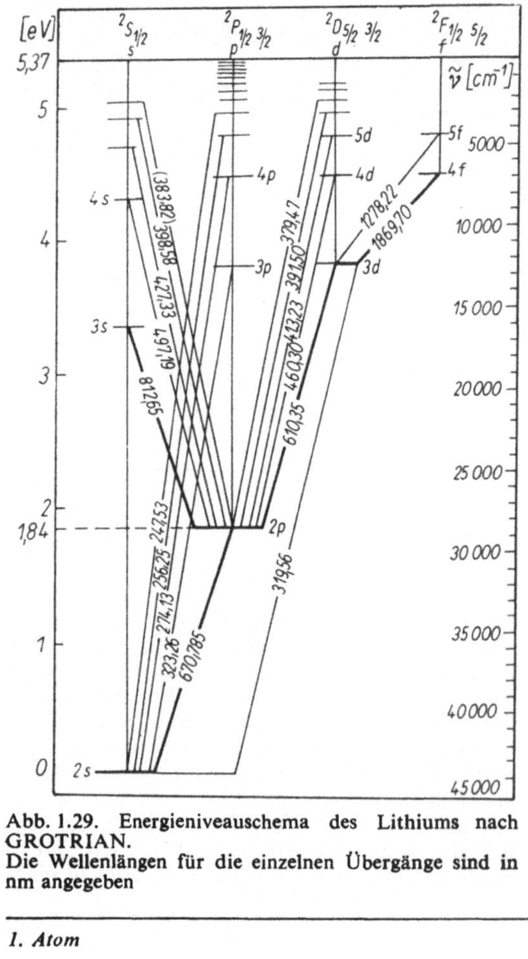

Abb. 1.29. Energieniveauschema des Lithiums nach GROTRIAN.
Die Wellenlängen für die einzelnen Übergänge sind in nm angegeben

Früher wurde die Differenz zwischen den k-Werten und der effektiven Quanzenzahl $a = k_{eff} - k$ [s. Gl. (1.199)] Quantendefekt genannt; man sollte aber diese leicht irreführende Bezeichnung vermeiden. In Abb. 1.28 werden die Terme der Alkaliatome mit dem des Wasserstoffs verglichen.

Die Reihenfolge der Terme (S, P, D, F) ist so gewählt, daß jede Folge jeweils nur mit den Nachbarfolgen kombiniert. Ein Vergleich mit den Auswahlregeln (1.192c) läßt vermuten, daß die Bahndrehimpulsquantenzahlen von S bis F jeweils um 1 zunehmen. Damit sind die zunächst theoretisch abgeleiteten Beziehungen (1.154) ex-

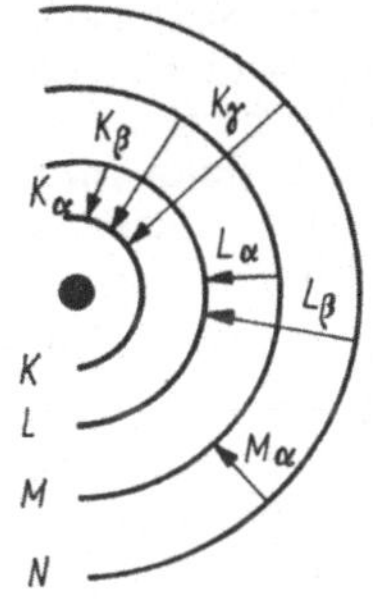

Abb. 1.30. Zur Bezeichnungsweise der Röntgenspektren

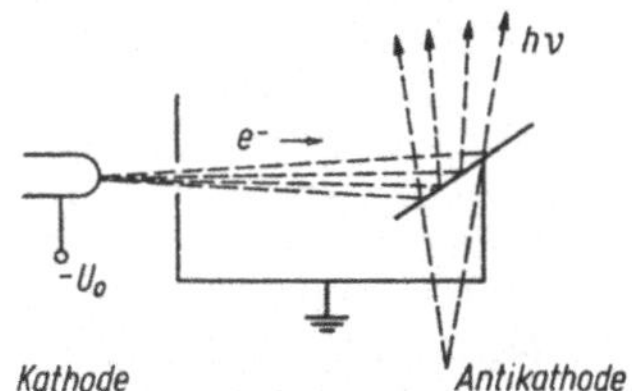

Abb. 1.31. Prinzip der Röntgenröhre

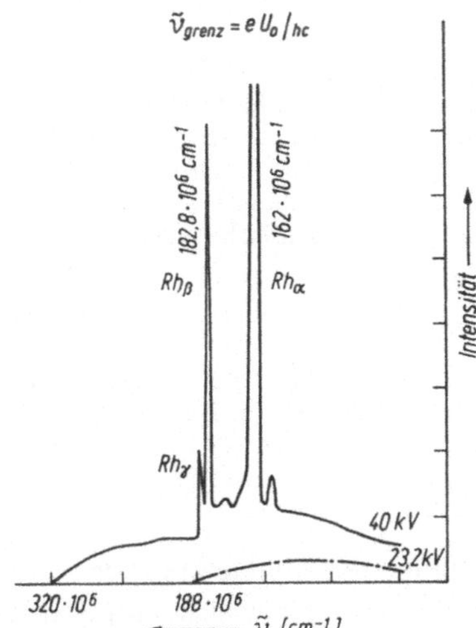

Abb. 1.32. Röntgenspektrum einer Rhodiumantikathode bei zwei verschiedenen Beschleunigungsspannungen

perimentell bestätigt. Nun verstehen wir auch (s. Abb. 1.28), daß mit zunehmendem l die effektive Quantenzahl der Schalennummer immer ähnlicher wird, da die Überlappung mit den Rumpfelektronen abnimmt (s. Abb. 1.19).

Konstruiert man nach diesen Überlegungen das Energieniveauschema nach GROTRIAN, so erhält man für Lithium das in Abb. 1.29 dargestellte Diagramm. Bei den schwereren Atomen findet man charakteristische Abweichungen; Linien werden aufgespalten und treten als Dubletts auf. Diese Feinstruktur können wir mit den bisherigen theoretischen Ansätzen nicht erklären.

1.3.4. Röntgenspektren

1.3.4.1. Röntgenspektren und optische Spektren

Die Erfahrungen mit den Alkalispektren zeigen, daß Quantensprünge der äußeren Elektronen immer zu Spektrallinien im erweiterten optischen Bereich, also vom UV- bis zum IR-Gebiet, führen. Die Elektronen der inneren Schalen schirmen den Kern weitgehend ab, so daß das Atom vom Leuchtelektron aus gesehen wie ein Teilchen mit sehr niedriger effektiver Kernladung wirkt. Die Energieverhältnisse sind daher ähnlich wie beim H-Atom.

Wir hatten aber in Abschnitt 1.3.1. auch gesehen, daß die Bindungsenergien der Elektronen bei Einelektronensystemen mit Z^2 zunehmen und deren Übergangsfrequenzen sich infolgedessen rasch dem Röntgengebiet nähern. Daran ändert sich nur wenig, wenn diese Elektronen von äußeren Schalen umgeben sind; das ist im Einklang mit den Grundgesetzen der Elektrodynamik. Um Atomspektren in diesem Wellenlängenbereich zu erzeugen, muß man also nicht hochionisierte Atome herstellen, es genügt, ein Elektron aus einer inneren Schale (K- oder L-Schale) zu entfernen. Die dazu notwendige Energie kann man z. B. durch Stoß mit einem Elektron großer Geschwindigkeit übertragen. Die entstandene Lücke wird durch Nachrücken von Elektronen aus weiter außen liegenden Schalen gefüllt, wobei charakteristische Linien ausgestrahlt werden. Ist die auszufüllende Lücke in der K-Schale, dann bezeichnet man die Linien mit K_α, K_β, K_γ usw., je nachdem, ob das Elektron aus der L-, M- oder N-Schale kommt. In entsprechender Weise spricht man von L-, M-, N-Serien, wobei der Index α sich immer auf einen Übergang aus der benachbarten Schale bezieht (Abb. 1.30). Wir erwarten, daß das Nachrücken aus der nächsten Schale mit größerer Wahrscheinlichkeit erfolgt als aus der übernächsten usw., d. h. die Intensitäten der α-Linien (K_α, L_α, M_α, ...) wird immer größer sein als die der anderen (z. B. K_γ, K_β, ...).

1.3.4.2. Grundlagen der experimentellen Technik

Röntgenstrahlen sind bereits 1895 durch C. W. RÖNTGEN (1845–1923) gefunden worden, also 17 Jahre vor Entwicklung des Bohrschen Wasserstoffmodells. Ursprünglich wurden Gasentladungsröhren verwendet, jetzt beschleunigt man Elektronen im Hochvakuum durch Gleichspannungen (U_0) und beschießt damit die Antikathode (Abb. 1.31). Dort werden die Elektronen abgebremst und erzeugen dabei (s. Abschnitt 1.3.1.) das kontinuierliche Bremsspektrum, dessen kurzwellige Grenze durch U_0 bestimmt wird; sie schlagen „Löcher" in die inneren Elektronenschalen, wobei die charakteristischen Linien entstehen (Abb. 1.32). Da diese Röntgenstrahlung (international wird die von RÖNTGEN eingeführte Bezeichnung X-Strahlung benutzt) spezifisch für die inneren Schalen der Atome ist,

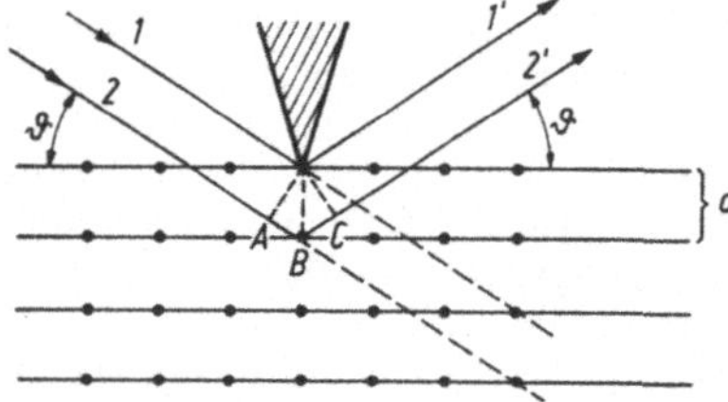

Abb. 1.33. Prinzip eines Schneidenspektrometers.
ϑ ' Einfalls- und Ausfallswinkel; d Gitterkonstante; A, B, C Gangunterschied zwischen den Strahlen *1* und *2*

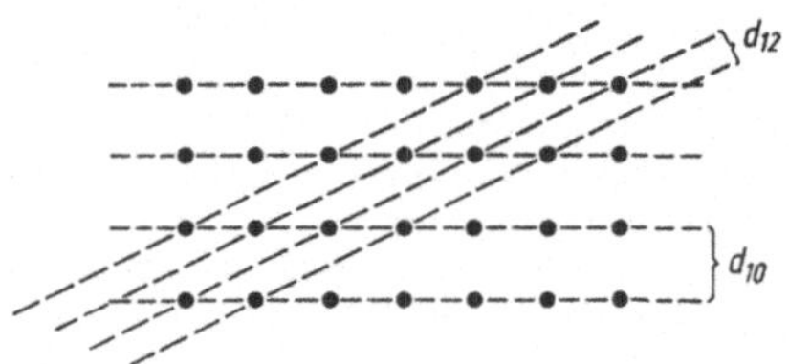

Abb. 1.34. Zweidimensionale Darstellung der unterschiedlichen Besetzungsdichte verschieden indizierter Netzebenen

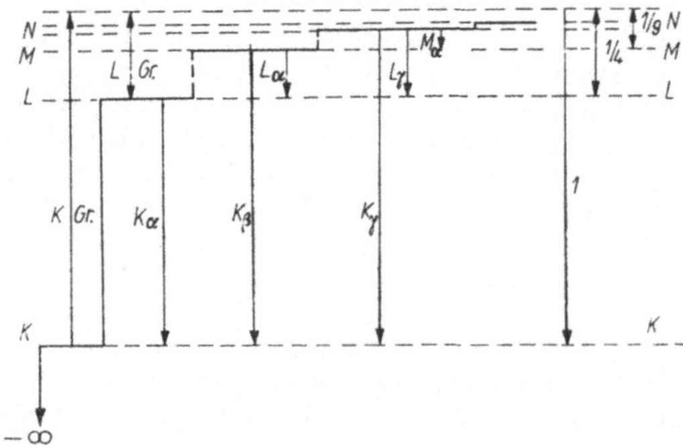

Abb. 1.35. Energieniveauschema eines Röntgenspektrums.
Gr Grenzfrequenz

werden die Spektren durch die Art der Bindung mit anderen Atomen kaum beeinflußt.

Die Messung der Wellenlänge stieß anfänglich auf Schwierigkeiten; Interferenzversuche am Spalt schlugen fehl. Der entscheidende Fortschritt kam 1912, als einer Idee Laues folgend, FRIEDRICH und KNIPPING Röntgenstrahlinterferenzen am Kristallgitter nachwiesen. Auf die fundamentale Bedeutung dieser Entdeckung für die Kristallstrukturbestimmung gehen wir hier nicht ein; wir benutzen diesen Effekt nur zur Messung der Wellenlänge.

Beim Schneidenspektrometer (Abb. 1.33) wird die Reflexion der Strahlen an den Netzebenen ausgenutzt. Eine keilförmige Bleiwand legt den Arbeitsbereich auf der Einkristallfläche fest. Ist d der Netzebenenabstand, gibt es nur dann Interferenzen zwischen den reflektierten Strahlen, wenn die Braggsche Beziehung gilt

$$AB + BC = 2d \sin \vartheta = n\lambda. \qquad (1.202)$$

Der Nachweis der Röntgenstrahlen erfolgt mit Photoplatte oder mit Zählrohr. Dabei ist zu beachten, daß sehr langwellige Röntgenstrahlen – man spricht von weichen Strahlen – von Luft absorbiert werden; das Spektrometer muß dann in einem Vakuumgefäß aufgestellt werden. Man braucht Kristalle mit möglichst großen Gitterkonstanten; es stehen z. B. $(PF_6)_2Ni(NH_3)_6$ (1,191 nm) u. ä. zur Verfügung; man kann auch organische Kristalle verwenden (z. B. Palmitinsäure mit 7,098 nm).

Bei sehr langwelligen Röntgenstrahlen beobachtet man auch Interferenzen beim schrägen Einfall auf Strichgitter. Man kann dadurch die Wellenlängemessung und auch die Bestimmung von Gitterabständen direkt an die klassische Längendefinition anschließen.

Für harte Röntgenstrahlen braucht man kleine Netzebenenabstände; es gibt kaum Kristalle mit Gitterkonstanten, die kleiner als 0,3 nm sind (Diamant 0,355 nm). Hier muß man höher indizierte Flächen zur Reflexion benutzen. Dann wird z. B für kubische oder rhombische Systeme

$$\frac{1}{d} = \sqrt{\frac{h^2}{a^2} + \frac{k^2}{b^2} + \frac{l^2}{c^2}} \qquad (1.203)$$

(h, k, l sind die sog. Millerschen Indizes und a, b, c die Gitterkonstanten; s. Abschn. 5.2.2.). Da höher indizierte Flächen (Abb. 1.34) mit weniger Atomen besetzt sind, werden die Intensitäten der Reflexe schwächer.

1.3.4.3. Interpretation der Röntgenspektren

Die ersten systematischen Untersuchungen stammen von BARKLA, sie wurden von MOSELEY ergänzt und erweitert. Wenn man von kleinen Aufspaltungen zunächst absieht, die sich ohnehin erst bei Kernladungszahlen $Z > 15$ bemerkbar machen, kann man die Röntgenlinien eines Atoms in Termen darstellen, die dem Ritzschen Kombinationsprinzip entsprechen. Wenn wir die Schalenkennzeichen als Termsymbole auffassen, ist

$$K_\alpha = K - L, \quad K_\beta = K - M, \quad K_\gamma = K - N,$$
$$L_\alpha = L - M, \quad L_\beta = L - N.$$

$$(1.204)$$

Graphisch ist das in Abb. 1.35 dargestellt.
Trägt man die Wellenzahlen für die verschiedenen Kernladungen in ein Diagramm ein (Abb. 1.36), so findet man Zusammenhänge, die alle Elemente einschließen. Diese im Gegensatz zu den optischen Spektren sehr weit geltenden Gesetzmäßigkeiten bestätigen nochmals, daß die Röntgenspektren von den kernnahen Schalen kommen, die bei allen Elementen dieselbe Struktur haben; sie ändern sich kontinuierlich mit der Kern-

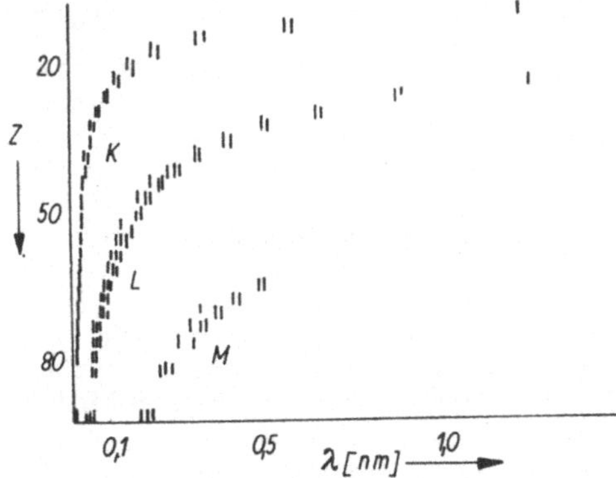

Abb. 1.36. Röntgenspektren in Abhängigkeit von der Kernladungszahl (Moseley-Diagramm)

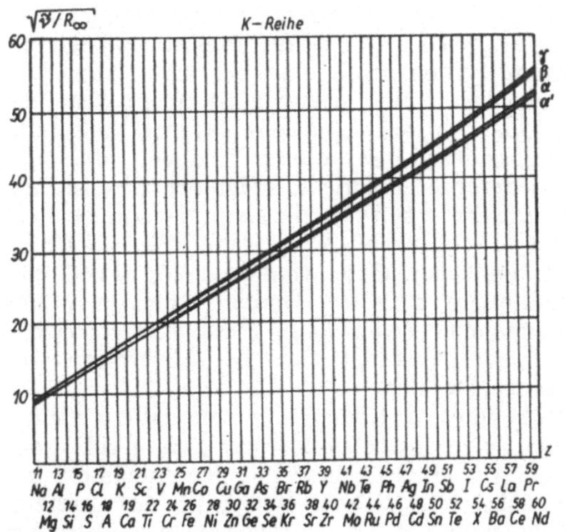

Abb. 1.37. Linien der K-Serie für verschiedene Kernladungen

ladungszahl. Aus Röntgenlinien lassen sich daher zuverlässig die Kernladungen bestimmen.
Man hat auf diese Weise festgestellt, daß Kobalt eine kleinere Kernladung hat als Nickel, obwohl die relative Atommasse von Nickel kleiner ist (58,69 gegenüber 58,94). Weiterhin wurden an Unstetigkeiten neue, noch unbekannte Elemente vermutet, die dann auch gefunden wurden. So entdeckten z. B. COSTER und HEVESY Hafnium ($Z = 72$) und NODDAK und TACKE Rhenium ($Z = 75$).

Tabelle 1.1. $\tilde{\nu}/R_\infty$-Werte der K-Serie einiger Elemente

Z	α'	α	β	γ
9 (F)	49,80			
11 (Na)	76,68		78,62	
13 (Al)	109,53		114,76	
15 (P)	148,37		157,41	
17 (Cl)	193,01	193,14	207,36	
19 (K)	243,84	244,07	264,38	
21 (Sc)	300,96	301,24	328,51	
23 (V)	364,19	364,75	399,72	402,40
25 (Mn)	433,631	434,454	478,057	481,32

Man erkennt das besonders deutlich an der graphischen Darstellung von $\sqrt{\tilde{\nu}/R_\infty}$ (Abb. 1.37). Empirisch kommt man für die K_α-Linien zu der Beziehung

$$\sqrt{\tilde{\nu}/R_\infty} = \sqrt{3/4}\,(Z - s) \qquad (1.205)$$

bzw., wenn man aus dem Diagramm $s \cong 1$ entnimmt, zum *Moseleyschen Gesetz*

$$\tilde{\nu}_{K_\alpha}/R_\infty = (Z - 1)^2 \left(\frac{1}{1^2} - \frac{1}{2^2} \right). \qquad (1.206)$$

Das entspricht dem Ergebnis unserer anfänglichen Überlegungen. Da in der K-Schale, wie wir später sehen werden, zwei Elektronen sind, schirmt das zweite, nicht am Quantensprung beteiligte, den Kern teilweise ab. s wird daher als Abschirmkonstante bezeichnet.
Für die L-Serien sind ähnliche Beziehungen zu erwarten (Abb. 1.38); allerdings treten hier, da die Sprünge auf der L-Schale ($n = 2$) enden, und größere Störungen durch teilweise Überlappung mit der K-Schale möglich sind. Abweichungen von der Linearität von $\sqrt{\tilde{\nu}}$ mit Z auf, die mit Z^4 zunehmen.
Die Aufspaltung der K_α-Linie in zwei Komponenten α und α' läßt sich mit der Annahme erklären, daß das L-Niveau in ein Dublett zerfällt (früher mit L_{II} und L_{III} bezeichnet). Der Linienreichtum der L-Serie ist darauf zurückzuführen, daß jetzt noch ein drittes L-Niveau (L_I) wirksam wird und daß die M-Schale 5, die N-Schale 7 Niveaus hat usw. Wir vermuten, daß – ähnlich wie bei den Alkalitermen – die Drehimpulsquanten-

---

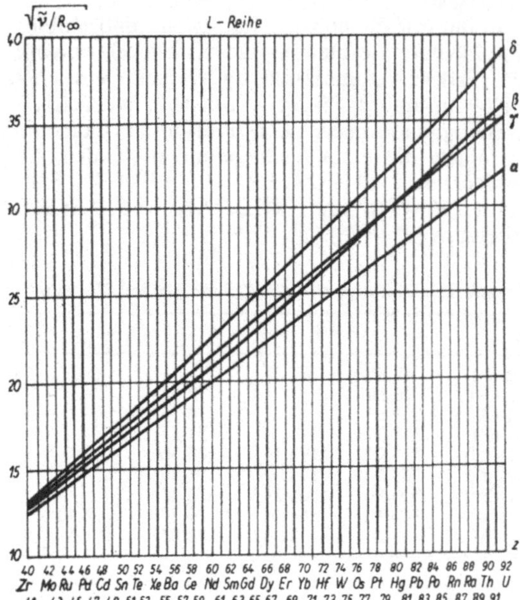

Abb. 1.38. Linien der L-Serie für verschiedene Kernladungen

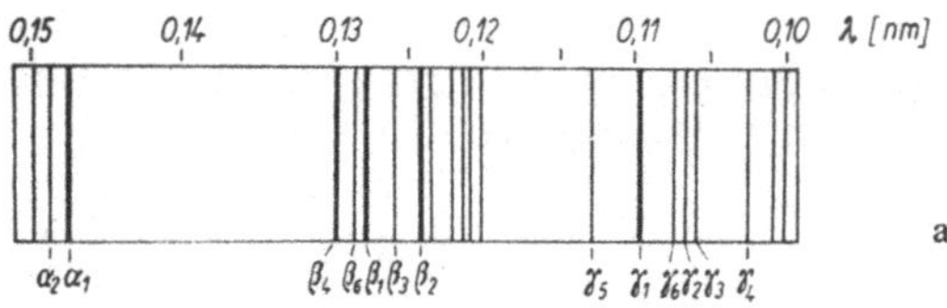

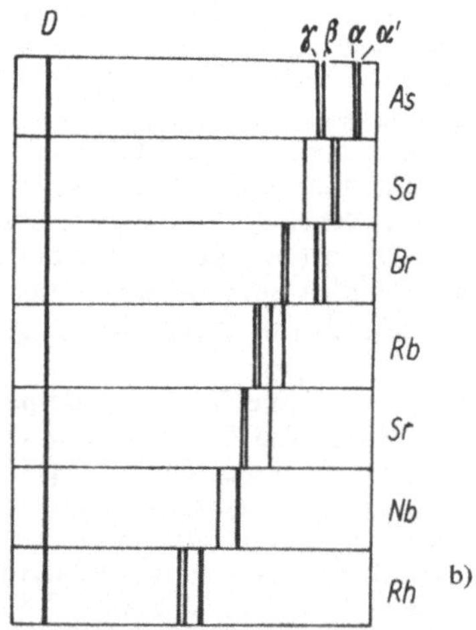

Abb. 1.39. Beispiele von Röntgenspektren.
a) *L*-Spektrum des Wolframs (nach SIEGBAHN).
b) *K*-Spektren einiger Elemente

zahl eine Rolle spielt, wollen aber an dieser Stelle noch nicht näher darauf eingehen.

Die α-Linien sind jeweils die weichsten Komponenten der einzelnen Serien. Die Seriengrenze, also die Ionisierungsenergie der *K*-, *L*-, *M*- ... Schale, ist in Emission nicht unmittelbar zugängig, da die Intensität innerhalb einer Serie rasch abnimmt (Abb. 1.39); sie macht sich aber im Absorptionsspektrum bemerkbar.

Wir können die Schwächung der Röntgenstrahlen beim Durchgang durch Materie der Dicke x mit

$$J = J_0 \, e^{-\beta x} \tag{1.207}$$

beschreiben. Da der Schwächungskoeffizient β der Masse proportional ist, kann man die Abnahme der Intensität J zweckmäßigerweise auf die Dichte ϱ beziehen:

$$J = J_0 \, e^{-\frac{\beta}{\varrho}\,\varrho x} \tag{1.207a}$$

ϱx ist dann die Masse einer Säule mit dem Querschnitt 1 und der Länge x und der Massenschwächungskoeffizient β/ϱ gibt die Schwächung durch eine Schicht mit 1 g Material je Flächeneinheit an.

Für die Schwächung sind zwei Mechanismen verantwortlich. Da die Wellenlängen der Röntgenstrahlen in derselben Größenordnung wie die Abmessungen der Atome und Moleküle sind, wirken – anders als bei sichtbarem Licht – bereits alle Atome als Streuzentren; jedes Medium erscheint den Röntgenstrahlen „trübe", und die Streuung ist entsprechend stark (τ).

Der zweite Mechanismus (σ) entspricht der Resonanzabsorption im optischen Bereich [Gl. (1.181)] mit dem wesentlichen Unterschied, daß hier nicht charakteristische Röntgenlinien angeregt werden. Da alle Elektronenplätze im Atom normalerweise besetzt sind, kann das Atom erst dann Energie aufnehmen, wenn das $h\nu$-Quant ausreicht, um ein Elektron vollständig herauszulösen. Bei dieser Frequenz, die einer Seriengrenze entspricht, steigt der Absorptionskoeffizient σ sprungartig an, um dann bei weiterer Frequenzzunahme, wenn die Elektronen mit endlicher Geschwindigkeit in das Grenzkontinuum befördert werden, langsam wieder abzunehmen (Abb. 1.40). Diese Kantenstruktur ist charakteristisch für die Absorption von Röntgenstrahlen.

Bei höherer Auflösung sieht man, daß die Kanten noch eine Feinstruktur besitzen (Abb. 1.41). KOSSEL erklärte diese mit der Annahme, daß zunächst freie Bahnen außerhalb der besetzten Schalen belegt werden, ehe eine vollständige Ionisierung stattfindet. Die Abstände zwischen den Maxima dieser Feinstruktur müssen daher den Frequenzen der optischen Spektren ent-

---

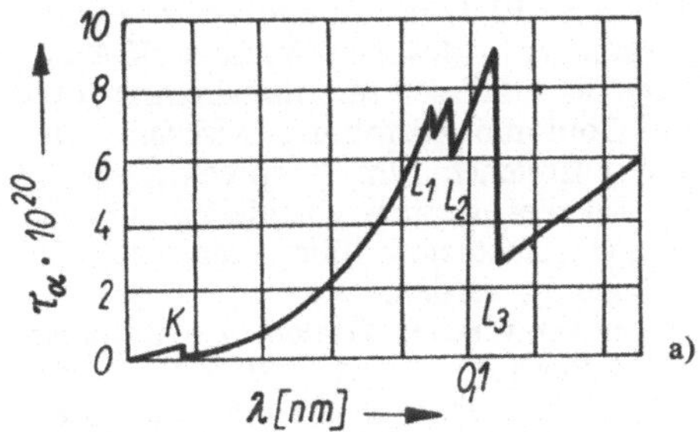

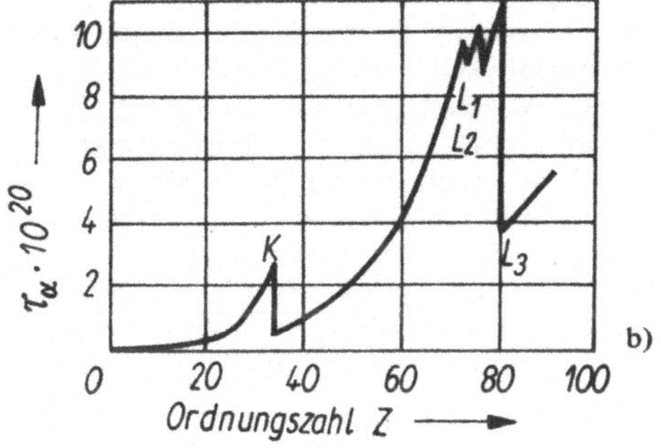

Abb. 1.40. Absorption von Röntgenstrahlen.
a) Atomarer Absorptionskoeffizient τ_α von Platin in der Nähe der K- und L-Kanten. b) Atomarer Absorptionskoeffizient τ_α für $\lambda = 0{,}1$ nm in Abhängigkeit von der Ordnungszahl

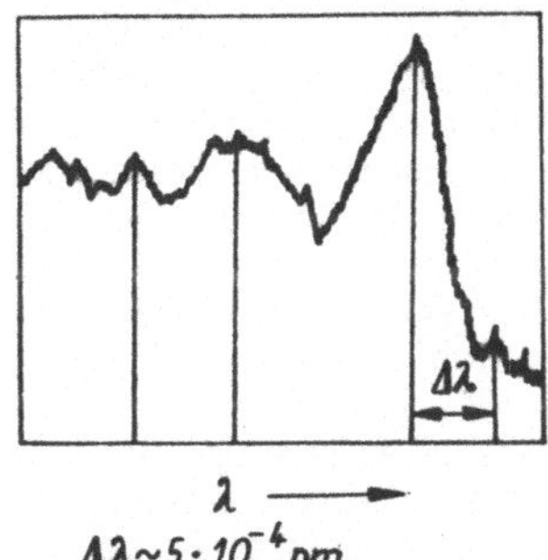

Abb. 1.41. Feinstruktur der K-Absorptionskante von Schwefel. Die Ordinaten geben die Absorption an

sprechen. Da diese von Art und Partner der Bindungen abhängen, spiegelt sich in der Feinstruktur in gewissen Grenzen der chemische Zustand des betreffenden Atoms wider.
Diese Absorption bzw. Schwächung ist additiv. Es gilt nicht nur

$$\beta = \tau + \sigma, \qquad (1.208)$$

die Absorption von Molekülen oder von Schichten setzt sich auch additiv aus den Beiträgen der einzelnen Atome zusammen. Es ist daher zweck-

mäßig, mit

$$\beta_a = \frac{\beta}{\varrho}\,\frac{A}{N_A}, \qquad \tau_a = \frac{\tau}{\varrho}\,\frac{A}{N_A}, \qquad \sigma_a = \frac{\sigma}{\varrho}\,\frac{A}{N_A}$$

$$(1.209)$$

atomare Absorptionskoeffizienten einzuführen. A ist die relative Atommasse und N_A die Avogadro-Zahl. β_a, τ_a und σ_a haben die Dimension einer Fläche; man kann sie daher als atomare Wirkungsquerschnitte deuten.
Wenn man von den unstetigen Kanten absieht, wird der Absorptionsverlauf durch die empirische Beziehung

$$\beta = C_1 Z^4 \lambda^3 + C_2 \qquad (1.210)$$

wiedergegeben. Auf der starken Z-Abhängigkeit beruht die Anwendung der Röntgenstrahlen in der Diagnostik.
Mit der Kantenabsorption hängt die Röntgenfluoreszenzstrahlung zusammen: Ist das eingestrahlte Quant groß genug, um eine Schale zu ionisieren, dann ist das Atom in der Lage, Linien des charakteristischen Spektrums niedrigerer Quantenenergie auszusenden. Die Wahrscheinlichkeit hierfür wächst stark mit der Kernladungszahl. Man benutzt heute diese Fluoreszenzstrahlung, um mit kommerziellen Spektrometern eine Elementaranalyse durchzuführen. Die untersuchten Stoffe können flüssig oder fest sein.

1.3.5. Myonenatome

Die Theorien zur Berechnung des H-Atoms und von Einelektronenatomen fanden in neuerer Zeit eine schöne Bestätigung mit Mitteln der Kernphysik. Dort kennt man seit etwa 45 Jahren ein Teilchen, das in all seinen Eigenschaften dem Elektron gleicht, nur die Ruhemasse ist größer: $m_\mu = 206{,}8 m_e$. Die Existenz derartiger Teilchen wurde etwa 1935 von YUKAWA auf Grund theoretischer Überlegungen gefordert; sie wurden 1937 erstmals in der Höhenstrahlung nachgewiesen und können in großen Teilchenbeschleunigern erzeugt werden. Das μ-Meson hat eine Lebensdauer von $\tau_0 = 2{,}20 \cdot 10^{-6}$ s; dann zerfällt es in ein Elektron und zwei verschiedene Neutrinos

$$\mu^- \rightarrow e^- + \nu_\mu + \bar{\nu}_e.$$

Beim Eindringen von Myonen in Materie werden sie innerhalb von 10^{-9} s abgebremst und von einem Kern eingefangen. Atomkern + μ^--Meson bilden dann ein Zweiteilchensystem, auf das die in Abschnitt 1.2.4.5. abgeleiteten Beziehungen angewandt werden können. Der erste Bohrsche Radius des H-Atoms wird dann $2{,}559 \cdot 10^{-13}$ m und die Rydberg-Konstante wegen der Mitbewegung des schweren μ^--Mesons $R_\mu = 0{,}986\,209 \cdot 10^7$ m^{-1}.

Da beim Einfangen das μ^--Meson zunächst die äußersten Bahnen besetzt, sendet es beim Übergang in den Grundzustand elektromagnetische Wellen aus, die im Röntgengebiet liegen. Die gemessenen Werte stimmen mit den nach Gl. (1.24) berechneten gut überein. Da das μ^--Meson so nahe am H-Kern konzentriert ist (Abb. 1.42), kompensiert sie dessen positive Ladung so, daß das Zweiteilchensystem bereits im

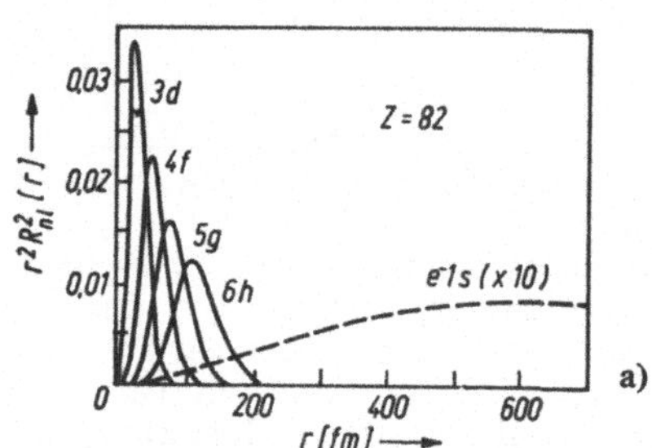

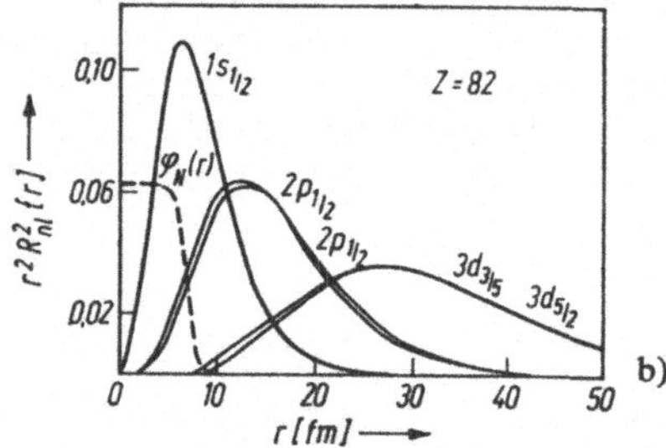

Abb. 1.42. Myonenblei.

a) Radiale Wellenfunktionen für relativ hohe Zustände ($n = 3, 4, 5, 6$), verglichen mit der $1s$-Funktion des Elektrons

b) Radiale Wellenfunktionen für die unteren Zustände ($n = 1, 2, 3$), verglichen mit der Verteilung der Kernladung ($\varrho_N(r)$). (aus E. Boris, G. A. Rinker, Rev. Mod. Phys. **54** (1982) 67 ff.)

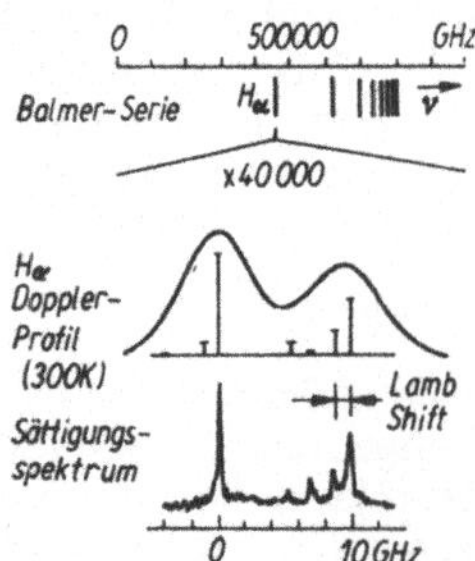

Abb. 1.43. Fortschritte der Atomspektroskopie, demonstriert an der H$_\alpha$-Linie des Wasserstoffspektrums (vgl. hierzu auch Abschn. 1.4.3.)

Abstand von $5 \cdot 10^{-13}$ m wie ein Neutron wirkt; d. h. zwei solcher μ-Mesonen-Wasserstoff-Atome können sich bis auf diese Entfernung nähern, ohne daß eine Coulomb-Abstoßung wirksam wird. Das kann ausreichen, um Kernreaktionen bei niedrigen Teilchenenergien einzuleiten. Ob dieser Weg zur Kernfusion führt, kann zur Zeit noch nicht gesagt werden.

Geht man zu schwereren Kernen über und rechnet etwa für Blei ($Z = 82$, $A = 207$) die Energie der K-Schale aus, dann erhält man 16,4 MeV; experimentell findet man aber nur 6,02 MeV. Diese Diskrepanz läßt sich aufklären, wenn man die Voraussetzungen überprüft. Der Radius der 1. Schale ergibt sich zu $3{,}12 \cdot 10^{-15}$ m. Nach empirischen Beziehungen aus der Kernphysik muß man mit einem Kernradius $r_K = 8{,}2 \cdot 10^{-15}$ m rechnen, d. h. μ-Meson und Pb-Kern durchdringen sich und das Modell mit punktförmigem Kern ist nicht mehr gültig. Es ist einleuchtend, daß man aus dieser Differenz Rückschlüsse auf die Ladungsverteilung im Kern ziehen kann, doch das gehört in die Kernphysik.

1.3.6. Feinstruktur der Spektrallinien

1.3.6.1. Allgemeine Vorbemerkungen

Sowohl bei den Alkali- als auch bei den Röntgenspektren hatten wir bereits darauf hingewiesen, daß viele Linien aufgespalten sind. Je größer das Auflösungsvermögen der Meßapparatur ist, umso mehr Feinheiten der Linienstruktur kann man erkennen. So zeigen Interferenzspektrometer, daß die H$_\alpha$-Linie des Wasserstoffspektrums aus zwei Komponenten besteht; mit den Möglichkeiten der modernen LASER-Spektroskopie entdeckt man noch mehr Linien (Abb. 1.43).

Diese Erfahrungen widerlegen nicht die bisherigen Vorstellungen, sie weisen darauf hin, daß sie erweitert, ergänzt werden müssen. Dabei geht es einmal um eine genauere Erfassung der Elektroneneffekte; dies führt zur Erklärung der Feinstruktur der Spektrallinien. Darunter versteht man Auswirkungen der speziellen Relativitätstheorie; man spricht hier von Feinstruktur im engeren Sinne, Wechselwirkungen zwischen Elektronen, aber auch Änderungen des elektrostatischen Potentials durch Überlappungen von Elektronen mit dem Atomkern, die z. B. bei den Myonenatomen zu sehr großen Verschiebungen führen.

Wenn man all dies berücksichtigt, bleiben immer noch kleine Aufspaltungen übrig, die man als Hyperfeinstruktur bezeichnet. Die Idee Paulis, wonach die Erklärung in Abweichungen von der Kugelsymmetrie der Kernladung zu suchen ist, hat sich bestätigt; seither wird in der Spektro-

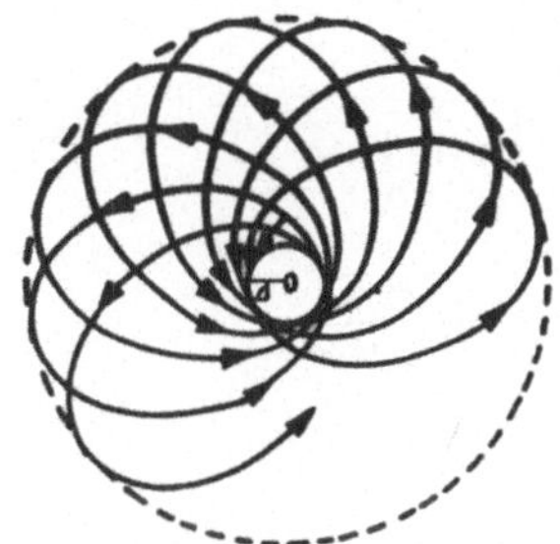

Abb. 1.44. Einfluß der relativistischen Massenveränderung bei elliptischen Bahnen. Das Perihel bewegt sich auf einem Kreis um den Kern (Rosettenbahn)

skopie der Vorsatz „Hyper" zur Kennzeichnung des Einflusses der Kernstruktur verwendet.

In diesem Kapitel wird die Feinstruktur im engeren Sinn behandelt. Anstoß dazu geben die korrespondenzmäßigen Bahnvorstellungen: Ein Elektron, das sich auf einer exzentrischen Ellipsenbahn bewegt, hat nach dem Keplerschen Flächensatz im Bereich größter Kernnähe (Perihel) eine höhere Geschwindigkeit als im gegenüberliegenden Gebiet (Aphel) (Abb. 1.44).

In Gl. (1.22) hatten wir gesehen, daß die mittlere Geschwindigkeit auf der innersten Bahn des H-Atoms rund 1/137. der Lichtgeschwindigkeit beträgt. Das würde, da

$$m = m_0 / \sqrt{1 - \beta^2} \; ; \qquad \beta = \frac{v}{c} \qquad (1.211)$$

ist, zu einer Massenvergrößerung um den Faktor 1,000027 führen. Die entsprechende Änderung des Absolutbetrages der Energie würde man kaum beachten. Auf einer exzentrischen Bahn ändert sich aber die Elektronenmasse bei einem Umlauf; die Rechnung ergibt dann keine geschlossene Ellipse mehr, sondern eine Rosettenbahn, eine Drehung des Perihels.

1.3.6.2. Relativistische Schrödinger-Gleichung

Die bisher benutzten Formen der Schrödinger-Gleichung [(1.44) bzw. (1.165)] genügen den Forderungen der Relativitätstheorie nicht; sie sind nicht invariant gegenüber der speziellen Lorentz-Transformation:

$$x = \frac{x' + vt'}{\sqrt{1 - \beta^2}}, \quad y = y', \quad z = z', \quad t = \frac{t' - \frac{1}{v} \beta^2 x'}{\sqrt{1 - \beta^2}} \qquad (1.212)$$

Hier sind Zeit und Ortskoordinaten gleichberechtigt, sie gehen linear in die Transformationsbeziehungen ein. Die Differentialgleichung (1.165) ist aber bezüglich der Zeit erster, in den Ortskoordinaten zweiter Ordnung. Wir korrigieren das für verschiedene Fälle.

Für die freie Bewegung eines Teilchens gilt in der Relativitätstheorie für die Gesamtenergie

$$E = mc^2 = \frac{m_0 c^2}{\sqrt{1 - \beta^2}}. \qquad (1.213)$$

Wir quadrieren diese Gleichung und formen um zu

$$\frac{E^2}{c^2} = m_0{}^2 c^2 \left(\frac{\beta^2}{1 - \beta^2} + 1 \right) = p^2 + m_0{}^2 c^2. \qquad (1.214)$$

Wie bei der Aufstellung der nichtrelativistischen Schrödinger-Gleichung ersetzen wir E durch den Operator $i\hbar \frac{\partial}{\partial t}$, (1.164a), p durch $-i\hbar \nabla$ [Gl. (1.48)] und erhalten die Klein-Gordon-Gleichung

$$\hbar^2 \frac{\partial^2}{\partial t^2} \psi = (c^2 \hbar^2 \nabla^2 - m_0{}^2 c^4) \psi. \qquad (1.215)$$

Die relativistische Invarianz erkennt man an der Symmetrie, wenn man die vierdimensionalen Impuls- und Ortsvektoren eingeführt hat:

$$p_n = \left\{ p_x, p_y, p_z, i \frac{E}{c} \right\}, \qquad x_\mu = \{x, y, z, ict\}. \qquad (1.216)$$

Dann wird aus Gl. (1.215)

$$\sum_\mu (\bar{p}_n{}^2 + m_0 c^2) \psi = 0. \qquad (1.215\,a)$$

Durch Übergang von $\psi \to \psi^*$ erhalten wir die konjugiert komplexe Gleichung von (1.215). Wir multiplizieren (1.215) mit ψ^*, die konjugiert komplexe Gleichung mit ψ und ziehen das zweite Produkt vom ersten ab. Wenn wir die Wahrscheinlichkeitsdichte

$$\varrho = \frac{i\hbar}{2m_0 c^2} \left(\psi^* \frac{\partial \psi}{\partial t} - \psi \frac{\partial \psi^*}{\partial t} \right) \qquad (1.217\,a)$$

und die Wahrscheinlichkeitsstromdichte

$$\sigma = \frac{\hbar}{2m_0 i} (\psi^* \nabla \psi - \psi \nabla \psi^*) \qquad (1.217\,b)$$

einführen, können wir Gl. (1.215) z. B. in der Form

$$\frac{\partial \varrho}{\partial t} + \operatorname{div} \sigma = 0 \qquad (1.218)$$

schreiben; das ist eine Kontinuitätsgleichung für die potentialfreie, relativistische Strömung. Man kann zur nichtrelativistischen Bewegung mit Hilfe einer unitären Transformation

$$\psi(r, t) = \varphi(r, t) e^{\frac{-im_0 c^2}{\hbar} t} \qquad (1.219)$$

übergehen und erhält für die Wahrscheinlichkeitsdichte den bekannten Ausdruck $\varrho = \varphi^* \varphi$ und für die Wahrscheinlichkeitsstromdichte

$$\sigma = \frac{\hbar}{2m_0 i} (\varphi^* \nabla \varphi - \varphi \nabla \varphi^*). \qquad (1.220)$$

Für den Fall eines von der Zeit unabhängigen Potentials ist an Stelle von Gl. (1.213)

$$E = mc^2 + U. \qquad (1.221)$$

Nach analogen Umformungen ergibt sich

$$c^2 p^2 = (E - U)^2 - m_0{}^2 c^4 \qquad (1.222)$$

und schließlich

$$c^2 \hbar^2 \nabla^2 \psi + \{(E - U)^2 - m_0{}^2 c^4\} \psi = 0. \qquad (1.223)$$

Treten zeitlich konstante Magnetfelder auf, dann ist der elementare Impuls durch den kanonischen und das Vektorpotential $\vec{A}$ nach

$$m \cdot \vec{v} = \vec{p} - \mu_0 e \vec{A} \qquad (1.224)$$

zu ersetzen. Damit wird aus Gl. (1.222)

$$c^2\left(\vec{p} - \mu_0 e\vec{A}\right)^2 = (E - U)^2 m_0^2 c^4$$

und nach Einführung des Impulsoperators die Wellengleichung

$$c^2\hbar^2 \sum_k \left(\frac{\partial}{\partial q_k} - \frac{i\mu_0 e}{\hbar} A_k\right)^2 \psi$$
$$+ \{(E - U)^2 - m_0^2 c^4\}\,\psi = 0. \qquad (1.225)$$

Schließlich seien noch zeitlich veränderliche Kräfte berücksichtigt. Dazu gehen wir, den Energieoperator benutzend, von der Operatorgleichung

$$\bar{H} + \frac{\hbar}{i}\frac{\partial}{\partial t} = 0 \qquad (1.226)$$

aus, wobei $\bar{H} = mc^2 + \bar{U}$ ist. Daraus folgt

$$m^2 c^4 = \left(\frac{\hbar}{i}\frac{\partial}{\partial t} + U\right)^2 = c^2\bar{p}^2 + m_0^2 c^4 \qquad (1.227)$$

wobei der Impuls wieder in Form der Gl. (1.224) zu verwenden ist. Um die Vierersymmetrie hervorzuheben, führen wir noch den Vierervektor der Koordinaten

$$x_\alpha = \{x, y, z, ict\} \qquad (1.228\,\text{a})$$

und des Potentials

$$\Phi_\alpha = \left\{\mu_0 A_1,\ \mu_0 A_2,\ \mu_0 A_3,\ ic\,\frac{U}{e}\right\} \qquad (1.228\,\text{b})$$

ein. Mit diesen Umformungen wird aus Gl. (1.227) schließlich die relativistische Schrödinger-Gleichung

$$\left\{\hbar^2 c^2 \sum_\alpha \left(\frac{\partial}{\partial x_\alpha} - \frac{ie}{\hbar}\,\Phi_\alpha\right)^2 - E_0^2\right\}\psi(x_1, x_2, x_3, t) = 0. \qquad (1.229)$$

Die ausführliche Diskussion der Lösungen dieser Gleichungen ist eine Angelegenheit der Quantenmechanik; wir wollten hier nur zeigen, wie die Grundformen entwickelt wurden, um die Theorie den fortschreitenden experimentellen Erkenntnissen anzupassen.

1.3.6.3. Feinstruktur der optischen und der Röntgenspektren

Um das Spektrum unter Berücksichtigung relativistischer Effekte zu berechnen, gehen wir von Gl. (1.223) aus und setzen das Coulomb-Potential (1.123) ein. Dann läßt sich die Differentialgleichung in der Form

$$\Delta\psi + \left(A + \frac{2B}{r} + \frac{C'}{r^2}\right)\psi = 0 \qquad (1.230)$$

mit

$$A = \frac{E^2 - E_0^2}{\hbar^2 c^2}, \qquad B = \frac{2e^2 E}{4\pi\varepsilon_0 c^2 \hbar^2},$$

$$C' = \frac{Z^2 e^4}{16\pi^2 \varepsilon_0^2 \hbar^2 c^2}$$

schreiben. Wenn wir $e^2/(4\pi\varepsilon_0\hbar c) = \alpha$ (1.22) einführen, ist $C' = \alpha^2 Z^2$. Damit haben wir eine ähnliche Gleichung wie im nichtrelativistischen Fall, können den üblichen Separationsansatz machen und erhalten für die Radialfunktion $R(r)$ [vgl. Gl. (1.130)]

$$\frac{\mathrm{d}^2 R}{\mathrm{d}r^2} + \frac{2}{r}\frac{\mathrm{d}R}{\mathrm{d}r} + \left(A + \frac{2B}{r} + \frac{C}{r^2}\right) R = 0 \qquad (1.231)$$

mit

$$C = C' - l(l + 1) = \alpha^2 Z^2 - l(l + 1). \qquad (1.232)$$

Wir wiederholen nicht noch einmal den Lösungsweg und geben das Ergebnis an, das jetzt auch von l abhängt:

$$\frac{E_{n,l}}{hc} = T_{n,l} = -Z^2 R_\infty \cdot$$
$$\times \left(\frac{1}{n^2} + \frac{\alpha^2 Z^2}{n^4}\left(\frac{n}{l + \frac{1}{2}} - \frac{3}{4}\right) + \dots\right).$$
$$(1.233)$$

Das erste Glied entspricht dem früheren Ergebnis; das zweite spaltet alle Niveaus mit $n \geqq 2$ auf, da $l = 0, 1, \dots (n - 1)$ sein kann. Daß das Verhältnis von Bahngeschwindigkeit zu Lichtgeschwindigkeit (α) eine Rolle spielt, war zu erwarten; jetzt wird auch die Bezeichnung Feinstrukturkonstante verständlich. Mit der Auswahlregel $\Delta l = \pm 1$ müßte die H_α-Linie des Wasserstoffspektrums in drei Linien aufspalten, von denen zwei eng beieinander liegen, so daß sie insgesamt nur als Dublett erscheint, dessen Abstand durch die Aufspaltung der L-Schale bestimmt wird (Abb. 1.45). Dieser wäre nach Gl. (1.233)

$$\frac{R\alpha^2}{16}\frac{8}{3} = 0{,}9739\ \mathrm{cm}^{-1}.$$

Das ist deutlich mehr als die experimentell gemessenen Werte, die bei 0,36 cm^{-1} liegen. In den bisher erwähnten relativistischen Schrödinger-Gleichungen wurde das Elektron als geladenes kugelsymmetrisches Masseteilchen aufgefaßt. Erst wenn wir ihm auch einen Eigendrehimpuls zuschreiben, einen Spin, erhalten wir die richtige

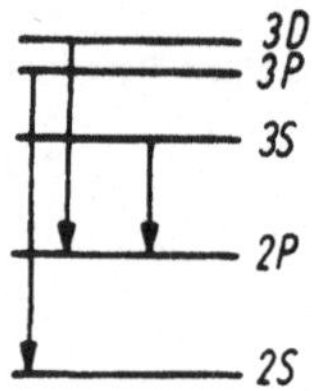

Abb. 1.45. Feinstruktur der H_α-Linie bei Vernachlässigung des Elektronenspins. (vgl. hierzu auch Abb. 1.55)

Beziehung

$$T_{n,j} = -Z^2 R_\infty \left(\frac{1}{n^2} + \frac{\alpha^2 Z^2}{n^4} \left(\frac{n}{j + \frac{1}{2}} - \frac{3}{4} \right) + \dots \right).$$

$$(1.234)$$

j ist hier die Gesamtdrehimpulsquantenzahl, die wir in den folgenden Abschnitten behandeln. Für die H_α-Linie müßte $j = 1/2$ gesetzt werden, dann wird die Dublettaufspaltung $0{,}365\,\mathrm{cm}^{-1}$ in guter Übereinstimmung mit dem Experiment. Außerdem fächern die beiden Linien in insgesamt 5 Linien auf; das wurde mit den Möglichkeiten der LASER-Spektroskopie bestätigt. Bei Atomen mit kleiner effektiver Kernladung genügt die in Gl. (1.234) angegebene Näherung; das ist bei H, He$^+$, allgemein bei den optischen Spektren, der Fall. Röntgenspektren haben als Grundniveau eine sehr kernnahe Schale (K oder L); bei größerer Kernladung haben – in der Bahnvorstellung – die Elektronen eine wesentlich höhere Geschwindigkeit (proportional Z^2); da außerdem die Termverschiebungen proportional α^2 sind, werden die relativistischen Effekte viel größer. Die L-Serie der Röntgenspektren entspricht der Balmer-Serie des Wasserstoffspektrums. Dessen Dublettaufspaltung finden wir in einer Aufspaltung der L-Niveaus bei allen Elementen wieder; man kann sie als

$$T_{2,\mathrm{II}} - T_{2,\mathrm{III}} = \frac{R_\infty}{2^4} \alpha^2 (Z - s)^4 \qquad (1.235)$$

schreiben, wobei s die Abschirmkonstante ist, in der der Einfluß der K-Schale und der anderen Elektronen der L-Schale enthalten ist.

Neben diesen regulären, relativistischen Dubletts, gibt es noch einen anderen Typ, der von G. HERTZ näher untersucht wurde. Er tritt in allen Serien auf und zeichnet sich dadurch aus, daß im Moseley-Diagramm ($\sqrt{\bar{v}} = f(Z)$), die Kurven parallel zueinander laufen. Da die Abschirmung der Kernladung auf den inneren Schalen kaum von den äußeren Elektronen beeinflußt wird, ist es naheliegend, diese Niveauaufspaltung unterschiedlichen Abschirmkonstanten zuzuschreiben. Dann wäre

$$\bar{v}_1 - \bar{v}_2 = \frac{R_\infty}{n^2} \left((Z - s_1)^2 - (Z - s_2)^2 \right)$$

$$= \frac{2 R_\infty}{n^2} (s_2 - s_1) \left(Z - \frac{s_2 + s_1}{2} \right)$$

$$(1.236\,\mathrm{a})$$

und

$$\sqrt{\bar{v}_1} - \sqrt{\bar{v}_2} = \frac{\sqrt{R_\infty}}{n} (s_2 - s_1) \qquad (1.236\,\mathrm{b})$$

Damit kann man die experimentellen Werte recht gut beschreiben; man nennt diese irregulären Dubletts daher auch Abschirmdubletts. In den L-Serien wird das Dublett speziell durch Differenzen der Terme L_I und L_II hervorgerufen. Nach Messungen von G. HERTZ liegen die Differenzen der Abschirmkonstanten $s_{L\,\mathrm{II}} - s_{L\,\mathrm{I}}$ der Elemente von Silber ($Z = 47$) bis Uran ($Z = 92$) zwischen 1,32 und 1,52, wobei keine stetige Zunahme mit Z zu beobachten ist.

1.3.7. Magnetische Strukturen

1.3.7.1. Atommagnetismus

Wir wenden uns den magnetischen Wechselwirkungen zwischen den Elektronen untereinander und mit einem äußeren Magnetfeld zu. Bei der Interpretation der Quantenmechanik ist zwar kein Platz mehr für Bahnvorstellungen, doch auch hier, z. B. bei der Energie eines Rotators Gl. (1.110), kann man l als Bahndrehimpulsquantenzahl auffassen.

Nach klassischen Vorstellungen ist der Drehimpuls mit einer Rotation verbunden und rotierende Ladungen sind von einem Magnetfeld umgeben, sie bilden einen magnetischen Dipol,

$$\vec{M} = I \cdot \vec{A} \qquad (1.237)$$

wobei A die vom Strom der Stärke I umflossene Fläche ist. Bei Annahme einer Kreisbahn ist $|A| = \pi r^2$ und, wenn v die Umlauffrequenz des Elektrons ist, $I = ev = \dfrac{e\omega}{2\pi}$. Damit wird

$$|\vec{M}| = \frac{e\omega r^2}{2} = \frac{e}{2m_\mathrm{e}} m_\mathrm{e}\omega r^2 = \frac{e}{2m_\mathrm{e}} |\vec{p}|$$

wobei p der Drehimpuls ist, den man $l\hbar$ setzen kann.

Quantenmechanisch ist die Wahrscheinlichkeitsstromdichte σ [Gl. (1.217b)] bekannt, und wir müssen den Beitrag jedes Stromelementes zum Dipolmoment ausrechnen. Dazu gehen wir zu Kugelkoordinaten (r, ϑ, φ) über; die zugehörigen Gradientenkomponenten sind

$$\nabla_r = \frac{\partial}{\partial r}, \quad \nabla_\vartheta = \frac{1}{r} \frac{\partial}{\partial \vartheta}, \quad \nabla_\varphi = \frac{1}{r \sin \vartheta} \frac{\partial}{\partial \varphi}. \quad (1.238)$$

Gleichzeitig benutzen wir die Zerlegung von ψ in ein Produkt $R(r)\,\theta(\vartheta)\,\Phi(\varphi)$ [s. Gl. (1.126)ff.!]. Bei der Bewegung im Zentralfeld erhält man für $R(r)$ und $\theta(\vartheta)$ reelle Lösungen; die zugehörigen Stromanteile werden infolgedessen imaginär, d. h. in radialer und meridionaler Richtung wird durch die Elektronenbewegung kein Strom erzeugt. $\Phi(\varphi)$ wird hingegen imaginär [Gl. 1.155)], d. h. die Stromrichtung verläuft parallel zu den Breitenkreisen und wir erhalten

$$j_\varphi = e\sigma_\varphi = e \frac{\hbar}{2m_\mathrm{e}i} (\psi^* \nabla_\varphi \psi - \psi \nabla_\varphi \psi^*),$$

$$(1.239)$$

$$= m \frac{e\hbar}{m_\mathrm{e}} \frac{\psi^* \psi}{r \sin \vartheta}$$

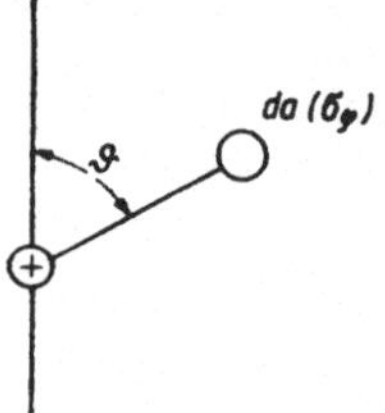

Abb. 1.46: Zur Berechnung des magnetischen Bahnmomentes.
$\mathrm{d}a$ Element der Querschnittsfläche; σ_φ Teilchenstromdichte

Das magnetische Moment eines Stromfadens mit dem Querschnitt $\mathrm{d}a$, der die Fläche $\pi(r \sin \vartheta)^2$ (s. Abb. 1.46) umfließt, ist demnach

$$\mathrm{d}M = m\,\frac{e\hbar}{2m_\mathrm{e}}\,\psi^*\psi \cdot 2\pi r \sin \vartheta\, \mathrm{d}a. \qquad (1.240)$$

$2\pi r \sin \vartheta\, \mathrm{d}a$ ist das Volumen des Stromfadens; wenn man über alle Stromfäden, also über den ganzen Raum, integriert, wird wegen der Normierung von ψ

$$\int \psi^*\psi \cdot 2\pi r \sin \vartheta\, \mathrm{d}a = 1.$$

Somit ist

$$M = m\,\frac{e\hbar}{2m_\mathrm{e}}; \quad m = 0,\ \pm 1,\ \pm 2,\ \dots\ \pm l. \qquad (1.241)$$

Das klassische Modell entspricht dem Fall $m = l$, und wir sehen, daß dieses mit dem Ergebnis Gl. (1.241) korrespondiert. Es ist üblich, $e\hbar/2m_\mathrm{e}$ als Einheit für atomare magnetische Momente zu benutzen und nennt

$$1\,\frac{e\hbar}{2m_\mathrm{e}} = 1\mu_\mathrm{B} = 9{,}27408 \cdot 10^{-24}\ \mathrm{J\ T^{-1}} \qquad (1.242)$$

Bohrsches Magneton. Damit können wir die Komponente des magnetischen Bahnmoments des Elektrons

$$M_\mathrm{m} = m\mu_\mathrm{B} \qquad (1.242a)$$

schreiben. Der maximale Wert ist also $M_l = l\mu_\mathrm{B}$ und die zugehörige maximale Drehimpulskomponente $L_l = l\hbar$.
Das Verhältnis des magnetischen Dipolmomentes zum Drehimpuls bezeichnet man als gyromagnetisches Verhältnis; für das Bahnelektron ist

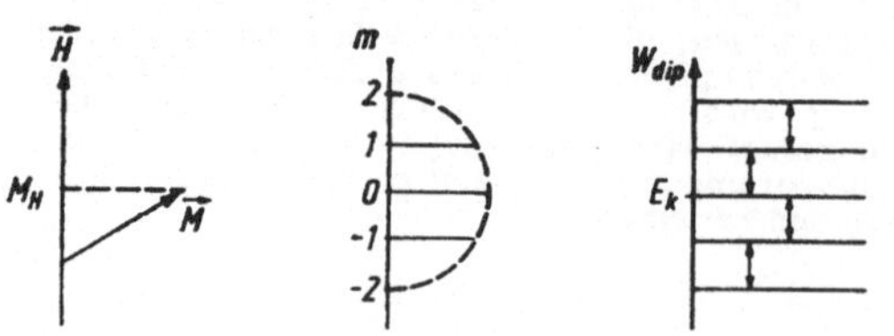

Abb. 1.47. Zur Energie eines Dipols im Magnetfeld [Bez. s. Gl. (1.248)]

also

$$\gamma_l = \frac{M_l}{L_l} = \frac{e}{2m_\mathrm{e}} = 8{,}7940 \cdot 10^{10}\ \mathrm{s^{-1}\ T^{-1}}. \qquad (1.243)$$

Einen dritten Weg zur Einführung des Bahnmagnetismus wollen wir nur in großen Schritten andeuten. Wenn man ein Elektron im Magnetfeld behandeln will, muß man die durch Komponenten des Vektorpotentials erweiterten, verallgemeinerten Impulse Gl. (2.124) einführen, also den Hamilton-Operator aus

$$\overline{H} = \frac{1}{2m_\mathrm{e}}\big((p_x - e\mu_0 A_x)^2 + (p_y - e\mu_0 A_y)^2$$
$$+ (p_z - e\mu_0 A_z)^2\big) + U$$

entwickeln. Nach dem Einsetzen der Impulsoperatoren usw. kommt man nach einigen Umformungen auf die erweiterte Schrödinger-Gleichung

$$\Delta\psi + \frac{2e}{\hbar i}\,\mu_0 \vec{A}\,\nabla\psi + \frac{2m_\mathrm{e}}{\hbar^2}\,(E - U)\,\psi = 0. \qquad (1.244)$$

In einem homogenen Magnetfeld in z-Richtung

$$(A_x = -\tfrac{1}{2}Hy,\ A_y = \tfrac{1}{2}Hx,\ A_z = 0)$$

kann man die Bewegung im Zentralfeld ($\psi = R\theta\, e^{im\varphi}$) weiter umschreiben und erhält schließlich aus Gl. (1.244)

$$\Delta\psi + \frac{2m_\mathrm{e}}{\hbar^2}\left(E - U + m\,\frac{e\hbar}{2m_\mathrm{e}}\,\mu_0 H\right)\psi = 0. \qquad (1.245)$$

Wenn das Zusatzglied

$$m\,\frac{e\hbar}{2m_\mathrm{e}}\,\mu_0 H \ll E \qquad (1.246)$$

ist, kann man es als Störung betrachten. Die Quantentheorie zeigt, daß dann die Energieeigenwerte des gestörten Systems $E_{(n,l)'}$ aus dem des ungestörten durch einfache Addition der Störungsenergie hervorgehen:

$$E_{(n,l)'} = E_{n,l} + m\,\frac{e\hbar}{2m_\mathrm{e}}\,\mu_0 H, \qquad (1.247)$$
$$m = -l,\ -l + 1,\ \dots\ +l.$$

Da die Energie eines Dipols im Magnetfeld

$$W_\mathrm{dip} = -\mu_0 \vec{M}\,\vec{H} = -\mu_0 MH \cos \vartheta$$
$$= -\mu_0 HM_\mathrm{H} \qquad (1.248)$$

ist (Abb. 1.47), kann man $m\,\dfrac{e\hbar}{2m_\mathrm{e}}$ als Komponente des Dipols in Richtung des Magnetfeldes H

auffassen. Damit gewinnt m noch eine andere Bedeutung als Quantenzahl für die räumliche Orientierung des Dipols (bzw. Drehimpulses). Bezieht man alles auf das maximale Dipolmoment ($m = l$), dann läßt sich die Zusatzenergie auch $\dfrac{m}{l} \dfrac{e\hbar}{2m_e} l\mu_0 H$ schreiben; $\dfrac{m}{l} = \cos \vartheta$ erinnert dann an Gl. (1.248) und Gl. (1.241).

Gl. (1.247) besagt, daß jedes Niveau (n, l) in $2l + 1$ äquidistante Energieniveaus aufgespalten wird. Dieser Aufspaltung entspricht eine Frequenz

$$\omega_{(n,l)'} - \omega_{(n,l)} = \frac{e}{2m_e} \mu_0 H = \gamma_e \mu_0 H$$

bzw.

$$v_{(n,l)'} - v_{(n,l)} = \frac{\gamma_e}{2\pi} \mu_0 H. \tag{1.249}$$

Die Spektrallinie, an der das Niveau $E_{(n,l)}$ beteiligt ist, müßte also um $v_{(n,l)'} - v_{(n,l)}$ verschoben sein. Es gibt tatsächlich Fälle, in denen man diese einfache Frequenzverschiebung bzw. -aufspaltung beobachtet, man spricht vom normalen Zeeman-Effekt (nach P. ZEEMAN, 1865 bis 1943, der 1898 erstmalig diesen Effekt beobachtete). Im allgemeinen ist das Bild jedoch komplizierter.

Wir wollen noch eine korrespondenzmäßige Betrachtung anschließen: Das Atom mit dem kreisenden Elektron wirkt wie ein Kreisel. Das Magnetfeld übt auf das Dipolmoment ein Drehmoment aus und versucht, die Kreiselachse parallel zu stellen. Das führt, wie man aus der Mechanik weiß, zu einer Präzessionsbewegung um die Richtung des Magnetfeldes mit einer Frequenz ω_L.

Das Elektron, das sich mit der Geschwindigkeit v bewegt, erfährt im Magnetfeld eine Lorentz-Kraft

$$F_L = -e\mu_0 [\vec{v} \cdot \vec{H}], \tag{1.250a}$$

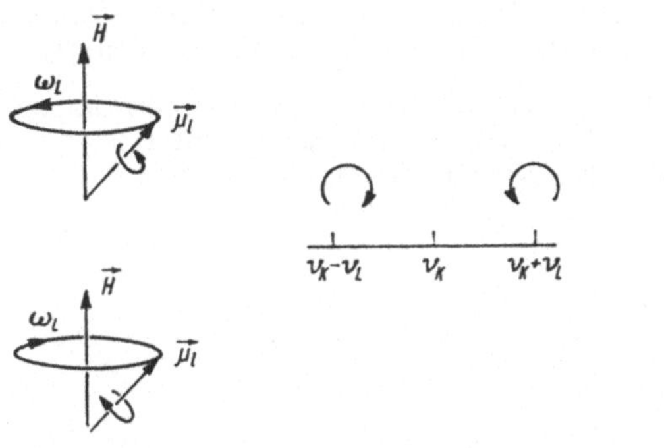

Abb. 1.48. Larmor-Präzession und Polarisation der Zeeman-Komponenten

andererseits durch die Präzession eine Corioliskraft

$$F_C = 2m_e [\vec{v} \cdot \vec{\omega}_L]. \tag{1.250b}$$

Die Zentrifugalkraft im präzedierenden System können wir wegen $\omega_L \ll \omega$ vernachlässigen. Im Gleichgewicht muß $F_L = -F_C$ sein; daraus ergibt sich – die Winkelfunktionen kürzen sich auf beiden Seiten weg –

$$\omega_L = \frac{e}{2m_e} \mu_0 H, \tag{1.249a}$$

also dieselbe Beziehung wie quantenmechanisch Gl. (1.249). Damit kann man die Aufspaltung im Magnetfeld korrespondenzmäßig als zusätzliche Präzession erklären um die Richtung des Magnetfeldes. Daraus folgt, daß die Komponenten des emittierten Lichtes, wenn man sie in Richtung des Magnetfeldes beobachtet, zirkular polarisiert sind, und zwar zu beiden Seiten der ursprünglichen Linie in entgegengesetztem Drehsinn (Abb. 1.48). Dieses Modell des kreiselnden Atoms wurde von J. LARMOR (1857–1942) entwickelt, man spricht daher von Larmor-Präzession.

Der atomare Magnetismus ist nicht nur mit spektroskopischen Mitteln nachweisbar. Er ist auch über die Kopplung mit dem mechanischen Drehimpuls makroskopisch wirksam. 1914/15 zeigten das EINSTEIN, DE HAAS und BARNETT an zwei gyromagnetischen Experimenten. In einem Stab seien alle atomaren Magnete ausgerichtet; wenn man sie durch ein äußeres Magnetfeld umkippt, ändert auch die Summe aller atomaren Drehimpulse ihr Vorzeichen. Da der Gesamtdrehimpuls konstant bleiben muß, erhält der Stab als Ganzes einen Drehimpuls entgegengesetzter Richtung. Der Effekt ist natürlich klein. Nehmen wir 1 g Eisen an, das sind $1{,}07 \cdot 10^{22}$ Atome in einem Volumen von $0{,}13$ cm³, also etwa einem Zylinder mit $0{,}2$ cm Radius und 1 cm Länge. Je Atom trage 1 Elektron mit einem Drehimpuls von $1\hbar$ zur Magnetisierung bei, dann würde der Zylinder als Ganzes einen Drehimpuls von $1{,}13 \cdot 10^{-12}$ J s erhalten. Bei den genannten Abmessungen würde das einer Drehgeschwindigkeit von $\omega = 5{,}65 \cdot 10^{-4}$ s⁻¹ entsprechen, d. h. einer Umdrehungszeit von rd. 3 h. EINSTEIN, DE HAAS benutzten die in Abb. 1.49 angegebene Anordnung. Die Umkippung erfolgte durch Umpolung der Stromrichtung. Durch Wiederholung im Rhythmus der Eigenfrequenz der an einem dünnen Faden hängenden Probe wurde der Effekt verstärkt. Hierbei ist eine sorgfältige Justierung erforderlich, um Auswirkungen von Wirbelströmen zu vermeiden. Durch Vergleich mit einem mechanisch erzeugten Drehmoment, das dieselben

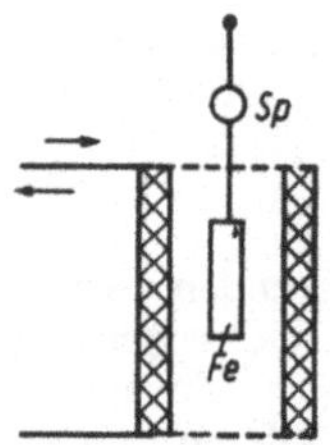

Abb. 1.49. Anordnung beim Einstein-de Haas-Effekt.
Die Drehbewegung der Probe (*Fe*) durch Umpolung des Spulenstromes wird mittels Lichtzeiger über den Spiegel *Sp* beobachtet

Schwingungen hervorruft, kann man den Drehimpuls der Atome ($\vec{L}$) bestimmen. Rein magnetische Messungen ergeben die Magnetisierung ($\vec{M}$).

BARNETT versetzte die Probe in schnelle Rotation; durch Gleichrichtung der atomaren Drehimpulse entsteht eine Magnetisierung, die allerdings sehr schwach ist, denn einer Rotation mit ω entspricht eine wirksame Feldstärke $\vec{H} = \omega/\gamma\mu_0$. Bei Umkehr der Rotationsrichtung klappen die Elementarmagnete um und erzeugen in einer Spule einen Induktionsstoß.

Mit beiden Verfahren kann man das gyromagnetische Verhältnis bestimmen; bei sehr hohem Aufwand wurde ein Fehler von nur 2% erreicht. Dabei ergab sich, wenn man in Anlehnung an Gl. (1.243)

$$\gamma = \frac{M}{L} = g\,\frac{e}{2m_e} \qquad (1.251)$$

schreibt, daß g keineswegs den Wert 1 hat, sondern bei den verwendeten paramagnetischen und ferromagnetischen Stoffen nahe bei 2 liegt. Dieses Ergebnis zeigt, daß der Magnetismus der Atome nicht nur durch die Bahnbewegung der Elektronen erzeugt werden kann.

STERN und GERLACH demonstrierten den Atommagnetismus an einzelnen Atomen. Die Richtungen der Drehimpulse werden in einem Strahl neutraler Atome gleichmäßig verteilt sein. In einem Magnetfeld tritt aber räumliche Quantelung auf; die Momente sind so orientiert [Gl. (1.248)], daß die Komponenten von $\vec{l}$ in

Richtung des Feldes nur die Werte m_l annehmen (Abb. 1.47). Ist das Feld inhomogen, so wird außerdem noch eine Kraft ausgeübt, die

$$\vec{F}_H = -\frac{dW}{dx} = -m_l\mu_B\mu_0\,\frac{d\vec{H}}{dx} \qquad (1.252)$$

ist. Dadurch wird das Atom in Richtung des Feldgradienten abgelenkt (Abb. 1.50), der Strahl fächert in $2l + 1$ Teilstrahlen auf. Lithium hat, wie wir wissen, eine volle K-Schale und ein einzelnes Elektron in der L-Schale ($n = 2$). Infolgedessen könnte $l = 0$ oder $= 1$ sein, es müßten 1 oder 3 Teilstrahlen entstehen. Bei Silber ist die Lage ähnlich (1 Elektron gegenüber voll besetzten Schalen). Wasserstoff hat nur 1 Elektron, das im energetisch niedrigsten Zustand auf der K-Schale sitzt, für die nur $l = 0$ sein kann, so daß nur 1 Teilstrahl möglich wäre. In allen drei Fällen wurden zwei Strahlen symmetrisch zum unabgelenkten beobachtet. Dieses Ergebnis bestärkte die Annahme, daß bereits das freie Elektron einen Eigendrehimpuls haben muß, der auch mit einem magnetischen Moment gekoppelt ist.

1.3.7.2. Elektronenspin

Die bisher verwendeten theoretischen Modelle lassen noch eine ganze Reihe von Fragen offen: Bei den Alkalispektren konnten wir zwar die vier wesentlichen Serien erklären, deren Feinstruktur aber nicht. Im Magnetfeld ergab sich eine einfache Aufspaltung, die aber keineswegs die Vielzahl von Linien des Zeeman-Effektes im allgemeinen Fall beschreibt. Die gyromagnetischen Effekte zeigten ein theoretisch nicht erklärbares gyromagnetisches Verhältnis und die Anzahl der Teilstrahlen beim Stern-Gerlach-Versuch entsprach nicht den Erwartungen. Das führt zu der Annahme, daß die bisher verfügbaren Koordinaten zur Beschreibung des Verhaltens des Elektrons nicht ausreichen.

GOUDSMIT und UHLENBECK stellten 1925 eine Hypothese auf, die in den folgenden Jahren auch theoretisch untermauert werden konnte:

1. Das Elektron hat einen Eigendrehimpuls $L_s = \frac{1}{2}\hbar$, also eine Spinquantenzahl $s = \frac{1}{2}$, die in vorgegebener Richtung die Komponenten

$$m_s = \pm\tfrac{1}{2} \qquad (1.253\,\text{a})$$

haben kann.

2. Mit dem Spin ist ein magnetisches Dipolmoment

$$\mu_s = 1\mu_B \qquad (1.253\,\text{b})$$

verbunden.

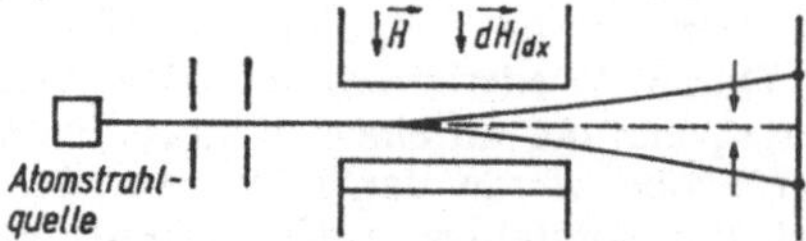

Abb. 1.50. Prinzip des Stern-Gerlach-Experimentes.
Die Pfeile ($\uparrow$, $\downarrow$) geben die Richtungen der effektiven magnetischen Momente in den Teilstrahlen an

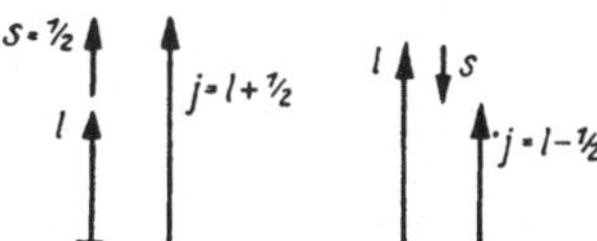

Abb. 1.51. Spin-Bahn-Kopplung – Entstehung von Dublett-Termen

In Anlehnung an Gl. (1.241) und (1.251) kann man die letzte Aussage auch $\mu_s = g s \mu_B$ schreiben und sagen, der g-Faktor des Elektrons ist 2.

Wenn man noch annimmt, daß Spin und Bahndrehimpuls sich vektoriell zum Gesamtdrehimpuls $\vec{j}$ des Elektrons addieren, und darauf achtet, daß bewährte Regeln nicht verletzt werden, wie z. B., daß Differenzen von Quantenzahlen immer ganzzahlig sind (Abb. 1.51), so kann man sofort den Stern-Gerlach-Versuch erklären: Silber- und Lithiumatom, natürlich erst recht das H-Atom befinden sich im S-Zustand ($l = 0$); dann existiert nur das Spin-Moment, das sich parallel oder antiparallel zur Magnetfeldrichtung orientieren kann. Das ergibt zwei Teilstrahlen.

Das bei den gyromagnetischen Versuchen gemessene größere gyromagnetische Verhältnis deutet darauf hin, daß in den ferro- und paramagnetischen Substanzen der Magnetismus zum großen Teil von Elektronenspins erzeugt wird. Jedes Elektron kann jetzt durch folgende Zahlen charakterisiert werden:

1. durch die Hauptquantenzahl n,
2. durch die Bahndrehimpulsquantenzahl l mit den möglichen Werten 0, 1, 2, 3, ... $(n - 1)$,
3. durch die magnetische Quantenzahl m_l mit den $(2l + 1)$ Werten $-l$, $-l + 1$, $-l + 2$, ... $+l$ und
4. durch die magnetische Spinquantenzahl m_s mit $m_s = \pm 1/2$.

Wegen 4. wird aus jedem l-Term ein Dublett mit den Gesamtdrehimpulsen $j = l \pm 1/2$; man kann statt m_s also auch j angeben. Wichtig ist, daß zur Charakterisierung eines Elektronenzustandes 4 Quantenzahlen gehören. Wenn man alle durch 2. bis 4. gegebenen Variationen zusammenzählt, dann erhält man für ein bestimmtes n [s. auch Gl. (1.144)]

$$2 \sum_{l=0}^{n-1} (2l + 1) = 2n^2 \qquad (1.254)$$

Kombinationsmöglichkeiten.
PAULI stellte die Hypothese auf:

> In einem atomaren System müssen sich die Elektronen mindestens in einer Quantenzahl unterscheiden (Ausschließungsprinzip).

Daraus folgt, daß auf der K-Schale ($n = 1$) höchstens 2, auf der L-Schale 8, auf der M-Schale 18, auf der n. Schale $2n^2$ Elektronen untergebracht werden können. Damit läßt sich das Periodensystem der Elemente physikalisch interpretieren, dieses Prinzip berechtigt überhaupt erst zu der Bezeichnung Schale.

Die Periodizität in den Eigenschaften der Elemente bei zunehmender Kernladungszahl bestätigt also auch die Hypothese vom Elektronenspin.

1.3.7.3. Pauli-Gleichung

Die quantenmechanische Erfassung dieser Erfahrungen ist nicht trivial. Wir gehen davon aus, daß die Wellenfunktion von einer vierten Koordinate s abhängt $\psi(x, y, z, s)$ der Spinkoordinate, die man sich als Kosinus des Winkels zwischen der Spinrichtung und der z-Achse (etwa in Richtung des Magnetfeldes) vorstellen muß. Sie unterscheidet sich von den anderen Koordinaten dadurch, daß sie nur 2 Werte annehmen kann, ± 1. Um die wesentlichen Eigenschaften und die notwendige Struktur besser erkennen zu können, lassen wir $x, y, z = $ const und betrachten nur die Spinfunktion $\varphi(s)$. Diese muß sich demnach in der Form

$$\varphi(s) = a\alpha(s) + b\beta(s) \qquad (1.255)$$

darstellen lassen, wobei

$$\begin{aligned}
\alpha(s) &= \begin{cases} 1 & \text{für } s = +1 \\ 0 & \text{für } s \neq +1, \end{cases} \\
\beta(s) &= \begin{cases} 1 & \text{für } s = -1 \\ 0 & \text{für } s \neq -1. \end{cases}
\end{aligned} \qquad (1.256)$$

Weiterhin muß

$$|a|^2 + |b|^2 = 1$$

gelten. $\alpha(s)$, $\beta(s)$ bilden also bereits einen vollständigen, orthogonalen Satz von Lösungen; wir suchen den dazugehörigen Operator. Dieser wird ein Drehimpulsoperator längs der z-Achse sein mit der Eigenschaft

$$\bar{S}_z \alpha(s) = \frac{\hbar}{2} \alpha(s),$$

$$\bar{S}_z \beta(s) = - \frac{\hbar}{2} \beta(s). \qquad (1.257)$$

Wir können diese Beziehung gleichzeitig als Definition von $\bar{S}_z$ auffassen, denn sie sagt aus, was dieser Operator bewirken soll. Es ist üblich, statt $\bar{S}_z$ den Spin-Operator $\bar{\sigma}_z$ zu benutzen

$$\bar{\sigma}_z = \frac{2}{\hbar} \bar{S}_z. \qquad (1.258)$$

Dann wird

$$\bar{\sigma}_z\alpha(s) = \alpha(s); \qquad \bar{\sigma}_z\beta(s) = -\beta(s). \qquad (1.257\,\text{a})$$

Es ist bei den geforderten Eigenschaften nützlich, den Operator durch eine Matrix darzustellen. Wir erreichen das, indem wir zur leichteren Übersicht $\alpha = \psi_1$, $\beta = \psi_2$ setzen, und finden $(\sigma_z)_{ij} = \int \psi_i^* \sigma_z \psi_j \, d\tau$ mit dem Ergebnis

$$\sigma_z = \begin{pmatrix} 1 & 0 \\ 0 & -1 \end{pmatrix}. \qquad (1.259\,\text{a})$$

Zur Festlegung der anderen Komponenten berücksichtigen wir, daß $\vec{S}$ als Drehimpuls auch die Vertauschungsrelationen Gl. (1.89) und (1.90) erfüllen muß. Auf σ umgeschrieben wird daraus

$$\bar{\sigma}_x\bar{\sigma}_y - \bar{\sigma}_y\bar{\sigma}_x = 2i\bar{\sigma}_z,$$
$$\bar{\sigma}_y\bar{\sigma}_z - \bar{\sigma}_z\bar{\sigma}_y = 2i\bar{\sigma}_x, \qquad (1.260)$$
$$\bar{\sigma}_z\bar{\sigma}_x - \bar{\sigma}_x\bar{\sigma}_z = 2i\bar{\sigma}_y.$$

σ_x und σ_y sind hierdurch nicht eindeutig festgelegt; eine mögliche Lösung ist

$$\sigma_x = \begin{pmatrix} 0 & 1 \\ 1 & 0 \end{pmatrix}, \qquad \sigma_y = \begin{pmatrix} 0 & -i \\ i & 0 \end{pmatrix}. \qquad (1.259\,\text{b, c})$$

Gl. (1.259 a, b, c) sind die Paulischen Spinmatrizen. Die Spinfunktion $\varphi(s)$ muß jetzt auch als Vektor dargestellt werden, dessen Komponenten die Faktoren von α und β sind. So steht in der Matrizendarstellung an Stelle von Gl. (1.255)

$$\varphi(s) = \begin{pmatrix} a \\ b \end{pmatrix}. \qquad (1.261)$$

Die Eigenwerte von $\bar{\sigma}_x$, σ_y und $\bar{\sigma}_z$ sind $\lambda = \pm 1$. Die Eigenvektoren von $\bar{\sigma}_z$ sind $\begin{pmatrix} 1 \\ 0 \end{pmatrix}$ und $\begin{pmatrix} 0 \\ 1 \end{pmatrix}$. die Eigenvektoren von $\bar{\sigma}_x$ werden $\sqrt{\dfrac{1}{2}}\begin{pmatrix} 1 \\ 1 \end{pmatrix}$ und $\sqrt{\dfrac{1}{2}}\begin{pmatrix} 1 \\ -1 \end{pmatrix}$ und von $\bar{\sigma}_y$ $\sqrt{\dfrac{1}{2}}\begin{pmatrix} 1 \\ i \end{pmatrix}$ und $\sqrt{\dfrac{1}{2}}\begin{pmatrix} 1 \\ -i \end{pmatrix}$.

Die beobachtbaren Werte von $\bar{S}_x$, $\bar{S}_y$ und $\bar{S}_z$ sind demnach $\pm \dfrac{\hbar}{2}$.

Drückt man die Ergebnisse im Sinn von Gl. (1.255) durch Funktionen aus, dann ergibt sich

$$\begin{aligned} \bar{\sigma}_x\varphi(s) = \lambda\varphi(s) &: \lambda = \pm 1, \\ \varphi(s) &= \sqrt{\tfrac{1}{2}}\,(\alpha(s) \pm \beta(s)), \\ \bar{\sigma}_y\varphi(s) = \lambda\varphi(s) &: \lambda = \pm 1, \\ \varphi(s) &= \sqrt{\tfrac{1}{2}}\,(\alpha(s) \pm i\beta(s)). \\ \bar{\sigma}_z\varphi(s) = \lambda\varphi(s) &: \lambda = +1 \quad \varphi(s) = \alpha(s) \\ &\ \ \ \lambda = -1 \quad \varphi(s) = \beta(s). \end{aligned} \qquad (1.262)$$

Man kann diese Ergebnisse auch durch die Gleichungen

$$\begin{aligned} \bar{\sigma}_x\alpha &= \beta; & \bar{\sigma}_y\alpha &= i\beta; & \bar{\sigma}_z\alpha &= \alpha, \\ \bar{\sigma}_x\beta &= \alpha; & \bar{\sigma}_y\beta &= -i\alpha; & \bar{\sigma}_z\beta &= -\beta \end{aligned} \qquad (1.263)$$

zusammenfassen, deren Aussage gleichbedeutend mit der der Spinmatrizen Gl. (1.259) ist. Führt man

$$\begin{aligned} \bar{\sigma}^+ &\equiv \tfrac{1}{2}(\bar{\sigma}_x + i\bar{\sigma}_y), \\ \bar{\sigma}^- &\equiv \tfrac{1}{2}(\bar{\sigma}_x - i\bar{\sigma}_y) \end{aligned} \qquad (1.264)$$

ein, dann folgt daraus

$$\begin{aligned} \bar{\sigma}^+\alpha &= 0 & \bar{\sigma}^-\alpha &= \beta, \\ \bar{\sigma}^+\beta &= \alpha & \bar{\sigma}^-\beta &= 0. \end{aligned} \qquad (1.265)$$

Damit haben wir die Operatoren konstruiert, welche die experimentellen Erfahrungen richtig wiedergeben. Da die Spinvariable nur diskrete Werte annehmen kann, sind die Spinoperatoren natürlich keine Differentialoperatoren, sondern sie stellen bestimmte lineare Transformationen der Funktionen $\alpha(s)$ und $\beta(s)$ dar.

Zur Aufstellung der Schrödinger-Gleichung muß man den Hamilton-Operator [s. Gl. (1.244)!] um das Spinglied erweitern

$$\bar{H} = \frac{1}{2m_\mathrm{e}} \left(\vec{p} + e\mu_0\vec{A}\right)^2 + U + \frac{e\hbar}{2m_\mathrm{e}}\mu_0\bar{\sigma}\vec{H}. \qquad (1.266)$$

Bezeichnet man den spinlosen Teil des Operators mit $\bar{H}_0$, dann wird daraus

$$i\hbar\,\frac{\partial\psi}{\partial t} = \bar{H}_0\psi + \frac{e\hbar}{2m_\mathrm{e}}\mu_0\bar{\sigma}\vec{H}\psi. \qquad (1.267)$$

Das ist die Pauli-Gleichung, deren ausführliche Diskussion uns hier versagt ist. Wenn wir das Spinglied als kleine Störung betrachten und die bereits bei Gl. (1.247) gewonnenen Erfahrungen nutzen, ergeben sich für den stationären Zustand die Energieeigenwerte

$$\left. \begin{aligned} E_{(n,l)^+} &= E_{(n,l)} + \mu_0\,\frac{e\hbar}{2m_\mathrm{e}}\,H(m_l + 1) \\ &\text{für } m_s = +\tfrac{1}{2}, \\ E_{(n,l)^-} &= E_{(n,l)} + \mu_0\,\frac{e\hbar}{2m_\mathrm{e}}\,H(m_l - 1) \\ &\text{für } m_s = -\tfrac{1}{2}. \end{aligned} \right\} \qquad (1.268)$$

Daraus folgt die Aufspaltung der Spektrallinien im Magnetfeld.

1.3.7.4. Dirac-Gleichung

Das Verdienst Paulis bestand darin, einen Weg gezeigt zu haben, wie man die experimentell gefundenen Spinzustände mit diskreten Variablen in die Schrödinger-Gleichung einbauen kann. Aus der so entstandenen Pauli-Gleichung läßt sich aber nicht die Notwendigkeit der

Existenz von Elektronenspins ableiten. Würde man, was beim Bahndrehimpuls zu richtigen Ergebnissen führte, versuchen, nach klassischen Regeln das Dipolmoment des rotierenden Elektrons zu berechnen, dann erhielt man am Äquator des Elektrons Geschwindigkeiten, die ein Vielfaches der Lichtgeschwindigkeit ausmachen. Bereits hier hat also das korrespondenzmäßige Modell eine Grenze.

Die bisherigen Formen der relativistischen Schrödinger-Gleichung genügen offenbar auch noch nicht allen Forderungen. Die entscheidende Idee Diracs (1928) war, zu versuchen, die Gleichung zu linearisieren, denn in die Lorentz-Transformation, der die relativistischen Variablen genügen müssen, gehen Ort und Zeit linear ein.

Diese Linearisierung kann man z. B. vornehmen, indem man auf Gl. (1.229) die elementare Beziehung $a^2 - b^2 = (a + b)(a - b)$ anwenden. Für den kräftefreien Fall ($\Phi_\alpha = 0$) wird daraus

$$\left(\sum \gamma_\alpha \frac{\partial}{\partial x_\alpha} - \frac{E_0}{\hbar c}\right)\left(\sum \gamma_\alpha \frac{\partial}{\partial x_\alpha} + \frac{E_0}{\hbar c}\right)\psi = 0 \qquad (1.269)$$

wobei die Faktoren γ_α den Beziehungen

$$\gamma_\alpha{}^2 = 1, \quad \gamma_\alpha\gamma_\beta + \gamma_\beta\gamma_\alpha = 0 \quad \begin{cases}\alpha, \beta = 1, 2, 3, 4, \\ \alpha \neq \beta\end{cases}$$

genügen müssen. Damit haben wir zwei lineare Faktoren, von denen jeder für sich gleich Null sein muß. Mit Magnetfeld folgt aus Gl. (1.229) entsprechend die allgemeine Dirac-Gleichung

$$\left(\sum \gamma_\alpha \left(\frac{\partial}{\partial x_\alpha} - i\frac{e}{\hbar}\Phi_\alpha\right) + \frac{E_0}{\hbar c}\right)\psi = 0. \qquad (1.270)$$

Bei der Lösung dieser Gleichung treten automatisch Glieder auf, welche die Form der Paulischen Spinenergie im Magnetfeld haben. Vergleicht man diese quantitativ, dann erhält man den von GOUDSMIT und UHLENBECK postulierten Elektronenspin mit denselben magnetischen und mechanischen Eigenschaften[1]).

1.3.7.5. Feinstruktur der Alkalispektren (2. Teil)

Die Anwendung der Dirac-Gleichung auf ein Elektron im Zentralfeld ergibt ohne Zusatzannahme den Feinstrukturterm Gl. (1.234). Wir kämen zu demselben Ergebnis, wenn wir die relativistische Rechnung Gl. (1.233) um die magnetische Wechselwirkung zwischen Spin- und Bahnmoment erweitert hätten. Bei Alkaliatomen ist die analytische Berechnung der Grundterme ($T_{n,l}$) nicht mehr durchführbar, da die Abschirmkonstante sich einer exakten Behandlung entzieht. Wir können hier nur an einem einfachen Modell den Weg zeigen, wie man die Spin-Bahn-Kopplung berechnet, um eine Vorstellung über die Größe der Multiplettaufspaltung zu erhalten.

Abb. 1.52. Zur Berechnung der Spin-Bahn-Wechselwirkung [Gl. (1.271)]

---

[1]) Ausführliche Behandlung z. B. in: DAWYDOW, A. S.: Quantenmechanik. Berlin: VEB Deutscher Verlag der Wissenschaften 1972.

Die Bahnbewegung des Elektrons um den positiv geladenen Kern erzeugt am Ort des Elektrons ein Magnetfeld H_l; die Wechselwirkung der Elktronenspins mit diesem Feld liefert den gesuchten Term. Zur Berechnung von H_l braucht man die Bewegung des Kernes Ze relativ zum Elektron; diese erfolgt mit der Elektronengeschwindigkeit v aber entgegengesetztem Drehsinn und liefert nach dem Biot-Savartschen Gesetz am Ort des Elektrons ein Feld (Abb. 1.52)

$$\vec{H_l} = -\frac{Ze[\vec{v} \times \vec{r}]}{4\pi r^3}. \qquad (1.271)$$

Wir haben das so geschrieben, weil man $[\vec{r} \times \vec{v}] = \vec{l}/m_e$ durch den Drehimpuls ausdrücken kann

$$\vec{H_l} = \frac{Ze\vec{l}}{4\pi m_e r^3}. \qquad (1.271\,a)$$

Die Zusatzenergie wird analog zu Gl. (1.248) gebildet; da hier aber das Feld durch die Bewegung des Elektrons selbst erzeugt wird, muß nach FRENKEL der Faktor 1/2 hinzugefügt werden:

$$W_{sl} = -\frac{1}{2}\mu_0\vec{\mu_s}\vec{H_l} = -\frac{Ze}{8\pi m_e r^3}\mu_0\vec{\mu_s}\vec{l}. \qquad (1.272)$$

Wir betrachten W_{sl} als kleine Störung; dann ist die Änderung des Energieeigenwertes

$$\Delta E = \langle W_{sl}\rangle. \qquad (1.273)$$

Wir haben nun den Mittelwert von $1/r^3$ zu bilden und benutzen hierzu $\langle 1/r^3\rangle = \int \psi_{n,l}^* \frac{1}{r^3} \psi_{nl}\, d\tau$ die Eigenfunktionen [Gl. (1.155)]. Mit dem 1. Bohrschen Radius r_1 in Gl. (1.21) wird

$$\left\langle \frac{1}{r^3}\right\rangle = \frac{Z^3}{r_1^3 n^3 l(l + \frac{1}{2})(l + 1)}. \qquad (1.274)$$

Von der Theorie des Rotators Gl. (1.105a) wissen wir, daß

$$|\vec{L}| = \sqrt{l(l + 1)}\,\hbar \qquad (1.275\,a)$$

und infolgedessen

$$|\vec{S}| = \sqrt{s(s + 1)}\,\hbar \qquad (1.275\,b)$$

ist. Weiterhin ist nach GOUDSMIT, UHLENBECK

$$\vec{\mu_s} = -\frac{e}{m_e}\vec{S}. \qquad (1.276)$$

Führen wir die Rydberg-Konstante R_∞ [Gl. (1.26)] und die Feinstrukturkonstante α Gl. [(1.22)] ein,

---

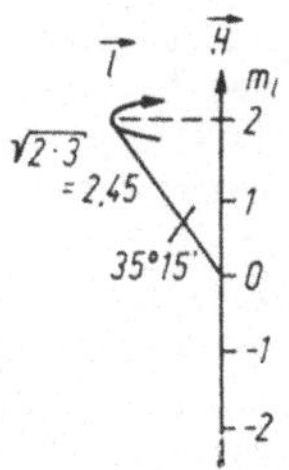

Abb. 1.53. Orientierung eines Drehimpulsvektors ($l = 2$) im Magnetfeld

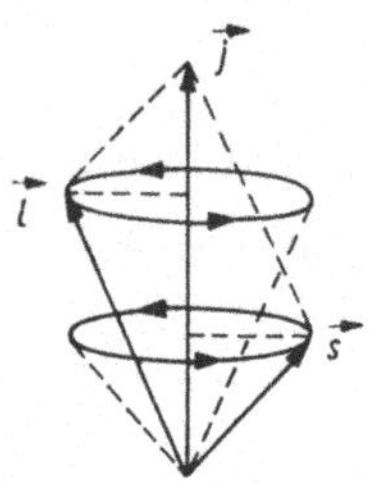

Abb. 1.54. Vektormodell zur $\vec{l}\text{-}\vec{s}$-Kopplung

dann ist

$$\Delta E = hcR_\infty \, \frac{\alpha^2 Z^4}{n^3 l \, (l + \frac{1}{2}) \, (l + 1)}$$
$$\times \sqrt{l(l + 1)} \, \sqrt{s(s + 1)} \cos (\vec{l}, \vec{s}). \quad (1.277)$$

Um den $\cos (\vec{l}, \vec{s})$ zu berechnen, müssen wir die Quantenmechanik in die Sprache unseres Modelles übersetzen. Aus der Behandlung des Rotators (Abschn. 1.2.4.3) wissen wir, daß ein Drehimpuls mit der Quantenzahl l in einer bestimmten Richtung die $(2l + 1)$ Komponenten $m_l = -l$, $-l + 1, \ldots, +l$ haben kann, der Betrag aber $\sqrt{l(l + 1)}$ ist. Wenn wir etwas oberflächlich sagen, der Drehimpuls ist parallel zu einer Richtung, dann meinen wir immer, daß die entsprechende Komponente m_l den Maximalwert $m_l = l$ angenommen hat. Der Drehimpuls $\vec{l}$ selbst rotiert dann schnell auf einem Kegelmantel um diese Richtung, dessen Öffnungswinkel von l abhängt (Abb. 1.53).
Wir setzen (s. Abschn. 1.3.7.2):

$$\vec{s} + \vec{l} = \vec{j}, \quad (1.278)$$

müssen uns also vorstellen, daß $\vec{s}$ und $\vec{l}$ beide schnell um die Richtung von $\vec{j}$, den Gesamtdrehimpuls, rotieren, und zwar so, daß deren Projektionen auf $\vec{j}$ die Werte m_l bzw. m_s annehmen. Danach erhalten wir nach Kosinussatz (Abb. 1.54)

$$|j|^2 = |l|^2 + |s|^2 - 2|l| \cdot |s| \cos (\pi - (\vec{l}, \vec{s})),$$
$$= |l|^2 + |s|^2 + 2|l| \cdot |s| \cos (\vec{l}, \vec{s}). \quad (1.279)$$

Damit wird

$$\sqrt{l(l + 1)} \, \sqrt{s(s + 1)} \cos (\vec{l}, \vec{s})$$
$$= \frac{j(j + 1) - l(l + 1) - s(s + 1)}{2}. \quad (1.280)$$

Die Termkorrektur wird dann

$$\Delta T_{l,s,J} = -\frac{\Delta E}{hc} = R_\infty \, \frac{\alpha^2 Z^4}{n^3 l (l + \frac{1}{2}) \, (l + 1)}$$
$$\times \frac{j(j + 1) - l(l + 1) - s(s + 1)}{2}. \quad (1.281)$$

Man schreibt auch

$$\Delta T_{l,s,J} = \frac{1}{hc} \, \frac{a}{2} \, (j(j + 1) - l(l + 1) - s(s + 1)). \quad (1.281\,\text{a})$$

Bei den Systemen mit einem Leuchtelektron kann j die Werte $l + \frac{1}{2}$ und $l - \frac{1}{2}$ annehmen und es ist

$$\Delta T_{l,s,+} = -R_\infty \, \frac{\alpha^2 Z^4}{n^3 \cdot 2(l + \frac{1}{2}) \, (l + 1)}$$

für $j = l + \frac{1}{2}$,

$$\Delta T_{l,s,-} = -R_\infty \, \frac{\alpha^2 Z^4}{n^3 \cdot 2(l + \frac{1}{2})} \quad \text{für } j = l - \frac{1}{2}. \quad (1.282)$$

Addiert man diese Glieder zu Gl. (1.233), dann erhält man Gl. (1.234). Damit kann man, wie wir bereits sahen, die echten Einelektronenspektren (H_2^+, He^+ usw.) gut beschreiben.
Bei den Alkalispektren waren Korrekturen notwendig, die wir durch die effektive Quantenzahl $k_{\text{eff}} = (k + a)$ ausdrückten [Gl. (1.199)]. Man kann, da es sich ja um Abschirmeffekte handelt, die Korrektur auch – wie bei den Röntgenspektren [Gl. (1.205)] – durch eine effektive Kernladungszahl Z_{eff} darstellen. Dann ergibt sich aus Gl. (1.234) eine Termkorrektur

$$\Delta T = \frac{R\alpha^2 Z_{\text{eff}}^4}{n^4} \left(\frac{1}{j + \frac{1}{2}} - \frac{3}{4n} \right), \quad (1.283)$$

mit der man – sofern die Abschirmkonstante bekannt ist – die Dublettaufspaltung der Alkalispektren recht gut quantitativ darstellen kann.
Es ist üblich, den Zustand eines Atoms durch Symbole zu kennzeichnen. Zunächst stellt man fest, daß abgeslossene Schalen, bei denen also alle möglichen Terme besetzt sind, keinen resultierenden Drehimpuls haben, denn $\sum\limits_{m_s = -\frac{1}{2}}^{+\frac{1}{2}} m_s = 0$ und $\sum\limits_{m_l = -l}^{+l} m_l = 0$; sie tragen infolgedessen auch nichts zum magnetischen Dipolmoment des Atoms bei. Man braucht also nur die Zustände der Elektronen in teilweise gefüllte Schalen zu

betrachten. Man bildet

$$\sum l_i = L, \qquad \sum s_i = S, \qquad \sum j_i = J.$$

Den resultierenden Bahndrehimpuls drückt man durch große Buchstaben aus, die wir bei der Kennzeichnung der Terme von Alkalispektren kennengelernt haben Gl. (1.201):

$$
\begin{aligned}
L = 0 \quad & S, \qquad L = 3 \quad F, \\
L = 1 \quad & P, \qquad L = 4 \quad G, \\
L = 2 \quad & D, \qquad L = 5 \quad H \quad \text{usw.}
\end{aligned}
\tag{1.284}
$$

Den Gesamtdrehimpuls hängt man als Index an und den Gesamtspin drückt man durch die Multi-

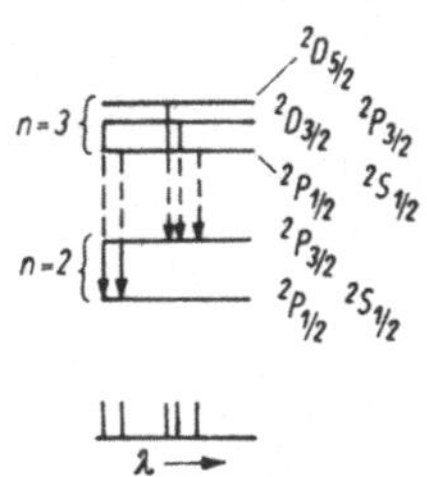

Abb. 1.55. Feinstruktur der H_α-Linie mit Berücksichtigung des Elektronenspins (s. Abb. 1.45.)

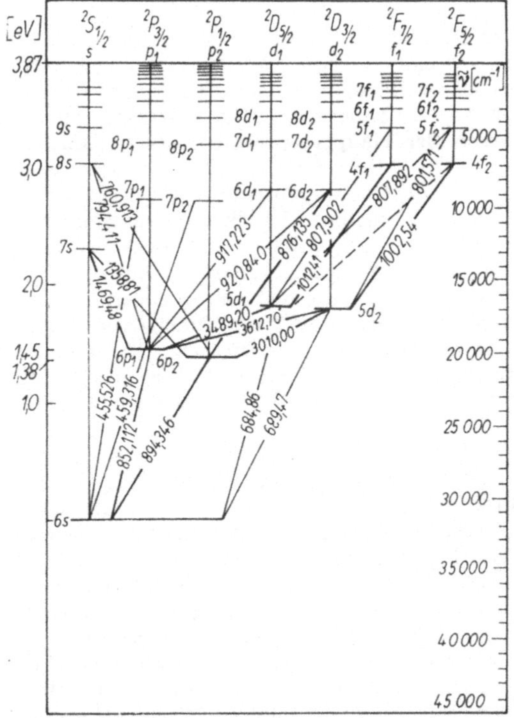

Abb. 1.56. Energieniveauschema des Caesiums nach GROTRIAN
Die Wellenlängen der einzelnen Übergänge sind in nm angegeben

plizität r aus:

$$r = 2S + 1. \tag{1.285}$$

r hängt man links oben an das Bahndrehimpulssymbol an.

Betrachtet man nur ein Elektron, dann ist der Zustand des Atoms mit dem des Terms, den das Elektron besetzt identisch. Dann kann man noch die Hauptquantenzahl vor das Gesamtsymbol schreiben. Also $n^r(L)_J$; die Klammer um L soll andeuten, daß man L durch einen Buchstaben ersetzt nach Gl. (1.284).

H, He^+ und die Alkaliatome haben also Dublett-Terme; man spricht auch bei S-Zuständen ($L = 0$) von Dubletts, obwohl gar nicht zwei Einstellungen des Spins bezüglich des Bahndrehimpulses möglich sind; die Multiplizität wird gemäß Gl. (1.285) zur Charakterisierung des Spins benutzt. Für Einelektronensysteme sind die in Tab. 1.2 angegebenen Zustände möglich.

Tabelle 1.2. Mögliche Zustände eines Einelektronensystems

	$j = 1/2$	$j = 3/2$	$j = 5/2$	$j = 7/2$	$j = 9/2$
$l = 0$	$^2S_{1/2}$				
$l = 1$	$^2P_{1/2}$	$^2P_{3/2}$			
$l = 2$		$^2D_{3/2}$	$^2D_{5/2}$		
$l = 3$			$^2F_{5/2}$	$^2F_{7/2}$	
$l = 4$				$^2G_{7/2}$	$^2G_{9/2}$

Die Auswahlregel für l ist schon bekannt:

$$\Delta l = \pm 1.$$

Für j ergibt die Quantenmechanik

$$\Delta j = 0, \pm 1. \tag{1.286}$$

$\Delta j = \pm 1$ folgt natürlich aus $\Delta l = \pm 1$; $\Delta j = 0$ setzt aber voraus, daß $\Delta l = \pm 1$ und gleichzeitig $\Delta s = \mp 1$ ist. Dieser Prozeß ist weniger wahrscheinlich; daher sind die Intensitäten der $\Delta j = 0$-Linien viel geringer.

Wir erläutern das an der H_α-Linie des Wasserstoffs. Mit Berücksichtigung des Spins ändert sich das Termschema etwas (Abb. 1.55, vgl. Abb. 1.45) und nur die eingezeichneten Übergänge sind möglich. Das ergibt 5 Linien, die man mit Methoden der Spektroskopie auch nachweisen kann (Abb. 1.43 b).

Geht man zu den Alkalispektren über, erwartet man nach Gl. (1.283) mit zunehmender Kernladung ein Anwachsen der Dublett-Aufspaltung, die aber für ein bestimmtes Element bei den höheren Termen wieder rasch abnimmt. Während bei Lithium (Abb. 1.29) noch keine Aufspaltungen auftreten, sind beim Natrium die P-Terme schon soweit aufgespalten, daß z. B. das Dublett der gelben Linie mit normalen Prismen- oder Gitterspektrographen sichtbar wird.

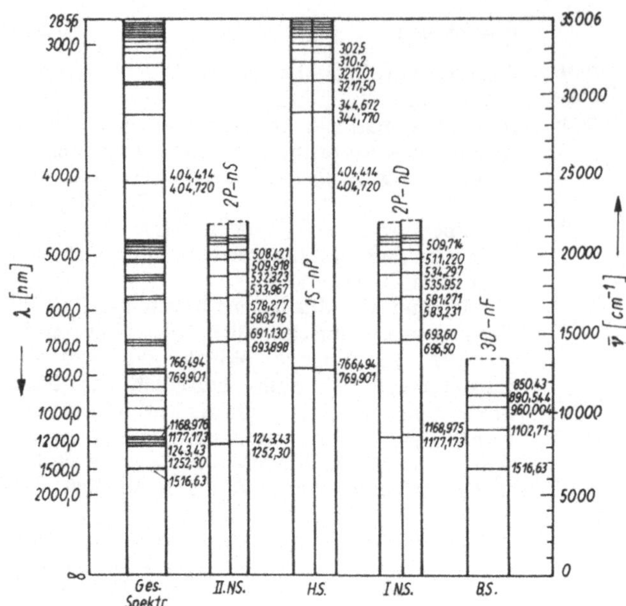

Abb. 1.57. Kaliumspektrum in Serien aufgelöst.
(Wellenlängen in nm)

Beim Cäsium erscheinen die D- und F-Terme als Dubletts und die Linienaufspaltungen sind so groß, daß sich verschiedene Dubletts z. T. überlappen (Abb. 1.56). Am Beispiel des Kaliumspektrums (Abb. 1.57) sehen wir deutlich, wie die mit wachsendem l kleiner werdenden Termaufspaltungen zur Vereinfachung der Linien (Bergmann-Serie) führen.

Die bereits erwähnte gelbe Na-D-Linie (nach der von FRAUNHOFER eingeführten Bezeichnung der schwarzen Linien im Sonnenspektrum) gehört zur Hauptserie und besteht aus den Komponenten

$3^2S_{1/2} - 4^2P_{1/2}$:

D_1-Linie   589,593 nm (30% der Intensität),

$3^2S_{1/2} - 4^2P_{3/2}$:

D_2-Linie   588,996 nm (70% der Intensität).

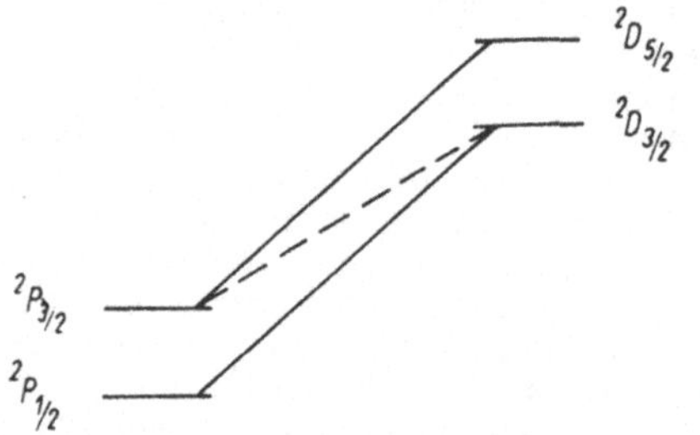

Abb. 1.58. Aufspaltung der 1. Nebenserie von Alkalispektren.
(– – – entspricht $\Delta j = 0$)

Die D_1-Linie ist schwächer, weil Übergänge mit $\Delta j = 0$ eine geringere Wahrscheinlichkeit haben als solche mit $\Delta j = \pm 1$. Da der Dublett-Charakter der S-Terme sich nicht auswirkt, sind die Linien der Hauptserie echte Dubletts; das gilt auch für die II. Nebenserie. Die I. Nebenserie ergibt sich durch Kombination von je zwei Dublett-Termen; es entstehen 3 Linien; davon ist aber die $\Delta j = 0$-Linie so schwach, außerdem liegen die Komponenten enger beieinander, daß die Übergänge in nicht sehr hoch auflösenden Spektrographen nur als Dubletts erscheinen (Abb. 1.58).
In ähnlicher Weise lassen sich die Röntgenspektren jetzt einordnen. Abb. 1.59 gibt die aus dem bisher Gesagten folgenden Bezeichnungen.

1.3.7.6. Zeeman-Effekt

Es ergibt sich die Frage, wie man die zu einer Spektrallinie gehörenden Terme bestimmen kann, die von je 4 Quantenzahlen abhängen. Ein wichtiges Hilfsmittel hierzu ist die 1896 von ZEEMAN beobachtete Aufspaltung von Spektrallinien im Magnetfeld; FARADAY hatte einen derartigen Effekt bereits 30 Jahre früher vergeblich gesucht. Die Energie der Terme hängt von der Orientierung der Momente im Magnetfeld ab; die räumliche Quantelung hebt die Entartung auf.
H. A. LORENTZ gab ein Modell bekannt, das einige der gefundenen Erscheinungen auf der Grundlage der Larmor-Präzession quantitativ beschrieb. Der Elektronenspin war damals noch nicht bekannt. Daher spricht man noch heute in

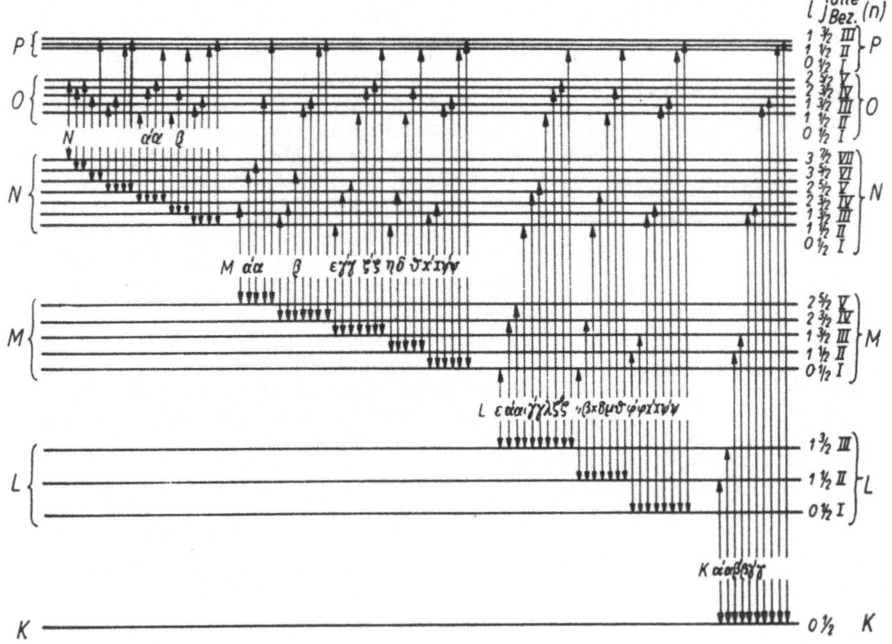

Abb. 1.59. Termschema aus Röntgenspektren

solchen Fällen vom normalen Zeeman-Effekt. Wir haben diesen im Anschluß an die Pauli-Gleichung bereits behandelt Gl. (1.268). Im allgemeinen sind die Aufspaltungsbilder viel komplizierter wegen der vernachlässigten Spin-Bahn-Wechselwirkung. Aus historischen Gründen nennt man den vollständigen Fall den anomalen Zeeman-Effekt. Wir behandeln ihn mit Hilfe eines einfachen Vektormodelles, das sich schon mehrfach bewährt hat. Der ständige Vergleich mit dem Rotator zeigt dabei die Grenze, bis zu der diese anschauliche Darstellung zu richtigen Ergebnissen führt.

Wir gehen davon aus, daß die Kopplung zwischen Spin- und Bahnmoment sehr fest ist, so daß nur der Gesamtdrehimpuls $\vec{j}$ entscheidend ist, der im Magnetfeld die Werte $m_j = -j, -j+1, \ldots, +j$ annehmen kann.

Für das H-Atom im Grundzustand ergibt Gl. (1.271a) $\vec{H}_l$ einen Wert von etwa $20 \cdot 10^6$ A/m.

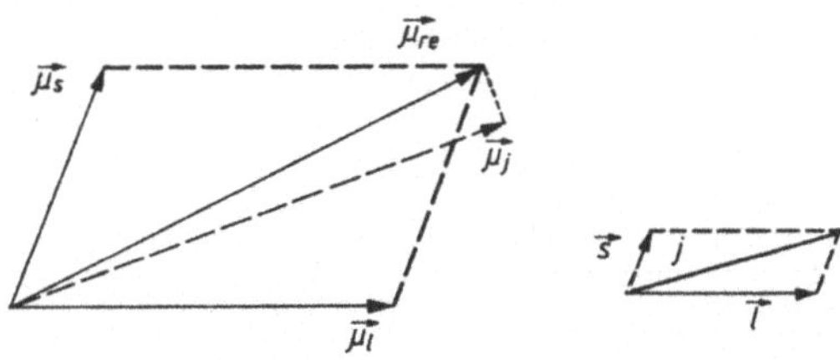

Abb. 1.60. Vektormodell zum Landé-Faktor

Mit steigender Kernladung nimmt $\vec{H}_l$ etwas zu; da gleichzeitig die Leuchtelektronen einen größeren Kernabstand haben, wird diese Zunahme teilweise kompensiert. Für äußere Felder, die viel kleiner als $\vec{H}_l$ sind, das Umgekehrte ist nur mit großem Aufwand zu erreichen, ist obige Annahme also berechtigt.

Es kommt jetzt darauf an, das zugehörige magnetische Dipolmoment $\vec{\mu}_j$ zu berechnen; da $\vec{l}$ und $\vec{s}$ verschiedene gyromagnetische Verhältnisse haben, ist die Vektorsumme von $\vec{\mu}_s + \vec{\mu}_l = \vec{\mu}_{res}$ nicht mehr parallel zu $\vec{j}$, sondern rotiert, wie bereits in Abb. 1.54 angenommen, schnell um $\vec{j}$. Von $\vec{\mu}_{res}$ wird demnach nur die Komponente in j-Richtung wirksam sein. Wir berechnen $\vec{\mu}_j$ an Hand des in Abb. 1.60 gezeigten Vektormodelles. Wir finden

$$\vec{\mu}_j = \frac{e\hbar}{2m_e}\left(\sqrt{l(l+1)}\cos(\vec{l},\vec{j}) + 2\sqrt{s(s+1)}\cos(\vec{s},\vec{j})\right). \qquad (1.287)$$

Nach cos-Satz wird z. B.

$$\cos(\vec{l},\vec{j}) = \frac{l(l+1) + j(j+1) - s(s+1)}{2\sqrt{l(l+1)}\sqrt{j(j+1)}}.$$

Das ergibt eingesetzt

$$\vec{\mu}_J = \left(1 + \frac{j(j+1) + s(s+1) - l(l+1)}{2j(j+1)}\right)\mu_\mathrm{B} \cdot \vec{j}.$$

$$(1.288\,\mathrm{a})$$

Unter Verwendung einer bereits bei Einführung des Spins benutzten Bezeichnungsweise schreiben wir

$$\vec{\mu}_J = g\mu_\mathrm{B} \cdot \vec{j} \qquad (1.288\,\mathrm{b})$$

mit

$$g = 1 + \frac{j(j+1) + s(s+1) - l(l+1)}{2j(j+1)}$$

$$(1.288\,\mathrm{c})$$

als Landé-Faktor.

Früher diskutierte Fälle sind in dieser Formulierung enthalten: Das freie Elektron ($l = 0$, $s = 1/2$) hat $g = 2$ und für ein System mit $S = 0$, das kommt also nur bei geradzahliger Anzahl von Elektronen vor, wenn sich je 2 Spins gegenseitig kompensieren, wird $g = 1$. Der letzte Fall führt auf den normalen Zeeman-Effekt.

Nun finden wir sofort die Termaufspaltung im Magnetfeld

$$T(n, l, j; H) = T(n, l, j) + \Delta T(n, j; m_J; H)$$

$$(1.289)$$

und

$$\Delta T(n, j, m_J; H) = -\frac{m_J g \mu_\mathrm{B} \mu_0 H}{hc}$$

mit $\quad m_J = -j, -j + 1, \ldots, +j.$ $\qquad (1.290)$

Das sind $2j + 1$ Terme.

Die Aufspaltung der Spektrallinien, in Wellenzahlen gemessen, ergibt sich dann sofort als Differenz entsprechender Terme unter Berücksichtigung der Auswahlregeln. Hier kommt

$$\Delta m_J = 0, \pm 1 \qquad (1.291)$$

noch hinzu. Also wird

$$\Delta \tilde{\nu}_{12} = \Delta T(n_1, l_1, j_1, m_{J1}, H)$$
$$- \Delta T(n_2, l_2, j_2, m_{J2}, H).$$

Schreiben wir diese in Einheiten $\dfrac{\mu_\mathrm{B}\mu_0 H}{hc}$ auf, dann ist für die Aufspaltungen entscheidend

$$\Delta_{12} = m_{J1}g_1 - m_{J2}g_2. \qquad (1.292)$$

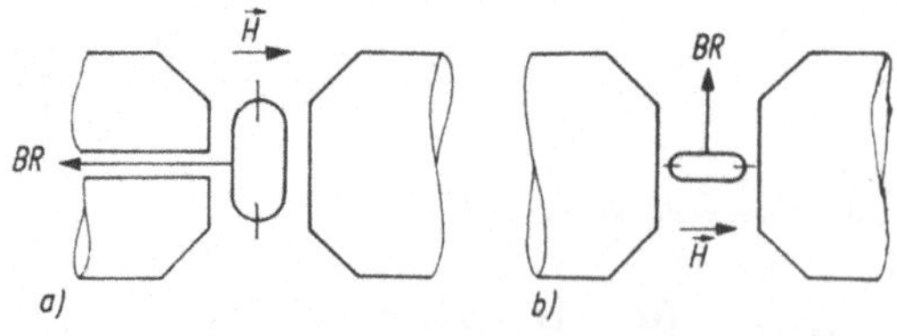

Abb. 1.61. Zur Beobachtung des Zeeman-Effektes.
BR Beobachtungsrichtung; a) in Richtung des Magnetfeldes, b) senkrecht zum Magnetfeld

Den Zeeman-Effekt beobachtet man an einer Lichtquelle (Gasentladung, Flamme o. ä.), die sich in einem Magnetfeld befindet. Dabei ist es wesentlich, ob man das Licht parallel zum Magnetfeld oder senkrecht dazu beobachtet (Abb. 1.61). Bei der parallelen Beobachtung ergeben sich korrespondenzmäßig, wenn wir den Zeeman-Effekt als Larmor-Präzession verstehen (s. Abb. 1.47), paarweise entgegengesetzt zirkular-polarisierte Komponenten symmetrisch zur unverschobenen Linie. Bei senkrechtem Fall sieht man nur die Projektionen der präzedierenden Elektronen; das gibt linear-polarisierte Komponenten bei denselben Frequenzen wie die zirkular-polarisierten, und zwar senkrecht zum Magnetfeld schwingend; man spricht von σ-Komponenten. Auf Atomelektronen, die sich in Richtung $\vec{H}$ bewegen, wirken keine magnetischen Kräfte. Von diesen beobachtet man unverschobene Linien, die parallel zu $\vec{H}$ polarisiert sind; daher bezeichnet man sie als π-Komponenten. Wegen der Strahlungscharakteristik schwingender Dipole beobachtet man die π-Komponenten nicht im Licht, das parallel zu $\vec{H}$ ausgesandt wird.

Vergleicht man dieses Bild mit den Auswahlregeln Gl. (1.291), dann wird man vermuten, daß der magnetische Zustand sich bei π-Komponenten nicht ändert, bei σ-Komponenten aber $\Delta m_J \neq 0$ ist. Also gehören

π-Komponenten zu $\quad \Delta m_J = 0 \quad$ und

σ-Komponenten zu $\quad \Delta m_J = \pm 1.$

$$(1.291\,\mathrm{a})$$

Damit gibt auch die Polarisation der Linien Aufschluß über die Art des Überganges.

Leider kann man nun nicht aus einem beobachteten Zeeman-Spektrum analytisch auf die Quantenzustände der beteiligten Terme schließen. Man muß vielmehr für naheliegende Fälle Spektren konstruieren und diese mit den Beobachtungen vergleichen; so gewinnt man indirekt die Werte für l, s, j. Wir demonstrieren das am Zeeman-Effekt des Na-Dubletts. Aus anderen Beobachtungen schließt man, daß es Dublett-Terme (Einelektronensystem) sind und die Hauptserie durch Kombination von S- und P-Termen entsteht. Nun schreibt man die möglichen g-Werte auf. In Tab. 1.3 sind die zu Tab. 1.2

Tabelle 1.3. g-Werte für Dublett-Terme

	$j = 1/2$	$j = 3/2$	$j = 5/2$	$j = 7/2$	$j = 9/2$
$l = 0$	2				
$l = 1$	2/3	4/3			
$l = 2$		4/5	6/5		
$l = 3$			6/7	8/7	
$l = 4$				8/9	10/9

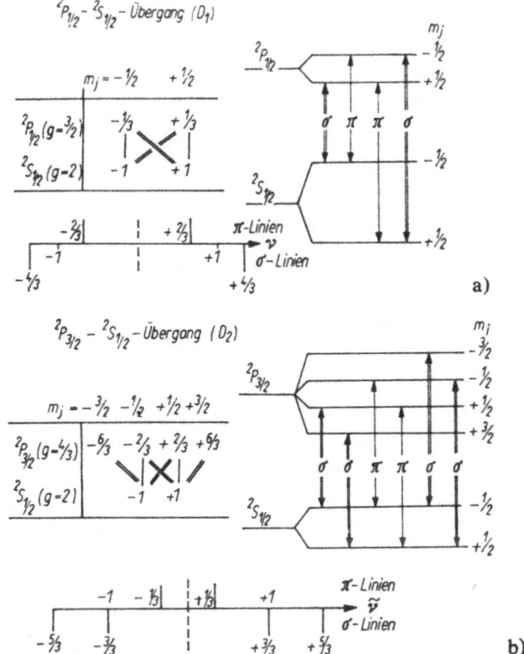

Abb. 1.62. Zeeman-Effekt der Na-D-Linien.
a) D_1-Linie ($^2P_{1/2} - ^2S_{1/2}$), b) D_2-Linie ($^2P_{3/2} - ^2S_{1/2}$)

passenden angegeben. Dann berechnet man $m_j g$ für mögliche Zustände unter Berücksichtigung der Auswahlregeln Gl. (1.291a). Die Ergebnisse sind in Abb. 1.62a für den $^2P_{1/2} - ^2S_{1/2}$ und in Abb. 1.62b für den $^2P_{3/2} - ^2S_{1/2}$-Übergang angegeben. Die Zeeman-Spektren sind sehr verschieden, nicht nur in der Größe der Aufspaltungen, sondern vor allem in der Anzahl und dem relativen Abstand der Linien. Auf diese Weise

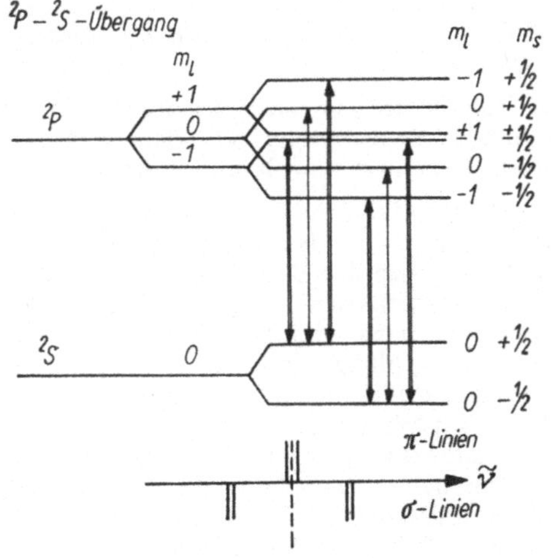

Abb. 1.63. Paschen-Back-Effekt am ^2P-^2S-Übergang

kann die Zuordnung D_1 und D_2 eindeutig erfolgen. Dieses Herangehen ist mühsam, führt aber wegen der Vielzahl von unterschiedlichen Kombinationsmöglichkeiten immer zu eindeutigen Resultaten.

Die so getroffene Zuordnung kann noch überprüft werden, indem man zu extrem hohen Magnetfeldern übergeht (also $\vec{H} > \vec{H_i}$). Dann reicht die l-s-Kopplung nicht mehr aus und Bahn- und Spinmoment orientieren sich getrennt im Magnetfeld, das ist der Paschen-Back-Effekt. An Stelle von Gl. (1.290) gilt dann

$$\Delta T(m_s, m_l; H) = \frac{H}{hc} \{m_l \mu_B \mu_0 + 2m_s \mu_B \mu_0\}$$

(1.293)

mit

$$\Delta m_l = \pm 1, \qquad \Delta m_s = \pm 1 .$$

Beide Auswahlregeln führen zu denselben Frequenzen, denn die durch Bahn- und Spinorientierung entstehenden Niveauaufspaltungen sind gleich groß wegen des Faktors $g = 2$ für das Spinmoment. Da die Entkopplung bei endlichen Feldstärken nicht vollständig möglich ist, bleibt noch eine kleine Restaufspaltung; das ist der einzige Unterschied zu den Tripletts beim normalen Zeeman-Effekt (Abb. 1.63).

1.3.7.7. Stark-Effekt

Das Analogon zum Zeeman-Effekt, die Aufspaltung von Spektrallinien in elektrischen Feldern, wurde erst 1913 von STARK gefunden. Der experimentelle Nachweis ist wesentlich schwieriger. Es werden Feldstärken von mehr als 10^4 V/cm benötigt; da angeregte Gase immer eine endliche Leitfähigkeit haben, ist es nicht möglich, so hohe Feldstärken in einem leuchtenden Plasma aufrecht zu erhalten. STARK benutzte die sog. Kanalstrahlen, das sind durch Löcher in der Kathode ins Vakuum tretende Ionen (Abb. 1.64). Die Lichtintensität ist allerdings sehr schwach. LO SURDO nützte den großen Potentialabfall einer Gleichstromentladung vor der Kathode (Kathodenfall) aus, der zu hohen, aber inhomogenen elektrischen Feldstärken führt. Das aus diesem Raum kommende Licht zeigt den Stark-Effekt, allerdings sind quantitative Messungen der Größe der Aufspaltungen nicht möglich.
Eine Wechselwirkung zwischen dem elektrischen Feld $\vec{F}$ und dem Atom setzt ein atomares elektrisches Dipolmoment $\vec{\mu_e}$ voraus,

$$W_F = -\vec{\mu_e} \cdot \vec{F}.$$

(1.294)

Das Feld versucht, den Dipol zu kippen; da das Atom mit einem Drehimpuls behaftet ist, führt es auch hier eine Art Larmor-Präzession um $\vec{F}$

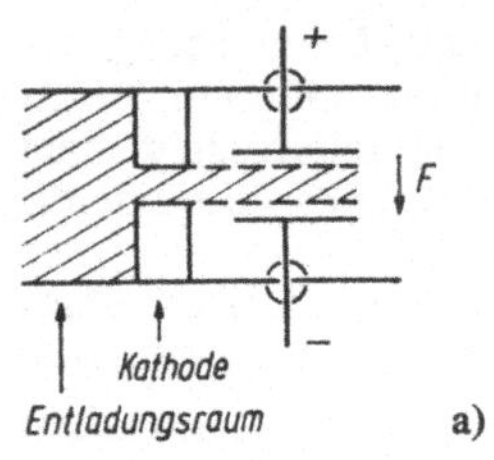

Abb. 1.64. Zur Beobachtung des Stark-Effektes

a) an Kanalstrahlen (nach STARK). $\vec{F}$ elektrische Feldstärke, b) im Bereich des Kathodenfalles (nach LO SURDO)

aus, d. h. in quantenmechanischer Sprechweise, es sind nur diskrete Orientierungen des Drehimpulsvektors im Feld möglich.

Vollbesetzte Schalen und Elektronen im S-Zustand ($l = 0$) tragen nichts zum Dipolmoment bei, da dann die Schwerpunkte von positiver und negativer Ladung zusammenfallen. p-, d-, f- usw. Elektronen entsprechen Ladungen auf exzentrischen Bahnen, die polare Komponenten haben. Die Aufspaltungen wachsen nach Gl. (1.294) linear mit $\vec{F}$. Hohe Feldstärken führen zu Ladungsverschiebungen; es entsteht ein induziertes, atomares Dipolmoment

$$\vec{\mu}_{\text{ind}} = \alpha \cdot \vec{F} \tag{1.295}$$

(α = Polarisierbarkeit), das, in Gl. (1.294) eingesetzt, den quadratischen Stark-Effekt ergibt.

Die quantitative Behandlung ist schwieriger, als beim Zeeman-Effekt; klassische Modelle allein reichen nicht aus. Für wasserstoffähnliche Atome kann man die Zusatzenergie, wenn $\vec{F}$ parallel zur x-Achse gerichtet ist, in der Form

$$W_{\text{F}} = -eFx \tag{1.294a}$$

schreiben und die stationäre Schrödinger-Gleichung lautet dann

$$\Delta\psi + \frac{2m_{\text{e}}}{\hbar^2}\left(E + \frac{Ze^2}{4\pi\varepsilon_0 r} - eFx\right)\psi = 0. \tag{1.296}$$

Dieses gestörte Kepler-Problem löst man, da hier die x-Richtung durch $\vec{F}$ hervorgehoben wird, zweckmäßigerweise unter Verwendung von parabolischen Koordinaten; weiterhin kann eFx als klein gegenüber den anderen Energiewerten angesehen werden. Nach längerer Rechnung erhält

man dann in erster Näherung für die Störungsenergie

$$\Delta E_{\text{F}} = \frac{6\pi\varepsilon_0\hbar^2}{m_{\text{e}}Ze}\,Fnn_{\text{F}}. \tag{1.297}$$

Die oft als Stark-Effektquantenzahl bezeichnete Größe n_{F} ist folgendermaßen entstanden: Bei der Behandlung von Gl. (1.296) werden die sog. parabolischen Quantenzahlen k_1, k_2 eingeführt, die mit den bisher bekannten über

$$n = k_1 + k_2 + l + 1 \tag{1.298}$$

zusammenhängen. Zu jedem $l(l = 0, 1, 2, ..., n-1)$ gehören dann $n - l$ Kombinationen von k_1, k_2, so daß sich insgesamt

$$n + 2(n - 1 + n - 2 + n - 3 + ... + 1)$$
$$= n + 2\frac{(n - 1)}{2}n = n^2$$

verschiedene Eigenfunktionen ergeben (der Elektronenspin spielt hier keine Rolle [s. Gl. (1.144)]. Die Störungsenergie ist nun der Differenz der k-Werte proportional; so erhält man mit

$$k_1 - k_2 = n_{\text{F}} < n \tag{1.299}$$

die Gl. (1.297). Damit sind die beobachtbaren Linienverschiebungen

$$\frac{\Delta E_{\text{F},1} - \Delta E_{\text{F},2}}{hc} = \frac{3\varepsilon_0 h}{2\pi m_{\text{e}}cZe}\,F(n_1 n_{\text{F},1} - n_2 n_{\text{F},2}),$$
$$= \Delta F(n_1 n_{\text{F},1} - n_2 n_{\text{F},2}). \tag{1.300}$$

Für das H-Atom ($Z = 1$) ist $\Delta = 6{,}402 \cdot 10^5$ V^{-1} in guter Übereinstimmung mit der Erfahrung. Bei 10^4 V/cm ergibt das Aufspaltungen für die H_α-Linie in der Größenordnung von etwa 2,5 cm^{-1}, die gut meßbar sind.

Da über [Gl. (1.298)] jedem n_{F}-Übergang auch ein m_l-Übergang zugeordnet werden kann, lassen sich ähnlich wie beim Zeeman-Effekt Polarisationsregeln aufstellen: $\Delta m_l = \pm 1$ führt zu zirkularer Polarisation um die $\vec{F}$-Richtung, die bei longitudinaler Beobachtung gefunden wird und in Querbeobachtung als σ-Komponente auftritt.

$\Delta m_l = \pm 0$ ist parallel zu $\vec{F}$ polarisiert und daher nur senkrecht zur Feldstärke als Komponente beobachtbar. Über den dabei zugrunde gelegten Präzessionsmechanismus hat natürlich auch der Elektronenspin einen geringen Einfluß, der sich in einer Verdopplung einzelner Stark-Komponenten zeigt, die aber nicht immer auflösbar ist.

Aus diesen Überlegungen folgt, daß die Anzahl der Linien um so größer wird, je höher die beteiligten Terme liegen. Abb. 1.65 zeigt dies am Beispiel von 4 Linien der Balmer-Serie. Es ist typisch, daß bei den π-Komponenten die äußeren, bei den σ-Komponenten die inneren Linien der symme-

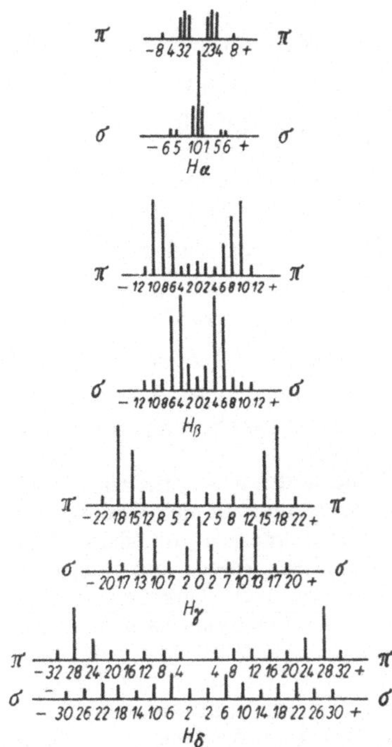

Abb. 1.65. Stark-Aufspaltung der Balmer-Linien [gemessen in Δ; Gl. (1.300)]

trisch zur ungestörten Linie liegenden Spektren die größten Intensitäten haben.

Bei großen Feldstärken ist auch die Störenergie zweiter und dritter Ordnung zu berechnen. Die Stark-Verschiebung ergibt für $\pm m_J$ dasselbe Vorzeichen, so daß Linien zusammenfallen. Mit wachsender Feldstärke (etwa 10^6 V/cm) geht die Intensität einzelner Linien plötzlich gegen Null; LANCZOS erklärt dies als eine Präionisation, was durch ein theoretisches Modell von RAUSCH VON TRAUBENBERG und GEBAUER bestätigt werden konnte. Bei Atomen mit mehreren Elektronen nimmt die Vielfalt der Aufspaltungen zu, die Größe aber in den meisten Fällen ab, und zwar um so mehr, je größer die Differenz zum entsprechenden Wasserstoffterm ist.

Der Stark-Effekt spielt auch in anderen Zweigen der Spektroskopie eine große Rolle, insbesondere bei Rotations- und Inversionsspektren von Gasen, und wird dort zur Termalanalyse benutzt.

1.3.7.8. Hyperfeinstruktur

Die bereits im Abschnitt 1.3.6.1. erwähnte Hyperfeinstruktur wurde zunächst an optischen Spektren untersucht; besonders die von H. SCHÜLER (1930) entwickelte, mit flüssiger Luft gekühlte Hohlkathode führte zu einer verbesserten Auflösung und zu neuen Erkenntnissen. BREIT und RABI wiesen auf die Möglichkeiten der Atom-

strahltechnik hin, deren Überlegenheit durch zusätzliche Anwendung von Hochfrequenzfeldern Ende der 30er Jahre begründet wurde. Als Ergebnis all dieser Untersuchungen können wir heute über Atomkerne folgendes sagen:

1. Die Ladung der Kerne Ze bestimmt die Stellung im Periodensystem der Elemente.
2. Die Kerne haben einen Eigendrehimpuls; er ist von Isotop zu Isotop verschieden. Der Kernspin I, ist durch die maximale Komponente des Drehimpulses $I\hbar$ bestimmt.
$I = 0, 1/2, 1, 3/2, 2, 5/2, 3, \ldots$
3. Die elektrischen und magnetischen Eigenschaften der Kerne lassen sich durch Momente der Ordnung $2l$ beschreiben. Die höchst mögliche Ordnung bei einem Kern mit Spin I ist durch $l = 2I$ bestimmt.
4. Ist l ungerade, dann handelt es sich um ein magnetisches Moment, ist l geradzahlig, um ein elektrisches; die Ordnung eines Momentes gibt also eindeutig Auskunft über dessen Charakter.

Hieraus folgt:

Bei $I = 0$ keine Momente,
$\quad\;\; I = 1/2$ magnetischer Dipol,
$\quad\;\; I = 1$ magnetischer Dipol, elektrischer Quadrupol,
$\quad\;\; I = 3/2$ magnetischer Dipol, elektrischer Quadrupol, magnetischer Oktupol usw.

Es ist nicht möglich, aus Kernladung, -spin usw. die Größe der magnetischen oder elektrischen Momente zu berechnen; nur bei leichten Kernen (bis $Z = 3$) kann man aus plausiblen Modellen die magnetischen Dipolmomente aus denen des Neutrons und des Protons aufbauen. Trotzdem gibt man Kerndipolmomente in Kernmagnetonen an, einer Einheit, die analog zum Bohrschen Magneton [Gl. (1.242)] gebildet wurde, und schreibt

$$\mu_I = g_I I \mu_K, \tag{1.301a}$$

$$1\mu_K = \frac{e\hbar}{2m_p} = 5{,}050824 \cdot 10^{-27} \text{ J T}^{-1}. \tag{1.301b}$$

($m_p = 1{,}672648 \cdot 10^{-27}$ kg, Masse eines Protons). Experimentell ergab sich

$$-2{,}13 \, (^3\text{He}) \leqq g_I I \leqq 6{,}14 \, (^{13}\text{Nb}).$$

Für den H-Kern gilt $I = 1/2$, $\mu_I = 2{,}79280\mu_K$. Quadrupolmomente charakterisieren die Abweichungen von der Kugelgestalt; bei zigarrenförmiger Ladungsverteilung hat Gl. (1.167) einen Wert $Q > 0$, bei scheibenförmiger $Q < 0$. Da Kernabmessungen etwa bei 10^{-12} cm liegen, ist die Größenordnung von $Q \sim 10^{-24}$ cm^2. Der Einfluß höherer Momente ist nur in Ausnahmefällen feststellbar und wird hier nicht näher diskutiert.

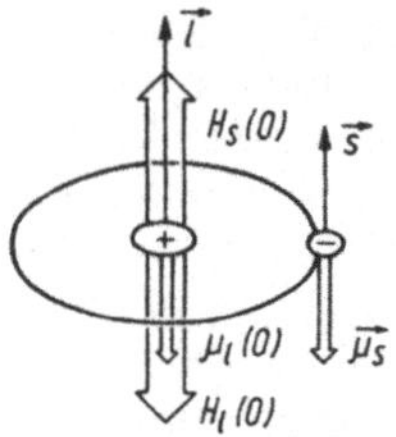

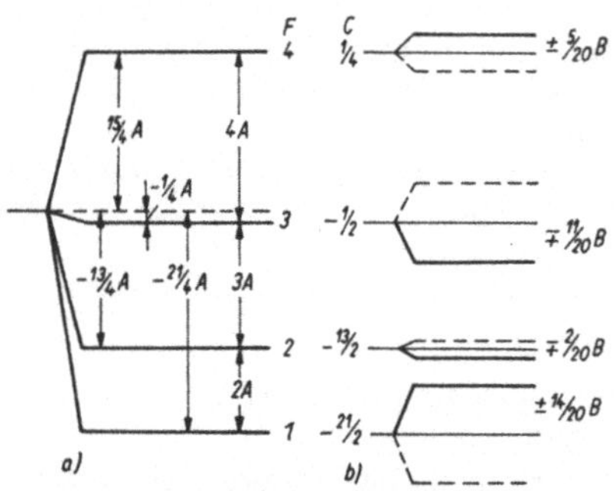

Abb. 1.66. Zur Berechnung der Hyperfeinstrukturkonstanten. Relative Lage von Drehimpuls $\vec{I}$, $\vec{s}$, magnetischem Moment μ_l, μ_s und Magnetfeld $H_s(0)$, $H_l(0)$

Abb. 1.67. HFS-Aufspaltung eines Termes mit $J = 5/2$, $I = 3/2$ ohne (a) und mit (b) Quadrupoleffekt

Die magnetische Hyperfeinstrukturwechselwirkung (HFS) folgt aus der Energie des Kerndipols im Magnetfeld des Elektrons ($H_e(0)$). Letzteres setzt sich aus dem des „kreisenden" Elektrons (H_l) und dem Dipolfeld des Elektronenspins (H_s) zusammen, wobei die gegenseitigen Orientierungen zu beobachten sind (Abb. 1.66). Auf Grund dieser Wechselwirkung setzen sich die Drehimpulsvektoren von Elektron und Kern zum Gesamtdrehimpulsvektor $\vec{F}$ zusammen (analog zu $\vec{s} + \vec{l} = \vec{j}$; Abb. 1.54); die Gesamtdrehimpulsquantenzahl kann dann die Werte

$$F = I + J, I + J - 1, I + J - 2, \ldots, |I - J| \tag{1.302}$$

annehmen. Dadurch ist die Orientierung von $\vec{I}$ in $\vec{H}_e(0)$ festgelegt und $\cos(\vec{I}, \vec{J})$ kann man wie bei der $\vec{s}\text{-}\vec{l}$-Kopplung [Gl. (1.280)] berechnen. Damit wird

$$W_m = -\mu_0\mu_z H_e(0) \cos(\vec{I}, \vec{J}) = A\,\frac{C}{2} \tag{1.303}$$

mit

$$A = -\,\frac{\mu_0\mu_z H_e(0)}{IJ}\,,$$

$$C = F(F + 1) - I(I + 1) - J(J + 1).$$

Es ist zu beachten, daß $\vec{\mu}_I$ normalerweise parallel zu $\vec{I}$ ist, während $\vec{\mu}_l$ und $\vec{\mu}_s$ wegen der negativen Ladung des Elektrons antiparallel zu $\vec{l}$ und $\vec{s}$ sind; in wenigen Fällen (z. B. Neutron, ^{3}He, ^{9}Be, ^{15}N usw.) ist aber $\mu_I < 0$. In Abb. 1.67 ist die Aufspaltung eines Termes $J = 5/2$, $I = 3/2$ angegeben unter der Annahme, daß $\vec{H}_e(0)$ und $\vec{J}$ antiparallel sind (also $\vec{H}_l(0)$ überwiegt). F hat dann die Werte 4, 3, 2, 1 und C 15/2, $-1/2$, $-13/2$, $-21/2$. Wäre $\mu_I < 0$ oder $\vec{H}_e(0)$ und $\vec{J}$ parallel zueinander, dann wäre der Term mit dem kleinsten Wert für F unten; man spricht von umgekehrter Termfolge.

Die Quadrupolterme sind i. a. viel kleiner als die magnetischen; sie entstehen aus der Wechselwirkung des Quadrupolmomentes mit dem Gradienten des elektrischen Feldes am Kernort. Beide Größen sind eigentlich Tensoren zweiter Stufe. Unter Beachtung des Spins kann man die Ladungsverteilung des Kernes als rotationssymmetrisch ansehen. Nur unter dieser Voraussetzung genügt es, das Quadrupolmoment in der Form der Gl. (1.167) zu schreiben; z ist dann die Symmetrieachse des kerneigenen Koordinatensystems. Auch den Tensor des Feldgradienten kann man auf Hauptachsen (ξ, η, ζ) bringen; nimmt man Rotationssymmetrie an (ζ als Symmetrieachse), dann genügt $\partial^2\varphi/\partial\zeta^2$ zur Charakterisierung, und man kann die Wechselwirkungsenergie

$$W_Q = \frac{eQ\overline{\varphi_{\zeta\zeta}}(0)}{4}\left(\frac{3}{2}\cos^2\vartheta - \frac{1}{2}\right) \tag{1.304}$$

schreiben, wobei ϑ der Winkel zwischen den beiden Symmetrieachsen z und ζ ist. In einem freien Molekül wird der Feldgradient durch die Elektronenverteilung und die Symmetrieachse durch die Richtung des elektronischen Gesamtdrehimpulses $\vec{J}$ bestimmt, so daß dann $\cos\vartheta = \cos(\vec{I}, \vec{J})$ ist. Die Klammer in Gl. (1.304) ist das 2. Legendresche Polynom. CASIMIR berechnete dafür

$$W_Q = B\,\frac{\tfrac{3}{4}C(C + 1) - I(I + 1)J(J + 1)}{2I(2I - 1)J(2J - 1)} \tag{1.305}$$

mit

$$B = eQ\varphi_{JJ}(0).$$

Diese Energiebeträge sind zu den magnetischen (Gl. (1.303)) noch hinzuzufügen. Nehmen wir im Beispiel der Abb. 1.67 $Q > 0$ an, dann ergeben sich die eingezeichneten Verschiebungen, bei $Q < 0$ klappen sie in die gestrichelt gezeichnete Lage um.

Die Termzuordnung kann wiederum mit Hilfe des Zeeman-Effektes geprüft werden.

In schwachen Magnetfeldern, d. h. wenn die Zeeman-Aufspaltung klein ist verglichen mit der HFS-Aufspaltung, stellt sich das zum Gesamtdrehimpuls $\vec{F}$ gehörende Gesamtmoment $\vec{\mu}_F$ als Ganzes ein. Der Kernspin I bestimmt dabei über F die Anzahl der Aufspaltungen, das Dipolmoment μ_I geht wegen seines rd. 10^{-3}mal kleineren Wertes praktisch nicht in die Größe der Aufspaltungen ein.

Geht man zu immer höheren Magnetfeldern über, entkoppeln J und I; wir haben eine Zeeman-Aufspaltung des J-Termes, dem die HFS-Aufspaltung überlagert ist.

Im ersten Fall ist also

$$\Delta W_{F,H} \cong m_F \mu_0 g_J \frac{F(F + 1) + J(J + 1) - I(I + 1)}{2F(F + 1)} \times \mu_B H \tag{1.306a}$$

und im zweiten Fall bei gleicher Näherung (Kern-Zeeman-Effekt) vernachlässigbar.

$$\Delta W_H \cong m_J \mu_0 g_J \mu_B H + A m_I m_J. \tag{1.306b}$$

Die Anzahl der Glieder ist in beiden Fällen dieselbe $(2I + 1)(2J + 1)$; der Übergang vollzieht sich so, daß die magnetische Quantenzahl erhalten bleibt (Abb. 1.68).

Die spektrale Aufspaltung folgt der Auswahlregel

$$\Delta F = \pm 1, \pm 0, \tag{1.307}$$

wobei der Übergang $F = 0 \to F = 0$ verboten ist.

Im äußeren Magnetfeld ergibt $\Delta m_F = 0$ die π-Komponenten und $\Delta m_F = \pm 1$ die σ-Komponenten; im starken Feld übernimmt m_J diese Auswahlfunktion, wobei $\Delta m_I = 0$ gilt.

Der optische Nachweis der HFS erfordert nach Vorzerlegung des Lichtes mit einem normalen Spektrographen die Anwendung eines Fabry-Pérot-Interferometers. Weiterhin muß man Entladungen unter sehr geringem Gasdruck bei möglichst niedrigen Temperaturen wählen. Dann findet man z. B. für die Na-D-Linien das in Abb. 1.69 gezeigte Bild (^{23}Na hat einen Kernspin $I = 3/2$).

Abschließend sei noch auf die HFS des Wasserstoffspektrums hingewiesen. Für den Grundterm ($^2S_{1/2}$) ergibt sich ein Aufspaltungsbild nach Abb. 1.70. Man kann sehr genau im Magnetfeld die Übergänge $F = 1$, $m_F = 1 \to F = 0$, $m_F = 0$ und $F = 1$, $m_F = 0 \to F = 1$, $m_F = -1$ messen, deren Differenz unabhängig von der Stärke des Magnetfeldes die HFS-Aufspaltung ergibt. Das ist auch die einzige HFS-Aufspaltung, die man mit dem quantenmechanischen Ansatz exakt berechnen kann. Es ergibt sich ein Wert von $\nu_{HFS} = 0{,}0473815$ cm^{-1} bzw. $\lambda = 21{,}10$ cm. Er hat nicht nur grundlegende Bedeutung, es war auch die erste elektromagnetische Strahlung dieses Frequenzgebietes, die aus dem Weltenraum um 1950 empfangen wurde.

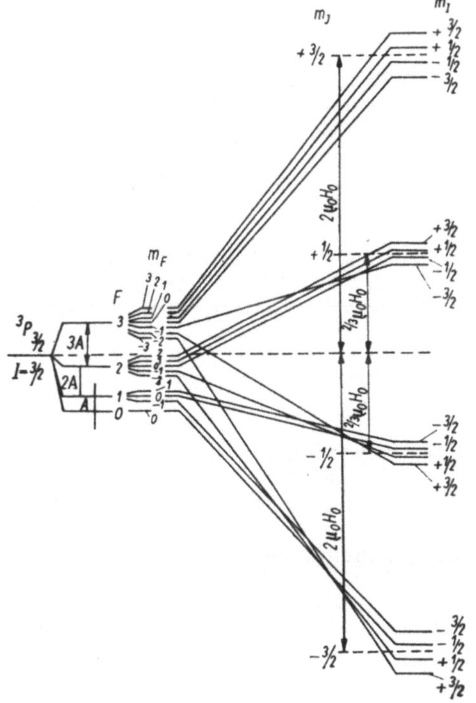

Abb. 1.68. Zeeman-Effekt eines $^2P_{3/2}$-Termes mit $I = 3/2$, $Q = 0$

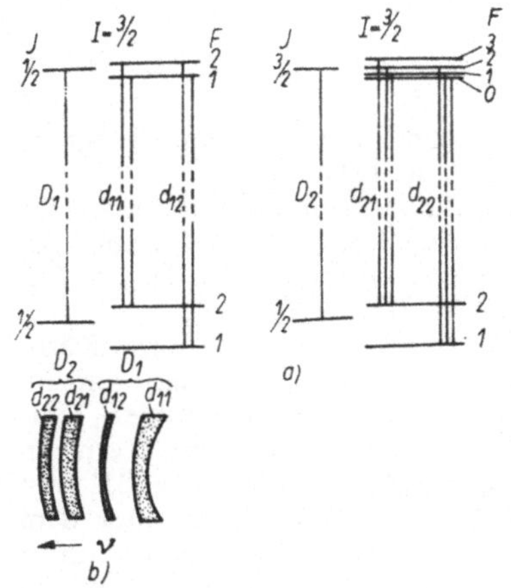

Abb. 1.69. HFS der Na-D-Linien

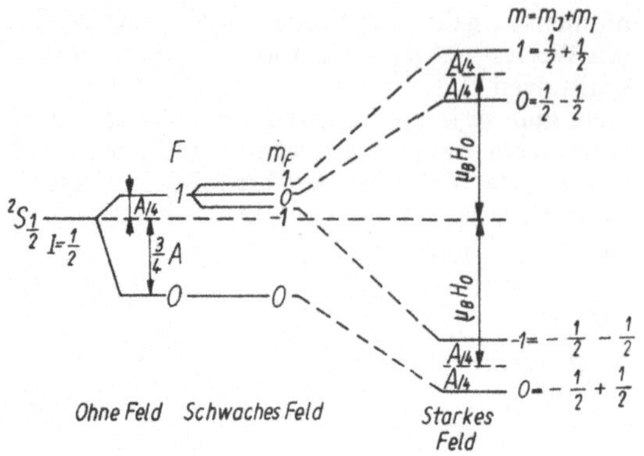

Abb. 1.70. HFS eines $^2S_{1/2}$-Termes mit $I = 1/2$ (z. B. H) im äußeren Magnetfeld

1.3.7.9. Atomstrahlresonanz

Es ist verlockend, Übergänge zwischen den HFS-Niveaus, auch zwischen Zeeman-Termen, unmittelbar anzuregen. Dann könnte man die Aufspaltungen direkt messen, nicht als kleine Differenz von zwei optischen Frequenzen. Die Vorteile für ein schärferes Erfassen der Mikrozustände liegen auf der Hand. Diese Möglichkeit wurde bereits 1928 von GROTRIAN erwogen. Mehrere Versuche schlugen fehl, teils wegen unzureichender experimenteller Technik, teils aus Unkenntnis über die Physik dieser Zustände. STERN und GERLACH hatten gezeigt, wie man die Ablenkung von Atomstrahlen in inhomogenen Magnetfeldern zum Nachweis der Orientierung magnetischer Dipole nutzen kann (Abb. 1.50). K. RABI und Mitarbeiter zeigten 1938, daß man damit auch Umklappungen, also magnetische Dipolübergänge, nachweisen kann. Zum Verständnis müssen wir das Verhalten eines Dipols im Magnetfeld etwas genauer betrachten.

Zur Demonstration wählen wir ein Atom im $^2S_{1/2}$-Zustand, dann ist, wenn $\vec{H}$ in z-Richtung verläuft,

$$\mu_z = -\mu_B m_J g_J = \mp \mu_B, \text{ also } m_J = \pm\tfrac{1}{2}. \quad (1.308)$$

Die Orientierung im Magnetfeld ist durch m_J gegeben; solange sich H nach Größe oder Richtung langsam ändert, bleibt m_J erhalten; man spricht von adiabatischer Zustandsänderung. Langsam heißt hier, daß in einer Larmor-Periode $T = 2\pi/\omega_L$ [Gl. (1.249a)] die Änderung $\partial \vec{H}/\vec{H} \ll 1$ ist. Ist diese Bedingung nicht erfüllt, wird z. B. die Richtung von $\vec{H}$ plötzlich umgekehrt, man spricht von nichtadiabatischen Vorgängen, dann kann die magnetische Quantenzahl sich ändern, also $m_J = +1/2 \to m_J = -1/2$, d. h. die Lage des Dipols zur Richtung des Magnetfeldes wird umgekehrt.

Wir betrachten hier nur Bewegungen, die langsam genug sind, so daß die Orientierung des Dipols bezüglich $\vec{H}$ sich beim Übergang von einem Magnetfeld in ein anderes nicht ändert. Das ist bei den immer vorhandenen Streufeldern keine sehr einschränkende Bedingung.

Den Atomstrahl in x-Richtung kann man durch zwei Eigenfunktionen [nach Gl. (1.72)] beschreiben:

$$\psi_0^\pm = A_\pm \, e^{ik_0 x \mp i\varphi/2}; \quad (1.309)$$

$\lambda_0 = $ de-Broglie-Wellenlänge: $k_0 = 2\pi/\lambda_0$; φ ist der Azimutwinkel. Im Magnetfeld nimmt der Dipol Energie auf: $\pm\mu_B\mu_0 H$ und es wird

$$\psi^\pm = A_\pm \, e^{ik_0 x\left(1 \mp \frac{\mu_0\mu_B H}{2E_0}\right) \mp i\varphi/2} \quad (1.310)$$

wobei E_0 die kinetische Energie des Teilchens ist. Das läßt sich als räumlicher Teil zweier polarisierter Materiewellen denken, für die das Magnetfeld einen Brechungsindex

$$n^\pm = 1 \pm \frac{\mu_0\mu_B H}{2E_0} \quad (1.310a)$$

hat. Der Unterschied zur optischen Doppelbrechung besteht nur darin, daß hier die beiden Polarisationsebenen einen Winkel von 180° bilden.

In anderer Schreibweise

$$\psi^\pm = A_\pm \, e^{ik_0 x \mp \frac{i}{2}\left(\varphi + k_0 \frac{\mu_0\mu_B H}{E_0} x\right)} \quad (1.310\,b)$$

bewirkt das Magnetfeld einen mit x zunehmenden Azimutwinkel; über $x = v_0 t = \sqrt{2E_0/m_A}$ und $k_0 = \frac{1}{\hbar}\sqrt{2m_A E_0}$ wird

$$\Phi = \varphi + \frac{\mu_0\mu_B H}{1/2\hbar}\, t. \quad (1.311)$$

Das ist aber die Larmor-Frequenz eines Teilchens mit einem Drehimpuls $1/2\hbar$.

Auf jeden Teilstrahl wirkt im inhomogenen Feld nach Gl. (1.252) eine Kraft, die das Atom auf einer parabelförmigen Bahn ablenkt. Ist $j > 1/2$, dann treten mehrere Teilstrahlen auf.

Hätten die Atome im $^2S_{1/2}$-Zustand keinen Kernspin, dann wäre keine HFS vorhanden, und im schwachen Feld treten zwei Teilstrahlen (entsprechend $m_J = \pm 1/2$) auf. Atome mit Kernspin $I = 1$ ergeben 2 HFS-Niveaus mit $F = 3/2$ und $F = 1/2$, die $+1A$ über bzw. $-\tfrac{1}{2}A$ unter dem Feinstrukturniveau liegen. Diese spalten in 4 bzw. 2 Teilstrahlen, also insgesamt $(2I + 1) \times (2J + 1) = 6$, deren Lage durch Gl. (1.306a

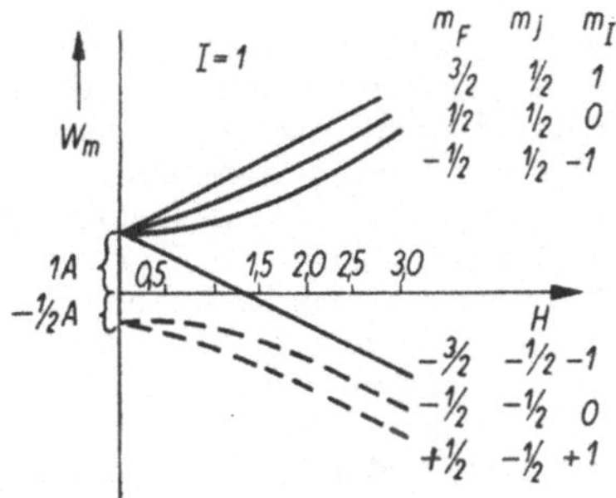

Abb. 1.71. Aufspaltung eines $^2S_{1/2}$-Termes mit $I = 1$ in Abhängigkeit vom Magnetfeld H

bzw. b) festgelegt ist. Der Übergang vom schwachen zum starken Feld ist von BREIT, RABI berechnet worden; wir diskutieren hier nur den qualitativen Verlauf. Mit der Annahme, daß die magnetische Quantenzahl erhalten bleibt, ergibt sich die in Abb. 1.71 angegebene Abhängigkeit.

Das magnetische Moment kann aus $\partial W_H / \partial H$ abgeleitet werden. Das gilt nicht nur für die Extremfälle Gl. (1.306a und b), sondern auch für das Zwischengebiet. Damit würde sich der Verlauf in Abb. 1.72 ergeben. Das Interessante ist, daß

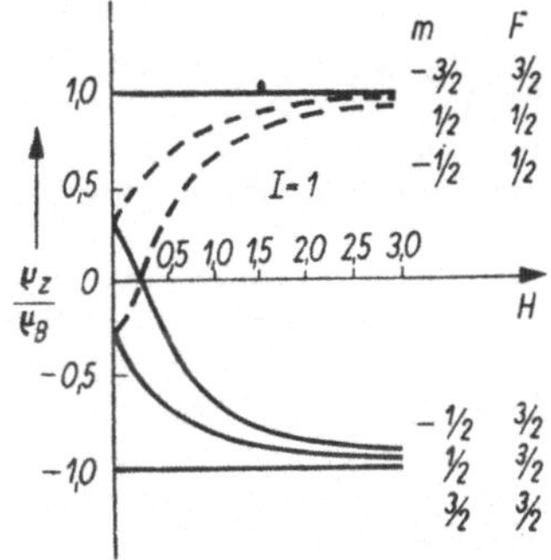

Abb. 1.72. Effektives magnetisches Dipolmoment μ_z/μ_B zu Abb. 1.71

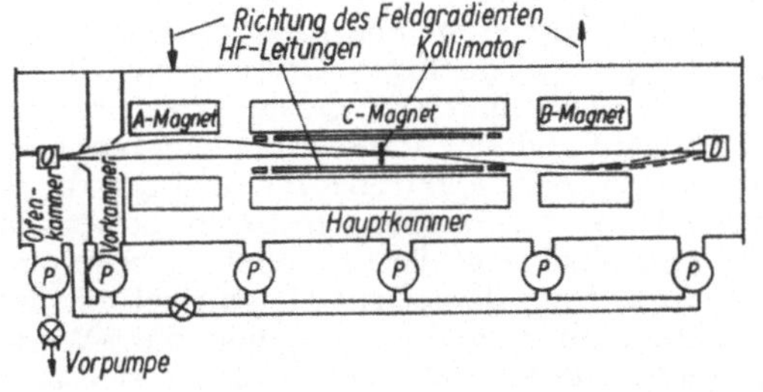

Abb. 1.73. Schema einer Molekularstrahlresonanzapparatur

sich zwei Linien auf der x-Achse kreuzen, d. h. bei dieser Feldstärke sind statt 6 nur 5 Teillinien beobachtbar. Da derartige Nullstellen aus der Breit-Rabi-Formel berechnet werden können, aber auch experimentell besser zugänglich sind als etwa die Größe einer Aufspaltung, werden derartige Nulldurchgänge bevorzugt zur Termanalyse benutzt. Die Anzahl der Nulldurchgänge ist gleich I bzw. bei halbzahligem Spin $I + 1/2$, wobei der erste bei $H = 0$ liegt. Das Diagramm zeigt ferner, daß bei großen Feldstärken nur $(2J + 1)$ Teilstrahlen auftreten, von denen jeder aus $(2I + 1)$, i. allg. nicht mehr auflösbaren Komponenten besteht; dieser Fall entspricht dem Stern-Gerlach-Experiment.

Ordnet man zwei inhomogene Magnete hintereinander an, deren Feldgradienten entgegengesetzte Richtungen (bezüglich $\vec{H}$) haben, dann kann man erreichen, daß die Ablenkung im A-Magnet durch die im B-Magnet aufgehoben wird. Ein von der Quelle ausgehendes Strahlenbündel kommt am Detektor wieder zusammen, vorausgesetzt, daß alle Feldänderungen adiabatisch verlaufen. Verändert man aber zwischen den beiden Magneten μ_z, dann ändert sich auch die Ablenkung im B-Magnet und infolgedessen nimmt der Detektorstrom ab. Dazu fügt man einen homogenen C-Magneten ein, der selbst keine ablenkende Kraft auf Dipole ausübt. Man läßt hierzu in diesem Bereich ein magnetisches Hochfrequenzfeld (H_1, ω) einwirken, das im Resonanzfall Übergänge zwischen den HFS- bzw. Zeeman-Niveaus induziert (Abb. 1.73). Damit die Einwirkung längs des ganzen Weges im C-Magneten erfolgen kann, ist die „HF-Spule" haarnadelförmig gebogen. Optimale Umklappbedingungen liegen vor, wenn die Larmor-Präzession im oszillierenden Feld während der Einwirkungsdauer τ zu einer Drehung um π führt, also

$$\omega_{L,H_1}\tau = \pi. \tag{1.312}$$

Diese Methode erhöhte die Meßgenauigkeit sofort um 3 Größenordnungen; mit Hilfe einiger Tricks, z. B. Ramsays Anordnung mit zwei HF-Feldern, konnte man sie weiter steigern. Sie hat den Vorteil, daß praktisch an einzelnen Atomen (oder Molekülen) gemessen wird, Relaxationsprozesse, zwischenmolekulare Wechselwirkungen u. ä. Erscheinungen also keine Rolle spielen. Damit sind erstmals auch der Kern-Zeeman-Effekt beobachtet und Kernmomente, Dipol- und Quadrupolmomente gemessen worden. Der experimentell-technische Aufwand ist allerdings groß. Die Spaltbreiten, mit denen der Atomstrahl herausgefiltert wird, liegen bei 0,01 mm, die Ablenkungen bei 0,1 mm. Auf diese Genauigkeit müssen Magnete (Massen von 100 bis 500 kg) im Hochvakuum justiert werden. Es ist selbstver-

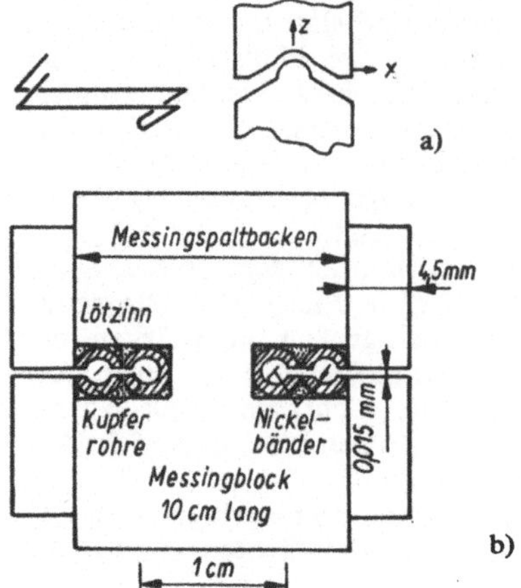

Abb. 1.74. Magnetfeld- (a) und Detektor- (b) Anordnung bei 1.73

ständlich, daß man die Polschuhe im, die Wicklungen aber außerhalb des Vakuums hat; das bringt Dichtungsprobleme. Da mit neutralen Atomen gearbeitet wird, stehen keine Felder zur Beschleunigung oder Abbremsung zur Verfügung, man ist auf die thermischen Geschwindigkeiten angewiesen. Inhomogene Felder werden mit Polschuhen nach Abb. 1.74a erzeugt; zum Nachweis werden die Strahlen in Kammern mit langen Zugangskanälen aufgefangen; die Erhöhung des Druckes wird aus der Änderung der Wärmeleitfähigkeit nach Art des Pirani-Manometers gemessen (Abb. 1.74b). Durch Vergleichszellen werden Druckschwankungen im Vakuum u. a. kompensiert.

1945 gelang es zwei Gruppen um BLOCH und PURCELL, den Kern-Zeeman-Effekt in Flüssigkeiten und Festkörpern nachzuweisen; diese paramagnetische Kernspinresonanz hat inzwischen sehr große Bedeutung für molekül- und festkörperphysikalische Untersuchungen; dasselbe gilt für die zur gleichen Zeit von ZAVOISKI gefundene paramagnetische Elektronenspinresonanz (s. Abschnitt 4.3.4.).

1.3.8. Vervollständigung des Atommodelles

1.3.8.1. Mehrelektronenatome

Alle bisherigen Betrachtungen gingen vom Einelektronenatom aus; hieraus wurden die Termbezeichnungen und die Vielfachheit der Terme abgeleitet, dieses Modell war Richtschnur bei der Analyse von Spektren. Aber bereits beim He-Atom treten charakteristische Abweichungen auf. Das Spektrum kann man in zwei getrennte Linienfolgen zerlegen, in ein Parasystem, das aus einfachen Linien besteht, und in ein Orthosystem,

das auf dreifach aufgespaltene Terme zurückgeführt werden kann (Tripletts). Ähnliche Verhältnisse findet man bei allen Zweielektronenatomen; dazu gehören Beryllium, Magnesium, Zink, Kadmium, Quecksilber u. a., also Elemente, die zweiwertig sind, also offenbar zwei Elektronen außerhalb geschlossener Schalen haben.

Wenn wir bereits im Abschnitt 1.3.7.5. festgehaltene Regeln hier anwenden, wonach z. B. die Multiplizität eines Termes durch den Spin bestimmt wird [Gl. (1.285)], können wir aus den genannten Erfahrungen folgende Schlüsse ziehen:

Bei einem System mit mehreren Elektronen bilden die Bahndrehimpulse $\vec{l_i}$ zusammen den Gesamtbahndrehimpuls $\vec{L}$ und die Spins $\vec{s_i}$ zusammen den Gesamtspin $\vec{S}$ (Abb. 1.54).

Für ein Zweielektronensystem kann demnach $S = 0$ oder 1 sein, je nachdem, ob die beiden Spins parallel oder antiparallel zueinander sind. Daraus folgen Singulett- bzw. Triplett-Terme. Da das Paulische Ausschließungsprinzip natürlich nicht verletzt werden darf, können im Triplettsystem nicht beide Elektronen auf der ersten Bahn sein. Im energetisch niedrigsten Zustand des Ortho-Heliums ist demnach die K-Schale und die L-Schale mit je einem S-Elektron besetzt. Der Grundterm ist daher 2^2S, während der des Para-Heliums 1^1S ist (Abb. 1.75). Die $1S$-Schale ist also im letzten Fall voll besetzt. Um dieses Helium zu ionisieren, ist eine Energie von 24,47 eV notwendig, während das Wasserstoffelektron schon mit 13,595 eV abgetrennt werden kann. Hierin zeigt sich die größere Stabilität abgeschlossener Schalen.

Aus den Erfahrungen des He-Spektrums folgt weiterhin, daß Terme verschiedener Multiplizität nicht miteinander kombinieren; nur die tiefste Interkombinationslinie $2^3P_1 - 1^1S_0$ konnte von PASCHEN (1865–1947) mit großer Mühe beobachtet werden ($16,92 \cdot 10^6$ cm^{-1}); bei schwereren Elementen wird dieses Interkombinationsverbot verletzt. Dazu gehört z. B. die recht intensive Hg-Linie im UV bei 253,6 nm. Bei leichten Elementen sorgt dieses Verbot also für metastabile Zustände, die für die LASER-Physik von Bedeutung sind. Die hier zugrunde gelegte L-S-Kopplung, auch Russel-Saunders-Kopplung genannt, beruht auf der strengen gegenseitigen Ordnung der Bahndrehimpulse, die durch die Quantenmechanik gefordert wird und eine starke Kopplung bedeutet. Mit zunehmender Elektronenzahl und den damit verbundenen Überlappungen treten Störungen auf; dann überwiegt die l-s-Kopplung beim einzelnen Elektron, dieses tritt als Partikel mit der Drehimpulsquantenzahl j auf, und die j-Werte der verschiedenen Elektronen addieren sich zum Gesamtdrehimpuls J. Obwohl es bei dieser j,j-Kopplung eigentlich keinen Sinn mehr hat, von

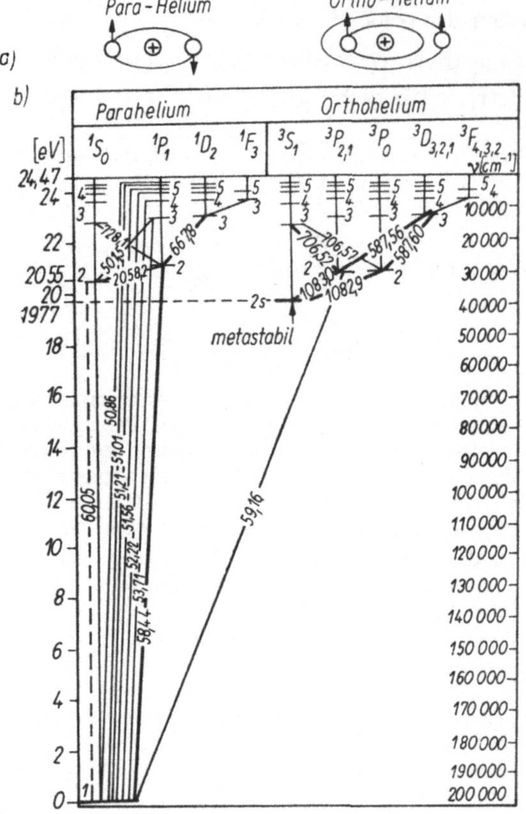

Abb. 1.75. Para- und Ortho-Helium.

a) Schema der Spinorientierungen, b) Termschema für Singulett- und Triplett-System.
Wellenlängen in nm. Unter bestimmten Bedingungen findet trotz Interkombinationsverbot der Übergang $1^1S - 2^3P$ statt

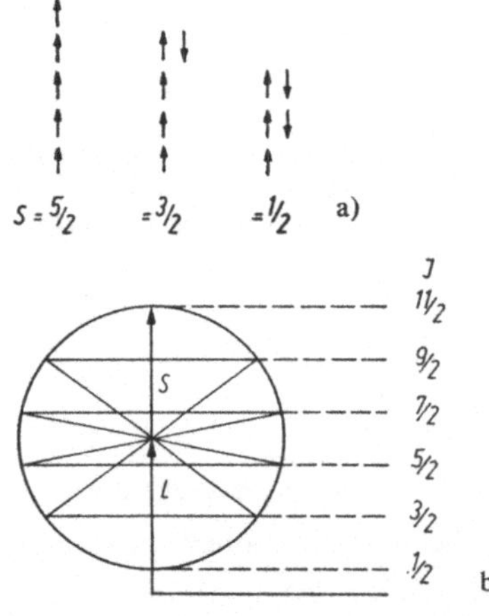

Abb. 1.76. Drehimpulsquantenzahlen bei 5 Elektronen.

a) Orientierung der Einzelspins zum Gesamtspin S, b) Gesamtdrehimpuls J für $L = 3$ und $S = 5/2$

einem Gesamtspin o. ä. zu sprechen, werden die alten Termbezeichnungen beibehalten, da sich an der Multiplizität nichts ändert.

Bei Einelektronensystemen galt die Auswahlregel $\Delta l = \pm 1$, die Bahndrehimpulsänderung war notwendig, weil das ausgesandte Photon einen Drehimpuls $\hbar$ hat. Bei Mehrelektronenspektren kommt noch

$$\Delta L = 0, \pm 1 \qquad (1.313)$$

hinzu. Dabei entspricht $\Delta L = \pm 1$ der früheren Regel für 1 Elektron, während $\Delta L = 0$ einen Übergang beschreibt, an dem 2 Elektronen mit entgegengesetzten l-Änderungen beteiligt sind. Die Wahrscheinlichkeit für solche Doppelsprünge nimmt mit der Elektronenzahl zu und spielt praktisch erst bei den schweren Elementen eine Rolle.

Diese gefundenen Beziehungen gelten auch für Systeme mit mehr als zwei Elektronen, wobei Abweichungen (z. B. Verletzung des Interkombinationsverbotes) sich noch stärker bemerkbar machen.

Bei 3 Elektronen kann demnach der Gesamtspin S die Werte 3/2 und 1/2 annehmen, woraus sich die Multiplizitäten 4 und 2 ergeben; bei 4 Elektronen wird $S = 2, 1, 0$ und $r = 5, 3, 1$, bei 5 Elektronen $S = 5/2, 3/2, 1/2$; $r = 6, 4, 2$, bei 6 Elektronen $S = 3, 2, 1, 0$; $r = 7, 5, 3, 1$ usw. Wir sehen, bei gerader Elektronenzahl entstehen ungerade Multiplizitäten und umgekehrt (Abb. 1.76).

Diese Sprechweise beschreibt nur dann den Tatbestand, wenn $L \geqq S$ ist; in nicht seltenen Fällen ist $L < S$; dann ist die wirkliche Multiplizität des Termes durch $2L + 1$ gegeben, da es nur auf die relative Einstellung zueinander ankommt. (Ein spezielles Beispiel hierfür waren die einfachen Spindubletts der S-Terme bei den Alkalispektren.)

Neben der Vielfalt der Linien interessiert auch die Größe der Aufspaltungen, die Lage der Energieniveaus. Diese kann man als magnetische Wechselwirkungen mit einem Modell abschätzen, ähnlich dem für die Berechnung der Hyperfeinstruktur benutzten. Damit erfaßt man natürlich nicht elektrostatische Wechselwirkungen, die gerade beim H-Atom die wesentliche Rolle spielen.

Diese mehr empirisch begründeten Regeln wollen wir noch mit dem Grundgerüst der Quantenmechanik in Verbindung bringen. Zunächst stellen wir fest, daß ein Hamilton-Operator, der ein System gleicher Teilchen beschreibt, invariant gegenüber der Vertauschung eines beliebigen Teilchenpaares ist. Eine solche Vertauschung bedeutet nur die Änderung der Reihenfolge von Summanden, sie läßt die Form unverändert. Wenn q_r die Koordinaten des r. Teilchens sind,

heißt das

$$H(q_1, q_2, q_3, \ldots, q_j, \ldots, q_k, \ldots q_N; t)$$
$$= H(q_1, q_2, q_3, \ldots, q_k, \ldots, q_j, \ldots q_N; t). \quad (1.314)$$

Die beiden Wellenfunktionen beschreiben denselben Zustand; sie können sich also nur durch einen konstanten Faktor λ unterscheiden. Weitere Überlegungen zeigen, daß $\lambda^2 = 1$ sein muß. Mit Einführung des Vertauschungsoperators $\hat{P}_{kj}$ kann man schreiben

$$\hat{P}_{kj}\psi = \lambda\psi \quad \text{mit} \quad \lambda = \pm 1, \quad (1.315)$$

der Vertauschungsoperator hat also die Eigenwerte $+1$ und -1. $\lambda = +1$ bedeutet, die Eigenfunktion ändert sich nicht bei Vertauschung der Koordinaten zweier Teilchen, sie ist symmetrisch; im anderen Fall ändert sich das Vorzeichen, dann ist die Eigenfunktion antisymmetrisch. Es gibt nur diese beiden Klassen von Eigenfunktionen. Ist eine Eigenfunktion symmetrisch im Hinblick auf die Vertauschung eines Teilchenpaares, dann gilt dasselbe für alle Teilchenpaare. Wäre ψ nur für bestimmte Teilchenpaare symmetrisch, für andere antisymmetrisch, dann wäre das ein Widerspruch zur Identitätsbedingung aller Teilchen.

Zwischen symmetrischen und antisymmetrischen Zuständen kann es keine Übergänge geben, denn dann würde sofort die Identität gestört. War ein System zu einem bestimmten Zeitpunkt antisymmetrisch, dann wird es immer so bleiben.

Die Zustandsklasse für irgendein Teilchensystem wird durch die Art der Teilchen bestimmt; das kann somit nicht aus den allgemeinen Prinzipien der Quantenmechanik abgeleitet werden. Es hat sich gezeigt, daß

Bose-Teilchen mit einem Spin $m\hbar$, $m = 1, 2, 3, \ldots$
symmetrische Eigenfunktionen

und

Fermi-Teilchen mit einem Spin $m\hbar$,

$m = 1/2, 3/2, 5/2, \ldots$

antisymmetrische Eigenfunktionen

$$(1.316)$$

haben.

Zu den Bose-Teilchen gehören Photonen, α-Teilchen, Wasserstoff- und Heliumatome u. a. und zu den Fermi-Teilchen Elektronen, Positronen, Protonen, Neutronen u. a.

Aus der Antisymmetrie der Eigenfunktionen von Fermi-Teilchen kann man das Pauli-Verbot ableiten, so daß diese letzthin auf der Identitätsbedingung gleicher Teilchen [Gl. (1.314)] beruht.

Das Heliumatom hat zwei Elektronen. Infolgedessen müssen im Ansatz für den Hamilton-Operator zusätzlich die potentielle Energie zwischen den beiden Elektronen $-\dfrac{e^2}{4\pi\varepsilon_0 r_{12}}$ und die magnetische Wechselwirkung zwischen den Spins $\vec{H}_m(\vec{s}_1, \vec{s}_2)$ berücksichtigt werden. Wir schreiben

$$\vec{H}(\vec{r}_1, \vec{r}_2; \vec{s}_1, \vec{s}_2) = \vec{H}_e(\vec{r}_1, \vec{r}_2) + \vec{H}_m(\vec{s}_1, \vec{s}_2) \quad (1.317)$$

mit

$$\vec{H}_e(\vec{r}_1, \vec{r}_2) = -\frac{\hbar^2}{2m_e}\Delta_1 - \frac{\hbar^2}{2m_e}\Delta_2 - \frac{Ze^2}{4\pi\varepsilon_0 r_1}$$
$$- \frac{Ze^2}{4\pi\varepsilon_0 r_2} + \frac{e^2}{4\pi\varepsilon_0 r_{12}}. \quad (1.318)$$

Δ_1 stellt den Laplace-Operator, angewandt auf die Koordinaten des Elektrons 1 dar, entsprechendes gilt für Δ_2. Bei der Diskussion der Pauli-Gleichung hatten wir bereits auf die Separierbarkeit von Spinfunktion ($\varphi(s)$) und Ortsfunktion ($u(r)$) aufmerksam gemacht. Auch wenn wir wegen des kleinen Beitrages $\vec{H}_m$ bei den weiteren Rechnungen weglassen, so müssen wür für die Wellenfunktion ansetzen

$$\psi(\vec{r}_1, \vec{r}_2; \vec{s}_1, \vec{s}_2) = u(\vec{r}_1, \vec{r}_2)\, \varphi(\vec{s}_1, \vec{s}_2). \quad (1.319)$$

Aus den Betrachtungen über Symmetrieeigenschaften von Eigenfunktionen wissen wir, daß ψ antisymmetrisch sein muß. Dafür gibt es zwei Möglichkeiten:

$$\bar{P}_{12}u(\vec{r}_1, \vec{r}_2) = u(\vec{r}_1, \vec{r}_2),$$
$$\bar{P}_{12}\varphi(\vec{s}_1, \vec{s}_2) = -\varphi(\vec{s}_1, \vec{s}_2), \quad (1.320\text{a})$$

oder

$$\bar{P}_{12}u(\vec{r}_1, \vec{r}_2) = -u(\vec{r}_1, \vec{r}_2),$$
$$\bar{P}_{12}\varphi(\vec{s}_1, \vec{s}_2) = \varphi(\vec{s}_1, \vec{s}_2), \quad (1.320\text{b})$$

d. h. entweder die Koordinatenfunktion ist symmetrisch (u_s) und die Spinfunktion antisymmetrisch (φ_a) oder umgekehrt; die beiden Funktionsklassen sind demnach

$$\psi_I = u_s(\vec{r}_1, \vec{r}_2)\, \varphi_a(\vec{s}_1, \vec{s}_2), \quad (1.321\text{a})$$

$$\psi_{II} = u_a(\vec{r}_1, \vec{r}_2)\, \varphi_s(\vec{s}_1, \vec{s}_2). \quad (1.321\text{b})$$

Die Spinfunktion φ_s kann als Produkt der Spinfunktionen der beiden Elektronen $\varphi_s = \varphi_1(\vec{s}_1) \times \varphi_2(\vec{s}_2)$ geschrieben werden, wobei φ_1 und φ_2 die Werte $\alpha(s)$ oder $\beta(s)$ annehmen können, je nachdem, ob die Spins parallel oder antiparallel zu einer vorgegebenen Richtung sind [$m_s = \pm\frac{1}{2}$,

Gl. (1.256)]. Wir suchen nun die möglichen symmetrischen und antisymmetrischen Funktionen und finden

$$\varphi_s' = \alpha(\vec{s}_1)\,\alpha(\vec{s}_2)$$
$$(m_{s_1} = +\tfrac{1}{2},\ m_{s_2} = +\tfrac{1}{2};\ m_s = +1),$$
$$\varphi_s'' = \beta(\vec{s}_1)\,\beta(\vec{s}_2)$$
$$(m_{s_1} = -\tfrac{1}{2},\ m_{s_2} = -\tfrac{1}{2};\ m_s = -1),$$
$$\varphi_s''' = \frac{1}{\sqrt{2}}\{\alpha(\vec{s}_1)\,\beta(\vec{s}_2) + \beta(\vec{s}_1)\,\alpha(\vec{s}_2)\},$$
$$m_{s_1} = +\tfrac{1}{2},\ m_{s_2} = -\tfrac{1}{2},\ m_{s_1} = -\tfrac{1}{2},$$
$$m_{s_2} = +\tfrac{1}{2};\ m_s = 0. \qquad (1.322)$$

$\alpha(\vec{s}_1)\,\beta(\vec{s}_2)$ wäre zwar antisymmetrisch, stellt aber allein keine Lösung dar, da dies eine Unterscheidung der beiden Elektronen erfordern würde. Als einzige, antisymmetrische Funktion tritt daher die Kombination

$$\varphi_a = \frac{1}{\sqrt{2}}\{\alpha(\vec{s}_1)\,\beta(\vec{s}_2) - \beta(\vec{s}_1)\,\alpha(\vec{s}_2)\},\ m_s = 0$$
$$(1.323)$$

auf.
Die drei symmetrischen Spinfunktionen gehören demnach zum Gesamtspin $S = 1$, wobei im anschaulichen Vektorbild die in Abb. 1.77

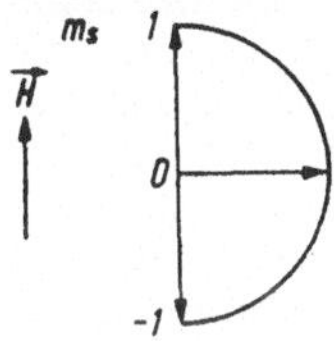

Abb. 1.77. Orientierungen des Gesamtspins beim Ortho-Helium

gezeigten Orientierungen auftreten; die zugehörige Funktion u_a ist antisymmetrisch (Ortho-Helium). Bei der antisymmetrischen Spinfunktion sind die Spins entgegengesetzt gerichtet (Para-Helium). Das Interkombinationsverbot ist damit letztlich auf die Identitätsbedingung zurückgeführt.

Die Berechnung der Energieniveaus muß von der Schrödinger-Gleichung [vgl. Gl. 1.317)]

$$\vec{H}(\vec{r}_1,\vec{r}_2;\vec{s}_1,\vec{s}_2)\,\psi(\vec{r}_1,\vec{r}_2;\vec{s}_1,\vec{s}_2) = E\psi(\vec{r}_1,\vec{r}_2;\vec{s}_1,\vec{s}_2)$$
$$(1.324)$$

ausgehen. Da wir die Spinwechselwirkung vernachlässigen, bleibt

$$\overline{H}_e(\vec{r}_1,\vec{r}_2)\,u(\vec{r}_1,\vec{r}_2) = Eu(\vec{r}_1,\vec{r}_2) \qquad (1.325)$$

übrig. Wie man aus Gl. (1.318) erkennt, läßt sich $\overline{H}_e$ in Hamilton-Operatoren zweier Einelektronensysteme und eines Störgliedes zerlegen:

$$\overline{H}_e(\vec{r}_1,\vec{r}_2) = \overline{H}_0(\vec{r}_1,\vec{r}_2) + \frac{e^2}{4\pi\varepsilon_0 r_{12}}$$
$$= \overline{H}_0(\vec{r}_1) + \overline{H}_0(\vec{r}_2) + \overline{W}(\vec{r}_{12}). \qquad (1.326)$$

Die Lösungen von $\overline{H}_0(\vec{r}_1)$, $\overline{H}_0(\vec{r}_2)$ sind von der Behandlung des Wasserstoffatoms bekannt. Für das ungestörte Problem können wir daher als Lösungen ansetzen:

$$u_1(\vec{r}_1,\vec{r}_2) = u_n(\vec{r}_1)\,u_m(\vec{r}_2),\qquad u_2(\vec{r}_1,\vec{r}_2) = u_m(\vec{r}_1)\,u_n(\vec{r}_2)$$
$$(1.327)$$

(Wir müßten eigentlich $u_{n,l,m}$ schreiben; der Einfachheit halber fassen wir dies zu u_n zusammen.)
und finden

$$\overline{H}_0(\vec{r}_1,\vec{r}_2)\,u_1(\vec{r}_1,\vec{r}_2) = (E_n + E_m)\,u_1(\vec{r}_1,\vec{r}_2)$$
$$= E_{nm,0}u_1(\vec{r}_1,\vec{r}_2)$$
$$\overline{H}_0(\vec{r}_1,\vec{r}_2)\,u_2(\vec{r}_1,\vec{r}_2) = (E_m + E_n)\,u_2(\vec{r}_1,\vec{r}_2)$$
$$= E_{nm,0}u_2(\vec{r}_1,\vec{r}_2). \qquad (1.328)$$

u_1 und u_2 sind also entartet und nach den Regeln der Störungstheorie hat die allgemeine Lösung die Form

$$u(\vec{r}_1,\vec{r}_2) = c_1u_1(\vec{r}_1,\vec{r}_2) + c_2u_2(\vec{r}_1,\vec{r}_2). \qquad (1.329)$$

Man rechnet nun die Matrixelemente der Störungsenergie aus und findet:

$$W_{11} = \int u_1^*\widetilde{W}u_1\,\mathrm{d}\tau_1\,\mathrm{d}\tau_2 = W_{22} = C, \qquad (1.330a)$$

$$W_{12} = \int u_1^*\widetilde{W}u_2\,\mathrm{d}\tau_1\,\mathrm{d}\tau_2 = W_{21} = A \qquad (1.330b)$$

mit

$$C = -\frac{e^2}{4\pi\varepsilon_0}\int\frac{|u_n(\vec{r}_1)|^2\,|u_m(\vec{r}_2)|^2}{r_{12}}\,\mathrm{d}\tau_1\,\mathrm{d}\tau_2 \qquad (1.331a)$$

und

$$A = \frac{e^2}{4\pi\varepsilon_0}\int\frac{u_m^*(\vec{r}_1)\,u_n(\vec{r}_1)\,u_n^*(\vec{r}_2)\,u_m(\vec{r}_2)}{r_{12}}\,\mathrm{d}\tau_1\,\mathrm{d}\tau_2. \qquad (1.331b)$$

Die Energiekorrektur

$$\varepsilon = E - E_{nm,0} = E - (E_n + E_m) \qquad (1.332)$$

ergibt sich dann aus der Lösung der Säkulargleichung

$$\begin{vmatrix} W_{11} - \varepsilon & W_{12} \\ W_{21} & W_{22} - \varepsilon \end{vmatrix} = \begin{vmatrix} C - \varepsilon & A \\ A & C - \varepsilon \end{vmatrix} = 0 \qquad (1.333)$$

mit $(C - \varepsilon)^2 - A^2 = 0$ bzw. $\varepsilon = C \pm A$. (1.334)

Für die zugehörigen Amplitudenfaktoren liefert die Störungstheorie

$$c_{1,2} = \pm 1. \qquad (1.335)$$

Damit wird schließlich

$$u_s(\vec{r}_1,\vec{r}_2) = \frac{1}{\sqrt{2}}(u_1 + u_2);\quad E_s = E_n + E_m + C + A,$$
$$(1.336a)$$

$$u_a(\vec{r}_1,\vec{r}_2) = \frac{1}{\sqrt{2}}(u_1 - u_2);\quad E_a = E_n + E_m + C - A.$$
$$(1.336b)$$

C kann interpretiert werden als Coulomb-Wechselwirkung zwischen den beiden Elektronen, denn $e\,|u_n(\vec{r_1})|^2\,\mathrm{d}\tau_1$ und $e\,|u_m(\vec{r_2})|^2\,\mathrm{d}\tau_2$ sind die Ladungen der Volumenelemente $\mathrm{d}\tau_1$ und $\mathrm{d}\tau_2$ im Zustand n bzw. m. Die Produkte $u_m^*(\vec{r_1})\,u_n(\vec{r_1})$ bzw. $u_n^*(\vec{r_2})\,u_m(\vec{r_2})$ geben die Wahrscheinlichkeit an, daß die Elektronen 1 bzw. 2 sich sowohl im Zustand m als auch im Zustand n befinden. Man bezeichnet dieses Glied als Austauschintegral, es gibt den Anteil der Coulomb-Wechselwirkung an, der nicht nach klassischen Modellen, sondern nur auf Grund des quantenmechanischen Formalismus gefunden wird.
Die Größe der Korrektur ε [Gl. (1.334)] stimmt nicht mit den experimentellen Werten überein; Diskrepanzen von 20 bis 30 % sind auf die Vernachlässigung der magnetischen Spinwechselwirkung zurückzuführen.

Die charakteristischen Merkmale der Zwei- und Mehrelektronenspektren werden richtig wiedergegeben, so daß wir Interkombinationsverbot, Multiplizitäten der Terme usw. von einer theoretischen Plattform aus verstehen können. Die symmetrische Koordinatenfunktion u_s ist also nur möglich, wenn eine antisymmetrische Spinfunktion vorliegt; dann ist das tiefste Energieniveau durch $E_{s,0} = 2E_1 + C + A$ gegeben. Für die antisymmetrische Koordinatenfunktion u_a wird $E_{a,0} = E_1 + E_2 + C - A$ (Abb. 1.78). Es kommen noch die vernachlässigten magnetischen Wechselwirkungsterme hinzu, durch welche auch die hier nicht berücksichtigte l-Entartung der ungestörten Systeme aufgehoben wird.

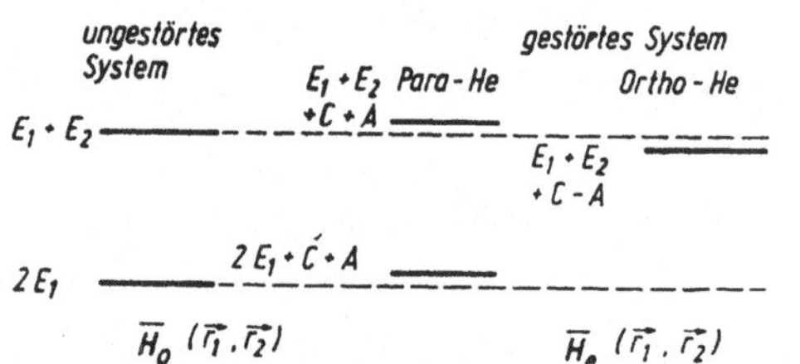

Abb. 1.78. Grundzustände des He-Atoms ohne und mit Wechselwirkung zwischen den Elektronen

Die Berechnung angeregter Niveaus erfolgt auf demselben Wege; bezüglich dieser Behandlung und der von Systemen mit mehr als 2 Elektronen müssen wir auf Spezialliteratur verweisen.

1.3.8.2. Periodensystem der Elemente

Die Erklärung des Periodensystems der Elemente ist einer der hervorragendsten Beweise für die Brauchbarkeit der Quantenmechanik, da hierbei die Bedeutung dieser Vorstellungen über die Physik hinaus sichtbar wird. 1868 bzw. 1869 ordneten L. MEYER und MENDELEJEW – unabhängig voneinander – die damals bekannten Elemente nach steigender Atommasse so in Zeilen und Spalten, daß chemisch ähnliche in einer Spalte stehen (Tab. 4 s. Vorsatz). So finden wir in der ersten die einwertigen Alkalimetalle, in der zweiten die zweiwertigen Erdalkalimetalle usw.; in der drittletzten die Chalkogene, dann die Halogene und schließlich die Edelgase. Dann gibt esa ber auch Folgen, die man wegen ihres ähnlichen Verhaltens in eine Spalte schreiben möchte; man spricht von Übergangselementen. Das ist für die Gruppe von Sc bis Ni, von Y bis Rh, von La bis Tm usw. der Fall. Damit dieses Prinzip durchweg angewendet werden kann, mußte man am Anfang einige Lücken lassen und an wenigen anderen Stellen mußte die Ordnung nach Atommassen offenbar durchbrochen werden. Da man die Eigenschaften der „Lückenelemente" auf Grund ihrer Umgebung ziemlich genau vorhersagen konnte, war die Suche bald erfolgreich und heute sind nicht nur alle Fehlstellen besetzt, auch die künstlichen Elemente, die Transurane (Np, Pu, Am usw.) ordnen sich in dieses System ein. Die regelwidrige Folge der Atommassen ließ sich auf die Zusammensetzung aus Isotopen zurückführen. Die Rangfolge in dieser Ordnung, die Ordnungszahl, offenbarte sich bald als Kernladungszahl Z. Die Atomvolumina zeigen eine Periodizität (Abb. 1.79) mit scharfen Maxima bei

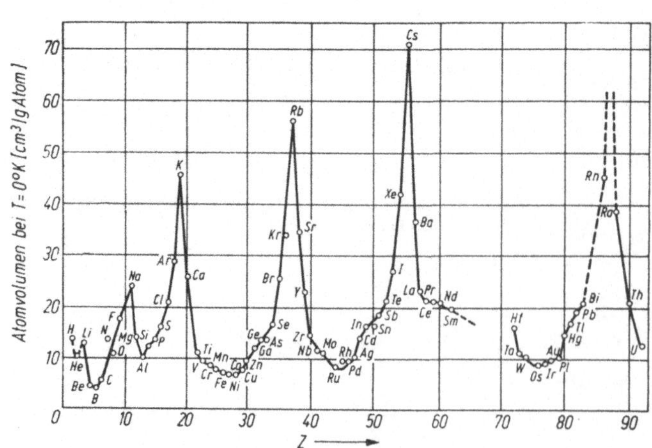

Abb. 1.79. Periodizität der Atomvolumina

den Alkalimetallen, verursacht durch das relativ locker gebundene einzelne Elektron auf der sonst unbesetzten Bahn. Auch die Ionisierungsenergien der Atome haben periodischen Charakter, wobei Höchstwerte bei Elementen mit abgeschlossenen Schalen, besonders ausgeprägt bei den Edelgasen, auftreten (Abb. 1.80).

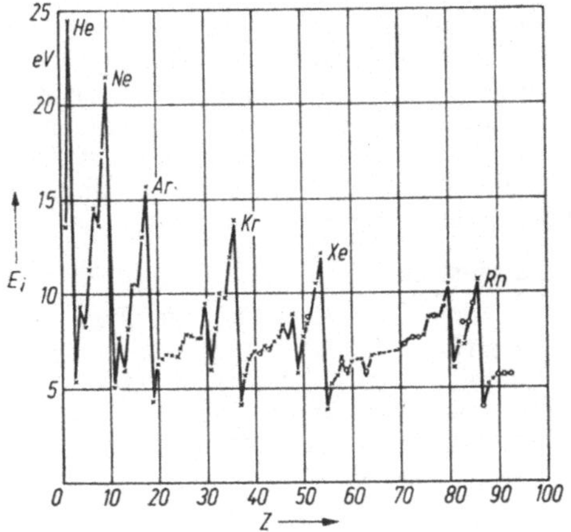

Abb. 1.80. Ionisierungsenergien der Atome

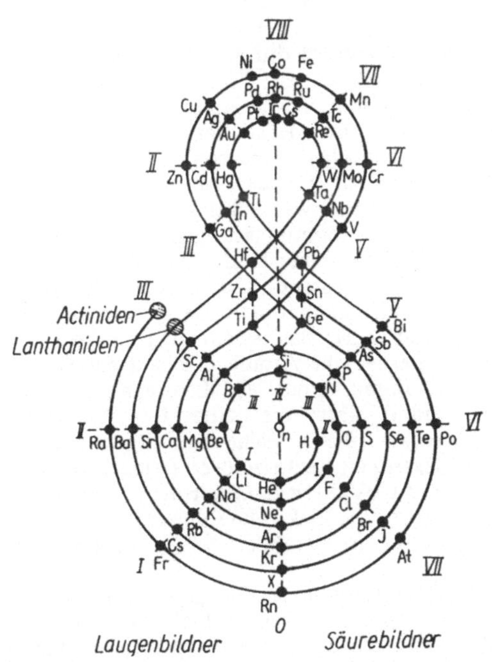

Abb. 1.81. Darstellung des Schalenaufbaues (nach KIPP)

Aus all dem geht hervor, daß die chemischen Eigenschaften durch die Elektronenhülle bestimmt werden, und zwar durch die äußeren Elektronen. Bei ähnlichem Verhalten, wie z. B. dem der Übergangselemente, müssen die äußeren Schalen gleich sein, Unterschiede treten nur bei inneren Schalen auf. Es ist dann zu erwarten, daß man derartige Elemente an Hand der magnetischen Eigenschaften differenzieren kann.

Wir hatten gesehen, daß nach dem Pauli-Prinzip auf der n. Schale $2n^2$ Elektronen Platz haben. Sind alle Zustände besetzt, dann ist das resultierende magnetische Moment Null.

Zur Kennzeichnung der Elektronenbesetzung schreibt man an das Symbol für Schale und Bahndrehimpuls die Elektronenzahl als Exponent. $1s^2 2s^2 p^4$ bedeutet, daß auf der K-Schale 2 und auf der L-Schale 2 s- und 4 p-Elektronen sitzen (Sauerstoff).

Bei den leichten Elementen werden die Schalen nacheinander gefüllt; Argon hat volle K- und L-Schalen und 3s- und 3p-Schalen; beim nächsten Element, dem Kalium, wird nun nicht die 3d-Schale besetzt, sondern – das ist energetisch günstiger – die 4s-Schale begonnen; die noch leere 3d-Schale wird erstmals beim Scandium besetzt. Auf diese Weise entsteht die erste Gruppe von Übergangselementen; man bezeichnet diese oft nach der aufzufüllenden Schale, hier also als 3d-Elemente. Ähnliches wiederholt sich beim Rubidium. Besonders ausgeprägt ist dieses Verhalten bei der 4f-Gruppe: Barium hat alle Schalen bis zu 4d, außerdem 5s, 5p und 6s besetzt; es ist zweiwertig, da die 5s-Elektronen sich leicht abspalten lassen. Beim Lanthan wird zunächst die 5d-, bei den folgenden Elementen nacheinander die 4f-Schale angefüllt. Da diese aber durch 3 äußere Schalen, die bei den folgenden Elementen alle gleich sind, abgeschirmt werden, sind die 4f-Elektronen chemisch kaum wirksam. Die Lanthaniden, deren Oxide als Seltene Erden bezeichnet werden, sind daher mit chemischen Methoden nur sehr schwer zu trennen. Ähnlich ist es bei den Actiniden: hier wird zwischen Thorium und Lawrentium ($Z = 103$) die 5f-Schale aufgefüllt. Eine Darstellung, die diesen Befunden Rechnung trägt, wurde von KIPP entwickelt (Abb. 1.81).

Im vorigen Abschnitt hatten wir gesehen, daß bei Änderungen des Quantenzustandes größerer Atome nicht nur 1 Elektron „springt", sondern oft mehrere Elektronen beteiligt sind. Es kommt also im Sinne einer L-S- (Russel-Saunders-) Kopplung auf den Gesamtzustand des Atoms an. Der energetisch tiefste, der Grundzustand, ergibt sich zusammenfassend aus den bisherigen Betrachtungen nach folgenden, von HUND aufgestellten

---

Prinzipien, den *Hundschen Regeln*:

> Unter Beachtung des Pauli-Prinzips nehmen die Elektronen solche Zustände ein, daß sich
>
> 1. maximaler Gesamtspin S,
> 2. maximaler Bahndrehimpuls L
>
> und 3. $J = L - S$ bei weniger als halb gefüllter Schale,
> $J = L + S$ bei mehr als halb gefüllter Schale
>
> ergibt.   (1.337)

Die Beschreibung des Gesamtzustandes erfolgt mit derselben Symbolik wie die des Einzelelektrons, nur mit dem Unterschied, daß für den Bahndrehimpuls große Buchstaben benutzt werden ($S, P, D, F, G, ...$).
Wir demonstrieren dies an einigen Beispielen.
Argon: $Z = 18$; Elektronenbesetzung $1s^2 2s^2 p^6 3s^2 p^6$. Da alle Schalen besetzt sind, ist $S = 0$, $L = 0$ und infolgedessen auch $J = 0$; also ist der Grundzustand $^1S_0$.
Silicium: $Z = 14$; Elektronenbesetzung $1s^2 2s^2 p^6 3s^2 p^2$. Die 3p-Schale ist weniger als halb besetzt. Infolgedessen können beide Elektronenspins parallel sein: $S = 1$. Da sie dann verschiedene m_l-Werte haben müssen, wird $L = 1$. Die Anwendung der 3. Regel führt dann auf $J = 0$, so daß wir einen $^3P_0$-Zustand erhalten.
Chlor: $Z = 17$; Elektronenbesetzung $1s^2 2s^2 p^6 3s^2 p^5$. Die 6 möglichen Zustände der 3p-Schale können zur Erfüllung der Regeln 1 und 2 nur so besetzt sein, daß $S = 1/2$ und $L = 1$ werden; mit $J = 3/2$ gibt das $^2P_{3/2}$.
Europium: $Z = 63$; Elektronenbesetzung $1s^2 2s^2 p^6 3s^2 p^6 d^{10} 4s^2 p^6 d^{10} f^7 5s^2 p^6 6s^2$. Entscheidend ist hier die 4f-Schale, die mit 7 Elektronen gerade halb gefüllt ist. Infolgedessen können alle Spins parallel sein ($S = 7/2$), wobei alle m_l-Zustände je einmal besetzt sind, so daß $L = 0$ ist. Das ergibt einen $^8S_{7/2}$-Grundzustand. Beim Eu^{3+}-Ion fallen 2 6s- und 1 4f-Elektron weg, so daß 4 f^6-Elektronen übrig bleiben; es ist $S = 3$ und $L = 3$, so daß $J = 0$ wird. Der $^7F_0$-Grundzustand dürfte kein magnetisches Moment haben. Verbindungen mit Eu^{3+}-Ionen zeigen aber einen schwachen Paramagnetismus: Die Energieniveaus benachbarter Zustände liegen sehr nahe beieinander, so daß bei Normaltemperatur bereits andere mit $J > 0$ besetzt sind.
Dieses letzte Beispiel soll zeigen, daß die Hundschen Regeln zwar eine sehr gute Richtschnur sind, aber in Sonderfällen auch scheinbar umgangen werden können.
Die Möglichkeit, den Grundzustand anzugeben, ist für die Analyse der Spektren von großem Wert; bei allen Übergängen, an denen der Grundzustand beteiligt ist, braucht man nur noch den angeregten Zustand zu variieren, um mit Hilfe des Zeeman-Effektes den Linientyp festzustellen; hierfür ist aber durch die Auswahlregeln nur noch ein kleiner Spielraum frei.

1.3.8.3. Lamb-shift

Auch nach der Dirac-Gleichung müßten Zustände mit gleicher Hauptquantenzahl und gleichem Gesamtdrehimpuls dieselbe Energie haben. Das müßte vor allem für das theoretisch leicht übersehbare Spektrum des H-Atoms gelten: Der Grundterm der Balmer-Serie ($n = 2$) spaltet in 3 Unterniveaus auf, $2^2S_{1/2}$, $2^2P_{1/2}$ und $2^2P_{3/2}$, von denen $^2S_{1/2}$ und $^2P_{1/2}$ dieselbe Energie haben sollten. Die etwas höhere Lage des $^2P_{3/2}$-Terms führt zu der bereits behandelten Feinstruktur (s. Abb. 1.55). – Wiederholte Messungen ergaben Widersprüche, die LAMB und RETHERFORD 1947 durch Anwendung einer neuen Experimentiertechnik klärten.
Wird ein Atomstrahl durch Elektronenstoß angeregt, dann werden S-, P-, D- und andere Zustände besetzt sein; durch entsprechende Dosierung der Elektronenenergie kann man festlegen, welche Schalen überhaupt beteiligt sind. Nach relativ kurzer Zeit (Größenordnung 10^{-8} s), die durch die Übergangswahrscheinlichkeit für spontane Emission bestimmt ist, gehen die Atome wieder in den Grundzustand über. Atomen, die aber im $2^2S_{1/2}$-Zustand sind, ist der Übergang in den Grundzustand durch die Auswahlregeln $\Delta l = \pm 1$ verwehrt; das ist ein metastabiler Zustand. Treffen solche Atome z. B. auf ein Wolframblech, dann findet ein Übergang in den Grundzustand statt; die dabei frei werdende Energie (etwa 10 eV) reicht aus, um aus dem Metall Elektronen herauszulösen (Austrittsarbeit für W rd. 4,6 eV). Diese Elektronen kann man auf einer positiven Elektrode sammeln und somit das Auftreffen metastabiler Atome nachweisen (Abb. 1.82).
Gehen die angeregten Atome durch ein elektrisches Wechselfeld von etwa 10^{10} Hz (das entspricht einer Wellenlänge von rd. 3 cm), dann läßt der Strom metastabiler Atome nach: Durch Energieabsorption gehen die Wasserstoffatome in den $2^2P_{1/2}$-Zustand über und von dort aus ist ein Übergang in den Grundzustand vor dem

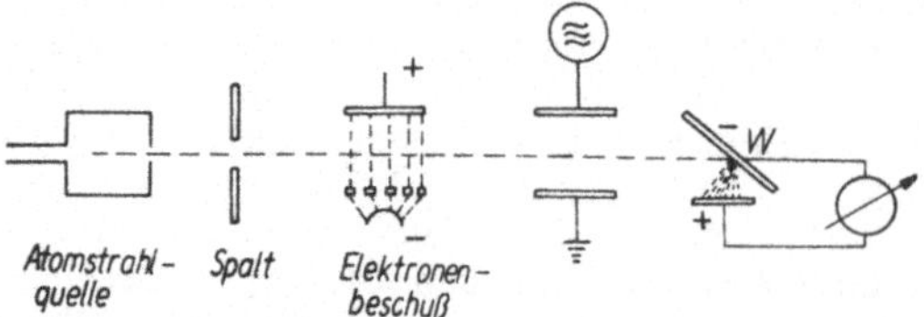

Abb. 1.82. Schematische Darstellung des Lamb-Retherford-Experimentes

Auftreffen auf die Wolframelektrode leicht möglich. Auf diese Weise läßt sich sehr genau der schon bekannte Feinstrukturabstand zum $^2P_{2/3}$-Niveau ausmessen (genauer Wert $^2P_{3/2} - {}^2S_{1/2}$: $\tilde{\nu} = 0{,}3299$ cm^{-1}).

Man findet aber auch einen Abfall des Detektorstromes bei einer Frequenz von 1057 MHz. Wie ein Vergleich mit anderen Effekten (z. B. Einfluß eines Magnetfeldes) zeigt, findet hierbei eine erzwungene Emission in den um 0,0353 cm^{-1} tiefer liegenden $2^2P_{1/2}$-Zustand statt, von dem aus wiederum ein Übergang in den Grundzustand spontan erfolgt. Es sind vom $2^2S_{1/2}$- in den $2^2P_{1/2}$-Zustand natürlich auch spontane Übergänge möglich; deren Wahrscheinlichkeit ist aber wegen der relativ niedrigen Frequenz so gering, daß sie den Strom metastabiler Atome nicht merklich beeinflußt. Meßtechnisch ist es günstiger, die Mikrowellenfrequenz konstant zu halten und die Resonanz durch Verschiebungen der Niveaus mit Hilfe des Zeeman-Effektes herzustellen.

KUHN und SERIES haben die Lamb-shift der H_α-Linie mit Hilfe rein optischer Methoden gemessen, HERZBERG fand denselben Effekt an der ersten Linie der Lyman-Serie von Deuterium. Damit wurde gezeigt, daß $^2S_{1/2}$- und $^2P_{1/2}$-Zustände unterschiedliche Energien haben, eine Tatsache, die von der relativistischen Wellenmechanik nicht aufgeklärt werden kann (Abb. 1.83).

In der Zeit, als LAMB und RETHERFORD ihre grundlegenden Experimente machten, haben mehrere Autoren, z. B. PURCELL, GARDNER, SOMMER, THOMAS, HIPPLE, KUSCH u. a., die gerade gefundenen Resonanzmethoden benutzt, um Bohrsches und Kernmagneton, Verhältnis von Protonen- zu Elektronenmasse u. a. genauer zu bestimmen. Wir hatten [Gl. (1.251)]

gesehen, daß ein Elektron im Magnetfeld mit der Larmor-Frequenz

$$\omega_{\mathrm{L,e}} = g \, \frac{e}{2m_{\mathrm{e}}} \, \mu_0 H$$

präzessiert. Andererseits bewegen sich Elektronen nicht zu großer Energie in Magnetfeldern auf Kreisbahnen (Gleichgewicht zwischen Zentrifugal- und Lorentz-Kraft) mit der Zyklotronfrequenz

$$\omega_{\mathrm{z,e}} = \frac{e}{m_{\mathrm{e}}} \, \mu_0 H. \qquad (1.338)$$

Beobachtet man beide Effekte im gleichen Magnetfeld, dann ist

$$\frac{\omega_{\mathrm{L,e}}}{\omega_{\mathrm{z,e}}} = \frac{g}{2} \, . \qquad (1.339)$$

Der g-Faktor kann auf diese Weise aus dem Verhältnis zweier Frequenzen mit hoher Genauigkeit bestimmt werden. Wiederholte Messungen zeigten auch hier Abweichungen von dem nach der Diracschen Theorie zu erwartenden Wert ($g_{\mathrm{e}} = 2$), nämlich

$$g_{\mathrm{e}} = 2\,(1{,}001\,146 \pm 0{,}000\,012). \qquad (1.340)$$

Diese beiden Diskrepanzen, Lamb-shift und Anomalie des Elektronen-g-Faktors, lassen sich durch konsequente Weiterentwicklung der Quantenmechanik klären, indem man auch die Felder quantisiert. Man kommt so zur Quantenfeldtheorie, Emission und Absorption von Materiewellen entsprechen der Erzeugung und Vernichtung von Teilchen. Die Quantenfeldtheorie ist die Grundlage der Theorie der Elementarteilchen. Bezieht man nur elektromagnetische Felder ein, dann spricht man von Quantenelektrodynamik. Eine ausführliche Behandlung würde den Rah-

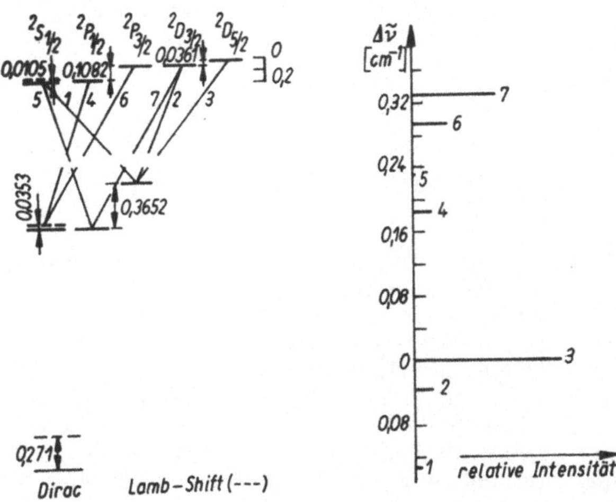

Abb. 1.83. Feinstruktur der Wasserstoffterme nach dem Lamb-Retherford-Experiment

men dieses Kapitels sprengen. Es sei hier nur erwähnt, daß sich für den Raum, ähnlich wie früher beim Oszillator, eine Art Nullpunktschwingungen ergeben, mit denen sowohl das gebundene als auch das freie Elektron in Wechselwirkung steht; man umschreibt die Kopplung manchmal als „Zitterbewegung", welche zu den anfangs besprochenen Abweichungen führt. BETHE berechnete auf dieser Grundlage 1947 die Niveaus des H-Atoms und fand eine Verschiebung des $2^2S_{1/2}$- gegenüber dem $2^2P_{1/2}$-Niveau von 1040 MHz. Die Anwendung auf das Elektron ergab (SCHWINGER 1947, später KARPLUS, KROLL)

$$g_e = 2\left(1 + \frac{\alpha}{2\pi} - 2{,}973\,\frac{\alpha^2}{\pi^2}\right) = 2(1{,}001\,145\,4) \tag{1.341}$$

in sehr guter Übereinstimmung mit dem Experiment.

Es sieht z. Z. so aus, als ob alle im Bereich der Atomphysik liegenden Erscheinungen mit Hilfe der Quantenelektrodynamik verstanden werden können.

1.4. Ergänzungen

1.4.1. Breite von Spektrallinien

Die Entwicklung der Atomphysik hing in entscheidendem Maße von der Meßgenauigkeit ab. Diese wird nicht nur durch das Auflösungsvermögen der Apparaturen bestimmt, die Schärfe des Überganges entscheidet erst über den experimentell notwendigen Aufwand. Daher sollen hier einige maßgebende Faktoren besprochen werden.

Wir gehen von einer Vielzahl voneinander unabhängiger, angeregter (m) Atome aus. Sie gehen in einen tieferen Zustand (n) über und strahlen dabei die Frequenz ν_{mn} aus. Die dabei abgestrahlte Leistung [Gl. (1.166)] hatten wir bereits berechnet; wir können das auch als Energieverlust eines Atoms auffassen und schreiben dafür

$$\frac{dE}{dt} = -\frac{4\pi^3\nu_{mn}^4}{3\varepsilon_0 c^3}\,e^2 r^2, \tag{1.342}$$

wobei r die momentane Amplitude des als Oszillator aufgefaßten Atoms ist. Die mittlere Energie eines solchen Oszillators berechnen wir in Anlehnung an Gl. (1.112) zu

$$E = 2\pi^2 m_e \nu_{mn}^2 r^2 \tag{1.343}$$

und erhalten somit für die Strahlungsdämpfung

$$\frac{dE}{E} = -\frac{2\pi\nu_{mn}^2 e^2}{3\varepsilon_0 m_e c^3}\,dt = \frac{1}{\tau_m}\,dt. \tag{1.344}$$

τ_m ist dann die mittlere Lebensdauer eines Atoms und der Kehrwert stellt die Dämpfungskonstante dar, die natürlich nur dann Sinn hat, wenn wir viele Atome betrachten. Die Summe der Energie aller Oszillatoren klingt dann nach

$$E = E_0\,e^{-t/\tau_m} \tag{1.345}$$

ab. Nun ist aber bekannt, daß die Frequenz stark gedämpfter periodischer Vorgänge weniger genau feststellbar ist als die ungedämpfter. Der fundamentale Zusammenhang ist durch die Fourier-Transformation gegeben, etwa in der Form

$$F(\omega) = \sqrt{\frac{2}{\pi}}\int_0^\infty f(t)\,\cos\,\omega t\;dt. \tag{1.346}$$

Danach hat die Fourier-Transformierte zu Gl. (1.345) die Gestalt

$$F(\omega) = \sqrt{\frac{2}{\pi}}\,\frac{1/\tau_m}{(1/\tau_m)^2 + (\Delta\omega)^2}\,. \tag{1.347}$$

Das ist die Linienformfunktion und

$$1/\tau_m = \Delta\omega_m = \frac{2\pi\nu_{mn}^2 e^2}{3\varepsilon_0 m_e c^3} \tag{1.348a}$$

bzw.

$$\Delta\nu_n = \frac{\nu_{mn}^2 e^2}{3\varepsilon_0 m_e c^3} \tag{1.348b}$$

die Linienbreite, also die Abweichung von der Resonanzfrequenz ν_{mn}, bei der die Amplitude auf die Hälfte abgesunken ist (s. Abb. 1.10). In Wellenlängen ausgedrückt, wird

$$\Delta\lambda_m = \left|-\frac{c}{\nu_{mn}}\,\Delta\nu_m\right| = \frac{e^2}{3\varepsilon_0 m_e c^2}. \tag{1.349}$$

Demnach ist $\Delta\lambda_m$ unabhängig von der Frequenz $1{,}1802\cdot 10^{-5}$ nm. Für die Grenzen des sichtbaren Bereiches gilt:

$\lambda = 400$ nm; $\Delta\nu_m = 22{,}113$ MHz,

$\tau_m = 4{,}52\cdot 10^{-8}$ s,

$\lambda = 800$ nm; $\Delta\nu_m = 5{,}528$ MHz,

$\tau_m = 1{,}81\cdot 10^{-7}$ s.

Diese sog. natürliche Linienbreite ist unabhängig von experimentellen Parametern.

Sie wird durch die endliche Lebensdauer der einzelnen Zustände bestimmt und hängt von der Übergangswahrscheinlichkeit für spontane Übergänge ab [Gl. (1.175)]. Gleichzeitig wird nach Gl. (1.40) die Energieschärfe festgelegt. Mit demselben Mechanismus kann man auch die Linienverbreiterung durch Wechselwirkung mit benachbarten Atomen erklären.

Die emittierenden und absorbierenden Atome eines Gases sind ständig in Bewegung mit einer mittleren Geschwindigkeit

$$\langle v \rangle = \sqrt{\frac{2RT}{M}} \qquad (1.350)$$

($R = 8{,}314 \text{ J mol}^{-1} \text{ K}^{-1}$: universelle Gaskonstante. M = Masse von 1 mol). Dies führt je nach Bewegungsrichtung zu einer Doppler-Verschiebung, also insgesamt zu einer Doppler-Verbreiterung

$$\Delta \nu_D = \frac{2\nu_{mn}}{c} \langle v \rangle . \qquad (1.351)$$

Da die Geschwindigkeiten der Gasatome einer Gauß-Verteilung genügen, ist die durch den Doppler-Effekt erzeugte Linienform nicht eine Lorentz-Kurve wie Gl. (1.347), sondern hat die Gauß-Form

$$F_D(\omega) \sim e^{-\frac{\Delta \nu^2}{\Delta \nu_D{}^2}} \qquad (1.352)$$

Bei Zimmertemperatur sind die Doppler-Verbreiterungen bei Linien im sichtbaren Spektralgebiet (600 nm) für atomaren Wasserstoff 7370 MHz und für Quecksilberdampf 521 MHz, also wesentlich größer als die natürliche Linienbreite.

Schließlich müssen noch die Stöße zwischen den Atomen beachtet werden, durch die der Emissionsvorgang unterbrochen und damit die Linie verbreitert wird [gemäß Gl. (1.40)]. Nach der klassischen statistischen Thermodynamik ist die Stoßzeit

$$\tau_s = \langle l \rangle / \langle v \rangle , \qquad (1.353)$$

wobei die mittlere freie Weglänge

$$\langle l \rangle = 1/(\pi \sqrt{2} N d^2) \qquad (1.354)$$

ist (N = Anzahl der Atome je Volumeneinheit, d = Atomdurchmesser).
Das ergäbe z. B. für Wasserstoffgas bei einem Druck von 10^2 Pa eine Stoßzeit von rd. $4{,}2 \cdot 10^{-7}$ s bzw. eine Stoßverbreiterung

$$\Delta \nu_s = 1/(2\pi \tau_s) \qquad (1.355)$$

von 0,7 MHz. Dieser Effekt wäre vernachlässigbar. In Wirklichkeit sind aber nicht nur die

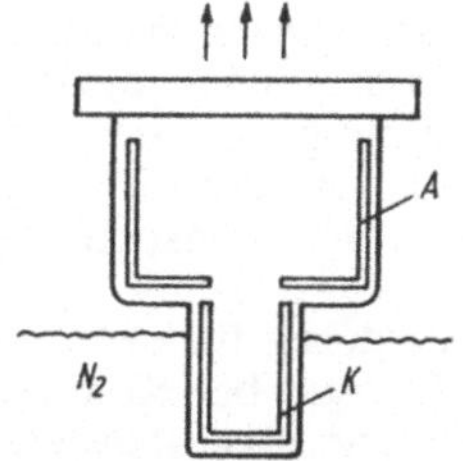

Abb. 1.84. Schema einer Hohlkathodenlichtquelle (nach SCHÜLER)
K Kathode; A Anode

„thermodynamischen" Stöße wirksam, sondern auch solche Annäherungen, bei denen nur die Phase des emittierten Lichtes verändert wird; dadurch ist die effektive Stoßzeit wesentlich kürzer. Die Stoßtheorie ergibt eine Linienform vom Lorentz-Typ Gl. (1.347).

In grober Näherung ist die beobachtete Linienbreite die Summe von $\Delta \nu_m$, $\Delta \nu_D$ und $\Delta \nu_s$. Es sei nochmals darauf hingewiesen, daß diese Überlegungen nur für spontane Übergänge einer großen Anzahl von Teilchen gelten. Bei erzwungenen Übergängen miteinander gekoppelter Atome sind andere Bedingungen zu beachten.

Bei höheren Drücken sind die Atome in ständiger Wechselwirkung; dadurch können die Energieniveaus so verschmiert werden, daß breite Bänder, ein Quasikontinuum, entsteht. Diesen Effekt nutzt man bei Hochdruckgasentladungslampen aus.

Um Linienformen untersuchen zu können, müssen die Spektrometer ein Auflösungsvermögen

$$A = \lambda / \Delta \lambda \qquad (1.356)$$

haben, das die natürliche Linienbreite erreicht, also im sichtbaren Bereich größer als $7 \cdot 10^7$ ist. Mit Prismen- oder Gitter-Spektrographen kommt man bis zur Größenordnung 10^5, mit Interferometern, etwa nach MICHELSON, nach LUMMER und GEHRKE oder nach FABRY und PEROT kommt man bis 10^6; mit dielektrischer Verspiegelung zur Verringerung von Verlusten und zur Erhöhung des Reflexionsgrades erreicht man noch 1 bis 2 Größenordnungen mehr (s. hierzu Bd. III).

Um dies ausnutzen zu können, muß man auch entsprechende Lichtquellen haben. Wie die Abschätzungen ergeben haben, stört bei niedrigen Drücken vor allem die Doppler-Verbreiterung. SCHÜLER konstruierte bereits 1930 eine Gasentladungsröhre, deren Kathode mit flüssiger Luft gekühlt wird (Abb. 1.84). Durch einen kleinen Abstand Kathode–Anode wird die positive Säule unterdrückt und das negative Glimmerlicht sorgt allein für die Anregung des kalten Gases.

JAECKEL, KOPFERMANN und MILLMAN entwickelten Atomstrahllichtquellen: Ein sorgfältig ausgeblendeter Strahl neutraler Atome wird durch einen Elektronenbeschuß angeregt. Das emittierte Licht wird senkrecht zur Bewegungsrichtung beobachtet, so daß der Doppler-Effekt stark reduziert wird (Abb. 1.85). Damit sind Halbwertsbreiten von 0,001 cm^{-1} (30 MHz) erreicht worden. Vor diesem Hintergrund ist es verständlich, daß man, um weiter zu kommen, nach anderen Wegen gesucht hat, die dann zur bereits behandelten Atomstrahlresonanzmethode und zur Kopplung mit HF-Anregung (LAMB, RETHERFORD) führten.

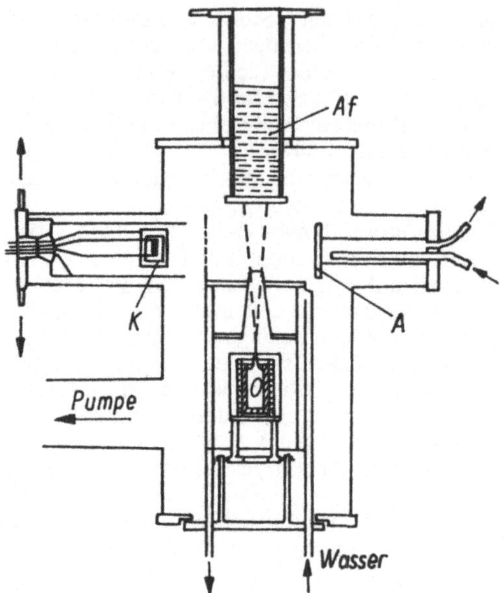

Abb. 1.85. Atomstrahllichtquelle (nach JAECKEL, KOPFERMANN, MILLMAN).

K Kathode; *A* Anode; *O* Ofen; *Af* mit flüssigem Stickstoff gekühlter Auffänger. Beobachtungsrichtung senkrecht zur Zeichenebene

Die Entwicklung der spektroskopischen Technik ist damit keinesfalls abgeschlossen. Strahlungsquellen, exakt temperierte Gaszonen, spezielle Nachweissysteme verbessern die Möglichkeiten herkömmlicher Methoden; man beginnt aber auch, die bereits in anderen Spektralbereichen erfolgreich erprobte Fourier-Transformspektroskopie für das sichtbare Gebiet vorzubereiten. Dann wird die bisher durchweg benutzte Frequenzabtastung durch eine Zeitanalyse ersetzt. Dadurch entstehen Vorteile bei Messungen in konstanten Quellen, aber auch Möglichkeiten zur Akkumulation von Messungen.

1.4.2. Atomfluoreszenz

1.4.2.1. Anregungsarten

Bisher haben wir die physikalischen Vorgänge bei der Anregung der Spektren vernachlässigt; wir nahmen eine Hochfrequenz-Plasma-Niederdruck-

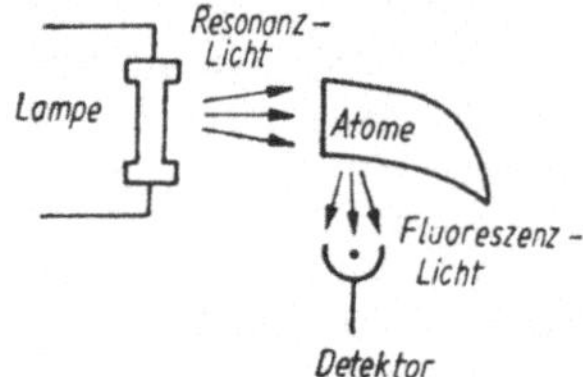

Abb. 1.86. Direkte Anregung der Atomfluoreszenz

Entladung an oder stellten uns Stöße mit Elektronen hinreichender Energie vor. In Wirklichkeit werden Energie und Impuls auf das Atom übertragen und in einem zweiten Prozeß wieder abgegeben, wobei die Energie nicht nur als Lichtquant, sondern auch in anderer Form auftreten kann. Erfolgt die Abgabe unmittelbar nach der Aufnahme mit sehr kleinen Verzögerungen, so spricht man von Fluoreszenz; erfolgt sie erst später, nach Minuten oder Stunden, liegt Phosphoreszenz vor; beide Erscheinungen werden unter der Bezeichnung Lumineszenz zusammengefaßt.

Durch Einwirkung äußerer Felder o. ä. auf den angeregten Zustand kann man die Ausstrahlung verändern. Mit Hilfe geeigneter Anregung und gezielter Störung kann man eine Fülle weiterer Informationen erhalten. Von der Vielzahl von Möglichkeiten wollen wir einige beschreiben.

Die einfachste Art ist die direkte optische Anregung (Abb. 1.86) mit Licht gleicher Frequenz. Man braucht dazu i. allg. weit im UV liegende Strahlungsquellen. Ein Nachteil ist, daß man nicht alle Zustände wegen der Auswahlregeln erreicht. So können Alkaliatome im $^2S_{1/2}$-Grundzustand nur in den P-Zustand gepumpt werden; Übergänge in D-Zustände sind verboten bzw. nur in sehr geringem Maße möglich.

Das kann man umgehen, wenn man eine weitere Lichtquelle verwendet und so stufenweise den gewünschten Zustand anstrebt (Abb. 1.87). Die erreichbare Besetzungsdichte ist dann allerdings klein, wenn man nicht als eine Quelle einen intensiven Farbstoff-Laser verwendet. Günstig ist, daß die Frequenz des emittierten Lichtes nicht mit einer der eingestrahlten übereinstimmt.

Man kann bei sehr intensiver Anregung mit einer Lichtquelle aber auch spontane Übergänge von den erreichten Zuständen in andere, nicht direkt erreichbare abwarten; es bilden sich Kaskaden aus (Abb. 1.88).

Der Wirkungsquerschnitt für Anregungen durch Stöße mit geladenen Teilchen ist bei Energien kurz oberhalb der Ionisierungsenergie immer am größten; er nimmt mit wachsender Geschwindigkeit ab, da er nicht nur von der geometrischen Größe des Atoms, sondern auch von der Wechselwirkungszeit zwischen stoßendem und gestoßenem Teilchen abhängt. Diese nimmt mit der Geschwindigkeit ab (Abb. 1.89). Die Stoßrichtung begünstigt auch bestimmte Polarisationsrichtungen des emittierten Lichtes.

Neutrale, metastabile Atome, durch Elektronenstoß erzeugt, können ihre Energie bei Kontakt an andere Atome abgeben, wenn deren Niveaus knapp unter dem des metastabilen liegen. So dienen z. B. im He-Ne-Laser die metastabilen 2^1S- und 2^3S-Zustände von He dazu, Energie zu

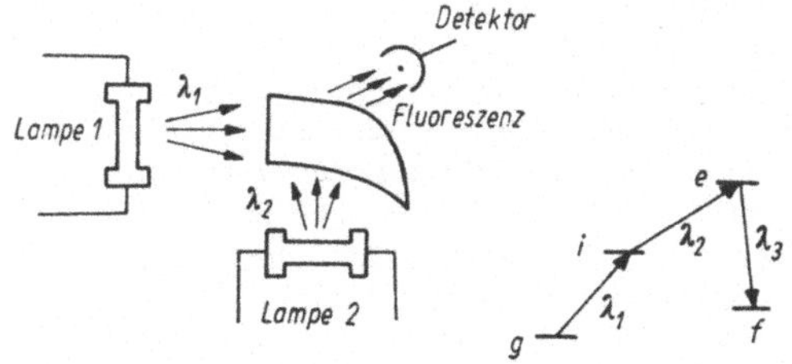

Abb. 1.87. Stufenweise Anregung der Atomfluoreszenz. *g* Grundzustand; *i* Zwischenzustand; *e* angeregter Zustand; *f* Endzustand

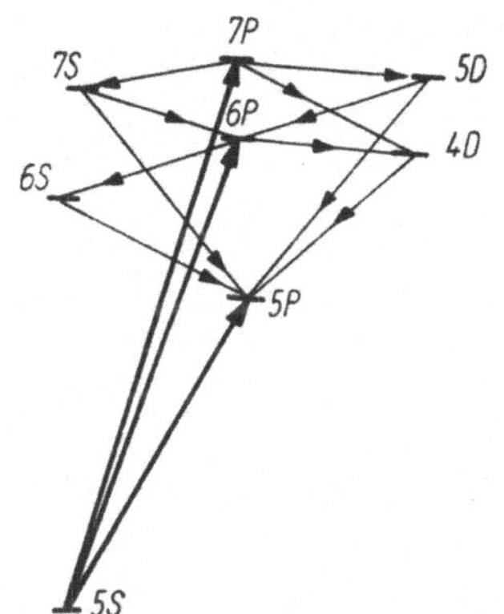

Abb. 1.88. Kaskadenübergänge nach Anregung mit einer Lichtquelle

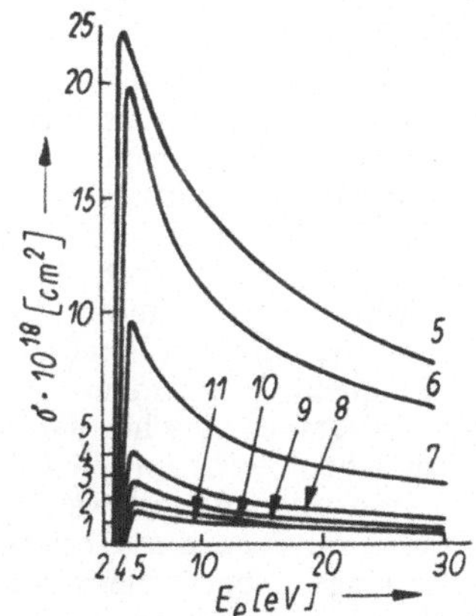

Abb. 1.89. Wirkungsquerschnitte bei der Anregung des Rubidium-Überganges $5^2P_{3/2} - n^2D_{5/2}$ durch langsame Elektronen. Die Zahlen geben n an

speichern und durch Stöße zweiter Art, so nennt man diesen Effekt, auf die 2S- bzw. 3S-Niveaus des Ne zu übertragen. Auch in der Spektroskopie oder zum Nachweis bestimmter Moleküle in Gaschromatographen wird die Energieübertragung durch Stöße 2. Art benutzt.

Seit 1964 entwickelt sich immer mehr eine Anregung, die beim Durchgang beschleunigter Ionen durch eine dünne Folie, i. allg. Kohlenstoff, entsteht, die sog. Beam-Foil-Anregung (Abb. 1.90). Diese Methode geht auf Untersuchungen W. Wiens 1919 zurück, der damals die Spektren von Kanalstrahlen in Abhängigkeit von der Länge der Strahlen aufnahm. Durch die Folie (etwa 1 bis 20 µg/cm²) werden die mit Gleichspannungen von 10 kV bis 100 MeV (z. B. Van-de-Graaff-Generator) beschleunigten und durch ein Magnetfeld gefilterten Ionen angeregt. Die Spektren werden von einer schmalen Zone des nachfolgenden Strahles in Abhängigkeit vom Abstand von der Folie aufgenommen. Man erhält dadurch deren zeitlichen Verlauf und erreicht Auflösungen von 10^{-10} s.

1.4.2.2. Optisches Pumpen

Die Suche nach Möglichkeiten, kleine Energiedifferenzen mit hochfrequenten elektromagnetischen Schwingungen genauer auszumessen, brachte 1949 KASTLER und BROSSEL auf die Idee, polarisiertes Licht zur Polarisation von Atomen und deren Analyse zu benutzen. Beim Zeeman-Effekt hatten wir gesehen (Abb. 1.62), daß jedem Übergang eine bestimmte Polarisation (π- oder σ-Komponente) zugeschrieben werden kann. Das gilt auf Grund der Auswahlregeln nicht nur für spontane, sondern auch für induzierte Übergänge. Mit zirkular-polarisiertem Licht kann man nur Übergänge in den σ-Richtungen anregen, wobei der Drehsinn noch mit entscheidend ist, linear und senkrecht zum Magnetfeld polarisiert induziert π-Übergänge. Ähnliche Differenzierungen sind bei HFS-Niveaus möglich. Die dabei auftretenden Erscheinungen wollen wir an zwei für diese Verfahren klassischen Beispielen erklären.

Quecksilber hat 2 Leuchtelektronen in der P-Schale ($6s^2$); daraus folgt ein $^1S_6$ Grundzustand. Die ultraviolette Spektrallinie mit $\lambda = 253{,}7$ nm entspricht einem $^1S_0 - {}^3P_1$-Übergang. In einem schwachen Magnetfeld ist der $^3P_1$-Zustand aufgespalten. Wird der Hg-Dampf etwa mittels einer Entladung angeregt, dann werden alle 3P-Niveaus ($m_J = +1,\ 0,\ -1$) besetzt und beim Übergang in den Grundzustand ($m_J = 0$) treten σ^+-, π- und σ^--Komponenten auf (Abb. 1.91). Strahlt man Resonanzlicht einer Hg-Spektrallampe ein, von dem mit einem Polarisator eine linear-polarisierte Komponente parallel zu $\vec{H}$ ausgesiebt wurde, dann wird nur das $m_J = 0$ Niveau des $^3P_1$-Zustandes besetzt, der Hg-Dampf strahlt ebenfalls nur die π-Komponente ab; ein senkrecht zur $\vec{H}$-Richtung orientierter Analysator läßt kein Licht durch. Mit einem zusätzlichen Hochfrequenzfeld, dessen Frequenz der Zeeman-Aufspaltung des Triplett-

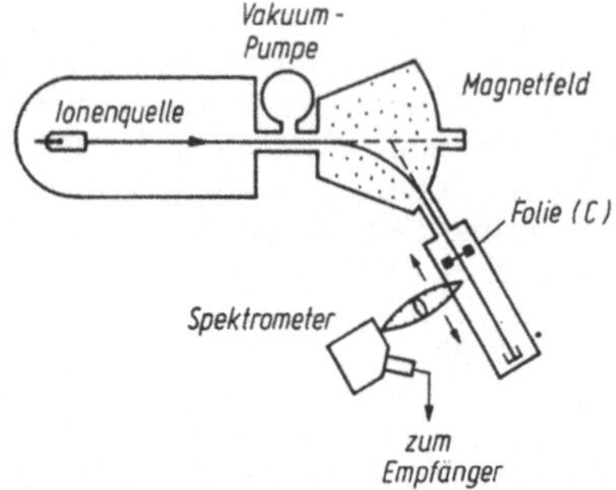

Abb. 1.90. Beam-Foil-Spektrometer.
Das optische Spektrometer kann längs des Strahles verschoben werden; auf diese Weise wird das Abklingen der einzelnen Linien beobachtet

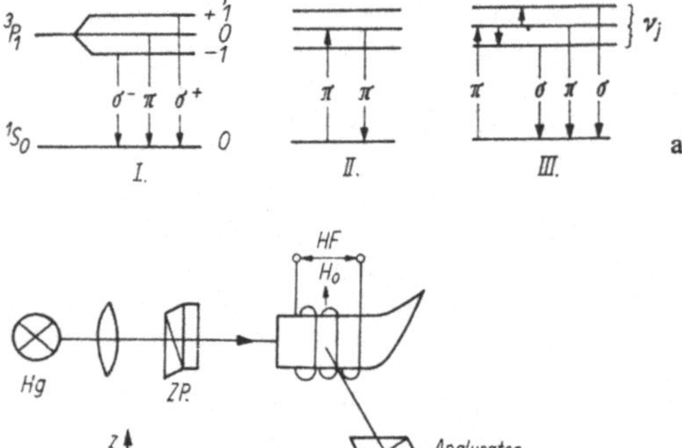

Abb. 1.91. Doppelresonanzmethode, demonstriert an der $^3P_1 - {}^1S_0$-Linie des Quecksilbers.

a) Übergänge nach Anregung durch
I: Licht einer Hg-Lampe; II: π-Komponente des Resonanzlichtes; III: π-Komponente des Resonanzlichtes mit zusätzlicher HF-Einstrahlung.

$$\nu_J = \frac{g_J \mu_B}{h} \mu_0 H.$$

b) Schema einer Doppelresonanzapparatur (nach KASTLER, BROSSEL) Hg Quecksilberdampflampe; ZP Zirkular-Polarisator

zustandes entspricht, werden Übergänge nach $m_J = \pm 1$ induziert, und man sieht auch die $\sigma^\pm$-Komponenten. Die Anordnung ist in Abb. 1.91 b dargestellt. Als Probe genügt der Hg-Dampf in einem evakuierten Quarzgefäß bei etwa $-10\,°\text{C}$ (etwa 10^{-3} Pa). Auf diese Weise kann man angeregte Zustände analysieren.
Eine andere Methode wandte KASTLER zur Polarisation des Grundzustandes an. Wir er-

klären diese am Beispiel der Na-D_1-Linie (Abb. 1.62). Aus dem Licht einer Natrium-Dampf-Lampe wählen wir mit einem Filter (Metallinterferenz-F.) die D_1-Linie und mit $\lambda/4$-Blättchen und Polarisator eine im positiven Drehsinn zirkular polarisierte Welle aus (Abb. 1.92). Diese induziert im Na-Dampf, der einem schwachen Magnetfeld H_0 ausgesetzt ist, nur σ^+-Übergänge von $m_J = -1/2$ ($^2S_{1/2}$) nach $m_J = +1/2$ ($^2P_{1/2}$). Nach spontaner Emission geht das Na-Atom wieder in den Grundzustand über, und zwar so, daß sich die Intensitäten der σ- und der π-Komponenten wie 2 : 1 verhalten. Von N Atomen im $^2S_{1/2}$-Zustand werden also $N/2$ mit $m_J = -1/2$ in den $^2P_{1/2}$-Zustand gebracht, von denen 1/3, also $N/6$ nach $m_J = +1/2$ zurückfallen, so daß

$$N_{+1/2} = \frac{N}{2} + \frac{N}{6} = N\,\frac{2}{3} \quad \text{und} \quad N_{-1/2} = \frac{N}{2} - \frac{N}{6}$$

$= N\dfrac{1}{3}$ ist. Im Grundzustand liegt demnach nicht mehr Gleichbesetzung vor, er ist polarisiert. Nach Durchlaufen eines Zyklus ist der Polarisationsgrad

$$P = \frac{N_{+1/2} - N_{-1/2}}{N_{+1/2} + N_{-1/2}} = 33\%. \tag{1.357}$$

Man sagt, Atome werden aus dem $-1/2$- in den $+1/2$-Zustand gepumpt. Setzt man diesen Prozeß fort, dann nimmt P immer mehr zu, bis sich schließlich ein Gleichgewicht zwischen dem Pumpen und dem Rücklauf durch Relaxationsprozesse u. ä. einstellt.
Man kann diesen Prozeß verfolgen, indem man rechtwinklig zur Einstrahlungsrichtung das emittierte Licht nachweist (etwa π-Komponente).
Die Intensität des durchgehenden Lichtes wird durch das Pumpen stark geschwächt; in dem Maße, wie der Polarisationsgrad wächst, also das Ausgangsniveau leerer wird, nimmt die Intensität wieder zu. Läßt man nun ein Wechselfeld einwirken, dessen Frequenz der Zeeman-Aufspaltung des Grundzustandes entspricht, dann wird der Austausch zwischen $+1/2$ und $-1/2$ beschleunigt und die Absorption nimmt wieder zu. Diese beiden Zeeman-Niveaus des Grundzustandes haben relativ lange Lebensdauern, sie sind also sehr schmal. Diese Frequenz ist infolgedessen sehr genau definiert, d. h., an der Intensität des durchgehenden Lichtes kann man die Resonanz des HF-Feldes mit der Zeeman-Aufspaltung sehr gut verfolgen.
Auf diese Weise kann man mit großer Genauigkeit Magnetfelder, z. B. das Erdfeld (auf $\pm 10^{-5}$), messen. Da derartige Magnetometer relativ robust sind, werden sie auch in Flugkörpern zur Messung planetarischer Magnetfelder verwendet.

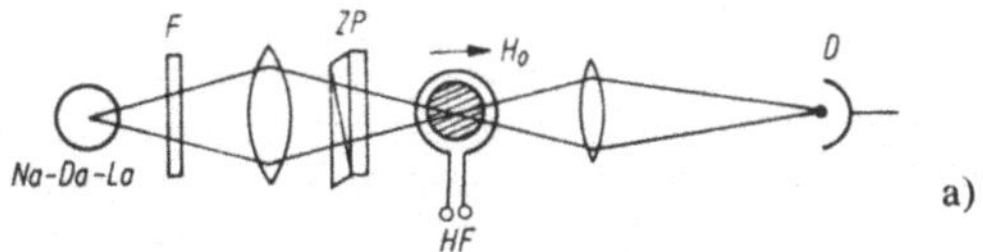

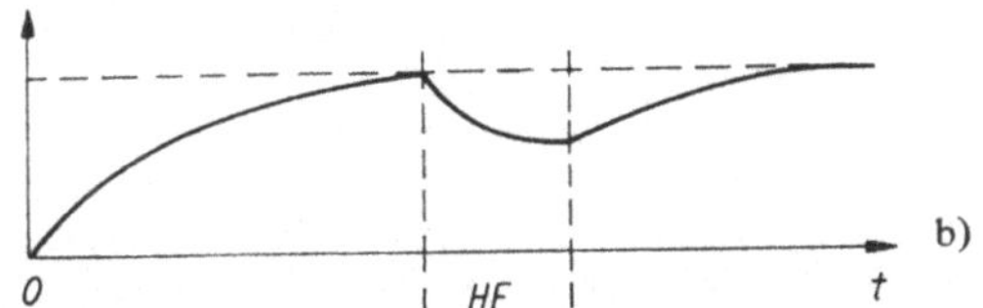

Abb. 1.92. Polarisation des Na-Grundzustandes durch optisches Pumpen.

a) Schema der Anordnung: Na-*Da-La* Natrium-Dampflampe; *F* Filter; *D* Detektor. Das Glasgefäß mit Na-Dampf wird von der HF-Spule umschlossen
b) Intensität des durchgehenden Lichtes nach dem Einschalten der Na-*Da-La* und des HF-Feldes

Wir können hier nicht auf die Vielfalt der Erscheinungen bei Einbeziehung von Kernmomenten und weiterer Beobachtungsmethoden eingehen. Besonders die Kastlersche Schule hat Pionierarbeit bei der Untersuchung der Dynamik atomarer Zustände geleistet; die Bedingungen für die Bildung von Nicht-Gleichgewichtszuständen konnten studiert werden. Dadurch wurden wesentliche Voraussetzungen für die Entwickling des Lasers geschaffen. Auf praktische Anwendungen (Magnetometer) wurde schon hingewiesen; bei Verwendung von Hyperfeinstruktur-Übergängen sind Frequenzstandards entwickelt worden mit einer relativen Genauigkeit von $\Delta \nu / \nu \cong 3 \cdot 10^{-11}$ (^{87}Rubidium). Die Kombination mehrerer Frequenzen zur Ausmessung geringer Niveauunterschiede ist inzwischen auch in ganz andere Bereiche eingeführt worden.

1.4.3. Hochauflösung innerhalb der Doppler-Breite

Bei all diesen speziellen Methoden geht es immer wieder um die Umgehung bzw. Reduzierung der Doppler-Verbreiterung der Spektrallinien. Mit

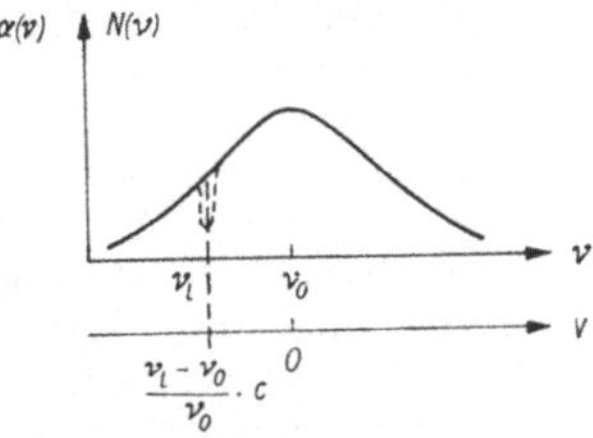

Abb. 1.93. Doppler-freie Spektroskopie: Sättigungsmethode.

ν_0 Zentrum der Doppler-verbreiterten Linie; ν_L Frequenz des eingestrahlten LASER-Lichtes, das einen Teil der Übergänge sättigt; ν_z Relativgeschwindigkeit der Atome zur Lichtquelle [Gl. (1.358)]

Hilfe von Lasern, insbesondere mit abstimmbaren Lasern, ist die optische Spektroskopie in den letzten Jahren zu früher schwer vorstellbaren Erfolgen geführt worden; ein Ergebnis wurde bereits in Abb. 1.43 vorgestellt.

Bei der Sättigungsmethode wird die hohe Intensität eines Lasers ausgenutzt, um in die Dopplerverbreitete Linie ein „Loch zu brennen". Ist ν_0 die Frequenz der ungestörten Linie und ν_z die Geschwindigkeit der Atome in Richtung des analysierenden Lichtes gesehen, dann beobachtet man mit einer Lichtquelle geringer Intensität die in Abb. 1.93 durchgezeichnete Kurve, die durch die Verteilung der Atome $N(\nu_z)$ gegeben ist. Ein Strahl großer Intensität der Frequenz ν_L sättigt die Vorgänge um ν_L, d. h., er bringt so viele Atome in den angeregten Zustand, daß praktisch keine Absorption mehr möglich ist. Wird jetzt die Linie abgetastet, dann beobachtet man an der Stelle ν_L, das sind die Atome, für die

$$\nu_z = \frac{\nu_L - \nu_0}{\nu_0} c \qquad (1.358)$$

ist, ein Absorptionsminimum (Bennet-Loch), dessen Breite von der Intensität des sättigenden Lasers abhängt; diese ist um ein Vielfaches geringer als die Doppler-Breite.

Dieses Prinzip kann auch mit einem Laser (ν_L) realisiert werden, dessen Strahl in zwei Teilstrahlen zerlegt wird, die in entgegengesetzten Richtungen durch das Gas gehen (Abb. 1.94a). Die Sättigungskomponente ist wirksam, wenn

$$\nu_L = \nu_0 \left(1 + \frac{\nu_z}{c}\right) = \nu_S \qquad (1.359\,a)$$

ist, regt also alle Atome an, die sich mit der Geschwindigkeit ν_z bewegen. Von diesen Atomen aus gesehen, hat aber der andere Teilstrahl, der in entgegengesetzter Richtung gehende Meßstrahl, die Frequenz

$$\nu_M = \nu_0 \left(1 - \frac{\nu_z}{c}\right), \qquad (1.359\,b)$$

er kann also nicht die Sättigung registrieren. Wenn $\nu_L = \nu_0$ wird, werden die Atome angeregt, für die $\nu_z = 0$ ist; diese werden dann aber auch vom Meßstrahl erfaßt (Lamb-dip; Abb. 1.94b). Durch ν_S werden gewissermaßen die Atome markiert; sie werden nur registriert, wenn

$$\nu_M = \nu_S = \nu_L \qquad (1.360)$$

ist. Man kann – das ist aber nicht in jedem Fall möglich – die Empfindlichkeit steigern, wenn man das Gas im LASER-Resonator untersucht. Dann erscheint, wenn Gl. (1.360) erfüllt ist, eine verstärkte Emission des Lasers.

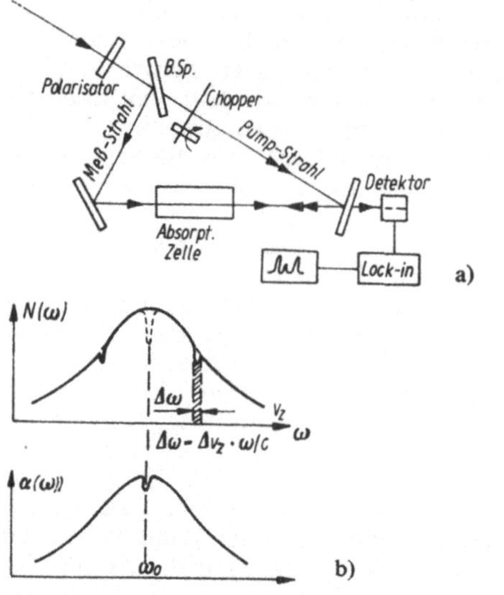

Abb. 1.94. Sättigungsspektroskopie mit einem Laser.
a) **Schema der Anordnung**, b) Frequenzverteilung der Atome (N) und des Absorptionskoeffizienten (α)

Bei der Zweiphotonenspektroskopie benutzt man ebenfalls zwei entgegengesetzt laufende, von demselben LASER kommende Strahlen; durch einen Doppelquantenübergang soll der Übergang ν erregt werden, also

$$\nu_0 = 2\nu_L. \tag{1.361}$$

Nun sieht jedes Atom die beiden Teilstrahlen jeweils mit entgegengesetztem Vorzeichen der jeweiligen Geschwindigkeit. Es gilt demnach

$$\nu_L \left(1 + \frac{v_z}{c} \right) + \nu_L \left(1 - \frac{v_z}{c} \right) = 2\nu_L \tag{1.362}$$

für jedes Atom unabhängig von der Geschwindigkeit. Ist Gl. (1.361) erfüllt, erreicht das Atom den angeregten Zustand. Das kann daran erkannt werden, daß nunmehr spontane Emission bei ν_0, also der doppelten Frequenz des Lasers, auftritt. Zur Erzeugung dieses Effektes reichen Laserleistungen von 1 W aus.

1.4.4. Einzelionenspektroskopie

Die besprochenen Methoden eliminieren den eindimensionalen Doppler-Effekt; der bei Bewegung senkrecht zur Beobachtungsrichtung

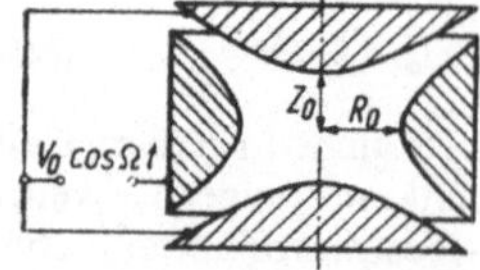

Abb. 1.95. Elektrodynamische Ionenfalle (rotationssymmetrisches Quadrupolfeld)

auftretende Effekt zweiter Ordnung kann meistens vernachlässigt werden. Trotzdem wäre és wünschenswert, Spektroskopie mit Atomen und Ionen zu treiben, die vollständig in Ruhe sind, also bei Temperaturen nahe 0 K. Der Weg dorthin kann nur über das Einfangen weniger Teilchen gehen. Über die Entwicklung, die sich hier seit kurzer Zeit anbahnt, soll abschließend berichtet werden.

Seit vielen Jahren sind Potentialverteilungen bekannt, mit denen man neutrale oder geladene Teilchen festhalten kann. Bisher wurden solche Systeme nur auf Ionen angewandt, die leichter beeinflußbar sind.

Den Penning-Käfig kann man sich als einen Metallzylinder vorstellen, der gegenüber Deckel und Boden negativ vorgespannt ist. Positive Ionen würden demnach in die Mittelebene gedrängt; ihr Flug in radialer Richtung wird durch ein Magnetfeld in axialer Richtung verhindert. Da Magnetfelder bei spektroskopischen Untersuchungen hinderlich sind, versucht man sie zu vermeiden.

Dazu verwendet man ein rotationssymmetrisches Quadrupolfeld (Abb. 1.95), das neben einem konstanten Potential noch ein Wechselpotential (Ω) erhält. Aus der Theorie der Massenfilter (Quadrupollinsen) ist bekannt, daß, abhängig vom Verhältnis Gleich- zu Wechselspannung, der Frequenz Ω und der spezifischen Ladung, die rücktreibende Kraft auf ein Ion mit dem Abstand vom Mittelpunkt wächst; somit stellt das geladene Teilchen einen Oszillator dar. Damit dieses Licht ohne Doppler-Verschiebung emittiert werden kann, muß die Schwingungsamplitude klein gegenüber der Wellenlänge sein.

Das erreicht man in mehreren Schritten. Durch Stöße mit einem Kühlgas läßt sich die Amplitude bereits stark reduzieren. Den gewünschten Endzustand erreicht man aber erst, wenn man dem Ion optisch Energie entzieht: Man regt es mit Licht an, dessen Frequenz kurz unterhalb der optischen Resonanzfrequenz liegt: Bei der anschließenden Emission wird die fehlende Energie der Bewegungsenergie entzogen, die Schwingung wird gebremst. So beobachtet man die Resonanzfluoreszenz bei abnehmender Temperatur.

Dieses Prinzip wurde z. B. von TOSCHEK, NEUBAUER u. a. auf Barium angewandt. Den Aufbau der Apparatur zeigt Abb. 1.96. Der Quadrupolkäfig besteht aus einem Drahtring mit 0,7 mm Innendurchmesser und zwei gegenüberstehenden Metallstiften. Ein Barium-Atomstrahl wird durch Elektronenstoß ionisiert. In das Ultra-Hochvakuum-Gefäß kann man winzige Anteile von He-Gas (etwa 10^{-5} Pa) zur Vorkühlung einlassen. Ein LASER-Strahl sorgt für weitere Kühlung und Resonanzfluoreszenz. Damit wurden zunächst Wolken von etwa 30 Ba-

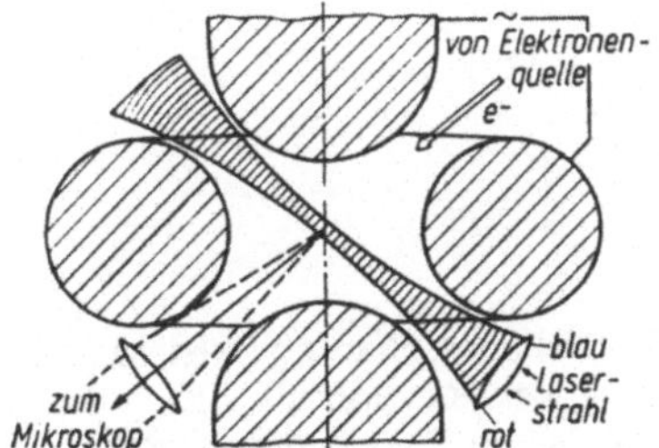

Abb. 1.96. Schema einer Einzelionenquelle (Abmessungen sind im Text angegeben.)

Ionen erzeugt. Da jedes Ion rd. 10^8 Lichtquanten je s als „erzwungener" Oszillator ausstrahlt, kann man die Anzahl der Ionen durch Verringerung des ionisierenden Elektronenstromes reduzieren. So gelang es, ein einzelnes Ba-Ion zu beobachten; aus der Größe des Lichtfleckes (2 µm) läßt sich die Schwingungsamplitude und damit die Temperatur (10 mK) abschätzen, sofern man hier überhaupt noch von Temperaturen sprechen kann.

Inzwischen sind weitere Experimente dieser Art auch mit anderen Ionen gelungen. Temperaturen von 10^{-5} K sind erreichbar.

Das mag als rein akademischer Wettbewerb anmuten. Bei der hiermit erreichbaren Auf-

lösung sind aber theoretische Ansätze mit einer bisher nicht möglichen Genauigkeit nachprüfbar. Auch die Metrologie (Längen- und Zeitstandards) erhält neue Anregungen. Vielleicht ist es möglich, auf diesem Wege einzelne Stoß- oder Streuprozesse oder gar chemische Reaktionen zwischen wenigen Atomen zu verfolgen. Die praktische Bedeutung dieser Möglichkeiten ist noch nicht abzusehen.

1.5. Weiterführende Literatur

SCHPOLSKI, E. W.: Atomphysik (I. und II.) Berlin: VEB Deutscher Verlag der Wissenschaften 1971.

LANDAU, L. D., LIFSCHITZ, E. M.: Lehrbuch der theoretischen Physik III. Quantenmechanik. Berlin: Akademie-Verlag.

BERGMANN-SCHAEFER: Lehrbuch der Experimentalphysik Band IV: Aufbau der Materie (Hrsg. H. GOBRECHT). Berlin: Walter de Gruyter.

MATHIAK, K., P. SINGL: Gruppentheorie. Berlin: VEB Deutscher Verlag der Wissenschaften 1967.

2. Kernphysik

2.1. Einleitung

Im Teil Atom, Abschn. 1.1,, wurde das Atommodell begründet. Danach bestehen die Atome aus dem Kern, der fast ihre gesamte Masse enthält, und der Elektronenhülle. Der Inhalt dieses Teils ist die Physik des Atomkerns. Es wird dargestellt werden, wie sich die Eigenschaften der Kerne aus ihren Bestandteilen und den Wechselwirkungen zwischen diesen erklären lassen. Ferner werden die verschiedenen spontanen und künstlichen Kernumwandlungen behandelt, die teils wichtige Auskünfte über die Kernstruktur liefern, teils eminente praktische Bedeutung haben. Die Erforschung des Atomkerns hat eine große Zahl spezieller experimenteller Techniken und Methoden hervorgebracht (Nachweis und Spektrometrie von Teilchenstrahlung, Teilchenbeschleuniger, Kernreaktoren) deren Grundlagen ebenfalls in diesem Teil dargelegt werden.

Die Atomkerne stellen in der Struktur der Materie nach den Atomen die nächst kleineren Einheiten dar. Einen weiteren Schritt in den Mikrokosmos geht die Elementarteilchenphysik (Teil Elementarteilchen). Sie untersucht die Struktur und die Wechselwirkungen der Bausteine des Atomkerns. Die Kernphysik steht also zwischen diesen beiden großen Gebieten der Physik.

Die Wechselbeziehungen zwischen Atomphysik und Kernphysik sind relativ schwach. Abgesehen von Ladung, Masse, magnetischem Moment und elektrischem Quadrupolmoment spielt die eigentliche Kernstruktur für die Elektronenhülle kaum eine Rolle. Das hat seine Ursache darin, daß die Elektronenhülle vollständig von der elektromagnetischen Wechselwirkung beherrscht wird, während die eigentlichen Kernkräfte auf die Elektronen keine Wirkung ausüben. Andererseits ist die Kernwechselwirkung um zwei Größenordnungen stärker als die elektromagnetische, so daß man auch kaum eine Rückwirkung der Struktur der Hülle auf den Kern erwarten kann. Es erfordert äußerst subtile Methoden, die winzigen Effekte nachzuweisen, die veränderte Hüllenstrukturen, z. B. bei Änderung der chemischen Bindung, auf den Kern bewirken. Aus diesen Gründen kann die Darstellung der Kernphysik von der der Atomphysik weitgehend entkoppelt werden.

Allerdings haben beide Gebiete eine gemeinsame theoretische Grundlage, die Quantenmechanik. Wir werden deshalb häufig auf den Abschnitt „Grundlagen der Wellenmechanik" (Abschn. 1.2). Bezug nehmen. Die Kernphysik hat dieses Gebiet der theoretischen Physik durch vielfältige Methoden der Behandlung des quantenmechanischen Vielteilchenproblems wesentlich bereichert.

Anders sind die Beziehungen zwischen Kernphysik und Elementarteilchenphysik. Letztere ist aus der Kernphysik hervorgegangen, als man versuchte, die Kernkräfte zu verstehen. Deren Natur erwies sich als äußerst kompliziert. Sie zwang dazu, die Wechselwirkungen der Kernbausteine bei immer höheren Energien ihrer Relativbewegungen zu studieren. Dabei kam man bald über die Grenze der elastischen Wechselwirkung hinaus. Jedes Mal, wenn ein Beschleuniger einen höheren Energiebereich erschloß, fand man eine Fülle neuer Teilchen bzw. neuer Anregungszustände bekannter Teilchen. Man fand also auch im subnuklearen Bereich komplizierte Strukturen, und das neue Gebiet der Elementarteilchenphysik entwickelte sich drei Jahrzehnte fast unabhängig von seinem Ursprung, der Kernphysik. Inzwischen ist die Elementarteilchenphysik zur Erkenntnis noch elementarerer Bausteine der Materie und ihrer Wechselwirkungen (Quarks mit Gluonenfeld) vorgedrungen und es scheint damit die Grundlage für das Verständnis der Kernkräfte geschaffen zu sein. Wir erleben deshalb, wie die Kernphysiker begierig die neuen Erkenntnisse in ihre Wissenschaft aufnehmen, in der Hoffnung, einen Zugang zur Lösung vieler noch ungelöster Fragen zu finden. Andererseits stellte sich heraus, daß der Atomkern ein Laboratorium für die Untersuchung der elementaren Wechselwirkungen zwischen den Grundbausteinen der Materie darstellt, weil diese Wechselwirkungen im Atomkern voll zur Wirkung kommen. Trotz dieser von der Natur selbst gegebenen engen Kopplung konnte sich die Kernphysik unabhängig von der Elementarteilchenphysik entwickeln, indem sie mit phänomenologischen Kernkräften arbeitete, die aus Experimenten abgeleitet wurden. Es wird die Aufgabe der Kernphysik in der Zukunft sein, diese phänomenologischen Kräfte mit Hilfe der Erkenntnisse der Elementarteilchenphysik zu begründen.

In kaum zu überschätzendem Maße hat die Kernphysik in den letzten 50 Jahren zur Entwicklung der Produktivkräfte der menschlichen Gesellschaft beigetragen. Die Kernphysik ist die naturwissenschaftliche Grundlage für die Nutzung der

Kernenergie und für zahllose Anwendungen der Isotopen- und Strahlentechnik in anderen Gebieten der Wissenschaft, in der Technik und Medizin.

2.2. Phänomenologie der Atomkerne

2.2.1. Systematik der Atomkerne

Im Atommodell wird bereits konstatiert, daß die Kerne eine positive Ladung Z tragen, die gleich der Zahl der Hüllenelektronen und damit der Ordnungszahl des Elements ist. Ihre Masse ist gleich der Masse des Atoms vermindert um die Masse der Z Elektronen. Der kleinste Atomkern ist der des Wasserstoffs. Seine Masse ist in atomaren Masseneinheiten annähernd 1 und seine Ladung beträgt $+1e$. Da die Kerne nur ganzzahlige Vielfache der Elementarladung tragen und außerdem die Massen annähernd ganzzahlige Vielfache der Masse des Wasserstoffs sind, liegt es nahe, den Wasserstoffkern als einen fundamentalen Baustein der Atomkerne anzu-

nehmen. Dieses elementare Teilchen erhielt den Namen „Proton". Setzen wir das Verhältnis von Masse zu Ladung für das Proton $\dfrac{m}{e} = 1$, dann zeigt sich, daß dieses Verhältnis für leichte Kerne 2 beträgt und zu schweren Kernen größere Werte annimmt $\left(\text{für Uran } \dfrac{238}{92} = 2{,}59\right)$. Man versuchte daher zunächst Kernmodelle aus einer Zahl von Protonen zu konstruieren, die der Kernmasse entsprach, und die dabei entstehende überschüssige Ladung durch Elektronen zu kompensieren. Diese Modelle scheiterten an zahlreichen Widersprüchen. Der Schlüssel zu einer erfolgreichen Beschreibung war die Entdeckung des Neutrons im Jahre 1932 durch J. CHADWICK[1]). Das Neutron ist ein ungeladenes Teilchen, hat fast die gleiche Masse wie das Proton und wie dieses den Spin $\frac{1}{2}$. Das Neutron ist ebenso wie das Proton als ein „Elementarteilchen" aufzufassen. Davon ausgehend wurde von D. D. IVANENKO 1932 erstmals die Ansicht aus-

---

[1]) JAMES CHADWICK 1891–1974.

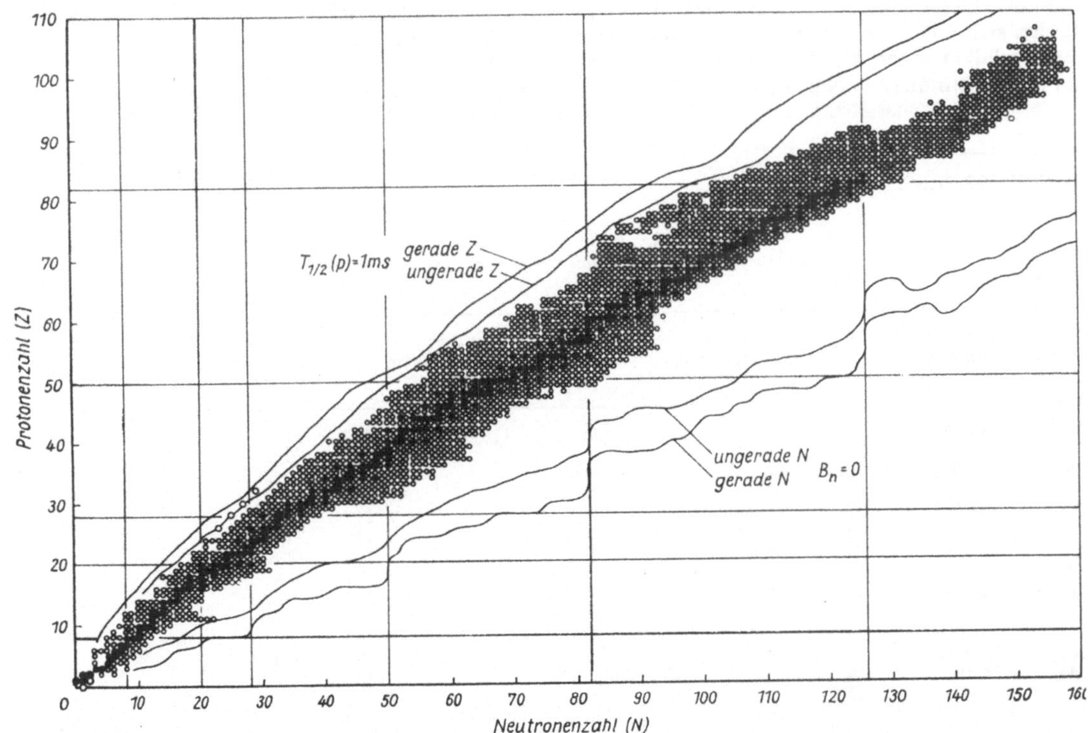

Abb. 2.1. NZ-Diagramm. ● stabile Nuklide; ○ instabile Nuklide (Stand 1980); eingezeichnet sind ferner die magischen Zahlen für N und Z und die Grenzen der Stabilität gegenüber Neutronenemission ($B_n = 0$) und Protonenemission ($T_{1/2}(\mathrm{p}) = 1$ ms)

gesprochen, daß der Kern aus Protonen und Neutronen aufgebaut ist. Diese Idee wurde von W. HEISENBERG[1]) aufgegriffen. Ebenfalls noch 1932 entwickelte er die Vorstellung, daß Proton und Neutron zwei Zustände ein und desselben Teilchens, des Nukleons darstellen. Zur Unterscheidung dieser beiden Zustände wurde von ihm eine neue Quantenzahl, der Isotopenspin oder kurz Isospin eingeführt. Definitionsgemäß hat der Isospin für das Proton den Wert $+\frac{1}{2}$ und für das Neutron $-\frac{1}{2}$. Der Isospin erwies sich später als eine wichtige Quantenzahl für die Charakterisierung von Kernzuständen.

Entsprechend dem Aufbau der Kerne aus Protonen und Neutronen läßt sich die Mannigfaltigkeit der Kerne durch zwei Zahlen systematisieren: die Ladungszahl Z und die Neutronenzahl N. Die Summe $Z + N = A$ ist die Massenzahl. Es ist üblich, die in der Natur vorhandenen oder künstlich erzeugten Kerne im sog. NZ-Diagramm darzustellen. In diesem wird auf der Abszisse die Neutronenzahl N und auf der Ordinate die Ladungszahl Z aufgetragen. Zeichnet man in diese Koordinaten die bekannten stabilen Kerne ein, dann findet man, daß sie sich eng um eine bestimmte Linie gruppieren, die am Ursprung die Steigung 1 besitzt und dann zunehmend flacher verläuft. Ober- und unterhalb dieser Linie befinden sich unstabile Kerne, die sich meist durch Betazerfall in andere Kerne umwandeln, die näher an der Stabilitätslinie liegen (Abb. 2.1).

Man bezeichnet Kerne mit einem bestimmten Wertepaar NZ als Nuklide. Sie werden üblicherweise dargestellt durch das Symbol des chemischen Elements, zu dem sie gehören. Links oben wird die Massenzahl angegeben und links unten, wenn notwendig die Ladungszahl (z. B. $^{16}_{8}O$, $^{238}_{92}U$). Ladungs- und Neutronenzahl sind nicht eindeutig miteinander verknüpft. Zu jedem Z kann N in gewissen Grenzen variieren und umgekehrt. Dadurch erhält man im NZ-Diagramm ein ganzes Band, das mit Nukliden besetzt ist. Man bezeichnet Nuklide, die gleiches Z besitzen, aber unterschiedliches N als Isotope.

Im Jahre 1919 baute F. W. ASTON[2]) den ersten brauchbaren Massenspektrografen und konnte damit nachweisen, daß die meisten Elemente Gemische aus verschiedenen Isotopen darstellen (Tab. 2.1). Chemisch können nur die mittleren Atomgewichte (relativen Atommassen) bestimmt werden. Diese mittleren Werte zeigen z. T. ganz erhebliche Abweichungen von der Ganzzahligkeit. Die Entdeckung der Isotopie der Atomkerne erklärte diese Abweichungen und ermöglichte erst die Schlußfolgerung, daß die Kerne einheitlich aus Bausteinen gleicher Masse aufgebaut sind.

Als Isotone bezeichnet man Nuklide mit gleichem N aber unterschiedlichem Z. Schließlich spricht man bei Nukliden mit gleichem A von Isobaren. Im NZ-Diagramm liegen sie auf Senkrechten zur Diagonale $N = Z$.

---

[1]) WERNER HEISENBERG 1901–1976.

[2]) FRANCIS WILLIAM ASTON 1877–1945.

Tabelle 2.1. Mittleres Atomgewicht und Isotopenzusammensetzung einiger Elemente (bezogen auf Atomgewicht von $^{12}C = 12$)

Element	Mittleres Atomgewicht [u]	A	Anteil am Gemisch [%]	Element	Mittleres Atomgewicht [u]	A	Anteil am Gemisch [%]
H	1,00797	1	99,98	Sn	118,69	112	1,01
		2	0,02			114	0,67
He	4,0026	3	10^{-7}			115	0,38
		4	100			116	14,8
B	10,811	10	18,83			117	7,75
		11	81,17			118	24,3
C	12,01115	12	98,9			119	8,6
		13	1,1			120	32,4
O	15,9994	16	99,76			122	4,56
		17	0,04			124	5,64
		18	0,20	Pb	207,19	204	1,42
Na	22,9898	23	100			206	24,1
Mg	24,312	24	78,99			207	22,1
		25	10,0			208	52,3
		26	11,01	U	238,03	234	0,0054
Cl	35,453	35	75,4			235	0,772
		37	24,6			238	99,275
Cu	63,546	63	69,2				
		65	30,8				

2.2.2. Radius, Dichte und Form der Kerne

Eine erste grobe Abschätzung des Kernradius wurde bereits im Teil Atom, Abschn. 1.1., auf der Basis der Rutherfordschen Streuversuche gegeben. Diese Experimente hatten fundamentale Bedeutung für die Entwicklung des Atommodells und der Kernphysik. Streuexperimente stellen auch heute noch die wichtigste Informations-

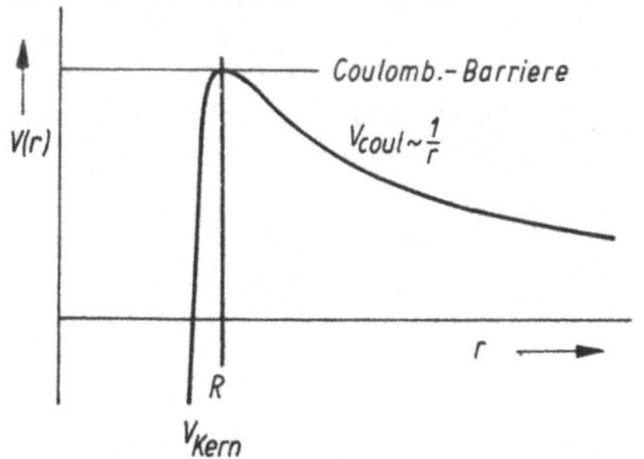

Abb. 2.2. Coulomb-Feld eines Kerns

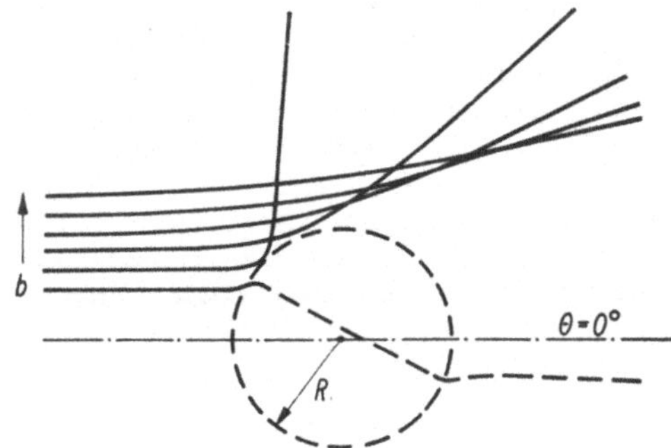

Abb. 2.3. Rutherford-Streuung und Streuung am Kernfeld

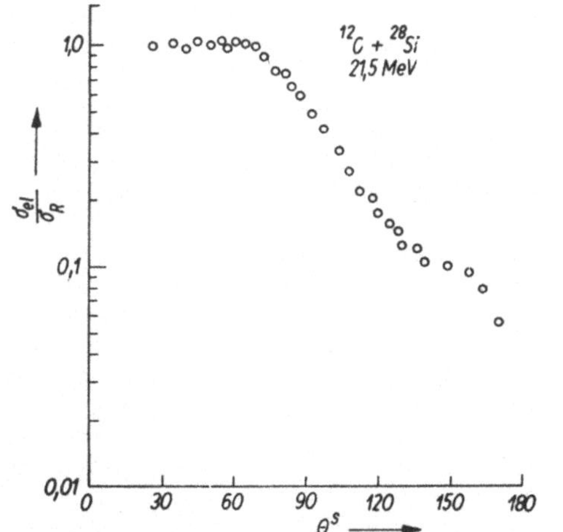

Abb. 2.4. Winkelverteilung für die Streuung schwerer Ionen an Kernen (nach D. WOLFAHRT 1983)

quelle für die Messung der Kernradien, für die Untersuchung der Kernkräfte und die Struktur der Elementarteilchen dar. Wegen ihrer großen Bedeutung behandeln wir die Physik der Streuprozesse ausführlich im Abschn. 2.3. und nehmen hier nur die wichtigsten Ergebnisse bezüglich der geometrischen Struktur der Atomkerne vorweg.

Die Rutherfordsche Streuformel [Gl. (1.3)] für die Winkelverteilung des differentiellen Wirkungsquerschnitts gilt solange, wie der Umkehrpunkt der Teilchenbahn, oder der Punkt der größten Annäherung der Stoßpartner, noch im ungestörten Coulomb-Feld liegt. Je kleiner der Stoßparameter b der Geschoßteilchen wird, um so näher gelangen diese an den Kern, um so größer wird der Streuwinkel. Ist ihre Energie groß genug, können sie die Coulomb-Barriere (Abb. 2.2) überwinden und in den Bereich der anziehenden Kernkräfte gelangen. Dann wird der Streuwinkel wieder kleiner und die Intensität des Teilchenstroms bei großen Winkeln sinkt plötzlich stark unter den Rutherford-Querschnitt (Abb. 2.3). Die Höhe der Coulomb-Schwelle kann mit

$$V_{Schwelle} = \frac{1}{4\pi\varepsilon_0} \frac{Z_1 Z_2 e^2}{R_1 + R_2} \qquad (2.1)$$

angegeben werden. Hier sind Z_1 und Z_2 die Ladungen der Stoßpartner und R_1 und R_2 ihre Radien. Abb. 2.4 zeigt die Winkelverteilung für einen solchen Fall. Auf der Ordinate ist das Verhältnis des differentiellen Wirkungsquerschnitts zum Rutherfordquerschnitt aufgetragen. Bei kleinen Winkeln ist dieses Verhältnis 1 und etwa ab 70° bricht der Rutherford-Querschnitt zusammen. Das tritt bei um so kleineren Winkeln ein, je höher die Energie der Geschoßteilchen ist. Aus diesen Experimenten folgt die Höhe der Coulomb-Schwelle und damit die Summe der Radien der Stoßpartner.

Bei Energien über der Coulomb-Schwelle wird die Streuung durch das optische Potential beschrieben, das im Abschn. 2.3.12. behandelt wird. Paßt man die experimentellen Winkelverteilungen mit diesem optischen Modell an, erhält man die Parameter des optischen Potentials und damit auch eine Information über den Kernradius.

Sehr genau läßt sich die Ladungsverteilung im Kern mit Hilfe der Streuung schneller Elektronen messen. Dabei kann man nicht nur den Kernradius sondern auch die Form des Kerns „sichtbar" machen, wobei man feststellt, daß die Kerne vieler Nuklide deformiert sind, d. h. von der sphärischen Gestalt abweichen (Abb. 2.5).

Weitere Informationen über Kernradius und Kernform kann man aus der Spektroskopie der Mesoatome erhalten. Das sind Atome, bei denen ein Elektron durch ein Pion oder Myon ersetzt ist. Wegen der 270 bzw. 210mal größeren Masse

---

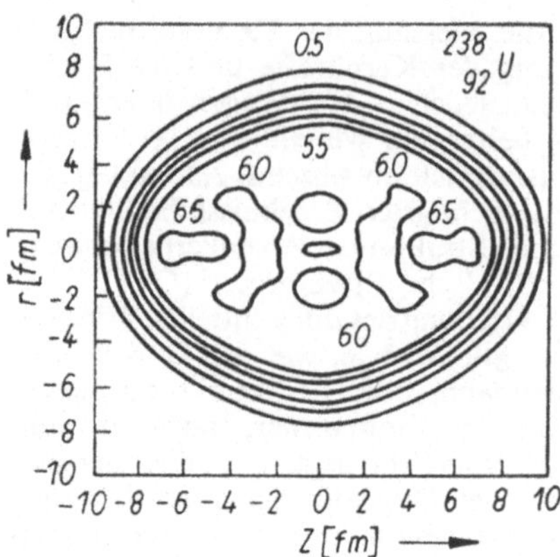

Abb. 2.5. Ladungsverteilung in $^{238}_{92}$U, „sichtbar" gemacht durch Elektronenstreuung (nach W. BERTOZZI 1977)

der Mesonen gegenüber den Elektronen bewegen sich diese auf viel engeren Bahnen um den Kern oder tauchen sogar in diesen ein. Das Spektrum der Energieniveaus der Mesoatome, das sich mit großer Präzision messen läßt, wird daher stark von der Geometrie der Massen- und Ladungsverteilung des Kerns beeinflußt.
Das Resultat einer Vielzahl von Experimenten der oben beschriebenen Art ist folgendes:

Für alle Kerne kann man einheitlich mit dem (mittleren) Radius

$$R = r_0 A^{1/3} \qquad (2.2)$$

rechnen, d. h. das Volumen der Kerne ist proportional der Zahl der in ihnen enthaltenen Nukleonen.

Die verschiedenen Experimente liefern Werte von

$$r_0 = (1{,}1 \ldots 1{,}4) \cdot 10^{-15} \text{ m}.$$

Die Schwankung der Resultate hängt damit zusammen, daß der Kernrand unscharf ist und daher das Ergebnis von der Bestimmungsmethode abhängt. Wir werden weiterhin mit dem Wert $r_0 = 1{,}24 \cdot 10^{-15}$ m rechnen. Die Größe r_0 gibt die Größenordnung der Abmessungen an, mit denen wir es in der Kernphysik zu tun haben. Allgemein wird in der Kernphysik mit der Längeneinheit 10^{-15} m $= 10^{-13}$ cm $= 1$ fm gerechnet. Diese Einheit wird oft auch als 1 Fermi bezeichnet zu Ehren von E. FERMI[1]).
Nachdem der Kernradius bestimmt ist, können wir Aussagen über die Dichte der Kerne machen, wobei wir voraussetzen, daß die Massen der Kerne aus der Atomphysik bekannt sind.

---

[1]) ENRICO FERMI 1901–1954.

Gl. (2.2) ergibt, daß die Dichte der Kerne für alle Massenzahlen gleich und außerdem bis auf die Nähe des Kernrandes gleichmäßig verteilt ist. Für die Kerndichte erhalten wir als typischen Wert

$$\varrho = 2 \cdot 10^{14} \text{ g/cm}^3 .$$

Diese Dichte übersteigt um 13 Größenordnungen die Dichte der Körper unter normalen irdischen Bedingungen. Dieser Wert zeigt, in wie hohem Maße die Materie in den Atomkernen konzentriert ist. Eine weitere interessante Größe ist die Nukleonendichte

$$\varrho_N = \frac{3A}{4\pi r_0^3 A} = 0{,}18 \text{ Nukleonen/fm}^3$$

im Kern.

2.2.3. Massen und Bindungsenergien der Kerne

Ein System zusammengesetzt aus Teilchen ist dann stabil, wenn der gebundene Zustand energetisch günstiger ist, als der Schwarm freier Teilchen. Bei der Fusion von Nukleonen zu einem Kern wird also Energie frei, die als Bindungsenergie B bezeichnet wird. Sie ist negativ zu rechnen. Wegen der Äquivalenz von Masse und Energie nach der Einsteinschen Formel $E = mc^2$ ist die Masse des Kerns M_A kleiner als die Summe der Massen seiner Bausteine. Diese Differenz wird als Massendefekt ΔM bezeichnet. Es gilt die Gleichung

$$B = \Delta Mc^2 = M_A - (Nm_n + Zm_p). \qquad (2.3)$$

Die Massen von Proton und Neutron sind mit einer Genauigkeit von 9 Dezimalen bestimmt worden (s. Tab. 2.3). Die Protonenmasse kann mit hochauflösenden Massenspektrometern (s. Abschn. 2.5.2). gemessen werden. Noch genauere Resultate erlauben Methoden der Atom- und Molekülspektroskopie. Letztere liefern auch außerordentlich exakte Werte der relativen Massen von Isotopen z. B. des Wasserstoffs. Ausgehend von der Masse des Protons lassen sich aus Rotationsspektren von Molekülen mit Hilfe der Mikrowellenspektroskopie ebenso genaue Massen des Deuterons und des Tritons (^{3}H) bestimmen. Diese Präzisionswerte gestatten ihrerseits die Masse des Neutrons mit fast der gleichen Genauigkeit zu messen. Dazu muß man die Energietönung von Kernreaktionen bestimmen, bei denen das Neutron beteiligt ist. Dazu ist z. B. die Reaktion ^{2}H $+ \gamma = $ n $+$ p benutzt worden.
Die Messung der Nuklidmassen kann ebenfalls mit ·modernen Massenspektrometern erfolgen. Im Laufe der Zeit wurde die Auflösung dieser

---

Tabelle 2.2. Umrechnungsfaktoren für in der Kernphysik gebräuchliche Energieeinheiten

	MeV	erg	J	u	g
1 MeV	–	$1{,}602\,189\,2$ 10^{-6}	$1{,}602\,189\,2$ 10^{-13}	$1{,}073\,535\,4$ 10^{-3}	$1{,}782\,675\,7$ 10^{-27}
1 erg	$0{,}624\,146\,0$ 10^{6}	–	10^{-7}	$0{,}670\,042\,7$ 10^{3}	$0{,}111\,265\,01$ 10^{-20}
1 J	$0{,}624\,146\,0$ 10^{13}	10^{7}	–	$0{,}670\,042\,7$ 10^{10}	$0{,}111\,265\,01$ 10^{-13}
1 u	$931{,}501\,6$	$1{,}492\,442$ 10^{-3}	$1{,}492\,442$ 10^{-10}	–	$1{,}660\,565\,5$ 10^{-24}
1 g	$0{,}560\,954\,5$ 10^{27}	$8{,}987\,551\,8$ 10^{20}	$8{,}987\,551\,8$ 10^{13}	$0{,}602\,204\,4$ 10^{24}	–

Geräte bis zu Werten von $M/\Delta M = 100\,000$ hochgetrieben. Damit ist die Möglichkeit gegeben, die Massen der Kerne über das gesamte periodische System so genau zu messen, daß man die Massendefekte, die nur einen kleinen Bruchteil der Gesamtmasse darstellen, für jeden Kern sehr genau angeben kann. Interessiert man sich für instabile, u. U. sehr kurzlebige Nuklide, dann kann man deren Bindungsenergien aus der Energietönung von Kernreaktionen erhalten (s. Abschn. 2.3.1.), an denen diese Kerne beteiligt sind.

> Aus den experimentellen Daten ergibt sich, daß die Bindungsenergie je Nukleon über den gesamten Massenbereich (abgesehen von den leichtesten Kernen) etwa konstant ist und rund 8 MeV (Megaelektronenvolt) beträgt.

Die Bindung der Nukleonen ist also rund 10^{6}mal stärker als die der Elektronen in der Hülle. Energien werden in der Kernphysik deshalb meistens in Einheiten von MeV angegeben. In Tab. 2.2 sind Umrechnungsfaktoren zu anderen Energieeinheiten zusammengestellt.

Die Bindungsenergien je Nukleon der Nuklide längs der Stabilitätslinie sind in Abb. 2.6 dargestellt[1]). Wie man sieht, gibt es eine Reihe von bemerkenswerten und wichtigen Abweichungen von der mittleren Bindungsenergie von 8 MeV. Zunächst stellt man fest, daß die Kurve in der Gegend von $A = 50 \dots 60$ ein breites Maximum besitzt. Bei den leichtesten Kernen gibt es einen steilen Anstieg vom Deuteron mit $B/A = 1{,}1122$

MeV zum Helium mit $B/A = 7{,}0740$ MeV und dann einen weiteren Anstieg mit Maxima für Nuklide mit $A = 4n$ (n ganzzahlig). An einigen Stellen gibt es weitere kleine Maxima. So bei Nukliden mit $N = 28$, 50, 82, 126 und mit $Z = 82$. Wie wir später sehen werden, heben sich Kerne mit diesen Zahlen für N und Z auch bei anderen Eigenschaften aus ihrer Umgebung heraus. Man hat diese Zahlen daher als *magische* Zahlen bezeichnet.

Wegen der Bindungsenergien würden die Nuklidmassen mit zunehmendem A immer mehr von den ganzzahligen Massenzahlen abweichen, wenn man als Einheit der Massenzahl die Wasserstoffmasse zugrunde legen würde. Die aus praktischen Gründen angestrebte möglichst vollkommene Übereinstimmung von wirklicher Masse und Massenzahl läßt sich erreichen, wenn man als Einheit 1/12 der Masse des Kohlenstoffisotops ^{12}C wählt. Durch Konvention wurde diese Einheit mit *atomare Masseneinheit* bezeichnet und mit a. m. u. oder nach neuester Festlegung einfach mit u (unit) abgekürzt. Nach Tab. 2.2 kann diese Einheit sowohl durch die Masse in g als auch durch Energieeinheiten (entsprechend $E = mc^2$) ausgedrückt werden. Die in Tabellen angegebenen Massen verstehen sich stets brutto, d. h. einschließlich der Elektronenhülle. Tab. 2.3 gibt einen Auszug aus der neuesten (1977) Massentabelle wieder (Zitat s. Fußnote S. 97). Da durch die Massenzahl A die Masse des Nuklids bereits grob festgelegt ist, genügt es in den Tabellen den *Massenexzeß*, der durch Atommasse $-A$ definiert ist, anzugeben, wobei als Einheit entweder das MeV oder das u gewählt werden kann. Die genauen Massentabellen sind z. B. notwendig, um die Energietönung Q von Kernumwandlungen zu berechnen. Als Beispiel betrachten wir den Einfang eines Neutrons in ^{10}B, also die Reaktion

$$^{10}\mathrm{B} + n = {}^{7}\mathrm{Li} + {}^{4}\mathrm{He} + Q.$$

---

[1]) Die in Abb. 7 eingetragenen Werte sind der Tabelle von A. H. WAPSTRA u. K. BOS, Atomic Data and Nuclear Data Bd 19 (1977) 177 entnommen. Für jede Massenzahl A wurde der Wert des Isobars gewählt, das die höchste Bindungsenergie besitzt.

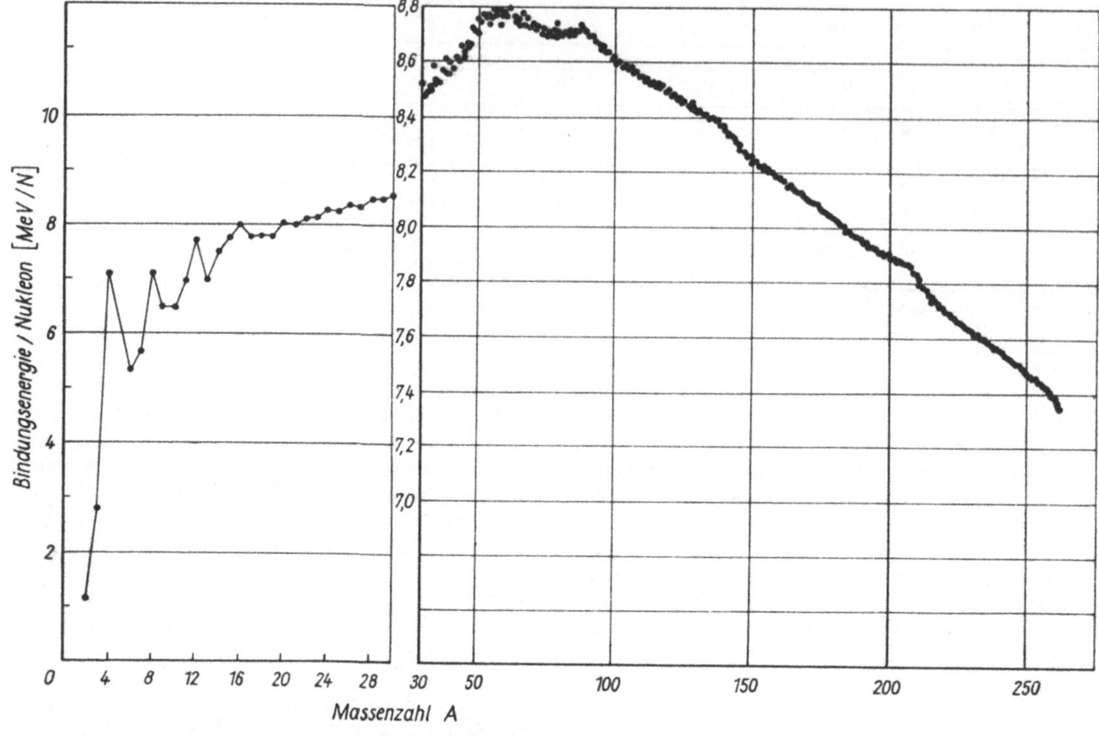

Abb. 2.6. Bindungsenergie je Nukleon der Nuklide längs der Stabilitätslinie

Tabelle 2.3. Atommassen, Massenexzeß, Bindungsenergien und Bindungsenergien je Nukleon für einige ausgewählte Nuklide

N	Z	A	Element	Atommasse [u]	Massenexzeß [MeV]	Bindungsenergie [MeV]	B/A [MeV]
1	0	1	n	1,008 664 967 $\pm$ 34	8,071 431 $\pm$ 39	–	–
0	1	1	H	1,007 825 037 $\pm$ 10	7,289 034 $\pm$ 23	–	–
1	1	2	H	2,014 101 787 $\pm$ 21	13,135 84 $\pm$ 4	2,224 628 $\pm$ 30	1,112 3
2	1	3	H	3,016 049 286 $\pm$ 32	14,949 94 $\pm$ 5	8,481 96 $\pm$ 6	2,827
1	2	3	He	3,016 029 297 $\pm$ 33	14,931 32 $\pm$ 5	7,718 183 $\pm$ 38	2,573
2	2	4	He	4,002 603 25 $\pm$ 5	2,424 94 $\pm$ 4	28,295 99 $\pm$ 10	7,074
3	3	6	Li	6,015 123 2 $\pm$ 8	14,087 3 $\pm$ 8	31,994 1 $\pm$ 8	5,332
4	3	7	Li	7,016 004 5 $\pm$ 7	14,908 2 $\pm$ 9	39,244 6 $\pm$ 9	5,606
5	5	10	B	10,012 938 0 $\pm$ 5	12,051 7 $\pm$ 5	64,750 6 $\pm$ 5	6,475
6	6	12	C	12,000 000 000 $\pm$ 0	0,0	92,162 79 $\pm$ 33	7,680
8	8	16	O	15,994 914 64 $\pm$ 9	$-$4,737 02 $\pm$ 4	127,620 7 $\pm$ 4	7,976
14	13	27	Al	26,981 541 3 $\pm$ 7	$-$17,194 3 $\pm$ 7	224,951 8 $\pm$ 10	8,332
22	18	40	Ar	39,962 383 1 $\pm$ 7	$-$35,040 2 $\pm$ 7	343,814 3 $\pm$ 14	8,595
21	19	40	K	39,963 998 8 $\pm$ 8	$-$33,535 2 $\pm$ 8	341,526 9 $\pm$ 14	8,538
20	20	40	Ca	39,962 590 7 $\pm$ 9	$-$34,846 8 $\pm$ 8	342,056 1 $\pm$ 14	8,551
22	19	41	K	40,961 825 4 $\pm$ 9	$-$35,559 7 $\pm$ 9	351,622 9 $\pm$ 15	8,576
30	26	56	Fe	55,934 939 3 $\pm$ 15	$-$60,604 1 $\pm$ 14	492,262 0 $\pm$ 22	8,790
72	52	124	Te	123,902 825 $\pm$ 4	$-$90,518 3 $\pm$ 38	1 050,691 $\pm$ 5	8,473
70	53	123	I	122,905 57 $\pm$ 11	$-$87,970 $\pm$ 100	1 039,280 $\pm$ 100	8,449
126	82	208	Pb	207,976 641 $\pm$ 5	$-$21,759 $\pm$ 5	1 636,460 $\pm$ 8	7,868
143	92	235	U	235,043 925 2 $\pm$ 25	$+$40,916 4 $\pm$ 24	1 783,889 $\pm$ 7	7,591
146	92	238	U	238,050 785 7 $\pm$ 23	$+$47,307 0 $\pm$ 22	1 801,713 $\pm$ 7	7,570

2. Kernphysik

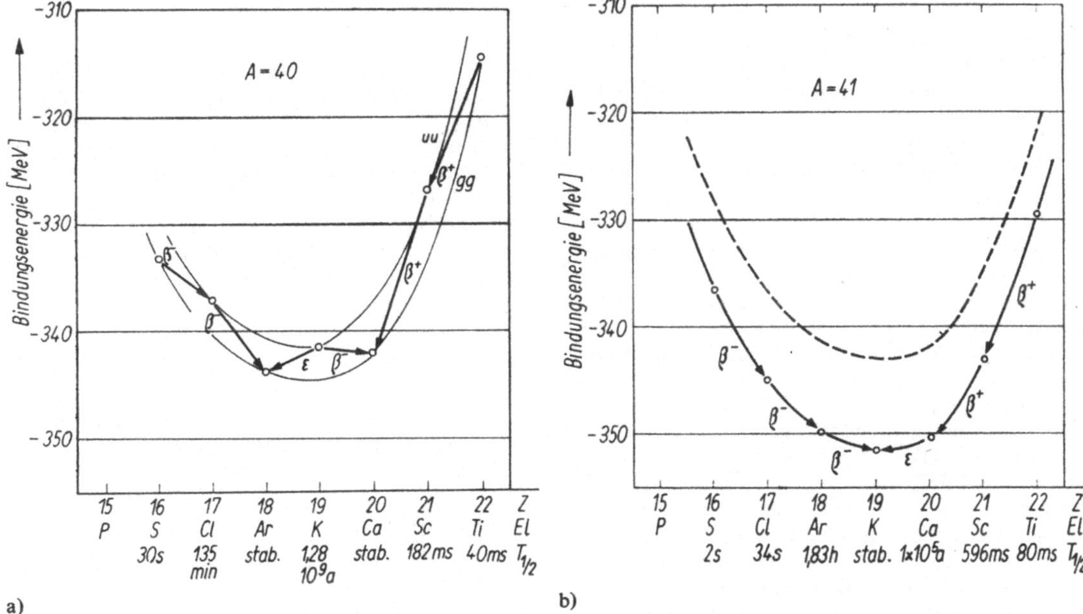

Abb. 2.7. Bindungsenergien für die Isobare mit a) $A = 40$ und b) $A = 41$, Schnitt durch das „Isotopental"

Diese Gleichung kann als eine Massen- oder Energiebilanz aufgefaßt werden. Mit Q wird die bei der Reaktion frei werdende ($Q > 0$) oder aufzuwendende ($Q < 0$) Energie bezeichnet. Nach unserer Massentabelle ergibt sich für Q:

$$
\begin{aligned}
m_{10_B} &= 10,01293800 \text{ u}\\
+m_n &= 1,00866497 \text{ u}\\
-m_{7_{Li}} &= 7,01600450 \text{ u}\\
-m_{4_{He}} &= 4,00260325 \text{ u}\\
\hline
Q &= 0,00299522 \text{ u}\\
Q &= 2,7900522 \text{ MeV.}
\end{aligned}
$$

Diese Reaktion hat einen positiven Q-Wert, sie ist exogen. Als zweites Beispiel berechnen wir den Energieaufwand für die Erzeugung des Nuklids ^{123}I, das für medizinische Anwendungen von großem Interesse ist. Es wird über die Reaktion

$$^{124}\text{Te} + \text{p} = {}^{123}\text{I} + 2\text{n} + Q$$

erzeugt.

$$
\begin{aligned}
m_{124_{Te}} &= 123,902825 \text{ u}\\
+m_p &= 1,007825 \text{ u}\\
-2m_n &= 2,017330 \text{ u}\\
-m_{123_I} &= 122,905570 \text{ u}\\
\hline
Q &= -0,012250 \text{ u} = -11,411 \text{ MeV.}
\end{aligned}
$$

Hier ist der Q-Wert negativ, die Reaktion endogen. ^{123}I läßt sich also nur an Beschleunigern mit ausreichender Energie erzeugen. Übrigens kommt man zu dem gleichen Ergebnis für den Q-Wert, wenn man statt der Atommassen die Massenexzesse in die Rechnung einsetzt.

Wir untersuchen noch einige Aspekte der Bindungsenergien. In den Abb. 2.7a u. b sind die Bindungsenergien für die Isobare mit den Massenzahlen $A = 40$ und 41 über Z aufgetragen. Wir betrachten also hier die Variation der Bindungsenergien quer zur Stabilitätslinie im NZ-Diagramm. Wir sehen, daß rechts und links der Stabilitätslinie die Bindungsenergien schnell kleiner werden. Die in der Natur vorkommenden stabilen Nuklide liegen also auf der Sohle eines Tales, das zu großen A abfällt. Auf den Hängen des Tales liegen instabile Nuklide, die sich meist durch Betazerfall stufenweise in die stabilen Isobare umwandeln. Auf der Seite des Tales mit überschüssigen Neutronen werden beim Betazerfall Elektronen emittiert, auf dem Hang mit Protonenüberschuß Positronen. Als weitere Umwandlungsart kommt der Elektroneneinfang, in Abb. 2.7a und b mit ε bezeichnet, in Frage, bei dem die Kernladung wie beim β^+-Zerfall um eine Einheit abnimmt. Je größer die Energiedifferenzen zwischen benachbarten Nukliden auf den Hängen des Tales werden, um so unstabiler werden die Kerne und um so kleiner wird in der Regel die Lebensdauer. Wird die Differenz der Bindungsenergien zweier benachbarter Nuklide größer als die Bindungsenergie für das äußerste Nukleon, wird dieses nicht mehr gebunden. Dann ist die Grenze der Kernstabilität erreicht. Die vermuteten Grenzen sind in das NZ-Diagramm Abb. 2.1 eingetragen. Ihre genaue Lage läßt sich schwer theoretisch vorhersagen, da die Kernkräfte für die Wechselwirkung des Kernrumpfes mit den in relativ extremen Quantenzuständen angekoppelten überschüssigen Nukleonen nicht bekannt sind.

In Abb. 2.7a ist der Querschnitt durch das Isotopental für $A = 40$ eingezeichnet. Die Isobare verteilen sich abwechselnd auf zwei parabelähnlichen Kurven. Auf der oberen liegen Nuklide mit ungeradem N und ungeradem Z, sog. uu-Kerne. Auf der unteren Kurve liegen Nuklide mit geradem N und Z, sog. gg-Kerne. Wir sehen, daß die Bindungsenergie der gg-Kerne etwas größer als die der uu-Kerne ist. Für gg-Kerne gibt es meistens mehrere stabile Isobare. Stabile uu-Kerne kommen selten vor. Die Isobare mit $A = 41$ sind alles ug-Kerne, d. h. entweder N ist gerade und Z ungerade oder umgekehrt. Alle Isobare mit ungeradem A sind ug-Kerne und umfassen jeweils nur ein stabiles Nuklid. Die gestrichelte Kurve in Abb. 2.7b wurde erhalten, indem bei der Bindungsenergie jedes Nuklids die Bindungsenergie eines Nukleons abgezogen wurde. Der Vergleich mit Abb. 2.7a ergibt, daß die gestrichelte Kurve genau zwischen den Kurven für die uu- und gg-Kerne fällt. Das Isotopental hat also eine dreifache Sohle.

Das in Abb. 2.7. gezeigte Beispiel für $A = 40$ ist für die Altersbestimmung in der Geologie von Interesse. In dem Kalium, das in den Gesteinen enthalten ist, kommt das Isotop ^{40}K mit 0,011 7% vor. Es zerfällt mit einer Halbwertszeit von $1,28 \cdot 10^9$ a teils in ^{40}Ar, teils in ^{40}Ca. Bestimmt man das Verhältnis von ^{40}K zu ^{40}Ar in einem Gestein, kann man die Zeit berechnen, die seit seiner Entstehung vergangen ist (Kalium-Argon-Methode).

Kerne gleicher Massenzahl aber mit ausgetauschten Neutronen- und Protonenzahlen, z. B. $^{11}_{5}B$ und $^{11}_{6}C$, nennt man Spiegelkerne. Bis auf die Coulomb-Energie des überschüssigen Protons sind die Bindungsenergien dieser Kerne gleich. Daraus ergibt sich eine wichtige Schlußfolgerung:

Die Kernkräfte sind in guter Näherung unabhängig von der Ladung der Nukleonen.

Wir haben jetzt alle experimentellen Fakten zusammengetragen, um eine halbempirische Formel für die Bindungsenergie B der Atomkerne aufschreiben zu können

$$B = b_{Vol}A - b_{Ob}A^{2/3} - \frac{1}{2}b_{sym}\frac{(N-Z)^2}{A}$$

$$- \frac{3}{5}\frac{Z(Z-1)\,e^2}{4\pi\varepsilon_0 R_c} + \delta_B. \tag{2.4}$$

Diese Gleichung nennt man die Bethe-Weizsäcker-Formel. Wie in allen Lehrbüchern üblich wird hier der Absolutwert der Bindungsenergie notiert.

Der erste Term stellt die Volumenenergie dar. Sie ist proportional der Nukleonenzahl. In diesem Term kommt zum Ausdruck, daß die Bindungsenergie je Nukleon für alle Nuklide ungefähr konstant ist. Aus diesem Fakt ergeben sich zwei fundamentale Eigenschaften der Kernkraft:

Jedes Nukleon wechselwirkt nur mit seinen nächsten Nachbarn, d. h. die Kernkraft ist kurzreichweitig und sie wird bei Vorhandensein von 3 bis 4 Nachbarn abgesättigt.

In ^4He wird bereits fast die volle Bindungsenergie je Nukleon erreicht.

Der zweite Term ist die Oberflächenenergie, proportional zur Oberfläche des Kerns $O = 4\pi r_0^2 A^{2/3}$. Die Nukleonen an der Kernoberfläche haben keine Möglichkeit der Absättigung ihrer Kernkraft, so daß sie nicht die volle Bindungsenergie je Nukleon beitragen können.

Im dritten Term kommt die etwa parabelförmige Abhängigkeit der Bindungsenergie für die Isobaren auf einem Schnitt durch das Isotopental zum Ausdruck. Für symmetrische Kerne ($N = Z$) ist dieser Anteil Null.

Der Beitrag der elektrostatischen Energie der im Kern vereinigten Z Protonen ist im vierten Term ausgedrückt. R_c ist der Radius einer homogen geladenen Kugel, die dem Kern entspricht. Der Faktor $Z(Z-1)$ wurde gewählt, weil die Energie der Wechselwirkung einer Protonenladung mit sich selbst bereits in der Protonenmasse berücksichtigt ist und somit jedes Proton nur mit $Z-1$ anderen Protonen wechselwirkt.

Das letzte Glied der Formel soll schließlich den oben beschriebenen Fakt der dreifachen Aufspaltung der Sohle des Isotopentals wiedergeben. Deshalb ist

$$\delta_B = \begin{cases} +\Delta & \text{für gg-Kerne} \\ 0 & \text{für ug-Kerne (ungerades } A) \\ -\Delta & \text{für uu-Kerne.} \end{cases}$$

Die in die Formel für die Bindungsenergie eingehenden Parameter werden so angepaßt, daß die experimentellen Werte möglichst gut für alle Kerne wiedergegeben werden. Wir stellen diese Parameter zusammen[1]):

$$b_{Vol} = 16 \text{ MeV}, \qquad R = 1,24A^{1/3},$$
$$b_{Ob} = 17 \text{ MeV}, \qquad \Delta = 25A^{-1} \text{ MeV}.$$
$$b_{sym} = 50 \text{ MeV},$$

---

[1]) Nach A. BOHR und B. R. MOTTELSON 1969.

Die halbempirische Formel für die Bindungsenergien Gl. (2.4) wurde bereits 1935 von K. F. VON WEIZSÄCKER aufgestellt. Ihr liegt die Vorstellung des Tröpfchenmodells der Kerne (Abschn. 2.4.2.) zugrunde, d. h. eines gleichmäßig mit Kernmaterie gefüllten Volumens, das wegen der Minimierung der Oberflächenenergie Kugelform annimmt und keine weitere Struktur besitzt. Mit zunehmender Verbesserung der Kerndaten und der Kenntnisse über die Kernstruktur wurde die Bethe-Weizsäcker-Formel ständig vervollkommnet, um die Bindungsenergien genauer wiederzugeben, die Gebiete von Nukliden zu erfassen, die weiter abseits der Stabilitätslinie liegen, und um Voraussagen über die Grenzen der Kernstabilität machen zu können. Dabei handelt es sich stets um Ansätze von bestimmten Modellvorstellungen aus. An und für sich müßte die Kerntheorie die Bindungsenergien aus first principles herleiten, d. h. mit Hilfe der exakten Beschreibung des nuklearen Vielteilchensystems auf der Grundlage der elementaren Wechselwirkungen zwischen den Kernbausteinen. Solche „exakten" Beschreibungen sind bisher nur für Kerne der Massen 2, 3 und 4 möglich. Versuche, die Bindungsenergien für $A = 3$ und 4 auf der Basis von Kernkräften zu berechnen, die aus der experimentellen Nukleon-Nukleon-Wechselwirkung, also aus dem Zweiteilchenproblem abgeleitet wurden, haben zu wesentlich zu kleinen Bindungsenergien geführt. Zum Beispiel liegt das Ergebnis für das Wasserstoffisotop der Masse 3, Tritium, etwa 1 MeV unter dem experimentellen Wert von 8,48 MeV. Aus dieser Diskrepanz wird geschlossen, daß in Systemen aus mehr als 2 Nukleonen zusätzliche Komponenten der Kernkräfte wirken, die man aus den Zweiteilchenwechselwirkungen prinzipiell nicht erhalten kann (z. B. Vielteilchenkräfte).

2.2.4. Der Spin der Atomkerne

Im Teil Atom, Abschnitt 1.3.7.8. wurde bereits die Hyperfeinstruktur der Spektrallinien und ihr Zusammenhang mit dem Spin der Atomkerne ausführlich behandelt. Mit Hilfe der dort beschriebenen Experimente (optische, hochauflösende Spektroskopie, Atomstrahlresonanzmethode) und ferner mit der paramagnetischen Kernspinresonanz lassen sich die Kernspins bestimmen.

Mit Hilfe dieser Methoden ergab sich auch der Spin des Protons zu $s_p = 1/2$. Der Spin des Neutrons s_n ist mit diesen Methoden allerdings nicht zugänglich. Informationen über diese Größe ergeben sich aus den Spins der leichtesten Kerne. Aus dem Spin des Deuterons $I_d = 1$ folgt, daß der des Neutrons $s_n = 1/2$ oder 3/2 sein muß ($I_d = s_p + s_n = 1/2 + 1/2$ oder $-1/2 + 3/2$). Auch aus den Spins aller übrigen Kerne folgt, daß der Neutronenspin halbzahlig sein muß. Die Entscheidung, daß $s_n = 1/2$ ist, ergibt sich aus der Streuung von langsamen Neutronen an Ortho- und Parawasserstoff. Der Fakt, daß beide Nukleonen den Spin 1/2 besitzen, hat fundamentale Konsequenzen für die Kernstruktur:

> – Beide Nukleonen sind Fermionen, sie gehorchen der Fermi-Statistik, für sie gilt das Pauli-Prinzip.
> – Entsprechend den Prinzipien der Quantenmechanik muß die Wellenfunktion dieses Systems aus Fermionen antisymmetrisch bezüglich der Vertauschung zweier Nukleonen sein.

Der Spin eines Kerns ist das Resultat der vektoriellen Kopplung der Spins $\vec{s}$ und der Bahndrehimpulse $\vec{l}$ seiner Nukleonen.

Bei gg-Kernen ist der Kernspin stets Null. Hier koppeln je zwei Protonen und je zwei Neutronen ihre Drehimpulse $\vec{s} + \vec{l} = \vec{j}$ paarweise zu Null. Es bilden sich, ähnlich wie im supraleitenden Zustand der Festkörper, Cooper-Paare aus je zwei gleichartigen Teilchen mit entgegengesetzten Spins. Dieser Zustand ist energetisch besonders günstig. Man kann dies auch den Bindungsenergien entnehmen, die für gg-Kerne in der Regel etwas größer sind als für die Nachbarnuklide [Term 5 in Gl. (2.4)]. Diese Paarbildung (Pairing) kommt auch in den Anregungsspektren der gg-Kerne zum Ausdruck. Das Aufbrechen der Paare erfordert einen bestimmten Energiebetrag. Darum liegen die ersten angeregten Zustände von gg-Kernen besonders hoch.

ug-Kerne haben halbzahligen Spin. Es kommen Kernspins für die Grundzustände von ug-Kernen bis 9/2 vor. Das beweist, daß der Spin nicht allein durch den Spin des unpaarigen Nukleons bestimmt wird, sondern auch durch dessen Drehimpuls. Diese Fragen werden wir im Rahmen des Schalenmodells diskutieren.

uu-Kerne haben ganzzahligen Spin. Es kommen Spinwerte bis 6 vor. Auch hier spielen die Kopplungen von Bahndrehimpulsen und Nukleonenspins eine Rolle.

2.2.5. Die magnetischen Momente der Atomkerne

Im Teil Atom, Abschnitt 1.3.7.8. wurde aus der Hyperfeinstruktur der Spektrallinien auch auf die magnetischen Momente der Atomkerne geschlossen. Wir wollen uns zunächst mit den magnetischen Dipolmomenten der Nukleonen befassen.

Das magnetische Dipolmoment eines Teilchens mit dem Spin 1/2 ist

$$\mu = \frac{e\hbar}{2m} \tag{2.5}$$

(s. Abschn. 1.3.7.2.). Wenden wir Gl. (2.5) auf

*2.2. Phänomenologie der Atomkerne***101**

das Proton an, erhalten wir den Wert

$$\mu_K = \frac{e\hbar}{2m_p} = (5{,}050\,824 \,\pm\, 0{,}000\,020)$$
$$\times\, 10^{-27}\,\mathrm{JT}^{-1}.$$

Diese Größe wird *Kernmagneton* genannt und ist entsprechend der größeren Masse des Protons um den Faktor 1/1 836,15 kleiner als das Bohrsche Magneton. Ein Teilchen größerer Masse hat bei gleichem Drehimpuls eine kleinere Umlauffrequenz als ein leichtes und infolgedessen wird bei gleicher Ladung das magnetische Moment kleiner.

Tatsächlich haben die Messungen des magnetischen Dipolmoments des Protons etwa den 2,8fachen Wert ergeben (Tab. 2.4). Die Messungen erfolgten mit den im Abschnitt 1.3.7.9. beschriebenen Verfahren der Atomstrahlresonanzen von RABI u. a. oder mit der paramagnetischen Kernspinresonanzmethode von BLOCH und PURCELL.

Für die Messung des magnetischen Dipolmoments des Neutrons wird die von der Spinrichtung abhängige Wechselwirkung des magnetischen Moments des Neutrons mit den parallel ausgerichteten atomaren magnetischen Dipolen eines bis zur Sättigung magnetisierten Ferromagnetikums ausgenutzt.

Tabelle 2.4. Fundamentale Eigenschaften der Nukleonen

	Proton	Neutron
Massen [u]	$1{,}007\,276\,470 \pm 11$	$1{,}008\,665\,012 \pm 37$
[MeV]	$938{,}279\,6 \pm 27$	$939{,}573\,1 \pm 27$
Ladung [C]	$1{,}602\,189\,2 \pm 46$	0
Isospin	$+1/2$	$-1/2$
Kernmagneton ($= \mu_K$) [$10^{-27}\,\mathrm{JT}^{-1}$]	$5{,}050\,824 \pm 20$	
Magnetisches Moment [μ_K]	$2{,}792\,845\,6 \pm 11$	$-1{,}913\,148 \pm 66$
Spin [$\hbar$]	$1/2$	$1/2$
gyromagnetisches Verhältnis	$5{,}585\,692$	$-3{,}826\,3$

Die Fehler geben die Unsicherheit in den beiden letzten Dezimalen des ausgedruckten Tabellenwertes.

In einem Strahl von N_0 einfallenden Neutronen sind nach einer Schichtdicke mit n Kernen je cm² noch

$$N = N_0\,e^{-n\sigma} \tag{2.6}$$

Teilchen übrig (σ Streuquerschnitt). Das Kernfeld wirkt auf die Neutronen anziehend. Ihr magnetisches Moment wechselwirkt mit den magnetischen Momenten der Atome. Je nach der gegenseitigen Orientierung der Momente entstehen dabei zusätzliche anziehende oder abstoßende Kräfte. Das macht sich in einer Vergrößerung bzw. Verkleinerung des Streuquerschnitts $\pm\Delta\sigma$ bemerkbar. In einem Neutronenstrahl gibt es zunächst keine bevorzugte Einstellung der Spinrichtungen. Der Strahl ist unpolarisiert. Im Ferromagnetikum ist nun der Streuquerschnitt für die Neutronen, deren magnetisches Moment der Magnetisierung des Materials parallel gerichtet ist, größer als für die entgegengesetzt gerichteten. Von der ersten Komponente bleiben

$$N_1{\uparrow}{\uparrow} = N_0\,e^{-n(\sigma+\Delta\sigma)} \tag{2.7}$$

und von der anderen Komponente

$$N_1{\uparrow}{\downarrow} = N_0\,e^{-n(\sigma-\Delta\sigma)} \tag{2.8}$$

im Strahl. Wie man erkennt ist nach dem Streuer die Komponente $N{\uparrow}{\downarrow}$ angereichert. Der Strahl ist jetzt polarisiert. Schickt man diesen Strahl durch einen zweiten Streuer der gleichen Dicke, erhält man folgende Intensitäten, je nachdem ob die Magnetisierungen der Streuer parallel oder antiparallel gestellt sind:

Parallele Magnetisierung:

$$N_2({\uparrow}{\uparrow}){\uparrow} = N_1{\uparrow}{\uparrow}\,e^{-n(\sigma+\Delta\sigma)} = N_0\,e^{-2n(\sigma+\Delta\sigma)},$$
$$N_2({\uparrow}{\uparrow}){\downarrow} = N_1{\uparrow}{\downarrow}\,e^{-n(\sigma-\Delta\sigma)} = N_0\,e^{-2n(\sigma-\Delta\sigma)}. \tag{2.9}$$

Antiparallele Magnetisierung:

$$N_2({\uparrow}{\downarrow}){\uparrow} = N_1{\uparrow}{\uparrow}\,e^{-n(\sigma-\Delta\sigma)} = N_0\,e^{-2n\sigma},$$
$$N_2({\uparrow}{\downarrow}){\downarrow} = N_1{\uparrow}{\downarrow}\,e^{-n(\sigma+\Delta\sigma)} = N_0\,e^{-2n\sigma}. \tag{2.10}$$

Die Gl. (2.9) und (2.10) ergeben, daß sich bei paralleler Magnetisierung der Streuer der Effekt der Polarisation verstärkt und bei antiparalleler Magnetisierung die Polarisation aufgehoben wird. Die beiden magnetisierten Streuer wirken also wie Polarisator und Analysator in bezug auf die Spinrichtung der Neutronen.

Nun kann man mit den Neutronen das gleiche tun wie mit den Atomen bei der Atomstrahlresonanz (s. Abb. 1.73). Man schickt sie zwischen Polarisator und Analysator durch ein homogenes Magnetfeld, dem ein Hochfrequenzfeld überlagert ist, und mißt die Frequenz, bei der die Spins umklappen. Dieses Umklappen kann sofort mit Hilfe des Analysators beobachtet werden. Diese Methode wurde 1936 von F. BLOCH vorgeschlagen und 1940 gemeinsam mit L. ALVAREZ erstmals realisiert. Modernere Varianten arbeiten mit der Polarisation der Neutronen bei der Reflexion an der Oberfläche eines magnetisierten Ferromagnetikums.

Der neueste, äußerst präzise Wert aus diesen Messungen ist in Tab. 2.4 aufgeführt. Bemerkenswert ist, daß das magnetische Moment des Neutrons negativ ist, d. h. seinem Spin entgegengerichtet.

In Tab. 2.4 sind auch die gyromagnetischen Verhältnisse der Nukleonen angegeben, die die gleiche Bedeutung haben wie die für die Elektronen (s. Teil Atom, Abschn. 1.3.7.1.).

Wir sehen, daß die experimentell mit außerordentlicher Genauigkeit bestimmten magnetischen Momente der Nukleonen stark von den theoretisch vermuteten abweichen. Die Ableitung des Bohrschen Magnetons ging davon aus, daß das Elektron ein punktförmiges, strukturloses Teilchen ist. Diese Hypothese kann man nach allen Erkenntnissen der Elementarteilchenphysik auf die Nukleonen *nicht* übertragen.

> Offensichtlich sind die Nukleonen räumlich ausgedehnt, und in ihnen bewegen sich Unterstrukturen mit Ladungen. Auch im Neutron!

Ältere Vorstellungen versuchen diese Größen mit dem Mesonenfeld zu erklären, von dem die Nukleonen umgeben sind. Legt man das moderne Quarkmodell der Nukleonen zugrunde und berücksichtigt man, daß die Quarks als zusätzliche Quantenzahl sog. Farbe tragen, kann man zumindest das Verhältnis der magnetischen Momente von Proton und Neutron erhalten. Die magnetischen Momente selbst vermag die Theorie der Nukleonenstruktur noch nicht befriedigend zu erklären. Man muß diese Konstanten vielmehr als einen Prüfstein für solche Theorien ansehen.

Wir wollen nun die magnetischen Momente der Kerne betrachten. Wir hatten im vorigen Abschnitt bereits festgestellt, daß gg-Kerne ausnahmslos den Spin Null besitzen. Sie tragen auch kein magnetisches Moment. Alle Drehimpulse und magnetischen Momente der einzelnen Nukleonen kompensieren sich paarweise.

Bei ungeraden Kernen nimmt man an, daß das magnetische Moment von dem unpaarigen Nukleon hervorgerufen wird. Alle übrigen Nukleonen sättigen ihre Momente paarweise ab. Der Gesamtdrehimpuls J und das magnetische Moment μ_J eines Nukleons setzen sich zusammen wie

$$J = l + s, \qquad \mu_J = g^l l + g^s s.$$

Hier sind die g^s die oben angegebenen gyromagnetischen Verhältnisse für die Spins der Nukleonen und die g^l die gyromagnetischen Verhältnisse für die Bahndrehimpulse

$$g^l_p = 1 \quad \text{für das Proton,}$$
$$g^l_n = 0 \quad \text{für das Neutron.}$$

Für das Neutron ist $g^l_n = 0$, weil das ungeladene Teilchen bei seiner Bahnbewegung kein magnetisches Moment erzeugen kann.

Kernspin und magnetisches Moment müssen nach den Regeln der quantenmechanischen Vektoraddition berechnet werden. Dabei ergibt sich für Kerne mit einem unpaarigen Proton (Auf die ausführliche Ableitung müssen wir hier verzichten.):

$$\mu_J = (\tfrac{1}{2}(g^s_p - 1) + J)\,\mu_K \qquad \text{für } J = l + \tfrac{1}{2},$$

$$= \left(\frac{-J}{2(J+1)}(g^s_p - 1) + J\right)\mu_K \quad \text{für } J = l - \tfrac{1}{2},$$
$$(2.11)$$

und für Kerne mit unpaarigem Neutron:

$$\mu_J = \tfrac{1}{2}g^s_n\,\mu_K \qquad \text{für } J = l + \tfrac{1}{2},$$

$$= \frac{J}{2(J+1)}\,g^s_n\,\mu_K \quad \text{für } J = l - \tfrac{1}{2}.$$
$$(2.12)$$

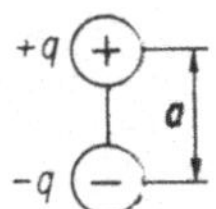

$$D = q \cdot a$$

Abb. 2.8. Zur Definition des elektrischen Dipolmoments

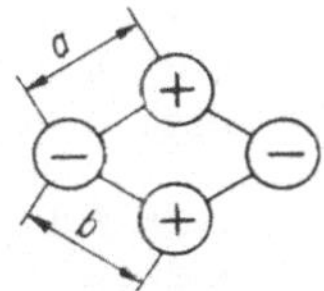

$$Q = 2\,q a b$$

Abb. 2.9. Zur Definition des elektrischen Quadrupolmoments

Für unpaariges Proton und unpaariges Neutron ergeben sich also für jeden Kernspin J ein oberer und ein unterer Wert für μ_J.

Die Experimente ergaben, daß die tatsächlichen Werte der magnetischen Kernmomente in fast allen Fällen zwischen den in Gl. (2.11) bzw. Gl. (2.12) gegebenen liegen. Dieses einfache Einteilchenmodell ergibt also nur die Grenzwerte für die möglichen Momente, die über A aufgetragen die sog. Schmidt-Linien bilden.

Auch bei dem leichtesten zusammengesetzten Kern, dem Deuteron, läßt sich das magnetische Moment nicht additiv aus denen des Protons und Neutrons zusammensetzen:

$$\mu_p = 2{,}792\,846\;\mu_K,$$
$$\mu_n = -1{,}913\,148\;\mu_K,$$

$$\mu_p + \mu_n = 0{,}879\,698\;\mu_K,$$
$$\mu_d = 0{,}857\,406\;\mu_K.$$

Es bleibt eine Differenz von etwa 2,5 %, die man durch die Beimischung eines Zustandes mit $l = 2$ (D-Zustand) zum vorherrschenden Zustand mit $l = 0$ (S-Zustand) mit einer Wahrscheinlichkeit von 4 bis 7 % erklären kann.

Die magnetischen Momente hängen also recht kompliziert von der Struktur der Kerne und womöglich auch von feineren Strukturen der Nukleonen (räumliche Ausdehnung, Polarisierbarkeit) ab.

2.2.6. Elektrische Multipolmomente und Kerndeformation

Als letzte Eigenschaft der Kerne behandeln wir ihre elektrischen Multipolmomente. Sie sind die Größen, die über die Ladungsverteilung im Kern, genauer gesagt, über deren Abweichung von der sphärischen Symmetrie Auskunft geben. Die elektrischen Dipol- und Quadrupolmomente D bzw. Q sind definiert durch die in Abb. 2.8 und 2.9 dargestellten Ladungsverteilungen.

Ein Dipolmoment ist proportional dem Abstand der Ladungen, also einer Länge. Seine Dimension ist deshalb cm. Quadrupolmomente sind proportional dem Produkt zweier Längen. Ihre Dimension ist cm². In Kernen interessiert nur die Projektion des Dipolmomentes auf die Spinachse, die in der z-Achse liegen soll. Alle anderen Komponenten mitteln sich bei der Rotation heraus. Ist die Verteilung der Ladungsdichte $\varrho(r)$, dann kann man die z-Komponente des Dipolmomentes als folgendes Integral über das Kernvolumen schreiben

$$D_z = \int z\varrho(r)\,\mathrm{d}\tau. \qquad (2.13)$$

Dabei ist $\mathrm{d}\tau$ das Volumenelement beim Radiusvektor r, der vom Schwerpunkt gerechnet wird. Ein von Null verschiedenes Dipolmoment bedeutet bei Kernen eine Verschiebung des Schwerpunktes der räumlichen Verteilung der Protonen gegenüber dem Schwerpunkt der Neutronenverteilung. Wir haben deshalb in Richtung von D eine positive Überschußladung. In der umgekehrten Richtung können wir uns vorstellen, daß die positive Ladung durch negative Ladungsträger neutralisiert wird. Eine solche Verschiebung wird im Grundzustand der Kerne nicht beobachtet. Sie würde auch einer der grundlegenden Symmetrien der Physik, der Invarianz der Naturgesetze gegenüber einer Inversion des Koordinatensystems widersprechen. Unter dieser Inversion versteht man die Spiegelung des Koordinatensystems am Ursprung. Es gehen also über

$$x \to -x,\ y \to -y,\ z \to -z,$$
$$\text{oder } r \to -r, \qquad (2.14)$$
$$\text{oder } r \to r,\ \vartheta \to \pi - \vartheta,\ \varphi \to \pi + \varphi.$$

Man nennt diese Transformation auch die Paritätsoperation. Bei Invarianz gegenüber der Paritätsoperation spricht man von Erhaltung der Parität.

Wegen der Bedeutung der Erhaltung der Parität in der Kernphysik wollen wir uns die Sachlage am Beispiel der Dipolmomente verdeutlichen. In Abb. 2.10 ist ein Kern mit seinem Dipolmoment D dargestellt. Der Kreis mit Pfeilrichtung deutet die Rotation infolge des Spins J an. Nehmen wir die Spiegelung der Koordinaten an ihrem Ur-

sprung gemäß Gl. (2.14) vor, dann sehen wir, daß sich die Rotationsrichtung nicht ändert (Rotationsbewegung von 1 nach 2 wird zu 1' nach 2'). Drehimpulse gehen bei dieser Transformation in sich selbst über. Das gilt für alle *axialen* Vektoren. Dagegen wird der Vektor des Dipolmoments umgekehrt, das gilt ebenso für alle *polaren* Vektoren. Wir beobachten also bei der Paritätsoperation, daß sich die gegenseitige Richtung der beiden Vektoren D und J von parallel auf antiparallel umstellt. Damit ist die Invarianz gegenüber der Raumspiegelung oder, mit anderen Worten, die Paritätserhaltung verletzt.

Abweichungen der Ladungsverteilung der Kerne von der Kugel lassen sich nach Kugelfunktionen entwickeln. Die Ordnung der Kugelfunktionen entspricht dabei der Multipolordnung der Ladungsverteilung. Eine beliebige Ladungsverteilung ist also eine Überlagerung von Multipolen. Die in Gl. (2.13) angegebene Ladungsverteilung für das Dipolmoment entspricht der Kugelfunktion 1. Ordnung (Legendrepolynom) $P_1(z) = z$. Diese Funktion hat negative Parität, da sie bei Spiegelung des Koordinatensystems ihr Vorzeichen umkehrt.

Das Quadrupolmoment wird durch das Integral

$$Q = \int \varrho(r)\, P_2(z)\, \mathrm{d}\tau = \int \varrho(r)\, (3z^2 - r^2)\, \mathrm{d}\tau \qquad (2.15)$$

dargestellt. Hier konstatieren wir gerade Parität. $P_2(z)$ ist bzgl. der Spiegelung des Koordinatensystems symmetrisch. Quadrupolmomente sind also vom Standpunkt der Paritätserhaltung zulässig. Diese Ladungsverteilungen können gegenüber der Kugelform langgezogen, zigarrenförmig, „prolate" oder abgeplattet, oblatenförmig, „oblate" sein (Abb. 2.11a und b). Im ersten Fall ist das Quadrupolmoment positiv, im zweiten negativ. Die Größenordnung der Quadrupolmomente in der Kernphysik ist $10^{-24}\ \mathrm{cm}^2$.

Weil allgemein Kugelfunktionen ungerader Ordnung negative Parität haben, können ihnen entsprechende Ladungsverteilungen ungerader Multipolordnung nicht vorkommen. Das nächst höhere realisierbare Multipolmoment wäre daher das Oktupolmoment entsprechend der Kugelfunktion 4. Ordnung $P_4(z)$. Oktupolmomente spielen aber in den Grundzuständen der Kerne keine Rolle.

Genau wie die magnetischen Momente beeinflussen die elektrischen Quadrupolmomente die Elektronenbewegung in der Atomhülle. Auch sie geben Anlaß zu Hyperfeinaufspaltungen der Spektrallinien. Damit sind die Quadrupolmomente einer Messung zugänglich. Die Ergebnisse dieser Messungen sind für die Kernphysik von großer Bedeutung. Sie geben Auskunft über die Deformation der Kerne in ihren Grundzuständen.

In Abb. 2.12 sind die Werte der elektrischen Quadrupolmomente dargestellt. Die Fluktuationen

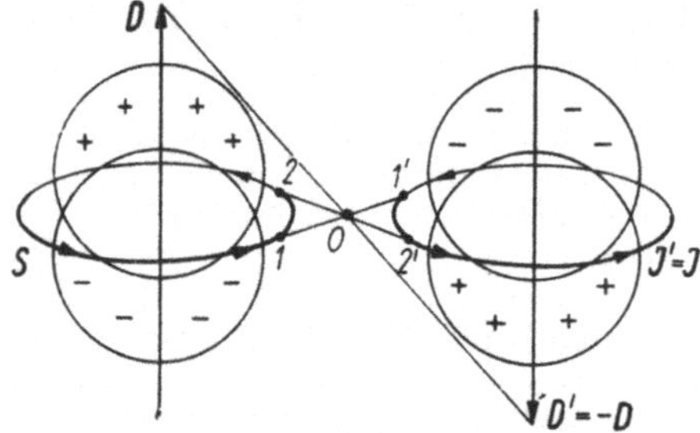

Abb. 2.10. Dipolmoment eines Kerns und Parität (Anstatt S muß es J heißen)

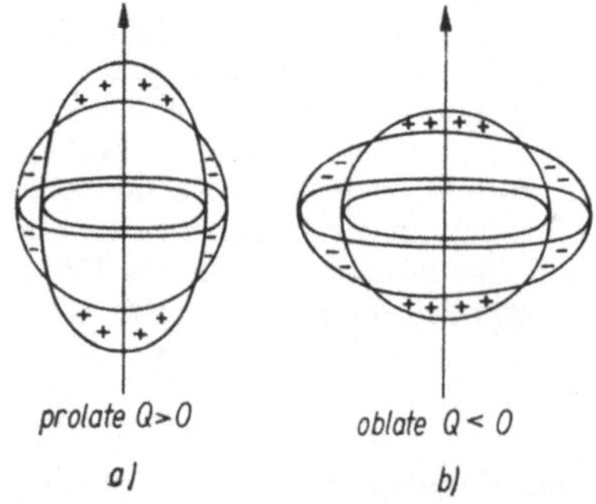

Abb. 2.11. Ladungsverteilung für ein elektrisches Quadrupolmoment, a) „prolate" $Q > 0$; b) „oblate" $Q < 0$

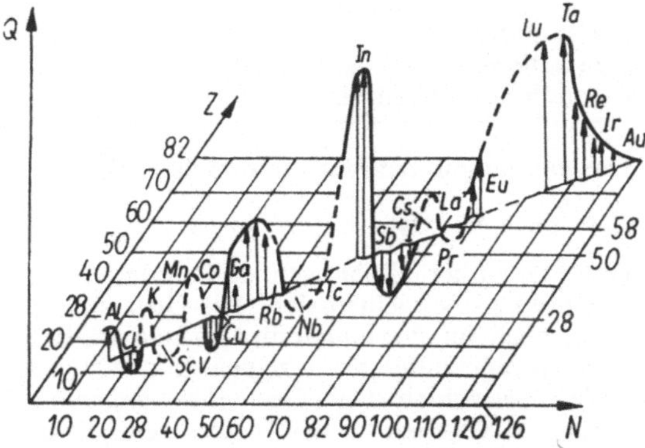

Abb. 2.12. Übersicht über die Quadrupolmomente als Funktion von N und Z. Alle Werte bis In sind mit dem Faktor 10 multipliziert (nach H. KOPFERMANN 1956)

sind sehr groß und es gibt zahlreiche Nullstellen. Wir wollen hier nur feststellen, daß für Neutronenzahlen N = 2, 8, 16, 20, 28, 40, 50, 82 und 126 Nullstellen vorhanden sind, denen ein schmales Minimum folgt. Das sind teilweise die gleichen Zahlen, für die Maxima der Bindungsenergien festgestellt wurden. Wir können daraus den Schluß ziehen, daß für die genannten Zahlen die Kerne kugelförmig sind und daß in den übrigen Gebieten z. T. erhebliche Deformationen auftreten. Wir werden auf diese Zusammenhänge im Abschnitt über die Kernstruktur noch zurückkommen.

Es wurde schon darauf hingewiesen, daß die Ladungsverteilungen heute auch aus der elastischen Streuung hochenergetischer Elektronen ermittelt werden können (s. Abb. 2.5).

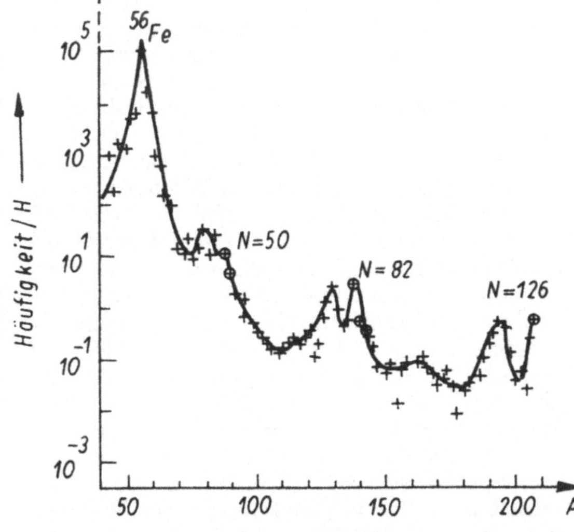

Abb. 2.13. Relative Häufigkeitsverteilung der gg-Kerne mit A > 50 (nach A. BOHR und B. R. MOTTELSOHN 1969)

2.2.7. Die Häufigkeitsverteilung der Kerne

Es gibt 267 stabile Kerne, die ausnahmslos in der Erdrinde vorkommen. Betainstabile Nuklide können einige tausend existieren, von denen bisher (1985) etwa 2000 künstlich erzeugt und untersucht wurden. Die stabilen Nuklide verteilen sich gemäß Tab. 2.5 auf die einzelnen Kerntypen.
In der Erdkruste kommen mit überwiegender Häufigkeit nur wenige Elemente vor (Tab. 2.6).

Tabelle 2.5. Häufigkeit der einzelnen Nuklidtypen

Zahl der		Zahl der stabilen Nuklide	%
Neutronen	Protonen		
gerade	gerade	157	59
ungerade	gerade	56	21
gerade	ungerade	48	18
ungerade	ungerade	6	2

Tabelle 2.6. Anteil der häufigsten Elemente in der Erdkruste (in Gewichtsprozent)

Element	Anteil	Element	Anteil
$_8$O	46,6	$_{19}$K	2,6
$_{14}$Si	27,7	$_{12}$Mg	2,1
$_{13}$Al	8,1	$_{22}$Ti	0,44
$_{26}$Fe	5,0	$_1$H	0,14
$_{20}$Ca	3,6	$_{15}$P	0,12
$_{11}$Na	2,8	$_{25}$Mn	0,10
		Summe	99,3

Bezieht man die Häufigkeitsverteilung auf den Kosmos, dann stehen weitaus an erster Stelle Wasserstoff und Helium. Die Verteilung der Elemente ab etwa Z = 20 scheint dagegen im Kosmos etwa der auf der Erde zu entsprechen. Das ergab die Analyse von zahllosen Meteoriten und der Spektren der Sonne und anderer Sterne. Die Verteilung der Nuklide mit geraden Massenzahlen ab A = 50 ist in Abb. 2.13 dargestellt. Wenn man die wichtigsten Eigenschaften der Nuklide, d. h. ihre Bindungsenergie, die Lebensdauer bzgl. Betazerfall und ihre Wirkungsquerschnitte für Kernreaktionen, insbesondere für den Neutroneneinfang kennt, kann man aus der Häufigkeitsverteilung Rückschlüsse auf den Entstehungsprozeß der Kerne oder Elemente ziehen. Neben den energieliefernden Prozessen in den Sternen (s. Abschn. 2.7.5.), bei denen vor allem die leichten Kerne synthetisiert werden, spielt der stufenweise Neutroneneinfang und nachfolgende Betazerfall zu stabilen Nukliden die Hauptrolle bei der Elementsynthese.
In der Häufigkeitsverteilung Abb. 2.13 fällt auf, daß Nuklide um die schon bekannten Neutronenzahlen N = 28, 50, 82 und 126 mit relativ größerer Wahrscheinlichkeit vorkommen, als Nuklide in den dazwischen liegenden Gebieten.

2.3. Kernumwandlungen

In diesem Kapitel werden wir uns mit den Streuprozessen und den verschiedenen Kernumwandlungen, den Kernreaktionen, dem Neutroneneinfang, der Spaltung und dem radioaktiven Zerfall befassen. Diese Prozesse sind wesentliche Quellen unserer Kenntnisse über die nuklearen Wechselwirkungen und die Kernstruktur. Zu ihrem Verständnis und als Grundlage für ihre experimentelle Untersuchung sind zu Beginn die Erhaltungssätze, die Kinematik der Stoßprozesse, die Darstellung in verschiedenen Bezugssystemen, die Definition der Wirkungsquerschnitte und ihre Messung und als allgemein notwendiges Hilfsmittel die Partialwellenzerlegung zu behandeln.

2.3.1. Erhaltungssätze in Kernumwandlungen und Kinematik

Wir schreiben eine Kernumwandlung in der Form

$$A + B \rightarrow C + D + E + \dots \tag{2.16}$$

Hierin bedeuten die großen Buchstaben allgemein gesprochen Teilchen. Darunter können auch Kerne verstanden werden. Die linke Seite stellt den Eingangszustand oder Anfangszustand, die rechte Seite den Endzustand dar. Neben der Darstellung, welche Teilchen sich in welche umwandeln, beinhaltet Gl. (2.16) auch den Erhaltungssatz für die Energie

$$E_A + E_B = E_C + E_D + E_E + \dots \tag{2.17}$$

Unter den Energien sind im Sinne der relativistischen Mechanik die vollen Energien zu verstehen, die aus Ruhemasse mc^2 und kinetischer Energie T zusammengesetzt sind

$$E = mc^2 + T.$$

In der Kernphysik kann man in nichtrelativistischer Näherung rechnen, wenn die kinetischen Energien klein gegenüber den Ruhemassen sind. Man kann dann in Gl. (2.17) die Ruhemassen durch die Massenzahlen ersetzen. Die Erhaltung der Nukleonenzahl fordert, daß die Summe der Massenzahlen auf beiden Seiten gleich sein muß. Sie heben sich damit heraus. Da die wirklichen Massen der Teilchen und Nuklide von den Massenzahlen abweichen, muß man in Gl. (2.17) noch die Energietönung der Reaktion berücksichtigen, den Q-Wert. Er wird aus den Atommassen gemäß Abschnitt 2.2.3. berechnet. Gl. (2.17) nimmt dann die Form

$$T_A + T_B = T_C + T_D + T_E + \dots - Q \tag{2.18}$$

an. Der Q-Wert wird positiv gerechnet für exogene Reaktionen und negativ für endogene.

Alle Erfahrungen der Kernphysik besagen, daß die Energieerhaltung bei allen Kernumwandlungen erfüllt ist.

Das gleiche gilt auch für die Impulserhaltung

$$p_A + p_B = p_G + p_D + p_E + \dots \tag{2.19}$$

Dabei ist zu berücksichtigen, daß die Impulse als Vektoren zu betrachten sind. Die Gleichung gilt daher auch für die longitudinalen und transversalen Komponenten im einzelnen. In den meisten Fällen betrachten wir Wechselwirkungen, bei denen ein Teilchen A, das Inzidenzteilchen, auf ein ruhendes Teilchen B, das Targetteilchen, geschossen wird. Dann ist $p_B = 0$. Die Longitudinalkomponente des Gesamtimpulses im Endzustand ist dann gleich dem Impuls des Inzidenzteilchens

$$p_A = p_{\parallel C} + p_{\parallel D} + p_{\parallel E} + \dots \tag{2.20}$$

Die Summe der Transversalkomponenten ist in diesem Falle Null.

$$p_\perp = p_{\perp C} + p_{\perp D} + p_{\perp E} + \dots = 0 \tag{2.21}$$

Die gleichen Beziehungen kann man auch für den Zerfall von Teilchen anwenden. Zerfällt das Teilchen in Ruhe, dann ist die Summe der Impulse Null. Zerfällt es im Fluge, dann muß sein Impuls in den Longitudinalkomponenten der Impulse im Endzustand erhalten bleiben.
Die Gl. (2.16) bis (2.21) gelten auch, wenn eines der Teilchen ein Gammaquant ist. Die Energie des Quants ist dann $E = h\nu$ und der Impuls $p = E/c$.
Gl. (2.17) bis (2.19) sind der Ausgangspunkt für die Berechnung der Kinematik der Kernumwandlungen und Streuprozesse. Bei der Untersuchung solcher Prozesse interessieren meistens die Energien oder Impulse der Teilchen im Endzustand und ihre Flugrichtungen. Wir berechnen diese Größen für den Fall von Stoßprozessen mit zwei Teilchen im Anfangs- und zwei Teilchen im Endzustand. Gegeben sind die Massen der vier Teilchen, der Q-Wert und die Einschußenergie des Inzidenzteilchens T_A. Gesucht werden die Energien der zwei Sekundärteilchen in Abhängigkeit von ihren Flugrichtungen. Der Endzustand ist definiert durch 6 kinematische Variable. Das können z. B. die je drei Komponenten der Impulse der beiden Sekundärteilchen sein. Wegen der Erhaltung von Energie und Impuls sind davon nur zwei voneinander unabhängig. Die übrigen ergeben sich aus den zwei ausgewählten. Zwei Parameter sind festgelegt, wenn die Flugrichtung eines der Sekundärteilchen z. B. durch die Richtung eines Detektors vorgegeben wird. Die hier angenommene Situation entspricht in

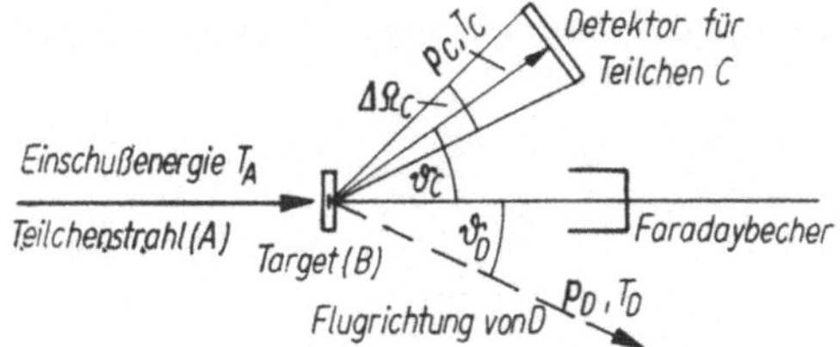

Abb. 2.14. Versuchsanordnung zur Untersuchung eines Streuprozesses oder einer Kernreaktion

vielen Fällen der experimentellen Anordnung bei der Untersuchung von Streuprozessen oder Kernreaktionen (Abb. 2.14). Berechnet werden können unter diesen Voraussetzungen die Energien beider Sekundärteilchen und die Richtung des zweiten Teilchens.

Für die hier gemachten Voraussetzungen (Teilchen B in Ruhe) können wir Gl. (2.18) und (2.19) in der Form

$$T_A = T_C + T_D - Q \qquad (2.18a)$$

und

$$p_A = p_C + p_D \qquad (2.19a)$$

schreiben. Gemäß Abb. 2.15 kann Gl. (2.19a) durch den Cosinussatz ausgedrückt werden:

$$p_D^2 = p_A^2 + p_C^2 - 2|p_A|\,|p_C|\cos\vartheta_C. \qquad (2.19b)$$

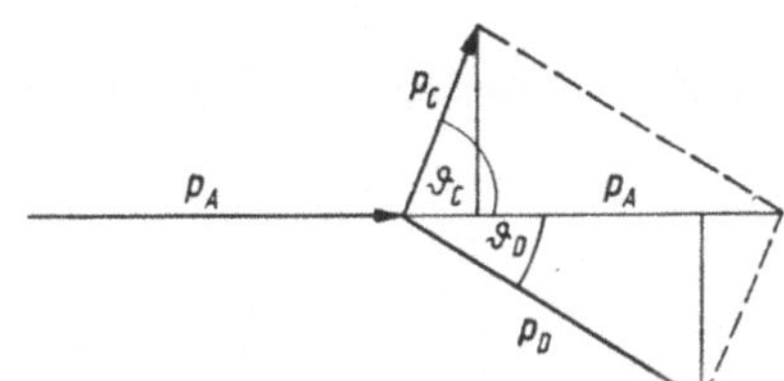

Abb. 2.15. Zur Kinematik von Kernreaktionen

Gl. (2.18a) wird umgeformt, indem für die kinetischen Energien die Impulse eingesetzt werden:

$$\frac{p_A^2}{2m_A} = \frac{p_C^2}{2m_C} + \frac{p_D^2}{2m_D} - Q. \qquad (2.18b)$$

Damit haben wir zwei Gleichungen für p_C^2 und p_D^2 aus denen wir p_D^2 eliminieren. Es bleibt eine quadratische Gleichung für p_C, deren Lösung

$$p_{C_{1/2}} = \frac{\sqrt{2m_A T_A}\,\cos\vartheta_C}{\left(1 + \dfrac{m_D}{m_C}\right)}$$

$$\pm\sqrt{\left(\frac{\sqrt{2m_A T_A}\,\cos\vartheta_C}{\left(1 + \dfrac{m_D}{m_C}\right)}\right)^2 + \frac{2T_A(m_D - m_A) + 2Q m_D}{\left(1 + \dfrac{m_D}{m_C}\right)}} \qquad (2.22)$$

ist. Diese Gleichung kann in verschiedener Weise umgeformt werden. Die hier gegebene Form ist für die praktische Rechnung sehr bequem, da verschiedene Teilausdrücke mehrfach erscheinen und deshalb nur einmal berechnet werden müssen. Aus Gl. (2.22) erhält man nun sehr einfach alle gewünschten Größen:

Die kinetische Energie von C:

$$T_C = p_C^2/2m_C, \qquad (2.23)$$

die kinetische Energie von D:

$$T_D = T_A - T_C + Q, \qquad (2.24)$$

den Impuls von D:

$$p_D = \sqrt{2m_D T_D}, \qquad (2.25)$$

den Winkel von D:

$$\sin\vartheta_D = \frac{p_C}{p_D}\sin\vartheta_C. \qquad (2.26)$$

Die letzte Beziehung ergibt sich aus der Bedingung, daß die Transversalkomponenten der Impulse gleich sein müssen. Gl. (2.22) für p_C besitzt zwei Lösungen, die nicht immer beide physikalisch sind. Um Mehrdeutigkeiten auszuschließen lege man sich auf folgende Konvention fest: 1. Als physikalische Lösungen werden nur positive Werte von p_C angesehen. 2. Die Streuwinkel ϑ werden nur von 0° bis 180° gezählt und zwar als positive Werte. Parametersätze, bei denen der Radikant in Gl. (2.22) negativ wird, sind kinematisch nicht erlaubt. Insbesondere können bestimmte Winkelbereiche für die Sekundärteilchen unerreichbar sein. Man spricht dann von kinematisch nicht erlaubten Gebieten.

Wir haben den Stoßprozeß bisher im Laborsystem (LS) betrachtet. Die theoretische Behandlung von Kernumwandlungen erfolgt meist im Schwerpunktsystem (SS). Deshalb ist die Umrechnung der kinematischen Variablen von einem System in das andere von Bedeutung. Bei einem Stoßprozeß ist der Schwerpunkt dadurch definiert, daß das Produkt aus Masse und Schwerpunktsabstand in jedem Moment für beide Teilchen gleich ist

$$m_A x_A^S = m_B x_B^S. \qquad (2.27)$$

Hier und im Folgenden indizieren wir alle Größen im SS mit S und alle Größen im LS mit L. Die Summe der Schwerpunktsabstände x^S ist gleich dem Abstand der Teilchen im LS

$$x_A^S + x_B^S = x_A^L. \qquad (2.28)$$

Differentiation von Gl. (2.27) nach der Zeit ergibt

$$m_A v_A^S = m_B v_B^S. \qquad (2.29)$$

Diese Beziehung bedeutet die Gleichheit der Impulse für beide Teilchen im SS. Aus dieser Sicht

---

ist klar, daß

$$p_A^S = -p_B^S \qquad (2.30)$$

sein muß. Differenzieren wir Gl. (2.28) nach der Zeit und berücksichtigen die entgegengesetzte Richtung der Impulse können wir schreiben

$$v_A^L = v_A^S - v_B^S$$

oder $\qquad (2.31)$

$$v_A^L = |v_A^S| + |v_B^S|.$$

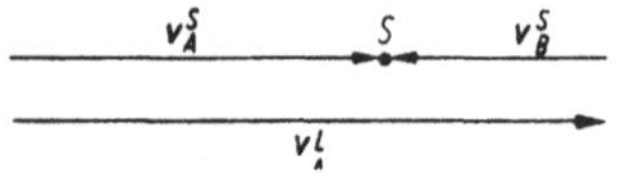

Abb. 2.16. v_A^L als Summe der Schwerpunktsgeschwindigkeiten von A und B

Aus Abb. 2.16 entnehmen wir außerdem für die Geschwindigkeit des Schwerpunkts im LS

$$v_S^L = -v_B^S. \qquad (2.32)$$

Die Gl. (2.29) und (2.31) gestatten die Bestimmung der Impulse p^S und der kinetischen Energien T^S ausgehend von der Einschußenergie T_A^L oder dem Einschußimpuls p_A^L.

$$v_A^S = v_A^L \frac{m_B}{m_A + m_B},$$

$$v_B^S = -v_A^L \frac{m_A}{m_A + m_B} = -v_S^L, \qquad (2.33)$$

$$p_A^S = p_A^L \frac{m_B}{m_A + m_B},$$

$$p_B^S = -p_A^L \frac{m_A}{m_A + m_B}, \qquad (2.34)$$

$$T_A^S = T_A^L \frac{m_B^2}{(m_A + m_B)^2},$$

$$T_B^S = T_A^L \frac{m_B^2}{(m_A + m_B)^2} \frac{m_A}{m_B} \qquad (2.35)$$

Die kinematischen Größen im Endzustand für das SS gewinnen wir aus der Energieerhaltung

$$T_A^S + T_B^S = T_C^S + T_D^S - Q. \qquad (2.36)$$

Im SS ist die Summe aller Impulse im Anfangs- wie auch im Endzustand gleich Null, d. h., es gilt außer Gl. (2.30) auch

$$p_C^S = -p_D^S. \qquad (2.37)$$

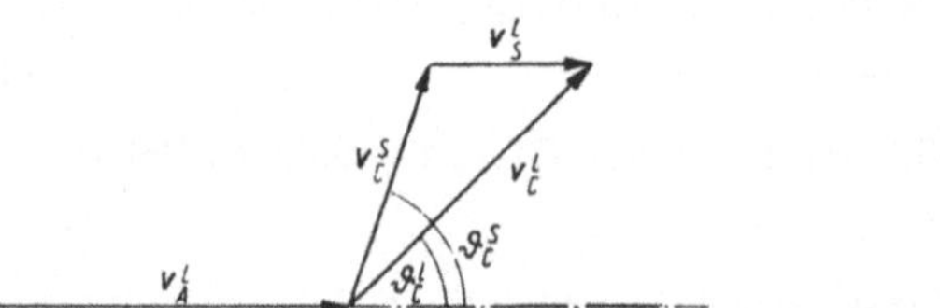

Abb. 2.17. Zur Umrechnung der Winkel vom LS ins SS

Wenn wir das berücksichtigen, erhalten wir nach einigen Umformungen

$$T_C^S = T_A^S \frac{m_D}{m_B} + Q \frac{m_D}{m_D + m_C},$$

$$T_D^S = T_A^S \frac{m_C}{m_B} + Q \frac{m_C}{m_D + m_C}, \qquad (2.38)$$

wobei wir $m_A + m_B = m_C + m_D$ setzen konnten, da wir mit den Massenzahlen rechnen. Unter Benutzung von Gl. (2.35) kann man T_A^S noch durch T_A^L ersetzen:

$$T_C^S = T_A^L \frac{m_B m_D}{(m_A + m_B)^2} + Q \frac{m_D}{m_D + m_C},$$

$$T_D^S = T_A^L \frac{m_B m_C}{(m_A + m_B)^2} + Q \frac{m_C}{m_D + m_C} \qquad (2.38a)$$

Aus diesen Gleichungen geht hervor, daß im SS die Impulse und die kinetischen Energien der Reaktionsprodukte C und D nicht von den Winkeln abhängen.

Als letzte Aufgabe sind die Streuwinkel ϑ_C^L und ϑ_D^L in die Winkel im SS umzurechnen. LS und SS bewegen sich relativ zueinander mit der Geschwindigkeit v_S^L. Abb. 2.17 zeigt, wie sich die Geschwindigkeit v_C^L aus v_C^S und v_S^L vektoriell zusammensetzt. Wir multiplizieren die drei Geschwindigkeiten mit m_C und lesen dann aus dem Vektordiagramm ab:

$$p_C^S \cos \vartheta_C^S = p_C^L \cos \vartheta_C^L - m_C v_S^L,$$

oder $\qquad (2.39)$

$$\cos \vartheta_C^S = \frac{1}{p_C^S} (p_C^L \cos \vartheta_C^L - m_C v_S^L).$$

Ferner finden wir aus Abb. 2.17

$$p_C^S \sin \vartheta_C^S = p_C^L \sin \vartheta_C^L. \qquad (2.40)$$

Daraus gewinnen wir p_C^S und setzen es in Gl. (2.39) ein:

$$\cos \vartheta_C^S = \frac{\sin \vartheta_C^S}{p_C^L \sin \vartheta_C^L} (p_C^L \cos \vartheta_C^L - m_C v_S^L).$$

Das ergibt

$$\cot \vartheta_C^S = \cot \vartheta_C^L - \frac{m_C v_S^L}{p_C^L \sin \vartheta_C^L}. \qquad (2.41)$$

Die Größen p_C^L und v_S^L wurden oben bereits berechnet. Der Schwerpunktwinkel für Teilchen D ϑ_D^S ergibt sich auf die gleiche Weise. Damit sind die Umrechnungen für alle kinematischen Variablen vom LS zum SS abgeleitet.

Aus der Bewegung des Schwerpunktes des Stoßsystems und der Erhaltung seines Impulses p_S^L ergibt sich eine wichtige Schlußfolgerung. Der Impuls des Schwerpunktes ist

$$p_S^L = (m_A + m_B) v_S^L = p_A^L.$$

Daraus folgt für die kinetische Energie des Schwerpunktes

$$T_S^L = \frac{p_S^{L2}}{2(m_A + m_B)} = \frac{p_A^{L2}}{2(m_A + m_B)}$$

$$= \frac{m_A}{m_A + m_B} T_A^L. \qquad (2.42)$$

Dieser Anteil der Energie von T_A^L läßt sich für unelastische, d. h. energieaufwendige Kernumwandlungen nicht verwenden. Für $m_A \ll m_B$ entnehmen wir Gl. (2.42), daß $T_S^L \ll T_A^L$ wird, d. h. das einfallende Teilchen A kann fast seine gesamte Energie für Umwandlungen zur Verfügung stellen. Werden schwere Teilchen auf leichte geschossen ($m_A \gg m_B$), läßt sich nur ein sehr kleiner Teil der kinetischen Energie umsetzen.

Aus Gl. (2.42) folgt, daß endogene Umwandlungen ($Q < 0$) erst oberhalb einer bestimmten Schwellenergie $T_{A\,\text{Schwelle}}^L$ möglich sind, die größer ist als der Q-Wert. Diese Schwellenergie ergibt sich wie folgt:

$$T_{A\,\text{Schwelle}}^L = T_S^L - Q$$

$$= \frac{m_A}{m_A + m_B} T_{A\,\text{Schwelle}}^L - Q.$$

Die Auflösung nach $T_{A\,\text{Schwelle}}^L$ liefert

$$T_{A\,\text{Schwelle}}^L = - \frac{m_A + m_B}{m_B} Q. \quad (Q < 0!) \qquad (2.43)$$

Als Beispiel für eine wichtige Schwellenergie betrachten wir die Produktion von Pionen im Nukleon-Nukleon-Stoß

$$N + N \rightarrow N + N + \pi.$$

Der Q-Wert dieser Reaktion ist gleich der Masse des Pions $m_\pi c^2 = 140$ MeV. Gl. (2.43) ergibt für die Schwellenergie

$$T_{A\,\text{Schwelle}}^L = \frac{m_N + m_N}{m_N} m_\pi c^2 = 2 \cdot 140 \text{ MeV}.$$

Bei gleichschweren Stoßpartnern ist also die Schwellenergie doppelt so groß wie der Q-Wert.

Zum Abschluß unserer Betrachtungen über die Kinematik von Stoßprozessen sind noch einige Bemerkungen über Prozesse mit drei Teilchen im Endzustand notwendig. In diesem Fall ist die

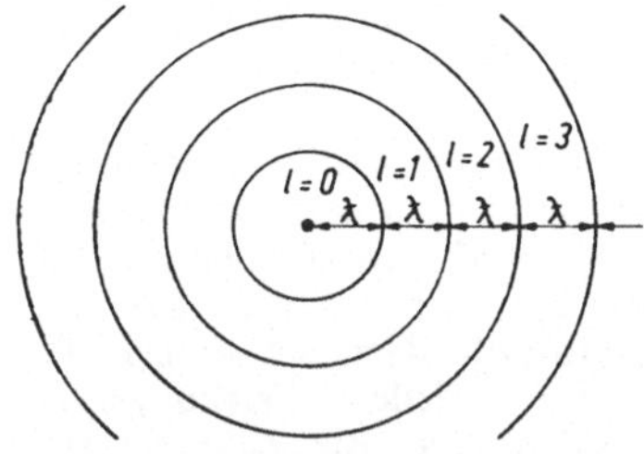

Abb. 2.18. Stoßparameter und Bahndrehimpuls

Kinematik des Endzustandes durch 9 Variable, z. B. die je drei Impulskomponenten der drei Teilchen gegeben. Davon sind 5 frei verfügbar und die übrigen 4 durch die Erhaltungssätze von Energie und Impuls festgelegt. Das heißt, wenn 5 Variable gemessen werden, ist die Kinematik des Prozesses bereits vollständig bestimmt. Man spricht in diesem Falle von kinematisch vollständigen Experimenten. Aber: Der Impuls (3 Komponenten) eines Teilchens und zwei Komponenten des Impulses des zweiten Teilchens sind unabhängig voneinander wählbar. Sie haben daher ein kontinuierliches Spektrum.

Mißt man den Impuls (Richtung und Absolutwert) nur eines Teilchens im Endzustand, kann man nur drei Variable bestimmen. Die Kinematik des Endzustandes ist damit nicht vollständig bestimmt. Bei einer solchen Messung integriert man über alle möglichen kinematischen Zustände der beiden übrigen Teilchen. Man erhält dabei ebenfalls ein kontinuierliches Spektrum. Diese Zusammenhänge haben z. B. Bedeutung für den Betazerfall, bei dem in der Regel nur das Betateilchen registriert wird. Die beiden übrigen Produkte der Kernumwandlung, der Produktkern und das Neutrino bleiben unbeobachtet. Das Betateilchen muß also ein kontinuierliches Spektrum besitzen.

2.3.2. Die Erhaltung von Drehimpuls und Parität in Kernumwandlungen

Der Drehimpuls im Anfangszustand einer Kernreaktion ist gegeben durch die Spins der beiden Teilchen s_A und s_B und den Bahndrehimpuls ihrer Relativbewegung l_i. Diese Drehimpulse können nach den Regeln der Quantenmechanik in verschiedener Weise vektoriell zu einem Gesamtdrehimpuls

$$J_i = s_A + s_B + l_i$$

koppeln. Der Anfangszustand ist also durch eine Summe von Zuständen mit verschiedenem Drehimpuls J_i gekennzeichnet, die sich durch die verschiedenen Orientierungsmöglichkeiten der Einzeldrehimpulse ergeben.

Die Mannigfaltigkeit der Drehimpulszustände wird noch durch den Umstand erhöht, daß der Bahndrehimpuls l_i nicht eindeutig gegeben ist. Er hängt bei einer gegebenen Energie vom Stoßparameter ab.

Wir teilen den einfallenden Strahl in zylindrische Zonen ein, die jeweils die Breite einer De-Broglie-Wellenlänge $\lambdabar$ haben sollen (Abb. 2.18). Dann liegen in der l-ten Zone nach der klassischen Mechanik Bahndrehimpulse zwischen $mvl\lambdabar$ und $mv(l + 1)\,\lambdabar$. Gemäß der Definition von $\lambdabar$ kann man auch schreiben zwischen $l\hbar$ und $(l + 1)\,\hbar$.

Nach der Quantenmechanik sind für den Drehimpuls nur ganzzahlige Werte möglich. Wegen des Wellencharakters der Teilchen kann man aber einem bestimmten l keinen scharf definierten Stoßparameter zuschreiben. Die Wellenfunktion ist über die in Abb. 2.18 angedeuteten Zonen „verschmiert" und Zustände verschiedener l überlappen sich teilweise. Wegen der endlichen Reichweite der Kernkräfte können die einfallenden Teilchen nicht mit beliebigen Stoßparametern an der Reaktion teilnehmen. In einem bestimmten Abstand hört die Wechselwirkung auf. Die Zahl der Bahndrehimpulse, die bei einer gegebenen Wechselwirkung ins Spiel kommen können, hängt also von dem Verhältnis der Reichweite der Kernkräfte zur Wellenlänge ab. Bei kleinen Energien (einige MeV) kann man Bahndrehimpulse $l = 1$ bereits vernachlässigen. Im allgemeinen ist aber in jedem Anfangszustand ein bestimmtes Spektrum von Bahndrehimpulsen vertreten.

Der Drehimpuls des Endzustandes J_f setzt sich ebenso wie der Anfangszustand aus den Spins der beteiligten Teilchen s_C und s_D und dem Bahndrehimpuls ihrer Relativbewegung zusammen

$$J_f = s_C + s_D + l_f.$$

Nach dem Satz von der Erhaltung des Drehimpulses geht nun jeder Anfangszustand mit einem bestimmten J_i in einen Endzustand mit dem Drehimpuls

$$J_f = J_i$$

über. Es kommt also nur auf die Erhaltung des Gesamtdrehimpulses an. Daraus ergibt sich die Möglichkeit, daß Bahndrehimpuls im Anfangszustand in Spin im Endzustand umgewandelt werden kann. Die Anregung von höheren Spins in den Produktkernen ist somit möglich, wenn im Anfangszustand genügend Bahndrehimpuls angeboten wird. Große Bahndrehimpulse (Größenordnung $100\hbar$) kann man mit schweren Ionen genügend hoher Energie (10 MeV/A) erreichen. Damit sind bereits Anregungszustände mit Spins von einigen Dutzend $\hbar$ erzeugt worden, was von großem Interesse für das Stadium der Kernstruktur ist.

Bei der Übertragung von Drehimpuls hat man durch die Erhaltung der Parität bedingte Auswahlregeln zu beachten. Nach Abschnitt 2.3.4. werden Wellenfunktionen für die Drehimpulszustände durch Kugelfunktionen der Ordnung l dargestellt. Wie im Abschnitt 2.2.6. bereits gesagt wurde, haben Kugelfunktionen gerader Ordnung (gerades l) gerade Parität und ungerader Ordnung (ungerades l) ungerade Parität. Entsprechende Paritäten müssen den Bahndrehimpulsen zugeordnet werden. Die Parität π_i des Anfangszustands besteht aus dem Produkt der Paritäten der Teilchen und des Bahndrehimpulses. Das

gleiche gilt für den Endzustand. Die Erhaltung der Parität fordert

$$\pi_A \pi_B (-1)^{l_i} = \pi_C \pi_D (-1)^{l_f}. \tag{2.44}$$

2.3.3. Die Querschnitte von Stoßprozessen

Fällt ein Strom von Teilchen auf eine dünne Schicht einer bestimmten Substanz, dem sog. Target, dann wird ein Teil der Inzidenzteilchen mit den Teilchen des Targets zusammenstoßen. Dabei können Wechselwirkungsprozesse verschiedener Art auftreten: elastische Streuung, unelastische Streuung, Einfang, Ladungsaustausch, Austausch von Teilchen, Teilchenproduktion usw. Die Wahrscheinlichkeit, mit der ein Wechselwirkungsprozeß der genannten Art eintritt, wird durch den Wirkungsquerschnitt angegeben. Diese Größe kann als das Produkt des geometrischen Querschnitts des Targetteilchens mit der Wahrscheinlichkeit aufgefaßt werden, mit der ein bestimmter Umwandlungsprozeß eintritt.

Die Gesamtzahl N^{tot} aller möglichen Wechselwirkungsprozesse, die je Quadratzentimeter Strahlquerschnitt bzw. Targetfläche und Sekunde auftritt, ergibt sich aus der Formel

$$N^{tot}[\mathrm{cm}^{-2}\,\mathrm{s}^{-1}]$$
$$= N_i[\mathrm{cm}^{-2}\,\mathrm{s}^{-1}]\,N_t[\mathrm{cm}^{-2}]\,\sigma^{tot}[\mathrm{cm}^2]. \tag{2.45}$$

Hierin ist N_i die Zahl der einfallenden Teilchen, N_t die Zahl der Targetteilchen je cm² und σ^{tot} der *totale* Wirkungsquerschnitt, der die Dimension einer Fläche besitzt und in der Kernphysik in Einheiten von $10^{-24}\,\mathrm{cm}^2 = 1$ barn gemessen wird. Der totale Wirkungsquerschnitt faßt die Wahrscheinlichkeiten für alle zwischen zwei gegebenen Reaktionspartnern möglichen Wechselwirkungen zusammen. In Gl. (2.45) kürzen sich die Dimensionen von N^{tot} und N_i heraus. Das heißt, für die Bestimmung von Wirkungsquerschnitten spielt es keine Rolle, wie groß der Strahlquerschnitt oder die vom Strahl getroffene Fläche ist und wie lange gemessen wurde.

Der totale Wirkungsquerschnitt setzt sich aus den Wahrscheinlichkeiten, oder anders ausgedrückt, aus den *partiellen* Wirkungsquerschnitten der verschiedenen Prozesse zusammen

$$\sigma^{tot} = \sigma_{el} + \sigma_{abs} + \sigma_{C_1 D_1} + \sigma_{C_2 D_2} + \dots$$
$$= \sum \sigma_{part}.$$

Wichtige Informationen über den Wechselwirkungsmechanismus kann man dem *differentiellen* Wirkungsquerschnitt $d\sigma/d\Omega$ entnehmen. Er gibt die Wahrscheinlichkeit an, mit der die Produktteilchen in eine bestimmte Richtung fliegen. Die Messung eines differentiellen Wirkungsquerschnittes erfolgt, indem man die Zahl der Produktteilchen zählt, die unter dem Streuwinkel ϑ

in einen Detektor fallen, der in bezug auf den Ort der Wechselwirkung den Raumwinkel $\Delta\Omega$ einnimmt.

$$N(\vartheta) = N_i N_t \frac{\mathrm{d}\sigma}{\mathrm{d}\Omega} \Delta\Omega. \qquad (2.46)$$

Der differentielle Wirkungsquerschnitt ist eine Funktion des Streuwinkels ϑ.

Den *integrierten* Wirkungsquerschnitt σ^{int} erhält man, indem man den differentiellen Querschnitt über ϑ integriert. Dabei hat man zu berücksichtigen, daß

$$\Delta\Omega = \Delta\vartheta \sin\vartheta \, \Delta\varphi$$

ist (s. Abb. 2.19). Der integrierte Wirkungsquerschnitt wird also durch das Integral

$$\sigma^{\mathrm{int}} = \iint \frac{\mathrm{d}\sigma}{\mathrm{d}\Omega} \sin\vartheta \, \mathrm{d}\vartheta \, \mathrm{d}\varphi$$

berechnet. Wird die Wechselwirkung zwischen unpolarisiertem Teilchenstrahl und unpolarisiertem Target betrachtet, dann ist $\mathrm{d}\sigma/\mathrm{d}\Omega$ unabhängig vom Azimutwinkel φ. Die Integration über φ kann also sofort ausgeführt werden

$$\sigma^{\mathrm{int}} = 2\pi \int \frac{\mathrm{d}\sigma}{\mathrm{d}\Omega} \sin\vartheta \, \mathrm{d}\vartheta. \qquad (2.47)$$

In vielen Fällen kann man für die verschiedenen Streuwinkel Energie- oder Impulsspektren messen. Die Meßergebnisse werden dann in *doppelt-differentiellen* Wirkungsquerschnitten

$$\frac{\mathrm{d}\sigma}{\mathrm{d}\Omega \, \mathrm{d}E} \qquad \text{bzw.} \qquad \frac{\mathrm{d}\sigma}{\mathrm{d}\Omega \, \mathrm{d}p}$$

ausgedrückt.

Die Zahl der stattfindenden Wechselwirkungen ist unabhängig davon, ob sie im LS oder SS gemessen werden. Deshalb sind auch die totalen und integrierten Querschnitte (Wir benutzen ab hier diese übliche kürzere Bezeichnung für Wirkungsquerschnitt!) unabhängig vom Bezugssystem. Beim Übergang vom LS zum SS müssen allerdings die differentiellen Querschnitte umgerechnet werden. Das liegt daran, daß die sich gegenseitig entsprechenden Raumwinkel in den beiden Systemen unterschiedlich sind.

Der Effekt, d. h. die Zahl der Produktteilchen je Inzidenz- und Targetteilchen muß unabhängig vom Bezugssystem sein. Daraus ergibt sich die Beziehung für die Umrechnung der differentiellen Querschnitte

$$\frac{N(\vartheta)}{N_i N_t} = \frac{\Delta\sigma^{\mathrm{S}}}{\mathrm{d}\Omega^{\mathrm{S}}} \Delta\Omega^{\mathrm{S}} = \frac{\Delta\sigma^{\mathrm{L}}}{\mathrm{d}\Omega^{\mathrm{L}}} \Delta\Omega^{\mathrm{L}}$$

oder

$$\frac{\mathrm{d}\sigma^{\mathrm{S}}}{\mathrm{d}\Omega^{\mathrm{S}}} = \frac{\mathrm{d}\sigma^{\mathrm{L}}}{\mathrm{d}\Omega^{\mathrm{L}}} \frac{\Delta\Omega^{\mathrm{L}}}{\Delta\Omega^{\mathrm{S}}} = \frac{\mathrm{d}\sigma^{\mathrm{L}}}{\mathrm{d}\Omega^{\mathrm{L}}} \frac{\sin\vartheta^{\mathrm{L}} \, \Delta\vartheta^{\mathrm{L}} \, \Delta\varphi^{\mathrm{L}}}{\sin\vartheta^{\mathrm{S}} \, \Delta\vartheta^{\mathrm{S}} \, \Delta\varphi^{\mathrm{S}}}. \qquad (2.48)$$

Die Azimutwinkel sind im LS und SS gleich. Deshalb kürzen sich die $\Delta\varphi$ heraus. Die Relation zwischen den Streuwinkeln ϑ^{L} und ϑ^{S} ist in Gl. (2.39) gegeben. Diese Gleichung benutzen wir auch um $\Delta\vartheta^{\mathrm{L}}/\Delta\vartheta^{\mathrm{S}}$ zu berechnen. Dazu müssen wir noch die Abhängigkeit des Impulses $p_{\mathrm{C}}{}^{\mathrm{L}}$ vom Winkel explizit ausdrücken. Aus Abb. 2.20 entnehmen wir mit Hilfe des Cosinussatzes

$$v_{\mathrm{C}}{}^{\mathrm{L}2} = v_{\mathrm{S}}{}^{\mathrm{L}2} + v_{\mathrm{C}}{}^{\mathrm{S}2} + 2 v_{\mathrm{S}}{}^{\mathrm{L}} v_{\mathrm{C}}{}^{\mathrm{L}} \cos\vartheta_{\mathrm{C}}{}^{\mathrm{S}}.$$

Diesen Ausdruck multiplizieren wir mit $m_{\mathrm{C}}{}^2$, um den Impuls zu erhalten, setzen ihn in Gl. (2.39) ein und ziehen $1/p_{\mathrm{C}}{}^{\mathrm{S}}$ mit in die Klammer hinein:

$$\cos\vartheta_{\mathrm{C}}{}^{\mathrm{S}} = \left[\frac{m_{\mathrm{C}}{}^2 v_{\mathrm{S}}{}^{\mathrm{L}2}}{p_{\mathrm{C}}{}^{\mathrm{S}2}} + \frac{m_{\mathrm{C}}{}^2 v_{\mathrm{C}}{}^{\mathrm{S}2}}{p_{\mathrm{C}}{}^{\mathrm{S}2}} + 2 \frac{m_{\mathrm{C}}{}^2 v_{\mathrm{S}}{}^{\mathrm{L}} v_{\mathrm{C}}{}^{\mathrm{S}}}{p_{\mathrm{C}}{}^{\mathrm{S}2}} \cos\vartheta_{\mathrm{C}}{}^{\mathrm{S}} \right]^{1/2}$$

$$\times \cos\vartheta_{\mathrm{C}}{}^{\mathrm{L}} - \frac{m_{\mathrm{C}} v_{\mathrm{S}}{}^{\mathrm{L}}}{p_{\mathrm{C}}{}^{\mathrm{S}}}. \qquad (2.49)$$

Die Größe $m_{\mathrm{C}} v_{\mathrm{S}}{}^{\mathrm{L}}/p_{\mathrm{C}}{}^{\mathrm{S}} = v_{\mathrm{S}}{}^{\mathrm{L}}/v_{\mathrm{C}}{}^{\mathrm{S}}$ kürzen wir durch ξ ab. Mit Hilfe der Gl. (2.33) und (2.38a) kann man für ξ explizit schreiben:

$$\xi = \left[\frac{m_{\mathrm{D}} m_{\mathrm{B}}}{m_{\mathrm{C}} m_{\mathrm{A}}} \left(1 + \frac{Q}{T_{\mathrm{A}}{}^{\mathrm{L}}} \frac{m_{\mathrm{A}} + m_{\mathrm{B}}}{m_{\mathrm{B}}} \right) \right]^{-1/2} \qquad (2.50)$$

Mit dieser Abkürzung ergibt sich aus Gl. (2.49)

$$\cos\vartheta_{\mathrm{C}}{}^{\mathrm{S}} = \sqrt{\xi^2 + 1 + 2\xi \cos\vartheta_{\mathrm{C}}{}^{\mathrm{S}}} \cos\vartheta_{\mathrm{C}}{}^{\mathrm{L}} - \xi$$

oder

$$\cos^2\vartheta_{\mathrm{C}}{}^{\mathrm{S}} + 2\xi \cos\vartheta_{\mathrm{C}}{}^{\mathrm{S}}(1 - \cos^2\vartheta_{\mathrm{C}}{}^{\mathrm{L}}) + \xi^2$$

$$= (\xi^2 + 1) \cos^2\vartheta_{\mathrm{C}}{}^{\mathrm{L}}.$$

Das ist eine quadratische Gleichung für $\cos\vartheta_{\mathrm{C}}{}^{\mathrm{S}}$ mit der Lösung

$$\cos\vartheta_{\mathrm{C}}{}^{\mathrm{S}} = -\xi \sin^2\vartheta_{\mathrm{C}}{}^{\mathrm{L}} \pm \cos\vartheta_{\mathrm{C}}{}^{\mathrm{L}} \sqrt{1 - \xi^2 \sin^2\vartheta_{\mathrm{C}}{}^{\mathrm{L}}}.$$

Das Verhältnis $\Delta\vartheta_{\mathrm{C}}{}^{\mathrm{S}}/\Delta\vartheta_{\mathrm{C}}{}^{\mathrm{L}}$ erhalten wir, indem wir

$$\vartheta_{\mathrm{C}}{}^{\mathrm{S}} = \arccos\left[-\xi \sin^2\vartheta_{\mathrm{C}}{}^{\mathrm{L}} \pm \cos\vartheta_{\mathrm{C}}{}^{\mathrm{L}} \sqrt{1 - \xi^2 \sin^2\vartheta_{\mathrm{C}}{}^{\mathrm{L}}} \right]$$

nach $\vartheta_{\mathrm{C}}{}^{\mathrm{L}}$ differenzieren. Eine etwas umständliche Rechnung ergibt:

$$\frac{\mathrm{d}\vartheta_{\mathrm{C}}{}^{\mathrm{S}}}{\mathrm{d}\vartheta_{\mathrm{C}}{}^{\mathrm{L}}} = 1 + \frac{\xi \cos\vartheta_{\mathrm{C}}{}^{\mathrm{L}}}{\sqrt{1 - \xi^2 \sin^2\vartheta_{\mathrm{C}}{}^{\mathrm{L}}}}.$$

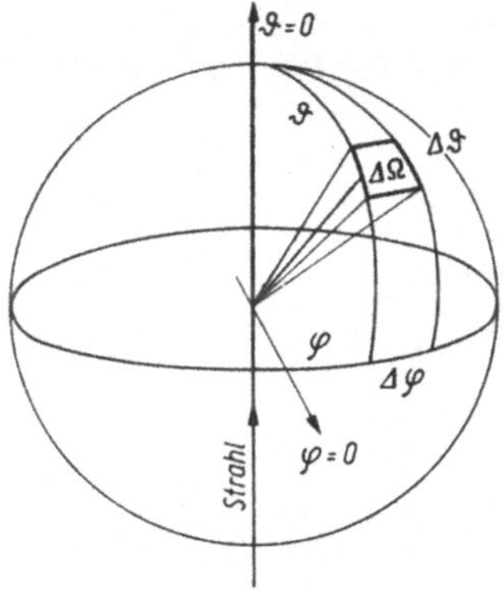

Abb. 2.19. Zur Definition des Raumwinkels $\Delta\Omega$

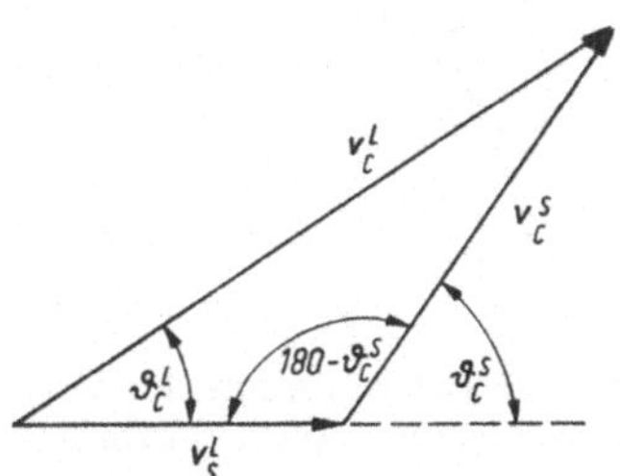

Abb. 2.20. Zur Umrechnung der differentiellen Querschnitte vom LS ins SS

Als endgültige Formel für die Umrechnung der differentiellen Querschnitte vom LS in das SS erhalten wir damit

$$\frac{d\sigma^S}{d\Omega^S} = \frac{d\sigma^L}{d\Omega^L} \frac{\sin \vartheta^L}{\sin \vartheta^S} \left(1 + \frac{\xi \cos \vartheta^L}{\sqrt{1 - \xi^2 \sin^2 \vartheta^L}} \right)^{-1} . \quad (2.51)$$

Wie man sich nach Abb. 2.20 leicht klarmachen kann, sind die Raumwinkel im SS in Vorwärtsrichtung größer als im LS. Nach rückwärts ist es umgekehrt. Die differentiellen Querschnitte werden also gemäß Gl. (2.48) im SS in Vorwärtsrichtung kleiner als im LS, in Rückwärtsrichtung größer als im LS.

2.3.4. Quantenmechanik der Streuprozesse

Wir haben bisher die Kinematik, die Erhaltungssätze und die Wirkungsquerschnitte bei Streuprozessen und Kernreaktionen behandelt. Die Physik dieser Prozesse ist aber erst verstanden, wenn man ihre Dynamik auf der Grundlage der Wechselwirkungen zwischen den einfallenden Teilchen und den Targetkernen kennt. Ziel der Theorie ist es, den Zusammenhang zwischen dem Potential der Wechselwirkung und den beobachtbaren Effekten, den Wirkungsquerschnitten herzustellen. Mit dieser Aufgabe beschäftigt sich die Streutheorie.

Wir gehen von der zeitunabhängigen Schrödinger-Gleichung für ein Zweiteilchenproblem

$$\left[\Delta + \frac{2M}{\hbar^2} E - V(r) \right] \psi(r) = 0 \quad (2.52)$$

aus. Da wir Streuzustände betrachten ist die Energie der Relativbewegung im Schwerpunktsystem E positiv zu rechnen. $V(r)$ stellt das Potential der Wechselwirkung dar, das hier als kugelsymmetrisch angenommen wird. Diese Annahme ist durchaus nicht selbstverständlich, wie wir noch sehen werden. M ist die reduzierte Masse des gestreuten Teilchens. Randbedingungen für die Lösung von Gl. (2.52) sind: 1. $\psi(r)$ muß überall und insbesondere für $r = 0$ endlich sein, 2. $\psi(r)$ muß sich in großen Entfernungen vom Streuzentrum wegen $V(r \to \infty) = 0$ als Summe einer einlaufenden und einer gestreuten Welle darstellen lassen

$$\psi(r \to \infty) = e^{ikz} + F(\vartheta) \frac{e^{ikr}}{r}, \quad k = \left(\frac{2ME}{\hbar^2} \right)^{\frac{1}{2}}. \quad (2.53)$$

Der erste Term beschreibt die einfallende ebene Welle, die in z-Richtung mit der Wellenzahl k fortschreitet. Der zweite Term ist eine Welle, die vom Streuzentrum $r = 0$ ausgeht. $F(\vartheta)$ ist die vom Streuwinkel ϑ abhängige Amplitude der Streuwelle, die *Streuamplitude*. Wie bereits im Teil Atom, Abschnitt 1.2.4.5. gezeigt wurde, läßt sich die Lösung von Gl. (2.52) für die Bewegung in einem Zentralfeld in eine radiale Wellenfunktion $R(r)$ und eine nur von den Winkeln abhängige Kugelfunktion $Y_{lm}(\vartheta, \varphi)$ separieren

$$\psi_{lm}(r, \vartheta, \varphi) = R(r) \, Y_{lm}(\vartheta, \varphi). \quad (2.54)$$

Setzen wir in Gl. (1.128a, Teil Atom) $R(r) = \dfrac{u_l(r)}{r}$, $\beta = k^2$ und $2\alpha/r = -V(r)$ ein, erhalten wir folgende Gleichung für den Radialteil der Wellenfunktion

$$\frac{d^2 u_l(r)}{dr^2} + \left[k^2 - \frac{l(l+1)}{r^2} \right] u_l(r) = V(r) \, u_l(r). \quad (2.55)$$

Aus dieser Gleichung folgt für $r \to \infty$ die asymptotische Lösung

$$R_l(r) = \frac{u_l}{r} = A \, \frac{\sin (kr - \alpha_l)}{r} .$$

Für das weitere ist es vorteilhaft $\alpha_l = -\dfrac{\pi l}{2} + \eta_l$ zu setzen und $R_l(r)$ so zu normieren, daß $A = 1/k$ wird. Das ergibt

$$R_l(r) = \frac{1}{kr} \sin \left(kr - \frac{\pi l}{2} + \eta_l \right) . \quad (2.56)$$

Wegen der sphärischen Symmetrie von $V(r)$ kann die Streuwellenfunktion nicht von φ abhängen. Bei der Lösung der Schrödinger-Gleichung haben wir es deshalb nur mit Kugelfunktionen für $m = 0$ zu tun, d. h. mit den Legendreschen Polynomen $P_l(\cos \vartheta)$. Die gesuchte Lösung können wir nun als Superposition der Eigenwertlösungen für die verschiedenen l darstellen:

$$\psi(r, \vartheta) = \sum_{l=0}^{\infty} c_l R_l(r) \, P_l(\cos \vartheta). \quad (2.57)$$

Mit dem asymptotischen Ausdruck für $R_l(r)$ Gl. (2.56) ergibt sich

$$\psi(r, \vartheta) \underset{r \to \infty}{=} \sum_{l=0}^{\infty} c_l P_l(\cos \vartheta) \frac{1}{2ikr}$$
$$\times \left[e^{i\left(kr - \frac{\pi l}{2} + \eta_l \right)} - e^{-i\left(kr - \frac{\pi l}{2} + \eta_l \right)} \right] . \quad (2.58)$$

Hierin sind noch die Koeffizienten c_l zu bestimmen. Wir erhalten sie aus der Bedingung, daß Gl. (2.58) mit Gl. (2.53) übereinstimmen muß. Die ebene Welle $e^{ikz} = e^{ikr\cos\vartheta}$ entwickeln wir nach Legendreschen Polynomen:

$$e^{ikz} = \sum_{l=0}^{\infty} (2l + 1) \, e^{i\frac{\pi l}{2}} \sqrt{\frac{\pi}{2kr}} \, I_{l+1/2}(kr) \, P_l(\cos \vartheta). \quad (2.59)$$

Hier ist $I_{l+1/2}(kr)$ eine Bessel-Funktion der Ordnung $l + 1/2$. Sie hat das asymptotische Verhalten

$$I_{l+1/2}(kr) \underset{r \to \infty}{=} \sqrt{\frac{2}{\pi kr}} \sin \left(kr - \frac{\pi l}{2} \right) . \quad (2.60)$$

Wir entwickeln ferner $F(\vartheta)$ aus Gl. (2.53) nach Legendreschen Polynomen:

$$F(\vartheta) = \sum_{l=0}^{\infty} \frac{f_l}{2ik}\, P_l(\cos\vartheta). \qquad (2.61)$$

Damit gewinnen wir für den asymptotischen Ausdruck Gl. (2.53)

$$\psi(r,\vartheta) \underset{r\to\infty}{=} \sum_{l=0}^{\infty} P_l(\cos\vartheta)\left[\frac{2l+1}{2ikr}\, e^{i\frac{\pi l}{2}} \right.$$
$$\left. \times \left(e^{i\left(kr-\frac{\pi l}{2}\right)} - e^{-i\left(kr-\frac{\pi l}{2}\right)} \right) + \frac{f_l\, e^{ikr}}{2ikr} \right]. $$
$$(2.62)$$

Der Vergleich der Koeffizienten der $P_l(\cos\vartheta)$ von Gl. (2.58) und (2.62) liefert

$$c_l\, e^{-i\eta_l} = (2l+1)\, e^{i\frac{\pi l}{2}},$$

$$c_l\, e^{-\left(\frac{\pi l}{2}+\eta_l\right)} = (2l+1) + f_l.$$

Daraus folgt für f_l

$$f_l = (2l+1)\,(e^{2i\eta_l} - 1). \qquad (2.63)$$

Für die Amplitude der gestreuten Welle können wir damit schreiben:

$$F(\vartheta) = \frac{1}{2ik} \sum_{l=0}^{\infty} (2l+1)\,(e^{2i\eta_l} - 1)\, P_l(\cos\vartheta). $$
$$(2.64)$$

In der Quantenmechanik ist die Wahrscheinlichkeitsdichte gleich dem Quadrat des Betrags der Amplitude der Wellenfunktion. Das Quadrat von $F(\vartheta)$ gibt also die Teilchenstromdichte an, die vom Streuzentrum in die Richtung ϑ fließt. Das ist nichts anderes als der differentielle Querschnitt für den Streuprozeß

$$\frac{d\sigma}{d\Omega} = \frac{1}{4k^2}\left| \sum_{l=0}^{\infty} (2l+1)\,(e^{2i\eta_l} - 1)\, P_l(\cos\vartheta) \right|^2. $$
$$(2.65)$$

Bilden wir das Quadrat der Summe und integrieren über ϑ bleiben nur die Glieder mit P_l^2 erhalten und ergeben $\displaystyle\int_0^{\pi} P_l^2(\cos\vartheta)\, d\vartheta = \frac{2}{2l+1}$. Alle Glieder mit $P_l P_{l'}$ werden wegen der Orthogonalität der Legendreschen Polynome Null. Ferner ist zu beachten, daß $|e^{2i\eta_l} - 1|^2 = 4\sin^2\eta_l$ ist. Um den integrierten Querschnitt zu erhalten muß außerdem über ϱ integriert werden [s. Ableitung von Gl. (2.47)]. Das ergibt

$$\sigma^{\text{int}} = \frac{4\pi}{k^2} \sum_{l=0}^{\infty} (2l+1)\,\sin^2\eta_l. \qquad (2.66)$$

Der entscheidende Schritt in dieser Ableitung war die Entwicklung der einfallenden ebenen Welle nach Legendreschen Polynomen der Ord-nung l. Man nennt dieses Vorgehen die Methode der Partialwellenzerlegung. Wir erhalten nämlich am Ende die Streuamplitude $F(\vartheta)$ und die Wirkungsquerschnitte entwickelt nach Elementarwellen mit bestimmtem Bahndrehimpuls l.

Aus den Resultaten Gl. (2.64)–(2.66) ersehen wir, daß die Streuamplitude und die Querschnitte nur von den Parametern η_l abhängen. Diese wurden in Gl. (2.56), der asymptotischen Lösung der radialen Wellenfunktion, eingeführt. Sie haben ihren Ursprung in dem Wechselwirkungspotential $V(r)$. Aus dem Vergleich der Gl. (2.58) und (2.62) erkennen wir, daß die η_l Phasenverschiebungen gegenüber den Partialwellen der einlaufenden Welle darstellen. Man nennt diese Parameter daher die *Streuphasen*. Ihre Vorzeichen und ihre Werte (in Abhängigkeit von der Energie der einfallenden Welle) werden durch das Potential bestimmt. Ein anziehendes Potential bewirkt in der Nähe des Streuzentrums eine Beschleunigung der Teilchen. Ihre Wellenlänge wird also auf diesem Stück ihres Weges kürzer. Außerhalb des Feldes nimmt sie wieder den ursprünglichen Wert an. Die Phase ist also gegenüber der ungestreuten Welle etwas voraus, d. h. die Phasenverschiebung ist positiv. Bei einem abstoßenden Potential passiert das Gegenteil. So gibt das Vorzeichen der Streuphase Auskunft über Anziehung oder Abstoßung bei der Wechselwirkung. *Überhaupt enthalten die Streuphasen alle Informationen über die Kernkräfte, die sich aus Streuexperimenten ableiten lassen.*

Wir kommen noch einmal auf die Abb. 2.18 Abschnitt 2.3.2. zurück. Dort wurde bereits festgestellt, daß wegen der kleinen Reichweite der Kernkräfte stets nur eine begrenzte Zahl von Partialwellen an der Wechselwirkung teilnehmen kann. Auf die obigen Überlegungen übertragen heißt das, daß in den Gl. (2.64) bis (2.66) meistens nur einige Glieder eine Rolle spielen. Ihre Zahl hängt von der Energie ab. Die Größe jedes Gliedes und damit sein Beitrag zum Querschnitt ist durch die Streuphase η_l gegeben, die eine Funktion der Energie ist. Bei kleinen Energien (bis zu einigen MeV) hat nur die Streuphase η_0 einen endlichen Wert und trägt damit als einzige zum Querschnitt bei. Die Phasen für die größeren l kommen erst mit der Erhöhung der Energie ins Spiel. Bei Schwerionenreaktionen muß man wegen der großen Bahndrehimpulse mit einer großen Zahl von Partialwellen rechnen.

2.3.5. Streuung und Nukleon-Nukleon-Wechselwirkung bei kleinen Energien

Wir betrachten jetzt den speziellen Fall kleiner Energien, bei denen alle Streuphasen außer η_0 verschwinden. Wir haben es also nur mit Partial-

---

wellen mit dem Bahndrehimpuls $l = 0$ zu tun, den sog. s-Wellen. Diese Bezeichnung ist in Analogie zu der für gebundene Zustände mit $l = 0$ gewählt. (Entsprechend bezeichnet man Streuwellen mit $l = 1, 2, 3, 4, \ldots$ als p-, d-, f-, g-, $\ldots$ Wellen.) Die Gl. (2.65) und (2.66) vereinfachen sich damit zu

$$\frac{d\sigma}{d\Omega} = \frac{1}{k^2} \sin^2 \eta_0 \qquad (2.67)$$

und

$$\sigma^{\text{Int}} = \frac{4\pi}{k^2} \sin^2 \eta_0 . \qquad (2.68)$$

Wir sehen daraus, daß der differentielle Querschnitt nicht mehr vom Winkel abhängt. *Für kleine Energien erhält man isotrope Winkelverteilungen.*

Stellen wir jetzt die Frage, welche Informationen über die Wechselwirkung man aus den Streuphasen erhalten kann. Dabei beschränken wir uns hier auf das Problem der Wechselwirkung zweier Nukleonen, also das fundamentale Problem der Kernkräfte. Für den Fall kleiner Energien, d. h. für Wellenlängen groß gegen die Abmessungen der Teilchen und die Reichweite der Kernkräfte kann man über Einzelheiten des Potentials, z. B. seine radiale Abhängigkeit nichts erfahren. Trotzdem lassen sich bestimmte Parameter definieren, die die Streuphase als Funktion der Energie darstellen und integrale Eigenschaften der Wechselwirkung beschrieben.

Nach H. BETHE gelangt man auf folgendem Wege zu einer solchen Darstellung. Ausgangspunkt ist die Schrödinger-Gleichung Gl. (2.55) für die radiale Streuwellenfunktion $u(r)$ für $l = 0$ und die analoge Gleichung für eine radiale Wellenfunktion $v(r)$ für ein freies Teilchen, d. h. für $V(r) = 0$. Für diese beiden Wellenfunktionen werden die gleichen asymptotischen Amplituden für große Entfernungen festgelegt:

$$u(r) \underset{r \to \infty}{=} v(r) \underset{r \to \infty}{=} \frac{\sin (kr + \eta)}{\sin \eta} . \qquad (2.69)$$

Für $r = 0$ soll $u(0) = 0$ und $v(0) = 1$ werden. Letzteres wird durch die Normierung mit $1/\sin \eta$ erreicht. Nun schreiben wir Gl. (2.55) für $u(r)$ und $v(r)$ jeweils für zwei verschiedene k auf

$$\frac{d^2 u_1}{dr^2} + k_1^2 u_1 - V(r) u_1 = 0; \qquad \frac{d^2 v_1}{dr^2} + k_1^2 v_1 = 0;$$

$$\frac{d^2 u_2}{dr^2} + k_2^2 u_2 - V(r) u_2 = 0; \qquad \frac{d^2 v_2}{dr^2} + k_2^2 v_2 = 0.$$

$$(2.70)$$

Wir multiplizieren die Gleichung für u_1 mit u_2 und die für u_2 mit u_1. Analog verfahren wir mit den Gleichungen für v_1 und v_2. Dann werden die erhaltenen Gleichungen voneinander abge-

zogen und einmal über r integriert. Diese Operationen liefern:

$$\left[u_2 \frac{du_1}{dr} - u_1 \frac{du_2}{dr} \right]_0^\infty = (k_2^2 - k_1^2) \int_0^\infty u_1 u_2 \, dr .$$

$$\left[v_2 \frac{dv_1}{dr} - v_1 \frac{dv_2}{dr} \right]_0^\infty = (k_2^2 - k_1^2) \int_0^\infty v_1 v_2 \, dr .$$

$$(2.71)$$

Wir sehen, daß sich das Potential bei dieser Prozedur herausgehoben hat. Die Information über $V(r)$ steckt jetzt nur noch in der Wellenfunktion $u(r)$, die über die Streuphase η durch das Potential beeinflußt wird. Auf den linken Seiten der Gl. (2.71) setzen wir für u und v die durch die Grenzbedingungen festgelegten Werte ein, führen die verschiedenen Differentiationen aus und subtrahieren die erste Gleichung von der zweiten:

$$k_2 \cot \eta_2 - k_1 \cot \eta_1$$

$$= (k_2^2 - k_1^2) \int_0^\infty (v_1 v_2 - u_1 u_2) \, dr . \qquad (2.72)$$

Die η_l sind hier die den Wellenzahlen k_l entsprechenden Streuphasen. Aus Gl. (2.72) können wir die k-Abhängigkeit der Streuphase bestimmen, wenn wir sie für *eine* bestimmte Wellenzahl kennen und wenn wir das Integral bestimmen können. Wenn $k \to 0$ geht, d. h. $\lambda \to \infty$, muß auch die Streuphase gegen Null gehen. Das folgt daraus, daß die Reichweite des Potentials und damit der Bereich, in dem sich die Phasenverschiebung ausbildet, gegenüber der Wellenlänge immer kleiner wird. Man kann daher annehmen, daß das Produkt $k \cot \eta$ für $k \to 0$ einem Grenzwert zustrebt

$$\lim_{k \to 0} (k \cot \eta) = \lim_{k \to 0} \left(k \, \frac{\cos \eta}{\sin \eta} \right)$$

$$= \lim \frac{k}{\sin \eta} = -\frac{1}{a} . \qquad (2.73)$$

Diesen Grenzwert kann man als einen der Parameter definieren, die die Wechselwirkung bei kleinen Energien bestimmen. a wird als Streulänge bezeichnet. Spezialisieren wir Gl. (2.72) für den Fall $k_1 \to 0$ und lassen wir bei k_2 den Index fort, finden wir

$$k \cot \eta = -\frac{1}{a} + k^2 \int_0^\infty (v_0 v - u_0 u) \, dr$$

$$= -\frac{1}{a} + \frac{b}{2} k^2 \qquad (2.74)$$

mit $b/2 = \int_0^\infty (v_0 v - u_0 u) \, dr$. Der Integrand in Gl. (2.74) ist gemäß den Definitionen von $u(r)$ und $v(r)$ nur im Gebiet der Reichweite des Potentials verschieden von Null. Da wir einen Energiebereich betrachten, in dem die Wellenlänge groß gegen die Reichweite der Kernkraft ist, sollten u und v in diesem Gebiet kaum von k abhängen. Deshalb kann man für Gl. (2.74) auch

$$k \cot \eta = -\frac{1}{a} + \frac{r_0}{2} k^2 + O(k^4)$$

mit

$$r_0/2 = \int_0^{\infty} (v_0 v_0 - u_0 u_0) \, \mathrm{d}r$$

(2.75)

schreiben. $O(k^4)$ ist ein von der Form des Potentials abhängiger Korrekturterm. Der Parameter r_0 hat die Dimension einer Länge und wird als effektiver Radius der Wechselwirkung bezeichnet. Die von der Form des Potentials unabhängige Darstellung der Streuung bei kleinen Energien nennt man die *Theorie der effektiven Reichweite* und die beiden Parameter a und r_0 die *Streuparameter*. Setzen wir in Gl. (2.68) den in Gl. (2.75) gefundenen Ausdruck für η ein, erhalten wir für den integrierten Querschnitt

$$\sigma^{\mathrm{int}} = \frac{4\pi}{k^2 + \left(-\dfrac{1}{a} + \dfrac{r_0}{2} k^2\right)^2},$$

(2.76)

und wenn wir $k \to 0$ gehen lassen, finden wir eine sehr einfache Beziehung zwischen dem Querschnitt und der Streulänge

$$\sigma^{\mathrm{int}} = 4\pi a^2.$$

(2.77)

Damit ist a und für genügend hohe Energien auch r_0 unmittelbar einer Messung zugänglich. Wir erhalten somit zwei fundamentale Naturkonstanten, die die Wechselwirkung von Nukleonen bei kleinen Energien bestimmen. Darüber hinaus können die gleichen Beziehungen natürlich für die Streuung zwischen anderen Teilchen benutzt werden.

Aus der asymptotischen Form der Wellenfunktion $v(r)$ [Gl. (2.69)], die auch in der Reichweite der Kernkräfte nicht gestört wird, läßt sich eine geometrische Deutung für die Streulänge ablesen. Statt Gl. (2.69) können wir für $kr \ll \pi/2$

$$v(r) = \frac{\sin kr \cos \eta + \cos kr \sin \eta}{\sin \eta} = \frac{kr \cos \eta + \sin \eta}{\sin \eta}$$

$$= kr \cot \eta + 1 = \left(-\frac{1}{a} + \frac{r_0}{2} k^2\right) r + 1$$

schreiben. Daraus erhalten wir für $k \to 0$ die Gleichung einer Geraden

$$v_0 = 1 - \frac{r}{a},$$

die die Ordinate bei $v_0(0) = 1$ und die Abszisse bei $r = a$ schneidet. a kann größer oder kleiner Null sein, abhängig vom Charakter des Potentials. Der Zusammenhang zwischen der Streulänge und dem Potential ist durch die Definition von a in Gl. (2.73) gegeben. Wie wir schon im Abschn. 2.3.4. festgestellt haben, ist die Streuphase für abstoßendes Potential negativ. Deshalb erhält man in diesem Fall eine positive Streulänge ($a > 0$). Wird die Abstoßung schwächer, wird η und damit a kleiner. Verschwindet das Potential, ist auch $a = 0$. Es findet keine Streuung statt. Auch der Querschnitt wird Null. Wird das Potential anziehend, dann ist $\eta > 0$ und damit muß a zunächst negative Werte annehmen. Mit wachsender Stärke wird $|a|$ immer größer. Wird das Potential genügend stark, kann $\eta = \pi/2$ werden. In diesem Falle ist $a = \infty$. Damit wird nach Gl. (2.77) auch der Querschnitt unendlich, d. h. bei $k = 0$ tritt eine Resonanz auf, die damit zusammenhängt, daß ab dieser Potentialstärke

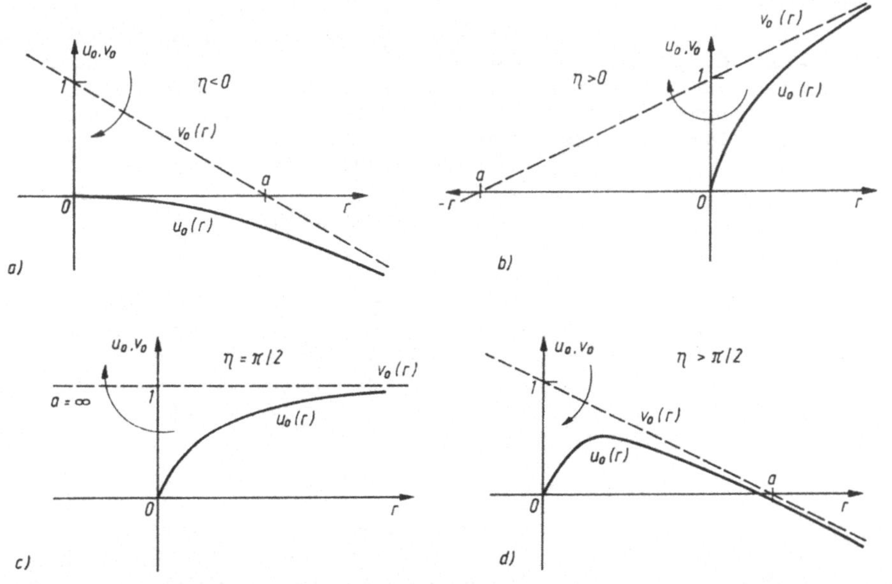

Abb. 2.21. Zur geometrischen Deutung der Streulänge für a) abstoßendes, b) anziehendes Potential, c) für $\eta = \dfrac{\pi}{2}$, d) Potential mit gebundenem Zustand

ein gebundener Zustand möglich wird. Wächst η über $\pi/2$ hinaus, wird a wieder positiv und in der Wellenfunktion tritt ein Knoten auf. In Abb. 2.21 sind die geschilderten vier Situationen dargestellt. Die Gerade $v_0(r)$ schwenkt beim Übergang von dem ersten Fall zum vierten um den Punkt $v_0(0) = 1$ in dem angedeuteten Drehsinn.

2.3.6. Das Deuteron

Wir wollen die Betrachtungen des vorigen Abschnitts auf die Streuung von Neutronen an Protonen beziehen. Wenn das gleiche Potential, das für die Streuung verantwortlich ist und dessen Wirkung wir durch die Streuparameter a und r_0 charakterisiert haben, auch zum gebundenen Zustand des Deuterons führt, dann muß es eine Beziehung zwischen den Streuparametern und der Bindungsenergie des Deuterons geben. Diesem Gedanken wollen wir nachgehen. Wir werden auch in diesem Zusammenhang keinen Gebrauch von einer konkreten Form des Potentials machen, obgleich eine ausführliche Theorie des Deuterons natürlich von dem exakten Potential ausgehen muß.

Wir gehen wieder von Schrödinger-Gleichungen analog zu Gl. (2.70) für die Radialbewegung in einem Zentralfeld und die freie Bewegung aus. In der zweiten Zeile in Gl. (2.70) müssen wir jetzt mit einer negativen Energie rechnen, die dem gebundenen Zustand entspricht. Wir setzen daher

$$k_2^2 = -\frac{1}{\alpha^2} = -\frac{2mB}{\hbar^2} \tag{2.78}$$

mit m, der reduzierten Masse der beiden Nukleonen, und $B = 2{,}224\,\text{MeV}$, der Bindungsenergie des Deuterons, und schreiben entsprechend $u_2 = u_\text{B}$ und $v_2 = v_\text{B}$. In genau der gleichen Weise wie oben erhalten wir in dieser neuen Formulierung die den Gln. (2.71) entsprechenden Beziehungen:

$$\left[u_\text{B}\,\frac{du_1}{dr} - u_1\,\frac{du_\text{B}}{dr} \right]_0^\infty = -\left(k_1^2 + \frac{1}{\alpha^2} \right) \int_0^\infty u_\text{B}u_1\,dr,$$

$$\left[v_\text{B}\,\frac{dv_1}{dr} - v_1\,\frac{dv_\text{B}}{dr} \right]_0^\infty = -\left(k_1^2 + \frac{1}{\alpha^2} \right) \int_0^\infty v_\text{B}v_1\,dr. \tag{2.79}$$

In diese Gleichungen haben wir die Grenzbedingungen einzusetzen. Wie oben fordern wir für $r = 0$: $u_\text{B}(0) = u_1(0) = 0$ und $v_\text{B}(0) = v_1(0) = 1$. Für das asymptotische Verhalten der Wellenfunktionen müssen wir aber eine dem gebundenen Zustand entsprechende Form wählen:

$$u_\text{B}(r \to \infty) = v_\text{B}(r \to \infty) = \mathrm{e}^{-r/\alpha}. \tag{2.80}$$

Für die Streuwelle gelte wie oben

$$u_1(r \to \infty) = v_1(r \to \infty) = \frac{\sin(kr + \delta)}{\sin \delta}. \tag{2.81}$$

Setzt man diese Grenzbedingungen in Gl. (2.79) ein und bildet die Differenz der beiden Gleichungen erhält man

$$k_1 \cot \delta + \frac{1}{\alpha} = \left(k_1^2 + \frac{1}{\alpha^2} \right) \int_0^\infty (v_\text{B}v_1 - u_\text{B}u_1)\,dr. \tag{2.82}$$

Wie in Gl. (2.75) ist der Integrand nur innerhalb der Reichweite der Kernkraft verschieden von Null. Für sehr kleine k können wir v_1 durch v_0 und u_1 durch u_0 (entsprechend $k = 0$) ersetzen. Berücksichtigen wir für diesen Fall die konkrete Form der vier Wellenfunktionen (Abb. 2.22), so läßt sich das Integral in Gl. (2.82) durch

$$\int_0^\infty (v_0v_0 - u_0u_0)\,dr = \tfrac{1}{2}\,r_0$$

annähern.

Mit dieser Näherung können wir nun die Streuphase δ durch α und den effektiven Radius darstellen und mit Gl. (2.75) vergleichen

$$k \cot \delta = -\frac{1}{\alpha} + \frac{r_0}{2}\left(k^2 + \frac{1}{\alpha^2} \right)$$

$$= -\frac{1}{a} + \frac{r_0}{2}\,k^2. \tag{2.83}$$

Damit haben wir die gesuchte Beziehung zwischen den Streuparametern und der Bindungsenergie des Deuterons, ausgedrückt durch α, gefunden:

$$\frac{1}{a} = \frac{1}{\alpha} - \frac{r_0}{2\alpha^2}. \tag{2.84}$$

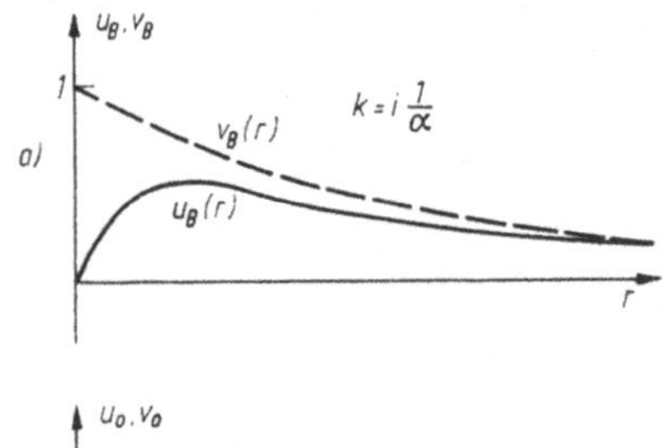

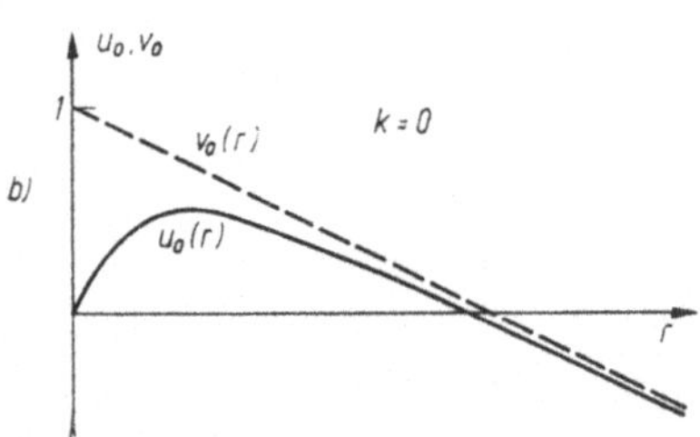

Abb. 2.22. Wellenfunktionen a) u_B und v_B für den gebundenen Zustand, b) für das gleiche Potential bei $k = 0$

Für den integrierten Querschnitt können wir jetzt schreiben:

$$\sigma^{\text{int}} = \frac{4\pi}{k^2} \sin^2 \delta = 4\pi \left[\left(k^2 + \frac{1}{\alpha^2} \right) \times \left(1 - \frac{r_0}{\alpha} + \frac{r_0^2}{4} \left(k^2 + \frac{1}{\alpha^2} \right) \right) \right]^{-1} . \quad (2.85)$$

Lassen wir k gegen Null gehen, vereinfacht sich diese Formel zu

$$\sigma^{\text{int}} = \frac{4\pi\alpha^2}{\left(1 - \frac{1}{2} \frac{r_0}{\alpha} \right)^2} . \quad (2.86)$$

Für den Fall, daß $r_0/\alpha < 1$ ist, wie er in der Natur vorliegt, erhält man aus Gl. (2.86)

$$\sigma^{\text{int}} < 16\pi\alpha^2 = 9,4 \cdot 10^{-24} \text{ cm}^2 = 9,4 \text{ b}, \quad (2.87)$$

wenn man den experimentellen Wert der Bindungsenergie des Deuterons $B = 2,224$ MeV zugrunde legt. Der gemessene Streuquerschnitt für thermische Neutronen an Protonen beträgt dagegen

$$\sigma^{\text{int}} = (20,36 \pm 0,10) \text{ b}.$$

Die Diskrepanz zu Gl. (2.87) zeigt drastisch, daß hier offensichtlich von zu primitiven Voraussetzungen bezüglich der Kernkräfte ausgegangen wurde.

2.3.7. Die Spinabhängigkeit der Kernkräfte

Die genannte Diskrepanz läßt sich erklären, wenn man annimmt, daß die Kernkräfte von der gegenseitigen Orientierung der Spins der Nukleonen abhängig sind. Wir wissen, daß das Deuteron den Spin 1 besitzt. Dieser gebundene Zustand muß also mit einem Streuzustand korrespondieren, bei dem die Spins parallel ausgerichtet sind, d. h., einem Triplettzustand. Neutron und Proton können aber auch in einem Singulettzustand mit entgegengesetzten Spins wechselwirken. Wenn die Wechselwirkung in diesen beiden Zuständen verschieden ist, dann kann man die Beziehungen Gl. (2.86) und (2.87) nur auf den Triplettzustand anwenden. Bei der Streuung (unpolarisierter Teilchen) wird der gemessene Querschnitt durch eine Mischung beider Zustände gegeben. Da das statistische Gewicht des Triplettzustands mit 3 Einstellmöglichkeiten des Spins dreimal so groß ist wie das Gewicht des Singulettzustands, muß sich der Gesamtquerschnitt der Streuung wie

$$\sigma = \tfrac{3}{4} \sigma^{\text{t}} + \tfrac{1}{4} \sigma^{\text{s}} \quad (2.88)$$

zusammensetzen. Mit t und s indizieren wir hier und im folgenden die zum Triplett- bzw. Singulettzustand gehörenden Größen. Wenn die Wechselwirkung für die beiden Zustände merklich unterschiedlich ist, dann müssen auch die Streuparameter für die beiden Fälle getrennte Werte annehmen. Es muß also eine Singulett- und eine Triplettstreulänge a^{s} bzw. a^{t} und ebenso zwei Werte für den effektiven Radius r_0^{s} bzw. r_0^{t} geben. Diese Parameter lassen sich tatsächlich einzeln bestimmen, wenn man den Querschnitt der Streuung von Neutronen an Ortho- und Parawasserstoff mißt. Die besten heute bekannten Werte sind in Tab. 2.7 zusammengestellt. Für die dort angeführten Triplettstreuparameter erhält man

$$\sigma^{\text{t}}(k = 0) = 4\pi(5,424 \cdot 10^{-13} \text{ cm}^2) = 3,697 \text{ b}.$$

Aus der Bindungsenergie des Deuterons ergibt sich

$$\sigma^{\text{t}}(k = 0) = 3,67 \text{ b}.$$

Die Einführung der Spinabhängigkeit der Kernkräfte führt also zu guter Übereinstimmung. *Neben der gewöhnlichen Zentralkraft muß in der Nukleon-Nukleon-Wechselwirkung demnach noch ein spinabhängiger aber kugelsymmetrischer Anteil $V_{\text{s}}(r, \sigma_1, \sigma_2) = V_{\text{s}}(r) (\sigma_1 \cdot \sigma_2)$ berücksichtigt werden.*

Tabelle 2.7. Die experimentellen Werte der Streuparameter für die Nukleon-Nukleon-Wechselwirkung und die Parameter des Deuterons

Nukleonen-paar	Singulettzustand		Triplettzustand	
	a^{s} [fm]	r_0^{s} [fm]	a^{t} [fm]	r_0^{t} [fm]
nn	$-16,70 \pm 0,38$	$2,78 \pm 0,13$	–	–
pp	$-7,828 \pm 0,008$	$2,80 \pm 0,02$	–	–
pp^{red}	$-17,1 \pm 0,2$	$2,84 \pm 0,03$	–	–
np	$-23,748 \pm 0,010$	$2,75 \pm 0,05$	$+5,424 \pm 0,004$	$1,759 \pm 0,005$

Deuteron:	
Bindungsenergie	$(2,224579 \pm 0,000009)$ MeV
Spin	$1\hbar$
Quadrupolmoment	$(2,8590 \pm 0,0030) \cdot 10^{-27}$ cm^2
Magnetisches Moment	$(0,857406 \pm 0,000001) \mu_K$

Aus Tab. 2.7 ersehen wir, daß die Singulettstreulänge für das np-System negativ ist. In diesem Zustand ist also kein gebundener Zustand möglich und wird auch nicht beobachtet. Allerdings ist a^s absolut sehr groß, was einem starken, anziehenden Potential entspricht, bei dem nur noch einige Prozent an Stärke fehlen um eine Bindung zu erreichen.

Die Streuung von Protonen an Protonen und von Neutronen an Neutronen kann wegen des Pauli-Prinzips nur im Singulettzustand erfolgen. Für diese Systeme gibt es deshalb nur die Singulettstreuparameter (s. Tab. 2.7).

Aus den Streuquerschnitten kann nur das Quadrat der Streulänge bestimmt werden [Gl. (2.77)]. Ihr Vorzeichen muß aus einer zusätzlichen Information über Existenz oder Nichtexistenz eines gebundenen Zustandes geschlossen werden. Diese Frage ist eingehend experimentell geprüft worden, wobei sich ergab, daß es im Falle der Singulettwechselwirkung keine gebundenen Zustände gibt. Die Singulettstreulängen sind also negativ zu rechnen.

2.3.8. Die Ladungsabhängigkeit der Kernkräfte

Aus den angegebenen Streuparametern kann auf eine weitere wichtige Eigenschaft der Kernkräfte geschlossen werden, die Ladungsabhängigkeit. Zunächst können wir nur die Streulängen für die np- und nn-Systeme vergleichen, in denen keine Coulomb-Kräfte auftreten. Die Streulängen a^s_{np} und a^s_{nn} sind merklich unterschiedlich. Dieser Unterschied kann auf eine Differenz in den Stärken der Potentiale zurückgeführt werden. Und zwar ist die np-Wechselwirkung um etwa 2,5 % stärker als die nn-Wechselwirkung. Diese Differenz ist so klein, daß sie in Kernen meistens vernachlässigt werden kann. Man spricht dann von dem Postulat der *Ladungsunabhängigkeit* der Kernkräfte. Dieses Postulat wurde bereits aus dem Vergleich der Bindungsenergien der Spiegelkerne abgeleitet (s. Abschn. 2.2.3.).

Die bestehende Brechung der Ladungsabhängigkeit kann mit Hilfe der Mesonentheorie (s. Abschn. 2.3.10.) der Kernkräfte erklärt werden. Zwischen Neutronen und Protonen können positive, negative und neutrale Mesonen ausgetauscht werden, zwischen gleichartigen Nukleonen nur neutrale. Da geladene und ungeladene Mesonen etwas verschiedene Massen besitzen, kommt ein geringfügiger Unterschied in der Stärke der Potentiale zustande.

Für das pp-System muß die Theorie der effektiven Reichweite modifiziert werden, da sich die asymptotischen Wellenfunktionen wegen der langreichweitigen Coulomb-Kraft verändern. Für einen Vergleich der reinen nuklearen Wechselwirkung zwischen zwei Protonen mit der der anderen Nukleonenpaare muß der Effekt der Coulomb-Kraft aus den pp-Streuparametern eliminiert werden. Damit erhält man die in Tab. 2.7 unter pp^{red} angeführten reduzierten Streuparameter für das pp-Paar ohne Coulomb-Wechselwirkung. Vergleicht man diese Parameter mit denen für das nn-Paar, stellt man fest, daß im Rahmen der Fehlergrenzen die *Proton-Proton- und die Neutron-Neutron-Wechselwirkung übereinstimmen.* Diese Tatsache bezeichnet man als *Ladungssymmetrie der Kernkräfte.*

Eine etwa bestehende (experimentell noch nicht abgesicherte) kleine Brechung der Ladungssysmmetrie kann durch weitere Feinheiten der Mesonentheorie erklärt werden.

2.3.9. Potentialmodelle und die sog. realistischen phänomenologischen Potentiale

Wir haben bisher die Nukleon-Nukleon-Wechselwirkung bei kleinen Energien betrachtet und versucht, soviel wie möglich Informationen zu erhalten, ohne konkrete Annahmen über das Wechselwirkungspotential zu machen. Das ist natürlich unbefriedigend. Auf diese Weise läßt sich über die Natur der Kernkräfte nicht sehr viel erfahren und eine Beschreibung der Wechselwirkungen bei höheren Energien ist nicht möglich. Zunächst geben wir eine Übersicht über eine Reihe gebräuchlicher Potentialmodelle, die alle durch einen analytischen Ausdruck dargestellt werden können (Tab. 2.8). Alle diese Potentiale

Tabelle 2.8. Potentialmodelle

Modell	r-Abhängigkeit
Kastenpotential	$- V_0$ für $r < R$ 0 für $r \geq R$
Exponentialpotential	$- V_0 \exp(-\mu r)$
Gauß-Potential	$- V_0 \exp(-\mu^2 r^2)$
Hulthén-Potential	$- V_0 \dfrac{\exp(-\mu r)}{1 - \exp(-\mu r)}$
Yukawa-Potential	$- V_0 \dfrac{1}{\mu r} \exp(-\mu r)$

müssen folgenden Forderungen genügen: 1. Sie müssen mit dem Radius wesentlich schneller gegen Null gehen als $1/r$. 2. Ihre Parameter, die jeweils etwas über die Tiefe und die Reichweite aussagen, müssen die genannten Streuparameter und die Parameter des Deuterons reproduzieren. Dabei stellt sich heraus, daß die Tiefe des Potentials groß gegen die Bindungsenergie des Deuterons ist.

Mit Hilfe der Potentiale lassen sich aus der Schrödinger-Gleichung z. B. Wellenfunktionen des Deuterons berechnen. Übereinstimmend ergibt sich dabei, daß sich die beiden Nukleonen mit großer Wahrscheinlichkeit in einem Abstand befinden, der erheblich größer als die Reichweite des Potentials ist. Das charakterisiert das Deuteron als ein relativ schwach gebundenes System (Bindungsenergie/Nukleon 1,112 MeV) mit recht großen Abmessungen. Beim ^{4}He-Kern ist die Situation bereits ganz anders. Hier ist die Bindungsenergie/Nukleon etwa 7 MeV und die Wellenfunktion konzentriert sich auf ein Gebiet, das etwa der Reichweite des Potentials entspricht. Die Kenntnis der Wellenfunktion des Deuterons hat große Bedeutung für die Beschreibung aller Kernumwandlungen, an denen das Deuteron beteiligt ist, wie etwa dem Strahlungseinfang von Neutronen an Protonen, der Photospaltung des Deuterons und Kernreaktionen mit dem Deuteron als einfallendes oder auslaufendes Teilchen.

Im Abschn. 2.3.4. wurde gezeigt, daß die Streuquerschnitte durch die Streuphasen bestimmt werden und daß andererseits die Streuphasen aus den Wechselwirkungspotentialen abzuleiten sind. Möchte man die Wechselwirkungspotentiale genau bestimmen, muß man also die Streuquerschnitte messen. Aus Gl. (2.65) und (2.66) folgt, daß die Querschnitte im allgemeinen aus Überlagerungen mehrerer Partialwellen hervorgehen. Außerdem haben wir gesehen, daß die Kernkräfte spinabhängig sind. Um die Streuphasen für die einzelnen Spinzustände getrennt zu erhalten, müssen Experimente mit polarisierten Strahlen und/oder Targets durchgeführt werden, d. h. die Streuquerschnitte müssen für definierte Spinzustände gemessen werden. Legt man Wert auf

eine möglichst umfassende Beschreibung der Kernkräfte sind alle diese Messungen über einen weiten Energiebereich bis zu einigen hundert MeV auszudehnen. Derartige Experimente erbrachten in den vergangenen Jahrzehnten eine große Menge von Daten mit immer weiter verbesserter Präzision. Diese Daten werden zur Grundlage von Phasenanalysen genommen um die Streuphasen zu gewinnen. Das sind Mehrparameteranpassungen, die häufig zu mehrdeutigen Resultaten führen. Durch die Vervollständigung der Daten konnten aber im Laufe der Zeit recht zuverlässige Streuphasen bestimmt werden. In Abb. 2.23 sind eine Reihe dieser Resultate in Abhängigkeit von der Energie dargestellt. Die Streuphasen werden für die verschiedenen Partialwellen, also s-, p-, d-, f-, ... Wellen und jeweils für parallele und antiparallele Spins, also den Triplett- und den Singulettzustand angegeben. Entsprechend der spektroskopischen Schreibweise wird die Streuphase der Partialwelle mit einem großen lateinischen Buchstaben S, P, D, F, ... bezeichnet. Der Index links oben gibt den Spinzustand an, also 3 für Triplett und 1 für Singulett. Rechts unten schreibt man den Gesamtdrehimpuls J des Streuzustandes. So gehört z. B. die Streuphase $^3P_2$ zur Streuung im Triplettzustand mit dem Bahndrehimpuls $l = 1$, und Spin und Bahndrehimpuls koppeln zu $J = 2$ (in Analogie zur Termbezeichnung bei Atomen, s. Abschn. 1.3.8.).

Den in Abb. 2.23 dargestellten Streuphasen können wir entnehmen, daß die Wechselwirkung in verschiedenen Zuständen abstoßend ist. Am bemerkenswertesten ist, daß einige Streuphasen

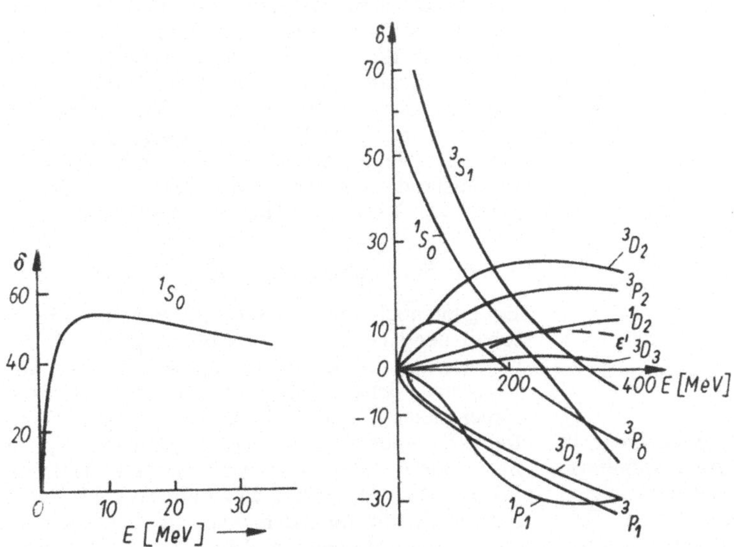

Abb. 2.23. Streuphasen in Abhängigkeit von der Energie (nach A. G. S. SITENKO und V. K. TARTAKOWSKIJ 1975)

($^3S_1$, $^1S_0$ u. a.) bei bestimmten Energien ihre Vorzeichen wechseln. Je höher die Energie wird, um so kleiner werden die Wellenlängen. Die Zone um das Streuzentrum, in der eine bestimmte Partialwelle ihre maximale Amplitude besitzt, rückt zu immer kleineren Radien. Der Wechsel des Vorzeichens bei einer bestimmten Energie bedeutet, daß das entsprechende Potential seinen Charakter ändert (für $^1S_0$ bei 250 MeV, für $^3S_1$ bei 325 MeV). Daraus ergibt sich eine wichtige Schlußfolgerung:

> Die Nukleon-Nukleon-Wechselwirkung wird bei kleinen Abständen ($r < 1$ fm) abstoßend. Das Potential hat einen harten „Core".

Leider ist es nicht möglich, aus den Streuphasen direkt das Potential abzuleiten. Das wäre die Aufgabe der sog. inversen Streutheorie, die bisher zu keinem praktischen Ergebnis geführt hat. Es ist vielmehr der mühevolle Weg zu gehen, das Potential so zu konstruieren, daß sich aus ihm die richtigen Streuphasen ergeben, wobei man für die verschiedenen Streuzustände durchaus verschiedene Potentiale benötigt. Die sich dabei ergebenden Resultate nennt man *realistische phänomenologische Potentiale*. Ein Beispiel ist in Abb. 2.24 für den $^1S_0$-Zustand angegeben. Das zweite Attribut bringt zum Ausdruck, daß diesen Wechselwirkungen zunächst kein physikalisches Modell zugrunde liegt. Dieser Mangel

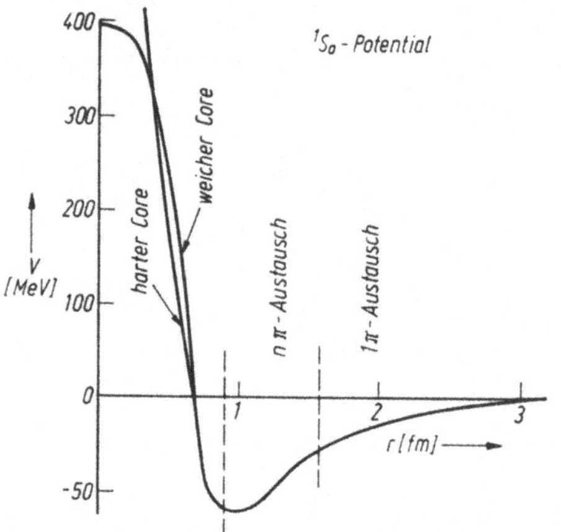

Abb. 2.24. Nukleon-Nukleon-Potential (schematisch)

an Wissen über die Natur der Dinge wird, wie oft in der Physik, durch die Einführung von Parametern ersetzt. So enthält das vor einiger Zeit noch sehr gebräuchliche Potential von HAMADA und JOHNSTONE 128 angepaßte Parameter. Diese Situation ist natürlich unbefrie

digend. Infolgedessen ist man bemüht, Modelle für die Kernkräfte zu entwickeln und daraus besser begründete Potentiale abzuleiten. Als Grundlage dafür benutzt man die Yukawa-Theorie des Mesonenaustausches, die im nächsten Abschnitt behandelt wird. Bei der Konstruktion von phänomenologischen Potentialen geht man heute davon aus, daß der langreichweitige Schwanz der Wechselwirkung durch den Ein-Pion-Austausch (one pion exchange, OPE) gegeben ist. Die weiter innen liegenden Gebiete werden dann z. B. beim Reid-soft-core-Potential weiterhin mit Parametern beschrieben. Neuere Ansätze wenden die Mesonentheorie auch für die inneren Gebiete an. Dort hat die Wechselwirkung sehr kurzreichweitige und starke Anteile, für deren Beschreibung entweder der Austausch schwerer Mesonen oder mehrerer Mesonen herangezogen werden muß. Solche Potentiale wurden von Gruppen in Paris und Bonn abgeleitet. Sie werden mit Paris- bzw. Bonn-Potential bezeichnet. Die Parameter für die Meson-Nukleon-Wechselwirkungen, die in diese Potentiale eingehen, werden hier nicht phänomenologisch bestimmt, sondern stammen aus Experimenten in der Hochenergiephysik. Auf diese Weise gelingt es, auch den Bereich mittlerer Abstände durch die Mesonentheorie zu erschließen. Bisher nicht gelungen ist eine physikalische Beschreibung der Wechselwirkungen bei Abständen von 0,5 fm und weniger. Hier ist man weiterhin auf phänomenologische Parameter angewiesen. Es steht allerdings zu hoffen, daß die modernen Einsichten in die Quarkstruktur der Nukleonen einen Zugang zum Verständnis auch dieses Teils der Wechselwirkung ermöglichen. Man muß hier berücksichtigen, daß sich in diesem innersten Bereich die Nukleonen bereits überlappen und damit ihre innere Struktur bedeutsam wird. Die Kernkräfte müssen sich letzten Endes aus den Eigenschaften der Bausteine der Nukleonen, den Quarks, und ihrer Wechselwirkung, dem Gluonenfeld, ableiten lassen. Diese Fragen sind z. Z. Gegenstand intensiver Forschungen im Grenzgebiet von Kern- und Hochenergiephysik.

2.3.9.1. Spin-Bahn-Kopplung

Es gibt noch eine weitere interessante Eigenschaft der Kernkraft, ihre Abhängigkeit von der gegenseitigen Orientierung des Spins eines gestreuten Teilchens und seines Bahndrehimpulses. Experimentell läßt sich diese von der Spin-Bahn-Kopplung abhängige Wechselwirkung in Streuexperimenten mit polarisierten Teilchen beobachten. In Abb. 2.25 sind zwei Protonen dargestellt, die mit nach oben aus der Zeichenebene herausragendem Spin an den beiden Seiten des Streuzentrums, ebenfalls ein Nukleon,

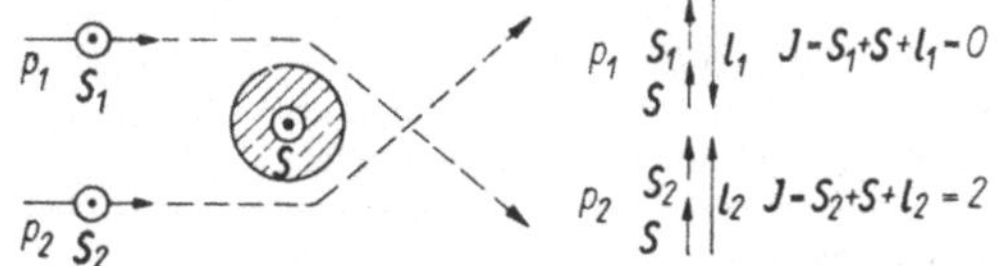

Abb. 2.25. Zur Spin-Bahn-Kopplung

vorbeifliegen, dessen Spin auch nach oben gerichtet angenommen wird. Sie werden in dem anziehenden Potential des Streuzentrums nach rechts bzw. nach links abgelenkt. Dabei ist der Bahndrehimpuls von p_1 nach unten und der von p_2 nach oben gerichtet. Für p_1 ist also Spin und Bahndrehimpuls l_1 entgegengesetzt gerichtet. Ist $l_1 = 1$, dann ist der Streuzustand ein Triplettzustand, der mit dem Bahndrehimpuls zum Gesamtdrehimpuls $J = 0$ koppelt. Es handelt sich also um einen $^3P_0$-Zustand. Für p_2 sind die beiden Spins und der Bahndrehimpuls zu $J = 2$ gekoppelt. Wir haben es also mit einem $^3P_2$-Zustand zu tun. Man beobachtet im Experiment für beide Zustände unterschiedliche Querschnitte, also muß die Wechselwirkung von der Spin-Bahn-Kopplung abhängen. In den in Abb. 2.23 gezeigten Streuphasen kommt das auch sehr deutlich zum Ausdruck. Für gleiche Gesamtspinzustände (Triplett oder Singulett) und gleiche Bahndrehimpulse ($S, P, D, F, \ldots$) aber verschiedene Kopplungen zum Gesamtdrehimpuls erhält man deutlich unterschiedliche Streuphasen. In dem Wechselwirkungspotential der Nukleonen wird diese Eigenschaft durch den sog. Spin-Bahn-Term

$$V_{\text{Spin-Bahn}}(r, l, s) = V_{ls}(l \cdot s) \qquad (2.89)$$

berücksichtigt. Ein Spin-Bahn-Term tritt auch bei der Streuung von Teilchen an Kernen auf (s. Abschn. 2.3.12.). Die Spin-Bahn-Kopplung spielt außerdem für die Kernstruktur eine bedeutende Rolle (s. Abschn. 2.4.4.).

2.3.10. Die Mesonentheorie der Kernkräfte

In der Quantenmechanik der Moleküle wird gezeigt, daß die Bindung zwischen zwei Atomen durch den Austausch von Elektronen hervorgerufen wird. Die Coulomb-Wechselwirkung wird in der Quantenelektrodynamik durch den Photonenaustausch beschrieben. Es lag daher

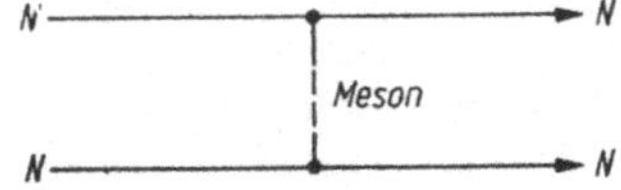

Abb. 2.26. Polgraph der Nukleon-Nukleon-Wechselwirkung mit Mesonenaustausch (Beispiel eines Feynmann-Diagramms)

nahe, in Analogie zu diesen Beispielen die Nukleon-Nukleon-Wechselwirkung durch den Austausch von Teilchen oder Feldquanten zu erklären. Als erster versuchte I. E. TAMM[1]) im Jahre 1934 die Kernkräfte durch den Austausch von Elektron-Neutrino-Paaren zu beschreiben. Die dabei erhaltene Wechselwirkung war zu schwach und zu langreichweitig. 1935 stellte H. YUKAWA[2]) eine analoge Theorie auf, ließ aber zunächst offen, um welche Art von Austauschteilchen es sich handelt.

Die diesem Modell der Wechselwirkung zugrunde liegende Vorstellung ist die folgende: Das eine Nukleon emittiert ein Teilchen, welches von dem anderen absorbiert wird. Im Bild der Feynmann-Graphen der Quantenfeldtheorie wird ein solcher Prozeß durch einen Polgraphen dargestellt (Abb. 2.26). Die Bildung eines Teilchens kostet die Energie m_0c^2. Diese steht nicht zur Verfügung. Die Unschärferelation ermöglicht aber eine Verletzung des Energiesatzes ΔE für ein bestimmtes Zeitintervall Δt um

$$\Delta E = \frac{\hbar}{\Delta t}. \qquad (2.90)$$

Für ΔE setzen wir m_0c^2. Das Zeitintervall legen wir fest, indem wir sagen, das Teilchen soll sich nicht weiter als die Reichweite der Kraft r_0 von dem Nukleon entfernen können. Es kann sich höchstens mit Lichtgeschwindigkeit bewegen. Damit wird $\Delta t = r_0/c$. Setzen wir das in Gl. (2.90) ein, erhalten wir eine Abschätzung für die Masse des auszutauschenden Teilchens

$$m_0 = \frac{\hbar}{r_0 c}. \qquad (2.91)$$

Mit $r_0 = 1{,}5$ fm ergibt sich $m_0 = 260$ Elektronenmassen. Die Masse eines solchen hypothetischen Teilchens liegt zwischen der der Nukleonen und der der Elektronen. Man hat dieses Teilchen daher als Meson bezeichnet (vom griechischen mesos, das Mittlere). Sie treten hier als virtuelle Teilchen auf, d. h. sie sind experimentell im Austauschprozeß nicht nachweisbar, da unterhalb der Unschärferelation nichts mehr meßbar ist. Sie können allerdings in bestimmten Reaktionen erzeugt werden, wenn dem System von außen genügend Energie zugeführt wird. YUKAWA ließ sich bei der Entwicklung seiner Theorie der Kernkraft von der Elektrodynamik als Modellfall einer gut bekannten Wechselwirkung leiten. Das elektrische Potential V genügt der Wellengleichung

$$\Delta V - \frac{1}{c^2}\ddot{V} = -\varrho(r, t). \qquad (2.92)$$

---

[1]) IGOR EWGENEWITSCH TAMM 1895–1971.
[2]) HIDEKI YUKAWA 1907–1981.

Für den statischen Fall kann man schreiben

$$\Delta V = -\varrho(r).$$

Wenn eine Punktladung der Stärke e vorliegt, ergibt sich als Lösung der Gleichung das Coulomb-Potential

$$V = \frac{e}{4\pi\varepsilon_0 r}.$$

Diese Form des Potentials ist für die Kernkraft zu langreichweitig. YUKAWA modifizierte daher Gl. (2.92), jetzt für das Feld φ geschrieben, durch den Zusatzterm $-\lambda^2\varphi$:

$$\Delta\varphi - \frac{1}{c^2}\ddot\varphi - \lambda^2\varphi = g. \tag{2.93}$$

g ist hier die Stärke einer punktförmigen Quelle des Feldes. Für den statischen Fall ergibt Gl. (2.93) ein Potential der Form

$$\varphi(r) = g\,\frac{e^{-\lambda r}}{r}.$$

Das ist das in Tab. 2.8 bereits aufgeführte Yukawa-Potential, dessen Reichweite $r_0 = 1/\lambda$ entsprechend dem experimentellen Befund eingestellt werden kann.
Was hat nun Gl. (2.93) und das Yukawa-Potential mit einem ausgetauschten Teilchen zu tun? Die Wellengleichung des quellenfreien elektrischen Potentials Gl. (2.92) kann man als Gleichung für das freie Photon auffassen, das bekanntlich die Masse Null besitzt. In Analogie dazu kann man die quellenfreie Gl. (2.93) als Gleichung eines mit Masse behafteten freien Teilchens interpretieren. Sie hat nämlich die gleiche Form wie die relativistische Gleichung eines freien Bosons, d. h. wie die Klein-Gordon-Gleichung [Gl. (1.215)], die wir des direkten Vergleichs wegen noch einmal in der Form

$$c^2\hbar^2\,\Delta\ddot\psi - \hbar^2\dot\psi - m_0^2 c^4\psi = 0 \tag{1.215}$$

hinschreiben. In den Gl. (2.93) und (1.215) entsprechen sich die Glieder mit φ bzw. ψ. Man kann deshalb den Faktor λ als Ruhemasse eines Teilchens verstehen. Es ist dann

$$\lambda = \frac{m_0 c^2}{c\hbar} \quad \text{oder} \quad \frac{1}{r_0} = \lambda = \frac{m_0 c}{\hbar}.$$

λ ist also die gleiche Größe wie oben $1/r_0$ und für m_0 erhalten wir die gleiche Abschätzung wie in Gl. (2.91). Die Größe λ bezeichnet man übrigens als Compton-Wellenlänge des Teilchens.
Diese zunächst hypothetische Interpretation fand ihre schönste Bestätigung, als man 1947 die π-Mesonen oder Pionen bei der Reaktion von Protonen mit einem Kupfertarget bei einer Energie von 300 MeV entdeckte.

Der Mesonenaustausch ist inzwischen die allgemein anerkannte Grundlage der Theorie der Kernwechselwirkung geworden.

Aufgabe für die Zukunft ist es, diese Vorstellung mit dem Quark-Gluon-Modell der Nukleonen zu vereinen.

Es gibt drei Sorten von Pionen: positiv, negativ und nicht geladene. Sie haben den Spin 0, sind also Bosonen, und die Parität -1. Wegen dieser Eigenschaft bezeichnet man sie als pseudoskalare Teilchen. Ihre Massen sind $m_{\pi^\pm} = 139{,}56\ \text{MeV}$ und $m_{\pi^0} = 134{,}96\ \text{MeV}$. Die geladenen Pionen haben eine Lebensdauer von $2{,}6\cdot10^{-8}$ s und zerfallen hauptsächlich entsprechend dem Schema $\pi^\pm \to \mu^\pm + \nu$, also in ein μ-Meson oder Myon und ein Neutrino. (Die Bezeichnung μ-Meson wird heute verworfen, weil das Myon ein Teilchen mit dem Spin 1/2, also ein Fermion ist und zu den Leptonen gerechnet werden muß.) Die ungeladenen Pionen haben eine Lebensdauer von $0{,}89\cdot10^{-16}$ s und zerfallen hauptsächlich in zwei Gammaquanten. Bezieht man die genannten Eigenschaften in die Mesonentheorie der Kernkräfte ein, erhält man die Ladungsunabhängigkeit und ihre verhältnismäßig geringe Brechung (s. o.), die Ladungssymmetrie, die Spinabhängigkeit (Dafür ist die negative Parität verantwortlich.), und es ergibt sich ebenfalls die Tensorkraft, die wir im nächsten Abschnitt behandeln.

2.3.11. Die Tensorkraft und der Grundzustand des Deuterons

Bisher wurde vorausgesetzt, daß die Nukleon-Nukleon-Wechselwirkung eine Zentralkraft ist. Dadurch, daß die Nukleonen einen Spin besitzen, ist aber eine Richtung im Raum ausgezeichnet. Es stellt sich die Frage, ob daraus nicht ein Anteil der Wechselwirkung folgt, der von der gegenseitigen Orientierung der Spins und des Abstandsvektors der Teilchen abhängt. Eine solche richtungsabhängige Kraft stellt das Potential zweier Dipole d_1 und d_2 dar, das in der Elektrodynamik abgeleitet wurde

$$V(r, d_1, d_2) = -\frac{1}{r^3}\left[3(d_1\cdot r)(d_2\cdot r) - (d_1\cdot d_2)\right].$$

Im Falle der nuklearen Wechselwirkung hat man statt der Dipole die Spins und für die Abstandsfunktion eines der kurzreichweitigen kernphysikalischen Potentiale einzusetzen

$$V_T(r, \sigma_1, \sigma_2) = V_T(r)\,S_{12}$$

$$= V_T(r)\left[\frac{3}{r^2}(\sigma_1\cdot r)(\sigma_2\cdot r) - (\sigma_1\cdot\sigma_2)\right]. \tag{2.94}$$

Man nennt diesen Anteil V_T der Wechselwirkung die Tensorkraft. Der erste Term bestimmt die Richtungsabhängigkeit. Der zweite Term bewirkt, daß S_{12} über die Kugeloberfläche gemittelt zu Null wird.
Nachdem, was wir bisher kennengelernt haben, besteht also die Wechselwirkung zwischen zwei Nukleonen aus dem zentralsymmetrischen An-

teil $V_C(r)$, dem ebenfalls zentralsymmetrischen aber spinabhängigen Anteil V_S, dem von der Spin-Bahn-Kopplung abhängigen Anteil V_{ls} und dem richtungsabhängigen Anteil V_T

$$V(r) = V_C(r) + V_S(r)\,(\sigma_1 \cdot \sigma_2) + V_{ls}(\sigma \cdot l)$$
$$+ \; V_T(r)\,S_{12}. \tag{2.95}$$

Noch einige Bemerkungen zur Erläuterung der Eigenschaften des Operators der Tensorkraft S_{12}:
Die σ_i sind die Operatoren der Spinvektoren im Sinne von Abschn. 1.3.7.3. Die in S_{12} vorkommenden Kombinationen dieser Größen sind mit dem Gesamtspin des Systems $S = \frac{1}{2}(\sigma_1 + \sigma_2)$ durch

$$(\sigma_1 \cdot \sigma_2) = 2S^2 - 3 \quad \text{und}$$

$$(\sigma_1 \cdot n)(\sigma_2 \cdot n) = 2(S \cdot n)^2 - 1$$

verknüpft. (n ist der Einheitsvektor in Richtung von r.) Diesen Zusammenhang findet man, wenn man S^2 und $(S \cdot n)^2$ bildet und dabei berücksichtigt, daß $\sigma_1^2 = \sigma_2^2 = 3$ und $(\sigma_i \cdot n)^2 = 1$ ist. Der Operator S_{12} wird durch den Gesamtspin ausgedrückt zu

$$S_{12} = 6(S \cdot n)^2 - 2S^2.$$

Aus dieser Gleichung ergibt sich unmittelbar:
a) Für Singulettzustände, also $S = 0$, gibt es keine Tensorkraft.
b) Die Tensorkraft wirkt nur in Triplettzuständen. Das Glied mit $(S \cdot n)^2$ bringt die Abhängigkeit der Kraft von der gegenseitigen Orientierung von S und r zum Ausdruck.
c) Für die in Abb. 2.27 gezeichneten Lagen der Spins relativ zum Abstandsvektor werden die angegebenen Werte des Tensoroperators S_{12} erhalten. Wie im Falle von Dipolen erhält man in der Lage a) Anziehung und in der Lage b) Abstoßung.
Ferner gilt ohne näheren Beweis:
d) Die in c) beschriebene Richtungsabhängigkeit führt für das Deuteron (Triplettzustand) zu einer zigarrenförmigen Deformation in Richtung des Gesamtspins und damit zu dem beobachteten elektrischen Quadrupolmoment
$Q = 2{,}859 \cdot 10^{-27}\ \text{cm}^2.$
e) Die Tensorkraft mischt Zustände mit verschiedenem l aber gleicher Parität. Als „gute"

Quantenzahl gelten daher nur noch der Gesamtdrehimpuls J, seine z-Komponente M und der Betrag des Spins s (und nicht mehr l, m_l und m_s im einzelnen).
Die Tensorkraft hat demzufolge wichtige Konsequenzen für das Deuteron. Sie erklärt die Existenz des Quadrupolmoments. Sie führt zu einer Mischung des Grundzustandes aus S- und D-Zustandsanteilen. Beide haben positive Parität. Ein P-Zustand kann nicht auftreten, da er die Parität $(-1)^l = (-1)^1 = -1$ hätte. Die Beimischung des D-Zustandes hat zur Folge, daß das magnetische Moment des Deuterons nicht exakt die Summe aus den magnetischen Momenten von Proton und Neutron ist (s. Abschn. 2.2.5.). Aus diesem Fakt ergibt sich die Stärke der Beimischung des D-Zustandes zu 4 bis 7 % je nach dem konkreten np-Potential. Das Deuteron befindet sich also mit einer Wahrscheinlichkeit von einigen Prozent im D-Zustand.

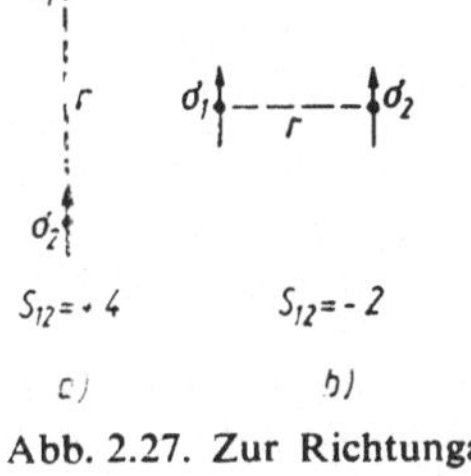

2.3.12. Die Streuung von Teilchen am Kern, das optische Modell

Im Abschn. 2.3.4. wurde die Streuung von Teilchen ganz allgemein in einem Zentralfeld behandelt. Dann haben wir uns mit dem elementaren Prozeß der Streuung von Nukleonen an Nukleonen und der Nukleon-Nukleon-Wechselwirkung befaßt. In welcher Weise läßt sich nun die Streuung von Teilchen an einem Kern, also an einem System aus einer bestimmten Anzahl von Nukleonen behandeln?
Geht man von den Elementarprozessen aus, müßte man die Streuung am Kern als eine Überlagerung der Streuung an jedem einzelnen der Kernbestandteile betrachten. Die A Nukleonen haben untereinander ihre Wechselwirkung und gegenseitigen Bewegungen. Die Lösung des Problems auf der Basis eines solchen mikroskopischen Herangehens bedeutet also die Lösung des $(A + 1)$-Teilchenproblems. Das ist nicht möglich. Erst bei großen Energien, wenn die Wellenlängen der einfallenden Teilchen wesentlich kleiner als die Kernabmessungen werden, kann man den Streuprozeß als einen Kaskadenprozeß behandeln, bei dem die Teilchen nacheinander an einzelnen Nukleonen gestreut werden. Bei diesen Nukleon-Nukleon-Stößen im Kern wird die Wechselwirkung mit den übrigen Kernbestandteilen vernachlässigt.
Im Bereich kleiner Energien (< 100 MeV) muß man annehmen, daß das einfallende Teilchen nicht in der Lage ist, die „körnige" Struktur des Kerns zu „fühlen". Deshalb muß die Streuung als Wechselwirkung mit dem Kern als einem einheitlichen Objekt aufgefaßt werden. Damit wird die Aufgabe auf das Problem der Streuung eines Teilchens in einem Zentralfeld reduziert. Der

$S_{12} = + 4$ $S_{12} = - 2$

a)   b)

Abb. 2.27. Zur Richtungabhängigkeit der Tensorkraft

Wahl des Potentials liegt die Vorstellung zugrunde, daß die im Kern vereinigten Nukleonen gemeinsam ein mittleres Feld aufbauen, in dem sie sich bewegen und in dem sich auch ein einfallendes Teilchen als gleichberechtigter Partner aufhalten kann. Am Kernrand nimmt die Teilchendichte schnell, aber nicht scharf auf Null ab. Außerdem hat die Kernkraft eine gewisse Reichweite, so daß man mit einem Potentialtopf mit diffusem Rand rechnen muß. Als geeignet für die Beschreibung der Streuprozesse und vieler Kernreaktionen hat sich die von WOODS und SAXON angegebene Form des Kernpotentials

$$V(r) = \frac{V_0}{\left(1 + \exp\dfrac{r - R}{a}\right)} \qquad (2.96)$$

erwiesen (Abb. 2.28). V_0 gibt die Tiefe des Potentials, $R = r_0 A^{1/3}$ seine mittlere Reichweite und a die sog. Diffuseness an.

Der Kern als Vielteilchensystem hat sein eigenes „Innenleben". Er besitzt eine Struktur, die sich bei Wechselwirkungsprozessen darin äußert, daß er Teilchen absorbieren kann, daß er bei genügender Energiezufuhr Teilchen anderer Art als das eingefallene emittieren kann und daß·es möglich ist, ihn in angeregte Zustände zu versetzen. Neben der elastischen Streuung sind also nichtelastische Prozesse möglich, die dazu führen, daß aus dem Strom der einfallenden Teilchen ein mehr oder weniger großer Anteil verlorengeht oder, mit anderen Worten, absorbiert wird. Dieser Effekt muß bei der Streuung an Kernen unbedingt berücksichtigt werden. Man tut dies in Analogie zu dem optischen Problem der Streuung von Licht an einer halbdurchlässigen Kugel, wo die Absorption durch die Einführung einer komplexen Brechzahl ($n_1 + in_2$) in Rechnung gesetzt wird. Dem entspricht in der Quantenmechanik die Streuung an einem komplexen Potential

$$V_{opt}(r) = V_0 f(r) + iW_{vo}f(r), \qquad (2.97)$$

das man als optisches Potential bezeichnet. Man spricht deshalb auch von der Behandlung der Streuung im optischen Modell. $f(r)$ gibt die

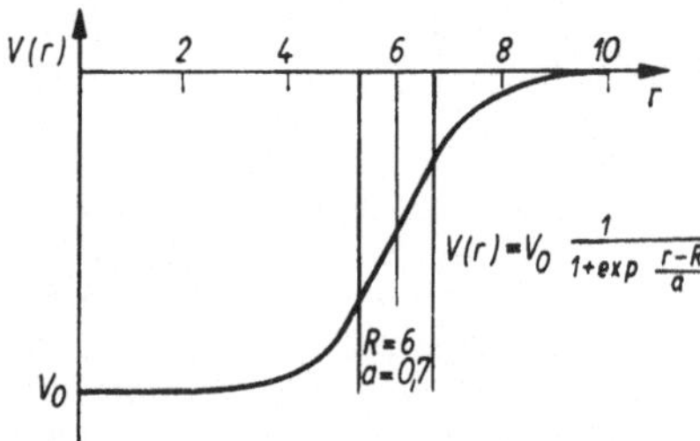

Abb. 2.28. Das Woods-Saxon-Potential

Form des Potentials an und wird meistens in der Woods-Saxon-Form Gl. (2.96) für beide Anteile als gleich angenommen. Mit dem Index v in W_{v0} soll angedeutet werden, daß man mit der Absorption im Kernvolumen rechnet. Bei kleinen Energien werden die experimentellen Daten u. U. besser wiedergegeben, wenn man die Absorption nur an der Oberfläche annimmt. In diesem Falle kann man den Imaginärteil als

$$W_{00}a\,\frac{\mathrm{d}}{\mathrm{d}r}f(r) \qquad (2.98)$$

ansetzen. Es wird bisweilen auch mit einer Kombination von Volumen- und Oberflächenabsorption gerechnet (s. Tab. 2.9).

Wegen der Kopplung von Spin und Bahndrehimpuls muß außerdem ein Spin-Bahnterm

$$V_{ls}(r) = V_{lso}r_0^2(l \cdot s)\,\frac{1}{r}\,\frac{\mathrm{d}}{\mathrm{d}r}f(r) \qquad (2.99)$$

berücksichtigt werden. Dieses Potential wirkt nur im Oberflächenbereich. Seine Radialabhängigkeit wird daher im allgemeinen als Gradient des Woods-Saxon-Potentials angenommen.

Hat man es mit der Streuung geladener Teilchen zu tun, muß dem optischen Potential noch ein Coulomb-Term hinzugefügt werden. Dieser besteht aus einem Anteil für das Kerninnere, wo man eine homogene Ladungsverteilung voraussetzt, und einem Anteil für das äußere Gebiet mit dem üblichen Coulomb-Potential

$$V_{coul} = \begin{cases} \dfrac{Ze^2}{R}\,\dfrac{1}{2}\left(3 - \left(\dfrac{r}{R}\right)^2\right) & \text{für} \quad r \leq R \\[2ex] \dfrac{Ze^2}{r} & \text{für} \quad r > R. \end{cases} \qquad (2.100)$$

Das optische Potential hat also insgesamt die Gestalt

$$V_{opt} = V_0 f(r) + iW_{vo}f(r) + iW_{00}a\,\frac{\mathrm{d}}{\mathrm{d}r}f(r)$$
$$+ V_{ls}(r) + V_{coul} \qquad (2.101)$$

mit

$$f(r) = \frac{1}{1 + \exp\dfrac{r - R}{a}} \quad \text{und} \quad R = r_0 A^{1/3}.$$

Die Parameter dieses Potentials sind die Potentialtiefen V_0, W_{v0}, W_{00} und V_{lso}, die mittleren Kernradien R bzw. r_0 und die Diffuseness a.

Aus den Grundannahmen des optischen Modells folgt, daß sich die Streuquerschnitte nur wenig von Kern zu Kern ändern sollten, solange tatsächlich die innere Struktur des Kerns ohne Einfluß bleibt. Die experimentellen Daten entsprechen dieser Feststellung. Demgemäß variieren die Parameter des optischen Potentials, die durch Anpassung der theoretischen Querschnitte an die experimentellen Daten gewonnen werden, nur schwach mit der Massenzahl (s. Tab. 2.9). Die geometrischen Parameter des Modells r_0 und a kann man sogar für alle Kerne als gleich voraussetzen. Die Daten werden allerdings noch etwas besser reproduziert, wenn man für die einzelnen Anteile des Potentials diese Parameter ein wenig variiert (s. Tab. 2.9). Abb. 2.29 zeigt ein Beispiel für die ausgezeichnete Reproduktion der experimentellen Daten durch das optische Modell. Im Prinzip sollten die Parameter unabhängig von der Energie des einfallenden Teilchens sein. Tatsächlich ergibt sich ein Trend der Abnahme des Realteils und einer Zunahme des Imaginärteils mit wachsender Energie. Das läßt sich damit erklären, daß bei höheren Energien die Zahl der Möglichkeiten für unelastische Prozesse (für die Absorption) zunimmt. Man sagt, die Zahl der „offenen" Reaktionskanäle steigt. Infolgedessen verändert sich das Verhältnis der Wahrscheinlichkeiten für die elastische Streuung und die unelastischen Prozesse.

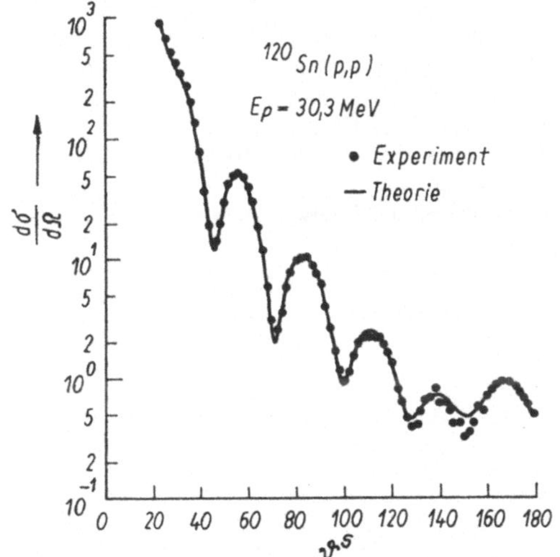

Abb. 2.29. Winkelverteilung für die elastische Protonenstreuung an ^{120}Sn bei $E_p = 30{,}3$ MeV. ● Meßpunkte; —— Anpassung mit Hilfe des optischen Potentials

Das einfallende Teilchen besitzt auch die Möglichkeit, einen Einteilchenzustand in dem den Kern repräsentierenden Potentialtopf einzunehmen. Dieser wird hoch über den Zuständen der Nukleonen im Kern liegen, weil zur Inzidenzenergie noch die Bindungsenergie hinzukommt. Die Aufenthaltsdauer in diesem Zustand wird aber nur sehr kurzzeitig sein. Es besteht nämlich eine große Wahrscheinlichkeit dafür, daß das Teilchen entweder schnell wieder aus dem Kern entweicht oder mit den Nukleonen des Kerns wechselwirkt, d. h. daß es absorbiert wird. Paßt die Inzidenzenergie mit der Energie des Einteilchenzustandes zusammen, tritt eine Vergrößerung des Querschnitts für die Streuung ein, eine Resonanz. Wegen der kurzen Aufenthaltsdauer wird diese Resonanz sehr breit sein. Tatsächlich werden Resonanzen dieser Art z. B. für Neutronen bei Einschußenergien der Größenordnung 10 MeV mit Breiten von mehreren MeV beobachtet. Beträgt die Breite $\Gamma = 2$ MeV entspricht dies nach der Unschärferelation einer Aufenthaltsdauer $\Delta t = \hbar/\Gamma = 0{,}33 \cdot 10^{-21}$ s. In dieser Zeit legt ein Proton mit einer Energie von 10 MeV die Wegstrecke $x = \Delta t \sqrt{2E/m} = 1{,}44 \cdot 10^{-12}$ cm zurück. Das ist die Größenordnung eines Kerndurchmessers. Das Teilchen pendelt also in dem Einteilchenzustand nur einige Male hin und her. Mit den numerischen Resultaten dieses Beispiels haben wir gleichzeitig eine Vorstellung von der Größenordnung der Zeitdauer eines direkten Kernprozesses gewonnen. Sie wird durch die Zeit bestimmt, die das Inzidenzteilchen benötigt, um durch den Kern zu fliegen, oder seine Peripherie zu passieren. Resonanzen der eben betrachteten Art werden Riesenresonanzen oder formelastische Resonanzen genannt.

Zum Abschluß dieses Abschnitts sei noch vermerkt, daß das optische Modell nicht nur auf die Streuung von Nukleonen an Kernen angewendet werden kann. Es lassen sich ebenso optische Potentiale für die Streuung von Deuteronen, Tritonen, ^{3}He- und Alphateilchen angeben. Die Parameter können durch Anpassung an die entsprechenden Experimente bestimmt werden.

Tabelle 2.9. Parameter des optischen Potentials für eine Reihe von Kernen für die Streuung von Protonen mit einer Energie von 30 MeV

Geometrische Parameter:

$$r_{0v} = 1{,}20 \text{ fm} \qquad a_v = 0{,}7 \text{ fm}$$
$$r_{0w} = 1{,}25 \text{ fm} \qquad a_w = 0{,}7 \text{ fm}$$
$$r_{0ls} = 1{,}10 \text{ fm} \qquad a_{ls} = 0{,}7 \text{ fm}$$

	^{40}Ca	^{56}Fe	^{58}Ni	^{59}Co	^{60}Ni	^{120}Sn	^{208}Pb
V_0 (MeV)	−46,1	−46,4	−47,0	−47,5	−47,6	−51,1	−53,4
W_{v0} (MeV)	−0,4	−2,7	−3,4	−2,8	−2,8	−1,2	−4,0
W_{oo} (MeV)	−5,96	−5,2	−4,4	−5,7	−5,5	−8,7	−7,6
V_{so} (MeV)	−20,1	−19,5	−14,8	−19,5	−18,2	−20,2	−17,2

2.3.13. Die inelastische Streuung an Atomkernen

Einer der im Sinne des optischen Modells als
Absorption zu verstehenden Prozesse ist die
unelastische Streuung. Das gestreute Teilchen ist
identisch mit dem einfallenden. Es hat aber bei
der Wechselwirkung einen Energieverlust erlitten,
der dazu verwandt wurde, den Targetkern in
einen angeregten Zustand zu versetzen. Da diese
Zustände bis zu Anregungsenergien von einigen
MeV diskret sind, d. h. ihre Breite gegenüber den
Abständen sehr klein ist, kann man sie als
Linien in dem Spektrum der gestreuten Teilchen
identifizieren und ihre Energien messen. Die inelastische Streuung ist damit der erste Prozeß,
den wir kennenlernen, aus dem sich detaillierte
Informationen über die Kernstruktur gewinnen
lassen. Die inelastische Streuung läßt sich mit
beliebigen Teilchen, also mit Neutronen, Protonen, Deuteronen, Alphateilchen usw. und auch
mit Elektronen oder Pionen beobachten.
Abb. 2.30 zeigt das Spektrum unelastisch gestreuter Protonen an Uran. Für jede der Linien
lassen sich die differentiellen Querschnitte messen. Daraus kann man die übertragenen Drehimpulse bestimmen und damit die Quantenzahlen der einzelnen Zustände ermitteln. Die angeregten Zustände gehen innerhalb sehr kurzer
Zeit durch Emission von Gammaquanten in den
Grundzustand über. Auch bei der inelastischen
Streuung stellt man fest, daß prinzipiell zwei
Mechanismen der Wechselwirkung realisiert

werden: Die Anregung des Kerns kann in einem
direkten Prozeß erfolgen oder über den sog.
Compoundkern verlaufen.

2.3.14. Reaktionsmechanismen

Nachdem die Frage des Reaktionsmechanismus
in den vorangegangenen Abschnitten bereits an-
geklungen ist, wollen wir uns jetzt ausführlicher
damit beschäftigen. Man unterscheidet zwei
grundsätzlich verschiedene Mechanismen, den
Compoundkernmechanismus und den direkten
Mechanismus. Das sind zwei gegensätzliche
Modelle, die aber unter geeigneten Bedingungen
in ziemlich reiner Form realisiert sein können.
Häufig treten sie auch gemischt auf oder es sind
bestimmte Übergangsstufen (intermediäre Prozesse) möglich, die sich experimentell ebenfalls
gut identifizieren lassen.

2.3.14.1. Compoundkernmechanismus

Dieses Modell wurde bereits in den 30er Jahren
von N. BOHR[1]) vorgeschlagen. Es beruht auf
den damaligen Experimenten über Kernreaktionen mit thermischen und schnellen (einige
MeV) Neutronen und den ersten Arbeiten mit
beschleunigten Protonen aus Cockroft-Walton-
und Van-de-Graaff-Generatoren. Dem Modell
liegt die Vorstellung vom Atomkern als Tropfen

---

[1]) NIELS BOHR 1885–1962.

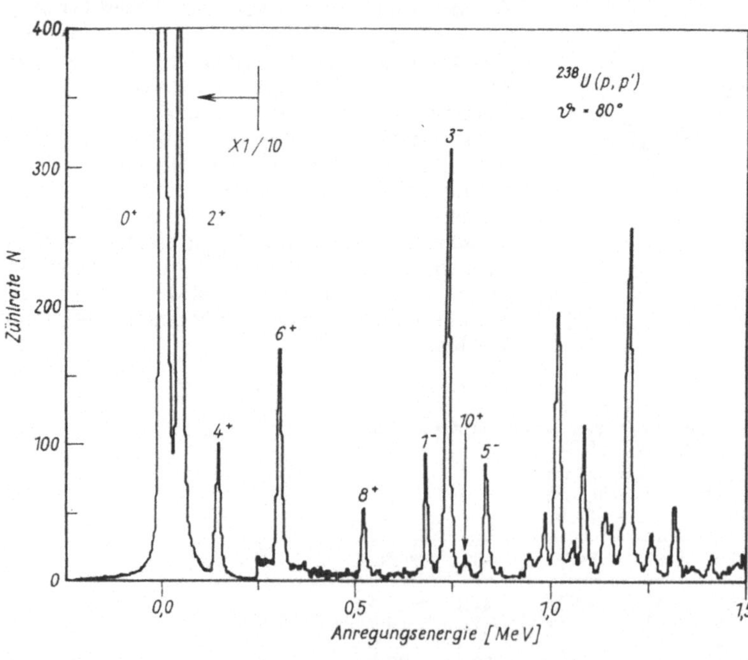

Abb. 2.30. Spektrum unelastisch an ^{238}U gestreuter Protonen (nach C. H. KING u. a. 1977)

---

einer Kernflüssigkeit zugrunde, die schon bei der Aufstellung der Formel für die Bindungsenergie (Abschn. 2.2.3.) benutzt wurde. Man nimmt an, daß das einfallende Teilchen in den Kern hineinfällt. Seine Energie im Kerninnern ist die Summe von Einschußenergie und Bindungsenergie. Im Kern kommt es sofort zu Stößen mit den Kernbestandteilen. In einer schnellen Stoßkaskade wird die Energie statistisch auf die Nukleonen verteilt. Damit ist der erste Abschnitt der Reaktion abgeschlossen. Es ist ein Kern im angeregten Zustand entstanden, der Compoundkern, dem man im Tröpfchenmodell eine Temperatur zuschreibt. Die thermische Bewegung der Nukleonen führt zu Fluktuationen ihrer Energie und mit eine gewissen Wahrscheinlichkeit kann dabei einzelnen Teilchen so viel Energie übertragen werden, daß sie den Kern verlassen können. In der Regel bleibt dabei ein Rest von Anregungsenergie im Kern zurück, der in Form von Gammaquanten abgestrahlt wird. Nach diesem Modell wird erwartet, daß die Teilchen ein Verdampfungsspektrum zeigen, daß etwa einer Maxwell-Verteilung entspricht. Solche Verdampfungsspektren werden tatsächlich beobachtet (Abb. 2.31). Ein wichtiger Aspekt dieses Modells ist die Annahme, daß der Zerfall des Compoundkerns unabhängig von seinem Bildungsprozeß ist (Bohrsche Annahme). Der Compoundkern vergißt, wie er entstanden ist. Es gelten lediglich die Erhaltungssätze von Energie, Drehimpuls und Parität. Auch die Richtung, aus der das eingefallene Teilchen kam, spielt keine Rolle mehr. Deshalb sind die Winkelverteilungen der emittierten Teilchen isotrop.

Man kann einen bestimmten Compoundkern auf verschiedene Weise erzeugen, durch Einschuß von Neutronen, Protonen, Deuteronen usw. Man bezeichnet diese verschiedenen Arten der Erzeugung als Eingangskanäle. Ebenso kann der Compoundkern durch Emission verschiedener Teilchen, bei genügender Energie auch von mehreren Teilchen, zerfallen. Diese verschiede-

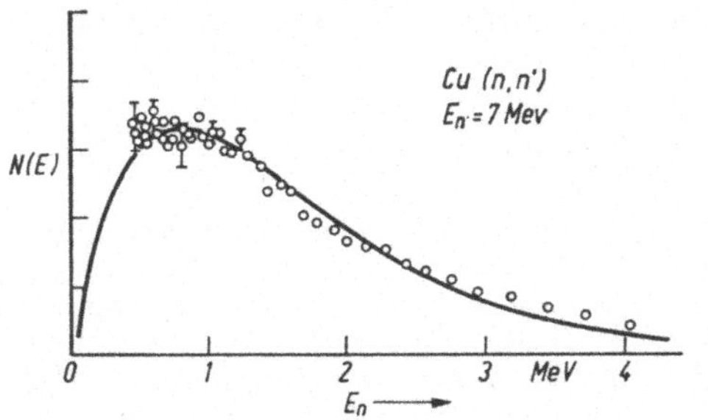

Abb. 2.31. Verdampfungsspektrum von Neutronen aus der Reaktion Cu(n, n') bei $E_n = 7$ MeV (nach G. B. THOMPSON 1960)

nen Zerfallsarten werden als Zerfalls- oder Ausgangskanäle bezeichnet. Als Beispiel führen wir die verschiedenen Eingangs- und Ausgangskanäle des instabilen Kerns ^{51}Cr an. Hier ist lediglich

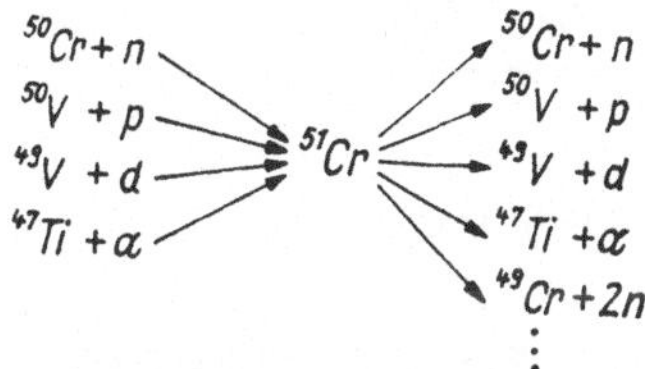

der Eingangskanal ^{49}V + d schwer realisierbar, da der Targetkern ein radioaktives Nuklid ist. Aus relativ einfachen Überlegungen lassen sich Näherungsformeln für die Wirkungsquerschnitte von Compoundkernreaktionen ableiten. Nimmt man den Kern als schwarze Kugel an, dann kann man im klassischen Teilchenbild den Querschnitt gleich dem geometrischen Querschnitt der Kugel ansetzen

$$\sigma_{comp} = \pi R^2. \tag{2.102}$$

Das gilt für ungeladene Teilchen. Im Falle von Teilchen mit der Ladung ze wird der einfallende Strahl durch das Potential $V(r) = zZe^2/r$ abgelenkt. Teilchen können nur dann in den Kern gelangen, wenn ihr kleinster Abstand vom Mittelpunkt kleiner oder gleich R ist. Das ergibt folgenden Querschnitt

$$\sigma_{comp} = \begin{cases} \pi R^2 \left(1 - \dfrac{V(r)}{E}\right) & \text{für} \quad E \geq V(r) \\ 0 & \text{für} \quad E < V(r). \end{cases} \tag{2.103}$$

$V(r) = zZe^2/R$ ist die Coulomb-Schwelle. Bei großen Energien wird der Unterschied des Querschnitts für geladene und ungeladene Teilchen unerheblich.

Die wellenmechanische Behandlung des Problems führt zu zwei Ergänzungen der Gl. (2.102) und (2.103). Es ist zu berücksichtigen, daß der Wellencharakter der einfallenden Teilchen eine genaue geometrische Lokalisierung nicht zuläßt. Ein Eindringen in den Kern ist auch dann noch möglich, wenn das Teilchen eine Zone mit dem Radius $R + \lambda$ in der Umgebung des Kerns durchfliegt. Man hat deshalb den geometrischen Querschnitt auf

$$\sigma_{comp} = \pi (R + \lambda)^2 \tag{2.104}$$

zu vergrößern.

Die zweite Ergänzung betrifft die Eindringwahrscheinlichkeit für das Teilchen in den Kern, die wir bisher als 1 angenommen hatten. In der Quantenmechanik erhält man an einem Poten-

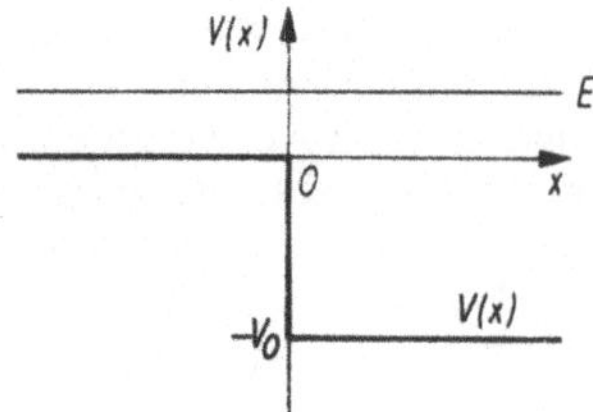

Abb. 2.32. Potentialschwelle am Kernrand

tialsprung, wie er am Kernrand vorliegt (Abb. 2.32), eine teilweise Reflexion. Für das in Abb. 2.32 angegebene Potential sind für ein Teilchen der Energie E die Wellenzahlen im feldfreien Bereich $x < 0$

$$k = \frac{1}{\hbar}\,(2mE)^{1/2} \quad \text{für} \quad x < 0,$$

und im Potentialbereich

$$K = \frac{1}{\hbar}\,(2m(E + V_0))^{1/2} \quad \text{für} \quad x > 0.$$

Für V_0 kann man die aus der Analyse der elastischen Streuung mit Hilfe des optischen Modells gewonnenen Werte einsetzen. Die Wellenfunktion im äußeren Gebiet ($x < 0$) besteht aus der einfallenden und der reflektierten Welle

$$\psi(x) = A\,e^{ikx} + B\,e^{-ikx} \quad (x < 0)$$

und im Innengebiet aus der eingedrungenen Welle

$$\psi(x) = C\,e^{iKx} \quad (x > 0).$$

Der Durchlässigkeitskoeffizient T ist gegeben durch

$$T = \frac{|A|^2 - |B|^2}{|A|^2}.$$

Aus den Bedingungen der Stetigkeit für $\psi(x)$ und seine Ableitung bei $x = 0$ erhält man A und B. Der Durchlässigkeitskoeffizient wird damit

$$T = \frac{4kK}{(K + k)^2}.$$

Als Abschätzung für den Querschnitt der Bildung des Compoundkerns erhalten wir somit statt Gl. (2.104)

$$\sigma_{\text{comp}} = \pi(R + \lambdabar)^2 \frac{4kK}{(K + k)^2} \tag{2.105}$$

für ungeladene Teilchen. Bei geladenen Teilchen ist der in Gl. (2.103) angegebene Faktor noch einzubeziehen.

Aus Gl. (2.105) ergibt sich eine wichtige Folgerung für sehr langsame Neutronen. Für diesen Fall wird $\lambdabar \gg R$ und $1/\lambdabar = k \ll K$ und damit

$$\sigma_{\text{comp}} = \pi\lambdabar^2 \cdot 4\,\frac{k}{K} = 4\pi\lambdabar/K \sim \frac{1}{v}. \tag{2.106}$$

K kann unter diesen Verhältnissen als eine Konstante angesehen werden. v ist die Geschwindigkeit des Teilchens. Wir erinnern uns, daß $\lambdabar = \hbar/mv$ ist. *Gl. (2.106) stellt das sog. $\frac{1}{v}$-Gesetz für den Querschnitt von langsamen Neutronen dar.* Es gilt für den Bereich thermischer Geschwindigkeiten, wo die Wellenlängen in der Größenordnung von 10^{-8} cm liegen. Da thermische Kernreaktoren mit Neutronen in diesem Energiebereich arbeiten, besitzt das $\frac{1}{v}$-Gesetz eine große Bedeutung für die Wechselwirkung der Neutronen mit dem Reaktorbrennstoff, dem Moderator und den Konstruktionsmaterialien.

Der Querschnitt für einen bestimmten Reaktionskanal einer Compoundkernreaktion wird außer durch den Bildungsquerschnitt im Kanal a $\sigma_{\text{comp}}(a)$ durch die Zerfallswahrscheinlichkeit $G_{\text{comp}}(b)$ in einem der zur Auswahl stehenden Kanäle b bestimmt. Der Querschnitt einer Compoundkernreaktion mit dem Eingangskanal a und dem Ausgangskanal b ist also durch das Produkt

$$\sigma_{\text{comp}}(a, b) = \sigma_{\text{comp}}(a)\,G_{\text{comp}}(b) \tag{2.107}$$

gegeben. Summiert man über alle offenen Kanäle, d. h. solche Kanäle, in die der Compoundkern mit seiner gegebenen Anregungsenergie zerfallen kann, muß offensichtlich $\sum_b G_{\text{comp}}(b) = 1$ sein. Hierbei ist der compoundelastische Kanal mitzunehmen und ebenso die Einfangprozesse, bei denen das einfallende Teilchen im Kern verbleibt und die Abregung nur über Gammaemission erfolgt. Es ist üblich geworden, die Zerfallswahrscheinlichkeiten durch die Zerfallsbreiten Γ auszudrücken. Die Gesamtbreite eines Compoundkernzustandes mit der Energie E_c ist durch

$$\Gamma(E_c) = \frac{\hbar}{\Delta t(E_c)}$$

definiert. Hierin ist $\Delta t(E_c)$ die mittlere Lebensdauer des Zustandes. Γ hat die Dimension einer Energie und ist die Breite ΔE des Zustandes, die seiner Lebensdauer entspricht. Die Gesamtbreite $\Gamma(E_c)$ setzt sich aus den Partialbreiten $\Gamma_b(E_c)$ für die einzelnen Zerfallskanäle b zusammen:

$$\Gamma(E_c) = \sum_b \Gamma_b(E_c) = \sum_b \frac{\hbar}{\Delta t_b(E_c)}.$$

Die Zerfallsbreiten wurden hier als phänomenologische Größen eingeführt, die sich experimentell bestimmen lassen. Sie beschreiben die Übergangswahrscheinlichkeit vom gegebenen Compoundkernzustand in den betreffenden Zustand des Endkerns. Sie müssen also durch einen Übergangskoeffizienten (s. Abschn. 1.2.5.) der Form

$$\Gamma \sim \int \psi_f^* V \psi_{comp}(E_c)\, \mathrm{d}\tau^2 \qquad (2.108)$$

darstellbar sein ($\mathrm{d}\tau$ Volumenelement). Hier gehen die Wellenfunktionen des Compoundkerns $\psi_{comp}(E_c)$ und des Finalkerns ψ_f und die Wechselwirkung V ein, die den Übergang bewirken. Die Wellenfunktionen müssen aus bestimmten Modellvorstellungen über die Kernzustände gewonnen werden. Das ist Aufgabe der Entwicklung von Kernmodellen. Wie die obigen Betrachtungen zeigen, können experimentelle Informationen über Compoundkernprozesse auf dem Wege über Gl. (2.108) zum Aufbau solcher Modelle beitragen.

Integrale der Form Gl. (2.108) werden in der Kerntheorie als Matrixelemente für bestimmte Übergänge bezeichnet und in der Form

$$M = \int \psi_f^* V \psi_i\, \mathrm{d}\tau = \langle \psi_f | V | \psi_i \rangle \qquad (2.109)$$

geschrieben. ψ_i ist der Anfangs- und ψ_f der Endzustand. Der Querschnitt einer Reaktion ist dann proportional dem Quadrat des Matrixelements, d. h.

$$\sigma(\psi_i \rightarrow \psi_f) \sim |M|^2.$$

2.3.14.2. Resonanzen in Kernreaktionen

Bisher haben wir den Kern als ein System mit einem kontinuierlichen Spektrum seiner Zustände betrachtet. In Wirklichkeit ist der Kern ein quantenmechanisches Vielteilchensystem, in dem die Teilchen wohldefinierte Quantenzustände mit diskreten Energien besetzen. Auch der Kern als Ganzes besitzt daher Zustände definierter Energie. Diese energetische Struktur macht sich in Kernreaktionen auf zweierlei Weise bemerkbar. Einmal kann im Eingangskanal eine Resonanz des Querschnitts auftreten, wenn die Einschußenergie gerade so groß ist, daß im Compoundkern ein bestimmtes Energieniveau angeregt wird. Das ergibt die Möglichkeit, mit Hilfe der Variation der Einschußenergie die

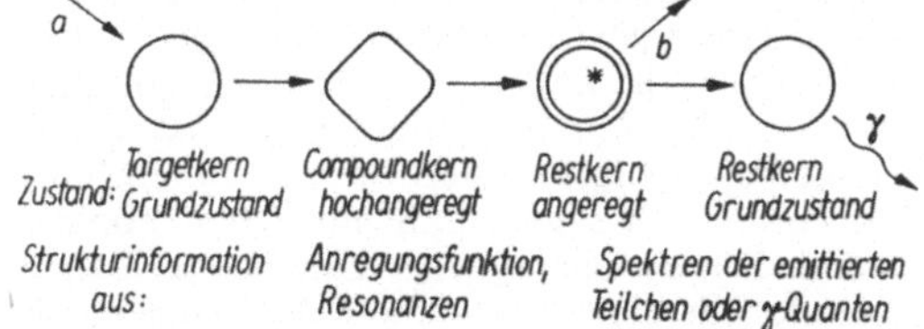

Abb. 2.33. Zum Ablauf einer Compoundkernreaktion

Energieniveaus des Compoundkerns abzutasten. Man nennt den so erhaltenen Verlauf des Querschnitts *Anregungsfunktion*. Zum anderen kann der Endkern, den man häufig auch als Restkern bezeichnet, nach der Emission von Teilchen auf bestimmten Energiezuständen verharren, die dann durch Gammaemission in den Grundzustand übergehen. Daraus folgt, daß die emittierten Teilchen ein Linienspektrum besitzen. Die Teilchen mit der größten Energie stammen von dem Zerfall, bei dem der Compoundkern unmittelbar in den Grundzustand des Restkerns übergeht. Die zweite Linie entspricht dem Übergang zum ersten angeregten Zustand usw. Das Teilchenspektrum ist also ein Abbild der Folge von Eigenzuständen des Restkerns. In Abb. 2.33 sind diese Verhältnisse noch einmal anschaulich dargestellt.

Die Anregung von Compoundkernresonanzen soll nun genauer betrachtet werden. Zunächst machen wir uns ein anschauliches Bild von der Anregung eines Compoundkerns. Wir führen dazu ein Schema der Einzelteilchenzustände des Kerns ein, das sich auch später als nützlich erweisen wird (Abb. 2.34). Der Kern wird als Potentialtopf dargestellt, in dem die Zustände angeordnet sind. Im Grundzustand sind die untersten Zustände lückenlos mit Teilchen besetzt. Wegen des Pauli-Prinzips können maximal 4 Teilchen ein Energieniveau besetzen, 2 Protonen und 2 Neutronen mit je zwei Spinrichtungen. Das einfallende Teilchen hat im Außenraum die positive Energie E_a. Im Kernvolumen addiert sich dazu die potentielle Energie V_0. Wegen des quantenmechanischen Effekts der teilweisen Reflexion der Teilchen an Potentialschwellen können sich im Bereich positiver Energie, wie man sagt, im Kontinuum des Energiespektrums, stehende Wellen ausbilden analog zu Hohlraumschwingungen in der Elektrodynamik, wenn die Frequenz der einfallenden Welle zur Eigenfrequenz des Teilchens im Potentialtopf paßt (Abb. 2.34a). Es entstehen quasigebundene Zustände im Kontinuum. Entsprechend der Durchlässigkeit der Potentialschwelle klingen diese Zustände mit einer bestimmten Zeitkonstante ab und zerfallen in den Eingangskanal. Wir haben es hier also mit der schon besprochenen formelastischen Streuung zu tun. Es ist auch möglich, daß das einfallende Teilchen einen Teil seiner Energie auf ein Nukleon des Kerns überträgt (Abb. 2.34b). Das Teilchen verläßt dann den Kern mit der Energie $E_b < E_a$ und der Kern verbleibt z. B. in der in Abb. 2.34b gezeigten Konfiguration, d. h. ein Nukleon ist aus dem 4. Zustand in den 7. gehoben worden und im 4. Zustand ist ein Loch geblieben. Es ist leicht vorstellbar, daß es sehr viele Konfigurationen dieser Art in einem angeregten Kern geben kann.

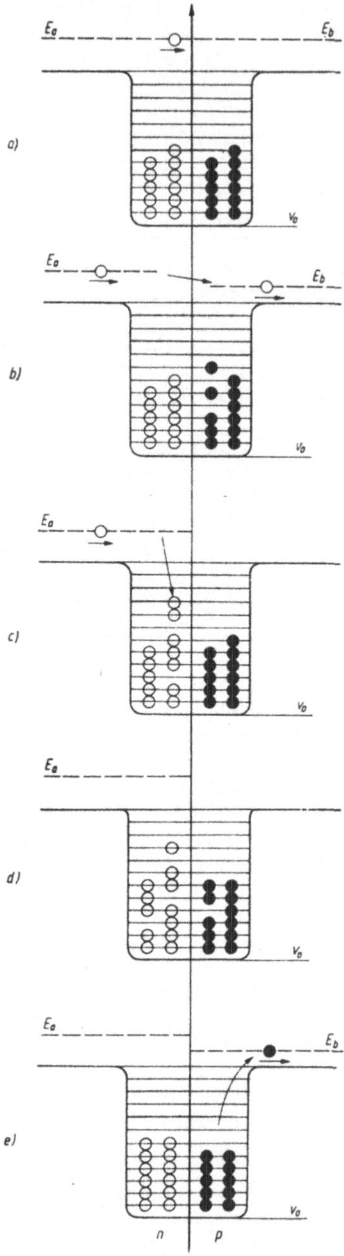

Abb. 2.34. Zum Compoundkernprozeß

Gammaquanten abgestrahlt. In den Bildern Abb. 2.34c, d und e ist die eigentliche Entwicklung des Compoundkerns dargestellt. Das eingefallene Teilchen fällt hinunter auf einen der gebundenen Zustände und die frei werdende Energie wird zur Anregung von Teilchen-Loch-Paaren benutzt. Die folgende Stoßkaskade zwischen den Nukleonen schüttelt die Teilchen im Potentialtopf mehrmals durch und schließlich sitzen z. B. alle Neutronen einschließlich des eingefallenen Teilchens lückenlos auf den niedrigsten zur Verfügung stehenden Niveaus. Das gleiche gilt für die Protonen. Aber eines der Protonen übernimmt die gesamte überschüssige Energie und entweicht durch den Ausgangskanal (Abb. 2.34e). Bei diesem sehr komplexen Prozeß erhalten wir Resonanzen, wenn die Energie des einfallenden Teilchens E_a zuzüglich der Energie ε_a, die frei wird, wenn es den gebundenen Zustand besetzt, gerade der Anregungsenergie eines bestimmten Teilchen-Loch-Paares entspricht. Auch dafür gibt es eine große Zahl von Möglichkeiten. Aus den hier diskutierten Bildern geht hervor, daß diese Zahl um so größer wird, je höher die Anregungsenergie ist. Man spricht deshalb davon, daß die Niveaudichte mit der Anregungsenergie stark anwächst. In der Tat haben die untersten Niveaus in leichten Kernen Abstände von MeV s, bei schweren Kernen von etwa 100 keV. Im Gebiet von einigen MeV Anregungsenergie vermindern sich die Abstände auf einige 10 keV. Im Bereich von 15 bis 20 MeV liegen die Niveaus in Abständen von eV's. Dieses qualitative Bild werden wir im Abschn. 2.4.3. über das Fermi-Gasmodell noch detaillierter ausführen.

Man beachte den Unterschied zwischen den Begriffen „Einteilchenzustand", der den Quantenzustand *eines* Teilchen im Potentialtopf beinhaltet, und den Begriff „Anregungszustand des Kerns". Letzterer setzt sich aus einer Vielzahl von Einteilchenzuständen zusammen, die eine bestimmte Konfiguration aus Einteilchen- und Lochzuständen bilden.

Wir hatten bereits im vorigen Abschnitt gesehen, daß eine kurze Lebensdauer der Compoundkernzustände gemäß der Unschärferelation zu einer bestimmten Breite $\Gamma = \hbar/\Delta t$ führt. Das bedeutet, daß die Anregung nicht nur mit der exakten Resonanzenergie erfolgen kann, sondern mit einer gewissen Wahrscheinlichkeit auch mit Energien, die in der Nähe der Resonanzstelle liegen. Im Experiment mißt man eine Gaußförmige Anregungsfunktion für den Querschnitt. Man kann auch sagen, daß um den Resonanzzustand herum eine große Zahl benachbarter Zustände mit einer bestimmten Wahrscheinlichkeit ihrer Anregung $\varrho(E)$ existiert. Um diese Wahrscheinlichkeitsverteilung zu erhalten, geht man von der Wellenfunktion des Resonanz-

Der Übergang zum Grundzustand kann dann entweder so erfolgen, daß das angeregte Teilchen in das Loch zurückspringt und die frei werdende Energie als Gammaquant abgestrahlt wird, oder es rücken sukzessive Teilchen aus benachbarten Zuständen in das Loch, das dabei nach oben wandert bis es mit dem angeregten Teilchen rekombiniert. Hierbei wird eine Kaskade von

zustandes $\psi_1(r,t)$ im Kerninnern aus, deren Amplitude mit der zeitunabhängigen Zerfallswahrscheinlichkeit $\Gamma/\hbar$ abnimmt. Diese Wellenfunktion ist

$$\psi_1(r,t) = \psi_{\text{comp}}(r)\exp\left(-i\,\frac{E_r}{\hbar}\,t - \frac{\Gamma}{2\hbar}\,t\right).$$

Der erste Term im Exponenten stellt eine periodische Bewegung mit der Resonanzenergie E_r dar, und der zweite Term drückt das Abklingen der Amplitude mit der Zeit aus. Die Wahrscheinlichkeitsdichte im Kernraum nimmt gemäß

$$|\psi_1|^2 = |\psi_{\text{comp}}|^2 \exp\left(-\frac{\Gamma}{\hbar}\,t\right)$$

ab. Die Abnahme der Wahrscheinlichkeitsdichte im Kern bedeutet den Abfluß von Wahrscheinlichkeit in den Außenraum, wobei die Gesamtwahrscheinlichkeit immer auf 1 normiert bleiben muß. Unter diesen Voraussetzungen läßt sich für

die Verteilung $\varrho(E)$ der Ausdruck

$$\varrho(E) = \frac{1}{2\pi}\,\frac{\Gamma}{(E - E_r)^2 + (\tfrac{1}{2}\Gamma)^2} \qquad (2.110)$$

ableiten. (Die ausführliche Ableitung findet der Leser z. B. im Lehrbuch der Kernphysik, hrsg. von G. HERTZ).

Diese Verteilung modifiziert den Querschnitt einer Compoundkernreaktion in der Nähe einer Resonanz. Dem Querschnitt für die Bildung des Compoundkerns $\sigma_{\text{comp}}(a)$ in Gl. (2.107) ist der Faktor $\varrho(E)$ hinzuzufügen. Die Zerfallswahrscheinlichkeit in den Kanal b drücken wir gleich durch die Partialbreite Γ_b aus. Damit ergibt sich für den Querschnitt in der Nähe eines Compoundkernzustandes folgender Querschnittsverlauf

$$\sigma(a, b, E) = \sigma(a, E_r)\,\frac{\Gamma\Gamma_b}{(E - E_r)^2 + (\tfrac{1}{2}\Gamma)^2}. \qquad (2.111)$$

Das ist die bekannte Breit-Wigner-Formel. Abb. 2.35 zeigt ein Beispiel für die Form der Resonanz gemäß dieser Formel und Abb. 2.36 das Beispiel für eine gemessene Resonanzkurve. Für $\sigma(a, E_r)$ kann man einen der oben angegebenen Ausdrücke Gl. (2.105) oder Gl. 2.106) einsetzen, je nach dem zu betrachtenden Fall.

Die Breite der Resonanzen hat zur Folge, daß sich bei höheren Energien die Zustände überlappen, wenn die Niveauabstände $\varDelta$ gleich den Breiten werden ($\varDelta \sim \Gamma$). Bei noch höheren Ener-

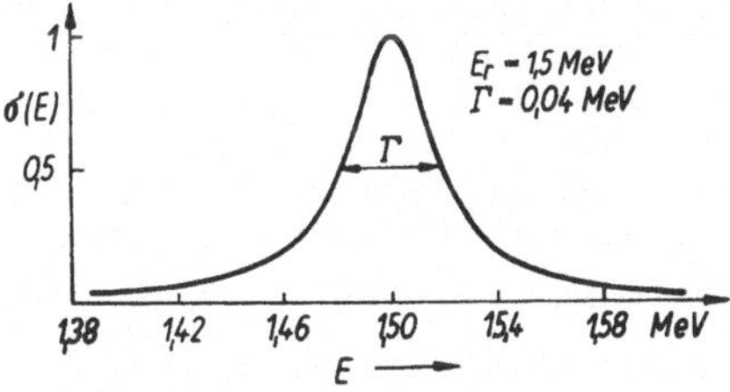

Abb. 2.35. Form einer Kernresonanz nach der Breit-Wigner-Formel

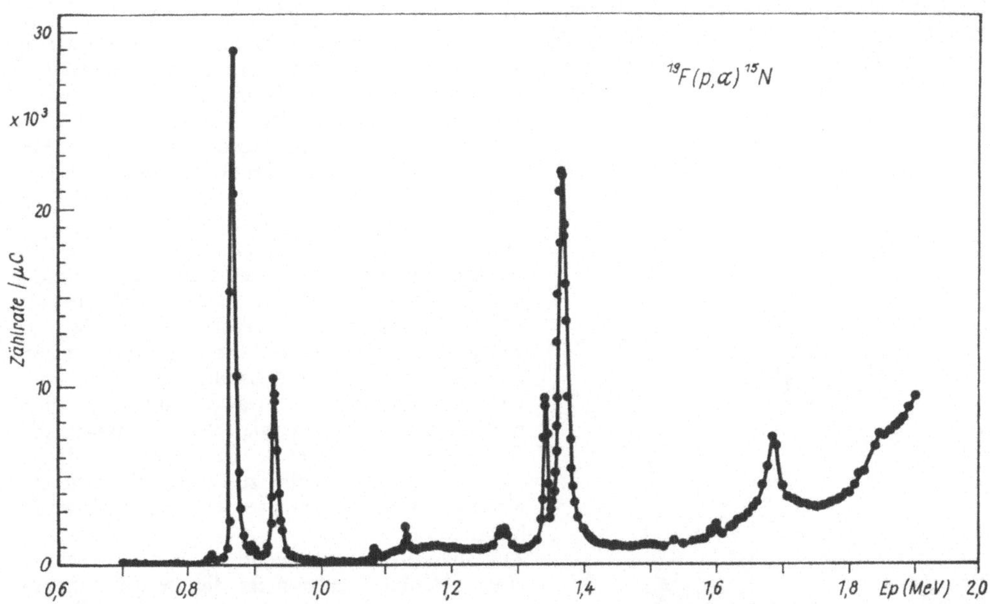

Abb. 2.36. Beispiel einer gemessenen Anregungsfunktion mit mehreren Resonanzen der Reaktion ^{19}F(p, α) (nach W. RUDOLPH u. a.)

gien werden die Niveauabstände klein gegen die Breiten ($\Delta \ll \Gamma$) und es ist nicht mehr möglich, einzelne Zustände aufzulösen. Bei jeder Einschußenergie werden dann gleichzeitig mehrere Zustände angeregt. In diesem Bereich kann die Analyse von Kernreaktionen nur noch mit statistischen Methoden erfolgen.

Sehr ausgeprägte Resonanzen werden für langsame Neutronen im Energiebereich von eV bis zu einigen Dutzend keV beobachtet. Abb. 2.37

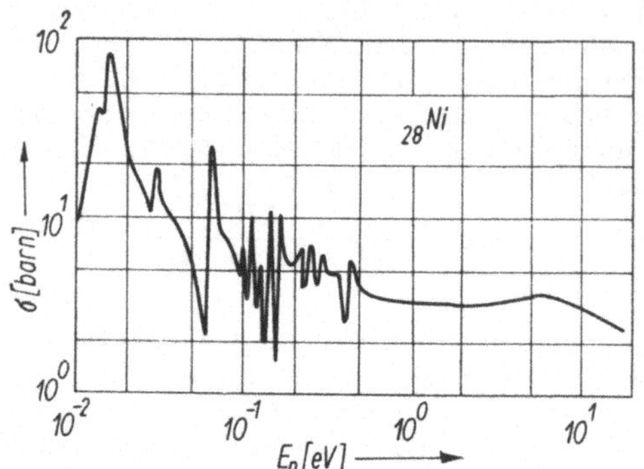

Abb. 2.37. Neutronenresonanzen bei Energien zwischen 0,01 und 10 eV

zeigt als Beispiel die Anregungsfunktion für das Isotopengemisch des Elements $_{28}$Ni. Diese Resonanzen haben für die Praxis große Bedeutung. Sie beeinflussen den Neutronentransport in Kernreaktoren und führen zu Neutronenverlusten, wenn es sich um Einfangresonanzen handelt. Für die Kernstrukturphysik liefern sie sehr interessante Informationen. Man kann nämlich mit ihrer Hilfe in einem Gebiet der Kernanregung gleich über der Neutronenbindungsenergie (etwa 8 MeV) mit sehr großer Auflösung Kernzustände messen

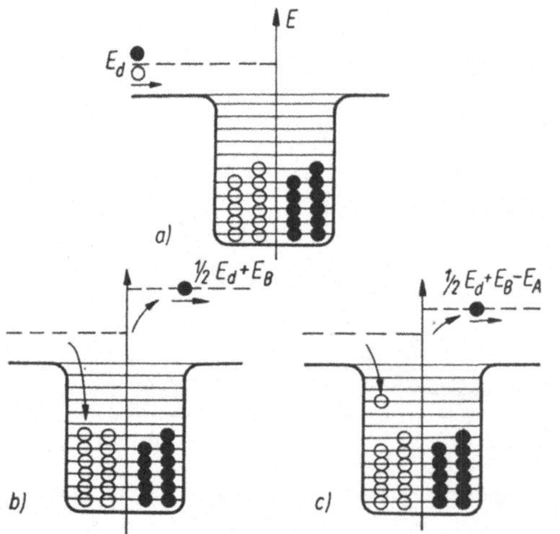

Abb. 2.38. Kernanregung durch eine Strippingreaktion

und u. a. auch ihre verschiedenen Zerfallsamplituden studieren, woraus sich Informationen über die Konfigurationen der Zustände ableiten lassen. Leider gibt es diese Möglichkeit nur in dem schmalen Fenster direkt über der Bindungsenergie des Neutrons.

2.3.14.3. Direkte Kernreaktionen

Direkte Reaktionen unterscheiden sich von den oben behandelten Compoundkernreaktionen dadurch, daß bei ihnen nur wenige Freiheitsgrade der Nukleonenbewegung ins Spiel kommen. Die Bewegung des größten Teils der Nukleonen wird nicht gestört. Es liegt die Vorstellung nahe, daß sich diese Reaktionen hauptsächlich an der Kernoberfläche abspielen.

Das bekannteste und am besten untersuchte Beispiel einer direkten Reaktion ist die sog. Stripping-Reaktion. Das einfallende Teilchen ist ein Deuteron. Im Kernfeld (bei kleinen Energien auch im Coulomb-Feld) wird von dem Deuteron das Neutron abgestreift (gestrippt) und von dem Kern absorbiert. Das Proton fliegt als gestreutes Teilchen weiter und nimmt die beim Einfang des Neutrons frei werdende Energie mit. Wir haben es also mit einer Reaktion vom Typ

$$d + {}^{A}_{Z}A = p + {}^{A+1}_{Z}A$$

oder in einer anderen, häufiger gebrachten Schreibweise

$${}^{A}_{Z}A(d, p)\, {}^{A+1}_{Z}A$$

zu tun. Welche Möglichkeiten für den Einbau des Neutrons in den Kern bestehen, machen wir uns wieder an dem schon benutzten Potentialtopfbild des Kerns klar (Abb. 2.38). Das Neutron kann unmittelbar in den tiefsten noch nicht besetzten Zustand eingefangen werden. Der Restkern ${}^{A+1}_{Z}A$ bleibt dann im Grundzustand zurück. Das Proton fliegt mit der Energie $\frac{1}{2}E_d + E_B$ davon (Abb. 2.38 b). Wird das Neutron auf einen höheren Zustand eingefangen, wird dem Proton nur die Bindungsenergie E_B vermindert um die Anregungsenergie E_a des Restkerns, also $(E_B - E_a)$ übertragen (Abb. 2.38 c). Der angeregte Restkern geht danach durch Gammaemission in den Grundzustand über. Das Spektrum der Protonen liefert also unmittelbar Informationen über die Energien der niedrigliegenden Zustände des Restkerns. Und zwar handelt es sich hier um Einteilchenzustände sehr einfacher Konfiguration, die ganz selektiv angeregt werden (Abb. 2.39).

Zur theoretischen Berechnung des Querschnitts einer solchen Reaktion ist die Bestimmung des Übergangskoeffizienten oder mit anderen Worten des Matrixelements für den hier interessierenden Prozeß notwendig. Der Anfangszustand ψ_i ist gegeben durch die Wellenfunktion des Target-

---

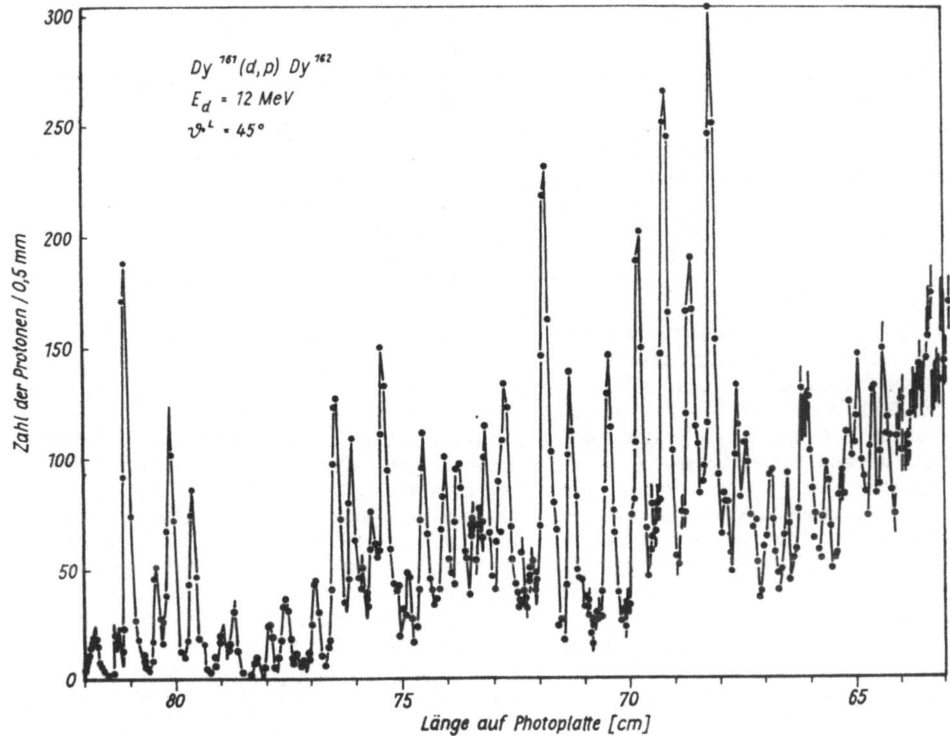

Abb. 2.39. Linienspektrum der Strippingreaktion ^{161}Dy(d, p) ^{162}Dy zu den Anregungszuständen von ^{162}Dy (Aufnahme mit dem Magnetspektrometer der Florida State University nach R. K. SHELINE 1968)

kerns $\Psi^{Ml}_{ALl}(\xi)$ (ξ-Koordinaten der Nukleonen im Kern, L_l, M_l Drehimpuls und seine Projektion), die Wellenfunktion des Deuterons $\psi_d(r_n - r_p)$ und die Wellenfunktion der Relativbewegung von Deuteron und Kern $\varphi_{Ad}\left(\dfrac{r_n + r_p}{2}\right)$. Wir haben also

$$\psi_i = \Psi^{Ml}_{ALl}(\xi)\,\psi_d(r_n - r_p)\,\varphi_{Ad}\left(\frac{r_n + r_p}{2}\right). \quad (2.112)$$

Der Endzustand ψ_f ist gegeben durch die Wellenfunktion des Restkerns $\Psi_{A+1}(\xi, r_n)$ und der Relativbewegung des Protons bezüglich des Restkerns $\varphi_p(r_p)$, also

$$\psi_f = \Psi_{A+1}(\xi, r_n)\,\varphi_p(r_p). \quad (2.113)$$

Das Matrixelement des Prozesses lautet also nach der Definition Gl. (2.109) mit den Ausdrücken Gl. (2.112) und (2.113) in ganz allgemeiner Form

$$M = \int d\xi\, dr_p\, dr_n \Psi^*_{A+1}(\xi, r_n)\,\varphi^*_p(r_p)$$

$$\times\; V\Psi^{Ml}_{ALl}(\xi)\,\psi_d(r_n - r_p)\,\varphi_{Ad}\left(\frac{r_n + r_p}{2}\right).$$

$$(2.114)$$

Um diesen Ausdruck berechnen zu können, muß man eine Reihe von Vereinfachungen einführen.

Die erste betrifft die Beschreibung der Relativbewegungen der einfallenden und auslaufenden Teilchen. Man kann hier mit ebenen Wellen rechnen. Diese Näherung nennt man Plane-Wave-Born-Approximation (PWBA). Man kann auch die exakte Bewegung der ein- und auslaufenden Teilchen im optischen Potential des Kerns einsetzen. Das ist die Näherung gestörter Wellen (Distorted-Wave-Born-Approximation, DWBA). Dazu benötigt man die optischen Potentiale für die betreffenden Teilchen, also in unserem Falle für das Deuteron und das Proton, die man sich aus Streuexperimenten für die betreffende Energie beschaffen kann.

Das Integral Gl. (2.114) kann weiter wesentlich vereinfacht werden, wenn man von den Voraussetzungen des Modells der direkten Reaktionen Gebrauch macht, daß nämlich keine inneren Freiheitsgrade des Targetkerns angeregt werden. Dann läßt sich die Wellenfunktion des Restkerns nach den Eigenfunktionen des Hamilton-Operators des Targetkerns Ψ^M_{AL}, mit L und M dem Drehimpuls und seiner Projektion, und des eingefangenen Neutrons entwickeln

$$\Psi_{A+1}(\xi, r_n) \sim \sum_{L, M}\; \sum_{l, m} \Psi^M_{AL}(\xi)\, u^m_l(r_n)\, Y^m_l(\vartheta_n, \varphi_n).$$

$$(2.115)$$

Darin sind die $u_l^m(r_\mathrm{n})$ die radialen Wellenfunktionen des Neutrons und die $Y_l^m(\vartheta_\mathrm{n}, \varphi_\mathrm{n})$ sind Kugelfunktionen, die seine Wahrscheinlichkeitsdichte in den verschiedenen Richtungen des Raumes bzgl. der Achse des Drehimpulses bestimmen. Setzt man Gl. (2.115) in Gl. (2.114) ein, sieht man, daß man über die Koordinaten ξ der Nukleonen des Targetkerns integrieren kann. Wegen der Orthogonalität der Eigenfunktionen überlebt von der Entwicklung Gl. (2.115) nur der Term mit den Indizes L_l, M_l und wegen der Normierung ist $\int \Psi_{ALl}^{Ml*}(\xi)\,\Psi_{ALl}^{Ml}(\xi)\,\mathrm{d}\xi = 1$. Damit wird die Berechnung des Matrixelements unabhängig von der konkreten Struktur des Targetkerns und es wird möglich, in sehr selektiver Weise die Zustände einzelner Nukleonen, die ähnlich wie Valenzelektronen in die ersten freien Plätze eingebaut werden, zu studieren.

Für V ist zunächst die Wechselwirkung von Proton und Neutron miteinander und mit dem Targetkern einzusetzen. Man kann aber zeigen, daß davon nur die np-Wechselwirkung V_np übrigbleibt, wenn man mit den oben genannten Wellenfunktionen rechnet. Diese berücksichtigen bereits die Wechselwirkung von p und n mit dem Kern, da sie die Lösungen der Schrödinger-Gleichung für diese Systeme darstellen.

Das Matrixelement Gl. (2.114) nimmt damit die Form

$$M = \sum_{l,m} \int \mathrm{d}r_\mathrm{p}\,\mathrm{d}r_\mathrm{n} u_l^m(r_\mathrm{n})\,Y_l^m(\vartheta_\mathrm{n}, \varphi_\mathrm{n})\,\varphi_\mathrm{p}(r_\mathrm{p})$$

$$\times\; V_\mathrm{np}\psi_\mathrm{d}(r_\mathrm{n} - r_\mathrm{p})\,\varphi_\mathrm{Ad}\left(\frac{r_\mathrm{n} + r_\mathrm{p}}{2}\right) \qquad (2.116)$$

an. Aus diesem Ausdruck geht hervor, daß das Matrixelement von dem Drehimpuls l und seiner Projektion m des eingefangenen Neutrons abhängt. Aus der Erhaltung des Drehimpulses folgt, daß das einfallende Teilchen einen bestimmten Drehimpuls auf den Endzustand des Kerns übertragen muß, d. h. im Strom der einfallenden Teilchen müssen Partialwellen mit dem notwendigen l vorhanden sein und nur diese sind dann am Aufbau des Endzustandes beteiligt. Diese Partialwellen werden daher aus der einfallenden Welle herausgefiltert. Das wirkt sich auf die im Abschn. 2.3.4. definierten Streuphasen aus und damit auf die in Gl. (2.65) gegebene Winkelverteilung der differentiellen Querschnitte. Die Winkelverteilung der Protonen aus der Strippingreaktion ist also vom übertragenen Drehimpuls abhängig. Daraus ergibt sich die Möglichkeit, die Quantenzahlen der Einteilchenzustände der eingefangenen Neutronen eindeutig zu bestimmen. Die Winkelverteilung der Stripping-Reaktion hat ihre größte Intensität in Vorwärtsrichtung. Der Winkel des ersten Maximums ist direkt mit dem übertragenen Drehimpuls Δl korreliert. Für $\Delta l = 0$ liegt das 1. Maximum bei 0°. Mit steigen-

dem Δl verschiebt es sich zu immer größeren Winkeln.

Der Querschnitt einer direkten Reaktion enthält noch eine weitere Information über die Kernstruktur. In der Radialwellenfunktion $u_l^m(r_\mathrm{n})$ ist die Wahrscheinlichkeit enthalten, mit der der betreffende Zustand von dem Neutron besetzt wird. Diese Wahrscheinlichkeit hängt von der Konfiguration des Zustandes ab und wird durch den sog. spektroskopischen Faktor ausgedrückt. Man kann diese Größen aus Kernstrukturmodellen berechnen, mit den experimentellen Querschnitten vergleichen und auf diese Weise die Modellrechnungen prüfen.

Die hier nur ganz grob skizzierte Theorie kann man in ähnlicher Weise auch für direkte Reaktionen anderen Typs anwenden. Der Stripping-Reaktion sehr ähnlich ist der umgekehrte Prozeß, bei dem ein heranfliegendes Proton dem Kern ein Neutron entreißt und mit ihm ein Deuteron bildet, also eine Reaktion vom Typ ${}^A_Z\mathrm{A}(\mathrm{p, d})\,{}^{A-1}_{Z}\mathrm{A}$, die man als Pick-up-Reaktion bezeichnet. Aus der Analyse dieser Prozesse erhält man spektroskopische Informationen über die Einteilchenzustände, die die Neutronen im Kern hatten, also über besetzte Zustände. Interessant sind auch Reaktionen mit Zweiteilchentransfer wie ${}^A_Z\mathrm{A}(\mathrm{d}, \alpha)\,{}^{A-2}_{Z-1}\mathrm{A}$, ${}^A_Z\mathrm{A}(\alpha, \mathrm{d})\,{}^{A-2}_{Z+1}\mathrm{A}$, ${}^A_Z\mathrm{A}(\mathrm{t, p})\,{}^{A+2}_{Z}\mathrm{A}$ u. a. Aus diesen Reaktionen erhält man Informationen über Zweiteilchenzustände entweder im Target- oder im Restkern.

Allgemeines Charakteristikum dieser Reaktionen ist, daß sie bei Einschußenergien im Bereich von 10 bis 50 MeV die vorherrschenden Reaktionsmechanismen darstellen, daß die Energieabhängigkeit schwach ist (Es treten keine Resonanzen auf.) und die Winkelverteilungen stark anisotrop sind und sog. Diffraktionsstruktur zeigen (etwa wie in Abb. 2.29). Die Bündelung der Reaktionsprodukte in Vorwärtsrichtung wird mit steigender Energie immer ausgeprägter.

Wächst die Einschußenergie in die Größenordnung 100 MeV werden Prozesse immer wahrscheinlicher, bei denen aus dem Kern Nukleonen oder Deuteronen usw. herausgeschlagen werden. Man spricht hier von Knock-out-Prozessen. Bei diesem Mechanismus hat man es mit Stoßprozessen zwischen den einfallenden Teilchen und einzelnen Nukleonen oder Gruppen von Nukleonen zu tun. Letzteren wird dabei ein großer Impuls übertragen, so daß sie aus dem Kern herausgestoßen werden. Die Bindungsenergie ist hier bereits klein gegen die Einschußenergie und spielt nur noch eine untergeordnete Rolle. Man spricht daher auch vom Mechanismus der quasifreien Streuung und behandelt ihn in der Impulsnäherung. Das Spektrum der herausgeschlagenen Teilchen hängt nämlich fast nur noch von der Impulsverteilung dieser Teilchen im Kern ab (s. Abschn. 2.4.3.). Auf diese Weise erhält man auch aus diesen Prozessen wertvolle Informationen über die Kernstruktur.

2.3.14.4. Intermediäre Reaktionsmechanismen

Compoundkernreaktionen und direkte Reaktionen wurden hier als zwei sich gegenseitig ausschließende Modelle des Reaktionsmechanismus dargestellt. In vielen Fällen treten sie in dieser reinen Form nicht auf. Es ist einmal möglich, daß sie bei ein und derselben Reaktion gemeinsam erscheinen. Das kann sich bemerkbar machen, wenn trotz typischer Winkelverteilungen eines direkten Prozesses Resonanzen sichtbar werden, oder wenn sich den Winkelverteilungen isotrope Komponenten überlagern. Die Analyse solcher Reaktionen ist dann sehr kompliziert.

Zum anderen gibt es intermediäre Mechanismen, die Zwischenstufen zwischen dem direkten Prozeß und dem Compoundkernmechanismus darstellen. Wir machen uns das wieder an dem Potentialtopfmodell klar. Abb. 2.40a stellt den Eingangskanal mit einem Neutron dar. Wie in der Abbildung angedeutet, ist hier der direkte Prozeß der elastischen Streuung möglich. Das System kann aber auch in einen Zweiteilchen-Einloch-Zustand, oder wie man gewöhnlich sagt, eine (2p 1h)-Konfiguration (p bedeutet particle, h hole) übergehen (Abb. 2.40b). Dies ist die einfachste Anregung, die als erster Schritt auf dem Wege zum Compoundkern notwendig ist. Man nennt einen solchen Zustand in diesem Zusammenhang daher Door-way-Zustand. Er kann sich entweder durch Umverteilung der Energie unter den Nukleonen in kompliziertere Konfigurationen umwandeln (Abb. 2.40c) oder wieder in den Eingangskanal zerfallen (Abb. 2.40d). Letzterer Prozeß macht sich durch eine breite Resonanz bemerkbar; denn es ist die Anregung eines diskreten Kernzustandes notwendig, dessen Lebensdauer aber sehr klein sein wird. Es sind aber auch von der Konfiguration (c) Übergänge zurück zu einfacheren Zuständen (Abb. 2.40e) und dann zur Emission eines Teilchens (Abb. 2.40f) möglich, das nicht unbedingt von der gleichen Art sein muß wie das eingefallene. Man nennt solche Prozesse Emission aus Vorgleichgewichtszuständen, d. h. aus Zuständen, in denen sich noch kein thermisches Gleichgewicht eingestellt hat. Man kann diesen Mechanismus mit statistischen Methoden behandeln und die Spektren der emittierten Teilchen berechnen. Die Energien liegen merklich über denen des Verdampfungsspektrums und erstrecken sich bis zur Energie der elastischen Streuung. Abb. 2.41 zeigt als Beispiel ein Spektrum von inelastisch gestreuten Neutronen und seine Interpretation durch einen Verdampfungsanteil und einen Vorgleichgewichtsanteil. Es hat sich gezeigt, daß der merkliche Anteil von Neutronen mit Energien jenseits des Verdampfungsspektrums von nicht unbedeutendem Interesse für die Berechnung von Kernreaktoren ist. Er findet deshalb in den Kerndatenbibliotheken entsprechende Beachtung.

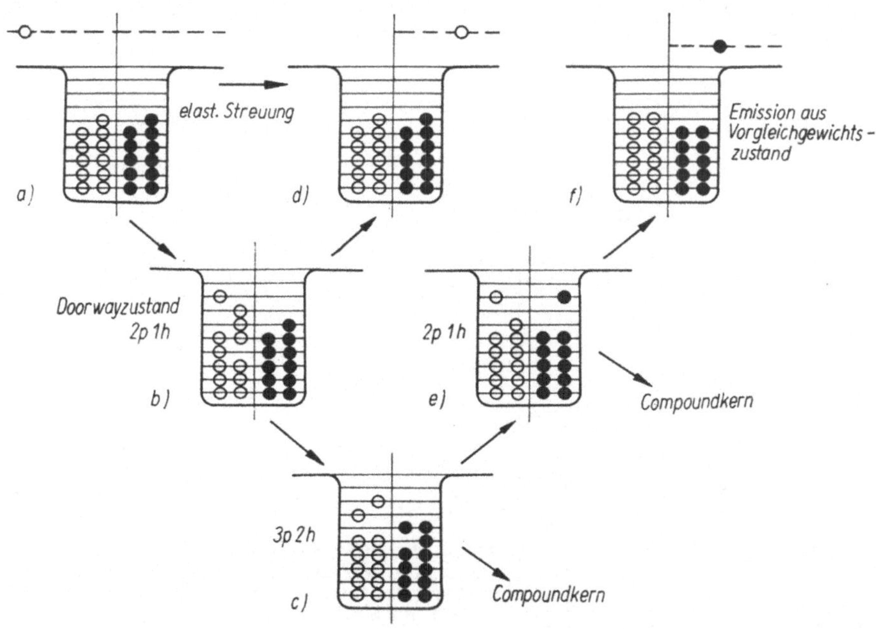

Abb. 2.40. Intermediäre Reaktionsmechanismen und Emission aus Vorgleichgewichtszuständen

2.3.14.5. Schwerionenreaktionen

Seit Beginn der sechziger Jahre wurde die Untersuchung von Kernreaktionen mit schweren Ionen als Einschußteilchen eine besondere Forschungsrichtung. Unter schweren Ionen versteht man Ionen aller Elemente von Li bis U, die in speziell konstruierten Beschleunigern auf hohe Energien gebracht werden. Ihre Energie wird gewöhnlich in MeV je Nukleon (MeV/N) angegeben. Man unterscheidet verschiedene Energiebereiche, in denen unterschiedliche Prozesse bei der Kern-Kern-Wechselwirkung ablaufen.

Der unterste Bereich ist der bis zur Coulomb-Schwelle T_{cs}, die man mit

$$T_{cs} = \frac{Z_1 Z_2 e^2}{R_1 + R_2} \frac{1}{4\pi\varepsilon_0}$$

angeben kann. Z_1 und Z_2 sind die Ladungszahlen von Geschoß- und Targetkern und R_1 und R_2 ihre Kernradien. Für die Wechselwirkung von ^{20}Ne mit ^{238}U erhält man eine Coulomb-Schwelle von 120 MeV oder 6 MeV/N. Unterhalb der Coulomb-Schwelle finden keine Kernwechselwirkungen statt. Allerdings können durch die Coulomb-Wechselwirkung hohe Drehimpulse auf den Targetkern übertragen werden. Der Bahn-

drehimpuls von schweren Ionen ist gegenüber dem, was man sonst in der Kernphysik gewohnt ist, sehr groß. Zum Beispiel erhält man für die oben genannte Wechselwirkung an der Coulomb-Schwelle mit 6 MeV/N und einem Stoßparameter von $R_1 + R_2 = 1{,}25(A_1^{1/3} + A_2^{1/3})$ fm einen Bahndrehimpuls von $l = 133\hbar$. Mit Schwerionenstrahlen konnten daher bisher Zustände mit Spins bis in den Bereich von $J = 50\hbar$ angeregt werden. Damit wurde diese Art von Kern-Kern-Wechselwirkungen zu einem wertvollen Werkzeug der Kernstrukturforschung.

Eine weitere Besonderheit der schweren Ionen ist ihre kleine De-Broglie-Wellenlänge. Für ^{20}Ne bei 6 MeV/N erhält man

$$\lambda = h/p = 0{,}59 \text{ fm}.$$

Die Wellenlänge dieser Ionen ist also kleiner als die Abmessungen der in der Wechselwirkung beteiligten Kerne. Man kann daher in vielen Fällen damit rechnen, daß sich die Ionen auf Trajektorien gemäß der klassischen Mechanik bewegen.

Über der Coulomb-Schwelle bis zu Energien von einigen 10 MeV/N sind verschiedene Typen von Reaktionsmechanismen möglich. In Compoundkernreaktionen

$$A_1 + A_2 \rightarrow A_{12} + xn$$

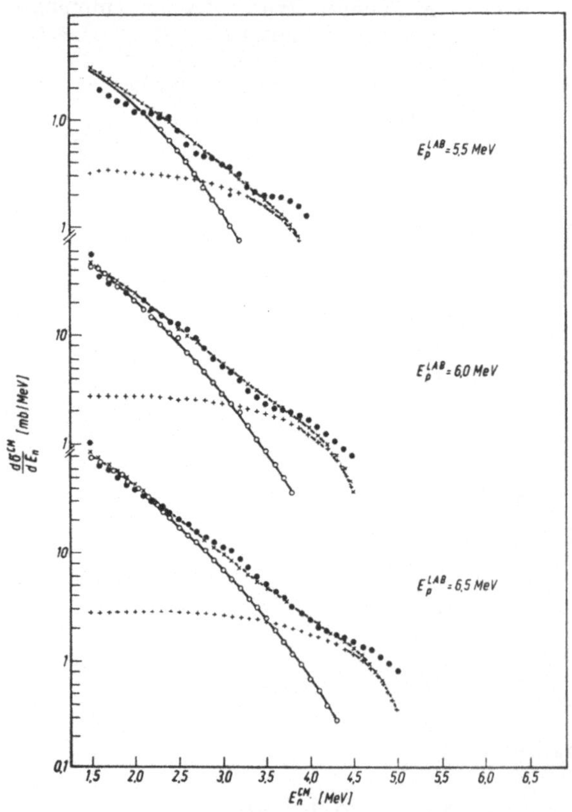

Abb. 2.41. Neutronenspektrum der Reaktion (n, n′) mit ○○○○ Verdampfungsanteil und + + + + Vorgleichgewichtsanteil, ●●●● Experimentelle Punkte (nach P. ECKSTEIN u. a. 1975)

verschmelzen die Reaktionspartner unter Emission von mehreren Neutronen. Mit diesen Reaktionen lassen sich protonenreiche Nuklide weit ab von der Stabilitätslinie oder transurane Elemente erzeugen. Die Zahl der emittierten Neutronen hängt stark von der Energie ab.

In Transferreaktionen können eine größere Zahl von Nukleonen ausgetauscht werden. Man erhält für jede Kombination von Reaktionspartnern ein ganzes Spektrum von Reaktionsprodukten mit mehr oder weniger breiten Massenverteilungen um die Nuklide im Anfangszustand. Der Mechanismus dieser Transferprozesse wird von kollektiven Eigenschaften der Kernmaterie wie Zähigkeit und Kompressibilität beeinflußt. Mit Hilfe solcher Reaktionen ist es möglich, sehr neutronenreiche Nuklide zu erzeugen. Im Gebiet leichter Kerne war es möglich, bis an die Grenze der Kernstabilität vorzudringen. Zum Beispiel konnte man ^{8}He erzeugen, ^{10}He aber nicht mehr.

Wie Untersuchungen der spontanen Kernspaltung aus isomeren Zuständen (s. Abschn. 2.3.15) ergaben, können sich Effekte der Schalenstruktur der Kerne auf die Stabilität weiterer transuraner Elemente auswirken. So wird bei $Z = 114$ und $N = 184$ ein neuer Schalenabschluß mit relativ stabilen Kernen erwartet. Infolgedessen versucht man schrittweise Kerne mit immer höheren Z zu synthetisieren. Seit den 60er Jahren wurden Isotope der Elemente 102 bis 108 in Schwerionenreaktionen erzeugt und ihre wichtigsten Eigenschaften untersucht. 1983 gelang es bei der Gesellschaft für Schwerionenforschung (GSI) bei Darmstadt und im Vereinigten Institut für Kernforschung in Dubna einzelne Kerne des Elements 109 nachzuweisen. Diese Versuche, zu den sog. superschweren Kernen vorzustoßen, haben als eine Hauptaufgabe der Forschung mit schweren Ionen diese Arbeitsrichtung wesentlich stimuliert. Im Zusammenhang mit dem Problem der Synthese superschwerer Elemente spielt die Untersuchung von Reaktionen, bei der zwei Kerne fusionieren, eine große Rolle. Um ein vorzeitiges Auseinanderbrechen des superschweren Kerns zu verhindern, versucht man die Fusion so zu führen, daß möglichst „kalte" Produktkerne entstehen, d. h. man arbeitet gerade über die Coulomb-Schwelle und hält die Anregungsenergie so gering wie möglich. Es bestehen dann enge Beziehungen zu dem Umkehrprozeß, der Spaltung.

Bei höheren Energien, Experimente werden heute bis zu Energien von einigen GeV/N durchgeführt, kommt man über den Bereich der konventionellen Kernphysik hinaus. Die durch das Pauli-Prinzip verursachte Barriere gegen das gegenseitige Durchdringen zweier Kerne wird überwunden. Geschoß und Target können jetzt als Schwärme von Teilchen aufgefaßt werden, die durch einander hindurch fliegen. Dabei kommt es zu zahlreichen Stößen zwischen den Teilchen und es kann zeitweise eine Verdichtung der Kernmaterie stattfinden. Während dieses Prozesses wird die ursprünglich geordnete Bewegung der Nukleonen des Geschoßteilchens durch die gegenseitigen Stöße in eine ungeordnete Bewegung umgesetzt. Es entsteht ein hocherhitztes Nukleonengas, dem bei höherer Energie auch Pionen und Hyperonen beigemischt sind. Anschließend findet eine Verdampfung statt, bei der die anfangs vorhandenen Kerne in viele Fragmente, Nukleonen, Pionen, Deuteronen usw zerstäuben.

2.3.15. Die Kernspaltung

Im Zusammenhang mit Experimenten zur Wechselwirkung von Neutronen mit Kernen begann 1934 E. FERMI auch mit der Bestrahlung von Uran. Dabei entdeckte er eine Reihe von stufenweisen Betazerfällen. Man vermutete zunächst, daß wie bei leichteren Kernen die Neutronen eingefangen werden und die gebildeten Produktkerne ^{239}U sich durch Betaemission in das Nuklid ^{239}93 und dann in ^{239}94 umwandeln. Entsprechend dem damaligen Stand der Kenntnis über das periodische System der Elemente hatte man erwartet, daß die so entstandenen neuen Elemente chemische Analoge des Re und Os, also Ekarhenium und Ekaosmium sein müßten.

Die später erfolgte tatsächliche Entdeckung der transuranen Elemente bis zum Element 109 (Stand von 1985) hat gezeigt, daß mit dem Element 89 Aktinium eine zweite Zwischenperiode beginnt. Sie reicht bis zum Element 103 Lawrentium. Die ihr angehörenden Elemente nennt man die Actiniden. Sie sind chemisch analog den seltenen Erden oder Lanthaniden. Dementsprechend müßte das 93. Element, Neptunium, dem 61., Promethium, und das 94. Element, Plutonium, dem 62., Samarium, chemisch ähneln.

Die radiochemischen Untersuchungen zeigten aber, daß die chemischen Eigenschaften dem $_{88}$Ra und $_{89}$Ac entsprechen. Zahlreiche Widersprüche in den Ergebnissen der chemischen Analysen und der beobachteten Zerfallseigenschaften waren Anlaß zur weiteren Präzisierung der radiochemischen Untersuchungen. Dabei konnten Ende des Jahres 1938 O. HAHN und F. STRASSMANN[1]) feststellen, daß sich kein Radium, sondern ein radioaktives Isotop des Bariums bildet, also ein Nuklid mit einer Masse um 140 im mittleren Bereich des periodischen Systems. Die unausweichliche Schlußfolgerung war, daß sich der Urankern nach Neutroneneinfang in zwei etwa gleich große Teile spaltet. In den nachfolgenden Experimenten mit Ionisations- und Nebelkam-

[1]) OTTO HAHN 1879–1968, FRITZ STRASSMANN 1901–1980.

mern wurden die beiden Spaltstücke direkt sichtbar gemacht.

Bei der Betrachtung der Kurve der Bindungsenergie Abb. 2.6 wird sofort klar, daß bei der Spaltung des Urans eine erhebliche Energiemenge freigesetzt werden muß. Die Bindungsenergie je Nukleon für ^{238}U ist 7,57 MeV. Die Bindungsenergie der Spaltprodukte mit den Massen 140 bzw. 98 betragen 8,33 bzw. 8,62 MeV/N. Der Q-Wert der Spaltung beträgt also

$$Q_{\text{Spalt.}}$$
$$= (140 \cdot 8,33 + 98 \cdot 8,62 - 238 \cdot 7,57 + 7,6) \text{ MeV}$$
$$= 217 \text{ MeV}. \tag{2.117}$$

Der letzte Term ist die Bindungsenergie des eingefangenen Neutrons. Aus der Bethe-Weizsäcker-Formel Gl. (2.9) geht hervor, daß der Abfall der Bindungsenergie je Nukleon durch den Term der Coulomb-Energie hervorgerufen wird. Der Energiegewinn bei der Spaltung müßte sich also auch aus der elektrostatischen Abstoßung der Spaltprodukte ergeben. Die elektrostatische Energie zweier Punktladungen mit dem Abstand D ist

$$V_{\text{coul}} = \frac{Z_1 Z_2 e^2}{D}.$$

Der Abstand ist die Summe der Kernradien $D = R_1 + R_2$. Wir berechnen V_{coul} für die Spal-

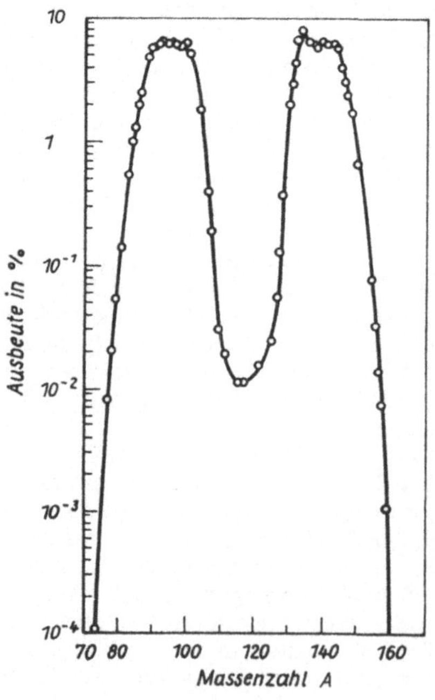

Abb. 2.42. Massenverteilung der Spaltprodukte aus der neutroneninduzierten Spaltung von ^{235}U

tung des Urans in $^{140}_{56}$Ba und $^{98}_{36}$Kr. Mit $r_0 = 1,24$ fm erhält man

$$V_{\text{coul}} = 239 \text{ MeV}. \tag{2.118}$$

Die Resultate Gl. (2.117) und (2.118) stimmen in Anbetracht der primitiven Abschätzung gut überein.

Ein weiterer Effekt, der mit der Spaltung verbunden ist, wird sichtbar, wenn man das NZ-Diagramm betrachtet. Der Neutronenüberschuß der schweren Kerne ist erheblich größer als der der mittleren. Bei der Spaltung erhält man also zunächst Produkte, die auf der neutronenreichen Seite des Isotopentales liegen. Man sieht das bereits an den beiden Nukliden ^{140}Ba und ^{98}Kr, die wir oben als Spaltprodukte angenommen haben. Die stabilen Kryptonisotope liegen zwischen $A = 78$ und 86. Daraus ergeben sich zwei Konsequenzen: 1. Die Spaltprodukte sind in der Regel radioaktiv und zerfallen in der Hauptsache durch Betaemission in stabilere Nuklide. Ein Teil der Spaltenergie wird auf diesem Wege freigesetzt. 2. Es ist sehr wahrscheinlich, daß bei einer Spaltung mehrere Neutronen freigesetzt werden. Die mittlere Zahl der in einem Spaltprozeß emittierten Neutronen beträgt $v = 2,3 \pm 0,3$. *Damit ist die Möglichkeit einer Kettenreaktion gegeben, denn jedes dieser Neutronen kann eine neue Spaltung initiieren.* Unter welchen Bedingungen eine solche Kettenreaktion zur Gewinnung von intensiven Neutronenstrahlen und vor allem von Energie realisiert werden kann, wird im Abschnitt 2.7.1. behandelt.

Ein kleiner Teil der Spaltneutronen (0,64 %) wird erst eine gewisse Zeit nach der Spaltung von den neutronenreichen Spaltprodukten abgegeben. Man nennt diesen Teil verzögerte Neutronen. Da daran verschiedene Spaltprodukte beteiligt sind, gibt es unterschiedliche Halbwertszeiten zwischen 0,2 und 55,7 s. Der Neutronenzerfall erfolgt dann, wenn der normalerweise stattfindende Betazerfall zu einem hoch angeregten Zustand des Tochterkerns führt, bei dem die Anregungsenergie größer als die Bindungsenergie eines Neutrons ist. Nach einem solchen Übergang wird das Neutron vom Tochterkern momentan emittiert. Es erfolgt also ein Zweistufenprozeß, dessen Halbwertszeit insgesamt durch die Halbwertszeit des Betazerfalls gegeben ist.

Die verzögerten Neutronen spielen eine wichtige Rolle beim Ablauf der gesteuerten Kettenreaktion. Sie verlangsamen die Neutronenvervielfachung so weit, daß die Steuerung des Prozesses in einfacher Weise möglich wird.

Der Urankern spaltet nicht symmetrisch. Außerdem haben die Spaltprodukte eine breite Verteilung über die Massenzahl. Die Schwerpunkte der Verteilung liegen bei $A = 142$ und $A = 96$ (Abb. 2.42). Man kann diese Verteilung messen, in dem man die Energien der Spaltstücke aus je einem Spaltakt in Koinzidenz mißt. Da die Impulse gleich sein müssen, erhält man aus der Energie die Massen.

Den Mechanismus der Spaltung stellt man sich im Tröpfchenmodell (s. Abschn. 2.4.2). folgendermaßen vor: Der Einfang eines Neutrons führt zu einer starken Anregung des Kerns. Man kann annehmen, daß die Anregung zu einer kollektiven Bewegungsform der Nukleonen führt, nämlich zu Vibrationsschwingungen zwischen einem zigarrenförmigen Ellipsoid und einer Kugel. Solche Anregungsmoden sind auch bei anderen Kernen vielfach beobachtet worden. Dabei wirkt die Oberflächenspannung als elastische Kraft, die den Kern in die sphärische Form zurückziehen

Abb. 2.43. Zum Mechanismus der Kernspaltung

möchte. Andererseits wirken die Coulomb-Kräfte in Richtung auf eine Verlängerung des Ellipsoids. Übersteigt die Deformation ein bestimmtes Maß, dann nimmt die elektrische Abstoßung überhand und der Kern spaltet, wobei er als Zwischenstadien die Form einer Hantel und zweier birnenförmiger Kerne durchläuft, die dann in die Kugel-

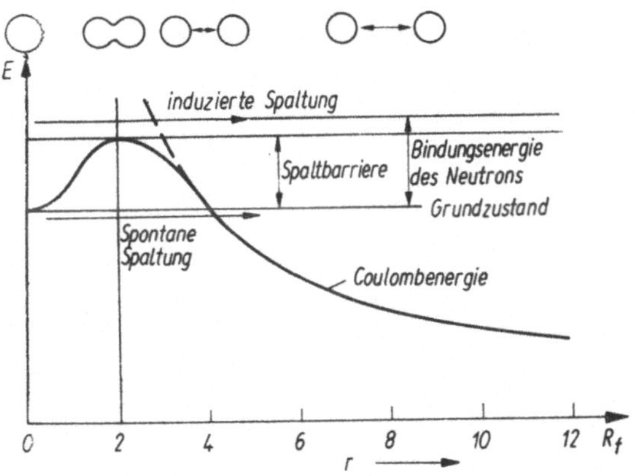

Abb. 2.44. Zur Energiebilanz bei der Spaltung. R_f ist der Radius eines Spaltprodukts

form übergehen (Abb. 2.43). Entscheidend dafür, daß dieser Prozeß so ablaufen kann ist, daß die Anregungsenergie ausreicht, den Punkt der Unstabilität zu erreichen, von dem aus die Rückkehr in den Ausgangskern nicht mehr möglich ist. Zur Auslösung der Spaltung ist also die Überwindung einer bestimmten Energieschwelle, der Spaltbarriere notwendig. Siehe dazu Abb. 2.44.

Für die Spaltbarkeit eines bestimmten Nuklids sind zwei Umstände von Bedeutung. Das ist ein-

mal die Bindungsenergie für ein eingefangenes Neutron und zum anderen die Höhe der Spaltbarriere. Aus diesen Gründen unterscheiden sich die Spalteigenschaften der beiden Isotope ^{235}U und ^{238}U ziemlich grundlegend, was für die Nutzung dieser Nuklide als Kernbrennstoff von ausschlaggebender Bedeutung ist. Die Bindungsenergie des Neutrons ist im ^{235}U mit 6,5 MeV größer als in ^{238}U, weil sich durch den Neutroneneinfang ein gg-Kern bildet. Beim Einfang im ^{238}U entsteht ein ug-Kern, wobei nur 6 MeV als Bindungsenergie frei werden. Aus theoretischen Rechnungen und aus Experimenten folgt, daß die Spaltbarriere für ^{236}U 6,0 MeV und für ^{239}U 7,0 MeV beträgt. Im ^{236}U also ist die Anregungsenergie größer als die Schwelle. Der Kern ^{235}U kann also schon nach dem Einfang thermischer Neutronen spalten. ^{235}U ist deshalb der Hauptbrennstoff in thermischen Reaktoren. Bei ^{238}U reicht die Anregungsenergie für die Überwindung der Spaltbarriere erst aus, wenn die Energie des einfallenden Neutrons mindestens 1 MeV beträgt. Wegen des $1/v$-Gesetzes (s. Abschn. 2.3.14.1.) steigt der Querschnitt für die Bildung eines Compoundkerns für thermische Neutronen stark an (Abb. 2.45). Das gilt folglich auch für den Spaltquerschnitt von ^{235}U. Für ^{238}U sind die Spaltquerschnitte bei den notwendigen Energien von über 1 MeV wesentlich kleiner. Außerdem verlieren die aus den Spaltungen stammenden schnellen Neutronen durch unelastische Stöße im Kernbrennstoff so schnell ihre Energie, daß ihr größter Teil schneller abgebremst wird, als er eine Spaltung hervorrufen kann. ^{238}U ist daher als Kernbrennstoff nicht geeignet. Mit schnellen Neutronen sind auch die Nuklide ^{232}Th und ^{231}Pa spaltbar. Aus den gleichen Gründen wie ^{238}U sind sie aber als Kernbrennstoff nicht zu gebrauchen. Dagegen besitzt ^{239}Pu ähnliche Eigenschaften wie ^{235}U und kann dieses ersetzen.

Im Prinzip sind alle schweren Kerne mit Massen oberhalb des Maximums der Bindungsenergie (^{56}Fe) mit positivem Q-Wert zu spalten. Die Spaltbarrieren werden aber mit abnehmendem A immer größer. Deshalb gelingt die Spaltung von Kernen wie z. B. Silber nur noch mit hochenergetischen Teilchen, wie z. B. Protonen von etwa 1 GeV.

Im Jahre 1940 wurde von G. N. FLEROW und K. A. PETRSHAK die spontane Spaltung des Urans entdeckt. Es handelt sich dabei um eine besondere Art der Radioaktivität. Der Zerfall erfolgt, indem die Spaltstücke die Schwelle durchtunneln (Tunneleffekt). Unter dieser Voraussetzung läßt sich auch die Zerfallswahrscheinlichkeit abschätzen. Sie ergibt eine Halbwertszeit von $T_{1/2} = 10^{20}$ Jahren. Gemessen wurde eine viel kürzere aber immer noch sehr große Halbwerts-

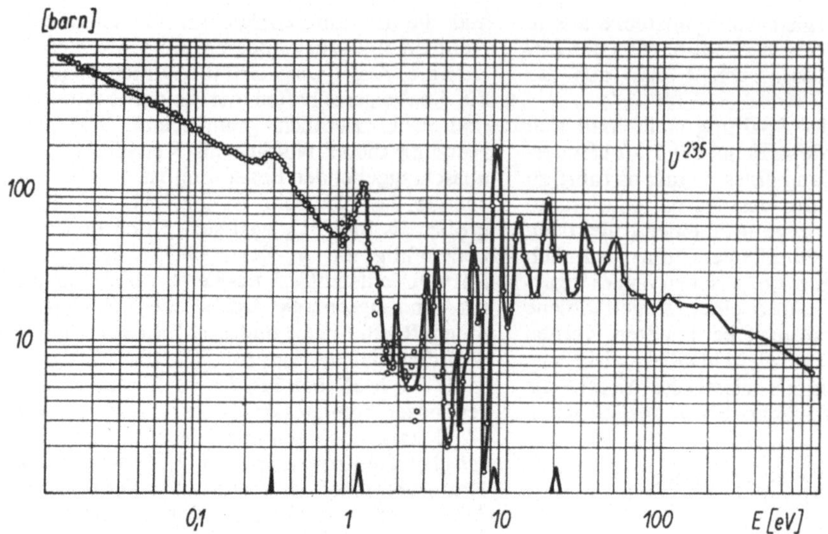

Abb. 2.45. Spaltquerschnitt für ^{235}U im Energiebereich 0,01 bis 1000 eV. Man beachte den Anstieg des Querschnitts zu kleinen Energien infolge des $\frac{1}{v}$-Gesetzes

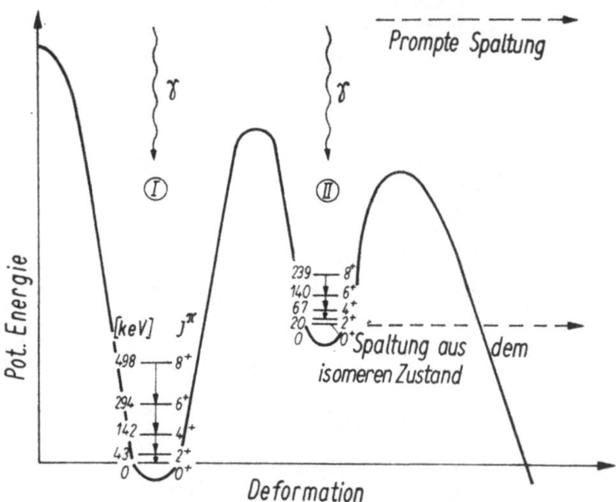

Abb. 2.46. Doppelte Spaltbarriere in ^{240}Pu und spontan spaltender isomerer Zustand. In beiden Minima der potentiellen Energie sind Rotationsanregungen beobachtet worden (nach H. J. SPECHT 1973)

zeit von $T_{1/2} = 0,8 \cdot 10^{16}$ Jahren. Der Unterschied ist auf feinere Effekte der Kernstruktur zurückzuführen, die bei der alleinigen Betrachtung des Tunneleffektes unberücksichtigt bleiben, aber sehr empfindlich auf die Halbwertszeit wirken. Die Messung einer so kleinen Zerfallsrate erfordert eine sehr effektive Nachweistechnik. Sie wurde mit Hilfe einer vielplattigen Ionisationskammer mit zahlreichen dünnen Schichten aus Uran realisiert. Die spontane Spaltung ist dafür verantwortlich, daß die Kettenreaktion in Kernreaktoren ohne äußere Zündung in Gang kommen kann.

Die spontane Spaltung wird bei den Nukliden der Transurane mit wachsender Ordnungszahl sehr schnell wahrscheinlicher. Zum Beispiel dient die spontane Spaltung des $^{252}_{98}$Cf als Normal für Spaltneutronenspektren. Die Halbwertszeit dieses

Nuklids bzgl. spontaner Spaltung beträgt nur noch $T_{1/2} = 2{,}64$ Jahre. Typische Halbwertszeiten der Isotope des Elements 104 liegen im Bereich von Millisekunden.

Mit schweren Ionen wurde auch die wichtige Entdeckung der spontan spaltenden Isomere gemacht. Man konnte erstmals in der Reaktion $^{238}U + ^{16}O \rightarrow ^{251}Fm + 3n$ einen Zustand des Restkerns erzeugen, der eine neuartige Zerfallsart zeigte. Er spaltete nach einer Lebensdauer von 0,014 s, also wesentlich schneller als aus dem Grundzustand, spontan, d. h. ohne weitere Einwirkung von außen. Das eingehende Studium dieser Erscheinung führte zu der Hypothese, daß in schweren Kernen eine doppelte Spaltbarriere auftreten kann (Abb. 2.46), d. h. die Energie des Kerns in Abhängigkeit von seiner Deformation besitzt zwei Maxima. In der Mulde zwischen den beiden Maxima sind isomere, d. h. relativ langlebige Zustände möglich, die sich entweder durch Gammaemission zum gewöhnlichen Grundzustand oder durch spontane Spaltung abregen. Der Nachweis dieser doppelten Barriere ist durch Experimente tatsächlich gelungen. Theoretische Untersuchungen zeigten, daß das Auftreten dieses Phänomens sehr empfindlich von Schalenstruktureffekten abhängt.

2.3.16. Der radioaktive Zerfall

2.3.16.1. Zur Geschichte der Radioaktivität

Nach der Entdeckung der Röntgenstrahlen im Jahre 1895 vermutete man, daß diese durchdringenden Strahlen im Zusammenhang mit der Fluoreszenz des Glaskolbens der Röntgenröhre entstehen. Man versuchte daraufhin, bei der Fluoreszenz einer großen Zahl von Stoffen solche durchdringenden Strahlen zu finden. Die Suche war erfolglos, bis der französische Physiker H. BECQUEREL[1]) im Jahre 1896 diese Versuche mit Uransalzen durchführte. Von ihnen gingen Strahlen aus, die nach Durchdringen von schwarzem Papier oder von Aluminiumfolien Fotoplatten zu schwärzen vermochten. Es stellte sich heraus, daß diese Strahlen keinen Zusammenhang mit der Fluoreszenz der Salze hatten. Sie wurden auch von metallischem Uran und anderen uranhaltigen Substanzen ausgesandt, die nicht fluoreszieren. Die Strahlung mußte also aus dem Uran stammen. Die Experimente ergaben, daß sie durch keinerlei äußere Einwirkungen zu beeinflussen war. Diese Entdeckung kann man als Geburtsstunde der Kernphysik ansehen. Von P. und M. CURIE[2]) wurde für diese neue Erscheinung die Bezeichnung Radioaktivität geprägt. Im Jahre 1898 fand M. CURIE bei der Suche nach weiteren radioaktiven Elementen die Radioaktivität des Thoriums (unabhängig von ihr auch G. SCHMIDT) und kurz danach die bisher noch nicht bekannten Elemente Polonium ($_{84}Po$) und Radium ($_{88}Ra$), die bedeutend stärker aktiv waren als Uran und Thorium.

Die ersten Wirkungen der radioaktiven Strahlen, die man fand, waren die Schwärzung der fotografischen Platte und die Ionisierung der Luft (A. H. BECQUEREL und unabhängig von ihm E. RUTHERFORD). Letzterer Effekt war für die Untersuchung der Radioaktivität von großer praktischer Bedeutung. Er ermöglichte die schnelle und sehr präzise Messung der Intensität der Strahlung mit Hilfe von Elektrometern. Die durch die Strahlung leitfähig gemachte Luft führt zu einer Entladung des Elektrometers mit einer Geschwindigkeit, die proportional zur Strahlungsintensität ist.

Man fand bald heraus, daß die radioaktive Strahlung aus drei Komponenten besteht. Die erste wird in sehr dünnen Schichten von Material absorbiert. Die zweite vermag Papier und dünne Folien zu durchdringen und die dritte durchdringt noch wesentlich dickere Schichten. Durch Ablenkung in Magnetfeldern wurde gefunden, daß die erste Komponente aus schweren, positiv geladenen Teilchen besteht, die man Alphateilchen nannte. Man konnte diese Teilchen in evakuierten Glaskolben, die radioaktive Substanz enthielten, auffangen und dann mit Hilfe der optischen Spektroskopie nachweisen, daß es sich um Helium handelt. Die Alphastrahlen bestehen also aus Heliumkernen, die von den radioaktiven Nukliden emittiert werden. Sie besitzen je nach dem Strahler Energien bis etwa 9 MeV.

Die Untersuchung der zweiten Komponente im Magnetfeld ergab, daß es sich um Elektronen handelt, die mit Geschwindigkeiten in der Größenordnung der Lichtgeschwindigkeit emittiert werden. Sie besitzen Energien von einigen 100 keV bis zu einigen MeV. Diese Komponente erhielt den Namen Betastrahlung.

Die dritte Komponente ließ sich durch elektrische und magnetische Felder nicht beeinflussen. Sie hat ähnliche Eigenschaften wie die Röntgen-Strahlung, ist aber noch erheblich durchdringender. Es handelt sich um „harte" elektromagnetische Strahlung, die man mit Gammastrahlung bezeichnete.

Die eingehende Untersuchung der Erscheinungen der Radioaktivität ergab, daß alle noch freien Plätze des periodischen Systems zwischen Bismut und Thorium mit neuen Elementen besetzt werden konnten, die alle unstabil sind und sich stufenweise durch Emission je einer oder auch mehrerer der obengenannten Strahlenarten inein-

---

[1]) HENRI BECQUEREL 1852–1908.
[2]) PIERRE CURIE 1859–1906, MARIE CURIE 1867 bis 1934.

ander umwandeln bis schließlich eines der stabilen Bleiisotope erreicht ist. Diese radioaktiven Zerfallsketten werden im Abschnitt 2.3.16.7. behandelt. Es wurde ferner festgestellt, daß die beim radioaktiven Zerfall frei werdende Energie aus dem Atomkern stammt. Bereits in dieser Zeit wurde erkannt, daß in den Atomkernen eine gewaltige Energie konzentriert ist, die bezogen auf die chemische Energie je Atom etwa 10^6mal größer ist. Auch die Kräfte im Atomkern müssen deshalb etwa 10^6mal stärker sein als in der Atomhülle. Vor der Wissenschaft erhob sich die Frage, wie diese Energiequelle erschlossen werden könnte. Wir wissen heute, daß die Lösung dieses Problems erst durch die Entdeckung der Kernspaltung im Jahre 1938 möglich wurde. Bis zur Entwicklung der Teilchenbeschleuniger und der mit ihrer Hilfe möglichen Untersuchung von Kernumwandlungen mit künstlich erzeugten Teilchenstrahlen war die Radioaktivität der einzige Zugang zur Untersuchung von kernphysikalischen Phänomenen. Der wichtigste Fortschritt, die Entdeckung des Atomkerns und die Schaffung des ersten Atommodells, beruhte auf den bekannten Streuversuchen mit Alphateilchen natürlicher radioaktiver Elemente an dünnen Metallfolien, bei denen zuerst von H. W. GEIGER und E. MARSDEN[1] im Jahre 1910 die Streuung der Alphateilchen in große Winkel beobachtet wurde. Auf der Basis dieser Entdeckung stellte E. RUTHERFORD seine Streuformel auf und wies damit die Existenz des Atomkerns nach. Ebenso wurde mit Hilfe natürlicher Alphastrahlen zum ersten Mal im Jahre 1919 von E. RUTHERFORD im Laboratorium eine Kernreaktion nachgewiesen.

Die sog. künstliche Radioaktivität wurde im Jahre 1934 von I. und F. JOLIOT-CURIE[2] bei der Bestrahlung von Aluminium mit Alphateilchen entdeckt. Sie fanden, daß nach der Bestrahlung der Folie diese noch für einige Minuten Positronen ausstrahlte. Bald danach fanden die gleichen Autoren auch die künstliche Aktivierung von Nukliden durch Neutronen (s. Abschn. 2.3.16.8.).

2.3.16.2. Das Zerfallsgesetz

Der radioaktive Zerfall ist eine Eigenschaft bestimmter Atomkerne, die von außen nicht beeinflußt werden kann. Die Wahrscheinlichkeit λ für den Zerfall eines Kerns in der Zeiteinheit ist unabhängig von der Zeit. Daraus folgt, daß die Zahl der je Zeiteinheit beobachteten Zerfälle $\mathrm{d}N/\mathrm{d}t$ nur von der Menge $N(t)$ der vorhandenen Kerne

abhängt, d. h., es ist

$$\frac{\mathrm{d}N}{\mathrm{d}t} = \lambda N. \tag{2.119}$$

Die Lösung dieser Gleichung ergibt das Gesetz des radioaktiven Zerfalls

$$N(t) = N_0 \exp(-\lambda t), \tag{2.120}$$

worin N_0 die Zahl der Kerne im Zeitpunkt $t = 0$ darstellt. Die Menge der radioaktiven Kerne nimmt also nach einer Exponentialfunktion ab. λ wird als Zerfallskonstante bezeichnet. Gewöhnlich gibt man die Zerfallswahrscheinlichkeit oder die Geschwindigkeit, mit der sich die Menge des radioaktiven Stoffes vermindert in Form der Halbwertszeit $T_{1/2}$ an. Das ist die Zeit, in der die Menge der Substanz auf die Hälfte abnimmt. Sie ergibt sich aus Gl. (2.120) mit

$$\exp(-\lambda t) = 1/2$$

zu

$$T_{1/2} = \frac{1}{\lambda} \ln 2 = \frac{0{,}693}{\lambda}.$$

Das Zerfallsgesetz kann also auch in der Form

$$N(t) = N_0 \exp\left(\frac{0{,}693}{T_{1/2}} \, t\right) \tag{2.120a}$$

geschrieben werden. Die Halbwertszeit nennt man auch oft die Lebensdauer eines Zustandes oder eines Teilchens.

In Zerfallsketten, bei denen nacheinander ein radioaktives Nuklid aus einem anderen entsteht, stellt sich ein Gleichgewicht der Konzentration des Tochternuklids ein. Für das Nuklid 1 gilt wie oben die Zerfallsgleichung

$$\frac{\mathrm{d}N_1}{\mathrm{d}t} = -\lambda_1 N_1(t)$$

und für die Menge des Nuklids 2 gilt die Bilanz

$$\frac{\mathrm{d}N_2}{\mathrm{d}t} = \lambda_1 N_1(t) - \lambda_2 N_2(t) \tag{2.121}$$

aus Zuwachs durch Zerfall von Nuklid 1 und Zerfall von Nuklid 2. Bei radioaktivem Gleichgewicht gilt $\mathrm{d}N_2/\mathrm{d}t = 0$. Die Nachlieferung des Nuklids 2 aus dem Zerfall von 1 hält also dem Zerfall von 2 die Waage. Aus Gl. (2.121) folgt damit

$$N_2(t) = \frac{\lambda_1}{\lambda_2} N_1(t) = \frac{\lambda_1}{\lambda_2} N_{10} \exp(-\lambda_1 t)$$

$$= \frac{T_{1/2,2}}{T_{1/2,1}} N_{10} \exp\left(-\frac{0{,}693}{T_{1/2,1}} t\right).$$

Das Verhältnis der Menge des Tochternuklids zur Menge des Vaternuklids ist also nach Einstellung des Gleichgewichtes, d. h. für $t \gg T_{1/2,2}$, proportional dem Verhältnis der Halbwertszeiten der beiden Substanzen. Aus dieser Beziehung ergibt sich z. B. die Konzentration des Radiums im Uran (in ungetrennten natür-

---

[1] HANS WILHELM GEIGER 1882–1945, ERNST MARSDEN 1889–1970.
[2] IRENE JOLIOT-CURIE 1897–1956, FREDERIC JOLIOT-CURIE 1900–1958.

lichen Erzen)

$$\frac{N_{Ra}}{N_U} = \frac{1,6 \cdot 10^3 a}{4,5 \cdot 10^9 a} = 0,36 \cdot 10^{-6}.$$

Man muß also Tonnen von Uranerz aufarbeiten, um ein Gramm Radium zu erhalten.

Als Maßeinheit für die Radioaktivität galt lange Zeit das Curie

$$1 \text{ Curie} = 1 \text{ C} = 3,700 \cdot 10^{10} \text{ Zerfälle/s}$$

und ist in der älteren Literatur gebräuchlich. Mit Einführung des Internationalen Systems der Maßeinheiten wurde die Maßeinheit

$$1 \text{ Becquerel} = 1 \text{ Bq} = 1 \text{ Zerfall/s}$$

eingeführt. Als Beispiel sei angeführt, daß ein Gramm Radium eine Radioaktivität von 3,7 $\times 10^{10}$ Bq = 1 C besitzt. Das ist eine gefährlich hohe Aktivität.

2.3.16.3. Der Alphazerfall

Beim radioaktiven Alphazerfall werden von den instabilen Kernen Alphateilchen, d. h. Heliumkerne mit der Masse $A = 4$ und der Ladung $2e$ emittiert. Die emittierten Teilchen haben Energien zwischen 4 und 9 MeV. Die Zerfallsenergie des Kerns stimmt aber nicht genau mit der Teilchenenergie überein; denn bei der Emission erhält der Tochterkern A einen Rückstoßimpuls, der gleich dem Impuls des Alphateilchens ist

$$p_A = \sqrt{2m_A T_A} = p_\alpha = \sqrt{2m_\alpha T_\alpha}.$$

Das ergibt für einen typischen Alphastrahler

$$T_A = \frac{m_\alpha}{m_A} T_\alpha \sim \frac{4}{220} T_\alpha \sim 2\% \, T_\alpha.$$

Alphaaktive Nuklide bevölkern das NZ-Diagramm von $Z = 83$ (Bismut) an. Alle Elemente jenseits des Bleis haben alphaaktive Isotope. Die Halbwertszeiten dieser Nuklide rangieren zwischen 10^{-7} s (die Isotone zwischen ^{213}At und ^{218}Th) und $1,4 \cdot 10^{10}$ a (^{232}Th). Außerdem gibt es unter den leichteren Kernen einige alphaaktive Nuklide mit erheblich größeren Halbwertszeiten (^{204}Pb $1,4 \cdot 10^{17}$ a, ^{190}Pt $6,1 \cdot 10^{11}$ a, ^{186}Os $2 \cdot 10^{15}$ a, ^{174}Hf $2 \cdot 10^{15}$ a und einige Isotope der Seltenen Erden mit ^{144}Nd ($2,4 \cdot 10^{15}$ a) als dem leichtesten.
Bei jedem Alphazerfall vermindert sich die Masse des Vaterkerns um vier Einheiten und die Ladung (Ordnungszahl) um zwei Einheiten (Verschiebungsregeln)

$$^A_Z A \rightarrow {}^{A-4}_{Z-2} B + {}^4_2 He.$$

Alphazerfälle sind energetisch erlaubt, wenn die Bindungsenergien des Tochterkerns und des Alphateilchens zusammengenommen größer als die Bindungsenergie des Vaterkerns sind. Wir zeigen dies an dem Alphastrahler ^{238}U. Wir addieren die Bindungsenergie des Tochterkerns ^{234}Th und des Alphateilchens und vergleichen die Summe mit der Bindungsenergie des ^{238}U:

Bindungsenergie		Bindungsenergie/N
^{234}Th	1 777,687 MeV	7,597 MeV/N
	28,296 MeV	7,074 MeV/N
	1 805,983 MeV	
^{238}U	1 801,713 MeV	7,570 MeV/N
Zerfallsenergie	4,270 MeV.	(2.122)

Das heißt, beim Alphazerfall des ^{238}U werden 4,270 MeV frei. Die gleiche Bilanz z. B. für den stabilen Kern ^{208}Pb ergibt keine positive Energieausbeute. An Hand der Energiebilanz kann man sich auch leicht klarmachen, daß es keinen Protonen-, Neutronen- oder Deuteronenzerfall geben kann. In diesen Fällen müßte die Bindungsenergie eines Nukleons bzw. zweier Nukleonen vermindert um die Bindungsenergie des Deuterons aufgewendet werden. Im Alphateilchen hat jedes Nukleon eine Bindungsenergie von 7,074 MeV, d. h. fast genauso viel wie z. B. im U (7,570 MeV). Deshalb genügt schon das relativ geringe Ansteigen der Bindungsenergie je Nukleon bei der Verminderung der Massenzahl um vier Einheiten, um den Alphazerfall energetisch möglich zu machen [s. Gl. (2.122)]. Abb. 2.47 zeigt die Zerfallsenergien der Alphastrahler in Abhängigkeit von A und Z. Der in diesem Bild zu Tage tretende starke Sprung in den Zerfallsenergien bei $A = 210$ hängt damit zusammen, daß bei $A = 208$ mit $Z = 82$ und $N = 126$ ein doppeltmagischer Kern mit besonders hoher Bindungsenergie vorliegt. Darauf wird im Abschnitt über die Schalenstruktur der Kerne noch einmal eingegangen.
Experimentell wurde gefunden, daß zwischen der Zerfallskonstante λ und der Zerfallsenergie E_α der Zusammenhang

$$\log \lambda = k_1 + k_2 \log E_\alpha \qquad (2.123)$$

besteht (Geiger-Nutallsche Regel). Hierin sind k_1 und k_2 Konstanten, die für die einzelnen radioaktiven Zerfallsketten charakteristisch sind.
Wenn der Alphazerfall energetisch so günstig ist, fragt es sich, warum dieser Zerfall nicht sofort erfolgt, sondern mit so großen Halbwertszeiten. Wir hatten in Abschnitt 2.3.12. bereits das optische Potential besprochen. Für neutrale Teilchen wird es meist in der Woods-Saxon-Form angenommen. Für geladene Teilchen ist das Coulomb-Potential zu addieren. Die Überlagerung von Kernpotential und Coulomb-Potential führt zu dem in Abb. 2.48 gezeigten Potentialtopf mit der Coulomb-Barriere

$$V_{CB} = \frac{Z_A z_\alpha e^2}{R} \frac{1}{4\pi\varepsilon_0}, \qquad (2.124)$$

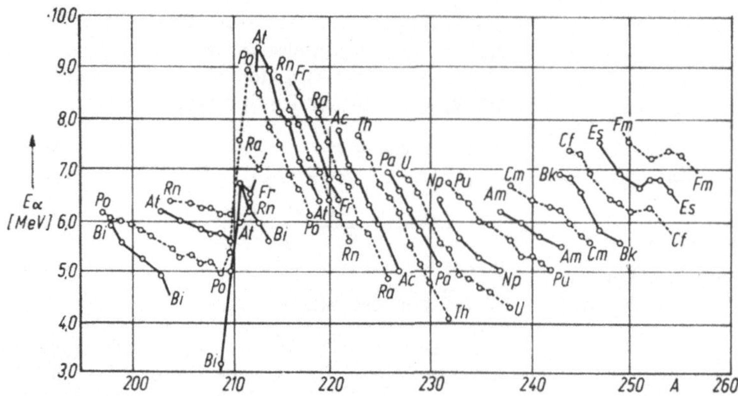

Abb. 2.47. Alphazerfallsenergien der Isotope der Elemente von Bi bis Fm

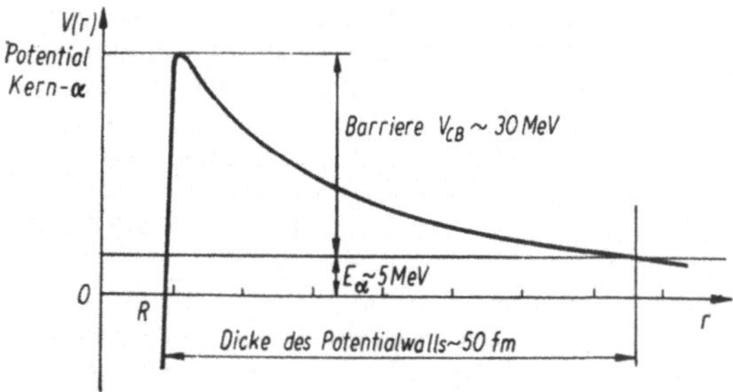

Abb. 2.48. Zur Theorie des Alphazerfalls

worin Z_A die Kernladung, z_α die Ladung des Alphateilchens und $R = r_0 A^{1/3}$ der Kernradius ist. Wenn der Kern Alphateilchen emittieren kann, dann muß die Energie der Alphateilchen im Kern über der Nullinie des Potentials liegen und zwar bei der Zerfallsenergie E_α, wenn wir die Potentialskala so eichen, daß dem System aus Tochterkern und unendlich fernem Alphateilchen die Energie Null entspricht. Aus Gl. (2.124) folgt für die Potentialschwelle eines Urankerns für Alphateilchen $V_{CB} = 34$ MeV. Die Zerfallsenergie ist nach Gl. (2.122) $E = 4{,}270$ MeV. Die Höhe des Potentialwalls über der Alphaenergie beträgt also noch 30 MeV! Auf dem Niveau von 4,27 MeV ist der Potentialwall 54 fm dick. Der Zerfall kann also nur auf Grund des quantenmechanischen Tunneleffektes (s. Abschn. 1.2.4.2.) erfolgen. Aus der Formel für den Transmissionskoeffizienten [s. Gl. (1.79a)] geht hervor, daß dieser sehr stark von der Höhe der Schwelle und ihrer Breite abhängt. Diese Größen beeinflussen also die Wahrscheinlichkeit bzw. die Halbwertszeit des Zerfalls und erklären den riesigen Bereich der beobachteten Lebensdauern.

Interessant für die Kernstruktur ist die Frage, wie man sich die Formierung des Alphateilchens vor der Emission vorstellen soll. Der Alphazerfall und die auffällige Eigenschaft leichter Kerne mit $A = 4n$ und $Z = N$, bei Kernreaktionen mit großer Wahrscheinlichkeit Alphateilchen zu emittieren oder in Alphateilchen zu zerfallen, haben zu der Vorstellung von der Bildung von Nukleonenassoziationen, den sog. Clustern (engl.), geführt, die sich kurzzeitig in den Kernen bilden und wieder zerfallen. Im Prinzip können sich beliebige Zahlen von Nukleonen an diesen Assoziationen beteiligen. Wegen der hohen Stabilität von Alphateilchen treten diese aber bevorzugt nach außen in Erscheinung. Bei schweren Kernen kann man annehmen, daß sich die Alphaassoziationen hauptsächlich an der Oberfläche bilden und von dort die Möglichkeit haben, die Barriere zu durchtunneln. Das kann man sich an dem Bild der Nukleonen im Potentialtopf klarmachen. Die Nukleonen in den unteren Niveaus sind durch das Pauli-Verbot stark an ihrer Freizügigkeit gehindert. Die obersten Nukleonen können dagegen mit geringen Energiefluktuationen, die wegen der Unschärferelation immer möglich sind, freie Plätze im Niveauschema finden und sind so freier beweglich. Die Alphacluster bilden sich also bevorzugt aus den die obersten Niveaus besetzenden Nukleonen, die sich auch in der Hauptsache am Kernrand aufhalten.

2.3.16.4. Der Betazerfall

Der Betazerfall eines Kerns ist eine radioaktive Umwandlung, bei der ein Elektron (β^--Zerfall) oder ein Positron (β^+-Zerfall) emittiert wird. Im weiteren Sinne zählt man dazu auch eine Kernumwandlung, bei der ein Elektron aus der Hülle eingefangen wird (e-Einfang). Die Kernladung ändert sich bei diesen Prozessen um eine Einheit. Die Massenzahl bleibt konstant. Der Betazerfall tritt ein, wenn durch die Umwandlung eines Neutrons in ein Proton oder umgekehrt der Kern in eine stabilere Konfiguration mit größerer Bindungsenergie übergehen kann. Wir hatten dies bereits im Abschnitt 2.2.3. im Zusammenhang mit den Bindungsenergien der Nuklide vermerkt, die auf den Hängen des Isotopentals liegen.

Der fundamentale Prozeß des Betazerfalls ist die Umwandlung eines Neutrons in ein Proton (β^--Zerfall des Neutrons)

$$n \to p + e^- - \bar{\nu}.$$

Die volle Zerfallsenergie einschließlich der Masse des Elektrons beträgt 1,29 MeV (Massenunterschied von Neutron und Proton) und die Halbwertszeit $T_{1/2} = 12$ min (für freie Neutronen). Beim umgekehrten Prozeß, dem β^+-Zerfall, verwandelt sich ein Proton in ein Neutron

$$p \to n + e^+ + \nu.$$

Diese Reaktion ist bei freien Protonen energetisch nicht möglich. Im Kern kann sie trotzdem ablaufen, weil die fehlende Energie von dem umgebenden Medium zugeliefert werden kann.

Der *Elektroneneinfang* entspricht in seinem Effekt in bezug auf die Erreichung einer stabileren Kernkonfiguration dem β^+-Zerfall, d. h. die Ladungszahl wird um eine Einheit vermindert. Der e-Einfang ist möglich, weil die Wellenfunktion der Elektronen am Kernort noch einen endlichen Wert besitzt. Bei schweren Kernen, wo die Elektronen dem Kern besonders nahe sind, ist der e-Einfang auch besonders wahrscheinlich. Nachgewiesen wird dieser Effekt durch die charakteristische Röntgen-Strahlung, die emittiert wird, wenn die in der Elektronenhülle entstandene Vakanz wieder aufgefüllt wird. Meist handelt es sich um eine Vakanz in der K-Schale und man beobachtet deshalb vorwiegend K-Strahlung. Man spricht deshalb auch häufig vom K-*Einfang*. Mit erheblich geringeren Intensitäten kommt auch L- und M-Strahlung vor. e-Einfang und β^+-Zerfall können bei ein und demselben Nuklid parallel auftreten, wenn die Wahrscheinlichkeiten dieser Prozesse in der gleichen Größenordnung liegen.

Betaaktive Isotope gibt es für jedes Element des periodischen Systems. Die überwiegende Mehrzahl von ihnen sind künstliche radioaktive Nuklide, die im Laufe der Jahre entdeckt oder erzeugt wurden. Ein Teil davon sind Spaltprodukte. Bald nach der Inbetriebnahme der ersten Kernreaktoren füllte sich das NZ-Diagramm im Bereich der Maxima der Spaltproduktverteilung, also um Barium und um Rubidium mit einer großen Zahl von β^--Strahlern mit hohem Neutronenüberschuß. Im Laufe der Zeit kamen hunderte von weiteren betaaktiven Isotopen dazu, die in verschiedenen Kernreaktionen erzeugt wurden. Mit Hilfe von Mehrnukleonentransfer in Reaktionen mit schweren Ionen und in Spallationsreaktionen mit hochenergetischen Teilchen ist es möglich, eine große Zahl von Nukliden weit-

ab von der Stabilitätslinie zu erhalten und zu untersuchen. Wegen der vielen offenen Reaktionskanäle entstehen bei diesen Wechselwirkungen jeweils eine größere Zahl von Produktkernen. Deshalb wurden an den Beschleunigern für schwere Ionen und an Hochenergiebeschleunigern spezielle Anlagen installiert, in denen die in den Targets erzeugten kurzlebigen Nuklide im on-line-Regime sofort einem Massentrenner zugeführt und nach Massen analysiert werden. Am Auffänger des Massentrenners können die separierten Reaktionsprodukte mit kernspektroskopischen Methoden untersucht werden.

Beim Betazerfall muß mindestens die der Ruhemasse des Elektrons entsprechende Energie von 511 keV zur Verfügung stehen. Die emittierten Elektronen können Energien von einigen keV bis zu 7 und 8 MeV besitzen. Sind die Energiedifferenzen zwischen Vater- und Tochterkern größer als die Bindungsenergien der Nukleonen, werden sofort Nukleonen emittiert. Das so zerfallende Nuklid liegt dann jenseits der Grenze der Kernstabilität. Die Halbwertszeiten der Betastrahler überstreichen einen Bereich von μs bis zu $2 \cdot 10^{15}$ a.

Im Gegensatz zu den beim Alphazerfall beobachteten Linienspektren fand man beim Betazerfall überraschender Weise kontinuierliche Spektren, bei denen nur die obere Grenzenergie der Zerfallsenergie entspricht.

Abb. 2.49a zeigt ein typisches Betaspektrum. Diese werden allerdings meist in Form des sog. Fermi-Plots dargestellt (s. Abb. 49 b). Auf der Abszisse wird hier nicht die kinetische Energie T der Elektronen sondern ihre volle Energie $W = m_e c^2 + T$ aufgetragen. Die Skala beginnt also bei 1. In der auf der Ordinate abgetragenen Größe $(N/\eta^2 F)^{1/2}$ sind N die Zählrate der Elektronen je Energieeinheit, $\eta = p_e/m_e c$, d. h. der Elektronenimpuls in Einheiten von $m_e c$ und F ein Korrekturfaktor, der die Wechselwirkung von Kern und Elektron durch das Coulomb-Feld berücksichtigt. Diese Einheit für den Ordinatenmaßstab ergibt sich aus der für den Dreiteilchenzerfall gültigen Phasenraumverteilung der Impulse. Sie wurde so gewählt, um das Spektrum in Form einer Geraden zu erhalten. Diese Gerade schneidet die Abszisse bei der maximalen Energie der Elektronen. Auf diese Weise läßt sich die Zerfallsenergie des Nuklids genauer bestimmen als aus einer Darstellung des Spektrums im gewöhnlichen Maßstab (Abb. 49 a), wo das obere Ende des Spektrums in der schlechten Statistik „versickert".

Zur Erklärung dieses Befundes, der dem Energiesatz zu widersprechen scheint, wurden verschiedene Hypothesen aufgestellt, die der experimentellen Prüfung nicht standhielten. Die Erklärung brachte der erstmals im Jahre 1931 von PAULI geäußerte Gedanke, daß beim Betazerfall außer dem Elektron noch ein zweites Teilchen emittiert wird, das im Experiment allerdings nicht sichtbar wird, weil es keine Ladung und keine Masse besitzt. Man muß ihm aber den Spin $1/2\hbar$ zuschreiben und die Fähigkeit, die dem Elektron fehlende

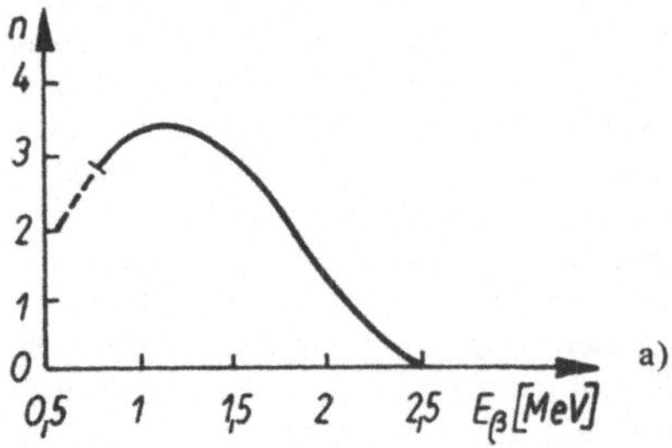

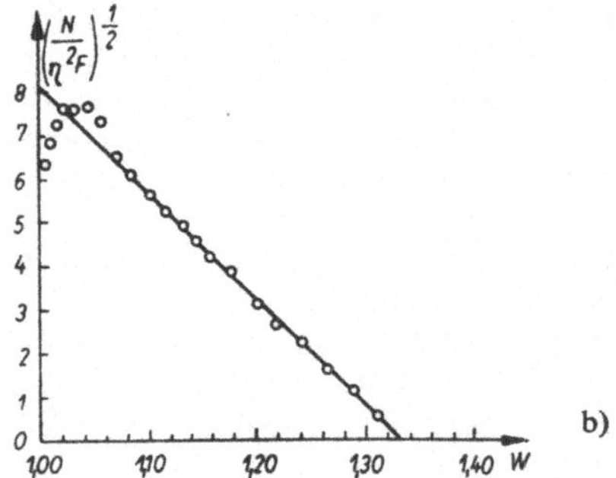

Abb. 2.49. Betaspektren: a) Betaspektrum von ^{114}In. Abszisse: Elektronenenergie in MeV (Die Ruheenergie 0,51 MeV eingeschlossen), Ordinate: Anzahl der Elektronen je Energieintervall, b) Fermi-plot des Betaspektrums von ^{35}S in Einheiten $m_e c^2$

Energie forzutragen. Dieses Teilchen erhielt den Namen *Neutrino*. Das zunächst zur Erklärung des kontinuierlichen Spektrums der Betateilchen postulierte Teilchen hat heute seinen Platz in der Systematik der Elementarteilchen. Es gehört zusammen mit den Elektronen und Muonen zur Klasse der *Leptonen*. Das sind Teilchen, die keine „starke" Wechselwirkung zeigen. Reaktionen, an denen sie beteiligt sind, sind Prozesse der sog. „schwachen" Wechselwirkung. Der Betazerfall war das erste Beispiel für einen solchen Prozeß. Bei Wechselwirkungen dieser Art gilt das Gesetz von der Erhaltung der Leptonenzahl. Deshalb müssen Leptonen immer paarweise entstehen und zwar jeweils ein Lepton und ein Antilepton. Es hat sich eingebürgert, Elektronen als Teilchen zu bezeichnen. Dann muß beim β⁻-Zerfall außer dem Elektron ein Antineutrino produziert werden. Positronen sind die Antiteilchen zu den Elektronen. Beim β⁺-Zerfall wird deshalb ein Neutrino gebildet. Die beiden Zerfälle muß man also folgendermaßen schreiben:

$$^A_Z A \rightarrow \;_{Z+1}^{\;\;A}A + e^- + \bar{\nu}_e$$

$$^A_Z A \rightarrow \;_{Z-1}^{\;\;A}A + e^+ + \nu_e$$

(Antiteilchen werden durch einen Strich über dem Teilchensymbol gekennzeichnet.)
Die These vom Betazerfall als Dreiteilchenprozeß konnte zusätzlich bestätigt werden, indem man

nachwies, daß der Rückstoßimpuls des Tochterkerns dem Impuls des emittierten Elektrons nicht entgegengesetzt gerichtet ist, sondern mit diesem einen Winkel kleiner als 180° einschließt. Will man an Energie- und Impulssatz festhalten, ist die Annahme der Emission eines zweiten Teilchens notwendig.
Die Existenz von freien Neutrinos konnte schließlich mit Hilfe der Reaktion

$$\bar{\nu}_e + p \rightarrow n + e^+$$

nachgewiesen werden. Dabei diente ein Kernreaktor als intensive $\bar{\nu}$-Quelle. Die Antineutrinos entstehen hier bei den β⁻-Zerfällen der Spaltprodukte. Als Target wurde ein flüssiger Szintillator benutzt. In diesem findet die Reaktion statt und wird gleichzeitig registriert. Ein Ereignis ist gekennzeichnet durch die Strahlung aus der Annihilation

$$e^+ + e^- \rightarrow 2\gamma$$

des Positrons mit einem Elektron und die zeitlich verzögerte Gammastrahlung von dem Einfang des Neutrons in dem dem Szintillator beigemischtem Cadmium, das einen außerordentlich großen Einfangquerschnitt für thermische Neutronen besitzt (3100 barn). Wegen des sehr kleinen Querschnitts der Reaktion des $\bar{\nu}$-Einfangs von etwa $6 \cdot 10^{-44}$ cm² ist ein sehr großes Target mit hunderten Litern von Szintillatorflüssigkeit notwendig.
Man hat versucht, für den Betazerfall eine ähnliche Beziehung zwischen Halbwertszeit und Zerfallsenergie aufzustellen wie die Geiger-Nutallsche Regel für den Alphazerfall Gl. (2.123). Man fand, daß der sog. log ft-Wert eine Größe ist, die für verschiedene Betaübergänge charakteristische Werte annimmt. Hier bedeutet

$$t = T_{1/2}(\beta)/\ln 2 \, .$$

Für eine Zerfallsenergie $E_\beta \gg m_e c^2$ ist

$$f \sim (1 + E_\beta/m_e c^2)^5 .$$

Die genaue Formel für den Zusammenhang zwischen dem Übergangsmatrixelement M_β des Betazerfalls und dem ft-Wert lautet:

$$ft = \frac{2\pi^3 \hbar^7 \ln 2}{m_e^5 c^4 \, |M_\beta|^2} = \frac{1,13 \cdot 10^{-94}}{|M_\beta|^2} \quad \text{g}^2 \, \text{cm}^{10} \, \text{s}^{-3} .$$

Die Größe ft ist also ein Maß für die Übergangswahrscheinlichkeit. Sie wird meist durch ihren Logarithmus, den sog. log ft-Wert ausgedrückt. Die Bestimmung der log ft-Werte hat ergeben, daß sich die Betastrahler nach diesem Parameter in Gruppen einteilen lassen. Und zwar ergeben sich log ft-Werte zwischen 3 und 5 für Zerfälle, bei denen die Parität ungeändert bleibt ($\pi_i = \pi_f$) und sich der Spin höchstens um eine Einheit ändert ($\Delta I = 0, \pm 1$). log ft-Werte von etwa 9 werden für Übergänge mit $\pi_i = \pi_f$ und $I = \pm 2$ erhalten. Für $I = \pm 3$ und konstanter Parität wächst $\log ft$ auf etwa 14. Die Übergangswahrscheinlichkeit ist also beim Betazerfall außer von der Zerfallsenergie sehr stark von den Quantenzuständen des Vater- und Tochterkerns abhängig. Man bezeichnet die Betazerfälle mit den kleinsten $\log ft$-Werten als erlaubt, die übrigen, also solche mit $\Delta I > 1$ als verboten.

Betaübergänge erfolgen häufig nicht zum Grundzustand des Tochterkerns sondern enden in angeregten Zuständen, die dann durch Übergänge unter Gammaemission in den Grundzustand zerfallen. Das hängt mit den starken Auswahlregeln zusammen, die im vorigen Absatz besprochen wurden. Abb. 2.52 zeigt das Schema für einen solchen stufenweisen Zerfallsprozeß. Das Studium dieser Umwandlungen dient als reiche Quelle von Informationen über die Parameter der angeregten Zustände (Energien, Quantenzahlen) der Tochterkerne. Dieses Arbeitsgebiet der Kernphysik wird als *Kernspektroskopie* bezeichnet. Als experimentelle Hilfsmittel benötigt man hierzu Reaktoren oder Beschleuniger zur Erzeugung der Vaternuklide und Beta- und Gammaspektrometer für die Analyse der Strahlung und außer-

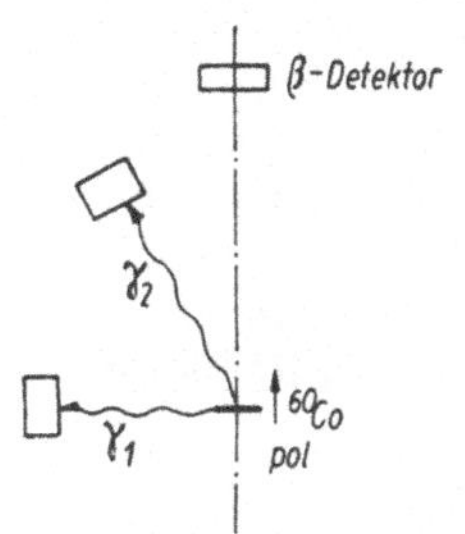

Abb. 2.50. Geometrie des Experiments von WU u. a. zum Nachweis der Nichterhaltung der Parität beim β-Zerfall von ^{60}Co

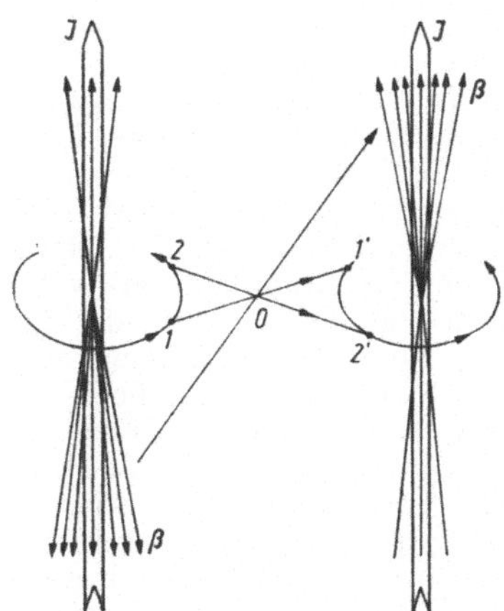

Abb. 2.51. Zur Nichterhaltung der Parität beim Betazerfall

dem die Methodik für die Messung von Lebensdauern in einem großen Zeitbereich.

Die Grundlagen der Theorie des Betazerfalls wurden 1934 von E. FERMI ausgearbeitet. In dieser Theorie wird das Matrixelement der Betaumwandlung eines Nukleons aus der Wechselwirkung dieses Teilchens mit dem Elektron-Neutrinofeld berechnet. Wir können in diesem Rahmen nicht näher darauf eingehen und verweisen auf ausführlichere Lehrbücher der Kernphysik oder Kerntheorie.

Die Fermische Theorie geht von der Voraussetzung der Invarianz der Naturgesetze gegenüber der Spiegelung des Koordinatensystems am Ursprung aus (Erhaltung der Parität). Es wird also postuliert, daß

$$|\psi(x, y, z)|^2 = |\psi(-x, -y, -z)|^2$$

ist. Nachdem beim Zerfall der K-Mesonen (siehe Teil Elementarteilchen) festgestellt wurde, daß es Prozesse der schwachen Wechselwirkung gibt, bei denen die Parität nicht erhalten wird, entwickelten T. D. LEE und C. N. YANG eine Theorie des Betazerfalls, in der die Voraussetzung der Paritätserhaltung fallen gelassen wurde. Für die bis dahin beobachteten Erscheinungen ergaben sich dabei die gleichen Schlußfolgerungen wie aus der Fermischen Theorie. Der experimentelle Nachweis, daß beim Betazerfall die Parität nicht erhalten wird, gelang 1957 Z. WU u. a. Bei diesem Experiment wurde die Abhängigkeit der Intensität der Betaemission von der Richtung der Spins der zerfallenden Kerne gemessen (Abb. 2.50). Der Betastrahler war ^{60}Co mit dem Spin $J = 5^+$. Er wurde bei tiefen Temperaturen (0,01 K) polarisiert, d. h. seine Spins wurden ausgerichtet. Die Polarisation der Kerne wurde mit Hilfe der Winkelkorrelation der Gammastrahlung gemessen, die den Betazerfall begleitet. (Das Zerfallsschema von ^{60}Co ist in Abb. 2.52 dargestellt.) Die Richtung der Polarisation läßt sich durch die Richtung des polarisierenden Magnetfeldes einstellen. Wenn man den Winkel zwischen der Polarisationsrichtung und den Betateilchen mit ϑ bezeichnet, kann man das Versuchsergebnis mit der Korrelationsfunktion

$$F(\vartheta) = A(1 - \alpha \cos \vartheta), \quad \alpha > 0$$

beschreiben. Bei ^{60}Co ist die Intensität entgegen der Spinrichtung größer als parallel zu dieser. Die hier gefundene Anisotropie der Betastrahlung in bezug auf den Kernspin J bedeutet, daß hier ein Effekt vorliegt, der nicht invariant gegenüber der Paritätsoperation ist. Das machen wir uns an Hand der Abb. 2.51 klar. Hier ist links der Spin als Rotation um die Spinrichtung J angedeutet. Mit β ist die Richtung der bevorzugten Emission der Betastrahlung bezeichnet. Wie im Falle des Verhaltens des elektrischen Dipolmoments eines Kernes (Abschn. 2.2.6) bei der Inversion des Koordinatensystems am Ursprung (Paritätsoperation) haben wir es wieder mit den Transformationseigenschaften eines axialen Vektors, dem Spin, und eines polaren Vektors, der bevorzugten Richtung der Betaemission, zu tun. Die gegenseitigen Orientierungen dieser beiden Vektoren kehren sich bei der Paritätsoperation um. Die Beschreibung ist also nicht invariant gegenüber dieser Raumspiegelung. Darin besteht die Verletzung der Paritätserhaltung oder kurz gesagt die Paritätsverletzung beim Betazerfall des ^{60}Co.

2.3.16.5. Der Gammazerfall

Mit Gammazerfall oder Gammaübergang wird eine Kernumwandlung bezeichnet, bei der ein bestimmter Kern, der sich in einem angeregten Zustand befindet, in tiefer liegende Zustände

---

oder in den Grundzustand übergeht. Dabei ändert sich weder die Massenzahl noch die Ladung des Kerns. Die vorhandene Anregungsenergie wird in Form harter elektromagnetischer Strahlung ausgesandt. Sie reicht von Wellenlängen der Röntgenstrahlung entsprechend Energien der Quanten von einigen keV bis zu wesentlich kürzeren Wellen entsprechend Energien von einigen MeV. Die Halbwertszeiten überdecken den Bereich von 10^{-16} s bis zu 10^8 a. Der Gammazerfall kommt bei allen Kernen, die angeregte Zustände besitzen, vor. Das sind alle im NZ-Diagramm möglichen Nuklide außer dem Deuteron, dem ^{3}H und dem ^{3}He, die keiner Anregungszustände fähig sind. Die Anregung des Kerns kann durch einen radioaktiven Zerfall oder im Verlaufe einer Kernreaktion zustande gekommen sein. Der Gammaübergang kann vom Ausgangszustand direkt zum Grundzustand erfolgen oder stufenweise über andere Zustände vonstatten gehen. Oft treten beide Übergangsarten parallel auf. Die Wahrscheinlichkeiten für die verschiedenen Übergänge werden durch die Auswahlregeln bestimmt, die von den Quantenzahlen der Zustände abhängen, zwischen denen der Übergang erfolgt.

Die zu messende Energie E des Gammaquants entspricht fast genau der Energiedifferenz zwischen den Energieniveaus des Kerns. Die Rückstoßenergie, die der Kern erhält ist so klein, daß sie bei den zur Verfügung stehenden Spektrometern unterhalb des Auflösungsvermögens liegt. Der Rückstoßeffekt bei der Gammaemission ist aber der Ausgangspunkt für die Überlegungen, die zur Entdeckung des Mößbauer-Effektes führten (s. Abschn. 2.3.16.6.).

Ähnlich wie im Atom (s. Abschn. 1.2.5.) sind die stationären Zustände eines Kerns durch eine bestimmte Konfiguration der Verteilung der elektrischen Ladungen und Ströme charakterisiert, die sich beim Übergang in einen anderen Zustand ändern. Die damit verbundene Änderung des elektromagnetischen Feldes des Kerns pflanzt sich in den Außenraum als Welle fort, oder, mit anderen Worten, es wird ein Gammaquant oder Photon emittiert. Das Strahlungsfeld läßt sich nach Kugelfunktionen entwickeln, wobei jedes Glied der Reihe einer Multipolordnung entspricht und jeder Multipolordnung ein bestimmter Drehimpuls und eine bestimmte Parität zuzuordnen ist.

Die Übergangswahrscheinlichkeiten werden aus dem Matrixelement für den Strahlungsübergang des Kerns vom Anfangszustand ψ_i zum Endzustand ψ_f

$$M = \int \psi_f H_{\mathrm{elm}} \psi_i \, \mathrm{d}\tau \tag{2.125}$$

berechnet. Darin ist H_{elm} der Hamiltonian der Wechselwirkung des elektromagnetischen Feldes mit den Ladungen und magnetischen Momenten im Kern. Die Wellenfunktionen des Anfangs- und Endzustandes müssen auf der Basis eines Kernmodells bestimmt werden. Die Übergangswahrscheinlichkeit P ergibt sich aus dem Matrixelement gemäß der Beziehung

$$P = \frac{2\pi}{\hbar} |M|^2 \frac{\mathrm{d}n}{\mathrm{d}E}, \tag{2.126}$$

worin $\mathrm{d}n/\mathrm{d}E$ die Dichte der Zustände der Multipolstrahlung im Einheitsvolumen je Energieintervall darstellt. Diese Größe erhält man folgendermaßen: Die Wellenzahl einer Eigenschwingung im Einheitsvolumen ist $k = n\pi$ (n ganzzahlig). Dann ist $\mathrm{d}n = \mathrm{d}k/\pi$. Für Photonen (Masse $= 0$) ist die Wellenzahl $k = E/c\hbar$. Daraus folgt $\mathrm{d}n/\mathrm{d}E = 1/\pi c\hbar$, was nicht von der Energie E des Quants abhängt.

Die Auswertung des Matrixelements Gl. (2.125) ergibt folgende wesentliche Abhängigkeit: Das erste Glied der Entwicklung des Strahlungsfeldes nach Kugelfunktionen, das einer Dipolstrahlung mit dem Drehimpuls $l = 1$ entspricht, ist proportional Rk, wobei R der Kernradius und k die Wellenzahl des Photons ist. Das zweite Glied der Reihe entspricht $l = 2$ und ist proportional $(Rk)^2$. Das l-te Glied wird proportional $(Rk)^l$. Für einen typischen Gammaübergang von 1 MeV in einem Kern mit $A = 100$ erhält man

$$Rk = \frac{RE}{\hbar c} = \frac{6 \cdot 10^{-13}\,\mathrm{cm} \cdot 1{,}6 \cdot 10^{-13}\,\mathrm{J}}{1{,}05 \cdot 10^{-34}\,\mathrm{J\,s} \cdot 3 \cdot 10^{10}\,\mathrm{cm\,s^{-1}}}$$
$$= 3 \cdot 10^{-2}. \tag{2.127}$$

Daraus folgt, daß die Reihe schnell konvergiert.

Gemäß Gl. (2.126) wird die Übergangswahrscheinlichkeit für einen Multipolübergang der Ordnung l

$$P \sim (Rk)^{2l} \sim A^{2l/3} E^{2l}. \tag{2.128}$$

Aus Gl. (2.127) und (2.128) folgt: *Die Übergangswahrscheinlichkeiten werden mit steigendem l sehr schnell kleiner.*

Wenn mehrere Übergangsmöglichkeiten bestehen, z. B. in Kaskaden, werden die Dipolübergänge stets um Größenordnungen wahrscheinlicher auftreten als Quadrupol- oder gar Oktupolübergänge. Nur wenn Übergänge niedriger Ordnung nicht erlaubt sind, bilden die höheren die einzige Möglichkeit der Abregung. Sie haben dann auch entsprechend große Halbwertszeiten. Solche Fälle treten auf, wenn die Differenz der Spins zwischen Anfangs- und Endzustand einige Einheiten beträgt. Die Halbwertszeiten können dann Minuten bis zu vielen Jahren betragen. Man nennt solche langlebigen Zustände isomer und die ganze Erscheinung Kernisomerie.

Die Auswertung des Matrixelements Gl. (2.125) ergibt außer der l-Abhängigkeit auch eine starke Abhängigkeit der Übergangswahrscheinlichkeit davon, ob es sich um elektrische oder magnetische Multipolstrahlung handelt. Bei gleichem l ist die Wahrscheinlichkeit der magnetischen Strahlung um den Faktor $(\mu/d)^2$ kleiner als die der elektrischen. Darin ist μ das magnetische Moment des Kerns und d sein elektrisches. Die Abschätzung des Faktors liefert

$$\left(\frac{e\hbar}{m_N c}\,\frac{1}{eR}\right)^2 = \left(\frac{\hbar}{m_N c R_i}\right)^2$$

$$= \left(\frac{1{,}05\cdot 10^{-34}\,\mathrm{J\,s}}{1{,}67\cdot 10^{-24}\,\mathrm{g}\cdot 3\cdot 10^{10}\,\mathrm{cm\,s^{-1}}\cdot 6\cdot 10^{-13}\,\mathrm{cm^2}}\right)^2$$

$$= 1{,}22\cdot 10^{-3} \approx 10^{-3}.$$

Die elektrischen Übergänge sind also gegenüber den magnetischen stark bevorzugt.

Die Multipolordnung der Gammaübergänge unterliegt zwei Auswahlregeln, die sich aus der Erhaltung von Drehimpuls und Parität ergeben:

1. $|J_i\,J_f| \leq l \leq J_i + J_f.$ $\hspace{2em}$ (2.129)

2. $\pi_i/\pi_f = (-1)^l$ $\hspace{1em}$ bei elektrischen und

$\pi_i/\pi_f = (-1)^{l+1}$ bei magnetischen Übergängen

$\hspace{20em}$ (2.130)

Hier sind J die Spins und π die Paritäten der Anfangs- (i) bzw. Endzustände (f). Der große Spielraum für die l der 1. Regel ergibt sich, wenn man berücksichtigt, daß jedem Kernspin noch die magnetischen Quantenzahlen $-J \leq M \leq +J$ zuzuordnen sind. Die minimale Drehimpulsdifferenz tritt auf, wenn die Spins von Anfangs- und Endkern parallel, die maximale, wenn sie entgegengesetzt gerichtet sind. Die 2. Auswahlregel hängt mit den Transformationseigenschaften polarer und axialer Vektoren bei der Paritätsoperation zusammen (s. Abschn. 2.2.1.5. und 2.3.16.4.). Elektrische Dipole sind polare, magnetische Dipole, axiale Vektoren. Auswahlregel Gl. (2.130) besagt z. B., daß elektrische Dipolübergänge ($l = 1$), gewöhnlich mit $E1$ bezeichnet, nur zwischen Zuständen ungleicher Parität stattfinden können. Im Gegensatz dazu sind magnetische Dipolübergänge ($l = 1$),

sog. $M1$ Übergänge, nur zwischen Zuständen gleicher Parität möglich.

Für eine grobe Abschätzung der elektrischen $W(El)$ und magnetischen $W(Ml)$ Übergangswahrscheinlichkeiten wurden von V. F. WEISSKOPF folgende Formeln angegeben:

$$W(El) \sim E^{2l+1} A^{2l/3}$$

$$W(Ml) \sim E^{2l+1} A^{2(l-1)/3}.$$

$\hspace{18em}$ (2.131)

Hier ist E die Gammaenergie und A die Massenzahl. Um einen Überblick zu geben, sind in Tab. 2.10 die Halbwertszeiten für eine Anzahl von Gammaübergängen für zwei Energien nach dieser sog. *Weißkopf-Abschätzung* zusammengestellt.

Zur Veranschaulichung der in diesem und dem vorangegangenen Abschnitt gebrachten Grundlagen der Physik der Beta- und Gammaübergänge sei als Beispiel das Zerfallsschema von ^{60}Co und ^{60}Ni betrachtet (Abb. 2.52). Links im Bild haben wir den Grundzustand von ^{60}Co, mit Spin und Parität 5^+. Bei einer Energie von 59 keV über ihm befindet sich ein Zustand mit Spin und Parität 2^+. Zwischen beiden Zuständen kann nach den Auswahlregeln Gl. (2.129) und (2.130) nur ein $M3$-Übergang stattfinden. Da es sich um einen Oktupolübergang handelt, ist er stark verzögert. Seine Halbwertszeit beträgt 10,5 min und liegt damit in der Größenordnung, die in Tab. 2.10 für Übergänge dieser Energie und Multipolarität angegeben ist. Er kann als ein isomerer Zustand angesehen werden. Vom Grundzustand des ^{60}Co werden zwei Betaübergänge zu Niveaus des ^{60}Ni beobachtet. Der wahrscheinlichere Übergang ist der zum 4^+-Niveau bei 2505 keV. Er findet zwischen Niveaus gleicher Parität und mit einem $\Delta J = 1$ statt. Er gehört also zu den erlaubten Betaübergängen. Der andere Betaübergang ist gegenüber dem ersten um einen Faktor 10^{-3} verhindert. Es handelt sich wieder um einen Übergang zwischen Niveaus gleicher Parität, ΔJ beträgt aber bereits 3. Ein Übergang zum Grundzustand mit einem $\Delta J = 5$ wird nicht beobachtet. Durch die Betaübergänge werden im ^{60}Ni zwei Zustände bevölkert, die sich durch Gammazerfälle abregen. Von dem 4^+-Niveau bei 2505 keV findet ein Zerfall mit $T_{1/2} \sim 10^{-11}$ s in den 2^+-Zustand bei 1332 keV statt. Für ihn ist $\Delta J = 2$ und $\pi_i/\pi_f = +1$. Nach den Auswahlregeln Gl. (2.129) und (2.130) kann dies nur ein $E2$-Übergang sein. Dem entspricht auch die genannte Lebensdauer. Die gleichen Aussagen treffen auch für den anschließenden Zerfall des 2^+-Niveaus bei 1332 keV zu. Ein direkter Übergang vom 4^+-Niveau zum Grundzustand müßte ein $E4$-Übergang sein, der nach Tab. 2.10 eine um den Faktor 10^9 kleinere Wahrscheinlichkeit hätte, also nicht beobachtet werden kann. Von dem isomeren Zustand in ^{60}Co wurden ebenfalls zwei Betaübergänge gemessen, die aber gegenüber dem Gam-

Tabelle 2.10. Halbwertszeiten für Gammaübergänge zweier Energien E_γ nach der Weißkopf-Abschätzung

l	$E_\gamma = 1$ MeV		$E_\gamma = 0{,}1$ MeV	
	elektrischer Übergang	magnetischer Übergang	elektrischer Übergang	magnetischer Übergang
1	$\sim 10^{-16}$ s	$\sim 10^{-14}$ s	$\sim 10^{-13}$ s	$\sim 10^{-11}$ s
2	$\sim 10^{-11}$ s	$\sim 10^{-9}$ s	$\sim 10^{-6}$ s	$\sim 10^{-4}$ s
3	$\sim 10^{-6}$ s	$\sim 10^{-4}$ s	~ 10 s	$\sim 10^3$ s
4	$\sim 10^{-2}$ s	~ 10 s	$\sim 10^8$ s ~ 3 a	$\sim 10^{10}$ s ~ 300 a
5	$\sim 10^4$ s	$\sim 10^6$ s ~ 10 d	$\sim 10^{15}$ s $\sim 10^8$ a	$\sim 10^{17}$ s $\sim 10^{10}$ a

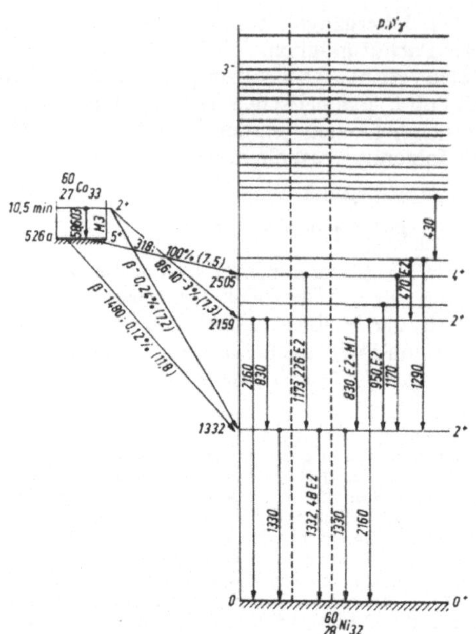

Abb. 2.52. Zerfallsschema von ^{60}Co und Niveauschema von ^{60}Ni, Übergangsenergien in keV, relative Übergangswahrscheinlichkeiten in %, in Klammern die log ft-Werte

mazerfall etwa 10^{-3}mal weniger wahrscheinlich sind. Sie treten mit etwa gleicher Wahrscheinlichkeit auf, weil es sich um Übergänge $2^+ \rightarrow 2^+$ handelt. Interessant ist der Übergang vom 2^+-Niveau bei 2159 keV, das durch Betazerfall vom isomeren Zustand aus bevölkert wird, zum 2^+-Niveau bei 1332 keV. Experimentell wurde hier eine Mischung von $E2$- und $M1$-Charakter festgestellt. Diese Mischung ist möglich vom Standpunkt der Paritätsauswahlregel und widerspricht auch nicht der Drehimpulsauswahlregel, die in diesem Fall $0 \leqq l \leqq 4$ gestattet.

Die Aufklärung von Zerfallsschemata der hier diskutierten Art erfordert eine Reihe von experimentellen Methoden zur Messung der Beta- und Gammaenergien, Koinzidenzmessungen zwischen verschiedenen Übergängen zur Identifizierung der stufenweisen Abregungen, Messung von Winkelkorrelationen zwischen koinzidenten Übergängen zur Feststellung der Multipolordnungen usw. Erst dann lassen sich die gemessenen Gammalinien bestimmten Niveaus zuordnen und deren Quantenzahlen angeben. Informationen dieser Art werden von der Kernspektroskopie gesammelt und bilden die Grundlage für immer mehr verfeinerte Modelle der Kernstruktur.
Neben elektromagnetischen Übergängen mit Emission von Photonen kann auch der Prozeß der sog. *inneren Konversion* auftreten. Dabei wird einem Hüllenelektron, vorzugsweise aus der K-Schale, die Zerfallsenergie übertragen, ohne daß als Zwischenstufe ein Photon in Erscheinung tritt. Dieser Effekt ist möglich, weil

die Wellenfunktion der Hüllenelektronen auch am Kernort nicht verschwindet. Seine Wahrscheinlichkeit wird also vor allem durch die Amplitude der Wellenfunktion des Elektrons im Kerngebiet bedingt. Daraus folgt, daß die Wahrscheinlichkeit der inneren Konversion mit wachsendem Z steigt und für die Konversion mit Elektronen aus höheren Schalen abnimmt. Außerdem nimmt die Intensität mit wachsender Übergangsenergie ab.
Das Verhältnis der Wahrscheinlichkeiten für die Emission von Konversionselektronen und der Gammaemission

$$\alpha = N_e/N_\gamma = \alpha_K + \alpha_L + \alpha_M \dots$$

wird als *Konversionskoeffizient* bezeichnet. Er kann unterteilt werden in Konversionskoeffizienten für K-, L-, M- usw. Elektronen. Bei der Konversion muß mindestens die Ionisationsenergie aus der K-, L-, M- usw. Schale aufgebracht werden. Ist die Übergangsenergie zu klein für die Konversion der K-Elektronen, können L-Elektronen emittiert werden. Es liegt in der Natur dieses Prozesses, daß die Emission der Konversionselektronen mit charakteristischer Röntgenstrahlung der entsprechenden Schale verbunden ist. Das Studium von Konversionselektronenspektren bietet weitere interessante Möglichkeiten für die Untersuchung der Eigenschaften angeregter Kernzustände.

2.3.16.6. Der Mößbauer-Effekt

In der optischen Spektroskopie gibt es den Effekt der Resonanzabsorption. Man kann fragen, ob es einen dazu analogen Effekt in der Kernphysik gibt, d. h. eine Resonanzabsorption von Gammastrahlung. Der Effekt müßte darin bestehen, daß man die Gammastrahlung eines bestimmten Nuklids dazu benutzt, Kerne des gleichen Nuklids anzuregen. Zur Beantwortung dieser Frage sind verschiedene Umstände zu prüfen:

1. Wie groß ist die natürliche Linienbreite von Gammastrahlung? Wenn die Lebensdauer eines Zustandes, der durch Gammaübergänge zerfällt $T_{1/2} = 10^{-10}$ s ist, erhält man mit Hilfe der Unbestimmtheitsrelation eine Breite von

$$\Gamma = \hbar/T_{1/2} = 5 \cdot 10^{-6} \text{ eV}.$$

2. Wie groß ist die Rückstoßenergie T_R, die dem Kern bei der Emission des Gammaquants übertragen wird?

$$p_\gamma = \frac{E_\gamma}{c} = \sqrt{2m_A T_R}, \qquad T_R = \frac{E_\gamma^2}{2m_A c^2}. \qquad (2.132)$$

Für eine Gammaenergie von 0,1 MeV und einen Kern mit $A = 60$ ergibt das

$$T_R = 0,09 \text{ eV}.$$

Da auf den absorbierenden Kern die gleiche Energie übertragen wird, ist die Linienverschiebung zwischen aussendendem und empfangendem Kern zweimal so groß.

3. Wie groß ist die Dopplerverbreiterung der Gammalinie, die sich bei der Emission infolge der thermischen Bewegung der emittierenden Kerne ergibt? Die Dopplerverbreitung läßt sich aus der Formel

$$D = 2\sqrt{T_R k T}$$

berechnen, wobei k die Boltzmannsche Konstante und T die Temperatur ist. Bei Zimmertemperatur ($T = 300$ K) erhält man mit dem obigen T_R

$$D(300 \text{ K}) = 2\sqrt{0{,}09\,\text{eV} \cdot 0{,}025\,\text{eV}} = 0{,}1\,\text{eV}.$$

Aus diesen Abschätzungen ergibt sich, daß die Rückstoßenergie viel zu groß ist, um noch in die natürliche Linienbreite zu fallen. Danach sollte es keine Resonanzabsorption geben. Die wirklich beobachtete Linienbreite ist aber die, die sich aus der Dopplerverbreiterung ergibt. Diese ist von der gleichen Größenordnung wie die Rückstoßenergie, so daß sich eine Überlappung der Emissions- und der Absorptionslinie ergeben sollte (Abb. 2.53). Dieser Effekt wird tatsächlich gefunden.

Es lag nahe, durch Kühlung von Quelle und Absorber die Dopplerbreite zu reduzieren. Die Überlappung müßte dabei kleiner werden, d. h. die Absorption müßte sich vermindern. Dieser Versuch wurde von P. MÖSSBAUER im Jahre 1958 ausgeführt. Es ergab sich erstaunlicherweise keine Verminderung der Absorption, sondern eine Verstärkung. MÖSSBAUER interpretierte diesen Effekt, indem er annahm, daß bei ge-

nügend kleinen Gammaenergien und genügend hoher Debye-Temperatur der Rückstoßimpuls nicht von dem einzelnen emittierenden Kern übernommen wird, sondern von dem gesamten Kristallgitter mit größenordnungsmäßig 10^{10} Atomen. Infolgedessen erhöht sich die Masse im Nenner von Gl. (2.132) um diesen Faktor und die Rückstoßenergie kommt in die Größenordnung der natürlichen Linienbreite Γ. Damit kommt der volle Effekt der Resonanzabsorption zum Tragen.

Der Mößbauer-Effekt ist also weniger ein Effekt der Kernphysik als der Festkörperphysik. Letztere hat zu erklären, warum der Rückstoßimpuls vom gesamten Kristall übernommen werden kann. Im wesentlichen hängt der Effekt damit zusammen, daß die Schwingungszustände der Atome im Kristallgitter nur diskrete Energien annehmen können. Wenn die Rückstoßenergie nicht ausreicht um den nächst höheren Anregungszustand zu erreichen, dann muß der Kristall im ganzen den Rückstoß auffangen.

Aus dem Gesagten geht hervor, daß sich nicht bei jedem beliebigen Nuklid der Mößbauer-Effekt nachweisen läßt. Es muß verschiedenen Bedingungen genügen. Das erste Niveau des Kerns sollte nahe dem Grundzustand liegen, damit die Rückstoßenergie klein bleibt. Dann sollte das Nuklid einem Kristallgitter mit einer möglichst hohen Debye-Temperatur angehören. Ein unter diesen Aspekten sehr geeigneter Kern ist ^{57}Fe, dessen Niveauschema in Abb. 2.54 gezeigt wird. Die Energie des ersten Niveaus liegt bei nur 14 keV. Wegen seiner relativ langen Lebensdauer hat es eine sehr kleine natürliche Linienbreite von $\Gamma = 4{,}5 \cdot 10^{-9}$ eV. Das Verhältnis Γ/E_γ, das das Auflösungsvermögen bestimmt, beträgt also $3 \cdot 10^{-13}$. Die Kristalleigenschaften sind so geartet, daß der Mößbauer-Effekt auch bei Zimmertemperatur beobachtet werden kann. Weitere sog. Mößbauer-Kerne sind ^{119}Sn, ^{181}Ta, ^{67}Zn.

Die Bedeutung des Mößbauer-Effektes für den Nachweis und die Messung äußerst feiner Effekte liegt in dem außergewöhnlich hohen erreichbaren Auflösungsvermögen begründet. Legen wir den obengenannten Wert für ^{57}Fe zugrunde, läßt sich die Geschwindigkeit bestimmen, bei der die Dopplerverschiebung so groß wie die Resonanzbreite wird. Die Dopplerverschiebung für eine Frequenz ν_0 beträgt

$$\Delta \nu = \nu_0 \frac{v/c}{1 - \dfrac{v}{c}},$$

worin v die Relativgeschwindigkeit von Quelle und Absorber und c die Lichtgeschwindigkeit ist. In unserem Falle wird

$$\frac{\Delta \nu}{\nu_0} = \frac{\Gamma}{E} \approx \frac{v}{c} = 3 \cdot 10^{-13}.$$

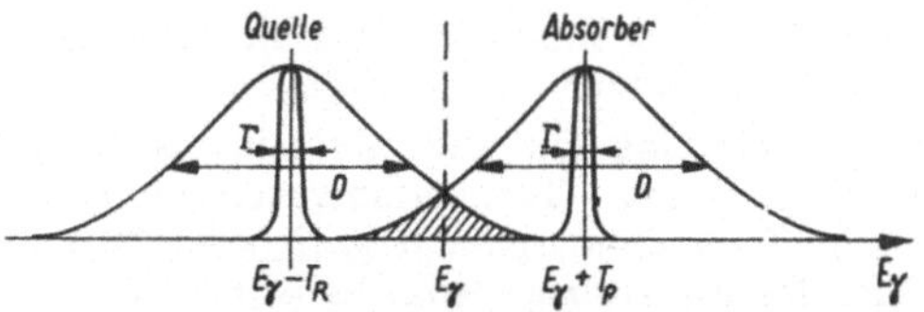

Abb. 2.53. Zum Mößbauer-Effekt. E_γ Energie des Gammazerfalls, Γ natürliche Linienbreite, T_R Rückstoßenergie, D Dopplerverbreiterung

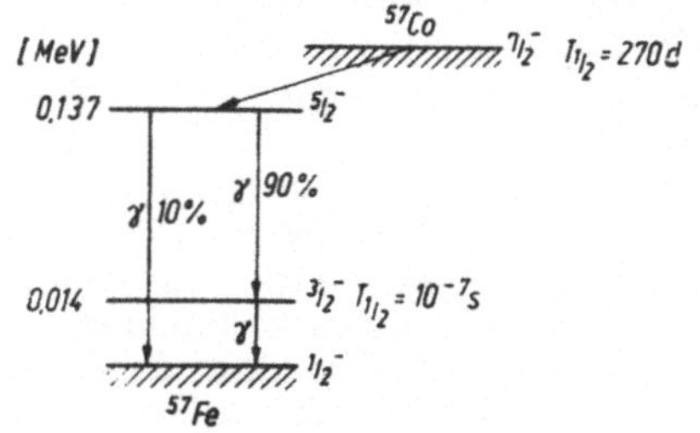

Abb. 2.54. Zerfallsschema des Mößbauer-Kerns ^{57}Fe

Das heißt, bei einer Geschwindigkeit von $0{,}9 \cdot 10^{-2}\,\mathrm{cm\,s^{-1}}$ kommt man bereits außer Resonanz!

Die Messung der sog. Mößbauer-Spektren besteht darin, daß man die Absorption der Gammastrahlung in Abhängigkeit von der Relativgeschwindigkeit zwischen Quelle und Absorber aufnimmt (Abb. 2.55). Die Quelle kann z. B. an der Tauchspule eines elektrodynamischen Lautsprechersystems montiert sein, die mit Wechselstrom erregt wird. Die Gammastrahlen durchsetzen den Absorber und werden im Gammadetektor gezählt. Die elektronische Registrierapparatur zählt die vom Detektor kommenden Impulse und ordnet sie in einen Speicher ein. Dabei entspricht jeder Speicherzelle ein bestimmtes Geschwindigkeitsintervall. Auf einem Bildschirm wird die Zählrate in Abhängigkeit von der Geschwindigkeit dargestellt. Man macht auf diese Weise das Spektrum direkt sichtbar. Abb. 2.56 zeigt ein Beispiel dafür. Derartige Spektren werden heute vor allem zum Zwecke der Untersuchung von Festkörpereigenschaften aufgenommen und haben auf diesem Gebiet eine große Bedeutung gewonnen.

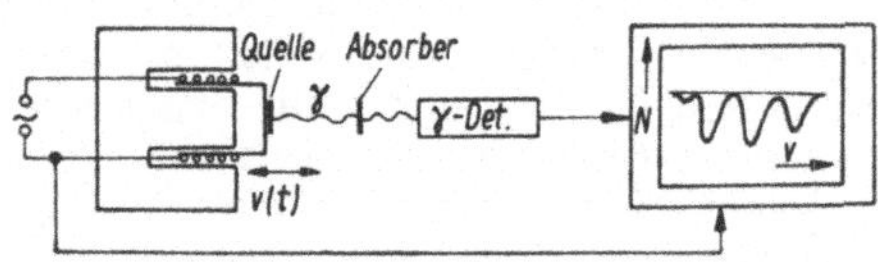

Abb. 2.55. Schema eines Mößbauer-Spektrometers

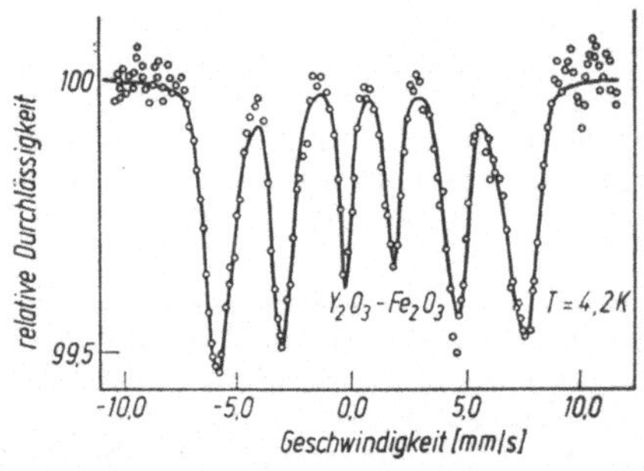

Abb. 2.56. Beispiel für ein Mößbauer-Spektrum. Der Sondenkern ^{57}Fe ist in eine Matrix von nichtkristallinem Y_2O_3—Fe_2O_3 eingebettet. Temperatur 4,2 K (nach N. SCHULTES et al. 1981)

2.3.16.7. Die radioaktiven Zerfallsreihen

Es wurde bereits oben gesagt, daß oberhalb von ^{209}Bi alle Nuklide unstabil sind. Die drei Kerne ^{232}Th, ^{235}U und ^{238}U bilden dabei eine Insel relativ hoher Stabilität mit Halbwertszeiten von 10^9 a und mehr. Diese drei Kerne stellen die Ausgangspunkte für die drei Zerfallsketten der natürlichen Radioaktivität dar. Sie sind in den Abb. 2.57, 2.58, und 2.59 dargestellt.

Die Analyse dieser stufenweisen Zerfälle spielte in der Anfangsperiode der Kernphysik eine große Rolle beim Ausbau des periodischen Systems der Elemente, bei der Erforschung der Natur der Radioaktivität und zur Gewinnung von natürlichen radioaktiven Strahlern für experimentelle Zwecke und für verschiedene Anwendungen z. B. des Ra in der Medizin, Alphastrahler für selbstleuchtende Anstriche u. a. Bei der Untersuchung der Zerfallsketten wurden erstmals kernphysikalische Effekte gefunden, die zunächst unerklärbar blieben und infolgedessen zu allerlei Schwierigkeiten bei der Aufklärung der Zerfallsreihen geführt haben. Dazu zählt die Kernisomerie, der Übergang zu angeregten Kernniveaus beim Alpha- und Betazerfall und die Verzweigung der Ketten bei manchen Nukliden in parallele Alpha- und Betaumwandlungen. Ausführlich sind die natürlichen Zerfallsreihen z. B. in dem Lehrbuch der Kernphysik hrsg. von G. HERTZ beschrieben.

2.3.16.8. Künstliche Radioaktivität

In den vorangegangenen Abschnitten wurde bereits öfters· erwähnt, daß es durch Kernumwandlungen möglich ist, eine große Zahl von Nukliden abseits der Stabilitätslinie künstlich zu erzeugen. In diesem Abschnitt soll auf diese Möglichkeit nicht aus der Sicht der kernphysikalischen Forschung sondern aus der Sicht der Anwendungen in Wissenschaft, Medizin und Technik eingegangen werden, wobei aus der großen Vielzahl solcher Anwendungen nur einige typische Beispiele ausgewählt werden konnten.

Radioaktive Isotope werden heute in großem Umfang für praktische Zwecke produziert. Dafür bestehen verschiedene Möglichkeiten:

1. Extraktion bestimmter Nuklide aus ausgebrannten Reaktorbrennelementen:

Große Bedeutung für die Medizin haben in jüngster Zeit sog. Technetiumgeneratoren gewonnen. Technetium ist ein geeignetes Nuklid für die Geschwulstdiagnostik. Es ist ein unstabiles Element, das in der Natur nicht vorkommt. Seine Ordnungszahl ist $Z = 43$. Es wird aus dem Betazerfall von ^{99}Mo erhalten, welches als Spaltnuklid aus Reaktorbrennelementen gewonnen werden kann.

2. Bestrahlung von Ausgangsnukliden mit Neutronen in Kernreaktoren:

Auf diese Weise lassen sich von fast allen Elementen radioaktive Nuklide erzeugen. Für Großstrahlenquellen (mit Aktivitäten von einigen 10^{10} Bq) wird z. B. ^{60}Co durch Bestrahlung von ^{59}Co erzeugt. Eine spezielle Anwendung der künstlichen Radioaktivität ist die Dotierung von Silicium mit Phosphor durch Neutronenbestrah-

---

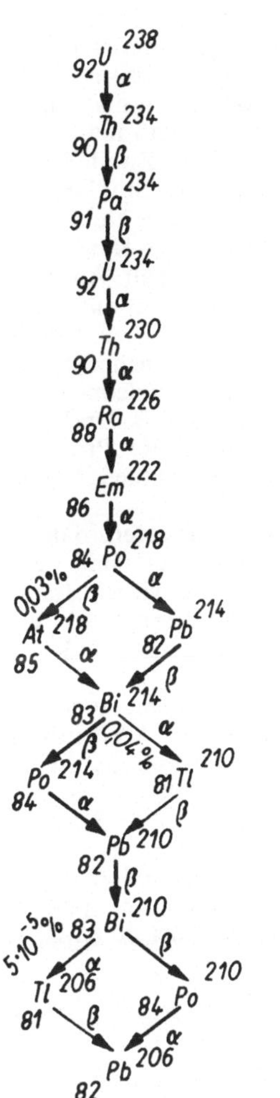

Abb. 2.57. Uran-Radium-Zerfallsreihe   **Abb. 2.58.** Aktinium-Zerfallsreihe   **Abb. 2.59.** Thorium-Zerfallsreihe

lung, um Ausgangsmaterial für Halbleiterbauelemente mit bestimmten elektrischen Eigenschaften zu gewinnen. Das Isotop ^{30}Si lagert dabei ein Neutron an und wird zu ^{31}Si, das mit einer Halbwertszeit von 2,62 h in das stabile ^{31}P zerfällt.

3. Kernreaktionen an Beschleunigern:

Hier steht z. Z. die Produktion von ^{123}I im Vordergrund, das ein geeignetes Nuklid für die Kontrolle der Funktion der Schilddrüse ist. Es wird durch die Reaktion ^{124}Te(p, 2n)^{123}I an Zyklotronen hergestellt (s. a. Abschn. 2.2.3.).

4. Spallationsreaktionen an Beschleunigern für mittlere Energien:

Bei Reaktionen von Teilchen mit mittleren Energien (einige hundert MeV) werden aus dem Targetkern eine größere Zahl von Nukleonen, Deuteronen, Alphateilchen usw. herausgeschlagen

und es entstehen eine große Zahl von radioaktiven Nukliden, aus denen man solche mit bestimmtem Gebrauchswert isolieren kann. Einrichtungen für die Gewinnung solcher Nuklide kann man an den Strahlauffängern der Beschleuniger installieren, in denen sowieso die nach den Experimenten verbleibende Strahlintensität absorbiert wird.

5. Schwerionenreaktionen:

Bei Reaktionen mit schweren Ionen entsteht ebenfalls ein ganzes Spektrum von Nukliden, aus denen die gewünschten durch radiochemische Methoden ausgesondert werden können.

6. Aktivierungsanalyse:

Eine spezielle Anwendung der künstlichen Radioaktivität ist die Aktivierungsanalyse, mit der man zerstörungsfrei in den verschiedensten Materialien sehr geringe Beimischungen (unter dem ppm-Niveau) quantitativ bestimmen kann. Die Aktivierung kann durch Neutronen in Reaktoren oder an Neutronengeneratoren erfolgen. In bestimmten Fällen werden auch Strahlen geladener Teilchen an Beschleunigern genutzt. Mit Hilfe der genannten Teilchenstrahlen werden radioaktive Nuklide der gesuchten Beimischungen erzeugt und durch ihre charakteristische Gamma- oder Betastrahlung nachgewiesen. Auf diese Weise läßt sich z. B. in geologischen Proben Gold nachweisen. Das einzige in der Natur vorkommende Goldisotop ^{197}Au wird durch Neutroneneinfang zu ^{198}Au, das dann mit einer Halbwertszeit von 2,3 d zu ^{198}Hg zerfällt. Dabei entsteht eine Betastrahlung von 960 keV und eine Gammastrahlung von 412 keV. Die Aktivierungsanalyse ist heute in vielen Gebieten von Wissenschaft und Technik eine unentbehrliche Analysenmethode.

2.4. Kernmodelle und Kernstruktur

2.4.1. Das nukleare Vielteilchenproblem

Wir wissen bereits, daß der Kern aus Nukleonen aufgebaut ist. Die Zahl der Teilchen ist durch die Massenzahl A gegeben. Diese Feststellung trifft nach den heutigen Kenntnissen nicht mehr vollständig zu. Auf Grund der Mesonentheorie der Kernkräfte (s. Abschn. 2.3.10.) muß man annehmen, daß im Kern auch angeregte Zustände von Nukleonen, die Δ-Isobare (Masse 1234 MeV) zu einem geringen Prozentsatz vorkommen. Die modernen Vorstellungen über die Struktur der Nukleonen (Quark-Gluon-Struktur) und der Farbwechselwirkungen führen zu der Aussage, daß im Kern ferner Assoziationen von zwei und mehr Nukleonen vorkommen müssen, die infolge der speziellen Eigenschaften der Farbwechselwirkung kurzzeitig sehr fest gebundene Einheiten bilden (s. Teil Elementarteilchen). Von diesen „exotischen" Beimischungen in der Wellenfunktion der Kerne, die gegenwärtig ein aktuelles Gebiet der Forschung sind, wollen wir im folgenden absehen.

Im Abschn. 2.3. haben wir uns ausführlich mit den Wechselwirkungen zwischen den Nukleonen, den Kernkräften, beschäftigt und festgestellt, daß sie sehr komplexer Natur sind (Zentralkraft, Tensorkraft, Spin-Spin- und Spin-Bahn-Wechselwirkung, Coulomb-Kraft). Dabei wurde immer davon ausgegangen, daß es sich um Zweiteilchenkräfte handelt, d. h. um Kräfte, die nur zwischen zwei Teilchen wirken. Im Kern sind die Nukleonen sehr dicht benachbart, so daß ein Teilchen ständig mit mehreren anderen in Wechselwirkung steht. Man geht trotzdem in der Regel davon aus, daß die Wechselwirkung eines Teil-

chenpaares durch die Gegenwart weiterer Teilchen nicht gestört wird. Die intensive Untersuchung des Dreiteilchenproblems in den letzten 20 Jahren hat allerdings gezeigt, daß man unter der Annahme von realistischen Zweiteilchenpotentialen, wie man sie aus dem Studium der Wechselwirkung zwischen zwei freien Nukleonen erhält, die Bindungsenergien der Kerne mit $A = 3$ um etwa 1 MeV zu klein erhält. Auch für schwerere Kerne ist es nicht möglich, auf dieser Basis die richtigen Bindungsenergien zu berechnen. Es ist deshalb notwendig anzunehmen, daß in Ensembles von mehr als zwei Nukleonen weitere Effekte zur Wechselwirkung, z. B. Drei- und Mehrteilchenkräfte, beitragen. Diese Probleme sind ebenfalls Gegenstand der aktuellen Forschung.

Wir werden im folgenden voraussetzen, daß im Kern nur Nukleonen vorhanden sind und zwischen ihnen Zweiteilchenkräfte wirken. In der Literatur wird es üblich, die Kernphysik mit diesen Vereinfachungen als „klassische" Kernphysik zu bezeichnen.

Unter diesen Voraussetzungen formulieren wir die Schrödinger-Gleichung für die Wellenfunktion Ψ des nuklearen, quantenmechanischen Vielteilchenproblems

$$H\Psi = E\Psi, \tag{2.133}$$

wobei H der Hamilton-Operator und E dessen Energieeigenwerte sind. Der Hamilton-Operator setzt sich aus der kinetischen und der potentiellen Energie aller Teilchen zusammen

$$H = \sum_{i=1}^{A} - \frac{h^2}{2m} \nabla_i^2 + \sum_{j=1}^{A} \sum_{i=1}^{j-1} V(r_i, r_j). \tag{2.134}$$

Im zweiten Term ist hier die paarweise Wechselwirkung jedes Teilchens mit jedem anderen erfaßt. Im allgemeinen hängt der Hamilton-Operator außer vom Ort der Teilchen noch von deren „inneren" Koordinaten ab. In der Kernphysik sind das der Spin σ_i, von dem die Wechselwirkung abhängt, und der Isospin τ_i, der bestimmt, ob zwischen den Teilchen eine Coulomb-Kraft wirkt oder nicht. Mit diesen inneren Koordinaten lautet der Hamilton-Operator

$$H = \sum_{i=1}^{A} - \frac{\hbar^2}{2m} \nabla_i^2 + \sum_{j=1}^{A} \sum_{i=1}^{j-1} V(r_i, \sigma_i, \tau_i, r_j, \sigma_j, \tau_i).$$
$$\tag{2.135}$$

In dieser vollständigen Form ist die Schrödinger-Gleichung nicht lösbar. Ebenso wie in der klassischen Physik ist man bei der Lösung des Vielteilchenproblems auf Näherungslösungen angewiesen, die man mit Hilfe der Konstruktion von Modellen gewinnt, für die sich Lösungen angeben lassen. Verfeinerungen der Modelle durch Einbeziehung weiterer Effekte lassen sich dann oft mit Methoden der Störungsrechnung erzielen.

Wir werden in den folgenden Abschnitten die wichtigsten Modelle der Kernstruktur darstellen.

Eine wichtige Voraussetzung für alle kernphysikalischen Modelle ist der Fakt, daß es sich bei den Nukleonen um Teilchen mit dem Spin 1/2 handelt, also um Fermionen, die der Fermi-Statistik gehorchen und damit dem Pauli-Verbot unterliegen. Jeder Zustand im Kern kann also höchstens von einem Teilchen besetzt sein, wobei dessen innere Koordinaten selbstverständlich zur Charakterisierung des Zustandes beitragen. Ein anderer Ausdruck dieses Sachverhaltes ist, daß die Wellenfunktion eines Kerns antisymmetrisch in bezug auf die Vertauschung zweier beliebiger Teilchen sein muß. Damit trifft in der Kernphysik das gleiche zu, was im Teil Atom, Abschn. 1.3.8.1. für Zweielektronensysteme ausgeführt wurde. Die Verallgemeinerung der Antisymmetrisierung der Wellenfunktion für Systeme aus A Nukleonen muß ausführlichen Darstellungen der Kerntheorie vorbehalten bleiben.

2.4.2. Das Tröpfchenmodell

Das Tröpfchenmodell diente bereits im Abschn. 2.2.3. zur Begründung der Bethe-Weizsäcker-Formel [Gl. (2.4)]. Im Vergleich zum Hamilton-Operator Gl. (2.134) für das Vielteilchenproblem ist das Tröpfchenmodell durch folgende Vereinfachungen charakterisiert: Die Abstände zwischen benachbarten Nukleonen r_{ij} sind konstant. Die Kräfte $V(r_{ij})$ wirken nur zwischen benachbarten Nukleonen und werden als konstant vorausgesetzt. Diese Bedingungen treffen für eine dichteste Kugelpackung mit den Nukleonen als harte Kugeln zu. Dieses Modell beschreibt den kurzreichweitigen Charakter und die Sättigung der Kernkräfte. Die Bindungsenergie wird proportional der Nukleonenzahl A. Die nicht abgesättigten Kernkräfte der Nukleonen am Kernrand führen zu einem negativen Term in der Bindungsenergie, wie er in der Bethe-Weizsäcker-Formel berücksichtigt ist. Außerdem ist die so gekennzeichnete Kernmaterie inkompressibel. Es besteht also eine enge Analogie zu einem Flüssigkeitstropfen.

Die Oberflächenenergie spielt die Rolle der Oberflächenspannung einer Flüssigkeit. Der Tropfen strebt die Kugelform an, um die Oberflächenenergie zu einem Minimum zu machen. Das Modell ist geeignet, die Änderung der Energie der Kerne bei Deformation der Kernform zu bestimmen und ist daher zur Beschreibung bestimmter kollektiver Anregungen wie z. B. Vibrationen geeignet. Es kann ebenso zur Bestimmung der Spaltbarriere dienen.

Die kinetische Energie der Nukleonen im Hamilton-Operator Gl. (2.135) wird im Grundzustand als Null angenommen. Bei Anregung von Rotations- oder Vibrationsspektren ist sie durch die kollektive Bewegung der Teilchen gegeben.

Bereits in den dreißiger Jahren diente das Tröpfchenmodell als Grundlage für das Compoundkernmodell. Die Anregung eines Kerns wird in diesem Falle rein statistisch durch eine Kerntemperatur angegeben. In diesem Bild lassen sich die Verdampfungsspektren erklären.

Das Tröpfchenmodell ignoriert alle quantenmechanischen Effekte, also z. B. das Pauli-Prinzip.

2.4.3. Das Fermi-Gasmodell

Das Fermi-Gasmodell ist in gewissem Sinne komplementär zum Tröpfchenmodell. In ihm ist die Grundzustandsenergie durch die kinetische Energie der Nukleonen gegeben. Dagegen wird mit einer unabhängigen Bewegung der Nukleonen gerechnet, d. h. die Nukleonen haben untereinander keine Wechselwirkung. Die gegenseitige Wechselwirkung wird durch den Einschluß der Teilchen in ein bestimmtes Volumen ersetzt, daß durch einen Potentialtopf oder Kasten versinnbildlicht werden kann. Das Modell geht vom Charakter der Nukleonen als Fermionen und den quantenmechanischen Bewegungsgesetzen aus.

Nehmen wir an, daß sich die Teilchen in einem würfelförmigen Kasten mit der Kantenlänge L bewegen. Ihre Bewegung kann dann durch stehende ebene Wellen beschrieben werden

$$\psi \approx e^{ikr},$$

bei denen wegen $n\lambda = L$ die Wellenzahl die erlaubten Werte

$$k = \frac{2\pi}{L}(n_x, n_y, n_z) \quad (n_i \text{ ganzzahlig}) \qquad (2.136)$$

annehmen kann. Durch Gl. (2.136) sind die Komponenten des Wellenvektors k in den drei Richtungen des Raumes ausgedrückt. Der Wellenzahl entspricht gemäß der De-Broglie-Beziehung der Impuls

$$p = k\hbar = \hbar(k_x + k_y + k_z)$$
$$= \frac{2\pi\hbar}{L}(n_x + n_y + n_z). \qquad (2.137)$$

Die Teilchen im Kasten haben also eine diskrete Impulsverteilung oder mit anderen Worten, sie nehmen diskrete Zustände im Impulsraum ein. Man kann auch sagen, für dieses System ist der Impulsraum diskret. Er besteht aus Elementarzellen mit den Kantenlängen $2\pi\hbar/L$, wie aus Gl. (2.137) hervorgeht. Das Volumen einer Elementarzelle wird damit

$$\Omega = \frac{(2\pi\hbar)^3}{V}, \tag{2.138}$$

wo V das Volumen darstellt, das die Teilchen einnehmen. Ab hier lassen wir die Voraussetzung eines würfelförmigen Volumens fallen. Das ist berechtigt, da Eigenzustände der Wellenfunktion in Volumina beliebiger Form möglich sind, speziell auch in Kugeln. Jede der Elementarzellen stellt einen Zustand dar, der jeweils nur von einem Fermion besetzt werden kann. Berücksichtigen wir die inneren Koordinaten der Teilchen, also den Spin und den Isospin, dann können wir vier Teilchen in jeder Zelle unterbringen, wenn ihre Spin- und Isospinquantenzahlen unterschiedlich sind. Befindet sich ein System aus Fermionen im Zustand der kleinstmöglichen Energie, werden die Zellen vom Impuls Null an nacheinander lückenlos mit Teilchen aufgefüllt. Bei genügend großer Teilchenzahl N kann man die Zahl der Teilchen dN angeben, die Impulse zwischen p und $p + dp$ besitzen

$$dN = 4\,\frac{4\pi p^2\,dp}{(2\pi\hbar)^3/V}. \tag{2.139}$$

Im Zähler steht das Volumen einer Kugelschale im Impulsraum mit dem Radius p und der Dicke dp, im Nenner das Volumen der Elementarzelle Ω. Der Faktor 4 ist die obengenannte Zahl der inneren Zustände des Nukleons. Alle Zustände bis zum Impuls p liegen innerhalb einer Kugel im Impulsraum mit dem Radius p. Das ist die sog. Fermi-Kugel. Der bei einer bestimmten Teilchenzahl maximal erreichte Impuls P_F wird als Fermi-Impuls bezeichnet. Die Gesamtzahl der Zustände bis zum Impuls P_F ist durch das Integral von Gl. (2.139)

$$N = \int_0^{P_F} \frac{dN}{dp}\,dp = 4\,\frac{4\pi P_F^3}{3(2\pi\hbar)^3}\,V \tag{2.140}$$

gegeben. Ohne den Faktor 4 gilt diese Gleichung für Systeme aus beliebigen Fermionen. Man nennt ein System, das in der beschriebenen Weise den Zustand niedrigster Energie einnimmt, ein entartetes Fermi-Gas. Man kann ihm die Temperatur $\theta = 0$ zuschreiben. In diesem Falle ist die Besetzungswahrscheinlichkeit für alle Zustände

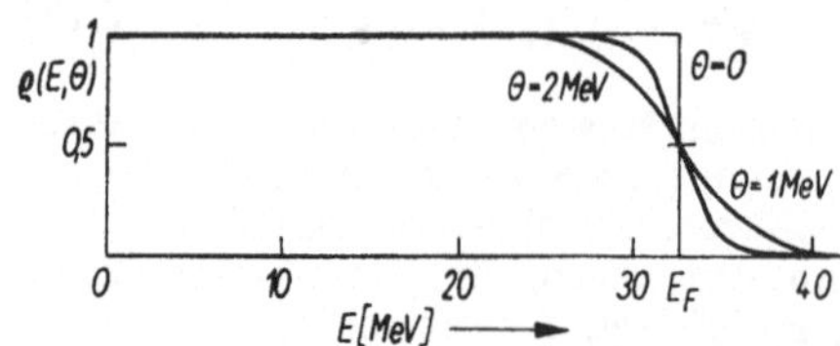

Abb. 2.60. Fermi-Verteilung für die Temperaturen 0, 1 und 2 MeV

bis zum Fermi-Impuls $P_F\varrho = 1$. Für $p > P_F$ ist $\varrho = 0$. Erhöht man die Temperatur, gehen mehr und mehr Teilchen in Zustände mit höheren Energien über. Der ursprüngliche scharfe Abfall der Besetzungswahrscheinlichkeit bei P_F geht jetzt in eine stetige Verteilung, die Fermi-Verteilung für die Temperatur θ

$$\varrho(p, \theta) = \left(1 + \exp\frac{p^2 - P_F^2}{2m\theta}\right)^{-1} \tag{2.141}$$

über (Abb. 2.60). $P_F^2/2m$ wird als Fermi-Grenzenergie bezeichnet.

Aus Gl. (2.140) können wir die Impulse bzw. kinetischen Energien der Nukleonen bestimmen, wenn wir das Kernvolumen $V = \frac{4}{3}\pi r_0^3 A$ einsetzen. A Nukleonen besetzen somit die

$$A = N = 4\,\frac{4\pi P_F^3}{3(2\pi\hbar)^3}\,\frac{4}{3}\,\pi r_0^3 A$$

niedrigsten Zustände. Hier kürzt sich die Nukleonenzahl heraus und man erhält das wichtige Resultat, daß *der Fermi-Impuls der Nukleonen im Kern*

$$P_F = \frac{\pi\hbar}{2r_0}\sqrt[3]{\frac{9}{\pi^2}} = 1{,}30 \cdot 10^{-21}\,\frac{\text{J}}{\text{cm s}^{-1}}$$

$$= 2{,}43 \cdot 10^2\ \text{MeV/c}$$

unabhängig von der Größe des Kerns ist. Diesem Fermi-Impuls entspricht eine Fermi-Grenze T_F für die kinetische Energie im Kern von

$$T_F = \frac{P_F^2}{2m} = 31{,}8\,\text{MeV}.$$

Zieht man in Betracht, daß man die Bindungsenergie, also 8 MeV hinzufügen muß, um ein Nukleon vom Kern abzutrennen, kann man schließen, daß die Tiefe des Potentialtopfes des Kerns etwa 40 MeV beträgt, was konsistent mit der experimentell bestimmten Tiefe des Realteils des optischen Potentials ist (s. Tab. 2.9), die ebenfalls nur wenig von der Massenzahl abhängt.

Eine weitere interessante Größe ist die mittlere kinetische Energie $\bar{T}$ der Nukleonen. Wir erhalten sie aus folgendem Integral

$$\bar{T} = \frac{1}{A}\int_0^{T_F} T\,\frac{dN}{dT}\,dT$$

$$= \frac{1}{A}\int_0^{T_F} T\,\frac{dN}{dp}\,\frac{dp}{dT}\,dT \approx 20\,\text{MeV}.$$

Daraus ergibt sich eine Grundzustandsenergie der Kerne

$$E_0 = \bar{T}A = 20\,A\ \text{MeV}.$$

Wir kommen noch einmal auf die Formulierung des nuklearen Vielteilchenproblems Gl. (2.135) zurück. Wir haben gesehen, daß im Fermi-Gasmodell praktisch nur die kinetische Energie im Hamilton-Operator eine Rolle spielt, während die potentielle Energie zwischen den Teilchen vernachlässigt wird. Aus diesem Grunde ist das Fermi-Gasmodell ein Modell voneinander unabhängiger Teilchen. Das ist für das Fermi-Gas im Grundzustand ($\theta = 0$) auch verständlich. Jede Wechselwirkung zwischen den Teilchen ist mit einer Impulsübertragung verbunden und führt somit zu einer Änderung des Quantenzustandes der Wechselwirkungspartner. Das ist aber in dem hier diskutierten System nicht möglich, da alle in der Nähe eines Zustandes befindlichen Nachbarzustände besetzt sind. Die Wechselwirkung ist folglich ohne Wirkung, als ob sie nicht existieren würde. Lediglich jenseits der Oberfläche der Fermi-Kugel gibt es freie Zustände. Infolgedessen kann sich hier die Besetzungsdichte bei Energiezufuhr auflockern, in dem ein Teil der Teilchen zu Zuständen jenseits der Fermi-Grenze auswandert [s. Gl. (2.141)].

Die sich aus dem Fermi-Gasmodell ergebende Impulsverteilung der Nukleonen im Kern, die also auch im Grundzustand vorliegt, ist bei der Analyse von Kernreaktionen bei höheren Energien wichtig. Man hat hier zu berücksichtigen, daß die einfallenden Teilchen nicht mit ruhenden Nukleonen zusammentreffen. Bei der bereits im Abschn. 2.3.14.3. erwähnten Beschreibung von Prozessen der quasifreien Streuung mit Hilfe der Impulsnäherung geht die Impulsverteilung der Nukleonen des Targetkerns entscheidend ein. Die Fermi-Impulse der Nukleonen sind auch dafür verantwortlich, daß Schwellen für die Teilchenproduktion erheblich niedriger liegen können, als zu erwarten ist, wenn man als Produktionsprozeß einen Nukleonenstoß mit einem ruhenden Nukleon zugrunde legt. Die Stoßenergie wird erhöht, wenn der Stoß mit einem dem Inzidenzteilchen entgegenlaufenden Nukleon erfolgt.

Im Abschn. 2.3.1. wurde die Schwellenergie für die Pionenproduktion im Nukleon-Nukleon-Stoß mit $T^L_{A\,\text{Schwelle}}$ = 280 MeV angegeben. Erfolgt die Pionenproduktion im Nukleon-Kern-Stoß beginnt bereits bei wesentlich kleineren Einschußenergien eine stetig ansteigende Ausbeute.

Das Fermi-Gasmodell gibt eine Handhabe zur Abschätzung der Niveaudichten von Anregungsniveaus in Kernen z. B. in Compoundkernzuständen mit bestimmter Anregungsenergie E_A. Aus dem Modell folgt für das Verhältnis der Niveaudichte $W(E_A)$ bei der Anregungsenergie E_A zur Niveaudichte beim Grundzustand $W(0)$

$$\frac{W(E_A)}{W(0)} = \exp\left(0,63\,\sqrt{AE_A}\right),$$

wobei E_A in MeV zu messen ist und A die Massenzahl darstellt. Diese Formel gibt nur qualitativ den Trend wieder. Genauere Werte erhält man mit Hilfe der empirischen Formeln

$$W(E_A) = C\exp\left(2\sqrt{aE_A}\right) = C\exp\left(f\sqrt{AE_A}\right),$$

wobei C, a bzw. f experimentell zu bestimmende Parameter sind.

2.4.4. Das nukleare Schalenmodell

Bereits in Abschn. 2.3. wurde darauf hingewiesen, daß bei

$$N = Z = 2, 8, 20, 28, 50, 82, 126 \qquad (2.142)$$

Anomalien der Bindungsenergien vorliegen. Kerne mit diesen Neutronen- oder Protonenzahlen sind besonders stabil. Es gibt eine ganze Reihe von weiteren Merkmalen, durch die Kerne mit diesen Teilchenzahlen ausgezeichnet sind:

- Das nächste Nukleon, das nach einer der in Gl. (2.142) angegebenen Zahl im Kern gebunden wird, hat eine besonders kleine Bindungsenergie.
- Gegenüber der Bethe-Weizsäcker-Formel ist die Bindungsenergie dieser Kerne etwas zu groß.
- Kerne mit den genannten N oder Z sind gegenüber ihren Nachbarkernen besonders häufig.
- Die Quadrupolmomente dieser Kerne sind Null.
- Zu Kernen mit den genannten Z gibt es besonders viele Isotope und mit den genannten N besonders viele Isotone.

Man nennt diese Zahlen „magisch", weil man hier ein bestimmtes Gesetz der Kernstruktur vermutete, das aber lange nicht aufgeklärt werden konnte. Die oben genannten Effekte haben Ähnlichkeit mit den Schalenabschlüssen in der Atomphysik. Deshalb wurde versucht, in ähnlicher Weise wie dort ein kernphysikalisches Schalenmodell aufzubauen. Allerdings gibt es einen grundlegenden Unterschied. Das Atom besitzt in Gestalt des Kerns ein „Zentralgestirn", von dem ein Zentralfeld ausgeht, in dem sich die Elektronen fast unabhängig voneinander bewegen können. Die Wechselwirkung der Elektronen untereinander kann näherungsweise durch eine relativ kleine Modifizierung des Coulomb-Feldes berücksichtigt werden, in der die Abschirmwirkung der inneren Elektronen gegenüber dem Kernfeld zum Ausdruck kommt.

Im Kern ist das Zentralfeld durch ein mittleres Feld zu ersetzen, das durch die Nukleonen aufgebaut wird. Solange ein Nukleon sich inmitten der anderen aufhält, wirkt auf dieses Teilchen die Kraft der jeweils nächsten Nachbarn. Da sich diese im Mittel im Abstand der Wirkung der Kernkraft voneinander befinden, kann man in guter Näherung sagen, daß sich das Nukleon in einem konstanten Potential, d. h. kräftefrei bewegt. Erst am Kernrand fehlt von der Außenseite die anziehende Kraft eines Nachbarnukleons und so entsteht dort ein steiler Potentialanstieg, die Wand des Potentialtopfes. Das mittlere Kernpotential (gemittelt über Raum und Zeit), das auf die Nukleonen wirkt, sollte also proportional zur Dichte der Teilchen sein. Das im Abschn. 2.3.12. im optischen Modell genutzte Woods-Saxon-Potential gibt die Verhältnisse recht gut wieder.

Im übrigen gilt das, was bereits beim Fermi-Gasmodell gesagt wurde. Man nimmt an, daß im Grundzustand alle möglichen Zustände, von den energetisch am niedrigsten liegenden angefangen, lückenlos nacheinander mit Nukleonen besetzt werden, wobei das Pauli-Prinzip dafür sorgt, daß jeder Quantenzustand (die inneren Quantenzahlen der Nukleonen mitgerechnet) nur mit einem Nukleon besetzt wird. Unter diesen Umständen kann man, wie beim Fermi-Gasmodell bereits erklärt wurde, die gegenseitige Wechselwirkung der Nukleonen vernachlässigen. Das Schalenmodell ist also auch ein Modell unabhängiger Teilchen. Im Gegensatz zum Fermi-Gasmodell wird aber die Bewegung der Teilchen in einem Potentialtopf nach der Schrödinger-Gleichung konkret berechnet, d. h. es werden die Energien und die Quantenzahlen aller Zustände bestimmt.

Der Hamilton-Operator des Schalenmodells stellt also gegenüber Gl. (2.135) folgende Vereinfachung dar

$$H = \sum_{i=1}^{A} - \frac{\hbar^2}{2m} \nabla_i^2 + \sum_{i=1}^{A} V(r_i, \sigma_i, \tau_i), \qquad (2.143)$$

worin $V(r_i, \sigma_i, \tau_i)$ das Einteilchenpotential im Potentialtopf des Kerns darstellt. Der Isospin $\tau_i = +1/2$ bringt zum Ausdruck, daß das i-te Teilchen ein Proton ist. In diesem Falle ist in V das Coulomb-Feld des Kerns zu berücksichtigen. Das bringt im Kerninnern aber kaum eine Änderung, so daß das Schalenmodell für die Neutronen und Protonen fast die gleichen Ergebnisse liefert.

Die konkrete Berechnung der Termfolge der Zustände hängt von dem Potential V ab. Relativ einfach läßt sich die Schrödinger-Gleichung für das Kasten- und das Oszillatorpotential lösen. Man erhält dann die sog. Kasten- bzw. Oszillatorwellenfunktionen der Nukleonen. Für leichte Kerne, bei denen die Kerndichte noch bis zum Zentrum zunimmt, wird das Oszillator-Potential bevorzugt. Aufwendiger sind Rechnungen mit dem Woods-Saxon-Potential.

Die Bewegung von Teilchen in einem Oszillatorpotential $(V \sim r^2)$ und in einem Zentralfeld wurden bereits im Teil Atom, Abschn. 1.2.4.4. und 1.2.4.5. behandelt. Die wichtigsten dort erhaltenen Ergebnisse behalten auch für das nukleare Vielteilchenproblem ihre Gültigkeit. Das Potential des harmonischen Oszillators (dreidimensional) liefert die Energieeigenwerte

$$E_n = \hbar\omega_0(n + \tfrac{1}{2}), \quad n = 0, 1, 2, \dots \qquad (2.144)$$

mit den konstanten Abständen $\hbar\omega_0$. Der Term $\tfrac{1}{2}$ in der Klammer ist die Nullpunktsenergie für $n = 0$. Die genannten Eigenwerte sind n-fach entartet, weil die Energien nicht von der Drehimpulsquantenzahl l $(l = 0, 1, 2, \dots, (n - 1))$ ab-

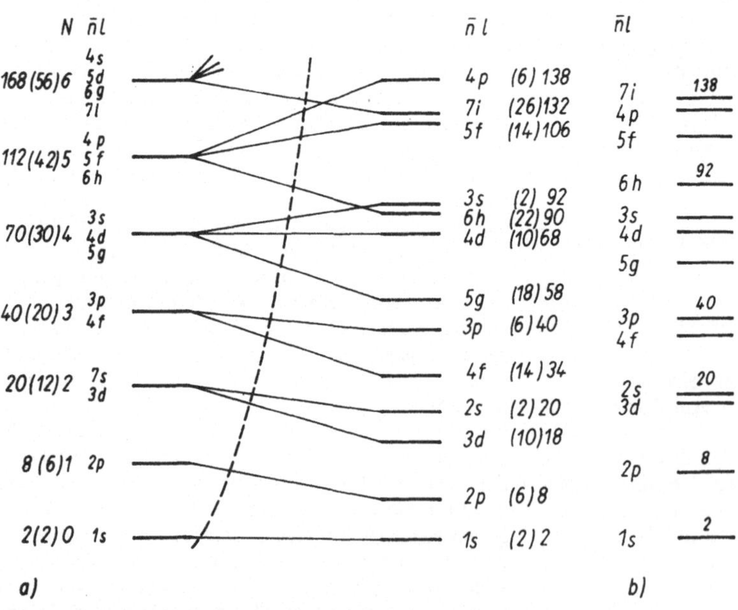

Abb. 2.61. Niveauschemata des Schalenmodells

a) Links für das Oszillatorpotential, rechts für das Kastenpotential, – – – – – Interpolation der Niveaus zwischen Oszillator- und Kastenpotential, b) das interpolierte Niveauschema

hängen. In Abb. 2.61a ist das Niveauschema für das Oszillatorpotential angegeben. Die Zahlen in den Klammern bedeuten die Besetzungszahlen $2(2l + 1)$ für die Niveaugruppe mit der Hauptquantenzahl N. Mit dem Faktor 2 werden die zwei Spineinstellungen berücksichtigt. Diese Zahlen gelten getrennt jeweils für das System der Neutronen und Protonen. Insgesamt kann im Kern ein Schalenmodellzustand mit vier Nukleonen besetzt werden. Die vorne stehenden nicht eingeklammerten Zahlen geben die Gesamtzahl der Teilchen (einer Art) wieder, die die Zustände bis zum Abschluß der gegebenen Schale besetzen können. Die Drehimpulsquantenzahlen sind wie in der Atomphysik mit s, p, d, f, usw. bezeichnet. Wir sehen, daß dieses Modell die ersten magischen Zahlen richtig wiedergibt, dann aber treten beträchtliche Abweichungen gegenüber Gl. (2.142) auf.

In der rechten Hälfte von Abb. 2.61a ist das Niveauschema gezeichnet, das man für das Kastenpotential mit unendlich hohen Wänden erhält. Hier tritt bereits eine Aufspaltung der Oszillatorniveaus entsprechend dem Drehimpuls auf. Aber auch hier stimmen nur die Besetzungszahlen für die ersten Schalen mit den magischen Zahlen überein.

Es wurden verschiedene Versuche unternommen, durch geeignete Wahl der Potentiale oder durch Interpolation zwischen Oszillator- und Kastenpotential (Abb. 2.61b) die richtigen magischen Zahlen zu erhalten. Diese Versuche blieben erfolglos, bis unabhängig voneinander M. GOEPPERT-MAYER und H. JENSEN[1]) die Spin-Bahn-Wechselwirkung in das Modell einführten.

Bei der Nukleon-Nukleon-Wechselwirkung bedeutet die Spin-Bahn-Kopplung, daß die Kräfte zwischen den Teilchen von der gegenseitigen Orientierung von Drehimpuls und Spin abhängen (s. Abschn. 2.3.9.). Das gleiche wird jetzt für die Bewegung der Teilchen im mittleren Feld des Kerns postuliert. Im Hamilton-Operator des Vielteilchensystems Gl. (2.135) ist deshalb der sog. Spin-Bahn-Term hinzuzufügen. Wir schreiben ihn als Produkt eines Faktors λ der die Stärke dieses Potentials ausdrückt, einer Funktion $\xi(r)$ für die radiale Abhängigkeit und das Skalarprodukt $(l \cdot s)$, durch das die Abhängigkeit von der gegenseitigen Orientierung zum Ausdruck gebracht wird:

$$H = \sum_{i=1}^{A} \left[- \frac{\hbar^2}{2m} \nabla_i^2 + V(r_i) + \lambda \xi(r_i) \, (l \cdot s) \right].$$

$$(2.145)$$

---

[1]) MARIA GOEPPERT-MAYER 1906–1972, HANS JENSEN 1907–1973.

l und s koppeln zu j und es gilt (die Operatorengleichung)

$$(l \cdot s) = \tfrac{1}{2}(j^2 - l^2 - s^2).$$

Gemäß Gl. (1.105a) (Abschn. 1.2.4.3.) können die Quadrate der Drehimpulsgeneratoren durch ihre Eigenwerte ersetzt werden. Das ergibt

$$(l \cdot s) = \frac{\hbar}{2} [j(j + 1) - l(l + 1) - s(s + 1)],$$

wobei $j = l \pm s$ und $s = 1/2$ einzusetzen ist. Damit nimmt der Spin-Bahn-Term die Form $\frac{\lambda \hbar}{2} \xi(r_l) \cdot a(l)$ an mit

$$a(l) = \begin{cases} l & \text{für} \quad j = l + \tfrac{1}{2}, \\ -(l + 1) & \text{für} \quad j = l - \tfrac{1}{2}, \\ 0 & \text{für} \quad j = \tfrac{1}{2} \ (l = 0). \end{cases}$$

Um die Eigenwerte des Hamilton-Operators Gl. (2.145) zu berechnen, müssen wir noch eine Annahme über $\xi(r_l)$ machen. Da über die Spin-Bahn-Wechselwirkung zunächst nichts bekannt ist, setzen wir $\xi(r_l) = \text{const} = 1$.

Gegenüber den Energieeigenwerten der Schrödinger-Gleichung für das Einzelteilchenproblem im mittleren Feld ohne Spin-Bahn-Wechselwirkung Gl. (2.133) erhalten wir jetzt Energieeigenwerte, die um die Energie der Spin-Bahn-Wechselwirkung verschoben sind

$$E_l^{ls} = E_l + \frac{\lambda \hbar}{2} a_l(l)$$

$$= E_l + \frac{\lambda \hbar}{2} \begin{cases} l & \text{für } j = l + \tfrac{1}{2}, \\ -(l + 1) & \text{für } j = l - \tfrac{1}{2}, \\ 0 & \text{für } j = \tfrac{1}{2} \ (l = 0). \end{cases}$$

Wir erhalten also eine Aufspaltung der Energieniveaus, die um so größer wird, je größer die Drehimpulsquantenzahl l ist. Außerdem hängt sie natürlich von der Stärke der Spin-Bahn-Wechselwirkung λ ab. Man erhält die richtigen Schalenabschlüsse, wenn man $\lambda < 0$ und in der richtigen absoluten Größe wählt. Damit werden die Niveaus mit $j = l + \tfrac{1}{2}$, d. h. die mit den größten j-Werten abgesenkt und die mit den kleineren j-Werten nach oben verschoben. Abb. 2.62 zeigt das jetzt gewonnene Niveauschema mit den Schalenabschlüssen bei den richtigen magischen Zahlen. Die Schalenabschlüsse bedeuten hier nicht wie im Atom den Abschluß der Termfolge einer bestimmten Hauptquantenzahl, sondern einen besonders großen Abstand bis zum nächst höheren Niveau. Wie Abb. 2.62 zeigt, sind in einer Schale Niveaus sehr unterschiedlicher Quantenzahlen gemischt. Die Ziffern vor dem Symbol der Drehimpulsquantenzahl bedeutet hier nicht die Hauptquantenzahl,

---

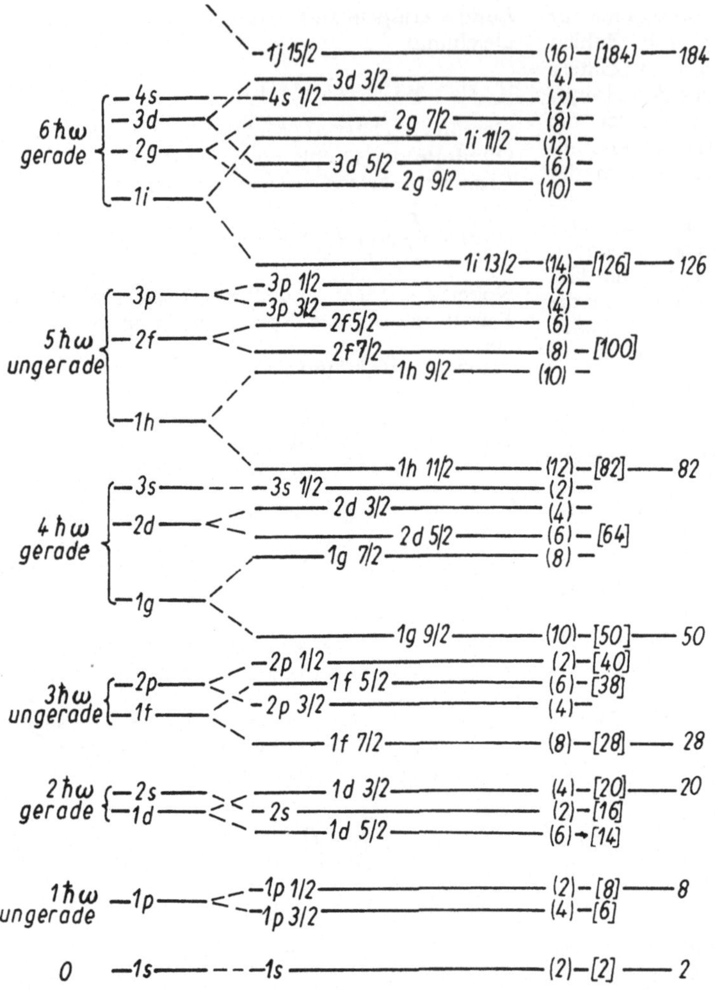

Abb. 2.62. Niveauschema des Schalenmodells mit Spin-Bahn-Kopplung. Auf den Niveaus sind die Drehimpulsquantenzahlen, rechts in runden Klammern die Besetzungszahlen der Niveaus (Entartung), in eckigen Klammern die Besetzungszahl bis zum betreffenden Niveau und ohne Klammern die magischen Zahlen angegeben

sondern nur eine Numerierung von Zuständen mit gleichem l in der Reihenfolge ihrer Energie. Wir haben gesehen, daß das nukleare Schalenmodell eine Reihe von Annahmen enthält (Form des mittleren Potentials, Form des Spin-Bahn-Terms und dessen Vorzeichen und Stärke), die vordergründig erst einmal so gewählt wurden, daß die richtigen magischen Zahlen herauskamen. Die Bedeutung des Schalenmodells geht aber weit über dieses Problem hinaus. Es ist in seinen modernen Varianten das Hauptinstrument der theoretischen Kernphysik zum Verständnis der Kernstruktur und der mit ihr zusammenhängenden Effekte. Qualitativ haben wir die ihm zugrunde liegende Vorstellung bereits in den Abschnitten über die Kernumwandlungen benutzt. Das Schalenmodell beweist seine Nützlichkeit nicht nur bei der Bestimmung der besetzten Zustände. Es ermöglicht ebenso die Berechnung der über den besetzten Niveaus liegenden freien Zustände, die bei Kernumwandlungen besiedelt werden können. Gerade der Vergleich der Anregungsspektren von Kernen einschließlich der Quantenzahlen der Zustände mit den Voraussagen des Schalenmodells haben unsere Vorstellungen über die Kernstruktur immer weiter vervollkommnet und gefestigt.

2.4.5. Das verallgemeinerte oder kollektive Kernmodell

Trotz des großen Erfolges des Schalenmodells lassen sich mit ihm eine Reihe von Effekten nicht ohne weiteres erklären. Bei einigen Kernen, wie

^{6}Li, ^{19}F, ^{23}Na u. a., sagt das Schalenmodell falsche Spins für die Grundzustände voraus. Das Schalenmodell ist nicht in der Lage, die großen elektrischen Quadrupolmomente von Kernen zu erklären, die zwischen abgeschlossenen Schalen liegen. Eine große Zahl von Kernen, die ebenfalls zwischen abgeschlossenen Schalen liegen, zeigen Spektren mit einer typischen Rotationsstruktur, die man aus dem Schalenmodell nicht erhält.

Sowohl die Rotationsspektren als auch die großen Quadrupolmomente legen die Vermutung nahe, daß die bisher gemachte Voraussetzung einer sphärischen Kernform nicht immer den Tatsachen entspricht. Alle experimentellen Fakten sprechen allerdings dafür, daß die magischen Kerne sphärisch sind. Diese Form entspricht dem Minimum der Oberflächenenergie und sollte deshalb die stabilste sein. Es können aber Kräfte auftreten, die dennoch zu stabilen Deformationen führen.

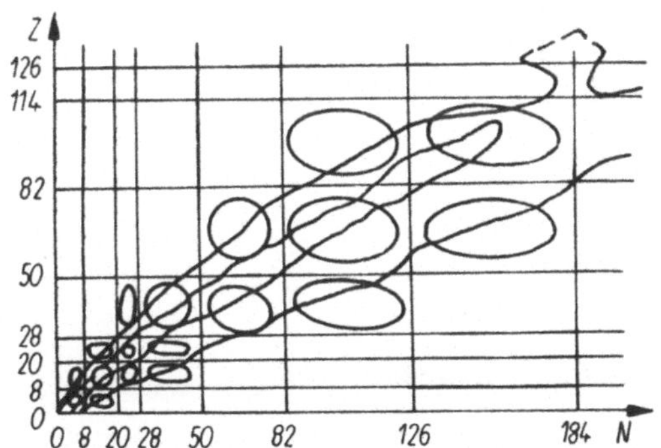

Abb. 2.63. Bereiche deformierter Kerne im NZ-Diagramm (nach G. MUSIOL und H. LÖFFLER 1978)

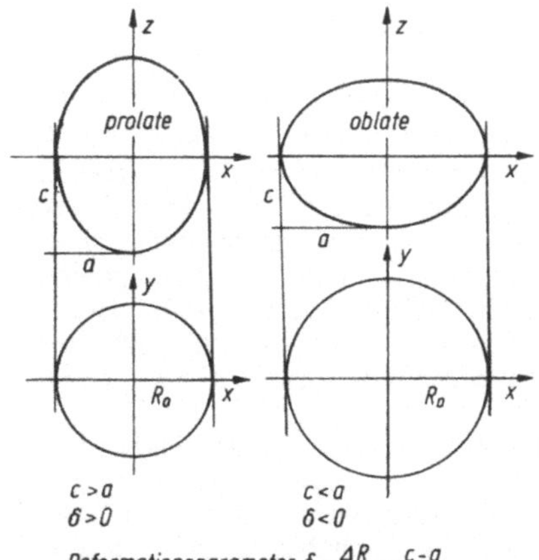

Abb. 2.64. Zur Definition des Deformationsparameters δ

Wir wollen Kerne im Gebiet mittlerer Massen betrachten, also im Gebiet $50 < Z < 82$ und $82 < N < 126$. Bei $N = 82$ ist eine Neutronenschale abgeschlossen. Man kann annehmen, daß Kerne mit diesem N sphärisch sind. Fügt man das nächste Neutron hinzu, besetzt es den nächstfolgenden Zustand gemäß dem Termschema des Schalenmodells. Das wäre in unserem Beispiel der $1h_{9/2}$-Zustand. Dieses Teilchen bewegt sich um den sphärischen Kern, der jetzt zum Rumpf wird. Zwischen dem neuen Teilchen und dem Rumpf findet eine Wechselwirkung statt, die einerseits das Teilchen auf seiner Bahn hält, also die Zentrifugalkraft kompensiert, und andererseits die Nukleonen des Rumpfes in der Bahnebene nach außen zieht. Fügt man ein weiteres Teilchen hinzu, es müßte ebenfalls den $1h_{9/2}$-Zustand aber mit umgekehrtem Spin besetzen, wird die Wirkung auf den Rumpf noch größer. Es entsteht ein Wechselspiel zwischen der Oberflächenspannung und der von den äußeren Teilchen auf den Rumpf ausgeübten Kraft, das beim Hinzufügen weiterer Teilchen dazu führt, daß die stabilste Form des Kerns nicht mehr die sphärische sondern eine deformierte ist. In der Nähe abgeschlossener Schalen wird es also ein Übergangsgebiet zu deformierten Kernformen geben. Eine analoge Betrachtung kann man auch für den Fall aus vollen Schalen entfernter Teilchen, also für Lochzustände, anstellen. Mit der Einstellung einer stabilen Deformation kommen neue Freiheitsgrade für die Kernbewegung ins Spiel.

Die Bereiche des NZ-Diagramms, in denen man deformierte Kerne zu erwarten hat, sind in Abb. 2.63 dargestellt. Es handelt sich um die ellipsenartigen Bereiche zwischen den magischen Zahlen. Zwischen $50 < Z < 82$ und $82 < N < 126$ liegt der klassische Bereich deformierter Kerne der seltenen Erden. Kerne mit Deformation im Gebiet leichter Kerne sind ^{12}C und ^{24}Mg und ihre Umgebung. Die Kerne jenseits des Bleis sind ebenfalls zunehmend deformiert.

Die Struktur deformierter Kerne studiert man, indem man wie beim Schalenmodell die Schrödinger-Gleichung für ein System unabhängiger Teilchen löst, jetzt allerdings in einem deformierten Potentialtopf. In der Regel genügt es, für die Kernform ein Rotationsellipsoid anzunehmen. Dieses kann von länglicher Form, also zigarrenförmig, prolate sein, oder von abgeplatterer Form, also linsenförmig, oblate. Im ersten Fall rechnet man die Deformation positiv ($\delta > 0$), im zweiten negativ ($\delta < 0$). Zur Definition dieser Größe siehe Abb. 2.64. Bei allen Betrachtungen legt man die z-Achse des Koordinatensystems in die Achse des Rotationsellipsoids. Für die Einzelteilchenbewegung in dem deformierten Potential setzt man folgenden

11   Grimsehl IV, 17. Aufl.

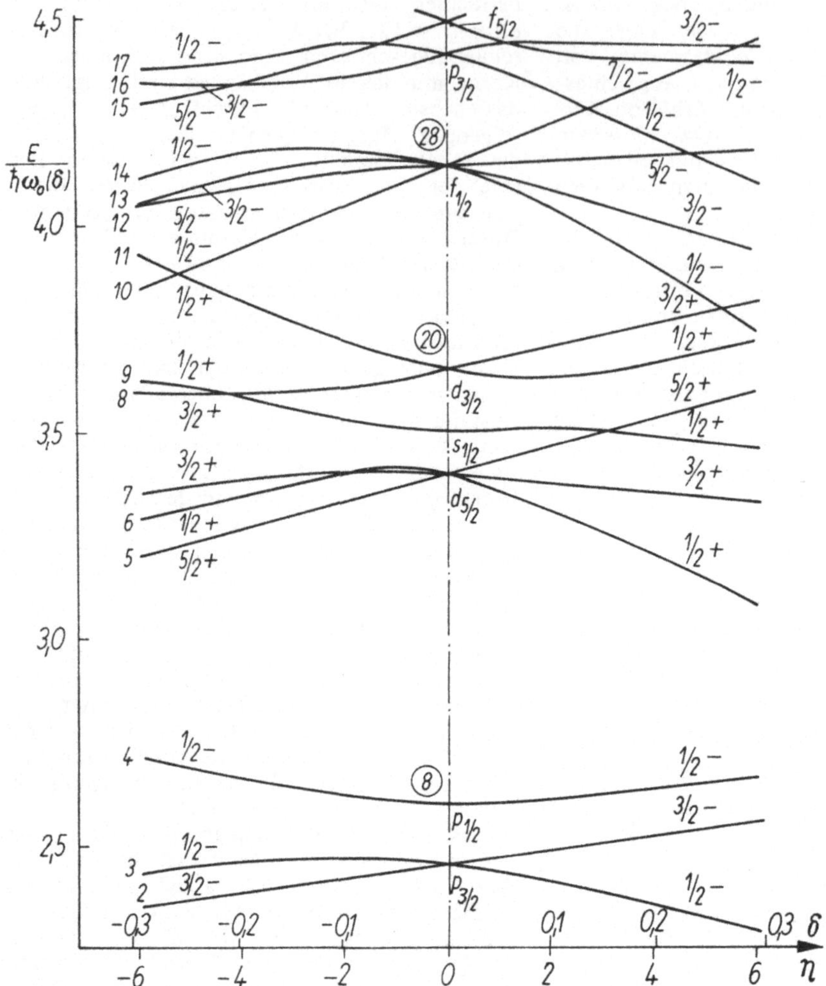

Abb. 2.65. Das Nilsson-Schema (Ausschnitt) (nach S. G. NILSSON 1955). Rechts und links an den Termen ist j_z angegeben, ganz links die Numerierung der Terme

Hamilton-Operator an:

$$H^{\mathrm{def}} = -\frac{\hbar^2}{2m}\nabla^2 + \frac{m}{2}\left[\omega^2(x^2 + y^2) + \omega_z z^2\right]$$

$$+ C(\boldsymbol{l}\cdot\boldsymbol{s}) + Dl^2. \tag{2.146}$$

Das zweite Glied stellt das deformierte Oszillatorpotential dar mit $\omega^2 = \omega_0^2(1 + 2\delta/3)$ und $\omega_z^2 = \omega_0^2(1 - 4\delta/3)$. Das dritte Glied ist die als stark angenommene Spin-Bahn-Kopplung und das vierte Glied soll die Potentialform zwischen Oszillator- und Kastenpotential l-abhängig interpolieren. Die Konstanten ω_0, C und D werden als Parameter dem Experiment angepaßt.

Die Eigenzustände dieses Hamilton-Operators Gl. (4.14) wurden erstmalig von S. G. NILSSON im Jahre 1955 in Abhängigkeit von dem Deformationsparameter δ berechnet. Abb. 2.65 zeigt einen Ausschnitt aus dem sog. Nilsson-Schema, daß die Verschiebung der Schalenmodellniveaus in Abhängigkeit von positiven und negativen Deformationen zeigt. Bei der Deformation $\delta = 0$ finden wir die schon bekannten Niveaus des sphärischen Schalenmodells.

Im deformierten Potential ist der Gesamtdrehimpuls j der einzelnen Nukleonen keine Erhaltungsgröße mehr. Infolgedessen wird die $(2j + 1)$-fache Entartung der Schalenmodellniveaus aufgehoben. Allerdings bleibt die z-Komponente j_z Erhaltungsgröße, wenn, wie in unserem Falle, das Feld rotationssysmmetrisch ist (Achse in z-Richtung). Dadurch bleiben die Niveaus 2fach entartet mit den zwei Drehimpulsquantenzahlen $\pm j_z$. Aus jedem Schalenmodellniveau werden so $(2j + 1)/2$-Niveaus des Kollektivmodells. Das Nilsson-Schema zeigt, daß die Niveauverschiebungen für positive und negative Deformationen gegenläufig sind. Bei positiver Deformation laufen die Zustände mit den kleineren j_z-Komponenten zu kleineren Energien, die mit größeren j_z zu größeren Energien. Bei negativen Deformationen ist eine allgemeingültige Regel dieser Art nicht zu formulieren, da hier häufig Überschneidungen von Niveaus vorkommen.

Das Nilsson-Schema führt gegenüber dem Schalenmodell zu einer anderen Reihenfolge der Auffüllung der Zustände mit wachsender Nukleonenzahl. So lassen sich die am Anfang des Abschnitts erwähnten Diskrepanzen bei den Spins einiger leichter Kerne aufheben. Zum Beispiel müßte der Kern ^{19}F nach dem Schalenmodell den Spin 5/2 haben, da das 9. Proton den Zustand $d_{5/2}$ besetzen müßte. Es ist bekannt, daß ^{19}F ein positives elektrisches Quadrupolmoment besitzt. Der Kern sollte deshalb positiv deformiert sein. Das Nilsson-Schema zeigt für diesen Fall, daß die $j_z = \frac{1}{2}^+$-Komponente den niedrigsten Energieeigenwert hat, also muß dieser Zustand als erster aufgefüllt werden. Danach erwartet man, daß ^{19}F den Spin $\frac{1}{2}^+$ besitzt, wie es auch beobachtet wird.

Das Kollektivmodell gestattet es ferner, die elektrischen Quadrupolmomente und die magnetischen Momente einer großen Zahl von Kernen besser zu beschreiben.

Eine äußerst ergiebige Quelle von Informationen über die Kernstruktur ist das Studium der kollektiven Anregungszustände der Kerne. Darunter versteht man Zustände, bei denen der Kern als ganzes rotiert oder schwingt.

2.4.5.1. Rotationsanregungen

Wir betrachten einen stabil deformierten Kern in Form eines Rotationsellipsoids. Die Symmetrie- oder Figurenachse liege in der z-Richtung. In einem quantenmechanischen System haben nur Rotationen um solche Achsen eine physikalische

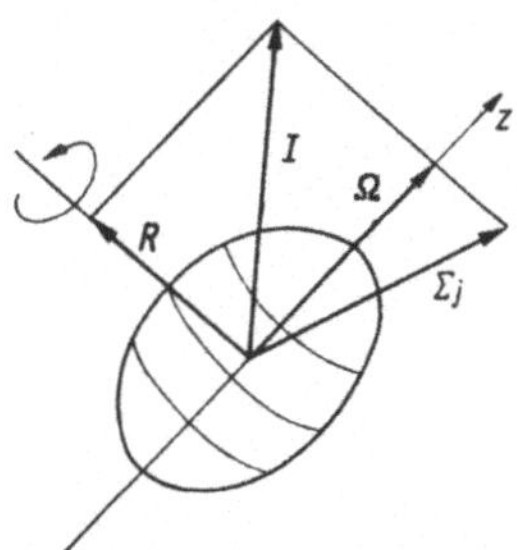

Abb. 2.66. Achsen und Drehimpulsvektoren bei einem deformierten Kern

Bedeutung, die nicht mit der Figurenachse zusammenfallen. Wir betrachten deshalb der Einfachheit halber die Rotation des Kerns um eine zur z-Richtung senkrechte Achse (Abb. 2.66). Im allgemeinen besitzt der Kern einen Spin $\sum j$, zusammengesetzt aus den Drehimpulsen der einzelnen Nukleonen. Dessen Projektion auf die Figurenachse sei der Vektor Ω. Im Grundzustand fällt Ω und der Spin des Kerns J_0 zusammen. Der Drehimpuls der Rotationsbewegung sei R. Der Gesamtdrehimpuls ist dann

$$I = R + \Omega,$$

und, da R voraussetzungsgemäß senkrecht auf Ω steht, gilt

$$I^2 = R^2 + \Omega^2.$$

Die Rotationsenergie kann dann nach den Regeln der Quantenmechanik (s. Teil Atom, Abschn. 1.2.4.3.) als

$$E_{\text{rot}} = \frac{R^2}{2J_{\text{eff}}} = \frac{I^2 - \Omega^2}{2J_{\text{eff}}} = \frac{\hbar^2}{2J_{\text{eff}}}$$
$$\times \,[I(I + 1) - \Omega(\Omega + 1)]$$

mit J_{eff}, dem effektiven Trägheitsmoment, geschrieben werden.

Für einen gg-Kern ist der Spin im Grundzustand Null, d. h. auch $\Omega = 0$. Für diese Kerne erhält man also eine Niveaufolge mit den Energien

$$E_{\text{rot}} = \frac{\hbar^2}{2J_{\text{eff}}} I(I + 1). \qquad (2.147)$$

Da der Kern bezüglich der Ebene, in der die Rotationsachse liegt, symmetrisch ist, kann I in Gl. (2.147) nur gerade Werte annehmen $(I = 0, 2, 4, 6, \ldots)$.

Damit ergeben sich folgende Anregungsenergien für die betrachteten Rotationszustände:

$E_0 = 0$;	$E_3 = 21\hbar^2/J_{\text{eff}}$;
$E_1 = 3\hbar^2/J_{\text{eff}}$;	$E_4 = 36\hbar^2/J_{\text{eff}}$;
$E_2 = 10\hbar^2/J_{\text{eff}}$;	$E_5 = 55\hbar^2/J_{\text{eff}}$ usw.

Einheitlich für alle Rotationsspektren dieser einfachen Art ergibt sich eine Folge von Niveaus mit Energien, die sich wie

$$E_1 : E_2 : E_3 : \ldots = 1 : 10/3 : 7 : 12 : 55/3 : \ldots \qquad (2.148)$$

verhalten. In Abb. 2.67 ist eine solche Niveaufolge oder Rotationsbande für den Kern ^{164}Er dargestellt. Links sind an den Termen die Anregungsenergien und ihr Verhältnis zur Energie des ersten Niveaus angegeben. Wie man sieht, ist die Relation Gl. (2.148) recht gut realisiert. Aus den tatsächlich gemessenen Energien kann man nun nach Gl. (2.147) die effektiven Trägheitsmomente J_{eff} bestimmen. Dabei kommt man zu dem interessanten Ergebnis, daß J_{eff} bei

---

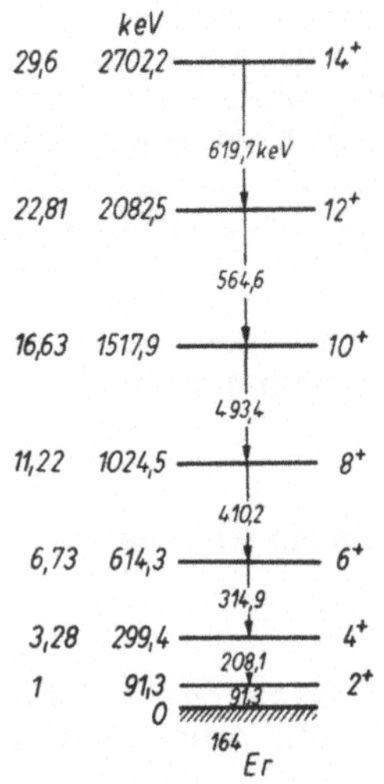

Abb. 2.67. Rotationsbande auf dem Grundzustand von ^{164}Er

weitem nicht die Größe des Trägheitsmoments J_s hat, die ein starrer Körper der gleichen Form wie der Kern hätte. Es ist vielmehr näherungs-

weise

$$J_\mathrm{eff} \approx J_\mathrm{s}\,(\Delta R/R_0)^2 = J_\mathrm{s}\delta^2.$$

Die Größen ΔR, R_0 und δ sind in Abb. 2.64 definiert. Das bedeutet, daß nur ein Teil der Nukleonen an der Rotation teilnimmt. Es wurde allerdings beobachtet, daß bei der Anregung sehr hoher Spins das effektive Trägheitsmoment größer wird und schließlich in das Trägheitsmoment des festen Körpers übergeht. Bei solch hohen Spins treten dann bereits dynamische Deformationen infolge der immer stärker werdenden Zentrifugalkräfte auf. Die einfache Form der Rotationsbande gemäß Gl. (2.147) oder (2.148) gilt also nur für relativ kleine Anregungen.

Wir haben bisher die Anregung von Einzelteilchenzuständen außer acht gelassen. Selbstverständlich sind auch solche Anregungen in deformierten Kernen möglich. Außerdem können sich auf den Einzelteilchenzuständen neue Rotationsbanden aufbauen. Im allgemeinen sieht das Anregungsspektrum eines deformierten Kerns sehr kompliziert aus. Das ist in Abb. 2.68 zu erkennen, in dem allerdings die einzelnen Ro-

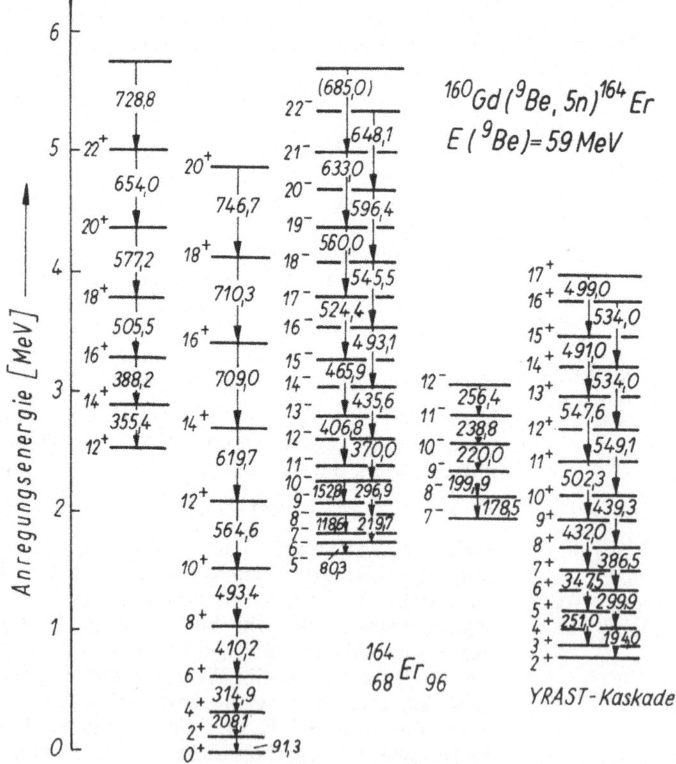

Abb. 2.68. Vollständiges Spektrum des deformierten Kerns ^{164}Er mit mehreren Rotationsbanden auf Einzelteilchenzuständen (nach O. C. KISTNER et al. 1977)

tationsbanden schon „entflochten" herausgezeichnet wurden.

Trägt man für einen bestimmten Kern über jedem Spin die kleinstmögliche Anregungsenergie auf, erhält man die sog. YRAST-Linie (Abb. 2.69). Alle in dem Kern möglichen Anregungszustände liegen auf dieser Linie oder über

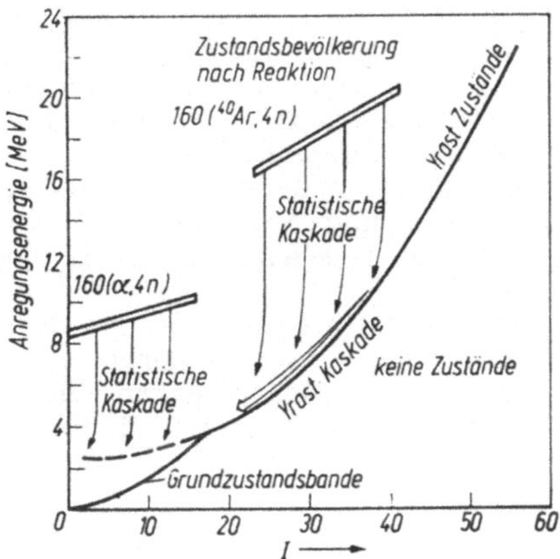

Abb. 2.69. Abregung hochangeregter Kernzustände und YRAST-Linie (nach Z. SZYMANSKI 1973)

ihr. Die Zustände über der Linie zerfallen durch Gammaübergänge niedrigster Ordnung, also bei fast konstantem I bis auf die YRAST-Linie. Die weiteren Übergänge erfolgen dann längs dieser Linie mit relativ großem ΔI, wobei unter Umständen isomere Zustände auftreten können, bis der Grundzustand erreicht ist.

Wir haben bisher von Anregungszuständen bis zu hohen Spins gesprochen, ohne darauf einzugehen, wie diese Zustände erzeugt und beobachtet werden können. Der für die Anregung eines Zustandes mit hohem Spin notwendige Drehimpuls muß in einer Kernreaktion zugeführt werden. Das wurde bereits im Abschn. 2.3.2. im Zusammenhang mit Gl. (2.44) erläutert. Große Drehimpulse kann man vor allem in Reaktionen mit schweren Ionen übertragen, wobei die Coulomb-Anregung von besonderem Interesse ist, weil man auf diesem Wege unter Vermeidung von Einzelteilchenanregungen sehr selektiv Rotationsspektren erhalten kann. Da die Lebensdauern der in Kernreaktionen angeregten Niveaus sehr kurz sind, müssen die von der Abregung herrührenden Gammaquanten direkt am Target gemessen werden. Man macht also Spektroskopie am Teilchenstrahl. Auf die für diese Untersuchungen notwendigen komplexen experimentellen Methoden wurde bereits im Abschn. 2.3.16.5. hingewiesen.

2.4.5.2. Vibrationsanregungen

Eine weitere Art von kollektiven Anregungen sind die Schwingungs- oder Vibrationszustände. Diese Form der Anregung wird vor allem bei sphärischen (magischen) Kernen und solchen Nukliden beobachtet, die dicht bei abgeschlossenen Schalen liegen.

Die Beschreibung dieser Zustände geht vom Tröpfchenmodell aus. Die Verschiebung eines Teils der Kernoberfläche in radialer Richtung ergibt eine Erhöhung der Oberflächenenergie. Das Bemühen des Kernes, diese zu minimieren, führt zu einer Rückstellkraft. Bei kleinen Auslenkungen ist diese Kraft proportional dem Abstand von der ursprünglichen Oberfläche. Das gibt Anlaß zu harmonischen Schwingungen. Es wird vorausgesetzt. daß die Schwingungen so erfolgen, daß das Kernvolumen erhalten bleibt (Inkompressibilität der Kernflüssigkeit). Die während der Schwingungen angenommene, im allgemeinen komplizierte Form des Kerns ist durch den Abstand R der Oberfläche vom Schwerpunkt als Funktion der Winkelkoordinaten ϑ und φ gegeben. Man kann diese Kernform nach Kugelfunktionen entwickeln

$$R(\vartheta, \varphi) = R_0\Big(1 + \sum_{l,m} \alpha_{lm} Y_l^m(\vartheta, \varphi)\Big),$$

wobei die Y_l^m die normierten Kugelflächenfunktionen sind und R_0 den Radius der Kugel gleichen Volumens bezeichnet. Der Index m nimmt die Werte $-l, ..., +l$ an. Jedes Y_l^m beschreibt eine harmonische Oberflächenschwingung, repräsentiert also einen harmonischen Oszillator. Mit wachsendem l wächst die Zahl der Schwingungsknoten. Wie bereits im Teil Atom, Abschn. 1.2.4.3. dargestellt wurde, sind die Kugelfunktionen Y_l^m die Wellenfunktionen für Bewegungen mit dem Drehimpuls l und der Projektion (magnetische Quantenzahl) m. Wie bei allen Bewegungen im Potential des harmonischen Oszillators erhalten wir auch hier äquidistante Zustände mit den Energien

$$E_{vibr} = n\hbar\omega \quad (n = 1, 2, ...).$$

Der Kugelfunktion Y_0^0 entspricht eine vom Winkel unabhängige Auslenkung der Kernoberfläche, die nicht auftreten kann, weil wir die Inkompressibilität der Kernflüssigkeit vorausgesetzt haben. Die nächst höhere Ordnung Y_1^m bedeutet praktisch eine Translation des Kerns, kann also auch nicht zu Vibrationszuständen beitragen. Die Funktion Y_2^m stellt eine Schwingung in Form eines Rotationsellipsoids dar. Sie ist die niedrigstmögliche Form einer Vibrationsanregung, die Quadrupolschwingung. Sie ist gleichzeitig die wahrscheinlichste Anregung und ihr ist der Spin 2 und positive Parität zuzuordnen. Werden zwei Quanten dieser Art angeregt, verdoppelt sich die Energie ($n = 2$) und entsprechend den drei möglichen Kopplungen der beiden Drehimpulse ist dieses zweite Niveau dreifach entartet mit den Spins 0^+, 2^+ und 4^+. Für $n = 3$ ergibt sich die dreifache Energie und eine vierfache Entartung usw. Man erhält also ein Spektrum der Vibrationsanregungen mit folgenden Zuständen:

$n = 0$ 0^+ (Grundzustand sph. Kerne);

$n = 1$ 2^+;

$n = 2$ $0^+, 2^+, 4^+$;

$n = 3$ $0^+, 2^+. 4^+, 6^+$;

...   ...

Derartige Spektren werden tatsächlich bei Kernen des genannten Typs beobachtet. Dabei ist häufig die Entartung der höheren Niveaus durch andere Effekte aufgehoben, so daß entsprechende Multipletts auftreten. Abb. 2.70 zeigt das Bei-

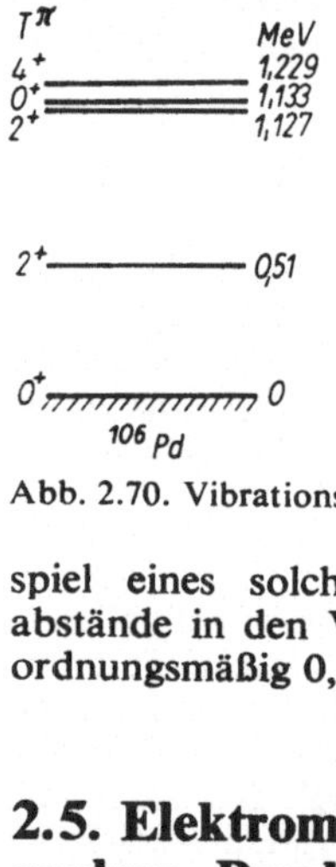

Abb. 2.70. Vibrationsspektrum des Kerns ^{106}Pd

spiel eines solchen Spektrums. Die Niveauabstände in den Vibrationsbanden sind größenordnungsmäßig 0,3 MeV.

2.5. Elektromagnetische Teilchenanalyse, Beschleuniger

2.5.1. Grundlagen

Mit diesem Abschnitt beginnen wir eine Einführung in die kernphysikalische Methodik und Experimentiertechnik. Die kernphysikalische Forschung und viele aus ihr hervorgegangenen Anwendungen ihrer Methoden in anderen Wissenschaften und in der Technik erfordern fast bei jeder Untersuchung die Analyse der Art von Teilchen, die Bestimmung ihrer Massen, ihrer Ladung oder ihrer Energie, oder die Bestrahlung von Proben mit Teilchen bestimmter Energie unter definierten Bedingungen, um gezielte Veränderungen der Struktur der Kerne oder bestimmter Materialien herbeizuführen. Neben

anderen Methoden der Teilchenanalyse, die in den nächsten Abschnitten behandelt werden, zeichnen sich die elektromagnetischen dadurch aus, daß sich mit ihnen die höchste Präzision erreichen läßt. Teilchenstrahlen als experimentelles Werkzeug werden heute vorwiegend mit Beschleunigeranlagen erzeugt. Die Anwendung von Teilchenstrahlen aus natürlichen oder künstlichen radioaktiven Quellen ist auf Spezialfälle beschränkt. Die Beschleunigung von geladenen Teilchen erfolgt in elektrischen Feldern, die in vielen Fällen auf die eine oder andere Weise mit magnetischen Feldern kombiniert werden.

Die Grundlage für die in diesem Abschnitt zu behandelnden Geräte und Anlagen ist die Bewegung von geladenen Teilchen in elektromagnetischen Feldern.

Auf ein Teilchen mit der Ladung ez und dem Geschwindigkeitsvektor v wirkt in einem elektrischen Feld F und einem magnetischen Feld B die Kraft (alle Größen werden in SI-Einheiten gemessen):

$$K = ez(F + v \cdot B). \tag{2.149}$$

Wie wir dieser Gleichung entnehmen, wirkt die Kraft parallel zum elektrischen Feld und senkrecht sowohl zum Geschwindigkeitsvektor als auch zum magnetischen Feld.

Betrachten wir zunächst die Bewegung in einem räumlich und zeitlich konstanten elektrischen Feld ($B = 0$). Die Bewegungsgleichung eines Teilchens mit der Masse m ist unter dieser Bedingung

$$K = ezF = m \frac{dv}{dt}. \tag{2.150}$$

Befindet sich das Teilchen zur Zeit $t = 0$ in Ruhe ($v = 0$), ergibt die Integration der Gleichung

$$v = \frac{ezF}{m} t. \tag{2.151}$$

Nach der Zeit t hat das Teilchen die kinetische Energie

$$T = \frac{m}{2} v^2 = \frac{e^2 z^2 F^2}{2m} t^2 \tag{2.152}$$

erreicht. Andererseits ist die zurückgelegte Wegstrecke

$$s = \frac{1}{2} \frac{ezF}{m} t^2. \tag{2.153}$$

Daraus kann t^2 eliminiert und in Gl. (2.152) eingesetzt werden:

$$T = ezFs = ezU. \tag{2.154}$$

Die vom Teilchen gewonnene kinetische Energie ist also proportional der von ihm durchfallenen Potentialdifferenz $U = Fs$. Wird U in Megavolt gemessen, erhält man unmittelbar die kinetische Energie in der in der Kernphysik üblichen Energieeinheit MeV.

Der eben betrachtete Fall betraf die Beschleunigung eines Teilchens in einem elektrischen Feld zum Zwecke des Energiegewinns. Die Beschleunigung in einem elektrischen Feld kann auch zur Bestimmung der Energie eines Teilchens benutzt werden. Dazu schießen wir das Teilchen mit der Geschwindigkeit v in ein homogenes Feld ein, dessen Feldlinien senkrecht zur Bewegungsrichtung stehen (Abb. 2.71). Die Be-

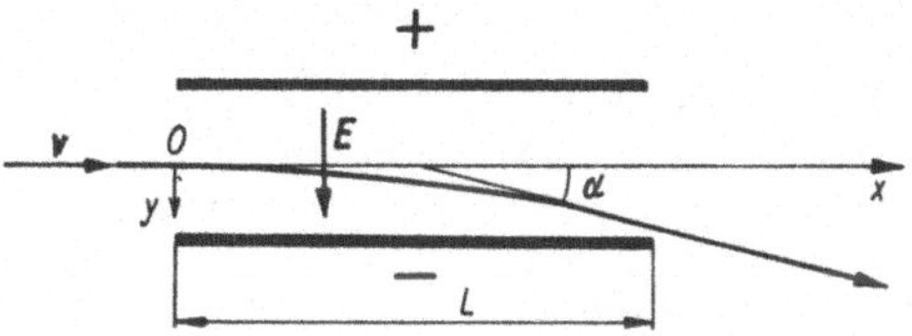

Abb. 2.71. Ablenkung eines Teilchens im elektrischen Feld

wegung erfolgt jetzt nach den Gesetzen des horizontalen Wurfs. Die Teilchenbahn ist eine Parabel mit der Gleichung

$$y = \frac{1}{2} \frac{ezF}{m} \frac{x^2}{v^2} = \frac{1}{4} \frac{ezF}{T} x^2. \qquad (2.155)$$

Der Ablenkwinkel α, mit dem das Teilchen das Feld verläßt, ergibt sich aus der Ableitung $\mathrm{d}y/\mathrm{d}x$ am Ende des Feldes ($x = L$)

$$\frac{\mathrm{d}y}{\mathrm{d}x} = \tan \alpha = \frac{1}{2} \frac{ezF}{T} L. \qquad (2.156)$$

In dieser Gleichung kommt die Teilchenmasse nicht mehr vor.

> Mit Hilfe der Messung des Ablenkwinkels α läßt sich nur die kinetische Energie des Teilchens bestimmen.

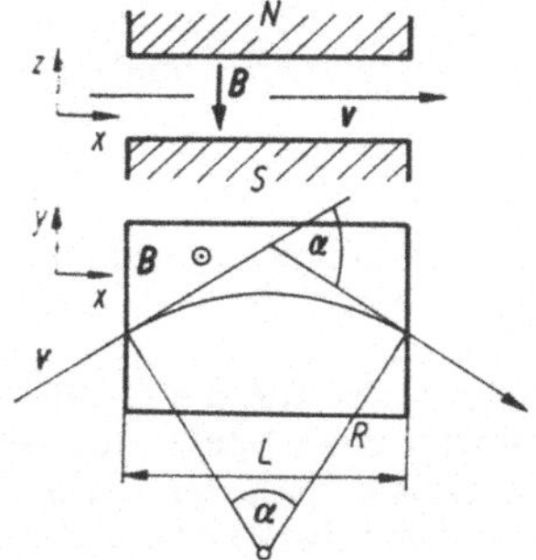

Abb. 2.72. Ablenkung eines Teilchens im magnetischen Feld

Die Information über die Masse, und damit über die Teilchenart, muß aus zusätzlichen Experimenten gewonnen werden. Wenn man andererseits die Energie als bekannt voraussetzen kann, gestattet der Ablenkwinkel α die Bestimmung der Masse.

Um eine Vorstellung von dem Anwendungsbereich dieser Methode zu geben, rechnen wir ein Beispiel:

$$F = 5000 \text{ kV/m}, \quad L = 0,5 \text{ m}, \quad \alpha = 5°, \quad z = 1;$$

$$T = \frac{1}{2} \frac{ezF}{\tan \alpha} L = \frac{1}{2 \cdot 0,087} \cdot 1,6 \cdot 10^{-19} \text{ As} \cdot 5 \cdot 10^6 \text{ Vm}^{-1}$$

$$\times 0,5 \text{ m}$$

$$= 2,30 \cdot 10^{-12} \text{ Ws} = 14,3 \text{ MeV}.$$

In einem reinen magnetischen Feld ($F = 0$), in dem die Bewegung senkrecht zu den Kraftlinien erfolgt, wirkt die Kraft gemäß Gl. (2.149) immer senkrecht zur Bewegungsrichtung. Eine Beschleunigung im Sinne eines Energiegewinns kann somit nicht stattfinden. Das Teilchen wird vielmehr auf eine Kreisbahn gezwungen. Der Bahnradius R ergibt sich aus dem Gleichgewicht zwischen der Lorentz-Kraft und der Zentrifugalkraft

$$ezvB = \frac{mv^2}{R}$$

zu

$$R = \frac{mv}{ezB} = \frac{p}{ezB}, \qquad (2.157)$$

worin p der Impuls ist.

Aus Abb. 2.72 läßt sich die Beziehung $\sin \frac{\alpha}{2} = \frac{L}{2R}$ zwischen Ablenkwinkel α und Bahnradius ablesen. Mit Hilfe von Gl. (2.157) erhalten wir daraus

$$\sin \frac{\alpha}{2} = \frac{ezB}{2p} L. \qquad (2.158)$$

Auch in dieser Gleichung kommt die Masse nicht vor.

> In einem Magnetfeld ist die Ablenkung umgekehrt proportional zum Impuls.

Ist die Masse nicht bekannt, muß sie aus einem gesonderten Experiment ermittelt werden.

Da die Ablenkung im elektrischen Feld die kinetische Energie und die im magnetischen Feld den Impuls ergibt, kann man die Masse mit Hilfe einer Kombination beider Felder bestimmen.

In einem räumlich genügend ausgedehnten homogenen Magnetfeld bewegen sich die Teilchen auf einer geschlossenen Kreisbahn. Ersetzt man in Gl. (2.157) die Geschwindigkeit v durch den Kreisumfang und die Umlaufzeit τ, $v = \dfrac{2\pi R}{\tau}$, erhält man

$$R = \frac{m}{ezB} \frac{2\pi R}{\tau}$$

oder

$$\tau = 2\pi \frac{m}{ezB} \cdot \qquad (2.159)$$

Diese Gleichung besagt:

> Die Umlaufzeit eines Teilchens in einem homogenen Magnetfeld ist unabhängig von seinem Impuls und vom Bahnradius.

Die Umlauffrequenz

$$f = \frac{1}{2\pi} \frac{ezB}{m} \qquad (2.160)$$

wird als Zyklotronfrequenz bezeichnet.

Als Beispiel berechnen wir den Bahnradius und die Zyklotronfrequenz eines Protons mit der Energie $T_p = 10$ MeV in einem Magnetfeld von 1,5 T. Aus der kinetischen Energie erhalten wir den Impuls p mit Hilfe der relativistischen Beziehung

$$p = \frac{1}{c} \sqrt{E^2 - m_p^2 c^4}.$$

$E = m_p c^2 + T_p = 948$ MeV ist die volle Energie des Protons. Seine Ruhemasse ist $m_p c^2 = 938$ MeV. Damit ergibt sich $p = 137$ MeV/c. Die Berechnung des Bahnradius ergibt:

$$R = \frac{137 \text{ MeV/c}}{1,602 \cdot 10^{-19} \text{ As} \cdot 1,5 \text{ Vsm}^{-2}} = 0,304 \text{ m}.$$

Die Zyklotronfrequenz des Protons in diesem Feld beträgt

$$f = \frac{1}{2\pi} \frac{1,602 \cdot 10^{-19} \text{ As} \cdot 1,5 \text{ Vsm}^{-2}}{1,67 \cdot 10^{-27} \text{ kg}} = 22,9 \text{ MHz}.$$

Steht der Geschwindigkeitsvektor v nicht senkrecht auf dem Feldvektor, ist für p in Gl. (2.157) die Komponente senkrecht zum Feld einzusetzen. Die Komponente in Feldrichtung wird nicht beeinflußt. Es ergibt sich dann eine schraubenförmige Bewegung um die Feldlinien.

2.5.2. Teilchenanalyse in magnetischen und elektrischen Feldern

Für die elektromagnetische Teilchenanalyse gibt es unterschiedliche Aufgabenstellungen:

a) Messung der Energie von Teilchen bekannter Art, z. B. von Elektronen oder Alphateilchen aus dem radioaktiven Zerfall mit einem breiten Energiespektrum,
b) Messung der Energie von Teilchenstrahlen bekannter Art aus Beschleunigern, Erhöhung der Energieschärfe,
c) Messung der Energie von Produktteilchen bekannter Art aus Kernreaktionen,
d) Trennung von Teilchen verschiedener Massen aber bekannter Energien, Isotopentrenner,
e) Messung bzw. Präzisionsbestimmung von Teilchenmassen bei bekannter Energie, Massenspektrometer,
f) Messung der Massen von Teilchen bei variabler Energie (Produkte von Schwerionenreaktionen).

In jedem Anwendungsfall bestehen außerdem bestimmte Anforderungen an das Auflösungsvermögen und die Lichtstärke. Aus diesen Gründen gibt es eine unübersehbare Fülle von Geräten verschiedenster Konstruktionen für diese Aufgaben. Alle diese Systeme müssen aber den optischen Prinzipien der Abbildung eines Punktes der Quelle in einen Bildpunkt genügen.
Für die Teilchenanalyse gilt das gleiche Schema wie für einen optischen Prismenspektrografen (Abb. 2.73a). Die in einen bestimmten Raumwinkel aus der Quelle austretenden Teilchenstrahlen werden in der Linse L_1 parallel gemacht. Entsprechend der Dispersion des analysierenden Feldes werden die Strahlen verschiedener Energien bzw. Impulse um verschiedene Winkel abgelenkt. Linse L_2 fokussiert dann die Strahlenbündel auf unterschiedliche Punkte in der Fokalebene (Abb. 2.73b). Der Analysator kann ein elektrisches oder magnetisches Feld sein. Die Linsen bestehen aus elektrischen oder magnetischen Feldanordnungen. Diese Linsen können aber in vielen Fällen weggelassen werden, wenn man den Analysator in geeigneter Weise formt. Das prismenförmige Feld in Abb. 2.73c hat bereits fokussierende Eigenschaften. Die Teilchen, die auf einem längeren Weg durch das Feld fliegen, werden stärker abgelenkt als die auf dem kürzeren Weg.
Bei der Untersuchung z. B. von Betaspektren von schwachen Quellen oder von sehr seltenen Zerfällen benötigt man Spektrometer sehr hoher Lichtstärke, d. h. der Raumwinkel des Analysators in bezug auf die Quelle muß möglichst groß werden. Das läßt sich erreichen, wenn man das Feld rotationssymmetrisch um eine Achse aufbaut, in der die Quelle und der Detektor angeordnet werden (Abb. 2.73d). Das Feld kann das radiale elektrische Feld eines Zylinderkondensators sein. Es kann auch ein magnetisches Feld sein, dessen Feldlinien kreisförmig koaxial um die Achse laufen. Wegen der Form, der in diesen Systemen notwendigen Spulenanordnung nennt man diese Geräte Orangenspektrometer.
Die Dispersion D des Systems ist definiert als die Verschiebung der Bildpunkte Δy je Intervall der zu messenden Größe (Energie, Impuls oder Masse) Δx, also

$$D = \Delta y / \Delta x.$$

Diese Größe kann aus den geometrischen Parametern des Systems mit Hilfe der Gl. (2.156) und (2.158) berechnet werden.
Das Auflösungsvermögen $x/\partial x$ für die Größe x ist der wichtigste Parameter eines Spektrometers. Besteht die Quelle aus einem Spalt der Breite s, und beträgt der Abbildungsmaßstab des Systems V, dann wird die Breite des Bildes der Quelle in der Fokalebene $\partial y = sV$. Dazu tritt ein weiterer

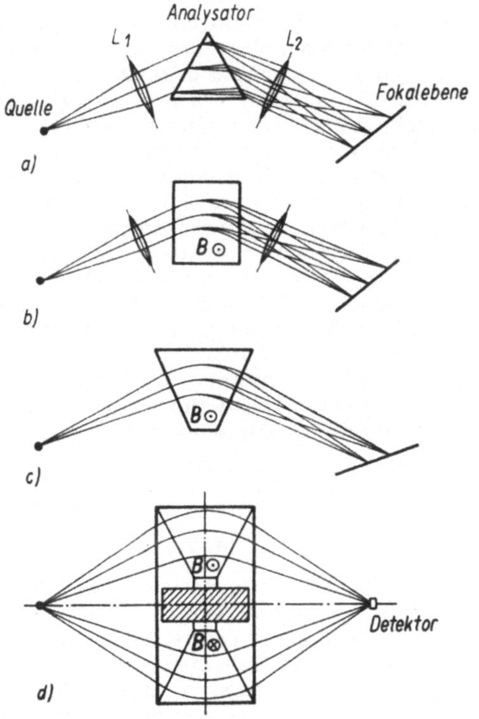

Abb. 2.73. Optisches Schema verschiedener elektromagnetischer Teilchenanalysatoren

Faktor $\sigma > 1$, der den Einfluß unvermeidlicher Abbildungsfehler berücksichtigt. Zwei Meßwerte x und $x + \partial x$ können noch aufgelöst werden, wenn der Abstand der ihnen entsprechenden Bildpunkte mindestens $\partial y = \sigma s V$ beträgt. Die Relation zwischen ∂y und ∂x ist durch die Dispersion D gegeben: $\partial y = D \, \partial x$. Man erhält also für

$$\partial x = \frac{\sigma s V}{D}.$$

Beträgt die der Meßgröße x entsprechende Ablenkung y, dann kann das Auflösungsvermögen als

$$\frac{x}{\partial x} = \frac{y}{\partial y} = \frac{y}{\sigma s V} = \frac{xD}{\sigma s V}$$

geschrieben werden. Diese Größe ist bisher rein durch die Geometrie gegeben. Das Auflösungsvermögen wird außerdem durch die Konstanz der Feldparameter, d. h. durch die Stabilität der Spannungs- und Stromquellen bestimmt. Ferner ist die Energieschärfe des Strahls oder die Abhängigkeit der Strahlenergie vom Austrittswinkel aus der Quelle (wichtig bei Impulsspektrografen für Kernreaktionsprodukte) von Bedeutung. Diese Einflüsse können bei der Konstruktion der Systeme oft ausgeschaltet werden.
Als Beispiel betrachten wir den hochauflösenden Massenspektrografen von MATTAUCH und HERZOG (Abb. 2.74), mit dem die Präzisionsbestimmungen der Massen der Nuklide durch-

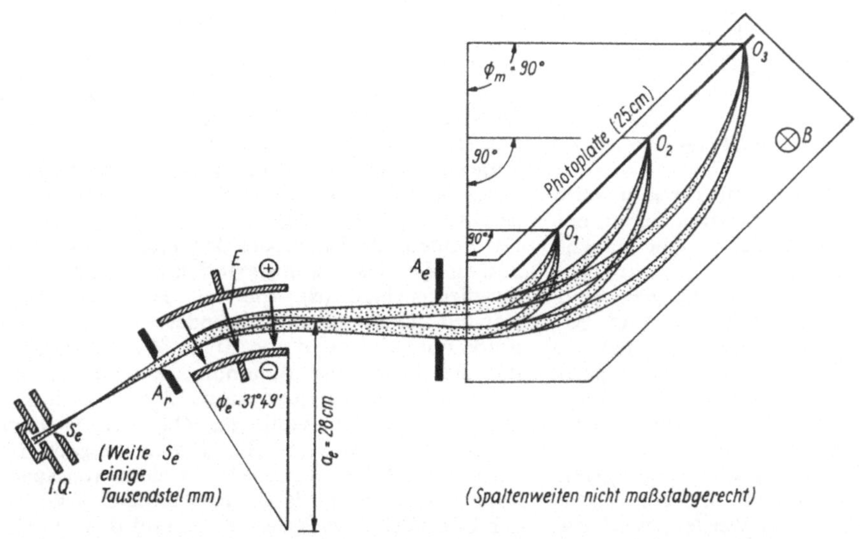

Abb. 2.74. Schema des Mattauch-Herzogschen Massenspektrografen *I.Q.* Ionenquelle, S_e Eintrittsspalt, A_r, A_e Aperturen, E elektrischer Ablenkkondensator, Φ_e Ablenkwinkel, a_e Bahnradius, B homogenes Magnetfeld, $O_{1,2,3}$ Orte der Massenlinien auf der Photoplatte, Φ_m Ablenkwinkel im Magnetfeld

---

geführt wurden. Bei den hier vorliegenden Anforderungen an das Auflösungsvermögen von $m/\Delta m = 100000$ ist die mit der Ionenerzeugung in der Ionenquelle unvermeidlich verbundene Energieverschmierung des Strahls ein wesentlicher Störfaktor. Deshalb besteht der Massenspektrograf aus zwei Teilen, einem elektrischen Ablenkkondensator, in dem eine Analyse des Strahls nach der Energie erfolgt und einem homogenen magnetischen Feld. Das System ist so berechnet, daß auf der Photoplatte in der Fokalebene Teilchen gleicher Masse aber mit leicht unterschiedlichen Energien in einer Linie fokussiert werden. In Abb. 2.75 ist die Auf-

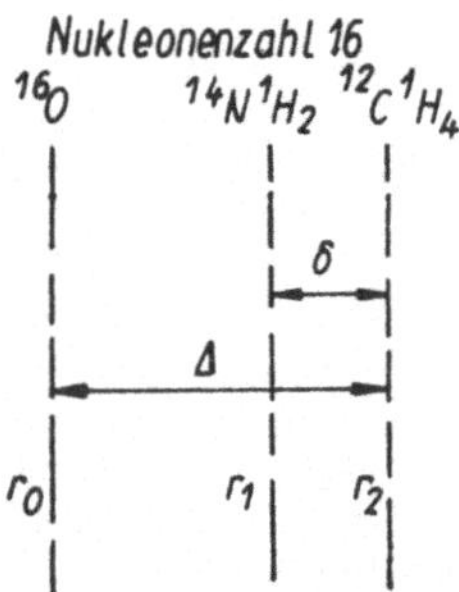

Abb. 2.75. Massentriplett bei $A = 16$, aufgenommen mit einem Mattauch-Herzogschen Massenspektrografen (nach C. BRUNNÉE und H. VOSHAGE 1964)

nahme des Massentripletts bei $A = 16$ wiedergegeben. Die Massendifferenz des Nuklids ^{16}O und der Molekülionen gleicher Massenzahl läßt sich in einem solchen Spektrum mit großer Genauigkeit bestimmen. Der Linienabstand Δ beträgt hier 0,036 386 Masseneinheiten.

2.5.3. Beschleuniger direkter Wirkung

Die Gruppe der Beschleuniger mit direkter Wirkung umfaßt solche Beschleunigungsanlagen, bei denen die Teilchen direkt durch eine Hochspannung beschleunigt werden. Die mit derartigen Maschinen erreichbaren Energien sind durch die Möglichkeit der Erzeugung und Beherrschung sehr hoher Spannungen begrenzt.
Der erste wirklich für kernphysikalische Experimente eingesetzte Beschleuniger war ein Kaskadengenerator (COCKROFT[1]) und WALTON 1932). In diesen Anlagen, die auch heute noch häufig für die Erzeugung von Spannungen bis zu einigen hundert Kilovolt und für relativ große Strahlströme eingesetzt werden, wird die Hochspannung durch Spannungsvervielfachung erzeugt (Abb. 2.76). Die mit Kaskadengenera-

toren erzeugbaren Spannungen sind durch die Durchschlagsfestigkeit der Luft begrenzt, wenn man sie in der Atmosphäre betreibt. Für einen stabilen Betrieb bei etwa 750 kV benötigt man bereits recht große Hallen. In Drucktanks mit einer Füllung von einigen Atmosphären trockenen Stickstoffs und Kohlendioxids kann man solche Generatoren bis etwa 4 MV betreiben. Cockraft-Walton-Generatoren werden heute vor allem für den Betrieb von Neutronengeneratoren und als Vorinjektoren für große Beschleunigeranlagen eingesetzt. Bei Neutronengeneratoren mit vielfältiger Verwendung für Aktivierungsanalysen oder für medizinische Zwecke werden in dem Beschleunigungsrohr Deuteronen beschleunigt und auf ein Deuterium- oder Tritiumtarget geschossen. Mit Hilfe der Kernreaktionen

$$d + d \rightarrow {}^3He + n + 3{,}270\ MeV$$

oder

$$d + t \rightarrow {}^4He + n + 17{,}4\ MeV$$

lassen sich Neutronenstrahlen von etwa 3 MeV bzw. 14,2 MeV erzeugen. Die zweite Reaktion besitzt ein Maximum des Querschnitts bei 105 keV von 5 barn. Deshalb reichen Deuteronen mit einer Energie von etwa 200 keV aus, um recht große Neutronenströme im Bereich bis 10^{11} n/s mit einer Energie von 14 MeV zu erzeugen.
Einen Präzisionsbeschleuniger für die Kernphysik stellt der elektrostatische Generator oder Van-de-Graaff-Generator[1]) dar (Abb. 2.77). Zur Erzeugung der Hochspannung nutzt man hier das Prinzip des Faraday-Bechers. Die Ladung wird von einem Ladungstransportband (2) in das Innere der Hochspannungselektrode, des sog. Konduktors (1) gebracht und sammelt sich auf dessen Oberfläche. Auf der Erdseite wird die Ladung mit Hilfe eines Nadelkammes (3) auf das Band aufgesprüht und im Konduktor mit einem ähnlichen Kamm (4) wieder abgenommen. Die Bandgeschwindigkeit beträgt rund 20 m/s.
Die isolierende Säule, die den Konduktor trägt und in der das Ladungsband läuft, wird durch Gradientenringe (8), die mit Hochohmwiderständen untereinander verbunden sind, in gleich große Potentialstufen von 20 bis 50 kV unterteilt, um die notwendige Spannungsfestigkeit zu erreichen. Das ganze ist in einem Drucktank untergebracht, in den Isoliergas ($N_2 + CO_2$ oder Freon) bis etwa 1,5 MPa Druck eingepumpt wird. Die auf dem Konduktor erreichbaren Spannungen sind durch die Durchbruchfeldstärke auf der Oberfläche des Konduktors und den Durchmesser des Drucktanks gegeben. Bei Durchmessern des Konduktors von einem Meter und des

---

[1]) Sir JOHN COCKROFT 1897–1967.

[1]) ROBERT VAN DE GRAAFF 1901–1967.

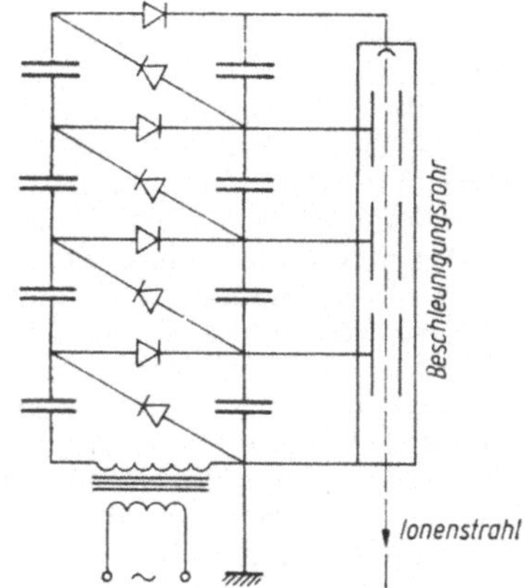

Abb. 2.76. Schema eines Kaskadengenerators nach COCKROFT und WALTON

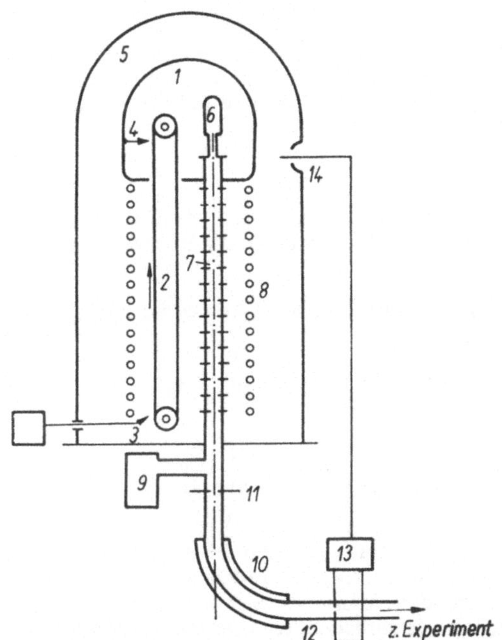

Abb. 2.77. Schema eines elektrostatischen Generators nach VAN DE GRAAFF, *1* Hochspannungskonduktor; *2* Ladungstransportband; *3* Beladungskamm; *4* Entladekamm; *5* Drucktank; *6* Ionenquelle; *7* Beschleunigungsrohr; *8* Gradientenringe; *9* Vakuumsystem; *10* Magnetanalysator; *11* u. *12* Ein- und Austrittspalt; *13* Differenzverstärker; *14* Koronatriode

Drucktanks von 3,5 m lassen sich etwa 5 MV erreichen. Je nach der Konstruktion der Hochspannungssäule kann der Feldgradient an dieser 1 bis 2 MV/m betragen.

Die zu beschleunigenden Ionen werden in der Ionenquelle (*6*) erzeugt. Ionenquellen gibt es in den verschiedensten Ausführungen. Allen gemeinsam ist die Erzeugung einer Gasentladung, aus deren Plasma die gewünschten Ionen abgesaugt werden. Mit Hilfe eines Elektrodensystems wird der Ionenstrahl formiert und in das Beschleunigungsrohr (*7*) eingeschossen. Dieses besteht aus isolierenden Ringen (Porzellan oder Glas) und zwischen diese geklebte Blechelektroden, die an die Gradientenringe angeschlossen werden. So wird auch in dem Beschleunigungsrohr ein konstanter Feldgradient erzeugt, die einzige Möglichkeit, die hohen Spannungen an ihm zu beherrschen. Die Blechelektroden üben außerdem die Funktion der Fokussierung des Ionenstrahls aus. In dem Beschleunigungsrohr muß trotz des ständigen Gaseinlasses an der Ionenquelle ein sehr gutes Vakuum von etwa 10^{-4} Pa, möglichst frei von Öldämpfen, aufrecht erhalten werden. Dazu dient ein leistungsfähiges Vakuumsystem (*9*).

Der beschleunigte Ionenstrahl passiert nach dem Austritt aus dem Generator einen magnetischen Analysator, der aus dem Eintrittsspalt (*11*), dem Magneten (*10*) und dem Austrittsspalt (*12*) besteht. Das Magnetfeld wird entsprechend der gewünschten Teilchenenergie eingestellt und mit Hilfe einer Kernresonanzsonde stabilisiert. Dieser Analysator dient als Energienormal für die Maschine und stabilisiert gleichzeitig über eine Rückkopplung die Generatorspannung. Dazu werden die Backen des Austrittsspalts gegen Erde isoliert und an die Eingänge eines Differenzverstärkers angeschlossen. Werden die Backen unsymmetrisch vom Strahl getroffen, gibt der Differenzverstärker ein Signal in den Rückkopplungskanal ab. Mit Hilfe dieses Signals wird die Spannung an der zentralen Spitze einer sog. Koronatriode geregelt, die in die Wand des Drucktanks gegenüber dem Konduktor eingebaut ist. Die Spannung zwischen der Spitze und der Wand des Drucktanks steuert den Strom einer Koronaentladung zum Konduktor. Der Generator wird dadurch zusätzlich belastet und infolge seines hohen Innenwiderstandes seine Spannung auf diese Weise sehr empfindlich geregelt. Diese Möglichkeit der sehr genauen Regelung und Stabilisierung des elektrostatischen Generators macht diese Maschinen zu echten Präzisionsgeräten für die Kernphysik und in zunehmendem Maße für die nukleare Analysenmeßtechnik. Bei Spannungen von einigen MV kann die Energie der Ionen auf besser als 1 keV, d. h. auf etwa 10^{-4} genau eingestellt und stabilisiert werden.

Einstufige Van-de-Graaff-Generatoren sind bis 7 MV gebaut worden. Die Energie der beschleunigten Ionen läßt sich vervielfachen, wenn man die vorhandene Spannung mehrfach ausnutzt. Das geschieht in sog. Tandemgeneratoren. Man erzeugt dazu auf Erdpotential einfach negativ geladene Ionen. Diese werden in der Maschine

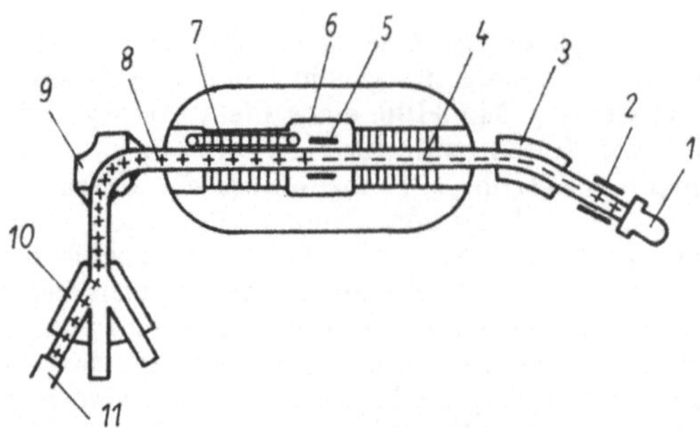

Abb. 2.78. Schema eines Tandemgenerators. *1* Quelle positiver Ionen; *2* Umladekanal zur Bildung negativer Ionen; *3* Analysiermagnet; *4* Strahl negativer Ionen; *5* Abstreiftarget; *6* Hochspannungskonduktor auf positivem Potential; *7* Ladungstransportband; *8* Strahl positiver Ionen; *9* Magnetischer Analysator; *10* Umlenkmagnet; *11* Target

von Erde auf den positiven Konduktor beschleunigt. Dort werden den negativen Ionen in einer dünnen Folie oder einem Gaskanal mindestens zwei Elektronen abgestreift. Sie sind dann positiv geladen und können noch einmal gegen Erde beschleunigt werden (Abb. 2.78). Handelt es sich um schwere Ionen, so können sie in dem Abstreiftarget auch mehr als zwei Elektronen verlieren. Sie erreichen dann am Ausgang des Generators eine Energie von

$$T = eU(1 + n),$$

wenn U die Hochspannung und n der Ionisierungsgrad nach dem Abstreifen der Elektronen ist. Anlagen dieser Art sind mit Hochspannungen von 6, 12 und sogar 20 MV gebaut worden und haben der Kernphysik große Dienste geleistet und leisten sie noch.

2.5.4. Induktionsbeschleuniger

Zu dieser Gruppe zählen wir Beschleuniger, bei denen das elektrische Feld auf dem Wege der elektromagnetischen Induktion erzeugt wird. Das

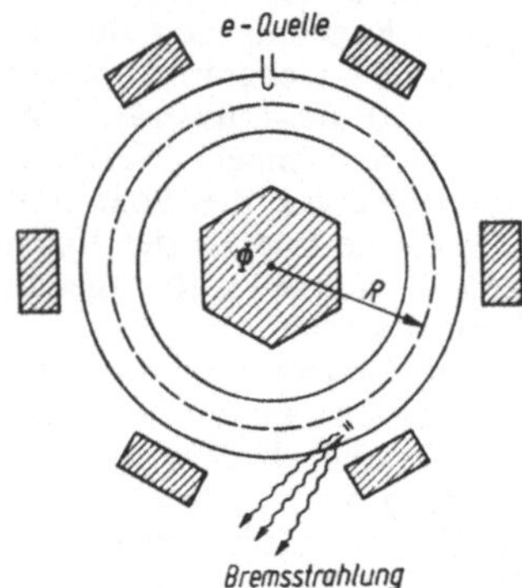

Abb. 2.79. Schema eines Betatrons

ist der Fall in Betatrons und den eigentlichen Induktionsbeschleunigern.

Nach den Maxwellschen Gleichungen entsteht um einen sich zeitlich ändernden magnetischen Fluß ein elektrisches Wirbelfeld. In einem Betatron wird der magnetische Fluß in einem Eisenkern erzeugt, der das innere Joch eines Transformators bildet. Die Primärwicklung des Transformators wird mit Wechselstrom z. B. aus dem Netz erregt. Als Sekundärwicklung dient ein evakuierter Torus, in den aus einer Glühkathode Elektronen eingeschossen werden. Diese Elektronen werden durch das induzierte Wirbelfeld auf einem Kreis, dem sog. Sollkreis beschleunigt. Dieses Prinzip des Betatrons ist in Abb. 2.79 dargestellt.

Auf dem Sollkreis wird die elektrische Feldstärke

$$F = \frac{1}{2\pi R} \frac{\mathrm{d}\Phi}{\mathrm{d}t} = \frac{\pi R^2}{2\pi R} \frac{\mathrm{d}\bar{B}}{\mathrm{d}t} = \frac{R}{2} \frac{\mathrm{d}\bar{B}}{\mathrm{d}t} \qquad (2.161)$$

induziert. Hier ist Φ der magnetische Fluß und $\bar{B}$ das mittlere Feld im Innern des Sollkreises. Wir nehmen an, daß das mittlere Feld linear mit der Zeit anwächst, d. h.

$$\bar{B}(t) = \varkappa t. \qquad (2.162)$$

Die Beschleunigung des Teilchens durch das elektrische Feld ist dann ebenfalls konstant und beträgt

$$b = \frac{K}{m} = \frac{eR}{2m} \varkappa. \qquad (2.163)$$

Der während der Beschleunigung zurückgelegte Weg L ist

$$L = \frac{b}{2} t^2 = \frac{eR}{4m} \varkappa t^2 = \frac{eR}{4m} \frac{\bar{B}_{\mathrm{max}}^2}{\varkappa}, \qquad (2.164)$$

wobei wir t^2 aus Gl. (2.162) entnommen haben. Wegen der relativistischen Massenzunahme haben wir mit wachsender Teilchenenergie mit einer ansteigenden Masse zu rechnen. Um die Rechnung zu vereinfachen, rechnen wir mit einer mittleren Masse

$$\bar{m} = m_0 + \frac{T_{\mathrm{max}}}{2c^2}.$$

Die bis zum Anstieg des Feldes auf H_{max} erreichte Teilchenenergie ist dann

$$T_{\mathrm{max}} = FL = \frac{R}{2} \varkappa \frac{eR}{4m} \frac{\bar{B}_{\mathrm{max}}^2}{\varkappa} = \frac{eR^2}{8\bar{m}} \bar{B}_{\mathrm{max}}^2. \qquad (2.165)$$

Auf Grund der Beschleunigung erreichen die Teilchen zu einem bestimmten Zeitpunkt den Impuls

$$p = \frac{eR}{2} \bar{B}(t), \qquad (2.166)$$

der sich aus der Integration der Gl. (2.163) nach t ergibt. Um ein Teilchen mit diesem Impuls auf einer Bahn mit dem Radius R zu halten, benötigt man am Sollkreis nach Gl. (2.157) das Feld

$$B_R = \frac{p}{eR} \cdot \qquad (2.167)$$

Setzen wir die Impulse aus den Gl. (2.166) und (2.167) gleich, erhalten wir die grundlegende Bedingung

$$B_R = \tfrac{1}{2}\bar{B} \qquad (2.168)$$

für die Formierung des Magnetfeldes eines Betatrons, die eine stabile Beschleunigung garantiert. Betatrons wurden in größerer Zahl für Energien von einigen Dutzend MeV gebaut. Ein bereits recht großes Betatron mit $B_{max} = 0{,}5$ T und $R = 0{,}80$ m beschleunigt Elektronen bis $T = 60$ MeV. Ein Betatron mit den gleichen Parametern würde Protonen auf maximal 2 MeV beschleunigen. Daraus ergibt sich, daß dieser Beschleunigertyp für Protonen und andere schwere Teilchen wenig vorteilhaft ist.

Betatrons werden heute in der Regel zur Erzeugung von Bremsstrahlung eingesetzt, die für die Strahlentherapie in der Medizin oder für die Grobstrukturanalyse bei der Kontrolle von Werkstücken benötigt wird.

In neuerer Zeit werden häufig Induktionsbeschleuniger anderer Art gebaut. Wird ein Ring aus weichmagnetischem Material durch einen Impulsstrom mit großem dI/dt magnetisiert, dann entsteht um den Ring ein starkes elektrisches Feld. Im Zentrum des Ringes liegt dieses in Richtung der Achse (Abb. 2.80 a). Durch eine steile Magnetisierungskurve kann das dB/dt gegenüber dem Stromanstieg noch verstärkt werden (Abb. 2.80 b). Die Feldstärke F in der Achse des Ringes ergibt sich nach dem Induktionsgesetz aus

$$F = \frac{1}{2\pi R} \frac{\mathrm{d}}{\mathrm{d}t} \int \Phi \, \mathrm{d}f \, .$$

R ist der mittlere Radius des Ringes gemäß Abb. 2.81 und gleichzeitig der Feldlinie um den Ring durch die Achse. Das Integral ist über den Querschnitt des Torus zu nehmen. In der Praxis werden in einem Torus, meist Induktor genannt, Beschleunigungen von rund 25 keV erreicht.

Der Induktionsbeschleuniger besteht aus einer ganzen Folge solcher Ringe, die genau in den richtigen Zeitabständen nacheinander eingeschaltet werden (Abb. 2.80 c). Ein Teilchen findet dann jeweils an seinem Ort ein elektrisches Feld vor. Aus dem Beschleunigungsmechanismus ergibt sich, daß nur Teilchenimpulse bis etwa 0,5 μs Dauer beschleunigt werden können. Dafür gelingt es, in diesen Anlagen sehr große Ströme zu erhalten. Es wurden Maschinen für Elektronenströme im Impuls von 200 bis 2000 A gebaut. Die Impulsfolgefrequenz beträgt dabei bis 50 Hz.

Einsatzgebiete der Induktionsbeschleuniger sind Aufgaben, bei den sehr kurze aber intensive Elektronenstrahlen nicht allzu hoher Energie benötigt werden. Das ist z. B. der Fall für die Erzeugung sehr kurzer aber intensiver Neutronenimpulse. Die Elektronen werden zu diesem Zweck auf ein Urantarget geschossen. Der Elektronenstrahl erzeugt dort einen intensiven Impuls von Bremsstrahlung, der seinerseits durch (γ,n)-Reaktionen in dem Targetmaterial Neutronen auslöst.

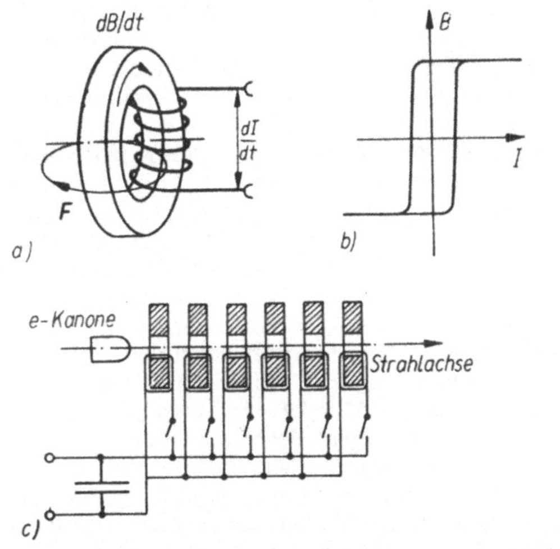

Abb. 2.80. Zum Prinzip eines Induktionsbeschleunigers. a) Zur Erzeugung der Beschleunigungsspannung; b) Hystereseschleife des Ringmaterials; c) Schema des Induktionsbeschleunigers

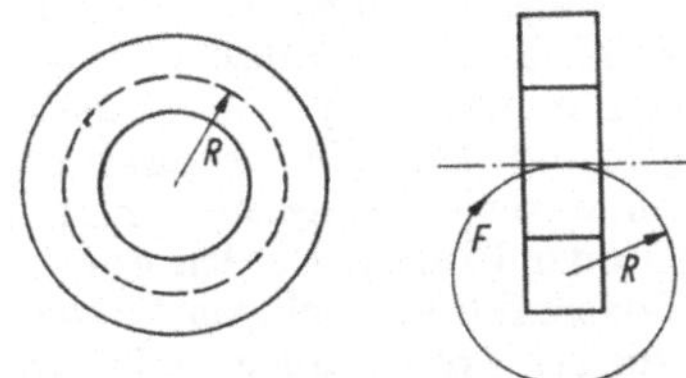

Abb. 2.81. Geometrie eines Induktors

2.5.5. Linearbeschleuniger

Das Prinzip des Linearbeschleunigers (LINAC) besteht in folgendem: An eine Reihe von rohrförmigen Beschleunigungselektroden (Abb. 2.82) wird abwechselnd positive und negative Spannung gelegt. Ein negatives Teilchen, das sich z. B. im Punkt A befindet, wird von der ersten auf die zweite Elektrode beschleunigt. Während es diese im feldfreien Raum durchfliegt, werden die Spannungen an allen Elektroden umgepolt. Wenn das

Teilchen den nächsten Spalt erreicht (Punkt *B*), ist die zweite Elektrode negativ und die dritte positiv, d. h., das Teilchen findet wieder ein Feld vor, in dem es weiter beschleunigt wird. Dieses Spiel setzt sich an jedem Beschleunigungsspalt

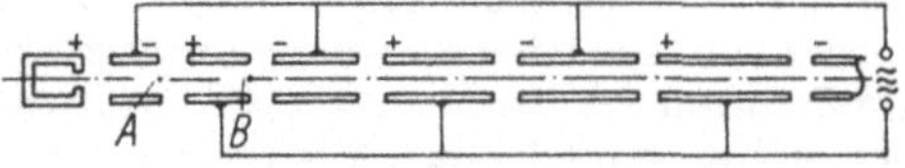

Abb. 2.82. Prinzip des Linearbeschleunigers

fort. Dazu muß an die Elektroden eine Hochfrequenzspannung angelegt werden, deren Periode mit der Flugzeit der Teilchen zwischen den Beschleunigungsspalten korreliert ist.

Dieses Beschleunigungsprinzip läßt sich für schwere und für leichte Teilchen (Ionen und Elektronen) realisieren. Wegen der unterschiedlichen Massenzunahme dieser Teilchen mit der Energie ist die konkrete Ausführung aber für eine bestimmte Teilchensorte spezialisiert. Elektronen erreichen sehr schnell relativistische Geschwindigkeiten. Bereits ab 2 bis 3 MeV haben sie fast Lichtgeschwindigkeit und werden trotz weiterer Energiezunahme kaum noch schneller. In Linearbeschleunigern für Elektronen haben die Beschleunigungsspalte daher (außer den ersten) gleichen Abstand. Bei schweren Teilchen muß man die Geschwindigkeitszunahme bis zu Energien vom Mehrfachen der Ruhemasse berücksichtigen.

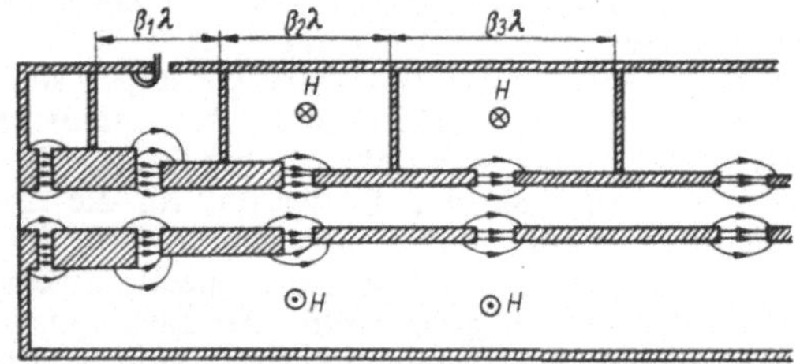

Abb. 2.83. Resonator eines LINACS (nach E. G. KOMAR 1975)

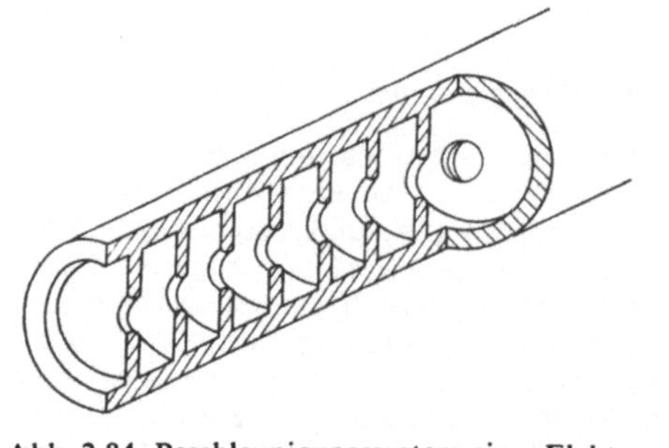

Abb. 2.84. Beschleunigungssystem eines Elektronenlinacs

Um einen günstigen Wirkungsgrad des Beschleunigers zu erreichen, wird er nach allen Regeln der Hochfrequenztechnik gebaut. Das Beschleunigungssystem wird als Hohlraumresonator ausgebildet, der auf die Beschleunigungsfrequenz abgestimmt ist. Abb. 2.83 zeigt das Schema eines solchen Resonators. Die Abschnitte $\beta_i\lambda$ bezeichnen die Perioden der stehenden Welle in diesem System. Die Beschleunigungselektroden hängen an Stäben in dem Beschleunigertank. Je höher die Güte dieser Resonatoren um so höher ist die erreichbare Spannung an den Elektroden relativ zur eingespeisten Leistung. Trotz großer Güte (~ 5000) sind die benötigten Leistungen mit einigen Megawatt sehr beträchtlich. In LINACS für schwere Teilchen werden Frequenzen in der Größenordnung 100 MHz verwendet.

Für Elektronen wird das Beschleunigungssystem als Wellenleiter ausgebildet. Die Elektronen reiten in ihnen gewissermaßen auf einer Welle bei einer bestimmten Phase, die zu einer kontinuierlichen Beschleunigung führt. Abb. 2.84 zeigt ein solches System. Mit Hilfe der Querwände im Wellenleiter wird die Phasengeschwindigkeit der Welle der Teilchengeschwindigkeit angepaßt.

Linearbeschleuniger befinden sich in großer Zahl im Einsatz. Alle Protonensynchrotrons für hohe Energien arbeiten mit LINACS als Injektoren. In einigen Fällen wurden LINACS erfolgreich für die Beschleunigung eines breiten Sortiments von schweren Ionen eingesetzt (HILAC, Berkeley, USA; UNILAC, Darmstadt, BRD). Mit diesen Anlagen werden 10 bzw. 20 MeV/N für Ionen bis Uran erreicht. Der Ladungszustand der Ionen wird dabei während des Beschleunigungsprozesses durch Abstreiftargets schrittweise erhöht, so daß die Beschleunigung möglichst effektiv erfolgen kann. Linearbeschleuniger werden auch für die Erzeugung von Protonenstrahlen mittlerer Energie (einige hundert MeV) mit großen Intensitäten verwendet. Der LINAC bietet hier gegenüber zyklotronartigen Beschleunigern den Vorteil, daß man ohne Schwierigkeiten die gesamte Intensität ausführen kann, womit gefährliche Aktivierungen von Teilen der Anlage vermieden werden. Eine der Maschinen dieser Art ist die sog. Mesonenfabrik von Los Alamos (USA) LAMPF (Los Alamos Meson Physics Facility). Hier wird ein Protonenstrahl von 800 MeV mit einer maximalen Intensität von 1 mA erzeugt. Mit Hilfe solcher Strahlen lassen sich intensive Pionen- und Muonenströme für kernphysikalische Untersuchungen und viele Anwendungen in Festkörperphysik, Biologie und Medizin produzieren. Schießt man den intensiven Protonenstrahl auf ein Target aus Blei oder Bismut, werden dort in vielfältigen Spallationsreaktionen sehr starke Neutronenströme produziert. Pro einfallendes Proton entstehen 20 bis 30 Neutronen, die man in einem das Target umgebenden Uranstapel durch Spaltprozesse noch vervielfältigen kann.

Linearbeschleuniger für Elektronen finden in immer breiterem Umfange in der Strahlenmedizin und der Technik Verwendung. Mit schnellen Elektronen (bis etwa 20 MeV) lassen sich z. B. Kunststoffe in vorteilhafter Weise modifizieren. Die Strahlenwirkung führt zu einer intensiveren Vernetzung von Polymeren, d. h. lange Kettenmoleküle werden durch Verzweigungen und Brükken untereinander verbunden. Damit erhöht sich z. B. die thermische Beständigkeit solcher Materialien.

Große Bedeutung für die physikalische Forschung haben die Elektronen-LINACS für hohe Energien. In einer Reihe solcher Anlagen werden Energien von 2 GeV (Charkow, UdSSR) bis 22 GeV (Stanford, USA) erreicht. Die Elektronenstreuung an Protonen und Kernen in diesem Energiebereich hat außerordentlich wichtige Ergebnisse über die Struktur der Nukleonen (Partonenmodell, Quarkmodell) erbracht.

2.5.6. Zyklische Beschleuniger

2.5.6.1. Das Zyklotron

In allen zyklischen Beschleunigern wird wie in den LINACS eine Hochfrequenzspannung zur Beschleunigung genutzt. Auch hier wird das Be

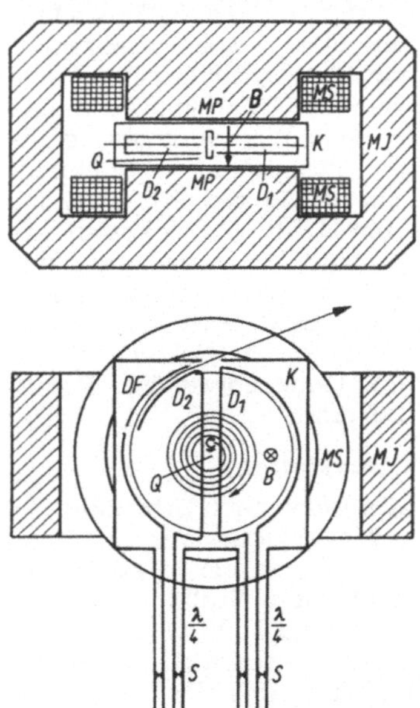

Abb. 2.85. Schema eines Zyklotrons. Q Ionenquelle; $D1$, $D2$ Duanten; $\lambda/4$, $\lambda/4$-Leitungen des Resonanzsystems; S Kurzschlußschieber; B Magnetfeld; MP Magnetpole; MS Magnetspulen; MJ Magnetjoch; DF Deflektor; K Vakuumkammer

schleunigungssystem so konstruiert, daß die Teilchen immer dann an den Beschleunigungsspalt gelangen, wenn die „richtige", d. h. beschleunigende Phase der Hochfrequenz anliegt. Im Unterschied zu den Linearbeschleunigern werden aber nur wenige Beschleunigungsstrecken verwendet und die Teilchen mit Hilfe von magnetischen Feldern immer wieder diesen Strecken zugeführt.

Der einfachste Typ dieser Maschinen ist das Zyklotron in seiner klassischen Form. Es besteht aus einem Elektromagneten, der zwischen seinen Polschuhen ein Magnetfeld von 1 bis 2 T erzeugt. Im Zentrum dieses Feldes befindet sich die Ionenquelle Q (s. Abb. 2.85). Die Hochfrequenzspannung liegt an den sog. Duanten D_1 und D_2, zwei halbkreisförmigen Elektroden, die je eine Hälfte des Magnetfeldes ausfüllen und zwischen denen sich der Beschleunigungsspalt befindet. Die Duanten haben die Form eines flachen Hohlzylinders, in dessen Innerem sich die Teilchen bewegen. Die Duanten sind mit je einer $\lambda/4$-Leistung verbunden, mit denen gemeinsam sie das Resonanzsystem bilden. Ionenquelle und Duanten befinden sich in einer Vakuumkammer K.

In der Ionenquelle Q werden die zu beschleunigenden Teilchen erzeugt. In einer bestimmten Phase der Hochfrequenz werden diese auf den Duanten D_1 zu beschleunigt. Im Innern des Duanten werden sie auf einer Kreisbahn wieder dem Beschleunigungsspalt zugeführt. Die Hochfrequenzspannung wurde inzwischen umgepolt. Somit werden die Teilchen nun zum Duanten D_2 beschleunigt. Von hier laufen sie wieder auf einer Kreisbahn zum Beschleunigungsspalt zurück, aber jetzt infolge ihrer höheren Energie mit einem größeren Radius. Dieses Spiel wiederholt sich bei jedem Umlauf. Der Radius der Teilchenbahn wird immer größer, bis die Teilchen in das Randfeld des Magneten gelangen. Dort werden sie von einem elektrostatischen Deflektor DF in etwa tangentialer Richtung aus dem Magnetfeld hinausgeführt und gelangen durch eine evakuierte Ionenleitung zur experimentellen Apparatur.

Die Funktion dieses Systems beruht darauf, daß die Umlaufzeit eines Teilchen im Magnetfeld unabhängig von dessen Impuls ist [s. Abschn. 2.5.1. Gl. (2.159)]. Die Frequenz der Beschleunigungsspannung kann also konstant sein und muß gleich der Zyklotronfrequenz [Gl. (2.160)] der zu beschleunigenden Teilchen sein. Für Protonen beträgt diese Größe bei einem typischen Magnetfeld von 1,5 T $f = 22{,}9$ MHz. Wir haben es also mit Frequenzen zu tun, die in der Radiotechnik üblich sind. Die Abmessungen des Resonanzsystems gegeben durch die $\lambda/4$-Bedingung betragen einige Meter. Mit Hilfe der Kurzschlußschieber S wird das System abgestimmt. Für eine effektive Beschleunigung sind Hochfrequenzspannungen von 50 bis 100 kV notwendig. Die eingespeisten Leistungen betragen dann einige 10 kW.

Für die stabile Beschleunigung eines intensiven Teilchenstroms müssen, ebenso wie in anderen Beschleunigern, bestimmte Fokussierungsbedingungen eingehalten werden. Zunächst ist eine Fokussierung in *radialer* Richtung notwendig, die die Teilchen auf der Kreisbahn hält. Die Gleichgewichtsbedingung für eine Kreisbahn bei gegebener Energie ist die Gleichheit von Zentrifugalkraft K_r und Lorentz-Kraft K_m gemäß Gl. (2.157). Für ein homogenes Magnetfeld mit $B(r) = B_0$ = const. ist die Abhängigkeit der beiden Kräfte von r in Abb. 2.86 dargestellt (Kurve K_r und

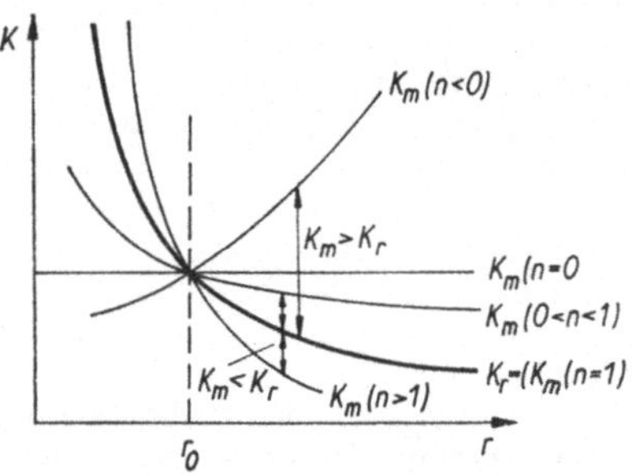

Abb. 2.86. Zur radialen Fokussierung im Zyklotron (Für $K_r = K_m$ (n = 1) lies K_r und K_m (n = 1))

Kurve K_m mit $n = 0$). Bei jedem realen Magneten fällt das Feld mit wachsendem Radius mehr oder weniger stark nach außen ab. Abb. 2.86 gibt den Verlauf der Lorentz-Kraft in einem solchen Feld wieder (Kurve K_m mit $0 < n < 1$). Wie man sieht, überwiegt außerhalb der Gleichgewichtsbahn die Lorentz-Kraft und drückt die Teilchen nach innen. Innerhalb der Gleichgewichtsbahn überwiegt die Zentrifugalkraft und drückt die Teilchen nach außen. Auf diese Weise wirkt von beiden Seiten eine Kraft, die die Teilchen, die entweder wegen ihrer Startbedingungen oder wegen bestimmter Störungen von der Gleichgewichtsbahn abkommen, auf diese zurückführt. Wegen ihrer Trägheit

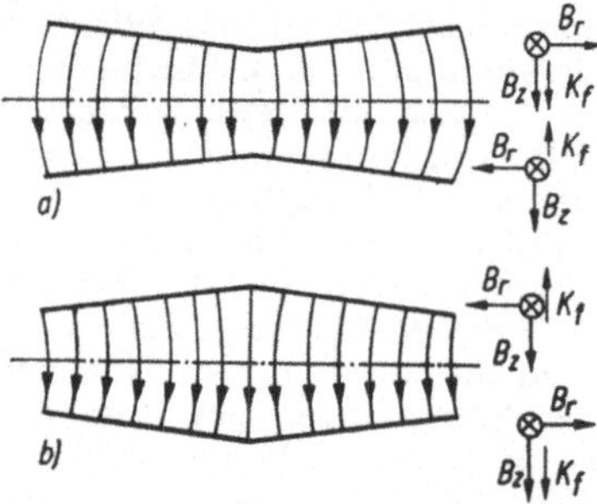

Abb. 2.87. Zur axialen Fokussierung im Zyklotron. a) in Feld mit dB/dr < 0; b) in Feld mit dB/dr > 0

werden die Teilchen um diese Bahn pendeln. Es ergeben sich damit die sog. Betatronschwingungen. Bei der Konstruktion von Zyklotrons muß diesem Umstand Rechnung getragen werden, indem man die Feldform so wählt, daß die Betatronschwingungen nicht in Resonanz kommen können. Resonanzen treten auf, wenn sich auf dem Umfang stehende Schwingungen ausbilden. Wenn der Feldverlauf durch

$$B = B_0 \left(\frac{r_0}{r} \right)^n \qquad (2.169)$$

gegeben ist, dann kann die Bedingung für die radiale Fokussierung eingehalten werden, wenn $0 < n < 1$ ist. Die genaue Wahl von n erfolgt so, daß Betatronresonanzen vermieden werden. Wird $n > 1$ überwiegt außerhalb der Gleichgewichtsbahn die Zentrifugalkraft und eine Fokussierung ist nicht mehr möglich (s. Abb. 2.86 Kurve K_m mit $n > 1$).

Die zweite Bedingung für eine stabile Beschleunigung ist die Fokussierung in *vertikaler* (*axialer*) Richtung. In einem ideal homogenen Feld werden die Geschwindigkeitskomponenten in Feldrichtung nicht beeinflußt. Ein Teilchen würde sich also mit der anfangs vorgegebenen axialen Geschwindigkeit so lange in dieser Richtung bewegen, bis es auf einen der Duanten trifft. Bei einem nach außen abfallenden Feld, wie es für die radiale Fokussierung notwendig ist, hat das Feld die Form eines Fasses. In Abb. 2.87a sind die Komponenten dieses Feldes in axialer Richtung B_z und in radialer Richtung B_r für je einen Punkt ober- und unterhalb der Meridianebene dargestellt. Wie man dem Bild entnimmt, ergibt sich für ein Teilchen, das sich in die Bildebene hineinbewegt auf Grund der radialen Feldkomponente in der oberen Hälfte eine fokussierende Kraft K_f in Richtung auf die Meridianebene und in der unteren Hälfte ebenso. Ein nach außen abfallendes Magnetfeld gewährleistet also sowohl in radialer als auch in axialer Richtung die für eine stabile Beschleunigung notwendige Fokussierung des Teilchenstrahls.

2.5.6.2. Das Isochronzyklotron

Die Anwendung des im vorigen Abschnitt beschriebenen klassischen Zyklotrons ist auf Energien beschränkt, bei denen die relativistische Massenzunahme noch keine Rolle spielt. Das sind bei Protonen maximal 20 MeV. Gemäß Gl. (2.160) wird die Zyklotronfrequenz mit zunehmender Masse kleiner, und die Isochronbedingung als Grundlage des Beschleunigungsprinzips ist nicht mehr erfüllt. Sie kann wiederhergestellt werden, wenn man das Feld nach außen anwachsen läßt. Unter diesen Umständen wird die radiale Fokussierung noch stärker als im abfallenden Feld (s. Abb. 2.86, Kurve K_m mit $n < 0$). Aber man verletzt die Bedingung für die axiale Fokussierung. Es zeigt sich aber, daß diese trotzdem gewährleistet werden kann, wenn man eine azimutale Variation des Magnetfeldes einführt. Zu diesem Zweck wird der Polschuh in eine gerade Zahl von Sektoren eingeteilt, in denen das Magnetfeld abwechselnd größer und kleiner wird. Das kann man erreichen, indem man Eisenplatten in Sektorform mit geeigneter Dicke, sog.

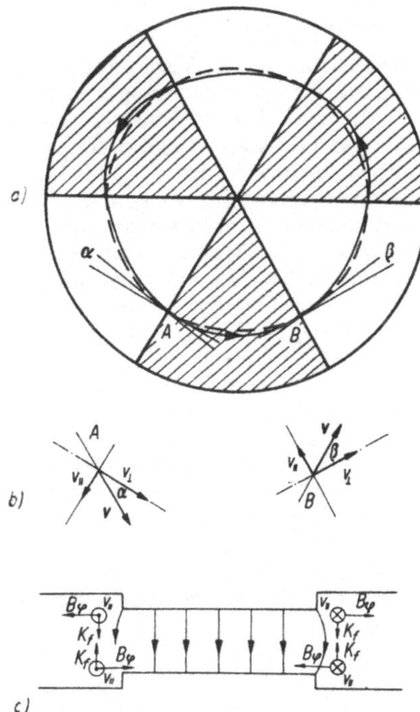

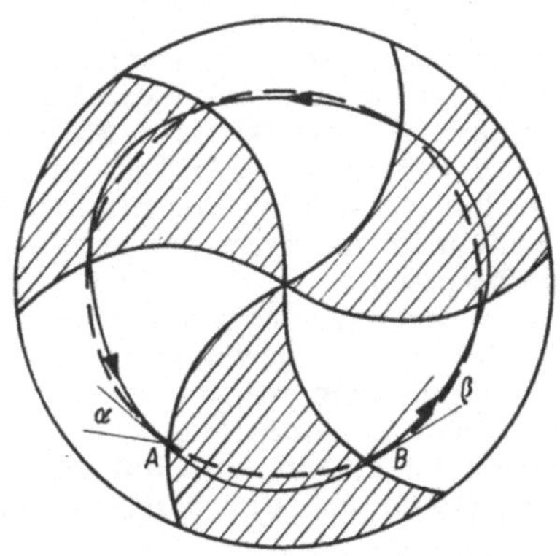

Abb. 2.88. Prinzip des Isochronzyklotrons. a) Magnetfeldkonfiguration, großes Feld in den schraffierten Sektoren; b) Geschwindigkeitskomponenten an den Sektorkanten; c) Feldkomponenten und Fokussierungskraft an den Sektorkanten

Abb. 2.89. Isochronzyklotron mit Spiralsektoren

Sektorshims an den Polschuhen befestigt (s. Abb. 2.88). Die Teilchen bewegen sich dann nicht mehr auf einer Kreisbahn, sondern wie in Abb. 2.88a gezeigt, auf Kreissektoren mit kleinerem Radius in den Gebieten großer Feldstärke und mit größerem Radius in Gebieten kleiner Feldstärke. An den Sektorkanten, z. B. in den Punkten A und B, haben die Teilchen deshalb Geschwindigkeitskomponenten $v_{||}$ in Richtung der Kanten (Abb. 2.88b). Auf diese Geschwindigkeitskomponenten wirkt die azimutale Feldkomponente B_φ in den inhomogenen Feldgebieten längs der Sektorkanten. Sowohl beim Eintritt als auch beim Austritt aus den Sektoren wirkt auf die Teilchen infolgedessen eine Kraft in Richtung auf die Meridianebene (Abb. 2.88), die zur notwendigen Fokussierung in vertikaler Richtung führt.

Dieses Prinzip des Isochronzyklotrons kann bis zu Energien von etwa 1 GeV für Protonen realisiert werden. Je höher die Energie wird, um so stärker muß das Magnetfeld nach außen anwachsen und um so höher werden die Anforderungen an die vertikale Fokussierung. Die fokussierende Kraft wird um so stärker, je größer die Geschwindigkeitskomponente $v_{||}$ an den Sektorkanten gemacht wird. Aus diesem Grunde vergrößert man die Winkel α und β durch Übergang zu spiralförmigen Sektoren (Abb. 2.89). Eine zusätzliche Möglichkeit besteht in der Vergrößerung der Variation des Magnetfeldes. Die maximale Variation erhält man, wenn man die kompakten Pole des Magneten in einzelne Sektoren aufteilt, zwischen denen das Feld Null ist. Derartige Maschinen wurden bereits mehrfach realisiert.

Von der kernphysikalischen Forschung wird oft die Forderung nach Beschleunigern mit variabler Energie oder nach der Möglichkeit eines Wechsels der Teilchenart gestellt. Für diese Zwecke baut man Isochronzyklotrone, in denen sowohl der radiale Gradient des mittleren Feldes als auch die azimutale Variation mit Hilfe von Trimspulen verändert werden kann.

Zyklotrone vom klassischen Typ und Isochronzyklotrone sind in großer Zahl im Einsatz. Mit ihnen werden Energien für leichte Teilchen (Protonen) bis 700 MeV erreicht. Für schwere Ionen liegen die maximalen Energien bei etwa 25 MeV/N für ^{12}C-Ionen und etwa 2 MeV/N für Uranionen. Bei schweren Ionen ist es möglich, nach der Beschleunigung durch Abstreifen von Elektronen die Ionenladung zu erhöhen, und dann in einem zweiten Zyklotron die Energie weiter zu erhöhen.

2.5.6.3. Das Prinzip der Phasenfokussierung

Bei den in den folgenden Abschnitten zu behandelnden Beschleunigern für relativistische Energien gewinnt eine weitere Fokussierungsbedingung Bedeutung, die Phasenfokussierung. Hierbei handelt es sich nicht um eine Fokussierung im

Raum sondern in der Zeit. Sie ist notwendig, um am Ausgang des Beschleunigers eine nutzbare Intensität zu erhalten.

Wie wir bereits wissen, ist die Frequenz der Beschleunigungsspannung in zyklischen Beschleunigern mit der Umlauffrequenz der Teilchen synchronisiert. Das heißt, ein Teilchen, das bei einem bestimmten Umlauf den Beschleunigungsspalt in der Phase der Spannung φ_0 passiert, passiert ihn das nächste Mal zur Phase $\varphi_0 + 2\pi$ und findet dort die gleiche Spannung vor wie beim ersten Umlauf. Wir wollen φ_0 als Sollphase bezeichnen. Teilchen, die mit der Sollphase starten, kommen auch in der Sollphase am Ende des Beschleunigers heraus. Beim realen Beschleunigungsprozeß wird aber ein Teilchenpaket beschleunigt, das über einen bestimmten Phasenbereich $\varphi_0 \pm \Delta\varphi$ verteilt ist (Abb. 2.90). Im nicht-

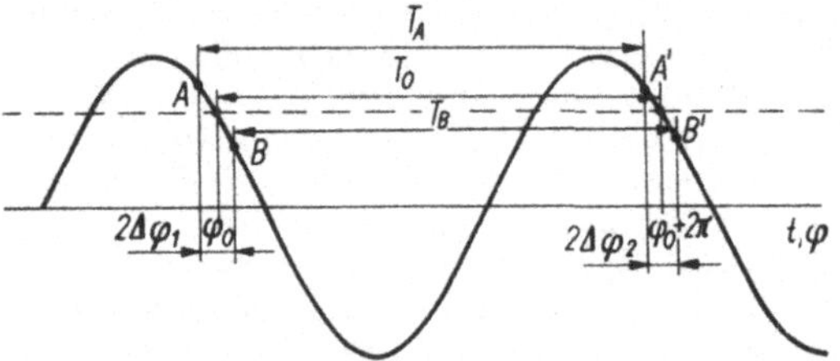

Abb. 2.90. Zum Prinzip der Phasenfokussierung. Die Sinuskurve mit der Periode T_0 stellt die Beschleunigungsspannung als Funktion der Zeit dar. φ_0 ist die Sollphase

relativistischen Bereich (bei $m = $ const.) ist die Umlaufzeit unabhängig von der Energie. Ein Teilchen mit der Phase $\varphi_0 - \Delta\varphi$ (Pkt. A) behält diese Phase bis zur vollen Energie bei. Es erreicht lediglich den Endradius mit weniger Umläufen, als ein Teilchen mit der Phase $\varphi_0 + \Delta\varphi$ (Pkt. B), da es bei jedem Umlauf etwas mehr Energie gewinnt.

Wenn die relativistische Massenzunahme von Bedeutung ist, dann wird ein Teilchen mit der Phase $\varphi_0 - \Delta\varphi$ etwas mehr an Massenzuwachs erhalten, als ein Teilchen in der Sollphase. Seine Umlaufszeit T_A wird deshalb etwas größer als die der Teilchen in der Sollphase. Seine Phasendifferenz $\Delta\varphi$ zur Sollphase wird also kleiner. Ein Teilchen, das mit der Phase $\varphi_0 + \Delta\varphi$ in Pkt. B startet, findet eine kleinere Spannung als die Teilchen in der Sollphase vor. Sein Massenzuwachs ist deshalb geringer als für die Sollphase und seine Umlaufzeit T_B ist kleiner als T_0. Seine Phasendifferenz $\Delta\varphi$ wird also in jeder Periode etwas kleiner. Auf diese Weise wird erreicht, daß die Teilchenpakete in der Phase immer mehr zusammenlaufen und während des gesamten Beschleunigungsprozesses in der Nähe der Sollphase verbleiben. Darin besteht die Phasenfokussierung. Dieser Mechanismus liegt in den Gesetzen der

Teilchenbewegung im Magnetfeld begründet und bedarf keiner besonderen technischen Maßnahmen, um zur Wirkung zu kommen.

Die Phasenfokussierung wurde im Jahre 1944 unabhängig voneinander von V. I. WEKSLER[1]) in der UdSSR und von E. MACMILLAN in den USA entdeckt. Die Erkenntnis dieses Prinzips ermöglichte den Bau von Beschleunigern bis zu relativistischen und ultrarelativistischen Energien.

2.5.6.4. Das Synchrozyklotron

Das Synchrozyklotron ist eine Variante des klassischen Zyklotrons für die Erreichung von Energien, bei denen die relativistische Massenzunahme bereits merklich ist. Die Magnetfeldkonfiguration dieser Maschinen entspricht der der klassischen Zyklotrons. Dementsprechend wirken auch die gleichen Prinzipien der Strahlfokussierung. Wegen der relativistischen Massenzunahme wird aber die Frequenz der Beschleunigerspannung der sich verändernden Umlauffrequenz der Teilchen angepaßt. Dazu dient ein Drehkondensator, der in der richtigen Abhängigkeit von der Zeit die Frequenz des Resonanzsystems vermindert.

Es liegt in der Natur dieses Prinzips, daß auf diese Weise kein kontinuierlicher Beschleunigungsprozeß aufrechterhalten werden kann. Es kann jeweils in einem Zyklus nur ein Teilchenpaket die Maschine durchlaufen. Die Wiederholfrequenz des Prozesses liegt bei etwa 100 Hz. Aus diesen Gründen können mit Synchrozyklotrons bei weitem nicht so große Intensitäten wie mit Zyklotrons oder Isochrozyklotrons erreicht werden. Die größte Maschine dieser Art besitzt einen Polschuhdurchmesser von 7 m und erreicht eine Energie von 1 GeV bei einem Strahlstrom von 1 µA.

2.5.6.5. Das Synchrotron

Die mit Synchrozyklotrons erreichbaren Energien sind durch die noch ökonomisch vertretbaren Größen der Magnete begrenzt. Ein Magnet mit 6 m Polschuhdurchmesser hat bereits eine Masse von 6000 t und erlaubt eine Beschleunigung von Protonen bis auf 700 MeV. Möchte man diesen Energiebereich wesentlich überschreiten (bis zu hunderten oder einigen tausend GeV), dann muß man zu einem anderen Beschleunigertyp übergehen.

Man kann die Teilchen auf einem Sollkreis mit konstantem Radius bis zur gewünschten Endenergie beschleunigen, wenn man entsprechend dem Energiezuwachs ständig das Magnetfeld erhöht. Dann benötigt man nur noch auf einem relativ schmalen Raum um den Sollkreis ein

---

[1]) WLADIMIR IOSIFOWITSCH WEKSLER 1907 bis 1966.

Magnetfeld. Man kann also zu ringförmigen Magneten übergehen. Wegen der Erhöhung der Umlauffrequenz mit steigender Energie muß auch die Frequenz der Beschleunigungsspannung synchron mit dem Teilchenumlauf erhöht werden. Aus diesem Grunde werden diese Maschinen Synchrotrons oder Synchrophasotrone (in der sowjetischen Literatur) genannt. Synchrotrons können für Protonen, schwere Ionen und auch für Elektronen gebaut werden.

Bereits in den 50er Jahren wurden die ersten Synchrotrons für Protonen gebaut. Sie arbeiteten noch mit einem fast homogenen Magnetfeld längs der kreisförmigen Teilchenbahn. Unter diesen Bedingungen sind die Amplituden der vertikalen und der Betatronschwingungen sehr groß. Deshalb betragen z. B. die Abmessungen der Vakuumkammer des Synchrophasotrons des Vereinigten Instituts für Kernforschung in Dùbna für 10 GeV etwa 0,5 · 2 m². Der Radius des Sollkreises beträgt 30 m. Um in einem so großen

Raum ein genügend starkes Magnetfeld aufrecht zu erhalten, ist ein Elektromagnet mit einer Masse von 36 000 t und einer elektrischen Leistung von 100 MW im Maximum notwendig. Der Weg zu noch höheren Energien stößt abermals auf harte ökonomische Barrieren. Diese ließen sich weit hinausschieben durch die Einführung der sog. harten Fokussierung. Es geht darum, die Amplituden der Schwingungen der Teilchen um ihren Sollkreis entscheidend zu verringern.

Man erhält eine sehr starke radiale Fokussierung, wenn man das Feld nach außen anwachsen läßt, d. h. wenn man in Gl. (2.169) $n < 0$ macht. (Siehe dazu auch in Abb. 2.86 die Kurve K_m mit $n < 0$.) Dann hat man aber eine Defokussierung in vertikaler Richtung, wie aus Abb. 2.87 b hervorgeht. Wechselt man den Feldgradienten auf $dB/dr < 0$, erhält man eine starke Fokussierung in vertikaler Richtung aber eine Defokussierung in radialer Richtung. Setzt man das magnetische System des Beschleunigers abwechselnd aus Magneten mit positiven und negativen Gradienten dB/dr zusammen, erhält man insgesamt eine Konfiguration (Abb. 2.91), in der die Abweichung der Teilchen vom Sollkreis sehr klein gemacht werden kann. Der Querschnitt der Beschleunigungskammer kann dann auf wenige Zentimeter reduziert werden und die Magneten erhalten auch für sehr große Energien noch vertretbare Abmessungen. Man nennt Maschinen, die nach diesem Prinzip konstruiert wurden AGS, d. h. Synchrotrons mit alternierenden Gradienten. Eine weitere Reduzierung der Abmessungen erreicht man, wenn man mit supraleitenden Magneten arbeitet. Mit Hilfe dieser technischen Fortschritte konnten die Baukosten für Beschleuniger für sehr

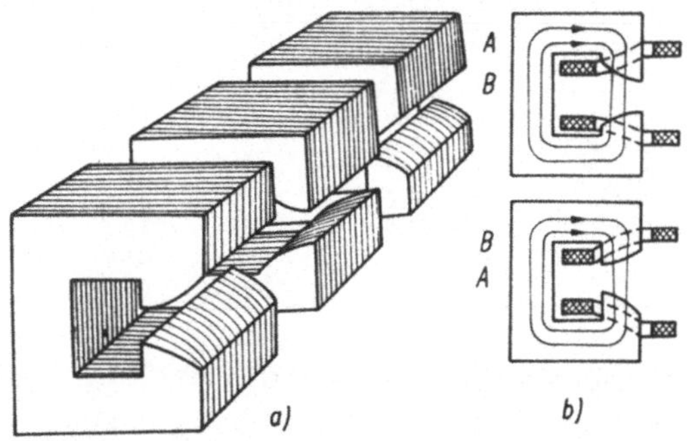

Abb. 2.91. Magnetblöcke eines Synchrotrons mit starker Fokussierung (AGS) (nach E. G. KOMAR 1975)

Tabelle 2.11. Die bedeutendsten Beschleuniger vom Synchrotrontyp

Ort, Land	Inbetriebnahme [Jahr]	Maximale Energie [GeV]	Durchmesser [m]	Typ der Fokusssierung	Energie der Magnetfelder [MJ]
Protonensynchrotrone					
Berkeley, USA	1954	6,2	30	schwach	80
Dubna, UdSSR	1957	10	56	schwach	148
Genf, Schweiz	1959	28	200	stark	10
Brookhaven, USA	1960	33	257	stark	13,7
Serpuchow, UdSSR	1967	76	472	stark	120
Batavia, USA	1972	500	2000	stark	
		1000	2000	supraleitend	
Genf, Schweiz	1975	400	2200	stark	
Serpuchow, UdSSR	Projekt	3000	6000	stark supraleitend	615
Ionensynchrotrone					
Berkeley, USA	1980	2 GeV/N		schwach	80
Dubna, UdSSR	1970	4,5 GeV/N	72	schwach	148
Elektronensynchrotrone					
Hamburg, BRD	1964	5,6	101	stark	
Erewan, UdSSR	1967	6,1	69	stark	
Kornell, USA	1967	12,2	250	stark	
Hamburg, BRD	1978	41	710	stark	

hohe Energien bezogen auf 1 GeV wesentlich reduziert werden.

Nach dem gleichen Prinzip können Synchrotrons für Elektronen gebaut werden. Eine Besonderheit dieser Maschinen ist das Auftreten der Synchrotronstrahlung. Die auf einer Kreisbahn bewegten Elektronen werden ständig auf den Mittelpunkt zu beschleunigt. Das führt zur Emission von elektromagnetischer Strahlung. Im Falle von Synchrotrons für Energien von etwa 1 GeV überstreicht die Wellenlänge das Gebiet vom Vakuumultraviolett bis zur Röntgenstrahlung mit Wellenlängen um 10^{-8} cm. Diese Strahlung ist sehr eng in tangentialer Richtung gebündelt und kann bei großen Elektronenströmen außerordentlich hohe Intensitäten erreichen. Sie findet breite Anwendung in der Festkörperphysik, Molekülphysik und Molekularbiologie.

In Tab. 2.11 sind eine Reihe von Synchrotrons mit ihren wichtigsten Daten zusammengestellt.

2.6. Wechselwirkung von Kernstrahlung mit Materie und kernphysikalische Detektoren

2.6.1. Wechselwirkung von schweren geladenen Teilchen mit Materie

Unter schweren geladenen Teilchen verstehen wir hier Teilchen mit Massen, die groß gegen die Elektronenmasse sind. Treffen solche Teilchen mit Energien auf Materie, die die Bindungsenergien der Elektronen in den Atomen der Substanz genügend übersteigen, dann sind unelastische Streuungen, die zur Anregung und Ionisierung der Atome führen, die bei weitem häufigsten elementaren Wechselwirkungen der einfallenden Teilchen. Sie führen zur Abbremsung der Teilchen bis auf thermische Energien. Das Verhältnis der Wahrscheinlichkeit der unelastischen Streuung an Atomen zur Wahrscheinlichkeit von Kernprozessen ergibt sich aus den Wirkungsquerschnitten. Sie betragen für die Streuung an Atomen größenordnungsmäßig 10^{-16} cm² und für Kernprozesse 10^{-27} bis 10^{-24} cm². Die Ionisierung betrachtet man als quasielastische Streuung des einfallenden Teilchens mit den Hüllenelektronen. Wegen der gegenüber der Energie des einfallenden Teilchens kleinen Bindungsenergie der Elektronen können die Elektronen in guter Näherung als freie Teilchen behandelt werden.

Aus der Kinematik des Stoßprozesses (s. Abschn. 2.3.1.) A + B → C + D, mit A und D dem einfallenden bzw. gestreuten schweren Teilchen und B und C dem Elektron, folgt, daß wegen des großen Verhältnisses der Teilchen zur Elektronen-

masse m_D/m_C [in Gl. (2.22)] der auf die Elektronen übertragene Impuls nur einen sehr kleinen Bruchteil des Impulses des einfallenden Teilchens betragen kann. Aus Gl. (2.26) ersieht man, daß außerdem die Streuwinkel für die schweren Teilchen sehr klein sind, während die Elektronen in beliebige Winkel gestreut werden können. Die einfallenden Teilchen geben ihre Energie also in kleinen Portionen in vielen aufeinanderfolgenden Stößen an eine große Zahl von Elektronen ab und durchfliegen dabei fast gradlinig die Substanz. Wegen der großen Zahl der Stöße läßt sich für jede Substanz ein gut definierter Mittelwert für die bei einem Ionisationsprozeß abgegebene Energie angeben, der um etwa 30 eV liegt (s. Tab. 2.12).

Tabelle 2.12. Mittlere für einen Ionisationsprozeß benötigte Energie

Gas	Z	Für Alpha-Teilchen [eV]	Für Protonen mit 340 MeV [eV]	Ionisationsarbeit [eV]
Wasserstoff	1	35,0	35,3	15,6
Helium	2	30,2	29,9	24,5
Stickstoff	7	36,2	33,6	15,5
Sauerstoff	8	32,8	31,5	12,5
Neon	10	28,0	28,6	21,5
Luft		35,2	33,3	

In einigen wenigen Fällen (kleine Stoßparameter) kommen beträchtlich höhere Energieüberträge bis in die Größenordnung von keV und einigen 10 keV zustande. Die dabei entstehenden relativ schnellen Elektronen werden als δ-Elektronen bezeichnet. Sie sind auf vielen Spurendetektoraufnahmen zu erkennen.

Wenn das einfallende Teilchen allmählich soweit abgebremst ist, daß seine Geschwindigkeit in der Größenordnung der Geschwindigkeit der Hüllenelektronen liegt, beginnt der Einfang von Elektronen durch das Teilchen eine Rolle zu spielen. Besonders mehrfach geladene Ionen beginnen dann ihre Elektronenhülle zu vervollständigen, wobei durchaus Elektronen mehrfach eingefangen und wieder verloren werden können. In dieser Phase verlangsamt sich die Abbremsung (s. den niederenergetischen Ast der dE/dx-Kurve für Protonen in Abb. 2.92). Wenn schließlich das eingefallene Teilchen bis auf die thermische Energie der Atome der Substanz abgebremst ist, ist der Prozeß der Absorption abgeschlossen.

Unter verschiedenen Voraussetzungen, deren wichtigste die Bedingung ist, daß das einfallende Teilchen „schnell" genug sein muß, läßt sich der Energieverlust durch unelastische Stöße mit den Atomen des Materials näherungsweise berechnen. „Schnell" genug sein heißt, die Energie muß mindestens so groß sein, daß die für die Anregung bzw. Ionisation notwendige Energie auf das Elektron übertragen werden kann. Im Abschnitt 2.3.1. wurde gezeigt, daß wegen der Erhaltung des Schwerpunktimpulses nur ein Teil der kinetischen Energie des einfallenden Teilchens für unelastische Prozesse verwendet werden kann. Mit Hilfe von Gl. (2.43) können wir die Mindestenergie $T^{\mathrm{L}}_{\mathrm{A\,Schwelle}}$, die das Teilchen (Proton, m_{p}) mitbringen muß, um auf ein Elektron (m_{e}) die Ionisationsenergie Q_{i} übertragen zu können, bestimmen:

$$T^{\mathrm{L}}_{\mathrm{A\,Schwelle}} = - \frac{m_{\mathrm{A}} + m_{\mathrm{B}}}{m_{\mathrm{B}}} Q_{\mathrm{i}}$$

$$= - \frac{m_{\mathrm{p}} + m_{\mathrm{e}}}{m_{\mathrm{e}}} Q_{\mathrm{i}} \approx 2000 \,|Q_{\mathrm{i}}|. \quad (2.170)$$

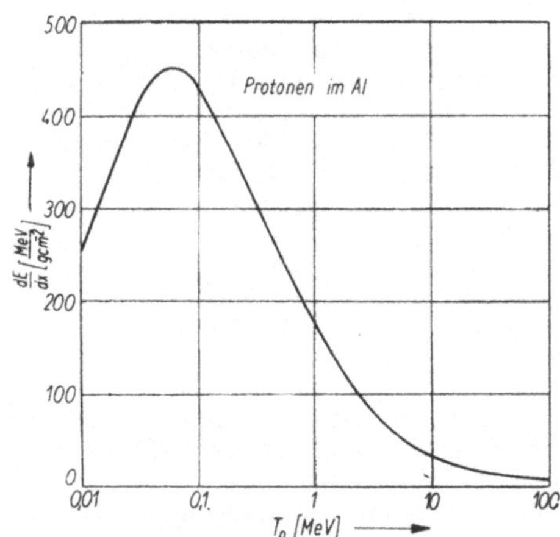

Abb. 2.92. Der Energieverlust dE/dx in Abhängigkeit von der Energie für Protonen im Aluminium (Bragg-Kurve)

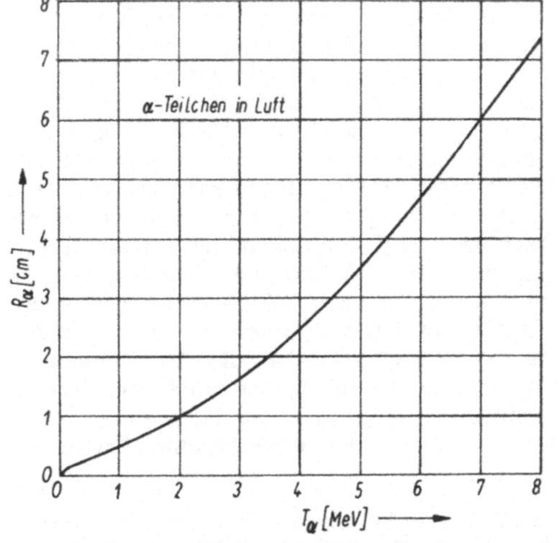

Abb. 2.93. Die Energie-Reichweite-Kurve für Alphateilchen in Luft

Wenn die Ionisationsenergie $Q_{\mathrm{i}} = 15$ eV beträgt, ist die Schwellenergie 30 keV! Die Energieübertragung von einem schweren auf ein leichtes Teilchen ist sehr uneffektiv.

Der Energieverlust dE/dx je Zentimeter Wegstrecke kann für Teilchenenergien, die größer als die Schwellenergie Gl. (2.170) sind, in guter Näherung aus

$$- \frac{\mathrm{d}E}{\mathrm{d}x} = \frac{4\pi e^4 z^2}{m_{\mathrm{e}} v^2} NB \qquad (2.171)$$

berechnet werden. Darin sind v die Geschwindigkeit des einfallenden Teilchens, ze seine Ladung, N die Zahl der Atome pro cm³ der bremsenden Substanz und

$$B = Z \left(\ln \frac{2m_{\mathrm{e}} v^2}{I} - \ln (1 - \beta^2) - \beta^2 \right) \qquad (2.172)$$

der Bremskoeffizient (oft auch mit Bremsvermögen bezeichnet). Z ist hierin die Ordnungszahl der bremsenden Atome und I ihr Ionisationspotential. β ist das Verhältnis v/c. Das zweite und dritte Glied in der Klammer kommt nur bei relativistischen Geschwindigkeiten ins Spiel. Als wichtige Regel merken wir uns:

> Der Energieverlust ist proportional dem Quadrat der Ladung des Geschoßteilchens und umgekehrt proportional dem Quadrat seiner Geschwindigkeit.

Aus Gl. (2.171) folgt, daß der Energieverlust im Laufe der Abbremsung immer größer wird. Kurz vor dem völligen Stillstand erreicht er ein Maximum und geht dann in der schon erwähnten Phase der Elektronenaustauschprozesse, die durch Gl. (2.171) nicht mehr beschrieben wird, schnell gegen Null (s. Abb. 2.92). Das zweite Glied in Gl. (2.172) führt bei hohen Energien wieder zu einem Anstieg des Energieverlustes. Bei Energien der einfallenden Teilchen, die etwa das 2- bis 3fache ihrer Ruhemasse betragen, durchläuft der Energieverlust ein breites Minimum, das man als Ionisationsminimum bezeichnet. Integriert man den Energieverlust von der Anfangsenergie bis zum Stillstand erhält man die Reichweite der Teilchen R. Ihre Berechnung ist kompliziert, da die Wegstrecke, die bei kleinen Geschwindigkeiten mit Elektronenaustausch zurückgelegt wird, wesentlich in das Resultat eingeht. Für die Reichweiten verschiedener Teilchen, einschließlich schwerer Ionen, in allen Elementen und in vielen wichtigen Verbindungen und Legierungen gibt es ausführliche Tabellen, die an experimentellen Daten überprüft sind (z. B. Atomic Data and Nuclear Data Tables, **27** (1982) 147). Als Beispiele sind in Abb. 2.93 die Reich-

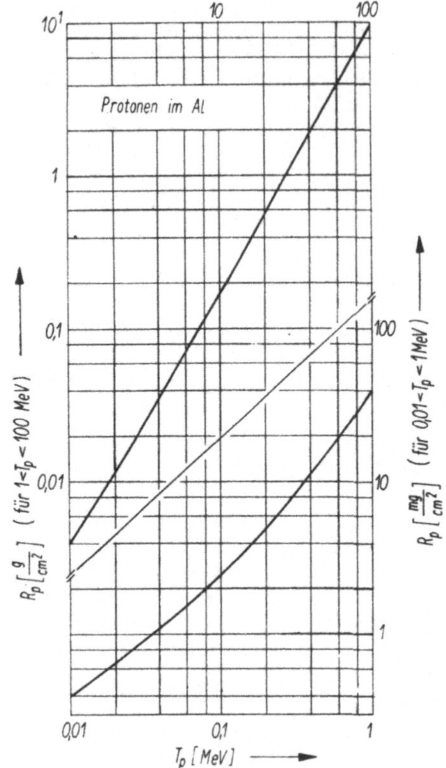

Abb. 2.94. Die Energie-Reichweite-Kurve für Protonen im Aluminium

weitekurve für Alphateilchen in Luft und in Abb. 2.94 für Protonen in Al dargestellt.

Für die Praxis wichtig sind einige Beziehungen für die Reichweiten von einfach geladenen Teilchen unterschiedlicher Massen. Mit ihrer Hilfe lassen sich die Reichweiten von Pionen, Deuteronen, Tritonen usw. berechnen, wenn man die Daten für Protonen (Masse m_p) besitzt. Für die Reichweite eines Teilchens mit der Masse m und der Energie E gilt

$$R_M(E) = \frac{m}{m_p} R_p \left(\frac{m_p}{m} E \right). \tag{2.173}$$

Es gibt auch eine einfache Beziehung für die Umrechnung der Reichweite von Alphateilchen in die Reichweite für Protonen:

$$R_p(v) = \frac{m_p}{m_\alpha} \left(\frac{z_\alpha^2}{z_p^2} \right) R_\alpha(v) - C. \tag{2.174}$$

Die Konstante C berücksichtigt die bei den Alphateilchen am Ende der Reichweite verminderte Abbremsung infolge der Umladeprozesse. Der Zahlenwert von C beträgt 0,2 cm.

Lange Zeit diente die Reichweite von Alphateilchen als Maß für ihre Energie. Heute sind die Energieverlust- und Reichweitekurven ein unverzichtbares Hilfsmittel für die Planung kernphysikalischer Experimente und für zahllose technische Anwendungen. Mit ihrer Hilfe werden die notwendigen Dicken von Detektoren und die Energieverluste in absorbierenden Schichten wie Fenstern, Luftschichten usw. bestimmt oder Abschirmungen berechnet. Zur Bestimmung des Energieverlustes in Schichtdicken, die nicht klein gegen die Reichweite sind, benutzt man ebenfalls die Reichweitekurven. Man geht bei der Inzidenzenergie in die Kurve ein und liest die Reichweite ab. Davon zieht man die Schichtdicke ab. Für die verbleibende Reichweite entnimmt man die entsprechende Energie. Die Differenz zur Inzidenzenergie ist der Energieverlust.

Die unterschiedlichen Reichweiten oder unterschiedlichen Energieverluste der verschiedenen Teilchen können mit Hilfe sog. dE/dx-Detektoren zur Teilchenunterscheidung ausgenutzt werden.

Wegen des statistischen Charakters der Ionisationsbremsung unterliegen der Energieverlust dE/dx und die Reichweite statistischen Schwankungen. Die Verteilung der Reichweiten für monoenergetische Teilchen kann durch eine Gaußverteilung wiedergegeben werden. Die relative Schwankung um den Mittelwert liegt für Protonen über 2 MeV zwischen 1 und 2%, fast unabhängig vom Material. Bei Alphateilchen ist die Schwankung nur halb so groß wie bei Protonen gleicher Geschwindigkeit.

Von großer Bedeutung ist auch die Wirkung der Strahlung auf die bestrahlte Substanz. Die unelastische Streuung an den Atomen führt zur Anregung und Ionisation, Effekte, die wie wir sehen werden, für die Detektierung und Energiemessung von Strahlung ausgenutzt werden können. Die gleichen Elementarprozesse können zum Auseinanderbrechen von Molekülen und damit zu einer chemischen Aktivierung führen. Die Kettenmoleküle von Polymeren werden aufgebrochen und fügen sich danach in vielfachen Verzweigungen und Vernetzungen wieder zusammen. Auf diese Weise kann z. B. die thermische Stabilität von Plasten erhöht oder Lacke ausgehärtet werden. Im organischen Gewebe können Makromoleküle wie z. B. Gene fragmentieren. Dadurch entstehen Störungen der komplizierten Stoffwechselvorgänge in den Zellen, die zum Absterben der Zellen oder zu Mutationen Anlaß geben. In festen Körpern spielen Streuprozesse eine wichtige Rolle, bei denen Atome nur relativ kleine Energien übertragen werden, die aber ausreichen, das betreffende Atom aus seinem Gitterplatz zu schlagen. Es muß dann in der Nähe einen freien Gitterplatz finden oder es besetzt einen Zwischengitterplatz.

Dieser Effekt geht bei hohen Bestrahlungsdosen bis zur Amorphisierung der Substanz. Dotiert man Halbleitermaterial durch Ionenimplantation, um die geforderten elektrischen Eigenschaften einzustellen, treten in der implantierten Schicht so viele Kristalldefekte auf, daß durch Ausheizen bei etwa 1 000 K das Material rekristallisiert werden muß. In Kernbrennstoff verursachen die mit hohen Energien auftretenden Spaltprodukte und die Neutronen ebenfalls erhebliche Strahlenschäden. Das äußert sich in einem Anschwellen (swelling) des Kernbrennstoffs.

2.6.2. Wechselwirkung von Elektronenstrahlen mit Materie

Ein Teil der elementaren Prozesse der Wechselwirkung von Elektronen mit Materie sind die gleichen wie die schwerer Teilchen. Anregung und Ionisation bei unelastischen Stößen mit den Atomen ergeben bei Elektronen und schweren Teilchen, wenn sie die gleichen Geschwindigkeiten besitzen, fast den gleichen Energieverlust. Die Bewegung der Elektronen durch die Materie sieht allerdings erheblich anders aus. Das liegt an der Massengleichheit der einfallenden Elektronen und der Elektronen der Atome. Aus der Kinematik der Stoßprozesse folgt, daß bei Stoßpartnern gleicher Masse die gesamte Energie des einfallenden Teilchens auf das Targetteilchen übertragen werden kann (bei zentralem Stoß). Da zwei Elektronen nicht unterscheidbar sind, rechnet man das Elektron, das nach dem Stoß die größere Energie besitzt, als das ursprünglich einfallende. Nach dieser Vereinbarung ist die maximal übertragbare kinetische Energie $T_{max} = \frac{1}{2}T$. (Ist das Primärteilchen ein Positron, dann sind

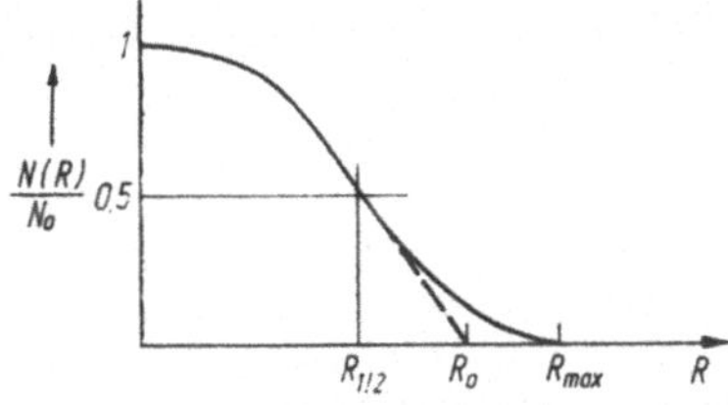

Abb. 2.95. Reichweiteverteilung für parallel einfallende monoenergetische Elektronen in Materie (schematisch)

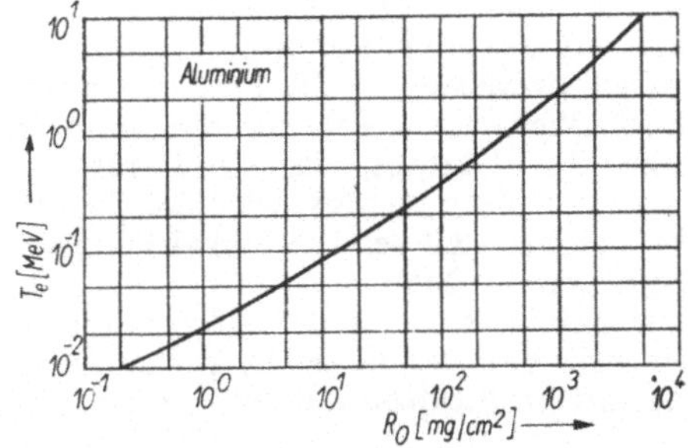

Abb. 2.96. Energie-Reichweite-Kurve für Elektronen im Aluminium. Aufgetragen ist die extrapolierte Reichweite R_0

die Teilchen unterscheidbar und die maximal übertragbare Energie beträgt $T_{max} = T$.) In Verbindung mit dem hohen Anteil übertragbarer Energie sind Streuwinkel bis 90° möglich. Die Bahn eines Elektrons durch Materie ist deshalb eine vielfach gewundene und gebrochene Kurve. Von einem Energieverlust je Weglänge und einer Reichweite kann man nur reden, wenn man diese Größen längs dieser Kurve mißt. Die statistische Streuung der Energieverluste und der Reichweiten sind erheblich größer als bei schweren Teilchen und betragen 15 bis 25%. Das liegt an den statistisch auftretenden Elementarakten mit großem Energieübertrag.

Von praktischer Bedeutung ist das Verhalten eines einfallenden parallelen und monoenergetischen Elektronenstrahls. Wegen der vielen Streuprozesse mit großen Ablenkwinkeln fächert der Strahl sehr schnell wie ein strubbeliger Rasierpinsel auseinander. In der Tiefe des Materials nimmt die Intensität nach einer nur experimentell bestimmbaren Funktion ab (Abb. 2.95). Es läßt sich die Tiefe $R_{1/2}$ definieren, in der die Intensität auf die Hälfte abgenommen hat. Die Verteilung der Reichweiten fällt bei $R = R_{1/2}$ etwa linear ab. Dieser lineare Abfall auf $N = 0$ extrapoliert ergibt die sog. extrapolierte Reichweite R_0, die für Al durch die empirische Formel

$$R_0(g/cm^2) = 0{,}525\ T(MeV) - 0{,}094$$

ausgedrückt werden kann. Die Abhängigkeit der extrapolierten Reichweite von der Energie ist in Abb. 2.96 für Al dargestellt. Schließlich kann man noch von einer maximalen Reichweite R_{max} sprechen.

Ähnlich wie für schwere Teilchen wurde festgestellt, daß die Energie, die ein Elektron im Mittel für einen Ionisationsprozeß aufwendet etwa 35 eV beträgt und kaum von der Energie abhängt.

Bei Elektronen trägt noch ein weiterer Effekt zur Abbremsung bei, die Bremsstrahlung. Bremsstrahlung tritt bei jeder Beschleunigung von geladenen Teilchen, d. h. bei jeder Abweichung von der geradlinigen, gleichförmigen Bewegung auf, also auch bei Streuprozessen. Für Elektronen, die sich durch eine Substanz bewegen, geben sowohl die Streuungen an den Atomkernen als auch an Elektronen Anlaß zu Bremsstrahlung. Allerdings hängt die Wahrscheinlichkeit der Emission eines Bremsstrahlungsquants vom Quadrat der Ladung des Streuzentrums ab. Sie ist folglich für die Streuung am Kern Z^2 mal wahrscheinlicher als am Elektron. Die Wahrscheinlichkeit der Bremsstrahlung ist ferner umgekehrt proportional zum Quadrat der Masse des gestreuten Teilchens. Sie ist also für Elektronen rund $4 \cdot 10^6$ mal größer als für Protonen, wo sie praktisch keine Rolle spielt. Die Ionisationsbremsung hängt linear von

---

der Ordnungszahl Z der bremsenden Substanz ab. Sie wird mit der Energie kleiner und steigt nach dem Ionisationsminimum nur langsam wieder an. Dagegen wächst die Strahlungsbremsung für $T > m_e c^2$ (also schon bei einigen MeV) etwa linear mit T an. Für jedes Material läßt sich daher eine kritische Energie T_{kr} angeben, ab der die Strahlungsbremsung die Ionisationsbremsung überwiegt. Einige dieser Werte sind in Tab. 2.13 zusammengestellt.

Tabelle 2.13. Werte der kritischen Energie T_{kr}, ab der die Strahlungsbremsung die Ionisationsbremsung überwiegt

Material	Z	T_{kr} [MeV]	Material	Z	T_{kr} [MeV]
Wasserstoff	1	340	Sauerstoff	8	77
Helium	2	220	Aluminium	13	47
Kohlenstoff	6	103	Eisen	26	24
Stickstoff	7	87	Blei	82	6,9
Luft		83	Wasser		93

Die Wirkung der Elektronenstrahlen auf die Substanz ist ähnlich wie die Wirkung schwerer Teilchen. Für technische Bestrahlungen zur Modifizierung von Kunststoffen oder z. B. zur Desinfizierung von Flüssigkeiten oder medizinischen Geräten benutzt man günstiger Elektronenstrahlen, da sie billiger zu erzeugen sind und eine größere Durchdringungsfähigkeit besitzen. Außerdem treten keine Aktivierungen durch Kernreaktionen auf. Strahlentherapie mit Elektronen hat den Nachteil, daß entsprechend dem genannten Verlauf der Intensität mit der Tiefe (Abb. 2.95), der Hauptanteil der Dosis dicht an der Oberfläche absorbiert wird. Tiefer liegende Geschwülste können daher nur auf Kosten der Schädigung oberflächennaher Gewebeschichten bestrahlt werden.

In einem lichtdurchlässigen Medium mit der Brechzahl n können sich geladene Teilchen schneller bewegen, als sich elektromagnetische Felder in diesem Medium ausbreiten, d. h. die Teilchengeschwindigkeit v kann größer als c/n sein. In diesem Falle tritt ein Effekt auf, der der

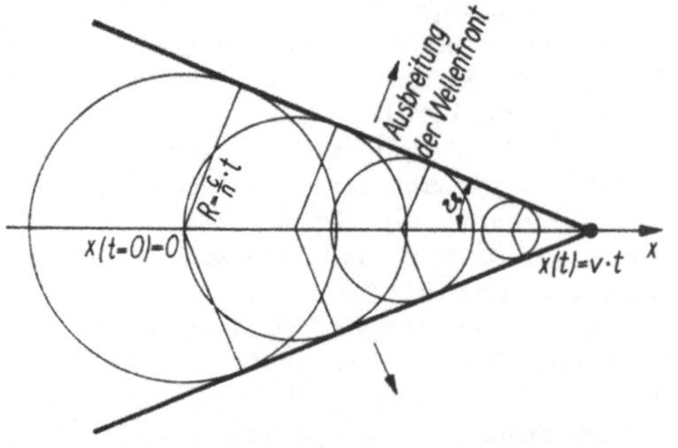

Abb. 2.97. Zur Erklärung des Čerenkow-Effektes

Bildung von Bugwellen an einem Schiff oder der Knallwelle, die von einem Überschallflugzeug ausgeht, völlig analog ist. Befand sich das Teilchen im Zeitpunkt $t = 0$ im Punkt 0 (Abb. 2.97), dann hat sich das von ihm ausgehende elektrische Feld bis zur Zeit t kugelförmig bis zum Radius $R = \frac{c}{n} t$ ausgebreitet. Das Teilchen hat unterdessen die Strecke $x = vt$ zurückgelegt und ist dem Feld vorausgeeilt. Von jedem Punkt seines Weges x hat sich das Feld ebenfalls kugelförmig ausgebreitet. Die Envelope aller dieser Kugelwellen ist eine Kegelfläche mit dem halben Öffnungswinkel ϑ, der durch

$$\sin \vartheta = \frac{c}{vn}$$

gegeben ist. Die Kegelfläche ist eine Wellenfront, die sich mit der Geschwindigkeit c/n unter dem Winkel $90° - \vartheta$ zur Bewegungsrichtung des Teilchens ausbreitet. Sie wird als eine Lichtstrahlung wahrgenommen. Dieser Effekt wurde 1934 an Betastrahlen entdeckt und wird nach dem Entdecker Čerenkow-Effekt genannt. Die theoretische Deutung stammt von I. E. TAMM und I. M. FRANK. Mißt man die Richtung des Tscherenkow-Lichtes, erhält man die Geschwindigkeit der Teilchen. Deshalb hat dieser Effekt eine große Bedeutung für die experimentelle Hochenergiephysik.

2.6.3. Wechselwirkung von Gammastrahlung mit Materie

Für die Absorption von Gammastrahlung in Materie sind drei verschiedene Elementarprozesse von Bedeutung: der Photoeffekt, die Compton-Streuung und die Paarbildung. Die Wahrscheinlichkeit, mit der diese Prozesse auftreten, ist stark von der Energie und der Ordnungszahl der absorbierenden Substanz abhängig. Der Photoeffekt beherrscht die Absorption bei kleinen Energien bis zu etwa dem 10fachen der Ionisationsarbeit für die K-Schale. Im anschließenden Energiebereich ist die Compton-Streuung vorherrschend. Die Schwellen für die Produktion von Elektronenpaaren ($e^+ + e^-$) ist die doppelte Ruhemasse des Elektrons, also 1,022 MeV. Bei Gammaenergien über 10 MeV wird die Paarbildung der Hauptprozeß der Wechselwirkung von Gammaquanten mit Materie.

Der *Photoeffekt* besteht in der Absorption der Gesamtenergie des Quants $h\nu$ in einem Atom, das daraufhin ein Elektron mit der Energie

$$T_e = h\nu - I$$

emittiert, wobei I die Ionisationsenergie ist. Der Querschnitt für den Photoeffekt an einem Elektron der K-Schale bei Energien genügend weit über der Ionisationsenergie läßt sich durch

$$\sigma_K = 6{,}651 \cdot 10^{-25} \cdot 4\sqrt{2}\,\frac{Z^5}{137^4}\left(\frac{m_e c^2}{hv}\right)^{7/2}\ \text{cm}^2 \tag{2.175}$$

ausdrücken. In dieser Formel kommt die außerordentlich starke Abhängigkeit des Querschnitts von der Ordnungszahl Z und der Gammaenergie zum Ausdruck. Für die Absorption von Gammastrahlung sind also die schweren Elemente wie z. B. Blei am effektivsten. Andererseits muß man sehr leichte Materialien wählen, wenn man Fenster für weiche Quanten benötigt. So wird z. B. für die Fenster für den Strahlenaustritt aus Röntgenröhren Beryllium benutzt. Gl. (2.175) zeigt, daß die Absorption durch den Photoeffekt schnell mit der Energie abnimmt.

Die *Compton-Streuung* besteht aus einer (quasi-)elastischen Streuung des Photons (Gammaquants) an einem Elektron. Die Kinematik dieses Prozesses wurde im Abschnitt 1.2.1. behandelt. In Abb. 2.98 wird noch einmal gezeigt, wie sich der Impuls des einfallenden Photons hv_0/c gemäß den Regeln der Vektoraddition in die Impulse des gestreuten Photons hv/c und den Impuls des Rückstoßelektrons p_e aufteilt. Für den differentiellen Wirkungsquerschnitt der Compton-Streuung für ein Photon mit der Energie hv_0 in den

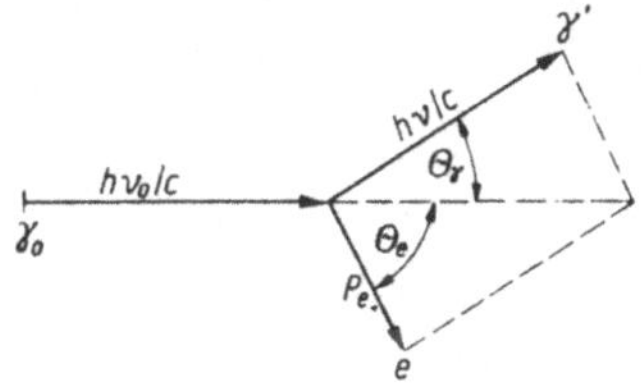

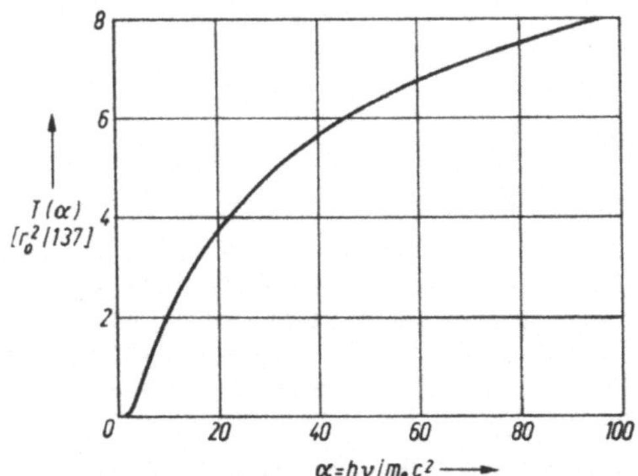

Abb. 2.98. Zur Kinematik der Compton-Streuung

Abb. 2.99. Energieabhängigkeit des Querschnitts der Paarbildung σ^{tot} in Einheiten von $\dfrac{r_0^2}{137}$ (r_0 klassischer Elektronradius)

Winkel ϑ_v erhält man aus der relativistischen Quantenmechanik

$$\frac{d\sigma}{d\Omega} = \frac{e^2}{2m_e c^2}\,\frac{v^2}{v_0^2}\left(\frac{v_0}{v}+\frac{v}{v_0}-\sin^2\vartheta_v\right) \tag{2.176}$$

mit

$$hv = hv_0(1 + (hv_0/m_e c^2)\,(1 - \cos\vartheta_v))^{-1}.$$

Der Querschnitt der Compton-Streuung fällt also schneller als umgekehrt proportional zum Quadrat der Gammaenergie.

Die *Paarbildung* ist der umgekehrte Prozeß zur Annihilation von Elektronenpaaren in ein Gammaquant. Genauso wie dieser ist die Paarbildung nur im Feld eines Kerns möglich. Der Kern muß nämlich einen Teil des Impulses des einfallenden Photons übernehmen, damit Energie- und Impulssatz erfüllt werden können. Der Querschnitt der Paarbildung ist proportional dem Quadrat der Ordnungszahl Z und hängt kompliziert von der Photonenenergie ab. Wie aus Abb. 2.99 ersichtlich, steigt die Wahrscheinlichkeit der Paarbildung mit der Energie monoton an.

Solange nicht einer der drei genannten Elementarakte eintritt, bewegt sich das Photon unbeeinflußt durch die Substanz. Die Wahrscheinlichkeit, daß einer der drei Absorptionsprozesse eintritt, ist in jeder Eindringtiefe x proportional der Intensität $I(x)$ der Strahlung. Die Intensität der primären Gammastrahlung I_0 nimmt daher exponentiell mit der Eindringtiefe ab

$$I(x) = I_0\,e^{-\tau x}. \tag{2.177}$$

Der Absorptionskoeffizient τ setzt sich aus den Anteilen der drei Effekte zusammen

$$\tau = \tau_{\text{Photoeff.}} + \tau_{\text{Compton}} + \tau_{\text{Paarbild.}}. \tag{2.178}$$

Abb. 2.100 zeigt die Zusammensetzung des totalen Absorptionskoeffizienten aus seinen drei Bestandteilen in Abhängigkeit von der Photonenenergie für Blei und Aluminium.

Gl. (2.177) gibt die Abschwächung der ursprünglichen Strahlendosis noch nicht vollständig wieder. An jeden der Elementarakte schließen sich Sekundärprozesse an. Die Photoelektronen werden, wie im Abschnitt 2.6.2. beschrieben, in der Substanz abgebremst. Das gleiche gilt für die durch Compton-Streuung ausgelösten Elektronen, die Compton-Elektronen. Das nach dem Compton-Effekt verbleibende Photon mit geschwächter Energie kann weitere Compton- oder Photoeffekte erzeugen. Die aus der Paarbildung hervorgehenden Elektronen unterliegen ebenfalls den in Abschnitt 2.6.2. beschriebenen Absorptionsprozessen. Hat das einfallende Photon sehr große Energien, kann sich ein Kaskadenprozeß mit mehrmaliger Umwandlung von Photonen in Elektronenpaare und erneuter Bildung von Photonen durch Bremsstrahlungsprozesse oder durch

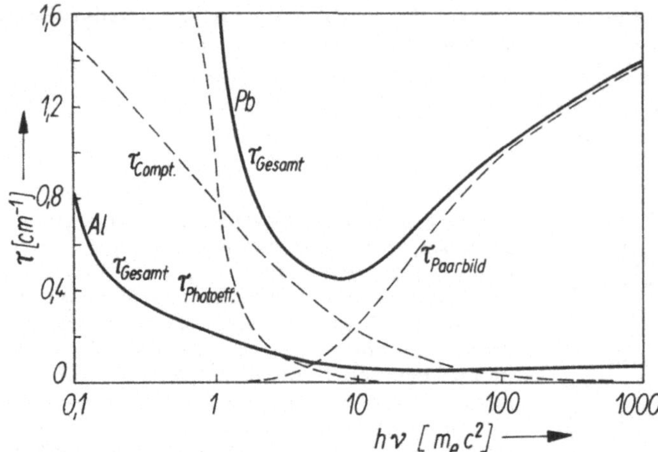

Abb. 2.100. Die Zusammensetzung des Absorptionskoeffizienten für Gammastrahlung in Blei und τ_{gesamt} für Aluminium als Funktion der Gammaenergie

Annihilation von Positronen entwickeln. Man detektiert in diesem Falle sog. Elektron-Photon-Schauer. Diese Erscheinung wurde erstmalig in der Höhenstrahlung beobachtet.

Die Gammastrahlung wirkt nur mittelbar über die von ihr ausgelösten Photo-, Compton- oder Paarelektronen auf die Substanz. Ihre Wirkung beruht daher auf den gleichen Effekten wie die der Elektronenstrahlung. Sie kann wie Elektronenstrahlung zur Modifizierung von Kunststoffen, zur Sterilisation oder zur Strahlentherapie eingesetzt werden. Bei der Planung der Bestrahlung muß man allerdings berücksichtigen, daß die räumliche Verteilung der tatsächlich absorbierten Dosis anders als bei einem Elektronenstrahl ist.

2.6.4. Wechselwirkung von Neutronen mit Materie

Neutronen haben keine elektrische Ladung. Eine elektromagnetische Wechselwirkung mit den Atomen einer Substanz ist deshalb nur über das magnetische Moment möglich. Diese Wechselwirkung hat aber einen so kleinen Querschnitt, daß eine Bremsung der Neutronen durch Ionisation oder Anregung von Atomen keine Rolle spielt. Maßgebend für die Wechselwirkung von Neutronen mit Materie sind lediglich die Kernprozesse, elastische und unelastische Streuung und Einfang- und Kernreaktionen einschließlich Spaltung. Diese Wechselwirkungen haben wir bereits im Kapitel Kernumwandlungen kennengelernt. Hier soll ihre summarische Wirkung auf Neutronenstrahlen behandelt werden.

Als erstes betrachten wir die Wechselwirkung von Neutronen mit Protonen in einer wasserstoffhaltigen Substanz. Der einzig mögliche Prozeß ist hier die elastische Streuung. In den Gleichungen für die Kinematik von Stoßprozessen (Abschn. 2.3.1.) soll Teilchen C das gestreute Neutron n und D das Rückstoßproton p sein. Für den elastischen Stoß ($Q = 0$) von Teilchen gleicher Masse folgt gemäß Gl. (2.22) und (2.23)

$$T_n = T_A \cos^2 \vartheta_n. \tag{2.179}$$

Aus Gl. (3.7) ergibt sich

$$T_p = T_A - T_A \cos^2 \vartheta_n = T_A \sin^2 \vartheta_n$$
$$= T_A \cos^2 (90° - \vartheta_n). \tag{2.180}$$

Mit diesen Ausdrücken erhalten wir aus Gl. (2.26)

$$\sin \vartheta_p = \cos \vartheta_n$$

oder

$$\vartheta_p = 90° - \vartheta_n.$$

> Bei dem Stoß von Teilchen gleicher Masse ist die Summe der Streuwinkel der beiden Teilchen im Endzustand $\vartheta_n + \vartheta_p = 90°$. Der größte mögliche Streuwinkel ist 90°.

Die Energie des Teilchens, das in diese Richtung gestreut wird, ist Null.

Die Energieverteilung $\dfrac{d\sigma}{dT_n}$ der Neutronen bzw. der Rückstoßprotonen nach der Streuung besitzt

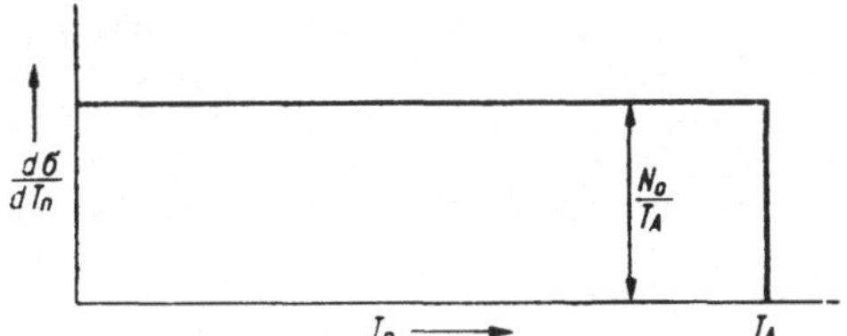

Abb. 2.101. Das Spektrum der Rückstoßprotonen (oder gestreuten Neutronen) aus der Neutron-Proton-Streuung

eine Rechteckform (Abb. 2.101) mit der Einschußenergie T_A als Maximum.

Dieser Fakt läßt sich aus folgendem Ansatz für die Verteilung ableiten

$$\frac{d\sigma}{dT_n} \sim \int_{\varphi=0}^{2\pi} \frac{d\sigma^L}{d\Omega^L} \sin\vartheta_n{}^L \, \Delta\vartheta_n{}^L \, d\varphi = 2\pi \frac{d\sigma^L}{d\Omega^L} \sin\vartheta_n{}^L \, \Delta\vartheta_n{}^L.$$

Es geht hier also um die über φ integrierte Winkelverteilung. In diesem Ansatz ist $\frac{d\sigma^L}{d\Omega^L}$ durch $\frac{d\Omega^S}{d\sigma^S}$ nach Gl. (2.51), $\sin\vartheta_n{}^L$ durch T_n und $\Delta\vartheta_n{}^L$ durch ΔT_n nach Gl. (2.179) auszudrücken. Diese Umformungen ergeben letztlich

$$\frac{d\sigma}{dT_n} \sim 4\pi \frac{d\sigma^S}{d\Omega^S} \frac{\Delta T_n}{T_A}.$$

Diese Verteilung hängt höchstens implizit über den differentiellen Querschnitt im SS vom Winkel und damit von T_p ab. Solange der differentielle Querschnitt isotrop ist (s-Wellenstreuung), erhält man eine rechteckige Energieverteilung.

Man kann die Messung dieses Spektrums der Rückstoßprotonen dazu benutzen, das Spektrum der einfallenden Neutronen zu bestimmen. Andererseits folgt aus diesem Spektrum, daß die mittlere Energie der Neutronen nach der Streuung nur noch die Hälfte der ursprünglichen Energie beträgt. Nach dieser Streuung sind weitere Streuprozesse der Neutronen mit den Protonen der Substanz möglich. Dabei wird die Neutronenenergie weiter herabgesetzt und nach einer kurzen Kaskade von Streuungen sind die Neutronen soweit verlangsamt, daß ihre Energieverteilung der thermischen Energieverteilung der Wasserstoffatome in der Substanz entspricht. Die Neutronen nehmen eine Maxwell-Verteilung an. Man spricht dann von thermalisierten oder einfach von thermischen Neutronen.

Diese Thermalisierung der Neutronen ist von größter Bedeutung für die Konstruktion von Kernreaktoren, die mit thermischen Neutronen arbeiten, d. h. die großen Spaltquerschnitte des ^{235}U oder ^{239}Pu bei kleinen Neutronenenergien ausnutzen ($1/v$-Gesetz). Die Thermalisierung der Neutronen ist ebenso von Bedeutung für den Strahlenschutz gegen Neutronen oder die geometrische Ausblendung von Neutronenstrahlen (Kollimierung). Sehr wirkungsvolle Substanzen für diese Zwecke sind z. B. Paraffin, Wasser und Beton. Wenn man diesen Materialien noch Nuklide beimischt, die einen sehr großen Querschnitt für den Neutroneneinfang haben wie z. B. Bor, kann man Neutronenflüsse so gut wie vollständig absorbieren.

Man kann als Substanz für die Thermalisierung oder, wie man auch sagt, Moderierung der Neutronen auch flüssigen Wasserstoff verwenden. Dann erhält man „kalte" Neutronen. Manche Forschungsreaktoren besitzen Einrichtungen dafür. Den niederenergetischen Schwanz dieser kalten Neutronen nennt man „ultrakalte" Neutronen. Sie haben bereits De-Broglie-Wellenlängen in der Größenordnung der Lichtwellenlänge. Sie bewegen sich nur noch mit Geschwindigkeiten von 5 m/s und werden von verspiegeltem Glas oder Metallwänden total reflektiert, so daß sie sich in Kästen einschließen und dort längere Zeit aufbewahren lassen.

Aus der Kinematik der Streuprozesse folgt, daß bei der elastischen Streuung der Neutronen an schweren Kernen die Energieabgabe je Stoß wesentlich geringer ist als an Protonen und deshalb die Thermalisierung langsamer erfolgt.

Wenn es sich um die Streuung schneller Neutronen ($T_n > 100$ keV) handelt, reicht der den Atomen übertragene Impuls aus, um diese aus ihren Gitterplätzen zu schlagen. Auf diese Weise entstehen auch durch Neutronenströme erhebliche Strahlenschäden. Bei großen Strahlenbelastungen des Materials, wie sie in Kernreaktoren auftreten, verändern sich auf die Dauer die makroskopischen Eigenschaften der Materialien. Es entsteht z. B. die sog. Neutronenversprödung.

In manchen Materialien kommt die unelastische Streuung als weiterer wirksamer Prozeß für die Bremsung der Neutronen hinzu. Das gilt z. B. für Eisen, das bei Energien im MeV-Bereich einen großen Querschnitt für die unelastische Streuung besitzt. Sind die Neutronen unter die Schwellenergie für die Eisenanregung abgebremst, muß die vollständige Thermalisierung wieder in wasserstoffhaltigen Substanzen erfolgen. Abschirmungen und Kollimatoren für schnelle Neutronen baut man deshalb aus passenden Kombinationen von Eisen und Öl oder Wasser auf.

Eine Reichweite für Neutronen kann man nicht angeben. Die Schwächung des Strahls der einfallenden Neutronen erfolgt nach einem Exponentialgesetz. Die gestreuten Neutronen fliegen aber weiter in das Material und die thermalisierten diffundieren beliebig weit, so lange sie nicht eingefangen werden. Als Faustregel kann man sich merken: Ein Strahl von 14 MeV Neutronen wird in einer Schicht von 10 cm Paraffin oder 20 cm Beton auf etwa 1/10 seiner Intensität abgeschwächt.

2.6.5. Kohärente Streuung von Neutronen an Kristallgittern

Die mittlere Energie von thermischen Neutronen bei der Temperatur $\theta = 300$ K beträgt

$$T_n = \tfrac{3}{2}k\theta = \tfrac{3}{2} \cdot 0{,}862 \cdot 10^{-4} \text{ eV/K} \cdot 300 \text{ K};$$

$$T_n \sim 4 \cdot 10^{-2} \text{ eV}.$$

Dieser Energie entspricht eine De-Broglie-Wellenlänge von

$$\lambda = \frac{h}{\sqrt{2mT_n}} = 1{,}43 \cdot 10^{-8} \text{ cm}.$$

Die Wellenlänge der thermischen Neutronen liegt also in der Größenordnung der Gitterkonstanten von Kristallen und der Abmessungen von Molekülen. Es war einer der schönsten Beweise für den Wellencharakter von Teilchen, als es gelang, die kohärente Streuung von Neutronen an Kristallen nachzuweisen. Dieser Effekt ist völlig analog zu der Streuung von Röntgenstrahlen oder Elektronen an Kristallstrukturen. Inzwischen ist die Diffraktion von Neutronen zu einer Standardmethode der Untersuchung der Struktur von kristallinen Materialien, aber auch von Flüssigkeiten, amorphen Stoffen und der Struktur von Makromolekülen geworden. Als Neutronenquellen dienen Forschungsreaktoren, die meist die Möglichkeit bieten, an vielen Neutronenbündeln gleichzeitig Neutronendiffraktometer zu betreiben.
Gegenüber der Röntgenbeugung besitzt die Neutronenstreuung eine Reihe von Besonderheiten. Die Röntgenstrahlen werden an den Elektronen der Atome gestreut. Die Intensität der Streuwellen ist proportional dem Quadrat der Ordnungszahl der Atome. Die Streuung der Neutronen ist ein reiner Kerneffekt. Die Ordnungszahl spielt keine Rolle. Der Querschnitt der Streuung thermischer Neutronen liegt für alle Kerne in der gleichen Größenordnung, einschließlich für Wasserstoff. Deshalb ist die Neutronenstreuung auch für die Untersuchung der Struktur wasserstoffhaltiger Substanzen geeignet und ergänzt damit auf dem sehr wichtigen Gebiet der organischen Substanzen die Röntgenstrukturanalyse. Die Querschnitte der Neutronenstreuung können für einzelne Nuklide trotzdem deutlich variieren in Abhängigkeit von deren individuellen Eigenschaften. Das kann z. B. bei der Untersuchung von Metallegierungen von Vorteil sein, deren Bestandteile im periodischen System der Elemente benachbart liegen und sich in der Röntgenstreuung kaum unterscheiden (z. B. Legierungen von Fe und Co).
Da das Neutron ein magnetisches Moment besitzt, wirkt bei der Streuung langsamer Neutronen außer der Kernkraft eine Wechselwirkung, die von der gegenseitigen Orientierung der der magnetischen Momente der Neutronen und der Atome der Substanz abhängt (s. a. Abschn. 2.2.5.). Neutronen sind deshalb geeignete Sonden zur Untersuchung der magnetischen Struktur kondensierter Medien.

2.6.6. Kernphysikalische Detektoren

2.6.6.1. Gaszähler

Die in einem Gasvolumen durch ionisierende Strahlung erzeugten Ionenpaare lassen sich in einer relativ einfachen Anordnung, einer Ionisationskammer, zählen. Dieses Gerät besteht aus einem Plattenkondensator in einer Gasatmosphäre. An die Platten wird eine Spannung von einigen hundert Volt gelegt. Die Anode wird über einen großen Widerstand R an die Spannungsquelle angeschlossen (Abb. 2.102). Ein ionisierendes Teilchen sei parallel zu den Platten im Abstand x von der Anode durch die Kammer geflogen. Die von ihm erzeugten Ladungsträger driften nun zu den Elektroden, die negativen Teilchen, in der Regel Elektronen, zur Anode, die positiven Ionen zur Kathode. Wegen der zahlreichen Streuungen an den Gasmolekülen bewegen sich die Ladungsträger mit einer konstanten Driftgeschwindigkeit w^+ bzw. w^- in Feldrichtung. Die Bewegung der Teilchen influenziert eine Spannung $V^{\pm}$ auf den Platten, die solange anwächst, bis die Ladungsträger die Elektroden erreicht haben. Diese Spannung läßt sich durch

$$V^- = \frac{1}{C_0} \int_0^{t^-} I^-(t)\, dt = \frac{en^-}{C_0} \frac{x}{w^-} \qquad (2.181)$$

darstellen. C_0 ist die Kapazität der Kammer einschließlich der parasitären Kapazitäten der Schaltung. $I^-(t)$ ist der Strom, der von den negativen Ladungsträgern gebildet wird und n^- ihre Zahl. $t^- = \dfrac{x}{w^-}$ ist die Zeit, die die Ladungsträger benötigen, um von der Stelle ihrer Entstehung zur Zeit $t = 0$ bis zur Elektrode zu gelangen. Für die auf der Kathode influenzierte Spannung gilt eine entsprechende Formel

$$V^+ = \frac{1}{C_0} \int_0^{t^+} I^+(t)\, dt = \frac{en^+}{C_0} \frac{D - x}{w^+}, \qquad (2.182)$$

mit D, dem Plattenabstand. Die in die Gl. (2.181) und (2.182) eingehenden Driftgeschwindigkeiten w^- und w^+ unterscheiden sich für Elektronen und positive Ionen um Größenordnungen. Infolgedessen ist die Zeit t^- wesentlich kleiner als t^+. Die Bewegung der Elektronen erzeugt also

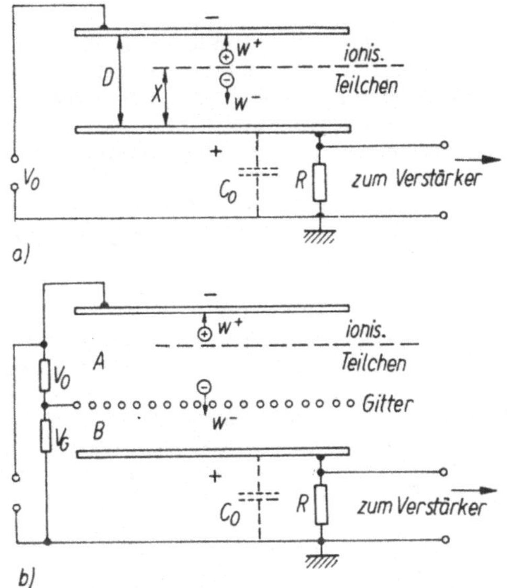

Abb. 2.102. Ionisationskammer zum Nachweis und zur Messung der Energie einzelner Teilchen. a) Gewöhnliche Ionisationskammer; b) Gitterionisationskammer

zunächst einen steilen Anstieg des Spannungsimpulses, der von einem weiteren sehr langsamen Anstieg gefolgt wird. Der gesamte Impuls $V^- + V^+$ kann sich nur ausbilden, wenn die Zeitkonstante RC_0 genügend groß ist (ms-Bereich). Das ist für die meisten Zwecke zu langsam. Man wählt deshalb in der Regel Zeitkonstanten, die zwischen t^- und t^+ liegen. Der von den positiven Ionen herrührende Anteil wird damit unterdrückt und nur V^- gemessen.

Aus Gl. (2.181) folgt, daß der Impuls proportional der Zahl der negativen Ladungsträger ist und damit proportional der Energie, die das ionisierende Teilchen in der Kammer abgegeben hat. Die Ionisationskammer ist also geeignet, diese Energie zu messen. Allerdings ist das Resultat der Messung noch vom Ort der Entstehung der Ladungsträger, also von x, abhängig. Diese Abhängigkeit läßt sich durch den Einbau einer gitterförmigen Elektrode in die Kammer (Abb. 2.102b) ausschalten. In dem Volumen A der Kammer werden die Ionen erzeugt. Die Elektronen driften durch das Gitter in das Volumen B und erzeugen erst dann den Impuls V^- auf der Anode. Da alle Elektronen die gesamte Strecke vom Gitter bis zur Anode durchlaufen, unabhängig davon, wo ursprünglich die Ionisation erfolgte, ist jetzt die Ortsabhängigkeit beseitigt.[1])

____

[1]) Dieses Gitter wurde ursprünglich von J. SCHINTL-MEISTER (1908–1971) eingeführt und später unabhängig von ihm noch einmal von O. R. FRISCH (1904–1979). Es wird in der Literatur meist als Frisch-Gitter bezeichnet.

Die Ionisationskammer kann Auflösungen in der Größenordnung von 1 % z. B. für Alphateilchen von etwa 5 MeV erreichen. Dazu ist u. a. notwendig, daß die Ladungsträger auf ihrem Wege zu den Elektroden nicht rekombinieren und die Elektronen mit den Gasmolekülen keine negativen Ionen bilden. Die Gasfüllung muß deshalb weitgehend frei von elektronegativen Gasen sein.

Die Ionisationskammer läßt sich auch mit einem Elektrometerverstärker als integrales Meßinstrument für die Dosimetrie ionisierender Strahlung verwenden.

Beim Betrieb einer Ionisationskammer wird vorausgesetzt, daß die Betriebsspannung so eingestellt ist, daß die driftenden Elektronen noch nicht so schnell werden, daß sie sekundäre Ionenpaare erzeugen können. In den sog. Proportionalzählern wird die Sekundärionisation ausgenutzt, um durch Gasverstärkung die am Zähler entstehenden elektrischen Impulse größer zu machen.

Proportionalzähler bestehen aus einer zylindrischen Kathode in deren Achse ein dünner Anodendraht gespannt ist. In der Nähe dieses Drahtes steigt die Feldstärke sehr schnell an und übersteigt den für die Sekundärionisation notwendigen Schwellwert. Elektronen, die in diesen Feldbereich kommen, erzeugen eine Lawine von sekundären Ladungsträgern. Je nach der eingestellten Betriebsspannung kann die auf diese Weise erzielte Gasverstärkung Werte von einigen 10 bis zu einigen 100 annehmen. Wichtig ist, daß der dabei außen gemessene Impuls immer noch proportional zur Zahl der primär erzeugten Ladungsträger bleibt. Diese Zähler sind also auch als Spektrometer geeignet. Da die überwiegende Zahl der Ladungsträger in unmittelbarer Nähe des Anodendrahtes entsteht, ist der an der Anode erzeugte Impuls unabhängig vom Ort der Primärionisation. Bei Erhöhung der Spannung an dieser Art von Zählern wird die Entladung schließlich unstabil. Die lawinenartige Vervielfachung der Ladungsträger übersteigt den Proportionalbereich und löst eine Entladung im gesamten Zählervolumen aus. Eine große Rolle spielen dabei Photonen, die durch intensive Anregung von Gasmolekülen durch Elektronen entstehen, sich auch seitlich zur Feldrichtung längs des Zähldrahtes ausbreiten und dort überall neue Elektronenlawinen auslösen. Diese Zähler werden mit Gasgemischen gefüllt, deren eine Komponente durch Elektronenstoßanregung Photonen einer so hohen Energie abgibt, mit denen die andere Komponente bereits ionisiert werden kann. Diese Art von Zähler werden Geiger-Müller-Zählrohre[1]) genannt. Sie werden überall

____

[1]) HANS WILHELM GEIGER (1882–1945).

dort eingesetzt, wo es darum geht, durch einfaches Zählen von Impulsen die Intensität einer ionisierenden Strahlung zu messen. Füllt man diese Detektoren mit Bortrifluorid (BF$_3$), dann kann man sie auch als Zähler für langsame Neutronen verwenden. Die Neutronen erzeugen mit Hilfe der Reaktion n + ^{10}B = ^{7}Li + α zwei geladene Reaktionsprodukte, die in dem Zähler die Entladung auslösen. Der Nachweis von Gammastrahlung erfolgt über Photo- oder Compton-Elektronen, die im Gas, am Zähldraht oder an der Kathode ausgelöst werden.

Gaszähler werden in immer größerem Umfang in der Hochenergiephysik, in der Kernphysik und auf angewandten Gebieten als ortsauflösende Detektoren verwendet. Die größte Verbreitung haben bisher sog. Proportionalkammern gefunden. Sie bestehen aus zwei parallelen Kathodenflächen, die aus metallisierten Folien oder aus gespannten Drähten bestehen können. Dazwischen sind in Abständen von etwa 2 mm Anodendrähte gespannt, die alle einzeln über integrierte Schaltkreise ausgelesen werden. Fliegt ein ionisierendes Teilchen durch diese Kammer, entsteht nur an den Anodendrähten ein Impuls, die der Teilchenbahn am nächsten benachbart sind. Die Nummer des Drahtes, der angesprochen hat, ist die Koordinate des Teilchens. Solche Kammern werden in Größen bis zu mehreren Quadratmetern und auch in zylindrischer Anordnung gebaut.
Eine andere Art von ortsauflösenden Kammern sind die sog. Driftkammern. In ihnen wird die Zeit gemessen, die die Ladungsträger vom Ort der Primärionisation bis zum Zähldraht driften und daraus die Koordinate des Teilchendurchgangs bestimmt. Das Startsignal für die Driftzeit wird aus schnellen Detektoren anderer Art gewonnen, die von den gleichen Teilchen ausgelöst werden.

2.6.6.2. Halbleiterdetektoren

Zu Beginn der sechziger Jahre wurde das Arsenal der kernphysikalischen Methodik durch die Entwicklung der Halbleiterdetektoren entscheidend erweitert. Sie gestatten es, die Energie von Teilchen- und Gammastrahlung mit erheblich besserer Auflösung zu messen, als mit Gaszählern. Sie haben damit ganz wesentlich zum Fortschritt der Kernphysik beigetragen.
Im Prinzip arbeiten Halbleiterdetektoren wie Ionisationskammern. Ein Kristall aus Silicium oder Germanium befindet sich zwischen zwei

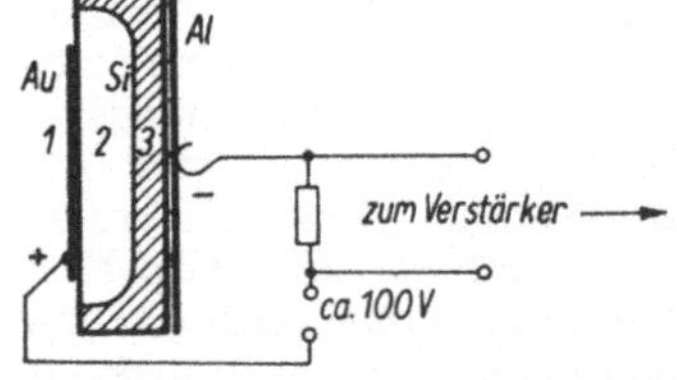

Abb. 2.103. Aufbau eines Oberflächenbarrierendetektors. *1* Goldschicht, die auf der Oberfläche des Si-Einkristalls eine n-leitende Schicht erzeugt; *2* Ladungsträgerfreie Zone; *3* Kathode aus Si-Grundmaterial. *2* und *3* bestehen aus p-leitendem Si mit einem spezifischen Widerstand von einigen 1 000 Ω cm

Elektroden, an die eine Spannung angelegt wird. Die eine Elektrode ist eine aufgedampfte Goldschicht. Zwischen dieser und dem Halbleiter bildet sich ein pn-Übergang aus, der wie eine Diode wirkt. Die Spannung wird in Sperrichtung angelegt. Dadurch entsteht im Halbleiter eine von Ladungsträgern freie Schicht, die wie ein Isolator wirkt. Die Dicke dieser Schicht hängt von der Spannung und vom Widerstand des Materials ab. Diese isolierende Schicht ist das aktive Volumen des Detektors. Ein ionisierendes Teilchen erzeugt hier Ladungsträgerpaare. Das sind nicht wie im Gas Elektronen und Ionen, sondern Elektronen, die aus dem Valenzband in das Leitfähigkeitsband gehoben werden und die zurückbleibenden Löcher im Valenzband. Die Elektronen driften zur Anode und die Löcher zur Kathode und erzeugen damit den Spannungsimpuls, der in einem möglichst rauscharmen Verstärker verstärkt wird. Die zur Bildung eines Elektronenlochpaares benötigte Energie ist 10mal kleiner als die Ionisationsspannung z. B. von Luft. (Bei Silicium 3,5 eV, bei Germanium 2,9 eV.) Damit werden im Halbleiter 10mal mehr Ladungsträger je abgegebene Energie erzeugt als in Gasen. Die Statistik der Ladungsträger ist also wesentlich besser. Das ist eine Voraussetzung für die verbesserte Auflösung der Halbleiterdetektoren. Ein weiterer Vorteil ist ihre etwa 1 000mal höhere Dichte. Die Reichweite von Teilchen ist im Halbleiter entsprechend viel kleiner als in Gasen. Die Abmessungen der Zähler können somit sehr klein sein. Die Effektivität für Gammastrahlung ist von der Dichte und der Ordnungszahl des Materials abhängig. Germaniumdetektoren sind daher für diese Zwecke besser als Siliciumdetektoren geeignet.
Zur Spektrometrie schwerer Teilchen (Protonen, Deuteronen, Alphateilchen usw.) benutzt man in der Regel Siliciumdetektoren, die es als Oberflächenbarrieren- (OB-Detektoren) und SiLi-Detektoren gibt. Die OB-Detektoren (Abb. 2.103) sind Dioden mit einer empfindlichen Schichtdicke, die von der Sperrspannung abhängig ist. Diese Eigenschaft kann man dazu nutzen, Alphateilchen auf einem Untergrund von Protonen zu spektrometrieren. Mit Hilfe der Spannung wird die empfindliche Schicht entsprechend der Reichweite der Alphateilchen eingestellt. Die Reichweite der Protonen ist größer und sie geben daher in der Schicht nur einen kleinen Teil ihrer Energie ab. OB-Detektoren können auch sehr dünn als dE/dx-Zähler hergestellt werden. Bei den SiLi-Detektoren wird in das Silicium Lithium eindiffundiert, um die notwendigen elektrischen Eigenschaften bis in größere Tiefen (bis 2 mm) einzustellen. Bei ihnen ist das empfindliche Volumen durch die Tiefe des eindiffundierten Li gegeben. Mit Halbleiterdetektoren werden Auf-

lösungen für Alphateilchen aus radioaktiven Quellen von 18 keV erzielt. Bestwerte sind 12 keV.
Germaniumdetektoren für die Gammaspektroskopie werden zur Einstellung der notwendigen elektrischen Eigenschaften ebenfalls durch eindiffundiertes Li dotiert. Man kann diese Detektoren mit Volumina bis etwa 100 cm³ herstellen. Sie erreichen Auflösungen von 1 bis 2 keV für die durch Gammaquanten ausgelösten Photoelektronen. Ihr Anwendungsbereich reicht bis zu einigen MeV.

2.6.6.3. Szintillationszähler

Bereits bei den Experimenten zur Alphastreuung am Anfang des Jahrhunderts wurde die Szintillationsmethode zur Registrierung einzelner Teilchen angewendet. Als Szintillator diente damals ein Zinksulfitschirm und registriert wurde mit dem Auge. Diese mühselige Methode wurde ih den 40er Jahren durch die Erfindung des Sekundärelektronenvervielfachers (SEV) und Einführung der elektronischen Zählung abgelöst. Die Registrierung und Spektrometrie von Teilchen- und Gammastrahlung mit Szintillationsdetektoren ist seitdem in unzähligen Varianten in der kernphysikalischen Forschung und für viele Anwendungen im Einsatz.
Szintillationszähler nutzen den Effekt der Emission von Licht aus der Spur eines ionisierenden Teilchens. Die Emission erfolgt, wenn entweder angeregte Atome wieder in den Grundzustand zurückkehren oder bei der Rekombination von Ionen. Diese Strahlung wird nutzbar, wenn sie in optisch transparenten Körpern auftritt, und in einem Wellenlängenbereich liegt, der von licht-empfindlichen Sensoren empfangen werden kann.

Als Szintillatoren werden heute die anorganischen Stoffe Natriumiodid oder Cäsiumiodid in Form von Einkristallen, die organischen Stoffe Anthracen und Stilben, ebenfalls als Einkristalle und bestimmte Plaste (Polystyren, Plexiglas) oder organische Flüssigkeiten wie Toluen verwendet. Den Plasten oder Flüssigkeiten werden die Substanzen, die das Szintillationslicht abgeben und es in den sichtbaren Spektralbereich verschieben, beigemischt. Die genannten anorganischen Szintillatoren werden vorwiegend für den Gammanachweis und die Gammaspektroskopie verwendet. Sie sind zwar in ihrer Auflösung (6 bis 8 %) den Halbleiterdetektoren wesentlich unterlegen, können dafür aber in Volumina von mehreren Litern hergestellt werden, was in vielen Fällen aus Gründen der Effektivität notwendig ist. Die organischen Szintillatoren aus Plasten oder Flüssigkeiten können in sehr großen Volumina oder Flächen gebaut werden und sind Bestandteil fast aller Apparaturen der Hochenergiephysik. Sie zeichnen sich vor allem durch sehr kurzzeitige Lichtblitze im Bereich von Nanosekunden aus. Sie sind deshalb die wichtigsten Detektoren für Flugzeitmessungen. Wegen ihres hohen Gehalts an Wasserstoff sind sie auch sehr empfindlich für die Registrierung von Neutronen. Dabei werden die Szintillationen von den Rückstoßprotonen ausgelöst.
Die Lichtblitze der Szintillatoren werden mit Hilfe von SEV's in elektrische Impulse umgewandelt. Diese bestehen aus einer hochempfindlichen Photokathode, in der das Szintillationslicht Photoelektronen auslöst. Diese werden durch eine elektrostatische Linse auf den Eingang des Dinodensystems fokussiert. Die Dinoden sind Elektroden aus bestimmten Metallen, die, wenn sie von einer Zahl von Elektronen getroffen werden, eine mehrfache Zahl von Sekundärelektronen abgeben. In einer Kaskade aus meist 12 oder 14 Dinoden wird der primäre Photostrom um Größenordnungen verstärkt und schließlich von der Anode (Faraday-Käfig) aufgefangen. Zwischen je zwei Dinoden liegen Spannungen von etwa 100 V. Die Spannungen an sämtlichen Elektroden des SEV werden mit Hilfe eines parallel geschalteten Spannungsteilers eingestellt (s. Abb. 2.104). Die aus der Anode erhaltenen elektrischen Impulse sind meist bereits so groß, daß sie ohne weitere Verstärkung in einem Vielkanalanalysator verarbeitet werden können. SEV's werden heute industriell gefertigt und in vielen Varianten mit Kathodendurchmessern von 1 bis 25 cm geliefert. Für Kurzzeitmessungen gibt es spezielle Typen, die Zeitauflösungen von besser als einer Nanosekunde erlauben.

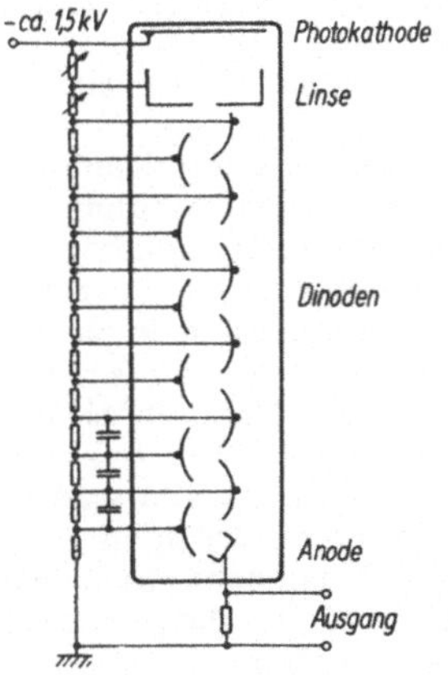

Abb. 2.104. Schema eines Sekundärelektronenvervielfachers (SEV)

2.6.6.4. Spurenkammern

Es gibt eine Reihe von Effekten, die es gestatten, die durch ionisierende Strahlung primär erzeugten Ionen zu markieren. Die Kette von Ionisierungen, die ein schnelles Teilchen auf seinem Weg durch die Substanz erzeugt, wird dann in Form einer Teilchenspur sichtbar. Genauso zeichnen sich die Spuren mehrerer geladener Sekundärteilchen ab, die vom Ort eines Kernprozesses ausgehen. An Hand der erhaltenen Bilder lassen sich die Kernprozesse detailliert analysieren. Aus diesen Gründen sind Spurenkammern außerordentlich wichtige Hilfsmittel der Kern- und vor allem der Hochenergiephysik, mit denen eine große Zahl wichtiger Entdeckungen gemacht wurden.

Photoemulsionen: Ebenso wie mit Licht lassen sich Bromsilberkörner durch ionisierende Teilchen in den bekannten latenten Zustand versetzen, der eine Entwicklung des Korns zu metallischem Silber ermöglicht. Photoemulsionen sind damit in der Lage, Teilchenspuren und Kernprozesse sichtbar zu machen. Dieses Aufzeichnungsverfahren hat den Vorteil, daß die Registrierung von Erzeugnissen über lange Zeit integriert werden kann. Damit gewinnt man vor allem Nachweisempfindlichkeit für sehr seltene und zeitlich nicht vorhersehbare Ereignisse. Deshalb haben Photoemulsionen gute Dienste bei der Erforschung der Höhenstrahlung geleistet. Die „Belichtung" der Emulsionen benötigt auch keinerlei zusätzliche Apparaturen, so daß sie z. B. in großen Höhen bei Ballon- oder Raketenflügen exponiert werden können. Die Entwicklung der Emulsionen, die sich von üblichen Photoschichten durch besondere Dicke und eine hohe Konzentration von Bromsilber unterscheiden, erfordert eine spezielle Technik. Die Auswertung der registrierten Spuren und „Sterne", wie man Kernereignisse mit vielen Sekundärteilchen in Emulsionen nennt, muß unter dem Meßmikroskop erfolgen und ist äußerst zeitaufwendig. Allerdings gibt es kein anderes Registrierverfahren mit einer besseren räumlichen Auflösung.

Nebel- oder Wilson-Kammer[1]): Ionen können als Kondensationskerne in übersättigten Dämpfen dienen. Diesen Effekt nutzt man in der Nebel- oder Wilson-Kammer. Die Übersättigung des Dampfes wird hier durch die plötzliche adiabatische Expansion eines Gasvolumens erzeugt. Dabei kühlt sich das Gas, meist Luft, das mit Wasser- oder Alhoholdampf gesättigt ist, ab, und der Dampf kondensiert sich an den Ionen zu kleinen Tröpfchen, wodurch die Teilchenspur sichtbar wird. Unmittelbar nach der Expansion wird das Kammervolumen mit einem Elektronenblitz beleuchtet und die Spuren werden photografiert. Die Wilson-Kammer ist nur für Millisekunden empfindlich. Das ionisierende Teilchen muß unmittelbar vor oder während der Expansion die Kammer passieren. Wilson-Kammern werden deshalb häufig mit anderen Detektoren kombiniert, die so angeordnet werden, daß sie bestimmte zu registrierende Ereignisse auswählen und dann die Kammer auslösen (Triggern). Mit der Wilson-Kammer beobachtete E. RUTHERFORD im Jahre 1919 zum ersten Mal eine durch Alphateilchen ausgelöste Kernreaktion.

Eine Abart der Wilson-Kammer ist die Diffusionsnebelkammer. In ihr wird durch ein Temperaturgefälle in einer Luftsäule eine Schicht mit übersättigtem Dampf erzeugt, die für die Registrierung von Teilchenspuren ständig empfindlich ist.

Blasenkammern: In der Elementarteilchenphysik haben vor allem Blasenkammern große Bedeutung erlangt. In diesen oft sehr großen Geräten mit Abmessungen von einigen Metern wird eine überhitzte Flüssigkeit als registrierendes Medium benutzt. Das sind vor allem flüssiger Wasserstoff, Propan oder Xenon. Im Zustand der Überhitzung bilden sich an den Ionen längs der Teilchenspur Dampfbläschen, die sich photografieren lassen. Bei der Blasenkammer wird die Überhitzung durch plötzliche Erniedrigung des Druckes in der Flüssigkeit und damit der Herabsetzung des Siedepunktes erreicht. Auch diese Kammern sind nur sehr kurze Zeit empfindlich. Die Auslösung wird deshalb meist mit den Strahlimpulsen aus Beschleunigern synchronisiert. Auch die Blasenkammerbilder müssen später auf Meßtischen ausgewertet werden. Die Arbeitsflüssigkeit dient gleichzeitig als Target. Deshalb sind die Wasserstoffblasenkammern besonders interessant, weil in ihnen die Elementarprozesse der Wechselwirkung von Teilchen mit Protonen in besonders reiner Form studiert werden können.

Funken- und Streamerkammern: Diese Kammern arbeiten mit einem gasförmigen Medium. In ihnen wird die Primärionisation sichtbar gemacht, in dem an die Kammern sehr kurzzeitig eine sehr hohe Spannung angelegt wird. Die Elektronen aus der Spur eines ionisierenden Teilchens erzeugen dann in der Nähe ihres Entstehungsortes Elektronenlawinen, die sich sehr schnell in einen Streamer, d. h. das Vorstadium eines Funkens entwickeln. Wenn der Spannungsimpuls lange genug dauert, entsteht ein kleiner Funken. Die Streamer oder Funken leuchten und können photografiert werden.

Die genannten Kammern werden meistens in Magnetfeldern betrieben. Man erhält dann ge-

---

[1]) CHARLES THOMSON WILSON (1869–1959).

krümmte Teilchenbahnen und kann aus den Bahnradien die Teilchenimpulse bestimmen. In bestimmten Energiebereichen kann man die Ionisationsdichte zur Identifizierung der Art der Teilchen heranziehen.

2.7. Kernenergetik

2.7.1. Kernspaltungsreaktoren

Die für die Entwicklung der Produktivkräfte bedeutendste Anwendung der Erkenntnisse der Kernphysik ist zweifellos die Nutzung der Kernenergie für die Energiewirtschaft. Ohne die Kernenergie wird es nicht möglich sein, den wachsenden Energiebedarf der menschlichen Gesellschaft zu decken.

Im Abschn. 2.3.15. wurden die kernphysikalischen Grundlagen der Nutzung der in den Atomkernen enthaltenen Energie behandelt. Das sind: die bei der Spaltung freiwerdende Bindungsenergie, die Emission von mehreren Neutronen pro Spaltakt, wodurch eine Kettenreaktion möglich wird, und die verzögerte Neutronenemission. In diesem Abschnitt werden die verschiedenen Möglichkeiten der Realisierung einer Kettenreaktion diskutiert.

Für die Aufrechterhaltung einer Kettenreaktion mit zeitlich konstanter Intensität (stationärer Betrieb) ist notwendig, daß von den Neutronen, die bei einem Spaltakt frei werden, im Mittel mindestens eines eine weitere Spaltung auslöst. Man kann auch sagen, die Rate der Neutronenproduktion muß gleich dem Verbrauch von Neutronen sein. Zum Verbrauch der Neutronen zählen die Auslösung neuer Spaltakte, die Absorption in den Kernen der Spaltzone (Einfangreaktionen) und das Entweichen aus der Spaltzone. Bezieht man die Neutronenbilanz auf die Volumeneinheit der Spaltzone kann man schreiben

$$\bar{v}\,\Sigma_f \Phi = \Sigma_a \Phi. \qquad (2.183)$$

Hierin ist Φ der Neutronenfluß pro cm² und s, $\Sigma_f = n\sigma_f$ der makroskopische Spaltquerschnitt, d. h. die Summe der Spaltquerschnitte σ_f der n in einem cm³ enthaltenen spaltbaren Kerne, $\bar{v}$ die mittlere Zahl der pro Spaltakt emittierten Neutronen und Σ_a der makroskopische Querschnitt aller Absorptionsprozesse. Gilt die Bilanz Gl. (2.183), spricht man davon, daß der Reaktor kritisch ist. Im Falle

$$\bar{v}\,\Sigma_f \Phi \lessgtr \Sigma_a \Phi$$

ist das System unterkritisch bzw. überkritisch.

In der Größe Σ_a sind pauschal auch die Neutronenverluste durch Entweichen aus der Spaltzone erfaßt. Diese müssen natürlich möglichst klein gehalten werden. Ihre relative Größe hängt vom Verhältnis der Oberfläche zum Volumen der Spaltzone ab. Daraus folgt, daß es für jede spezielle Konstruktion der Spaltzone mit den ihr eigenen Neutronenverlusten eine kritische Größe oder kritische Masse gibt, von der ab der Reaktor erst kritisch werden kann.

Außer dem stationären Betrieb wird von einem Reaktor auch ein bestimmtes dynamisches Verhalten verlangt. Beim Anlassen muß die Kettenreaktion in Gang gesetzt und bis zur gewünschten Energieproduktion gesteigert werden können. In diesem Falle benötigt man einen überkritischen Zustand des Systems, d. h. die Neutronenzahl muß sich von Generation zu Generation erhöhen. Beim Abschalten gilt das Umgekehrte. Ein Reaktor benötigt also eine Einrichtung, mit der die „Kritizität" geregelt werden kann. Dieses Problem läßt sich relativ einfach lösen, indem man die Neutronenabsorption variiert. Zu diesem Zweck benutzt man sog. Regelstäbe, die Cadmium oder Bor enthalten, also Kerne mit einem sehr großen Absorptionsquerschnitt für Neutronen. Diese Stäbe werden mehr oder weniger tief in die Spaltzone eingetaucht und regeln damit den Neutronenfluß.

Als Kritizität k definiert man das Verhältnis

$$k = \frac{\bar{v}\,\Sigma_f}{\Sigma_a}. \qquad (2.184)$$

Im stationären Betrieb ist $k = 1$, im überkritischen Zustand > 1. Mit dieser Größe läßt sich die Zunahme des Neutronenflusses Φ mit der Zeit darstellen

$$\Phi(t) = \Phi(0)\, k^{t/\tau}. \qquad (2.185)$$

τ ist hierbei die mittlere Lebensdauer der Neutronen. t/τ ist die Zahl der Neutronengenerationen in der Zeit t. Da k stets in der Nähe von 1 ist, schreiben wir

$$k = 1 + \partial k.$$

Damit läßt sich Gl. (2.185) in der Form

$$\Phi(t) = \Phi(0)\,(1 + \partial k)^{t/\tau}$$

oder

$$\ln \frac{\Phi(t)}{\Phi(0)} = \frac{t}{\tau} \ln (1 + \partial k)$$
$$= \frac{t}{\tau}\left(\partial k - \frac{\partial k^2}{2} + \frac{\partial k^3}{3} - \dots\right)$$

schreiben. Wenn $\partial k \ll 1$ ist, kann man die Reihe nach dem ersten Glied abbrechen und erhält

$$\ln \frac{\Phi(t)}{\Phi(0)} = \frac{t}{\tau}\,\partial k$$

13 Grimsehl IV, 17. Aufl.

oder

$$\Phi(t) = \Phi(0) \exp\left(\frac{\partial k}{\tau} t\right).$$ (2.186)

Wir sehen aus dieser Gleichung, daß die Dynamik des Reaktors, d. h. die Schnelligkeit, mit der der Neutronenfluß anwächst, wesentlich von der Lebensdauer der Neutronen abhängt.
Der Anteil der verzögerten Neutronen pro Spaltsatz beträgt $\beta = 0{,}64\,\%$. Deshalb bleiben die Reaktoren bis zu $\delta k = 0{,}64\,\%$ ohne die verzögerten Neutronen unterkritisch. Erst wenn diese nach einigen Sekunden hinzukommen wird $\delta k > 0$. Der Effekt der verzögerten Neutronen vergrößert die mittlere Lebensdauer der Neutronen so weit, daß der Anstieg des Neutronenflusses gemäß Gl. (2.186) genügend langsam vorsichgeht, so daß er durch den erwähnten Mechanismus der Regelstäbe kontrolliert werden kann.

Wird das System durch geeignete Maßnahmen in sehr kurzer Zeit überkritisch gemacht, also wird $\delta k > 0{,}01$, dann wächst der Neutronenstrom unkontrollierbar schnell an und das System explodiert. Das wird in der Atombombe ausgenutzt. Der überkritische Zustand dieser Systeme wird hergestellt, indem die Spaltzone, die zunächst in unterkritische Stücke unterteilt ist, durch Sprengladungen „zusammengeschossen" wird (s. Abb. 2.105).

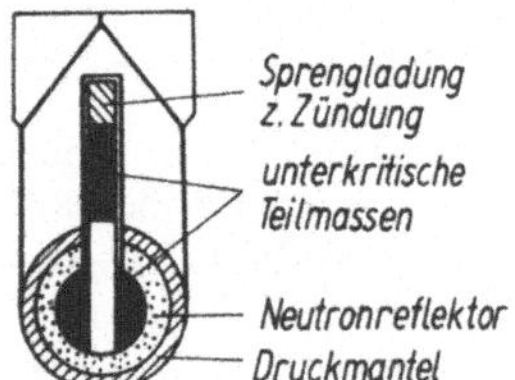

Abb. 2.105. Prinzipschema einer Atombombe

Die konkrete Konstruktion eines Reaktors muß nun von der detaillierten Betrachtung der Neutronenbilanz ausgehen. Die Neutronenproduktion wird durch die vorhandenen spaltbaren Kerne (^{233}U, ^{235}U oder ^{239}Pu), ihren Spaltquerschnitt in Abhängigkeit von der Neutronenenergie und die mittlere Zahl der emittierten Spaltneutronen bestimmt. Die Neutronenverluste entstehen vor allem durch die Neutronenabsorption in den verschiedenen in der Spaltzone vorhandenen Materialien einschließlich des Kernbrennstoffs. Die Querschnitte dieser Einfangreaktionen sind alle stark von der Energie abhängig (Resonanzen, $1/v$-Gesetz). Deshalb hat der Reaktorkonstrukteur als weiteren wichtigen Umstand das Neutronenspektrum zu beachten, das sich in dem gegebenen System einstellt.
Wegen dieser Abhängigkeit der Querschnitte vom Neutronenspektrum und der meist komplizierten geometrischen Struktur ist die Berechnung eines Reaktors mit großem Aufwand verbunden.
Nach dieser Darstellung der allgemeinen Zusammenhänge sollen einige Reaktorsysteme von praktischer Bedeutung betrachtet werden.

2.7.2. Thermische Reaktoren

Eine positive Neutronenbilanz, oder mit anderen Worten, eine Kritizität $k > 1$ läßt sich am leichtesten erreichen, wenn man in einem Energiebereich der Neutronen arbeitet, wo die Spaltquerschnitte möglichst groß sind. Das ist entsprechend dem $1/v$-Gesetz der Fall bei thermischen Neutronen (s. Abschn. 2.3.14.1.). Das Spektrum der Spaltneutronen enthält aber zunächst keine thermischen Anteile. Es hat ein Maximum bei etwa 2 MeV. 99 % der Neutronen haben Energien zwischen 0,05 und 10 MeV (Abb. 2.106 a). Der Energiebereich thermischer Neutronen liegt zwischen 10^{-2} und 1 eV. Soll der Reaktor mit thermischen Neutronen arbeiten, muß das Neutronenspektrum also zu thermischen Energien verschoben werden. Man kann hier direkt von der Abkühlung oder Kühlung der Neutronen sprechen. Diese Kühlung erfolgt, indem die Neutronen ihre Energie in elastischen und unelastischen Streuprozessen an die Kerne des Mediums abgeben. Darauf wurde bereits im Abschn. 2.6.4. eingegangen. Ist das Verhältnis der Massen von Neutron und Streukern sehr klein, ist der Kühleffekt der elastischen Streuung gering. Effektiver ist dann die unelastische Streuung, bei der das Neutron Energiebeträge bis zu mehreren MeV in einem Stoß abgeben kann. Auf diese Weise werden die Neutronen nach wenigen Stößen auf Energien abgekühlt, die unter den niedrigsten Anregungsniveaus der vorhandenen Kerne liegen. Die weitere Kühlung ist dann nur noch mit Hilfe der elastischen Streuung möglich. Diese erfolgt am effektivsten an sehr leichten Kernen wie Wasserstoff, Deuterium, Helium, Kohlenstoff oder Sauerstoff. Deshalb enthalten thermische Reaktoren stets eine leichte Substanz als „Moderator".
Während der Kühlung durchlaufen die Neutronen Energien, bei denen z. B. ^{238}U sehr starke Resonanzen im Einfangquerschnitt besitzt. Diese Resonanzen lassen sich unterlaufen, indem man die Spaltzone diskontinuierlich aufbaut. Der Kernbrennstoff wird in relativ dünnen Stäben, den Brennelementen, untergebracht, zwischen denen sich der Moderator befindet. Die Kühlung der Neutronen findet dann in einem Bereich statt, in dem sich kein ^{238}U befindet. Die Absorption kann damit so weit verhindert werden, daß eine positive Neutronenbilanz möglich wird.

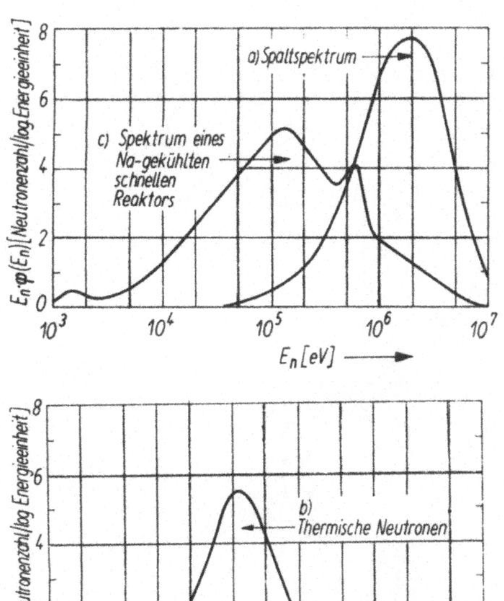

Abb. 2.106. Neutronenspektren in Kernreaktoren. a) Spaltneutronenspektrum; b) Neutronenspektrum in einem thermischen Reaktor; c) Neutronenspektrum in einem schnellen Reaktor

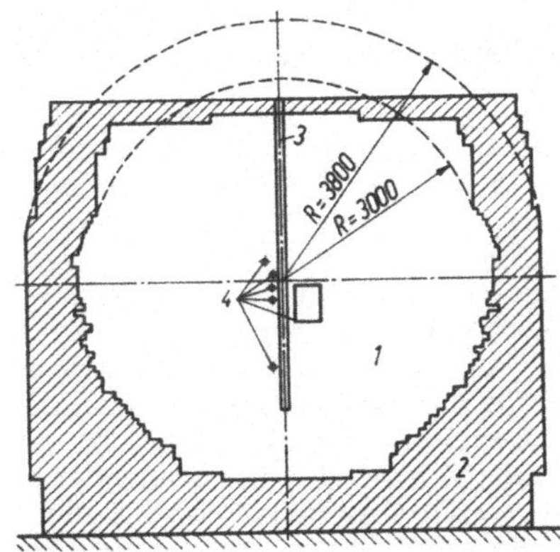

Abb. 2.107. Aufbau des ersten sowjetischen Kernreaktors (Inbetriebnahme am 26. 12. 1946 unter Leitung von I. W. KURTSCHATOW) (nach W. S. FURSOW, 1957)
1 Aktive Zone; *2* Neutronenreflektor aus Graphit; *3* Kanal für Regelstäbe; *4* Experimentierkanäle

Man muß allerdings berücksichtigen, daß auch im Moderator Neutronenverluste durch Einfangreaktionen unvermeidbar sind. Wasserstoff hat z. B. einen Einfangquerschnitt für thermische Neutronen von 334 mb. Das ist der Grund, warum es nicht möglich ist, in einem System aus leichtem Wasser und Natururan, das nur 0,7% ^{235}U enthält, eine Kettenreaktion aufrechtzuerhalten. Es ist notwendig, den makroskopischen Spaltquerschnitt Σ_f zu erhöhen, indem man das ^{235}U auf mindestens 5% anreichert. Mit einem solchen Kernbrennstoff können leichtwassermoderierte und -gekühlte Reaktoren arbeiten. Die in den Kernkraftwerken der DDR installierten Druckwasserreaktoren arbeiten auf dieser Grundlage. Ein anderer Weg ist der Ersatz des leichten Wassers durch schweres. Der Einfangquerschnitt am Deuteron ist rund 1000mal kleiner als am Proton. In diesem Falle wird die aufwendige Urananreicherung umgangen, muß aber durch die Trennung der Wasserstoffisotope ersetzt werden. Bereits im März 1942 hatten DÖPEL und HEISENBERG in Leipzig mit einer kugelförmigen Anordnung von Uran in schwerem Wasser eine Neutronenvermehrung um 10% (Vermehrungsfaktor 1,1) erreicht und damit die Möglichkeit einer Kettenreaktion nachgewiesen.

Der Einfangquerschnitt von ^{12}C ist ebenfalls sehr klein. Deshalb erfolgte die erste Realisierung der Kettenreaktion sowohl in den USA (1942, E. FERMI) als auch in der Sowjetunion (1946, I. W. KURTSCHATOW)[1]) in Systemen aus Natururan mit Graphit als Moderator. In diesem Falle ist keine Isotopentrennung notwendig, allerdings dürfen die eingesetzten Materialien nicht die geringsten Spuren von Neutronenabsorbern mit großen Querschnitten, wie z. B. Bor, enthalten. Diese ersten Reaktoren wurden ohne Kühlsystem aus Graphitziegeln und darin eingesetzten Uranklötzen aufgebaut (Abb. 2.107). Die ursprüngliche deutsche Bezeichnung „Uranmeiler" für diese Reaktoren ist daher äußerst zutreffend.

Abb. 2.108 zeigt einen Schnitt durch das erste Atomkraftwerk, das 1954 in Obninsk bei Moskau in Betrieb genommen wurde. Es besaß einen Reaktor vom Kanaltyp, d. h. die Brennelemente waren in einzelnen Druckwasserkanälen untergebracht, wobei das Wasser gleichzeitig als Moderator und Kühlmittel diente. Die elektrische Leistung dieses Kraftwerks betrug 5 MW$_{el}$. Reaktoren dieser Art werden heute mit Leistungen bis 1500 MW$_{el}$ gebaut.

In Abb. 2.109 ist ein Druckwasserreaktor vom Typ WWER-440 mit einer Leistung von 440 MW$_{el}$ dargestellt, wie er z. B. im Kernkraftwerk Nord der DDR arbeitet. Hier befindet sich die Spaltzone in einem einheitlichen Drucktank mit leichtem Wasser. Beide Reaktortypen arbeiten mit auf 5% angereichertem ^{235}U.

---

[1]) IGOR WASSILJEWITSCH KURTSCHATOW (1903–1960).

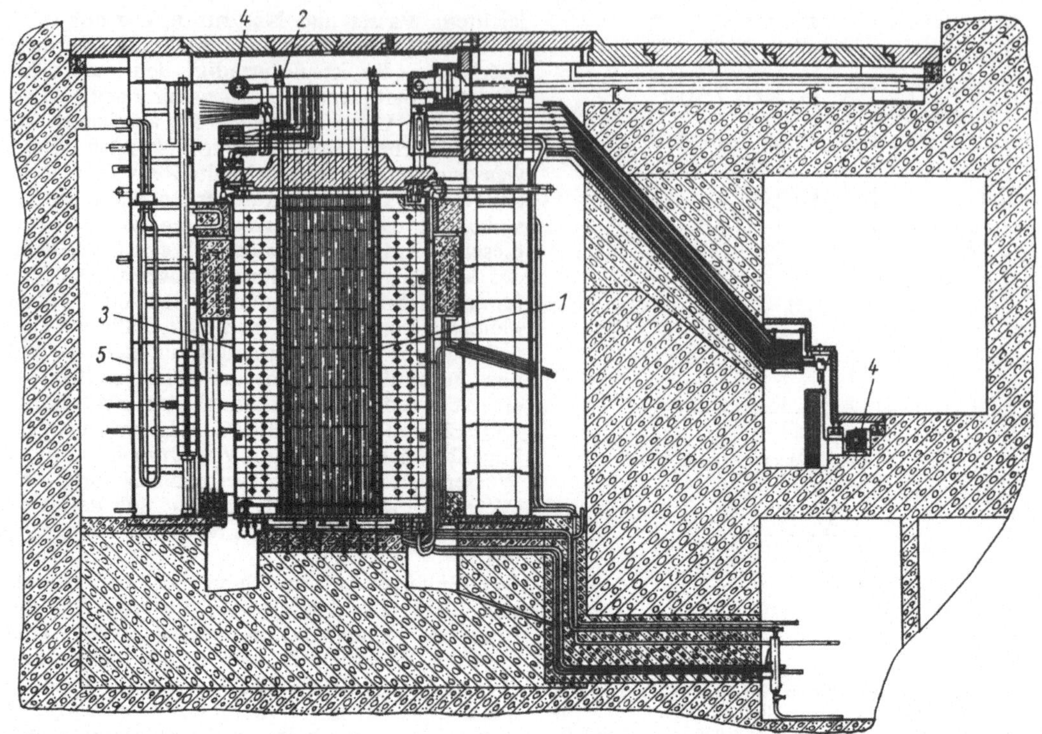

Abb. 2.108. Querschnitt durch das erste industrielle Kernkraftwerk (Inbetriebnahme am 27. 6. 1954 in Obninsk bei Moskau) (aus: 20 Jahre Atomenergie. Moskau 1974)
1 Aktive Zone mit Druckwasserkanälen; *2* Druckwasserkanal mit Brennelementen (nur 2 Stck. gezeichnet); *3* Reaktorgehäuse; *4* Druckwassersammelleitungen; *5* Strahlenschutz (Wassertanks)

2.7.3. Schnelle Reaktoren

Thermische Reaktoren können nur die Isotope ^{233}U, ^{235}U oder ^{239}Pu als Brennstoff nutzen. Nur in diesen Isotopen ist die Spaltbarriere niedrig genug. Von diesen Nukliden kommt nur ^{235}U in der Natur vor. ^{233}U und ^{239}Pu können durch Neutroneneinfang an ^{232}Th bzw. ^{238}U und nachfolgende Betazerfälle erbrütet werden. Wir beschränken uns hier auf das Erbrüten von ^{239}Pu. Dieses Isotop entsteht in gewissen Mengen auch in thermischen Reaktoren, da man den n-Einfang im ^{238}U nicht vollständig unterdrücken kann. Die auf diese Weise produzierte Pu-Menge reicht aber nicht aus, den verbrauchten Brennstoff ^{235}U zu ersetzen. Der Brutfaktor bleibt weit unter 1. ^{238}U ließe sich als Brennstoff nutzen, wenn es möglich wäre, das ursprüngliche Spektrum der Spaltneutronen zu nutzen; denn ab 1 MeV ist ^{238}U spaltbar. Leider sind die Querschnitte der unelastischen Streuung am Uran aber größer als der Spaltquerschnitt, so daß die Neutronen abgekühlt werden ehe sie genügend Spaltakte auslösen können. Deshalb ist in reinem Natururan keine Kettenreaktion möglich. Es

bleibt deshalb kein anderer Weg als die Konstruktion von Systemen in denen genügend Spaltungen und gleichzeitig genügend Einfänge an ^{238}U stattfinden, so daß möglichst mehr ^{239}Pu erbrütet wird als ^{235}U verbraucht wird. Zu diesem Zweck werden sog. schnelle Brutreaktoren oder schnelle Brüter entwickelt, deren Aufgabe außer der Energieproduktion auch das Brüten von Brennstoff ist. Sie arbeiten mit einem Spektrum schneller Neutronen, dessen Maximum bei etwa 100 keV liegt (Abb. 2.106c). Dieses Spektrum stellt sich ein, wenn man ohne Moderator aus leichten Substanzen arbeitet. Gekühlt werden solche Reaktoren mit flüssigem Natrium. Die Spaltquerschnitte für diese Neutronenspektren sind um zwei Größenordnungen kleiner als für thermische Neutronen (s. dazu Tab. 2.14). Deshalb muß in diesen Reaktoren der Brennstoff ^{235}U oder ^{239}Pu bis auf etwa 50 % angereichert werden. Abb. 2.110 zeigt den sowjetischen schnellen Brüter BN 600.
Die Entwicklung der schnellen Brüter ist für die Kernenergiewirtschaft der kommenden Jahrzehnte und Jahrhunderte von ausschlaggebender Bedeutung, da mit ihrer Hilfe die Uranvorräte

---

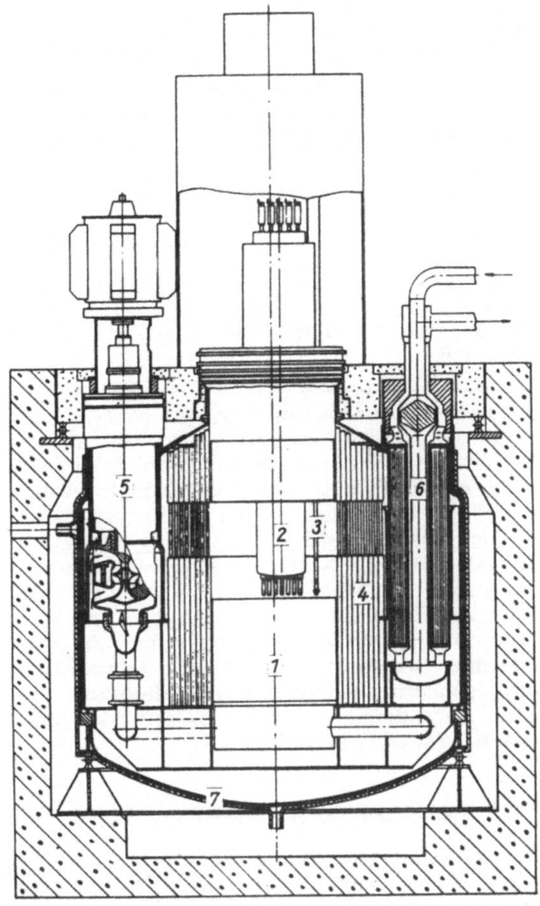

Abb. 2.110. Der schnelle Reaktor BN-600 mit einer elektrischen Leistung von 600 MW (nach A. I. LEIPUNSKIJ et al. 1972)

1 Aktive Zone; *2* Zentrale Säule mit Regelstäben; *3* Be- und Entlademechanismus; *4* Blankett zum Pu-Brüten; *5* Umwälzpumpe für das flüssige Natrium; *6* Wärmetauscher; *7* Reaktorkessel mit eingebautem erstem Kreislauf, d. h. mit Umwälzpumpe und Wärmetauscher

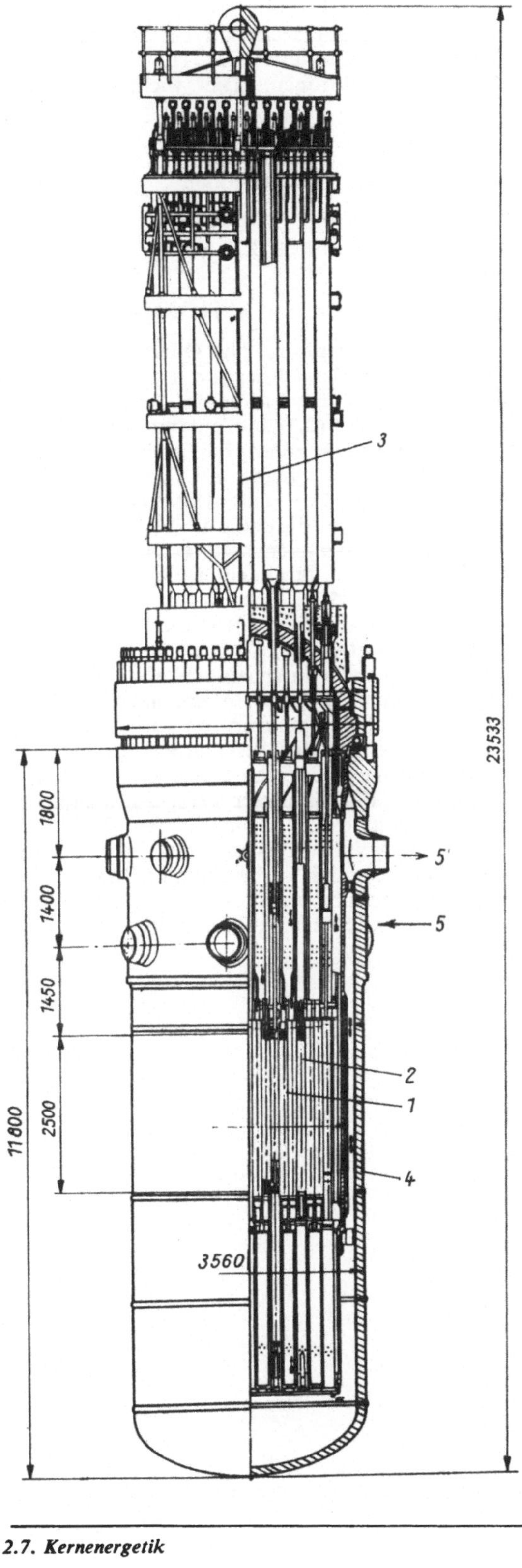

Abb. 2.109. Druckwasserreaktor WWER-440 mit einer elektrischen Leistung von 440 MW (aus: 20 Jahre Atomenergie. Moskau 1974)

1 Aktive Zone mit Brennstoffkassetten; *2* Regelstäbe; *3* Antrieb der Regelstäbe; *4* Reaktorkessel; *5* Ein- und Ausgänge des Wärmeträgers (Leichtwasser unter Druck)

Tabelle 2.14. *Einige physikalische Konstanten für thermische und schnelle Reaktoren (nach J. J. DUDERSTADT und L. J. HAMILTON)*

	Thermischer Reaktor			Schneller Reaktor		
	^{235}U	^{239}Pu	^{238}U	^{235}U	^{239}Pu	^{238}U
Neutronen/ Spaltung	2,4	2,9	0	2,6	3,1	2,6
Spaltquerschnitt σ_f	280	790	0	1,9	1,8	0,06
Einfangquerschnitt σ_e	56	416	2,4	0,45	0,35	0,46
Absorptionsquerschnitt $\sigma_a = \sigma_f + \sigma_e$	336	1206	2,4	2,35	2,15	0,52

Die Querschnitte sind in barn angegeben.

auf der Erde vollständig genutzt werden können. Sollte es nur möglich sein, den geringen Anteil von ^{235}U auszunutzen, würde die Kernenergetik auf der Basis der Kernspaltung nur eine kurze Episode bleiben. Beim heutigen Entwicklungsstand macht es allerdings noch Schwierigkeiten, einen ausreichend hohen Brutfaktor zu erhalten. Er muß so groß sein, daß nicht nur der verbrauchte Brennstoff des Brüters reproduziert wird, sondern auch noch soviel Plutonium anfällt, daß damit neue Kernkraftwerke ausgestattet werden können.

2.7.4. Energie aus der Kernfusion

Die Betrachtung der Bindungsenergien der leichtesten Kerne zeigt, daß bei der Kernsynthese Bindungsenergie freigesetzt wird. Bei der Gewinnung von Energie aus der Kernfusion denkt man in der Hauptsache an die Synthese von Helium aus Deuterium und Tritium in thermonuklearen Reaktionen. Die wichtigste dieser Reaktionen ist

$$^2d + {}^3t \rightarrow {}^4He + n + 17,59 \text{ MeV} . \qquad (2.187)$$

Daneben haben die Reaktionen

$$^2d + {}^2d \rightarrow {}^3t + p + 4,03 \text{ MeV}$$
$$\rightarrow {}^3He + n + 3,27 \text{ MeV}$$

und

$$^3t + {}^3t \rightarrow {}^4He + n + n + 11,332 \text{ MeV}$$

eine gewisse Bedeutung. Die Querschnitte dieser Reaktionen für kleine Energien sind in Abb. 2.111 dargestellt. Man ersieht aus der Abbildung, daß die Reaktion Gl. (2.187) nicht nur den größten Q-Wert besitzt, sondern bei kleinen Energien auch den größten Querschnitt. Das liegt daran, daß sie bei 105 keV eine Resonanz mit dem Querschnitt 5 barn durchläuft.

Die Idee der Energieerzeugung mit Hilfe dieser Reaktion besteht darin, ein Gemisch von 50% Deuterium und 50% Tritium auf so hohe Temperaturen zu erhitzen, daß die Teilchen mit Energien von etwa 10 keV zusammenstoßen und mit merklicher Wahrscheinlichkeit miteinander reagieren. Einer kinetischen Energie von 10 keV entspricht eine Temperatur von $100 \cdot 10^6$ K.

Bei dieser Temperatur befindet sich die Materie im vollständig ionisierten Zustand, im Plasmazustand. Ein Plasma dieser Temperatur läßt sich nicht mehr in einem gewöhnlichen Gefäß einschließen. Da alle Teilchen elektrisch geladen sind, lassen sie sich in bestimmten Magnetfeldstrukturen zusammenhalten. In Magnetfeldern bewegen sich die Teilchen in Spiralbahnen um die

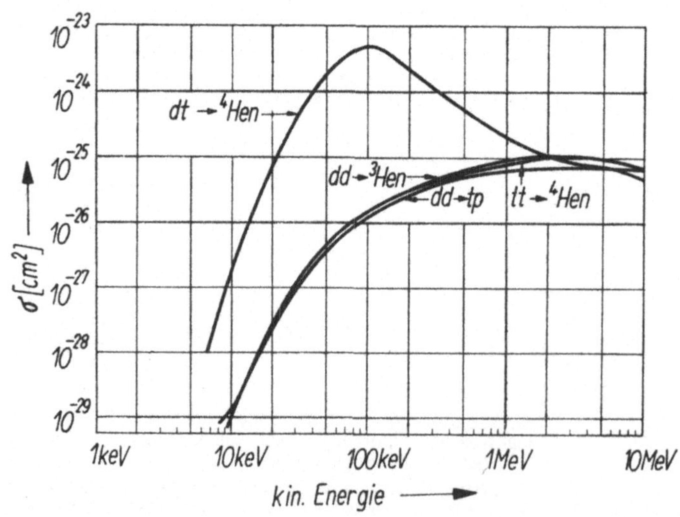

Abb. 2.111. Querschnitte der thermonuklearen Reaktionen in Abhängigkeit von kT in Einheiten von keV

Feldlinien. Am besten ist das Verhalten des Plasmas in einem toriodalen Magnetfeld studiert worden. Hier bewegen sich die Teilchen längs der Feldlinien im Kreise (Abb. 2.112). Diese Möglichkeit des Einschlusses (Confinement) des Plasmas wird in den Anlagen vom Typ Tokamak angewandt (Abb. 2.113). Diese bestehen aus dem torusförmigen Vakuumgefäß, in dem das Plasma erzeugt wird. Um den Torus sind die Spulen gewickelt, die das toriodale Feld erzeugen. Der Torus ist als Sekundärwicklung eines Transformators angeordnet, mit dessen Hilfe die ringförmige Entladung im Torus gezündet und das Plasma hochgeheizt wird. Als zusätzliche Heizung ist die Einstrahlung einer großen Hochfrequenzleistung und/oder der Einschuß eines sehr starken Stromes von neutralen Deuteronen mit einer Energie von 150 keV notwendig, um die geforderte Zündtemperatur der thermonuklearen Reaktion zu erreichen. Zugunsten der Energiebilanz des Fusionsreaktors wird das Feld des Torus mit Hilfe supraleitender Spulen erzeugt.

Die Energieproduktion im Plasma ergibt sich aus der Reaktionsrate

$$N = n_d n_t \overline{\sigma v}. \tag{2.188}$$

Darin sind n_d und n_t die Dichten von Deuterium und Tritium in Teilchenzahlen pro cm³ und $\overline{\sigma v}$ das Produkt von Querschnitt und Teilchengeschwindigkeit gemittelt über die Maxwellverteilung.

Die Dichte ergibt sich nach dem Gasgesetz $p = nkT$ aus der Temperatur und dem Druck im Plasma. Der Druck, der bei einem Magnetfeld B aufrechterhalten werden kann, beträgt

$$p = \frac{B^2}{8\pi \cdot 10^{-7}} \tag{2.189}$$

(alle Größen in SI-Einheiten gerechnet). Für die Dichte erhalten wir somit

$$n = \frac{B^2}{8\pi kT \cdot 10^{-7}}. \tag{2.190}$$

Um eine Vorstellung von der typischen Dichte in einem thermonuklearen Plasma zu gewinnen, rechnen wir mit einem Magnetfeld von 1 T und einer Temperatur von 15 keV $\sim 2,4 \cdot 10^{-15}$ J:

$$n = \frac{1 T^2}{8\pi \cdot 2,4 \cdot 10^{-15} \text{ J} \cdot 10^{-7}}$$
$$= 1,66 \cdot 10^{14} \text{ Ionen/cm}^3.$$

Die Dichte eines Gases unter Normalbedingungen beträgt $2,7 \cdot 10^{19}$ Moleküle/cm³.
Setzen wir Gl. (2.190) in Gl. (2.188) ein, erhalten wir für die Reaktionsrate

$$N \sim \frac{\overline{\sigma v}}{T^2}. \tag{2.191}$$

Diese Abhängigkeit ist in Tab. 2.15 dargestellt. Wie daraus hervorgeht, besitzt die Reaktionsrate bei Temperaturen von 10 bis 20 KeV ein Maximum.

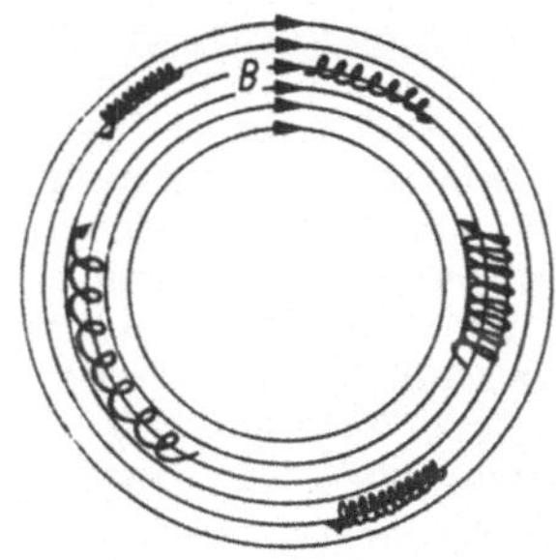

Abb. 2.112. Teilchenbewegung in einem toriodalen Magnetfeld

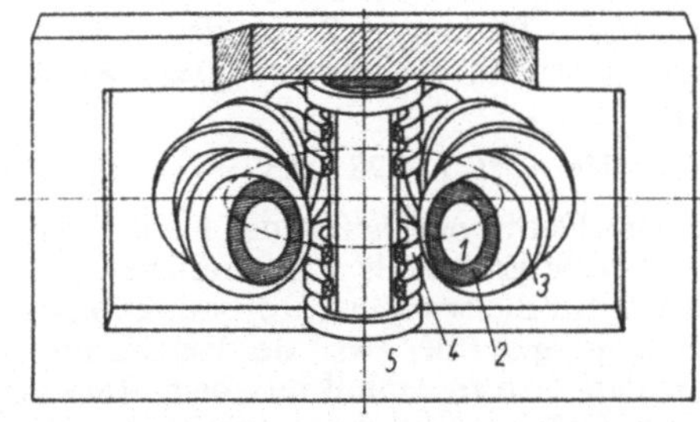

Abb. 2.113. Schema einer Tokamakanlage.
1 Toroidförmiger Plasmaraum; *2* Blankett; *3* Spulen für das toriodale Magnetfeld; *4* Primärwicklung des Transformators; *5* Eisenkern und -joch

Tabelle 2.15. *Der Parameter* $\overline{\sigma v}/T^2$ *für die* dd- *und die* dt-*Reaktion*

kT	T	dd-Reaktion $\overline{\sigma v}/T^2$	dt-Reaktion $\overline{\sigma v}/T^2$
[keV]	[10⁶ K]	[cm³/sK²]	[cm³/sK²]
1	11,6	$1,6 \cdot 10^{-22}$	$7,6 \cdot 10^{-21}$
2	23,2	$1,2 \cdot 10^{-21}$	$7,4 \cdot 10^{-20}$
5	58,0	$5,3 \cdot 10^{-21}$	$4,2 \cdot 10^{-19}$
10	116	$8,0 \cdot 10^{-21}$	$7,4 \cdot 10^{-19}$
20	232	$7,7 \cdot 10^{-21}$	$7,9 \cdot 10^{-19}$
50	580	$4,1 \cdot 10^{-21}$	$4,8 \cdot 10^{-19}$
100	1 160	$1,9 \cdot 10^{-21}$	$2,3 \cdot 10^{-19}$
200	2 320	$6,8 \cdot 10^{-22}$	$8,9 \cdot 10^{-20}$
500	5 800	$1,4 \cdot 10^{-22}$	$1,9 \cdot 10^{-20}$

Wenn die Reaktion in dem hocherhitzten Plasma in Gang gesetzt ist, soll sie mittels der erzeugten Energie die hohe Temperatur und damit sich selbst aufrechterhalten. Um dies zu erreichen, muß die Energiebilanz positiv sein. Von der in der Reaktion Gl. (2.187) freigesetzten Energie entfallen 3,5 MeV auf das ⁴He und 14,09 MeV auf das Neutron. Dieses entweicht mit seiner

Energie aus dem Reaktionsbereich. Das Alphateilchen wird in dem Confinement festgehalten und gibt seine Energie an das Plasma ab. Die auf diese Weise dem Plasma zugeführte Energie ist in Abhängigkeit von Temperatur und Dichte

$$W_f = 5,19 \cdot 10^{-25} n^2 \, \frac{\exp\left(-20/(kT)^{1/3}\right)}{(kT)^{2/3}} \quad \mathrm{W/cm^3}. \tag{2.192}$$

Die wichtigsten Energieverluste im Plasma entstehen durch Bremsstrahlung und Entweichen der Teilchen aus dem Plasma. Die Bremsstrahlung entsteht bei der Streuung der Elektronen an den Ionen. Die Leistung der Bremsstrahlung je cm³ kann näherungsweise durch die Formel

$$W_b = 5,35 \cdot 10^{-31} n_e (kT_e)^{1/2} \sum_i n_i z_i^2 \quad \mathrm{W/cm^3} \tag{2.193}$$

ausgedrückt werden. Darin ist n_i die Dichte der Ionen mit der Ladung z_i. Die Dichte und Temperatur der Elektronen n_e und T_e kann man im thermischen Gleichgewicht gleich der der Ionen setzen. In einem sauberen Plasma, das nur aus Wasserstoffionen besteht, ist die Bremsstrahlungsleistung

$$W_b = 5,35 \cdot 10^{-31} n^2 (kT)^{1/2} \quad \mathrm{W/cm^3}. \tag{2.194}$$

Gl. (2.193) zeigt, daß die Bremsstrahlungsverluste quadratisch von der Ladung der Ionen abhängen. Sie steigen stark an, wenn sich das Plasma mit dem Reaktionsprodukt Helium anreichert. Außerdem sind schwere Ionen aus dem Restgas und Ionen, die von den Wänden durch Sputterprozesse in das Plasma gelangen, für die Energiebilanz äußerst gefährlich. Deshalb werden an die Reinheit des Plasmas außerordentlich hohe Anforderungen gestellt.

Die Teilchenverluste aus dem Plasma können durch die Aufenthaltsdauer der Teilchen im Plasma ausgedrückt werden. Wenn die Energie-

dichte des Plasmas $3nkT$ ist (Energiedichte von Ionen und Elektronen zusammengenommen), und man die mittlere Aufenthaltsdauer der Teilchen mit τ bezeichnet, wird von den entweichenden Teilchen die Leistung

$$W_e = \frac{3nkT}{\tau} \quad \mathrm{W/cm^3} \tag{2.195}$$

entführt.

Aus den Gl. (2.192), (2.194) u. (2.195) erhalten wir die Energiebilanz

$$5,19 \cdot 10^{-25} \, \frac{\exp\left(-20/(kT)^{1/3}\right)}{(kT)^{2/3}}$$

$$= 5,35 \cdot 10^{31} (kT)^{1/2} + \frac{kT}{n\tau}. \tag{2.196}$$

Hierin sind alle kT in Joule gerechnet. Aus dieser Gleichung ergibt sich $n\tau$ als Funktion von kT. Diese Funktion ist in Abb. 2.114 dargestellt. In dem Bereich über der Kurve ist die Energiebilanz positiv, d. h. in diesem Bereich des Produktes von Dichte und Aufenthaltsdauer (oder Einschlußzeit) ist eine sich selbst aufrechterhaltende thermonukleare Reaktion möglich. Der minimale dazu notwendige Wert von

$$n\tau = 1,5 \cdot 10^{14} \; \mathrm{s \, cm^{-3}}$$

wird als Lawson-Kriterium bezeichnet. Er ist bisher nicht erreicht worden. Man nimmt allgemein an, daß man durch die Vergrößerung der Plasmamaschinen und weitere Verbesserungen des Confinements und der Reinheit des Plasmas in absehbarer Zeit einen Fusionsreaktor aufbauen kann, der zumindest den sog. „break-even"-Punkt erreicht, d. h., der soviel Energie erzeugt, wie er zur Zündung und Aufrechterhaltung der Magnetfelder benötigt. Es ist bereits abzusehen, daß diese Reaktoren beachtliche Abmessungen besitzen werden. Der große Radius des Torus wird etwa 8 m, der kleine etwa 2 m betragen (Abb. 2.115).

Für eine Energiewirtschaft auf der Basis von Fusionsreaktoren ist die ständige Nachlieferung des Brennstoffes erforderlich. Deuterium ist ein natürliches Isotop, daß zu 0,015 % im Wasserstoff vorkommt. Tritium muß von den Fusionsreaktoren selbst erbrütet werden. Dazu ist die Reaktion

$$^6\mathrm{Li} + \mathrm{n} = {}^4\mathrm{He} + {}^3\mathrm{t} + 4,78 \; \mathrm{MeV} \tag{2.197}$$

geeignet. Die Neutronen liefert die Fusion. Um einen Brutfaktor größer als 1 zu erreichen (Das ist notwendig für die erweiterte Reproduktion der Energieerzeugung auf der Basis der Kernfusion.), muß man den Neutronenfluß aus dem Reaktor noch durch (n,2n)-Reaktionen vergrößern. Das Fusionsplasma muß also mit einem „Blankett" umgeben werden, in dem der Neutronenfluß z. B. durch Reaktionen an Blei multipliziert

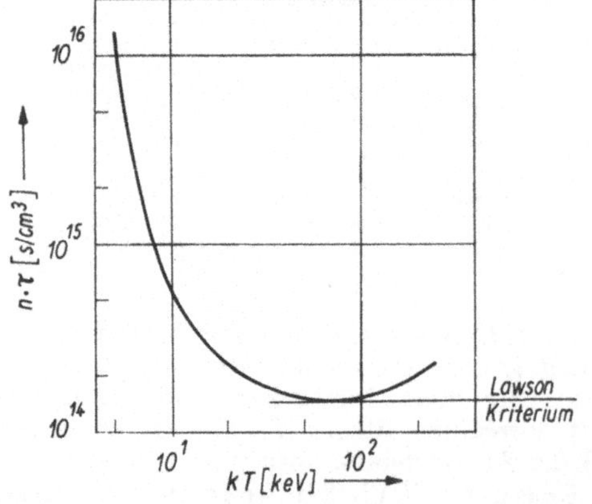

Abb. 2.114. Zum Lawson-Kriterium. $n\tau$ als Funktion von kT

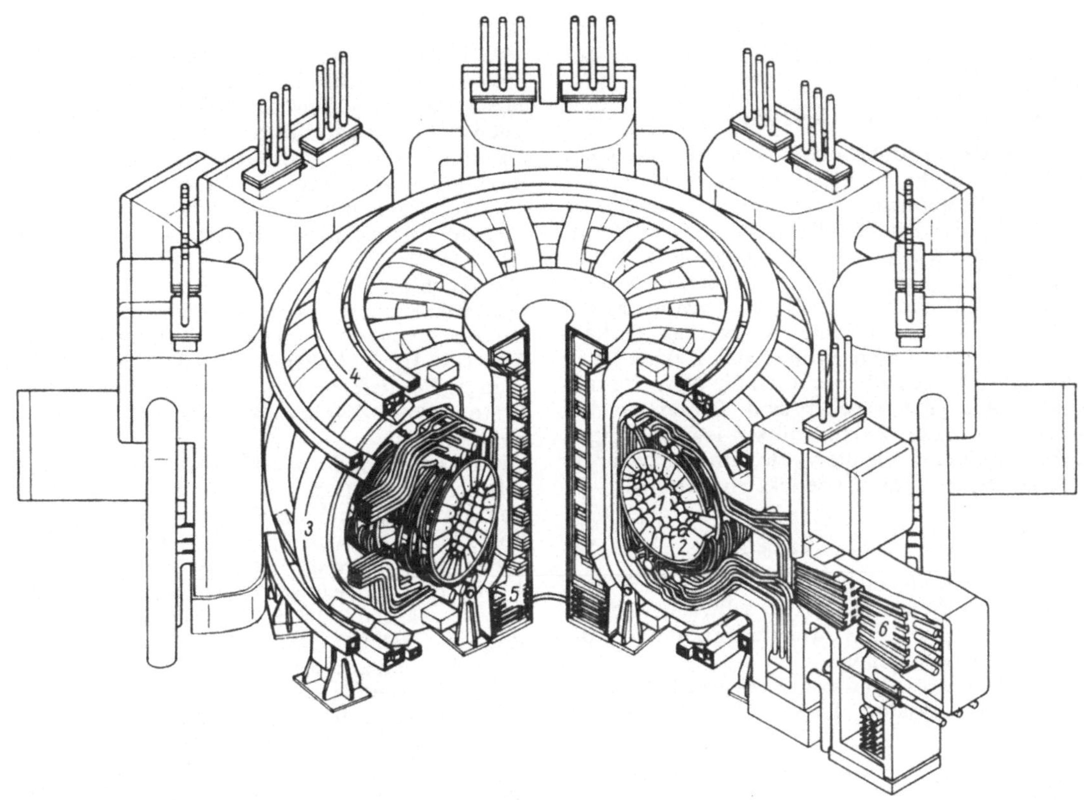

Abb. 2.115. Projektskizze des thermonuklearen Versuchsreaktors JXFR (Japan) vom Tokamak-Typ. (nach K. SAKO et al. 1972)

1 Toroidförmiger Plasmaraum; *2* Blankett; *3* Spulen für das toriodale Magnetfeld; *4* Spulen für die senkrechte Feldkomponente; *5* Primärwicklung; *6* Injektoren für den Strom neutraler Teilchen. Die Dimensionen dieses Reaktors sind: Großer Radius des Torus 6,75 m, kleiner Radius 1,5 m; Plasmavolumen 300 m³; max. Feldstärke im Plasma 11,5 T (supraleit. Spulen); Leistung des Reaktors 100 MW

und Tritium produziert wird. Da die Reaktion Gl. (2.197) einen positiven Q-Wert besitzt, erhöht sich die Energieproduktion des Reaktors nicht unerheblich durch diese Reaktion. Diese Energie und die Energie der Neutronen setzt sich in dem Blankett in Wärme um und muß von dort dem Dampferzeuger zugeführt werden.

Die unkontrollierte Kernfusion wird in der Wasserstoffbombe realisiert. Bestimmte Typen dieser Bomben arbeiten mit einer Ladung aus Lithiumdeuterid (LiD), die durch eine Kernspaltungsbombe gezündet wird. Diese liefert die Neutronen für die Produktion von Tritium gemäß der Reaktion Gl. (2.197) und gleichzeitig die notwendige Temperatur zur Einleitung der thermonuklearen Reaktion.

2.7.5. Thermonukleare Reaktionen in der Astrophysik

Die Kernfusion in thermonuklearen Prozessen ist auch die Quelle der Energieproduktion in den Sternen und speziell der Sonne. Die Bedingungen für thermonukleare Reaktionen sind im Innern der Sonne von denen in künstlichen thermonuklearen Reaktoren allerdings erheblich verschieden. Das Ausgangsmaterial für die Fusion sind Protonen. Das Reaktionsvolumen ist für irdische Verhältnisse unendlich groß (Radius der Sonne $7 \cdot 10^8$ m). Die Sternmodelle der Astrophysik geben heute mit ziemlicher Sicherheit die Temperatur im Innern der Sonne mit $1,4 \cdot 10^7$ K $\sim 1,2$ keV und die Dichte mit ~ 100 g/cm³ an. Die thermische Energie der Protonen liegt unter diesen Bedingungen weit unter der Coulomb-Barriere, die gemäß Gl. (2.1) etwa 0,5 MeV für den Proton-Proton-Stoß beträgt. Kernreaktionen können also nur auf Grund des quantenmechanischen Tunneleffektes zustande kommen. Die Querschnitte sind unter diesen Umständen außerordentlich klein.

Die Fusion von je vier Protonen zu Helium ist die Hauptquelle der Energie. Diese Synthese erfolgt aber nicht direkt, sondern über bestimmte Reaktionszyklen. Die zwei wichtigsten sollen hier angegeben werden.

Der *Proton-Proton-Zyklus*: Dieser Zyklus beginnt mit der Reaktion

$$p + p \rightarrow d + e^+ + \nu + 0,42\ \text{MeV}.$$

Das direkte Produkt dieser Fusion, der Kern ^{2}He, ist unstabil. Die Reaktion verläuft nur, wenn die Betaemission noch während des Stoßes erfolgt. Da der Betazerfall ein Prozeß der schwachen Wechselwirkung ist, ist die gesamte Reaktion sehr unwahrscheinlich. Die Reaktionszeit, d. h. die Zeit, nach der zwei Protonen im Mittel auf diese Weise fusionieren, beträgt deshalb $14 \cdot 10^9$ a. Der weitere Ablauf des Zyklus ist in Abb. 2.116 dargestellt, wo auch die Q-Werte und Reaktionszeiten angegeben sind. Die ersten drei Reaktionen dieses Zyklus müssen jeweils doppelt so oft stattfinden wie die vierte, um die zwei ^{3}He bereitzustellen. Im Endeffekt haben wir die Bilanz

$$4p \rightarrow {}^4\text{He} + 2e^+ + 2\nu + 26,68\ \text{MeV}. \qquad (2.198)$$

Die Energie der Neutrinos von $2 \times 0,26$ MeV geht verloren, da diese Teilchen so schwach wechselwirken, daß sie ohne weitere Streuungen die Sonne verlassen können.

Der *CNO-Zyklus*: In dieser Reaktionskette wirkt ^{12}C als Katalysator. Dieses Nuklid muß mit

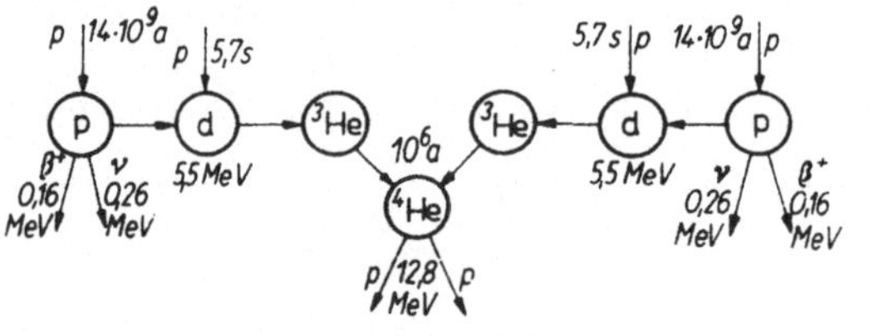

Abb. 2.116. Der Proton-Proton-Zyklus

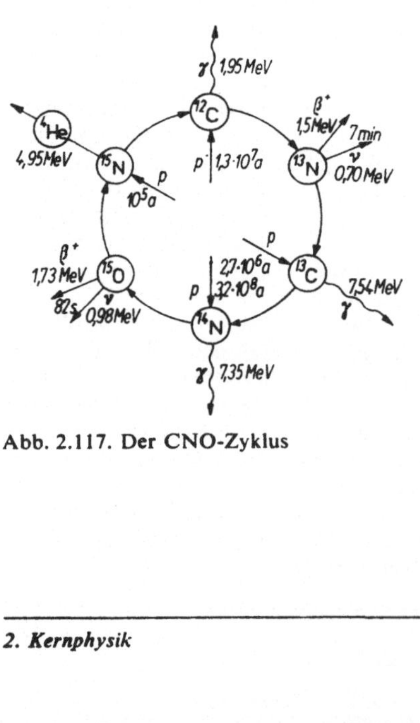

Abb. 2.117. Der CNO-Zyklus

etwa 1 % in der Sternmaterie enthalten sein. Der Zyklus ist in Abb. 2.117 dargestellt. Die Teilchen- und Energiegewinne dieses Zyklus sind für jeden Schritt nach außen gezeichnet, von innen die zufließenden Protonen mit Angabe der Reaktionszeiten. Auch in diesem Zyklus gehen die Neutrinos mit ihrer Energie verloren. Im Endeffekt ist die Energiebilanz die gleiche wie in Gl. (2.198).

Die Anteile der genannten zwei Zyklen an der Gesamtenergieproduktion verschieben sich etwas in Abhängigkeit von der Temperatur. Bei $T = 1,5 \cdot 10^7$ K halten sich beide Prozesse die Waage. Bei tieferen Temperaturen überwiegt der Proton-Proton-Zyklus, bei höheren der CNO-Zyklus.

Die Berechnung der Reaktionsrate unter den gegebenen Bedingungen ergibt, daß diese Reaktionszyklen in der Lage sind, die Energieproduktion der Sonne von $3,7 \cdot 10^{23}$ kW abzudecken. Wenn man annimmt, daß die Sonne seit etwa $4 \cdot 10^9$ a in der heutigen Intensität strahlt, dann hat sie während dieser Zeit $8 \cdot 10^{25}$ t Wasserstoff zu Helium „verbrannt". Das sind 10 % ihres Wasserstoffvorrats. Die je Sekunde abgegebene Energie entspricht einer Masse von $4 \cdot 10^6$ t. Wenn diese Leistung über $4 \cdot 10^9$ a aufrechterhalten wurde, hat die Sonne während dieser Zeit $5,2 \cdot 10^{23}$ t, das sind rund 87 Erdmassen, in Energie umgesetzt. Das ist der Bruchteil von $2,6 \cdot 10^{-4}$ ihrer Gesamtmasse von $2,0 \cdot 10^{27}$ t.

2.8. Weiterführende Literatur

BLATT, J. M.; WEISSKOPF, F.: Theoretische Kernphysik. Leipzig: B. G. Teubner 1959.

BOHR, A.; MOTTELSON, B.: Struktur der Atomkerne. Berlin: Akademie-Verlag, Bd. 1 1975, Bd. 2 1980.

DAVYDOV, A. S.: Theorie des Atomkerns. Berlin: Deutscher Verlag der Wissenschaften 1963.

Lehrbuch der Kernphysik (Hrsg. G. HERTZ), Bd. 1 und 2. Leipzig: B. G. Teubner 1960.

MUSIOL, G.; REIF, R.; SEELIGER, D.: Kern- und Elementarteilchenphysik, Teil 1. Berlin: Deutscher Verlag der Wissenschaften 1980.

POSE, H.: Einführung in die Physik des Atomkerns. Berlin: Deutscher Verlag der Wissenschaften 1971.

3. Elementarteilchen

3.1. Vorbemerkung

Auch die moderne Form der Lehre vom Atomismus – die Hochenergie- oder Elementarteilchenphysik – versucht in sehr direkter Weise, zwei alte Fragen an die Natur zu beantworten:

1. Welches sind die grundlegenden Bestandteile aller Materie im Universum?
2. Welche fundamentalen Kräfte beherrschen das Verhalten dieser grundlegenden Bestandteile, so daß sie alle auftretenden Formen der Materie bilden können?

An der Schwelle unseres Jahrhunderts hatte sich die Überzeugung von der Realität der atomaren Struktur der Materie endgültig durchgesetzt. Jeder bedeutende Fortschritt beim Studium der Mikrowelt lehrte die Physiker jedoch, um wievieles reicher die Natur ist als unsere Vorstellungen von dem, was hinter der jeweiligen Grenze des bisher Erkannten liegt. Mit immer leistungsstärkeren Beschleunigern, mit Detektoren immer höherer Empfindlichkeit, also mit Anlagen wachsenden Auflösungsvermögens gelang das Eindringen in immer tiefer liegende Schichten der Materie. Innerhalb der letzten fünf Jahrzehnte wurde auf diese Weise der erforschte Raumbereich von der Dimension des Atoms ($\approx 10^{-8}$ cm) auf etwa den hundertmillionsten Teil der Größe des Atoms ($\approx 10^{-16}$ cm) reduziert. Entsprechend wandelte sich die Antwort auf die beiden grundlegenden Fragen an die Natur.

Aus den Streuversuchen von α-Teilchen folgerte RUTHERFORD 1911, daß das Atom aus einem kleinen, positiv geladenen, fast die ganze Atommasse tragenden Kern besteht, der von einem System von Elektronen umgeben ist. Der Kern des Wasserstoffatoms wurde Proton p genannt (s. Abschn. 1.1.).

Vor den Physikern stand nun die Aufgabe, die unveränderlichen charakteristischen Eigenschaften der Atome aus ihrer Kern-Elektron-Struktur zu verstehen. Allein dadurch, daß BOHR annahm, daß sich die Elektronen strahlungslos auf diskreten Bahnen im Atom bewegen, verließ er die sichere Basis der klassischen Physik. Atommechanik erwies sich als Quantenmechanik (BOHR, SCHRÖDINGER, HEISENBERG und DIRAC) mit ihrem charakteristischen Welle-Korpuskel-Dualismus.

Bis zum Beginn der dreißiger Jahre gingen die theoretischen Überlegungen von der Existenz zweier fundamentaler Teilchenarten aus, der Elektronen und Protonen. Sie wurden als unveränderliche Elementarteilchen betrachtet. Daß diese Vorstellung falsch war, zeigten der experimentelle Nachweis des von der relativistischen Quantentheorie vorausgesagten Antiteilchens des Elektrons e⁻, des Positrons e⁺ und insbesondere die Entdeckung der Paarerzeugung von Elektron und Positron bzw. ihre gegenseitige Annihilation. Elektronen und Positronen werden erzeugt und vernichtet. Eine Elementarität im Sinne einer Unveränderlichkeit individueller Elektronen und Positronen gibt es nicht.

Neben diesem Wandel in der Auffassung der Elementarität brachte die erste Hälfte der dreißiger Jahre einige weitere wichtige Erkenntnisse. Die Entdeckung des Neutrons n durch CHADWICK machte den Weg frei für das Verständnis des Aufbaus der Atomkerne aus Protonen und Neutronen.

Neue Phänomene wurden beim Studium der Atomkerne entdeckt. In Analogie zu den Atomen zeigen auch die Kerne ein Spektrum angeregter Kernzustände. Diese Spektren lassen sich gleichfalls mit Hilfe der Quantenmechanik unter Verwendung von Modellvorstellungen beschreiben, wenn auch im Unterschied zum Atom der Kern kein Kraftzentrum besitzt. An die Stelle der Coulombkraft im Atom tritt die Kernkraft mit ihrer sehr kurzen Reichweite. Im Unterschied zu den diskreten Energieniveaus der Atomzustände, deren Abstand einige eV beträgt, sind die Abstände der Energieniveaus der Kernzustände in der Größenordnung von MeV. Die Übergänge angeregter in energetisch tiefer liegende Zustände erfolgen nicht nur durch die γ-Emission, sondern etwa auch durch β-Übergänge. Solche Übergänge sind mit einer Änderung der Kernladung verbunden. Im Kern liegen dem radioaktiven β-Zerfall folgende Umwandlungsprozesse zugrunde:

$$n \rightarrow p + e^- + \nu_e$$
$$p \rightarrow n + e^+ + \nu_e. \tag{3.1}$$

Ausgehend von der Forderung der Energie-, Impuls- und Drehimpulserhaltung im radioaktiven Zerfall, folgerte PAULI die Existenz des Neutrinos ν_e. Dabei ging es ihm um die Rettung dieser grundlegenden Erhaltungssätze der Natur. Der experimentelle Nachweis der Neutrinos gelang jedoch erst etwa 25 Jahre später COWAN und REINES.

In den dreißiger Jahren standen zur Beschreibung der Struktur der Materie fünf fundamentale Teilchen zur Verfügung: Das Elektron und das Neutrino, das Photon als das Quant des elektromagnetischen Feldes und Proton und Neutron als die Bausteine der Kerne. Dabei betrachten wir ein Teilchen als fundamental oder elementar, wenn es nicht in weitere Bestandteile zerlegt werden kann. Wir verwenden im folgenden den Teilchenbegriff als Oberbegriff für Objekte wie etwa das Photon, von dem wir wissen, daß es die Eigenschaften einer Welle (Elektrodynamik), aber auch die einer Korpuskel, d. h. eines Teilchens im Sinne der klassischen Mechanik hat. Neben den fundamentalen Teilchen war das Vorhandensein von vier verschiedenen fundamentalen Wechselwirkungen oder Kräften in der Natur bekannt:

- *Die starke Wechselwirkung*, welche die Bindung der Neutronen und Protonen im Kern bewirkt. Die Wirkung dieser anziehenden Kraft erstreckt sich nur über $\approx 10^{-13}$ cm, den Raumbereich der Kerne.

- *Die elektromagnetische Wechselwirkung*, die allen elektrischen und magnetischen Vorgängen zugrunde liegt. Wir kennen sie als eine anziehende, aber auch als abstoßende Kraft. Sie besitzt eine unendliche, sich mit dem Abstand zwischen den Ladungsträgern verringernde Reichweite. Sie führt zum Aufbau der Atome und Moleküle und ist damit die Ursache der von uns direkt beobachteten Erscheinungsformen der Materie und des Lichtes, d. h. der elektromagnetischen Wellen.

- *Die schwache Wechselwirkung*. Sie ist eine nur zerstörende Kraft, die beispielsweise den radioaktiven β-Zerfall von Atomkernen verursacht. Die Reichweite der schwachen Kraft beträgt etwa 10^{-15} cm, ihre Stärke wächst mit dem Anwachsen der Energie der Teilchen.

- *Die Gravitationswechselwirkung*. Sie ist eine anziehende Kraft, der wegen ihrer Masse und Energie alle Teilchen unterliegen. Sie besitzt unendliche Reichweite, und ihre Stärke verringert sich mit dem Abstand zwischen den Massen. Wegen der sehr kleinen Massen im atomaren und subatomaren Bereich ist sie im Vergleich zu den anderen Wechselwirkungen zu vernachlässigen.

Das Verhältnis der Stärken der vier Kräfte ist stark : schwach : elektromagnetisch : gravitativ wie $1 : 10^{-2} : 10^{-10} : 10^{-38}$ (bei einer Energie von ≈ 1 GeV).
Teilchen, zwischen denen starke Wechselwirkungen auftreten, nennt man Hadronen. Teilchen, die direkt keiner starken Wechselwirkung unterliegen, bezeichnet man als Leptonen. Das Schema der Elementarteilchen der dreißiger Jahre hatte damit folgendes Aussehen:

Leptonen	Hadronen
e^-, ν_e	p, n

Hinzu kommen die Antiteilchen, Positron e^+ und Antineutrino $\bar{\nu}_e$ bei den Leptonen und Antiproton $\bar{p}$ und Antineutron $\bar{n}$ bei den Hadronen. Die letzteren wurden allerdings erst in den fünfziger Jahren experimentell nachgewiesen.
Diese vier Elementarteilchen und das Lichtquant waren eine ausreichende Basis zur Beschreibung aller bis dahin bekannten physikalischen Phänomene des Aufbaus der Materie. Der elementare Charakter dieser Teilchen wurde nun nicht mehr im Sinne von kleinsten Bausteinen verstanden, deren Existenz unveränderlich ist. Die Teilchenzahl erwies sich in keinem der vier Wechselwirkungstypen als Erhaltungsgröße. Teilchen können erzeugt und vernichtet werden. Die klassischen Erhaltungssätze (Energie, Impuls, Drehimpuls) und die mit ihnen verbundenen raum-zeitlichen Symmetrien wurden weiterhin nicht in Frage gestellt. Die Elementarteilchen erschienen nun als bei der Wechselwirkung ineinander übergehende Träger von kleinstmöglichen Beträgen an Masse, Eigendrehimpuls oder Spin, elektrischer Ladung und anderer unanschaulicher Quantenzahlen. Auf eine neue und überraschende Art fand man später, wie die Symmetrie einer Wechselwirkung und die mögliche Existenz eines Elementarteilchens einander bedingen.
Mitte der dreißiger Jahre postulierte YUKAWA die Existenz eines Mesons, d. h. eines stark wechselwirkenden Teilchens mit einer Masse zwischen der des Elektrons und der des Protons als Quant des Kernfeldes. In Analogie zum Photon, als dem Träger des elektromagnetischen Feldes, durch dessen Austausch zwischen den Ladungsträgern die elektromagnetische Kraft vermittelt wird, sollte dieses Meson der Träger der starken Wechselwirkung sein.
Eine Vorstellung von der Masse dieses Mesons erhalten wir durch eine einfache Betrachtung mittels der Heisenbergschen Unbestimmtheitsbeziehung. Nehmen wir als Beispiel die starke Wechselwirkung zweier Protonen. Zwischen ihnen ist wegen der kurzen Reichweite der Kernkraft eine virtuelle Emission bzw. Absorption eines Feldquants mit einer endlichen Ruhemasse m bzw. Ruheenergie $\Delta E = m_\pi c^2$ durch die Unbestimmtheitsbeziehung erlaubt [s. a. Gl. (1.20)]:

$$\Delta E \, \Delta t \geq \hbar. \tag{3.2}$$

Die Energie des virtuellen Quants ist $\Delta E \geq m_\pi c^2$, d. h. mindestens gleich der Ruheenergie des als π-Meson bezeichneten Quants. Es kann in der

Zeit Δt einen Weg zwischen den beiden Protonen $R = v\,\Delta t < c\,\Delta t$ zurücklegen, da für $m_\pi \neq 0$ die Geschwindigkeit v des Mesons kleiner als die Lichtgeschwindigkeit c sein muß. Betrachten wir den Grenzfall der Gleichheit von Gl. (3.2), so wird $\Delta t = \hbar/m_\pi c^2$. Damit ist der maximal zwischen den beiden Protonen zurückgelegte Weg des virtuellen Feldquants

$$R = \frac{\hbar}{m_\pi c} = \lambdabar_\pi \tag{3.3}$$

die Compton-Wellenlänge des Mesons. Setzen wir für die Reichweite R der Kernkraft den aus den Streuversuchen ermittelten angenäherten Wert von $R \approx 10^{-13}$ cm ein, so erhält man für die Masse des Mesons $m_\pi \approx 200\ \mathrm{MeV}/c^2$. Nehmen wir an, daß sich die beiden stark miteinander wechselwirkenden Protonen mit annähernd Lichtgeschwindigkeit bewegen, so ergibt sich mit der Reichweite der Kernkraft $R = \lambdabar_\pi$ als charakteristische Reaktionszeit der starken Wechselwirkung $\tau \approx \lambdabar_\pi/c \approx 10^{-23}$ s.

Bereits zum Ende der dreißiger Jahre wurde in der kosmischen Strahlung ein Teilchen entdeckt, dessen Masse der des Yukawa-Teilchens nahekam. Das Studium seiner Eigenschaften zeigte

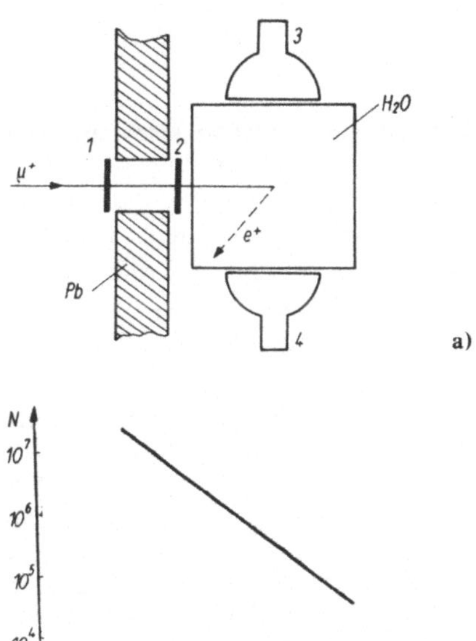

Abb. 3.1. a) Myonen μ^+ aus einem zyklischen Beschleuniger werden durch die Zähler *1* und *2* registriert und zerfallen, nachdem sie in einem Wassertarget zur Ruhe gekommen sind. Die durch die Zerfallspositronen e^+ im Wasser erzeugte Čerenkov-Strahlung wird durch die Sekundärelektronenvervielfacher *3* und *4* registriert; b) in einer halblogarithmischen Darstellung ist der zeitliche Verlauf der registrierten Myonzerfälle gezeigt

jedoch, daß es keiner starken Wechselwirkung unterliegt. Dieses Teilchen entspricht in allen seinen Eigenschaften, abgesehen von der etwa 200mal größeren Masse, dem Elektron. Man bezeichnet dieses schwere Elektron als Myon μ. Es erweist sich als instabiles Teilchen, das in einem schwachen Wechselwirkungsprozeß in ein Elektron und Neutrinos zerfällt:

$$\mu^- \to \mathrm{e}^- + \bar{\nu}_\mathrm{e} + \nu_\mu. \tag{3.4}$$

Anfang der sechziger Jahre zeigte sich in einem Experiment an einem der großen Beschleuniger, daß diese beiden Neutrinos verschieden sind. Darum sind sie durch ihre Indizes voneinander unterschieden. Das ν_e ist das aus dem β-Zerfall bekannte Neutrino, während das ν_μ stets in Verbindung mit dem Myon auftritt.

Die Wahrscheinlichkeit für den Zerfall angeregter Atome und instabiler subatomarer Teilchen hängt, wie die experimentelle Erfahrung zeigt, nicht von der Zeit ab, die das Teilchen schon existiert. Ein soeben erzeugtes Myon unterscheidet sich in keiner Weise von einem Myon, das bereits vor einiger Zeit entstanden ist. Wir können nicht vorhersagen, wann ein instabiles Teilchen zerfallen wird. Nur der Begriff der mittleren Lebensdauer τ für eine große Zahl instabiler Teilchen ist eine reproduzierbare Größe.

Sind zur Zeit $t = 0$ insgesamt N_0 Teilchen vorhanden, dann ist die mittlere Anzahl der Teilchen, die zu einem Zeitpunkt t noch nicht zerfallen ist, durch

$$N(t) = N_0 \exp(-\lambda t) \tag{3.5}$$

gegeben. Die Konstante λ ist die für den betrachteten Prozeß charakteristische Zerfallskonstante, und ihr reziproker Wert $\tau = 1/\lambda$ wird als mittlere Lebensdauer bezeichnet. Viele der unterschiedlichen instabilen Teilchen, die wir heute kennen, haben mehr als eine Zerfallsart. Jedes dieser Teilchen hat jedoch nur eine einzige mittlere Lebensdauer τ, unabhängig von der Art des Zerfalls, den wir benutzen, um den exponentiellen Abfall zu messen.

Als Beispiel der experimentellen Bestimmung der mittleren Lebensdauer eines schwach zerfallenden Teilchens ist in Abb. 3.1 ein Versuch zur Messung von τ_μ skizziert, der 1974 im Vereinigten Institut für Kernforschung in Dubna durchgeführt wurde[1]. Das Resultat der Messung der mittleren Lebensdauer des μ^+ aus dem exponentiellen Abfall der Meßwerte in Abb. 3.1 b ist

$$\tau_\mu = (2{,}19711 \pm 0{,}00008) \cdot 10^{-6}\ \mathrm{s}\ [1]$$

(s. Tab. 3.1).

[1] BALANDIN, M. P.; GREDENÛK, V. M.; ZINOV, V. G.; KONIN, A. D.; PONOMAREV, A. N.: Izmerenie vremeni žizni položitelnogo mûona. ŽÉTF **67** (1974) S. 1630–1637.

Die mittlere Lebensdauer τ_μ erhielten wir durch Messung einer Zeitdifferenz in einem Bezugssystem K, in dem das zerfallende Myon ruht. Nun läßt sich τ_μ natürlich auch an Myonen bestimmen, die sich mit einer relativistischen Geschwindigkeit $v = \beta c$ bewegen. In ihrem Eigensystem K' haben die Myonen die gleiche mittlere Lebensdauer τ_μ. Führt man jedoch die Messung der Zeitdifferenz vom Laborsystem K aus durch, so folgt aus der Lorentztransformation $\tau'_\mu = \gamma \tau_\mu$ mit $\gamma = (1 - \beta^2)^{-1/2}$ dem Lorentzfaktor. Myonen mit einer Energie von $E = 10$ GeV haben einen Lorentzfaktor $\gamma \approx 100$, d. h., ihre im Laborsystem gemessene mittlere Lebensdauer muß sich gegenüber τ_μ verhundertfachen. Die Experimente bestätigen die relativistische Zeitdilatation.

Das Yukawa-Teilchen, das π-Meson, fanden POWELL und Mitarbeiter in der kosmischen Strahlung im Jahre 1947. Die π-Mesonen zeigen die erwartete starke Wechselwirkung mit Atomkernen. Sie erweisen sich als instabil. Mit einer mittleren Lebensdauer von etwa 10^{-8} s zerfallen $\pi^\pm$-Mesonen in $\mu^\pm$-Myonen. Abb. 3.2 zeigt das typische Beispiel des Zerfalls eines in einer Kernemulsion zur Ruhe gekommenen π^+-Mesons: $\pi^+ \to \mu^+ \to e^+$. Da die beim Zerfall des ruhenden π^+-Mesons emittierten Myonen μ^+, wenn sie vor ihrem Zerfall zur Ruhe kommen, stets die gleiche Reichweite, also die gleiche kinetische Energie E_k^μ besitzen, ist der π-Zerfall ein Zweikörperprozeß $\pi \to \mu + \text{X}$. Die Ruhemasse des neutralen Zerfallsteilchens läßt sich aus der Energie- und

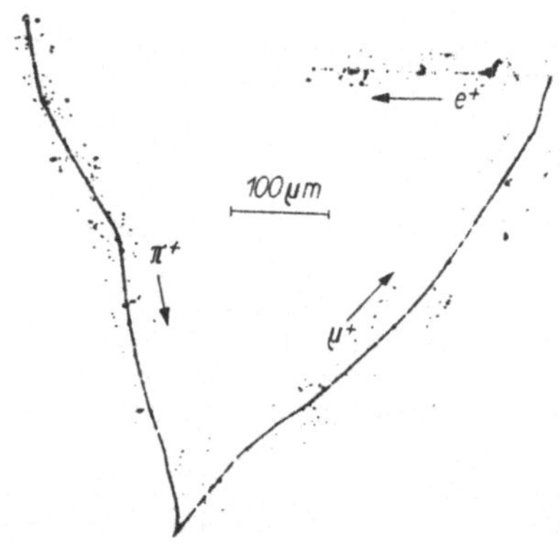

Abb. 3.2. Ein π^+-Meson der kosmischen Strahlung kommt in der Kernemulsion zur Ruhe und zerfällt unter Emission eines nicht sichtbaren Neutrinos und eines Myons μ^+, das hierbei eine kinetische Energie von 4,1 MeV erhält, nach etwa 600 μm ebenfalls in der Emulsion zur Ruhe kommt und in ein Positron e^+ und zwei Neutrinos zerfällt

---

¹) Die Eigenschaften des Myons sind in Tab. 3.1 enthalten, die eine Zusammenfassung aller bisher bekannten stabilen und schwach bzw. elektromagnetisch zerfallenden Teilchen enthält.

Impulsbilanz bestimmen:

$$m_\pi c^2 = (E_k^\mu + m_\mu c^2) + (E_k^\text{X} + m_\text{X} c^2)$$

und

$$(E_k^\mu)^2 + 2E_k^\mu m_\mu c^2 = (E_k^\text{X})^2 + 2E_k^\text{X} m_\text{X} c^2$$

(wegen $p^2 c^2 = E^2 - m^2 c^4 = (E_k + mc^2)^2 - m^2 c^4$). Daraus erhält man

$$2m_\pi c^2 E_k^\mu = (m_\pi c^2 - m_\mu c^2)^2 - (m_\text{X} c^2)^2. \qquad (3.6)$$

Durch Einsetzen der experimentell ermittelten Werte von m_π, m_μ und E_k^μ erhält man $m_\text{X} \leq 0,57$ MeV$/c^2$. Das neutrale Zerfallsteilchen mit der Ruhemasse $m_\text{X} \approx 0$ kann also nur ein Photon oder ein Neutrino sein. Wäre es ein Photon, so müßte in einigen Fällen eine Paarerzeugung beobachtet werden ($\gamma \to e^+ + e^-$). Da das nicht der Fall ist, erhalten wir für den Zerfall der geladenen π-Mesonen:

$$\pi^+ \to \mu^+ + \nu_\mu \quad \text{bzw.} \quad \pi^- \to \mu^- + \bar{\nu}_\mu. \qquad (3.7)$$

Aus der Relativitätstheorie wissen wir, daß ein Teilchen der Ruhemasse m und der Geschwindigkeit $v = \beta c$ die Gesamtenergie

$$E = \frac{mc^2}{\sqrt{1 - \beta^2}} = \gamma mc^2 \qquad (3.8)$$

und den Impuls

$$p = \frac{mv}{\sqrt{1 - \beta^2}} = \gamma mv \qquad (3.9)$$

besitzt. Wirken auf das Teilchen keine äußeren Kräfte, so gilt die Lorentz-invariante Beziehung

$$E^2 = p^2 c^2 + m^2 c^4. \qquad (3.10)$$

Aus den Beziehungen (3.8) und (3.9) gewinnt man folgende Verknüpfung zwischen Energie, Impuls und Geschwindigkeit eines freien Teilchens:

$$p = \frac{Ev}{c^2}. \qquad (3.11)$$

Ist die Ruhemasse eines Teilchens $m = 0$, so erhalten wir aus Gl. (3.10) die Gleichung

$$E = pc, \qquad (3.12)$$

zu deren Erfüllung aus Gl. (3.11) $v = c$ sein muß. Ein Teilchen mit der Ruhemasse Null, wie etwa das Photon und möglicherweise das Neutrino, bewegt sich also stets mit Lichtgeschwindigkeit, und es ist unmöglich, Beobachtungen im Ruhesystem dieser Teilchen zu machen. Daher haben beide Teilchen nur zwei meßbare Spinkomponenten, in Bewegungsrichtung des Teilchens oder entgegengesetzt. Masselose Teilchen sind vollständig polarisiert.

Die Entdeckung des neutralen π^0-Mesons gelang im Jahre 1950 sowohl in der kosmischen Strahlung wie auch in einem Beschleunigerexperiment. Es zerfällt elektromagnetisch in zwei Photonen mit einer mittleren Lebensdauer von $\approx 10^{-16}$ s.

Die zweite Hälfte der vierziger Jahre und der Anfang der fünfziger Jahre führten darüber hinaus zur Entdeckung zweier Gruppen neuer Teilchen mit erstaunlichen und unerwarteten Eigenschaften. Man entdeckte stark wechselwirkende instabile Teilchen, deren Masse die der Nukleonen übersteigt. Diese als Hyperonen bezeichneten Teilchen, wie etwa das Λ-Hyperon, zerfallen über schwache Wechselwirkungen in Protonen und π-Mesonen. Man fand darüber hinaus schwere Mesonen, K-Mesonen, die mittels schwacher Wechselwirkungen in π-Mesonen zerfallen. Als Beispiel ist in Abb. 3.3 der Zerfall eines K^+-Mesons in drei π-Mesonen gezeigt.

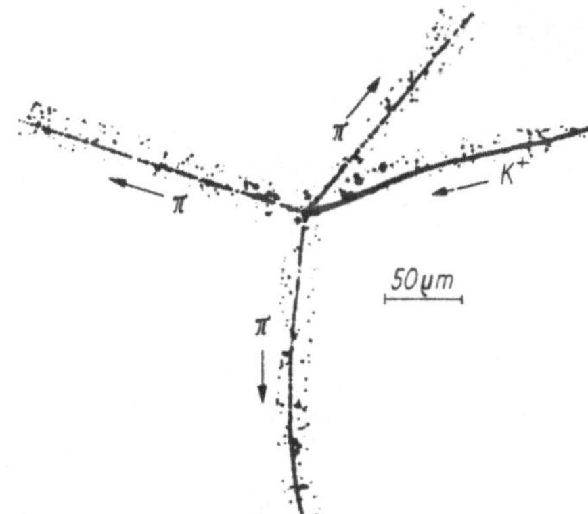

Abb. 3.3. Ein K^+-Meson der kosmischen Strahlung kommt in der Kernemulsion zur Ruhe und zerfällt in drei geladene π-Mesonen: $K^+ \rightarrow \pi^+ + \pi^+ + \pi^-$

Mit den Hyperonen und K-Mesonen wurden Teilchen entdeckt, die schwach in Protonen und π-Mesonen zerfallen, also in Teilchen, die stark wechselwirken. Ihre mittlere Lebensdauern mit Werten um $\approx 10^{-10}$ s sind außerordentlich lang, verglichen mit der für die starken Wechselwirkungen charakteristischen Kernzeit von $\approx 10^{-23}$ s. Das erstaunlichste jedoch war, daß diese seltsamen Teilchen (strange particles) nur paarweise in starken Wechselwirkungen erzeugt werden. Ein Beispiel (s. Abb. 3.4) eines typischen starken Erzeugungs- bzw. nachfolgenden schwachen Zerfallsprozesses ist die Reaktion

$$\pi^+ + p \rightarrow \Lambda^0 + K^0 + \pi^+ + \pi^+$$
$${\scriptstyle\llcorner\rightarrow} \pi^+ + \pi^- \qquad (3.13)$$
$${\scriptstyle\llcorner\rightarrow} p + \pi^-$$

Dagegen wurde niemals die Erzeugung eines einzelnen Hyperons oder K-Mesons bei der starken Wechselwirkung zweier hochenergetischer Protonen oder eines π-Mesons mit einem Proton beobachtet, d. h. Reaktionen wie etwa

$$\pi^- + p \rightarrow \Lambda^0 + \pi^+ + \pi^-$$

sind, wie die experimentelle Erfahrung zeigt, verboten.

Bei allen Wechselwirkungsprozessen im Subatomaren erweist sich stets, daß die Summe der elektrischen Ladungen der Teilchen vor der Reaktion gleich der Summe der elektrischen Ladungen nach der Reaktion ist [siehe beispielsweise die Reaktionen (3.1), (3.4), (3.7), (3.13)]. Die elektrische Ladung ist der Prototyp einer additiven Quantenzahl, für die in starken, elektromagnetischen und schwachen Wechselwirkungen ein Erhaltungssatz gilt.

Bei strenger Gültigkeit der Ladungserhaltung kann das Elektron als das leichteste geladene Teilchen niemals verschwinden. Das heißt, Zerfälle der Art $e^- \rightarrow$ neutrale Teilchen sind verboten.

Ein experimenteller Test der Ladungserhaltung und der Stabilität des Elektrons wurde von einer Gruppe an der Universität von Maryland (USA) durchgeführt.[1] Sie suchten mit einem hochauflösenden Ge(Li)-Festkörperdetektor nach einer 11,1-keV-Röntgenstrahlung, die beim Zerfall eines Elektrons der K-Schale des Germanium-Atoms auftritt. Die Registrierung der Röntgenstrahlen erfolgt im Kristalldetektor. Um Untergrundsignale etwa der kosmischen Strahlung zu unterdrücken, war der Kristall von Szintillationsdetektoren umgeben, die in Antikoinzidenz geschaltet waren. Nach einer effektiven Beobachtungszeit von 1 148,55 Stunden wurde ein oberer Grenzwert von 145 der gesuchten Prozesse ermittelt. Da der Kristall $5,87 \cdot 10^{24}$ Elektronen der K-Schale enthält, ergibt sich als unterer Grenzwert der mittleren Lebensdauer des Elektrons

$$\tau_e = \frac{5,87 \cdot 10^{24}}{145} \cdot 1\,148,55 = 5,3 \cdot 10^{21} \text{ Jahre.}$$

Es lag nahe, das Verhalten der seltsamen Teilchen dem Wirken eines neuen Erhaltungssatzes zuzuschreiben. Führt man eine neue additive Quantenzahl, die Strangeness S, ein und ordnet dem Λ-Hyperon $S = -1$, dem K^0-Meson $S = +1$ und dem n, p und π jeweils $S = 0$ zu, so läßt sich der assoziierten Erzeugung der seltsamen Teilchen durch die Forderung der Strangenesserhaltung in starken Wechselwirkungen Rechnung tragen. Die Zuordnung der Strangeness der anderen Hyperonen und K-Mesonen erfolgt so, daß sie einem Erhaltungssatz für S in den starken Erzeugungsprozessen genügen. Ein Beispiel ist etwa die Reaktion

$$\pi^- + p \rightarrow \Xi^- + K^0 + K^0 + \pi^+. \qquad (3.14)$$
$${\scriptstyle\llcorner\rightarrow} \pi^- + \Lambda^0$$

Aus der Forderung der S-Erhaltung als additive Quantenzahl folgt unmittelbar die Zuordnung $S = -2$ für das Ξ^--Hyperon, das seinerseits schwach zerfällt.

[1] STEINBERG, R. I.; KWIATKOWSKI, K.; MAENHAUT, W.; WALL, N. S.: Experimental test of charge conservation and the stability of the electron. Phys. Rev. D **12** (1975) S. 2582–2586.

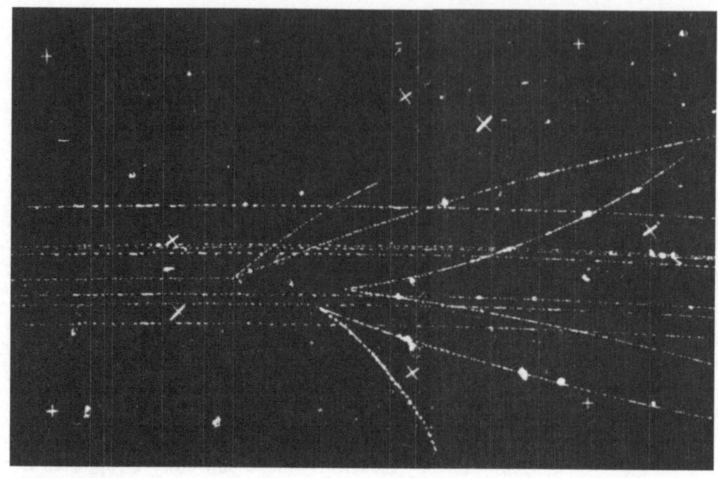

a)

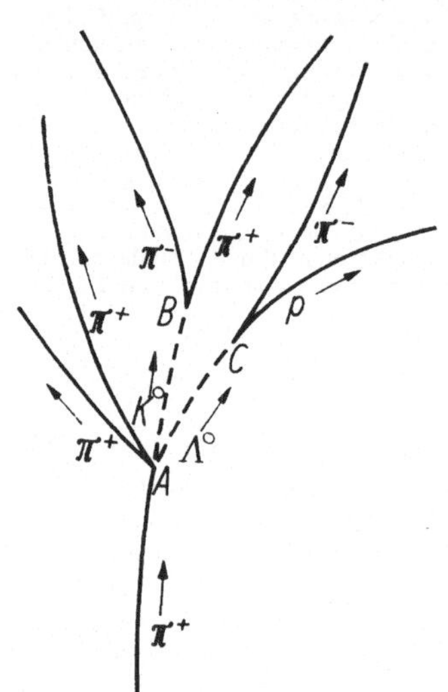

b)

Abb. 3.4. a) Blasenkammer-Bild der Reaktion $\pi^+ + p \rightarrow \Lambda^0 + K^0 + \pi^+ + \pi^+$. b) Schema des gleichen Prozesses. Am Punkt A trifft ein π^+-Meson mit einer Energie von 8 GeV auf ein Proton in der Wasserstoffblasenkammer. Das neutrale Λ-Hyperon zerfällt bei C, $\Lambda \rightarrow p + \pi^-$, und das gleichfalls nicht sichtbare K^0-Meson bei B, $K^0 \rightarrow \pi^+ + \pi^-$

Vergleicht man die schwachen Zerfälle der Hyperonen und K-Mesonen, d. h. der seltsamen Teilchen in den Reaktionen [Gl. (3.13) und (3.14)], so erkennen wir, daß für schwache Wechselwirkungen keine S-Erhaltung gilt. In den betrachteten Beispielen, wie auch in allen anderen bisher beobachteten schwachen Zerfällen seltsamer Teilchen gilt die Regel $|\Delta S| = |S_f - S_i| = 1$, d. h., die Strangeness des Endzustandes S_f und die Strangeness des Anfangszustandes S_i unterscheiden sich um eine Einheit.

Subatomare Teilchen unterscheiden sich durch ihre Quantenzahlen. Jede entspricht einer physikalischen Eigenschaft, die bei der Wechselwirkung der Teilchen miteinander erhalten bleibt. Eine solche Quantenzahl ist z. B. der Eigendrehimpuls oder Spin der Teilchen. Er ist eine meßbare Größe. Einige der Quantenzahlen wie etwa Ladung und Spin bleiben in allen Wechselwirkungen erhalten, während z. B. die Strangeness, wie das Beispiel der betrachteten Reaktionen zeigt, bei der schwachen Wechselwirkung nicht erhalten bleibt. Hadronen, die einen halbzahligen Spin haben, bezeichnet man als Baryonen und Hadronen mit einem ganzzahligen Spin als Mesonen.

In Tab. 3.1 sind die Eigenschaften aller bisher bekannten stabilen und schwach bzw. elektromagnetisch zerfallenden Teilchen zusammengefaßt.

Tabelle 3.1

Teilchen	Isospin Spin Parität $I(J\pi)$	Masse [MeV]	Mittlere Lebensdauer [s]	Zerfallsart (Beispiele)	Bruchteil [%]
			PHOTON		
γ	0,1 (1⁻)	0		stabil	
			LEPTONEN		
ν_e	$J = \tfrac{1}{2}$	$< 4{,}6 \cdot 10^{-6}$	stabil	stabil	
e	$J = \tfrac{1}{2}$	$0{,}5110034 \pm 0{,}0000014$	stabil	stabil	
ν_μ	$J = \tfrac{1}{2}$	$< 0{,}25$	stabil	stabil	
μ	$J = \tfrac{1}{2}$	$105{,}65916 \pm 0{,}00030$	$2{,}19703 \pm 0{,}00004 \cdot 10^{-6}$	$\mu^- \to e^- \bar{\nu}\nu$	98,6
τ	$J = \tfrac{1}{2}$	$1784{,}2 \pm 3{,}2$	$3{,}3 \pm 0{,}4 \cdot 10^{-13}$	$\tau^- \to \mu^- \bar{\nu}\nu$ $e^- \bar{\nu}\nu$ Hadron und Neutrale	$17{,}6 \pm 0{,}6$ $17{,}4 \pm 0{,}5$ $33 \ \pm 10$
			MESONEN mit $S = 0$		
$\pi\pm$	1 (0⁻)	$139{,}5685 \pm 0{,}0010$	$2{,}6030 \pm 0{,}0023 \cdot 10^{-8}$	$\pi^+ \to \mu^+ \nu$	100
π^0	1 (0⁻)	$134{,}9642 \pm 0{,}0039$	$0{,}87 \pm 0{,}04 \cdot 10^{-16}$	$\gamma\gamma$ $\gamma e^+ e^-$	$98{,}80 \pm 0{,}03$ $1{,}20 \pm 0{,}03$
η	0 (0⁻)	$548{,}8 \pm 0{,}6$	$\Gamma = 1{,}05 \pm 0{,}15$ keV	$\gamma\gamma$ $3\pi^0$ $\pi^+\pi^-\pi^0$	$38{,}9 \ \pm 0{,}4$ $31{,}9 \ \pm 0{,}35$ $23{,}6 \ \pm 0{,}6$
			MESONEN mit $S = \pm 1$		
$K\pm$	$\tfrac{1}{2}$ (0⁻)	$493{,}667 \pm 0{,}014$	$1{,}2371 \pm 0{,}0026 \cdot 10^{-8}$	$\mu^+ \nu$ $\pi^+ \pi^0$	$63{,}50 \pm 0{,}16$ $21{,}16 \pm 0{,}15$
K_s^0	$\tfrac{1}{2}$ (0⁻)		$0{,}8923 \pm 0{,}0022 \cdot 10^{-10}$	$\pi^+ \pi^-$	$68{,}61 \pm 0{,}24$
K_L^0	$\tfrac{1}{2}$ (0⁻)		$5{,}183 \pm 0{,}040 \cdot 10^{-8}$	$\pi^0 \pi^0 \pi^0$ $\pi^+ \pi^- \pi^0$	$21{,}5 \ \pm 0{,}7$ $12{,}39 \pm 0{,}18$
			MESONEN mit $C = 0$		
$D\pm$	$\tfrac{1}{2}$ (0⁻)	$1869{,}3 \pm 0{,}6$	$9{,}2 {}^{+1,3}_{-1,0} \cdot 10^{-13}$	$D^+ \to K^- \pi^+ \pi^+$	$11{,}4 \pm 1{,}1$
$D^0/\bar{D}^0$	$\tfrac{1}{2}$ (0⁻)	$1864{,}6 \pm 0{,}6$	$4{,}3 {}^{+0,5}_{-0,4} \cdot 10^{-13}$	$D^0 \to K^- \pi^+$ $K^- \pi^+ \pi^0$	$5{,}4 \pm 0{,}4$ $17{,}3 \pm 1{,}7$
			BARYONEN mit $S = 0$		
p	$\tfrac{1}{2}$ ($\tfrac{1}{2}^+$)	$938{,}27962 \pm 0{,}0027$	stabil	stabil	
n	$\tfrac{1}{2}$ ($\tfrac{1}{2}^+$)	$939{,}57311 \pm 0{,}0027$	898 ± 16	$p e^- \bar{\nu}$	100
			BARYONEN mit $S = -1$		
Λ	0 ($\tfrac{1}{2}^+$)	$1115{,}60 \pm 0{,}05$	$2{,}632 \pm 0{,}020 \cdot 10^{-10}$	$p \pi^-$ $n \pi^0$	$64{,}2 \pm 0{,}5$ $35{,}8 \pm 0{,}5$
Σ^+	1 ($\tfrac{1}{2}^+$)	$1189{,}36 \pm 0{,}06$	$0{,}800 \pm 0{,}004 \cdot 10^{-10}$	$p \pi^0$ $n \pi^+$	$51{,}64 \pm 0{,}30$ $48{,}36 \pm 0{,}30$
Σ^0	1 ($\tfrac{1}{2}^+$)	$1192{,}46 \pm 0{,}08$	$5{,}8 \pm 1{,}3 \cdot 10^{-20}$	$\Lambda \gamma$	100
Σ^-	1 ($\tfrac{1}{2}^+$)	$1197{,}34 \pm 0{,}05$	$1{,}482 \pm 0{,}011 \cdot 10^{-10}$	$n \pi^-$	100

3.1. Vorbemerkung

14 Grimsehl IV, 17. Aufl.

Tabelle 3.1 (Fortsetzung)

Teilchen	Isospin Spin Parität $I(J\pi)$	Masse [MeV]	Mittlere Lebensdauer [s]	Zerfallsart (Beispiele)	Bruchteil [%]
			BARYONEN mit $S = -2$		
Ξ^0	$\frac{1}{2}\,(\frac{1}{2}^+)$	$1\,314,9 \pm 0,6$	$2,90 \pm 0,10 \cdot 10^{-10}$	$\Lambda\pi^0$	100
Ξ^-	$\frac{1}{2}\,(\frac{1}{2}^+)$	$1\,321,32 \pm 0,13$	$1,641 \pm 0,016 \cdot 10^{-10}$	$\Lambda\pi^-$	100
			BARYONEN mit $S = -3$		
Ω^-	$0\,(\frac{3}{2}^+)$	$1\,672,45 \pm 0,29$	$0,82 \pm 0,01 \cdot 10^{-10}$	ΛK^- $\Xi^0\pi^-$	$67,8 \pm 0,7$ $23,6 \pm 0,7$
			BARYONEN mit $C = 0$		
Λ_c^+	$0\,(\frac{1}{2}^+)$	$2\,281,2 \pm 3,0$	$2,3\,{}^{+\,0,8}_{-\,0,5} \cdot 10^{-13}$	$pK^-\pi^+$	$2,2 \pm 1,0$

3.2. Symmetrien und Erhaltungssätze

Jedem von uns sind aus der augenfälligen Welt flächenhafte oder räumliche Symmetrien aus der unbelebten Natur, unter den Lebewesen und aus der bildenden Kunst vertraut. Um nur ein Beispiel zu erwähnen, sei an die verschiedenen radialsymmetrischen Formen der Schneekristalle erinnert.

Uns interessieren jedoch nicht in erster Linie die Symmetrien der Naturobjekte selbst, sondern die Symmetrien, die in den physikalischen Grundgesetzen enthalten sind. Unter Symmetrie verstehen wir dabei die Invarianz abgeschlossener physikalischer Systeme gegenüber bestimmten Operationen. Soweit wir heute wissen, haben etwa die Operationen an einem abgeschlossenen System „Verschiebung im Raum" und „Verschiebung in der Zeit" keine Wirkung auf die physikalischen Gesetze. Die Äquivalenz aller Lagen eines abgeschlossenen physikalischen Systems im Raum und zu allen Zeiten bezeichnet man als Homogenität von Raum und Zeit.

Mit dem tieferen Verständnis der Erscheinungen, die durch die klassische Mechanik beschrieben werden, gelang die Aufdeckung des Zusammenhangs zwischen den Symmetrieeigenschaften von Raum und Zeit und den Erhaltungssätzen der Mechanik.

So folgt aus der Homogenität der Zeit, daß in einem mechanischen System die Gesamtenergie erhalten bleibt und nicht explizit von der Zeit abhängt, zu der sie bestimmt wird.

Der Impulserhaltungssatz folgt aus der Homogenität des Raumes. Untersucht man eine beliebige räumliche Verschiebung eines abgeschlossenen Systems von n Teilchen, so folgt aus der Homogenität des Raumes, d. h. aus der Äquivalenz aller Lagen des Systems im Raum, daß sich bei der Translation die Eigenschaften des Systems nicht ändern. Der Gesamtimpuls des abgeschlossenen Systems der n Teilchen, von denen jedes einen Impuls $p_i = m_i v_i$ besitzt, ist durch die Summe der Einzelimpulse gegeben

$$p = \sum_{i=1}^{n} m_i v_i. \tag{3.15}$$

Aus der Homogenität des Raumes folgt, daß der Gesamtimpuls erhalten bleibt und nicht explizit von den Raumkoordinaten der Teilchen abhängt, bei denen der Impuls des Systems bestimmt wurde.

Die Erhaltung des Drehimpulses folgt aus der Isotropie des Raumes. Isotropie bedeutet, daß sich die mechanischen Eigenschaften eines abgeschlossenen Systems von n Teilchen bei einer Drehung des Gesamtsystems um eine beliebige Achse im Raum nicht ändern. Es zeigt sich, daß für diese Bewegung der Gesamtdrehimpuls des Systems

$$L = \sum_{i=1}^{n} r_i p_i \tag{3.16}$$

eine Erhaltungsgröße ist.

3.2.1. Symmetrien in der Quantenmechanik

Betrachten wir im folgenden, in welcher Form die Raum-Zeit-Symmetrien bzw. die damit verbundenen Erhaltungssätze in der Quantenmechanik ihren Ausdruck finden (s. a. Abschn. 1.2.4.).

In der Quantenmechanik bestimmt die Zustandsfunktion ψ vollständig den Zustand eines physikalischen Systems. Sie ist im einfachsten Fall eine Funktion der Raumkoordinaten r und der Zeit t.

Für ein Teilchen der Masse m genügt $\psi(r, t)$ der zeitabhängigen Schrödinger-Gleichung

$$\overline{H}\psi(r, t) = i\hbar \frac{\partial}{\partial t} \psi(r, t) \qquad (3.17)$$

mit

$$\overline{H} = -\frac{\hbar^2}{2m} \nabla^2 + V(r),$$

dem Hamilton-Operator. Darin ist $V(r)$ die potentielle Energie des Teilchens.

Das Resultat einer physikalischen Messung des durch die Zustandsfunktion beschriebenen Systems entspricht der Wirkung eines Operators $\overline{Q}$ auf die Zustandsfunktion ($\overline{Q}\psi = q\psi$) und ergibt einen der Eigenwerte q. Der Durchschnittswert einer großen Zahl von Messungen ist durch den Erwartungswert des Operators gegeben:

$$\langle Q \rangle = \int \psi^*\overline{Q}\psi \, d^3r. \qquad (3.18)$$

Dabei bezeichnet ψ^* die zu ψ konjugierte komplexe Zustandsfunktion. Die Wahrscheinlichkeit, dafür das durch die Zustandsfunktion ψ beschriebene Teilchen im Volumenelement d^3r bei einer Messung zu finden, ist $\psi^*\psi \, d^3r = |\psi|^2 \, d^3r$. Damit diese Interpretation stimmt, muß die Zustandsfunktion die Normierungsbedingung

$$\int\limits_{-\infty}^{\infty} \psi^*\psi \, d^3r = 1 \qquad (3.19)$$

erfüllen. Das heißt, das Teilchen muß im gesamten Integrationsraum vorhanden sein.

Betrachten wir das zeitliche Differential des Erwartungswertes:

$$\frac{d\langle Q \rangle}{dt} = \int \frac{\partial \psi^*}{\partial t} \overline{Q}\psi \, d^3r + \int \psi^*\overline{Q} \frac{\partial \psi}{\partial t} \, d^3r.$$

Setzt man in diese Beziehung die Schrödinger-Gleichung

$$\overline{H}\psi = i\hbar \frac{\partial \psi}{\partial t} \quad \text{bzw.} \quad (\overline{H}\psi)^* = -i\hbar \frac{\partial \psi^*}{\partial t}$$

ein, so erhält man:

$$\left. \begin{aligned} &\frac{d\langle Q \rangle}{dt} = \frac{1}{i\hbar} \int \psi^*[\overline{Q}, \overline{H}] \, \psi \, d^3r, \\ &\text{wobei} \\ &[\overline{Q}, \overline{H}] = \overline{Q}\overline{H} - \overline{H}\overline{Q}. \end{aligned} \right\} \qquad (3.20)$$

Physikalische Größen, deren Operatoren nicht explizit von der Zeit abhängen und außerdem mit dem Hamilton-Operator vertauschbar sind, nennt man Erhaltungsgrößen, denn für sie gilt $d\langle Q \rangle/dt = 0$, d. h. $\langle Q \rangle = $ const. Der Mittelwert der physikalischen Größe bleibt zeitlich konstant. Wenn sie für einen gegebenen Zustand einen bestimmten Wert hat, so hat die Größe denselben Wert auch zu einem späteren Zeitpunkt.

Betrachten wir als Beispiel den Drehimpuls. Wegen der Isotropie des Raumes darf sich der Hamilton-Operator für ein abgeschlossenes System bei einer Drehung des Systems um einen beliebigen Winkel und um eine beliebige Achse nicht ändern. In Analogie zum klassischen Drehimpuls definiert man in der Quantenmechanik den Drehimpuls durch

$$L = -i\hbar r \times \nabla. \qquad (3.21)$$

Dieser Drehimpulsoperator läßt sich in drei Komponenten zerlegen.

In Zylinder- oder Polarkoordinaten ($x = r \cos\varphi$; $y = r \sin\varphi$; $z = z$) erhält man für L_z die einfache Form

$$\overline{L}_z = -i\hbar \frac{\partial}{\partial \varphi}. \qquad (3.22)$$

Wir wollen die Wirkung einer infinitesimalen Rotation um die z-Achse auf die den Zustand des Systems beschreibende Funktion $\psi(\varphi)$ untersuchen. Die Zustandsfunktion $\psi(\varphi)$ wird durch die infinitesimale Transformation

$$U = 1 + \delta\varphi \frac{\partial}{\partial \varphi} \qquad (3.23)$$

in den Zustand $\psi(\varphi + \delta\varphi)$ überführt:

$$\psi(\varphi + \delta\varphi) = U\psi(\varphi).$$

Vergleicht man Gl. (3.22) mit Gl. (3.23), so erhält man für den Transformationsoperator

$$\overline{U} = 1 + \frac{i}{\hbar} \overline{L}_z \delta\varphi.$$

Für eine endliche Drehung um einen Winkel φ ist über die infinitesimalen Drehungen zu summieren. Als Resultat der Summation erhält man

$$U = \exp\left(\frac{i}{\hbar} \overline{L}_z \varphi\right). \qquad (3.24)$$

Die Drehung läßt den Hamilton-Operator des Systems unverändert. Daher ist der Drehoperator $\overline{L}_z$ mit dem Hamilton-Operator $\overline{H}$ vertauschbar:

$$[\overline{L}_z, \overline{H}] = \frac{\partial}{\partial \varphi} \overline{H} - \overline{H} \frac{\partial}{\partial \varphi} = 0. \qquad (3.25)$$

Für einen reinen Drehimpulszustand genügt die Zustandsfunktion $\psi(\varphi)$ der Eigenwertgleichung

$$\overline{L}_z \psi = m\psi. \qquad (3.26)$$

Die Operatoren $\overline{L}_z$ und $\overline{H}$ besitzen wegen Gl. (3.25) gemeinsame Eigenfunktionen, und die Eigenwerte, d. h. die Quantenzahlen, bleiben erhalten.

Die Isotropie des Raumes gilt nur, falls das Potential $V(r)$ rotationssymmetrisch ist. Betrachten wir die Rotation um eine räumliche Achse für ein Teilchen, welches noch eine Eigenrotation oder Spin S um eine innere Achse besitzt, so gelten die vorstehenden Überlegungen nur für den Gesamtdrehimpuls

$$J = L + S.$$

Am Beispiel des Drehimpulses wurde die Verknüpfung zwischen dem Operator $\overline{L}_z$, dessen Eigenwerte erhalten werden, und dem zugehörigen Transformationsoperator $\overline{U}$ explizit angegeben [Gl. (3.24)].

Wir haben es hierbei mit einem Spezialfall einer Transformation der Form

$$\overline{U} = 1 + i\overline{Q} + \frac{(i\overline{Q})^2}{2!} + \frac{(i\overline{Q})^3}{3!} + \ldots = e^{i\overline{Q}} \qquad (3.27)$$

zu tun, wobei die ersten beiden Glieder der Reihe der infinitesimalen Transformation entsprechen. Offensichtlich ist die Transformation $\bar{U}$ unitär, wenn der die Transformation erzeugende Operator $\bar{Q}$ hermitesch ist, d. h.

$$\bar{U}^+ \bar{U} = \mathrm{e}^{-i\bar{Q}^+}\, \mathrm{e}^{i\bar{Q}} = 1 \quad \text{für} \quad \bar{Q}^+ = \bar{Q}. \tag{3.28}$$

Unter dieser Bedingung gilt die Vertauschungsrelation nicht nur für die Vertauschung des die Transformation $\bar{U}$ erzeugenden Operators $\bar{Q}$ mit dem Hamilton-Operator $\bar{H}$, sondern auch für die Vertauschung des unitären Transformationsoperators $\bar{U}$ mit $\bar{H}$:

$$[\bar{U}, \bar{H}] = 0. \tag{3.29}$$

Das heißt, der Hamilton-Operator des betrachteten Systems ist gegenüber einer unitären Transformation $\bar{U}$ invariant. Für die Erwartungswerte des die unitäre Transformation erzeugenden hermiteschen Operators $\bar{Q}$ gilt ein Erhaltungssatz. Das heißt, zu jeder Transformation $\bar{U}$, die $\bar{H}$ invariant läßt, existiert ein Operator $\bar{Q}$, dessen Eigenwerte erhalten bleiben.

Am Beispiel des Drehimpulses haben wir die Invarianz von $\bar{H}$ gegenüber einer Drehung betrachtet. Die folgende Tab. 3.2 zeigt einige unitäre Transformationen, ihre erzeugenden hermiteschen Operatoren und die entsprechenden Erhaltungsgrößen.

Tabelle 3.2

Transformation	Erzeugender Operator	Erhaltungsgröße
Räumliche Translation	Impulsoperator	Impuls
Zeitliche Translation	Energieoperator	Energie
Drehung im Ortsraum	Drehimpulsoperator	Bahndrehimpuls
Drehung im Isospinraum	Isospinoperator	Isospin

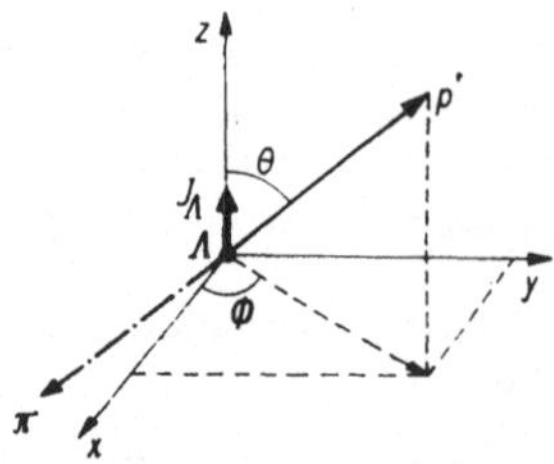

Abb. 3.5. Zerfall eines ruhenden Λ^0-Hyperons in ein Proton p und in ein π^--Meson. Das Koordinatensystem ist so gewählt, daß der Spin J_Λ des im Koordinatenursprung ruhenden Λ^0 in Richtung der z-Achse zeigt

Als quantenphysikalisches Beispiel der Anwendung des Satzes von der Erhaltung des Drehimpulses betrachten wir den schwachen Zerfall des Λ^0-Hyperons in ein Proton und ein π^--Meson:

$$\Lambda^0 \to \mathrm{p} + \pi^-.$$

Wir setzen voraus, daß wir bereits wissen, daß das Λ^0-Hyperon und das Proton jeweils den Spin $J_\Lambda = J_\mathrm{p} = 1/2$ und das π-Meson den Spin $J_\pi = 0$ hat. Wir nehmen ferner an, daß das Λ^0-Hyperon auf eine Art erzeugt wird, die seine vollständige Polarisation bewirkt. Das heißt, J_Λ soll in Richtung der entsprechend gewählten z-Achse zeigen. Wir wollen die Frage untersuchen, mit welcher Wahrscheinlichkeit das Proton unter einem polaren Winkel θ zur z-Achse und einem azimutalen Winkel Φ in der xy-Ebene fliegt, wobei der Zerfall in einem Koordinatensystem betrachtet wird, in dem das Λ^0 ruht (s. Abb. 3.5).

Der Anfangszustand i, das ruhende polarisierte Λ^0-Hyperon, läßt sich durch die Zustandsfunktion $\psi_i = \chi_i(j, j_z) = \chi_i(1/2, +1/2)$ beschreiben. Auch für die möglichen Endzustände genügt es, den Teil der Zustandsfunktion zu betrachten, der durch den Drehimpuls bestimmt ist. Die Drehimpulserhaltung erlaubt nur folgende Spinkonfiguration der beiden Zerfallsteilchen, wobei l die Bahndrehimpulsquantenzahl des Proton-π-Meson-Systems ist:

$$j_z(\mathrm{p}) = +1/2; \quad l = 0 \quad (S\text{-Zustand})$$
$$j_z(\mathrm{p}) = -1/2; \quad l = 1 \quad (P\text{-Zustand}).$$

Im S-Zustand hat die Zustandsfunktion die Form

$$\psi_s(1/2, 1/2) = a_s Y_0^0 \chi(1/2, 1/2),$$

wobei a_s die Amplitude der S-Welle, Y_l^m der für den Bahndrehimpuls charakteristische Anteil der Wellenfunktion (Kugelfunktion) und χ die Spin-Zustandsfunktion ist. Für die Wellenfunktion läßt sich der normierte Wert der Kugelfunktion $Y_0^0 = 1/\sqrt{4\pi}$ und für χ die Paulische Spinfunktion $\chi(1/2, 1/2) = \begin{pmatrix} 1 \\ 0 \end{pmatrix}$ einsetzen:

$$\psi_s = \frac{a_s}{\sqrt{4\pi}} \begin{pmatrix} 1 \\ 0 \end{pmatrix}.$$

Im P-Zustand sind nach den Regeln der Vektoraddition folgende beiden Spin-Bahndrehimpulskonfigurationen möglich, die im Endzustand eine $\psi(1/2, 1/2)$-Zustandsfunktion ergeben:

$$l = 1; \quad m = 1; \quad j_z(\mathrm{p}) = -1/2$$
$$l = 1; \quad m = 0; \quad j_z(\mathrm{p}) = +1/2.$$

Im P-Zustand hat die Zustandsfunktion also die Form

$$\psi_\mathrm{p}(1/2, 1/2)$$
$$= a_\mathrm{p}\left[\sqrt{\tfrac{2}{3}}\, Y_1^1 \chi(1/2, -1/2) - \sqrt{\tfrac{1}{3}} Y_1^0 \chi(1/2, 1/2)\right].$$

Die auftretenden Koeffizienten der Vektoraddition ($\sqrt{2/3}$ und $-\sqrt{1/3}$) bezeichnet man als Clebsch-Gordan-Koeffizienten. Durch Einsetzen der Paulischen Spinmatrizen und der normierten Kugelfunktion erhalten wir

$$\psi_\mathrm{p}(1/2, 1/2) = -\frac{a_\mathrm{p}}{\sqrt{4\pi}}\left[\sin\theta \cdot \mathrm{e}^{i\Phi}\begin{pmatrix} 0 \\ 1 \end{pmatrix} + \cos\theta\begin{pmatrix} 1 \\ 0 \end{pmatrix}\right].$$

Die Wellenfunktion des gesamten Endzustandes ψ_f ergibt sich durch eine lineare Superposition der S- und P-Zustände

$$\psi_f = \psi_s + \psi_\mathrm{p}$$
$$= \frac{1}{\sqrt{4\pi}}\left\{[a_s - a_\mathrm{p}\cos\theta]\begin{pmatrix} 1 \\ 0 \end{pmatrix} - [a_\mathrm{p}\sin\theta \cdot \mathrm{e}^{i\Phi}]\begin{pmatrix} 1 \\ 0 \end{pmatrix}\right\}$$

bzw.

$$\psi_f^* = \frac{1}{\sqrt{4\pi}}\{[a_s - a_\mathrm{p}\cos\theta]^*\,(1\ 0) - [a_\mathrm{p}\sin\theta \cdot \mathrm{e}^{i\Phi}]^*\,(0\ 1)\}.$$

Die Wahrscheinlichkeit, das Zerfallsteilchen unter einem Winkel θ zu finden, ist bis auf einen konstanten Faktor

$$
\begin{aligned}
\psi_f^{*}\psi_f &= |a_s - a_p \cos \theta|^2 + |a_p \sin \theta \cdot e^{i\Phi}|^2 \\
&= |a_s|^2 + |a_p|^2 \cos^2 \theta + |a_p|^2 \sin^2 \theta \\
&\quad - 2 \operatorname{Re} (a_s{}^{*}a_p) \cos \theta \\
&= |a_s|^2 + |a_p|^2 - 2 \operatorname{Re} (a_s{}^{*}a_p) \cos \theta .
\end{aligned}
$$

Durch Normierung der Zustandsfunktion $|a_s|^2 + |a_p|^2 = 1$ erhalten wir für die Zerfallswinkelverteilung

$$
\left.
\begin{aligned}
\frac{dN}{d \cos \theta} &= 1 + \alpha \cos \theta \\
\text{mit} & \\
\alpha &= -2 \operatorname{Re} (a_s{}^{*}a_p),
\end{aligned}
\right\} \tag{3.30}
$$

dem sogenannten Zerfallsparameter.

Der Zerfall polarisierter Λ-Hyperonen wurde mehrfach experimentell untersucht. Die Zerfallswinkelverteilung zeigt die durch Gl. (3.30) gegebene Form mit $\alpha = -0{,}64 \pm 0{,}01$. Das Fehlen von Beiträgen mit einem $\cos^2 \theta$-Verhalten in den experimentellen Winkelverteilungen schließt die Möglichkeit etwa des Spins 3/2 für das Λ-Hyperon aus. Der Spin des Λ-Hyperons ist daher tatsächlich $J_\Lambda = 1/2$. Darüber hinaus zeigt der Umstand, daß α verschieden von Null ist, daß der Endzustand des Λ-Zerfalls S- und P-Wellen enthält.

3.2.2. Parität

Um zu erkennen, welche Konsequenzen diese Beobachtung hat, müssen wir eine weitere räumliche Invarianz, die Raumspiegelung am Ursprung des gewählten Bezugssystems betrachten. Durch die Raumspiegelung $r \to -r$ werden die Komponenten (x, y, z) bzw. (r, θ, Φ) des betrachteten Systems in $(-x, -y, -z)$ bzw. $(r, \pi - \theta, \pi + \Phi)$ überführt (s. Abb. 3.6). Je nachdem, ob die Zustandsfunktion $\psi(r)$ bei der Raumspiegelung ihr Vorzeichen ändert – $\psi(-r) = -\psi(r)$ – oder nicht ändert – $\psi(-r) = \psi(r)$ –, besitzt sie ungerade oder gerade Parität. Der Operator $\overline{P}$ der Paritätstransformation ist folgendermaßen definiert:

$$
\overline{P}\psi(r) = \psi(-r). \tag{3.31}
$$

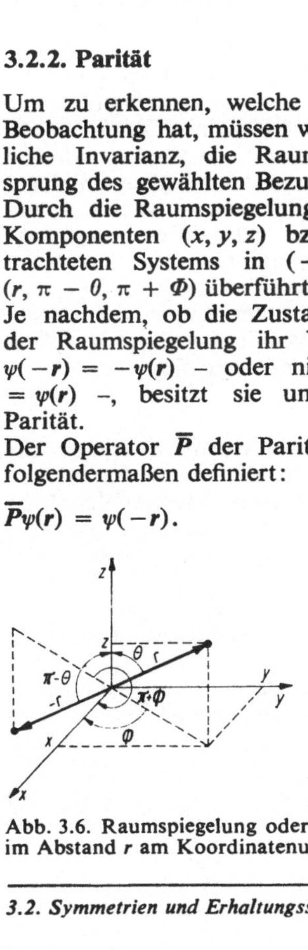

Abb. 3.6. Raumspiegelung oder Inversion eines Punktes im Abstand r am Koordinatenursprung

Die Eigenwerte π dieses Operators sind leicht zu finden, denn eine zweimalige Anwendung des Paritätsoperators muß auf die Identität zurückführen.

$$
\overline{P}\overline{P}\psi(r) = \pi \overline{P}\psi(-r) = \pi^2 \psi(r) = \psi(r),
$$

so daß $\pi^2 = 1$ und der Eigenwert $\pi = \pm 1$ ist. Hat $\psi(r)$ gerade bzw. ungerade Parität, so ist

$$
\overline{P}\psi(r) = \pm 1 \psi(r). \tag{3.32}
$$

Das heißt, $\psi(r)$ genügt einer Eigenwertgleichung und ist Eigenfunktion des Paritätsoperators mit den Eigenwerten ± 1.

Ist der Hamilton-Operator etwa für ein Coulomb-Feld gegenüber einer Paritätstransformation invariant, so läßt sich zeigen, daß Paritätsoperator und Hamilton-Operator miteinander kommutieren:

$$
[\overline{P}, \overline{H}] = 0. \tag{3.33}
$$

Daraus folgt das Gesetz von der Erhaltung der Parität. Wenn ein Zustand eines abgeschlossenen Systems eine bestimmte Parität besitzt (± 1), dann bleibt diese Parität im Laufe der Zeit erhalten. Die Operatoren $\overline{P}$ und $\overline{H}$ besitzen gemeinsame Eigenfunktionen, und die Eigenwerte des Paritätsoperators bleiben erhalten. Wir werden im weiteren sehen, daß es Kräfte gibt, für die die Paritätserhaltung nicht gilt.

Unter einer Raumspiegelung ändern polare Vektoren, wie etwa der Ortsvektor r, der Impuls p oder die elektrische Feldstärke $E = -\nabla V - A$ ihr Vorzeichen. Axiale Vektoren wie der Drehimpuls $L = r \times p$ oder die magnetische Feldstärke $H = \nabla \times A$ ändern ihre Vorzeichen nicht. Der Operator $\overline{P}$ ändert beispielsweise die Vorzeichen sowohl der Koordinaten als auch der Differentialoperatoren nach den Koordinaten, so daß L unverändert bleibt. Wegen $[\overline{P}, \overline{L}] = 0$ besitzt das System eine bestimmte Parität und bestimmte Werte des Drehimpulses l bzw. seiner dritten Komponente m.

Wir wollen die Parität für den Zustand eines Teilchens in einem System mit dem Drehimpuls l bestimmen. Die Rauminversion $\overline{P}$ bedeutet für die Kugelkoordinaten

$$
r \to r; \qquad \theta \to \pi - \theta; \qquad \Phi \to \Phi + \pi,
$$

wie man aus Abb. 3.6 erkennt. Die Winkelabhängigkeit der Wellenfunktion eines Teilchens wird durch die Drehimpulseigenfunktionen

$$
Y_l^m(\theta, \Phi) = \text{const.} \; P_l^m (\cos \theta) \, e^{im\Phi},
$$

die Kugelfunktionen, gegeben. Dabei sind die $P_l^m (\cos \theta)$ die zugeordneten Legendreschen Polynome. Durch die Paritätstransformation wird

$$
\begin{aligned}
\overline{P}Y_l^m(\theta, \Phi) &= Y_l^m(\pi - \theta, \pi + \Phi) \\
&= (-1)^l \, Y_l^m(\theta, \Phi). \tag{3.34}
\end{aligned}
$$

Wir sehen, daß die relative Parität aller Zustände eines Systems mit geradzahliger Bahndrehimpuls-Quantenzahl gerade und mit ungeradzahligem l ungerade ist.

Wie im Falle des Drehimpulses ein Teilchen in einem System neben seinem Bahndrehimpuls auch einen inneren Drehimpuls oder Spin besitzen kann, so können Teilchen auch eine innere Parität besitzen. Während sich die relative Parität stets auf das Verhalten eines Systems gegenüber einer Inversion bezieht, beschreibt man das Verhalten einzelner Teilchen bezüglich einer Paritätsoperation durch die innere oder Eigenparität. Die Paritätserhaltung gilt für die Gesamtparität eines Teilchens. Diese ist das Produkt aus seiner inneren Parität und der mit dem Bahndrehimpuls des Teilchens verbundenen Parität, d. h. eine multiplikative Quantenzahl.

Die Parität π eines Systems aus zwei Teilen A und B wird durch

$$\pi = \pi_A \pi_B (-1)^l \tag{3.35}$$

beschrieben. Dabei sind π_A und π_B die inneren Paritäten der beiden Teilchen und $(-1)^l$ die relative Parität des Systems mit dem Bahndrehimpuls l.

Ist in einem Prozeß mit $l = 0$ die Parität etwa $\pi = -1$, dann wissen wir nur, daß π_A und π_B entgegengesetzte Vorzeichen besitzen müssen. Dem Proton, dem Neutron und dem Λ-Hyperon ist die innere Parität $\pi = +1$ zuzuordnen. Mit diesen Festlegungen lassen sich die Paritäten aller anderen Hadronen experimentell bestimmen.

Die innere Parität etwa des π-Mesons, dessen Spin zu $J_\pi = 0$ ermittelt wurde, läßt sich aus dem Einfang zur Ruhe kommender π^--Mesonen durch Deuteronen ermitteln:

$$\pi^- + d \rightarrow n + n.$$

Aus der Forderung nach der Paritätserhaltung in dieser starken Wechselwirkung folgt

$$\pi_\pi \pi_d (-1)^l = \pi_n \pi_n (-1)^{l_1}.$$

Der Einfang des π^--Mesons durch das Deuteron erfolgt, wie die Untersuchung der Röntgenstrahlen des Deuterium-Atoms mit einem π^--Meson in der Atomhülle zeigt, von einem S-Zustand dieses mesischen Atoms. Berücksichtigen wir ferner, daß $\pi_n = +1$, so wird $\pi_\pi \pi_d = (-1)^{l_1}$.

Bezeichnen wir die relative Parität des Deuterons durch $(-1)^{l_2}$ und berücksichtigen, daß der Bahndrehimpuls l_2 des Neutrons und Protons überwiegend Null ist, so wird

$$\pi_\pi \pi_n \pi_p = \pi_\pi = (-1)^{l_1}.$$

Der Spin des Deuterons ist $J_d = 1$ und $J_\pi = 0$. Daher hat der Anfangszustand einen gesamten Drehimpuls $J = 1$. Wegen der Drehimpulserhaltung muß das auch für den Endzustand gelten. Er besteht aus zwei Neutronen mit dem Spin $J_n = 1/2$. Für diese Fermionen gilt das **Pauli-Prinzip**, d. h., die Gesamtwellenfunktion des Endzustandes muß antisymmetrisch sein. Von den verschiedenen Möglichkeiten der Orientierung des Spins der beiden Neutronen bleibt daher lediglich $l_1 = 1$ und beide Spins antiparallel. Wir erhalten für die innere Parität des π-Mesons $\pi_\pi = -1$.

Für Spin und Parität eines Teilchens benutzt man die Schreibweise J^π. Besitzt ein Meson den Spin 0, so kann es als Lösung der Klein-Gordon-Gleichung (s. Abschn. 1.3.6.2.) durch eine skalare Funktion beschrieben werden. Wir sprechen daher von skalaren Teilchen. Besitzt es eine negative innere Parität, so wird das Teilchen als Pseudoskalar bezeichnet wie etwa das π-Meson mit $J^\pi = 0^-$.

Die Physiker waren bis zur Mitte der fünfziger Jahre überzeugt davon, daß die Naturgesetze so beschaffen sind, daß das Spiegelbild eines Naturprozesses auch ein möglicher Naturprozeß ist. Sie erwarteten die uneingeschränkte Gültigkeit der raum-zeitlichen Symmetrien und der mit ihnen verbundenen Erhaltungssätze der Energie, des Impulses, des Drehimpulses und der Parität für die starken, elektromagnetischen und schwachen Wechselwirkungen. Um so überraschender war es, als LEE und YANG im Jahre 1956 bei der Untersuchung des Zerfalls der K-Mesonen zu dem Schluß kamen, daß die Parität bei schwachen Wechselwirkungen wahrscheinlich nicht erhalten bleibt. Sie schlugen einige Experimente zur Prüfung der Paritätsverletzung in schwachen Wechselwirkungen vor. Über das erste dieser Experimente wurde von C. S. WU und Mitarbeitern Anfang 1957 berichtet.[1]

Untersucht man den β-Zerfall polarisierter Atomkerne, so darf bei Paritätserhaltung die Winkelverteilung der Elektronen keine Asymmetrie zeigen. Bezeichnet θ den Winkel zwischen der Polarisationsrichtung des zerfallenden Kerns und dem emittierten Elektron, so ist eine Asymmetrie zwischen θ und $180° - \theta$ der eindeutige Beweis für die Nichterhaltung der Parität im β-Zerfall (s. Abb. 3.7).

WU und Mitarbeiter untersuchten den schwachen Zerfall von ^{60}Co mit dem Spin $J = 5$ in angeregte ^{60}Ni-Kerne mit dem Spin $J = 4$:

$$^{60}\text{Co} \rightarrow {^{60}\text{Ni}} + e^- + \bar{\nu}_e.$$

Unterdrückt man die Wärmebewegung der Co-Atome durch Abkühlung auf 0,01 K, so lassen sich in einem starken Magnetfeld H die Kernspins parallel zur Feldrichtung einstellen. Gemessen wurde die relative Intensität der emittierten Elektronen entlang bzw. entgegen der Feldrichtung. Parallel dazu wurde der Grad der Polarisation der ^{60}Co-Kerne durch Messung der Winkelverteilung der γ-Strahlung der angeregten ^{60}Ni-Kerne bestimmt. Die Messung ergab (Abb. 3.7), daß die Elektronen des Co-Beta-

[1] WU, C. S.; AMBLER, E.; HAYWARD, R. W.; HOPPES, D. D.; HUDSON, R. P.: Experimental test of parity conservation in beta decay. Phys. Rev. **105** (1957) S. 1413–1415.

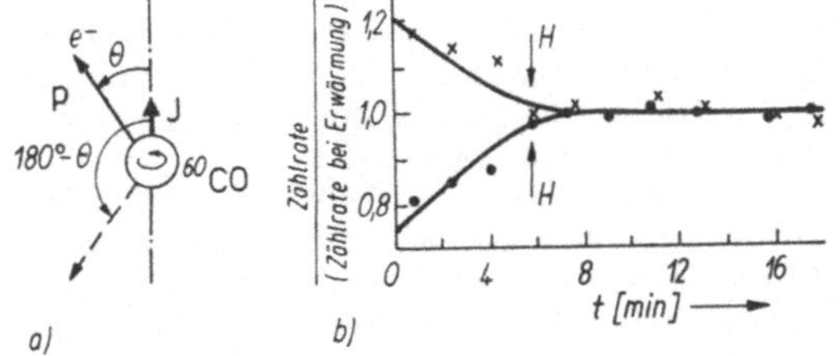

Abb. 3.7. Experimentelle Prüfung der Paritätserhaltung im β-Zerfall.

a) Zerfallen ^{60}Co-Kerne, deren Spin ($J = 5$) durch ein Magnetfeld ausgerichtet ist, in ^{60}Ni $+ e^- + \bar{\nu}_e$, so müssen bei Spiegelungsinvarianz gleich viele Elektronen in Spinrichtung bzw. entgegen der Spinrichtung emittiert werden.
b) Wie die Meßwerte zeigen, werden die Elektronen entgegen der Richtung des ausrichtenden Magnetfeldes H, d. h. entgegen dem Kernspin emittiert

Zerfalls bevorzugt entgegengesetzt zur Richtung des Kernspins emittiert werden. Der polare Impulsvektor des Zerfallsteilchens und sein axialer Spinvektor sind in schwachen Zerfällen entgegengesetzt gerichtet. Das Experiment beweist die Nichterhaltung der Parität im β-Zerfall.

Kommen wir nochmals auf den Charakter der Zerfallswinkelverteilung polarisierter Λ-Hyperonen zurück. Die experimentelle Bestätigung der stark asymmetrischen Form der Verteilung [Gl. 3.30)] mit $\alpha = -0,64$ beweist die Nichterhaltung der Parität auch für diesen schwachen Zerfallsprozeß.

Die Paritätsoperation ist ein Beispiel einer diskontinuierlichen Transformation, während die Drehung im Ortsraum, die wir im vorhergehenden Abschnitt betrachteten, eine kontinuierliche Symmetrieoperation ist. Die Drehung im Ortsraum kann beliebig klein sein und läßt sich durch eine infinitesimale Transformation beschreiben. Die Invarianz gegenüber der Drehung führt zur Erhaltung des Drehimpulses.

Diskontinuierliche Transformationen, wie etwa die Paritätsoperation, führen zu hermiteschen und unitären Operatoren U, die der Bedingung $U^2 = 1$ genügen. Die Invarianz bezüglich dieser Operatoren führt zu einem multiplikativen Erhaltungssatz, in dem das Produkt von Quantenzahlen invariant ist.

Ein weiteres Beispiel einer diskontinuierlichen Symmetrieoperation lernen wir im folgenden Abschnitt kennen.

3.2.3. Ladungskonjugation

Nachdem die Verletzung der Spiegelsymmetrie in schwachen Wechselwirkungen experimentell gefunden worden war, lag es auf der Hand, auch andere bekannte oder vermutete Symmetrien auf ihre Erhaltung zu überprüfen. Eine Symmetrie, die wir bisher nicht erwähnten, ist die Beziehung zwischen Materie und Antimaterie. DIRAC sagte voraus, und die Beobachtungen bestätigen die Voraussage, daß zu einem Teilchen ein Antiteilchen existiert, welches die gleiche Masse und Lebensdauer, aber die entgegengesetzte Ladung wie das Teilchen hat. Die wichtigste Eigenschaft eines Antiteilchens ist jedoch, daß, wenn es mit seinem Teilchen zusammentrifft, beide einander vernichten und ihre gesamte Ruhemasse als Energie, etwa als γ-Strahlung frei wird.

Die Symmetrie, die Teilchen und Antiteilchen miteinander verknüpft – die Ladungskonjugation –, ist mit einer diskontinuierlichen Transformation verbunden, die die Vertauschung von Teilchen und Antiteilchen bewirkt. Der Operator der Ladungskonjugation $\bar{C}$ ist dadurch definiert, daß seine Anwendung auf die Zustandsfunktion ψ eines Teilchens alle Ladungsvorzeichen umkehrt und ein Teilchen in sein Antiteilchen überführt. Dabei ist Ladung im allgemeineren Sinne, d. h. als Inbegriff einiger additiver Quantenzahlen zu verstehen. Bisher haben wir zwei dieser Quantenzahlen eingeführt, die Ladung Q und die Strangeness S. Eine weitere additive Quantenzahl ist die Baryonenzahl B ($B = +1$ für alle Baryonen bzw. $B = -1$ für alle Antibaryonen und $B = 0$ für alle Mesonen und Antimesonen). Alle anderen Größen, wie etwa Impuls, Energie, Drehimpuls, bleiben unter der Wirkung des Operators $\bar{C}$ ungeändert:

$$\bar{C}\psi(E, p, Q, B, S) = \bar{\psi}(E, p, -Q, -B, -S),$$

z. B.
$$\bar{C}\psi_{\pi^+} = \psi_{\pi^-}, \tag{3.36}$$
$$\bar{C}\psi_{p} = \psi_{\bar{p}}.$$

Offensichtlich führt die wiederholte Anwendung der C-Operation wieder zum Ausgangspunkt zurück:

$$\overline{CC}\psi = \bar{C}\bar{\psi} = \psi,$$

daraus folgt

$$\overline{CC} = 1. \tag{3.37}$$

Wie der Paritätsoperator hat auch der Operator der Ladungskonjugation die Eigenwerte ± 1. Die Ladungskonjugation ist ebenfalls eine multiplikative Quantenzahl.

Wie Gl. (3.36) zeigt, sind etwa die Zustandsfunktion des π^+-Mesons und des Protons keine Eigenzustände des $\bar{C}$-Operators. Ein Teilchen oder Teilchensystem, dessen Zustandsfunktion eine Eigenfunktion von $\bar{C}$ ist und das daher eine definierte C-Parität besitzt, muß $Q = B = S = 0$ haben. Beispiele solcher Teilchen sind das π^0-Meson und das Photon, die ihre eigenen Antiteilchen sind:

$$\overline{C}\psi_\gamma = \pm 1\psi_\gamma,$$

$$\overline{C}\psi_{\pi^0} = \pm 1\psi_{\pi^0}.$$

Um das richtige Vorzeichen des Eigenwertes für das Quant des elektromagnetischen Feldes zu bestimmen, erinnern wir daran, daß elektromagnetische Felder durch bewegte Ladungen, durch elektrische Ströme, entstehen. Diese ändern ihr Vorzeichen unter der $\overline{C}$-Operation:

$$\overline{C}\psi_\gamma = -1\psi_\gamma. \tag{3.38}$$

Ein System von n Photonen hat dann den Eigenwert $C = (-1)^n$. Da das neutrale π-Meson durch elektromagnetische Wechselwirkung in zwei Photonen zerfällt, $\pi^0 \to 2\gamma$, so folgt daraus die Eigenwertgleichung

$$\overline{C}\psi_{\pi^0} = +1\psi_{\pi^0}. \tag{3.39}$$

Ist die elektromagnetische Wechselwirkung invariant gegenüber der Ladungskonjugation, so dürfen Zerfälle der Art $\pi^0 \to 3\gamma$ nicht auftreten. Experimentell fand man für das Zerfallsverhältnis

$$\frac{\pi^0 \to 3\gamma}{\pi^0 \to 2\gamma} < 5 \cdot 10^{-6}.$$

Die Erhaltung der Ladungskonjugation in starken Wechselwirkungen läßt sich etwa durch Untersuchung der Reaktion

$$p + \bar{p} \to \pi^+ + \pi^- + \pi^0$$

testen. Wenden wir auf das $p\bar{p}$-System den $\overline{C}$-Operator an, so wird

$$\bar{p} + p \to \pi^- + \pi^+ + \pi^0,$$

d. h., π^+- und π^--Meson werden vertauscht. Bei C-Erhaltung müssen daher die Spektren der positiven und negativen Pionen in Form und

Intensität übereinstimmen. Die Messungen bestätigen diese Erwartung. Die Ladungskonjugation bleibt in elektromagnetischen und starken Wechselwirkungen erhalten.

Wie wir am Beispiel des β-Zerfalls gesehen haben, sind für den unter Paritätsverletzung erfolgenden schwachen Prozeß der Impulsvektor p des Zerfallselektrons und dessen Spinvektor J entgegengesetzt gerichtet.

Wir bezeichnen durch s einen Einheitsvektor in Richtung des Spinvektors J. Ein Maß für die Polarisation, d. h. für die Orientierung zwischen der Richtung des Spins J eines Leptons und seinem Impuls p ist die Helizität

$$H = \frac{s \cdot p}{|p|}. \tag{3.40}$$

Sind Spin und Bewegungsrichtung des Leptons beispielsweise antiparallel, so ist $H = -1$, und der dem Spin zugeordnete Drehsinn entspricht in Bewegungsrichtung einer Linksschraube, das Teilchen ist linkspolarisiert.

Aus dem β-Zerfall folgt, daß das Elektron e^- linkspolarisiert ($H = v/c \to -1$ für $v \to c$) und das Antineutrino $\bar{\nu}_e$ rechtspolarisiert ($H = +1$) ist. Aus der Untersuchung von e^+-Zerfällen folgt, daß das Positron stets rechtspolarisiert und das Neutrino stets linkspolarisiert ist.

Die Anwendung einer $\overline{C}$-Operation auf ein linkspolarisiertes Elektron (s. Abb. 3.8) bewirkt

$$\overline{C}\psi e^- (H = -1) = \psi e^+ (H = -1).$$

Ein linkspolarisiertes Positron ist aber wie auch ein rechtspolarisiertes Elektron wegen der Paritätsverletzung in schwachen Wechselwirkungen verboten. Führen wir jedoch eine Raumspiegelung $\overline{P}$ und eine $\overline{C}$-Operation aus,

$$\overline{CP}\psi e^- (H = -1) = \psi e^+ + (H = +1),$$

so führt das auf ein rechtspolarisiertes Positron ein Teilchen, das im Experiment beobachtet wurde. Der β-Zerfall erweist sich als invariant gegenüber einer $\overline{CP}$-Transformation. Wie die Beobachtung einer großen Zahl schwacher Prozesse zeigt, gilt allgemein, daß die schwache Wechselwirkung nicht invariant gegenüber einer Paritätsoperation oder einer Ladungskonjugation, aber invariant gegenüber einer $\overline{CP}$-Operation ist.

Eine Ausnahme von dieser Regel ist der Zerfall des K^0-Mesons. Für diesen Prozeß wurde eine geringfügige Verletzung der CP-Invarianz beobachtet. Wie diese Verletzung der CP-Invarianz in einer Theorie der schwachen Wechselwirkung ihren Niederschlag findet, ist noch unklar.

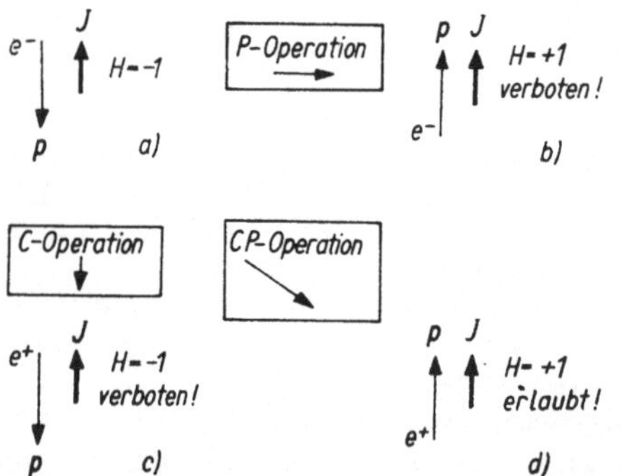

Abb. 3.8. Wirkung von C- und P-Operationen auf Elektronen. Nur die Zustände a und d werden im Experiment beobachtet

3.2.4. Zeitumkehr und *TCP*-Theorem

Eine weitere Symmetrie ist die Invarianz physikalischer Erscheinungen gegenüber der Zeitumkehr. Sie ist Ausdruck der Äquivalenz beider Zeitrichtungen. Durch den Operator der Zeitumkehr $\overline{T}$ wird die Zeitkoordinate t in $-t$ überführt.

Das Verhalten einiger physikalischer Größen gegenüber einer Zeitumkehr $\overline{T}$ bzw. gegenüber der Ladungskonjugation $\overline{C}$ und der Raumspiegelung $\overline{P}$ ist in Tab. 3.3 angegeben:

Tabelle 3.3

Größe	$\overline{T}$	$\overline{C}$	$\overline{P}$
Impuls	p	$-p$	p	$-p$
Spin	J	$-J$	J	J
Elektrische Feldstärke	E	E	E	$-E$
Magnetische Feldstärke	H	$-H$	H	H
Elektrisches Dipolmoment	$J \cdot E$	$-J \cdot E$	$J \cdot E$	$-J \cdot E$
Longitudinale Polarisation	$J \cdot p$	$J \cdot p$	$J \cdot p$	$-J \cdot p$

Aus Tab. 3.3 ist ersichtlich, daß bei T- bzw. P-Invarianz in Wechselwirkungen mit dem elektromagnetischen Feld ein Elementarteilchen mit dem Spin J zwar ein magnetisches Dipolmoment, aber kein elektrisches Dipolmoment besitzen darf.

Betrachten wir etwa einen unelastischen Stoßprozeß zwischen zwei Teilchen a und b, bei dem im Endzustand zwei andere Teilchen c und d auftreten. Die Wahrscheinlichkeit für den Übergang des Systems aus dem Anfangszustand i in den Endzustand f wird durch w_{fi} bezeichnet. Neben der Teilchenart sind Anfangs- und Endzustand durch definierte Werte aus Spin J und Impuls p der Teilchen charakterisiert. Wie aus Tab. 3.3 ersichtlich, ändern beide unter Zeitumkehr ihr Vorzeichen. Daher unterscheiden sich diese zeitinversen Zustände i^* und f^* von den Zuständen i und f. $\left[\psi(J, p) \xrightarrow{\overline{T}} \psi^*(-J, -p) \right]$. Ferner wird unter $\overline{T}$ der Anfangs- zum Endzustand und der End- zum Anfangszustand. Da die quantenmechanischen Gleichungen symmetrisch gegenüber der Zeitumkehr sind (die komplexe Konjugation $\psi \xrightarrow{\overline{T}} \psi^*$ kompensiert wegen $i \rightarrow -i$ den Vorzeichenwechsel in $\partial\psi/\partial t$ beim Übergang $t \xrightarrow{\overline{T}} -t$), müssen die Übergangswahrscheinlichkeiten $i \rightarrow f$ und $f^* \rightarrow i^*$ gleich sein:

$$w_{fi} = w_{i^*f^*}. \tag{3.41}$$

Das ist das Prinzip des detaillierten Gleichgewichts. Man nutzt es zur Prüfung der T-Invarianz, indem man die Übergangswahrscheinlichkeit, gemessen durch den Wirkungsquerschnitt, einer Reaktion mit der ihrer Umkehrreaktion vergleicht. Dabei erwies sich die Gültigkeit der T-Invarianz in starken und elektromagnetischen Wechselwirkungen. Aus einem Vergleich der Reaktion $\pi^+ + d \rightarrow p + p$ mit ihrer Umkehrreaktion $p + p \rightarrow \pi^+ + d$ wurde beispielsweise der Spin des π-Mesons zu $J = 0$ ermittelt.

Wie die experimentelle Erfahrung zeigt, ist die Forderung nach einer Symmetrie der Wechselwirkungen unter einer $\overline{C}$-, einer $\overline{P}$- oder einer $\overline{T}$-Transformation im einzelnen kein universelles Naturgesetz. Diese Universalität ist auch keine logisch notwendige Folge der Prinzipien der den Wechselwirkungen zugrunde liegenden Quantenfeldtheorien. Eine Folge dieser Prinzipien ist jedoch, daß die elektromagnetische, die schwache und die starke Wechselwirkung gegenüber der Anwendung aller drei Operationen $\overline{T}$, $\overline{C}$ und $\overline{P}$ in beliebiger Reihenfolge invariant sein müssen. Diese als *TCP*-Theorem bezeichnete Invarianz folgt aus der relativistischen Invarianz lokaler Quantenfeldtheorien bei Wahrung des richtigen Zusammenhangs von Spin und Statistik.

Aus der strengen Gültigkeit des *TCP*-Theorems folgt unmittelbar, daß eine Verletzung der *CP*-Invarianz, wie sie beim schwachen Zerfall des K^0-Mesons beobachtet wurde, auch zu einer Verletzung der T-Invarianz führt.

Experimentell prüfbare Konsequenzen des *TCP*-Theorems sind, daß die mittlere Lebensdauer, die Massen und die Beträge der magnetischen Momente von Teilchen und ihren Antiteilchen gleich sein müssen. An unterschiedlichen, schwach zerfallenden Teilchen bzw. Antiteilchen wurden derartige Messungen durchgeführt. Alle bestätigen die Gültigkeit des *TCP*-Theorems. So wurde etwa das Massenverhältnis von π^+- und π^--Meson zu $m_{\pi^+}/m_{\pi^-} = 1{,}0002 \pm 0{,}0005$ bestimmt, während für das Verhältnis der mittleren Lebensdauern die Messungen $\tau_{\pi^+}/\tau_{\pi^-} = 1{,}0005 \pm 0{,}0007$ ergaben.

3.2.5. Isospin

Beim experimentellen Studium der Energieniveaus von leichten Spiegelkernen, d. h. Atomkernen gleicher Baryonenzahl, in denen ein Neutron durch ein Proton ersetzt ist, zeigen sich nur geringe Unterschiede in der Lage der angeregten Zustände. Ein Beispiel von Spiegelkernen ist das Paar ^{7}Li und ^{7}Be. Die Ähnlichkeiten in der Lage der Energieniveaus lassen sich durch die Annahme erklären, daß die Kernkraft zwischen zwei Neutronen die gleiche ist wie die zwischen zwei Protonen. Die elektromagnetische Wechselwirkung führt zu den beobachteten geringen Abweichungen. Die Termschemas der Spiegelkerne deuten auf eine Ladungssymmetrie der Kernkräfte.

Durch experimentelle Untersuchungen der Proton-Proton- und der Proton-Neutron-Streuung bei gleichen Spins und Bahndrehimpulsen der Teilchenpaare wurde ermittelt, daß auch die Kernkraft zwischen p und n mit der p-p- bzw. n-n-Kraft übereinstimmt. Die Kernkraft, d. h. die starke Wechselwirkung zweier Nukleonen, ist ladungsunabhängig.

Es liegt also nahe, Proton und Neutron als zwei Ladungszustände eines Teilchens, des Nukleons, zu betrachten.

Die formale Beschreibung der Ladungsunabhängigkeit der starken Wechselwirkung erfolgte in Anlehnung an den Spinformalismus. An die Stelle des Spinoperators $\bar{S}$, der auf die Zustandsfunktion $\chi(S, S_3)$ wirkt, tritt ein Isospinoperator $\bar{I}$, der jedoch in einem fiktiven Isospinraum auf eine Isospinzustandsfunktion $\eta(I, I_3)$ wirkt. Eine solche Analogie ist gerechtfertigt, da alle experimentellen Untersuchungen zeigen, daß das Pauli-Prinzip auf den Isospin auszudehnen ist.

Im Sinne des verallgemeinerten Pauli-Prinzips ist die Gesamtzustandsfunktion ψ_t eines Systems – etwa zwei Nukleonen – antisymmetrisch. Die Gesamtzustandsfunktion läßt sich in faktorisierter Form schreiben:

$$\psi_t = \psi \text{ (Raum) } \chi \text{ (Spin) } \eta \text{ (Isospin)}.$$

Proton und Neutron werden in Analogie zum Spinformalismus des Elektrons als zwei Isospinzustände des Nukleons betrachtet. Für das Nukleonen-Dublett besitzt der Isospin den Eigenwert $I = 1/2$ mit den dritten Komponenten $I_3 = +1/2$ (Proton) und $I_3 = -1/2$ (Neutron). Ebenso wie für die Spinoperatoren des Elektrons wählt man für die Isospinoperatoren $\bar{I}_i$ des Nukleons eine Matrizendarstellung:

$$\bar{I}_1 = \tfrac{1}{2}\sigma_1; \quad \bar{I}_2 = \tfrac{1}{2}\sigma_2 \quad \text{und} \quad \bar{I}_3 = \tfrac{1}{2}\sigma_3 \tag{3.42}$$

mit den Paulischen Spinmatrizen

$$\sigma_1 = \begin{pmatrix} 0 & 1 \\ 1 & 0 \end{pmatrix}; \quad \sigma_2 = \begin{pmatrix} 0 & -i \\ i & 0 \end{pmatrix}; \quad \sigma_3 = \begin{pmatrix} 1 & 0 \\ 0 & -1 \end{pmatrix}. \tag{3.43}$$

Die Isospinzustandsfunktionen der Nukleonen sind dann

$$\eta_p = \begin{pmatrix} 1 \\ 0 \end{pmatrix} \quad \text{und} \quad \eta_n = \begin{pmatrix} 0 \\ 1 \end{pmatrix}, \tag{3.44}$$

und es gelten offensichtlich die Eigenwertgleichungen

$$\bar{I}^2\eta = (\bar{I}_1^2 + \bar{I}_2^2 + \bar{I}_3^2)\,\eta = I(I + 1)\,\eta$$

mit dem Eigenwert $I\,(I + 1) = 3/4$ für ein Nukleon und

$$\bar{I}_3\eta = I_3\eta$$

mit den $2I + 1$ Eigenwerten von I_3. Im Falle eines Nukleons mit $I = 1/2$ sind es die Werte $I_3 = +1/2$ für das Proton und $I_3 = -1/2$ für das Neutron.

Bildet man einen Ladungsoperator $\bar{Q} = (\bar{I}_3 + 1/2\,I)$, so führt seine Anwendung auf die Isospineigenfunktionen zu den Eigenwertgleichungen

$$\bar{Q}\eta_p = 1\eta_p,$$
$$\bar{Q}\eta_n = 0\eta_n,$$

d. h. auf die richtigen Ladungszustände als Eigenwerte.

Die Drehimpulserhaltung folgt aus der Invarianz gegenüber einer Drehung im Ortsraum. Die Isospinerhaltung folgt aus der Invarianz gegenüber einer Rotation im fiktiven Isospinraum. Die Drehung um einen endlichen Drehwinkel um eine beliebige Achse im Isospinraum läßt sich analog zu Gl. (3.27) darstellen:

$$\bar{U}(\theta_j) = \exp\left(\frac{i}{2} \sum_{j=1}^{3} \sigma_j\theta_j\right). \tag{3.45}$$

Dabei sind die θ_j reelle Parameter. Für die die Operation erzeugenden Operatoren $\bar{I}_j = \sigma_j/2$ gilt die Vertauschungsregel $[\bar{I}_i, \bar{I}_j] = i\varepsilon_{ijk}\bar{I}_k$ (ε_{ijk} ist ein total antisymmetrischer Einheitstensor mit $\varepsilon_{123} = 1$).

Die Transformation ist unitär, und die Determinante des Transformationsoperators ist eins. Wegen der Eigenschaft Det $U = 1$ bezeichnet man die unitären Transformationen $\bar{U}$ als unimodulare Transformationen. Transformationen, die sich durch eine Gruppe unitärer, unimodularer 2×2-Matrizen darstellen lassen, bezeichnet man als $SU(2)$-Gruppe.

Das Verhalten von σ_3 bzw. I_3 gegenüber der $SU(2)$-Gruppe läßt sich durch Berechnung von $[\sigma_3, \bar{U}]$ [unter Verwendung der infinitesimalen Darstellung von Gl. (3.45)] leicht überprüfen:

$$[\sigma_3, \bar{U}] = [\bar{I}_3, \bar{U}] = 0. \tag{3.46}$$

Gleiches gilt auch für die anderen beiden Komponenten des Isospins, also allgemein

$$[\bar{I}, \bar{U}] = 0. \tag{3.47}$$

Auch der Hamilton-Operator für ein System von zwei Nukleonen erweist sich als invariant gegenüber einer Drehung im Isospinraum, wenn die Kernkräfte ladungsabhängig sind. Da $\bar{I}$ und damit auch $\bar{I}_3$ die erzeugenden Operatoren von $\bar{U}$ sind, so gilt auch

$$[\bar{I}_3, \bar{H}] = 0 \quad \text{und} \quad [\bar{I}, \bar{H}] = 0. \tag{3.48}$$

Für ladungsunabhängige starke Wechselwirkungen zweier Nukleonen gilt Isospinerhaltung. Würde es nur starke Wechselwirkung zwischen den Nukleonen geben, so müßten wegen $[\bar{I}, \bar{H}] = 0$ das Proton und das Neutron gleiche Massen haben. Da aber die beiden Nukleonenzustände infolge ihrer elektrischen Ladung und ihres magnetischen Moments elektromagnetische Selbstwechselwirkung eingehen, so ist die Isospinsymmetrie gebrochen. Die Symmetriebrechung hebt die Entartung des Nukleonen-Dubletts auf und führt zu einer Massenaufspaltung der Nukleonen.

Für die elektromagnetische Wechselwirkung gilt nur noch

$$[\bar{I}_3, \bar{H}_{em}] = 0.$$

Erhalten bleibt in elektromagnetischen Wechselwirkungen nicht mehr der Isospin, sondern nur noch seine dritte Komponente, d. h. die elektrische Ladung.

Wir erhalten qualitativ neue Resultate, wenn das Isospinkonzept auch auf die anderen stark wechselwirkenden Teilchen ausgedehnt wird.

Alle stark wechselwirkenden Teilchen, d. h. alle Hadronen, lassen sich in Familien – Multipletts – gleichen Isospins einordnen. Wie bereits erwähnt, existiert das π-Meson in drei Ladungszuständen. Die $2I + 1$ Eigenwerte von $\bar{I}_3$ sind $I_3 = +1$, $I_3 = 0$ und $I_3 = -1$ für das π^+, π^0 und das π^--Meson. Der Isospin des Tripletts der π-Mesonen ist $I_\pi = 1$.

In den Vorbemerkungen wurden zwei seltsame Teilchen, das Λ-Hyperon und das K-Meson, erwähnt. Da das Λ-Hyperon nur in einem Ladungszustand auftritt, ist sein Isospin $I_\Lambda = 0$. Dem K-Meson ordnet man einen halbzahligen Isospin zu.

Wir betrachten den schwachen Zerfallsprozeß des Λ-Hyperons in bezug auf die Isospinzustände:

$$\Lambda \to p \; + \; \pi^-$$

$$
\begin{array}{cccc}
I & 0 & 1/2 & 1 \\
I_3 & 0 & 1/2 & -1.
\end{array}
$$

Man erkennt, daß in schwachen Wechselwirkungen weder I noch I_3 erhalten ist.

In starken Wechselwirkungen dagegen, wie etwa in der Reaktion

$$\pi^- + p \; \to \Lambda + K^0$$

$$
\begin{array}{ccccc}
I & 1 & 1/2 & 0 & 1/2 \\
I_3 & -1 & 1/2 & 0 & -1/2,
\end{array}
$$

gilt mit den getroffenen Zuordnungen Isospinerhaltung. Ein anderes experimentell prüfbares Beispiel der Isospinerhaltung in starken Wechsel-

wirkungen ist die Reaktion

$$d + d \to He^4 + \pi^0$$

$$
\begin{array}{ccccc}
I & 0 & 0 & 0 & 1 \\
I_3 & 0 & 0 & 0 & 0.
\end{array}
$$

Diese Reaktion darf als starker Prozeß nicht auftreten, da das Deuterium und der He^4-Kern den Isospin 0 und das π^0-Meson den Isospin 1 hat. Die Experimente ergaben, daß der Wirkungsquerschnitt für diese Reaktion mindestens zwei Größenordnungen unter dem Erwartungswert liegt. (Wegen der I_3-Erhaltung ist jedoch ein entsprechend schwächerer elektromagnetischer Übergang erlaubt.)

Wie man aus den erwähnten Beispielen bzw. aus den in Tab. 3.1 zusammengefaßten Teilchen mit ihren Quantenzahlen entnehmen kann, besteht zwischen den drei Quantenzahlen B, I, S und der elektrischen Ladung Q der Hadronen (ausgedrückt in Einheiten der Elementarladung) folgender Zusammenhang:

$$Q = I_3 + \frac{B + S}{2} \tag{3.49}$$

(Gell-Mann, Nishijima-Formel).

Die Summe aus der Baryonenzahl und der Strangeness eines Hyperons bezeichnet man als Hyperladung Y:

$$Y = B + S. \tag{3.50}$$

Isospinerhaltung in starken Wechselwirkungen ist gleichbedeutend mit der Invarianz von I und I_3 bei einer Drehung im Isospinraum. Die Ladungsunabhängigkeit der starken Wechselwirkung zwischen zwei Nukleonen ist eine Konsequenz der Isospinerhaltung. Sie gilt für alle starken Wechselwirkungen, wie etwa auch Pion-Nukleon-Stöße, die jedoch nicht ladungsunabhängig sind. Ladungsunabhängigkeit gilt nur für Teilchen mit dem Isospin 1/2.

Als Beispiel einer Anwendung des Isospinformalismus betrachten wir die elastischen Stöße zwischen π-Mesonen und Nukleonen. Meßbar sind sechs Reaktionskanäle, bei denen wieder ein Pion und ein Nukleon im Endzustand beobachtet werden:

$$\pi^+ + p \to \pi^+ + p; \qquad \pi^- + n \to \pi^- + n,$$
$$\pi^- + p \to \pi^- + p; \qquad \pi^- + p \to \pi^0 + n,$$
$$\pi^+ + n \to \pi^+ + n; \qquad \pi^+ + n \to \pi^0 + p.$$

In Abb. 3.9 ist die im Experiment gemessene Abhängigkeit der Wirkungsquerschnitte der elastischen Streuungen $\sigma_1(\pi^+ p \to \pi^+ p)$, $\sigma_2(\pi^- p \to \pi^- p)$ und der Ladungsaustauschstreuung $\sigma_3(\pi^- p \to \pi^0 n)$ von der kinetischen Energie E_k der Pionen gezeigt. Auffällig ist der resonanzartige Verlauf des Wirkungsquerschnitts. Das Maximum bei $E_k \approx 200$ MeV entspricht einer invarianten Gesamtenergie bzw. einer zugehörigen effektiven Masse der Pion-Nukleon-Resonanz von $m_\Delta = 1232$ MeV/c^2. Bei der halben Höhe des Maximums hat die Resonanz eine Breite $\Gamma = 115$ MeV/c^2 (Halbwertsbreite).
Aus Abb. 3.9 entnimmt man, daß die Wirkungsquerschnitte folgendes Verhältnis bilden: $\sigma_1 : \sigma_2 : \sigma_3 \approx 9 : 1 : 2$.

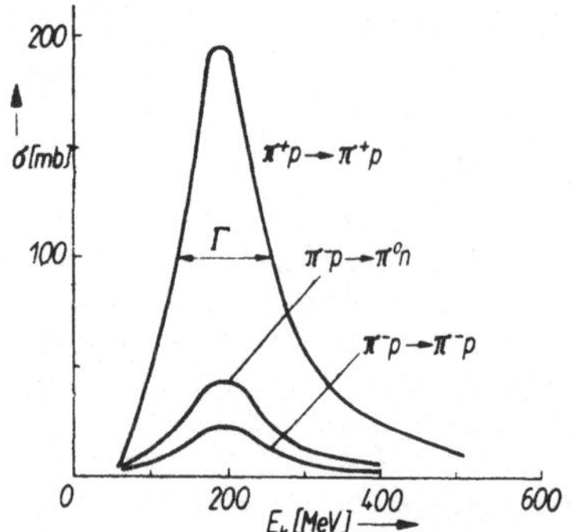

Abb. 3.9. Verlauf des totalen Wirkungsquerschnittes σ, gemessen in mb als Funktion der kinetischen Energie E_k der π-Mesonen für die angegebenen elastischen Streuprozesse und die Ladungsaustauschreaktion

Wenn die starke Wechselwirkung nur von I und nicht von I_3 abhängt, so lassen sich die sechs elastischen Pion-Nukleon-Reaktionen auf zwei Isospin-Amplituden zum Gesamtisospin 3/2 und 1/2 zurückführen. Die Eigenzustände $\eta(I, I_3)$ zum Isospin $I = 3/2$ und $I = 1/2$ bildet man nach den Regeln der Vektoraddition von Drehimpulsen, wobei die auftretenden Koeffizienten die Clebsch-Gordan-Koeffizienten sind:

$$\eta(\pi^+p) = \eta(3/2, 3/2),$$

$$\eta(\pi^-p) = \sqrt{1/3}\, \eta(3/2, -1/2) - \sqrt{2/3}\, \eta(1/2, -1/2),$$

$$\eta(\pi^0n) = \sqrt{2/3}\, \eta(3/2, -1/2) + \sqrt{1/3}\, \eta(1/2, -1/2).$$

Die Anwendung der quantenmechanischen Störungstheorie auf Streuprozesse, in denen das System im Anfangszustand i und im Endzustand f die Gesamtheit der aneinander streuenden Teilchen darstellt, führt für die Übergangswahrscheinlichkeit bzw. den Wirkungsquerschnitt auf

$$\left.\begin{array}{l} \sigma \propto |M_{fi}|^2, \\ \text{wobei} \\ M_{fi} = \langle\psi_f|\bar{H}_I|\psi_i\rangle \end{array}\right\} \tag{3.51}$$

das Matrixelement oder die Amplitude für den Übergang $i \rightarrow f$ unter dem Einfluß einer Störung H_I ist. Die Proportionalitätskonstanten in Gl. (3.51) sind bei gleichen Energien und Streuwinkeln in den betrachteten Reaktionen gleich. Es genügt daher die Untersuchung der Matrixelemente. Gilt Isospininvarianz, so läßt sich der Hamilton-Operator der Störung in zwei Anteile $\bar{H}_I = \bar{H}_1 + \bar{H}_3$ zerlegen. $\bar{H}_1$ verursacht Übergänge zwischen $I = 1/2$-Zuständen und $\bar{H}_3$ zwischen $I = 3/2$-Zuständen. Alle sechs elastischen Pion-Nukleon-Reaktionen lassen sich daher durch zwei komplexe Amplituden ausdrücken:

$$M_3 = \langle\eta(3/2, I_3)|\bar{H}_3|\eta(3/2, I_3)\rangle,$$

$$M_1 = \langle\eta(1/2, I_3)|\bar{H}_1|\eta(1/2, I_3)\rangle.$$

Damit wird

$$\langle\pi^+p\,|\bar{H}_I|\,\pi^+p\rangle$$
$$= \langle\eta(3/2, 3/2)\,|\bar{H}_3|\,\eta(3/2, 3/2)\rangle = M_3,$$

$$\langle\pi^-p\,|\bar{H}_I|\,\pi^-p\rangle$$
$$= \langle\sqrt{1/3}\,\eta(3/2, -1/2)\,|\bar{H}_3|\,\sqrt{1/3}\,\eta(3/2, -1/2)\rangle$$
$$\quad + \langle\sqrt{2/3}\,\eta(1/2, -1/2)\,|\bar{H}_1|\,\sqrt{2/3}\,\eta(1/2, -1/2)\rangle$$
$$= 1/3 M_3 + 2/3 M_1.$$

$$\langle\pi^0n\,|\bar{H}_I|\,\pi^-p\rangle$$
$$= \langle\sqrt{2/3}\,\eta(3/2, -1/2)\,|\bar{H}_3|\,\sqrt{1/3}\,\eta(3/2, -1/2)\rangle$$
$$\quad - \langle\sqrt{1/3}\,\eta(1/2, -1/2)\,|\bar{H}_1|\,\sqrt{2/3}\eta(1/2, -1/2)\rangle$$
$$= \frac{\sqrt{2}}{3} M_3 - \frac{\sqrt{2}}{3} M_1.$$

Die Wirkungsquerschnitte verhalten sich bei Isospinerhaltung zueinander wie

$$\sigma_1:\sigma_2:\sigma_3 = |M_3|^2:\left|\frac{M_3}{3} + \frac{2M_1}{3}\right|^2:\left|\frac{\sqrt{2}M_3}{3} - \frac{\sqrt{2}M_1}{3}\right|^2.$$

Macht man die Annahme $M_1 \ll M_3$, so folgt daraus $\sigma_1:\sigma_2:\sigma_3 \approx 9:1:2$ in guter Übereinstimmung mit dem Experiment.

3.3. Die elektromagnetische Wechselwirkung

3.3.1. Quantenelektrodynamik

Jedes Teilchen, das elektrische Ladung oder einen von Null verschiedenen Wert des magnetischen Moments besitzt, geht auch elektromagnetische Wechselwirkungen ein. Bei der Darlegung einiger wichtiger Grundgedanken der Theorie elektromagnetischer Vorgänge wollen wir uns auf die elektromagnetischen Wechselwirkungen der bekannten geladenen Leptonen – Elektronen und Myonen – beschränken, von Teilchen also, die keine starke Wechselwirkung besitzen. Diese Teilchen sind Fermionen (Teilchen mit Spin $\frac{1}{2}\hbar$); das elektromagnetische Feld stellt als Quant bekanntlich ein masseloses Vektorteilchen (Spin $S = 1\hbar$) dar, das Photon.

Wir betrachten zwei Beispiele: Einen niederenergetischen Effekt – das anomale magnetische Moment des Elektrons bzw. des Myons – und einen hochenergetischen Prozeß – die Elektron-Positron-Streuung.

Mit der Quantenelektrodynamik (QED) verfügen wir über eine Theorie der Wechselwirkung von Elektronen und Myonen mit den Quanten des elektromagnetischen Feldes, die zu einer bisher widerspruchsfreien Beschreibung rein elektromagnetischer Prozesse führt. Im Rahmen dieses Lehrbuchs ist es nicht möglich, diese Theorie eingehend darzustellen. Eine empfehlenswerte Einführung in die QED wird im Band IV des Lehrbuchs der theoretischen Physik von L. D. LANDAU und E. M. LIFSCHITZ vorgelegt. Die folgenden Bemerkungen beschränken sich auf einige zum weiteren Verständnis nötige Begriffe.

Das freie elektromagnetische Feld, beschrieben durch das Vierervektorpotential $A^\mu = (V, A)$, läßt sich als eine Gesamtheit von Lichtquanten ansehen. Jedes Photon hat die Energie $h\nu = \hbar\omega$

und den Impulsbetrag $\hbar\omega/c$. Das elektromagnetische Feld als ein System von unendlich vielen Lichtquanten hat notwendigerweise unendlich viele Freiheitsgrade. Für die Zahl der Photonen gibt es keinen Erhaltungssatz. In der quantentheoretischen Beschreibung des elektromagnetischen Feldes ist das Viererpotential ein Operator $\bar{A}^\mu$, der durch die Wellenfunktionen der einzelnen Photonen und deren Erzeugungs- und Vernichtungsoperatoren ausgedrückt wird.

Wie in Abschn. 1.3.6.2., Gl. (1.2.26) gezeigt wurde, hat die Diracgleichung für ein freies Lepton der Masse m und des Spins 1/2 die Form

$$\overline{H}\psi = i\hbar\,\frac{\partial\psi}{\partial t}$$

mit dem Hamilton-Operator $\overline{H} = c\alpha \cdot \bar{p} + mc^2\beta$, wobei $\bar{p} = -i\hbar\nabla$ ist. Die β, α_i ($i = 1, 2, 3$) lassen sich durch Matrizen darstellen. ψ ist eine vierkomponentige Funktion von Raum und Zeit, wegen ihres Transformationsverhaltens gegenüber der Lorentzgruppe ein Spinor.

Die Diracgleichung läßt sich kovariant schreiben:

$$\left\{ i\hbar \sum_{\mu=0}^{3} \gamma^\mu \frac{\partial}{\partial x^\mu} - mc \right\} \psi(x) = 0, \tag{3.52}$$

wobei $\dfrac{\partial}{\partial x^\mu} = \left(\dfrac{1}{c}\dfrac{\partial}{\partial t}, \nabla \right)$, $x^\mu = (x^0 \equiv ct, x)$ und $\gamma^0 = \beta$, $\gamma^i = \beta\alpha_i$, $i = 1, 2, 3$ sind. Für die Matrizen γ^μ gelten die Antikommutatorbeziehungen

$$\gamma^\mu\gamma^\nu + \gamma^\nu\gamma^\mu = 2g^{\mu\nu}.$$

$g^{\mu\nu}$ ist der metrische Tensor $g^{00} = -g^{ii} = 1$ ($i = 1, 2, 3$), $g^{\mu\nu} = 0$ ($\mu \neq \nu$).

Die zu ψ komplex konjugierte Größe ψ^* genügt der Gleichung

$$\psi^*\gamma^0 \left\{ i\hbar \sum_{\mu=0}^{3} \gamma^\mu \frac{\partial}{\partial x^\mu} + mc \right\} = 0, \tag{3.53}$$

wobei $\psi^*\gamma^0 = \bar{\psi}$ der zu ψ adjungierte Spinor ist.

Multipliziert man Gl. (3.53) von rechts mit ψ, Gl. (3.52) von links mit $\bar{\psi}$ und addiert sie, so erhält man eine Beziehung, die die Form einer Kontinuitätsgleichung

$$\frac{\partial}{\partial x^\mu}(\bar{\psi}\gamma^\mu\psi) = 0$$

besitzt, in der der Vierervektor $j^\mu = \bar{\psi}\gamma^\mu\psi$ einer Stromdichte entspricht.

In einer Feldtheorie des gequantelten Spinorfeldes sind die Spinoren ψ und $\bar{\psi}$ Operatoren $\overline{\psi}$ und $\overline{\bar{\psi}}$, für die adäquate Antikommutatorbeziehungen gelten.

Eine Theorie des freien gequantelten Strahlungs- und Spinorfeldes beschreibt Eigenschaften der Teilchen, die mit den Symmetrien von Raum und Zeit, wie etwa der relativistischen Invarianz, zusammenhängen. Physikalische Vorgänge werden nur durch die Wechselwirkung zwischen den Teilchen sichtbar. Das eigentliche Problem der QED ist also die Beschreibung der Wechselwirkung des Strahlungsfeldes mit dem Spinorfeld.

Die Diracgleichung für die Bewegung eines Elektrons oder Myons im elektromagnetischen Feld erhält man durch die Substitution

$$\frac{\partial}{\partial x^\mu} \rightarrow \frac{\partial}{\partial x^\mu} - ieA_\mu$$

in der Diracgleichung des freien Leptons, wobei A_μ das elektromagnetische Vierervektorpotential $A^\mu = (V, A) = g^{\mu\nu}A_\nu$ ist und e die elektrische Ladung:

$$\left\{ i\hbar \sum_{\mu=0}^{3} \gamma^\mu \frac{\partial}{\partial x^\mu} + e\hbar \sum_{\mu=0}^{3} \gamma^\mu A_\mu - mc \right\} \psi = 0.$$

Der Hamilton-Operator hat die Form

$$\overline{H} = c\alpha \cdot \bar{p} + \beta mc^2 - e\alpha \cdot A + eV. \tag{3.54}$$

Die Wechselwirkung von Elektronen und Myonen mit Photonen kann in der Regel mit den Methoden der Störungstheorie behandelt werden. Die Kombination der in Frage kommenden Felder – zwei Fermionenfelder und ein Vektorbosonenfeld – läßt es zu, die Stärke der Störung durch eine dimensionslose Konstante zu bestimmen. Dazu bildet man aus den Elementarkonstanten e, c und $\hbar$ die dimensionslose Größe $\alpha = e^2/\hbar c$, die Feinstrukturkonstante, die als Kopplungskonstante die Stärke der elektromagnetischen Wechselwirkung angibt. Eine wichtige Voraussetzung für die erfolgreiche Anwendbarkeit der Störungstheorie beruht auf dem kleinen Zahlenwert von $\alpha \approx 1/137$.

Die Wechselwirkung eines Elektrons oder Myons mit einem elektromagnetischen Feld wird im Hamilton-Operator [Gl. (3.54)] durch die Glieder $(-e\alpha \cdot A + eV)$ erfaßt.

In der ersten Näherung der Störungsrechnung der Quantenfeldtheorie wird der Wirkungsquerschnitt für den Übergang des Leptons aus einem Anfangszustand ψ_i in einen Endzustand ψ_f, unter der Wirkung eines Strahlungsfeldes A^μ, durch das Quadrat des Matrixelements $H_{fi}(t)$ bestimmt. Hierbei ist A^μ durch einen Operator $\bar{A}_\mu$ zu ersetzen, der eine Summe aus Erzeugungs- und Vernichtungsoperatoren von Photonen ist:

$$H_{fi}(t) = \int (\bar{\psi}_f \gamma^\mu \psi_i) \cdot \bar{A}_\mu\, d^3x.$$

Die allgemeine Form des Wechselwirkungsoperators $\overline{H}_w(t)$ der QED, der in sich alle möglichen elektromagnetischen Prozesse vereint, erhalten wir, indem wir in obiger Formel die Wellenfunktion des Leptons durch entsprechende

Operatoren $\overline{\psi}$, $\overline{\overline{\psi}}$ ersetzen. Diese $\overline{\psi}$-Operatoren lassen sich als Summen von Erzeugungs- und Vernichtungsoperatoren von Elektronen und Positronen darstellen.

$$\overline{H}_\mathrm{w}(t) = e \int \overline{j}^\mu \, \overline{A}_\mu \, \mathrm{d}^3 x$$

mit $\overline{j}^\mu = \overline{\overline{\psi}}\gamma^\mu\overline{\psi}$, dem Operator des Vierervektors der Stromdichte.

Die Dynamik wechselwirkender Teilchen, die im Experiment beobachtet werden, erfordert die Konstruktion und Auswertung der Matrixelemente, die das dynamische Verhalten der Teilchen beschreiben. Um für konkrete Reaktionen die Wirkungsquerschnitte zu bestimmen, ist mit Hilfe von H_w die störungstheoretische Entwicklung der Matrixelemente notwendig. Der Entwicklungsparameter der Störungstheorie ist die Feinstrukturkonstante α. Die störungstheoretische Entwicklung stellt eine unendliche Reihe von Matrixelementen in Potenzen von α dar. Die einzelnen Glieder der Reihe können mit Hilfe der sogenannten Feynman-Regeln konstruiert werden. Sie geben eine Zuordnung von mathematischen Ausdrücken zu graphischen Bildern, die gleichzeitig intuitiv den Ablauf der Wechselwirkung beschreiben. So stellt beispielsweise die gerade Linie $\longrightarrow\!-$ ein einlaufendes Elektron und eine Wellenlinie mit einem Anfangs- und Endpunkt $\bullet\!\sim\!\!\bullet$ die Emission und Absorption eines Photons dar. Die Compton-Streuung $\gamma + e^- \rightarrow \gamma + e^-$ wird in niedrigster, d. h. in zweiter Ordnung durch den Feynman-Graphen

beschrieben. Die Ordnung eines Graphen ist durch die Zahl der Eckpunkte (Vertexpunkte) gegeben. An jedem Vertex tritt die Kopplungskonstante als $\sqrt{\alpha}$ auf.

Die Formulierung der zu den Feynman-Graphen gehörigen Matrixelemente ist einfach, jedoch kann man das von der mathematischen Reduktion einer größeren Folge von Matrixelementen nicht sagen, obwohl die Regeln eindeutig sind. Auf die mathematische Struktur der Feynman-Regeln wird im einzelnen nicht weiter eingegangen. Wichtig ist folgendes: Da $\alpha \ll 1$ ist, nimmt mit wachsender Ordnung die relative Stärke der Beiträge ab. Bei der Berechnung der Matrixelemente vieler Reaktionen, wie z. B. der Compton-Streuung oder der Bremsstrahlung, ergibt bereits die niedrigste Ordnung eine gute Übereinstimmung mit dem Experiment.

Um höhere Ordnungen solcher Prozesse, wie etwa die Anomalie des magnetischen Moments des Elektrons, zu berechnen, reichen die niedrigsten Näherungen nicht aus. Die Teilchen gehen immer Wechselwirkungen mit sich selbst ein. Diese Anteile müssen bei der Berechnung höherer Ordnungen berücksichtigt werden. So kann ein Photon durch Paarerzeugung in ein e^+e^--Paar übergehen, das sofort wieder vernichtet wird. Dieser Prozeß läßt sich folgendermaßen durch einen Graphen symbolisieren:

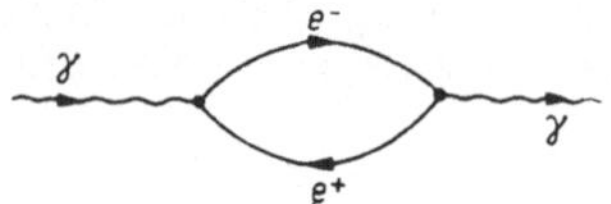

Ein anderes Beispiel einer Selbstwechselwirkung ist die Emission und sofortige Reabsorption eines virtuellen Photons durch ein Elektron.

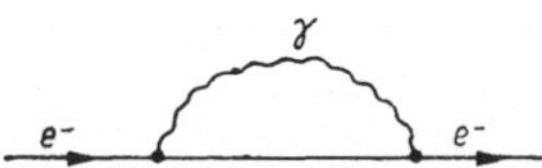

Rücken nun die beiden Vertexpunkte im Raum-Zeit-Kontinuum zusammen, so müssen wegen der Unbestimmtheitsrelation die Viererimpulse der virtuellen Teilchen unbeschränkt wachsen. Die zugehörigen Matrixelemente werden ebenfalls unendlich, und man erhält physikalisch sinnlose Ergebnisse.

Diese Divergenzen lassen sich dadurch verhindern, daß eine Größe von der Dimension einer Länge (oder Masse) eingeführt wird, die ein unbegrenztes Näherrücken der Vertices verhindert. Das damit verbundene mathematische Verfahren bezeichnet man als Renormierung, die einzuführende nichtdimensionale Konstante als Renormierungskonstante.

Diesem Verfahren liegt folgende Vorstellung zugrunde. Wir müssen zwischen der „nackten" Masse bzw. der „nackten" Ladung des punktförmigen Elektrons der Theorie und der durch eine Messung ermittelten Masse und Ladung des Teilchens unterscheiden. Letztere sind durch die Eigenschaften des von einer Wolke virtueller Zustände umgebenen „nackten" Teilchens bestimmt. Nur die meßbaren Größen müssen endliche Werte haben, dagegen nicht die „nackte" Masse und die „nackte" Ladung.

Die Renormierungsprozedur stellt ein eindeutiges, stets in gleicher Weise wiederholbares Verfahren dar; die logische Konsistenz der QED wird dadurch nicht beeinträchtigt. Welche außerordentlich gute Übereinstimmung zwischen Voraussagen der QED und dem Experiment erreicht wurde, soll am Beispiel der Anomalie des magnetischen Moments des Elektrons und des Myons gezeigt werden.

3.3.2. Das magnetische Moment von Elektron und Myon

Für ein geladenes Lepton, dessen Verhalten im elektromagnetischen Feld der Diracgleichung folgt, ist die Größe seines magnetischen Moments festgelegt. Um das zu zeigen, schreiben wir nochmals die Gleichung für ein Elektron oder Myon der Masse m hin, das sich im Feld (A, V) bewegt:

$$\left[\left(i\hbar\,\frac{\partial}{\partial t} - eV\right) - \alpha(cp - eA) - \beta mc^2\right]\psi = 0.$$

Multiplizieren wir diese Gleichung von links mit

$$\left[\left(i\hbar\,\frac{\partial}{\partial t} - eV\right) + \alpha(cp - eA) + \beta mc^2\right]$$

und berücksichtigen, daß die magnetische Feldstärke $H = \operatorname{rot} A$ und die elektrische Feldstärke $E = -\dfrac{1}{c}\dfrac{\partial A}{\partial t} - \nabla V$ sind, so erhält man nach einigen Umformungen für den nichtrelativistischen Grenzfall

$$i\hbar\,\frac{\partial \psi}{\partial t} = \overline{H}\psi$$

mit

$$\overline{H} = \left[\frac{1}{2m}\left(p - \frac{e}{c}A\right)^2 + eV - \frac{e\hbar}{2mc}\right.$$
$$\left. \times\ \sigma' \cdot H - \frac{ie\hbar}{2mc}\,\alpha \cdot E\right], \qquad (3.55)$$

wobei $\sigma' = \begin{pmatrix} \sigma & 0 \\ 0 & \sigma \end{pmatrix}$ ist. Der dritte Term im Hamilton-Operator hat die Form der Energie eines magnetischen Dipols mit dem magnetischen Moment $(e\hbar/2mc)\,\sigma'$.
Die dritte und vierte Komponente des Spinors ψ erweisen sich für den betrachteten Fall $v \ll c$ als groß gegenüber den ersten beiden Komponenten. Daher läßt sich Gl. (3.55) auf eine zweikomponentige Wellenfunktion reduzieren, wobei dem magnetischen Moment der Operator

$$\mu = \frac{e\hbar}{2mc}\,\sigma = g\mu_B\,\frac{\sigma}{2} \quad \text{mit} \quad \mu_B = \frac{e\hbar}{2mc} \qquad (3.56)$$

dem Bohrschen Magneton, $g = 2$ dem Landé-Faktor und σ den Paulischen Spinmatrizen zugeordnet wird. Dabei ist $\overline{S} = \sigma/2$ der Spinoperator des Leptons.
Die Beziehung (3.56) sollte für alle Elementarteilchen mit dem Spin 1/2, also neben Elektron und Myon auch für die Nukleonen gelten, wobei für m der jeweilige Wert der Ruhemasse einzusetzen ist. Bei den Nukleonen ergeben die Messungen sehr starke Abweichungen von Gl. (3.56). Die Anwendung der QED auf Teilchen mit starker Wechselwirkung ist nicht uneingeschränkt möglich.

Bei Messungen des magnetischen Moments des Elektrons mit hoher experimenteller Genauigkeit wurden im Jahre 1947 Abweichungen gegenüber Gl. (3.56) (mit $g = 2$) gefunden. Seit dieser Zeit wurde die Meßgenauigkeit bei der Bestimmung der magnetischen Momente von Elektron und Myon um viele Größenordnungen gesteigert. Zugleich wurden die Strahlungskorrekturen in immer höheren Näherungen berechnet. Im Vergleich zwischen Theorie und Experiment beim magnetischen Moment des Leptons wurde ein Grad der Übereinstimmung erreicht, der in der Physik einmalig ist.
Das Prinzip der Messung der Anomalie des magnetischen Moments ist die direkte Beobachtung der Präzession des Spins S des bewegten Leptons in einem Magnetfeld.
Betrachten wir ein geladenes Lepton, das sich mit einer Geschwindigkeit $v = \beta c$ senkrecht zu einem homogenen konstanten Magnetfeld H bewegt. Die Bahnbewegung des Leptons ist kreisförmig mit einer Kreisfrequenz (Zyklotronfrequenz):

$$\omega_c = \frac{\omega_0}{\gamma}$$

mit

$$\omega_0 = \frac{eH}{mc} \quad \text{und} \quad \gamma = \frac{1}{\sqrt{1 - \beta^2}}. \qquad (3.57)$$

Das magnetische Moment μ des Leptons ist proportional zum Spin $S = \sigma/2$. Das Verhältnis des Betrages des magnetischen Moments μ zum Betrag des Eigendrehimpulses des Leptons $\tfrac{1}{2}\hbar$ bezeichnet man als gyromagnetisches Verhältnis e/mc des Teilchens.
Bewegt sich das Lepton im Magnetfeld H, so ist das auf das magnetische Moment ausgeübte Drehmoment $M = \mu \times H$. Unter der Wirkung des Drehmoments führt der Spinvektor des Leptons eine Präzessionsbewegung mit der Frequenz

$$\omega_L = \frac{|M|}{|S|} = g\,\frac{e}{2mc}\,H,$$

der Larmor-Frequenz, aus. Für große Geschwindigkeiten $v = \beta c$ der bewegten Teilchen modifiziert sich diese Beziehung zu

$$\omega_s = \frac{eH}{mc\gamma}\left[1 + \left(\frac{g-2}{2}\right)\gamma\right] \qquad (3.58)$$

(für $\gamma \to 1$ wird $\omega_s \to \omega_L$).

Die relative Präzession des Spins S bezüglich der Bewegungsrichtung $v = \beta c$ des Teilchens hat eine Kreisfrequenz $\omega_D = \omega_s - \omega_c$, für die man aus Gl. (3.57) und Gl. (3.58) folgenden einfachen Ausdruck erhält:

$$\omega_D = a\omega_0 \quad \text{mit} \quad a = \frac{g-2}{2}, \qquad (3.59)$$

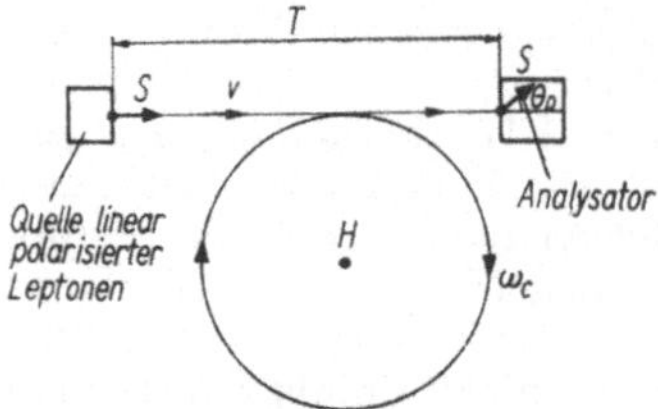

Abb. 3.10. Schema zur Messung von $\theta_D = \omega_D T$. Teilchen mit der Helizität $H = +1$ werden in ein zur Bildebene senkrechtes Magnetfeld H eingeschossen. Die Präzession des Spins S des Leptons um den Präzessionswinkel θ_D während des Umlaufs im Feld wird im Polarisator gemessen

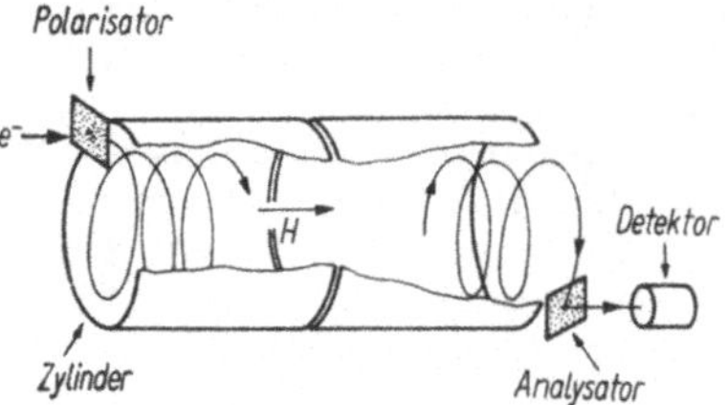

Abb. 3.11. Schema der Apparatur zur Messung der Anomalie des magnetischen Moments des Elektrons

der Anomalie des magnetischen Moments des Teilchens. Obwohl ω_s und ω_c vom Lorentzfaktor abhängen, erweist sich ihre Differenz als unabhängig von der Geschwindigkeit des Teilchens.

Präzessiert der Spin des Leptons im Zeitintervall zwischen $t = 0$ und $t = T$, so ist sein Präzessionswinkel $\theta_D = \omega_D T$. Die Helizität des Teilchens variiert daher mit $\cos(\omega_D T)$. Das Schema zur Messung von ω_D ist in Abb. 3.10 skizziert.

Die Apparatur, mit der eine Gruppe an der Michigan-Universität[1]) die Anomalie des magnetischen Moments des Elektrons ermittelte, ist schematisch in Abb. 3.11 gezeigt. Ein Strahl unpolarisierter Elektronen trifft auf eine Polarisatorfolie und läuft dann vielfach in einem Zylinder mit einem längs der Zylinderachse verlaufenden Magnetfeld um, dessen Stärke im Eintritts- und Austrittsbereich des Zylinders etwas stärker ist. Beim Verlassen des Zylinders wird in einer Analysatorfolie $\omega_D T$ gemessen. Die Polarisation erfolgt durch elastische Streuung der Elektronen

---

[1]) RICH, A.; WESLEY, J.: The current status of the lepton g factors. Rev. Mod. Phys. **44** (1972) S. 250–283.

Abb. 3.12. Der Myon-Speicherring im CERN, mit dem die Anomalie des magnetischen Moments des Myons gemessen wurde (Foto CERN)

---

am Coulomb-Feld der Atomkerne, wobei die Energie der Elektronen (1 bis 1000) keV beträgt.

Bei Verwendung eines anderen Polarisators bzw. Analysators wurde mit dieser Methode auch die Anomalie des Positrons gemessen.

Nach dem in Abb. 3.10 skizzierten Schema wurde auch eine genaue Bestimmung der Anomalie des magnetischen Moments des Myons (μ^- und μ^+) im westeuropäischen Kernforschungszentrum (CERN) durchgeführt[1]) (s. Abb. 3.12).

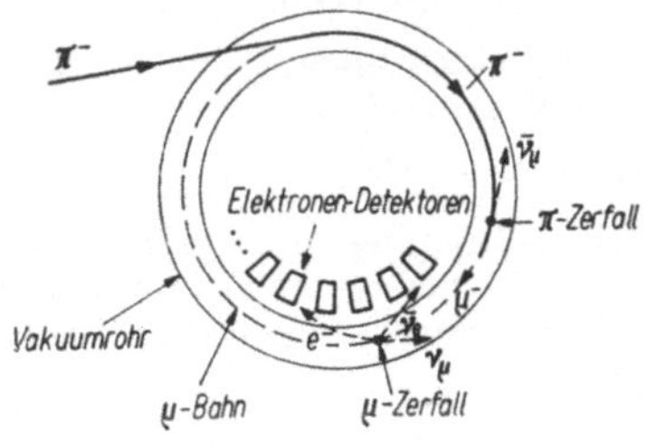

Abb. 3.13. Schema der in Abb. 3.12 gezeigten Anlage zur Messung der Anomalie des magnetischen Moments des Myons

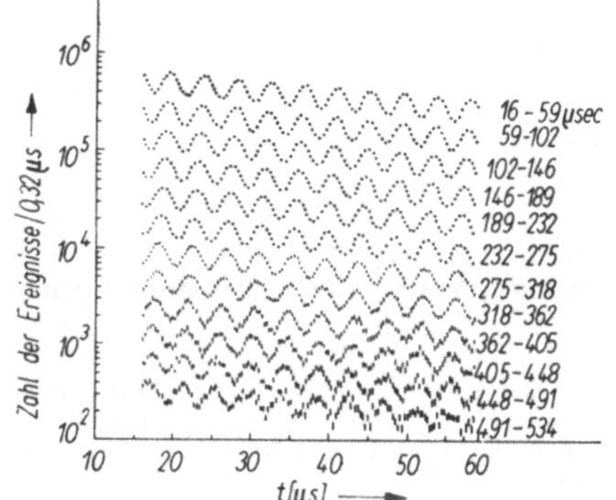

Abb. 3.14. Die Zeitabhängigkeit der Zählrate der Zerfallselektronen, die mit der in den Abb. 3.12 und 3.13 gezeigten Anlage gemessen wurde. Die Modulation der Zählrate mit der Frequenz ω_D ist deutlich zu erkennen

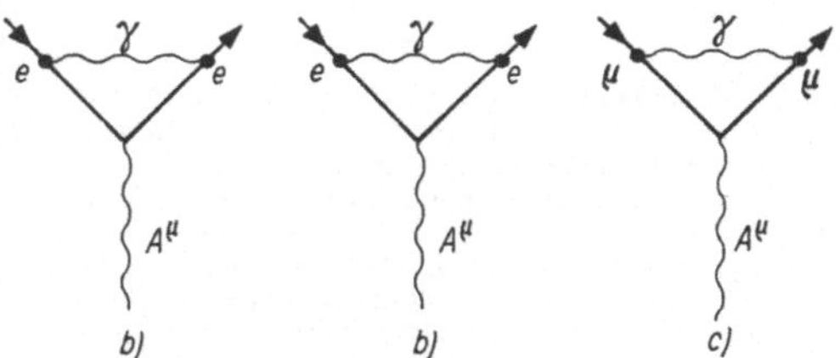

Abb. 3.15. Feynman-Graphen zur Berechnung des g-Faktors beim Elektron und Myon. In (b) und (c) sind Beiträge zweiter Ordnung gezeigt

---

[1]) BAILY, J. et al.: Final report on the CERN muon storage ring including the anomalous magnetic moment and the electric dipole moment of the muon, and a direct test of relativistic dilation. Nuclear Physics **B 150** (1979) S. 1–75.

Das Vakuumrohr des Speicherrings mit einem Durchmesser von 14 m befindet sich in einem ringförmigen Magneten mit einer Feldstärke $H = 1,47$ Tesla. In diesen Ring werden π-Mesonen geschossen. Wegen der Paritätsverletzung im $\pi \rightarrow \mu$-Zerfall entstehen beim Zerfall der Pionen in Vorwärtsrichtung nahezu vollständig longitudinal polarisierte Myonen (Spinrichtung in Bewegungsrichtung, d. h. Helizität $H = +1$). Diese Myonen mit einem Impuls von $\approx 3,1$ GeV/c bewegen sich auf einer Kreisbahn im Speicherring. Die Polarisation der Myonen als Funktion der Speicherzeit im Ring bestimmt man durch eine Zählung der Zerfallselektronen aus dem μ-e-Zerfall. Durch 20 längs des Umfangs angeordnete Bleiglaszähler werden Elektronen hoher Energien, die im Ruhesystem des Myons in Vorwärtsrichtung emittiert werden, registriert (s. Abb. 3.13). Die Myonen zerfallen asymmetrisch bezüglich ihrer Spinrichtung, und die Zählrate ist mit ω_D moduliert. Abb. 3.14. zeigt das typische $\cos(\omega_D T)$-Verhalten der Zählraten.

In Tab. 3.4 sind die experimentellen Werte der Anomalie der magnetischen Momente von Elektron und Myon gegeben.

In dem CERN-Experiment wurde die Anomalie für μ^+- und μ^--Leptonen gemessen. Der Vergleich der magnetischen Momente zeigt, daß ihre Landé-Faktoren innerhalb $(g_{\mu^-} - g_{\mu^+})/g = 0,026 \pm 0,017$ Teilen pro Million übereinstimmen. Damit haben wir auch einen sehr genauen experimentellen Test für die Gültigkeit des TCP-Theorems (s. Abschn. 3.2.4.).

Die Wechselwirkung des geladenen Leptons mit einem äußeren Feld A^μ läßt sich durch den in Abb. 3.15a gezeigten Feynman-Graphen niedrigster Ordnung beschreiben. Die Hamilton-Funktion dieser Wechselwirkung ist durch Gl. (3.55) gegeben. Ihr entspricht der Landé-Faktor $g = 2$.

Es besteht eine geringe Wahrscheinlichkeit, daß das Elektron während der Wechselwirkung mit dem äußeren Feld ein virtuelles Photon emittiert und reabsorbiert. Dieser in Abb. 3.15b gezeigte Feynman-Graph ändert die Wechselwirkungsenergie zwischen Lepton und äußerem Feld und führt zu einer Korrektur von g, die der Feinstrukturkonstanten α proportional ist. Das entsprechende Feynman-Diagramm für die Myon-Anomalie ist in Abb. 3.15c gezeigt. Diagramme, in denen die Beiträge zur Anomalie nur durch virtuelle Photonen verursacht werden, sind unabhängig von der Art des Leptons.

Die Störungsrechnungen lassen sich auf Beiträge höherer Ordnung ausdehnen. In Abb. 3.16 sind vier der acht möglichen Beiträge von Diagrammen der vierten Ordnung gezeigt (vier Vertices). Die Diagramme 3.16c und 3.16d beschreiben die virtuelle Erzeugung und Vernichtung eines Lep-

---

tonenpaares durch das virtuelle Photon. Beiträge vierter Ordnung sind proportional zu α^2, wobei sie sich wegen des Massenunterschiedes zwischen Elektron und Myon für die Diagramme 3.16c und 3.16d unterscheiden.

Für Beiträge sechster Ordnung lassen sich 72 Diagramme unterscheiden. Einige Beispiele sind in Abb. 3.17 gezeigt.

Die Resultate der störungstheoretischen Rechnungen, einschließlich von Beiträgen der sechsten Ordnung, sind in Tab. 3.4 den experimentellen Werten der Anomalie von Elektron und Myon gegenübergestellt.

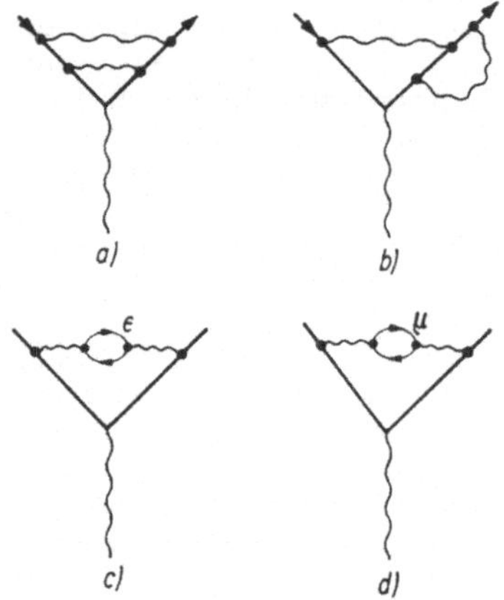

Abb. 3.16. Einige Feynman-Graphen vierter Ordnung zur Berechnung der Anomalie der magnetischen Momente von Elektron und Myon

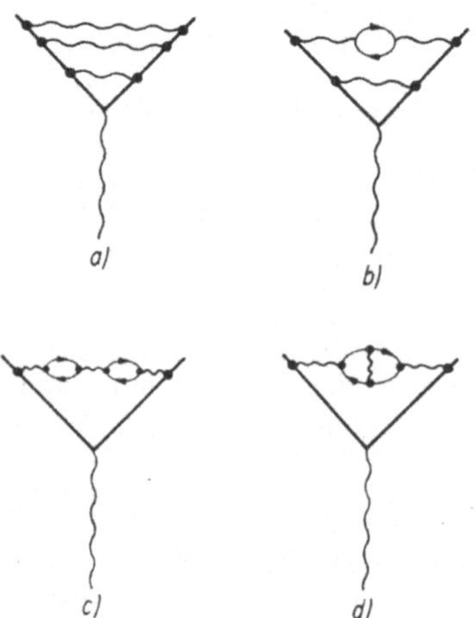

Abb. 3.17. Einige Feynman-Graphen sechster Ordnung zur Berechnung der Anomalie der magnetischen Momente von Elektron und Myon

Tabelle 3.4

Teilchen	$a = (g-2)/2$	
	Experiment	Theorie
Elektron	$1,15965241 \cdot 10^{-3}$ $\pm\ 0,00000020 \cdot 10^{-3}$	$1,15965236 \cdot 10^{-3}$ $\pm\ 0,00000028 \cdot 10^{-3}$
Myon	$1,165922 \cdot 10^{-3}$ $\pm\ 0,000009 \cdot 10^{-3}$	$1,165921 \cdot 10^{-3}$ $\pm\ 0,000010 \cdot 10^{-3}$

3.3.3. Die Elektron-Positron-Streuung

Als zweites Beispiel elektromagnetischer Prozesse betrachten wir die Reaktion

$$e^+ + e^- \rightarrow e^+ + e^-,$$

die man als Bhabha-Streuung bezeichnet. Für diesen Prozeß sind in der niedrigsten Ordnung der Störungstheorie folgende beiden Feynmangraphen zu berücksichtigen

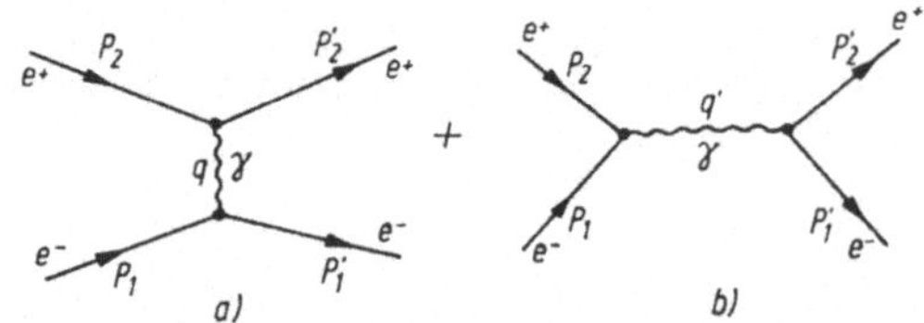

Zur Berechnung des Wirkungsquerschnitts der Streuung als Funktion des Streuwinkels θ im Schwerpunktsystem der streuenden Teilchen sind die Amplituden entsprechend beider Graphen, des Austauschgraphen a) und des Annihilationsgraphen b), sowie ihre Interferenz zu berechnen.

In den Graphen bezeichnen p_1, p_1' bzw. p_2, p_2' die Viererimpulse der am Stoß beteiligten Teilchen und q bzw. q' den im Prozeß durch das virtuelle Photon übertragenen Viererimpuls[1].

Im Austauschgraphen a) ist die Energie des virtuellen Photons $E_\gamma = E_1 - E_1' = 0$, während sein Impuls $p_\gamma = p_1 - p_1' = 2p_1 = 2p$ ist, da die beiden Impulse entgegengesetzt gleich sind. Mit den Vierervektoren erhalten wir für den übertragenen Viererimpuls

$$q^2 = (p_1 - p_1')^2 = (E_1 - E_1')^2 - (p_1 - p_1')^2$$
$$= -2p^2(1 - \cos\theta).$$

Da der Streuwinkel θ eine reelle Größe ist $(-1 < \cos\theta < +1)$, wird $q^2 < 0$, wir sprechen von einem raumartigen ausgetauschten Photon.

Für den Annihilationsgraphen ist der im Prozeß übertragene Viererimpuls $q'^2 = (p_1 + p_2)^2 = (E_1 + E_2)^2 + (p_1 + p_2)^2 = 4E^2$, da die Energie des virtuellen Photons $E_\gamma = E_1 + E_2 = 2E$ und sein Impuls $p_\gamma = p_1 + p_2 = 0$ ist. $q'^2 = (2E)^2 = s$ ist stets positiv. Das virtuelle Photon wird als zeitartig bezeichnet.

---

[1] Der Impuls-Vierervektor ist durch $p^\mu = \left(p^0 = \dfrac{E}{c},\ p\right)$ bzw. $p_\mu = g_{\mu\nu}p^\mu = \left(\dfrac{E}{c},\ -p\right)$ definiert. Die Definition des Skalarproduktes zweier Vierervektoren ist

$$p^\mu p_\mu \equiv \sum_{\mu=0}^{3} p^\mu p_\mu = \frac{E^2}{c^2} - p^2 = m^2 c^2,$$

d. h. eine invariante Größe. Es ist üblich, $c = 1$ zu setzen, so daß $p^\mu p_\mu = E^2 - p^2 = m^2$ wird.

Aus beiden Graphen erhält man für den differentiellen Wirkungsquerschnitt im Schwerpunktsystem bei hohen Energien der wechselwirkenden Leptonen ($E \approx p \gg m$)

$$\frac{d\sigma}{d\Omega} (e^+e^- \to e^+e^-)$$

$$= \frac{\alpha^2}{2s} \left[\frac{q''^4 + s^2}{q^4} + \frac{2q''^4}{q^2 s} + \frac{q''^4 + q^4}{s^2} \right] \quad (3.60)$$

$$\text{mit} \quad q^2 = -s \sin^2 \frac{\theta}{2};$$

$$q'^2 = s \quad \text{und} \quad q''^2 = -s \cos^2 \frac{\theta}{2}.$$

Das erste Glied in der Klammer entspricht dem Austauschdiagramm a), das dritte Glied dem Annihilationsdiagramm b) und das zweite Glied der Interferenz beider Amplituden.

Der Verlauf des Wirkungsquerschnitts als Funktion des Streuwinkels θ nach Gl. (3.60) ist in Abb. 3.18 gezeigt. Der Austauschgraph führt zu

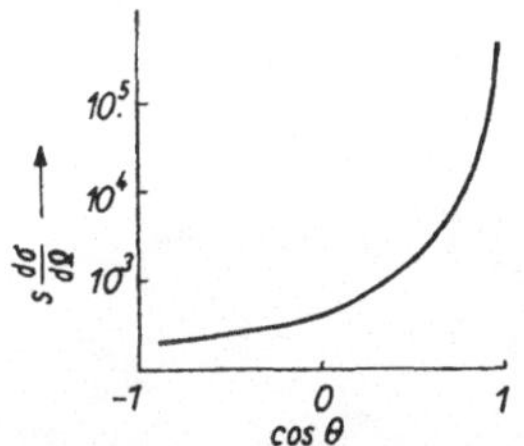

Abb. 3.18. Verlauf des Wirkungsquerschnittes der Bhabha-Streuung $e^+e^- \to e^+e^-$ nach Gl. (3.60)

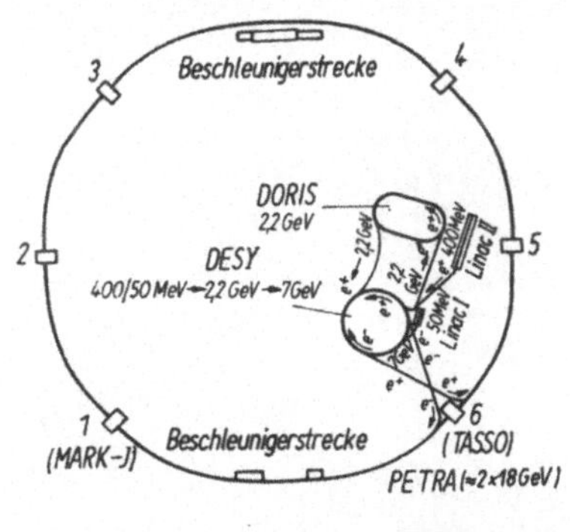

Abb. 3.19. Schema der Beschleunigungsanlagen im DESY (Hamburg). Aus den Linearbeschleunigern (LINAC I und II) werden Elektronen bzw. Positronen in den ersten Ringbeschleunigern (DESY) geschossen. Die auf eine Energie von 2,2 GeV beschleunigten Positronen werden im Speicherring DORIS gesammelt, bis eine ausreichende Intensität erreicht ist. Elektronen und Positronen werden dann im DESY-Ring auf 7 GeV beschleunigt und in den großen Speicherring PETRA eingeschossen. Hier kann eine Maximalenergie von je 18 GeV für Elektronen und Positronen erreicht werden

einer starken Vorwärtsbündelung der gestreuten Leptonen bei kleinen Streuwinkeln.

Experimentelle Tests der Gültigkeit der QED bestehen in der Untersuchung des Verlaufs der Winkelverteilung. Abweichungen von der Theorie können etwa durch eine innere Struktur der stets als punktförmig angenommenen Leptonen verursacht werden. Diese Abweichungen lassen sich durch Einführung von Formfaktoren $F(q^2)$ in die Gleichung für den differentiellen Wirkungsquerschnitt der Bhabha-Streuung berücksichtigen

$$\frac{d\sigma}{d\Omega} = \frac{\alpha^2}{2s} \left[\frac{q''^4 + s^2}{q^4} |F(q^2)|^2 + \frac{2q''^4}{q^2 s} \right.$$

$$\left. \cdot \text{Re} \left[F(q^2) F^*(q''^2) \right] + \frac{q^4 + q''^4}{s^2} |F(q''^2)|^2 \right]$$

$$\text{mit} \quad F(q^2) = 1 \pm \frac{q^2}{(q^2 - \Lambda_\pm^2)} \to 1 \pm \frac{q^2}{\Lambda_\pm^2}$$

$$\text{für} \quad \Lambda^2 \gg q^2.$$

(Zeitartige und raumartige Formfaktoren werden als gleich angenommen.)

Um die Gültigkeit der quantenelektrodynamischen Gleichung für den differentiellen Wirkungsquerschnitt der Bhabha-Streuung bis zu den größten experimentell realisierbaren Energien bzw. q^2-Werten zu testen, untersucht man die e^+e^--Streuung an Elektron-Positron-Speicherringen.

Das Schema der großen im Betrieb befindlichen Anlage im DESY in Hamburg ist in Abb. 3.19 gezeigt. Die bis Anfang des Jahres 1980 erreichte maximale Energie im Speicherring PETRA betrug $\sqrt{s} \approx 31$ GeV. In den Kreuzungsbereichen der Elektronen- und Positronenstrahlen sind große komplexe Detektorsysteme aufgebaut. Als ein Beispiel zeigt Abb. 3.20 den Querschnitt durch die Versuchsanlage TASSO. Abb. 3.21 zeigt eine Fotografie der Anlage MARK-J.

In den Detektorsystemen werden die nach der e^+e^--Streuung kollinear emittierten beiden Leptonen mit der Gesamtenergie $\sqrt{s} = 2E$ registriert. Das mit einer der Anlagen (MARK-J) ermittelte Verhalten des Streuquerschnitts für drei verschiedene Gesamtenergien $\sqrt{s}$ im Schwerpunktsystem ist in Abb. 3.22 gezeigt[1]). Die ausgezogene Kurve entspricht dem Verlauf des Wirkungsquerschnitts, wie er von der QED vorhergesagt wird. Aus einem Vergleich der experimentellen Meßfehler mit der ausgezogenen Kurve lassen sich für die Abschneideparameter des Formfaktors $F(q^2)$ die unteren Grenzwerte $\Lambda_+ = 74$ GeV und $\Lambda_- = 95$ GeV ermitteln.

Dieses Resultat läßt sich als ein Test der punktartigen Struktur des Elektrons interpretieren.

¹) BARBER, D. P. et al.: Test of universality of charged leptons. Phys. Rev. Letters 43 (1979) S. 1915–1918.

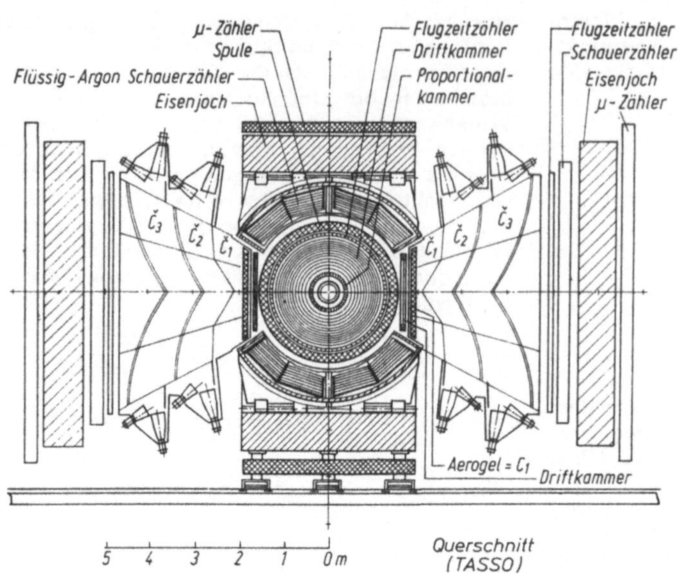

Abb. 3.20. Ein Querschnitt des TASSO-Detektors am Elektron-Positron-Speicherring PETRA. Die e^-, e^+-Teilchenstrahlen bewegen sich senkrecht zur Bildebene

Abb. 3.21. Montage des MARK-J-Detektors in einer der Wechselwirkungszonen, Halle 1 (siehe Abb. 3.19), des PETRA-Beschleunigers (Foto DESY, Hamburg)

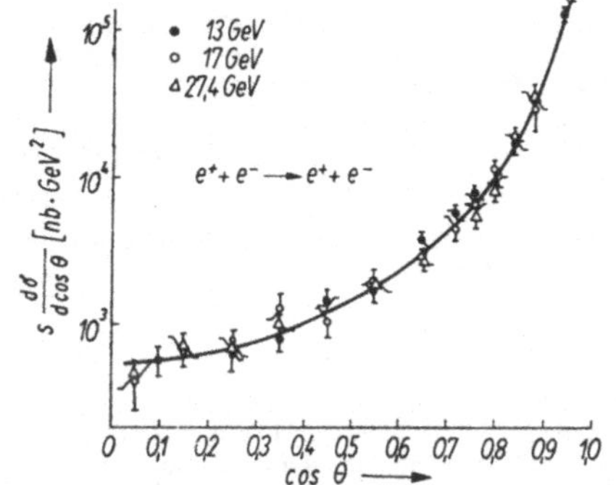

Abb. 3.22. Verlauf des differentiellen Wirkungsquerschnittes der Bhabha-Streuung $e^+e^- \to e^+e^-$ bei drei verschiedenen Gesamtenergien

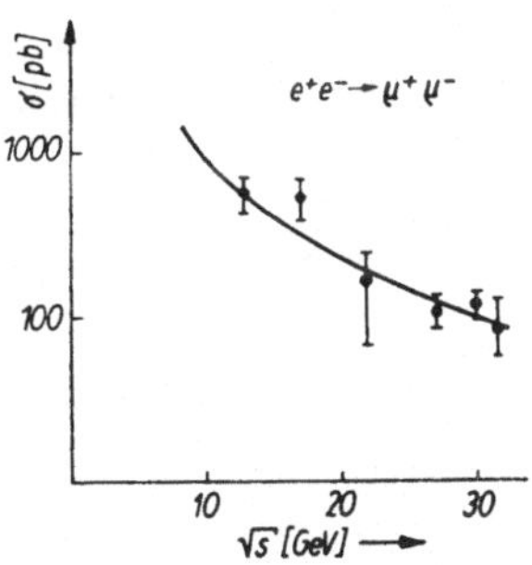

Abb. 3.23. Verlauf des totalen Wirkungsquerschnittes der Reaktion $e^+e^- \to \mu^+\mu^-$ als Funktion der Gesamtenergie im Schwerpunktsystem

Aus der Heisenbergschen Unbestimmtheitsbeziehung

$$\frac{\Lambda}{c} r_e \gtrsim \hbar$$

erhält man als obere Grenze für die Ausdehnung des Elektrons $r_e \lesssim 2 \cdot 10^{-16}$ cm. Die Ausdehnung des Elektrons ist kleiner als der tausendste Teil der Ausdehnung des Nukleons. In den bisher zugänglichen Raumbereichen können wir also das Elektron als punktartiges Teilchen betrachten.

Ein weiterer elektromagnetischer Prozeß ist die Annihilation eines hochenergetischen e^+e^--Paares und die Erzeugung eines Myon-Paares $e^+ + e^- \to \mu^+ + \mu^-$. In der niedrigsten Ordnung der quantenelektrodynamischen Störungsrechnung kann dieser Prozeß nur über den Annihilationsgraphen,

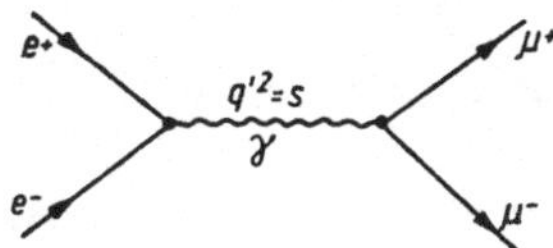

d. h. über einen zeitartigen Photonenaustausch erfolgen. Der differentielle Wirkungsquerschnitt hat für $E \approx p \gg m$ die einfache Form

$$\frac{d\sigma}{d\Omega} (e^+e^- \to \mu^+\mu^-) = \frac{\alpha^2}{4s} (1 + \cos^2 \theta). \qquad (3.61)$$

Integriert man den Wirkungsquerschnitt über den Raumwinkel, so wird der totale Wirkungsquerschnitt

$$\sigma_{\mu\mu} \approx \frac{4\pi}{3} \frac{\alpha^2}{s} = \frac{\pi}{3} \frac{\alpha^2}{E^2} = \frac{21{,}9}{E^2} \text{ [nb]}$$

(E in GeV).

Auch diese Reaktion wurde als Test für die Gültigkeit der Quantenelektrodynamik untersucht.
In dem bereits erwähnten Experiment[1]) mit dem Detektorsystem MARK-J wurde der Verlauf des totalen Wirkungsquerschnitts $\sigma_{\mu\mu}$ als Funktion der Gesamtenergie im Schwerpunktsystem $\sqrt{s}$ gemessen (s. Abb. 3.23). Die ausgezogene Kurve entspricht dem berechneten Verlauf. Durch Einführung eines Formfaktors in den totalen Wirkungsquerschnitt

$$\sigma_{\mu\mu} = \sigma_{\mu\mu}(\text{QED}) |F_\mu(s)|^2$$

läßt sich aus einem Vergleich der experimentellen Daten mit ihren Fehlern der Abschneideparameter entsprechend

$$F_\mu(s) = 1 \mp \frac{s}{s - \Lambda_\pm^2}$$

bestimmen. Mit $\Lambda_+ = 71$ GeV und $\Lambda_- = 97$ GeV führen auch diese unteren Grenzwerte zu oberen Grenzen der Ausdehnung des Myons von $r_\mu \lesssim 2 \cdot 10^{-16}$ cm.

3.4. Die starke Wechselwirkung

In den Vorbemerkungen (Abschn. 3.1.) haben wir bereits verschiedene Hadronen, d. h. Teilchen, die stark wechselwirken, kennengelernt. Es sind im wesentlichen drei neue Erfahrungsbereiche, die Hadronenspektroskopie, die tiefinelastische Lepton-Hadron-Streuung und die e^+e^--Annihilation in Hadronen, durch die sich ein grundlegender Wandel unseres Verständnisses der Struktur der Hadronen und der zwischen den Strukturelementen wirkenden Kraft vollzog. Diese Erkenntnisse bilden den wesentlichen Teil der folgenden Abschnitte.

---

[1]) BARBER, D. P. et al.: Test of universality of charged leptons. Phys. Rev. Letters **43** (1979) S. 1915–1918.

3.4.1. Elastische und unelastische Wirkungsquerschnitte

Bei der quantenmechanischen Behandlung des elastischen Stoßes etwa zweier Hadronen ist die Wahrscheinlichkeit für die Streuung der Teilchen im Schwerpunktsystem um einen Winkel θ gegenüber der Primärrichtung zu berechnen.

Der Einfachheit halber betrachten wir die Streuung von Teilchen mit dem Spin 0, etwa Pionen, an gleichfalls spinlosen Targetteilchen. Der Strahl der freien Teilchen mit dem Impuls $p = \hbar k$ im Schwerpunktsystem bewege sich in Richtung der positiven z-Achse. Er läßt sich durch eine ebene Welle

$$\psi_i = e^{ikz}$$

beschreiben, die als Überlagerung einer einlaufenden und einer auslaufenden Kugelwelle darstellbar ist (s. Abb. 3.24). Für große Abstände r vom Zentrum der Streuung, so daß $kr \gg 1$, hat die einlaufende bzw. die auslaufende Kugelwelle die radiale Form e^{-ikr}/kr bzw. e^{+ikr}/kr, während für das um die z-Achse zylindersymmetrische Problem die Winkelabhängigkeit durch die Legendreschen Polynome $P_l(\cos\theta)$ gegeben ist.

$$\psi_i = e^{ikz} = \frac{i}{2kr}\sum_l (2l+1)\left[(-1)^l\, e^{-ikr} - e^{ikr}\right]$$
$$\cdot P_l(\cos\theta). \tag{3.62}$$

Da der für starke Wechselwirkungen interessante Impulsbereich erst bei einigen MeV/c beginnt (Wellenzahl $k \gtrsim 10^{11}$ cm^{-1}) und die Messung der gestreuten Teilchen stets in Abständen r von einigen Zentimetern bis Metern vom Streuzentrum erfolgt, ist die Bedingung $kr \gg 1$ sicher erfüllt.

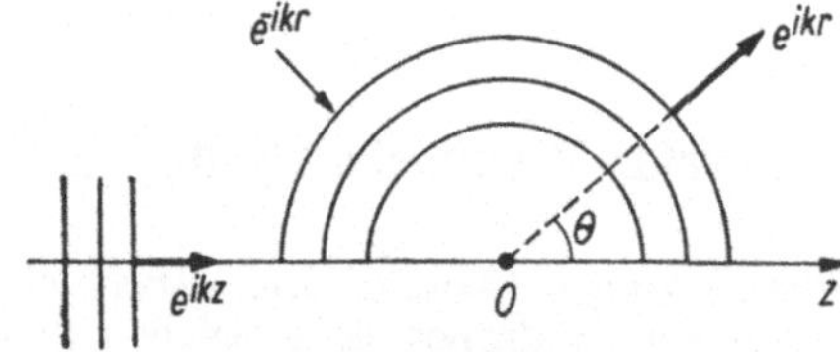

Abb. 3.24. Eine ebene Welle e^{ikz} läßt sich als Überlagerung einer auf das Streuzentrum O einlaufenden bzw. vom Streuzentrum auslaufenden Kugelwelle darstellen

Die Streuung der beiden Teilchen im Zentrum des Schwerpunktsystems läßt sich durch eine Änderung von Amplitude und Phase der auslaufenden Welle ausdrücken, während die einlaufende Welle ungeändert bleibt. Für jede auslaufende Partialwelle l ändert sich deren Amplitude um η_l und verschiebt sich ihre Phase um $2\delta_l$, wobei δ_l als Phasenverschiebung bezeichnet wird. Da nicht mehr Teilchen herauskommen können, als in das Streuzentrum hineinlaufen (Unitaritätsbedingung), genügt η_l der Bedingung $0 < \eta_l \leq 1$. η_l ist also ein Maß für die Inelastizität des 2-Teilchenstoßes. Der Fall $\eta_l = 1$ entspricht der elastischen Streuung.

Die stationäre Lösung der Schrödinger-Gleichung, die den Streuprozeß beschreibt, läßt sich also bei großen Abständen r durch die asymptotische Form

$$\psi = \frac{i}{2kr}\sum_l (2l+1)\left[(-1)^l\, e^{-ikr} - \eta_l\, e^{2i\delta_l}\, e^{ikr}\right] P_l(\cos\theta) \tag{3.63}$$

der Gesamtwellenfunktion ausdrücken. Man kann sie in die folgende Form bringen

$$\psi = e^{ikz} + f(\theta)\,\frac{e^{ikr}}{r}. \tag{3.64}$$

Die Wellenfunktion stellt die Überlagerung einer einlaufenden ebenen Welle e^{ikz} und einer auslaufenden Streuwelle $\psi_s = f(\theta)\,e^{ikr}/r$ dar. Die auslaufende Streuwelle ist die Differenz zwischen der auslaufenden Welle mit und ohne Streupotential

$$\psi_s = \psi - \psi_i = \frac{e^{ikr}}{kr}\sum_l (2l+1)\,\frac{\eta_l\, e^{2i\delta_l} - 1}{2i}\, P_l(\cos\theta)$$
$$= f(\theta)\,\frac{e^{ikr}}{r} \quad \text{mit}$$

$$f(\theta) = \frac{1}{k}\sum_l (2l+1)\left(\frac{\eta_l\, e^{2i\delta_l} - 1}{2i}\right) P_l(\cos\theta), \tag{3.65}$$

der Streuamplitude.

Den gestreuten Teilchenstrom J_s erhält man durch Integration des zur Streuwelle ψ_s gehörigen Anteils der Stromdichte

$$j_s = \frac{\hbar}{2mi}\left[\psi_s^*\frac{\partial\psi_s}{\partial r} - \frac{\partial\psi_s^*}{\partial r}\psi_s\right]$$
$$= \frac{\hbar k}{mr^2}\,|f(\theta)|^2 \quad [\text{Teilchen cm}^{-2}\,\text{s}^{-1}],$$

also

$$J_s = \frac{\hbar k}{m}\int |f(\theta)|^2\, d\Omega.$$

Der einfallende Teilchenstrom je cm^2 und s ist

$$j_i = \frac{\hbar}{2mi}\left[e^{-ikz}\frac{\partial}{\partial z}(e^{ikz}) - \frac{\partial}{\partial z}(e^{-ikz})\,e^{ikz}\right]$$
$$= \frac{\hbar k}{m} \quad [\text{Teilchen cm}^{-2}\,\text{s}^{-1}].$$

Der elastische Streuquerschnitt ist definiert durch

$$\sigma_s = \frac{J}{j_i} = \int |f(\theta)|^2\, d\Omega \quad [\text{cm}^2]. \tag{3.66}$$

Der differentielle Streuquerschnitt wird

$$\frac{d\sigma_s}{d\Omega} = |f(\theta)|^2. \tag{3.67}$$

Durch Einsetzen von Gl. (3.65) in Gl. (3.66) und Ausführung der Integration über die Winkel erhält man wegen der Orthonormalität der Legendreschen Polynome für den elastischen Streuquerschnitt

$$\sigma_s = 4\pi\lambdabar\sum_l (2l+1)\left|\frac{\eta_l\, e^{2i\delta_l} - 1}{2i}\right|^2. \tag{3.68}$$

Für eine reine elastische Streuung ist $\eta_l = 1$, d. h.

$$\sigma_s = 4\pi\lambdabar\sum_l (2l+1)\sin^2\delta_l. \tag{3.68a}$$

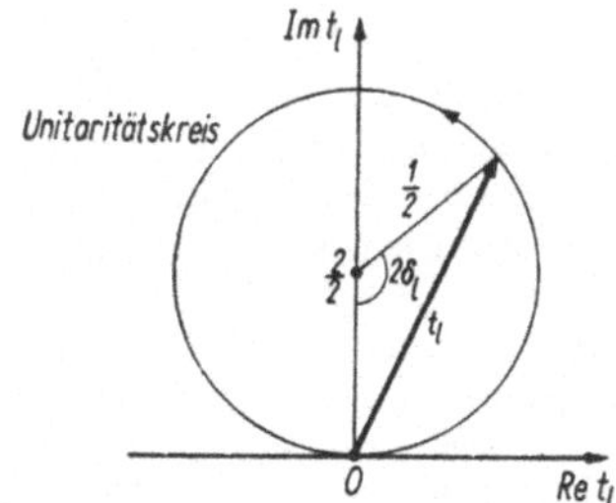

Abb. 3.25. Argand-Diagramm. Darstellung der Partialwellenamplitude t_l als Vektor in der komplexen Ebene

Die in der Gleichung für die Streuamplitude (3.65) gegebene komplexe Größe

$$t_l = \frac{\eta_l\, e^{2i\delta_l} - 1}{2i} = \frac{i}{2} - \frac{i}{2}\, \eta_l\, e^{2i\delta_l}$$

bezeichnet man als Partialwellenamplitude. Sie ist in Abb. 3.25 als ein Vektor in der komplexen Ebene dargestellt (Argand-Diagramm). Für $\eta_l = 1$ wird die Amplitude der l-ten Partialwelle

$$t_l = \frac{e^{2i\delta_l} - 1}{2i} = \frac{1}{2}\sin 2\delta_l + \frac{i}{2}(1 - \cos 2\delta_l).$$

Die Endpunkte von t_l beschreiben in der komplexen Ebene einen Kreis (Unitaritätskreis) mit dem Radius 1/2 um den Punkt $i/2$, wenn die Phase zwischen $0 \leq \delta_l \leq \pi/2$ variiert. Für $\delta_l = \pi/2$ ist t_l rein imaginär und hat die Größe 1. Ist $\eta_l < 1$, so liegen die Endpunkte von t_l innerhalb des Unitaritätskreises. Für $\eta_l < 1$ ist der Reaktionsquerschnitt σ_r durch den Quotienten der Zahl der Teilchen, die je Sekunde aus dem Strahl entfernt werden, und der Stromdichte der einlaufenden Teilchen gegeben. Die einlaufende Partialwelle ist

$$\frac{i}{2kr}(2l + 1)(-1)^l\, e^{-ikr}\, P_l(\cos\theta)$$

und die auslaufende Partialwelle

$$\frac{i}{2kr}(2l + 1)\, \eta_l\, e^{2i\delta_l}\, e^{ikr}\, P_l(\cos\theta).$$

Man erhält

$$\sigma_r = \int\left\{\left|\sum_l \frac{i(2l + 1)}{2kr}(-1)^l\, e^{-ikr}\, P_l(\cos\theta)\right|^2\right.$$
$$\left. - \left|\sum_l \frac{i(2l + 1)}{2kr}\, \eta_l\, e^{2i\delta_l}\, e^{ikr}\, P_l(\cos\theta)\right|^2 r^2\, d\Omega\right\}.$$
$$\sigma_r = \pi\lambda^2 \sum_l (2l + 1)(1 - \eta_l^2). \tag{3.69}$$

Der totale Wirkungsquerschnitt ist die Summe von elastischem und Reaktionsquerschnitt

$$\sigma_t = \sigma_s + \sigma_r = \pi\lambda^2 \sum_l (2l + 1)(1 - \eta_l \cos 2\delta_l). \tag{3.70}$$

Die Streuamplitude in Vorwärtsrichtung, d. h. für $\theta = 0$, wird aus Gl. (3.65)

$$f(0) = \frac{1}{k}\sum_l (2l + 1)\frac{\eta_l\, e^{2i\delta_l} - 1}{2i}\, P_l(1).$$

Berücksichtigt man, daß $P_l(1) = 1$ für alle Partialwellen ist und bildet den Imaginärteil von $f(\theta = 0)$, so wird

$$f(\theta = 0) = \frac{1}{2k}\sum_l (2l + 1)(1 - \eta_l \cos 2\delta_l). \tag{3.71}$$

Vergleichen wir die Gl. (3.70) und (3.71), so ergibt sich der folgende wichtige, als optisches Theorem bezeichnete Zusammenhang zwischen dem Imaginärteil der Streuamplitude in Vorwärtsrichtung und dem totalen Wirkungsquerschnitt

$$\sigma_t = \frac{4\pi}{k}\,\text{Im}\, f(\theta = 0). \tag{3.72}$$

Im Fall einer reinen elastischen Streuung ist der unelastische Wirkungsquerschnitt $\sigma_r = 0$ und der maximale elastische Wirkungsquerschnitt wird aus Gl. (3.68) für die l-te Partialwelle

$$\sigma_{s,l}(\text{max}) = 4\pi\lambda^2(2l + 1), \tag{3.73}$$

den man als Unitaritätsgrenze bezeichnet. Den maximalen Reaktionsquerschnitt der l-ten Partialwelle erhalten wir aus Gl. (3.70) für den Fall $\eta_l = 0$ zu

$$\sigma_{r,l}(\text{max}) = \pi\lambda^2(2l + 1). \tag{3.74}$$

Der Maximalwert des Streuquerschnittes beträgt das Vierfache vom Maximalwert des Reaktionsquerschnittes. Während σ_s nur von der Phasenverschiebung δ_l abhängt [s. Gl. (3.68a)], geht in σ_r nur das Quadrat der Amplitude η_l^2 ein [s. Gl. (3.69)]. Bei der elastischen Streuung sind einlaufende und auslaufende Wellen kohärent und können interferieren. Der Faktor 4 im Vergleich der maximalen Wirkungsquerschnitte kommt von der Möglichkeit konstruktiver Interferenzen.
Die einfachste experimentelle Technik zur Bestimmung des totalen Wirkungsquerschnittes ist die Messung der Differenz zwischen der Zahl der Teilchen, die auf ein Target bekannter Größe und Zusammensetzung treffen, und der Teilchenzahl, die das Target verläßt. Dabei wird vorausgesetzt, daß die mittlere freie Weglänge für die Wechselwirkung eines Primärteilchens mit einem Targetnukleon groß gegenüber der Ausdehnung des Targets ist.
In Abb. 3.26 ist der Verlauf des totalen Wirkungsquerschnitts der Wechselwirkung verschiedener Hadronen mit Protonen als Funktion des Impulses der einlaufenden Hadronen im Laborsystem gezeigt. Bei hohen Energien haben die Wirkungsquerschnitte nur eine schwache Variation mit dem Primärimpuls. Machen wir die ein-

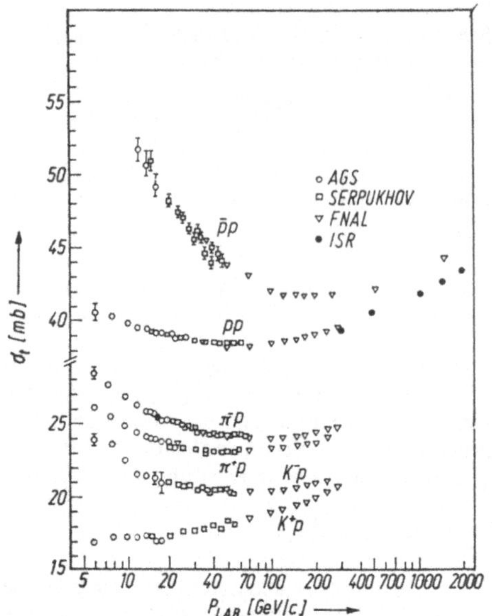

Abb. 3.26. Verlauf des totalen Wirkungsquerschnittes der Wechselwirkung verschiedener Hadronen mit Protonen als Funktion des Impulses der einlaufenden Hadronen im Laborsystem

fache Modellannahme, daß dem Wirkungsquerschnitt ein geometrischer Querschnitt πR^2 entspricht, so erhält man für $\sigma_t \approx 30$ mb $= 3 \cdot 10^{26}$ cm² einen Radius von $R \approx 10^{-13}$ cm, d. h. der Wirkungsbereich der starken Wechselwirkung.

Das einfachste Modell von Reaktion und Streuung ist eine total absorbierende schwarze Scheibe mit einem definierten Radius R. Mit $\eta_l = 0$ erhält man aus den Gln. (3.68) und (3.70)

$$\sigma_s = \pi \lambdabar^2 \sum_l (2l + 1) = \pi R^2$$

$$\sigma_R = \pi \lambdabar^2 \sum_l (2l + 1) = \pi R^2$$

$$\sigma_t = 2\pi \lambdabar^2 \sum_l (2l + 1) = 2\pi R^2 .$$

Die zur Wechselwirkung beitragenden Partialwellen l variieren zwischen 0 und $l_{max} = R/\lambdabar$. Für $R = 10^{-13}$ cm und $\lambdabar = \hbar/p \approx 1 \cdot 10^{-13}$ cm, entsprechend einem Impuls der einfallenden Hadronen von 200 MeV/c tragen nur die Partialwellen $l = 0$ und $l = 1$ bei.

Aus sehr allgemeinen quantenfeldtheoretischen Annahmen folgt für den asymptotischen Fall, daß das Quadrat der Gesamtenergie $s = E^2$ der am Stoß beteiligten Teilchen gegen unendlich geht, die Ungleichung

$$\sigma_t < \text{const.} \ (\log s)^2 . \tag{3.75}$$

Dieses Theorem für das Hochenergieverhalten der Stöße beschränkt das Ansteigen des totalen Wirkungsquerschnitts mit wachsender Energie,

unabhängig von der Art der Wechselwirkung, auf einen als Froissart-Schranke bezeichneten Grenzwert. Die Schranke drückt aus, daß die Hadron-Hadron-Stöße eine endliche Reichweite haben. Wie Abb. 3.26 zeigt, steigen die totalen Wirkungsquerschnitte der Hadron-Proton-Stöße im bisher untersuchten Hochenergiebereich mit wachsender Energie an. Ein weiteres, aus der Quantenfeldtheorie folgendes Theorem, das Pomeranchuk-Theorem, erhält man durch die zusätzliche Annahme, daß die totalen Wirkungsquerschnitte bei asymptotischen Energien konstant werden. Das Pomeranchuk-Theorem sagt voraus, daß die totalen Wirkungsquerschnitte für Teilchen-Target- und Antiteilchen-Target-Stöße asymptotisch gleich werden

$$\lim_{s \to \infty} \sigma_t(a + b) = \lim_{s \to \infty} \sigma_t(\bar{a} + b).$$

Die in Abb. 3.26 gezeigten experimentellen Daten deuten auf die Gültigkeit des Pomeranchuk-Theorems hin. Die Differenzen der totalen Wirkungsquerschnitte der $\pi^\pm$-p-, der $K^\pm$-p- und der pp- bzw. $\bar{p}p$-Wechselwirkungen nehmen mit wachsender Energie stetig ab.

Mit dem einfachen geometrischen Modell des Stoßes als einer Wechselwirkung zweier total absorbierender Scheiben läßt sich das Pomeranchuk-Theorem plausibel machen. Die geometrische Struktur von Teilchen und Antiteilchen, etwa von π^+- und π^--Mesonen, sollte identisch sein. Also sollte man auch identische totale Wirkungsquerschnitte für die π^+-p- und π^--p-Wechselwirkung erwarten. Die Tatsache, daß der π^+-p-Zustand den Isospin $I = 3/2$ hat, während π^--p in zwei Zustände, $I = 3/2$ und $I = 1/2$, streuen kann, ist bei $s \to \infty$ ohne Bedeutung, da es in beiden Prozessen eine gegen unendlich gehende Zahl von Endzuständen gibt.

3.4.2. Resonanzen

Mit der Inbetriebnahme der ersten Beschleuniger, die es erlaubten, Protonen auf mehrere hundert MeV zu beschleunigen, gelang die Erzeugung genügend intensiver Strahlen geladener π-Mesonen. Anfang der fünfziger Jahre fand man bei der experimentellen Untersuchung der elastischen π^+-p-Streuung im Verhalten des Wirkungsquerschnitts als Funktion der Energie ein Resonanzmaximum (s. Abb. 3.9). Das Maximum der Resonanz liegt bei einer invarianten Gesamtenergie

$$E_0 = m_0 c^2 = [(E_p + E_\pi)^2 - (p_p + p_\pi)^2]^{1/2}$$

bzw. einer effektiven Masse m_0. Für die bereits in Abschn. 3.2.5. erwähnte Δ-Resonanz ist $m_\Delta = 1232$ MeV/c^2 und die Halbwertsbreite $\Gamma = 115$ MeV/c^2.

Eine hadronische Resonanz c ist ein instabiler Zustand mit definierten Quantenzahlen. Wir wollen annehmen, daß eine elastische Streuung zwischen zwei spinlosen Teilchen a und b über einen resonanten Zustand c verläuft, der nach einer sehr kurzen mittleren Lebensdauer τ wieder elastisch zerfällt ($\eta_l = 1$).

$$a + b \to c \to a + b.$$

Die Resonanz der Energie $E_0 = m_0 c^2$ hat den Drehimpuls l und damit die Amplitude der Partialwelle

$$t_l = \frac{e^{2i\delta_l} - 1}{2i} = \frac{\tan \delta_l}{1 - i \tan \delta_l}.$$

Hat die von der Energie E abhängige Streuphase δ_l den Wert $\pi/2$ bzw. ein ganzes Vielfaches von $\pi/2$, so erhält man für den elastischen Streuquerschnitt [Gl. (3.68a)] den Maximal- oder Resonanzwert

$$\sigma_l(E_0) = 4\pi\lambda^2(2l + 1).$$

Der Tangens der Streuphase wird für $\delta_l = \pi/2$ unendlich. Es läßt sich zeigen, daß er in Abhängigkeit von der Energie wie ein Pol erster Ordnung unendlich wird.

$$\tan \delta_l(E) = \frac{\Gamma/2}{E_0 - E} \to \infty \quad \text{für} \quad E \to E_0$$

und daß Γ stets positiv sein muß.
In der Nähe einer Resonanz läßt sich also die Amplitude der l-ten Partialwelle in folgender Form schreiben

$$t_l(E) = \frac{\Gamma/2}{E_0 - E - i\Gamma/2}.$$

Damit erhält man für den elastischen Streuquerschnitt im Resonanzbereich

$$\sigma_l(E) = 4\pi\lambda^2(2l + 1)\frac{\Gamma^2/4}{(E_0 - E)^2 + \Gamma^2/4}. \tag{3.76}$$

Man bezeichnet diese Gleichung als Breit-Wigner-Formel, die den Verlauf einer Resonanz mit dem Drehimpuls l, der Resonanzenergie E_0 und der Breite Γ beschreibt (s. Abb. 3.27).
Findet der elastische Stoßprozeß zwischen einem Target mit dem Spin 1/2, etwa einem Proton, und einem spinlosen einlaufenden Teilchen, etwa einem π-Meson statt, so erhält Gl. (3.76) die Form

$$\sigma_{el}(E) = 2\pi\lambda^2(2J + 1)\frac{\Gamma^2/4}{(E_0 - E)^2 + \Gamma^2/4}, \tag{3.76a}$$

wobei J der Spin des Resonanzzustandes ist.

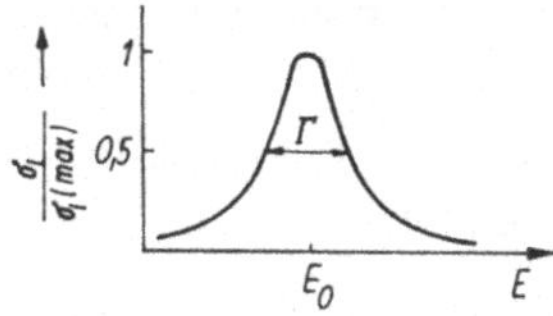

Abb. 3.27. Breit-Wigner-Resonanzkurve

Die Zeitabhängigkeit eines instabilen Zustandes der Energie E_0 und der mittleren Lebensdauer τ ist

$$\psi(t) = \exp\left[\frac{i}{\hbar} E_0 t - \frac{1}{2} \frac{t}{\tau}\right],$$

damit erhält man das bereits bekannte exponentielle Zerfallsgesetz für den Zustand $|\psi(t)|^2 \propto \exp(-t/\tau)$ [siehe Gl. (3.5)].
Die Fourier-Transformierte der Zustandsfunktion ist

$$\psi(E_0) = \frac{1}{\sqrt{2\pi}} \int\limits_{-\infty}^{\infty} \exp\left[\frac{i}{\hbar}(E_0 - E)t - \frac{1}{2}\frac{t}{\tau}\right]$$

$$= \frac{\text{const.}}{(E_0 - E) - \frac{i\hbar}{2}\tau}.$$

Die Zerfallswahrscheinlichkeit eines resonanten Zustandes ist also

$$|\psi(E_0)|^2 \propto \frac{1}{(E_0 - E)^2 + \hbar^2/4\pi^2}. \tag{3.77}$$

Für eine elastisch erzeugte Resonanz folgt aus der Erhaltung der Wahrscheinlichkeit, daß die Wahrscheinlichkeit für die Bildung des resonanten Zustandes, gemessen durch den Wirkungsquerschnitt $\sigma_l(E)$ in Gl. (3.76a), und die Wahrscheinlichkeit für den Zerfall der Resonanz [Gl. (3.77)] einander proportional sein müssen.

Aus dem Vergleich der Nenner folgt die bekannte Beziehung zwischen der Breite Γ einer Resonanz und ihrer mittleren Lebensdauer

$$\tau = \frac{\hbar}{\Gamma}. \tag{3.78}$$

Für die Δ-Resonanz mit $\Gamma = 115\,\text{MeV}$ und $\hbar \approx 6{,}58 \cdot 10^{-22}\,\text{MeV} \cdot \text{s}$ erhält man $\tau \approx 0{,}6 \cdot 10^{-23}\,\text{s}$.
Neben den elastisch zerfallenden Resonanzen, wie der betrachteten $\Delta(1232)$-Baryonenresonanz, beobachtet man auch unelastisch zerfallende Zustände. Ein Beispiel ist der $I = 3/2$ Zustand $\Delta(1950)$, der neben dem elastischen Zerfallskanal $\Delta \to \pi + N$ auch einen starken unelastischen Zerfall $\Delta \to 2\pi + N$ hat. Die Gesamtbreite einer Resonanz setzt sich additiv aus den Partialbreiten der elastischen und der unelastischen Zerfallskanäle zusammen $\Gamma = \Gamma_{el} + \Gamma_r$. Für den elastischen Wirkungsquerschnitt ist in den Breit-Wigner-Formeln (3.76) und (3.76a) Γ^2 im Zähler durch Γ_{el}^2 zu ersetzen. Für den unelastischen Wirkungsquerschnitt erhält die Breit-Wigner-Formel die Form

$$\sigma_r(E) = 2\pi\lambda^2(2J + 1)\frac{1/4\,\Gamma_{el}\Gamma_r}{(E_0 - E)^2 + \Gamma^2/4}. \tag{3.79}$$

Abb. 3.28 zeigt den Verlauf des totalen Wirkungsquerschnitts der π^+-p-Wechselwirkung als Funktion des Impulses der Pionen im Laborsystem, wie er in einer größeren Zahl voneinander unabhängiger Experimente gemessen wurde. Neben der bereits mehrfach erwähnten $\Delta(1232)$-Baryonenresonanz deuten sich im Verlauf des Wirkungsquerschnitts weitere Resonanzen an.
Für die elastische $\Delta(1232)$-Resonanz ist nach der Breit-Wigner-Formel (3.76) bei der Resonanzenergie $E = E_0$ der elastische Wirkungsquer-

---

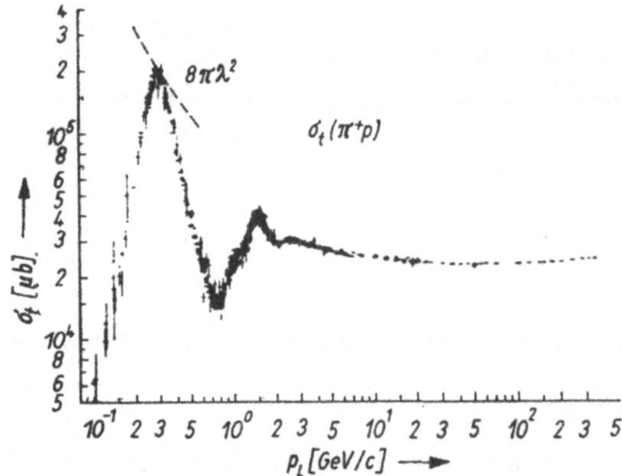

Abb. 3.28. Experimentell ermittelter Verlauf des totalen Wirkungsquerschnittes der π^+p-Wechselwirkung als Funktion des Impulses der π^+-Mesonen im Laborsystem (für λ^2 lies $\lambdabar^2$)

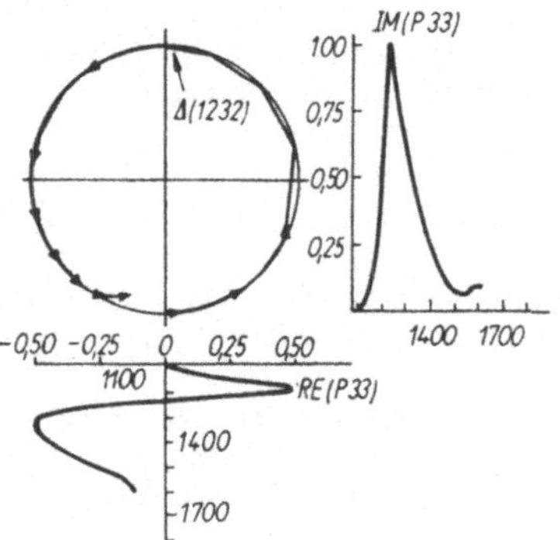

Abb. 3.29. Argand-Diagramm der P_{33}-Welle

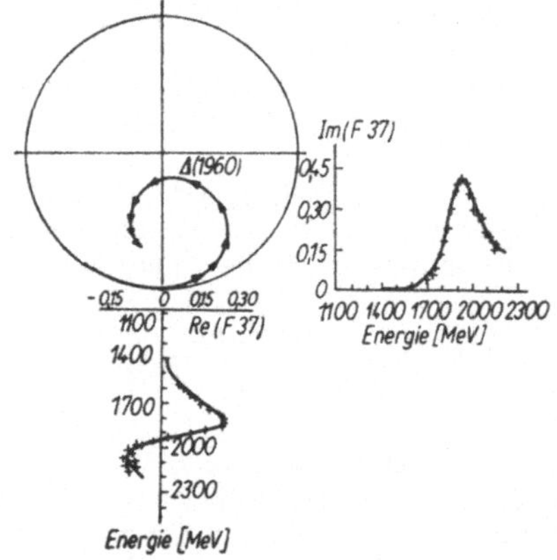

Abb. 3.30. Argand-Diagramm der F_{37}-Welle

schnitt $\sigma_l(E_0) = 2\pi\lambdabar^2(2J + 1)$. Für den Fall $l = 1$ und damit $J = 3/2$ wird der Grenzwert $\sigma_l(E_0) = 8\pi\lambdabar^2$. Er ist in Abb. 3.28 gestrichelt eingezeichnet. Sein Verlauf beweist, daß die $\Delta(1232)$-Resonanz eine P-Wellenresonanz ($l = 1$) mit dem

Spin $J = 3/2$ ist. Da die Eigenparität des Pions -1 und die des Protons $+1$ ist, erhält man für die Parität des π-p-Systems $\pi_\Delta = (-1)(+1)(-1)^l = +1$ (s. Abschn. 3.2.2.).

Durch Messung des differentiellen Wirkungsquerschnitts $d\sigma/d\Omega$ der elastischen π^+-p-Streuung bei verschiedenen Energien im Bereich der $\Delta(1232)$-Resonanz kann man die resonante Streuamplitude t_1 als Funktion der Gesamtenergie E bestimmen und ihren Verlauf in Form eines Arganddiagramms darstellen. In Abb. 3.29 ist die P_{33}-Welle, wobei die Indizes $I = 3/2$ und $J = 3/2$ entsprechen, gezeigt. Die Streuamplitude t_1, die wegen $\eta_l = 1$ mit wachsender Energie entgegen dem Uhrzeigersinn auf dem Unitaritätskreis verläuft, erreicht für $\delta = 90°$ ihren Resonanzwert.

Durch aufwendige und komplizierte Partialwellenanalysen der differentiellen elastischen π^+-p-Streuung bei vielen verschiedenen Impulsen der Pionen im Laborsystem wurden allein im Intervall $0,4 < p_L \lesssim 2,7 \text{ GeV}/c$ zehn Δ-Resonanzen, d. h. Zustände mit Isospin $I = 3/2$ sicher identifiziert. Aus dem Verlauf des totalen π^+-p-Wirkungsquerschnitts in Abb. 3.28 kann man dagegen nur auf etwa drei Resonanzen in diesem Energiebereich schließen.

Als ein Beispiel ist in Abb. 3.30 das Arganddiagramm der F_{37}-Welle, d. h. $l = 3$, $I = 3/2$ und $J = 7/2$ gezeigt. Der Realteil der Streuamplitude schneidet bei $\delta_l = 90°$ die Energieachse. Daraus erhält man für die Masse der Resonanz $M_\Delta = 1950 \text{ MeV}/c^2$. Der Imaginärteil der Streuamplitude erreicht bei dieser Masse einen Maximalwert von $\approx 0,42$, d. h., nur etwa 42% der $\Delta(1950)$-Resonanz zerfallen über den elastischen Kanal $\Delta(1950) \to \pi N$ und aus der Halbwertsbreite läßt sich die Breite der Resonanz auf $\Gamma \approx 250 \text{ MeV}/c^2$ schätzen.

Δ-Resonanzen werden im Stoß zwischen π-Meson und Nukleon bei der Resonanzenergie E_0 gebildet und zerfallen durch starke Wechselwirkungen wieder in ein π-Meson und ein Nukleon. Diese Art der Resonanzbildung als Maximum im Streuquerschnitt bezeichnet man als Formationsexperiment.

Im Produktionsexperiment werden Resonanzen zusammen mit einem oder mehreren weiteren Teilchen erzeugt.

Im Jahre 1961 wurde als erste Mesonenresonanz das ϱ-Meson in den Reaktionen

$$\pi^- + p \to p + \varrho^-$$
$$\varrho^- \to \pi^- + \pi^0$$

$$\pi^- + p \to n + \varrho^0$$
$$\varrho^0 \to \pi^+ + \pi^-$$

entdeckt. Abb. 3.31 zeigt als Beispiel die Verteilung der effektiven Masse der beiden Pionen für

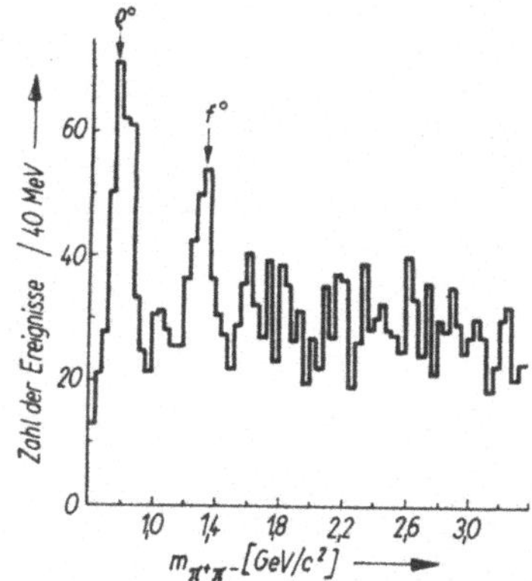

Abb. 3.31. Verteilung der effektiven Masse der beiden Pionen für die Reaktion $\pi^-p \to n\pi^+\pi^-$ bei einer Primärenergie der negativen π-Mesonen von 16 GeV. Zwei Resonanzen, das ϱ^0-Meson und das f-Meson, sind deutlich zu erkennen

die zweite der beiden Reaktionen. Ein Resonanzmaximum bei $m_\varrho = 776$ MeV/c^2 mit einer Breite $\Gamma = 155$ MeV/c^2 ist deutlich zu erkennen. Auch das ϱ-Meson erweist sich als ein über die starke Wechselwirkung zerfallendes Teilchen. Da es in drei Ladungszuständen (ϱ^+, ϱ^0, ϱ^-) auftritt, läßt sich dem ϱ-Meson der Isospin $I = 1$ zuordnen. Spin und Parität wurden aus der Zerfallswinkelverteilung der ϱ-Mesonen zu $J^\pi = 1^-$ bestimmt.

3.4.3. Die SU(3)-Symmetrie

Bis zum Beginn der sechziger Jahre entdeckten die experimentellen Hochenergiephysiker etwa 20 Baryonen- und Mesonenresonanzen. Nimmt man die bereits in den Abschn. 3.1. und 3.2. erwähnten stabilen und schwach zerfallenden Hadronen hinzu, so enthält eine Liste der Elementarteilchen dieser Jahre etwa 30 durch ihre Quantenzahlen (J, π, I, B, S) bzw. ihre Massen voneinander zu unterscheidende Teilchen. Durch die SU(2)-Gruppe werden Hadronen mit gleichem Spin J, gleicher Parität π, gleicher Hyperladung Y (oder Strangeness S) und gleicher

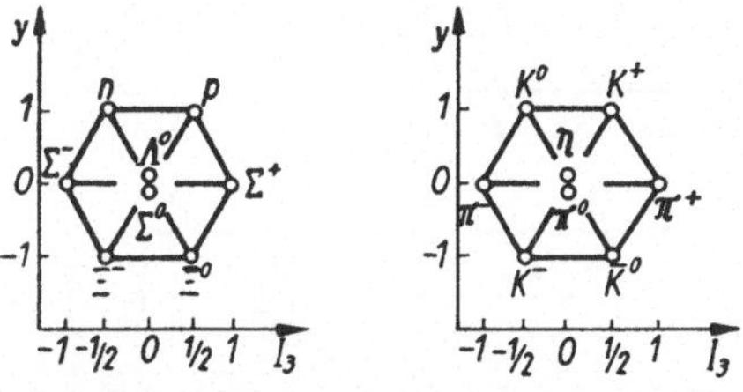

Abb. 3.32. Das Oktett der Baryonen mit $J^\pi = 1/2^+$ und das Oktett der pseudoskalaren Mesonen mit $J^\pi = 0^-$. Die zu den verschiedenen Werten von Y und I_3 gehörenden Teilchen sind durch ihre Symbole bezeichnet

Baryonenzahl B, aber unterschiedlicher Ladung Q in Isospin-Multipletts zusammengefaßt. Bei der Untersuchung der Invarianzeigenschaften des Isospins I im Abschn. 3.2.5. erwiesen sich die 2×2 Spinmatrizen $\sigma_j = 2I_j$ als die erzeugenden Operatoren in Matrixdarstellung einer unitären, unimodularen Transformation, der SU(2)-Gruppe (3.45).

Beim Versuch der Systematisierung der Hadronen fand GELL-MANN Anfang der sechziger Jahre, daß sich Teilchen gleichen Spins und gleicher Parität in Multipletts zusammenfassen lassen, welche Isospin-Multipletts verschiedener Hyperladung als Untergruppen enthalten. Wir haben also zwei die einzelnen Zustände eines Multipletts unterscheidende additive Quantenzahlen, die dritte Komponente des Isospins I_3 und die Hyperladung Y.

Als Beispiele sind in Abb. 3.32 das Oktett der Baryonen mit $J^\pi = 1/2^+$ und das Oktett der Pseudoskalaren Mesonen ($J^\pi = 0^-$) gezeigt. Eine Besonderheit der Oktetts ist die doppelte Besetzung der $I_3 = Y = 0$ Zustände.

Den Multipletts läßt sich eine der SU(2) analoge höherdimensionale Transformationsgruppe, die SU(3)-Gruppe, zuordnen. Sie ist definiert als die Gruppe der unitären, unimodularen Transformationen in einem fiktiven, dreidimensionalen, komplexen Vektorraum, die sich durch 3×3 Matrizen darstellen lassen.

$$\left.\begin{array}{l} \overline{U}(\theta_\alpha) = \exp\left[\dfrac{i}{2}\sum_{\alpha=1}^{8}\theta_\alpha\lambda_\alpha\right] \\ \text{mit} \\ \det U = \exp\left[\dfrac{i}{2}\theta_\alpha \operatorname{Sp}\lambda_\alpha\right] = 1 \end{array}\right\} \tag{3.80}$$

Die θ_α sind reelle Parameter. In Analogie zur Verknüpfung der Isospinoperatoren $\overline{I}_j$ mit den Paulischen Spinmatrizen σ_j lassen sich die die Transformation $\overline{U}(\theta_\alpha)$ erzeugenden acht Operatoren λ_α mit den unitären oder F-Spinoperatoren der SU(3) verknüpfen:

$$\overline{F}_\alpha = \frac{1}{2}\lambda_\alpha \quad (\alpha = 1 \dots 8), \tag{3.81}$$

wobei λ_i die verallgemeinerten Paulischen Spinmatrizen sind

$$\left.\begin{array}{l} \lambda_1 = \begin{pmatrix} 0 & 1 & 0 \\ 1 & 0 & 0 \\ 0 & 0 & 0 \end{pmatrix}; \quad \lambda_2 = \begin{pmatrix} 0 & -i & 0 \\ i & 0 & 0 \\ 0 & 0 & 0 \end{pmatrix} \\[2em] \lambda_3 = \begin{pmatrix} 1 & 0 & 0 \\ 0 & -1 & 0 \\ 0 & 0 & 0 \end{pmatrix}; \dots \lambda_8 = \frac{1}{\sqrt{3}}\begin{pmatrix} 1 & 0 & 0 \\ 0 & 1 & 0 \\ 0 & 0 & -2 \end{pmatrix} \end{array}\right\} \tag{3.82}$$

Alle diese spurlosen 3×3 Matrizen sind hermitesch.

Die irreduzible Darstellung niedrigsten Grades einer Gruppe, aus der alle weiteren Darstellungen konstruiert werden können, nennt man die Fundamentaldarstellung dieser Gruppe. Im Falle des Spins bzw. Isospins ist die Fundamentaldarstellung durch das Dublett mit J bzw. $I = 1/2$ gegeben. Ihre Multiplizität ist bekanntlich $(2J + 1) = 2$ bzw. $(2I + 1) = 2$. Aus dieser kleinsten nichttrivialen Darstellung wollen wir als Beispiel die Darstellungen für ein System aus zwei Teilchen mit jeweils einem Spin $J = 1/2$ (in Einheiten von $\hbar$) konstruieren. Die dritte Komponente des Spins hat zwei Einstellmöglichkeiten:

$J_3 = +1/2$ symbolisch dargestellt: ↑

$J_3 = -1/2$ symbolisch dargestellt: ↓

Daraus lassen sich für das 2-Teilchen-System folgende Spinzustandsfunktionen bilden:

$$\left.\begin{aligned} &|\uparrow\uparrow\rangle & \text{d. h. } J_3 &= +1 \\ &\left|\frac{1}{\sqrt{2}}(\uparrow\downarrow + \downarrow\uparrow)\right\rangle & \text{d. h. } J_3 &= 0 \\ &|\downarrow\downarrow\rangle & \text{d. h. } J_3 &= -1 \end{aligned}\right\} J = 1$$

$$\left|\frac{1}{\sqrt{2}}(\uparrow\downarrow - \downarrow\uparrow)\right\rangle \quad \text{d. h. } J_3 = 0 \quad J = 0.$$

$$(3.83)$$

Aus einem System zweier Teilchen mit jeweils dem Spin 1/2 erhält man also ein Triplett und ein Singulett, unter Benutzung gruppentheoretischer Additions- und Multiplikationssymbole geschrieben:

$$2 \otimes 2 = 1 \oplus 3.$$

Die Spinzustandsfunktionen des Tripletts sind gerade bei einer Vertauschung der beiden Teilchen. Der Singulettzustand ist eine ungerade Funktion.

Für die SU(3)-Gruppe existieren zwei nichtäquivalente Fundamentaldarstellungen dritten Grades. Abb. 3.33 zeigt die I_3-Y-Diagramme – oder Gewichtsdiagramme – dieser beiden kleinsten nichttrivialen Darstellungen der SU(3).

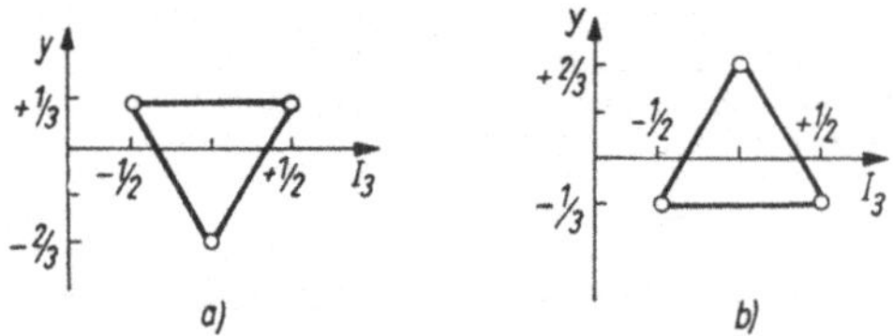

Abb. 3.33. Die beiden Fundamentaldarstellungen [3] und [3̄] der SU(3)-Gruppe

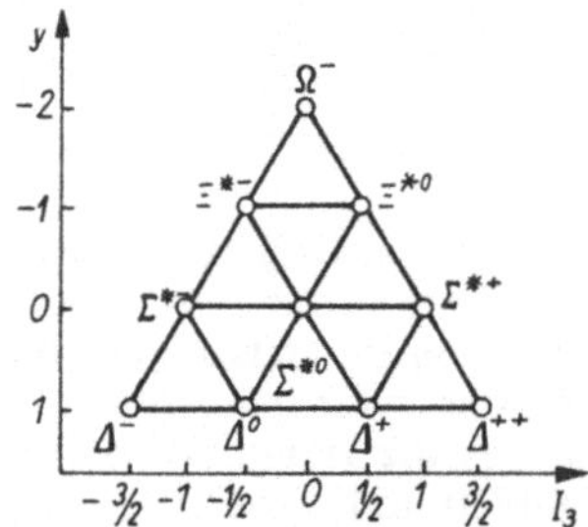

Abb. 3.34. Das Dekuplett der Baryonen mit $J^\pi = 3/2^+$. Die zu den verschiedenen Werten von Y und I_3 gehörenden Teilchen sind durch ihre Symbole bezeichnet

Mit Hilfe der beiden Fundamentaldarstellungen [3] und [3̄] lassen sich alle weiteren höherdimensionalen Darstellungen der SU(3)-Gruppe konstruieren. Für zwei Beispiele erhält man im Rahmen der Gruppentheorie in der abgekürzten Schreibweise folgende Resultate:

$$[3] \otimes [\bar{3}] = [1] \oplus [8] \tag{3.84}$$

und

$$[3] \otimes [3] \otimes [3] = [1] \oplus [8] \oplus 8 \oplus [10]. \tag{3.85}$$

Im ersten Fall ergibt sich ein Oktett und ein Singulett, im zweiten Beispiel ein Singulett, zwei Oktetts und ein Dekuplett.

Bis zum Jahre 1974 gelang die experimentelle Identifizierung einer großen Zahl weiterer Resonanzen, so daß ihre Anzahl auf etwa 100 anstieg. Alle Baryonen lassen sich Singuletts [1], Oktetts [8] oder Dekupletts [10] zuordnen. Als weiteres Beispiel ist in Abb. 3.34 das $J^\pi = 3/2^+$ Dekuplett gezeigt. Baryonen und Antibaryonen bilden separate Multipletts. Alle Mesonen lassen sich in Singuletts [1] und Oktetts [8] einordnen. In den Oktetts sind Mesonen und Antimesonen gemeinsam enthalten.

Wäre die SU(3)-Symmetrie streng gültig, so müßten alle Teilchen eines Multipletts gleiche Massen besitzen. Die experimentell beobachtete starke Massenaufspaltung zwischen den Isospin-Multipletts eines Oktetts oder Dekupletts zeigt jedoch eine starke Verletzung der SU(3)-Symmetrie.

3.4.4. Die Quarkhypothese

Wenn wir die allgemeine Gültigkeit der Gell-Mann-Nishijima-Beziehung (3.49) voraussetzen und in Analogie zur SU(2)-Gruppe den Fundamentaldarstellungen der SU(3)-Gruppe Teilchen zuordnen, dann hat die drittelzahlige Hyperladung eine erstaunliche Konsequenz. Diese Teilchen, im folgenden als Quarks q und Antiquarks q̄ bezeichnet, müssen drittelzahlige elektrische Elementarladungen und Baryonenzahlen besitzen. Die Quantenzahlen der Quarks und Antiquarks sind in Tabelle 3.5 zusammengestellt.

Tabelle 3.5

Quark	Baryonenzahl B	Ladung Q	Isospin I	I_3	Strangeness S
u	$+1/3$	$+2/3$	$1/2$	$+1/2$	0
d	$+1/3$	$-1/3$	$1/2$	$-1/2$	0
s	$+1/3$	$-1/3$	0	0	-1
ū	$-1/3$	$-2/3$	$1/2$	$-1/2$	0
d̄	$-1/3$	$+1/3$	$1/2$	$+1/2$	0
s̄	$-1/3$	$+1/3$	0	0	$+1$

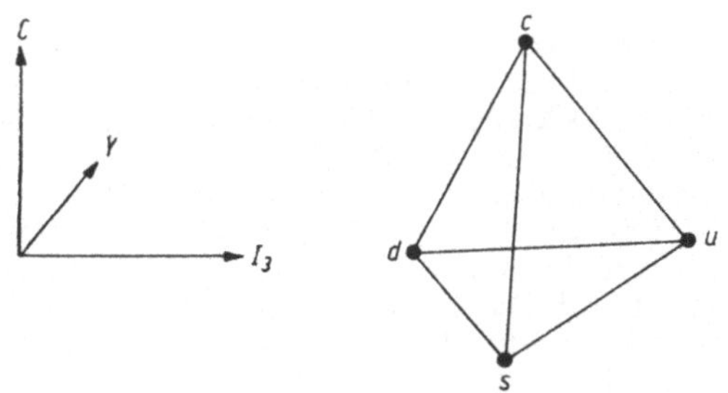

Abb. 3.35. Die Fundamentaldarstellung [4] der SU(4)-Gruppe

Der experimentelle Sachverhalt, daß nur Hadronen entdeckt wurden, die den Multipletts der Reduktionsformeln (3.84) und (3.85) entsprechen, legt nahe, die Quarks als neue Basisteilchen zu betrachten. Mitte der sechziger Jahre wurde die Quarkhypothese zur Beschreibung der Multiplett-Strukturen formuliert:

Jedes Hadron ist aus Quarks aufgebaut. Mesonen bestehen aus einem Quark und einem Antiquark – $q\bar{q}$. Baryonen bestehen aus drei Quarks – qqq.

Um die Baryonen, die stets einen halbzahligen Spin haben, aus den drei Quarks zu bilden, müssen auch die Quarks einen halbzahligen Spin besitzen. Man ordnet ihnen den Spin 1/2 zu.

Alle beobachteten Multipletts entsprachen $q\bar{q}$-Kombinationen bei den Mesonen und qqq-Kombinationen bei den Baryonen.

Die in Tab. 3.5 aufgeführten drei Quarks unterscheiden sich durch die dritten Komponenten des Isospins und durch die Strangeness voneinander. Qualitativ kennzeichnet man ihre Unterscheidbarkeit durch die Eigenschaft Flavor (Duft).

Es gibt indirekte Hinweise darauf, daß die Quarks einen weiteren zusätzlichen Freiheitsgrad – Color (Farbe) – besitzen.

Betrachten wir als Beispiel den $\Delta^{++}(1232)$-Zustand. Nach dem einfachen Quarkmodell soll er aus drei u-Quarks bestehen, die sich im Grundzustand befinden. Im energetisch niedrigsten Zustand des uuu-Systems ist der relative Bahndrehimpuls $l = 0$ (S-Zustand). Dem entspricht eine relative Parität $P = (-1)^l = +1$, d. h., der räumliche Teil der Zustandsfunktion ist gerade. Spin und Isospin des $\Delta^{++}(1232)$ wurden zu $I = J = 3/2$ bestimmt. In diesem Falle ist auch die Spinzustandsfunktion $|\uparrow\uparrow\uparrow\rangle$ und analog auch die Isospinzustandsfunktion symmetrisch gegenüber der Vertauschung zweier Quarks. Da auch die drei Quarks im Δ^{++} gleichen Flavor besitzen, erweist sich die totale Zustandsfunktion, das Produkt der einzelnen Anteile der Zustandsfunktion, als gerade

$$|\Delta^{++}\rangle = |u\uparrow\, u\uparrow\, u\uparrow\rangle = \text{gerade}. \tag{3.86}$$

Zur Rettung des Pauli-Prinzips wurde nun angenommen, daß eine bisher übersehene Entartung, d. h. eine verborgene Quantenzahl vorliegt. Zur Beschreibung dieser Entartung wurde die Quantenzahl Color (Farbe) eingeführt. Die Color-Hypothese läßt sich wie folgt formulieren:

Jedes Quark kommt in drei verschiedenen Farben vor. Antiquarks tragen komplementäre Farben. Alle Hadronen sind weiß, d. h. Farbsinguletts. Daraus folgt, daß alle beobachteten Baryonen aus drei „sich zu weiß mischenden" verschiedenfarbigen Quarks und alle Mesonen aus einem farbigen Quark und seinem farbkomplementären Antiquark bestehen.

Unmittelbar nach der Formulierung der Quarkhypothese postulierten BJORKEN und GLASHOW die Existenz eines vierten Quarks. Wir haben in den vorhergehenden Abschnitten vier schwach wechselwirkende Elementarteilchen kennengelernt, die Leptonenpaare (ν_e, e^-) und (ν_μ, μ^-). Faßt man sie als fundamentale punktartige Objekte der Mikrowelt auf, so sollte man im Hinblick auf den Aufbau einer einheitlichen Quantenfeldtheorie auch vier punktartige hadronische Objekte der Mikrowelt, die Quarks, erwarten.

Zu den u-, d- und s-Quarks tritt als viertes Quark das Charm-Quark c hinzu. Mit ihm ist eine weitere additive Flavor-Quantenzahl $C = 1$ verbunden. Ferner trägt es die Quantenzahlen $I = S = 0$, $B = 1/3$ und $Q = 2/3$.

Je nachdem, auf welche Art und Weise man die Gell-Mann-Nishijima-Beziehung (3.49) verallgemeinert, erhält man unterschiedliche Hyperladungen für das Charm-Quark. Zwei gebräuchliche Festlegungen sind:

$$Q = I_3 + \frac{Y}{2} + C,$$

$$Q = I_3 + \frac{Y}{2} + \frac{2}{3}\,C.$$

Im ersten Fall erhält man für das Charm-Quark $Y = -2/3$ und im zweiten Fall $Y = 0$.

3.4.5. Die SU(4)-Symmetrie und die neuen Teilchen

Das d-Quark unterscheidet sich vom u-Quark durch die additive Quantenzahl I_3. Das s-Quark unterscheidet sich vom d-Quark um eine zweite additive Quantenzahl S (oder Y) und das c-Quark unterscheidet sich vom s-Quark durch eine dritte additive Quantenzahl C. Allgemein läßt sich ein Modell mit n Objekten, die sich durch $(n - 1)$ additive Flavor-Quantenzahlen unterscheiden, durch die Gruppe SU(n) beschreiben. Eine n-te additive Quantenzahl (die Baryonenzahl) ist allen Objekten gemeinsam.

Gehen wir von der Existenz von vier Quarks aus, so ist die zugehörige Transformationsgruppe die SU(4)-Gruppe. Das einfachste SU(4)-Multiplett, d. h. seine fundamentale Darstellung [4] kann durch ein Tetraeder beschrieben werden. In Abb. 3.35 ist das zugehörige Gewichtsdiagramm skizziert. Achsen in der horizontalen Ebene sind I_3 und Y, während C die vertikale Achse darstellt. Die vier Flächen des Tetraeders bilden vier SU(3)-Untergruppen. In analoger Weise läßt sich das Gewichtsdiagramm [4̄] der Antiquarks bilden.

Auch für die SU(4)-Gruppe als Gruppe der unitären, unimodularen Transformation läßt sich eine Darstellung analog zu Gl. (3.80) angeben.

Aus einem System von vier Quarks lassen sich folgende Mesonen- und Baryonen-Multipletts bilden:

$$[4] \otimes [\bar 4] = [1] \oplus [15]$$
$$[4] \otimes [4] \otimes [4] = [4] \oplus [20] \oplus [20] \oplus [20].$$

$$(3.87)$$

Vergleicht man diese Reduktionsformel mit denen der SU(3)-Symmetrie in Gl. (3.84) und (3.85), so sieht man, daß aus dem Mesonen-Oktett ein 15-Plett und aus den Baryonen-Oktetts und dem Baryonen-Dekuplett 20-Pletts werden. Als Beispiele sind in Abb. 3.36 das $J^\pi = 3/2^+$ Baryonen-20-Plett und das $J^\pi = 0^-$ Mesonen-15-Plett gezeigt. Für die einzelnen Teilchen ist ihr Quarkinhalt und in einigen Fällen ihr Symbol angegeben. Ersichtlich ist, daß beim Übergang von der SU(3)- auf die SU(4)-Gruppe eine große Zahl neuer Teilchen zu erwarten ist.

Im November 1974 berichteten zwei experimentelle Gruppen unabhängig voneinander über die Entdeckung eines neuen Teilchens, das heute als J/φ-Meson bezeichnet wird.

Am 28-GeV-Protonen-Synchrotron in Brookhaven beobachteten S. TING und Mitarbeiter in einem Produktionsexperiment eine sehr enge Resonanz im Elektron-Positron-Massenspektrum beim Studium der Reaktion p + Be $\to$ e$^+$ + e$^-$ + andere Teilchen[1]).

B. RICHTER und Mitarbeiter benutzten in ihrem Experiment den Elektron-Positron-Speicherring in Stanford[2]). Sie untersuchten die Formation dieser neuen Resonanz. Die Wirkungsquerschnitte der Reaktionen

$$e^+ + e^- \to \text{Hadronen},$$
$$\to \mu^+ + \mu^-,$$
$$\to e^+ + e^-,$$

zeigen übereinstimmend ein scharfes Maximum (s. Abb. 3.37).

Die Masse m_0 und die totale Zerfallsbreite Γ des J/φ-Mesons wurden zu $m_{J/\psi} = 3097$ MeV/c^2 und $\Gamma = 0{,}067$ MeV bestimmt. Vergleichen wir diesen Γ-Wert mit den Werten aller anderen stark zerfallenden Mesonen, so zeigt sich, daß das J/φ-Meson etwa 1000mal langlebiger ist.

Kurze Zeit nach dem Nachweis des J/φ-Mesons entdeckten RICHTER und Mitarbeiter ein zweites Teilchen, das φ'-Meson, dessen Masse zu $m_{\psi'} = 3686$ MeV und dessen totale Zerfallsbreite zu $\Gamma = 0{,}228$ MeV gemessen wurde. Für beide Teilchen ergaben die Experimente die Quantenzahlen $I = 0$, $S = 0$ und $J^P = 1^-$.

Zur Erklärung dieser Vektormesonen nimmt man die Existenz einer neuen Quantenzahl C – Charm – an, die das c-Quark charakterisiert. Diese neue additive Quantenzahl bleibt in starken und elektromagnetischen Wechselwirkungen erhalten.

Das J/ψ-Meson wird als ein gebundener (c$\bar{\text{c}}$)-Zustand und das φ'-Meson als eine Radialanregung dieses Zustandes gedeutet. In beiden als Char-

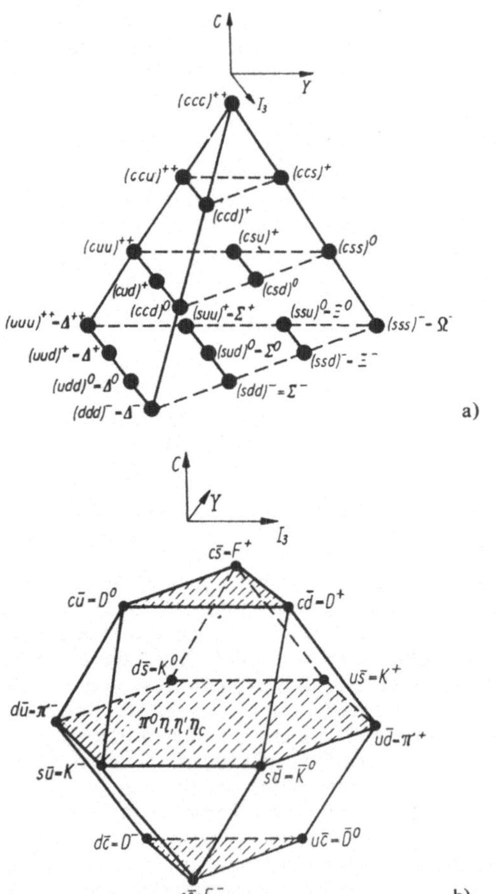

Abb. 3.36. a) Das 20-Plett der Baryonen mit $J^\pi = 3/2^+$ und b) das 15-Plett der Mesonen mit $J^\pi = 0^-$. Für alle Zustände ist ihr Quarkinhalt und in einigen Fällen ihr Symbol angegeben

[1]) AUBERT, J. J. et al.: Experimental observation of a heavy particle J. Phys. Rev. Letters 33 (1974) S. 1404 bis 1406.
[2]) AUGUSTIN, J.-E. et al.: Discovery of a narrow resonance in e$^+$e$^-$-annihilation. Phys. Rev. Letters 33 (1974) S. 1406–1408.

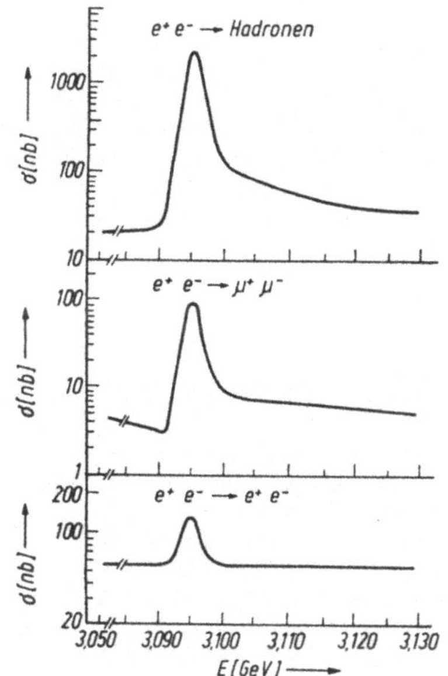

Abb. 3.37. Verlauf der Wirkungsquerschnitte dreier e⁺e⁻-Reaktionen als Funktion der Gesamtenergie im Schwerpunktsystem

monium bezeichneten (c$\bar{c}$)-Zuständen sind die Spins der Quarks parallel ausgerichtet und der Bahndrehimpuls des (c$\bar{c}$)-Systems beträgt $L = 0$. In Analogie zur Atomphysik bezeichnet man diese S-Zustände als Orthocharmonium.

3.4.6. Hadronenspektroskopie

Bisher haben wir uns darauf beschränkt, die SU(3)- bzw. die SU(4)-Gruppe als innere Symmetriegruppen zu betrachten. Die Quarks besitzen jedoch neben den inneren Quantenzahlen wie Isospin, Hyperladung und Charm auch raumzeitliche Freiheitsgrade wie beispislweise den Spin.

Macht man die Annahme, daß die q-q-Wechselwirkung nicht von der Spin-Konfiguration der beiden Quarks abhängt, so läßt sich die Symmetriegruppe SU($2n$) einführen. Sie enthält als Untergruppen die innere Symmetriegruppe SU(n) und die Spingruppe SU(2).

Selbst wenn die SU(n) eine exakte Symmetrie wäre, so gilt das nicht für die SU($2n$)-Gruppe. Im allgemeinen gilt die Drehimpulserhaltung nur für den Gesamtdrehimpuls eines Systems und nicht separat für den Spin und den Bahndrehimpuls der Teilchen des Systems. Die Anwendung der Gruppe SU(6) bzw. SU(8) ist daher nur in einer nichtrelativistischen Näherung vertretbar, in der man bei genügend kleinen Energien näherungsweise annehmen kann, daß Spin und Bahndrehimpuls separat erhalten bleiben. Die SU(6)-

Gruppe hat sich als nützlich bei der Klassifizierung der Mesonen und Baryonen nicht zu großer Massen erwiesen.

Betrachten wir zunächst die Mesonen. Ein Quark q und ein Antiquark $\bar{q}$, jedes mit dem Spin 1/2, lassen sich zu einem q$\bar{q}$-System, d. h. zu einem Meson mit einem Gesamtspin $S = 0$ oder $S = 1$ zusammenfügen. Besitzt das q$\bar{q}$-System einen relativen Bahndrehimpuls $L = 0, 1, 2, ...$, so ergibt sich der totale Drehimpuls des q$\bar{q}$-Systems, d. h. der Spin des Mesons zu $J = L + S$.

Mit dem Bahndrehimpuls L ist die Parität $(-1)^L$ verknüpft. Die innere Parität des q$\bar{q}$-Paares hat den Wert 1. Man erhält also für das Meson die Parität

$$\pi = (-1)^{L+1}. \tag{3.88}$$

In elektromagnetischen und starken Zerfällen der Mesonen bleibt die Parität erhalten.

Für die q$\bar{q}$-Zustände bzw. für Mesonen, die Linearkombinationen der Quarkpaare entsprechen, ist die Ladungskonjugations-Quantenzahl C durch

$$C = (-1)^{L+S} \tag{3.89}$$

gegeben. Für die $L = 0$-Zustände erhalten wir daher Mesonen mit folgenden Quantenzahlen:

$$S = 0; \quad J^{\pi C} = 0^{-+}; \quad {}^1S_0\text{-Zustände}$$
$$S = 1; \quad J^{\pi C} = 1^{--}; \quad {}^3S_1\text{-Zustände}.$$

Dabei wurden die Zustände durch die übliche quantenmechanische Beziehung ${}^{2S+1}L_J$ charakterisiert. $L = 0, 1, 2, 3, ...$ entsprechen $S, P, D, F ...$ Zuständen.

Betrachten wir als Beispiel das π-Meson. Seine Quantenzahlen wurden experimentell zu $J^{\pi C} = 0^{-+}$ bestimmt. Aus Formel (3.88) folgt, daß L gerade sein muß. Aus Formel (3.89) folgt damit, daß auch S gerade ist. Der Spin S kann aber nur die Werte 0 und 1 besitzen. Also muß für das π-Meson $S = 0$ sein. Da $J = 0$ ist, kann auch der Bahndrehimpuls nur den Wert $L = 0$ besitzen. Das π-Meson erweist sich als ein ${}^1S_0$-Zustand.

Für $L = 1, 2 ...$ haben wir folgende Oktetts zu erwarten:

$$L = 1: \quad {}^3P_0; \quad {}^3P_1; \quad {}^3P_2 \quad \text{und} \quad {}^1P_1$$
$$L = 2: \quad {}^3D_0; \quad {}^3D_1; \quad {}^3D_2 \quad \text{und} \quad {}^1D_1 \quad \text{usw.}$$

Hinzu kommen jeweils die entsprechenden $I = 0$ Singuletts.

Der Vergleich der experimentellen Daten der Mesonenzustände mit den Voraussagen der SU(6)-Symmetrie unterstreicht ihre Nützlichkeit bei der Klassifizierung der Hadronen.

Im Rahmen der SU(4) gehen wir von vier Quarks mit unterschiedlichem Flavor (u, d, s, c) aus. Das führt zu 16 Möglichkeiten der q$\bar{q}$-Bildung für jeden Wert von L und S bzw. J. Aus den u- und d-Quarks lassen sich ein Isospin-Triplett und ein Isospin-Singulett bilden [s. Gl. (3.83)][1].

$$
\left.
\begin{array}{ll}
u\bar{d}; & I_3 = +1 \\[4pt]
\dfrac{1}{\sqrt{2}}(u\bar{u} - d\bar{d}); & I_3 = 0 \\[4pt]
d\bar{u}; & I_3 = -1
\end{array}
\right\} I = 1 \\[12pt]
\dfrac{1}{\sqrt{2}}(u\bar{u} + d\bar{d}); \quad I = I_3 = 0.
\tag{3.90}
$$

Durch Einführung des s-Quarks kommen zwei Isospin-Dubletts und ein Isospin-Singulett hinzu

$$
\left.
\begin{array}{ll}
u\bar{s}, \; d\bar{s}; & Y = 1 \\[4pt]
s\bar{u}, \; s\bar{d}; & Y = -1
\end{array}
\right\} I = 1/2.
\tag{3.91}
$$

$$
s\bar{s}; \qquad I = Y = 0
$$

Führen wir als viertes Quark das c-Quark ein, so lassen sich weitere 7 Isospinzustände konstruieren. Alle 16 Zustände und die entsprechenden SU(3)- und SU(2)-Untergruppen, in die sich die SU(4) zerlegen läßt, sind in Tab. 3.6 zusammengefaßt.|

Tabelle 3.6

Flavor-Inhalt der Mesonen			Darstellungen	
			SU(2) Isospin I	SU(3)
$u\bar{d}$	$\dfrac{1}{\sqrt{2}}(u\bar{u} - d\bar{d})$	$d\bar{u}$	1	[1]
$u\bar{s}$	$d\bar{s}$		1/2	
	$s\bar{d}$	$s\bar{u}$	1/2	
	$\dfrac{1}{\sqrt{2}}(u\bar{u} + d\bar{d})$		0	
$c\bar{d}$	$c\bar{u}$		1/2	[2]
$c\bar{s}$			0	
	$u\bar{c}$	$d\bar{c}$	1/2	[2]
	$s\bar{c}$		0	
	$s\bar{s}$		0	[3]
	$c\bar{c}$		0	[3]

[1] BAILY, J. et al.: Final report on the CERN muon storage ring including the anomalous magnetic moment and the electric dipole moment of the muon, and a direct test of relativistic dilation. Nuclear Physics **B 150** (1979) S. 1–75.
[2] LANDAU, L. D.; LIFSCHITZ, E. M.: Lehrbuch der Theoretischen Physik, Band I. Berlin: Akademie-Verlag 1962.
[3] BALANDIN, M. P.; GREDENÛK, V. M.; ZINOV, V. G.; KONIN, A. D.; PONOMAREV, A. N.: Izmerenie vremen: žizni položitelnogo mûona ŽÉTF **67** (1974) S. 1630–1637.

[1] In Gl. (3.90) sind verglichen mit (3.83) die Vorzeichen in den $I_3 = 0$-Zuständen vertauscht, da beim Isospin Teilchen und Antiteilchen miteinander kombiniert werden.

Zu den SU(3)-Multipletts gehören zwei $I = 0$ Mesonenzustände. Der in Tab. 3.6 angegebene Flavor-Inhalt dieser beiden Zustände beruht auf der Annahme, daß u- und d-Quark gleiche Massen besitzen und daß die Masse des s-Quarks größer ist als die des u- bzw. d-Quarks. Die Isospin-Eigenfunktionen der beiden $I = 0$ Zustände sind dann

$$
\left|
\begin{array}{l}
\dfrac{1}{\sqrt{2}}(u\bar{u} + d\bar{d}) \\[6pt]
|s\bar{s}\rangle .
\end{array}
\right\rangle
\tag{3.92}
$$

Eine solche Kombination bezeichnet man als ideale Mischung. Das entspricht in guter Näherung den experimentellen Beobachtungen der beiden $I = 0$ Zustände bei den Vektormesonen (ω- und Φ-Meson).

Außer den Charmonium-Zuständen, bei denen $C = 0$ ist, erwartet man das Triplett mit $C = -1$ und das Antitriplett mit $C = +1$ (s. Tab. 3.6). Die leichtesten pseudoskalaren Mesonen mit Charm sind (s. Abb. 3.36)

$$
D^+ = c\bar{d}; \quad D^0 = c\bar{u}; \quad F^+ = c\bar{s}
$$

$$
D^- = \bar{c}d; \quad \bar{D}^0 = \bar{c}u; \quad F^- = \bar{c}s.
$$

In den Jahren 1976–78 gelang der sichere Nachweis dieser Mesonen mit Hilfe der Elektronenspeicherringe in Hamburg und Stanford. Als ergiebigste Quelle der D-Mesonen erwies sich dabei das $\varphi''(3\,770)$-Meson. Es zerfällt zu je 50 % in

$$
\psi'' \to D^0 + \bar{D}^0
$$

$$
\psi'' \to D^+ + D^-.
$$

Der schwache Zerfall der D-Mesonen, in denen C nicht erhalten bleibt, führt bevorzugt zu Zerfallskanälen mit K-Mesonen wie beispielsweise

$$
\begin{array}{ll}
D^0 \to K^-\pi^+ & D^+ \to K^0\pi^+ \\[4pt]
 \to K^0\pi^+\pi^- & \to K^-\pi^+\pi^+. \\[4pt]
 \to K^-\pi^+\pi^+\pi^-
\end{array}
$$

Die Quarkhypothese betrachtet jedes Baryon als gebundenen Zustand dreier Quarks. Durch Zuordnung des Spins 1/2 zu jedem Quark kommt ein räumlicher Freiheitsgrad hinzu. An Stelle des Quarktripletts haben wir von einem Sextett [6] auszugehen. Im Rahmen der SU(6) erwarten wir die Baryonen in [56]- und [70]-Pletts. SU(6)-Multipletts bestehen aus SU(3)-Multipletts mit dem Gesamtspin des 3q-Systems $S = 1/2$ oder $S = 3/2$. Da die Spins J der experimentell nachgewiesenen Baryonenzustände auch Werte $> 3/2$ besitzen, liegt es nahe, dem 3q-System Bahndrehimpulse $L > 0$ bzw. Radialanregungen $n > 0$ zuzuordnen. Üblicherweise werden die SU(6)-Multipletts durch $[SU(6), L^\pi]_n$ gekennzeichnet.
Die gebundenen Zustände niedrigster Energie entsprechen einer $n = L = 0$ Konfiguration des

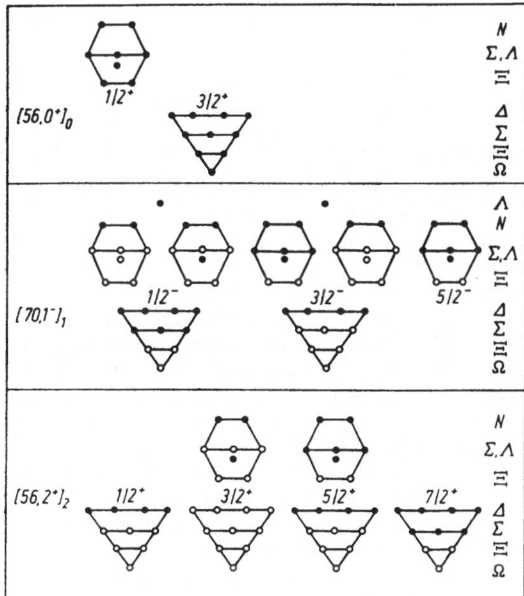

Abb. 3.38. Der SU(3)-Inhalt der drei leichtesten SU(6)-Multipletts. Sicher identifizierte Teilchen sind in den Multipletts als volle Kreise markiert

3q-Systems. Daher können im $[56,0^+]_0$-Multiplett nur ein Oktett mit $J^P = 1/2^+$ und ein Dekuplett mit $J^P = 3/2^+$ auftreten.

Einen Überblick über die experimentelle Situation vermittelt Abb. 3.38 für die bisher am besten untersuchten SU(6)-Multipletts $[56,0^+]_0$, $[70,1^-]_1$ und $[56,2^+]_2$. Sicher identifizierte Teilchen sind in den zugehörigen SU(3)-Multipletts als volle Kreise markiert. Die entsprechenden Teilchensymbole sind am Rande vermerkt. Das Überwiegen von N- und Δ-Zuständen unter den experimentell gesicherten Baryonen geht darauf zurück, daß sie nahezu ausschließlich in Formationsexperimenten identifiziert wurden. Der experimentelle Nachweis der Baryonen mit Strangeness $S \neq 0$ ist ungleich schwieriger.

Wie bereits in Abschn. 3.4.4. bei der Einführung der Color-Quantenzahl erwähnt, sind die Baryonen Farbsinguletts. Dazu muß der Farbteil der Gesamtzustandsfunktion des 3q-Systems ungerade sein. Der verbleibende Teil der Zustandsfunktion, d. h. der Raum-Spin- und Flavor-Teil, ist daher gerade. Wie am Beispiel des Δ^{++}-Baryons gezeigt, besitzen die $L = 0$-Zustände der drei Quarks einen geraden räumlichen Teil der Zustandsfunktion. Auch die Spinzustandsfunktion und damit auch die Flavor- bzw. Isospinzustandsfunktion erweisen sich als gerade für die $J = S = 3/2$ Zustände.

Im Rahmen der SU(4) gehen wir von vier Quarks mit unterschiedlichem Flavor (u, d, s, c) aus. Da-

---

Tabelle 3.7

Flavor-Inhalt der $J^P = 3/2^+$-Baryonen				Beobachteter Zustand	Darstellungen	
					SU(2) Iso-spin	SU(3)
uuu	uud	udd	ddd	$\Delta^{++, +, 0, -}$ (1232)	3/2	[1]
	uus	uds	dds	$\Sigma^{*+, 0, -}$ (1385)	1	
		uss	dss	$\Xi^{*0, -}$ (1530)	1/2	
			sss	Ω^- (1672)	0	
uuc	udc	ddc			1	[2]
	usc	dsc			1/2	
		ssc			0	
ucc	dcc				1/2	[3]
	scc				0	
ccc					0	[4]

[1] AUBERT, J. J., et al.: Experimental observation of a heavy particle J. Phys. Rev. Letters **33** (1974) S. 1404 bis 1406.
[2] LANDAU, L. D.; LIFSCHITZ, E. M.: Lehrbuch der Theoretischen Physik, Band IV a und Band IV b. Berlin: Akademie-Verlag 1975 und 1973.
[3] LANDAU, L. D.; LIFSCHITZ, E. M.: Lehrbuch der Theoretischen Physik, Band I. Berlin: Akademie-Verlag 1962.
[4] BALANDIN, M. P.; GREDENÛK, V. M.; ZINOV, V. G.; KONIN, A. D.; PONOMAREV, A. N.: Izmerenie vremeni žizni položitelnogo mûona. ŽÉTF **67** (1974) S. 1630–1637.

Tabelle 3.8

Flavor-Inhalt der $J^P = 1/2^+$-Baryonen			Beobachteter Zustand	Darstellungen	
				SU(2) Iso-spin	SU(3)
uud	udd		$N^{+, 0}$ (939)	1/2	[1]
uus	{ud} s	dds	$\Sigma^{+, 0, -}$ (1193)	1	
	[ud] s		Λ (1115)	0	
	uss	dss	$\Xi^{0, -}$ (1317)	1/2	
uuc	{ud} c	ddc		1	[2]
	{us} c	{ds} c		1/2	
		ssc			
[us] c	[ds] c			1/2	[3]
[ud] c			Λ_c (2282)	0	
ucc	dcc			1/2	[3]
	scc			0	

[1] BAILY, J., et al.: Final report on the CERN muon storage ring including the anomalous magnetic moment and the electric dipole moment of the muon, and a direct test of relativistic dilation. Nuclear Physics **B 150** (1979) S. 1–75.
[2] LANDAU, L. D.; LIFSCHITZ, E. M.: Lehrbuch der Theoretischen Physik, Band IV a und Band IV b. Berlin: Akademie-Verlag 1975 und 1973.
[3] LANDAU, L. D.; LIFSCHITZ, E. M.: Lehrbuch der Theoretischen Physik, Band I. Berlin: Akademie-Verlag 1962.

---

mit lassen sich 20 symmetrische Flavorzustands-funktionen des 3q-Systems bilden. Diese sind für das $L = 0$ und $J^\pi = 3/2^+$ Multiplett in Tab. 3.7 zusammengestellt. Soweit sicher nachgewiesen, sind auch die Symbole der zugehörigen Baryonen aufgeführt (siehe auch Abb. 3.36).
Ist $S = 1/2$ für das 3q-System, so enthält der Spin-teil der Zustandsfunktion gerade und ungerade Zustände. Also müssen auch die Flavorzustands-funktionen entsprechende ungerade und gerade Zustände enthalten, damit die Zustandsfunktion (ohne den Farbteil) symmetrisch wird. Die Flavor-zustandsfunktionen des $L = 0$ und $J^\pi = 1/2^+$ Multipletts sind in Tab. 3.8 zusammengestellt.

Dabei bedeutet $\{q_1 q_2\} = \dfrac{1}{\sqrt{2}} (q_1 q_2 + q_2 q_1) =$ gerade und $[q_1 q_2] = \dfrac{1}{\sqrt{2}} (q_1 q_2 - q_2 q_1) =$ unge-rade bezüglich Flavor.

Betrachten wir als Beispiel die Konstruktion der Zu-standsfunktion für Spin und Flavor des Protons mit $S_3 = J_3 = +1/2$. Dazu werden ein u- und ein d-Quark zu einem Paar mit $S = S_3 = 0$ zusammengefaßt. Wie aus (3.83) ersichtlich, entspricht dem aber die anti-symmetrische Spinzustandsfunktion

$$\left| \frac{1}{\sqrt{2}} (\uparrow\downarrow - \downarrow\uparrow) \right\rangle .$$

Also muß auch die Flavorzustandsfunktion des Quark-paares ungerade sein,

$$\left| \frac{1}{\sqrt{2}} (ud - du) \right\rangle ,$$

damit wir bezüglich des ud-Paares eine gerade Zustands-funktion erhalten:

$$\frac{1}{\sqrt{2}} \frac{1}{\sqrt{2}} |ud - du\rangle |\uparrow\downarrow - \downarrow\uparrow\rangle$$

$$= \frac{1}{2} |u\uparrow d\downarrow - d\uparrow u\downarrow - u\downarrow d\uparrow + d\downarrow u\uparrow\rangle .$$

Addiert man jetzt das dritte Quark u mit seinem Spin $\uparrow$ und führt wieder eine vollständige Symmetrisierung durch, so erhält man als normalisierte Zustandsfunktion des Protons:

$$| p\rangle = \frac{1}{\sqrt{6}} |2u\uparrow u\uparrow d\downarrow - u\uparrow u\downarrow d\uparrow - u\downarrow u\uparrow d\uparrow\rangle .$$

$$(3.93)$$

Ein sicherer experimenteller Nachweis von Ba-ryonen, die c-Quarks enthalten, ist bisher nur in einem Fall gelungen. Es gibt einige Experimente, in denen weitere Hinweise auf solche Zustände enthalten sind. Daher läßt sich gegenwärtig auch noch nichts über den Wert der Gruppe SU(8) zur Klassifizierung der Baryonen sagen.

3.4.7. Magnetische Momente

Wären Proton und Neutron punktförmige Dirac-Teilchen, so sollte man, wie in Abschn. 3.3.2. ge-zeigt, für ihre magnetischen Momente folgende

Werte erwarten:

$$\mu_p = \frac{e\hbar}{2m_p} = 1\mu_K \quad \text{(Kernmagneton)},$$

$$\mu_n = 0\mu_K .$$

$$(3.94)$$

Experimentell wurde aber das magnetische Eigen-moment des Protons zu $\mu_p = +2,79\mu_K$ be-stimmt, wobei das Moment parallel zum Spin gerichtet ist. Für das magnetische Moment des Neutrons ergeben die Messungen $\mu_n = -1,91\mu_K$, d. h., Spin und Moment sind antiparallel.
Die starke Abweichung zwischen den von der Dirac-Theorie vorausgesagten Werten und den Meßwerten demonstriert augenfällig, daß im Gegensatz zu den Leptonen die Nukleonen eine innere Struktur besitzen.
Nehmen wir an, daß die Quarks punktartige Dirac-Teilchen sind, so müssen sie ein magneti-sches Eigenmoment besitzen, und es gilt in Ana-logie zu Gl. (3.56) die Beziehung

$$\mu_q = Q_q \mu_q \cdot \sigma$$

mit

$$\mu_q = \frac{e\hbar}{2m_q} .$$

$$(3.95)$$

Dabei sind Q_q die Ladungszahl und m_q die Masse der in den Hadronen gebundenen Quarks, über die wir zunächst nichts aussagen können. Der Einfachheit halber wird angenommen, daß $m_u = m_d$ ist.
Ferner wird die Annahme gemacht, daß sich die Quarks im Baryon nichtrelativistisch bewegen und daher das magnetische Moment eines Ba-ryons als Vektorsumme der magnetischen Mo-mente der Quarks bestimmt werden kann:

$$\mu_B = \sum_{i=1}^{3} \mu_i(q_i).$$

$$(3.96)$$

Das magnetische Moment des Baryons ist definiert durch den Erwartungswert von μ_3 bezüglich der Zustandsfunktion des Baryons $\psi_3(B)$ mit Spin-orientierung in Richtung der positiven z-Achse:

$$\mu_B = \langle \psi_3(B) |\mu_3| \psi_3(B)\rangle$$

$$= \left\langle \psi_3(B) \left| \sum_{i=1}^{3} Q_i \frac{e\hbar}{2m_{q_i}} \sigma_3(q_i) \right| \psi_3(B) \right\rangle . \quad (3.97)$$

Betrachten wir als Beispiel das Proton. Seine Zu-standsfunktion ist in Gl. (3.93) gegeben. Ferner wird

$$\sum_{i=1}^{3} \mu_{q_i} Q_i \sigma_3(q_i)$$

$$= \mu_q [2/3\sigma_3(u) + 2/3\sigma_3(u) - 1/3\sigma_3(d)].$$

Berechnet man damit den Erwartungswert nach Gl. (3.97), so erhält man für das Proton

$$\mu_p = \mu_q = \frac{e\hbar}{2m_u} .$$

Eine analoge Berechnung des magnetischen Moments des Neutrons ergibt

$$\mu_{\bar{n}} = -2/3\mu_q = -\frac{2}{3}\frac{e\hbar}{2m_u}.$$

Daraus folgt unmittelbar $\frac{\mu_p}{\mu_n} = -\frac{3}{2} = -1{,}50.$
Verglichen mit dem experimentellen Verhältnis $\frac{\mu_p}{\mu_n} = \frac{+2{,}79}{-1{,}91} = -1{,}46$ ergibt sich eine erstaunlich gute Übereinstimmung.

Fixiert man $\mu_p = 2{,}79\mu_K$ und berechnet nach Gl. (3.97) die magnetischen Momente der Hyperonen unter der Annahme einer strengen SU(3)-Symmetrie, d. h. $m_u = m_d = m_s$, bzw. unter der Annahme $m_u = m_d$ und $m_u/m_s = 0{,}7$, so erhält man die in Tab. 3.9 zusammengefaßten Resultate. Zum Vergleich sind in der letzten Spalte die experimentellen Werte gegeben. Bei dieser einfachen Modellvorstellung ist die Übereinstimmung zwischen Experiment und Modell gut.

Tabelle 3.9

Magnetisches Moment	Quarkmodell		Experiment in Einheiten von μ_K
	$\frac{m_u}{m_s} = 1$	$\frac{m_u}{m_s} = 0{,}7$	
μ_p	2,79	2,79	2,7928456 ± 0,0000011
μ_n	−1,86	−1,86	−1,91304308 ± 0,00000054
μ_{Σ^+}	2,79	2,70	2,379 ± 0,020
μ_{Σ^-}	−0,93	−1,02	−1,14 ± 0,05
μ_Λ	−0,93	−0,65	−0,613 ± 0,004
μ_{Ξ^0}	−1,86	−1,49	−1,250 ± 0,014

Machen wir die naive Annahme, daß die Quarkmassendifferenz $m_s - m_u$ gleich der Massendifferenz der Baryonen $m_\Lambda - m_p$ ist

$$m_s - m_u = m_\Lambda - m_p = 177\ \text{MeV}/c^2,$$

so erhält man für den Erwartungswert $\mu_\Lambda = -0{,}61\mu_K$, d. h. eine beeindruckende Übereinstimmung mit dem sehr genau gemessenen Wert von $\mu_\Lambda = (-0{,}613 \pm 0{,}004)\,\mu_K$ innerhalb der kleinen experimentellen Fehlergrenzen.

Benutzt man die experimentellen Werte der magnetischen Momente des Protons, des Neutrons und des Λ-Hyperons zur Berechnung der Quarkmassen, so erhält man die Werte

$$m_u = m_d \approx 330\ \text{MeV}/c^2,$$
$$m_s \approx 505\ \text{MeV}/c^2. \tag{3.98}$$

Die beträchtlichen Massenunterschiede der Teilchen eines SU(3)- bzw. SU(4)-Multipletts zeigen, daß keine dieser Symmetrien exakt gültig ist. Die einfachste Annahme, die wir machen können, besteht in der Zurückführung der Massenaufspaltung in den Multipletts allein auf die Massen-

differenz der in den Hadronen gebundenen Quarks

$$m_u = m_d \neq m_s \neq m_c; \quad m_q = m_{\bar{q}}.$$

Vernachlässigt man die Bindungsenergien, so ist etwa folgende elementare Mittelwertsbildung unter Verwendung der in Tab. 3.1 gegebenen Mesonenmassen naheliegend:

$$m_u = \tfrac{1}{4}\,[m_\varrho + m_\omega] = 390\ \text{MeV}/c,$$
$$m_s = \tfrac{1}{2}\,m_\Phi = 510\ \text{MeV}, \tag{3.99}$$
$$m_c = \tfrac{1}{2}\,m_{J/\psi} = 1550\ \text{MeV}.$$

Die Massen der in den Hadronen gebundenen Quarks, die wir aus den magnetischen Momenten der Baryonen berechneten, unterscheiden sich nur unwesentlich von den Massenwerten, die aus der einfachen Annahme der SU(4)-Symmetriebrechung durch die Quarkmassendifferenzen folgen.

Die experimentellen Daten der Hadronenspektroskopie weisen jedoch darauf hin, daß die Massendifferenz der Quarks zwar die bestimmende, aber nicht die einzige Ursache der SU(4)-Brechung ist.

3.4.8. Die tiefinelastische Lepton-Hadron-Streuung

Ende der sechziger Jahre begann am Elektronenbeschleuniger in Stanford eine Serie von Experimenten zum Studium der tiefinelastischen Streuung von Elektronen an Nukleonen. Dabei handelt es sich um hochenergetische Stoßprozesse $e + N \to e + \text{Hadronen}$, in denen das Elektron nach dem Stoß unter einem großen Streuwinkel ausläuft und die im Endzustand auftretenden Hadronen im einzelnen nicht vermessen werden (inklusive Reaktionen).

Ein Ziel des Studiums der bei hohen Energien ablaufenden Lepton (e, μ, ν)-Hadron-Streuung besteht in der Aufklärung der Struktur der Hadronen. Leptonen wechselwirken nur schwach oder elektromagnetisch mit den Nukleonen. Sie können daher ungehindert durch starke Wechselwirkung tief in das Innere der Hadronen eindringen und Informationen über deren Struktur liefern. Diese besondere Eignung der Leptonen als Sonde ist vor allem dadurch bedingt, daß sie selbst sich in den uns bisher zugänglichen Raum-Zeit-Bereichen als unstrukturierte punktartige Objekte erwiesen (s. Abschn. 3.3.3.). Das gilt für die Hadronen keineswegs, denn gerade aus Experimenten zur tiefinelastischen Wechselwirkung konnte der Schluß gezogen werden, daß Hadronen eine Struktur haben.

Die inelastische Streuung der geladenen Leptonen verläuft über die elektromagnetische und schwache Wechselwirkung und die der Neutrinos über die schwache Wechselwirkung allein. Da die meisten Untersuchungen der letzten Jahre an ν- bzw. $\bar{\nu}$-Reaktionen erfolgten, wird im folgenden die tiefinelastische $\nu, \bar{\nu}$-Streuung an Hadronen betrachtet.

Wir wollen die durch hochenergetische Neutrinos bzw. Antineutrinos verursachten inklusiven Reaktionen

$$\nu_\mu + N \to \mu^- + X$$
$$\bar{\nu}_\mu + N \to \mu^+ + X \qquad (3.100)$$

untersuchen, die durch die Kopplung zweier geladener schwacher Ströme zu beschreiben sind. Polarisationseffekte werden vernachlässigt.

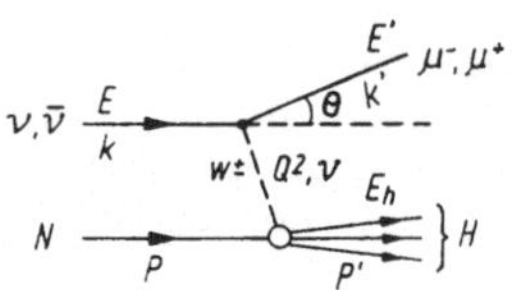

Das einfallende Lepton mit dem Viererimpuls k und der Energie E im Laborsystem wechselwirkt mit einem Nukleon N der Masse M und dem Viererimpuls p. Im Endzustand tritt ein Lepton mit dem Viererimpuls k' und der Energie E' unter einem Streuwinkel θ im Laborsystem und ein Hadronensystem H mit dem Viererimpuls p' und der Energie E_h auf. Wir betrachten Vorgänge, für die $E \gg M$ ist. Damit lassen sich folgende Variable bilden:

$$s \equiv (k + p)^2 \approx 2EM$$

$$Q^2 \equiv -q^2 = -(k - k')^2 \approx 4EE' \sin^2 \frac{\theta}{2} \qquad (3.101)$$

$$\nu = pq = M(E - E') \approx ME_h.$$

An Stelle der beiden letzten Variablen ist es auch üblich, die dimensionslosen Variablen zu verwenden:

$$x \equiv \frac{Q^2}{2\nu} \approx \frac{2EE' \sin^2 \theta/2}{ME_h}; \quad 0 \leq x \leq 1,$$
$$\qquad (3.102)$$
$$y \equiv \frac{\nu}{kp} \sim \frac{E_h}{E} = \text{Inelastizität} \quad 0 \leq y \leq 1.$$

Die inklusiven Prozesse, in denen unabhängig von der Polarisation der Leptonen oder der Konfiguration der Hadronen nur die Impulse der Leptonen bestimmt werden, lassen sich durch drei Variable beschreiben. Man verwendet üblicherweise E, Q^2, ν oder E, x, y.

In der niedrigsten störungstheoretischen Näherung ergibt die Berechnung des Wirkungsquer-

schnitts der schwachen Reaktion (3.100)

$$\frac{d^2\sigma^{\nu\bar{\nu}}}{dQ^2 d\nu} = \frac{G^2 E'}{2\pi ME} \left[2W_1 \sin^2 \frac{\theta}{2} + W_2 \cos^2 \frac{\theta}{2} \pm \frac{E + E'}{M} W_3 \sin^2 \frac{\theta}{2} \right]$$
$$\qquad (3.103)$$

bzw. bei Verwendung der Variablen x und y

$$\frac{d^2\sigma^{\nu\bar{\nu}}}{dx\, dy} = \frac{G^2 ME}{\pi} \left[xy^2 W_1 + \left(1 - y - \frac{Mxy}{2E}\right) \times \nu W_2 \pm xy \left(1 - \frac{y}{2}\right) \nu W_3 \right],$$
$$\qquad (3.104)$$

G ist die Kopplungskonstante der schwachen Wechselwirkung.

Wenn wir keine Annahmen über die Struktur der Nukleonen machen, so sind die als Strukturfunktionen bezeichneten Koeffizienten W_i, die reelle Funktionen der Variablen Q^2 und ν sind, nur aus dem Experiment zu ermitteln. Für ein isoskalares Target, d. h. ein Target mit gleicher Protonen- und Neutronenzahl, ist dann $W_i^{\nu N} = W_i^{\bar{\nu} N} = W_i$. Im Grenzfall hoher Energien ($E \gg M$) kann der Term mit $Mxy/2E$ in (3.106) vernachlässigt werden.

Im Jahre 1969 wurde von J. D. BJORKEN die Scaling-Hypothese aufgestellt: Für $Q^2, \nu \to \infty$ mit x endlich sollen die Strukturfunktionen allein Funktionen von x sein, d. h.

$$W_1(Q^2, \nu) \to F_1(x)$$
$$W_{2,3}(Q^2, \nu) \to F_{2,3}(x) \qquad \text{für} \quad Q^2, \nu \to \infty. \quad (3.105)$$

Die ersten experimentellen Daten der Elektron-Nukleon- und später auch der Neutrino-Nukleon-Streuung bei kleinen Energien ($E < 10$ GeV) schienen die Scaling-Hypothese zu bestätigen.

Im Scaling-Grenzfall reduziert sich Gl. (3.104) auf

$$\frac{d^2\sigma^{\nu\bar{\nu}}}{dx\, dy} = \frac{G^2 ME}{\pi} \left[xy^2 F_1(x) + (1 - y) F_2(x) \pm y \left(1 - \frac{y}{2}\right) xF_3(x) \right]. \quad (3.106)$$

Integration über x und y ergibt für den totalen Wirkungsquerschnitt

$$\sigma^{\nu\bar{\nu}} = \frac{G^2 ME}{\pi} \int_0^1 F_2(x)\, dx \left[\frac{1}{2} + \frac{1}{6} A \pm \frac{1}{3} B \right]$$

mit
$$\qquad (3.107)$$

$$A = \frac{\int 2xF_1(x)\, dx}{\int F_2(x)\, dx}; \quad B = \frac{\int xF_3(x)\, dx}{\int F_2(x)\, dx}.$$

Das Querschnittsverhalten der inelastischen Lepton-Nukleon-Streuung läßt sich durch die Annahme interpretieren, daß die Leptonen an quasifreien punktförmigen Strukturelementen des Nukleons, den Partonen (Quarks) elastisch gestreut werden, deren Transversalimpulse klein gegenüber den longitudinalen Impulskomponenten sind. In diesem einfachen Quark-Parton-Modell ergibt sich der Wirkungsquerschnitt der tiefinelastischen Neutrino-Nukleon-Streuung durch die inkohärente Summation der elastischen Einzelquerschnitte der hochenergetischen Lepton-Quark-Streuung

$$\frac{d^2\sigma}{dx' \, dy} = \sum_j f_j(x') \frac{d\sigma_j}{dy}. \qquad (3.108)$$

Darin ist die Verteilungsfunktion $f_j(x')$ die Wahrscheinlichkeit, daß das j-te Quark den Bruchteil x' des Nukleonenimpulses p hat. Daraus folgt, daß $\int f_j(x') \, dx' = N_j$ die Zahl der Quarks der Art j im Hadron ist.

Die Scaling-Variable x ist aber gleich dem Impulsbruchteil x'. Betrachten wir dazu den Streuprozeß in einem Bezugssystem, in dem

$$p = \{P, 0, 0, P\}$$

$$q = \{0, 0, 0, q\}$$

Also der übertragene Impuls $q = 2x'P$ bzw. $Q^2 = 4x'^2P^2$. Mit der Definition der Variablen $\nu \equiv pq$ erhält man $\nu = 2x'P^2$ und mit der Definition der Scaling-Variablen $x = Q^2/2\nu$ ergibt sich $x = x'$.

Das Nukleon ist nun aus drei Valenzquarks – u- und d-Quarks – und einer unbegrenzten Zahl – einem See – von Quark-Antiquark-Paaren aufgebaut. Die Verteilungsfunktionen $f_j(x)$ der Quarks im Nukleon bezeichnet man durch u(x), d(x), s(x) bzw. ū(x), d̄(x), s̄(x). In dem bisher zugänglichen Energiebereich $E < 300$ GeV vernachlässigen wir Beiträge von c($\bar{c}$)-Seequarks. Wird für die Seequarks SU(3)-Symmetrie gefordert, so ist ū(x) = d̄(x) = s̄(x). Da im Nukleon s-Quarks nur im See auftreten können, ist s(x) = s̄(x). Im Proton sind zwei Valenz-u-Quarks und ein Valenz-d-Quark also

$$\int [u(x) - \bar{u}(x)] \, dx = 2,$$

$$\int [d(x) - \bar{d}(x)] \, dx = 1, \qquad (3.109)$$

$$\int [s(x) - \bar{s}(x)] \, dx = 0.$$

Die Neutronen setzen sich aus (ddu)-Valenzquarks zusammen. Daher sind in den ersten beiden Verteilungen in Gl. (3.109) d(x) und u(x) zu vertauschen.

Qualitativ läßt sich leicht abschätzen, welche y-Abhängigkeit der Streuung eines ν bzw. $\bar{\nu}$ an einem punktartigen Quark mit dem Spin 1/2 zu erwarten ist. Neutrino und Quark sind beide linkshändig polarisiert. Beim Stoß beider im Schwerpunktsystem ergibt sich daher als Gesamtspin $J = 0$, d. h., die Streuung ist isotrop. Im Schwerpunktsystem erwarten wir eine flache Verteilung in cos θ' bzw. in y zwischen 0 und 1, da $y = 1/2 \, (1 - \cos \theta')$.

Die Streuung eines Neutrinos an einem rechtshändig polarisierten Antiquark führt dagegen zur Addition beider Spins, also $J = 1$. Eine Streuung um $\theta' = 180°$ im Schwerpunktsystem ist daher nicht möglich, da das zu einem Umklappen der z-Komponente des Gesamtspins von $J_3 = -1$ auf $J_3 = +1$ führen müßte. Der Wirkungsquerschnitt der $\bar{q}$-Streuung verschwindet daher für $\theta' = 180°$ bzw. $y = 1$. Der Wirkungsquerschnitt für $\theta' = 0$ bzw. $y = 0$ stimmt mit dem der νq-Streuung überein.

Bei der Streuung eines Antineutrinos an ein Quark bzw. Antiquark vertauschen sich die y-Abhängigkeiten.

Für die Wirkungsquerschnitte der $\nu, \bar{\nu}$-Hadron-Streuung erhält man im einfachen Quark-Parton-Modell

$$\frac{d^2\sigma^\nu}{dx \, dy} = \frac{G^2 ME}{\pi} [q(x) + (1 - y)^2 \, \bar{q}(x)],$$

$$\frac{d^2\sigma^{\bar{\nu}}}{dx \, dy} = \frac{G^2 ME}{\pi} [\bar{q}(x) + (1 - y)^2 \, q(x)]$$

mit $\qquad (3.110)$

$$q(x) = [u(x) + d(x)] \, x,$$

$$\bar{q}(x) = [\bar{u}(x) + \bar{d}(x)] \, x$$

(die Streuung an den s($\bar{s}$)-Seequarks wurde vernachlässigt). Die Form der y-Abhängigkeit ergibt sich in Übereinstimmung mit den qualitativen Überlegungen als Summe einer flach verlaufenden Komponente und einer mit $(1 - y)^2$ abfallenden Komponente für $y \to 1$.

Durch Vergleich der Wirkungsquerschnitte des Quark-Parton-Modells [Gl. (3.110)] mit den Wirkungsquerschnitten im Scalinglimes [Gl. (3.106)] erkennt man folgende Zusammenhänge zwischen den Quarkverteilungsfunktionen und den Strukturfunktionen:

$$F_2(x) = q(x) + \bar{q}(x),$$

$$F_2(x) = 2xF_1(x) \quad \text{(Callan-Gross-Beziehung)},$$

$$xF_3(x) = q(x) - \bar{q}(x). \qquad (3.111)$$

Damit erhält man für die in Gl. (3.107) definierten Parameter des totalen Wirkungsquerschnitts

$$B = \frac{\int xF_3(x)\,\mathrm{d}x}{\int F_2(x)\,\mathrm{d}x} = \frac{\int [q(x) - \bar{q}(x)]\,\mathrm{d}x}{\int [q(x) + \bar{q}(x)]\,\mathrm{d}x}$$

$$= \frac{Q - \bar{Q}}{Q + \bar{Q}}. \qquad (3.112)$$

Also der relative Anteil α des Impulses, den die Seeantiquarks im Nukleon haben,

$$\alpha = \frac{\bar{Q}}{Q + \bar{Q}} = \frac{1 - B}{2}.$$

Bei der Gültigkeit der Callan-Gross-Beziehung (3.111) für Quarks mit Spin 1/2 muß

$$A = \frac{\int 2xF_1(x)\,\mathrm{d}x}{\int F_2(x)\,\mathrm{d}x} = \frac{Q + \bar{Q}}{Q + \bar{Q}} = 1$$

sein. Setzt man A und B in (3.107) ein, so ergibt sich für das Verhältnis der beiden totalen Wirkungsquerschnitte

$$R = \frac{\sigma^{\bar{v}}}{\sigma^{v}} = \frac{\tfrac{1}{3}Q + \bar{Q}}{Q - \tfrac{1}{3}\bar{Q}}.$$

Würde man die Beiträge der Antiquarks aus dem See vernachlässigen, so müßte man $B = 1$ und $R = 1/3$ erwarten.

Für die Anzahl N_q der Valenzquarks im Nukleon sollte sich $N_q = \int F_3(x)\,\mathrm{d}x = 3$ ergeben.

In Abb. 3.39 sind die Messungen der Verhältnisse $\sigma^{v\bar{v}}/E$ verschiedener Experimente der letzten Jahre gezeigt. Die durch volle Kreise markierten Werte, die die kleinsten Fehler zeigen, wurden mit dem in Abb. 3.40 gezeigten Neutrinodetektor des CDHS-Experiments im CERN erhalten[1]). Beide Verhältnisse σ^{v}/E und $\sigma^{\bar{v}}/E$, sind in guter Übereinstimmung mit den Erwartungen konstant über den bisher untersuchten Energiebereich. Unter-

---

[1]) DE GROOT, J. G. H., et al.: Inclusive interactions of high-energy neutrinos and antineutrinos in iron. Z. f. Physik·C, Particles and Fields 1 (1979) S. 143–162.

halb $E \approx 30$ GeV deutet sich bei σ^{v}/E ein Ansteigen des Verhältnisses an.

Für das Verhältnis R ergab in Übereinstimmung mit anderen Messungen das CDHS-Experiment $R = 0,48 \pm 0,04$ für $20 < E < 250$ GeV, während für kleine Energien unterhalb 20 GeV $R = 0,40 \pm 0,02$ gemessen wurde. Das entspricht im Quark-Parton-Modell einem Anwachsen des kleinen Anteils der Seequarks im Stoßprozeß mit wachsender Energie E bzw. wachsendem übertragenen Viererimpuls Q^2.

Im gleichen Experiment wurde N_q zu $N_q = 3,2 \pm 0,5$ bestimmt und die Callan-Gross-Beziehung mit $|1 - A| \leq 0,04$ für $Q^2 > 10$ GeV^2, also mit einer Genauigkeit von etwa 5% verifiziert, d. h., das Nukleon enthält in der Tat drei Valenzquarks, die jeweils den Spin 1/2 besitzen.

Der Parameter B in Gl. (3.112) wurde experimentell bei kleinen Energien zu $B = 0,86 \pm 0,04$ und bei hohen Energien zu $B = 0,70 \pm 0,09$ bestimmt. Entsprechend variiert der relative Impulsanteil der Antiquarks zwischen $\approx 7\%$ bei niederen und $\approx 17\%$ bei hohen Energien.

Eine unabhängige Messung des relativen Antiquarkanteils im Nukleon ergibt sich aus den differentiellen Wirkungsquerschnitten $\mathrm{d}\sigma^{v\bar{v}}/\mathrm{d}y$. Nach Integration der Gl. (3.110) über x erwarten wir, daß bei verschwindendem Antiquarkanteil $\mathrm{d}\sigma^{v}/\mathrm{d}y$ im wesentlichen flach verläuft, während $\mathrm{d}\sigma^{\bar{v}}/\mathrm{d}y$ die $(1 - y)^2$-Abhängigkeit zeigen soll. Besonders empfindlich auf den Antiquarkanteil ist $\mathrm{d}\sigma^{\bar{v}}/\mathrm{d}y$ für $y \to 1$. Abb. 3.41 zeigt als Beispiel das Ergebnis der Bestimmung von $\mathrm{d}\sigma^{v\bar{v}}/\mathrm{d}y$ im CDHS-Experiment bei hohen Energien (30 < E < 200 GeV). Die Form der Verteilungen ändert sich kaum mit der Neutrinoenergie. In guter Übereinstimmung mit der Bestimmung von α aus dem totalen Wirkungsquerschnitt erhält man $\alpha = 0,15 \pm 0,02$.

Aus der y-Abhängigkeit der differentiellen Wirkungsquerschnitte in den Gl. (3.112) sieht man ferner, daß bei großen Werten der Inelastizität y die v-Streuung vorwiegend an den Quarks und die $\bar{v}$-Streuung hauptsächlich an den Antiquarks erfolgt.

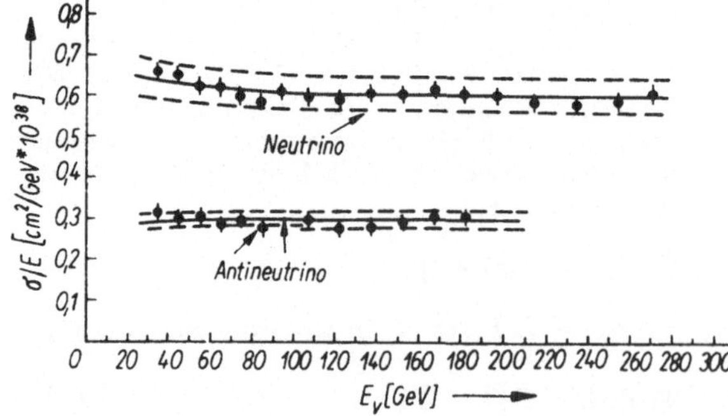

Abb. 3.39. Das Verhältnis der gemessenen Wirkungsquerschnitte σ^{v}/E und $\sigma^{\bar{v}}/E$ in Abhängigkeit von der Energie der Leptonen im Laborsystem

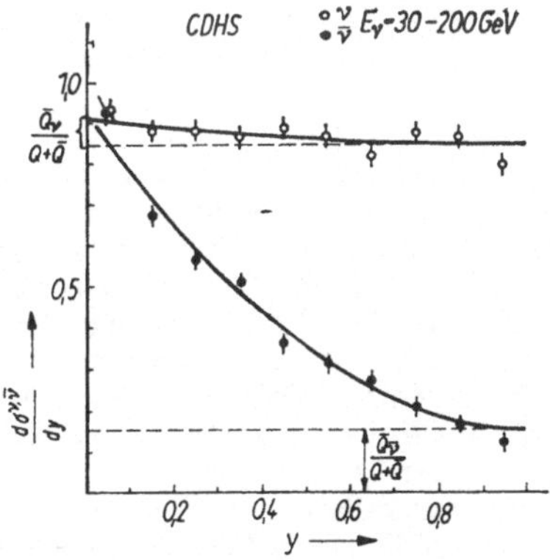

Abb. 3.40. Der 1 400 t schwere und 20 m lange Neutrino-Detektor des CDHS-Experiments. Er besteht aus torroidalen Magneteinheiten, zwischen denen sich Szintillationszähler und Driftkammern befinden (Foto CERN)

Abb. 3.41. Die differentiellen Wirkungsquerschnitte $d\sigma^{\nu,\bar{\nu}}/dy$ in Abhängigkeit von y. Für Neutrinos läßt sich die Verteilung als Summe einer überwiegend flachen zuzüglich einer kleinen $(1 - y)^2$-Beimischung darstellen, während für die Antineutrinos eine überwiegende $(1 - y)^2$-Verteilung eine kleine flache Beimischung enthält (ausgezogene Kurven)

Für den Beitrag der Quarks und Antiquarks zum Nukleonenimpuls ergaben die Messungen in verschiedenen Experimenten bzw. bei unterschiedlichen Energien

$$\int F_2(x)\,dx = \int [q(x) + \bar{q}(x)]\,dx \approx 0{,}5,$$

d. h., nur die Hälfte des Nukleonenimpulses läßt sich im Quark-Parton-Modell den Quarks zuordnen. Die andere Hälfte wird von anderen Bestandteilen des Nukleons, die wir zunächst ohne nähere Erklärung als Gluonen bezeichnen wollen, getragen. Die Gluonen haben keine schwache Wechselwirkung mit den Neutrinos. Sie wechselwirken mit den Quarks bzw. untereinander.
Stöße von Leptonen hoher Energie mit Nukleonen fordern zu ihrer Beschreibung das Vorhandensein relativ leichter und schwach aneinander gebundener punktartiger Quarks mit halbzahligem Spin und einer elektrischen Ladung, die einen Bruchteil der Elektronenladung beträgt.
Zusammenfassend können wir feststellen, daß die in den vorhergehenden Abschnitten beschriebe-

nen Resultate der Hadronenspektroskopie und die der tiefinelastischen Lepton-Hadron-Streuung eine klare Evidenz für den Quarkaufbau der Hadronen darstellen.

3.4.9. Quantenchromodynamik

Im Abschn. 3.3.1. haben wir die Quantenelektrodynamik (QED) kennengelernt, die in hervorragender Weise die Wechselwirkungen des elektromagnetischen Strahlungsfeldes mit dem Feld der Elektronen bzw. Myonen zu beschreiben erlaubt. Charakteristisch für diese Quantenfeldtheorie ist, daß ihre Feldgleichungen sich als invariant gegenüber einer lokalen Transformationsgruppe

$$U(1) = U(\theta) = e^{-ie\theta(x)}$$

einer Eichtransformation erweisen. Der Symmetrieparameter $\theta(x)$ variiert lokal von Punkt zu Punkt in Raum und Zeit. Die lokale Eichinvarianz der QED wird durch die Einführung des elektromagnetischen Feldes A_μ, das man daher auch als Eichfeld bezeichnet, erreicht.
Es ist gerade das elektromagnetische Feld A_μ mit den Photonen γ als masselose Feldquanten, das die Erhaltung aller beobachtbaren Größen sichert, wenn die Phase $\theta(x)$ des Elektronenfeldes als willkürliche Funktion vom Ort x und der Zeit t variiert. Das elektromagnetische Feld bzw. das Feldquant überträgt die elektromagnetische Kraft zwischen den geladenen Teilchen und ändert dabei lokal nicht nur den Bewegungszustand des Teilchens, sondern auch die Phase.
Aus der lokalen Eichinvarianz der elektromagnetischen Feldgleichungen folgen wichtige, experimentell sehr gut verifizierte Konsequenzen:
– Die Erhaltung der elektrischen Ladung,
– die elektrische Neutralität und die Masselosigkeit der Quanten des Eichfeldes – der Photonen.

Das Prinzip der lokalen Eichinvarianz führte auf die so außerordentlich erfolgreiche QED (s. Abschn. 3.3.). Es lag also nahe, das gleiche Prinzip in seiner Wirksamkeit auf die Beschreibung der starken Wechselwirkung zwischen Hadronen zu untersuchen. In den siebziger Jahren wurde die als Quantenchromodynamik (QCD) bezeichnete dynamische Theorie der starken Wechselwirkung zwischen Quarks entwickelt.
Die QED und die QCD sind invariant unter lokalen Eichtransformationen. In beiden Theorien findet die Wechselwirkung zwischen Vektorfeldern, den Eichfeldern, und den Teilchen statt, die Träger charakteristischer Eigenschaften sind. Im Falle der QED ist die Eigenschaft die elektrische Ladung und im Falle der QCD die Farbladung. Wie die elektrische Ladung der QED soll auch die Farbladung der QCD exakt erhalten sein.

In der QED haben wir nur ein Eichfeld, das elektromagnetische Feld mit seinen Quanten, den Photonen. Sie sind ladungs- und masselose Vektorteilchen (Spin 1).
In der QCD haben wir acht verschiedene Eichfelder, die Gluonfelder. Die als Gluonen bezeichneten Feldquanten sind ebenfalls (elektrisch neutrale) masselose Vektorteilchen, die jedoch Farbladung tragen.
Ein Wort zur Eichtransformation der QCD. Es ist nicht von vornherein gegeben, welche Gruppe als Invarianzgruppe der starken Wechselwirkung zu wählen ist.
Wie die experimentelle Erfahrung zeigt, treten die Hadronen nur als Farbsinguletts auf. Die Quarks transformieren sich hinsichtlich der Farbe wie eine SU(3)-Gruppe, die wir mit $SU(3)_c$ bezeichnen wollen. Wir besitzen keine experimentellen Hinweise – „farbige" Zustände wurden nicht beobachtet –, daß die $SU(3)_c$-Symmetrie durch die starke Wechselwirkung gebrochen wird. Die $SU(3)_c$-Gruppe ist daher als exakt gültige Symmetrie zu betrachten.
Die acht erzeugenden Operatoren der $SU(3)_c$-Gruppe sind wiederum die im Abschn. 3.4.3. eingeführten Spinmatrizen $\lambda_i/2$ ($i = 1 \ldots 8$), für die die Vertauschungsrelation λ_i, $\lambda_j = 2i\varepsilon_{ijk}\lambda_k$ gilt. Die $SU(3)_c$-Symmetrie entspricht der Forderung, daß jedes Hadron bei einer Farbänderung der Quarks, aus denen es aufgebaut ist, weiß bleibt.
Versuchen wir, uns zunächst die globale Farbsymmetrie zu veranschaulichen. In einem Baryon, das aus einem roten, einem blauen und einem grünen Quark besteht (q_1^r, q_2^b, q_3^g), wird synchron durch eine globale Farbtransformation die Farbe jedes der drei Quarks so geändert, etwa (q_1^g, q_2^r, q_3^b), daß das Baryon weiß bleibt. Das heißt, alle beobachteten Eigenschaften des Hadrons bleiben erhalten.
Ohne eine Kraft zwischen den Quarks, wie sie durch die Gluonen gegeben ist, läßt sich die globale Farbsymmetrie nicht in eine lokale umwandeln. Die lokale Änderung der Farbe nur eines der Quarks würde zu einem farbigen Hadron führen. Bei einer lokalen Farbänderung eines der Quarks muß also ein virtuelles Teilchen emittiert werden, das zu einer Wiederherstellung der Farblosigkeit des Hadrons führt. Das wird durch die acht Eichfelder der QCD erreicht.
Wir wollen uns physikalisch plausibel machen, warum es in der QCD ein achtkomponentiges Gluonfeld geben soll.
In der QED haben wir den Prozeß der e^+e^--Annihilation in ein Photon kennengelernt.

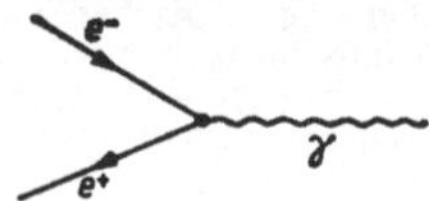

Ein analoges Feynman-Diagramm muß es in der QCD geben.

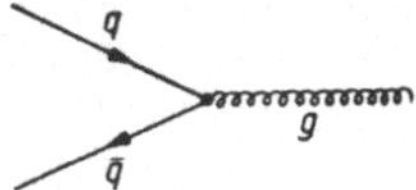

Ein Quark und ein Antiquark vernichten einander und ein Gluon entsteht. Nun sollen aber, entsprechend der Colorhypothese, die Quarks in drei Farben bzw. die Antiquarks in den drei entsprechenden Komplementärfarben auftreten. Für die Farbladung der QCD wird wie für die elektrische Ladung in der QED eine exakte Erhaltung gefordert.

Wenn also etwa ein blaues und ein antirotes Quark annihilieren, so darf das emittierte Gluon nicht farblos sein, sondern blau-antirot.

Mit drei Farben und drei Antifarben haben wir neun Kombinationen. Die SU(3) hat die Eigenschaft, daß neun Zustände sich in ein Oktett und ein Singulett zerlegen lassen. Nur das Oktett ist farbig, während das Singulett farblos ist. Die acht Zustände des Oktetts identifizieren wir mit den acht Farbladung tragenden Gluonen g_i ($i = 1 \dots 8$).

Die Gluonen kommen in acht Farbladungsvarianten vor. Sie können einzeln selbst ebensowenig wie die Quarks als freie Teilchen in Erscheinung treten, da gemäß der Colorhypothese alle Hadronen nur als Farbsinguletts auftreten.

Die QCD muß, um eine physikalisch brauchbare Theorie zu sein, zwei durch das Experiment geforderte Bedingungen berücksichtigen:

1. Die Tatsache, daß Quarks und Gluonen als freie Teilchen bisher nicht nachgewiesen werden konnten (Confinement). Das wird eben durch die Colorhypothese nur beschrieben. Die QCD liefert jedoch keinen dynamischen Grund für die Gefangenschaft von Quarks und Gluonen. Das ist eine ernste Unzulänglichkeit der QCD. Erst nach der Lösung dieses Problems ist die Quantenchromodynamik als eine befriedigende Feldtheorie zu betrachten.

2. Das Verhalten der Quarks bei der tiefinelastischen Streuung. Bei sehr großen, im Stoß übertragenen Viererimpulsen verhalten sich die Quarks wie freie punktartige Fermionen. Die Quark-Quark- bzw. Quark-Gluon-Wechselwirkung wird mit wachsender Energie asymptotisch immer schwächer. Quarks und Gluonen sind bei extrem großen Impulsübertragungen als freie Teilchen zu betrachten. Diese Eigenschaft bezeichnet man als asymptotische Freiheit. Im Gegensatz zum Confinement fügt sich die asymptotische Freiheit gut in denRahmen der QCD ein.

Es besteht die begründete Hoffnung, mit dieser Eichfeldtheorie die beobachteten Verhaltens-

weisen der Quarks beschreiben zu können. Zur Zeit kann man es jedoch keineswegs als gesichert ansehen, daß die Quarkwechselwirkungen durch die QCD mit masselosen, Farbladung tragenden Gluonfeldern und den Farben der Quarks als deren Quelle richtig beschrieben werden. Bemerkenswert ist jedoch der experimentelle Nachweis einer Gluonbremsstrahlung, die im Jahre 1979 bei der Untersuchung der e^+e^--Annihilation beobachtet wurde.

3.4.10. e^+e^--Annihilation

Beim e^+e^--Stoß können bei ausreichender Energie der beiden Leptonen natürlich auch Hadronen erzeugt werden. In niedrigster Näherung der Störungsrechnung läßt sich dieser Prozeß durch das Ein-Photon-Diagramm

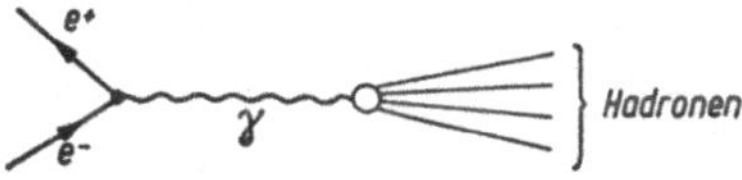

beschreiben. Elektron und Positron annihilieren in ein virtuelles Photon; dieses geht dann in ein Hadronsystem über, das die gleichen Quantenzahlen besitzt wie das Photon ($J^{\pi C} = 1^{--}$).
Im Rahmen der Quarkhypothese ist die Photon-Hadron-Wechselwirkung hauptsächlich eine Photon-Quark-Wechselwirkung.

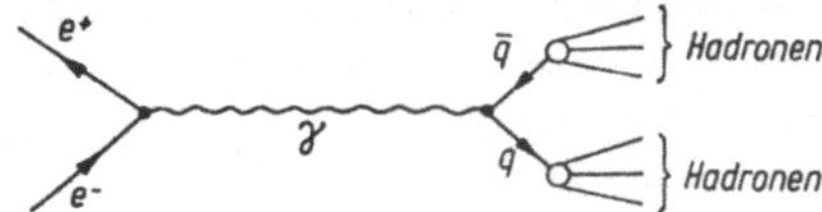

Da sowohl Quarks wie Myonen elementare Fermionen sind, ist der Wirkungsquerschnitt für die Erzeugung eines freien $q\bar{q}$-Paares der gleiche wie für die Erzeugung eines $\mu^+\mu^-$-Paares (s. Abschn. 3.3.3.). Lediglich die Quarkladung Q_i (1/3 oder 2/3) modifiziert die $q\bar{q}$-Kopplung.

$$\sigma(e^+e^- \to q\bar{q}) = Q_i^2 \sigma(e^+e^- \to \mu^+\mu^-) \qquad (3.113)$$

Nimmt man vereinfachend an, daß die $q\bar{q}$-Paare nur in Hadronen übergehen (fragmentieren), so erhält man den totalen Wirkungsquerschnitt für die Hadronenerzeugung durch Summation über alle möglichen $q\bar{q}$-Paare.

$$R = \frac{\sigma(e^+e^- \to \text{Hadronen})}{\sigma(e^+e^- \to \mu^+\mu^-)} = \sum_i Q_i^2. \qquad (3.114)$$

Das heißt, das Verhältnis R beider Wirkungsquerschnitte soll konstant sein und je nach der Art des verwendeten Quarkmodells eine Aussage über die Zahl der am Prozeß beteiligten Quarks gestatten. In der nachfolgenden Tabelle sind die zu erwartenden R-Werte verschiedener Quarkmodelle zusammengefaßt.

Quark-Modell	$R = \sum_i Q_i^2$
(u, d, s)	$\dfrac{4}{9} + \dfrac{1}{9} + \dfrac{1}{9} = \dfrac{2}{3}$
(u, d, s) $\otimes$ Farbe	$\dfrac{2}{3} \cdot 3 = 2$
(u, d, s, c)	$\dfrac{4}{9} + \dfrac{1}{9} + \dfrac{1}{9} + \dfrac{4}{9} = 1\dfrac{1}{9}$
(u, d, s, c) $\otimes$ Farbe	$1\dfrac{1}{9} \cdot 3 = 3\dfrac{1}{3}$

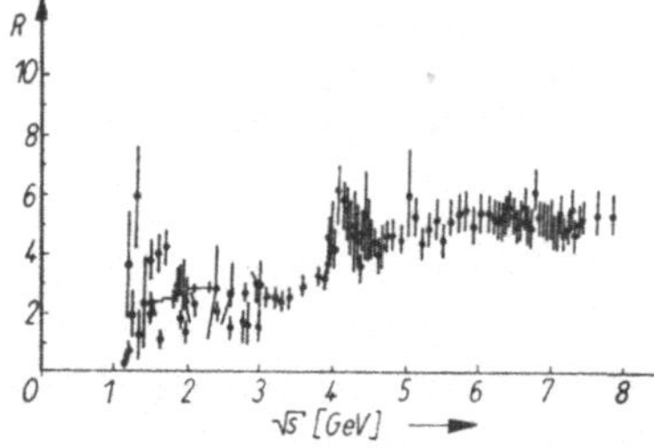

Abb. 3.42. Das Verhältnis der Wirkungsquerschnitte $R = \sigma(e^+e^- \to \text{Hadronen})/\sigma(e^+e^- \to \mu^+\mu^-)$ als Funktion der Gesamtenergie $\sqrt{s}$ im Schwerpunktsystem

Abb. 3.42 zeigt das experimentell ermittelte Verhalten von R als Funktion der Gesamtenergie $\sqrt{s}$ im Schwerpunktsystem. Resonanzstrukturen wie etwa das ϱ- und das J/ψ-Meson sind dabei vernachlässigt. Zwischen $\sqrt{s} \approx 2{,}4\,\text{GeV}$ und $\approx 3{,}8\,\text{GeV}$ ist R annähernd konstant mit $R \approx 2{,}5 \pm 0{,}3$. Zwischen $\sqrt{s} \approx 4{,}5 - 5\,\text{GeV}$ steigt R auf $\approx 4{,}0$ an und bleibt auch bei höheren Energien bis zu $\sqrt{s} \approx 40\,\text{GeV}$ näherungsweise konstant.

Schreibt man die Schwelle bei $\approx 4\,\text{GeV}$ im Verhalten von R der Erzeugung von c-Quarks zu, so befinden sich die Beobachtungen näherungsweise in Übereinstimmung mit dem Modell farbiger Quarks. Unterhalb der Schwelle wird für ein farbiges Quarktriplett $R = 2$ erwartet. Das stimmt ungefähr mit den Messungen überein. Oberhalb der Charmschwelle wird für ein farbiges Quarkquadruplett $R = 3^1/_3$ erwartet. Das liegt unterhalb der Meßwerte.

In der Quantenchromodynamik liefern störungstheoretische Berechnungen höherer Näherung für den Fall der asymptotischen Freiheit:

$$\sigma(e^+e^- \to \text{Hadronen}) = \sum_i Q_i^2 \left(1 + \frac{\alpha_s}{\pi} + \dots\right).$$

Die Stärke der Gluon-Quark-Kopplung α_s ist energieabhängig. Die Übereinstimmung von R mit dem Experiment verbessert sich damit deutlich.

Eine anschauliche Konsequenz der Annahme, daß die e^+e^--Annihilation in Hadronen über die Bildung eines $q\bar{q}$-Paares erfolgt, ist die Fragmentation der beiden Quarks in zwei strahlenartige Hadronenbündel (Jets). In einem Speicherringexperiment haben das einlaufende Positron bzw. Elektron etwa gleich große entgegengesetzt gerichtete Impulse. Die beiden Hadronenjets sollten sich daher in entgegengesetzten Richtungen entlang einer gemeinsamen Jetachse bewegen.

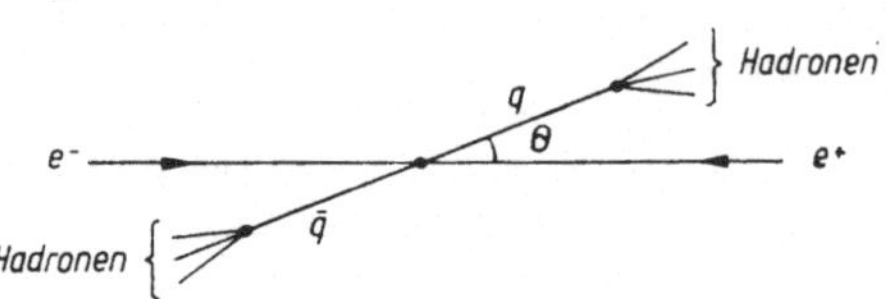

Die Kinematik der Hadronen sollte also eine Doppeljetstruktur besitzen, die sich letzthin aus der Winkelverteilung des primär erzeugten $q\bar{q}$-Paares ergibt. Diese aber kann mit der direkt meßbaren Winkelverteilung der $\mu^+\mu^-$-Paare [s. Gl. (3.61)] identifiziert werden.

Die ersten experimentellen Hinweise auf eine Jet-Struktur der Hadronen erhielt man im Jahre 1975 in einem Experiment in Stanford. In den folgenden Jahren wurden mehrere Experimente mit dem Ziel des experimentellen Nachweises von Jets in Stanford und Hamburg durchgeführt.

Zur Identifizierung eines Jets wurden unterschiedliche Variable eingeführt. Eine häufig benutzte Größe ist die Kugelförmigkeit (Sphericity) S. Für die Sphericity wird die gemeinsame Achse beider Jets durch die Forderung definiert, daß die Summe der Quadrate, der Transversalimpuls $p_{\perp i}$ der Hadronen, ein Minimum sein soll:

$$\sum_i p_{\perp i}^2 = \min.$$

Die Sphericity für jedes Ereignis ist dann

$$S = \frac{3}{2} \frac{\sum\limits_i p_{\perp i}^2}{\sum\limits_i p_i^2}, \tag{3.115}$$

wobei $p_{\perp i}$ bezüglich der Jetachse gemessen wird. Würden alle in e^+e^--Annihilation erzeugten Hadronen isotrop emittiert, so wäre $S = 1$. Für den anderen Grenzfall $p_{\perp i}^2 \to 0$ für alle Teilchen ist dagegen $S = 0$.

In Abb. 3.43 ist die mittlere Sphericity $\langle S \rangle$ als Funktion der Gesamtenergie $\sqrt{s}$ im Schwerpunktsystem gezeigt, wie sie mit zwei Anlagen am PETRA-Speicherring gemessen wurde. Die zunehmende Bündelung mit wachsender Energie

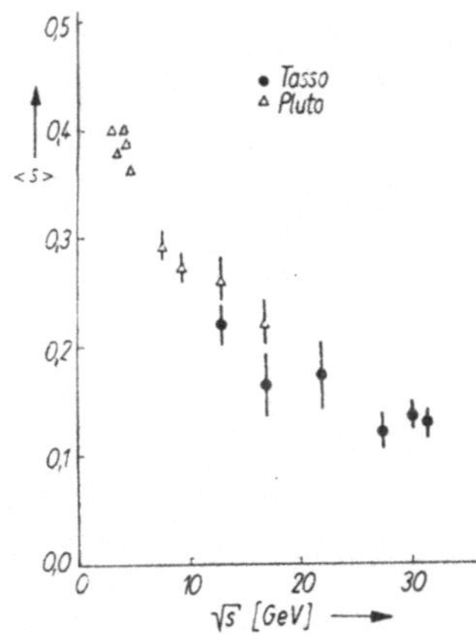

Abb. 3.43. Die mittlere Sphericity $\langle s \rangle$ als Funktion der Gesamtenergie $\sqrt{s}$ im Schwerpunktsystem, wie sie mit den Detektoren TASSO und PLUTO am Speicherring PETRA gemessen wurde

ist klar zu erkennen. Sie läßt sich qualitativ gut durch ein Modell beschreiben, in dem die beiden Jets durch Fragmentation aus dem $q\bar{q}$-Paar hervorgehen. Der Jetcharakter wird mit wachsender Energie immer ausgeprägter.

Ein wichtiger Test der Quantenchromodynamik wäre der Nachweis der Gluonen, der Quanten des Feldes der starken Wechselwirkung. Wenn, wie alle bisherigen Beobachtungen zeigen, in der Natur nur farblose Objekte beobachtbar sind, so ist ein direkter Nachweis der Farbladung tragenden Gluonen unmöglich. Wie bei den Quarks sollten wir jedoch eine Fragmentation der Gluonen in Hadronen erwarten.

Es ist naheliegend, daß eine Gluonemission durch Bremsstrahlung auftritt.

Neben dem bisher betrachteten, zur Jet-Bildung führenden Mechanismus

gibt es im Rahmen der QCD auch Beiträge wie

Diese Gluonbremsstrahlung der Quarks führt zu einem Anwachsen der Transversalimpulse der Hadronen bezüglich der Jetachse eines der Jets mit wachsender Energie im Schwerpunktsystem. Das heißt, einer der beiden Jets zeigt eine deutliche Verbreiterung gegenüber dem anderen schmalen Jet.

Da die Emission eines Gluons durch ein q bzw. $\bar{q}$ kinematisch ein Dreikörperprozeß ist, müssen diese Ereignisse planar sein.

Ist die Energie des emittierten Gluons groß genug, so sollte man in einigen Fällen eine planare 3-Jet-Struktur beobachten.

Diese Effekte wurden in unabhängigen Experimenten am PETRA-Speicherring in Hamburg gefunden. Sie stimmen in der Größe mit den entsprechenden QCD-Vorhersagen für den Prozeß $e^+e^- \rightarrow q\bar{q}g$ überein. In Abb. 3.44 ist ein Ereignis gezeigt, das mit der Anlage TASSO am PETRA-Speicherring aufgezeichnet wurde. Die 3-Jet-Struktur ist augenfällig.

3.5. Die schwache Wechselwirkung

In den vorhergehenden Abschnitten lernten wir einige Reaktionen kennen, die schwache Wechselwirkungen darstellen, wie etwa den β-Zerfall des Nukleons in Reaktion (3.1) und die unelastische Neutrino-Nukleon-Streuung in Abschn. 3.4.8. Leptonen, deren Entdeckung wir erwähnten, sind das Myon μ und das zugehörige Neutrino ν_μ, das Elektron e und das zugehörige Neutrino ν_e bzw. ihre Antiteilchen.

Diese Leptonen haben den Spin 1/2 und verhalten sich in allen bisher untersuchten elektromagnetischen und schwachen Wechselwirkungen wie punktartige Teilchen. Wir betrachten in den folgenden Abschnitten die beiden Neutrinos ν_μ und ν_e als nicht identische masselose Teilchen. Experimentell wurden für die Massen der Neutrinos folgende Grenzwerte ermittelt:

$$m_{\nu_e} < 4{,}6 \cdot 10^{-5}\ \text{MeV}/c^2; \quad m_{\nu_\mu} < 0{,}25\ \text{MeV}/c^2.$$

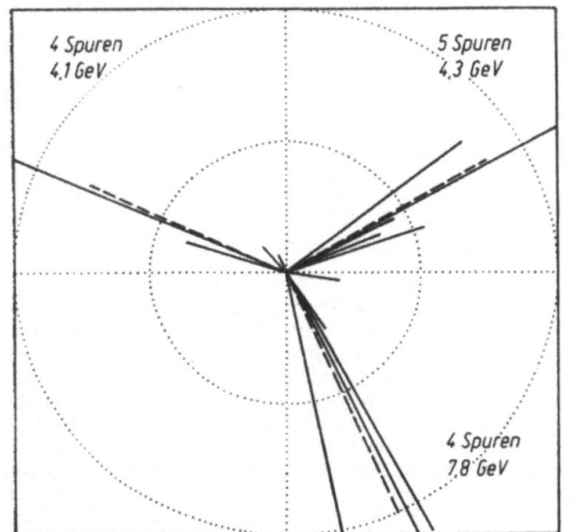

Abb. 3.44. Ein 3-Jet-Ereignis, wie es mit dem TASSO-Detektor am Speicherring PETRA aufgezeichnet wurde

Daß beide Neutrinos verschieden sind, folgt etwa aus der Beobachtung der Reaktion

$$\nu_\mu + n \to \mu^- + p, \qquad (3.116)$$

während die bei einer Gleichheit beider Neutrinos zu erwartende Reaktion

$$\nu_\mu + n \to e^- + p \qquad (3.116a)$$

nicht beobachtet wurde. Das ν_μ entsteht beim Zerfall des Pions ($\pi^+ \to \mu^+ + \nu_\mu$) gemeinsam mit dem Myon, während das Elektron-Antineutrino etwa im β-Zerfall gemeinsam mit einem Elektron erscheint.

In allen experimentell untersuchten Reaktionen zeigt sich, daß die Leptonen nur in Paaren erzeugt oder vernichtet werden. Durch Einführung zweier Arten von Leptonenzahlen, weiterer additiven Quantenzahlen, läßt sich dieser Beobachtung Rechnung tragen. Den Leptonen werden folgende Leptonenzahlen zugeordnet:

Lepton	L_e	Lepton	L_μ
e^-, ν_e	$+1$	μ^-, ν_μ	$+1$
e^+, $\bar{\nu}_e$	-1	μ^+, $\bar{\nu}_\mu$	-1

Die schwache Wechselwirkung verursacht nicht nur Teilchenzerfälle wie den β-Zerfall, sondern auch Reaktionen der Art (3.116). Die Wirkungsquerschnitte dafür sind, wie im Abschn. 3.4.8. gezeigt, sehr klein, verglichen mit denen von Prozessen der starken Wechselwirkung. Die mittlere Lebensdauer eines schwachen Zerfalls unterschreitet nicht 10^{-15} s, während die mittlere Lebensdauer stark zerfallender Teilchen um 10^{-23} s beträgt.

Welche außerordentliche Bedeutung die schwache Wechselwirkung trotz ihrer Schwäche für das Leben auf der Erde besitzt, wird am Wasserstoffzyklus der thermonuklearen Fusion in der Sonne klar:

$$p + p \to d + e^+ + \nu_e$$

$$p + d \to \mathrm{He}^3 + \gamma \qquad (3.117)$$

$$\mathrm{He}^3 + \mathrm{He}^3 \to \mathrm{He}^4 + p + p.$$

Der erste langsamste Schritt stellt offensichtlich eine schwache Wechselwirkung dar (inverser β-Zerfall). Der Gesamtanteil der nachfolgenden Fusionsreaktionen am Wasserstoffzyklus in der Sonne ist durch ihn bestimmt. Seine mittlere Reaktionszeit von $\approx 10^9$ Jahren folgt aus dem kleinen Wert der Kopplungskonstanten G der schwachen Wechselwirkung. Die schwache Wechselwirkung läßt die Sonne über Jahrmilliarden scheinen.

Einen Überblick über die unterschiedlichen Gruppen schwacher Prozesse gibt Tab. 3.10.

Tabelle 3.10

Reaktion	Bemerkung
1 a) $\mu^- \to e^- + \bar{\nu}_e^+$ b) $\nu_\mu + e^- \to \nu_e + \mu^-$ c) $\nu_\mu + e^- \to \nu_\mu + e^-$	leptonische Prozesse
2 a) $n \to p + e^- + \bar{\nu}_e$ b) $\nu_\mu + n \to p + \mu^-$ c) $\nu_\mu + p \to \nu_\mu + p$	semileptonische Prozesse mit $\lvert \Delta Y \rvert = 0$
3 a) $\Lambda \to p + e^- + \bar{\nu}_e$ b) $K^+ \to \mu^+ + \nu_\mu$ c) $K^\circ \to \mu^+ + \mu^-$	semileptonische Prozesse mit $\lvert \Delta Y \rvert = 1$
4) $\Lambda \to p + \pi^-$	hadronischer schwacher Prozeß mit $\lvert \Delta Y \rvert = 1$

In den leptonischen Prozessen der Gruppe 1 sind nur Elektronen, Myonen und Neutrinos beteiligt. Die Reaktionen 1 a) und 1 b) (aber auch die Reaktionen a) und b) der nachfolgenden Gruppen) sind durch eine Änderung der Ladung um $\pm e$ innerhalb eines Leptonenpaares der gleichen Art charakterisiert, also $e\nu_e$ in 1 a), 1 b), 2 a) und 3 a), $\mu\nu_\mu$ in 2 b) und 3 b). Prozesse dieser Art bezeichnet man als Reaktionen, die über geladene Ströme verlaufen.

Da über Jahrzehnte unsere Kenntnis über die schwache Wechselwirkung im wesentlichen auf der Untersuchung von Zerfallsprozessen beruhte, hier aber nur geladene Ströme beobachtet wurden, betrachtete man das als ein typisches Merkmal der schwachen Wechselwirkung.

Im Jahre 1973 wurden in einem Experiment mit der Blasenkammer GARGAMELLE zum Studium von Neutrino-Reaktionen ein Ereignis des Prozesses $\bar{\nu} + e^- \to \bar{\nu}_\mu + e^-$ und Ereignisse der Reaktion 2 c) nachgewiesen (s. Abb. 3.45). In den folgenden Jahren wurden in voneinander unabhängigen Experimenten weitere Ereignisse dieser Art gefunden. Damit war bewiesen, daß neben Prozessen, die über geladene Ströme ablaufen, auch Reaktionen vorkommen, in denen sich der Ladungszustand des Leptonenpaares nicht ändert. Man spricht von Reaktionen, die über neutrale Ströme verlaufen.

Die Gruppen 2) und 3) in Tab. 3.10 präsentieren einige Beispiele von schwachen Prozessen, die unter Beteiligung von Hadronen ablaufen. Man bezeichnet sie als semileptonische Prozesse. Die Prozesse der Gruppe 2) sind dadurch gekennzeichnet, daß sich die Hyperladung Y des schwach wechselwirkenden Hadrons nicht ändert, während in Gruppe 3) die Hyperladung des beteiligten Hadrons sich um $\lvert \Delta Y \rvert = 1$ ändert. Schwache Prozesse, in denen sich die Hyperladung um $\lvert \Delta Y \rvert = 2$ ändert, wurden nicht gefunden.
Reaktion 4) ist ein Beispiel einer schwachen Wechselwirkung, an der nur Hadronen beteiligt sind. Diese Prozesse sind nur beobachtbar, wenn die starke Wechselwirkung verboten ist.

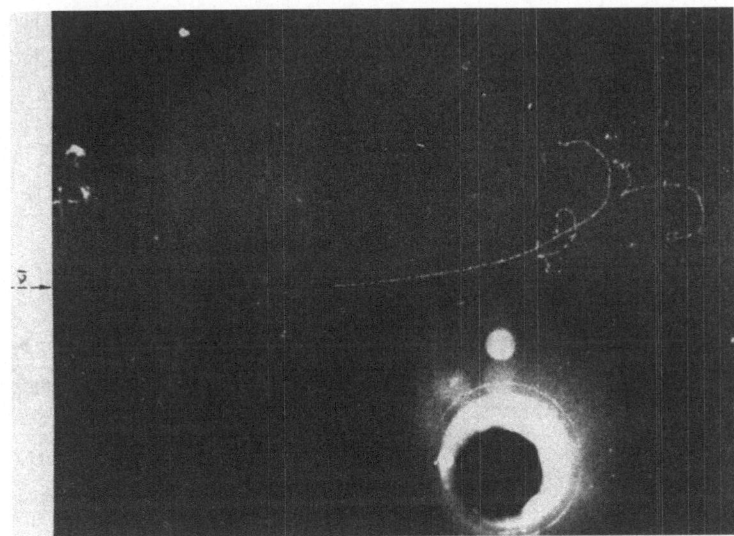

Abb. 3.45. Fotografie des zweiten in der Blasenkammer GARGAMELLE aufgezeichneten Ereignisses der elastischen Streuung eines Antineutrinos $\bar{\nu}_\mu$ an einem Elektron e^-. Der Antineutrinostrahl tritt senkrecht zur linken Bildkante in die Kammer ein. Sichtbar ist nur die Spur des unter einem kleinen Winkel zur Flugrichtung des $\bar{\nu}_\mu$ gestreuten Elektrons. Auf der Aufnahme sind zwei e^+e^--Paare zu erkennen, die von Bremsstrahlungsquanten des gestreuten Elektrons erzeugt wurden (Foto CERN)

Der Versuch, eine Theorie der schwachen Wechselwirkung in Analogie zur QED zu formulieren und darüber hinaus die Vereinigung beider zu einer Theorie, die die QED als einen Teil enthält, wurde trotz erheblicher Schwierigkeiten in den siebziger Jahren erfolgreich gelöst. Alle bisherigen Beobachtungen stimmen mit dieser elektroschwachen Quantenfeldtheorie, ebenfalls einer lokalen Eichfeldtheorie, überein.

3.5.1. Der β-Zerfall

Der erste beobachtete schwache Prozeß war der radioaktive β-Zerfall (s. Abschn. 2.3.16.4.). Die Experimente zeigten, daß die β-Teilchen Elektronen sind, die mit einem kontinuierlichen Energiespektrum emittiert werden. Der kontinuierliche Charakter des Elektronenspektrums wurde von PAULI 1930 durch die hypothetische Einführung eines neuen Teilchens, des Neutrinos, erklärt.

Der Kern ist, wie wir wissen, aus Protonen und Neutronen aufgebaut. Woher kommen dann die Elektronen beim radioaktiven β-Zerfall? Dieses Problem wurde von FERMI gelöst. Er nahm in Analogie zur QED der e^+e^--Paarerzeugung an, daß beim β-Zerfall das Leptonenpaar $e^-\bar{\nu}_e$ entsteht. Im einfachsten β-Zerfall, dem des Neutrons, findet also der Prozeß $n \rightarrow pe^-\bar{\nu}_e$ statt.

Da die Wechselwirkung schwach ist, benutzte FERMI die quantenmechanische Störungstheorie in der ersten Näherung, um das kontinuierliche Elektronenspektrum und die Zerfallswahrscheinlichkeit des β-Zerfalls zu berechnen.

Die Übergangswahrscheinlichkeit pro Zeiteinheit aus einem Anfangszustand i in einen Endzustand f ist

$$w_{fi} = \frac{2\pi}{\hbar} \, |\langle f|\bar{H}_w| i \rangle|^2 \, \varrho(E). \qquad (3.118)$$

Hierbei ist $M = \langle f|\bar{H}_w| i \rangle$ das Matrixelement der schwachen Wechselwirkung mit dem für den β-Zerfall verantwortlichen Hamilton-Operator $\bar{H}_w$ und $\varrho(E) = dN/dE$ die Zustandsdichte, d. h. die Zahl der Zustände je Energieintervall im Endzustand. Eine Herleitung von Gl. (3.118) findet man beispielsweise im LANDAU/LIFSCHITZ, Lehrbuch der Theoretischen Physik, Bd. III.

In der Quantenmechanik können wegen der Unbestimmtheitsbeziehung $(\Delta x)\,(\Delta p_x) \geqq \hbar/2$ Lage und Impuls eines Teilchens nicht durch einen Punkt im sechsdimensionalen Phasenraum, sondern nur durch eine Zelle $h^3 = (2\pi\hbar)^3$ repräsentiert werden.
Bezeichnen p_p; p_e; p_ν die Impulse von Proton, Elektron und Neutrino des im Ruhesystem zerfallenden Neutrons und E_e, E_ν die Gesamtenergie von Elektron und Neutrino bzw. T_p die kinetische Energie des Protons, so lauten Impuls- und Energiesatz

$$p_p + p_e + p_\nu = 0$$
$$T_p + E_e + E_\nu = E_0.$$

Machen wir die Annahme $m_\nu = 0$, so gilt Gl. (3.12), d. h. $E_\nu = p_\nu c$. Die Gesamtenergie E_0 des β-Zerfalls liegt bei ≈ 1 MeV/c^2. Daher ist die kinetische Energie des Rückstoßprotons in guter Näherung $T \approx \dfrac{p_p{}^2}{2m_p} \approx 10^{-3}$ MeV/c, d. h. gegenüber E_ν und E_e vernachlässigbar. Wir erhalten also $E_\nu = p_\nu c = E_0 - E_e$.

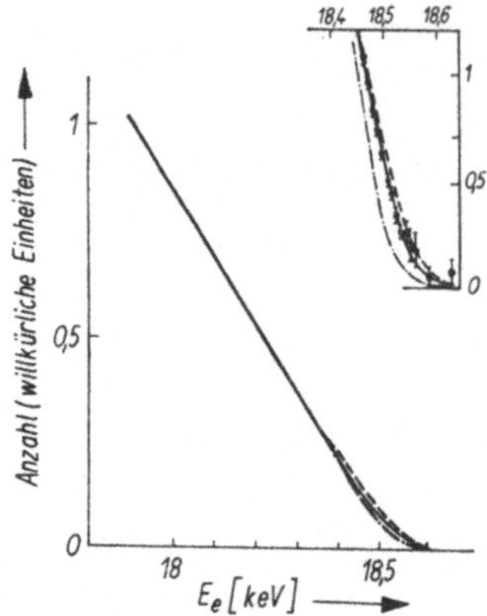

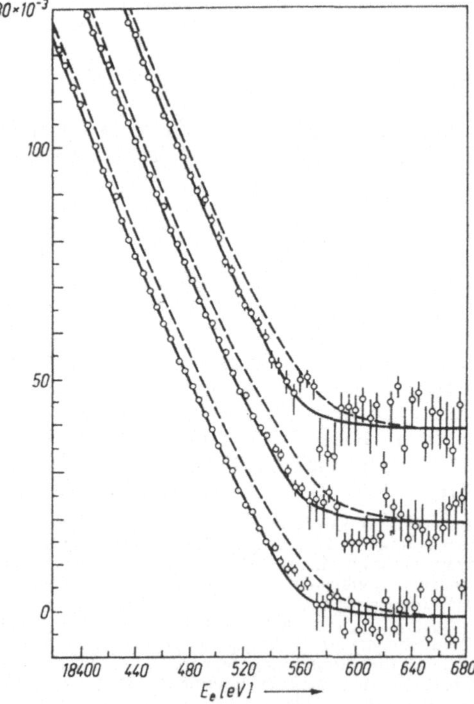

Abb. 3.46. Kurie-Diagramm für den radioaktiven β-Zerfall des Neutrons. Die Messungen wurden von ROBSON[1]) an thermischen Neutronen aus einem Reaktor vorgenommen. Das Energiespektrum der Zerfalls-Elektronen wurde in einem β-Spektrometer mit magnetischen Linsen gemessen

Abb. 3.47. Kurie-Diagramm für den β-Zerfall des Tritiums für drei verschiedene Quellen. Die ausgezogenen Kurven entsprechen den besten Anpassungen an die Meßwerte[1]). Ihnen entspricht eine Masse des Neutrinos ν_e von $20 \leqq m_{\nu_e} \leqq 45$ eV. Die gestrichelten Kurven entsprechen einer Anpassung mit $m_{\nu_e} = 0$

[1]) ROBSON, J. M.: The radioactive decay of the neutron. Phys. Rev. **83** (1951) S. 349–358.

Die Zahl der Zustände dN_e eines Elektrons innerhalb eines Volumens V und im Impulsintervall $d^3 p_e$ ist

$$dN_e = \frac{V\, d^3 p_e}{(2\pi\hbar)^3} = \frac{V\, d\Omega}{(2\pi\hbar)^3}\, p_e^2\, dp_e.$$

Integriert man über den Raumwinkel und normiert die Wellenfunktion des Fermions so, daß $V = 1$ wird, so erhält man

$$dN_e = \frac{4\pi}{(2\pi\hbar)^3}\, p_e^2\, dp_e.$$

Analog wird für die Zustände des Neutrinos

$$dN_\nu = \frac{4\pi}{(2\pi\hbar)^3}\, p_\nu^2\, dp_\nu.$$

Wir vernachlässigen Korrelationen zwischen p_e und p_ν, da das Rückstoßproton den resultierenden Impuls aufnimmt und behandeln dN_e und dN_ν als unabhängige Faktoren. Die Zahl der Zustände wird damit

$$dN_e\, dN_\nu = \frac{16\pi^2}{(2\pi\hbar)^6}\, p_e^2 p_\nu^2\, dp_e\, dp_\nu.$$

Mit $p_\nu = \dfrac{1}{c}(E_0 - E_e)$ und $\dfrac{dp_\nu}{dE_0} = \dfrac{1}{c}$ erhält man für die Zustandsdichte

$$\varrho(E_0) = \frac{dN}{dE_0} = \frac{1}{4\pi^4\hbar^6 c^3}(E_0 - E_e)\, p_e^2\, dp_e.$$

Bezeichnet $|M|^2 = \overline{|\langle pe\bar\nu|\bar H_w|\, n\rangle^2|}$ das Quadrat des über den Winkel gemittelten Matrixelements, so wird die differentielle Übergangswahrscheinlichkeit für den Zerfall eines Neutrons in ein Proton, ein Elektron und ein Antineutrino

$$w_{fi} = \frac{1}{2\pi^3\hbar^7 c^3}\, |\langle pe\bar\nu|\bar H_w|\, n\rangle|^2\, (E_0 - E_e)^2\, p_e^2\, dp_e,$$

$$(3.119)$$

wobei das Elektron einen Impuls zwischen p_e und $p_e + dp_e$ besitzt.

Zum Vergleich mit dem Experiment formt man Gl. (3.119) um:

$$\left(\frac{w_{fi}}{p_e^2\, dp_e}\right)^{1/2} = \text{const.}\ [|M|^2]^{1/2}\,(E_0 - E_e).$$

$$(3.119a)$$

Bestimmt man experimentell den Ausdruck auf der linken Seite der Gleichung und trägt ihn gegen die Elektronenenergie auf, so erhält man eine Gerade, wenn das Matrixelement vom Impuls unabhängig ist. Diese als Kurie-Diagramm bezeichnete Abhängigkeit ist für den β-Zerfall des Neutrons in Abb. 3.46 gezeigt. Die Meßwerte liegen oberhalb einer durch den Detektor gegebenen Energieschwelle auf einer Geraden. Das heißt, das Matrixelement ist impulsabhängig.

Beim β-Zerfall von Kernen mit der Kernladungszahl Z ist in Gl. (3.119) bzw. (3.119a) eine Coulomb-Korrektur $F(Z, E_e)$ einzuführen. Sie berücksichtigt die Bremsung der Elektronen bzw. die Beschleunigung der Positronen beim Verlassen des Kerns.

Der Schnittpunkt der Kurie-Verteilung mit der

x-Achse liegt bei $E_e = E_0$. Ist die Neutrinomasse jedoch $m_\nu \neq 0$, so fällt die Gerade vor dem Wert E_0 ab und schneidet die x-Achse bei $E_0 - m_\nu c^2$.

Anfang 1980 veröffentlichte eine Moskauer Physikergruppe[1]) das Resultat einer Messung des β-Zerfalls von Tritium

$$H^3 \rightarrow H^2 + e^+ + \nu.$$

Sie fanden einen Hinweis auf eine von Null verschiedene Ruhemasse des Neutrinos, der aber durch andere ähnliche Experimente nicht bestätigt werden konnte (s. Abb. 3.47).

Alle Messungen der Energiespektren von Elektronen bzw. Positronen aus dem β-Zerfall bis zu Energien von einigen MeV lassen sich im Kurie-Diagramm in guter Näherung durch Geraden darstellen. Die Matrixelemente sind also im wesentlichen impulsunabhängig. Die Form der Zerfallsspektren wird daher durch den Phasenraum und nicht durch die spezifische Form des Matrixelements bestimmt.

Den Wert des Matrixelements können wir aus der mittleren Lebensdauer τ der β-aktiven Zerfallskerne bestimmen. Die Gesamtzerfallswahrscheinlichkeit $W = 1/\tau$ erhalten wir durch Integration von w_{fi} über den Impuls:

$$W = \frac{1}{\tau} = \frac{1}{2\pi^3 \hbar^7 c^3} \overline{|\langle N'e\nu|\bar{H}_w| N\rangle|^2}\, I$$

mit $\hspace{6cm}$ (3.120)

$$I = \int_0^{p_0} F(Z, E_e)\,(E_0 - E_e)^2\, p_e^2\, \mathrm{d}p_e = m_e^5 c^7 f(Z, p_0).$$

Der Faktor $m_e^5 c^7$ wurde eingeführt, um die durch vorstehende Gleichung definierte Funktion $f(Z, p_0)$ dimensionslos zu machen. Die Coulombkorrekturwerte $F(Z, E_e)$ und die f-Werte lassen sich Tabellenwerken entnehmen[2]). Mit Gl. (3.120)

erhalten wir für den Mittelwert das Quadrat des Matrixelements

$$|M|^2 = \overline{|\langle N'e\nu|\bar{H}_w | N\rangle|^2} = \frac{2\pi^3 \hbar^7}{f\tau m_e^5 c^4}\,.$$

Ersetzt man die mittlere Lebensdauer τ durch die Halbwertszeit t, in der die Hälfte aller vorhandenen Teilchen zerfällt und die mit der mittleren Lebensdauer durch die Beziehung $t = \tau \ln 2$ verbunden ist, so wird nach Einsetzen der Zahlenwerte der Konstanten

$$|M|^2 = \frac{43 \cdot 10^{-6}\ [\mathrm{MeV^2\ fm^6\ s}]}{ft\ [\mathrm{s}]}\,. \hspace{1cm} (3.121)$$

Nach der Messung der Halbwertszeit t der betrachteten Zerfallsart und Ermittlung von $f(Z, p_0)$ gewinnt man den absoluten Wert des Matrixelements von H_w. Für verschiedene β-Zerfallsarten sind in Tab. 3.11 einige charakteristische Zerfallsgrößen zusammengefaßt, wobei t die partielle Halbwertszeit bezeichnet.

Betrachten wir als Beispiel den β-Zerfall des Neutrons. Durch Einsetzen des ft-Wertes aus Tab. 3.11 in Gl. (3.121) wird der Wert des Matrixelements

$$\overline{|\langle pe\bar{\nu}|\bar{H}_w| n\rangle|} \approx 2 \cdot 10^{-4}\ [\mathrm{MeV\ fm^3}].$$

Das Matrixelement hat die Dimension Energie mal Volumen. Nehmen wir an, daß sich die Energie H_w der schwachen Wechselwirkung über das Volumen des Protons von $\approx 1\ \mathrm{fm}^3$ verteilt, so erhalten wir größenordnungsmäßig $H_w \approx 10^{-4}$ MeV. Mit der naheliegenden Annahme, daß die Masse des Protons von $\approx 10^3$ MeV durch die starke Wechselwirkung bestimmt wird, erweist sich die schwache Wechselwirkung um das $\approx 10^7$-fache kleiner.

3.5.2. Die V-A-Theorie

Die vorstehenden Überlegungen zeigen uns, daß die Form des β-Spektrums im wesentlichen durch den Phasenraum bestimmt wird und die den β-Zerfall beschreibende Wechselwirkung so schwach ist, daß die Anwendung der Störungstheorie gerechtfertigt erscheint.

[1]) LYUBIMOV, V. A.; NOVIKOV, E. G.; NOZIK, V. Z.; TRETYAKOV, E. P.; KOSIK, V. S.: An estimate of mass from the β-spectrum of tritium in the valine molecule.

[2]) BEHRENS, H.; JÄNECKE, J.: Numerische Tabellen für Beta-Zerfall und Elektroneneinfang. Landolt-Börnstein. Neue Serie, Band I/4. Berlin, Heidelberg, New York: Springer-Verlag 1969.

Tabelle 3.11

Zerfallsart	$J\pi$-Übergang des Hadrons	t [s]	E_0 [MeV]	ft [s]
$n \rightarrow pe^-\bar{\nu}$	$1/2^+ \rightarrow 1/2^+$	635	0,782	$1{,}1 \cdot 10^3$
$O^{14} \rightarrow N^{14}e^+\nu$	$0^+ \rightarrow 0^+$	71,4	1,812	$3{,}1 \cdot 10^3$
$\pi^+ \rightarrow \pi^0 e^+\nu$	$0^- \rightarrow 0^-$	1,8	4,1	$2 \cdot 10^3$
$\Sigma^- \rightarrow \Lambda^0 e^-\bar{\nu}$	$1/2^+ \rightarrow 1/2^+$	$1{,}7 \cdot 10^{-6}$	79	$5 \cdot 10^3$
$\Sigma^- \rightarrow ne^-\bar{\nu}$	$1/2^+ \rightarrow 1/2^+$	$9{,}5 \cdot 10^{-8}$	230	$7 \cdot 10^4$
$\Lambda^0 \rightarrow pe^-\bar{\nu}$	$1/2^+ \rightarrow 1/2^+$	$2 \cdot 10^{-7}$	160	$2 \cdot 10^4$
$K^+ \rightarrow \pi^0 e^+\nu$	$0^- \rightarrow 0^-$	$1{,}8 \cdot 10^{-7}$	230	$1 \cdot 10^5$

Über den Hamilton-Operator $\overline{H}_w$, der den β-Zerfall beschreibt, (bzw. das zugehörige Matrixelement M) haben wir jedoch nur wenig erfahren. Er läßt sich nicht aus allgemeinen Prinzipien herleiten. Man muß die Form der schwachen Wechselwirkung erraten und im Vergleich mit dem Experiment diesen phänomenologischen Ansatz überprüfen. Dabei erweisen sich wieder die Invarianzeigenschaften des Hamilton-Operators bzw. des Matrixelements als wichtige Hilfe bei der Formulierung des Ansatzes.

FERMI formulierte seine Theorie des β-Zerfalls nach dem Vorbild der Quantenelektrodynamik. Die Analogie ist leichter zu erkennen, wenn wir berücksichtigen, daß ein auslaufendes Teilchen durch ein einlaufendes Antiteilchen ersetzt werden kann. Für den β-Zerfall n → pe⁻ν̄ₑ bedeutet das, die äquivalente Reaktion $\nu_e + n \to p + e^-$ zu betrachten. Wir nehmen dabei an, daß die Absolutwerte der Matrixelemente beider Prozesse gleich sind:

$$|\langle pe^{-}\overline{\nu}|\overline{H}_w| n\rangle| = |\langle pe^{-}|\overline{H}_w| n\nu\rangle|.$$

FERMI ging aus von einer Analogie des Prozesses

$$\nu_e + n \to p + e^- \tag{3.122}$$

zum Prozeß der elektromagnetischen Streuung

$$e^- + p \to p + e^-. \tag{3.123}$$

In den einführenden Bemerkungen zur QED im Abschn. 3.3.1. sahen wir, daß man den Hamilton-Operator $\overline{H}_w$ erhält, indem man die Wellenfunktionen der Felder durch Erzeugungs- und Vernichtungsoperatoren ersetzt. Im Fall der Wechselwirkung eines Elektronenstromes mit einem elektromagnetischen Feld hat das Matrixelement die Form

$$H_{fi} = e \int (\hat{\overline{\psi}}_f \gamma^\mu \overline{\psi}_i)\, \bar{A}_\mu\, \mathrm{d}^3 x.$$

Im Prozeß (3.123) wechselwirken zwei Ströme, die jeweils durch ein Teilchen mit der Ladung e erzeugt werden, über ein virtuelles Photon miteinander,

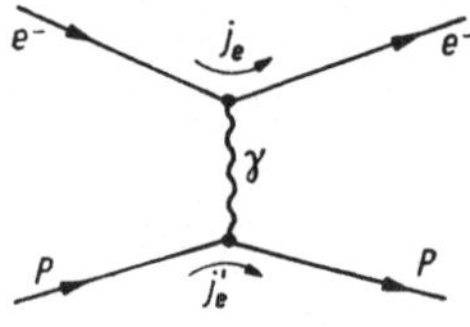

wobei j_e bzw. j'_e die Form $e\overline{\psi}\gamma_\mu\psi$ haben und die γ^μ ($\mu = 0 \dots 3$) die Diracschen γ-Matrizen sind.
Wir postulieren nun, daß auch die schwache Wechselwirkung als eine Strom-Strom-Wechselwirkung beschreibbar ist:

$$H_w = \frac{G}{\sqrt{2}} \int j_w(x)\, j^{w+}(x)\, \mathrm{d}^3 x. \tag{3.124}$$

G ist eine neue schwache Kopplungskonstante, die nicht mehr die Dimension der elektrischen Ladung hat. Der schwache Wahrscheinlichkeitsstrom j_w ist ein Vierervektor und j_w^+ bezeichnet den hermitesch konjugierten Strom.
Elektrische Ströme sind uns vertraut. Sie lassen sich beobachten und messen. Wir kennen jedoch kein klassisches Analogon für schwache Ströme. Uns bleibt nur die Möglichkeit, die auf der schwachen Strom-Strom-Wechselwirkung [Gl. (3.124)] beruhenden Vorhersagen mit den Experimenten zu vergleichen.
Die schwache Wechselwirkung als Produkt zweier Ströme wurde erstmalig 1934 von FERMI zur Beschreibung des β-Zerfalls vorgeschlagen.

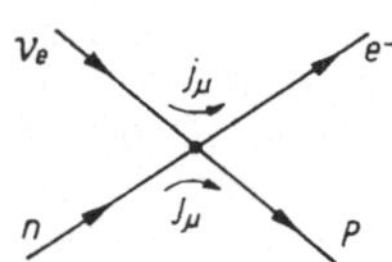

Bei der so beschriebenen schwachen Wechselwirkung berühren sich am Vertex 4 Fermionen. Jeweils zwei der Linien repräsentieren einen schwachen Leptonenstrom j_μ und einen schwachen Hadronenstrom J_μ, wobei $j_w = j_\mu + J_\mu$ gilt. FERMI verzichtete dabei auf die Einführung eines dem elektromagnetischen Feld A_μ entsprechenden schwachen Feldes. Er postulierte eine direkte lokale 4-Fermion-Wechselwirkung.
Die unendlich große Reichweite der elektromagnetischen Wechselwirkung ist der experimentell gesicherten Aussage äquivalent, daß das zwischen den Strömen ausgetauschte virtuelle Photon die Ruhemasse 0 hat. Die außerordentlich kleine Reichweite der schwachen Wechselwirkung, die FERMI zur Annahme führte, daß die Wechselwirkung in einem Raum-Zeit-Punkt stattfindet, läßt sich in Analogie zur elektromagnetischen Wechselwirkung modifizieren:

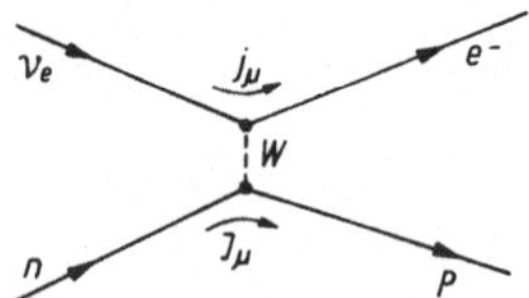

Gegenüber der 4-Fermion-Wechselwirkung wird ein die Kraft übertragendes Teilchen eingeführt, das man als intermediäres Boson W (für weak, d. h. schwach) bezeichnet. Der nahezu punktförmigen Wechselwirkung der schwachen Ströme läßt sich durch eine große Masse des virtuellen W-Quants des schwachen Feldes Rechnung tragen, das man häufig auch als Weakon bezeichnet.
Der Ladungserhaltung bei der elektromagnetischen Wechselwirkung entspricht die Leptonen-

zahl-Erhaltung für jeden der schwachen Ströme. Danach muß die Leptonenzahl von W Null sein. Die schwachen Ströme j_μ und J_μ tragen eine „schwache Ladung" $\sqrt{G}$ an Stelle der elektrischen Ladung. An den Vertices ändern die schwachen Ströme die elektrische Ladung ($n \to p$; $\nu_e \to e^-$). Das intermediäre Boson muß daher wegen der elektrischen Ladungserhaltung in Reaktion (3.122) elektrisch geladen sein. Wir sprechen daher von schwachen geladenen Strömen.

Kommen wir nochmal auf die Klassifizierung der schwachen Prozesse in Tab. 3.10 zurück. Die dort unterschiedenen Reaktionen sind durch folgende Skalarprodukte der schwachen Ströme charakterisiert:

Leptonische Prozesse $\qquad j_\mu j^{\mu+}$,

semileptonische Prozesse $\quad j_\mu J^{\mu+} + J_\mu j^{\mu+}$,

hadronische Prozesse $\qquad J_\mu J^{\mu+}$.

FERMI nahm in seiner Theorie des β-Zerfalls an, daß der schwache Strom die gleiche Form hat wie der elektromagnetische Strom. Für letzteren gilt $j^\mu = \bar\psi\gamma^\mu\psi$, wobei die γ^μ die 4×4-γ-Matrizen der Diracgleichung sind und die vierkomponentigen Spinoren ψ und $\bar\psi = \psi^*\gamma_0$ der Dirac-Gleichung (3.52) bzw. (3.53) genügen.

Um uns die Konsequenzen dieser Annahme klarzumachen, müssen wir die Tranformationseigenschaften des Hamilton-Operators bzw. des Matrixelements untersuchen.

Wir betrachten den schwachen Streuprozeß $a + b \to c + d$, wobei die vier Fermionen jeweils den Spin 1/2 haben. Der Streuprozeß wird durch folgende allgemeine Form des Matrixelements beschrieben:

$$M \propto \sum_{l=1}^{5} (\bar\psi_c \bar{O}_l \psi_a)\,(\bar\psi_d \bar{O}_l \psi_b), \qquad (3.125)$$

die invariant gegenüber einer Lorentz-Transformation ist, wenn die Operatoren $\bar{O}_l$ bestimmte Invarianzeigenschaften gegenüber der Lorentz-Transformation haben. Die $\bar{O}_l$ lassen sich durch die 4×4-γ-Matrizen ausdrücken. Damit kann man fünf invariante Basisformen der bilinearen Ausdrücke $\bar\psi \bar{O}_l \psi$ bilden, die nach ihrem Verhalten gegenüber der Lorentztransformation benannt sind. Alle anderen möglichen Formen lassen sich auf die Basisformen zurückführen.

Skalar S	$O_s = 1$	$\bar\psi\psi$
Pseudoskalar P	$O_p = \gamma_5$	$\bar\psi\gamma_5\psi$
Vierervektor V	$O_v = \gamma^\mu$	$\bar\psi\gamma^\mu\psi$
		$(\mu = 0 \dots 3)$
Axialvektor A	$O_A = \gamma^\mu\gamma_5$	$\bar\psi\gamma^\mu\gamma_5\psi$
Tensor T	$O_T = \sigma^{\mu\nu}$	$\bar\psi\sigma^{\mu\nu}\psi$

Hierbei ist $\gamma_5 = i\gamma^0\gamma^1\gamma^2\gamma^3$ und $\sigma^{\mu\nu} = i/2(\gamma^\mu\gamma^\nu - \gamma^\nu\gamma^\mu)$.

FERMI nahm an, daß das Matrixelement der schwachen Reaktion $a + b \to c + d$ in Analogie zur elektromagnetischen Wechselwirkung eine reine Vektorwechselwirkung ist:

$$M = \frac{G}{\sqrt{2}}\,(\bar\psi_c\gamma_\mu\psi_a)\,(\bar\psi_d\gamma^\mu\psi_b)$$

(dabei ist über die Indices μ zu summieren). Dieses Matrixelement ist auch gegenüber einer räumlichen Inversion eine skalare Größe. Es gilt in dieser Form also nur, wenn für die schwache Wechselwirkung Paritätserhaltung gilt. Nun haben wir · aber in Abschn. 3.2.2. gesehen, daß der β-Zerfall unter Paritätsverletzung verläuft.

Es läßt sich zeigen, daß die bilinearen Formen $V = \bar\psi\gamma^\mu\psi$ und $A = \bar\psi\gamma^\mu\gamma_5\psi$ sich gegenüber einer räumlichen Drehung wie Vektoren verhalten. V ändert jedoch bei einer räumlichen Inversion sein Vorzeichen, während der Axialvektor A sein Vorzeichen behält. Da die Parität im β-Zerfall nicht erhalten bleibt, muß das Matrixelement bzw. der Hamilton-Operator einen skalaren und einen pseudoskalaren Teil enthalten. Ein Ausdruck der Gestalt $\bar\psi_a\gamma_\mu(1 - \gamma_5)\,\psi_b$ ist aber gerade die Summe zweier Vierervektoren V und A, die sich bei einer räumlichen Spiegelung unterschiedlich transformieren. Man bezeichnet diese Theorie als V-A-Theorie der schwachen Wechselwirkung. Diese Variante der Fermischen Theorie wurde erstmalig von GELL-MANN und FEYNMAN (1958) sowie von MARSHAK und SUDARSHAN (1958) formuliert.

3.5.3. Der Zerfall des Myons

In diesem Abschnitt wollen wir näher auf die Form des schwachen Stroms und auf die Bestimmung des Wertes der schwachen Kopplungskonstanten G eingehen. Es ist eine naheliegende Erwartung, daß sich die grundlegenden Eigenschaften der schwachen Wechselwirkung am besten in rein leptonischen Prozessen untersuchen lassen, da hier kein wesentlicher Einfluß der starken Wechselwirkung vorliegt.

Wir betrachten den Prozeß des Myonzerfalls:

$$\mu^- \to e^- + \bar\nu_e + \nu_\mu$$
$$\mu^+ \to e^+ + \nu_e + \bar\nu_\mu. \qquad (3.126)$$

Im Abschn. 3.3.2. bei der Untersuchung des magnetischen Moments von Elektron und Myon wurde gezeigt, daß Myon und Elektron – abgesehen von den verschiedenen Massen – genau dieselben elektromagnetischen Eigenschaften haben. Für die schwache Wechselwirkung machen wir nun die analoge Annahme. Das heißt, der schwache Leptonenstrom j_μ läßt sich als Summe eines schwachen Elektronen- und eines Myonenstromes ausdrücken (Elektron-Myon-Universalität):

$$j_\mu = \bar\psi_e \gamma_\mu (1 - \gamma_5) \psi_{\nu_e} + \bar\psi_\mu \gamma_\mu (1 - \gamma_5) \psi_{\nu_\mu},$$
$$j_\mu^+ = \bar\psi_{\nu_e} \gamma_\mu (1 - \gamma_5) \psi_e + \bar\psi_{\nu_\mu} \gamma_\mu (1 - \gamma_5) \psi_\mu. \qquad (3.127)$$

Der Operator j_μ verringert die elektriche Ladung eines Systems um eine Einheit durch die Erzeugung eines e^- oder μ^- bzw. die Vernichtung eines e^+ oder μ^+ und der Operator j_μ^+ vergrößert die elektrische Ladung um eine Einheit. Wir haben es hier also mit geladenen Strömen zu tun. Das Matrixelement des schwachen leptonischen Stromes läßt sich als Produkt der beiden Vierervektoren j_μ und j_μ^+ in Gl. (3.127) schreiben

$$M = \frac{G}{\sqrt{2}} \, j_\mu j^{\mu+}, \qquad (3.128)$$

wobei sich die Elektron-Myon-Universalität in der für beide Anteile gleichen Kopplungskonstanten G ausdrückt.

An Stelle der Reaktionsgleichung in (3.126) kann man wie beim β-Zerfall des Neutrons die adäquate Form $\mu^- + \nu_e \rightarrow \nu_\mu + e^-$ angeben. Nehmen wir an, daß auch der μ-Zerfall unter Paritätsverletzung erfolgt und das ν_μ wie das ν_e die Helizität $H = -1$ hat, so wird das Matrixelement des μ^--Zerfalls

$$M = \frac{G}{\sqrt{2}} \, (\bar\psi_{\nu_\mu} \gamma_\mu (1 - \gamma_5) \psi_\mu) \, (\bar\psi_e \gamma^\mu (1 - \gamma_5) \psi_{\nu_e}).$$

Damit ergibt die Berechnung der Übergangswahrscheinlichkeit w_{fi} nach Gl. (3.118) für den Zerfall des Myons, wobei das Zerfallselektron eine Energie zwischen E_e ($\gg m_e c^2$) und $E_e + dE_e$ hat,

$$w_{fi}(E) = G^2 \, \frac{m_\mu^2 c^4}{4\pi^3 \hbar^7} \, E_e^2 \left[1 - \frac{4E_e}{3 m_\mu c^2} \right] dE_e. \qquad (3.129)$$

Durch Integration dieser Gleichung erhält man für die Gesamtzerfallswahrscheinlichkeit

$$W = \frac{1}{\tau_\mu} = \int_0^{E_{max}} w_{fi}(E_e) \, dE_e = \frac{G^2 m_\mu^5 c^4}{192\pi^3 \hbar^7}. \qquad (3.130)$$

Die Annahmen und die daraus folgenden Aussagen wollen wir mit den Resultaten der experimentellen Untersuchungen vergleichen.
Wie im Abschn. 3.1. festgestellt, haben die von uns als masselos angenommenen Neutrinos nur zwei meßbare Spinkomponenten, in Bewegungsrichtung des Teilchens mit der Helizität $H = +1$ oder entgegengesetzt mit $H = -1$.
Im Abschn. 3.2.3. wurde als Konsequenz der Paritätsverletzung im β-Zerfall erwähnt, daß die Neutrinos stets $H_\nu = -1$ haben, so daß der dem Spin zugeordnete Drehsinn in Bewegungsrichtung einer Linksschraube entspricht.
Die Helizität des Neutrinos aus dem e^--Einfang wurde im Jahre 1958 von GOLDHABER und Mitarb.[1] experimentell bestimmt. Sie untersuchten den K-Einfang des ^{152}Eu-Kerns

$$^{152}\text{Eu} + e^- \rightarrow {}^{152}\text{Sm}^* + \nu_e.$$

Der Ausgangskern ^{152}Eu hat den Kernspin $J = 0$ und der beim Einfang gebildete angeregte ^{152}Sm*-Kern hat den Kernspin $J = 1$. Da der K-Einfang mit dem Bahndrehimpuls $l = 0$ erfolgt, hat das (Eu + e^-)-System im Anfangszustand den Drehimpuls $J = 1/2$. Wegen der Drehimpulserhaltung muß auch im Endzustand $J = 1/2$ sein. Daraus folgt, daß der Spin des Neutrinos J_ν im Mittel entgegengesetzt zum ^{152}Sm*-Spin gerichtet ist:

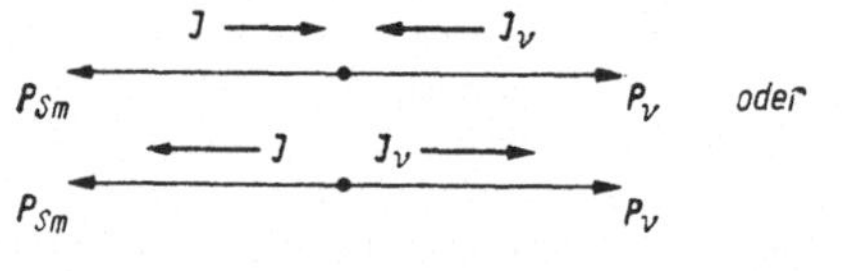

<table>
<tr><td></td><td>$J \longrightarrow$</td><td>$\longleftarrow J_\nu$</td><td></td><td></td></tr>
<tr><td>P_{Sm}</td><td colspan="2">• •</td><td>P_ν</td><td>oder</td></tr>
<tr><td></td><td>$\longleftarrow J$</td><td>$J_\nu \longrightarrow$</td><td></td><td></td></tr>
<tr><td>P_{Sm}</td><td colspan="2">•</td><td>P_ν</td><td></td></tr>
</table>

Der ^{152}Sm*-Rückstoßkern hat also dieselbe longitudinale Polarisation, d. h. dieselbe Helizität wie das Neutrino.
Die Helizität des ^{152}Sm*-Kerns läßt sich aus dem Übergang des angeregten Kerns in den Grundzustand

$$^{152}\text{Sm}^* \rightarrow {}^{152}\text{Sm} + \gamma$$

bestimmen, wobei der ^{152}Sm-Kern den Spin $J = 0$ hat. Wird das Photon in Impulsrichtung des ^{152}Sm*-Kerns emittiert, so übernimmt es wegen der Drehimpulserhaltung die Helizität des ^{152}Sm*-Kerns und damit auch die Helizität des Neutrinos. Ein Photon in einem definierten Helizitätszustand ist im klassischen Bild zirkular polarisiert. Die zirkulare Polarisation der Photonen wurde durch ihre Streuung an polarisierten Elektronen nachgewiesen.
Das Resultat des Experiments von GOLDHABER und Mitarbeiter ist $H_\nu = -1$, d. h., das Neutrino ist linkspolarisiert.
Das erste Experiment, in dem die Nichterhaltung der Parität in einem schwachen Zerfall gefunden wurde, ist im Abschn. 3.2.2. beschrieben. Ebenfalls im Jahre 1957 wurde die Paritätsverletzung im Myonzerfall experimentell nachgewiesen[2].

[1] GOLDHABER, M.; GRODZINS, L.; SUNYAR, A. W.: Helicity of neutrinos. Phys. Rev. **109** (1958) S. 1015–107.
[2] FRIEDMAN, J. I.; TELEGDI, V. L.: Nuclear emulsion evidence for parity nonconservation in the decay chain $\pi^+ \rightarrow \mu^+ \rightarrow e^+$. Phys. Rev. **105** (1957) S. 1681–1682.

Betrachten wir folgende Zerfallsfolge:

$$\pi^+ \to \mu^+ + \nu_\mu$$
$$ \hookrightarrow e^+ + \nu_e + \bar{\nu}_\mu.$$

Zerfällt ein π-Meson, so haben im Schwerpunktsystem das Myon und das Neutrino gleichgroße, entgegengesetzt gerichtete Impulse. Das Neutrino hat die Helizität $H_\nu = -1$, d. h., sein Spin J_ν ist seinem Impuls p_ν entgegengerichtet. Da das Pion den Spin $J_\pi = 0$ hat, folgt aus der Erhaltung des Drehimpulses, daß auch der Spin des Myons J_μ seinem Impuls p_μ entgegengesetzt gerichtet ist:

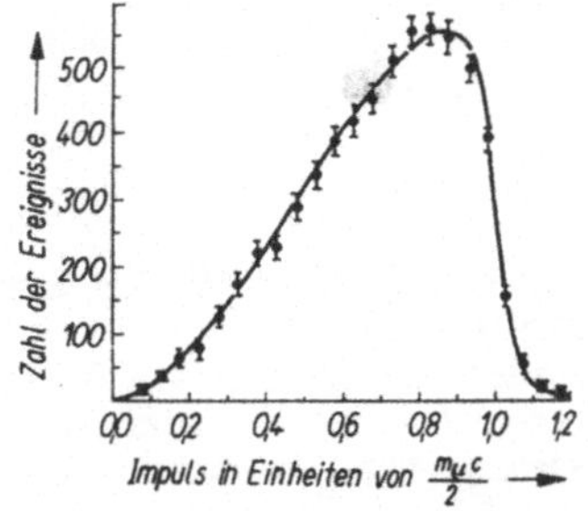

Das heißt, das Myon μ^+ muß bei Nichterhaltung der Parität im schwachen Zerfall des π-Mesons vollständig polarisiert sein. Diese longitudinale Polarisation läßt sich über den Zerfall des Myons μ^+ nachweisen. Erfolgt der Zerfall des zur Ruhe gekommenen Myons unter Paritätsverletzung, so müssen analog zum Wu-Experiment (s. Abschn. 3.2.2.) die Zerfallspositronen bevorzugt parallel zum Spin bzw. antiparallel zur Richtung des einfallenden Myons emittiert werden.

Diese Asymmetrie soll nach der V-A-Theorie die Form

$$\frac{\mathrm{d}N}{\mathrm{d}\cos\theta} = 1 + \alpha \cos\theta$$

haben, wobei α negativ ist. Im Experiment wurden 1300 $\pi^+ \to \mu^+ \to e^+$-Zerfälle in Kernemulsionen aufgezeichnet (s. Abb. 3.2) und die Winkelverteilung der Positronen bezüglich der Flugrichtung der Myonen gemessen. Die Messungen zeigen die erwartete Asymmetrie mit $\alpha \approx -1/3$.

Abb. 3.48. Spektrum der Positronen aus etwa 6000 $\mu^+ \to e^+$ Zerfällen in einer 10-l-Wasserstoffblasenkammer, die in einem Magnetfeld von 21 kG arbeitete. Die ausgezogene Kurve entspricht den Vorhersagen der V-A-Theorie

Eine weitere Voraussage der V-A-Theorie ist die Form des Energiespektrums der Zerfallspositronen, gegeben durch Gl. (3.129). DERENZO[1]) untersuchte das Spektrum in einer Wasserstoffblasenkammer, die in einem homogenen Magnetfeld arbeitete. In die Kammer wurden π^+-Mesonen geschossen, die dort zur Ruhe kamen und über die Kette $\pi^+ \to \mu^+ \to e^+$ zerfielen. Aus der Krümmungsmessung der Zerfallspositronen an etwa 6000 Ereignissen wurde das in Abb. 3.48 gezeigte Impulsspektrum der Positronen erhalten. Die ausgezogene Kurve entspricht der Gl. (3.129). Auch in diesem Punkte stimmen V-A-Theorie und Experiment gut überein. Daher wollen wir auch den Myonenzerfall zur Bestimmung der schwachen Kopplungskonstanten G verwenden. Aus Gl. (3.130) erhält man für G

$$G = \frac{192\pi^3\hbar^7}{\tau_\mu m_\mu^5 c^4}. \tag{3.131}$$

Mit der gemessenen mittleren Lebensdauer τ_μ (s. Abschn. 3.1.) wird

$$G = 8{,}938 \cdot 10^{-44} \ [\mathrm{MeV\ cm^3}].$$

Eine häufig benutzte Angabe für den Zahlenwert von G ist

$$G = \frac{1{,}02}{m_\mathrm{p}^2} \cdot 10^{-5} \approx \frac{10^{-5}}{m_\mathrm{p}^2},$$

wobei m_p die Protonenmasse ist und $\hbar = c = 1$ gesetzt wird.

3.5.4. Der schwache hadronische Strom

Im vorhergehenden Abschnitt sahen wir, daß die schwache Strom-Strom-Wechselwirkung [Gl. (3.124)] mit den in Gl. (3.127) gegebenen leptonischen V-A-Strömen erfolgreich den schwachen leptonischen Zerfall beschreibt. Schwieriger ist die Situation bei der Beschreibung der schwachen semileptonischen und hadronischen Prozesse wegen der auftretenden starken Effekte.
Bildeten vor dem experimentellen Nachweis der Quarks die drei Baryonen p, n und Λ die Basisteilchen des schwachen Hadronenstroms, so haben sich heute bei der Beschreibung der semileptonischen und hadronischen schwachen Zerfälle die Quarks als Basisteilchen des Hadronenstroms durchgesetzt. Ebenso wie die Leptonen können wir sie ja als punktartige Objekte mit dem Spin 1/2 auffassen.

[1]) DERENZO, S. E.: Measurement of the low energy and of the μ^+ decay spectrum. Phys. Rev. 181 (1969) S. 1854–1866.

Der β-Zerfall des Neutrons, bei dem das Quarktriplett (udd) in das Triplett (uud) übergeht, reduziert sich bezüglich des Hadronenstroms der schwachen Wechselwirkung auf die Umwandlung eines d-Quarks in ein u-Quark.

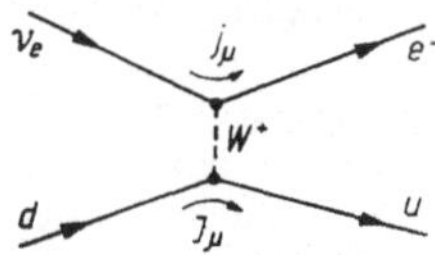

Es wird angenommen, daß der schwache hadronische Strom die gleiche raum-zeitliche V-A-Struktur besitzt wie der schwache geladene Leptonenstrom [Gl. (3.127)]. Für den β-Zerfall des Neutrons also

$$J_\mu(d \to u) = \bar{\psi}_u \gamma_\mu (1 - \gamma_5)\, \psi_d.$$

Nun gelten aber, wie die experimentelle Erfahrung zeigt, für schwache Zerfälle von Hadronen gewisse Auswahlregeln für die Änderung von Isospin und Hyperladung. Der schwache Hadronenstrom muß diese Änderungen beschreiben. Neben ihrer raum-zeitlichen Struktur besitzen die hadronischen Ströme also auch eine SU(3)-Struktur.

Wir bezeichnen die Ladungsänderung der Hadronen beim Zerfall als

$$\Delta Q = Q_f - Q_i,$$

wobei Q_f die Ladung des Hadrons im Endzustand und Q_i die Ladung des Hadrons im Anfangszustand ist. Analog ist die Änderung von Hyperladung und Isospin des Hadrons definiert:

$$\Delta Y = Y_f - Y_i; \quad \Delta I = I_f - I_i; \quad \Delta I_3 = I_{3f} - I_{3i}.$$

Semileptonische Prozesse mit $\Delta Y = 0$ wie der β-Zerfall oder beispielsweise der Zerfall

$$\Sigma^+ \to \Lambda^0 + e^+ + \nu_e$$

gehen so vor sich, daß der Isospin sich um $|\Delta I_3| = 1$ ändert. Zerfälle mit $|\Delta I_3| \neq 1$ wurden für semileptonische Reaktionen mit $\Delta Y = 0$ nicht beobachtet. Daraus folgt, daß der geladene hadronische Strom, der diese Änderungen beschreibt, einen Isovektor darstellt.

Für alle semileptonischen Prozesse mit hyperladungsändernden geladenen Strömen gilt die Regel $\Delta Y = \Delta Q$. Beispiele erlaubter Zerfälle enthält die Gruppe 3) in Tab. 3.10. Weitere semileptonische Prozesse sind etwa

$$\Lambda \to p + e^- + \bar{\nu}_e,$$
$$\Sigma^- \to n + e^- + \bar{\nu}_e. \qquad (3.132)$$

Zerfälle wie beispielsweise

$$\Sigma^+ \to n + e^+ + \nu_e$$

mit $\Delta Q = -1$ und $\Delta Y = +1$ wurden nicht beobachtet. Wie die angeführten Beispiele zeigen, gilt für den Isospin die Auswahlregel $|\Delta I| = 1/2$. Die hyperladungsändernden hadronischen Ströme sind Isospinoren.

Die im Experiment beobachteten Zerfallsraten zeigen, daß die semileptonischen Zerfälle mit $|\Delta Y| = 1$ unterdrückt werden gegenüber solchen mit $\Delta Y = 0$. Betrachten wir beispielsweise die beiden ähnlichen semileptonischen Zerfälle

$$n \to p + e^- + \bar{\nu}_e$$
$$\Lambda \to p + e^- + \bar{\nu}_e, \qquad (3.133)$$

so sehen wir aus einem Vergleich ihrer beiden ft-Werte in Tab. 3.11, daß die Gesamtzerfallswahrscheinlichkeit für den $|\Delta Y| = 1$-Prozeß um eine Größenordnung kleiner ist als für den $\Delta Y = 0$-Zerfall.

Dieser Beobachtung läßt sich dadurch Rechnung tragen, daß man den schwachen hadronischen Strom J_μ aufteilt in einen Anteil ohne Verletzung der Hyperladung $J_\mu(\Delta Y = 0)$ und einen Stromanteil mit Verletzung der Hyperladung $J_\mu(|\Delta Y| = 1)$,

$$J_\mu = a J_\mu(\Delta Y = 0) + b J_\mu(|\Delta Y| = 1) \qquad (3.134)$$

mit $a = \cos\theta_c$, $b = \sin\theta_c$ und damit $|a|^2 + |b|^2 = 1$, wobei der als Cabibbo-Winkel θ_c bezeichnete Mischungswinkel experimentell zu bestimmen ist.

Nehmen wir an, daß G eine universelle Kopplungskonstante der schwachen Wechselwirkung ist, so erfolgt die Kopplung des schwachen hadronischen Stromes an den schwachen leptonischen Strom in semileptonischen Prozessen proportional zu $G \cos\theta_c$, wenn $\Delta Y = 0$ und proportional zu $G \sin\theta_c$, wenn $|\Delta Y| = 1$ ist. Die Gesamtwahrscheinlichkeit für Übergänge ohne Änderung der Hyperladung ist folglich proportional zu $G^2 \cos^2\theta_c$ und die für Übergänge mit Änderung der Hyperladung proportional zu $G^2 \sin^2\theta_c$. Das Verhältnis der in Tab. 3.11 angegebenen ft-Werte für etwa die beiden semileptonischen Zerfälle (3.133) ergibt

$$\tan^2\theta_c \approx \frac{ft(n \to pe\nu)}{ft(\Lambda \to pe\nu)} = 0{,}06.$$

Daraus erhält man für den Cabibbo-Winkel den Wert $\theta_c = 13{,}6°$. Die Cabibbo-Theorie ist an Hand zahlreicher semileptonischer Zerfälle überprüft worden. Übereinstimmend führen alle Experimente zum gleichen Zahlenwert des Cabibbo-Winkels

$$\theta_c = 13°\,17' \quad \text{bzw.} \quad \sin\theta_c = 0{,}228.$$

Damit wird die Unterdrückung der hyperladungsändernden Ströme beschrieben, wenn auch nicht erklärt. Bisher ist es nicht gelungen, den Mischungsgrad beider Stromanteile auf allgemeinere Gesetze zurückzuführen.

Wir betrachten die hadronischen Ströme als Quarkströme. Die starke Wechselwirkung der Quarks untereinander wird dabei zunächst nicht in Betracht gezogen. Da wir die Quarks als punktartige physikalische Objekte betrachten, besitzen sie keine Formfaktoren, durch die ihre räumliche Struktur beschrieben wird.

In Analogie zur Quantenelektrodynamik (Abschn. 3.3.1.) wird daher gefordert, daß auch für den Quarkstrom eine Kontinuitätsgleichung, d. h. ein Erhaltungssatz gilt

$$\partial^\mu J_\mu(\text{Quarks}) = 0. \tag{3.135}$$

(In diesem Erhaltungssatz findet die Hypothese von der Erhaltung des Vektorstroms – CVC-Hypothese – ihren Ausdruck.)

Aus den Untersuchungen der semileptonischen Zerfälle, aber auch aus Neutrinoreaktionen folgt, daß der schwache hadronische Strom mit gutem Erfolg als Quarkstrom aufgefaßt werden kann.

$$J_\mu = \cos\theta_c\bar{\psi}_d\gamma_\mu(1 - \gamma_5)\psi_u + \sin\theta_c\bar{\psi}_s\gamma_\mu(1 - \gamma_5)\psi_u,$$

$$J_\mu^+ = \cos\theta_c\bar{\psi}_u\gamma_\mu(1 - \gamma_5)\psi_d + \sin\theta_c\bar{\psi}_u\gamma_\mu(1 - \gamma_5)\psi_s. \tag{3.136}$$

Rein hadronische Zerfälle wie etwa der schwache hadronische Zerfall der Gruppe 4) in Tab. 3.10, bei dem direkt zwei Fermionen (Λ, p) und ein Boson (π^-) beobachtet werden, läßt sich im Quarkmodell ebenfalls als schwache Strom-Strom-Wechselwirkung darstellen:

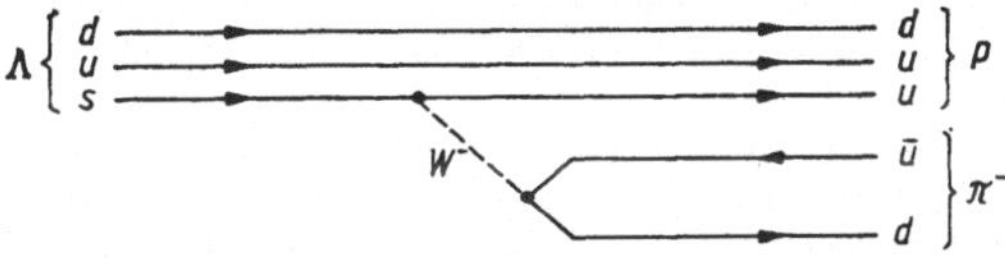

Die Beschreibung der schwachen Wechselwirkung geladener leptonischer Ströme bzw. hadronischer Quarkströme mit G als universeller Konstante der schwachen Wechselwirkung und θ_c dem Cabibbo-Winkel hat sich für viele Prozesse als ein mit den Beobachtungen übereinstimmendes Modell erwiesen. Vor allem Zerfallsprozesse, die lange Zeit die wichtigsten, den Messungen in genügender Statistik zugänglichen Ereignisse waren, entsprachen dieser Theorie, wobei die Störungsrechnungen in der niedrigsten Ordnung durchgeführt wurden.

3.5.5. Die Theorie der elektroschwachen Wechselwirkung

Charakteristisch für die beiden Quantenfeldtheorien, die QED und die QCD, die wir in den Abschn. 3.3.1. und 3.4.9. einführten, ist die Invarianz ihrer Feldgleichungen gegenüber lokalen Eichtransformationen. Die lokale Eichinvarianz der QED wird durch die Einführung eines Eichfeldes A_μ mit einem masselosen Feldquant γ und die der QCD durch die Einführung von acht Eichfeldern mit den acht masselosen Feldquanten g_i erreicht. Photon und Gluonen sind Vektorteilchen mit dem Spin 1.

Von WEINBERG im Jahre 1967 bzw. unabhängig davon von SALAM und WARD wurde eine Quantenfeldtheorie der schwachen Wechselwirkung vorgeschlagen, deren Renormierbarkeit 1971 t'HOOFT zeigte.

Die bemerkenswerteste Eigenschaft der schwachen Wechselwirkung ist ihre kurze Reichweite von $\approx 10^{-15}$ cm, bis zu der ihr Einfluß spürbar ist. Darin liegt auch der hauptsächliche Grund ihrer Schwäche, da es unwahrscheinlich ist, daß sich wechselwirkende Teilchen genügend einander nähern, um die schwache Kraft zu spüren.

Wir nehmen an, daß die schwache Wechselwirkung, die wir zunächst als lokale Wechselwirkung zweier Ströme kennenlernten, durch den Austausch eines schweren intermediären Bosons zustande kommt. Zwischen je einem Leptonenpaar (Strom) wird wie in der QED ein Boson W ausgetauscht. Da der schwache Strom Vektorcharakter hat, müssen die ausgetauschten Teilchen Vektorbosonen W$^\pm$ sein.

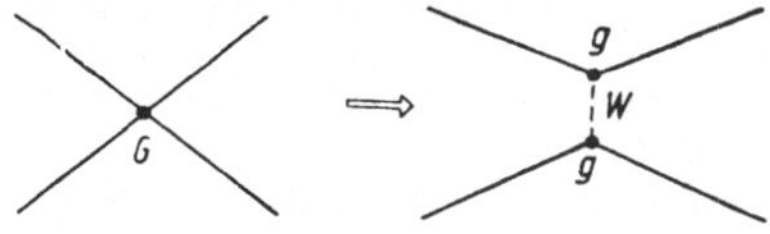

Da einerseits bei niederen Impulsübertragungen die (V-A)-Theorie gelten soll, andererseits schwach wechselwirkende Vektorbosonen zunächst nicht beobachtet wurden, sollten die W$^\pm$-Teilchen eine sehr große Masse besitzen. Da auch neutrale Ströme auftreten, muß natürlich auch ein neutrales Vektorboson Z^0 eingeführt werden.

Der Versuch einer Theorie der schwachen Wechselwirkung in Analogie zur QED und darüber hinaus die Vereinigung beider zu einer Theorie, die die QED als einen Teil enthält, stieß auf einige erhebliche Schwierigkeiten, bedingt durch die unterschiedlichen Reichweiten der schwachen und elektromagnetischen Wechselwirkungen und die unterschiedlichen Werte ihrer Kopplungskonstanten. Hinzu kommt, als unumgängliche Forderung der Theorie, der schwache neutrale Strom, dessen experimenteller Nachweis erst 1973 gelang.

Vergleicht man die dimensionslose Kopplungskonstante der elektromagnetischen Wechselwirkung $\alpha = e^2/4\pi \approx 1/137$ mit der Kopplungskonstanten der schwachen Wechselwirkung $G = 10^{-5}/m_p$, so hängt deren Wert von der Wahl der Massenskala ab. Eine naheliegende Skala ist die Masse des Vektorbosons m_w. Von einem Vergleich der vorstehenden Diagramme ausgehend setzen wir

$$\frac{G}{\sqrt{2}} = \frac{g^2}{8m_w^2} \qquad (3.137)$$

und erhalten damit eine Kopplungskonstante g, die wie die Feinstrukturkonstante dimensionslos ist.

Die Theorie ist nicht eichinvariant, denn nur masselose Vektorfelder können wie in der QED die lokale Eichinvarianz garantieren. Es erhebt sich auch die Frage, mit welchen Erhaltungsgrößen in einer Quantenfeldtheorie der schwachen Wechselwirkung die Eichinvarianz zu verknüpfen ist. Diese Problematik fand nun in den letzten Jahren durch die Weinberg-Salam-Theorie ihre Lösung. Sie umfaßt sowohl die schwache wie auch die elektromagnetische Wechselwirkung.

Um zunächst eine eichinvariante Feldtheorie der schwachen Wechselwirkung zu formulieren, sei ein von YANG und MILLS bereits im Jahre 1954 angegebener Vorschlag aufgegriffen. Sie versuchten, eine Eichtheorie der starken Wechselwirkung zu konzipieren. YANG und MILLS interpretierten die Isospininvarianz als lokale Eichinvarianz. Sie erhielten jedoch keine Übereinstimmung mit dem Experiment.

Zur Beschreibung der Ladungsunabhängigkeit der starken Wechselwirkung haben wir in Abschn. 3.2.5. die Isospinoperatoren I_l als die Erzeugenden der SU(2)-Gruppe eingeführt. Isospininvarianz heißt nun, daß etwa die Feldfunktion bei einer beliebigen Drehung im Isospinraum [s. Gl. (3.45)]

$$U(\theta_l) = \exp\left(i \sum_{i=1}^{3} I_l \theta_l\right)$$

erhalten bleibt, wobei die θ_l unabhängig von x sind, d. h. für diese globale Symmetrie ist der Isospin eine von Raum und Zeit unabhängige Größe. Eine einmal getroffene Zuordnung von I_3 ist an allen Orten für den gesamten zeitlichen Verlauf beizubehalten. Für die SU(2)-Gruppe sind die erzeugenden Operatoren I_l nicht vertauschbar (nichtabelsch).

Zur Übertragung des Prinzips der lokalen Eichinvarianz, wie wir es in der QED kennenlernten, auf nichtabelsche Symmetriegruppen führten YANG und MILLS die Isospingruppe als lokale Eichgruppe ein. Die θ_l sind als Funktionen von x aufzufassen. Über die dritte Komponente des

Isospins kann in jedem Raum-Zeit-Punkt neu verfügt werden.

Zur Anwendung des Gedankens der nichtabelschen Eichgruppe auf die schwache Wechselwirkung ordnen wir den Leptonen einen schwachen Isospin zu. Wir setzen voraus, daß der schwache Isospin eine Erhaltungsgröße sei. Er wird durch die lokale nichtabelsche Eichgruppe

$$U(\theta_l) = \exp\{iI_l \theta^l(x)\} \qquad (3.138)$$

dargestellt. Lokale Eichinvarianz bedeutet, daß die Zuordnung von I_3 an jedem Raum-Zeit-Punkt neu getroffen werden kann.

In der Weinberg-Salam-Theorie der elektroschwachen Wechselwirkung fordert das Postulat der lokalen Eichinvarianz gegenüber der U(1)-Gruppe und der Isospingruppe die Einführung von vier photonenartigen Eichfeldern. Den vier Eichfeldern lassen sich wie beim Photon und den Gluonen vier masselose Feldquanten mit dem Spin 1 zuordnen. Ein Vektorboson trägt eine negative elektrische Ladung, ein anderes eine positive und zwei der Vektorfelder sind elektrisch neutral.

Nun impliziert aber die kurze Reichweite der schwachen Kraft, daß die virtuellen Feldquanten, durch deren Austausch die schwache Kraft vermittelt wird, nicht masselos sind, sondern im Gegenteil eine sehr große Masse haben.

Um das zu erreichen, ist es notwendig, vier zusätzliche Felder, sogenannte Higgs-Felder, einzuführen. Die Quanten dieses Higgs-Feldes haben den Spin 0. Die besondere Eigenschaft des Higgs-Feldes ist sein Nichtverschwinden im Vakuum. Die Energie seines Grundzustandes ist also von Null verschieden.

Den Higgs-Mechanismus der spontanen Symmetriebrechung kann man bildhaft folgendermaßen beschreiben: Jedes masselose Feldquant verschmilzt mit einem skalaren Higgs-Teilchen. Als Resultat erhält das Feldquant eine Masse (und einen Spin).

Im Weinberg-Salam-Modell verschmelzen drei der vier Higgs-Felder mit den Vektorfeldern. Man identifiziert sie mit den schweren intermediären Vektorbosonen W^+, W^- und Z^0. Das vierte elektrisch neutrale Vektorfeld bleibt masselos, da die SU(1)-Symmetrie nicht gebrochen wird. Es ist das Photon. Das nicht absorbierte vierte Higgs-Teilchen muß bei genügend großer Energie beobachtbar sein.

Die interessanteste Vorhersage der Weinberg-Salam-Theorie ist die Existenz des Z^0-Feldquants, eines Teilchens, das bis auf die Masse in allen Eigenschaften mit dem Photon übereinstimmt. Die Entdeckung des neutralen Stroms im Jahre 1973 war daher von entscheidender Bedeutung für die Theorie der elektroschwachen Wechselwirkung.

3.5.6. Die neutrale schwache Wechselwirkung

Auch die schwachen Reaktionen, die über neutrale Ströme verlaufen, lassen sich in die drei Klassen der leptonischen, semileptonischen und hadronischen Prozesse unterteilen.

Mit dem experimentellen Nachweis der rein leptonischen Reaktionen

$$\nu_\mu + e^- \to \nu_\mu + e^-$$
$$\bar\nu_\mu + e^- \to \bar\nu_\mu + e^- \tag{3.139}$$

waren Prozesse entdeckt, die nur über schwache neutrale Ströme verlaufen können. Sie lassen sich durch das folgende Diagramm darstellen:

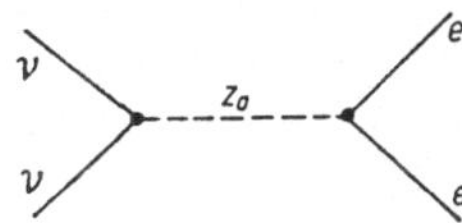

Das heißt, der Prozeß verläuft über den Austausch eines neutralen Vektorbosons Z_0.

Die Struktur des schwachen neutralen Stroms, d. h. die raum-zeitliche Struktur (Vektor V bzw. Axialvektor A) und die Isospinstruktur ($I = 0$ oder $I = 1$), läßt sich aus rein leptonischen Prozessen leichter ermitteln als aus semileptonischen Reaktionen wie etwa die inklusiven neutralen Prozesse

$$\nu_\mu + N \to \nu_\mu + \text{Hadronen},$$
$$\bar\nu_\mu + N \to \bar\nu_\mu + \text{Hadronen}, \tag{3.140}$$

deren Interpretation Modellvorstellungen über die Struktur der Nukleonen erfordert. Wegen ihres sehr kleinen Wirkungsquerschnitts ($\approx 10^{-42}$ cm²) sind die Reaktionen (3.139) jedoch außerordentlich schwer zu messen.

Nehmen wir an, daß der schwache neutrale Strom die übliche Vektor-Axialvektor-Form hat, die einer maximalen Paritätsverletzung entspricht, ohne a priori Annahmen über die Größe (g_v, g_A) beider Anteile zu machen, so läßt sich für den neutralen Leptonenstrom allgemein schreiben

$$j_\mu^0 = \bar\psi_{\nu_e}\gamma_\mu(1 - \gamma_5)\,\psi_{\nu_e} + \bar\psi_{\nu_\mu}\gamma_\mu(1 - \gamma_5)\,\psi_{\nu_\mu}$$
$$+ g_\text{v}[\bar\psi_e\gamma_\mu\psi_e + \bar\psi_\mu\gamma_\mu\psi_\mu]$$
$$+ g_\text{A}[\bar\psi_e\gamma_\mu\gamma_5\psi_e + \bar\psi_\mu\gamma_\mu\gamma_5\psi_\mu]. \tag{3.141}$$

Für die differentiellen Wirkungsquerschnitte der Neutrino- bzw. Antineutrino-Streuung an Elektronen ergibt die störungstheoretische Rechnung

damit

$$\frac{d\sigma^\nu}{dy} = \frac{G^2 m_e E}{\pi}$$
$$\times [(g_\text{v} + g_\text{A})^2 + (g_\text{v} - g_\text{A})^2 (1 - y)^2],$$

$$\frac{d\sigma^{\bar\nu}}{dy} = \frac{G^2 m_e E}{\pi}$$
$$\times [(g_\text{v} + g_\text{A})^2 (1 - y)^2 + (g_\text{v} - g_\text{A})^2]. \tag{3.142}$$

Dabei sind wie in Abschn. 3.4.8. E die Energie des Neutrinos im Laborsystem ($E \gg m_e$) und $y = E_e/E$ die Inelastizität. Ein charakteristisches Merkmal der Reaktionen (3.139) ist der sehr kleine Winkel θ zwischen der Flugrichtung des Neutrinos und dem gestreuten Elektron (s. auch Abb. 3.45).

In der Weinberg-Salam-Eichtheorie der schwachen und elektromagnetischen Wechselwirkung ist der neutrale Leptonenstrom eine Mischung aus der neutralen Isovektor-Komponente j_μ^3 des V-A-Stromes und dem elektromagnetischen Strom j_μ^{em}

$$j_\mu^0 = j_\mu^3 - \sin^2\theta_\text{w} j_\mu^{\text{em}}$$

mit

$$j_\mu^3 = \tfrac{1}{2}[\bar\psi_{\nu_e}\gamma_\mu(1 - \gamma_5)\,\psi_{\nu_e} + \bar\psi_{\nu_\mu}\gamma_\mu(1 - \gamma_5)\,\psi_{\nu_\mu}]$$
$$- \tfrac{1}{2}[\bar\psi_e\gamma_\mu(1 - \gamma_5)\,\psi_e + \bar\psi_\mu\gamma_\mu(1 - \gamma_5)\,\psi_\mu]. \tag{3.143}$$

$$j_\mu^{\text{em}} = -(\bar\psi_e\gamma_\mu\psi_e + \bar\psi_\mu\gamma_\mu\psi_\mu).$$

Neben der Kopplungskonstanten g ist der Mischungswinkel θ_w der einzige freie Parameter der Weinberg-Salam-Theorie. Er bestimmt die Größe der beiden Kopplungskonstanten g_A und g_v:

Reaktion	Weinberg-Salem-Theorie	
	g_v	g_A
$\nu_\mu + e^- \to \nu_\mu + e^-$	$-\tfrac{1}{2} + 2\sin^2\theta_\text{w}$	$-\tfrac{1}{2}$
$\bar\nu_\mu + e^- \to \bar\nu_\mu + e^-$	$-\tfrac{1}{2} + 2\sin^2\theta_\text{w}$	$+\tfrac{1}{2}$

Sowohl mit Blasenkammern als auch insbesondere mit großen elektronischen Detektoren gelang bis zur Mitte der achtziger Jahre die Identifizierung von einigen hundert Ereignissen der Reaktionen $\nu_\mu e^- \to \nu_\mu e^-$ und $\bar\nu_\mu e^- \to \bar\nu_\mu e^-$. Daraus ergeben sich für die Wirkungsquerschnitte die Werte

$$\sigma(\nu_\mu e^- \to \nu_\mu e^-)/E = (1{,}54 \pm 0{,}21) \cdot 10^{-42} \left[\frac{\text{cm}^2}{\text{GeV}}\right],$$

$$\sigma(\bar\nu_\mu e^- \to \bar\nu_\mu e^-)/E = (1{,}62 \pm 0{,}44) \cdot 10^{-42} \left[\frac{\text{cm}^2}{\text{GeV}}\right].$$

Für den Weinbergwinkel erhält man aus beiden Reaktionen innerhalb der Fehlergrenzen einen Wert von $\sin^2 \theta_w = 0,22$. Das heißt, der neutrale Leptonenstrom hat keine reine $(V\text{-}A)$-Struktur und damit keine maximale Paritätsverletzung. Ursache dafür ist die durch (3.143) gegebene Mischung der I_3-Komponente eines Isospintripletts der schwachen Wechselwirkung mit der elektromagnetischen Wechselwirkung.

Für die inklusiven Prozesse (3.140) der Wechselwirkung von Neutrinos bzw. Antineutrinos mit isoskalaren Targets gibt es mehrere voneinander unabhängige Experimente mit zum Teil sehr großen Ereigniszahlen, die bereits eine detailliertere Analyse der Struktur des neutralen Leptonenstroms gestatten.

Aus dem semileptonischen Reaktionen (3.140) bzw. aus weiteren unterschiedlichen semileptonischen Prozessen ergibt die Analyse der Messungen stets den gleichen Wert des Weinberg-Winkels. Der aus allen bisherigen Messungen folgende Mittelwert ist $\sin^2 \theta_w = 0,226 \pm 0,004$.

Durch die Weinberg-Salam-Theorie wird für die Verknüpfung der schwachen Kopplung g und der elektromagnetischen Kopplung e (bzw. α) folgender Zusammenhang angegeben:

$$\frac{G}{\sqrt{2}} = \frac{g^2}{8m_w^2} = \frac{e^2}{8m_w^2 \sin^2 \theta_w} ,$$

bzw. (3.144)

$$\varrho = \frac{m_w^2}{m_z^2 \cos^2 \theta_w} = 1 .$$

Mit den bekannten Zahlenwerten von G und θ_w ergeben sich dann

$$m_{w\pm} \approx 80 \ \text{GeV}/c^2 \quad \text{und} \quad m_{z^0} \approx 90 \ \text{GeV}/c^2$$

als Massen der Vektorbosonen.

Alle bisher vorliegenden Messungen zeigen, daß der schwache neutrale Strom dominant ein Isovektor mit einer $(V\text{-}A)$-Struktur ist. Hinzu kommt, im Gegensatz zum geladenen Strom, noch ein kleiner isoskalarer Teil. Das entspricht den Vorhersagen des Weinberg-Salam-Modells über die Mischung der schwachen neutralen Wechselwirkung, der $I_3 = 0$-Komponente des Isospintripletts der Vektorbosonen, mit der isoskalaren elektromagnetischen Wechselwirkung.

Wenn auch die große Zahl unterschiedlicher Experimente für die Richtigkeit der Weinberg-Salam-Variante einer gebrochenen nichtabelschen Eichtheorie der schwachen und elektromagnetischen Wechselwirkung sprach, der eigentliche Beweis der Theorie war durch die Entdeckung der Vektorbosonen $W^\pm$, Z^0 und des Higgs-Mesons zu erbringen.

Im Januar 1983 teilte C. RUBBIA (CERN) mit, daß ihm und seinen Mitarbeitern der experimentelle Nachweis der $W^\pm$-Bosonen gelungen sei. In der Reaktion

$$p + \bar{p} \to W^\pm + \ldots ,$$
$$\qquad \hookrightarrow e^+ + \nu_e$$

bei einer Energie des Proton-Antiproton-Paares von 540 GeV im Schwerpunktsystem, wurden die W-Bosonen über ihre leptonischen Zerfälle nachgewiesen.

Wenige Monate später gelang mit der gleichen komplexen Versuchsanlage, dem UA-1-Detektor, am Proton-Antiproton-Speicherringbeschleuniger des CERN auch der Nachweis des Z^0-Bosons über die Reaktion

$$p + \bar{p} \to Z^0 + \ldots$$
$$\qquad \hookrightarrow e^+ + e^- \quad \text{oder} \quad \mu^+ - \mu^- .$$

Die Massen der Vektorbosonen wurden experimentell zu $M_{W^\pm} = (82 \pm 2) \ \text{GeV}$ und $M_{Z^0} = (93 \pm 2) \ \text{GeV}$ ermittelt, in guter Übereinstimmung mit den Erwartungswerten der Weinberg-Salam-Theorie.

3.6. Schlußbemerkungen

In der Beantwortung der eingangs des Kapitels 3. gestellten Fragen nach den grundlegenden Bestandteilen aller Materie und den zwischen ihnen wirkenden fundamentalen Kräfte führten die experimentellen und theoretischen Arbeiten der siebziger Jahre zu bemerkenswerten Fortschritten.

Mit der Beobachtung der Quarks, die sich als nicht separierbare Bestandteile der Hadronen erwiesen, und den Leptonen erhalten wir folgendes Schema der elementaren Teilchen:

Quarks	u d	c s
Leptonen	ν_e e	ν_μ μ

Die · vier, durch ihre Flavor-Quantenzahlen zu unterscheidenden Quarks treten in drei Farben auf. Zu den Teilchen kommen noch die entsprechenden Antiteilchen hinzu.

Die uns umgebende Materie ist im wesentlichen aus den Quarks und Leptonen der ersten Gruppe aufgebaut. Die aus u- und d-Quarks gebildeten Nukleonen enthalten nur einen kleinen Betrag an $s\bar{s}$- und $c\bar{c}$-Quarkpaaren. Im β-Zerfall der u- und d-Quarks gehen diese ineinander über und ein ν_ee-Paar wird emittiert. Die Elektronen bilden die Atomhülle aller Elemente.

Durch die Kette Atom–Kern–Nukleon–Quark sind wir auf immer tieferliegende Schichten der hadronischen Materie gestoßen. Bei den Leptonen dagegen hat über den gleichen Zeitraum hinweg das Elektron seinen fundamentalen Charakter behalten. Wir wissen heute, daß Elektronen bis zu Distanzen von $\lesssim 10^{-16}$ cm als punktartige Teilchen zu betrachten sind.

Wir haben gelernt, daß die Atomstruktur als System von Kern und Elektronen und auch die Kernstruktur als System von Protonen und Neutronen noch im Sinne eines Systems von Bausteinen beschrieben werden. Die Symmetrien repräsentieren sich beim Atom und näherungsweise auch beim Kern als anschauliche räumliche Schalenstrukturen.

Prozesse, zu deren Beschreibung sich die Einführung der Quarks als notwendig erwies, werden beherrscht durch abstrakte, nicht mit der Raum-Zeit-Struktur verknüpfte Symmetrien wie beispielsweise die Isospininvarianz und die SU(3)-Symmetrie. Sie führen nicht mehr wie beim Atom und beim Kern zu augenfällig symmetrischen Raumstrukturen. Sie liefern abstrakte, nur mathematisch beschreibbare Strukturen, die wie beim Periodensystem der Elemente zur Systematisierung der in der Natur auftretenden Zustände in Teilchenmultipletts führen.

In der renormierbaren Quantenelektrodynamik, die das elektromagnetische Feld mit den Feldern der Elektronen bzw. Myonen verknüpft, wobei die Felder den Regeln der speziellen Relativitätstheorie und der Quantenmechanik unterliegen, steht uns eine Eichfeldtheorie zur Verfügung, die in beeindruckender Weise durch die Experimente bestätigt wird. Die QED gab uns darüber hinaus qualitativ neue Einsichten in die Natur des Vakuums. Wie wir sahen, läßt sich etwa die Wechselwirkung zwischen Elektronen durch den Austausch virtueller Feldquanten beschreiben. Die Emission, die Bewegung und die Absorption des virtuellen γ-Quants ist mit einer zeitweiligen Verletzung von Energie- und Impulserhaltung verbunden. Die Verletzung wird durch die Heisenbergsche Unbestimmtheitsrelation erlaubt.

Nach der Entdeckung der elektromagnetischen Strahlung und der Atomstruktur der Materie betrachten wir das Vakuum als einen Zustand ohne reale Teilchen und Strahlung. In der Quantenfeldtheorie wird die Erzeugung und Vernichtung virtueller, also experimentell nicht direkt nachweisbarer Teilchen bestimmend für die Wechselwirkung. Das heißt, Vakuumfluktuationen sind Bestandteil der elektrischen Kraft. Das Vakuum hat eine verborgene komplizierte dynamische Struktur durch die Existenz der elektromagnetischen Wechselwirkung. Sie wird offenbar, wenn das Vakuum gestört wird.

Bereits die Fermische Theorie des β-Zerfalls als Strom-Strom-Wechselwirkung in Analogie zur elektromagnetischen Wechselwirkung enthielt die Möglichkeit, die schwache Wechselwirkung durch den Austausch adäquater Feldquanten mit $J^P = 1^-$ zu interpretieren. Aber das Photon mit den gleichen Quantenzahlen hat die Ruhemasse 0 und ist elektrisch neutral, während die Vektorbosonen W$^\pm$, Z^0 des schwachen Feldes wegen der kurzen Reichweite der schwachen Kraft schwer sind ($M_{\mathrm{W,Z^0}} \approx 80$ GeV) und ein Isospintriplett bilden.

Der große Fortschritt im Verständnis der fundamentalen Kräfte der Natur gelang in den siebziger Jahren mit der einheitlichen Theorie der elektromagnetischen und schwachen Wechselwirkung. In dieser Theorie ist, wie wir gesehen haben, die Eichinvarianz derart gebrochen, daß vier verschiedene Feldquanten auftreten. Da drei dieser Quanten des einheitlichen Feldes eine sehr große Masse besitzen, erscheint der mit ihnen verknüpfte Teil der Wechselwirkung, eben die schwache Wechselwirkung, bei den gegenwärtigen niedrigen Energien als etwas von der elektromagnetischen Wechselwirkung seinem Wesen nach verschiedenes. Bei extrem hohen Energien ($\geqslant 100$ GeV) sollte sich aber ihr einheitlicher Charakter augenfällig offenbaren. Hier sollten sich die Vektorbosonen nahezu wie masselose Teilchen verhalten und die schwache Kraft die gleiche Stärke besitzen wie die elektromagnetische Kraft. Die spontane Symmetriebrechung zeigt, daß eine Theorie eine innere Symmetrie besitzen kann, ohne daß die durch die Theorie beschriebenen Zustände diese Symmetrie zeigen. Die experimentelle Verifizierung der Weinberg-Salam-Theorie ist beeindruckend, wenn auch der experimentelle Nachweis der Vektorbosonen und des Higgs-Bosons noch aussteht.

Mit der Quantenchromodynamik haben wir zur Beschreibung der starken Wechselwirkung eine weitere Eichtheorie kennengelernt. Sie postuliert die Existenz von acht Farbladung tragenden masselosen Gluonen als Feldquanten. Die gute Übereinstimmung zwischen den störungstheoretischen Näherungen der QCD für näherungsweise asymptotisch freie Prozesse und den Experimenten der e$^+$e$^-$-Annihilation bei hohen Energien bzw. der tiefinelastischen Lepton-Hadron-Streuung sind ermutigende Hinweise. Es ist denkbar, wenn auch unbewiesen, daß bei großen Abständen die Wechselwirkung zwischen den Quarks unendlich stark wird (Confinement), so daß sie als freie Teilchen nicht existieren können. Bemerkenswert ist die kürzlich erfolgte experimentelle Verifizierung der Gluonemission durch Bremsstrahlung.

Zu dem Schema der elementaren Bausteine der Materie kommt also noch das Schema der Feldquanten hinzu, durch die die fundamentalen

Kräfte zwischen Teilchen übertragen werden und die alle den Spin 1 haben:

Fundamentale Kraft	Feldquant
stark	8 Gluonen g_l
elektroschwach	$\begin{cases} 1 \text{ Photon } \gamma \\ 3 \text{ Weakons } W^{\pm}, Z^0 \end{cases}$

Durch dieses Bild, so faszinierend es erscheint und obwohl kein Experiment ihm gegenwärtig widerspricht, ist kein Abschluß in der Erkenntnis der Mikrowelt erreicht.

Wir sprechen heute von den Quarks und Leptonen als den Basisfermionen der Materie und finden Hinweise auf ein weiteres Wachsen ihrer Zahl.

Im Jahre 1975 fanden M. PERL und Mitarbeiter am Speicherring in Stanford einige anomale Prozesse, deren nachfolgende detaillierte Untersuchung in Stanford und Hamburg zur Entdeckung eines dritten geladenen Leptons τ führte, dessen Masse weit oberhalb der Myonmasse liegt $[m_\tau = (1\,784 \pm 4)\ \text{MeV}/c^2]$.

Im Jahre 1977 berichteten L. LEDERMANN und Mitarbeiter über die Entdeckung eines neuen Teilchens, das sie als Y bezeichneten. Am Protonensynchrotron des FERMI-Laboratoriums untersuchten sie die Erzeugung von Myonpaaren in den Reaktionen

$$\text{p} + (\text{Cu, Pt}) \rightarrow \mu^+ + \mu^- + \text{andere Teilchen}$$

bei einer Energie der Protonen von 400 GeV. Im $\mu^+\mu^-$-effektiven Massenspektrum zeigten sich in diesem und in nachfolgenden Experimenten an Speicherringen enge Maxima bei $m_y = (9458 \pm 6)\ \text{MeV}/c^2$ und bei $m_{y'} = (10016 \pm 14)\ \text{MeV}/c^2$. Die Ähnlichkeit mit dem J/ψ- und dem ψ'-Meson legt nahe, daß das Y-Meson aus einem neuen Quark-Antiquark-Paar $(b\bar{b})$ besteht.

Wir führen in die Theorie willkürliche Kopplungskonstanten ein, wie z. B. in der Quantenelektrodynamik den Zahlenwert der elektrischen Ladung, ausgedrückt durch die Feinstrukturkonstante α und die Zahlenwerte der Massen der Leptonen, verstehen aber nicht, wie die beobachteten Werte dieser Größe zustande kommen.

Wir haben keine Theorie, die uns die Gründe angibt, warum das Nukleon etwa 2000mal schwerer ist als das Elektron. Letztlich hängen alle chemischen Strukturen und das Leben von diesem Massenverhältnis ab. Wir erwarten, daß es auf bisher unbekannte Weise mit der starken Wechselwirkung verbunden ist.

Wir nutzen in großtechnischem Maßstab die Kernenergie, haben aber keine Theorie, die uns den Ursprung der Kernkraft zwischen den Nukleonen erklärt: Die Situation ist etwa vergleichbar mit der der chemischen Kraft vor der Entdeckung der inneren Struktur der Atome. Die Ableitung der chemischen Kraft als Konsequenz der Quantenstruktur der Atome gelang erst HEITLER und LONDON in den zwanziger Jahren dieses Jahrhunderts. Wir hoffen, daß sich die Kernkraft als Konsequenz der inneren Struktur der Nukleonen eines Tages beschreiben läßt.

3.7. Weiterführende Literatur

LANDAU, L. D.; LIFSCHITZ, E. M.: Lehrbuch der Theoretischen Physik, Band I. Berlin: Akademie-Verlag 1962.

LANDAU, L. D.; LIFSCHITZ, E. M.: Lehrbuch der Theoretischen Physik, Band III. Berlin: Akademie-Verlag 1965.

LANDAU, L. D.; LIFSCHITZ, E. M.: Lehrbuch der Theoretischen Physik, Band IVa und IVb. Berlin: Akademie-Verlag 1975 und 1973.

LANIUS, K.: Physik der Elementarteilchen. Berlin: Akademie-Verlag.

LANIUS, K.: Physik der Elementarteilchen. Braunschweig/Wiesbaden: Vieweg & Sohn.

LOHRMANN, E.: Einführung in die Elementarteilchenphysik. Stuttgart: B. G. Teubner 1983.

LOHRMANN, E.: Hochenergiephysik. Stuttgart: B. G. Teubner 1981.

RANFT, J.; RANFT, G.: Elementarteilchen, Eine Einführung in die Hochenergiephysik, Teil 1. Leipzig: BSB B. G. Teubner Verlagsgesellschaft 1976.

RANFT, J.; RANFT, G.: Elementarteilchen, Eine Einführung in die Hochenergiephysik, Teil 2. Leipzig: BSB B. G. Teubner Verlagsgesellschaft 1977.

4. Molekülphysik

4.1. Aufgaben und Entwicklung der Molekülphysik

Im Kapitel 1. hatten wir den Aufbau der Atome, ihrer Elektronenhüllen und ihrer Wechselwirkung mit elektromagnetischen Feldern kennengelernt. Wir wollen jetzt die Wechselwirkung von Atomen miteinander, also die Bildung von Molekülen und deren Eigenschaften und Verhalten untersuchen. Dies ist das Grundanliegen der Molekülphysik:

> Die Molekülphysik ist die Lehre von der Struktur und den Eigenschaften der Moleküle, soweit sie mit physikalischen Methoden erforscht werden.

Unter Molekülen verstehen wir Gebilde, die aus zwei oder mehr Atomen bestehen und die im wesentlichen durch „chemische (Valenz-) Kräfte" zusammengehalten werden. Im allgemeinen setzt man voraus, daß diese Gebilde elektrisch neutral und chemisch abgesättigt sind, schließt also (Molekül-) Ionen und Radikale aus. Bezieht man derartige Systeme mit ein, so spricht man auch von „Molekülen im erweiterten Sinn" bzw. von „molekularen Systemen".

Während man ursprünglich zu den Molekülen nur Systeme rechnete, deren Atome durch „Hauptvalenzkräfte" [Ionen- bzw. Atombindungen (s. Abschn. 4.2.2.)] miteinander verbunden waren, rechnet man neuerdings auch Assoziationskomplexe, wie z. B. $Kr...N_2$, $HF...HCl$, $N(CH_3)_3...Br_2$, die durch van der Waalssche Kräfte („Nebenvalenzkräfte") gekoppelt sind, zu den Molekülen („van der Waalssche Moleküle"). Diese Systeme sind zwar im allgemeinen sehr instabil, lassen sich jedoch insbesondere mit spektroskopischen Methoden eindeutig nachweisen und charakterisieren.

Wir wollen den Strukturbegriff sehr weit fassen:

Die Struktur eines Moleküls umfaßt die Gesamtheit aller qualitativen und quantitativen Informationen über die Anordnung der Atomkerne, über die Wechselwirkungen zwischen den Atomen und über die Verteilung der Elektronendichte im Molekül.

Zwischen der Molekülphysik und der Chemie bestehen enge Beziehungen; die Molekülphysik ist ein wesentlicher Bestandteil der „chemischen Physik".

4.1.1. Die historische Entwicklung der Molekülphysik

4.1.1.1. Der Molekülbegriff

Der Begriff des Moleküls wurde erst relativ spät eingeführt, da er atomistische Vorstellungen über den Aufbau der Materie voraussetzt. Diese Auffassungen setzten sich erst zu Beginn des 19. Jahrhunderts allmählich durch und noch zu Beginn dieses Jahrhunderts wurden atomistische Vorstellungen von einigen bedeutenden Naturwissenschaftlern (z. B. WILHELM OSTWALD und E. MACH) abgelehnt.

Die ersten klaren Ansichten über die Existenz und den Aufbau der Moleküle entwickelte DALTON im Jahre 1808. Er postulierte, daß es verschiedene Arten von Atomen gibt, daß die Atome eines Elements in allen Eigenschaften gleich sind und daß sich die Atome verschiedener Elemente in allen Eigenschaften mehr oder weniger unterscheiden. DALTON nimmt ferner an, daß sich bei der Bildung eines Moleküls a Atome des Elements A mit b Atomen des Elements B zu einer Verbindung A_aB_b vereinigen. Dabei ist es möglich, daß sich die Atome zweier Elemente in verschiedenen Zahlenverhältnissen verbinden können. DALTON hat bereits besondere Symbole für die Atome eingeführt, so z. B. ○ für Sauerstoff, ● für Kohlenstoff, ⊙ für Wasserstoff usw. Damit erhält er folgende symbolische Darstellungen, z. B. ○● für CO, ○●○ für CO_2 und ○⊙ (fälschlich) für Wasser.

Aufbauend auf den in der Chemie gewonnenen Erfahrungen wurden in der ersten Hälfte des 19. Jahrhunderts auch die Vorstellungen über den Aufbau der Moleküle präzisiert. Besondere Bedeutung (insbesondere für die organische Chemie) kam dabei der Erkenntnis der Vierwertigkeit des Kohlenstoffatoms zu. Unter Wertigkeit (Valenz) eines Elements versteht man die Zahl der Wasserstoffatome (oder dem Wasserstoff äquivalente Atome), die gebunden oder ersetzt werden können. Einen gewissen Eindruck über die Entwicklung der Vorstellungen vom Molekülbau vermittelt die Schreibweise chemischer Formeln in jener Zeit (Abb. 4.1). In allen Darstellungen kommt die Vierwertigkeit des Kohlenstoffatoms zum Ausdruck. Die Formel von KERKULÉ („Semmelformel") ist eine Summenformel, während die übrigen Darstellungen bereits Aussagen über die relative Lage der Atome im Molekül, also über die Konstitution enthalten. (Definition des Begriffs „Konstitution" s. 4.2.1.). COUPER geht von einer relativen Atommasse von 8 für

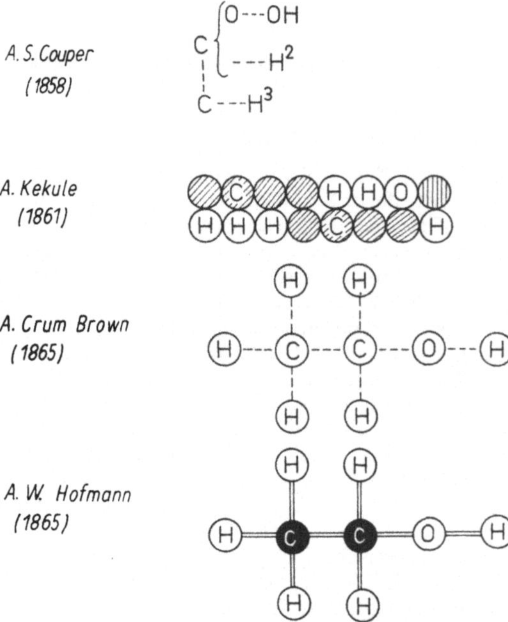

Abb. 4.1. Entwicklung der Schreibweise chemischer Formeln in der Mitte des 19. Jahrhunderts, dargestellt am Beispiel des Ethanols

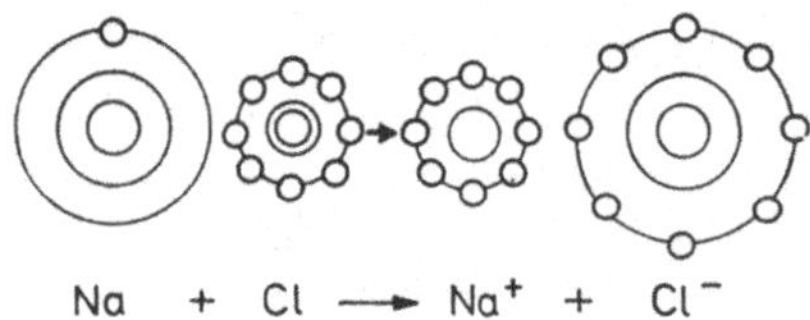

Abb. 4.2. Das Kosselsche Modell der ionischen Bindung: Na + Cl → NaCl

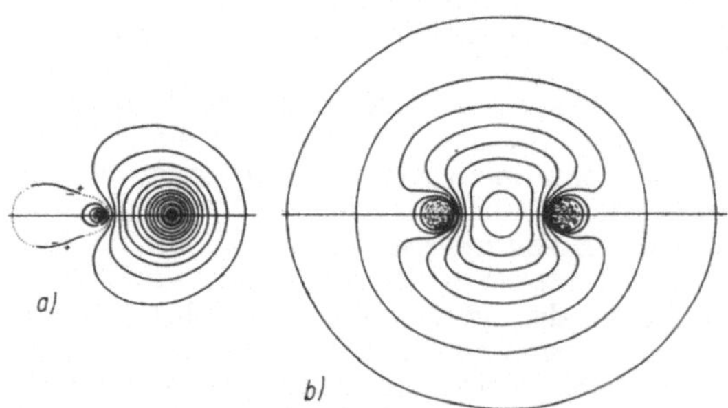

Abb. 4.3. Die ψ-Funktion für LiH und Li_2. Die Elektronendichte zeigt auf Grund der Beziehung (1.156) eine ähnliche Verteilung; in der Nähe der Kerne liegen Kurven gleicher Elektronendichte enger beieinander

Sauerstoff aus; deshalb enthalten sämtliche Formeln die doppelte Anzahl von Sauerstoffatomen.

Entscheidend für die weitere Entwicklung war die Erkenntnis von KEKULÉ (1867), daß die Bindungen eines Kohlenstoffatoms nicht in einer Ebene liegen, sondern daß sie räumlich verteilt sind und in die Ecken eines Tetraeders weisen. Diese Vorstellung wurde sieben Jahre später von VAN'T HOFF und LE BEL weiterentwickelt und führte zur „Stereochemie", zu Vorstellungen, die bis heute noch in ihren Grundzügen gültig sind. Die ersten quantitativen Aussagen über den (geometrischen) Aufbau der Moleküle ergaben Röntgen-Struktur-Untersuchungen von W. H. BRAGG und W. L. BRAGG im Jahre 1913. Insbesondere in den letzten beiden Jahrzehnten sind zahlreiche Methoden entwickelt worden, die präzise Aussagen über die Struktur der Moleküle erlauben, einige davon werden wir im Abschnitt 4.3. behandeln.

Ein qualitatives Verständnis der „chemischen Kräfte" war erst möglich, nachdem detaillierte Vorstellungen über den Aufbau der Atome und insbesondere deren Elektronenhüllen bekannt waren und sich die Erkenntnis durchsetzte, daß die Elektronen für die chemischen Kräfte maßgeblich sind. 1915 zeigte KOSSEL, daß Atome durch Aufnahme oder Abgabe von Elektronen sukzessiv Elektronenschalen erhalten können, die den nachfolgenden bzw. vorangegangenen Elementen des Periodischen Systems entsprechen. Besonders stabil sind Atome bzw. Ionen mit einer abgeschlossenen „Edelgasschale". Treten Atome in Wechselwirkung, so sind sie aus energetischen Gründen bestrebt, soviel Elektronen aufzunehmen bzw. abzugeben, daß (ionogene) Systeme mit einer Edelgasschale entstehen. Zwischen diesen Ionen wirken elektrostatische Kräfte; sie sind absättigbar und ungerichtet (Abb. 4.2). Zwischen den ein Molekül bildenden Ionen gibt es bei der ionischen Bindung Gebiete, in denen sich praktisch keine Ladung befindet (Abb. 4.3a). Durch Aufstellung dieses einfach anwendbaren Prinzips hatte KOSSEL eine Möglichkeit geschaffen, die Eigenschaften ionisch aufgebauter Substanzen, also insbesondere anorganische Verbindungen zu verstehen und qualitative Vorhersagen zu machen.

Das Kosselsche Modell versagt jedoch z. B. bei zweiatomigen Molekülen aus gleichartigen Atomen, etwa H_2 und N_2. Auch für die Beschreibung der Bindungsverhältnisse in organischen Verbindungen ist die Kosselsche Vorstellung wenig geeignet. Zur qualitativen Beschreibung des Aufbaues und des Verhaltens derartiger Verbindungen wurde fast zur gleichen Zeit von LEWIS ein anderes Modell vorgeschlagen. LEWIS zeigte, daß zumindest bei den Elementen der ersten

Achterperiode des Periodischen Systems sich immer so viele Atome durch Ausbildung gemeinsamer Elektronenpaare zu einem Molekül verbinden, bis jedes der beteiligten Atome eine mit acht Elektronen besetzte Außenschale hat (Oktettregel). LEWIS veranschaulicht dabei die Atome durch Würfel, wobei die Elektronen (der äußeren Elektronenschale) durch kleine Kugeln in den Würfelecken symbolisiert werden (Abb. 4.4). Später haben sich andere, einfachere Schreibweisen durchgesetzt (Abb. 4.5), wobei die einzelnen Elektronen durch Punkte (Abb. 4.5a) bzw. Elektronenpaare durch Striche dargestellt (Abb. 4.5b) werden. Die Bindungselektronenpaare werden zwischen die betreffenden Atome gezeichnet, alle anderen Valenzelektronen bilden „einsame Elektronenpaare" und werden paarweise um die jeweiligen Atome angeordnet. Die „Bindungselektronenpaare" entsprechen dem „Valenz-Strich" in den Formeln der Chemiker (Abb. 4.5c). Bei dieser Art der Bindung ist, im Gegensatz zur ionischen Bindung, die Elektronendichte zwischen den Atomen besonders groß (Abb. 4.3b). Die große Elektronendichte ist jedoch nicht primär die Ursache der chemischen Bindung (Abschn. 4.2.2.3.).

Die Lewissche Theorie hat sich zur qualitativen Interpretation vieler Fragen der organischen Chemie bewährt, quantitative Aussagen läßt sie jedoch nicht zu. Weiterhin gibt es eine ganze Reihe von Erscheinungen, die sich auf dieser Basis auch nicht qualitativ deuten lassen. Zum Beispiel kann man zwar für das Sauerstoffmolekül eine (symmetrische) Valenzstrichformel aufschreiben; diese Elektronenverteilung gibt aber keine Erklärung dafür, daß Sauerstoffmoleküle paramagnetisch sind.

Eine quantitativ gültige Theorie der chemischen Bindung ist nur auf quantenmechanischer Grundlage möglich. 1927 behandelten HEITLER und LONDON die Bindung im Wasserstoffmolekül erstmals mit quantenmechanischen Methoden

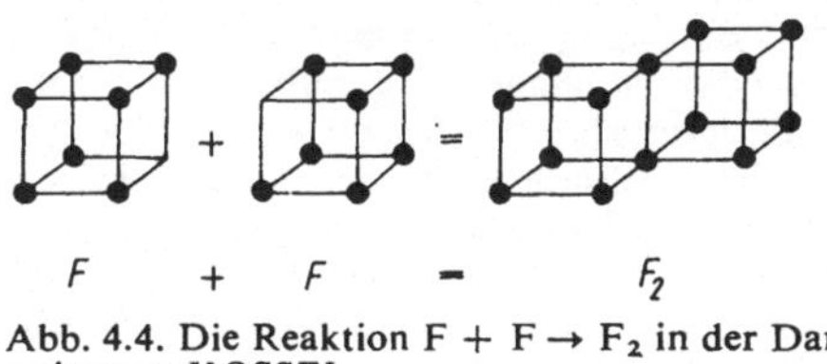

F + F = F₂

Abb. 4.4. Die Reaktion F + F → F₂ in der Darstellungsweise von KOSSEL

H:C:C:O:H ≡ H│C│C│O│H ≡ H–C–C–O–H

a   b   c

Abb. 4.5. Neue Darstellungsweisen chemischer Bindungen; Beispiel: Ethanol

und erhielten für Bindungsenergie und Bindungsabstand größenordnungsmäßig richtige Werte. Weitere Untersuchungen zur Theorie der chemischen Bindung wurden in den folgenden Jahren insbesondere von HUND, MULLIKEN und E. HÜCKEL durchgeführt. Die Arbeiten von E. HÜCKEL über die Bindung durch π-Elektronen haben zu den ersten Anwendungen der Quantenchemie in der praktischen Chemie geführt. Ein wesentlicher Aufschwung der Arbeiten zur Theorie der chemischen Bindung und zur theoretischen Interpretation der Molekülstrukturen ergab sich durch den Einsatz von Computern nach dem zweiten Weltkrieg.

4.1.1.2. Die Vorstellungen über die zwischenmolekularen Wechselwirkungen

Die ersten qualitativen Vorstellungen über die Wirkungen zwischenmolekularer (intermolekularer) Kräfte entstanden zu Beginn des 19. Jahrhunderts. Die Kapillarkräfte wurden von LAPLACE als zwischenmolekulare Kräfte gedeutet, quantitative Überlegungen zu den Kapillarkräften wurden 1830 von GAUSS veröffentlicht. Wesentliche Fortschritte über die Kenntnis zwischenmolekularer Kräfte ergaben in der 2. Hälfte des vorigen Jahrhunderts die (experimentellen) Untersuchungen des Verhaltens realer Gase und die hierdurch angeregten Arbeiten zur kinetischen Gastheorie (MAXWELL, BOLTZMANN); die ersten Vorschläge für Potentiale der abstoßenden zwischenmolekularen Wechselwirkungen wurden diskutiert. SUTHERLAND zeigte 1886, daß zur Deutung der von THOMSON und JOULE gefundenen Effekte bei der Expansion eines realen Gases in einem porösen Medium die Annahme von anziehenden zwischenmolekularen Kräften notwendig ist. Er benutzte als erster zur Darstellung der Abhängigkeit des Potentials ε der zwischenmolekularen Kräfte vom Abstand r einen zweigliedrigen Ausdruck der Form

$$\varepsilon = -\frac{\alpha}{r^m} + \frac{\beta}{r^n} \quad \text{mit} \quad m = 6 \quad \text{und} \quad n = 12.$$

$$(4.1)$$

Dieser Ansatz mit anderen Exponenten m und n („Lennard-Jones-Potential") wird vielfach auch heute noch, wenn auch teilweise modifiziert benutzt. Weitere Aussagen über zwischenmolekulare Kräfte ergaben die Untersuchungen zur Zustandsgleichung von Flüssigkeiten und Gasen (van der Waalssche Gleichung, s. Bd. 1). All den bisher genannten Untersuchungen war gemeinsam, daß sie *keine* Aussagen über die physikalischen Ursachen der zwischenmolekularen Kräfte enthielten, sie beschränkten sich auf eine *phänomenologische Beschreibung*. Derartige Untersuchungen waren erst zu Beginn des 20. Jahrhunderts möglich, nachdem detaillierte Vorstellungen über den Aufbau der Atome und Moleküle existierten.

Da molekulare Systeme negative und positive Ladungen enthalten, liegt die Annahme nahe, daß die zwischenmolekularen Wechselwirkungen durch elektrostatische Kräfte bedingt sind. Bei ionogenen Systemen ist dies augenscheinlich. Haben Moleküle ein Dipolmoment, so treten zwischen zwei Molekülen im Mittel anziehende Kräfte auf, die in 1. Näherung mit der 6. Potenz des Abstands abnehmen („Dipolkräfte"; KEESOM 1921). Atome und Moleküle sind polarisierbar, ein Dipol eines Moleküls induziert deshalb in ein anderes Molekül ein Dipolmoment. Diese beiden Dipolmomente treten in Wechselwirkung und verursachen anziehende Kräfte („Induktions-Kräfte"; DEBYE 1920), die nach dem gleichen Potenzgesetz wie die Dipolkräfte mit dem Abstand abnehmen. Die Erfahrung zeigt, daß auch zwischen Atomen und unpolaren Molekülen (z. B. He, H_2 usw.) Kräfte auftreten. Man könnte daran denken, daß bei diesen Systemen Pole höherer Ordnung (Quadrupole usw.) Ursache der intermolekularen Wechselwirkung sind. Abschätzungen ergeben jedoch, daß diese Kräfte keineswegs ausreichen, um die beobachteten Effekte quantitativ zu deuten. Es zeigt sich, daß ein Verständnis der Ursachen dieser Kräfte nur auf quantenmechanischer Grundlage möglich ist („Dispersions-Kräfte"; LONDON 1930).

4.1.2. Prinzipielle Wege zur Bestimmung molekularphysikalischer Parameter

Die molekularphysikalischen Kenngrößen sind unseren Sinnen nicht unmittelbar zugängig; wir können nur indirekt auf sie schließen, und zwar durch die Wechselwirkung der molekularen Systeme mit Materie bzw. Strahlung. Zu nennen sind hier insbesondere die „spektroskopischen Methoden" im weitesten Sinne. Historisch gesehen haben diese Untersuchungsmethoden in der von KIRCHHOFF und BUNSEN eingeführten Spektralanalyse (s. Band 3) ihren Ursprung. Während sich diese Untersuchungen ursprünglich im wesentlichen auf den sichtbaren Bereich des Spektrums der elektromagnetischen Wellen beschränkten, sind im Laufe der Zeit und insbesondere in den letzten drei Jahrzehnten weitere Spektralbereiche für molekülphysikalische Untersuchungen erschlossen worden. Die Beugungsmethoden (Lichtstreuung, Röntgenstreuung, Elektronen- und Neutronenbeugung) haben gleichzeitig mit der Verbesserung der experimentellen Methoden steigende Bedeutung für molekülphysikalische Fragestellungen erhalten. Die wichtigsten Methoden werden später (Abschn. 4.3.; s. auch Band 2 und 3) ausführlicher behandelt. Die hier genannten Methoden ergänzen sich gegenseitig, und mit *einer* Methode allein lassen sich nur im beschränkten Umfang Aussagen über die Molekülstruktur und die molekularen Wechselwirkungen machen.

Da die thermodynamischen Stoffeigenschaften über die Potentiale der zwischenmolekularen Wechselwirkung von den Moleküleigenschaften abhängen, ist es prinzipiell möglich, auch aus thermodynamischen Größen gewisse Aussagen über molekulare Parameter zu machen. Wegen der Kompliziertheit der für dichte Systeme (reale Gase, Flüssigkeiten, Festkörper) geltenden Beziehungen beschränkt man sich hierbei im allgemeinen auf die Aufstellung empirischer bzw. halbempirischer Beziehungen zwischen molekularen Parametern und makroskopischen Größen (Siedepunktsregeln, Parachor usw., s. Band 1). Diese Verfahren wurden wegen ihrer Einfachheit für Strukturuntersuchungen bis in die fünfziger Jahre vielfach benutzt. Durch die Weiterentwicklung der spektroskopischen Methoden (IR- und Ramanspektroskopie, NMR-Spektroskopie, EPR-Spektroskopie) und die Bereitstellung kommerzieller, relativ einfach zu bedienender Geräte haben diese Verfahren an Bedeutung verloren, insbesondere da der Informationsgehalt der spektroskopischen Methode wesentlich größer ist als der aus thermodynamischen Messungen gewonnenen Angaben. Der umgekehrte Weg, die Berechnung von thermodynamischen Stoffdaten aus molekularen Größen, ist nach wie vor von großer Bedeutung, da man in der Chemie, und insbesondere in der Verfahrenstechnik diese Daten zum Teil auch für experimentell schwer zugängige Temperatur- und Druckbereiche im großen Umfang benötigt.

Bei der Aufklärung von Molekülstrukturen mittels spektroskopischer oder Beugungsmethoden besteht eine prinzipielle Schwierigkeit. Für ein vorgegebenes Molekül bzw. ein dem Molekül angemessenes Molekülmodell (s. Abschn. 4.2.1.) kann man im allgemeinen Spektren und Beugungsbilder eindeutig vorhersagen. Der umgekehrte Weg ist nicht allgemein gangbar. Aus Spektren oder Beugungsbildern lassen sich in der Regel ohne Hinzuziehung weiterer experimenteller oder theoretischer Informationen keine eindeutigen Aussagen zur Molekülstruktur machen. Kennt man z. B. das Kraftfeld eines Moleküls, d. h. die Kraftkonstanten, so kann man hieraus das IR-Spektrum berechnen. Will man aus dem IR-Spektrum die Kraftkonstanten berechnen, so benötigt man zusätzliche Informationen (z. B. die Spektren isotopensubstituierter Verbindungen). Bei der Bestimmung molekularer Größen aus experimentellen Daten geht man deshalb meist von bestimmten Molekülmodellen (s. Abschn. 4.2.1.) aus, berechnet für diese Modelle die sich aus der Wechselwirkung mit Strahlung oder Materie ergebenden Effekte und vergleicht die Ergebnisse dieser Modellrechnungen mit den experimentellen Ergebnissen. Stimmen Theorie und Experiment nicht überein, so variiert man die Modelle entsprechend.

4.2. Der Aufbau der Moleküle

Wir haben eingangs den Begriff „Struktur eines Moleküls" sehr weit gefaßt. Für viele Probleme der Molekülphysik sind derartig umfassende Aussagen über den Bau der Moleküle nicht erforderlich (s. u.). Man benutzt deshalb Modellvorstellungen, die nur einen Teil der möglichen Informationen über die Struktur des Moleküls enthalten.

4.2.1. Molekülmodelle

Moleküle (im weiteren Sinne) bestehen aus einer mehr oder weniger großen Zahl von Atomen und Elektronen. Wir wollen unter einem Molekül stets ein *neutrales* System verstehen. Beziehen wir geladene Teilchen (Ionen) in die Betrachtungen ein, so sprechen wir von *molekularen Systemen.* Aus der Art und der Zahl der Atomkerne in einem Molekül ergibt sich die *Substanz-* bzw. *Molekülformel*; sie ist eine Summenformel und sagt nichts über den strukturellen Aufbau der Verbindung aus. Wir wissen seit der Entdeckung der Isomerie durch LIEBIG und WÖHLER, daß es Verbindungen gleicher Molekülformel mit unterschiedlichem innerem Aufbau und unterschiedlichen Eigenschaften gibt. Wir führen deshalb den Begriff der Konstitution eines Moleküls ein:

> Die Konstitution eines Moleküls umfaßt Angaben über die Verknüpfung von Atomen und Atomgruppen.

Moleküle gleicher Konstitution haben den gleichen topologischen Aufbau. Ein Beispiel für Konstitutionsisomere ist Ethanol und Dimethylether:

Ethanol   Dimethylether

$$
\begin{array}{ccc}
& \mathrm{H} \quad \mathrm{H} & \\
& | \quad | & \\
\mathrm{C}-\mathrm{C}-\mathrm{C}-\mathrm{O}-\mathrm{H} & \\
& | \quad | & \\
& \mathrm{H} \quad \mathrm{H} &
\end{array}
\qquad
\begin{array}{ccc}
& \mathrm{H} \quad\quad \mathrm{H} & \\
& | \quad\quad | & \\
\mathrm{H}-\mathrm{C}-\mathrm{O}-\mathrm{C}-\mathrm{H} & \\
& | \quad\quad | & \\
& \mathrm{H} \quad\quad \mathrm{H} &
\end{array}
$$

Die Konstitutionsformel schreibt man im allgemeinen in einer vereinfachten Form:

CH_3-CH_2-OH bzw. CH_3-O-CH_3.

Die Konstitutionsformeln spiegeln die geometrische Anordnung der Atome nicht richtig wider. In den o. g. Verbindungen liegen die Atomkerne nicht in einer Ebene, die Bindungswinkel sind $\neq 90°$, die Bindungslängen sind unterschiedlich. Moleküle gleicher Konstitution, wie z. B.

$$
\begin{array}{cc}
\mathrm{H}\quad\quad\mathrm{H} & \mathrm{H}\quad\quad\mathrm{F} \\
\diagdown\quad\diagup & \diagdown\quad\diagup \\
\mathrm{C}{=}\mathrm{C} & \mathrm{C}{=}\mathrm{C} \\
\diagup\quad\diagdown & \diagup\quad\diagdown \\
\mathrm{F}\quad\quad\mathrm{F} & \mathrm{F}\quad\quad\mathrm{H}
\end{array}
$$

cis-1,2-Dichlorethen   trans-1,2-Dichlorethen

$FHC{=}CHF$ können sich in ihrer Konfiguration unterscheiden:

> Die Konfiguration eines Moleküls umfaßt bei bekannter Konstitution Angaben über eine stabile geometrische Anordnung bestimmter Atome bzw. Atomgruppen zueinander.

Cis-1,2-Dichlorethen und trans-1,2-Dichlorethen sind Konfigurationsisomere, die beiden Cl-Atome sind einmal benachbart (cis) zum anderen gegenüberliegend angeordnet (trans).

Zu den Konfigurationsisomeren gehören auch die optisch aktiven Verbindungen, die sich wie Bild und Spiegelbild verhalten. Die meisten ihrer Eigenschaften stimmen überein, sie unterscheiden sich in der unterschiedlichen Drehung der Ebene von polarisiertem Licht (s. das in Band 3 behandelte Beispiel des 2-Methyl-butan-1-ols; „aktiver Amylalkohol").

Sind in einem Modell Atome durch Einfachbindungen miteinander verbunden, so ist im allgemeinen eine mehr oder weniger freie Drehbarkeit um diese Einfachbindung möglich. Je nach Drehwinkel entstehen unterschiedliche Konformationen (Konformationsisomere, Konformere).

> Die Konformation eines Moleküls umfaßt bei vorgegebener Konstitution und Konfiguration Angaben über die geometrische Anordnung bestimmter Atomgruppen zueinander, die durch Einfachbindungen verbunden sind.

Bei tiefen Temperaturen treten bestimmte Konformationen bevorzugt auf; mit steigender Temperatur wächst die relative Beweglichkeit der Gruppen.

Wir haben eine hierarchische Ordnung von Modellen. Während die Aussagefähigkeit der hier skizzierten Modelle wächst, steigt gleichzeitig der experimentelle und theoretische Aufwand zur Bestimmung der Molekülparameter bei der Anwendung der Modelle auf konkrete Fragestellungen. Welches Modell man am zweckmäßigsten benutzt, hängt davon ab, welche Probleme untersucht werden sollen, also z. B. welche Stoffdaten berechnet werden sollen und welche Ge-

---

nauigkeit angestrebt wird. Interessiert z. B. nur die Masse eines Moleküls, so benötigt man zu deren exakten Berechnung nur die Substanzformel. Zur Berechnung energetischer Größen und von Eigenschaften, die mit der zwischenmolekularen Wechselwirkung zusammenhängen, muß man zumindest die Konstitution, in manchen Fällen auch die Konfiguration der Moleküle kennen. Detaillierte Kenntnisse der Molekülstruktur sind insbesondere bei allen Fragen, die mit der Reaktion der Atome und Moleküle zusammenhängen (chemische Elementarreaktionen) notwendig.

4.2.2. Die chemische Bindung

4.2.2.1. Grundsätzliche Fragen zu der Behandlung der chemischen Bindung[1])

Die Wechselwirkung der Atome innerhalb eines Moleküls, die „Valenzkräfte", bestimmen nicht nur, welche chemischen Verbindungen existieren können, sondern auch die Eigenschaften des einzelnen Moleküls und damit letztlich auch das makroskopische Verhalten. Die chemische Bindung ist deshalb für die Molekülphysik und darüber hinaus für die gesamte Chemie von fundamentaler Bedeutung.
Aus Atomen bilden sich Moleküle, wenn bei der Vereinigung der Atome zum Molekül Energie frei wird; entsprechend ist bei der Zerlegung der Moleküle in die Atome Energie aufzuwenden.

> Moleküle sind energieärmer als die freien Atome, aus denen sie aufgebaut sind.

Die Energie, die notwendig ist, um ein Molekül (bei 0 K) in Atome zu zerlegen, bezeichnet man als *Atomisierungsenergie*. Die Atomisierungsenergie ist im allgemeinen kein Maß für die Stabilität eines Moleküls. Eine hohe Atomisierungsenergie bedeutet zwar, daß viel Energie aufzubringen ist, um das Molekül *vollständig* in Atome zu zerlegen. Um ein mehratomiges Molekül zu zerstören, genügt es jedoch, *eine* Bindung des Moleküls durch äußere Einwirkung (Wärmeenergie, Strahlung, Wechselwirkung mit anderen Molekülen) zu lösen.

> Ein Molekül ist um so stabiler, je schwieriger es ist, seinen atomaren und geometrischen Aufbau durch äußere Einflüsse zu verändern.

Ehe wir die verschiedenen Bindungstypen näher untersuchen, wollen wir die Frage klären, ob eine

---

[1]) Chemische Bindung und Kristallstrukturen s. Abschn. 5.3.

Behandlung der chemischen Bindung mit den Methoden der klassischen Physik oder der Quantenmechanik angemessen ist. Das Kriterium hierfür ist, ob die De-Broglie-Wellenlängen (s. Abschn. 1.2.2.) der Bausteine der Moleküle, Atomkerne und Elektronen vergleichbar mit den Dimensionen eines Moleküls sind. Sind die Wellenlängen klein gegenüber den molekularen Dimensionen, so können wir die Methoden der klassischen Physik anwenden, sind sie vergleichbar mit den Moleküldimensionen, so müssen wir quantenmechanische Methoden benutzen.
Eine größenordnungsmäßige Abschätzung der De-Broglie-Wellenlänge wollen wir am einfachsten Beispiel, einem Wasserstoffatom, durchführen. Wir gehen vom Bohrschen Atommodell (s. Abschn. 1.1.2.) aus. Aus Gl. (1.23) folgt für den Impuls des Elektrons eines Wasserstoffatoms ($Z = 1$) im Grundzustand ($n = 1$)

$$p_e = \sqrt{2 m_e E_{kin}} = \frac{m_e e^2}{4 \pi \varepsilon_0 \hbar}.$$

Ein Vergleich mit Gl. (1.21) ergibt

$$p_e = \frac{\hbar}{r_1} = \frac{h}{2 \pi r_1}. \tag{4.2}$$

Setzt man dies in Gl. (1.39) ein, so erhält man für die De-Broglie-Wellenlänge des Elektrons des Wasserstoffatoms im Grundzustand

$$\lambda_e = \frac{h}{p_e} = 2 \pi r_1 \approx 3{,}3 \cdot 10^{-10} \text{ m}.$$

Anschaulich bedeutet dies, daß die De-Broglie-Wellenlänge des Elektrons im Wasserstoffatom gleich der Länge der „Bahn" des Elektrons ist. Die Wellenlänge ist also vergleichbar mit den Moleküldimensionen; die Behandlung der Elektronen im Molekül muß deshalb mit den Methoden der Quantenmechanik erfolgen.
Anders liegen die Verhältnisse bei der Behandlung der Atomkerne. Haben zwei Teilchen der Masse m_1 und m_2 die gleiche kinetische Energie, so gilt für die Impulse

$$\frac{p_1}{p_2} = \sqrt{\frac{m_1}{m_2}}$$

und entsprechend für die De-Broglie-Wellenlänge

$$\frac{\lambda_1}{\lambda_2} = \sqrt{\frac{m_2}{m_1}}.$$

Da die Masse eines Protons um den Faktor 1836 größer ist als die des Elektrons, ergibt sich die De-Broglie-Wellenlänge des Protons zu $\lambda_p = \lambda_e (m_e/m_p)^{-1/2} = \lambda_e \; 1836^{-1/2} \approx 7{,}8 \cdot 10^{-12}$ m; sie ist also wesentlich kleiner als die molekularen Dimensionen, und dies gilt im verstärkten Maße für schwerere Atome. Es ist deshalb möglich, die Wechselwirkung der *Atomkerne* innerhalb eines

---

Moleküls mit den Methoden der *klassischen Physik* zu behandeln.

Die Kräfte zwischen den Atomen eines Moleküls unterscheiden sich bei verschiedenen Substanzen nicht nur quantitativ, sondern auch qualitativ. Sie sind teils gerichtet, teils ungerichtet, teils absättigbar, teils nicht absättigbar. Auch die Bindungsstärke der Bindungen variiert von Molekül zu Molekül in weiten Grenzen. Während in manchen Fällen chemische Bindungen bereits bei tiefen Temperaturen durch die Wärmebewegung getrennt werden, sind andere Bindungen, insbesondere in anorganischen Stoffen in manchen Fällen noch weit über 1000 K stabil.

Es hat sich als zweckmäßig erwiesen, folgende Bindungstypen zu unterscheiden:

1. **Ionenbindung** (auch als „elektrovalente" oder „heteropolare Bindung" bezeichnet). Beispiele für Ionenbindungen sind insbesondere die Bindungen zwischen metallischen und nichtmetallischen Elementen, den *Salzen.* Die Ionenbindung beruht auf der elektrostatischen Wechselwirkung der Ionen. Die Kräfte zwischen den Ionen sind ungerichtet, die Koordinationszahlen sind groß. Die Bindungsenergien liegen größenordnungsmäßig zwischen 10^2 kJ mol^{-1} und 10^3 kJ mol^{-1}, die theoretische Behandlung dieses Bindungstyps kann mit den Methoden der klassischen Physik erfolgen (s. o.)

2. **Atombindung** (auch „kovalente" oder „homöopolare Bindung" genannt). Beispiele hierfür sind die Bindungen in H_2, F_2, in organischen Verbindungen, im Diamant und im Graphit innerhalb der Schichten. Ursache dieser Bindungen sind „Austauschkräfte", deren Verständnis nur auf der Basis der Quantenphysik möglich ist. Diese Kräfte sind gerichtet und absättigbar, die Koordinationszahlen sind klein. Die Bindungsenergien liegen in der überwiegenden Zahl der Fälle ebenfalls zwischen 10^2 kJ mol^{-1} und 10^3 kJ mol^{-1}.

3. **Van der Waalssche Bindung.** Van der Waalssche Kräfte treten einmal auf zwischen verschiedenen Atomen bzw. Molekülen („*intermolekulare Kräfte*") aber auch zwischen verschiedenen, nicht unmittelbar durch Hauptvalenzkräfte gebundenen Atomen ein und desselben Moleküls („*intramolekulare Kräfte*"). Die theoretische Behandlung der van der Waalsschen Kräfte ist teils mit den Methoden der klassischen Physik (z. B. Dipolkräfte und Induktionskräfte) möglich, während in anderen Fällen eine quantenmechanische Behandlung notwendig ist (Dispersionskräfte, Wasserstoffbrückenbindung). Die van der Waalsschen Kräfte sind teils ungerichtet und nicht absättigbar, z. B. die Wechselwirkung von Edelgasatomen, teils sind sie gerichtet und absättigbar, wie etwa die Wasserstoffbrückenbindungen. Die

Energien der Nebenvalenzkräfte sind wesentlich kleiner als die der Hauptvalenzkräfte und liegen in der Regel unter 20 kJ mol^{-1}, nur bei Wasserstoffbrückenbindungen treten gelegentlich Bindungsenergien bis 50 kJ mol^{-1} auf.

Der Vollständigkeit halber sei an dieser Stelle noch die **metallische Bindung** genannt. Sie tritt nur im festen und flüssigen Zustand auf, wenn mindestens einige Dutzend Metallatome einen Cluster bilden. Die hierbei zwischen den Atomen auftretenden Kräfte („Austauschkräfte") sind nicht gerichtet, die Koordinationszahlen sind groß. Die theoretische Behandlung erfolgt mit den Methoden der Quantenmechanik. Eine ausführliche Behandlung des metallischen Zustandes erfolgt im Abschn. 5.3.2. Im Rahmen der Molekülphysik spielen diese Kräfte keine unmittelbare Rolle, es sei denn, man untersucht die Wechselwirkung von Atomen oder Molekülen mit metallischen Oberflächen (Adsorption, Chemisorption).

In den meisten Molekülen überlagern sich die hier genannten Grundtypen der chemischen Bindung in mannigfaltiger Weise. Bei der Wechselwirkung der Ionen tritt in allen Fällen ein gewisser Anteil von Atombindungen auf. Atombindungen in reiner Form gibt es nur in zweiatomigen Molekülen, die aus gleichen Atomen aufgebaut sind. Eine detaillierte Behandlung der Erscheinungsformen, deren Untersuchung letztlich ein Hauptanliegen der Chemie ist, würde den Rahmen dieses Buches bei weitem übersteigen. Wir wollen deshalb nur an einigen einfachen Beispielen die Grundtypen chemischer Bindungen kennenlernen.

4.2.2.2. Die Ionenbindung

Wie wir bereits sahen, kann die Bildung vieler Verbindungen zwischen Metallen und Nichtmetallen durch den vollständigen Übergang von Elektronen von einem Metallatom auf ein Nichtmetallatom beschrieben werden. Die treibende Kraft für diese Art der Bindung ist die Tendenz aller Atome, die Elektronenkonfiguration des nächsten Edelgases zu erreichen. Wir wollen die Verhältnisse an einem Beispiel, der Bildung von Na^+Cl^--Molekülen aus Na- und Cl-Atomen quantitativ untersuchen. Wir behandeln die Molekülbildung in zwei Schritten, im ersten Schritt führen wir die freien Atome in der Gasphase in Ionen über, im 2. Schritt bilden wir die Moleküle aus den Ionen (vgl. Abb. 4.6). Um die Na-Atome in Ionen zu überführen, müssen wir die Ionisierungsenergie der Na-Atome (496 kJ/grammatom) aufbringen. Bei der Addition dieser Elektronen an die Cl-Atome wird ein Energiebetrag, die „Elektronenaffinität" (359 kJ/grammatom) freigesetzt. Die Ionisierungsenergie des Me-

---

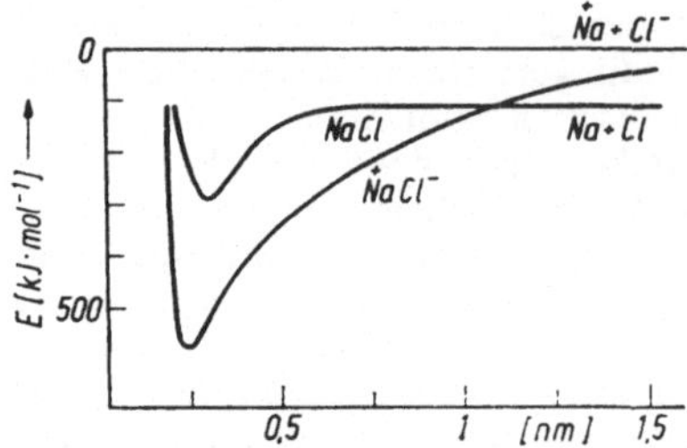

Abb. 4.6. Die Abhängigkeit der potentiellen Energie vom Abstand für NaCl und Na⁺Cl⁻

talls, und dies gilt allgemein, ist größer als die Elektronenaffinität der Nichtmetalle. Daß dennoch Molekülbildung erfolgt, ergibt sich daraus, daß bei Annäherung der entgegengesetzt geladenen Ionen die potentielle Energie, entsprechend dem Coulombschen Gesetz $U = -e^2/4\pi\varepsilon_0 r$, beträchtlich absinkt, und zwar ist der Energiegewinn bei der Reaktion $(\text{Na}^+)_{\text{gas}} + (\text{Cl}^-)_{\text{gas}} \rightarrow (\text{Na}^+\text{Cl}^-)_{\text{gas}}$ 557 kJ/mol. Dieser Wert unterscheidet sich um einen Faktor, der von der Madelung-Konstante (s. 5.3.1.) und dem Abstoßungsexponenten abhängt, von den üblicherweise tabellierten Werten für die Gitterenergie, die sich auf die Bildung von $(\text{Na}^+\text{Cl}^-)_{\text{K}}$ im *kristallinen* Zustand beziehen. Die Dissoziationsenergie, d. h. die Energie, die notwendig ist, um ein Mol Na⁺Cl⁻ in (neutrale) Atome (Na⁺Cl⁻ → Na + Cl) zu zerlegen, ergibt sich zu 557 − (496 − 395) kJ/mol = 420 kJ/mol. Dieses Beispiel weist darauf hin, daß die Atomisierungsenergie ionischer Verbindungen, die bei zweiatomigen Molekülen gleich der Dissoziationsenergie ist (s. Abschn. 4.3.3.1.), in erster Linie davon abhängt, bis auf welche Abstände sich die Ionen nähern können, d. h. wie groß die „Ionenradien" sind.

Der Ionenradius. Es hat sich gezeigt, daß sich die Ionen wie ziemlich harte, d. h. wenig kompressible Kugeln verhalten. Quantenmechanische Rechnungen haben ergeben, daß die Elektronenverteilung von Ionen mit Edelgaskonfiguration, und dies gilt auch für Ionen mit vollständiger Achtzehnerschale, kugelsymmetrisch sind, d. h. die Wechselwirkung dieser Ionen mit anderen Ionen ist unabhängig von der Richtung. Es liegt deshalb nahe, den Ionen formal feststehende Ionenradien zuzuordnen, die sich nur wenig ändern, wenn die Wechselwirkungskräfte differenzieren, etwa infolge von Unterschieden in der Ionen-Ladung. Auch der Einfluß der Koordinationszahl ist gering. Die Ionenradien von Molekülen in der Gasphase sind in der Regel um etwa 10% kleiner als die der gleichen Ionen im (unendlich ausgedehnten) Kristall. Man muß sich bei dieser Betrachtungsweise stets bewußt sein, daß sich die Elektronendichtefunktion eines freien

Ions bis ins Unendliche erstreckt. Aus diesem Grund kann man einem Ion keinen ein für allemal gültigen charakteristischen Radius zuschreiben, der Ionenradius hängt, wenn auch nur im geringen Maße, von der jeweils untersuchten physikalischen bzw. chemischen Eigenschaft ab. Innerhalb des Ionenradius ist auf jeden Fall der größte Teil der Ladung eines Ions konzentriert. Beim K⁺-Ion liegt 98% der Gesamtelektronenladung innerhalb einer Kugelschale vom Ionenradius (0,133 nm).

Dem Experiment unmittelbar zugängig ist nur die Summe der Radien von Anion und Kation. Eine willkürfreie Aufteilung dieser Summe in die Ionenradien für Anion und Kation ist nur möglich, wenn der Ionenradius zumindest für *ein* Ion auf andere Weise bestimmt werden kann. Für Ionen mit wenigen Elektronen, z. B. Li⁺, kann man die Ionenradien quantenmechanisch berechnen. Zur experimentellen Bestimmung eines Ionenradius im Gitter bietet sich folgende Möglichkeit. Im Li⁺I⁻-Gitter sind die Li⁺-Ionen im Vergleich zu den I⁻-Ionen sehr klein. Man kann deshalb davon ausgehen, daß sich die I⁻-Ionen praktisch berühren. Aus der Entfernung der I⁻-Ionen im kristallinen Li⁺I⁻ (0,424 nm) ergibt sich dann der Ionenradius zu 0,212 nm. Zur Bestimmung eines Bezugswertes für einen Ionenradius sind noch andere Methoden benutzt worden; die mit diesen Werten erhaltenen Ionenradien unterscheiden sich in der Regel um weniger als 0,01 nm.

Zwei entgegengesetzt geladene Ionen können sich nicht beliebig weit nähern, da sich bei kleinen Abständen die Elektronenwolken durchdringen und deshalb abstoßende Kräfte auftreten. Eine quantitative Behandlung dieser Kräfte ist nur mittels der Methoden der Quantenmechanik möglich. Qualitative Aussagen über diese Kräfte und auch über die Ionenradien, in Abhängigkeit von der Elektronenstruktur der Ionen, sind aber auch auf Grund klassischer Vorstellungen möglich. Wir wollen als einfachstes Beispiel die Wechselwirkung zweier einwertiger Ionen, z. B. Na⁺ und F⁻ untersuchen. Dieses System besteht aus einem 11fach positiv geladenen Atomkern (Na), der von zehn Elektronen und einem 9fach positiv geladenen Atomkern (F), der ebenfalls von acht Elektronen kugelsymmetrisch umgeben ist. Nimmt der Abstand der Ionen ab, so durchdringen sich die Elektronenhüllen der beiden Ionen. Im Band 1 hatten wir am Beispiel der Gravitation gesehen, daß Gravitationskräfte von Massen, die gleichmäßig auf einer Kugelschale verteilt sind, nur auf solche Massen wirken, die sich außerhalb der Kugelschale befinden. Da für die elektrostatische Wechselwirkung von Ladungen analoge Beziehungen gelten, folgt, daß nur die Ladungen einen Beitrag zur Wechselwirkung liefern, die sich

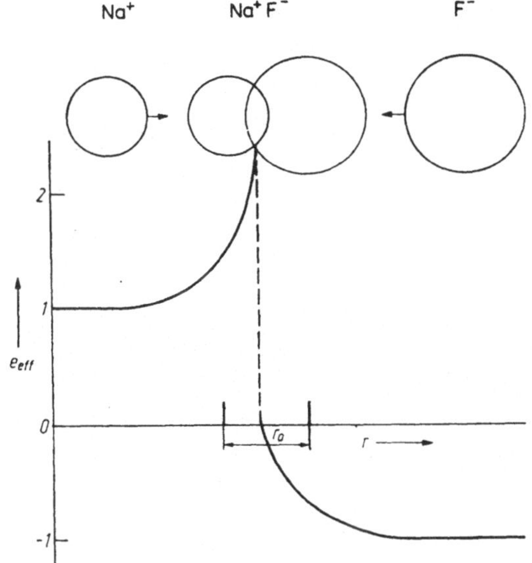

Abb. 4.7. Die Abhängigkeit der effektiv wirksamen Ionenladung e_{eff} vom Abstand der Ionen Na$^+$ und F$^-$ (schematisch)

außerhalb der Elektronenhülle des jeweils anderen Ions befinden. Dies bedeutet, daß beim Durchdringen der Ladungswolken die effektive positive Ladung e_{eff} des Kations (Na$^+$) wächst und die effektive negative Ladung des Anions (F$^-$) abnimmt (s. Abb. 4.7). Der exakte Verlauf der Funktion $e_{eff}(r)$ interessiert nicht. Wesentlich ist nur, daß, sobald größenordnungsmäßig ein Elektron in die Elektronenhülle des anderen Ions eingedrungen ist, die effektive Ladung des Kations sein Vorzeichen ändert. Dies bedeutet, daß zwischen den beiden Ionen abstoßende Kräfte auftreten. Aus diesen modellmäßigen Betrachtungen folgt, daß für zwei einwertige Ionen der minimale Abstand, der gleich der Summe der Ionenradien r_I ist, dem Zustand entspricht, in dem sich im Mittel jeweils ein Elektron innerhalb der Elektronenwolke des anderen Ions befindet. Hieraus folgt sofort, daß die Natur des Gegenions keine wesentliche Rolle spielt, d. h. es ist sinnvoll, die Abstände der Ionen nach dem Additivitätsprinzip zu berechnen.

Diese Überlegungen lassen sich für den Fall verallgemeinern, daß die Ionen mehrwertig sind. Der Gleichgewichtszustand wird erreicht, wenn n Elektronen des Anions A^{n-} bzw. m Elektronen des Kations B^{m+} in die Elektronenwolke des oder der anderen Ionen eingedrungen sind. Für $n \neq m$ treten die Elektronen eines Ions in die Elektronenhüllen verschiedener anderer Ionen ein.

Diese Modellvorstellungen erlauben auch qualitative Aussagen über die Größe der Ionenradien. Wir wollen dies an der Reihe der isoelektrischen Ionen N^{3-}, O^{2-}, F$^-$, (Ne), Na$^+$, Mg^{2+}, Al^{3+} untersuchen. In Tab. 4.1 sind die Ionenradien, die Kernladungszahlen, die effektive Zahl der Elektronen, d. h. die Zahl der für die Wechselwirkung wirksamen Elektronen im Gleichgewichtszustand sowie das Verhältnis Z/e_{eff} zusammengestellt. Benutzt man das Ne-Atom als Bezugssubstanz, so bleibt mit steigender negativer Ionenladung das Verhältnis Z/e_{eff} = const, Z und e_{eff} nehmen gleichzeitig ab, dies bedingt eine geringfügige Aufweitung der Elektronenwolke der Ionen. Mit abnehmender negativer Ladung der Ionen wächst das Verhältnis Z/e_{eff}, gleichzeitig erhöht sich Z. Beides führt in Übereinstimmung mit dem Experiment zu einer starken Abnahme der Ionenradien.

Geht man zu schwereren Ionen über, so bewirkt die Abschirmung der Kernladung durch die Elektronen der inneren Schalen eine Aufweitung der Ionenwolken. In Abb. 4.8 sind die Ionenradien maßstäblich dargestellt. Diese Daten sind mittels Röntgenstrukturanalyse aus Kristalldaten gewonnen. In der Gasphase gemessene Ionenradien liegen aus experimentellen Gründen nur für eine sehr begrenzte Anzahl von Ionen vor.

4.2.2.3. Die Atombindung

Die Ausführungen des Abschn. 4.2.2.2. vermittelten uns einen qualitativen bzw. halbquantitativen Überblick über die Bindungsverhältnisse zwischen Metall- und Nichtmetall-Atomen. Die Bindung zweier Nichtmetallatome läßt sich so jedoch grundsätzlich nicht verstehen. Die wesentliche Ursache hierfür ist, daß chemische Bindungen zwischen zwei Nichtmetallatomen, im einfachsten Fall von zwei Wasserstoffatomen, keinen Elektronenübergang bedingen können,

Tabelle 4.1. Ionenradien r_I, Kernladungszahlen Z, effektive Elektronenzahlen e_{eff} und das Verhältnis Z/e_{eff} für die isoelektronischen Ionen N^{3-} bis Al^{3+}

	N^{3-}	O^{2-}	F$^-$	(Ne)	Na$^+$	Mg^{2+}	Al^{3+}
r_I [nm]	0,171	0,140	0,136	0,131	0,095	0,065	0,050
Z	7	8	9	10	11	12	13
e_{eff}	7	8	9	10	9	8	7
Z/e_{eff}	1	1	1		11/9 = 1,59	12/8 = 1,5	13/7 = 1,86

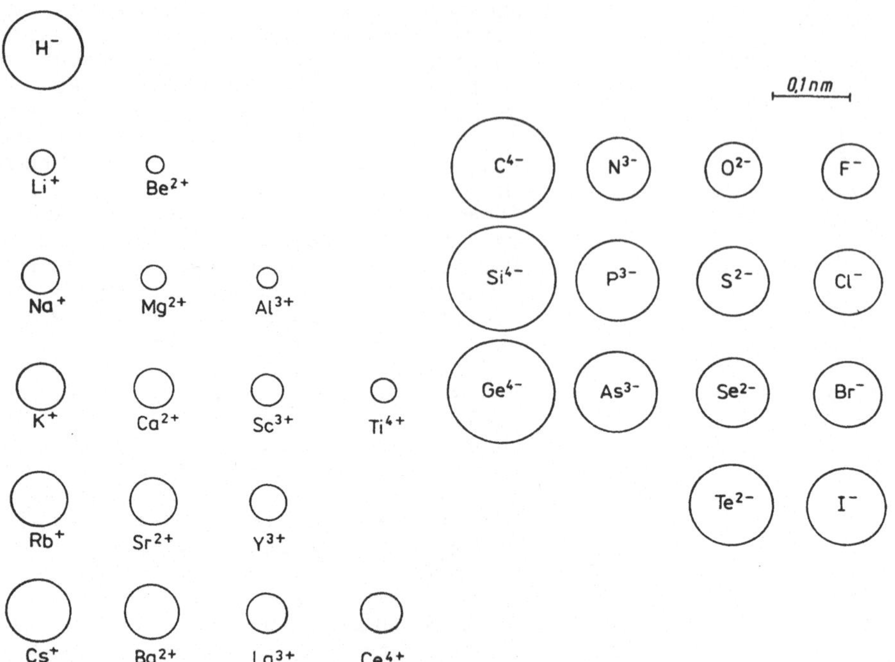

Abb. 4.8. Die Radien der Ionen mit abgeschlossener Edelgasschale

weil beide Atome bestrebt sind, Elektronen aufzunehmen, um eine Edelgas-Konfiguration zu erreichen. Die Atombindung muß deshalb notwendigerweise auf einem anderen Prinzip beruhen.

Wir hatten im Abschn. 4.1.1. gesehen, daß eine Bindung zwischen zwei Nichtmetallatomen dann eintritt, wenn nach der Vereinigung der Atome jedes Atom von einem vollständigen Oktett von Valenzelektronen oder im Fall des Wasserstoffs von zwei Elektronen, der Heliumkonfiguration entsprechend, umgeben ist. Wesentlich ist dabei, daß wir jedes der beiden Bindungselektronen als beiden Atomen zugehörig betrachten können. Die Anziehungskräfte zwischen den Atomen eines derartigen Moleküls sind ihrer Natur nach im wesentlichen elektronischer Natur. Ihre vollständige Behandlung ist nur mit den Methoden der Quantenmechanik möglich. Die Quantenmechanik liefert in Form der Schrödinger-Gleichung (1.44) die für die Behandlung der gesamten Chemie notwendigen physikalischen Gesetze vollständig, die Schwierigkeit liegt nur darin, daß die exakte Anwendung dieser Methoden zu Gleichungen führt, deren Lösung viel zu kompliziert ist.

Eine strenge Lösung der Schrödinger-Gleichung gelingt bei Mehrkörperproblemen ($N \geqq 3$) ebenso wenig wie die Lösung der analogen Gleichungen der Himmelsmechanik. Es ist deshalb notwendig, geeignete Näherungsverfahren anzuwenden, wobei für die Quantenmechanik Störungsrechnung und Variationsmethoden von besonderer Bedeutung sind. Die Störungsrechnung geht dabei von einem einfachen Fall („ungestörtes System") aus, für den eine Lösung der Schrödinger-Gleichung bekannt ist (z. B. der isolierten Atome). Die Lösung für das reale System erhält man dann, wenn man den Übergang vom ungestörten System zum realen System als Folge von (kleinen) Störungen des ungestörten Systems behandelt. Ein derartiges Vorgehen ist bei Untersuchungen chemischer Bindungen gerechtfertigt, da die Bindungsenergien um ein bis zwei Größenordnungen kleiner sind als die Gesamtenergie des Moleküls. Die Variationsmethode geht von einer (im Prinzip) willkürlichen Funktion aus, deren Parameter so verändert werden, daß die Übereinstimmung mit der richtigen Lösung im Hinblick auf ein bestimmtes Kriterium, z. B. die Energie, so gut wie möglich wird. Die erste Methode, die ursprünglich für die Behandlung der Planetenbewegung entwickelt wurde, wird insbesondere für die quantenmechanische Behandlung der Atome benutzt. Die zweite Methode, die oft physikalisch weniger durchsichtig ist, ergibt in vielen Fällen mit geringerem Rechenaufwand schneller genauere Ergebnisse. Die Variationsmethoden werden bevorzugt zur quantenmechanischen Behandlung von Molekülen herangezogen.

Bei sämtlichen quantenmechanischen Molekülberechnungen wächst der rechentechnische Aufwand sehr schnell mit der Molekülgröße. Trotz des Einsatzes von Computern mit großen Speichern und hoher Rechengeschwindigkeit ist eine (Absolut-) Berechnung („ab-initio-Rechnung") mit einer dem Experiment vergleichbaren Genauigkeit z. Z. nur für Systeme mit maximal etwa 10 Elektronen (z. B. Methan) möglich. Dies schließt natürlich nicht aus, daß bestimmte Näherungsmethoden für größere Systeme, insbesondere die „halbempirischen Verfahren", die experimentelle Daten in die Rechnungen einbeziehen, auch dem Chemiker wertvolle qualitative bzw. halbquantitative Aussagen geben.

Eine Behandlung dieser „quantenchemischen Rechenverfahren" würde den Rahmen dieses Buches bei weitem sprengen. Wir werden uns deshalb auf eine qualitative Diskussion der Atombindung an einfachen Beispielen beschränken, um so ein Verständnis über die physikalischen Ursachen und die Größenordnung dieser „chemischen Kräfte" zu erhalten.

Das Wasserstoffmolekülion. Das einfachste denkbare molekulare System ist das Wasserstoffmolekülion H_2^+, bestehend aus zwei Protonen A und B und einem Elektron (s. Abb. 4.9). Dieses

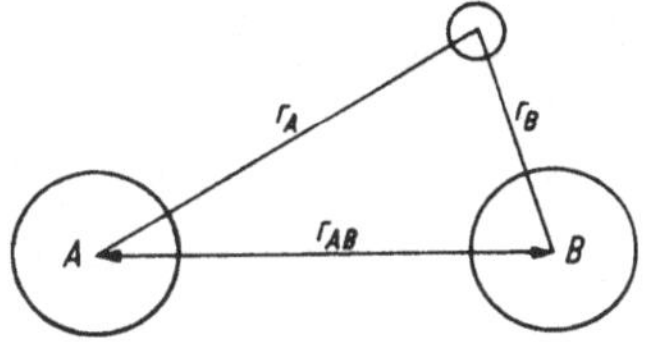

Abb. 4.9. Zur Geometrie des Wasserstoffmolekülions

Molekül ist zwar chemisch nicht stabil, kann aber in elektrischen Entladungen im gasförmigen Wasserstoff spektroskopisch nachgewiesen werden. Aus dem Spektrum lassen sich Dissoziationswärme und Kernabstand berechnen.

Die potentielle Energie des Wasserstoffmolekülions ist gleich der elektrostatischen Energie; sie beträgt

$$V = \frac{e^2}{4\pi\varepsilon_0 r_{AB}} - \frac{e^2}{4\pi\varepsilon_0 r_A} - \frac{e^2}{4\pi\varepsilon_0 r_B}, \qquad (4.3)$$

wobei r_{AB} der Abstand der beiden Protonen und r_A bzw. r_B der Abstand des Elektrons von den Protonen A und B ist. Zwischen den Atomkernen treten abstoßende, zwischen den Kernen und dem Elektron anziehende Kräfte auf. Die Schrödinger-Gleichung [s. Gl. (1.44)] für dieses

System lautet damit:

$$\frac{\partial^2\psi}{\partial x^2} + \frac{\partial^2\psi}{\partial y^2} + \frac{\partial^2\psi}{\partial z^2} + \frac{2m}{\hbar^2}$$

$$\times \left(E + \frac{e^2}{4\pi\varepsilon_0 r_{AB}} - \frac{e^2}{4\pi\varepsilon_0 r_A} - \frac{e^2}{4\pi\varepsilon_0 r_B} \right) \psi = 0.$$

$$(4.4)$$

Die Aufgabe besteht in der Lösung dieser partiellen Differentialgleichung, d. h. der Bestimmung der ψ-Funktion, analog zu den im Abschn. 1.2.6. für das Wasserstoffatom durchgeführten Rechnungen. Als Parameter tritt noch der (willkürlich vorgebbare) Abstand der Protonen r_{AB} auf. Aus der ψ-Funktion kann man die Energie des Systems für verschiedene Abstände r_{AB} (und verschiedene Zustände) berechnen. Für einen bestimmten Abstand $r_{AB} = (r_{AB})_{min}$ hat diese Energie (im Grundzustand) ein Minimum. Dies entspricht dem stabilen Zustand dieses Systems. $(r_{AB})_{min}$ ist der Abstand der Protonen im Gleichgewicht; aus der Energie des Systems in diesem Zustand kann man die Dissoziationswärme berechnen.

Die Schrödinger-Gleichung des Wasserstoffmolekülions [Gl. (4.4)] läßt sich in geschlossener Form lösen. Da dieser Lösungsweg nicht auf größere Systeme übertragbar ist, verzichten wir auf die Wiedergabe der Ableitung. Zur Behandlung dieses und auch größerer Systeme benutzt man in der Praxis in der Regel Variationsmethoden, wobei man als Probefunktion (s. o.) meist Linearkombinationen von Atomfunktionen (Ritzsches Verfahren) verwendet. Die Darstellung des Ritzschen Verfahrens ist mathematisch relativ aufwendig, ohne daß man dabei unmittelbar neue physikalische Einsichten gewinnen kann. Wir wollen uns deshalb im folgenden auf qualitative Betrachtungen beschränken, die eine anschauliche Vorstellung der Entstehung kovalenter Bindungen vermitteln.

Wir betrachten zunächst den Fall, daß der Abstand der beiden Atomkerne sehr groß ist; dann zerfällt das System in ein Wasserstoffatom (A) und ein Proton (B). Die Ladungsverteilung im Wasserstoffatom entspricht der eines isolierten Wasserstoffatoms (s. Abschn. 1.2.6.). In 1.2.3. hatten wir gesehen, daß $\psi\psi^*\,d\tau$ gleich der Wahrscheinlichkeit ist, daß sich ein Teilchen (Elektron) im Raumelement $d\tau$ befindet. Die ψ-Funktion kann komplex sein; in allen hier interessierenden Fällen ist sie jedoch eine reelle Funktion. Es gilt damit:

$$\psi\psi^*\,d\tau = \psi\psi\,d\tau = \psi^2\,d\tau. \qquad (4.5)$$

Wir nehmen zunächst an, das Elektron (1) befindet sich in der Nähe des Protons A. Dann wird

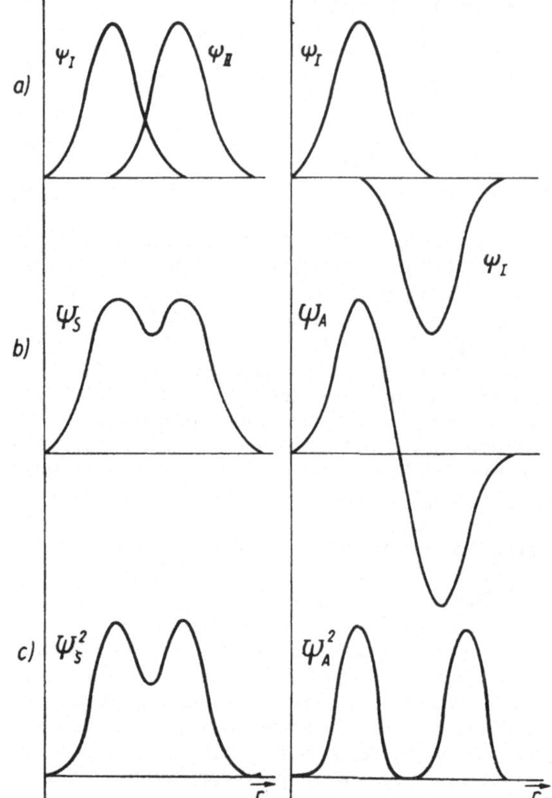

Abb. 4.10. a) Die Lösung der Wellenfunktion für zwei weit entfernte H-Atome, b) die symmetrische (S) und die antisymmetrische (A) Lösung für das H_2^+-Ion für mittlere Abstände und c) die dazugehörige Ladungsverteilung $e \sim \psi^2$

die Ladungsverteilung durch eine Funktion

$$\psi_I^2 = \psi_A^2(1)$$

beschrieben, d. h. das Elektron (1) bewegt sich um den Kern A ebenso wie im Grundzustand (1s) eines Wasserstoffatoms (s. Abschn. 1.2.6.). Das Elektron kann sich aber auch im Gebiet des Kernes B aufhalten. Diese Konfiguration hat die gleiche Energie, wie die im ersten Fall, es gilt

$$\psi_{II}^2 = \psi_B^2(1).$$

Wir können ein Wasserstoffmolekülion also auf zwei Arten formulieren: $H_A^+ H_B$ bzw. $H_A H_B^+$. Da beide Konfigurationen energetisch gleichwertig sind, tragen sie im gleichen Maße zur Ladungsverteilung des Ions bei. Im Mittel ergibt sich damit

$$\psi^2 = \tfrac{1}{2}(\psi_I^2 + \psi_{II}^2). \tag{4.6}$$

Bei großem Abstand der Kerne wird das Produkt $\psi_I\psi_{II}$ auf jeden Fall sehr klein, da entweder ψ_I oder ψ_{II} an jeder Stelle nahezu Null wird. Wir können unter dieser Voraussetzung in Gl. (4.6) ein Glied $2\psi_I\psi_{II}$ addieren bzw. subtrahieren und

erhalten

$$\psi^2 = \tfrac{1}{2}(\psi_I^2 \pm 2\psi_I\psi_{II} + \psi_{II}^2)$$

und hieraus

$$\psi_S = \frac{1}{\sqrt{2}}(\psi_I + \psi_{II}) \tag{4.7}$$

bzw.

$$\psi_A = \frac{1}{\sqrt{2}}(\psi_I - \psi_{II}). \tag{4.8}$$

ψ_S ist die symmetrische, ψ_A die antisymmetrische Wellenfunktion. Eine Wellenfunktion heißt symmetrisch, wenn sie beim Vertauschen gleicher Partikel, in unserem Falle der Protonen, gleich bleibt. Sie heißt antisymmetrisch, wenn sie dabei das Vorzeichen wechselt. Die Wellenfunktionen des Moleküls [Gl. (4.7) und (4.8)] ergeben sich, wie auch unter Benutzung des Ritzschen Verfahrens folgt, als Linearkombinationen von Atomfunktionen.

Während für große Abstände der Protonen $\psi_S^2 = \psi_A^2$ ist, werden ψ_S und ψ_A bei mittleren und kleinen Kernabständen verschieden (s. Abb. 4.10),

die entsprechenden Energien differieren ebenfalls. Der symmetrische Zustand S mit der An-
häufung negativer Ladung zwischen den beiden
Protonen hat eine niedrigere Energie als der
antisymmetrische Zustand A (s. u.). Für sehr
kleine Abstände der Protonen überwiegt in jedem
Fall die Abstoßung.

Bei den bisherigen Überlegungen haben wir nur
die potentielle Energie berücksichtigt und die
Bindungsbildung auf eine Abnahme der potentiellen Energie des Systems zurückgeführt. Es
wäre denkbar, daß bei der Wechselwirkung eines
Wasserstoffatoms mit einem Proton die kinetische Energie derart erhöht wird, daß die
Gesamtenergie des Systems größer wäre als die
Energie eines Wasserstoffatoms und eines getrennten Protons.

Aussagen hierüber erlaubt das „*Virialtheorem*".
Es besagt, daß für ein System, in dem elektrostatische Kräfte wirksam sind, folgender Zusammenhang zwischen der Gesamtenergie W
des Systems und den zeitlichen Mittelwerten $\bar{T}$
und $\bar{V}$ der kinetischen bzw. potentiellen Energie
besteht:

$$2\bar{T} = -\bar{V} \quad \text{oder} \quad W = \bar{T} + \bar{V} = -\bar{T} = 1/2\bar{V}.$$

$$(4.9)$$

Auf unser Beispiel angewandt bedeutet dies, daß
bei der Bildung der Bindung zwar eine Zunahme
der kinetischen Energie erfolgt, daß diese Zunahme aber nicht ausreicht, um die Abnahme
der potentiellen Energie zu kompensieren.

Die Abhängigkeit der Gesamtenergie des Systems H_2^+ vom Abstand der Kerne ist in Abb. 4.11

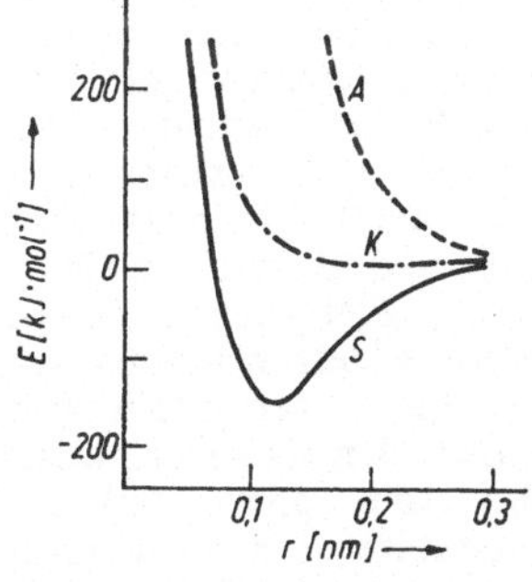

Abb. 4.11. Die Energie W des Wasserstoffmolekülions
als Funktion des Kernabstandes r. S symmetrischer Zustand; A antisymmetrischer Zustand; K klassische Wechselwirkung

dargestellt. Die symmetrische Lösung führt in
einem gewissen Abstandsbereich zu einer Anziehung, d. h. zu einem stabilen molekularen
System. Die antisymmetrische Lösung ergibt bei
allen Abständen, ebenso wie das klassische

Modell, Abstoßung. Die exakte Rechnung ergibt
für die Dissoziationsenergie 267,675 kJ mol^{-1}
bei einem Gleichgewichtsabstand von 10,6 nm.

An dieser Stelle sei noch auf eine Analogie zu
mechanischen Schwingungen hingewiesen, die
zugleich eine Begründung für die unterschiedliche Energie der symmetrischen und der antisymmetrischen Lösung der Wellengleichung liefert. Wir hatten im Band 1 ausführlich das Verhalten zweier gekoppelter Pendel behandelt.
Zwei gleiche Pendel der Eigenfrequenz $\nu_I = \nu_{II}$
werden durch eine (schwache) Feder gekoppelt.
Es entstehen komplizierte Überlagerungen von
Schwingungen, die sich im wesentlichen auf
folgende Bewegungen zurückführen lassen, eine
rasche Bewegung der Pendel gegeneinander, bei
der die rücktreibende Kraft vergrößert und dadurch die Frequenz erhöht wird $\nu_A > \nu_I = \nu_{II}$
und eine langsame Bewegung, bei der die Pendel
mit der Frequenz $\nu_S < \nu_I = \nu_{II}$ in Phase schwingen. ν_A entspricht der antisymmetrischen, ν_S der
symmetrischen Lösung des quantenmechani-
schen Analogons.

Bezüglich der energetischen Verhältnisse besteht
zwischen dem mechanischen und dem quantenmechanischen Modell jedoch ein fundamentaler
Unterschied, der zugleich die Begründung dafür
gibt, daß ein volles Verständnis der chemischen
Bindung auf klassischer Grundlage nicht möglich ist. Beim mechanischen Modell, den gekoppelten Pendeln, hängt die Energie nicht von
der Frequenz (sondern nur von der Amplitude)
ab. Für den quantenmechanischen Fall gilt das
Plancksche Gesetz $W = h\nu$, die Energie ist proportional der Frequenz. Dieser Unterschied wird
wesentlich, wenn man die Besetzungsdichte der
beiden Zustände S und A vergleicht. Wenn ein
System in 2 energetisch unterschiedlichen Zuständen a und b mit den Energien W_a und W_b
existieren kann, so verhalten sich die Besetzungs-
dichten der beiden Zustände, d. h. der Wahrscheinlichkeiten $w\,(W_a)$ bzw. $w\,(W_b)$, daß das
System sich im Zustand a bzw. b befindet, wie

$$\frac{w(W_a)}{w(W_b)} = \frac{\exp(-W_a/kT)}{\exp(-W_b/kT)} = \exp(-\Delta W/kT) : 1$$

falls man $\Delta W = W_a - W_b$ setzt.

Im mechanischen Modell haben beide Schwingungen die gleiche Energie, dann 'ist $W_a = W_b$
$= \frac{1}{2}$, beide Zustände haben gleiche Wahrscheinlichkeit, die Temperatur spielt keine Rolle. Im
quantenmechanischen Modell ist in der Regel
$\Delta W \gg kT$, dies bedeutet, daß praktisch nur der
energetisch niedrigere Zustand besetzt ist, das
Elektron befindet sich im symmetrischen Zustand. Gegenüber dem nichtgebundenen Zustand
tritt ein Energieabfall $\frac{1}{2}\Delta W$ ein; diese Energie-
absenkung bezeichnet man als *Resonanzenergie*,

sie ist gleich dem quantenmechanischen Anteil der Bindungsenergie. Die Bezeichnung „Resonanzenergie" ist zwar üblich, aber unglücklich gewählt, mit Resonanz im herkömmlichen Sinne hat dieser Effekt nichts zu tun.

Die Anwendung von Modellen und Bildern zur Veranschaulichung abstrakter Begriffe ist ein legitimes Verfahren, man muß sich dabei jedoch stets des Modellcharakters bewußt bleiben. Bei der Anwendung der Quantenmechanik auf chemische Fragestellungen ist dies nicht immer der Fall gewesen. Das physikalisch Reale ist die Ψ-Funktion. Die Aufteilung dieser Funktion in (zwei) Komponenten ψ_I, ψ_{II} bzw. Ψ_S, Ψ_A ist ein formales Hilfsmittel, um gewisse mathematische Operationen besser zu überblicken. Auch die Formulierung des Wasserstoffmolekülions als Überlagerung zweier „Grenzstrukturen" bzw. „Resonanzstrukturen" H^+H bzw. HH^+ dient ausschließlich der Veranschaulichung abstrakter Sachverhalte. In einem realen Wasserstoffmolekülion existieren weder diese Grenzstrukturen, noch besteht ein thermodynamisches Gleichgewicht zwischen irgendwelchen Strukturen.

Das Wasserstoffmolekül. Nach der Diskussion der Bindungsverhältnisse in dem denkbar einfachsten molekularen System, dem Wasserstoffmolekülion, wollen wir jetzt die Bindungsverhältnisse in Molekülen, zunächst am Beispiel des Wasserstoffmoleküls, untersuchen.
Wir hatten im Abschn. 1.3.7. gesehen, daß in einem (isolierten) Atom jedes Elektron ein bestimmtes Orbital besetzt, wobei nach dem Pauli-Prinzip jedes Orbital maximal zwei Elektronen mit entgegengesetztem Spin aufnehmen kann. Bei der Annäherung zweier Atome, die je ein einfach besetztes Orbital, d. h.' ein ungepaartes Elektron besitzen, tritt, ebenso wie bei der Bildung des Wasserstoffmolekülions, eine Aufspaltung der Energieterme beider Atome auf, es entstehen zwei Bindungsorbitale, die sich energetisch unterscheiden, ein „*bindendes*" Orbital mit niedriger Energie und ein „*antibindendes*" Orbital mit höherer Energie (s. Abb. 4.12). Die

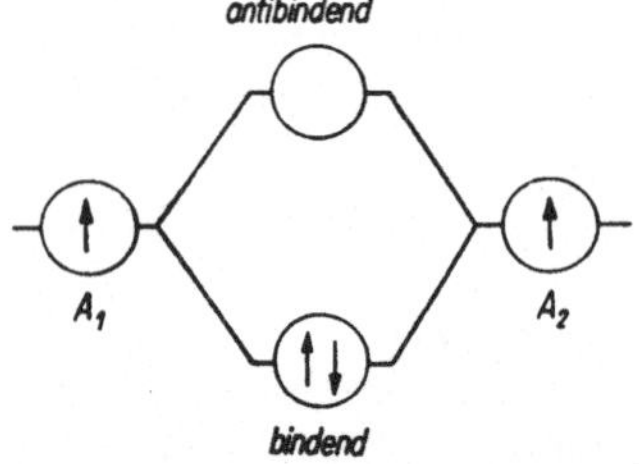

Abb. 4.12. Die Entstehung bindender und antibindender Molekülorbitale aus den Atomorbitalen A_1 und A_2 bei der Bildung eines Wasserstoffmoleküls

beiden Elektronen besetzen das bindende Orbital; nur in diesem Fall wird bei der Bildung der Bindung Energie frei. Ebenso wie beim Wasserstoffmolekülion ist die Ladungsdichte zwischen den Atomen besonders groß.

Die quantitative Berechnung der Eigenschaften des Wasserstoffmoleküls erfolgt mittels der Schrödinger-Gleichung [Gl. (1.44)]. Die potentielle Energie [vgl. Gl. (4.3)] enthält jetzt drei weitere Terme, die der elektrostatischen Wechselwirkung des 2. Elektrons mit den beiden Kernen und dem anderen Elektron entsprechen. Eine Lösung der Schrödinger-Gleichung für dieses System ist in geschlossener Form nicht möglich. Iterationsverfahren ergeben qualitativ ähnliche Zusammenhänge wie für das Wasserstoffmolekülion. Für die Ψ-Funktion erhält man ebenfalls zwei Lösungen, eine symmetrische und eine antisymmetrische. Die antisymmetrische Lösung entspricht abstoßenden Kräften zwischen den beiden Wasserstoffatomen, die symmetrische Lösung der Molekülbildung. Die Dissoziationsenergie der H—H-Bindung ergibt sich zu $436,002 \ kJ \ mol^{-1}$ und der Gleichgewichtsabstand zu $0,074611$ nm.
Die eingangs skizzierten Vorstellungen über die Molekülbildung erklären auch, warum nur zwischen Atomen mit ungepaarten Elektronen eine Atombindung auftreten kann. Nähern sich z. B. zwei Heliumatome im $1s$-Zustand, so entstehen ebenfalls zwei Bindungsorbitale, ein bindendes und ein antibindendes. Wir müssen jetzt die vier Elektronen der beiden Heliumatome auf diese beiden Orbitale verteilen. Auf Grund des Pauli-Prinzips enthält das bindende und das antibindende Orbital jeweils zwei Elektronen. Das bedeutet aber, daß bei einer Molekülbildung kein Energiegewinn erzielt würde, das Heliummolekül He_2 ist nicht existenzfähig.

Atombindung und Molekülstruktur. Charakteristisch für die Atombindung ist, daß sie, im Gegensatz zur ionischen Bindung, gerichtet ist. Um die Ursachen hierfür verstehen zu können, müssen wir uns nochmals die Verteilung der Orbitale in den verschiedenen Atomarten vergegenwärtigen (s. Abschn. 1.3.8.). Beim Wasserstoffatom im $1s$-Grundzustand hängt die Aufenthaltswahrscheinlichkeit des Elektrons nur vom Abstand ab, die mittlere Elektronendichte ist kugelsymmetrisch. Die Elektronenverteilungen in anderen Elektronenzuständen sind nicht mehr kugelsymmetrisch. Dies führt dazu, daß die Atombindungen zwischen allen anderen Atomen gerichtet sind. Quantenmechanische Rechnungen haben folgendes ergeben:

> Die Atome in einem Molekül ordnen sich so an, daß die Überlappung der Orbitale möglichst groß wird.

Wir wollen die sich hieraus ergebenden Konsequenzen für die Molekülgeometrie anhand einiger Beispiele diskutieren.

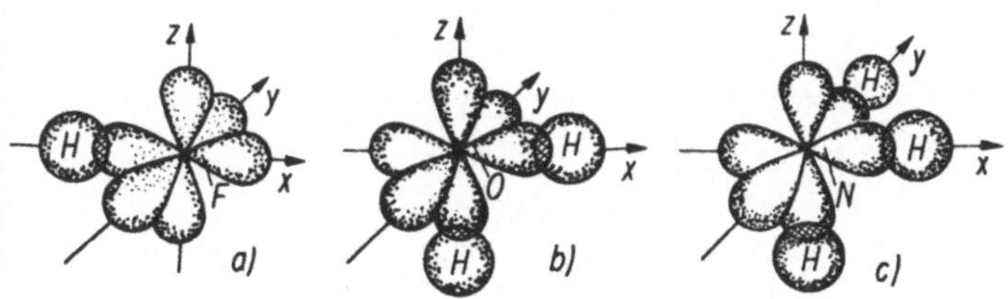

Abb. 4.13. Überlappung von Atomorbitalen bei der Molekülbildung: a) HF; b) H_2O und c) NH_3

Fluorwasserstoff HF. Das Wasserstoffatom betätigt bei der Bindung sein einziges verfügbares Orbital, das $1s$-Orbital. Das Fluoratom besitzt folgende Verteilung der Außenelektronen:

$$2s \quad 2p_x \quad 2p_y \quad 2p_z$$

Da die p-Orbitale ($2p_x$, $2p_y$ und $2p_z$) völlig gleichwertig sind, können wir das ungepaarte Elektron z. B. im $2p_x$-Orbital lokalisieren. Maximale Überlappung des $1s$-Orbitals des H-Atoms und des $2p_x$-Orbitals des F-Atoms kann sich ausbilden, wenn sich das H-Atom auf der x-Achse befindet (s. Abb. 4.13a). Die resultierende Bindung bezeichnet man als „sp"- oder „σ"-Bindung.

Wasser H_2O. Beim Sauerstoffatom sind die Außenelektronen wie folgt verteilt:

$$2s \quad 2p_x \quad 2p_y \quad 2p_z$$

Es besitzt also zwei ungepaarte Elektronen im $2p_x$- bzw. $2p_y$-Orbital. Um maximale Überlappung zu erreichen, sind die beiden Wasserstoffatome auf der x- bzw. y-Achse anzuordnen. Die beiden O—H-Bindungen bilden einen rechten Winkel (s. Abb. 4.13b). Experimentell ergibt sich dieser Winkel zu 104,5°. Die Aufweitung ist durch die abstoßenden Kräfte zwischen den Protonen bedingt.

Ammoniak NH_3. Beim Stickstoffatom befinden sich die 3 ungepaarten Elektronen in den $2p_x$-, $2p_y$- und $2p_z$-Orbitalen:

$$2s \quad 2p_x \quad 2p_y \quad 2p_z$$

Das Ammoniak-Molekül NH_3 sollte deshalb pyramidal gebaut sein, mit den drei H-Atomen an der Basis und dem N-Atom an der Spitze der Pyramide; die Winkel $\angle$ H–N–H sollten 90° betragen (s. Abb. 4.13c). Tatsächlich ist das NH_3-Molekül pyramidal gebaut, jedoch betragen die Winkel $\angle$ H–N–H 107,5°, sind also beträchtlich größer als auf Grund des einfachen

Modells zu erwarten ist. Eine mögliche Ursache für diese Aufweitung ist in der Wechselwirkung der Protonen untereinander und mit dem einsamen Elektronenpaar zu suchen. Wahrscheinlicher ist jedoch, daß am Stickstoffatom eine „Hybridisierung" erfolgt (s. u.)

Hybridisierung; die Bindungsverhältnisse des Kohlenstoffatoms. Das Kohlenstoffatom besitzt vier Außenelektronen, die im *isolierten* Atom wie folgt angeordnet sind:

$$2s \quad 2p_x \quad 2p_y \quad 2p_z$$

Danach sollte das Kohlenstoffatom zweibindig sein, die Winkel $\angle$ H–C–H sollten 90° betragen. Die Erfahrung zeigt nun, daß Kohlenstoff praktisch immer vierbindig ist. Dieser Befund läßt sich nur mit folgender Elektronenverteilung verstehen:

$$2s \quad 2p_x \quad 2p_y \quad 2p_z$$

Quantenmechanische Rechnungen zur Bildung von Methan zeigen, daß zwar eine gewisse Energie aufgewandt werden muß, um eins der $2s$-Elektronen in ein $2p_z$-Elektron zu überführen, diese Energie jedoch wesentlich kleiner ist als die Energie, die bei der Bildung der vier C—H-Bindungen frei wird.

Auf Grund dieser Elektronenkonfiguration sollte man erwarten, daß bei der Bindung von vier Wasserstoffatomen, d. h. der Bildung von Methan, drei der C—H-Bindungen senkrecht aufeinander stehen, während die 4. Bindung praktisch ungerichtet ist. Tatsächlich sind im Methan alle vier Bindungen völlig gleichartig und in die Ecken eines Tetraeders gerichtet. Eine Erklärung hierfür gibt die Konzeption der Hybridisierung.

Wir hatten eingangs gesehen, daß entscheidend für die elektronische Struktur eines Moleküls die Ψ-Funktion des gesamten Moleküls ist. Für die Behandlung des freien Moleküls, speziell zur Deutung der spektroskopischen Eigenschaften, war es zweckmäßig, diese Funktion in ein doppelt besetztes $2s$ und zwei einfach besetzte $2p$-Orbitale aufzuteilen. Für chemische Frage-

1. sp^3-Hybridisierung (tetraedrisch)	2. sp^2-Hybridisierung (trigonal)	3. sp-Hybridisierung (diagonal)
$\sigma_1 = \dfrac{1}{2}(s + p_x + p_y + p_z)$	p_z	p_y
$\sigma_2 = \dfrac{1}{2}(s + p_x - p_y - p_z)$	$\sigma_1 = \dfrac{1}{\sqrt{3}}s + \sqrt{\dfrac{2}{3}}\,p_x$	p_z
$\sigma_3 = \dfrac{1}{2}(s - p_x + p_y - p_z)$	$\sigma_2 = \dfrac{1}{\sqrt{3}}s - \dfrac{1}{\sqrt{6}}p_x + \dfrac{1}{\sqrt{2}}p_y$	$\sigma_1 = \dfrac{1}{\sqrt{2}}(s + p_x)$
$\sigma_4 = \dfrac{1}{2}(s - p_x - p_y + p_z)$	$\sigma_3 = \dfrac{1}{\sqrt{3}}s - \dfrac{1}{\sqrt{6}}p_x - \dfrac{1}{\sqrt{2}}p_y$	$\sigma_2 = \dfrac{1}{\sqrt{2}}(s - p_x)$

stellungen sind andere Aufteilungen der vier Orbitale zweckmäßig, wobei man diese neuen Orbitale formal-mathematisch durch Linearkombinationen der Lösung einer partiellen Differentialgleichung, nämlich der Schrödinger-Gleichung, erhält. Die verschiedenen Möglichkeiten der „Hybridisierung" (lat.: von zweierlei Abkunft, gemischt) der vier Orbitale der Außenelektronen des Kohlenstoffatoms sind in Tab. 4.2 zusammengestellt. Jedes dieser Orbitale beinhaltet im gewissen Umfang den Charakter sowohl von s- als auch von m ($m = 1, 2, 3$) p-Orbitalen, deshalb bezeichnet man diese Orbitale als sp^m-Hybridorbitale. Von der Gleichwertigkeit der in Tab. 4.2 gegebenen Darstellungen kann man sich leicht überzeugen, wenn man die Gleichungen jeweils quadriert und addiert. In Abb. 4.14 ist die

Abb. 4.14. sp^3-Hybridisierung im Methan CH_4

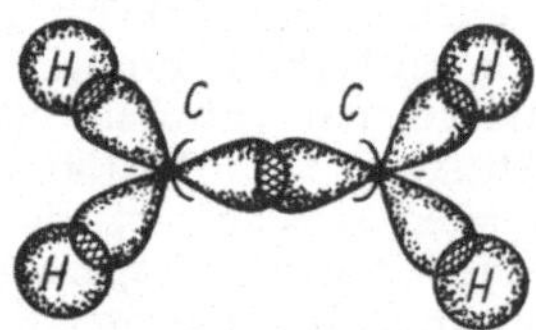

Abb. 4.15. sp^2-Hybridisierung in Ethen. Die p_z-Orbitale sind nicht eingezeichnet; sie stehen senkrecht auf der Papierebene

Verteilung der Orbitale im Methan (sp^3-Hybridisierung) dargestellt. Sämtliche Bindungen sind gleichwertig, sie weisen in die Ecken eines Tetraeders.

Die Bindungsverhältnisse hybridisierter Kohlenstoffatome wollen wir anhand der Kohlenwasserstoffe Ethan (C_2H_6), Ethen (C_2H_4) und Ethin (C_2H_2) diskutieren.

Ethan enthält 2 Kohlenstoffatome, die sp^3 hybridisiert sind. Die Orbitale sind tetraedrisch angeordnet. Eine geringfügige Verkleinerung der Bindungswinkel $\angle$ H–C–H (von 109,47° auf 107,30°; s. Tab. 4.3) ist durch die Wechselwirkung der Protonen bedingt. Die beiden CH_3-Gruppen sind um die C—C-Einfachbindung drehbar, die Rotation ist durch die Wechselwirkung der Protonen geringfügig behindert.

Im Ethen (s. Abb. 4.15) liegen die beiden C-Atome in sp^2-Hybridisierung vor. Drei Orbitale liegen in einer Ebene, sie bilden einen Winkel von 120°. Das 4. Orbital, das $2p_z$-Orbital, steht senkrecht auf dieser Ebene.

Die Bindung der C-Atome erfolgt einmal über ein sp^2-Orbital („σ-Bindung"), aber auch die Elektronen in den $2p_z$-Orbitalen treten in Wechselwirkung („π-Bindung"). Sämtliche Atome des Ethens liegen in einer Ebene. Die Bindungsstärke (Dissoziationsenergie) der C—C-Doppelbindung ist größer als die der C—C-Einfachbindung (s. Tab. 4.3), sie erreicht jedoch nicht den doppelten Wert. Der Winkel $\angle$ H–C–H ist etwas kleiner als 120°. Die π-Bindung ist dafür verantwortlich, daß eine Drehung um die C—C-Doppelbindung nicht möglich ist; deshalb existieren bei unterschiedlichen Substituenten cis- und trans-Verbindungen (s. Abschn. 4.2.1.). Die Bindungslänge der C—C-Doppelbindung ist kleiner als die der C—C-Einfachbindung.

Tabelle 4.3. Struktur und Eigenschaften von Kohlenwasserstoffmolekülen mit unterschiedlich hybridisierten Kohlenstoffatomen

	Bindungslänge [nm]		Bindungswinkel $\angle$ HCH	Bindungsenergie [kJ/mol]	
	C—H	C—C		C—H	C—C
sp^3-Hybridisierung Ethan: C_2H_6	0,1108	0,15326	107,30°	410	368
sp^2-Hybridisierung Ethen: C_2H_4	0,1085	0,1339	117,83°	452	720
sp-Hybridisierung Ethin: C_2H_2	0,10608	0,12031		523	962

Bei der sp-Hybridisierung im Ethin (s. Abb. 4.16) liegen die beiden sp-Orbitale auf einer Geraden, die $2p_y$- und $2p_z$-Orbitale stehen aufeinander und auf den sp-Orbitalen senkrecht. Die Bindung der Kohlenstoffatome erfolgt einmal über die sp-Orbitale (σ-Bindung) und über die beiden p-Orbitale (π-Bindungen). Die Dissoziationswärme der C—C-Dreifachbindung ist größer als die der Doppelbindung, entsprechend ist die Bindungslänge kleiner.

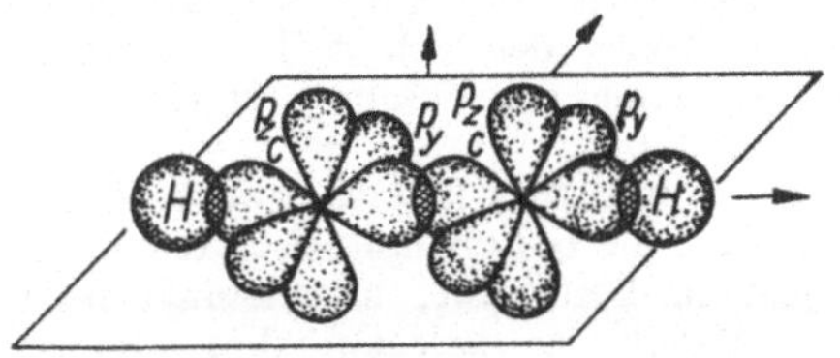

Abb. 4.16. sp-Hybridisierung im Ethin. Die Überlappung der p_y- und p_z-Orbitale ist nicht eingezeichnet

Eine Hybridisierung erfolgt nicht nur zwischen s- und p-Orbitalen, sondern auch zwischen s-, p- und d-Orbitalen. Bei fast allen Molekülen und Ionen vom Typ XY$_6$, z. B. SF_6, PF_6^- und SiF_6^{2-} bilden sich aus einem $3s$-, drei $3p$- und zwei $3d$-Orbitalen des Zentralatoms sechs sp^3d^2-Orbitale, die in die Richtung der sechs Ecken eines Oktaeders weisen. Derartige Hybridisierungen spielen in der Komplexchemie eine wesentliche Rolle.

Delokalisierte Elektronen. Die π-Elektronen eines Moleküls haben bemerkenswerte Eigenschaften; unter bestimmten Bedingungen sind sie „delokalisiert", d. h. sie können sich innerhalb eines Moleküls relativ frei bewegen. Dieser Effekt tritt in „konjugierten" und „aromatischen" Verbindungen auf.

Konjugierte Verbindungen. Unter konjugierten Verbindungen („Polyenen") versteht man Verbindungen, die alternierend einfache und Doppelbindungen aufweisen. Die Kohlenstoffatome bzw. andere Atome, die auf Grund ihrer Elektronenstruktur zur Bildung von Doppelbindungen fähig sind (z. B. N), sind sp^2-hybridisiert und liegen zick-zack-förmig in einer Ebene, die Winkel zwischen den Bindungen betragen etwa 120°. Die einfachste Verbindung dieser Art ist das 1,3-Butadien (CH_2=CH—CH=CH_2). Die π-Elektronen in den $2p_z$-Orbitalen liegen unter- bzw. oberhalb der Molekülebene, sie überlappen sich und sind leicht beweglich. Dies hat Folgen für die physikalischen Eigenschaften dieser Moleküle und das makroskopische Verhalten dieser Substanzen. Innerhalb des Moleküls erfolgt ein gewisser Bindungsausgleich, d. h. der Abstand der einfach gebundenen Atome verkleinert sich, der der doppeltgebundenen Atome vergrößert sich (s. Abb. 4.17). Weiterhin sind Moleküle mit π-Elektronen leicht polarisierbar. Die Absorptionsbanden der Elektronenspektren der meisten organischen Verbindungen liegen im Ultravioletten. Durch Einbau von Atomen mit konjugierten Doppelbindungen verschieben sich die Absorptionsbanden ins Sichtbare. Viele organische Farbstoffe enthalten deshalb konjugierte Doppelbindungen.

Der aromatische Zustand. Monocyclische Polyene, die $4n + 2$ ($n = 0, 1, 2, \ldots$) π-Elektronen besitzen, sind besonders stabil (Hückelsche Regel). Der bekannteste Vertreter dieser Klasse ist mit $n = 1$ das Benzen (C_6H_6). Im Benzen sind die 6 Kohlenstoffatome sp^2-hybridisiert, der Bindungswinkel beträgt 120°, und sie liegen in einer Ebene. Es besteht ein vollständiger Bindungsausgleich, d. h. alle C—C-Bindungen haben die gleiche Länge (0,1396 nm), die zwischen der einer Einfach- und einer Doppelbindung liegt. Das Benzenmolekül bildet ein regelmäßiges Sechseck. Die π-Elektronen oberhalb und unterhalb der Molekülebene bedingen einen

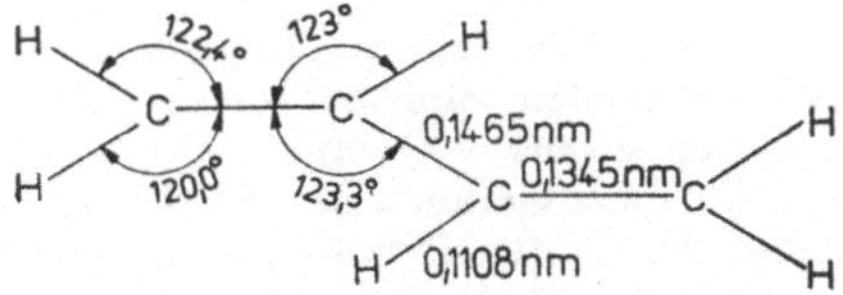

Abb. 4.17. Zur Geometrie des 1,3-Butadiens (vgl. auch Tab. 4.3)

Ringstrom, der für die Besonderheiten dieser Verbindungsklasse verantwortlich ist.

Monocyclische Polyene, die der Hückelschen Regel nicht gehorchen, haben keinen aromatischen Charakter. Cyclobutadien $\boxed{(C{=}C)_2}$ mit vier π-Elektronen ist unbeständig, Cyclooctatetraen $\boxed{(C{=}C)_4}$ mit acht π-Elektronen ist leicht gewellt und weist etwa die gleichen alternierenden Bindungslängen auf wie das lineare Octatetraen.

Elektronegativität. Bei der Behandlung des Wasserstoffmolekülions und des Wasserstoffmoleküls waren wir davon ausgegangen, daß sich auf Grund der Symmetrie des Systems das bzw. die Elektronen mit gleicher Wahrscheinlichkeit in der Nähe der beiden Protonen aufhalten. Das gleiche gilt für alle zweiatomigen homonuklearen Moleküle. Treten verschiedenartige Atome zu einem Molekül zusammen, so wird die Symmetrie gestört und die Aufenthaltswahrscheinlichkeit der Elektronen in der Nähe der Atomkerne hängt im gewissen Umfange von der Art der Atome ab. Die positiv geladenen Atomkerne haben je nach ihrer Ladung das Bestreben, mehr oder weniger Elektronen von anderen Atomen des gleichen Moleküls an sich zu ziehen. Ein Maß hierfür ist die „Elektronegativität" eines Elements; sie ist unabhängig von der Art der anderen Atome im Molekül. Die Elektronegativität hängt in hohem Maße von der Stellung des Elements im Periodischen System ab. In einer Reihe des Periodischen Systems steigt die Elektronegativität mit der Kernladungszahl. Mit wachsender Atomgröße nimmt sie, bedingt durch die Abschirmung der Atomkerne durch die inneren Elektronenschalen, ab.

Die Elektronegativität kann nicht unmittelbar gemessen werden. Ihre Berechnung erfolgt unter speziellen, teils theoretisch· wenig begründeten Annahmen aus den Bindungsenergien entsprechender hetero- und homonuklearer Verbindungen. Auf eine Wiedergabe der Zahlenwerte sei an dieser Stelle verzichtet.

Makroskopisch manifestiert sich der Einfluß der Elektronegativität im Dipolmoment. Je größer die Unterschiede der Elektronegativitäten der an einer Bindung beteiligten Atome sind, um so größer wird das Dipolmonent dieser Bindung.

4.2.2.4. Zwischenmolekulare Wechselwirkungen

Die zwischenmolekularen Wechselwirkungen bedingen, wie in den Abschn. 5. und 6. noch ausführlich gezeigt werden wird, zahlreiche makroskopische Eigenschaften der „kondensierten Materie". Eine direkte experimentelle Bestimmung dieser Kräfte ist nicht möglich, sie können nur indirekt aus ihren Wirkungen erschlossen bzw. berechnet werden.

Die Potentiale der zwischenmolekularen Wechselwirkung und damit auch die Kräfte sind Funktionen des Abstandes und der Orientierung der Moleküle zueinander; sie lassen sich im Prinzip auf folgende Weise berechnen. Man behandelt die in Wechselwirkung tretenden Atome bzw. Moleküle als ein „Supermolekül" und berechnet, ausgehend von der Schrödinger-Gleichung, also mittels der Methoden der Quantenmechanik die Energie dieses Supermoleküls mit den Abständen und Orientierungen der Moleküle als Parameter. Die Potentiale der zwischenmolekularen Wechselwirkungen ergeben sich dann als Differenz der Gesamtenergie des Supermoleküls und der Energien der einzelnen, weit voneinander entfernt gedachten Moleküle. Wir hatten im Abschn. 4.1.1.2. gesehen, daß die zwischenmolekularen Wechselwirkungen im Vergleich zur Energie chemischer Bindungen und erst recht zur Gesamtenergie eines Moleküls relativ klein sind. Quantenmechanische Rechnungen auf dieser Basis erfordern deshalb eine große Genauigkeit und sind bereits für kleine Systeme sehr aufwendig. Man benutzt deshalb zur Berechnung der zwischenmolekularen Wechselwirkungen meist einen anderen Weg, der sich z. T. auf Grund der geschichtlichen Entwicklung ergeben hat (s. Abschn. 4.1.1.).

Es ist möglich, und dies läßt sich auch theoretisch begründen, die zwischenmolekularen Wechselwirkungen in bestimmte, anschaulich interpretierbare Anteile zu zerlegen; dies sind die *Dipolkräfte*, die *Induktionskräfte* und die *Dispersionskräfte*. In bestimmten Systemen treten zusätzlich durch *Wasserstoffbrücken* bedingte Kräfte auf.

Dipolkräfte. Das bekannteste Beispiel der elektrostatischen Wechselwirkung von abgesättigten Molekülen ist die Dipolwechselwirkung. Bedingt durch die elektrostatische Wechselwirkung der Dipole treten je nach Orientierung der Dipole anziehende bzw. abstoßende Kräfte auf. Die mittlere Wechselwirkungsenergie $\bar{\varepsilon}_{\text{Dip}}$ zweier Moleküle mit den Dipolmomenten p beträgt bei größeren Abständen r der Dipole und hinreichend hohen Temperaturen — bei denen noch keine vollständige Ausrichtung der Dipole erfolgt — nach KEESOM:

$$\bar{\varepsilon}_{\text{Dip}} = -\left(\frac{1}{4\pi\varepsilon_0}\right)^2 \frac{2}{3}\frac{p^4}{r^6 kT} \,. \tag{4.10}$$

Diese Beziehung erhält man durch folgende Überlegung. Wir betrachten zunächst zwei (gleiche) Dipole (Ladung jeweils $+Q$ und $-Q$ im Abstand r_D), die auf einer Geraden liegen (Abb. 4.18). Das Potential der beiden Dipole φ_{Dip} ist gleich der Summe der Potentiale der Ladungen:

$$\varphi_{\text{Dip}} = \varphi_{\text{AC}} + \varphi_{\text{AD}} + \varphi_{\text{BC}} + \varphi_{\text{CD}}\,.$$

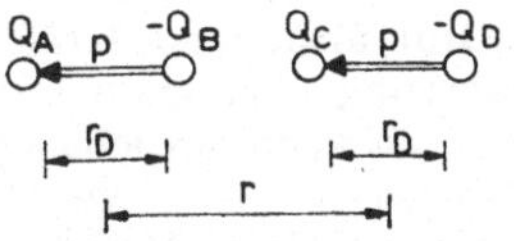

Abb. 4.18. Zur Berechnung der Dipolkräfte

Das Potential zweier Punktladungen i und j ist (s. Band 2):

$$\varphi_{ij} = \frac{1}{4\pi\varepsilon_0} \frac{Q_i Q_j}{r_{ij}}. \qquad (4.11)$$

Für den hier behandelten Spezialfall ist $Q_A = -Q_B = Q_C = -Q_D = Q$ und $r_{AC} = r_{BD} = r$, $r_{AD} = r(1 + r_D/r)$ und $r_{BC} = r(1 - r_D/r)$. Damit wird

$$\varphi_{Dip} = \frac{1}{4\pi\varepsilon_0}$$

$$\times Q^2 \left[\frac{1}{r} - \frac{1}{r\left(1 + \dfrac{r_D}{r}\right)} - \frac{1}{r\left(1 - \dfrac{r_D}{r}\right)} + \frac{1}{r} \right].$$

Ist $r \gg r_D$, d. h. ist der Abstand der Dipole groß gegenüber der Länge der Dipole, so folgt durch Reihenentwicklung auf Grund der Beziehung

$(1 \pm x)^{-1} = 1 \mp x + x^2 \mp x^3 \ldots$ für $|x| < 1$.

$$\varphi_{Dip} = \frac{1}{4\pi\varepsilon_0} \frac{Q^2}{r} \left[1 - \left(1 - \frac{r_D}{r} + \left(\frac{r_D}{r}\right)^2\right) \right.$$

$$\left. - \left(1 + \frac{r_D}{r} + \left(\frac{r_D}{r}\right)^2\right) + 1 \right]$$

$$= \frac{1}{4\pi\varepsilon_0} \left(-2 \frac{Q^2 r_D^2}{r^3} \right)$$

und unter Berücksichtigung der Definitionsgleichung des Dipolmoments $p = Q r_D$ (s. Band 2)

$$\varphi_{Dip} = - \frac{1}{4\pi\varepsilon_0} \cdot 2 \frac{p^2}{r^3}. \qquad (4.12)$$

Für andere Anordnungen der Dipole erhält man prinzipiell den gleichen Ausdruck, nur steht anstelle des Zahlenfaktors „2" ein anderer Faktor f_D. Dabei ist $-2 \leq f_D \leq 2$. Zu jeder Lage der beiden Dipole zueinander erhält man durch Vertauschen der Richtung eines der Dipole eine Anordnung, die sich bei gleicher Energie nur durch das Vorzeichen unterscheidet. Hieraus folgt, daß die potentielle Energie der Dipole, gemittelt über alle räumlichen Lagen gleich Null ist. Nun sind aber die verschiedenen Anordnungen der Dipole nicht gleich wahrscheinlich; energetisch günstige Orientierungen werden vorherrschen. Die Orientierung gehorcht dem Boltzmannschen Verteilungsgesetz (s. Band 1), d. h. es tritt ein Faktor $\exp -\Delta E/kT$ auf, in dem $E = \varphi_{Dip}$ ist. Da im allgemeinen $\varphi_{Dip} \ll kT$ ist,

kann man den Exponentialausdruck in eine Potenzreihe entwickeln und die Reihenentwicklung nach dem ersten Glied abbrechen und erhält

$$\bar{\varepsilon}_{Dip} = \varphi_{Dip} \exp\left[-\varphi_{Dip}/kT\right] \approx \frac{-1}{4\pi\varepsilon_0} f_D \frac{p^2}{r^3}$$

$$\times \left(1 - \frac{-1}{4\pi\varepsilon_0} f_D \frac{p^2}{r^3} \cdot \frac{1}{kT} \right)$$

$$= \frac{-1}{4\pi\varepsilon_0} f_D \frac{p^2}{r^3} - \left(\frac{1}{4\pi\varepsilon_0} f_D\right)^2 \frac{p^4}{r^6 kT}.$$

Die Mittelung ist über alle möglichen Orientierungen der beiden wechselwirkenden Dipole auszuführen. Der erste Term hat auf Grund des Obengesagten den Wert Null. Die Mittelung des zweiten Terms ergibt, wie hier nicht im einzelnen ausgeführt werden soll, für $f_D = \frac{2}{3}$. Damit erhält man Gl. (4.10).

Induktionskräfte. Einen weiteren Beitrag zu den zwischenmolekularen Kräften liefert der Induktionseffekt. Ein Dipol induziert in ein anderes Molekül – infolgedessen Polarisierbarkeit – ein Dipolmoment. Das permanente und das induzierte Dipolmoment treten in Wechselwirkung und bedingen, unabhängig von der Lage des permanenten Dipols, anziehende Kräfte. Bei gleichen Molekülen mit dem Dipolmoment p und der Polarisierbarkeit α ergibt sich der Anteil dieser Wechselwirkungsenergie nach DEBYE und FALKENHAGEN zu

$$\bar{\varepsilon}_{Ind} = -2 \left(\frac{1}{4\pi\varepsilon_0}\right)^2 \frac{\alpha p^2}{r^6}. \qquad (4.13)$$

Folgende qualitativen Überlegungen führen zu dieser Beziehung. Wir betrachten wieder eine spezielle Anordnung der Moleküle. Das zu polarisierende Molekül (2) soll sich im Abstand r in Richtung des permanenten Dipols des Moleküls (1) befinden. Die Feldstärke E des permanenten Dipols (1) im Molekül (2) beträgt dann (s. Band 2)

$$E = - \frac{d\varphi_{Dip}}{dr} = - \frac{d}{dr}\left(\frac{1}{4\pi\varepsilon_0} \frac{p}{r^2}\right)$$

$$= - \frac{1}{4\pi\varepsilon_0} (-2) \frac{p}{r^3}. \qquad (4.14)$$

Durch das Feld E wird in dem Molekül (2) mit der Polarisierbarkeit α ein Dipolmoment $p_i = \alpha E$ induziert. Die Energie des induzierten Dipols beträgt $\varepsilon_{Ind} = -^1/_2 \alpha E^2$ (vgl. z. B. die Berechnung der Energie einer gespannten Feder, s. Band 1). Mit Gl. (4.14) erhält man hieraus sofort (4.13). Daß man den richtigen Wert für den Zahlenfaktor erhält, ist Zufall. Tatsächlich ergibt die Mittelung über alle Lagen des permanenten Dipols einen Faktor 1/2 und der Umstand, daß auch der permanente Dipol des Moleküls (2) im Molekül (1) ein elektrisches Feld induziert, einen Faktor 2. Beide Effekte kompensieren sich. Im Gegensatz zu den Dipolkräften sind die Induktionskräfte temperaturunabhängig.

Dispersionskräfte. Die Erfahrung zeigt, daß auch Moleküle mit kugelsymmetrischer Elektronenverteilung, z. B. Edelgase, Kräfte aufeinander ausüben und daß bei anderen Molekülen die bisher angeführten Effekte auch bei der Berücksichtigung von Polen höherer Ordnung (Quadrupole, Oktopole usw.) nicht ausreichen, um die zwischenmolekularen Wechselwirkungen quantitativ zu beschreiben. Ursache für diese zusätzlichen Kräfte ist der Dispersionseffekt. Er beruht auf der schnellen inneren Elektronenbewegung. Anschaulich haben diese Kräfte ihren Ursprung darin, daß auch Atome und Moleküle, die nach außen hin im zeitlichen Mittel eine rotationssymmetrische Elektronenverteilung besitzen, in jedem Augenblick, bedingt durch die Nullpunktsbewegung der Elektronen, einen schnell rotierenden Dipol darstellen. Die Nullpunktsbewegung ist von einem elektrischen Wechselfeld begleitet, eine Strahlung tritt jedoch nicht auf, da sich die Atome bzw. Moleküle im Grundzustand befinden und die Núllpunktsenergie nicht in Strahlung verwandelt werden kann. Dieses schnell rotierende Dipolfeld induziert, wie wir bereits bei den Induktionskräften gesehen hatten, in ein zweites polarisierbares Molekül ein Dipolmoment. Die Wechselwirkung der beiden Dipole bedingt anziehende Kräfte, die von der Temperatur unabhängig sind.
Eine quantenmechanische Störungsrechnung ergibt z. B. für die Wechselwirkung zweier Heliumatome, daß in erster Näherung, wie bereits im

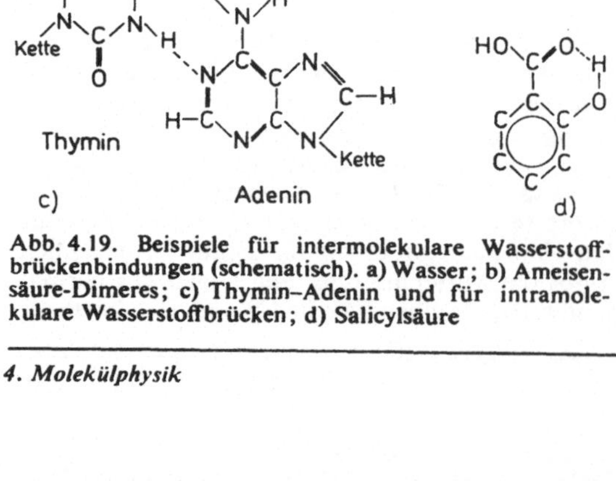

Abschn. 4.2.2.2. gezeigt wurde, abstoßende Kräfte auftreten. In zweiter Näherung überlagern sich in größeren Abständen schwache anziehende Kräfte. Die Dispersionsenergie $\bar{\varepsilon}_{\mathrm{Disp}}$ zweier kugelsymmetrischer, freibeweglicher Moleküle beträgt nach LONDON

$$\bar{\varepsilon}_{\mathrm{Disp}} = - \left(\frac{1}{4\pi\varepsilon_0}\right)^2 \frac{3}{4} \frac{h\nu_0\alpha^2}{r^6}, \qquad (4.15)$$

wobei ν_0 die Frequenz der Nullpunktsbewegung ist. Verschiedene andere Formulierungen der Gl. (4.15) wurden vorgeschlagen; besonders nützlich ist die von SLATER und KIRKWOOD gegebene

$$\bar{\varepsilon}_{\mathrm{Disp}} = \left(\frac{1}{4\pi\varepsilon_0}\right)^2 \frac{3}{4} \frac{\alpha^2}{r^6} \frac{he}{2\pi\sqrt{m}} \sqrt{\frac{n}{\alpha}}. \qquad (4.16)$$

n ist die Zahl der Elektronen in der äußersten Elektronenschale, e und m Elektronenladung und -masse.

Wasserstoffbrückenbindung. Bei der Wechselwirkung eines an ein stark elektronegatives Atom X (X = F-, O- bzw. N-) gebundenes Wasserstoffatom mit einem zweiten elektronegativen Atom Y tritt eine besonders große energetische Wechselwirkung auf, die man als „Wasserstoffbrückenbindung" oder auch als „Wasserstoffbindung" bzw. „Wasserstoffbrücke" bezeichnet. Wasserstoffbrückenbindungen können zwischen verschiedenen Molekülen („intermolekulare Wasserstoffbrücke", s. Abb. 4.19a bis c), aber auch innerhalb ein und desselben Moleküls („intramolekulare Wasserstoffbrücke, s. Abb. 4.19d) auftreten. Wasserstoffbrückenbindungen bedingen ein anormales makroskopisches Verhalten, d. h. sie führen zu Abweichungen von den für Substanzklassen ohne Wasserstoffbrücken gültigen Regeln. In der flüssigen Phase und teilweise auch in der Gasphase erfolgt eine starke Assoziation (s. Abschn. 6.1.3.). Im Wasser bilden sich netzartige Strukturen (s. Abb. 4.19a), Carbonsäuren bilden Doppelmoleküle (Abb. 4.19b). Wasserstoffbrücken sind für viele biologische Prozesse von entscheidender Bedeutung. So werden die verschiedenen Konfigurationen von Polypeptidketten in den Proteinen durch Wasserstoffbrücken stabilisiert. Auch die Verknüpfung der Nucleinsäuren (Abb. 4.19c) in der Doppelhelix erfolgt durch Wasserstoffbrücken. Charakteristisch für die Wasserstoffbrückenbindung ist, daß die Atome X, H und ein einsames Elektronenpaar des Atoms Y auf einer Geraden liegen. Der Abstand der Atome X und Y ist relativ klein, in vielen Fällen kleiner als die Summe der van der Waalsschen Radien der Atome X und Y. Die Wasserstoffbrückenbindung stellt grundsätzlich keinen neuen Bindungstyp dar; sie ist eine Folge der Überlagerung ver-

Abb. 4.19. Beispiele für intermolekulare Wasserstoffbrückenbindungen (schematisch). a) Wasser; b) Ameisensäure-Dimeres; c) Thymin–Adenin und für intramolekulare Wasserstoffbrücken; d) Salicylsäure

schiedener bereits beschriebener Bindungstypen, wobei die Kleinheit und Beweglichkeit des Protons eine wesentliche Rolle spielt. Ein quantitatives Verständnis der Ladungs- und Energieverhältnisse ist nur auf quantenmechanischer Grundlage möglich, qualitative Aussagen erhält man durch folgende Überlegung. Bedingt durch die Elektronegativität des Atoms X wird ein Teil der negativen Ladung des Protons zum Atom X gezogen. Dadurch steht das $1s$-Orbital des Wasserstoffatoms für eine Art Atombindung mit den Elektronen des einsamen Elektronenpaars des Atoms Y zur Verfügung.

Vergleich der verschiedenen Effekte. Die gesamte zwischenmolekulare Wechselwirkung zweier Moleküle ergibt sich durch Addition der einzelnen Wechselwirkungsenergien. Sie beträgt – wenn man von der Wasserstoffbrückenbindung absieht –

$$\bar{\varepsilon} = \bar{\varepsilon}_{\text{Dip}} + \bar{\varepsilon}_{\text{Ind}} + \bar{\varepsilon}_{\text{Disp}}.$$

Aus den Gln. (4.10), (4.13) und (4.15) bzw. (4.16) folgt zunächst, daß das Potential aller dieser Kräfte mit der sechsten Potenz des Abstandes abnimmt. Die Kräfte haben im Gegensatz zu den Kräften zwischen den Ionen nur eine geringe Reichweite. Ferner sind die Kräfte in den ersten drei Fällen ungerichtet und – im Gegensatz zu den eigentlichen chemischen Bindungen – nicht absättigbar; d. h.

ein Molekül kann mit beliebig vielen anderen Molekülen in energetische Wechselwirkung treten.

Die Wasserstoffbrückenbindung ist demgegenüber gerichtet und absättigbar. In Tab. 4.4 sind für einige einfach gebaute Substanzen die Beiträge, die die einzelnen Energien liefern, sowie die Dipolmomente und die Polarisierbarkeiten α zusammengestellt. Wie man hieraus ersieht, überwiegen im allgemeinen die Dispersionskräfte. Nur bei kleinen Molekülen mit starkem Dipolmoment, z. B. dem Wassermolekül, liefern die anderen Kräfte einen wesentlichen Beitrag. Dies ist auch theoretisch verständlich. Bei gleichartigen Molekülen sind die Dipolkräfte proportional der vierten Potenz des Dipolmoments der in Wechselwirkung stehenden Moleküle. Die Induktionskräfte sind proportional dem Produkt aus Polarisierbarkeit und dem Quadrat des Dipolmoments. Schließlich sind die Dispersionskräfte dem Quadrat der Polarisierbarkeit proportional. Da sich Dipolmomente vektoriell, Polarisierbarkeiten jedoch skalar addieren, werden bei vielatomigen Molekülen infolge der teilweisen Kompensation der Partialdipole die Dipolkräfte klein sein und dafür die Dispersionskräfte überwiegen.

Abstoßende Kräfte. Nähern sich zwei Moleküle gegenseitig, so treten abstoßende Kräfte auf, die mit der Annäherung sehr schnell wachsen. Ursache dieser abstoßenden Kräfte ist einmal die elektrostatische Abstoßung der Kernladungen, die beim Durchdringen der Elektronenwolken der Moleküle wirksam werden, zum anderen treten quantenmechanische Austauschkräfte auf.

Die Berechnung der abstoßenden Kräfte erfordert eine genaue Kenntnis der Ladungsverteilung auf der Moleküloberfläche. Sie ist deshalb bisher nur bei wenigen einfachen Atomen bzw. Molekülen durchgeführt worden. Auf Grund dieser Rechnungen ergibt sich, daß das Abstoßungspotential in erster Näherung exponentiell mit der Entfernung abnimmt.

Aus dem Potential der anziehenden und abstoßenden Kräfte ergibt sich damit die Gesamtwechselwirkung der zwischenmolekularen Kräfte zu

$$\varepsilon = -\frac{M}{r^6} + P_e^{-\frac{r}{\varrho_0}}, \qquad (4.17)$$

wobei M, P und ϱ_0 Konstanten sind, die man empirisch bestimmen kann. Da die Benutzung dieses Ansatzes für molekularkinetische Berechnungen in manchen Fällen auf mathematische Schwierigkeiten stößt, benutzt man meist einen von LENNARD-JONES angegebenen Ansatz der Form

$$\varepsilon = -\frac{M}{r^6} + \frac{N}{r^q}, \qquad (4.18)$$

Tabelle 4.4. Wechselwirkungsenergien einiger Moleküle (nach LONDON)

Molekül	Dipolmoment $p \cdot 10^{30}$ [Cm]	Polarisierbarkeit $\alpha \cdot 10^{40}$ $\left[\dfrac{\text{Cm}}{\text{V/m}}\right]$	Dipoleffekt (bei $T = 300$ K) $\left(\dfrac{1}{4\pi\varepsilon_0}\right)^2 \cdot 2p^2\alpha \cdot 10^{78}$ [J m^6]	Induktionseffekt $\left(\dfrac{1}{4\pi\varepsilon_0}\right)^2 \cdot 2p^2\alpha \cdot 10^{78}$ [J m^6]	Dispersionseffekt $\left(\dfrac{1}{4\pi\varepsilon_0}\right)^2 \dfrac{3}{4}\,\alpha^2 h\nu_0 \cdot 10^{78}$ [J m^6]	Gesamteffekt $\bar{\varepsilon}r^6 \cdot 10^{78}$ [J m^6]
CO	0,33	2,21	$-0,00016$	$-0,0039$	$-6,75$	$-6,75$
HI	1,27	5,99	$-0,0345$	$-0,157$	$-38,2$	$-38,4$
HBr	2,63	3,97	$-0,635$	$-0,446$	$-17,6$	$-18,7$
HCl	3,48	2,92	$-1,945$	$-0,574$	$-10,5$	$-13,0$
NH$_3$	4,81	2,45	$-7,099$	$-0,920$	$-9,3$	$-17,3$
H$_2$O	6,13	1,64	$-18,726$	$-1,000$	$-4,7$	$-24,4$

wobei man aus Erfahrung am zweckmäßigsten den Exponenten q im Glied der abstoßenden Kräfte für Substanzen mit niedriger Molekülmasse gleich 12 wählt, während sich für Substanzen mit hoher Molekülmasse ein etwas größerer Wert besser bewährt hat. In Abb. 4.20 ist der Potentialverlauf schematisch dargestellt, und zwar ist die potentielle Energie zweier isolierter Moleküle, bezogen auf die Energie in der Gleichgewichtslage (s. u.), als Funktion ihres Abstandes, bezogen auf den Gleichgewichtsabstand, aufgetragen. Für große Abstände tritt

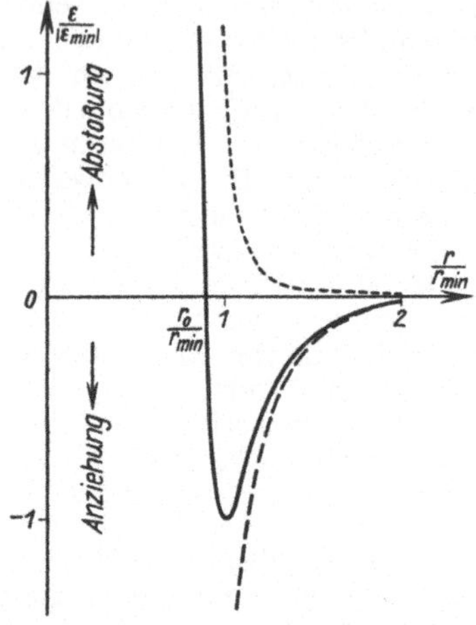

Abb. 4.20. Potentialverlauf der zwischenmolekularen Wechselwirkung in reduzierter Darstellung (- - - abstoßende Kräfte, — — — anziehende Kräfte, —— resultierendes Potential)

praktisch keine Wechselwirkung ein. Nähern sich die Moleküle, so nimmt die potentielle Energie ab und erreicht ein Minimum. Dies stellt die Gleichgewichtslage dar, die sich am absoluten Nullpunkt einstellen würde. Bei weiterer Annäherung wächst die potentielle Energie wieder, wird an der Stelle r_0 – diese Entfernung entspricht ungefähr dem Radius der Moleküle, der sich aus der Messung der Diffusionskonstanten und der inneren Reibung im Gaszustand ergibt – gleich Null und steigt dann sehr steil an. Hiernach ergibt sich r_0 aus Gl. (4.18) (mit $q = 12$) zu

$$r_0 = \sqrt[6]{\frac{N}{M}} \,.$$ (4.19)

Die Kräfte zwischen den Partikeln erhält man aus Gl. (4.18) durch Differentiation zu

$$K = -\frac{\partial \varepsilon}{\partial r} = -\frac{6M}{r^7} + \frac{12N}{r^{13}} \,.$$ (4.20)

Im Gleichgewichtsfall ist $K = -\left(\dfrac{\partial \varepsilon}{\partial r}\right)_{r_{min}} = 0$.

Damit folgt

$$r_{min} = \sqrt[6]{\frac{2N}{M}} \,.$$ (4.21)

Zwischen r_0 und r_{min} besteht somit die Beziehung

$$r_{min} = r_0 \sqrt[6]{2} = 1{,}13 r_0 \,.$$

Die Energie im Minimum ergibt sich aus Gl. (4.18) und (4.21):

$$\varepsilon_{min} = -\frac{M}{r_{min}^6} + \frac{N}{r_{min}^{12}} = -\frac{1}{2}\frac{M}{r_{min}^6} \,.$$ (4.22)

In Tab. 4.5 sind für eine Anzahl Substanzen die aus den Abweichungen vom idealen Gasgesetz und aus der inneren Reibung der Substanzen im gasförmigen Zustand berechneten Werte für $|\varepsilon_{min}|$ und r_0 zusammengestellt.

Tabelle 4.5. ε_{min}/k *und* r_0 *für einige Substanzen (nach HIRSCHFELDER)*

	$\dfrac{\varepsilon_{min}}{k}$ [K]	r_0 [nm]		$\dfrac{\varepsilon_{min}}{k}$ [K]	r_0 [nm]
He	10,22	0,2556	F_2	112	0,3653
H_2	37,00	0,2928	Cl_2	357	0,4115
D_2	37,00	0,2928	HCl	360	0,3305
Ne	35,60	0,2749	CH_4	148,2	0,3817
Ar	119,8	0,3405	C_2H_2	185	0,4221
N_2	95,05	0,3698	C_6H_6	440	0,5270
O_2	117,5	0,358	CS_2	488	0,4438

4.3. Die Eigenschaften der freien Moleküle

4.3.1. Größe und Gestalt der Moleküle

Der Versuch der Definition der Größe (und auch der Gestalt) eines Moleküls führt zu prinzipiellen Schwierigkeiten. Wir können die Größe eines makroskopischen Körpers, z. B. einer Kugel, sehr genau angeben. Ist der Mittelpunktsabstand r zweier (makroskopischer) Kugeln größer als der doppelte Kugelradius r_0, so tritt keine Wechselwirkung der Kugeln auf, während für Abstände $r \leqq 2r_0$ ein Zusammenstoß der Kugeln erfolgt. Stoßradius und Stoßquerschnitt sind für makroskopische Körper exakt angebbar. Atome und Moleküle können in der Regel nicht als starre Körper mit definierter Gestalt behandelt werden, da die zwischenmolekularen Wechselwirkungen stetig vom Abstand abhängen; es gibt keine scharfe Begrenzung eines Moleküls. Nur die Wechselwirkung von Ionen läßt sich durch ein Modell „starrer Kugeln" relativ

gut beschreiben (vgl. Abschn. 4.2.2.2. und 6.3.).
Bestimmt man Molekülradien mit verschiedenen
experimentellen Methoden, so ergeben sich
deshalb unterschiedliche Ergebnisse, die erfahrungsgemäß um einen Faktor 1,5 bis 2 schwanken
können. Sind die Moleküle nicht kugelsymmetrisch, so erhält man Mittelwerte, die ebenfalls
von der Meßmethode beeinflußt werden.

4.3.1.1. Der mittlere Radius eines Moleküls

Bereits in der Mitte des vorigen Jahrhunderts
erlaubte die kinetische Gastheorie gewisse Aussagen über die Größe der Moleküle. Wir hatten
im Band 1 gesehen, daß die Transporterscheinungen in Gasen (Viskosität, Diffusion und
Wärmeleitung) durch die mittlere freie Weglänge
der Gasmoleküle bestimmt werden. Die mittlere
freie Weglänge ihrerseits ist abhängig vom mittleren Moleküldurchmesser. Es ist damit möglich,
mittels Untersuchungen der Transporterscheinungen mittlere Moleküldurchmesser (*gaskinetischer Durchmesser*) abzuschätzen.
Ferner kann man Molekülradien mittels der
van der Waalsschen Zustandsgleichung berechnen. Aus dem „Ko-Volumen" b (s. Band 1) erhält man für den Moleküldurchmesser

$$d^3 = 3b/2N_A,$$

N_A ist die Avogadrosche Zahl und b ergibt sich
aus dem kritischen Volumen $V_{m;k}$ auf Grund der
Beziehung $V_{m;k} = 3b$.
Ein seit langem bekannter Weg zur Abschätzung
von Moleküldurchmessern ist der, die dünnsten
möglichen Schichten von Flüssigkeiten (Seifenblasen) zu bestimmen. Aus der minimalen Dicke
dünner Schichten auf Flüssigkeiten, z. B. Fettsäuren auf Wasser, lassen sich auf Grund der
Wirkung der Oberflächenspannung Moleküldurchmesser berechnen.

Abweichungen von der Kugelgestalt. Nur wenige
Moleküle sind kugelsymmetrisch (z. B. Methan).
Abweichungen von der Kugelgestalt machen sich
vor allem optisch bemerkbar. Elektromagnetische Wellen polarisieren im allgemeinen ein Molekül in den verschiedenen Richtungen unterschiedlich. Das Molekül ist in diesem Falle optisch anisotrop. Die Polarisierbarkeit des Moleküls läßt
sich dann nicht mehr durch *eine* Zahl charakterisieren, man muß Tensoren verwenden, die durch
ein Polarisierbarkeitsellipsoid veranschaulicht
werden können (vgl. hierzu die analogen Verhältnisse beim mechanischen Verhalten von Kristallen, Band 1). Diese Anisotropie führt dazu,
daß der elektrische Vektor einer einfallenden
elektromagnetischen Welle gedreht wird. Die
Folge davon ist z. B., daß bei einfallendem polarisiertem Licht das gestreute Licht (*Rayleigh-Streuung*) eine Depolarisation erfährt.

Gelingt es, die Moleküle eines solchen Körpers
teilweise auszurichten, so wird der ganze Körper,
also makroskopisch, doppelbrechend. Die Ausrichtung kann z. B. durch ein äußeres elektrisches
Feld erfolgen, dann haben wir den bereits im
Band 3 beschriebenen *Kerr-Effekt* vor uns. Der
Effekt ist besonders groß, wenn die Moleküle
einen permanenten Dipol besitzen, wie das Nitrobenzen, die klassische Flüssigkeit zur Füllung von
Kerr-Zellen. Aber auch in unpolare Moleküle
wird, wenn sie optisch anisotrop sind, ein elektrisches Moment induziert, das genügt, um das
Molekül in eine Vorzugsrichtung zu drehen und
einen – allerdings viel schwächeren – Kerr-Effekt
hervorzubringen (Beispiel: Schwefelkohlenstoff).
Der Kerr-Effekt heißt positiv, wenn die in Feldrichtung schwingende Komponente der einfallenden Lichtwelle die größere, und negativ, wenn
sie die kleinere Brechzahl hat. Unpolare Substanzen haben stets einen positiven Kerr-Effekt,
da sich die am leichtesten polarisierbare Molekülrichtung parallel zum Feld stellt. Bei polaren
Molekülen ist er positiv, wenn die Dipolrichtung
mit derjenigen leichtester Polarisierbarkeit zusammenfällt, und negativ, wenn sie senkrecht
darauf steht. Mit Hilfe des Kerr-Effektes ist
es dadurch möglich, gewisse Aussagen über die
Ladungsverteilung im Molekül zu machen.
Die Ausrichtung der Moleküle kann außer durch
elektrische auch durch magnetische Felder bewirkt werden (Cotton-Mouton-Effekt; s. a. Faraday-Effekt; Band 3). Speziell bei polymeren Lösungen genügt auch ein Geschwindigkeitsgefälle
in einer laminaren Strömung zur Ausrichtung der
Moleküle (*Strömungsdoppelbrechung* s. Abschn.
6.5.1.). Die Orientierung der Moleküle durch
äußere Kräfte spielt insbesondere bei den „flüssigen Kristallen" (s. Abschn. 6.4.1.) eine wichtige
Rolle.

4.3.1.2. Der Feinbau der Moleküle

Die im Abschn. 4.3.1.1. genannten Methoden ermöglichen nur globale Angaben über die Größe
und Gestalt der Moleküle. Interessanter ist die
Frage, wie sind die Atome innerhalb eines Moleküls angeordnet, wie groß sind Bindungslängen
und Bindungswinkel. Theoretische Aussagen, insbesondere für kleine Systeme erlauben die in
4.2.2.2. skizzierten quantenmechanischen Methoden (Quantenchemie).
In den letzten Jahrzehnten sind verschiedene experimentelle Methoden zur Bestimmung der
Molekülgeometrie zu hoher Präzision weiterentwickelt worden (vgl. die Zahlenangaben der
Tabellen 4.6, 4.7 und insbesondere 4.9. Die Unsicherheit der Messungen ist kleiner als eine Einheit der vorletzten Dezimalstelle; durch verbesserten Bedienungskomfort und erhöhten Auto-

---

matisierungsgrad ist heute ein Teil der Verfahren auch für Routinemessungen geeignet.

Die direktesten Aussagen zur Molekülgeometrie liefern die Röntgen-, Elektronen- und Neutronenbeugungsspektren. Sie können an den Substanzen in kondensierter Phase (Kristall bzw. Flüssigkeit), die beiden erstgenannten Methoden auch in der Gasphase durchgeführt werden. Bei Messungen im kondensierten Zustand ist zu berücksichtigen, daß die Molekülgeometrie durch die zwischenmolekularen Wechselwirkungen mehr oder weniger verändert wird. Messungen in der Gasphase sind, bedingt durch die geringere Dichte, in der Regel wesentlich aufwendiger und natürlich nur bei Substanzen durchführbar, die unzersetzt in die Gasphase überführt werden können. Bei der Auswertung derartiger Messungen ist zu berücksichtigen, daß sie unter Umständen unterschiedliche Aussagen liefern. Durch Auswertung der Röntgen-Interferenzen erhält man die Schwerpunkte der Elektronenverteilung, durch Elektronenbeugung die Lagen der Atomkerne im Molekül.

Präzise Aussagen zur Molekülgeometrie liefern weiterhin spektroskopische Untersuchungen, insbesondere die Auswertung der Rotations- und Rotationsschwingungsbanden im Mikrowellen- und Ultrarotbereich (s. Abschn. 4.3.3.).

Bindungslängen. Die Bindungslängen in ionischen Verbindungen ergeben sich in guter Näherung als Summe der in Abb. 4.8 aufgeführten Ionenradien. Zahlreiche experimentelle und theoretische Untersuchungen der Bindungslängen der Atombindungen lassen folgendes erkennen: Die Bindungslängen hängen im wesentlichen von der Atomart und dem Hybridisierungszustand (s. Abschn. 4.2.2.3.) der an einer Bindung beteiligten Atome ab. Die übrigen Atome im Molekül haben in der Regel keinen nennenswerten Einfluß auf die betreffende Bindungslänge. Zum Beleg sind in den Tab. 4.6 und 4.7 Bindungslängen einiger Alkane bzw. halogenierter Kohlenwasserstoffe zusammengestellt. Die Tab. 4.8 enthält mittlere Bindungslängen für verschiedene häufig auftretende Atombindungen, Tab. 4.9 Bindungslängen und -winkel sowie weitere molekularphysikalische Daten einiger ausgewählter drei- bzw. vieratomiger Moleküle.

Tabelle 4.6. Mittlere Bindungslängen der C—H- und der C—C-Bindungen in einigen gesättigten Kohlenwasserstoffen

		C—H [nm]	C—C [nm]
Methan	CH_4	0,109 40	
Ethan	C_2H_6	0,110 8	0,153 26
n-Pentan	C_5H_{12}	0,118	0,154 0
2,2-Dimethyl-propan	$CH_3C(CH_3)_2CH_3$	0,112 0	0,153 9
Cyclohexan	C_6H_{12}	0,110 2	0,153 51
Adamantan	$C_{10}H_{16}$	0,112	0,154 2

Tabelle 4.7. Längen der C—H-, C—Cl- und C—C-Bindungen in einigen chlorierten Kohlenwasserstoffen

		C—H [nm]	C—Cl [nm]	C—C [nm]
Methan	CH_4	0,109 40		
Chlormethan	CH_3Cl	0,109 0	0,178 54	
Dichlormethan	CH_2Cl_2	0,108 2	0,177 24	
Trichlormethan	$CHCl_3$	0,110 0	0,175 8	
Tetrachlormethan	CCl_4		0,176 67	
Chlorethan	C_2H_5Cl	0,109	0,178 8	0,152 0
Chlorethen	C_2H_3Cl	0,108	0,172 6	0,133 2
Chlorethin	C_2HCl	0,100 5	0,163 7	0,120 4
Chlorbenzen	C_6H_5Cl	0,107	0,171 1	0,140 02

Tabelle 4.8. Durchschnittliche Bindungslängen [nm]

Einfachbindungen

	Br	C	Cl	F	H	I	N	O	Si
Br	0,228	0,194	0,214	0,176	0,141		0,214		0,216
C	0,194	0,154	0,177	0,138	0,108	0,214	0,147	0,143	0,185
Cl	0,214	0,177	0,199	0,163	0,128	0,232	0,197	0,170	0,202
F	0,176	0,138	0,163	0,142	0,092	0,257	0,136	0,142	0,156
H	0,141	0,108	0,128	0,092	0,074	0,160	0,101	0,097	0,148
I		0,214	0,232	0,257	0,160	0,267			0,243
N	0,214	0,147	0,197	0,136	0,101		0,146	0,136	0,174
O		0,143	0,170	0,142	0,097		0,136	0,148	0,163
Si	0,216	0,185	0,202	0,156	0,148	0,243	0,174	0,163	0,232

Doppelbindungen

	C	N	O
C	0,134	0,130	0,122
N	0,130	0,125	
O	0,122		0,121

Dreifachbindungen

	C	N
C	0,120	0,116
N	0,116	0,110

Tabelle 4.9. Molekülphysikalische Daten einiger drei- und vieratomiger Moleküle

	Molekül				Einheit
	CO_2	N_2O	H_2O	NH_3	
Form	linear symmetrisch	linear unsymmetrisch	gewinkelt symmetrisch	pyramidal	
Kernabstände	C—O: 0,115979	N—N: 0,11284 N—O: 0,11841	O—H: 0,09575	N—H: 0,10116	[nm]
Bindungswinkel			⊀ H—O—H: 104,51°	⊀ H—N—H: 106,68°	
Trägheitsmomente	76,0191 ^{18}O—C—^{16}O	66,7979	1,0039 1,9274 3,0168	2,8139 2,8139 4,4938	$I \cdot 10^{47}$ [kg m²]
gaskinetischer Durchmesser	0,33	0,32	2,7		[nm]
Dipolmoment	0	0,535564	6,1605	2,7463	$p \cdot 10^{30}$ [Cm]
Hauptpolarisierbarkeiten	4,60 2,16 2,16	5,42 2,32 2,32		2,70 2,44 2,44	$\alpha \cdot 10^{40}$ $\left[\dfrac{Cm}{Vm}\right]$
mittlere Polarisierbarkeiten	2,94	3,36	1,64	2,52	
Eigenschwingungen	1286 u. 1389 2350 668	N N O 1287 2224 589	3654 1596 3756	3334 933 u. 966 3415 1630	[cm⁻¹]

Tabelle 4.10. Bindungslängen [nm] und Bindungswinkel [°] einiger Hydride H_2X bzw. H_3Y und einiger Phosphor-Halogenverbindungen Z_3P

	H–X	⊀ H–X–H		H–Y	⊀ H–Y–H		Z–P	⊀ Z–P–Z
H_2O	0,09575	104,51	H_3N	0,10116	106,68	H_3P	0,14200	93,34
H_2S	0,13356	92,12	H_3P	0,14200	93,34	F_3P	0,1563	96,9
H_2Se	0,1460	90,57	H_3As	0,15108	92,04	Cl_3P	0,2043	100,1
H_2Te	0,1658	90,25	H_3Sb	0,17039	91,6	Br_3P	0,2204	101,0

Bindungswinkel. Die Bindungswinkel werden im wesentlichen durch die Lage der Atomorbitale bestimmt. Sie schwanken jedoch im höheren Maße als die Abstände. Dies wird durch folgende qualitative Überlegungen verständlich. In einem Molekül lagern sich die Atome so, daß die Gesamtenergie des Moleküls ein Minimum wird. Die Gesamtenergie eines Moleküls kann man näherungsweise in zwei Teile zerlegen, die Energie der Hauptvalenzbindungen und die Wechselwirkungsenergie nicht unmittelbar gebundener Atome. Die abstoßenden Kräfte zwischen nichtgebundenen Atomen eines Moleküls werden um so größer, je kleiner ihr Abstand ist. Bei den Hydriden (s. Tab. 4.10) sollte der Bindungswinkel auf Grund der Hybridisierung des Zentralatoms

90° betragen. Die Wechselwirkung der Protonen bewirkt eine Aufweitung; sie ist beim Wasser bzw. beim Ammoniak am größten, da bei diesen beiden Verbindungen die Bindungslänge H—O bzw. H—N und damit auch der Abstand der Protonen am kleinsten ist. Variiert man die Substituenten bei gleichbleibendem Zentralatom (s. Tab. 4.10 Phosphor-Verbindungen), so wird die Aufweitung um so größer, je größer die Substituenten sind. Daß in erster Linie eine *Deformation* der Bindungen und keine Verlängerung erfolgt, hat folgende Ursache: Die Energie, die notwendig ist, um eine bestimmte Abstandsänderung zweier Atome in einem Molekül durch eine Änderung des Bindungswinkels zu erzwingen beträgt nur etwa 1/5 der Energie, die erforderlich ist, um den gleichen Effekt durch eine Änderung der Bindungslänge zu erreichen. Dies steht im Einklang mit der Beobachtung, daß die Deformationsschwingungen bei wesentlich kleineren Frequenzen liegen als die Valenzschwingungen (s. Abschn. 4.3.3. und Tab. 4.9). Bei sehr kompakt gebauten Molekülen treten aus sterischen Gründen – neben größeren Änderungen der Bindungswinkel – u. U. auch beachtliche Änderungen der Bindungslängen auf. Im Tri-tertiär-buthylmethan (s. Abb. 4.21) haben die zentralen

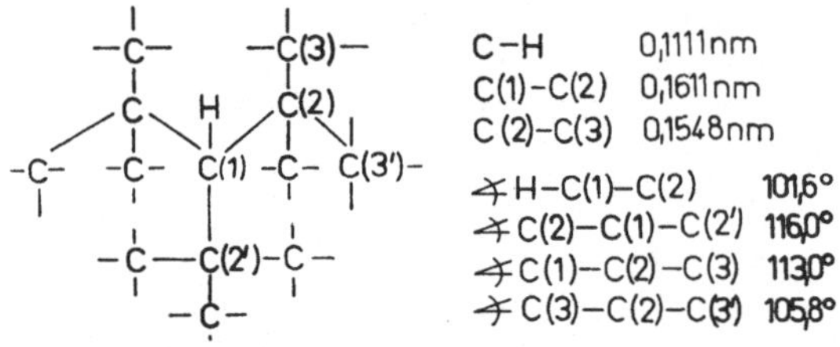

$$
\begin{array}{ll}
\text{C–H} & 0{,}1111\,\text{nm} \\
\text{C(1)–C(2)} & 0{,}1611\,\text{nm} \\
\text{C(2)–C(3)} & 0{,}1548\,\text{nm} \\[4pt]
\measuredangle\ \text{H–C(1)–C(2)} & 101{,}6° \\
\measuredangle\ \text{C(2)–C(1)–C(2')} & 116{,}0° \\
\measuredangle\ \text{C(1)–C(2)–C(3)} & 113{,}0° \\
\measuredangle\ \text{C(3)–C(2)–C(3')} & 105{,}8°
\end{array}
$$

Abb. 4.21. Zur Geometrie des Tri-tertiär-Butylmethans. Die Wasserstoffatome der Methylgruppen sind der Übersichtlichkeit wegen nicht eingezeichnet

C—C-Bindungen C(1)—C(2) eine Länge von 0,1611 nm, während die übrigen C—C-Bindungen C(2)—C(3) etwa den normalen Wert von 0,154 nm aufweisen.

Behinderte Drehbarkeit um Einfachbindungen. Bei seinen stereochemischen Überlegungen postulierte VAN'T HOFF (s. Abschn. 4.1.1.), daß z. B. in einem Ethanmolekül (H_3C—CH_3) oder auch einem substituierten Ethanmolekül (z. B. 1,2-Dichlorethan: ClH_2C—CH_2Cl) die beiden Gruppen (—CH_3 bzw. —CH_2Cl) um die C—C-Bindung *frei drehbar* seien. Zu dieser Aussage führte die Überlegung, daß es anderenfalls möglich sein müßte, verschiedene *Rotationsisomere* mit unterschiedlichen physikalischen und chemischen Eigenschaften zu isolieren. Beim 1,2-Dichlorethan müßten z. B. zwei Rotationsisomere existieren,

die sich dadurch unterscheiden, daß in dem einen Fall die beiden Chlor-Atome auf der gleichen Seite (cis-Form) oder auf entgegengesetzten Seiten (trans-Form) der C—C-Bindung liegen müßten. Derartige Isomere waren jedoch bei Substanzen mit Einfachbindungen (σ-Bindungen) nicht beobachtet worden. Dieser experimentelle Befund ist jedoch auch mit der Annahme vereinbar, daß zwar Rotationsisomere existieren können, die Rotationsbarriere jedoch so klein ist, daß – bedingt durch die Wärmebewegung – eine ständige Umwandlung der Rotationsisomere ineinander erfolgt. Auch die quantenmechanischen Rechnungen (s. Abschn. 4.2.2.3.) ergeben, aber nur, wenn man die Wechselwirkung entfernter Atome im Molekül unberücksichtigt läßt, daß infolge der Achsialsymmetrie der Verteilung der Elektronendichte in einer σ-Bindung eine freie Drehbewegung um eine Einfachbindung möglich sein müßte.

Erst in den dreißiger Jahren mehrten sich die Anzeichen dafür, daß die Drehbewegung um eine Einfachbindung tatsächlich behindert ist. Ein Vergleich der experimentell bestimmten thermophysikalischen Eigenschaften (spezifische Wärme und Entropie) des gasförmigen Ethans mit den mittels der Methoden der statistischen Thermodynamik (s. Band 1) unter Benutzung des Modells der freien Drehbarkeit berechneten Werte ergab Differenzen, die außerhalb der Fehlergrenze von Experiment und Theorie liegen. Diese Diskrepanzen lassen sich durch die Annahme einer behinderten Rotation um die C—C-Einfachbindung beseitigen. In der Folgezeit hat es sich gezeigt, daß praktisch bei allen Einfachbindungen eine behinderte Drehbarkeit besteht. Die Behinderungspotentiale liegen in der Regel zwischen 2 und 10 kJ mol^{-1}, bei den perhalogenierten Verbindungen (s. u.) erreichen sie Werte von ≈ 60 kJ mol^{-1}. Diese Energiebeträge sind also wesentlich kleiner als die Aktivierungsenergien für die cis-trans-Umlagerung einer Doppelbindung; für Ethen beträgt diese z. B. rund 160 kJ mol^{-1}.

Wir wollen die Abhängigkeit der potentiellen Energie eines Moleküls vom Torsionswinkel an einem Beispiel, dem n-Butan, näher untersuchen. Zur Charakterisierung der relativen Lage zweier Gruppen eines Moleküls benutzen wir die „Newman-Projektion" (s. Abb. 4.22). Bei dieser Projektion blickt man von vorn in Richtung der Verbindungslinie zwischen zwei Atomen. Das vordere Atom wird durch den Schnittpunkt der übrigen Bindungen des vorderen Atoms symbolisiert. Das hintere Atom wird durch einen Kreis dargestellt, die übrigen Bindungen an dieses Atom enden an der Kreisperipherie. Falls sich dabei die Bindungen des vorderen und hinteren Atoms überdecken, wird das hintere Atom um einen ge-

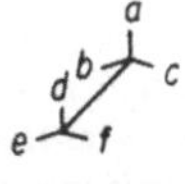 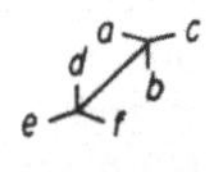 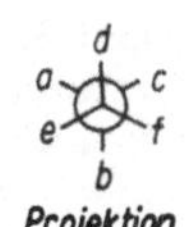

Perspektive   Projektion   Perspektive   Projektion

Abb. 4.22. Die Newman-Projektion eines substituierten Ethan-Moleküls

ringen Betrag im Uhrzeigersinn gedreht. Wenn in einer derartigen Projektion zwei Atome oder Atomgruppen übereinanderstehen, so nennt man sie *ekliptisch*, die anderen Konformationen heißen *gestaffelt*.

Die potentielle Energie des Butanmoleküls, $CH_3—CH_2—CH_2—CH_3$, ist in der „antiperiplanaren" Lage (s. Abb. 4.23), in der die beiden Methylgruppen auf verschiedenen Seiten der mittleren C—C-Bindung liegen, am kleinsten, da der Abstand der H-Atome und der CH_3-Gruppen ihren größtmöglichen Abstand hat. Bei einer Drehung der beiden Hälften des Moleküls um 60° erreicht die potentielle Energie in der *anticlinalen* Lage ein relatives Maximum. In dieser Konformation sind die Abstände H...H bzw. H...CH_3 minimal. Bei weiterer Drehung sinkt die potentielle Energie ab und geht bei einem Drehwinkel von 120° in der *synclinalen* Lage durch ein relatives Minimum. In dieser Lage haben die H-Atome wieder ihren größten Abstand, während die Entfernung der Methylgruppen einen mittleren Wert hat. Bei einer Drehung um 180° erreicht die potentielle Energie in der *synperiplanaren* Lage ein absolutes Maximum, die H-Atome und die Methylgruppen haben den kleinstmöglichen Abstand. Der weitere Verlauf der Potentialfunktion ist spiegelbildlich zum ersten Teil.

Aussagen über die dynamischen Vorgänge bei der inneren Rotation ergeben sich aus folgender Überlegung. Die mittlere Energie pro Freiheitsgrad und Mol, $1/2RT$ (s. Band 1), beträgt bei 300 K $\approx$ 1,2 kJ mol^{-1}; sie ist also kleiner als die

Höhe der Behinderungsbarriere. Der größte Teil der Moleküle wird deshalb Konformationen bevorzugen, die den Minima des Rotationspotentials entsprechen. Beim n-Butan befinden sich bei Zimmertemperatur rund 80% der Moleküle im Zustand A (s. Abb. 4.23), 20% in den Zuständen C bzw. E und weit weniger als 1% in den übrigen Zuständen. Die CH_3CH_2-Gruppen führen Torsionsschwingungen um diese Gleichgewichtslagen aus, die hierbei auftretenden Frequenzen liegen im fernen Infrarot (s. u.). Durch die Wärmebewegung erreichen die Amplituden der Torsionsschwingungen gelegentlich derart große Werte, daß ein Übergang von einer Gleichgewichtslage in eine benachbarte möglich ist. Mit steigender Temperatur wächst die Zahl der angeregten Moleküle und die Torsionsschwingungen nähern sich der freien Rotation. Man kann dies mittels der Methoden der hochauflösenden Kernresonanz unmittelbar verfolgen. In Abb. 4.24 sind experimentell bestimmte ^{19}F-NMR-Spektren von 1,1,2-Tribrom-1,2-dichlor-2-Fluorethan bei 56,4 MHz in Abhängigkeit von der Temperatur dargestellt. Bei tiefen Temperaturen treten drei getrennte F-Signale auf, die folgenden Konformationen entsprechen:

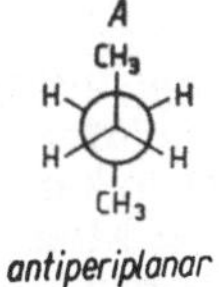
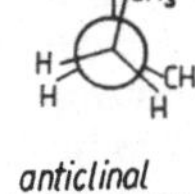

Mit steigender Temperatur verbreitern sich die Signale, um bei 65° in ein Signal zusammenzufließen. Das Verschmelzen der NMR-Signale kann man sich mit Hilfe der Heisenbergschen Unschärferelation $\Delta E\, \Delta t \geq \hbar$ verständlich machen. Die

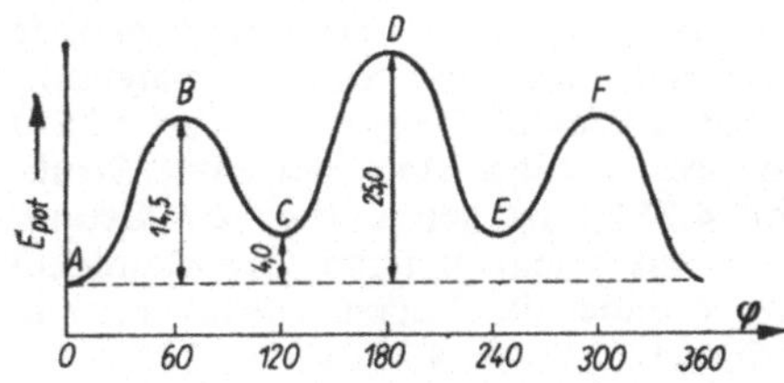

Abb. 4.23. Konformationen eines *n*-Butan-Moleküls und die Abhängigkeit seiner potentiellen Energie vom Torsionswinkel. Die Atomanordnungen in den Lagen *E* und *F* sind spiegelbildlich zu denen in den Lagen *C* bzw. *B*. Die eingeschriebenen Zahlen geben die potentielle Energie in den ausgezeichneten Lagen, bezogen auf die antiperiplanare Lage (*A*) in kJ mol^{-1} an

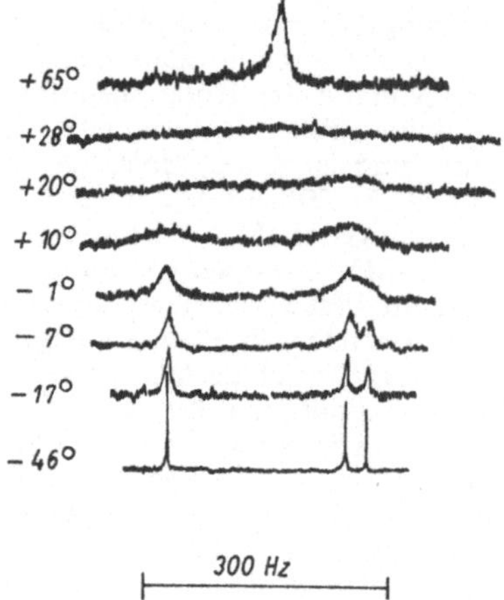

Abb. 4.24. Temperaturabhängigkeit der ^{19}F-NMR-Spektren von 1,1,2-Tribrom-1,2-dichlor-2-fluorethan bei 56,4 MHz (nach F. J. WEIGERT und Mitarbeiter)

getrennten Signalfrequenzen bei tiefen Temperaturen entsprechen sehr kleinen Energiedifferenzen, so daß ihre Messung wegen der Heisenbergschen Unschärferelation eine relativ lange Zeit dauert. Wenn die mittlere Aufenthaltszeit in den einzelnen Positionen kleiner ist als die zur Messung notwendige Zeit, tritt nur noch *ein* Signal auf. Aus der Lage und der Amplitude der Signale bei hohen und tiefen Temperaturen lassen sich Aussagen über die Hinderungsbarrieren gewinnen. In dem o. g. Beispiel betragen diese für die Übergänge I → II = 58,0 kJ mol^{-1}, II → III = 61,5 kJ mol^{-1} und III → I = 58,5 kJ mol^{-1}.
Die innere Rotation der Moleküle beeinflußt deren Eigenschaften und Verhalten in unterschiedlichster Weise. Daraus ergeben sich andererseits eine Reihe von Methoden zur Bestimmung des Potentialverlaufes, speziell der Höhen der Potentialbarrieren. Keines dieser Verfahren ist jedoch universell anwendbar. Die thermodynamischen Eigenschaften ergeben bei Molekülen mit Barrieren unterschiedlicher Höhe, wie z. B. dem n-Butan, nur einen Mittelwert der Barrierenhöhe. Bei Molekülen, deren Dipolmoment (s. Abschn. 4.3.2.) bei den verschiedenen Rotationsisomeren unterschiedlich ist, kann man aus der Temperaturabhängigkeit des Dipolmomentes auf die Barrierenhöhe schließen. Auch Messungen der Ultraschallabsorption und -dispersion erlauben Aussagen über Rotationsbarrieren. Maximale Ultraschallabsorption tritt ein, wenn die Verweilzeit in einer Konformation vergleichbar mit dem reziproken Wert der Schallfrequenz ist (s. Abschn. 6.2.4.). Die bereits genannten Kernresonanzmethoden lassen zuverlässige Aussagen nur bei relativ hohen Rotationsbarrieren zu; bei niedri-

gen Barrieren lassen sich auch bei tiefen Temperaturen die Signale der verschiedenen Rotationsisomere nicht mehr auftrennen. Die direkteste aller experimentellen Methoden ist die Beobachtung der niederfrequenten Torsionsschwingungen, die im Infrarot- bzw. Raman-Spektrum zwischen 100 und 300 cm^{-1} liegen. Für Moleküle höherer Symmetrie sind diese Schwingungen jedoch inaktiv und deshalb nicht beobachtbar. Neben der direkten Beobachtung von Torsionsschwingungen im fernen Infrarot besteht für alle Moleküle die Möglichkeit der Beobachtung von Kombinationsbanden mit Normalschwingungen der entsprechenden Rassen.

Aufbauprinzip der Makromoleküle. In einer reinen niedermolekularen Substanz besteht jedes Molekül aus der gleichen Zahl der verschiedenen Atomarten; die Moleküle haben eine einheitliche Molekülmasse. Grundsätzlich anders sind die Verhältnisse bei Makromolekülen. Charakteristisch für Makromoleküle ist, daß sie nur aus ganz wenig Arten von Bausteinen, den Grundmolekülen, aufgebaut sind, die sich innerhalb eines Moleküls immer wiederholen. Die unterschiedlichen Eigenschaften der makromolekularen Substanzen, der „Polymeren" (polymer, griech.: vielteilig) werden durch die *Art* der Bausteine (und der dadurch bedingten unterschiedlichen inter- und intramolekularen Wechselwirkungen), ihre *Anzahl* im Molekül (dem „Polymerisationsgrad") und ihrer *wechselseitigen Verknüpfung* bestimmt. Einzelheiten werden im Abschnitt 6.5. ausführlich behandelt.
Zum Verständnis des physikalischen Verhaltens von Polymeren ist es zweckmäßig, zunächst das Verkopplungsprinzip der Grundmoleküle („*Monomeren*") zu betrachten. Wesentlich vom molekularphysikalischen Standpunkt aus ist dabei, daß die Grundmoleküle mindestens in *einer* Dimension mit ihren Nachbarn durch Kräfte verbunden sind, die um ein bis zwei Größenordnungen größer sind als die Kräfte in den anderen Richtungen; im allgemeinen handelt es sich dabei um eine hauptvalenzmäßige Bindung.
Die Struktur eines Makromoleküls hängt insbesondere davon ab, mit wieviel anderen Monomeren ein Monomeres Bindungen eingehen kann, d. h. welche *Funktionalität* es hat. Ist jedes Monomere bifunktionell, so entstehen ketten- bzw. fadenförmige Moleküle (Abb. 4.25a). Ist ab und zu ein Grundmolekül mit drei oder mehr anderen Grundmolekülen gekoppelt, dann entstehen, je nach der Konzentration der tri- bzw. polyfunktionellen Grundmoleküle, verzweigte (Abb. 4.25b) oder mehr oder weniger stark vernetzte Strukturen (Abb. 4.25c). Ist gelegentlich ein Grundmolekül nur mit einem anderen Grundmolekül verbunden, so endet das Fadenmolekül mit diesem Grundmolekül (Abb. 4.25d).

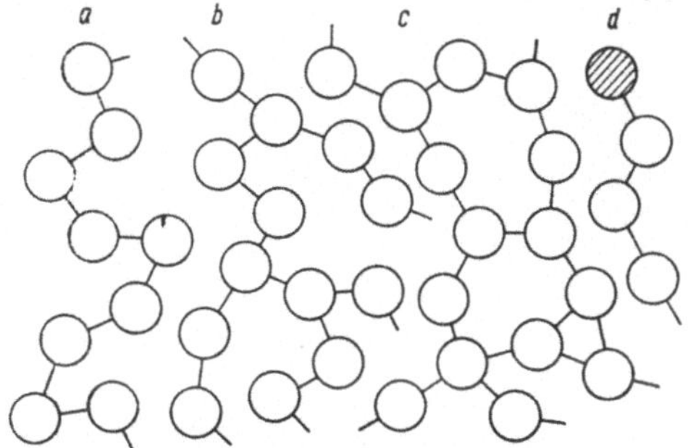

Abb. 4.25. Aufbauprinzipien der Polymeren (schematisch) a) Fadenmolekül; b) verzweigtes Molekül; c) vernetztes Molekül; d) Kettenabbruch

Das besondere Interesse der Physik und der Chemie für Polymere setzte mit der Erkenntnis ein, daß diese für den Aufbau der lebenden Substanz von hervorragender Bedeutung sind. Emil Fischers klassische Untersuchungen über die Eiweißkörper waren der erste wichtige Schritt auf diesem Wege. Man stieß dabei auf Moleküle von einer relativen Molekülmasse weit über 1000. Ebenso erwiesen sich später andere Naturstoffe (Kautschuk, Zellulose, Stärke usw.) als aus Makromolekülen zusammengesetzt. Molekülmassen über 10^7 sind bei derartigen Substanzen keine Seltenheit.

Umgekehrt lernte man im Laufe der Zeit durch **Polymerisation** (im weiteren Sinne) makromolekulare Stoffe zu synthetisieren, denen man durch geeigneten Aufbau die unterschiedlichsten Eigenschaften, etwa von der Weichheit des Gummis bis zur Festigkeit des Stahles verleihen konnte.

Man kennt heute im wesentlichen drei Reaktionstypen, die zur Bildung synthetischer Polymere führen: Die **Polymerisation** (im engeren Sinne), die *Polykondensation* und die *Polyaddition*.

Unter **Polymerisation** (im engeren Sinne) versteht man die Aneinanderlagerung von ungesättigten oder ringförmigen Monomeren zu Makromolekülen. Zum Beispiel reagieren Vinylverbindungen nach folgendem Schema:

$$\left[CH_2{=}CH\right]_n \rightarrow - \left[CH_2{-}CH\right]_n - .$$
$$\qquad\;\; R \qquad\qquad\qquad R$$

Hierbei ist z. B. $R = $ —H, —Cl, —COOH, —OCH$_3$, —C$_6$H$_5$ usw.

Die zur Verknüpfung der Monomeren erforderlichen Hauptvalenzbindungen werden bei der Polymerisation durch das Verschwinden von Doppelbindungen oder durch Ringspaltung verfügbar. Bei diesem Reaktionstyp werden *keine* niedermolekularen Produkte abgespalten; das Polymerisat hat die gleiche prozentuale Zusammensetzung wie das Monomere.

Jede Polymerisationsreaktion verläuft in drei Schritten: Bei der *Startreaktion* wird durch Energiezufuhr, etwa durch Einstrahlen von Lichtquanten, ein Radikal erzeugt. Dieses Radikal führt in der *Wachstumsreaktion* in sehr kurzer Zeit durch eine Kettenreaktion zum Aufbau eines Makroradikals. Schließlich wird dieses Makroradikal in der *Abbruchreaktion*, z. B. durch Disproportionierung, in ein stabiles Makromolekül verwandelt.

Wachstum bzw. Kettenabbruch erfolgen rein statistisch; dadurch erhält man bei Polymerisationsreaktionen niemals Makromoleküle einheitlicher Größe, sondern eine mehr oder weniger breite *Verteilung* der relativen Molekülmasse. Die Verteilung der Molekülmasse läßt sich unter bestimmten Annahmen über den Start- und den Abbruchmechanismus berechnen. Für eine nach dem oben genannten Mechanismus verlaufende Polymerisationsreaktion erhält man z. B. für die *Häufigkeitsverteilungsfunktion*, d. h. für die Zahl n_j der Moleküle vom Polymerisationsgrad P_j (bezogen auf die Gesamtzahl N_0 der Monomeren):

$$\frac{n_j}{N_0} = g(P_j) = \xi^2(1 + \xi)^{-j}.$$

ξ ist das Verhältnis der Geschwindigkeitskonstanten der Abbruchreaktion zu der der Startreaktion.

Sehr oft interessiert man sich nicht für die Zahl, sondern für den Massenanteil m_j der Moleküle vom Polymerisationsgrad P_j; die Massenverteilungsfunktion ergibt sich für diese Reaktion zu,

$$\frac{m_j}{M_0} = G(P_j) = P_j g(P_j) = P_j \xi^2 (1 + \xi)^{-j},$$

dabei ist M_0 die Gesamtmasse des eingesetzten Polymeren.

Der Verlauf der Funktion $G(P_j)$ ist für verschiedene Werte des Parameters ξ in Abb. 4.26 dargestellt.

Es sei ausdrücklich betont, daß sich die bei praktisch durchgeführten Polymerisationen ergebenden Verteilungsfunktionen – bedingt durch Sekundärreaktionen, Temperaturänderungen während der Polymerisation usw. – oft wesentlich von den anhand einfacher Modelle berechneten unterscheiden. In allen Fällen ergibt sich jedoch ein *Spektrum der Molekülmassen*; dies ist für alle synthetisch hergestellten makromolekularen Verbindungen – auch die im folgenden behandelten Polykondensate und Polyaddukte – charakteristisch.

Die experimentelle Bestimmung von Verteilungen der Molekülmassen ist sehr aufwendig; deshalb beschränkt man sich in vielen Fällen auf die Angabe eines Mittelwertes des Polymerisationsgrades, und zwar entweder des Zahlenmittelwertes

$$\overline{P}_n = \frac{\sum\limits_{j=1}^{\infty} n_j P_j}{\sum\limits_{j=1}^{\infty} n_j}$$

oder des Massenmittelwertes

$$\overline{P}_w = \frac{\sum\limits_{j=1}^{\infty} m_j P_j}{\sum\limits_{j=1}^{\infty} m_j} = \frac{\sum\limits_{j=1}^{\infty} n_j P_j^2}{\sum\limits_{j=1}^{\infty} n_j P_j}.$$

Bei der **Polykondensation** erfolgt die Verknüpfung der Monomeren, die mindestens zwei reaktions-

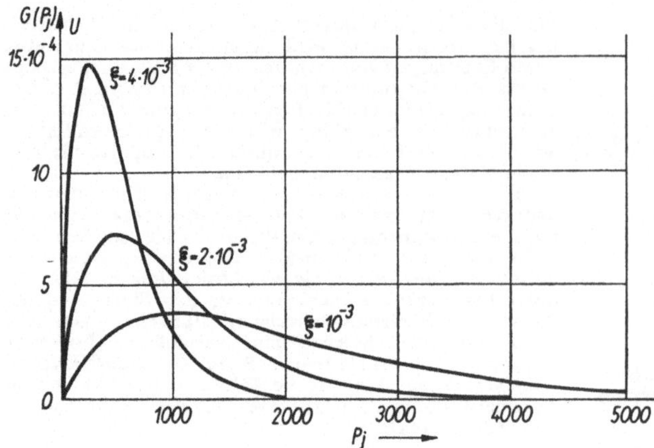

Abb. 4.26. Die Massenverteilungsfunktion $G(P_j)$ für eine Polymerisationsreaktion (Parameter $\xi = 1 \cdot 10^{-3}, 2 \cdot 10^{-3}$ und $4 \cdot 10^{-3}$)

fähige Gruppen enthalten müssen, unter Austritt einer niedermolekularen Verbindung, z. B. Wasser oder Halogenwasserstoff. Als Beispiel sei die Bildung eines Polyamids aus einem Diamin und einer Dicarbonsäure genannt.

$$[H_2N-(CH_2)_p-NH_2]_n$$

$$+ \left[HO-\overset{O}{\overset{\|}{C}}-(CH_2)_q-\overset{O}{\overset{\|}{C}}-OH \right]_n$$

$$\rightarrow H_2N-(CH_2)_p-$$

$$-\left[-\overset{H}{\overset{|}{N}}-\overset{O}{\overset{\|}{C}}-(CH_2)_q-\overset{O}{\overset{\|}{C}}-\overset{H}{\overset{|}{N}}-(CH_2)_p- \right]_{n-1}-$$

$$-\overset{H}{\overset{|}{N}}-\overset{O}{\overset{\|}{C}}-(CH_2)_q-\overset{O}{\overset{\|}{C}}-OH + (2n - 1) \, H_2O.$$

In neuerer Zeit hat eine weitere Methode zur Gewinnung von Polymeren an Bedeutung gewonnen, die **Polyaddition.**

$$\left[\overset{O}{\overset{\|}{C}}=N-(CH_2)_6-N=\overset{O}{\overset{\|}{C}} \right]_n$$

$$+ [HO-(CH_2)_4-OH]_n$$

$$\rightarrow \left[\overset{O}{\overset{\|}{C}}=N-(CH_2)_6-\overset{H}{\overset{|}{N}}-\overset{O}{\overset{\|}{C}}-O-(CH_2)_4-OH \right]_n$$

$$\rightarrow \overset{O}{\overset{\|}{C}}=N-(CH_2)_6-\overset{H}{\overset{|}{N}}-\overset{O}{\overset{\|}{C}}-(CH_2)_4-O-$$

$$-\left[-\overset{O}{\overset{\|}{C}}-\overset{H}{\overset{|}{N}}-(CH_2)_6-\overset{H}{\overset{|}{N}}-\overset{O}{\overset{\|}{C}}-O \right.$$

$$\left. -(CH_2)_4-O- \right]_{n-1} H.$$

Für die Polyaddition ist charakteristisch, daß während der Kettenwachstumsreaktion ein Proton längs der wachsenden Molekülkette wandert. Bei der Polyaddition entstehen, ebenso wie bei der Polymerisation, keine niedermolekularen Produkte; vom kinetischen Standpunkt aus ähnelt die Polyaddition jedoch der Polykondensation. Polymerisationsreaktionen (im engeren Sinne) sind *Kettenreaktionen*, sie führen in der Regel zu wesentlich höheren Molekülmassen als Polykondensationsreaktionen, bei denen es sich um *Gleichgewichtsreaktionen* handelt.

4.3.2. Die Ladungsverteilung im Molekül

4.3.2.1. Das Dipolmoment

Wir hatten im Band 2 den Begriff des „Dipols" eingeführt. Man spricht von einem (elektrischen) Dipol, wenn sich zwei gleichgroße Punktladungen unterschiedlichen Vorzeichens, Q^+ und Q^-, in einem (festen) Abstand r_D befinden. Das Dipolmoment p ist dann wie folgt definiert:

$$p = Qr_D.$$

Das Dipolmoment ist ein Vektor, der definitionsgemäß von der negativen zur positiven Ladung gerichtet ist. Die SI-Einheit des Dipolmoments ist das Cm. Vielfach benutzt man noch als Einheit des (molekularen) Dipolmomentes das Debye (s. Band 2). Es gilt 1 Debye $\hat{=}$ $3,33 \cdot 10^{-30}$ Cm.
Eine Abschätzung der Größenordnung molekularer Dipolmomente erlaubt folgende Überlegung. Wir betrachten ein Molekül, das aus zwei einwertigen Ionen besteht, z. B. H^+F^-. Der (spektroskopisch bestimmte) Abstand der Kerne beträgt $0,92 \cdot 10^{-10}$ m. Die Änderung der Elektronenverteilung bei der Entstehung der chemischen Bindung vernachlässigen wir. Unter dieser Voraussetzung beträgt das Dipolmoment dieses

Tabelle 4.11. Dipolmomente [$p \cdot 10^{30}$ Cm] einiger dreiatomiger Moleküle

	symmetrisch			unsymmetrisch		
linear	Kohlendioxid	O=C=O	0	Distickstoffmonoxid	N=N=O	0,553
	Schwefelkohlenstoff	S=C=S	0	Cyanwasserstoff	H—C=N	9,65
	Quecksilber-(2)-chlorid	Cl—Hg—Cl	0	Kohlenoxysulfid	O=C=S	2,40
gewinkelt	Wasser	H—O—H	6,14	Nitrosylbromid	O=N—Br	6,23
	Schwefelwasserstoff	H—S—H	3,10	Nitrosylchlorid	O=N—Cl	6,10
	Schwefeldioxid	O=S=O	5,33			
	Stickstoffdioxid	O=N=O	0,97			
	Dichlormonoxid	Cl—O—Cl	2,6			

Molekülmodells

$$|p| = 1{,}603 \cdot 10^{-19} \cdot 0{,}92 \cdot 10^{-10} \text{ Cm}$$

$$= 14{,}7 \cdot 10^{-30} \text{ Cm}.$$

Dieser Wert stimmt größenordnungsmäßig mit dem experimentellen Wert $p_{ex} = 6{,}40 \cdot 10^{-30}$ Cm überein. Quantitative Aussagen sind mit diesem Modell jedoch nicht möglich. Dafür ist es notwendig, die Umordnung der Elektronen bei der Entstehung der chemischen Bindungen zu berücksichtigen. Eine derartige Berechnung molekularer Dipolmomente läuft darauf hinaus, daß man aus der Verteilung der Elektronendichte und der Lage der Atomkerne die Schwerpunkte der negativen und positiven Ladung des Moleküls berechnet. In der obigen Gleichung entspricht dann r_D dem Abstand dieser Schwerpunkte.

Aus diesen Überlegungen folgt, daß kugelsymmetrische Atome (z. B. Edelgasatome) und Moleküle, die aus zwei gleichen Atomen (z. B. H_2, N_2, Cl_2 usw.) aufgebaut sind, kein Dipolmoment besitzen können, da in diesen Systemen die Schwerpunkte der negativen und positiven Ladungen zusammenfallen. Das Gleiche gilt für eine Reihe weiterer Moleküle höherer Symmetrie (s. u.).

Unsymmetrisch gebaute Moleküle haben in der Regel ein Dipolmoment (Ausnahmen s. u.). In Tab. 4.11 sind Dipolmomente einer Reihe dreiatomiger Moleküle zusammengestellt. Derartige Moleküle können entweder linear und symmetrisch, linear und unsymmetrisch, gewinkelt und symmetrisch oder gewinkelt und unsymmetrisch sein. Die linearen, symmetrischen Moleküle haben erwartungsgemäß kein Dipolmoment. Ob ein dreiatomiges Molekül linear oder gewinkelt ist, hängt in erster Linie von der Lage der Molekülorbitale des Zentralatoms, also dessen Elektronenstruktur (s. Abschn. 4.2.2.3.) ab. Bei den dreiatomigen Molekülen sind alle diejenigen, die als Zentralatom ein Element der Gruppe VI b des Periodischen Systems (O, S, Se, Te) haben, gewinkelt und deshalb polar.

Bei der Diskussion der Dipolmomente vieratomiger Moleküle wollen wir uns auf Verbindungen vom Typ XY_3 beschränken. Diese Moleküle ha-

ben eine dreizählige Symmetrie, und sämtliche Atome liegen entweder in einer Ebene, oder das Molekül ist pyramidal aufgebaut, wobei das Atom X an der Spitze der Pyramide liegt. Zur ersten Gruppe gehören z. B. die Bortrihalogenide (BF_3, BCl_3 usw.). Pyramidal gebaut sind z. B. die Hydride und Trihalogenverbindungen von Stickstoff, Phosphor, Arsen, Antimon und Bismut. Diese Verbindungen sind polar (s. Tab. 4.12).

Tabelle 4.12. Dipolmomente [$p \cdot 10^{30}$ Cm] einiger vieratomiger Moleküle XY_3

X	Y				
	H	F	Cl	Br	I
B		0	0		
N	4,87	0,80			
P	1,83	3,71	2,7	2,03	0
As	0,50	9,72	7,17	5,53	3,20
Sb			10,4	8,02	5,27

Bei den pyramidal gebauten Molekülen tritt eine Besonderheit auf. Die Stellung des Atoms X oberhalb der Ebene der Atome Y ist energetisch gleichwertig mit einer entsprechenden Stellung unterhalb dieser Ebene. Die Kopplung dieser beiden (wellenmechanisch gesehen gleichzeitig bestehenden) Zustände führt zu einem Austauschvorgang, der Anlaß zu einer sehr langwelligen Absorptionsschwingung (*Inversionsschwingung*) dieser Moleküle ist.

Zur näherungsweisen Berechnung von Dipolmomenten größerer Moleküle in Abhängigkeit von der Molekülstruktur hat sich folgendes Modell bewährt: Man ordnet jeder Bindung ein *Partialdipolmoment* zu. Das Gesamtdipolmoment eines Moleküls erhält man dann durch vektorielle Addition sämtlicher Partialdipole. Für die praktische Anwendung dieses Modells ist die zusätzliche Annahme wesentlich, daß die Größe der Partialdipolmomente nur von der Art und dem Hybridisierungszustand der unmittelbar an der Bindung beteiligten Atome abhängt, unabhängig

Tabelle 4.13. Dipolmomente der Moleküle $CH_{4-x}Cl_x$ ($x = 1, 2, 3$ *und* 4)

Molekül	Berechnungsgrundlage[1]	$p_{th} \cdot 10^{30}$ [Cm]	$p_{ex} \cdot 10^{30}$ [Cm]
CH_4	$\sum_{i=1}^{4} (p_H)_i$	0	0
CH_3Cl	$\sum_{i=1}^{3} (p_H)_i + p_{Cl} = -p_H + p_{Cl}$	(6,31)	6,31
CH_2Cl_2	$\sum_{i=1}^{2} (p_H)_i + \sum_{j=1}^{2} (p_{Cl})_j = -2p_H \cos \alpha/2 + 2p_{Cl} \cos \alpha/2$	7,30	5,00
$CHCl_3$	$p_H + \sum_{i=1}^{3} (p_{Cl})_i = -(-p_H + p_{Cl})$	6,31	5,37
CCl_4	$\sum_{i=1}^{4} (p_{Cl})_i$	0	0

[1] p_H, $p_{Cl} \triangleq$ Partialdipolmoment der C—H- bzw. C—Cl-Bindung, $\alpha \triangleq$ Tetraederwinkel

von der Struktur der restlichen Teile des Moleküls. Diese Voraussetzung ist jedoch nur näherungsweise erfüllt. Wir wollen dies an einem Beispiel, dem Dipolmoment der tetraedrisch gebauten Moleküle $XY_{4-x}Z_x$ (X = C, Si, ..., Y bzw. Z = H, F, Cl, Br, J und $x = 0, 1, 2, 3, 4$) quantitativ untersuchen, und zwar speziell an der Verbindungsklasse $CH_{n-x}Cl_x$ (s. Tab. 4.13). Das erste und das letzte Glied dieser Reihe ist aus Symmetriegründen unpolar. Das experimentell bestimmte Dipolmoment von CH_3Cl beträgt $6,31 \cdot 10^{-30}$ Cm, dies entspricht der Differenz der Partialdipolmomente $\Delta p = p_{Cl} - p_H$. Mit diesem Wert erhält man durch Vektoraddition für CH_2Cl_2 ein Dipolmoment von $7,30 \cdot 10^{-30}$ Cm einen Wert, der wesentlich größer ist als der experimentell bestimmte. Durch die Wechselwirkung der C—Cl-Partialdipole vergrößert sich der Bindungswinkel $\not{\times}$ Cl—C—Cl, dies bedingt eine Abnahme des resultierenden Dipolmoments. Eine Abschätzung zeigt jedoch, daß in diesem Fall eine Vergrößerung des Bindungswinkels um 1° nur eine Abnahme des Dipolmomentes von 1,2% bewirkt. Da die Änderungen der Bindungswinkel nur wenige Grad betragen, läßt sich so die Diskrepanz zwischen Theorie und Experiment nicht erklären. Bei der Substitution eines H-Atoms durch ein Cl-Atom treten wesentliche Änderungen der Ladungsverteilung im Molekül ein, das Modell der unabhängigen Partialdipole ist nur eine grobe Näherung. $CHCl_3$ sollte dem Betrage nach das gleiche Dipolmoment aufweisen wie CH_3Cl. Tatsächlich ist das Dipolmoment von $CHCl_3$ wesentlich kleiner.

Das Experiment ergibt überraschenderweise, daß die Verbindungen in homologen Reihen etwa das gleiche Dipolmoment haben, unabhängig von der Kettenlänge. So sind z. B. alle gesättigten, linearen und verzweigten Kohlenwasserstoffe, C_nH_{n+2}, unpolar, Alkohole, C_nH_nOH, haben ein Dipolmoment von etwa $5,5 \cdot 10^{-30}$ Cm und Alkylchloride, $C_nH_{n+1}Cl$, von $7,0 \cdot 10^{-30}$ Cm. Dieser experimentelle Befund läßt sich folgendermaßen deuten. Im tetraederförmig aufgebauten Methan, CH_4, kompensieren sich die C—H-Partialdipolmomente. Dies bedeutet, daß das aus drei Bindungen resultierende Moment gerade entgegengesetzt gleich dem Moment der vierten Bindung sein muß. Ersetzt man nun ein H-Atom durch eine CH_3-Gruppe, so wird das Moment wiederum Null, da die Resultierende aus den drei neuen C—H-Momenten gleich dem Moment der ursprünglichen C—H-Bindung ist. Generell gilt, daß der Ersatz eines an ein sp^3-hybridisiertes Atom gebundene H-Atom durch einen Alkylrest ($-C_nH_{2n+1}$) (oder allgemein, eines Atoms Y (Y = F, Cl, Br, ...) durch einen Substituenten $-C_nY_{n+1}$) keinen Einfluß auf das Gesamtdipolmoment hat. Hieraus folgt z. B. auch, daß lineares, aber auch verzweigtes Polyethylen und auch Polytetrafluorethylen, trotz der großen Partialdipolmomente C–F unpolar sind. Substituiert man ein an ein sp^2- bzw. sp-hybridisiertes C-Atom gebundenes H-Atom durch eine $-CH_3$-Gruppe, so ändert sich in der Regel das Dipolmoment. Während Ethen ($H_2C=CH_2$) und Ethin (HC≡CH) aus Symmetriegründen unpolar sind, haben Propen ($H_2=CH—CH_3$) und Propin (HC≡C—CH_3) ein Dipolmoment von $1,1 \cdot 10^{-30}$ Cm bzw $2,4 \cdot 10^{-30}$ Cm.

Dipolmessungen sind in den dreißiger und vierziger Jahren, insbesondere im Zusammenhang mit den grundlegenden Arbeiten von DEBYE und seiner Schule, vielfach zur Strukturaufklärung herangezogen worden. In neuerer Zeit sind diese Verfahren durch andere Methoden (s. Abschn. 4.3.3. und 4.3.4.) ergänzt worden, die z. T. detailliertere und präzisere Aussagen über die Ladungsverteilung im Molekül und damit zur Molekülstruktur erlauben.

4.3.3. Kräfte im Molekül. Das dynamische Verhalten der Moleküle

Wir hatten im Abschn. 4.2.2. gesehen, daß zwischen den Atomen eines Moleküls (anziehende und abstoßende) Kräfte auftreten. Bedingt durch diese Kräfte stellt sich die Lage der Atome so ein, daß die potentielle Energie des Moleküls ein Minimum wird. Lenkt man nun ein oder mehrere Atome des Moleküls aus ihren Gleichgewichtslagen aus, so treten rücktreibende Kräfte auf, die zu Schwingungen der Atome im Molekül führen. Bei kleinen Verformungen sind die Kräfte der Auslenkung proportional, die Atome schwingen harmonisch (s. Band 1). Die Frequenzen und die Amplituden dieser Schwingungen sind eindeutige Funktionen der Massen der Atome, ihrer gegenseitigen Anordnung und der zwischen ihnen wirkenden Kräfte. Die Anregung der Molekülschwingungen kann durch Stoß oder elektromagnetische Felder erfolgen (s. Abschn. 4.3.3.4.). Von den komplizierten Schwingungsvorgängen in einem Molekül kann man sich eine anschauliche Vorstellung machen, wenn man das Verhalten eines makroskopischen Modells des Moleküls untersucht, in diesem Modell werden die Atome durch Massenpunkte ersetzt, die Kräfte durch Spiralfedern symbolisiert.

4.3.3.1. Schwingungen zweiatomiger Moleküle

Wir wollen zunächst das Schwingungsverhalten zweiatomiger Moleküle anhand des obigen Modells behandeln, da die hierbei zu beobachtenden Erscheinungen auch gewisse Aussagen über das Verhalten größerer Moleküle erlauben. Das Modell eines zweiatomigen Moleküls besteht aus zwei Massenpunkten m_A und m_B, die durch eine Spiralfeder mit der Direktionskraft k gekoppelt sind (s. Abb. 4.27). Der Gleichgewichtsabstand der Massenpunkte sei r_0. Die rücktreibende Kraft F sei der Auslenkung proportional:

$$F = -kx. \tag{4.23}$$

Die potentielle Energie E_p des Systems erhält man durch Integration (s. Band 1):

$$E_p = \int_0^x kx \, dx = 1/2kx^2. \tag{4.24}$$

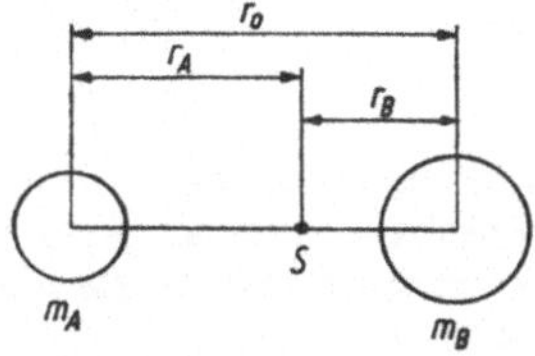

Abb. 4.27. Modell eines zweiatomigen Moleküls (S Schwerpunkt)

Wir führen ein Koordinatensystem ein, dessen Ursprung im Schwerpunkt des Moleküls liegt. Im Gleichgewicht sei der Abstand der Massen A und B vom Schwerpunkt r_A bzw. r_B. In einem zweiatomigen Molekül können intramolekulare Schwingungen nur in der Verbindungsrichtung der Atome A und B auftreten. Zur Aufstellung der Bewegungsgleichung von m_A und m_B gehen wir davon aus, daß in jedem Augenblick die Trägheitskräfte $m_A\ddot{x}_A$ bzw. $m_B\ddot{x}_B$ mit den rücktreibenden elastischen Kräften im Gleichgewicht stehen (s. Band 1). x_A und x_B seien die Auslenkungen der Massenpunkte A und B. Es gilt also

$$m_A\ddot{x}_A = -k(x_A - x_B) \tag{4.25a}$$

bzw.

$$m_B\ddot{x}_B = -k(x_A - x_B). \tag{4.25b}$$

Da das System als Ganzes keine Translationsbewegung ausführen soll, muß der Schwerpunkt in jedem Augenblick in Ruhe sein, d. h. es gilt:

$$m_A(r_A + x_A) + m_N(r_B + x_B) = 0. \tag{4.26a}$$

Diese Beziehung gilt auch für die Gleichgewichtslage der beiden Massen:

$$m_A r_A + m_B r_B = 0. \tag{4.26b}$$

Aus Gl. (4.26a) und (4.26b) folgt damit

$$m_A x_A + m_B x_B = 0$$

bzw.

$$x_B = - \frac{m_A}{m_B} x_A. \tag{4.26}$$

Führt man noch die „reduzierte Masse" μ auf Grund der Definitionsgleichung

$$\frac{1}{\mu} = \frac{1}{m_A} + \frac{1}{m_B} \tag{4.27}$$

ein, so erhält man aus Gl. (4.25a) und (4.26)

$$\ddot{x}_A + \frac{k}{\mu} x_A = 0 \tag{4.28a}$$

und analog aus Gl. (4.26b)

$$\ddot{x}_B + \frac{k}{\mu} x_B = 0. \tag{4.28b}$$

Die Lösung dieser „Schwingungs-Differentialgleichung" lautet (s. Band 1)

$$x_A = A_A \cos(\omega_0 t + \varphi_A) \tag{4.29a}$$

bzw.

$$x_B = A_B \cos(\omega_0 t + \varphi_B) \tag{4.29b}$$

mit

$$\omega_0^2 = (2\pi\nu_0)^2 = \frac{k}{\mu}$$

bzw.

$$\nu_0 = \frac{1}{2\pi} \sqrt{\frac{k}{\mu}}. \tag{4.30}$$

Die Massenpunkte schwingen sinusförmig mit der Amplitude A_A bzw. A_B und der Kreisfrequenz ω_0 bzw. der Frequenz v_0. φ_A und φ_B, die „Phasenwinkel" sind Integrationskonstante; eine von beiden, z. B. φ_A, können wir gleich Null setzen, dann ist die andere durch Gl. (4.26) festgelegt. Setzt man Gl. (4.29a) mit $\varphi_A = 0$ und Gl. (4.29b) in (4.26) ein, so folgt

$$A_B \cos (\omega_0 t + \varphi_B) = -A_A \frac{m_A}{m_B} \cos (\omega_0 t). \quad (4.31)$$

Diese Beziehung ist nur erfüllt, wenn $\varphi_B = \pm 180°$ ist. Physikalisch bedeutet dies, daß die Massenpunkte mit gleicher Frequenz aber unterschiedlicher Amplitude und mit entgegengesetzter Phase schwingen. Für das Verhältnis der Amplituden ergibt sich

$$\frac{|A_A|}{|A_B|} = \frac{m_B}{m_A}.$$

Je kleiner eine der beiden an der Schwingung beteiligten Massen ist, um so größer wird ihre Amplitude.

Im Hinblick auf die Behandlung des Schwingungsverhaltens größerer Moleküle ist es zweckmäßig, „innere Koordinaten" $r = r_A + r_B$ und $x = x_A - x_B$ einzuführen. Subtrahiert man die beiden Gl. (4.28) voneinander, so folgt wiederum die Schwingungsgleichung

$$\ddot{x}_A - \ddot{x}_B + \frac{k}{\mu}(x_A - x_B) = \ddot{x} + \frac{k}{\mu} x = 0, \quad (4.32)$$

mit der gleichen Lösung wie Gl. (4.29).
Die Gesamtenergie des schwingenden Systems ist gleich seiner potentiellen Energie bei maximaler Auslenkung $A = A_A + A_B$. Mit Gl. (4.24) und (4.30) folgt:

$$E = E_{p_{max}} = \tfrac{1}{2}kA^2 = 2\pi^2 v_0^2 \mu A^2. \quad (4.33)$$

A, und damit auch die Gesamtenergie dieses (klassischen) Modells kann innerhalb der Gültigkeitsgrenzen des Hookeschen Gesetzes *jeden beliebigen Wert* annehmen.
Die quantenmechanische Behandlung des gleichen Problems führt, wie hier jedoch nicht ausge

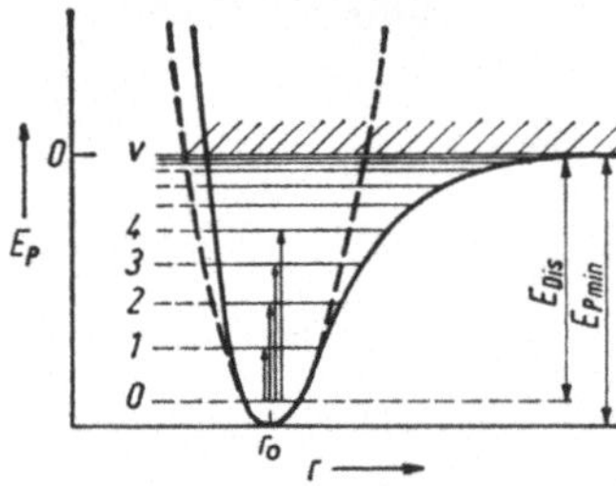

Abb. 4.28. Morsepotential und Schwingungsniveaus des anharmonischen Oszillators. Die gestrichelt eingezeichnete Kurve entspricht der harmonischen Näherung

führt werden kann, im Gültigkeitsbereich des Hookeschen Gesetzes für die Eigenfrequenz des Moleküls ebenfalls zu Gl. (4.30). Für die Energieeigenwerte des harmonischen Oszillators erhält man jetzt

$$E_{vib} = hv_0(v + \tfrac{1}{2}), \quad (4.34)$$

wobei v ($v = 0, 1, 2, 3, \ldots$) die *Schwingungsquantenzahl* ist. Die Schwingungsenergie eines Moleküls kann also nur bestimmte *diskrete* Werte annehmen, sie ist *gequantelt*.
$v = 0$ entspricht dem „Schwingungsgrundzustand". In diesem Zustand hat das Molekül noch die nur quantenchemisch interpretierbare „Nullpunktsenergie" $\tfrac{1}{2} \cdot hv_0$. Bei Absorption oder Emission eines Lichtquantes geht ein Molekül auf Grund der quantenmechanisch deutbaren Auswahlregeln vom Schwingungszustand v in den Zustand $v \pm 1$ über. Die damit verbundene Änderung der Schwingungsenergie des Moleküls beträgt $E_{vib} = hv_0$. Da der Abstand zweier benachbarter Schwingungsniveaus in der harmonischen Näherung stets gleich hv_0 ist, wird, unabhängig von v, stets der gleiche Energiebetrag absorbiert bzw. emittiert. Im Schwingungsspektrum sollte deshalb stets nur *eine* Linie, bzw. bedingt durch die Überlagerung mit dem Rotationsspektrum (s. Abschn. 4.3.3.2.), nur *eine* Bande auftreten. Die Erfahrung zeigt jedoch, daß auch *Ober-* und *Kombinationsschwingungen* möglich sind, wenn auch in der Regel mit geringer Intensität. Dies weist darauf hin, daß die harmonische Näherung zu grob ist, um das Schwingungsverhalten eines Moleküls zu beschreiben. Wir wollen deshalb im folgenden die *anharmonische Näherung* betrachten. Es ist dazu zunächst erforderlich, das parabelförmige Potential durch ein unsymmetrisches Potential zu ersetzen. Hierfür geeignet ist das „Morsepotential" (s. Abb. 4.28):

$$E_p(r) = E_{p_{min}} - E_{p_{min}} (1 - e^{-\alpha(r-r_0)})^2$$

mit

$$\alpha = 2\pi v_0 \sqrt{\frac{\mu}{-E_{p_{min}}}}. \quad (4.35)$$

$E_{p_{min}}$ entspricht der Tiefe des Potentials im Potentialminimum. Zwischen $E_{p_{min}}$ und der Dissoziationsenergie E_{Dis}, die gleich der Energie ist, die notwendig ist, um das Molekül in zwei neutrale Atome zu zerlegen, besteht folgender Zusammenhang (s. Abb. 4.28):

$$-E_{p_{min}} = \tfrac{1}{2}hv_0 + E_{Dis}, \quad (4.36)$$

d. h., da jedes Molekül noch eine Nullpunktsenergie besitzt, ist die Dissoziationsenergie um den Betrag der Nullpunktsenergie kleiner als die Tiefe des Potentialminimums.
Führt man das Morsepotential Gl. (4.35) in die Schrödinger-Gleichung (1.44) ein, so erhält man

anstelle von Gl. (4.34) folgende Beziehung

$$E_{vib} = \left(v + \frac{1}{2}\right) h\nu_0 + \frac{(h\nu_0)^2}{4E_{P_{min}}} \left(v + \frac{1}{2}\right)^2$$

mit   (4.37)

$$v = \pm 1, \ \pm 2, \ \pm 3 \ \ldots$$

Diese Lösung unterscheidet sich von der Lösung für den harmonischen Oszillator durch das zu $(h\nu_0)^2$ proportionale Glied. Außerdem sind jetzt auch Übergänge $\Delta v = \pm 2, \pm 3$ usw. möglich, d. h. es treten *Oberschwingungen* (und bei mehratomigen Molekülen auch Kombinationsschwingungen) auf. Da der quadratische Term in Gl. (4.37) wegen $E_{P_{min}} < 0$ stets negativ ist, folgt, daß die Abstände benachbarter Schwingungsniveaus mit wachsenden Werten von v immer kleiner werden, bis schließlich die Dissoziation der Bindung erfolgt.

Den quantitativen Zusammenhang zwischen der Dissoziationsenergie und der ihr entsprechenden Schwingungsquantenzahl v_{Dis} erhält man, wenn man berücksichtigt, daß die Dissoziation eines (zweiatomigen) Moleküls erfolgt, wenn die Schwingungsenergie (bei der Schwingungsquantenzahl $v = v_{Dis}$) gleich oder größer als $-E_{P_{min}}$ wird:

$$E_{vib} \geqq -E_{P_{min}}.$$ (4.38)

Diese Beziehung ist erfüllt, wenn v_{Dis} der Bedingung

$$h\nu_0(v_{Dis} + \tfrac{1}{2}) \geqq -2E_{P_{min}}$$

genügt. Mit Gl. (4.36) folgt damit

$$v_{Dis} = -\frac{2E_{P_{min}}}{h\nu_0} - \frac{1}{2} = \frac{2E_{Dis}}{h\nu_0} + \frac{1}{2}.$$ (4.39)

Das Molekül ist stabil, solange $v \leqq v_{Dis}$ ist.
Die Unsymmetrie des Potentialverlaufes wirkt sich auch auf die Frequenz der Grundschwingung $\nu_{0 \to 1}$ (Übergang $v = 0 \to 1$) aus:

$$\nu_{0 \to 1} = \frac{1}{2\mu} \sqrt{\frac{k}{\mu}} (1 - 2\alpha).$$ (4.40)

Da die Anharmonizitätskonstante $\alpha > 0$ [s. Gl. (4.35)] ist, ist die Frequenz kleiner als sie der harmonischen Näherung entspricht. Die Absorptionsbande von HCl liegt bei $\nu_{0 \to 1} = 8,6577 \cdot 10^{13}$ Hz, in der harmonischen Näherung wäre sie bei $\nu_0 = 8,9691 \cdot 10^{13}$ Hz zu erwarten.

In der Molekülspektroskopie ist es üblich, anstelle mit den Schwingungsfrequenzen ν [Hz] mit den Schwingungswellenzahlen $\hat{\nu}$ [cm^{-1}] zu rechnen. $\hat{\nu}$ ist der reziproke Wert der Wellenlänge, also gleich der Zahl der Wellen pro cm. Es ist

$$\nu = c\hat{\nu} \quad (c \hateq \text{Lichtgeschwindigkeit})$$ (4.41)

Kraftkonstanten. Kennt man die Frequenz ν der Valenzschwingung eines zweiatomigen Moleküls, so kann man mittels Gl. (4.30) die *Kraft-*

konstante k berechnen:

$$k = 4\pi\nu^2\mu.$$ (4.42)

Als Beispiel wählen wir das O_2-Molekül. Die experimentell bestimmte Frequenz der Valenzschwingung beträgt $\nu = 4,6665 \cdot 10^{13}$ Hz. Für die reduzierte Masse μ_{O_2} gilt

$$\frac{1}{\mu_{O_2}} = \frac{1}{m_0} + \frac{1}{m_0} = \frac{2}{m_0},$$

wobei $m_0 = 16 \cdot 1,66058 \cdot 10^{-27}$ kg $= 26,56928 \times 10^{-27}$ kg, die (absolute) Masse eines Sauerstoffatoms ist. Damit erhält man für die Kraftkonstante

$$k = 4\pi^2(4,665 \cdot 10^{13})^2 \, [\text{s}^{-2}] \cdot \tfrac{1}{2} \cdot 26,56928 \cdot 10^{-27} [\text{kg}]$$
$$= 1\,141 \text{ kg s}^{-2} = 1\,141 \text{ Nm}^{-1}.$$

Im CGS-System ist die Einheit der Kraftkonstante des Dyn pro cm [dyn cm^{-1}]. In der Molekülspektroskopie bevorzugt man als Einheit das Millidyn pro Angström [mdyn Å^{-1}]. Zwischen diesen Einheiten besteht folgender Zusammenhang

$$1 \text{ mdyn Å}^{-1} = 10^{-5} \text{ dyn cm}^{-1} = 10^2 \text{ Nm}^{-1}.$$

Die Erfahrung zeigt, daß die Kraftkonstanten im Bereich von 100 bis 2500 Nm^{-1} liegen; in mdyn Å^{-1} erhält man damit Zahlenwerte zwischen 1 und 25.

Aus den experimentell mittels IR- und Raman-Spektroskopie (s. Abschn. 4.3.3.4.) bestimmten Frequenzen der Valenzschwingungen sind Kraftkonstanten zahlreicher Bindungen berechnet worden. In Tab. 4.14 sind einige charakteristische Werte für zweiatomige Moleküle zusammengestellt. Sie hängen systematisch von der Elektronenstruktur der an der betreffenden Bindung beteiligten Atome ab. Beispiele für Kraftkonstanten mehratomiger Moleküle werden im Abschn. 4.3.3.3. behandelt.

Tabelle 4.14. Kraftkonstanten k [Nm^{-1}] einiger zweiatomiger Moleküle, sowie der C—C-Bindung in unterschiedlichen Hybridisierungszuständen

Molekül	k	Molekül	k	Molekül	k
H_2	514	F_2	445	HF	887
D_2	532	Cl_2	320	HCl	481
N_2	2239	Br_2	236	HBr	384
O_2	1141	I_2	160	HI	292

Hybridisierung		Molekül	k
sp^3	$\mathord{>}$C—C$\mathord{<}$	Ethan (C_2H_6)	457
sp^2	$\mathord{>}$C=C$\mathord{<}$	Benzen (C_6H_6)	762
	$\mathord{>}$C=C$\mathord{<}$	Ethen (C_2H_4)	957
sp	—C≡C—	Ethin (C_2H_2)	1580

Kraftkonstante lassen sich auch quantenmechanisch berechnen, indem man mittels der Schrödinger-Gleichung die potentielle Energie des Moleküls für verschiedene Abstände der Atomkerne bestimmt. Durch Differenzieren der Funktion $E_P(r)$ nach r in der Umgebung des Potentialminimums erhält man die Kraftkonstante.

4.3.3.2. Das Rotationsverhalten freier Moleküle

Neben Translations- und Schwingungsenergie kann ein Molekül auch Rotationsenergie aufnehmen bzw. abgeben. Wir wollen wiederum zunächst das klassische Modell betrachten und uns dabei auf zweiatomige Moleküle (der Massen m_A und m_B im festen Abstand r_A bzw. r_B vom Schwerpunkt, s. Abb. 4.27) beschränken (*Modell des starren Rotators*). Das Trägheitsmoment I eines derartigen Moleküls ist (s. Band 1):

$$I = m_A r_A^2 + m_B r_B^2. \tag{4.43}$$

Führt man die Gesamtmasse $m = m_A + m_B$ und den Abstand $r_0 = r_A + r_B$ der beiden Atome ein, so erhält man unter Berücksichtigung von Gl. (4.26 b) und (4.27)

$$I = \mu r_0^2. \tag{4.44}$$

Die kinetische Energie des (klassischen) starren Rotators, der mit der Winkelgeschwindigkeit ω_{rot} rotiert, beträgt damit (s. Band 1)

$$E_{rot} = \tfrac{1}{2} I \omega_{rot}^2.$$

Die Erfahrung zeigt, daß die Energiezustände eines molekularen Rotators gequantelt sind. Die Lösung der Schrödinger-Gleichung für den starren Rotator, die wir hier nicht nachvollziehen können, ergibt für die Rotationsenergie

$$E_{rot} = hBJ(J + 1) \tag{4.45}$$

mit

$$B = \frac{h}{8\pi^2 I}.$$

J ist die *Rotationsquantenzahl* und B eine für jede Molekülart charakteristische Konstante, die *Rotationskonstante*. Die Rotationskonstante hat, ebenso wie die Frequenz ν die Dimension dim B = dim ν = T^{-1}. B bestimmt man experimentell bevorzugt mittels der Methoden der Mikrowellenspektroskopie. Als Einheit benutzt man in der Regel das MHz. Für die Rotationsquatenzahl besteht die Auswahlregel $J = \pm 1$. Damit folgt aus Gl. (4.45), daß sich die Rotationsenergie bei einem quantenmechanisch möglichen Übergang $J \to J + 1$ um

$$\Delta E_{rot} = hB(J + 1)(J + 2) - hBJ(J + 1)$$
$$= hB \cdot 2(J + 1) \tag{4.46}$$

ändert, d. h. die Linien des Rotationsspektrums haben gleichen Frequenzabstand. Eine genaue Vermessung der Rotationsspektren zeigt jedoch, daß die Termabstände mit wachsenden Werten von J abnehmen. Bedingt durch die mit steigender Rotationsgeschwindigkeit wachsenden Zentrifugalkräfte erfolgt eine Aufweitung der Moleküle und damit eine Vergrößerung der Trägheitsmomente und als Folge davon eine Abnahme der Rotationskonstante mit wachsenden Werten von J.

Rotationskonstanten und damit auch Trägheitsmomente zweiatomiger Moleküle und bei bekannter Masse der Atome des Moleküls auch Kernabstände der Atome lassen sich mittels mikrowellenspektroskopischer Methoden mit großer Präzision bestimmen. Beispiel:

$$^{23}Na^{37}Cl: \quad B = 6537{,}040 \pm 0{,}006 \text{ MHz},$$
$$r_0 = 0{,}23607781 \pm 0{,}00000011 \text{ nm}.$$

Für größere Moleküle sind Rotationsbewegungen um die drei Hauptträgheitsachsen möglich, ihre Rotationsspektren sind sehr unübersichtlich und wir wollen sie deshalb nicht weiter behandeln.

4.3.3.3. Das Schwingungsverhalten größerer Moleküle

Wir wollen nunmehr das Schwingungsverhalten größerer Moleküle untersuchen. Dabei stehen zwei Fragen im Vordergrund:

– die *Anzahl* der möglichen Schwingungen eines Moleküls und
– die *Frequenzen* (und Amplituden) dieser Schwingungen.

Wir betrachten ein Molekül, das aus N Atomen besteht. Da zur eindeutigen Beschreibung der räumlichen Lage eines Atoms drei Koordinatenangaben notwendig sind, benötigt man zur Charakterisierung der Lage der N Atome des Moleküls $3N$ Koordinatenangaben. Jede Verschiebung eines Atoms im Molekül relativ zu seinen Nachbarn kann eindeutig in die Verschiebung in drei Koordinatenrichtungen (z. B. Kartesische Koordinaten) zerlegt werden. Jedes Atom im Molekül hat damit 3 Freiheitsgrade, das Molekül damit $3N$ Freiheitsgrade.

Bei der Untersuchung des dynamischen Verhaltens eines Moleküls interessieren nur die *inneren Freiheitsgrade* des Moleküls. Das Molekül als Ganzes hat drei Translationsfreiheitsgrade und, sofern es nicht linear gebaut ist, drei Rotationsfreiheitsgrade (s. auch Band 1). Damit verbleiben für

nicht-lineare Moleküle $3N - 6$ innere Freiheitsgrade.

Bei einem linearen Molekül ist die Rotation um die Achse des Moleküls wegen des kleinen Trägheitsmomentes nicht anregbar, deshalb haben

lineare Moleküle $3N - 5$ innere Freiheitsgrade.

Jeder Freiheitsgrad ist zugleich ein Schwingungsfreiheitsgrad. Die Zahl der Schwingungsfreiheitsgrade ist gleich der Zahl der Eigenschwingungen des Moleküls. Haben verschiedene ($n = 2, 3, 4, \ldots$) Eigenschwingungen die gleiche Frequenz, so ist die Schwingung *n-fach entartet*. Haben Kombinations- und/bzw. Oberschwingungen die gleiche Frequenz wie eine Grundschwingung, so spricht man von *Fermi-Resonanz*.

Als Beispiel wollen wir das Schwingungsverhalten linearer und gewinkelter dreiatomiger Moleküle untersuchen. Es ist zweckmäßig, anstelle der kartesischen Koordinaten „*innere Koordinaten*" einzuführen. Die inneren Koordinaten eines dreiatomigen Moleküls sind die Verbindungslinien zwischen den Atomen AB und BC und der Bindungswinkel α (s. Abb. 4.29). Schwingungen in Richtung der inneren Koordinaten bezeichnet man als *Normalschwingungen*. In Abb. 4.30 sind

die Normalschwingungen dreiatomiger Moleküle dargestellt. Es tritt jeweils eine symmetrische und eine unsymmetrische Valenzschwingung v_s bzw. v_{as} auf. Weiterhin hat das lineare Molekül *zwei* (entartete) und das gewinkelte Molekül *eine* Scheren- (bending) Schwingung.

Charakteristisch für Normalschwingungen sind folgende Eigenschaften:

1. Bei einer Normalschwingung bewegen sich *alle Atome* eines Moleküls mit *gleicher Frequenz* und *gleicher Phase*, d. h. alle Atome haben gleichzeitig ihre Maximalauslenkung und gehen gleichzeitig durch ihre Ruhelage.

2. Die Normalschwingungen sind *voneinander unabhängig*, d. h. wenn ein Molekül in geeigneter Weise so verzerrt wird, daß es sich selbst überlassen eine Normalschwingung ausführt, so gibt diese Bewegung *keinen* Anlaß zu anderen Normalschwingungen.

In größeren Molekülen gibt es für die verschiedenen Molekülgruppen eine Vielzahl von Schwingungsmöglichkeiten. Zur Illustration des komplexen Schwingungsverhaltens sind in Abb. 4.31 die Normalschwingungen einer —CH_2-Gruppe dargestellt. Diese Gruppe sei Bestandteil eines größeren Moleküls; sie sei so in das Molekül eingebaut, daß sie keine Translations- und Rotationsfreiheitsgrade hat. Dieses System hat dann sechs Freiheitsgrade (je drei der beiden H-Atome). Es treten eine symmetrische und eine unsymmetrische Valenzschwingung und vier Deformationsschwingungen auf. Gebräuchliche Bezeichnungen der verschiedenen Normalschwingungen sind ebenfalls in Abb. 4.31 eingetragen.

Bei der —C—H-Valenzschwingung der —CH_2-Gruppe tritt eine Schwingungsaufspaltung auf. Diesen Effekt hatten wir bereits im Band 1 bei der Behandlung gekoppelter Pendel kennengelernt. Sind zwei gleichartige Pendel lose miteinander gekoppelt, so tritt eine symmetrische, in gleicher Phase verlaufende und eine antisymmetrische, in Gegenphase verlaufende Schwingungsform auf. Die Frequenzen dieser

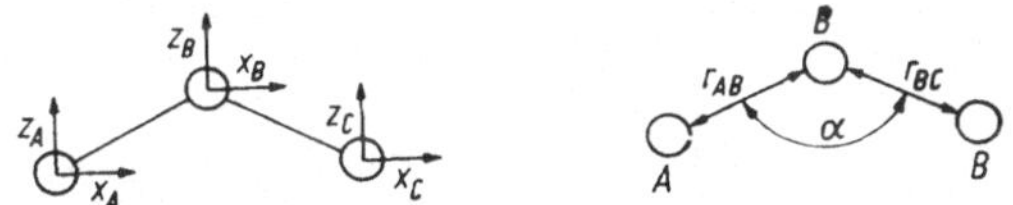

Abb. 4.29. Kartesische und innere Koordinaten eines dreiatomigen Moleküls

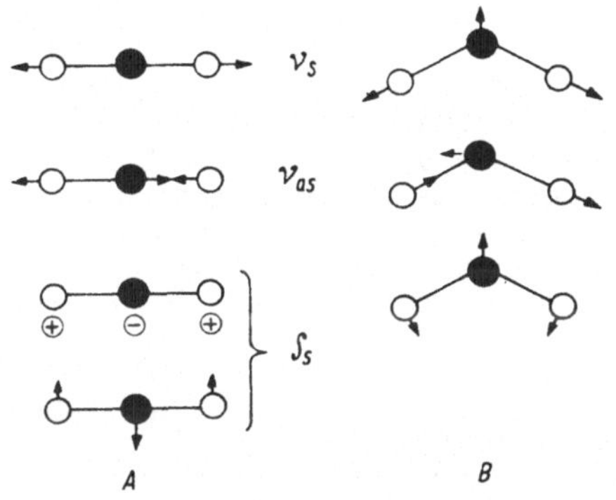

Abb. 4.30. Normalschwingungen eines linearen und eines gewinkelten dreiatomigen Moleküls

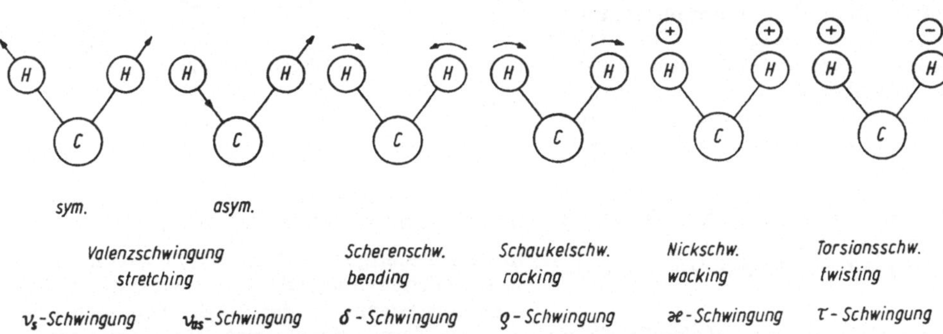

Abb. 4.31. Normalschwingungen einer Methylgruppe (—CH_2—). Bewegungen in der Papierebene sind durch Pfeile, Bewegungen senkrecht zur Papierebene durch + und — gekennzeichnet

beiden Schwingungen sind jeweils um den gleichen Betrag erhöht bzw. erniedrigt.

Kennt man die potentielle Energie eines Moleküls $E_P(r_i)$ als Funktion der Koordinaten r_i seiner Atome, so kann man prinzipiell die Normalfrequenzen berechnen. Es besteht jedoch keine Möglichkeit, die Funktion $E_P(r_i)$ unmittelbar experimentell zu bestimmen. Eine Berechnung von $E_P(r_i)$ mittels quantenmechanischer Methoden ist zwar möglich, der rechentechnische Aufwand ist aber so groß, daß sich derartige Rechnungen gegenwärtig auf relativ kleine Systeme (etwa maximal 3 bis 4 Atome und 10 Elektronen) beschränken müssen.

Man benutzt deshalb in der Regel einen anderen Weg. Man geht von bestimmten Molekülmodellen, bestehend aus Massenpunkten und Federn, aus und variiert die Parameter dieser Modelle, insbesondere die Werte der Kraftkonstanten solange, bis eine befriedigende Wiedergabe der experimentell bestimmten Normalfrequenzen des Moleküls erreicht wird.

Es gibt zwei Typen von Modellen, die Zentralkraftmodelle und die Valenzkraftmodelle. Die *Zentralkraftmodelle* gehen von der Vorstellung aus, daß zwischen *sämtlichen* Massenpunkten (Atomen) Federn (Kräfte) wirksam sind. Die Behandlung dieser Modelle erfolgt mit den Methoden der Mechanik der Punktsysteme. Die n_k Kraftkonstanten sind mit den n_N Normalschwingungen des Systems durch ein lineares Gleichungssystem mit n_N Gleichungen verknüpft. Das Gleichungssystem (für ein System aus N Massenpunkten) hat dann und nur dann eine eindeutige Lösung, wenn $n_k = n_N$ ist. Geht man davon aus, daß sich zwischen sämtlichen Massenpunkten Federn befinden, so ist die Zahl der Federn und damit auch der Kraftkonstanten $n_k = \tfrac{1}{2}N(N - 1)$. Die Zahl der Normalschwingungen dieses Systems beträgt $3N - 6$. Nur für $N = 1 \ldots 4$ hat das Gleichungssystem eine eindeutige Lösung; für $N > 4$ ist $n_k > n_N$. Es gibt zwei Möglichkeiten, auch für derartige Systeme sinnvolle Aussagen zu erhalten:

– Man bestimmt auch die Normalfrequenzen der *isotopensubstituierten Verbindungen*. Bei einer Isotopensubstitution ändern sich die Kraftkonstanten nicht, während zusätzliche Normalfrequenzen bestimmt werden können und somit weitere Bestimmungsgleichungen erhalten werden,

– oder man setzt einige der Kraftkonstanten k_i willkürlich gleich null. Dies ist auch physikalisch gerechtfertigt, da die intramolekularen Kräfte in der Regel mit größeren Abständen rasch abnehmen.

Den Vorstellungen über den Molekülaufbau besser angepaßt sind die *Valenzkraftmodelle*.

Hier berücksichtigt man nur Kräfte in Richtung der Bindungen und winkelerhaltende Kräfte. Es sei nicht verschwiegen, daß die physikalische Interpretation winkelerhaltender Kräfte nicht unproblematisch ist.

Durch Kombination dieser beiden Grundtypen von Molekülmodellen sind weitere Modelle entwickelt worden, die an dieser Stelle jedoch nicht im einzelnen behandelt werden können.

Die Zahlenwerte der Kraftkonstanten hängen zum Teil beträchtlich von dem jeweils zugrunde gelegten Modell ab. Vergleiche von Kraftkonstanten sind deshalb nur sinnvoll, wenn sie mit dem gleichen Modell gewonnen worden sind. In Tab. 4.14 sind die Kraftkonstanten für unterschiedlich hybridisierte C—C-Bindungen und in Tab. 4.15 für einige lineare dreiatomige Moleküle zusammengestellt. Die Kraftkonstanten hängen systematisch von der Art der Bindung und der Molekülstruktur ab, sie erlauben detaillierte Aussagen über die Bindungsverhältnisse.

Bereits ohne Normalkoordinatenanalyse und Berechnung der Kraftkonstanten lassen sich aus den mittels der IR- und Raman-Spektroskopie (s. Abschn. 4.3.3.4.) bestimmten Molekülschwingungen wesentliche Aussagen zur Molekülstruktur machen, da zwischen der Frequenzlage der Schwingungsbanden und zahlreichen Strukturgruppen (z. B. —COOH, —OH, —NH$_2$ usw.) eines Moleküls enge Beziehungen bestehen. Deshalb können derartige Gruppen mit großer Wahrscheinlichkeit unmittelbar am Spektrum erkannt werden. Aus diesem Grunde sind die IR- und Raman-Spektroskopie eine der wichtigsten Methoden zur Strukturaufklärung in der organischen und neuerdings auch in der anorganischen Chemie.

Tabelle 4.15. Kraftkonstanten k [Nm^{-1}] einiger dreiatomiger linearer Moleküle X—Y—Z

Molekül	k_{X-Y}	k_{Y-Z}	$k_\star$
CO$_2$	1 561	1 561	57
CS$_2$	767	767	23
HNC	701	1 645	11
HCN	582	1 802	20
FCN	795	1 920	26
ClCN	746	1 845	18
BrCN	390	1 820	15
ICN	306	1 770	12

4.3.3.4. Die Anregung von Molekülschwingungen. Infrarot- und Raman-Spektroskopie

In den bisherigen Betrachtungen haben wir die verschiedenen möglichen Schwingungen eines Moleküls behandelt, die Frage aber offen gelassen, wie diese Schwingungen angeregt und ihre Frequenzen und Amplituden gemessen werden können. Eine Schwingungsanregung erfolgt z. B. bei den durch die Temperaturbewegung bedingten Molekülstößen. Die hierbei auftretenden Verhältnisse sind aber derart kompliziert, daß auf diese Weise keine quantitativen Aussagen über Molekülschwingungen gewonnen werden können. Eindeutige, überschaubare Beziehungen bestehen bei der *Wechselwirkung elektromagnetischer Wellen mit Molekülen*, und praktisch sämtliche Aussagen über Molekülschwingungen sind mit *spektroskopischen Methoden* (*im weiteren Sinne*) gewonnen worden. Wir wollen uns im folgenden auf jene Frequenzbereiche beschränken, die im Hinblick auf Untersuchung von Molekülschwingungen von Interesse sind.

Es gibt zwei Effekte, die wesentliche Aussagen über die Molekülschwingungen erlauben, die *Infrarot-* (*Absorptions-*) *Spektroskopie* und die *Raman-Spektroskopie*.

Bestrahlt man eine Probe mit monochromatischen elektromagnetischen Wellen, so wird ein Teil der eingestrahlten Energie der Einstrahlungsfrequenz unverändert austreten, eine Wechselwirkung mit den Molekülbewegungen hat nicht stattgefunden. Ein Teil der eingestrahlten Energie wird in den Molekülen absorbiert und in Rotations- bzw. Schwingungsenergie der Moleküle verwandelt; das abgestrahlte Licht enthält Linien niedrigerer Frequenzen (Stokessche Linien). Die Rotations- und Schwingungszustände können aber auch Energie an die Strahlung abgeben, so daß Linien höherer Frequenzen entstehen (Anti-Stokessche Linien). Aus den Differenzfrequenzen und der Extinktion kann man Schlüsse bezüglich der Schwingungsfrequenz und der Amplitude der Molekülschwingungen ziehen.

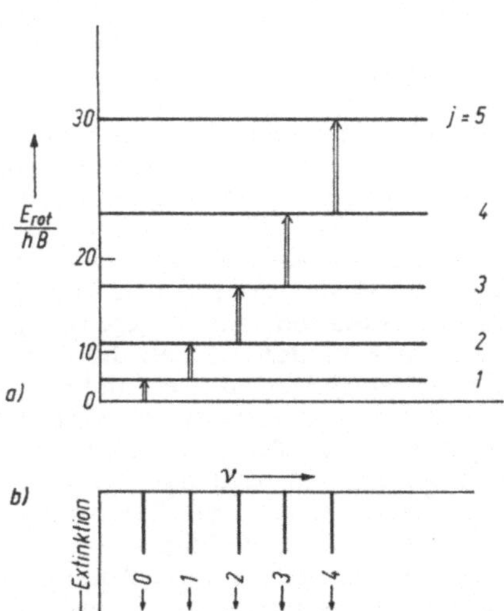

Abb. 4.32. Termschema (a) und Rotationsspektrum (b) eines zweiatomigen Moleküls (schematisch)

Ob und in welchem Maße eine Wechselwirkung der elektromagnetischen Wellen mit den Molekülen erfolgt, hängt von der Struktur der Moleküle ab.

Ein (reines) Rotationsspektrum wird dann und nur dann beobachtet, wenn ein Molekül ein permanentes Dipolmoment besitzt, homonukleare zweiatomige Moleküle weisen deshalb kein Rotationsspektrum auf. Absorption infolge Molekülrotation erfolgt, wenn die Frequenz der eingestrahlten Welle v_0 mit einer Rotationszahl v_{rot} übereinstimmt. Die Absorptionsfrequenzen liegen bei zweiatomigen Molekülen mit kleinem Trägheitsmoment, also etwa den Hydriden HF, HCl, im fernen Infrarot, bei Molekülen mit größeren Trägheitsmomenten, wie z. B. CO, im Mikrowellenbereich [s. Gl. (4.45)]. Das Termschema der Rotationsbewegung [s. Gl. (4.46)] und das Rotationsspektrum eines zweiatomigen polaren Moleküls sind in Abb. 4.32 schematisch dargestellt.

Die Rotationsenergiequanten sind relativ klein. Die Folge davon ist, daß Rotationszustände bereits durch die thermische Energie merklich angeregt werden. Wir wollen diese Verhältnisse am Beispiel des HF-Moleküls abschätzen. Die Rotationskonstante des HF-Moleküls beträgt $B_{HF} = 2091\ \text{cm}^{-1}$. Damit ist [s. Gl. (4.46)] für den Übergang $v = 0 \rightarrow 1$; $\hat{v} = 2$; $B_{HF} = 41{,}82$ cm^{-1} und

$$\Delta E_{\text{rot}\,0\rightarrow 1} = h v_{\text{rot}} = hc\hat{v}_{\text{rot}}$$
$$= 6{,}62 \cdot 10^{-34}\ [\text{J s}] \cdot 3{,}00 \cdot 10^{10}\ [\text{cm s}^{-1}]$$
$$\times\ 41{,}82\ [\text{cm}^{-1}] = 0{,}831 \cdot 10^{-21}\ \text{J}.$$

Entsprechend erhält man für den Übergang

$$v = 4 \rightarrow 5;\quad E_{\text{rot}\,4\rightarrow 5} = 4{,}15 \cdot 10^{-21}\ \text{J}.$$

Die mittlere thermische Energie pro Freiheitsgrad beträgt (s. Band 1) $E_{\text{therm}} = 1/2 kT$. Für $T = 300\ \text{K}$, also Zimmertemperatur, erhält man $E_{\text{therm}} = 1/2 \cdot 1{,}372 \cdot 10^{-23}\ [\text{J K}^{-1}] \cdot 300\ [\text{K}] = 2{,}06 \cdot 10^{-21}\ \text{J}$.

Diese Abschätzung zeigt, daß die Rotationsenergie von der gleichen Größenordnung ist wie die thermische Energie pro Freiheitsgrad. Dies bedingt, daß auch höhere Rotationsquantenzustände bereits durch die Wärmebewegung in nennenswertem Umfang angeregt sind, daß somit auch Übergänge für größere Werte von J stattfinden und daß die Rotationsspektren, die im Gaszustand bei niedrigen Drucken (0,1 bis 10 Nm^{-2}) aufgenommen werden, von der Temperatur abhängen.

Eine Anregung von Molekülschwingungen durch Absorption elektromagnetischer Felder im Infrarotgebiet erfolgt dann und nur dann, wenn bei der betreffenden Normalschwingung gleichzeitig eine Änderung des Dipolmomentes des

---

Moleküls erfolgt. Dies ist plausibel, wenn man sich die in Band 2 wiedergegebenen Überlegungen zur Strahlung eines Dipols (*Hertzsche Lösung*) vergegenwärtigt. Wie dort qualitativ gezeigt wurde und wie es in den Lehrbüchern der Theoretischen Physik ausführlich dargestellt

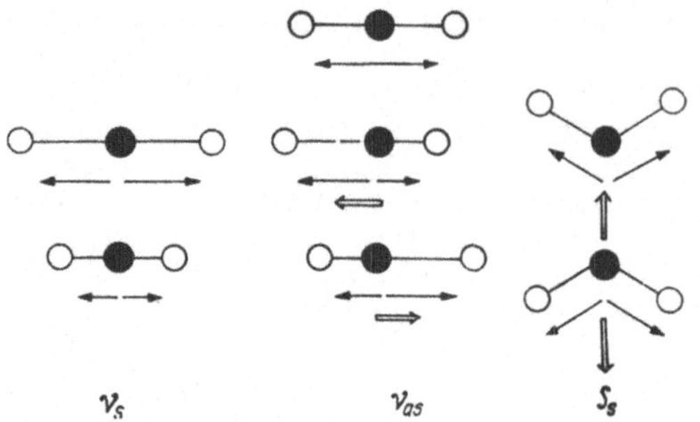

Abb. 4.33. Normalschwingungen und Änderung des Dipolmomentes eines linearen symmetrischen dreiatomigen Moleküls

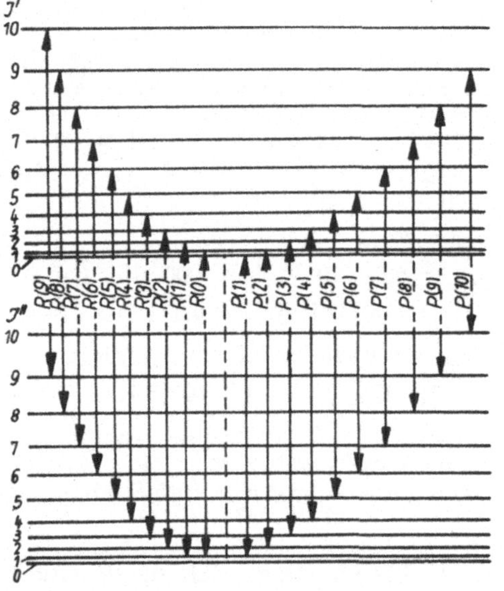

Abb. 4.34. Termschema und Übergänge für eine Rotationsschwingungsbande (schematisch)

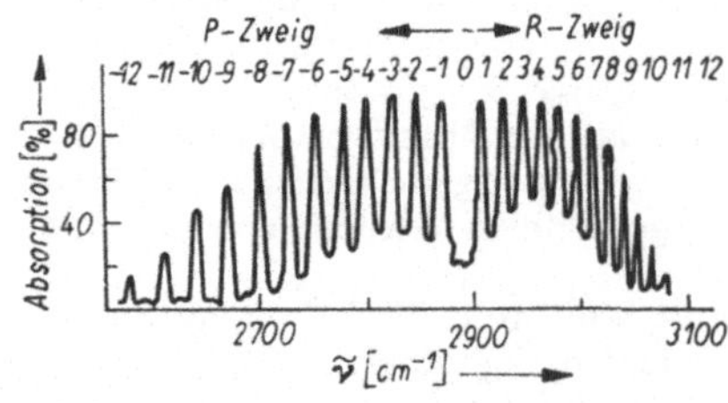

Abb. 4.35. Abhängigkeit der Absorption von der Wellenzahl der Rotationsschwingungsbande von HCl bei 3,4 μm

wird, ist die Intensität einer von einem Dipol ausgestrahlten Welle proportional dem Quadrat der Änderung des Dipolmomentes. Analoge Beziehungen gelten auch für die Absorption elektromagnetischer Wellen. Die Hertzsche Lösung der Dipolstrahlung gilt nicht nur für makroskopische sondern auch für mikroskopische Dipole.

Wir wollen die Zusammenhänge zwischen Molekülschwingungen und Änderung des Dipolmomentes an einem konkreten Beispiel untersuchen, und zwar einem symmetrischen linearen dreiatomigen Molekül (Abb. 4.33). Dieses Molekül hat eine symmetrische ν_s und eine asymmetrische ν_{as} Valenzschwingung und eine (2fach) entartete Deformationsschwingung. Bei den beiden Valenzschwingungen ändern sich, bedingt durch die Abstandsänderungen, die Bindungsmomente. Bei der symmetrischen Valenzschwingung kompensieren sich die Bindungsmomente in jedem Augenblick, das resultierende Dipolmoment des Moleküls ist gleich Null; diese Schwingung wird durch Absorption von Infrarot-Strahlung nicht angeregt, sie ist *IR-inaktiv*. Bei der asymmetrischen Valenzschwingung kompensieren sich die Partialmomente nicht, es verbleibt ein resultierendes Moment, es erfolgt eine IR-Absorption, diese Schwingung ist *IR-aktiv*. Bei der Deformationsschwingung ändern sich zwar die Beträge der Partialdipole nicht, jedoch ihre Richtung. Es verbleibt deshalb ein resultierendes Dipolmoment, es erfolgt Absorption, auch diese Schwingung ist IR-aktiv.

Für die Schwingungsquantenzahl v besteht keine Auswahlregel, doch sind die Übergänge $\Delta v = 1$ bei weitem am stärksten; die folgenden Banden nehmen rasch an Intensität ab.

Das Experiment zeigt, daß man bei Messung der durch Molekülschwingungen bedingten IR-Absorption nicht immer scharfe Linien erhält, sondern mehr oder weniger breite Absorptionsbereiche. In verdünnten Gasen beobachtet man z. B. beim zweiatomigen Molekül zwei Folgen von Rotationslinien, zwischen denen an der Stelle der Schwingungsfrequenz eine Lücke ist. Mit zunehmender Dichte, erst recht in Flüssigkeiten, wird die Rotation durch gegenseitige Stöße immer mehr behindert, so daß die Rotationslinien der beiden Folgen zu je einem breiten Bereich verschmelzen (Bjerrumsche Doppelbande). Wir hatten bei der Behandlung der Rotationsspektren gesehen, daß die Rotationsschwingungen bereits durch die Temperaturbewegung angeregt sind. Die Folge davon ist, daß nicht nur Übergänge aus dem Rotationsgrundzustand $J = 0$, sondern auch aus angeregten Rotationszuständen $J \neq 0$ auftreten. Für diese Rotationsschwingungsübergänge gilt die Auswahlregel $\Delta J = \pm 1, 2, 3, \ldots$ und

$\Delta v = \pm 1$. Es ergibt sich somit ein Termschema, wie es in Abb. 4.34 dargestellt ist. Die Schwingungsbanden bestehen aus zwei „Zweigen", dem „*P-Zweig*" und dem „*R-Zweig*"; für den *R*-Zweig gilt $v = +1$, für den *P*-Zweig $v = -1$. Eine typische Rotationsschwingungsbande ist in Abb. 4.35 dargestellt.

Ergänzt werden die Aussagen der IR-Spektroskopie über das Schwingungsverhalten der Moleküle durch eine weitere spektroskopische Methode, die „*Raman-Spektroskopie*".[1])

Wenn eine Lichtwelle durch Materie tritt, so erfolgt neben der Absorption auch noch Lichtstreuung. Ein kleiner Teil (größenordnungsmäßig $\Phi_R \approx 10^{-4}\Phi_0$) der einfallenden Energie Φ_0 wird in alle Raumrichtungen mit der *ursprünglichen* Frequenz v_0 gestreut. Wir werden diese Art der Lichtstreuung, die „Rayleigh-Streuung", später (s. Abschn. 6.5.1.) ausführlicher behandeln, da man aus ihr Aussagen über Molekülgröße und Molekülform insbesondere von Polymeren erhalten kann.

Neben der Rayleigh-Streuung tritt noch eine weitere schwächere Streustrahlung Φ_{Ra} ($\Phi_{Ra} \approx 10^{-4}\Phi_R \approx 10^{-8}\Phi_0$) auf, die eine ausgesprochene Frequenzverteilung aufweist. Strahlt man monochromatisches Licht ein, so erscheinen im Streuspektrum eine Reihe neuer Linien, deren Frequenz v_{Ra} gegen die des einfallenden Lichtes v_0 um bestimmte Beträge Δv verschoben sind:

$$v_{Ra} = v_0 \pm \Delta v.$$

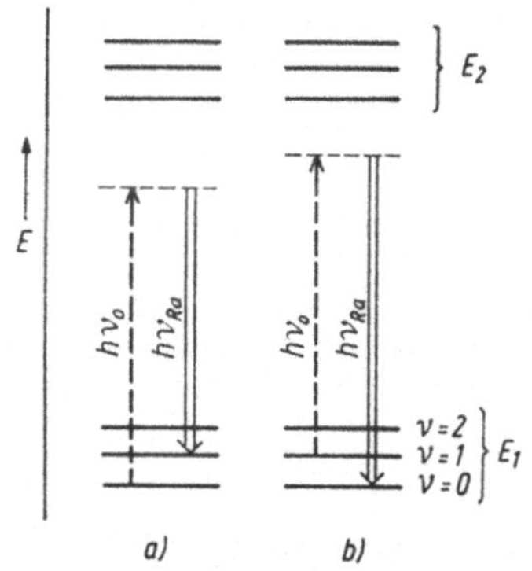

Abb. 4.36. Termschema für die Stokessche Linie (a) und die anti-Stokessche Linie (b) der Raman-Streuung (schematisch). Die Rotationsniveaus sind der Übersichtlichkeit halber nicht eingezeichnet

---

[1]) Diese Methode benutzt einen 1923 von A. G. SMEKAL [1895–1959, Prof. in Wien, Halle (Saale) und Graz] vorausgesagten und 1928 unabhängig voneinander von C. V. RAMAN (1888–1970, Prof. in Bangalur/Indien, 1930 Nobelpreis für Physik) sowie G. S. LANDSBERG (1890–1957, Prof. in Moskau) und L. S. MANDELSTAM (1879–1944, Prof. in Moskau) entdeckten Effekt, den „*Raman-Effekt*".

Die Verschiebungen sind *unabhängig* von der Frequenz des einfallenden Lichtes und stimmen zum Teil (s. u.) mit der Lage von IR-aktiven Absorptionsbanden des gleichen Stoffes überein.

Der Raman-Effekt läßt sich von der Lichtquantenvorstellung ausgehend verstehen. Der Streuprozeß ist danach ein Stoßprozeß zwischen einem Molekül und einem Lichtquant der Energie hv_0. Erfolgt die Streuung elastisch, so bleibt die Energie und damit auch die Frequenz des Lichtquants ungeändert (Rayleigh-Streuung). Bei der unelastischen Streuung wird Energie zwischen den beiden Stoßpartnern ausgetauscht (Raman-Streuung). Ist E' bzw. E'' die Energie des Moleküls vor bzw. nach dem Stoß, so lautet die Energiebilanz

$$hv_{Ra} = hv_0 + E' - E''. \tag{4.47}$$

Für $E' < E''$, d. h. das Molekül nimmt Energie auf, erhält man die nach Rot verschobenen *Stokesschen Linien*, für $E' > E''$ entsprechend die nach Violett verschobenen *anti-Stokesschen Linien*, dabei kann sich sowohl die Rotations- als auch die Schwingungsenergie ändern, es gibt deshalb ein (reines) *Rotations-Raman-Spektrum* und auch ein *Rotations-Schwingungs-Raman-Spektrum*. In Abb. 4.36 ist das Termschema der Raman-Strahlung dargestellt. Wesentlich ist, daß die Energie der eingestrahlten elektromagnetischen Welle kleiner ist als die Anregungsenergie für den ersten elektronisch angeregten Zustand. Ist dies nicht der Fall, so tritt *Fluoreszenzstrahlung* auf, die die Raman-Strahlung völlig überdeckt. Die Frequenz der eingestrahlten Welle muß deshalb im Sichtbaren bzw. im nahen UV-Bereich liegen. Wegen der geringen Ausbeute untersucht man die Proben meist im kondensierten Zustand und ist dabei auf die Anwendung sehr intensiver Lichtquellen angewiesen. Während man früher spezielle Quecksilberhochdrucklampen benutzte, bevorzugt man jetzt Laserlicht zur Anregung der Raman-Spektren, wobei sich der sog. stimulierte Raman-Effekt ergibt. Aus apparativen Gründen ist das Auflösungsvermögen der Raman-Spektren für die Rotationsschwingungen wesentlich kleiner als das der IR- und insbesondere der Mikrowellenspektren. Deshalb untersucht man mittels Raman-Effekt praktisch nur Rotationsschwingungsbanden.

Die bisherigen Überlegungen lassen keine Aussagen zu, ob bzw. welche Molekülschwingungen mittels des Raman-Effektes tatsächlich angeregt werden können, d. h. welche *Auswahlregeln* für den Raman-Effekt bestehen. Um diese Auswahlregeln verstehen zu können, müssen wir die physikalischen Vorgänge bei der Lichtstreuung näher untersuchen (s. a. Abschn. 6.5.1.). Das äußere elektromagnetische Feld induziert in das

---

betreffende Molekül ein Dipolmoment. Dieser induzierte Dipol ist Ausgangspunkt einer Streuwelle. Die Stärke des induzierten Dipols ist der Polarisierbarkeit des Moleküls proportional (s. Band 2). Ändert sich die Polarisierbarkeit des Moleküls bedingt durch eine Molekülschwingung, so führt dies zu einer Modulation der einfallenden Welle und es treten – ebenso wie bei der Modulation elektrischer Schwingungen (s. Band 2) – Summen- und Differenzenfrequenzen auf. Diese entsprechen den Raman-Frequenzen. Raman-Streuung tritt dann und nur dann auf, wenn sich bei einer Molekülschwingung die *Polarisierbarkeit* des Moleküls ändert.

Die Polarisierbarkeit eines Moleküls ist über die Clausius-Mosottische Beziehung (s. Band 2) mit dem Molvolumen verknüpft; sie ist im wesentlichen proportional dem Molvolumen. Hieraus folgt grob gesagt, daß eine Molekülschwingung *Raman-aktiv* ist, wenn sich bei der Molekülschwingung das Volumen des Moleküls ändert. Wir wollen dies wieder am Beispiel eines linearen symmetrischen dreiatomigen Moleküls untersuchen (Abb. 4.37). Bei der symmetrischen Valenzschwingung ν_s ändert sich das Volumen

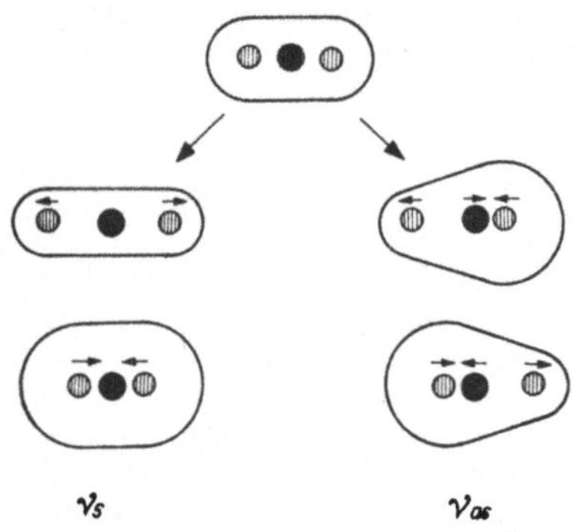

Abb. 4.37. Valenzschwingungen und Änderung der Polarisierbarkeit eines linearen symmetrischen dreiatomigen Moleküls

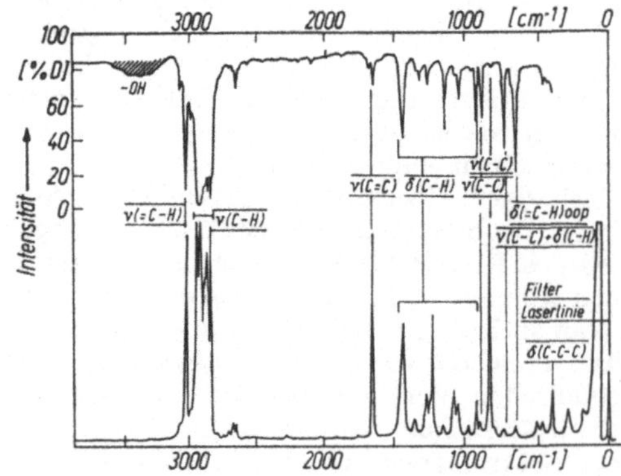

Abb. 4.38. IR- und Raman-Spektrum von Cyclohexen

und damit die Polarisierbarkeit des Moleküls, die Schwingung ist Raman-aktiv. Bei der asymmetrischen Valenzschwingung ν_as ändert sich das Volumen und die Polarisierbarkeit nicht, diese Schwingung ist Raman-inaktiv. Auch bei der Deformationsschwingung tritt keine Änderung der Polarisierbarkeit ein, auch diese Schwingung ist Raman-inaktiv. In diesem *speziellen Fall* sind die Normalschwingungen *entweder* IR-aktiv *oder* Raman-aktiv. Bei unsymmetrischen Molekülen sind die Schwingungen in der Regel gleichzeitig IR- und Raman-aktiv (s. Abb. 4.38). Ein Zusammenhang zwischen IR-Absorptionskoeffizient und Intensität der Raman-Streuung besteht nicht. Die *IR-Absorption* ist proportional dem Quadrat der *Änderung des Dipolmomentes* bei der Schwingung, die Raman-Streuung ist proportional dem Quadrat der *Änderung der Polarisierbarkeit*.

In den dreißiger Jahren bevorzugte man die Raman-Spektroskopie, da Raman-Spektren mit handelsüblichen hochauflösenden optischen Spektrographen aufgenommen werden konnten. Die Verbesserung der IR-Spektrographen, insbesondere durch eine weitgehende Automatisierung des Meßprozesses in den sechziger Jahren und in neuerer Zeit durch die wesentliche Erhöhung der Meßgeschwindigkeit und der Empfindlichkeit durch Einführung der *Fourier-Transformations-Spektroskopie* führten zur Überlegenheit der IR-Spektroskopie. Die Fourier-Transformations-Spektrographen arbeiten nach dem gleichen Prinzip wie das Michelsonsche Interferometer (s. Band 3). Dabei wird mittels eines direkt gekoppelten Rechners das Spektrum der einfallenden Welle aus dem Interferenzbild berechnet. Durch Einsatz von Lasern als Lichtquelle hat die Raman-Spektroskopie wieder an Bedeutung gewonnen, so daß heute beide Methoden gleichberechtigt nebeneinander angewandt werden und sich bezüglich ihrer Aussagemöglichkeiten für molekularphysikalische Fragen ergänzen.

4.3.4. Paramagnetische Kernspinresonanz (NMR)

4.3.4.1. Grundlagen

Bereits 1928 äußerte WALTER GROTRIAN die Vermutung, daß man kleine Aufspaltungen optischer Spektrallinien, wie sie etwa beim Zeeman-Effekt durch Einflüsse von Kernmomenten (Hyperfeinstruktur) o. ä. (s. Abschn. 1.3.7.6. und 8.) entstehen, direkt, also durch Einstrahlung der Aufspaltungsfrequenz, nachweisen könnte. Da dann der Abstand der eng beieinander liegenden Energieniveaus unmittelbar und nicht mehr als Differenz zweier großer Energiewerte bestimmt wird, kann man eine wesentliche Steigerung der Meßgenauigkeit erwarten. Dabei fallen auch die mit den höheren Frequenzen verbundenen Linienverbreiterungen weg [vgl. Abschn. 1.2.5.3., Gl. (1.175)], und Energiedifferenzen können nachweisbar werden, die sich in den optischen Spektrallinien überhaupt nicht andeuten.

Die Hyperfeinstruktur konnte durch Annahme von magnetischen Kerndipol- und elektrischen Kernquadrupolmomenten erklärt werden. In einem äußeren Magnetfeld $B = \mu_0 H$ müßte dann auch ein Kern-Zeeman-Effekt auftreten, der aber wegen der natürlichen Linienbreite bei den üblichen Feldstärken nicht beobachtbar ist. C. J. GORTER hat bereits 1936 vergeblich versucht, Übergänge zwischen den Kern-Zeeman-Niveaus von Wasserstoffkernen in Paraffinen nachzuweisen. Die Experimente schlugen fehl, weil man um diese Zeit noch keinerlei Vorstellungen über die Wechselwirkungen der Kernmomente mit der Umgebung, über Linienbreiten und Relaxationsverhalten, hatte. Erst 9 Jahre später gelang es zwei Gruppen um F. BLOCH und E. M. PURCELL, die paramagnetische Kernresonanz, heute vielfach NMR (nuclear magnetic resonance) genannt, von Protonen in Wasser nachzuweisen. Man hatte die Unkenntnis der Wechselwirkungsmechanismen überlistet, indem man unterschiedliche Mengen paramagnetischer Fe^{3+}-Ionen zugab. Man wußte nämlich aus anderen Experimenten (Verflüssigung von Wasserstoff), daß man auf diese Weise das Relaxationsverhalten der Kerne beeinflussen kann. Man paßte also die Meßprobe den gegebenen experimentell-technischen Bedingungen an und fand, unterstützt durch eine Feldmodulation, Signale.

Nachdem man den Resonanzeffekt hatte, begann die systematische Suche nach den Wechselwirkungen der Kerne mit der Umgebung; es ergaben sich völlig neuartige Möglichkeiten, diese absolut gesehen sehr kleinen Effekte zur Analyse von Struktur und Dynamik molekularer Systeme vor allem in kondensierten Phasen auszunutzen. Einige Grundlagen und Anwendungsprinzipe seien im folgenden kurz behandelt.

4.3.4.2. Der Resonanzeffekt

Analog zum Zeeman-Effekt der Elektronenhülle hat ein Kernmoment $\mu_I = g_I I \mu_K$ im Magnetfeld B_0 eine Energie

$$W_{I,B} = -\vec{\mu}_I \vec{B} = -\frac{m_K}{I}\mu_I B = -m_K g_I \mu_K B, \tag{4.48}$$

was zu einer Folge äquidistanter Niveaus mit einem Abstand zwischen benachbarten Zuständen von

$$\Delta W_{I,B,\Delta m_K = \pm 1} = g_I \mu_K B \tag{4.49}$$

führt [vgl. Gl. (1.301)]. Dem entspricht mit

$$\hbar\omega = \Delta W_{I,B,\Delta m = \pm 1}$$

eine Frequenz

$$\omega = \frac{g_I \mu_K}{\hbar} B = \gamma_I B, \tag{4.50}$$

wobei

$$\gamma_I = \frac{g_I \mu_K}{\hbar} = \frac{\mu_I}{I\hbar} \tag{4.51}$$

das Verhältnis von magnetischem Dipolmoment zu Kerndrehimpuls, das gyromagnetische Verhältnis des Kerns darstellt.

Man beobachtet in kondensierten Phasen stets sehr viele Kerne (Größenordnung 10^{22}), deren Momente sich zur Kernmagnetisierung

$$\vec{M}_I = \sum_{l=1}^{N} \vec{\mu}_{I,l} \tag{4.52a}$$

addieren. Unter dem Einfluß eines Magnetfeldes stellt sich eine Magnetisierung ein, die nach der Boltzmann-Statistik

$$M = N \frac{\mu_I^2}{3kT} \mu_0 H = N \frac{\gamma^2 \hbar^2 I(I+1)\mu_0}{3kT} H = x_I H \tag{4.52b}$$

geschrieben werden kann (N = Anzahl der Spins pro Volumeneinheit). Im Magnetfeld orientieren sich mehr Kernmomente parallel als antiparallel zu H. Diese Orientierung der Kerne kann aber nur durch Stöße, durch Wechselwirkung mit dem Gitter entstehen, wobei Energie zwischen dem Spinsystem und den übrigen Freiheitsgraden der Probe ausgetauscht wird. Die Einstellung des Gleichgewichts braucht eine Zeit T_1, die Spin-Gitter- oder longitudinale Relaxationszeit. Diese ist definiert durch

$$\frac{dM}{dt} = -\frac{M - M_0}{T_1}. \tag{4.53}$$

Fehlt diese Wechselwirkung, dann führen die Richtungen der einzelnen Kernmomente um die Richtung des Magnetfeldes Präzessionsbewegungen mit der Larmor-Frequenz ω_L aus. Das ergibt sich aus folgenden Überlegungen: Das Magnetfeld übt auf den magnetischen Dipol ein Drehmoment $\vec{d}$ aus, das eine Änderung des Drehimpulses $\vec{a}$ bewirkt; mit $\mu_I = \gamma_I a$ gilt

$$\vec{d} = \frac{d\vec{a}}{dt} = [\vec{\mu}_I \vec{B}] = \frac{1}{\gamma_I} \frac{d\vec{\mu}_I}{dt}$$

bzw.

$$\frac{d\vec{\mu}_I}{dt} = \gamma_I [\vec{\mu}_I \vec{B}]. \tag{4.54}$$

In einem mit der Frequenz ω um die Richtung von $\vec{B}$ rotierenden Koordinatensystem wird daraus

$$\frac{D\vec{\mu}_I}{Dt} = \gamma \left[\vec{\mu}_I \left(\vec{B} + \frac{\vec{\omega}}{\gamma_I} \right) \right]_{\text{rot}}. \tag{4.55}$$

Die Gln. (4.54) und (4.55) unterscheiden sich also nur in der Größe des effektiven Feldes. Wird dieses in Gl. (4.55) $\left(\vec{B} + \frac{\vec{\omega}}{\gamma_I} \right)_{\text{rot}} = 0$, dann ändert $\vec{\mu}_I$ seine Lage zum rotierenden Koordinatensystem nicht mehr. Daraus folgt, gegenüber dem Laborsystem dreht sich $\vec{\mu}_I$ mit

$$\omega = \omega_L = \gamma_I B. \tag{4.56}$$

Diese klassische Betrachtung führt also zu demselben Ergebnis wie das Quantenbild [Gl. (4.50)]; auf die Gründe und Grenzen dieses klassischen Modells kann hier nicht eingegangen werden. Dieses Bild mit dem rotierenden Koordinaten-

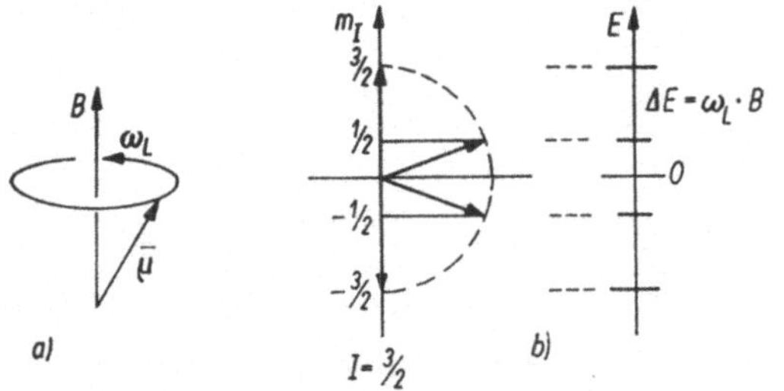

Abb. 4.39. Kern-Zeeman-Effekt. a) klassisches Modell der Larmor-Präzession; b) Quantenbild

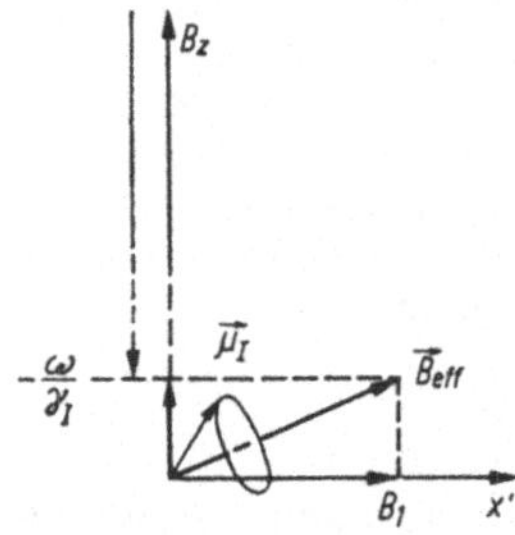

Abb. 4.40. Bewegung im rotierenden Koordinatensystem: Hier ist der Fall $\vec{B} - \frac{\vec{\omega}}{\gamma_I} \neq 0$ gezeigt. Die Präzession findet um das effektive Feld $\vec{B}_{\text{eff}}$ statt mit $\omega_{\text{eff}} = \gamma_I B_{\text{eff}}$

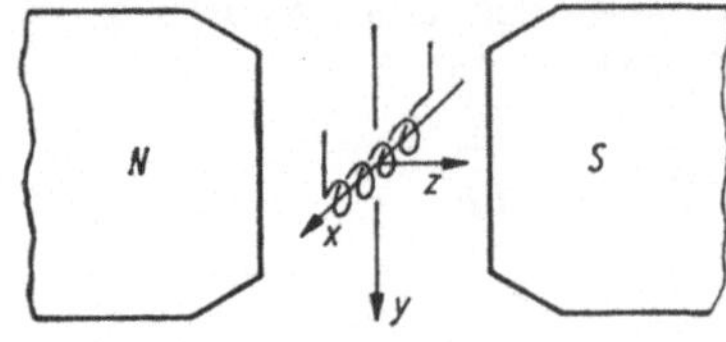

Abb. 4.41. Lage des starken und des Wechselfeldes zueinander

system, der präzedierenden Kernmomente (Abb. 4.39) ist nützlich zum Verständnis des experimentellen Nachweises.

In kurzen Zeiten (kurz heißt hier $t \ll T_1$) kann man Gl. (4.53) vernachlässigen und mit Gl. (4.52a) auch

$$\frac{d\vec{M}_I}{dt} = \gamma_I [\vec{M}_I \vec{B}] \tag{4.57}$$

schreiben. Läßt man ein schwaches, mit $\vec{M}_I$ rotierendes Magnetfeld $\vec{B}_I$ einwirken, dann ist im rotierenden Koordinatensystem $(x', y', z' = z)$ das effektive Feld nicht Null (Abb. 4.40). Man kann nun nochmals dieselben Überlegungen anstellen, ein um $\vec{x}$ mit ω_1 rotierendes Koordinatensystem einführen und findet, daß $\vec{M}_I$ um $\vec{x}'$ mit

$$\omega_1 = \gamma B_1 \tag{4.58}$$

präzediert. Nach einer Zeit $t = \pi/\omega_1$ ist demnach $\vec{M}_I$ antiparallel zu B, nach $2\pi/\omega_1$ wieder parallel usw.

Wenn man mit Hilfe der zeitabhängigen Störungstheorie die Übergangswahrscheinlichkeit für die Spins im Magnetfeld ausrechnet, erhält man dasselbe alternierende Verhalten von $\vec{M}_{I,z}$. Praktisch genügt es, ein lineares Wechselfeld senkrecht zu B anzuwenden

$$B_x = 2B_1 \cos \omega t. \tag{4.59}$$

Dieses kann man in zwei gegensinnig rotierende Drehfelder zerlegen, von denen eines den richtigen Drehsinn hat und die Umklappung von $\vec{M}_I$ bewirkt; die andere Komponente ist vernachlässigbar, da ohnehin $B_1 \ll B$ gelten soll.

$$B_{x1} = B_1 \cos \omega t; \quad B_{y1} = B_1 \sin \omega t;$$

$$B_{x2} = B_1 \cos \omega t; \quad B_{y2} = -B_1 \sin \omega t. \tag{4.59a}$$

Somit ergibt sich die in Abb. 4.41 skizzierte grundsätzliche Anordnung.

Es gibt nun viele „Programme", um ω_L und das Relaxationsverhalten der Kernspins zu messen; wir wollen hier nur auf zwei Grundtypen eingehen.

1. Wir lassen B_1 mit Resonanzfrequenz ω_L nur eine Zeit

$$t_{\sigma/2} = \pi/2\omega_1 = \pi/2\gamma B_1 \tag{4.60}$$

einwirken; dann ist sicher $t_{\sigma/2} \ll T_1$ und Relaxationseffekte sind vernachlässigbar. Nach diesem Impuls ist im rotierenden Koordinatensystem $\vec{M}_I$ in y'-Richtung gedreht (Abb. 4.42) und rotiert nun im Laborsystem mit ω_L um die z-Richtung.

In der Spule wird dadurch eine Wechselspannung induziert mit der Frequenz ω_L, deren Amplitude proportional M_I ist. Ist die Frequenz von B_1, $\omega \lesssim \omega_1$, dann hat das effektive Feld (Abb. 4.40) eine andere Richtung und M_I, der Betrag der

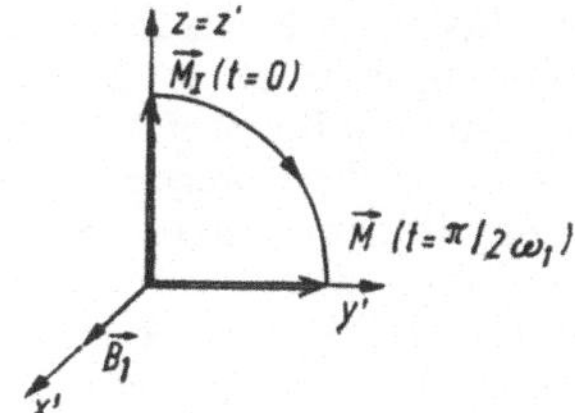

Abb. 4.42. Drehung der Kernmagnetisierung durch einen $\pi/2$-Impuls im rotierenden Koordinatensystem

um z rotierenden Magnetisierung, und damit die induzierte Wechselspannung werden kleiner.

Mit der Zeit nimmt die Spannung ab, weil $\vec{M}_\perp$ kleiner wird, denn nach Gl. (4.53) baut sich wieder eine Magnetisierung in $\vec{B}$-Richtung auf. Die Abnahme von $\vec{M}_\perp$ wird durch Spin-Spin-Wechselwirkungen beschleunigt, bei denen zwar M_z sich nicht ändert, aber eine Umverteilung der Spinrichtungen in der x-y-Ebene erfolgt. All diese Effekte faßt man in der transversalen Relaxationszeit T_2 zusammen, die durch

$$\frac{dM_{I,x}}{dt} = -\frac{M_{I,x}}{T_2}, \qquad \frac{dM_{I,y}}{dt} = -\frac{M_{I,y}}{T_2} \tag{4.61}$$

definiert ist. Man spricht vom Abfall der freien Induktion, vom FID (Free Induction Decay, Abb. 4.43).

2. Läßt man ein HF-Feld B_1 einwirken und wartet das Gleichgewicht ab, dann muß man die

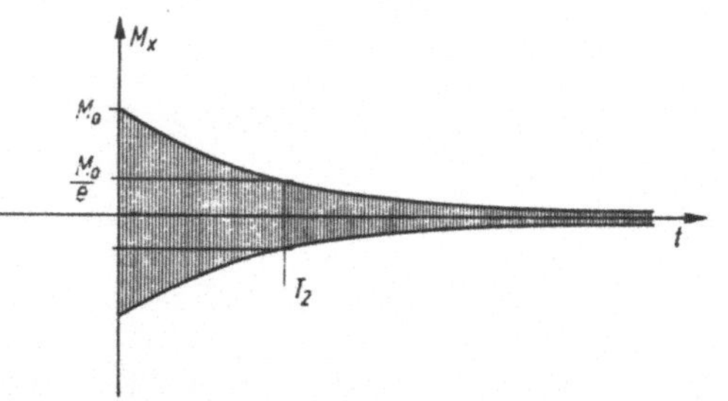

Abb. 4.43. Induzierte Spannung U_{ind} beim FID in Abhängigkeit von der Zeit

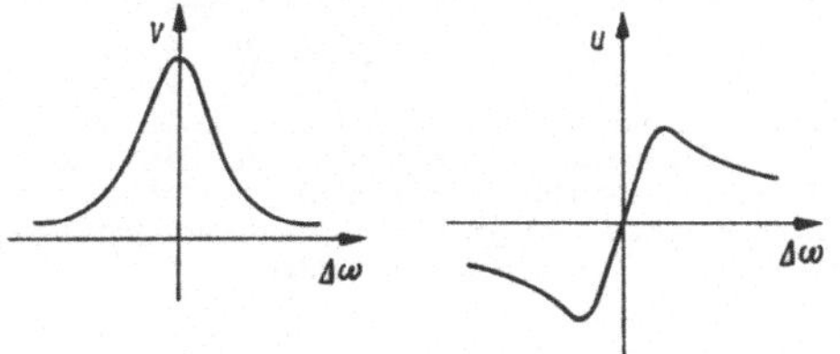

Abb. 4.44. Absorptions- und Dispersionssignal bei langsamer Abtastung

Gln. (4.53), (4.54) und (4.61) zusammenfasse Das ergibt die phänomenologischen Blochsche Gleichungen, in Komponenten geschrieben

$$\frac{dM_{I,x}}{dt} - \gamma(M_{I,y}B_z - M_{I,z}B_y) + \frac{1}{T_2} M_{I,x} = ($$

$$\frac{dM_{I,y}}{dt} - \gamma(M_{I,z}B_x - M_{I,x}B_z) + \frac{1}{T_2} M_{I,y} = 0$$

$$\frac{dM_{I,z}}{dt} - \gamma(M_{I,x}B_y - M_{I,y}B_x) + \frac{1}{T_1} M_{I,z}$$

$$= \frac{1}{T_1} M_I. \tag{4.6}$$

Die Lösung wird übersichtlicher, wenn ma anstelle der Laborkomponenten M_x, N Magnetisierungen einführt, die mit dem B_1-Fel rotieren, u sei die in Phase mit B_1, v die um 9(nachhinkende Komponente, dann gilt

$$M_{I,x} = u \cos \omega t - v \sin \omega t;$$

$$M_{I,y} = \mp(u \sin \omega t + v \cos \omega t). \tag{4.6}$$

Die stationäre Lösung $\left(\dfrac{dM_I}{dt} = 0\right)$ wird dan (χ_I s. Gl. (4.52b), $\Delta\omega = \omega - \omega_L$)

$$u = \omega_L \chi_I B_1 T_2 \frac{\Delta\omega T_2}{1 + (\Delta\omega)^2 T_2^2 + \gamma_I^2 B_1^2 T_1 T_2},$$

$$v = \omega_L \chi_I B_1 T_2 \frac{1}{1 + (\Delta\omega)^2 T_2^2 + \gamma_I^2 B_1^2 T_1 T_2},$$

$$M_{I,z} = \chi_I B \frac{1 + T_2^2(\Delta\omega)^2}{1 + (\Delta\omega)^2 T_2^2 + \gamma_I^2 B_1^2 T_1 T_2}. \tag{4.64}$$

Bei Resonanz ($\Delta\omega = 0$) ist der Dispersionsterr $u = 0$, und der Absorptionsterm v hat ein Maxi mum; $M_{I,z}$ zeigt ein schwaches Minimur (Abb. 4.44).

Mit zunehmendem B_1 nehmen u und v zunächs zu, bis das Glied mit B_1^2 im Nenner überwiegt v wird dann kleiner, es tritt Sättigung ein.

Diese Signale sind durch sehr langsame, quasi punktweise Abtastung beobachtbar, wenn T sehr groß ist (Größenordnung s). Andernfall moduliert man $\Delta\omega$ (am einfachsten das Magnet feld B) und erhält ein periodisches Signal, das mar leicht verstärken kann.

Wird T_2 sehr klein, dann wird auch das Signal Rausch-Verhältnis sehr klein. Man tastet dann nicht mehr die ganze Linie ab. Bei dieser dif ferentiellen Abtastung (Abb. 4.45) wird zwar da Signal kleiner, es enthält aber dafür praktiscl nur die Modulationsfrequenz, und man kanı die Bandbreite des nachfolgenden Verstärker sehr einengen ($^1/_{10}$ Hz und weniger), wodurcl das Signal-Rausch-Verhältnis, und darauf komm es an, nicht auf die primäre Signalamplitude wesentlich angehoben wird.

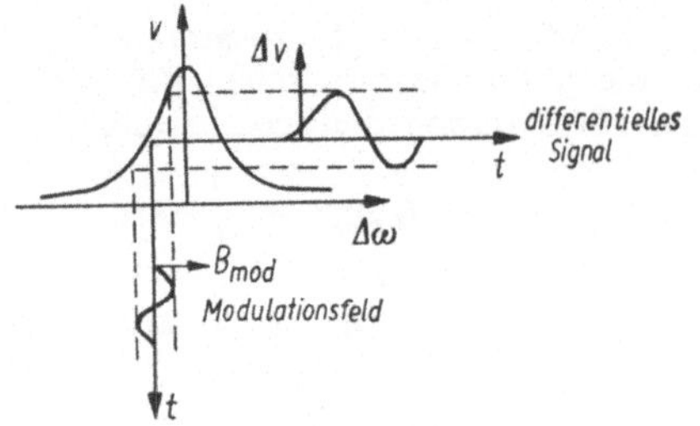

Abb. 4.45. Differentielle Abtastung

Ursprünglich, d. h. etwa bis 1970, herrschten die stationären Abtastverfahren, wie unter 2. beschrieben, vor; man sieht hierbei sofort das Frequenzspektrum. Doch seither werden die verschiedensten Impulsmethoden immer mehr bevorzugt. Diese Entwicklung wurde durch die bessere Beherrschung der Impulstechnik möglich, setzt aber auch moderne Rechner voraus. Die FID-Signale werden bei Mehrlinienspektren in ihrem zeitlichen Ablauf moduliert, und es ist eine Fourier-Transformation notwendig, um

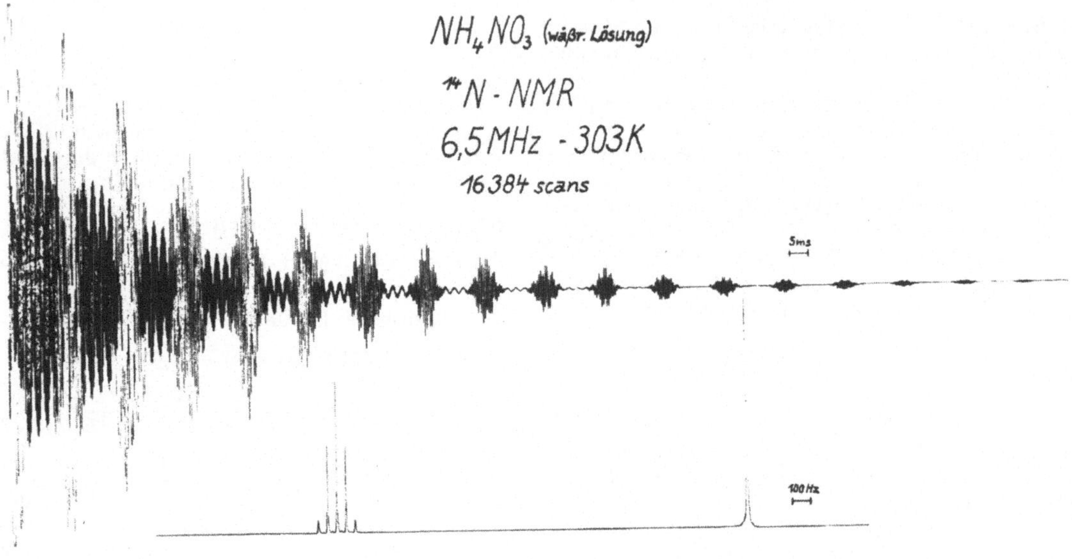

a)

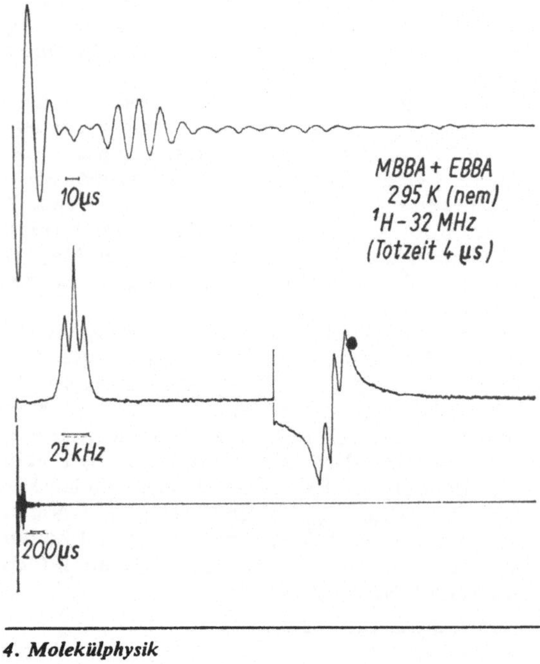

Abb. 4.46. Beispiele von FID-Spektren. a) ^{14}N-Spektrum einer wäßrigen Lösung von NH_4NO_3 (Hochauflösung) bei 6,5 MHz und 303 K. Das FID-Signal besteht aus 16 384 Überlagerungen. Die Fourier-Transformierte zeigt ein Quintett (Kopplung des ^{14}N mit den NH_4-Protonen) und eine einfache Linie des NO_3; b) ^{1}H-Spektrum von MBBA $\left(CH_3-O-\bigcirc-CH=N-\bigcirc-C_4H_9\right)$ in nematischer Phase (295 K, 32 MHz). FID-Signal und Fourier-Transformierte: Absorptions- und Dispersionssignal. Das zur Mittellinie symmetrische Dublett entsteht durch Dipol-Dipol-Kopplung zwischen den Protonenpaaren an den beiden Benzenringen

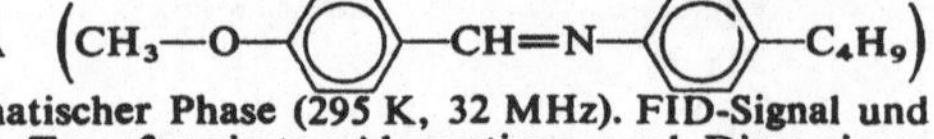

b)

ein interpretierbares Frequenzspektrum zu erhalten.

Die Abtastung eines Spektrums dauert sehr lange (0,5 bis 10 Stunden), wenn man hohe Empfindlichkeit braucht; auch die Bereiche zwischen einzelnen Linien müssen ebenso langsam ab-

Tabelle 4.16. *NMR-Frequenzen in einem Magnetfeld von 2,348 8 T (Auswahl)*

Isotop	Spin	nat. Häufigkeit [%]	Resonanzfrequenz [MHz]
1 H	1/2	99,98	100,000
2 H	1	$1,5 \cdot 10^{-2}$	15,351
3 H	1/2	0	106,663
3 He	1/2	$1,3 \cdot 10^{-4}$	76,178
6 Li	1	7,42	14,716
7 Li	3/2	92,58	38,863
13 C	1/2	1,108	25,144
14 N	1	99,63	7,224
15 N	1/2	0,37	10,133
19 F	1/2	100	94,077
23 Na	3/2	100	26,451
27 Al	5/2	100	26,057
29 Si	1/2	4,7	19,865
31 P	1/2	100	40,481
63 Cu	3/2	69,09	26,505
65 Cu	3/2	30,91	28,394
69 Ga	3/2	60,4	24,003
71 Ga	3/2	39,6	30,495
73 Ge	9/2	7,76	3,488
75 As	3/2	100	17,126
113 In	9/2	4,28	21,866
115 In	9/2	95,72	21,914
195 Pt	1/2	33,8	21,499

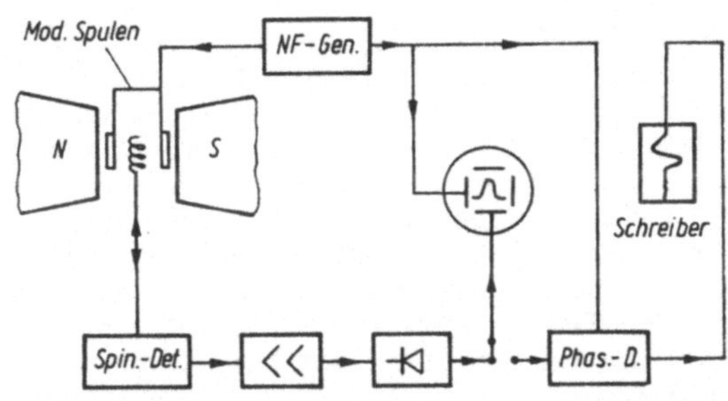

Abb. 4.47. Blockschaltbild eines CW-Spektrometers. Nicht gezeichnet ist die Stromversorgung des Magneten, die gleichzeitig für eine kontinuierliche Abtastung des Resonanzbereiches sorgt. Der Spindetektor ist ein Autodyn oder ein HF-Generator mit Brücke

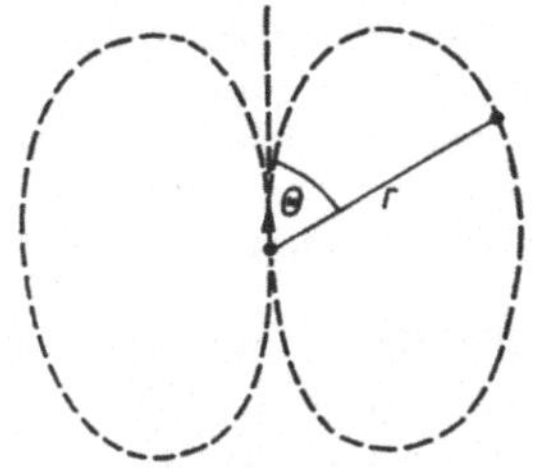

Abb. 4.48. Magnetfeld in der Umgebung eines Dipols

getastet werden, wobei viel Zeit verloren geht. FID-Signale klingen mit T_2 ab; das ist bei Festkörpern sehr klein, bei Flüssigkeiten in der Größenordnung von einigen Sekunden. Dann kann der Meßprozeß schon wiederholt werden. Durch Akkumulation vieler Signale wird das Signal-Rausch-Verhältnis stark angehoben (Abb. 4.46).

Die Magnetfelder wählt man, wenn nicht besondere Effekte gesucht werden, möglichst hoch. Bei herkömmlichen Magneten wird die obere Grenze homogener Felder durch die Sättigungsmagnetisierung des Polschuhmaterials bestimmt; sie liegt etwa bei 2,35 T. Die Entwicklung von supraleitenden Legierungen mit hohen kritischen Feldstärken ermöglicht heute Felder von 11,8 T. Das ist nicht nur wegen des Signal-Rausch-Verhältnisses günstig, es werden auch feldproportionale Effekte vergrößert, was bei bestimmten analytischen Anwendungen erforderlich ist.

Die dabei auftretenden Resonanzfrequenzen liegen für Protonen bei 100 MHz bzw. 500 MHz; für alle anderen Kerne (außer Tritium) sind sie niedriger (s. Tab. 4.16).

Das Blockschaltbild eines NMR-Spektrometers mit kontinuierlicher Abtastung ist in Abb. 4.47 dargestellt.

In einfachen Fällen verwendet man als Spindetektor auch einen schwach schwingenden Oszillator (Autodyn), dessen Amplitude bei Resonanz durch Absorption des Spinsystems etwas verkleinert wird. Bei Impulsbetrieb entfällt das Modulationssystem, und ein Impulsgeber steuert den HF-Generator. Die Signale werden dann erst gespeichert und transformiert, ehe sie aufgeschrieben werden. Man muß bedenken, daß das Magnetfeld sehr homogen $\left(\text{über } 0,5 \text{ cm}^3, \dfrac{\Delta B}{B} \leq 10^{-7}\right)$ und konstant sein muß; das Verhältnis $\omega/\gamma B$ darf sich teilweise über Stunden um weniger als 10^{-9} ändern. Moderne Spektrometer werden heute durch Mikroprozessoren gesteuert; auf technische Details kann hier nicht eingegangen werden.

4.3.4.3. Anwendungen

Wir haben bisher nur von isolierten Kernspins gesprochen. Die Kopplung der Kernmomente mit der Umgebung ist meistens sehr schwach, so daß an den Resonanzbeziehungen nicht viel geändert zu werden braucht.

4.3.4.3.1. Dipol-Dipol-Kopplung

Ein Dipol ist von einem Magnetfeld umgeben, das quantenmechanisch durch (Abb. 4.48)

$$B_{\text{dip}} = \frac{3}{2} \frac{\mu_I}{r^3} (3 \cos^2 \theta - 1) \frac{\mu_0}{4\pi} \qquad (4.65)$$

dargestellt wird. Ein Proton erzeugt demnach im Abstand von 0,15 nm (das ist z. B. der Abstand der beiden Wasserstoffatome im H_2O-Molekül) ein Zusatzfeld von rd. 0,54 mT. Da Protonen im Magnetfeld zwei Lagen ($m = \pm^1/_2$) einnehmen können, hat das Gesamtfeld am Ort des anderen Protons die Werte

$$B_{res} = B \pm \frac{3}{2}\frac{\mu_I}{r^3}(3\cos^2\theta - 1)\frac{\mu_0}{4\pi}. \qquad (4.66)$$

Protonenpaare ergeben also ein Dublett im Abstand $2B_{dip}$, der nach (4.65) von der Orientierung des Proton-Proton-Vektors im Magnetfeld abhängt (Abb. 4.49). Da die Feldstärke mit r^{-3} abnimmt, können in erster Näherung weiter entfernt liegende Dipole vernachlässigt werden.

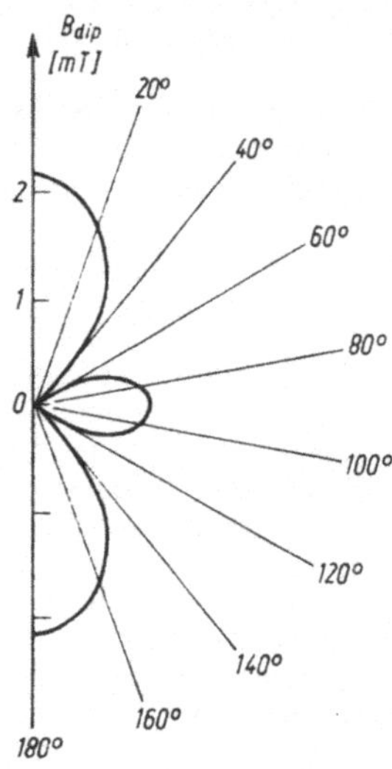

Abb. 4.49. Winkelabhängigkeit der Dipol-Dipol-Aufspaltung eines Protonenpaares (0,168 nm Abstand)

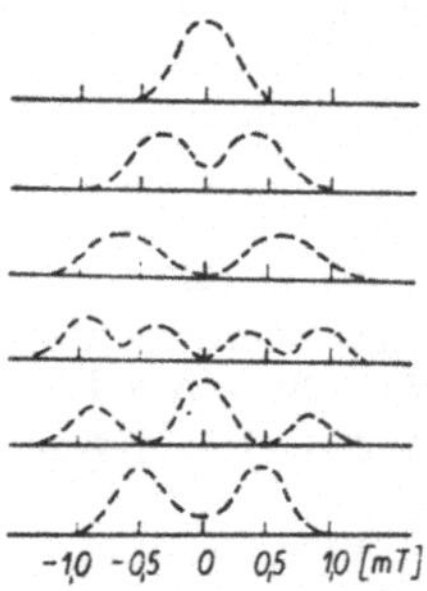

Abb. 4.50. ¹H-Absorptionssignale der Kristallwasserprotonen in einem Gipseinkristall ($CaSO_4 \cdot 2\,H_2O$; 29,01 MHz).
Die beiden Kristallwassermoleküle haben verschiedene Orientierungen; daher beobachtet man zwei sich überlagernde Dubletts

Aus der Winkelabhängigkeit der Aufspaltung in Einkristallen kann man somit die Lage der Proton-Proton-Verbindung von Kristallwasser im Gitter bestimmen (Abb. 4.50). Das ist deshalb von Bedeutung, weil Wasserstoffatome mit Röntgenstrahlen schlecht erfaßt werden können.

Die Auswertung wird schwieriger, wenn mehrere, verschieden orientierte Dipolpaare eingebaut sind oder wenn man mit der Zweispinnäherung nicht mehr auskommt, weil der Abstand anderer Protonen nicht viel größer ist. Man muß dann die lokalen Felder aus den Beiträgen mehrerer benachbarter Kernmomente berechnen; das ist mit Computersimulation möglich. Es hat sich gezeigt, daß auf diese Weise viele Details über Lage und Beweglichkeit einzelner Molekülgruppen im Festkörper meßbar sind.

Für Kristallpulver ergeben sich breite Linien als Folge der Überlagerung von Spektren aller möglichen Orientierungen. Die Linienbreite ist nach Gl. (4.64) bei Vernachlässigung der Sättigung etwa

$$\Delta\omega_{1/2} \cong 1/T_2. \qquad (4.67)$$

Protonenaufspaltungen von 0,54 mT entsprechen 23 kHz bzw. nach Gl. (4.67) einer effektiven transversalen Relaxationszeit von 7 μs. Will man den FID beobachten, dann dürfte $t_{\pi/2}$ höchstens 1 μs sein. Dazu braucht man nach (4.60) eine B_1-Feldstärke von rd. 5,8 mT. Um das FID-Signal beobachten zu können, muß die nachfolgende Verstärkereinheit eine möglichst kleine Totzeit haben, die also $\ll T_2$ sein muß. All diese Bedingungen sind nicht leicht zu erfüllen. Daher wird man in solchen Fällen mit differentieller Abtastung arbeiten. In vielen Verbindungen sind Proton-Proton-Abstände größer, für andere Isotope ist μ_I kleiner; dann sind die Voraussetzungen für Impulsverfahren gegeben. Bei der heteronuklearen Wechselwirkung, also bei der Dipol-Dipol-Wechselwirkung verschiedener Isotope, entfällt in Gl. (4.65) der Faktor 3/2.

4.3.4.3.2. Hochaufgelöste Spektren

In den meisten reinen Flüssigkeiten, etwa Wasser, Benzen, Ethanol u. a., beobachtet man sehr schmale Protonenresonanzen mit Breiten in der Größenordnung von 1 Hz. Das wird dadurch möglich, daß die Moleküle sehr schnelle, stochastische Bewegungen mit Korrelationszeiten in der Größenordnung von 10^{-11} s ausführen; das ist kleiner als die Dauer einer Larmor-Periode.
Infolgedessen reagieren die Kerne nur auf den Mittelwert des Dipolfeldes. Nun ist $\overline{\cos^2\theta} = {}^1/_3$ (räumlich gemittelt); infolgedessen ist $B_{dip} = 0$ [Gl. (4.65)].

Wir nehmen an, die Kerne gehören zu Molekülen im $^1\Sigma$-Grundzustand: resultierender Spin- und Bahndrehimpuls der Elektronenschale sind Null, es ist also kein Elektron-Paramagnetismus vorhanden. Solche abgeschlossenen Elektronenschalen schirmen den Kern gegenüber einem äußeren Magnetfeld ab, sie sind diamagnetisch. Das am Kernort noch wirksame Feld ist

$$B_{\text{Kern}} = B(1 - \sigma). \qquad (4.68)$$

Die Abschirmkonstante σ hängt von der Anzahl und der Verteilung der Elektronen um den Kernspin ab; sie kann nur in relativ einfachen Fällen (z. B. H_2) berechnet werden. Im allgemeinen mißt man nur Differenzen der Abschirmkonstanten für unterschiedliche Atomlagen, also in Abhängigkeit von der chemischen Bindung. Man spricht von chemischer Verschiebung

$$\delta = \frac{\nu_A - \nu_B}{\nu_B}, \qquad (4.69)$$

die hier auf eine Standardverbindung B bezogen wird. σ bzw. δ ist bei Wasserstoff (geringste Elektronenzahl) in der Größenordnung von 10^{-6} bis 10^{-5} und erreicht bei Bismut Werte von 10^{-3} bis 10^{-2}.

Typisch ist das Spektrum von Ethanol (CH_3CH_2OH). Die Protonen der CH_3-Gruppe haben eine andere elektronische Umgebung als die der CH_2- oder OH-Gruppe. Infolgedessen beobachtet man 3 Linien, deren Flächen sich wie die Protonenzahlen $3:2:1$ verhalten (Abb. 4.51).
Die chemische Verschiebung ist also eine Gruppeneigenschaft; aus der Lage der Linie kann man auf die charakteristische Molekülgruppe schlie-

ßen. Tab. (4.17) gibt einige Zahlenwerte für ^{1}H und ^{13}C an.
Verbessert man das Auflösungsvermögen des NMR-Spektrometers, so beobachtet man, daß z. B. die 3 Linien in Abb. 4.51 weiter aufspalten. Zwischen den Kernspins gibt es neben der direkten Dipol-Dipol-Kopplung, die durch schnelle stochastische Bewegungen ausgemittelt wird, noch eine indirekte.

Tabelle 4.17. Chemische Verschiebung für einige Molekülgruppen [ppm (10^{-6})]

a) ^{1}H	
$CH_3\!-\!C\!\!<$	$-4{,}5$
CH_2 (zyklisch)	$-3{,}5$
$CH\!\equiv$	$-2{,}5$
$CH_3\!-\!O\!-$	$-2{,}6$
OH (Alkohol)	$-1{,}8$
C_6H_6	$+2{,}0$
$-COOH$	$+6{,}5$
b) ^{13}C (bezogen auf Tetramethylsilan)	
$>\!C\!=\!O$ (Keto)	203 bis 228
$>\!C\!=\!O$ (Säure)	172 bis 183
$-C\!\equiv\!N$ (Nitril)	116 bis 124
$>\!C\!-\!C\!\equiv$	28 bis 52
$=\!CH\!-\!C\!\equiv$	32 bis 60
$-CH_2\!-\!C\!\equiv$	22 bis 43
$CH_3\!-\!C\!\equiv$	4 bis 29

Wir verdeutlichen diesen Effekt am einfachen HD-Molekül, bei dem im Grundzustand die innerste Bahn mit 2 Elektronen voll besetzt ist, deren Spins (Pauli-Prinzip) antiparallel zueinander sind. Nun wird das in der Nähe des Wasserstoffkerns befindliche Elektron auch versuchen, sich antiparallel zum Protonenspin einzustellen, wodurch über das 2. Elektron am Ort des Deuterons ein Zusatzfeld erzeugt wird. Da das Proton im Magnetfeld zwei Richtungen einnehmen kann, spaltet die D-NMR-Linie in ein Dublett auf. Umgekehrt beeinflußt der Deuteronspin ($I = 1$) über die beiden Elektronen das lokale Feld am Ort des Protons und spaltet dessen Resonanzlinie wegen der 3 Orientierungsmöglichkeiten des Spins $I = 1$ in ein Triplett auf. Die quantenmechanische Berechnung dieser Kopplungskonstanten ist nur in einfachen Fällen möglich. Anhand des anschaulichen Modells sieht man aber ein, daß mit zunehmendem Abstand der Kerne die Kopplung schwächer wird, man erkennt auch, daß sich diese indirekte Spin-Spin-Kopplung durch schnelle Bewegungen nicht ausmittelt, aber in Flüssigkeiten wirksam bleibt (Abb. 4.52).

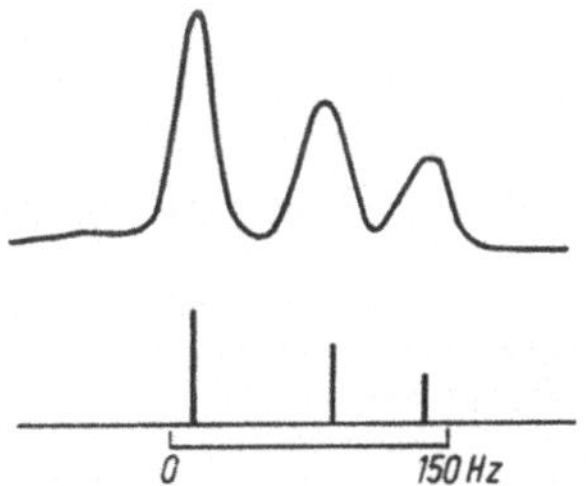

Abb. 4.51. Chemische Verschiebung der Protonen in Ethanol

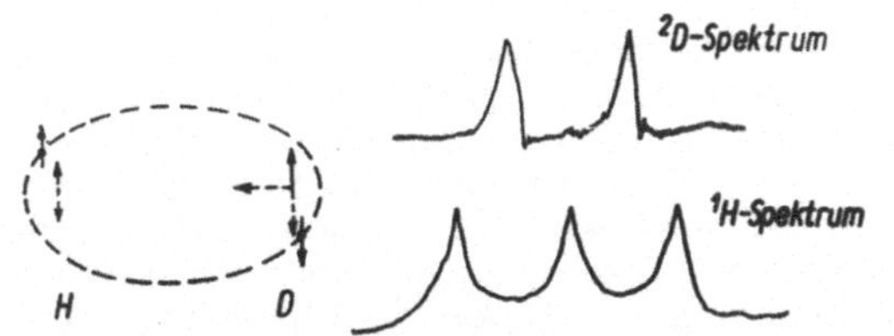

Abb. 4.52. Schema der Spin-Orientierungen im HD-Molekül und Spektren von ^{1}H und ^{2}D

In erster Näherung kann man das Eigenwertspektrum in der Form

$$E_K = -\hbar(\omega_A m_A + \omega_B m_B + J_{AB} m_A m_B) \qquad (4.70)$$

schreiben. ω_A und ω_B sind die z. B. durch verschiedene chemische Verschiebung entstandenen Eigenwerte der Spingruppe A bzw. B mit den Gruppenspins I_A und I_B.
Erste Näherung bedeutet, die indirekte Kopplung

$$|J_{AB}| \ll |\omega_A - \omega_B|. \qquad (4.71)$$

Im Fall des HD-Moleküls sind ω_A und ω_B die Resonanzfrequenzen von ^{1}H und ^{2}D.
Mit den Auswahlregeln

$$\Delta I_A = \Delta I_B = 0 \quad \text{und}$$

$$\Delta m_A = \pm 1, \quad \Delta m_B = 0 \quad \text{oder}$$

$$\Delta m_A = 0, \quad \Delta m_B = \pm 1$$

erhält man die beschriebenen Spektren.
Diese Überlegungen erklären auch die Alkoholspektren höherer Auflösung. Man beobachtet zunächst Aufspaltungen der CH_3- und der CH_2-Linie (Abb. 4.53 a), wofür man

$$E_K = -\hbar(\omega_A m_A + \omega_B m_B + \omega_C m_C + J_{AB} m_A m_B) \qquad (4.72)$$

schreiben kann. I_A kann $^3/_2$ und $^1/_2$ sein und I_B ist 1 oder 0. Das führt zu Triplett- bzw. Quartettlinien und erklärt auch die Intensitätsverhältnisse. Man hatte sich zunächst gewundert, daß die OH-Gruppe an der J-Aufspaltung nicht beteiligt ist. Dann fand man aber, daß völlig wasserfreier Alkohol weitere Aufspaltungen zeigt, die durch ein weiteres Glied in Gl. (4.72) $+ J_{BC} m_B m_C$ beschrieben werden (Abb. 4.53 b). Bei Vorhandensein von etwas Wasser findet offenbar ein schneller Protonenaustausch zwischen der OH-Gruppe und dem H_2O statt, der

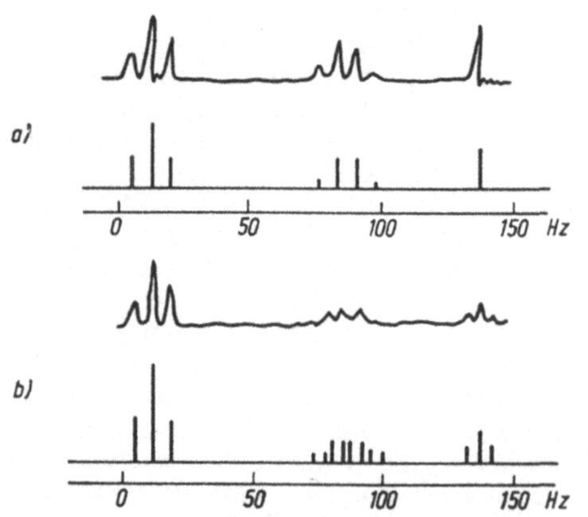

Abb. 4.53. Hochaufgelöstes Protonenspektrum von CH_3CH_2OH. a) mit geringem Wassergehalt; b) völlig wasserfrei

die indirekte Spin-Spin-Kopplung des OH-Protons vereitelt.
Aus Symmetriegründen müßte man noch ein weiteres Glied $+ J_{AC} m_A m_C$ erwarten. J_{AC} ist aber wegen des größeren Abstandes so klein, daß diese Aufspaltung nicht beobachtbar ist. Mit Hilfe der J-Kopplung kann man also auch Nachbarschaften feststellen.
Diese einfache Form des Eigenwertspektrums Gl. (4.70) gilt nicht mehr, wenn Gl. (4.71) verletzt ist, es treten Terme höherer Ordnung hinzu, die zu einem unübersichtlichen Spektrum führen. In gewissen Grenzen kann man dieser Situation ausweichen, wenn man zu höheren Magnetfeldern übergeht. Dann wächst $|\omega_A - \omega_B|$ proportional mit dem Feld, während J_{AB} konstant ist.
Diese Möglichkeit, mit Hilfe der NMR bestimmte Molekülgruppen und deren Nachbarschaftsbeziehungen nachzuweisen, hat diese Methode zu einem wertvollen Werkzeug der analytischen Chemie gemacht und zu Aussagen geführt, die durch kein anderes Verfahren gemacht werden können. Sie hat die kommerzielle Fertigung derartiger Spektrometer angeregt und zahlreiche spezielle Nachweismethoden hervorgebracht, auf die hier aber nicht eingegangen werden kann.

4.3.4.3.3. Festkörperhochauflösung

Nach den bisherigen Überlegungen kann man chemische Verschiebungen nur in Flüssigkeiten bestimmen, wenn die viel stärkere Dipol-Dipol-Kopplung durch stochastische Bewegungen der Moleküle ausgemittelt wird. Derselbe Effekt tritt aber auch auf, wenn die Spinrichtungen schnellen, statistischen Änderungen unterworfen werden, etwa durch eine Folge von beliebigen HF-Impulsen um die x'- und y'-Richtungen. Auf diese Weise werden aber auch die chemische Verschiebung und andere Effekte ausgemittelt, und Informationen gehen verloren.
ANDREW zeigte bereits 1957/58, daß der Dipol-Dipol-Wechselwirkungsterm bei rotierender Probe mit dem Legendre-Polynom

$$P_2 = \tfrac{1}{2}(3 \cos^2 \vartheta - 1) \qquad (4.73)$$

multipliziert werden muß; ϑ ist der Winkel zwischen der Rotationsachse und der Magnetfeldrichtung. Es treten dann Seitenlinien im Abstand der Rotationsfrequenz Ω_R, also bei $\pm n\Omega_R$ auf, und wenn Ω_R größer als die Linienbreite ist, wird die Zentrallinie immer schmaler. Man kann $P_2 = 0$ werden lassen, wenn $3 \cos^2 \vartheta = 1$, d. h. $\vartheta_m = 54° \, 44' \, 8''$ ist. Man spricht vom magischen Winkel und nennt diese Methode zur Eliminierung der Dipol-Dipol-Kopplung MAS (Magic Angle Spinning). Es gelingt heute, luftgelagerte Turbinen im Innern der Meßspule um die magische Achse mit rd. 5 kHz rotieren zu lassen. So erreicht man bei nicht zu breiten Festkörperlinien eine Verschmälerung, bei der die chemische Verschiebung meßbar ist.

1968 entwickelten WAUGH, HUBER und HAEBERLEN eine Folge von 4 Impulsen (WHH4), mit denen in 1. Näherung die Dipol-Dipol-Kopplung eliminiert wird (Abb. 4.54). Inzwischen gibt es eine Vielzahl derartiger Folgen, mit denen man auch Kopplungen höherer Ordnung beseitigen kann.

Ein besonderes Problem stellt die Beobachtung seltener Isotope dar. PINES, GIBBY, WAUGH haben 1972 gezeigt, wie man z. B. ^{13}C-NMR bei natürlicher Häufigkeit (1 %) z. B. in festen Kohlenwasserstoffen nachweisen kann. Die Dipol-Dipol-Kopplung zwischen den ^{13}C-Kernen ist vernachlässigbar, da nur etwa jedes 100. C-Atom einen Spin besitzt. Die Kopplung zwischen ^{13}C und ^{1}H muß man beseitigen, indem man die ^{1}H-Resonanz durch ein starkes B_1-Feld sättigt.

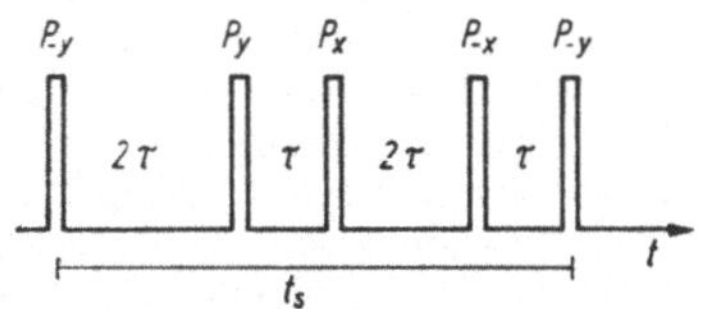

Abb. 4.54. WHH4-Sequenz: Es handelt sich jeweils um $\pi/2$-Impulse um die $x(P_x)$, $-x(P_{-x})$, $Py(_y)$ und $-y(P_{-y})$-Achse; $t_s = 6\tau$ ist die Zeit einer Impulssequenz

Andrerseits sorgt man in rotierenden Koordinatensystemen dafür, daß die starke Kernmagnetisierung der Protonen auf die ^{13}C-Kerne übertragen wird. Dazu sind HF-Impulse mit der ^{13}C- und der ^{1}H-Resonanzfrequenz notwendig. Abb. 4.55 zeigt ein derartiges Spektrum in geordneten flüssig-kristallinen Phasen. Man kann jedem C-Atom des starren Mittelteils des Moleküls eine Resonanzlinie zuordnen und deren Lage in Abhängigkeit von der Temperatur messen; nur bei den aliphatischen Ketten sind die Abschirmkonstanten der C-Atome so ähnlich, daß die einzelnen Kettenglieder nicht auflösbar sind. Bei der Auswertung derartiger Spektren muß man beachten, daß die chemische Verschiebung Tensorcharakter hat, der in der flüssigen Phase durch die schnelle Bewegung verlorengeht. In Richtung der Bindung wird eine andere Abschirmung vorliegen als in anderen Richtungen. So kann man in günstigen Fällen das Orientierungsverhalten jedes Atoms beobachten.

4.3.4.3.4. Relaxationsverhalten

Die mit Gl. (4.53) und (4.61) phänomenologisch eingeführten Relaxationszeiten hängen natürlich von der molekularen Dynamik und den Wechselwirkungsmechanismen ab. Die Messung von T_1 und T_2 erfolgt mit Hilfe von Impulsmethoden, indem man z. B. über das FID-Signal den Abfall der Quermagnetisierung (T_2) oder den Wieder-

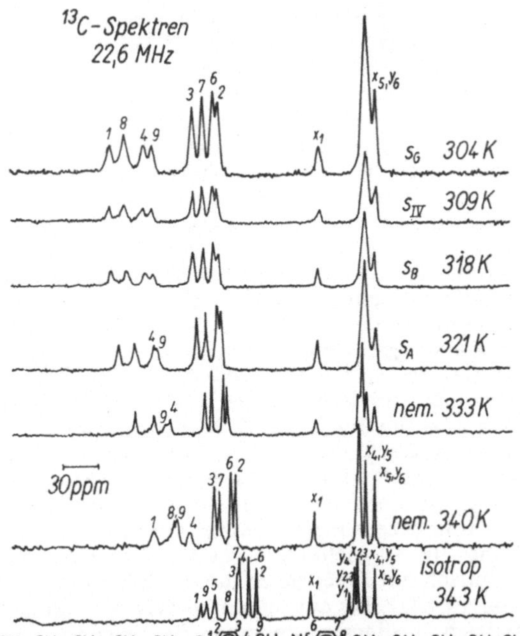

Abb. 4.55. ^{13}C-Spektren einer Verbindung in verschiedenen flüssig-kristallinen Phasen (PGW-Methode: 22,6 MHz)

aufbau der M_z-Komponente beobachtet. Speziell zur Messung von T_2 werden Impulspaare oder -folgen eingesetzt, die zu sog. Spinechos führen, mit deren Hilfe man neben T_2 auch die Diffusionskonstante bestimmen kann. Diese wird meßbar, wenn die Moleküle in einem inhomogenen Feld wandern; man verfolgt also unmittelbar die Bewegung einzelner Moleküle.

Aus der Definition erkennt man, daß allgemein

$$T_2 \leqq T_1 \tag{4.74}$$

gelten muß, denn jede M_z-Änderung geht auf Kosten vom $M_\perp$; darüber hinaus kann sich aber $M_\perp$ noch durch Spin-Spin-Austausch (flip-flop-Übergänge) ändern, die M_z nicht beeinflussen.

Die Relaxation hängt mit Energieübertragung oder -austausch zusammen. Dazu sind magnetische Wechselfelder notwendig, die durch Dipolkopplung, Anisotropie der chemischen Verschiebung, skalare Kopplung, rotierende Moleküle usw. erzeugt werden. Man kann unterscheiden, ob es sich um Wechselwirkungen innerhalb eines Moleküls oder mit anderen Molekülen handelt (intra- oder intermolekular).

Wenn $I \geqq 1$ ist, sind elektrische Quadrupolmomente möglich, die nicht nur zu einer zusätzlichen Aufspaltung der NMR-Linien führen, sondern auch in Wechselwirkung mit oszillierenden elektrischen Feldgradienten zur Relaxation beitragen.

Besonders stark ist der Einfluß paramagnetischer Ionen auf die Relaxationszeiten; wegen des rd. 10^3mal größeren magnetischen Moments ist die Reichweite größer, und bereits geringe Konzentrationen genügen, um T_1, T_2 um Größenordnungen herabzusetzen.

4.3.4.3.5. Weitere Erscheinungen

In Metallen beobachtete W. D. KNIGHT bereits 1948 eine NMR-Verschiebung, die durch die Suszeptibilität der Leitungselektronen und durch die mittlere Aufenthaltswahrscheinlichkeit der Leitungselektronen am Kernort $\overline{|\psi_e(O)|^2}$ bestimmt wird:

$$\frac{\Delta\omega}{\omega_0} = \frac{4\pi}{3} \frac{\chi_e}{N} \overline{|\psi_e(O)|^2}. \tag{4.75}$$

Wenn man $|\psi_e(O)|$ aus anderen Messungen, etwa einem analogen Verschiebungseffekt bei der paramagnetischen Elektronenspinresonanz, bestimmt, kann man aus der Knight-shift die Suszeptibilität der Leitungselektronen bestimmen.

Bei der Besprechung der Methode von PINES, GIBBY, WAUGH zum Nachweis der ^{13}C-Resonanz hatten wir erwähnt, daß durch Einstrahlung der Protonenfrequenz die ^{13}C-Magnetisierung erhöht werden kann. Ein solches Doppelresonanzexperiment hatte OVERHAUSER an Metallen durchgeführt und durch Sättigung der Elektronenspinresonanz die Amplitude des NMR-Signals wesentlich erhöht. ABRAGAM u. a. haben dieses Verfahren verallgemeinert und gezeigt, daß man auf diese Weise skalare und dipolare Wechselwirkung unterscheiden und die koppelnden Partner feststellen kann.

Seit etwa 1972 werden Methoden entwickelt, um die räumliche Verteilung von Kernspins zu messen. Wenn man im Bereich der Probe ein inhomogenes Magnetfeld hat, wird das Resonanzsignal bei konstanter Frequenz nur von den Orten kommen, an denen die Resonanzbedingung erfüllt ist; die Amplitude des Signals ist ein Maß für die Häufigkeit. Nimmt man nun Signale mit verschiedenen Feldgradienten auf, so erhält man schließlich ein Muster, aus dem man die räumliche Spinverteilung berechnen kann. Hierzu sind allerdings sehr leistungsfähige Rechner notwendig; Impulsverfahren müssen angewandt werden, um die Meßdauer auf ein erträgliches Maß herabzudrücken. Seit 1982 gibt es solche NMR-Tomographen, mit denen man Ganzkörperaufnahmen von Menschen machen kann. Der Vorteil dieser Verfahren liegt u. a. darin, daß man nicht nur die Dichte der H-Kerne messen kann, sondern daß man unter Ausnutzung von T_2-Einflüssen noch feststellen kann, in welchen Geweben sich die Protonen befinden. Das hat für die Diagnose, etwa von Tumoren, herausragende Bedeutung.

4.3.4.4. Schlußbetrachtungen

Diese Aufzählung von Möglichkeiten, mehr kann hier nicht geboten werden, soll zeigen, welche Fortschritte die NMR bei der Analyse atomarer und molekularer Erscheinungen in kondensierter Materie gebracht hat. Die ganze Vorstellungswelt hat sich verfeinert, und die Analytik erstreckt sich heute auf strukturelle Einzelheiten, mit denen auch Beweglichkeiten von Molekülteilen in festen und flüssigen Phasen gemeint sind.

Die NMR ist nicht die einzige Methode, die dazu beigetragen hat. 1944/45 beobachtete SAVOJSKIJ in Kasan, angeregt von S. ALTSCHULER, den analogen Resonanzeffekt von paramagnetischen Ionen im Magnetfeld, die elektronenparamagnetische Resonanz (EPR). Es handelt sich also um Ionen der Übergangselemente mit nicht abgeschlossenen Elektronenschalen oder um Radikale. Da die magnetischen Momente etwa um einen Faktor 10^3 größer sind, liegen auch die Resonanzfrequenzen um diesen Faktor höher. In Magnetfeldern von 0,3 T arbeitet man demnach mit Frequenzen in der Größenordnung von 10 GHz. Bis auf die durch diesen Frequenzbereich bedingten anderen Bauelemente und deren spezifische Eigenschaften sind die Nachweisverfahren ähnlich.

1948 entdeckten DEHMELT und KRÜGER in Göttingen die Kernquadrupolresonanz, die auf der Wechselwirkung von elektrischen Kernquadrupolmomenten mit Inhomogenitäten der Kristallfelder beruht. Das geht also nur bei Kernspins $I \geqq 1$. Da die Quadrupolmomente i. allg. nur auf 2 Stellen genau bekannt sind, ist die Absolutbestimmung der elektrischen Feldgradienten nicht sehr genau. Die relativen Änderungen können dafür bei schmalen Linien um so genauer gemessen werden. Da sich die Kristallfelder mit der Gitterausdehnung ändern, kann man z. B. bei geeigneten Kristallen die Resonanzfrequenz als Maß für die Temperatur in einem sehr weiten Temperaturbereich verwenden. Hier interessieren wir uns mehr für Zusammenhänge von Feldgradient und Bindung, auf die wir aber nicht eingehen können.

Damit ist das Gebiet der HF-Spektroskopie noch nicht abgesteckt. Es kommen noch Kombinationen der verschiedenen Methoden hinzu, die zu Doppelresonanzen führen. Das geht bis zur optisch nachweisbaren NMR, durch die eine Brücke zur Fluoreszenz geschlagen werden kann.

4.4. Weiterführende Literatur

HELLWEGE, K. H.: Einführung in die Physik der Moleküle. Heidelberger Taschenbücher, Band 146. Berlin: Springer-Verlag 1974.

HENSEN, K.: Theorie der chemischen Bindung. Darmstadt: Steinkopff-Verlag 1974.

LÖSCHE, A.: Molekülphysik. Wissenschaftliche Taschenbücher, Band 66. Berlin: Akademie-Verlag 1984.

Physikalische Methoden in der Chemie. Studienbücherei, Band 3. Berlin: VEB Deutscher Verlag der Wissenschaften 1977.

Quantenchemie. Ein Lehrgang.
Band 1: ZÜLICKE, L.: Grundlagen und allgemeine Methoden;
Band 2: ZÜLICKE, L.: Atombau, chemische Bindung und molekulare Wechselwirkungen;
Band 3: SCHOLZ, M.; KÖHLER, H.-J.: Quantenchemische Näherungsverfahren und ihre Anwendung in der organischen Chemie;
Band 4: HABERDITZL, W.: Komplexverbindungen. Berlin: VEB Deutscher Verlag der Wissenschaften 1973; 1985; 1981 und 1979.

SPICE, J. E.: Chemische Bindung und Struktur. Leipzig: Akademische Verlagsgesellschaft Geest & Portig 1971 und Braunschweig: Friedrich Vieweg + Sohn 1971.

STUART, H. A.: Physikalische Methoden zur Bestimmung der Struktur von Molekülen und ihre wichtigsten Ergebnisse. Berlin: Springer-Verlag 1967.

WEIDLEIN, J.; MÜLLER, U.; DEHNICKE, K.: Schwingungsspektroskopie. Stuttgart: Georg Thieme Verlag 1982.

MICHEL, D.: Grundlagen und Methoden der kernmagnetischen Resonanz. WTB 266. Berlin: Akademie-Verlag 1981.

ABRAGAM, A.: The Principles of Nuclear Magnetism. Oxford: At the Clarendon Press 1961.

SLICHTER, C. P.: Principles of Magnetic Resonance. 2. Auflage. Heidelberg: Springer-Verlag 1980.

MEHRING, M.: Principles of High Resolution NMR in Solids. 2. Auflage. Heidelberg: Springer-Verlag 1983.

ALTSCHULER, S. A.; KOSYREW, B. M.: Paramagnetische Elektronenresonanz (Übersetzung aus dem Russ.). Leipzig: B. G. Teubner 1963.

5. Festkörperphysik

5.1. Begriffsbestimmung, Modellvorstellungen und historische Entwicklung

Gegenstand der Atom- und Molekülphysik ist die Untersuchung stark verdünnter stofflicher Materie, d. h. atomarer bzw. molekularer Teilchen mit vernachlässigbarer energetischer Wechselwirkung.

Demgegenüber bilden kondensierte Systeme im festen bzw. flüssigen Aggregatzustand, d. h. makroskopische Ansammlungen atomarer oder molekularer Teilchen mit merklicher energetischer Wechselwirkung, den Gegenstand von Festkörper- bzw. Flüssigkeitsphysik, die oft auch gemeinsam als Physik der kondensierten Materie bezeichnet werden. Daher spielen *Ordnungszustände* und *kollektive Phänomene*, die nicht den Einzelteilchen zugeordnet werden können, eine wichtige Rolle.

Während die Begriffe „fest" bzw. „flüssig" auf den ersten Blick unmittelbar einleuchten, bietet eine genaue Definition des festen Körpers, insbesondere die Abgrenzung gegenüber Flüssigkeiten, große Schwierigkeiten. (Die Bezeichnung fester Körper hat sich eingebürgert, obwohl überwiegend von der geometrischen Form unabhängige Stoffeigenschaften betrachtet werden.)

Ohne größere Sachkenntnis ist man geneigt, feste Körper dadurch zu charakterisieren, daß sie eine vorgegebene Form beibehalten und Veränderungen dieser Form einen Widerstand entgegensetzen. Bei Stoffen ohne definierten Schmelzpunkt (Gläsern, Polymeren, Fetten usw.) erfolgt jedoch der Übergang vom festen in den flüssigen Zustand kontinuierlich in einem Temperaturintervall, und es bleibt unklar, wann ein fester Körper vorliegt. Aber auch bei Stoffen mit wohldefiniertem Schmelzpunkt deuten viele physikalische Erscheinungen auf eine enge Verwandtschaft zwischen Flüssigkeiten und Festkörpern hin:

– Viele physikalische Eigenschaften (Dichte, elektrische Leitfähigkeit, Wärmeleitfähigkeit, Schallgeschwindigkeit u. a.) ändern sich beim Schmelzen überraschend wenig.
– Die molare Wärmekapazität C_V^{fl} einatomiger Flüssigkeiten (z. B. Quecksilber, flüssiges Argon) erreicht fast den für Festkörper gültigen Wert

$C_V^{fl} = 3$ R, während der entsprechende Wert für einatomige Gase bei $C_V^{g} = \frac{3}{2}$R liegt, d. h. der den Freiheitsgraden der potentiellen Energie gebundener Teilchen entsprechende Beitrag $\frac{3}{2}$R ist bei Flüssigkeiten vorhanden (vgl. Abschn. 5.4.5.).
– Bei der Streuung von monochromatischem Licht erhält man bei Gasen infolge des Dopplereffekts eine entsprechend der Geschwindigkeitsverteilung der Atome gaußförmig verbreiterte Spektrallinie, bei Flüssigkeiten und Festkörpern jedoch ein Triplett (s. Abschn. 5.4.3.2.).
– Aus Röntgeninterferenzen an Flüssigkeiten läßt sich eine *Nahordnung* der Moleküle ableiten, die nur wenig von der in Festkörpern vorhandenen verschieden ist (s. Abschn. 6.4.1.).

Um eine klare Abgrenzung zu erzielen, wird daher der Begriff des Festkörpers oft auf kristallisierte Stoffe beschränkt, die über eine weitgehend regelmäßige, zeitlich konstante räumlich periodische Fernordnung des überwiegenden Teils ihrer atomaren Bausteine verfügen. Kristalle sind homogen und anisotrop, und für sie wurden die meisten Vorstellungen der Festkörperphysik primär entwickelt. Jedoch würden durch diesen Festkörperbegriff im engeren Sinne amorphe Stoffe, Legierungen und Mischkristalle mit ihren unregelmäßigen Atomanordnungen aus festkörperphysikalischen Betrachtungsweisen ausgeschlossen. Darüber hinaus zeigen z. B. kristalline Flüssigkeiten (s. Abschn. 5.4.) das für Kristalle typische anisotrope Verhalten, ohne über Formelastizität zu verfügen.

> Wir verstehen daher unter einem Festkörper eine genügend große Ansammlung atomarer Teilchen, die während hinreichend langer Zeit in der Nähe von Gleichgewichtslagen lokalisiert sind.

Diese Definition ist sehr allgemein, sie umfaßt beliebig kompliziert strukturierte inhomogene Stoffe und gestattet es auch, Flüssigkeiten bez. genügend kurzzeitiger Messungen als feste Körper zu betrachten.

Je nach dem mikroskopischen Aufbau unterscheidet man bei homogenen Stoffen kristalline, parakristalline und amorphe Festkörper (Abb. 5.1).

Kristalline Festkörper haben (im zeitlichen Mittel) über makroskopische Dimensionen hinweg eine

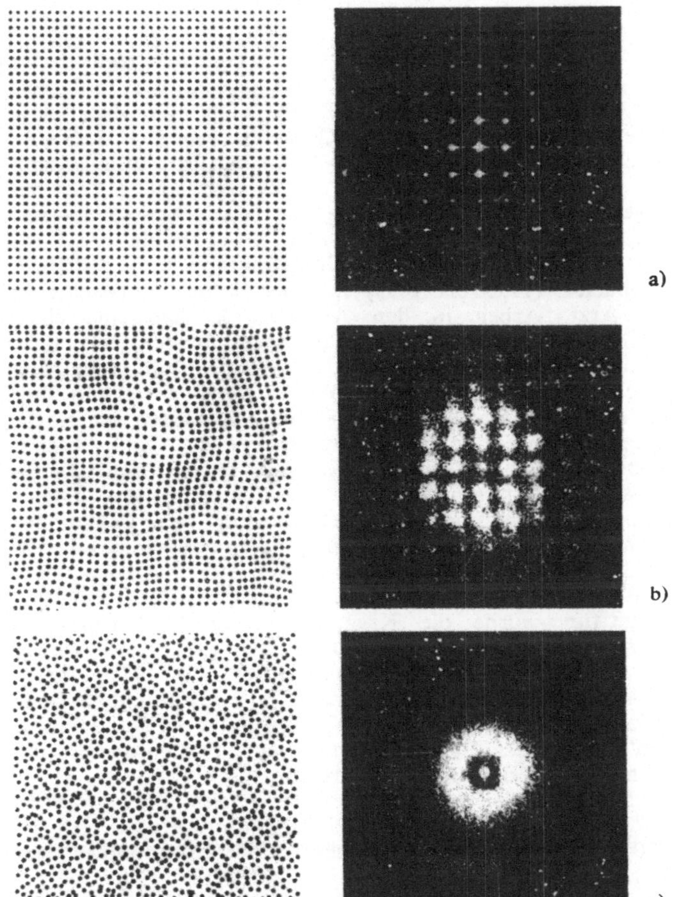

a)

b)

Abb. 5.1. Modell kristalliner (a), para-
kristalliner (b) und amorpher (c) Strukturen und zugehörige Röntgenbeugungs-
c) diagramme

dreidimensionale periodische Anordnung ihrer Bausteine; das dadurch entstehende Raumgitter hat als Elementarzellen identische Parallelepipede, und jeder Gitterpunkt hat die gleiche Anzahl von Nachbarpunkten (gleiche Koordinationszahl). Die meisten Elemente und einfachen chemischen Verbindungen haben im festen Zustand kristalline Struktur.

Parakristalline Festkörper haben ein verzerrtes Raumgitter mit ungleichen deformierten Elementarzellen, deren Volumina um einen Mittelwert schwanken. Trotzdem hat jeder Gitterpunkt dieselbe Koordinationszahl. Parakristalline Strukturen treten vor allem bei makromolekularen Substanzen auf; sie liegen auch in manchen Flüssigkeiten (geschmolzene Metalle, flüssige Kristalle) vor.

Amorphe Festkörper haben, abgesehen von einer evtl. vorhandenen Nahordnung benachbarter Teilchen, regellos angeordnete Bausteine. Demzufolge schwankt die Koordinationszahl, und

der Begriff des Raumgitters verliert seinen Sinn. Die Wahrscheinlichkeit, ausgehend von einem Gitterpunkt ein benachbartes Teilchen zu finden, ist bei ihnen im Gegensatz zu den kristallinen und parakristallinen Strukturen kugelsymmetrisch. Beispiele sind Gläser, keramische Materialien, Polymere und schnell abgekühlte Substanzen, die normalerweise kristallin sind.

Da die meisten Begriffe der Festkörperphysik am Modell des kristallinen Körpers entwickelt wurden, beschränken wir uns im Abschn. 5. dieses Buches im wesentlichen auf die physikalischen Eigenschaften von Kristallen.

Ziel der Betrachtungen ist es, die Eigenschaften fester Körper aus ihrem atomaren Aufbau heraus verständlich zu machen, wobei es sicher ist, daß elektrische und magnetische Kräfte die Ursache der Wechselwirkung der Atome sind und daß die Quantentheorie als theoretisches Fundament diese Wechselwirkungen erschöpfend beschreibt.

In der Geschichte der Festkörperphysik sind mehrere Entwicklungsphasen zu unterscheiden, die sich allerdings zeitlich stark überschneiden.

Die erste Etappe beschäftigte sich im wesentlichen mit *makroskopischen Phänomenen*, insbesondere mit der Morphologie und der Symmetrie von Kristallen und den an ihnen beobachteten Effekten. 1669 fand der dänische Arzt NIELS STENSEN (1638 bis 1686) das Gesetz der Konstanz der Flächenwinkel von Kristallen, etwa ein Jahrhundert später entdeckte der französische Kristallograph R. J. HAÜY (1743 bis 1822) das Gesetz der rationalen Verhältnisse der Achsenabschnitte von Kristallebenen. Auf diesen empirischen Befunden aufbauend entwickelten der russische Gelehrte J. S. FJODOROW (1853 bis 1919) und der deutsche Mathematiker A. SCHOENFLIES (1853 bis 1928) die mathematische Theorie der 230 Raumgruppen und schufen damit die Grundlage für die Beschreibung und Klassifizierung der Kristalle.

Die physikalischen Eigenschaften werden in dieser Etappe ausschließlich durch Materialkonstanten beschrieben, die die „Reaktion" des Stoffes auf eine äußere „Einwirkung" charakterisieren. Beispiele dafür sind die Elastizitätstheorie (R. HOOKE 1679, TH. YOUNG 1807), die Kristalloptik (CH. HUYGENS 1690), die Materialgleichungen der Theorie des elektromagnetischen Feldes (J. C. MAXWELL 1865). Das zugrundeliegende Modell ist das eines *anisotropen Kontinuums*; die den Festkörper charakterisierenden Materialkonstanten müssen empirisch ermittelt werden.

Ihre abschließende Formulierung fand diese phänomenologische Beschreibung 1910 in dem „Lehrbuch der Kristallphysik" von W. VOIGT; selbstverständlich bleibt die Messung von Materialeigenschaften weiterhin die empirische Grundlage der Forschung.

Die zweite Etappe ist charakterisiert durch die Frage nach der *mikroskopischen Struktur* der Festkörper. Erste spekulative Vorstellungen dazu gehen auf J. KEPLER (1571 bis 1630) zurück, der 1611 in einer Arbeit „Über den sechseckigen Schnee" die Symmetrie von Schneekristallen durch die dichteste Packung kleiner Kugeln deutete. Ähnliche Überlegungen wurden von R. HOOKE (1635 bis 1703), CH. HUYGENS (1629 bis 1695), R. A. F. DE RÉAUMUR (1683 bis 1757) und R. J. HAÜY (1743 bis 1822) angestellt. Letzterer deutete damit das Gesetz der Konstanz der Flächenwinkeln von Kristallen.

Nachdem Anfang des 19. Jahrhunderts der Atomismus in der Chemie Fuß gefaßt hatte [Partialdruckgesetz und Gesetz der multiplen Proportionen von J. DALTON (1766 bis 1844), Untersuchung der Gasgesetze durch L.-J. GAY-LUSSAC (1778 bis 1850) und ihre atomistische Deutung durch A. AVOGADRO (1776 bis 1856), Bestimmung der relativen Atommassen durch J. J. V. BERZELIUS (1779 bis 1848)], erkannte 1824 der Kristallograph L. A. SEEBER (1793 bis 1855) in einer damals unbeachteten Arbeit in den Atomen die Bausteine eines Haüyschen Kristallmodells. Jedoch erst 1912 konnten M. v. LAUE (1879 bis 1960, Nobelpreis 1914), W. FRIEDRICH (1883 bis 1968) und P. KNIPPING (1883 bis 1935) durch den Nachweis von Röntgeninterferenzen (vgl. Abschn. 5.2.3.) den experimentellen Beweis für die Raumgitterstruktur der Kristalle erbringen. Dieses experimentum crucis markiert den Beginn der modernen Festkörperphysik, deren Ziel die Ableitung der Eigenschaften der Festkörper aus ihrer atomaren Struktur ist. In der Folgezeit wurde die Kristallforschung vor allem von W. H. BRAGG (1862 bis 1942) und seinem Sohn W. L. BRAGG (1890 bis 1971) vorangetrieben, und bereits 1919 lag mit dem Buch von P. NIGGLI „Geometrische Kristallographie des Diskontinuums" ein Standardwerk der Kristallstrukturlehre vor.

Gleichzeitig rückten die bereits von L. A. SEEBER (1793 bis 1855) qualitativ diskutierten dynamischen Eigenschaften der diskontinuierlichen Kristallgitter (Kräfte im Kristall, Gitterenergie, Elastizität, Gitterschwingungen, Wärmeausdehnung) sowie die von V. M. GOLDSCHMIDT (1853 bis 1933) begründete Kristallchemie in den Blickpunkt des Interesses.

Waren die statischen und dynamischen Eigenschaften der Kristallgitter noch im wesentlichen mit der Vorstellung der Atome als kleinster Teilchen und damit auf der Grundlage der klassischen Physik zu verstehen, so erfordert die Erklärung der elektrischen, magnetischen und optischen Eigenschaften die Berücksichtigung der inneren Struktur der Gitterbausteine, also eine quantenphysikalische Fundierung. Dementsprechend spielten in der dritten Etappe der Festkörperphysik die Eigenschaften der *Elektronen* die Hauptrolle.

Bereits in der 1. Hälfte des 19. Jahrhunderts waren, insbesondere durch M. FARADAY (1791 bis 1867), experimentell Gemeinsamkeiten der elektrischen, magnetischen und optischen Erscheinungen nachgewiesen und durch J. C. MAXWELL (1831 bis 1879) theoretisch untermauert worden. Die Untersuchungen des Stromtransports in Gasen führten gegen Ende des 19. Jahrhunderts zur Entdeckung des Elementarquantums der Elektrizität, dem 1890 G. J.

STONEY (1826 bis 1911) den Namen „Elektron" gab.
Sowohl die 1896 von P. ZEEMAN (1865 bis 1943, NP 1902) entdeckte Aufspaltung der Spektrallinien im Magnetfeld und ihre elektronentheoretische Deutung zusammen mit H.-A. LORENTZ (1853 bis 1928, NP 1902) als auch der lichtelektrische Effekt wiesen auf die Elektronen als Träger der elektrischen, optischen und magnetischen Erscheinungen auch in Festkörpern hin.
Die 1900 von P. DRUDE (1863 bis 1906) entwickelte klassische Elektronengastheorie der Metalle konnte zwar mit der Erklärung des Wiedemann-Franzschen Gesetzes (s. Abschn. 5.8.4.3.) sowie des hohen Absorptions- und Reflexionsvermögens der Metalle beachtliche Erfolge erzielen, führte jedoch zu riesigen freien Weglängen der Elektronen und konnte das Fehlen des Beitrages der Elektronen zur spezifischen Wärmekapazität der Metalle (s. Abschn. 5.8.4.1.) nicht verständlich machen.
Erst die Anwendung der Quantenmechanik und des 1925 von W. PAULI (1900 bis 1958, NP 1945) entdeckten Ausschließungsprinzips ermöglichte 1928 wesentliche Fortschritte: Die Renaissance der Elektronentheorie durch Arbeiten von A. SOMMERFELD (1868 bis 1951) und F. BLOCH (1905 bis 1985, NP 1951) und die Erklärung des Ferromagnetismus durch W. HEISENBERG (1901 bis 1976, NP 1932). Noch beträchtlich später (1957) gelang die Deutung der bereits 1911 von H. K. ONNES (1853 bis 1926, NP 1913) entdeckten Supraleitung.
Die gegenwärtige Entwicklungsetappe – beginnend etwa mit dem Ende des 2. Weltkrieges – ist durch eine außerordentliche Breitenentwicklung und eine zunehmende Verflechtung mit den Werkstoffwissenschaften gekennzeichnet. Praktisch alle Meßmethoden der Physik werden eingesetzt, immer neue Stoffklassen mit mehr oder weniger stark gestörten Strukturen werden einbezogen, immer reinere Materialien werden technologisch beherrscht und gestatten die Untersuchung immer subtilerer Effekte, die Oberfläche und andere Gitterstörungen werden intensiv untersucht.

Andererseits haben Umfang und Tiefe der theoretischen Durchdringung gewaltig zugenommen. Dabei ist das gegenwärtig tragfähigste Konzept das der *elementaren Anregungszustände* (Phononen, Kristallelektronen, Plasmonen, Magnonen usw.), so daß sich moderne Festkörperphysik weitgehend als Physik der Wechselwirkung elementarer Anregungszustände versteht und auch die experimentell orientierte Forschung auf diesem Konzept aufbaut.
Diese ungeheure Vielfalt experimenteller und theoretischer Verfahren kann sich nur bruchstückhaft in einem Lehrbuch widerspiegeln, das auf die Darlegung der grundlegenden physikalischen Erscheinungen orientiert ist; bez. aller Einzelheiten wird der Leser auf die Spezialliteratur verwiesen.

5.2. Struktur und Wachstum von Kristallen

5.2.1. Kristallgitter

Kristalle sind dreidimensionale periodische Anordnungen von atomaren Bausteinen (Atomen, Ionen, Molekülen). Derartige Raumgitter lassen sich durch wiederholtes Aneinandersetzen gleicher Struktureinheiten aufgebaut denken (s. Bd. 1, Abschn. 5.3.).
Charakterisiert man die Struktureinheit durch einen Punkt (z. B. den Massenmittelpunkt), so erhält man ein *Punktgitter*, das durch drei *Grundvektoren* a_1, a_2, a_3 eindeutig beschrieben wird. Jeder Gittervektor R von einem beliebig gewählten Gitterpunkt 0 zu einem anderen Gitterpunkt läßt sich in der Form

$$R = n_1 a_1 + n_2 a_2 + n_3 a_3 \qquad (5.1)$$

durch drei ganze Zahlen n_1, n_2, n_3 festlegen.
Die drei Grundvektoren spannen die sog. *primitive Elementarzelle* des Gitters auf (Abb. 5.2), ihre Richtungen heißen *Achsen* des Kristalls. Der Betrag eines Grundvektors heißt Identitätsperiode (Gitterkonstante) in der betreffenden Richtung. Die Gitterkonstanten einfacher Gitter liegen in der Größenordnung von 0,5 nm.

Die Grundvektoren und die Elementarzellen sind bei einem vorgegebenen Gitter nicht eindeutig bestimmt, wie aus dem zweidimensionalen Beispiel der Abb. 5.3 hervorgeht. Die primitiven Elementarzellen mit den kleinsten Volumina bringen oft die Symmetrie des Gitters nicht zum Ausdruck, weshalb man häufig als konventionelle Elementarzelle eine mehrfach primitive Elementarzelle wählt, die dann mehrere Struktureinheiten enthält.
Gelegentlich benutzt man auch die Wigner-Seitz-Zelle, die nur einen Gitterpunkt enthält, aber trotzdem die Symmetrie widerspiegelt. Man erhält sie, indem man die von einem Gitterpunkt aus zu benachbarten führen-

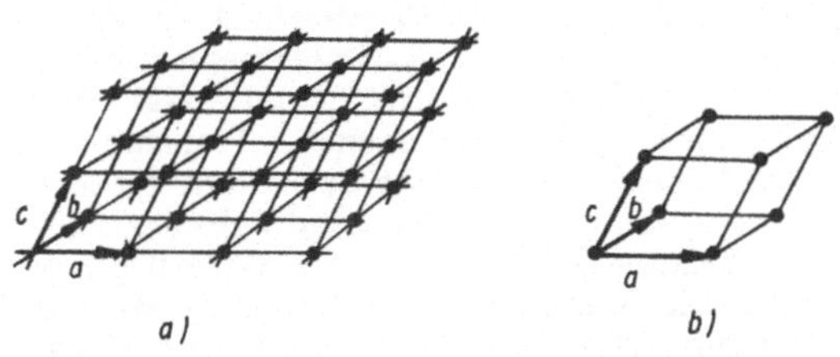

Abb. 5.2. Einfache Raumgitter (a) mit zugehöriger Elementarzelle (b)

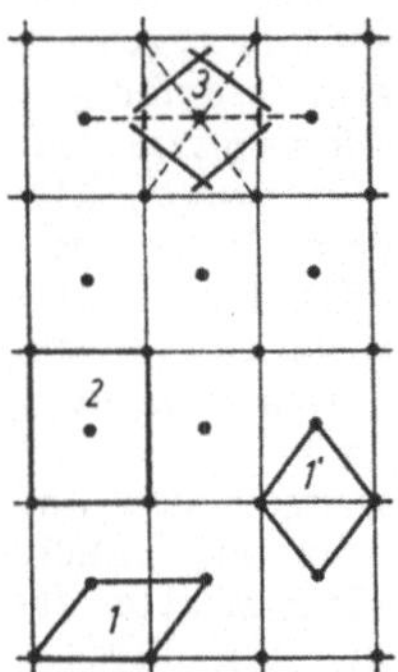

Abb. 5.3. Ebenes rechtwinklig-zentriertes Gitter mit verschiedenen Elementarzellen: 1,1′ primitive Elementarzellen; 2 konventionelle Elementarzelle; 3 Wigner-Seitz-Zelle

den Verbindungsgeraden durch Normalebenen halbiert. Das von diesen Ebenen umschlossene kleinste Volumen ist die (i. allg. vielflächig begrenzte) Wigner-Seitz-Zelle.

Ordnet man jedem Punkt eines Punktgitters die gleiche Atomgruppe (die auch als *Basis* bezeichnet wird) zu, so erhält man das *Raumgitter*, das auch als Kristallstruktur bezeichnet wird; es gilt also

> Punktgitter + Basis = Kristallstruktur
> (Raumgitter)

Anders betrachtet besteht ein Raumgitter aus ineinandergeschobenen gleichartigen Punktgit-

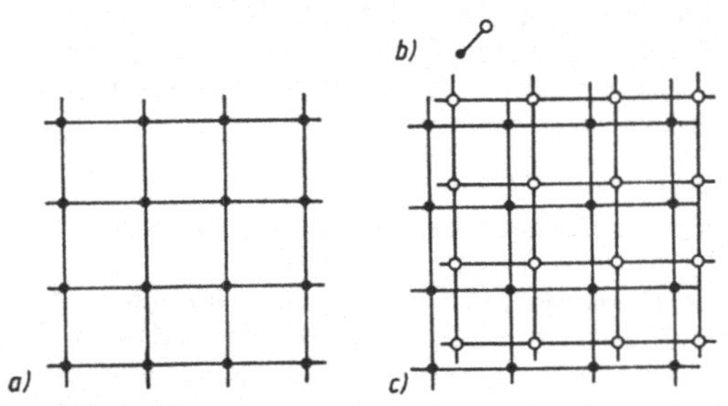

Abb. 5.4. Die Kombination von Punktgitter (a) und Basis (b) ergibt das Raumgitter (c)

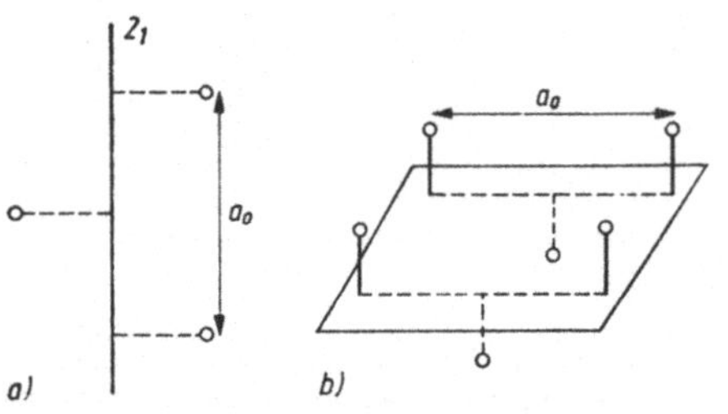

Abb. 5.5. Atomanordnung bei einer 2zähligen Schraubachse (a) und einer Gleitspiegelebene (b)

tern, die i. allg. mit unterschiedlichen Atomen oder Ionen versetzt sind. Abb. 5.4 veranschaulicht das an einem zweidimensionalen Beispiel.

Bestimmend für ein Raumgitter ist vor allem seine *Translationssymmetrie*: bei einer Verschiebung um einen Gittervektor geht das Gitter in sich über (sofern man von Oberflächen absehen kann). Darüber hinaus existieren jedoch in Form von *Drehungen* und *Spiegelungen* weitere Symmetrieoperationen, die eine Kristallstruktur in sich überführen.

Für Punktgitter (= Raumgitter mit einem Atom als Basis) sind mit der Translation folgende Symmetrieoperationen verträglich:

1. Drehungen um 60°, 90°, 120°, 180° und 360° (6-, 4-, 3-, 2- und 1zählige Drehachsen)
2. Inversion (Spiegelung an einem Symmetriezentrum: $r \rightarrow -r$)
3. Drehinversion (Kombination von Drehung und Inversion)

Ein Spezialfall davon ist die Spiegelung an einer Ebene, die identisch ist mit einer Drehung um 180° und anschließender Inversion.

Die möglichen Kombinationen dieser Symmetrieoperationen untereinander und mit Translationen führen zu 14 *Punktgittern* (Bravais-Gittern), die sich auf 7 *Kristallsysteme* (Achsensysteme) verteilen (vgl. Bd. 1, Abschn. 5.3.).

Für Raumgitter (Basis mit mehreren Atomen) sind die entsprechenden Betrachtungen wesentlich komplizierter, da die Symmetrie der Basis sich im allgemeinen von der des Punktgitters unterscheidet. Demzufolge treten als zusätzliche Deckoperationen auf:

4. Schraubachsen, bestehend aus einer der möglichen Drehachsen, kombiniert mit einer Verschiebung in Achsenrichtung um einen Bruchteil der Identitätsperiode in Achsenrichtung (Abb. 5.5a).
5. Gleitspiegelebenen, bestehend aus einer Spiegelung, kombiniert mit einer Verschiebung in der Spiegelebene um einen Bruchteil eines Gittervektors in der betreffenden Ebene (Abb. 5.5b).

Die möglichen Kombinationen dieser Symmetrieelemente mit Translationen, Drehungen und der Inversion führen auf 230 verschiedene *Raumgruppen*, die sich den 7 Kristallsystemen zuordnen lassen. Da sich die mit Schraubungen und Gleitspiegelungen verbundenen Translationen makroskopisch nicht direkt bemerkbar machen, kann man für viele Zwecke davon absehen, also Schraubachsen wie Drehachsen und Gleitspiegelebenen wie Spiegelebenen behandeln. Man erhält dann anstelle der 230 Raumgruppen 32 *Kristallklassen*, in die sich alle Kristalle einordnen lassen. Beispiele von Kristallstrukturen werden im Abschn. 5.3.3. behandelt.

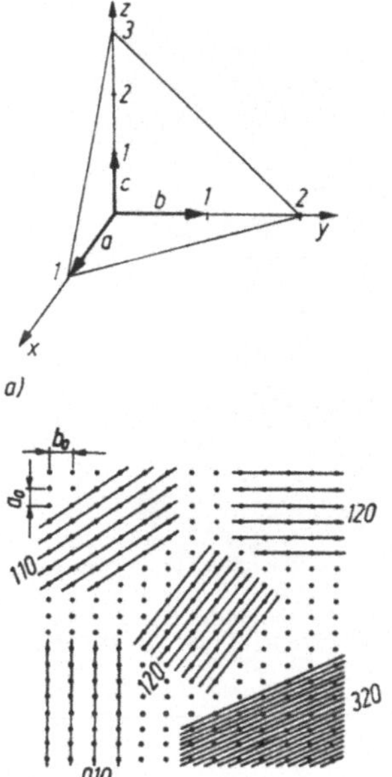

Abb. 5.6. a) (632)-Ebene. Sie schneidet die Achsen bei a, $2b$, $3c$; die reziproken Abschnitte stehen im Verhältnis $1 : 1/2 : 1/3 = 6 : 3 : 2$; b) Spuren von Netzebenen in einer Ebene senkrecht zur z-Achse. Niedrig indizierte Ebenen sind dicht mit Atomen besetzt

Jede Ebene, die durch drei nicht auf einer Geraden liegende äquivalente Bausteine eines Raumgitters geht, ist regelmäßig mit Atomen besetzt und wird als *Netzebene* bezeichnet. Eine Schar paralleler Netzebenen kann durch ihre *Achsenabschnitte* charakterisiert werden. Üblicherweise gibt man jedoch das Reziproke der in Einheiten der Gitterkonstanten gemessenen Achsenabschnitte als Verhältnis von drei teilerfremden ganzen Zahlen (h, k, l), den sogenannten *Millerschen Indizes* an (Abb. 5.6). Ist ein Index gleich Null, so ist diese Ebenenschar parallel zu der betreffenden Achse.

Die Millerschen Indizes sind proportional zu dem Richtungskosinus der Flächennormalen der Netzebenenschar. Für kubische Kristalle beträgt der

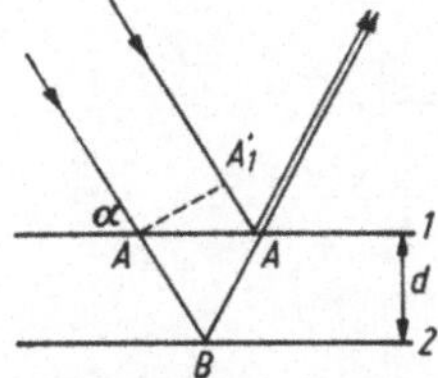

Abb. 5.7. Interferenz von Strahlen, die an einer Netzebenenschar reflektiert werden. Intensitätsmaxima treten auf, wenn die Wegdifferenz $A_1B + BA_2 - A_1'A_2$ der beiden gezeichneten Strahlen ein ganzzahliges Vielfaches der Wellenlänge ist. Daraus ergibt sich Gl. (5.3)

Netzebenenabstand (a Gitterkonstante)

$$d_{hkl} = \frac{a}{\sqrt{h^2 + k^2 + l^2}}. \tag{5.2}$$

5.2.2. Beugung von Strahlung (Strukturanalyse)

5.2.2.1. Grundlagen und experimentelle Verfahren

Den direkten Beweis für die Raumgittervorstellung liefern Beugungsuntersuchungen mit Strahlung, deren Wellenlänge vergleichbar mit der Gitterkonstante ist. Erstmals wurden solche Untersuchungen 1912 durch LAUE, FRIEDRICH und KNIPPING mittels Röntgenstrahlen durchgeführt und damit auch gleichzeitig nachgewiesen, daß Röntgenstrahlen Welleneigenschaften haben (vgl. Bd. 3, Abschn. 3.2.5.). Heute werden Beugungsexperimente auch mit Elektronen- und Neutronenstrahlen ausgeführt, denen gemäß der de Broglie-Beziehung (s. Bd. 3, Abschn. 6.4.2.) eine Wellenlänge $\lambda = h/mv$ (h Plancksches Wirkungsquantum, m Teilchenmasse, v Geschwindigkeit) zugeschrieben werden muß.

Die grundlegenden Betrachtungen zur Erklärung der Raumgitterinterferenzen sind für alle Strahlenarten gleich. Trifft die einfallende Welle auf den Kristall, so werden alle Atome entsprechend dem Huygenschen Prinzip (s. Bd. 3, Abschn. 3.2.1.) zum Ausgangspunkt von Kugelwellen. Zwischen ihnen und der einfallenden Welle bestehen feste Phasenbeziehungen, sie sind also kohärent und interferieren miteinander. Intensitätsmaxima treten nur in bestimmten Richtungen und für bestimmte Wellenlängen λ auf. Die Maxima sind sehr scharf, da viele gebeugte Wellen interferieren (s. Bd. 3, Abschn. 3.2.3.).

Eine äquivalente, aber übersichtlichere Vorstellung geht auf die Nobelpreisträger von 1915 W. H. und W. L. BRAGG zurück. Danach sind Interferenzen von Wellen, die an parallelen Netzebenen reflektiert wurden, für die Intensitätsmaxima verantwortlich. Entsprechend Abb. 5.7 beobachtet man einen Reflex, wenn der Glanzwinkel α zwischen Netzebene und einfallendem Strahl der Braggschen Gleichung

$$2d \sin \alpha = n\lambda \tag{5.3}$$

genügt. d ist der Netzebenenabstand, n die Ordnung der Interferenz.

Besonders intensive Reflexe sind von dicht besetzten (und daher nach Abb. 5.6 niedrig indizierten) Netzebenen zu erwarten, die große Abstände haben, entsprechend Gl. (5.3) also zu kleinen Beugungswinkeln führen.

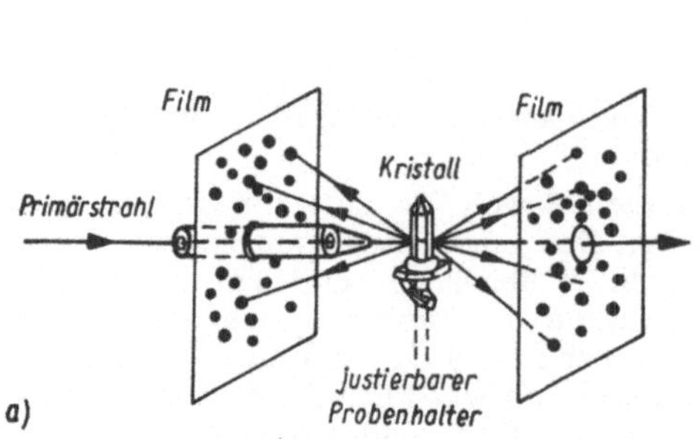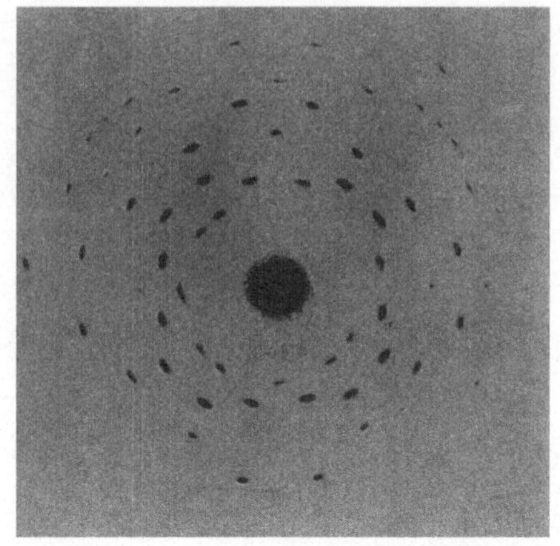

Abb. 5.8. a) Anordnung beim Laue-Verfahren; b) Laue-Aufnahme eines kubischen Zinkblendekristalls, längs einer vierzähligen Achse mit Bremsstrahlung durchstrahlt (historische Aufnahme von FRIEDRICH und KNIPPING)

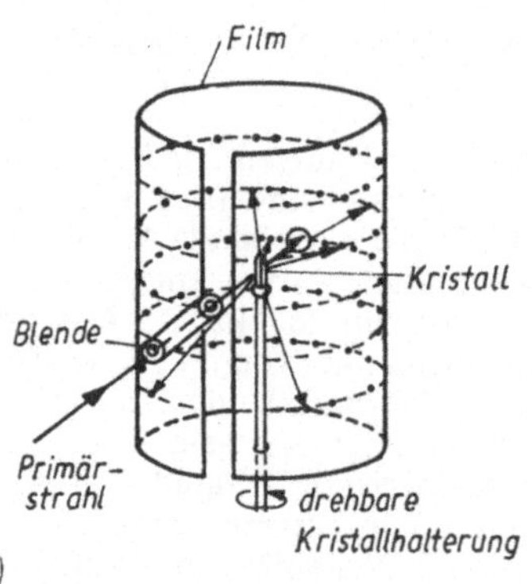

Abb. 5.9. a) Anordnung beim Drehkristallverfahren; b) Drehkristallaufnahme von Harnstoff. Cu-Strahlung, Drehachse [001] (nach BRÜHL, MARLOW und PIETSCH)

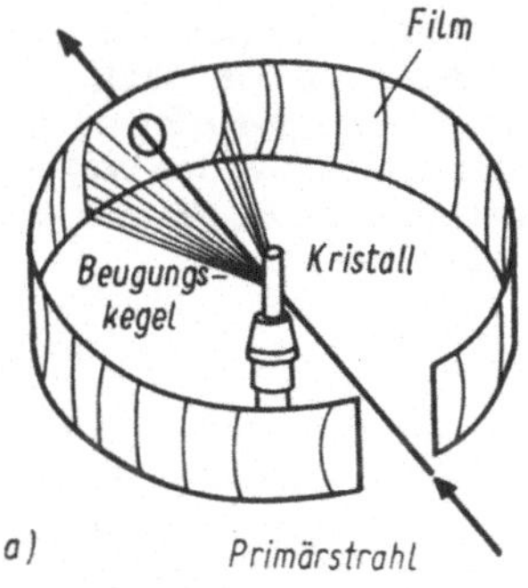

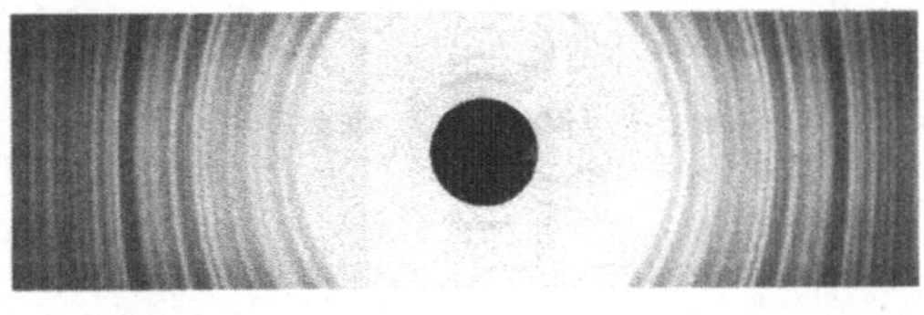

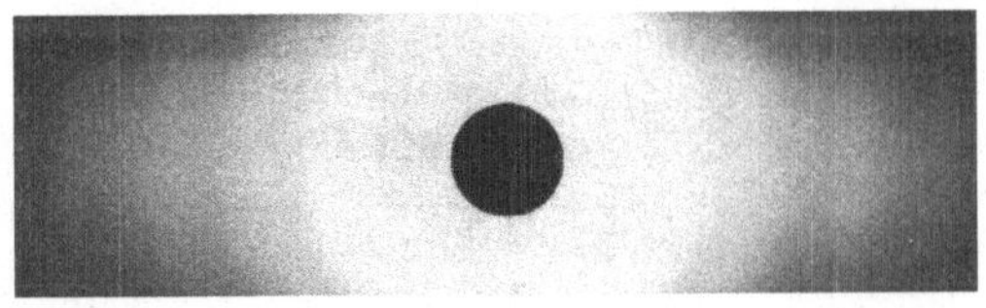

Abb. 5.10. Anordnung beim Debye-Scherrer-Verfahren (a) und Debye-Scherrer-Aufnahmen eines kristallisierten (b) und eines amorphen (c) Zeoliths (nach BRÜHL, MARLOW und PIETSCH)

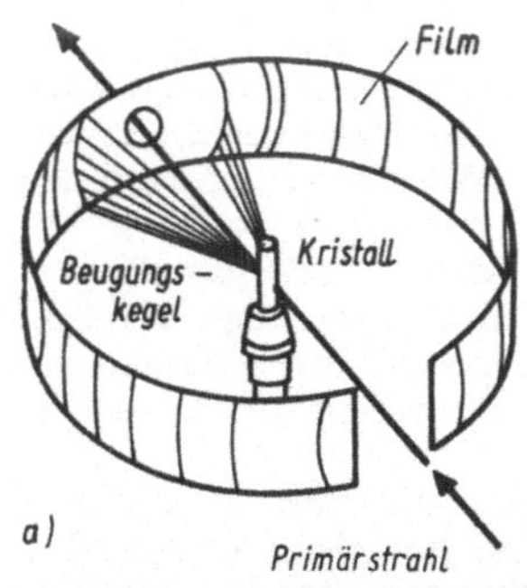

Abb. 5.11. Debye-Scherrer-Aufnahmen eines Cu-Drahtes mit Texturen (nach BRÜHL, MARLOW und PIETSCH)

Gl. (5.3) läßt sich experimentell bei festem α durch Verändern der Wellenlänge, bei festem λ durch Variation des Winkels erfüllen. Dabei muß $\lambda/2$ stets kleiner als der kleinste Netzebenenabstand sein, den man messen will.

Der ersten Möglichkeit entspricht das *Laue-Verfahren* (Abb. 5.8 a). Der feststehende Kristall wird dabei mit dem „weißen" Röntgenlicht eines Bremsspektrums (s. Bd. 3, Abschn. 6.2.7.) bestrahlt und entweder die durchgehende oder – bei dicken Kristallen – die reflektierte Strahlung auf Spezialfilm registriert. Mindestens für einen Teil der Netzebenen ist im Primärstrahl die passende Wellenlänge (die die Bragg-Bedingung erfüllt) enthalten. Auf dem Film erhält man ein Punktmuster (Abb. 5.8 b), das eine Art Projektion der Netzebenen darstellt und aus dem man die Symmetrie des Kristalls ablesen kann. Dagegen besteht keine Möglichkeit einer Gitterkonstantenbestimmung, da die zu einem bestimmten Reflex gehörige Wellenlänge nicht bekannt ist.

Will man außer der Symmetrie auch die Gitterkonstante ermitteln, so benutzt man die charakteristische Röntgenstrahlung (Bd. 3, Abschn. 6.2.7.) einer passenden Antikatode (meist Cu- oder W-Strahlung), deren Wellenlänge genau bekannt ist. Die Bragg-Bedingung erfüllt man in diesem Fall entweder durch Drehen eines Einkristalls um eine Achse senkrecht zur Primärstrahlrichtung oder durch die Verwendung von Kristallpulver.

Beim *Drehkristallverfahren* (Abb. 5.9) kommen nacheinander verschiedene Netzebenen in Reflexionsstellung, wobei die parallel zur Drehachse liegenden Reflexe in der nullten, schräg zur Drehachse liegende Netzebenen Reflexe in höheren Schichtlinien auf dem zylindrisch um den Kristall angeordneten Film ergeben.

Beim *Debye-Scherrer-Verfahren* (Abb. 5.10) wird polykristallines Material (Pulver) benutzt, so daß jede Netzebene in allen möglichen Orientierungen vorkommt. Daher liegen alle Reflexe auf koaxialen Kreiskegeln um den Primärstrahl und erzeugen charakteristische Kurven auf dem auch hier konzentrisch um die Probe angeordneten Film. Die Schärfe dieser Kurven ist ein Maß für die Kristallitgröße, da bei kleinen Kristalliten nur wenige Strahlen interferieren, was breite Reflexe ergibt. Amorphe Strukturen liefern kontinuierliche Intensitätsverteilungen (Abb. 5.10c). Vorzugsrichtungen der Kristallite, sog. Texturen, äußern sich in ungleichmäßigen Intensitätsverteilungen (Abb. 5.11).

In modernen Röntgenbeugungsapparaturen wird häufig der Film durch ein Zählrohr ersetzt (Zählrohrgoniometer), die Auswertung der Beugungsbilder kann dann automatisch über einen angeschlossenen Computer erfolgen.

5.2.2.2. Reziprokes Gitter

Zu jedem Gitter mit den Grundvektoren a_1, a_2, a_3 kann man ein reziprokes Gitter mit den Grundvektoren b_1, b_2, b_3 konstruieren, so daß

$$a_i \cdot b_j = 2\pi\delta_{ij} \qquad (5.4)$$

gilt.

$$\delta_{ij} = \begin{cases} 0 & \text{für} \quad i \neq j \\ 1 & \text{für} \quad i = j \end{cases} \qquad (5.5)$$

ist das Kronecker-Symbol.
Gl. (5.4) bedeutet, daß b_1 senkrecht auf a_2 und a_3 steht usw. Jeder Vektor G aus dem reziproken Gitter läßt sich in der Form

$$G = p_1 b_1 + p_2 b_2 + p_3 b_3 \qquad (5.6)$$

schreiben, wobei p_1, p_2, p_3 ganze Zahlen sind. Im Falle eines einfach kubischen Gitters mit der Gitterkonstante a ist

$$b_1 = \frac{2\pi}{a}\,(100), \qquad b_2 = \frac{2\pi}{a}\,(010),$$

$$b_3 = \frac{2\pi}{a}\,(001),$$

d. h. das reziproke Gitter ist einfach kubisch mit der Gitterkonstante $b = \dfrac{2\pi}{a}$ und Gl. (5.6) geht über in

$$G = \frac{2\pi}{a}\,(p_1, p_2, p_3) = \frac{2\pi p}{a}\left(\frac{p_1}{p}, \frac{p_2}{p}, \frac{p_3}{p}\right)$$

$$= \frac{2\pi p}{a}\,(h, k, l). \qquad (5.6a)$$

Darin bedeutet p den größten gemeinsamen Teiler von p_1, p_2, p_3; die $\dfrac{p_1}{p}$, $\dfrac{p_2}{p}$, $\dfrac{p_3}{p}$ sind also teilerfremde ganze Zahlen und können mit den Millerschen Indizes (h, k, l) einer Netzebenenschar identifiziert werden. Das bedeutet:

> Die Vektoren des reziproken Gitters sind proportional zu den Flächennormalenrichtungen der Netzebenen des Kristalls.

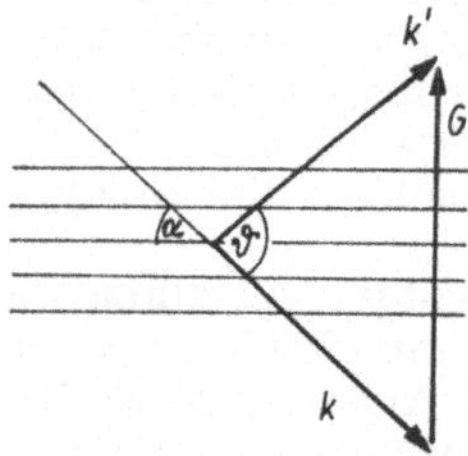

Abb. 5.12. Impulserhaltung bei der Bragg-Reflexion

Seine Bedeutung erlangt das reziproke Gitter im Zusammenhang mit der Beugung von Strahlung. Beispielsweise läßt sich die Bragg-Reflexion als elastische Streuung behandeln: Ist k der Wellenzahlvektor der Primärstrahlung, k' der der gebeugten Strahlung, so gilt nämlich

$$k' = k + G. \qquad (5.7)$$

Zum Beweis wendet man auf das der Gl. (7) entsprechende Dreieck (Abb. 5.12) den Kosinussatz an und erhält unter Benutzung von Gl. (6a)

$$k'^2 + k^2 - 2kk' \cos \vartheta = G^2 = \frac{4\pi}{d_{hkl}^2}\,p^2. \qquad (5.8)$$

Elastische Streuung bedeutet wegen der Energieerhaltung $\lambda' = \lambda$, also auch $k' = k$; damit geht (5.8) über in

$$2k^2(1 - \cos \vartheta) = 4\left(\frac{2\pi}{\lambda}\right)^2 \sin^2\frac{\vartheta}{2} = \frac{4\pi^2}{d_{hkl}^2}\,p^2. \qquad (5.8a)$$

Da der halbe Streuwinkel $\vartheta/2$ gleich dem Glanzwinkel α ist, ist Gl. (5.8a) identisch mit der Bragg-Bedingung Gl. (5.3), und es gilt die Aussage:

> Bei der Bragg-Reflexion ändert sich der Wellenzahlvektor um einen reziproken Gittervektor, die Frequenz bleibt ungeändert

(vgl. dazu auch Abschn. 5.4.4.).

5.2.2.3. Streumechanismen für Röntgen- und Korpuskularstrahlung

Die bisherigen Betrachtungen zur Beugung waren rein geometrischer Natur und gelten für alle Arten von Strahlung. Um die Unterschiede zwischen Röntgen- und Korpuskularstrahlbeugung zu verstehen, muß die Art der Wechselwirkung mit dem Kristallgitter genauer betrachtet werden. Wir rücken dazu stärker den Teilchenaspekt der Strahlung und den Einzelprozeß der Wechselwirkung in den Vordergrund und sprechen von der Streuung[1]) der einfallenden Primärteilchen im Kristall.
Streuung bedeutet Impulsänderung, d. h. Ablenkung aus der ursprünglichen Flugrichtung. Für Gitterstrukturuntersuchungen ist die elastische Streuung wichtig, bei der die Energie des Primärteilchens ungeändert bleibt. Unelastische Streuung mit Änderung der Energie des Primärteilchens ist im Zusammenhang mit Gitterschwingungen von Bedeutung (vgl. Abschn. 5.4.4.).

---

[1]) Wir sprechen von Streuung, wenn wir den Einzelprozeß der Wechselwirkung betrachten; von Beugung, wenn die gestreuten Wellen interferenzfähig sind und speziell diese Interferenzen interessieren.

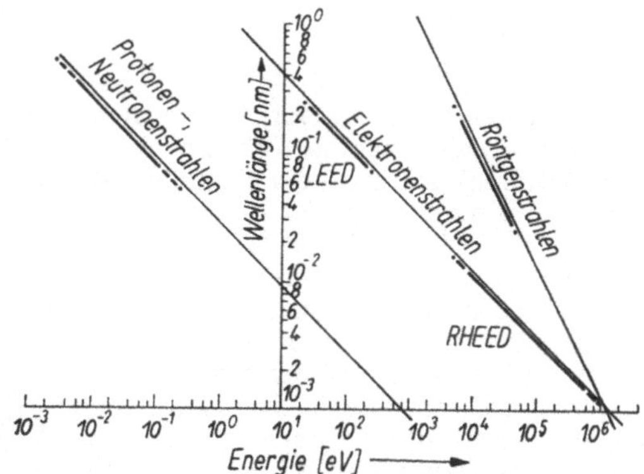

Abb. 5.13. Zusammenhang zwischen Energie und Wellenlänge für Photonen, Elektronen und Neutronen (Protonen). RHEED bedeutet Reflexionsbeugung mit hochenergetischen Elekronen (reflective high energy diffraction).

Nach der de Broglie-Beziehung entspricht einer Wellenlänge λ ein Impuls $p = h/\lambda$ und damit eine Energie, die für Teilchen mit Ruhemasse für nichtrelativistische Geschwindigkeiten durch $E = p^2/2m$, für Lichtquanten durch $E = c \cdot p$ (c Lichtgeschwindigkeit) gegeben ist. Abb. 5.13 zeigt diesen Zusammenhang; der für Beugungsuntersuchungen geeignete Wellenlängenbereich ist markiert.

Röntgenstrahlen werden an den Elektronen des Gitters gestreut, die Wechselwirkung ist relativ schwach, so daß verhältnismäßig große Kristalle (bis etwa 1 mm Dicke) durchstrahlt werden können. Die Intensität der gestreuten Strahlung ist proportional zum Quadrat der Zahl der streuenden Elektronen, also proportional zum Quadrat der Kernladungszahl, daher tragen leichte Elemente praktisch nicht zum Beugungsbild bei.

Analysiert man nicht nur die geometrische Lage der Reflexe, sondern auch die Intensitätsverteilung im Beugungsbild, so liefert eine solche Fourier-Analyse unmittelbar die Elektronenverteilung um die Gitterbausteine (s. Abb. 5.27 und

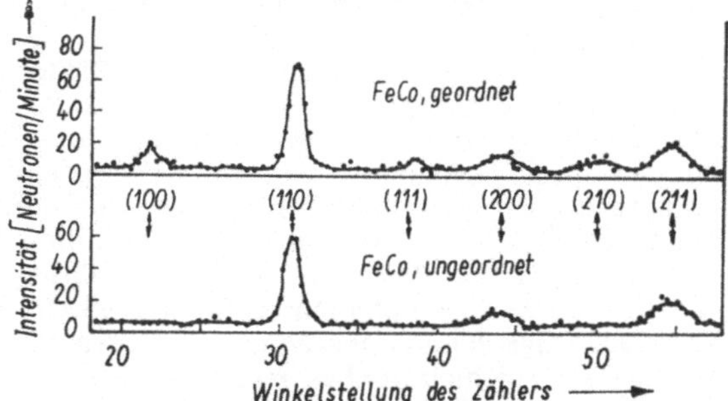

Abb. 5.14. Neutronenbeugung an geordneten und ungeordneten Fe-Co-Legierungen. Die Überstruktur der geordneten Phase kommt in zusätzlichen „Überstrukturlinien" [(z. B. (100)] zum Ausdruck (nach SHULL und WOLLAN)

5.31), aus der man auch Rückschlüsse auf die Art der chemischen Bindung ziehen kann.

Elektronenstrahlen wechselwirken ebenfalls mit den Gitterelektronen; da es sich um geladene Teilchen handelt, jedoch wesentlich stärker als Röntgenstrahlen. Die Eindringtiefe nimmt zwar mit wachsender Energie der Primärteilchen stark zu, erreicht aber z. B. bei 50 keV erst Werte von etwa 50 nm (etwa 100 Gitterkonstanten). Elektronenbeugung wird daher vorwiegend für Strukturuntersuchungen von dünneren Schichten und Oberflächen eingesetzt. Zur Durchstrahlung dünner Schichten benötigt man relativ schnelle Elektronen geringer Wellenlänge; entsprechend Gl. (3) sind die Beugungswinkel klein, so daß die Beugung meist im Elektronenmikroskop beobachtet wird. Bei Oberflächenuntersuchungen arbeitet man in Reflexion und verwendet Elektronen geringer Energie (etwa 100 eV), man spricht dann von LEED-Verfahren (*low energy electron diffraction*, vgl. Abschn. 5.10.1.1.).

Neutronen mit Wellenlängen, die für Beugungsexperimente geeignet sind, haben Energien und Geschwindigkeiten, die mit denen von Gasmolekülen bei Zimmertemperatur vergleichbar sind. Intensive Strahlen dieser sog. thermischen Neutronen werden in Kernreaktoren erzeugt und durch Beugung an einem Monochromator-Kristall monochromatisiert. Der an der Probe reflektierte Strahl kann mit einem geeigneten Kernstrahlungsdetektor (meist einem mit BF_3 gefüllten Zählrohr, s. Abschn. 2.6.6.1.) nachgewiesen werden. Die Wechselwirkung der Neutronen erfolgt mit den Atomkernen, sie variiert sehr stark von Element zu Element (und von Isotop zu Isotop!) und hängt von der Lage des magnetischen Moments des streuenden Kerns ab. Ferner spielen wegen der großen Masse der Neutronen unelastische Streuprozesse eine größere Rolle als bei Elektronen- oder Röntgenstrahlen. Dementsprechend werden die (sehr teuren!) Neutronenbeugungsuntersuchungen vor allem für folgende Zwecke benutzt:

– zur Strukturbestimmung von Materialien, die leichte Elemente, insbesondere Wasserstoff, enthalten. Zum Beispiel wurden die sehr komplizierten Strukturen von Eis so ermittelt;

– zur Untersuchung von Legierungen nahe benachbarter Elemente (z. B. Fe–Co-Legierungen), die Röntgenstrahlen nahezu gleich stark streuen (Abb. 5.14);

– zur Ermittlung geordneter magnetischer Strukturen (s. Abschn. 5.7.14.);

– zur Messung von Gitterschwingungsspektren aus dem Anteil der unelastisch gestreuten Neutronen (s. Abschn. 5.4.4.).

Protonenstrahlen mit für Beugungsuntersuchungen geeigneter Wellenlänge haben entsprechend

---

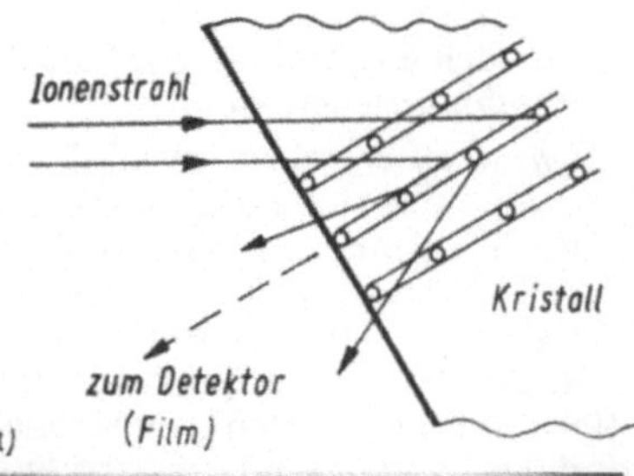

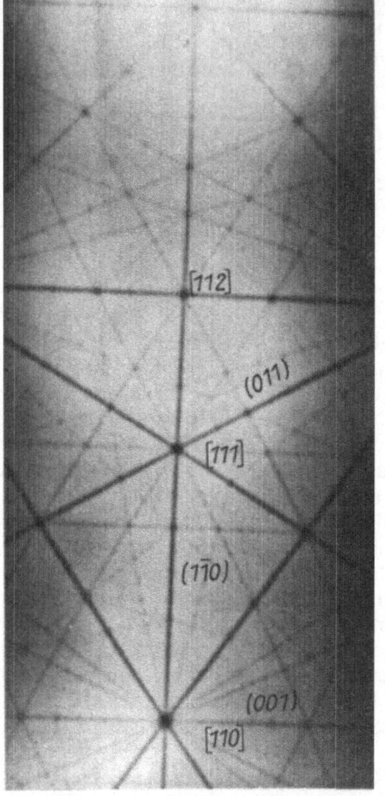

Abb. 5.15. Protonogramm eines GaP-Einkristalls, aufgenommen mit 500-keV-Protonen. Bei der benutzten Rutherford-Rückstreuung können parallel zu niedrig indizierten Flächen oder Richtungen (z. B. parallel zu den (110)-Flächen bzw. den [110]-Richtungen) keine Protonen austreten (nach GEIST, FLAGMEYER und OTTO 1975)

Abb. 5.13 so geringe Energie, daß sie experimentell nicht handhabbar sind. In neuester Zeit wurden jedoch hochenergetische Protonenstrahlen mit Energien im MeV-Bereich zu Strukturuntersuchungen herangezogen. Ihre Wellenlänge ist etwa um den Faktor 10000 kleiner als die Gitterkonstante. Man erhält mit dieser als *Protonographie* bezeichneten Meßmethode daher keine Beugungsbilder, sondern Schattenbilder der Kristalle (Abb. 5.15), aus denen neben der Kristallstruktur auch Gitterstörungen erkennbar sind.

5.2.3. Realstruktur

Die in den vorhergehenden Abschnitten angenommene ideale dreidimensionale Periodizität des Kristallaufbaus ist in der Natur nie verwirklicht. Abweichungen treten als *strukturelle Fehlordnung* (Baufehler, Defekte) in Form geometrisch falscher Lagen von Gitterbausteinen und als *chemische Fehlordnung* (Störstellen) infolge Einbaus gitterfremder Atome oder Atomgruppen auf. In manchen Fällen (z. B. bei der Wärmeleitung, vgl. Abschn. 4.5.8.) macht sich bereits die Besetzung der Gitterplätze mit verschiedenen Isotopen des gleichen Elements als „chemische Fehlordnung" bemerkbar. Eine Übersicht über Gitterbaufehler gibt Tab. 5.1.

Tabelle 5.1. *Übersicht über Gitterbaufehler*

Punkt-defekte	Linien-defekte	Flächen-defekte	Volumen-defekte
Leerstellen	Ver-setzungen	(Oberfläche)	Poren
Zwischen-gitteratome	Crowdion	Stapelfehler	Risse
Antisite-Defekte		Klein-, Groß-winkelkorn-grenzen	Aus-scheidungen
Substitutions-störstellen		Zwillings-grenzen	
Defekt- bzw. Störstellen-paare		Phasen-grenzen	

Die meisten Baufehler sind durch die Art der Kristallisation oder die Nachbehandlung des Kristalls (Temperung oder mechanische Verformung) bedingt und verleihen einem Kristall eine gewisse Individualität. Baufehler beeinflussen verschiedene physikalische Eigenschaften mehr oder weniger stark.
Strukturunempfindliche Eigenschaften (Dichte, spezifische Wärmekapazität, Wärmeausdehnung, elastische Eigenschaften, Schmelzpunkt u. ä.) werden wenig beeinflußt: die Abweichung der entsprechenden physikalischen Größe von der des Idealkristalls ist näherungsweise proportional zur Anzahl der Baufehler und damit klein. *Strukturempfindliche* Eigenschaften (Diffusion, elektrische Leitfähigkeit und optische Eigenschaften von Halbleitern, nichtelastisches mechanisches Verhalten u. a.) werden dagegen ausschließlich oder vorwiegend durch Baufehler verursacht; in diesem Falle ist die entsprechende physikalische Größe selbst (nicht ihre Abweichung) von der Anzahl der Baufehler abhängig.

5.2.3.1. Nulldimensionale Baufehler (Punktstörstellen)

Atomare (nulldimensionale) Defekte treten in Form von Leerstellen (Vakanzen) und Zwischengitteratomen (Interstitials) auf (Abb. 5.16). Diese sog. *Eigenfehlordnung* ist bei hohen Temperaturen thermodynamisch bedingt, d. h. jeder Temperatur T kann ein bestimmter Fehlordnungsgrad n/N_G zugeordnet werden (n Konzentration der Leerstellen, N_G Konzentration der Gitterplätze). Ist E_v die Bildungsenergie einer Leerstelle, so ergibt sich

für Schottky-Fehlordnung
$$\frac{n}{N_G} = e^{-E_v/kT}$$
$$(5.9\,a)$$

für Frenkel-Fehlordnung
$$\frac{n}{N_G} = z\, e^{-E_v/2kT}$$
$$(5.9\,b)$$

wobei z die Anzahl der möglichen Plätze für ein Zwischengitteratom ist. Die Bildungsenergien für Leerstellen liegen meist in der Größenordnung von 1 bis 2 eV, daraus ergeben sich Fehlordnungsgrade von 10^{-10} bis 10^{-5}, d. h. der lineare Abstand der Leerstellen liegt bei etwa 100 bis 1000 Gitterkonstanten.

Bei tieferen Temperaturen kann sich das thermodynamische Gleichgewicht nicht einstellen, da für die Verschiebung der fehlgeordneten Gitterbausteine eine Aktivierungsenergie erforderlich ist (die fehlgeordneten Atome befinden sich in metastabilen Lagen). Es liegt dann ein eingefrorener Zustand vor, der Fehlordnungsgrad ist um Größenordnungen höher als der thermodynamisch bedingte.

Eine besondere Form der züchtungsbedingten Eigenfehlordnung sind sog. Antisite-Defekte [site (engl.) = Platz]; beispielsweise wurden in GaP P-Atome auf Ga-Plätzen nachgewiesen.

Außer Leerstellen und gittereigenen Atomen auf Zwischengitterplätzen enthält jeder Stoff chemische Verunreinigungen (Fremdatome). Wendet man die üblichen chemischen Reinigungsverfahren an, so beträgt die Gesamtstörstellenkonzentration aller chemischen Elemente in der Regel etwa 10^{18} bis 10^{19} cm^{-3}. Bei einer Konzentration der Gitteratome von etwa 10^{22} cm^{-3} bedeutet das einen Verunreinigungsgrad von 0,1 bis 1 %, d. h., ein Gitterbereich mit der Kantenlänge von 10 bis 20 Gitterkonstanten enthält im Mittel ein Fremdatom! Durch Anwendung feinster Reinigungsmethoden, speziell bei der Halbleiterzüchtung, erreicht man in Ge und Si gegenwärtig Verunreinigungsgrade von 10^{-11}, was immer noch Störstellenkonzentrationen von 10^{11} cm^{-3} entspricht.[1])

Fremdatome unterscheiden sich durch abweichenden Ionen- bzw. Atomradius und unterschiedliches Bindungsverhalten von den Gitteratomen; sie stellen daher häufig nicht nur eine Störung unmittelbar am Einbauort dar, sondern verursachen auch in der Umgebung Deformationen (sekundäre Gitterstörungen). In Ionenkristallen muß zumindest im Mittel die Neutralität gewahrt bleiben, daher werden z. B. in CaF$_2$ anstelle zweiwertiger Ca^{2+}-Ionen Paare aus ein- und dreiwertigen Fremdionen eingebaut oder der Einbau erfolgt in der Nähe einer Leerstelle (Prinzip der Ladungskompensation).

Ein vom thermodynamischen Gleichgewicht abweichender Fehlordnungsgrad kann auch durch Beschuß mit Elektronen, Neutronen oder Ionen erzeugt werden. Diese *Strahlenschädigung* muß z. B. beim Bau von Kernreaktoren berücksichtigt werden. Bei Neutronenbeschuß treten gleichzeitig Kernreaktionen auf; bei Ionenbeschuß können die eingeschossenen Ionen ins Gitter eingebaut werden (Ionenimplantation). In beiden Fällen entsteht neben der strahleninduzierten Eigenfehlordnung auch eine chemische Fehlordnung, die als Dotierung, z. B. bei der Herstellung von Halbleiterbauelementen, bewußt genutzt wird.

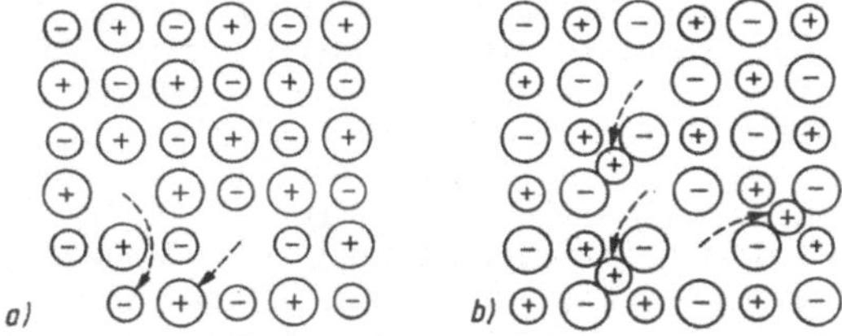

Abb. 5.16. Eigenfehlordnung in einem binären Kristall. a) Schottky-, b) Frenkel-Fehlordnung

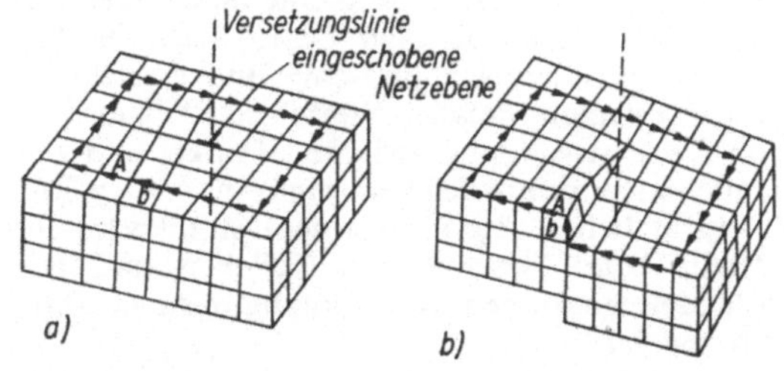

Abb. 5.17. Schema von Versetzungen. Der Burgers-Vektor *b* gibt Betrag und Richtung der Atomverschiebung an; bei einer Stufenversetzung (a) liegt er senkrecht, bei einer Schraubenversetzung (b) parallel zur Versetzungslinie

---

[1]) Zur Veranschaulichung: Ein Verunreinigungsgrad von 10^{-11} liegt bei einer 6 m breiten gepflasterten Straße um die Erde vor, wenn *ein* Pflasterstein abweichende Farbe hat.

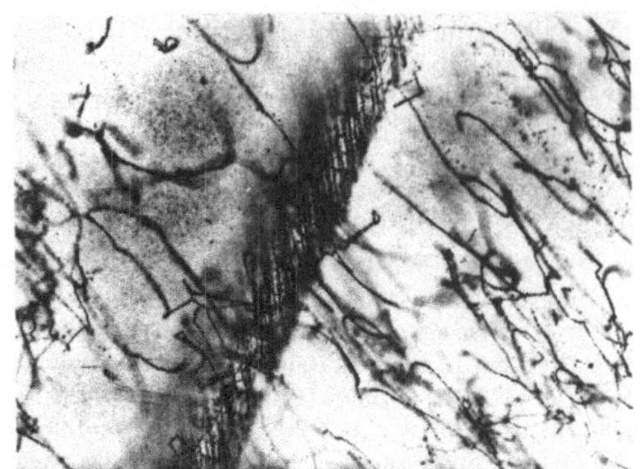

Abb. 5.18. Versetzungen in GaP in Durchstrahlung mit dem Ultramikroskop (Lichtstreutechnik). Das Band hoher Versetzungsdichte (Mitte) ist durch mechanische Beanspruchung entstanden (nach LÖSCHKE 1979)

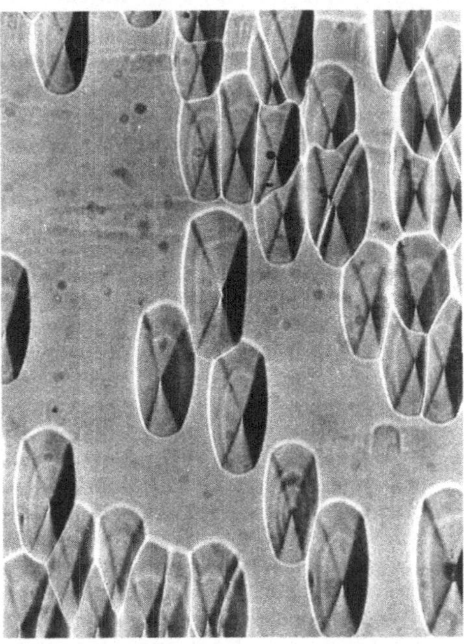

Abb. 5.19. Ätzgruben auf der (100)-Fläche von GaP. bei 180 °C mit Phosphorsäure geätzt (nach GOTTSCHALCH 1979)

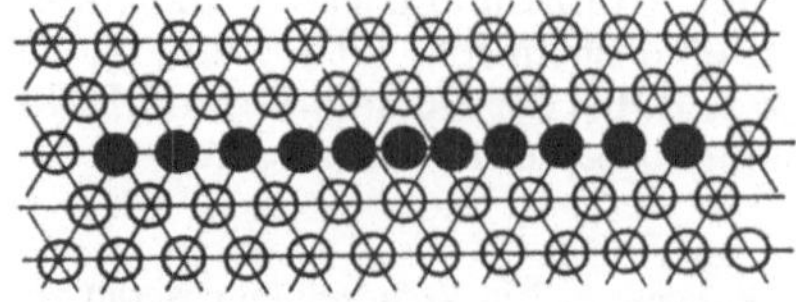

Abb. 5.20. Crowdion in ⟨110⟩-Richtung im kubisch-flächenzentrierten Gitter

5.2.3.2. Eindimensionale Baufehler (Liniendefekte)

Hauptvertreter der Liniendefekte sind Stufen- und Schraubenversetzungen, wie sie für ein einfach kubisches Gitter schematisch in Abb. 5.17 dargestellt sind.

Eine *Stufenversetzung* kann man sich durch teilweises Einschieben einer zusätzlichen Netzebene entstanden denken. Die Kante dieser Ebene wird als Versetzungslinie bezeichnet und stellt den Kern der Gitterstörung dar, die auch die Umgebung dieser Linie mit erfaßt. Eine *Schraubenversetzung* kann man sich durch teilweises Aufschneiden eines Kristalls und Verschieben der Teile parallel zur Schnittkante (Versetzungslinie) erzeugt denken, so daß eine schraubenförmige Anordnung der Gitterbausteine um die Versetzungslinie entsteht.

Versetzungen bestehen i. a. aus Stufen- und Schraubenanteilen. Im Gegensatz zu Punktdefekten sind sie nicht thermodynamisch bedingt, sondern entstehen beim Wachstum oder infolge plastischer Verformung (vgl. Abschn. 5.5.4.). Im Kristall bilden sie meist ein dreidimensionales Netzwerk. Versetzungen lassen sich mittels Durchstrahlung, Ätzung oder Dekoration sichtbar machen. Bei der Durchstrahlung von Kristallen mit Licht, Röntgen- oder Elektronenstrahlen entstehen durch die im gestörten Kristallbereich geänderten Absorptions- und Beugungsbedingungen gut sichtbare Kontraste (Abb. 5.18). Ferner sind Versetzungen Orte erhöhter potentieller Energie. Daher erfolgt der Angriff von Ätzmitteln bevorzugt an der Durchstoßstelle von Versetzungslinien durch die Oberfläche, wobei typische Ätzgruben entstehen (Abb. 5.19). Bei der Dekoration nutzt man aus, daß an den Durchstoßpunkten bevorzugt Keimbildung (s. Abschn. 5.2.4.) auftritt, so daß aufgedampfte Metalle (Au, Pt) zuerst dort abgeschieden werden. Eine Volumendekoration gelingt, indem man während des Kristallwachstums geeignete Stoffe zusetzt oder diese nachträglich durch Diffusion in den Kristall bringt.

Die Anzahl der Versetzungslinien pro Flächeneinheit wird als Versetzungsdichte bezeichnet. Sie liegt in sehr guten Si- oder Ge-Einkristallen bei wenigen Versetzungen pro cm^2 und erreicht in stark verformten Metallen Werte von $10^{12}\,cm^{-2}$.

Eine Zwischenstellung zwischen Punkt- und Liniendefekten nimmt das *Crowdion* ein (Abb. 5.20), ein zusätzliches Atom in einer Atomkette. Es entsteht beim Beschuß mit Teilchen und bei Schlagdeformationen von Metallgittern (s. Abschn. 5.4.9.2.).

5.2.3.3. Zweidimensionale Baufehler (Flächendefekte)

Die meisten festen Stoffe sind *Polykristalle*, d. h. sie bestehen aus meist mikroskopisch kleinen Kri-

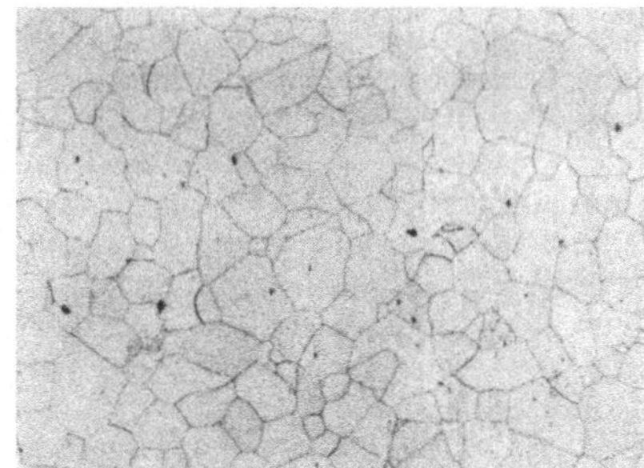

Abb. 5.21. Mikrokristalline Oberflächenstruktur von Eisen (geglüht, mit Salpetersäure geätzt, 200fache Vergrößerung) (nach F. X. EDER)

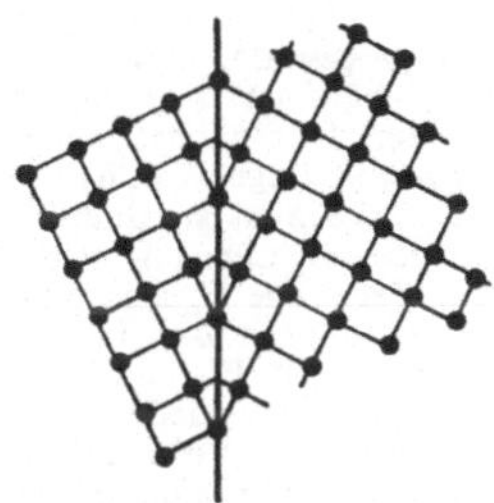

Abb. 5.22. Schema einer Zwillingsebene

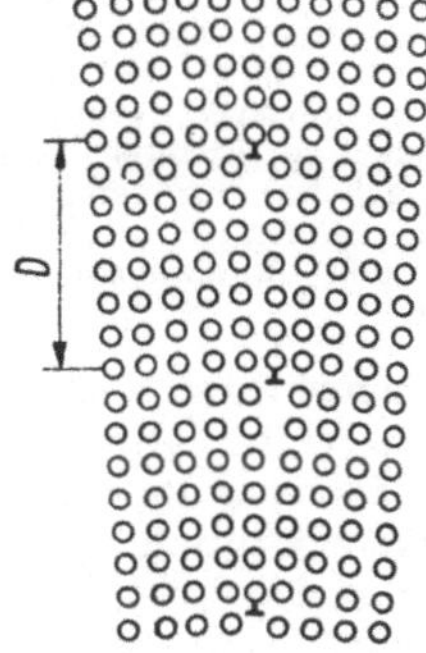

Abb. 5.23. Schema einer Kleinwinkelkorngrenze, aufgebaut aus Stufenversetzung

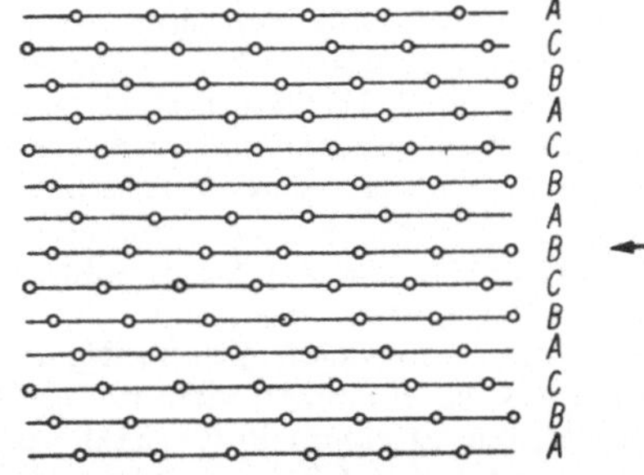

Abb. 5.24. Schema eines Stapelfehlers in einem Kristall mit 3 verschiedenen Netzebenen *A*, *B*, *C*. Durch „Einschieben" einer zusätzlichen *B*-Ebene ist die regelmäßige Stapelfolge *A*, *B*, *C*, *A*, *B*, *C*, ... gestört

stallbereichen (Kristalliten), die – soweit mit dem Mikroskop erkennbar – lückenlos aneinandergewachsen sind, im übrigen aber völlig ungeordnet sind. Die Grenzen zwischen den Kristalliten werden als *Korngrenzen* bezeichnet; da dort offenbar die Kristallstruktur gestört ist, werden sie ebenso wie die Durchstoßpunkte von Versetzungen von Ätzmitteln bevorzugt angegriffen und sind dadurch leicht sichtbar zu machen (Abb. 5.21). Bilden die Netzebenen verschiedener Kristallite beliebige Winkel miteinander, so liegt eine Großwinkelkorngrenze mit weitgehend unregelmäßiger Atomanordnung vor. Außerdem können bei bestimmten Winkeln *Zwillingsebenen* auftreten, die aneinanderstoßenden Kristallbereiche verhalten sich wie Bild und Spiegelbild (Abb. 5.22).
Einkristalle (mit makroskopisch einheitlicher Orientierung der Netzebenen) entsprechen auch nicht vollständig dem Bild des Idealkristalls. Genaue röntgenographische Untersuchungen haben ergeben, daß im Abstand von etwa 1000 Gitterkonstanten eine sehr geringe Kippung der Netzebenen in Form einer *Kleinwinkelkorngrenze* vorliegt. Solche Kleinwinkelkorngrenzen bestehen aus periodisch angeordneten Stufenversetzungen (Abb. 5.23) und spalten den Kristall in gegeneinander etwas verkantete *Mosaikblöcke* mit einer Kantenlänge von etwa 10^{-5} cm auf.
Bei bestimmten Kristallstrukturen sind als weitere Flächendefekte *Stapelfehler* möglich, die durch „Einschieben einer falschen Netzebene" entstehen (Abb. 5.24). Erfolgt das „Einschieben" nur in einem Teil des Kristalls, so ist mit dem Stapelfehler eine Stufenversetzung verbunden.
Auf Struktur und physikalische Eigenschaften äußerer Oberflächen und Phasengrenzflächen wird in Abschn. 5.10 näher eingegangen.

5.2.4. Kristallisation

Bei genügend tiefen Temperaturen gehen alle Stoffe außer Helium in den festen Zustand über, wobei in den meisten Fällen kristalline Körper entstehen. Die Kristallisation kann aus der flüssigen Phase (Erstarren bei Unterschreiten des Schmelzpunktes oder Auskristallisation gelöster Stoffe), der gasförmigen Phase und auch aus der festen Phase (Rekristallisation) erfolgen. In jedem Fall erfaßt die Kristallbildung nicht spontan das gesamte Volumen, sondern beginnt mit der Bildung von Kristallkeimen, die anschließend durch Anlagerung weiterer atomarer Bausteine weiterwachsen.
Bei der *Keimbildung* spielen vor allem thermodynamische Gesetzmäßigkeiten eine Rolle. Grundsätzlich ist z. B. bei Erstarren eine Unterkühlung unter den Schmelzpunkt erforderlich.

Sieht man zunächst von Einflüssen der Gefäßwand ab, so tritt *homogene* Keimbildung ein:
durch statische Schwankungen von Dichte und
kinetischer Energie entstehen quasikristalline
Ansammlungen von atomaren Bausteinen, die anschließend weiterwachsen können, meist jedoch
wieder zerfallen, da sie einen metastabilen Zustand darstellen. Häufiger bilden sich deshalb
Keime an Grenzflächen, z. B. an der Gefäßwand
oder an festen Verunreinigungen in der Schmelze
(*heterogene* Keimbildung).

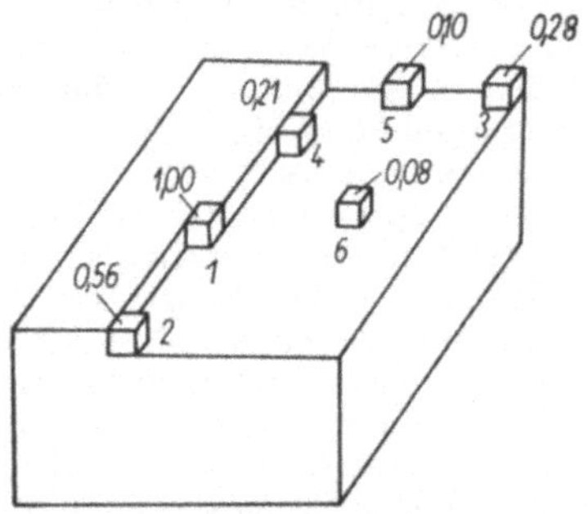

Abb. 5.25. Anlagerung von Ionen eines Nullkristalls in
verschiedenen Lagen 1–6. Die Dezimalbrüche sind Relativwerte der Bindungsenergie in den betreffenden
Lagen (nach W. KOSSEL)

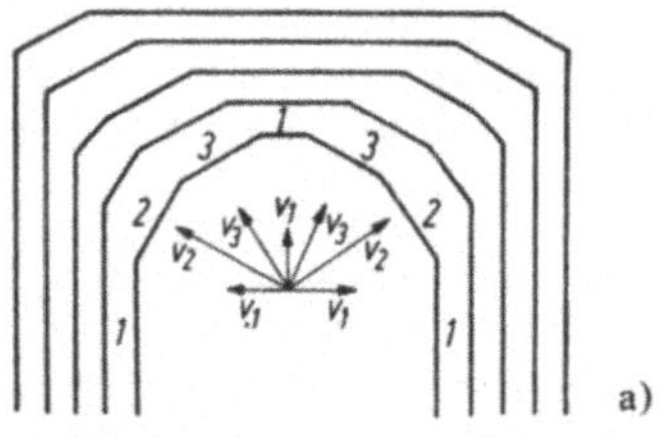

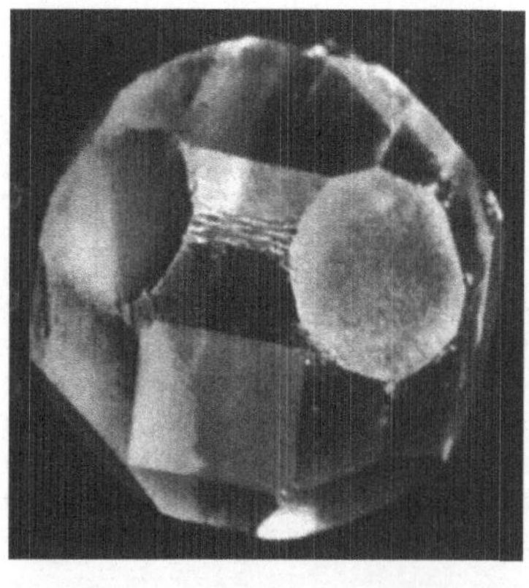

Abb. 5.26. a) Wachstumsphasen bei unterschiedlicher
Flächenwachstumsgeschwindigkeit, schematisch; b)
Wachstum eines durch mechanische Bearbeitung auf
Kugelform gebrachten NaCl-Einkristalls in reiner,
schwach übersättigter NaCl-Lösung (nach A. NEUHAUS)

Das *Kristallwachstum* wird stärker durch festkörperphysikalische Gesetzmäßigkeit beherrscht;
insbesondere spielt naturgemäß die Oberflächenstruktur (s. Abschn. 5.10.1.) eine wesentliche
Rolle. Ausgangspunkt der von KOSSEL und
STRANSKI entwickelten Theorie des Wachstums aus der Gasphase (in diesem Falle liegen die
übersichtlichsten Bedingungen vor) ist die Überlegung, daß die Wahrscheinlichkeit für die Anlagerung eines Bausteins an die Kristalloberfläche
dort am größten ist, wo die freiwerdende Energie
am größten ist. Die möglichen Anlagerungsstellen
und die Relativwerte der Bindungsenergie sind
für einen Ionenkristall mit NaCl-Struktur (s.
Abb. 5.35) in Abb. 5.25 angegeben.

Lage *1* bietet den größten Energiegewinn, eine Anlagerung in dieser Lage erfolgt am häufigsten und wird
als wiederholbarer Schritt bezeichnet. Der nächst wahrscheinliche Schritt ist die Anlagerung in Lage *2*, d. h. der
Neuaufbau einer Kante von der Ecke aus, so daß im
allgemeinen eine begonnene Netzebene aufgefüllt wird,
bevor eine neue – beginnend mit der Lage *3*, also von
der Ecke aus – angefangen wird. Eine Fixierung in den
Lagen *5* und *6* ist extrem unwahrscheinlich. Ein in diesen
Lagen auftretendes Atom wird entweder wieder verdampfen oder durch Oberflächendiffusion (Volmer-Diffusion) zunächst in die Lage *4* und schließlich durch
Diffusion längs der Wachstumskante in die Lage *1*
oder *2* gelangen. Ähnliche Überlegungen lassen sich auch
für andere Flächen und andere Gitterstrukturen anstellen, als Ergebnis erhält man unterschiedliche Wachs-
tumsgeschwindigkeiten für verschiedene Flächen. Dies
führt, wie aus Abb. 5.26a hervorgeht, dazu, daß die
Flächen mit der geringsten Verschiebungsgeschwindig-
keit am stärksten ausgebildet werden. Experimentell läßt
sich das eindrucksvoll mit einem Kugelwachstumsversuch
(Abb. 5.26b) demonstrieren. Das Auftreten ebener
Flächen beweist, daß die Anlagerung an eine solche
Fläche extrem unwahrscheinlich ist.

In der Praxis wird der beschriebene ideale Wachs-
tumsprozeß durch Milieufaktoren (Übersättigung
der Nährphase, Einfluß von Lösungsmitteln bei
Züchtung aus Lösungen, flächenspezifische Adsorption von Verunreinigungen) sowie durch Kri-
stallbaufehler meist drastisch modifiziert, so daß
der Habitus des Kristalls (seine äußere Form)
meist sehr stark von der idealerweise zu erwartenden Gestalt abweicht.
Besonders günstige Wachstumsbedingungen bietet eine Schraubenversetzung (s. Abb. 5.17b), da
in diesem Fall stets eine Wachstumsstufe vorhanden ist, so daß kein neuer Flächenkeim gebildet werden muß, sondern eine Wachstums-
spirale entsteht. Insbesondere kann auf diese
Weise ein Nadelkristall (*Whisker*) um eine Schraubenversetzung herumwachsen.
Erfolgt das Wachstum von vielen gleichzeitig gebildeten Keimen aus, so entstehen viele unregelmäßige Kristallite, die zu einem Polykristall zu-
sammenwachsen (vgl. Abb. 5.21). Je höher die
Übersättigung einer Schmelze, je rascher also die
Abkühlung erfolgt, um so feinkristalliner ist der
entstehende Kristall, um so mehr Baufehler sind

in ihm enthalten. Durch extrem schnelles Abkühlen, z. B. durch Aufdampfen auf gekühlte, gut wärmeleitende Unterlagen, erhält man deshalb häufig amorphe Stoffe, d. h. Festkörper ohne Gitterstruktur. Beispielsweise konnten so in den letzten Jahren amorphe Metallschichten (*metallische Gläser*) hergestellt werden, deren Eigenschaften sich stark von denen normaler polykristalliner Metalle unterscheiden.

Beginnt dagegen die Kristallisation nur an einer Stelle (was man durch Vorgabe eines *Keim*- oder *Impfkristalls* erreichen kann) und verläuft sie genügend langsam, so kann sich ein großer Kristall einheitlicher Orientierung bilden. Solche Kristalle heißen Einkristalle und sind vor allem für optische und elektrische Untersuchungen von großem Interesse.

So werden z. B. Linsen und Prismen für den ultravioletten oder ultraroten Spektralbereich häufig aus Alkalihalogenid-Einkristallen geschliffen, die bis zu einer Größe von mehreren dm³ gezüchtet werden können. Quarzeinkristalle sind Bestandteile von Ultraschallsendern, Kristallautsprechern und -mikrophonen und Quarzuhren; Si-, Ge-, GaAs- und GaP-Einkristalle bilden die Grundlage der Halbleitertechnologie, Diamant-, Rubin- und SiC-Einkristalle dienen als Lager- und Ziehsteine, Rubin-, Smaragd- und Spinelleinkristalle finden als Schmucksteine Verwendung.

Für die *Kristallzüchtung* sind eine Vielfalt verschiedener Verfahren entwickelt worden: Abscheidung aus der Dampfphase, aus der Schmelze, aus Lösungen oder Schmelzlösungen, Züchtung durch chemische Reaktionen in gasförmiger und flüssiger Phase, Rekristallisation oder Mehrphasendiffusion in fester Phase u. a. Dabei spielen die geometrischen und thermischen Bedingungen in der Züchtungsapparatur und die Art der Keimvorgabe eine wichtige Rolle.

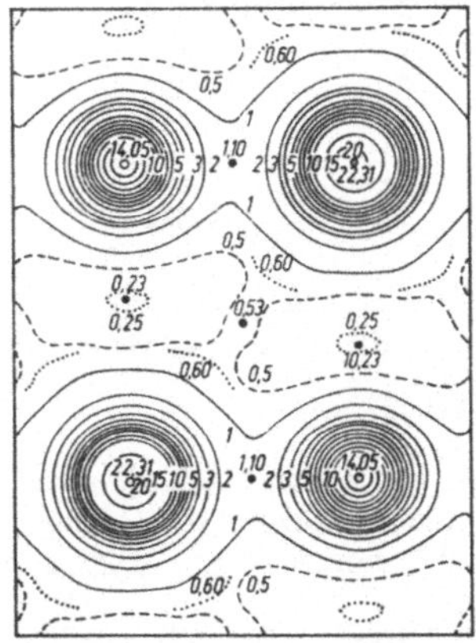

Abb. 5.27. Elektronendichteverteilung in der (110)-Ebene des NaCl-Gitters. Eingezeichnete Linien verbinden Orte gleicher Elektronendichte. Der Abfall auf sehr kleine Werte zwischen nächsten Nachbarn ist charakteristisch für Ionenbindung (nach BRILL, GRIMM, HERMANN und PETERS 1939)

Eine spezielle Form des Wachstums liegt bei der *Epitaxie* vor. Man versteht darunter die orientierte Verwachsung von Kristallen mit gleicher oder verwandter Gitterstruktur. Als Keim wird dabei eine bestimmte Fläche eines Substrat- oder Wirtskristalls vorgegeben, auf die der Deposit- oder Gastkristall aufwächst. Bestehen Wirt und Gast aus dem gleichen Material, so spricht man von Homoepitaxie, anderenfalls von Heteroepitaxie. Im letzteren Fall werden geringe Gitterkonstantenunterschiede durch Fehlpassungsversetzungen (misfit dislocations) innerhalb der zuerst aufwachsenden Kristallschichten ausgeglichen. Epitaktisches Wachstum ist grundlegend für die sog. Planartechnologie, in der die Mehrzahl der modernen Halbleiterbauelemente hergestellt wird.

5.3. Gittertypen und chemische Bindung

Der Zusammenhalt der Gitterbausteine im Festkörper wird durch die gleichen Kräfte bewirkt, die auch die Molekülbindung verursachen (s. Abschn. 4.1.1.). Grenztypen sind die *Ionenbindung* (*heteropolare Bindung*), die *kovalente* (*homöopolare*) *Bindung* und die *metallische Bindung*. Tatsächlich liegen meist Übergangsformen zwischen diesen Typen vor, so daß quantitative Berechnungen auf experimentell (aus Röntgenbeugungsuntersuchungen, vgl. Abschn. 5.2.2.3.) oder theoretisch ermittelten Verteilungen der Elektronendichte aufbauen müssen. Hinzu kommt die durch *Molekularkräfte* (s. Abschn. 4.2.1.) bewirkte Bindung zwischen neutralen Bausteinen in Edelgas- und Molekülkristallen.

5.3.1. Ionenbindung

Die Ionenbindung hat ihre Ursache in der besonders hohen Stabilität abgeschlossener Elektronenschalen. Zum Beispiel fehlt beim Cl-Atom mit der Elektronenkonfiguration $(1s^2) (2s^2 2p^6)$ $(3s^2 3p^5)$ zum Abschluß der äußeren M-Schale ein Elektron. Steht dieses zur Verfügung, so entsteht unter Energiegewinn (dessen Größe als *Elektronenaffinität* bezeichnet wird) ein negativ geladenes Cl-Ion mit der Edelgaskonfiguration $(1s^2) (2s^2 2p^6) (3s^2 3p^6)$. Das Elektron kann von leicht ionisierbaren Atomen, z. B. von Na mit der Elektronenkonfiguration $(1s^2) (2s^2 2p^6) 3s$, abgegeben werden, die dadurch in positive Ionen übergehen. Diese Vorstellung wird durch die gemessene Elektronendichteverteilung (s. Abb. 5.27) gut bestätigt; z. B. ergibt eine Integration der

Elektronendichte um das Na-Ion 10 Elektronen, was dem Ladungszustand Na$^+$ entspricht.

Die entstandenen Ionen ziehen sich an, wobei ein Gewinn an elektrostatischer Energie auftritt, bis sich die Elektronenhüllen zu überlappen beginnen. Die potentielle Energie U der Ionen als Funktion ihres Abstandes r ergibt sich zu

$$U = -N\alpha \frac{z^2 e^2}{4\pi\varepsilon_0 r} + \frac{B}{r^n} \qquad (5.10)$$

(vgl. Abb. 5.28). Dabei ist N die Zahl der Ionen im Kristall. z die Ladungszahl, e die Elementarladung. Die Madelung-Konstante α hängt vom Gittertyp ab und hat für die NaCl-Struktur (s. Abb. 5.35) den Wert 1,7476. Das Glied B/r^n beschreibt die kurzreichweitige Abstoßungskraft, die aus der Überlappung der Elektronenhülle resultiert. Die Konstante B ergibt sich aus der Bedingung, daß beim Gleichgewichtsabstand r_0 die potentielle Energie ein Minimum hat. Gl. (1) geht dadurch über in

$$U(r) = -\frac{N\alpha z^2 e^2}{4\pi\varepsilon_0 r_0} \left\{ \frac{1}{(r/r_0)} - \frac{1}{n(r/r_0)^n} \right\}. \qquad (5.10a)$$

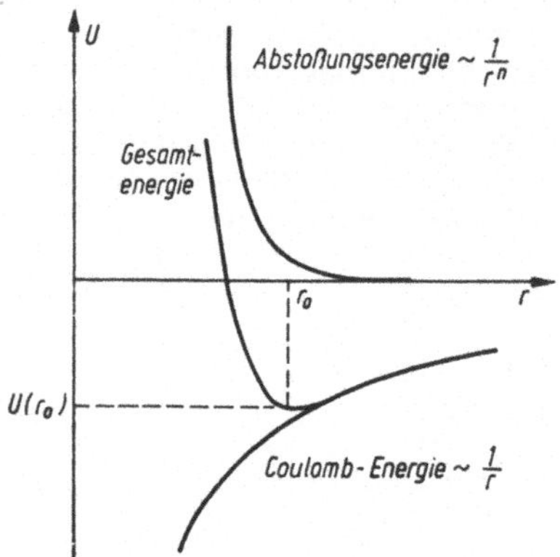

Abb. 5.28. Potentielle Energie eines binären Ionengitters als Funktion des Abstandes r nächster Nachbarn

Abb. 5.29. Born-Haber-Prozeß für NaI. ↗ bedeutet frei werdende, ↙ aufzunehmende Energie. Die Gitterenergie $U(r_0)$ ergibt sich aus der Bedingung, daß die Summe der umgesetzten Energie verschwindet:

$$U(r_0) = Q_{NaI} + S_{Na} + \tfrac{1}{2} D_{I_2} + I_{Na} - A_I$$

Q_{NaI} ist die Bildungswärme aus festem Na und I, S_{Na} die Sublimationswärme von festem Na, D_{I_2} die Dissoziationsenergie von I_2, I_{Na} die Ionisationsenergie des Na-Atoms und A_I die Elektronenaffinität des I-Atoms

Der Abstoßungsexponent n läßt sich aus der Kompressibilität berechnen (s. Abschn. 5.5.1.); für Alkalihalogenide erhält man Werte zwischen 6 und 10 (s. Tab. 5.2). Dieser große Wert rechtfertigt die Annahme, die Ionen als starre undurchdringliche Kugeln aufzufassen, die im Gitter so angeordnet sind, daß sich nächste Nachbarn gerade berühren. Tab. 5.3 gibt die dementsprechend aus den Gitterkonstanten binärer Verbindungen berechneten *Ionenradien* an.

Tabelle 5.2. Gitterenergie $U(r_0)$ von Alkalihalogeniden mit NaCl-Struktur

		a_0 [nm]	n	$U(r_0)$ [kJ/mol] theoret.	exp.
Li	F	0,402	6,2	1040	1053
	Cl	0,513	7,3	843	865
	Br	0,549	7,7	797	825
	I	0,600	7,0	720	772
Na	F	0,462	6,4	913	932
	Cl	0,563	8,4	786	794
	Br	0,596	8,3	741	755
	I	0,646	8,0	683	709
K	F	0,533	7,4	813	825
	Cl	0,628	8,6	708	721
	Br	0,659	9,1	682	689
	I	0,707	9,2	639	652

a_0 Gitterkonstante, n Abstoßungsexponent. „Theoretische" Werte von $U(r_0)$ aus a_0 und n berechnet, experimentelle Werte aus dem Born-Haberschen Kreisprozeß

Tabelle 5.3. Ionenradien von Elementen für die Koordinationszahl 6

Ion	Radius [nm]	Ion	Radius [nm]
Li$^+$	0,078	F$^-$	0,133
Na$^+$	0,098	Cl$^-$	0,181
K$^+$	0,133	Br$^-$	0,196
Rb$^+$	0,149	I$^-$	0,220
Ca$^+$	0,165	O^{2-}	0,132
Be^{2+}	0,034	S^{2-}	0,174
Mg^{2+}	0,078	Se^{2-}	0,191
Ca^{2+}	0,106	Te^{2-}	0,211
Sr^{2+}	0,127		
Ba^{2+}	0,143		

Die Werte für F$^-$ und O^{2-} wurden optisch aus Messungen der Molrefraktion bestimmt. (nach V. M. GOLDSCHMIDT)

Die *Wertigkeit* ist bei der Ionenbindung gleich der Ionenladung. Da die Coulomb-Kraft kugelsymmetrisch ist, ist die heteropolare Bindung nicht gerichtet.

Ist der Exponent n bekannt, läßt sich aus Gl. (5.10a) die Gitterenergie

$$U(r_0) = -\frac{N\alpha z^2 e^2}{4\pi\varepsilon_0 r_0} \left(1 - \frac{1}{n} \right) \qquad (5.10b)$$

berechnen. Entsprechend Gl. (5.10) ist $U(r_0)$ die Energie, die aufgewendet werden muß, um den Kristall in isolierte Ionen ($r \to \infty$) zu zerlegen. Da jedoch ein Ionenkristall beim Erhitzen nicht in Ionen, sondern in neutrale Bausteine zerfällt, kann $U(r_0)$ experimentell nur indirekt bestimmt werden. Dies gelingt z. B. mittels des in Abb. 5.29 dargestellten *Born-Haberschen Kreisprozesses* aus thermochemischen Daten. Tab. 5.3 zeigt, daß experimentelle und theoretische Werte für die Gitterenergie gut übereinstimmen, was die Richtigkeit der elektrostatischen Deutung der Ionenbindung beweist.

5.3.2. Kovalente, kovalent-ionare und metallische Bindung

Bei der kovalenten (homöopolaren) Bindung entsteht die Anziehung der Atome durch die Überlappung der Elektronenschalen benachbarter Atome (Austauschwechselwirkung). Diese Erscheinung ist nur quantenmechanisch verständlich, ausführliche Rechnungen dazu liegen insbesondere für das H_2-Molekül vor (vgl. 4.1.1.). Als

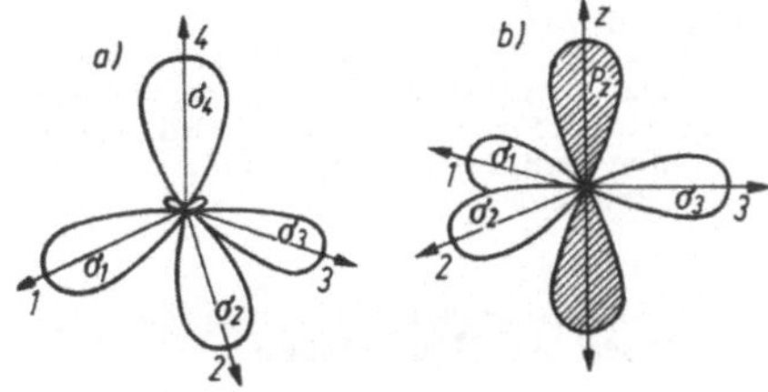

Abb. 5.30. sp³- und sp²-Hybride 4wertiger Atome. Die sp³-Orbitale (a) sind nach den Ecken eines Tetraeders gerichtet, die Bindungswinkel betragen 109°. Die sp²-Orbitale (b) bilden eine planare Anordnung mit Bindungswinkeln von 120°, auf der das p_z-Orbital senkrecht steht

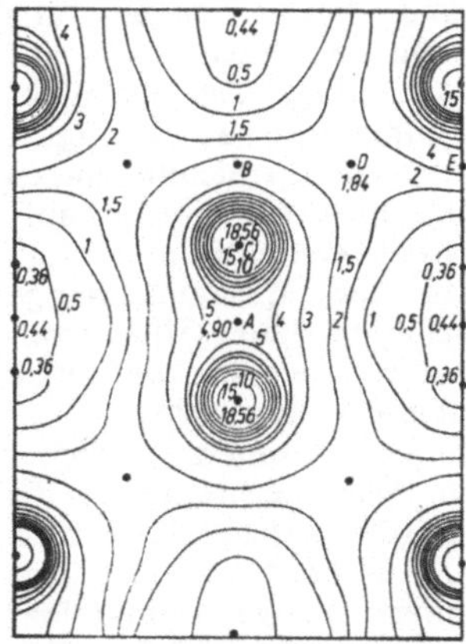

Abb. 5.31. Elektronendichteverteilung in der (110)-Ebene des Diamantgitters (nach BRILL, GRIMM, HERMANN und PETERS 1939)

Ergebnis erhält man die *Potentialkurven* (s. z. B. Abb. 4.11). Bindung (mit einem Energieminimum bei r_0) tritt ein, wenn die Elektronenspins antiparallel stehen (antisymmetrische Spinfunktion) und die Aufenthaltswahrscheinlichkeiten der Atome sich maximal überlappen (symmetrische Ortsfunktion). In chemischer Ausdrucksweise wird die Bindung durch ein Elektronenpaar (zwei Elektronen mit antiparallelem Spin) vermittelt. Die *Wertigkeit* ist bei kovalenter Bindung gleich der Zahl der Elektronen mit ungepaarten Spins. Je nach dem Zustand (Orbital), in dem sich diese Elektronen befinden, sind verschiedene Bindungstypen (s-s-σ, p-s-σ, p-p-π usw. möglich (vgl. Abschn. 4.2.2.). Bei mehrwertigen Atomen ergeben sich dadurch die charakteristischen *Valenzwinkel*.

Der Bindungszustand stimmt häufig nicht mit dem Grundzustand überein, sondern kann durch „*Promotion*" („Anheben") eines Elektrons aus einer tieferen Schale eine andere Konfiguration haben. Beispielsweise geht der zweiwertige Grundzustand der Atome der 4. Gruppe des Periodensystems mit der Konfiguration $(ns^2)(np^2)$ ($n = 1$: C, $n = 2$: Si, $n = 3$: Ge) in den Bindungszustand $(ns)(np^3)$ über, der vierwertig ist. Dieser Zustand kann durch *Hybridisierung* weiter verändert werden, wobei entweder vier gleichartige sp³-Hybridorbitale oder drei gleichartige sp²-Hybridorbitale und ein p_z-Orbital entstehen (Abb. 5.30).

Rein kovalente Bindung ist nur bei den Elementhalbleitern (Diamant, Si, Ge) der 4. Gruppe des Periodensystems verwirklicht, die in der Diamantstruktur (s. Abb. 5.34) kristallisieren. Abb. 5.31 zeigt, daß hier die Elektronendichte zwischen nächsten Nachbarn relativ groß ist. Bei den binären 3-5-Verbindungen (Verbindungen von Elementen der 3. und 5. Gruppe des Periodensystems) und noch stärker bei den 2-6-Verbindungen überlagern sich homöopolare und heteropolare Bindungsanteile, wie aus der Verteilung der Valenzelektronendichte deutlich zu sehen ist (s. Abb. 5.32). Man spricht dann von einer *gemischt kovalent-ionaren* Bindung.

Für die *metallische Bindung* ist die Existenz fast freier Elektronen bestimmend, die in Form eines Gases die Zwischenräume zwischen den positiven Ionen ausfüllen und durch ihre negative Ladung deren abstoßende Wechselwirkung überkompensieren.

Eine äquivalente Vorstellung ist die einer kovalenten Bindung, die vollständig auf alle Bindungspartner verteilt (delokalisiert) ist.

In reiner Form ist die metallische Bindung bei den *Alkalimetallen* realisiert; deren geringe Bindungsenergie zeigt, daß sie relativ schwach ist. Ebenso wie bei der Ionenbindung sind die anziehenden Kräfte kugelsymmetrisch und der

---

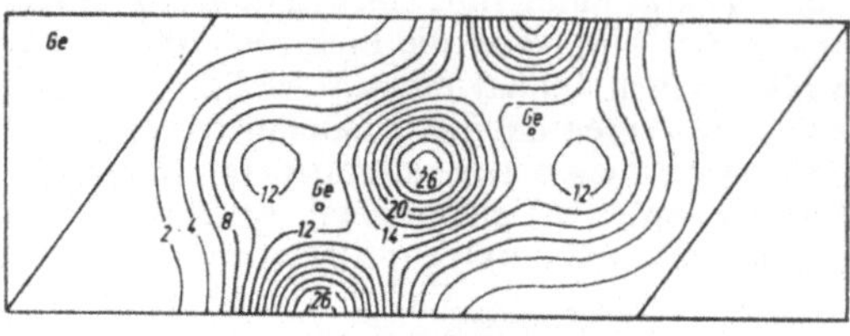

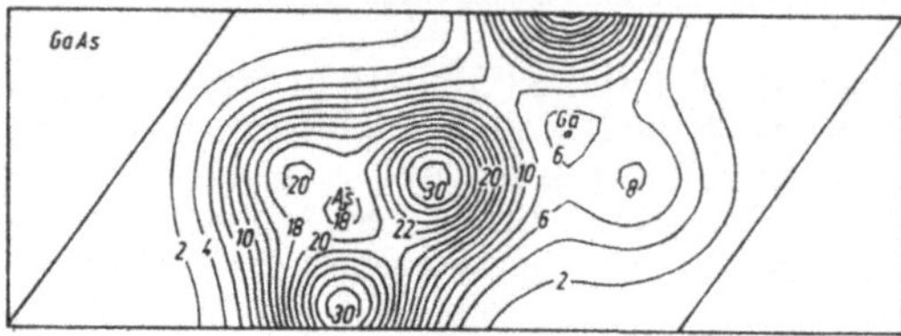

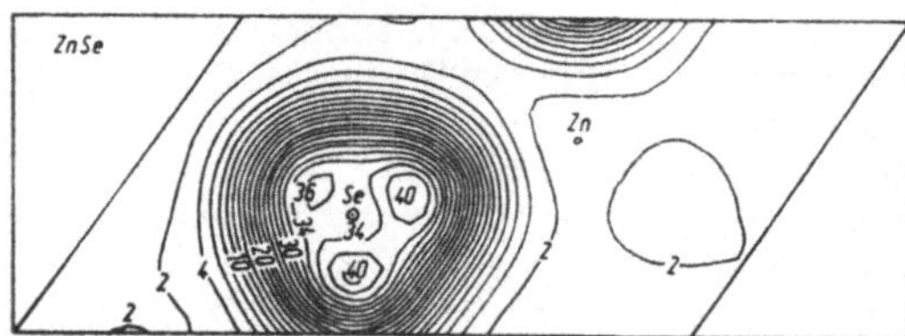

Abb. 5.32. Berechnete Valenzelektronendichte von Ge, GaAs und ZnSe. Dargestellt ist ein Teil der (110)-Ebene der Zinkblendestruktur, die die Bindungsrichtung enthält. Die hohe Dichte zwischen den benachbarten Ge-Atomen wird als *Bindungsladung* bezeichnet, sie charakterisiert die kovalente Bindung. Beim GaAs zeigt die Verschiebung der Bindungsladung in Richtung des As-Atoms den heteropolaren Bindungsanteil, der beim ZnSe dominiert (nach WALTER und COHEN 1971)

Abstoßungsexponent n nimmt hohe Werte an, so daß man auch Metallatome in guter Näherung als harte Kugeln auffassen und ihnen einen *Atomradius* zuordnen kann (s. Tab. 5.4).

Tabelle 5.4. Atomradien der Metalle

Atom	Radius [nm]	Atom	Radius [nm]	Atom	Radius [nm]
Li	0,152	Be	0,111	Al	0,143
Na	0,186	Mg	0,160	Ga	0,122
K	0,231	Ca	0,197	In	0,162
Rb	0,244	Sr	0,215	Sn	0,151
Cs	0,263	Ba	0,217	Pb	0,175
Cu	0,128	Zn	0,133	Fe	0,124
Ag	0,144	Cd	0,149	Co	0,125
Au	0,144	Hg	0,150	Ni	0,125

Bei *Übergangsmetallen* (deren Atome 3d- bzw. 4d-Elektronen enthalten) kommt zu der metallischen Bindung der äußeren s- und p-Elektronen noch ein kovalenter Anteil zur Bindung hinzu, der von der Überlappung der d-Elektronen herrührt und die Bindungsenergie vergrößert. Die wichtigsten Eigenschaften der drei Grenztypen der chemischen Bindung sind zusammen mit denen der Molekularkräfte und der Wasser-

stoff-Brückenbindung (vgl. Abschn. 4.2.2.4.) in Tab. 5.5 zusammengestellt.

Tabelle 5.5. Eigenschaften der wichtigsten Bindungstypen

Bindungstyp	Stärke $\dfrac{eV}{Baustein}$	Richtungsverhalten	Sättigungsverhalten	Gitterenergie [kJ/mol]
kovalent	5 bis 10	gerichtet	absättigbar	Diamant (1040)
ionisch	5 bis 10	nicht gerichtet	absättigbar	NaCl (794)
metallisch	1	nicht gerichtet	nicht absättigbar	Na (113)
molekular	0,05 bis 0,1	nicht gerichtet	nicht absättigbar	Argon (7,8)
H-Brücke	0,3	gerichtet	absättigbar	H_2O (52)

Als Maß für die Stärke dient die Bindungsenergie je Gitterbaustein, die sich aus der Gitterenergie ergibt. Eine Bindung wird als absättigbar bezeichnet, wenn die Koordinationszahl (die Zahl der nächsten Nachbarn) durch die Art der Bindung und nicht durch geometrische Gegebenheiten bestimmt wird.
Die Bindungsenergie der Molekularkräfte ist vergleichbar mit der mittleren thermischen Energie bei Zimmertemperatur ($k_B T_z = 0,025$ eV), Molekularkräfte führen deshalb erst bei tiefen Temperaturen zu räumlich stabilen Anordnungen der Bausteine.

5.3.3. Strukturtypen und Bauverbände

Teilt man die Stoffe entsprechend ihrer Flüchtigkeit, ihrem Verhalten in der Dampfphase und ihrem elektrischen Verhalten ein, so ergibt sich die Tab. 5.6.
Prinzipiell sollten sich die in der Natur verwirklichten Gittertypen und darüber hinaus alle Eigenschaften der Stoffe rein theoretisch auf quantenmechanischer Grundlage aus der Elektronenstruktur der an ihrem Aufbau beteiligten Atome ableiten lassen. Von der Erreichung dieses Zieles ist man jedoch selbst bei einfach aufgebauten Festkörpern noch weit entfernt.
Im folgenden werden die Zusammenhänge zwischen Atomeigenschaften und Gitterstrukturen qualitativ diskutiert, wobei die letzte Spalte von Tab. 5.6 näher erläutert wird.
Gitterstrukturen lassen sich in unterschiedlicher Weise charakterisieren. Weit verbreitet ist die Angabe der *Symmetrie* (der Kristallklasse bzw. der Raumgruppe, vgl. Abschn. 5.2.1.), die sich aus Röntgenstrukturuntersuchungen unmittelbar ableiten läßt. Zur weiteren Klassifizierung benutzt man die sog. *Strukturtypen*, die sich zusätzlich auf die chemische Natur der Stoffe beziehen (s. Tab. 5.7). und numeriert in der Reihenfolge abnehmender Symmetrie. Beispiel derartiger

Tabelle 5.6. Empirische Einteilung der Stoffe und zugehörige Gitterstruktur (nach F. HUND)

Stoff-klasse	Bei-spiele	Siede-punkt	Dampf-phase	Elektrisches Verhalten	Bindungs-typ	Elektronen-verteilung	Gitterstruktur
Edel-gase	He, Ne, Ar	sehr tief	ein-atomig	Isolator	Van-der-Waals-Kristall	Kugel symmetrisch am Atom	Koordinationszahl 12, dichteste Kugel-packungen
Gase unpolar	H_2, N_2, O_2, CH_4	tief	unpolare Molekeln		Molekül-kristalle (Van-der-Waals-bzw. Wasserstoff-Brückenbindung)	am Molekül lokalisiert	Vielfältige, meist niedersymmetrische Inseltypen, Symmetrie durch Molekülform bestimmt
polar	HCl, H_2O, CO_2, organ. Stoffe		polare Molekeln				
salz-artige Stoffe	NaCl, MgO, CaF_2, $BaTiO_3$	hoch		Isolator bzw. Ionen-leiter	hetero-polare Bindung	kugelförmig am Ion lo-kalisiert	Koordinationszahl 8, 6, 4, evtl. niedriger, vielfältige, z. T. hoch-symmetrische Typen
Metalle	Na, Mg, Fe, W, Legie-rungen	sehr hoch	ein-atomig	Elektronen-leiter	Metall-bindung	völlig delokali-siert	Koordinationszahl 12, z. T. 8 dichteste Kugelpackungen
diamant-artige Stoffe	C, Si, Ge, BN			Isolator oder Halbleiter	kovalente Bindung	lokalisiert zwischen 2 Atomen	Koordinationszahl 4, Tetraederumgebung, Diamant- oder Zink-blendestruktur
Über-gangs-formen	Se, Te	mäßig hoch	z. T. Mole-keln	stark anisotrop, Halbleiter	kovalente und Van-der-Waals-Bin-dung	lokalisiert in Ketten- oder Schich-ten	Ketten- oder Schichtgitter
	P, As, Sb Graphit	hoch					

Tabelle 5.7. Nomenklatur der Gitterstrukturen (Beispiele s. Abb. 5.33 bis 5.35)

Strukturtyp	Substanz
A	Elemente
B	Binäre AB-Verbindungen
C	AB_2-Verbindungen
E	Verbindungen mit mehr als zwei Atomsorten (ohne Radikale)
F bis K	Gitter mit Radikalen
L	Legierungen
O	organische Verbindungen
S	Silikate

Strukturtypen sind in den Abb. 5.33 bis 5.35 angegeben. Jedoch können sich Strukturen gleicher Symmetrie in ihren Bindungsverhältnissen wesentlich unterscheiden, so daß sie sich geometrisch keinesfalls besonders ähnlich sind, weil ihre *Koordinationszahlen* (Anzahl der nächsten Nachbarn eines Atoms) differieren.

Beispielsweise liegt beim A3-Typ (Abb. 5.33c) beim idealen Achsenverhältnis $c/a = \sqrt{8/3}$ eine hexagonal dichteste Kugelpackung mit der Koordinationszahl (KZ) 12 vor. Ist $c/a > \sqrt{8/3}$,

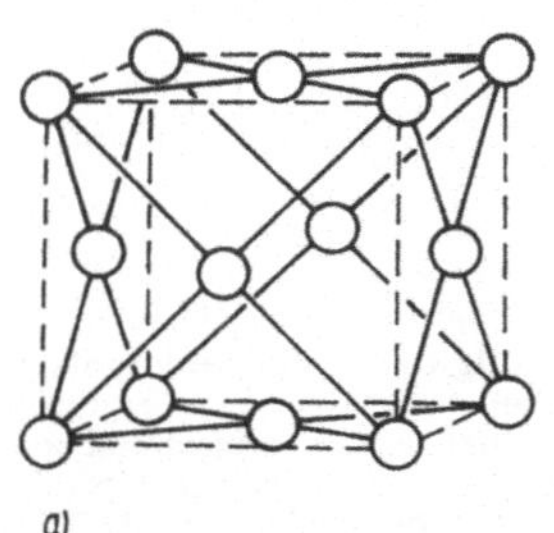

a)

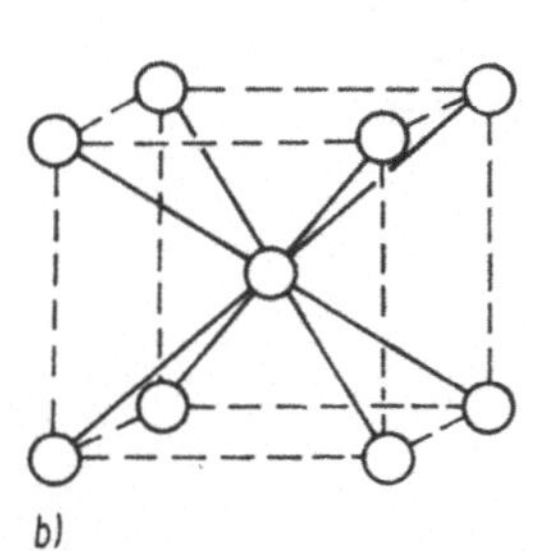

b)

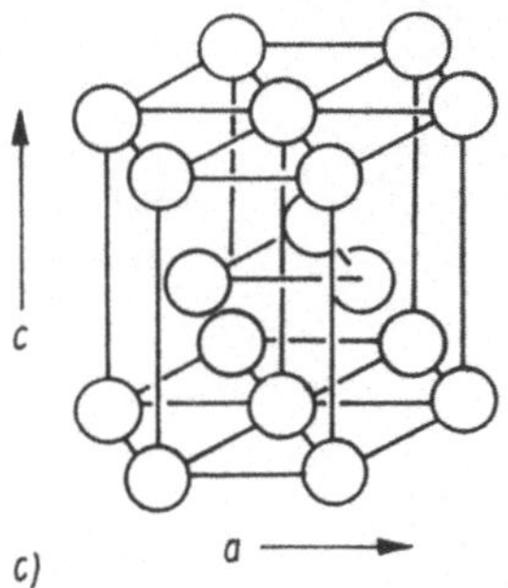

c)

Abb. 5.33. Kristallgitter von Metallen (A-Typen)
a) A1-Typ: kubisch-flächenzentriert (kubisch dichteste Kugelpackung[1]). Bauverband 12 G, Raumausfüllung 74%. Beispiel: Cu; b) A2-Typ: kubisch-raumzentriert. Bauverband 8 G (bei Einbeziehung übernächster Nachbarn 14 G), Raumausfüllung 68%. Beispiel: W; c) A3-Typ: hexagonal; im Falle $c/a = \sqrt{8/3}$ hexagonal dichteste Kugelpackung mit dem Bauverband 12 G und einer Raumausfüllung von 74%

[1] Hier und in den folgenden Abbildungen sind die Kugeln wegen der Übersichtlichkeit zu klein gezeichnet.

5.3. Gittertypen und chemische Bindung

22*

sind nur die Atome in den Ebenen senkrecht zur *c*-Achse nächste Nachbarn, man hat ein Schichtgitter mit der Koordinationszahl 6. Im Falle $c/a < \sqrt{8/3}$ sind die in *c*-Richtung übereinanderliegenden Atome nächste Nachbarn, das Gitter besteht aus Ketten mit der Koordinationszahl 2.

Die Nachbarschaftsverhältnisse werden nach F. LAVES (1930) durch sog. *Bauverbände* (*Bau-zusammenhänge*) wiedergegeben. Man versteht darunter die Gesamtheit aller Atome, die durch *kürzeste* Abstände miteinander verbunden sind. Dadurch ergeben sich *Inseln* (I, s. Abb. 5.34d), *Ketten* (K, s. Abb. 5.34b), *Netze* (N, s. Abb. 534c) und *Gitter* (G), die sich noch durch ihre Koordinationszahl unterscheiden. Bei Hochpolymeren kann es durch Kettenfaltung noch zu *Lamellen* (L) kommen (vgl. Abschn. 6.5.).

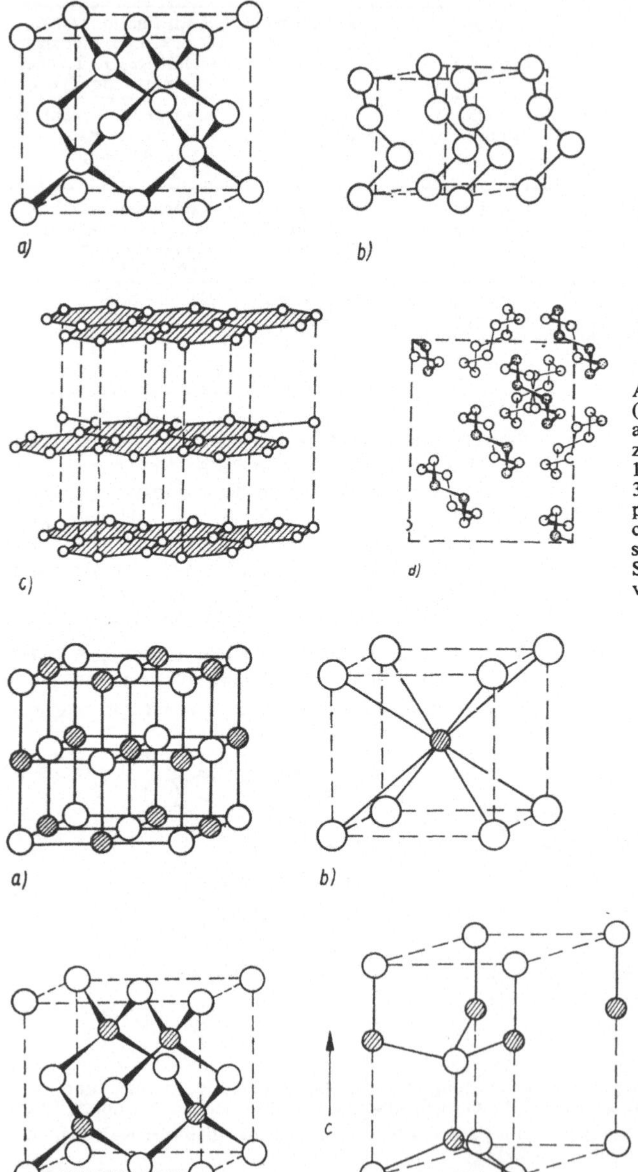

Abb. 5.34. Kristallgitter mit kovalenter Bindung (A-Typen)
a) A4-Typ: Diamantstruktur: 2 kubisch-flächenzentrierte Gitter, in Raumdiagonalenrichtung um 1/4 verschoben. Bauverband 4 G, Raumausfüllung 34%; b) A8-Typ: Selengitter, Schraubenketten parallel zur hexagonalen Achse. Bauverband 2 K; c) A9-Typ: Graphitgitter. Hexagonale Netze mit sp²-Hybriden. Bauverband 6 N; d) A16-Typ: Schwefelgitter (Ausschnitt). S₈-Inseln als Bauverbände

Abb. 5.35. Kristallgitter mit heteropolarer Bindung (B-Typen)
a) B1-Typ: NaCl-Struktur. 2 kubisch-flächenzentrierte Gitter um 1/2 in Kantenrichtung verschoben. Bauverband 6 G 6; b) B2-Typ: CsCl-Struktur. 2 einfach kubische Gitter, um 1/2 in Raumdiagonalenrichtung verschoben. Bauverband 8 G 8; c) B3-Typ: Zinkblendestruktur. 2 kubisch-flächenzentrierte Gitter, um 3/4 in Raumdiagonalenrichtung verschoben, Bauverband 4 G 4; d) B4-Typ: Wurtzittyp. 2 Gitter vom A3-Typ, um 3/8 längs der hexagonalen *c*-Achse verschoben. Für $c/a = \sqrt{8/3}$. Bauverband 4 G 4

Dem oben diskutierten A3-Typ entsprechen folgende Bauverbände:

$c/a > \sqrt{8/3}$: 6 N (Netze mit der *KZ* 6)

$c/a = \sqrt{8/3}$: 12 G (Gitter mit der *KZ* 12)

$c/a < \sqrt{8/3}$: 2 K (Ketten mit der *KZ* 2)

In der Natur sind i. allg. diejenigen Atomanordnungen mit der kleinsten freien Enthalpie realisiert (vgl. Bd. 1, Abschn. 12.9.); andere Anordnungen sind metastabil.

Die Berechnung von Gitterstrukturen aus diesem Prinzip ist jedoch sehr kompliziert und praktisch nicht zu realisieren. Daher benutzt man für kristallchemische Überlegungen, wie die Frage nach der stabilsten Gitterstruktur, qualitative Argumente. Als besonders *fruchtbar* hat sich die *Forderung nach maximaler Dichte* erwiesen. Sie resultiert daraus, daß etwa 90 % der Gitterenergie von den Anziehungskräften herrühren. Unter der Annahme konstanter Atom- bzw. Ionenradien ist diese Forderung gleichbedeutend mit der *Forderung nach maximaler Koordinationszahl*, die mit den sonstigen Bedingungen verträglich ist. Zu letzteren gehören die Richtungsbeziehungen bei kovalenter Bindung, die Neutralität bei Ionenbindung und vor allem die Bedingung der Fortsetzbarkeit einer bestimmten Nachbarschaft in allen drei Raumrichtungen.

Betrachtet man die nächste Umgebung eines Atoms oder Ions, so findet man als mögliche Anordnungen, die sich räumlich periodisch zu Gittern fortsetzen lassen, die fünf in Abb. 5.36 angegebenen mit den Koordinationszahlen 12, 8, 6 und 4. Dreier- und Zweierumgebungen führen nur zu Netzen bzw. Ketten.

Bei nicht absättigbaren Zentralkräften in Elementgittern (Metalle, Edelgaskristalle) entspricht

der größte Gewinn an Bindungsenergie der *KZ* 12. Es treten daher bevorzugt dichteste Kugelpackungen und kubisch-raumzentrierte Gitter auf (Abb. 5.33). Bei letzterem, dem A2-Typ, sind die 6 zweitnächsten Nachbarn nur etwa 15 % weiter entfernt als die 8 nächsten Nachbarn, so daß quasi die *KZ* 14 vorliegt.

Bei homöopolarer Bindung ist die Zahl der nächsten Nachbarn durch die Bindungsrichtungen bestimmt. Rein homöopolare Raumgitter (G-Typen) sind deshalb nur bei vierwertigen Elementen möglich: die Diamantstruktur mit tetraedrischer Umgebung jedes Atoms (Abb. 5.34a). Bei niedrigerer Wertigkeit entstehen Schichten (N-Typen), Ketten (K-Typen) oder Molekülgitter (I-Typen); der Zusammenhalt der Schichten, Ketten oder Moleküle wird dabei durch Molekularkräfte oder heteropolare Bindungen bewirkt (Abb. 5.34).

Bei binären Verbindungen (AB-Gitter, B-Typen) lassen sich 12er Umgebungen nicht periodisch fortsetzen, daher entstehen bei überwiegender Ionenbindung bevorzugt 8er Umgebungen (CsCl-Typ) und 6er Umgebungen (NaCl-Typ); bei merklich kovalenten Anteilen 4er Umgebungen (Zinkblende- oder Wurtzittyp) mit geringer Raumausfüllung (Abb. 5.35).

Einige Kristalle können je nach äußeren Bedingungen in verschiedenen Gitterstrukturen kristallisieren, z. B. ZnS und CdS im Zinkblende- oder Wurtzittyp (Abb. 5.35). Diese Erscheinung bezeichnet man als *Polymorphie.* Im chemischen Sinne handelt es sich um verschiedene Modifikationen des gleichen Stoffes, die bei unterschiedlichen Temperaturen stabil sind.

5.3.4. Mischkristalle und Legierungen

Mischkristalle sind chemische Verbindungen im festen Zustand, bei denen das Kristallgitter (bzw. ein Untergitter) durch Atome verschiedener Elemente besetzt ist, ohne daß stöchiometrische Verhältnisse vorliegen. Beispielsweise kristallisieren GaAs und GaP im Zinkblendegitter. Beide sind lückenlos mischbar; in dem entstehenden Substitutionsmischkristall $GaAs_{1-x}P_x$ $(0 \leq x \leq 1)$ sind die Plätze eines Untergitters nur mit Ga-Atomen, die des anderen in statischer Verteilung mit As- und P-Atomen besetzt; die Anzahl der Atome in der Elementarzelle bleibt ungeändert.

Voraussetzung für das Auftreten von *Substitutionsmischkristallen* ist eine ähnliche Gitterstruktur mit nicht zu unterschiedlichen Atom- bzw. Ionenradien; oft liegt sogar *Isomorphie* (Gleichheit der Kristallstruktur der Komponenten) vor. Bei relativ verschiedenen Stoffen kann die Mischbarkeit auf bestimmte Konzentrationsverhält-

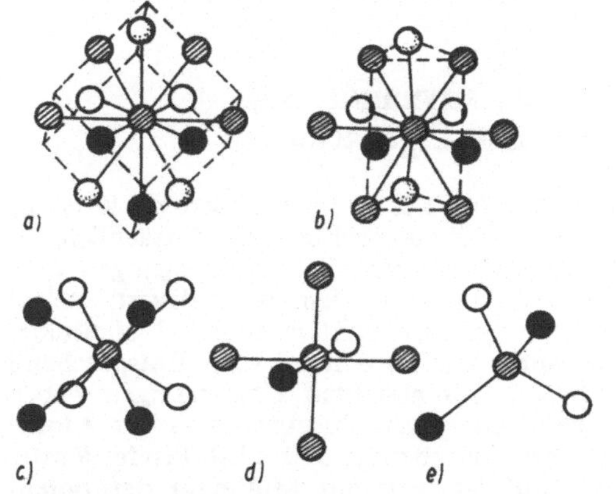

Abb. 5.36. Räumliche Anordnung von Kugeln, die sich periodisch fortsetzen lassen (nach HUND 1961)

nisse beschränkt sein, man spricht dann von Mischungslücken.

Bei *Einlagerungsmischkristallen* besetzen die Fremdatome statistisch verteilt Zwischengitterplätze des Wirtskristalls, die Zahl der Atome in der Elementarzelle nimmt hierbei zu. Einlagerungsmischkristalle entstehen bei beträchtlichen Unterschieden der Atomradien; durch die Einlagerung wird z. T. das Wirtsgitter deformiert. Beispiele sind C- und N-Einlagerungen in Eisen; neuerdings spielen H-Einlagerungen in Metalle im Hinblick auf die Nutzung von Wasserstoff als Energieträger eine große Rolle.

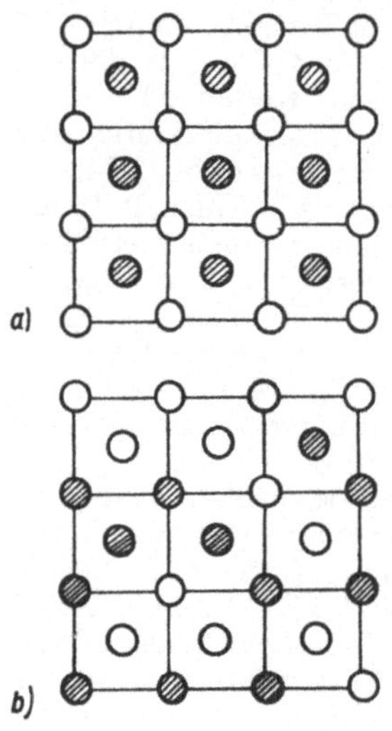

Abb. 5.37. Geordnete (a) und ungeordnete (b) Verteilung der Atome in einer Legierung (schematisch)

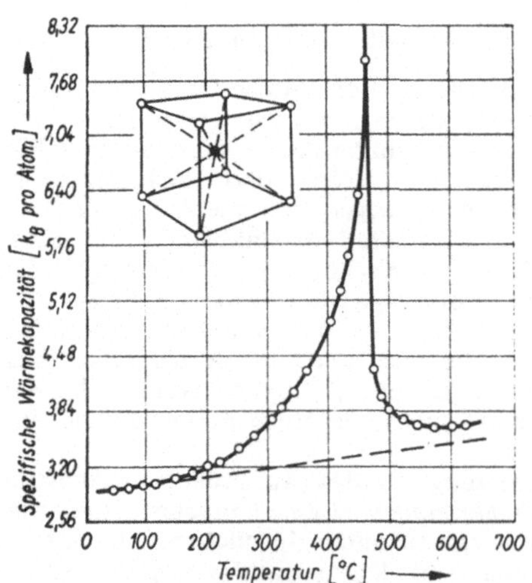

Abb. 5.38. Spezifische Wärmekapazität einer CuZn-Legierung (β-Messung) in der Nähe des Phasenübergangs (nach NIX und SHOCKLEY)

Die Gitterkonstante von Mischkristallen ändert sich näherungsweise linear mit der Zusammensetzung (Vegardsche Regel), sprunghafte Abweichungen deuten meist auf Strukturänderungen hin.

Mischkristalle mit Metallcharakter werden als *Legierungen* bezeichnet (praktisch alle Gebrauchsmetalle sind Legierungen). In ungeordneten Legierungen wird das Prinzip hoher Packungsdichte oft unter Verzicht auf hohe Symmetrie durch Bildung irregulärer Polyeder aus unterschiedlichen Atomen mit den Koordinationszahlen 12, 14, 15 und 16 (Kaspar-Polyeder) verwirklicht. Zu der chemischen Unordnung kommt dann noch eine geometrische Unordnung (Abweichung von den regulären Gitterplätzen) hinzu.

Bei bestimmten Mischungsverhältnissen können unterhalb einer Umwandlungstemperatur Legierungen auch geordnet sein (Abb. 5.37).

Stimmt dabei das Gitter mit dem der Komponenten überein, so spricht man von *Überstrukturen* (Supergittern); dieser Fall liegt z. B. bei den Legierungen Cu_3Au, Ni_3Sn und Cu_2AlMn (Heuslersche Legierung) vor. Bei der Umwandlungstemperatur erfolgt ein Phasenübergang, der sich u. a. durch Änderungen im Röntgen- bzw. Neutronenbeugungsdiagramm und durch eine Anomalie der spezifischen Wärmekapazität (Abb. 5.38) bemerkbar macht.

Andererseits können sich auch völlig neuartige Gitterstrukturen ausbilden, man spricht dann von *intermetallischen Phasen*. Ihre Zusammensetzung ist teilweise einfach (z. B. $MgCu_2$, $MgZn_2$ und $MgNi_2$ als Vertreter der sog. Laves-Phasen), andererseits treten bei den sog. Hume-Rothery-Phasen verblüffende Zusammensetzungen wie Cu_5Zn_8, Cu_9Ga_4 oder $Cu_{31}Sn_8$ auf, die an bestimmte Valenzelektronenkonzentrationen geknüpft sind.

5.4. Gitterdynamik und thermische Eigenschaften

In den Abschn. 5.2. und 5.3. haben wir Kristalle als starre Gebilde betrachtet. Tatsächlich ist dieser Zustand wegen Wärmebewegungen (vgl. Bd. 1, Abschn. 13.) niemals realisiert, selbst am absoluten Nullpunkt existieren Nullpunktsschwingungen (s. Abschn. 5.4.5.). Entsprechend den in 5.3.1. angestellten Überlegungen heben sich beim Gleichgewichtsabstand r_0 der Atome im Gitter anziehende und abstoßende Kräfte gerade auf, es liegt ein Minimum der potentiellen Energie vor. Bei jeder Auslenkung aus dieser Gleichgewichtslage erhöht sich entsprechend der Potentialkurve [vgl. Abb. (5.28)] die Energie des Gitters, und es treten rücktreibende Kräfte auf. Sind die Auslenkungen sehr klein gegenüber r_0, so sind die Kräfte proportional zur Auslenkung (Hookesches Gesetz, vgl. Bd. 1, Abschn. 9.3.) und verursachen harmonische Schwingungen des Gitters. Bei größeren Auslenkungen gilt das wegen der Asymmetrie der Potentialkurve nicht mehr, es treten dann zusätzliche (anharmonische) Effekte auf. Da Gitterschwingungen mit Bindungskräften zusammenhängen, liefern Messungen von Gitterschwingungsfrequenzen ebenso wie die Messung elastischer Konstanten (vgl. Abschn. 5.5.1.) Aussagen über Bindungskräfte.

5.4.1. Schwingungsspektren von Kristallen

Solange wir uns auf kleine Auslenkungen aus der Gleichgewichtslage beschränken (im Gültigkeitsbereich des Hookeschen Gesetzes), können wir ein Kristallmodell verwenden, das aus Massepunkten besteht, die durch Federn miteinander gekoppelt sind (harmonische Näherung). Die wesentlichsten Züge dieses Modells diskutieren wir zunächst am Beispiel einer zweiatomigen Kette (Abb. 5.39) aus N Elementarzellen ($N \gg 1$) mit $2N$ Atomen, wobei wir nur Wechselwirkungen zwischen nächsten Nachbarn berücksichtigen. Anschaulich ist klar, das sich eine irgendwie verursachte Auslenkung eines Atoms als Welle durch den Kristall fortpflanzt. Der Ein-

fachheit halber betrachten wir nur longitudinale Wellen und suchen die entsprechenden Eigenfrequenzen. Die mathematische Beschreibung geht von der Newtonschen Bewegungsgleichung für die Auslenkung u_n des n-ten Atoms in Kettenrichtung aus (vgl. Abb. 5.39):

$$m_n \frac{\mathrm{d}^2 u_n}{\mathrm{d}t^2} = -f(u_n - u_{n+1}) - f(u_n - u_{n-1})$$

$$(5.11)$$

(f Federkonstante, m_n Masse des n-ten Atoms). Dieses Gleichungssystem aus $2N$ gekoppelten Differentialgleichungen läßt sich durch den Ansatz

$$u_n = A \sin(\omega t - nqa) \qquad (5.12)$$

lösen, der einer ebenen Welle mit der Wellenzahl $q = \dfrac{2\pi}{\lambda}$ und der Kreisfrequenz ω entspricht. (Im Unterschied zu einer Welle in einem kontinuierlichen Medium, wie sie in Bd. 1, Abschn. 9.7. behandelt wurde, sind hier die Auslenkungen nur an bestimmten Orten na definiert, nicht für beliebige Ortskoordinaten x.) A ist ein Amplitudenfaktor. $q = 0$ entspricht einer Wellenlänge $\lambda = \infty$, d. h. einer Schwingung beider starrer Teilgitter gegeneinander.

Als Ergebnis erhält man N erlaubte q-Werte (Wellenlängen), die äquidistant von $-\dfrac{\pi}{a}$ bis $+\dfrac{\pi}{a}$ verteilt sind. Zu jedem q-Wert existieren zwei Eigenfrequenzen (Moden), die durch

$$\omega^2 = f\left(\frac{1}{m} + \frac{1}{M}\right) \qquad (5.13)$$
$$\times \left[1 \pm \sqrt{1 - \frac{4mM}{(m+M)^2} \sin^2 \frac{qa}{2}}\right]$$

gegeben sind, insgesamt also $2N$ Moden entsprechend den $2N$ Freiheitsgraden eines eindimensionalen Systems aus $2N$ Teilchen. M und n sind die Massen der beiden Atomsorten. Da ω eine periodische Funktion von q ist, kann q auf das Intervall $-\dfrac{\pi}{a} \leq q \leq \dfrac{\pi}{a}$ beschränkt werden. Der Maximalwert $\dfrac{\pi}{a}$ entspricht einer Wellenlänge $\lambda = 2a$, das ist die kürzeste in einem Gitter mit der Gitterkonstante a sinnvoll zu definierende Wellenlänge.

Die Abhängigkeit $\omega(q)$ heißt Dispersionsrelation (Abb. 5.40). Im Falle der zweiatomigen linearen Kette besteht sie aus dem niederfrequenten akustischen und dem höherfrequenten optischen Zweig. Der akustische Zweig bestimmt die Ausbreitungsgeschwindigkeit von Schallwellen (s.

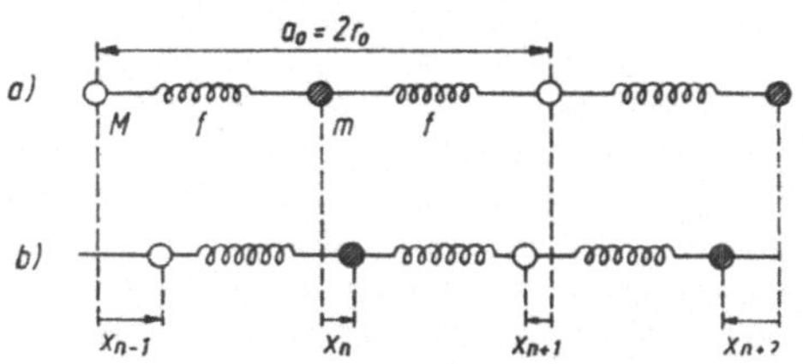

Abb. 5.39. Zweiatomige lineare Kette mit Wechselwirkung zwischen nächsten Nachbarn. a) im Gleichgewicht; b) im ausgelenkten Zustand

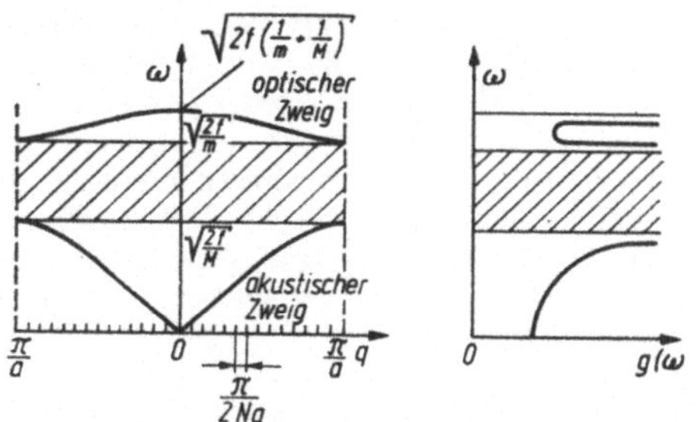

Abb. 5.40. Dispersionskurven (q) und Modendichten $g(\omega)$ der zweiatomigen linearen Kette ($M = 3m$)

Abschn. 5.5.2.), während der optische Zweig für die Absorption elektromagnetischer Strahlung verantwortlich ist (s. Abschn. 5.4.3.). Benachbarte Atome schwingen im akustischen Zweig gleichphasig, im optischen Zweig gegenphasig (Abb. 5.41). Für Frequenzen innerhalb der

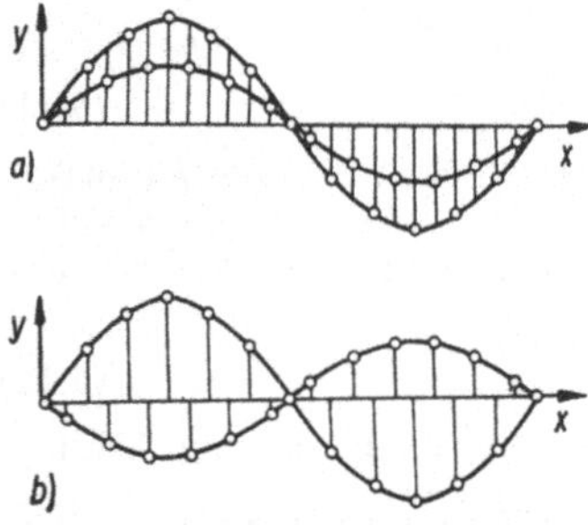

Abb. 5.41. Schematische Darstellung transversaler akustischer (a) und optischer (b) Gitterschwingungen. x Ausbreitungs-, y Schwingungsrichtung

„verbotenen Zone" zwischen $\sqrt{\dfrac{2k}{M}}$ und $\sqrt{\dfrac{2k}{m}}$ sowie oberhalb der optischen Grenzfrequenz $\sqrt{2k\left(\dfrac{1}{m} + \dfrac{1}{M}\right)}$ ist keine Wellenausbreitung im Festkörper möglich.

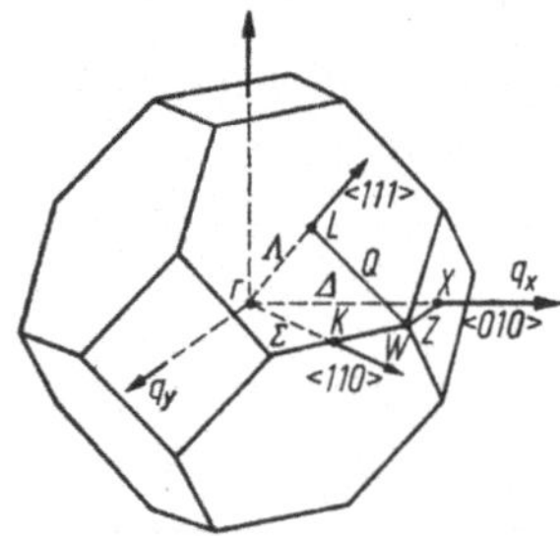

Abb. 5.42. 1. Brillouinzone des kubisch-flächenzentrierten Gitters. Γ, Σ, Δ, K usw. sind gruppentheoretische Symbole für die betreffenden Punkte bzw. Richtungen in der BZ

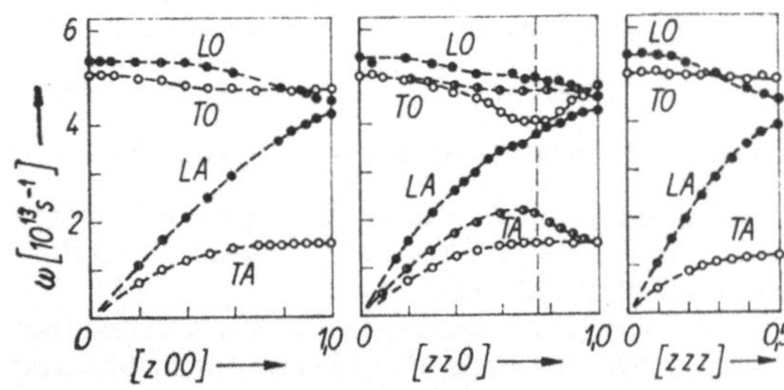

Abb. 5.43. Phononendispersionskurven von GaAs (zweiatomiges kubisch-flächenzentriertes Gitter, s. Abb. 5.35c) für 3 verschiedene Ausbreitungsrichtungen (nach WAUGH und DOLLING 1963)

Häufig (z. B. bei der Berechnung der Wärmekapazität, vgl. Abschn. 5.4.5.) interessiert man sich für die Zahl $g(\omega)\,\mathrm{d}\omega$ der im Frequenzbereich ω und $\omega + \mathrm{d}\omega$ erlaubten Eigenfrequenzen. Die Funktion $g(\omega)$ heißt Modendichte (Zustandsdichte) und läßt sich aus der Dispersionsrelation berechnen; für die zweiatomige lineare Kette hat $g(\omega)$ den in Abb. 5.40b dargestellten Verlauf. Die für die lineare Kette gefundenen Ergebnisse lassen sich wie folgt auf dreidimensionale Kristalle übertragen:

1. Dreidimensionale Gitterschwingungen lassen sich in der Form ebener Wellen

$$u(R) = A \sin(\omega t - q \cdot R)$$

schreiben, wobei $u(R)$ die Auslenkung des Atoms mit der Gleichgewichtslage R und A ein Amplitudenfaktor ist.
2. q heißt Ausbreitungsvektor der Welle; seine Richtung gibt die Ausbreitungsrichtung an, sein Betrag ist das 2π-fache der Wellenzahl: $|q| = \dfrac{2\pi}{\lambda}$.
Zur Veranschaulichung führt man den reziproken Raum (q-Raum) ein, in dem jeder Punkt eine ebene Welle mit dem Ausbreitungsvektor q repräsentiert.
3. Die erlaubten q-Werte sind äquidistant in einem Elementarbereich des reziproken Raumes verteilt, der als 1. *Brillouinzone* (BZ) bezeichnet wird. Die 1. BZ ist die Wigner-Seitz-Zelle des reziproken Gitters (s. Abschn. 5.2.2.2.). Für das kubisch-flächenzentrierte Gitter hat sie die Form eines Kubooktaeders, d. h. eines Würfels, dem senkrecht zu den Raumdiagonalenrichtungen die Ecken abgeschnitten sind (Abb. 5.42).
4. Die Eigenfrequenzen $\omega(q)$ hängen von den drei Komponenten q_x, q_y, q_z ab. Zur Veranschaulichung dieser Dispersionsrelation trägt man $\omega(q)$ längs verschiedener q-Richtungen auf (Abb. 5.43) oder man gibt die zugehörige Modendichte $g(\omega)$ an (vgl. Abb. 5.56).
5. Jedes Atom in der Elementarzelle verursacht eine longitudinale (L) und zwei transversale (T) Schwingungstypen (Moden). Einatomige Stoffe mit einem Atom in der primitiven Elementarzelle haben nur akustische (A) Zweige, bei denen bei großer Wellenlänge ($|q|$ klein) benachbarte Atome gleichphasig schwingen. Mehratomige Stoffe mit s Atomen in der primitiven Elementarzelle haben zusätzlich $(s - 1)$ longitudinal-optische (LO) und $2(s - 1)$ transversal-optische (TO) Zweige, bei denen benachbarte Atome gegenphasig schwingen.

Typische Werte für die optischen Frequenzen liegen bei $10^{13}\ \mathrm{s}^{-1}$, die akustischen Frequenzen variieren zwischen 0 und etwa $10^{13}\ \mathrm{s}^{-1}$.

5.4.2. Phononen

Für die Erklärung vieler Erscheinungen, die mit Gitterschwingungen zusammenhängen, müssen die Betrachtungen des Abschn. 5.4.1. durch quantentheoretische Überlegungen ergänzt werden. Das aus Massepunkten und Federn bestehende Kristallmodell der Abb. 5.39 stellt ein *System von 2N gekoppelten Oszillatoren* dar. Durch Einführung geeigneter Ortsvariabler, sog. Normalkoordinaten, kann man zeigen, daß dieses System in harmonischer Näherung einem *Ensemble ungekoppelter Oszillatoren* äquivalent ist, deren Eigenfrequenzen durch Gl. (5.13) gegeben sind. Analoges gilt auch für dreidimensionale Kristalle.

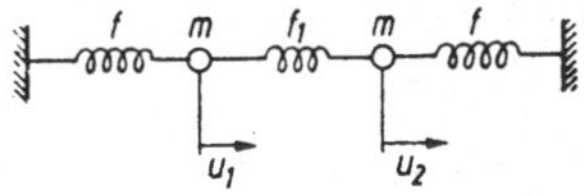

Abb. 5.44. Gekoppelte Oszillatoren

Zur Erläuterung des Begriffs *Normalkoordinaten* betrachten wir eine fest eingespannte „Kette" mit zwei Massepunkten (Abb. 5.44), die zwei gleichen Oszillatoren der Frequenz $\omega_0 = \sqrt{\dfrac{f}{m}}$ entspricht, die durch die Feder mit der Kraftkonstanten f_1 gekoppelt sind. Für die Auslenkungen u_1 und u_2 aus der Ruhelage gelten die Newtonschen Bewegungsgleichungen

$$m\ddot{u}_1 = -fu_1 + f_1(u_2 - u_1) \tag{5.14a}$$

$$m\ddot{u}_2 = -fu_2 - f_1(u_2 - u_1). \tag{5.14b}$$

Führt man die Summe $\xi_1 = u_1 + u_2$ und die Differenz $\xi_2 = u_2 - u_1$ der Auslenkungen als neue Variable ein, so geht das gekoppelte Differentialgleichungssystem (4) in ein ungekoppeltes System über:

$$m\ddot{\xi}_1 = -f\xi_1 \tag{5.15a}$$

$$m\ddot{\xi}_2 = -(f + 2f_1)\,\xi_2. \tag{5.15b}$$

Dieses System beschreibt zwei ungekoppelte Oszillatoren mit den Eigenfrequenzen $\omega_1 = \sqrt{\dfrac{f}{m}}$ und $\omega_2 = \sqrt{\dfrac{f + 2f_1}{m}}$ (vgl. Bd. 1, Abschn. 5.3.1.), ξ_1 entspricht gleichphasigen (akustischen), ξ_2 gegenphasigen (optischen) Schwingungen des gekoppelten Systems.

Nach der Quantenmechanik hat ein Oszillator der Frequenz $\omega(q)$ als mögliche Energiezustände ε_n die Werte

$$\varepsilon_n = \tfrac{1}{2}\hbar\omega(q) + n\hbar\omega(q) \tag{5.16}$$

und kann seine Energie nur in Quanten der Größe $\hbar\omega(q)$ ändern. $\tfrac{1}{2}\hbar\omega(q)$ ist die *Nullpunktsenergie*, eine Folge der Unschärfebeziehung. Der Einheitsanregung $\hbar\omega(q)$ der Gitterschwingung ordnen wir ein Teilchen zu, das wir als *Phonon* (Schallquant) bezeichnen:

> Phononen sind die Einheitsanregungen von Gitterschwingungen.

(Analog sind *Photonen* die Einheitsanregungen des elektromagnetischen Feldes, vgl. Bd. 1, Abschn. 6.1. und Bd. 4, Abschn. 5.9.).

Nach der de-Broglie-Beziehung entspricht einem Wellenvorgang der Wellenlänge λ ein Impuls vom Betrag $p = \dfrac{h}{\lambda} = \hbar\,\dfrac{2\pi}{\lambda}$, daher interpretieren wir die Größe $\hbar q$ als Impuls des Phonons (streng genommen ist $\hbar q$ kein echter Impuls, hat aber ähnliche Eigenschaften und wird oft auch als Quasiimpuls bezeichnet). Die Dispersionsbeziehungen (Abb. 5.40 bzw. 5.43) sind dann bis auf den Maßstabfaktor $\hbar$ gleichzeitig die Energie-Impuls-Beziehungen der Phononen.

Der Phononenbegriff ist ein erstes Beispiel für die für die moderne Festkörperphysik typische Begriffsbildung der *Quasiteilchen* oder elementaren Anregungszustände. Die Bedeutung des Konzepts der Quasiteilchen (nicht nur bei Phononen) besteht vor allem darin, daß sich Wechselwirkungsprozesse relativ einfach beschreiben lassen. Insbesondere gelten bei der Wechselwirkung der Phononen untereinander oder mit anderen Teilchen Energie- und Impulssatz, d. h., der betreffende Prozeß läßt sich als elastischer Stoß behandeln (s. dazu die Abschn. 5.4.3. bis 5.4.8., 5.8.4.2. und 5.9.2.).

5.4.3. Wechselwirkung von Licht mit Gitterschwingungen

Fällt eine Lichtwelle auf einen Kristall, so kann sie *absorbiert* oder *gestreut* werden. Diese Wechselwirkung mit dem Gitter läßt sich am einfachsten als Stoß eines Lichtquants (Photon) mit dem Kristall beschreiben. Dabei ändert das Gitter seinen Schwingungszustand, d. h., es werden *Phononen erzeugt* oder *vernichtet*.

5.4.3.1. Absorption

Bei der Absorption verschwindet ein Lichtquant, und es wird ein Phonon erzeugt. Lichtquanten haben als masselose Teilchen bei einer Energie $\hbar\omega_L$ einen Impuls vom Betrag $\hbar|q_L| = \hbar\omega_L/c$ (c Lichtgeschwindigkeit im Kristall), die Dispersionsbeziehung

$$\omega_L = c\,|q_L| \tag{5.17}$$

für Photonen ist linear.

Energie- und Impulssatz für die Absorption lauten daher

$$\hbar\omega_L = \hbar\omega_{TO}(q) \tag{5.18}$$

und

$$\hbar q_L = \hbar q. \tag{5.19}$$

Der Energiesatz (8) ist hier identisch mit der Bedingung für Resonanz zwischen Lichtwelle und Gitterschwingung. Da Licht ein elektromagnetischer transversaler Wellenvorgang ist, erfolgt die Wechselwirkung mit dem elektrischen Dipolmoment der Gitterschwingung, d. h. es kann nur ein transversal-optisches (TO-) Phonon erzeugt werden. Starke Absorption ist also in stark polaren Kristallen, z. B. bei den Alkalihalogeniden, zu erwarten.

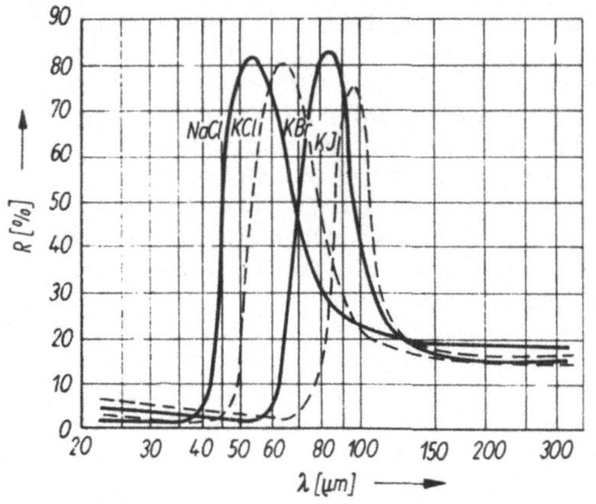

Abb. 5.45. Reflexionskoeffizient R von Alkalihalogeniden (Reststrahlenbanden) (nach RUBENS und Mitarb. 1900–1910)

Abb. 5.45 zeigt das optische Verhalten einiger Alkalihalogenide im infraroten Spektralbereich. Da die Absorption für eine direkte Messung zu stark ist, sind *Reflexionsspektren* dargestellt; einem Maximum der Reflexion entspricht auch ein Maximum der Absorption (vgl. Abschn. 5.9.1.). Die Abhängigkeit der spektralen Lage der Reflexionsmaxima von der Masse der Gitterbausteine zeigt, daß die Spektren der Abb. 5.45 tatsächlich durch Anregung von Gitterschwingungen entstehen; aus Gl. (8) folgen daher für die Kreisfrequenz ω_{TO} der TO-Phononen Werte von etwa $3 \cdot 10^{13}$ s^{-1}. Die Quantenenergie der TO-Phononen (und damit die der absorbierten Photonen) liegt dementsprechend im Gebiet von 10 bis 50 meV.

Der Impulssatz (9) bedeutet hier Gleichheit der Wellenlängen von Licht und Gitterschwingung. Entsprechend Gl. (7) ergeben sich für die Wellenzahl eines Photons mit der Kreisfrequenz von $3 \cdot 10^{13}$ s^{-1} je nach Brechungsindex des Kristalls für $|q_L|$ Werte um 10^3 cm^{-1}; an der Absorption sind also nur Phononen mit $|q| \approx 10^3$ cm^{-1} beteiligt. Verglichen mit den maximalen Phononenwellenzahlen $q_{max} = \dfrac{\pi}{a_0} \approx 10^8$ cm^{-1} (a_0 Gitterkonstante) ist dieser Wert sehr klein. Die optische

Absorption liefert also Informationen über die transversal-optischen Gitterschwingungen in unmittelbarer Umgebung von $q = 0$. Das bedeutet, daß die Untergitter der positiven und der negativen Ionen als starre Teilgitter gegeneinander schwingen. Die dadurch erzeugte Absorption wird aus historischen Gründen als Reststrahlenbande bezeichnet, da man früher durch wiederholte Reflexion an Kristallen nahezu monochromatisches infrarotes Licht herstellte (vgl. Bd. 3, Abschn. 3.3.7.).

Beträchtlich höherfrequente Absorptionen erhält man bei der Anregung von *Schwingungen in Atomgruppen* mit relativ leichten Atomen (CO_3, NH_4, SO_4, ClO_4 usw.), da innerhalb dieser Gruppen die Bindung sehr fest, die Masse der schwingenden Teilchen dagegen klein ist. Derartige Eigenschwingungen sind in verschiedenen Kristallen nahezu gleich (s. Abb. 5.46a) und können ebenso wie in Gasen und Flüssigkeiten (s. Abschn. 4.3.3.) zur Identifizierung der betr. Atomgruppen dienen. Führt man die Untersuchungen im polarisierten Licht aus, so erhält man darüber hinaus noch Aussagen über die Orientierung dieser Gruppen relativ zu den Kristallachsen (s. Abb. 5.46b).

Außer den bisher betrachteten 1-Phononen-Prozessen können auch 2-Phononen-Prozesse auftreten. Die absorbierte Lichtfrequenz ist dabei gleich der Summe oder der Differenz der beiden Gitterschwingungsfrequenzen. Im ersten Fall werden zwei Phononen erzeugt, im zweiten Fall wird ein (höherfrequentes) Phonon erzeugt, ein vorhandenes (niederfrequentes) Phonon vernichtet. Derartige Prozesse sind wesentlich unwahrscheinlicher als 1-Phononen-Prozesse, der entsprechende Absorptionskoeffizient ist dementsprechend klein. Sie beruhen auf der Durchbrechung der für den harmonischen Oszillator gültigen Auswahlregel $\Delta n = \pm 1$ (vgl. Abschn. 1.2.5.4.) infolge der Abweichung der Potentialkurve von einer Parabel, sie sind damit ein Beispiel für anharmonische Prozesse. Die beteiligten Phononen können große q-Vektoren haben, auch akustische Phononen können beteiligt sein.

5.4.3.2. Lichtstreuung

Streuexperimente werden mit Lichtquanten ausgeführt, deren Energie wesentlich größer ist als die der Phononen. Meist benutzt man sichtbares Licht. Abb. 5.47 zeigt das Schema einer experimentellen Anordnung. Die bei der Streuung auftretende Richtungsänderung kann entweder durch die Erzeugung oder durch die Vernichtung eines bereits vorhandenen Phonons bewirkt werden. Im ersten Fall ist die Energie (Frequenz) des gestreuten Lichtquants geringer als die des einfallenden, und man spricht von *Stokes-Streuung*

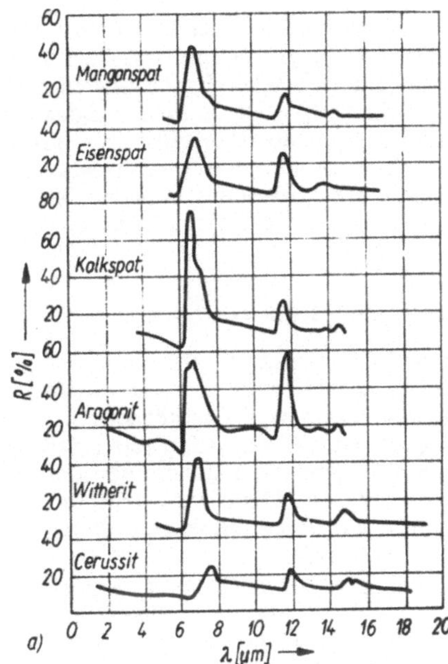

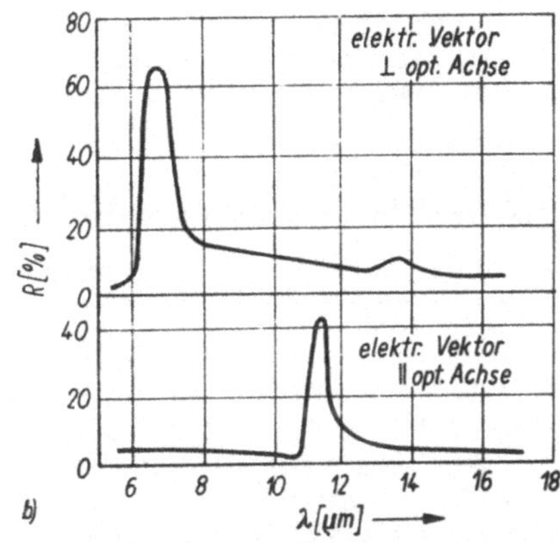

Abb. 5.46. Reflexionskoeffizient von Karbonaten. a) natürliches Licht; b) FeO_3, polarisiertes Licht (Dichroismus) (nach SCHAEFER und SCHUBERT 1916)

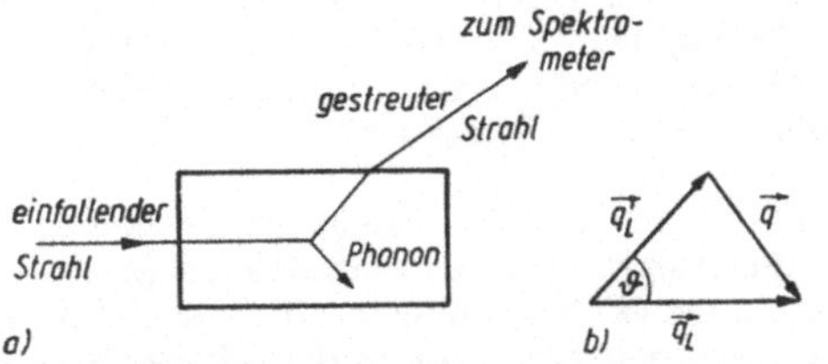

Abb. 5.47. Schema eines Streuexperiments (a) und Impulsbilanz (b) für Lichtstreuung. ϑ ist der Streuwinkel innerhalb der Probe, der mittels des Brechungsgesetzes aus dem beobachteten Streuwinkel (zwischen einfallendem und gestreuten Strahl) berechnet werden kann.

(nach G. G. STOKES, 1819 bis 1903), im zweiten Fall ist sie größer, und man spricht von *Antistokes-Streuung*. Die Intensität des Streulichtes hängt von der Anzahl der vorhandenen Phononen ab (vgl. Abschn. 5.4.5.); i. allg. ist die Intensität der Stokes-Linien viel größer als die der Antistokes-Linien.

Licht kann sowohl an optischen Phononen (*Raman-Streuung* nach dem indischen Physiker CH. V. RAMAN, 1888 bis 1970) als auch an akustischen Phononen (*Brillouin-Streuung*, nach dem französischen Physiker L. BRILLOUIN) gestreut werden, da für die Streuung andere Auswahlregeln als für die Absorption von Licht gelten (vgl. die analogen Verhältnisse beim Raman-Effekt an Molekülen, Abschn. 4.3.3.4.).

Raman- und Brillouin-Streuung unterscheiden sich wesentlich bez. der Winkelabhängigkeit der Energie der gestreuten Lichtquanten. Zu ihrer Berechnung geht man auch hier von Energie- und Impulssatz für den Stoß zwischen Lichtquant und Phonon aus:

$$\hbar\omega_L = \hbar\omega'_L \pm \hbar\omega(q) \tag{5.20}$$

$$\hbar q_L = \hbar q'_L \pm \hbar q . \tag{5.21}$$

Dabei bedeuten die Größen ω'_L, q'_L Werte für das gestreute Lichtquant; das positive Vorzeichen gilt bei Phononenerzeugung (Stokes-Streuung), das negative bei Phononenvernichtung (Antistokes-Streuung).

Bei der Raman-Streuung ist die Frequenz ω_{opt} der beteiligten TO- oder LO-Phononen unabhängig von q, die Frequenzverschiebung $|\omega_L - \omega'_L|$ hängt daher nicht vom Streuwinkel ab. Die relative Frequenzänderung $\dfrac{|\omega_L - \omega'_L|}{\omega_L}$ $= \dfrac{\omega_{opt}}{\omega_L}$ liegt bei sichtbarem Licht in der Größenordnung von 10^{-2}. Abb. 5.48 zeigt die Stokes-Linien des Raman-Spektrums von GaP (Zinkblendestruktur). Die beiden intensivsten Linien entsprechen dem TO- und dem LO-Phonon; die übrigen sind auf den Raman-Effekt 2. Ordnung zurückzuführen, bei dem gleichzeitig zwei Phononen an der Streuung des Lichtquants beteiligt sind.

Bei der Brillouin-Streuung gilt für die Frequenz ω_{ak} der beteiligten TA- oder LA-Phononen bei kleinen q-Werten

$$\omega_{ak} = vq \tag{5.22}$$

(v Schallgeschwindigkeit, s. Abschn. 5.5.2.). Die Frequenzverschiebung des Streulichts hängt gemäß

$$\frac{|\omega'_L - \omega_L|}{\omega_L} = 2\frac{v}{c} \sin \vartheta/2 \tag{5.23}$$

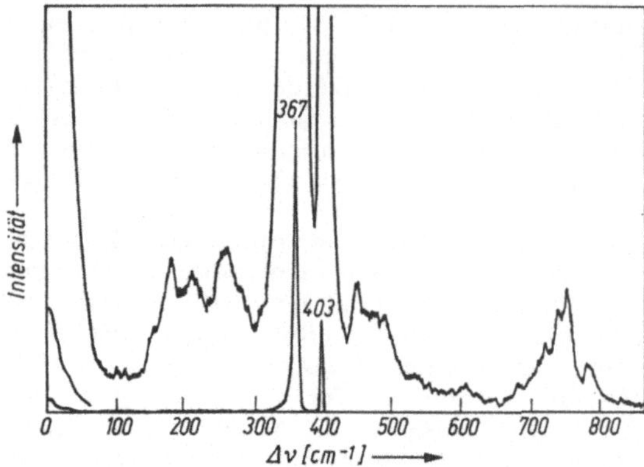

Abb. 5.48. Raman-Spektrum von GaP. Die intensivsten Linien bei 367 cm^{-1} und 403 cm^{-1} sind das ω_{TO}- und das ω_{LO}-Phonon; die übrigen Linien Summen- oder Differenzfrequenzen (nach HOFF und IRWIN 1973)

vom Streuwinkel ϑ ab (c Lichtgeschwindigkeit im Kristall). Die relative Frequenzverschiebung hat ihr Maximum bei $\vartheta = 180°$ (Rückwärtsstreuung) und liegt nur in der Größenordnung von 10^{-5} bis 10^{-4}, ist also mehrere Größenordnungen kleiner als beim Raman-Effekt. Messungen der Brillouin-Streuung können zur optischen Messung der Schallgeschwindigkeit benutzt werden, insbesondere bei hohen Schallfrequenzen (Hyperschall), für die keine einfach handhabbaren Schallquellen zur Verfügung stehen.

Der Debye-Sears-Effekt ist im Prinzip ebenfalls eine Brillouinstreuung, allerdings an den *kohärenten Phononen* einer *Schallwelle*, die durch eine äußere Schallquelle erzeugt werden. Die wellentheoretische Behandlung macht klar, daß die Modulation der Dichte und damit des Brechungsindex durch die Schallwelle die Ursache für die Streuung ist.

Voraussetzung für die Durchführung von Streuexperimenten sind neben leistungsfähigen Spektrographen vor allem intensive Lichtquellen mit sehr scharfen Spektrallinien. Da diese seit Mitte der 60er Jahre in Form der *Laser* (s. Bd. 3, Abschn. 6.3.5.) zur Verfügung stehen, haben seitdem Lichtstreuexperimente stark zugenommen. Sie liefern Aussagen über infrarot-inaktive Schwingungen; außerdem ist durch die Verlagerung der nachzuweisenden Strahlung in den sichtbaren Spektralbereich die Nachweisempfindlichkeit sehr hoch, da hier sehr leistungsfähige Empfänger (neben der Photoplatte vor allem Photomultiplier, vgl. Abschn. 5.10.2.) verfügbar sind.

Streuung an Gitterschwingungen bedeutet streng genommen Streuung der Lichtquanten an *fest gebundenen* Elektronen, die starr mit den Kernen des Gitters mitschwingen und bei der Streuung keine Energieänderung erfahren. Daneben sind auch Streuprozesse möglich, bei denen ein Teil der Photonenenergie zur Anregung von Elektronen benutzt wird (elektronischer Raman-Effekt). Ein Spezialfall davon ist der *Compton-Effekt* (s. Abschn. 1.2.1.), bei dem infolge der großen Energie der Röntgenquanten schwach gebundene Elektronen als frei betrachtet werden können und beim Stoß kinetische Energie erhalten.

5.4.4. Unelastische Neutronenstreuung

Im Abschn. 5.2.2.3. hatten wir die Beugung monoenergetischer Neutronen als Methode zur Strukturuntersuchung von Festkörpern kennengelernt. Dabei wurde vorausgesetzt, daß die Wellenlänge der gebeugten gleich der der einfallenden Strahlen ist. Dem entspricht im Teilchenbild eine *elastische* Streuung der Neutronen.

Außerdem ist jedoch auch eine *unelastische* Streuung möglich, bei der sich Impuls $\hbar k_0$ und Energie $\hbar^2 k_0/2m_n$ des Neutrons (und damit seine Wellenlänge) ändern. Diese unelastische Streuung läßt sich als Stoß auffassen, bei dem ein Phonon mit der Energie $\hbar\omega(q)$ und dem Impuls $\hbar q$ entweder erzeugt oder vernichtet wird. Energie- und Impulssatz für diesen Prozeß lauten:

$$\frac{\hbar^2 k_0^2}{2m_n} = \frac{\hbar^2 k^2}{2m_n} \pm \hbar\omega(q) \qquad (5.24)$$

$$\hbar k_0 = \hbar k + \hbar q + \hbar G \qquad (5.25)$$

(m_n Masse des Neutrons, + bedeutet Phononenerzeugung, − Phononenvernichtung).

In der Impulsbilanz [Gl. (5.25)] tritt ein Vektor G aus dem reziproken Gitter auf, da die schweren Neutronen Impulsänderungen verursachen können, die nicht auf die erste Brillouin-Zone beschränkt sind. Prozesse mit $G = 0$ heißen N-(Normal-) Prozesse, solche mit $G \neq 0$ U-(Umklapp-) Prozesse. Die Bedeutung der U-Prozesse erkennt man am besten in dem Spezialfall $q = 0$. Gl. (5.25) ist dann nach den Betrachtungen von Abschn. 5.2.2.2. identisch mit der Bragg-Bedingung; d. h. U-Prozesse beschreiben i. allg. Emission oder Absorption eines Phonons bei gleichzeitiger Bragg-Reflexion des Neutrons.

Gibt man durch die Geometrie des Streuexperiments die Richtungen des einfallenden (k_0) und des gestreuten (k) Neutronenstrahls vor und mißt die Neutronenenergien vor und nach der Streuung, so lassen sich daraus die Phononenenergien $\hbar\omega(q)$ für beliebige q-Werte ermitteln. Man erhält so die vollständigen Dispersionskurven (vgl. Abb. 5.43).

Messungen erfolgen im Bereich des schwachen unelastischen Untergrundes zwischen den Bragg-Reflexen. Die de-Broglie-Wellenlänge der Neutronen muß genügend groß sein, damit die Bragg-Reflexe genügend Abstand haben; dies bedingt die Verwendung thermischer (langsamer) Neutronen. Da als intensive Quelle für solche Neutronen nur ein Kernreaktor in Frage kommt, ist der technische Aufwand sehr hoch. Um k_0 und k frei wählen zu können, benutzt man ein sog. Dreiachsspektrometer (Abb. 5.49). Der Monochromatorkristall dient zur Festlegung der Energie E_0 der einfallenden Neutronen durch Reflexion unter dem Bragg-Winkel, mit dem Analysatorkristall wird ebenfalls durch Messung des Bragg-Winkels (analog zum Drehkristallverfahren der Röntgenstrukturbestimmung) die Energie $E = \dfrac{\hbar^2 k^2}{2m_\mathrm{n}}$ der gestreuten Neutronen bestimmt. Der Nachweis der Neutronen erfolgt meist mit einem mit BF_3-Gas gefülltem Zähler (vgl. Abschn. 2.6.6.1.).

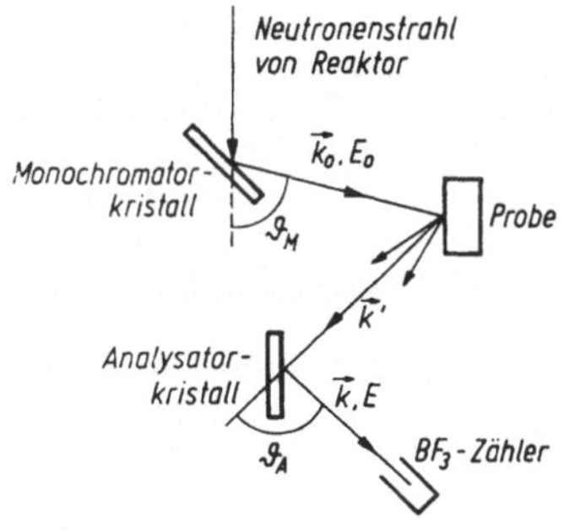

Abb. 5.49. Schema eines Dreiachsspektrometers für Neutronenstreuung. ϑ_M und ϑ_A legen die Energie der einfallenden bzw. der gestreuten Neutronen fest. Probe, Monochromator- und Analysatorkristall sind um mehrere Achsen drehbar

5.4.5. Innere Energie und thermische Ausdehnung

Die innere Energie eines Festkörpers setzt sich aus der potentiellen und kinetischen Energie seiner Bausteine zusammen. Im wesentlichen tragen dazu bei

– die potentielle Energie des starren Gitters (vgl. Abschn. 5.3.1.);
– die Energie der Gitterschwingungen;
– die Energie des Elektronengases (bei Metallen);
– die Energie geordneter elektrischer oder magnetischer Dipole. Im Realkristall ist außerdem der Beitrag von Gitterstörungen zu berücksichtigen.

Wir betrachten in diesem Abschnitt die Energie der Gitterschwingungen; zunächst in der *harmonischen Näherung*. Entsprechend den Betrachtungen in den Abschn. 5.4.1. und 5.4.2. können wir einen Kristall aus N Elementarzellen mit s Atomen/Elementarzelle als ein System von $3Ns$ ungekoppelten linearen harmonischen Oszillatoren mit den Frequenzen $\omega(q)$ auffassen.
Jeder dieser Oszillatoren hat als erlaubte Energiezustände die Werte

$$\varepsilon_n = \hbar\omega(q)\,(n + \tfrac{1}{2}). \tag{5.26}$$

Im thermodynamischen Gleichgewicht ist die Wahrscheinlichkeit, den Oszillator im Zustand mit der Quantenzahl n anzutreffen, proportional zum Boltzmann-Faktor $e^{-\varepsilon_n/kT}$ (vgl. Bd. 1, Abschn. 13.1.). Daraus ergibt sich die mittlere thermische Energie zu

$$\bar{\varepsilon} = \frac{\displaystyle\sum_{n=0}^{\infty} \varepsilon_n\, e^{-\varepsilon_n/kT}}{\displaystyle\sum_{n=0}^{\infty} e^{-\varepsilon_n/kT}} = - \frac{\partial}{\partial\left(\dfrac{1}{kT}\right)} \ln\left\{\sum_{n=0}^{\infty} e^{-\varepsilon_n/kT}\right\}$$

$$= \hbar\omega(q)\left\{\frac{1}{2} + \frac{1}{e^{\hbar\omega/kT} - 1}\right\} \tag{5.27}$$

(k Boltzmann-Konstante, T absolute Temperatur).

Gl. (17) läßt sich in der Form

$$\bar{\varepsilon} = \hbar\omega(q)\,(\bar{n}_q + \tfrac{1}{2}) \tag{5.27a}$$

schreiben.

$$\bar{n}_q = \frac{1}{e^{\hbar\omega/kT} - 1} \tag{5.28}$$

ist die mittlere Quantenzahl oder entsprechend der Phononensprechweise die mittlere Anzahl der im thermischen Gleichgewicht in der Mode q enthaltenen Phononen.
$\bar{n}_q$ ist nicht explizit, sondern nur über die Frequenz $\omega(q)$ vom Wellenzahlvektor q abhängig. Hochfrequente Gitterschwingungen sind entsprechend Gl. (5.28) nur mit geringer Wahrscheinlichkeit angeregt, die mittlere Anzahl der in ihnen enthaltenen Phononen ist klein.

Demgegenüber ist nach klassischen Vorstellungen, bei denen die Energie als kontinuierlich veränderliche Größe betrachtet wird, die mittlere Energie

$$\varepsilon_{k1} = \int_0^{\infty} \varepsilon\, e^{-\varepsilon/kT}\, d\varepsilon \bigg/ \int_0^{\infty} e^{-\varepsilon/kT}\, d\varepsilon = kT \tag{5.29}$$

unabhängig von der Frequenz des Oszillators.
Das ist ein Spezialfall des klassischen *Gleichverteilungssatzes* (vgl. Bd. 1, Abschn. 13.1.), nach dem ein linearer Oszillator als System mit einem Freiheitsgrad der kine-

tischen und einem der potentiellen Energie als thermischen Mittelwert die Gesamtenergie kT hat. Dieser Wert ergibt sich aus Gl. (5.27) als Grenzwert für $kT \gg \hbar\omega(q)$, d. h. für hohe Temperaturen behält der Gleichverteilungssatz seine Gültigkeit, die Anzahl der in einer Mode vorhandenen Photonen ist dann

$$\bar{n}_q = kT/\hbar\omega(q) \tag{5.29a}$$

und damit proportional zur absoluten Temperatur T. Dagegen ist bei tiefen Temperaturen ($kT \ll \hbar\omega(q)$)

$$\bar{n} = e^{-\hbar\omega/kT} \ll 1 \tag{5.29b}$$

und damit $\varepsilon \ll kT$, d. h. die betreffenden Moden „frieren ein".

Die mittlere thermische Energie des Kristalls ist gleich der Summe der mittleren thermischen Energien der (ungekoppelten) Oszillatoren. Für ein Mol eines Stoffes mit s Atomen ist entsprechend den N_A Elementarzellen über N_A q-Werte und $3s$ Schwingungszweige zu summieren, die innere Energie U eines Mols ergibt sich also zu

$$U = \sum_1^{3sN_A} \hbar\omega_q \left(\bar{n}_q + \frac{1}{2}\right) = \frac{1}{2}\sum_1^{3sN_A} \hbar\omega_q$$

$$+ \sum_1^{3sN_A} \frac{\hbar\omega_q}{e^{\hbar\omega_q/kT} - 1} \tag{5.30}$$

N_A ist die Avogadrokonstante, $3sN_A$ die Gesamtzahl der Freiheitsgrade eines Mols. Der Term

$$U_0 = \tfrac{1}{2}\sum_1^{3sN_A} \hbar\omega_q \tag{5.31}$$

ist die sog. *Nullpunktsenergie*, die nicht von der Temperatur abhängt.

$$U_1 = \sum_1^{3sN_A} \frac{\hbar\omega_q}{e^{\hbar\omega_q/kT} - 1} = \sum_1^{3sN_A} \bar{n}_q\hbar\omega_q \tag{5.32}$$

kann als Energie eines „*Phononengases*" interpretiert werden und ist verantwortlich für die Wärmekapazität.

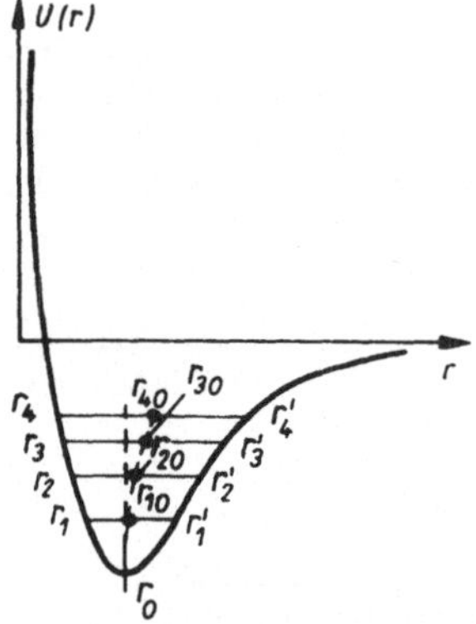

Abb. 5.50. Wechselwirkungspotential zwischen zwei Gitterbausteinen mit eingezeichneten Schwingungsniveaus

Bei einem harmonischen Oszillator stimmt der Mittelwert der Ortskoordinate stets mit dem Gleichgewichtswert überein; daher sind die bisherigen Überlegungen ungeeignet, die *thermische Ausdehnung* zu verstehen. Dazu muß man die *Asymmetrie der Potentialkurve* berücksichtigen. In Abb. 5.50 sind die erlaubten Schwingungszustände eingezeichnet. Die Schnittpunkte r_n, r_n' sind die Umkehrpunkte der Schwingungsbewegung; bei höheren Energien stimmen die Mittelwerte r_{n0} nicht mehr mit dem Gleichgewichtswert überein, sondern verschieben sich im allgemeinen zu größeren Abständen, d. h. die Gitterkonstante nimmt mit steigender Temperatur (wachsender Schwingungsamplitude) zu.

Die Größe der Ausdehnung hängt von den Bindungskräften ab und ist in verschiedenen kristallographischen Richtungen im allgemeinen verschieden. Um diese Abhängigkeit zu messen, führt man Röntgenbeugungsuntersuchungen an Einkristallen bei unterschiedlichen Temperaturen durch, da die üblichen Messungen (vgl. Bd. 1, Abschn. 11.2.) an großen polykristallinen Proben nur Mittelwerte liefern.

Die *Hauptausdehnungskoeffizienten* β_l (längs der Kristallachsen) liegen üblicherweise in der Größenordnung von 10^{-6} bis 10^{-4} K^{-1} und hängen selbst noch von der Temperatur ab. In Sonderfällen kann ein β_l auch negativ werden (z. B. in Graphit senkrecht zur hexagonalen Achse); dies ist durch spezielle kristallographische Verhältnisse bedingt.

Der kubische Ausdehnungskoeffizient $\alpha = \frac{1}{V}\left(\frac{\partial V}{\partial T}\right)$ berücksichtigt die Kristallanisotropie nicht, sondern ist ein Maß für die mittlere Volumenausdehnung mit der Temperatur. Die als Ausnahmen bekannten Volumenverminderungen mit wachsender Temperatur, z. B. bei Eis und Bismut, sind durch komplizierte Strukturänderungen (Änderung der Modifikation) bedingt.

5.4.6. Molare Wärmekapazität

Die molare Wärmekapazität bei konstantem Volumen C_v ist die Ableitung der inneren Energie U nach der Temperatur (vgl. Bd. 1, Abschn. 12.1.)

$$C_v = \left.\frac{\partial U}{\partial T}\right|_v . \tag{5.33}$$

Im Experiment (s. Bd. 1, Abschn. 11.5. und 12.1.) ermittelt man stets die molare Wärmekapazität bei konstantem Druck C_p, da es für Festkörper praktisch unmöglich ist, das Volumen konstant zu halten. Zwischen beiden besteht der allgemeine thermodynamische Zusammenhang

$$C_p - C_v = -T \left(\frac{\partial V_M}{\partial T}\right)_p \left(\frac{\partial p}{\partial V_M}\right)_T = \frac{\alpha^2 V_M T}{\varkappa}.$$

$$(5.34)$$

V_M ist das Molvolumen, $\alpha = \frac{1}{V}\left(\frac{\partial V}{\partial T}\right)_p$ der isobare kubische Ausdehnungskoeffizient, $\varkappa = -\frac{1}{V}\left(\frac{\partial V}{\partial p}\right)_T$ die isotherme Kompressibilität,

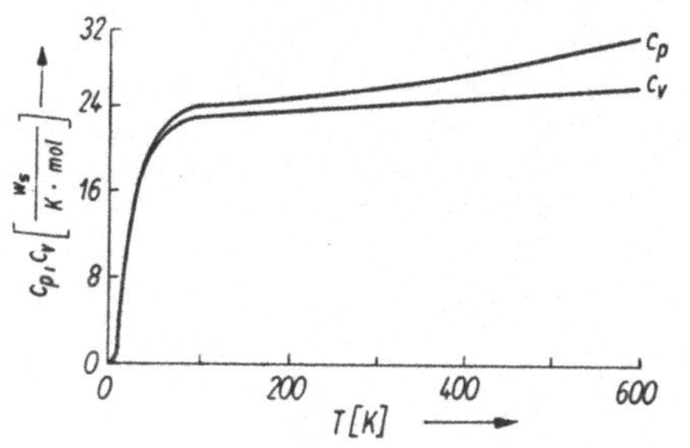

Abb. 5.51. Spezifische Wärmekapazitäten C_p und C_v von Blei als Funktion der Temperatur (nach F. SEITZ 1940)

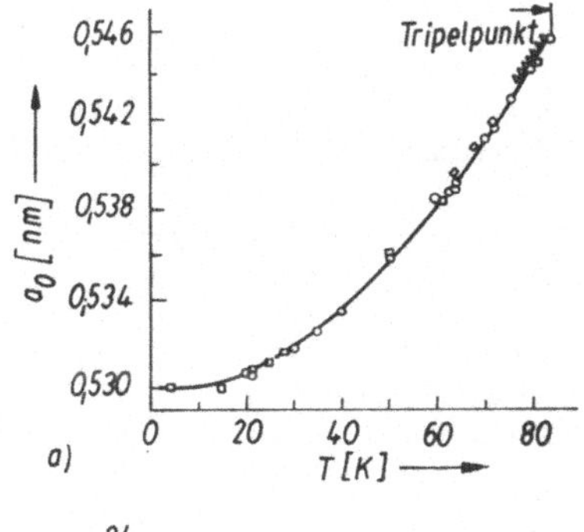

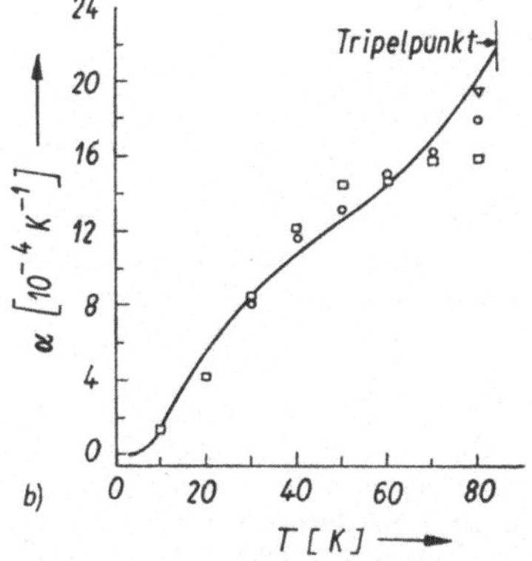

Abb. 5.52. Gitterkonstante a_0 (a) und Volumenausdehnungskoeffizient α (b) von festem Argon als Funktion der Temperatur (nach PETERSON, BATCHELDER und SIMMONS 1966)

der Kehrwert des Kompressionsmoduls (Bd. 1, Abschn. 6.1.).

Für ideale Gase ist $pV_M = RT$ (R universelle Gaskonstante), daher wird $\alpha = \frac{1}{T}$ und $\varkappa = \frac{1}{p}$, und man erhält die gut bekannte Beziehung

$$C_p - C_v = R.$$

$$(5.34a)$$

Abb. 5.51 zeigt die Temperaturabhängigkeit von C_p und C_v für Pb. Die Differenz $C_p - C_v$ ist nur bei hohen Temperaturen merklich, sie entspricht der bei der Ausdehnung des Kristalls geleisteten Arbeit. Ebenso wie die thermische Ausdehnung beruht sie auf anharmonischen Effekten, d. h. auf Abweichungen der Potentialkurve vom parabolischen Verlauf.

Gl. (5.34) läßt sich in der Form

$$C_p = C_v(1 + \gamma\alpha T)$$

$$(5.34a)$$

schreiben. Die dimensionslose Größe $\gamma = \frac{\alpha V_M}{\varkappa C_v}$ heißt *Grüneisen-Parameter*; sie steht in Beziehung zur Form der Potentialkurve, hängt also von der Art der Gitterkräfte ab. γ und $\varkappa$ sind temperaturunabhängig; das bedeutet, daß der thermische Ausdehnunsgkoeffizient α proportional zur spezifischen Wärmekapazität $c_v = C_v/V_M$ ist. Insbesondere geht α ebenso wie c_v mit abnehmender Temperatur gegen Null, vgl. Abb. 5.52.

Zur Berechnung von C_v ist die Summe in Gl. (5.32) auszuwerten. Dazu ersetzt man sie durch ein Integral über die Modendichte $g(\omega)$:

$$U_1 = \sum_1^{3sN_A} \bar{n}_q \hbar\omega_q = \int_0^\infty \frac{g(\omega)\,\hbar\omega\,d\omega}{e^{\hbar\omega/kT} - 1}.$$

$$(5.35)$$

Genaue Berechnungen erfordern die Kenntnis von $g(\omega)$ und sind nur numerisch ausführbar.

Für einfach aufgebaute Stoffe (insbesondere für Stoffe mit nur einem Atom/Elementarzelle, bei denen nur akustische Gitterschwingungen möglich sind) bewährt sich die *Debyesche Näherung* (P. DEBYE, 1854 bis 1966, NP 1936 und 1937), bei der $g(\omega)$ durch

$$g_D(\omega) = \begin{cases} 9N_A \dfrac{\omega^2}{\omega_D^3} & \text{für} \quad \omega \leqq \omega_D \\ 0 & \text{für} \quad \omega > \omega_D \end{cases} \qquad (5.36)$$

approximiert wird. Dabei ist

$$\omega_D = \bar{v} \sqrt[3]{\frac{6\pi^2}{V_0}}$$

$$(5.37)$$

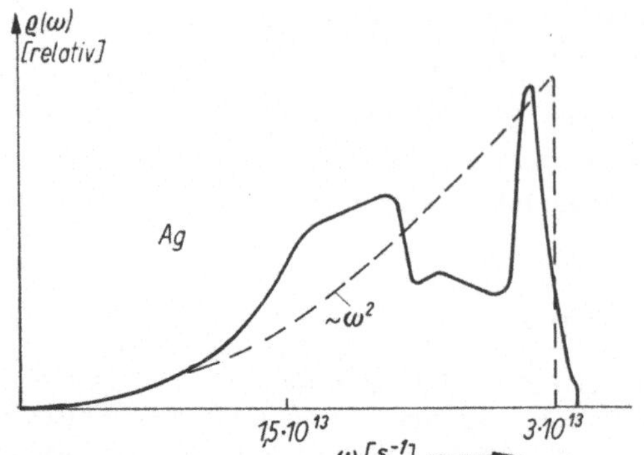

Abb. 5.53. Frequenzspektrum $g(\omega)$ der Phononen in Ag, berechnet aus elastischen Konstanten. Die gestrichelte Kurve ist die Debyesche Näherung (nach LEIGHTON 1948)

eine Abschneidefrequenz (vgl. Abb. 5.53), $\bar{v}$ eine mittlere Schallgeschwindigkeit und V_0 das Volumen der Elementarzelle. Setzt man $g_D(\omega)$ in Gl. (5.35) ein und differenziert nach T, so erhält man mit $x = \dfrac{\hbar\omega}{kT}$

$$C_v = \frac{\partial U_1}{\partial T} = 9R\left(\frac{kT}{\hbar\omega_D}\right)^3 \int\limits_0^{\hbar\omega_D/kT} \frac{x^4\,\mathrm{e}^x\,\mathrm{d}x}{(\mathrm{e}^x - 1)^2}$$

$$= 3RF_D\left(\frac{T}{\theta}\right). \tag{5.38}$$

R ist die universelle Gaskonstante; $\theta = \dfrac{\hbar\omega_0}{k}$ hat die Dimension einer Temperatur und wird als *Debye-Temperatur* bezeichnet. Sie liegt in der

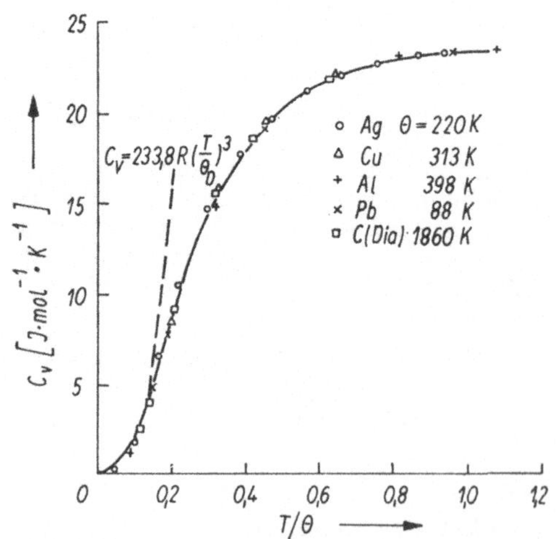

Abb. 5.54. Molare Wärmekapazität als Funktion der reduzierten Temperatur. Ausgezogen: Debye-Funktion; gestrichelt: Tieftemperaturnäherung (nach EUCKEN)

Größenordnung von 100 bis 600 K, bei sehr leichten Elementen auch darüber, und ist ein Maß für die maximale Schwingungsfrequenz des Gitters.

$$F_D\left(\frac{T}{\theta}\right) = 3\left(\frac{T}{\theta}\right)^3 \int\limits_0^{\theta/T} \frac{x^4\,\mathrm{e}^x\,\mathrm{d}x}{(\mathrm{e}^x - 1)^2} \tag{5.39}$$

heißt Debye-Funktion.

Gl. (5.38) bedeutet, daß die Temperaturabhängigkeiten der molaren Wärmekapazität aller Substanzen durch eine universelle Kurve gegeben ist, wenn man sie über der reduzierten Temperatur T/θ aufträgt. Die in Abb. 5.54 eingezeichneten Meßwerte liegen genau auf der der Gl. (5.38) entsprechenden Kurve, d. h., Experiment und Theorie stimmen gut überein.

θ wird durch Anpassung *eines* gemessenen Wertes für C_v an Gl. (5.38) oder aus den elastischen Konstanten des Stoffes ermittelt, die die Größe der Schallgeschwindigkeit $\bar{v}$ und damit gemäß Gl. (5.37) die Grenzfrequenz ω_D bestimmen. Thermische und elastische Debye-Temperatur stimmen meist sehr gut überein.

Bei tiefen Temperaturen ($T \ll \theta$) kann Gl. (5.38) durch

$$C_v = \frac{12}{5}\,\pi^4 R\left(\frac{T}{\theta}\right)^3 \tag{5.38a}$$

genähert werden (Debyesches T^3-Gesetz). Dieses Verhalten ist in Übereinstimmung mit dem 3. Hauptsatz der Thermodynamik (vgl. Bd. 1, Abschn. 12.10.), wonach für $T \to 0$ K die Wärmekapazität verschwinden muß.

Bei hohen Temperaturen ($T \gg \theta$) wird $F_D = 1$ und damit

$$C_v = 3R = 24{,}94\,\frac{W_s}{K\,mol} \tag{5.38b}$$

unabhängig von der Temperatur. Gl. (5.38b) ist als *Dulong-Petitsche Regel* (vgl. Bd. 1, Abschn. 11.5. und 13.1.) bekannt; sie läßt sich unmittelbar aus dem klassischen Gleichverteilungssatz ableiten.

Bei Metallen wäre auf Grund des Gleichverteilungssatzes ein Beitrag der für die elektrische Leitfähigkeit verantwortlichen freien Elektronen zur inneren Energie und damit zur Wärmekapazität zu erwarten, der für Metalle mit einem Atom/Elementarzelle und einem Leitungselektron/Atom $C_v^{el} = \frac{3}{2}R$ betragen sollte. Da jedoch die Elektronen in Metallen der Fermi-Dirac-

Verteilung unterliegen, ist dieser Beitrag wesentlich kleiner; er beträgt nach Abschn. 5.8.4.1.

$$C_v^{\text{el}} = \gamma_{\text{el}}T \qquad (5.40)$$

und macht sich nur bei sehr tiefen Temperaturen bemerkbar. γ_{el} bestimmt man, indem man $\dfrac{C_v^{\text{total}}}{T}$ über T^2 aufträgt; wegen

$$C_v^{\text{total}} = \frac{12}{5}\,\pi^4\,\frac{R}{\theta^3}\,T^3 + \gamma_{\text{el}}T \qquad (5.41)$$

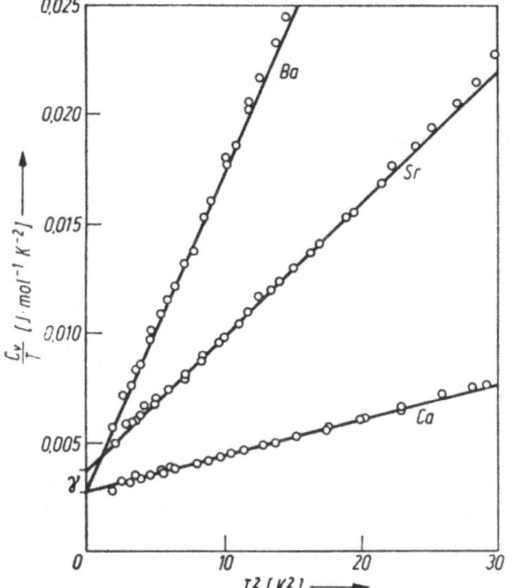

Abb. 5.55. Molare Wärmekapazität von Erdalkalimetallen (nach PARKINSON 1958)

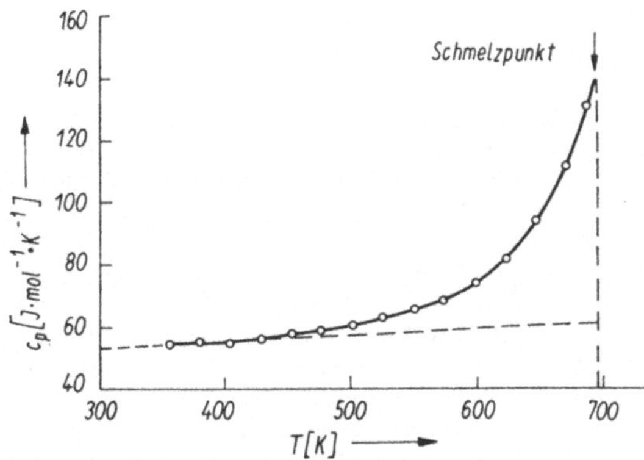

Abb. 5.56. Molare Wärmekapazität von AgBr. Der steile Anstieg unterhalb des Schmelzpunktes wird durch Leerstellenbildung verursacht (nach CHRISKY und LAWSON 1951)

ergeben sich in dieser Darstellung (Abb. 5.55) Geraden. γ_{el} folgt aus der Extrapolation auf $T = 0$ K und liegt in der Größenordnung von $10^{-3}\,\dfrac{\text{Ws}}{\text{mol K}^2}$.

Auch den elektromagnetischen Eigenschwingungen eines Hohlraumes entsprechen lineare Oszillatoren (s. Bd. 3, Abschn. 6.1.2. und 6.1.3.). Die im thermischen Gleichgewicht darin enthaltene Energie und ihre Verteilung auf die Eigenfrequenzen läßt sich durch ganz ähnliche Überlegungen wie beim Festkörper aus Gl. (5.35) ableiten. $\hbar\omega$ ist in diesem Falle mit der Photonenenergie $h\nu$ zu identifizieren; für die Modendichte $g^{\text{em}}(\nu)$ der elektromagnetischen Schwingungen findet man für alle Frequenzen

$$g^{\text{em}}(\nu) = \frac{8\pi\nu^2}{c_0{}^3}, \qquad (5.42)$$

wobei c_0 die Lichtgeschwindigkeit ist. Gl. (5.42) beschreibt ein Debye-Spektrum ohne obere Grenzfrequenz, d. h. der Hohlraum ist ein System mit ∞ vielen Freiheitsgraden. Ordnet man jedem Oszillator die mittlere thermische Energie [s. Gl. (5.27)]

$$\overline{\epsilon} = \frac{h\nu}{\exp\,(h\nu/kT) - 1}$$

zu, so ergibt sich unmittelbar das Plancksche Strahlungsgesetz und durch Integration über alle Frequenzen das Stefan-Boltzmannsche Gesetz

$$u^{\text{em}} = \sigma T^4 \qquad (5.43)$$

für die Energiedichte $u^{\text{em}}(T)$ in einem Hohlraum. Gl. (5.43) hat zur Folge, daß die Wärmekapazität eines Hohlraumes bis zu beliebig hohen Temperaturen proportional zu T^3 ist, während im Falle eines Festkörpers die entsprechende Gl. (5.38b) wegen der Abschneidefrequenz ω_D (als Ausdruck der endlichen Zahl von Freiheitsgraden) nur eine für niedrige Temperaturen gültige Näherungsformel ist.

Außer Gitterschwingungen (Phononen) und Elektronen tragen auch *Änderungen der Gitterstruktur* zur inneren Energie bei. Bei Phasenübergängen 1. Ordnung – charakterisiert durch eine diskontinuierliche Gitteränderung – beobachtet man ebenso wie beim Schmelzen (oder auch beim Verdampfen) eine spezifische Umwandlungsenthalpie (vgl. Bd. 1, Abschn. 12.4.). Dagegen äußern sich Phasenübergänge 2. Ordnung – gekennzeichnet durch eine kontinuierliche Gitterstrukturänderung – durch eine charakteristische Anomalie der Wärmekapazität (s. Abb. 5.38). Die thermisch bedingte Leerstellenbildung unterhalb des Schmelzpunktes erfordert ebenfalls Energie und verursacht dadurch einen Beitrag zur Wärmekapazität (s. Abb. 5.56).

5.4.7. Nullphononenprozesse und Mößbauer-Effekt

Bereits in Abschn. 5.4.4. wurde darauf hingewiesen, daß die Bragg-Reflexe bei der Beugung von Strahlung einer Streuung ohne Beteiligung von Phononen entsprechen, während phononenbegleitete Streuprozesse den sog. diffusen Untergrund liefern.

Bei *Nullphononenprozessen* erfolgt ein Stoß des Inzidenzteilchens (Röntgenquant, Neutron) mit dem als starr angenommenen Kristall. Auf Grund des Impulssatzes erhält der Kristall maximal (im Fall der Rückwärtsstreuung) den doppelten Impuls $2p_0$ des Inzidenzteilchens und damit eine kinetische Rückstoßenergie

$$E_R = \frac{4p_0^2}{2M} \qquad (5.44)$$

(M Masse des Kristalls).

Für Photonen (Röntgen-, γ-Quanten) der Energie $E_0 = h\nu$ ist $p_0 = h\nu/c$, damit wird

$$E_R = 2\frac{E_0^2}{Mc^2}. \qquad (5.44a)$$

Mit $M = 1\,\text{g}$ und $E_0 = 10\,\text{keV}$ als typischen experimentellen Werten ergibt sich als relative Energieänderung des Photons

$$\frac{E_R}{E_0} = 2\frac{E_0}{Mc^2} \approx 10^{-29}. \qquad (5.45)$$

Für Neutronen mit $E_0 = \dfrac{m_n v^2}{2}$ und $p_0 = m_n v$ wird

$$\frac{E_R}{E_0} = 4\frac{m_n}{M} \approx 10^{-23}. \qquad (5.45a)$$

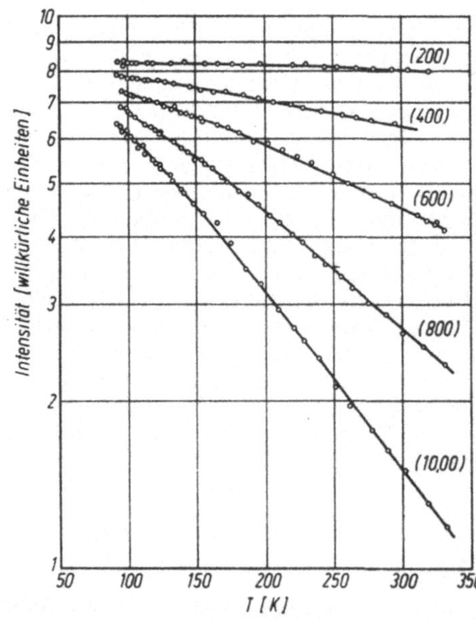

Abb. 5.57. Temperaturabhängigkeit der Intensität von Bragg-Reflexen von Al (nach NICKLOW und YOUNG 1966)

Daraus ergibt sich:

> Nullphononenstreuprozesse sind elastisch, d. h. sie erfolgen ohne Änderung der Energie des Inzidenzteilchens.

Nullphononenstreuprozesse sind bei beliebigen hohen Temperaturen möglich. Das bedeutet, daß auch ein schwingendes Kristallgitter scharfe Bragg-Reflexe liefert (im Gegensatz zu der vor Ausführung der Röntgenbeugungsexperimente vertretenen Auffassung, daß infolge der thermischen Bewegung der Atome keine Beugungsbilder zu erhalten seien). Allerdings nimmt mit wachsender Temperatur die Intensität der Bragg-Reflexe ab, dafür nimmt die Intensität der inelastischen und inkohärenten diffusen Untergrundstreuung zu.

Das Verhältnis der Nullphononenintensität eines Bragg-Reflexes zur gestreuten Intensität im starren Gitter wird als *Debye-Waller-Faktor D* bezeichnet. Ist G der reziproke Gittervektor des Reflexes und $\bar{u}^2$ der quadratische Mittelwert der thermischen Auslenkung der Atome, so ist

$$D = e^{-G^2\bar{u}^2/6}. \qquad (5.46)$$

$\bar{u}^2$ läßt sich aus der Frequenzverteilung der Gitterschwingungen berechnen. Für ein Debye-Spektrum [Gl. (5.36)] eines einatomigen Kristalls ergibt sich

$$\bar{u}^2 = \begin{cases} 9\,\dfrac{\hbar^2}{mk\theta} & \text{für} \quad T \ll \theta \\[2mm] 9\,\dfrac{\hbar^2 T}{mk\theta^2} & \text{für} \quad T \gg \theta \end{cases} \qquad (5.47)$$

(m Atommasse).

Abb. 5.57 zeigt die Temperaturabhängigkeit der Intensität der Bragg-Reflexe von Al, die proportional zu D ist. Die Intensität hochindizierter Reflexe (mit großen Beugungswinkeln) nimmt mit wachsender Temperatur stärker ab als die niedrig indizierter. Auch für $T \to 0$ ist wegen der Nullpunktsschwingungen $D < 1$, d. h. es ist stets ein diffuser Untergrund vorhanden. Umgekehrt läßt sich durch Messung von D die mittlere quadratische Auslenkung der Gitteratome bzw. die Debye-Temperatur bestimmen.

Besondere Bedeutung hat der Debye-Waller-Faktor für die rückstoßfreie Emission und Resonanzabsorption von γ-Quanten, den Mößbauer-Effekt (nach R. L. MÖSSBAUER, geb. 1929, NP 1961). Angeregte Kerne gehen bekanntlich unter Emission von γ-Quanten in den Grundzustand über (vgl. Abschn. 2.3.16.5. und

2.3.16.6.). Die entsprechenden Linien sind sehr scharf, wenn es sich um langlebige angeregte Zustände handelt.

Erfolgt die Emission durch ein ruhendes freies Atom, so erhält dieses einen Rückstoßimpuls und damit eine Rückstoßenergie

$$E_R = \frac{E_0^2}{2mc^2},\qquad(5.48)$$

wobei E_0 die (potentielle) Energie des angeregten Kerns, m die Masse des emittierenden Atoms ist.

Die Energie des γ-Quants beträgt daher

$$E_\gamma = h\nu = E_0 - E_R.\qquad(5.49)$$

Umgekehrt muß zur Anregung eines freien Kerns in einem Zustand mit der Energie E_0 die Energie des anregenden γ-Quants

$$E_\gamma' = h\nu' = E_0 + E_R\qquad(5.50)$$

betragen. Das bedeutet, daß für freie Atome bei genügend scharfen γ-Linien *keine Resonanzabsorption* (Absorption durch gleiche Kerne) möglich ist.

Sind beide Kerne jedoch in ein Kristallgitter eingebaut, so besteht eine endliche Wahrscheinlichkeit dafür, daß der Rückstoßimpuls von dem gesamten Kristall (Masse M) aufgenommen wird. In Gl. (5.38) ist dann anstelle der Atommasse die viel größere Kristallmasse M einzusetzen, wodurch E_R vernachlässigbar klein wird: Für Kerne im Kristallverband ist γ-Resonanzabsorption möglich (Mößbauer-Effekt). Die Wahrscheinlichkeit für diesen Prozeß ist durch das Produkt der entsprechenden Debye-Waller-Faktoren von Emitter- und Absorberkristall

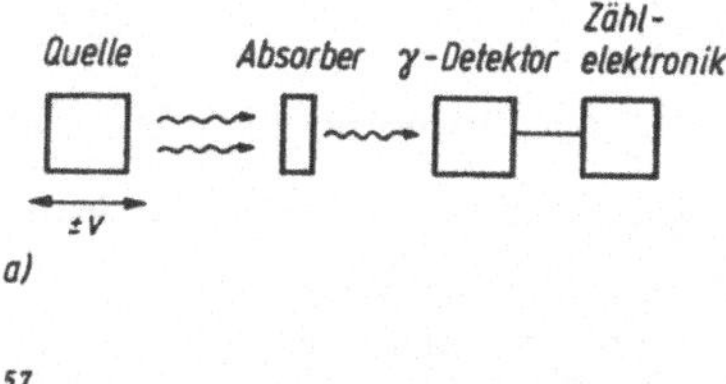

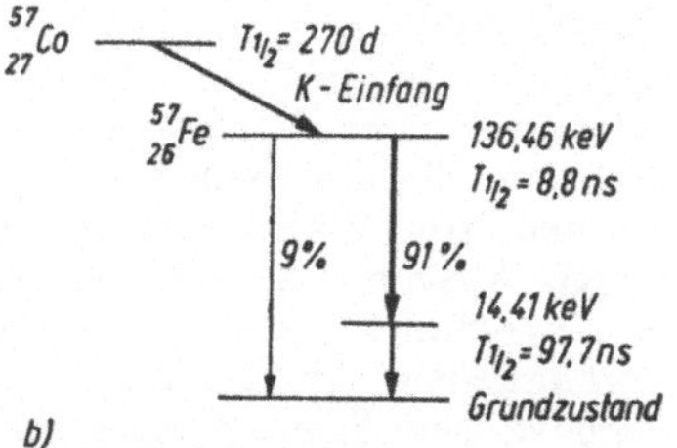

Abb. 5.58. a) Schema eines Mößbauer-Spektrometers; b) Zerfallsschema von ^{57}Co zur Erzeugung der Mößbauer-Strahlung 14,41 keV von ^{57}Fe

gegeben, die in diesem Fall für $T < \theta$ die Form

$$D_\gamma = e^{-\frac{3E_\gamma^2}{4mc^2k\theta}}\qquad(5.51)$$

haben. Bei genügend kleinen γ-Energien hat D_γ Werte, die für den experimentellen Nachweis ausreichen.

Bisher kennt man etwa 100 Mößbauer-Übergänge von etwa 80 Nukliden, die sich auf 43 Elemente verteilen. Bevorzugt werden Messungen mit ^{57}Fe ($E_\gamma = 14,4$ keV) und ^{119}Sn ($E_\gamma = 23,9$ keV) ausgeführt. Bewegt man den Emitterkristall mit der Geschwindigkeit v, so erhalten die in Bewegungsrichtung emittierten γ-Quanten auf Grund des Doppler-Effekts (vgl. Bd. 3, Abschn. 5.1.2.) eine zusätzliche Energie

$$E' = \frac{v}{c} E_\gamma.\qquad(5.52)$$

Dies gestattet durch Änderung der Geschwindigkeit eine kontinuierliche Änderung der γ-Energie der Quelle und damit den Aufbau eines Mößbauer-Spektrometers (Abb. 5.58), das im wesentlichen aus folgenden Teilen besteht:

– der γ-Strahlenquelle (z. B. ^{57}Co, das durch K-Einfang ^{57}Fe im angeregten Zustand erzeugt);
– dem Absorber (Meßprobe), der die gleichen Kerne wie die Quelle, jedoch im Grundzustand enthält;
– einem γ-Strahlungs-Detektor mit Vielkanalanalysator;
– einem Antrieb zur Bewegung der Quelle (Geschwindigkeitsbereich von 0 bis ± 1 cm/s für Experimente mit ^{57}Fe);
– Temperiereinrichtungen für die Meßprobe.

Die Darstellung der Impulszählrate hinter dem Absorber als Funktion der Relativgeschwindigkeit zwischen Quelle und Absorber heißt Mößbauer-Spektrum (Abb. 5.59). Die Linienbreite in diesem Spektrum setzt sich aus den natürlichen Linienbreiten $\Gamma = \hbar/T_{1/2}$ (s. Bd. 3, Abschn. 6.3.2.) der Strahlung von Quelle und Absorber zusammen, typische Werte liegen zwischen 10^{-10} und 10^{-5} eV. Die relative Linienbreite Γ/E_γ liegt damit in der Größenordnung von 10^{-12} bis 10^{-10}, ist also extrem gering (weit geringer als für Spektrallinien im optischen Bereich), ermöglicht also eine Spektroskopie mit hohem Auflösungsvermögen. In Mößbauer-Spektrum spiegeln sich daher geringste Energieänderungen des Kerns mit seiner Umgebung wider. Die wichtigsten sind die durch die Art der chemischen Bindung verursachte sog. *Isomerieverschiebung* (Abb. 5.60) sowie die Wechselwirkung mit magnetischen Feldern (Hyperfeinstrukturaufspaltung, vgl. Abschn. 5.7.3.2.) und elektrischen Feldgradienten (Quadrupolaufspal-

---

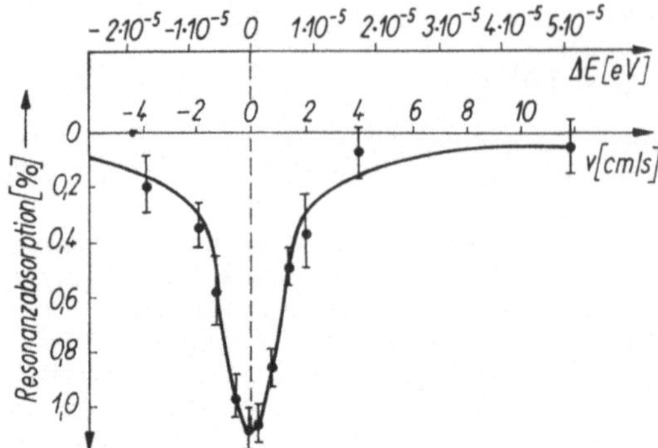

Abb. 5.59. Mößbauer-Spektrum: Resonanzabsorption der 129-keV-γ-Strahlung von ^{129}Ir als Funktion der Relativgeschwindigkeit v zwischen Quelle und Absorber. E' ist die Energieverschiebung infolge des Dopplereffekts (nach MÖSSBAUER 1959)

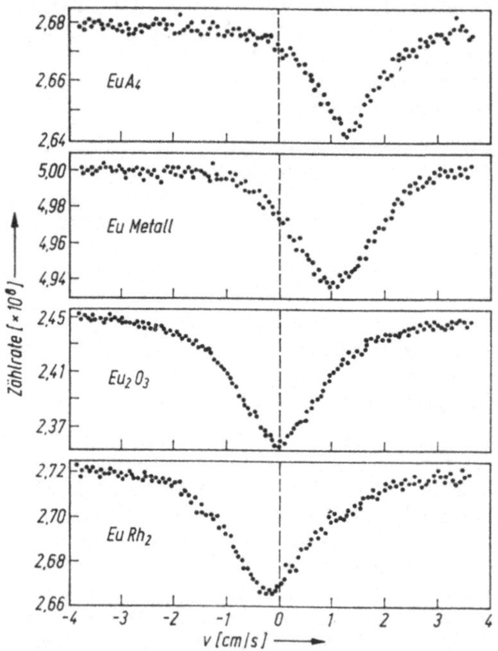

Abb. 5.60. Isomerieverschiebung des 97-keV-γ-Übergangs von ^{153}Eu in Eu-Verbindungen (nach ATZMONY, BAUMINGER, NOWIK, OFER und WERNICK 1967)

tung). Das große Auflösungsvermögen gestattet auch den Nachweis typischer relativistischer Effekte, wie des transversalen Dopplereffektes infolge der thermischen Schwingungen im Kristallgitter und die Energieänderung von γ-Quanten im Gravitationsfeld.

Da entsprechend der allgemeinen Relativitätstheorie Masse und Energie äquivalent sind (vgl. Bd. 3, Abschn. 5.2.4.), ist dem γ-Quant die Masse $m_\gamma = h\nu/c^2$ zuordnen. Beim „Fall" im Schwerefeld gewinnt es daher die Energie $m_\gamma g s$ (g Schwerebeschleunigung, s Fallhöhe), was eine Frequenzerhöhung $\Delta \nu = \nu \dfrac{gs}{c^2}$ bewirkt. Umgekehrt muß bei der Bewegung entgegen der Schwerkraft Arbeit geleistet werden, was zu einer Frequenzverringerung um den gleichen Betrag führt. POUND und REBKA konnten mittels des Mößbauer-Effekts der 14,4-keV-Strahlung von ^{57}Fe diese Frequenzverschiebung messen, indem sie den Absorber etwa 23 m oberhalb der Quelle anbrachten und anschließend Quelle und Absorber vertauschten. Sie maßen eine relative Frequenzverschiebung von $(5,1 \pm 0,5) \cdot 10^{-15}$, was gut mit den theoretisch erwarteten Werten von $\dfrac{\Delta \nu}{\nu} = \dfrac{gs}{c^2} = 4.9 \cdot 10^{-15}$ übereinstimmte und so eine starke experimentelle Stütze der allgemeinen Relativitätstheorie darstellt.

5.4.8. Wärmeleitung in Isolatoren

Sind in einem Stoff Temperaturdifferenzen vorhanden, so findet ein Energietransport von Orten mit höherer zu Orten mit niedrigerer Temperatur statt. Bei einem eindimensionalen Problem (z. B. in einem Stab, der seitlich thermisch isoliert ist) wird diese Wärmeleitung durch die Transportgleichung

$$j_{\text{th}} = -\lambda \frac{\partial T}{\partial x} \tag{5.33}$$

beschrieben (Bd. 1, Abschn. 12.12.), wobei j_{th} die Wärmestromdichte und $-\dfrac{\partial T}{\partial x}$ das Temperaturgefälle ist. λ ist eine Materialkonstante, die Wärmeleitfähigkeit, die von der Temperatur und in Kristallen von der Richtung des Wärmestroms abhängt. Gl. (5.53) ist völlig analog zum Ohmschen Gesetz in der Form

$$j = \sigma E = -\sigma \frac{\partial U}{\partial x}, \tag{5.53a}$$

wobei j die elektrische Stromdichte, σ die elektrische Leitfähigkeit und $E = -\dfrac{\partial U}{\partial x}$ das Potentialgefälle sind, vgl. Abschn. 5.8.3. λ hat bei Zimmertemperatur für Metalle typische Werte von 100 bis 500 Wm^{-1} K^{-1}, während Isolatoren weit geringere Werte von 0,1 bis 10 Wm^{-1} K^{-1} aufweisen. Der Unterschied ist offensichtlich durch den dominierenden Beitrag der freien Elektronen zur Wärmeleitung der Metalle bedingt (vgl. Abschn. 5.8.4.3.), wir behandeln in diesem Abschnitt nur den bei Isolatoren allein vorhandenen Gitterbeitrag, der durch die *Übertragung von Schwingungsenergie* von einem Ort zum andern verursacht wird. Quantitative Betrachtungen zur Berechnung von λ bauen auf der Vorstellung des Phononengases auf. Danach transportiert jedes Phonon die Energie $\hbar\omega q$ mit Schallgeschwindigkeit. Da die Zahl der verfügbaren Phononen mit wachsender Temperatur zunimmt, wird mehr Energie von Orten mit hoher Temperatur zu solchen mit niedriger Temperatur transportiert als umgekehrt.

Nehmen wir an, daß keine Wechselwirkungen zwischen den Phononen auftreten, so würde sich die Wärme mit Schallgeschwindigkeit v durch den Kristall ausbreiten, die Wärmeleitfähigkeit wäre praktisch unendlich groß.

Zur Erklärung des tatsächlich beobachteten endlichen Wertes der Wärmeleitfähigkeit ist es notwendig, Wechselwirkungen der Phononen untereinander, also *Phonon-Phonon-Streuung*, zu berücksichtigen.

Ohne Wechselwirkung, d. h. ohne Energieaustausch, könnte sich überhaupt kein thermisches Gleichgewicht einstellen. Man könnte beispielsweise durch optische Absorption von infraroter Strahlung eine einzige Schwingung sehr stark anregen, ohne daß die anderen Schwingungen davon betroffen wären. Der tatsächlich vorhandene Energieaustausch verhindert dies und führt zur Einstellung des thermischen Mittelwertes [Gl. (5.28)] für alle Schwingungen. Gleichzeitig wird damit den Phononen eine *mittlere Lebensdauer* τ und eine *mittlere freie Weglänge* $l = v \cdot \tau$ zuge-

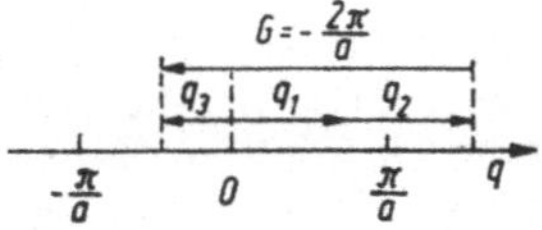

Abb. 5.61. Zum Umklappprozeß bei der Phonon-Phonon-Streuung

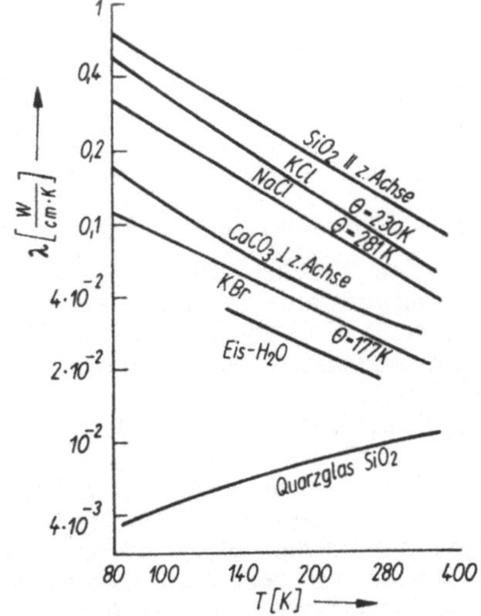

Abb. 5.62. Temperaturabhängigkeit der Wärmeleitfähigkeit einiger Isolatoren (nach A. EUCKEN)

ordnet (vgl. dazu auch Bd. 1, Abschn. 13.2.). Für das Zustandekommen der mittleren freien Weglänge und das Verständnis der Wärmeleitfähigkeit sind Streuprozesse wichtig, bei denen die Impulsrichtung umgekehrt wird. Das sind die bereits im Zusammenhang mit der Neutronenstreuung erwähnten *Umklappprozesse*. (Bei Normalprozessen bleibt wegen Energie- und Impulserhaltung sowohl die Größe als auch die Richtung des Energiestroms ungeändert.)

Zur Veranschaulichung der U-Prozesse betrachten wir ein eindimensionales Gitter. Es stoße ein Phonon mit dem Quasiimpuls q_1 unelastisch mit einem Phonon mit dem Quasiimpuls q_2 zusammen. Da bei diesem Prozeß der Impuls erhalten bleibt, hat das entstehende Phonon den Impuls $q_1 + q_2$. Sind q_1 und q_2 groß genug, so liegt $q_1 + q_2$ außerhalb der 1. Brillouin-Zone und ist deshalb äquivalent zu $q_3 = q_1 + q_2 - 2\pi/a$ (Abb. 5.61.). Bei einem solchen Imklappprozeß wird also tatsächlich die Ausbreitungsrichtung des Phonons umgekehrt.

Aus statistischen Betrachtungen (vgl. Bd. 1, Abschn. 13.2.) ergibt sich

$$\lambda = \tfrac{1}{3}vlc_v. \qquad (5.54)$$

Die Temperaturabhängigkeit von λ wird also durch die spezifische Wärmekapazität c_v und die freie Weglänge l bestimmt (Die Schallgeschwindigkeit v ist praktisch temperaturunabhängig). Im Idealkristall ist l umgekehrt proportional zur Konzentration $\bar{n}_U$ der für U-Prozesse verfügbaren Phononen mit großen q-Werten. Diese läßt sich gemäß Gl. (5.28) zu

$$\bar{n}_U = (e^{\theta/gT} - 1)^{-1} \qquad (5.55)$$

abschätzen, wobei $g \approx 2$ ein Zahlenfaktor ist. Damit wird

$$l \sim \begin{cases} e^{\theta/gT} & \text{für} \quad T \ll \theta \\ 1/T & \text{für} \quad T \gg 0. \end{cases} \qquad (5.56)$$

Bei hohen Temperaturen ist $c_v = \text{const.}$, daher wird $\lambda \sim 1/T$ (Abb. 5.62). Bei tiefen Temperaturen nimmt l stark zu und muß durch eine durch Streuung an der Oberfläche bedingte freie Weglänge l_0 ersetzt werden, die in der Größenordnung der Probendimension liegt und temperaturunabhängig ist. Daher wird wegen des Debyeschen T^3-Gesetzes der Wärmekapazität für tiefe Temperaturen $\lambda \sim T^3$ (Abb. 5.63). In Realkristallen führen alle Gitterstörungen zu zusätzlichen Streuprozessen und damit zu einer Verringerung von l. Bereits die natürliche Isotopenzusammensetzung hat einen deutlichen Einfluß (Abb. 5.63); in amorphen Stoffen (z. B. Quarzglas, s. Abb. 5.62) verringert sich l bis auf die Größenordnung des Atomabstandes und führt zu sehr geringer Wärmeleitfähigkeit. Ähnlich wirken durch Bestrahlung erzeugte Baufehler.

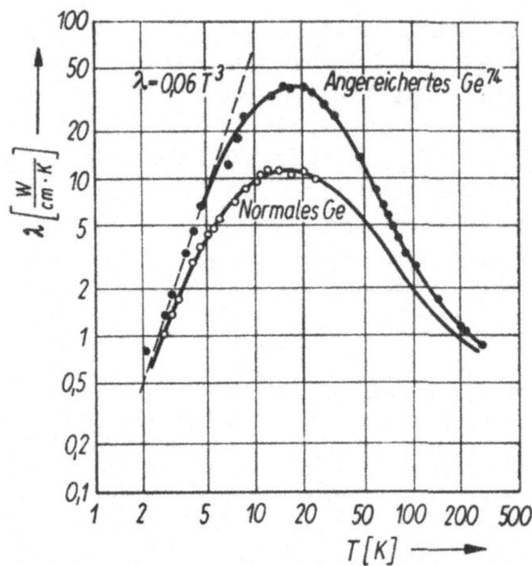

Abb. 5.63. Wärmeleitfähigkeit von normalem Ge (mit 36,5% ^{74}Ge) und angereichertem Ge (mit 96% ^{74}Ge). Bei tiefen Temperaturen ist $\lambda \sim T^3$ (nach GEBALLE und W. HALL 1958)

Da bei sehr tiefen Temperaturen die Phonon-Phonon-Streuung vernachlässigt werden kann, sind bei kleinen Probendimensionen Experimente mit sog. ballistischen Phononen möglich, die nicht im thermischen Gleichgewicht mit dem Kristallgitter stehen und sich mit Schallgeschwindigkeit ausbreiten.
Ballistische Phononen kann man durch kurze Wärmeimpulse oder durch Stromdurchgang

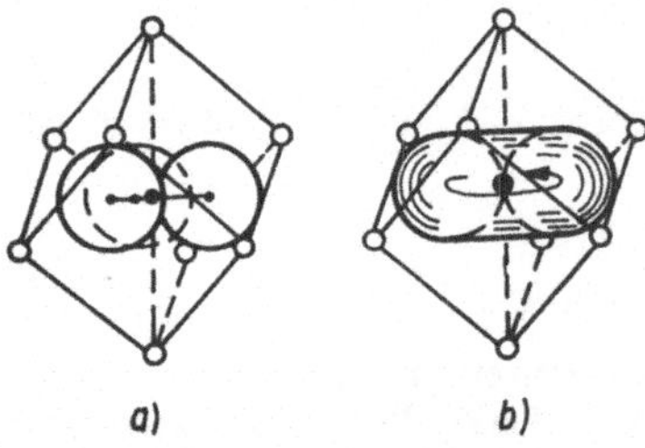

Abb. 5.64. Ausschnitt aus dem NaNO$_3$-Gitter. a) 25 °C, die Atome der NO$_3$-Gruppe besetzen feste Plätze, b) 280 °C, die Nitratgruppe rotiert um die dreizahlige vertikale Achse, auf der das N-Atom liegt (nach BARTH)

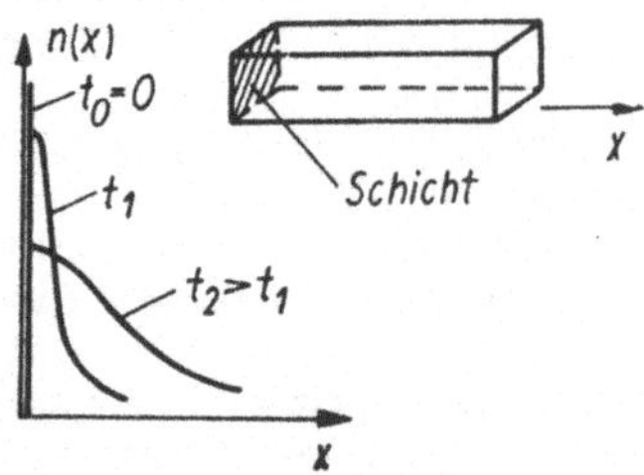

Abb. 5.65. Zur Bestimmung der Diffusionskonstante. $n(x)$ gibt die örtliche Verteilung des Diffusanten zu verschiedenen Zeiten an

durch supraleitende Kontakte (vgl. Abschn. 5.8.5.3.) erzeugen. Die Wechselwirkung dieser Phononen erfolgt mit Gitterstörungen und gestattet Aussagen über deren Konzentration sowie ihre niederenergetischen Anregungszustände.

5.4.9. Innere Bewegungen in Kristallen

Außer Gitterschwingungen sind in Festkörpern auch Rotations- und Translationsbewegungen möglich, die entweder thermisch bedingt sind oder durch äußere Einwirkungen (Beschuß mit Korpuskularstrahlen, mechanische oder elektrische Beanspruchung) bewirkt werden. Beispielsweise zeigt sich im NaNO$_3$, daß bereits etwa 30° unterhalb des Schmelzpunktes eine Rotation der Nitratgruppe eintritt, ohne daß das Kristallgitter zerstört wird (Abb. 5.64). Derartige Rotationen (und andere Bewegungstypen) werden insbesondere mit Methoden der magnetischen Resonanz (s. Abschn. 4.3.4.) untersucht.
Ein weiteres charakteristisches Beispiel ist AgI. Aus dem drastischen Anstieg der Ionenleitfähigkeit bei 149 °C (mehr als 400° unterhalb des Schmelzpunktes, Abb. 5.100) muß auf ein „Schmelzen" des Ag$^+$-Untergitters bei festem I$^-$-Untergitter geschlossen werden.

5.4.9.1. Diffusion

Ebenso wie in Gasen und Flüssigkeiten sind auch in Festkörpern Diffusionsprozesse möglich, die insbesondere in der Metallurgie (Sintern, Härten, Rekristallisation, Korrosion), beim Kristallwachstum und in der Halbleitertechnologie große Bedeutung haben.
Phänomenologisch wird die Diffusion als Massentransportvorgang durch das 1. Ficksche Gesetz (s. Bd. 1, Abschn. 13.2.)

$$S = -D\,\frac{\partial n}{\partial x} \qquad (5.57)$$

beschrieben, wonach die Teilchenstromdichte S [cm^{-2} s^{-1}] dem Konzentrationsgefälle $-\dfrac{\partial n}{\partial x}$ der diffundierenden Teilchensorte proportional ist. Die Diffusionskonstante D hängt stark von der Temperatur, außerdem von der Richtung des Diffusionsstroms und von der Konzentration der diffundierenden Teilchen ab.
Zur Messung bringt man auf der Oberfläche eines Kristalls eine dünne Schicht von Atomen des Diffusanten auf und erwärmt den Kristall eine Zeit t auf die Temperatur T, bei der D gemessen werden soll (Abb. 5.65). Anschließend trennt man parallel zur bedeckten Oberfläche mechanisch oder durch Ätzen dünne Schichten ab und mißt die Konzentration der diffundierten Atome in diesen Schichten. Letzteres kann auf

chemischem Wege erfolgen, eleganter ist jedoch die Benutzung radioaktiver Isotope, die eine Konzentrationsbestimmung aus der Aktivität der abgetrennten Schichten ermöglicht. Mit dieser sog. *Tracer-Methode* läßt sich nicht nur die *Fremddiffusion* gitterfremder Substanzen, sondern bei Verwendung von Isotopen der Wirtsatome auch die *Selbstdiffusion* messen.

Abb. 5.66 zeigt Ergebnisse derartiger Messungen in Si. Da sich in der gewählten Darstellung (ln D über $1\,000/T$) Geraden ergeben, läßt sich die Temperaturabhängigkeit in der Form

$$D = D_0\, e^{-E_a/kT} \qquad (5.58)$$

darstellen (*Arrhenius-Gleichung*), wobei E_a eine *Aktivierungsenergie* und D_0 eine Konstante ist, die vom Atomradius abhängt.

Mikroskopisch betrachtet stellt die Diffusion einen thermisch bedingten *Platzwechsel* dar. Im Idealkristall ist dieser praktisch nicht möglich, so daß Diffusionsprozesse grundsätzlich mit Defektbewegungen verknüpft sind.

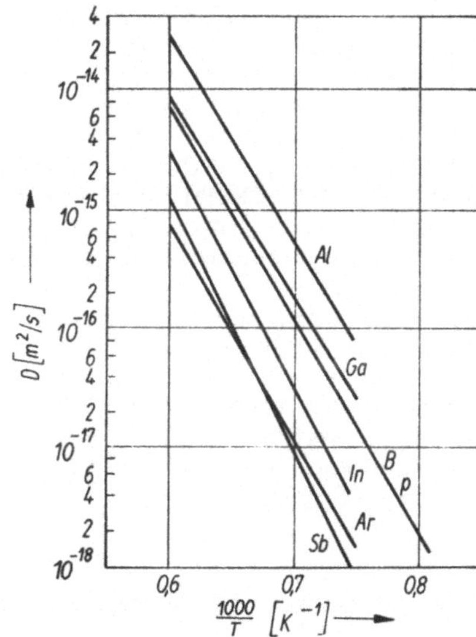

Abb. 5.66. Temperaturabhängigkeit des Diffusionskoeffizienten verschiedener Elemente in Si (nach HUTCHINSON und BAIRD)

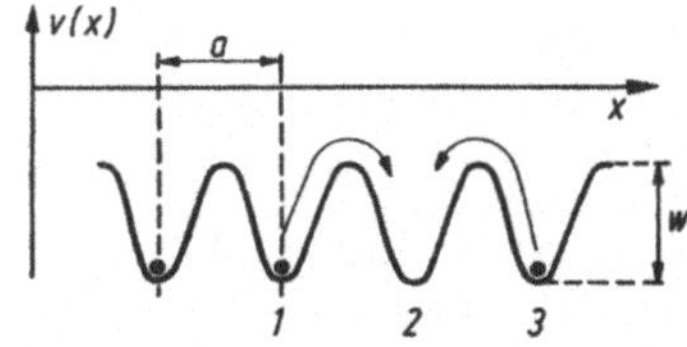

Abb. 5.67. Potentielle Energie eines Atoms längs einer Gitterrichtung

Im wesentlichen sind folgende Mechanismen zu unterscheiden:

1. Leerstellendiffusion
Ein Atom springt in eine Leerstelle, dafür entsteht am ursprünglichen Platz des Atoms eine neue Leerstelle. Massetransport in einer Richtung entspricht Leerstellenwanderung in entgegengesetzter Richtung;
2. Zwischengitterdiffusion von einem Zwischengitterplatz zum anderen oder durch Verdrängen eines Wirtsatoms auf einen Zwischengitterplatz;
3. Diffusion entlang von Versetzungen;
4. Diffusion entlang von Oberflächen und Korngrenzen (Volmer-Diffusion).

Für die Selbstdiffusion durch *Leerstellenmechanismus* läßt sich Gl. (5.58) wie folgt begründen: Betrachtet man den Verlauf der potentiellen Energie eines Atoms längs einer Gittergeraden (Abb. 5.67), so befindet sich zwischen dem besetzten Gitterplatz *1* und der Leerstelle *2* eine Energieschwelle der Größe w. Die Wahrscheinlichkeit φ für einen Platzwechsel pro Sekunde ist dann durch

$$\varphi = v\, e^{-w/kT} \qquad (5.59)$$

gegeben, wobei v eine Sprungfrequenz ist, die etwa gleich der Maximalfrequenz der Gitterschwingungen ist. D ist proportional zu dieser Wahrscheinlichkeit und proportional zur Leerstellenkonzentration n_v.
Für hohe Temperaturen ist $n_v = N_g\, e^{-E_v/kT}$ [Gl. (5.9a)], damit wird

$$D \sim e^{-(w+E_v)/kT}. \qquad (5.60a)$$

Messungen der Aktivierungsenergie E_a liefern daher die Summe aus der Schwellenenergie w des Platzwechsels und der Bildungsenergie E_v der Leerstellen.
Bei tiefen Temperaturen (mit eingefrorener Leerstellenkonzentration) ist $n_v = $ const., daher wird

$$D \sim e^{-w/kT}, \qquad (5.60b)$$

so daß in diesem Falle $E_a = w$ ist.
Bei Systemen aus mehreren Komponenten (z. B. Legierungen) sind die Diffusionskoeffizienten der Komponenten meist unterschiedlich. Dadurch vergrößert der Probenteil mit der höheren Konzentration an langsam diffundierendem Material sein Volumen, der andere verkleinert es (Kirkendall-Effekt), so daß es dort sogar zur Bildung von Poren im vorher massiven Material kommen kann.

5.4.9.2. Strahleneinwirkung

Hochenergetische Strahlung (Elektronen, Ionen, Neutronen, γ-Quanten) können erhebliche Energien und Impulse auf Gitterteilchen übertragen und damit zu Bewegungen Anlaß geben. Entlang

---

der Flugbahn werden Gitteratome von ihren Plätzen gestoßen und gelangen auf Zwischengitterplätze, es entstehen also Frenkel-Defekte. Die dadurch ausgelösten Stoßwellen pflanzen sich hauptsächlich entlang dicht gepackter Atomreihen fort (sog. *fokussierende Stöße*) und werden deshalb auch als Fokussonen bezeichnet. Bei genügender Energie können sie die Atome in Ausbreitungsrichtung zusammendrängen und „crowdions" (s. Abb. 5.20) bilden.

Am Ende der Bahn des Primärteilchens entstehen lokale Aufschmelzungen mit völlig zerstörter Struktur, u. U. auch Poren (voids), die sich sogar zu regelmäßigen Gittern ordnen können. Je nach Bestrahlungstemperatur können die Defekte durch thermisch aktivierte Vorgänge ausheilen oder sich ansammeln. Im letzteren Fall wird beträchtliche Energie (sog. Wigner-Energie) gespeichert, die zu heftigen Reaktionen Anlaß geben kann.

Bei bestimmten Einschußrichtungen tritt sog. *Kanalleitung* (chanelling) auf: parallel zu wichtigen Gitterrichtungen dringen die Teilchen besonders weit ein; sie werden zwischen zwei Gitterebenen streifend reflektiert, so daß ihre Wechselwirkung gering bleibt.

Schließlich können durch Kernreaktionen chemische Umwandlungen verursacht werden; die Reaktionsprodukte verlassen dabei infolge der Rückstoßenergie oft ihren Gitterplatz (und u. U. auch den Kristall).

Alle diese Prozesse haben große Bedeutung für die Konstruktion kerntechnischer Einrichtungen und für die in der Halbleitertechnologie benutzten Verfahren der *Ionenimplantation* und der *Neutronenaktivierung*, bei der die gewünschten Dotierungselemente als Ionen in den Kristall eingeschossen oder durch Kernreaktion erzeugt werden.

5.5. Mechanische Eigenschaften

Die mechanischen Eigenschaften beschreiben die Reaktion eines Stoffes auf die Einwirkung äußerer Kräfte. Sehr häufig, z. B. in der Ingenieurmecha-

nik, geschieht dies durch die Angabe bestimmter Materialkonstanten (Elastizitätsmodul, Zerreißfestigkeit, Härte usw.) im Rahmen einer Kontinuumstheorie (Bd. 1, Abschn. 6.). Hier soll vor allem der Zusammenhang mit der mikroskopischen Struktur näher betrachtet werden.

Je nach Stärke der Einwirkung treten sehr unterschiedliche Erscheinungen auf, die am einfachsten an Hand des *Spannungs-Dehnungs-Diagramms* (Abb. 5.68) eines Drahtes zu übersehen sind. Bei kleinen Belastungen (bis zur *Proportionalitätsgrenze A*) gilt das Hookesche Gesetz

$$\sigma = E\varepsilon \tag{5.61}$$

mit konstantem Elastizitätsmodul E ($\sigma = F/q$ ist die mechanische Spannung, $\varepsilon = \Delta l/l$ die Dehnung des Drahtes der Länge l, Δl die durch die Kraft F verursachte Verlängerung, q der Querschnitt).

Zwischen A und der *Elastizitätsgrenze B* nimmt ε schneller zu als σ, die Dehnung ist aber noch elastisch (reversibel), d. h. nach Entlastung bleiben keine Verformungen zurück. Das elastische Verhalten (bis zur Elastizitätsgrenze) wird im wesentlichen durch die Eigenschaften des Idealkristalls bestimmt; für dynamische Prozesse sind jedoch auch Gitterstörungen wichtig (s. Abschn. 5.5.3.). Oberhalb von B treten plastische Verformungen auf, d. h. nach Entlastung nimmt der deformierte Körper seine ursprüngliche Gestalt nicht wieder an. In diesem Bereich spielen Gitterstörungen die entscheidende Rolle, sie bestimmen auch die Zerreißfestigkeit des Stoffes.

Entsprechend dem *Bruchverhalten* unterscheidet man *spröde* und *duktile* Stoffe (Abb. 5.68, Kurven *a* bzw. *b*). Duktil sind vor allem dichtgepackte Strukturen, insbesondere Metalle, bei nicht zu tiefen Temperaturen. Spröde sind Stoffe mit kovalenten oder Ionenbindungen sowie alle Stoffe bei genügend tiefen Temperaturen.

5.5.1. Elastische Konstanten und Bindungskräfte

Betrachtet man den Festkörper als isotropes Kontinuum (was für polykristalline Stoffe oft gerechtfertigt ist), so wird sein elastisches Verhalten bei kleinen Deformationen durch vier Materialkonstanten beschrieben:

- den Elastizitätsmodul (Young-Modul) E;
- die Poisson-Zahl μ;
- den Kompressionsmodul M;
- den Schub-, Scher- oder Gleitmodul G;
(vgl. Bd. 1, Abschn. 6.1. und 6.2.).

Tatsächlich sind jedoch nur zwei dieser Konstanten voneinander unabhängig, für isotrope

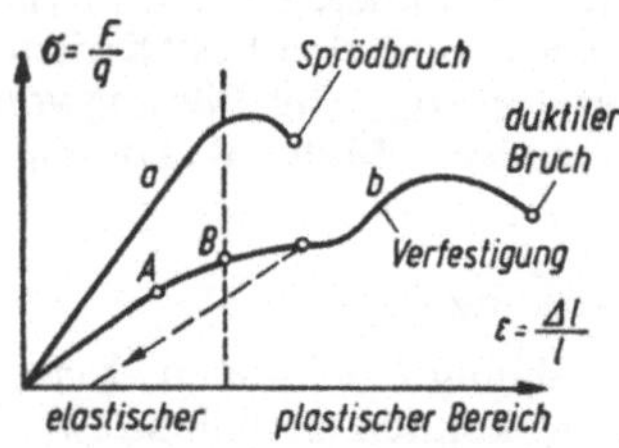

Abb. 5.68. Spannungs-Dehnungs-Diagramm eines spröden (a) und eines duktilen (b) Stoffes

Stoffe gilt nämlich

$$M = \frac{E}{3(1 - 2\mu)} \qquad (5.62\,a)$$

und

$$G = \frac{E}{2(1 + \mu)} \cdot \qquad (5.62\,b)$$

In Kristallen kommt es auf die Orientierung der einwirkenden Kräfte relativ zu den Kristallachsen an, dadurch erhalten sowohl die Spannungen als auch die Dehnungen *Tensorcharakter*. Für die Spannungen sei dies anhand von Abb. 5.69 erläutert. Ein unter einem beliebigen Winkel an der Fläche *3* (Flächennormale $\parallel z$) angreifender Spannungsvektor σ_3 kann in die Normalkomponente σ_{33} und die beiden Tangentialkomponenten σ_{13} und σ_{23} zerlegt werden; Analoges gilt für die Flächen *1* und *2*. Die 9 Komponenten σ_{IJ} bilden einen Tensor 2. Stufe. Man kann zeigen, daß er symmetrisch ist, d. h. es gilt $\sigma_{IJ} = \sigma_{JI}$, so daß nur 6 unabhängige Komponenten auftreten. In abgekürzter Schreibweise (*Voigt-Notation*) ersetzt man die Doppelindizes entsprechend der Vorschrift

$$11 \to 1 \qquad 23 = 32 \to 4$$
$$22 \to 2 \qquad 31 = 13 \to 5$$
$$33 \to 3 \qquad 12 = 21 \to 6$$

durch einfache Indizes, so daß der Spannungstensor die drei *Normalspannungen* σ_1, σ_2, σ_3 und die drei *Tangentialspannungen* (*Schubspannungen*) σ_4, σ_5, σ_6 umfaßt.

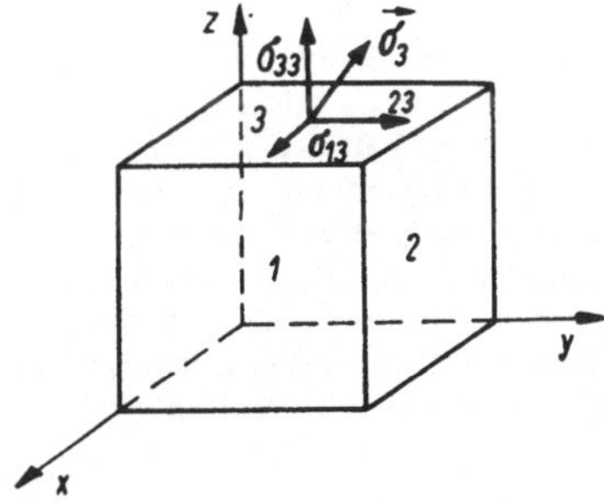

Abb. 5.69. Zur Definition der Spannungskomponenten

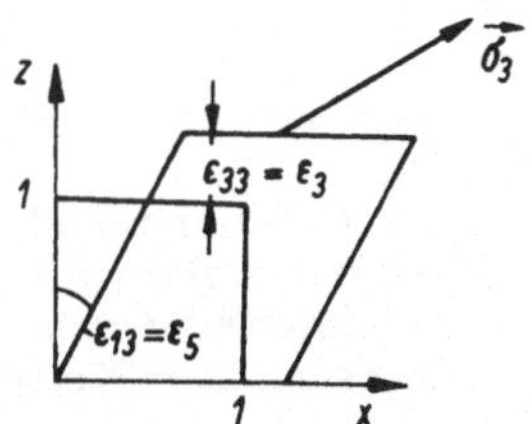

Abb. 5.70. Querschnitt eines Einheitswürfels nach der Deformation durch eine Spannung σ_3

Völlig analog ergibt sich für die Dehnungen ein Tensor 2. Stufe mit den drei *Dilatationen* ε_1, ε_2, ε_3 senkrecht zu den jeweiligen Flächen und den drei *Scherungskomponenten* ε_4, ε_5, ε_6 (man braucht sich in Abb. 5.69 nur jeweils σ durch ε ersetzt zu denken). Beispielsweise beschreibt $\varepsilon_{33} = \varepsilon_3$ die Dehnung eines Einheitswürfels in z-Richtung, $\varepsilon_{31} = \varepsilon_5$ ist der Scherwinkel (Abb. 5.70). Der Zusammenhang zwischen den Spannungs- und Dehnungskomponenten läßt sich in Form des verallgemeinerten Hookeschen Gesetzes

$$\sigma_i = \sum_{k=1}^{6} c_{ik}\varepsilon_k \quad (i, k = 1 \text{ bis } 6) \qquad (5.61\,a)$$

schreiben. Dabei bilden die *Elastizitätsmoduln* c_{ik} einen symmetrischen Tensor 4. Stufe $\{c_{ik}\}$ mit 21 unabhängigen Komponenten, d. h. zur vollständigen Charakterisierung des elastischen Verhaltens eines beliebigen Kristalls sind bis zu 21 Materialkonstanten nötig.
Umgekehrt kann man Gl. (5.61 a) auch in der Form

$$\varepsilon_i = \sum_{k=1}^{6} s_{ik}\sigma_k \quad (i, k = 1 \text{ bis } 6) \qquad (5.61\,b)$$

benutzen; die *elastischen Koeffizienten* s_{ik} sind dabei die Komponenten des zu $\{c_{ik}\}$ reziproken Tensors. Die c_{ik} bzw. s_{ik} werden vorwiegend durch Messung der Schallgeschwindigkeit bestimmt (vgl. Abschn. 5.5.2.).
Für *kubische Kristalle* verbleiben aus Symmetriegründen nur drei unabhängige elastische Moduln c_{11}, c_{12} und c_{44}; Gl. (5.61 a) geht über in

$$\sigma_1 = c_{11}\varepsilon_1 + c_{12}(\varepsilon_2 + \varepsilon_3) \qquad \sigma_4 = c_{44}\varepsilon_4$$
$$\sigma_2 = c_{11}\varepsilon_2 + c_{12}(\varepsilon_1 + \varepsilon_3) \qquad \sigma_5 = c_{44}\varepsilon_5 \qquad (5.61\,c)$$
$$\sigma_3 = c_{11}\varepsilon_3 + c_{12}(\varepsilon_1 + \varepsilon_2) \qquad \sigma_6 = c_{44}\varepsilon_6.$$

Die in der Technik üblichen Konstanten lassen sich für kubische Kristalle durch die c_{ik} wie folgt ausdrücken:

$$E = \frac{(c_{11} - c_{12})(c_{11} + 2c_{12})}{(c_{11} + c_{12})} \qquad (5.63\,a)$$

$$\mu = \frac{c_{12}}{c_{11} + c_{12}} \qquad (5.63\,b)$$

$$G = c_{44} \qquad (5.63\,c)$$

$$M = \frac{1}{3}(c_{11} + 2c_{12}) = \frac{E}{3(1 - 2\mu)} \cdot \qquad (5.63\,d)$$

Im Gegensatz zu isotropen Stoffen gilt Gl. (5.62 b) nicht, G ist in kubischen Kristallen eine von E und μ unabhängige Materialkonstante; kubische Kristalle sind also keineswegs elastisch isotrop. Der Zusammenhang mit den *Bindungskräften* zwischen den Gitterbausteinen soll am Beispiel des (isothermen) Kompressionsmoduls

$$M = - V \left(\frac{\partial p}{\partial V}\right)_T \qquad (5.64)$$

demonstriert werden.
Nach dem 1. Hauptsatz der Thermodynamik
(Bd. 1, Abschn. 12.1.) gilt für die innere Energie
U eines Mols

$$dU = C_v \, dT - p \, dV. \qquad (5.65)$$

Daraus folgt für eine isotherme Kompression

$$p = - \left(\frac{\partial U}{\partial V}\right)_T \qquad (5.66)$$

und

$$M = V \frac{\partial^2 U}{\partial V^2} = V \left(\frac{\partial V}{\partial r}\right)_{r_0}^2 \left(\frac{\partial^2 U}{\partial r^2}\right)_{r_0}, \qquad (5.67)$$

wobei r_0 der Gleichgewichtsabstand der Gitterbausteine ist.
Nach Gl. (5.67) ist also der Kompressionsmodul M durch die Krümmung der Potentialkurve im Minimum bestimmt, und umgekehrt liefert die Messung von M die Krümmung $\left(\frac{\partial^2 U}{\partial r^2}\right)_{r_0}$, also eine Aussage über Bindungskräfte (s. Abb. 5.28).

Beispielsweise gilt für einen Ionenkristall mit NaCl-Struktur nach Abschn. 5.3.1. für die Potentialkurve

$$U = - \frac{N_A e^2 \alpha}{4\pi \varepsilon_0 r_0} \left\{ \frac{1}{(r/r_0)} - \frac{1}{n(r/r_0)^n} \right\}. \qquad (5.68)$$

Die Elementarzelle (Abb. 5.35a) enthält vier Formeleinheiten und hat das Volumen $8r^3$, daher ist für 1 Mol $V = 2N_A r^3$. Setzt man dies in Gl. (5.67) ein, so erhält man

$$M = \frac{e^2}{4\pi \varepsilon_0} \frac{\alpha(n-1)}{18 r_0^4}, \qquad (5.67a)$$

woraus sich mit der Madelung-Konstanten $\alpha = 1,7476$, $r_0 = 0,282 \, \text{nm}$ und $M = 2,45 \cdot 10^{10} \, \text{N/m}^2$ für NaCl $n = 8,0$ ergibt.
Auf diese Weise lassen sich die im Abschn. 5.3.1. benutzten Abstoßungsexponenten berechnen.

Will man andere elastische Konstanten berechnen, so benötigt man dazu nicht nur die Potentialkurve $U(r)$, sondern muß die innere Energie U als Funktion aller Deformationskomponenten ε_l kennen.
In einigen Fällen gestattet der Vergleich gemessener elastischer Konstanten qualitative Aussagen über die Bindungskräfte. Es läßt sich zeigen, daß beim Vorliegen reiner *Zentralkräfte* die sog. Cauchy-Relation erfüllt sein muß. Für kubische Kristalle lautet sie

$$c_{12} = c_{44}. \qquad (5.69)$$

Sie ist in den Alkalihalogeniden recht gut erfüllt, d. h. die dort vorliegende Ionenbindung beruht auf Zentralkräften. Dagegen gilt (5.69) in Stoffen mit kovalenter und metallischer Bindung nicht, die dort wirkenden Kräfte sind keine Zentralkräfte.

So lange man die Potentialkurve durch ein Parabel annähern kann (d. h. bei tiefen Temperaturen und kleinen Deformationen), sind die elastischen Konstanten temperatur- und druckunabhängig. Bei größeren Auslenkungen aus der Gleichgewichtslage r_0 (d. h. bei großen Deformationen bzw. hohen Temperaturen) macht sich die Asymmetrie der Potentialkurve bemerkbar, die durch sog. *elastische Konstanten 3. Ordnung* beschrieben wird. Diese Konstanten lassen sich aus Schallgeschwindigkeitsmessungen an homogen verspannten Kristallen bestimmen. Sie sind u. a. verantwortlich für die thermische Ausdehnung, die Temperatur- und Druckabhängigkeit und den Unterschied zwischen isothermen und adiabatischen elastischen Konstanten sowie für die Phonon-Phonon-Streuung (s. Abschn. 5.3.2.).

5.5.2. Schallgeschwindigkeit

Unter Schall versteht man *kohärente elastische Wellen* in gasförmigen, flüssigen und festen Stoffen. Während sich infolge der fehlenden Scherfestigkeit in Gasen und Flüssigkeiten nur Longitudinalwellen ausbreiten können, sind in Festkörpern Longitudinal- und Transversalwellen möglich.
Wie jeder Wellenvorgang ist auch eine Schallwelle durch Frequenz ν, Wellenlänge λ und Ausbreitungsgeschwindigkeit (Phasengeschwindigkeit) v charakterisiert, zwischen denen die Beziehung

$$v = \lambda \nu \qquad (5.70)$$

besteht.
Die möglichen Frequenzen umfassen außer dem Hörbereich (16 Hz ... 20 kHz) auch die Gebiete des *Infraschalls* ($\nu < 16$ Hz) und des *Ultraschalls* ($\nu > 20$ kHz), wobei Frequenzen oberhalb von 1 GHz auch als *Hyperschall* bezeichnet werden.
Die Schallgeschwindigkeit v ist durch die elastischen Konstanten des schwingenden Stoffes bestimmt. In *isotropen Festkörpern* ergibt sich die Geschwindigkeit für transversale Wellen zu

$$v_t = \sqrt{\frac{G}{\varrho}} = \sqrt{\frac{E}{\varrho}} \frac{1}{\sqrt{2(1+\mu)}} \qquad (5.71a)$$

für longitudinale Wellen zu

$$v_l = \sqrt{\frac{E}{\varrho}} \sqrt{\frac{(1-\mu)}{(1+\mu)(1-2\mu)}} > v_t \qquad (5.71b)$$

(ϱ Dichte, E Elastizitätsmodul, G Schubmodul, μ Poisson-Zahl). Da bei Schallfrequenzen (fast) kein Wärmeaustausch mit der Umgebung möglich ist, sind die *adiabatischen* elastischen Konstanten maßgebend.
In *Kristallen* hängen die Schallgeschwindigkeiten außer von der Polarisation (longitudinal oder

transversal) auch von der Ausbreitungsrichtung ab. Messungen in verschiedenen Richtungen liefern die genauesten Werte für die (in manchen Kristallen sehr zahlreichen) elastischen Konstanten c_{ik}.

Die Messung erfolgt üblicherweise aus der *Laufzeit von Ultraschallimpulsen* durch eine sorgfältig planparallel geschliffene Probe (Abb. 5.71). Ein elektrischer Hochfrequenzimpuls von einigen Mikrosekunden Dauer regt einen piezoelektrischen Kristall (z. B. Quarz, vgl. Abschn. 5.6.3.), der auf die Probe aufgekittet ist, zu Ultraschallschwingungen an. Entsprechend der Schnittlage des Piezokristalls entstehen longitudinale oder transversale Schwingungen. Die Frequenzen liegen meist im MHz-Bereich, was Wellenlängen von weniger als 1 mm entspricht. Man erhält daher eine ebene Welle, die die Probe durchläuft, an der gegenüberliegenden Seite reflektiert wird und beim Auftreffen auf den Piezokristall einen elektrischen Impuls erzeugt. Durch wiederholte Reflexion entsteht eine Impulsfolge, die auf dem Schirm eines Oszillographen sichtbar gemacht wird. Aus dem Abstand der Impulse ergibt sich die Laufzeit und damit aus der Länge der Meßstrecke die Schallgeschwindigkeit. Außerdem kann man aus der Abnahme der Amplituden der Impulse unter Berücksichtigung der Reflexionsbedingungen auf die *Schallabsorption* (Dämpfung der Schallwelle) schließen. Das beschriebene Verfahren liefert genau genommen die Gruppengeschwindigkeit der Schallimpulse; wegen der feh-

lenden Dispersion (v ist bei den experimentell zugänglichen Frequenzen nicht frequenzabhängig) stimmt diese jedoch mit der Phasengeschwindigkeit überein.

Führt man statt der Wellenlänge die Wellenzahl

$$q = \frac{2\pi}{\lambda}$$

ein, so kann man Gl. (5.69) in der Form

$$v = \frac{\omega}{q} \tag{5.72}$$

schreiben. Vergleicht man mit den Kurven der Abb. 5.43, so erkennt man, daß die Schallgeschwindigkeit gleich dem Anstieg der akustischen Zweige der Phononendispersionskurven ist (die daher auch ihren Namen haben).

Aus dieser Abbildung geht auch hervor, daß bei sehr hohen Frequenzen (Wellenlängen vergleichbar mit der Gitterkonstanten) *Dispersion* der Schallgeschwindigkeit auftritt. Die Gruppengeschwindigkeit $v_{gr} = \dfrac{d\omega}{dq}$ ist dann stets kleiner als die Phasengeschwindigkeit. Insbesondere ist am Rand der Brillouin-Zone $v_{gr} = 0$, d. h. für diese Wellenlängen existieren nur stehende Wellen.

Da die Debyesche Abschneidefrequenz ω_D durch die Schallgeschwindigkeit bestimmt ist

$$(\bar{v} = \tfrac{1}{3}(v_1 + 2v_t)),$$

kann man aus rein mechanischen Messungen auch die Debye-Temperatur ermitteln (vgl. Abschn. 5.4.6.).

Die Amplitude einer Schallwelle vermindert sich nach Durchlaufen einer Strecke x um den Faktor e^{-Ax}; A ist der Absorptionskoeffizient. Sein Reziprokwert gibt die Strecke an, auf der die Amplitude auf den e-ten Teil abgesunken ist. Da die Schallintensität quadratisch von der Amplitude abhängt, gilt für sie

$$I(x) = I_0 \, e^{-2Ax}, \tag{5.73}$$

wobei I_0 die Intensität an der Schallquelle ist.

Im Phononenbild entspricht Gl. (5.73) einer exponentiellen Verminderung der Zahl der Phononen in der Welle. Verantwortlich dafür sind im Idealkristall die Phonon-Phonon-Streuprozesse, die auch für die Wärmeleitung verantwortlich sind (*Wärmeleitungsdämpfung*, auch *thermoelastische Relaxation* genannt); in Metallen und Halbleitern kommt noch die Wechselwirkung mit freien Elektronen hinzu (s. Abschn. 5.8.6.3.). Darüber hinaus spielen die im folgenden Abschnitt behandelten *anelastischen Relaxationsprozesse* eine große Rolle.

Die Phonon-Phonon-Wechselwirkung wurde an einer Mg-Probe in einem eleganten Experiment mittels eines „*Ultraschallgoniometers*" nachgewiesen (Abb. 5.72). Schallgeber S_1 erzeugt eine

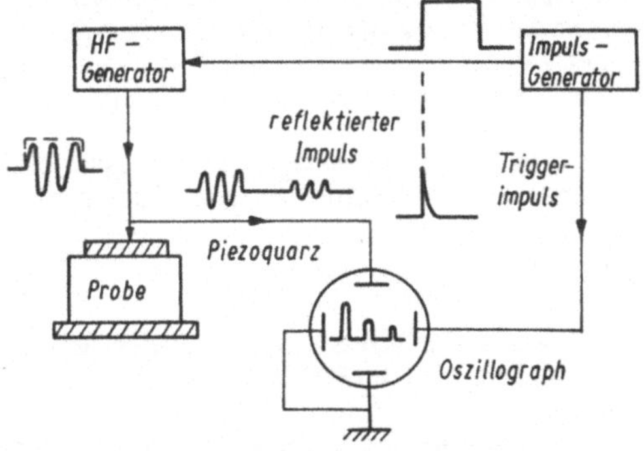

Abb. 5.71. Impulsverfahren zur Messung von Schallgeschwindigkeit und -absorption in Kristallen

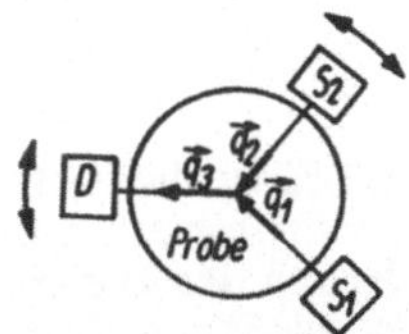

Abb. 5.72. Schema der experimentellen Anordnung zum Nachweis der Dreiphononenwechselwirkung. Schallgeber S_1 ist fest. Schallgeber S_2 und Detektor D sind drehbar (nach ROLLINS, TAYLOR und DODD 1964)

Transversalwelle von 10 MHz, Schallgeber S_2 eine Longitudinalwelle von 15 MHz. Mittels des Empfängers D wird die entstehende Longitudinalwelle von 25 MHz nachgewiesen, und zwar nur, wenn die Wellenvektoren die Gleichung

$$q_1 + q_2 = q_3 \qquad (5.74)$$

erfüllen.

Die Wechselwirkung der drei Phononen beruht auf dem *nichtlinearen elastischen Verhalten* des Materials. Qualitativ ist sie wie folgt zu verstehen: Das 1. Phonon erzeugt eine periodische elastische Deformation, die die elastischen Konstanten des Kristalls moduliert. Das 2. Phonon „spürt" diese Modulation und wird an dem sich bewegenden Beugungsgitter gestreut.

5.5.3. Anelastisches Verhalten

Die Gültigkeit des Hookeschen Gesetzes [Gl. (5.61)] mit konstantem Elastizitätsmodul E ist an zwei Bedingungen gebunden:
Erstens muß sich bei vorgegebener Spannung $\sigma = \text{const.}$ ein Gleichgewichtswert einstellen, der

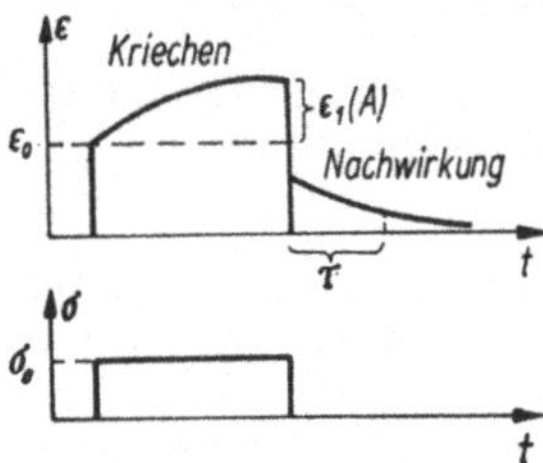

Abb. 5.73. Kriechen (ε_1) und elastische Nachwirkung unter dem Einfluß der zeitlich konstanten mechanischen Spannung σ_0

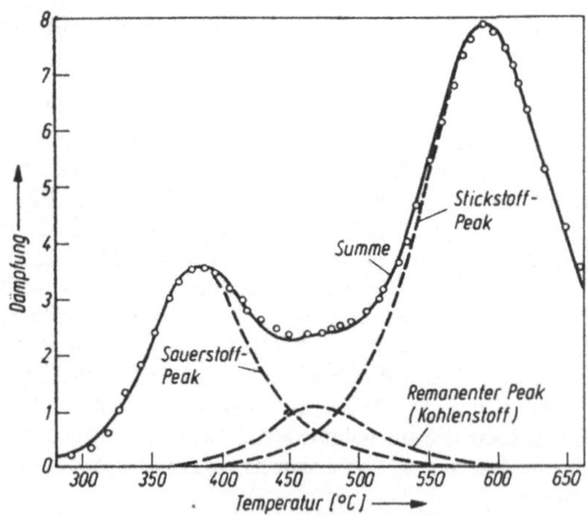

Abb. 5.74. Snoek-Relaxation in Niobium bei 80 kHz, verursacht durch O-, N- und C-Atome auf Zwischengitterplätzen des kubisch-raumzentrierten Nb-Gitters (nach HOFFMANN und WERT 1966)

unabhängig von vorhergehenden Belastungen ist. Insbesondere darf keine bleibende Deformation auftreten. (Diese Bedingung ist z. B. für Stoffe mit *Strukturviskosität* nicht erfüllt, s. Abschn. 6.2.7.)
Zweitens darf E nicht von der Zeit abhängen, d. h. der Gleichgewichtswert für ε muß sich praktisch momentan einstellen (streng genommen wird allerdings wegen der endlichen Schallgeschwindigkeit stets eine sehr kurze Zeit zur Einstellung des Gleichgewichts nötig sein).
Tatsächlich tritt jedoch oft anschließend an eine momentane elastische Deformation ε_0 eine zusätzliche Deformation ε_1 auf, die als *anelastische Deformation* bezeichnet wird. Die Einstellung des Gleichgewichts (Relaxation) wird unter Belastung als *Kriechen*, nach der Entlastung als *elastische Nachwirkung* bezeichnet (s. Abb. 5.73). Der zeitliche Verlauf der anelastischen Deformation kann im einfachsten Fall durch eine Zeitkonstante, die Relaxationszeit τ beschrieben werden, nach der ε_1 auf $1/e$ des stationären Anfangs- oder Endwertes abgeklungen oder angestiegen ist. Oft treten jedoch mehrere Relaxationszeiten auf, die unterschiedlichen mikroskopischen Mechanismen entsprechen.
Anelastisches Verhalten spielt eine große Rolle bei wechselnder Belastung mit relativ kleinen Deformationen, also insbesondere bei der Schallausbreitung. Infolge der zeitlichen Verzögerung der Gleichgewichtseinstellung tritt eine *Phasenverschiebung* zwischen Spannung und Dehnung auf, deren Folge eine Umwandlung von Schwingungs- in Wärmeenergie und damit eine *Dämpfung* der Welle ist (vgl. die analogen Verhältnisse bei der dielektrischen Relaxation, Abschn. 5.6.1.).
Maximale Dissipation elastischer Energie und damit maximale Dämpfung wird beobachtet, wenn

$$\omega = 1/\tau \qquad (5.75)$$

ist, d. h. wenn die Kreisfrequenz ω der Schallwelle mit der reziproken Relaxationszeit τ^{-1} übereinstimmt.
Die Untersuchung anelastischer Prozesse erfordert daher die Messung der Schalldämpfung als Funktion der Frequenz. Da die Relaxationszeit meist gemäß

$$\tau = \tau_0 \, e^{-E_a/kT} \qquad (5.76)$$

von der Temperatur T abhängt (E_a ist die Aktivierungsenergie des betreffenden Prozesses), läßt sich Gl. (5.75) auch durch Änderung der Temperatur erfüllen, so daß man meist die Schalldämpfung als Funktion der Temperatur mißt, da diese experimentell einfacher als die Frequenz geändert werden kann.

Mikroskopische Ursache des anelastischen Verhaltens sind *reversible Bewegungen von Gitterdefekten* infolge mechanischer Spannungen. Beispielsweise kann sich die Lage von Zwischengitteratomen ändern, wobei es zur Anregung von Gitterschwingungen kommt. Abb. 5.74 zeigt diese sog. Snoek-Relaxation von O und N auf Zwischengitterplätzen in Nb. In ähnlicher Weise bewirkt die Umorientierung von Defektpaaren in festen Lösungen ein Dämpfungsmaximum (Zener-Relaxation, Abb. 5.75). Reversible Bewegungen von Versetzungen (Bordoni-Effekt), Korngrenzen (s. Abb. 5.75) und Domänengrenzen in ferromagnetischen und ferroelektrischen Materialien sind ebenfalls Ursachen anelastischen Verhaltens. Akustische Messungen liefern somit wichtige Informationen über das Verhalten von Gitterstörungen und haben daher vor allem für die Metallkunde große Bedeutung.

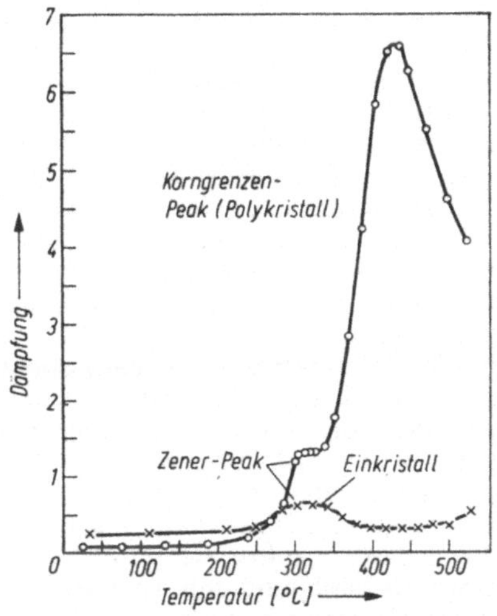

Abb. 5.75. Zener- und Korngrenzenrelaxation in α-Messing bei 0,5 Hz (nach KÊ 1948)

5.5.4. Plastizität

Deformationen, die zu *bleibenden Formänderungen* nach Entlastung führen, heißen *plastisch*.
Plastische Verformung ist ein technisch ungeheuer wichtiges, andererseits ein sehr komplexes Phänomen, bei dem noch keineswegs alle grundsätzlichen Fragen geklärt sind. Die in der Technik benutzten Prüfverfahren zur Qualitätsbeurteilung liefern meist Ergebnisse, die außer von Materialeigenschaften noch von den (standardisierten) Versuchsparametern abhängen, sie sind daher für grundsätzliche Fragen wenig aussagekräftig. Wir beziehen uns daher im folgenden

meist auf spezielle Untersuchungen an Einkristallen.

5.5.4.1. Gleitmechanismus

Erfahrungsgemäß tritt bei plastischer Verformung ein *Abgleiten längs ausgezeichneter Netzebenen* ein. Auf der Oberfläche des Prüflings entstehen dabei Stufen, die unter dem Mikroskop als *Gleitlinien* oder *Gleitbänder* erkennbar sind (Abb. 5.76). Dabei können zur gleichen Gleitrichtung unterschiedliche Gleitebenen beitragen. Abb. 5.77 zeigt zwei solche Gleitsysteme mit gleicher Gleitrichtung. Maßgebend für den Gleitprozeß ist die Schubspannung τ (Tangentialspannung) im Gleitsystem des Kristalls, die aus der am Kristall wirkenden Zug- oder Druckspannung σ mittels geometrischer Überlegungen berechnet werden kann. Gleiten setzt ein, wenn die Schubspannung im günstigsten Gleitsystem einen Mindestwert, die *kritische Schubspannung* τ_c erreicht hat, unabhängig von der Größe von σ (Schmidsches Schubspannungsgesetz). τ_c liegt meist in der Größenordnung von 10^6 N/m²; die Gleitebenen sind meist die niedrig indizierten Ebenen, die am dichtesten mit Atomen besetzt sind.
Nimmt man an, daß die *Netzebenen als Ganzes* gleiten, so müssen alle Atome gleichzeitig über die Potentialschwellen zwischen zwei Gleichgewichtslagen hinweggehoben werden.
Da die Atomanordnung in den Netzebenen periodisch ist, wird auch die zu einer Verschiebung x gehörige Schubspannung eine periodische Funktion von x. Es gilt also näherungsweise (Abb. 5.78)

$$\tau = \tau_c \sin \frac{2\pi x}{d}. \qquad (5.77)$$

Die kritische Schubspannung τ_c läßt sich aus elastischen Daten berechnen. Für kleine Scherwinkel $\left(\dfrac{x}{d} \ll 1 \right)$ wird

$$\tau \approx \tau_c \frac{2\pi x}{d} \qquad (5.77\,\text{a})$$

und mit $x/d = \tau/G$ erhält man

$$\tau_c = \frac{G}{2\pi}. \qquad (5.78)$$

Da die gemessenen Schubmodule G in der Größenordnung von 10^{10} N/m² liegen, sind nach diesem Modell kritische Schubspannungen von etwa 10^9 N/m² zu erwarten, während die experimentellen Werte bei 10^6 N/m² liegen. Die Diskrepanz von mehreren Größenordnungen bei realen Kristallen zeigt, daß eine Erklärung der experimentellen Werte durch dieses Modell, bei dem sich alle Bausteine einer Netzebene *gleichzeitig* verschieben, nicht möglich ist. Eine Ausnahme bilden Whisker, dünne Einkristallfäden von etwa

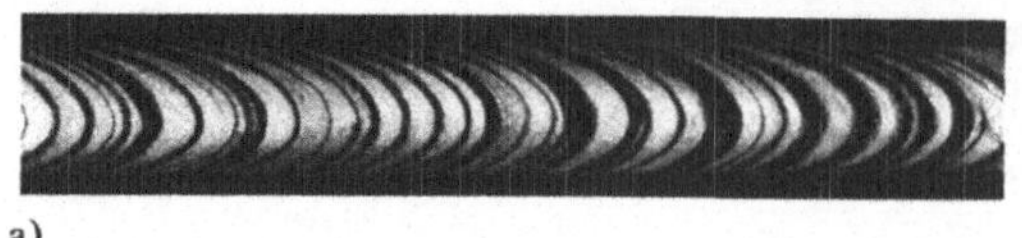

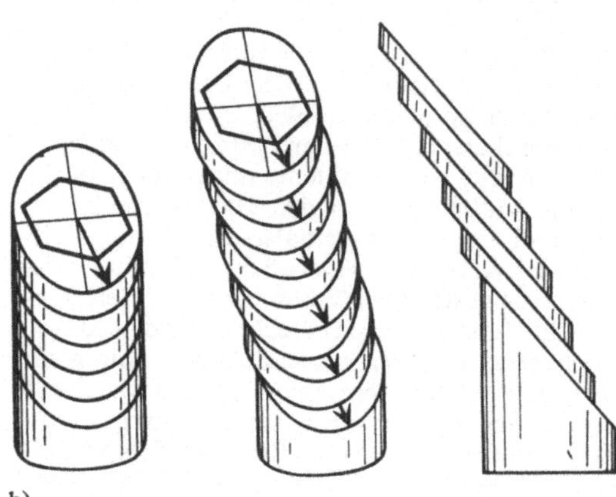

a)

b)

Abb. 5.76. a) Zinkeinkristall, bei 300 °C gedehnt (nach BOA und SCHMIDT); b) schematische Darstellung der Dehnung durch Gleitprozesse (nach A. EUCKEN)

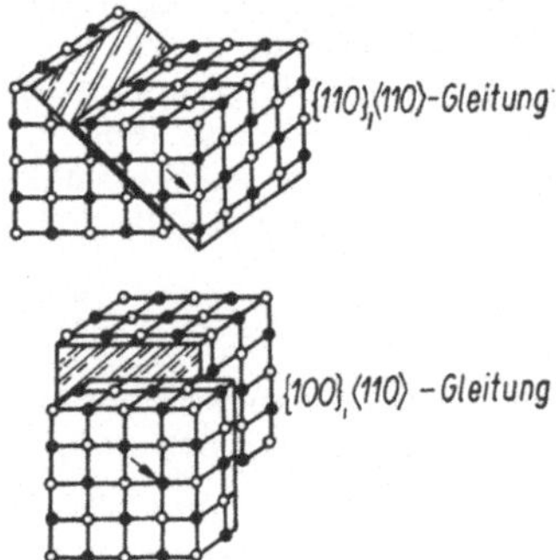

Abb. 5.77. 2 Gleitsysteme mit gleicher $\langle 110 \rangle$-Gleitrichtung in Kristallen mit NaCl-Struktur

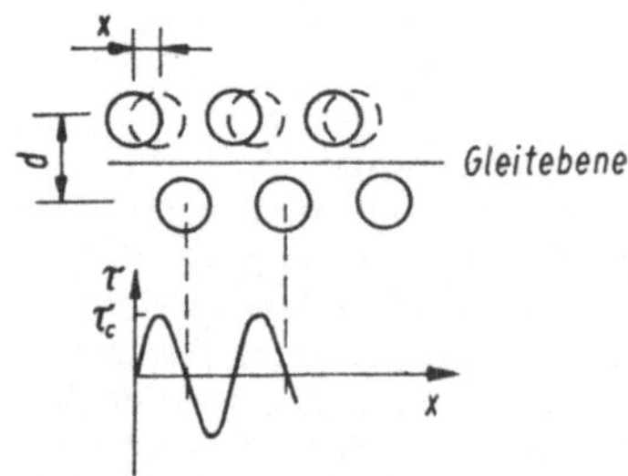

Abb. 5.78. Zur Berechnung der kritischen Schubspannung im idealen Gitter. Schema des Gleitens von Netzebenen und Schubspannung τ als Funktion der Gleitung x

2 bis 5 μm Durchmesser, deren Achse eine einzige Schraubenversetzung bildet. Ihre Zerreißfestigkeit entspricht tatsächlich der durch die atomaren Bindungskräfte bedingten idealen Schubspannung von etwa 10^9 N/m²; dementsprechend werden sie für hochbelastbare Verbundwerkstoffe eingesetzt.

Die niedrigen kritischen Schubspannungen lassen sich jedoch verstehen, wenn man *Versetzungen* berücksichtigt. Das Gleiten geschieht dann nach folgendem Schema (Abb. 5.79): Durch Abgleiten des oberen Teilgitters entsteht eine Stufenversetzung (Stadium a), die unter dem Einfluß der Schubspannung durch den Kristall wandert (Stadium b), da die Gitterbausteine in der Umgebung der Versetzung bereits ohne Einfluß äußerer Kräfte aus der Gleichgewichtslage im Gitter ausgelenkt sind. Schließlich verläßt die Versetzung den Kristall wieder (Stadium c)[1]. In diesem Modell gleiten die Bausteine einer Netzebene *nacheinander*, wodurch die nötige Schubspannung stark vermindert wird.

Die an der Oberfläche entstehende *Gleitstufe* ist je nach der Zahl der gewanderten Versetzungen ein Vielfaches der Gitterkonstante. Große Abgleitungen setzen also viele Versetzungen voraus. Ein echtes Verständnis des Gleitvorganges wurde deshalb erst erreicht, als man *Versetzungsquellen* entdeckt hatte, die durch äußere Kräfte in Tätigkeit versetzt werden können und ständig neue Versetzungen erzeugen.

Zum Verständnis der *Versetzungserzeugung* durch äußere Kräfte müssen zunächst die mechanischen Eigenschaften von Versetzungen näher betrachtet werden. Jede Versetzung bedeutet eine Verformung des Materials in der Umgebung und ist daher eine Quelle von Eigenspannungen, die im wesentlichen zylindersymmetrisch um die Versetzungslinie verteilt sind und mit wachsendem Abstand von der Versetzung abnehmen. Daraus lassen sich folgende Eigenschaften von Versetzungen ableiten:

1. Jede Versetzung hat eine bestimmte Selbstenergie, die proportional zu ihrer Länge ist. Zu einer Verlängerung ist deshalb eine Kraft erforderlich.
2. Parallel laufende Versetzungen üben Kräfte aufeinander aus. Insbesondere sind Stufenversetzungen bestrebt, sich in Reihen anzuordnen und dadurch Kleinwinkelkorngrenzen zu bilden.

Die Wirkungsweise der bekanntesten Versetzungsquelle, der *Frank-Read-Quelle* (Abb. 5.80) läßt sich damit wie folgt verstehen: Im unverformten Kristall besteht die Versetzungsgrundstruktur aus einem dreidimensionalen Netzwerk mit Versetzungsknoten, die z. T. infolge einer Verankerung

---

[1] Dies entspricht dem Verschieben eines Teppichs durch Wandern einer Falte, wozu wesentlich weniger Kraft nötig ist als zur Verschiebung des Teppichs als Ganzes.

an Punktdefekten, Korngrenzen usw. unbeweglich sind. Ohne äußere Kräfte verläuft die Versetzung zwischen den Verankerungen A und B im wesentlichen geradlinig, sie verhält sich auf Grund ihrer Selbstenergie ähnlich wie eine gespannte Saite. Unter dem Einfluß einer genügend großen Schubspannung (Arbeitsspannung der Quelle) beult sie sich aus und durchläuft die Stadien *1* bis *4*. Schließlich berühren sich die Punkte P und Q. Daraufhin zerfällt sie in dem äußeren Versetzungsring *5* und den geradlinigen Anfangsteil *1*, und das Spiel beginnt von neuem.

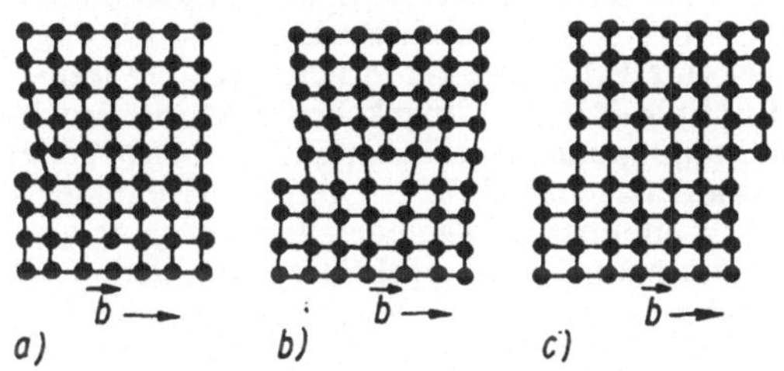

Abb. 5.79. Abgleiten eines Gitterbereiches durch Bewegung einer Versetzung

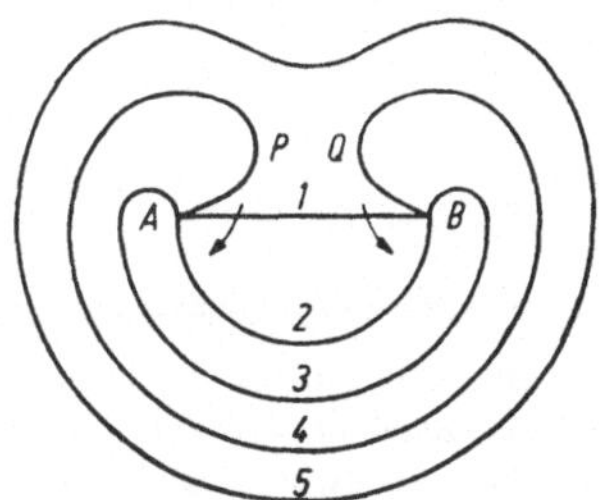

Abb. 5.80. Modell der Versetzungsvervielfachung durch eine Frank-Read-Quelle

Die *Arbeitsspannung* der Quelle, bei der die beschriebene Versetzungsvervielfachung einsetzt, ist die kritische Schubspannung τ_{co} des unverformten Materials. τ_{co} läßt sich in diesem Modell

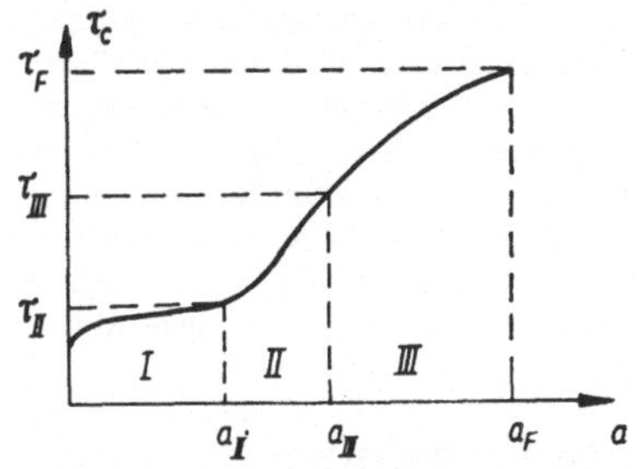

Abb. 5.81. Verfestigungskurve bei konstanter Abgleitgeschwindigkeit $\dfrac{da}{dt}$ (schematisch). Bei der Bruchspannung τ_F beträgt die Abgleitung a_F

zu $\tau_{co} \approx Gb/l$ abschätzen, wobei G der Schubmodul und l der Abstand der Verankerungen ist. b ist der Betrag des Burgers-Vektors der Versetzung und liegt in der Größenordnung der Gitterkonstante. Da l üblicherweise in der Größenordnung von 10^{-4} cm liegt, erhält man kritische Schubspannungen in der Größenordnung von $\tau_{co} \approx 10^{-4}\, G \approx 10^6\, \mathrm{N/m^2}$, die mit experimentellen Werten vergleichbar sind.

Insgesamt ergibt sich daraus, daß man im Gegensatz zum elastischen das plastische Verhalten nicht auf die Eigenschaften des Idealkristalls zurückführen kann, sondern daß die Realstruktur dafür entscheidend ist, also zu einem gewissen Grad jeder Kristall als Individuum betrachtet werden muß.

5.5.4.2. Verfestigung und Erholung

Mit wachsender Verformung steigt die für eine weitere Verformung erforderliche Spannung an. Dieser Vorgang wird *Verfestigung* genannt und quantitativ in Form der Verfestigungskurve (kritische Schubspannung als Funktion der Abgleitung a benachbarter Kristallbereiche (s. Abb. 5.81)) angegeben. Im wesentlichen lassen sich drei Bereiche unterscheiden:

Im Bereich *I* kleiner Abgleitungen ist τ_c nahezu konstant, es wird das optimale Gleitsystem mit der geringsten kritischen Schubspannung betätigt. Die wandernden Versetzungen dieses Gleitsystems werden nach dem Durchlaufen bestimmter Strecken durch lokale Hindernisse blockiert, wodurch τ_c allmählich ansteigt.

Im Bereich *II* bei mittleren Abgleitungen werden zusätzliche (sekundäre) Gleitsysteme mit größerem τ_c in den Verformungsvorgang einbezogen. Die Versetzungen in den primären und sekundären Gleitsystemen reagieren miteinander und bilden dadurch Versetzungshindernisse, was zu einem starken Anstieg der kritischen Schubspannung führt.

Schließlich werden im Bereich *III* komplizierte Versetzungsbewegungen wirksam (Umgehen von Hindernissen, kollektive Bewegung von Versetzungsbündeln, Stau von Versetzungen an Defekten u. a.), bis bei der Bruchspannung τ_F der Bruch erfolgt.

Quantitativ sind die Verhältnisse sehr kompliziert, um so mehr, als gleichzeitig mit den verfestigenden Mechanismen auch gegenläufige entfestigende Prozesse ablaufen, die sich insbesondere in der *Erholung* zeigen.

Erholung bedeutet Abnahme der kritischen Schubspannung $\tau_c(a)$ bei konstanter Abgleitung (Abb. 5.82); sie tritt sowohl im entspannten Zustand als auch bei anliegender Spannung (aktive Erholung) auf.

Ursache für die Erholung sind Umgruppierungen von Versetzungen in energetisch günstigen An

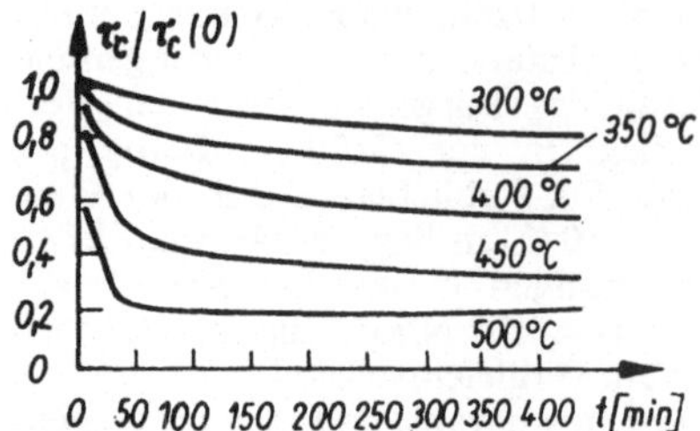

Abb. 5.82. Erholungskurven von Eisenproben (nach LESLIE, MICHALAK und AUL 1962)

ordnungen. Dieser Prozeß erfordert eine Aktivierungsenergie, deshalb kann er praktisch erst oberhalb einer bestimmten Erholungstemperatur (meist zwischen 100 °C und 300 °C) beobachtet werden. Bei höheren Temperaturen kommt es zu Umkristallisationsprozessen (Rekristallisation), die das gesamte Kristallgefüge erfassen und die Folgen einer Verformung vollständig beseitigen können.

5.5.4.3. Bruch und Spaltbarkeit

Bruch bedeutet die Trennung benachbarter Kristallteile. Die dazu erforderliche Bruchspannung τ_F läßt sich für den Idealkristall aus der Oberflächenenergie der erzeugten Spaltflächen abschätzen; man erhält dabei jedoch Werte, die um einen Faktor 100 bis 1000 über den experimentellen liegen. Offensichtlich erfolgt der Bruch also nicht durch gleichzeitige Trennung von zwei Netzebenen, sondern durch die *Ausbreitung von Rissen*.

Je nach der Form der Spannungs-Dehnungs-Kurve, die dem Bruch vorausgeht, unterscheidet man *Sprödbruch* und *duktilen Bruch* (s. Abb. 5.68).

Beim *Sprödbruch*, der ohne nennenswerte plastische Verformung vor sich geht, folgen die Risse meist über makroskopische Entfernungen bestimmten kristallographischen Ebenen, so daß ebene Spaltflächen entstehen. Er wird daher auch als Spaltbruch bezeichnet. Sprödbruch tritt vor allem bei tiefen Temperaturen, vor allem bei harten Stoffen mit homöopolarer oder heteropolarer Bindung auf. Qualitativ kann man deren Bruchverhalten durch den Grad der Spaltbarkeit (sehr vollkommen, vollkommen, gut deutlich, schlecht) und die Angabe der bevorzugten Spaltebenen charakterisieren. Die Spaltbarkeit ist am besten senkrecht zur Richtung der schwächsten Bindung, vor allem bei Schichtgittern (z. B. Glimmer).

Dem *duktilen Bruch* gehen ausgedehnte plastische Verformungen voraus, die zu Formänderungen der Probe führen. Infolgedessen sind die Bruchflächen meist uneben, vielgestaltig und stark substanzabhängig ohne deutliche Beziehung zu bevorzugten Spaltflächen.

Die den Bruchvorgang auslösenden *Mikrorisse* können herstellungsbedingt sein oder bei der dem Bruch vorhergehenden plastischen Deformation (die andeutungsweise auch beim Sprödbruch vorhanden ist) entstehen. Ein Mechanismus dafür ist das Anstauen wandernder Versetzungen vor einem Hindernis. Bei hinreichender Spannung kommt es dann zur Rißausbreitung mit nachfolgender Trennung benachbarter Kristallteile. Die Rißtheorie erklärt auch die starke Abhängigkeit der Bruchspannung von der Oberflächenbeschaffenheit. Beispielsweise wird bei Gläsern oder NaCl nach dem Entfernen herstellungsbedingter gestörter Oberflächenschichten durch Lösungsmittel eine Erhöhung der Bruchspannung festgestellt (Joffe-Effekt). Umgekehrt sinkt die Bruchspannung, wenn oberflächenaktive (benetzende) Flüssigkeiten aufgebracht werden (Rehbinder-Effekt), offenbar infolge einer Erniedrigung zwischenatomarer Bindungskräfte an der Rißspitze.

Die dem Bruch vorausgehenden bzw. ihn auslösenden Prozesse sind oft mit Schallemission verbunden, so daß eine akustische Überwachung mechanisch beanspruchter Bauteile zur Vermeidung von Havarien dienen kann.

5.6. Elektrische Eigenschaften von Isolatoren

Isolatoren sind Stoffe, die bei tiefen Temperaturen den Strom praktisch nicht leiten. Als Kondensatorwerkstoffe werden sie auch als *Dielektrika* bezeichnet, da ihr elektrisches Verhalten vor allem durch die *Dielektrizitätskonstante* (DK) ε charakterisiert wird (s. Bd. 2, Abschn. 2.4.). Es handelt sich dabei um Stoffe, deren Bausteine abgeschlossene Elektronenschalen haben (Edelgas- und Molekülkristalle, Ionenverbindungen), vgl. auch Abschn. 5.8.2.

Die DK wird durch *Polarisationserscheinungen* (Verschiebung gebundener elektrischer Ladungen) verursacht, daher werden durch das Anlegen elektrischer Felder auch stets *mechanische Deformationen* verursacht (s. Abschn. 5.6.3.). Bei höheren Temperaturen und/oder hohen elektrischen Feldstärken beobachtet man jedoch auch in Isolatoren *Stromtransport* (s. Abschn. 5.6.4.), der Unterschied zu den Halbleitern mit vorwiegend homöopolarer Bindung ist daher nur graduell.

5.6.1. Dielektrische Eigenschaften

In Kristallen stimmen i. allg. die Richtungen der elektrischen Feldstärke E und der Verschiebungsdichte D nicht überein (was sich vor allem in den vielfältigen Erscheinungen der Kristalloptik äußert, s. Bd. 3, Abschn. 3.3.). Der Zusammenhang zwischen D und E erhält daher die Form

$$D = \varepsilon_0 \{\varepsilon\}\, E \qquad (5.79)$$

d. h. an die Stelle der Dielektrizitätskonstante (DK) isotoper Stoffe tritt der dielektrische Tensor 2. Stufe

$$\{\varepsilon\} = \begin{pmatrix} \varepsilon_{11} & \varepsilon_{12} & \varepsilon_{13} \\ \varepsilon_{12} & \varepsilon_{22} & \varepsilon_{23} \\ \varepsilon_{13} & \varepsilon_{23} & \varepsilon_{33} \end{pmatrix} \qquad (5.80)$$

Er ist symmetrisch und kann durch Wahl eines geeigneten Koordinatensystems (dielektrisches Hauptachsensystem) in Diagonalform

$$\{\varepsilon\} = \begin{pmatrix} \varepsilon_{11} & 0 & 0 \\ 0 & \varepsilon_{22} & 0 \\ 0 & 0 & \varepsilon_{33} \end{pmatrix} \qquad (5.80\,\mathrm{a})$$

überführt werden. In kubischen Kristallen ist wie in polykristallinen Stoffen $\varepsilon_{11} = \varepsilon_{22} = \varepsilon_{33} = \varepsilon$, d. h. kubische Kristalle sind dielektrisch isotrop und können durch eine skalare DK beschrieben werden.

In elektrischen Wechselfeldern der Form[1]

$$E = E_0\, e^{i\omega t} \qquad (5.81)$$

tritt eine *Phasenverschiebung* δ zwischen D und E auf. Gl. (5.79) lautet daher (in skalarer Schreibweise)

$$D = D_0\, e^{i\omega t} = \varepsilon_0 \varepsilon E_0\, e^{i(\omega t - \delta)} = \varepsilon_0 \varepsilon^* E_0\, e^{i\omega t}. \qquad (5.79\,\mathrm{a})$$

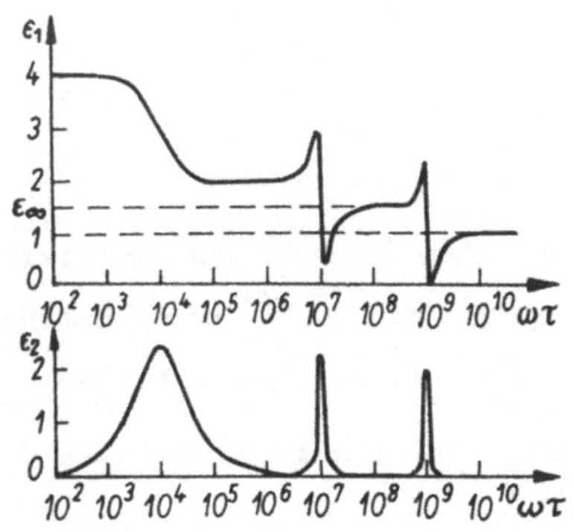

Abb. 5.83. ε_1 und ε_2 als Funktion der Frequenz für einen homogenen Isolator (schematisch)

---

[1] Wir wählen die zweckmäßige Form der komplexen Darstellung von Schwingungsvorgängen, s. Bd. 2, Abschn. 5.6.

Üblicherweise berücksichtigt man die Phasenverschiebung, indem man die komplexe DK

$$\varepsilon^* = \varepsilon_1 - i\varepsilon_2 \qquad (5.82)$$

einführt, wobei

$$\begin{aligned} \varepsilon_1 &= \varepsilon \cos \delta \\ \varepsilon_2 &= \varepsilon \sin \delta \end{aligned} \qquad (5.82\,\mathrm{a})$$

ist.

Die Phasenverschiebung δ bewirkt eine Umwandlung von elektrischer in Wärmeenergie und verursacht dadurch die sog. *dielektrischen Verluste*; δ heißt daher *Verlustwinkel* (vgl. Bd. 2, Abschn. 5.3.). Die umgesetzte Leistung ist proportional zu ε_2.

Bis zu Frequenzen von einigen 100 MHz lassen sich ε_1 und ε_2 aus Messungen von Kapazität und Verlustwinkel eines Kondensators mit dem betreffenden Stoff als Dielektrikum in Meßbrücken bestimmen. Im Bereich von 10^9 bis 10^{11} Hz (Wellenlängen von 30 cm bis 3 mm) wird der Stoff an eine geeignete Stelle eines Hohlraumresonators gebracht und die komplexe DK aus der Änderung von Resonanzfrequenz und Dämpfung ermittelt.

Schließlich werden für Frequenzen oberhalb von 10^{12} Hz (Wellenlängen $< 300\ \mu$m) optische Verfahren benutzt (s. Abschn. 5.9.).

5.6.1.1. Polarisationsmechanismen

Gl. (1) kann auch in der Form

$$D = \varepsilon_0 E + P \qquad (5.79\,\mathrm{b})$$

geschrieben werden (s. Bd. 2, Abschn. 2.4.8.). Zur Polarisation P und damit zur DK tragen bei

– die elektronische Polarisation P_e, die durch Verschiebung der Elektronenhüllen der Gitterbausteine relativ zu den Kernen entsteht;

– die Ionenpolarisation P_i, die durch Verschiebung entgegengesetzt geladener Ionen gegeneinander entsteht;

– die Orientierungspolarisation P_o, die durch das Ausrichten permanenter elektrischer Dipole im Feld verursacht wird;

– die Raumladungspolarisation P_r an inneren Grenzflächen inhomogener Dielektrika.

Außerdem haben polare Stoffe eine spontane Polarisation P_s, die ihre Ursache im Kristallaufbau hat und auch ohne äußeres elektrisches Feld vorhanden ist (s. Abschn. 5.6.2.), also nicht unmittelbar zur DK beiträgt.

Die angegebenen Polarisationsmechanismen unterscheiden sich beträchtlich in ihrem Frequenz- und Temperaturverhalten.

Abb. 5.83 zeigt schematisch die Frequenzabhängigkeit von Realteil ε_1 und Imaginärteil ε_2 der

---

DK eines homogenen Isolators. Die großen Werte von ε_1 bei niedrigen Frequenzen sind auf die Orientierung permanenter Dipole zurückzuführen, in Stoffen ohne permanente Dipole ergibt sich der gestrichelte Verlauf. Frequenz- und Temperaturabhängigkeit für die Orientierungspolarisation lassen sich ebenso wie in Flüssigkeiten berechnen (vgl. Abschn. 4.3.2.1. und 6.2.8.), auch im Festkörper bewirken freie oder behinderte Rotationen einen Relaxationsmechanismus mit einer *Polarisierbarkeit*

$$\alpha(\omega) = \frac{p^2}{3kT} \, \frac{1}{1 + i\omega\tau}, \tag{5.83}$$

die stark von der Temperatur T abhängt. k ist die Boltzmann-Konstante, p der Betrag des Dipolmoments; die Relaxationszeit τ charakterisiert die Zeit, nach der nach Abschalten des elektrischen Feldes die Polarisation verschwindet. τ hängt selbst von der Temperatur ab, bei behinderter Rotation entsprechend der Beziehung

$$\tau = \tau_0 \, e^{E_a/kT}, \tag{5.84}$$

wobei E_a die Aktivierungsenergie für die Überwindung der Potentialschwellen zwischen verschiedenen stabilen Winkellagen ist. Bei freier Rotation ist τ durch die innere Reibung bestimmt (vgl. Abschn. 6.2.8.).
Prinzipiell sind bei einem Relaxationsmechanismus hohe Werte der DK mit hohen Verlusten verbunden. Das Maximum von ε_2 stimmt näherungsweise mit dem des Verlustwinkels δ überein und liegt bei $\omega\tau \approx 1$. Entsprechend Gl. (5) ist α und damit ε_1 umgekehrt proportional zur Temperatur (s. Abb. 5.84), gleichzeitig nimmt entsprechend Gl. (5.84) die Relaxationszeit mit fallender Temperatur zu, und das Verlustmaximum verschiebt sich zu niedrigeren Frequenzen.
Bei genügend tiefer Temperatur wird τ so groß, daß sich im Wechselfeld kein Gleichgewicht ein-

stellen kann, d. h. die Dipolpolarisation verschwindet und ε_1 wird demzufolge klein.
Außer drehbaren Dipolmolekülen können auch geladene Defektpaare zur Orientierungspolarisation beitragen. In diesem Falle ist die Polarisation proportional zur Defektkonzentration, und aus der Messung der Relaxationszeit kann die Aktivierungsenergie für Platzwechselvorgänge (s. Abschn. 5.4.9.1.) bestimmt werden.
Die beiden höherfrequenten Verlustmaxima und die zugehörige charakteristische Frequenzabhängigkeit von ε_1 (Abb. 5.83) sind vom Resonanztyp. Die Resonanz bei $\approx 10^{15}$ Hz entspricht *Eigenschwingungen gebundener Elektronen*, darauf wird in Abschnitt 5.9. näher eingegangen.
Die Resonanz bei $\approx 10^{13}$ Hz wird durch *Gitterschwingungen* verursacht und steht in engem Zusammenhang mit den Phononendispersionskurven (vgl. Abschn. 5.4.2. und 5.4.3.).
Um den charakteristischen Verlauf von ε^* in der Umgebung dieser Resonanz zu verstehen, betrachten wir einen binären Ionenkristall (Ionenmassen m_1 und m_2) im Feld einer Lichtwelle. Unter dem Einfluß der elektrischen Feldstärke E der Welle werden die Ionen aus der Gleichgewichtslage ausgelenkt. Frequenzen von 10^{13} Hz entsprechen Wellenlängen von $3 \cdot 10^{-3}$ cm, die sehr viel größer als die Gitterkonstante sind, so daß man die Ortsabhängigkeit der elektrischen Feldstärke vernachlässigen kann. Das bedeutet, daß die beiden starren Untergitter gegeneinander ausgelenkt werden (vgl. Abschn. 5.4.3.; die Vernachlässigung der Ortsabhängigkeit der Feldstärke ist identisch mit der Vernachlässigung des Photonenimpulses). Bezeichnet man die Verschiebung der Untergitter gegeneinander mit x, die reduzierte Masse der beiden Gitterbausteine mit m, so gilt die Bewegungsgleichung

$$m \frac{d^2x}{dt^2} + \frac{m}{\tau} \frac{dx}{dt} + m\omega_0^2 x = qE_0 \, e^{i\omega t}. \tag{5.85}$$

ω_0 ist dabei mit der transversal-optischen Gitterschwingungsfrequenz bei $q = 0$ zu identifizieren. τ ist die mittlere Lebensdauer der Phononen (vgl. Abschn. 5.4.8.); das Glied $\dfrac{m}{\tau} \dfrac{dx}{dt}$ beschreibt die *Dämpfung* der Gitterschwingungen durch anharmonische Prozesse.
Als Lösung ergibt sich eine gedämpfte erzwungene Schwingung

$$x(t) = \frac{q}{m} \frac{E_0 \, e^{i\omega t}}{\omega_0^2 - \omega^2 + i\omega/\tau} \tag{5.86}$$

und daraus eine frequenzabhängige komplexe Polarisierbarkeit

$$\alpha^*_{\text{gitter}} = \frac{qx}{E} = \frac{q^2}{m} \frac{1}{\omega_0^2 - \omega^2 + i\omega/\tau} \tag{5.87}$$

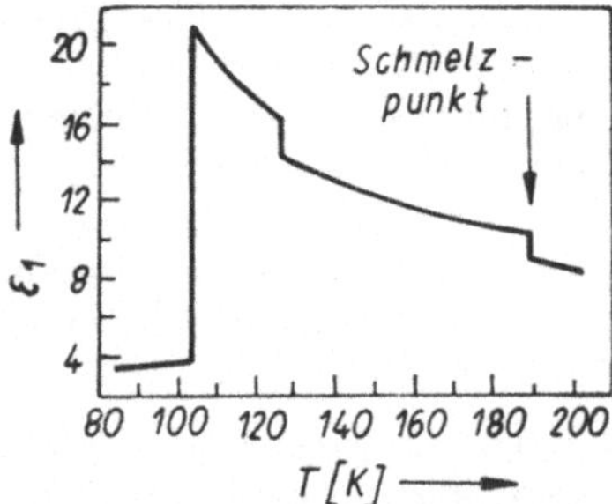

Abb. 5.84. Temperaturabhängigkeit der DK von H_2S bei 5 kHz. Unterhalb von 105 K ist die Dipolbewegung eingefroren, bei 128 K erfolgt ein Phasenübergang zwischen zwei festen Modifikationen (nach SMYTH und HITCHKOCK 1934)

Die Umrechnung auf die DK (s. Abschn. 5.6.1.2.) liefert

$$\varepsilon_1 = \varepsilon_\infty + \frac{(\varepsilon_s - \varepsilon_\infty)\,\omega_{res}^2(\omega^2 - \omega_{res}^2)}{(\omega^2 - \omega_{res}^2)^2 + \omega^2/\tau^2} \qquad (5.88\,a)$$

und

$$\varepsilon_2 = \frac{(\varepsilon_s - \varepsilon_\infty)\,\omega_{res}^2\,\omega/\tau}{(\omega^2 - \omega_{res}^2)^2 + \omega^2/\tau^2} \qquad (5.88\,b)$$

mit dem charakteristischen Frequenzverlauf der Abb. 5.83 (s. auch Bd. 3, Abschn. 3.4.5.). Für niedrige Frequenzen ($\omega \ll \omega_{res}$) ist ε_1 gleich der statischen DK ε_s, während für hohe Frequenzen ($\omega \gg \omega_{res}$) ε_1 gleich der optischen DK ε_∞ wird. Beide sind über die Lyddane-Sachs-Teller-Beziehung

$$\frac{\varepsilon_s}{\varepsilon_\infty} = \left(\frac{\omega_{LO}}{\omega_{TO}}\right)^2 \qquad (5.89)$$

mit den longitudinal und transversal optischen Gitterschwingungsfrequenzen ω_{LO} bzw. ω_{TO} verknüpft.

In *inhomogenen* Stoffen treten Aufladungen an inneren Grenzflächen auf. Sie führen zu einer Frequenzabhängigkeit der DK, die nicht allein durch Stoffkonstanten, sondern auch durch geometrische Faktoren bestimmt wird und stets mit hohen Verlusten verbunden ist (*Wagnersche Verluste*).

5.6.1.2. Inneres Feld und Clausius-Mosotti-Formel

Für die Berechnung der Polarisation und damit der DK muß sehr sorgfältig zwischen dem äußeren elektrischen Feld E_0, dem inneren Feld E_i und dem lokalen Feld E_{lok} unterschieden werden. Dazu betrachten wir eine isolierte Platte mit der Dielektrizitätskonstante ε in einem äußeren Feld E_0 senkrecht zur Plattenebene (Abb. 5.85). Das makroskopische (mittlere) innere Feld E_i im Dielektrikum ist

$$E_i = \frac{1}{\varepsilon} E_0$$

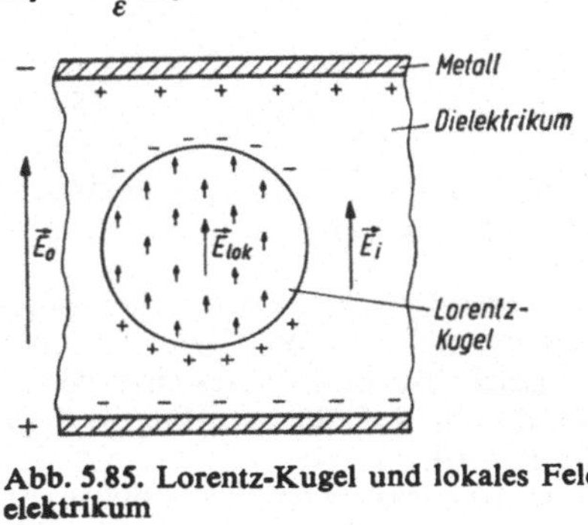

Abb. 5.85. Lorentz-Kugel und lokales Feld in einem Dielektrikum

(s. Bd. 2, Abschn. 2.4.). Wegen

$$D_i = \varepsilon_0 E_i + P = \varepsilon\varepsilon_0 E_i \qquad (5.90\,a)$$

wird

$$P = \varepsilon_0(\varepsilon - 1)\,E_i. \qquad (5.90\,b)$$

Von diesem (gemittelten) makroskopischen Feld E_i ist das örtlich veränderliche lokale Feld E_{lok} sorgfältig zu unterscheiden. Es setzt sich aus E_0 und der Summe aller in der Probe vorhandenen permanenten oder induzierten Dipole p_k zusammen. Die Berechnung einer derartigen Gittersumme ist jedoch praktisch unmöglich, sie wird wie folgt vereinfacht:

a) Nur innerhalb einer gedachten Kugel von Radius R, die größenordnungsmäßig 1000 Gitterpunkte enthält, wird die Gittersumme berechnet, das Ergebnis ist ein Feldstärkebeitrag E_{dip}.

b) Der Rest des Dielektrikums wird makroskopisch behandelt. Infolge der Polarisation P entstehen auf der äußeren Begrenzung und auf der Oberfläche der Lorentz-Kugel Oberflächenladungen. Erstere vermindern das äußere Feld E_0 auf den Wert E_i des inneren Feldes, letztere erzeugen das sog. *Lorentzfeld E_L*. Seine Berechnung liefert

$$E_L = \frac{1}{3\varepsilon_0} P. \qquad (5.91)$$

Damit wird

$$E_{lok} = E_i + E_L + E_{dip}. \qquad (5.92)$$

Für isotrope Stoffe und für Gitterplätze in kubischen Kristallen verschwindet aus Symmetriegründen das Dipolfeld, daher wird

$$E_{lok}^{(kub)} = E_i + \frac{1}{3\varepsilon_0}\,P = \frac{\varepsilon + 2}{3}\,E_i > E_i. \qquad (5.92\,a)$$

(Für andere Gitterstrukturen kann E_{dip} einen beträchtlichen Beitrag zu E_{lok} liefern, was z. B. für die Erscheinung der Ferroelektrizität (Abschn. 5.6.2.1.) wichtig ist.)

Befinden sich am Gitterplatz polarisierbare Teilchen (Polarisierbarkeit α) so gilt, da das lokale Feld am Gitterplatz die Größe dies induzierten Dipolmoments $p = \alpha E_{lok}$ bestimmt,

$$P = N\alpha E_{lok} = \frac{N\alpha}{3}(\varepsilon + 2)\,E_i. \qquad (5.93)$$

N ist die Konzentration polarisierbarer Teilchen. Aus Gl. (5.93) und dem makroskopischen Zusammenhang Gl. (5.90b) folgt die Clausius-Mosotti-Formel

$$\frac{\varepsilon - 1}{\varepsilon + 2} = \frac{N\alpha}{3\varepsilon_0}, \qquad (5.94)$$

wobei zu α alle in Abschn. 5.6.1.1. betrachteten Polarisationsmechanismen beitragen.

Insbesondere kann man für den Beitrag der Gitterresonanz zu ε Gl. (5.87) benutzen und erhält nach der Trennung von Real- und Imaginärteil Gl. (5.88). Dabei ist $\varepsilon_s = \varepsilon_1$ ($\omega = 0$) die statische DK (ohne den Beitrag einer evtl. vorhandenen Orientierungspolarisation), ε_∞ die hochfrequente (optische) DK zwischen Gitter- und Elektronenresonanz. In ε_s und ε_∞ ist jeweils noch ein frequenzunabhängiger Anteil der Elektronenpolarisation enthalten. Die Differenz

$$\varepsilon_s - \varepsilon_\infty = \frac{Nq^2}{\varepsilon_0 m \omega_{res}^2} = \frac{N\alpha_s}{\varepsilon_0} \qquad (5.95)$$

ist ein Maß für die statische Polarisierbarkeit $\alpha(\omega = 0) = \alpha_s$ des Gitters.

Als Folge des Unterschiedes zwischen lokalem und innerem Feld ist die dielektrische Resonanzfrequenz ω_{res} niedriger als die „mechanische" Resonanzfrequenz ω_0 des Gitters, es gilt

$$\omega_{res}^2 = \omega_0^2 - \frac{1}{3}\frac{Nq^2}{\varepsilon_0 m}. \qquad (5.96)$$

Für NaCl findet man experimentell $\varepsilon_s - \varepsilon_\infty = 4$, woraus sich nach Gl. (5.95) $\alpha_s = 1{,}5 \cdot 10^{-35}$ As cm²/V ergibt. (N ergibt sich aus der Gitterkonstante $a_0 = 0{,}56$ nm). Die Resonanzfrequenz beträgt $2{,}7 \cdot 10^{13}$ s⁻¹, woraus man ebenfalls nach Gl. (5.95) die reduzierte Masse $m = 2{,}3 \cdot 10^{-23}$ g erhält, wenn man für q die Elementarladung einsetzt. m stimmt sehr gut mit der reduzierten Masse eines NaCl-Moleküls ($2{,}2 \cdot 10^{-23}$ g) überein; daraus folgt, daß tatsächlich Gitterschwingungen für die Resonanz verantwortlich sind. Höherfrequente Resonanzen sind dementsprechend leichteren Teilchen, d. h. Elektronen zuzuordnen.

Eine Polarisierbarkeit von $1{,}5 \cdot 10^{-35}$ As cm²/V entspricht selbst in einem sehr hohen Feld von 10^5 V/cm (das ist die Durchschlagsfeldstärke guter Isolatoren) eine Auslenkung einer Elementarladung aus der Gleichgewichtslage von etwa 10^{-11} cm, das ist weniger als 1⁰/₀₀ der Gitterkonstante. Elektrische Erscheinungen sind also mit sehr kleinen mechanischen Deformationen verknüpft.

5.6.2. Spontane Polarisation

Kristalle, die nur eine einzige polare[1]) Achse haben, sind bereits ohne ein von außen angelegtes elektrisches Feld spontan polarisiert, wobei die spontane Polarisation P_s die Richtung der polaren Achse hat. Derartige Kristalle sind also elektrische Analoga zu Permanentmagneten und müßten eigentlich ein äußeres elektrisches Feld aufbauen. Tatsächlich wird dieses jedoch durch elektrische Oberflächenladungen abgeschirmt. Es macht sich nur bei plötzlichen Temperaturänderungen bemerkbar, bei denen sich die spontane Polarisation schnell ändert, so daß die Abschirmung nicht folgen kann. Derartige Kristalle werden als *Pyroelektrika* bezeichnet (s. Bd. 2, Abschn. 2.4.9.); 10 der 32 Kristallklassen sind pyroelektrisch.

Temperaturbedingte Änderungen der spontanen Polarisation bei festem Volumen („geklemmter" Kristall), werden als *primäre Pyroelektrizität* bezeichnet; kann der Kristall sich ausdehnen, kommt ein sekundärer Effekt hinzu. In diesem Falle besteht ein enger Zusammenhang zwischen den pyroelektrischen Koeffizienten

$$\gamma = \frac{\Delta P_s}{\Delta T} \qquad (5.97)$$

und dem thermischen Ausdehnungskoeffizienten α.

Bei Ionengittern liegen die Flächenladungsdichten σ in den Netzebenen in der Größenordnung von $\sigma = \dfrac{e}{a_0^2} \approx 1\,\dfrac{\text{As}}{\text{m}^2}$ (e Elementarladung, a_0 Gitterkonstante). Eine Temperaturänderung ΔT bewirkt eine relative Längenänderung $\dfrac{\Delta l}{l} = \alpha\,\Delta T$ und damit eine Polarisationsänderung der Größenordnung

$$\Delta P_s = \sigma\frac{\Delta l}{l} = \frac{e}{a_0^2}\alpha\,\Delta T, \qquad (5.98)$$

was mit $\alpha \approx 10^{-5}$ K⁻¹ zu $\gamma \approx 10^{-5}\,\dfrac{\text{As}}{\text{m}^2\text{K}}$ führt. Tatsächlich ist z. B. für Turmalin $\gamma = 3{,}8 \times 10^{-6}\,\dfrac{\text{As}}{\text{m}^2\text{K}}$.

Die durch 1 K Temperaturänderung erzeugte Polarisationsänderung entspricht dabei wegen

$$E = \frac{\Delta P_s}{\varepsilon_0(\varepsilon - 1)} \qquad (5.99)$$

einer elektrischen Feldstärke von 700 V/cm ($\varepsilon = 7{,}1$ für Turmalin).

Der primäre Pyroeffekt ist besonders groß bei Ferroelektrika in der Nähe des Curie-Punktes, dort wird

$$\gamma \sim \frac{1}{|T - T_c|^{1/2}}. \qquad (5.100)$$

Derartige Stoffe werden als pyroelektrische Strahlungsempfänger zur Messung von Infrarotstrahlung benutzt.

Außer diesem echten Pyroeffekt tritt bei inhomogener Erwärmung infolge von Deformationen wegen des piezoelektrischen Effektes eine weitere Polarisationsänderung auf, die als *falscher Pyroeffekt* bezeichnet wird.

Als Umkehrung des pyroelektrischen Effekts entsteht beim Anlegen eines elektrischen Feldes eine

---

[1]) Polare Achsen sind solche, bei denen Richtung und Gegenrichtung physikalisch verschieden sind.

Temperaturänderung; dies wird als *elektrokalorischer Effekt* bezeichnet.

5.6.2.1. Ferroelektrizität

Bei manchen polaren (pyroelektrischen) Kristallen kann die Richtung der spontanen Polarisation durch ein genügend starkes elektrisches Feld umgeklappt werden. In Analogie zu den ferromagnetischen Stoffen heißen diese Kristalle *ferroelektrisch*. Sie zeigen bei der Polarisation ausgeprägte *Hystereseerscheinungen* (Abb. 5.86), wobei die spontane (und meist auch die remanente) Polarisation um Größenordnungen stärker ist als die dielektrische Polarisation nichtferroelektrischer Stoffe.

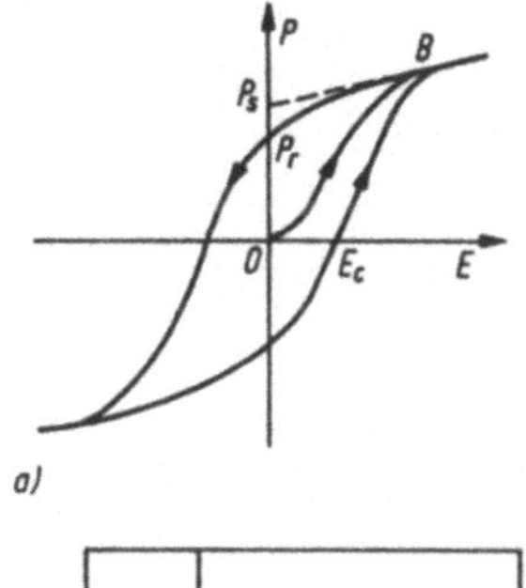

a)

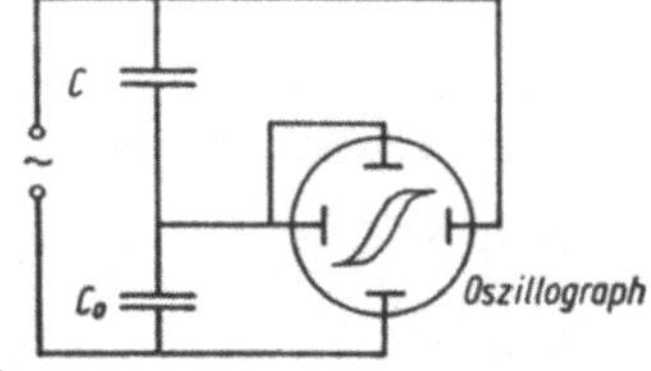

b)

Abb. 5.86. Ferroelektrische Hystereseschleife (a) und zugehörige Meßschaltung (b). Die Spannung am Meßkondensator C_0 ist proportional zur Polarisation P im Kondensator C mit dem ferroelektrischen Dielektrikum (nach SAWYER und TOWER 1930)

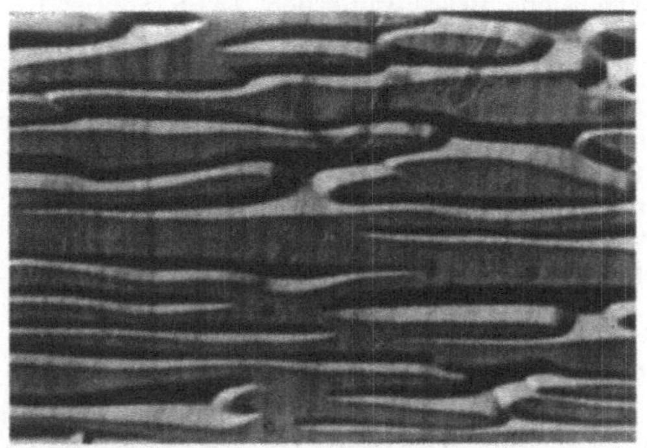

Abb. 5.87. Triglyzinsulfat mit 180°-Domänen. Die Fläche senkrecht zur ferroelektrischen Achse wurde angeätzt und schräg belichtet (nach SCHLEMMBACH und WINDSCH 1980)

Das Zustandekommen der Hysterese kann man wie folgt verstehen: Ohne äußeres Feld (Punkt *0*) sind Teilbereiche des Kristalls bereits spontan polarisiert, die Richtungen des elektrischen Dipolmoments verschiedener dieser sog. *Domänen* sind jedoch statistisch verteilt, die Gesamtpolarisation des Kristalls ist gleich Null.

Die Domänenstruktur kann man in vielen Fällen durch Ätzen der Oberfläche, durch Bestäuben mit geeigneten Pulvern, durch polarisationsoptische oder elektronenmikroskopische Verfahren direkt sichtbar machen (Abb. 5.87). Im Gegensatz zu den Verhältnissen bei den Ferromagnetika (s. Abschn. 5.7.3.3.) beträgt hier die Dicke der Domänengrenzen nur wenige Gitterkonstanten.

Legt man ein elektrisches Feld an, so wachsen die dazu parallelen Domänen auf Kosten der anderen, bis bei *B* der Kristall aus einer einzigen Domäne besteht, deren Polarisation P_s (Sättigungspolarisation) identisch mit der der ursprünglich statistisch verteilten Domänen ist. Reduziert man nun das Feld, so verbleibt auch bei $E = 0$ eine remanente Polarisation P_r, die erst durch ein Gegenfeld der Koerzitivfeldstärke E_c abgebaut wird.

Charakteristisch für Ferroelektrika ist neben der Hysterese das Verhalten der Gitterstruktur, der spontanen Polarisation und der Dielektrizitätskonstanten als Funktion der Temperatur. In Abb. 5.88 sind diese Größen für das sehr gut untersuchte $BaTiO_3$, ein Ionenkristall mit Perowskit-Struktur, dargestellt. Im ferroelektrischen Gebiet ist dabei unter ε_s die Größe

$$\varepsilon_s = \lim_{E \to 0} \frac{1}{\varepsilon_0} \frac{dD}{dE} \qquad (5.101)$$

zu verstehen, die man bei Messungen mit sehr kleinen Feldstärken erhält, die keine Änderung der Domänenstruktur erzeugen.

Oberhalb der ferroelektrischen Curie-Temperatur T_c ist $P_s = 0$, der Zusammenhang zwischen P und E ist linear, und die Temperaturabhängigkeit von ε_s wird durch das Curie-Weiß-Gesetz

$$\varepsilon_s = \frac{C}{T - T_c} \qquad (5.102)$$

beschrieben. Die Curie-Konstante C hat die Dimension einer Temperatur und liegt meist im Bereich von 10^3 bis 10^5 K.

Wegen der Ähnlichkeit des Temperaturverlaufs von ε_s mit dem der magnetischen Suszeptibilität paramagnetischer Stoffe (vgl. Abschn. 5.7.2. und 5.7.3.3.) wird die Phase oberhalb T_c als *paraelektrische Phase* bezeichnet.

Bei T_c erfolgt ein *Phasenübergang* in eine ferroelektrische Phase mit geordneten Dipolmomen-

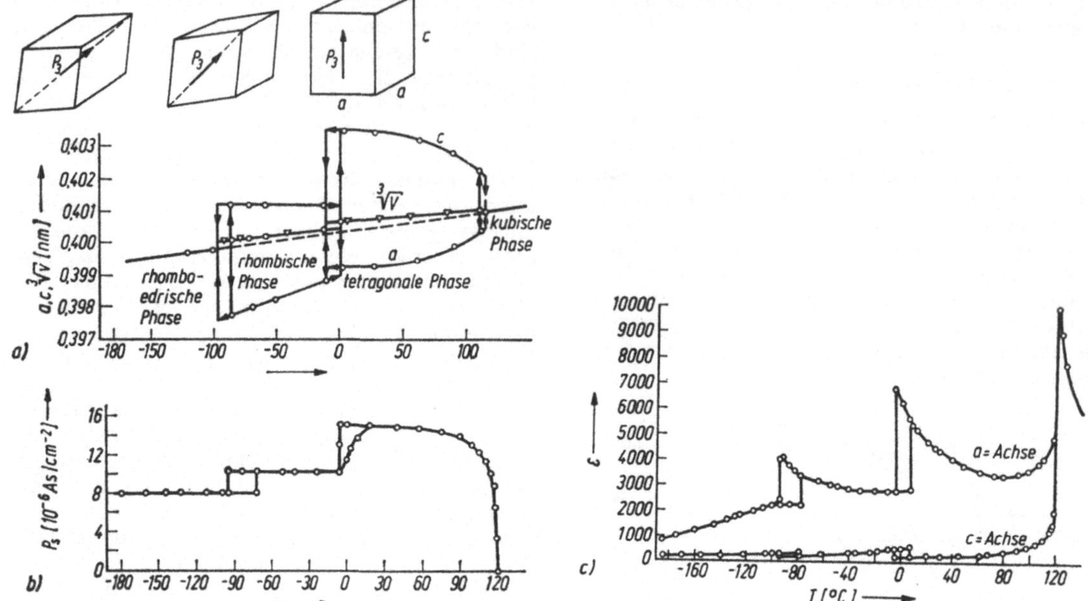

Abb. 5.88. a) Gitterparameter von $BaTiO_3$ als Funktion der Temperatur. Infolge der spontanen Polarisation P_s tritt eine Verzerrung der oberhalb von T_c kubischen Elementarzelle auf (nach KAY und VOUSDEN 1949); b), c) Spontane Polarisation P_s und Dielektrizitätskonstante ε eines $BaTiO_3$-Einkristalls als Funktion der Temperatur (nach MERZ 1953). An den Phasenumwandlungspunkten treten charakteristische Hystereseerscheinungen auf

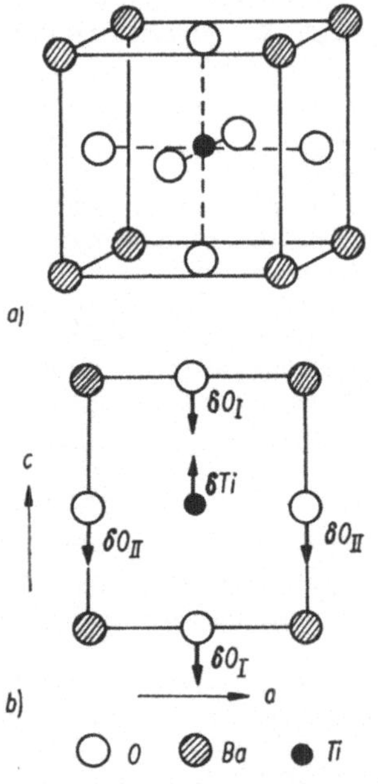

Abb. 5.89. a) Kristallstruktur von $BaTiO_3$ (Perowskitstruktur) in der kubischen Phase; b) Projektion der $BaTiO_3$-Struktur auf die a-c-Ebene in der tetragonalen Phase

ten, der in verschiedenen Stoffen unterschiedlich verlaufen kann.

$BaTiO_3$ ist ein Vertreter der Gruppe der Ferroelektrika vom *Verschiebungstyp*. Bei dieser Gruppe liegen oberhalb von T_c keine permanenten Dipole vor, sie entstehen beim Phasenübergang durch Ionenverschiebungen. Der Phasenübergang ist beim $BaTiO_3$ von 1. Ordnung, d. h. Gitterstruktur und spontane Polarisation ändern sich diskontinuierlich (Abb. 5.88a, b). Die spontane Polarisation erreicht Werte von 0,2 bis 0,5 As/m², was Ionenverschiebungen von etwa 0,01 nm (einige Prozent der Gitterkonstanten) entspricht (Abb. 5.89). Speziell beim $BaTiO_3$ treten bei tiefen Temperaturen noch weitere Phasenübergänge zwischen ferroelektrischen Phasen mit unterschiedlicher Polarisationsrichtung auf.

Bei einer zweiten Gruppe, den Ferroelektrika vom *Ordnungs-Unordnungs-Typ*, sind dagegen bereits in der paraelektrischen Phase permanente Dipole vorhanden, die jedoch statisch verteilt sind. Unterhalb T_c ordnen sie sich dann parallel zueinander. Zu diesem Typ gehören Substanzen mit Wasserstoffbrückenbindungen, z. B. das älteste bekannte Ferroelektrikum, Seignettesalz, und das sehr eingehend untersuchte KH_2PO_4

(Kaliumdihydrogenphosphat, KDP). Der Phasenübergang bei dieser Gruppe ist meist von 2. Ordnung, d. h. Gitterstruktur und spontane Polarisation ändern sich bei T_c kontinuierlich (Abb. 5.90). Dies wird auch durch den Verlauf der spezifischen Wärmekapazität (Abb. 5.90c) unterstrichen, die in einem größeren Temperaturintervall eine Anomalie zeigt. Die spontane

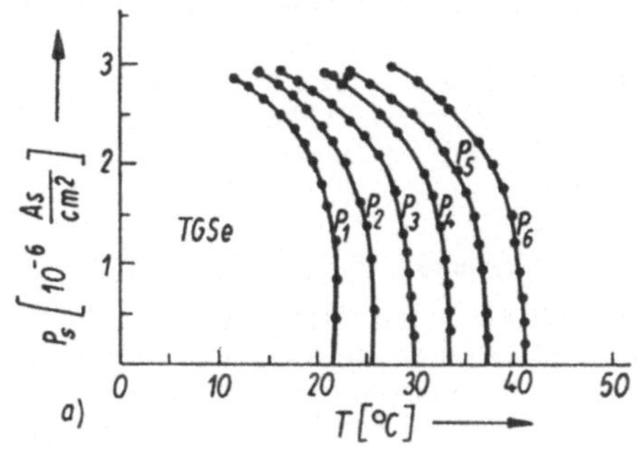

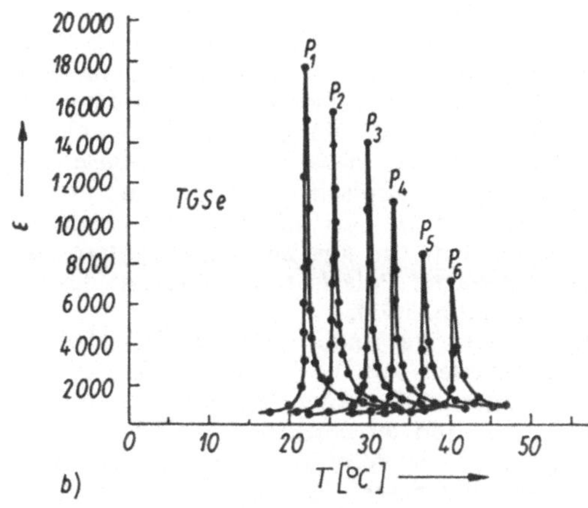

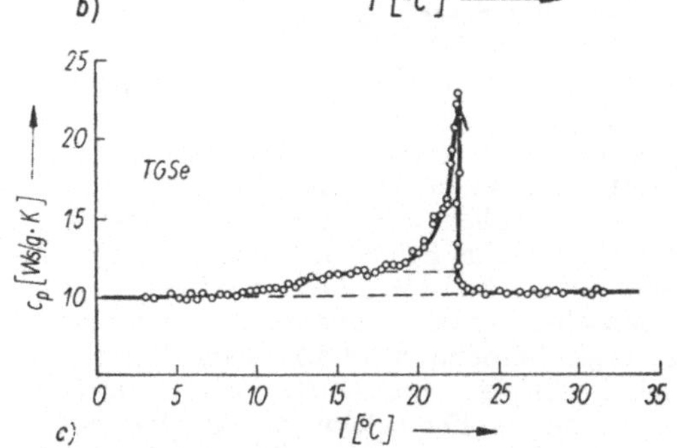

Abb. 5.90. Spontane Polarisation P_s (a) und Dielektrizitätskonstante ε (b) von TGSe (Triglizinselenat $(NH_2CH_2COOH)_3H_2SeO_4$) als Funktion der Temperatur bei verschiedenen Drücken p (nach POLANDOV, MYLOV, STRUKOV und VARIKASH 1968). Die allmähliche Abnahme von P_s bei Annäherung an den Curiepunkt weist auf einen Phasenübergang 2. Ordnung hin. Der „λ-förmige" Temperaturverlauf der spezifischen Wärmekapazität C_p ((c) nach STRUKOV, TARASKIN, KOPTSIK und VARIKASH (1968)) bestätigt das

Polarisation dieser Gruppe erreicht höchstens Werte von 0,05 As/m².

Das sehr vielfältige Verhalten der Ferroelektrika kann nicht durch eine einheitliche mikroskopische Theorie erklärt werden. Wir beschränken uns hier auf einige grundsätzliche Überlegungen. Ausgangspunkt dafür ist Gl. (5.94), aus der sich für mehrere Ionensorten

$$\varepsilon_s = 1 + \frac{\dfrac{1}{\varepsilon_0} \sum_i N_i \alpha_i}{1 - \dfrac{1}{\varepsilon_0} \sum_i N_i \alpha_i} \qquad (5.103)$$

ergibt. Der Nenner ist eine Folge des lokalen Feldes, d. h. der langreichweitigen elektrostatischen Wechselwirkung der Dipole untereinander. Die experimentell beobachtete Singularität von ε_s am Phasenübergang bedeutet offenbar, daß der Nenner verschwindet, d. h. es ist

$$\frac{1}{3\varepsilon_0} \sum_i N_i(T_c)\, \alpha_i(T_c) = 1 \qquad (5.104)$$

eine Situation, die auch als „*Polarisationskatastrophe*" bezeichnet wird.

In der Umgebung von T_c kann man die Beziehung (5.104) in eine Reihe nach $T - T_c$ entwickeln; um das Curie-Weiß-Gesetz (5.102) zu erhalten, muß für $T > T_c$

$$\frac{1}{3\varepsilon_0} \sum_i N_i \alpha_i \approx 1 - 3\frac{T - T_c}{C} \qquad (5.105)$$

sein. Ein derartiger Temperaturverlauf kann z. B. durch die thermische Ausdehnung verursacht werden, bei der N_i abnimmt. Nimmt man an, daß Gl. (5.105) auch für $T < T_c$ gilt, so erhält man im ferroelektrischen Gebiet unter Berücksichtigung der Ionenverschiebung

$$\varepsilon_s = 1 + \frac{C}{2(T_c - T)}. \qquad (5.106)$$

Diese Beziehung wird experimentell gut bestätigt (Abb. (5.91). Andererseits gilt nach der Lyddane-Sachs-Teller-Beziehung Gl. (5.89)

$$\frac{\omega_{LO}}{\omega_{TO}} = \sqrt{\frac{\varepsilon_s}{\varepsilon_\infty}}, \qquad (5.107)$$

wobei ω_{LO} und ω_{TO} die longitudinalen bzw. transversalen Gitterschwingungsfrequenzen (bei $q = 0$) sind. Die Singularität von ε_s bei T_c bedeutet also das Verschwinden von ω_{TO} bei T_c. In Verbindung mit Gl. (5.102) liefert Gl. (5.104) für $T < T_c$

$$\omega_{TO} \sim \frac{1}{\sqrt{\varepsilon_s}} \sim \sqrt{T_c - T}. \qquad (5.108)$$

Ein derartiges Temperaturverhalten von ω_{TO} wird als „*weiche Mode*" bezeichnet und konnte

---

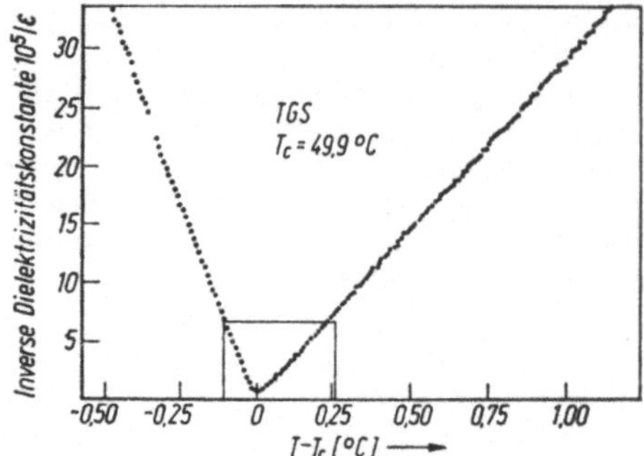

Abb. 5.91. Reziproke DK von Triglyzinsulfat (nach GONZALO 1966) in Abhängigkeit von $T - T_c$ (T_c = 49,9 °C). Im paraelektrischen Gebiet ist $1/\varepsilon$ = $(1/C)\,(T - T_c)$, im ferroelektrischen Gebiet dagegen gilt $1/\varepsilon = 2\,(1/C)\,(T_c - T)$

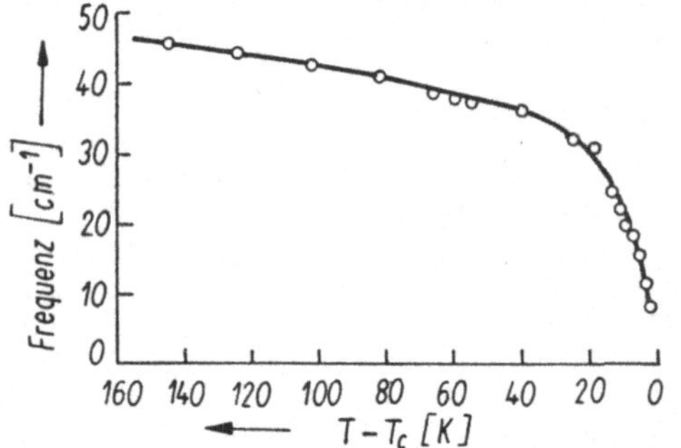

Abb. 5.92. Frequenz transversaler optischer Phononen in ferroelektrischem SbSI (nach Raman-Streudaten von PERRY und AGRAWAL 1970)

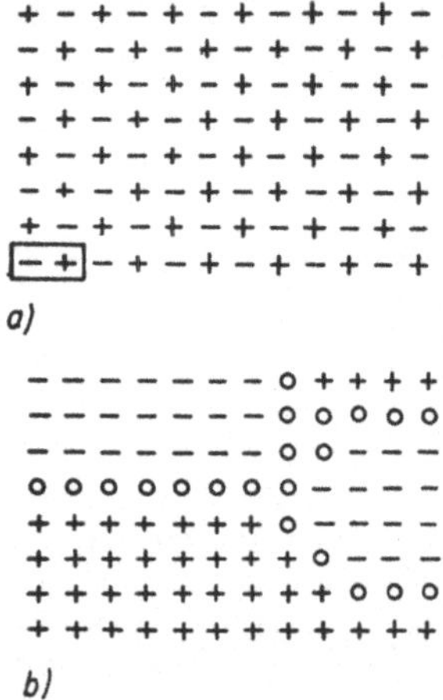

Abb. 5.93. a) Schematische Darstellung eines antiferroelektrisch geordneten kubischen Kristalls (diagonal verlaufende Ketten paralleler Dipole). Die eingezeichnete Elementarzelle ist doppelt so groß wie in der ungeordneten paraelektrischen Phase. b) zeigt demgegenüber die Dipolorientierung eines ferroelektrischen Vieldomänenkristalls. o charakterisiert eine abweichende Dipolrichtung in der Domänenwand

für verschiedene Ferroelektrika nachgewiesen werden (Abb. 5.92). Im Lichte dieser Vorstellungen stellt die ferroelektrische Polarisation also eine bei tiefen Temperaturen eingefrorene weiche Mode dar. Diese Überlegungen zeigen, daß offenbar nicht allein die elektrostatische Wechselwirkung von Dipolen, sondern bestimmte Besonderheiten der Bindungskräfte für das Auftreten einer ferroelektrischen Phase verantwortlich sind.

Strukturumwandlungen infolge weicher Moden sind nicht auf Ferroelektrika beschränkt, sondern treten auch in anderen Stoffen (z. B. $SrTiO_3$) auf.

5.6.2.2. Antiferroelektrizität

Antiferroelektrika sind Stoffe, in denen in benachbarten Ketten (oder Schichten) die Dipole antiparallel zueinander geordnet sind (s. Abb. 5.93). Derartige Anordnungen treten ebenso wie ferroelektrische unterhalb einer Umwandlungstemperatur auf, die in Analogie zu antiferromagnetischen Stoffen als Neel-Temperatur bezeichnet wird. Die Temperaturabhängigkeit der DK zeigt ein ähnliches Verhalten wie bei den Ferroelektrika (Abb. 5.94) mit einem Curie-Weiß-Gesetz in der paraelektrischen Phase; dagegen ist makroskopisch keine spontane Polarisation nachweisbar, da man sich die antiferroelektrische Struktur aus zwei Untergittern mit entgegengesetzter Polarisation aufgebaut denken kann (vgl. Abb. 5.93).

Antiferroelektrika findet man in den gleichen Substanzklassen wie die Ferroelektrika; es existieren auch Übergänge zwischen antiferroelektrischen und ferroelektrischen Phasen (z. B. hat $NaNbO_3$ eine Neel-Temperatur T_N = 627 K und wird unterhalb der Curie-Temperatur T_c = 73 K ferroelektrisch). Offensichtlich sind bestimmte Gittertypen gegenüber unterschiedlichen weichen Moden instabil.

Bei antiferroelektrischen Stoffen werden häufig Doppelhystereseschleifen beobachtet (s. Abb. 5.95). Sie beruhen auf einem durch genügend starke elektrische Felder induzierten Übergang in eine ferroelektrische Phase, analog der metamagnetischen Umwandlung von Antiferromagnetika (vgl. Abschn. 5.7.3.4.). Doppelhystereseschleifen infolge induzierter Ferroelektrizität werden auch in Ferroelektrika mit Phasenübergängen 1. Ordnung unmittelbar oberhalb der Curie-Temperatur beobachtet.

5.6.3. Elektromechanische Eigenschaften

Besteht das Kristallgitter aus elektrisch geladenen Bausteinen, so können unter dem Einfluß äußerer Kräfte Aufladungen der Kristalloberflächen ent-

---

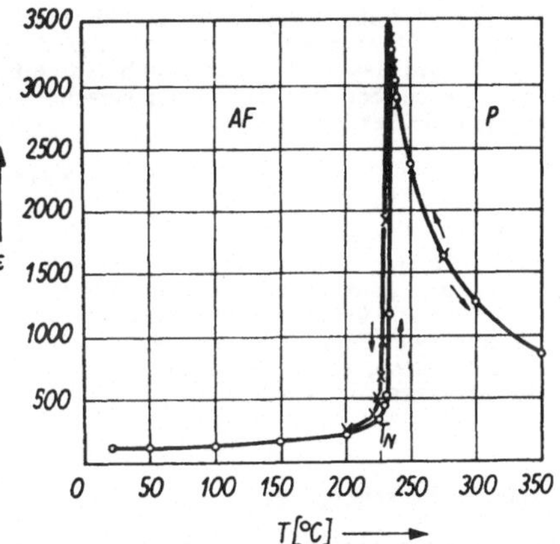

Abb. 5.94. Dielektrizitätskonstante des antiferroelektrischen $PbZrO_3$ in der Umgebung der Neel-Temperatur T_N. P para-, AF antiferroelektrische Phase (nach SMOLENSKIJ 1966)

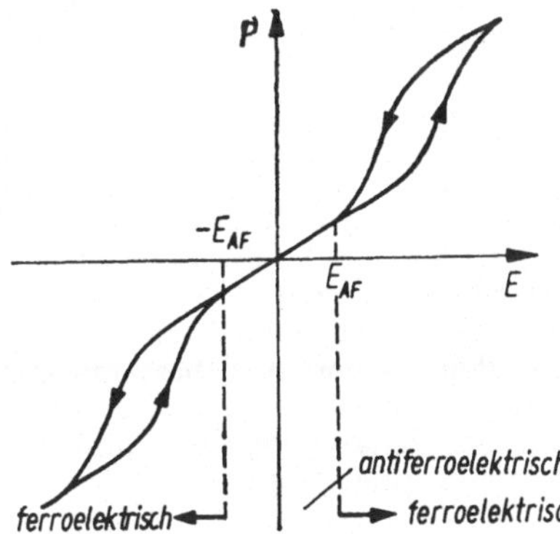

Abb. 5.95. Hysteresekurve eines Antiferroelektrikums. E_{AF} ist die Umwandlungsfeldstärke in den ferroelektrischen Zustand

stehen (*piezoelektrischer Effekt*). Umgekehrt bewirkt das Anlegen eines elektrischen Feldes eine zur elektrischen Feldstärke proportionale Verformung des Kristalls, die als *inverser piezoelektrischer Effekt* bezeichnet wird (vgl. Bd. 2, Abschn. 2.4.9.). Der Piezoeffekt tritt in 20 der 32 Kristallklassen auf, die alle kein Symmetriezentrum, sondern eine oder mehrere polare Achsen haben.

Außer den linearen Piezoeffekten tritt in allen, also auch in nicht piezoelektrischen Kristallen, eine zum Quadrat der elektrischen Feldstärke proportionale Verformung (*Elektrostriktion*) auf, die aber wesentlich kleiner als die piezoelektrisch bedingte Verformung ist.

Phänomenologisch beschreibt man den piezoelektrischen Effekt durch die Gleichung

$$P_i = \sum_{k,l} d_{ikl}\sigma_{kl}, \qquad (5.109)$$

den inversen piezoelektrischen Effekt durch

$$\varepsilon_{kl} = \sum_{l} d_{ikl}E_{l}. \qquad (5.110)$$

i, k, l durchlaufen unabhängig voneinander die Werte 1, 2, 3 entsprechend der x-, y- und z-Richtung; P_i und E_i sind die Komponenten der elektrischen Polarisation bzw. der elektrischen Feldstärke in Richtung i, σ_{kl} und ε_{kl} sind die Komponenten der mechanischen Spannungen bzw. Deformationen (s. Abschn. 5.5.1.). Die piezoelektrischen Koeffizienten d_{ikl} bilden die Komponenten eines Tensors 3. Stufe, sie beschreiben sowohl den direkten als auch den inversen Piezoeffekt. Ihre Dimension ist As/N = m/V.

Die Bedeutung der piezoelektrischen Koeffizienten soll am Beispiel des tetragonalen $BaTiO_3$ (ferroelektrische Phase, vgl. Abschn. 5.6.2.1.) erläutert werden. Wir verwenden die Voigt-Notation (s. Abschn. 5.5.1.) für die Indizes k und l und können dann die piezoelektrischen Koeffizienten in Matrixform anordnen:

$$\{d_{iJ}\} = \begin{pmatrix} d_{11} & d_{12} & d_{13} & d_{14} & d_{15} & d_{16} \\ d_{21} & d_{22} & d_{23} & d_{24} & d_{25} & d_{26} \\ d_{31} & d_{32} & d_{33} & d_{34} & d_{35} & d_{36} \end{pmatrix}. \qquad (5.111)$$

Für $BaTiO_3$ mit der z-Achse als tetragonaler Achse nimmt diese Matrix aus Symmetriegründen folgende Form an:

$$\{d_{iJ}\} = \begin{pmatrix} 0 & 0 & 0 & 0 & d_{15} & 0 \\ 0 & 0 & 0 & d_{15} & 0 & 0 \\ d_{31} & d_{31} & d_{33} & 0 & 0 & 0 \end{pmatrix}. \qquad (5.111\,a)$$

Damit geht Gl. (5.109) über in

$$P_1 = d_{15}\sigma_5$$

$$P_2 = d_{15}\sigma_4 \qquad (5.109\,a)$$

$$P_3 = d_{31}(\sigma_1 + \sigma_2) + d_{33}\sigma_3$$

d. h., d_{33} beschreibt die durch eine Normalspannung in Richtung der tetragonalen Achse erzeugte Polarisation in dieser Richtung (longitudinaler Piezoeffekt), d_{31} die durch Normalspannungen senkrecht zur tetragonalen Achse erzeugte Polarisation in z-Richtung (transversaler Piezoeffekt). Polarisation senkrecht zur Symmetrieachse kann bei diesem Kristall nur durch Scherspannungen (σ_4, σ_5) erzeugt werden, maßgebend dafür ist der Koeffizient d_{15} (s. Abb. 5.96).

Kondensatoren mit piezoelektrischen Kristallen als Dielektrika werden infolge des inversen piezoelektrischen Effektes beim Anlegen von Wechselspannungen zu mechanischen Schwin-

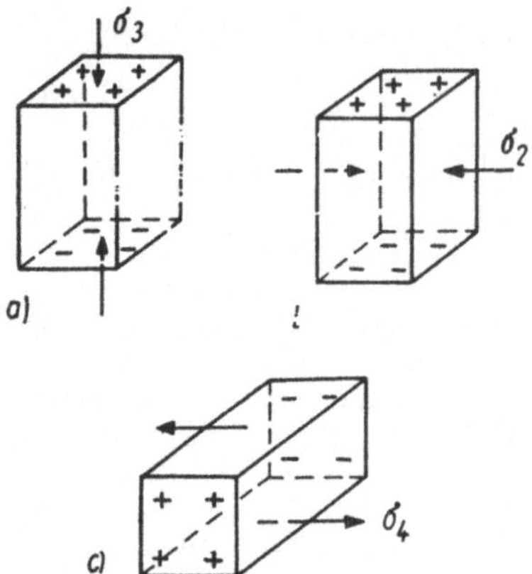

Abb. 5.96. Zum piezoelektrischen Effekt in tetragonalem BaTiO₃
a) d_{33}-Beitrag; b) d_{31}-Beitrag; c) d_{15}-Beitrag

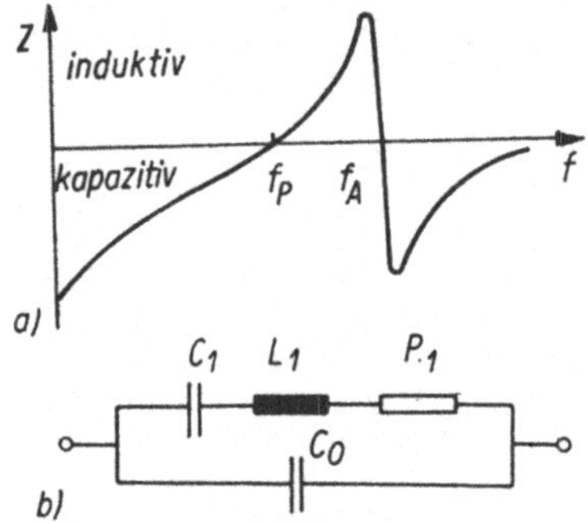

Abb. 5.97. Frequenzgang des Scheinwiderstandes Z eines piezoelektrischen Kondensators (a) und zugehöriges Ersatzschaltbild (b)

gungen angeregt, die drastisch das elektrische Verhalten beeinflussen. Abb. 5.97 zeigt schematisch den Frequenzgang des Scheinwiderstandes eines derartigen Kondensators. Resonanzfrequenz f_R und Antiresonanzfrequenz f_A hängen von den geometrischen Dimensionen, der Dichte, den Elastizitätsmoduln und den piezoelektrischen Koeffizienten ab. Ihre Messung ist die genaueste Methode zur Bestimmung der piezoelektrischen Koeffizienten.

Piezoelektrische Kondensatoren, meist mit Quarz oder BaTiO₃-Keramik als Dielektrikum, werden zur Frequenzstabilisierung (Quarzuhren), als elektromechanische Bandfilter und zur Ultraschallerzeugung eingesetzt.

Prinzipiell lassen sich die piezoelektrischen Koeffizienten aus einem Gittermodell berechnen. Jedoch sind die Gitterkräfte und die Ladungen der Gitterbausteine nicht genügend genau bekannt, so daß man lediglich Beziehungen zwischen den elastischen Konstanten und piezoelektrischen Koeffizienten herstellen kann.

Legt man beispielsweise für BaTiO₃ in der ferroelektrischen tetragonalen Phase ein Gittermodell zugrunde, bei dem das Ba²⁺- und das Ti⁴⁺-Gitter durch ein elektrisches Feld starr gegenüber dem O²⁻-Gitter verschoben wird, so findet man die Beziehung

$$d_{33} = \frac{6e}{a_0^2} (s_{33} - s_{13}).$$ (5.112)

Aus $a_0 = 0{,}40$ nm, $s_{33} = 15{,}7 \cdot 10^{-12}$ m²/N und $s_{13} = -5{,}24 \cdot 10^{-12}$ m²/N ergibt sich $d_{33} = 1{,}26 \times 10^{-10}$ As/N, was mit dem experimentellen Wert von $0{,}86 \cdot 10^{-10}$ As/N leidlich übereinstimmt. Bessere Übereinstimmung ist nur unter Benutzung eines realistischeren Gittermodells zu erwarten, in dem u. a. die Verformung der O-Oktaeder berücksichtigt wird.

5.6.4. Elektrische Leitfähigkeit

Elektrizitätsleitung in Dielektrika kann sowohl durch den Transport geladener Gitterbausteine (Ionenleitung) als auch durch Elektronen erfolgen.

Ionenleitung ist stets mit Materialtransport verknüpft; d. h. Ionenleiter sind *feste Elektrolyte*, für den Zusammenhang zwischen Material- und Stromtransport gelten ebenso wie für flüssige Elektrolyte die Faradayschen Gesetze (s. Bd. 2, Abschn. 7.1. bis 7.4.).

Elektronenleitung bei niedriger Feldstärke kann durch thermisch angeregte Elektronen verursacht werden. Bei höheren Feldstärken werden Elektronen aus den Kontakten in das Dielektrikum injiziert, bis es schließlich zum elektrischen Durchschlag kommt. Auf diese mit der Elektronenleitung zusammenhängenden Erscheinungen wird bei der Behandlung der Halbleiter (Abschn. 5.8.6.) näher eingegangen.

5.6.4.1. Ionenleitung

Die Ionenleitung steht in engem Zusammenhang mit der *Diffusion*; beide sind an das Vorhandensein einer geometrischen oder chemischen Fehlordnung gebunden. Treibende Kraft für den Transport von Gitterbausteinen ist bei der Diffusion ein Konzentrationsgradient, bei der Ionenleitung die elektrische Feldstärke.

Zur Berechnung der Leitfähigkeit betrachten wir einen Ionenkristall mit Schottky-Fehlordnung im elektrischen Feld E und verfahren ähnlich wie bei der Berechnung der Diffusionskonstante in Abschn. 5.4.9.1. Abb. 5.98 zeigt den Verlauf der potentiellen Energie eines Ions längs einer Gittergeraden im elektrischen Feld. Da infolge des Feldes die Potentialbarrieren auf beiden Seiten eines Ions unterschiedlich hoch sind, unterscheiden sich die Sprungwahrscheinlichkeiten φ^+ und φ^- eines Ions in eine Leerstelle, es ist

$$\varphi^\pm = \nu \exp\left[-(w \mp \tfrac{1}{2}qaE)/kT\right].$$ (5.113)

Die Stromdichte j ist proportional zur Leerstellenkonzentration n_v und zur Differenz

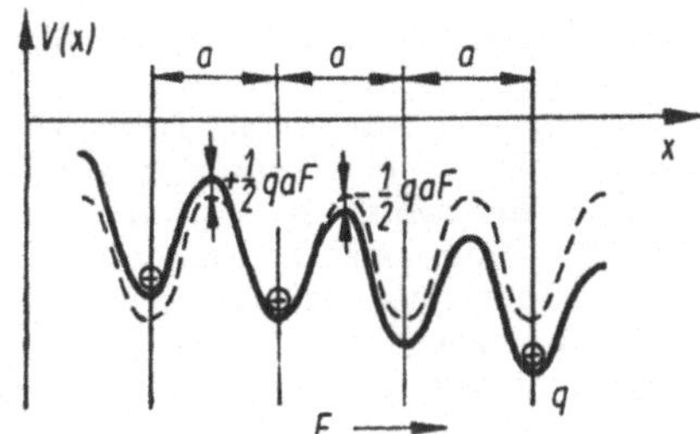

Abb. 5.98. Potentielle Energie eines Ions längs einer Gitterrichtung bei Anwesenheit eines elektrischen Feldes E

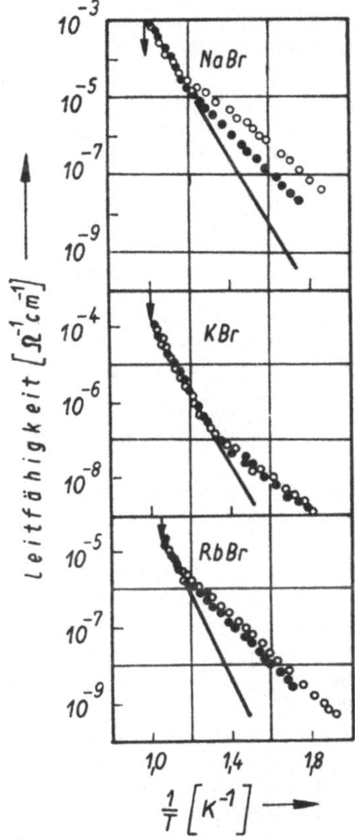

Abb. 5.99. Ionenleitfähigkeit von Alkalibromiden als Funktion der reziproken Temperatur. Der Pfeil markiert die Schmelztemperatur. Verschiedene Meßpunkte beziehen sich auf verschiedene Proben (nach LEHFELDT 1933)

$(\varphi^+ - \varphi^-)$ der Sprungwahrscheinlichkeiten, damit wird

$$j = qan_v(\varphi^+ - \varphi^-) = 2qavn_v\,e^{-w/kT}\sinh\frac{qaE}{2kT}.$$

$$(5.114)$$

Für niedrige Feldstärken ist $\sinh\dfrac{qaE}{2kT}\approx\dfrac{qaE}{2kT}$, und man erhält aus Gl. (5.114) das Ohmsche Gesetz

$$j = \frac{q^2a^2vn_v\,e^{-w/kT}}{kT}\,E = \sigma E.$$

$$(5.114\,\text{a})$$

Führt man über die Gleichung

$$\sigma = qN_g\mu \qquad (5.115)$$

die Beweglichkeit μ ein (vgl. Abschn. 5.8.3.), so findet man mit

$$n_v = N_g\,e^{-E_v/kT} \qquad \text{Gl. (5.9a)}$$

$$\mu = \frac{q}{kT}\,D. \qquad (5.116)$$

D ist die Diffusionskonstante.

Diese Gleichung heißt *Einstein-Beziehung*; sie gilt nur, wenn Diffusion und elektrische Leitfähigkeit durch den gleichen Transportmechanismus verursacht werden. Beispielsweise gilt Gl. (5.116) nicht, wenn neutrale Ionenpaare zur Diffusion beitragen. Ähnliche Betrachtungen gelten auch für den Transport über Zwischengitterplätze.

σ zeigt im wesentlichen die gleiche exponentielle Temperaturabhängigkeit wie die Diffusionskonstante (vgl. Abschn. 5.4.9.1.). Bei hohen Temperaturen entspricht die Leerstellenkonzentration dem thermodynamischen Gleichgewicht, die Aktivierungsenergie ist gleich der Summe aus der Platzwechselenergie w und der Bildungsenergie E_v der Leerstellen. Bei tiefen Temperaturen (in Abb. 5.99 rechts!) liegt dagegen eine *eingefrorene* Fehlordnung vor, die zu einer probenspezifischen Leitfähigkeit führt (besonders deutlich beim NaBr); die Aktivierungsenergie ist hier gleich der Platzwechselenergie.

Die unterschiedliche Größe der Leitfähigkeit für die verschiedenen Bromide beweist, daß die positiven Metallionen Träger des Stromes sind.

Im Tieftemperaturbereich ändert sich unter dem Einfluß des elektrischen Feldes die Fehlordnung, der Strom ist deshalb zeitlich nicht konstant. Ferner baut sich durch die Ionenwanderung im Kristall ein Gegenfeld auf, es kommt zu Polarisationserscheinungen und damit zu Abweichungen vom Ohmschen Gesetz. Bei hohen Feldstärken ist $\sinh\left(\dfrac{qaE}{2kT}\right)\approx\dfrac{1}{2}\exp\dfrac{qaE}{2kT}$, infolgedessen gilt das Ohmsche Gesetz nicht mehr, der Strom hängt exponentiell von der Feldstärke ab (*Poolesches Gesetz*).

Eine Reihe von Stoffen zeigt – z. T. verbunden mit Phasenübergängen – überraschend große Ionenleitung, die Leitfähigkeit erreicht die flüssiger Elektrolyte (Abb. 5.100). Diese Stoffe werden als *Superionenleiter* bezeichnet; die hohe

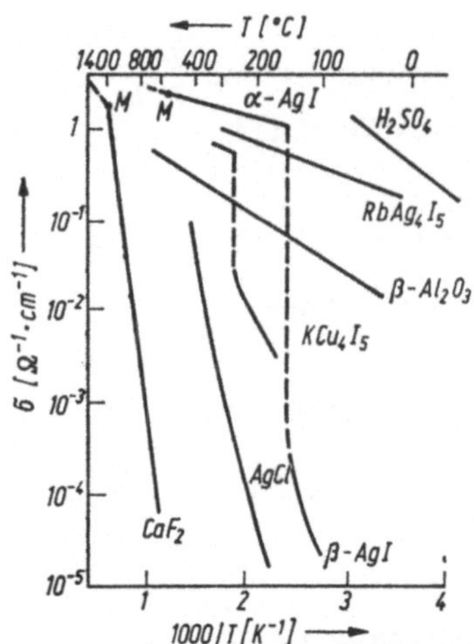

Abb. 5.100. Leitfähigkeit von Festelektrolyten (Superionenleiter) im Vergleich zu konzentrierter Schwefelsäure. M Schmelzpunkt (nach RICKERT 1978)

Leitfähigkeit wird durch ein Aufschmelzen eines Teilgitters bewirkt, wobei der Kristall selbst noch fest bleibt (z. B. „schmilzt" beim AgI das Ag-Untergitter bei 149 °C, also mehrere hundert Grad unterhalb des Schmelzpunktes).

5.7. Magnetische Eigenschaften

Die magnetischen Stoffeigenschaften charakterisieren den Zusammenhang zwischen dem magnetischen Feld H und der magnetischen Flußdichte B (vgl. Bd. 2, Abschn. 4.5.).
In *schwach magnetischen Stoffen* (Dia- und Paramagnetika) ist dieser Zusammenhang linear und wird in der Form der Materialgleichung

$$B = \mu_0\mu H \qquad (5.117)$$

angegeben. $\mu_0 = 4\pi \cdot 10^{-7}$ Vs/Am ist die magnetische Feldkonstante. Die relative Permeabilität μ, die den betreffenden Stoff phänomenologisch beschreibt, ist in Einkristallen i. allg. ein Tensor 2. Stufe; für kubische Kristalle und polykristalline Stoffe ist sie eine skalare Größe.
Analog zum dielektrischen Verhalten (s. Abschn. 5.6.1.) führt man ein von 1 verschiedenes μ auf magnetische Dipolmomente zurück, die eine magnetische Polarisation P_m bewirken:

$$B = \mu_0 H + P_m \quad \text{mit} \quad P_m = \mu_0\chi_m H. \qquad (5.118)$$

(Neben der Polarisation P_m wird auch die Magnetisierung

$$M = \frac{1}{\mu_0} P_m = \chi_m H \qquad (5.119)$$

benutzt, beide unterscheiden sich durch den Faktor μ_0.)
Die Größe $\chi_m = \mu - 1$ (in nicht kubischen Kristallen ebenso wie μ ein Tensor 2. Stufe) heißt magnetische Suszeptibilität, sie kann aus der Kraftwirkung inhomogener Magnetfelder auf den zu untersuchenden Körper gemessen werden. Für diamagnetische Stoffe ist χ_m negativ, für paramagnetische positiv; in beiden Fällen ist $|\chi_m| \ll 1$.
Bei *ferromagnetischen Stoffen* ist der Zusammenhang zwischen B und H bzw. P_m und H bei tiefen Temperaturen nichtlinear, und es treten charakteristische Hystereseerscheinungen auf, die ihre Ursache in der Wechselwirkung der magnetischen Dipolmomente und den dadurch verursachten Ordnungszuständen haben (vgl. Abschn. 5.7.3.).
Magnetische und elektrische Größen entsprechen einander weitgehend (vgl. Tab. 5.8), so daß sich häufig gleichartige Beziehungen ergeben.

Tabelle 5.8. *Einander entsprechende elektrische und magnetische Größen*

Elektrische Größe	Magnetische Größe
elektrische Feldstärke E	magnetische Feldstärke H
dielektrische Verschiebung D	magnetische Induktion B
elektrische Suszeptibilität χ_e	magnetische Suszeptibilität χ_m
Dielektrizitätskonstante ε	Permeabilität μ
elektrische Polarisation P_e	magnetische Polarisation P_m
elektrisches Dipolmoment p_e	magnetisches Dipolmoment p_m

Tatsächlich ist diese Analogie jedoch hauptsächlich formal (z. B. wäre nach der Relativitätstheorie die Zuordnung von D zu H und von E zu B konsequent); bez. der physikalischen Mechanismen bestehen dagegen fundamentale Unterschiede. Elektrische Erscheinungen lassen sich letztlich auf die *Elementarladung* zurückführen, eine skalare Größe, die für Elektronen und Protonen den gleichen Betrag hat.
Dagegen sind für magnetische Erscheinungen *Elementardipole* verantwortlich, d. h. vektorielle Größen, die für Elektronen einerseits, Protonen, Neutronen und Atomkerne andererseits um Größenordnungen unterschiedliche Beträge haben. Neben dem durch Elektronen verursachten Magnetismus gibt es daher auch einen um Größenordnungen schwächeren *Kernmagnetismus*, der sich allerdings nur bei speziellen Experimenten bemerkbar macht (s. Abschn. 5.7.4.).

Nach der Ampèreschen Hypothese werden alle Elementardipole durch Kreisströme verursacht. Während diese Vorstellung für die durch die Bahnbewegung der Elektronen verursachten magnetischen Dipole voll zutrifft, ist dies für die durch den Eigendrehimpuls verursachten magnetischen Dipole (insbesondere beim Neutron!) fraglich, so daß wir im folgenden die Eigenschaft von Elementarteilchen, Träger magnetischer Momente zu sein, als von den elektrischen Eigenschaften unabhängige Gegebenheit ansehen.

Ein zweiter wesentlicher Unterschied besteht in der Größe der Wechselwirkungsenergie atomarer Dipolmomente, die bei einem Abstand der Größenordnung der Gitterkonstante im elektrischen Fall bei 0,1 bis 1 eV liegt, also die mittlere thermische Energie bei Zimmertemperatur (25 meV) weit übertrifft, im magnetischen Fall jedoch nur 10^{-6} bis 10^{-5} eV erreicht, also viel kleiner als die thermische Energie ist. Dementsprechend ist die elektrische Polarisation meist groß gegenüber dem Vakuumwert $\varepsilon_0 E$, die magnetische Polarisation (außer bei Ferromagnetika, vgl. Abschn. 5.7.3.) dagegen klein gegen den Vakuumwert $\mu_0 H$. Das hat zur Folge, daß im Gegensatz zu den Verhältnissen bei Dielektrika das Problem des lokalen Feldes bei Dia- und Paramagnetika keine Rolle spielt. (s. Abschn. 5.6.1.2.).

Der *Festkörpermagnetismus* wird primär durch die magnetischen Eigenschaften der Elektronenhülle der einzelnen Gitterbausteine bestimmt; dabei verursachen abgeschlossene Elektronenschalen mit dem Gesamtdrehimpuls 0 diamagnetisches, teilweise besetzte Elektronenschalen mit einem Gesamtdrehimpuls $\neq 0$ paramagnetisches Verhalten.

Ein Einfluß der chemischen Bindung äußert sich indirekt über die Veränderung der Elektronenstruktur. Da bei der van-der-Waals-Bindung die abgeschlossenen Elektronenschalen der Moleküle erhalten bleiben, bei der Ionenbindung abgeschlossene Schalen gebildet werden und bei der homöopolaren Bindung Spinabsättigung der Valenzelektronen auftritt, ist in allen diesen Fällen diamagnetisches Verhalten zu erwarten.

Paramagnetismus tritt auf, wenn tiefer liegende unabgeschlossene Schalen vorhanden sind (z. B. bei Übergangsmetallionen und Seltenen Erden), deren paramagnetischer Beitrag dominiert. Bei der metallischen Bindung erwartet man als Folge des Spins einen paramagnetischen Beitrag der Leitungselektronen zum Diamagnetismus der Atomrümpfe, so daß Metalle sowohl dia- als auch paramagnetisch sein können.

5.7.1. Diamagnetismus

Setzt man Atome oder Moleküle mit abgeschlossenen Elektronenschalen dem Einfluß eines Magnetfeldes H aus, so tritt *Induktion* auf. Die durch das Magnetfeld induzierte Umlaufspannung erzeugt eine zusätzliche Elektronenbewegung, die nach der Lenzschen Regel das Magnetfeld zu schwächen bestrebt ist und als Larmor-Präzession bezeichnet wird. Die Elektronenbewegung erfolgt mit der Larmor-Frequenz

$$\omega_L = eB/2m \qquad (5.120)$$

(m Elektronenmasse); sie führt zu einem Kreisstrom, dem nach dem Ampèreschen Gesetz (s. Bd. 2, Abschn. 4.3.4.) ein induziertes magnetisches Moment p_m der Größe

$$p_m = -\mu_0 \frac{1}{6} \frac{Ze^2}{m} \bar{r}^2 H \qquad (5.121)$$

entspricht (Z Kernladungszahl, $\bar{r}^2$ räumlicher Mittelwert des Quadrats des Bahnradius der Elektronen; das negative Vorzeichen bedeutet, daß p_m entgegengesetzt zu H gerichtet ist). Daraus ergibt sich die diamagnetische Suszeptibilität zu

$$\chi_{dia} = -\mu_0 \frac{Ze^2}{6m} \bar{r}^2 N. \qquad (5.122)$$

χ_{dia} ist negativ, temperaturunabhängig und proportional zur Konzentration N der Atome. Man gibt daher häufig die spezifische Suszeptibilität $\chi_s = \chi/\varrho$ (ϱ Dichte) oder die Molsuszeptibilität χ_M (mit $N = N_A = 6{,}023 \cdot 10^{23}$ mol^{-1}) an.[1]
In Verbindungen setzt sich χ_{dia} additiv aus den Beiträgen der Gitterbausteine zusammen. In Tab. 5.9 sind die für Ionenkristalle berechneten und gemessenen Werte für χ_M verglichen; die gute Übereinstimmung bestätigt die Richtigkeit der Vorstellungen über den Diamagnetismus (und den Ionencharakter dieser Verbindungen).
Bei Molekülkristallen muß oft noch ein paramagnetischer Beitrag zu χ berücksichtigt werden, der von angeregten Zuständen herrührt und ebenfalls temperaturunabhängig ist (Van-Vleckscher Paramagnetismus).

Tabelle 5.9. Molsuszeptibilität von Alkalihalogenidkristallen

$\chi_M \left[10^{-6} \dfrac{cm^3}{mol}\right]$	Cl$^-$	Br$^-$	I$^-$	freies Ion
Li$^+$	306	436	630	8,8
Na$^+$	380	517	717	76,7
K$^+$	487	624	825	184
freies Ion	304	434	636	

Die Summe der für freie Ionen berechneten Werte (letzte Zeile bzw. letzte Spalte) stimmt gut mit den experimentellen Werten der Ionenkristalle (2. bis 4. Zeile bzw. Spalte) überein.

---

[1] In Tabellen wird oft noch die nichtrationale Molsuszeptibilität $\chi_M{}^* = \chi_M/4\pi$ angegeben, die dem Gaußschen Maßsystem entspricht.

5.7.2. Paramagnetismus

Ursache für den Paramagnetismus ist das Vorhandensein nicht abgeschlossener Elektronenschalen, die ein *permanentes magnetisches Moment* p_m haben. [Den wegen der großen Masse sehr kleinen Beitrag der Atomkerne vernachlässigen wir hier; er ist nur mittels hochempfindlicher Resonanzmethoden (s. Abschn. 5.7.4.) nachweisbar.] Paramagnetismus tritt also vor allem in Stoffen auf, die Atome von *Übergangsmetallen* (mit 3d- bzw. 4d-Elektronen) oder *Seltenen Erden* (mit 4f-Elektronen) enthalten. Zum magnetischen Moment tragen die Bahnbewegung und der Eigendrehimpuls (Spin) bei. Für den Betrag des magnetischen Moments eines freien Atoms gilt

$$p_m = \mu_B g \sqrt{J(J + 1)} \qquad (5.123)$$

(vgl. Abschn. 1.3.7.).

$$\mu_B = \frac{e\hbar}{2m} = 9{,}2741 \cdot 10^{-24}\ \text{Am}^2$$

ist das Bohrsche Magneton.
Der Landé-Faktor

$$g = 1 + \frac{J(J + 1) + S(S + 1) - L(L + 1)}{2J(J + 1)} \qquad (5.124)$$

berechnet sich aus Spinquantenzahl S, Bahndrehimpulsquantenzahl L und Gesamtdrehimpulsquantenzahl J des Grundzustandes des für den Magnetismus verantwortlichen Atoms oder Ions. $g\sqrt{J(J + 1)}$ wird als effektive Magnetonenzahl n_B des betreffenden Zustands bezeichnet.
Im Festkörper gilt infolge der geänderten Elektronenverteilung Gl. (5.124) nur näherungsweise. Man spricht daher einfach vom g-Faktor Gl. (5.123), dessen genauer Wert experimentell bestimmt wird.
In einem Magnetfeld der Flußdichte B existieren $2J + 1$ diskrete Einstellmöglichkeiten für p_m; die maximale Komponente von p_m in Magnetfeldrichtung beträgt

$$p_{max} = \mu_B g J. \qquad (5.125)$$

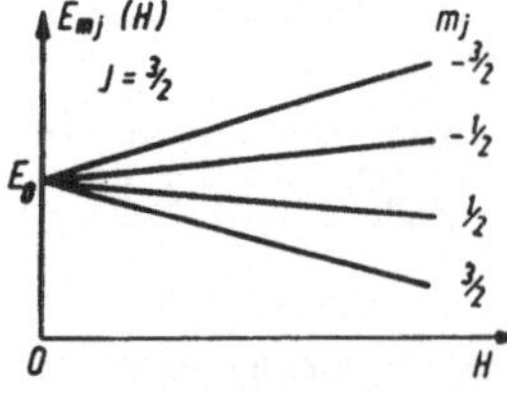

Abb. 5.101. Energieniveaus eines Terms mit $J = 3/2$ im schwachen Magnetfeld (Zeeman-Aufspaltung)

Die Einstellmöglichkeiten lassen sich durch die magnetische Quantenzahl m_J charakterisieren. m_J durchläuft die Werte

$$-J,\ -J + 1,\ \dots,\ J - 1,\ J.$$

Die Energie im Zustand m_J beträgt

$$E_{mJ}(H) = E_0 - \mu_B g m_J B. \qquad (5.126)$$

Gl. (5.126) ist das quantenmechanische Äquivalent der Formel

$$E(H) = -pB = -pB \cos (B, p) \qquad (5.126\,a)$$

für die Energie eines (klassischen) magnetischen Dipols p im Magnetfeld. E_0 ist die Energie ohne Magnetfeld.
Die unterschiedlichen Energiezustände Gl. (5.126) werden entsprechend der Boltzmann-Statistik[1] unterschiedlich stark besetzt; dies entspricht der anschaulichen Vorstellung, daß dem die magnetischen Momente ordnenden Einfluß des Magnetfeldes die thermische Bewegung entgegenwirkt.
Berechnet man auf diese Weise die Magnetisierung M, so findet man für deren Betrag

$$M = N\mu_B g J B_J(x) \qquad (5.127)$$

mit $x = \dfrac{\mu_B g J B}{k_B T} \sim \dfrac{H}{T}$, d. h. M ist eine Funktion von H/T. N ist die Konzentration der magnetischen Ionen, k_B die Boltzmann-Konstante.

$$B_J(x) = \frac{2J + 1}{2J} \coth \frac{(2J + 1)\,x}{2J} - \frac{1}{2J} \coth \frac{x}{2J} \qquad (5.128)$$

heißt *Brillouin-Funktion*; ihr Verlauf geht aus Abb. 5.102 hervor. Für $x \ll 1$ (hohe Temperaturen, schwache Magnetfelder) wird

$$B_J(x) \approx \frac{J + 1}{3J}\, x \qquad (5.128\,a)$$

und

$$M = N\,\frac{\mu_B^2 g^2 J(J + 1)\,B}{3k_B T} = \frac{N\mu_B^2 n_B^2 B}{3k_B T}. \qquad (5.127\,a)$$

In diesem Gebiet gilt für die paramagnetische Suszeptibilität

$$\chi = \frac{M}{H} = \frac{C}{T} \qquad (5.129)$$

mit der Curie-Konstante

$$C = \frac{\mu_0 N\mu_B^2}{3k_B}\, n_B^2 \qquad (5.129\,a)$$

Für $x \gg 1$ (sehr tiefe Temperaturen, starke Magnetfelder) wird $B_J(x) \approx 1$, und M nähert

---

[1] Lokalisierte Teilchen sind unterscheidbar, daher gilt hier die Boltzmann-Statistik.

sich der Sättigungsmagnetisierung

$$M_s = M(x \to \infty) = N\mu_B gJ, \qquad (5.127\,b)$$

die einer maximalen Parallelorientierung der Dipolmomente zum Magnetfeld entspricht.
Abb. 5.102 zeigt die gemessene Magnetisierung als Funktion von H/T für die Ionen Cr^{3+}, Fe^{3+}

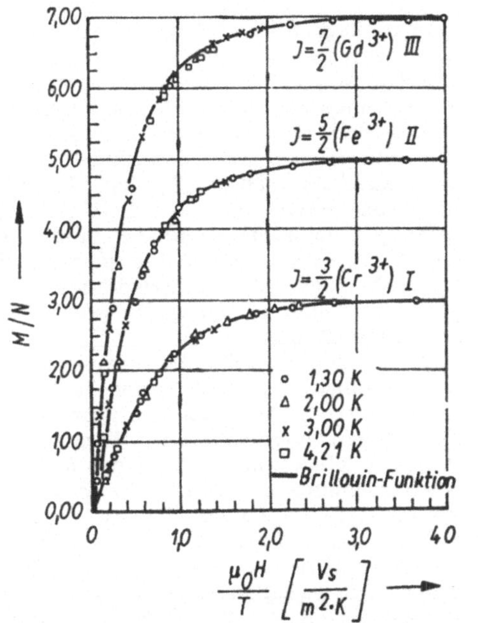

Abb. 5.102. Mittleres magnetisches Moment M/N von $KCr(SO_4)_2$ (I), $NH_4Fe(SO_4)_2$ (II) und $Gd_2(SO_4)_3$ (III) als Funktion von $\mu_0 H/T$ (nach HENRY 1952)

und Gd^{3+}; die durchgezogenen Kurven sind die Brillouin-Funktionen für die angegebenen J-Werte. Bei den *Ionen der Seltenen Erden* stimmen außer für Sm- und Eu-Ionen die aus der Curie-Konstanten nach Gl. (5.129 a) ermittelten Magnetonenzahlen n_B mit den Werten $g\sqrt{J(J+1)}$ ausgezeichnet überein (Tab. 5.7.3), d. h. der Paramagnetismus von Ionenverbindungen der Seltenen Erden wird durch Bahn- und Spinbewegung der Elektronen nicht wechselwirkender Ionen verursacht. Erst bei sehr tiefen Temperaturen machen sich Einflüsse der Gitterstrukturen auf die 4f-Elektronen der Seltenen Erden bemerkbar.

Bei *Übergangsmetallionen* stimmen Experiment und Theorie nur überein, wenn man in den Gl. (5.127) bis (5.129) anstelle von J die Spinquantenzahl S einsetzt. Es liegt also in diesem Falle reiner Spinmagnetismus vor. Ursache ist der in diesen Stoffen stärkere Einfluß der Gitterstruktur auf die „magnetischen" d-Elektronen, der zu einer sog. „Auslöschung der Bahnbewegung" führt.

Genauere Rechnungen, die auch angeregte Zustände der Elektronen mit berücksichtigen, liefern einen zusätzlichen temperaturunabhängigen paramagnetischen Beitrag (*Van-Vleckscher Paramagnetismus*), wodurch sich auch die Diskrepanzen bei Sm^{3+}, Sm^{2+} und Eu^{3+} klären lassen.

5.7.2.1. Magnetismus der Leitungselektronen

Halbleiter und Metalle enthalten quasifreie Elektronen, die sich von freien Elektronen im wesentlichen nur durch ihre abweichende effek-

Tabelle 5.10. *Magnetonenzahlen von Ionen der Übergangsmetalle und Seltenen Erden*

Ion	Konfiguration	J	S	$g\sqrt{J(J+1)}$	$2\sqrt{S(S+1)}$	n_B(exp)
Ti^{3+}, V^{4+}	$3d^1$	3/2	1/2	1,55	1,73	1,8
V^{3+}	$3d^2$	2	1	1,63	2,83	2,8
Cr^{3+}, V^{2+}	$3d^3$	3/2	3/2	0,77	3,87	3,8
Mn^{3+}, Cr^{2+}	$3d^4$	0	2	0	4,90	4,9
Fe^{3+}, Mn^{2+}	$3d^5$	5/2	5/2	5,92	5,92	5,9
Fe^{2+}	$3d^6$	4	2	6,70	4,90	5,4
Co^{2+}	$3d^7$	9/2	3/2	6,63	3,87	4,8
Ni^{2+}	$3d^8$	4	1	5,59	2,83	3,2
Cu^{2+}	$3d^9$	5/2	1/2	3,55	1,73	1,9
Ce^{3+}	$4f^1$	5/2	1/2	2,54	1,73	2,4
Pr^{3+}	$4f^2$	4	1	3,58	2,83	3,5
Nd^{3+}	$4f^3$	9/2	3/2	3,62	3,87	3,6
Pm^{3+}	$4f^4$	4	2	2,68	4,90	nicht gemessen
Sm^{3+}	$4f^5$	5/2	5/2	0,84	5,92	1,5
Eu^{3+}, Sm^{2+}	$4f^6$	0	3	0	6,93	3,4
Gd^{3+}, Eu^{2+}	$4f^7$	7/2	7/2	7,94	7,94	8,0
Tb^{3+}	$4f^8$	6	3	9,72	6,92	9,5
Dy^{3+}	$4f^9$	15/2	5/2	10,65	5,92	10,6
Ho^{3+}	$4f^{10}$	8	2	10,61	4,90	10,4
Er^{3+}	$4f^{11}$	15/2	3/2	9,58	3,87	9,5
Tm^{3+}	$4f^{12}$	6	1	7,56	2,83	7,3
Yb^{3+}	$4f^{13}$	7/2	1/2	4,54	1,73	4,5

tive Masse unterscheiden (s. Abschn. 5.8.3.).
Entsprechend der Spinquantenzahl $S = \frac{1}{2}$ erwartet man bei einer Elektronenkonzentration n nach Gl. (5.129) Paramagnetismus mit

$$\chi^{\text{frei}} = n \frac{\mu_0 \mu_B^2}{k_B T} . \qquad (5.129\,\text{b})$$

Die Bahnbewegung liefert einen diamagnetischen Beitrag in Höhe eines Drittels des paramagnetischen Beitrags (*Landauscher Diamagnetismus*), so daß sich

$$\chi^{\text{frei}} = n \frac{2\mu_0 \mu_B^2}{3 k_B T} \qquad (5.130)$$

ergibt.

Gl. (5.130) gilt für Leitungselektronen in *Halbleitern*, die der Boltzmann-Statistik unterliegen. Da deren Konzentration klein ist, erhält man nur einen sehr kleinen Beitrag zum magnetischen Verhalten, das im wesentlichen durch den diamagnetischen Beitrag der inneren Elektronen und der Valenzelektronen bestimmt wird.

Leitungselektronen in *Metallen* unterliegen der Fermi-Dirac-Statistik (s. Abschn. 5.8.2.). Ähnlich wie zur Wärmekapazität (s. Abschn. 5.8.4.1.) trägt daher zur Magnetisierung nur ein Bruchteil $k_B T/E_F$ aller Elektronen bei, wobei E_F die Fermische Grenzenergie ist. Damit wird

$$\chi^{\text{frei}} = \frac{2}{3} n \frac{\mu_0 \mu_B^2}{E_F} \qquad (5.130\,\text{a})$$

unabhängig von der Temperatur. (Der Faktor $\frac{2}{3}$ berücksichtigt den diamagnetischen Beitrag.)

Da sich diesem Paramagnetismus der Leitungselektronen der Diamagnetismus der inneren Elektronenschalen überlagert, gibt es sowohl

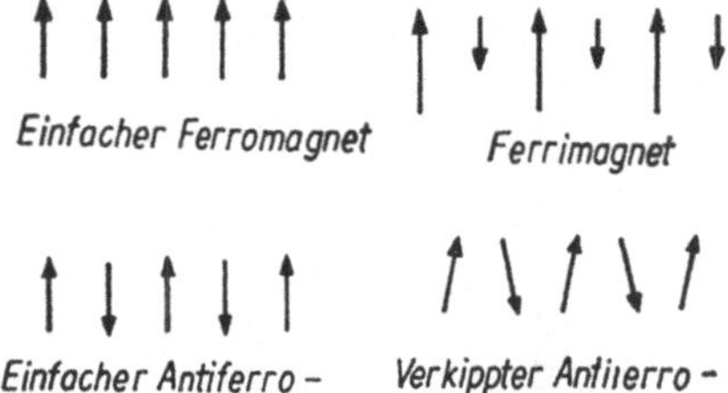

Abb. 103. Geordnete Spinstrukturen (schematisch)

paramagnetische (Alkalimetalle) als auch diamagnetische (Edelmetalle) Metalle. Genauere magnetische Untersuchungen machen Gebrauch von Resonanzmethoden (s. Abschn. 5.7.4.).

5.7.3. Kollektiver Magnetismus

Dia- und paramagnetisches Verhalten lassen sich verstehen, wenn man lediglich die Wechselwirkung zwischen Magnetfeld und isolierten magnetischen Momenten betrachtet. Häufig treten jedoch starke *Wechselwirkungen der magnetischen Momente* untereinander auf. In diesem Zusammenhang bezeichnet man häufig den Gesamtdrehimpuls der Elektronen als „Spin", auch wenn Bahndrehimpulsanteile enthalten sind. Die Wechselwirkung der magnetischen Momente wird deshalb auch Spin-Spin-Wechselwirkung genannt; sie gibt Anlaß zu *magnetisch geordneten Strukturen* (Abb. 5.103).

Von diesen Strukturen ist der Ferromagnetismus (parallel angeordnete Spins) schon lange bekannt, da er sich makroskopisch deutlich bemerkbar macht (Auftreten einer spontanen Magnetisierung, starke Kraftwirkungen in Magnetfeldern, Hystereseerscheinungen, hohe Permeabilität), während die Erforschung der übrigen komplizierten Strukturen jüngeren Datums ist, da sie z. T. nur schwierig nachzuweisen sind. Beispielsweise lieferten in vielen Fällen erst Neutronenbeugungsuntersuchungen die Gewißheit über antiferromagnetische Strukturen, wie z. B. beim MnO.

5.7.3.1. Spin-Spin-Wechselwirkung und Molekularfeldnäherung

Träger des kollektiven Magnetismus sind ebenso wie beim Paramagnetismus die permanenten magnetischen Momente der Elektronen. Dies läßt sich durch Messung des gyromagnetischen Verhältnisses γ (Verhältnis von magnetischem Moment zu Drehimpuls) mittels des Barnett-Effekts oder des Einstein-de-Haas-Effekts nachweisen (vgl. Bd. 2, Abschn. 4.5.11.). Diese Versuche lieferten

$$\gamma = g \frac{\mu_B}{\hbar} = g \frac{e}{2m} , \qquad (5.131)$$

wobei m die Elektronenmasse ist. Speziell für Eisen wurde $g = 2$ gemessen, d. h. es handelt sich um reinen Spinmagnetismus ohne Beiträge von Bahndrehimpulsen.

Es liegt nahe, die Ursache für geordnete Strukturen in der *magnetischen* Dipol-Dipol-Wechselwirkung benachbarter Spins zu suchen. Wie die folgenden Überlegungen zeigen, ist diese Vermutung jedoch falsch.

Faßt man die Spins als klassische Dipolmomente p_k am Gitterpunkt r_k auf, so läßt sich die Wechselwirkungsenergie W_k des k-ten Moments mit allen anderen in der Form

$$W_k = \mu_0 p_k \cdot H_d^{(k)} \qquad (5.132)$$

schreiben, wobei

$$H_d^{(k)} = \frac{1}{4\pi} \sum_l \left\{ \frac{p_l}{r_{kl}^3} - \frac{3(p_l \cdot r_{kl}) r_{kl}}{r_{kl}^5} \right\} \qquad (5.133)$$

als Dipolfeld (am Ort r_l) bezeichnet wird und

$$r_{kl} = r_k - r_l$$

ist.
Die Berechnung der Gittersumme in Gl. (5.133) ist möglich, wenn man annimmt, daß alle Momente parallel orientiert sind. Für $p_k = \mu_B$ ergeben sich typische Werte von 10^5 bis 10^6 A/m für $H_d^{(k)}$, was durch Messungen mittels des Mößbauer-Effektes (s. Abschn. 5.7.3.4.) in eindrucksvoller Weise bestätigt wird. Entsprechend dieser Feldstärke beträgt die magnetische Wechselwirkungsenergie (5.132) 10^{-5} bis 10^{-4} eV. Dieser Wert ist viel kleiner als die mittlere thermische Energie bei Zimmertemperatur, d. h. magnetisch geordnete Strukturen dürften nur bei sehr tiefen Temperaturen (Größenordnung 1 K) existieren. Dagegen zeigt Tab. 5.11., daß selbst oberhalb von 1000 K noch Ferromagnetismus existiert. Die für die magnetische Ordnung verantwortliche Wechselwirkung benachbarter magnetischer Momente muß in Wirklichkeit also mindestens um den Faktor 1000 stärker als die magnetische Dipol-Dipol-Wechselwirkung sein. Im entsprechenden Fall der Wechselwirkung elektrischer Dipolmomente beträgt die Energie etwa 10 eV, ist also groß gegen $k_B T$. Dies bedeutet, daß sich die Ferroelektrizität als elektrische Dipol-Dipol-Wechselwirkung verstehen läßt (s. Abschn. 5.6.2.1.).

Tatsächlich ist für die magnetische Ordnung die *Austauschwechselwirkung* verantwortlich (W. HEISENBERG 1928), die auch die Ursache für die homöopolare Bindung ist (vgl. Abschn. 4.1.1.). Sie tritt bei einer Überlappung der Elektronenhüllen benachbarter Atome auf und ist eine rein elektrostatische Wechselwirkung, die von der Spinorientierung abhängt und letztlich auf dem Pauli-Prinzip beruht.
Qualitativ läßt sie sich wie folgt verstehen. Nach dem Pauli-Prinzip muß die Gesamtwellenfunktion eines Systems aus zwei Elektronen antisymmetrisch gegenüber Elektronenvertauschung sein. Dies bedeutet bei paralleler Spinorientierung (symmetrischer Spinzustand) antisymmetrische, bei antiparalleler Spinorientierung symmetrische Ortsfunktion; die Spinorientierung beeinflußt auf diese Weise die Größe der elektrostatischen Wechselwirkung.
Die entsprechende Austauschenergie W^{kl} zwischen zwei Atomen mit den Spins S_k und S_l hat die Form

$$\boxed{W^{kl} = -2 \frac{A^{kl}(r_{kl})}{\hbar^2} S_k \cdot S_l. \qquad (5.134)}$$

Gl. (5.134) gilt eigentlich für Spinoperatoren, in vielen Fällen ist es jedoch eine gute Näherung, die Spins als klassische Drehimpulse aufzufassen.

A^{kl} heißt Austauschkonstante (Austauschintegral); positive A^{kl} bewirken ferromagnetische (parallele) Spinorientierung, negative antiferromagnetische (antiparallele). Grundsätzlich gilt dies bereits für zweiatomige Moleküle (H_2 hat im Grundzustand antiparallele Spins, O_2 parallele Spins), die magnetischen Begriffe werden jedoch üblicherweise erst bei der Wechselwirkung vieler Spins benutzt. Die Berechnung von Austauschintegralen ist ein schwieriges quantenmechanisches Problem, völlig analog der Berechnung von chemischen Bindungsenergien. Daher werden die A^{kl} meist als Parameter behandelt, die experimentell bestimmt werden.
Die Austauschwechselwirkung kann *direkt* durch Überlappung der Elektronenhüllen magnetischer Ionen oder *indirekt* durch die Vermittlung nichtmagnetischer Ionen sowie durch Leitungselektronen erfolgen. Der indirekte Austausch über diamagnetische Ionen wird auch als *Superaustausch* bezeichnet (H. A. KRAMERS 1934), er liegt bei vielen Ionenverbindungen der 3d-Metalle vor und führt meist zu antiferromagnetischer oder ferrimagnetischer Ordnung (s. Abschn. 5.7.3.4.).
Beim indirekten Austausch über Leitungselektronen polarisiert das magnetische Moment eines Ions die Spins der vorbeifliegenden Elektronen, die dann ihrerseits die anderen Ionen polarisieren. Dieser Fall liegt bei den Seltenerdmetallen vor, bei denen die räumliche Ausdehnung der „magnetischen" 4f-Elektronen viel kleiner als die Gitterkonstante ist.
Formal kann man, indem man in Gl. (5.134) die Spins S_k, S_l durch die magnetischen Momente

$$p_k = -\frac{g\mu_B}{\hbar} S_k \qquad (5.135)$$

ersetzt, die Austauschwechselwirkung des k-ten Ions in der Form

$$W_a^{(k)} = -p_k \frac{2}{g^2 \mu_B^2} \sum_l A^{kl} p_l = -\mu_0 p_k \cdot H_a \qquad (5.136)$$

schreiben.
Das durch Gl. (5.136) formal eingeführte *Austauschfeld* H_a ist nichtmagnetischen Ursprungs und muß ebenso wie die A^{kl} im allgemeinen experimentell ermittelt werden (s. Abschn. 5.7.3.2.), es ist um Größenordnungen stärker als das Dipolfeld und erklärt die Existenz geordneter magnetischer Strukturen auch bei höheren Temperaturen. Mittels des Austauschfeldes H_a wird näherungsweise das komplizierte Problem der Wechselwirkung vieler Spins durch das wesentlich einfachere Problem der Wechselwirkung eines einzelnen Spins mit einem fiktiven Feld ersetzt. Ein derartiges Feld wurde zur phänomenologischen Beschreibung des Ferromagnetismus unter der Bezeichnung *Molekularfeld* bereits

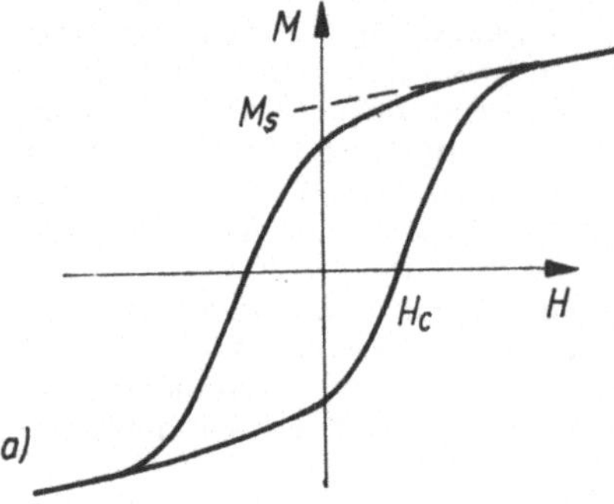

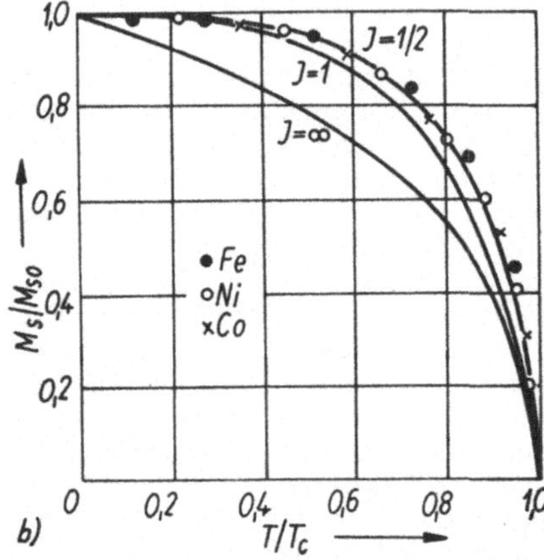

Abb. 5.104. a) Ermittlung der Sättigungsmagnetisierung M_s; b) Temperaturabhängigkeit der Sättigungsmagnetisierung von Fe, Co und Ni (nach WEISS und FORRER 1926).
Die eingezeichneten Kurven sind aus den Brillouin-Funktionen B_J zu den angegebenen J-Werten berechnet

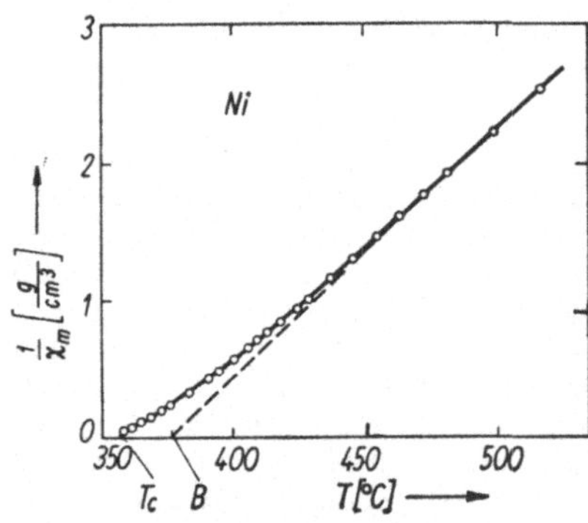

Abb. 5.105. Reziproke Suszeptibilität von Ni im paramagnetischen Bereich als Funktion der Temperatur. Die Extrapolation der Hochtemperaturnäherung $\frac{1}{\chi} \sim (T - \theta)$ auf $\frac{1}{\chi} \to 0$ liefert die paramagnetische Curie-Temperatur θ (nach WEISS und FORRER 1926)

1907 von P. WEISS postuliert und wird in den folgenden Abschnitten zur Beschreibung magnetischer Eigenschaften herangezogen.

Die bisherigen Überlegungen bezogen sich auf die Wechselwirkung lokalisierter Spins und gelten vor allem für ferromagnetische Isolatoren. In Metallen kann man auch die Bändertheorie (s. Abschn. 5.8.) zur Erklärung magnetischer Eigenschaften heranziehen.

5.7.3.2. Ferromagnetismus

Klassische Ferromagnetika sind die Metalle Fe, Co und Ni sowie einige Legierungen; in neuerer Zeit sind zahlreiche, auch nichtmetallische Stoffe hinzugekommen (s. Tab. 5.11). Typische Er-

Tabelle 5.11. *Eigenschaften ferromagnetischer Stoffe*

Stoff	P_{max} [Vs/m²]	T_c [K]	θ [K]	C [K]	λ	H_a $(T = 0)$ [A/m]
Fe	2,17	1043	1100	2,22	495	$8,6 \cdot 10^8$
Co	1,82	1395	1415	2,24	630	$9,1 \cdot 10^8$
Ni	0,635	629	649	0,59	1100	$5,6 \cdot 10^8$
Gd[1]	2,54	289	302			
Dy[1]	3,67	87	157			
EuO	2,40	67	76	4,68	16,2	$3,1 \cdot 10^7$
GdCl$_3$	0,845	2,2	2,6	1,72	1,5	$1,0 \cdot 10^6$

[1] metamagnetisch; oberhalb T_c liegt eine antiferromagnetische Ordnung vor.

scheinungen sind das Auftreten von Hysteresekurven und der damit verbundenen spontanen Magnetisierung unterhalb der ferromagnetischen Curie-Temperatur T_c sowie paramagnetisches-Verhalten oberhalb von T_c (s. Bd. 2, Abschn. 4.5.7.). Die aus Hysteresemessungen ermittelte Sättigungsmagnetisierung M_s erreicht bei tiefen Temperaturen ihren Maximalwert M_{s0}, nimmt mit wachsender Temperatur monoton ab und verschwindet bei T_c (Abb. 5.104).

Die Suszeptibilität im paramagnetischen Gebiet $T > T_c$ gehorcht – von geringen Abweichungen in der Nähe von T_c abgesehen – dem *Curie-Weiß-Gesetz*

$$\chi_m = \frac{C}{T - \theta}, \tag{5.137}$$

wobei die paramagnetische Curie-Temperatur θ etwas oberhalb von T_c liegt (s. Tab. 5.11 und Abb. 5.105).

Die experimentellen Ergebnisse lassen sich im Rahmen der *Molekularfeldnäherung* (s. Abschn. 5.7.3.1.) verstehen. Dabei wird ein inneres Feld H_a postuliert, das durch die Magnetisierung M_s hervorgerufen wird:

$$H_a = \lambda \cdot M_s. \tag{5.138}$$

Der Proportionalitätsfaktor λ heißt Molekularfeldkonstante. Damit läßt sich die für den Paramagnetismus entwickelte Theorie (s. Abschn. 5.7.2.) auf den Ferromagnetismus übertragen, indem man in Gl. (5.127) die Summe aus dem äußeren Feld H und dem Molekularfeld H_s ein-

setzt:

$$M_\mathrm{s} = N\mu_\mathrm{B}gJB_J(x) \qquad (5.139)$$

mit

$$x = \frac{\mu_0\mu_\mathrm{B}gJ(H + \lambda M_\mathrm{s})}{k_\mathrm{B}T}. \qquad (5.139a)$$

Gl. (5.139) ist eine implizite Gleichung für $M_\mathrm{s}(T)$, die man graphisch oder numerisch lösen muß.

Ohne äußeres Magnetfeld ($H = 0$) ergibt sich:

1. Oberhalb von

$$T_\mathrm{c} = \frac{\mu_0 N\mu_\mathrm{B}^2 g^2 J(J + 1)\lambda}{3k_\mathrm{B}} \qquad (5.140)$$

existiert nur die Lösung $M_\mathrm{s} = 0$, es gibt keine spontane Magnetisierung.

2. Unterhalb von T_c existiert eine Lösung $M_\mathrm{s}(T) \neq 0$. Der theoretische Verlauf von $M_\mathrm{s}(T)$ ist in Abb. 5.104 für verschiedene J-Werte eingezeichnet. Aus der Anpassung an die Meßwerte läßt sich J bestimmen. Für Fe, Co und Ni ist $J = 1/2$. Für $T = 0$ K wird

$$M_\mathrm{s}(0) = N\mu_\mathrm{B}gJ. \qquad (5.141)$$

Ist ein äußeres Magnetfeld H vorhanden, so folgt:

1. Unterhalb T_c ist die Magnetisierung praktisch unabhängig von H.

2. Oberhalb T_c existiert eine Lösung für M, die auf

$$\chi_\mathrm{m} = \frac{M}{H} = \frac{T_\mathrm{c}/\lambda}{T - T_\mathrm{c}} = \frac{C}{T - T_\mathrm{c}} \qquad (5.137a)$$

führt. Die Molekularfeldnäherung liefert also das Curie-Weiß-Gesetz (5.137) mit der Curie-Konstanten

$$C = \frac{T_\mathrm{c}}{\lambda} = \frac{\mu_0 N\mu_\mathrm{B}^2 g^2 J(J + 1)}{3k_\mathrm{B}} \qquad (5.142)$$

und $\theta = T_\mathrm{c}$, d. h. para- und ferromagnetische Curie-Temperatur sollten identisch sein.

Aus den Gl. (5.140) und (5.142) lassen sich die Molekularfeldkonstante λ und die effektive Magnetonenzahl n_B^* ermitteln, Gl. (5.138) liefert dann das Molekularfeld H_s. Diese Werte sind in Tab. 5.11. angegeben. Infolge der Spin-Bahn-Wechselwirkung und der Polarisation der Leitungselektronen stimmt n_B^* im allgemeinen nicht mit der paramagnetischen Magnetonenzahl $g\sqrt{J(J + 1)}$ überein. H_s ist tatsächlich wesentlich größer als das Dipolfeld H_d.

Das Dipolfeld H_d läßt sich experimentell mittels des Mößbauer-Effektes bestimmen. Die am Mößbauer-Übergang im ^{57}Fe beteiligten Niveaus spalten infolge der Wechselwirkung zwischen dem magnetischen Kernmoment und dem Magnetfeld in der in Abb. 5.106a gezeigten Weise

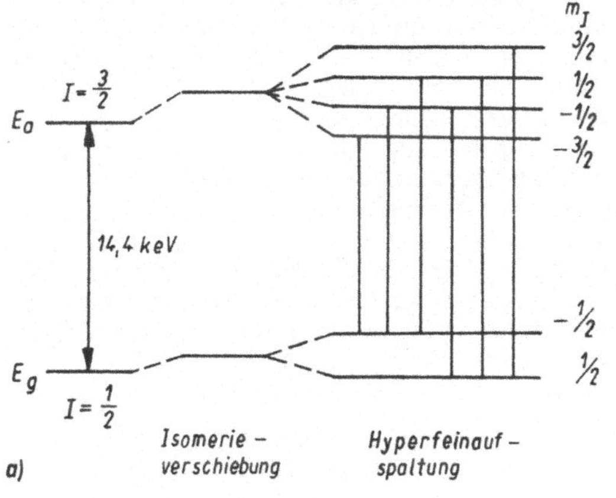

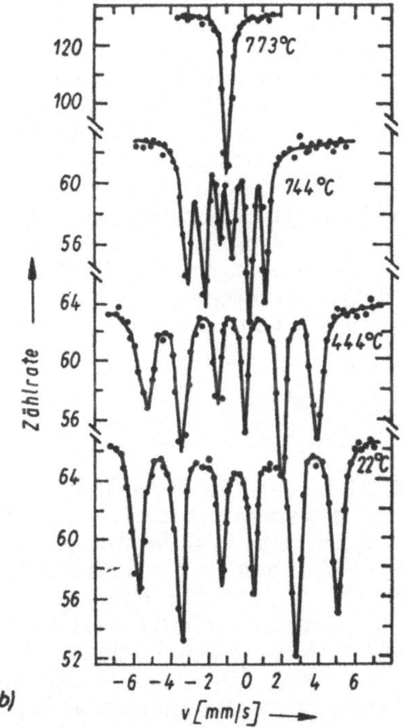

Abb. 5.106. a) Magnetische Hyperfeinstrukturaufspaltung (Kern-Zeeman-Effekt) der beiden Mößbauer-Niveaus E_a und E_g (Kernspin $I = 1/2$ bzw. 3/2) von ^{57}Fe. Für die magnetischen Quantenzahlen m_I gilt die Auswahlregel $\Delta m_I = 0, \pm 1$, so daß im Magnetfeld 6 Linien auftreten. b) Mößbauer-Spektren von metallischem Eisen bei verschiedenen Temperaturen. Oberhalb von $T_\mathrm{c} = 770\,°\mathrm{C}$ verschwindet die Aufspaltung, d. h. das Dipolfeld wird Null (nach PRESTON, HANNA und HEBERLE 1962)

auf, was zu den Spektren der Abb. 5.106b führt. Aus der Größe der Aufspaltung und dem Kernmoment μ_k läßt sich $H_d \approx 3 \cdot 10^7$ A/m berechnen, was einer Dipolenergie von 0,002 eV entspricht. Aus Gl. (5.136) folgt dagegen mit den in Tab. 5.7.4 angegebenen Werten für H_a, daß die Austauschenergie in Fe, Co und Ni bei etwa 0,05 eV liegt, also die Dipolenergie bei weitem übertrifft.

Die Magnetisierung liefert auch einen temperaturabhängigen magnetischen Anteil W^{mag} zur inneren Energie, der sich im Rahmen der Molekularfeldtheorie zu

$$W^{mag} = -\frac{\mu_0}{2} M_s H_a V = -\frac{\mu_0}{2} \lambda M_s^2(T) \, V \tag{5.143}$$

ergibt (V Probenvolumen). Daraus folgt der magnetische Anteil der molaren Wärmekapazität

$$C_v^{mag} = \left. \frac{\partial W^{mag}}{\partial T} \right|_{V=\text{const.}} = -\mu_0 \lambda V_M M_s(T) \frac{dM_s}{dT} \tag{5.144}$$

(V_M Molvolumen).

Tritt der Phasenübergang bei tiefen Temperaturen auf, so ist der Gitterbeitrag zur Wärmekapazität klein (vgl. Abschn. 5.4.6.) und der magnetische Anteil läßt sich leicht messen

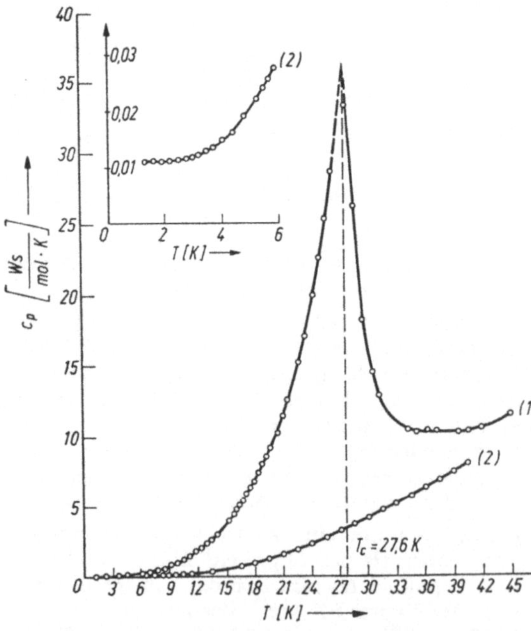

Abb. 5.107. Molare Wärmekapazität von ferromagnetischem NdN (*1*) und paramagnetischem LaN (*2*). Die Differenz zwischen (*1*) und (*2*) ist der magnetische Anteil der Wärmekapazität des NdN, da die Gitteranteile beider Stoffe praktisch gleich sind (nach VEYSSIE, CHAUSSY und BERTON 1964)

(Abb. 5.107). C_v^{mag} hat eine scharfe Spitze endlicher Höhe bei $T = T$.

Der Phasenübergang ferromagnetisch-paramagnetisch erfolgt also ohne latente Wärme (die innere Energie als Funktion der Temperatur hat bei T_c einen Knick, keinen Sprung), demzufolge handelt es sich um einen *Phasenübergang 2. Ordnung*. Der in Abb. 5.107 erkennbare magnetische Beitrag zu C_v^{mag} oberhalb T_c ist im Rahmen der Molekularfeldnäherung nicht zu verstehen, er wird durch sog. ,,Schwarmbildung'' (magnetische Nahordnung in kleinen Bereichen) erklärt. Auch die Temperaturabhängigkeit der spezifischen Wärmekapazität bei sehr tiefen Temperaturen ($T \ll T_c$) läßt sich nicht mit der Molekularfeldnäherung verstehen, sondern erfordert die Berücksichtigung der gekoppelten Bewegung benachbarter Spins, die im Magnonenbild (s. Abschn. 5.7.3.6.) beschrieben wird.

5.7.3.3. Anisotropienergie und Domänenstruktur von Ferromagnetika

Die bisherigen Betrachtungen bezogen sich auf polykristalline Stoffe mit isotropem Verhalten. Untersucht man *Einkristalle*, so stellt man fest, daß die Magnetisierungskurven (Neukurven, die bei der erstmaligen magnetischen Polarisierung auftreten) von der Richtung des Magnetfeldes relativ zu den Kristallachsen abhängen. Abb. 5.108 zeigt dies am Beispiel der kubischen Kristalle Fe und Ni. Die zur Erzeugung der Magnetisierung in der Richtung [h, k, l] aufgewandte Energiedichte W_{hkl} wird wegen ihrer Richtungsabhängigkeit *Anisotropieenergie* genannt.

Für kubische Kristalle läßt sie sich in der Form

$$W_{hkl} = K_0 + K_1(\cos^2 \alpha_1 \cos^2 \alpha_2$$
$$+ \cos^2 \alpha_1 \cos^2 \alpha_3 + \cos^2 \alpha_2 \cos^2 \alpha_3)$$
$$+ K_2 \cos^2 \alpha_1 \cos^2 \alpha_2 \cos^2 \alpha_3 \tag{5.145}$$

schreiben; die $\cos \alpha_i$ ($i = 1, 2, 3$) sind die Richtungskosinus der Polarisation bezüglich der drei Kristallachsen. K_0, K_1, K_2 sind die Anisotropie- oder Kristallenergiekonstanten. Für Eisen ist bei Zimmertemperatur $K_1 = 0{,}042$ Ws/cm³, $K_2 = 0{,}015$ Ws/cm³. Am Curie-Punkt werden K_1 und K_2 gleich Null. Abb. 5.109 zeigt die Winkelabhängigkeit von W_{hkl} für einen kubischen Kristall in der (110)-Ebene. Richtungen, in denen die Anisotropieenergie ein Minimum hat, heißen leichte Richtungen; solche, in denen sie ein Maximum hat, schwere.

Von diesen Überlegungen ausgehend, läßt sich das Magnetisierungsverhalten eines Kristalls gut verstehen. Ohne äußeres Magnetfeld stellen sich infolge der Austauschwechselwirkung unterhalb von T_c die Spins parallel zueinander in einer leichten Richtung ein. Dies erfolgt jedoch nicht einheitlich im ganzen Kristall, sondern unter-

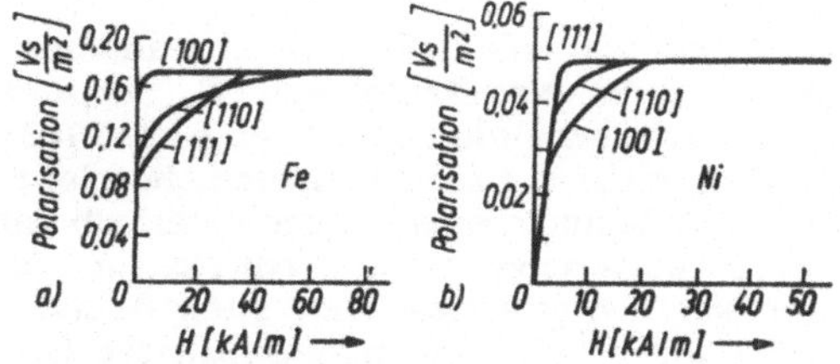

Abb. 5.108. Magnetisierungskurven für Fe- und Ni-Einkristalle (kubisch). Für Fe ist die [100]-Richtung, für Ni die [111]-Richtung die der leichten Magnetisierung (nach KAYA 1928)

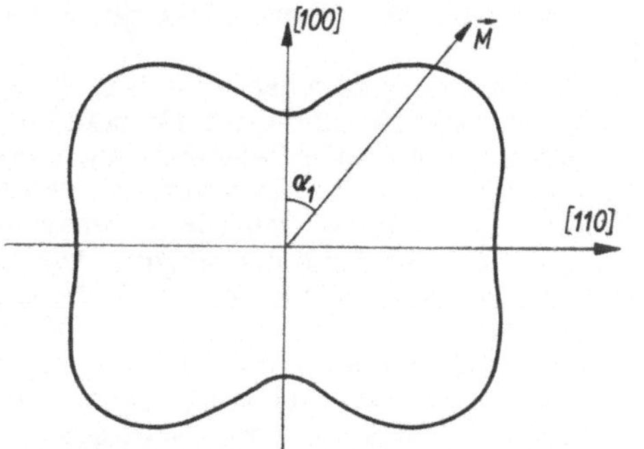

Abb. 5.109. Polardiagramm der Anisotropieenergie eines kubischen Kristalls in der (110)-Ebene

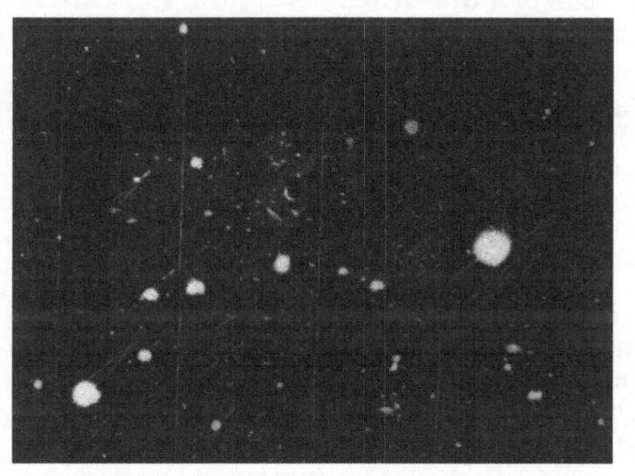

a)

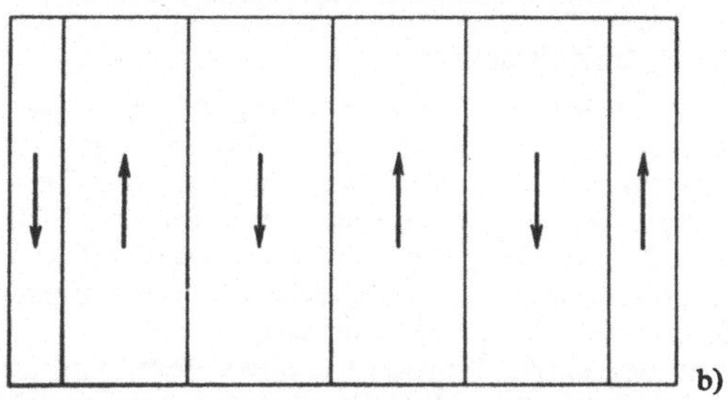

b)

Abb. 5.110. Domänenstruktur eines Fe-Ni-Kristalls (180°-Wände). a) Bittersche Streifen auf einer elektrolytisch polierten Schlifffläche (nach BOZORTH 1951); b) schematische Darstellung mit Angabe der Magnetisierungsrichtung (die lanzettförmigen Magnetisierungsgebiete, die sich infolge Störungen an der Oberfläche bilden, sind dabei nicht berücksichtigt)

schiedlich in einzelnen *Domänen* (Weißschen Bezirken). Die Ursache dafür besteht in folgendem. Ein einheitlich polarisierter Kristall erzeugt ein starkes äußeres Magnetfeld, in dem eine beträchtliche Feldenergie gespeichert ist. Diese kann durch Unterteilung des Kristalls in Domänen mit unterschiedlichen Polarisationsrichtungen vermindert werden. Andererseits ist zur Erzeugung einer *Domänenwand* (*Blochwand*) Energie nötig, da in ihr die Spins nicht parallel stehen; die endgültige Domänenstruktur stellt sich so ein, daß die Summe aus Blochwand- und Feldenergie ein Minimum wird. Die Domänenstruktur kann in verschiedener Weise sichtbar gemacht werden. Am einfachsten ist es, eine kolloidale Lösung von magnetischen Teilchen (meist Fe_3O_4) auf die geschliffene Oberfläche zu bringen; die Teilchen sammeln sich im Streufeld der Domänengrenzen und können mikroskopisch sichtbar gemacht werden (Bitter-Technik, Abb. 5.110). Andere Möglichkeiten sind elektronenmikroskopische Aufnahmen oder, bei durchsichtigen Ferromagnetika, Mikroskopie mit polarisiertem Licht.

Beim Durchlaufen der Magnetisierungskurve (Neukurve) spielen sich nacheinander (z. T. auch gleichzeitig) folgende Prozesse ab (Abb. 5.111):

1. *Reversible* (stetige) *Wandverschiebungen*, wobei die Domänen stetig wachsen, deren Polarisation einen kleinen Winkel mit der Magnetfeldrichtung bilden.

2. *Irreversible Wandverschiebungen* treten auf, wenn Blochwände an Gitterstörungen „hängen bleiben" und – bei weiter wachsender Feldstärke – diskontinuierlich in neue Lagen springen. Diese Prozesse sind verantwortlich für das Auftreten der remanenten Polarisation und der Koerzitivfeldstärke, spielen also vor allem in hartmagnetischen Werkstoffen (Permanentmagneten) eine wichtige Rolle; für weichmagnetische Materialien müssen sie durch Eliminierung von Gitterstörungen vermieden werden. Irreversible Wandverschiebungen äußern sich als kleine „Treppen" (Barkhausensprünge) in der Magnetisierungskurve.

3. *Drehprozesse* werden wichtig, wenn keine Wandverschiebungen mehr möglich sind, weil die Magnetisierungsrichtungen aller verbliebenen Domänen spitze Winkel mit der Feldrichtung bilden. Dabei werden Spins aus den leichten Richtungen herausgedreht, so daß der Winkel zur Feldrichtung verkleinert wird.

In den Domänenwänden ändert sich die Richtung benachbarter Spins nur jeweils um kleine Winkel (Abb. 5.112), dadurch liegen die Wanddicken, z. B. im Eisen, in der Größenordnung von 300 Gitterkonstanten. Stoffe mit sehr großen Anisotropiekonstanten haben schmalere Blochwände.

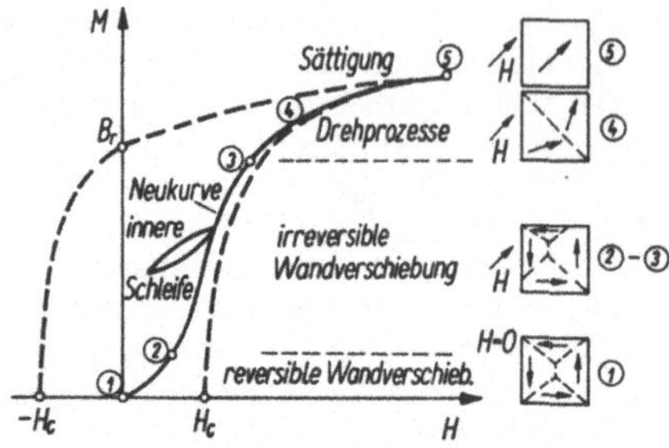

Abb. 5.111. Magnetisierungsprozesse beim Durchlaufen der Neukurve bzw. der Hystereseschleife (schematisch)

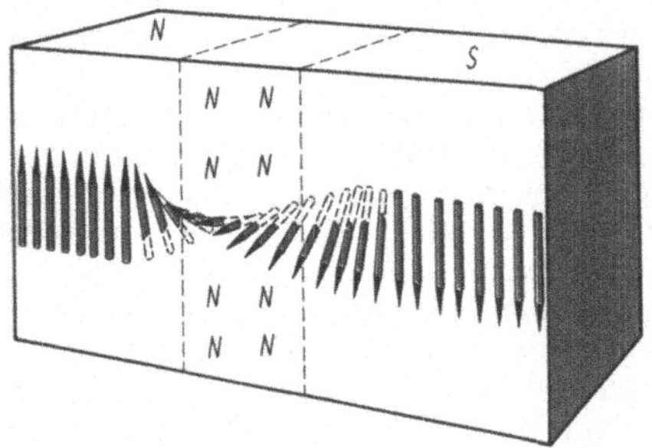

Abb. 5.112. Struktur einer 180°-Blochwand (schematisch)

Die Ausmaße stabiler Domänen sind groß gegen die Blochwanddicke. Sehr kleine Kristalle bestehen daher nur aus einer Domäne. Eine Magnetisierung solcher Teilchen erfolgt nur durch (reversible) Drehprozesse, so daß bei ihnen keine Hysterese auftritt. Sie verhalten sich wie Riesenmoleküle mit extrem großen magnetischen Momenten, so daß diese Erscheinung (bei Kolloiden und bei magnetischen Ausscheidungen in ansonsten nichtmagnetischen Legierungen) als *Superparamagnetismus* bezeichnet wird.

5.7.3.4. Antiferromagnetismus und schwacher Ferromagnetismus

Ist das Austauschintegral A negativ, so erfolgt bevorzugt *antiparallele* Orientierung benach-

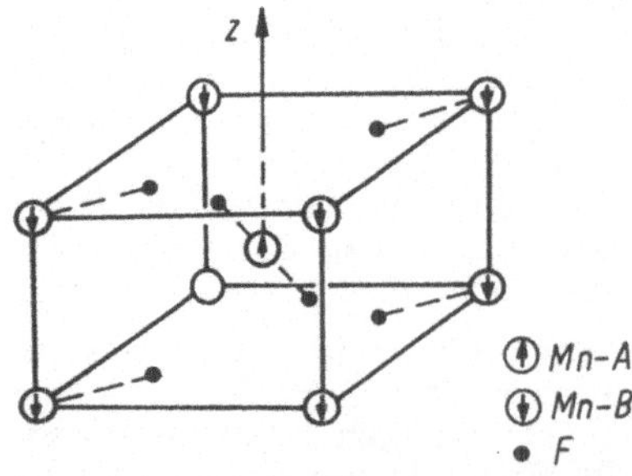

Abb. 5.113. Antiferromagnetische Ordnung der Mn-Ionen im tetragonal-raumzentrierten Rutilgitter des MnF₂. Die tetragonale z-Achse ist die leichte Magnetisierungsrichtung

barter Spins, was unterhalb einer Umwandlungstemperatur, der Neel-Temperatur T_N, zu antiferromagnetischer Ordnung führt (s. Abb. 5.103). In Stoffen mit zwei gleichen magnetischen Ionen in einer Elementarzelle bilden sich unterhalb von T_N zwei entgegengesetzt polarisierte, in sich ferromagnetisch geordnete Untergitter A und B heraus (Abb. 5.113). Die ferromagnetische Ordnung innerhalb eines Untergitters wird indirekt über die antiferromagnetische Wechselwirkung mit dem 2. Untergitter erzeugt, es muß dazu nicht notwendig eine ferromagnetische Wechselwirkung innerhalb der beiden Untergitter bestehen.

Mit der antiferromagnetischen Ordnung ist – auch wenn der Stoff als Eindomänenkristall vorliegt – keine spontane Magnetisierung verknüpft. Antiferromagnetika verhalten sich daher makroskopisch im wesentlichen wie paramagnetische Stoffe. Der Antiferromagnetismus wurde deshalb auch erst sehr spät entdeckt (L. NEEL 1932).

Die antiferromagnetische Ordnung zeigt sich deutlich bei der Neutronenbeugung, da infolge des magnetischen Moments des Neutrons die gestreute Intensität von der Spinrichtung des Streuzentrums abhängt. Abb. 5.114 demonstriert das am Beispiel des MnO.

Die Temperaturabhängigkeit der spontanen Magnetisierung M_A und M_B der beiden magnetischen Untergitter und der Suszeptibilität lassen sich ähnlich wie bei den Ferromagnetika im Rahmen der *Molekularfeldnäherung* verstehen. An die Stelle der Gl. (5.138) treten die Gleichungen

$$H_A = \lambda_{AA} M_A + \lambda_{AB} M_B, \qquad (5.146\,a)$$

$$H_B = \lambda_{AA} M_B + \lambda_{AB} M_A, \qquad (5.146\,b)$$

in denen H_A bzw. H_B die Molekularfelder am Ort der Untergitter A und B sind, $\lambda_{AB} < 0$ die antiferromagnetische Kopplung zwischen A und B, und λ_{AA} eine evtl. vorhandene Kopplung innerhalb der identischen Untergitter A und B beschreibt.

Als Ergebnis findet man

1. Der Betrag der Magnetisierung M_A bzw. M_B jedes der beiden Untergitter hat die gleiche Temperaturabhängigkeit wie die der Magnetisierung eines Ferromagneten. Experimentell läßt sich μ_A aus der Temperaturabhängigkeit der Intensität eines „magnetischen" Neutronenreflexes (s. Abb. 5.115) ermitteln.

2. Die der Curie-Temperatur eines Ferromagneten entsprechende Neel-Temperatur ergibt sich zu

$$T_N = \frac{\mu_0 N \mu_B^2 g^2 J(J+1)(\lambda_{AA} - \lambda_{AB})}{6 k_B}$$

$$= \frac{1}{2} C(\lambda_{AA} - \lambda_{AB}). \qquad (5.147)$$

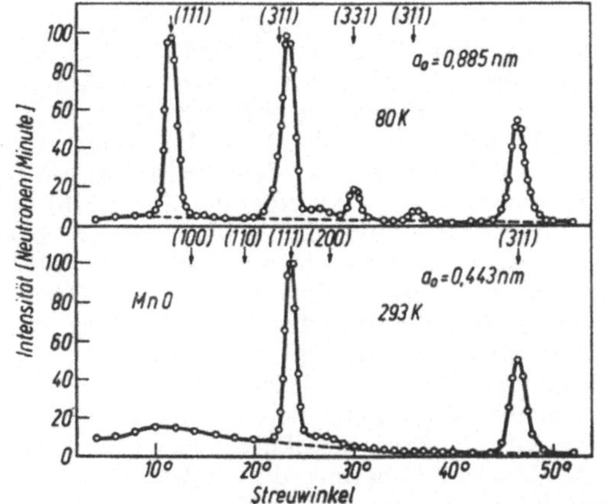

Abb. 5.114. Neutronenbeugungsaufnahme von MnO unterhalb und oberhalb der Neel-Temperatur $T_N = 120\,°C$. Bei unveränderter geometrischer Anordnung der Atome (wie aus *Röntgen*beugungsaufnahmen hervorgeht) tritt unterhalb von T_N eine magnetische Ordnung (Überstruktur) auf, die zu drastischen Änderungen im *Neutronen*beugungsdiagramm führt (nach SHULL, STRAUSER und WOLLAN 1951)

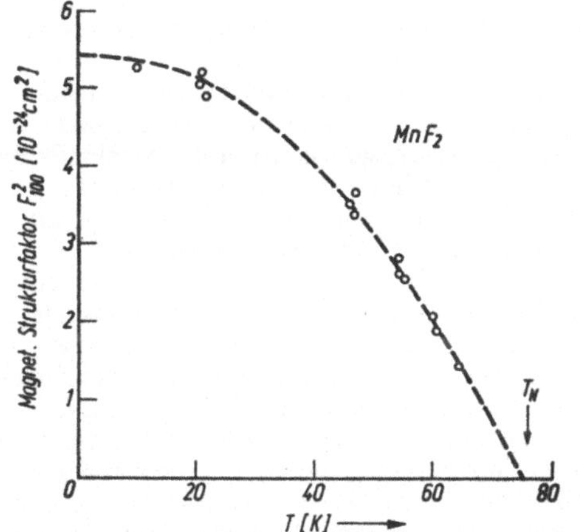

Abb. 5.115. Temperaturabhängigkeit der Intensität des (100)-Neutronenreflexes von MnF_2, der nur bei magnetischer Ordnung auftritt. Die eingezeichnete Kurve ergibt sich aus der Brillouin-Funktion $B_{5/2}$ (nach ERICKSON 1953)

Das Aufbrechen der magnetischen Ordnung bei T_N äußert sich ebenso wie bei einem Ferromagneten in einem Maximum der spezifischen Wärmekapazität (s. Abb. 5.116); auch hier handelt es sich um einen Phasenübergang 2. Ordnung.

3. Für $T > T_N$ befolgt die (paramagnetische) Suszeptibilität ein Curie-Weiß-Gesetz

$$\chi_m = \frac{C}{T - \theta} \tag{5.148}$$

mit negativem $\theta = \frac{1}{2}C(\lambda_{AA} + \lambda_{AB})$ (s. Tab. 5.12) und der Curie-Konstante

$$C = \frac{\mu_0 N \mu_B^2 g^2 J(J+1)}{3 k_B} \tag{5.149}$$

Tabelle 5.12. *Eigenschaften antiferromagnetischer und schwach ferromagnetischer Stoffe* (α = Verkippungswinkel)

Stoff	Kristallstruktur	T_N [K]	θ [K]	α
MnF_2	tetragonal	74	113	0°
MnO	kub.-flächenzentr.	122	−610	0°
FeO	kub.-flächenzentr.	185	−570	0°
$FeBr_2$	hexagonal	11	6	(metamagnetisch)
Fe_2O_3	rhomboedrisch	953	−2000	0,06°
NiF_2	tetragonal	80	−116	0,39°

Aus T_N, θ und C lassen sich die beiden Molekularfeldkonstanten λ_{AA} und λ_{AB} berechnen.

4. Für $T < T_N$ sind die Suszeptibilitäten $\chi_{m\parallel}$ und $\chi_{m\perp}$ bei paralleler bzw. senkrechter Stellung des äußeren Magnetfeldes zur Magnetisierungsrichtung zu unterscheiden. Man findet $\chi_{m\perp} = |\lambda_{AB}|^{-1}$, während $\chi_{m\parallel}$ bei $T = 0\,K$ verschwindet, mit T monoton wächst und bei T_N gleich $\chi_{m\perp}$ wird (s. Abb. 5.117). Für genauere Betrachtungen muß man noch den Einfluß der Anisotropieenergie (vgl. Abschn. 5.7.3.3.) berücksichtigen. Sie hat zur Folge, daß sich ohne äußeres Feld die Magnetisierung in eine leichte Richtung einstellt. Stimmt diese Richtung in beiden Untergittern überein (z. B. beim MnF_2, leichte Richtung parallel zur tetragonalen Achse, vgl. Abb. 5.113), so liegt *Antiferromagnetismus* vor. Ist dagegen die leichte Richtung in beiden Untergittern verschieden, so können die Magnetisierungen in beiden Untergittern gegeneinander gekippt sein, so daß eine schwache spontane Magnetisierung auftritt. Man spricht dann von *verkipptem Antiferromagnetismus* oder *schwachem Ferromagnetismus* (s. Abb. 5.103). Dieser Fall liegt beispielsweise beim NiF_2 vor, das die gleiche Kristallstruktur wie MnF_2 hat. Im Unterschied zum MnF_2 liegt jedoch die leichte Richtung in der Ebene senkrecht zur tetragonalen Achse und hat infolge der Anordnung der F-Ionen (vgl. Abb. 5.113) in den beiden Untergittern verschiedene Richtungen. In komplizierteren Fällen ergeben sich schraubenförmige Spinanordnungen (Helimagnetismus, s. Abb. 5.103).

Die Anisotropieenergie ist ferner wichtig zum Verständnis der sog. *Spin-Flop-Umwandlung*. Dabei bleibt die Substanz antiferromagnetisch, jedoch klappen beide Untergitter aus der leichten in eine schwere Richtung um, wenn ein parallel

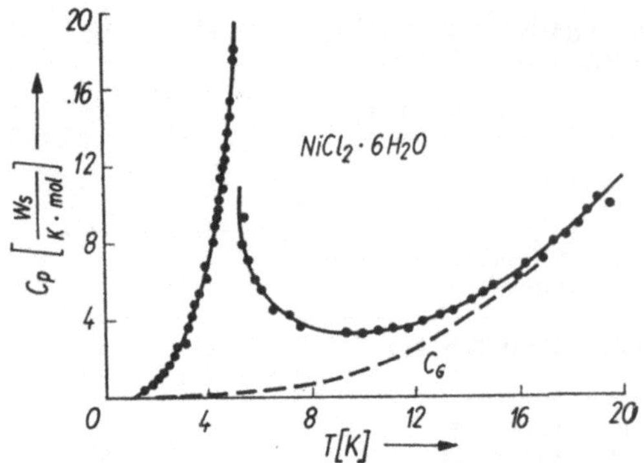

Abb. 5.116. Molare Wärmekapazität von $NiCl_3$ in der Umgebung von $T_N = 6{,}2$ K. Die gestrichelte Kurve ist der Gitterbeitrag (nach ROBINSON und FRIEDBERG 1960)

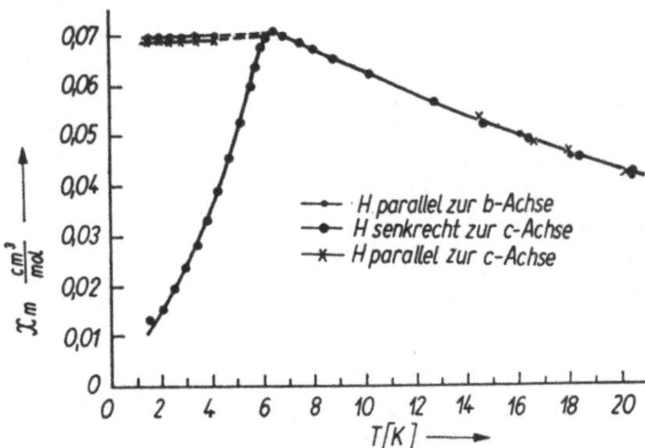

Abb. 5.117. Molsuszeptibilität $\chi^{(m)}$ von Nickelchlorid (nach HASEDA, KOBAYASHI und DATE 1959)

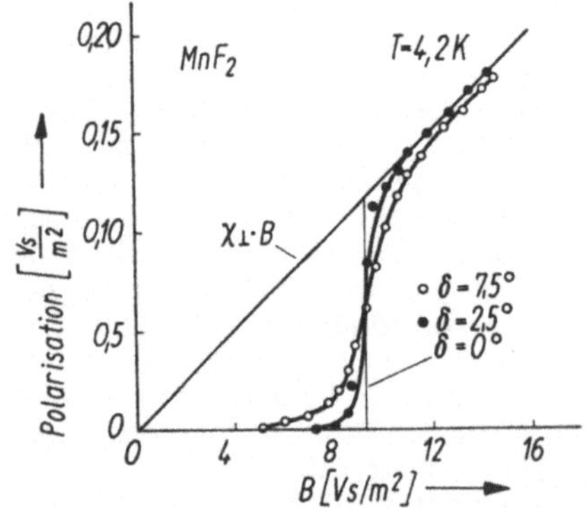

Abb. 5.118. Spin-Flop an MnF_2 bei 4,2 K ($\chi_\parallel \approx 0$). Bei den Messungen war das Magnetfeld um den Winkel δ gegen die Kristallachse (= leichte Richtung) geneigt (nach JACOBS 1961)

zur leichten Richtung angelegtes Magnetfeld einen kritischen Wert, die Flop-Feldstärke H_F überschreitet, da in starken Feldern die Anordnung der Magnetisierung senkrecht zum äußeren Feld stabil ist. Der Spin-Flop zeigt sich dadurch, daß bei H_F die Magnetisierung von 0 auf den Wert $M = \chi_\perp H$ springt (s. Abb. 5.118).

Im Unterschied zum Spin-Flop klappen bei einer *metamagnetischen Umwandlung* die beiden Untergitter aus der antiferromagnetischen Orientierung in die ferromagnetische Orientierung um, so daß oberhalb der kritischen Feldstärke H_F eine starke Polarisation vorliegt (s. Abb. 5.119).

Bei Seltenerdmetallen tritt beim Abkühlen (ohne äußeres Feld) ebenfalls eine metamagnetische Umwandlung aus der antiferromagnetischen in eine ferromagnetische Phase auf, wobei komplizierte schraubenförmige Spinanordnungen vorliegen (s. Tab. 5.11).

5.7.3.5. Ferrimagnetismus

Ferrimagnetische Stoffe bestehen aus mehreren Untergittern mit verschieden großen magnetischen Momenten, die bei tiefen Temperaturen antiparallel zueinander orientiert sind, so daß spontane Magnetisierung auftritt, was makroskopisch zu einem dem Ferromagnetismus ähnlichen Verhalten führt (NEEL 1948).

Die Verschiedenheit der magnetischen Momente kann durch chemisch unterschiedliche Ionen oder chemisch gleichartige Ionen auf verschiedenen Gitterplätzen bedingt sein. Die wichtigsten Vertreter sind Oxide magnetischer Ionen, vor allem die *Ferrite* der Formel $MO \cdot Fe_2O_3$ (M zweiwertiges Metall), die als schlechte Leiter mit guten magnetischen Eigenschaften beträchtliche technische Bedeutung erlangt haben. Ursache für die magnetische Ordnung ist vor allem der negative Superaustausch über die Sauerstoffionen.

Der bekannteste Vertreter der kubischen Spinelle (es gibt auch hexagonale) ist der Magnetit $Fe^{2+}O \cdot Fe_2^{3+}O_3$. Die O-Ionen bilden eine kubisch dichtestes Packung mit 8 Tetraederlücken (A-Plätzen) und 4 Oktaederlücken (B-Plätzen) je Formeleinheit (s. Abb. 5.120); von diesen Plätzen sind ein A-Platz und 2 B-Plätze mit Metallionen besetzt. Während bei den sog. normalen Spinellen auf A-Plätzen zweiwertige, auf B-Plätzen dreiwertige Ionen sitzen, gehört der Magnetit zu den sog. inversen Spinellen, deren A-Plätze mit dreiwertigen und deren B-Plätze je zur Hälfte mit zwei- und dreiwertigen Ionen besetzt sind. Die stärkste magnetische Wechselwirkung ist die antiferromagnetische Kopplung zwischen A- und B-Plätzen. Schematisch läßt sich die Untergitterstruktur des Magnetits daher in der Form A (Fe^{3+}) B′ (Fe^{3+}) B″ (Fe^{2+}) schreiben, so daß sich bei 0 K die Fe^{3+}-Polarisation kompensiert und die Gesamtpolarisation allein durch die Fe^{2+}-

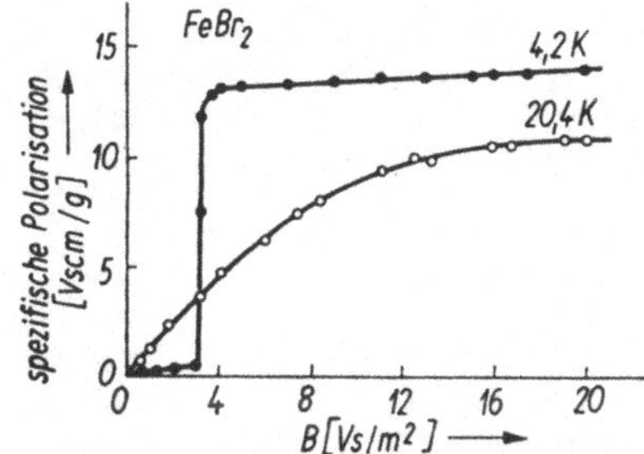

Abb. 5.119. Metamagnetische Umwandlung von $FeBr_2$ bei 4,2 K: Bei $H_c = 2,5 \cdot 10^6$ A/m erfolgt ein Übergang aus der antiferromagnetischen in eine ferromagnetische Struktur. Die Kurve bei 20,4 K zeigt das paramagnetische Verhalten oberhalb der Neel-Temperatur $T_N = 11$ K (nach JACOBS und LAWRENCE 1964)

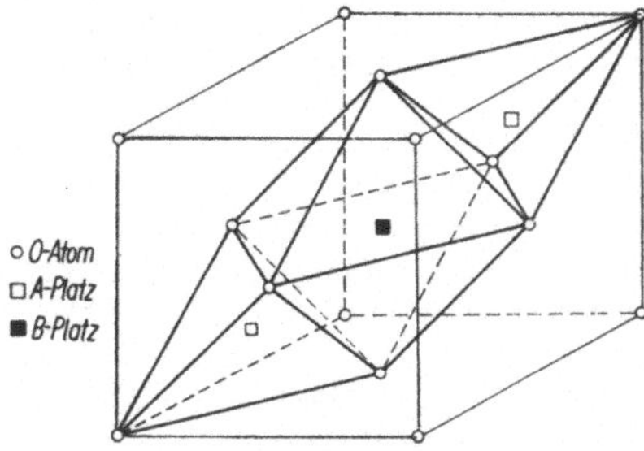

Abb. 5.120. A- und B-Plätze im kubisch-flächenzentrierten Gitter

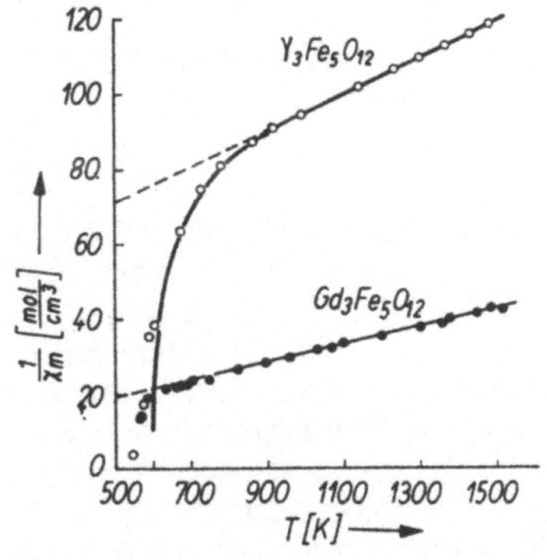

Abb. 5.121. Reziproke Suszeptibilität von $Y_3Fe_5O_{12}$ und $Gd_3Fe_5O_{12}$ oberhalb des Curie-Punktes. Für $T \gg T_c$ gehen die Kurven in Curie-Weiß-Geraden mit $\theta < 0$ über (nach ALEONARD und BARBIER 1959)

Ionen verursacht wird. Bestätitgt wird dies u. a. dadurch, daß der in der gleichen Struktur kristallisierte Zn-Fe-Ferrit $ZnO \cdot Fe_2O_3$ antiferromagnetisch ist, da die zweiwertigen Zn-Ionen unmagnetisch sind.

Die Temperaturabhängigkeit der Polarisation und der Suszeptibilität läßt sich auch hier in der Molekularfeldnäherung verstehen, wobei Gl. (30) mit $\lambda_{AA} = 0$ und $\lambda_{AB} < 0$ als Ausgangsgleichung gewählt wird.

Man erhält folgende Ergebnisse:

1. Die Magnetisierungen M_A und M_B beider Untergitter ergeben sich wie im Falle des Ferromagnetismus aus den entsprechenden Brillouin-Funktionen; die Gesamtmagnetisierung M ist die Summe von M_A und M_B. M läßt sich aus magnetischen Messungen ermitteln; die Magnetisierung M_A bzw. M_B der einzelnen Untergitter folgt wie im Falle des Antiferromagnetismus aus der Intensität „magnetischer" Neutronenreflexe (s. Abb. 5.115).

2. Die ferrimagnetische Curie-Temperatur ergibt sich zu

$$T_c = |\lambda_{AB}| \sqrt{C_A C_B}, \qquad (5.150)$$

wobei C_A und C_B die Curie-Konstanten der beiden Untergitter sind:

$$C_i = \frac{\mu_0 N_i \mu_B^2 g_i^2 J_i(J_i + 1)}{3k_B} \quad (i = A, B). \quad (5.151)$$

3. Die Suszeptibilität für $T > T_c$ ist

$$\chi_m = \frac{(C_A + C_B)\,T - 2\,|\lambda_{AB}|\,C_A C_B}{T^2 - T_c^2} \qquad (1.152)$$

und hat den in Abb. 5.121 gezeigten Verlauf.

Haben die Atome der Untergitter stark verschiedene magnetische Momente, so kann es unterhalb der Curie-Temperatur eine Umkehr- oder *Kompensationstemperatur T_K* geben, bei der die Gesamtmagnetisierung ihr Vorzeichen wechselt. Dieser Fall tritt z. B. bei den ferromagnetischen Granaten der Seltenen Erden auf. Bei einer Bruttozusammensetzung $(SE)_3Fe_5O_{12}$ tragen hier drei magnetische Untergitter (2 Fe^{3+}-Ionen auf nichtäquivalenten Gitterplätzen und die SE^{3+}-Ionen) zur Magnetisierung bei (s. Abb. 5.122).

5.7.3.6. Spinwellen

Die bisherigen Überlegungen bezogen sich auf den Grundzustand geordneter magnetischer Strukturen. Mögliche *angeregte Zustände* ferromagnetischer Strukturen sind schematisch in Abb. 5.123 dargestellt.

Berücksichtigt man nur Wechselwirkungen zwischen nächsten Nachbarn, so beträgt die Austauschenergie (bezogen auf ungeordnete Spins) im Grundzustand

$$W_a^0 = -2zA \sum_{i=1}^{N} S_i^2 = -2zNAS^2. \qquad (5.153)$$

Dabei ist N die Gesamtzahl der Spins und z die Anzahl der nächsten Nachbarn, S die Spinquantenzahl.

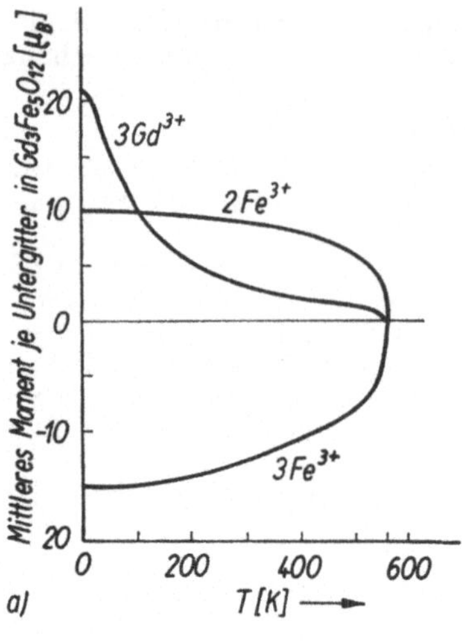

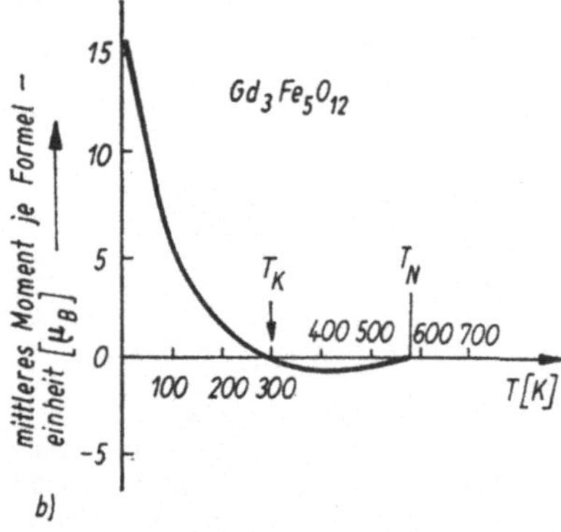

Abb. 5.122. Temperaturabhängigkeit der Magnetisierung der 3 Untergitter im Gadolinium-Eisen-Granat (a) und gemessene Gesamtmagnetisierung (b). T_K ist die Kompensationstemperatur; die Meßkurve (b) stimmt mit der Summe der 3 Kurven von (a) überein (nach PANTHENET 1958)

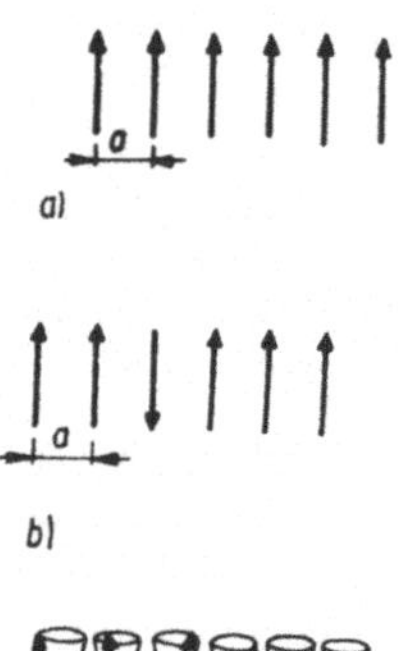

Abb. 5.123. Grundzustand (a) und angeregte Zustände (b, c) eines Ferromagneten

Für den in Abb. 5.123 b dargestellten Zustand, bei dem ein Spin umgeklappt wird, wechseln z Glieder in der Summe Gl. (5.153) ihr Vorzeichen, daher beträgt die Austauschenergie

$$W_\mathrm{a} = -2(z - 2)\,NAS^2 + 2zAS^2$$
$$= W_\mathrm{a}^0 + 4zAS^2. \tag{5.153a}$$

Da A in der Größenordnung von $k_\mathrm{B}T_\mathrm{c}$ liegt, beträgt die Anregungsenergie dieses Zustandes etwa 0,1 eV, d. h. derartige 1-Spin-Anregungen treten bei tiefen Temperaturen nicht auf.

Außer den 1-Spin-Anregungen sind jedoch noch Anregungszustände möglich, bei denen *alle* Spins um kleine Beträge gegeneinander verkippt sind und phasenverschoben um die dem Grundzustand entsprechende Spinrichtung präzedieren (Abb. 5.123 c). Sie werden als Spinwellen bezeichnet und durch ihre Wellenlänge bzw. dem zugehörigen Wellenvektor k und die Präzessionsfrequenz $\omega(k)$ charakterisiert.

Analog zu den Gitterschwingungen (vgl. Abschn. 5.4.2.) sind auch Spinwellen *quantisiert*, ihre Energie kann sich nur in ganzzahligen Vielfachen von $\hbar\omega(k)$ ändern. Die entsprechenden Quanten (Einheitsanregungen einer Spinwelle) bezeichnet man als *Magnonen*.

Für eine lineare ferromagnetische Spinkette ($z = 2$) lautet die Dispersionsrelation

$$\hbar\omega(k) = 4AS(1 - \cos ka) = 8AS \sin^2 \frac{ka}{2}, \tag{5.154}$$

wobei a der Abstand der Spins ist (s. Abb. 5.124 a). Für kleine k ($k \ll \pi/a$) wird

$$\hbar\omega(k) \approx 2ASa^2k^2, \tag{5.154a}$$

d. h. die Energie von Magnonen großer Wellenlänge ist viel kleiner als die Energie, die zum Umklappen eines einzelnen Spins benötigt wird.

Anregung von Magnonen bedeutet neben Energieerhöhung auch eine Verminderung der magnetischen Polarisation des Spinsystems, da dazu nur die Komponente des magnetischen Moments beiträgt, die parallel zur Vorzugsrichtung steht, während sich die schnell präzidierenden dazu senkrechten Komponenten ausmitteln. Jedes angeregte Magnon vermindert die Polarisation um $2\mu_\mathrm{B}$ und dementsprechend den Spin um $\hbar$. Magnonen sind also *Bose-Teilchen* mit der Spinquantenzahl 1, auch wenn die den Magnetismus verursachenden Teilchen halbzahligen Spin haben!

Ähnliche Überlegungen wie für ferromagnetisch geordnete Strukturen lassen sich auch für ferri- und antiferrimagnetische Strukturen anstellen. Die entsprechenden Spinwellen unterscheiden sich lediglich in ihren Dispersionsrelationen von den ferromagnetischen: in Ferrimagnetika gibt es

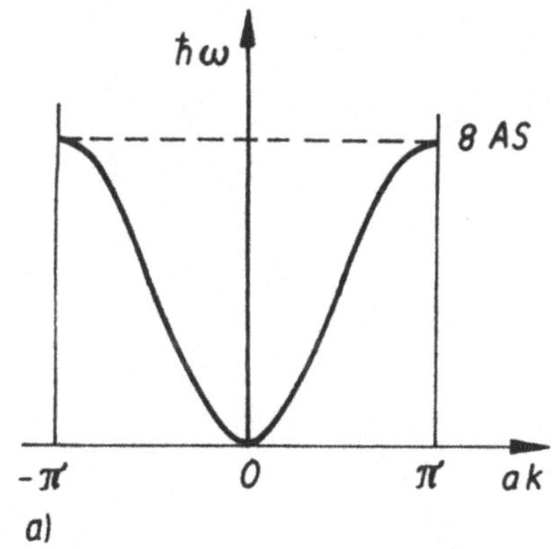

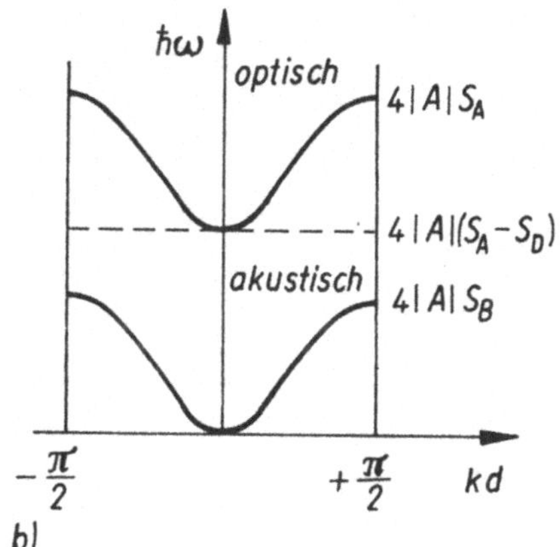

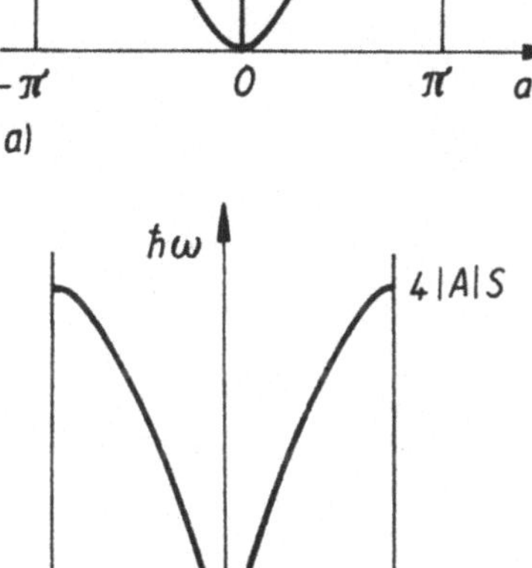

Abb. 5.124. Dispersionskurven linearer Spinketten a) ferromagnetisch; b) ferrimagnetisch; c) antiferromagnetisch

akustische und optische Magnonenzweige (analog zu den entsprechenden Phononen in zweiatomigen Gittern), während Antiferromagnetika einen Magnonenzweig haben, bei dem bei kleinen k-Werten $\omega(k) \sim k$ ist. Abb. 5.124 zeigt die entsprechenden Dispersionskurven für lineare Spinketten.

Die thermische Anregung von Magnonen äußert sich experimentell in der Temperaturabhängigkeit der spezifischen Wärmekapazität und der spontanen Polarisation P_s bei tiefen Temperaturen. Die Berechnungen verlaufen analog zur Berechnung der spezifischen Wärmekapazität des Gitters (vgl. Abschn. 5.4.6.). Dabei ist entsprechend der quadratischen Dispersionsrelation ferro- und ferrimagnetischer Magnonen bei kleinen k-Werten die Modendichte

$$Z_m(\omega) = \frac{N}{4\pi^2}\left(\frac{\hbar}{2AS}\right)^{3/2}\sqrt{\omega}\,\mathrm{d}\omega \qquad (5.155)$$

(N Zahl der Elementarzellen).

Da nach der Bose-Einstein-Statistik ein Zustand der Energie $\hbar\omega(k)$ im thermischen Gleichgewicht

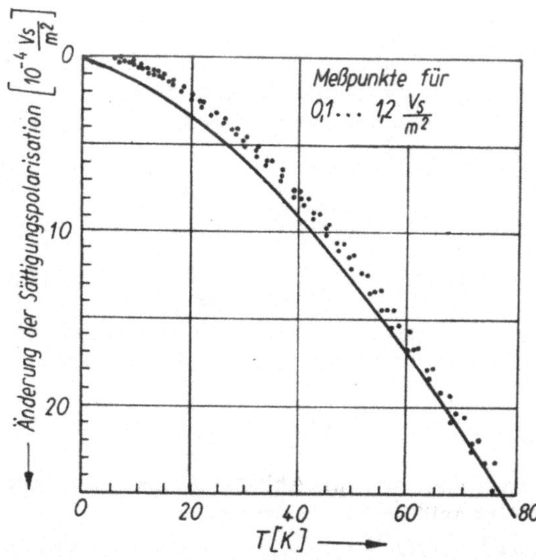

Abb. 5.125. Temperaturabhängigkeit der Sättigungspolarisation von Ni (nach ARGYLE, CHERAP und PUGH 1963). Die Kurve ist die Blochsche $T^{3/2}$-Abhängigkeit

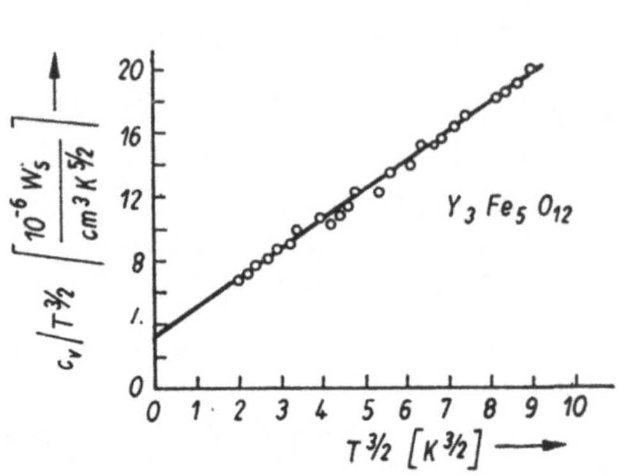

Abb. 126

Abb. 127

Abb. 5.126. Spezifische Wärmekapazität Yttrium-Eisen-Granat, aufgetragen nach Gl. (5.157) (nach SHINOZAKI 1961)

Abb. 5.127. Magnonenspektrum einer kubisch-flächenzentrierten Co-Fe-Legierung (92% Kobalt, 8% Eisen) (nach SINCLAIR und BROCKHOUSE 1960)

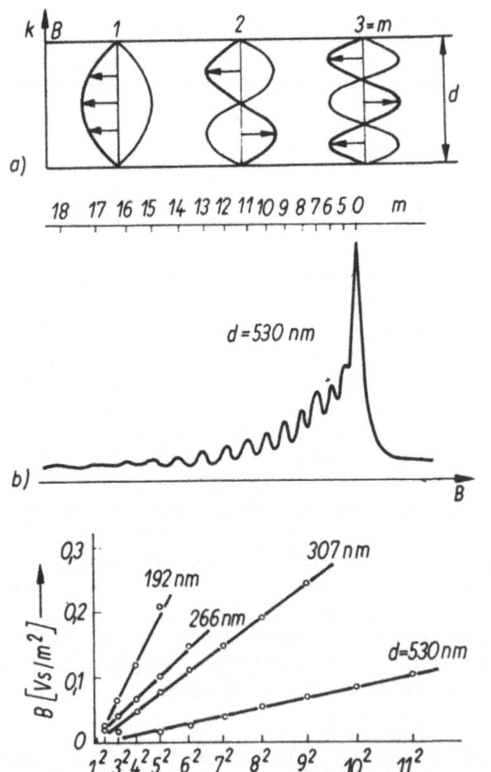

Abb. 5.128. Spinwellen in einer dünnen ferromagnetischen Permalloyschicht. a) Wellenform; b) Resonanzspektrum; c) Resonanzfeldstärke als Funktion der Ordnung m der Resonanz (nach GÄRTNER 1966)

mit

$$n_k = \frac{1}{\exp\left[\hbar\omega(k)/k_BT\right] - 1} \tag{5.156}$$

Magnonen besetzt ist und ein Magnon unabhängig von k das magnetische Moment $2\mu_B$ hat, ergibt sich für die magnetische Polarisation

$$P_s(T) = P_s(0) - 2\mu_B \int_0^\infty \frac{Z_m(\omega)\,\mathrm{d}\omega}{\exp\left[\hbar\omega/k_BT\right] - 1}$$

$$= P_s(0)[1 - C_{3/2}T^{3/2}] \tag{5.157}$$

(Blochsches $T^{3/2}$-Gesetz, s. Abb. 5.125).

Analog erhält man den Magnonen-Beitrag zur inneren Energie

$$W_m = W_m(0) + \int_0^\infty \frac{\hbar\omega Z_m(\omega)\,\mathrm{d}\omega}{\exp\left[\hbar\omega/k_BT\right] - 1}$$

$$= W_m(0) + 1{,}783\,\frac{N}{4\pi^3}\,\frac{(k_BT)^{5/2}}{(2AS)^{3/2}}. \tag{5.158}$$

Daraus ergibt sich durch Differentiation der Magnonenanteil der molaren Wärmekapazität zu

$$C_v^{mag} = 1{,}783\,\frac{5R}{8\pi^3}\left(\frac{k_BT}{2AS}\right)^{3/2} = aT^{3/2}. \tag{5.159}$$

Trägt man wie in Abb. 5.126 die gemessene Wärmekapazität C_v in der Form

$$C_v/T^{3/2} = f(T^{3/2}) \tag{5.160}$$

auf, so erhält man Geraden, deren Ordinatenabschnitt gleich der Konstante a in Gl. (5.159) ist und deren Steigung mit der Konstanten des De-

byeschen T^3-Gesetzes [s. Gl. (5.38a)] übereinstimmt.
Als direkte Nachweismethoden für Magnonen
lassen sich die gleichen Verfahren wie die zum
Nachweis von Phononen heranziehen, also Lichtstreuung (Brillouin-Streuung, vgl. Abschn.
5.4.3.2.), Überlagerung von Magnonen über elektronische Übergänge (analog zu den indirekten
Elektronenübergängen, vgl. Abschn. 5.4.4.). Abb.
5.127 zeigt als Beispiel die mittels n-Streuung
ermittelte Magnonendispersionskurve einer ferromagnetischen Co-Fe-Legierung.
Eine spezifische Nachweismethodik ist die Resonanzabsorption durch *Anregung stehender Spinwellen* in dünnen Schichten. Stehende Wellen
existieren nur, wenn ein ganzzahliges Vielfaches
einer halben Wellenlänge „in die Schicht paßt"
(Abb. 5.128a), d. h. es ist $m\dfrac{\lambda}{2} = d$ bzw. $k = m\pi/d$

($m = 0, 1, 2, \ldots$). Der Nachweis der stehenden
Wellen erfolgt, indem man die Schicht gleichzeitig in ein hochfrequentes magnetisches Wechselfeld der festen Frequenz ω und in ein statisches
Magnetfeld H bringt. Resonanzabsorption tritt
bei einem Feld der Größe

$$
\begin{aligned}
H_m &= \frac{\hbar\omega}{2\mu_0\mu_B} - \frac{\pi^2 AS}{\mu_0\mu_B}\left(\frac{a}{d}\right)^2 m^2 \\
&= H_0 - \frac{\pi^2 AS}{\mu_0\mu_B}\left(\frac{a}{d}\right)^2 m^2
\end{aligned}
\tag{5.161}
$$

ein. Abb. 5.128b zeigt die Ergebnisse eines derartigen Experiments. Die quadratische Abhängigkeit der Größe $(H_0 - H_m)$ von m (Abb. 5.128c)
bestätigt die quadratische Dispersionsrelation
langwelliger ferromagnetischer Magnonen.

5.7.4. Magnetische Resonanz und Relaxation

In diesem Abschnitt werden dynamische Prozesse
betrachtet, die durch das magnetische Moment
von Elektronen oder Kernen bewirkt werden.[1]
In klassischer Betrachtungsweise führt ein magnetisches Moment in einem konstanten Magnet-
geld eine Präzessionsbewegung um die Feldrichtung mit der Larmor-Frequenz $\omega_c = eB/2m$ aus.
Magnetische Wechselfelder können diese Bewegung beeinflussen, und zwar am stärksten im
Falle der Resonanz, wenn die Frequenz des
Magnetfeldes mit der Larmor-Frequenz übereinstimmt. Dabei wird dem mangetischen Wechselfeld Energie entzogen, das Auftreten der Resonanz äußert sich in einer Absorption, die zur
Dämpfung der eingestrahlten Welle führt.

---

[1] Diamagnetische Resonanzen, die durch die Bahnbewegung der Elektronen verursacht werden, werden im
Abschn. 5.8.7. behandelt.

In quantenmechanischer Betrachtung existieren
unterschiedliche Einstellrichtungen des magnetischen Moments zum Magnetfeld (Richtungsquan-
telung, s. Abschn. 5.7.2.), die unterschiedlichen
Energieniveaus entsprechen. Eine eingestrahlte
elektromagnetische Welle passender Frequenz
erzeugt Übergänge zwischen diesen Niveaus, wodurch einerseits der Welle Energie entzogen wird
(Absorption), andererseits eine Änderung der
Besetzung der verschiedenen Energieniveaus erzeugt wird. Letzteres ist eine Abweichung vom
thermodynamischen Gleichgewicht, die Anlaß zu
Relaxationsprozessen gibt, so daß stets eine enge
Beziehung zwischen magnetischer Resonanz und
Relaxation besteht.
Allgemein versteht man unter Relaxation den
Übergang eines physikalischen Systems aus einem
Nichtgleichgewichtszustand in das thermodynamische Gleichgewicht (vgl. auch Abschn.
4.3.4.3.4.). Die Einstellung des Gleichgewichts
der magnetischen Polarisation P nach dem Abschalten einer äußeren Störung erfolgt im einfachsten Falle nach dem Maxwellschen Relaxations-
theorem

$$
\frac{dP(t)}{dt} = \frac{P_0 - P(t)}{\tau}
\tag{5.162}
$$

(P_0 Gleichgewichtspolarisation).
Durch diese Gleichung wird die Relaxationszeit τ
definiert. Sie hat zur Folge, daß sich $P(t)$ von
einem Anfangswert $P(H_0)$ gemäß

$$
P(t) = P_0 + [P(H_0) - P_0]\,e^{-t/\tau}
\tag{5.162a}
$$

dem Gleichgewichtswert P_0 exponentiell nähert.
In realen Fällen gibt es meist mehrere Relaxationszeiten und die Einstellung des Gleichgewichtes erfolgt dann nichtexponentiell, z. T. über
quasistationäre Gleichgewichtszustände.

5.7.4.1. Paramagnetische Elektronenresonanz

Unter paramagnetischer Elektronenresonanz
(EPR: electron paramagnetic resonance, bzw.
ESR: Elektronenspinresonanz, entdeckt 1945
von E. ZAVOISKY) versteht man die Resonanz-
absorption elektromagnetischer Wellen durch
Übergänge zwischen den Zeeman-Niveaus von
Elektronen. (Abb. 5.129). Die heute vorwiegend
benutzte experimentelle Anordnung für den
Nachweis der Resonanz zeigt Abb. 5.130.
Die Resonanzbedingung

$$
h\nu_{res} = g\mu_B B
\tag{5.163b}
$$

$$
\text{bzw.} \quad \omega_{res} = g\frac{eB}{2m}
\tag{5.163a}
$$

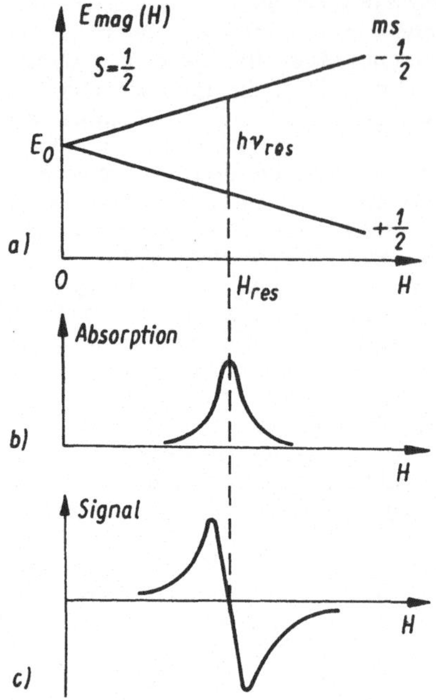

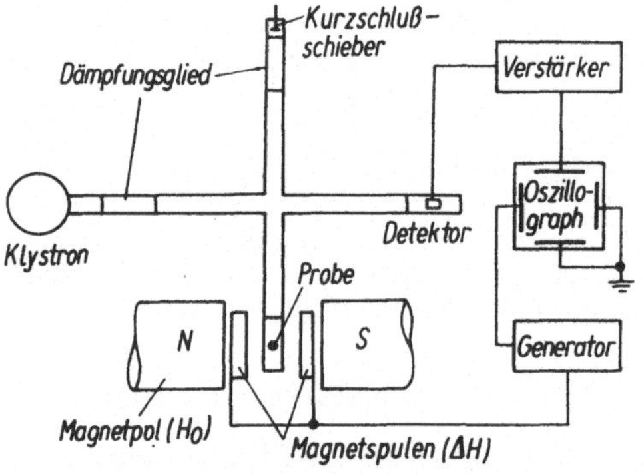

Abb. 5.129. EPR-Übergang eines Elektrons mit $S = 1/2$. a) Termschema; b) Absorption; c) Signalform bei differentiellem Nachweis

Abb. 5.130. Schema eines EPR-Spektrometers

läßt sich bei festem Magnetfeld durch Variation der Frequenz ω, bei fester Frequenz durch Variation des Magnetfeldes erfüllen. Die Frequenzen liegen bei den üblicherweise verwendeten Flußdichten ($B = 0,1$ bis 1 Vs/m²) im Mikrowellenbereich (10 bis 35 GHz), so daß man mit Hohlraumresonatoren arbeitet. Es ist daher üblich, die Resonanzbedingung zu erfüllen, indem man durch ein zeitlinear anwachsendes Magnetfeld („sweep") die Stelle der vermuteten Resonanz überstreicht. Im Falle der Resonanz wird die vorher abgeglichene Mikrowellenbrücke (magi-

sches T) verstimmt, so daß im Detektor ein Signal registriert wird. Durch zusätzliche Modulation des Magnetfeldes und phasenempfindliche Gleichrichtung des Signals verwirklicht man eine differentielle Abtastung der Absorptionslinie, so daß die in Abb. 5.129c gezeigte Signalform entsteht: der Nulldurchgang des Signals gibt die Resonanzfeldstärke an.

In komplizierteren Fällen tritt bereits ohne Magnetfeld eine sog. Nullfeldaufspaltung E_0 auf. Sie kann ihre Ursache in elektrischen Wechselwirkungen mit der Umgebung des magnetischen Ions (Kristallfeldaufspaltung) oder in der magnetischen Wechselwirkung mit dem Kernspin I haben. Letzterer erzeugt am Ort des Elektronenspins ein magnetisches Zusatzfeld, das sich – je nach Orientierung des Kernspins – mit dem äußeren Feld überlagert. Auf diese Weise entsteht das Termschema der Abb. 5.131a, das unter Berücksichtigung der Auswahlregeln $\Delta m_s = \pm 1$, $\Delta m_I = 0$ zu zwei EPR-Linien führt. Die Aufspaltung einer EPR-Linie durch die Wechselwirkung mit dem Kern, an den das Elektron gebunden ist, heißt (zentrale) *Hyperfeinstruktur*. Abb. 5.131b zeigt als Beispiel die Hyperfeinstruktur der EPR eines besetzten Phosphordonators ($I = 1/2$) in Si, Abb. 5.131c. die Aufspaltung eines EPR-Signals, das von einem P-Antisite-Defekt in GaP (P-Atom auf Ga-Platz) herrührt. Der Abstand A_0 ist die Hyperfeinstrukturaufspaltung durch das P-Atom an dem der Elektronenspin gebunden ist; die kleinere Aufspaltung A_1 rührt von der Wechselwirkung mit den Kernspins der Nachbaratome her und wird als Superhyperfeinstruktur oder Ligandenhyperfeinstruktur bezeichnet. Das Verschwinden der Hyperfeinstruktur bei höheren Donatorkonzentrationen wird auf einen schnellen Platzwechsel der Elektronen von einem Donatoratom zum anderen zurückgeführt, wodurch sich der Einfluß des Kernspins ausmittelt. Dieser Effekt wird als *Bewegungsverschmälerung* bezeichnet.

In ähnlicher Weise wie durch Einstrahlung elektromagnetischer Wellen kann man auch durch Schallwellen (kohärente Phononen) Übergänge zwischen Zeeman-Niveaus hervorrufen (*akustische paramagnetische Resonanz*), jedoch ist die erforderliche experimentelle Technik komplizierter als bei der EPR.

In geordneten magnetischen Strukturen lassen sich ebenfalls eine Reihe von Resonanzphänomenen nachweisen (ferro- und antiferromagnetische Resonanz sowie die bereits im Abschnitt 5.7.3.6. behandelte Spinwellenresonanz). Alle diese Resonanzen geben Aufschlüsse über die elektronische Struktur des Festkörpers, vor allem über die von Gitterstörungen, sowie über Bewegungen der untersuchten Spins oder deren Umgebung.

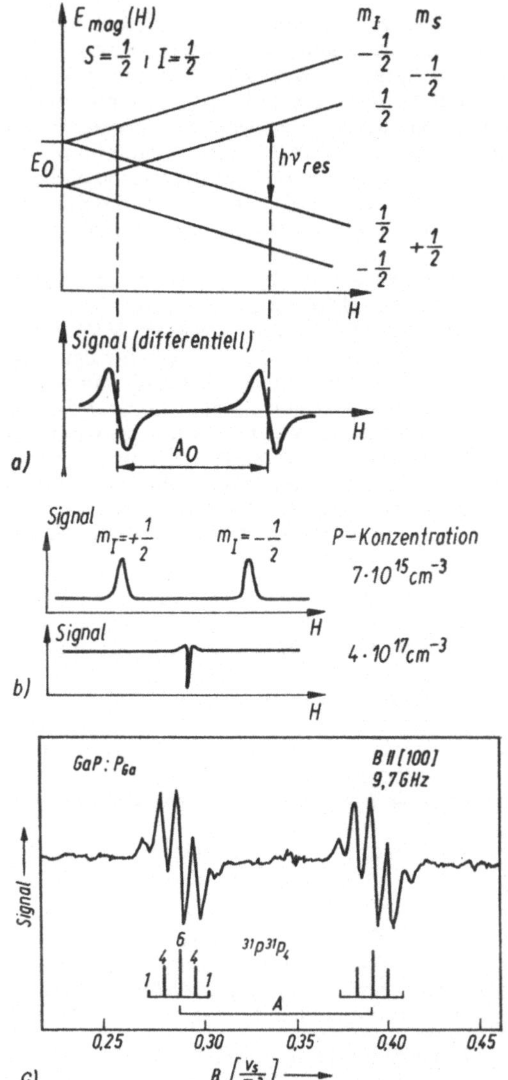

Abb. 5.131. EPR-Übergänge mit Hyperfeinstruktur-aufspaltung. a) Termschema und Signalform; b) EPR-Spektrum von phosphordotiertem Si (nach FEHER 1959). Bei geringer P-Konzentration erscheint das durch Hyperfeinwechselwirkung aufgespaltene Signal gebundener Elektronen, bei hoher P-Konzentration eine bewegungsverschmälerte Linie freier Elektronen; c) EPR-Spektrum eines Phosphor-Antisite-Defekts (P auf Ga-Platz) in GaP (nach KAUFMANN, SCHNEIDER und RÄUBER 1976)

5.7.4.2. Kernresonanz und Doppelresonanz (s. a. Abschn. 4.3.4.)

Ebenso wie die Elektronenspins führen auch die magnetischen Momente der Kerne Präzessionsbewegungen im Magnetfeld aus, was bei Einstrahlung elektromagnetischer Wellen ebenfalls Anlaß zu Resonanzphänomenen gibt, die als

NMR (nuclear magnetic resonance) bezeichnet werden. Erste derartige Experimente wurden 1946 von zwei amerikanischen Forschungsteams ausgeführt.

Prinzipiell sind die Erscheinungen ähnlich wie bei EPR-Messungen, der Hauptunterschied besteht darin, daß die magnetischen Kernmomente rund 1000mal kleiner als das magnetische Moment des Elektrons sind. Entsprechend der Resonanzbedingung [Gl. (5.163)] führt das bei üblichen Magnetfeldern zu Resonanzfrequenzen im MHz-Bereich; damit verbunden ist eine wesentlich geringere Nachweisempfindlichkeit als bei EPR-Messungen. Kernresonanzspektrometer sind im Prinzip wie EPR-Spektrometer aufgebaut (s. Abb. 5.130), an die Stelle eines Hohlraumresonators tritt eine normale HF-Spule, die die Meßprobe umgibt.

Die Form der Absorptionslinie wird vor allem durch die magnetische Dipol-Dipol-Wechselwirkung der Kernspins untereinander bestimmt, was im Festkörper bei tiefen Temperaturen zu sehr breiten Linien führt. Bei höheren Temperaturen tritt Bewegungsverschmälerung auf, so daß NMR-Untersuchungen zum Studium von inneren Bewegungen in Festkörpern dienen können (Abb. 5.132). Die Bewegungsverschmälerung ist auch die Ursache dafür, daß in Flüssigkeiten trotz der intermolekularen Wechselwirkungen sehr schmale Kernresonanzlinien beobachtet werden.

Außer magnetischen Dipolmomenten besitzen Kerne mit Kernspins $I \geq 1$ auch *elektrische Quadrupolmomente*, die die Abweichung der Ladungsverteilung von der Kugelsymmetrie charakterisieren. Deren Wechselwirkung mit den elektrischen Feldern der umgebenden Ionen führt zu einer Nullfeldaufspaltung, die sich ähnlich wie in Abb. 5.131 der Kern-Zeeman-Aufspaltung überlagert und Anlaß zu Linienaufspaltungen gibt. Ohne Magnetfeld ermöglicht die Quadrupolaufspaltung Resonanzexperimente, die als NQR (nuclear quadrupole resonance) bezeichnet werden und erstmals 1950 von DEHMELT und KRÜGER nachgewiesen wurden.

Auch Kernresonanzübergänge können statt mit elektromagnetischen Wellen durch Ultraschall induziert werden; man spricht dann von NAR (nuclear acoustic resonance).

Weitere interessante Untersuchungsmöglichkeiten bieten Doppelresonanzexperimente, bei denen gleichzeitig Kern und Elektronenresonanzfrequenz eingestrahlt werden. Diesbezüglich muß jedoch auf die Spezialliteratur verwiesen werden.

5.7.4.3. Relaxationsprozesse

Die Untersuchung von Relaxationsprozessen erfordert die Messung von Relaxationszeiten. Sie erfolgt üblicherweise durch Einstrahlung kurzer Hochfrequenzimpulse in einem magnetischen

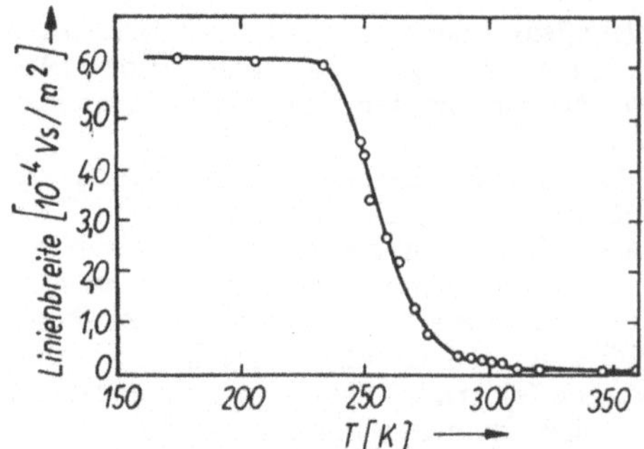

Abb. 5.132. Temperaturabhängigkeit der NMR-Linienbreite in Lithium. Oberhalb von 230 K wächst die Selbstdiffusionsgeschwindigkeit stark an, so daß Bewegungsverschmälerung auftritt (nach GUTOWSKY und MCGARVEY 1952)

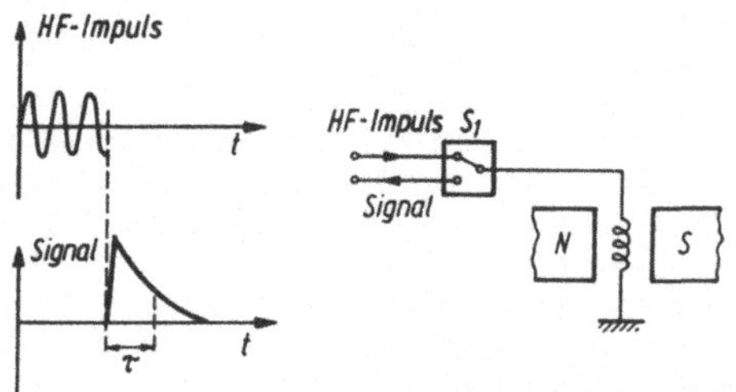

Abb. 5.133. Schema eines Experiments zur Messung der Relaxationszeit. Während der HF-Impuls an der Meßspule liegt, wird das Nachweissystem durch einen elektronischen Schalter S_1 abgetrennt

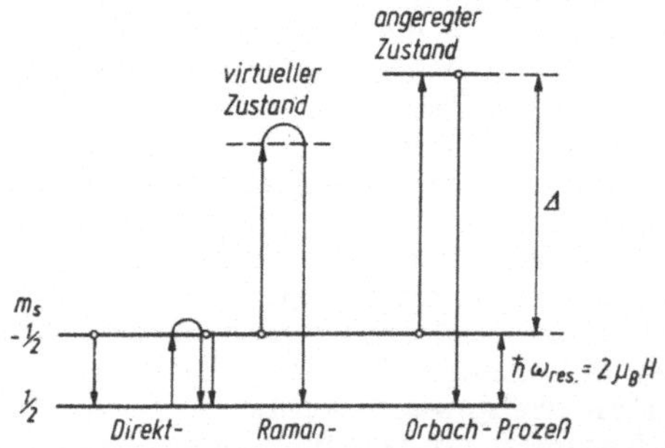

Abb. 5.134. Spin-Gitter-Relaxation zwischen Zeeman-Niveau von $m_s = -\frac{1}{2}$ nach $m_s = +\frac{1}{2}$. ○ bedeutet ein am Anfang besetztes Niveau. Alle Prozesse können auch umgekehrt (von $m_s = +\frac{1}{2}$ nach $m_s = -\frac{1}{2}$) verlaufen

Resonanzexperiment. Nach dem HF-Impuls verschwindet die erzeugte Magnetisierung allmählich wieder, was sich im Auftreten einer sog. freien Induktion bemerkbar macht, aus deren zeitlichem Verlauf die Relaxationszeit bestimmt wird (Abb. 5.133).

Grundsätzlich treten zwei wesentlich verschiedene Relaxationszeiten auf, die unterschiedlichen Wechselwirkungen entsprechen. Bei der *Spin-*

Spin-Relaxation wandelt die magnetische Dipol-Dipol-Wechselwirkung die Zeeman-Energie der einzelnen Spins in Wechselwirkungsenergie des gesamten Spinsystems um und stellt damit das thermodynamische Gleichgewicht *innerhalb* des Spinsystems her. Nach Ablauf der Spin-Spin-Relaxation kann das Spinsystem durch eine einheitliche Spintemperatur T_s (als Maß für die mittlere Energie des Spins) charakterisiert werden, die jedoch keineswegs mit der Temperatur T_G des Kristallgitters (die der mittleren Energie der Phononen entspricht) übereinstimmen muß.

Die *Spin-Gitter-Relaxation* führt über die Wechselwirkung der Spins mit den Gitterschwingungen zur Einstellung des vollen thermodynamischen Gleichgewichts zwischen Spinsystem und Gitter, wobei magnetische Wechselwirkungsenergie in Phononenenergie umgewandelt wird und schließlich $T_s = T_G$ wird. Die möglichen Spin-Gitter-Relaxationsprozesse zwischen zwei Zeeman-Niveaus sind in Abb. 5.134 schematisch dargestellt:

1. Direktprozeß: spontane oder induzierte Emission bzw. Absorption von Phononen der Energie $\hbar\omega_{res} = \mu_B H$. Die Relaxationszeit τ_D ist nur bei tiefen Temperaturen wesentlich.
2. Raman-Prozeß: Stokessche bzw. Antistokessche Phononenstreuung (vgl. Abschn. 5.4.3.2.; auch Streuung an akustischen Phononen wird hier als Raman-Prozeß bezeichnet). Es ist $\tau_R \sim T^n$ ($n = 7$ oder 9 für Ionen mit gerader bzw. ungerader Elektronenzahl).
3. Orbach-Prozeß: Phononenfluoreszenz unter Beteiligung eines angeregten Niveaus; Relaxationszeit $\tau_0 \sim e^{-\Delta/k_B T}$.

Raman- und Orbach-Prozesse sind 2-Phononen-Prozesse, die erst bei höheren Temperaturen wichtig werden. Abb. 5.135 zeigt Meßergebnisse an einem paramagnetischen Nitrat.

5.7.4.4. Magnetische Kühlung

Die Existenz der Spin-Gitter-Relaxation gestattet es, sehr tiefe Temperaturen durch *adiabatische Entmagnetisierung* zu erreichen (DEBYE 1926, GIAUQUE 1926/27). Qualitativ läßt sich die Kühlung wie folgt verstehen (Abb. 5.136): Das Einschalten eines Magnetfeldes ordnet die Spins, was einem energetisch günstigen Zustand entspricht. Die frei werdende Energie wird über die Spin-Gitter-Relaxation an das Gitter und von dort über ein Kontaktgas an eine Kühlflüssigkeit abgeführt. Isoliert man den Probekörper thermisch durch Abpumpen des Kontaktgases und entmagnetisiert, so nimmt die Unordnung im Spinsystem zu, die dafür erforderliche Energie wird dem Gitter entzogen, was zu einer beträchtlichen Abkühlung führt, wenn die Wärmekapazität des Gitters klein ist, was durch Vorkühlung

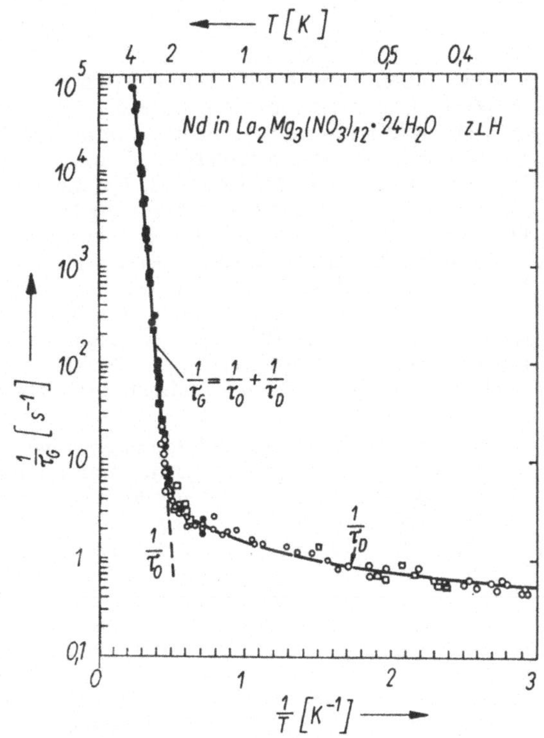

Abb. 5.135. Reziproke Spin-Gitter-Relaxationszeit von Nd^{3+}-Ionen: Überlagerung von Orbach- und Direktprozessen (nach RUBY, BENOIT und JEFFRIED 1962)

mit flüssigem He erreicht wird. ($C_{\text{gitter}} \sim T^3$ bei tiefen Temperaturen, vgl. Abschn. 5.4.6.).
Quantitative Betrachtungen erfolgen am einfachsten im Entropie-Temperatur-Diagramm, das für den Fall $S = 1/2$ schematisch in Abb. 5.137 gezeigt ist. Ohne Magnetfeld beträgt die Spinentropie von N wechselwirkungsfreien Spins

$$S_s(0) = Nk_B \ln (2S + 1)$$

bzw. (5.164a)

$$S_{1/2}(0) = Nk_B \ln 2,$$

wäre also temperaturunabhängig (jeder Spin hat $2S + 1$ Einstellmöglichkeiten, das entspricht $(2S + 1)^N$ Zuständen des Systems). Der Abfall von $S_s(H = 0)$ bei tiefen Temperaturen entspricht dem 3. Hauptsatz; er wird durch eine ferro- oder antiferromagnetische Ordnung bewirkt, die formal durch ein inneres Magnetfeld H_i beschrieben werden kann. Im Magnetfeld H beträgt die Spinentropie (für $S = 1/2$)

$$S_{1/2}(H)$$
$$= Nk_B \left\{ \ln \left(2 \cosh \frac{\mu_B H}{k_B T} \right) - \frac{\mu_B H}{k_B T} \tanh \frac{\mu_B H}{k_B T} \right\}$$

(5.164b)

sie ist kleiner als ohne Feld, da das Feld die Unordnung verringert.
Aus Abb. 5.137 geht hervor, daß um so niedrigere Temperaturen erreicht werden können, je kleiner das innere Feld H_i ist, d. h. je schwächer die ma-

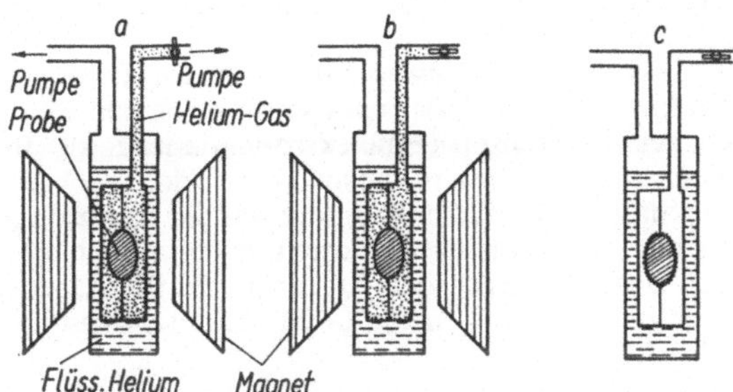

Abb. 5.136. Adiabatische Entmagnetisierung. a) Abkühlen im Magnetfeld; b) Abpumpen des Kontaktgases; c) Abschalten des Magnetfeldes (Rest des Kontaktgases kondensiert auf der Probe)

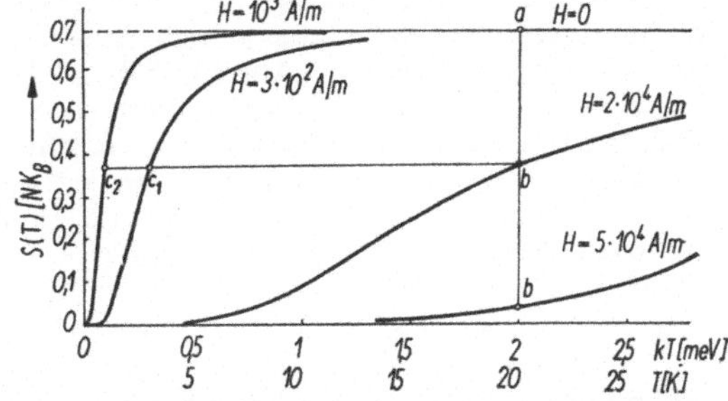

Abb. 5.137. Entropie-Temperatur-Diagramm für einen paramagnetischen Stoff mit $S = 1/2$. Wärmekapazität des Gitters vernachlässigt. a–b: isotherme Magnetisierung bei T_0; b)–c): adiabatische Entmagnetisierung. (Statt $H = 3 \cdot 10^2$ A/m lies $H = 3 \cdot 10^3$ A/m)

gnetische Wechselwirkung ist. Daher werden vorwiegend verdünnte paramagnetische Kristalle für Kühlexperimente benutzt, man erreicht damit Temperaturen von etwa 10^{-3} K. Noch tiefere Temperaturen ($\approx 10^{-6}$ K) lassen sich durch adiabatische Kernentmagnetisierung erreichen (KURTI, SIMON u. a. 1956), da die Wechselwirkungsenergie der Kernmomente sehr klein ist. Die Ausgangstemperatur muß dabei $< 0,1$ K sein.

Gegenwärtig wird die diskontinuierliche Methode der Entmagnetisierung oft durch die kontinuierlich arbeitende ^3He-^4He-Entmischungsmethode (LONDON 1951) verdrängt.

5.8. Elektronenstruktur und elektrische Leitfähigkeit

In den vorhergehenden Abschnitten wurde für die meisten Betrachtungen die innere Struktur der Gitterbausteine vernachlässigt, sie wurden als elektrisch geladene und elastisch gebundene Massepunkte betrachtet. Das ist jedoch nur dann gerechtfertigt, wenn man Erscheinungen betrachtet, bei denen die inneren Freiheitsgrade der Gitterbausteine keine Rolle spielen, d. h. wenn keine Elektronen angeregt werden. Viele elektrische und optische Erscheinungen werden aber gerade durch die Anregung von Elektronen bewirkt.

Bei der Betrachtung der elektronischen Struktur der Festkörper kann man zwei Wege einschlagen:

1. Man geht vom freien Atom oder Ion aus und betrachtet den Einfluß benachbarter Gitterbausteine als (kleine) Störung der Elektronenzustände des betrachteten Atoms oder Ions. Dieses Verfahren ist immer dann gerechtfertigt, wenn die Wechselwirkungsenergie mit den benachbarten Gitterbausteinen klein im Vergleich zur Anregungsenergie der inneren Zustände ist. Es bewährt sich also bei relativ fest gebundenen Elektronen und wird vorwiegend zur Erklärung von Erscheinungen angewandt, die mit d- oder f-Elektronen zusammenhängen (optische Absorption, Lumineszenz und magnetische Eigenschaften von Übergangsmetallatomen oder Atomen der Seltenen Erden).

Der Einfluß der Nachbaratome zeigt sich im wesentlichen

a) in der Veränderung der Energieniveaus durch innerkristallinen Stark-Effekt (vgl. Bd. 3, Abschn. 6.2.8.), wodurch Verschiebungen und Aufspaltungen dieser Niveaus auftreten;

b) im Elektronenaustausch (vgl. Abschn. 5.7.3.1.) zwischen benachbarten Atomen.

2. Für die Erscheinungen, die im wesentlichen durch die Valenzelektronen der Atome bestimmt werden (chemische Bindung, elektrische Leitfähigkeit, Elektronenemission, optische Absorption im Sichtbaren und im nahen Ultrarot und Ultraviolett) ist es zweckmäßiger, vom freien Elektron auszugehen. Man denkt sich dabei den Festkörper aus positiven Atomrümpfen (Atomkern mit fest gebundenen inneren Elektronen) und fast freien Valenzelektronen bestehend.

Damit ergibt sich das Problem, die Bewegung einer riesigen Zahl von Elektronen (Größenordnung 10^{23}) unter dem Einfluß einer vergleichbar großen Zahl von Atomrümpfen zu beschreiben. Dafür ist man auf mehrere sehr drastische Näherungen angewiesen:

a) Da sich die Atomrümpfe bei ihren Schwingungen nur wenig aus ihren Gleichgewichtslagen entfernen (vgl. Abschn. 5.4.), ersetzt man ihre wirklichen (zeitabhängigen) Lagen durch die Gleichgewichtslagen (statische Näherung). Damit ist das Problem auf die Bewegung der Elektronen in einem zeitlich unveränderlichen Potential reduziert. Allerdings geht damit auch die Beeinflussung der Elektronen durch die Gitterschwingungen verloren. Wo sie wichtig ist (z. B. bei der Erklärung der elektrischen Leitfähigkeit), muß diese in Form der Elektron-Phonon-Wechselwirkung nachträglich wieder berücksichtigt werden (vgl. Abschn. 5.8.4.2.).

b) Das Verhalten *eines* Elektrons im Feld der Atomrümpfe wird als repräsentativ für den Festkörper betrachtet (Einelektronennäherung). In dieser Näherung wird die an sich starke Wechselwirkung der Elektronen untereinander nur global als ein „verschmiertes" Potential betrachtet, das sich dem Potential der Atomrümpfe überlagert, aber dessen Periodizität nicht stört (s. Abschn. 5.8.1.).

Um vom Verhalten eines einzelnen Elektrons wieder auf das Verhalten aller Elektronen zu schließen, werden statistische Überlegungen benutzt. Objekte der Statistik sind dabei die „Kristallelektronen", deren gegenseitige Wechselwirkung man vernachlässigt, die jedoch in Form einer effektiven Masse (s. Abschn. 5.8.3.) die Wechselwirkung mit dem Gitter enthalten. Sie sind deshalb als von freien Elektronen verschiedene Quasiteilchen aufzufassen, besitzen jedoch ebenso wie freie Elektronen den Spin 1/2 und unterliegen damit der Fermi-Dirac-Statistik (s. Abschn. 5.8.2.).

5.8.1. Bändermodell und Zustandsdichte

Das Verhalten von Elektronen im Festkörper muß quantenmechanisch durch Angabe einer Wellenfunktion $\psi(r)$ beschrieben werden (vgl. Bd. 3, Abschn. 6.4.4.).

Im Rahmen der Einelektronennäherung im starren Gitter ist diese eine Lösung der Schrödinger-Gleichung

$$-\frac{\hbar^2}{2m}\,\Delta\psi(r) + V(r)\,\psi(r) = E\psi(r) \qquad (5.165)$$

($\hbar$ = Plancksches Wirkungsquantum/2π, m Elektronenmasse, E Gesamtenergie).
Die potentielle Energie $V(r)$ ergibt sich aus der Wechselwirkung mit den Atomrümpfen und allen anderen Elektronen, sie hat die gleiche Periodizität wie das Kristallgitter.
Physikalisch sinnvolle Lösungen von (5.165) existieren nur für bestimmte Energieeigenwerte $E_n(k)$, die zugehörigen Wellenfunktionen sind gitterperiodisch modulierte ebene Wellen (Bloch-

Funktionen) der Form

$$\psi_{n,k}(r) = u_{n,k}(r)\,e^{ikr} \qquad (5.166)$$

(s. Abb. 5.138).
Ebenso wie im freien Atom wird die Wellenfunktion und damit der Bewegungszustand des Elektrons durch *Quantenzahlen* charakterisiert. Im Festkörper sind das

– die drei Komponenten k_x, k_y, k_z des Ausbreitungsvektors k der Elektronenwelle, die der Bewegungskonstanten Impuls $\hbar k$ eines freien Elektrons entsprechen;
– die Hauptquantenzahl n (meist als Bandindex bezeichnet, s. unten), die der Bewegungskonstante Energie entspricht;
– der Spin $\hbar/2$, dessen Einfluß auf die Energie meist vernachlässigt werden kann.

Der Wellenzahlvektor k entspricht vollständig dem Wellenzahlvektor q einer Gitterschwingung (vgl. Abschn. 5.4.1. und 5.4.2.), $\hbar k$ wird demzufolge als Quasiimpuls des Elektrons bezeichnet. Ebenso wie bei Gitterschwingungen ist der Variationsbereich von k die erste Brillouin-Zone des reziproken Raumes, jedem festen Wert k ist dabei eine Folge von Energiewerten $E_n(k)$ ($n = 1, 2, \ldots$) zugeordnet.
Die Gesamtheit der erlaubten Energiewerte $E_n(k)$ der Elektronen im Festkörper bezeichnet man als *Bandstruktur*. Ihre Berechnung ist ein ausgedehntes Spezialgebiet. Experimentelle Verfahren, die Rückschlüsse auf die Bandstruktur gestatten, werden in den folgenden Abschnitten erläutert.
Zur Veranschaulichung der Bandstruktur (die für den Festkörper die gleiche Bedeutung hat wie das Termschema von Atomen oder Molekülen) kann man verschiedene Wege einschlagen.

1. Trägt man $E_n(k)$ längs ausgewählter, meist hochsymmetrischer Richtungen als Funktion von $|k|$ auf, so erhält man Darstellungen in der Art der Abb. 5.139.
Bei festem n ändert sich $E_n(k)$ quasikontinuierlich mit k, deshalb wird die Gesamtheit der Energiewerte bei festem n als *Energieband* bezeichnet. Ein Band enthält genau $2N$ Zustände, wenn N die Anzahl der Elementarzellen des betrachteten Kristallvolumens ist. Der Faktor 2 ergibt sich, weil für jedes Elektron zwei Spinorientierungen möglich sind.
Da häufig ein Band aus den Wellenfunktionen eines bestimmten Zustandes des freien Atoms hervorgeht, dient dessen Bezeichnung oft als Bandindex (z. B. 3s-Band für das Band der Leitungselektronen im metallischen Na).
2. Analog zur Höhenliniendarstellung auf Landkarten kann man Punkte gleicher Energie im k-Raum durch sog. *isoenergetische Flächen* verbinden. Dazu ist eine perspektivische Darstellung

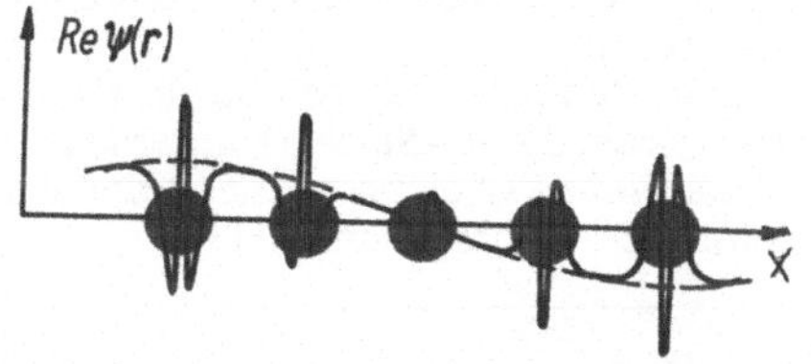

Abb. 5.138. Beispiel einer Bloch-Funktion (Realteil). Im Rumpfgebiet (schraffiert) oszilliert die Funktion stark. Gestrichelt: ebene Welle, die einem freien Elektron entspricht

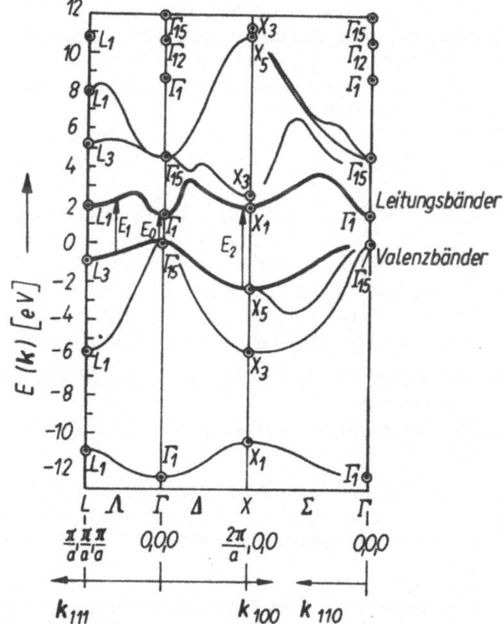

Abb. 5.139. Bandstruktur $E(k)$ von GaAs (nach HERMAN und SPICER 1968). Die Bezeichnungen L, Λ, Γ usw. sind gruppentheoretische Symbole für Symmetrielinien und -punkte in der Brillouin-Zone (vgl. Abb. 5.42)

---

nötig, die allerdings nur übersichtlich bleibt, wenn man sich auf ein Band beschränkt. Ebene Darstellungen zeigen nur Schnittlinien der isoenergetischen Flächen mit einer ausgewählten Ebene (Abb. 5.140).

Diese Art der Darstellung bringt vor allem die Symmetrieverhältnisse im k-Raum zum Ausdruck und ist besonders wichtig für Metalle, deren elektronische Eigenschaften weitgehend durch die Struktur der sog. *Fermi-Fläche* bestimmt wurde (s. Abschn. 5.8.4. und 5.8.7.).

3. Verzichtet man darauf, die Quantenzahl k in die graphische Darstellung einzubeziehen, so ist die *Zustandsdichte* $\varrho_n(E)$ des n-ten Bandes (oder

die Gesamtzustandsdichte $\varrho(E) = \sum\limits_{n=1}^{\infty} \varrho_n(E)$) die

zur Veranschaulichung geeignete Größe.

Dabei gibt $\varrho_n(E)\,dE$ die Zahl der erlaubten Elektronenzustände des n-ten Bandes im Energieintervall zwischen E und $E + dE$ an. In dieser

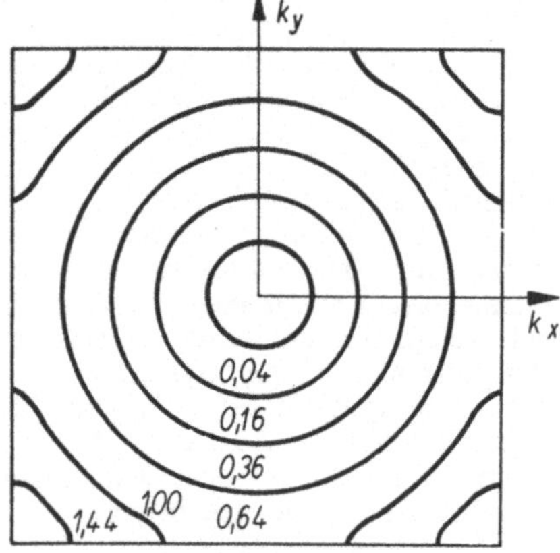

Abb. 5.140. Linien konstanter Energie in k_x-k_y-Ebene eines einfach kubischen Gitters. Die Linien zur Energie 1 und 1,44 repräsentieren offene, die übrigen geschlossene isoenergetische Flächen

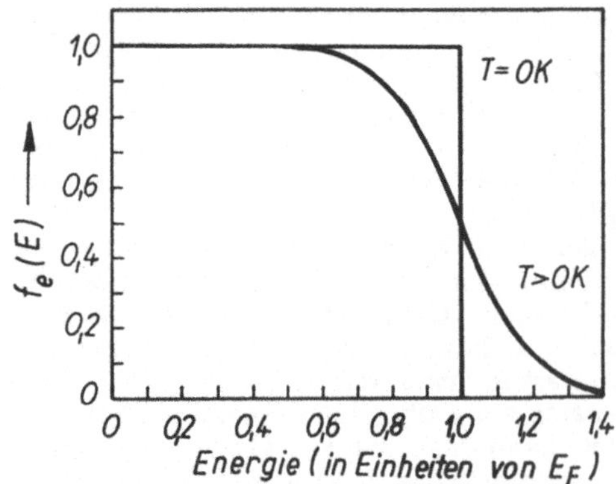

Abb. 5.141. Fermi-Dirac-Verteilung f_e als Funktion von E/E_F

Darstellung kommt besonders deutlich das Auftreten verbotener Zonen (in denen $\varrho(E) = 0$ ist) zum Ausdruck. Rechnerisch erhält man $\varrho(E)$ aus den $E(k)$-Kurven der Abb. 5.139, indem man die erlaubten Zustände auf die Energieachse projiziert. Experimentell ermittelt man $\varrho(E)$ unmittelbar aus Röntgenspektren (s. Abschn. 5.9.1.1.) und aus Elektronenemissionsuntersuchungen (s. Abschn. 5.10.2.).

5.8.2. Elektronenbesetzung: Metalle, Halbleiter, Isolatoren

Entsprechend der Einelektronenvorstellung sind die im Kristall vorhandenen Elektronen entsprechend der Statistik auf die erlaubten Energiezustände zu verteilen.

Elektronen haben den Spin 1/2, so daß sie wegen des Pauli-Prinzips der *Fermi-Statistik* unterliegen. Im thermodynamischen Gleichgewicht ist danach ein Zustand mit der Wahrscheinlichkeit

$$f_e = \frac{1}{1 + \exp\,[(E - E_F)/k_B T]} \qquad (5.167)$$

mit einem Elektron besetzt (s. Abb. 5.141).

Die Besetzungswahrscheinlichkeit hängt außer von der Temperatur T nur von der Energie, nicht von anderen Quantenzahlen ab. Der Parameter E_F heißt Fermische Grenzenergie (*Fermi-Energie*) und wird durch die Gesamtelektronenkonzentration bestimmt (s. Abschn. 5.8.4.1.).

Wir betrachten zunächst die Verhältnisse bei $T = 0$ K. In diesem Falle sind entsprechend Gl. (5.167) alle Zustände mit Energien kleiner als E_F mit der Wahrscheinlichkeit 1 (mit Sicherheit) besetzt, alle Zustände oberhalb E_F leer. Die Fermi-Energie gibt also die Grenze zwischen besetzten und leeren Zuständen an. Je nach der Lage der Fermi-Energie in der Zustandsdichtedarstellung sind dann grundsätzlich zwei Fälle möglich:

1. Das oberste Band, das Elektronen enthält, ist teilweise besetzt.

2. Das oberste Band, das Elektronen enthält, ist voll besetzt.

Im ersten Fall ist der Stoff ein *Metall* (s. Abb. 5.142a). Beim Anlegen eines elektrischen Feldes werden die Elektronen beschleunigt, es fließt ein Strom.

Insbesondere sind also alle Stoffe mit einer ungeraden Anzahl von Elektronen in der Elementarzelle (z. B. die Alkalien) Metalle. Jedoch können infolge von Bänderüberlappungen Stoffe mit einer geraden Anzahl von Elektronen in der Elementarzelle (z. B. die Erdalkalien) ebenfalls Metalle sein (Abb. 5.142b). Bei Bänderüberlappung in einem sehr schmalen Energiebereich spricht man von einem Halbmetall (Abb. 5.142c); Beispiele sind

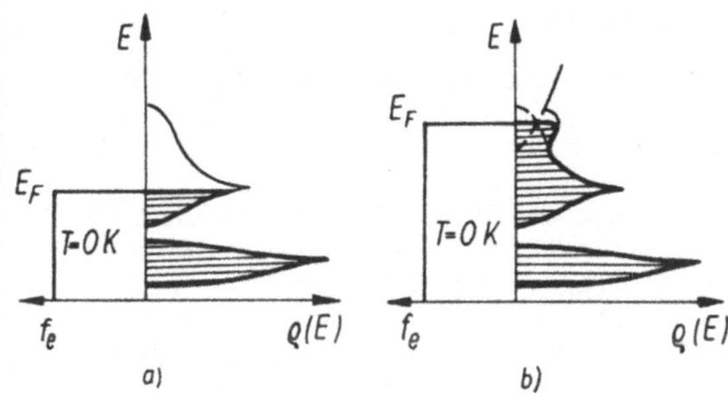

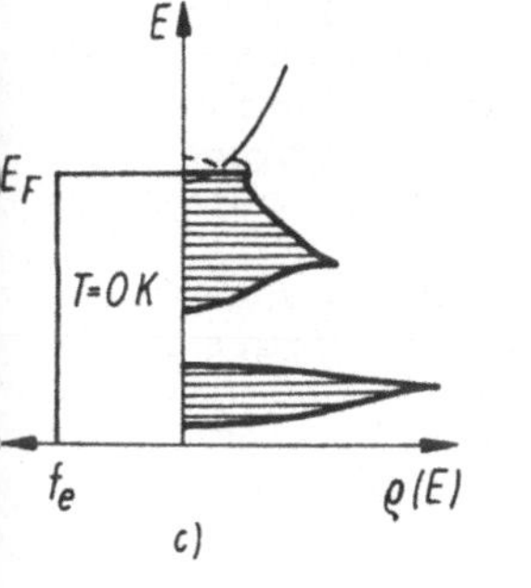

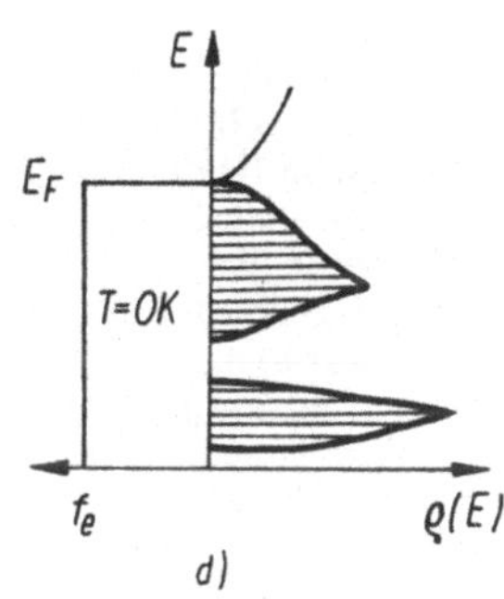

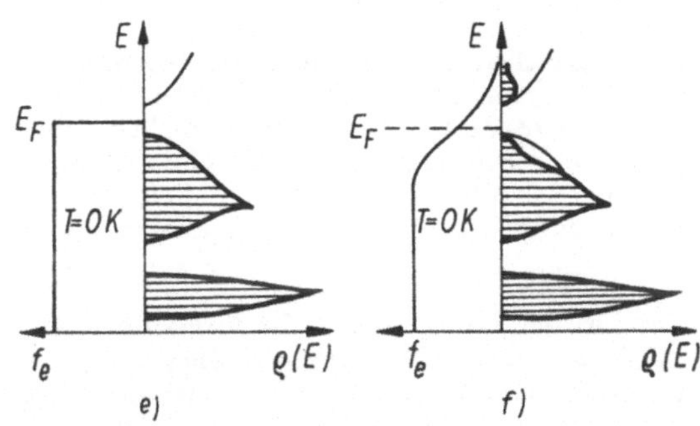

Abb. 5.142. Elektronenverteilung im Festkörper (schematisch). a) einfaches Metall; b) Metall mit Bänderüberlappung; c) Halbmetall; d) Halbleiter mit verschwindender verbotener Zone; e) Isolator; f) Halbleiter

Antimon, Arsen und Bismut. Berühren sich gefülltes und leeres Band (Abb. 5.142d), so spricht man von einem Halbleiter mit verschwindender verbotener Zone. Dieses Fall liegt z. B. beim grauen Zinn vor.

Ist ein Band vollständig gefüllt, so ist eine Beschleunigung der Elektronen durch ein Feld nicht möglich. Sie würde eine Energieaufnahme bedeuten, die nicht stattfinden kann, weil keine Energieniveaus zur Verfügung stehen, die durch stetige Energieänderung erreichbar wären: *Vollständig gefüllte Bänder tragen nicht zum Stromtransport bei.* Demzufolge sind Stoffe, die nur vollständig

gefüllte Bänder enthalten, *Isolatoren* (Abb. 5.142e).

Das höchste bei $T = 0$ K voll besetzte Band wird als *Valenzband* (es enthält die die Bindung bewirkenden Valenzelektronen), das nächste darüberliegende Band als *Leitungsband* bezeichnet. Diese beiden Bänder sind für die elektronischen Eigenschaften der Festkörper am wichtigsten, da man für viele Betrachtungen die vollständig gefüllten tieferen Bänder vernachlässigen kann. Beispielsweise tragen sie nicht zur elektrischen Leitfähigkeit und zur spezifischen Wärmekapazität bei.

Bei höheren Temperaturen hängt das elektrische Verhalten entscheidend von der Breite der verbotenen Zone ab. Ist diese genügend groß, so bleibt der Stoff ein Isolator. Ist sie dagegen vergleichbar mit der mittleren thermischen Energie, so sind bei $T > 0$ K einige Zustände des Valenzbandes leer, einige Zustände des darüberliegenden Leitungsbandes mit Elektronen besetzt (Abb. 5.142f), der Stoff ist ein *Eigenhalbleiter*, bei dem sowohl die Elektronen im Leitungsband als auch die im Valenzband zum Stromtransport beitragen. Außerdem beeinflussen auch stets vorhandene Gitterstörungen (vgl. Abschn. 5.8.6.) stark das elektrische Verhalten nichtmetallischer Stoffe, so daß sich Halbleiter und Isolatoren nur graduell unterscheiden.

5.8.3. Elektrische Leitfähigkeit und Hall-Effekt

In den meisten festen Stoffen (außer bei Ionenleitern, s. Abschn. 5.6.4.1.) ist der Stromtransport nicht mit einem Massetransport verbunden. Ferner gilt meist das Ohmsche Gesetz (s. Bd. 2, Abschn. 3.5.)

$$j = \sigma E \tag{5.168}$$

(j Stromdichte, E elektrische Feldstärke).
Die elektrische Leitfähigkeit σ ist die physikalische Eigenschaft der Festkörper, die sich von Stoff zu Stoff am stärksten ändert (Tab. 5.13). Der Unterschied zwischen den besten Isolatoren

Tabelle 5.13. Leitfähigkeit σ fester Stoffe

Stoff	σ [Ω^{-1} cm^{-1}]
Restwiderstand von Metallen (sehr tiefe Temperaturen)	$\approx 10^9$
Ag (Zimmertemperatur)	$7{,}7 \cdot 10^5$
Bi (Halbmetall, Zimmertemperatur)	$\approx 10^4$
Halbleiter, je nach Temperatur und Dotierung	10^{-9} bis 10^2
eigenleitendes Ge bei 300 K	$0{,}02$
eigenleitendes Si bei 300 K	$4 \cdot 10^{-6}$
Glas	10^{-11} bis 10^{-14}
Bernstein, Polystyrol	$< 10^{-18}$

und den besten Normalleitern beträgt etwa 27 Größenordnungen (das ist etwa gleich dem Verhältnis der Länge eines Lichtjahres zu einem Atomdurchmesser), bei Supraleitern wird der Widerstand sogar unmeßbar klein. Trotz dieser riesigen quantitativen Unterschiede kann die elektrische Leitfähigkeit (außer der mit Stofftransport verbundenen Ionenleitung, siehe Abschn. 5.6.4.1.) unter einheitlichen Gesichtspunkten mit der Vorstellung frei beweglicher Elektronen verstanden werden.

Der unmittelbare Beweis für das Vorhandensein freier Elektronen in Metallen wurde in den Jahren 1916 bis 1926 von C. R. TOLMAN erbracht (s. Bd. 2, Abschn. 3.5.1.). Ein modernes Verfahren zum Nachweis freier Elektrizitätsträger in Metallen und Halbleitern ist die *Zyklotronresonanz*, die es gestattet, die spezifische Ladung mit hoher Genauigkeit zu bestimmen (s. Abschn. 5.8.7.1.). Darüber hinaus gibt es eine Vielzahl indirekter Beweise dafür, daß in den meisten Festkörpern Elektronen die Leitfähigkeit verursachen.

Eine auf dem Modell eines Gases freier Elektronen beruhende Leitfähigkeitstheorie wurde von P. DRUDE (1863 bis 1906) aufgestellt und von A. SOMMERFELD (1868 bis 1951) entscheidend weiterentwickelt. Ausgangspunkt ist die Vorstellung, daß die Elektronen ebenso wie die Atome eines idealen Gases sich im Festkörper mit statistisch verteilten Geschwindigkeiten bewegen und nur kurzzeitig (durch „Stöße") mit dem Gitter der Atomrümpfe oder untereinander in Wechselwirkung treten.

Um von diesen Vorstellungen ausgehend zum Verständnis der elektrischen Leitfähigkeit zu kommen, betrachten wir einen Leiter mit dem Querschnitt A (Abb. 5.143). Nimmt man an, daß die Träger die mittlere Geschwindigkeit $\bar{v}_x$ in x-Richtung haben, so bewegen sich in der Zeit dt alle die Elektronen durch den Querschnitt A, die in dem in Abb. 5.143 dargestellten Volumen enthalten sind. Sie transportieren dabei die Ladung $dQ = qA\bar{v}_x\,dt$ (n Elektronenkonzentration, q Ladung) und erzeugen die Stromdichte

$$j = \frac{1}{A}\frac{dQ}{dt} = qn\bar{v}_x. \qquad (5.169)$$

Im thermischen Gleichgewicht ist $\bar{v}_x = 0$, es fließt kein Strom. Legt man ein elektrisches Feld

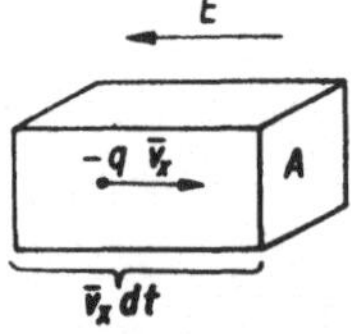

Abb. 5.143. Zur Berechnung der elektrischen Leitfähigkeit

an, so werden die Elektronen beschleunigt. Nach der Newtonschen Bewegungsgleichung gilt

$$m\frac{dv}{dt} = qE, \qquad (5.170)$$

d. h. die Geschwindigkeit v in Feldrichtung wächst proportional zur Zeit an. Die Masse m als Maß für die Trägheit der Elektronen ist im Festkörper nicht identisch mit der Masse m_0 des freien Elektrons, sondern ist eine sog. *effektive Masse*, die die Wechselwirkung mit den Atomrümpfen des Gitters enthält. m läßt sich aus der Bandstruktur $E(k)$ berechnen, ist im allgemeinen anisotrop und von der Energie des Elektrons abhängig, hat also insbesondere in verschiedenen Bändern unterschiedliche Größe. Die Anisotropie bedeutet, daß elektrische Feldstärke und Beschleunigung i. allg. nicht parallel sind. Wir sehen im folgenden jedoch von diesen Besonderheiten ab.

Um ausgehend von Gl. (5.170) das Ohmsche Gesetz (5.168) mit seiner *zeitunabhängigen* elektrischen Leitfähigkeit zu erklären, muß man einen „Reibungsmechanismus" berücksichtigen, durch den die Elektronen so stark gebremst werden, daß sich eine konstante mittlere Geschwindigkeit einstellt.

Bremsend wirken Stöße (Streuprozesse) mit dem Gitter. Den einfachsten Fall stellen dabei „erinnerungslöschende" Stöße dar, bei denen nach dem Stoß keine Vorzugsrichtung und keine erhöhte Geschwindigkeit infolge der vorhergehenden Beschleunigung mehr vorhanden ist. Ist τ die mittlere Zeit zwischen zwei solchen Stößen (mittlere freie Flugzeit, auch als Relaxionszeit bezeichnet), so erhält das Elektron im Feld eine mittlere Zusatzgeschwindigkeit (Driftgeschwindigkeit)

$$u = qE\tau/m = \mu_n E. \qquad (5.171)$$

Die Driftgeschwindigkeit u ist sorgfältig von der mittleren thermischen Geschwindigkeit $\bar{v}$ zu unterscheiden; meist ist u um Größenordnungen kleiner als $\bar{v}$ (s. Abschn. 5.8.4. und 5.8.6.3.). Der feldstärkeunabhängige Faktor

$$\mu_n = \frac{u}{E} = \frac{q\tau}{m} \qquad (5.171\,a)$$

heißt *Elektronenbeweglichkeit*.
Damit ergibt sich aus Gl. (5.169) tatsächlich das Ohmsche Gesetz (5.168) mit

$$\boxed{\sigma = qn\mu_n = \frac{q^2\tau}{m}\,n. \qquad (5.172)}$$

Aus Gl. (5.172) geht hervor, daß die Leitfähigkeit durch die beiden Faktoren Trägerkonzentration n und Beweglichkeit μ_n bestimmt wird.
Von den gleichen Vorstellungen ausgehend läßt sich auch die Joulesche Wärme berechnen. Der

Driftgeschwindigkeit u entspricht eine Zusatz-energie

$$\varepsilon = \frac{m}{2}\,u^2$$

der Elektronen.

Bei einer mittleren freien Flugzeit τ erfolgen je Zeiteinheit n/τ Stöße, bei denen im Mittel diese Energie auf das Gitter übertragen wird (anderen-falls wäre kein stationäres Gleichgewicht mög-lich, das Elektronensystem würde sich aufheizen). Daraus erhält man (bis auf einen Faktor 1/2, der bei genauer statistischer Betrachtung verschwin-det) die umgesetzte Leistungsdichte

$$w = jE = \sigma E^2, \tag{5.173}$$

d. h. das Joulesche Gesetz.

5.8.3.1. Messung von Trägerkonzentration und Beweglichkeit

Mißt man nur die elektrische Leitfähigkeit σ, so erhält man das Produkt aus Elektronenkonzen-tration und Beweglichkeit. Um diese beiden Fak-toren zu trennen, muß eine weitere experimen-telle Methode eingesetzt werden. Eine häufig be-nutzte Möglichkeit ist die Messung des *Hall-Effektes* (nach E. H. HALL, 1855 bis 1938), mit dessen Hilfe man vor allem auch das Vorzeichen der Ladungsträger bestimmen kann, was durch Leitfähigkeitsmessungen nicht möglich ist, da σ quadratisch von q abhängt.

Bringt man einen Kristall, der in Längsrichtung (x-Richtung) von einem elektrischen Strom der Dichte j durchflossen wird, in ein Magnetfeld B, das senkrecht zur Stromrichtung steht, so werden infolge der Lorentz-Kraft $F = q[v \times B]$ die La-dungsträger senkrecht zu Strom- und Magnet-feld, in der in Abb. 5.144 angegebenen Geome-trie also in y-Richtung, abgelenkt. Dadurch laden sich die Seitenflächen des Kristalls so lange auf, bis die entstehende Gegenspannung die ablen-kende Wirkung des Magnetfeldes gerade kom-pensiert. Aus der gemessenen Querspannung

$$U_\mathrm{H} = E_\mathrm{H} b$$

(b Kristallbreite) läßt sich der *Hall-Koeffizient*

$$R_\mathrm{H} = \frac{E_\mathrm{H}}{jB} = \frac{1}{qn} \tag{5.174}$$

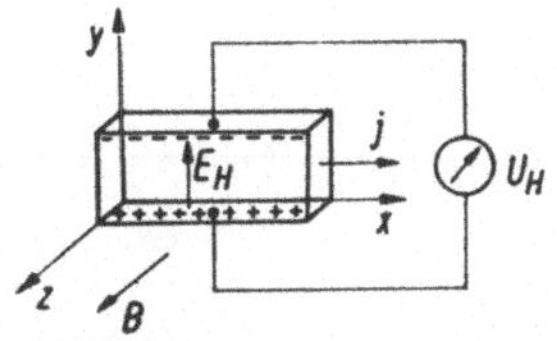

Abb. 5.144. Meßanordnung bei Hall-Effekt

berechnen. R_H ist unabhängig von der Beweglich-keit nur durch die Elektronenkonzentration be-stimmt. Negative Hall-Koeffizienten bedeuten Elektronenleitung, positive Löcherleitung.

Multipliziert man R_H mit der Leitfähigkeit σ, so ergibt sich die Beweglichkeit zu

$$\mu = R_\mathrm{H}\sigma, \tag{5.175}$$

so daß man bei gleichzeitiger Messung von Leit-fähigkeit und Hall-Koeffizient (die in der gleichen Meßapparatur ermittelt werden können) Elek-tronenkonzentration n und Beweglichkeit μ ge-trennt erhält. Aus diesem Grunde ist der Hall-Effekt der bedeutsamste der galvanomagnetischen Effekte.

Bei einer genauen statistischen Behandlung des Problems stimmt die durch Gl. (5.175) definierte „Hall-Beweglichkeit" nur bis auf einen Zahlen-faktor von der Größenordnung 1 mit der durch Gl. (5.171 a) definierten Driftbeweglichkeit über-ein. Zum Quantenhalleffekt s. Abschn. 5.10.3.3.

5.8.4. Metallische Leitfähigkeit

Metalle sind durch folgende Eigenschaften cha-rakterisiert:

1. hohe elektrische Leitfähigkeit σ, die bei hoher Temperatur T umgekehrt proportional zu T ist;
2. hohe thermische Leitfähigkeit K;
3. Gültigkeit des Wiedemann-Franzschen Ge-setzes

$$\frac{K}{\sigma} \sim T \tag{5.176}$$

(vgl. Abschn. 5.8.4.3.);
4. hohe optische Absorption, die ein hohes Re-flexionsvermögen und damit den „Metallglanz" verursacht;
5. leichte plastische Verformbarkeit (vgl. Ab-schn. 5.5.4.).

Alle diese Eigenschaften sind durch die metalli-sche Bindung verursacht, die auf dem Vorhanden-sein freier Elektronen beruht. Mißt man Leit-fähigkeit σ und Hall-Koeffizient R_H, so ergeben sich für typische einwertige Metalle bei Zimmer-temperatur die in Tab. 5.14 angegebenen Werte.

Die Übereinstimmung von n_exp und n_ber bestä-tigt die Vorstellung, daß jedes Atom ein freies Elektron liefert.

Jedoch sind damit zwei ernste Probleme ver-knüpft:

1. Entsprechend dem Gleichverteilungssatz (vgl. Bd. 1, Abschn. 13.1.) sollte ein freies Elektron im Mittel die thermische Energie

$$\varepsilon = \tfrac{3}{2}k_\mathrm{B}T \tag{5.177}$$

Tabelle 5.14. Elektrische Eigenschaften einwertiger Metalle

Metall	σ [Ω^{-1} cm^{-1}]	R_H [cm^3/As]	n_exp [cm^{-3}]	n_ber [cm^{-3}]	μ_n [cm^2/Vs]	τ [s]	l [nm]
Li	$1{,}2 \cdot 10^5$	$-1{,}7 \cdot 10^{-4}$	$3{,}7 \cdot 10^{22}$	$4{,}6 \cdot 10^{22}$	20	$0{,}9 \cdot 10^{-14}$	11
Na	$2{,}3 \cdot 10^5$	$-2{,}1 \cdot 10^{-4}$	$3{,}0 \cdot 10^{22}$	$2{,}5 \cdot 10^{22}$	48	$3{,}1 \cdot 10^{-14}$	35
K	$1{,}7 \cdot 10^5$	$-4{,}2 \cdot 10^{-4}$	$1{,}5 \cdot 10^{22}$	$1{,}3 \cdot 10^{22}$	72	$4{,}4 \cdot 10^{-14}$	37
Cu	$6{,}4 \cdot 10^5$	$-0{,}50 \cdot 10^{-4}$	$12{,}6 \cdot 10^{22}$	$8{,}5 \cdot 10^{22}$	32	$2{,}7 \cdot 10^{-14}$	42
Ag	$6{,}7 \cdot 10^5$	$-0{,}85 \cdot 10^{-4}$	$7{,}4 \cdot 10^{22}$	$5{,}8 \cdot 10^{22}$	57	$4{,}1 \cdot 10^{-14}$	57

n_exp und μ_n ergeben sich aus σ und R_H. n_ber wurde aus der Gitterkonstante unter der Annahme berechnet, daß jedes Atom ein freies Elektron hat. Die mittlere freie Flugzeit τ folgt aus μ_n nach Gl. (5.171 a); $l = \bar{v}\tau$ ist die mittlere freie Weglänge, wobei $\bar{v}$ die mittlere thermische Geschwindigkeit ist.

besitzen, so daß die molare Wärmekapazität C_v bei hohen Temperaturen zusätzlich

zum Gitteranteil $\quad C_v^\mathrm{g} = 3R \qquad$ (5.178)

einen elektronischen Anteil $\quad C_v^\mathrm{el} = \tfrac{1}{2}R \quad$ (5.179)

enthalten sollte.

Nach der Regel von DULONG und PETIT (s. Bd. 1, Abschn. 11.5.) ist jedoch $C_v \approx 3R$, d. h. die Elektronen liefern *keinen* wesentlichen Beitrag zur molaren Wärmekapazität.

Dieses Problem wurde von A. SOMMERFELD mit der Theorie des Fermi-Gases gelöst (s. Abschn. 5.8.4.1.).

2. Die mittlere freie Weglänge l der Elektronen ist bei Zimmertemperatur etwa einen Faktor 100 größer als der Atomabstand bzw. der mittlere Abstand der Elektronen. Bei tiefen Temperaturen erreicht dieser Faktor sogar Werte von mehr als 10^4, d. h. die Elektronen stoßen weder untereinander noch mit den Gitterbausteinen merklich zusammen. Ersteres ist eine Folge des Pauli-Prinzips (s. Abschn. 5.8.4.1.), letzteres ergibt sich aus den Welleneigenschaften der Elektronen; ein

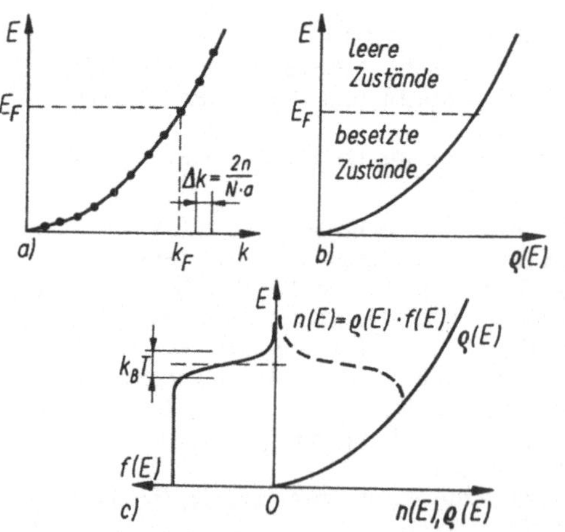

Abb. 5.145. a) Dispersionskurve $E(k)$ des freien Elektronengases (k_F Fermi-Wellenzahl, Zustände mit $k \le k_\mathrm{F}$ sind besetzt); b) Zustandsdichte $\varrho(E)$ des freien Elektronengases: Zustände mit $E \le E_\mathrm{F}$ sind bei $T = 0$ K besetzt; c) Besetzungswahrscheinlichkeit $f(E)$ und Elektronenverteilung $n(E)$ für $T > 0$ K

ideales periodisches Raumgitter beeinflußt die Wellenausbreitung nicht, wenn die Wellenlänge größer ist als die Gitterkonstante.

5.8.4.1. Metallelektronen als Fermi-Gas

Zur Deutung der elektronischen Eigenschaften der Metalle behandeln wir die Leitungselektronen als *wechselwirkungsfrei* (die tatsächlich vorhandene Wechselwirkung mit den Atomrümpfen kann in Form der effektiven Masse berücksichtigt werden (vgl. Abschn. 5.8.3.); sie haben daher die Energie

$$E(k) = \frac{\hbar^2 k^2}{2m} \qquad (5.180)$$

(k Wellenzahlvektor, s. Abb. 5.145 a).

Die Zustandsdichte $\varrho_\mathrm{n}(E)$ im Leitungsband ist durch

$$\varrho_\mathrm{n}(E)\, \mathrm{d}E = 2\, \frac{V}{4\pi^2} \left(\frac{2m}{\hbar^2} \right)^{3/2} \sqrt{E}\, \mathrm{d}E \quad (5.181)$$

gegeben, wobei durch den Faktor 2 berücksichtigt ist, daß infolge des Spins jeder Zustand zweifach besetzt werden kann. V ist das betrachtete Kristallvolumen (Abb. 5.145 b).

Bei tiefer Temperatur ($T \to 0$ K) besetzen die Elektronen die niedrigsten Energiezustände im Metall bis zur Maximalenergie E_F. Am Verlassen des Metalls hindert sie die Anziehungskraft der Ionen, die durch eine Potentialstufe an der Oberfläche ersetzt werden kann (vgl. Abschn. 5.10.2.).

Ist $n = N/V$ die Elektronenkonzentration (N = Zahl der Leitungselektronen im Volumen V), so gilt

$$N = \int_0^{E_\mathrm{F}} \varrho_\mathrm{n}(E)\, \mathrm{d}E = \frac{V}{3\pi^2} \left(\frac{2mE_\mathrm{F}}{\hbar^2} \right)^{3/2} \qquad (5.182)$$

und es wird

$$\text{mit} \quad E_\mathrm{F} = \frac{\hbar^2 k_\mathrm{F}^2}{2m} \qquad (5.183)$$

$$k_\mathrm{F} = (3\pi^2 n)^{1/3} \qquad (5.184)$$

k_F heißt *Fermi-Wellenzahl* und entspricht dem Maximalimpuls (Fermi-Impuls) $p_F = \hbar k_F$ der Elektronen bei der Temperatur $T = 0$ K (vgl. Abb. 5.145). $E_F = $ const. definiert im k-Raum als spezielle isoenergetische Fläche die sog. *Fermi-Fläche*; für freie Elektronen mit der Dispersionsbeziehung der Gl. (5.180) ist dies die *Fermi-Kugel* $|k| = k_F$, innerhalb der sich bei $T = 0$ K alle Elektronen befinden.

Für Kupfer als typisches Metall ist $n = 8,5 \times 10^{22}$ cm^{-3}, daraus ergibt sich $k_F = 1,4 \cdot 10^{8}$ cm^{-1} und $E_F = 6,2$ eV.

Infolge des Pauli-Prinzips besitzen Elektronen in Metallen also selbst bei 0 K beträchtliche Impulse und Energien. Ein derartiges Gas wird als *entartet* bezeichnet; es unterscheidet sich grundsätzlich von einem „normalen" (nicht entarteten) Gas, bei dem die Teilchen eine Maxwellsche Geschwindigkeitsverteilung (vgl. Bd. 1, Abschn. 13.1.) haben.

Bei höheren Temperaturen ändert sich die Verteilung der Elektronen auf die Energiezustände entsprechend der Gl. (5.167) lediglich in einem schmalen Energieintervall der Größenordnung $k_B T$ ($= 0,025$ eV bei Zimmertemperatur) um E_F herum (vgl. Abb. 5.145c). Daraus erklärt sich sofort die sehr geringe Wärmekapazität des Elektronengases: nur Elektronen mit Energien in der Umgebung von E_F (d. h. an der Oberfläche der Fermi-Kugel) können ihre Energie stetig ändern, während für den weitaus größten Teil der Elektronen im Innern der Fermi-Kugel dies wegen des Pauli-Prinzips nicht möglich ist.

Quantitative Berechnungen liefern für den Elektronenanteil der molaren Wärmekapazität

$$C_v^{\mathrm{el}} = \frac{\pi^2}{2} k_B^2 \frac{N_A}{E_F^0} T = \gamma_{\mathrm{el}} T \qquad (5.185)$$

(k_B Boltzmann-Konstante, N_A Avogadro-Konstante); dieser Anteil läßt sich nur bei tiefen Temperaturen messen (s. Abschn. 5.4.6.).

Das Pauli-Prinzip macht auch das weitgehende Fehlen von Stößen der Elektronen untereinander verständlich: jeder Stoß bedeutet Impulsänderung, d. h. Übergang in einen anderen Zustand gleicher Gesamtenergie (die Stöße sind elastisch). Da diese Zustände in der Regel besetzt sind, können außer bei Stößen zwischen Elektronen an der Oberfläche der Fermi-Kugel keine Impulsänderungen auftreten, d. h. die meisten Stöße finden nicht statt.

5.8.4.2. Streuprozesse in Metallen

Da Stöße der Elektronen untereinander und mit einem idealen Gitter keine Rolle spielen, erfolgt die Streuung der Elektronen
a) an Gitterschwingungen;
b) an Gitterbaufehlern (Leerstellen, Fremdatomen, Versetzungen usw.);
c) an der Oberfläche des Kristalls.

Quantitativ wird die Streuwahrscheinlichkeit durch den Wirkungsquerschnitt s des betreffenden Streuprozesses beschrieben. Zwischen s und der mittleren freien Weglänge l besteht der Zusammenhang

$$l = \frac{1}{sN_s} . \qquad (5.186)$$

wobei N_s die Konzentration der betreffenden Stoßpartner ist. Schließlich erhält man die mittlere freie Flugzeit τ, die in die Gl. (5, 172) für die Leitfähigkeit eingeht, zu

$$\tau = l/\bar{v}, \qquad (5.187)$$

$\bar{v}$ ist die mittlere thermische Geschwindigkeit (nicht die Driftgeschwindigkeit!); bei Metallen ist dafür die temperaturunabhängige Fermi-Geschwindigkeit

$$v_F = \frac{\hbar k_F}{m} \qquad (5.188)$$

einzusetzen, da nur Elektronen in der Nähe der Fermi-Fläche gestreut werden können.

Liegen mehrere voneinander unabhängige Streuprozesse vor, so sind die *Streuwahrscheinlichkeiten* zu addieren, d. h. die mittleren Flugzeiten τ_j bzw. die mittleren freien Weglängen l_j sind reziprok zu addieren:

$$\frac{1}{\tau} = \sum_j \frac{1}{\tau_j}, \qquad (5.189\,\mathrm{a})$$

$$\frac{1}{l} = \sum_j \frac{1}{l_j} . \qquad (5.189\,\mathrm{b})$$

Beziehung (5.189) wird als Matthiessensche Regel (im weiteren Sinne) bezeichnet.

Bei *reinen* Metallen tritt nur die *Streuung an Gitterschwingungen* auf. Für diese Gitterstreuung kann man in klassischer Betrachtungsweise jedem Atom als Streuquerschnitt das Quadrat der mittleren thermischen Auslenkung zuordnen:

$$s = \bar{x}^2 . \qquad (5.190)$$

Im thermischen Gleichgewicht ist nach dem Gleichverteilungssatz

$$\bar{x}^2 \sim k_B T; \qquad (5.191)$$

daraus folgt, daß für hohe Temperaturen

$$\tau = \frac{1}{sN_s v_F} \sim \frac{1}{T} \qquad (5.192)$$

und damit

$$\sigma \sim T^{-1} \quad \text{bzw.} \quad \varrho \sim T \qquad (5.193)$$

wird.

Weiterführende Aussagen ergeben sich im Phononenbild (s. Abschn. 5.4.5.). Danach ist die Streuwahrscheinlichkeit proportional zur Anzahl der vorhandenen Phononen n_{ph}.

Bei hohen Temperaturen ($T > \theta$) wird

$$1/\tau \sim n_{\mathrm{ph}} \sim T/\theta, \tag{5.194}$$

wobei θ die Debye-Temperatur ist. Daraus folgt mit Gl. (5.193)

$$\frac{\varrho_0(T)}{\varrho_0(\theta)} = \frac{T}{\theta}. \tag{5.195}$$

Die wichtige Gl. (5.195) besagt: Für reine Metalle ist das Verhältnis der spezifischen Widerstände ϱ_0 bei T und θ unabhängig von der Art des Metalls gleich T/θ. Gl. (5.195) ist bei hohen Temperaturen gut erfüllt (s. Abb. 5.146a). Hingegen gilt

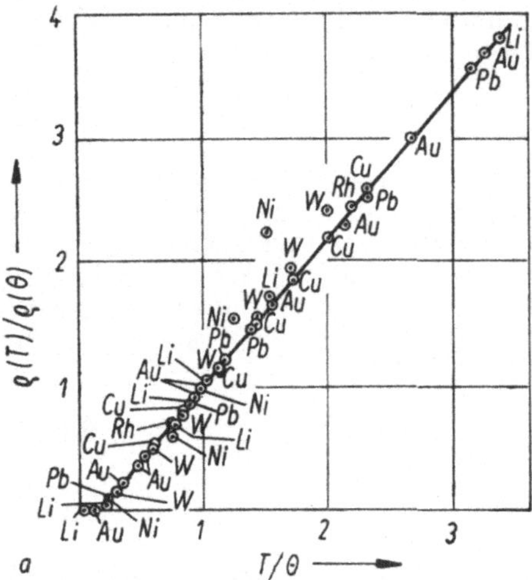

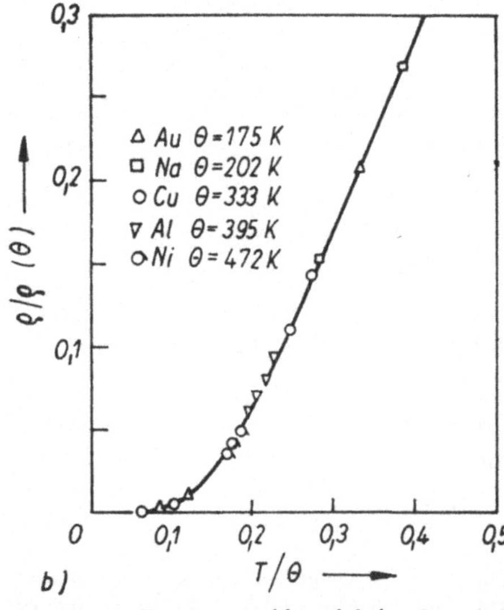

Abb. 5.146. Temperaturabhängigkeit des spezifischen Widerstandes reiner Metalle in reduzierten Einheiten. a) hohe; b) tiefe Temperaturen; (nach GRÜNEISEN)

bei tiefen Temperaturen ($T \ll \theta$) für reine Metalle

$$\frac{\varrho_0(T)}{\varrho_0(\theta)} \sim \left(\frac{T}{\theta}\right)^5 \tag{5.196}$$

(Bloch-Grüneisen-Gesetz, Abb. 5.146b).
Dies ist darauf zurückzuführen, daß bei tiefen Temperaturen nur akustische Phononen mit kleinen Energien und kleinen Impulsen angeregt sind. Stöße mit ihnen bewirken nur geringe Impulsänderungen der Elektronen, d. h. diese Stöße sind nicht erinnerungslöschend (vgl. die analogen Verhältnisse bei der Brillouin-Streuung von Photonen, Abschn. 5.4.3.2.).
In *verunreinigten* Metallen macht sich bei tiefen Temperaturen (d. h. bei geringer Gitterstreuung) die *Streuung an Störstellen* bemerkbar. Die meisten Störstellen haben einen temperaturunabhängigen Streuquerschnitt s_i (i von engl. impurity), so daß auch die entsprechende Relaxationszeit

$$\tau_i = \frac{1}{s_i N_i v_F} \tag{5.197}$$

temperaturunabhängig wird. N_i ist die Störstellenkonzentration.
Für verunreinigte Metalle ergibt sich damit aus Gl. (5.189a) die Matthiessensche Regel im engeren Sinn

$$\varrho = \varrho_i(N_i) + \varrho_0(T). \tag{5.198}$$

Der spezifische Widerstand ϱ eines verunreinigten Metalls setzt sich additiv aus dem temperaturabhängigen Anteil $\varrho_0(T)$ des reinen Metalls und einem temperaturunabhängigen Anteil ϱ_i zusammen (Abb. 5.147). $\varrho_0(T)$ verschwindet für $T \to 0$ K, deshalb bezeichnet man den zur Störstellenkonzentration N_i proportionalen Anteil ϱ_i als *Restwiderstand* und benutzt ihn oder das meßtechnisch bequemer erfaßbare *Restwiderstandsverhältnis*

$$r = \frac{\varrho(300 \text{ K})}{\varrho(4{,}2 \text{ K})} \tag{5.199}$$

als Maß für die elektrische Güte eines Metalls.
Aus Gl. (5.198) folgt außerdem die wichtige Tatsache, daß man die Temperaturabhängigkeit des spezifischen Widerstandes ϱ_0 *reiner* Metalle auch an *verunreinigten* Proben messen kann, indem man den bei tiefen Temperaturen ermittelten Restwiderstand ϱ_i abzieht.
Für den Temperaturkoeffizienten α_T (vgl. Bd. 2, Abschn. 3.2.3.) des spezifischen Widerstandes ergibt sich aus Gl. (5.198) und Gl. (5.195)

$$\alpha_T = \frac{1}{\varrho} \frac{\partial \varrho}{\partial T} = \frac{\varrho_0(\theta)}{\varrho\theta}. \tag{5.200}$$

Das bedeutet: Das Produkt $\alpha_T \cdot \varrho$ ist eine materialspezifische, von Verunreinigungen unabhängige Metalleigenschaft. Stark verunreinigte Proben ha-

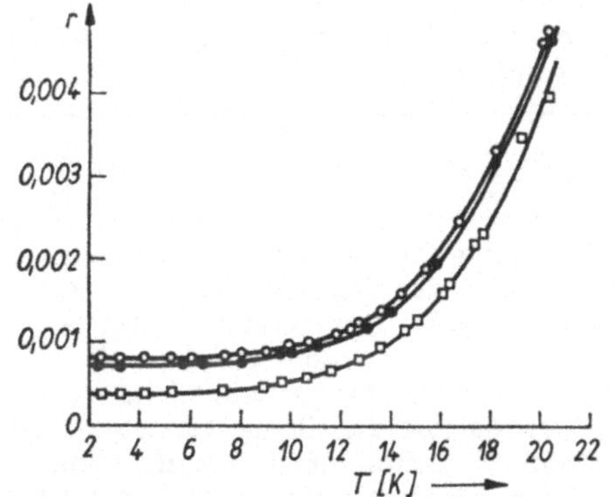

Abb. 5.147. Restwiderstandsverhältnis *r* für 3 Na-Proben bei tiefen Temperaturen (nach MC DONALD und MENDELSSOHN 1950). Alle 3 Kurven lassen sich durch Vertikalverschiebung zur Deckung bringen, was der Darstellung der Gl. (5.198) entspricht

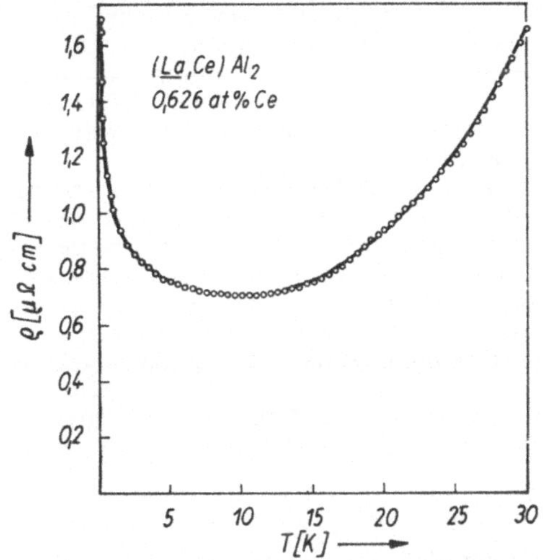

Abb. 5.148. Kondo-Minimum des Widerstandes von LaAl₂ mit 0,63 % Ce-Verunreinigung (nach WINZER 1973)

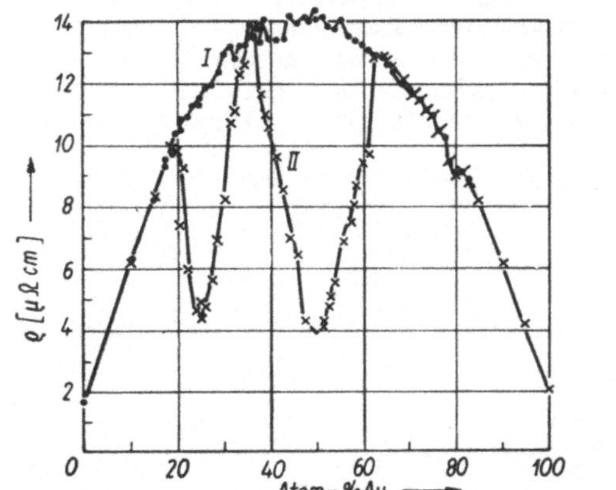

Abb. 5.149. Spezifischer Widerstand von Cu-Au-Legierungen. I abgeschreckt, II getemperte Proben (nach POSPISIL)

ben dementsprechend hohen spezifischen Widerstand, der nur schwach von der Temperatur abhängt. Daher werden *Normalwiderstände* stets aus *Legierungen* (Manganin, Konstantan) hergestellt.

Bei Störstellen mit permanenten magnetischen Momenten kann ϱ_i temperaturabhängig sein, so daß $\varrho(T)$ ein flaches Minimum bei tiefen Temperaturen hat und für $T \to 0$ K wieder ansteigt (Kondo-Effekt, s. Abb. 5.148).

Bei *Legierungen* mit ungeordneter Atomverteilung (herstellbar durch Abschrecken einer Schmelze) ist der spezifische Widerstand stets größer als der der reinen Komponenten. Bei allmählicher Abkühlung bilden sich u. U. geordnete Atomanordnungen (s. Abb. 5.149) mit erheblich niedrigerem Widerstand.

In *dünnen Schichten oder Drähten* werden die Elektronen auch an der *Oberfläche* gestreut. Analog zu Gl. (5.189b) läßt sich die mittlere freie Weglänge *l* in der Form

$$\frac{1}{l} = \frac{1}{l_\infty} + \frac{A}{d} \tag{5.201}$$

schreiben, wobei l_∞ die mittlere freie Weglänge in kompaktem Material und *d* die Schichtdicke bzw. der Drahtdurchmesser ist. $A < 1$ ist ein statistisch berechenbarer Zahlenfaktor, der berücksichtigt, daß Oberflächenstreuung nur die senkrecht zur Oberfläche gerichtete Komponente der Elektronenbewegung beeinflußt. Gl. (5.201) führt zu

$$\frac{\varrho}{\varrho_\infty} - 1 = A \frac{l_\infty}{d} \tag{5.202}$$

(ϱ_∞ spezifischer Widerstand des Kompaktmaterials), so daß man durch Messung der Dickenabhängigkeit von ϱ die mittlere freie Weglänge l_∞ des Kompaktmaterials bestimmen kann (Abb. 5.150).

In hochfrequenten Wechselfeldern ist die Stromdichte nicht mehr gleichmäßig über den gesamten Querschnitt des Leiters verteilt, es tritt Stromverdrängung auf (vgl. Bd. 2, Abschn. 5.9.2.), der Strom fließt nur noch innerhalb einer dünnen Oberflächenschicht. Beim Vorliegen dieses *Skin-Effekts* (skin (engl.) = Haut) ist die elektrische Leitfähigkeit keine geeignete Größe, um das elektrische Verhalten der Metalle zu beschreiben, sie muß zweckmäßigerweise durch die sog. *Oberflächenimpedanz* ersetzt werden.

5.8.4.3. Wärmeleitfähigkeit von Metallen

Die Wärmeleitfähigkeit λ der Metalle ist etwa zwei Größenordnungen höher als die der Isolatoren, sie wird praktisch vollständig durch die freien Elektronen verursacht.

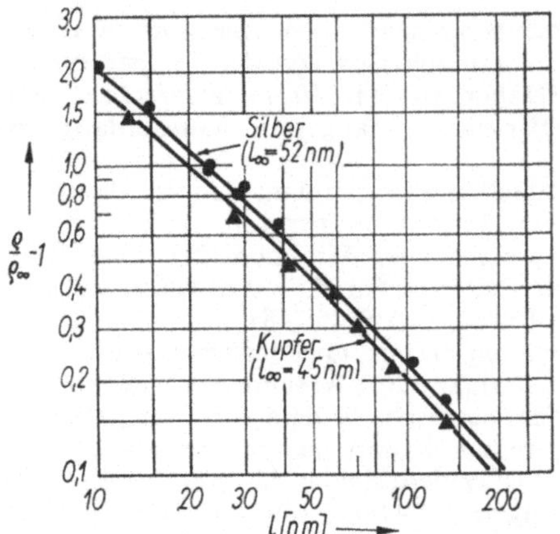

Abb. 5.150. Spezifischer Widerstand von Cu- und Ag-Schichten bei Zimmertemperatur. Auftragung logarithmisch entsprechend Gl. (5.202) (nach REYNOLDS und STILWELL 1952)

Ebenso wie für die Gitterwärmeleitfähigkeit (vgl. Abschn. 5.4.8.) gilt

$$\lambda = \tfrac{1}{3} l v c_v,$$ (5.203)

wobei für die spezifische Wärmekapazität c_v der elektronische Anteil einzusetzen ist und die Geschwindigkeit v mit der Fermi-Geschwindigkeit v_F zu identifizieren ist.

Setzt man c_v entsprechend Gl. (5.185) ein, so ergibt sich mit $E_F = \dfrac{m}{2} v_F^2$

$$\lambda = \frac{\pi^2}{3} n k_B^2 \tau T.$$ (5.204)

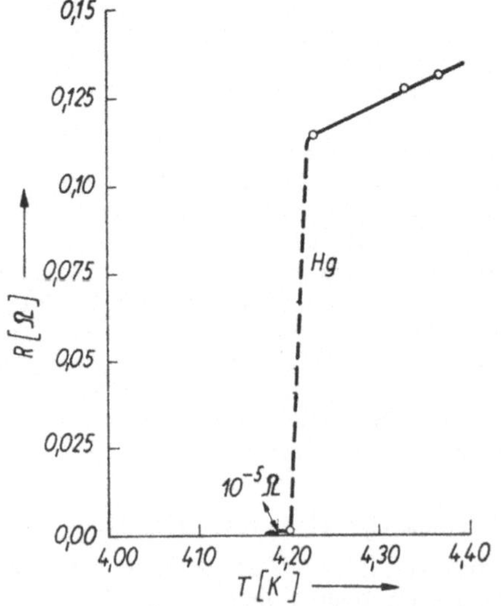

Abb. 5.151. Historische Sprungkurve für Hg (nach ONNES 1911)

Daraus folgt für das Verhältnis λ/σ das *Wiedemann-Franzsche Gesetz*

$$\frac{\lambda}{\sigma} = LT = \frac{\pi^2}{3}\left(\frac{k_B}{e}\right)^2 T.$$ (5.205)

Der Proportionalitätsfaktor L heißt Lorentzsche Konstante, sie hat den Wert $2{,}45 \cdot 10^{-8}$ j Ω/sK^2.
Das Wiedemann-Franzsche Gesetz ist bei hohen Temperaturen experimentell gut bestätigt; bei tiefen Temperaturen treten erhebliche Abweichungen auf, da sich die für die elektrische und die thermische Leitfähigkeit verantwortlichen Streuprozesse merklich voneinander unterscheiden.

5.8.5. Supraleitung

Nach den Ausführungen im Abschn. 5.8.4.2. wird die elektrische Leitfähigkeit von Metallen bei tiefen Temperaturen nur durch Verunreinigungen bestimmt; der spezifische Widerstand sollte für $T \to 0$ K einem endlichen Wert, dem *Restwiderstand*, zustreben.
Nachdem H. K. ONNES (1853 bis 1926, Nobelpreis 1913) 1908 als letztes der Edelgase das He verflüssigt und damit Temperaturen im Bereich von 4 K verfügbar hatte, stellte er fest, daß der spezifische Widerstand von Hg bei 4,2 K sprunghaft auf unmeßbar kleine Werte abnahm (Abb. 5.151). Das damit entdeckte Phänomen der *Supraleitung* ist eine weit verbreitete Eigenschaft vieler Metalle und gab Anlaß zu umfangreichen experimentellen und theoretischen Untersuchungen.

5.8.5.1. Grundlegende experimentelle Befunde

1. Bei über 40 Elementen und mehr als 1000 Legierungen wurde bisher nachgewiesen, daß unterhalb der Sprungtemperatur T_c der spezifische Widerstand unmeßbar klein wird (s. Tab. 5.15). Diese Eigenschaft ist nicht an eine bestimmte Gitterstruktur gebunden und tritt auch in stark gestörten Systemen (Legierungen) auf.

Tabelle 5.15. Eigenschaften von Supraleitern

Stoff	T_c [K]	H_{c_0} [A/m]	$\Delta(0)$ [MeV]
W	0,012	85	
Zn	0,88	420	0,24
Sn	3,72	2440	1,15
Hg	4,15	3280	1,65
Pb	7,19	6400	2,73
V_3Si	17,1		
Nb_3Sn	18,0	207000 (H_{c_2})	
Nb_3Ge	23,2		
$La_{1,8}Sr_{0,2}CuO_4$	37		
$YBa_2Cu_3O_7$	93		

T_c Sprungtemperatur, H_{c_0} kritische Feldstärke für $T \to 0$ K, $\Delta(0)$ Energielücke für $T \to 0$ K.

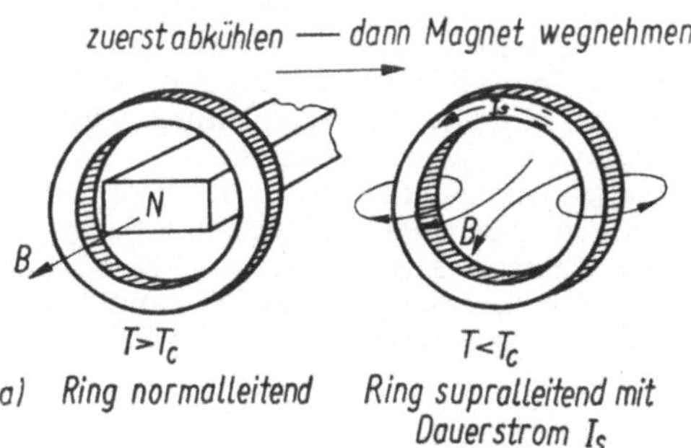

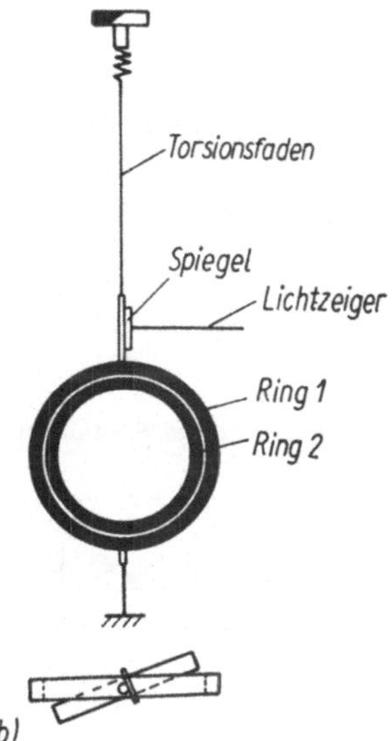

Abb. 5.152. a) Induktion eines Dauerstromes bei $T < T_c$. Oberhalb T_c wird die magnetische Energie des induzierten Stromes sehr schnell in Wärmeenergie umgesetzt; b) Anordnung zur Beobachtung des Dauerstromes (nach ONNES 1914). Entsprechend Abb. 5.152a wurde in beiden Ringen ein Dauerstrom induziert; infolge der Kraftwirkung paralleler Ströme ist eine Änderung der Stromstärke mit einer Änderung des Winkels zwischen den beiden Ringen verbunden, die mittels Lichtzeiger sichtbar gemacht werden kann

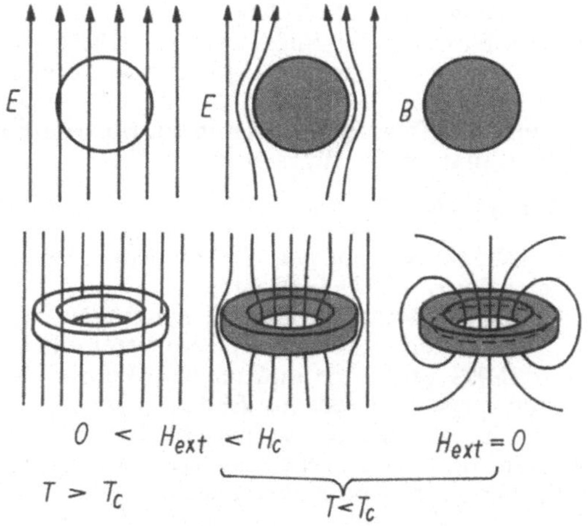

Abb. 5.153. Schematische Darstellung zum Meißner-Ochsenfeld-Effekt. Feldverteilung um einen kugel- bzw. ringförmigen Supraleiter oberhalb und unterhalb T_c. Im Ring wird ein äußeres Feld H_{ext} bei Abkühlung unter T_c teilweise „eingefangen"

Den empfindlichsten Nachweis für das Verschwinden des elektrischen Widerstandes liefern *Dauerstromversuche* an supraleitenden Ringen, in denen durch Induktion ein Strom induziert wurde. Eine Stromänderung kann entweder durch die Änderung der Kraftwirkung zwischen zwei parallelen Strömen (s. Abb. 5.152) oder durch Änderung des von dem Kreisstrom erzeugten Magnetfeldes

(Ablenkung einer Magnetnadel oder Änderung der kernmagnetischen Resonanzfrequenz von Protonen) nachgewiesen werden.

Alle diese Experimente ergaben, daß im supraleitenden Zustand der spezifische Widerstand ϱ mindestens 17 Zehnerpotenzen kleiner als der von Cu bei Zimmertemperatur ist, so daß man überzeugt sein kann, daß $\varrho = 0$ ist[1]). Das bedeutet, daß *keinerlei Streuprozesse* der Ladungsträger möglich sind.

2. Ein magnetisches Feld wird beim Abkühlen auf $T < T_c$ aus dem Innern eines Supraleiters vollständig verdrängt, d. h. *ein Supraleiter ist ein idealer Diamagnet* mit der Permeabilität $\mu = 0$ bzw. der Suszeptibilität $\chi = -1$ (Abb. 5.153). Dieser 1933 entdeckte *Meißner-Ochsenfeld-Effekt* erlaubt die Anwendung thermodynamischer Betrachtungen, er ist *keine* Folge der klassischen Maxwell-Gleichungen.

Nach den Maxwellschen Gleichungen wäre folgendes Verhalten zu erwarten. Bringt man einen Supraleiter ins Magnetfeld, so werden Abschirmströme induziert, die nicht wie bei einem Normalleiter abklingen, sondern dauernd fließen und damit das Eindringen des Magnetfeldes verhindern. Bringt man jedoch den Stoff im normalleitenden Zustand (oberhalb T_c) ins Magnetfeld, so werden die induzierten Abschirmströme in Wärme verwandelt, das Magnetfeld dringt ein. Daran sollte sich beim Abkühlen auf Temperaturen $< T_c$ nichts ändern.

---

[1]) Prinzipiell kann man experimentell nur nachweisen, daß ϱ unterhalb der Meßgrenze der Apparatur liegt.

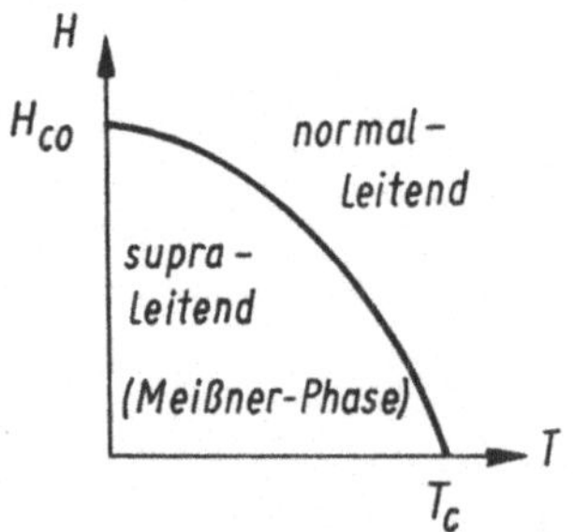

Abb. 5.154. Phasendiagramm eines Supraleiters 1. Art

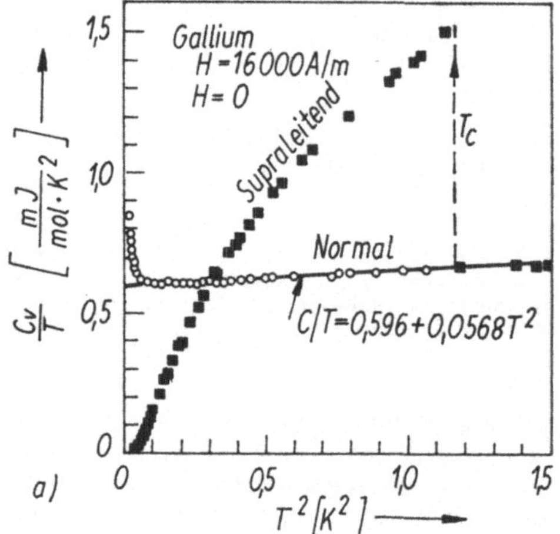

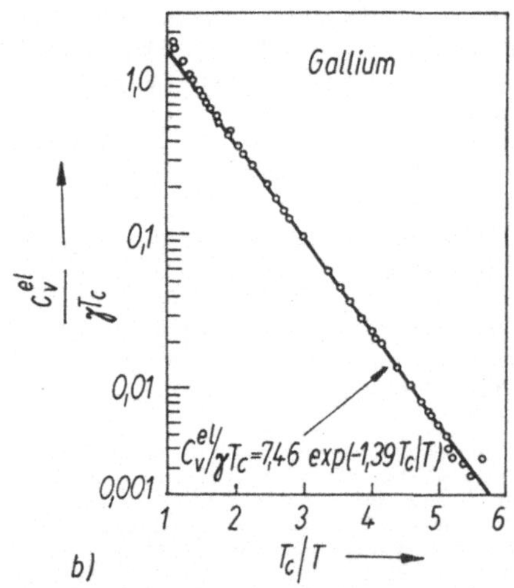

Abb. 5.155. a) Molare Wärmekapazität von Ga im normal- und supraleitenden Zustand (letzterer wird unterhalb von T_c durch ein überkritisches Magnetfeld $H > H_c$ erzwungen). In der normalleitenden Phase dominiert der elektronische Anteil $\gamma T = 0{,}516T$; b) Elektronischer Anteil C_v^{el} in der supraleitenden Phase in Einheiten von γT_c; die exponentielle Abhängigkeit von T_c/T ist offensichtlich (nach PHILLIPS 1964)

Dies würde bedeuten, daß der physikalische Zustand nicht allein durch Temperatur und Magnetfeldstärke bestimmt, sondern von der Vorgeschichte abhängig ist, also keine Phase im Sinne der Thermodynamik ist.

Der Übergang von einem idealen Diamagneten ($\mu = 0$) zu einem normalen para- oder diamagnetischen Verhalten mit $\mu \approx 1$ bei T_c erlaubt eine präzise Messung von T_c, ohne daß man Kontakte an dem Supraleiter anbringen muß. Man benutzt dazu den Supraleiter als Kern einer Spule und mißt deren Induktivität als Funktion der Temperatur. Bei Eintritt der Supraleitung wird die Induktivität sprunghaft kleiner.

3. Starke Magnetfelder zerstören den supraleitenden Zustand: bei einer (temperaturabhängigen) *kritischen Feldstärke* H_c erfolgt ein Phasenübergang in den normalleitenden Zustand (Abb. 5.154). Für H_c gilt näherungsweise

$$H_c = H_{c0}\left(1 - \frac{T^2}{T_c^2}\right). \qquad (5.206)$$

Die kritischen Feldstärken H_{c0} bei 0 K liegen für einfache Metalle (Supraleiter 1. Art) etwa zwischen 100 und 10000 A/m und sind näherungsweise proportional zu T_c.

4. Die molare Wärmekapazität C_v hat einen endlichen Sprung bei T_c. Dies zeigt, daß der Phasenübergang Normalleiter–Supraleiter ein Übergang 2. Ordnung ist. C_v setzt sich aus dem Gitterbeitrag $C_v^{gitter} \sim T^3$ (s. Abschn. 5.4.6.) und dem elektronischen Beitrag C_v^{el} zusammen. Für letzteren findet man in der supraleitenden Phase

$$C_v^{el} \sim \exp\left[-bT_c/T\right] \qquad (5.207)$$

(Abb. 5.155 b), was auf eine Elektronenanregung über eine *Energielücke* hindeutet.

5. Die Übergangstemperatur T_c hängt von der *Masse der Gitterbausteine* ab. Dieser bereits 1922 von ONNES vermutete und an natürlichen Pb-Isotopen vergeblich gesuchte *Isotopieeffekt* wurde 1950 an in Kernreaktoren hergestellten künstlichen Sn- und Hg-Isotopen nachgewiesen (Abb. 5.156). Die gefundene Abhängigkeit

$$T_c \sim M^{-1/2} \qquad (5.208)$$

(M Atommasse) deutet auf eine Beteiligung des Gitters am Phasenübergang hin.

5.8.5.2. Phänomenologische Beschreibung

Eine phänomenologische Beschreibung der elektromagnetischen Eigenschaften der Supraleiter wurde 1935 von F. und H. LONDON gegeben. Fehlender elektrischer Widerstand bedeutet, daß das Ohmsche Gesetz nicht gilt, sondern die Ladungsträger bei Vorhandensein eines elektrischen Feldes E *beschleunigt* werden. Diese Vorstellung

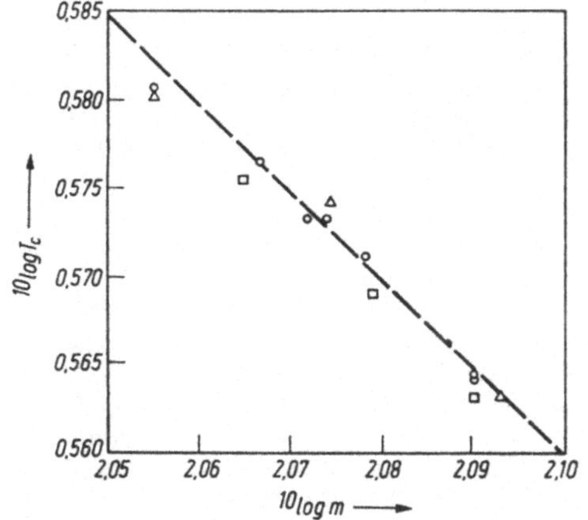

Abb. 5.156. Isotopieeffekt an Sn (nach MAXWELL 1952)

führt auf die 1. Londonsche Gleichung

$$\frac{dj}{dt} = \frac{nq^2}{m} E \qquad (5.209)$$

(m Masse, q Ladung, n Konzentration der Ladungsträger, j Stromdichte).
Fordert man die Gültigkeit des Induktionsgesetzes, so muß gelten

$$-\frac{dB}{dt} = \mathrm{rot}\, E = \frac{m}{nq^2} \frac{d\,\mathrm{rot}\,j}{dt}.$$

Dies ist erfüllt, wenn die 2. Londonsche Gleichung

$$\mathrm{rot}\, j = -\frac{nq^2}{m} B \qquad (5.210)$$

gilt, die den Meißner-Ochsenfeld-Effekt beschreibt.

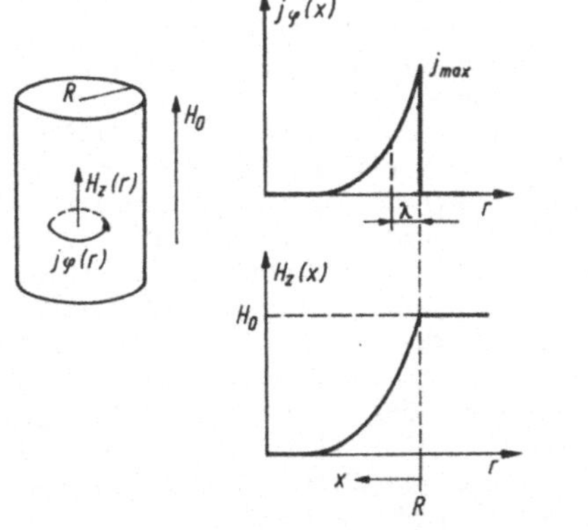

Abb. 5.157. Strom- und Magnetfeldverteilung in einem kreiszylindrischen Supraleiter in einem achsenparallelen Magnetfeld

Die beiden London-Gleichungen haben für den Supraleiter die gleiche Bedeutung wie das Ohmsche Gesetz für einen Normalleiter. Insbesondere gestatten sie die Berechnung der Verteilung von Stromdichte und Magnetfeld in einem Supraleiter.
Beispielsweise findet man für einen supraleitenden Zylinder, in einem achsenparallelen Magnetfeld H_0 die in Abb. 5.157 dargestellte Verteilung von tangentialer Stromdichte j_φ und axialer Magnetfeldstärke H_z.
Näherungsweise gilt mit $x = R - r$ im Innern des Zylinders

$$H(x) = H_0\, e^{-x/\lambda} \qquad (5.211\,\mathrm{a})$$

$$j_q(x) = \frac{H_0}{\lambda}\, e^{-x/\lambda} = j_{max}\, e^{-x/\lambda}. \qquad (5.211\,\mathrm{b})$$

Dabei ist

$$\lambda = \sqrt{\frac{m}{\mu_0 nq^2}} \qquad (5.212)$$

die sog. Londonsche Eindringtiefe.
λ hat die Größenordnung von 10^{-6} cm, so daß sich aus den London-Gleichungen folgendes Bild ergibt:

In der supraleitenden Phase fließen in einer dünnen Oberflächenschicht Abschirmströme, die ein Eindringen eines äußeren Magnetfeldes in massive Supraleiter verhindern. (Sehr dünne Supraleiter zeigen davon abweichendes Verhalten, da in diese das Magnetfeld eindringt).
Dem kritischen Magnetfeld H_c entspricht nach Gl. (5.211 b) eine kritische Stromdichte

$$j_c = H_c/\lambda. \qquad (5.213)$$

Dies führte SILSBEE zu der Hypothese, daß die Existenz eines kritischen Feldes eine Folge der kritischen Stromdichte j_c ist (s. Abschn. 5.8.5.3.).

5.8.5.3. Mikroskopische Theorie

Die Experimente weisen darauf hin, daß der Übergang Normalleiter–Supraleiter ein Tieftemperatur-Phasenübergang im Elektronensystem ist, also einer Ordnung im Elektronensystem mit geringer Wechselwirkungsenergie entspricht (kT_c ist klein gegenüber der mittleren thermischen Energie bei Zimmertemperatur).
Als maßgebend erkannten unabhängig voneinander 1950 H. FRÖHLICH und J. BARDEEN die *Wechselwirkung zwischen Elektronen und Phononen*. Diese Vorstellung wurde 1957 von J. BARDEEN, L. N. COOPER und J. R. SCHRIEFFER zu der heute als *BCS-Theorie* bekannten Theorie ausgebaut, die als Kern folgende Konzeption hat:

Die Bewegung eines Elektrons führt zu einer Gitterpolarisation, d. h. zu einer Anziehung der po-

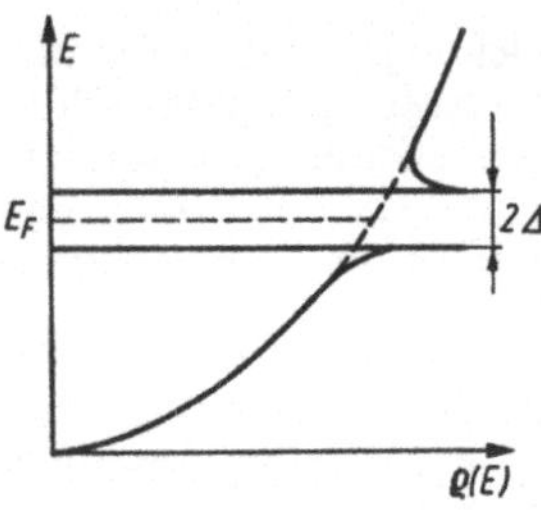

Abb. 5.158. Einteilchen-Zustandsdichte eines Supraleiters mit Energielücke 2Δ symmetrisch zu E_F (schematisch, vgl. auch Abb. 5.145)

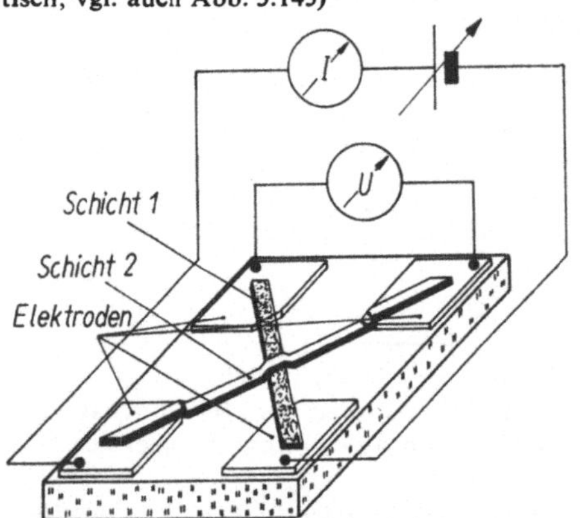

Abb. 5.159. Tunnelkontakt zwischen 2 Metallschichten. Schicht 1 wurde vor dem Aufdampfen von Schicht 2 oxydiert. Schichtdicke etwa 1 µm, Oxiddicke etwa 3 nm

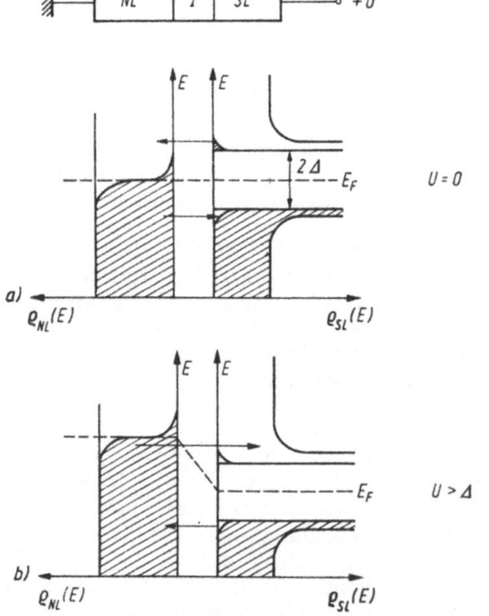

Abb. 5.160. Zustandsdichteschema $\varrho(E)$ für einen Tunnelkontakt zwischen Normalleiter (NL) und Supraleiter (SL). I Isolator. a) $U = 0$ V; b) $U > \Delta$. Die Verschiebung des Fermi-Niveaus ist eU

sitiven Ionen, die wegen der Trägheit der Ionen nicht sofort wieder verschwindet. Ein 2. Elektron, das „in der gleichen Spur" folgt, ist energetisch begünstigt. Die Theorie ergibt, daß sich dadurch je zwei Elektronen mit antiparallelen Impulsen und antiparallelen Spins zu neuen Quasiteilen paaren, die als *Cooper-Paare* $\{p_\uparrow, -p_\downarrow\}$ bezeichnet werden. Dabei ergibt sich je Elektron ein Energiegewinn Δ.

Eine unmittelbare Folge dieser *Elektronenkorrelation* („geschickte" räumliche Anordnung) ist eine Änderung der Einteilchen-Zustandsdichte $\varrho_{SL}(E)$ gegenüber der Zustandsdichte $\varrho_{NL}(E)$ eines Normalleiters in der Nähe der Fermi-Energie E_F (Abb. 5.158), wobei als charakteristisches Merkmal eine Energielücke 2Δ auftritt.

Δ läßt sich aus der Temperaturabhängigkeit des Elektronenanteils C_v^{el} der Wärmekapazität, aus der Absorption elektromagnetischer Strahlung (im Gebiet von mm-Wellen) oder auch aus der Absorption von Hyperschall bestimmen. Am überzeugendsten sind jedoch *Tunnelstromexperimente* zwischen zwei Leitern, die durch eine dünne Isolatorschicht getrennt sind (vgl. Abb. 5.159).

Legt man an diese Anordnung eine Spannung, so fällt diese praktisch vollständig an der Isolatorschicht ab; die beiden Metalle haben unterschiedliches Potential, d. h. das Fermi-Niveau ist unterschiedlich.

Die Stromstärke wird durch drei Faktoren bestimmt:

a) die Zahl der Elektronen, die auf die Isolatorschicht auftreffen;

b) die Wahrscheinlichkeit, diese zu „durchtunneln", d. h. ohne Energieänderung zu durchlaufen;

c) die Zahl der freien Plätze auf der anderen Seite der Isolatorschicht (dies ist eine Folge des Pauli-Prinzips).

Die Abb. 5.160 und 5.161 zeigen die Zustandsdichten (in der Umgebung der Fermi-Energie) bei verschiedenen Spannungen und die Strom-Spannungs-Kennlinien eines Tunnelkontakts zwischen Normal- und Supraleiter.

Tunnelkontakte zwischen Supraleitern gestatten auch die *Erzeugung und den Nachweis von Phononen*. Dazu betrachten wir einen Tunnelkontakt zwischen zwei gleichen Supraleitern, an dem eine Spannung U liegt, so daß $e \cdot U > 2\Delta$ ist und Elektronen in den SL tunneln, der auf positivem Potential liegt (in dem das Fermi-Niveau demzufolge tiefer liegt). Diese Elektronen haben relativ zum unteren Rand des oberen Bandes Energien zwischen 0 und $eU - 2\Delta$ (s. Abb. 5.162). Sie geben ihre Energie in zwei Schritten ab, wobei jeweils ein Phonon emittiert wird:

Beim 1. Schritt zum unteren Rand des oberen Bandes wird die Energie $eU - 2\Delta$ frei; beim

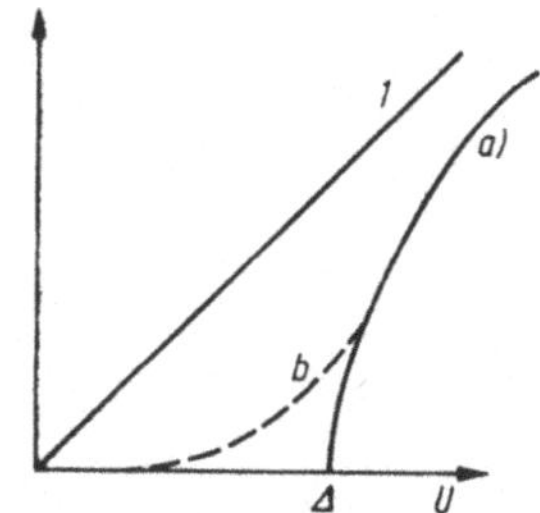

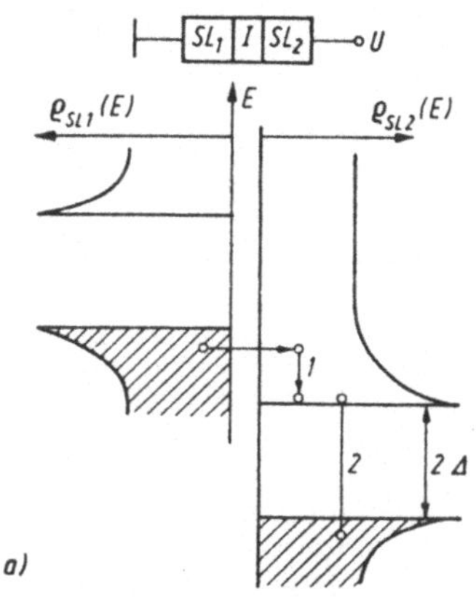

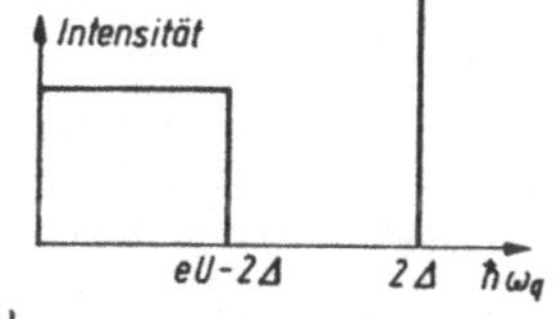

Abb. 5.161. Strom-Spannungskurven für einen Tunnel-kontakt zwischen Normal- und Supraleiter. a) $T = 0$ K; b) $T > 0$ K. Der steile Anstieg der Kurve a) bei $U = \Delta$ ist auf die hohe Zustandsdichte oberhalb der Energielücke zurückzuführen. Kurve *1* gilt für einen Kontakt zwischen 2 Normalleitern

Abb. 5.162. Phononenerzeugung an einem Tunnelkon-takt (a) und Spektrum der erzeugten Phononen (b)

2. Schritt vom unteren Rand des oberen zum oberen Rand des unteren Bandes entstehen mono-energetische Phononen der Energie 2Δ. Der Nach-weis von Phononen kann mit einem gesperrten Tunnelkontakt ($eU < 2\Delta$) erfolgen, in dem beim Auftreten von Phononen mit $\hbar\omega_q > 2\Delta$ Elektro-nen angeregt werden, so daß ein Strom fließen kann. Dieses Verhalten entspricht dem von Photodioden (s. Abschn. 5.10.3.2.). Supraleitende Tunnelkontakte ermöglichen damit Experimente mit monoenergetischen Phononen.

Die Bildung der Cooper-Paare hat als weitere Folge die *grundsätzliche Änderung des statisti-schen Verhaltens.*

Cooper-Paare haben den Gesamtspin $S = 0$ und gehorchen damit der *Bose-Einstein-Statistik.* Bei tiefen Temperaturen tritt *Bose-Einstein-Konden-sation* auf; praktisch alle Cooper-Paare besetzen den Grundzustand (Energie gleich Null!), der von den angeregten Zuständen durch die Energie 2Δ (die zum „Aufbrechen" eines Paares benötigt wird) getrennt ist. Daraus folgt, daß die Cooper-Paare nicht zur Wärmekapazität beitragen (sie können nur Energie aufnehmen, indem sie auf-gebrochen werden) und auch keinen Beitrag zur Wärmeleitfähigkeit liefern.

Legt man ein elektrisches Feld an, so erhalten *alle* Cooper-Paare den gleichen Impuls (anderenfalls wären sie nicht mehr im gleichen Zustand). Streu-prozesse sind nicht möglich, solange die Energie kleiner als 2Δ ist, da dies die Energie des niedrig-sten angeregten Zustands ist. Damit erklärt sich der widerstandslose Stromtransport. Bei *genü-gend großen Geschwindigkeiten* werden jedoch Streuprozesse möglich. Dies führt auf eine kriti-sche Stromdichte

$$j_c = en\,\Delta/p_F, \qquad (5.214)$$

p_F ist der Fermi-Impuls der Elektronen.

Die BCS-Theorie erklärt damit zwanglos das Auftreten einer kritischen Stromdichte bzw. eines kritischen Magnetfeldes $H_c = \lambda j_c$.

5.8.5.4. Flußquantisierung und Josephson-Effekte

Die Bose-Einstein-Kondensation der Cooper-Paare führt zu einem mit vielen Teilchen besetz-ten Grundzustand, der quantenmechanisch durch *eine* Wellenfunktion Ψ zu beschreiben ist. Dabei ist

$$|\Psi|^2 = \frac{n_s}{2} = n_{Co} \qquad (5.215)$$

die Konzentration n_{Co} der Cooper-Paare (n_s ist die Konzentration der supraleitenden Elektronen, sie nimmt von T_c bis $T = 0$ K stetig von 0 bis auf einen endlichen Wert zu). Aus Gl. (5.215) folgt, daß man

$$\Psi = \sqrt{n_{Co}}\,e^{i\varphi} \qquad (5.216)$$

schreiben kann: alle Cooper-Paare befinden sich in einem Zustand gleicher Phase φ (*phasenkohä-renter Zustand*).

Aus dieser Vorstellung läßt sich ableiten, daß der in einem supraleitenden Ring „einfrierbare" *Ma-gnetfluß* Φ (vgl. Abb. 5.153) nur ganzzahlige Viel-fache des *Flußquants* h/q annehmen kann:

$$\oiint B\,df = \Phi = n\,\frac{h}{q} \quad \text{mit} \quad n = 0, 1, 2, \ldots \quad (5.217)$$

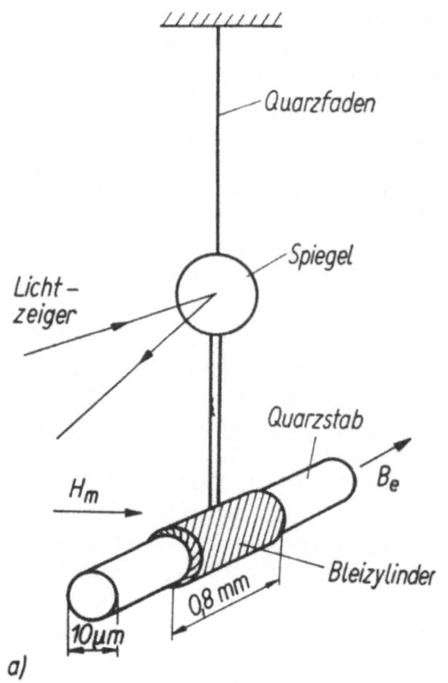

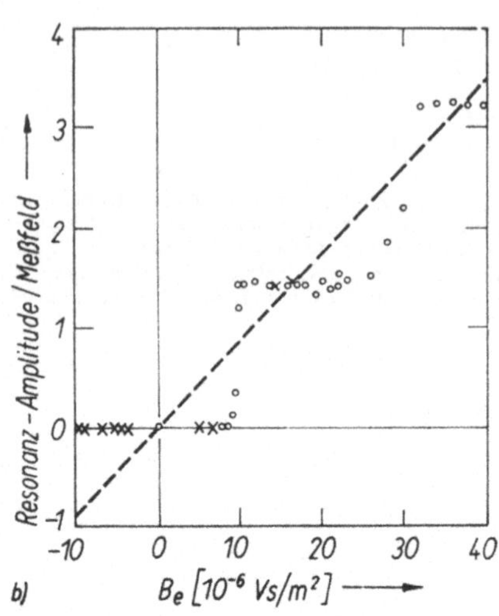

Abb. 5.163. a) Schematische Darstellung der Meßanordnung von DOLL und NÄBAUER. Der Quarzstab mit dem Pb-Zylinder schwingt im flüssigen He im Meßfeld H_m. B_e ist das vor der Messung angelegte Einfrierfeld; b) Flußquantisierung im Pb-Zylinder (nach DOLL und NÄBAUER 1961): Resonanzamplitude als Funktion des Einfrierfeldes B_e. Ohne Flußquantisierung erwartet man die gestrichelte Kurve

q ist dabei die Ladung der für die Supraleitung verantwortlichen Träger.

Ist die von dem Ring umschlossene Fläche genügend klein, so ergeben sich aus Gl. (5.217) Magnetfelder, die einer Messung zugänglich sind. Entsprechende Experimente wurden 1961 ausgeführt, wobei die „Ringe" aus Pb- oder Sn-Zylindern bestanden, die auf Quarzfäden aufgedampft wurden. DOLL und NÄBAUER bestimmten Φ aus Drehschwingungen der Quarzfäden in einem äußeren Magnetfeld (vgl. Bd. 2, Abschn. 4.1.7.), das mit der Resonanzfrequenz umgepolt wurde (Abb. 5.163). DEAVER und FAIRBANK bewegten den Zylinder mit dem eingefrorenen Fluß in Längsrichtung zwischen zwei Meßspulen und

wiesen die induzierte Spannung nach. Die Ergebnisse sind in Abb. 5.164 dargestellt.

Aus beiden Experimenten ergibt sich das Flußquant zu

$$h/q = 2{,}07 \cdot 10^{-15} \; \text{Vs} \qquad (5.218)$$

was einer Ladung q von 2 Elementarladungen entspricht. Damit sind diese Messungen eine unmittelbare Bestätigung der Cooper-Paarvorstellung.

Eine weitere Folge des phasenkohärenten Grundzustandes sind *Tunnelübergänge von Cooper-Paaren* zwischen zwei Suparleitern, die durch eine sehr dünne Isolatorschicht getrennt sind. (Die Tunnelwahrscheinlichkeit für Cooper-Paare ist wesentlich kleiner als für Einzelelektronen, da erstere die doppelte Masse haben.) Derartige Tunnelübergänge und ihre z. T. verblüffenden Konsequenzen wurden 1962 von B. D. JOSEPHSON (Nobelpreis 1973) vorausgesagt und in den folgenden Jahren von verschiedenen Experimentatoren nachgewiesen.

Schirmt man eine Anordnung, wie sie in Abb. 5.159 gezeigt ist, sorgfältig gegen äußere Magnetfelder ab, so beobachtet man bei einer Erhöhung der äußeren Gleichspannung U_0 einen Gleichstrom I_0, der mit U_0 bis zu einem Maximalwert $I_{0\,max}$ anwächst, *ohne daß an der Isolierschicht eine Spannung entsteht* (Gleichstrom-Josephson-Effekt, s. Abb. 5.165).

Abb. 5.164. Flußquantisierung in einem Sn-Zylinder (nach DEAVER und FAIRBANK 1961)

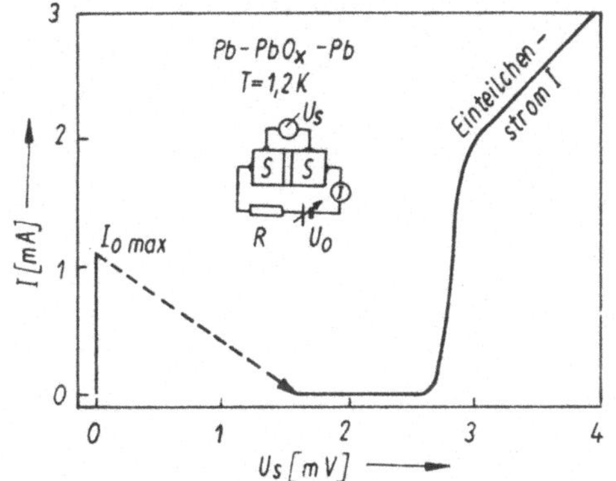

Abb. 5.165. Tunnelgleichstromkennlinie einer Josephson-Diode mit I_0 bei $U_s = 0$ und „Umspringen" auf die Einteilchenkennlinie bei Überschreiten der Stabilitätsgrenze $I_{0\,max}$. Der Widerstand R beeinflußt nur das Umspringen. Dem Einteilchenstrom ist ein Josephson-Wechselstrom überlagert (nach Langenberg, Scalapino und Taylor 1966)

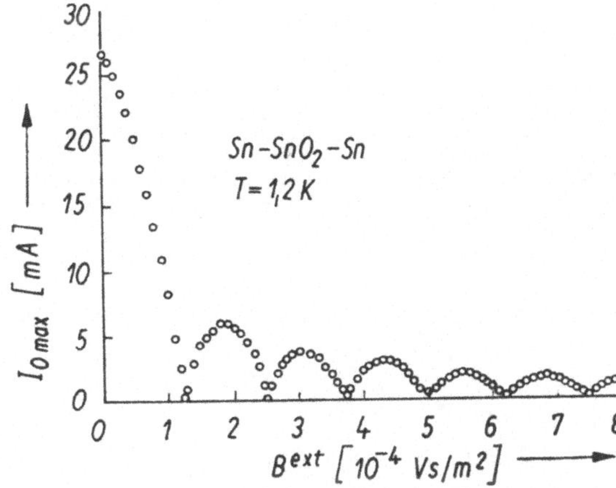

Abb. 5.166. Verhalten des Josephson-Gleichstroms in einem äußeren Magnetfeld B_{ext} (nach LANGENBERG, SCALAPINO und TAYLOR 1966)

Für $I_{0\,max}$ gilt die Beziehung

$$I_0 = I_{0\,max} \sin (\varphi_2 - \varphi_1), \qquad (5.219)$$

wobei I_0 durch die Eigenschaften der Isolierschicht bestimmt ist. φ_2 und φ_1 sind die Phasen der Wellenfunktionen zu beiden Seiten der Isolierschicht.

$I_{0\,max}$ kann stark durch äußere Magnetfelder beeinflußt werden (s. Abb. 5.166), wobei die Nullstellen von $I_{0\,max}$ mit dem Flußquant h/q zusammenhängen. Diese Erscheinung wird für den Bau hochempfindlicher Magnetfeldmeßgeräte ausgenutzt. Steigert man die äußere Spannung U_0 weiter, so wird der Zustand mit $U_s = 0$ instabil, es entsteht eine Spannung an der Isolierschicht

und es fließt *trotz anliegender Gleichspannung ein Wechselstrom*

$$I_s = I_{s\,max} \sin \left(\frac{2eU_s}{\hbar} t \right) \qquad (5.220)$$

dessen Frequenz

$$v_s = \frac{2eU}{h} \qquad (5.220a)$$

linear von der an der Isolierschicht anliegenden Gleichspannung abhängt (Wechselstrom-Josephson-Effekt). Der Nachweis dieses Wechselstroms erfolgte u. a. mit der in Abb. 5.167 dargestellten Anordnung. Dabei regen die im Josephson-Übergang 1–2 erzeugten Photonen im benachbarten Einelektronentunnelkontakt 2–3 Elektronen an, was zu den charakteristischen Stufen in der Kennlinie dieses Kontaktes führt. Die Methode konnte von D. N. LANGENBERG u. Mitarbeitern zu einer Präzisionsmethode zur Bestimmung des Verhältnisses $2e/h$ ausgebaut werden, indem auch neben der Spannung U_s die Frequenz v_s mittels eines Hohlraumresonators genau vermessen wurde.

5.8.5.5. Supraleiter 2. und 3. Art

Die Wechselwirkung zwischen den beiden Elektronen eines Cooper-Paares erstreckt sich räumlich über einen Abstand ξ_0, den man als Kohärenzlänge des Cooper-Paares bezeichnet. ξ_0 liegt meist in der Größenordnung von 10^{-5} bis 10^{-4} cm, ist also groß gegen den mittleren Abstand der Elektronen. Bei allen bisher betrachteten Erscheinungen haben wir $\xi_0 > \lambda$ vorausgesetzt. In diesem Fall kann ein Magnetfeld nicht in den Supraleiter eindringen und man spricht von einem Supraleiter 1. Art.

In stark gestörten Kristallgittern, insbesondere in Legierungen, wird jedoch oft $\xi_0 < \lambda$. In diesem Fall kann oberhalb einer unteren kritischen Feldstärke H_{c1} das Magnetfeld teilweise in den Stoff eindringen, ohne daß die Supraleitfähigkeit verschwindet (das erfolgt erst bei einer oberen kritischen Feldstärke H_{c2}). Derartige Stoffe werden als Supraleiter 2. Art bezeichnet; die Phase zwischen H_{c1} und H_{c2} heißt Shubnikov-Phase (Abb. 5.168). In der Shubnikov-Phase existiert ein Flußquantengitter aus ringförmigen Supraströmen (Abb. 5.169), das durch Dekoration mit ferromagnetischen Fe-Kolloid elektronenmikroskopisch nachgewiesen wurde.

Wegen der hohen kritischen Feldstärken H_{c2} scheinen Supraleiter 2. Art für technische Anwendungen (Bau von Magneten, Motoren, Generatoren, Kabeln) geeignet. Dem steht jedoch entgegen, daß beim Stromtransport „Reibungsverluste" infolge der Bewegung der Flußschläuche auftreten. Für praktische Zwecke „verankert"

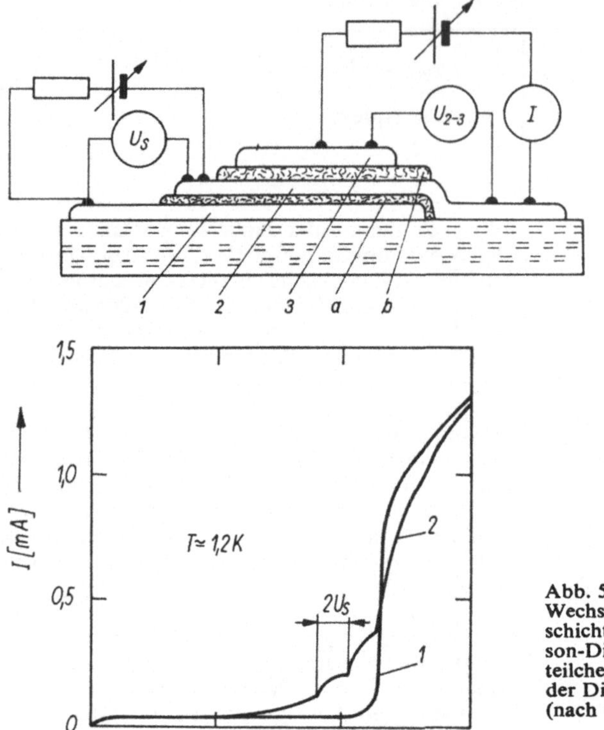

Abb. 5.167. a) Anordnung zum Nachweis des Josephson-Wechselstroms. *1*, *2*, *3* sind Sn-Schichten, *a* und *b* Oxidschichten. *a* ist dünner als *b*, so daß *1* und *2* eine Josephson-Diode bilden, während zwischen *2* und *3* nur Einteilchentunneleffekt möglich ist; b) zeigt die Kennlinie der Diode 2–3. Kurve *1* $U_s = 0$, Kurve *2* $U_s = 0,055$ mV (nach GIAVER 1965)

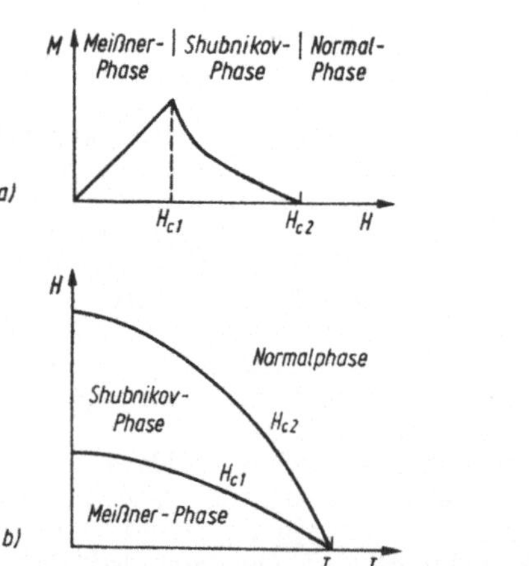

Abb. 5.168. Magnetisierung *M* als Funktion eines Magnetfeldes *H* (a) und Phasendiagramm (b) eines Supraleiters 2. Art. In der Meißner-Phase ist $M = -\mu_0 H$ (inneres Feld $B_i = 0$), während in der Shubnikov-Phase $B_i \neq 0$ ist

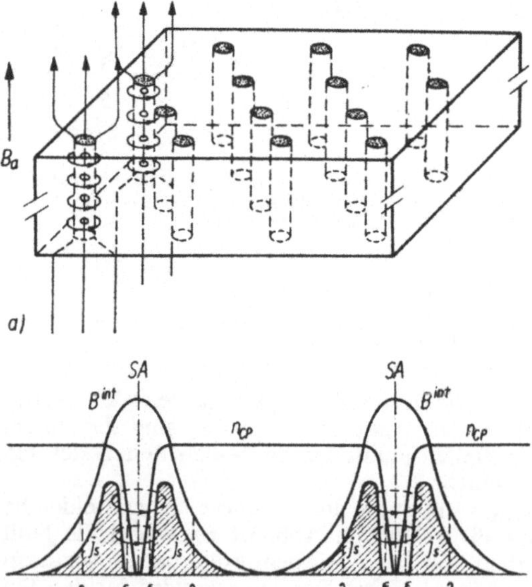

Abb. 5.169. a) Schematische Darstellung eines Flußquantengitters in der Shubnikov-Phase; b) Räumliche Verteilung j_s und Cooper-Paardichte n_{CP} in Flußschläuchen (ebener Schnitt durch zwei benachbarte Schläuche mit den Achsen SA)

man deshalb die Flußschläuche an Gitterstörungen und erhält so die für die Anwendungen geeigneten Supraleiter 3. Art.

5.8.5.6. Hochtemperatur-Supraleiter

In den Jahren 1986/87 wurde in mehreren metallischen Cu—O-Verbindungen Supraleitung nachgewiesen. (J. G. Bednarz, K. A. Müller; Nobelpreis 1987). Bisher am besten untersucht sind die Verbindungen $La_{2-x}Sr_xCuO_y$ (mit $x = 0,1 \ldots 0,2$ und $y < 4$) und $YBa_2Cu_3O_z$ (mit $z < 7$). Erstere hat eine Sprungtemperatur von etwa 35 K, letztere von etwa 95 K. In beiden Fällen sind nahezu ebene CuO_2-Schichten, in denen sich das Cu-Atom 4fach koordiniert im Zentrum eines Quadrats aus 4 O-Atomen befindet, für die Supraleitfähigkeit verantwortlich; diese Schichten sind durch zwischenliegende Schichten der anderen Metalloxide getrennt. Es handelt sich um Supraleiter 2. Art mit vorwiegend zweidimensionaler Leitfähigkeit. Entsprechend der hohen Sprungtemperatur ist die Energielücke relativ groß. Der Isotopieeffekt der Sprungtemperatur beim Ersatz von ^{16}O durch ^{18}O ist wesentlich kleiner als erwartet. Zur Zeit liegen z. T. stark widersprüchliche experimentelle Ergebnisse vor, die meist an chemisch nicht einheitlichen polykristallinen Proben gewonnen wurden. Es ist noch nicht geklärt, ob die Elektron-Phonon-Wechselwirkung oder ein anderer Wechselwirkungsmechanismus für die Supraleitfähigkeit verantwortlich ist.

Elektrotechnische Anwendungen für Magnetspulen, Kabel, Generatoren oder elektronische Bauelemente bei der Temperatur des flüssigen Stickstoffs (oder sogar bei normaler Temperatur, wenn man bisher noch nicht genauer unter-suchte Verbindungen mit Sprungtemperaturen oberhalb von 20 °C heranzieht) liegen auf der Hand, erfordern wegen der sehr ungünstigen mechanischen Eigenschaften der Hochtemperatur-Supraleiter jedoch noch umfangreiche Entwicklungsarbeiten.

5.8.6. Halbleiter

Unter Halbleitern verstehen wir ausschließlich *elektronenleitende* Stoffe; ist die Leitfähigkeit mit Stofftransport verbunden, so spricht man von Ionenleitern (s. Abschn. 5.6.4.1.).

Nach den Betrachtungen von Abschn. 5.8.2. handelt es sich bei Halbleitern um Stoffe, die bei tiefen Temperaturen isolieren, jedoch eine relativ schmale verbotene Zone haben, so daß sie bei höheren Temperaturen infolge thermischer Anregung von Elektronen in höhere Energiezustände (z. B. ins Leitungsband) eine z. T. beträchtliche Leitfähigkeit besitzen.

In Tabelle 5.16 sind einige Halbleitertypen angegeben. Am besten untersucht und für die Herstellung von Bauelementen der Festkörperelektronik fast ausschließlich genutzt werden die Elementhalbleiter Si und Ge sowie die im Zinkblendetyp (s. Abb. 5.35c) kristallisierenden Verbindungshalbleiter (III–V- bzw. II–VI-Verbindungen).

Beide Gruppen haben im Mittel vier Valenzelektronen/Atom und vorwiegend homöopolare Bindung durch sp^3-Hybride (vgl. Abschn. 4.2.2.3.), es liegt eine *tetraedrische Koordination* vor. Darüber hinaus sind jedoch auch Mischkristalle der in Tab. 5.16 aufgeführten Stoffe, amorphe (glasartige) Stoffe aus den Elementen Se, Te, As, Ge und Si sowie viele organische Verbindungen Halbleiter.

Tabelle 5.16. Eigenschaften von Halbleitern

Gruppe	Stoff	Gitter-struktur	E_g bei 300 K [eV]	μ_n [Vs/cm²]	μ_p [Vs/cm²]
IV	Diamant	Diamant-struktur	5,60 (i)	1800	1200
	Si		1,11 (i)	1450	500
	Ge		0,66 (i)	3800	1800
III–V	GaN	Wurtzit	3,50 (i)	≈ 400	
	GaP		2,25 (i)	230	60
	GaAs	Zinkblende	1,44 (d)	8500	450
	InAs		0,36 (d)	30000	240
	InSb		0,18 (d)	76000	4000
II–VI	ZnS	Zinkblende	3,70 (d)	140	5
	CdS	(oder	2,42 (d)	210	
	CdTe	Wurtzit)	1,45 (d)	1000	100
III–VI	EuS	NaCl-Typ	1,65		
II–IV–V$_2$	CdGeAs$_2$	Chalkopyrit	0,53 (d)	≈ 2000	≈ 25
I–III–VI$_2$	CuInSe$_2$	Chalkopyrit	0,81 (d)	1150	

E_g Breite der verbotenen Zone Zimmertemperatur, i indirekte, d direkte verbotene Zone (vgl. Abb. 5.188). Die Werte für die Elektronen- und Löcherbeweglichkeit μ_n, μ_p sind Richtwerte für reine Materialien bei Zimmertemperatur.

5.8.6.1. Eigenleitung

In *sehr* reinen Halbleitern (praktisch sind das heute nur die technologisch mit hoher Perfektion beherrschten Elemente Si und Ge, in denen Verunreinigungskonzentrationen von $< 10^{10}$ Fremdatomen/cm^3 erreicht wurden, vgl. Abschn. 5.2.3.1.) wird das elektrische und optische Verhalten *allein* durch das Grundgitter bestimmt. Abb. 5.170a zeigt schematisch die Zustandsdichte von Valenz- und Leitungsband. Die Verteilung der Elektronen auf diese Zustände hängt von der Temperatur ab und wird durch Gl. (5.167) gegeben.

Ist $kT \ll E_g$ (E_g ist die energetische Breite der verbotenen Zone, der Index g stammt von dem englischen Wort „gap"), so kann die Fermi-Verteilung der Gl. (5.167) im Leitungsband durch die Boltzmann-Verteilung angenähert werden. ($kT \ll E_g$ bedeutet, daß nur wenige Elektronen auf viele freie Plätze zu verteilen sind, so daß das Pauli-Prinzip keine Rolle spielt).

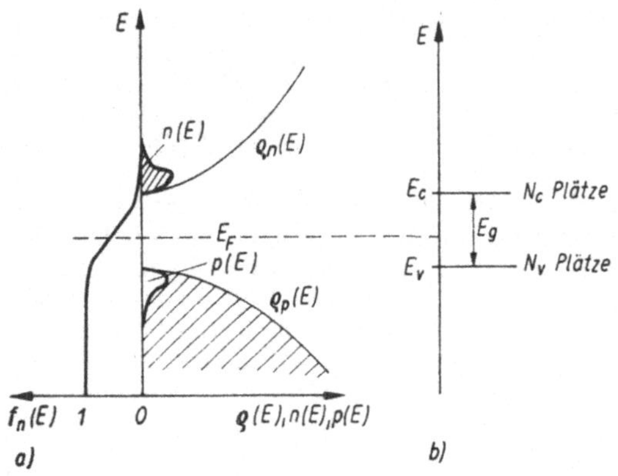

Abb. 5.170. Zustandsdichtedarstellung (a) und einfaches Bändermodell (b) eines Eigenhalbleiters. In der Darstellung (b) hat die Abszisse zunächst keine Bedeutung; für die Behandlung räumlich inhomogener Probleme kann man ihr die Bedeutung einer Ortskoordinate geben (s. Abschn. 5.10.3.)

Für die Elektronenkonzentration $n(E)$ im Leitungsband gilt daher

$$n(E) \approx \varrho_c(E)\, e^{-(E-E_F)/kT}. \qquad (5.221\,a)$$

Im Valenzband entstehen durch die thermische Anregung der Elektronen ins Leitungsband freie Plätze, die als *Defektelektronen* oder *Löcher* bezeichnet werden. Sie verhalten sich wie positiv geladene Teilchen: legt man ein elektrisches Feld an, so wandern die im Valenzband verbliebenen Elektronen wegen ihrer negativen Ladung entgegen der Feldrichtung. Für die Löcher bedeutet das ein Wandern in Feldrichtung (man vergleiche das Verhalten einer Lücke in einer anfahren-

den Autokolonne!), was einer positiven Ladung entspricht.

Da auch die Löcherkonzentration $p(E)$ klein gegenüber der Konzentration verfügbarer Plätze $\varrho_v(E)$ ist, gilt

$$p(E) \approx \varrho_v(E)\, e^{(E-E_F/kT)}. \qquad (5.221\,b)$$

Die Fermi-Energie E_F (bei der die Besetzungswahrscheinlichkeit $f_n(E) = 1/2$ ist) folgt aus der Neutralitätsbedingung (Gesamtzahl der Elektronen im Leitungsband = Gesamtzahl der Löcher im Valenzband) zu

$$E_F = \frac{1}{2}(E_c + E_v) + \frac{3}{4}\, kT \ln \frac{m_v}{m_c}. \qquad (5.222)$$

m_v und m_c sind die effektiven Massen der Ladungsträger im Valenz- bzw. Leitungsband. Der temperaturabhängige 2. Term in Gl. (5.222) ist meist vernachlässigbar klein, d. h. E_F liegt näherungsweise in der Mitte der verbotenen Zone.

Sehr häufig (z. B. für die Berechnung des elektrischen Verhaltens elektronischer Bauelemente) interessieren nur die *Gesamtkonzentrationen n* und *p* der Elektronen und Löcher; diese ergeben sich zu

$$n = \int_{E_c}^{\infty} n(E)\, dE = N_c\, e^{-(E_c - E_F)/kT}$$

$$= \sqrt{N_c N_v}\; e^{-E_g/2kT} = n_i \qquad (5.223\,a)$$

bzw.

$$p = \int_{-\infty}^{E_v} p(E)\, dE = N_v\, e^{(E_v - E_F)/kT}$$

$$= \sqrt{N_c N_v}\; e^{-E_g/2kT} = n_i \qquad (5.223\,b)$$

(n_i Eigenleitungskonzentration, i von engl. „intrinsic").

Die Bedeutung der Gl. (5.223) besteht darin, daß man in allen Fällen, in denen nur n oder p interessiert, die entsprechenden Bänder durch je ein festes Energieniveau ersetzen kann, das mit der Unterkante des Leitungsbandes bzw. der Oberkante des Valenzbandes zusammenfällt und dessen statistisches Gewicht (die Zahl der zugehörigen Zustände) durch die sogenannten effektiven Zustandsdichten

$$N_c = 2\left(\frac{2\pi m_c kT}{\hbar^2}\right)^{3/2}$$

bzw.

$$N_v = 2\left(\frac{2\pi m_v kT}{\hbar^2}\right)^{3/2} \qquad (5.224)$$

gegeben ist (einfaches Bändermodell, Abb. 5.170b).

Für die Leitfähigkeit σ_i eines Eigenhalbleiters ergibt sich entsprechend Abschn. 5.8.3.

$$\sigma = e(\mu_e n + \mu_h p) = e(\mu_e + u_h)\, n_i , \qquad (5.225)$$

wobei μ_e bzw. μ_h die Beweglichkeiten der Elektronen bzw. der Löcher sind.

Dominierend für die Temperaturabhängigkeit von σ_i ist die exponentielle Abhängigkeit von n und p von T, so daß man näherungsweise

$$\sigma_i \sim e^{-E_g/2kT} \qquad (5.225\,a)$$

erhält. Gl. (5.225a) ermöglicht neben optischen Methoden (vgl. Abschn. 5.9.1.2.) eine einfache Messung der Breite der verbotenen Zone, indem

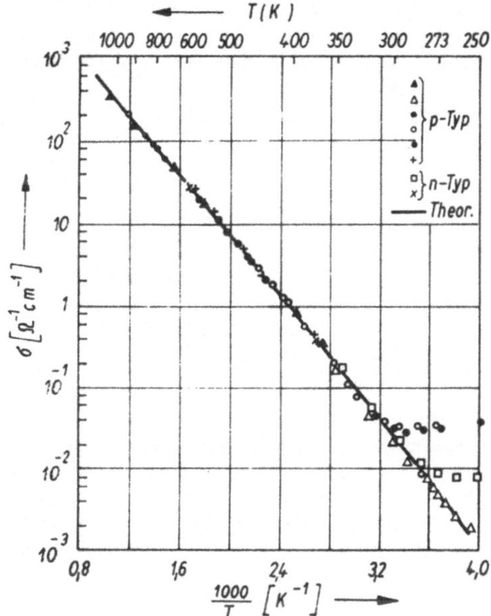

Abb. 5.171. Elektrische Leitfähigkeit von Ge bei hohen Temperaturen (Eigenleitung). Bei niedrigen Temperaturen (in der Abb. rechts) treten infolge Störleitung bei verschiedenen Proben unterschiedlich starke Abweichungen von der Eigenleitungsgeraden auf (nach MORIN und MAITA 1954)

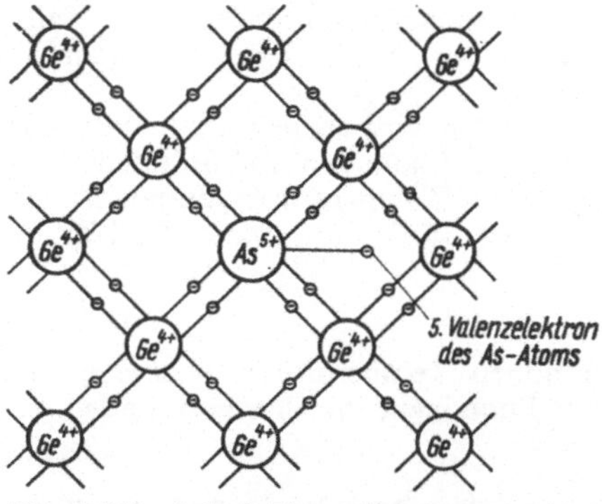

Abb. 5.172. Substitution eines Atoms des Ge-Gitters durch ein As-Atom (räumliches Modell eines Donators)

man $\ln \sigma_i$ als Funktion von $1/kT$ aufträgt (Abb. 5.171) und aus dem Anstieg der Geraden die Größe $E_g/2k$ ermittelt. Für genauere Messung muß man den Einfluß der Beweglichkeit und der Temperaturabhängigkeit der Zustandsdichte eliminieren, indem man statt $\ln \sigma_i$ die Größe $\ln\left(\dfrac{n_i}{T^{3/2}}\right)$ über $\dfrac{1}{T}$ aufträgt.

5.8.6.2. Störleitung

Außer in extrem reinen Materialien werden die elektrischen und optischen Eigenschaften von Halbleitern sehr stark durch *Gitterstörungen* beeinflußt. Grundsätzlich führt jede Abweichung von der idealen Gitterstruktur zu einer Änderung der Zustandsdichte. Merklich wird dies vor allem, wenn dadurch erlaubte Energiezustände in der verbotenen Zone erzeugt werden.

Weitaus am wichtigsten sind *Punktstörstellen*, von denen als charakteristische Beispiele Substitutionsstörstellen in Si und Ge betrachtet werden sollen.

Ersetzt man z. B. ein Ge-Atom durch ein Atom der 5. Gruppe des Periodensystems (z. B. As), so werden vier der fünf Valenzelektronen dieses Störatoms für die chemische Bindung benötigt, d. h., sie besetzen Zustände im Valenzband. Es bleibt ein positiv geladener Atomrumpf zurück, in dessen Feld sich das verbleibende 5. Elektron bewegt (Abb. 5.172). Es hat dabei die potentielle Energie

$$V(r) = -\frac{e^2}{4\pi\varepsilon\varepsilon_0 r} \qquad (5.226)$$

(ε ist die Dielektrizitätskonstante des Kristalls, also eine makroskopische Größe. Ihre Verwendung in obiger Formel ist nur richtig, wenn man die Bewegung des Elektrons im Bereich vieler Gitterkonstanten betrachtet).

Diese Situation ist völlig analog dem freien Wasserstoffatom (vgl. Bd. 3, Abschn. 6.2.1.), so daß man wasserstoffähnliche, in der Umgebung der Störstelle *lokalisierte* Elektronenzustände erhält, deren Energien durch

$$\boxed{E_n = E_c - E_B\,\frac{1}{n^2} \qquad (5.227)}$$

gegeben sind (vgl. Bd. 3, Abschn. 6.4.4.).

Die Bindungsenergie E_B des Elektrons im Grundzustand ist

$$E_B = \frac{1}{\varepsilon^2}\left(\frac{m_{eff}}{m}\right) E_H , \qquad (5.228)$$

der entsprechende Bohrsche Radius beträgt

$$a_B = \varepsilon\left(\frac{m}{m_{eff}}\right) a_H . \qquad (5.229)$$

E_H ist die Bindungsenergie, a_H der Bohrsche Radius des H-Atoms (Größenangaben s. Tab. 5.17). Die mittlere Ausdehnung der Wellenfunktion im Zustand mit der Hauptquantenzahl n beträgt $n a_B$, sie ist in Abb. 5.173 durch die Länge der Energieniveaus charakterisiert.

Tabelle 5.17. Wasserstoffähnliche Störstellen in Halbleitern (Donatoren)

	a_0 [nm]	ε	m_{eff}/m	a_B [nm]	E_B [meV]
H-Atom	–	1	1	0,053	13 600
Si	0,542	11,8	0,33	1,9	31
Ge	0,565	15,6	0,22	4,6	9,8

a_0 Gitterkonstante, Daten des H-Atoms zum Vergleich. Werte für m_{eff}/m und a_B sind Mittelwerte, da die effektiven Massen anisotrop und daher die Wellenfunktionen nicht streng wasserstoffähnlich sind.

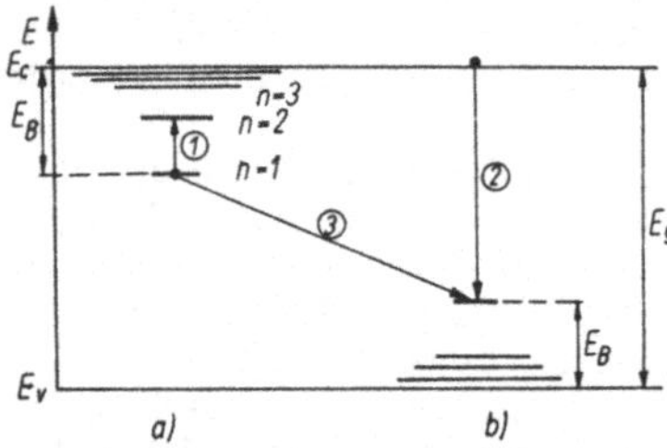

Abb. 5.173. Donatorzustände (a) und Akzeptorzustände (b) im einfachen Bändermodell (Abszisse als Ortskoordinate). ① Intra-Störstellen-, ② Band-Störstellen-, ③ Donator-Akzeptor-Übergänge

Bei genügend hoher Temperatur geht das Elektron aus dem gebundenen Zustand ins Leitungsband über (thermische Ionisation des Donators) und wird frei beweglich, daher wird diese Art von Störstellen als *Donator* (Elektronenspender) bezeichnet.
Analoge Verhältnisse ergeben sich für Elemente der 3. Gruppe. Sie haben gegenüber den Grundgitteratomen ein Elektron weniger, was einem positiv geladenen „Loch" oder Defektelektron gegenüber dem reinen Ge-Kristall entspricht. Die Bindungsenergie dieses Defektelektrons kann man ähnlich wie die des Donatorelektrons berechnen und erhält ein wasserstoffähnliches Termschema in der Nähe des oberen Randes des Valenzbandes. Da diese Zustände bei höheren Temperaturen Elektronen aus dem Valenzband aufnehmen („Löcher ins Valenzband emittieren"), werden sie als *Akzeptorzustände* bezeichnet (Abb. 5.173b). Je nach dem dominierenden Störstellentyp spricht man vom n-Typ (überwiegend Donatoren, Leitung durch *n*egative Träger) oder p-Typ (überwiegend Akzeptoren, Leitung durch *p*ositive Träger). Sind Donatoren und Akzeptoren in vergleichbarer Konzentration vorhanden, so heißt

der Halbleiter kompensiert (k-Typ); der Eigen- oder Idealhalbleiter (englisch „intrinsic") wird auch als i-Typ bezeichnet. Durch bewußtes Einbringen von Verunreinigungsatomen (Dotieren) während der Züchtung oder nachträglich durch Diffusion läßt sich die Trägerkonzentration und damit die Leitfähigkeit in weiten Grenzen verändern.
Die Verteilung der Elektronen und Löcher auf die Energiezustände (Bänder und Störstellenniveaus) ergibt sich ebenso wie für den Eigenhalbleiter aus der Fermi-Verteilung Gl. (5.167). Die in den Störstellenzuständen lokalisierten Ladungsträger tragen i. allg. nicht direkt zur elektrischen Leitfähigkeit bei, beeinflussen diese aber indirekt, da sie die Lage des Fermi-Niveaus und damit die Trägerkonzentrationen in den Bändern festlegen. Dabei ist i. allg. $n \neq p$, jedoch gilt stets das *Massenwirkungsgesetz*

$$np = n_i^2, \tag{5.230}$$

wobei die sogenannte Inversionsdichte n_i gleich der Trägerkonzentration ist, die im reinen Material bei der gleichen Temperatur vorhanden wäre, d. h., es ist

$$n_i = \sqrt{N_v N_c}\, e^{-E_g/2kT}. \tag{5.223a}$$

Im n-Leiter ist $n \gg p$, hier sind die Elektronen Majoritätsträger ($n > n_i$), die Löcher ($p < n_i$) Minoritätsträger. Im p-Material kehren sich die Verhältnisse um.
In Störstellenhalbleitern ist die Leitfähigkeit im wesentlichen durch die Majoritätsträger bestimmt, z. B. gilt für einen n-Leiter

$$\sigma_n = e n \mu_n. \tag{5.231}$$

Der dominierende Faktor für die Temperaturabhängigkeit ist auch hier die Elektronenkonzentration; da diese mit wachsender Temperatur anwächst, sinkt der spezifische Widerstand. Abb. 5.174a zeigt schematisch die Temperaturabhängigkeit der Elektronenkonzentration eines Halbleiters, Abb. 5.174b Meßkurven für mehrere GaAs-Proben.
Die Beweglichkeit μ wird ebenso wie in Metallen durch Streuung an Phononen und Störstellen bestimmt. Bei tiefen Temperaturen dominiert der Einfluß geladener Störstellen, der in Halbleitern zu

$$\mu \sim T^{3/2} \tag{5.232a}$$

führt. Bei hohen Temperaturen überwiegt die Streuung an Phononen, die in vielen Fällen auf

$$\mu \sim T^{-3/2} \tag{5.232b}$$

führt. Die gegenüber Metallen geänderten Temperaturabhängigkeiten sind darauf zurückzufüh-

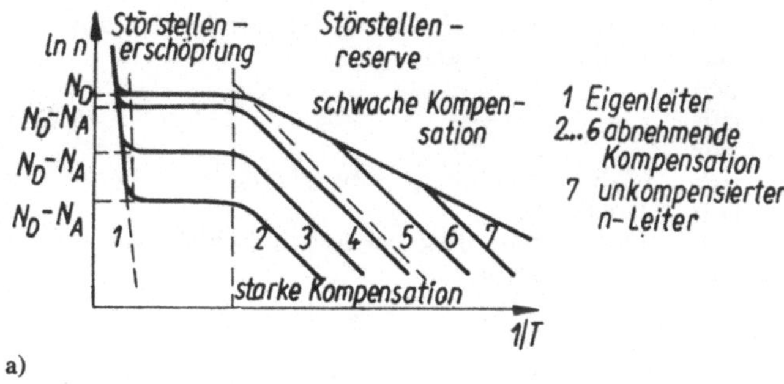

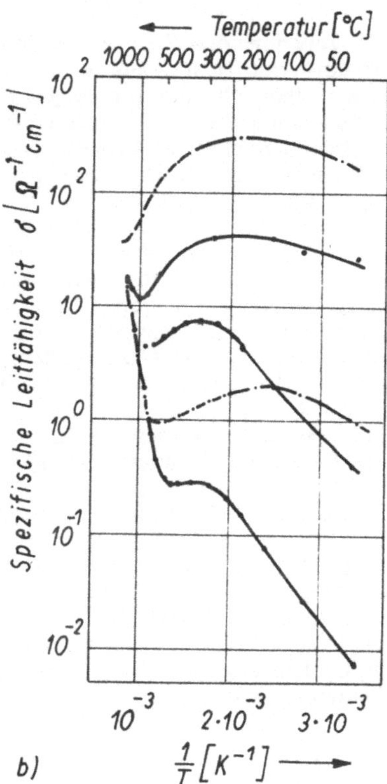

Abb. 5.174. a) Temperaturabhängigkeit der Trägerkonzentration für unterschiedlich stark kompensierte n-Leiter; b) Temperaturabhängigkeit der Leitfähigkeit für verschieden stark dotierte GaAs-Proben. Der Abfall der Leitfähigkeit vor dem Beginn der Eigenleitung ist auf die Temperaturabhängigkeit der Beweglichkeit zurückzuführen (nach FOLBERT und WEISS 1955)

ren, daß in Halbleitern die Maxwell-Boltzmann-Statistik eine temperaturabhängige mittlere Geschwindigkeit der Ladungsträger liefert, während in Metallen die für die Streuprozesse maßgebende Fermi-Geschwindigkeit temperaturunabhängig ist. Die Gl. (5.233a) und (5.232b) ergeben ein

Maximum der Beweglichkeit bei mittleren Temperaturen und damit ein Minimum des spezifischen Widerstandes im Bereich der Störstellenerschöpfung (n = const.). Abb. 5.175 zeigt dies am Beispiel von GaAs.

Bei sehr hohen Dotierungskonzentrationen kann es zu speziellen Effekten kommen: infolge der Wechselwirkung der Störstellen untereinander ist eine sogenannte *Störbandleitung* der an die Störstellen gebundenen Ladungsträger möglich. Ferner kann es dazu kommen, daß auch bei tiefsten Temperaturen keine gebundenen Ladungsträger mehr existieren (sog. Mott-Übergang, nach N. MOTT); der betreffende Halbleiter zeigt dann ein metallähnliches Verhalten und wird als *entartet* bezeichnet.

5.8.6.3. Leitfähigkeit bei hohen elektrischen Feldstärken

Im Gegensatz zu Metallen können in Halbleitern hohe elektrische Feldstärken aufrechterhalten werden. Dies hat zur Folge, daß die Elektronen (oder Löcher) hohe Geschwindigkeiten erreichen. Ihre Energie steigt während des freien Fluges zwischen zwei Streuprozessen u. U. beträchtlich über die mittlere thermische Energie an. Derartige Elektronen (Löcher) werden als *heiß* bezeichnet.

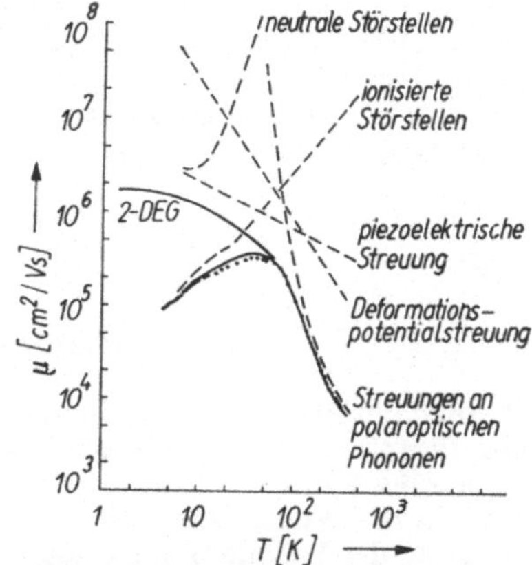

Abb. 5.175. Beweglichkeit μ von GaAs als Funktion der Temperatur. Die gestrichelten Kurven sind die Beiträge verschiedener Streumechanismen. Die Kurve 2-DEG gibt die Meßwerte für ein zweidimensionales Elektronengas wieder (vgl. Abschn. 5.10.3.3), (nach FLETCHER u. BUTCHER 1972)

Mit zunehmender Energie werden unelastische Streuprozesse (insbesondere an optischen Phononen) möglich, die für langsame Elektronen keine Rolle spielen. Infolgedessen steigt die Driftgeschwindigkeit nicht beliebig proportional zur elektrischen Feldstärke, sondern nähert sich einem Sättigungswert (bei Ge und Si) bzw. fällt mit wachsender Feldstärke sogar wieder ab (Abb. 5.176). Nach Gl. (5.171a) sinkt daher bei hohen Feldstärken die Beweglichkeit und es treten Abweichungen vom Ohmschen Gesetz auf. Diesbezügliche Messungen müssen mit kurzen Stromimpulsen ausgeführt werden, um eine thermische Überlastung der Meßprobe zu vermeiden.

Die verstärkte Wechselwirkung mit Gitterschwingungen entspricht einer *Erzeugung von Ultraschallwellen*. Dabei kommt es zur Emission von kohärenten Schallwellen, wenn die Driftgeschwindigkeit $v_d = \mu E$ die Schallgeschwindigkeit übersteigt. Dieser sogenannte akustoelektrische Effekt ist völlig analog zum Čerenkov-Effekt (vgl. Abschn. 2.6.2.) und kann für den Bau von Ultraschallverstärkern ausgenutzt werden. Er stellt die Umkehrung der Ultraschalldämpfung durch Elektronen dar.

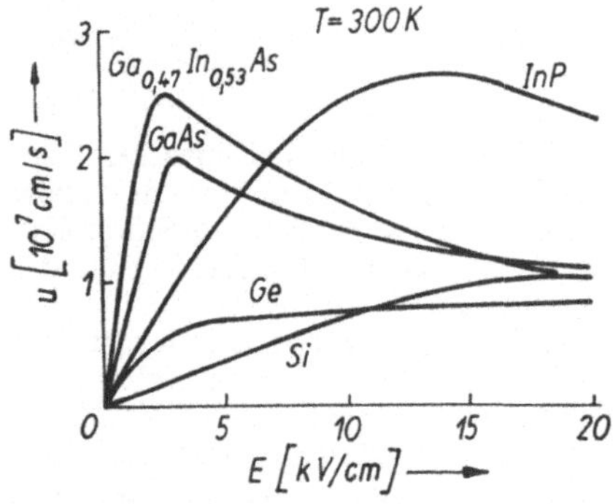

Abb. 5.176. Driftgeschwindigkeit u von Elektronen in verschiedenen Halbleitern als Funktion der elektrischen Feldstärke E (nach H. BENEKING)

5.8.6.4. Elektrischer Durchschlag

Auch in Isolatoren ist – insbesondere bei hohen Feldstärken – Elektrizitätsleitung möglich, die zum elektrischen Durchschlag führen kann und deshalb erhebliche technische Bedeutung besitzt. Die dazu erforderlichen freien Ladungsträger können entweder aus Kontakten in den Isolator injiziert werden oder durch eine innere Feldemission entstehen.

Bei nicht zu hohen Feldstärken wird der Strom durch unterschiedliche Mechanismen begrenzt: durch „Einfangen" der Elektronen in gebundene Zustände (Haftstellen) oder durch die Raumladung der injizierten Ladungsträger. Im letzteren

Falle gilt für einen haftstellenfreien Isolator das Childsche Gesetz

$$ j = \frac{9}{8}\,\varepsilon\varepsilon_0\mu\,\frac{U^2}{d^3} \qquad (5.233) $$

(j Stromdichte, μ Beweglichkeit, d Dicke des Isolators).

Der Durchschlag bei hohen Feldstärken erfolgt in zwei Stadien:

a) sprunghaftes Anwachsen der Stromdichte (reversibel);

b) nachfolgende mechanische oder thermische Zerstörung des Isolators am Durchschlagsort (irreversibel).

Bezüglich der auslösenden Ursachen unterscheidet man zwischen elektrischem und thermischem Durchschlag. Bei ersterem wird ohne merkliche Erwärmung und Feldemission oder Stoßionisationsprozesse heißer Ladungsträger die Leitfähigkeit sprunghaft erhöht, während für den thermischen Durchschlag ein wechselseitiges „Aufschaukeln" von Joulescher Wärme und dadurch wachsender Leitfähigkeit verantwortlich ist.

5.8.7. Magnetisches Verhalten des Elektronengases

5.8.7.1. Zyklotronresonanz

In einem konstanten Magnetfeld B bewegt sich infolge der Lorentz-Kraft $F = -e[v \times B]$ ein Elektron auf Spiralbahnen um die Magnetfeldrichtung (vgl. Bd. 2, Abschn. 9.2.2.). Dabei ist die Umlauffrequenz (Zyklotronfrequenz)

$$ \omega_c = \frac{|e|\,B}{m_0} \qquad (5.234) $$

unabhängig von seiner Bahngeschwindigkeit; Bahnradius r_c und Ganghöhe h_c der Spirale hängen von den Geschwindigkeitskomponenten $v_\perp$ bzw. $v_\parallel$ senkrecht bzw. parallel zur Magnetfeldrichtung ab:

$$ r_c = \frac{m_0 v_\perp}{|e|\,B} \sim \frac{1}{B}, \qquad (5.235\,a) $$

$$ h_c = 2\,\frac{m_0 v_\parallel}{|e|\,B} \sim \frac{1}{B}. \qquad (5.235\,b) $$

Im Magnetfeld erhält ein Elektronengas also eine charakteristische Eigenfrequenz ω_c, die die Ursache für *Resonanzeffekte* ist.

Strahlt man eine elektromagnetische Welle ein, so wird diese im Falle der Resonanz stark absorbiert. Dieser als Zyklotronresonanz bezeichnete Effekt – er beruht auf der gleichen physikalischen Erscheinung wie das Zyklotron, vgl. Abschn. 2.5.6.1. – dient zur Messung von ω_c und gestattet es, in Halbleitern die effektive Masse der Elektronen und Löcher zu ermitteln (Abb. 5.177). Voraussetzung für den Nachweis ist, daß die Ladungsträger mehrere Umläufe ausführen können, bevor sie gestreut werden, d. h., die mittlere freie Weglänge l muß größer als der Zyklotronradius r_c sein. Dies erfordert sehr saubere Materialien, tiefe Temperaturen und starke Magnetfelder und führt auf Frequenzen im Mikrowellen- und Millimeterwellenbereich.

Bei der Zyklotronresonanz an Metallen ist zu beachten, daß elektromagnetische Wellen nur in eine dünne Oberflächenschicht eindringen (vgl. Abschn. 5.9.2.1.), die als Skin-Tiefe δ bezeichnet wird. Speziell bei den erforderlichen tiefen Temperaturen ist $\delta < l$ (sog. anomaler Skin-Effekt). Dies führt dazu, daß Resonanzabsorption auch bei ganzzahligen Vielfachen der Zyklotronfrequenz auftritt; man spricht dann von Azbel-Kaner-Resonanz.

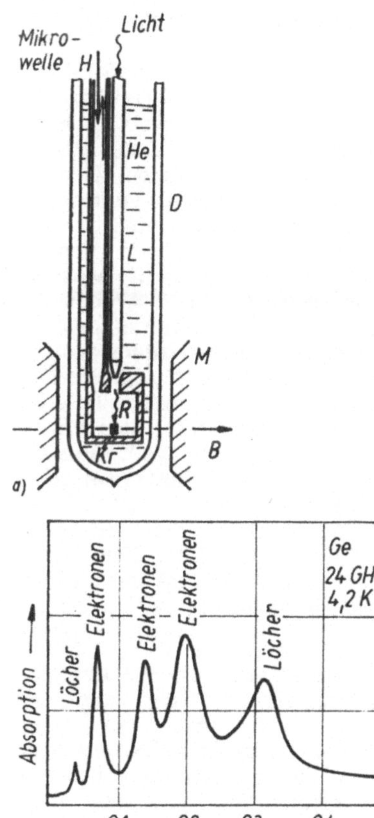

Abb. 5.177. a) Schematische Darstellung der Meßanordnung bei der Zyklotronresonanz. H Hohlleiter, He flüssiges Helium, R Resonator, Kr Kristall, D Dewar-Gefäß, M Magnet; b) Zyklotronresonanzspektrum von Ge. Magnetfeld B in der (110)-Ebene unter 60° zur [100]-Richtung (nach DRESSELHAUS, KIP und KITTEL 1955)

5.8.7.2. Landau-Quantisierung

Strenggenommen ist beim Vorliegen tiefer Temperaturen und starker Magnetfelder eine quantenmechanische Behandlung der Elektronenbewegung nötig, was erstmals von L. LANDAU (1908 bis 1968, Nobelpreis 1962) durchgeführt wurde.

Die für Elektronen erlaubten Energiezustände werden magnetfeldabhängig, ihre Energie

$$E_n(B, k_\parallel) = \left(n + \frac{1}{2}\right) \hbar\omega_c + \frac{\hbar^2 k_\parallel^2}{2m_\parallel} + m_s q \mu_B H \tag{5.236}$$

setzt sich aus der Energie der Bewegung senkrecht zum Magnetfeld ($\sim \hbar\omega_c$, $n = 0, 1, 2, \ldots$), der Energie der (ungestörten) Bewegung parallel zum Magnetfeld und der Energie der Spinbewegung zusammen. ($k_\parallel$ ist die Komponente des k-Vektors parallel zum Magnetfeld H, $m_\parallel$ die entsprechende effektive Masse, μ_B das Bohrsche Magneton; die magnetische Quantenzahl $m_s = \pm 1/2$ entspricht den beiden Einstellmöglichkeiten des Elektronenspins $g = 2$.)

Abb. 5.178 b zeigt die Energieniveaus des Leitungsbandes eines Festkörpers entsprechend Gl. (5.236); die Zustände unterhalb der Fermi-Energie sind besetzt. Dieses Schema gestattet die quantenmechanische Erklärung der Zyklotronresonanz: Einstrahlung einer elektromagnetischen Welle führt zur Elektronenanregung von besetzten zu unbesetzten Landau-Niveaus, wobei die Auswahlregeln $\Delta n = \pm 1$, $\Delta m_s = 0$, $\Delta k_\parallel = 0$ für elektrische Dipolstrahlung zu berücksichtigen sind. (Diese Auswahlregeln bedingen, daß die elektrische Feldstärke der Welle senkrecht zum Magnetfeld H gerichtet ist.) Andererseits gelten für magnetische Dipolstrahlung die Auswahlregeln $\Delta n = 0$, $\Delta m_s = \pm 1$, $\Delta k_\parallel = 0$, was der paramagnetischen Elektronenresonanzfrequenz ω_{para} entspricht. Auch sogenannte gemischte Resonanzen mit $\Delta n \neq 0$ und $\Delta m_s = \pm 1$ wurden schon beobachtet. Für *freie* Elektronen wären die Resonanzfrequenzen für EPR und Zyklotronresonanz gleich, im Festkörper unterscheiden sie sich jedoch, da für letztere die *effektive* Masse der Elektronen maßgebend ist.

Den Energieniveaus der Abb. 5.178 b entspricht eine Zustandsdichte mit periodischer Abhängigkeit von der Energie (Abb. 5.178 a), die sich in einer Reihe von physikalischen Effekten widerspiegelt. Am bekanntesten ist die oszillatorische Abhängigkeit der magnetischen Suszeptibilität χ vom reziproken Magnetfeld (Abb. 5.179 b), die als De-Haas-Van-Alphen-Effekt bezeichnet wird und eine der genauesten Methoden zur Messung der Form der Fermi-Flächen in Metallen darstellt.

Ähnliche oszillatorische Abhängigkeit von $1/B$ zeigen der spezifische elektrische Widerstand

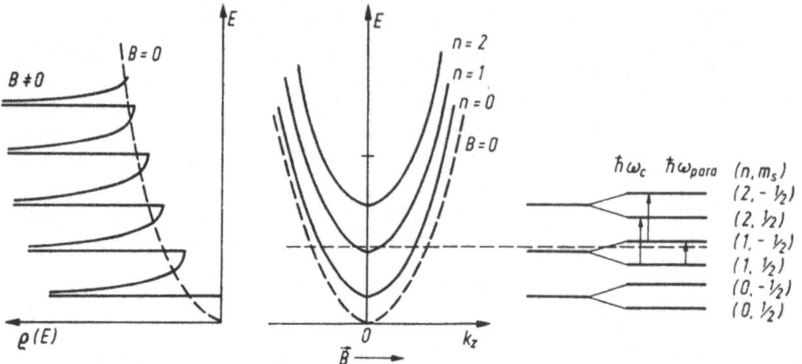

Abb. 5.178. Zustandsdichte (a) und Landau-Niveaus (b) von Leitungselektronen im Magnetfeld B (ohne Beitrag des Spins). Die gestrichelten Kurven gehören zu $B = 0$. c) zeigt die möglichen Übergänge (bei $k_z = 0$) für Zyklotronresonanz ($\hbar\omega$) und paramagnetische Elektronenresonanz ($\hbar\omega_{para}$)

(Schubnikov-De-Haas-Effekt), die Ultraschallabsorption (magnetoakustische Resonanz) u. a. Alle diese „oszillatorischen" Effekte haben ihre gemeinsame Ursache darin, daß bei bestimmten Magnetfeldstärken die Fermi-Energie mit dem Minimum eines Landau-Niveaus (Maximum der Zustandsdichte) zusammenfällt; alle liefern daher auch im wesentlichen die gleichen Informationen über die Form der Fermi-Fläche.

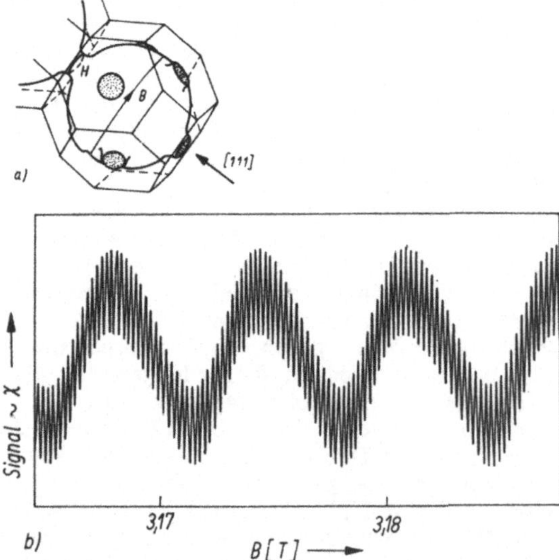

Abb. 5.179. a) Fermi-Fläche von Cu (bzw. Au). Eingezeichnet sind die „Halsbahn" H und die „Bauchbahn" B für Elektronenbewegung im Magnetfeld $B\|$ [111] (nach PIPPARD 1957); b) De-Haas-Van-Alphen-Effekt in Gold mit B in [111]-Richtung. Aufgetragen ist die Schwingungsamplitude im Magnetfeld als Funktion von B. Die engen Oszillationen der Kurve entsprechen den „Bauchbahnen", die weiten den „Halsbahnen" (nach I. M. TEMPLETON)

5.9. Optische Eigenschaften

Sichtbares Licht ist elektromagnetische Strahlung in einem sehr eng begrenzten Wellenlängenbereich (s. Bd. 3, Abschn. 1.1.), physikalisch besteht kein Unterschied zu elektromagnetischer Strahlung mit anderen Wellenlängen. Dementsprechend verstehen wir im folgenden unter Licht beliebige elektromagnetische Strahlung.

Phänomenologisch wird die Wechselwirkung von Licht mit stofflicher Materie durch die Maxwellsche Theorie beschrieben (s. Bd. 2, Abschn. 4.4. und 11.3.). Die maßgebende Materialkonstante ist dabei die (komplexe) Dielektrizitätskonstante ε^* (vgl. auch Abschn. 5.6.1.), d. h., die Wechselwirkung beruht auf einer dielektrischen Polarisation des betreffenden Stoffes unter dem Einfluß der elektrischen Feldstärke der Welle. Für den Bereich optischer Frequenzen benutzt man jedoch entsprechend den verfügbaren Meßmethoden meist den Brechungsindex n und die Absorptionskonstante α als Materialparameter. Der Zusammenhang mit der Dielektrizitätskonstanten ist durch die Maxwell-Beziehung

$$n^{*2} = \varepsilon^* \tag{5.237}$$

gegeben, wobei mit ε^* auch n^* eine komplexe Größe wird. In Kristallen ist ε^* und damit auch n^* ein Tensor 2. Stufe (s. Abschn. 5.6.1.); dadurch werden die vielfältigen Erscheinungen der Kristalloptik hervorgerufen, die ausführlich in Bd. 3 behandelt wurden. Wir betrachten im folgenden im wesentlichen kubische Kristalle, in denen n^* und ε^* skalare Größen sind.

Grundsätzlich lassen sich n und α als Funktion der Wellenlänge aus Reflexions- und Transmissionsmessungen an einer planparallelen Platte bestimmen (Abb. 5.180). Für nicht zu starke Absorption gilt, wenn man z. B. durch geringfügige Rauhigkeit der Oberflächen Interferenzeffekte

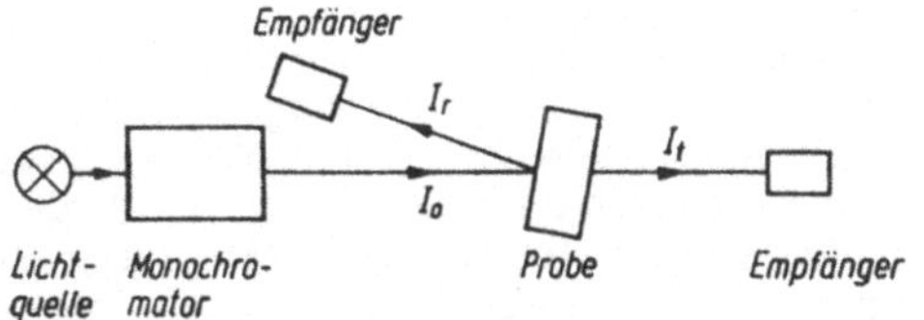

Abb. 5.180. Messung von Transmission und Reflexion an einer planparallelen Platte. Die geringe Schrägstellung ist nötig, um das reflektierte Licht zu messen

(s. Bd. 3, Abschn. 3.1.) vermeidet:

$$\frac{J_t}{J_0} = (1 - R)^2\, e^{-\alpha d}, \qquad (5.238\,\mathrm{a})$$

$$\frac{J_r}{J_0} = R[1 + (1 - R)\, e^{-\alpha d}]. \qquad (5.238\,\mathrm{b})$$

Dabei ist d die durchstrahlte Schichtdicke,

$$R = \frac{(n - 1)^2}{(n + 1)^2} \qquad (5.239)$$

der Reflexionskoeffizient; I_t ist die durchgelassene, I_r die reflektierte und I_0 die einfallende Intensität. Der 2. Term in Gl. (5.238 b) ist der Betrag der Reflexion von der Rückseite. Bei sehr starker Absorption gelten die Gl. (5.238) und (5.239) nicht, n und α müssen dann z. B. mit polarisationsoptischen Methoden (s. Bd. 3, Abschn. 3.3.7.) aus Reflexionsmessungen bestimmt werden.

Abb. 5.181 zeigt eine Übersicht über die Absorptionsspektren eines Isolators (NaCl) und eines Metalls (Ag). Ausgeprägte Unterschiede sind vor allem im langwelligen Spektralbereich erkennbar: der große Absorptionskoeffizient α der Metalle wird hier offenbar durch die freien Elektronen verursacht. Der Einfluß der freien Elektronen überdeckt dabei sogar die bei Isolatoren deutlich sichtbare Absorption durch Gitterschwingungen, deren Resonanzfrequenzen von 10^{12} bis 10^{13} Hz Wellenlänge oberhalb von 10 μm entspricht.

Das optische Verhalten bei kurzen Wellenlängen wird durch Teilchen mit sehr hohen Resonanzfrequenzen, d. h. durch gebundene Elektronen verursacht. Bei sehr kurzen Wellenlängen (im Röntgengebiet) erkennt man die typischen Röntgenabsorptionskanten (vgl. Bd. 3, Abschn. 6.2.7.). Das daran anschließende Gebiet (etwa zwischen 10 nm und 100 nm) ist bisher aus Mangel an geeigneten Strahlungsquellen nur wenig untersucht worden, eine intensive Bearbeitung unter Einsatz der Synchrotronstrahlung von Elektronenbeschleunigern (vgl. Abschn. 2.5.6.5.) hat aber begonnen. Oberhalb von etwa 100 nm liegen die für Festkörperuntersuchungen besonders interessanten Übergänge zwischen Valenz- und Leitungsband. Zwischen diesem elektronischen Teil des Spektrums und dem durch Gitterschwingungen verursachten oberhalb von etwa 10 μm sind Isolatoren durchsichtig; bei Metallen und Halbleitern wird diese Lücke im Absorptionsspektrum durch die Absorption infolge freier Ladungsträger ganz oder teilweise überdeckt.

Optische Absorption bedeutet eine Umwandlung von Lichtenergie in andere Energieformen. Dieser Prozeß läßt sich in zwei Stufen untergliedern:

a) *Anregung* von Elektronen in höhere Energie-

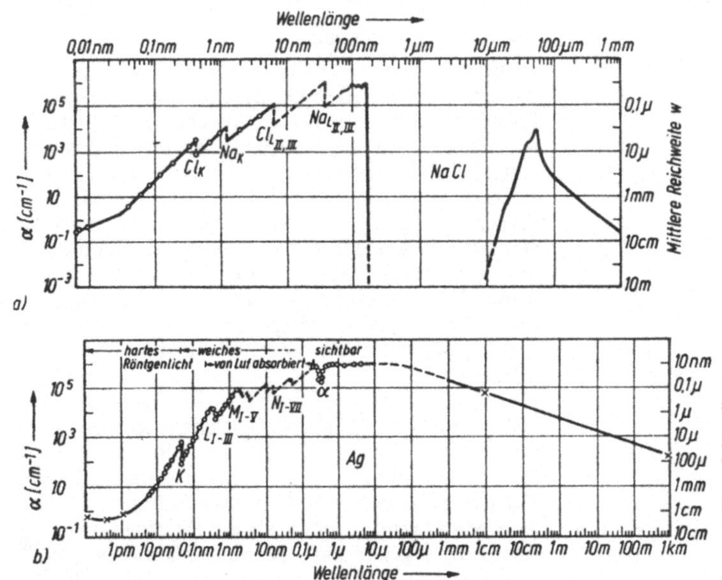

Abb. 5.181. Absorptionsspektrum von NaCl (Isolator) und Ag (Metall). Charakteristisch für Isolatoren ist die Absorptionslücke im Bereich von 0,1 ... 10 μm, die bei Metallen fehlt

niveaus bzw. Erzeugung von einem oder wenigen Phononen. Diese Photon-Elektron- bzw. Photon-Phonon-Wechselwirkung läßt sich als Stoß eines Lichtquants auffassen, wobei die Energie *hv* auf ein Elektron bzw. ein oder wenige Phononen übertragen wird.

b) Nachfolgende *Umwandlung der Anregungsenergie in thermische Energie* (d. h. in Energie vieler Phononen mit einer der Temperatur des Stoffes entsprechenden Verteilung); u. U. wird die Energie in Form von Lumineszenzlicht wieder ausgestrahlt (s. Abschn. 5.9.3.) oder für photochemische Reaktionen verbraucht (s. Abschn. 5.9.4.2.).

Während der Anregungsprozeß sehr schnell verläuft, kann der angeregte Zustand u. U. längere Zeit erhalten bleiben, so daß z. B. Photoleitung (elektrische Leitfähigkeit infolge optisch angeregter Elektronen, s. Abschn. 5.9.4.1.) auftreten kann.

In reinen Stoffen bestehen für den Anregungsprozeß folgende Möglichkeiten:

1. rein elektronische Übergänge (Abschn. 5.9.1.);
2. reine Gitterabsorption (Abschn. 5.4.3.1.);
3. mit Gitterschwingungen gekoppelte elektronische Übergänge (Abschn. 5.9.2.).

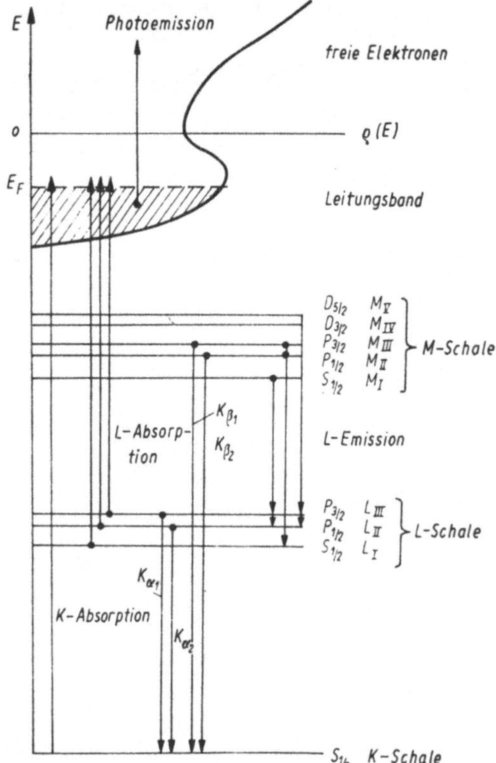

Abb. 5.182. Schema der Röntgenübergänge in einem Metall

Außer diesen drei durch das Grundgitter verursachten Arten optischer Übergänge spielen in realen Kristallen häufig noch Übergänge zwischen Energieniveaus von Verunreinigungen eine Rolle. Sie können in Form von elektronischen Übergängen innerhalb einer Störstelle, zwischen Störstelle und Band des Wirtsgitters und zwischen zwei Störstellen erfolgen, aber auch als Gitterschwingungen unter Beteiligung der Störstelle (sog. lokale Moden) auftreten. Da die Zahl der Störstellen stets klein im Vergleich zur Zahl der Atome des Grundgitter ist, sind solche Übergänge unter Beteiligung von Störstellen im allgemeinen schwach und nur dann beobachtbar, wenn das Wirtsgitter in dem betreffenden Spektralbereich nicht selbst absorbiert.

5.9.1. Elektronenübergänge im Idealkristall

Im Gebiet der Röntgenstrahlen bis zu der bei Isolatoren deutlich ausgeprägten Absorptionskante (s. Abb. 5.181 a) dominieren die rein elektronischen Übergänge, die Absorption eines Lichtquants führt zu einem Übergang eines Elektrons aus einem besetzten Zustand der Energie E_a in einen vorher leeren Energiezustand E_e. Dabei gilt der Energiesatz, d. h. es ist

$$hv = E_e - E_a. \tag{5.240}$$

Der Absorptionskoeffizient für diesen Prozeß ist proportional zur Übergangswahrscheinlichkeit w zwischen den beiden Zuständen, zur Zahl der besetzten Anfangszustände E_a und zur Zahl der leeren Endzustände E_e.

5.9.1.1. Röntgenspektren

Röntgenstrahlen werden vor allem infolge einer Tiefenionisation der kernnahen Elektronenschalen absorbiert (vgl. Bd. 3, Abschn. 6.2.7.), wobei die Elektronen in die leeren Zustände des Leitungsbandes übergehen (Abb. 5.182) oder den Festkörper verlassen (äußerer Photoeffekt, vgl. Abschn. 5.10.2.). Das Absorptionsspektrum setzt sich additiv aus den Beiträgen der einzelnen Schalen zusammen (Abb. 5.183); die charakteristischen Kanten entstehen, weil mit abnehmender Quantenenergie hv entsprechend Gl. (5.240) immer weniger Schalen zur Absorption beitragen können.

Röntgenemission erfolgt in Form der charakteristischen Strahlung durch Elektronenübergänge aus höheren Zuständen in das nach der Absorption entstandene „Loch" in einer inneren Schale. Da sich ein Loch in einer vollen Schale durch die gleichen Quantenzahlen wie ein Elektron beschreiben läßt, ergeben sich wasserstoffähnliche Terme und es gelten die gleichen Auswahlregeln ($\Delta l = \pm 1$, $\Delta j = 0, \pm 1$) wie bei den optischen Spektren des H-Atoms. Infolge der Spin-Bahn-Kopp-

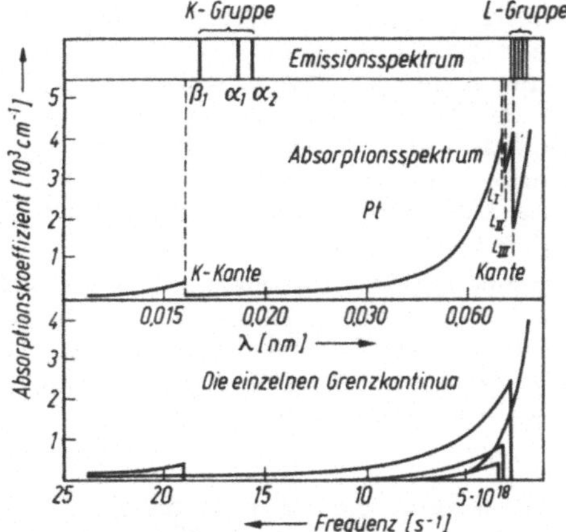

Abb. 5.183. Zusammensetzung des Röntgenabsorptionsspektrums von Pt aus den einzelnen Grenzkontinua und Lage der Emissionslinien

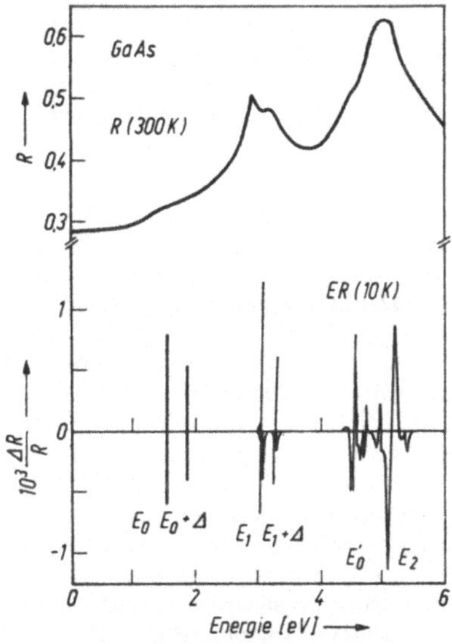

Abb. 5.184. Reflexions- (a) und Elektroreflexionsspektrum (b) von GaAs. Die Sturkturen bei E_0, E_1, E_2 entsprechen den in Abb. 5.181 eingezeichneten Übergängen (nach PHILIPP und EHRENREICH 1963 und ASPNES und STUDNA 1973)

lung spalten die Zustände der inneren Schalen in der in Abb. 5.182 gezeigten Weise ebenso wie die „optischen" Zustände der Alkaliatome auf (vgl. Abschn. 1.3.4.3. und 1.3.6.3.), was zur Feinstruktur der Röntgenemissionslinien führt. Alle Emissionslinien liegen bei niedrigeren Energien (größere Wellenlänge) als die entsprechende Kante (s. Abb. 5.183).

Statt durch Röntgenemission kann das angeregte Elektron auch strahlungslos mit dem Loch in der inneren Schale rekombinieren, wobei die Energie auf ein anderes Elektron übertragen wird, das u. U. den Kristall verläßt (Auger-Effekt).

Die Übergänge zwischen den inneren Zuständen bleiben auch im Festkörper relativ scharfe Linien, deren energetische Lage durch die Art der chemischen Bindung geringfügig beeinflußt wird. Die Messung dieser „chemischen Verschiebung" gibt Hinweise auf den Bindungszustand, in dem das betreffende Atom vorliegt. Die Intensität der Emissionslinien kann zur Bestimmung der chemischen Zusammensetzung von Verbindungen oder Gemischen herangezogen werden (Röntgenfluoreszenzanalyse).

Röntgenübergänge, an denen zu *Bändern verbreiterte Energieniveaus* beteiligt sind, zeigen eine Verbreiterung, die im Falle der Absorption im wesentlichen mit der Zustandsdichte des leeren Teils des Leitungsbandes (oberhalb des Fermi-Niveaus E_F) übereinstimmt; im Falle der Emission dagegen die Zustandsdichte des besetzten Teils des Leitungsbandes bzw. des Valenzbandes widerspiegelt. Derartige Röntgenbanden ermöglichen die unmittelbare Messung der Zustandsdichte dieser Bänder (Abb. 5.182, vgl. auch Abschn. 5.8.1. und Abb. 5.142).

5.9.1.2. Übergänge zwischen Valenz- und Leitungsband

Besonders hohe Absorptionskoeffizienten ergeben sich bei den *Interbandübergängen* zwischen Valenz- und Leitungsband. Die Energiedifferenzen dieser Übergänge von etwa 1 bis 10 eV entsprechen Wellenlängen vom Ultraviolett bis zum nahen Infrarot; die Absorptionskoeffizienten von etwa 10^{-6} cm^{-1} bedeuten, daß das Licht nur etwa 10^{-6} cm tief in den Stoff eindringt, so daß nur das Reflexionsspektrum unmittelbar meßbar ist.

Für die Erklärung der Spektren ist zu beachten, daß in diesem Spektralgebiet (und bei noch größeren Wellenlängen) der Impuls des Photons vernachlässigbar klein ist, so daß der k-Vektor des angeregten Elektrons sich nicht ändert. Das bedeutet, daß optische Übergänge im Bänderschema *vertikal* verlaufen.

Die charakteristischen Strukturen im Reflexionsspektrum (Abb. 5.184) hängen mit den sogenannten *kritischen Punkten* der Bandstruktur zusammen, in denen Valenz- und Leitungsband parallel zueinander verlaufen. Detaillierte Informationen über diese kritischen Punkte (und damit über die Bandstruktur) erhält man, indem man die optische Absorption (bzw. die Reflexion) bei Variation eines äußeren Parameters mißt. Üblich sind Variationen der Temperatur, des Drucks oder eines elektrischen Feldes; man spricht dementsprechend von Thermo-, Piezo- oder Elektroabsorption bzw. -reflexion. Abb. 5.184b zeigt als Beispiel das Elektroreflexionsspektrum von GaAs.

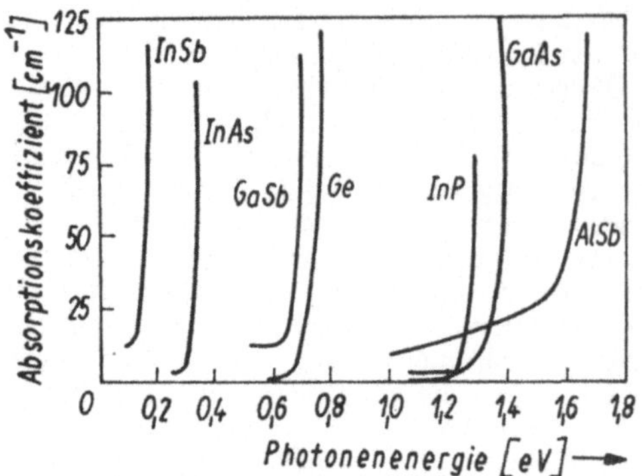

Abb. 5.185. Absorptionskante einiger Halbleiter (nach WELKER 1954)

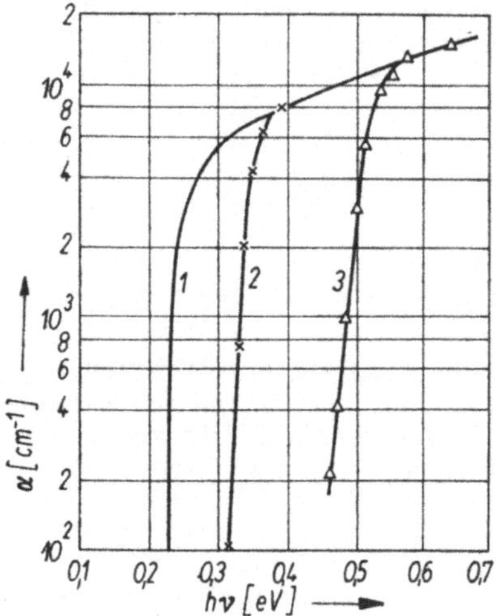

a)

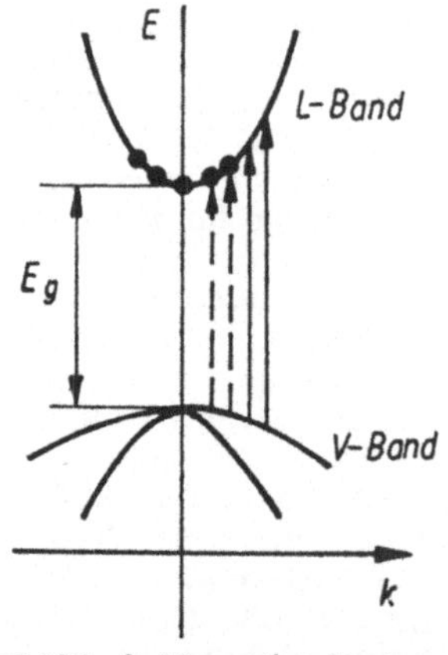

b)

Abb. 5.186. a) Absorptionskante von n-leitendem InSb. *1* reines Material, 77 K; *2* $n = 6 \cdot 10^{17}$ cm^{-3}, 77 K; *3* $n = 2,3 \cdot 10^{18}$ cm^{-3}, 5 K (nach GOBELI und FAN 1960); b) Bandstruktur von InSb in der Umgebung von E_g. Die gestrichelten optischen Übergänge sind in n-Material verboten

Die bei Isolatoren und Halbleitern am deutlichsten ausgeprägte Struktur im Absorptionsspektrum ist die *Absorptionskante* (Abb. 5.185). Ihr Auftreten ist der unmittelbare Beweis für das Vorhandensein einer verbotenen Zone E_g zwischen Valenz- und Leitungsband, da wegen Gl. (5.240) nur Lichtquanten mit $h\nu \geqq E_g$ (5.240a) absorbiert werden können:

Die Untersuchung der Absorptionskante ist die genaueste Methode zur Bestimmung der Breite der verbotenen Zone E_g. Dabei stellt sich E_g als temperaturabhängig heraus, näherungsweise gilt für nicht zu tiefe Temperaturen

$$E_g = E_g^0 - \beta T. \tag{5.241}$$

Der Temperaturkoeffizient β liegt dabei in der Größenordnung von 10^{-4} eV/K, E_g^0 ist die auf 0 K extrapolierte Breite der verbotenen Zone. Sind Elektronen im Leitungsband (bzw. Löcher im Valenzband) vorhanden, so tritt eine scheinbare Vergrößerung von E_g auf, die entsprechend Abb. 5.186b darauf zurückzuführen ist, daß infolge des Pauli-Prinzips keine Übergänge in Zustände unterhalb des Fermi-Niveaus möglich sind. Abb. 5.186a zeigt entsprechende Meßkurven am InSb.

5.9.1.3. Excitonen

In einer Reihe von Isolatoren und Halbleitern tritt bei Energien knapp unterhalb der Absorptionskante eine deutlich ausgeprägte linienhafte Absorption auf (Abb. 5.187), die im Rahmen des Bändermodells (auch bei Berücksichtigung von Phononen und Gitterstörungen) nicht zu verstehen ist. Sie läßt sich jedoch deuten, wenn man den Einfluß des bei der Anregung eines Elektrons aus dem Valenz- ins Leitungsband gleichzeitig entstehenden Loches berücksichtigt. Beide Teilchen sind entgegengesetzt geladen und üben daher anziehende Kräfte aufeinander aus. Das elektrisch neutrale System aus Elektron und Loch wird als „Exciton" bezeichnet, es ist völlig analog einem Wasserstoffatom und hat dementsprechend gebundene Zustände bei Energien

$$E_n = E_g - \frac{\mu}{\varepsilon^2} R_H \frac{1}{n^2} \quad (n = 1, 2, 3, \ldots) \tag{5.242}$$

R_H ist die Rydberg-Konstante des Wasserstoffatoms, ε die Dielektrizitätskonstante des Kristalls, μ die reduzierte Masse von Elektron und Loch.
Die optischen Übergänge zwischen diesen Excitonenzuständen sind für die linienhafte Absorption knapp unterhalb der Absorptionskante verantwortlich, durch sie wird die Struktur der Absorptionskante stark polarer Substanzen (z. B. der Alkalihalogenide) bestimmt.

Excitonen sind in reinen Stoffen frei beweglich; die mit der Translationsbewegung verbundene Energie spielt aber für optische Übergänge keine Rolle. Sind Störstellen vorhanden, so können Excitonen an diesen lokalisiert werden (gebundene Excitonen, s. Abschn. 5.9.3.).

In Metallen wird die Anziehungskraft zwischen Elektron und Loch infolge der hohen Konzentration freier Elektronen abgeschirmt, daher gibt es dort keine Excitonen.

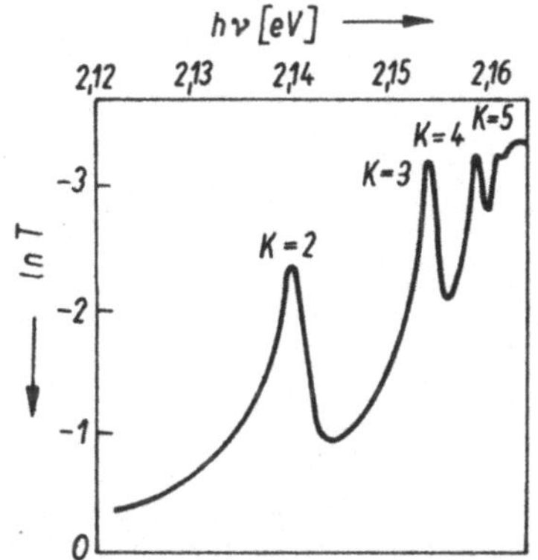

Abb. 5.187. Optische Absorption von Cu(I)-Oxid bei 77 K. Die Transmission T nimmt nach oben ab, die Maxima entsprechen starker Absorption. $E_g = 2,17\ \text{eV}$ (nach BAUMEISTER 1961). K ist die Quantenzahl n aus Gl. (5.242).

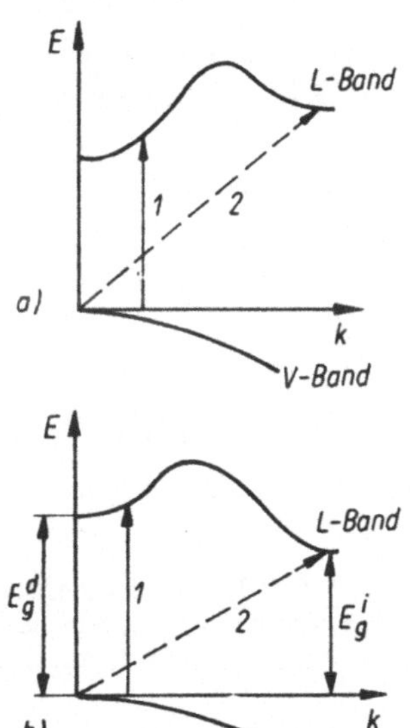

Abb. 5.188. Direkte (1) und indirekte (2) Elektronenübergänge. In einem direkten Material (a) liegen das Maximum des Valenzbandes und das absolute Minimum des Leitungsbandes beim gleichen k-Vektor, im indirekten Material (b) bei verschiedenen k-Vektoren. Der indirekte Übergang (2) ist nur im indirekten Material beobachtbar, im direkten Material wird er durch direkte Übergänge überdeckt

5.9.2. Elektronenübergänge mit Phononenbeteiligung

Außer den im vorigen Abschnitt behandelten direkten optischen Übergängen, die im Bändermodell vertikal verlaufen und an denen nur Elektronen und Photonen beteiligt sind, existieren in Festkörpern auch Übergänge, an denen als drittes Teilchen ein Phonon beteiligt ist. Energie- und Impulssatz für einen solchen Prozeß lauten bei Vernachlässigung des Photonenimpulses

$$hv = E_e - E_a \pm \hbar\omega_q, \tag{5.243a}$$

$$k_a = k_e \pm q \tag{5.243b}$$

(k_a und k_e sind die Wellenzahlenvektoren des Elektrons im Anfangs- bzw. Endzustand; q ist der Wellenzahlvektor des Phonons der Energie $\hbar\omega_q$).

Das positive Vorzeichen entspricht der Erzeugung (Emission) eines Phonons bei der Absorption des Lichtquants, das negative der Vernichtung (Absorption) eines Phonons gleichzeitig mit dem Lichtquant. Dadurch sind auch *indirekte* („schräge") Übergänge im Bändermodell möglich (Abb. 5.188), wobei das absorbierte oder emittierte Phonon für die Erfüllung des Impulssatzes sorgt, die Energiebilanz aber nur geringfügig beeinflußt, da die Phononenenergie auch bei großen Impulsen klein ist.

Die indirekten Übergänge haben als „Dreierstoß" eine wesentlich geringere Übergangswahrscheinlichkeit als die direkten. Sie sind deshalb nur in Spektralgebieten zu beobachten, in denen direkte Übergänge verboten sind. Dies ist die Umgebung der Absorptionskante indirekter Materialien (s. Abb. 5.188) und der Bereich der *Intrabandübergänge*, d. h. der Absorption durch Übergänge freier Ladungsträger innerhalb teilweise gefüllter Bänder.

Die Absorptionskante indirekter Materialien besteht bei tiefen Temperaturen aus Stufen, die durch die mit der Absorption des Lichtquants gekoppelte Erzeugung von Phononen entstehen (Abb. 5.189). Bei höheren Temperaturen verschiebt sich die Kante insgesamt zu niedrigeren Energien, gleichzeitig tritt ein niederenergetischer Ausläufer auf, der optischen Übergängen mit Phononenabsorption entspricht (ein vorhandenes Phonon wird vernichtet und gibt seine Energie an das Elektron ab, so daß niedrigere Lichtquantenenergien zur Anregung ausreichen). Da die Konzentration der Phononen im Kristall stark temperaturabhängig ist (vgl. Abschn. 5.4.5.), nimmt die mit Phononenvernichtung gekoppelte Absorption mit wachsender Temperatur stark zu. Aus Spektren der in Abb. 5.189 gezeigten Art lassen sich die Breite der verbotenen Zone und die Energien der beteiligten Phononen mit hoher Genauigkeit ermitteln.

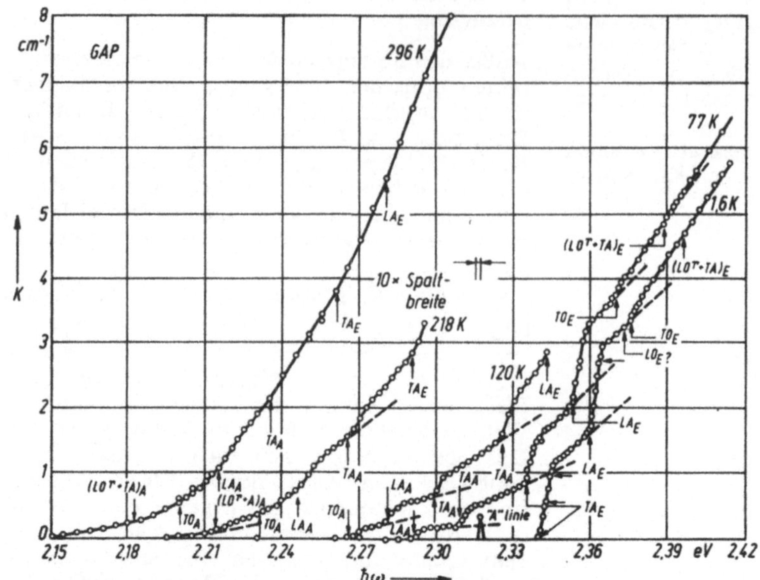

Abb. 5.189. Absorptionskante von GaP bei verschiedenen Temperaturen. Die den einzelnen „Stufen“ entsprechenden Phononen sind angegeben; A bedeutet Absorption (Vernichtung), E Emission (Erzeugung) des betr. Phonons (nach DEAN und THOMAS 1966)

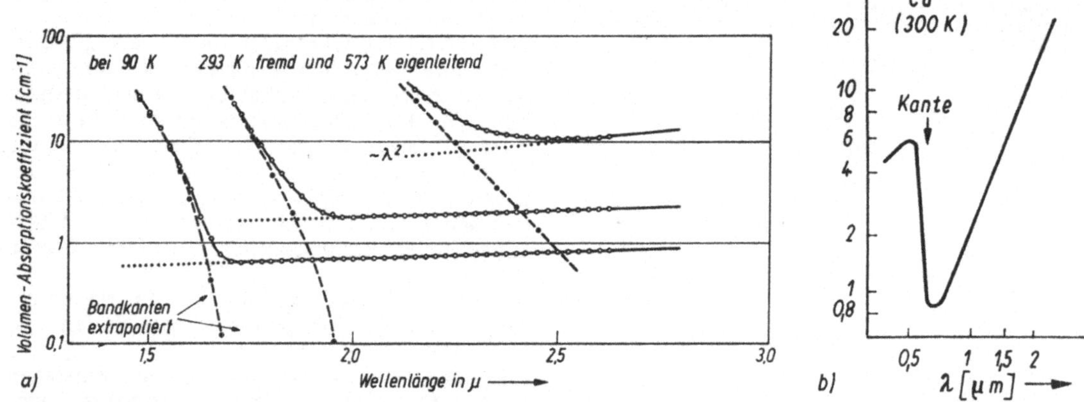

Abb. 5.190. Absorption durch freie Ladungsträger in (a) n- und eigenleitendem Ge (nach JAUMANN und KESSLER 1956) und (b) in Cu (nach ROBERTS 1960)

5.9.2.1. Optisches Verhalten freier Ladungsträger

Freie Ladungsträger in einem Band können beliebig kleine Energiebeträge aufnehmen; das führt zu einem Absorptionskoeffizienten $\alpha(\lambda)$, der mit wachsender Wellenlänge λ ansteigt (Abb. 5.190) und bei Halbleitern eine schwache Absorption im Bereich der „Lücke“ im Absorptionsspektrum bewirkt. Diese Absorption hängt eng mit der elektrischen Leitfähigkeit σ bzw. dem Imaginärteil ε_2 der DK zusammen.

$$\alpha(\omega) = \frac{\omega\varepsilon_2(\omega)}{nc} = \frac{\sigma(\omega)}{\varepsilon_0 nc} \qquad (5.244)$$

(n Brechungsindex, c Lichtgeschwindigkeit).

Eine Berechnung der optischen Konstanten eines Gases freier Elektronen kann mit klassischen Vorstellungen erfolgen. Ausgangspunkt ist die Bewegungsgleichung

$$m_{\text{eff}} \frac{\mathrm{d}^2 x}{\mathrm{d}t^2} + \frac{m_{\text{eff}}}{\tau} \frac{\mathrm{d}x}{\mathrm{d}t} = qE_0\, e^{i\omega t} \qquad (5.245)$$

eines Elektrons. Gl. (5.245) ist mit Gl. (5.84) von Abschn. 5.6.1.1. identisch, da freie Elektronen eine Resonanzfrequenz $\omega_0 = 0$ haben. τ ist hier die mittlere freie Flugzeit und charakterisiert die „Reibung“ der Elektronen infolge von Stößen (vgl. Abschn. 5.8.3.), m_{eff} ist die effektive Masse. Für den Reflexionskoeffizient R ergibt sich nach

---

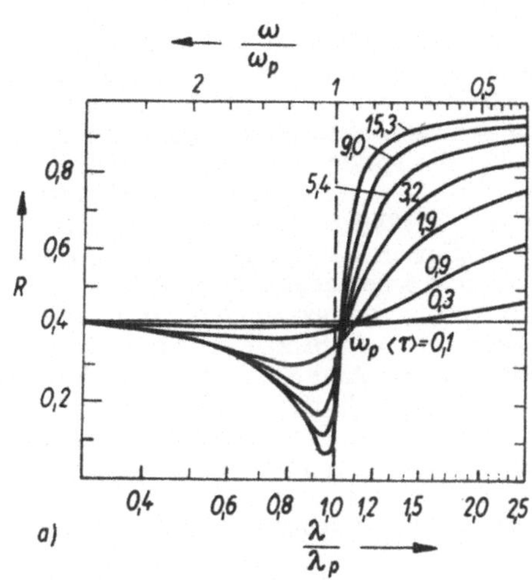

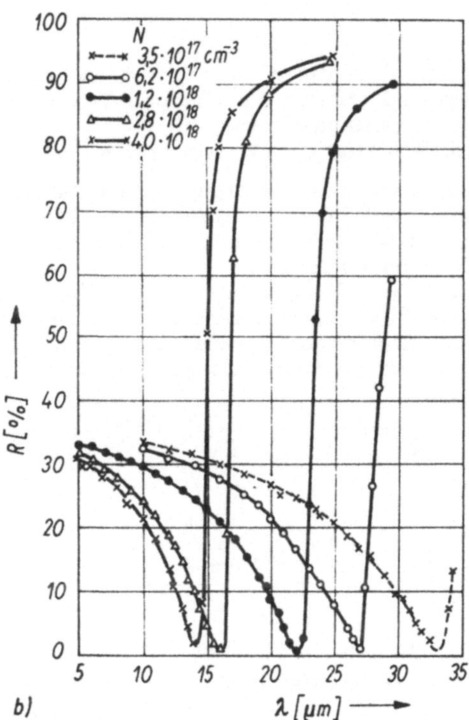

Abb. 5.191. a) Reflexionskoeffizient R freier Elektronen (theoretisch) für verschiedene freie Flugzeiten; b) Reflexionskoeffizient R von n-InSb mit verschiedenen Trägerkonzentrationen (nach SPITZER und FAN 1957)

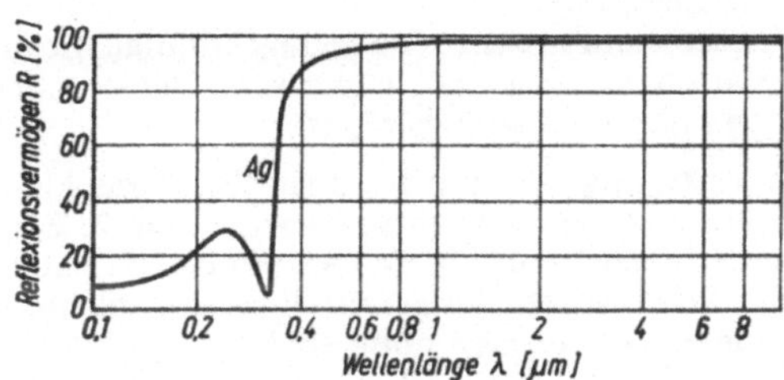

Abb. 5.192. Reflexionskoeffizient von Silber

dieser auf DRUDE zurückgehenden Theorie der in Abb. 5.191a schematisch gezeigte Verlauf: unterhalb der sogenannten Plasmafrequenz

$$\omega_p = \sqrt{\frac{Nq^2}{\varepsilon_L \varepsilon_0 m_{\text{eff}}}} \sim \sqrt{\frac{N}{m_{\text{eff}}}} \qquad (5.246)$$

(N Trägerkonzentration, q Ladung, ε_L ist die durch die Polarisierbarkeit des Gitters verursachte DK)

tritt praktisch Totalreflexion auf; nach einem steilen Abfall an der sogenannten *Plasmakante* bei ω_p steigt R mit ω wieder an. Abb. 5.191b zeigt diesbezügliche Messungen am InSb. Aus

der Lage der Plasmakante (bei Halbleitern im Infraroten) läßt sich entsprechend Gl. (5.246) bei bekannter Trägerkonzentration N die effektive Masse m_{eff} bestimmen.

Bei *Metallen* liegt die Plasmakante i. allg. im ultravioletten Spektralbereich (Abb. 5.192). Das hohe Reflexionsvermögen der Metalle im Infraroten und Sichtbaren ist also durch freie Elektronen bedingt. Näherungsweise gilt für das Reflexionsvermögen die Hagen-Rubens-Beziehung

$$R(\omega) = 1 - 2\sqrt{\frac{2\varepsilon_0 \omega}{\sigma}}, \qquad (5.247)$$

es ist um so größer, je höher die Leitfähigkeit ist. Der Absorptionskoeffizient α ist nach der klassischen Drude-Theorie durch

$$\alpha \sim \frac{N}{m_{\text{eff}}} \lambda^2 \qquad (5.248\,\text{a})$$

gegeben, was z. B. für Ge (Abb. 5.190) gut erfüllt ist und die Messung von m_{eff} gestattet. Quantenmechanische Rechnungen liefern ein Potenzgesetz

$$\alpha \sim \frac{N}{m_{\text{eff}}} \lambda^p \qquad (5.248\,\text{b})$$

wobei der Exponent p vom Streumechanismus abhängt (vgl. Abschn. 5.8.6.2.) und Werte von 1,5 bis 3,5 annehmen kann.

Abb. 5.190b zeigt den Verlauf von $\varepsilon_2 \sim \dfrac{\alpha(\omega)}{\omega}$ für Cu. Die starke Absorption unterhalb von 0,5 μm ist auf Interbandübergänge (s. Abschn. 5.9.1.) zurückzuführen und für die rötliche Farbe des Cu verantwortlich.

Die durch Gl. (5.246) gegebene Plasmafrequenz ω_p ist die Eigenfrequenz, mit der die Gesamtheit der Leitungselektronen gemeinsam gegen die Gesamtheit der positiven Atomrümpfe schwingt.

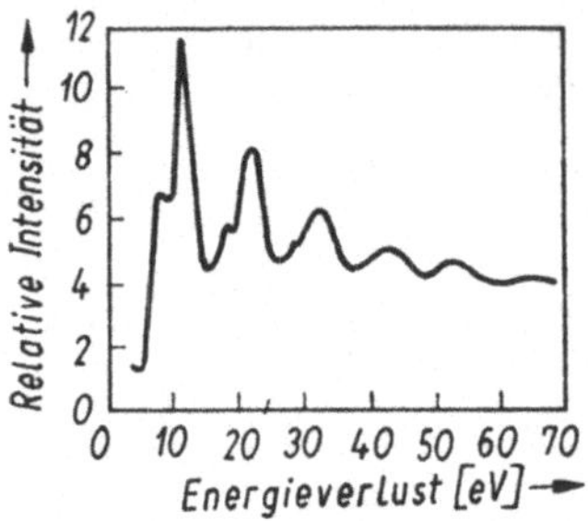

Abb. 5.193. Energieverlustspektrum von Elektronen, die an einer Mg-Schicht reflektiert wurden. Aufgetragen ist die relative Intensität der reflektierten Elektronen als Funktion des erlittenen Energieverlusts. Die Maxima entstehen durch Anregung von Volumenplasmonen mit $\hbar\omega_p = 10{,}6$ eV und Oberflächenplasmonen mit $\hbar\omega_p = 7{,}1$ eV (nach POWELL und SWAN 1959)

Dieser *kollektive Anregungszustand* pflanzt sich im Elektronengas als Longitudinalwelle fort; das zugehörige Quasiteilchen heißt *Plasmon* und hat in Metallen eine Quantenenergie $\hbar\omega_p \approx 10$ eV. Plasmonen entstehen vor allem beim Durchgang relativ schneller Elektronen (Energie 1 bis 10 keV) durch Metallfolien. Infolge der Anregung von Plasmonen erleiden die Elektronen charakteristische Energieverluste, die in Abb. 5.193 deutlich erkennbar sind.

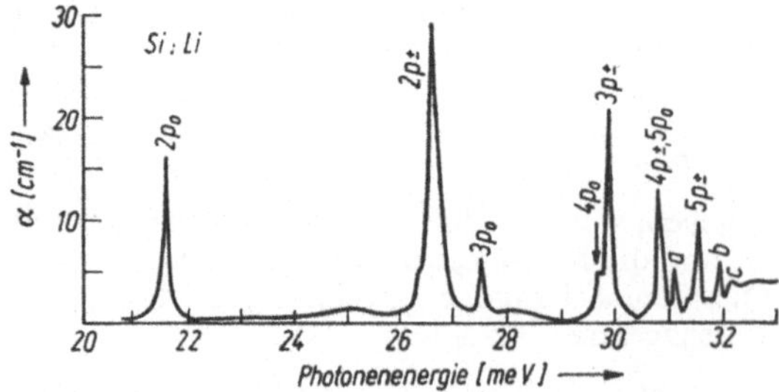

Abb. 5.194. Absorptionsspektrum des Li-Donators in Si (nach AGGARWAL, FISHER, MOURZINE und RAMDAS 1965)

5.9.3. Elektronenübergänge unter Beteiligung von Störstellen

Störstellen in Festkörpern geben Veranlassung zu lokalisierten Energiezuständen (vgl. Abschn. 5.8.6.2.), die an optischen Übergängen beteiligt sein können. Da die Zahl der Störstellen stets viel kleiner als die der Grundgitteratome ist, ist der entsprechende Absorptionskoeffizient klein, und die Übergänge sind nur in Spektralbereichen nachweisbar, in denen das Grundgitter nicht oder nur sehr schwach absorbiert, also zwischen der Grundgitterabsorption und den Gitterschwingungsbanden von Isolatoren oder Halbleitern (Gebiet der *Ausläuferabsorption*). Aus der Vielzahl der möglichen Übergänge sind in Abb. 5.173 die wichtigsten schematisch dargestellt.

Außer in Absorption beobachtet man Übergänge unter Beteiligung von Störstellen häufig in Emission. Nach einer Anregung in höher liegende Energiezustände fällt das betreffende Elektron prinzipiell wieder in den Grundzustand zurück. Dies kann unter Emission von Strahlung oder strahlungslos erfolgen. Im ersten Fall spricht man von Lumineszenz, und zwar je nach Anregungsart von

– Photolumineszenz (Anregung durch genügend kurzwelliges Licht);
– Katodolumineszenz (Anregung durch energiereiche Elektronen);
– Elektrolumineszenz (Anregung infolge Stoßionisation durch starke elektrische Felder oder durch injizierte Ladungsträger).

Die Anregung des emittierenden Zentrums kann direkt, über das Wirtsgitter oder über ein 2. Zentrum erfolgen, wobei in den letzten beiden Fällen z. T. komplizierte innerkristalline Energieübertragungsmechanismen nötig sind.

5.9.3.1. Übergänge innerhalb einer Störstelle

Abbildung 5.194 zeigt als Beispiel für einen Intra-Störstellen-Übergang die linienhafte Absorption, die durch Li-Störstellen in Si hervorgerufen wird. Derartige Spektren sind nur bei tiefen Temperaturen zu beobachten, wenn sich fast alle Leitungselektronen im Grundzustand des Donators befinden. Die Linien liegen im Ultrarot, ihre Lage bestätigt sehr gut das Modell des „verschmierten" Elektrons, auf dessen Grundlage im Abschn. 5.8.2.6. die Energiezustände von Donatoren bzw. Akzeptoren berechnet wurden. Das Spektrum steht in keinerlei Zusammenhang mit dem des freien Li-Atoms.

Im Gegensatz dazu ähnelt das Spektrum von Eu-Ionen in Y_2O_3 (Abb. 5.195) sehr stark dem des freien Eu^{3+}-Ions. Es wird durch Übergänge der Elektronen innerhalb der 4f-Schale des Eu^{3+}-

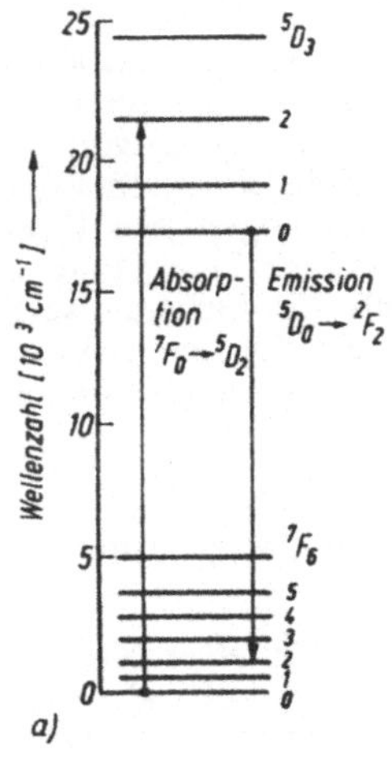

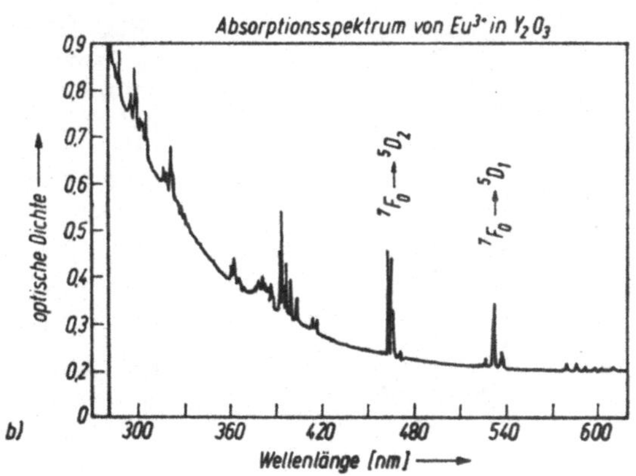

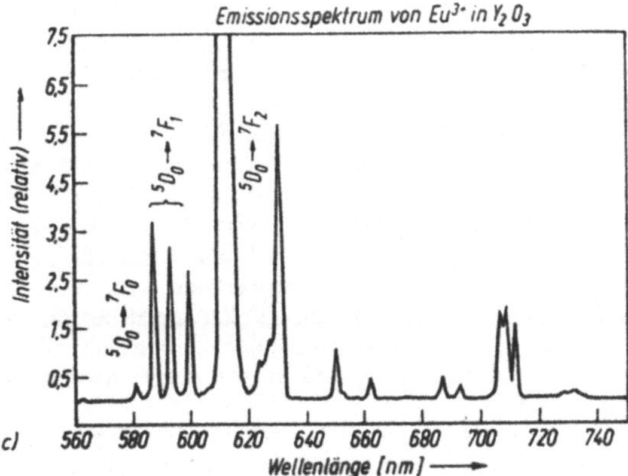

Abb. 5.195. Termschema des freien Eu^{3+}-Ions (a), Absorptions- (b) und Lumineszenzspektrum (c) von Eu^{3+} in Y_2O_3 (nach CHANG 1963). In b) und c) sind für einige Liniengruppen die entsprechenden Übergänge angegeben

Ions verursacht, die auf Y^{3+}-Plätzen eingebaut sind. Die Energieniveaus dieser relativ fest gebundenen Elektronen werden durch Wechselwirkung mit benachbarten O-Ionen aufgespalten (innerkristalliner Stark-Effekt, vgl. Bd. 3, Abschn. 6.2.8.), was zu charakteristischen Feinstrukturen der Absorptions- und Emissionslinien führt, woraus man durch Symmetriebetrachtungen u. a. die genaue Lage des Störatoms im Kristallgitter ermitteln kann. Da die Spektren aus sehr scharfen Linien bestehen, sind Stoffe mit derartigen Lumineszenzspektren gut als Materialien für Festkörperlaser geeignet; z. B. arbeitet der Rubin-Laser mit Cr-dotiertem Al_2O_3 (vgl. Bd. 3, Abschn. 6.3.5.).

In anderen Fällen ist die Wechselwirkung des strahlenden Zentrums mit dem Wirtskristall weit stärker, so daß statt einzelner Linien eine oder wenige breite Absorptions- bzw. Lumineszenzbanden entstehen. Typische Beispiele dafür sind die Spektren der sogenannten Farbzentren (F-Zentren, vgl. Abschn. 5.9.4.2.) sowie der Tl-Störstelle in Alkalihalogeniden (Abb. 5.196). Hier ist das Lumineszenz- gegenüber dem Absorptionsspektrum deutlich nach größeren Wellenlängen (niedrigeren Energien) verschoben. Diese Stokes-Verschiebung sowie die Verbreiterung der Linien zu Banden beruht darauf, daß gleichzeitig mit der Änderung des Elektronenzustandes Phononen erzeugt oder vernichtet werden (vgl. Abschn. 5.9.2. und die analogen Verhältnisse bei der Lichtstreuung, Abschn. 5.4.3.2.), und läßt sich an Hand des *Konfigurationskoordinatendiagramms* (Abb. 5.196a) verstehen: Die auf der Abszisse aufgetragene Konfigurationskoordinate q charakterisiert die räumliche Situation in der Umgebung der Störstelle. (In unserem Beispiel ist q der Abstand der 6 nächsten Br^--Ionen von dem substitutionell eingebauten Tl^+-Ion, der wegen des vom K^+-Ion abweichenden Ionenradius des Tl^+ sich von dem

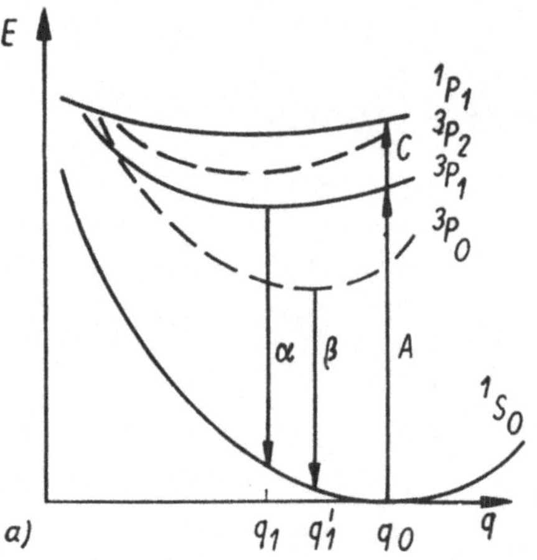

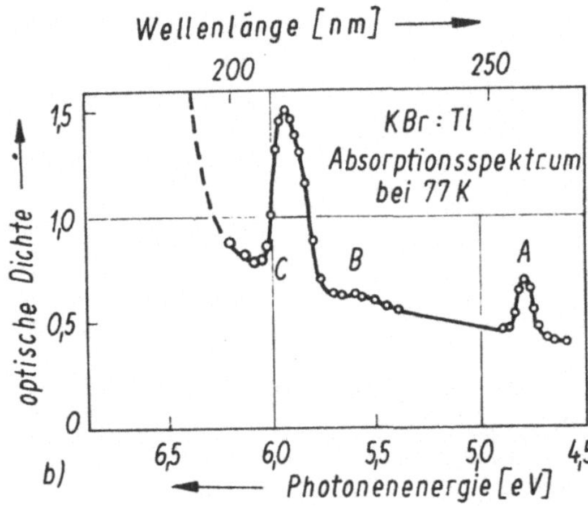

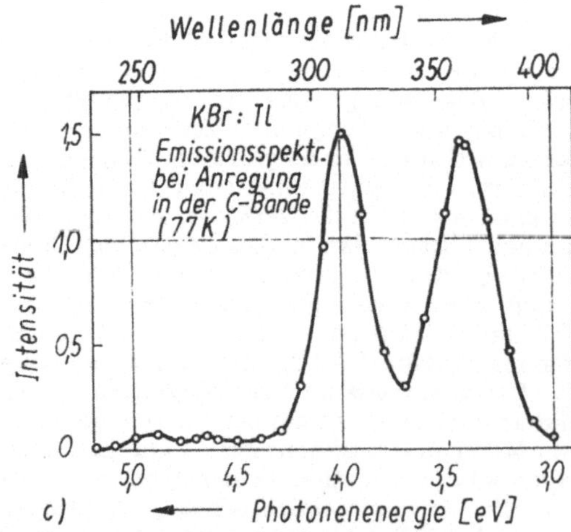

Abb. 5.196. Konfigurationskoordinatendiagramm (a) und Absorptions- und Emissionsspektrum von Tl in KBr (nach EDGERTON und TEEGARDEN 1963)

K⁺-Br⁻-Abstand des Wirtsgitters unterscheiden kann.) Die Elektronenenergie in den verschiedenen Zuständen des Tl^+-Ions hängt von der Gitterdeformation q ab; die Gleichgewichtslagen q_0 bzw. q_1 im Grund- und angeregten Übergang sind verschieden. Optische Übergänge erfolgen jedoch sehr schnell (im Schema vertikal), die Gleichgewichtslage stellt sich erst *nach* dem optischen Übergang ein (Franck-Condon-Prinzip).

5.9.3.2. Band-Störstellen- und Zwischenstörstellen-Übergänge

Als Beispiel für einen *Band-Störstellen-Übergang* ist in Abb. 5.197 die durch Leitungsband-Akzeptor-Übergänge verursachte Lumineszenz von p-leitendem Si dargestellt. Die entsprechenden Banden sind relativ breit, da die Elektronen im Leitungsband eine mittlere thermische Energie von $3/2kT$ haben und außerdem die Übergänge nicht nur in den Grundzustand, sondern auch in angeregte Zustände der Akzeptoren erfolgen.

Außerordentlich interessante Spektren werden durch *Donator-Akzeptor-Übergänge* in einigen Halbleitern verursacht. Abb. 5.198 zeigt das sehr linienreiche Spektrum von GaP, das mit S (Donator) und C (auf P-Platz, deshalb Akzeptor) dotiert ist. Die zahlreichen sehr scharfen Linien werden durch Elektronenübergänge von einem Donator zum nächstgelegenen Akzeptor hervorgerufen (Donator-Akzeptor-Paarspektren).

Die Energie hv, die bei der Rekombination eines am Donator gebundenen Elektrons mit einem am Akzeptor gebundenen Loch frei wird, beträgt

$$hv = E_g - (E_A + E_D) + \frac{q^2}{4\pi\varepsilon_s\varepsilon_0 R} \tag{5.249}$$

(E_A und E_D sind die Bindungsenergien am Akzeptor bzw. Donator, q die Elektronenladung, ε_s die statische DK des Halbleiters, E_g die Breite der verbotenen Zone, R der räumliche Abstand von Donator und Akzeptor).

Das Auftreten diskreter Linien beweist, daß die beteiligten Störstellen substitutionell (auf Gitterplätzen) eingebaut sind. Gl. (5.249) gestattet u. a. die genaue Messung des statischen DK. Die mit S bzw. N bezeichneten Linien sind keine Paarlinien, sie entstehen bei der strahlenden Rekombination eines an den Donator S bzw. die isoelektronische Störstelle N gebundenen Excitons. Die Rekombination gebundener Excitonen ist der physikalische Grundprozeß der Lichterzeugung in grün-emittierenden Leuchtdioden (LED), die z. B. als optische Anzeigelemente in Taschenrechnern Verwendung finden.

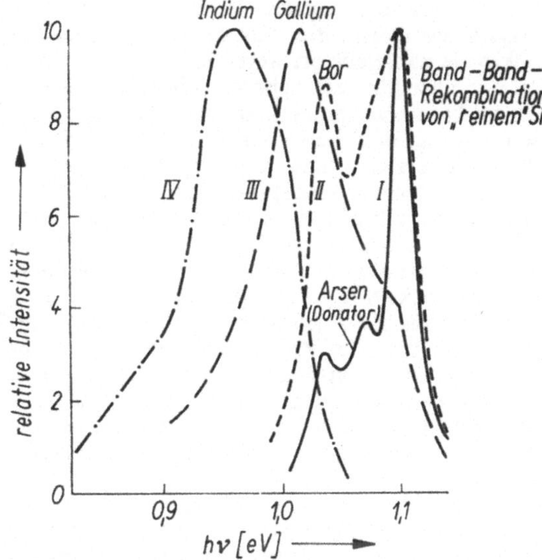

Abb. 5.197. Lumineszenzspektrum von Si (Rekombinationsstrahlung von p-n-Übergängen mit verschiedenen Akzeptoren). Kurve I des „reinen" Materials zeigt noch Einflüsse von As-Donatoren (nach HAYNER und WESTPHAL 1956)

latoren als *Photoleitung* bemerkbar (innerer lichtelektrischer Effekt); bei genügend hoher Energie ist auch ein *Austritt* der Elektronen aus dem Festkörper möglich (äußerer lichtelektrischer Effekt, s. Abschn. 5.10.2.). Die bei der Anregung zugeführte Energie kann schließlich als *Lumineszenzlicht* ausgesandt, in *Wärme* verwandelt oder für *photochemische Reaktionen* verbraucht werden.

5.9.4.1. Photoleitung

Bei der Photoleitung guter Isolatoren mißt man i. allg. den sogenannten lichtelektrischen *Primärstrom*: die bei der optischen Anregung gebildeten Ladungsträger (Elektronen und/oder Löcher) bewegen sich unter dem Einfluß des angelegten elektrischen Feldes in entgegengesetzter Richtung, bis sie rekombinieren oder an Gitterstörungen (Haftstellen) anhaften und damit unbeweglich werden. Dabei tragen auch die Ladungsträger zum Stromtransport bei, die nicht die Elektroden erreichen!

Bei höheren Feldstärken gelingt es, alle Ladungsträger aus dem Kristall herauszuziehen, es tritt

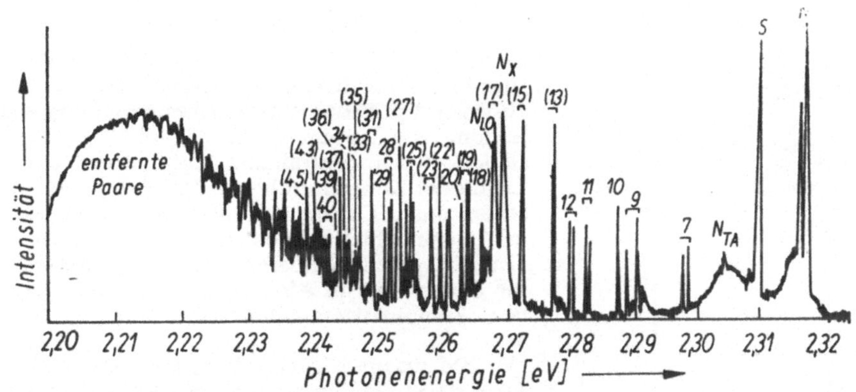

Abb. 5.198. Donator-Akzeptor-Paarlumineszenz von S-C-Paaren in GaP. Die Zahlen an den Linien (Schalennummern) entsprechen dem Paarabstand. Die breite Bande bei 2,215 eV besteht aus nicht aufgelösten Linien von Paaren mit großem Abstand. Linien *N* und *S* siehe Text (nach DEAN, FROSCH und HENRY 1968)

5.9.4. Folgeprozesse der optischen Absorption

Jede Absorption infolge Elektronenanregung führt zur Entstehung *metastabiler* Elektronenzustände, gleichbedeutend mit einer Abweichung der Elektronenverteilung vom thermodynamischen Gleichgewicht. Sie unterscheidet sich dadurch von der Lichtstreuung, bei der „sofort", d. h. in Zeiten, die kleiner als eine Periode des Anregungslichtes sind, das Licht reemittiert wird.

Erfolgt eine Elektronenanregung ins Leitungsband, so macht sie sich in Halbleitern oder Iso-

Sättigung des Primärstromes ein (Abb. 5.199); das Ohmsche Gesetz gilt in diesem Falle nicht, und es trägt maximal ein Elektron oder Loch je Lichtquant zum Strom bei.

Viele Photoleiter (insbesondere Halbleiter, die über eine nicht allzu geringe Dunkelleitfähigkeit verfügen) befolgen jedoch das Ohmsche Gesetz; außerdem nehmen oft je Lichtquant weit mehr als ein Elektron oder Loch am Stromtransport teil. Diese *Sekundärströme* entstehen dadurch, daß eine Ladungsträgersorte (meist die Löcher) in Haftstellen lokalisiert wird und dafür viele

---

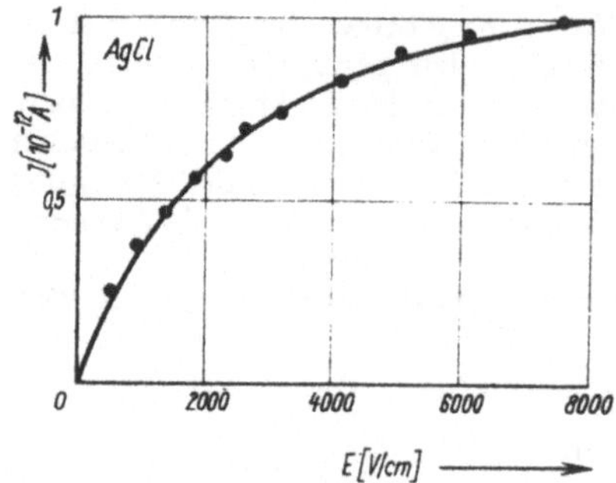

Abb. 5.199. Fotostrom (lichtelektrischer Primärstrom) eines AgCl-Kristalls bei Belichtung im Ausläufergebiet ($\lambda = 600$ nm) in Abhängigkeit von der elektrischen Feldstärke E (nach HECHT)

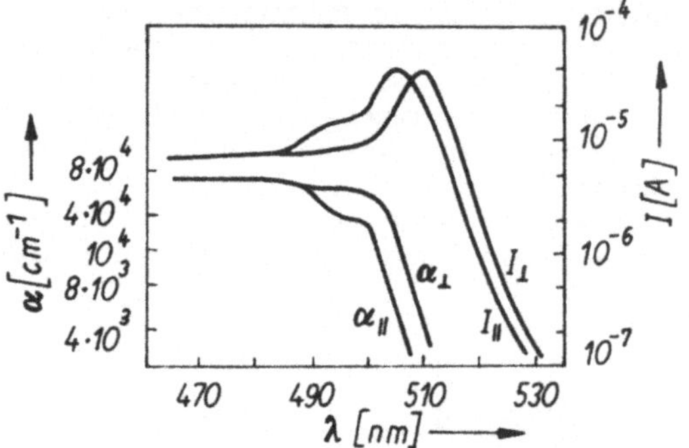

Abb. 5.200. Leitfähigkeitsspektrum (Fotostrom als Funktion der Wellenlänge bei konstanter Anregungsintensität) eines CdS-Einkristalls im polarisierten Licht (parallel bzw. senkrecht zur optischen Achse); Absorptionskoeffizient α zum Vergleich (nach KREHER 1963, α-Werte nach DUTTON 1958)

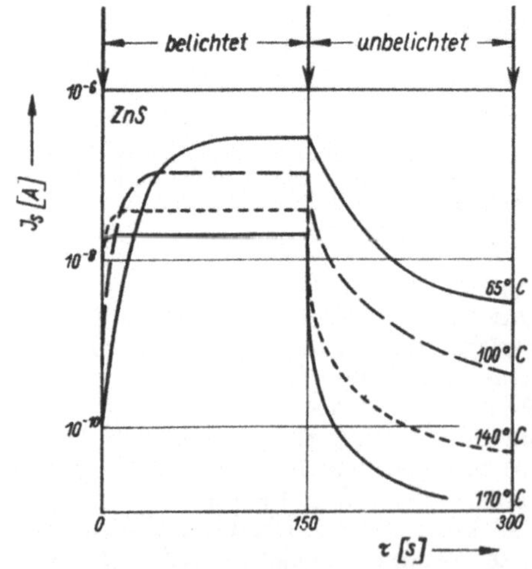

Abb. 5.201. An- und Abklingen des Fotostroms von ZnS bei verschiedenen Temperaturen (nach LEHFELDT)

Träger entgegengesetzter Polarität durch den Kristall wandern, die von der entsprechenden Elektrode nachgeliefert werden.

Da nur absorbiertes Licht zur Photoleitung beitragen kann, vermutet man bei oberflächlicher Betrachtung, daß die spektrale Abhängigkeit der Photoleitfähigkeit (das sog. Leitfähigkeitsspektrum) mit der des Absorptionskoeffizienten übereinstimmen sollte. Dies ist jedoch nur der Fall, wenn der Absorptionskoeffizient so klein ist, daß die Probe *homogen* angeregt wird. Bei großem Absorptionskoeffizienten wird jedoch nur eine Oberflächenschicht geringer Dicke optisch angeregt; da dort die Rekombinationswahrscheinlichkeit groß ist, ist der Photostrom dann klein. Dies führt oft zu einem Maximum der Photoleitfähigkeit in der Nähe der Absorptionskante, das nicht mit einem Absorptionsmaximum übereinstimmt (Abb. 5.200).

Messungen des An- und Abklingens der Photoleitung (Abb. 5.201) oder auch der Lumineszenz bei Bestrahlung mit kurzen Lichtimpulsen gestatten Aussagen über die Kinetik der Elektronenprozesse, jedoch erfordert die Zuordnung der gemessenen An- und Abklingzeiten zu speziellen Rekombinationsprozessen sehr sorgfältige Überlegungen.

5.9.4.2. Photochemische Reaktionen

In geeignet verunreinigten Kristallen kann die zugeführte Lichtenergie chemische Reaktionen auslösen. Ein besonders einfaches Beispiel ist die Bildung von *Farbzentren* in Alkalihalogenidkristallen durch Bestrahlung mit ultraviolettem Licht oder Röntgenstrahlung. Die F-Zentren entstehen durch Einfang der angeregten Elektronen in Anionenfehlstellen und führen zu einer auch visuell deutlich sichtbaren Verfärbung, während für die anderen in Abb. 5.202b sichtbaren Banden kompliziertere Störstellen verantwortlich sind.

Die bedeutsamste Anwendung photochemischer Prozesse ist die Photographie (entdeckt 1839 von D. L. M. DAGUERRE und T. TALBOT). Der Grundprozeß besteht in der photochemischen Aktivierung von verunreinigtem AgBr, die zu einem sogenannten latenten Bild führt. Durch chemische Reduktion (Entwicklung) werden die aktivierten AgBr-Körner in metallisches Silber überführt und das Bild damit sichtbar. Trotz intensiver Forschung sind noch nicht alle Einzelheiten dieser Vorgänge geklärt.

Gegenwärtig werden photochemische Reaktionen hinsichtlich einer Umwandlung von Sonnenenergie in chemische Energie intensiv untersucht. Das Schwergewicht liegt dabei allerdings auf biologischen Systemen, die dem Chlorophyll nahestehen, mit dessen Hilfe die Pflanze das Sonnenlicht zur Assimilation nutzt.

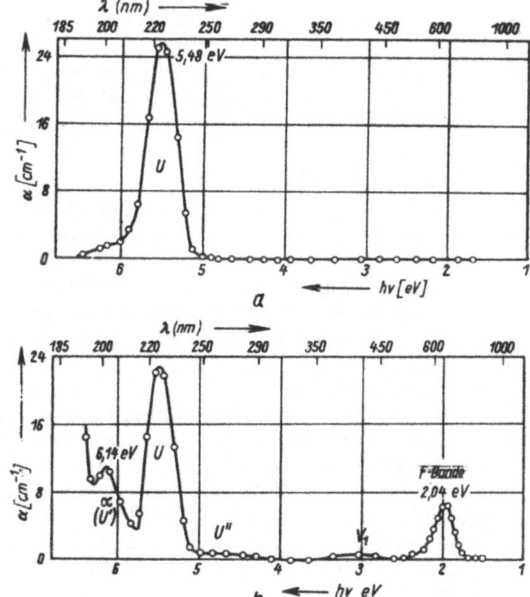

Abb. 5.202. a) Absorptionsspektrum eines durch Temperung in Wasserstoffatmosphäre „sensibilisierten" KBr-Kristalls mit der für den H-Einbau charakteristischen U-Bande; b) Absorptionsspektrum des gleichen Kristalls nach Röntgenbestrahlung; die Intensität der U-Bande ist vermindert, als „Reaktionsprodukte" sind die Banden F, $U'(\alpha)$ und U'' entstanden (nach MARTIENSSEN und POHL 1951/52)

5.10. Festkörpergrenzflächen

Standen in den vorhergehenden Abschnitten die Volumeneigenschaften im Mittelpunkt, so wird in diesem Abschnitt der Einfluß der räumlichen Begrenzung des Festkörpers näher betrachtet. Dabei ergeben sich größere experimentelle und

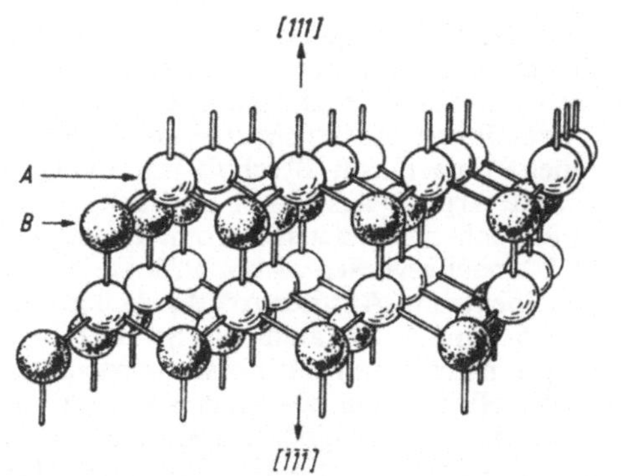

Abb. 5.203. Zinkblendestruktur mit polaren (111)-Flächen.
A Kation, B Anion

theoretische Schwierigkeiten; andererseits haben Grenzflächenprobleme große technische Bedeutung, z. B. für Kristallzüchtung, Katalyse, Korrosion, elektronische Festkörperbauelemente u. a.
Unter Grenzflächen verstehen wir im folgenden jede Grenze gegen ein anderes Medium oder auch eine durch Änderung von physikalischen Eigenschaften bedingte Grenze innerhalb eines Mediums (Korngrenzen, Domänenwände, Dotierungsgrenzen), während wir die spezielle Grenzfläche gegen Vakuum oder Gas als Oberfläche bezeichnen. Letztere zeichnet sich durch ihre leichtere Zugänglichkeit aus, so daß man ihre geometrische Struktur relativ leicht untersuchen kann. „Fläche" ist in diesem Zusammenhang nicht geometrisch, sondern als Wirkungsbereich der Bindungskräfte der äußersten Atomlage aufzufassen.

5.10.1. Oberflächen

Meßverfahren für Oberflächenuntersuchungen beruhen im wesentlichen auf der Wechselwirkung von elektromagnetischer oder Teilchenstrahlung mit den obersten Atomlagen; man erhält aus Beugungs- und Emissionsmessungen also stets Informationen über eine endliche Schichtdicke, die bei Beugungsuntersuchungen durch die *Eindringtiefe* der auftreffenden Strahlung, bei Emissionsmessungen durch die *Austrittstiefe* der emittierten Teilchen gegeben ist.

5.10.1.1. Geometrische Struktur reiner Oberflächen

Denkt man sich einen Schnitt parallel zu einer Netzebene eines Kristalls, so ergibt sich eine ideale Oberfläche mit „abgebrochenen" Bindungen (dangling bonds) und ansonsten ungestörter Atomanordnung (Abb. 5.203). Eine solche Oberflächenstruktur ist experimentell nicht realisierbar. Die Störung der Symmetrie der Bindungsverhältnisse bewirkt

a) eine Änderung des Netzebenenabstandes der obersten Schichten (Relaxation insbesondere bei Metallen und Ionenkristallen);
b) eine geometrische Umordnung der Oberflächenatome, so daß die „abgebrochenen" Bindungen sich gegenseitig absättigen (Oberflächenrekonstruktion, insbesondere bei kovalenter Bindung).

Ferner treten bei der praktischen Herstellung von Oberflächen (Spaltung von Kristallen im Vakuum, Aufdampfen) Terassenstrukturen mit Kanten und Ecken auf. Letztere können z. B. mit Methoden der Interferenzmikroskopie (s. Bd. 3, Abschn. 4.4.5.) oder der Elektronenmikroskopie (s. Bd. 3, Abschn. 6.4.3.) sichtbar gemacht werden.

Strukturen im atomaren Bereich ermittelt man vorwiegend aus Beugungsuntersuchungen langsamer Elektronen (LEED: low energy electron diffraction), eine Methode, die auf die Beugungsexperimente von DAVISSON und GERMER (s. Bd. 3, Abschn. 6.4.2.) zurückgeht. Abb. 5.204 zeigt das Schema einer LEED-Apparatur und die geometrische Lage der Beugungsreflexe einer Si-(111)-Spaltfläche. Wertet man dieses Bild nach der Bragg-Beziehung

$$2d_{111} \sin \vartheta/2 = n\lambda \qquad (5.250)$$

aus, in der d_{111} die Gitterkonstante in der Si-111-Oberflächenschicht ist, so findet man „halbzahlige" Reflexe mit $n = 1/2, 3/2, \ldots$ Dies entspricht einer Verdopplung der Oberflächenelementarzelle in einer Richtung und zu einer Oberflächenstruktur, wie sie schematisch in Abb. 5.205 dargestellt ist: die Hälfte der Oberflächenatome ist um etwa 0,011 nm „hochgeschoben" und enthält nicht abgesättigte s-Elektronen; die andere Hälfte ist um etwa 0,018 nm „herabgezogen", und die „aufgebrochenen" Bindungen sättigen sich als p-Orbitale gegenseitig ab. Beim Erhitzen dieser

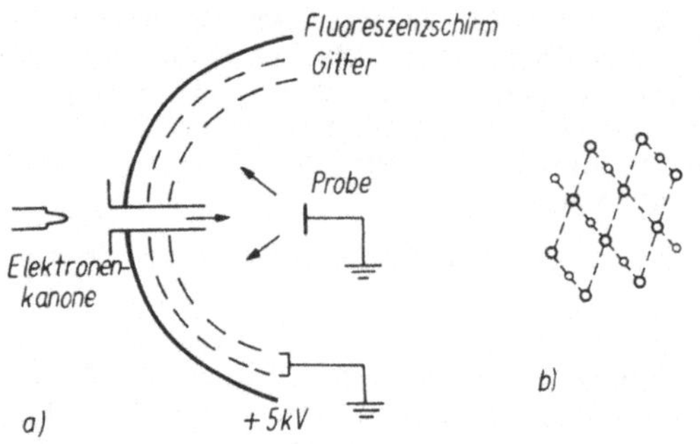

Abb. 5.204. a) Schematische Darstellung einer LEED-Apparatur und des Beugungsbildes einer Si-(111)-Oberfläche. b) Die „regulären" Reflexe der idealen Oberfläche sind der Deutlichkeit halber hervorgehoben und durch Linien verbunden

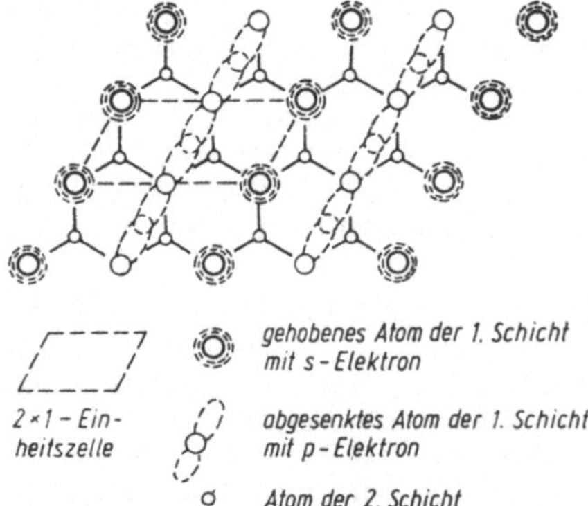

Abb. 5.205. Modell einer (111)-Si-Spaltfläche mit 2 × 1-Struktur (nach HANEMANN 1968)

Oberfläche treten weitere komplizierte Überstrukturen auf.

Strukturen feiner Metallspitzen können auch direkt mit dem Feldionenmikroskop sichtbar gemacht werden (s. Bd. 2, Abschn. 9.4.5.).

5.10.1.2. Adsorptionsschichten

Untersuchungen an atomar sauberen Oberflächen sind nur unter extremen Vakuumbedingungen möglich. Bringt man eine saubere Oberfläche mit einer Gasatmosphäre in Kontakt, so bedeckt sie sich sehr schnell mit einer Adsorptionsschicht; bei Atmosphärendruck ist bereits nach etwa 10^{-10} s eine Monoschicht (ein adsorbiertes Atom je Oberflächenatom) gebildet.

Bei der Adsorption unterscheidet man Physi- und Chemisorption. *Chemisorption* ist die Bindung der Adatome durch Valenzkräfte, d. h., es treten echte chemische Verbindungen mit hoher Bindungsenergie auf, insbesondere Oberflächenoxide. Naturgemäß sind chemisorbierte Schichten meist auf die erste Atomlage über der Oberflächenschicht beschränkt.

Physisorption (physikalische Adsorption) ist dagegen eine Bindung der Adatome durch die relativ schwachen Molekularkräfte; dabei können mehrere Adsorptionsschichten (auch auf vorher gebildeten Chemisorptionsschichten) auftreten.

Die Sorptionsenergie (Bindungsenergie der Adatome an der Oberfläche) und der Bedeckungsgrad

$$\theta = \frac{\text{Zahl der Adatome}}{\text{Zahl der Oberflächenatome}} \qquad (5.251)$$

lassen sich u. a. durch thermische Desorption ermitteln. Man bestimmt dazu den Druckanstieg in einer Meßzelle, der sich beim Erhitzen einer gasbeladenen Fläche ergibt. Die Temperatur, bei der ein merklicher Druckanstieg erfolgt, ist ein Maß für die Sorptionsenergie; aus der Größe des Druckanstiegs läßt sich der Bedeckungsgrad θ ermitteln.

Die chemische Zusammensetzung der Oberflächenschichten bestimmt man mit massenspektroskopischen Verfahren. Beispielsweise werden bei der Sekundär-Ionen-Massenspektroskopie (SIMS) Oberflächenatome durch Beschuß mit Edelgasionen (meist Argon) desorbiert und mit einem hochempfindlichen Massenspektrometer (s. Abschn. 2.5.2.) nachgewiesen. Abb. 5.206 zeigt ein derartiges Spektrum. Aus der Art der nachgewiesenen Ionen kann u. U. auch die Struktur von Chemisorptionsschichten erschlossen werden. Beispielsweise stellt sich bei der Chemisorption von Methanol (CH_3OH) an einer 111-Ge-Oberfläche ein Bedeckungsgrad $\theta = 1/4$ ein, was die in Abb. 5.207 schematisch dargestellten Strukturen zuläßt. Das Auftreten von OCH_2-Ionen im Massenspektrum spricht für die Struktur a).

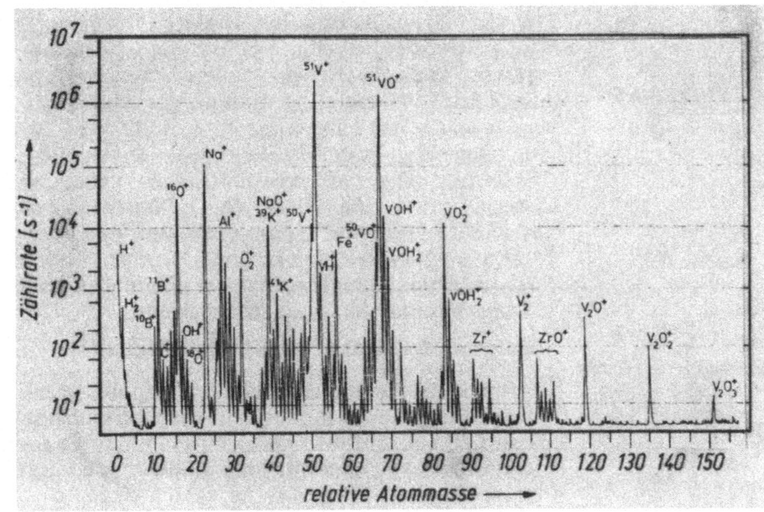

Abb. 5.206. Sekundärionenspektrum einer Vadiumoberfläche. Durch Beschuß mit Ar-Ionen wurden etwa 10% der obersten Atomschicht zerstäubt; der Nachweis erfolgte mit einem Quadrupolmassenspektrometer (nach TAGLAUER und HEILAND 1976)

Abb. 5.207. Mögliche Adsorptionsstrukturen von Methanol (CH_3OH) auf Ge-(111)-Flächen

5.10.2. Elektronenemission

Elektronen sind im Festkörper unterschiedlich stark gebunden (s. Abschn. 5.8.1.), können ihn jedoch bei Energiezufuhr (thermisch, optisch oder durch Elektronen- bzw. Ionenbeschuß) oder beim Anlegen starker elektrischer Felder verlassen (s. Bd. 2, Abschn. 9.1.).
Abb. 5.208 zeigt schematisch die energetischen Verhältnisse beim Nachweis der ins Vakuum ausgetretenen Elektronen mittels einer metallischen Sammelelektrode (Anode). Ist diese positiv gegenüber der Probe (Beschleunigungsfeld), so mißt man über den Anodenstrom die Gesamtzahl der je Sekunde austretenden Elektronen; ist sie

negativ (Gegenfeld), so erreichen nur die Elektronen die Anode, deren kinetische Energie größer als die Potentialdifferenz (eU_A) zwischen Anode und Probe ist. Eine Gegenfeldmessung kann daher zur Ermittlung der Energieverteilung der austretenden Elektronen dienen. In modernen Elektronenspektrometern mißt man die Energieverteilung jedoch genauer mit elektronenoptischen Methoden (vgl. Bd. 2, Abschn. 9.2.).

5.10.2.1. Glühemission und Feldemission

Die einfachste Form der Energieerhöhung der Elektronen in Metallen ist die Erhitzung der Probe, z. B. durch Stromwärme (glühelektrischer Effekt, Edison-Effekt). Entsprechend der Fermischen Energieverteilung (s. Abschn. 5.8.2.) haben bei hohen Temperaturen genügend viele Leitungselektronen eine Energie, die größer als die Austrittsarbeit W_A des Metalls ist. Daraus läßt sich für die Emissionsstromdichte j_{th} bei der Temperatur T die Richardson-Gleichung

$$j_{th} = AT^2 \, e^{-W_A/kT} \tag{5.252}$$

ableiten. A ist die materialspezifische Richardson-Konstante (vgl. Bd. 2, Abschn. 9.1.2.).
In Isolatoren und Halbleitern mit ihren geringen Leitungselektronenkonzentrationen sind die Verhältnisse komplizierter; statt durch die Austrittsarbeit wird deren Emissionsverhalten durch die Breite der verbotenen Zone zwischen Valenz- und Leitungsband (E_g) und die Elektronenaffinität χ (die Energiedifferenz zwischen Vakuumniveau und unterem Rand des Leitungsbandes) bestimmt.

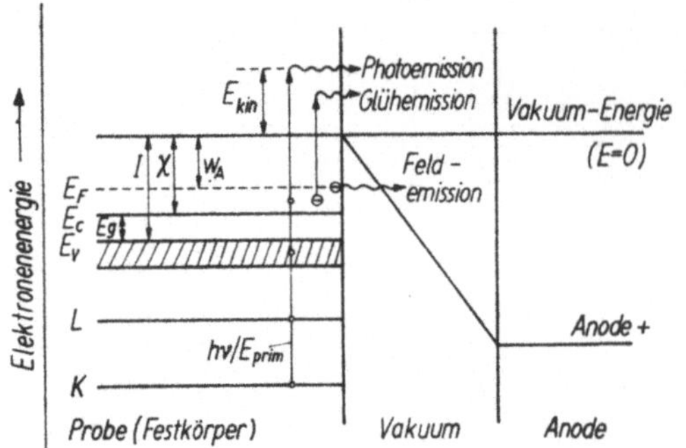

Abb. 5.208. Schema der Elektronenemission aus einem Festkörper

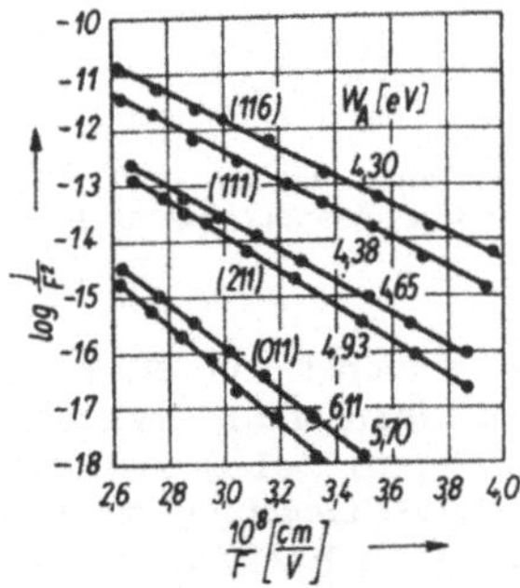

Abb. 5.209. Feldemissionsstrom als Funktion der angelegten elektrischen Feldstärke (Fowler-Nordheim-Geraden) für verschiedene Oberflächen eines Wolfram-Einkristalls. Für die (001)- und (211)-Ebenen hängen die Meßergebnisse von der Wärmebehandlung der Emissionsspitze ab (nach E. W. MÜLLER)

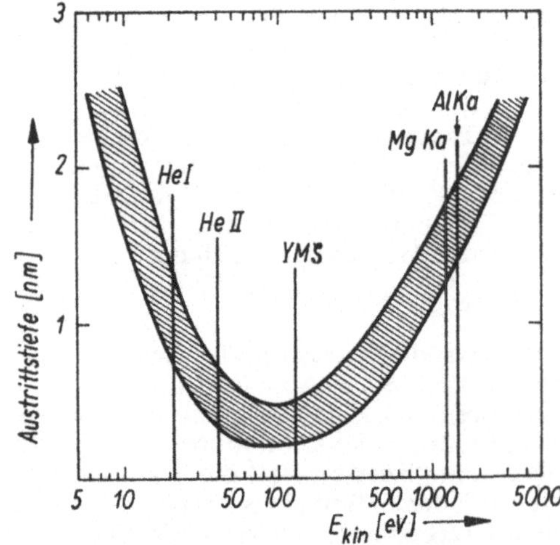

Abb. 5.210. Austrittstiefe von Photoelektronen als Funktion ihrer kinetischen Energie (universeller Streubereich für alle Festkörper). Die Energie typischer Licht- bzw. Röntgenenergien ist eingezeichnet

In sehr starken elektrischen Feldern (Größenordnung 10^9 V/m, erzeugt an sehr feinen Metallspitzen) kann auch ohne äußere Energiezufuhr eine Elektronenemission stattfinden, die als Feldemission (s. Bd. 2, Abschn. 9.1.4. und 9.4.5.) bezeichnet wird. Feldemission bedeutet Austritt ins Vakuum, *ohne* daß die Elektronen genügend Energie haben, um die in Abb. 5.208 erkennbare dreieckige Potentialbarriere oberhalb des Fermi-Niveaus überwinden zu können. Ursache für diesen nur quantenmechanisch verständlichen sog. *Tunneleffekt* ist die Unschärfebeziehung

$$\Delta E \tau \geq h \quad (h \text{ Plancksches Wirkungsquantum})$$

zwischen der Zeitdauer τ und der Genauigkeit ΔE einer Energiebestimmung, d. h. der Energieerhaltungssatz gilt für die kurze Zeit des Durchfliegens der Potentialbarriere nur im Rahmen der obigen Ungleichung.

Die Emissionsstromdichte j_{feld} hängt bei der Feldemission im wesentlichen exponentiell vom Reziprokwert der elektrischen Feldstärke F ab;

$$j_{feld} = BF^2 \, e^{-a/F} \tag{5.253}$$

B und a sind stoffspezifische Konstanten, in die bei Metallen die Austrittsarbeit W_A, bei Isolatoren und Halbleitern E_g und χ eingehen und die außerdem von der Art der emittierenden Oberfläche abhängen (Abb. 5.209).

5.10.2.2. Photoemission und Sekundärelektronenemission

Bei der Photoemission (Lichtelektrischer Effekt, vgl. Bd. 2, Abschn. 9.1.1.) wird die Probe mit monochromatischem Licht genügend großer Quantenenergie $h\nu$ bestrahlt; die austretenden Elektronen werden hinsichtlich ihrer Energie analysiert. Der Emissionsprozeß läßt sich gut durch ein Dreistufenmodell beschreiben, das den Gesamtprozeß als zeitliche Aufeinanderfolge unkorrelierter Teilprozesse betrachtet:

1. optische Anregung
2. Transport zur Oberfläche (evtl. unter Energieverlust durch unelastische Streuung, auch unter Anregung weiterer Elektronen)
3. Durchtritt durch die Oberfläche (mit einer i. allg. energie- und winkelabhängigen Transmissionswahrscheinlichkeit).

Maßgebend für die Art der Information, die Elektronenemissionsmessungen liefern, ist die Austrittstiefe λ_a der Elektronen, die entspr. Abb. 5.210 von ihrer kinetischen Energie abhängt. Im Bereich von 20 bis 200 eV ist λ_a minimal und hat etwa die Größe einer Gitterkonstanten; dementsprechend erhält man vorwiegend Informationen über die energetischen Verhältnisse an der Oberfläche, z. B. über Oberflächen- und Adsorbatzu-

---

stände (Oberflächenregime). Untersuchungen bei niedrigeren und höheren Energien geben Informationen über die energetischen Verhältnisse im Volumen. Bei Anregung mit ultraviolettem Licht (UPS, ultraviolet photoemission spectroscopy, hv kleiner als 40,8 eV der He-II-Linie) erhält man nur Emission aus Leitungs- und Valenzbandzuständen, woraus sich die Zustandsdichte in diesen Bänden berechnen läßt.

Regt man mit Röntgenstrahlen an (XPS, X-ray photoemission spectroscopy), so können wegen der großen Quantenenergie hv auch die fest gebundenen Rumpfelektronen mit einer kinetischen Energie

$$E_{kin} = hv - E_b \tag{5.254}$$

(E_b Bindungsenergie) emittiert werden. Dementsprechend erhält man Spektren, die neben dem Valenzelektronenpeak bei $hv - I$ noch ausgeprägte Linien enthalten, die den K- und L-Schalen der Rumpfelektronen entsprechen (Abb. 5.211). Da die Bindungsenergie elementspezifisch ist

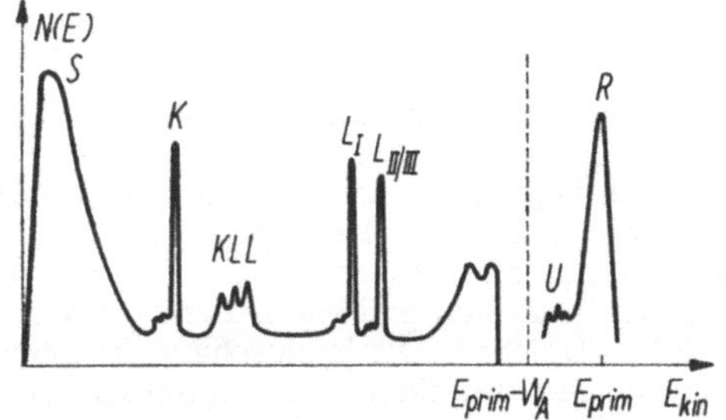

Abb. 5.211. Schema eines Photoelektronen- bzw. Sekundärelektronenspektrums. $N(E)\,dE$ ist die Zahl der je Zeiteinheit im Spektrometer nachgewiesenen Elektronen mit Energien zwischen E und $E + dE$. S echte Sekundärelektronen, K, L_I, $L_{II,III}$ Photoelektronen aus dem Valenz- bzw. Leitungsband. Elastisch reflektierte (R) und unelastisch gestreute (U) Elektronen treten nur bei Anregung mit Elektronen auf

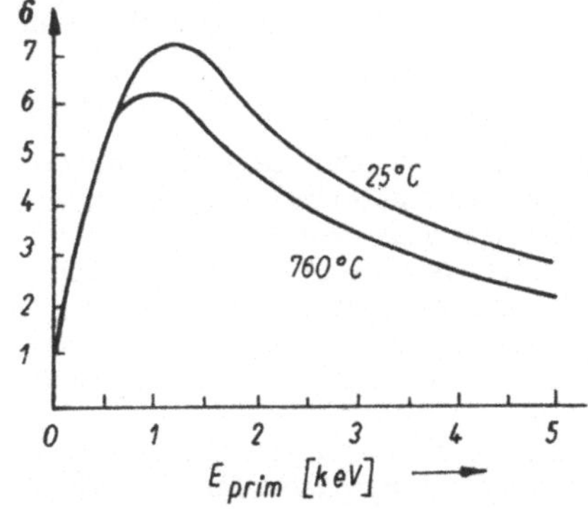

Abb. 5.212. Sekundärelektronenausbeute δ als Funktion der Primärenergie für MgO (nach JOHNSON u. MCKAY)

(Mosleysches Gesetz, s. Bd. 3, Abschn. 6.2.7.), wird die röntgenstrahlangeregte Photoelektronenspektroskopie häufig zur chemischen Analyse benutzt und in diesem Zusammenhang auch als ESCA (Elektronenspektroskopie zur chemischen Analyse) bezeichnet.

Das bei der Emission aus Rumpfzuständen entstehende „Loch" wird durch Elektronen aus höher liegenden Schalen aufgefüllt; die dabei frei werdende Energie wird entweder als Röntgenfluoreszenzstrahlung abgestrahlt oder auf ein zweites Elektron übertragen, das ebenfalls die Probe verlassen kann.

Bei diesem sog. *Auger-Effekt* entsteht z. B. im Spektrum der Abb. 5.211 die mit KLL bezeichnete Linie, bei der ein Loch der K-Schale durch ein Elektron der L-Schale aufgefüllt und gleichzeitig ein zweites Elektron der L-Schale emittiert wird. Auch die Auger-Elektronen haben elementspezifische Energien (unabhängig von der Anregungsenergie) und können zur chemischen Analyse benutzt werden. Da ihre Energie und damit ihre Austrittstiefe kleiner als die der Photoelektronen ist, ist die Auger-Elektronenspektroskopie (AES) besonders oberflächenselektiv. Beim Transport zur Oberfläche unterliegen Photo- und Auger-Elektronen einer starken Wechselwirkung mit Valenz- und Leitungselektronen, dadurch entsteht eine Vielzahl relativ schwach angeregter Elektronen, die als Sekundärelektronen den Kristall ebenfalls zum Teil verlassen können und den Untergrund unter den Linien im Spektrum der Abb. 5.211 bilden.

Beschießt man Festkörper mit genügend schnellen monoenergetischen Elektronen (Energie E_{prim} im Bereich von einigen keV), so treten gleichartige Anregungsprozesse wie bei der Anregung mit Röntgenstrahlen auf, man erhält daher eine ähnliche Energieverteilung emittierter Elektronen. Zusätzlich beobachtet man noch elastisch rückgestreute Primärelektronen am hochenergetischen Teil des Spektrums ($E_{kin} = E_{prim}$).

Auf der niederenergetischen Seite dieses „Primärpeaks" findet man unelastisch gestreute Elektronen, die einen Teil ihrer Energie an den Festkörper abgegeben haben. Ihre Untersuchung gestattet Rückschlüsse auf Anregungsprozesse im Festkörper und an seiner Oberfläche und ist Gegenstand der Elektronenverlustspektroskopie (ELS, electron loss spectroscopy).

Infolge der Sekundärelektronen kann die Gesamtzahl der austretenden Elektronen n_s die Anzahl der Primärelektronen n_p übertreffen, die Ausbeute

$$\delta = n_s/n_p \tag{5.255}$$

kann größer als 1 werden. Dieser Effekt der Sekundärelektronenemission wurde bereits 1902 von Austin und Starke entdeckt und ist Grundlage

---

für den Bau von Sekundärelektronenvervielfachern (vgl. Bd. 2, Abschn. 9.1.3.).
Die Ausbeute als Funktion der Primärenergie E_{prim} hat den in Abb. 5.212 gezeigten Verlauf, da bei geringen Primärenergien nur wenige Elektronen genügend stark angeregt werden, bei hohen Primärenergien wegen der mit der Energie stark anwachsenden Eindringtiefe die angeregten Elektronen beim Transport zur Oberfläche ihre Energie jedoch wieder verlieren.

5.10.3. Raumladungsschichten

5.10.3.1. Oberflächenzustände und Randschichten

Die komplizierte geometrisch-chemische Struktur realer Oberflächen hat zur Folge, daß im Bereich der Oberfläche Elektronenzustände existieren können, die im Volumen nicht auftreten und bei denen die Wellenfunktion im wesentlichen auf die obersten Atomlagen beschränkt ist.

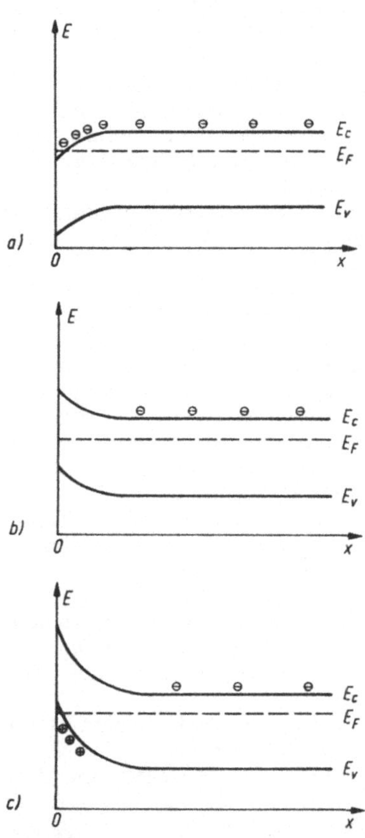

Abb. 5.213. Bänderschema eines n-Halbleiters an der Oberfläche $x = 0$. a) positive Oberflächenladung, Anreicherungsrandschicht; b) negative Oberflächenladung, Verarmungsrandschicht; c) stark negative Oberflächenladung, Inversionsschicht

Dabei sind zu unterscheiden

„schnelle" Oberflächenzustände an reinen Flächen, die in starker Wechselwirkung mit dem Innern des Festkörpers stehen

und

„langsame" Oberflächenzustände, die zusätzlich infolge von Adsorptionsschichten auftreten und in schwacher Wechselwirkung mit dem Innern des Festkörpers stehen.

Oberflächenzustände bedingen elektrische Oberflächenladungen, deren elektrische Felder sich auch auf das Festkörperinnere auswirken und entsprechend der Poisson-Gleichung (vgl. Bd. 2, Abschn. 2.2.9.)

$$\Delta V = - \frac{\varrho}{\varepsilon \varepsilon_0} \tag{5.256}$$

(V Potential, ϱ Raumladungsdichte) zu Raumladungsrandschichten führen. Die Dicke dieser Randschicht ist durch die Debye-Länge

$$L_D = \frac{\varepsilon \varepsilon_0 kT}{e^2 n} \tag{5.257}$$

gegeben (e Elementarladung, n Konzentration freier Ladungsträger).
Bei Metallen liegt L_D in der Größenordnung der Gitterkonstante und hat daher praktisch keinen Einfluß auf das elektrische Verhalten. Dagegen kann L_D bei Isolatoren und Halbleitern beträchtliche Werte erreichen. Die Randschicht ist dann bestimmend für die elektrischen Eigenschaften des Halbleiters.
Abb. 5.213 zeigt die möglichen Randschichttypen eines n-Halbleiters. Positiv geladene Oberflächenzustände (a) stellen für die Elektronen ein anziehendes Potential dar, was zu einer Absenkung der Bandränder führt. Das Fermi-Niveau ist im thermodynamischen Gleichgewicht stets ortsunabhängig, verläuft also horizontal; seine Lage ist durch die elektrischen Verhältnisse im Innern des Halbleiters festgelegt. Entsprechend der Beziehung

$$n = N_c \, e^{-(E_c - E_F)/kT} \tag{5.258}$$

(vgl. Abschn. 5.8.6.) ist daher die Elektronenkonzentration n in der Randschicht erhöht, es liegt eine *Anreicherungsrandschicht* vor.
Umgekehrt führen negativ geladene Oberflächenzustände (b) zu einer Anhebung der Bandränder und damit zu einer Verringerung der Elektronenkonzentration, es liegt eine *Verarmungsrandschicht* vor.
Die Anhebung kann so weit gehen, daß auch im n-Halbleiter an der Oberfläche der energetische Abstand zwischen Valenzband und Fermi-Niveau kleiner als der zwischen Leitungsband und Fermi-Niveau wird (c): In diesem Falle wird an der

Oberfläche die Löcherkonzentration größer als die Elektronenkonzentration, es liegt eine *Inversionsschicht* vor (p-leitende Raumladungsschicht auf n-leitendem Volumenmaterial). Analog ist auf p-leitendem Volumen eine n-Inversionsschicht möglich. Inversionsschicht und Volumen sind in beiden Fällen durch eine Verarmungsschicht elektrisch getrennt. Völlig analoge Verhältnisse ergeben sich auch an Heterogrenzen (s. Abschn. 5.10.3.3.).

5.10.3.2. pn-Übergänge

Die am meisten untersuchte Grenzfläche zwischen zwei Festkörpern ist die *Dotierungsgrenze* in einem Halbleiter. Dotiert man ein Halbleitermaterial auf einer Seite mit Akzeptoren, auf der anderen mit Donatoren, so bildet die Dotierungsgrenze einen pn-Übergang.
Abb. 5.214 zeigt die Bandstruktur und den Verlauf der Trägerkonzentration für einen abrupten pn-Übergang im thermodynamischen Gleichge-

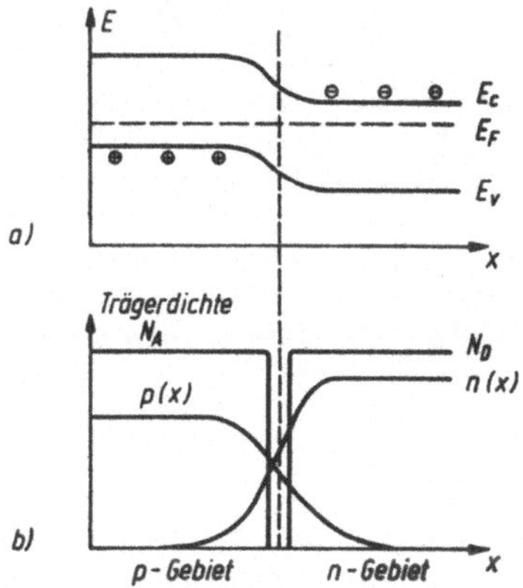

Abb. 5.214. Bänderschema (a) und Trägerdichteverteilung (b) in einem stromlosen pn-Übergang

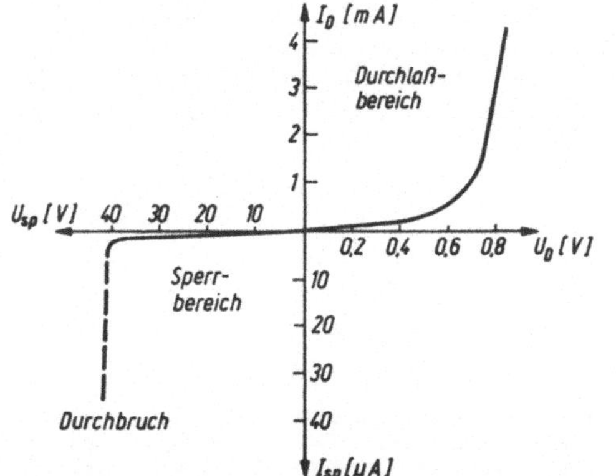

Abb. 5.215. Strom-Spannungs-Kennlinie einer Halbleiterdiode. Die Maßstäbe für Strom und Spannung sind für Durchlaß- und Sperrbereich unterschiedlich

wicht. Auch hier ist das Fermi-Niveau räumlich konstant. In großer Entfernung vom Übergang wird seine Lage durch die Beziehungen des Abschn. 5.8.6. gegeben, so daß in der Nähe des Übergangs eine Raumladungszone entsteht, in der die Trägerkonzentration klein ist.
Legt man eine Spannung an, so ergibt sich die in Abb. 5.215 schematisch gezeigte Diodenkennlinie. Positive Spannung am p-Gebiet liefert große Stromstärken (Flußrichtung), da die trägerverarmte Raumladungszone „zugeweht" wird; negative Spannung am p-Gebiet (Sperrichtung) vergrößert die Breite der Sperrschicht, bis bei sehr hohen Spannungen infolge der hohen Feldstärken am pn-Übergang ein Durchbruch (durch Stoßionisation oder inneren Feldeffekt, vgl. Abschn. 5.8.6.) erfolgt.
Halbleiterdioden haben außer ihrer Anwendung als Gleichrichter vielfältige Anwendung gefunden. Betreibt man sie in Flußrichtung, so erfolgt in der Sperrschicht eine intensive Rekombination von Elektronen und Löchern; die frei werdende Energie kann dabei in Form von Lichtquanten ausgestrahlt werden, und man erhält eine lichtemittierende Diode (LED).
Umgekehrt werden in der Sperrschicht bei Bestrahlung mit Licht genügender Energie ($h\nu \geqq E_g$) Elektron-Loch-Paare erzeugt, die zu den Elektroden abfließen. Dies kann zum empfindlichen Nachweis von Lichtstrahlung mit Photodioden dienen, aber auch in Form der Solarzellen zur direkten Wandlung von Strahlungsenergie in elektrische Energie dienen. Analog erzeugen auch Teilchenstrahlen (Elektronen, Protonen, α-Strahlen) im pn-Übergang Elektron-Loch-Paare, so daß Dioden auch als Festkörperdetektoren in der kernphysikalischen Meßtechnik eingesetzt werden (vgl. Abschn. 2.6.6.).
Schließlich ergibt sich aus der Kopplung von 2 pn-Übergängen der Bipolartransistor (p-n-p- bzw. n-p-n-Transistor, vgl. Bd. 2, Abschn. 10.2.2.), der zusammen mit dem Feldeffekttransistor die Grundlage für die Mikroelektronik bildet.

5.10.3.3. Heterogrenzen und zweidimensionales Elektronengas

Grenzflächen zwischen chemisch unterschiedlichen Stoffen werden bei Halbleitern und Isolatoren als Heterogrenzen bezeichnet. Analog zu den Oberflächen treten in ihrem Bereich meist wachstumsbedingte Grenzflächenzustände (Interface-Zustände) auf, in denen die Elektronenwellenfunktionen räumlich stark lokalisiert sind.
Technologisch gut behrrscht (im Sinne reproduzierbarer Herstellbarkeit mit geringer Dichte von Grenzflächenzuständen) sind gegenwärtig die Halbleiter-Isolator-Grenzflächen zwischen Si und SiO_2 oder Si_3N_4 und gitterkonstantenangepaßte

Grenzflächen zwischen einigen Halbleitern vom Typ der III-V-Verbindungen (aus Elementen der 3. und 5. Gruppe des Periodensystems).

Die an die Isolator-Si-Grenzfläche angrenzende Randschicht hat große technische Bedeutung im Zusammenhang mit dem *Feldeffekt* erlangt: Legt man senkrecht zur Oberfläche ein elektrisches Feld an, so kann man die Oberflächenladung und damit die Trägerkonzentration in der Randschicht durch Influenz praktisch leistungslos steuern. Dieses Prinzip liegt den in der modernen Mikroelektronik in großem Umfang angewandten Feldeffekt-Transistoren (FET) zugrunde, vgl. Bd. 2, Abschn. 10.2.2.

Abb. 5.216 zeigt die energetischen Verhältnisse an einer Metall-Isolator-Halbleiter (MIS-)-Struktur mit einem p-Halbleiter bei positivem Potential der Metallelektrode (Gate). Bei genügend großer positiver Gatespannung bildet sich an der Grenzfläche eine n-Inversionsschicht (n-Kanal). Die Dicke d dieser Schicht ist vergleichbar mit der de-Broglie-Wellenlänge der darin befindlichen Elektronen. Das bedeutet, daß die Elektronen senkrecht zur Grenzfläche als stehende Wellen

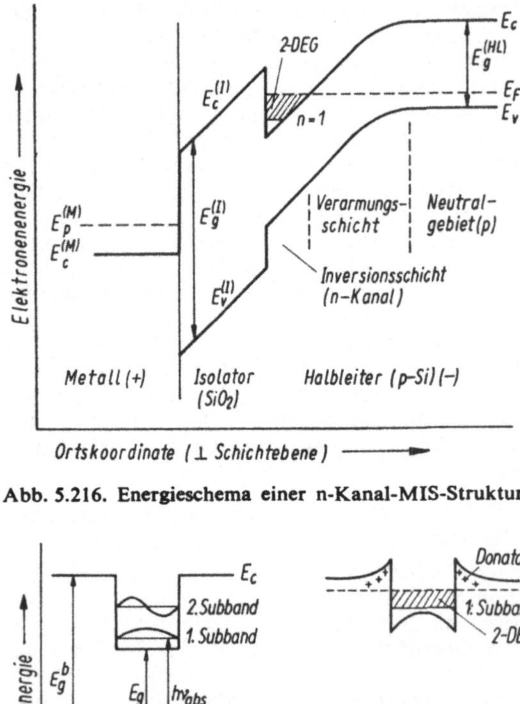

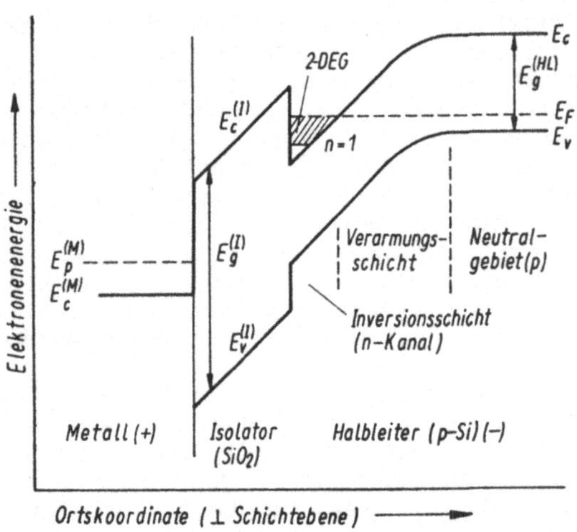

Abb. 5.216. Energieschema einer n-Kanal-MIS-Struktur

zu betrachten sind, während sie sich parallel zur Grenzfläche ungehindert bewegen können; eine derartige Situation wird als *dynamisch zweidimensionales Elektronengas* (2-DEG) bezeichnet.

Von den III-V-Heterogrenzen ist bisher am intensivsten das $Al_xGa_{1-x}As/GaA$-System untersucht. $Al_xGa_{1-x}As$ ist ein Mischkristall, der ebenso wie GaAs in der Zinkblendestruktur (s. Abb. 5.34a) kristallisiert, wobei Al- und Ga-Atome im Verhältnis x : (1 − x) die Plätze der Metallatome besetzen. Die Gitterkonstante ist unabhängig von x praktisch gleich der von GaAs, d. h. es liegt ein sog. gitterkonstantenangepaßter Heteroübergang vor. Bettet man eine sehr dünne GaAs-Schicht zwischen $Al_xGa_{1-x}As$-Barrierenschichten ein, so ergeben sich die Potentialverhältnisse der Abb. 5.217a. Da der Mischkristall eine größere Breite der verbotenen Zone als GaAs hat, entsteht ein Potentialgraben für Elektronen (und auch für Löcher, deren energetisch günstigste Zustände an der Oberkante des Valenzbandes liegen).

Die Wellenfunktionen von Teilchen im Potentialgraben sind räumlich lokalisiert mit einer Ortsunschärfe $\Delta z = d$; dies entspricht wegen der Unschärferelation (s. Bd. 3, Abschn. 6.4.6.) einer Impuls- und damit einer Energieerhöhung, die dann merklich wird, wenn die Grabenbreite vergleichbar mit der de-Broglie-Wellenlänge wird (Dimensionsquantisierung). Quantenmechanische Rechnungen liefern als erlaubte Zustände in Graben sog. Subbänder, deren tiefste Zustände für Elektronen um

$$\Delta E_n = \frac{h^2}{8m_c d^2}\, n^2 \tag{5.259}$$

oberhalb des Leitungsbandrandes liegen. Die Quantenzahl n ist die Zahl der halben Wellenlängen im Graben, m_c die effektive Masse der Elektronen.

Für Löcher ist die Löchermasse m_v einzusetzen, ΔE_n wird negativ, d. h. die Subbänder liegen unterhalb des Valenzbandrandes.

Dotiert man nur die Barrierenschichten mit Donatoren (sog. Modulationsdotierung), so sam-

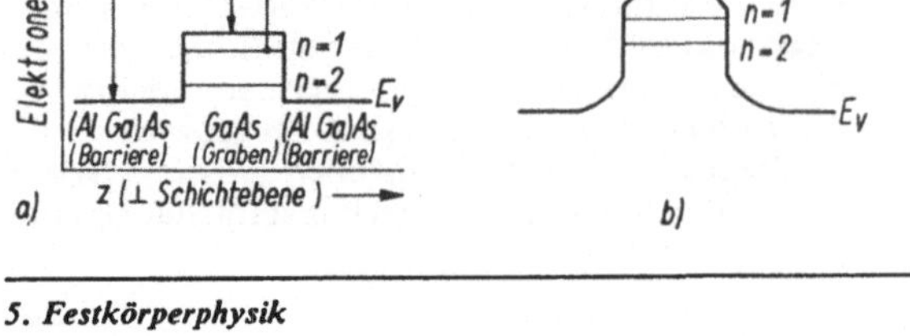

Abb. 5.217. Energieschema eines Potentialgrabens. a) Subbandstruktur. Die Wellenfunktionen der Elektronen in den untersten Subbändern sind eingezeichnet; $h\nu_{abs} > E_g$ ist die Absorptionskante; b) Bildung eines zweidimensionalen Elektronengases bei n-Dotierung der Barrieren. Infolge von Raumladungen sind die Bandränder gekrümmt

meln sich die Elektronen räumlich getrennt von den Donatorrümpfen im Potentialgraben und bilden dort (bei ultradünnen Grabenbreiten in der Größenordnung von < 20 nm) ein 2-DEG (Abb. 5.217b). Wegen der räumlichen Trennung von

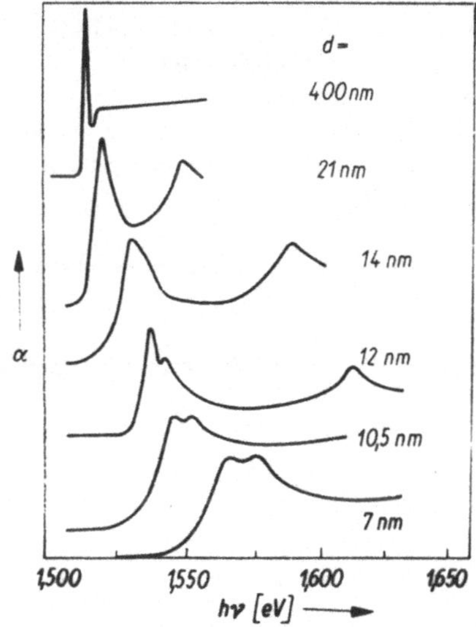

Abb. 5.218. Optische Absorption dünner GaAs-Schichten (nach R. DINGLE)

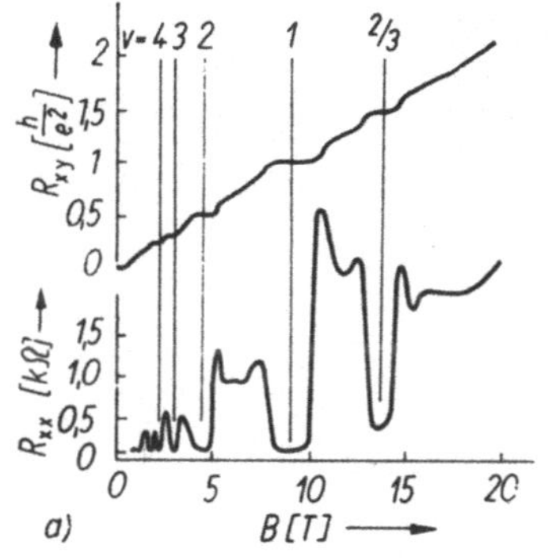

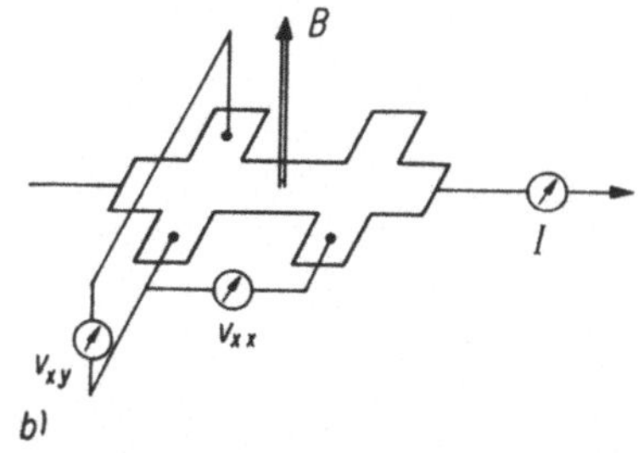

Abb. 5.219. a) Magnetfeldabhängigkeit des Längswiderstands R_{xx} und des Hall-Widerstands R_{xy} einer GaAs/Ga$_{0,65}$Al$_{0,35}$As-Heterostruktur bei $T = 0,55$ K; b) zeigt schematisch die Meßanordnung

den Störstellenrümpfen ist die Beweglichkeit der Elektronen im Graben sehr groß (s. Abb. 5.175, Kurve 2-DEG), deshalb dienen derartige Strukturen als Grundlage für die Entwicklung neuartiger elektronischer Bauelemente.

Experimentell läßt sich die Einschränkung der Elektronenbewegung senkrecht zur Grenzfläche in verschiedener Weise nachweisen. Beispielsweise ändert sich die optische Absorption des Potentialgrabens mit seiner Dicke (Abb. 5.218), d. h. die durch die Dimensionsquantisierung bedingte Energieverschiebung der Subbänder ist in der optischen Absorption (und auch bei der Lumineszenz) nachweisbar. Praktische Anwendung findet dies in neuartigen optoelektronischen Bauelementen.

Völlig unerwartetes Verhalten tritt beim *Halleffekt* des 2-DEG bei tiefen Temperaturen auf (Quantenhalleffekt, entdeckt von K. v. KLITZING, Nobelpreis 1985). Infolge der hohen Beweglichkeit der Elektronen ist die Bedingung für Zyklotronresonanz erfüllt, im klassischen Bild vollenden die Elektronen zwischen zwei Streuungen mehrere Umläufe um ein senkrecht zur Schichtebene angelegtes Magnetfeld. Das bedeutet, daß die Landau-Quantisierung zu berücksichtigen ist (s. Abschn. 5.8.7.), die beim zweidimensionalen Elektronengas zu äquidistanten Energieniveaus im Abstand $\hbar\omega_c$ führt ($\omega_c = eB/m$ = Zyklotronfrequenz).

Mißt man bei tiefen Temperaturen den Hall-Effekt als Funktion der magnetischen Induktion B, so findet man ausgeprägte Nullstellen bzw. Minima des Längswiderstandes $R_{xx} = V_{xx}/I$ und ausgeprägte Plateaus des Querwiderstands $R_{xy} = V_{xy}/I$ (s. Abb. 5.219).

Die linken Minima entsprechen einer ganzen Zahl $\nu = 1, 2, 3, 4, \ldots$ gefüllter Landau-Niveaus und treten genau dann auf, wenn das Fermi-Niveau des Elektronengases mit dem entsprechenden Landau-Niveau zusammenfällt. Das Auftreten von Minima bei gebrochenen Werten ν (es wurden Werte von 1/3, 2/3, 1/5, 4/5 u. a. beobachtet) ist gegenwärtig theoretisch noch nicht vollständig verstanden, es deutet auf eine noch unbekannte räumliche Strukturierung des Elektronengases bei tiefen Temperaturen hin.

Die Höhen der den Minima von R_{xx} zugeordneten Plateaus von R_{xy} sind (mit einer relativen Genauigkeit von 10^{-7}!) durch

$$R_{xy}(\nu) = \frac{1}{\nu} \frac{h}{e^2} \tag{5.260}$$

gegeben; $h/e^2 = 25\,812,806 \cdot (1 \pm 2,7 \cdot 10^{-7})\,\Omega$. Damit können die Plateauwerte als Widerstandsnormal benutzt werden.

Aus h/e^2 erhält man über die Beziehung

$$\alpha = \frac{1}{2} \mu_0 c \left(\frac{e^2}{h}\right) \tag{5.261}$$

---

mit der magnetischen Feldkonstante $\mu_0 = 4\pi \times 10^{-7}$ Vs/Am und der Vakuumlichtgeschwindigkeit $c = 299\,792\,458$ m/s die Feinstrukturkonstante α.

Der Wert $\alpha^{-1} = 137{,}035\,965 \pm 0{,}000\,012$ stimmt sehr gut mit anderweitig gemessenen Werten überein.

5.11. Weiterführende Literatur

allgemeine Festkörperphysik:

Kleine Enzyklopädie „Atom-Struktur der Materie".
Leipzig: VEB Bibliographisches Institut 1970.
KITTEL, Ch.: Einführung in die Festkörperphysik.
Leipzig: Akademische Verlagsgesellschaft Geest und Portig K.-G. 1973.
BUSCH, G.; SCHADE, H.: Vorlesungen über Festkörperphysik.
Basel und Stuttgart: Birkhäuser Verlag 1973.
HELLWEGE, K.-H.: Einführung in die Festkörperphysik.
Berlin, Heidelberg, New York: Springer-Verlag 1976.
SCHILLING, H.: Physik in Beispielen: Festkörperphysik.
Leipzig: VEB Fachbuchverlag 1976.

spezielle Werke zu Teilgebieten:

KLEBER, W.: Einführung in die Kristallographie.
Berlin: VEB Verlag Technik 1977.
KLEBER, W.; MEYER, K.; SCHOENBORN, W.: Einführung in die Kristallphysik.
Berlin: Akademie-Verlag 1968.
PAUFLER, P.; SCHULZE, G. E. R.: Physikalische Grundlagen mechanischer Festkörpereigenschaften I und II; WTB.
Berlin: Akademie-Verlag 1978.
SMOLENSKIJ, G. A.; KRAINIK, N. N.: Ferroelektrika und Antiferroelektrika.
Leipzig: B. G. Teubner 1972.
HERRMANN, R.; PREPPERNAU, U.: Elektronen im Kristall.
Berlin: Akademie-Verlag 1979.
SCHULZE, G. E. R.: Metallphysik.
Berlin: Akademie-Verlag 1967.
PAUL, R.: Halbleiterphysik.
Berlin: VEB Verlag Technik.
BONC-BRUEVIC, V. L.; KALASHNIKOV, S. G.: Halbleiterphysik.
Berlin: VEB Deutscher Verlag der Wissenschaften 1982.
BUCKEL, W.: Supraleitung.
Berlin: Akademie-Verlag 1980.

6. Flüssigkeiten und Polymere

6.1. Struktur und Wechselwirkungen

6.1.1. Entwicklung der Flüssigkeitsmodelle

Flüssigkeiten gehören zu den kondensierten Formen der Materie und weisen viele Ähnlichkeiten mit den Festkörpern auf, wie im 5. Kapitel gezeigt wurde. Die Bedeutung der Flüssigkeiten für natürliche und technische Prozesse steht der von Festkörpern keinesfalls nach. Da die lebenden Systeme zum überwiegenden Teil aus Wasser und wäßrigen Lösungen bestehen, ist die Bedeutung der Flüssigkeiten für die Biologie und Medizin evident, aber auch in der Industrie findet man kaum Prozesse, an denen Flüssigkeiten nicht in irgendeiner Form beteiligt sind. Eine genaue Kenntnis der Struktur und der physikalischen Eigenschaften von Flüssigkeiten ist daher eine unabdingbare Voraussetzung für ein tieferes Verständnis und die Beherrschung der Prozesse, mit denen wir es zu tun haben. Die Stellung der Flüssigkeiten im System der Aggregatzustände ergibt sich aus einer Betrachtung des p-T-Diagramms (vgl. Band 1). Wie Abb. 6.1 zeigt, sind die Flüssigkeiten von den kristallinen festen Körpern durch einen Phasenübergang längs der Linie $T - S$ getrennt. Dieser Phasenübergang ist mit einer Symmetrieänderung von der Kristallsymmetrie zur Homogenität und Isotropie der Flüssigkeit verbunden. Längs der Linie $O - T$ vollzieht sich der Übergang vom festen Körper zum Gas, der auch mit dieser Symmetrieänderung verbunden ist und schließlich entspricht die Linie $T - C$ dem Phasenübergang zwischen der Flüssigkeit und dem Gas. Die beiden Endpunkte dieser Linie entsprechen dem Tripelpunkt T und dem kritischen Punkt C. Für alle p- und T-Werte die auf den Phasenübergangslinien liegen, zerfällt das System in zwei räumlich getrennte koexistierende Phasen. Oberhalb der kritischen Temperatur bzw. des kritischen Druckes ist eine Koexistenz der flüssigen und der gasförmigen Phase nicht mehr möglich (Tab. 6.1). Soweit eine kurze Wiederholung der thermodynamischen Situation (vgl. Band 1). Für unsere weiteren Betrachtungen zur Struktur der Flüssigkeiten ist von grundlegender Bedeutung, daß Flüssigkeiten und Gase den gleichen Symmetrietyp besitzen, beide Aggregatzustände unterscheiden sich daher im wesentlichen nur quantitativ. Durch Umgehen des kritischen Punktes kann man jede Flüssigkeit ohne einen Phasenübergang zu durchlaufen, in ein Gas überführen. An diese besondere Stellung der Flüssigkeiten zu den Gasen knüpfte 1873 der Pionier der Flüssigkeitsphysik VAN DER WAALS in einer klassischen Arbeit an. Er ging von der Annahme aus, daß die Wechselwirkung zwischen zwei Atomen oder Molekülen bei kleinen Abständen abstoßend und bei großen Abständen anziehend ist. Der Nullstelle des Potentials entspricht ein effektiver Moleküldurchmesser σ. Ein Beispiel für den Potentialverlauf zeigt die Abb. 6.2. VAN DER WAALS schlug vor, die Wirkung dieser Kräfte durch zwei Korrekturen zum idealen Gasgesetz

$$p = \frac{RT}{v} \tag{6.1}$$

zu berücksichtigen (v Volumen pro Mol; R Gaskonstante). Die Wirkung der abstoßenden Kräfte wurde durch die Ersetzung $v \to (v - b)$ und die

Tabelle 6.1. *Kritische Temperaturen und Drucke für einige Flüssigkeiten*

	T_c [K]	p_c [MPa]
Ar	151	4,9
CH_4	191	4,6
C_2H_4	282	5,0
CO_2	304	7,4
NH_3	406	11,3
CH_3OH	513	8,1
C_6H_6	562	4,9
H_2O	647	22,1
$BiCl_3$	1 178	11,9
Hg	1 765	151,0
K	2 200	15,5
NaCl	3 500	25,0
Cu	6 000	400
W	23 000	1 000

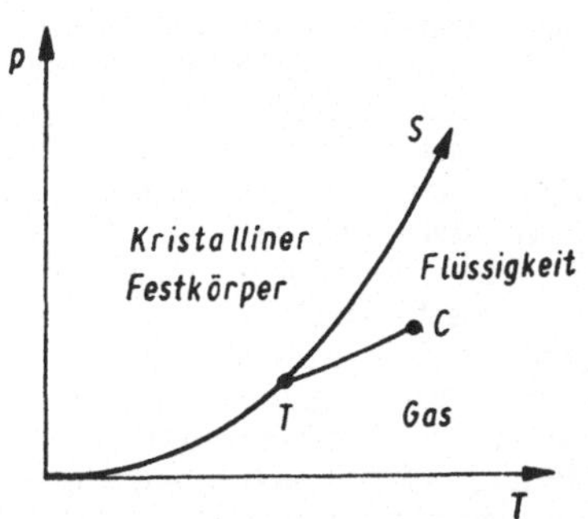

Abb. 6.1. Aggregatzustände und Koexistenzlinien in der Druck-Temperatur-Ebene

Wirkung der anziehenden Kräfte durch einen negativen Zusatzterm (Binnendruck) $(-a/v^2)$ berücksichtigt

$$p = \frac{RT}{v-b} - \frac{a}{v^2}.\tag{6.2}$$

Die moderne molekulare Theorie hat gezeigt, daß die Konstanten b und a in folgender Weise mit dem Wechselwirkungspotential $\varphi(r)$ verknüpft sind:

$$b = \frac{2\pi}{3}\,\sigma^3 N_{\mathrm{A}}; \quad a = -2\pi \int\limits_{\sigma}^{\infty} \mathrm{d}r\, r^2 \varphi(r)\, N_{\mathrm{A}}^2.\tag{6.3}$$

Man erkennt, daß die Konstante b dem Eigenvolumen der Teilchen proportional ist und daß die Konstante a ein Maß für die Stärke der anziehenden Kräfte ist. Eine eingehende Diskussion der van der Waalschen Gleichung wird im folgenden Abschn. 6.2. vorgenommen werden. Leider beschreibt die Zustandsgleichung nach VAN DER WAALS die Verhältnisse in realen Flüssigkeiten nur qualitativ richtig. Man weiß heute, daß insbesondere der erste Beitrag auf der rechten Seite der Gl. (6.2), der dem Druck eines Systems harter Kugeln entspricht, einer Korrektur bedarf.

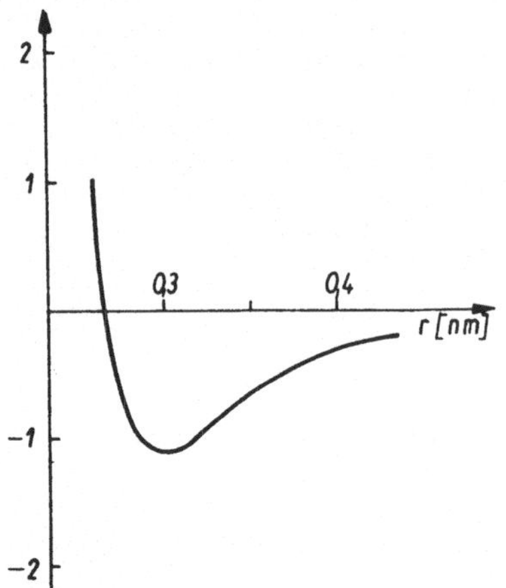

Abb. 6.2. Potential der Wechselwirkung zwischen zwei Heliumatomen

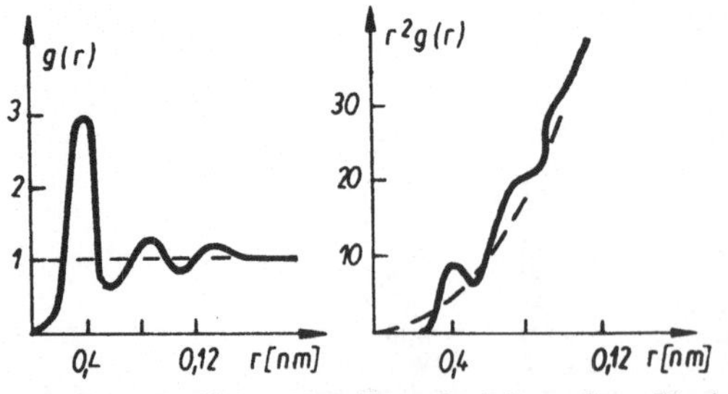

Abb. 6.3. Radiale Verteilungsfunktion für flüssiges Natrium

Zu einem entscheidenden Fortschritt beim Verständnis der Struktur der Flüssigkeiten führte die Einführung des Konzepts der Nahordnung und der diese beschreibenden radialen Verteilungsfunktionen durch ORNSTEIN, ZERNIKE, PRINS und DEBYE in den Jahren nach 1914. Zur Einführung des wichtigen Begriffs der radialen Verteilungsfunktion wollen wir uns vorstellen, daß wir als Beobachter auf einem Molekül der Flüssigkeit säßen und die Lage der Häufigkeit der uns umgebenden Moleküle verfolgen können. Die mittlere Anzahl der uns in der Kugelschale zwischen r und $r + \mathrm{d}r$ umgebenden Moleküle wollen wir mit $\mathrm{d}N(r)$ bezeichnen und schreiben

$$\mathrm{d}N(r) = (N/V)\, g(r)\, 4\pi r^2\, \mathrm{d}r.\tag{6.4}$$

Die Funktion $g(r)$ ist ein Maß für die Abweichung der Dichte im Abstande r von der mittleren Dichte in der Flüssigkeit N/V. Sie beschreibt die Nahordnung in der Umgebung eines Moleküls. Die Schlüsselrolle der radialen Verteilungsfunktion für die Beschreibung von Flüssigkeiten beruht auf folgendem:

1. Die Funktion $g(r)$ – oder genauer gesagt, ihre Fouriertransformierte, der sogenannte Strukturfaktor – ist durch Auswertung von Streuversuchen mit Röngtenstrahlen oder langsamen Neutronen experimentell bestimmbar (vgl. Kap. 2.).
2. Die Kenntnis von $g(r)$ gestattet die Berechnung wichtiger Eigenschaften der Flüssigkeit, insbesondere der thermodynamischen Funktionen.
3. Die Verteilungsfunktion enthält wichtige Informationen über die mikroskopische Struktur, z. B. über die mittlere Zahl der Moleküle in den Koordinationsschalen um das ausgewählte Zentralmolekül. Unter Koordinationszahlen verstehen wir hier konzentrische schalenförmige Gebiete um ein Zentralmolekül, deren Grenzen durch die Minima der Häufigkeitsfunktion nach Gl. (6.4) definiert werden.

Abb. 6.3 zeigt als Beispiel eine experimentell ermittelte radiale Verteilungsfunktion für flüssiges Natrium. Man erkennt drei Maxima, die vergrößerten mittleren Dichten in der ersten, zweiten und dritten Koordinationsschale entsprechen. Den scharfen Peaks der mittleren Dichte für den idealen Kristall stehen die relativ verwaschenen und in der Lage verschobenen Maxima in der Flüssigkeit gegenüber. Für große Abstände konvergiert die radiale Verteilungsfunktion gegen 1, da die Dichte dann in N/V übergehen muß und für kleine Abstände gegen 0, da sich innerhalb des Moleküls kein zweites aufhalten kann. In der Regel findet man nicht mehr als drei Maxima bevor die Funktion $g(r)$ asymptotisch in den Wert Eins einläuft. Dieses Verhalten entspricht dem Fehlen einer Fernordnung in Flüssigkeiten. Mit steigender Temperatur verschieben sich die Maxima zu größeren Radien hin und ihre Höhe wird immer geringer.

Die Theorie der radialen Verteilungsfunktionen wurde in den 30er und 40er Jahren von KIRKWOOD, YVON, BOGOLJUBOW, BORN und GREEN erfolgreich entwickelt. Sie führte im wesentlichen zur Herleitung von Integralgleichungen, welche $g(r)$ mit dem Wechselwirkungspotential $\varphi(r)$ verknüpfen. Diese Integralgleichungen sind zwar sehr kompliziert und können hier nicht reproduziert werden, sie können jedoch mit Hilfe moderner Computer leicht gelöst werden. Es sind dazu keine weiteren Modellannahmen außer der Kenntnis des Wechselwirkungspotentials erforderlich. Aus diesem Grunde wird dieser Weg in der modernen Flüssigkeitsphysik bevorzugt. In ihrer Bedeutung zurückgetreten sind dagegen die Theorien, die auf einer Reihe von – letztlich unbeweisbaren – Modellannahmen beruhen. Zu den am häufigsten vertretenen Varianten zählt immer noch das Gittermodell, bzw. das Modell des freien Volumens. Diese Modelle gehen von der Vorstellung aus, daß die Flüssigkeitsstruktur zumindest in kleinen Bereichen kristallähnlich ist. Jedes Molekül würde demnach eine relativ lange Zeit in einem kleinen „Käfig"

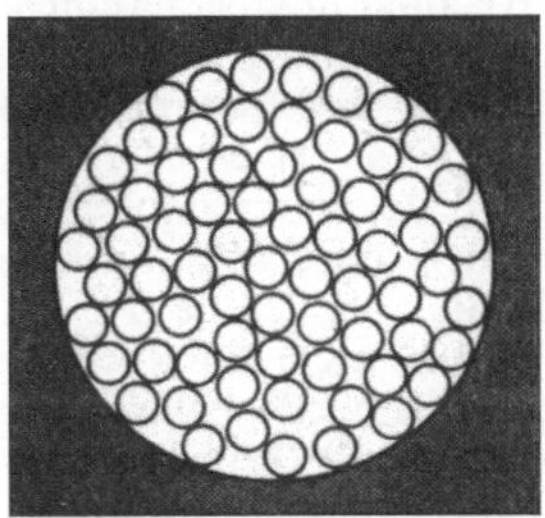
Abb. 6.4. Ordnung harter Kugeln in einem ebenen Flüssigkeitsmodell

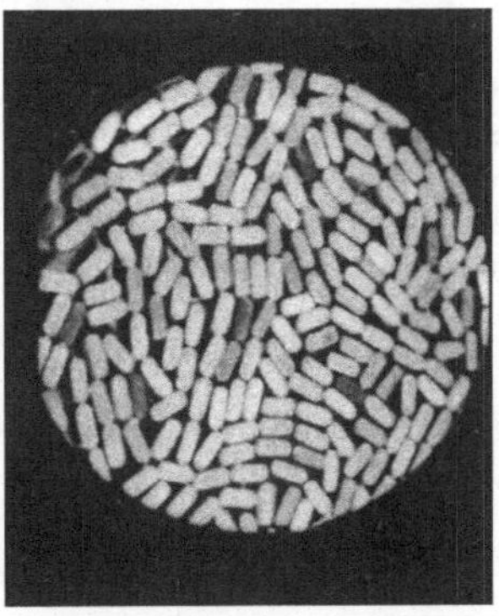
Abb. 6.5. Ordnung von Sphärozylindern in einem ebenen Flüssigkeitsmodell

schwingen, der von den nächsten Nachbarn gebildet wird und von Zeit zu Zeit einen Platzwechsel vornehmen. Wir werden auf dieses Modell, das spezielle Eigenschaften der Flüssigkeit gut erklärt, im Abschn. 6.1.5. zurückkommen.

6.1.2. Weehselwirkungen und Nahordnung in einfachen Flüssigkeiten

Die Kräfte zwischen den Partikeln einer Flüssigkeit sind ihrem Wesen nach die gleichen wie zwischen isolierten Molekülen (vgl. Abschn. 4.2.). Bei kleinen Abständen dominieren stets die Abstoßungskräfte, die bei der Durchdringung der Elektronenhüllen infolge des Pauli-Verbotes auftreten. Folglich verhalten sich die Moleküle in nullter Näherung wie starre Körper. Man weiß heute, daß der Raumbedarf dieser starren Körper den entscheidenden Einfluß auf die Struktur der Flüssigkeit hat. Labormodelle aus Stahlkugeln, -ellipsoiden oder -stäbchen vermitteln häufig bereits einen sehr anschaulichen Eindruck von der Struktur realer Flüssigkeiten. Die Abb. 6.4 und 6.5 zeigen zwei ebene Labormodelle. Man erkennt charakteristische Strukturunterschiede zwischen kugelsymmetrischen und langgestreckten Molekülen. Als kugelsymmetrisch kann man die Edelgasatome und die einfachen Ionen in flüssigen Metallen und Elektrolyten und in gewisser Näherung auch die zweiatomigen Moleküle betrachten. Höhermolekulare Kohlenwasserstoffe, wie z. B. die Paraffine, haben häufig eine langgestreckte Gestalt oder auch, wie im Falle des Benzen eine Scheibenform. In diesen komplizierteren Fällen. wird die Nahordnung und damit auch die molekulare Verteilungsfunktion orientierungsabhängig. Wir beschränken uns in diesem Abschnitt auf den Fall einfacher Flüssigkeiten mit kugelsymmetrischen Wechselwirkungen. Das Grundmodell für die einfachen Flüssigkeiten ist das Modell starrer Kugeln mit dem Durchmesser σ, das auch als Referenzsystem bezeichnet wird. Wir wollen zunächst in Gedanken, der Leser möge das mit einem Glas voll Kindermurmeln nachvollziehen, einige Experimente mit einem Labormodell harter Kugeln anstellen. Zur Simulierung der thermischen Bewegung und zur Unterdrückung der Wirkung der Schwerkraft soll das Gefäß, in dem sich die Kugeln befinden, ständig geschüttelt werden. Den Druck messen wir an einem Stempel, der beginnend mit dem Zustand der dichtesten Packung immer weiter herausgezogen wird, wobei sich das spezifische Volumen $v_\mathrm{s} = V/N$ ständig vergrößert (Abb. 6.6). Der dichtesten Packung der Moleküle entspricht das spezifische Volumen

$$v_\mathrm{s} = v_0 = \sigma^3/\sqrt{2} = 1{,}35 v_\mathrm{M}, \text{ wobei } v_\mathrm{M} = \frac{4\pi}{3}\left(\frac{\sigma}{2}\right)^3$$

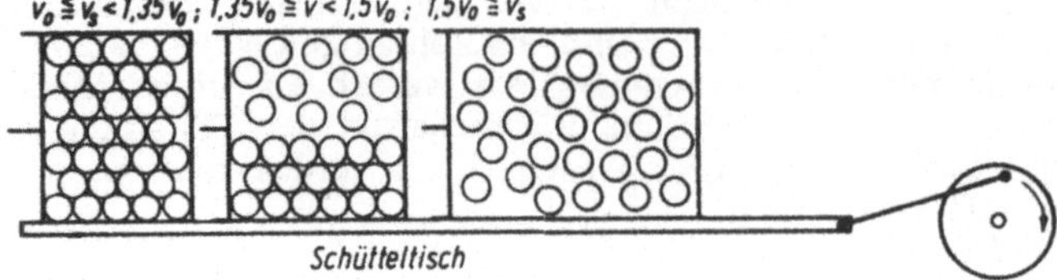

Abb. 6.6. Ordnung harter Kugeln in einem räumlichen Flüssigkeitsmodell für verschiedene Werte des spezifischen Volumens

das Volumen eines Moleküls ist. Die Kugeln bilden dann ein kubisches Gitter aus. Bei Vergrößerung des spezifischen Volumens bleibt im gesamten Bereich

$$v_0 \leqq v_s < 1,35v_0 \tag{6.5}$$

die kubische Gitterstruktur erhalten, obwohl dabei immer stärkere Bewegungen um die Gleichgewichtslagen auftreten. Bei weiterer Vergrößerung des spezifischen Volumens bricht die Gitterstruktur zusammen und wir finden im Bereich

$$1,35v_0 \leqq v_s < 1,59v_0 \tag{6.6}$$

eine Koexistenz zwischen einer Phase mit kubischer Gitterstruktur und einer fluiden Phase, die nur noch eine Nahordnung aufweist. Für noch größere spezifische Volumina existiert dann im System nur noch die fluide Phase

$$1,59v_0 \leqq v_s. \tag{6.7}$$

Anhand eines relativ primitiven Modellexperimentes haben wir damit einen Phasenübergang fest–flüssig demonstriert und gezeigt, wie sich beim Übergang die Fernordnung in eine Nahordnung umwandelt. Unser einfaches Modellexperiment gestattet auch eine Deutung der 1910 von LINDEMANN empirisch gefundenen Regel, wonach das Schmelzen eines Kristalles einsetzt, wenn das Volumen gegenüber der dichtesten Packung um über 33 % vergrößert wird.
Die Erfolge des einfachen Kugelmodells haben dazu geführt, daß man das System starrer Kugeln heute als die „ideale Flüssigkeit" betrachtet. Das Attribut „ideal" wird hier im gleichen Sinne verwendet wie bei „ideales Gas" und „idealer

Kristall". Eine bemerkenswerte Eigenschaft des Modells harter Kugeln ist, daß der Kompressibilitätsfaktor pV/NkT und die radialen Verteilungsfunktionen nicht von der Temperatur abhängen. Inzwischen liegen viele Berechnungen für diese Größen vor. THIELE und WERTHEIM gelang eine analytische Berechnung der radialen Verteilungsfunktion auf der Basis einer von PERCUS und YEVICK aufgestellten Integralgleichung. Für den durch Gl. (6.7) charakterisierten fluiden Bereich lautet das Ergebnis für die Zustandsgleichung

$$\frac{pV}{NkT} = \frac{1 + \varrho + \varrho^2}{(1 - \varrho)^3}; \quad \varrho = \frac{\pi N\sigma^3}{6V}. \tag{6.8}$$

Eine andere moderne Methode zur Berechnung der Struktur und der Zustandsgleichung, die sogenannte molekulare Dynamik, beruht auf einer direkten Integration der Newtonschen Bewegungsgleichungen mit Hilfe von Großrechnern. Da auch die modernsten Rechner höchstens einige hundert Bewegungsgleichungen integrieren können benutzt man den Trick der periodischen Randbedingungen (Abb. 6.7). Es wird eine Grundzelle mit 32, 108 oder 256 Teilchen angenommen und immer, wenn ein Teilchen diese Zelle verläßt, tritt ein anderes wieder in die Grundzelle ein. Da in jeder Zelle dasselbe passiert, muß der Rechner nur die Vorgänge in der Grundzelle behandeln. Wenn in der Grundzelle z. B. 32 Teilchen vorliegen, so sind die 32 vektoriellen Newtonschen Bewegungsgleichungen für die Moleküle (vgl. Band 1, Abschnitt 4.2.)

$$m \frac{d^2}{dt^2} r_i(t) = F_i, \quad i = 1, 2, ..., 32 \tag{6.9}$$

zu lösen. Hierbei bezeichnet $r_i(t)$ die Ortskoordinaten des i-ten Teilchens, m seine Masse und F_i die auf das i-te Teilchen wirkende Kraft. Unter der Voraussetzung, daß die Paarwechselwirkungen der Teilchen i und j durch ein Wechselwirkungspotential

$$\varphi(|r_i - r_j|)$$

beschrieben werden, finden wir für die Gesamtkraft auf das i-te Teilchen

$$F_i = - \sum_{j=1}^{32} \nabla_i \varphi(|r_i - r_j|)$$
$$+ \binom{\text{Beiträge der Teilchen}}{\text{in Nachbarzellen}}.$$

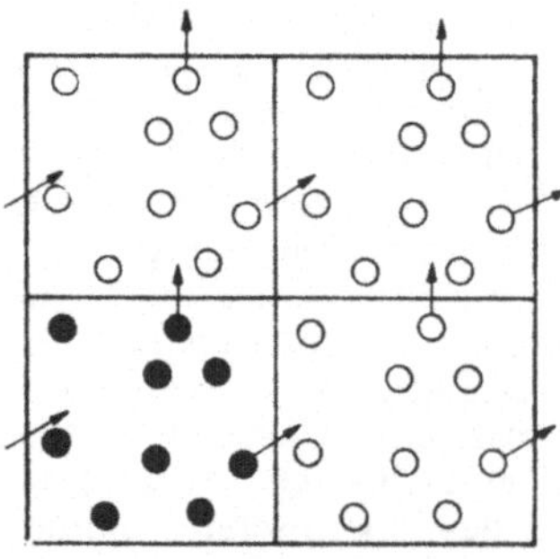

Abb. 6.7. Molekulare Dynamik von Flüssigkeiten mit periodischen Randbedingungen

Das System der Bewegungsgleichungen (6.9) besteht aus 96 gekoppelten Differentialgleichungen, die mit Hilfe eines modernen Großrechners ohne weiteres gelöst werden können. Im Ergebnis folgen dann die Trajektorien $r_i(t)$ für die 32 Teilchen in der Grundzelle, die im Gedächtnis des Rechners bis zur weiteren Bearbeitung zu speichern sind. Die Trajektorien der Teilchen in den übrigen Zellen ergeben sich aus der Periodizitätsbedingung.

Durch Auswertung der Trajektorien der Teilchen und der entsprechenden Häufigkeitsverteilungen erhält man die radiale Verteilungsfunktion und daraus die Zustandsgleichung (Abb. 6.8) und andere thermodynamische und kinetische Eigenschaften. Auf ähnliche Weise gehen die sogenannten Monte-Carlo-Verfahren vor. Die so gewonnenen radialen Verteilungsfunktionen stimmen recht gut mit dem Ergebnis von Röntgenstreudaten bzw. Neutronenstreudaten überein (Abb. 6.3).

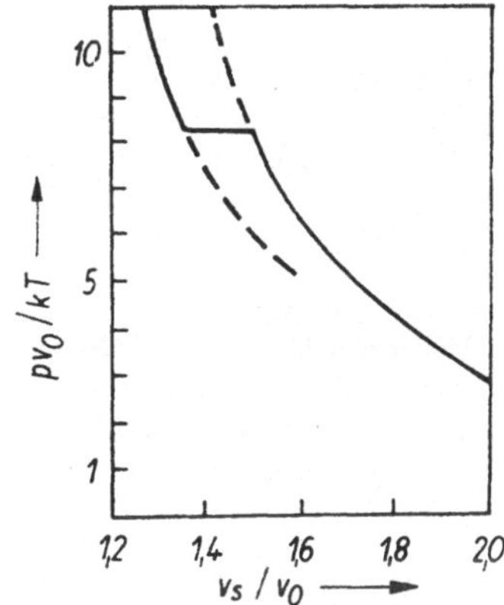

Abb. 6.8. Die Zustandsgleichung einer Hartkugelflüssigkeit nach moleküldynamischen Rechnungen. Der waagerechte Teil der Kurve entspricht dem Phasenübergang flüssig–fest

Während die Struktur der einfachen Flüssigkeiten mit Einschluß des Phasenüberganges zum festen Körper bereits gut durch den idealen Grenzfall von Systemen starrer Kugeln beschrieben wird, liefert dieses Modell schlechte Resultate für die thermodynamischen Funktionen und für den Übergang flüssig–gasförmig, da hier die Wirkung der anziehenden Kräfte eine große Rolle spielt. Insbesondere ergibt sich ein inkorrektes Resultat für die innere Energie, da die innere Energie eines Systems harter Kugeln in Übereinstimmung mit dem eines idealen Gases $(3/2)\,NkT$ ist. Der in erster Näherung temperaturunabhängige Beitrag der anziehenden Wechselwirkungen zur inneren Energie und zur freien Energie läßt sich wie folgt

berechnen

$$\partial U = \partial F = \frac{1}{2}\,N \int_{\sigma}^{\infty} \varphi(r)\,\mathrm{d}N(r)$$

$$= \frac{N^2}{2V} \int_{\sigma}^{\infty} \varphi(r)\,g(r)\,4\pi r^2\,\mathrm{d}r. \qquad (6.10)$$

In dieser anschaulich verständlichen Formel ist $g(r)$ die radiale Verteilungsfunktion – berechnet für das Referenzsystem starrer Kugeln – und der Faktor $1/2$ rührt daher, daß jede Paarwechselwirkung nur einmal zu zählen ist. Die Korrektur zum Druck erhalten wir daraus mit Hilfe der thermodynamischen Relation $p = -(\partial F/\partial V)$ zu

$$\partial p = -\frac{a'N^3}{V^2}; \quad a' = -2\pi \int_{\sigma}^{\infty} \varphi(r)\,g(r)\,r^2\,\mathrm{d}r. \qquad (6.11)$$

Schließlich folgt für die gesamte innere Energie der Flüssigkeit und den Druck

$$U = \frac{3}{2}\,NkT - \frac{N^2}{V}\,a';$$

$$p = p_{\text{HK}} - \frac{N^2}{V^2}\,a'. \qquad (6.12)$$

Hierbei ist p_{HK} der Druck des Referenzsystems starrer geladener Kugeln etwa nach Gl. (6.8) oder nach Abb. 6.8 und die Konstante a' hängt unmittelbar mit der van der Waalschen Konstanten a zusammen ($a' = N_A^2 a$). Wie man sieht, hat die Entwicklung der Flüssigkeitsphysik zu einer Renaissance der Ideen von VAN DER WAALS geführt.

Die explizite Berechnung des Beitrages der potentiellen Energie zur inneren Energie zeigt, daß dieser Beitrag für normale Flüssigkeiten die gleiche Größenordnung besitzt, wie die ideale kinetische Energie d. h. es gilt

$$|\partial U| \cong \tfrac{3}{2}NkT. \qquad (6.13)$$

Im Gegensatz dazu ist die potentielle Energie in Festkörpern in der Regel größer und in Gasen viel kleiner als die kinetische Energie. Die Verhältnisse in Festkörpern, Flüssigkeiten und Gasen lassen sich folglich durch das Schema charakterisieren.

Stoffklasse	Ordnungszustand	Verhältnis der potentiellen zur kinetischen Energie
Gase	schwache Nahordnung	klein
Flüssigkeiten	starke Nahordnung	etwa Eins
Festkörper	Fernordnung	groß

6.1.3. Assoziierende Flüssigkeiten

Jede Art der Zusammenlagerung von Molekülen die durch zwischenmolekulare Kräfte bedingt ist, also nicht primär auf chemische Bindungen zurückgeht, bezeichnet man als Assoziation. Es können sich dabei 2, 3, 4 oder sehr viele Moleküle zusammenlagern (Dimere, Trimere, Tetramere, Schwärme). Assoziation tritt dann auf, wenn die Wechselwirkungsenergie der Moleküle von ihrer gegenseitigen Orientierung abhängt. Die Nachbarmoleküle verdrehen sich dann so gegeneinander, daß das Assoziat etwa einem Minimum der potentiellen Energie entspricht. Die Dispersionskräfte führen in der Regel nur bei stark un-

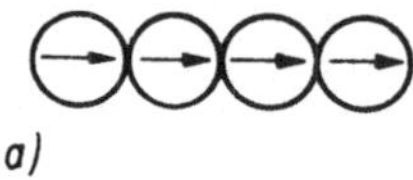

a)

b)

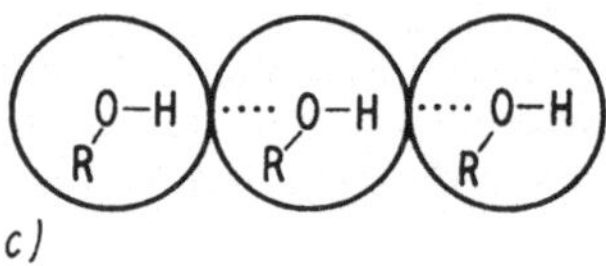

c)

Abb. 6.9. Mechanismen der Assoziation von Flüssigkeitsmolekülen: (a) Dipol-Dipol-Wechselwirkungen; (b) Elektrostatische Wechselwirkung lokaler Ladungszentren; (c) Wasserstoffbrücken

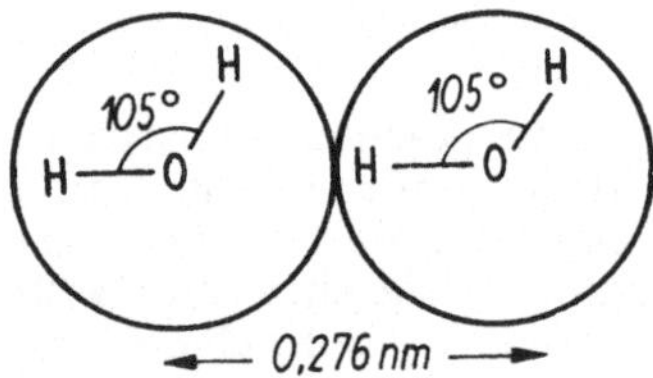

Abb. 6.10. Wasserstoffbrückenbindung zwischen zwei Wassermolekülen

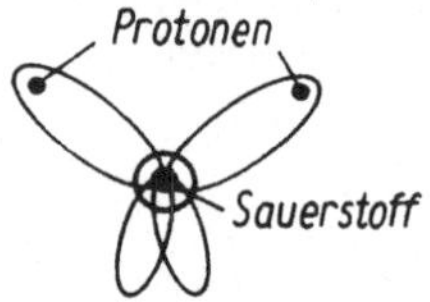

Abb. 6.11. Elektronenverteilung im Wassermolekül um das Kerngerüst

symmetrisch gebauten Molekülen, z. B. Benzen und Paraffinen, zur Assoziation. Zur Assoziation neigen ferner alle polaren Stoffe, deren Moleküle Dipolmomente tragen; ein Beispiel ist Aceton ($\mu = 2{,}85$ D). Die Festigkeit dieser Assoziate ist meist relativ gering, wächst jedoch mit dem Dipolmoment. Die besten Bedingungen für eine Assoziation sind dann gegeben, wenn sich an einzelnen Punkten der Oberfläche der Moleküle lokalisierte Kraftzentren befinden, die mit den entsprechenden Kraftzentren anderer Moleküle nach Annäherung und richtiger Orientierung feste Bindungen bilden können (Abb. 6.9). Das wichtigste Beispiel dafür ist die Ausbildung von Wasserstoffbrücken (vgl. Abschn. 4.2.2.4.). Starke Assoziation durch Wasserstoffbrückenbindungen zeigen Wasser, Ammoniak, Fluorwasserstoff, Alkohole und organische Säuren. Assoziationsphänomene beeinflussen die physikalischen Eigenschaften der Stoffe erheblich. Zum Beispiel ist für eine assoziierende Flüssigkeit ein relativ großer Wert der Verdampfungsentropie charakteristisch, da Assoziation eine Form der Nahordnung ist, die bei der Verdampfung aufgelöst wird. Besonders ausgeprägte Anomalien zeigt Wasser, das infolge der Wasserstoffbrücken starke Assoziation aufweist. Die Energie einer Wasserstoffbrückenbindung zwischen zwei Wassermolekülen (Abb. 6.10) beträgt etwa 19 kJ/mol. Zum Vergleich erwähnen wir, daß die Bindungsenergie einer kovalenten Bindung in der Regel um einen Faktor 4 bis 40 höher liegt. Jedes Wassermolekül kann in der Flüssigkeit bis zu vier H-Brückenbindungen ausbilden. Das hängt mit der tetraedrischen Ladungsverteilung im H_2O-Molekül zusammen (Abb. 6.11). Die beiden Protonen bilden mit dem Sauerstoffrumpf ein gleichschenkliges Dreieck mit einer Schenkellänge von 0,0957 nm und einem Öffnungswinkel von 105° 3′. Senkrecht darauf steht ein zweites Dreieck, das durch den Sauerstoffkern und die Dichteverteilung von zwei Valenzelektronen gebildet wird. Es entsteht so ein Tetraeder in dessen Ecken zwei positive und zwei negative Ladungen sitzen. Bei Annäherung zweier H_2O-Tetraeder entstehen starke elektrostatische Kräfte, die zur Assoziation führen. Im Eis hat jedes H_2O-Molekül vier nächste Nachbarn, zu denen es H-Brücken bildet (Tridymit-Struktur). Im flüssigen Wasser wird diese Struktur sehr stark aufgelockert. Es gibt noch keine einheitliche Theorie der Struktur des Wassers, die in der Lage wäre, die Eigenschaften und verschiedenen Besonderheiten dieser Flüssigkeit zu erklären.

Im chemisch reinen Zustand ist Wasser bekanntlich eine farblose, geruch- und geschmacklose Flüssigkeit, die bei Normaldruck bei 0 °C erstarrt und bei 100 °C siedet. Die kritische Temperatur des Wassers ist 374,15 °C, der kritische

Druck 22,129 MPa und das kritische Volumen 0,003 26 m³/kg. Der Tripelpunkt, d. h. derjenige Punkt, bei dem Wasser, Eis und Dampf koexistieren können, liegt bei 0,0100 °C und 0,613 MPa. Das Zustandsdiagramm des Wassers in der Temperatur-Dichte-Ebene und verschiedene Isobaren zeigt die Abb. 6.12. Wir finden Gebiete, in denen die Aggregatzustände in reiner Form vorkommen, sowie Koexistenzgebiete zweier Phasen, den Tripelpunkt T und den kritischen Punkt C.

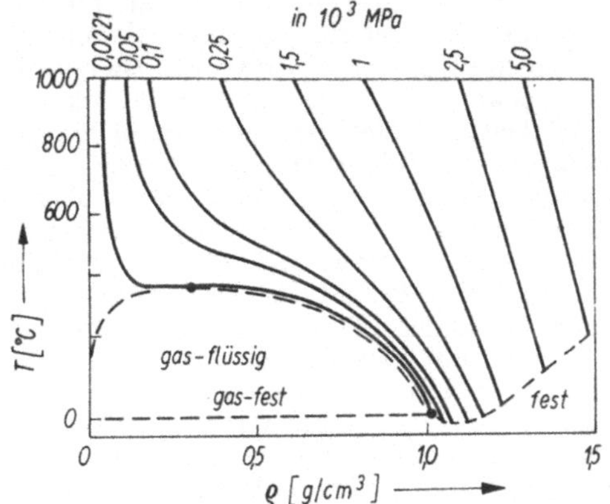

Abb. 6.12. Zustandsdiagramm des Wassers in der Temperatur-Dichte-Ebene und einige Isobaren

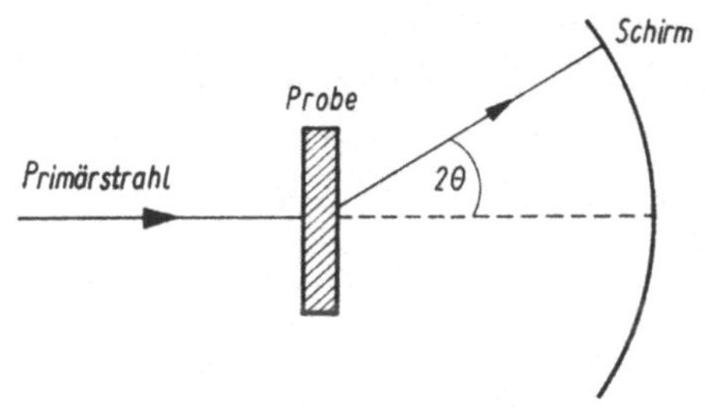

Abb. 6.13. Schema von Röntgen- und Neutronen-Streuexperimenten

Eine besondere Form des Wassers ist das schwere Wasser, eine Verbindung von Sauerstoff mit Deuterium (dem Wasserstoffisotop der Massenzahl 2). In einem Kubikmeter Wasser sind etwa 20 cm³ schweren Wassers enthalten. Bei Normaldruck erstarrt schweres Wasser bei 3,82 °C und siedet bei 101,42 °C. Schweres Wasser ist als Bremssubstanz in Kernreaktoren von großer Bedeutung. Normales Wasser hat dagegen für fast alle Prozesse auf unserem Planeten in Natur und Technik eine Schlüsselrolle. Die Aufklärung seiner Struktur und seiner Eigenschaften ist daher von erstrangiger wissenschaftlicher Bedeutung. Viele Eigenschaften lassen sich mit Hilfe der Dipolstruktur der Moleküle und der damit verbundenen Tendenz zur Assoziation deuten. Damit hängen

auch die in vieler Hinsicht ungewöhnlichen physikalischen Eigenschaften des Wassers zusammen, von denen wir nur einige aufzählen wollen. Bekanntlich nimmt die Dichte des Wassers beim Erwärmen bis zu 4 °C zu und die Schallgeschwindigkeit sogar bis zu 74 °C, während diese Größen bei den anderen Flüssigkeiten mit der Temperatur abnehmen. Eine weitere Anomalie zeigt die Druckabhängigkeit der Viskosität; schließlich sind die Wärmekapazität und die Schmelzwärme gegenüber anderen Flüssigkeiten anomal groß.

6.1.4. Experimentelle Untersuchung der Nahordnung

Zu den leistungsfähigsten modernen Methoden zählen die Röntgen- und die Neutronenstreuung (vgl. Kap. 2.), die sich gegenseitig ergänzen. Das Meßprinzip besteht bei beiden Methoden darin, daß man einen Primärstrahl auf die zu untersuchende Probe richtet und die Intensität der Streustrahlung in Abhängigkeit vom Streuwinkel mißt. Aus der Intensitätsverteilung ergibt sich der differentielle Wirkungsquerschnitt $d\sigma/d\Omega$ als Funktion der Größe

$$k = (4\pi \sin \theta)/\lambda. \tag{6.14}$$

(λ Wellenlänge, 2θ Streuwinkel vgl. Abb. 6.13).

Der k-abhängige Anteil des differentiellen Wirkungsquerschnitts wird als Strukturfaktor bezeichnet

$$d\sigma/d\Omega = Nb^2 S(k). \tag{6.15}$$

(b Streulänge eines Moleküls bzw. Kerns.)

Der Strukturfaktor ist somit direkt experimentell zugängig, wobei jedoch bei sehr großen und sehr kleinen k-Werten meßtechnische Schwierigkeiten auftreten. Die Röntgenmethode ist z. B. wegen der stark absinkenden Intensität der Streustrahlung etwa auf den Bereich $10 \le k \le 50$ [nm]$^{-1}$ beschränkt, während man diesen Bereich bei Neutronen weiter ausdehnen kann (Abb. 6.14). Physikalisch besteht der wesentliche Unterschied beider Methoden darin, daß die Röntgenstrahlen an den Elektronen und die Neutronenstrahlen an den Kernen der Moleküle gestreut werden. Der Vorteil der Neutronenstreuung besteht darin, daß hier die Streulänge b tatsächlich eine Konstante darstellt, während im Fall der Röntgenstreuung die Molekülstruktur zu berücksichtigen ist. Aus dem Strukturfaktor kann die radiale Verteilungsfunktion $g(r)$ durch Fouriertransformation berechnet werden, wie zuerst ZERNIKE und PRINS gezeigt haben.

Die Aussagen dieser Methoden werden durch ein ganzes Spektrum weiterer experimenteller Methoden ergänzt. An erster Stelle sind dabei die klassischen Methoden der Messung der Dichte, der Dielektrizitätskonstanten, der Schallgeschwindig-

---

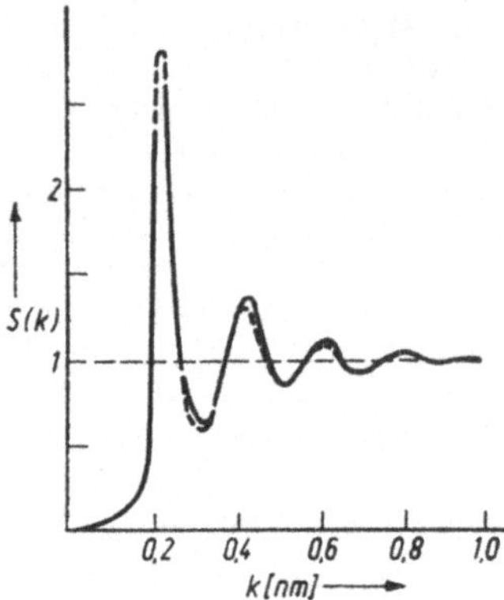

Abb. 6.14. Der Strukturfaktor für flüssiges Blei bei 340 °C im Ergebnis von Neutronenstreuversuchen (ausgezogene Linie) und von Röntgenstreuversuchen (gestrichelte Linie)

keit und der Lichtstreuung zu nennen. Sie werden heute besonders durch Kernresonanzmessungen ergänzt (vgl. Kap. 1. u. 4.). Weiterhin liefern auch die Raman- und Infrarotspektroskopie wertvolle Aussagen über die Struktur der Flüssigkeiten.

6.1.5. Bewegungsvorgänge in Flüssigkeiten

Wir wollen nunmehr noch auf das dynamische Verhalten der Partikeln in einer Flüssigkeit und auf die Transporterscheinungen eingehen.
Infolge ihrer thermischen Energie führen die Teilchen einer Flüssigkeit Schwingungen um (momentane) Gleichgewichtslagen aus. Ähnliche Verhältnisse sind auch in einem Kristall gegeben, jedoch sind dort die Amplituden der Schwingungen relativ klein. Dies bedingt (s. Kap. 5.), daß auch die Platzwechselhäufigkeit sehr gering ist. Während in einer Flüssigkeit ein Teilchen nur etwa 10^{-8} s in einer derartigen Gleichgewichtslage verharrt, sind diese Zeiten im Kristall viel länger. Die Frequenz dieser Schwingungen liegt bei 10^{13} Hz. Die Schwingungen sind – bedingt durch das Kraftgesetz und die Größe der Amplitude – stark anharmonisch. Da die Energie der einzelnen Partikeln verschieden groß ist und sich außerdem ständig ändert, schwankt die Amplitude und damit auch die Frequenz dieser Schwingungen laufend. Es kommt deshalb nicht zur Ausbreitung von Wellen (Phononen) über größere Entfernungen, wie es in den Festkörpern der Fall ist. Die kohärenten Bewegungen der Moleküle in Flüssigkeiten haben höchstens eine Reichweite von wenigen Moleküldurchmessern.
Infolge der Energieschwankungen erhält ab und zu ein Teilchen eine derart große Energie, daß es seine Lage relativ zu seinen Nachbarn sprunghaft ändert, d. h., es führt einen Platzwechsel aus. Für einen derartigen Vorgang ist eine Mindestener-

gie q der Partikel erforderlich. Wie groß diese Energie sein muß, hängt vom Ordnungsgrad in der Umgebung des platzwechselnden Teilchens und von den zwischenmolekularen Kräften ab. Da diese im flüssigen Zustand kleiner sind als im kristallinen, treten Platzwechsel in Flüssigkeiten wesentlich häufiger auf als im Kristallgitter. Hierauf beruht die leichter mögliche plastische Deformierbarkeit der Flüssigkeiten gegenüber den Festkörpern. Aus Diffusions- und Viskositätsmessungen ergibt sich, daß ein Flüssigkeitsmolekül nach jeweils 10^3 bis 10^5 Schwingungen einen Platzwechsel vornimmt. Da nun ein Molekül etwa 10^{13} Schwingungen je Sekunde ausführt, bedeutet dies, daß je Molekül in jeder Sekunde etwa 10^8 Platzwechsel erfolgen. Geht man also von der Bewegung eines Moleküls aus und betrachtet etwa die Dauer einer Schwingung als die „Eigenzeit" eines Moleküls, so verbleibt ein Molekül eine beachtliche Zeit an einer bestimmten Stelle der Flüssigkeit. Anders sind die Verhältnisse vom makroskopischen Standpunkt aus. Vergleicht man hier mit uns geläufigen Zeiten, also etwa einer Sekunde, dann ist die Verweilzeit eines Teilchens in einer Gleichgewichtslage extrem kurz. Dies bedingt die aus makroskopischen Beobachtungen bekannte große „Beweglichkeit" einer Flüssigkeit.
Zur mathematischen Behandlung der Platzwechselvorgänge führen wir die Platzwechselzahl j ein, als die Zahl der Platzwechsel eines Teilchens je Sekunde. Damit ein Teilchen einen Platzwechsel durchführen kann, ist folgendes erforderlich:

1. Das Teilchen muß, bedingt durch die thermische Bewegung, gerade eine Schwingung in der Sprungrichtung ausführen. Ist ν die Schwingungszahl der Molekülschwingungen, so ist die Stoßzahl gleich 2ν.
2. Die Schwingung muß thermisch genügend angeregt sein, damit das Teilchen die Potentialschwelle überschreiten kann. Die hierzu erforderliche Energie – die Aktivierungsenergie – sei q. Dann ist die Wahrscheinlichkeit dafür, daß die Anregungsenergie zur Überwindung der Potentialschwelle ausreicht (s. Bd. 1), gleich

$$e^{-\frac{q}{KT}}.$$

Damit erhält man für die Platzwechselfrequenz

$$j = 2\nu K_1 e^{-\frac{q}{KT}} = j_0 e^{-\frac{q}{KT}}. \tag{6.16}$$

Der Proportionalitätsfaktor K_1 (Transmissionskoeffizient) trägt dabei dem Umstand Rechnung, daß nicht alle Teilchen, die die nötige Energie haben, auch tatsächlich einen Platzwechsel durchführen, z. B. weil sie aus geometrischen Gründen daran gehindert sind (sterische Hinderung). Wesentlich an diesem Ergebnis ist, daß die Platzwechselzahl und damit auch alle Eigenschaften, die Folge von Platzwechseln sind, exponentiell von der Temperatur abhängen. Die Anwendung der Platzwechseltheorie auf verschiedene Probleme erfolgt im folgenden Abschnitt.

Für manche Probleme hat sich eine andere Behandlung der Transporterscheinungen in Flüssigkeiten bewährt. Man stellt hierbei nicht die molekularen Prozesse, also die Platzwechselvorgänge in den Vordergrund, sondern betrachtet nur ein herausgegriffenes Teilchen, etwa ein wanderndes Ion oder ein diffundierendes Teilchen als diskretes Teilchen und behandelt die übrigen Partikeln, also das Lösungsmittel, als Kontinuum, das durch seine markoskopischen Eigenschaften (Viskosität, Dielektrizitätskonstante usw.) gekennzeichnet wird. Diese zweite Methode hat sich besonders in den Fällen bewährt, in denen die wandernden Partikeln selbst sehr groß sind oder in denen durch Assoziation, wie etwa in Elektrolyten, größere Partikeln entstehen. Auf diese Methode der Behandlung wird im Abschn. 6.2.8. und im Abschn. 6.3.3. näher eingegangen werden.

6.2. Molekulare Flüssigkeiten

Wir haben in dem vorangegangenen Abschnitt die grundlegenden Vorstellungen über die Struktur der Flüssigkeiten und die Wechselwirkung der Partikel in einer Flüssigkeit kennengelernt. Im folgenden wollen wir einige Eigenschaften der Flüssigkeiten näher untersuchen. Wir wollen uns dabei im wesentlichen auf „molekulare Flüssigkeiten" beschränken, d. h. auf Flüssigkeiten, die aus Molekülen (in dem im Abschn. 4.1.1. definierten engeren Sinne) bestehen. Die Partikel sind von molekularer Größe und sind ungeladen.

Zu den molekularen Flüssigkeiten gehören z. B. die meisten organischen Verbindungen, aber auch reines Wasser und die meisten verflüssigten Gase sind in diesem Sinne molekulare Flüssigkeiten. Nicht zu dieser Gruppe gehören z. B. die Elektrolytlösungen, Metall- und Salzschmelzen und kolloidale Lösungen. Die Eigenschaften dieser Flüssigkeiten werden wir zum Teil später behandeln.

Die im Abschn. 6.1. behandelten modernen Theorien des flüssigen Zustandes gehen im Prinzip vom Potential der zwischenmolekularen Wechselwirkung, das mittels der Methoden der Quantenmechanik berechenbar ist, aus. Unter Benutzung der Methoden der statistischen Mechanik werden hieraus die makroskopischen Eigenschaften der Flüssigkeiten bestimmt. Beide Schritte sind, insbesondere bei Systemen, die aus größeren Molekülen bestehen, nur mit großen prinzipiellen mathematischen Schwierigkeiten und beachtlichem rechentechnischem Aufwand durchzuführen. Aus diesem Grunde lassen sich z. Z. mit den in Abschn. 6.1. beschriebenen Verfahren *quantitative* Aussagen über makroskopische Daten nur für Systeme machen, die aus kleinen Molekülen bestehen. In vielen technisch wichtigen Fällen, z. B. in der chemischen Verfahrenstechnik, interessieren die Eigenschaften kompliziert aufgebauter Systeme. Um in solchen Fällen quantitative Aussagen über die Eigenschaften und das Verhalten von Flüssigkeiten zu erhalten, ist man auf die Anwendung vereinfachter Flüssigkeitsmodelle angewiesen. In die aus derartigen Modellvorstellungen abgeleiteten Beziehungen gehen im allgemeinen noch empirisch zu bestimmende Parameter ein. Durch geeignete Wahl dieser Parameter ist es mit diesen „*halbempirischen Verfahren*" trotz der Einfachheit der zugrunde liegenden Modellvorstellungen oft möglich, Eigenschaften und Verhalten der Flüssigkeiten mit erstaunlicher Genauigkeit quantitativ vorherzusagen.

6.2.1. Zustandsgleichungen der Flüssigkeiten. Das Prinzip der korrespondierenden Zustände

Wir wollen zunächst untersuchen, wie das Volumen V einer Flüssigkeit von Temperatur T und Druck p abhängt; d. h., wir wollen die Funktion

$$V = V(p; T) \quad \text{bzw.} \quad p = p(V; T) \quad \text{bzw.}$$
$$f(V; p; T) = 0,$$

die *Zustandsgleichung*, betrachten. Aus der Erfahrung ist bekannt, daß das Volumen einer Flüssigkeit stets mit steigendem Druck abnimmt und daß es im allgemeinen mit steigender Temperatur wächst. Eine Ausnahme bildet, wie wir bereits sahen, das Wasser.

Es besteht ein eindeutiger Zusammenhang zwischen den drei Größen Volumen, Druck und Temperatur, und wir können zwei von ihnen beliebig vorgeben, während dann die dritte auf Grund der Gibbsschen Phasenregel (s. Bd. 1) bestimmt ist. Eine reine Flüssigkeit ist ein System mit einem Bestandteil in einer Phase. Die Zahl der Freiheitsgrade, also die Zahl der willkürlich vorgebbaren Bestimmungsstücke, ist demnach gleich zwei.

Da die Zustandsgleichung eine Funktion dreier Veränderlicher ist, stellt sie eine Fläche dar (Abb. 6.15). In manchen Fällen interessiert nicht die Zustandsfunktion als solche, sondern nur die relative Änderung einer Größe, wenn man auf der Zustandsfläche in einer bestimmten Richtung fortschreitet. Am übersichtlichsten sind die Verhältnisse, wenn man die Richtung so wählt, daß einer der Parameter V, p oder T konstant bleibt.

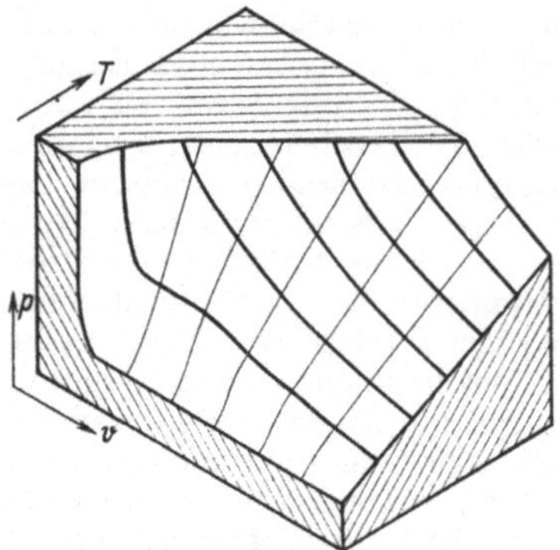

Abb. 6.15. Zustandsgleichung $p = p(V; T)$

Es ergeben sich dann folgende Möglichkeiten:

1. $p = $ const.:

$$\frac{1}{V}\left(\frac{\partial V}{\partial T}\right)_p = \alpha.$$

Dies ist der *thermische Ausdehnungskoeffizient*. In manchen Fällen bezieht man auf das Volumen bei 0 °C und nicht auf das Volumen bei der Meßtemperatur. Die Zahlenwerte ändern sich dadurch im allgemeinen nur unwesentlich.

2. $V = $ const.:

$$\frac{1}{p}\left(\frac{\partial p}{\partial T}\right)_V = \alpha_p.$$

Dies ist der *Spannungskoeffizient*.

3. $T = $ const.:

$$-\frac{1}{V}\left(\frac{\partial V}{\partial p}\right)_T = \varkappa.$$

Dies ist der *isotherme Kompressibilitätskoeffizient*. Das negative Vorzeichen wird gewählt, damit der Zahlenwert der Kompressibilität ein positives Vorzeichen erhält.
Zwischen diesen drei Größen besteht die Beziehung

$$\varkappa = \frac{\alpha}{p\alpha_p}.$$

In Tab. 6.2 sind für einige Flüssigkeiten Werte von α und α_p zusammengestellt. Diese beiden Koeffizienten wachsen in der Regel mit steigender Temperatur. Es sei noch darauf hingewiesen, daß der Ausdehnungskoeffizient der gleichen Stoffe im festen Zustand nur etwa 1/3 des Wertes im flüssigen Zustand beträgt.
Wir hatten im Abschn. 6.1.2. den Weg kennengelernt, wie man mittels der Methoden der statistischen Mechanik aus dem Potential der zwischenmolekularen Wechselwirkung die Zustandsgleichung einer Flüssigkeit aufstellen kann. Un-

sere derzeitigen Kenntnisse über die Potentiale der zwischenmolekularen Wechselwirkung reichen – abgesehen von atomaren und ganz einfachen molekularen Systemen – nicht aus, um auf diese Weise Zustandsgleichungen mit einer für die praktische Anwendung notwendigen Genauigkeit abzuleiten. Man ist deshalb darauf angewiesen, empirisch oder halbempirisch aufgestellte Zustandsgleichungen zu benutzen. In Band 1 hatten wir bereits die van der Waalssche Zustandsgleichung und die Zustandsgleichung von BEATTIE und BRIDGEMAN behandelt. Im Laufe der Zeit sind eine große Anzahl weiterer Zustandsgleichungen aufgestellt worden, die sich durch ihren mathematischen Aufbau, die Zahl der empirischen Konstanten und den Gültigkeitsbereich unterscheiden. Wir wollen auf diese Gleichungen nicht näher eingehen, da sich daraus keine neuen physikalischen Erkenntnisse ergeben und da andererseits der Gewinn an Genauigkeit meist mit einem großen mathematischen Aufwand erkauft wird.

Tabelle 6.2. Kubischer Ausdehnungskoeffizient α und isothermer Kompressibilitätskoeffizient α_p einiger Flüssigkeiten bei 18 °C

Stoff	$\alpha \cdot 10^6$ [K^{-1}]	$\alpha_p \cdot 10^{10}$ [Pa^{-1}]
n-Pentan	160	24,2
n-Hexan	135	15,0
Cyclohexan	120	11,8
Benzen	116	9,5
Toluen	111	8,7
Aceton	143	12,7
Diethylether	162	18,3
Methanol	119	12,0
Ethanol	110	11,4
Glycerin	50	2,2
Wasser	18	4,6
Quecksilber	18	0,39

Es soll hier nur ein Problem, das von allgemeinerem Interesse – nicht nur bezüglich der Zustandsgleichung sondern auch für viele andere physikalische Eigenschaften – ist, untersucht werden: Das Theorem der korrespondierenden Zustände. In Band 1 hatten wir das Theorem allgemein formuliert und für einen Spezialfall aus der van der Waalsschen Zustandsgleichung phänomenologisch abgeleitet. Das Theorem besagt, daß eine Zustandsgleichung in reduzierten Größen

$$f(p_r; V_r; T_r) = 0$$

mit $p_r = p/p_c$, $V_r = V/V_c$ und $T_r = T/T_c$ existiert, die allgemeingültig ist.
Die Erfahrung hat gezeigt, daß dieses Theorem nur eine beschränkte Gültigkeit für eng verwandte Stoffklassen hat und keineswegs allgemeingültig ist. Es läßt sich – wie in den Lehrbüchern der Physikalischen Chemie gezeigt wird – bewei-

sen, daß das Theorem dann und nur dann allgemeingültig ist, wenn folgende Voraussetzungen erfüllt sind:

1. Die potentielle Energie zweier Moleküle hängt ausschließlich vom Abstand der Moleküle und nicht von ihrer gegenseitigen Orientierung ab; d. h., das Kraftfeld der Moleküle muß kugelsymmetrisch sein.
2. Die potentielle Energie φ zweier Moleküle, bezogen auf eine charakteristische Energie φ_0 (z. B. die Tiefe des Potentialminimums) ist eine universelle Funktion des Molekülabstandes r, bezogen auf eine charakteristische Länge r_0 (z. B. des Abstandes der Moleküle im Potentialminimum); d. h. es besteht eine Beziehung der Form

$$\varphi/\varphi_0 = f(r/r_0).$$

3. Die klassische statistische Mechanik ist auf das System anwendbar.
4. Die potentielle Energie des Gesamtsystems ist gleich der Summe der Wechselwirkungsenergien aller Molekülpaare. (Diese Forderung ist hinreichend; in bestimmten Fällen gilt das Theorem auch, wenn keine Additivität der zwischenmolekularen Wechselwirkungen besteht.)

Die 3. Forderung ist, bedingt durch Quanteneffekte, bei den leichten Gasen (H_2, He usw.) nicht erfüllt, deshalb treten bei diesen Substanzen größere Abweichungen vom Theorem auf. Die 1. Bedingung ist bei der Wechselwirkung größerer Moleküle nicht erfüllt. Infolge der Unsymmetrie dieser Moleküle weicht das Potential der zwischenmolekularen Wechselwirkung von der Kugelsymmetrie ab, das Theorem versagt deshalb bei Verbindungen mit unterschiedlicher Molekülform. Man kann die beobachteten Abweichungen durch Einführung eines zusätzlichen stoffspezifischen Parameters α in die Zustandsgleichung weitgehend berücksichtigen. Man erhält dann das *„Erweiterte Prinzip der korrespondierenden Zustände"*,

$$f(p_r; V_r; T_r; \alpha) = 0,$$

das es erlaubt, physikalische Eigenschaften von Gasen und Flüssigkeiten mit einer für viele praktisch interessierende Fälle ausreichenden Genauigkeit vorherzusagen.

6.2.2. Verdampfungsenthalpie und Dampfdruck

Wird die Amplitude der Schwingungen der Partikeln in einer Flüssigkeit infolge einer Temperatursteigerung größer, so erhält eine wachsende Anzahl der Partikeln eine derart große kinetische Energie, daß die zwischenmolekularen Kräfte nicht mehr ausreichen, um die Teilchen in der Flüssigkeit festzuhalten; die Partikeln gehen in den Gasraum über, die Flüssigkeit siedet. Führt man keine Energie von außen zu, so kühlt sich die Flüssigkeit dabei ab, da vorwiegend Partikeln mit großer kinetischer Energie die Flüssigkeitsoberfläche verlassen. Diese Erscheinung wird als *Verdunstungskälte* bezeichnet.

Die Wärmemenge, die (bei konstantem Druck) erforderlich ist, um ein Mol der Flüssigkeit zu verdampfen, bezeichnet man als *molare Verdampfungsenthalpie*. Die Verdampfungsenthalpie setzt sich (vgl. Bd. 1) aus zwei Anteilen – der inneren und der äußeren Verdampfungswärme – zusammen, einmal aus der Energie, die erforderlich ist, um die zwischenmolekularen Kräfte zu überwinden, und zum anderen aus dem Energieanteil, der der Arbeitsleistung gegen den äußeren Druck entspricht. Für die Verdampfungsenthalpie gilt somit

$$H_V = U + \int_{V_{fl}}^{V_g} p\,\mathrm{d}V, \tag{6.17}$$

wobei U die innere Verdampfungswärme ist. In erster Näherung kann man die Dampfphase als ideales Gas behandeln und das Volumen der Flüssigkeit gegenüber dem des Gases vernachlässigen. Man erhält dann aus Gl. (6.17) für die molare Verdampfungsenthalpie

$$H_{V;m} = U_m + RT.$$

Die äußere Verdampfungswärme beträgt damit bei Zimmertemperatur rund 2,5 kJ mol^{-1}. Dies sind im allgemeinen etwa 10 % der Verdampfungsenthalpie organischer Flüssigkeiten.

Die innere Verdampfungswärme ist ein Maß für die zwischenmolekularen Kräfte, denn sie stellt – auf ein Molekül bezogen – die Energie dar, die erforderlich ist, um ein Molekül aus dem Kraftfeld seiner Nachbarn herauszulösen. Da beim Erwärmen einer Flüssigkeit infolge der anharmonischen Schwingungen der Moleküle der mittlere Molekülabstand wächst (dies kommt in der thermischen Ausdehnung makroskopisch zum Ausdruck), nimmt die energetische Wechselwirkung der Moleküle und damit auch die Verdampfungswärme und die Verdampfungsenthalpie mit steigender Temperatur ab (s. Abb. 6.16). Im kritischen Punkt wird die Verdampfungswärme gleich Null, da hier der flüssige und der gasförmige Zustand identisch werden. Wegen der Temperaturabhängigkeit ist es bei molekularkinetischen Untersuchungen nicht sinnvoll, die Verdampfungswärme bzw. die Verdampfungsenthalpie bei beliebigen Temperaturen zu vergleichen, sondern es ist erforderlich, diesen Vergleich bei übereinstimmenden reduzierten Temperaturen durchzuführen. Eine hierfür geeignete Temperatur ist der Siedepunkt, der für viele Flüssigkeiten ungefähr bei der gleichen reduzierten Temperatur liegt. Es

---

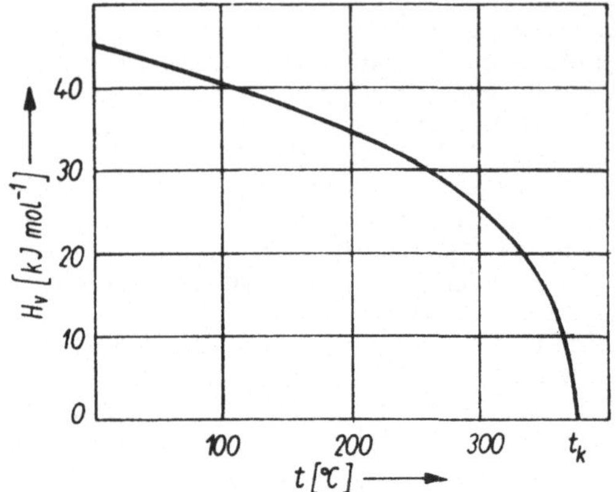

Abb. 6.16. Die Temperaturabhängigkeit der molaren Verdampfungsenthalpie des Wassers

zeigt sich nun, daß die molare Verdampfungsenthalpie beim Siedepunkt $(H_{\mathrm{V;m}})_\mathrm{s}$ der absoluten Siedetemperatur T_s annähernd proportional ist, d. h., es gilt

$$(H_{\mathrm{V;m}})_\mathrm{s}/T_\mathrm{s} \approx \text{const.}$$

Das ist die Regel von PICTET und TROUTON. Sie ist, wie Tab. 6.3 zeigt, für nichtassoziierte organische Flüssigkeiten aber auch für Metallschmelzen befriedigend erfüllt. Im Mittel hat die Konstante den Wert $88 \ \mathrm{J \ K^{-1} \ mol^{-1}} = 21 \ \mathrm{cal \ K^{-1} \ mol^{-1}}$. Für die leichten Gase ergeben sich zu kleine Werte. Für Stoffe, die im flüssigen und gasförmigen Zustand assoziiert sind, z. B. Ameisen- und Essigsäure, sind die Werte ebenfalls kleiner als der Mittelwert. Dies ist darauf zurückzuführen, daß man bei diesen Substanzen (wegen der Bildung höhermolekularer Assoziate) eigentlich mit einer höheren relativen Molekülmasse rechnen müßte. Andererseits liegt bei den Flüssigkeiten, die nur in der flüssigen Phase assoziiert sind, z. B. Wasser und Alkoholen, diese Konstante über dem Mittelwert. Der Wert $88 \ \mathrm{J \ K^{-1} \ mol^{-1}}$ entspricht offenbar dem Fall, daß im wesentlichen Dispersionskräfte zwischen den Molekülen wirksam sind. Treten zusätzliche Kräfte durch Wasserstoffbrückenbindung auf, so ist die Verdampfungsenthalpie und damit auch die Konstante entsprechend größer.

Während wir bisher den Fall betrachtet haben, daß die Flüssigkeit frei verdampfen kann, wollen wir jetzt den Fall untersuchen, daß sich die Flüssigkeit und der Dampf in einem geschlossenen Gefäß befinden und daß beide Phasen im Gleichgewicht stehen. Auch jetzt werden Partikeln der Flüssigkeit, die eine hinreichend große Energie haben, durch die Flüssigkeitsoberfläche austreten. Da diese Partikeln aber nicht abwandern können, kondensieren sich andererseits ständig Partikeln

aus dem Gasraum auf der Flüssigkeitsoberfläche. Im Gleichgewicht ist die Anzahl der kondensierenden Teilchen gleich der Anzahl der aus dem Flüssigkeitsinnern verdampfenden. Das Gleichgewicht ist von der Temperatur und dem Druck abhängig. Einerseits wächst mit steigender Temperatur die Energie der Partikeln und damit auch die Anzahl der Teilchen, die eine hinreichende Energie zum Verlassen der Flüssigkeitsoberfläche haben. Andererseits ist die Anzahl der kondensierenden Teilchen proportional der Teilchenzahl im Gasraum und damit vom Druck abhängig.

Wir haben jetzt ein System, das aus *einem* Bestandteil in *zwei* verschiedenen Phasen besteht. Nach der Gibbsschen Phasenregel (s. Bd. 1) haben wir damit nur noch einen Freiheitsgrad, d. h., wir können *entweder* Temperatur *oder* Druck vorgeben oder, mit anderen Worten, der Dampfdruck ist (solange eine flüssige und eine gasförmige Phase vorhanden ist) eine eindeutige Funktion der Temperatur.

Der Zusammenhang zwischen dem Druck p und der Temperatur T in diesem System wird durch die im Band 1 abgeleitete exakt gültige *Clausius-Clapeyronsche Gleichung*

$$\frac{\mathrm{d}p}{\mathrm{d}T} = \frac{H_{\mathrm{V;m}}}{(V_{\mathrm{g;m}} - V_{\mathrm{fl;m}})\,T} \tag{6.18}$$

beschrieben, wobei $H_{\mathrm{V;m}}$ die molare Verdampfungsenthalpie, $V_{\mathrm{g;m}}$ das Molvolumen der Gasphase und $V_{\mathrm{fl;m}}$ das Molvolumen der flüssigen Phase ist. Im Band 1 hatten wir unter der Voraussetzung, daß die molaren Wärmekapazitäten in der gasförmigen und in der flüssigen Phase $(C_{\mathrm{g;m}}$ bzw. $C_{\mathrm{fl;m}})$ von der Temperatur unabhängig sind, folgende Beziehung für die Temperaturabhängigkeit des Dampfdruckes abgeleitet:

$$p = A\,\mathrm{e}^{-\frac{H_{\mathrm{V;m}}}{RT}}\,T^{\frac{C_{\mathrm{g;m}} - C_{\mathrm{fl;m}}}{R}} \tag{6.19}$$

Stoff	T_s [K]	$(H_{\mathrm{V;m}})_\mathrm{s}$ [kJ mol^{-1}]	$(H_{\mathrm{V;m}})_\mathrm{s}/T_\mathrm{s}$ [J K^{-1} mol^{-1}]
Helium	4,22	0,0938	22,2
Wasserstoff	20,4	0,942	46,2
Stickstoff	77,3	5,58	72,2
Schwefelkohlenstoff	318,4	26,8	84,2
Tetrachlorkohlenstoff	349,8	29,27	83,6
Benzen	353,4	30,89	87,4
Wasser	373,1	47,29	126,8
Ethanol	351,5	39,98	113,8
Ameisensäure	373,6	22,25	59,6
Essigsäure	391,3	24,37	62,3
Quecksilber	629,73	58,55	93,0
Natrium	1 187	97,97	82,5
Blei	2023	177,9	88,0

Die Temperaturabhängigkeit des Dampfdruckes wird im wesentlichen durch den Exponentialausdruck bestimmt; der Dampfdruck wächst exponential mit der Temperatur. Man erhält also in erster Näherung folgenden Zusammenhang zwischen Dampfdruck und absoluter Temperatur:

$$\lg p = - \frac{a^*}{T} + b^*.$$

Für den kritischen Punkt lautet diese Gleichung

$$\lg p_c = - \frac{a^*}{T_c} + b^*.$$

Subtrahiert man die zweite Gleichung von der ersten, führt die reduzierten Größen $p_r = p/p_c$ und $T_r = T/T_c$ ein und setzt $a^*/T_c = a'$ so folgt

$$\lg \frac{1}{p_r} = a' \left(\frac{1}{T_r} - 1 \right).$$

Zur Prüfung dieser Beziehung stellt man $\lg 1/p_r$ als Funktion von $(1/T_r - 1)$ dar, wobei zwischen beiden Größen ein linearer Zusammenhang bestehen muß. Abb. 6.17 zeigt, daß dies durch das Experiment weitgehend bestätigt wird. Die Gültigkeit des Theorems der übereinstimmenden Zustände vorausgesetzt, müßten die Geraden zusammenfallen. Die unterschiedlichen Neigungen der Geraden lassen sich mathematisch durch *einen* stoffspezifischen Parameter beschreiben.

6.2.3. Oberflächenspannung

Im Band 1 hatten wir bereits die Wirkung der Oberflächenspannung durch die Methoden ihrer Messung kennengelernt. Wir wollen jetzt noch untersuchen, welche Aussagen Oberflächenspannungsmessungen über die Struktur der Flüssigkeiten, die Kräfte zwischen den Flüssigkeitsmolekülen (die „intermolekularen Kräfte" bzw. „Nebenvalenzkräfte") und insbesondere über den Aufbau der Flüssigkeitsoberfläche zulassen.

Während ein Molekül im Innern einer Flüssigkeit allseitig von Nachbarmolekülen umgeben ist, steht ein Molekül der Flüssigkeitsoberfläche nur mit einer geringen Anzahl von Partikeln in Wechselwirkung. Wenn man ein Molekül aus dem Flüssigkeitsinnern an die Oberfläche bringen will, so muß man einige der Nebenvalenzbindungen lösen, d. h., man muß Arbeit leisten. Diese Arbeit stellt die Oberflächenenergie dar. Da die Bildung der neuen Oberfläche im allgemeinen bei konstantem Druck durchgeführt wird, handelt es sich genaugenommen um eine Oberflächenenthalpie. Da sich beide Ausdrücke quantitativ kaum unterscheiden, spricht man jedoch meist von Oberflächenenergie.

Für molekularphysikalische Untersuchungen ist es zweckmäßig, beim Vergleich von Oberflächenspannungen diese nicht auf die Flächeneinheit zu beziehen, sondern auf eine Fläche, in der die

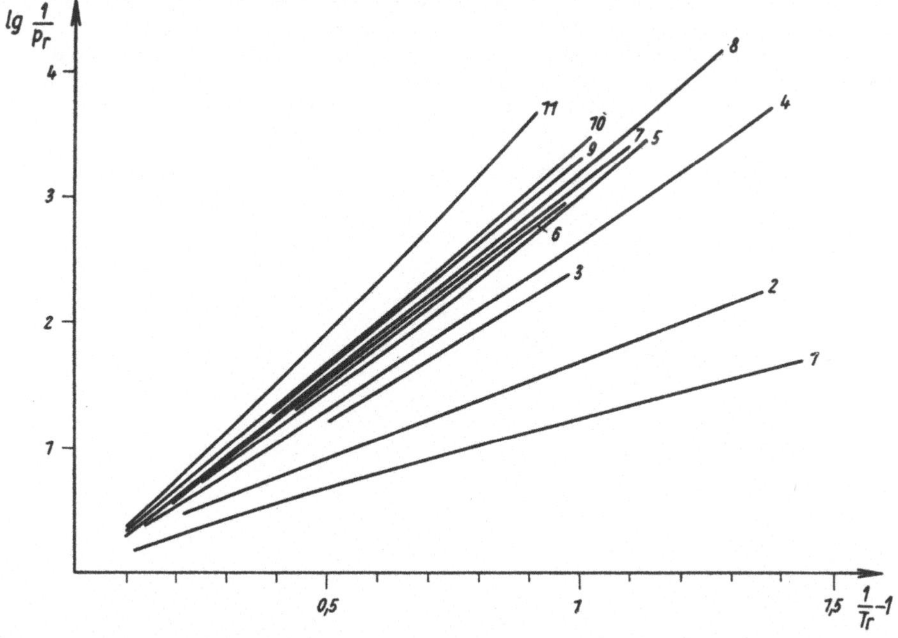

Abb. 6.17. Abhängigkeit des reduzierten Dampfdruckes von der reduzierten Temperatur. *1* Helium; *2* Wasserstoff; *3* Stickstoff; *4* Schwefelkohlenstoff; *5* Benzen; *6* Ammoniak; *7* Diethylether; *8* Wasser; *9* Hexan; *10* Essigsäureethylester; *11* Ethanol

---

gleiche Anzahl Partikeln, z. B. $N_A^{2/3}$ liegen (N_A ist die Avogadrosche Zahl). Da im Molvolumen V_m insgesamt N_A würfelförmig gedachte Elementarzellen von der Größe ϑ^3 enthalten sind, ergibt sich für die gesuchte Größe der Fläche $\vartheta^2 N_A^{2/3} = V_m^{2/3}$. Multipliziert man dies mit der Oberflächenspannung σ, so gelangt man zu einer vergleichbaren Größe, der *molaren freien Oberflächenenthalpie*

$$\sigma_m = \sigma V_m^{2/3}. \tag{6.20}$$

Bei molekularkinetischen Betrachtungen ist zu beachten, daß die Oberflächenspannung und damit auch die molare freie Oberflächenenthalpie stark von der Temperatur abhängen. Beim Vergleich der Werte verschiedener Substanzen ist es – ebenso wie bei der Verdampfungsenthalpie – erforderlich, möglichst bei übereinstimmenden reduzierten Temperaturen zu vergleichen.

Aus der Gleichheit des flüssigen und gasförmigen Zustandes bei der kritischen Temperatur folgt zunächst, daß in der Nähe dieses Punktes die Oberflächenspannung verschwindet. Ferner ergibt sich aus Messungen der Temperaturabhängigkeit der Oberflächenspannung, daß die molare freie Oberflächenenthalpie proportional ($T_K - T$) ist, d. h., es gilt

$$\sigma_m = \sigma V_m^{2/3} = k_1(T_c - T). \tag{6.21}$$

Dies ist die *Eötvössche Regel*.

Es läßt sich zeigen, daß unter Voraussetzung der Gültigkeit des Theorems der übereinstimmenden Zustände die Konstante für alle Substanzen den gleichen Wert haben sollte. Experimentell ergibt sich, daß dies für nichtassoziierte, nichtmetallische Flüssigkeiten, bei denen zwischen den Molekülen vorwiegend Dispersionskräfte wirksam sind, ungefähr erfüllt ist und daß dieser Faktor etwa den Wert $2,1 \cdot 10^{-7}$ J K^{-1} mol$^{-2/3}$ hat.

6.2.4. Ultraschallgeschwindigkeit und Ultraschallabsorption

Bedingt durch die Entwicklung der Ultraschalltechnik (vgl. Band 1) haben Ultraschallgeschwindigkeits- und Absorptionsmessung eine steigende Bedeutung für molekularphysikalische Untersuchungen gewonnen.

Nachdem PIERCE 1923 durch den Bau eines Ultraschall-Interferometers die Möglichkeit geschaffen hatte, an kleinen Flüssigkeitsmengen präzise Schallgeschwindigkeitsmessungen durchzuführen, sind nach diesem und einer Reihe weiterer Verfahren Schallgeschwindigkeiten in den unterschiedlichsten Flüssigkeiten gemessen worden. Die Messung der Ultraschallabsorption hat einen bedeutenden Auftrieb erhalten, nachdem man die aus der Radartechnik bekannten Impulsverfahren auf die Messungen der Ultraschallgrößen übertragen hatte.

Meßmethoden und Ergebnisse. Man kann Ultraschallgeschwindigkeiten zunächst einmal auf Grund der Definition der Geschwindigkeit als Weg je Zeiteinheit bestimmen. Bei derartigen Verfahren mißt man die Laufzeit eines Impulses längs einer bekannten Strecke. Reflektiert man den Impuls am Ende der Meßstrecke, so kann man bei geeigneter Schaltung den Schallgeber gleichzeitig als Schallindikator benutzen (*Simultanbetrieb*). Aus der Amplitudenabnahme der

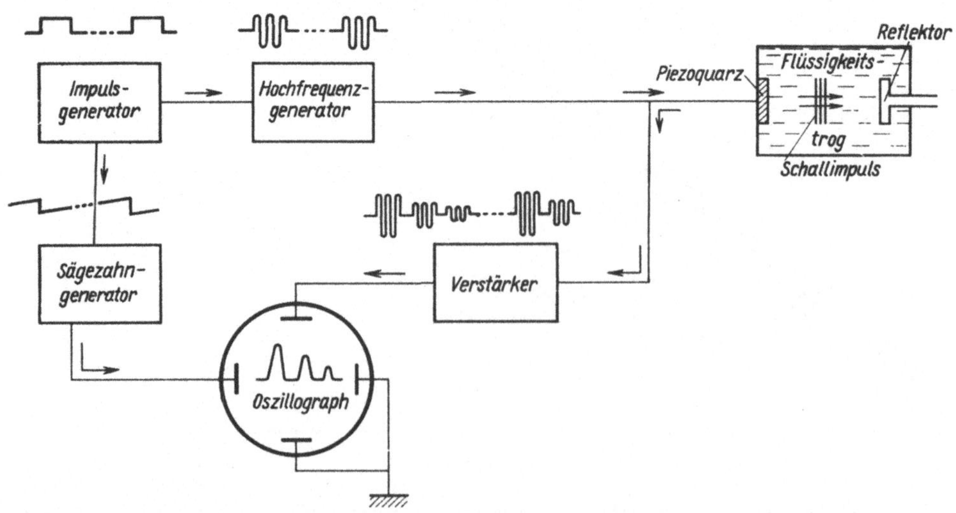

Abb. 6.18. Blockschaltbild einer Apparatur zur Messung der Schallgeschwindigkeit und -absorption nach dem Impulsverfahren

Welle beim mehrfachen Durchlaufen der Meßstrecke kann man den Absorptionskoeffizienten bestimmen.

Impulsverfahren: In einem Impulsgenerator (s. Abb. 6.18) werden Rechteckimpulse (etwa 50 Impulse je Sekunde) mit einer Impulsdauer von einigen Mikrosekunden erzeugt. Mittels dieser Impulse wird ein Hochfrequenzgenerator, dessen Eigenfrequenz bei einigen MHz liegt, getastet. Der Hochfrequenzgenerator liefert also einzelne Wellenzüge von einigen Mikrosekunden Dauer, die größenordnungsmäßig 10 Wellen enthalten. Diese Hochfrequenzimpulse erregen einen Piezoquarz infolge des reziproken Piezoeffektes (vgl. Bd. 2) zu mechanischen Schwingungen und erzeugen damit Schallimpulse, die durch die Flüssigkeit laufen. Die Impulse werden von einer Platte reflektiert und erzeugen infolge des Piezoeffekts im gleichen Quarz eine Spannung. Ein Teil der Schallenergie wird an der Quarzoberfläche reflektiert und ergibt nach nochmaligem Durchlaufen der Flüssigkeit einen weiteren Impuls mit entsprechend kleinerer Amplitude. Dies wiederholt sich bis zur völligen Absorption der Schallwelle. Die im Piezoquarz entstehenden elektrischen Spannungsimpulse werden über einen Verstärker an die vertikalen Ablenkplatten einer Braunschen Röhre gegeben. An den Platten für die horizontale Ablenkung dieser Röhre liegt eine Sägezahnspannung von 50 Hz. Auf dem Braunschen Rohr erscheinen damit Impulse in gleichen Abständen und mit abnehmender Amplitude. Aus dem Abstand der einzelnen Impulse kann man die Laufzeit der Schallwelle bestimmen und bei bekannter Länge der Meßstrecke die *Ultraschallgeschwindigkeit* berechnen. Die Abnahme der Amplituden der Impulse erlaubt ferner die Berechnung der *Ultraschallabsorption*.

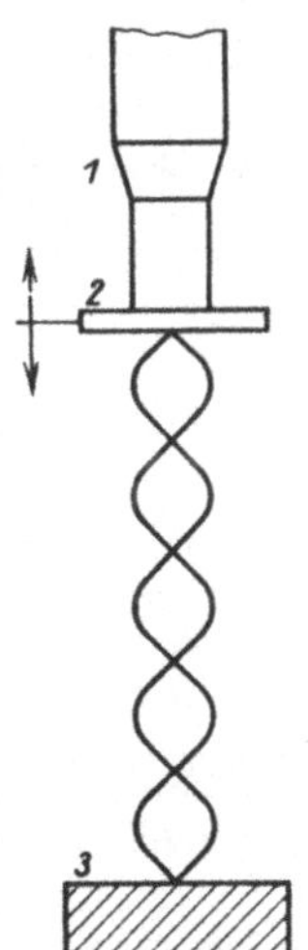
Abb. 6.19. Prinzip des UltraschallInterferometers.
1 Mikrometerschraube; *2* Reflektor; *3* Piezoquarz

Weiterhin kann man die Schallgeschwindigkeit c aus der Frequenz ν und der Wellenlänge λ auf Grund der Beziehung

$$c = \nu\lambda$$

berechnen. Es gibt eine ganze Reihe von Verfahren, die nach der Methode arbeiten. Die wichtigsten sind die Interferometer und die optischen Methoden.

Ultraschall-Interferometer: Reflektiert man die von einem schwingenden Kristall ausgehenden Schallwellen an einer ebenen Platte (s. Abb. 6.19), so tritt eine Rückwirkung auf den Quarz ein. Die Stärke der Rückwirkung hängt davon ab, ob sich stehende Schallwellen ausbilden können oder nicht. Variiert man den Abstand r zwischen Quarz und Reflektor, so ändert sich die Rückwirkung periodisch. Sie ist am größten, wenn die Entfernung zwischen Quarz und Reflektor ein Vielfaches der halben Wellenlänge beträgt, da sich dann stehende Wellen ausbilden können. Die Rückwirkung auf den Quarz äußert sich z. B. in einer Änderung des Anodenstromes des Generators (s. Abb. 6.20).
Bei einem praktisch ausgeführten Interferometer verschiebt man den Reflektor mittels einer Mikrometerschraube und beobachtet die Maxima bzw. Minima des Anodenstromes. Durch Mittelbildung über etwa 30 bis 50 Maxima kann man die (halbe) Wellenlänge sehr genau bestimmen.
Optische Methoden: Breitet sich eine Schallwelle in einer Flüssigkeit aus, so entstehen infolge der Druckschwankungen periodische Temperatur- und Dichteänderungen. Diese bedingen eine entsprechende periodische Änderung des Brechungsexponenten. Eine Schallwelle verhält sich also infolge dieser Periodizität für eine Lichtquelle wie ein Gitter, dessen Gitterkonstante gleich $\lambda/2$ ist (*Debye-Sears-Effekt*, dieser Effekt wurde 1932 unabhängig voneinander von DEBYE und SEARS einerseits und LUCAS und BIQUARD andererseits entdeckt (vgl. Bd. 1)). Läßt man senkrecht zur Schallwelle paralleles Licht einfallen, so treten an ihr Beugungserscheinungen auf (s. Abb. 6.21), die ganz ähnlich denen an einem optischen Strichgitter sind. Aus der Wellenlänge des benutzten Lichtes und dem Beugungswinkel kann man gemäß den in Bd. 3 abgeleiteten Beziehungen die Gitterkonstante und damit die Schallwellenlänge und die Schallgeschwindigkeit berechnen.
Es gibt noch einige andere optische Effekte, die man zur Wellenlängenmessung heranziehen kann. Läßt man z. B. *divergentes Licht* durch eine *stehende* Schallwelle fallen (Abb. 6.22), so treten, bedingt durch die periodische Änderung des Brechungsexponenten, auf einem Schirm helle und dunkle Streifen auf, deren Abstand einer halben Wellenlänge entspricht. Verschiebt man den Flüssigkeitstrog (etwa mittels einer Mikrometerschraube) in Richtung der Schallwelle um eine meßbare Strecke, so wandert das Streifensystem an einer festen Marke M auf dem Schirm vorbei. Aus der Verschiebung des Troges ergibt sich wiederum die Wellenlänge der Schallwelle und damit die Schallgeschwindigkeit.

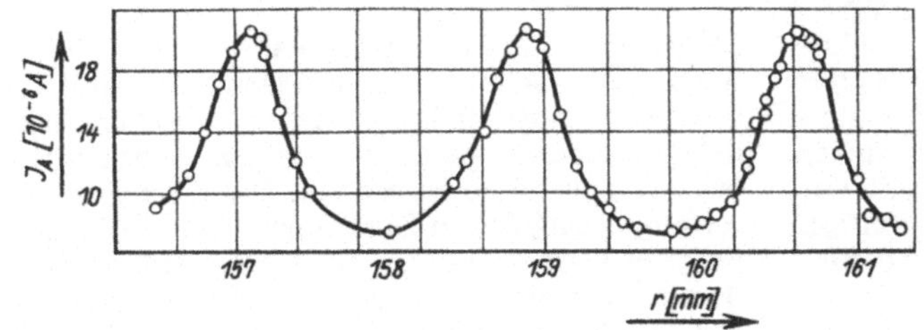
Abb. 6.20. Anodenstrom in Abhängigkeit von der Stellung des Interferometer-Reflektors

---

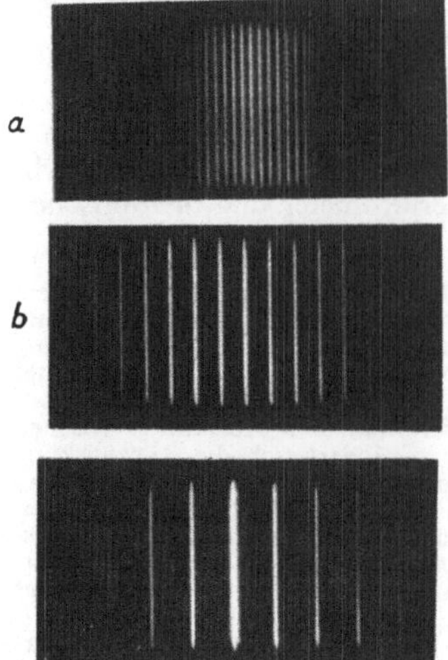

Abb. 6.21. An Schallwellen in Xylen erhaltene Beugungsspektren (Grund-, dritte und fünfte Oberschwingung)

Für Präzisionsmessungen der Ultraschallgeschwindigkeit hat sich die von BACHEM und HIEDEMANN angegebene Methode der sekundären Interferenzen bewährt. Hierbei benutzt man den Umstand, daß sich die durch die stehende Ultraschallwelle gegangenen Lichtstrahlen in regelmäßiger Folge durchkreuzen und so eine Lichtkonzentration in bestimmten Ebenen bewirken. Durch eine geeignete optische Anordnung ist eine Abbildung des Ultraschallfeldes und damit eine sehr genaue Bestimmung der Ultraschallwellenlänge möglich.
Es ist ferner möglich, mit dem Interferometer und nach den optischen Verfahren die Ultraschallabsorption zu bestimmen. Auf diese Meßmethoden soll hier jedoch nicht näher eingegangen werden, da sich die beschriebene Impulsmethode für *Absorptionsmessungen* den anderen Methoden gegenüber als überlegen erwiesen hat.

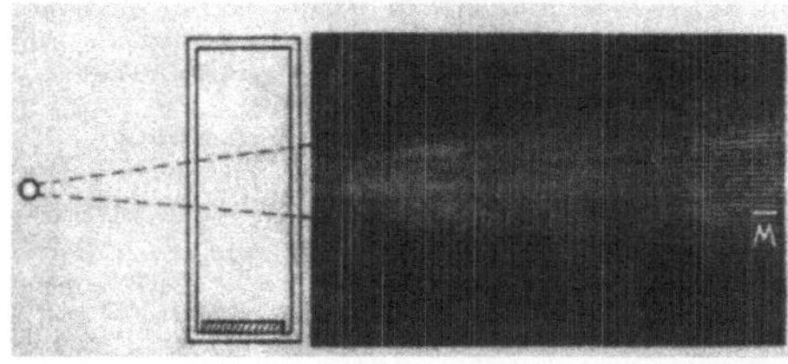

Abb. 6.22. Durchgang eines divergenten Strahlenbündels durch eine stehende Ultraschallwelle

Wesentlich für alle diese Verfahren ist, daß man die Schallgeschwindigkeit auf Längen- und Frequenz- bzw. Zeitmessungen zurückführt. Beides ist mit den heute zur Verfügung stehenden Mitteln sehr genau möglich, und man kann Schallgeschwindigkeiten ohne großen experimentellen Aufwand mit einer absoluten Genauigkeit von 0,1 % bestimmen; bei besonders sorgfältiger Durchführung lassen sich absolute Genauigkeiten von 0,01 % erreichen.
In Tab. 6.4 sind einige derart bestimmte Schallgeschwindigkeiten, deren Temperaturkoeffizien

ten, die adiabatischen Kompressibilitäten und das Verhältnis der spezifischen Wärmen zusammengestellt. Einige Ergebnisse von Ultraschallabsorptionsmessungen sind in Tab. 6.5 enthalten.

Tabelle 6.4. Dichte ϱ, Schallgeschwindigkeit c, Temperaturkoeffizient der Schallgeschwindigkeit dc/dT, adiabatische Kompressibilität $\varkappa_{ad}$ und das Verhältnis der spezifischen Wärmekapazitäten γ für einige Flüssigkeiten bei 20°C

Flüssigkeit	ϱ [g cm^{-3}]	c [m s^{-1}]	dc/dT [m s^{-1} K^{-1}]	$\varkappa_{ad}$ [Pa^{-1}]	γ
Ethylether	0,714	1 008	−5,4	1 380	1,33
Ethanol	0,789	1 180	−3,6	911	1,18
Ethyliodid	1,940	869	−2,7	682	
Anilin	1,022	1 656	−4,6	357	1,30
Benzen	0,878	1 326	−5,2	649	1,44
Glycerin	1,261	1 923	−1,8	214	1,16
n-Heptan	0,684	1 162	−4,5	1 080	1,19
n-Octan	0,703	1 197	−4,4	993	1,15
Tetrachlorkohlenstoff	1,595	938	−3,0	714	1,39
Toluen	0,866	1 328	−4,3	655	1,34
Wasser	0,998	1 487	+2,5	453	1,00

Schallgeschwindigkeit und molekularphysikalische Eigenschaften. Es soll nunmehr der Zusammenhang der Schallgeschwindigkeit mit anderen molekular-physikalischen Größen untersucht werden. Wir hatten bereits im Bd. 1 gesehen, daß die Schallgeschwindigkeit c unmittelbar mit der adiabatischen Kompressibilität $\varkappa_{ad}$ zusammenhängt. Dort war die Beziehung

$$c^2 = \frac{1}{\varkappa_{ad}\varrho} = \frac{\gamma}{\varkappa_{is}\varrho} \qquad (6.22)$$

abgeleitet worden, wobei ϱ die Dichte und γ das Verhältnis der spezifischen Wärmekapazitäten bedeuten. Auf Grund thermodynamischer Beziehungen – auf die Ableitung soll hier nicht weiter eingegangen werden – besteht zwischen dem Ausdehnungskoeffizienten α und der isothermen Kompressibilität $\varkappa_{is}$ einerseits und der Differenz der spezifischen Wärmekapazitäten andererseits der Zusammenhang

$$c_p - c_v = \frac{Tv\alpha}{\varkappa_{is}}. \qquad (6.23)$$

Mittels Gl. (6.22) und (6.23) kann man aus Messungen der Schallgeschwindigkeit, der isothermen Kompressibilität und des thermischen Ausdehnungskoeffizienten die beiden spezifischen Wärmekapazitäten berechnen. Die Kenntnis dieser allgemeingültigen Zusammenhänge ist besonders bei Untersuchungen an Gasen von Nutzen, da eine unmittelbare experimentelle Bestimmung der spezifischen Wärmen bei Gasen mit Schwierigkeiten verbunden ist.

Tabelle 6.5. *Bei der Temperatur T und der Frequenz v gemessener Γ_{gem} und berechneter Γ_{ber} frequenzunabhängiger Ultraschallabsorptionskoeffizient und der Temperaturkoeffizient $\frac{1}{\Gamma}\frac{d\Gamma}{dT}$ der Ultraschallabsorption*

Flüssigkeit	T [°C]	v [MHZ]	$\Gamma_{gem}\cdot 10^{17}$ [cm^{-1} s^2]	$\Gamma_{ber}\cdot 10^{17}$ [cm^{-1} s^2]	$\dfrac{\Gamma_{gem}}{\Gamma_{ber}}$	$\dfrac{1}{\Gamma}\dfrac{d\Gamma}{dT}$
Schwefelkohlenstoff	20	1–10	6 000	5	1 200	
Benzen	20–25	1–165	900	8,7	103	0,006
Toluen	20–25	1–75	80	7,8	10	0,013
Tetrachlorkohlenstoff	20	1–100	500	20	20	0,001
Aceton	20	5–70	30	7		
Wasser	20	7–250	25	8,5	2,95	−0,031
Methanol	20–25	1–250	34	14,5	2,35	−0,010
Ethanol	20–25	1–220	54	22	2,45	−0,015
Essigsäure	18	67,5	158	17	10,8	−0,010
Ameisensäure	20,5	9,8	1 170	5	234	
Helium	4 K	15	231	204	1,12	0,6
Argon	85 K	44,4	10	10,5	0,97	
Quecksilber	20–25	20–50	6	5,05	1,2	
Olivenöl	21–25	1–4	1 250	1 100	1,14	−0,038
Glycerin	21–23	6–21	1 700			−0,056

Aussagen über die Kräfte in Flüssigkeiten liefern molekularkinetische Betrachtungen. Um speziell den Zusammenhang zwischen den molekularen Eigenschaften der Flüssigkeit und der Schallgeschwindigkeit angeben zu können, soll die Schallgeschwindigkeit anhand eines ganz einfachen Modells berechnet werden. Man geht dazu von einem eindimensionalen Kristallmodell (s. auch Abschn. 5.4.1.) der Flüssigkeit aus (Abb. 6.23),

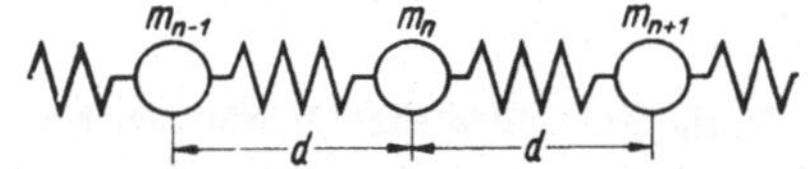

Abb. 6.23. Modell des eindimensionalen Kristalls

das aus Massenpunkten der Masse m im Abstand d besteht und zwischen denen zwischenmolekulare Kräfte wirksam sind, die in diesem Modell durch Federn symbolisiert seien. Ein Maß für die zwischenmolekularen Kräfte ist die Direktionskraft k. Es sei ferner vorausgesetzt, daß die Kräfte nur auf unmittelbare Nachbarn wirken. Wir wollen nun untersuchen, mit welcher Geschwindigkeit sich eine Welle in dieser Massenpunktfederkette ausbreitet. Wir setzen hierbei zunächst die Bewegungsgleichung für den n-ten Massenpunkt an:

$$m\ddot{u}_n = k(u_{n+1} - u_n) - k(u_n - u_{n-1}). \tag{6.24}$$

(Trägheitskräfte = äußere Kräfte von den Nachbarmolekülen). Zur Lösung der Differentialgleichung benutzt man den bekannten Ansatz

$$u_n = u_0\, e^{i(\omega t + n\delta)}, \tag{6.25}$$

der einem räumlichen und zeitlich periodischen Vorgang entspricht. Wiederholt sich ein Ausschlag nach n Massenpunkten, so ist $nd = \lambda$ die

Wellenlänge. Es gilt ferner

$$n\delta = 2\pi \quad \text{bzw.} \quad \lambda = \frac{2\pi d}{\delta}$$

wenn mit δ die Phasenverschiebung zwischen zwei Massenpunkten bezeichnet wird.

Setzt man Gl. (6.25) in Gl. (6.24) ein, so erhält man

$$-m\omega^2 = k(e^{i\delta} + e^{-i\delta} - 2) = 2k(\cos\delta - 1)$$

$$= 4k\,\sin^2\frac{\delta}{2},$$

oder

$$\omega = v_0 \sin\frac{\delta}{2} \quad \text{mit} \quad v_0 = 2\sqrt{\frac{k}{m}}.$$

Ist die Wellenlänge groß gegenüber dem Abstand zweier Massenpunkte, eine Bedingung, die bei den z. Z. erreichbaren Ultraschallfrequenzen stets erfüllt ist, so kann man den Sinus durch sein Argument ersetzen; es folgt damit

$$\omega = v_0 \frac{\pi d}{\lambda}.$$

Da nun stets

$$c = \lambda v$$

ist, erhält man für die Schallgeschwindigkeit

$$c = d\sqrt{\frac{k}{m}}. \tag{6.26}$$

Dies ist die *isotherme* Schallgeschwindigkeit. Dieses Ergebnis ist erstmalig (1686) von NEWTON erhalten worden. Die Anwendung dieser Gleichung für die Berechnung der Schallgeschwindigkeit in Luft führte jedoch zu einem fehlerhaften Ergebnis, da nicht berücksichtigt wurde, daß die Schallausbreitung ein adiabatischer Vorgang ist (LAPLACE, vgl. Bd. 1).

Für die adiabatische Schallgeschwindigkeit ergibt sich entsprechend

$$c = d \sqrt{\frac{\gamma k}{m}}. \qquad (6.27)$$

Da bei Flüssigkeiten γ nicht sehr von 1 verschieden ist (s. Tab. 6.4), kann man für qualitative Betrachtungen Gl. (6.26) benutzen. Darüber hinaus gilt Gl. (6.26) exakt für die auf den absoluten Nullpunkt extrapolierte Schallgeschwindigkeit, da dort wie aus Gl. (6.23) folgt, isotherme und adiabatische Schallgeschwindigkeiten identisch werden.

Es läßt sich zeigen, daß obige Formeln, die für den eindimensionalen Fall unter der Voraussetzung, daß Massen, Partikelabstände und zwischenmolekulare Kräfte jeweils übereinstimmen, abgeleitet worden sind, auch gültig bleiben, wenn – wie es in einer reellen Flüssigkeit stets der Fall ist – die Partikelabstände und die Direktionskraft um Mittelwerte schwanken. In diesem Fall sind für Abstand, Masse und die reziproke Direktionskraft jeweils die entsprechenden Mittelwerte in Gl. (6.26) bzw. Gl. (6.27) einzuführen. Auch die Berücksichtigung der räumlichen Anordnung der Partikeln liefert nur noch einen Zahlenfaktor, ohne daß sich das Gesamtergebnis prinzipiell ändert.

Führt man anstelle der Direktionskraft das Potential der zwischenmolekularen Kräfte ein,[1]) so erhält man für die (auf den absoluten Nullpunkt extrapolierte) Schallgeschwindigkeit

$$c = d \sqrt{\frac{\left(\dfrac{\partial^2 \varphi}{\partial r^2}\right) r_{\min}}{m}}.$$

Es ergibt sich somit, daß die Schallgeschwindigkeit von der zweiten Ableitung des Potentials der zwischenmolekularen Kräfte, gebildet am Potentialminimum, abhängt. Es geht also die *Krümmung* der Potentialkurve ein. Die Schallgeschwindigkeit ist damit ein empfindliches Maß für die zwischenmolekularen Kräfte. Andererseits spielt der Ordnungszustand keine wesentliche Rolle, da – wie oben erwähnt wurde – nur Mittelwerte der Abstände der Moleküle in die Beziehung eingehen.

Die Schallgeschwindigkeit hängt stark von der Temperatur ab, und zwar nimmt sie um rund 0,4% je K ab. Aus diesem Grund ergeben sich

---

[1]) Die Direktionskraft ist die rücktreibende Kraft, bezogen auf die Auslenkung, d. h., es ist $k = -\dfrac{K}{r}$. Sind die Kräfte nicht der Auslenkung proportional, so tritt anstelle des Quotienten der Differentialquotient $k = -\dfrac{\partial K}{\partial r}$. Führt man noch die Wechselwirkungsenergie ein, so erhält man $k = \dfrac{\partial^2 \varphi}{\partial r^2}$.

beim Vergleich der Schallgeschwindigkeiten bei molekularphysikalischen Untersuchungen die gleichen Schwierigkeiten, die wir bereits bei der Oberflächenspannung und der Verdampfungswärme kennengelernt haben. Da jedoch die Schallgeschwindigkeit praktisch *linear von der Temperatur* abhängt, ist eine Extrapolation auf den absoluten Nullpunkt mit gewissen Einschränkungen möglich.

Ultraschallabsorption. Die Schallintensität J_0 einer ebenen Welle sinkt nach dem Durchlaufen einer Strecke x auf den Betrag

$$J_x = J_0\, e^{-2\alpha x}, \qquad (6.28)$$

falls man unter α den Absorptionskoeffizienten für die *Schallamplitude* versteht. Der Absorptionskoeffizient ist frequenzabhängig. Es zeigt sich, daß die Größe $\alpha/\nu^2 = \Gamma$ bei vielen Substanzen frequenzunabhängig ist, und man gibt deshalb meist diese Größe, den **frequenzunabhängigen Absorptionskoeffizienten**, zur Charakterisierung der Ultraschallabsorption an (s. Tab. 6.5).

Die Ultraschallabsorption in Flüssigkeiten hat verschiedene Ursachen. Am längsten bekannt ist die **Schallabsorption durch innere Reibung**. STOKES hat bereits 1845 diesen Anteil berechnet, und er fand hierfür

$$\alpha_r = \frac{8}{3}\, \frac{\pi^2 \nu^2 \eta}{c^3 \varrho},$$

wobei η die Zähigkeit und ϱ die Dichte des Mediums ist. Weiterhin wird die **Schallabsorption durch die Wärmeleitfähigkeit** des Mediums bedingt. Die Kompressionsstellen der Schallwelle haben, da die Schallausbreitung ein adiabatischer Vorgang ist, eine höhere Temperatur als das umgebende Medium. Der durch die Wärmeleitfähigkeit λ_{fl} bedingte Energietransport entzieht der Schallwelle Energie und bedingt dadurch eine Ultraschallabsorption. Dieser Absorptionskoeffizient ist nach KIRCHHOFF (1868)

$$\alpha_\omega = \frac{2\pi \nu^2 (\gamma - 1)}{c^3 \varrho c_P}\, \lambda_{fl}.$$

Bei organischen Flüssigkeiten ist der Absorptionsanteil durch innere Reibung bei weitem größer, als der durch die Wärmeleitfähigkeit bedingte.

Die experimentelle Nachprüfung dieser Beziehung zeigt nun, daß sich die Ultraschallabsorption nur bei einatomigen Flüssigkeiten, bei einigen verflüssigten Gasen und bei einigen hochviskosen Substanzen auf Grund dieser beiden Effekte („klassische Absorption") quantitativ deuten läßt. Es gibt zahlreiche Flüssigkeiten (s. Tabelle 6.5, Spalte $\Gamma_{\text{gem}}/\Gamma_{\text{ber}}$), bei denen die experimentell bestimmte Absorption um Größenordnungen über dem klassischen

---

Wert liegt. Ursache dieser zusätzlichen Absorption sind molekulare Vorgänge. Die unter dem Einfluß der Schallwelle durchlaufenen Zustände der Flüssigkeit sind *keine Gleichgewichtszustände* mehr, und die Zustandsänderungen sind *nicht mehr reversibel.* Der Schallwelle wird dauernd Energie entzogen, die irreversibel in Wärme umgewandelt wird. Die detaillierte Rechnung zeigt nun (Abb. 6.24), daß bei einer bestimmten Frequenz maximale Schallabsorption auftritt und daß in diesem Bereich gleichzeitig der frequenzunabhängige Absorptionskoeffizient stark absinkt. Ferner steigt die Schallgeschwindigkeit um einen kleinen Betrag an.

Wir werden bei der Behandlung der dielektrischen Eigenschaften ähnliche Effekte kennenlernen und dort noch näher auf den molekularen Mechanismus eingehen.

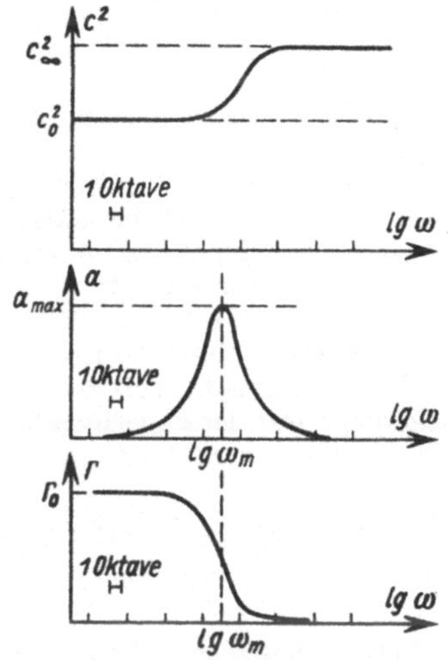

Abb. 6.24. Frequenzabhängigkeit der Ultraschallgeschwindigkeit und -absorption infolge Relaxation

6.2.5. Wärmeleitfähigkeit

Die Wärmeleitfähigkeit der meisten Flüssigkeiten liegt, wie Tabelle 6.6 zeigt, zwischen 0,1 und 0,2 W m^{-1} K^{-1}. Nur bei den assoziierten Flüssigkeiten (Wasser und Alkohole) treten höhere Werte auf. Die Wärmeleitfähigkeit der Flüssigkeiten ist wesentlich kleiner als die der festen Körper. Sie beträgt nur etwa den tausendsten Teil der Wärmeleitfähigkeit der Metalle und ist etwa halb so groß wie die der organischen Substanzen im festen Zustand. Zum Beispiel ist für Benzen $\lambda_{\text{fest}} = 0,272$ W m^{-1} K^{-1} und $\lambda_{\text{flüssig}} = 0,155$ W m^{-1} K^{-1}. Die Wärmeleitfähigkeit der Flüssigkeiten hängt nur in geringem Maße von der Temperatur ab. Während der Mechanismus der Wärmeleitung in

Tabelle 6.6. Wärmeleitfähigkeit λ einiger Flüssigkeiten bei 20 °C

Stoff	λ [W m^{-1} K^{-1}]	Stoff	λ [W m^{-1} K^{-1}]
Hexan	0,125	Diethylether	0,130
Cyclohexan	0,127		
Benzen	0,146	Methanol	0,202
Chlorethan	0,127	Ethanol	0,168
Bromethan	0,103	Ethylenglycol	0,256
Iodethan	0,089		
Aceton	0,162	Glycerin	0,286
		Wasser	0,598

Gasen und Festkörpern weitgehend aufgeklärt ist, fehlt für die Flüssigkeiten noch eine sicher fundierte Theorie. Es existieren verschiedene Ansätze zur Berechnung der Wärmeleitfähigkeit aus anderen Daten. Diese Theorien (BRIDGEMAN, RIEDEL, KINCAID und EYRING) führen meist zu Ausdrücken der Form

$$\lambda_{\text{fl}} = C \frac{c}{r^2}, \qquad (6.29)$$

wobei C eine Konstante – die unter Umständen noch von dem Verhältnis der spezifischen Wärmekapazitäten abhängt –, c die Schallgeschwindigkeit und r der Molekülabstand sind. Mittels Gl. (6.29) läßt sich die Wärmeleitfähigkeit näherungsweise berechnen. Diese Beziehung gilt trotz des abnorm hohen Wertes der Wärmeleitfähigkeit auch für Wasser.

Wie Gl. (6.29) zeigt, hängt die Wärmeleitfähigkeit eng mit der Schallgeschwindigkeit zusammen. Dies ist verständlich, wenn man bedenkt, daß es sich in beiden Fällen um einen Energietransport durch mechanische Schwingungen handelt. Bei der Schallausbreitung erfolgt der Energietransport in Form von Schallwellen, bei der Wärmeleitung durch die Wärmewellen.

6.2.6. Diffusion und Selbstdiffusion

Wir wollen nunmehr jene Eigenschaften untersuchen, die mit Platzwechselvorgängen zusammenhängen. Das einfachste Beispiel ist die Diffusion bzw. die Selbstdiffusion. Infolge der Platzwechsel wird ein Teilchen der Flüssigkeit größenordnungsmäßig aller 10^{-8} s sprungartig seine Lage relativ zu seinen Nachbarn ändern und um eine Strecke – die „Sprungweglänge" –, die etwa einem Molekülabstand entspricht, wandern. Diese Bewegungen erfolgen ganz unregelmäßig, wie wir es im Prinzip schon im Bd. 1 bei der Brownschen Bewegung kennengelernt hatten. Nur wandert jetzt ein Molekül, und die jeweils zurückgelegten Strecken betragen etwa 10^{-8} cm. Es soll nun untersucht werden, wie sich das Teilchen mit der Zeit von seinem Ausgangspunkt

---

entfernt, d. h., wir wollen die makroskopisch meßbare Verschiebung als Funktion der Zeit berechnen. Voraussetzung ist natürlich, daß keinerlei Bewegung der Flüssigkeit als Ganzes, also keine Strömung vorhanden ist.

Wir betrachten dazu eine lineare Anordnung von Molekülen (Abb. 6.25) und greifen ein Teilchen A heraus. Ein Teilchen führt in jeder Sekunde j Platzwechsel aus. Wenn wir zur Vereinfachung annehmen, daß Platzwechsel nur in den Koordinatenrichtungen ausgeführt werden, so werden 1/3 der Platzwechsel in der $+x$ bzw. $-x$-Richtung stattfinden. Die mittlere Zeit (Platzwechselzeit) $\bar{\tau}$, in der das Teilchen einen Platzwechsel in der $+x$ bzw. $-x$-Richtung ausführt, ist damit $\bar{\tau}' = 3/j$. Nach dieser Zeit wird das Teilchen seinen Platz verlassen und an der Stelle des Nachbarteilchens erscheinen. Die Wahrscheinlichkeit, es an der Stelle B bzw. C aufzufinden, ist jeweils gleich 1/2. Nach der weiteren Zeit $\bar{\tau}$ verläßt das Teilchen wiederum seinen Platz. Nehmen wir an, daß das Teilchen zum Punkt B gewandert wäre, so besteht jetzt die Möglichkeit, daß es entweder nach links oder nach rechts springt. Die Wahrscheinlichkeit ist wiederum für beide Richtungen gleich groß. Geht man vom Punkt C aus, so kann das Teilchen entweder wieder zum Punkt A gelangen oder weiter nach rechts wandern. Die Wahrscheinlichkeit, für die drei möglichen Lagen des Teilchens zur Zeit $2\bar{\tau}$ beträgt also 1/4, 1/2 und 1/4. Entsprechend erfolgt die weitere Wanderung des Teilchens. In der Abb. 6.25 sind noch für zwei weitere Schritte die Wahrscheinlichkeiten, das Teilchen an der entsprechenden Stelle anzutreffen, angegeben.

Es sei nunmehr das **mittlere Verschiebungsquadrat** $\bar{x}^2$ berechnet; es hängt in einfacher Weise von der Zeit ab. Wir erhalten diesen Wert, wenn wir jeweils das Quadrat der Entfernung vom Ausgangspunkt mit der Wahrscheinlichkeit, ein Teilchen an dieser entfernten Stelle zu finden, multiplizieren und die Produkte addieren. Diese Werte sind für die verschiedenen Zeiten ebenfalls in Abb. 6.25 eingetragen. Man sieht, daß das mittlere Verschiebungsquadrat proportional der Zeit wächst. Benutzt man als Längeneinheit die Sprungweglänge und als Zeiteinheit die Platzwechselzeit, so ist das mittlere Verschiebungsquadrat zahlenmäßig gleich der Platzwechselzeit. Führt man als Längeneinheit Zentimeter (indem man durch die Sprungweglänge l dividiert) und als Zeiteinheit die Sekunde (indem man durch die Platzwechselzeit $\bar{\tau}$ dividiert) ein, so erhält man

$$\left(\frac{\bar{x}}{l}\right)^2 = \frac{t}{\bar{\tau}} = \frac{1}{3}\,jt.$$

Hieraus folgt, falls man zur Abkürzung $D = \dfrac{l^2 j}{6}$ setzt,

$$\bar{x}^2 = 2Dt.$$

Es wird sich zeigen, daß die hier eingeführte Größe D die Diffusionskonstante ist.

Das hier aus einer einfachen Modellvorstellung abgeleitete Gesetz gilt, wie sich mathematisch zeigen läßt, exakt, und zwar nicht nur für Atome und Moleküle, sondern auch für die Bewegung größerer Teilchen. Von diesem Zusammenhang ist bereits im Bd. 1 bei der Behandlung der Brownschen Bewegung Gebrauch gemacht worden.

Aus Gl. (6.30) erhalten wir mit der experimentell bestimmbaren **Diffusionskonstanten D** (s. u.) das folgende Ergebnis:

In einer Flüssigkeit entfernt sich ein Molekül in einem Tag im Mittel etwa 1 cm *von seinem Ausgangspunkt.*

Der hierbei tatsächlich zurückgelegte Weg ist — da sich das Teilchen zickzackförmig bewegt — viel größer, nämlich etwa 10^6 cm.

Ficksche Gesetze. Um den Zusammenhang der Platzwechselzahl und der Sprungweglänge mit makrophysikalisch meßbaren Größen herzuleiten, wollen wir zunächst noch einmal die makroskopischen Erscheinungen bei der Diffusion näher betrachten. Wenn in einer Lösung ein Konzentrationsgefälle vorhanden ist, d. h., wenn die Konzentration vom Ort abhängt, werden die Teilchen aus statistischen Gründen infolge der Platzwechsel in Richtung des Konzentrationsgefälles wandern. Die Erfahrung zeigt nun, daß die Teilchenstromdichte S, d. h. die Zahl der Teilchen, die je Zeiteinheit durch den Querschnitt von 1 cm² wandern, im allgemeinen proportional dem Konzentrationsgefälle $\partial c/\partial x$ ist. Es gilt also

$$S = -D\,\frac{\partial c}{\partial x}. \tag{6.31}$$

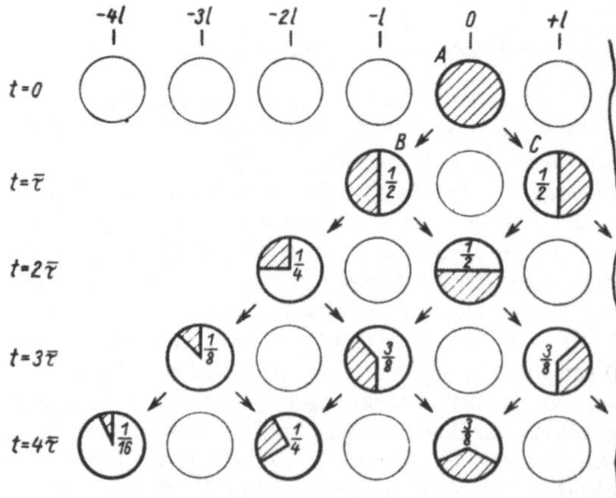

Abb. 6.25. Zur Ableitung der Abhängigkeit des mittleren Verschiebungsquadrates von der Zeit

Dies ist das 1. Ficksche Gesetz. Der Proportionalitätsfaktor D wird als Diffusionskonstante bzw. Diffusionskoeffizient bezeichnet. In Tab. 6.7 sind einige Werte der Diffusionskonstanten zusammengestellt.

Tabelle 6.7. Diffusionskonstante D [cm² d⁻¹] (d ≙ Tag)

Diffundierender Stoff	Lösungsmittel	t [°C]	D [cm² d⁻¹]
Methanol	Wasser	20	1,414
Harnstoff	Wasser	10	1,178
Naphthalen	Benzen	7,6	1,03
1-Brom-naphthalen	Dibenzylether	7,3	0,129
Benzen	Brombenzen	7,5	0,885
Brombenzen	Diethylether	7,3	3,02
Brombenzen	Hexan	7,3	2,240
Brombenzen	Toluen	7,0	1,37
Brombenzen	Benzen	7,3	1,22
Brombenzen	Cyclohexan	7,3	0,989
Brombenzen	Decalin	7,3	0,407

Es kommt – insbesondere bei hochkonzentrierten und hochmolekularen Lösungen – vor, daß die Teilchenstromdichte in anderer Weise von der Konzentration abhängt. Man kann diese Fälle formal durch Einführung einer konzentrationsabhängigen Diffusionskonstanten behandeln.
Wir wollen nun noch einen etwas allgemeineren Fall untersuchen, und zwar den Zusammenhang zwischen der zeitlichen und räumlichen Änderung der Konzentration. Wir betrachten dazu (s. Abb. 6.26) eine Schicht der Flüssigkeit von der Dicke dx, für die wir die Teilchenbilanz aufstellen wollen. Auf Grund des Erhaltungsgesetzes der Masse ist die Änderung der Teilchenzahl Δn in dieser Schicht gleich der Differenz der eintretenden Teilchen zu der der austretenden, also

$$\Delta n = S_1 - S_2. \tag{6.32}$$

Bezeichnen wir mit $\partial c/\partial t$ eine zeitliche Änderung der Konzentration, so ist die Änderung der Teilchenzahl in diesem Raumelement $\Delta n = \partial c/\partial t\, dx$.

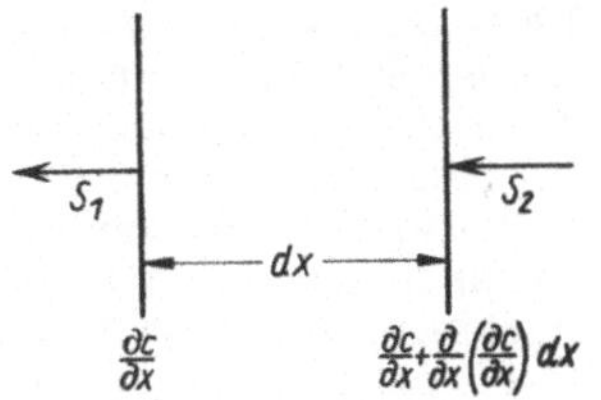

Abb. 6.26. Zur Ableitung des 2. Fickschen Gesetzes

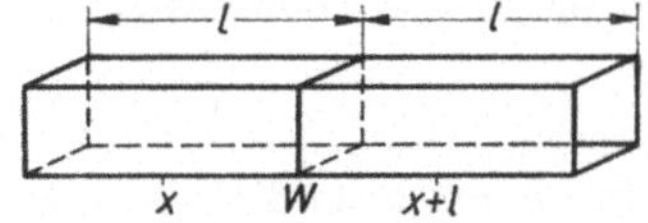

Abb. 6.27. Zur Berechnung der Diffusionskonstante mit dem Platzwechselmodell

Die Änderung der Teilchenzahl ist gleich der mit dem Volumen multiplizierten Konzentrationsänderung. Da der betrachtete Querschnitt gleich Eins ist, ist das Volumen zahlenmäßig gleich der Höhe des Zylinders, also gleich dx.
Das Konzentrationsgefälle an der Eintrittsstelle sei $\partial c/\partial x$ und an der Austrittsstelle

$$\frac{\partial c}{\partial x} + \frac{\partial}{\partial x}\left(\frac{\partial c}{\partial x}\right) dx.$$

Damit sind die beiden Teilchenstromdichten

$$S_1 = -D\,\frac{\partial c}{\partial x}$$

und

$$S_2 = -D\left[\frac{\partial c}{\partial x} + \frac{\partial}{\partial x}\left(\frac{\partial c}{\partial x}\right) dx\right].$$

Setzt man diese Werte in Gl. (6.32) ein, so erhält man

$$\frac{\partial c}{\partial t}\,dx = -D\,\frac{\partial c}{\partial x} + D\left[\frac{\partial c}{\partial x} + \frac{\partial}{\partial x}\left(\frac{\partial c}{\partial x}\right) dx\right]$$
$$= D\,\frac{\partial^2 c}{\partial x^2}\,dx.$$

Hieraus folgt das 2. Ficksche Gesetz

$$\frac{\partial c}{\partial t} = D\,\frac{\partial^2 c}{\partial x^2}. \tag{6.33}$$

Die Diffusion im Platzwechselmodell. Abschließend sei nunmehr noch der Zusammenhang zwischen der experimentell zugänglichen Diffusionskonstanten und der Platzwechselzahl bzw. der Sprungweglänge abgeleitet.
Im Platzwechselmodell ergibt sich die Teilchenstromdichte S als die Differenz der Sprünge in der x-Richtung und der $-x$-Richtung. Es ist also

$$S = \vec{S} - \overleftarrow{S}. \tag{6.34}$$

Wir betrachten einen Zylinder vom Querschnitt eins und von der Höhe der Sprungweglänge beiderseits einer gedachten Wand (Abb. 6.27). Ein Teilchen, das in einem der beiden Volumina in der x-Richtung bzw. in der $-x$-Richtung springt, gelange in das andere. Die mittlere Konzentration sei links i_x und rechts i_{x+1}; dann ist die Anzahl der Teilchen im linken Zylinder gleich $c_x l$ und im rechten gleich $c_{x+l} l$ und die Anzahl der Sprünge je Sekunde entsprechen den Größen $c_x lj$ bzw. $c_{x+l} lj$. Da keine Sprungrichtung bevorzugt ist, können wir annehmen, daß rund 1/6 der Sprünge durch die gedachte Wand hindurchführen. Damit erhält man

$$\vec{S} = \tfrac{1}{6}c_x lj \quad \text{bzw.} \quad \overleftarrow{S} = \tfrac{1}{6}c_{x+l} lj$$

und, in Gl. (6.34) eingesetzt,

$$S = \frac{1}{6} lj(c_x - c_{x+l}) = \frac{1}{6} ljl \frac{\partial c}{\partial x} = \frac{1}{6} l^2 j \frac{\partial c}{\partial x}.$$

Durch Vergleich mit Gl. (6.33) folgt

$$D = \frac{l^2 j}{6},$$

oder, falls man noch den Wert für die Platzwechselzahl gemäß Gl. (6.16) einführt,

$$D = \frac{l^2}{6} j_0 e^{-\frac{q}{k_B T}}. \tag{6.35}$$

Wie man hieraus ersieht, wächst die Diffusionskonstante exponentiell mit der Temperatur. Logarithmiert man Gl. (6.35), so ergibt sich, daß der Logarithmus der Diffusionskonstanten eine lineare Funktion des reziproken Wertes der Temperatur ist. Dieses Ergebnis wird durch das Experiment bestätitgt (s. Abb. 6.28).

Thermodiffussion. Wenn ein Teilchen einen Platzwechsel ausführt, so transportiert es gleichzeitig eine bestimmte Wärmenergie, die *Überführungswärme*. Ein Diffusionsstrom ist deshalb im allgemeinen mit einem Wärmestrom gekoppelt. Diese Erscheinung heißt Diffusions-Thermoeffekt. Die Umkehrung dieses Effektes ist die Thermodiffusion, d. h., falls in einem Gemisch ein Temperaturgradient vorhanden ist, tritt eine Entmischung ein, und zwar ist dabei der Substanztransport so gerichtet, daß die Überführungswärme von Orten höherer Temperatur nach Orten tieferer Temperatur strömt.

6.2.7. Viskosität

Im Bd. 1 wurde gezeigt, daß die Viskosität ein Maß für den Widerstand der Verschiebung von Flüssigkeitsschichten gegeneinander ist. Der Viskositätskoeffizient – meist als Zähigkeit oder Viskosität bezeichnet – ist definiert als das Verhältnis der Schubspannung γ zum Geschwindigkeitsgefälle, d. h., es ist

$$\gamma = \eta \frac{dv}{dh}. \tag{6.36}$$

Bei niedermolekularen Flüssigkeiten ist der Viskositätskoeffizient eine Konstante. Man bezeichnet derartige Flüssigkeiten als *Newtonsche Flüssigkeiten*, da diese Beziehung erstmalig von NEWTON angegeben worden ist. Es gibt jedoch auch Substanzen, insbesondere hochmolekulare Schmelzen und Lösungen, bei denen Schubspannung und Geschwindigkeitsgefälle nicht proportional sind. Wir werden (s. S. 473) noch auf derartige *Nicht-Newtonsche Flüssigkeiten* eingehen.

Platzwechseltheorie der Viskosität. Vom molekularkinetischen Standpunkt aus betrachtet, handelt es sich bei dem viskosen Fließen um eine Verschiebung von Partikeln gegeneinander, also um *Platzwechselvorgänge*. Wenn man auf eine Flüssigkeit eine äußere Kraft wirken läßt, so bewirkt diese nicht eine Verschiebung der Flüssigkeitsschicht als Ganzes – die hierzu erforderliche Energie wäre viel zu groß – sondern es treten Platzwechsel bevorzugt in der Kraftrichtung auf.

Die Viskosität einer Flüssigkeit kann man auf Grund des Platzwechselmodells folgendermaßen berechnen: Es sei γ die Schubspannung, also die Kraft, die tangential auf eine Fläche von 1 cm² wirkt. Auf ein Teilchen, das in dieser Schicht die Fläche l^2 einnimmt, wirkt dann die mittlere Kraft γl^2. Man kann nun annehmen, daß diese Kraft auf dem halben Weg $l/2$, bis das Teilchen die Aktivierungsschwelle erklommen hat (Abb. 6.29), wirkt. Dann ist die von dieser Kraft geleistete Arbeit, um die sich die Aktivierungsenergie erniedrigt,

$$\varphi = \tfrac{1}{2}\gamma l^2.$$

Bei einem Sprung in umgekehrter Richtung erhöht sich die Aktivierungsenergie um den gleichen Betrag. Damit wird die Anzahl der Platzwechsel

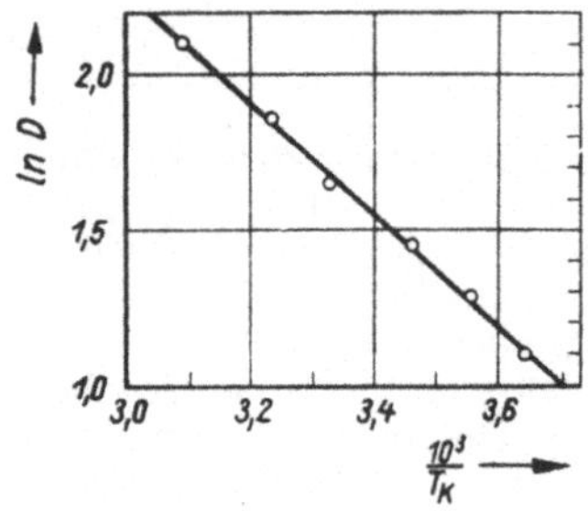

Abb. 6.28. Temperaturabhängigkeit der Diffusionskonstante von Tetrabromethan in Tetrachlorethan ($q = 14,67$ kJ)

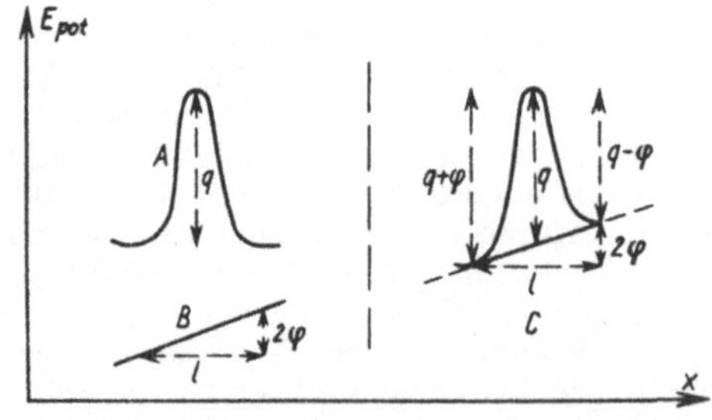

Abb. 6.29. Änderung der Aktivierungsschwelle durch ein äußeres Kraftfeld. *A* Verlauf der potentiellen Energie ohne äußeres Feld. *B* Änderung der potentiellen Energie unter der Wirkung der äußeren Kräfte. *C* Überlagerung beider Effekte (x ist die Wanderungsrichtung)

in beiden Richtungen durch die Gleichungen

$$\overrightarrow{j} = \frac{j_0}{6}\,e^{-\frac{(q-\varphi)}{kT}} \quad\text{und}\quad \overleftarrow{j} = \frac{j_0}{6}\,e^{-\frac{(q+\varphi)}{kT}}$$

bestimmt und der Überschuß Δj der Sprünge in Kraftrichtung durch

$$\Delta j = \overrightarrow{j} - \overleftarrow{j} = \frac{j_0}{6}\,e^{-\frac{(q-\varphi)}{kT}} - \frac{j_0}{6}\,e^{-\frac{(q+\varphi)}{kT}}$$

$$= \frac{j_0}{6}\,e^{-\frac{q}{kT}}\left(e^{\frac{\varphi}{kT}} - e^{-\frac{\varphi}{kT}}\right)$$

$$= \frac{j_0}{3}\,e^{-\frac{q}{kT}}\sinh\frac{\varphi}{kT}.$$

$\sinh x$ (Sinus hyperbolicus von x) ist definiert durch die Beziehung $\sinh x = 1/2(e^x - e^{-x})$. Durch Reihenentwicklung ergibt sich

$$\sinh x = x + \frac{x^3}{3!} + \frac{x^5}{5!} + \dots$$

Für $x \ll 1$ gilt näherungsweise

$$\sinh x \approx x.$$

Ist $\varphi \ll kT$, d. h., ist die durch die äußeren Kräfte geleistete Arbeit klein gegenüber der thermischen Energie, so erhält man näherungsweise

$$\Delta j = \frac{j_0}{3}\,e^{-\frac{q}{kT}} = \frac{l^3}{6}\,\frac{\gamma}{kT}\,j\,e^{-\frac{q}{kT}} = \frac{l^3}{6}\,\frac{\gamma}{kT}\,j.$$

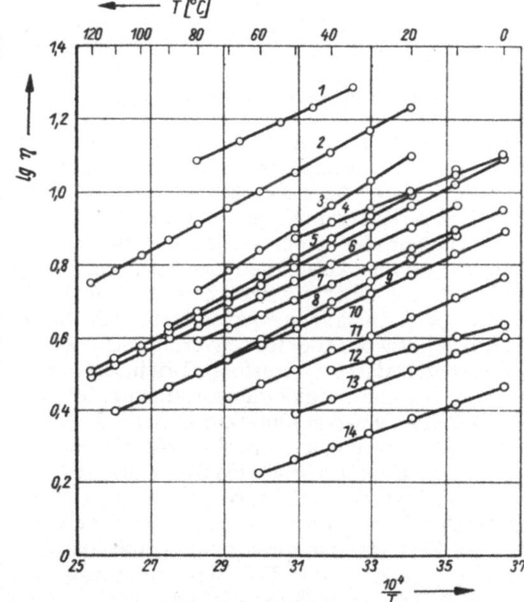

Abb. 6.30. Zur Temperaturabhängigkeit der Viskosität.
1 Phosphor; *2* Dibromethan; *3* Dioxan; *4* Brom; *5* Tetrachlorkohlenstoff; *6* Essigsäureanhydrid; *7* Chlorbenzen; *8* Isopropylchlorid; *9* Benzen; *10* Toluen; *11* Essigsäureethylester; *12* Schwefelkohlenstoff; *13* Aceton; *14* Diethylester

Da die Geschwindigkeit eines Teilchens gleich der mit der Anzahl der Platzwechsel multiplizierten Sprungweglänge ist, erhält man für die Geschwindigkeit eines Teilchens unter Einwirkung der Schubspannung

$$v = \Delta j l.$$

Hieraus ergibt sich für das Geschwindigkeitsgefälle

$$\frac{v}{l} = \Delta j = \frac{l^3}{6}\,\frac{\gamma}{kT}\,j$$

und durch Vergleich mit Gl. (6.36) für die Viskosität

$$\eta = \frac{6kT}{l^3 j} = \frac{6kT}{l^3 j_0}\,e^{\frac{q}{kT}}. \tag{6.37}$$

Die Temperaturabhängigkeit der Zähigkeit wird – ähnlich wie die des Dampfdruckes – im wesentlichen durch das Exponentialglied bestimmt. Trägt man $\ln \eta$ (bzw. $\lg \eta$) als Funktion von $1/kT$ auf, so erhält man praktisch Geraden, deren Neigung gleich der Aktivierungsenergie sind. Dieses Ergebnis wird durch das Experiment weitgehend bestätigt (Abb. 6.30).

Es ergibt sich ferner, daß die Aktivierungsenergie ungefähr 1/4 der inneren Verdampfungswärme beträgt.

Durch Kombination der Gl. (6.35) und (6.37) kann man einen Zusammenhang zwischen Diffusionskonstante und Zähigkeit ableiten. Eliminiert man aus diesen beiden Gleichungen die Platzwechsel und führt anstelle der Sprungweglänge den Molekülradius $r \approx l/2$ ein, so erhält man

$$D = \frac{kT}{2r\eta}. \tag{6.38}$$

Diesen Zusammenhang kann man auch mittels des Stokesschen Gesetzes für die Diffusion größerer kugelförmiger Teilchen ableiten. Der sich hierbei ergebende Ausdruck unterscheidet sich von Gl. (6.38) nur dadurch, daß im Nenner anstelle des Faktors 2 ein Faktor 6π steht.

Nicht-Newtonsche Flüssigkeiten. Während bei niedermolekularen Flüssigkeiten stets Schubspannung und Geschwindigkeitsgefälle einander proportional sind, tritt bei hochmolekularen Schmelzen und Lösungen und bei Kolloiden sehr oft abweichendes Verhalten auf.

In verdünnten hochmolekularen Lösungen nimmt z. B. die (scheinbare) Viskosität mit wachsender Schubspannung ab und nähert sich bei sehr großen Schubspannungen einem kleineren konstanten Wert. Man bezeichnet dieses Verhalten als Strukturviskosität. In Abb. 6.31 ist das viskose

---

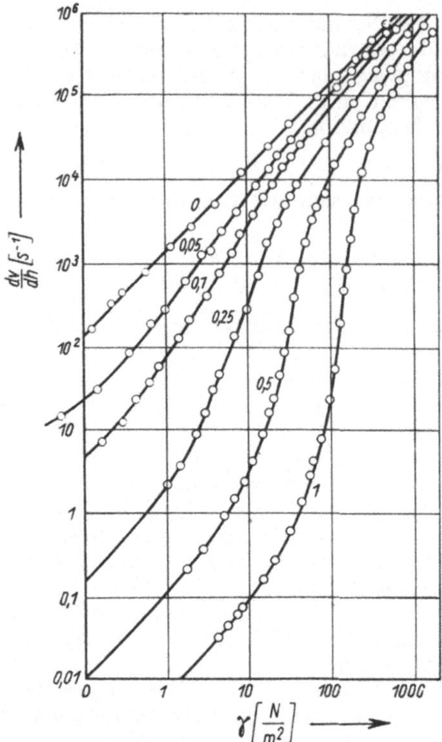

Abb. 6.31. Fließkurve von Nitrocellulose in Butylacetat (als Parameter ist die Konzentration in g/100 cm³ angegeben)

Verhalten einer hochmolekularen Lösung von Nitrocellulose in Butylacetat dargestellt. Wegen des großen Bereiches der Schubspannung γ und des Geschwindigkeitsgefälles dv/dh ist eine doppelt logarithmische Darstellung gewählt worden. In einer derartigen Darstellung entspricht eine Neigung der Kurven von 45° Proportionalität von Schubspannung und Geschwindigkeitsgefälle. Dies ist einmal beim reinen Lösungsmittel und bei den Lösungen bei sehr kleinen und sehr großen Schubspannungen der Fall.

Noch kompliziertere Erscheinungen treten bei jenen Substanzen auf, bei denen die Relaxationszeiten (vgl. Abschn. 6.2.8.) mit den Meßzeiten vergleichbar werden, da sich dann elastische und plastische Erscheinungen überlagern. Das Verhalten der Substanzen ist damit wesentlich von Beanspruchungsart und -dauer abhängig.

6.2.8. Dielektrisches Verhalten molekularer Flüssigkeiten

Bringt man Materie in ein elektrisches Feld, so erfolgt, wie im Bd. 2 dargestellt wurde, eine Polarisation. Diese Polarisation hat zwei Ursachen.

Einmal werden durch das äußere elektrische Feld Ladungen in den Molekülen verschoben (*Verschiebungspolarisation*), zum anderen werden in polaren Substanzen Dipole orientiert (*Orientierungspolarisation*). Setzt man voraus, daß die Wechselwirkung der Dipole untereinander vernachlässigt werden kann, was z. B. in Gasen und stark verdünnten Lösungen polarer Substanzen in unpolaren Lösungsmitteln der Fall ist, so erhält man folgende von DEBYE angegebene Beziehung für die Polarisation P_M

$$P_M = \frac{\varepsilon_r - 1}{\varepsilon_r + 2} \frac{M}{\varrho} = \frac{1}{3\varepsilon_0} N_A \left(\alpha + \frac{\bar{p}_M^2}{3kT} \right).$$

$$(6.39)$$

Hierbei ist ε_r die relative Dielektrizitätskonstante, ε_0 die Dielektrizitätskonstante des leeren Raumes, M die relative Molmasse, ϱ die Dichte, N_A die Avogadrosche Zahl, α die Polarisierbarkeit, p_M das Dipolmoment und k die Boltzmannsche Konstante.

Eine Anwendung von Gl. (6.39) auf polare Lösungen oder reine polare Substanzen ist nicht möglich, da diese Gleichung der Wechselwirkung der Dipole miteinander nicht hinreichend Rechnung trägt. Bei derartigen Flüssigkeiten wirkt nicht nur das äußere Feld orientierend auf die Moleküle, sondern, bedingt durch die umliegenden Dipole, entsteht ein *inneres Feld*, dessen Berechnung nicht ohne besondere Annahmen möglich ist. Versuche, dieses innere Feld in Dipolflüssigkeiten zu berücksichtigen, sind insbesondere von VAN ARKEL, SNOEK, ONSAGER und KIRKWOOD unternommen worden.

Dielektrisches Verhalten im Wechselfeld. Legt man an ein Dielektrikum plötzlich eine Spannung an, so werden sich die Elektronenpolarisation und die Dipolorientierung mit verschiedener Geschwindigkeit der neuen Gleichgewichtslage angleichen. Beim Abschalten des äußeren Feldes wird sich nach einer gewissen Zeit der vollständig ungeordnete Zustand wieder einstellen. Während die Einstellung der Elektronenverteilung in Zeiten von weniger als 10^{-14} s erfolgt, bricht die Dipolorientierung nicht momentan zusammen, sondern es wird eine gewisse charakteristische Zeit vergehen, die von der Beweglichkeit der Dipole und der Temperatur abhängt, bis die Ordnung praktisch verschwindet. Ein Maß für diese charakteristische Zeit ist die **Relaxationszeit**. Sie ist definiert als jene Zeit, in der die Orientierungspolarisierung auf den e-ten Teil des Anfangswertes $(e^{-1} = 2{,}718\ldots^{-1} = 0{,}3679\ldots)$ absinkt.

Im allgemeinen untersucht man Dielektrika nicht mit Sprungspannungen, sondern mit sinusförmigen Wechselspannungen. Bei sehr tiefen Frequenzen folgen die Dipole dem elektrischen Feld, und es stellt sich praktisch jeweils der Gleichgewichtszustand ein. Aus Gl. (6.39) folgt damit

$$P_{MO} = \frac{\varepsilon_{r0} - 1}{\varepsilon_{r0} + 2} \frac{M}{\varrho} = \frac{1}{3\varepsilon_0} N_A \left(\alpha + \frac{\bar{p}_M^2}{3kT} \right).$$
(6.40)

Bei extrem hohen Frequenzen können die Dipole dem äußeren Feld nicht mehr folgen, und der Orientierungsanteil liefert damit keinen Beitrag mehr zur Polarisierung; die Dielektrizitätskonstante wird gleich dem Quadrat des optischen Brechungsexponenten (vgl. Bd. 2). Die Gl. (6.39) geht damit über in

$$P_{M\infty} = \frac{\varepsilon_{r\infty} - 1}{\varepsilon_{r\infty} + 2} \frac{M}{\varrho} = \frac{n^2 - 1}{n^2 + 2} \frac{M}{\varrho} = \frac{1}{3\varepsilon_0} N_A \alpha.$$
(6.41)

Man bezeichnet diesen Ausdruck als **Molekularrefraktion** oder auch als **Molrefraktion.**

Es läßt sich theoretisch begründen, und dies wird auch durch das Experiment weitgehend bestätigt, daß die Molrefraktion temperaturunabhängig und eine additive Größe ist. Da sie aus Messungen des optischen Brechungsexponenten leicht und genau zugänglich ist, wurde sie in der organischen Chemie vielfach zu Konstitutionsaufklärungen herangezogen.

Entspricht die Kreisfrequenz ungefähr dem reziproken Wert der Relaxationszeit, so hinkt der Orientierungsgrad hinter dem äußeren Feld nach. Die Dipole vermögen nicht mehr schnell genug dem äußeren Feld zu folgen. Dies bedingt ein Absinken der Dielektrizitätskonstanten und das Auftreten von dielektrischen Verlusten.
Wir wollen uns zunächst mit dem molekularen Mechanismus der Dipoleinstellung beschäftigen. Die durch das äußere Feld bedingte *Dipolrotation* ist ein Platzwechselvorgang. Es besteht jedoch ein wesentlicher Unterschied gegenüber den bisher behandelten Platzwechselprozessen. In jenen Fällen handelte es sich um translatorische Platzwechsel, während bei der Dipoleinstellung Drehbewegungen auftreten. Ein Molekül kann bezüglich der Orientierung zu seinen Nachbarn mehrere Lagen einnehmen. Der Übergang von einer zur anderen Gleichgewichtslage erfolgt sprunghaft. Eine derartige Drehung ist – ganz analog den bisher behandelten Platzwechselvorgängen – möglich, wenn ein Teilchen eine hinreichend große (Aktivierungs-) Energie hat, um die zwischen diesen beiden Gleichgewichtslagen liegende Potentialschwelle zu überwinden. Bei der quantitativen Behandlung derartiger Platzwechselvorgänge ist es schwierig, die Gleichgewichtslagen und die Aktivierungsenergien dieser Rotationsbewegung modellmäßig zu berechnen. Deshalb beschreitet man bei der theoretischen Behandlung der dielektrischen Erscheinungen einen anderen Weg, der auf Überlegungen von DEBYE zurückgeht.

Die Debyesche Theorie geht von folgender Vorstellung aus: Man betrachtet ein (kugelförmiges) Dipolmolekül, das sich im Lösungsmittel – das als Kontinuum behandelt wird und durch seine Viskosität η charakterisiert ist – unter Einfluß eines elektrischen Feldes drehen kann. Die Drehung wird durch die Reibung des Dipolmoleküls am Lösungsmittel gebremst. Durch die Wärmebewegung wird ferner die Orientierung der Dipolmoleküle ständig gestört. Auf Grund dieser Modellvorstellung ergibt sich die Relaxationszeit für ein starres, kugelförmiges Molekül zu

$$\tau = \frac{4\pi\eta r^3}{kT}.$$
(6.42)

Mit den für Flüssigkeiten üblichen Werten der Zähigkeit und des Molekülradius r erhält man Relaxationszeiten von größenordnungsmäßig 10^{-11} s, wie Tab. 6.8 beweist.

Tabelle 6.8. Relaxationszeiten für einige organische Flüssigkeiten bei 20 °C

Substanz	$\tau \cdot 10^{11}$ [s] gemessen	$\tau \cdot 10^{11}$ [s] berechnet nach Gl. (6.42) und auf 1,2-Dichlor-benzen bezogen
Chlorbenzen	1,26	1,78
1,2-Dichlorbenzen	1,65	(1,65)
Aceton	0,52	0,62
Diethylketon	0,74	0,88
n-Propylchlorid	0,86	0,91
n-Octylchlorid	3,70	2,90
Methanol	0,21	0,30
Ethanol	0,25	0,49

Die experimentell bestimmten Relaxationszeiten (s. u.) liegen zwar in der richtigen Größenordnung, doch sind diese Werte im allgemeinen um einen Faktor 2 kleiner als die nach Gl. (6.42) berechneten. Dies ist an sich nicht verwunderlich, wenn man bedenkt, daß Gl. (6.42) für die Bewegung einer *Kugel in einem Kontinuum* abgeleitet ist. Man kann diese Unstimmigkeiten formal beseitigen, wenn man entweder anstelle der Viskosität eine *Mikroviskosität* einführt, die für die Reibung der Moleküle am Lösungsmittel charakteristisch ist, oder indem man Gl. (6.42) noch mit einem geeignet gewählten Proportionalitätsfaktor multipliziert. Der zweite Weg ist bei den nach Tab. 6.8 berechneten Werten eingeschlagen worden. Hierbei ist der Faktor so gewählt, daß beim 1,2-Dichlorbenzen berechnete und gemessene Werte übereinstimmen.
Bei Molekülen mit mehreren polaren Gruppen können sich außerdem die einzelnen Partialdipole mit verschiedener Geschwindigkeit in ihre Gleichgewichtslagen einstellen. Es treten dann mehrere Relaxationszeiten auf. Bei hochmolekularen Substanzen mit vielen polaren Gruppen erhält man im allgemeinen ein kontinuierliches *Spektrum* von Relaxationszeiten.

In Gl. (6.42) geht bei der Berechnung der Relaxationszeit die Viskosität mit ein. Da die Zähigkeit in hohem Maße von der Temperatur abhängig ist, gilt das gleiche für die Relaxationszeit. Es ist deshalb durch Variation der Temperatur möglich,

---

Relaxationszeiten über große Bereiche zu verändern.

Die weitere mathematische Behandlung ergibt nun, daß unter Berücksichtigung der Relaxationseffekte Gl. (6.39) in folgende, verallgemeinerte Form übergeht:

$$P_M^* = \frac{\varepsilon_r^* - 1}{\varepsilon_r^* + 2}\,\frac{M}{\varrho}$$

$$= \frac{1}{3\varepsilon_0}\,N_A\left(\alpha + \frac{\bar{p}_M^2}{3k_BT}\,\frac{1}{1 + i\omega\tau}\right). \qquad (6.43)$$

Die mit einem Stern gekennzeichneten Größen stellen hierbei komplexe Größen dar. Zerlegt man die komplexe Dielektrizitätskonstante $\varepsilon_r^* = \varepsilon_r' - i\varepsilon_r''$ in Real- und Imaginärteil, so erhält man

$$\varepsilon_r' = \varepsilon_{r\infty} + \frac{\varepsilon_{r0} - \varepsilon_{r\infty}}{1 + x^2} \qquad (6.44)$$

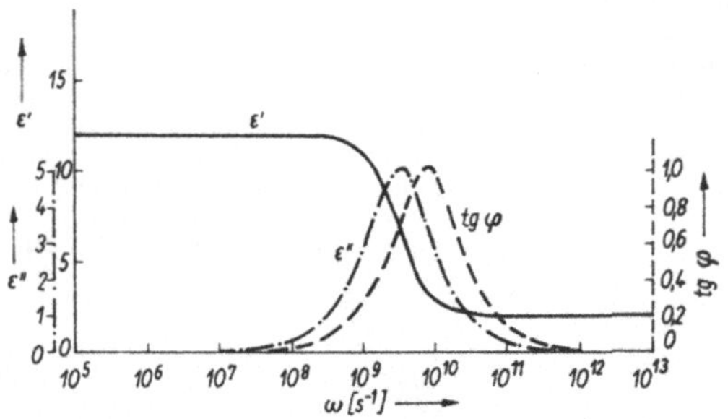

Abb. 6.32. Frequenzabhängigkeit von ε_r', ε_r'' und $\tan\varphi$ für $\varepsilon_{r\infty} = 2$, $\varepsilon_{r0} = 12$ und $\tau = 10^{-10}$ s

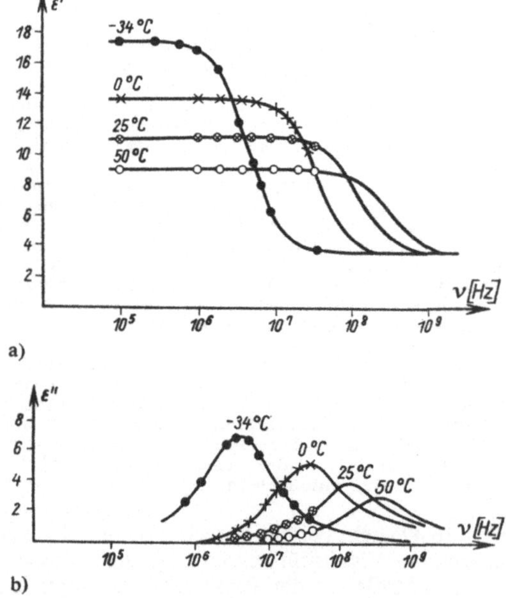

Abb. 6.33. Frequenzabhängigkeit von ε_r' (a) und ε_r'' (b) für n-Heptanol (nach OPPENHEIMER)

und

$$\varepsilon_r'' = \frac{(\varepsilon_{r0} - \varepsilon_{r\infty})\,x}{1 + x^2} \qquad (6.45)$$

mit

$$x = \frac{\varepsilon_{r0} + 2}{\varepsilon_{r\infty} + 2}\,\omega\tau,$$

wobei ε_{r0} bzw. $\varepsilon_{r\infty}$ die entsprechenden Grenzwerte für $\omega \to 0$ bzw. $\omega \to \infty$ sind. Die Größen ε_r' und ε_r'' sind proportional zum kapazitiven bzw. ohmschen Leitwert der Substanz. Unmittelbar meßbar sind ε_r' und der Verlustfaktor $\tan\varphi = \varepsilon_r''/\varepsilon_r'$.

In Abb. 6.32 ist der Verlauf der Funktionen ε_r', ε_r'' und $\tan\varphi$ in Abhängigkeit von der Frequenz für ein spezielles Beispiel dargestellt. Man ersieht hieraus, daß in dem Gebiet, in dem die Relaxationszeit ungefähr mit dem reziproken Wert der Kreisfrequenz übereinstimmt, ε_r' auf den optischen Wert absinkt, während die Größen ε_r'' und $\tan\varphi$ ein Maximum haben. Dieses Absorptionsmaximum ist im Vergleich zu jenen Effekten, die bei Resonanzerscheinungen auftreten, sehr breit, und zwar beträgt die Halbwertsbreite etwa 4 Oktaven. (Beachte die logarithmische Teilung der Abszisse!) Aus der Lage des Absorptionsmaximums kann man nach Gl. (6.44) und Gl. (6.45) die Relaxationszeit bestimmen.

In den Abb. 6.33a und b sind die experimentell bestimmten ε_r'- bzw. ε_r''-Werte für n-Heptanol bei verschiedenen Temperaturen dargestellt. Die Kurven entsprechen sehr gut den sich theoretisch nach Gl. (6.44) und (6.45) ergebenden Werten für *eine* Relaxationszeit. Eine Temperaturerhöhung bedingt eine Viskositätsabnahme und damit eine Verringerung der Relaxationszeit. Da in Gl. (6.44) und (6.45) das Produkt aus Relaxationszeit und (Kreis-)Frequenz eingeht, ergibt dies eine Verschiebung des Absorptionsmaximums nach hohen Frequenzen.

Es sei darauf hingewiesen, daß es viele, insbesondere polymere Substanzen gibt, bei denen Abweichungen von diesem einfachen, durch die Debyesche Theorie für *eine* Relaxationszeit gegebenen Verlauf auftreten.

Trägt man ε_r'' als Funktion von ε_r' jeweils für gleiche Frequenzwerte auf, so liegen, falls nur *eine* Relaxationszeit vorhanden ist, alle Punkte auf einem Halbkreis mit dem Radius $(\varepsilon_{r0} - \varepsilon_{r\infty})/2$ und den Mittelpunktskoordinaten $(\varepsilon_{r0} + \varepsilon_{r\infty})/2; 0$. Von der Richtigkeit dieser Aussage kann man sich überzeugen, wenn man die Werte für ε_r' und ε_r'' aus Gl. (6.44) und (6.45) in die Gleichung des Kreises einsetzt. Diese Darstellung, die erstmals 1941 von R. H. COLE und K. S. COLE benutzt wurde, bezeichnet man als *Cole-Cole-Bogen*. In Abb. 6.34 ist der Cole-Cole-Bogen für n-Heptanol wiedergegeben. Wie man sieht, liegen in diesem Fall alle Punkte auf entsprechenden Halbkreisen.

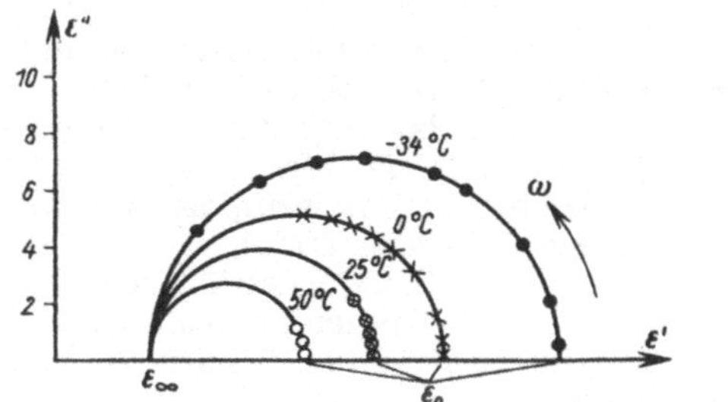

Abb. 6.34. Cole-Cole-Bogen für n-Heptanol (nach OPPENHEIMER)

Ferner stimmen die optischen Werte $\varepsilon_{r\infty} = n^2$ für alle Temperaturen überein, während – wie sich aus Gl. (6.44) und (6.45) ergibt – der statistische Wert ε_{r0} mit steigender Temperatur abnimmt.

6.2.9. Lösungen und Gemische

Mischbarkeit. Bringt man zwei Flüssigkeiten zusammen, so kann – wie wir bereits im Bd. 1 gesehen hatten – entweder eine vollständige, eine teilweise oder praktisch keine Mischung eintreten. Ob eine Vermischung zustande kommt, hängt vom *thermodynamischen* Standpunkt aus davon ab, ob die **freie Enthalpie** $G = H - TS = U + pV - TS$ (s. Bd. 1) der Mischung kleiner ist als die der reinen Komponenten. Die *Änderung der freien Enthalpie beim Mischen* (bei konstantem Druck und konstanter Temperatur) ergibt sich zu

$$\Delta G = \Delta U + p\,\Delta V - T\,\Delta S \qquad (6.46)$$

wenn man mit ΔU die Änderung der inneren Energie, mit ΔS die Änderung der Entropie und mit ΔV die Änderung des Volumens beim Mischen bezeichnet. Demnach gilt:

> Eine Mischung tritt ein, wenn $\Delta G \leqq 0$ ist.

Hieraus folgt, daß für die Beurteilung der Mischbarkeit einmal die Kenntnis des Ordnungszustandes und zum anderen die der Kräfte zwischen den Partikeln wesentlich ist. Der Ordnungszustand bestimmt den Entropieanteil in Gl. (6.46) (s. Bd. 1), während die zwischenmolekularen Kräfte für den Energieanteil maßgebend sind. Der Term $p\,\Delta V$, der der Arbeit gegen den äußeren Druck entspricht, ist beim Mischen von Flüssigkeiten stets gegenüber den anderen Termen zu vernachlässigen.

Die Entropieänderung hat ihren größten Wert bei einer völlig regellosen (statistischen) Verteilung der Teilchen in der Mischung. Eine derartige regellose Verteilung erfolgt z. B. stets in (idealen) Gasen. In Flüssigkeiten besteht sehr oft infolge Assoziationserscheinungen eine gewisse Ordnung; dies bedingt eine Verkleinerung der Entropieänderung beim Mischen.

Es ist zweckmäßig, drei Fälle hinsichtlich der Verhältnisse der Wechselwirkungsenergien φ_{AA} und φ_{BB} zwischen gleichen Teilchen und der Wechselwirkungsenergie φ_{AB} zwischen verschiedenen Teilchen zu unterscheiden:

1. $\varphi_{AA} \cong \varphi_{AB} \cong \varphi_{BB}$,

2. $\varphi_{AA} < \varphi_{AB} > \varphi_{BB}$,

3. $\varphi_{AA} > \varphi_{AB} < \varphi_{BB}$.

Im *ersten Fall* ändert sich die innere Energie beim Mischen nicht, d. h., es ist $\Delta U = 0$, da die einzelnen Partikeln ebenso stark von den gleichartigen wie von den andersartigen angezogen werden.

In diesem Fall wird das Verhalten des Systems praktisch nur durch das (negative) Entropieglied in Gl. (6.46) bestimmt:

Die Änderung der freien Enthalpie wird negativ, und es tritt vollständige Mischung ein.

Im *zweiten Fall* sind die Kräfte zwischen verschiedenartigen Molekülen größer als zwischen gleichartigen. Beim Mischen wird Energie frei, die Mischungstendenz wird also durch die Molekularattraktion noch verstärkt, und damit gilt bei derartigen Systemen dasselbe:

Es tritt stets vollständige Mischung ein.

Anders sind die Verhältnisse im *dritten Fall*, in dem die Kräfte zwischen verschiedenen Molekülen kleiner sind als die zwischen gleichartigen Partikeln. Bei der Mischung ist Arbeit zu leisten, das erste Glied in Gl. (6.46) wird damit positiv. Ob in diesem Fall eine Vermischung eintritt, hängt davon ab, welcher der beiden Terme überwiegt.

Ist das Entropieglied größer, so tritt eine vollständige Mischung ein, im anderen Fall erfolgt eine Trennung in zwei Phasen.

Es überlagern sich hierbei also (vom molekularkinetischen Standpunkt aus) zwei Effekte. Auf der einen Seite ergibt sich aus dem Bestreben, die potentielle Energie zu vermindern, eine Tendenz zur Entmischung, da die potentielle Energie der reinen Komponenten kleiner ist als die der Mischung. Auf der anderen Seite besteht das Bestreben, die Unordnung (also die Entropie) zu vergrößern; dieser Effekt fördert die Mischung, da in einem Gemisch die Unordnung größer ist als in den getrennten Komponenten. Da die zwischenmolekularen Kräfte und auch die Ordnung im allgemeinen mit steigender Temperatur abnehmen, können sich Flüssigkeiten, die bei tiefen Temperaturen zwei getrennte Phasen bilden, bei höheren Temperaturen mischen.

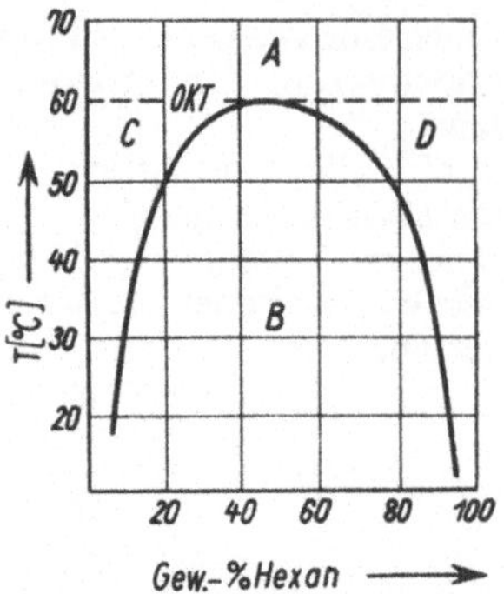

Abb. 6.35. Löslichkeitsdiagramm des Systems Hexan–Anilin. *A* vollständige Mischbarkeit; *B* Mischungslücke; *C* Lösung von Hexan in Anilin; *D* Lösung von Anilin in Hexan

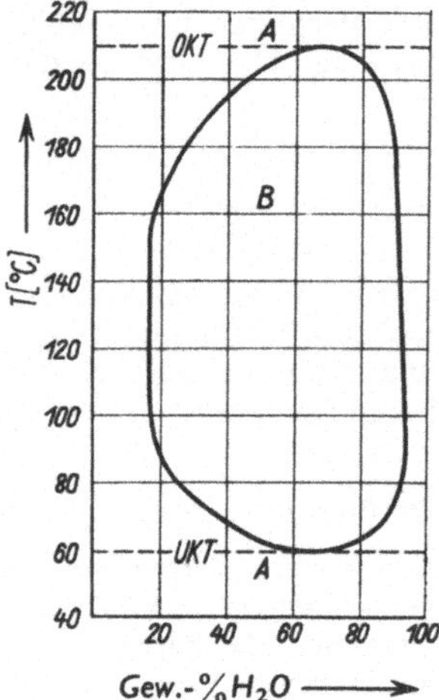

Abb. 6.36. Löslichkeitsdiagramm des Systems Nikotin–Wasser. *A* vollständige Mischbarkeit; *B* Mischungslücke

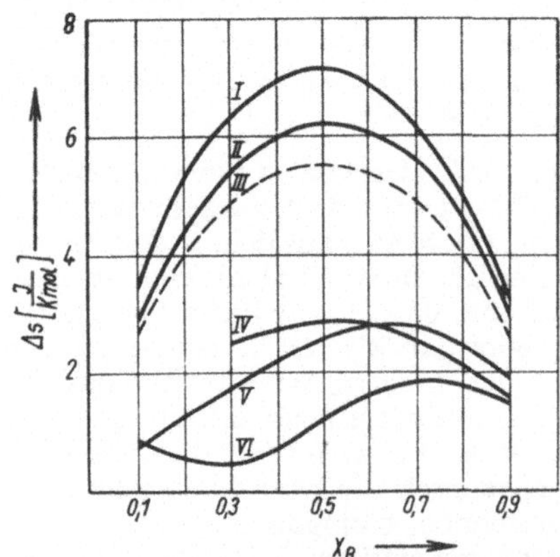

Abb. 6.37. Mischungsentropie binärer flüssiger Gemische als Funktion der Konzentration des zweiten Mischungspartners. I Benzen–Cyclohexan; II Chloroform–Schwefelkohlenstoff; III Ideale Mischung; IV n-Heptan–Ethanol; V Wasser–Methanol; VI Chloroform–Aceton

In Abb. 6.35 ist eine typische Entmischungskurve dargestellt. In diesem Beispiel tritt oberhalb von 60 °C (im Bereich *A*) bei allen Konzentrationen vollständige Mischung ein. Man bezeichnet die Temperatur, bei der dies geschieht, als *obere kritische Mischungstemperatur (OKT)*.

Unterhalb dieser Temperatur zerfällt die Mischung im mittleren Konzentrationsbereich in zwei Phasen, es entsteht (im Bereich *B*) eine **Mischungslücke.**

Im allgemeinen existiert nur eine *obere* kritische Mischungstemperatur. Es gibt jedoch auch einige Systeme, z. B. Nikotin–Wasser (Abb. 6.36), bei denen außerdem eine *untere kritische Mischungstemperatur (UKT)* auftritt. Diese Systeme sind bei tiefen Temperaturen vollständig mischbar, zerfallen mit steigender Temperatur in zwei Phasen, um bei hohen Temperaturen wiederum vollständig mischbar zu sein.

Mischungswärme und Mischungsentropie. Für die Beurteilung von Flüssigkeitsgemischen interessieren insbesondere zwei Größen, die Mischungsentropie – als Maß für den Ordnungszustand der Mischung – und die Mischungswärme – als Maß für die Kräfte innerhalb des Gemisches.

In Abb. 6.37 ist die Mischungsentropie für einige Mischungen molekularer Flüssigkeiten in Abhängigkeit von der Konzentration aufgetragen. Ferner ist in dieser Abbildung der Verlauf der Mischungsentropie für ein ideales Gemisch (III), d. h. für eine Mischung, in der vollständige Unordnung der Partikel herrscht, eingezeichnet. (Bei einer idealen Mischung setzt man darüber hinaus stets voraus, daß die Wärmetönung, und meist voraus, daß die Volumenänderungen beim Mischen gleich Null sind.)

Erstaunlicherweise gibt es einige Gemische (s. Kurve I und II in Abb. 6.37) bei denen die Mischungsentropie größer ist, als es der vollständig ungeordneten Mischung entspricht. Ursache hierfür ist, daß bereits in den reinen Substanzen eine gewisse Ordnung besteht. Bei der Mischung treten Moleküle des einen Lösungspartners zwischen die Moleküle des anderen Lösungspartners und heben so die zusätzliche Ordnung auf. Dies führt zu einer erhöhten Mischungsentropie des Systems. Bei assoziierten Verbindungen ist andererseits die Mischungsentropie kleiner als die der idealen Lösung, da auf Grund der Assoziation in diesem Gemisch eine gewisse Ordnung herrscht.

Es soll nunmehr noch der Zusammenhang zwischen den zwischenmolekularen Kräften und der Mischungswärme sowie der Konzentrationsabhängigkeit der Mischungswärme untersucht werden, und zwar für den Spezialfall einer rein statistischen Verteilung der Partikeln innerhalb des Gemisches. Diese Voraussetzung ist, wie wir oben sahen, zweifellos im allgemeinen in Flüssig-

---

keitsgemischen nicht erfüllt; dennoch erlaubt dieser hier betrachtete Fall, die wesentlichen Zusammenhänge zu überblicken. Darüber hinaus gestatten die sich zwischen Theorie und Experiment ergebenden Abweichungen gewisse Aussagen über den Aufbau der Gemische, insbesondere über Assoziationserscheinungen.

Wir wollen für die folgende Rechnung das Gittermodell der Flüssigkeiten benutzen. Man geht hierbei von der Vorstellung aus, daß die einzelnen Teilchen in der Flüssigkeit ähnlich gelagert sind, wie die Teilchen in einem Kristallgitter. Dies ist zweifellos eine sehr grobe Näherung, jedoch hat sich dieses Modell durch seine Einfachheit bewährt, insbesondere bei all jenen Eigenschaften, bei denen der Ordnungszustand eine untergeordnete Rolle spielt.

In der Lösung seien N_a Partikeln der Sorte a und N_b Partikeln der Sorte b vorhanden. Ferner sei vorausgesetzt, daß alle Partikeln (ungefähr) gleich groß sind und daß dichteste Kugelpackung besteht. In diesem Fall ist jedes Teilchen von 12 Nachbarn umgeben.

Es sei zunächst untersucht, wie oft ein Teilchen mit einem gleichartigen bzw. mit einem andersartigen in Wechselwirkung steht. Die Wahrscheinlichkeit, ein Teilchen der Sorte a an einem bestimmten Gitterpunkt anzutreffen, ist gleich der Anzahl der Teilchen der Sorte N_a dividiert durch die Gesamtzahl der Partikeln, also

$$W_a = N_a/(N_a + N_b) = x_a.$$

Entsprechend ergibt sich für die Teilchen der Sorte b

$$W_b = N_b/(N_a + N_b) = x_b.$$

x_a bzw. x_b sind die Molenbrüche.

Die Wahrscheinlichkeit, daß zwei Teilchen der Sorte a benachbart sind, ergibt sich nach den Regeln der Wahrscheinlichkeitsrechnung als Produkt der Wahrscheinlichkeiten, derartige Teilchen an den betreffenden Stellen zu finden, zu $W_{aa} = x_a^2$. Entsprechend erhält man für die Wahrscheinlichkeit, daß zwei Teilchen der Sorte b benachbart sind, $W_{bb} = x_b^2$ und schließlich dafür, daß verschiedene Teilchen benachbart sind, $W_{ab} = 2x_ax_b$. Der Faktor 2 ergibt sich, weil sich entweder an der Stelle I ein Teilchen a und an der Stelle II ein Teilchen b oder umgekehrt befinden kann.

Die Wechselwirkungsenergie zwischen den Teilchen sei mit φ_{aa}, φ_{bb}, bzw. φ_{ab} bezeichnet. Dann ist die Gesamtenergie des Gemisches, bezogen auf ein Mol der Mischung

$$U = 6N_A(x_a^2\varphi_{aa} + 2x_ax_b\varphi_{ab} + x_b^2\varphi_{bb}). \qquad (6.47)$$

N_A ist die Avogadrosche Zahl. Der Faktor 6 = 12/2 folgt aus der Tatsache, daß einerseits jedes Molekül von 12 anderen umgeben ist und daß

andererseits bei dieser Summation über jede „Bindung" doppelt summiert wird.

Für die reinen Substanzen ergibt sich die Gesamtenergie je Mol zu

$$U_{aa} = 6N_A\varphi_{aa} \quad \text{bzw.} \quad U_{bb} = 6N_B\varphi_{bb}. \qquad (6.48\,\text{a,b})$$

Führt man dies in Gl. (6.47) ein, so folgt

$$U = x_a^2U_{aa} + 2x_ax_bU_{ab} + x_b^2U_{bb},$$

wobei U_{aa} und U_{bb} direkt meßbare Größen – im wesentlichen die Verdampfungswärmen – sind, während die Größe $U_{ab} = 6N_A\varphi_{ab}$, die ein Maß für die Wechselwirkung verschiedener Teilchen ist, nicht unmittelbar bestimmt werden kann.

Für die Mischung von x_a Mol der Komponente a mit x_b Mol der Komponente b gilt für die Energie folgende Bilanzgleichung:

$$x_aU_{aa} + x_bU_{bb} + \Delta U = U.$$

ΔU ist die Energie, die zur Mischung erforderlich ist, bzw. die beim Mischen frei wird. Sie ist bis auf das Vorzeichen gleich der Mischungswärme U_M, d. h. der Wärme, die an die Umgebung abgegeben wird. Es ist also $U_M = -\Delta U$.

Beziehen wir uns auf ein Mol der Mischung, so gilt $x_a + x_b = 1$. Setzen wir zur Abkürzung

$$(U_{aa} + U_{bb} - 2U_{ab}) = 4U_{ext},$$

so folgt

$$U_M = -\Delta U = 4x_a(1 - x_a)\,U_{ext}.$$

Dies ist eine zur Konzentration $x_a = x_b = 0{,}5$ symmetrische Parabel, deren Extremwert U_{extr} ist. Ob die Mischung exotherm oder endotherm erfolgt, hängt vom molekularkinetischen Standpunkt aus davon ab, ob $2U_{ab} \lessgtr (U_{aa} + U_{bb})$ ist.

In Abb. 6.38 ist die Konzentrationsabhängigkeit der Mischungswärme für einige organische Verbindungen dargestellt. Es ergibt sich, insbesondere für die nichtassoziierten Flüssigkeiten, in großen Zügen der aus diesem einfachen Modell berechnete parabolische Verlauf der Mischungswärme. Es zeigt sich jedoch, daß der Extremwert nicht immer bei der Konzentration $x_a = 0{,}5$ liegt. Dies ist darauf zurückzuführen, daß die Voraussetzung der Volumengleichheit der Partikeln bei diesen Gemischen nicht erfüllt ist.

Ein völlig abweichendes Verhalten zeigt die Mischung Ethanol–Chloroform. Bei diesem Gemisch ändert die Mischungswärme sogar ihr Vorzeichen. Dieses anomale Verhalten, das auch bei der Mischung anderer Substanzen mit Alkoholen beobachtet wird, ist durch die Assoziation der Alkoholmoleküle bedingt.

Wie aus dem bisher Gesagten hervorgeht, hängt die Mischbarkeit von verschiedenen schwer übersehbaren Effekten ab. Es ist bisher nicht gelungen, *quantitative* Voraussagen über Mischbarkeit usw.

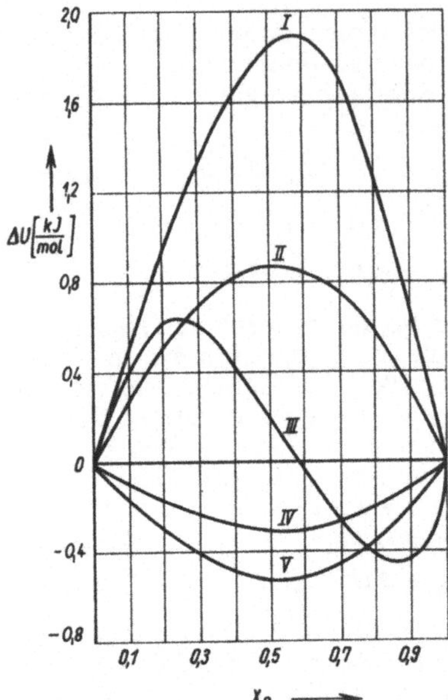

Abb. 6.38. Mischungswärme (bei 25 °C) als Funktion der Konzentration der zweiten Komponente. I Aceton–Chloroform; II Chloroform–p-Xylen; III Ethanol–Chloroform; IV Tetrachlorkohlenstoff–Schwefelkohlenstoff; V Chloroform––Schwefelkohlenstoff

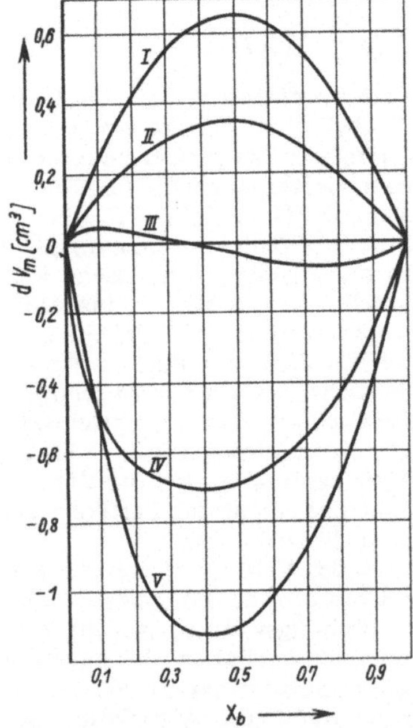

Abb. 6.39. Volumänderung beim Mischen als Funktion der Konzentration der zweiten Komponente. I Cyclohexan–Benzen (30 °C); II Schwefelkohlenstoff–Tetrachlorkohlenstoff (30 °C); III Tetrachlorkohlenstoff–Methanol (30 °C); IV Wasser––n-Propanol (15 °C); V Wasser–Ethanol (15 °C)

auf Grund der Struktur der Moleküle zu machen. Es ist jedoch möglich, empirisch gewisse Regeln aufzustellen. So zeigt es sich ganz allgemein, daß ähnlich gebaute Stoffe mischbar sind. Zum Beispiel bilden alle unpolaren Stoffe über den gesamten Konzentrationsbereich Mischungen. Auch schwach polare Substanzen sind meist gut mischbar.

Volumänderung beim Mischen. Beim Mischen zweier Flüssigkeiten tritt im allgemeinen eine Volumänderung auf. Am bekanntesten und besonders groß ist dieser Effekt bei Ethanol–Wasser-Gemischen, er beträgt hier 3 %. Im allgemeinen ist die Volumänderung beim Mischen organischer Flüssigkeiten jedoch kleiner und übersteigt selten 1/2 %.

Die Volumänderung ist durch die verschiedene *Packungsdichte* der Moleküle in den reinen Flüssigkeiten und in den Gemischen, also durch den geometrischen Aufbau der Moleküle bedingt. Außerdem bewirken die unterschiedlichen *Kraftverhältnisse* zwischen gleichen und verschiedenen Molekülen eine gewisse Volumänderung. Durch ähnliche Betrachtungen, wie sie oben für die Mischungswärme durchgeführt wurden, läßt sich zeigen, daß unter der Voraussetzung einer statistischen Verteilung der Moleküle die Volumänderung beim Mischen eine quadratische Funktion der Konzentration ist. Die in Abb. 6.39 dargestellten Kurven bestätigen diese Überlegungen für nichtassoziierte Gemische. Ein völlig anderes Verhalten ergibt sich für die Mischung von Methanol mit dem unpolaren Tetrachlorkohlenstoff, da hier infolge der Assoziation der Methanolmoleküle die Voraussetzung der statistischen Verteilung der Moleküle nicht erfüllt ist. Andererseits ergibt sich für die Mischung zweier assoziierter Substanzen (Kurven *IV* und *V*) ein parabolischer Verlauf der Volumänderung-Konzentrationsfunktion, da in diesen Mischungen offenbar die Assoziationskomplexe erhalten bleiben.

Dampfdruck und Siedeverhalten von Gemischen. Für die Bestimmung der thermodynamischen Eigenschaften von Gemischen ist ihrer Einfachheit halber insbesondere die Messung des Dampfdruckes geeignet. Darüber hinaus ist die Kenntnis des Dampfdruckes von Gemischen für deren destillative Trennung von größter technischer Bedeutung. Für den Dampfdruck einer Flüssigkeit gilt:

> Der Dampfdruck p_s über einer Flüssigkeit setzt sich additiv aus den Dampfdrücken (Partialdrücken) $p_1, p_2, \ldots$ der Komponenten der Flüssigkeit zusammen.
> Es gilt also
> $$p_s = p_1 + p_2 + \ldots$$

Für Zweistoffsysteme, die aus den Komponenten a und b bestehen – und darauf wollen wir uns im folgenden stets beschränken – geht dies über in

$$p_s = p_a + p_b.$$

Die Partialdrücke und damit der Gesamtdruck hängen von der Art der Mischungskomponenten und deren Konzentration ab. Die Partialdrücke sind nicht voneinander unabhängig; zwischen ihnen und ihrer Konzentration besteht folgende, zuerst 1886 von P. DUHEM abgeleitete und 1895 von M. MARGULES ausführlich diskutierte Beziehung:

$$x_a \frac{d \ln p_a}{dx_a} = x_b \frac{d \ln p_b}{dx_b}. \qquad (6.49)$$

(Duhem-Margulessche Gleichung).

Die thermodynamische Ableitung dieser Gleichung findet man in den Lehrbüchern der physikalischen Chemie. Da man x_b und p_b in Gl. (6.49) auf Grund der Beziehungen $x_a + x_b = 1$ und $p_s = p_a + p_b$ eliminieren kann, ist es möglich, durch (graphische oder numerische) Integration die Partialdrücke aus dem Gesamtdruck zu bestimmen.

Am einfachsten sind die Zusammenhänge zwischen den Partialdrücken und der Konzentration bei „idealen Mischungen", bei denen neben einer statistischen Verteilung der Partikel die Kräfte zwischen allen Partikeln gleich sind. In diesem Falle sind die Partialdrücke und damit auch der Gesamtdruck lineare Funktionen der Konzentration (Abb. 6.40, Ia). Derartige einfache Verhältnisse bestehen nur bei Gemischen mit sehr ähnlichen Komponenten, z. B. bei Verbindungen, in denen einzelne Atome gegen Isotope ausgetauscht sind (H_2O–D_2O), oder bei benachbarten Verbindungen in homologen Reihen (z. B. Ethylbromid–Propylbromid).

Ist die Wechselwirkung zwischen gleichen und verschiedenen Molekülen unterschiedlich, so treten Abweichungen vom linearen Verhalten auf. Sind die Kräfte zwischen verschiedenen Molekülen größer als zwischen gleichen, so sind die Partialdrücke und damit der Gesamtdruck niedriger als bei einer idealen Mischung (Abb. 6.40, IIa). Beispiele für derartige Gemische sind etwa Aceton–Chloroform und Salpetersäure–Wasser. Im anderen Fall sind die Drücke entsprechend größer (Abb. 6.40, IIIa). Systeme dieser Art kommen wesentlich häufiger vor als solche der II. Gruppe. Zu ihnen gehören z. B. Ethanol–Heptan, Ethanol–Wasser und Methanol–Aceton.

Dieses unterschiedliche Verhalten der einzelnen Mischungstypen läßt sich molekularkinetisch folgendermaßen deuten: Wir hatten im Abschn. 6.2.2. gesehen, daß der Dampfdruck durch das Verhältnis der infolge der Wärmebewegung austretenden Teilchen zur Anzahl der sich an der Oberfläche kondensierenden Teilchen bestimmt wird. Sind nun die Kräfte zwischen verschiedenen Molekülen größer als die Kräfte, die in den reinen Flüssigkeiten auftreten, so werden die Teilchen im Gemisch fester gehalten; die Anzahl der durch die Oberfläche tretenden Partikeln wird verkleinert, der Dampfdruck sinkt. Sind dagegen die Kräfte zwischen unterschiedlichen Partikeln kleiner als die zwischen gleichen, so ist bei gleicher Temperatur die zu überwindende potentielle Energie kleiner, und es können mehr Teilchen die Oberfläche verlassen. Der Dampfdruck wird damit größer als der des entsprechenden idealen Gemisches. Bei den in Abb. 6.40, II und III, aufgeführten Beispielen ergeben sich im Gesamtdruck Extremwerte. Es sind jedoch auch alle Übergänge zwischen diesen Fällen und dem idealen Verhalten möglich.

Sehr oft interessiert nicht der Dampfdruck, sondern die Siedetemperatur (bei konstantem Druck) als Funktion der Konzentration – die Siedelinie –, da diese Aussagen über die Möglichkeit der destillativen Trennung derartiger Gemische erlaubt. Zur Konstruktion der Siedelinie ist es erforderlich – falls man sie nicht unmittelbar experimentell bestimmt –, Dampfdruckdiagramme für verschiedene Temperaturen aufzustellen. Man erhält dann Kurvenscharen, wie sie in Abb. 6.41a

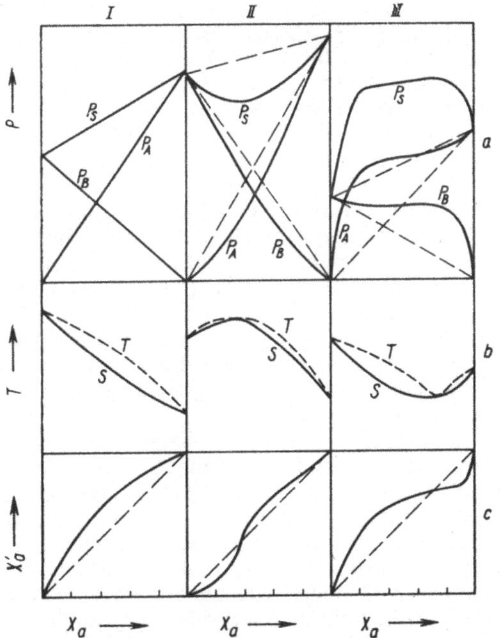

Abb. 6.40. Dampfdruckdiagramm (a), Siedediagramm (b) und Gleichgewichtsdiagramm (c) für verschiedene Mischungstypen (schematisch)

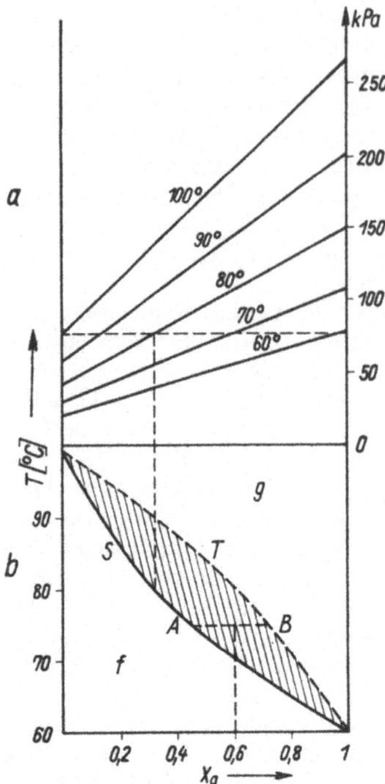

Abb. 6.41. Zur Konstruktion der Siedelinie aus den Dampfdruckkurven (schematisch)

schematisch dargestellt sind. Die Siedelinie (mit S bezeichnet) gewinnt man aus diesen Kurvenscharen, wenn man die Schnittpunkte einer Isobaren (z. B. $p = 75$ kPa) mit den bestimmten Temperaturen entsprechenden Dampfdruckkurven aufsucht (Abb. 6.41).

Hat die Dampfdruckkurve ein Minimum bzw. ein Maximum (Abb. 6.40, IIa bzw. IIIa), so hat die Siedelinie an der gleichen Stelle ein Maximum bzw. ein Minimum (Abb. 6.40, IIb bzw. 6.40, IIIb). Dies ergibt sich unmittelbar durch die Konstruktion der Siedelinie aus den Dampfdruckkurven.

Die Zusammensetzung der Gasphase unterscheidet sich im allgemeinen von der flüssigen. Unter der Voraussetzung, daß man die Gasphase als ideales Gas behandeln kann, verhalten sich die Partialdrücke wie die entsprechenden Teilchenzahlen. Für die Konzentration x' in der Gasphase gilt also

$$x'_a = \frac{n_a}{n_a + n_b} = \frac{p_a}{p_s} \qquad (6.50\,a)$$

bzw.

$$x'_b = \frac{n_b}{n_a + n_b} = \frac{p_b}{p_s}. \qquad (6.50\,b)$$

Für die leichter siedende Komponente ist diese Kondensations- oder Taulinie (mit T bezeichnet) in Abb. 6.40 b bzw. 6.41 b eingezeichnet. Das Gebiet innerhalb der Siede- und Taulinie ist instabil.

Es ist also nicht möglich, etwa in dem in Abb. 6.41 dargestellten Beispiel ein Gemisch von der Konzentration $x_a = 0,6$ auf 75 °C zu erwärmen. Dieses Gemisch würde bei dieser Temperatur isotherm in eine flüssige Phase mit einer Konzentration von 45 % (Punkt A) und in die Gasphase mit einer Konzentration von 73 % (Punkt B) des leichter siedenden Stoffes zerfallen.

Für manche Zwecke ist es wichtig, die Zusammensetzung der Gasphase als Funktion der Zusammensetzung der flüssigen Phase zu kennen. Diese Funktion erhält man, wenn man für bestimmte Temperaturen jeweils die Konzentrationswerte der Taulinie als Funktion der entsprechenden Werte der Siedelinie darstellt (Abb. 6.40). Bei idealen Gemischen und Mischungen, deren Dampfdruck keinen Extremwert hat, ist die leichter siedende Komponente stets in der Gasphase angereichert. Haben die Dampfdruckkurven Extremwerte, so stimmen – wie sich unter Benutzung der Gln. (6.49) und (6.50) zeigen läßt – die Konzentrationen in beiden Phasen an dieser Stelle überein. Die Differenzen der Konzentrationen in beiden Phasen haben beiderseits des Extremwertes verschiedenes Vorzeichen.

Das Siedeverhalten von Flüssigkeitsgemischen ist verschieden, je nachdem, welcher der drei Gruppen I bis III (Abb. 6.40) die Gemische angehören. Erwärmt man z. B. ein Gemisch, dessen Dampfdruckkurve keinen Extremwert hat (Abb. 6.40, I), so siedet dieses Gemisch, sobald die Temperatur den für diese Konzentration entsprechenden Punkt der Siedekurve erreicht hat. Sorgt man dafür, daß die Gasphase, in der die leichter siedende Komponente angereichert ist, laufend weggeführt wird, so steigt der Siedepunkt an, da das Gemisch an der leichter siedenden Komponente verarmt. Schließlich erreicht man den Punkt bei dem ausschließlich die schwerer siedende Komponente im Rückstand vorhanden ist. Bevor man jedoch diesen Punkt erreicht, ist der größte Teil des Gemisches verdampft. Zur rationellen Trennung benutzt man deshalb verbesserte Verfahren, bei denen durch ein Gegenstromverfahren der Wirkungsgrad wesentlich gesteigert wird (Rektifizierung).

Die Verhältnisse werden komplizierter, wenn die Dampfdruckkurven der zu trennenden Gemische einen Extremwert haben. Geht man im Beispiel II (Abb. 6.40) etwa von einem Gemisch aus, dessen Konzentration größer ist als es der Stelle minimalen Dampfdrucks entspricht, so nimmt aus den gleichen Gründen wie oben die Konzentration des leichter siedenden Stoffes ab, jedoch nur, bis der Maximalwert der Siedekurve erreicht ist. An diesem Punkt ist, wie wir oben sahen, die Zusammensetzung der flüssigen und gasförmigen Phase gleich. Ist dieser Punkt erreicht, so geht ein Gemisch konstanter Zusammensetzung in die

Gasphase über. Das Gemisch verhält sich an dieser Stelle (azeotroper Punkt) wie ein einheitlicher Stoff. Ist die Anfangskonzentration kleiner als am azeotropen Punkt, so verdampft (s. Abb. 6.40, IIc) vorwiegend die schwerer flüchtige Komponente. Wiederum steigt die Siedetemperatur bis zum azeotropen Punkt an, und es geht das konstant siedende azeotrope Gemisch über, ohne daß sich die Zusammensetzung des Rückstandes noch ändert. Bei derartigen Systemen ist es also nicht möglich, die schwerer siedende Komponente rein darzustellen.

Analoge Überlegungen zeigen, daß es bei Dampfdruckkurven und Siedelinien vom Typ III (Abb. 6.40) nicht möglich ist, die leichter siedende Komponente rein darzustellen, da bei Konzentrationen oberhalb des azeotropen Punktes vorwiegend die schwerer siedende Komponente übergeht.

Unter Umständen ist eine Trennung derartiger azeotroper Gemische durch Zugabe einer dritten Komponente möglich. Aceton und Methanol bilden z. B. ein bei 54,6 °C siedendes azeotropes Gemisch. Gibt man Ethylenchlorid hinzu, so bilden Ethylenchlorid und Methanol ein bei 39,2 °C siedendes Azeotrop, während reines Aceton mit seinem höheren Siedepunkt im Rückstand bleibt. Es sei ferner darauf hingewiesen, daß die Lage des azeotropen Punktes vom Druck abhängt und daß es bei gewissen azeotropen Gemischen möglich ist, durch geeignete Wahl des Druckes den azeotropen Punkt zum Verschwinden zu bringen.

6.3. Elektrolytische Flüssigkeiten

6.3.1. Die Struktur der Elektrolyte

Begriffe und Definitionen. Als Elektrolyten bezeichnen wir ein elektrisch leitendes System vieler Teilchen, in dem der Stromtransport zum überwiegenden Teil auf die Wanderung von Ionen oder von solvatisierten Elektronen zurückzuführen ist. Unter solvatisierten Elektronen versteht man Elektronen in einer Flüssigkeit, die relativ fest durch Polarisierung und Orientierung mit mehreren Flüssigkeitsmolekülen verbunden sind und auf Grund dessen sich ähnlich wie Ionen verhalten.

Feste Elektrolyte, wie die Ionenkristalle, sollen hier nicht betrachtet werden. Die elektrolytischen Flüssigkeiten zeigen gegenüber den nichtelektrolytischen eine Reihe von Besonderheiten, die im wesentlichen mit dem Transport elektrischer Ladungen und den Wirkungen der weitreichenden Coulomb-Kräfte zusammenhängen. In der folgenden Darstellung soll die Physik der Elektrolyte, auf die teilweise bereits im Bd. 2 eingegangen wor-

den ist, erweitert und ergänzt werden. Die flüssigen Elektrolyte lassen sich einteilen in die *Ionenschmelzen* (bzw. Salzschmelzen) und die *Ionenlösungen* (bzw. Elektrolytlösungen). Als Elektrolyte im engeren Sinne werden die Ionenlösungen bezeichnet. Ist der Grad der Dissoziation α der gelösten Moleküle in Ionen sehr hoch, d. h. $0 \leqq (1 - \alpha) \ll 1$, so liegen *starke Elektrolyte* vor, während wir im Fall geringer Dissoziation $0 < \alpha \ll 1$ von *schwachen Elektrolyten* und im Fall $\alpha = 0$ von *Nichtelektrolyten* sprechen. Für schwache Elektrolyte zeigt der Dissoziationsgrad eine starke Abhängigkeit von der Konzentration, während die starken Elektrolyte in einem weiten Konzentrationsbereich fast vollständig dissoziiert sind. Zu den starken Elektrolyten gehören u. a. die meisten Neutralsalze im Lösungsmittel Wasser (mit Ausnahme der Halogenide von Hg, Cd, Sn und Sb), weiterhin die starken Säuren HCl, HBr, HI, HF, HNO_3, $HClO_4$, H_2SO_4, alle Sulfonsäuren und als starke Basen die Hydroxide der Alkali- und Erdalkalimetalle und die quaternär substituierten Aminbasen. Als Säuren bezeichnet man Stoffe, die in wäßriger Lösung Wasserstoffionen H^+ abspalten. Auf Grund der Anlagerung der Protonen an Wasserstoffmoleküle kommt es zur Bildung von Hydroniumionen H_3O^+ und Säurerestionen, während die Basen in wäßriger Lösung OH^- und Baserestionen bilden.

Nach dieser Definition kann das nach der Formel

$$2\,H_2O \rightleftarrows H_3O^+ + OH^-$$

zu einem sehr geringen Bruchteil dissoziierende Wasser sowohl als Säure als auch als Base, d. h. als sogenannter Ampholyt aufgefaßt werden. Im Gleichgewicht beträgt bei 25 °C die Konzentration der H_3O^+-Ionen ebenso wie die der OH^--Ionen in reinem Wasser 10^{-7} mol/dm^3. Gewöhnlich gibt man nur den negativen Zehnerlogarithmus der Protonenkonzentration (bzw. Hydroniumkonzentration) an, der als *p*H-Wert bezeichnet wird. Für reines Wasser gilt also bei 25 °C: *p*H = 7. Im sauren Medium, das im Vergleich zum Wasser einen Protonenüberschuß hat, ist *p*H < 7, dagegen gilt für ein alkalisches Medium *p*H > 7. Bei höheren Konzentrationen benutzt man heute zur Definition des *p*H-Wertes die Aktivitäten der H_3O^+-Ionen, d. h.

$$pH = -\lg a_{H_3O^+}.$$

Erwähnt seien hier noch die allgemeinen Säure-Base-Definitionen von BRÖNSTED und LEWIS, die auf beliebige Lösungsmittel anwendbar sind: Als Brönsted-Säure bezeichnet man einen Protonendonator, d. h. eine Verbindung, die durch Abgabe eines Protons in die korrespondierende Base übergehen kann und als Brönsted-Base einen Protonenakzeptor. Es gilt die Beziehung

$$\text{Brönsted-Säure} \rightleftarrows \text{Proton} + \text{Brönsted-Base}$$

Eine Lewis-Säure ist ein Elektronenpaarakzeptor, d. h. ein Molekül oder Ion, das ein Elektronenpaar aufnehmen kann, und eine Lewis-Base ist ein Elektronenpaardonator.

Solvatation. Nach ARRHENIUS zerfallen Elektrolyte bei der Lösung in Wasser oder anderen polaren Lösungsmitteln vollständig oder teilweise in Ionen. Die Gründe für die Dissoziation in Ionen hängen mit der Veränderung der thermodynamischen Funktionen, z. B. der Energie, der Entropie, der freien Energie und der freien Enthalpie zusammen. Die immerhin beträchtlichen Energien für das Aufbrechen der Bindungen im Molekül bzw. Ionengitter stammen aus dem Solvatationsprozeß, d. h. der Veränderung der Struktur des Lösungsmittels durch Orientierung und Polarisierung der Lösungsmittelmoleküle.
Die Ausbildung von individuellen solvatisierten Ionen ist im allgemeinen thermodynamisch günstiger als die Ausbildung von neutralen Ionenpaaren oder von Ionengittern, besonders wenn die Lösungsmittelmoleküle ein starkes Dipolmoment haben, wie im Falle des Wassers. Thermodynamisch günstig heißt dabei, daß ein minimaler Wert der freien Enthalpie $G = U + pV - TS$ erreicht wird. Analog wie in Nichtelektrolyten spielt dabei auch die Vergrößerung der Entropie beim Lösungsprozeß eine Rolle. Zum genaueren Verständnis der Struktur in der Umgebung eines Ions betrachten wir das Lösungsmittel in einer wäßrigen Lösung zunächst in weiter Entfernung von irgendwelchen Ionen. Hier liegt reines Wasser vor, das nach Abschn. 6.1.3. aus polaren Molekülen besteht, die zur Assoziation neigen.
Die Polarität des H_2O-Moleküls ist auf eine nahezu tetraedrische Ladungsverteilung zurückzuführen, die in Abb. 6.42 angedeutet wird. Aus den Infrarotspektren wissen wir, daß die Protonen im Abstand von 0,096 nm von den Sauerstoffkernen liegen und mit diesen einen Winkel von 105° bilden, d. h. etwa einen Tetraederwinkel einschließen. Von den 6 Elektronen in der äußeren Schale des Sauerstoffatoms werden 2 nach der Kombination mit den Elektronen des Wasserstoffs für 2 Valenzbindungen benötigt. Die 2 verbleibenden Elektronenpaare haben nach der Wellenmechanik die größte Aufenthaltswahr-

scheinlichkeit in einer Ebene, die senkrecht auf der H—O—H-Ebene steht. Auch diese beiden freien Elektronenpaare bilden mit dem O-Kern fast einen Tetraederwinkel. Auf Grund dieser Struktur kann das H_2O-Molekül Wasserstoffbrückenbindungen zu seinen Nachbarn ausbilden. Wie Abb. 6.42c zeigt, erwartet man für das Gitter von Eis eine Koordinationszahl 4. In flüssigem Wasser wird die Struktur aufgelockert. Von historischer Bedeutung waren die Euckenschen Vorstellungen, wonach im Wasser Einer-, Zweier- und Achteraggregate vorherrschen. Heute dominiert die Auffassung, daß H_2O eine komplizierte Clusterstruktur hat. Röntgen- und Neutronenbeugungsversuche werden so gedeutet, daß flüssiges Wasser aus Einzelmolekülen und Clustern sehr verschiedener Größe besteht, die bis zu einigen hundert oder tausend Moleküle enthalten. In der Nähe von Ionen wird diese Struktur nun stark verändert, und es wird eine neue Ordnung aufgebaut. Geordnet nach der Stärke der Wechselwirkung mit einem Ion unterscheiden wir 3 Bereiche (s. Abb. 6.43):

(a) In der primären Solvathülle liegen starke Wechselwirkungen zwischen Ionen und Wassermolekülen vor. Es bilden sich relativ feste Cluster aus, die beim elektrolytischen Transport zeitweilig gemeinsam wandern.
(b) In der sekundären Solvatationszone sind die Wechselwirkungen zwischen dem Zentralion und den Wassermolekülen relativ schwach. Infolge einer Störung der H-Bindungen zeigt diese Zone jedoch eine andere Wasserstruktur als das freie Wasser. Die Wassermoleküle sind in dieser Zone im allgemeinen beweglicher als im freien Wasser.
(c) In der Außenzone entspricht die Struktur der des freien Wassers.

Die Hydratationsenergie eines Ions der Ladungszahl Z ergibt sich als Summe der Energien der Solvathüllen (a) und (b):

$$U_h = U_a + U_b. \tag{6.51}$$

Die Größe U_a kann durch Addition der Bindungsenergien des Ions mit den nächsten Nachbarn abgeschätzt werden, wenn man von einem Modell entsprechend etwa Abb. 6.43 ausgeht. Zur Abschätzung der Energie der Zone (b) benutzt man häufig ein Kontinuumsmodell. Unter der Annah-

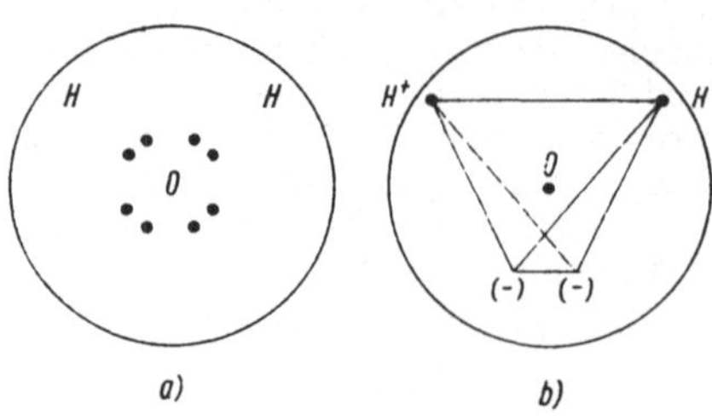

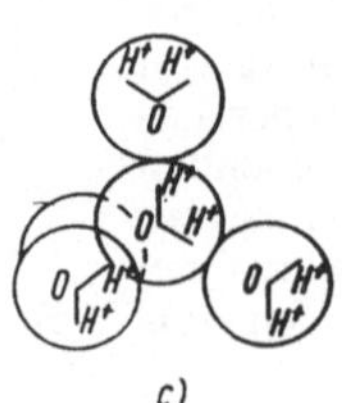

Abb. 6.42. Struktur des Wassers. a) Schematische Verteilung der Elektronenpaare im H_2O-Molekül; b) tetraedrische Verteilung der Ladungsschwerpunkte im H_2O-Molekül nach BJERRUM; c) tetraedrische Koordinaten der H_2O-Moleküle nach Wasserstoffbrücken nach SAMOILOW

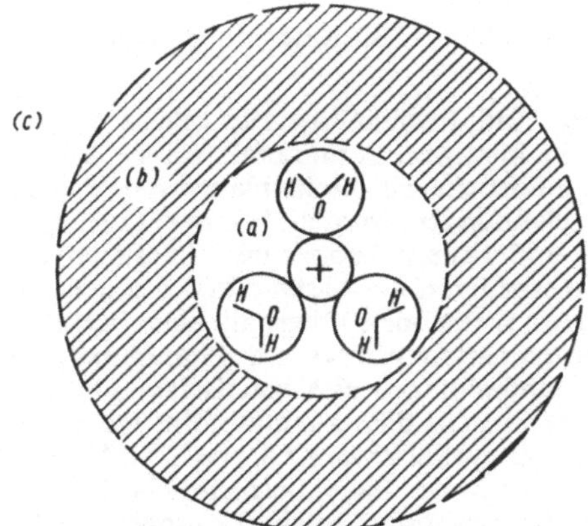

Abb. 6.43. Die drei Hydratationsbereiche für ein Kation. a) primäre Hydrathülle; b) sekundäre Zone; c) ungestörte Wasserstruktur

me, daß die primäre Solvathülle den Radius r_a besitzt, folgt für die im Dielektrikum gespeicherte Feldenergie (E – elektrische Feldstärke) (vgl. Band 2)

$$U_b = \int\limits_{r_a}^{\infty} dr \cdot 4\pi r^2 \left[\frac{1}{2} \varepsilon_0 \varepsilon_r E^2 - \frac{1}{2} \varepsilon_0 E^2 \right]$$

$$= \frac{Z^2 e^2}{8\pi r_a \varepsilon_0} \left[1 - \frac{1}{\varepsilon_i} \right]. \tag{6.52}$$

Einige auf dem angedeuteten Wege berechnete Werte von U_h zeigt Tab. 6.9. Die Radien der primären Hydrathülle r_a liegen zwischen 0,3 und 0,5 nm. Um eine Vorstellung über die räumlichen Verhältnisse in Ionenlösungen zu geben, wurden in Tab. 6.9 die mittleren Abstände der Ionen für verschiedene Konzentrationen dargestellt. Man erkennt, daß für konzentrierte Lösungen der Raumbedarf der Ionen sicher eine Rolle spielen wird.

Die Zahl der Wassermoleküle in der primären Hydratationshülle n_h läßt sich aus den Meßdaten für folgende Größen ungefähr abschätzen: a) Beweglichkeit, b) Entropieänderung, c) Änderung der Dielektrizitätskonstanten, d) Kompressibilität. Dabei werden häufig physikalische Annahmen folgender Art gemacht:

1. Das Stokessche Gesetz für die Reibung einer Kugel in einer Flüssigkeit ist anwendbar.
2. Die primäre Hydrathülle hat denselben Ordnungsgrad wie festes Eis und folglich dieselbe Entropie je Wassermolekül.
3. Die Wassermoleküle der primären Hydrathülle sind starr ausgerichtet und nehmen an den Prozessen der Orientierung und Polarisierung nicht teil.
4. Die primäre Hydrathülle ist inkompressibel.

Tabelle 6.9. *Mittlere Abstände der Ionen für 1–1-Elektrolyte*

c [mol/dm³]	10^{-3}	10^{-2}	10^{-1}	1	10
r_0 [nm]	9,4	4,4	2,0	0,94	0,44

Tab. 6.10 zeigt, daß zur Zeit die erhaltenen Resultate noch in gewissen Grenzen schwanken. Man erkennt weiter, daß die Anionen bei gleichem Radius und gleicher Valenz eine stärkere Hydrathülle ausbilden als die Kationen. Die Kationen sind somit in schwächerem Maße hydrophil als die Anionen; das hängt mit der Unsymmetrie im Bau der Wassermoleküle zusammen. In nichtwäßrigen Lösungsmitteln sind die Verhältnisse noch wesentlich komplizierter, jedoch bleiben die wesentlichen Züge des Solvatationsvorganges unverändert.

Tabelle 6.10. *Kristallographische Radien und Hydratationsenergie der Ionen nach MISCENKO et al. (1960)* (n_h – *Hydratationszahlen*)

Ion	r_{krist} [nm]	U_h [kJ/g]	n_h
Ag^+	0,113	472	–
Al^{3+}	0,057	4580	21–31
Br^-	0,196	301	0–2
Ba^{2+}	0,135	–	9–10
Ca^{2+}	0,104	1562	–
Cd^{2+}	0,099	1779	–
Cl^-	0,181	331	1–3
Co^{2+}	0,078	2010	–
Cs^+	0,165	276	–
Cu^{2+}	0,080	2046	–
F^-	0,133	448	2–5
Fe^{2+}	0,080	1876	–
H^+	0,000	(1080)	1–10
Hg^{2+}	0,112	1805	–
I^-	0,220	268	0–1
K^+	0,133	331	3–7
La^{3+}	0,104	3241	13–14
Mg^{2+}	0,065	–	12–16
Li^+	0,068	507	5–7
Na^+	0,098	406	4–6
Ni^{2+}	0,074	2056	–
Pb^{2+}	0,126	1478	–
Rb^+	0,149	310	–
Zn^{2+}	0,083	2005	12

Konzentrierte Lösungen und Schmelzen. Bei sehr hohen Konzentrationen wird die Solvathülle immer stärker abgebaut, da dann nicht mehr genügend Wassermoleküle zur Verfügung stehen. Bei normalen Temperaturen wird bald eine Sättigungskonzentration erreicht, die z. B. für MeCl bei Normaltemperaturen bei etwa 10 mol/dm³ liegt. Erhöht man jedoch die Temperatur, so läßt sich stufenlos der Übergang bis zu den geschmolzenen Salzen realisieren, wie Tab. 6.11 zeigt. In letzter Zeit wächst das Interesse für geschmolzene Salze. Die Ursachen dafür liegen in den vielfältigen Anwendungsmöglichkeiten in der Metallurgie und für die Entwicklung von Brennstoff-

Tabelle 6.11. Systemzustand von 1:1-Elektrolyten als Funktion der Konzentration

Konzentration des Salzes [mol/kg] H_2O („etwa"-Angaben)	Systemzustand
0–0,001	Bereich der idealen Lösung
0,001–0,01	Bereich der Grenzgesetze verdünnter Lösungen
0,01–1	mittlere Konzentrationen
1–Sättigung	konzentrierte Lösungen
Sättigung–15	geschmolzene hydratisierte Salze
15–5000	Schmelzen unvollständig hydratisierter Salze
5000	Geschmolzene Salze mit gelöstem H_2O-Gas

zellen sowie Kernreaktoren. Als Beispiel erwähnen wir die Konstruktion von Brutreaktoren auf der Basis von Uranfluorid als Brennstoff, das in einer Schmelze von Lithium- und Beryllium-fluorid gelöst wird.

Röntgenstrukturanalysen zeigen, daß die Struktur geschmolzener Salze der eines Systems harter Kugeln sehr ähnlich ist, d. h., die Ionen verhalten sich wie Kugeln. Die Zahl der nächsten Nachbarn liegt in Schmelzen zwischen 3,5 und 5,6 und ist somit kleiner als die für die meisten Ionenkristalle geltende Koordinationszahl 6; gleichzeitig verkleinert sich jedoch der mittlere Abstand nächster Nachbarn.

Spezielle Elektrolyte. Eine besondere Rolle unter den Ionenlösungen spielen die polymeren Elektrolyte. Eine ionische Komponente bildet hier ein hochpolymeres Molekül, das durch Dissoziation funktionaler Gruppen mehrere elektrische Ladungen trägt, denen in der Lösung Gegenionen entsprechen. Die wichtigsten funktionalen Gruppen sind HSO_3— (starke Säuren) H_2PO_3— und —COOH (schwache Säuren) sowie die Aminogruppe —NH_2 und die Iminogruppe —NH— (Basen). In der Natur sind die *Polyelektrolyte* außerordentlich weit verbreitet. Zu ihnen gehören z. B. die Eiweiße, Nukleinsäuren, Chitine und andere Naturstoffe. An Biopolymeren können sowohl Kation- als auch Aniongruppen vorkommen, daher werden sie auch als Polyampholyte bezeichnet. Die Untersuchung des Verhaltens dieser speziellen Elektrolyte spielt eine fundamentale Rolle für die Klärung vieler Lebensvorgänge.

Ein weiteres aktuelles Gebiet ist die Erforschung der Lösungen, die *solvatisierte Elektronen* enthalten. Ein solvatisiertes Elektron wird als ein geladener Komplex aufgefaßt, der sich im Feld eines Elektrons durch Orientierung und Polarisierung des Lösungsmittels ausbildet. Solvatisierte Elek-

tronen entstehen z. B. unter folgenden Bedingungen:

1. Alkali- und Erdalkalimetalle bilden bei der Lösung in flüssigem Ammoniak stabile Lösungen mit eindrucksvoll dunkelblauer Farbe; analoge Erscheinungen werden bei der Lösung in Aminen und Ethern beobachtet. In diesen Lösungen dissoziieren die Metalle in Kationen und solvatisierte Elektronen. Oberhalb einer bestimmten Konzentration erfolgt ein Phasenübergang von der dunkelblauen elektrolytischen Phase in eine bronzefarbene flüssig-metallische Phase.

2. Geschmolzene Salze wie KCl, NaCl, und NaOH sind ebenfalls in der Lage, beträchtliche Mengen von Metallen zu lösen; solche Lösungen spielen z. B. bei der industriellen Produktion von Na eine Rolle.

3. In polaren Lösungsmitteln, z. B. im Wasser und in Alkoholen, können solvatisierte Elektronen als Zwischenprodukte bei strahlenchemischen Reaktionen und bei Elektrodenprozessen gebildet werden.

Neuere Untersuchungen zeigen, daß sich das Elektron in einem näherungsweise kugelförmigen Hohlraum im Lösungsmittel mit einem Radius von etwa 0,30 bis 0,34 nm aufhält. Da diese Gebilde z. B. in flüssigem Ammoniak lange Zeit stabil sind, verhalten sie sich in vieler Hinsicht wie Ionen, und die Leitfähigkeit trägt elektrolytischen Charakter, zumindest im Bereich kleiner Konzentrationen, während sie bei hohen Konzentrationen von metallischem Charakter ist.
Die folgenden Betrachtungen werden sich vorwiegend auf das Verhalten von Salzlösungen beziehen.

6.3.2. Die klassische Theorie idealer Elektrolytlösungen

Das van't Hoffsche Gesetz des osmotischen Drucks und die Ionentheorie von SVANTE ARRHENIUS. Von VAN'T HOFF stammt das berühmte Gesetz des osmotischen Druckes (s. Bd. 1). Dieses Gesetz wurde von ihm 1887 formuliert und ist für die Entwicklung der Ionentheorie von entscheidender Bedeutung geworden.
Es läßt sich folgendermaßen aussprechen: Sind n Mole des Gelösten (z. B. Rohrzucker) im Volumen V der Lösung enthalten, so beträgt der osmotische Druck π der Lösung

$$\pi = \frac{n}{V} RT. \tag{6.53}$$

(R ist die Gaskonstante, T die absolute Temperatur). Setzen wir $V = 1000$ cm³, dann bedeutet n/V die Zahl der Mole in 1 Liter Lösung. Diese Molzahl bezeichnen wir durch $c = n/V$ und nennen sie molare Konzentration.

Für den osmotischen Druck gilt dann

$$\pi = cRT. \tag{6.54}$$

Die Übertragung der idealen Gasgesetze im Sinne von VAN'T HOFF liefert also, wenn die Zahl der in 1 cm³ gelösten Teilchen N' beträgt, für den idealen osmotischen Druck in einer Lösung genau die der kinetischen Gastheorie entsprechende Beziehung

$$\pi = N'kT. \tag{6.55}$$

(k ist die Boltzmannsche Konstante).
Wir wenden jetzt die letzten Überlegungen auf eine elektrolytische Lösung an. Damit kommen wir zu der Dissoziationstheorie von SVANTE ARRHENIUS.
Die Übertragung der idealen Gastheorie im Sinne von VAN'T HOFF liefert bei Annahme vollständiger Dissoziation eines Moleküls in ν Ionen für den idealen osmotischen Druck einer elektrolytischen Lösung

$$\bar{\pi} = \nu NkT. \tag{6.56}$$

Hierin bedeutet N die Zahl der Elektrolytmoleküle je cm³. Der wahre osmotische Druck der elektrolytischen Lösung ist nun nach VAN'T HOFF

$$\pi = iNkT, \tag{6.57}$$

wobei iN die gesamte vorhandene freie Teilchenzahl in 1 cm³ bedeutet. Man nennt i den van't Hoffschen Faktor. Von den N Molekülen des Elektrolyten sind nun $N(1 - \alpha)$ undissoziiert, $\nu N\alpha$ sind Ionen. α bedeutet den Dissoziationsgrad, d. h. das Verhältnis der dissoziierten Moleküle zur Gesamtzahl aller in der Lösung vorhandenen Moleküle. Es gilt also

$$Ni = (1 - \alpha) + \nu N\alpha$$

oder

$$i = 1 + (\nu - 1)\alpha. \tag{6.58}$$

Da $i > 1$ ist, resultieren bei Elektrolyten höhere osmotische Drücke als bei Nichtelektrolyten gleicher Zahl N. Führt man jetzt den osmotischen Koeffizienten

$$g = \frac{\pi}{\bar{\pi}} \tag{6.59}$$

ein, der ein Maß ist für die Abweichung des osmotischen Druckes der realen Lösung von dem der ideal verdünnten, so folgt

$$1 - g = \frac{\nu - 1}{\nu}(1 - \alpha). \tag{6.60}$$

Auch die Gefrierpunktserniedrigung $(\Delta T)_g$ und die Siedepunktserhöhung $(\Delta T)_s$ sind – gemäß dem Raoultschen Gesetz – proportional der Zahl der gelösten Teilchen, genau wie der osmotische Druck. Diese Größen können daher zur experimentellen Bestimmung des osmotischen Koeffizienten herangezogen werden.

Elektrische Leitfähigkeit. Wir geben zunächst einige Definitionen. Man versteht unter molarer Leitfähigkeit Λ den Quotienten aus der spezifischen Leitfähigkeit $\varkappa$ (d. h. der Leitfähigkeit eines cm³) und der molaren Konzentration γ in Molzahl/cm³. Wir erinnern daran, daß der elektrische Widerstand R eines Leiters der Länge l und von gleichem Querschnitt q in Ohm ausgedrückt gleich $R = \dfrac{l}{q}\dfrac{1}{\varkappa}$ ist (vgl. Bd. 2). Die praktische Einheit von $\varkappa$ ist $\Omega^{-1}\,\mathrm{cm}^{-1}$. Es gilt die Beziehung

$$\Lambda = 1000\varkappa/c. \tag{6.61}$$

Hierbei wird c in mol/dm³ und Λ in $\Omega^{-1}\,\mathrm{cm}^2\,\mathrm{mol}^{-1}$ gemessen. Man benutzt auch öfter die Äquivalentkonzentration c^* in Äquivalent je Liter Lösung und die Äquivalentleitfähigkeit Λ^* vermöge der Beziehungen

$$c^* = z_e c; \qquad \Lambda^* = \Lambda/z_e = 1000\varkappa/c^*.$$

Hierbei ist z_e die elektrochemische Wertigkeit, c^* wird in val/dm³ und Λ^* in $\Omega^{-1}\,\mathrm{cm}^2\,\mathrm{val}^{-1}$ angegeben. Die Definition von z_e lautet

$$z_e = \nu_1|z_1| = \nu_2|z_2|,$$

wenn ein Molekül in ν_1 Ionen der Sorte 1 und der Wertigkeit z_1 und ν_2 Ionen der Sorte 2 und der Wertigkeit z_2 zerfällt. Bei $LaCl_3$ beispielsweise ist

$$\nu_1 = 1, \quad |z_1| = 3,$$
$$\nu_2 = 3, \quad |z_2| = 1,$$
$$z_e = 3.$$

Die Ermittlung des Dissoziationsgrades aus den Leitfähigkeitswerten. Die elektrische Leitfähigkeit in elektrolytischen Lösungen beruht auf der Wanderung der Ionen im elektrischen Feld. Nach ARRHENIUS und PLANCK muß daher die molare Leitfähigkeit Λ dem Dissoziationsgrad α proportional sein:

$$\Lambda = C\alpha.$$

Da im Zustand unendlicher Verdünnung alle Moleküle vollständig in Ionen zerfallen sind, ist dann der Dissoziationsgrad gleich Eins und die molare Leitfähigkeit gleich der molaren Leitfähigkeit bei unendlicher Verdünnung Λ_∞. Demzufolge wird

$$C = \Lambda_\infty.$$

Der Dissoziationsgrad α läßt sich damit nach ARRHENIUS und PLANCK als Quotient aus der molaren Leitfähigkeit Λ und Λ_∞ schreiben:

$$\alpha = \frac{\Lambda}{\Lambda_\infty}. \tag{6.62}$$

Die Ermittlung dieses Quotienten gestattet es, nach der klassischen Theorie den Dissoziationsgrad α zu berechnen und ihn mit dem zu vergleichen, der aus dem osmotischen Koeffizienten oder der Gefrierpunktserniedrigung, Siedepunktserhöhung bzw. Dampfdruckverminderung folgt. ARRHENIUS hat die Hypothese der elektrolytischen Dissoziation als erster klar ausgesprochen und durch Vergleich der Dissoziationsgrade, wie sie aus dem elektrischen Leitvermögen folgen, mit denen, wie sie aus der Gefrierpunktserniedrigung resultieren, ihre angenäherte Richtigkeit bewiesen. Jedoch werden die Unterschiede zwischen diesen aus zwei Methoden folgenden Dissoziationsgraden um so größer, je mehr wir zu starken Elektrolyten übergehen. Den Grund für diese Diskrepanz werden wir in der Nichtberücksichtigung der Coulombschen Kräfte zwischen den Ionen finden. Nur bei schwachen, also wenig dissoziierten Elektrolyten ist die Arrheniussche Theorie quantitativ richtig. Wir wollen das jetzt am bekannten Ostwaldschen Verdünnungsgesetz näher zeigen.

Das Ostwaldsche Verdünnungsgesetz und seine Gültigkeit bei schwachen Elektrolyten. Im Sinne der Dissoziationstheorie von ARRHENIUS stellt sich für die elektrolytische Dissoziation der Essigsäure nach der Gleichung

$$CH_3COOH \rightleftarrows H^+ + (CH_3COO)^- \qquad (6.63)$$

ein Gleichgewicht zwischen Ionen und undissoziierten Molekülen ein, das durch das Massenwirkungsgesetz von GULDBERG und WAAGE beherrscht wird. Wie schon im Bd. 1 gezeigt, besagt dieses Gesetz folgendes: Reagieren n_1 Mole eines Stoffes A_1, n_2 Mole eines Stoffes A_2, n_3 Mole eines Stoffes A_3 usw. miteinander nach der Beziehung

$$n_1A_1 + n_2A_2 + n_3A_3 + \ldots$$

$$\rightleftarrows n_1'A_1' + n_2'A_2' + n_3'A_3' + \ldots$$

und nennt man die jeweiligen Konzentrationen, in der A_1, A_2, A_3, ..., A_1', A_2', A_3', ... auftreten, c_1, c_2, c_3, ..., c_1', c_2', c_3', ..., so gilt

$$\frac{c_1^{n_1}c_2^{n_2}c_3^{n_3} \ldots}{c_1'^{n_1'}c_2'^{n_2'}c_3'^{n_3'} \ldots} = K_c. \qquad (6.64)$$

Hierbei hängt die Massenwirkungsgröße oder Gleichgewichtsgröße K_c nur von Druck und Temperatur ab. Wir wenden dieses sehr allgemeine Gesetz auf die elektrolytische Dissoziation [Gl. (6.63)] an und erhalten wegen

$$n_1^+ = 1, \quad n_2^- = 1, \quad n_1' = 1,$$

$$c_1^+ = \alpha c, \quad c_2^- = \alpha c, \quad c_1' = (1 - \alpha) c$$

die Gleichung

$$\frac{\alpha^2}{1 - \alpha} c = K_c. \qquad (6.65)$$

Wenn ein Elektrolytmolekül in v^+ positive und v^- negative Ionen zerfällt, gilt wegen

$$n_1^+ = v^+, \quad n_2^- = v^-, \quad n_1' = 1,$$

$$c_1^+ = v^+\alpha c, \quad c_2^- = v^-\alpha c, \quad c_1' = (1 - \alpha) c$$

und $v^+ + v^- = v$ die Relation

$$\frac{\alpha^v}{1 - \alpha} c^{v-1} = K_c. \qquad (6.66)$$

Wir brauchen jetzt nur noch für den Dissoziationsgrad α vermöge Gl. (6.62) die molaren Leitfähigkeiten einzuführen und erhalten für binäre Elektrolyte ($v_1 = v_2 = 1$, $v = 2$)

$$\frac{\Lambda^2 c}{\Lambda_\infty(\Lambda_\infty - \Lambda)} = K_c. \qquad (6.67)$$

Gl. (6.67) ist das *Ostwaldsche Verdünnungsgesetz*. Es besagt: Schwache Elektrolyte ändern ihre molare Leitfähigkeit Λ mit der molaren Konzentration c nach Gl. (6.67).

Für schwache Elektrolyte ist K_c relativ klein, während für starke Elektrolyte K_c groß ist, da der Dissoziationsgrad α nahezu Eins ist. Es sind dann fast alle Moleküle in Ionen zerfallen.

Das Gesetz [Gl. (6.67)] von OSTWALD ist für eine sehr große Anzahl schwacher organischer Säuren und Basen auf das Beste bestätigt; es gilt etwa bis $c = 0,1$ mol/dm^3.

Die Anomalien starker Elektrolyte. Die klassische Theorie idealer Lösungen ist für schwache Elektrolyte eine sehr gute Näherung. Mit wachsender Ionenkonzentration ergeben sich jedoch auch hier schon geringe Abweichungen. Das ist eine Folge der Vernachlässigung der starken Coulombschen Wechselwirkungen zwischen den Ionen. Im Falle starker, d. h. nahezu vollständig dissoziierender Elektrolyte spielen diese Wechselbeziehungen eine dominierende Rolle, und es ergeben sich daher schon im Bereich $c > 10^{-4}$ mol/dm^3 erhebliche Abweichungen von den Gesetzen idealer Lösungen. Diese Abweichungen bezeichnete man früher als die Anomalien starker Elektrolyte. Von LEWIS wurde gezeigt, daß viele klassische thermodynamische Beziehungen, wie z. B. das Massenwirkungsgesetz, ihre Gültigkeit behalten, wenn man anstelle der Konzentration c_i die Aktivitäten a_i einführt, die durch die Beziehung $a_i = c_i f_i$ gegeben sind (f_i – Aktivitätskoeffizient). Die Deutung der Anomalien und die Berechnung der von Eins abweichenden Aktivitätskoeffizienten gelang mit Hilfe der interionischen Theorie durch die Berücksichtigung der Wechselwirkungen der Ionen.

6.3.3. Grundlagen der interionischen Theorie der Elektrolyte

Die weitere Entwicklung der Elektrolyttheorie beruht auf den grundlegenden Arbeiten von P. DEBYE, E. HÜCKEL, L. ONSAGER und H. FALKENHAGEN. Diesen Forschern ist es gelungen, quantitativ richtige Grenzgesetze sowohl auf thermodynamischem Gebiet als auch für die irreversiblen Vorgänge der elektrischen Leitfähigkeit, der inneren Reibung und der Diffusion theoretisch abzuleiten, die den Charakter von Naturgesetzen besitzen. Diese Gesetzmäßigkeiten gelten im Gebiet sehr verdünnter Lösungen, beispielsweise bei 1–1wertigen elektrolytischen wäßrigen Lösungen, etwa bis zu Konzentrationen $c = 0,01$ Mol je dm³ Lösung. Neuerdings ist es auch gelungen, theoretisch weiter in das Gebiet konzentrierter Lösungen vorzudringen.

Der Begriff der Ionenwolke. Der wesentlichste Begriff der neueren Theorie ist der Begriff der Ionenwolke.

Man nimmt an, daß die Moleküle der gelösten starken Elektrolyte nahezu vollkommen in ihre Ionen zerfallen sind. Nur ein sehr geringer Teil ist als assoziiert anzusehen. Dies geht auch aus Untersuchungen des Raman-Effektes an elektrolytischen Lösungen hervor; nur im Falle schwächerer Elektrolyte weist das Spektrum Raman-Linien auf, die von undissoziierten Molekülen herrühren. Der Raman-Effekt setzt uns in die Lage, das Phänomen der elektrolytischen Dissoziation mit Hilfe von Messungen der Intensitäten von Raman-Linien zu studieren. Relativ schwache Elektrolyte, z. B. wäßrige Lösungen von $HgCl_2$, zeigen Linien, die die Existenz undissoziierter $HgCl_2$-Moleküle beweisen. Starke Elektrolyte – sogar bis zu konzentrierten Lösungen – sind jedoch fast vollkommen dissoziiert. Löst man also beispielsweise ein wenig Kochsalz (NaCl) in Wasser auf, so sind im wesentlichen in der Lösung Na^+-Ionen und Cl^--Ionen vorhanden. Da wir zunächst nur das Gebiet sehr verdünnter Lösungen betrachten, dürfen wir von der Raumausdehnung der Ionen absehen.

Um die Verhältnisse besser zu übersehen, lösen wir 100 mg NaCl in einem Liter Wasser. Der mittlere Abstand, bis auf den sich die Mittelpunkte der Ionen gegenseitig nähern können, beträgt 0,4 nm. Die relative Molekülmasse von NaCl beträgt $23 + 35,5 = 58,5$ g. 100 mg NaCl, d. h. 0,1 g NaCl in 1 mol/dm³ Wasser gelöst, entsprechen daher der Konzentration $c = 0,001\,71$ mol/dm³. 1 Mol, d. h. 58,5 g NaCl, enthält $6,023 \cdot 10^{23}$ NaCl-Moleküle. 0,001 71 mol enthält daher $1,03 \cdot 10^{21}$ Moleküle. Jedes NaCl-Molekül zerfällt in ein Na^+-Ion und ein Cl^--Ion.

Demnach sind in einem Liter Wasser $1,03 \cdot 10^{21}$ Na^+- und $1,03 \cdot 10^{21}$ Cl^--Ionen enthalten. Es befinden sich also in einem Würfel von 1 dm³ Inhalt $2,06 \cdot 10^{21}$ Ionen. Jedem Ion steht daher ein Raum von $\dfrac{1000}{2,06 \cdot 10^{21}} = 0,485 \cdot 10^{-18}$ cm³ zur Verfügung, d. h. ein Würfel von der Kantenlänge $0,786 \cdot 10^{-6}$ cm. Die Mittelpunkte zweier Ionen sind demnach im Mittel 7,86 nm voneinander entfernt.

Die Entfernung zweier Ionenmittelpunkte entspricht ungefähr dem zwanzigfachen Wert des Ionendurchmessers, der etwa 0,4 nm beträgt. Wir kommen auf diese Zahlenwerte bald wieder zurück, wollten aber zunächst verständlich machen, daß in verdünnten Lösungen das Eigenvolumen der Ionen zu vernachlässigen ist, so daß wir die Ionen als elektrisch geladene kleine Kügelchen auffassen können, die im Vergleich zu ihrer Dimension relativ weit voneinander entfernt sind. Zunächst möge kein äußeres elektrisches Feld auf die Ionen in der Lösung einwirken. Zufolge außerordentlich rasch verlaufender Wärmestöße, die etwa alle 10^{-12} s aufeinanderfolgen und die in der Hauptsache durch die Moleküle der Lösungsmittel bewirkt werden, wird jedes Ion in eine zitternde, sehr verwickelte Bewegung, die Brownsche Molekularbewegung, versetzt.

Da nun die Ionen elektrische Ladungen tragen, üben sie aufeinander sehr beträchtliche Wirkungen aus, die sich im wesentlichen in den von der Elektrostatik her bekannten Coulombschen Kräften äußern. Diese Kräfte wirken reziprok proportional im Quadrat der Entfernung zwischen den Ionen. Sie nehmen im Gegensatz zu den Molekularkräften nur relativ langsam mit der Entfernung ab. Daher genügt es keinesfalls, auf die Wechselwirkung zweier Ionen, die gerade zufällig nahe kommen, allein zu achten, wie das bei der Begründung der van der Waalsschen Zustandsgleichung statthaft ist, wobei man alle anderen, weiter entfernten Moleküle außer acht lassen darf; vielmehr sind die Kopplungen zwischen einem Ion und vielen Teilchen seiner Umgebung von ganz entscheidender Bedeutung. Dies ist der Grund dafür, daß eine strenge Statistik elektrolytischer Lösungen erheblich verwickelter ist als eine solche der Zustandsgleichungen realer Gase und daher erst in letzter Zeit wesentlich über die einfache Debyesche Behandlungsweise hinausgekommen ist. Das Verfahren von DEBYE und seinen Mitarbeitern beruht auf dem Maxwell-Boltzmannschen Gesetz (s. auch Bd. 1) in Verbindung mit einer Differentialgleichung der Elektrostatik, nämlich der Poisson-Gleichung. Wir können auf diese Rechnungen hier nicht eingehen. Das Ergebnis kann jedoch auf einfache Weise interpretiert werden und findet in der Ionenwolke ihren anschaulichen Inhalt. Wir den-

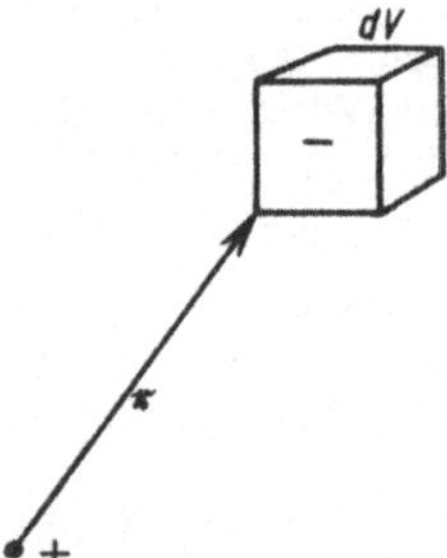

Abb. 6.44. Zur Ionenwolke

ken uns (vgl. Abb. 6.44) irgendeinen sehr kleinen Radiusvektor r (etwa von der Größenordnung 10^{-5} bis 10^{-7} cm; entsprechend ist die Abb. verkleinert zu denken) mit einem bestimmten Ion, das z. B. positiv sein kann, fest verbunden. Am Ende dieses Radiusvektors soll sich ein sehr kleines Volumenelement dV befinden, das wir jetzt betrachten wollen. Meistens wird es nur Lösungsmittel enthalten; zu gewissen Zeiten wird man in ihm ein positives Ion, zu anderen Zeiten ein negatives Ion vorfinden, etwa nach dem Schema $+ - - - + - + - -$. Wird die Beobachtung des Raumelements über eine sehr lange Zeit, die groß ist gegenüber einer Brownschen Bewegungsschwankung, d. h. gegen 10^{-12} s, ausgedehnt, so finden wir im zeitlichen Mittel mehr negative als positive Ionen darin.

Diese negative Ionenverteilung in der Umgebung eines positiven Ions ist eine logische Folge des eben erwähnten Maxwell-Boltzmannschen Prinzips, nach dem die Teilchenzahl je cm³ proportional exp $[-U/kT]$ ist. Hierin bedeuten k Boltzmannsche Konstante, T die absolute Temperatur und U die potentielle Energie des negativen Ions gegenüber dem Zentralion. Die Energie ist bekanntlich dem Produkt aus der Ladung des zentralen Ions und der des negativen Ions proportional und umgekehrt proportional der Entfernung zwischen den beiden Ionen. Im Fall, daß ein negatives Ion im Raumelement angetroffen wird, ist U negativ; wenn sich aber ein positives Ion

im Raumelement befindet, ist U positiv. Im ersteren Fall ist der Boltzmann-Faktor exp $[-U/kT]$ größer als im zweiten.
Wir können somit feststellen:

> Im Mittel ist die elektrische Ladungsdichte in der Nähe des positiven Zentralions negativ, während sie in der Umgebung eines negativen Zentralions positiv ist.

Die Abb. 6.45 soll versuchen, diesen Sachverhalt anschaulich zu machen. Die verschiedene Stärke der Schraffierungen veranschaulicht die Abnahme der elektrischen Ladungsdichte der Wolke mit wachsender Entfernung vom zentralen Ion. Es besteht somit eine gewisse Bindung von negativen Ionen an das positive Zentralion, die mit wachsender Entfernung vom zentralen Ion abnimmt. Diese Bindung besitzt nicht den Charakter einer chemischen Bindung, sondern findet in dem Begriff der Ionenwolke ihre anschauliche Interpretation. Diese Ionenatmosphäre bildet die Grundlage für ein tieferes theoretisches Verständnis vom Aufbau elektrolytischer Lösungen und zeigt, daß nicht, wie in der Arrheniusschen klassischen Elektrolyttheorie, alle Ionen vollkommen frei zu denken sind, solange sie nicht zu einem neutralen Molekül vereinigt sind, sondern eine gewisse Regelmäßigkeit in der Ionenordnung besitzen.
Nach der Theorie von DEBYE und HÜCKEL ist die Ladungsdichte in der Umgebung eines Zentralions mit der Ladung e_i gegeben durch

$$\varrho_i(r) = - \frac{e_i}{rd^2} \exp\left(-\frac{r}{d}\right). \tag{6.68}$$

Hierbei ist d eine Größe von der Dimension einer Länge, welche die Dicke der Ionenwolke charakterisiert. Integriert man Gl. (6.68) über den gesamten Außenraum, so folgt:

> Die Gesamtladung der Ionenwolke ist im Mittel entgegengesetzt gleich der Ladung des Zentralions.

Diese Beziehung nennt man Neutralitätsbedingung.
Zwei wesentliche Merkmale kennzeichnen nun die Ionenatmosphäre, erstens ihre Dicke und zweitens ihre Relaxationszeit.

Dicke der Ionenwolke. Die Dicke der Ionenwolke d bestimmt den Abfall der elektrischen Ladungsdichte in der Wolke, der proportional mit exp $(-r/d)/r$ verläuft, wenn man die Abstände der Raumelemente vom zentralen Ion (vgl. Abb. 6.44) mit r bezeichnet. Nach DEBYE und HÜCKEL ist diese charakteristische Länge reziprok proportional der Quadratwurzel aus der Ionenstärke J und hängt noch von der hier mit ε_r

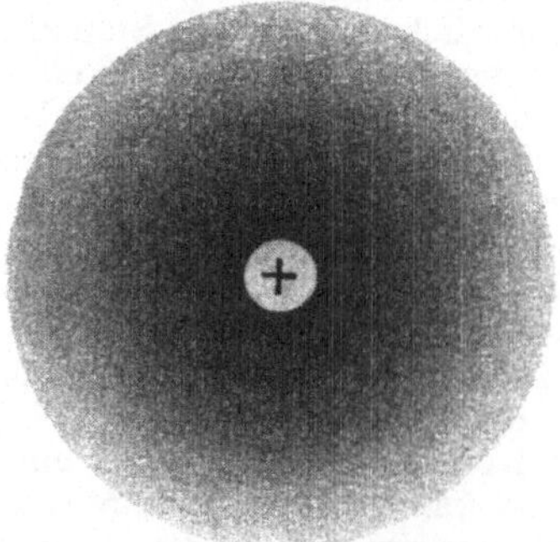

Abb. 6.45. Zentralsymmetrische Ionenwolke

---

bezeichneten relativen Dielektrizitätskonstanten des reinen Lösungsmittels und der absoluten Temperatur T ab entsprechend der Beziehung

$$d = 2{,}81 \cdot 10^{-10} \sqrt{\frac{\varepsilon_r T}{2J}} \quad (d \text{ in cm}). \qquad (6.69)$$

Unter Ionenstärke J versteht man dabei den Ausdruck

$$J = \tfrac{1}{2} \sum_i c_i z_i^2 \quad (i = 1, 2, 3, \ldots). \qquad (6.70)$$

Hierin bedeuten die c_i die Konzentrationen der Ionen der Sorte i und z_i die Wertigkeit des i-Ion. Für binäre Elektrolyte, z. B. NaCl, KCl, LiCl, MgSO$_4$, ist $c_1 = c_2 = c$, $z_1^2 = z_2^2 = z^2$ und demnach

$$J = cz^2.$$

Aus Gl. (6.69) folgt somit:

Die Dicke der Ionenwolke d ist der reziproken Quadratwurzel aus der Konzentration des Elektrolyten proportional; es gilt also $d \sim \dfrac{1}{\sqrt{c}}$.

Hierbei wird c in Mol je Liter Lösung gemessen.

Die Ionenwertigkeiten z_i, die Zerfallszahlen v_i und die relative Dielektrizitätskonstante ε_r des Lösungsmittels sowie die Konzentration c des Elektrolyten gehen als wesentliche Bestimmungsstücke in die Dicke d ein; sie sind für die praktische Bedeutung der Coulombschen Fernwirkung zwischen den Ionen charakteristisch. Es ist bei Kenntnis der Art des Elektrolyten, des Lösungsmittels und der absoluten Temperatur T nach Gl. (6.69) sofort möglich, die Dicke der Ionenwolke für eine bestimmte molare Konzentration c zu berechnen.

Tab. 6.12 gibt eine Übersicht über die Dicke der Ionenwolke für verschiedene Arten von Elektrolyten. Aus ihr ist die Dicke der Ionenwolke in 10^{-10} m in Abhängigkeit von der Konzentration für Wasser als Lösungsmittel bei den Temperaturen 0, 18, 25, 100 °C für Elektrolyttypen verschiedener Wertigkeiten zu ersehen. Die entsprechenden Dicken der Ionenwolke bei 18 °C sind um weniger als 1 % verschieden von denen bei 25 °C.

Nach Gl. (6.69) ist die Größenordnung der Dicke der Ionenwolke

$$d \sim \frac{10^{-8}}{\sqrt{c}} \quad (d \text{ in cm}). \qquad (6.71)$$

Tabelle 6.12. Dicke der Ionenwolke $[10^{-10}\ m]$ für verschiedene Temperaturen und Konzentrationen

c [mol/dm^3]	Wertigkeit				$t = 0\,°C;\ \varepsilon_r = 87{,}91$	
	1–1	1–2	2–2	1–3	1–4	2–4
10^{-4}	306,89	177,12	153,45	125,27	97,03	88,58
10^{-3}	97,03	56,03	48,53	39,62	30,69	28,01
10^{-2}	30,69	17,72	15,35	12,53	9,71	8,80
10^{-1}	9,71	5,60	4,85	3,99	3,07	2,80

c	Wertigkeit				$t = 18\,°C;\ \varepsilon_r = 80{,}82$	
	1–1	1–2	2–2	1–3	1–4	2–4
10^{-4}	303,79	175,33	151,89	124,00	96,05	87,68
10^{-3}	96,05	55,46	48,04	39,22	30,38	27,73
10^{-2}	30,38	17,54	15,19	12,41	9,61	8,77
10^{-1}	9,61	5,55	4,80	3,93	3,04	2,77

c	Wertigkeit				$t = 25\,°C;\ \varepsilon_r = 78{,}25$	
	1–1	1–2	2–2	1–3	1–4	2–4
10^{-4}	302,45	174,55	151,23	123,46	95,63	87,30
10^{-3}	95,63	55,22	47,82	39,05	30,24	27,61
10^{-2}	30,24	17,46	15,13	12,35	9,57	8,73
10^{-1}	9,57	5,52	4,78	3,91	3,03	2,76

c	Wertigkeit				$t = 100\,°C;\ \varepsilon_r = 56{,}23$	
	1–1	1–2	2–2	1–3	1–4	2–4
10^{-4}	286,88	165,56	143,43	117,10	90,70	82,80
10^{-3}	90,91	52,37	45,36	37,04	28,69	26,19
10^{-2}	28,69	16,56	14,35	11,71	9,07	8,28
10^{-1}	9,09	5,24	4,53	3,71	2,87	2,62

Sie wächst also mit abnehmender Konzentration c und ist für $c = 0{,}0001$ gerade 10mal größer als für $c = 0{,}01$.

Die Relaxationszeit der Ionenwolke. Für die irreversiblen Vorgänge, z. B. die Elektrizitätsleitung, spielt noch eine zweite Eigenschaft der Ionenwolke eine erhebliche Rolle, nämlich ihre Relaxationszeit θ, die zuerst von P. DEBYE und H. FALKENHAGEN berechnet worden ist. Denken wir uns in einem bestimmten Zeitpunkt die Zentralladung (s. Abb. 6.45) fortgenommen und verfolgen wir die elektrische Ladungsdichte der Wolke mit der Zeit, so zeigt die detaillierte Rechnung, daß nach Ablauf der Relaxationszeit θ diese elektrische Dichte verschwunden ist. Die Theorie ergibt für θ:

$$\theta = \frac{8{,}848 \cdot 10^{-11}}{c\Lambda_\infty} \, \varepsilon_r \quad (\theta \text{ in s}). \tag{6.72}$$

Hierin bedeutet Λ_∞ wieder die molare Leitfähigkeit des Elektrolyten bei unendlicher Verdünnung.

Beispiel: Die Relaxationszeit θ ist für eine 0,001 molare wäßrige Kochsalzlösung bei 18 °C wegen

$$\Lambda_\infty = 108{,}9 \, \Omega^{-1} \, cm^2,$$
$$\varepsilon_r = 80{,}82,$$
$$c = 0{,}001 \, mol/dm^3$$

gleich

$$\theta = 0{,}656 \cdot 10^{-7} \, s.$$

Tab. 6.13 gibt die Werte von Λ und $\theta c \cdot 10^{10}$ für einige Elektrolyte bei den Temperaturen 0 °C, 18 °C, 25 °C und 100 °C wieder.

6.3.4. Grenzgesetze der interionischen Theorie

Grenzgesetze der Thermodynamik. Auf Grund der Wechselwirkung der Ionen weichen die thermodynamischen Funktionen eines Elektrolyten von denen einer idealen Lösung ab. Diese Abweichungen wurden früher häufig als die Anomalien der starken Elektrolyte bezeichnet. Als Beitrag zum Verständnis der von DEBYE und

Tabelle 6.13. Werte der Leitfähigkeit Λ_∞ bei unendlicher Verdünnung und des Produkts aus Relaxationszeit θ und Konzentration c für einige Elektrolyte bei verschiedenen Temperaturen

Elektrolyt	0 °C		18 °C		25 °C		100 °C	
	Λ_∞	$\theta c \cdot 10^{10}$	Λ_∞	$\theta c \cdot 10^{10}$	Λ_∞	$\theta c \cdot 10^{10}$	Λ_∞	$\theta c \cdot 10^{10}$
HCl	265,4	0,2929	381,3	0,1874	426	0,1624	844	0,0589
LiCl	60,7	1,280	98,85	0,7228	115,1	0,6011	327	0,1520
NaCl	67,1	1,158	108,9	0,6561	126,5	0,5469	361	0,1377
KCl	81,7	0,9513	129,95	0,5499	149,9	0,4615	406	0,1225
KOH	145,3	0,5349	237,65	0,3720	270,5	0,3268	642	0,0774
H_2SO_4	529,4	0,1468	767,4	0,09311	857,2	0,0807	1774	0,0280
Na_2SO_4	132,8	0,5852	222,6	0,3210	258,2	0,2679	808	0,0615
$MgCl_2$	144,8	0,5367	217,8	0,3281	268,8	0,2574	766	0,0649
$BaCl_2$	146,8	0,5294	241,3	0,2961	279,2	0,2478	786	0,0633
$ZnCl_2$	136,8	0,5681	222,6	0,3210	260,8	0,2653	--	–
$CuBr_2$	142,2	0,5466	227	0,3148	267	0,2591	–	–
ZnI_2	139,2	0,5583	223,6	0,3196	262,2	0,2638	–	–
$Ba(OH)_2$	274	0,2837	456,7	0,1565	520,4	0,1329	1258	0,0395
$MgSO_4$	153,4	0,5067	226,6	0,3153	274	0,2525	852	0,0584
$MnSO_4$	128,4	0,6053	226,4	0,3156	258	0,2681	--	–
$NiSO_4$	127,4	0,6101	227,4	0,3142	256	0,2702	–	–
$CuSO_4$	137,4	0,5657	228	0,3134	269	0,2572	–	–
$ZnSO_4$	135,4	0,5740	227,4	0,3142	266	0,2600	–	–
$CdSO_4$	137,4	0,5657	227,6	0,3139	266	0,2600	–	–
$AlCl_3$	211,2	0,3680	–	–	412,2	0,1678	–	–
$LaCl_3$	220,2	0,3530	376,5	0,1898	438,3	0,1578	1236	0,0425
$La(NO_3)_3$	216,6	0,3588	365,4	0,2420	422,4	0,2093	1170	0,0425
$La(IO_3)_3$	158,1	0,4916	282	0,2534	333,75	0,2073	978	0,05083
$Co(NH_3)_6Cl_3$	291	0,2671	–	–	556,2	0,1244	–	–
$Fe(CN)_6K_3$	–	–	–	–	502,5	0,1377	–	–
$Fe(CN)_6K_4$	391,2	0,1987	646,6	0,1105	694	0,0997	1860	0,0267
$Al_2(SO_4)_3$	418,2	0,1858	–	–	840	0,0824	–	–
$La_2(SO_4)_3$	436,2	0,1782	767,4	0,0931	892,2	0,0775	2730	0,0182
$Ce_2(SO_4)_3$	–	–	–	–	438	0,1580	–	–
$Pr_2(SO_4)_3$	–	–	–	–	433,2	0,1601	–	–
$Fe(CN)_{6\,2}Ca_3$	–	–	–	–	918	0,0754	–	–
$Fe(CN)_{6\,2}Ba_3$	–	–	–	–	943,2	0,0734	–	–
$Fe(CN)_6Ca_2$	264	0,2944	593,6	0,1204	636	0,1088	1836	0,0271
$Fe(CN)_6Ba_2$	358	0,2171	609,4	0,1173	652,8	0,1060	1808	0,0275

HÜCKEL (1923) geschaffenen Theorie machen wir eine einfache Abschätzung. Im Abschn. 6.3.3. wurde gezeigt, daß jedes Ion im Mittel von einer entgegengesetzt geladenen Wolke umgeben ist. Bildet man den Mittelwert des reziproken Abstandes der Ionen in der Wolke, so resultiert d^{-1}. Daraus ergibt sich für die mittlere Energie eines Zentralions im Feld seiner Ionenwolke

$$U_i = - \frac{z_i^2 e^2}{4\pi\varepsilon_0\varepsilon_r d}, \tag{6.73}$$

wobei e die Elementarladung und z_i die Wertigkeit des Zentralions ist. Für die gesamte elektrische Energie der Ionenlösung resultiert durch Summation über alle Teilchen

$$U_e = - \frac{1}{2}\sum_i N_i \frac{z_i^2 e^2}{4\pi\varepsilon_0\varepsilon_r d}. \tag{6.74}$$

Der Faktor 1/2 muß eingeführt werden, da die potentielle Energie je Ionenpaar nur einmal gezählt werden darf. Bekanntlich lassen sich mit Hilfe der Relationen der Thermodynamik aus der inneren Energie auch die übrigen thermodynamischen Funktionen gewinnen. Für den osmotischen Druck liefert die Theorie (DEBYE und HÜCKEL, 1923)

$$p = gnkT; \quad n = \sum_i n_i; \quad n_i = N_i/V$$

$$g = 1 - \frac{1}{6}\left(\frac{e^2}{4\pi\varepsilon_0\varepsilon_r kTd}\right)\frac{\sum \nu_i z_i^2}{\sum \nu_i}. \tag{6.75}$$

Die angegebene Formel für den osmotischen Koeffizienten wurde anhand von Messungen der Gefrierpunktserniedrigung, Siedepunktserhöhung und Dampfdruckverminderung sehr genau experimentell bestätigt. Die Abb. 6.46 zeigt eine Reihe von Meßwerten im Bereich sehr kleiner Konzentrationen, aufgetragen als Funktion der

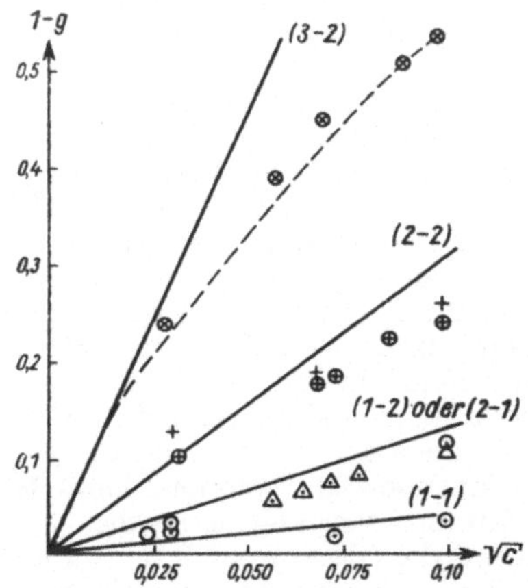

Abb. 6.46. Zum osmotischen Verhalten von KCl; MgSO₄, La₂(SO₄)₃, K₂SO₄, CuSO₄

Wurzel der Konzentration. Die Meßwerte passen sich den theoretisch zu erwartenden Geraden gut an. Bei höheren Konzentrationen wachsen die Abweichungen vom Grenzgesetz. Auf die Ursachen dafür werden wir noch näher eingehen. Mit dem osmotischen Koeffizienten hängt auch der Aktivitätskoeffizient eng zusammen. Es folgt für den Logarithmus des Aktivitätskoeffizienten f des i-ten Ions eine Proportionalität mit der Wurzel aus der Ionenstärke gemäß

$$\ln f_i = - \frac{z_i^2 e^2}{2kTd \cdot 4\pi\varepsilon_0\varepsilon_r}, \tag{6.76}$$

wobei d der Debye-Radius nach Gl. (6.69) ist. Für den mittleren Aktivitätskoeffizienten eines binären Elektrolyten resultiert

$$\ln f = \frac{1}{2}\ln f_1 + \frac{1}{2}\ln f_2 = - \frac{|z_1 z_2|\, e^2}{2kTd \cdot 4\pi\varepsilon_0\varepsilon_r}. \tag{6.77}$$

Die große Bedeutung des Aktivitätskoeffizienten ergibt sich aus folgenden Zusammenhängen. Bezeichnet man mit μ_i das chemische Potential der Sorte i, bezogen auf ein Mol, und mit μ_i^{id} das entsprechende chemische Potential für eine ideale Lösung, so gilt per definitionem

$$\mu_i = \mu_i^{\mathrm{id}} + RT \ln f_i. \tag{6.78}$$

Das heißt, der Aktivitätskoeffizient beschreibt die Abweichung des Verhaltens einer realen Lösung von einer idealen Lösung. Für ideale Lösungen gilt

$$\mu_i^{\mathrm{id}} = \mu_i^{(0)}(p, T) + RT \ln c_i, \tag{6.79}$$

wobei die Funktionen $\mu_i^{(0)}$ nicht von den Konzentrationen abhängen. Das chemische Potential der realen Lösung läßt sich dann unter Verwendung der Aktivitäten $a_i = c_i f_i$ auch schreiben:

$$\mu_i = \mu_i^{(0)}(p, T) + RT \ln a_i. \tag{6.80}$$

Für reale elektrolytische Lösungen ist auch das Massenwirkungsgesetz zu modifizieren; dazu sind lediglich anstelle der Konzentrationen c_i in Gl. (6.64) die Aktivitäten a_i einzuführen. Wir bemerken, daß die Aktivitätskoeffizienten konzentrierter Lösungen beträchtlich von Eins abweichen können, und zwar sowohl in negativer als auch in positiver Richtung. Die Ursache dafür ist der erhebliche Einfluß der Coulomb-Kräfte und anderer Wechselwirkungen zwischen den Ionen (z. B. Raumbedarf, Dispersionskräfte und Polarisationseffekte) auf die thermodynamischen Eigenschaften.

Grenzgesetz der molaren Leitfähigkeit von L. ONSAGER. Wir zeigen jetzt, daß die Relaxationszeit θ der Ionenwolke für das Leitfähigkeitsproblem, bei dem die Wanderung der Ionen in einem elektrischen Feld eine wesentliche Rolle spielt, wichtig ist. Die Theorie wurde zuerst (1923) ebenfalls von DEBYE und HÜCKEL ausgearbeitet. Da aber die Brownsche Bewegung des zentralen Ions nicht mitberücksichtigt wurde, war diese Theorie nur qualitativ richtig. Die quantitative Theorie gab LARS ONSAGER im Jahre 1927. Wir wollen versuchen, diese anschaulich zu verstehen, und geben am Schluß nur das auf theoretischem Wege von ONSAGER gewonnene Grenzgesetz der molaren Leitfähigkeit an. Diese Theorie bezieht sich auf den stationären Fall; d. h. es wirkt eine konstante elektrische Kraft von rechts nach links (Abb. 6.47) auf die Ionen der elektrolytischen Lösung ein; die positiven Ionen werden von links nach rechts und die negativen Ionen von rechts nach links bewegt. Die konstante Geschwindigkeit, mit der sich die Ionen bewegen, kann leicht mit Hilfe des Widerstandsgesetzes von STOKES (Bd. 1) berechnet werden.

Danach setzen sich Widerstandskraft und äußere elektrische Kraft (Ladung mal Feldstärke) einander ins Gleichgewicht. Die Widerstandskraft wird proportional der Geschwindigkeit angesetzt, und der Proportionalitätsfaktor ist $6\pi a\eta$, worin η

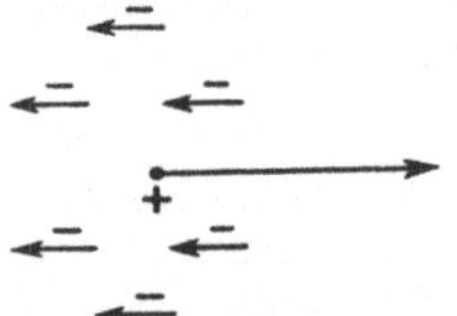

Abb. 6.47. Elektrophoretischer Effekt

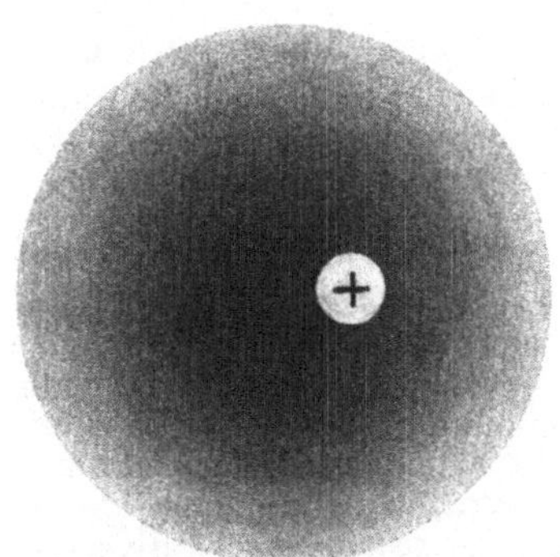

Abb. 6.48. Asymmetrische Ionenwolke

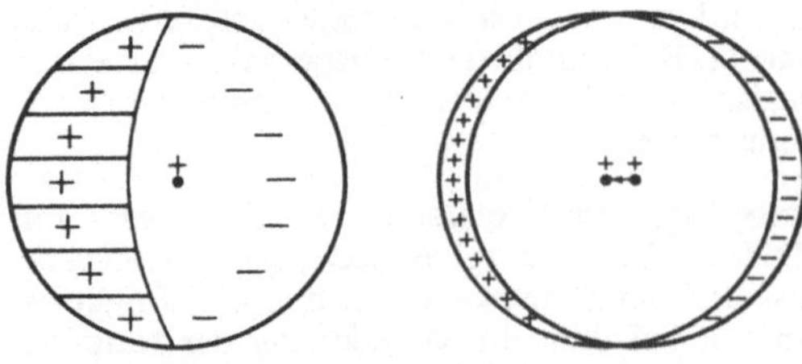

Abb. 6.49. Zur Dissymmetrie der Ionenwolke

die Viskosität der Lösung und a den Radius des Ions bedeuten. Bei einem elektrischen Feld von 1 Volt/cm beträgt z. B. für ein K^+-Ion in wäßriger Lösung von 10 °C diese Geschwindigkeit 0,00068 cm/s. Würde die Ionenwolke fehlen, so erhielten wir einen leicht angebbaren Elektrizitätstransport je s durch eine senkrecht zur Geschwindigkeitsrichtung gelegene Flächeneinheit. Dieser Transport der Elektrizität durch 1 cm² ist proportional der äußeren elektrischen Feldstärke, und der Proportionalitätsfaktor ist die spezifische Leitfähigkeit $\varkappa$. Die Existenz der Ionenatmosphäre ruft nun eine Verringerung des elektrischen Stromes hervor. Einmal greift das äußere elektrische Feld an den einzelnen Raumelementen der negativen Ionenwolke an und verursacht dadurch entgegengesetzt gerichtete Bewegungen des Lösungsmittels. Denn die in entgegengesetzter Richtung sich bewegenden negativen Ionen (s. Abb. 6.47) schleppen das sie umgebende Lösungsmittel bis zu einem gewissen Grade mit, bedingen also, daß sich das betrachtete positive Zentralion nicht relativ zu einem ruhenden, sondern relativ zu einem im entgegengesetzten Sinne bewegten Lösungsmittel bewegt. Dadurch wird die auf das zentrale Ion übertragene Stokessche Reibungskraft infolge der Vergrößerung der Relativgeschwindigkeit vermehrt und damit die Ionenbeweglichkeit herabgesetzt. Dieser Effekt beruht daher auf einer elektrophoretischen Kraft; bereits HELMHOLTZ hat sich mit dieser Elektrophorese beschäftigt.

Zum anderen bewirkt die endliche Relaxationszeit der Ionenwolke eine unsymmetrische Ladungsverteilung (Abb. 6.48) der ursprünglich zentralsymmetrischen Ionenwolke, denn das zentrale positive Ion muß ja seine Wolke in stets neuen Bereichen aufbauen, während sie in zeitlich früheren Lagen verschwindet. Man muß sich demzufolge vorstellen, daß für ein positives Ion, das sich von links nach rechts bewegt (Abb. 6.49), vor dem Ion eine kleine positive Zusatzladung und hinter dem Ion eine negative Zusatzladung über die symmetrische Elektrizitätsverteilung in der Wolke gelagert ist, die eine bremsende Kraftwirkung auf das zentrale Ion ausübt. Während also die ursprüngliche Elektrizitätsverteilung in der Ionenatmosphäre bei Abwesenheit des äußeren Feldes aus Symmetriegründen keine Kraft auf das Ion ausübt, tritt jetzt zufolge der Dissymmetrie der Ladungsverteilung eine bremsende Kraft auf, die man als Relaxationskraft bezeichnet. Die Relaxationskraft ist die zweite Ursache für die Verminderung der Ionenbeweglichkeit und damit der Leitfähigkeit. Im zunächst angenommenen Fall kleiner Geschwindigkeit des Ions stellt sich die Relaxationskraft als proportional zu dieser heraus. Bereits von KOHLRAUSCH wurde folgende Gesetzmäßigkeit gefunden:

Elektrophoretische Kraft und Relaxationskraft sind der Dicke der Ionenwolke proportional und bedingen somit eine Verminderung der Leitfähigkeit proportional der Quadratwurzel aus der Konzentration.

Die Quadratwurzel tritt als Folge der Coulombschen Kräfte zwischen den Ionen auf. die umgekehrt proportional mit dem Quadrat der Entfernung zwischen den Ionen wirken.

Nach ONSAGER ergibt sich für die molare Leitfähigkeit in praktischen Einheiten das im Falle verdünnter Lösungen gültige Grenzgesetz

$$\Lambda = \Lambda_\infty - \Lambda_{10} - \Lambda_{11}. \qquad (6.81)$$

Hierin beruht Λ_{10} auf der bremsenden Relaxationskraft und beträgt

$$\Lambda_{10} = \frac{0,991 \cdot 10^6}{(\varepsilon_r T)^{3/2}} \frac{2q}{1 + \sqrt{q}}$$
$$\times |z_1 z_2| \Lambda_\infty \sqrt{(v_1 z_1^2 + v_2 z_2^2)\, c}. \qquad (6.82)$$

Der Beitrag Λ_{11} beruht auf der elektrophoretischen Kraft und ist gleich

$$\Lambda_{11} = \frac{29,135}{(\varepsilon_r T)^{1/2}\, \eta_0} (v_1 z_1^2 + v_2 z_2^2)^{3/2} \sqrt{c}. \qquad (6.83)$$

η_0 ist die Viskosität des reinen Lösungsmittels; q hängt in folgender Weise von den Wertigkeiten und Ionenbeweglichkeiten bei unendlicher Verdünnung ab:

$$q = \frac{|z_1 z_2|}{|z_1| + |z_2|} \frac{l_{1\infty} + l_{2\infty}}{|z_2|\, l_{1\infty} + |z_1|\, l_{2\infty}}. \qquad (6.84)$$

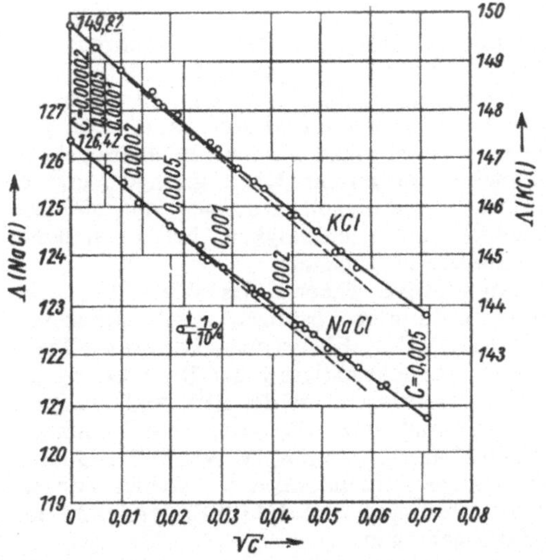

Abb. 6.50. Molare Leitfähigkeit von NaCl in Abhängigkeit von $\sqrt{c}$

Dabei ist die Äquivalentleitfähigkeit bei unendlicher Verdünnung, Λ_∞^*, gleich der Summe der Ionenbeweglichkeiten bei unendlicher Verdünnung

$$\Lambda_\infty^* = l_{1\infty} + l_{2\infty}.$$

Bei binären Elektrolyten ($|z_1| = |z_2|$) ist $q = 1/2$. Die Onsager-Theorie ist in zahlreichen Fällen geprüft worden. Wir geben hier nur als Beispiel Meßergebnisse von MC INNES und SHEDLOVSKY wieder (Abb. 6.50). Die berechneten Grenzneigungen entsprechen den gestrichelten Geraden.

Dispersionseffekt nach DEBYE und FALKENHAGEN. In das Onsagersche Grenzgesetz der molaren Leitfähigkeit Gl. (6.81) geht die Relaxationszeit θ der Ionenwolke nicht ein. Dies ist erst der Fall in der von P. DEBYE und H. FALKENHAGEN verallgemeinerten Theorie der Frequenzabhängigkeit der Leitfähigkeit und der Dielektrizitätskonstanten, die 1928 theoretisch vorhergesagt wurde und später von zahlreichen Forschern bestätigt worden ist. Uns kommt es hier nur auf die anschauliche physikalische Interpretation dieses Phänomens an. Schalten wir in einem ganz bestimmten Augenblick das äußere elektrische Feld aus, so verschwindet die eben erwähnte dissymmetrische Ladungsverteilung (s. Abb. 6.49) etwa nach Ablauf einer Relaxationszeit θ, wie die nähere Rechnung ergibt, und es stellt sich die symmetrische Ionenwolke gemäß Abb. 6.45 wieder her. Damit erkennt man sofort, weshalb eine Abhängigkeit der elektrischen Leitfähigkeit von der Frequenz des angelegten Wechselfeldes auftreten muß. Denn in einem Wechselfeld schwingen die Ionen im Rhythmus des äußeren Feldes hin und her. Findet während der Relaxationszeit ein sehr schneller Wechsel des Feldes statt, so kann sich aus den oben genannten Gründen die Dissymmetrie der Ladungswolke entsprechend der Abb. 6.48 nicht mehr ausbilden. Die bremsende Relaxationskraft verschwindet; die elektrische Leitfähigkeit der elektrolytischen Lösung wird mit wachsender Frequenz immer größer. Wir erwarten daher für Wellenlängen von der Größenordnung $c\theta$ (Lichtgeschwindigkeit multipliziert mit Relaxationszeit) eine Vergrößerung der Leitfähigkeit gegenüber dem Wert, der im Fall eines konstanten Feldes beobachtet wird. Es gelang DEBYE und FALKENHAGEN, theoretisch den quantitativen Zusammenhang der Frequenzabhängigkeit der Leitfähigkeit mit der Konzentration, der Temperatur, der Dielektrizitätskonstanten des Lösungsmittels, den Ionenwertigkeiten und den Ionenäquivalentleitfähigkeiten bei unendlicher Verdünnung, also den $l_{1\infty}$ und $l_{2\infty}$, zu berechnen.

Diese theoretische Vorhersage wurde später von mehreren Forschern experimentell bestätigt.
Die Theorie liefert für die molare Hochfrequenzleitfähigkeit Λ_ω das Grenzgesetz

$$\Lambda_\omega = \Lambda_\infty - \Lambda_{\mathrm{I}\omega} - \Lambda_{\mathrm{II}}. \tag{6.85}$$

Hierin ist

$$\Lambda_{\mathrm{I}\omega} = \Lambda_{\mathrm{I}0}\chi(\omega\theta, q), \tag{6.86}$$

wobei gilt:

$$\left.\begin{aligned}
\chi &= \frac{1 + \sqrt{q}}{\sqrt{q}\left[\left(1 - \frac{1}{q}\right)^2 + \omega^2\theta^2\right]} \\
&\quad \times \left\{\left(1 - \frac{1}{q}\right)\left(\bar{R} - \frac{1}{\sqrt{q}}\right) + \omega\theta\bar{Q}\right\}, \\
\bar{R} &= \frac{1}{\sqrt{2}}\{(1 + \omega^2\theta^2)^{1/2} + 1\}^{1/2}, \\
\bar{Q} &= \frac{1}{\sqrt{2}}\{(1 + \omega^2\theta^2)^{1/2} - 1\}^{1/2}.
\end{aligned}\right\} \tag{6.87}$$

Die anderen in Gl. (6.85) und (6.86) auftretenden Größen $\Lambda_{\mathrm{I}0}$, Λ_{II}, q, Λ_∞, sind schon früher erklärt worden. Der Unterschied gegenüber dem stationären Fall liegt also in der Funktion $\chi(\omega\theta, q)$, die für $\omega \to 0$ sich der Eins nähert, im allgemeinen aber von dem Produkt aus Frequenz ω und Relaxationszeit θ gemäß Gl. (6.87) abhängt.

Dispersion der Dielektrizitätskonstanten. Mit der Dispersion der Leitfähigkeit ist gleichzeitig eine solche der Dielektrizitätskonstanten verknüpft, wie ebenfalls von DEBYE und FALKENHAGEN theoretisch vorhergesagt wurde. Wir wollen nur die Formel für diese Frequenzabhängigkeit der Dielektrizitätskonstanten angeben:

$$\begin{aligned}
&\varepsilon_\omega - \varepsilon_{\mathrm{r}} \\
&= \frac{1{,}984 \cdot 10^6 \cdot z_1 z_2}{T\sqrt{\varepsilon_{\mathrm{r}}T\omega\theta}} \frac{\sqrt{v_1 z_1^2 + v_2 z_2^2}\sqrt{qc}}{\left[\left(1 - \frac{1}{q}\right)^2 + \omega^2\theta^2\right]} \\
&\quad \times \left[\bar{Q}\left(1 - \frac{1}{q}\right) - \omega\theta\left(\bar{R} - \frac{1}{\sqrt{q}}\right)\right]. \tag{6.88}
\end{aligned}$$

Daß eine Vergrößerung der Dielektrizitätskonstanten ε_ω gegenüber ε_{r} auftreten muß, erkennt man sofort auf folgende Weise: Bei plötzlicher Verschiebung des Zentralions bleibt dessen Ionenwolke infolge der Relaxationszeit noch um den ursprünglichen Mittelpunkt zentriert. Daher wirkt auf das verschobene Ion eine Art quasielastischer Kraft, die bestrebt ist, es in seine ursprüngliche Lage zurückzuziehen wie eine Masse, die an einer Feder sitzt und die aus der Gleichgewichtslage um eine kleine Strecke verschoben ist. Diese quasielastische Verknüpfung (zufolge der elektrostatischen Bindung) ist einer Vergrößerung der Dielektrizitätskonstanten äquivalent, wie man im einzelnen zeigen kann. Gl. (6.88) wurde experimentell geprüft und in zahlreichen Fällen bestätigt.

Wien-Effekt und seine Deutung durch die interionische Theorie. M. WIEN beobachtete im Jahre 1927, daß die elektrische Leitfähigkeit eines starken Elektrolyten bei sehr hoher Feldstärke von der Größenordnung 10000 bis 100000 Volt/cm nicht mehr konstant ist, sondern mit wachsender Feldstärke monoton ansteigt.
Er fand den nach ihm benannten Feldstärkeeffekt:

> Die molare Leitfähigkeit Λ nähert sich bei sehr hohen Feldstärken der Leitfähigkeit bei unendlicher Verdünnung, Λ_∞.

Die Vorstellung der Ionenwolke (s. Abb. 6.45) erklärt den Wien-Effekt, wie aus folgendem Rechenbeispiel hervorgeht: Wir nehmen eine wäßrige KCl-Lösung von 18 °C. Die Relaxationszeit θ in einer 0,01 molaren Lösung von KCl beträgt nach Tab. 6.13 bzw. Gl. (6.72) $0{,}550 \cdot 10^{-8}$ s. Rechnet man die Geschwindigkeit eines K^+-Ions bei einer Feldstärke von etwa 100000 Volt/cm und der Temperatur von 18 °C aus, so ergibt sich etwa 68 cm/s. Das Ion legt während der Zeit θ demnach die Strecke 374 nm zurück. Die Dicke der Ionenwolke beträgt nun nach Gl. (6.71) bzw. Tabelle 6.12 etwa 304 nm. Die Abschätzung zeigt, daß das Ion während der Relaxationszeit θ etwa eine Strecke von der Dicke der Ionenwolke zurücklegt. Es kann sich daher die Ionenwolke praktisch kaum noch ausbilden. Demzufolge werden Relaxationskraft und elektrophoretische Kraft geringer, und es muß die Leitfähigkeit ansteigen, bis sie sich schließlich der Leitfähigkeit bei unendlicher Verdünnung, Λ_∞, nähert.
Eine qualitative Theorie des Wien-Effekts im Gebiet verdünnter Lösungen wurde zuerst von H. FALKENHAGEN gegeben. Die exakte Theorie unter Berücksichtigung der Brownschen Bewegung der Ionen sowie der Elektrophorese, die natürlich auch nur für große Verdünnungen gültig ist, stammt von W. S. WILSON. Quantitativ gültige Berechnungen im Gebiet konzentrierter Lösungen sind FALKENHAGEN und KELBG gelungen.
Auch bei kolloiden Lösungen, z. B. Agar-Agar, einer chemisch ziemlich komplizierten Sub-

stanz, tritt ein sehr starker Wien-Effekt auf. Hier sind Leitfähigkeitszunahmen bis zu 70% beobachtet worden.

Der Dissoziationsspannungseffekt von WIEN und SCHIELE. M. WIEN und J. SCHIELE entdeckten im Jahre 1931 den Dissoziationsspannungseffekt, der auf folgendem beruht: Während starke Elektrolyte einen relativ kleinen, den normalen Spannungseffekt aufweisen, der auf der Existenz der Ionenwolke beruht, verhalten sich schwache Säuren, Basen und Salze gegenüber der Feldstärke anders. Hier sind Effekte von der 5- bis 10fachen Größe der normalen, bei starken Elektrolyten auftretenden Leitfähigkeitszunahme zu verzeichnen.

Die theoretische Deutung dieses Effektes gab ONSAGER 1934. Dieser Effekt beruht auf einer Vermehrung der Zahl der Ionen, d. h. auf einer direkten Beeinflussung des Dissoziationsgrades durch das elektrische Feld. ONSAGER setzt dabei voraus, daß man an Ionenpaare denkt, die durch elektrische Kräfte im Sinne von BJERRUM zusammengehalten werden. Die Dissoziationskonstante ist nach dieser Theorie eine lineare Funktion der Feldstärke, und dasselbe sollte daher für die Änderung der Leitfähigkeit gelten. Die Onsager-Theorie befindet sich bei höheren Feldstärken in vorzüglicher Übereinstimmung mit den Messungen von SCHIELE sowie FUOSS und Mitarbeitern.

Grenzgesetz der Viskosität nach FALKENHAGEN.
Nimmt man im Elektrolyten ein lineares Geschwindigkeitsgefälle an, so sieht man anschaulich, daß die ursprünglich zentralsymmetrische Ionenwolke in folgender Weise deformiert wird (Abb. 6.51): Es möge die Geschwindigkeit von unten nach oben zunehmen; dann tritt im rechten oberen Quadranten der um ein positives Zentralion zentrisch orientierten Ionenwolke ein Überschuß an negativer in bezug auf die ursprüngliche symmetrische negative Ladungsverteilung in der Wolke auf; denn die negative Ladung wandert hier aus Bezirken heraus, die eine größere negative Ladungsdichte aufweisen. Ein solcher Überschuß an negativer Ladung tritt auch im unteren linken Quadranten auf. Die übrigen Quadranten haben einen Unterschuß an negativer Ladung, sind daher in Abb. 6.51 mit einem positiven Zeichen versehen. Dadurch wird eine Schubspannung durch 1 cm² senkrecht zum Geschwindigkeitsgefälle übertragen, wobei auch die negativen Ionen mit ihrer verdrückten Ionenwolke entsprechend mit zu berücksichtigen sind.

Die gesamte Schubspannung ist proportional dem Geschwindigkeitsgefälle, und der Proportionalitätsfaktor ist der Zusatzkoeffizient der inneren Reibung. Wir können hier nicht die schwierigen Rechnungen durchführen, geben vielmehr nur das Endergebnis an. Nennen wir die innere Reibung des Elektrolyten bei der molaren Konzentration η_c, so ergibt die Theorie für die Viskosität das Grenzgesetz

$$\eta_c = \eta_0\left(1 + A'\sqrt{c}\right). \tag{6.89}$$

Hierbei hängt A' von den Ionenbeweglichkeiten $l_{1\infty}$ und $l_{2\infty}$, den Wertigkeiten z_1 und z_2, der Temperatur T und der Dielektrizitätskonstanten ε_r des Lösungsmittels ab:

$$A' = \frac{1{,}461}{\eta_0\sqrt{\varepsilon_r T}}\sqrt{\frac{\nu_1|z_1|}{|z_1| + |z_2|}\frac{\psi}{l_{1\infty}l_{2\infty}}}. \tag{6.90}$$

ψ ist hierin gegeben durch

$$\psi = \frac{l_{1\infty}z_2^2 + l_{2\infty}z_1^2}{4}$$
$$- \frac{(|z_2|\,l_{1\infty} - |z_1|\,l_{2\infty})^2}{\left[\sqrt{l_{1\infty}+l_{2\infty}} + \sqrt{|z_2|l_{1\infty}+|z_1|l_{2\infty}}\sqrt{\frac{|z_1|+|z_2|}{|z_1 z_2|}}\right]^2}$$
$$\tag{6.91}$$

Dieses theoretische Grenzgesetz ist von einer Reihe von Forschern bestätigt worden.

Theorie der Diffusion. Der Fluß der i-ten elektrolytischen Komponente bei Vorhandensein eines elektrischen Feldes und eines Konzentrationsgradienten ist darstellbar durch

$$c_i v_i = b_i c_i[e_i E - \operatorname{grad}\mu_i], \tag{6.92}$$

wobei b_i die Beweglichkeit ist. Wie bemerken, daß der negative Gradient des chemischen Potentials die Rolle einer Kraft spielt. Nach Abschn. 6.3.4. gilt für ideale Lösungen

$$\operatorname{grad}\mu_i = \frac{kT}{c_i}\operatorname{grad}c_i. \tag{6.93}$$

Daraus ergibt sich für ideale Lösungen wieder die übliche Formel für die Flußdichte. Für

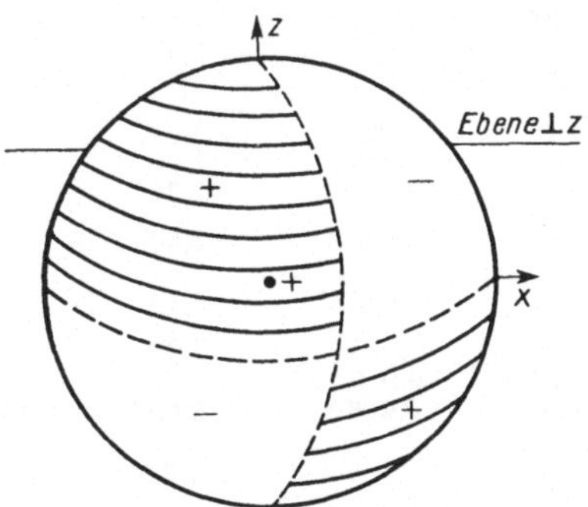

Abb. 6.51. Zur Viskositätstheorie von FALKENHAGEN

Elektrolyte ist zu beachten, daß der Aktivitätskoeffizient erheblich von Eins abweichen kann, woraus auch für die Diffusion Abweichungen vom idealen Verhalten resultieren. Eine weitere Besonderheit der Diffusion geladener Teilchen ist die ständige Kopplung des elektrischen Feldes mit der Ladungsdichte ϱ über die Gleichung:

$$\operatorname{div} \boldsymbol{D} = \varrho. \tag{6.94}$$

Schließlich ist zu beachten, daß positive und negative Ionen stets mit etwa gleicher Geschwindigkeit wandern müssen, da eine Ladungstrennung durch starke rücktreibende elektrische Felder verhindert wird.

Für diese sogenannte ambipolare Diffusion erhält man im Falle eines binären Elektrolyten durch Kombination der Flußgleichungen beider Komponenten

$$v = v_1 = v_2 = -\frac{kTb_1b_2(e_1 - e_2)}{(b_1e_1 - b_2e_2)}$$

$$\times \left[1 + c\,\frac{d}{dc}\ln f\right]\frac{\operatorname{grad} c}{c}. \tag{6.95}$$

Hierbei ist f der mittlere Aktivitätskoeffizient. Wir bemerken, daß die Diffusion von Ionen eine fundamentale Rolle für viele Prozesse im lebenden Organismus spielt.

6.3.5. Erweiterung der Theorie auf konzentrierte Lösungen

Die bisher besprochenen Grenzgesetze gelten bei 1–1wertigen Elektrolyten, z. B. den Alkalihalogeniden, nur etwa bis zu Konzentrationen von 0,01 mol Elektrolyt je Liter Lösung. Neuerdings ist es gelungen, weit über den Gültigkeitsbereich der Grenzgesetze hinaus vorzustoßen. Dabei wurde insbesondere berücksichtigt, daß jedes Ion ein Eigenvolumen besitzt.

Wir begnügen uns mit einer Diskussion der Grundgedanken und einiger Ergebnisse. Bezeichnen wir den kleinsten möglichen Abstand der näherungsweise als starre Kugeln gedachten Ionen mit $a = r_+ + r_-$, so läuft die Berücksichtigung des Eigenvolumens der Ionen zunächst auf eine Vergrößerung des mittleren Abstandes der Ladungszentren hinaus. Die Theorie ergibt in Übereinstimmung mit dieser anschaulichen Vorstellung, daß in den Formeln für die innere Energie bzw. für den Aktivitätskoeffizienten der Debye-Radius d durch $(d + a)$ zu ersetzen ist. Die Wechselwirkung der starren Kugeln untereinander liefert keinen Beitrag zur inneren Energie, bringt jedoch im Aktivitätskoeffizienten einen zusätzlichen Term, der der Ionenkonzentration direkt proportional ist. Auf diese Weise resultiert nach HÜCKEL die Näherungsformel

$$\ln f = -\frac{|e_1e_2|}{2kT(d + a)\cdot 4\pi\varepsilon_0\varepsilon_r} + Bc. \tag{6.96}$$

Der Koeffizient B ist näherungsweise $B = 6{,}023\cdot10^{20}v$. Hierbei ist v das sogenannte Kovolumen in cm^{-3}, das etwa dem Achtfachen des mittleren Eigenvolumens eines Ions entspricht: $v \approx \frac{4\pi}{3}\,a^3$ bzw. dem Doppelten der Größe b in der van der Waalsschen Gleichung (vgl. Abschn. 6.1.1.). Durch Anpassung des Parameters a läßt sich eine gute Beschreibung der experimentellen Daten bis zu einigen Zehntel Mol je Liter erreichen.

Durch unabhängige Anpassung von a und B läßt sich Übereinstimmung mit dem Experiment bis zu einigen Mol je Liter erzielen. Der empirisch gefundene Parameter a ist als kleinster Abstand zweier hydratisierter Ionen zu deuten und wird daher im allgemeinen größer als die Summe der kristallographischen Ionenradien sein. Tab. 6.14 enthält einige empirisch gefundene Werte für a und B und weiterhin als Vergleichswerte die Summe der kristallographischen Ionenradien. Wir geben als explizites Beispiel den Verlauf des Aktivitätskoeffizienten als Funktion der Wurzel der Konzentration c für wäßrige Kochsalzlösungen bei 25 °C wieder (Abb. 6.52). Als Ionenkovolumen v wurde der Wert $v = 14{,}3\cdot10^{-23}\ \mathrm{cm}^3$ und als Abstand a, bis auf welchen sich ein Na^+-Ion und ein Cl^--Ion gegenseitig nähern, der Wert 0,395 nm gewählt. Es zeigt sich eine gute Übereinstimmung mit der

Tabelle 6.14. Parameter der Hückel-Gleichung und Summe der kristallographischen Radien nach HARNED/OWEN

Salz	a	B	$(r_+ + r_-)$
HI	5,0	0,197	2,20
HBr	4,4	0,165	1,96
HCl	4,3	0,133	1,81
LiI	5,05	0,165	2,77
LiBr	4,3	0,130	2,56
LiCl	4,25	0,121	2,41
NaI	4,2	0,100	3,13
NaBr	4,1	0,0687	2,91
NaCl	4,0	0,0521	2,76
KI	3,94	0,0462	3,50
KBr	3,84	0,0282	3,28
KCl	3,8	0,0202	3,14
RbCl	3,6	0,010	3,29
RbBr	3,55	0,010	3,43
RbI	3,5	0,0085	3,65
CsCl	3,0	0	3,46
CsBr	2,93	0	3,61
CsI	2,87	0	3,82
NaOH	3,24	0.0460	–
KOH	3,7	0,1294	–

Erfahrung bis zu Konzentrationen von etwa 4 mol je dm³ Lösung. Auch der Diffusionskoeffizient des gleichen Elektrolyten erweist gute Übereinstimmung mit dem Experiment. Weiter ist auch die Theorie der elektrischen Leitfähigkeit von FALKENHAGEN, KELBG, ONSAGER, FUOSS u. a. ausgearbeitet worden. Wir geben in den Abb. 6.53 bis 6.55 als Beispiele einen Vergleich der theoretischen und experimentellen (Kreuze) Werte für NaCl, KBr

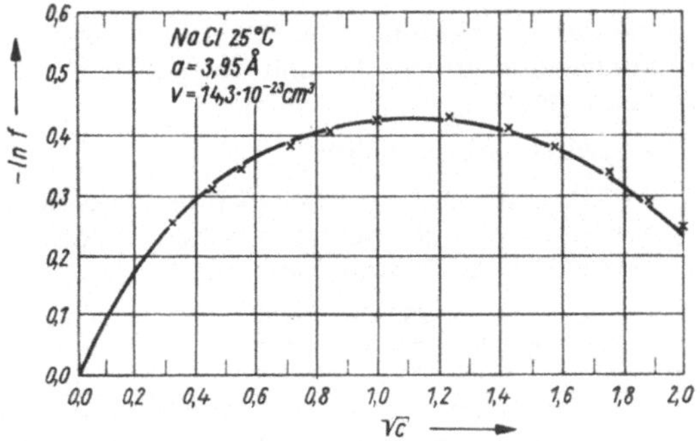

Abb. 6.52. ln f als Funktion von $\sqrt{c}$

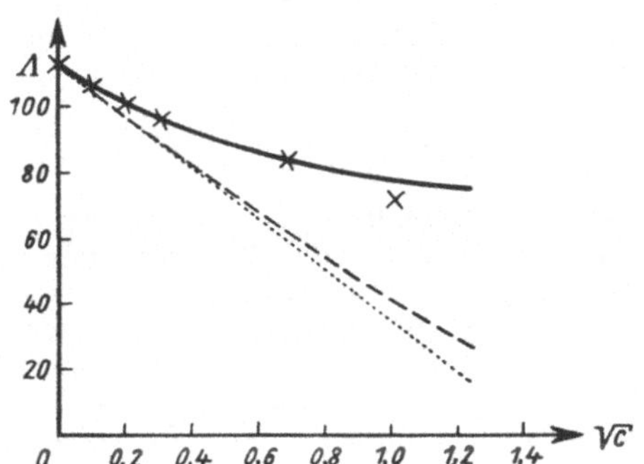

Abb. 6.53. Molare Leitfähigkeit von NaCl

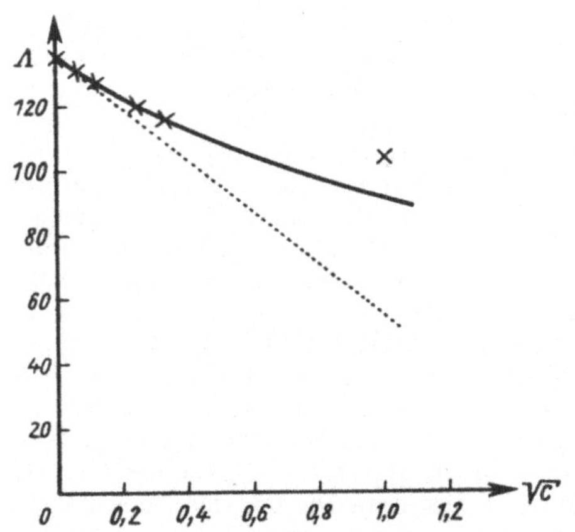

Abb. 6.54. Molare Leitfähigkeit von KBr

und RbCl bei 18 °C an. In Tab. 6.15 sind die Daten für 18 °C, die für die Berechnung der molaren Leitfähigkeit der drei angegebenen Elektrolyte benutzt werden, zusammengestellt. Λ_∞ bedeutet die Leitfähigkeit bei unendlicher Verdünnung und a die Entfernung, bis auf die sich das positive Ion dem negativen Ion nähern kann.

Tabelle 6.15. Werte für Λ_∞ *und* a *einiger Elektrolyte bei 18° C*

Elektrolyt	Λ_∞ [Ω^{-1} cm²]	a [nm]
NaCl	108,99	0,42
KBr	132,30	0,38
RbCl	132,60	0,32

Man erkennt, wie gut die Theorie mit dem experimentellen Befund bis zu Konzentrationen von etwa 0,5 mol/dm³ Lösung übereinstimmt. Während das Grenzgesetz nur etwa bis zu Konzentrationen von 0,01 mol/dm³ zu Recht besteht, ist jetzt der Gültigkeitsbereich der Theorie etwa auf das Fünfzigfache erweitert worden (vgl. Abb. 6.56).

6.3.6. Heterogene Systeme, Membranprozesse

Die Erscheinungen in heterogenen Systemen mit elektrolytischen Komponenten sind außerordentlich vielfältig, es können daher nur einige Aspekte erwähnt werden. Auf die Prozesse an einer Grenzfläche Metall–Elektrolyt brauchen wir hier nicht näher einzugehen, sondern können auf die Darlegungen im Bd. 2 verweisen. Wir erwähnen nur, daß die Erforschung der Elektrodenprozesse und insbesondere der Umwandlung von chemischer in elektrische Energie heute Gegenstand eines ganzen Wissenschaftszweiges, der Elektrochemie, geworden ist. Eine Darstellung der wichtigsten Resultate der Elektrochemie findet man in den meisten Lehrbüchern der physikalischen Chemie. Die Elektrolytphysik hat jedoch nicht nur zur Chemie enge Beziehungen, sondern auch zur modernen Biologie. Es ist heute gut bekannt, daß die meisten Prozesse im lebenden Organismus und insbesondere die Muskel- und Nerventätigkeit elektrolytischen Charakter tragen. Bei diesen Prozessen spielen nicht nur anorganische Ionen wie z. B. K^+, Na^+, Ca^{++}, F^-, Cl^-, Br^-, I^-, sondern auch hochmolekulare Polyionen eine wichtige Rolle.
Von grundlegender Bedeutung für viele heterogene Systeme, insbesondere in der Biologie, sind die Membranprozesse. Membranen sind Trennwände zwischen zwei Elektrolyten, die nur für bestimmte Ionensorten durchlässig sind

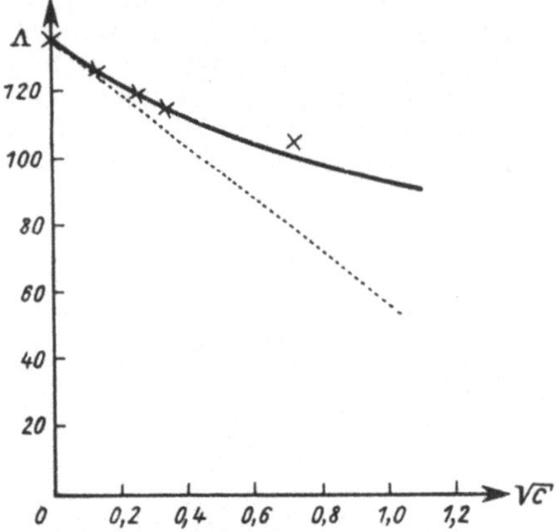

Abb. 6.55. Molare Leitfähigkeit von RbCl

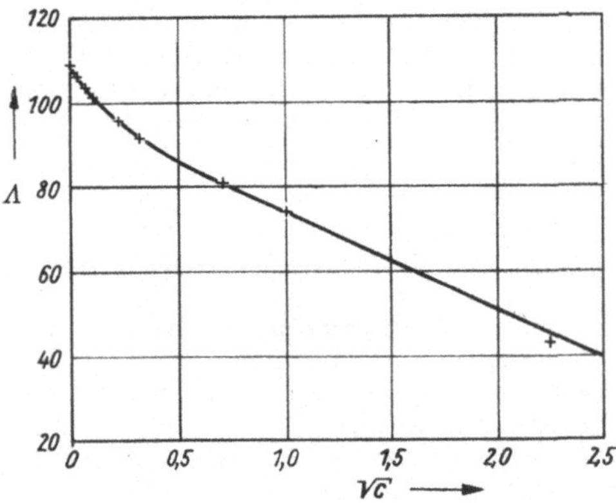

Abb. 6.56. Molare Leitfähigkeit von NaCl in H_2O bei $T = 18\,°C$ im Vergleich mit der theoretischen Kurve (+ sind die Meßwerte; $a = 4{,}0 \cdot 10^{-10}$ m)

bzw. die für verschiedene Ionen verschiedene Permeabilitäten zeigen. Die Abb. 6.57 zeigt die einfachste Situation: Die Membran ist nur für die Ionensorte A durchlässig, während die Sorte (bzw. die Sorten) B zurückgehalten werden. Wenn die Konzentrationen in den Teilsystemen I und II unterschiedlich sind, $c_A^I \neq c_A^{II}$, so erfolgt eine Ionendiffusion der Sorte A durch die Membran mit der Tendenz zum Ausgleich. Diffusion von Ionen nur einer Sorte bedeutet

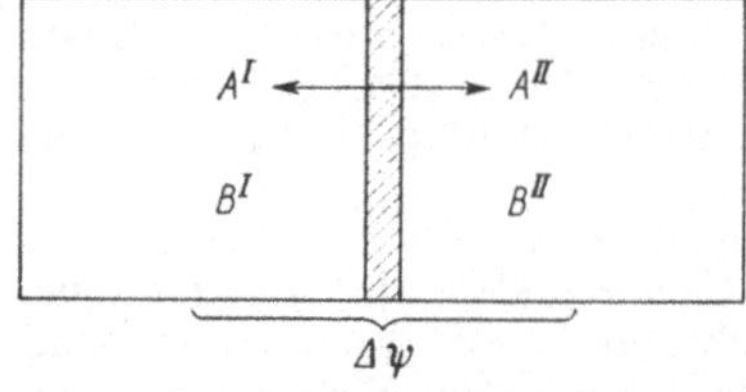

Abb. 6.57. Das Ionengleichgewicht an einer Membran, die für die Sorte A durchlässig und für Sorte B undurchlässig ist

jedoch Ladungstrennung, die zum Aufbau einer Potentialdifferenz $\Delta\psi$ führt, wodurch wiederum der Durchtritt von Ionen der Sorte A erschwert wird. Im thermodynamischen Gleichgewicht ist die Differenz der chemischen Potentiale, bezogen auf ein Mol, gleich der elektrischen Arbeit, die je Mol beim Durchtritt aufzuwenden ist:

$$\mu_A^I - \mu_A^{II} = z_A F(\psi^{II} - \psi^I).$$

Mit anderen Worten: Die elektrochemischen Potentiale der Ionen A sind in beiden Teilsystemen gleich:

$$\mu_A^I + z_A F\psi^I = \mu_A^{II} + z_A F\psi^{II}.$$

Durch Einsetzen der chemischen Potentiale nach Abschn. 6.3.4. folgt die Nernstsche Gleichung für die Größe der Potentialdifferenz:

$$\Delta\psi = \psi^I - \psi^{II} = \frac{RT}{z_A F} \ln \frac{c_A^{II} f_A^{II}}{c_A^I f_A^I}.$$

Hierbei sind f_A^I und f_A^{II} die Aktivitätskoeffizienten in beiden Systemen. Betrachten wir nun den allgemeinen Fall einer verschiedenen Permeabilität der Membran gegenüber den Ionen A und B, gilt unter den Bedingungen eines stationären Gleichgewichtes die Goldman-Gleichung:

$$\Delta\psi = \frac{RT}{F} \ln \frac{c_A^{II} f_A^{II} + p c_B^I f_B^I}{c_A^I f_A^I + p c_B^{II} f_B^I}.$$

Hierbei ist p das Verhältnis der Permeabilitäten und weiter wurde $z_A = z_B = 1$ angenommen. Im Spezialfall $p = 0$ folgt wieder die Nernst-Gleichung. Unter biologischen Bedingungen spielt z. B. die verschiedene Durchlässigkeit gegenüber Cl^- einerseits und Na^+ bzw. K^+ andererseits eine wichtige Rolle. Die obigen Gleichungen sollen nur als Beispiele für die Anwendbarkeit von Grundgesetzen der Elektrophysik dienen. Die Vorgänge an realen biologischen Membranen sind außerordentlich kompliziert und z. T. auch noch nicht vollständig geklärt, z. B. der Mechanismus des aktiven Transports.

Die Anwendungen der Elektrophysik auf die physiologische Chemie sind ungeheuer mannigfaltig und regen zu zahlreichen Forschungen an. Es seien beispielsweise die Vorgänge des Ionenaustausches an Membranen erwähnt. Nach FLECKENSTEIN wird als Ursache des Membranpotentials von Nerv und Muskel der starke Konzentrationsgradient der Kaliumionen vom Innern der Zelle nach außen angesehen; diesem entspricht ein solcher der Na^+-Ionen in umgekehrter Richtung. Eine Abwanderung der Kaliumionen aus dem Innern der Zelle hat ein Absinken des Gradienten zur Folge; das bedeutet aber eine Depolarisation der Membran. Für den Mechanismus vieler biologischer Prozesse sind diese Ionenverschiebungen von grundlegender Bedeutung, beispielsweise für die Nervenerregungen im Sinne von ECCLES, HODGKIN und HUXLEY.

6.4. Spezielle fluide Systeme

6.4.1. Kristalline Flüssigkeiten

Als *kristalline Flüssigkeiten, flüssige Kristalle* oder auch als *mesomorphe Phasen* bezeichnet man Verbindungen, die entweder in einem *bestimm-*

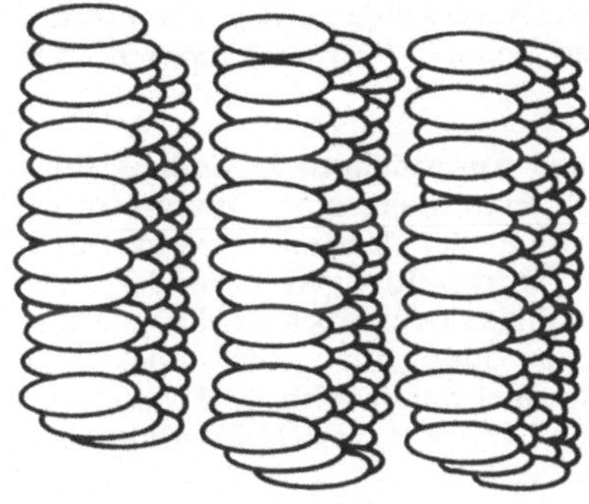

Abb. 6.58. Strukturmodell einer smektischen Phase nach STEINSTRÄSSER

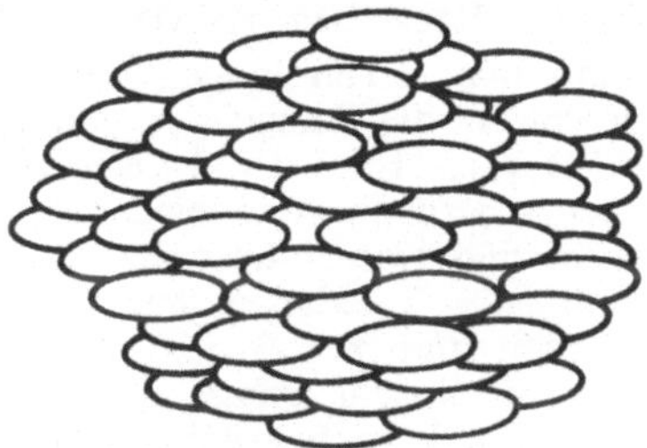

Abb. 6.59. Strukturmodell der nematischen Phase nach STEINSTRÄSSER

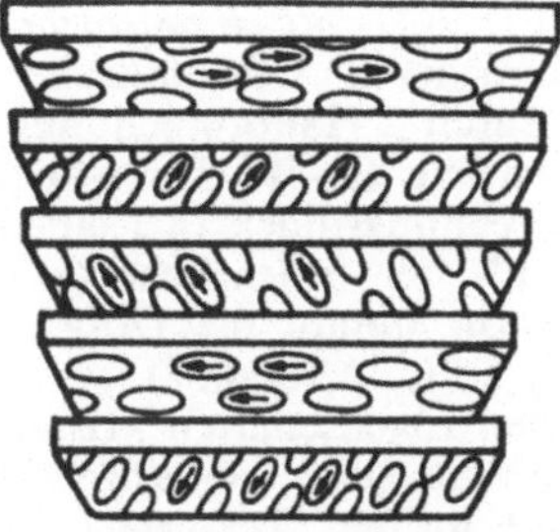

Abb. 6.60. Strukturmodell der cholesterinischen Phase nach STEINSTRÄSSER. Die Vorzugsrichtung der Molekülachsen innerhalb einer Schicht ist gegenüber derjenigen innerhalb der benachbarten Schicht um einen konstanten Winkel verdreht

ten Temperaturbereich oder in einem *bestimmten Konzentrationsintervall eines geeigneten Lösungsmittels gleichzeitig* physikalische Eigenschaften von kristallinen Körpern und von Flüssigkeiten aufweisen. Die erste Art von kristallin-flüssigen Systemen bezeichnet man als *thermotrop*, die zweite Art als *lyrotrop*.

Damit eine Substanz kristallin-flüssige Eigenschaften aufweist, müssen bestimmte Voraussetzungen bezüglich des Molkülbaues erfüllt sein. Die Moleküle sehr vieler *thermotroper kristalliner Flüssigkeiten* sind nach folgendem Prinzip aufgebaut:

$$R^1—C_6H_4(p)—M—C_6H_4(p)—R^2.$$

Durch eine starre zweigliedrige Mittelgruppe M (z. B. —CH=CH—, —C≡C—, —N=N—, —CH=N— usw.) sind zwei Benzenringe miteinander verbunden. In para-Stellung sind die Benzenringe mit Flügelgruppen R^1 und R^2, z. B. Alkylresten ($—C_nH_{2n+1}$) bzw. Alkoxyresten ($—O—C_nH_{2n+1}$) substituiert. Dadurch entstehen langgestreckte, ebene und relativ starre Moleküle.

Lyrotrope Phasen bilden insbesondere Gemische aus Seifen, vor allem Alkalisalze der aliphatischen n-Carbonsäuren und Wasser. Wir werden uns im folgenden auf die Behandlung thermotroper kristalliner Flüssigkeiten beschränken, da bisher nur diese eine breite praktische Anwendung gefunden haben.

Struktur der kristallinen Flüssigkeiten. Es lassen sich mehrere flüssig-kristalline Phasen unterscheiden, die *smektischen*, die *nematische* und die *cholesterinische*.

Den *smektischen* Phasen liegt ein zweidimensionaler Aufbau zugrunde (Abb. 6.58). Die Moleküle sind in Schichten angeordnet, die Schichten sind gegeneinander verschiebbar. Detaillierte Untersuchungen haben gezeigt, daß es verschiedene smektische Phasen gibt, die sich durch die Ordnung innerhalb der Schichten unterscheiden.

Der *nematischen* Phase fehlt eine einheitliche Ordnung innerhalb der Molekülebenen (Abb. 6.59). Nematische Phasen weisen im zeitlichen und räumlichen Mittel nur eine Parallelorientierung ihrer Längsachsen in kleinen Bereichen auf, sie sind dünnflüssiger als smektische. Der Idealfall, Parallelorientierung aller Moleküle über größere Bereiche, kann z. B. durch äußere elektrische und magnetische Felder oder durch geeignet präparierte Grenzflächen erreicht werden (s. u.).

Die *cholesterinische Phase* (Abb. 6.60) ist ein Sonderfall der nematischen Phase. In ihr liegt ebenfalls eine Parallelorientierung der Molekülachsen vor, sie ändert sich jedoch in regelmäßiger Weise von Ort zu Ort; über mehrere

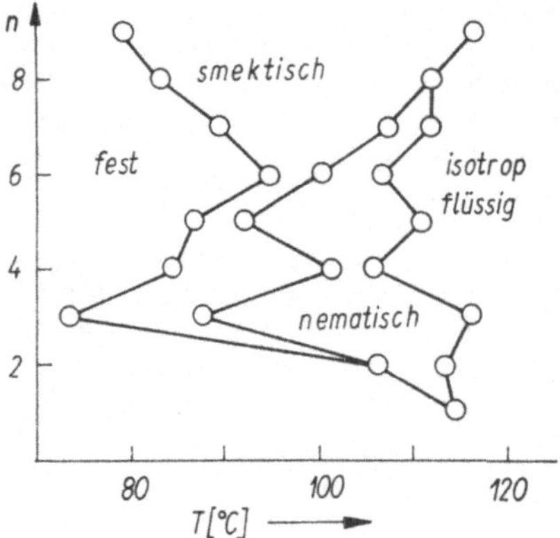

Abb. 6.61. Phasenumwandlungen der 4-Acetyl-N-(4-n-alkanoyloxy-benzyliden]-aniline in Abhängigkeit von der Zahl der C-Atome der einen Flügelgruppe

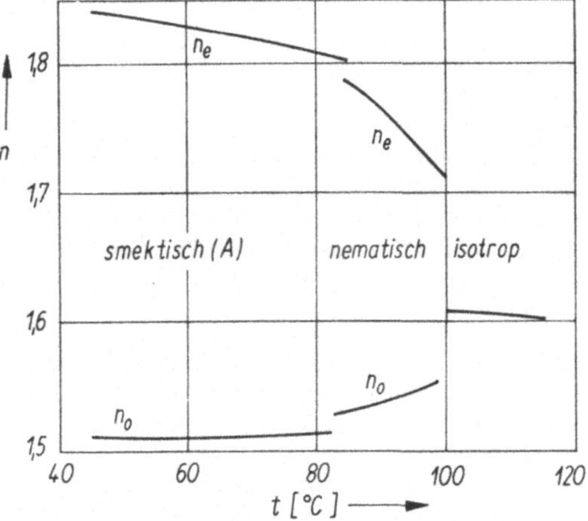

Abb. 6.62. Abhängigkeit des außerordentlichen (n_e) und des ordentlichen Brechungsindex (n_0) von 4-[4-Ethoxy-benzyliden-amino]-α-methylzimtsäure-n-amylester von der Temperatur nach Messungen von PETZL und SACKMANN

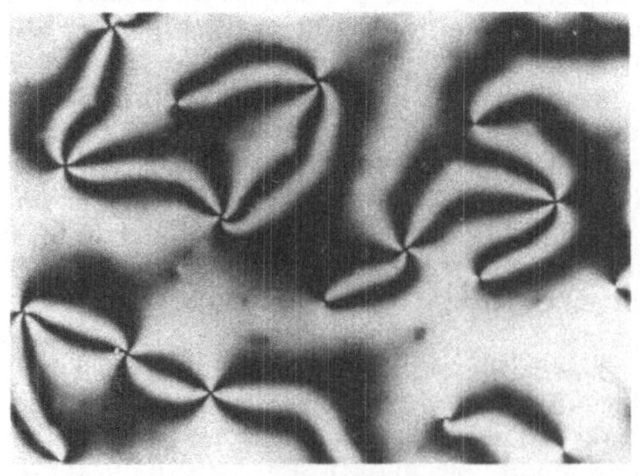

Abb. 6.63. Nematische Texturen nach DEMUS

Ebenen hinweg besteht eine *schraubenförmige Anordnung* der Molekülachsen. Man bezeichnet diese Phase deshalb neuerdings auch als *verdrillte nematische Phase*.

Voraussetzung für das Auftreten einer derartigen *Helix-Struktur* ist, daß die Moleküle des Flüssigkristalls eine molekulare Dissymmetrie (chirale Moleküle) besitzen. Dies ist am einfachsten durch den Einbau asymmetrisch substituierter C-Atome zu erreichen. Auf diese Weise treten optische Antipoden auf. Es ist möglich, durch Mischen der optischen Antipoden mit ihren links- bzw. rechtsverdrillten Phasen eine Racematphase mit normaler nematischer Struktur herzustellen. Dieses Racemat hat eine wesentlich *andere Struktur* als die beiden Ausgangssubstanzen, sie bilden jedoch *thermodynamisch eine Phase*.

Eigenschaften und Anwendungen kristalliner Flüssigkeiten. Beim Erwärmen einer thermotropen Verbindung erfolgt der Übergang vom festen Zustand zum isotrop-flüssigen entweder über die nematische Phase oder über smektische und eine nematische oder nur über smektische Phasen. Als Beispiel ist in Abb. 6.61 das Temperaturverhalten der 4-Acetyl-N-[4-n-alkanoyl-oxy-benzyliden]-aniline

$$C_nH_{2n+1}-\underset{\underset{O}{\|}}{C}-O-\langle\bigcirc\rangle-\underset{\underset{H}{|}}{C}=N-\langle\bigcirc\rangle-\underset{\underset{O}{\|}}{C}-CH_3$$

dargestellt. Die einzelnen Verbindungen unterscheiden sich nur durch die Länge der einen Flügelgruppe $-C_nH_{2n+1}$. Für $n = 1$ erfolgt beim Erwärmen der Übergang vom festen Zustand unmittelbar in den isotrop-flüssigen. Bei der Verbindung mit $n = 2$ existiert nur eine nematische, bei denen mit $n = 3$ bis $n = 7$ smektische und eine nematische Phase. Bei den Verbindungen mit $n = 8$ bzw. 9 existieren nur noch smektische Phasen.

Die meisten kristallinen Flüssigkeiten sind, wenn man sie durch äußere magnetische oder elektrische Felder orientiert (s. u.), *optisch anisotrop*, d. h. sie sind doppelbrechend. Die optischen Eigenschaften können durch 2 Hauptbrechungsindizes beschrieben werden (s. Bd. 3), wobei der außerordentliche Brechungsindex (n_e) einen größeren Wert besitzt als der ordentliche (n_0). Mit steigender Temperatur nimmt die Doppelbrechung $\Delta n = n_e - n_0$ ab (s. Abb. 6.62). Die besonderen optischen Eigenschaften kristalliner Flüssigkeiten äußern sich weiterhin in charakteristischer Weise in den Texturen, die man im Polarisationsmikroskop beobachten kann (Abb. 6.63). Diese Texturen entstehen durch die wechselseitige Orientierung der Moleküle in mikroskopisch kleinen Bereichen.

Besonders augenfällige optische Eigenschaften zeigen cholesterinische Phasen. Der helixartige Aufbau dieser Systeme bedingt eine *extrem hohe optische Rotation* (s. Bd. 3) und die selektive Reflexion des Spektralbereiches, dessen Wellenlänge der Ganghöhe der Helix entspricht. Die Ganghöhe der Helix hängt u. a. von der Temperatur ab. Es ist deshalb möglich, cholesterinische Substanzen zur *flächenhaften Temperaturmessung* in der medizinischen Diagnostik und der zerstörungsfreien Werkstoffprüfung zu benutzen.

Kristalline Flüssigkeiten besitzen eine ausgeprägte *Anisotropie der diamagnetischen Suszeptibilität*. Nematische Flüssigkeiten orientieren sich in einem Magnetfeld von über $150 \cdot 10^3$ A m^{-1} mit der Vorzugsrichtung parallel zum Magnetfeld, es entsteht ein „*flüssiger Einkristall*". Weiterhin sind nematische Flüssigkeiten *dielektrisch anisotrop*. Durch elektrische Felder von einigen 10^2 bis 10^4 V cm^{-1} können in dünnen, nematischen Filmen Änderungen des Ordnungszustandes erzeugt werden, die Veränderungen der optischen Eigenschaften (Transparenz, Lichtstreuung, Doppelbrechung und

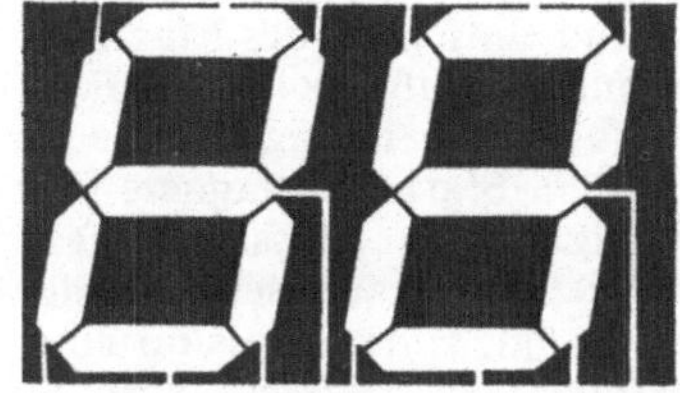

Abb. 6.64. Bauelemente mit Siebenstrichkonfiguration

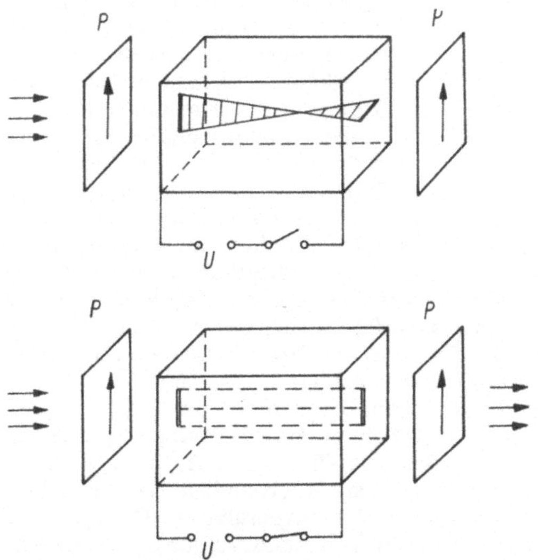

Abb. 6.65. Zellenaufbau (schematisch) eines Anzeigeelements nach dem Prinzip der Verdrillung ($P \triangleq$ Polarisationsfilter)

Farbe) bedingen. Diese Erscheinungen sind für eine Vielzahl von Anwendungen von entscheidender Bedeutung. Nematische kristalline Flüssigkeiten sind deshalb so geeignet, da durch die elektrischen Felder der Lichtstrom *gesteuert* und *nicht erzeugt* wird. Die erforderlichen Leistungen sind je nach benutzten Verfahren unterschiedlich, sie liegen bei allen Verfahren weit unter 1 mW cm^{-2}.

Als Beispiel wollen wir die Anwendung nematischer Flüssigkeiten in Anzeigeelementen („*Displays*") behandeln. Zwei Effekte werden hierbei genutzt, die *dynamische Streuung* und das *Prinzip der Verdrillung*. Anzeigesysteme nach dem Prinzip der dynamischen Streuung arbeiten wie folgt: Liegt in einem Molekül das Dipolmoment bevorzugt senkrecht zur Molekülachse, so orientiert sich ein derartiges Molekül in einem elektrischen Feld senkrecht zu den Feldlinien. Diese Orientierung tritt bei Spannungen von 5 bis 10 V (je nach Leitfähigkeit und Schichtdicke) ein. Im Polarisationsmikroskop beobachtet man parallele Streifen. Erhöht man die Spannung auf 20 bis 30 V, dies entspricht bei einem Elektrodenabstand von 10 bis 50 μm einer Feldstärke von größenordnungsmäßig 10 kV cm^{-1}, so fließt bei hinreichend großer Leitfähigkeit ($> 10^{-12}$ Ω^{-1} cm^{-1}) ein Strom von Ladungsträgern, der die Ordnung stört; die durch das Feld parallel orientierten Moleküle werden aus ihren Gleichgewichtslagen ausgelenkt. Dadurch wird die optische Homogenität weitgehend zerstört, es verbleiben nur kleinste geordnete Bereiche, die als Streuzentren für das Licht wirken. Im Polarisationsmikroskop erkennt man die *turbulente* Bewegung dieser Bereiche. Diese Turbulenz äußert sich makroskopisch durch eine starke *Zunahme der Lichtstreuung*. Diese Erscheinung nutzte man Anfang der 70er Jahre zum Bau von Anzeigesystemen. Zur Anzeige von Zahlen benutzt man Bauelemente mit einer Siebenstrichkonfiguration (Abb. 6.64).

Zwischen zwei Elektroden befindet sich eine 10 bis 20 μm dicke Schicht einer nematischen Flüssigkeit. Die untere Elektrode ist verspiegelt, die obere durchsichtig und durch einen Belag von Zinnoxid leitend. In diese Schicht sind entsprechende Strukturen eingeätzt. Beim Aussteuern der einzelnen Segmente mit einer Spannung von 10 bis 60 V streuen diese das auffallende Licht.

Sehr oft, z. B. bei Armbanduhren, Taschenrechnern usw., stehen solche Spannungen für das Anzeigeelement nicht zur Verfügung. Man benutzt heute in diesen Fällen das *Prinzip der „Verdrillung"*. Eine Flüssigkeitsschicht (Dicke $\approx 0{,}02$ mm) befindet sich zwischen zwei Polarisationsfiltern (s. Abb. 6.65). Die Oberflächen der lichtdurchlässigen Elektroden sind derart vor-

---

behandelt, daß sich die Moleküle des Flüssigkristalls parallel zur Oberfläche orientieren. Die beiden gleichermaßen präparierten Elektrodenoberflächen und damit auch die Richtungen der Molekülachsen sind gegeneinander um 90° verdreht. *Zwischen den beiden Elektroden stellt sich ein homogener Übergang der Molekülachsen ein.* Fällt linear polarisiertes Licht in die Zelle, so wird die Polarisationsebene um 90° gedreht. Bei gleichgerichteten Polarisatoren ist die Zelle im spannungslosen Zustand lichtundurchlässig. Legt man eine Spannung (≈ 1 V) an, so drehen sich die Moleküle und sie stellen sich so ein, daß die Molekülachsen parallel zur Flächennormale der Elektrodenoberflächen liegen. Jetzt passiert das Licht die Zelle ohne Drehung der Polarisationsebene und die Zelle ist bei gleichgerichteten Polarisatoren lichtdurchlässig. Dreht man den zweiten Polarisationsfilter um 90°, so ist die Zelle im spannungslosen Zustand lichtdurchlässig und sie wird beim Anlegen einer Spannung undurchlässig. Reflektiert man das durchgehende Licht hinter der Zelle an einem Spiegel, so durchläuft die polarisierte Welle die Zelle in umgekehrter Richtung. Bei gleichgerichteten Polarisatoren erscheint die Anzeige bei angelegter Spannung, bei gekreuzten Polarisatoren im spannungslosen Zustand hell. Die Ausleuchtung der Zelle erfolgt durch das vorhandene Umlicht. Da hierbei keine Ströme fließen, wird praktisch keine Leistung verbraucht. Die meisten „LCD"s (Liquid crystal display) verwenden heute dieses Prinzip.

6.4.2. Magnetische Flüssigkeiten

Flüssigkeiten sind im allgemeinen nur äußerst schwach magnetisierbar und haben von vornherein kein spontanes magnetisches Moment. In vielen Flüssigkeiten wird erst in Gegenwart eines äußeren Magnetfeldes ein geringes, dem Feld entgegengerichtetes Moment induziert. Diese als diamagnetisch bezeichneten Flüssigkeiten haben eine atomare Suszeptibilität in der Größenordnung von (-10^{-6}).
Paramagnetisch sind solche Flüssigkeiten, deren zunächst statistisch verteilte atomare Momente beim Anlegen eines äußeren Magnetfeldes im Mittel eine Vorzugsrichtung erhalten, die dem äußeren Feld parallel liegt. Die atomare Suszep-

tibilität liegt in der Größenordnung von ($+10^{-6}$). So liegt also die atomare Suszeptibilität von diamagnetischen und paramagnetischen Flüssigkeiten zwischen $\pm 10^{-6}$.
Aus diesen Betrachtungen folgt, daß normale Flüssigkeiten nur sehr schwache magnetische Eigenschaften besitzen. Die in letzter Zeit zunehmend an Bedeutung gewinnenden magnetischen Flüssigkeiten gehören zu den kolloiddispersen Systemen. Die disperse Phase besteht aus spontan magnetisierten ferro- oder ferrimagnetischen Kristalliten, deren Durchmesser im allgemeinen in der Größenordnung von 10 nm liegt. Organische oder anorganische Flüssigkeiten bilden das Dispersionsmedium. Durch die Feststoffkomponente werden diese Sole superparamagnetisch. Ihre Suszeptibilität übersteigt die der normalen paramagnetischen Substanzen um 5 Größenordnungen. Rheologisch verhalten sie sich wie Newtonsche Flüssigkeiten.
Magnetische Flüssigkeiten zeigen ein auffallendes Verhalten im Magnetfeld. Wirken durch Permanent- oder Elektromagnete hervorgerufene magnetische Felder auf diese Sole, so beobachtet man eine Reihe typischer Erscheinungen:
Schon mit Hilfe schwacher Magnetfelder kann man durch Nähern und Entfernen des Magneten an die Wand eines mit einer magnetischen Flüssigkeit gefüllten Gefäßes die flüssige Phase zu Strömungen veranlassen. Stärkere Magnete sind in der Lage, die magnetische Flüssigkeit festzuhalten. Dabei werden unmagnetische flüssige und feste Stoffe verdrängt. Eine Emulsion einer magnetischen Flüssigkeit in Wasser wird im starken Magnetfeld zerstört, weil sich die dispergierten Tröpfchen in Richtung der höchsten Magnetfeldstärke bewegen und in der Nähe der Pole eine zusammenhängende Phase bilden.
Magnetische Flüssigkeiten lassen sich durch Verdampfen des Lösungsmittels konzentrieren. Dabei kann man hohe Feststoffgehalte erreichen, die durchaus 3/4 des Gesamtgewichtes erreichen können. Diese Sole, die eine Sättigungsmagnetisierung bis zu 0,1 Tesla haben, sprechen besonders stark auf Magnetfelder an. Dabei ist es sogar möglich, den räumlichen Verlauf der Magnetfeldlinien als Spitzen (Spikes) auf der Flüssigkeitsoberfläche sichtbar zu machen – ähnlich, wie das sonst mit Eisenfeilspänen auf Papier oder Glasplatten gelingt (Abb. 6.66).
Aus kolloidchemischer Sicht sind die magnetischen Flüssigkeiten Hydro- oder Organosole, wobei die disperse Phase aus ferro- oder ferrimagnetischen Festkörperteilchen besteht. Der Zerteilungsgrad der dispergierten Partikeln ist so groß, daß der Teilchendurchmesser unterhalb der magnetischen Einbereichsbezirke liegt. Dadurch geht der ferro- oder ferrimagnetische Charakter der Teilchen verloren. Die Partikeln

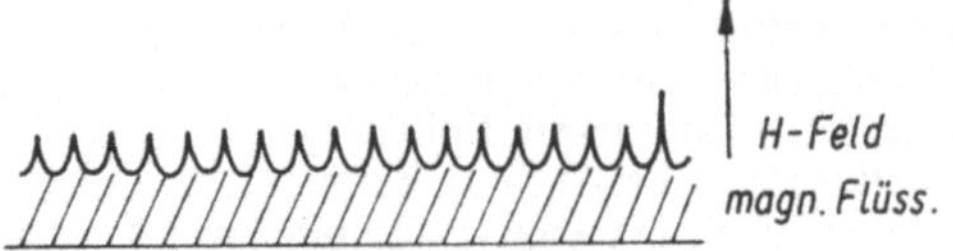

Abb. 6.66. Magnetische Flüssigkeiten bilden in starken Magnetfeldern Spikes

werden superparamagnetisch und übertragen diese Eigenschaft auf das gesamte Dispersionsmedium.

Außer den Festkörperteilchen und dem Dispersionsmedium enthalten magnetische Flüssigkeiten noch stabilisierende Substanzen, die eine Aggregation der Teilchen verhindern.

Magnetische Flüssigkeiten können entweder durch Zerteilen kompakten Materials mit Hilfe von Mahl- und Dispergierprozessen oder durch Keimbildungs- und Keimwachstumsvorgänge gewonnen werden. Im Rahmen der Dispergiermethode dienen als Ausgangsstoffe für magnetische Flüssigkeiten magnetische Minerale (z. B. Magnetit (Fe_3O_4)) oder künstlich hergestellte magnetische Stoffe (z. B. γ-Fe_2O_3, CrO_2 und Ferrite.) Aus diesen Festsubstanzen werden nach Zusatz geeigneter Dispersionsmedien und Stabilisatoren nach mehrtägigem Mahlen in Kugelmühlen größere Mengen magnetischer Flüssigkeiten gewonnen. Diese Methode hat jedoch verschiedene Nachteile, dazu gehört der hohe Energieaufwand. Außerdem erhält man eine Verteilung der Teilchengrößen, die von der aufgewandten mechanischen Energie abhängig ist.

Mit Hilfe der Kondensationsmethode kann man Dispersionen ökonomisch vorteilhafter herstellen. Allerdings ist man hierbei an bestimmte Ausgangsmaterialien und spezielle Versuchsbedingungen gebunden. Organosole aus Eisen, Cobalt, Nickel kann man herstellen, indem man die entsprechenden Metallcarbonyle wie z. B. $Fe(CO)_8$ in dem gewünschten Lösungsmittel thermisch zersetzt. Wäßrige Fe_3O_4-Sole entstehen durch Fällen eines Gemisches von wäßrigen Eisensalzen durch einen Alkaliüberschuß. Durch Keimbildungs- und Keimwachstumsprozesse kann man so Einbereichsteilchen von etwa 10 nm Größe gewinnen. Die Langzeitstabilität kann man durch Zusatz wasserlöslicher Schutzkolloide – z. B. Gelatine oder Polyvinylalkohol – erhöhen. Will man ein Hydrosol in ein Organosol überführen, kann man den Fe_3O_4-Niederschlag des instabilen Sols vom Wasser abtrennen und in einer organischen Flüssigkeit z. B. mit Ultraschall dispergieren. Mit Hilfe grenzflächenaktiver Stoffe kann man so stabile Organosole herstellen. Nach dieser Methode lassen sich z. B. Eisenoxidteilchen mit Hilfe von Ölsäuremonoschichten in Alkanen stabilisieren.

Das Problem der Langzeitstabilität besteht in folgendem:

Kolloide Dispersionen sind thermodynamisch im allgemeinen nicht stabil, weil die große Oberfläche der dispersen Phase eine große freie Enthalpie bedingt. Das Zusammenballen der dispergierten Einheiten ist somit thermodynamisch günstig. Trotzdem können solche Dispersionen über eine längere Dauer stabil sein, wenn es eine Energiebarriere gibt, die bei der Annäherung der Teilchen wirksam wird und ihre Koagulation verhindert. Diese Barriere entsteht dadurch, daß sich Abstoßungs- und Anziehungskräfte zwischen den Teilchen überlagern. Wenn die Abstoßungskräfte bei bestimmten Abständen überwiegen, wird die Koagulation verhindert; überwiegen dagegen die Anziehungskräfte, so aggregieren (koagulieren, flocken) die Teilchen.

In polaren Lösungsmitteln kann die Stabilisierung der Teilchen durch elektrostatische Abstoßungskräfte bewirkt werden, die auf Bildung elektrischer Doppelschichten beruhen. Durch Dissoziation oder durch Adsorption von Ionen entstehen Oberflächenladungen auf den Feststoffteilchen, denen in der Lösung eine gleichgroße Raumladungswolke von Ionen gegenübersteht. Elektrostatische Abstoßung tritt bei der gegenseitigen Durchdringung der elektrischen Doppelschichten zweier Teilchen auf (Abb. 6.67). Im Fall von organischen Lösungsmitteln werden die stabilisierenden Abstoßungskräfte zwischen den Feststoffteilchen in der Regel durch die sterische Abstoßung zwischen absorbierten Schichten auf der Oberfläche erzeugt (Abb. 6.68).

Magnetische Flüssigkeiten sind Funktionswerkstoffe mit einer neuen Qualität. Durch die hohe Magnetisierbarkeit erzeugen äußere Magnetfelder große Volumen- und Oberflächenkräfte. Diese Eigenschaften ermöglichen zahlreiche technische Anwendungen. Große Perspektiven zeichnen sich besonders in der Technik der Wellenlagerung und -schmierung, der Dichtungstech-

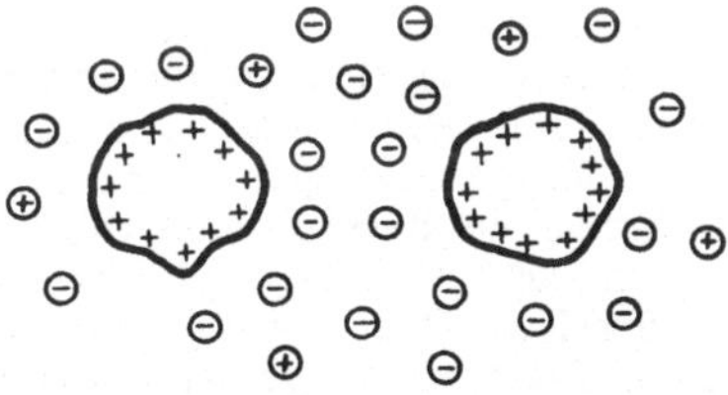

Abb. 6.67. Stabilisierung von Feststoffteilchen in polaren Flüssigkeiten durch elektrostatische Abstoßung infolge der Bildung elektrischer Doppelschichten

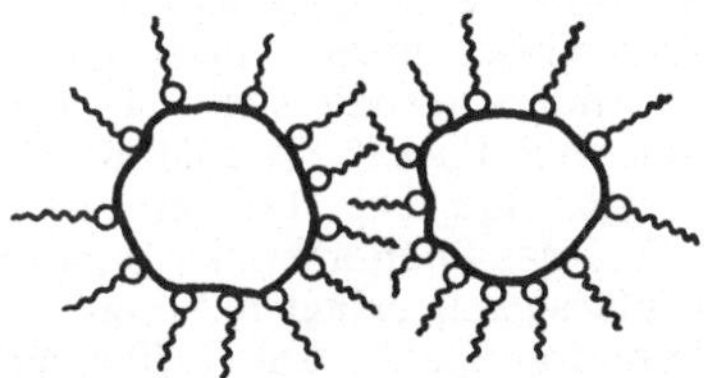

Abb. 6.68. Stabilisierung von Feststoffteilchen in organischen Flüssigkeiten durch Adsorptionsschichten aus grenzflächenaktiven Substanzen (Tensiden)

nik, der Dämpfungstechnik und der Stofftrenntechnik ab. Ein weiteres Einsatzgebiet ergibt sich in der Lehre, da mit Hilfe einfacher Laborversuche die Eigenschaften und Strukturen von Magnetfeldern und ihre Wechselwirkungen mit verschiedenen Substanzen demonstriert werden können.

6.4.3. Quantenflüssigkeiten

Eine Flüssigkeit wird als Quantenflüssigkeit bezeichnet, wenn Quanteneffekte einen wesentlichen Einfluß auf die Bewegungsvorgänge der Teilchen haben. Zur Abschätzung der Dichten und Temperaturen, bei denen Quanteneffekte zu erwarten sind, benutzen wir die Heisenbergsche Unschärferelation (vgl. Kap. 1.)

$$\Delta x \cdot \Delta p_x \geqq \hbar/2,$$

wobei Δx die mittleren quadratischen Schwankungen des Ortes und Δp_x des Impulses darstellen. Die mittlere Impulsschwankung ist für ein thermisches Teilchen mit der Masse m

$$\Delta p_x = (mkT)^{1/2}.$$

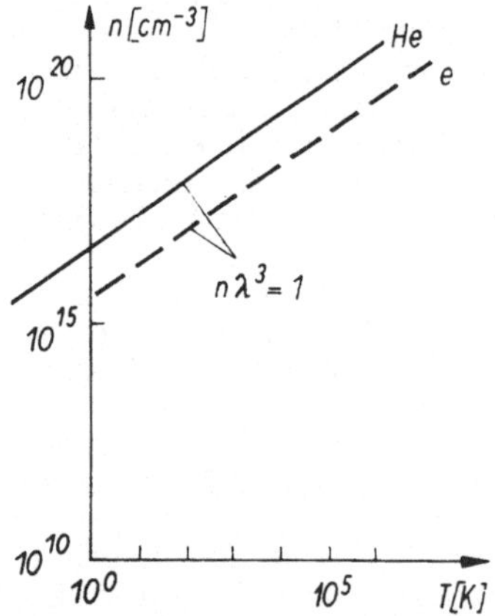

Abb. 6.69. Die Linie in der Dichte-Temperatur-Ebene (Entartungsgerade), oberhalb derer quantenstatistische Effekte auftreten für He-Atome und für Elektronen

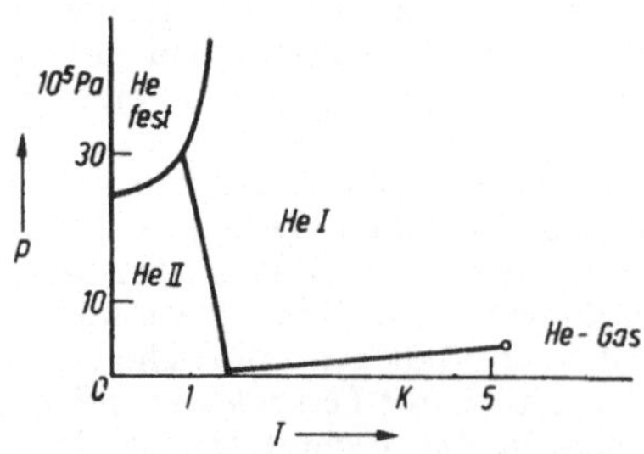

Abb. 6.70. Das Zustandsdiagramm des Heliums (⁴He)

Daraus folgt eine mittlere Ortsunschärfe

$$\Delta x \geqq (\hbar/2\,\Delta p_x) = \hbar(4mkT)^{1/2}.$$

Der kleinste mittlere Abstand, bei dem 2 Teilchen noch als klassische Punktmassen betrachtet werden können, beträgt somit

$$\lambda = 2\,\Delta x = \hbar(mkT)^{-1/2}.$$

Man bezeichnet diese Größe als thermische De-Broglie-Wellenlänge, da sie die Größenordnung des Wellenpakets angibt, das zu einem Teilchen im thermischen Gleichgewicht korrespondiert. Da die Größenordnung des mittleren Abstandes der Teilchen durch $n^{-1/3}$ gegeben ist (n – Teilchendichte), folgt als Bedingung für das Auftreten von Quanteneffekten (Abb. 6.69)

$$\lambda \gtrsim n^{-1/3}$$

bzw.

$$n\lambda^3 = nT^{-3/2}\hbar^3(mk)^{-3/2} \gtrsim 1.$$

Eine Abschätzung zeigt, daß diese Bedingung für normale atomare und molekulare Flüssigkeiten wegen der großen Massen nicht erfüllt ist. Bei den extrem niedrigen Temperaturen, wo die Quantenbedingung erfüllt wird, sind diese Flüssigkeiten bereits im festen Zustand. Eine Ausnahme bildet Helium, das auch bei sehr tiefen Temperaturen flüssig bleibt, da die zwischenatomaren Wechselwirkungen sehr schwach sind und außerdem die Nullpunktsschwingungen wegen der kleinen Atommassen relativ groß sind.

Die thermische De-Broglie-Wellenlänge wird bei Temperaturen unterhalb von 3 bis 4 K größer als der mittlere Abstand von 2 Heliumatomen in der Flüssigkeit. Die beiden Isotope ³He und ⁴He zeigen bei tiefen Temperaturen sehr verschiedenes Verhalten, da die ³He-Atome wegen des halbzahligen Spins Fermionen und die ⁴He-Atome wegen des ganzzahligen Spins Bosonen sind. Man bezeichnet flüssiges ³He, dessen kritische Temperatur bei 3,35 K liegt, als Fermi-Flüssigkeit und flüssiges ⁴He mit $T_c = 5,2$ K als Bose-Flüssigkeit. Die Grundzüge der Theorie des flüssigen ³He wurde 1956 durch LANDAU geschaffen; ³He erweist sich als eine sogenannte normale Fermi-Flüssigkeit in dem Sinne, daß die Eigenschaften noch eine Ähnlichkeit zu denen eines dichten Gases idealer Fermi-Teilchen zeigen. Ganz anders verhält sich ⁴He bei tiefen Temperaturen. Wie KAPITZA 1938 nachweisen konnte, zeigt ⁴He bei Temperaturen unterhalb von 2,172 K das Phänomen der Suprafluidität, d. h. die Flüssigkeit dringt reibungsfrei durch enge Kapillare und Spalte. Abb. 6.70 zeigt das Zustandsdiagramm des ⁴He. Es existieren zwei Formen des flüssigen Heliums: He I und He II. Die höchste Temperatur, bei der He II

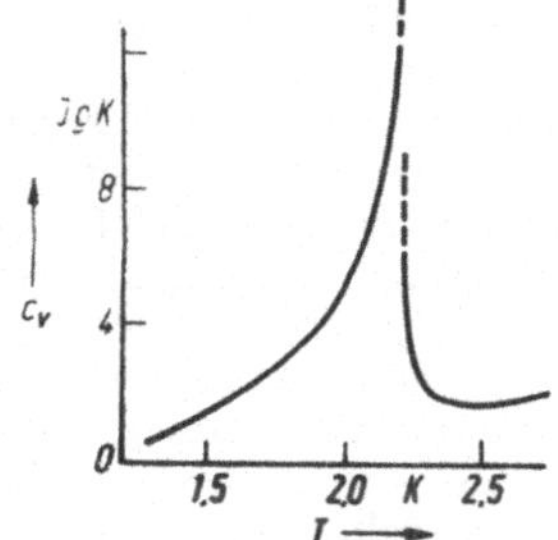

Abb. 6.71. Die spezifische Wärme flüssigen Heliums (Singularität am λ-Punkt)

existieren kann, ist 2,172 K. Längs der Koexistenzlinie, die sich mit steigendem Druck zu geringeren Temperaturen verschiebt, vollzieht sich ein Phasenübergang vom He I zum He II. Die Übergangstemperatur T_λ wird auch als λ-Punkt bezeichnet wegen der charakteristischen Form der Kurve der spezifischen Wärme in der Nähe von T_λ, die eine logarithmische Singularität zeigt

$$c_v \sim \ln |T - T_\lambda|$$

(vgl. Abb. 6.71). Die Eigenschaften des flüssigen He I unterscheiden sich stark von denen des He II. Flüssiges He I siedet stürmisch im gesamten Volumen, während He II eine ruhige Flüssigkeit mit ausgeprägtem Meniskus ist. Dieser Unterschied beruht auf der ungewöhnlich hohen Wärmeleitfähigkeit des He II, die die des He I millionenfach übersteigt. Das He II besitzt noch weitere ungewöhnliche Eigenschaften, so bildet es auf festen Oberflächen dünne Filme, die sich sehr schnell entgegen der Richtung vom Temperaturgradienten bewegen und zeigt interessante thermodynamische Effekte. Bei der Untersuchung des Verhaltens an dünnen Kapillaren und Spalten fand KAPITZA, daß die Viskosität von He II zehntausendfach geringer als die des

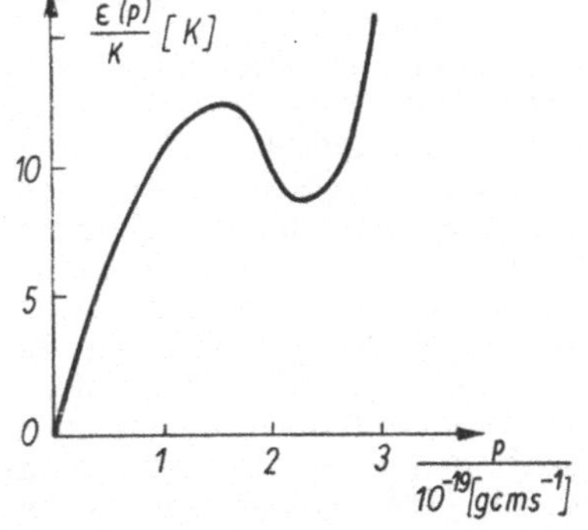

Abb. 6.72. Energie der elementaren Anregungen (dividiert durch die Boltzmann-Konstante) für He II als Funktion des Impulses der Anregungen

He I ist. Diese Eigenschaft erwies sich als Schlüssel zum Verständnis der He-II-Phase. LANDAU entwickelte zu ihrer Deutung die Idee der elementaren Anregungen. Danach können Phononen und Rotonen angeregt werden, und das Spektrum dieser Anregungen, das man heute mit Hilfe der Neutronenstreuung ausmessen kann, besitzt die in Abb. 6.72 gezeigte Form. Die Kurve $\varepsilon(p)$ besitzt ein Minimum und ebenso auch die Kurve $\varepsilon(p)/p$ (p – Impuls der Quasiteilchen). Die Suprafluidität beruht nach LANDAU auf dieser Eigenschaft des Spektrums. Eine Dissipation von Energie ist der Flüssigkeit nur möglich, wenn elementare Anregungen entstehen können. Nach den Gesetzen der Mechanik einer Flüssigkeit, die mit der Geschwindigkeit v strömt, ruft eine Anregung mit dem Impuls p eine Energieänderung um $\varepsilon(p) + pv$ hervor. Die Anregung ist jedoch nur dann möglich, wenn sie energetisch günstig ist, d. h. wenn $(\varepsilon(p) + pv) < 0$ gilt. Offensichtlich ist diese Bedingung für kleine Geschwindigkeiten $v < \min(\varepsilon(p)/p)$ verletzt. Wenn die Funktion $\varepsilon(p)/p$ ein Minimum für $p \neq 0$ besitzt, so können bei kleinen Strömungsgeschwindigkeiten keine Anregungen entstehen. Daraus folgt, daß wegen der fehlenden Dissipation die Strömung nicht gebremst wird, es kommt zur Suprafluidität.

Die einzigen reinen Quantenflüssigkeiten, die wir kennen, sind ^{3}He und ^{4}He. Dagegen kennen wir eine ganze Reihe mehrsortiger Systeme, die den Charakter von Quantenflüssigkeiten tragen. Das einfachste Beispiel dafür sind die Mischungen aus ^{3}He und ^{4}He, hier tragen beide Komponenten bei tiefen Temperaturen Quantencharakter. Das Phasendiagramm von ^{3}He-^{4}He-Mischungen zeigt bei tiefen Temperaturen eine Mischungslücke (ähnlich wie in Abb. 6.35); es entsteht eine ^{4}He reiche Phase, auf der die ^{3}He reiche schwimmt. Durch Abpumpen von ^{3}He kann man erreichen, daß ^{3}He über die Phasengrenze diffundiert, wobei sich das Gas abkühlt. Mit diesem technisch nicht einfach zu handhabenden Prozeß erreicht man thermodynamisch, also kontinuierlich, seit etwa 1975 Temperaturen von etwa 5 mK.

Auch die Kernmaterie, die aus Protonen und Neutronen sehr großer Dichte besteht, kann innerhalb gewisser Grenzen als eine Quantenflüssigkeit betrachtet werden; verschiedene Kernmodelle sind aus dieser Vorstellung abgeleitet worden. Eine weitere außerordentlich wichtige Klasse von Quantenflüssigkeiten wird durch die Leitungselektronen in Metallen, Halbmetallen und entarteten Halbleitern gebildet, die sich im periodischen oder zufälligen Feld der als klassisch zu betrachtenden Atomrümpfe bewegen. Auf Grund der kleinen Masse der Elektronen liegen die Temperaturen, unterhalb derer Quanteneffekte auftreten (Entartungstemperaturen),

---

relativ hoch. So findet man für typische Metalle eine Entartungstemperatur der Elektronen von etwa 50 000 K, für Halbmetalle etwa 100 K, für hochdotierte Halbleiter mit Elektronendichten bei 10^{16} cm^{-3} etwa 3 K und für hochangeregte Halbleiter bis zu 10 K. Die Leitungselektronen bilden eine geladene Fermi-Flüssigkeit. Auf Grund der weitreichenden Coulomb-Wechselwirkungen ergeben sich einige Besonderheiten gegenüber den neutralen Fermi-Flüssigkeiten, insbesondere Effekte der Abschirmung, die wir in ähnlicher Form auch bei elektrolytischen Flüssigkeiten finden, und daneben die Anregung von Plasmaschwingungen (Plasmonen). Der zentrale Begriff zur Beschreibung geladener Fermi-Flüssigkeiten ist wiederum der der elementaren Anregungen, der von LANDAU entwickelt wurde.

6.5. Polymere Stoffe

Wir hatten im Abschn. 4.1.2. gesehen, daß Makromoleküle aus vielen gleichen Grundmolekülen aufgebaut sind. Die Zahl der Grundmoleküle kann in sehr weiten Grenzen schwanken, und eine polymere Substanz ist deshalb – im Gegensatz zu einer niedermolekularen – nicht durch die relative Molekülmasse, sondern durch eine Verteilungsfunktion, also ein *Spektrum relativer Molekülmassen*, gekennzeichnet; Polymere sind *polymolekular*. Bedingt durch den makromolekularen Aufbau treten Effekte auf, die bei niedermolekularen Substanzen unbekannt sind; dies sind die „*Kautschukelastizität*", das durch das *gleichzeitige Vorhandensein von kristallinen und amorphen Bereichen* bedingte Verhalten und die Vorgänge bei der *Umwandlung bei der „Glastemperatur*". Bevor wir diese Dinge näher untersuchen, wollen wir die Eigenschaften Polymerer in Lösungen betrachten.

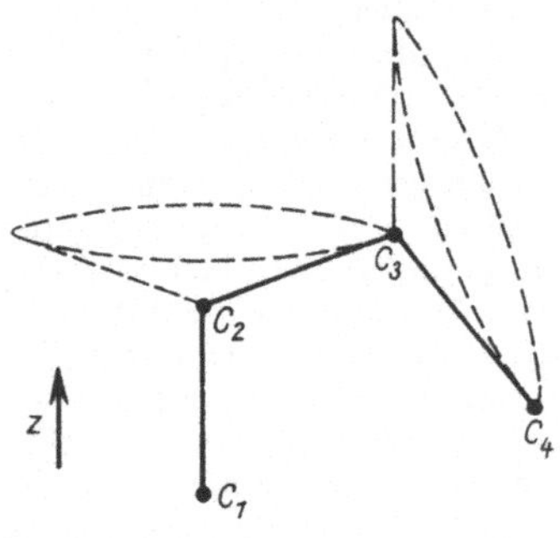

Abb. 6.73. Zur Bestimmung der Form der Makromoleküle

Das Verhalten makromolekularer Lösungen interessiert aus verschiedenen Gründen. Fast alle Methoden zur *Bestimmung relativer Molekülmassen* arbeiten mit verdünnten Lösungen. Die *Trennung von Polymeren* erfolgt aus der Lösung. Weiterhin interessiert für viele *technische Anwendungen* das Verhalten (konzentrierter) polymerer Lösungen (z. B. als Lacke usw.). Wir wollen uns im folgenden nur mit zwei Problemen beschäftigen, nämlich der Form der Makromoleküle und den Methoden zur Bestimmung relativer Molekülmassen.

Die Form der Makromoleküle. Die Form der Makromoleküle ist für das Verhalten der Polymeren in festem und gelöstem Zustand von größter Bedeutung. Wir wollen dies anhand eines einfachen Beispiels erläutern und betrachten hierzu das viskose Verhalten einer Lösung. Zur Charakterisierung benutzen wir die Grenzviskositätszahl $[\eta]$ (Definition s. S. 514). Wir gehen von einer Polystyrenlösung der (relativen) Molekülmasse 10^6 aus. Würden die Moleküle dichte Knäuel bilden, so hätten sie einen Durchmesser von 6,5 nm, und die Grenzviskositätszahl hätte – unabhängig von der relativen Molekülmasse – den Wert 2,5 cm^3 g^{-1}. Würden die Moleküle gestreckte Stäbchen bilden, so hätten sie bei einem Durchmesser von 0,75 nm eine Länge von 2,5 μm; die Grenzviskositätszahl hätte den Wert $1,5 \cdot 10^5$ cm^3 g^{-1}. Der experimentell bestimmte Wert, 195 cm^3 g^{-1}, liegt zwischen beiden Werten. Hieraus folgt, daß in diesem Falle die Moleküle weder eine dicht geknäuelte Form noch eine gestreckte Form haben können.

Es gibt Makromoleküle, die in Lösung in kompakter Form vorliegen, insbesondere sind dies die Proteine. Andererseits kann man bei den Polyelektrolyten bei geeignet gewähltem pH-Wert des Lösungsmittels auch eine weitgehend gestreckte Form verwirklichen.

Ursache dieses Formenreichtums ist die Tatsache, daß die Makromoleküle nicht starr sind; die Grundmoleküle sind um ihre Einfachbindungen mehr oder weniger gegeneinander drehbar. Nehmen wir z. B. an, daß die Valenzrichtung des ersten Grundmoleküls in der z-Richtung liegt (Abb. 6.73), so kann die zweite Valenzrichtung, da der Valenzwinkel vorgegeben ist, auf einem Kegelmantel liegen. Die dritte Valenzrichtung liegt wiederum auf einem Kegelmantel, dessen Achse durch die Lage des zweiten Grundmoleküls bestimmt wird. Entsprechendes gilt für die Valenzrichtungen der weiteren Kettenglieder. Mit wachsender Größe der Moleküle wächst die Formenmannigfaltigkeit.

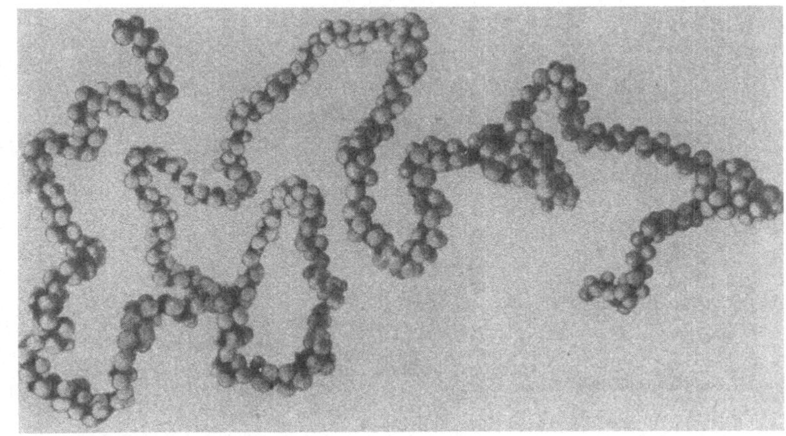

Abb. 6.74. Wahrscheinliche Gestalt eines normalen Paraffinmoleküls von der Formel $C_{500}H_{1002}$ in Benzen oder Cyclohexan (nach KUHN)

> Ein Makromolekül von hinreichender Länge hat die Gestalt eines mehr oder weniger dichten Knäuels (Abb. 6.74).

Darüber hinaus ändert sich – bedingt durch die Wärmebewegung – die Form der Makromoleküle ständig. In einer makromolekularen Substanz befinden sich *gleichzeitig* Moleküle der verschiedensten Konformationen. Aus diesem Grund kann man die Form eines Fadenmoleküls nur noch *statistisch* erfassen; es ist deshalb notwendig, geeignete charakteristische Größen zur Beschreibung der Form und der Abmessung eines Makromoleküls einzuführen. Eine einfache Größe, die jedoch bereits zur Beschreibung vieler Eigenschaften genügt, ist die *„Länge eines Moleküls"* h, die als der Abstand seiner Endpunkte definiert ist.

Unter gewissen vereinfachenden Annahmen kann man die Länge eines Moleküls modellmäßig berechnen. Das einfachste Modell eines Makromoleküls ist das *„Segmentmodell"*. Dieses Modell besteht aus einer Reihe von Segmenten oder Fadenelementen (die ein oder mehrere Grundmoleküle umfassen können), die wie bei einer durch Kugelgelenke verbundenen Stäbchenreihe gegeneinander beliebig einstellbar sind. Durch einfache statistische Betrachtungen, die ganz ähnlich zu denen bei der Berechnung der Geschwindigkeitsverteilung in einem idealen Gas bzw. bei der Berechnung des Diffusionsstromes sind, erhält man für die Wahrscheinlichkeit $w(x, y, z)\,\mathrm{d}x\,\mathrm{d}y\,\mathrm{d}z$, daß sich der Endpunkt eines Moleküls (dessen anderer Endpunkt im Koordinatenursprung liegt) in einem Raumelement $\mathrm{d}x\,\mathrm{d}y\,\mathrm{d}z$ befindet,

$$w(x, y, z)\,\mathrm{d}x\,\mathrm{d}y\,\mathrm{d}z = \frac{b^3}{\pi^{3/2}}\, \mathrm{e}^{-b^2(x^2+y^2+z^2)}\,\mathrm{d}x\,\mathrm{d}y\,\mathrm{d}z$$

mit

$$b^2 = \frac{3}{2Za^3},$$

wobei Z die Zahl der Glieder und a die Länge eines Kettengliedes ist.

Im allgemeinen interessiert jedoch nicht die Größe $w(x, y, z)$, sondern die Wahrscheinlichkeit $W(x, y, z)$, daß der Fadenendpunktsabstand eines Moleküls in einer Kugelschale zwischen h und $h + \mathrm{d}h$ liegt. Diese Wahrscheinlichkeit ergibt sich zu

$$W(h)\,\mathrm{d}h = \frac{4b^3}{\pi^{1/2}}\, h^2\, \mathrm{e}^{-b^2 h^2}\,\mathrm{d}h. \qquad (6.97)$$

Dieser Ausdruck ist analog zur Maxwellschen Geschwindigkeitsverteilung der Moleküle in einem idealen Gas (s. Bd. 1).

Der Verlauf der Funktion (6.97) ist in Abb. 6.75 dargestellt. Für viele Betrachtungen genügt es, den *quadratischen Mittelwert der Länge eines Makromoleküls* zu kennen. Man erhält aus obiger Gleichung

$$\bar{h}^2 = Za^2. \qquad (6.98)$$

Hieraus ergibt sich, daß die mittlere Länge einer statistischen Kette mit $\sqrt{Z}$, d. h. also mit der Wurzel aus dem Polymerisationsgrad, ansteigt. Die Länge der gestreckten Kette Za wächst linear mit Z, d. h. also,

> ein Fadenmolekül knäuelt sich mit wachsender Molekülgröße immer mehr ein.

Man kann diese Überlegungen wesentlich verfeinern. Berücksichtigt man, daß der Tetraederwinkel des Kohlenstoffatoms vorgegeben ist, so erhält man das Modell der *„frei drehbaren Valenzwinkelkette"*. Bedingt durch die Wechsel-

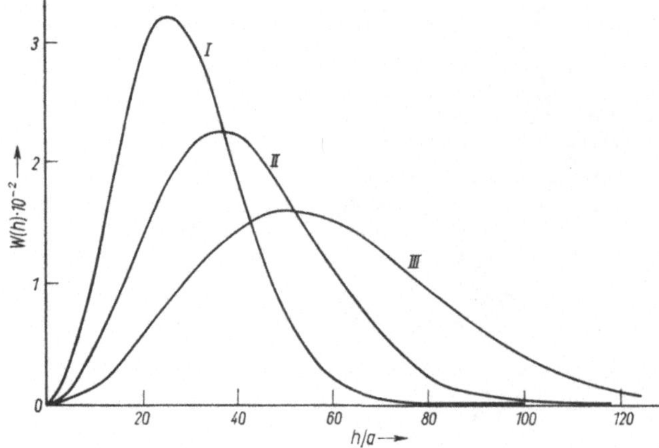

Abb. 6.75. Verteilungsfunktion der Kettenendpunkte bei verschiedener Kettenlänge I = Z = 1000; II = Z = 2000; III = Z = 3000

wirkung der Substituenten ist die Drehung um eine C—C-Bindung nicht völlig frei; es existieren energetisch bevorzugte Lagen, die makromolekulare Kette ist nur noch *behindert drehbar*. Weiterhin muß man berücksichtigen, daß gewisse Konformationen der Kette ausgeschlossen sind, da sonst unter Umständen zwei oder mehrere Kettenstücke gleichzeitig im gleichen Raumelement vorhanden sein müßten. Auch unter Berücksichtigung dieser Effekte ergibt sich, daß der quadratische Mittelwert der Länge eines Moleküls annähernd proportional der Zahl der Kettenglieder ist.

Von großer Bedeutung für die Form der Makromoleküle in Lösungen ist die *Wechselwirkung des Makromoleküls mit den Molekülen des Lösungsmittels*. Sind die Kräfte zwischen den Molekülen des Lösungsmittels, zwischen Lösungsmittel und Makromolekül und zwischen verschiedenen Teilen des Makromoleküls gleich, so hebt sich die Wirkung der Kräfte auf, und die Kette hat die auf Grund der statistischen Berechnung zu erwartende Form. Sind die Kräfte zwischen den Molekülen des Lösungsmittels und dem Makromolekül größer als die zwischen Lösungsmittelmolekülen bzw. verschiedenen Teilen des Makromoleküls, so werden sich bevorzugt Lösungsmittelmoleküle an dem Makromolekül anlagern (*Solvatation*) und eine zusätzliche *Aufweitung* der Kettenmoleküle bewirken. Sind andererseits die Kräfte zwischen den einzelnen Teilen des Makromoleküls größer als die Kräfte zwischen Makromolekül und Lösungsmittelmolekül – in diesem Falle handelt es sich um ein *schlechtes Lösungsmittel* – so wird eine *stärkere Knäuelung* des Makromoleküls erfolgen; es bildet sich ein Kornmolekül.

Experimentell kann man sowohl die Form der Fadenmoleküle als auch die der Kornmoleküle aus Lichtstreuungsmessungen bestimmen. Darüber hinaus lassen sich durch Kombination von Viskositäts-, Diffusions-, Sedimentationsmessun-

gen und Messung der Röntgen-Kleinwinkelstreuung gewisse Aussagen über die Form der Moleküle gewinnen (s. Tab. 6.16 und 6.17).

Tabelle 6.16. Molekülmasse und Fadenendpunktsabstand einiger Fadenmoleküle (nach H. A. STUART und H. G. FENDLER)

Gelöste Substanz	Lösungsmittel	Rel. Molekülmasse	Fadenendpunktsabstand [nm]
Polystyren	Toluen	1 210 000	116
		1 070 000	109
		526 000	76
	Methylethylketon	1 070 000	80
		526 000	66
Polymethacrylsäuremethylester	Aceton	1 750 000	116
		166 000	30

Tabelle 6.17. Molekülmasse und annähernde Dimensionen einiger Kornmoleküle (Proteinkomponente des normalen menschlichen Plasmas; nach K. L. ONCLEY und Mitarbeitern)

Gelöste Substanz	Rel. Molekülmasse	Länge [nm]	Durchmesser [nm]
Albumin	69 000	15,0	3,8
α_1-Globulin	200 000	30,0	5,0
β_1-Globulin[1])	90 000	19,0	3,7
β_1-Globulin[1])	1 300 000	18,5	18,5
γ-Globulin	156 000	23,5	4,4
Fibrinogen	400 000	70,0	3,8

[1]) Hierbei handelt es sich um verschiedene Fraktionen.

In Abb. 6.76 ist die Abhängigkeit des quadratischen Mittelwertes des Fadenendpunktsabstandes von der Molekülmasse für Polymethacrylsäuremethylester („Plexiglas") gelöst in Aceton dargestellt. Der Zusammenhang zwischen dem quadratischen Mittelwert der End-

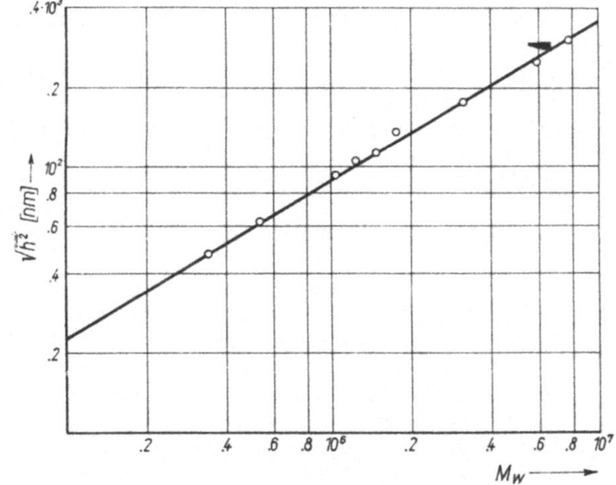

Abb. 6.76. Abhängigkeit der Fadenendpunkts-abstände vom Mittelwert der Molekülmasse für Polymethacrylsäuremethylester in Aceton (nach CANTOW und SCHULZ)

punktsabstände auf der Molekülmasse M läßt sich in diesem Falle durch eine Beziehung der Form $\sqrt{\overline{h^2}} \sim M^{0,58}$ wiedergeben. Der Exponent 0,58 entspricht etwa dem Wert, den man unter Berücksichtigung der Raumerfüllung (s. o.) erhält.

Methoden zur Bestimmung der Molekülmasse. Die zur Bestimmung der Molekülmasse bei niedermolekularen Substanzen benutzten Methoden eignen sich im allgemeinen nicht zur Bestimmung relativer Molekülmassen von hochmolekularen Produkten, teils weil diese nicht – ohne sich zu zersetzen – in die Dampfform gebracht werden können, teils weil die Empfindlichkeit der Methoden bei den erforderlichen niedrigen Konzentrationen (s. u.) zu klein sind.
Für die Bestimmung relativer Molekülmassen an Polymeren kommen folgende absolute Methoden in Frage:

1. Bestimmung des *osmotischen Druckes*,
2. Bestimmung der *Diffusionskonstante* und der *Sedimentationskonstante* mit der Ultrazentrifuge,
3. Bestimmung der *Intensität des Streulichtes*,
4. *Elektronenmikroskopische Auszählung* der ausgefällten Moleküle.

Daneben gibt es noch einige *Relativmethoden* zur Bestimmung von Molekülmassen. Man benutzt dabei die Tatsache, daß es eine Reihe von Eigenschaften gibt, die eindeutig von der Molekülmasse abhängen. Molekülmassenbestimmungen mittels derartiger Relativmethoden setzen eine Eichung mit einer Absolutmethode voraus. Die wichtigste Relativmethode ist die der Bestimmung der *Grenzviskositätszahl* aus Viskositätsmessungen.

Die Auswertung der unter 1 bis 3 genannten Methoden beruht auf Gesetzmäßigkeiten, die nur für ideal *verdünnte* *Lösungen* gelten. Die Erfahrung zeigt nun, daß polymere Lösungen bereits in Konzentrationen von weniger als 1% starke Abweichungen von den Grenzgesetzen aufweisen. Hieraus ergibt sich die Notwendigkeit, Messungen bei verschiedenen Konzentrationen durchzuführen und auf die Konzentration Null zu extrapolieren.
Da die meisten Polymeren polymolekular sind, liefert eine Molekülmassenbestimmung nur einen *Mittelwert*. Je nach der Methode ergeben sich verschiedene Mittelwerte. Bei allen Methoden, die auf der Messung der Teilchenzahl beruhen, entweder direkt durch Elektronenmikroskopie oder indirekt über den Dampfdruck der Lösungen (Gefrierpunktserniedrigung, Siedepunktserhöhung, osmotischer Druck usw.), wird die Zahl der Moleküle je Volumeneinheit und damit das *Zahlenmittel der Molekülmassen* erhalten, während sonst das *Massenmittel* oder z. B. bei der viskosimetrischen Bestimmung ein physikalisch nicht einfach zu definierender Durchschnittswert gebildet wird.

Bestimmung der Molekülmasse aus dem osmotischen Druck. Die verbreitetste absolute Methode zur Molekülmassenbestimmung ist die osmotische. Das Grundsätzliche dieses Verfahrens hatten wir bereits im Bd. 1 behandelt. Die Schwierigkeit besteht dabei vor allem darin, *streng halbdurchlässige Membranen* zu schaffen. Es gelingt jedoch heute Membranen herzustellen, die für Polymere bis herab zu Molekülmassen von einigen Tausend undurchlässig sind. Als obere Grenze für osmotische Molekülmassenbestimmungen ergibt sich eine Molekülmasse von etwa 10^6.

Molekülmassenbestimmung mittels Sedimentation und Diffusion. Im Band 1 haben wir die Einstellung der Molekülverteilung in einem Schwerefeld kennengelernt und auch gesehen, wie man aus ihr relative Molekülmassen bestimmen kann. Erwähnt wurde bereits dort, wie mittels der Ultrazentrifuge, deren Zentrifugalfeld das Schwerefeld um den Faktor 10^6 übertrifft, auch relativ kleine Teilchen zum Sedimentieren gebracht werden können. Bei diesem Vorgang

---

wirken im allgemeinen Fall drei Kräfte zusammen: 1. die Wärmebewegung, 2. die innere Reibung, 3. das äußere Feld. Daraus ergeben sich drei Hauptmethoden, bei denen jeweils eine dieser Kräfte ausfällt.

1. Die *Wärmebewegung* hat *keinen* Einfluß, wenn man den Beginn der Sedimentation beobachtet; denn die Kürze der Beobachtungszeit läßt noch *keinen* merklichen Fortschritt der Diffusion zu. Die Moleküle folgen dann dem Feld nach dem Stokesschen Gesetz, leichte langsamer, schwere schneller. Abb. 6.77 zeigt die Sedimentation eines aus drei verschieden schweren Komponenten bestehenden Eiweißes in der Svedbergschen Zentrifuge. Die fünf Aufnahmen sind in gleichen Zeitintervallen gemacht, ohne die Zentrifuge anzuhalten. Die schwarzen Querstriche sind die durch ein optisches Schlierenverfahren sichtbar gemachten Querschnitte im Meßglas, bis zu denen die drei Komponenten, von unten an gerechnet, noch reichen. Man sieht gut das zeitlineare Absinken und die bleibende Schärfe der Grenzen wegen Fehlens der Diffusion, ferner die Einheitlichkeit der Molekülmasse jeder einzelnen der drei Komponenten.

2. Die *innere Reibung* geht in das Resultat *nicht* ein, wenn man so lange wartet, bis sich das *Gleichgewicht* zwischen Feld und Wärmebewegung, das „Sedimentationsgleichgewicht", eingestellt hat. Es hat sich dann die exponentielle Verteilung gemäß der barometrischen Höhenformel ausgebildet. Durch Ausmessen dieser Verteilung kann man (vgl. Bd. 1) die Teilchengröße bestimmen. Die Methode wird nur für relativ kleine Teilchen, selten über eine Molekülmasse von 10^5 hinaus, angewendet, da die Einstellzeiten bis zur Erreichung des Gleichgewichts sehr groß sind (Tage bis Wochen).

3. *Läßt man das äußere Feld weg* und stellt nur *zu Beginn* des Versuchs eine scharfe Grenze zwischen Lösung und reinem Lösungsmittel her, so tritt im Wechselspiel zwischen Wärmebewegung und innerer Reibung die *Diffusion* ein (Bd. 1); die Grenze verwischt sich im Laufe der Zeit. Der Konzentrationsgradient hat an der Stelle der Grenze im Anfang ein scharfes und hohes Maximum, das sich allmählich erniedrigt und verflacht. Verschiedene optische Methoden, die auf der Krümmung des Lichtstrahls in diesem geschichteten Medium beruhen, auf die hier aber im einzelnen nicht eingegangen werden kann, gestatten, den Gradientenverlauf mit der Höhe in der Meßküvette darzustellen. Abb. 6.78 zeigt zwei nach einem solchen Verfahren (Methode von PHILPOT-SVENSSON) photographierte Kurven, die an einer wäßrigen Lösung von Polyvinylpyrrolidon gewonnen sind. Die Kurve in Abb. 6.78 b wurde 10 Stunden nach der in Abb. 6.78 a aufgenommen. Aus der Geschwindigkeit der Verbreitung kann man auf die Reibung zwischen Molekül und Lösungsmittel und damit auf die Molekülmasse schließen.

Bestimmung der Molekülmasse mittels Lichtstreuung. Zur absoluten Bestimmung der Molekülmasse und zur Bestimmung der Form von Makromolekülen werden weiterhin Lichtstreuungsmessungen benutzt.
Schickt man durch ein homogenes Medium eine elektromagnetische Welle, so werden in den ein-

Abb. 6.77. Sedimentationsanalyse mittels Schlierenverfahren von Limulis-Hämocyanin (nach SVEDBERG)

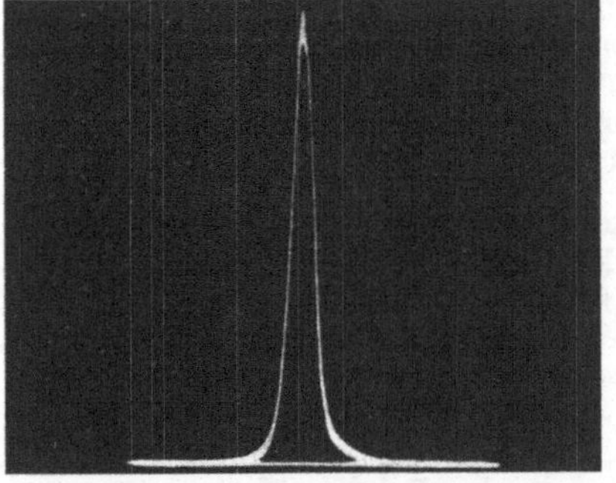

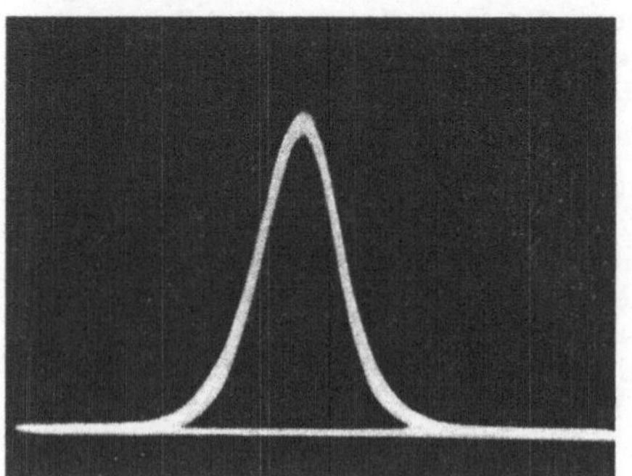

Abb. 6.78. Zeitliche Änderung des Verlaufes des Konzentrationsgradienten in einer wäßrigen Lösung von Polyvinylpyrrolidon unter dem Einfluß der Diffusion, dargestellt nach der Methode von PHILPOT-SVENSSON. Abszisse: Höhe in der Meßküvette (nach SCHOLTAN)

zelnen Molekülen periodisch sich ändernde Momente induziert, die ihrerseits wiederum Zentren neuer miteinander *interferierender Kugelwellen* sind (vgl. Bd. 3). Infolge der niemals streng regelmäßigen Anordnung der Moleküle und wegen der Temperaturbewegung erfolgt jedoch keine vollkommene Auslöschung; man erhält eine endliche seitliche Ausstrahlung, die Rayleigh-Streuung. Nur in einem Idealkristall würden sich diese Interferenzen in allen Richtungen auslöschen, so daß keine Streuung auftreten würde. Anders liegen die Verhältnisse in einem verdünnten Gas. Unter der Voraussetzung, daß *keine Wechselwirkung* der Gasmoleküle vorhanden ist, *addiert* sich die Streustrahlung der einzelnen Partikel. In einer Flüssigkeit bzw. einer Lösung, in der bekanntlich nur eine geringe Ordnung herrscht, löscht sich die Streustrahlung *zum Teil* aus. Ist die Größe der Partikel vergleichbar mit der Wellenlänge des eingestrahlten Lichtes – und dies ist bei Polymeren der Fall –, so tritt durch intramolekulare Interferenz teilweise Auslöschung auf. Betrachtet man etwa den Anteil der Streustrahlung, der von den Volumelementen A und B eines Moleküls ausgeht, so sieht man anhand der Abb. 6.79, daß

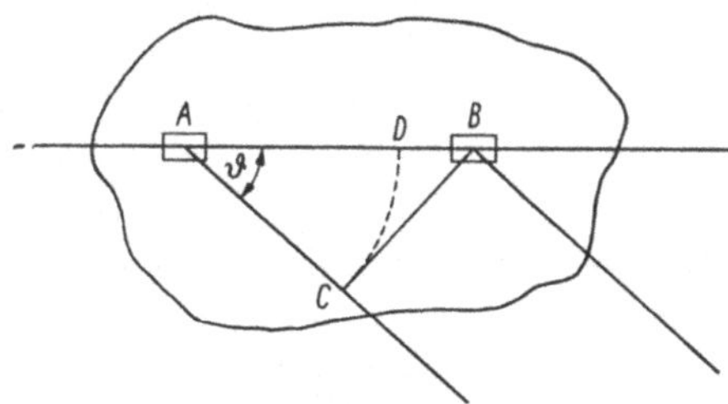

Abb. 6.79. Zur Schwächung der Streustrahlung durch intramolekulare Interferenz

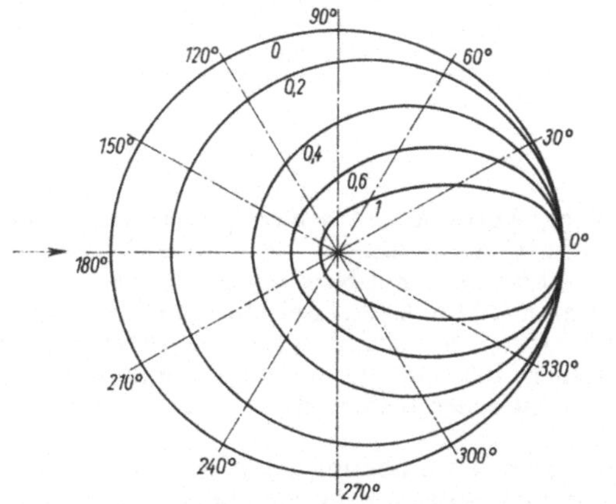

Abb. 6.80. Winkelabhängigkeit der Streustrahlung eines Knäuelmoleküls (Parameter $\sqrt{\overline{h^2}}/\lambda = 0; 0,2; 0,4; 0,6; 1$)

zwischen den beiden Streuwellen ein Gangunterschied $\Delta = \overrightarrow{DB} = \overrightarrow{AB} - \overrightarrow{AD} = \overrightarrow{AB}(1 - \cos \vartheta)$ besteht. Für kleine Winkel ϑ verschwindet dieser Gangunterschied, d. h., die direkt durchgehende Welle wird *nicht* durch Interferenz geschwächt. Mit wachsendem Winkel und mit der Größe der Moleküle wächst der Gangunterschied, und damit nimmt auch die Schwächung zu. Die auf den *Streuwinkel Null* extrapolierte Streuintensität gibt Aufschluß über die *Molekülmasse*. Aus der *Winkelabhängigkeit der Streustrahlung* kann man bei kugelförmigen Molekülen deren *Radius* und bei Kettenmolekülen den *Fadenendabstand* bestimmen. In Abb. 6.80 ist die Abhängigkeit der Streuintensität vom Winkel für Fadenmoleküle dargestellt. Als Parameter ist das Verhältnis des quadratischen Mittelwertes des Fadenendabstandes $\sqrt{\overline{h^2}}$ (der ein Maß für die Größe des Moleküls ist) zur eingestrahlten Lichtwellenlänge λ benutzt.

Elektronenmikroskopische Bestimmung der Molekülmasse. Die anschaulichste Methode der Bestimmung der Molekülmasse ist die elektronenmikroskopische. Sie beruht darauf, daß man eine extrem verdünnte Lösung bekannter Konzentration eindampft, die einzelnen Moleküle elektronenmikroskopisch sichtbar macht und auszählt (Abb. 6.81). Bisher ist diese Methode nur für Molekülmassen $M > 10^6$ anwendbar.

Viskosimetrische Bestimmung der Molekülmasse. Die viskosimetrische Bestimmung ist wegen ihrer Einfachheit die am häufigsten benutzte Methode. Sie ist ein Relativverfahren, das prinzipiell der Eichung mit einer Absolutmethode bedarf. Da die in die zur Auswertung benötigten Gleichungen eingehenden Konstanten für sehr viele Systeme bekannt sind, erübrigt sich praktisch meist die Eichung. Bevor wir auf diese Methode eingehen, ist es erforderlich, einige Begriffe einzuführen.

Derartige Bestimmungen der Molekülmasse werden in stark verdünnten Lösungen durchgeführt. Man vergleicht hierbei die Viskosität η der Lösung mit der des reinen Lösungsmittels, η_0. Das Verhältnis $\eta_r = \eta/\eta_0$ bezeichnet man als relative Viskosität. Bei sehr kleinen Konzentrationen ist die spezifische Viskosität

$$\eta_{sp} = \eta_r - 1 = \frac{\eta - \eta_0}{\eta_0} \tag{6.99}$$

der Konzentration proportional. Trägt man die spezifische Viskosität als Funktion der (Gewichts-)Konzentration c_g auf, so erhält man Kurven, die für $c_g \to 0$ ein gerades Stück besitzen. Die Neigung dieser Geraden entspricht der von STAUDINGER eingeführten *Grenzviskositäts-*

<hr>

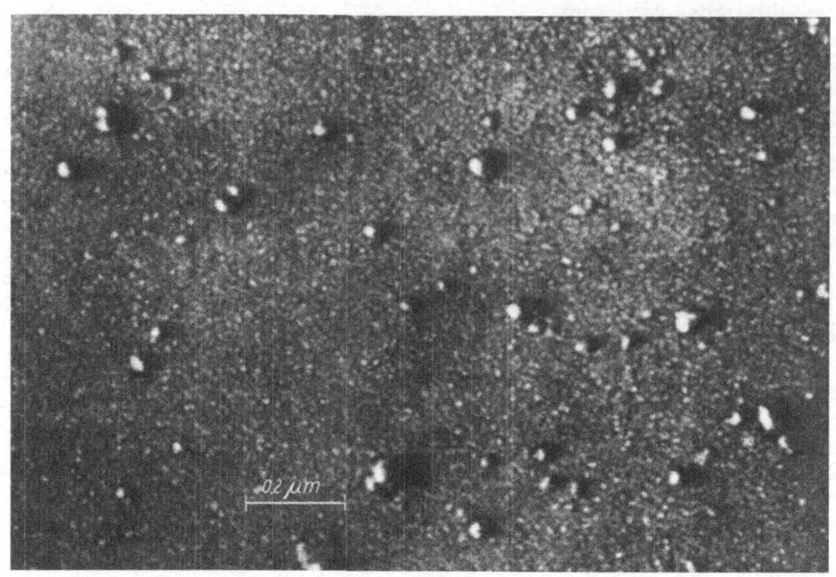

Abb. 6.81. Elektronenmikroskopische Abbildung von einzelnen Molekülen des Polymethacrylsäuremethylesters (nach A. A. NASINI und Mitarbeitern). Bei der Ausfällung knäueln sich die Moleküle derartig zusammen, daß sie auf der Aufnahme kugelförmig erscheinen; in der Lösung liegen diese Moleküle in Form loser Knäuele vor

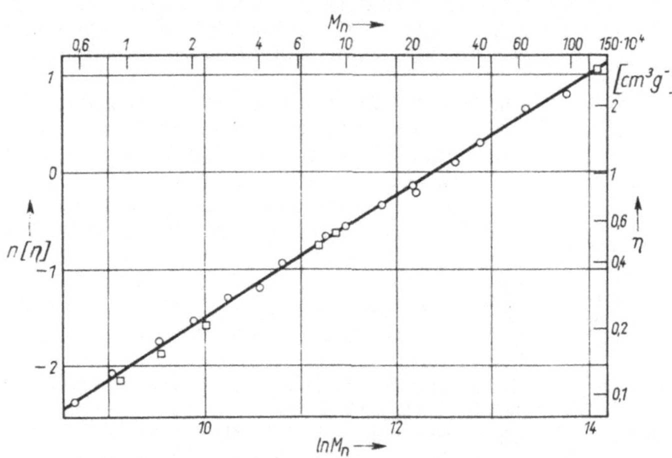

Abb. 6.82. Abhängigkeit der Grenzviskositätszahl von Polyisobutylen, gelöst in Kohlenstofftetrachlorid von der Molekülmasse (Zahlenmittel M_n) (nach FOX und FLORY)

zahl (auch als „Staudinger-Index" bezeichnet):

$$[\eta] = \lim_{c_g \to 0}\left(\frac{\eta_{sp}}{c_g}\right). \tag{6.100}$$

Die Dimension von $[\eta]$ wird durch die Konzentrationsangabe bestimmt. Mißt man die Konzentration in g des Gelösten je cm^3 der Lösung, so hat $[\eta]$ die Dimension $cm^3\ g^{-1}$.

Die Erfahrung zeigt, daß bei vielen Lösungen von Fadenmolekülen zwischen der Grenzviskositätszahl $[\eta]$ und der Molekülmasse M eine Beziehung der Form

$$[\eta] = K M^\alpha \tag{6.101}$$

besteht, wobei K und α Konstanten sind. Trägt man $\ln[\eta]$ als Funktion von $\ln M$ auf, so erhält man Geraden, deren Neigung den Exponenten α bestimmt (Abb. 6.82). Bei den meisten bisher untersuchten Systemen ergeben sich Exponenten zwischen 0,5 und 1, wobei besonders häufig Werte zwischen 0,66 und 0,80 beobachtet werden.

Die Viskositätserhöhung beim Einbringen einer polymeren Substanz in ein Lösungsmittel hat folgende Ursache: In dem Strömungsgefälle wirkt auf das Makromolekül ein Drehmoment (Abb. 6.83). Es dreht sich deshalb um seinen Schwerpunkt. Bedingt durch die Relativbewe-

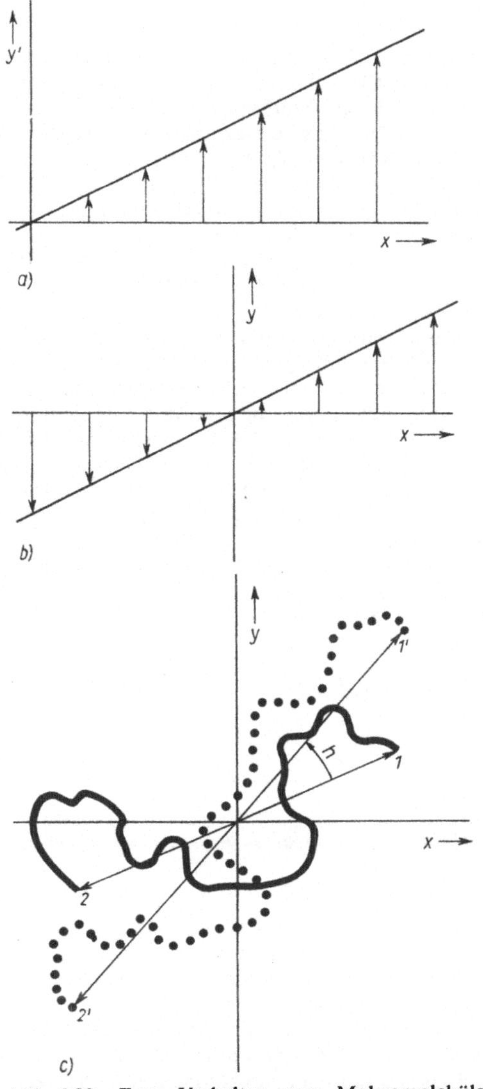

Abb. 6.83. Zum Verhalten von Makromolekülen in einem Strömungsgefälle. a) Strömungsfeld einer Flüssigkeit mit Strömungsgefälle; b) Bewegung der umgebenden Flüssigkeitsteilchen, beobachtet von einem Koordinatensystem im Fadenschwerpunkt; c) Drehung eines Fadenmoleküls aus der Lage 1–2 in die Lage 1′–2′ unter gleichzeitiger Längenänderung durch das Strömungsfeld

gung zwischen Makromolekül und Lösungsmittel, wird kinetische Energie in Wärme verwandelt. Dies macht sich makroskopisch in einer Viskositätserhöhung bemerkbar.

Das hydrodynamische Problem der Viskosität einer (sehr verdünnten) Suspension starrer Kugeln ist zuerst von EINSTEIN behandelt worden. Er erhielt für die Grenzviskositätszahl

$$[\eta] = 2,5 \frac{1}{\varrho_2}, \tag{6.102}$$

wobei ϱ_2 die Dichte des gelösten polymeren Stoffes ist. Zur Berechnung der Viskositätszahl eines Fadenmoleküls benutzt man das „Perlenkettenmodell", d. h., man ersetzt die Grundmoleküle durch hydrodynamisch äquivalente Kugeln, die durch Gelenke miteinander verbunden sind. Da eine exakte Behandlung der Strömungsverhältnisse auch in diesem vereinfachten Modell nicht möglich ist, behandelt man zunächst zwei Grenzfälle. Bei dem frei durchspülten Knäuel wird die Annahme gemacht, daß die Strömung innerhalb des Knäuels durch die Kettenglieder nicht gestört ist. Die detaillierte Rechnung ergibt für die Grenzviskositätszahl die Gl. (6.101), wobei der Exponent $\alpha = 1$ ist. Tatsächlich wird aber ein Teil des Lösungsmittels – insbesondere bei stark geknäuelten Molekülen – immobilisiert; das Lösungsmittel strömt nur beschränkt durch das Makromolekül. Um die hierbei gegebenen Verhältnisse abzuschätzen, betrachtet man den anderen extremen Fall des undurchspülten Knäuels, d. h., man ersetzt das Fadenmolekül durch eine (undurchdringliche) Kugel mit einem effektiven Durchmesser, der etwa dem Fadenendabstand entspricht. Auch dieses Modell führt zu Gl. (6.101), wobei jetzt der Exponent $\alpha = 0,5$ ist. Die experimentellen Ergebnisse (s. o.) zeigen, daß das tatsächliche Verhalten zwischen beiden Grenzfällen liegt:

> Fadenförmige Makromoleküle liegen in Lösung in Form teilweise durchspülter Knäuel vor

Die gleiche Vorstellung des teilweise durchspülten Knäuels benutzt man auch bei der Deutung des Diffusions- und Sedimentationsverhaltens der Fadenmoleküle.

6.5.2. Die Eigenschaften fester Polymerer

Ordnungszustände in Polymeren. Kühlt man eine Metallschmelze oder eine niedermolekulare Flüssigkeit ab, so tritt – falls man eine Unterkühlung verhindert – eine weitgehende Kristallisation ein. Da die Teilchen relativ unabhängig voneinander sind, sind sie beweglich, und es kann Kristallisation in einem gut ausgebildeten Kristallgitter erfolgen.

Grundsätzlich andere Verhältnisse ergeben sich bei hochmolekularen Stoffen, bedingt durch deren Aufbau. Wenn man eine geschmolzene polymere Substanz abkühlt oder eine polymere Lösung eindunstet, so können die Grundmoleküle zwar auch unter Umständen an einigen Stellen gitterartige Anordnungen bilden. Durch die enge Verkopplung der hauptvalenzmäßig gebundenen Grundmoleküle ist dies jedoch im allgemeinen nicht in größeren Bereichen möglich; die Grundmoleküle haben nicht die erforderliche Bewegungsfreiheit, um sich in den entsprechenden Gitterpunkten anzulagern. Es entstehen so kristalline Bereiche, die durch mehr oder weniger ungeordnete Gebiete – die man mit amorph oder besser mit nichtkristallin bezeichnet – getrennt sind (Abb. 6.84). Ein Makromolekül gehört dabei im allgemeinen gleichzeitig mehreren Kristalliten an („Fransenstruktur"). Es ist jedoch nicht so, daß einzelne völlig regelmäßig ausgebildete Kristallite in eine völlig ungeordnete Umgebung eingebettet sind, wie etwa Ziegelsteine in Mörtel, sondern die Übergänge vom kristallinen zum amorphen Gebiet verlaufen stetig. Der rein amorphe und der rein kristalline Zustand sind Grenzzustände, wobei sich der rein amorphe Zustand nicht immer, der rein kristalline Zustand bei Hochpolymeren in größeren Bereichen niemals verwirklichen läßt.

> Bei den polymeren Substanzen existiert im allgemeinen ein kontinuierliches Spektrum von Ordnungszuständen.

Neben dieser Fransenstruktur beobachtet man bei elektronenmikroskopischen Untersuchungen an einigen Polymeren bei bestimmten Herstellungsbedingungen noch eine andere Struktur, die „Lamellenstruktur". Es handelt sich hierbei um lamellenförmige Einkristalle mit einer Kantenlänge von einigen µm und einer Dicke von etwa 12 nm. Röntgenographische Untersuchungen haben gezeigt, daß die Molekülketten in diesen Lamellen senkrecht zu der Lamellenebene orientiert sind. Da die Makromoleküle eine Länge bis zu einigen hundert µm haben, müssen die Moleküle in diesen Lamellen in Form mehrerer hundert parallelliegender Schlingen angeordnet sein.

Zur zahlenmäßigen Charakterisierung des Ordnungsgrades ist es erforderlich, einen willkürlichen Schnitt in diesem kontinuierlichen Spektrum der Ordnungszustände zu machen und alle Gebiete, deren Ordnung größer ist, als *kristallin* und alle Gebiete, deren Ordnung kleiner ist, als *amorph* zu bezeichnen. Wo dieser Schnitt im

einzelnen liegt, hängt auch von der Meßmethode ab. Es ist deshalb nicht verwunderlich, wenn man nach verschiedenen Methoden abweichende Ergebnisse erhält. Zur experimentellen Bestimmung des kristallinen Anteils eignen sich prinzipiell alle physikalischen Eigenschaften, die im amorphen und kristallinen Bereich verschieden sind. Voraussetzung ist nur, daß diese Eigenschaften im rein amorphen und im rein kristallinen Zustand (gegebenenfalls durch Extrapolation) bestimmbar sind.

Die meisten Bestimmungen des kristallinen Anteils sind mittels Röntgenstrukturanalyse durchgeführt worden. Andere Verfahren benutzen zur Bestimmung des kristallinen Anteils die Unterschiede der Dichte bzw. der Wärmekapazität in den beiden Phasen. Auch die Infrarotspektroskopie und die Hochfrequenzspektroskopie, insbesondere die NMR-Spektroskopie, erlauben Aussagen über den Ordnungszustand der Polymeren. In Tab. 6.18 sind einige nach verschiedenen Methoden bestimmte Kristallisationsgrade zusammengestellt. Da der Kristallisationsgrad stark von der Temperatur und vor allem von der Vorbehandlung der Probe abhängt, handelt es sich hierbei nur um Richtwerte.

Tabelle 6.18. Kristallisationsgrad einiger Polymerer (bei 20 °C)

Polyethylen	60%	Cellulose	
Polyamid	60%	a) Native Faser	70%
Polyethylen-terephtalat	35%	b) Regenerativfaser	40%
Kautschuk, gedehnt	30%		

Ob eine polymere Substanz gut, schlecht oder überhaupt nicht kristallisiert, hängt in erster Linie von der Molekülform ab. Polymere, die weitgehend linear gebaut sind, wie z. B. Polyethylen oder die Polyamide, können leicht kristallisieren, da sich die einzelnen Ketten gut parallel lagern können. Substanzen mit sperrigen Seitengruppen, wie z. B. Polystyren und die Ester der Polymethacrylsäure, kristallisieren nicht, sie sind amorph und bilden die „organischen Gläser". Oft genügt es, in jedem Grundmolekül ein Wasserstoffatom durch eine Methylgruppe zu ersetzen, um die Kristallisation zu verhindern. Zum Beispiel ist 1,3-Butandiol-bernsteinsäure-Polyester

$$\left(-\left[-O-(CH_2)_2-\underset{\underset{CH_3}{|}}{CH}-O-\underset{\underset{O}{\|}}{C}-(CH_2)_2-\underset{\underset{O}{\|}}{C}\right]-\right)_n$$

rein amorph, während 1,4-Butandiol-bernsteinsäure-Polyester

$$\left(-\left[-O-(CH_2)_3-CH_2-O-\underset{\underset{O}{\|}}{C}-(CH_2)_2-\underset{\underset{O}{\|}}{C}-\right]-\right)_n$$

partiell kristallin ist.

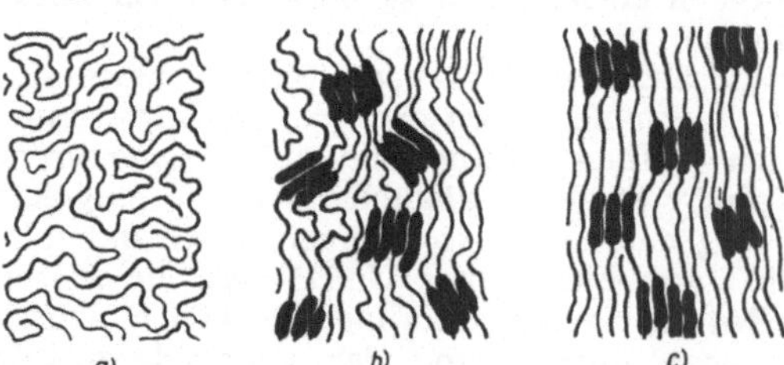

Abb. 6.84. Ordnungszustände in Polymeren (schematisch). a) rein amorph; b) partiell kristallin, amorphe Bereiche ungeordnet; c) partiell kristallin, amorphe Bereiche vorgeordnet

Der Ordnungszustand der Polymeren hängt nicht nur vom Bau der Moleküle, sondern auch von deren mechanischer und thermischer Vorbehandlung ab. Erstarrt eine polymere Schmelze, so entstehen kleine Kristallite, zwischen denen in den amorphen Bereichen verknäuelte und verspannte Kettenstücke vorhanden sind. Man kann diese amorphen Bereiche durch eine Zugbeanspruchung (Verstreckung) in gewissem Maße orientieren; es tritt eine Vorordnung ein. Tempert man eine derartig verstreckte polymere Substanz, so geht diese zusätzliche Orientierung im wesentlichen zurück. Außerdem können unter Umständen

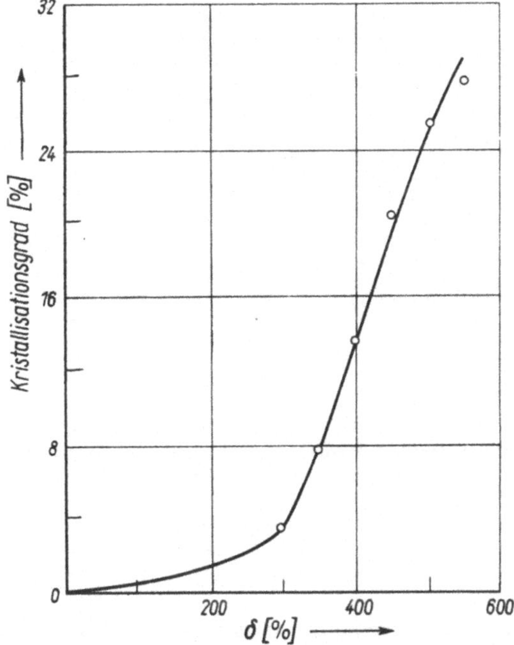

Abb. 6.85. Abhängigkeit des Kristallisationsgrades von der Dehnung für vulkanisierten Naturkautschuk

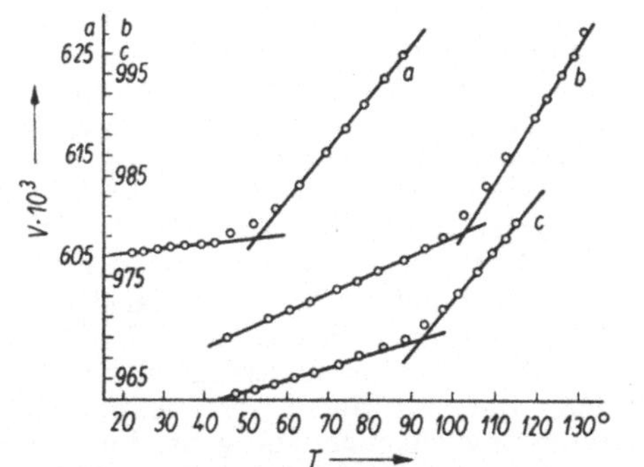

Abb. 6.86. Spezifisches Volumen des Polystyrens in Abhängigkeit von der Temperatur und der relativen Molmasse (a) $M \simeq 6100$; (b) $M \simeq 58700$; (c) $M \simeq 3300$ (nach JENKEL und Mitarb.)

die Kristallite bei einer Verstreckung wachsen, d. h., es werden noch einzelne Grundmoleküle in die der Gitterordnung entsprechenden Gleichgewichtslagen „einschnappen" (vgl. Abb. 6.85). Auf einen wesentlichen Unterschied zwischen dem Verhalten nieder- und hochmolekularer Verbindungen sei noch hingewiesen. Kühlt man eine polymere Schmelze ab, so wird sie, auch wenn Kristallisation vermieden wird, immer zäher und erstarrt schließlich zu einem festen Glas. Dieser Übergang erfolgt kontinuierlich, ohne Ausbildung einer neuen Phase. Vom Standpunkt der Phasenlehre ist deshalb ein Glas eine unterkühlte Flüssigkeit. Dennoch besteht ein wesentlicher Unterschied zwischen einem Glas und einer unterkühlten Flüssigkeit. Unterkühlt man eine (niedermolekulare) Flüssigkeit, so ändern sich deren Eigenschaften praktisch linear über den Erstarrungspunkt hinweg. Eine polymere Schmelze verhält sich anders. Kühlt man eine polymere Schmelze ab, so zeigt sich z. B. (s. Abb. 6.86), daß der Ausdehnungskoeffizient bei einer bestimmten Temperatur sprunghaft abnimmt. Die Funktion $V(T)$ besteht praktisch aus zwei sich schneidenden Geraden; der Schnittpunkt kennzeichnet die „*Einfriertemperatur*". Charakteristisch für die Lage der Einfriertemperatur ist, daß bei dieser Temperatur die Viskosität etwa 10^{13} Poise beträgt, unabhängig von der speziellen Substanz. Dieser Befund gibt zugleich einen Hinweis auf die molekularen Ursachen des außergewöhnlichen Verhaltens der Gläser. In einer niedermolekularen Flüssigkeit sind die Partikel im allgemeinen beweglich, so daß sie beim Erstarren in eine stabile Gleichgewichtslage übergehen können. Bei Polymeren ist durch die hauptvalenzmäßige Verknüpfung der Grundmoleküle und bei anorganischen Gläsern durch die starke ionische Wechselwirkung die Beweglichkeit der Moleküle derartig eingeschränkt, daß sich in vernünftigen Zeiten keine Gleichgewichtslagen mehr einstellen können. Dies bedeutet, daß sich Substanzen im Glaszustand nicht im thermodynamischen Gleichgewicht befinden.

Kräfte in Polymeren. In Polymeren wirken zunächst grundsätzlich die gleichen Kräfte zwischen den Molekülen, Grundmolekülen bzw. einzelnen Gruppen dieser Moleküle wie in Flüssigkeiten: Dispersionskräfte, Induktionskräfte, Dipolkräfte und Wasserstoffbrückenbindungen. Die Kräfte sind klein, wenn ausschließlich Dispersionskräfte vorhanden sind. Dies ist z. B. der Fall, wenn die Moleküle im wesentlichen aus CH_2- und CH_3-Gruppen aufgebaut sind. Die Kräfte wachsen, wenn zusätzlich Dipolkräfte und insbesondere Wasserstoffbrückenbindungen auftreten. Ein Maß für die zwischenmolekulare

---

Wechselwirkung ist die „Molkohäsion" (s. Tab. 6.19). Darunter versteht man die Wechselwirkungsenergie eines 0,5 nm langen Kettenstückes mit vier gleichen Nachbarn, wobei diese Wechselwirkungsenergie für das Polyethylen 1 kcal mol^{-1} = 4,2 kJ mol^{-1} gesetzt worden ist.

Sie ist für unpolare Substanzen (1 bis 5) am kleinsten, wächst bei den polaren Substanzen (6 bis 8) und wird schließlich bei wasserstoffbrückenbildenden Substanzen (9 bis 13) noch wesentlich größer. Damit die Dipolkräfte und insbesondere die Wasserstoffbrückenbindungen wirksam werden, ist es erforderlich, daß zwischen den entsprechenden Gruppen ein geringer Abstand besteht. Dies kann man z. B. durch Verstrecken erreichen (vgl. Abb. 6.87).

Bedingt durch die zwischenmolekularen Kräfte stellen sich die Abstände der Moleküle derart

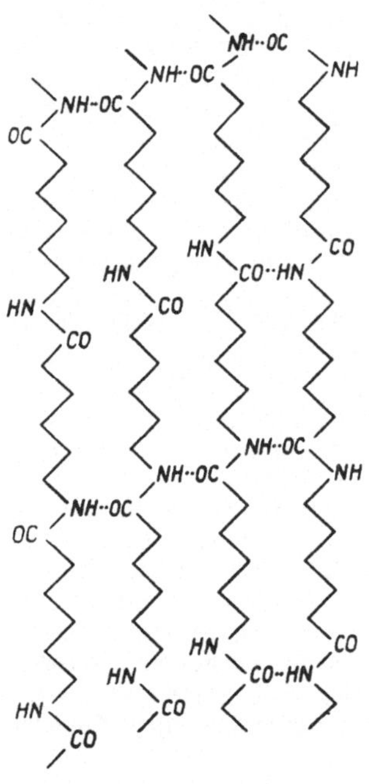

Abb. 6.87. Wasserstoffbrückenbindung in Polyamiden

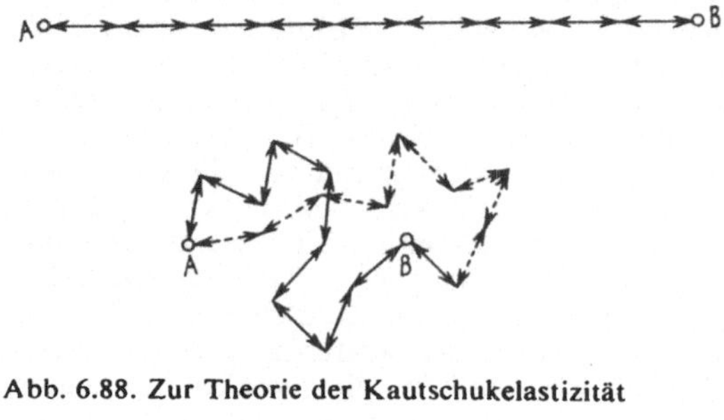

ein, daß die freie Energie bzw. Enthalpie ein Minimum wird. Stört man dieses Gleichgewicht durch äußere Kräfte, so versuchen die Moleküle auf Grund der energetischen Verkopplung, wieder in die Gleichgewichtslage zurückzukehren. Es treten rücktreibende Kräfte, also eine Elastizität auf, die man mit *Energieelastizität* bezeichnet.

Die Energieelastizität zeichnet sich dadurch aus, daß die Kräfte und damit die Elastizitätsmoduln sehr groß sind, während die Verformung bis zum Bruch sehr klein ist.

Tabelle 6.19. Molkohäsion einiger polymerer Substanzen (nach H. MARK)

Substanz	Molkohäsion kJ mol^{-1}
1. Polyethylen	4,2
2. Polybutadien	4,6
3. Polyisobutylen	5,0
4. Naturkautschuk	5,4
5. Polystyren	16,7
6. Polychloropren	6,7
7. Polyvinylchlorid	11,3
8. Polyvinylacetat	13,4
9. Polyvinylalkohol	14,6
10. Celluloseacetat	20,1
11. Polyamide	24,3
12. Cellulose	26,0
13. Seidenfibroin	41,0

Kautschukelastizität. Neben diesen, durch einen Energiemechanismus verursachten Kräften, treten in Polymeren weitere Kräfte auf, die das außergewöhnliche Verhalten bestimmter Polymerer, nämlich das der kautschukelastischen (hochelastischen) Stoffe, verursachen. Um diesen für Polymere typischen Effekt der Kautschukelastizität zu verstehen, betrachten wir ein Stück eines Kettenmoleküls zwischen zwei Haft- oder Verknüpfungspunkten, wobei es zunächst gleichgültig ist, ob eine *Verknüpfung durch Hauptvalenzbindungen* oder eine Haftung *durch Verschlingung oder Kristallitbildung* erfolgt. Die Lage der Verknüpfungspunkte AB (Abb. 6.88) sei festgehalten. Das dazwischenliegende Kettenstück kann nun auf verschiedene Weise geformt sein, da man den Linienzug bei konstanter Anzahl von Grundmolekülen auf verschiedene Weise realisieren kann. Die Zahl der Realisierungsmöglichkeiten ist eine Funktion der Entfernung der Endpunkte AB im Vergleich zur Länge der gestreckten Kette L. Ist $AB = L$, so gibt es nur eine Realisierungsmöglichkeit. Mit Verkürzung von AB nimmt die Anzahl der Realisierungsmöglichkeiten zu, geht durch ein Maximum und verringert sich bei einem kleinen Abstand der Endpunkte wieder. Die Anzahl der Realisierungsmöglichkeiten ist aber ein Maß für die Entropie des Kettenstückes, und diese

Abb. 6.88. Zur Theorie der Kautschukelastizität

Entropie hat damit für einen bestimmten Abstand der Molekülendpunkte AB_{GL} ein Maximum. Eine Änderung des Abstandes AB_{GL} bedingt also eine Entropieverminderung. Diese Entropieverminderung bedingt gleichzeitig eine Temperaturerhöhung beim Dehnen. Ein Stahldraht, der im wesentlichen energieelastisch ist, kühlt sich beim Dehnen ab. Jede Substanz hat nun die Tendenz, ihre Entropie zu vergrößern, das bedeutet in diesem Fall die Verformung rückgängig zu machen. Dies äußert sich in einer elastischen Kraft, es tritt eine *Entropieelastizität* auf.

Wir wollen diese Verhältnisse etwas genauer untersuchen und gehen hierzu von den beiden Hauptsätzen der Thermodynamik in der Form

$$F = U - TS$$

(s. Bd. 1) aus, wobei F die freie Energie, U die innere Energie und S die Entropie des Systems ist. Durch Differentiation folgt hieraus

$$dF = dU - T\,dS - S\,dT.$$

Für eine isotherme Änderung $(dT = 0)$ ergibt sich

$$dF = dU - T\,dS.$$

Üben wir auf eine Materialprobe oder auch auf ein einzelnes Molekül eine Kraft F_s aus, die eine Verlängerung um dh bewirkt, so ist die hierbei geleistete Arbeit $F_s\,dh$ gleich der Änderung der freien Energie dF. Damit wird

$$F_s = \left(\frac{\partial U}{\partial h}\right)_T - T\left(\frac{\partial S}{\partial h}\right)_T. \qquad (6.103)$$

Der erste Term auf der rechten Seite dieser Gleichung entspricht der *Änderung der inneren Energie* bei der Dehnung, der zweite Term der der *Entropieänderung*. Während in niedermolekularen Substanzen der Energieterm überwiegt, liefert in kautschukelastischen Stoffen der zweite Term den wesentlichen Beitrag. Man bezeichnet eine Substanz als *idealkautschukelastisch*, wenn die *innere Energie* vom *Volumen unabhängig* ist: $\left(\frac{\partial U}{\partial V}\right)_T = 0$.

Um den Zusammenhang dieser thermodynamischen Beziehungen mit den molekularen Daten herzustellen, benutzen wir die Boltzmannsche Gleichung (vgl. Bd. 1)

$$S = k \ln W + \text{const},$$

die die Entropie S mit der Wahrscheinlichkeit W eines Zustandes verknüpft. Die Wahrscheinlichkeit bestimmter Konfigurationen einer Molekülkette wird durch Gl. (6.97)

bestimmt. Mit Gl. (6.98) erhält man daraus

$$S = \text{const} - kb_0{}^2h^2 \quad \text{mit} \quad b_0{}^2 = \frac{3}{2Z_0a^2},$$

wobei Z_0 die Zahl der Grundmoleküle zwischen zwei Verknüpfungspunkten ist. Für die Kraft in einem *idealkautschukelastischen Stoff* ergibt sich aus Gl. (6.103)

$$F_s = 2kTb_0{}^2h = \frac{3kTh}{Z_0a^2}, \qquad (6.104)$$

wobei h jetzt ein mittlerer Wert des Kettenendpunktabstandes während der Dehnung ist. Aus dieser Gleichung ersieht man, daß die rücktreibende Kraft umgekehrt proportional dem Abstand zweier Verknüpfungspunkte ist. Außerdem wächst – und dies ist für Entropieelastizität charakteristisch – die Kraft mit *steigender* Temperatur.

Denkt man sich nun die einzelnen Kettenstücke zu dem kreuz und quer verfilzten Netz des Polymerisates zusammengebaut (Abb. 6.89) und verformt dieses Netz, so wird die Gesamtheit der Haftpunkte in erster Näherung eine affine Transformation erleiden. Damit ändert sich die Zahl der Realisierungsmöglichkeiten der einzelnen Kettenstücke derart, daß die Entropie abnimmt. Ist das Netz lose genug, so daß sich die einzelnen Grundmoleküle bei der Verformung nicht wesentlich behindern, kann man in erster Näherung die Änderung der Entropie des ganzen Stückes gleich der Summe der Entropieänderungen der einzelnen Kettenstücke setzen. Die gesamte rückstellende Kraft ergibt sich dann als Summe der Beiträge der einzelnen Kettenstücke. Diese Entropieelastizität ist die Ursache für das außergewöhnliche elastische Verhalten des Kautschuks. Bei der Entropieelastizität sind die *Elastizitätsmoduln viel kleiner* als bei der Energieelastizität. Andererseits beträgt die *Verformung bis zum Bruch mehrere* 100 *Prozent*.

Das dynamische Verhalten der Makromoleküle. Das dynamische Verhalten polymerer Substanzen hängt eng mit den Ordnungszuständen und den zwischenmolekularen Kräften zusammen. Es wird auch bei Polymeren durch *Platzwechselvorgänge* bestimmt. In festen hochmolekularen

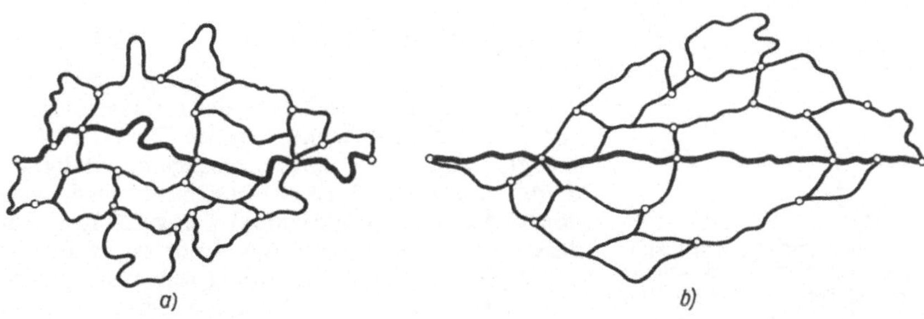

Abb. 6.89. Kautschukmoleküle. a) in der wahrscheinlichsten Lage; b) im gedehnten Zustand

Substanzen werden – bedingt durch die Größe der Moleküle – im allgemeinen nicht ganze Moleküle wandern, sondern es werden nur einzelne *Segmente* der Moleküle ihre Lage zueinander ändern. Die Platzwechsel werden um so leichter erfolgen, je kleiner die zwischenmolekularen Kräfte und damit die bei einem Platzwechsel zu überwindenden Potentialschwellen sind. Außerdem werden Platzwechsel besonders häufig in *ungeordneten* Gebieten erfolgen, da hier Fehlstellen, Löcher usw. vorhanden sind, in die die Moleküle bzw. Molekülsegmente leicht hineindiffundieren können. In amorphen Bereichen kann daher die Zahl der Platzwechsel – insbesondere wenn die zwischenmolekularen Kräfte schwach sind – große Werte erreichen, während in kristallinen Bereichen die Beweglichkeit der Moleküle bzw. Molekülsegmente sehr klein ist. Hieraus ergibt sich, daß in kristallinen Bereichen ein sehr fester Zusammenhalt der Moleküle besteht, der ein Abgleiten der Moleküle bei einer mechanischen Beanspruchung verhindert:

> Kristalline Bereiche bedingen eine hohe Festigkeit der Polymeren.

Die Beweglichkeit der Moleküle bzw. Molekülsegmente in Polymeren liegt also zwischen der in Flüssigkeiten und der in Kristallen; die Zeit, in der ein Teilchen einen Platzwechsel ausführt, wird vergleichbar mit der Beanspruchungszeit. Dies führt dazu, daß *gleichzeitig* die elastischen und die plastischen Eigenschaften zur Geltung

kommen; *feste Polymere sind visko-elastische Substanzen* (s. u.).

Es zeigt sich, daß sich die amorphen Bezirke in ihrem mechanischen Verhalten verschieden verhalten, je nachdem, ob sie völlig ungeordnet vorliegen (s. Abb. 6.84b) oder ob eine gewisse Ordnung (z. B. erzielt durch Verstreckung) besteht (s. Abb. 6.84c).

In einem völlig ungeordneten amorphen Bereich, wie er beim schnellen Abkühlen einer polymeren Schmelze entsteht, liegen die Kettenstücke wirr durcheinander. Bei einer mechanischen Beanspruchung verhält sich ein derartiger Körper *spröde* und wird bei einer entsprechend großen Verformung brechen. Man kann sich ein derartiges Verhalten an einer Reihe von Bleistiften klarmachen, die wirr durcheinanderliegen und so ein ziemlich starres Gebilde darstellen.

Verstreckt man eine derartige Substanz, so tritt in den amorphen Bereichen eine gewisse Parallellagerung – jedoch nicht unbedingt eine Kristallisation – ein. In einem auf diese Weise vorgeordneten Gebiet liegen die Makromoleküle wie die Bleistifte in einem Bündel und sind insbesondere noch in Längsrichtung verschiebbar. Es ist offensichtlich, daß sich ein derartig vorgeordnetes Bündel besser verformen läßt als ein völlig ungeordnetes.

Das visko-elastische Verhalten. Das Verhalten visko-elastischer Stoffe kann man anhand einer von MAXWELL bereits 1867 aufgestellten Differentialgleichung überblicken, die einen Zusammenhang zwischen der Elastizität – einer typischen Eigenschaft des festen Zustandes – und der Plastizität – einer typischen Eigenschaft des flüssigen Zustandes – herstellt:

$$\frac{d\delta}{dt} = \frac{1}{g}\frac{d\gamma}{dt} + \frac{\gamma}{\eta},$$

bzw.

$$\frac{d\delta}{dt} = \frac{1}{g}\left(\frac{d\gamma}{dt} + \frac{\gamma}{\tau}\right), \tag{6.105}$$

wobei $\tau = \eta/g$ die „*Relaxationszeit*" ist. Für konstante Verformung $\left(\delta = \delta_0; \frac{d\delta}{dt} = 0\right)$ erhält man aus Gl. (6.105) $\frac{d\gamma}{dt} = -\frac{\gamma}{\tau}$. Integration ergibt $\gamma = \gamma_0 \exp{-t/\tau}$. Dies besagt, daß die Spannung γ nach der Zeit τ, der Relaxationszeit, auf den e-ten Teil abgeklungen ist. Die Gl. (6.105) besagt, daß die Verformungsgeschwindigkeit $d\delta/dt$ von zwei Termen bestimmt wird, von denen der erste proportional der zeitlichen Änderung der Schubspannung $d\gamma/dt$ ist, während der zweite Term der Spannung selbst proportional ist (s. Abb. 6.90). Der erste Term, gekennzeichnet durch den Schermodul g, entspricht dem

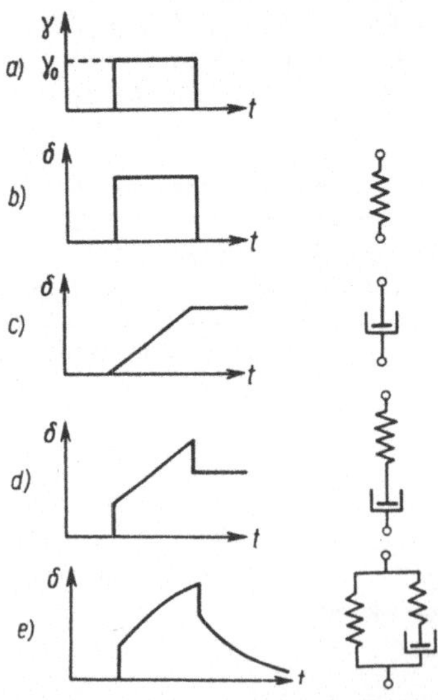

Abb. 6.90. Visko-elastisches Verhalten und Modelle visko-elastischer Stoffe: a) vorgegebener Spannungsverlauf; b) ideales elastisches Verhalten; c) ideales viskoses Verhalten; d) „Maxwell-Verhalten" (Fließen und Elastizität); e) Relaxationsverhalten

elastischen Anteil, der zweite Term, durch die Viskosität η charakterisiert, entspricht dem viskosen Anteil. Welcher der beiden Terme überwiegt, hängt vom Verhältnis der Relaxationszeit zur Zeit der Spannungsänderung ab. Ist die Relaxationszeit τ groß, so überwiegt der erste Term, und man erhält durch Integration das Hookesche Gesetz:

$$\delta_E = \frac{1}{g}\,\gamma.$$

Die (elastische) Verformung (Verschiebung) ist proportional der Spannung. Legt man eine konstante Spannung γ_0 an den Körper, so dehnt er sich momentan um die Strecke γ_0/g (s. Abb. 6.90 b). Ist die Relaxationszeit τ klein, so überwiegt der zweite Term. Die Verformungsgeschwindigkeit ist proportional der anliegenden Kraft (Newtonsches Gesetz). Durch Integration erhält man

$$\delta_V = \frac{\gamma_0}{\eta}\,t. \qquad (6.106)$$

Die Verformung wächst linear mit der Zeit (s. Abb. 6.90 c).

Das Verhalten eines Körpers hängt also von der *Beanspruchungsgeschwindigkeit* ab. Bei extrem *kleinen* Schergeschwindigkeiten verhält sich ein Körper wie eine *viskose Flüssigkeit*, bei extrem *großen* Schergeschwindigkeiten wie ein *elastischer Festkörper*. Es existiert also keine definierte Grenze zwischen dem festen und dem flüssigen Zustand. Bei den Polymeren liegen die Relaxationszeiten nun so, daß man experimentell beide Beanspruchungsarten verwirklichen kann; bei „festen" Stoffen sind die Relaxationszeiten derart groß, daß in vernünftigen Zeiten kein merkliches Abklingen der Spannungen festzustellen ist, während andererseits in Flüssigkeiten die Relaxationszeiten so klein sind, daß man praktisch nur den Zustand des Fließens verwirklichen kann.

Ist die Relaxationszeit vergleichbar mit der Beanspruchungszeit, so überlagern sich beide Effekte. Bei einer konstanten Spannung an dem visko-elastischen Körper erhält man für die Verformung

$$\delta_{VE} = \frac{\gamma_0}{g\tau}\,t + \frac{\gamma_0}{\eta} \qquad (6.107)$$

(s. Abb. 6.90 d).
Bei Polymeren sind die Verhältnisse noch komplizierter, da hier gleichzeitig verschiedene Arten von Kräften wirken (z. B. energie-elastische und entropie-elastische Kräfte). Man kann nun annehmen, daß die energie-elastischen Kräfte sofort wirksam werden, während die Entropieelastizität, die mit einer Umordnung der Moleküle verbunden ist, eine *gewisse Zeit* zur Einstellung benötigt. Dies führt – bei vorgegebener Kraft – zu einer Zeitabhängigkeit der Deformation, wie sie in Abb. 6.90 e dargestellt ist; im einfachsten Fall wird der Anstieg durch eine e-Funktion beschrie-

ben. Bedingt durch die unterschiedliche Beweglichkeit der Haupt- und Seitenketten der Moleküle treten jedoch in Polymeren mehrere, im allgemeinen ein *Spektrum von Relaxationszeiten* auf.
Sehr oft untersucht man das mechanische Verhalten nicht mit sprungförmiger, sondern mit sinusförmiger Erregung. Es zeigt sich dann, daß der Elastizitäts- bzw. Schermodul in einem Frequenzbereich, der ungefähr dem reziproken Wert der Relaxationszeit entspricht, ansteigt, wobei gleichzeitig mechanische Verluste auftreten (vgl. Abb. 6.24). Ganz analoge Verhältnisse bestehen auch beim dielektrischen Verhalten der Materie.
Es ist möglich, Modelle aus Federn und Dämpfungselementen (Kolben, die sich in einer viskosen Flüssigkeit befinden) herzustellen, die sich bei mechanischen Beanspruchungen genauso verhalten wie derartige visko-elastische Körper (s. Abb. 6.90). Auf Grund der Analogie zwischen mechanischen und elektrischen Größen (vgl. Bd. 1 und 2) kann man auch elektrische Modelle (aus Kondensatoren und Widerständen) benutzen.
Wir wollen dies z. B. für das „Maxwellsche Modell" (Abb. 6.90 d) zeigen. Die Bewegungsgleichung einer Feder lautet: $x_1 = c_1 k$, wobei x_1 die durch die Kraft k bewirkte Dehnung ist. Am Dämpfungskolben ist die Deformationsgeschwindigkeit $\dot{x}_2$ proportional der Kraft $\dot{x}_2 = c_2 k$. Die Kräfte sind an beiden Elementen gleich, während sich die Deformationen und damit auch die Deformationsgeschwindigkeiten addieren: $\dot{x} = \dot{x}_1 + \dot{x}_2 = c_1 k + c_2 k$. Dieses Modell gehorcht also einer Differentialgleichung, die vollständig der Maxwellschen Gleichung (6.105) entspricht. Ein derartiges Modell verhält sich bei gleichen Anfangs- und Grenzbedingungen genauso wie ein entsprechender visko-elastischer Körper.

Zusammenhang zwischen Ordnungszuständen, zwischenmolekularen Kräften und den technischen Eigenschaften der Polymeren. Das physikalische und damit technische Verhalten der Polymeren wird durch die Eigenschaften und das Verhalten der Makromoleküle bestimmt. Die Zusammenhänge sind jedoch derart kompliziert, daß es bisher noch nicht gelungen ist, die Beziehungen zwischen Molekülstruktur und technischen Eigenschaften *quantitativ* zu formulieren. Die qualitativen Zusammenhänge sind heute jedoch weitgehend bekannt, und insbesondere kann man beurteilen, wie sich die Eigenschaften eines bestimmten Polymeren ändern, wenn man gewisse strukturelle Veränderungen an ihm vornimmt. Im folgenden sollen die Beziehungen anhand eines einfachen Schemas (Abb. 6.91) dargelegt werden. Da es nicht möglich ist, Ordnungszustände und zwischenmolekulare Kräfte durch *einen* Zahlenwert vollständig zu charakterisieren,

---

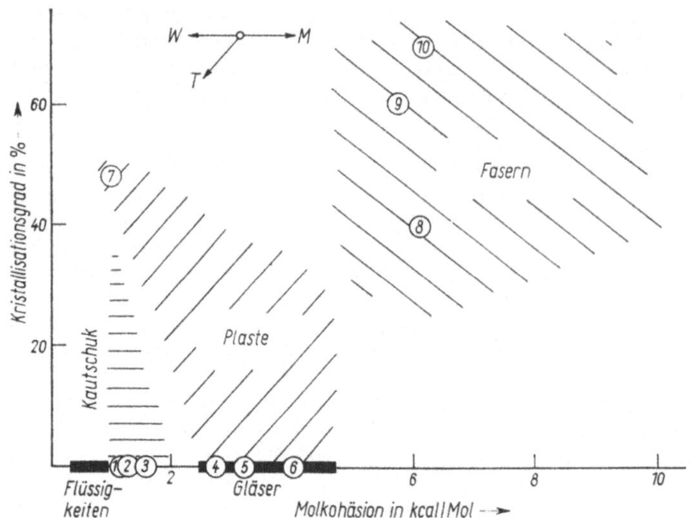

Abb. 6.91. Zusammenhang zwischen Ordnungszuständen, zwischenmolekularen Wechselwirkungen und mechanischen Eigenschaften von Polymeren (schematisch). *1* Polyisobutylen; *2* Naturkautschuk (im ungedehnten Zustand); *3* Methylkautschuk; *4* Polyvinylchlorid; *5* Polyvinylacetat; *6* Polystyren; *7* Polyethylen; *8* Cellulose (Regenerativfaser); *9* Polyamid; *10* Cellulose (native Faser)

kann man bei der Vielgestaltigkeit des Aufbaus der Polymeren auf diese Weise nur einen *ersten Überblick* erhalten.

Die Überlegungen sollen zuerst für eine bestimmte Temperatur – etwa für Zimmertemperatur – durchgeführt werden. Ferner sei vorausgesetzt, daß die Molekülmasse hinreichend hoch ist; es zeigt sich, daß dann die Eigenschaften fester polymerer Substanzen nicht mehr wesentlich vom Polymerisationsgrad abhängen.

Ist ein Körper amorph und sind die zwischenmolekularen Kräfte klein, so sind die einzelnen Moleküle leicht beweglich, die Substanz ist flüssig. Ferner finden wir in diesem Gebiet die kautschukelastischen Stoffe. Damit ein Stoff kautschukelastisch ist, ist es über das vorhin Gesagte hinaus erforderlich, daß die Grundmoleküle auch *tatsächlich* die verschiedenen Lagen annehmen können; sie müssen also leicht beweglich, die zwischenmolekularen Kräfte also hinreichend klein sein. Darüber hinaus ist für das kautschukelastische Verhalten erforderlich, daß eine gewisse Anzahl Haftpunkte vorhanden sind, die ein Abgleiten der Moleküle verhindern. Dies wird meist eine hauptvalenzartige Verkopplung sein, z. B. Schwefelbrücken im vulkanisierten Kautschuk. Bei sehr langen Molekülen genügt unter Umständen eine Verschlaufung, um kautschukelastisches Verhalten zu bewirken. Derartige Stoffe, wie z. B. Polystyren bei höheren Temperaturen und weichgemachtes Polyvinylchlorid (s. u.), verformen sich jedoch bei einer mechanischen Beanspruchung teilweise irreversibel, da sich bei grö-

ßeren Beanspruchungen die Verschlaufungen lösen können und die Moleküle abgleiten. Auch Kristallite können als Haftpunkte fungieren (s. u.).

Werden die zwischenmolekularen Kräfte größer und tritt keine Kristallisation ein, so entstehen feste, oft durchsichtige Substanzen, die „organischen Gläser". Typische Vertreter sind Polystyren und die Ester der Polymethacrylsäure („Plexiglas").

Die interessanteste Gruppe der Polymeren ist die der partiell kristallinen Substanzen. In dieser Gruppe treten typische Eigenschaften polymerer Substanzen auf. Hierzu gehören einmal die *hornartigen Substanzen*, also die faserbildenden Stoffe, und jene Stoffe, die *gute kautschukelastische Eigenschaften* zeigen. Partiell kristalline Substanzen treten nur auf, wenn die zwischenmolekularen Kräfte einen bestimmten Wert überschreiten, da die Kristallite anderenfalls durch die Temperaturbewegung zerstört werden. Sind die zwischenmolekularen Kräfte relativ klein und besteht insbesondere eine gewisse hauptvalenzmäßige Verkopplung der einzelnen Kettenmoleküle, so sind die Substanzen kautschukelastisch (s. o.). Die Kristallite vergrößern hierbei noch die Anzahl der Haftpunkte und erhöhen die Festigkeit gegenüber den rein amorphen kautschukelastischen Stoffen. Gute Kautschuksorten zeichnen sich dadurch aus, daß sie in ungedehntem Zustand weitgehend amorph und deshalb sehr elastisch sind, während mit steigender Dehnung eine Kristallisation einsetzt, wodurch sich eine hohe Zerreißfestigkeit ergibt (s. Abb. 6.85). Werden die zwischenmolekularen Kräfte größer, so erhält man Stoffe, die zu den „Kunststoffen" im engeren Sinne gehören. In dieser Gruppe findet man z. B. die Polyamide, die Polyurethane und das Polyvinylidenchlorid. Bei diesen Stoffen, die sich durch gute mechanische Eigenschaften auszeichnen, sind die amorphen Bereiche im allgemeinen ungeordnet. Diese Gruppe bildet zusammen mit den organischen Gläsern die Gruppe der *„Plaste"*, also jener Polymerer, die bei Zimmertemperatur fest sind und bei höherer Temperatur erweichen und sich dann leicht verformen und verarbeiten lassen.

Praktisch besonders wichtig sind ferner jene partiell kristallinen Stoffe mit großen zwischenmolekularen Kräften, bei denen die amorphen Bereiche durch eine Verstreckung vorgeordnet sind. Zu dieser Gruppe gehören insbesondere alle jene Stoffe, die die natürlichen und künstlichen *Fasern* bilden, wie z. B. Cellulose, Seidenfibroin, Polyamide, Polyethylenterephthalat und Polyacrylnitril. Die großen zwischenmolekularen Kräfte – oft durch Wasserstoffbrückenbindung verursacht – und die kristallinen Bereiche garantieren eine große Festigkeit dieser Substanzen, während die vorgeordneten amorphen Gebiete die guten elastischen Eigenschaften – große Elastizität und Biegsamkeit – bedingen. Es ist bei derartigen Substanzen erforderlich, daß der amorphe und der kristalline Anteil in einem bestimmten, günstigen Verhältnis steht. Wird der Kristallisationsgrad zu hoch, so verlieren diese Polymeren ihre guten elastischen Eigenschaften.

Bei diesen Betrachtungen ist zu berücksichtigen, daß die Übergänge zwischen den einzelnen Gruppen stetig erfolgen. Es gibt Polymere, die gleichzeitig mehreren Gruppen angehören, z. B. sind die Polyamide (mit vorgeordneten amorphen Bereichen) Faserrohstoffe, und sie werden andererseits (mit im wesentlichen ungeordneten amorphen Bereichen) als Plaste benutzt.

Bei den bisherigen Betrachtungen ist die Temperaturabhängigkeit der Eigenschaften nicht berücksichtigt worden. Infolge der durch die Wärmebewegung bedingten anharmonischen Schwingungen der Moleküle vergrößert sich mit steigender Temperatur der mittlere Molekülabstand. Damit nehmen die zwischenmolekularen Kräfte – die bekanntlich nur eine geringe Reichweite haben – mit wachsender Temperatur ab. Dieser Effekt allein ergibt in dem Schema (Abb. 6.91) mit steigender Temperatur eine Verschiebung nach links. So werden die organischen Gläser bei höheren Temperaturen flüssig bzw. unter Umständen kautschukelastisch. Polystyren, ein typisches organisches Glas, geht z. B. bei steigender Temperatur zunächst in einen hochelastischen Zustand über und wird bei weiterer Temperatursteigerung flüssig.

Außerdem stört die Temperaturbewegung den Ordnungszustand der Moleküle. Mit wachsender Temperatur nimmt der Kristallisationsgrad ab. Damit resultiert in dem Schema (Abb. 6.91) mit steigender Temperatur eine Verschiebung von rechts oben nach links unten. So gehen z. B. die hornartigen Substanzen beim Erwärmen, sofern sie sich nicht zersetzen, teils über den kautschukelastischen Zustand in den flüssigen Zustand über. Andererseits verliert Kautschuk, wenn man ihn entsprechend stark abkühlt, seine elastischen Eigenschaften; er wird hart und spröde.

Bei den bisherigen Betrachtungen war ferner vorausgesetzt worden, daß der Polymerisationsgrad sehr hoch ist. Beim Übergang zu kleineren Polymerisationsgraden verringern sich die zwischenmolekularen Kräfte; eine Abnahme der Molekülmasse bewirkt deshalb in dem Schema im wesentlichen eine Verschiebung nach links, eine Zunahme also eine Verschiebung nach rechts.

Eine weitere technisch vielfach benutzte Möglichkeit, die mechanischen Eigenschaften der Polymeren zu beeinflussen, ist die „*Weichmachung*". Man kann die elastischen Eigenschaften – meist auf Kosten der Festigkeit – verbessern, wenn man zu den Polymeren bestimmte niedermolekulare Substanzen, die „Weichmacher", zusetzt. Eine Zugabe von Weichmachern wirkt ähnlich wie eine Verringerung der zwischenmolekularen Kräfte und ergibt im Schema eine Verschiebung nach links. Ein typisches Beispiel hierfür ist das Polyvinylchlorid, das durch die Zugabe größerer Mengen eines Weichmachers in den kautschukelastischen Zustand übergeht.

Die bisherigen Ausführungen bezogen sich im wesentlichen auf lineare nicht oder schwach vernetzte Makromoleküle. Praktisch haben darüber hinaus dreidimensional vernetzte Substanzen große Bedeutung. Die bekanntesten Stoffe dieser Art und zugleich auch die ältesten Kunststoffe sind Hartgummi, ein durch Schwefelbrücken stark vernetzter Kautschuk, und die Phenolformaldehydharze (*„Bakelit"*). Ferner gehören die *Epoxidharze* und die *ungesättigten Polyester* in diese Klasse der dreidimensional vernetzten Polymeren. Die Zusammenhänge zwischen dem Aufbau dieser Substanzen und ihrer physikalischen und technischen Eigenschaften sind noch nicht in dem Maße geklärt wie bei linearen Polymeren. Dies hat seine Ursache darin, daß es bei derartigen Substanzen schwierig ist, den Aufbau, die Art und den Grad der Vernetzung usw. zu bestimmen, da diese Substanzen, die praktisch aus *einem* Molekül bestehen, unlöslich sind und höchstens quellen.

Abschließend sei noch kurz auf das Verhalten der *Muskelfasern*, die ebenfalls aus Makromolekülen aufgebaut sind, eingegangen; dies ist vom physikalischen Standpunkt aus interessant, da im Muskel chemische Energie *direkt* in mechanische Arbeit umgewandelt wird, ohne daß man dabei über die Energieform der Wärme gehen muß.

Wesentliche Bausteine der Muskelsubstanz sind die Eiweiße Myosin und Actin. Diese Eiweiße bestehen aus kettenförmig angeordneten Aminosäuren, deren $-NH_2$- und $-COOH$-Gruppen längs der Kette verteilt sind; sie sind Polyelektrolyte. Der Abstand der Kettenendprodukte bzw. die (bei festgehaltenen Enden) auftretenden Kräfte hängen vom Zustand der umgebenden Muskelflüssigkeit ab. Wenn auch die komplizierten chemischen Vorgänge bei der Kontraktion und bei

der Dehnung der Muskeln noch nicht völlig geklärt sind, so kann man doch das physikalische
Verhalten auf Grund von Untersuchungen an
Modellsubstanzen weitgehend verstehen. Man
benutzt dazu geeignet vorbehandelte Fäden aus
Polyacrylsäure und Polyvinylalkohol, deren Ioni-
sationszustand durch Änderung des pH-Wertes
der umgebenden Flüssigkeit geändert werden
kann (Abb. 6.92). Die Modellversuche ergeben

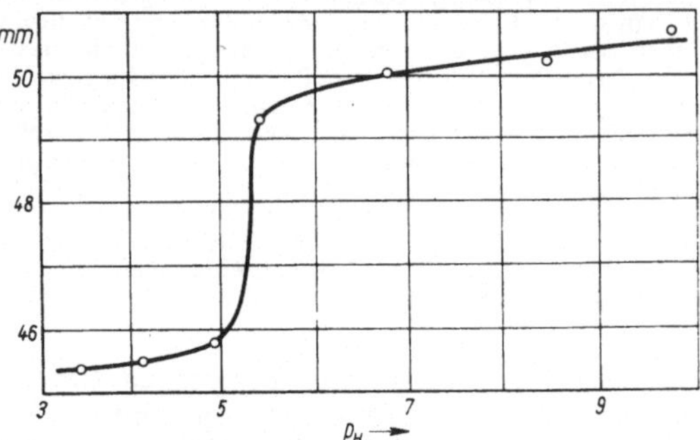

Abb. 6.92. Abhängigkeit der Länge eines Polyacrylsäure-
Polyvinylalkohol-Fadens vom pH-Wert des Einbettungs-
mediums (nach KUHN)

qualitativ die gleichen Ergebnisse bezüglich der
erreichbaren Kräfte und Festigkeiten, wie sie auch
bei den Muskeln beobachtet werden.

6.6. Weiterführende Literatur

HIRSCHFELDER, J. O.; CURTISS, C. F.;
BIRD, R. B.: Molecular Theory of Gases and
Liquids, 2. Aufl. New York: Wiley and Sons
1985.
KOHLER, F.: The Liquid State. Monographs in
Modern Chemistry Vol. 1. Weinheim: Verlag
Chemie 1972.
TEMPERLEY, H. N. V.; TREVENA, D. H.:
Liquids and their Properties. New York: Wiley
and Sons 1978.
LUCKHURST, G. R.; GRAY, G. W. (Hrsg.):
The Molecular Physics of Liquid Crystals. Lon-
don: Academic Press 1979.
KOSWIG, H. D.: Flüssige Kristalle. Eine Ein-
führung in ihre Anwendung. Berlin: VEB Deut-
scher Verlag der Wissenschaften 1985.
HOLZMÜLLER, W.; ALTENBURG, K.
(Hrsg.): Physik der Kunststoffe. Berlin: Akade-
mie-Verlag 1961.
BARTENEV, G. M.; ZELENEV, JU. V.: Physik
der Polymere. Leipzig: VEB Deutscher Verlag
für Grundstoffindustrie 1979.
FALKENHAGEN, H.: Theorie der Elektrolyte.
Leipzig: S. Hirzel Verlag 1971.
GLASER, R.: Einführung in die Biophysik.
Jena: G. Fischer Verlag 1976.
SCHWABE, K.: Physikalische Chemie. Berlin:
Akademie Verlag 1974.

7. Plasma

7.1. Charakteristik des Plasmazustandes

7.1.1. Der 4. Aggregatzustand

Die Einteilung der uns umgebenden physikalischen Stoffe führt am Ende eines Abstraktionsprozesses zum Begriff des Aggregatzustandes. Dieser erfaßt einige wenige, aber sehr allgemeine Eigenschaften des jeweiligen Zustandes einer Substanz (z. B. feste Gestalt, bestimmtes Volumen, räumlich periodische Anordnung der Atome).

Unter den an der Erdoberfläche vorherrschenden Druck- und Temperaturbedingungen treten die drei bekannten Aggregatzustände auf: fest, flüssig, gasförmig. Typisch für den Übergang eines dieser Zustände in den nächstfolgenden ist das Aufbrechen von Bindungen, z. B. der *Gitterbindungen* im festen Körper (*Schmelzvorgang*). Die dafür erforderliche Energie wird in der Regel über den Wärmehaushalt des Stoffes aufgenommen.

Die mit wachsender Temperatur durchlaufene Reihe der genannten Aggregatzustände kann beim Gas durch das Aufbrechen weiterer Bindungen fortgesetzt werden. Hierbei handelt es sich um Bindungen innerhalb der einzelnen Atome. Übersteigt die Temperatur einige 1000 K (das entspricht mittleren Teilchenenergien von etwa $\langle \varepsilon \rangle \approx 0,1...0,3$ eV), so werden bei Zusammenstößen der Gasatome und bei ihrer Wechselwirkung mit der kurzwelligen Strahlung im heißen Gas freie Elektronen und Ionen erzeugt (vgl. *Gasionisation*, Bd. 2). Diese Ladungsträger, deren Anzahl stark mit der Temperatur ansteigt, führen zu völlig neuen Eigenschaften des Teilchensystems und charakterisieren es als eine Art 4. Aggregatzustand: *Plasma*.

Im Gegensatz zu den Aggregatzuständen Nr. 1 bis 3 (kondensierte Systeme, Neutralgase), die im Bereich mittlerer Teilchenenergien $\langle \varepsilon \rangle \approx 0$ bis 1 eV existieren (wobei ihre Grenzen stark von der Stoffart abhängen), tritt das Plasma in dem wesentlich größeren Gebiet $\langle \varepsilon \rangle \approx 1$ eV bis 2 MeV auf. Es entsteht allmählich aus dem Gaszustand bei Erhöhung der Temperatur und enthält an seiner unteren Existenzgrenze neben Atomen und Elektronen einfach geladene Ionen. Bei größeren Temperaturen treten auch mehrfach geladene Ionen (d. h. Atome, die mehr als ein Elektron verloren haben) auf. An seiner oberen Existenzgrenze liegt schließlich als Extremfall ein Gemisch nackter Atomkerne und Elektronen vor.

Die weitere Erhöhung der mittleren Teilchenenergie führt nun zum Aufbrechen der Bindungen im Atomkern. Dabei entsteht als 5. Aggregatzustand ein System freier Elektronen und Nukleonen (Protonen, Neutronen), dessen Existenzbereich etwa durch $\langle \varepsilon \rangle \approx 2$ bis 200 MeV gegeben ist. Die obere Grenze kennzeichnet bereits den Übergang zum 6. Aggregatzustand ($\langle \varepsilon \rangle \approx 0,2$ bis 4 GeV), für den eine Zerlegung der Nukleonen in ihre fundamentaleren Bestandteile typisch ist. Abb. 7.1 zeigt schematisch die Anordnung der einzelnen Aggregatzustände in einem p-T-Diagramm.

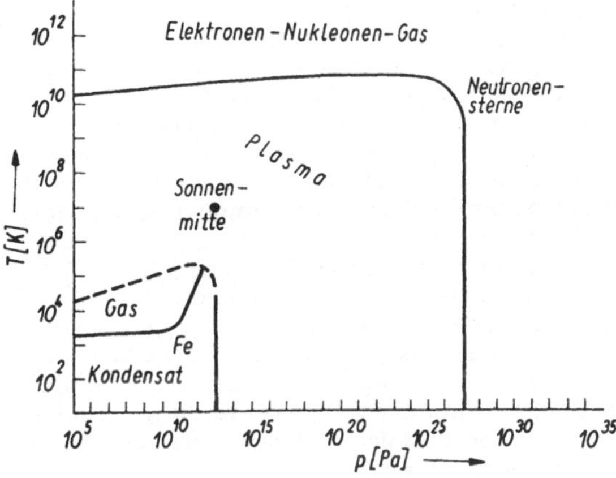

Abb. 7.1. Zustandsformen der Materie

Die Erzeugung höherer Aggregatzustände der Materie und ihr Studium im Laboratorium sind gegenwärtig noch stark eingeschränkt. Kurzzeitig sind Plasmatemperaturen bis zu einigen 10^7 K erreicht worden. Solche und wesentlich höhere Temperaturen kommen jedoch im Kosmos vor (Fixsterne, Neutronensterne, schwarze Löcher). Auch für die Anfangsphasen unserer Welt (*Urknallhypothese*, vgl. Abschn. 8.) besitzen die extremen Aggregatzustände eine große Bedeutung.

Die Konzeption des 4. Aggregatzustandes läßt sich bis in die Anfänge der griechischen Naturphilosophie zurückverfolgen. EMPEDOKLES (um 450 v. u. Z.) unterschied vier Urelemente der Welt: Erde (fest), Wasser (flüssig), Luft (gasförmig) und Feuer (Plasma). M. FARADAY war der erste, der 1816 auf der Grundlage physikalischer

Überlegungen im Zusammenhang mit der Strahlung eine Erweiterung der drei bekannten Aggregatzustände in Erwägung zog. W. CROOKES gelangte 1879 zu der Überzeugung, daß dieser 4. Aggregatzustand in elektrischen Gasentladungen tatsächlich auftritt. Die Bezeichnung Plasma stammt von I. LANGMUIR. Er unterschied damit 1928 erstmalig in elektrischen Entladungen Gebiete ohne wesentliche Raumladungen (gleiche Konzentration positiver und negativer Ladungsträger) von Bereichen (meist Randschichten), in denen starke elektrische Raumladungsfelder auftreten.

Die Untersuchung dieses Plasmazustandes leitete eine neue Phase der Physik der Vielteilchensysteme ein und hat in Form der modernen Plasmaphysik seit etwa 1930 zur Entwicklung eines eigenen, umfangreichen physikalischen Spezialgebietes geführt. Die erste grundlegende Zusammenfassung des neuen Gebietes gaben R. ROMPE und M. STEENBECK 1939.

Vorkommen des Plasmazustandes. Natürliche Plasmen kommen auf der Erde sehr selten vor. Ein Beispiel stellt der Blitzkanal elektrisch-atmosphärischer Entladungen dar. Meist unbeabsichtigt treten Plasmen in Flammen und bei Explosionen auf. In zunehmendem Maße werden jedoch durch Wissenschaft und Technik künstlich erzeugte Plasmen verschiedenster Art untersucht und angewandt.

Im Gegensatz zu den Bedingungen an der Erdoberfläche ist das Plasma im Weltall die weitaus überwiegende Zustandsform der Materie (mehr als 90 %). Bereits die verschiedenen Schichten der Ionosphäre (vgl. Bd. 2) sowie die Magnetosphären der Erde und anderer Planeten stellen Plasmen dar. Auch unsere Sonne und mit ihr die vielen Milliarden weiterer Fixsterne befinden sich alle im Plasmazustand. Ausgedehnte Plasmen treten ebenfalls im interstellaren Raum auf (z. B. interstellare Wolken in Form sog. Dunkelplasmen). Neue astrophysikalische Erkenntnisse lassen die Vermutung zu, daß im Kosmos Materie und Antimaterie unter Bildung zellular strukturierter Plasmen nebeneinander existieren können (Ambiplasmen).

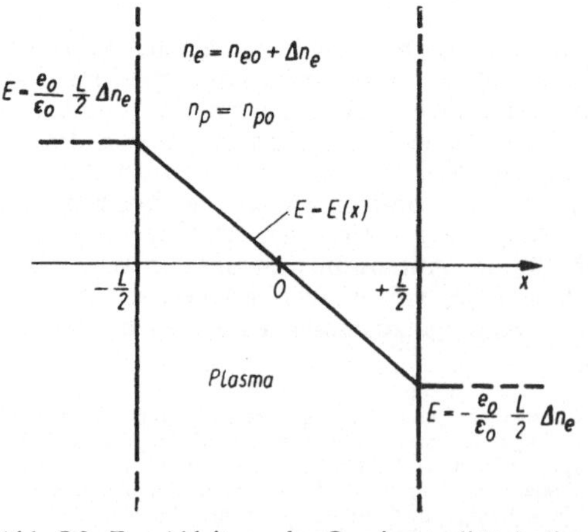

Abb. 7.2. Zur Ableitung der Quasineutralitätsbedingung

7.1.2. Plasmabegriff

Plasmen sind quasineutrale Vielteilchensysteme in der Art gasförmiger Mischungen freier Elektronen und Ionen (eventuell unterschiedlicher Ladung und Masse), die neutrale Komponenten (Atome, Moleküle, Radikale in verschiedenen Anregungszuständen) enthalten können und deren physikalische Eigenschaften wesentlich durch die Anwesenheit der Ladungsträger beeinflußt werden.

In Verallgemeinerung dieses Begriffes bezeichnet man auch Systeme als Plasmen, bei denen die Ionen im zeitlichen Mittel lokalisiert sind (Festkörperplasmen).

Die Quasineutralität ist ein wesentliches Kennzeichen des Plasmazustandes. Sie wird im folgenden ausführlicher begründet. Danach charakterisieren wir den Plasmazustand anhand einiger typischer Phänomene, die an die Existenz freier geladener Teilchen geknüpft sind und die zu prinzipiellen Unterschieden gegenüber dem Verhalten eines Neutralgases führen. Solche Phänomene sind:

– die Abschirmung elektrischer Punktladungen durch Ausbildung von Raumladungsbereichen (Begrenzung der Reichweite der Coulomb-Wechselwirkung),
– das Auftreten elektrischer Schwingungen im Plasma (Langmuirsché Plasmaschwingungen),
– die elektrische Leitfähigkeit des Plasmas,
– die ambipolare Diffusion der Ladungsträger.

7.1.2.1. Quasineutralitätsbedingung

Plasmen besitzen eine ausgeprägte Tendenz zur Neutralität. Bereits geringe Abweichungen der Dichten positiver und negativer elektrischer Ladungen vom Gleichgewichtszustand erzeugen Raumladungsfelder, deren Energie die kinetische Energie der Plasmateilchen übertreffen kann. Solche Zustände sind nur durch starke äußere Einwirkungen aufrechtzuerhalten. Im allgemeinen sorgen Ausgleichströme der beweglichen Ladungsträger für einen schnellen Abbau der Raumladungen im Plasma. Als charakteristische Bedingung gilt somit (bei Abwesenheit negativer Ionen):

$$n_e \approx \sum_{r=1}^{Z} r n_{pr} \qquad (7.1)$$

(n_e Elektronenkonzentration; n_{pr} Konzentration der r-fach geladenen Ionen; Z maximale Ionenladungszahl).

Zur quantitativen Fassung der sog. *Quasineutralitätsbedingung* Gl. (7.1) beschränken wir uns im folgenden auf Plasmen mit einfach positiv geladenen Ionen und betrachten eine Plasmaschicht der Breite L mit einer negativen Überschußladung (Abb. 7.2). Die Poisson-Gleichung ergibt für die elektrische Feldstärke in der Schicht:

$$E = -(e_0/\varepsilon_0) x \Delta n_e .$$

Damit folgt für die mittlere elektrische Energiedichte:

$$w_E = \int\limits_{-L/2}^{+L/2} \frac{1}{2L}\,\varepsilon_0 E^2\,\mathrm{d}x = \frac{1}{24}\,\frac{e_0^2}{\varepsilon_0}\,L^2(\Delta n_e)^2\,.$$

$$(7.2)$$

Die thermische Energiedichte der Ladungsträger im neutralen Zustand der Schicht ist:

$$w_{Th} = \frac{3}{2}\,kT(n_{e_0} + n_{p_0}) = 3kTn_{e_0}\,. \qquad (7.3)$$

Hierbei wurde vorausgesetzt, daß die Ladungsträger als ideales Gas der Temperatur T beschrieben werden können.

Für ein Plasma ist wesentlich, daß die Ladungsträger frei beweglich sind. Voraussetzung dafür ist, daß die durch das makroskopische Raumladungsfeld den Ladungsträgern vermittelte potentielle elektrische Energie klein gegenüber der thermischen (ungeordneten kinetischen) Energie bleibt. Erhebt man die Forderung $w_E \leqq w_{Th}/100$, so folgt mit Gl. (7.2) und Gl. (7.3) für die zulässige Größe von Δn_e:

$$\frac{\Delta n_e}{n_{e_0}} \leqq \frac{\lambda_D}{L}\,; \qquad \lambda_D = \sqrt{\frac{\varepsilon_0 kT}{2e_0^2 n_{e_0}}}\,. \qquad (7.4)$$

Die Länge λ_D stellt die maximale Dicke einer Plasmaschicht dar, in der die Elektronenkonzentration beträchtlich von der Ionenkonzentration abweichen darf. Im Abschn. 7.1.3. begegnet uns diese Größe als Debye-Länge in ähnlichem Zusammenhang wieder. Im allgemeinen ist λ_D klein und es gilt $\lambda_D \ll L$. Dann folgt aus der Quasineutralitätsbedingung Gl. (7.4): $\Delta n_e \ll n_{e_0}$. Gl. (7.4) ist auch für andere Plasmageometrien anwendbar, wobei L die charakteristische Abmessung bedeutet (z. B. Durchmesser einer Plasmakugel oder eines Plasmazylinders).

Plasmen mit einer elektrischen Gesamtladung, die die Quasineutralität nicht verletzt, treten z. B. in elektrischen Entladungen auf. So besitzt die positive Säule der Glimmentladung (vgl. Bd. 2) etwas mehr positive als negative Ladung. In Plasmen mit verschwindender Gesamtladung können sich örtlich begrenzte Raumladungsgebiete ausbilden (vgl. Abschn. 7.1.3.). Die Abmessungen dieser (statistisch schwankenden) Bereiche werden ebenfalls durch die Länge λ_D kontrolliert. Zeitliche Schwankungen der Raumladungen erfolgen im Plasma mit einer charakteristischen Frequenz (*Plasmafrequenz*, vgl. Abschn. 7.1.4.).

7.1.2.2. Plasmatypen

Da Plasmen unter sehr verschiedenen physikalischen Bedingungen auftreten, gibt es eine große Vielfalt ihrer Erscheinungsformen. Plasmen, die Neutralteilchen enthalten, heißen *unvollständig*

ionisiert, im Gegensatz zu den *vollständig ionisierten* Plasmen, die nur aus Ionen und Elektronen bestehen. Plasmen können homogen oder inhomogen sein usw. Von prinzipieller Bedeutung ist die Unterscheidung folgender Plasmatypen:

Ideale Plasmen (Debyesche Plasmen). Sie sind im Rahmen des Modells eines idealen Gases beschreibbar. Bei ihnen bleibt die Coulombsche Wechselwirkungsenergie zwischen den Ladungsträgern klein gegenüber der thermischen Energie:

$$\varepsilon_C = \frac{e_0^2}{4\pi\varepsilon_0 r_M} \ll \frac{3}{2}\,kT = \varepsilon_{Th}\,. \qquad (7.5)$$

(r_M bedeutet den mittleren Abstand der Ladungsträger im Plasma). Coulomb-Korrekturen an den für ein ideales Gas gültigen Beziehungen lassen sich auf der Grundlage der von P. DEBYE und E. HÜCKEL (1923) für starke Elektrolyte entwickelten Theorie ableiten. Die Näherung des idealen Plasmas gilt nach Gl. (7.5) im Bereich hoher Temperaturen und geringer Trägerdichten. Die meisten Plasmen in Wissenschaft und Technik entsprechen bisher diesen Bedingungen.

In der sog. *Magnetohydrodynamik* (vgl. Abschn. 7.6.2.), die ein Flüssigkeitsmodell benutzt, bezeichnet man Plasmen mit unendlich großer elektrischer Leitfähigkeit aber verschwindender Zähigkeit und Wärmeleitfähigkeit als ideal.

Nichtideale Plasmen (Nicht-Debyesche Plasmen). Hierbei handelt es sich um dichte Plasmen (z. B. in der Größenordnung der Festkörperdichte) bei relativ geringen Temperaturen. Das Überwiegen der Coulombschen Wechselwirkungsenergie der Ladungsträger gegenüber ihrer thermischen Energie ($\varepsilon_C > \varepsilon_{Th}$) führt zum Auftreten charakteristischer nichtidealer Effekte (Anomalien der elektrischen Leitfähigkeit, Phasenübergänge u. a. m.).

Thermische Plasmen. Dies sind Plasmen im thermodynamischen Gleichgewicht. Alle Teilchenkomponenten (Elektronen, Ionen, Neutrale) besitzen eine Maxwellsche Geschwindigkeitsverteilung (vgl. Bd. 1) mit einheitlicher Temperatur. Ausführlich werden diese Plasmen im Abschn. 7.3. behandelt.

Nichtthermische Plasmen zeichnen sich dadurch aus, daß zwischen einzelnen Teilchensorten kein Gleichgewicht besteht. Die mittleren kinetischen Energien der verschiedenen Plasmakomponenten werden durch äußere Einwirkungen auf verschiedenen Werten gehalten und es treten Abweichungen der Geschwindigkeitsverteilung von der Maxwell-Form auf. Damit verliert der Temperaturbegriff seine eigentliche Bedeutung. Es ist jedoch üblich, ihn zur groben Kennzeichnung der energetischen Verhältnisse einzelner Teilchengruppen auch in nichtthermischen Plasmen zu benutzen.

Temperaturäquivalent der kinetischen Energie (Kinetische Temperatur): In der kinetischen Theorie der Gase stellt die Größe kT ein Maß für die thermische Energie ε_{Th} je Teilchen dar. Besitzt das Teilchen f energetische Freiheitsgrade, so gilt $\varepsilon_{Th} = fkT/2$ (vgl. Bd. 1). Bei Teilchen ohne innere Freiheitsgrade ist $f = 3$ und ε_{Th} bedeutet die mittlere kinetische Energie $\langle \varepsilon_K \rangle$. Bis auf einen Faktor der Größenordnung 1 kann somit $\langle \varepsilon_K \rangle = kT$ gesetzt werden. Diese Beziehung gestattet es, auch für Teilchenensembles, die keine Maxwellsche Verteilung der (ungeordneten) Geschwindigkeiten aufweisen, eine Temperatur zu definieren (*kinetische Temperatur*). Der Energie 1 eV entspricht danach eine Temperatur von $T = 1\,\text{eV}/k = 11605\,\text{K}$. Im Falle einer Maxwell-Verteilung gehört diese Temperatur natürlich nicht genau zu 1 eV der mittleren kinetischen Energie je Teilchen. Letzterer entsprechen nur $7737\,\text{K}$. Meist genügt es, näherungsweise 1 eV $\approx 10^4\,\text{K}$ zu setzen.

7.1.3. Debye-Hückelsche Abschirmlänge

Der Verlauf des elektrischen Potentials um ein geladenes Teilchen unterscheidet sich im Plasma wesentlich von dem im Vakuum. Infolge der Beweglichkeit ist z. B. die Aufenthaltswahrscheinlichkeit eines Plasmaelektrons in der Nachbarschaft der positiven Ionen größer als dem räumlichen Mittel entspricht. Um jedes positive Teilchen bildet sich eine negative Raumladung und umgekehrt, so daß die Neutralität des Plasmas in kleinen Bereichen statistisch schwankend gestört ist.

Zur Berechnung des Potentialverlaufes um ein Ion im Plasma können die Ergebnisse der Theorie starker Elektrolyte (P. DEBYE, E. HÜCKEL, 1923) herangezogen werden (vgl. Abschn. 6.). Wir betrachten vereinfachend ein thermisches Plasma mit positiven Ionen der Ladungszahl $Z = 1$. Um ein solches Ion bildet sich zunächst (wie im Vakuum) ein Coulomb-Potential V_C aus. Zustäzlich besteht infolge der genannten Mikrostruktur ein Raumladungspotential V_R, das eine abschirmende Wirkung ausübt. Insgesamt liegt somit ein abgeschirmtes Potential (Debye-Potential) $V_D = V_R + V_C$ vor. Das Coulomb-Gesetz bzw. die Poisson-Gleichung liefern:

$$V_C = \frac{1}{4\pi\varepsilon_0}\,\frac{e_0}{r}\,; \qquad \Delta V_R = -\,\frac{\varrho}{\varepsilon_0}$$

mit der Raumladung $\varrho = e_0(n_p - n_e)$.

Im Gleichgewichtsfall stellt sich der radiale Verlauf der Konzentrationsverteilungen der Ladungsträger um das Zentralion nach Maßgabe der Boltzmann-Verteilung ein:

$$n_e(r) = n_{e_0} \exp\left(\frac{e_0 V_D}{kT}\right);$$

$$n_p(r) = n_{p_0} \exp\left(-\,\frac{e_0 V_D}{kT}\right). \tag{7.6}$$

Die Konzentrationen n_{e_0} und n_{p_0} bedeuten hierbei die ungestörten Mittelwerte in großer Entfernung ($r = \infty$ bzw. $V_D = 0$). Es gilt dort $n_{e_0} = n_{p_0}$. Da der Laplace-Operator des Coulomb-Potentials verschwindet ($\Delta V_C = 0$), erhält man für ΔV_D:

$$\Delta V_R = \Delta(V_D - V_C) = \Delta V_D$$

$$\Delta V_D = -\,\frac{e_0}{\varepsilon_0}\,n_{e_0}\left[\exp\left(-\,\frac{e_0 V_D}{kT}\right) - \exp\frac{e_0 V_D}{kT}\right]. \tag{7.7}$$

Eine geschlossene Lösung dieser Differentialgleichung kann in der Näherung $e_0 V_D \ll kT$ gefunden werden. Die Entwicklung der Exponentialfunktion liefert bei Abbruch nach dem zweiten Glied:

$$\Delta V_D = \frac{V_D}{\lambda_D^2}\,; \qquad \lambda_D^2 = \frac{\varepsilon_0 kT}{2e_0^2 n_{e_0}}. \tag{7.8}$$

Die Lösung lautet:

$$V_D = \frac{1}{4\pi\varepsilon_0}\,\frac{e_0}{r}\exp\left(-\,\frac{r}{\lambda_D}\right) \tag{7.9}$$

In Abb. 7.3 ist der Verlauf von V_D, V_C und V_R dargestellt worden. Man erkennt, daß V_D wesent-

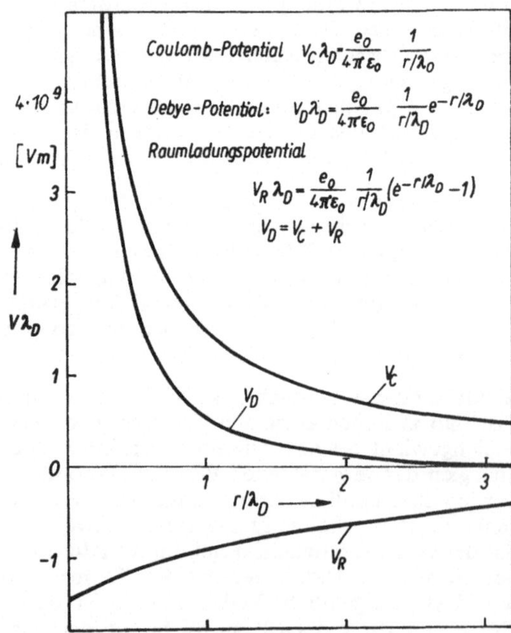

Abb. 7.3. Verlauf des elektrischen Potentials in der Umgebung eines Ions im Plasma

lich steiler abfällt als V_C. Für Abstände $r > \lambda_D$ kann näherungsweise $V_D \approx 0$ gesetzt werden, d. h. im Plasma besitzt die elektrostatische Wechselwirkungskraft zwischen den Ladungsträgern nur eine endliche Reichweite, die etwa durch λ_D, die sog. *Debye-Hückelsche Abschirmlänge*, gegeben ist. Dieses Verhalten ist für die Kinetik der Ladungsträger von großer Bedeutung. Abb.

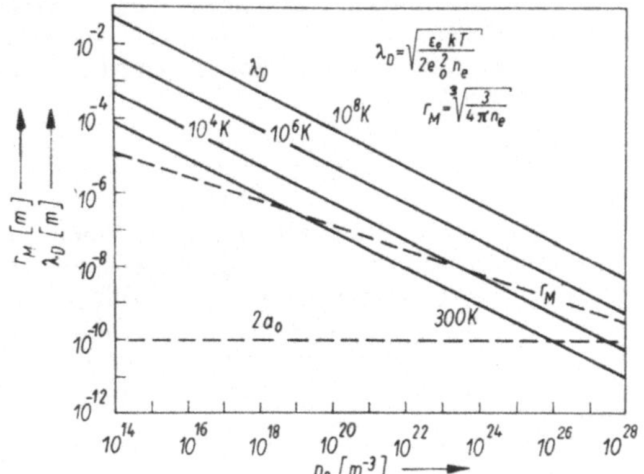

Abb. 7.4. Debye-Hückel-Abschirmlänge in Abhängigkeit von der Elektronenkonzentration (r_M mittlerer Elektronenabstand; a_0 Radius des 1. Bohrschen Kreises)

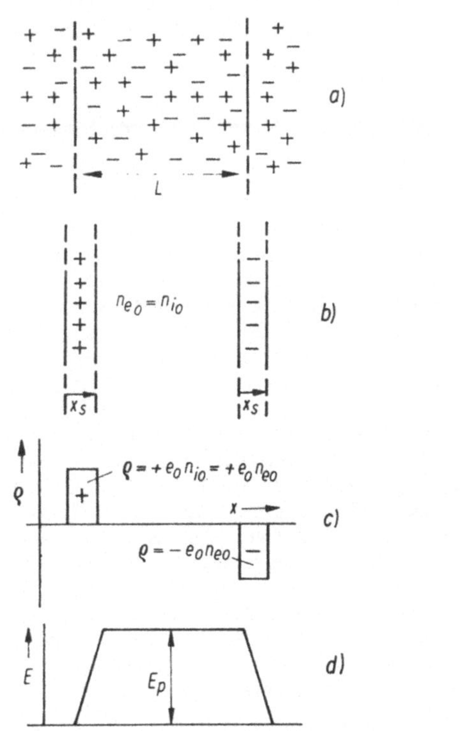

Abb. 7.5. Zur Ableitung der Langmuirschen Plasmafrequenz

7.4 zeigt λ_D als Funktion von n_e und T. Eingetragen wurde auch der mittlere Abstand der Ladungsträger r_M. Für übliche Plasmabedingungen gilt $\lambda_D \gg r_M$. Diese Bedingung ist auch eine Voraussetzung für die Gültigkeit der Debye-Hückelschen Theorie, da dann in einer Kugel vom Radius λ_D viele Ladungsträger enthalten sind ($4n_e\lambda_D^3/3 \gg 1$) und eine makroskopische Beschreibung der Potentialverhältnisse um eine Punktladung im Plasma mit Gültigkeit der Boltzmann-Formel Gl. (7.6) möglich ist. In diesem Fall liegt ein ideales Plasma vor, da aus $\lambda_D \gg r_M$ für die Coulombsche Wechselwirkungsenergie zweier Ladungsträger im Abstand r_M folgt: $\varepsilon_c = e_0^2/(4\pi\varepsilon_0 r_M) \ll kT$. Somit trennt die Kurve r_M in Abb. 7.4 das Gebiet der *idealen Plasmen* (oben) von den *nichtidealen* (unten).

Alle Ladungsträger, die sich innerhalb einer Debye-Kugel vom Radius λ_D befinden, stehen gleichzeitig miteinander in Wechselwirkung. Ist diese Teilchenzahl groß, so kennzeichnet das System eine kollektive oder kooperative Form der elektrischen Wechselwirkung (*kollektive Plasmen*), die ein typischer Ausdruck des Plasmazustandes ist und zahlreiche Effekte verursacht (z. B. anomale Diffusion, Abschn. 7.8.).

7.1.4. Langmuirsche Plasmaschwingungen

Plasmen zeichnen sich durch eine charakteristische Dynamik der Raumladungsschwankungen aus. I. LANGMUIR zeigte 1928 erstmalig, wie im Plasma longitudinale elektrische Schwingungen entstehen können. Dazu betrachten wir vereinfachend in einem homogenen Plasma eine ebene Schicht der Dicke L (Abb. 7.5a). Werden die Elektronen dieser Schicht synchron gegenüber den wegen ihrer Trägheit als festliegend gedachten Ionen in Richtung der Schichtnormalen um die Strecke x_s verschoben (Abb. 7.5b), so entstehen zwei parallele Raumladungszonen unterschiedlicher Polarität (Abb. 7.5c), die in der Schicht ein homogenes elektrisches Feld erzeugen (Abb. 7.5d). Aus der Poisson-Gleichung folgt für die Feldstärke E_P:

$$E_P = \frac{1}{\varepsilon_0} \int_0^{x_s} \varrho \, dx = \frac{e_0}{\varepsilon_0} n_{e_0} x_s. \qquad (7.10)$$

Die durch die Verschiebung der Elektronen erzeugte elektrische Feldstärke ist somit (unabhängig von der Schichtdicke) der Verlagerung x_s proportional. Dasselbe gilt für die auf *jedes* Elektron in der Schicht wirkende rücktreibende Kraft $F_P = -e_0 E_P$. Dies bedeutet, daß in einem homogenen Plasma die Elektronen quasielastisch an eine Gleichgewichtslage gebunden sind, um die sie als Ensemble Schwingungen ausführen können.

Aus der Bewegungsgleichung

$$F_P = m_e \frac{d^2 x_s}{dt^2} = -e_0 E_P = -\frac{e_0^2}{\varepsilon_0} n_{e_0} x_s;$$

$$\ddot{x}_s + \omega_P^2 x_s = 0$$

ergibt sich die Eigenfrequenz (sog. *Plasmafrequenz*).

$$\omega_P = \sqrt{\frac{e_0^2 n_{e_0}}{\varepsilon_0 m_e}}; \quad \frac{\omega_P}{s^{-1}} = 56,4 \sqrt{\frac{n_{e_0}}{m^{-3}}}. \quad (7.11)$$

Mit Gl. (7.9) kann ein Bezug zur Debye-Länge hergestellt werden:

$$\omega_P \lambda_D = \sqrt{\frac{kT}{2m_e}}; \quad \omega_P = \frac{\sqrt{\pi}}{4} \frac{\langle c \rangle}{\lambda_D} \approx \frac{\langle c \rangle}{\lambda_D}.$$

Dabei ist $\langle c \rangle$ die mittlere Teilchengeschwindigkeit für eine Maxwell-Verteilung.
Die hier in eindimensionaler Näherung durchgeführte Rechnung kann ohne wesentliche Änderung auf drei Dimensionen übertragen werden. Für die Schwingungsfrequenz der Elektronen ergibt sich wiederum Gl. (7.11).

7.1.5. Elektrische Leitfähigkeit des Plasmas

Der augenfälligste Unterschied zwischen einem Gas und einem Plasma besteht in der Fähigkeit des Plasmas, den elektrischen Strom zu leiten. Ursache der elektrischen Leitfähigkeit des Plasmas sind seine frei beweglichen Ladungsträger, die dem Zug eines anliegenden elektrischen Feldes E folgen und dadurch eine elektrische Stromdichte j ergeben. Die elektrische Leitfähigkeit $\varkappa$ verknüpft dabei die genannten Größen: $j = \varkappa E$. In $\varkappa$ geht neben der Konzentration die Geschwindigkeit der Ladungsträger ein, die sie im Feld E annehmen (Driftgeschwindigkeit). Die sog. *Felddrift* der Ladungsträger ist im Plasma ein sehr komplizierter Vorgang und erfordert meist für verschiedene Plasmatypen spezielle Untersuchungen. Von entscheidender Bedeutung für die Driftbewegung der Ladungsträger sind ihre Zusammenstöße untereinander oder mit Neutralteilchen. In fast allen Fällen führen diese Zusammenstöße, die als eine Art Reibungskraft wirken, bei E = const zur Einstellung einer konstanten Driftgeschwindigkeit. Allerdings gibt es auch Stoßeffekte, die den Ladungsträgern ermöglichen, ihre Driftgeschwindigkeit im konstanten Feld E laufend zu steigern. Man spricht dann von sog. *runaway-Teilchen*, die sowohl Elektronen als auch Ionen sein können. Wir sehen von diesen Ausnahmen ab.

Elektrische Leitfähigkeit schwach ionisierter Plasmen: Die Konzentration der Ladungsträger ist in diesen Plasmen so gering, daß bei der Trägerbewegung nur Zusammenstöße mit Neutralteilchen zu berücksichtigen sind. Dieser Fall wurde bereits im Bd. 2 behandelt. Infolge der wesentlich kleineren Beweglichkeit kann der Beitrag der Ionen zur Leitfähigkeit $\varkappa$ gegenüber den Elektronen vernachlässigt werden, so daß gilt: $\varkappa = e_0 n_e b_e$. Für die Elektronenbeweglichkeit b_e liefert die elementare Kinetik:

$$b_e = \frac{1}{2} \frac{e_0}{m_e} \langle \tau \rangle = \frac{1}{2} \frac{e_0}{m_e} \left\langle \frac{1}{n_n Q c} \right\rangle. \quad (7.12)$$

($\tau = 1/n_n Q c$ freie Flugdauer der Elektronen; n_n Neutralteilchenkonzentration; Q Wirkungsquerschnitt der Elektron-Neutralteilchen-Stöße; c momentane Elektronengeschwindigkeit). Liegt für c eine Maxwell-Verteilung vor, so ergibt die Mittelwertbildung Gl. (7.12) bei Q = const für $\varkappa$:

$$\varkappa = \frac{2\sqrt{2}\,e_0^2}{3\sqrt{\pi m_e}} \frac{n_e}{n_n Q} \frac{1}{\sqrt{kT_e}}. \quad (7.13)$$

Im Plasma der positiven Säule einer Niederdruckentladung (z. B. in einer Leuchtstofflampe) liefert Gl. (7.13) mit $kT_e = 3$ eV, $n_e/n_n = 10^{-5}$, $Q = 10^{-16}$ cm^2 für die spezifische Leitfähigkeit $\varkappa \approx 0,2$ S/cm. Dies entspricht etwa der Leitfähigkeit von Akkumulatorensäure.

Elektrische Leitfähigkeit vollionisierter Plasmen: Im vollionisierten Plasma wird die Bewegung der Ladungsträger wesentlich durch die zwischen ihnen stattfindenden Coulomb-Stöße bestimmt. Für diese Stöße bereitet die Angabe eines endlichen Wirkungsquerschnittes infolge der langen Reichweite der elektrischen Wechselwirkung punktförmiger Ladungen prinzipielle Schwierigkeiten. Das Ergebnis dieser Wechselwirkung (z. B. beim Zusammenstoß eines Elektrons mit einem Ion) wird durch eine der Rutherfordschen Streuformel entsprechende Beziehung beschrieben. Man erhält aus ihr einen endlichen Stoßquerschnitt, wenn das elektrische Potential um die Ladungsträger auf eine Sphäre endlicher Ausdehnung beschränkt bleibt. Unter den Bedingungen eines Plasmas liegt (wie Abschn. 7.1.3. zeigte) eine solche Beschränkung tatsächlich vor. Näherungsweise kann das Coulomb-Potential um die Ladungsträger bei der Entfernung λ_D abgeschnitten werden. Dann liefert die Streuformel folgenden Wirkungsquerschnitt für Elektronen beim Zusammenstoß mit Ionen:

$$Q_{ei} = \frac{e_0^4}{4\pi\varepsilon_0^2} \frac{\ln \Lambda}{m_e^2 c^4}. \quad (7.14)$$

Die Größe $\ln \Lambda$ heißt *Coulomb-Logarithmus* und enthält neben der Debye-Länge λ_D die sog.

Landau-Länge λ_L, die angibt, in welcher Entfernung die elektrostatische Wechselwirkungsenergie zwischen einem Elektron und einem Ion gleich kT ist. Es gilt:

$$kT = e^2/(4\pi\varepsilon_0\lambda_L) \quad \text{und} \quad \Lambda = \lambda_D/\lambda_L.$$

Mit dem Querschnitt Gl. (7.14) ergibt sich die Leitfähigkeit eines vollionisierten thermischen Plasmas (L. SPITZER 1950) zu:

$$\varkappa = \frac{64\sqrt{2\pi}\,\varepsilon_0^2}{e_0^2\sqrt{m_e}}\,\frac{(kT)^{3/2}}{\ln\Lambda}. \tag{7.15}$$

Werden außer den Elektron-Ion-Stößen auch Elektron-Elektron-Stöße berücksichtigt, so reduziert sich $\varkappa$ etwa auf den halben Wert. Die Größe $\ln\Lambda$ hängt nur schwach von den Plasmabedingungen ab. Meist ist $\ln\Lambda = 10$ bis 15 eine ausreichende Näherung.

Für ein Hochtemperaturplasma (Fusionsplasma, vgl. Abschn. 7.8.) mit $kT = 10$ keV liefert Gl. (7.15) $\varkappa \approx 2 \cdot 10^7$ S/cm. Dies ist fast der 100fache Wert der elektrischen Leitfähigkeit von Kupfer bei Zimmertemperatur.

Im Gegensatz zum schwachionisierten Plasma hängt $\varkappa$ bei voller Ionisation nicht mehr von der Trägerkonzentration ab. Die Verbesserung der Stromleitung bei Erhöhung der Konzentration wird hier voll durch die Abnahme der Beweglichkeit infolge häufiger auftretender Stöße kompensiert. Charakteristisch für das vollionisierte Plasma ist die Zunahme der Leitfähigkeit mit $(kT)^{3/2}$.

7.1.6. Ambipolare Diffusion im Plasma

Die Diffusion geladener Teilchen ist im Plasma häufig mit der Driftbewegung in elektrischen Feldern verknüpft. Diese Felder entstehen durch Raumladungen, die selbst eine Folge der Trägerdiffusion sind. Derartige Raumladungsfelder verkoppeln auch die Bewegung verschiedener Ladungsträgerarten und führen zum Auftreten eines gemeinsamen, aus Diffusion und Felddrift bestehenden Transportprozesses der Elektronen und Ionen, der sog. *ambipolaren Diffusion*.
Unter der Bedingung der Quasineutralität ($n_e \approx n_p = n$) stellen sich in einem stationären Konzentrationsgefälle die Teilchenstromdichten (und damit auch die gerichteten Teilchengeschwindigkeiten) der Elektronen und Ionen auf denselben Wert ein. Infolge der höheren Diffusionsgeschwindigkeit der Elektronen eilen diese zunächst den Ionen voraus und es bildet sich eine Raumladung aus, deren Feld E die Elektronen bremst und die Ionen beschleunigt, bis $v_e = v_p = v$ ist. Die Geschwindigkeiten v_e und v_p enthalten einen

Diffusions- und einen Felddriftanteil:

$$nv_e = -D_e\,\text{grad}\,n - b_e E;$$
$$nv_p = -D_p\,\text{grad}\,n + b_p E.$$

($D_{e,p}$ und $b_{e,p}$ bedeuten Diffusionskoeffizient und Beweglichkeit der Elektronen bzw. Ionen).
Für die Feldstärke folgt aus der Gleichsetzung $v_e = v_p$:

$$E = -\frac{D_e - D_p}{b_e + b_p}\,\text{grad}\,n. \tag{7.16}$$

Damit kann die gemeinsame Geschwindigkeit v als Diffusionsgleichung geschrieben werden:

$$nv = -D_a\,\text{grad}\,n; \quad D_a = \frac{b_e D_p + b_p D_e}{b_e + b_p}. \tag{7.17}$$

D_a heißt Koeffizient der ambipolaren Diffusion. Im allgemeinen gilt $b_e \gg b_p$. Bei Benutzung der Nernst-Townsend-Einstein-Relation $D/b = kT$ (vgl. Abschn. 7.6.) folgt dann:

$$D_a \approx D_p + \frac{b_p}{b_e}\,D_e = b_p(kT_p + kT_e). \tag{7.18}$$

In nichtisothermen Plasmen mit hoher Elektronentemperatur $T_e \gg T_p$ ergibt sich schließlich:

$$D_a \approx kT_e b_p. \tag{7.19}$$

Unter diesen Bedingungen wird D_a durch die Beweglichkeit der langsam diffundierenden Ionen und die Temperatur der heißen Elektronen bestimmt.

7.2. Experimentelle Grundlagen der Plasmaphysik

7.2.1. Erzeugung des Plasmas

Die prinzipielle Methode der Erzeugung eines Plasmas besteht darin, in ein Gas Energie einzuspeisen, und zwar so, daß in einem (eventuell stufenförmigen) Elementarprozeß den Gasatomen Mindestenergien übertragen werden, die zur Ionisation ausreichen. Je nach Gasart liegen diese Energien zwischen etwa 5 und 20 eV. Die einzelnen Formen der Gasionisation wurden bereits im Bd. 2 behandelt. Die Plasmaerzeugung stellt eine Anwendung dieser Methoden dar.

7.2.1.1. Thermische Plasmaerzeugung
Hierbei wird einem Gas durch die Temperaturerhöhung begrenzender Wände Wärmeenergie zugeführt. Dadurch steigt der Energieinhalt aller inneren Freiheitsgrade (Translation, Rotation, Anregung usw.) und es bildet sich bei genügend hohen Temperaturen infolge der Stoßionisation der Teilchen und der Photoionisation der elektro-

---

magnetischen Strahlung ein Plasma, dessen Ionisierungsgrad die Saha-Eggert-Gleichung (vgl. Abschn. 7.3.) beschreibt. Diese Methode des *Plasmaofens* liefert als einzige ein echtes thermisches Gleichgewichtsplasma. Abb. 7.6 zeigt das Schema einer entsprechenden Anlage (*Kingscher Kohleofen* 1922). Über zwei großflächige Elektroden E wird ein Graphitrohr C durch elektrischen Strom aufgeheizt. Das Rohr ist an eine Vakuumapparatur angeschlossen und enthält die zu ionisierende Substanz, z. B. in Form von Eisendampf. Die maximal erzielbaren Plasmatemperaturen reichen bis etwa 3 500 K. Die Ionisierungsgrade bleiben dabei allgemein gering (unter etwa 1 %).

Q-Maschine. Höhere Ionisierungsgrade sind bei Ausnutzung der sog. *Kontaktionisation* zu erzielen, die auftritt, wenn die Ionisierungsenergie der mit der heißen Wand zusammenstoßenden Atome kleiner als die Elektronenaustrittsarbeit des Wandmaterials ist. Ein Beispiel stellt die Kombination Cs/W dar. Abb. 7.6 zeigt eine entsprechende Anordnung. Die Ionisation des Cäsiumdampfes im Rohr R erfolgt an zwei indirekt geheizten Wolframplatten W. Die im Zwischenraum auftretende Plasmasäule wird hier in radialer Richtung durch ein Magnetfeld (das die Spulen M erzeugen) zusammengehalten (Plasmahalterung in Magnetfeldern, vgl. Abschn. 7.8.). Das durch Kontaktionisation erzeugte Plasma weist gegenüber den Entladungsplasmen (Abschn. 7.2.1.3.) einen wesentlich geringeren Rauschpegel auf (d. h. geringere Fluktuationen der Plasmagrößen). Man spricht von einem ruhigen (quiescent) Plasma und bezeichnet die Anlage deshalb als Q-Maschine.

7.2.1.2. Plasmaerzeugung durch Kompression

Mechanische Kompression: Abb. 7.7 zeigt das Schema eines mechanischen Stoßwellenrohres, in dem nach Zerplatzen einer Membran M das Gas im Untersuchungsrohr R durch eine Kompressionswelle des Treibergases T aufgeheizt wird. Kurzzeitig sind auf diese Weise Plasmatemperaturen bis etwa $5 \cdot 10^4$ K zu erzielen. Anstelle der Membran kann auch ein massiver Kolben eingesetzt werden, der durch einen Treibgasstoß in Bewegung gesetzt wird und das zu untersuchende Gas anschließend adiabatisch komprimiert (*Ballistischer Kompressor*).

Elektromagnetische Kompression. Durch stromstarke Impulsentladungen, die aus einer Kondensatorbatterie gespeist werden, lassen sich Gase kurzzeitig auf hohe Temperaturen aufheizen. Die dabei eintretende Druckerhöhung führt in Verbindung mit den am Plasma angreifenden elektromagnetischen Kräften zu Überschallströmungen, die sich in Form einer Stoßfront ausbreiten. Meist besitzen die elektromagnetischen Stoßwellenrohre eine T-förmige Gestalt. Abb. 7.7 zeigt eine Variante (induktiv-hydrodynamisches Stoßwellenrohr). In der flachen Kammer K wird durch das schnell oszillierende Magnetfeld der Stoßspule S eine Entladung gezündet, die als konvergierende Ionisationswelle auf die Achse zuläuft und sich danach in das seitliche Untersuchungsrohr R als Stoßwelle ausbreitet.

Eine spezielle Form der elektromagnetischen Kompression tritt beim *Pinch-Effekt* auf (ausführlicher im Abschn. 7.8.). Dabei wird das Plasma durch ein zeitlich rasch ansteigendes Magnetfeld komprimiert und bis auf Temperaturen im Bereich von 10^7 K aufgeheizt. Die magnetische Kompression ist eine wichtige Methode bei der Erzeugung thermonuklearer Plasmen (vgl. Abschn. 7.8.).

7.2.1.3. Plasmaerzeugung durch elektrische Entladungen

In den meisten Fällen werden Plasmen mittels elektrischer Entladungen erzeugt. Das Prinzip besteht darin, eine Gasstrecke durch Anlegen

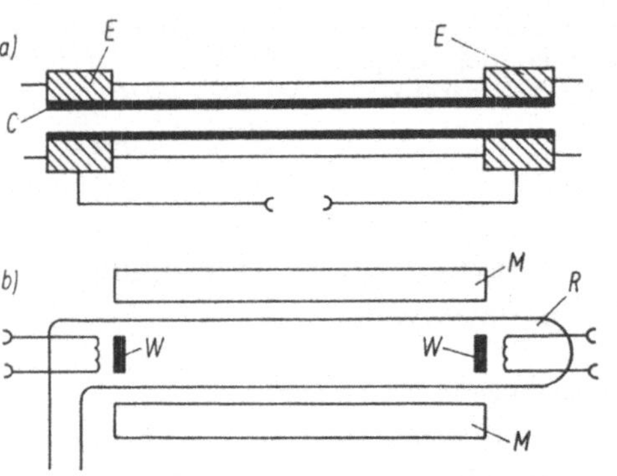

Abb. 7.6. Aufbau des Kingschen Kohleofens (a) und der Q-Maschine (b)

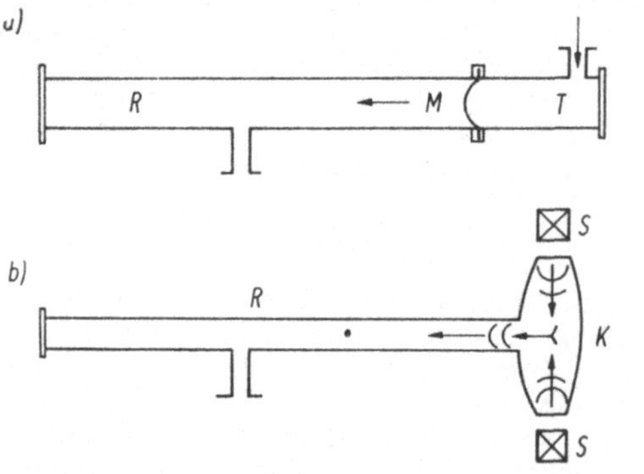

Abb. 7.7. Aufbau eines mechanischen (a) und elektromagnetischen (b) Stoßwellenrohres

eines elektrischen Feldes in den ionisierten Zustand zu versetzen (*Zündprozeß*) und im Gas während einer gewissen Zeitspanne einen elektrischen Strom aufrechtzuerhalten. In Abhängigkeit von den jeweiligen Bedingungen tritt eine Vielzahl verschiedener elektrischer Gasentladungen auf. Von Bedeutung sind dabei:

– der Zeitverlauf des elektrischen Feldes (Gleichstrom-Entladung, Wechselstrom-Entladungen (NF bis Mikrowellen), Impuls-Entladungen),
– der Gasdruck (Niederdruck-Entladungen $p \lesssim 10^3$ Pa, Hochdruckentladungen $p \gtrsim 10^5$ Pa),
– der Entladungsstrom (Schwachstrom-Entladungen $i \lesssim 10^{-1}$ A, Starkstrom-Entladungen $i \gtrsim 10$ A),
– die Elektroden (Glimmkathode, Bogenkathode, Hohlkathode, elektrodenlose Entladung ...).

Die wichtigsten elektrischen Entladungen und ihre zahlreichen Anwendungen wurden bereits im Bd. 2 besprochen. Aus der Fülle verschiedener Typen zeigt Abb. 7.8 ein Beispiel. Es handelt sich hier um eine stationäre, stromstarke Niederdruck-Entladung, die als aktives Medium eines Edelgas-Ionen-Lasers Verwendung findet. Das aus Quarz bestehende Entladungsrohr R ist von einer Wasserkühlung K umgeben. Die zylinderförmigen Spezialelektroden E ermöglichen Stromstärken bis einige 100 A mit Stromdichten im Entladungskanal bis etwa 1000 A/cm². Infolge der hohen thermischen Wandbelastung (bis etwa 1 kW/cm²) brennt die Entladung (Fülldruck $p \approx 10$ bis 100 Pa) in durchbohrten, isoliert angeordneten Graphitsegmenten G.

7.2.1.4. Plasmaerzeugung durch Strahlen

Zur Ionisierung eines Gases können auch Wellen- oder Teilchenstrahlen dienen, die den Gasraum durchqueren (vgl. Bd. 2). Diese Art der

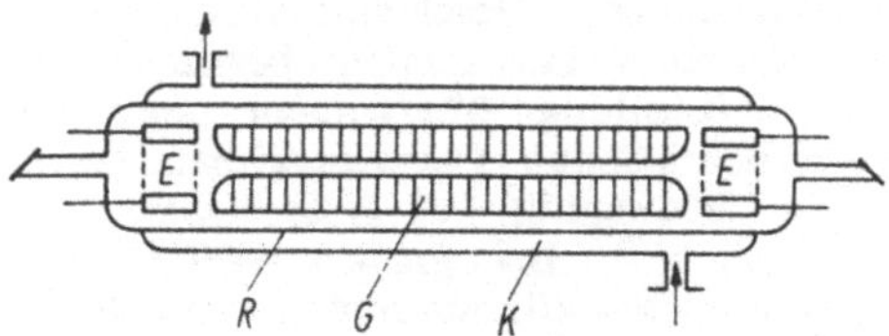

Abb. 7.8. Aufbau eines Entladungsrohres

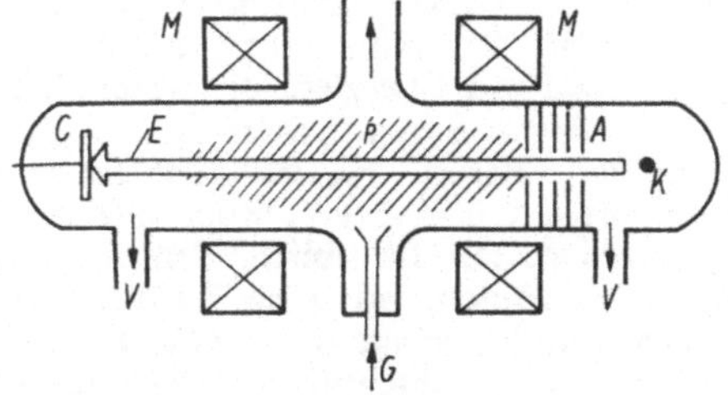

Abb. 7.9. Aufbau einer Elektronenstrahl-Plasma-Anlage

Ionisierung tritt im großen Maßstab bei der Bildung astrophysikalischer Plasmen auf.
Abb. 7.9 zeigt das Schema einer Elektronenstrahl-Plasma-Anlage, die als plasmachemischer Reaktor konzipiert ist. Von der Glühkathode K, die vom Gasraum ($p \approx 1$ Pa) durch die als Blendensystem aufgebaute Anode A getrennt ist, geht der Elektronenstrahl E aus. Er endet auf dem Kollektor C (Strahlstromstärke etwa 1 A; Elektronenenergie etwa 10 keV; Länge etwa 3 m). Durch Stoßionisation der Strahlelektronen bildet sich im Gasraum ein Plasma P, in dem der Elektronenstrahl Plasmaschwingungen (vgl. Abschn. 7.1.4.) anfacht. Im elektrischen Feld dieser (turbulenten) Schwingungen nehmen die Plasmaelektronen Energie auf. Insgesamt entsteht durch die Strahl-Plasma-Wechselwirkung ein *nichtisothermes Plasma* mit gegenüber den Neutralteilchen hoher Elektronenenergie ($kT_e \gtrsim 1$ eV). Zur Reduzierung der radialen Trägerverluste dient das axiale Magnetfeld der Spule M. Die Anlage ist an Vakuumpumpen V angeschlossen und wird von einem Gasstrom G durchquert, dessen Komponenten im Plasma chemische Reaktionen eingehen (z. B. Bildung von Stickoxiden aus einem N_2/O_2-Gemisch).
Durch die Entwicklung leistungsstarker Laser wurde eine neue Variante der Gasionisation im optischen Bereich ermöglicht. Bei der Fokussierung der Strahlung eines Rubin-Lasers beobachtete man 1963 in Luft das explosionsartige Entstehen eines Plasmas im Linsenbrennpunkt (*Laser-Funken*). Die erforderliche Strahlungsintensität für den optischen Durchschlag betrug dabei etwa 10^5 MW/cm². Im Prinzip handelt es sich hier um die Ausdehnung der Hochfrequenzentladungen über den Mikrowellenbereich hinaus (*optische Entladungen*).
Die Erzeugung und Aufheizung von Plasmen mittels Laserstrahlung stellt eine der aussichtsreichen Möglichkeiten zur Realisierung der kontrollierten Kernfusion dar. Darüber wird im Abschn. 7.8., der die Methoden der Erzeugung von Hochtemperaturplasmen enthält, berichtet.

7.2.2. Diagnostik des Plasmas

I. LANGMUIR und seine Mitarbeiter entwickelten 1923 die Sondendiagnostik elektrischer Entladungen zu einem leistungsfähigen Verfahren und schufen damit eine der experimentellen Voraussetzungen zum Aufbau der Plasmaphysik.
In der modernen Plasmadiagnostik finden außer der Wechselwirkung des Plasmas mit eingeführten Festkörpern (Sondentechnik) zahlreiche andere Untersuchungsmethoden Anwendung. Die

---

wichtigsten basieren auf der Wechselwirkung mit elektromagnetischen Wellen, die vom Kurzwellen- bis zum Röntgen-Gebiet reichen, oder auf der Wechselwirkung mit Teilchenstrahlen, sowie auf der Analyse der vom Plasma emittierten Strahlung bzw. extrahierter Teilchen. Ziel der Diagnostik ist die Bestimmung aller wesentlichen Kenndaten des Plasmas, z. B. des elektrischen Potentialverlaufes, der Konzentration der Plasmakomponenten (Ladungsträger, Neutralteilchen in bestimmten Anregungszuständen usw.), der Temperaturen oder Geschwindigkeitsverteilungen einzelner Teilchengruppen, der Strömungsprofile u. a. m.

7.2.2.1. Langmuir-Sonden

Seit den klassischen Arbeiten I. LANGMUIRS wurde zur Verbesserung der Sondenmethode und zur Erschließung neuer Einsatzgebiete eine umfangreiche Arbeit geleistet. Ein wichtiges Beispiel ist dafür der Einsatz von Sonden in Raumflugkörpern. Die mit verschiedenen Sonden untersuchten Plasmen überdecken ein Druckgebiet, das vom Hochvakuum bis über den Normaldruck hinausreicht. Der erfaßte Bereich der

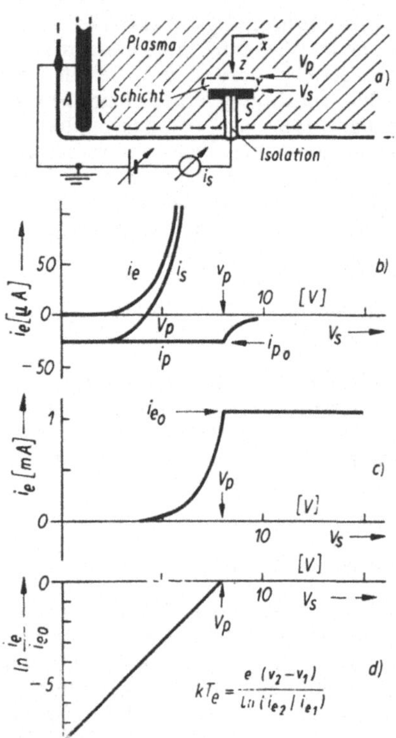

Abb. 7.10. Schaltung und Charakteristik einer ebenen Langmuir-Sonde. a) Schaltung; b), c), d) Ideale Charakteristik bei Maxwell-Verteilung der Elektronengeschwindigkeiten (H-Plasma; $T_e = T_p \triangleq 1$ eV; $n_e = 10^{16}$ m^{-3}; $A_s = 4$ mm²)

Ladungsträgerkonzentration liegt zwischen etwa 10^5 bis 10^{15} cm^{-3}. Das typische Anwendungsgebiet der Langmuir-Sonden sind jedoch nach wie vor die Niederdruckplasmen ($p \lesssim 100$ Pa) ohne äußeres Magnetfeld.

Die Langmuir-Sonde ist eine in das Plasma eingeführte Metallelektrode (Scheibe, Zylinder oder Kugel), deren Abmessungen so klein sind, daß das ungestörte Plasma in ihrer Nähe als homogen angesehen werden darf. Der Sonde können gegenüber einer Referenzelektrode verschiedene Spannungen V_S aufgeprägt werden. Gemessen wird der Sondenstrom i_S. Die so ermittelte Sondencharakteristik $i_S = i_S(V_S)$ enthält die zur Bestimmung wichtiger Plasmenkenngrößen notwendigen Informationen. Wir analysieren die Charakteristik für eine ebene Sonde unter idealisierten Bedingungen.

Ist die Sonde S (vgl. Abb. 7.10) gegenüber dem umgebenden Plasma negativ vorgespannt, so umgibt sie sich durch Abstoßung der Elektronen und Anziehung der (positiven) Ionen mit einer positiven Raumladungsschicht, in der das Potential vom Wert V_S an der Sonde bis zum Wert des Plasmapotentials V_P am Schichtrand variiert. Außerhalb der Schicht liegt wieder ein ungestörtes Plasma vor. Bei genügend kleinem Gasdruck ($p \lesssim 100$ Pa) darf angenommen werden, daß die mittlere freie Weglänge der Ladungsträger kleiner ist als die Dicke der Sondenschicht und somit Zusammenstöße der Ladungsträger (z. B. mit Gasatomen) keinen Einfluß auf die Sondenkennlinie ausüben. Sieht man von Randeffekten ab, so erreicht unter diesen Bedingungen jedes in die Schicht eintretende Ion die Sondenoberfläche. Es fließt ein von der Spannung $V_S < V_P$ unabhängiger Ionensättigungsstrom i_{p_0}. Der Elektronenstrom i_e zur Sonde ist demgegenüber ein Anlaufstrom, da nur Elektronen mit ausreichender Geschwindigkeitskomponente c_z senkrecht zur Schichtoberfläche die elektrische Abstoßung überwinden und die Sonde erreichen können. Der Energiesatz liefert für c_z die Bedingung: $c_z^2 \geq 2e_0 V_{PS}/m_e$ mit $V_{PS} = V_P - V_S > 0$. Bei großen Werten der Schichtspannung V_{PS} können nur die schnellsten Elektronen gegen das Sondenpotential anlaufen. Die Zahl dieser Elektronen wird durch die jeweils vorliegende *Geschwindigkeitsverteilungsfunktion* bestimmt. Im allgemeinen treten im Plasma Elektronen mit Energien, die wesentlich über dem Mittelwert liegen, selten auf. Somit kann bei großen Werten V_{PS} der Elektronenteil im Sondenstrom $i_s = i_e + i_p \approx i_{p_0} < 0$ vernachlässigt werden. (Es ist üblich, den Ionenteil i_p negativ zu zählen, vgl. Abb. 7.10b.) Mit Verkleinerung von V_{PS} steigt i_e an. Gleichzeitig verkleinert sich die Schichtdicke. Bei einem bestimmten Wert $V_{PF} = V_P - V_F$ wird $i_s = 0$.

V_{PF} nennt man das *Floating-Potential* der Sonde. Dieses Potential nimmt eine isoliert eingetauchte Sonde, für die $i_e + i_p = 0$ gelten muß, gegenüber dem Plasma an. Da die mittlere Geschwindigkeit der Elektronen wegen $T_e \geqq T_p$ stets größer als die der Ionen ist, erhält die schwimmende (floating) Sonde gegenüber Plasma ein negatives Potential ($V_F < V_P$). Die weitere Verkleinerung der Schichtspannung läßt den Elektronenstrom zur Sonde steil ansteigen. In diesem Bereich kann der Ionenanteil meist vernachlässigt werden ($i_s \approx i_e$). Bei $V_{PS} = 0$, d. h. $V_S = V_P$ verschwindet schließlich die Raumladungsschicht um die Sonde und es erreichen ihre Oberfläche Ionen und Elektronen in Form der unbehinderten thermischen Bewegung. Im Bereich $V_{PS} < 0$ fließt dann ein Elektronensättigungsstrom i_{e_0} (Abb. 7.10c) und der Ionenstrom ist ein Anlaufstrom.

Im folgenden wird die qualitative Darstellung der Charakteristik einer ebenen Sonde quantitativ ergänzt. Wir beschränken uns dabei auf den Elektronenanteil i_e im Anlaufgebiet.
Die Geschwindigkeitsverteilung der Elektronen sei $f(c_x, c_y, c_z)$. Durch ein Flächenelement dA der Sondenschicht fließt dann ein von den Elektronen getragener Strom $di_e = e_0 n_e c_z f\, dc_x\, dc_y\, dc_z\, dA$. Die z-Richtung stehe senkrecht auf der Sondenoberfläche und wir setzen eine isotrope Geschwindigkeitsverteilung voraus, d. h. f hänge nur vom Betrag der Elektronengeschwindigkeit c ab: $f = f(c)$. Beim Übergang zu einem System räumlicher Polarkoordinaten (c, θ, φ) wird:

$$dc_x\, dc_y\, dc_z = c^2 \sin\theta\, dc\, d\theta\, d\varphi \quad \text{und} \quad c_z = c\cos\theta.$$

Um den Elektronenstrom zu finden, der an der Sonde einströmt, muß der obige Ausdruck für di_e integriert werden. Die Integration über das Flächenelement liefert (wenn Randeffekte vernachlässigt werden) die Oberfläche der Sonde A_s. Bei der Integration im Geschwindigkeitsraum muß beachtet werden, daß nur Elektronen mit Geschwindigkeiten $c_z^2 = c^2 \cos^2\theta \geqq 2e_0 V_{PS}/m_e$ die Sonde erreichen können. Dies ergibt als Integrationsgrenzen für c und θ:

$$c_1 = c_{m_{in}} = \sqrt{2e_0 V_{PS}/m_e}; \qquad c_2 = \infty.$$

$$\theta_1 = 0; \qquad \theta_2 = \theta_{max}; \qquad \cos\theta_{max} = \sqrt{2e_0 V_{PS}/m_e c^2}.$$

Der Winkel φ unterliegt keiner Einschränkung ($\varphi = 0 \ldots 2\pi$). Damit folgt für den Elektronenanteil im Sondenstrom, wenn in der Schicht keine Teilchenstöße und an der Sonde keine Teilchenreflexion auftreten:

$$i_e = e_0 n_e A_s \int_0^{2\pi} \int_0^{\theta_{max}} \int_{c_{min}}^{\infty} c^3 f(c) \sin\theta\cos\theta\, d\theta\, d\varphi\, dc,$$

$$i_e = \pi e_0 n_e A_s \int_{c_{min}}^{\infty} c^3 f(c) \sin^2\theta_{max}\, dc,$$

$$i_e = \frac{1}{4} e_0 n_e A_s \int_{c_{min}}^{\infty} c F(c) \left(1 - \frac{2e_0 V_{PS}}{m_e c^2}\right) dc. \tag{7.20}$$

Die Verteilungsfunktion $F(c) = 4\pi c^2 f(c)$ ist dabei auf 1 normiert $\left(\int_0^{\infty} F(c)\, dc = 1\right)$. Gl. (7.20) gilt für $V_{PS} \geqq 0$.

Diese Grundbeziehung der Sondentheorie ergibt sich in gleicher Form auch bei Kugelsonden.
Liegt eine Maxwell-Verteilung der Elektronengeschwindigkeiten vor,

$$F(c) = \frac{4}{\sqrt{\pi}} c^2 \left(\frac{m_e}{2kT_e}\right)^{3/2} \exp\left(-\frac{m_e c^2}{2kT_e}\right) \tag{7.21}$$

so folgt aus Gl. (7.20):

$$i_e = i_{e_0} \exp\left(-\frac{e_0 V_{PS}}{kT_e}\right) \tag{7.22}$$

mit dem Elektronensättigungsstrom

$$i_{e_0} = \frac{1}{4} e_0 n_e \langle c\rangle A_s; \quad \langle c\rangle = \sqrt{\frac{8kT_e}{\pi m_e}}. \tag{7.23}$$

In diesem Fall steigt somit i_e im Anlaufgebiet exponentiell mit der Sondenspannung $V_S = V_P - V_{PS}$ an. Abb. 7.10d zeigt das anhand eines Zahlenbeispiels. Aus dem Anstieg der Geraden $i_e = i_e(V_S)$ in halblogarithmischer Darstellung kann die Elektronentemperatur T_e ermittelt werden. Die Elektronenkonzentration ist aus dem Sättigungsstrom am Plasmapotential zu erhalten. Es gilt in den Einheiten n_e [m^{-3}]; i_{e_0} [A]; A_s [m^2]; kT_e [eV].

$$n_e = 3,73 \cdot 10^{13} \frac{i_{e_0}/A_s}{\sqrt{kT_e}}.$$

Diese einfache Ermittlung der Plasmaparameter n_e und T_e versagt, wenn keine Maxwell-Verteilung der Elektronengeschwindigkeit im Plasma vorliegt. Das ist tatsächlich in vielen Entladungsplasmen der Fall (vgl. Abschn. 7.3.2.) und es entsteht damit die Frage nach der unter den jeweiligen Bedingungen vorliegenden Form der Verteilungsfunktion. Diese Frage besitzt für die Plasmaphysik eine große prinzipielle Bedeutung.
Wie die Analyse der Grundgleichung (7.20) zeigt, kann mit ihr ein Sondenverfahren zur experimentellen Bestimmung der Verteilungsfunktion $F(c)$ entwickelt werden (M. DRUYVESTEYN, 1930). Gl. (7.20) stellt ein Parameterintegral dar. Seine zweimalige Differentiation nach der Sondenschichtspannung V_{PS} liefert:

$$\frac{d^2 i_e}{dV_{PS}^2} = \frac{e_0^2 n_e A_s}{4m_e} \frac{1}{V_{PS}} F\left(\sqrt{\frac{2e_0 V_{PS}}{m_e}}\right). \tag{7.24}$$

Kennt man somit die zweite Ableitung des Stromes i_e in Abhängigkeit von V_{PS}, so kann daraus die Verteilungsfunktion $F(c)$ mit $c = \sqrt{2e_0 V_{PS}/m_e}$ bestimmt werden. Als eine Möglichkeit bietet sich die graphische Differentiation der gemessenen Charakteristik $i_s - i_p = i_e(V_S)$ an. Der hier eingehende Ionenstrom i_p wird durch Extrapolation des Sondenstromes bei kleinem V_S erhalten (vgl. Abb. 7.10). Wesentlich genauer als die graphische Differentiation ist die Anwendung elektronischer Differenzierschaltungen im Sondenkreis. Andere moderne Methoden überlagern der Sondengleichspannung V_S eine kleine periodische Störspannung und analysieren mit empfindlichen elektronischen Schaltungen die infolge der Nichtlinearität der Kennlinie auftretenden Oberwellen im Sondenstrom. Aus der Amplitude einiger dieser Oberwellen kann auf die Größe von di_e^2/dV_S^2 geschlossen werden.

Doppelsondenmethode. Die ursprüngliche Sondenmethode I. LANGMUIRS hat zahlreiche Ergänzungen und Verbesserungen erfahren. Große Aufmerksamkeit wurde auch den mannigfachen Störungen geschenkt, die zu Abweichungen von der idealen Charakteristik (Abb. 7.10) führen. Dazu gehören die Wirkung von Stößen in der Sondenschicht (Hochdrucksonden) und die Wirkung eines äußeren Magnetfeldes.

Eine Sondenmethode, die nicht den Bezug auf eine Referenzelektrode im Plasma voraussetzt, wurde 1949 von O. E. JOHNSON und L. MALTER entwickelt. Diese Methode wird angewandt, wenn keine geeignete Referenzelektrode vorhanden ist (z. B. in elektrodenlosen HF-Entladungen, im Plasma der Ionosphäre usw.). Sie benutzt zwei benachbarte Langmuir-Sonden etwa gleicher Abmessungen und bestimmt den Strom i_S, der zwischen den beiden Sonden fließt, wenn diese an eine Spannungsquelle V_S angeschlossen werden. Die Auswertung der Charakteristik $i_S(V_S)$ gestattet auch hier die Ermittlung der Temperatur und Konzentration der Elektronen.

7.2.2,2. Spektroskopische Plasmadiagnostik

Neben der Sondentechnik gehört die spektroskopische Plasmadiagnostik zu den klassischen Untersuchungsmethoden ionisierter Gase. Die Fülle ihrer verschiedenen Verfahren kann hier nur angedeutet werden. Seit etwa 1960 gewinnt die Diagnostik mit Laserstrahlen (z. B. Streuung von Laserstrahlung an den Plasmaelektronen) und die Diagnostik im Röntgenbereich ($\lambda \approx 0{,}1$ bis 10 nm) zunehmende Bedeutung.

Im engeren Sinn umfaßt die spektroskopische Diagnostik die Analyse der vom Plasma emittierten elektromagnetischen Strahlung mit dem Ziel der Bestimmung charakteristischer Daten des jeweiligen Plasmazustandes. Der große Vorzug dieser Methode besteht darin, daß durch sie der zu diagnostizierende Zustand nicht gestört wird (*passive Diagnostik*).

Im weiteren Sinn gehört zur spektroskopischen Diagnostik auch die meßtechnische Ausnutzung der Wechselwirkung zwischen dem Plasma und von außen eingestrahlter elektromagnetischer Wellen in Form der Absorption, Streuung, Drehung der Polarisationsebene u. a. m. (*aktive Diagnostik*).

Abb. 7.11 zeigt für die Intensität der Linienstrahlung und des Kontinuums' eines Plasmas einige spektroskopische Meßgrößen, deren Informationsgehalt zur Bestimmung verschiedener Plasmaparameter genutzt werden kann (Temperaturen T, Teilchendichten n, Driftgeschwindigkeit v_z, elektrische und magnetische Feldstärke E und H).

Ein Nachteil der spektroskopischen Plasmadiagnostik besteht darin, daß in der Regel mehrere Plasmaparameter gleichzeitig in eine Meßgröße eingehen und die Auswertung der experimentellen Daten die Benutzung eines bestimmten Plasmamodells (z. B. thermisches Plasma) bereits voraussetzt, da die Art des Zusammenhanges zwischen den Plasmaparametern und den spektroskopischen Meßdaten stark von den Plasmabedingungen selbst abhängt.

Am einfachsten ist die Interpretation der spektroskopischen Daten für Plasmen nahe dem thermischen Gleichgewicht. Als Beispiel nennen wir die Bestimmung der Plasmatemperatur aus der Messung des Emissionskoeffizienten ε (bzw. der Intensität) von Spektrallinien.

Es gilt bei optisch dünner Schicht (vgl. Abschn. 7.5.):

$$\varepsilon \sim g A \nu \exp\left(-W/kT\right).$$

(g statistisches Gewicht; A Übergangswahrscheinlichkeit; ν Frequenz; W Anregungsenergie). Trägt man somit die Größe $\varepsilon/gA\nu$ für verschiedene Spektrallinien halblogarithmisch über dem zugehörigen W auf, so ergibt sich eine Gerade, deren Anstieg ein Maß für die Plasmatemperatur darstellt. Vorteilhaft ist hierbei, daß lediglich Relativmessungen von ε erforderlich sind.

7.3. Thermodynamische Gleichgewichtsplasmen

7.3.1. Vollständiges thermisches Gleichgewicht (VTG)

Plasmen im VTG treten in Natur und Technik außerordentlich selten auf, da sie ein vollständig abgeschlossenes System (z. B. einen plasmagefüllten Hohlraum mit isothermen Wänden) voraussetzen. Als Grenzfall stellen diese Plasmen jedoch ein wichtiges Modell dar. In ihnen sorgen intensive Energieaustauschprozesse zwischen allen Teilchenkomponenten und der Strahlung für die Vollständigkeit des Gleichgewichtes, das durch die einheitliche Plasmatemperatur T als wesentliche Zustandsgröße charakterisiert ist. Die wichtigsten Eigenschaften eines Plasmas im VTG sind:

– Die Strahlungsdichte ist die einer schwarzen Hohlraumstrahlung. Sie wird durch das Plancksche Strahlungsgesetz beschrieben (Strahlungs-

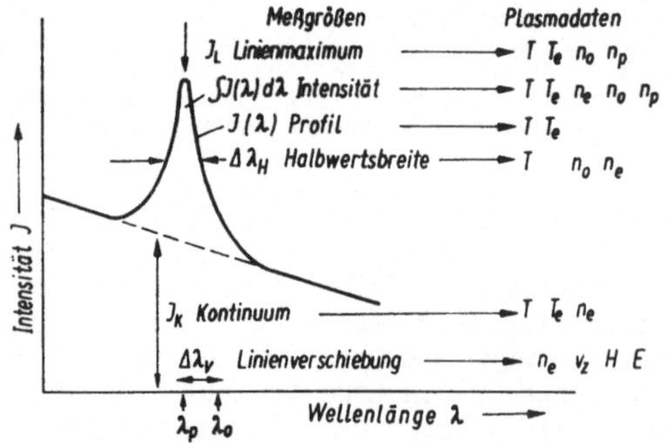

Abb. 7.11. Meßgrößen der spektroskopischen Plasmadiagnostik

temperatur $T_S = T$). Außerdem ist das Kirchhoffsche Strahlungsgesetz gültig.
– Die Geschwindigkeitsverteilungsfunktionen aller Teilchen gehorchen der Maxwell-Form [Gl. (7.21)] mit einheitlicher kinetischer Temperatur $T_K = T$.
– Die Besetzung angeregter Zustände der Teilchen entspricht der Boltzmann-Relation (Anregungstemperatur $T_A = T$). Es gilt:

$$\frac{n_{v\mu}}{n_v} = \frac{g_{v\mu}}{S_v(T)} \exp\left(-\frac{W_{v\mu}}{kT}\right). \qquad (7.25)$$

– Das chemische Gleichgewicht im Plasma regelt das Massenwirkungsgesetz von C. M. GULDBERG und P. WAAGE. Seine Anwendung auf das Ionisations-Rekombinations-Gleichgewicht liefert für die Konzentration der Teilchen ver-

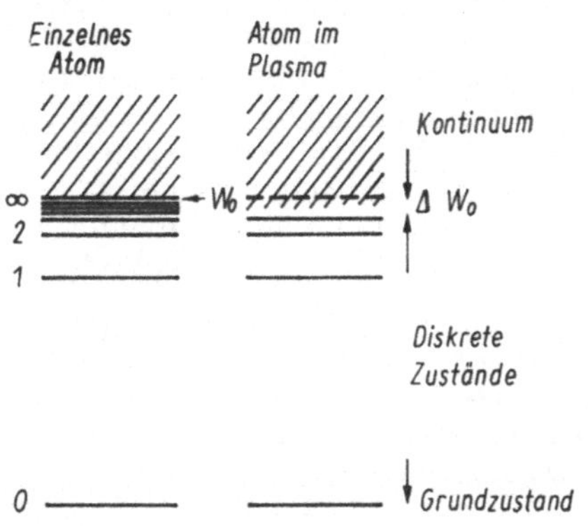

Abb. 7.12. Termverschmelzung im Plasma

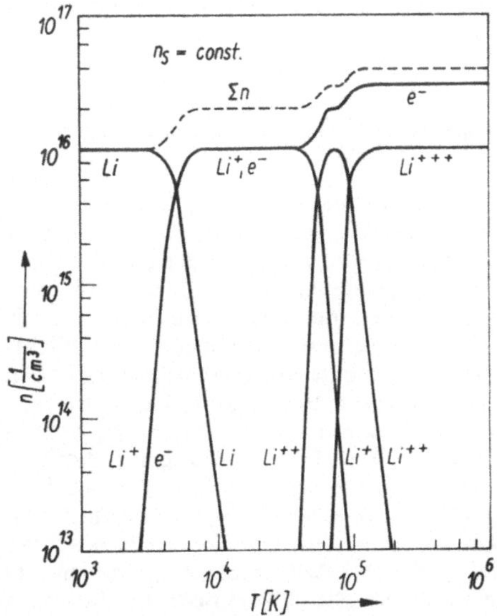

Abb. 7.13. Temperaturabhängigkeit der Zusammensetzung eines Lithiumplasmas bei konstanter Dichte der schweren Teilchen ($n_S = 10^{16}$ cm^{-3})

schiedener Ionisierungsstufen (neutrale, einfach geladene Ionen, doppelt geladene Ionen ...) die Saha-Eggert-Gleichung (Ionisationstemperatur $T_I = T$):

$$\frac{n_{v+1}n_e}{n_v}$$

$$= \frac{2S_{v+1}(T)}{S_v(T)} \frac{(2\pi m_e kT)^{3/2}}{h^3} \cdot \exp\left(-\frac{W_v - \Delta W_v}{kT}\right). \qquad (7.26)$$

(n_v, n_{v+1} Konzentrationen der v- bzw. ($v+1$)-fach ionisierten Teilchen, z. B. n_0 Konzentration der Neutralteilchen; $n_{v\mu}$ Konzentration angeregter Teilchen mit der Anregungsenergie $W_{v\mu}$; W_v Ionisierungsenergie für den Übergang $v \to v+1$; $g_{v\mu}$ statistisches Gewicht des μ-ten Zustandes).
Die Größe $S(T)$ stellt die sog. *Zustandssumme* (vollständiges statistisches Gewicht) dar:

$$S_v(T) = \sum_{\mu=1}^{\mu=\mu_{max}} g_{v\mu} \exp\left(-\frac{W_{v\mu}}{kT}\right), \qquad (7.27)$$

wobei $\mu = 1$ den Grundzustand und $\mu = \mu_{max}$ den höchsten angeregten Zustand des v-fach ionisierten Teilchens bezeichnet, in dem die Bindung eines Elektrons noch möglich ist. Bei einem isolierten Atom entspricht dies der ungestörten Ionisierungsgrenze mit der Hauptquantenzahl $\mu_{max} = \infty$. Die Wechselwirkung der Teilchen im Plasma, die am stärksten die hochliegenden angeregten Zustände beeinflußt, führt jedoch zum Verschmelzen der Zustände an der Ionisierungsgrenze und zu einer Erniedrigung ΔW_v der Ionisierungsenergie (Abb. 7.12). Nach dem Bohrschen Atommodell besteht folgender Zusammenhang (a_0: 1. Bohrscher Radius, s. Abschn. 1.1.2.):

$$\Delta W_v = \frac{1}{4\pi\varepsilon_0} \frac{(v+1)e_0^2}{2a_0\mu_{max}}. \qquad (7.28)$$

Zur Bestimmung von ΔW_v sind zahlreiche Abschätzungen durchgeführt worden. Berücksichtigt man in der Wechselwirkung des gestörten Atoms nur den nächsten ionischen Nachbarn, so liefert eine Abschätzung (A. UNSÖLD 1948):

$$\Delta W_v = \frac{(v+1)^{2/3}}{4\pi\varepsilon_0} \frac{3e_0^2}{r_M}; \quad r_M = \left(\frac{3}{4\pi n_e}\right)^{1/3} \qquad (7.29)$$

mit r_M als mittleren Abstand der Elektronen im Plasma. Nur in dichten Plasmen ($n_e > 10^{16}$ cm^{-3}) übersteigt ΔW_v den Wert 0,1 eV. In vielen Fällen genügt es, bei der Berechnung der Zustandssumme S_v in Gl. (7.27) lediglich die ersten Glieder zu berücksichtigen.
Die Saha-Eggert-Gleichung (7.26) liefert für Elemente mit höherer Kernladungszahl ein

---

Gleichungssystem, das die Berechnung der Anteile verschiedener Ionen im Plasma (bis hin zum nackten Kern) als Funktion der Temperatur gestattet. In den Abb. 7.13 und 7.14 sind für Lithium ($v = 0$ bis 3) Ergebnisse einer entsprechenden Rechnung dargestellt, wobei als Randbedingung die Konstanz der Zahl schwerer Teilchen $n_s = \sum n_v = $ const bzw. die Konstanz des Plasmadruckes $p = (n_e + n_s)\,kT = $ const

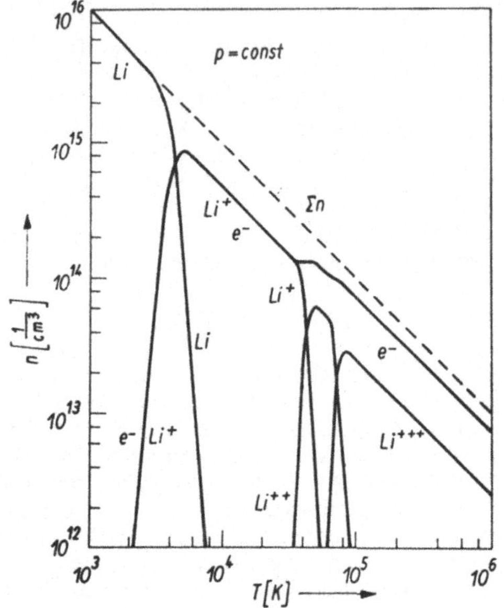

Abb. 7.14. Temperaturabhängigkeit der Zusammensetzung eines Lithiumplasmas bei konstantem Druck ($p = 1{,}4 \cdot 10^2$ Pa)

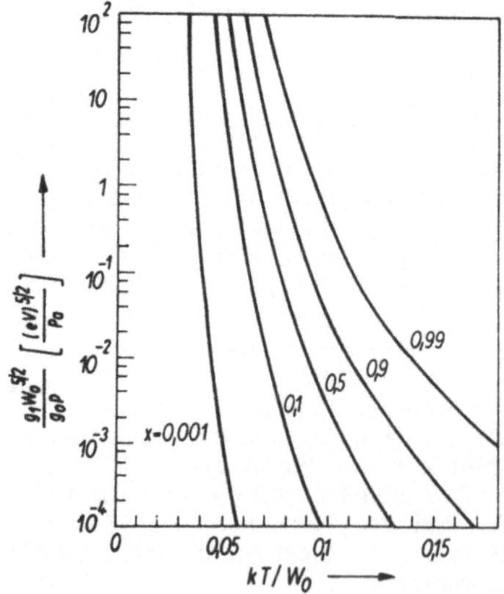

Abb. 7.15. Parameterdarstellung der Saha-Eggert-Gleichung (7.30)

vorausgesetzt wurde. Erst bei 3000 K treten geladene Teilchen in größerem Umfang (Prozentbereich) auf. Oberhalb 7000 K ist das Plasma vollständig ionisiert, enthält jedoch zunächst nur einfach geladene Ionen. Man entnimmt den Abbildungen, daß unabhängig von der Temperatur im Plasma gleichzeitig höchstens drei verschiedene Sorten schwerer Teilchen vergleichbarer Konzentration auftreten. Diese Aussage gilt auch für Elemente mit höherer Kernladungszahl.

Im Temperaturgebiet der Einfachionisation reduziert sich die Saha-Eggert-Gleichung (7.26) auf:

$$\frac{x^2}{1 - x^2} = 2 \left(\frac{2\pi m_e}{h^3}\right)^{3/2} \frac{g_1 W_0^{5/2}}{g_0 p} \left(\frac{kT}{W_0}\right)^{5/2}$$

$$\times \exp\left(-\frac{W_0}{kT}\right). \tag{7.30}$$

Die Größe $x = n_e/(n_0 + n_e)$ bedeutet den Ionisierungsgrad des Plasmas und $p = (n_0 + 2n_e)\,kT$ den kinetischen Druck mit $n_1 = n_e$ (Neutralitätsbedingung). Die Erniedrigung der Ionisierungsenergie wurde hierbei vernachlässigt und die Zustandssummen durch das erste Glied (g_0, g_1) ersetzt.

Man erkennt, daß x als Funktion der normierten Temperatur kT/W_0 mit einem von Art und Druck des Gases abhängigen Parameter beschrieben werden kann. Dies gestattet eine übersichtliche Darstellung unabhängig von der jeweiligen Gasart. Abb. 7.15 enthält alle Angaben zur Ermittlung des Ionisierungsgrades in beliebigen Gasen bei verschiedenen Temperaturen und Drücken (Angaben zur Ionisierungsenergie W_0 vgl. Bd. 2).

7.3.2. Plasma im lokalen thermodynamischen Gleichgewicht (LTG)

Reale Plasmen befinden sich fast immer im Zustand des Nichtgleichgewichtes. Ursache dafür sind die durch äußere Einwirkungen und Bedingungen hervorgerufenen räumlichen und zeitlichen Änderungen der Plasmaparameter, z. B. an den Plasmagrenzen. Ausdruck des Nichtgleichgewichtes ist eine gestörte Bilanz zwischen einzelnen Prozessen und ihren Umkehrungen (Ionisation ↔ Rekombination, Anregung ↔ Abregung usw.). Falls diese Störungen innerhalb gewisser Grenzen bleiben oder nur gewisse Prozesse betreffen, läßt sich der Plasmazustand vielfach noch als *nahe dem Gleichgewicht* beschreiben. Dies bedeutet, daß einzelne Aussagen des Gleichgewichtsmodells (VTG) noch in Näherung gültig bleiben, andere aber schon unbrauchbar sind. Bei starken Abweichungen vom Gleichgewicht versagt die konventionelle thermodynamische Beschreibung des Plasmas vollständig und an ihre Stelle tritt eine detaillierte kinetische Beschreibung (vgl. Abschn. 7.4.). Dies ist bei vielen Entladungsplasmen erforderlich.

Das wichtigste Modell eines Plasmas nahe dem Gleichgewicht ist das sog. *LTG-Modell.* Die etwas irreführende Bezeichnung *lokales thermodynamisches Gleichgewicht* stammt aus der Astrophysik. Es handelt sich hier um ein bestimmten Bedingungen genügendes partielles Gleichgewicht: Von den im Abschn. 7.3.1. aufgeführten Kennzeichen eines Plasmas im VTG bleiben alle bis auf das Vorliegen der schwarzen Hohlraumstrahlung gültig. Das LTG-Plasma unterscheidet sich somit vom VTG-Plasma im wesentlichen nur durch eine andere Strahlung, die nicht mehr durch eine Temperatur und das Plancksche Gesetz zu beschreiben ist. Außerdem können im LTG-Plasma räumliche und zeitliche Änderungen seiner Parameter auftreten, da sich die Aussagen dieses partiellen Gleichgewichtszustandes auf ein kleines Plasmavolumen beziehen. Eine solche Lokalisierung des Gleichgewichtes ist möglich, wenn von der Mitwirkung der Strahlungsprozesse weitgehend abgesehen werden kann.

Abweichungen von der schwarzen Hohlraumstrahlung treten im Plasma auf, wenn dieses *optisch dünn* ist und die Strahlung an den Begrenzungen ungehindert entweicht. Dann fallen im Strahlungsgleichgewicht die Absorptionsprozesse aus, und es ändert sich die Spektralverteilung des Spektrums. Allgemein werden dabei auch Änderungen der Termbesetzung auftreten. Wenn allerdings unter den Prozessen der Be- und Entvölkerung der Terme die Strahlungsprozesse gegenüber den Stoßprozessen eine untergeordnete Rolle spielen, sind solche Änderungen noch zu vernachlässigen. Die Bedingung für den überwiegend stoßbestimmten Plasmazustand ist eine genügend hohe Konzentration der Elektronen, da unter allen Teilchenstößen die der Elektronen für die Termbesetzung von Atomen am wichtigsten sind. Eine hohe Elektronenkonzentration sichert auch über die Coulomb-Wechselwirkung der Ladungsträger die Einstellung einer Maxwellschen Geschwindigkeitsverteilung (vgl. Abschn. 7.4.). Wie grobe Abschätzungen zeigen, kann bei $n_e \gtrsim 10^{17}$ cm^{-3} stets mit dem Vorliegen eines Plasmas im LTG gerechnet werden.

7.4. Plasmakinetik

Plasmen, deren Zustand weit vom thermischen Gleichgewicht entfernt ist, erfordern zur Beschreibung ihrer Eigenschaften die *detaillierte* Berücksichtigung der einzelnen Elementarpro-

zesse. Fragt man z. B. nach der Konzentration einer bestimmten Sorte angeregter Teilchen, so muß eine Bilanz aufgestellt werden, die sämtliche Prozesse erfaßt, die zum Entstehen bzw. Verschwinden dieser Teilchen im Plasma führen. Auf die Volumen- und Zeiteinheit bezogen, nennt man diese Bilanz *Ratengleichung.* Nichtgleichgewichtsplasmen sind durch eine große Zahl solcher (oft umfangreicher) Ratengleichungen charakterisiert und erfordern bei der Berechnung ihrer Eigenschaften einen bedeutend höheren Aufwand als Gleichgewichtsplasmen.

In die Ratengleichungen geht als wesentliches Element die Häufigkeit der Teilchenzusammenstöße in Form der sog. *Stoßraten* ein. Unter einem Zusammenstoß zweier Teilchen versteht man die bei ihrer gegenseitigen Annäherung und Wechselwirkung auftretenden physikalischen Veränderungen wie z. B.: *Ablenkung* (Streuung), *Austausch* von *Impuls* und *Energie, Änderung* der *inneren Struktur, Teilchenvereinigung* usw. Wenn die Wechselwirkungskräfte zwischen den Teilchen mit wachsender Entfernung schnell abnehmen ($F \sim 1/r^n$, $n \gtrsim 5$), erfordert das Auftreten der Stöße eine dichte Annäherung der Teilchen, z. B. in der Größenordnung von 10^{-8} cm. Die Flugbahn zwischen zwei Stößen (freie Weglänge) ist dann geradlinig und bei nicht zu hohen Konzentrationen der Stoßpartner dominieren die *Zweierstöße,* d. h. während der kurzen Stoßzeit (die sehr viel kleiner ist als die freie Flugdauer) stehen jeweils immer nur zwei Teilchen gleichzeitig in Wechselwirkung. Bei höheren Konzentrationen sind allerdings auch *Dreierstöße* möglich. Die hier beschriebene Stoßsituation ist die Grundlage der Gaskinetik. Ihre Ergebnisse können in die Plasmakinetik ohne prinzipielle Änderungen übernommen werden, solange Stöße zwischen Neutralteilchen oder zwischen Neutralteilchen und Ladungsträgern betrachtet werden.

Die Stöße zwischen Ladungsträgern untereinander sind jedoch durch die weitreichenden Coulomb-Kräfte gekennzeichnet ($F \sim 1/r^2$) und erfordern eine spezielle Behandlung. Bei genügend großen Trägerkonzentrationen ist hier eine Unterscheidung zwischen der freien Flugdauer und der Stoßzeit nicht mehr möglich. Jeder Ladungsträger steht ununterbrochen mit mehreren bzw. vielen anderen in Wechselwirkung und seine Bahnkurve setzt sich nicht aus geradlinigen Stücken zusammen. Damit verliert der Begriff der freien Weglänge seinen Inhalt. Eine Zurückführung der *kollektiven* Coulomb-Wechselwirkung auf die Zweierstoßnäherung ist allerdings möglich, wenn die Reichweite der Coulomb-Kräfte beschnitten wird. Dies gelingt mittels der Debyeschen Abschirmlänge (vgl. Abschn. 7.1.3.).

Die Zweierstoßrate Z_{AB} gibt die Zahl der Stöße einer bestimmten Art an, die pro Volumen- und Zeiteinheit zwischen den Mitgliedern zweier Teilchengruppen (*A. B*) stattfindet. Es gilt mit den Konzentrationen n_A und n_B:

$$Z_{AB} = k_{AB}n_An_B. \tag{7.31}$$

Der Proportionalitätsfaktor k_{AB} heißt *Ratenkoeffizient*.

In Plasmen tritt eine außerordentliche Fülle verschiedener Stoßarten auf. Man unterscheidet zunächst zwei große Gruppen: *elastische Stöße*, bei denen der innere Zustand der Teilchen unverändert bleibt und nur kinetische Energie ausgetauscht wird, und *unelastische Stöße*, bei denen kinetische Energie durch innere Zustandsänderungen der Teilchen verbraucht bzw. frei wird (*überelastische Stöße*). Unelastische Stöße können z. B. zur Anregung und Ionisation von Atomen, aber auch zur Rekombination von Ionen führen. Eine für die plasmachemische Stoffwandlung wichtige Klasse unelastischer Stöße ist mit dem Aufbrechen bzw. der Installation neuer chemischer Bindungen verknüpft (*reaktive Stöße*). Von größter Bedeutung sind im Plasma die Stöße der Elektronen gegen schwere Teilchen und die *Interelektronenwechselwirkung*.

In der Stoßrate Gl. (7.31) bedeutet das Produkt $k_{AB}n_B$ die Zahl der Stöße eines Teilchens *A* gegen Teilchen *B* je Zeiteinheit. Bezeichnen wir mit λ_{AB} die freie Weglänge zwischen zwei Stößen und mit c_{AB} die Relativgeschwindigkeit, so gilt: $k_{AB}n_B = c_{AB}/\lambda_{AB}$ oder $k_{AB} = Q_{AB}c_{AB}$. Die Größe $Q_{AB} = 1/n_B\lambda_{AB}$ heißt *Stoßquerschnitt*. Da die Teilchen im Plasma keine einheitliche Geschwindigkeit besitzen und für viele Stoßarten die freie Weglänge bzw. der Stoßquerschnitt von der Geschwindigkeit abhängt, ist der Ratenkoeffizient als ein Mittelwert aufzufassen:

$$k_{AB} = \langle Q_{AB}c_{AB}\rangle = \int\limits_0^\infty Q_{AB}c_{AB}f(c_{AB})\,\mathrm{d}c_{AB}. \tag{7.32}$$

Seine Berechnung erfordert die Kenntnis der Geschwindigkeitsverteilung f, die unter den Bedingungen des Nichtgleichgewichtes von der Maxwell-Form abweichen kann. Die Bestimmung dieser Verteilung für die einzelnen Teilchensorten auf der Grundlage der jeweils vorliegenden konkreten Bedingungen ist eine der Hauptaufgaben der Kinetik in Plasmen fern vom Gleichgewichtszustand.

Die Funktion der Geschwindigkeitsverteilung einer Teilchensorte $f(c, r, t)$ ist so definiert, daß die Größe

$$n(r, t)\, f(c, r, t)\, \mathrm{d}x\, \mathrm{d}y\, \mathrm{d}z\, \mathrm{d}c_x\, \mathrm{d}c_y\, \mathrm{d}c_z$$

die Zahl der Teilchen angibt, die sich im Volumenelement $\mathrm{d}x\, \mathrm{d}y\, \mathrm{d}z$ und im Geschwindigkeitselement $\mathrm{d}c_x\, \mathrm{d}c_y\, \mathrm{d}c_z$ befinden. Die Lage dieser beiden Elemente wird dabei durch die Endpunkte der Vektoren r und c festgelegt; n bedeutet die Teilchenkonzentration.

Zur Berechnung von f sind mehrere Methoden entwickelt worden. Die wichtigste geht von der sog. Boltzmann-Gleichung aus, die eine Grundgleichung der gesamten Kinetik der Gase und Plasmen darstellt. Man bezeichnet diese Gleichung deshalb häufig auch als die *Kinetische Gleichung*. Sie beschreibt die Veränderungen der Geschwindigkeitsverteilung als Ergebnis der verschiedenen physikalischen Prozesse, denen die Teilchen φ unterworfen sind. Solche Veränderungen können infolge der Eigenbewegung der Teilchen, der Wirkung äußerer Kräfte und der Teilchenzusammenstöße auftreten. Auf eine exakte Herleitung der Boltzmann-Gleichung muß verzichtet werden. Ihre wesentliche Aussage besteht darin, daß die totale zeitliche Änderung $\mathrm{d}(nf)/\mathrm{d}t$ allein das Ergebnis der Stöße ist. Unter Beachtung der Entwicklung des totalen Differentials gilt somit:

$$\frac{\mathrm{d}(nf)}{\mathrm{d}t} = \frac{\partial(nf)}{\partial t} + \frac{\partial(nf)}{\partial r}\frac{\mathrm{d}r}{\mathrm{d}t} + \frac{\partial(nf)}{\partial c}\frac{\mathrm{d}c}{\mathrm{d}t}$$

$$= \left(\frac{\mathrm{d}(nf)}{\mathrm{d}t}\right)_{\text{Stöße}} = B(t).$$

Die Größe $B(t)$ wird als *Stoßterm* bezeichnet. Dafür leitete L. BOLTZMANN (1872) einen komplizierten Integralausdruck ab, der u. a. auch die Verteilungsfunktionen der Stoßpartner enthält. Mit $c = \mathrm{d}r/\mathrm{d}t$ und $F/m = \mathrm{d}c/\mathrm{d}t$ (*F* Kraft auf die Teilchen) erhält die Boltzmann-Gleichung folgende Gestalt:

$$\frac{\partial(nf)}{\partial t} + c\frac{\partial(nf)}{\partial r} + \frac{F}{m}\frac{\partial(nf)}{\partial c} = B(t). \tag{7.33}$$

Die (partielle) zeitliche Änderung der Größe nf setzt sich danach aus den Änderungen infolge der Eigenbewegungen der Teilchen (2. Glied links), der Wirkung äußerer Kräfte (3. Glied links) und der Stöße (rechts) zusammen.

Eine Lösung der Gl. (7.33) bereitet allgemein große mathematische Schwierigkeiten und ist häufig nur näherungsweise möglich. Besonders wichtig ist diese Lösung für die Plasmaelektronen, da unter den Bedingungen des Nichtgleichgewichtes die Einspeisung der Energie, die Ionisierung und Anregung u. a. m. vorwiegend über die Elektron erfolgt.

Ein typisches Beispiel stellt die positive Säule der Glimmentladung dar (vgl. Bd. 2, Abschn. 8.2.1.). Im axialen elektrischen Feld der Säule werden die Elektronen auf hohe mittlere Energien ($\langle\varepsilon\rangle \gtrsim 1$ eV) aufgeheizt. Demgegenüber bleiben die Neutralteilchen und die Ionen relativ kalt (etwa Zimmertemperatur).

Für diese beiden Teilchenarten kann genähert eine einheitliche Temperatur und Maxwellsche

Geschwindigkeitsverteilung angenommen werden. Für die Elektronen liefert die Lösung der Boltzmann-Gleichung (7.33) in der Regel keine Maxwell-Verteilung. Berücksichtigt man im Stoßterm allein elastische Stöße der Elektronen gegen Gasatome, so ergibt sich in einem zeitlich konstanten, homogenen elektrischen Feld E bei geschwindigkeitsunabhängigem Wirkungsquerschnitt Q für die isotrope Verteilung der Geschwindigkeitsbeträge eine sog. Druyvesteyn-Verteilung:

$$F(c) = 4\pi c^2 f(c) = a \sqrt{\frac{m_e}{\langle\varepsilon\rangle}} \frac{m_e c^2/2}{\langle\varepsilon\rangle} \, e^{-b\left(\frac{m_e c^2/2}{\langle\varepsilon\rangle}\right)^2} \tag{7.34}$$

mit $a = 1{,}468$ und $b = 0{,}547$. Abb. 7.16 zeigt diese Verteilung im Vergleich zur Maxwell-Verteilung. Bei kleinen relativen Elektronenenergien sind die Unterschiede gering. Bei hohen Energien besitzt die Druyvesteyn-Verteilung jedoch bedeutend weniger Elektronen als die Maxwell-Verteilung.

Die mittlere Energie der Elektronen wird in Gl. (7.34) wesentlich durch die reduzierte elektrische Feldstärke E/n_0 festgelegt.

$$\langle\varepsilon\rangle = 0{,}427 \sqrt{\frac{M}{m_e} \frac{e_0}{Q} \frac{E}{n_0}} \tag{7.35}$$

(M, n_0 Masse und Konzentration der Gasatome).

Nach dieser Formel heizen sich z. B. in Neon die Elektronen bei $n_0 = 10^{16}$ cm^{-3} und $E = 0{,}1$ V/cm bereits auf mittlere Energien von etwa 10 eV auf. Tatsächlich treten jedoch neben den elastischen Stößen im Plasma auch unelastische Elektron-Atom-Stöße auf, die zu einer Reduzierung der mittleren Energie führen. Die Lösung der Boltzmann-Gleichung zeigt bei Berücksichtigung der unelastischen Stöße, daß die Verteilungsfunktion oberhalb der 1. Anregungsenergie des Gases steil abfällt und ein Defizit schneller Elektronen z. B. gegenüber einer Maxwell- oder Druyvesteyn-Verteilung vergleichbarer mittlerer Energie auftritt. Abb. 7.17 gibt dafür ein Beispiel. Wird zusätzlich zu den genannten Stößen noch die Coulomb-Wechselwirkung der Elektronen untereinander berücksichtigt, so wird dieses Defizit mit wachsendem Ionisierungsgrad x aufgefüllt. Unter den Bedingungen der Abb. 7.17 stellt sich bei $x \gtrsim 1\%$ im gesamten Energiebereich eine Maxwell-Verteilung Gl. (7.21) der Elektronengeschwindigkeiten ein, die in der gewählten halblogarithmischen Darstellung ($F(c)/c^2$ als Funktion von $\varepsilon = m_e c^2/2$) eine Gerade ergibt.

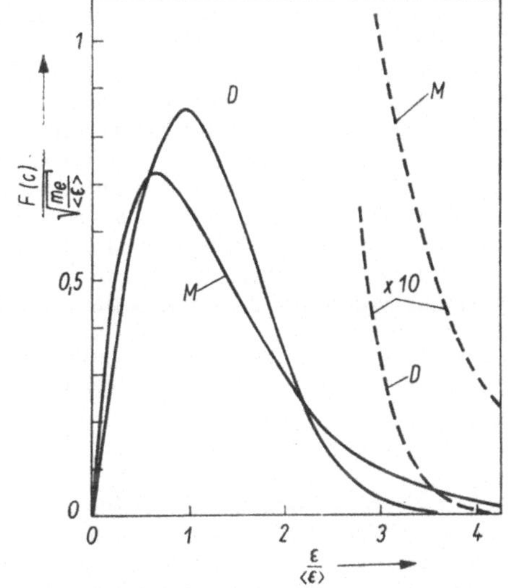

Abb. 7.16. Maxwellsche (M) und Druyvesteynsche (D) Geschwindigkeitsverteilung (gestrichelt: 10facher Ordinatenmaßstab)

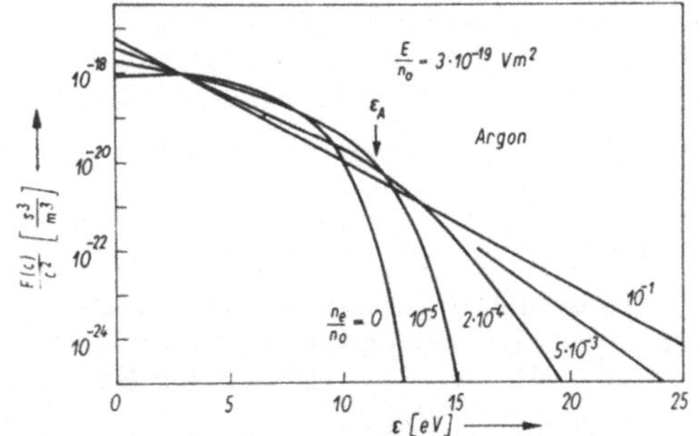

Abb. 7.17. Elektronen-Geschwindigkeitsverteilung in Argon bei verschiedenem Ionisierungsgrad

Vlasov-Gleichung. In Plasmen geringer Dichte, bei denen die mittlere freie Weglänge groß gegenüber den Abmessungen des Plasmas ist, besitzen die Stoßprozesse keine Bedeutung. In der Boltzmann-Gleichung (7.33) verschwindet unter diesen Bedingungen der Stoßterm ($B = 0$). Man bezeichnet die Gleichung dann als Vlasov-Gleichung. Obwohl diese Gleichung ein *stoßfreies* Plasma beschreibt, ist in ihr nicht jede Wechselwirkung der Teilchen vernachlässigt. Die Verteilung und Bewegung der Ladungsträger im Raum erzeugen im allgemeinen elektrische und magnetische Felder, deren Kraftwirkung $F = e_0 E + e_0(v \times B)$ auf die Träger zurückwirken. Die Lösung der Vlasov-Gleichung erfordert somit ihre Ergänzung durch die Poisson-Gleichung und das Durchflutungsgesetz, in denen die Konzentrations- und Geschwindigkeitsverteilungen der Ladungsträger ebenfalls enthalten sind. Auf Einzelheiten kann nicht eingegangen werden.

7.5. Strahlung des Plasmas

Der hohe Energieinhalt des Plasmas, der sich im Auftreten vieler angeregter Teilchen und großen kinetischen Teilchenenergien ausdrückt, ist mit der Emission elektromagnetischer Strahlung verknüpft. Diese Strahlung reicht vom thermischen Rauschen der Plasmaelektronen im Mikrowellengebiet bis zum Auftreten harter Röntgen-Linien bei Elektronenübergängen in hochionisierten Metallatomen.

Beobachtet wird die Strahlung, die aus der Oberfläche des Plasmas tritt. Sie ist das integrale Ergebnis der Emission (spontan und induziert) und der Absorption im Plasmainnern. Die Änderung der Strahlungsintensität I_v längs einer vorgegebenen Richtung z im Plasma wird durch die *Gleichung des Strahlungstransportes* beschrieben, die den Intensitätszuwachs längs der Strecke dz durch Emission mit der Schwächung durch Absorption verbindet:

$$dI_v(z)/dz = \varepsilon_v(z) - \varkappa'(v, z)\, I_v(z).\qquad(7.36)$$

Der *Emissionskoeffizient* $\varepsilon_v(z)$ gibt die Strahlungsenergie an, die je Volumen- und Zeiteinheit innerhalb der Einheit des Frequenzbandes in die Einheit des Raumwinkels spontan emittiert wird. Die Größe $\varkappa'(v, z)$ bezeichnet den *effektiven Absorptionskoeffizienten*. Er schließt neben der reinen Absorption auch die Streuung und die induzierte Emission ein. Zahlenmäßig gibt er den reziproken Wert der Länge an, über der (bei $\varepsilon = 0$) eine Intensitätsabnahme um den Faktor $1/e = 0,368$ erfolgt.

Besonders einfache Lösungen besitzt die Gl. (7.36) im Fall homogener Plasmen, in denen ε und $\varkappa'$ keine Ortsfunktionen sind. Ist das Plasma außerdem optisch dünn, d. h. kann die Absorption vernachlässigt werden ($\varkappa'L \ll 1$), so folgt für die Intensität an der Plasmaoberfläche $I_v(L) = \varepsilon_v L$, wenn L die Dicke der Plasmaschicht ist, aus der abgestrahlt wird. In diesem Fall gibt die außerhalb des Plasmas registrierte Strahlung direkt den Emissionskoeffizienten wieder.

Plasmen sind sowohl Quellen für Linien- als auch für kontinuierliche Strahlung. Die wichtigsten Emissionsmechanismen verdeutlicht Abb.

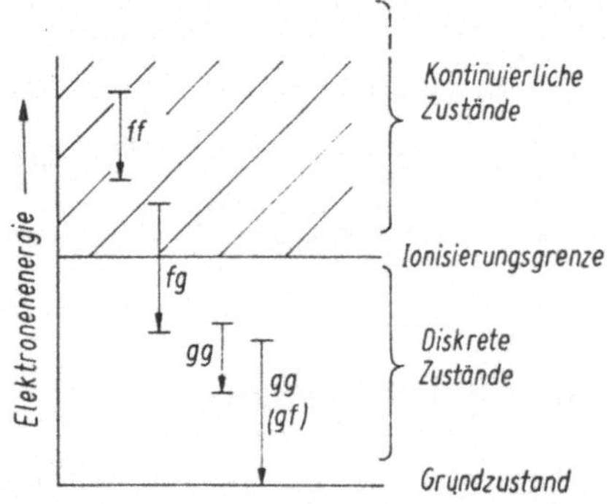

Abb. 7.18. Vereinfachtes Termschema und Emissionsmechanismen

7.18. Spektrallinien werden abgestrahlt, wenn Elektronen zwischen zwei diskreten Zuständen in Atomen, Molekülen oder Ionen übergehen. Sowohl im oberen Anfangs- wie im unteren Endzustand ist das betrachtete Elektron gebunden. Man bezeichnet diese Strahlung deshalb als *gebunden-gebunden-Strahlung* (gg-Übergänge).

Kontinuierliche Strahlung wird emittiert, wenn ein Zustand oder beide Zustände des Elektronenüberganges im Energiekontinuum liegen, also freie Elektronen repräsentieren. Kontinuierliche *frei-frei-Strahlung* entsteht durch die Abbremsung von Elektronen im elektrischen Feld der Ionen. Dies ist das sog. *Elektronen-Ionen-Bremskontinuum*). Auch beim Stoß gegen Neutralteilchen erfolgt eine Abbremsung der Elektronen mit Photonenemission (*Elektronen-Atom-Bremskontinuum*. Frei-gebunden-Strahlung liegt vor, wenn ein freies Elektron mit einem Ion rekombiniert und in einen gebundenen Zustand übergeht. Diese Art kontinuierlicher Strahlung tritt auch beim Einfang freier Elektronen durch Neutralteilchen mit Bildung negativer Ionen auf (z. B. H^--Kontinuum im Sonnenspektrum). Schließlich beobachtet man Kontinua bei Elektronenübergängen in Molekülen, wenn der untere Zustand mit einer Dissoziation verbunden ist. Der Grundzustand einiger Moleküle weist im Potentialkurvenschema (abgesehen von einem flachen Van-der-Waals-Minimum) Abstoßung der Atome auf. In angeregten Zuständen (sog. *Excimer*) kann jedoch eine starke Bindung auftreten. Beispiele für solche Moleküle sind Hg_2 und besonders die Edelgase He_2, Ar_2 usw. Wenn der Excimerzustand besetzt ist, entsteht durch den Übergang zum Grundzustand eine kontinuierliche *gebunden-frei-Strahlung*. Derartige Kontinua treten in Edelgasentladungen auf und werden in Vakuum-UV-Lichtquellen genutzt. Sie haben neuerdings auch zur Entwicklung von VUV-Lasern geführt.

Emissionskoeffizient von Spektrallinien. Der Emissionskoeffizient für Strahlungsübergänge zwischen zwei Quantenzuständen (k, l) ist proportional zur Konzentration n_k der angeregten Teilchen im k-Zustand. Für den totalen Emissionskoeffizienten $\varepsilon = \int_0^\infty \varepsilon_v\, dv$ einer Linie gilt:

$$\varepsilon_{kl} = \frac{1}{4\pi} A_{kl} h v_{kl} n_k.\qquad(7.37)$$

A_{kl} bedeutet die Einsteinsche Übergangswahrscheinlichkeit. In Gleichgewichtsplasmen (VTG, LTG) gilt für n_k die Boltzmann-Relation Gl. (7.25) und man erhält:

$$\varepsilon_{kl} = \frac{1}{4\pi} \frac{g_k}{S(T)} A_{kl} h v_{kl} n \exp\left(-\frac{W_k}{kT}\right).\qquad(7.38)$$

Auf der Grundlage dieser Gleichung ist es möglich, aus gemessenen ε-Werten die Plasmatemperatur T zu ermitteln. Darauf beruht eines der wichtigsten Verfahren der spektroskopischen Plasmadiagnostik.

Emissionskoeffizient des Elektronen-Ionen-Kontinuums. Zu diesem Kontinuum tragen die Bremsung der Elektronen im Feld der Ionen (ff-Übergänge) und die Rekombination mit den Ionen (fg-Übergänge) bei. Sieht man von den individuellen Eigenschaften der Ionen ab, so können beide Mechanismen in einem Näherungsausdruck vereinigt werden (Kramers-Formel). Bezogen auf den gesamten Spektralbereich, ergibt sich bei Maxwellscher Geschwindigkeitsverteilung:

$$\varepsilon_{\mathrm{ep}} = C_{\mathrm{ep}} Z^2 \sqrt{T}\, n_{\mathrm{e}} n_{\mathrm{p}};$$

$$C_{\mathrm{ep}} = 1{,}13 \cdot 10^{-41}\, \frac{\mathrm{Wm}^3}{\mathrm{K}^{1/2}\mathrm{sr}}. \tag{7.39}$$

Erwartungsgemäß ist die Emission proportional zum Produkt der Konzentrationen der beiden Stoßpartner (n_{e}, n_{p}) und steigt quadratisch mit der Ionenladungszahl Z an. Diese Z-Abhängigkeit führt in Hochtemperaturplasmen zu großen Bremsstrahlungsverlusten, wenn als Verunreinigungen Elemente mit hoher Kernladungszahl auftreten. Das Elektronen-Ionen-Kontinuum findet in zahlreichen Gasentladungslichtquellen Anwendung (z. B. Hg- und Xe-Hochdrucklampen) und dient ebenfalls zu diagnostischen Zwecken (n_{e}- und T-Bestimmung).

7.6. Plasma im Magnetfeld

Die Untersuchung des Plasmas im magnetischen Feld gehört zu den wichtigsten Aufgabenstellungen der gesamten Plasmaphysik. Erst in der Wechselwirkung mit magnetischen Feldern kommt die große Vielfalt der Plasmaeigenschaften voll zum Ausdruck. Inhaltlich handelt es sich hierbei um ein Teilgebiet des Elektromagnetismus in dreidimensional ausgedehnten Systemen. Anwendungsbeispiele sind die Energiewandlung im MHD-Generator, die Halterung der Hochtemperaturplasmen und die Behandlung zahlreicher astro-physikalischer Phänomene (Turbulenz der Sonnenkorona, Struktur der Magnetosphären, Aufbau kosmischer Magnetfelder ...). Die Übertragung der an Laboratoriumsplasmen erhaltenen Gesetzmäßigkeiten auf außerirdische Objekte ist heute für die Astrophysik von großer Bedeutung.

Zur Beschreibung der Plasmaeigenschaften im magnetischen Feld stehen zwei grundlegende Modelle zur Verfügung. Das eine Modell betont die diskrete Struktur des Plasmas (*Teilchenmodell*). Im Gegensatz dazu geht das andere Modell von einem Kontinuum aus (*Flüssigkeitsmodell, MHD-Modell*).

7.6.1. Plasma als Teilchenensemble im Magnetfeld (Teilchenmodell)

Im Rahmen dieses Modells wird das Plasma wie bisher als ein Gas beschrieben, das elektrisch geladene Teilchen enthält. Die Wechselwirkung zwischen Magnetfeld und Plasma basiert in diesem Fall auf der Kraftwirkung, die magnetische Felder auf bewegte Ladungen ausüben (Lorentz-Kraft), bzw. auf der Erzeugung solcher Felder durch die Trägerbewegung. Neutralteilchen nehmen an dieser Wechselwirkung nicht teil. Sie können jedoch indirekt über die Zusammenstöße mit Ladungsträgern Einfluß gewinnen.

Zunächst werden Plasmen so geringer Dichte betrachtet, daß die Wirkung der Zusammenstöße generell vernachlässigt werden kann.

7.6.1.1. Stoßfreie Trägerbewegung im Magnetfeld

Das Verhalten elektrisch geladener Teilchen in beliebig inhomogenen und zeitlich veränderlichen Magnetfeldern stellt einen sehr komplizierten Bewegungsvorgang dar. Durch das Studium elektrodynamischer Prozesse im Kosmos konnte H. ALFVEN wesentliche Fortschritte auf diesem Gebiete erzielen.

Ausgangspunkt ist die Bewegungsgleichung eines Teilchens der Masse m und Ladung Q:

$$m\dot{v} = Q(v \times B) + F. \tag{7.40}$$

In F sind alle Kräfte enthalten, die außer der Lorentz-Kraft $Q(v \times B)$ auf Teilchen wirken, z. B. die elektrostatische Kraft QE oder die Gravitationskraft mg. Handelt es sich bei den Teilchen um Elektronen, so gilt $Q = -e_0$. Bei positiven Ionen ist $Q = Ze_0$ zu setzen. Meist ist das Vorzeichen der Teilchenladung für den Bewegungsablauf von entscheidender Bedeutung.

Im folgenden werden Lösungen der Gl. (7.40) für spezielle Felder und wichtige Näherungen diskutiert.

Trägerbewegung im homogenen, zeitlich konstanten Magnetfeld.

Wirken keine zusätzlichen Kräfte ($F = 0$), so liegt mit $B = $ const der einfachste Fall vor. Er wurde bereits im Bd. 2 behandelt. Die Komponentendarstellung der Vektorgleichung (7.40) ergibt für die senkrecht bzw. parallel zu B orientierten Komponenten $v_\perp$ und $v_\parallel$ der Teilchengeschwindigkeit $v = v_\perp + v_\parallel$:

$$m\dot{v}_x = QBv_y; \quad m\dot{v}_y = -QBv_x; \quad m\dot{v}_z = 0;$$

$$v_x^2 + v_y^2 = v_\perp^2 = \text{const}; \quad v_z = v_\parallel = \text{const}.$$

Der magnetische Flußdichtevektor B wurde hierbei in die z-Richtung eines rechtwinkligen Koordinatensystems gelegt.

Die Gleichungen sagen aus, daß die Ladungsträger gleichmäßige Drehbewegungen (*Gyrationen*) um die magnetischen Feldlinien als Achsen ausführen. Mit der dafür gültigen Beziehung:

$$v_\perp = \omega_G \times r_G \qquad (7.41)$$

folgt für die Winkelgeschwindigkeit (*Gyrationskreisfrequenz*; *Zyklotronkreisfrequenz*; häufig auch *Larmor-Frequenz*):

$$\omega_G = -\frac{Q}{m}\,B. \qquad (7.42)$$

Die Länge des Gyrationsradius (*Larmor-Radius*) r_G beträgt:

$$r_G = \frac{mv_\perp}{|QB|}, \qquad (7.43)$$

Das Vorzeichen der Ladung legt den Drehsinn der Teilchenrotation fest. Bei Elektronen ist er bzgl. der Richtung von B positiv, bei Ionen negativ (vgl. Abb. 7.19). Für einfach geladene Teilchen ergeben sich die Beträge der Gyrationsfrequenz $\nu_G = \omega_G/2\pi$ und des Gyrationsradius r_G zu:

$$\nu_G = 27{,}99\,\frac{m_e}{m}\,B; \quad r_G = 3{,}37\,\sqrt{\frac{m_e}{m}}\,\frac{\sqrt{kT}}{B},$$
$$\qquad (7.44)$$

(ν_G in GHz; r_G in μm; B in T; kT in eV; m_e Elektronenmasse). Hierbei wurde im Plasma eine Temperaturbewegung mit

$$\tfrac{1}{2}mv^2 = \tfrac{3}{2}kT; \quad \tfrac{1}{2}mv_\parallel^2 = \tfrac{1}{2}kT; \quad \tfrac{1}{2}mv_\perp^2 = kT$$

vorausgesetzt. Parallel zu den B-Linien besitzen die Teilchen einen, senkrecht dazu jedoch zwei Freiheitsgrade der kinetischen Energie. (Hier besitzt v die Bedeutung einer thermischen Geschwindigkeit. In den vorhergehenden Abschnitten wurde dafür das Symbol c benutzt.) Die durch $v_\parallel$ bestimmte Teilchenbewegung überlagert sich der Gyration. Insgesamt besteht somit der Bewegungsablauf aus einer spiralförmigen Rotation der Ladungsträger, wobei sich das Zentrum des Gyrationskreises mit der sog. *Führungsgeschwindigkeit* $v_F = v_\parallel$ längs einer Feldlinie verschiebt. (Im Beispiel der Abb. 7.19 entgegengesetzt zu B.) In starken Magnetfeldern ergeben sich kleine Gyrationsradien. Im Grenzfall $B = \infty$ folgt $r_G = 0$, d. h. die Ladungsträger vermögen sich in diesem Fall nur noch längs der Feldlinien zu verschieben. Es scheint so, als ob sie an die Feldlinien *angeklebt* wären. Dies ist der extreme Ausdruck einer grundlegend neuen Eigenschaft des Plasmas, die ohne Magnetfeld nicht auftritt:

> Im Plasma entsteht durch das magnetische Feld eine ausgeprägte Anisotropie. Quer zu den Feldlinien ist die Bewegung der Ladungsträger eingeschränkt.

Diese magnetisch bedingte Anisotropie des Plasmas besitzt für eine Reihe von Anwendungen große Bedeutung.

Die bisher beschriebene Gyrationsbewegung der Ladungsträger wurde für den speziellen Fall eines zeitlich konstanten und homogenen magnetischen Feldes abgeleitet. Es zeigt sich jedoch, daß dieser Bewegungstyp allgemeinere Bedeutung besitzt und auf andere Feldzustände (inhomogen, zeitlich veränderlich), auch unter Einbeziehung zusätzlicher Kräfte, übertragen werden kann. In der Regel handelt es sich hierbei allerdings um Näherungen.

Als Ausgangspunkt der Verallgemeinerung dient das *magnetische Moment* m_G der rotierenden Ladungsträger, die im Plasma elektrische Kreisströme ergeben. Mit dem Vektor des Kreisstromes:

$$I = \frac{Q}{2\pi}\,\omega_G$$

folgt für das magnetische Moment (Kreisstrom × Fläche):

$$m_G = \frac{1}{2}\,Qr_G^2\,\omega_G = \frac{1}{2}\,\frac{Q^2}{m}\,r_G^2 B \qquad (7.45)$$

oder

$$m_G = -\frac{1}{2}\,mv_\perp^2\,\frac{B}{B^2} = -W_{rot}\,B/B^2. \qquad (7.46)$$

Unabhängig vom Vorzeichen der Ladung ist danach das magnetische Moment der Trägergyration dem äußeren Feld entgegengerichtet. Das Plasma stellt somit ein *diamagnetisches* Medium dar.

Im konstanten Magnetfeld ist das magnetische Moment m_G eine invariante Größe. Näherungsweise gilt dies auch noch für zeitlich und räumlich schwach veränderliche Felder. Auf dieser Grundlage kann die Bewegung elektrischer

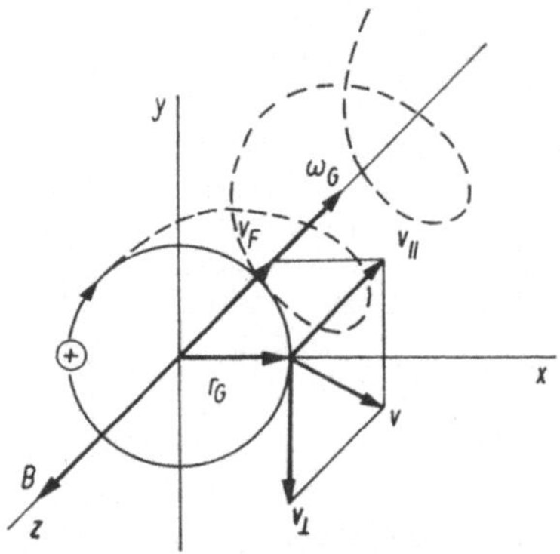

Abb. 7.19. Gyration eines Ladungsträgers im homogenen Magnetfeld

Ladungsträger in magnetischen Feldern als die Bewegung elektrisch geladener magnetischer Dipole (Kreisströme) mit konstantem magnetischem Moment beschrieben werden. Dabei verschiebt sich das Zentrum des Gyrationskreises mit der Führungsgeschwindigkeit v_F und der rotierende Ladungsträger umfaßt nach Gl. (7.45) stets den gleichen magnetischen Fluß. Im allgemeinen Fall ist die Richtung von v_F nicht mit der Feldlinienrichtung identisch.

Einfluß eines zusätzlichen homogenen Kraftfeldes: Die Modifizierung der Trägerbewegung im homogenen Magnetfeld bei gleichzeitiger Einwirkung eines weiteren Kraftfeldes F = const zeigt Abb. 7.20. Die zu B senkrechte Kraftkomponente $F_\perp$ beschleunigt den Ladungsträger während eines halben Umlaufes längs des Gyrationskreises (links). Dadurch verkleinert sich die Bahnkrümmung (oben). Auf der anderen Kreishälfte erfolgt eine Verzögerung (rechts), die eine stärkere Bahnkrümmung zur Folge hat (unten). Insgesamt ergibt sich dadurch eine zykloidenförmige Bewegung senkrecht zu B und $F_\perp$. Man bezeichnet sie als Querdrift. Da das homogene Kraftfeld die Rotationsenergie W_{rot} des Ladungsträgers nicht ändert, ist auch in diesem Fall das magnetische Moment konstant, s. Gl. (7.46). Ein mit dem Führungszentrum bewegter Beobachter stellt wegen B = const eine veränderte Geschwindigkeit $v_\perp$ längs des Gyrationskreises fest. Für ihn existiert kein äußeres Kraftfeld $F_\perp$. Diese Situation tritt gerade dann ein, wenn die durch die Driftbewegung hervorgerufene Lorentz-Kraft das Feld $F_\perp$ kompensiert (Abb. 7.20):

$$F_\perp + Q(v_{F\perp} \times B) = 0; \qquad v_{F\perp} = \frac{F_\perp \times B}{QB^2}.$$

$$(7.47)$$

Für ein elektrostatisches Feld $F_\perp = QE_\perp$ folgt:

$$v_{F\perp} = (E_\perp \times B)/B^2. \qquad (7.48)$$

In diesem Fall ist die Führungsgeschwindigkeit vom Vorzeichen der Ladung und von der Teilchenmasse unabhängig. Elektronen und Ionen (obwohl im Drehsinn entgegengesetzt) driften mit gleicher Geschwindigkeit in gleiche Richtung und stellen einen Massentransport ohne elektrischen Strom dar. In einem Gravitationsfeld tritt demgegenüber eine Separation der Träger mit verschiedenen Ladungsvorzeichen ein.

Die Bewegung des Führungszentrums in Richtung der magnetischen Feldlinien ist eine (von B unbeeinflußte) gleichmäßig beschleunigte Bewegung

$$m\dot{v}_{\|} = F_{\|}; \qquad v_{\|} = v_{F\|} = \frac{1}{m} F_{\|} t + v_{\|0}.$$

Zeitlich veränderliches Magnetfeld: Unter der Voraussetzung langsamer zeitlicher Änderungen ($dB/dt \ll B\omega_G$) stellt auch hier das magnetische Moment der Trägergyration eine Invariante dar. Nach Gl. (7.45) gilt somit $r_G^2 B$ = const. Im ansteigenden Magnetfeld verkleinert sich der Gyrationsradius, und zwar so, daß vom Ladungsträger stets der gleiche magnetische Fluß umfahren wird. Bewegt sich das Führungszentrum längs einer magnetischen Feldlinie, so erfolgt die Trägerzirkulation auf einer magnetischen Flußröhre. Die kinetische Energie der Rotation W_{rot} ändert sich hier zeitlich, Gl. (7.46). Dies ist eine Folge der nach dem Induktionsgesetz auftretenden elektrischen Feldstärkewirbel:

$$\oint E \, dr = 2\pi r_G E = -\dot{\Phi} = \pi r_G^2 \dot{B}.$$

Das induzierte elektrische Feld beschleunigt (oder verzögert) die Kreisbewegung des Ladungsträgers entsprechend:

$$\dot{v}_\perp = \frac{Q}{m} E = -\frac{1}{2} \frac{Q}{m} r_G \dot{B} = \frac{1}{2} r_G \dot{\omega}_G.$$

Eine kurze Rechnung zeigt, daß in dieser Gleichung gerade die Invarianz des magnetischen Momentes zum Ausdruck kommt.

$$\dot{v}_\perp = r_G \dot{\omega}_G + \omega_G \dot{r}_G; \qquad \omega_G \dot{r}_G = -\tfrac{1}{2} r_G \dot{\omega}_G = -\dot{v}_\perp$$

$$\frac{dm_G}{dt} \sim \frac{d}{dt} (r_G^2 \omega_G) = \frac{d}{dt} (r_G v_\perp)$$

$$= r_G(\omega_G \dot{r}_G + \dot{v}_\perp) = 0.$$

Voraussetzung für diese Schlußfolgerung ist jedoch, daß das Magnetfeld während eines Trägerumlaufes nur wenig variiert, d. h. die induzierte elektrische Feldstärke während dieses Zeitraumes als konstant angesehen werden kann.

Trägerbewegung in inhomogenen Magnetfeldern.

Transversaler Gradient: Ändert sich senkrecht zu einem parallelen Kraftlinienfeld die Flußdichte B, so treten längs der Gyrationsbahnen der Ladungsträger Änderungen der Kurvenkrümmung auf. In Abb. 7.21 führt das stärkere Magnetfeld im oberen Teil zur Verkleinerung des Gyrationsradius, s. Gl. (7.43) und umgekehrt. Insgesamt ergibt sich eine Schleifenbewegung mit Quer-

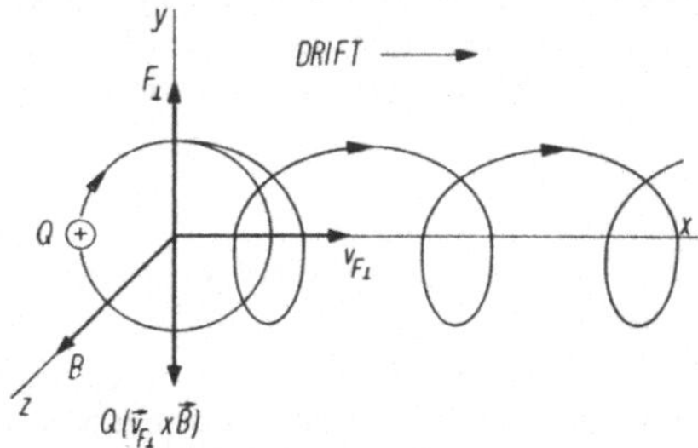

Abb. 7.20. Querdrift eines Ladungsträgers im zusätzlichen homogenen Kraftfeld

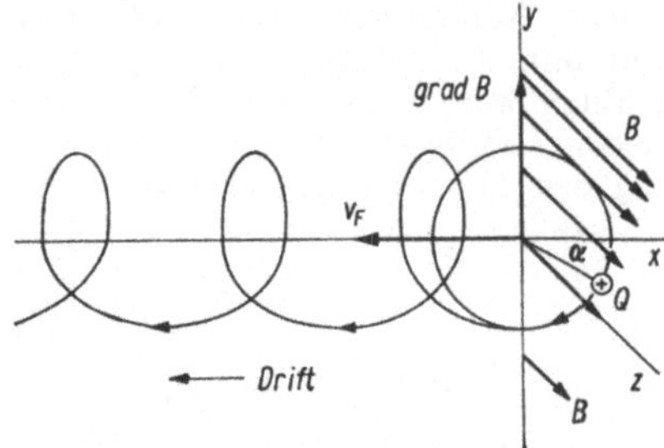

Abb. 7.21. Gradient-B-Drift

drift, die senkrecht auf B und senkrecht auf grad B steht, sog. *Gradient-B-Drift*. Die Feldinhomogenität wirkt hier ähnlich wie eine zusätzliche Kraft F in Abb. 7.20.

Die Geschwindigkeit v_F der Querverschiebung des Führungszentrums kann wiederum aus der Invarianz des magnetischen Momentes näherungsweise berechnet werden. Voraussetzung der Näherung ist eine schwache Inhomogenität des Feldes ($|\text{grad } B| \ll B/r_G$). Nach Gl. (7.46) stellt $v_\perp^2/B$ eine Invariante dar. Somit gilt für die Gyration der positiven Ladung in Abb. 7.21:

$$v_{\perp 0}^2/B_0 = v_\perp^2/B$$
$$= (v_{\perp 0} + v_F \sin\alpha)^2 \Big/ \left(B_0 + \frac{\partial B}{\partial y}\, r_{G0} \sin\alpha\right).$$

Der Index Null kennzeichnet die Bewegung im homogenen Feld. Den Winkel α schließt der Gyrationsradius mit der x-Achse ein. Es folgt bei Vernachlässigung des kleinen Gliedes mit v_F^2:

$$v_F = \frac{1}{2}\, v_{\perp 0}\, \frac{r_{G0}}{B_0}\, \frac{\partial B}{\partial y}. \tag{7.49}$$

Die Richtung von v_F hängt hier infolge des unterschiedlichen Drehsinnes positiver und negativer Träger vom Vorzeichen der Ladung ab. Die Gradient-B-Drift erzeugt somit im Plasma einen elektrischen Strom bzw. eine Polarisation des Mediums. Dabei reduziert das magnetische Feld des Driftstromes die bestehende Feldinhomogenität.

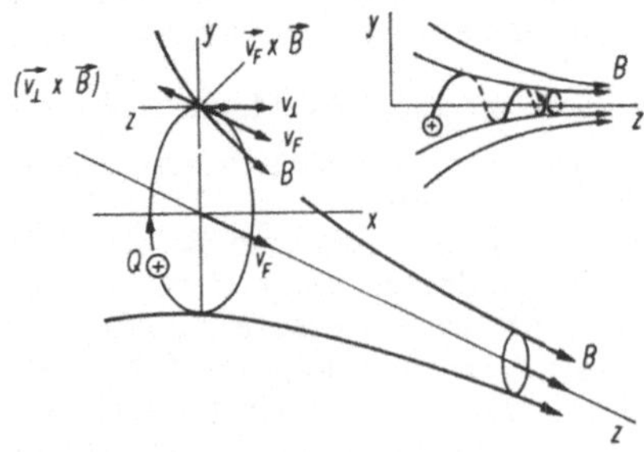

Abb. 7.22. Gyration eines Ladungsträgers im inhomogenen Magnetfeld und Spiegeleffekt

Longitudinaler Gradient: Gemäß Abb. 7.22 bewege sich das Führungszentrum eines Gyrationskreises längs einer Feldlinie in Gebiete mit größerer Flußdichte B. Infolge der Konvergenz (Krümmung) der Feldlinien wirken nun zusätzliche Kräfte auf den Ladungsträger, die bei geraden Feldlinien fehlen: Die Kraft $v_F \times B$ beschleunigt den Träger auf der Kreisbahn, und die in z-Richtung fallende Komponente von $v_\perp \times B$ verzögert die Geschwindigkeit des Führungszentrums. Aus der Gültigkeit des Energieerhaltungssatzes folgt unter diesen Bedingungen, daß kinetische Energie der longitudinalen Bewegung in Rotationsenergie der Gyration umgewandelt wird. Dabei kann das Führunszentrum bis auf $v_F = 0$ abgebremst und danach in Umkehrung des Vorganges auf Kosten der Gyrationsenergie rückläufig beschleunigt werden. Dies ist der sog. *Spiegeleffekt* für die Bewegung von Ladungsträgern in Richtung des wachsenden Magnetfeldes. Er findet beim *Plasmaeinschluß* (vgl. *magnetischer Spiegel*) Anwendung.

Eine quantitative Fassung des Spiegeleffektes ist in schwach inhomogenen Feldern aus der Invarianz des magnetischen Momentes möglich, die $v_\perp^2/B = $ const fordert, s. Gl. (7.46). Es sei θ der Winkel, den die Trägergeschwindigkeit v mit der z-Achse einschließt. Dann gilt: $v_\perp = v \sin\theta$. Da der Energiesatz für die Gesamtgeschwindigkeit $v = $ const verlangt, folgt somit: $\sin^2\theta \sim B$, d. h. mit ansteigendem B wächst auch der Neigungswinkel θ der Gyrationsspirale (vgl. Abb. 7.22 rechts oben), bis bei $\theta = 90°$ die Komponente $v_\| = 0$ wird und eine rückläufige Bewegung einsetzt.

Wenn B_m der Maximalwert des Feldes ist, werden alle Teilchen die Stelle $B = B_m$ nicht passieren können, die am Ort eines kleineren Feldes B_0 einen Neigungswinkel θ_0 besitzen, für den gilt (*Reflexionsbedingung*):

$$\frac{\sin^2\theta_0}{B_0} \geqq \frac{1}{B_m}; \quad \theta_0 \geqq \arcsin\sqrt{\frac{B_0}{B_m}}. \tag{7.50}$$

Bei einer isotropen Verteilung der Teilchengeschwindigkeiten ergibt dies einen Reflexionskoeffizienten (Bruchteil der je Zeiteinheit in den Spiegel einlaufenden Träger, der reflektiert wird):

$$R = 1 - B_0/B_m.$$

7.6.1.2. Stoßbehaftete Ladungsträgerbewegung im Magnetfeld

Die bei größeren Plasmadichten verstärkt auftretenden Zusammenstöße der Ladungsträger untereinander bzw. mit den Neutralteilchen beeinflussen die Trägerbewegung im Magnetfeld entscheidend. Wir beschränken uns im folgenden auf den Einfluß der Stöße bei der Bewegung in einem homogenen Magnetfeld als einfachsten Fall. Dies ist der Rahmen der sog. *klassischen Drifttheorie*. Wesentlich schwieriger ist die zusätzliche Berücksichtigung der zahlreichen Effekte, die durch Feldinhomogenitäten bedingt sind, wie sie in den komplizierten Feldern der Fusionsanlagen auftreten können (*neoklassische Drifttheorie*).

Der wichtigste Einfluß der Stöße auf die Trägerbewegung im homogenen Magnetfeld besteht darin, daß die starke Bindung des Führungszentrums an eine Feldlinie („*angeklebte*" Teilchen vgl. Abschn. 7.6.1.) aufgehoben wird. Dadurch ist eine nicht mehr durch den Gyrationsradius beschränkte Querbewegung zum Magnetfeld möglich. Abb. 7.23 stellt die Verhältnisse für den Fall dar, daß die Stoßfrequenz ν der Träger noch wesentlich kleiner als die Gyrationsfrequenz ω_G ist. In der Regel wirft jeder Stoß das Führungszentrum des Ladungsträgers auf eine andere Feldlinie, so daß im zeitlichen Mittel eine Drift quer zum Magnetfeld (z. B. in einem Konzentrationsgefälle) ermöglicht wird.

Die quantitative Behandlung der Kombination von Gyration und Stoß erfordert wegen des Zufallcharakters der Stöße die Anwendung statistischer Methoden. Eine entsprechende Grundlage stellt die Boltzmannsche Stoßgleichung (Abschn. 7.4.) dar. Sie erfaßt den Einfluß des Magnetfeldes und der Stöße auf die Geschwindigkeits-

verteilungsfunktion der Teilchen, d. h. auf ihr mikrophysikalisches Verhalten. Die interessierenden makrophysikalischen Parameter der Bewegung (Transportkoeffizienten) können danach durch Mittelwertbildung berechnet werden. Eine genäherte Berechnung ist auch ohne Kenntnis der Geschwindigkeitsverteilung möglich.

P. LANGEVIN berücksichtigte die Stöße in der Bewegungsgleichung der Teilchen durch Hinzufügung einer stochastischen Kraft $F_S(t)$. Damit wird aus Gl. (7.40) die Langevin-Gleichung:

$$m\dot{v} = Q(v \times B) + F + F_S. \qquad (7.51)$$

Das Glied F_S fluktuiert zeitlich in unbekannter Weise. Eine Berechnung der Momentangeschwindigkeit v ist deshalb nicht möglich. Gl. (7.51) gestattet jedoch die Bestimmung gewisser Mittelwerte der Geschwindigkeit. Allein ihnen kommt eine physikalische Bedeutung zu.

Im zeitlichen Mittel wirkt das Stoßglied F_S als zeitliche Änderung des Impulses auf ein Teilchen wie eine Reibungskraft, die der mittleren Geschwindigkeit $\bar{v}$ proportional ist und ihr entgegenwirkt. Die Reibungskraft wird außerdem mit zunehmender Stoßfrequenz ν anwachsen. Dies ergibt den Ansatz

$$\bar{F}_S = \overline{\left(\frac{\Delta mv}{\Delta t}\right)_s} = -mv\bar{v}. \qquad (7.52)$$

Die Größe $\bar{v}$ bedeutet das arithmetische zeitliche Mittel der Geschwindigkeit eines Teilchens während eines Zeitraumes, der viele Stöße einschließt. Sie ist mit der Geschwindigkeit des Führungszentrums $v_F = \bar{v}$ identisch und kann aus Gl. (7.51) nach Mittelwertbildung unter Beachtung von Gl. (7.52) berechnet werden.

Ein weiterer Mittelwert, der sich unter bestimmten Bedingungen von $\bar{v}$ unterscheidet, ist die sog. Driftgeschwindigkeit $\langle v \rangle$. Sie stellt den lokalen Mittelwert der Geschwindigkeit aller Teilchen einer bestimmten Art dar, die sich in einem kleinen Volumen befinden, dessen Linearabmessungen jedoch nicht kleiner als der Gyrationsradius r_G sind. Die Größe $\langle F_S \rangle$ bezeichnet entsprechend die lokale mittlere Impulsänderung dieser Teilchen infolge der Stöße. Hierbei zählen nur Stöße gegen Teilchen einer anderen Sorte, da Zusammenstöße untereinander im Mittel nicht den Impuls einer Teilchenart ändern können. Bei Beschränkung auf zwei Teilchensorten (a, b) erhält man:

$$\langle F_S \rangle_a = -m_r \nu_a \langle v_{ab} \rangle.$$

Es bedeuten: $m_r = m_a m_b/(m_a + m_b)$ reduzierte Masse; ν_a mittlere Impulsübertragungsfrequenz für Stöße gegen Teilchen der Sorte b; $v_{ab} = v_a - v_b$ Relativgeschwindigkeit.

Als wichtigstes Beispiel behandeln wir im folgenden die stationäre Bewegung von Elektronen (In-

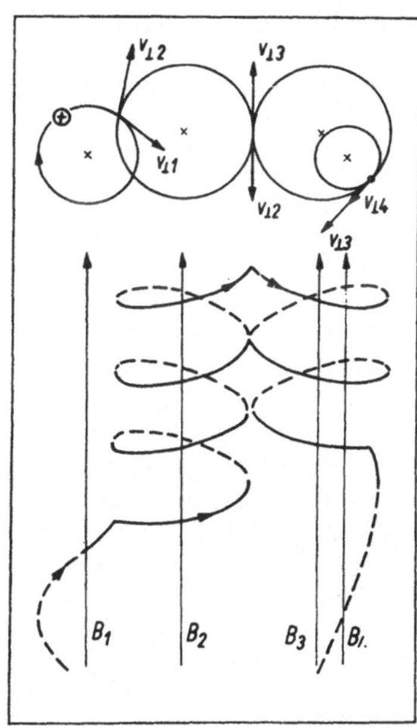

Abb. 7.23. Gyration eines Ladungsträgers unter dem Einfluß von Stößen ($B_1 \ldots B_4$ bezeichnen magnetische Feldlinien, um die Gyrationen zwischen den Stößen stattfinden)

dex $a = e$) im Plasma gegenüber den schweren Teilchen (Atome, Ionen, Index b) unter der Einwirkung einer äußeren Kraft $F = \text{const}$ und des homogenen magnetischen Feldes. Bezüglich der Elektronen können die schweren Teilchen als ruhend angesehen werden ($v_{ab} \approx v_e$), und es gilt $m_r \approx m_e$. Im stationären Fall $\langle \dot{v}_e \rangle = 0$ lautet somit die lokal gemittelte Bewegungsgleichung (7.51):

$$\langle v_e \rangle \times \omega_{Ge} + v_e \langle v_e \rangle = F/m_e. \tag{7.53}$$

Den Vektor der Elektronen-Gyrationskreisfrequenz $\omega_{Ge} = e_0 B/m_e$ legen wir in die z-Richtung eines rechtwinkligen Koordinatensystems, dessen x-z-Ebene so gedreht wird, daß sie parallel zum Kraftfeld liegt, d. h. $F_y = 0$ ist. Die Komponentendarstellung der Gl. (7.53) lautet dann:

$$F_x/m_e = v_e \langle v_{ex} \rangle + \omega_{Ge} \langle v_{ey} \rangle;$$

$$\omega_{Ge} \langle v_{ex} \rangle = v_e \langle v_{ey} \rangle; \qquad F_z/m_e = v_e \langle v_{ez} \rangle.$$

Es folgt:

$$\left.\begin{aligned}
\langle v_{ex} \rangle &= \frac{1}{v_e(1 + \omega_{Ge}^2/v_e^2)} \, \frac{F_x}{m_e}; \\[2mm]
\langle v_{ey} \rangle &= \frac{\omega_{Ge}}{v_e^2(1 + \omega_{Ge}^2/v_e^2)} \, \frac{F_x}{m_e}; \\[2mm]
\langle v_{ez} \rangle &= \frac{1}{v_e} \, \frac{F_z}{m_e}.
\end{aligned}\right\} \tag{7.54}$$

Diesen Gleichungen ist zu entnehmen:

In Richtung des magnetischen Feldes erzeugt die z-Komponente F_z der äußeren Kraft eine von B unbeeinflußte gleichförmige Driftbewegung der Elektronen. Im Vergleich dazu bewirkt die auf B senkrecht stehende Komponente F_x in x-Rich-

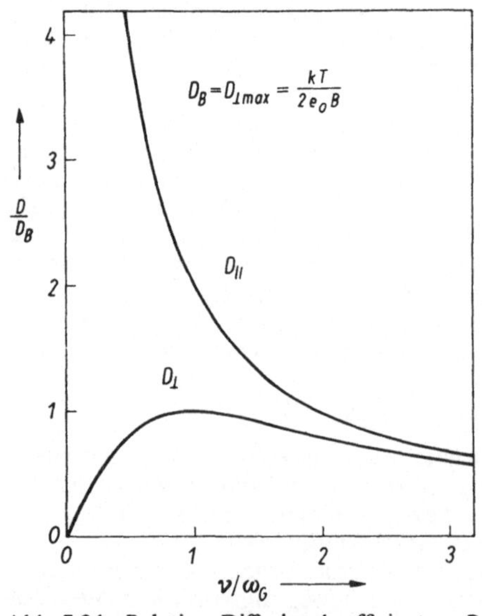

Abb. 7.24. Relative Diffusionskoeffizienten $D_\perp/D_B$ und $D_\parallel/D_B$ in Abhängigkeit von v/ω_G

tung eine durch das Magnetfeld reduzierte Drift. Entscheidend für die Reduktion ist das Verhältnis ω_{Ge}/v_e. Außerdem ruft die Komponente F_x eine Drift der Elektronen in y-Richtung hervor, obwohl $F_y = 0$ ist. Das Auftreten der y-Querdrift ist ein Ausdruck der Anisotropie des Plasmas im Magnetfeld. Die Gl. (7.54), in der die Proportionalität zwischen Driftgeschwindigkeit und äußerer Kraft zum Ausdruck kommt, kann in die Form: $v_e = \alpha F$ gebracht werden. Im Gegensatz zu einem isotropen Medium, in dem die Driftkonstante α ein Skalar ist, besitzt α hier jedoch Tensorcharakter.

Elektrische Drift. Stellt $F = -e_0 E$ ein elektrisches Kraftfeld dar, so beschreiben die Gl. (7.54) den Einfluß des Magnetfeldes auf die sog. *Felddrift* der Elektronen. Der Proportionalitätsfaktor zwischen Feldstärke und Driftgeschwindigkeit ist die Beweglichkeit b_e. Man erhält:

$$\left.\begin{aligned}
\langle v_{e\perp} \rangle &= -b_{e\perp} E_\perp; \\
\langle v_{eT} \rangle &= -b_{eT} E_\perp, \quad \langle v_{e\parallel} \rangle = -b_{e\parallel} E_\parallel; \\
b_{e\perp} &= \frac{1}{1 + \omega_{Ge}^2/v_e^2} \, b_{e\parallel}; \\
b_{eT} &= \frac{\omega_{Ge}/v_e}{1 - \omega_{Ge}^2/v_e^2} \, b_{e\parallel}; \\
b_{e\parallel} &= \frac{e_0}{m_e v_e}
\end{aligned}\right\} \tag{7.55}$$

Dabei haben wir die x-Richtung mit dem Symbol $\perp$ (senkrecht zu B), die y-Richtung mit dem Symbol T (transversal zu E) und die z-Richtung mit dem Symbol $\parallel$ (parallel zu B) bezeichnet.

Diffusion. Besteht im Plasma ein Konzentrations- oder Druckgefälle der Elektronen, so ist dies ebenfalls einem Kraftfeld F äquivalent:

$$F = -\frac{1}{n_e} \operatorname{grad} p_e = \frac{kT_e}{n_e} \operatorname{grad} n_e;$$

$$p_e = \frac{1}{3} n_e m_e \langle v_e^2 \rangle = n_e kT_e$$

(n_e, p_e Konzentration bzw. Druck der Elektronen; T_e Elektronentemperatur). In diesem Gefälle tritt eine Diffusion der Elektronen auf, die durch den Diffusionskoeffizienten D_e gekennzeichnet ist. Mit $v_e = -(D_e/n_e) \operatorname{grad} n_e$ erhält man:

$$D_{e\perp} = \frac{1}{1 + \omega_{Ge}^2/v_e^2} \, D_{e\parallel}; \quad D_{eT} = \frac{\omega_{Ge}/v_e}{1 + \omega_{Ge}^2/v_e^2} \, D_{e\parallel};$$

$$D_{e\parallel} = \frac{1}{3} \frac{\langle v_e^2 \rangle}{v_e} = \frac{kT_e}{m_e v_e}. \tag{7.56}$$

Diese Gleichungen zeigen, daß der Einfluß des Magnetfeldes auf den Diffusionskoeffizienten und die Beweglichkeit völlig analog ist. Abb. 7.24

stellt den Verlauf von D_e in Abhängigkeit von v_e/ω_{Ge} dar. Bei großen Werten v_e/ω_{Ge} dominiert in der Elektronenbewegung der Stoßeinfluß (*stoß-bestimmte Bewegung*), und es besteht kein Unterschied zwischen $D_\perp$ und $D_\parallel$. Das Plasma verhält sich auch im Magnetfeld wie ein isotropes Medium. Mit abnehmender Stoßfrequenz steigt $D_\parallel$ unbegrenzt an, während $D_\perp$ ein Maximum durchläuft und bei $v_e = 0$ selbst verschwindet. Ohne Stöße ist eine Querdrift der Ladungsträger im (homogenen) Magnetfeld nicht möglich ($D_\perp = 0$). Die Rolle der Stöße ist für die Diffusion parallel und senkrecht zum Magnetfeld prinzipiell verschieden: Parallel behindern sie die Diffusion, senkrecht dazu wird die Diffusion erst durch Stöße ermöglicht. Bei $v_e \ll \omega_{Ge}$ gilt näherungsweise:

$$D_{e\perp} \approx \frac{v_e^2}{\omega_{Ge}^2}\, D_{e\parallel} = \frac{kT_e}{m_e\omega_{Ge}^2}\, v_e = \frac{m_e kT_e}{e_0^2 B^2}\, v_e$$

$$= \frac{1}{2}\, r_{Ge}^2 v_e . \tag{7.57}$$

Hierbei bedeutet r_{Ge} einen Mittelwert des Elektronen-Gyrationsradius:

$$r_{Ge}^2 = \frac{m_e^2 \langle v_{e\perp}^2 \rangle}{e_0^2 B^2} = \frac{2m_e kT_e}{e_0^2 B^2} .$$

Bei $v_e \gg \omega_{Ge}$ gilt dagegen:

$$D_{e\perp} \approx D_{e\parallel} = \frac{1}{3}\frac{\langle v_e^2 \rangle}{v_e} = \frac{1}{3}\lambda_e v_e . \tag{7.58}$$

Man erkennt, daß in starken Magnetfeldern ($\omega_{Ge} \gg v_e$) der Querdiffusionskoeffizient $D_{e\perp}$ in ausreichender Näherung nach der bekannten gaskinetischen Formel $D = \lambda^2 v/3$ (vgl. Bd. 1) berechnet werden kann, wenn an Stelle der mittleren freien Weglänge λ_e der mittlere Gyrationsradius gesetzt wird, um den sich gerade das Führungszentrum im Mittel je Stoß senkrecht zu B verschiebt.

Der Maximalwert von $D_{e\perp}$ wird bei $v_e = \omega_{Ge}$ angenommen und beträgt: $D_{\perp max} = kT/2e_0 B$. In Abb. 7.24 wurde der Ordinatenmaßstab auf diesen Wert normiert. Als sog. *Bohm-Diffusions-koeffizient* D_B (D. BOHM 1946) kommt ihm bei der Halterung von Hochtemperaturplasmen (vgl. Abschn. 7.8.) im Zusammenhang mit Instabilitäten eine besondere Bedeutung zu.

Nernst-Townsend-Einstein-Relation. Aus den Gl. (7.55) und (7.56) folgt ein allgemeiner Zusammenhang zwischen Beweglichkeit, Diffusionskoeffizient und Temperatur der Elektronen:

$$D_e/b_e = e_0 kT_e . \tag{7.59}$$

Diese Relation (W. NERNST, J. TOWNSEND, A. EINSTEIN) ist nicht auf Elektronen beschränkt. Sie gilt für alle Arten von Teilchen, wenn eine Maxwellsche Geschwindigkeitsvertei-lung vorliegt. Bei Abweichungen von dieser Verteilung tritt in Gl. (7.59) zusätzlich ein Zahlenfaktor der Größenordnung eins auf.

7.6.2. Plasma als kontinuierliches Medium im Magnetfeld (Flüssigkeitsmodell, MHD-Modell)

Während das Teilchenmodell vornehmlich Plasmazustände beschreibt, bei denen Stöße relativ selten sind ($v \lesssim \omega_G$), wird unter Bedingungen, bei denen die Stöße dominieren ($v \gtrsim \omega_G$), das Modell eines kontinuierlichen Mediums, analog einer Flüssigkeit, besser geeignet sein. Die Plasmaflüssigkeit besitzt eine elektrische Leitfähigkeit und auf sie kann die Strömungslehre angewendet werden. Im Hinblick auf ihre Wechselwirkung mit dem Magnetfeld bezeichnet man dieses Teilgebiet der Plasmaphysik als *Magnetohydrodynamik* (MHD). Da eine Kompressibilität des Mediums zugelassen wird, hat auch die Bezeichnung *Magnetogasdynamik* eine Berechtigung.

7.6.2.1. MHD-Grundgleichungen

Die Grundgleichungen der MHD stellen eine Kombination aus Beziehungen der Strömungslehre, Thermodynamik und Elektrodynamik dar.

Wir betrachten in einem strömenden, kompressiblen elektrisch leitenden Medium ein kleines Volumenelement dV mit der Masse dm. Das Volumenelement bewege sich mit der Strömungsgeschwindigkeit v und an seinem Ort existiere eine elektrische Stromdichte j, ein elektrisches Feld E sowie ein magnetisches Feld B. Als weitere interessierende Bestimmungsgrößen treten der Plasmadruck p und die Temperatur T hinzu. Das System der MHD-Grundgleichungen dient bei Vorgabe von Anfangs- bzw. Randbedingungen zur Berechnung der genannten drei skalaren Größen $\varrho = dm/dV$, p, T und der vier Vektorfunktionen v, j, E, B in Abhängigkeit von Ort und Zeit. Insgesamt werden somit 15 skalare Gleichungen benötigt.

Eine erste (Skalar)-Gleichung beschreibt die Erhaltung der Masse (Kontinuitätsgleichung, Bd. 1):

$$\frac{\partial \varrho}{\partial t} + \operatorname{div}(\varrho v) = \frac{d\varrho}{dt} + \varrho \operatorname{div} v = 0 . \tag{7.60}$$

Eine weitere (Vektor)-Gleichung stellt die Strömungsgleichung dar, die aus der Erhaltung des Impulses folgt. Greift an dem Volumenelement dV die Kraft dF an, so gilt $\dot{v}\, dm = \varrho \dot{v}\, dV = dF$. Als ein Beitrag zu dF tritt die *hydrodynamische Kraft* $dF_H = -dV \operatorname{grad} p$ auf. Die elektrische Stromdichte erzeugt an dV nach dem elektrodynamischen Kraftgesetz den Beitrag $dF_M = (j \times B)\, dV$.

Dabei wird vorausgesetzt, daß diese Kraft, die primär auf die den Strom repräsentierende bewegte elektrische Ladung wirkt, an die Masse des Elementes angekoppelt ist. Im Rahmen des vorausgesetzten Kontinuummodells können wir über die Art dieser Kopplung keinen Aufschluß erhalten. Phänomenologisch liegt dieselbe Situation wie bei der Kraftwirkung auf einen vom Strom durchflossenen Draht im Magnetfeld vor. Das Teilchenmodell lehrt uns dagegen, daß der Strom durch bewegte Ladungsträger hervorgerufen wird, die selbst mit Masse behaftet sind (Ionen), bzw. durch Stöße ihren Impuls an Neutralteilchen übertragen können.

Das vorhandene elektrische Feld E übt direkt keine Kraft auf das Volumenelement aus, da wir elektrische Neutralität im Medium voraussetzen. Die Wirkung von E erfolgt indirekt über die Ausbildung des elektrischen Stromes und ist bereits in dF_M berücksichtigt. Insgesamt erhalten wir somit die Impulsbilanz in der Form (*Eulersche Strömungsgleichung der MHD*):

$$\varrho \, \frac{dv}{dt} = j \times B - \operatorname{grad} p. \qquad (7.61)$$

Hierbei wurde ein reibungsfreies Flüssigkeitsmodell angenommen. Beim Auftreten von Viskosität ist Gl. (7.61) durch eine Reibungskraftdichte zu ergänzen und nimmt dann die Form der Navier-Stokes-Gleichung an.

Das Wesentliche der MHD-Strömungsgleichung besteht im Auftreten des Gliedes $j \times B$. Dadurch erfolgt eine Kopplung zwischen elektrischem Strom und mechanischer Strömung.

Eine weitere Basisgleichung der MHD ist die Verknüpfung der Stromdichte j mit ihren Ursachen. Diese Verknüpfung, die als ein *verallgemeinertes Ohmsches Gesetz* bezeichnet werden kann, ist im magnetisch anisotropen Plasma außerordentlich kompliziert, da eine Fülle unterschiedlicher Prozesse zum Strom beitragen können. Wir nennen neben den verschiedenen Konvektions- und Driftströmen die Diffusion und den Hall-Effekt als Beispiele. Bezeichnen wir mit $\varkappa$ die elektrische Leitfähigkeit des Mediums (eventuell mit ausgeprägten Tensoreigenschaften) und beschränken uns auf die Wirkung des elektrischen Feldes E sowie auf die infolge der Bewegung des Volumenelementes in ihm durch das Magnetfeld induzierten elektrischen Feldstärke $E_i = v \times B$ (Bewegungsinduktion), so lautet das Ohmsche Gesetz:

$$j = \varkappa(E + v \times B). \qquad (7.62)$$

Häufig finden in der MHD kompliziertere Ohmsche Gesetze Anwendung. Die Leitfähigkeit $\varkappa$ ist in Gl. (7.62) zunächst als eine gegebene Transportkenngröße anzusehen. Das Teilchenmodell gestattet darüber hinausgehend die mikrophysikalische Berechnung von $\varkappa$. In stoßbestimmten Plasmen ($\nu \gg \omega_A$) kann $\varkappa$ in guter Näherung als Skalar angesehen werden.

Zu den bisher genannten Gleichungen treten die elektromagnetischen Verknüpfungsrelationen zwischen E, B und j in Form der beiden Maxwellschen Gleichungen. Die zeitlichen Zustandsänderungen erfolgen in der MHD meist so langsam, daß der Verschiebungsstrom vernachlässigt werden kann.

$$\operatorname{rot} E = -\partial B/\partial t; \qquad \operatorname{rot} B = \mu_0 j. \qquad (7.63)$$

Außerdem müssen B und E den Zusatzbedingungen div $B = 0$ und div $E = 0$ (keine Raumladung) genügen.

Eliminiert man aus Gl. (7.62) und (7.63) E und j, so erhält man die sog. *Induktionsgleichung der MHD*:

$$\frac{\partial B}{\partial t} = \operatorname{rot}(v \times B) + \frac{1}{\mu_0 \varkappa} \Delta B. \qquad (7.64)$$

Hierbei wurde vereinfachend $\varkappa = $ const angenommen. Die letzten beiden benötigten (skalaren) MHD-Grundgleichungen entstammen der Thermodynamik: Es handelt sich um den 1. Hauptsatz (Energiebilanz) und die Zustandsgleichung $p = p(T)$ des Mediums. Für letztere ist die Zustandsgleichung idealer Gase eine häufig benutzte Näherung.

Die hier skizzierten Grundlagen der MHD stellen eine erste Näherung dar, die weitere Verfeinerungen erfahren hat. Da das Plasma eine Mischung aus mehreren Teilchensorten darstellt, sind *Mehrflüssigkeitstheorien* (A. SCHLÜTER) entwickelt worden. Durch Einbeziehung statistischer Betrachtungen konnten die MHD-Gleichungen mikrophysikalisch begründet werden.

7.6.2.2. Ideale Magnetohydrodynamik

Die Auswahl idealisierter Grenzfälle gestattet eine Vereinfachung der MHD-Grundgleichungen und die schärfere Fassung wesentlicher physikalischer Phänomene. Im Sinne der MHD bezeichnet man ein Plasma als ideal, wenn es reibungsfrei ist, eine unendliche elektrische Leitfähigkeit aufweist und keine Wärmeleitung zeigt. Thermodynamisch bedeutet dies, daß alle im Plasma auftretenden Prozesse bei konstanter Entropie ablaufen ($dQ = T \, dS = 0$), also reversibel sind. In diesem Fall reduzieren sich die thermodynamischen Grundgleichungen auf die bekannten Adiabatengleichungen (vgl. Bd. 1) für p und T.

Aus dem Ohmschen Gesetz (7.62) folgt mit $\varkappa = \infty$, weil j endlich bleibt:

$$E + (v \times B) = 0, \qquad (7.65)$$

die äquivalente Aussage liefert auch die Induktionsgleichung der MHD (7.64): $-\operatorname{rot} E = \partial B/\partial t = \operatorname{rot}(v \times B)$.

Berechnet man damit die totale zeitliche Änderung des magnetischen Flusses Φ, der durch eine Oberfläche A geht, die sich mit der Strömungsgeschwindigkeit v bewegt, so ergibt sich:

$$d\Phi/dt = -\int_A \operatorname{rot}(E + v \times B) \, dA = 0. \qquad (7.66)$$

Dies bedeutet, daß der magnetische Fluß im leitenden Medium der idealen MHD unabhängig von der Strömung stets konstant bleibt.

Es scheint so, als ob die magnetischen Feldlinien im Material „*eingefroren*" wären (H. ALFVEN). Das Faradaysche Induktionsgesetz vermittelt ein anschauliches Verständnis dieses Sachverhaltes. Jede Relativbewegung des Mediums quer zum Magnetfeld induziert elektrische Ströme, deren elektrodynamische Kraftwirkung die Bewegung hemmen (Lenzsche Regel). Im elektrisch unendlich gut leitenden Medium kann eine solche Bewegung deshalb nicht bestehen: Das Medium führt sein umschlossenes Magnetfeld mit sich fort. Umgekehrt vermag ein ideales MHD-Plasma nicht senkrecht zu den Feldlinien in ein Magnetfeld einzudringen. Das Magnetfeld wirkt hier analog einer festen Wand. Diese Beispiele zeigen, daß in der Wechselwirkung Plasma/Magnetfeld letzteres in gewisser Hinsicht substantielle Eigenschaften entwickelt. Beim Plasmaeinschluß oder bei der Beschleunigung von Plasmen mittels magnetischer Felder sind diese Eigenschaften von großer Bedeutung. Die quantitative Fassung der Wechselwirkung mit dem Plasma erfolgt durch den Begriff *magnetischer Druck*.

7.6.2.3. Magnetischer Druck

Die Lösung der MHD-Grundgleichungen, die z. T. nichtlineare partielle Differentialgleichungen darstellen, ist in der Regel kompliziert. Wir diskutieren das einfache Beispiel der Gleichgewichtsbedingungen an der ebenen Trennfläche eines feldfreien Plasmas und eines homogenen Magnetfeldes (*Magnetohydrostatik*).

Im Gleichgewichtsfall ist $dv/dt = 0$ und man erhält aus den Gl. (7.61) und (7.63):

$$\operatorname{grad} p - (\boldsymbol{j} \times \boldsymbol{B})$$

$$= \operatorname{grad} p - \frac{1}{\mu_0} (\operatorname{rot} \boldsymbol{B}) \times \boldsymbol{B} = 0.$$

Unter Beachtung der Vektorbeziehung:

$$(\operatorname{rot} \boldsymbol{B}) \times \boldsymbol{B} = (\boldsymbol{B} \operatorname{grad}) \boldsymbol{B} - \operatorname{grad} B^2/2$$

folgt für gerade Feldlinien mit $(\boldsymbol{B} \operatorname{grad}) \boldsymbol{B} = 0$:

$$\operatorname{grad} (p + B^2/2\mu_0) = 0; \quad p + B^2/2\mu_0 = \text{const.}$$

$$\tag{7.67}$$

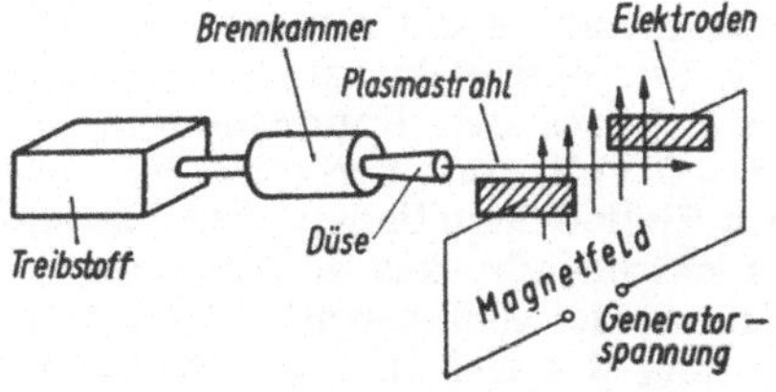

Abb. 7.25. Prinzip des MHD-Generators

Es liegt nahe, die Größe $p_\mathrm{M} = B^2/2\mu_0$ als Druck des Magnetfeldes zu interpretieren. Gl. (7.67) besagt dann, daß Gleichgewicht im Plasma besteht, wenn die Summe aus kinetischem und magnetischem Druck örtlich konstant ist. Nimmt z. B. in den Randpartien eines Plasmas der kinetische Druck nach außen ab, so kann der damit normalerweise verknüpfte Nichtgleichgewichtszustand durch ein Ansteigen des magnetischen Druckes unterbunden werden. Das magnetische Feld schließt das Plasma statisch ein. An der Grenze eines feldfreien Plasmas gegenüber einem Magnetfeld im Vakuum verlangt Gl. (7.67) im Gleichgewichtsfall:

$$p = p_\mathrm{M} = B^2/2\mu_0. \tag{7.68}$$

7.6.2.4. Magnetohydrodynamischer Generator

Eine wichtige Anwendung, in der das Flüssigkeitsmodell des Plasmas zutrifft, ist der MHD-Generator. Er dient der Direktumwandlung von Wärme in elektrische Energie (Abb. 7.25). Aus der Düse einer Brennkammer tritt ein heißer Plasmastrahl ($T \approx 2000$ bis 3000 K) mit großer Geschwindigkeit ($v \approx 1$ km/s) senkrecht zu den Feldlinien in ein Magnetfeld ein. Durch Zugabe leicht ionisierbarer Elemente (z. B. Alkalien) herrscht in dem geimpften Verbrennungsgasplasma eine relativ hohe elektrische Leitfähigkeit ($\varkappa \gtrsim 100$ S/m). Durch die Lorentz-Kraft werden im Magnetfeld Elektronen und Ionen getrennt, und es entsteht quer zum Gasstrom ein elektrisches Feld E. An zwei seitlichen Elektroden kann eine Gleichspannung U abgenommen werden. Bei Leerlauf des Generators beträgt diese Spannung $U_\mathrm{L} = Ea = vBa$ (a Elektrodenabstand). In diesem Fall wird der Lorentz-Kraft durch die elektrostatische Kraft das Gleichgewicht gehalten, und es gilt $e_0 E = e_0 vB$. Bei Belastung des Generators durch einen äußeren Widerstand sinkt diese Spannung ab.

Prinzipiell entspricht die Arbeitsweise des MHD-Generators dem üblichen Dynamoprinzip: Bewegt sich ein elektrischer Leiter geeignet in einem Magnetfeld, so wird in ihm eine Spannung induziert. Beim MHD-Generator stellt der heiße Plasmastrahl den bewegten Leiter dar. Die Umsetzung der Wärme in Elektroenergie erfolgt hier im selben Medium. Infolge der hohen Plasmatemperaturen ist der Wirkungsgrad größer als bei der herkömmlichen Methode (bis etwa 60%). Ein weiterer Vorteil des MHD-Generators liegt in seiner schnellen Betriebsbereitschaft (Größenordnung Minuten). Dies prädestiniert ihn für den Einsatz in Spitzenzeiten. Beträchtliche technologische Schwierigkeiten (z. B. Elektrodenabbrand) haben allerdings bisher den Bau großer MHD-Kraftwerke verhindert. Neue Konzeptionen sehen die Entwicklung von MHD-Generatoren bis einige 100 MW vor.

7.7. Wellen im Plasma

Das Plasma ist durch eine Vielzahl energetischer Freiheitsgrade gekennzeichnet. Dazu gehören neben der Bewegung der verschiedenen Teilchen und ihren Anregungszuständen (einschließlich der Ionisation) auch die im Plasma vorherrschenden elektrischen und magnetischen Felder. Zwischen den verschiedenen Energiespeichern bestehen zahlreiche Kopplungsmechanismen. Sie bilden die Grundlage für das Auftreten wellenförmiger Zustandsänderungen, wenn bei Abweichungen vom Gleichgewicht einzelne Speicher bevorzugt Energie aufnehmen. Besonders in Plasmen fernab vom thermodynamischen Gleichgewicht ist die Ausbildung einer Fülle von Wellen typisch. Unter bestimmten Bedingungen zeigen diese Wellen ein zeitliches Anwachsen der Amplitude. Man spricht dann von *Instabilitäten*. Das Anwachsen der Amplitude kann sich im Laufe der Zeit auf einem gewissen Niveau stabilisieren oder den Zerfall des Plasmas bewirken. Häufig führen die verschiedenen Instabilitäten, die miteinander wechselwirken, nicht zum Auftreten synchroner Wellen, sondern erzeugen im Plasma einen Zustand stochastischer Schwankungen (*Plasmaturbulenzen*).

Wir betrachten einige wichtige Wellentypen im Plasma unter vereinfachten Bedingungen.

Elektromagnetische Wellen. Gegenüber dem Vakuum wird die Ausbreitung elektromagnetischer Wellen im Plasma durch die Anwesenheit freier Ladungsträger modifiziert. Die Trägerbewegung im Wellenfeld führt zum Auftreten einer Konvektionsstromdichte j, die wiederum mit lokalen Abweichungen von der Neutralität verknüpft sein kann. Ein stationäres äußeres Magnetfeld beeinflußt die Wellen über seine Wirkung auf die Trägerbewegung.
Wir setzen ein homogenes, magnetfeldfreies Plasma voraus und diskutieren die Ausbreitung transversaler, ebener, linear polarisierter Wellen. Die Ausbreitung erfolge längs der z-Achse eines

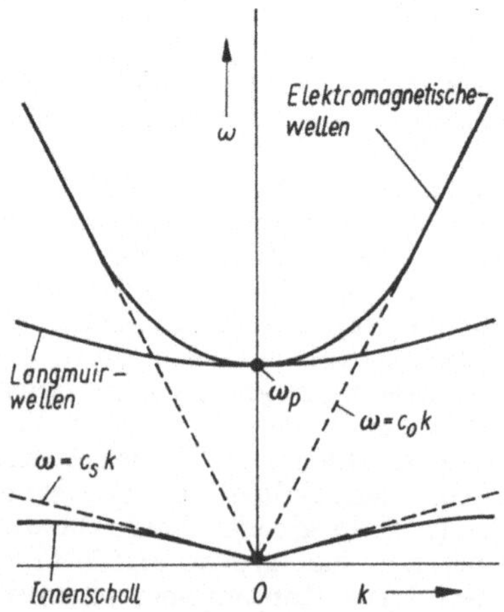

Abb. 7.26. Dispersionsfunktionen einiger Wellen im Plasma

Koordinatensystems und der elektrische Wellenvektor E liege in der x-Achse. Dann gilt $E_z = E_y = j_z = j_y = 0$. Da j_x in jeder Wellenfläche konstant ist, gilt div $j = 0$, und die Trägerbewegung ist in diesem Fall nicht mit der Ausbildung von Raumladungen verknüpft. Die aus den Maxwell-Gleichungen folgende Wellengleichung für E (s. Bd. 2, Abschn. 11.3.) unterscheidet sich vom Vakuumfall durch das Auftreten eines zusätzlichen Gliedes, das j enthält:

$$\frac{\partial^2 E_x}{\partial t^2} = c_0^2 \frac{\partial^2 E_x}{\partial z^2} - \frac{1}{\varepsilon_0} \frac{\partial j_x}{\partial t}, \qquad (7.69)$$

($c_0 = 1/\sqrt{\mu_0 \varepsilon_0}$, Vakuumlichtgeschwindigkeit). Sieht man die Ionen wegen ihrer großen Masse gegenüber den Feldschwankungen als unbeweglich an und vernachlässigt bei der Elektronenbewegung die Wirkung der Stöße, so folgt mit:

$$j_x = -e_0 n_e v_{ex}; \qquad m_e \, dv_{ex}/dt = -e_0 E_x$$

für die Ableitung $\partial j_x/\partial t = \varepsilon_0 \omega_P^2 E_x$.
Die Größe ω_P stellt die Langmuirsche Plasmafrequenz dar. Mit dem Wellenansatz $E_x \sim \exp i \times (\omega t - kz)$ liefert Gl. (7.69) die *Dispersionsrelation* $\omega = \omega(k)$:

$$\omega^2 = \omega_P^2 + c_0^2 k^2. \qquad (7.70)$$

Abb. 7.26 zeigt diese Funktion zusammen mit der Dispersion weiterer Wellentypen im Plasma. Man erkennt, daß für $\omega > \omega_P$ eine Ausbreitung der elektromagnetischen Wellen möglich ist, da die Wellenzahl k hier reell bleibt. Im Bereich $\omega \gg \omega_P$ können auch die Elektronen den schnellen Schwingungen nicht mehr folgen und die Wellenausbreitung erfolgt wie im Vakuum ($\omega/k = c_0$). Bei $\omega < \omega_P$ wird k jedoch imaginär, und es erfolgt beim Eintritt der Wellen in das Plasma eine starke Reflexion. Im Plasma selbst sind die Wellen dann gedämpft. Für die Brechzahl $n = c_0/\omega$ des Plasmas erhält man aus Gl. (7.70) die sog. Ecclesche Beziehung:

$$n^2 = 1 - (\omega_P/\omega)^2. \qquad (7.71)$$

Mittels der Reflexion elektromagnetischer Wellen bei $\omega = \omega_P$ an Plasmen (z. B. der Ionosphäre) können somit ω_P und davon ausgehend auch n_e bestimmt werden.

Langmuir-Wellen (*Elektroakustische Wellen*). In diesen Wellen schwingen die Elektronen relativ zu den als feststehend gedachten Ionen. Die rücktreibenden Kräfte sind elektrostatischer Natur und ergeben sich aus den Raumladungen, die infolge div $j \neq 0$ auftreten. Berücksichtigt man zusätzlich den Einfluß der adiabatischen Schwankungen des Elektronendruckes, so liefern die Bewegungsgleichung der Elektronen und die Kontinuitätsgleichung des elektrischen Stromes für die auftretende Raumladung $\varrho = \varrho(z, t)$ in eindimensionaler Näherung:

$$\frac{\partial^2 \varrho}{\partial t^2} = \langle c^2 \rangle \frac{\partial^2 \varrho}{\partial z^2} - \omega_P \varrho, \tag{7.72}$$

(c thermische Momentangeschwindigkeit der Elektronen.) Die Wellengleichung (7.72) beschreibt longitudinale Wellen mit einer Dispersionsfunktion (vgl. Abb. 7.26):

$$\omega^2 = \omega_P^2 + \langle c^2 \rangle k^2. \tag{7.73}$$

Im Grenzfall verschwindender Elektronentemperatur $T_e \sim \langle c^2 \rangle \to 0$ gehen diese Wellen in reine Schwingungen ($k \to 0$) mit einer Frequenz $\omega = \omega_P$ über. Dies sind die bekannten Langmuirschen Plasmaschwingungen (vgl. Abschn. 7.14.).

Ionenschallwellen. Ihrem Wesen nach sind die oben besprochenen longitudinalen Langmuir-Wellen eine Schallerscheinung im Elektronengas das Plasmas. Bei wesentlich kleineren Frequenzen ist auch im Ionengas des Plasmas eine Schallausbreitung in Form von Ionendichteschwankungen möglich. An diesen Schwankungen werden allerdings die Elektronen wegen ihrer kleineren Masse ebenfalls teilnehmen, indem sie auftretende Raumladungen schnell zu neutralisieren suchen. Die thermische Eigengeschwindigkeit der Elektronen verhindert jedoch, daß diese Neutralisation vollständig ist. Es verbleibt eine Restraumladung, in deren Feld die Ionen eine rücktreibende Kraft erfahren. Für die Dispersion dieses Ionenschalls ergibt sich bei nicht zu großen Wellenzahlen k näherungsweise:

$$\omega^2 = c_S^2 k^2 \left(1 - \frac{M}{m_e} \frac{c_S^2}{\omega_P^2} k^2\right). \tag{7.74}$$

Die Größe c_S bezeichnet die sog. *Ionenschallgeschwindigkeit* $c_S = k_B T_e / M$. Hier wurde zur Vermeidung von Verwechselungen die Boltzmann-Konstante als k_B geschrieben (M ist die Ionenmasse). Die wesentliche Mitwirkung der Elektronen am Ionenschall äußert sich durch das Auftreten der Elektronentemperatur T_e in der Formel für c_S. In stark nichtisothermen Plasmen ($T_e \gg T_p$) ist dies von erheblicher Bedeutung.

Landau-Dämpfung. In stoßbestimmten Plasmen werden die Langmuir-Wellen durch Zusammenstöße der Elektronen mit Atomen oder Ionen gedämpft. L. D. LANDAU (1946) zeigte, daß eine Dämpfung auch in stoßfreien Plasmen möglich ist. Der Mechanismus dieser Dämpfung beruht auf einem Energietransfer zwischen der Translation der Ladungsträger und der Wellenbewegung. In der (elektrischen) Welle laufen die Potentialberge mit der Phasengeschwindigkeit $u = \omega/k$. Geladene Teilchen, deren Geschwindigkeit etwas größer als dieser Wert ist ($c_z > u$) können durch das Wellenfeld verzögert werden

und ihre Bewegungsrichtung relativ zur Welle ändern. Bei der Reflexion am Wellenberg des Potentials ändert sich die Teilchenenergie um $\Delta \varepsilon = 2mu(u - c_z)$. Dieser Energieverlust der Teilchen ($\Delta \varepsilon < 0$) geht als Energiegewinn in die Welle über. Umgekehrt können Teilchen, deren Geschwindigkeit etwas kleiner ist ($c_z < u$), aus der Welle Energie aufnehmen ($\Delta \varepsilon > 0$). Eine Analyse dieser *Teilchen-Wellen-Wechselwirkung* zeigt, daß der genannte Energietransfer innerhalb der Intervalle $u \leq c_z \leq u + c_{z0}$ bzw. $u - c_{z0} \leq c \leq u$ auftritt ($c_{z0} = \sqrt{2e_0 E_0/mk}$; E_0 Amplitude der Feldstärkeschwankung in der Welle). Obwohl die beiden Geschwindigkeitsintervalle, in denen $\Delta \varepsilon > 0$ bzw. $\Delta \varepsilon < 0$ gilt, gleich groß sind, kann die Anzahl der betreffenden Teilchengruppen verschieden sein. Dies hängt vom Verlauf der Geschwindigkeitsverteilung der Ladungsträger in der Umgebung $c_z = u$ ab. In der Regel (z. B. bei einer Maxwell-Verteilung) nimmt die Teilchenzahl mit wachsender Geschwindigkeitskomponente c_z ab. In diesem Fall ist die Gesamtenergieänderung der beiden Teilchengruppen positiv und die Welle wird gedämpft. Wenn jedoch infolge besonderer Umstände die Verteilungsfunktion der Teilchengeschwindigkeiten bei $c_z = u$ mit c_z ansteigt, dann geht Energie von den Teilchen in die Welle über und verstärkt diese (*inverse Landau-Dämpfung*).

7.8. Thermonukleare Plasmen

Die langfristige Sicherung der Versorgung mit Energie ist für die Menschheit eine der wichtigsten Voraussetzungen ihrer weiteren Entwicklung. Die bisherigen fossilen Energieträger (Kohle, Erdöl, Erdgas) reichen dafür nicht aus. Neben der ständigen Erhöhung der Effektivität der Nutzung ist es notwendig, andere Energiequellen im großen Maßstab zu erschließen. Diese Notwendigkeit wird durch den zunehmenden Einsatz der fossilen Brennstoffe als wertvolle industrielle Rohstoffe verschärft.

Die wichtigste perspektivische Energiequelle ist die *Kernenergie*. Abb. 7.27 stellt die physikalische Grundlage der Freisetzung von Energie durch Kernprozesse dar: In Abhängigkeit von der Kernmassenzahl durchläuft die Masse der in Atomkernen gebundenen Nukleonen ein Minimum. Über die *Energie-Masse-Relation* $\Delta W = \Delta mc^2$ führt danach sowohl die Spaltung (*Fission*) schwerer Kerne als auch die Verschmelzung (*Fusion*) leichter Kerne zu einer Freisetzung von Energie in Form kinetischer Energie der Reaktionsprodukte bzw. elektromagnetischer Strahlung. Pro beteiligtes Teilchen übersteigt diese Energie die chemischer Reaktionen (z. B. Verbrennungen) um den Faktor 10^6 bis 10^8.

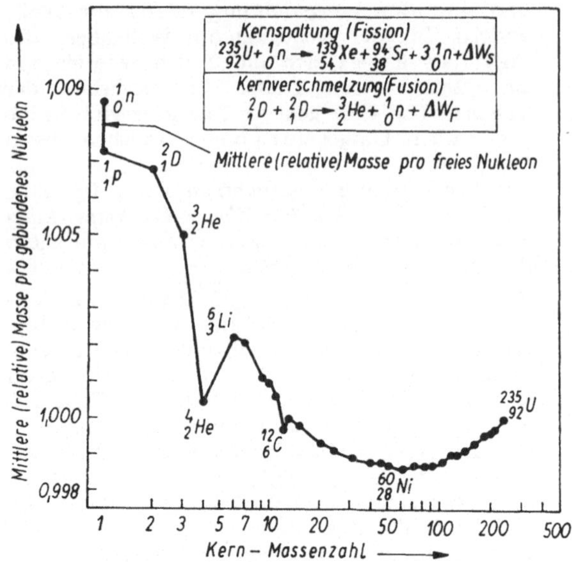

Abb. 7.27. Abhängigkeit der Nukleonenmasse von der Kernmassenzahl

7.8.1. Thermonukleare Reaktionen

Für die Fusion zweier Atomkerne ist ihre gegenseitige Annäherung bis in die Reichweite der Kernkräfte (etwa 10^{-12} cm) notwendig. Dabei muß zunächst gegen die weitreichenden Coulombschen Abstoßungskräfte Arbeit verrichtet werden. Die Wahrscheinlichkeit für die Überwindung der Coulomb-Barriere ist durch den quantenmechanischen *Tunneleffekt* bestimmt. Bei kleinen Relativenergien der Kerne ist diese Wahr-

scheinlichkeit gering (z. B. 10^{-5} für Wasserstoffkerne von etwa 10 keV Relativenergie). Die Realisierung der Kernfusion im Ergebnis gaskinetischer (thermischer) Zusammenstöße erfordert somit die Aufheizung des Fusionsmaterials auf extrem hohe Temperaturen (10^7 bis 10^9 K). Unter diesen Bedingungen liegt die Substanz stets als ein vollständig ionisiertes Plasma vor.
Beispiele für Reaktionen leichter Kerne sind:

$$d + t \rightarrow {}^4He(3,52\ \text{MeV}) + n(14,06\ \text{MeV})$$

$$d + d \begin{cases} \nearrow {}^3He(0,82\ \text{MeV}) + n(2,45\ \text{MeV}) \\ \searrow \ t\ (1,01\ \text{MeV}) + p(3,03\ \text{MeV}) \end{cases}$$

$$p + {}^{11}B \rightarrow 3\ {}^4He(8,9\ \text{MeV}).$$

Die in Klammern angegebene kinetische Energie der Reaktionsprodukte stellt freigesetzte Kernbindungsenergie dar. Ihre Nutzung in Fusionskraftwerken ist das Ziel umfangreicher wissenschaftlich-technischer Arbeiten seit Anfang der 50er Jahre. Trotz ständig steigender Aufwendungen ist eine großtechnische Realisierung nicht vor Beginn des nächsten Jahrhunderts zu erwarten.
Die je Volumen- und Zeiteinheit im Plasma stattfindenden Fusionsprozesse werden durch die *Stoßrate* $Z_F = k_F n_1 n_2$ erfaßt (vgl. Abschn. 7.4.). Hierbei bezeichnen n_1 und n_2 die Konzentrationen der Stoßpartner. Der Ratenkoeffizient $k_F = \langle Qc \rangle$ enthält den über die Teilchengeschwindigkeit c gemittelten Stoßquerschnitt Q. Bei Vorliegen einer Maxwellschen Geschwindigkeitsverteilung ergibt sich für die Ratenkoeffizienten der genannten Reaktionen die in Abb. 7.28 dargestellte Temperaturabhängigkeit. Mit wachsender Tem-

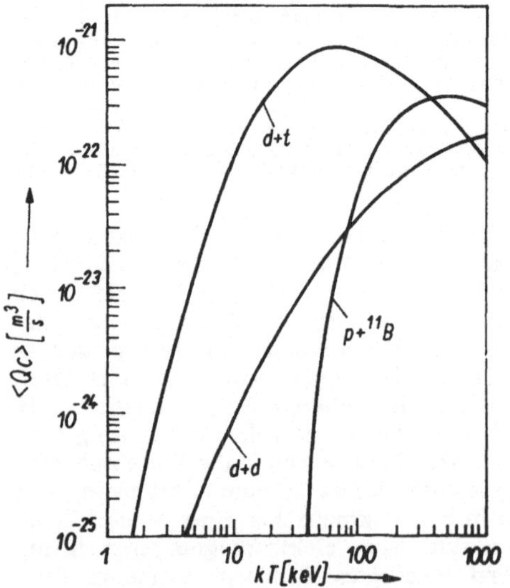

Abb. 7.28. Ratenkoeffizient einiger Reaktionen leichter Kerne in Abhängigkeit von der Temperatur

peratur steigt die Zahl schneller Teilchen im Plasma, die mit größerer Wahrscheinlichkeit die Coulomb-Abstoßung überwinden können. Dies ergibt zunächst einen steilen Anstieg des Ratenkoeffizienten. Man erkennt, daß die Deuterium-Tritium-Reaktion (d + t) hier die größte Rate aufweist. Deshalb konzentrieren sich die bisherigen Untersuchungen auf die Realisierung dieser Reaktion. Deuterium ist im Meerwasser in genügender Menge vorhanden (etwa 0,03 g je Liter). Tritium stellt jedoch ein relativ kurzlebiges radioaktives Isotop dar (Halbwertszeit etwa 12 Jahre) und kommt in der Natur nicht vor. Seine künstliche Erzeugung gelingt unter Ausnutzung der bei der d-t-Reaktion entstehenden Neutronen durch Umwandlung von Lithium, dessen Häufigkeit in der Erdkruste mit der des Urans vergleichbar ist:

$$^6\text{Li} + \text{n} \rightarrow {}^4\text{He} + \text{t}$$

$$^7\text{Li} + \text{n} \rightarrow {}^4\text{He} + \text{t} + \text{n}.$$

7.8.2. Leistungsbilanz thermonuklearer Plasmen

In einem thermonuklearen Plasma mit ausgeglichener Leistungsbilanz muß die durch Fusionsreaktionen vermittelte Heizung des Plasmas alle auftretenden Energieverluste decken (*Leistungsgleichgewicht*). Wir betrachten dazu ein vollständig ionisiertes Deuterium-Tritium-Plasma im Mischungsverhältnis $n_\text{D}/n_\text{T} = 1/1$. Aus der Neutralität des Plasmas ergibt sich für die Elektronenkonzentration: $n_\text{e} = n_\text{D} + n_\text{T}$. Die Heizung des Plasmas erfolgt im wesentlichen über die bei der Fusion entstehenden energiereichen α-Teilchen (Energieabgabe durch Coulomb-Stöße). Die Fu-

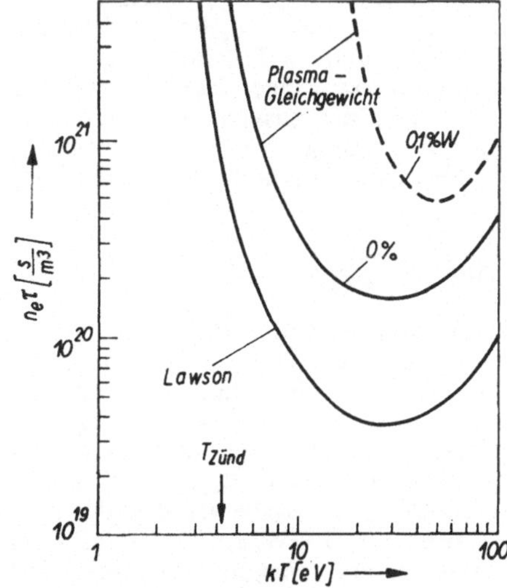

Abb. 7.29. Fusionsparameter $n_\text{e}\tau$ in Abhängigkeit von der Temperatur

sionsneutronen können dagegen das Plasma wegen ihrer großen Reichweite praktisch ungehindert verlassen. Für die Heizleistung gilt somit:

$$p_\alpha = \varepsilon_\alpha n_\text{e}^2 \langle Qc \rangle / 4 \quad \text{mit} \quad \varepsilon_\alpha = 3{,}52\,\text{MeV}.$$

Ein Energieverlust tritt auf, wenn heiße Plasmateilchen (Ionen oder Elektronen) das Plasma verlassen bzw. ihre Energie an den Plasmagrenzen abgeben. Bezeichnet τ die mittlere Lebensdauer der heißen Ladungsträger, dann gilt für die entsprechende Verlustleistung: $p_\text{T} = 3kTn_\text{e}/\tau$. Einen weiteren Energieverlust stellt die Strahlungsemission des Plasmas dar. Prinzipiell muß mit dem Auftreten einer Elektronen-Ionen-Bremsstrahlung gerechnet werden. Für die entsprechende Verlustleistung (vgl. Abschn. 7.5.) gilt:

$$p_\text{B} = 4\pi\varepsilon_\text{eP} = 1{,}54 \cdot 10^{-38} Z^2 (kT)^{1/2} n_\text{e}^2 \text{ (mit } p_\text{B} \text{ in}$$

W/m³, kT in eV und n_e in m⁻³).

Bei Vernachlässigung aller weiterer Energieverluste lautet die Leistungsbilanz des thermonuklearen Plasmas: $p_\alpha = p_T + p_\text{B}$. Ihre Auswertung liefert für das Produkt $n_\text{e}\tau$ einen Mindestwert (*Gleichgewichtswert*), dessen Temperaturabhängigkeit Abb. 7.29 zeigt. Die durchgezogene Kurve (0%) gilt für ein reines D-T-Plasma mit der Ionenladungszahl $Z = 1$, die gestrichelte Kurve für ein mit 0,1% Wolfram verunreinigtes D-T-Plasma. Man erkennt, daß bereits kleine Verunreinigungen mit hohen Kernladungszahlen die Leistungsbilanz entscheidend über das Ansteigen der Bremsstrahlung ($\sim Z^2$) beeinflussen.

Für ein thermisch isoliertes D-T-Plasma ($\tau = \infty$) wird die (ideale) Leistungsbilanz $p_\alpha = p_\text{B}$ unabhängig von n_e bei der kinetischen Temperatur $kT = 4{,}2\,\text{keV}$ erfüllt. Dies ist die minimale *Zündtemperatur* des thermonuklearen Plasmas. Wie Abb. 7.29 zeigt, erhöht sich die Zündtemperatur bei $n_\text{e}\tau = 10^{21}\,\text{s/m}^3$ auf 6,5 keV im reinen und auf bereits 25 keV im verunreinigten (0,1% W) D-T-Plasma.

Die Größe $n_\text{e}\tau$ stellt für das Fusionsplasma einen fundamentalen Parameter dar, wobei τ als Mindestlebensdauer des Plasmas im Fusionsregime zu interpretieren ist. Bei einem (zukünftigen) thermonuklearen Reaktor wird außer der kinetischen Energie der α-Teilchen im Plasma auch die der Fusionsneutronen (z. B. in einem Arbeitsmittel außerhalb des Plasmas) in Wärme umgesetzt. Die insgesamt erzeugte Wärme dient nach Umwandlung mit einem bestimmten Wirkungsgrad zur Aufrechterhaltung des Reaktorbetriebes (Eigenverbrauch) und zur Abgabe nach außen (Nutzenergie). Man spricht von einem *Null-Energie-Reaktor*, wenn die gesamte erzeugte Wärme für den Eigenverbrauch benötigt wird. D. J. LAWSON (1957) berechnete für einen solchen Reaktor bei 40% thermischem Wirkungsgrad den erforderlichen Parameter $n_\text{e}\tau$. Das Ergebnis ist ebenfalls in Abb. 7.29 enthalten. Die Lawson-Kurve liegt (wegen der zusätzlich in Rechnung gestellten Energie der Fusionsneutronen) unter den Kurven des Plasmagleichgewichtes. Als Schlüsselinformation entnimmt man der Abbildung, daß bei $kT = 10\,\text{keV}$ ein Wert $n_e\tau > 10^{20}\,\text{s/m}^3$ für den Reaktorbetrieb erforderlich ist (*Lawson-Bedingung*). Die Erreichung dieses Wertes stellt das Nahziel der gegenwärtigen Hochtemperatur-Plasmaphysik dar.

7.8.3. Erzeugung und Halterung thermonuklearer Plasmen

Das Konzept der thermonuklearen Fusion besteht darin, den Kernbrennstoff (D/T-Gemisch) mittels Energieeinspeisung auf Temperaturen oberhalb des Zündpunktes zu erhitzen und eine genügend lange Zeit unter diesen Bedingungen zu erhalten, so daß durch Fusionsreaktionen mehr Energie freigesetzt wird als zur Aufheizung und Erhaltung des Plasmas erforderlich ist. Im Gegensatz zur sog. *Wasserstoffbombe*, bei der das Fusionsmaterial durch eine Kernspaltungsbombe gezündet und die enorme Fusionsenergie in einer verheerenden Explosion plötzlich freigesetzt wird, kommt es bei der *kontrollierten Kernfusion* darauf an, den gesamten Ablauf steuerbar zu gestalten und die Energie einer friedlichen Nutzung zuzuführen.
Für die Erzeugung bzw. Heizung thermonuklearer Plasma kommen die bereits im Abschn. 7.2.1. genannten Methoden in Frage.
Es sind dies:

– Elektrischer Stromdurchgang (*Ohmsche Heizung*),
– Magnetische Kompression,

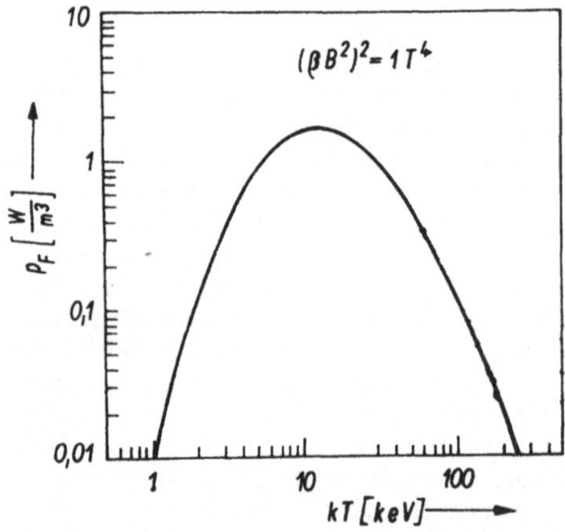

Abb. 7.30. Leistungsdichte p_F des magnetisch eingeschlossenen Fusionsplasmas bei konstantem βB^2 in Abhängigkeit von der Temperatur

– Injektion energiereicher Wellen- oder Teilchenstrahlen.

Die Halterung des thermonuklearen Plasmas kann wegen seiner hohen Temperatur ($T \gtrsim 10^7\,\text{K}$) nicht mehr durch substantielle Wände erfolgen. Wie im Abschn. 7.6.2.2. dargelegt, eröffnet jedoch die Anwendung magnetischer Felder eine Möglichkeit zur Einschließung der Plasmen mittels des magnetischen Druckes (*Magnetische Halterung*). Die Verfolgung diese Weges stellt eine der beiden großen Entwicklungslinien der bisherigen Hochtemperatur-Plasmaphysik seit ihrem Beginn (etwa 1950) dar. Eine zweite Linie setzte etwa Mitte der 60er Jahre mit dem Vorschlag N. G. BASOVS (1963) ein, zur Aufheizung kleiner D-T-Kugeln im Vakuum Laserimpulse zu benutzen. Hier ist es die Massenträgheit des Kernbrennstoffes, die das Plasma eine gewisse Zeit zusammenhält (*Trägheitshalterung*).
Ein Zusammenhalt des Plasmas infolge der Gravitationskräfte, wie er z. B. auf der Sonne auftritt, ist unter irdischen Maßstäben nicht realisierbar.

7.8.3.1. Magnetische Halterung

Eine Basisgröße für magnetisch eingeschlossene thermonukleare Plasmen stellt das Verhältnis des kinetischen Druckes $(n_e + n_p)\,kT = 2n_e kT$ zum magnetischen Druck $B^2/2\mu_0$ dar:

$$\beta = \frac{4\mu_0 n_e kT}{B^2}. \tag{7.75}$$

Die Größe $\beta \leq 1$ kennzeichnet im eingeschlossenen Plasma nicht nur die Druckverhältnisse, sondern beeinflußt auch entscheidend die Leistungsdichte. Für die Leistungsdichte der Fusionsreaktionen (vgl. Abschn. 7.8.2.) gilt: $p_F = \varepsilon_F n_e^2 \langle Qc \rangle / 4$. Dabei bezeichnet $\varepsilon_F = M\varepsilon_N + \varepsilon_\alpha$ die in Neutronen ($\varepsilon_N = 14{,}06\,\text{MeV}$) und α-Teilchen ($\varepsilon_\alpha = 3{,}52\,\text{MeV}$) pro d-t-Fusion freigesetzte Energie. $M \approx 1{,}3$ berücksichtigt den zusätzlichen Energiegewinn bei der Erzeugung von Tritium und Lithium bei Neutronenbeschuß. Mit Gl. (7.75) folgt für p_F:

$$p_F = \frac{\varepsilon_F}{64\mu_0}\,(\beta B^2)^2\,\frac{\langle Qc \rangle}{(kT)^2}. \tag{7.76}$$

Wird βB^2 als vorzugebender Parameter aufgefaßt, so durchläuft danach p_F in Abhängigkeit von der Temperatur ein Maximum bei $kT = 12\,\text{keV}$ (vgl. Abb. 7.30). Mit dem Höchstwert $\beta = 1$ und technisch als noch realisierbar erscheinenden Magnetfeldern $B_{max} = 5\,\text{T}$ ergibt sich als maximale Leistungsdichte des Fusionsplasmas ein Wert von $1\,\text{GW/m}^3$. In zukünftigen stationär arbeitenden Fusionsreaktoren sind Leistungsdichten $p_F = 10$ bis $100\,\text{MW/m}^3$ zu erwarten.

Pincheffekt: Darunter versteht man die magnetische Eigenkompression eines stromführenden Plasmas. Das Studium dieses Effektes an stromstarken Impulsentladungen ($I \lesssim 100$ kA) bildete den Anfang der Hochtemperatur-Plasmaphysik. Beim sog. *z-Pinch* (vgl. Abb. 7.31) fließt aus einer Kondensatorbatterie über ebene Elektroden ein axialer Strom I_z durch eine Plasmasäule. Es entsteht ein azimutales Magnetfeld B_Θ, dessen Lorentz-Kraft nach innen zeigt und das Plasma kontrahiert. Dem entspricht die Erscheinung, daß sich parallel in gleicher Richtung durchflossene Stromfäden anziehen. Sowohl die Ohmsche Heizung als auch die magnetische Kompression erhöhen dabei die Plasmatemperatur. Im Gleichgewichtsfall muß der Gradient des kinetischen Druckes an jeder Stelle des Plasmas der elektrodynamischen Kraftdichte gleich sein (vgl. Abschn. 7.6.2.2.). Dies ergibt unter vereinfachenden Annahmen als Bedingung für das Druckgleichgewicht die sog. *Bennet-Gleichung* (1934):

$$I^2 = \frac{8\pi}{\mu_0}\,nkT. \tag{7.77}$$

(I Stromdichte; $n = \pi r_0^2(n_e + n_p)$ Ladungsträgerdichte je Längeneinheit der zylindrischen Plasmasäule vom Radius r_0).

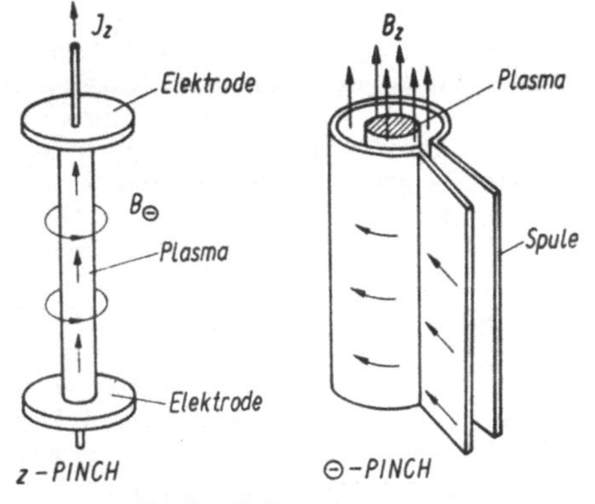

Abb. 7.31. Pinchentladungen

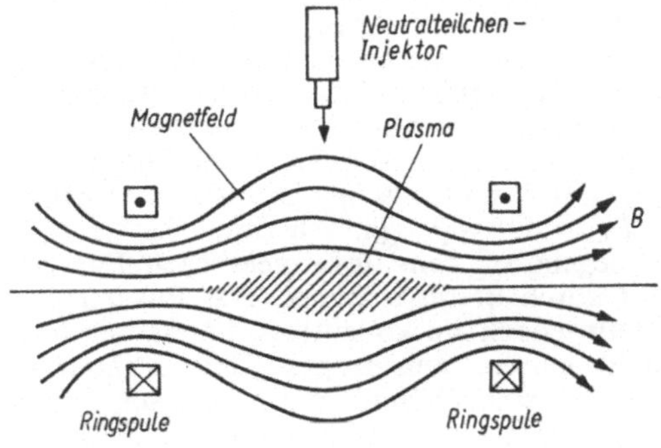

Abb. 7.32. Magnetischer Spiegel

Beim sog. θ-*Pinch* (vgl. Abb. 7.31) fließt der Impulsstrom durch eine Spule und erzeugt ein schnell ansteigendes axiales Magnetfeld B_z, in dem das (durch Vorionisation erzeugte) Plasma komprimiert wird.

Leistungsstarke Pinchentladungen gestatten die Erzeugung hoher Plasmatemperaturen (bis etwa $5 \cdot 10^7$ K). Das Gleichgewicht des Pinchplasmas ist jedoch nicht stabil. Die Lebensdauer beträgt maximal einige 10^{-5} s und ergibt Fusionsparameter $n_e\tau$, die um mehrere Größenordnungen unter dem Lawson-Grenzwert liegen.

Magnetischer Spiegel. Die Untersuchung der Bewegung elektrischer Ladungsträger in inhomogenen Magnetfeldern (vgl. Abschn. 7.6.1.1.) ergab, daß unter bestimmten Bedingungen in Richtung ansteigender Feldstärke eine Teilchenreflexion auftritt. Abb. 7.32 zeigt das Schema einer entsprechenden Magnetfeldkonfiguration zum Plasmaeinschluß (*magnetischer Spiegel, magnetische Flasche*). Ein Entweichen der Ladungsträger aus dem Plasma ist praktisch nur längs der magnetischen Feldlinien möglich. Hier führen die Feldeinschnürungen jedoch zu einer Reflexion, wenn die Reflexionsbedingung Gl. (7.50) erfüllt ist.

Tokamak (*Toroidale Kammer mit Magnetfeld*). In den bisher behandelten Anordnungen ist der Plasmaeinschluß relativ unvollkommen, da in gewissen Vorzugsrichtungen ein verstärktes Entweichen der Ladungsträger möglich ist. Man spricht deshalb von offenen Konfigurationen. Eine geschlossene Konfiguration ergibt sich, wenn die magnetischen Feldlinien (z. B. beim θ-Pinch) in einem Torus zu Kreisen geschlossen werden. Mit toroidalen Anordnungen konnten bisher die besten Ergebnisse beim magnetischen Einschluß des Plasmas erzielt werden. Allerdings genügt dazu das Feld einer einfachen Ringspule (vgl. Bd. 2) noch nicht. Da hier die Feldstärke entlang des großen Torusradius nach außen abnimmt, besteht kein stabiles Gleichgewicht: Eine zufällige Bewegung des heißen Plasmas in dieser Richtung führt in Gebiete mit kleinerem magnetischem Druck und gestattet somit ein Entweichen. Man bezeichnet dies als *makroskopische Forminstabilität* (auch *MHD-Instabilität*). Durch die Kombination mehrerer magnetischer Felder gelingt es, diese Instabilität zu reduzieren. Ein Beispiel dafür zeigt Abb. 7.33. Dem *toroidalen* Magnetfeld B_Φ überlagert sich ein *poloidales* Magnetfeld B_Θ. Dadurch entstehen spiralförmige Feldlinien, die die magnetische Achse umschlingen (*helikales Feld*). Bei passender Wahl der Felder läuft keine Feldlinie in sich zurück, sondern bildet eine *magnetische Fläche*, die unter bestimmten Voraussetzungen auch eine Fläche konstanten Druckes

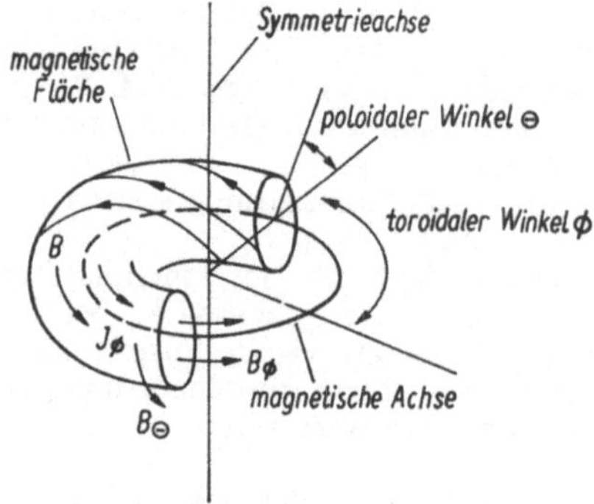

Abb. 7.33. Prinzip einer geschlossenen Magnetfeldkonfiguration

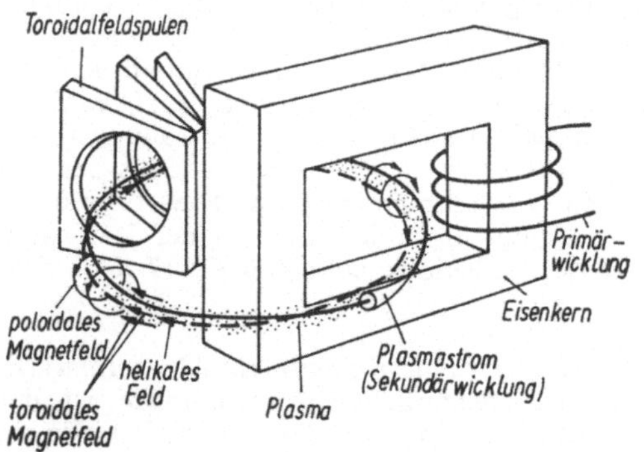

Abb. 7.34. Prinzipieller Aufbau eines Tokamaks

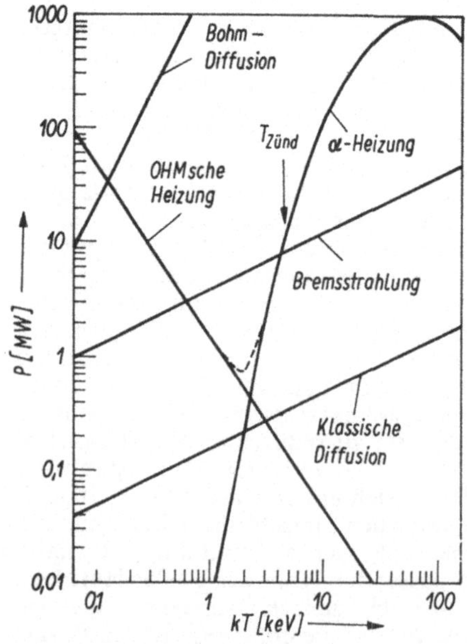

Abb. 7.35. Leistungsbilanz eines Tokamaks

ist. Falls Zusammenstöße zwischen den Ladungsträgern von untergeordneter Bedeutung sind, bewegen sich die Träger im wesentlichen längs der magnetischen Feldlinien (vgl. Abschn. 7.6.1.). Dabei gelangen sie infolge der Spiralstruktur des Feldes aus Gebieten größerer Feldstärke (nahe der Symmetrieachse) in Gebiete mit kleinerer Feldstärke (außen) und umgekehrt. Bei dieser Bewegung im inhomogenen Feld tritt der magnetische Spiegeleffekt auf, der zur Erhöhung der Plasmalebensdauer beiträgt.

Die Erzeugung des toroidalen Feldes B_Φ erfolgt durch Ringspulen, die einen Metalltorus umschlingen. Das poloidale Feld B_θ kann ebenfalls durch Stromleiter außerhalb des Plasmas erzeugt werden (*Stellaratorprinzip*). Dafür eignet sich jedoch auch ein toroidaler Strom I_Φ im Plasma. Die zweite Variante findet beim *Tokamakprinzip* Anwendung, dessen Realisierung in wissenschaftlichen Großexperimenten L. A. ARZIMOVICH (ab 1956) verfolgte. Mit Tokamakanlagen gelang Anfang der 70er Jahre ein Durchbruch bei der Erzeugung magnetisch eingeschlossener Hochtemperaturplasmen.

Abb. 7.34 zeigt den prinzipiellen Aufbau eines Tokamaks. Das ringförmige Plasma befindet sich im Inneren des (nicht eingezeichneten) evakuierten Metalltorus und bildet die Sekundärwicklung eines Transformators. Der im Plasma induzierte elektrische Strom erzeugt das poloidale Magnetfeld, das zusammen mit dem stärkeren toroidalen Feld äußerer Spulen die helikale Verwindung der Feldlinien ergibt, die für das Gleichgewicht wesentlich ist. Die Temperaturabhängigkeit einzelner Bestandteile der Leistungsbilanz eines Tokamak-Plasmas ist in Abb. 7.35 dargestellt. Infolge der Abnahme der elektrischen Leitfähigkeit des Plasmas mit wachsender Temperatur ($\varkappa \sim 1/T^{1/2}$, vgl. Abschn. 7.1.5.) fällt die Ohmsche Heizung mehr und mehr aus, je heißer das Plasma wird. Dies ist der entscheidende Mangel dieses Heizungstyps. Man erkennt, daß die Zündtemperatur $kT = 4{,}2$ keV auf diesem Wege nicht erreicht werden kann. Es ist eine zusätzliche Heizung in der Größenordnung von 10 MW erforderlich. Dafür eignet sich z. B. die Injektion energiereicher Deuteriumatome, die aus elektrisch beschleunigten Ionen ($\varepsilon \approx 100$ keV) bei Umladungsreaktionen entstehen. Wie Abb. 7.35 weiter zeigt, bleibt der Energieverlust durch Teilchendiffusion, berechnet mit dem klassischen Diffusionskoeffizienten ($D_{kl} \sim 1/B\sqrt{T}$, vgl. Abschn. 7.6.1.2.) stets klein gegenüber dem unvermeidlichen Energieverlust durch Bremsstrahlung. Das Fusionsplasma stellt jedoch ein kollektives, im starken Magnetfeld extrem anisotropes Teilchenensemble dar, in dem eine Vielzahl von Schwingungen und Wellen auftreten können, die in Form sog. *Mikroinstabilitäten* eine *anormale* Diffusion (Bohm-

Diffusion, vgl. Abschn. 7.6.1.2.) erzeugen. Man entnimmt Abb. 7.35, daß diese Diffusion alle anderen Verlustprozesse weit übertrifft ($D_{\text{Bohm}} \sim T/B$) und von der α-Teilchen-Heizung nicht kompensiert werden kann. Die Zündung des D-T-Gemisches setzt voraus, daß die Bohm-Diffusion vermieden wird. Diese Aufgabenstellung bildete den eigentlichen Kern der bisherigen Arbeiten zur thermonuklearen Fusion. Obwohl gegenwärtig die Transportprozesse im Hochtemperaturplasma noch nicht vollständig geklärt sind (neben der Teilchendiffusion ist auch die Wärmeleitung des Elektronen- und Ionengases zu berücksichtigen), gelang es in Tokamakanlagen Bedingungen zu realisieren, die eine Annäherung an das klassische Transportverhalten zeigten. Die erzielten Einschlußzeiten τ erreichten dabei um so größere Werte, je größer der (kleine) Torusradius a war. Abb. 7.36 zeigt Ergebnisse verschiedener Tokamakanlagen, die sich in die Beziehung $\tau \sim n_{\text{e}} a^2$ zusammenfassen lassen. Die

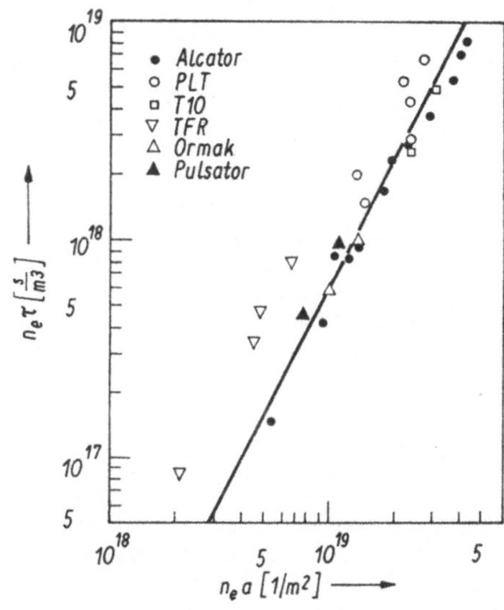

Abb. 7.36. Fusionsparameter $n_{\text{e}}\tau$ verschiedener Tokamaks

Extrapolation auf die Lawson-Bedingung $n_{\text{e}}\tau \approx 10^{20}$ s/m^3 erfordert ein $n_{\text{e}}a \approx 10^{20}$ m^{-2}. Der Wert der Plasmadichte läßt sich im Tokamak mit Gl. (7.75) abschätzen. Setzt man als maximal erreichbare Werte $\beta = 0{,}1$ und $B = 5$ T ein, so folgt für die optimale Temperatur $kT \approx 10$ keV (vgl. Abb. 7.30), $n_{\text{e}} \approx 10^{20}$ m^{-3} und weiter $a \approx 1$ m. Mehrere Tokamakanlagen der 3. Generation, deren Bau in den 80er Jahren erfolgte bzw. erfolgt, weisen Torusradien $a \approx 1$ m auf. Mit ihnen wird die Lawson-Bedingung erfüllt werden können.

7.8.3.2. Trägheitshalterung

Das Prinzip der *Plasmaträgheitshalterung* besteht darin, eine kleine, anfänglich bei tiefen Temperaturen ($T \leqq 10$ K) erstarrte, kugelförmige Menge Brennstoff (*D-T-Pellet*) durch Absorption der Energie eines kurzen Laserimpulses so schnell aufzuheizen, daß vor dem durch die Schallgeschwindigkeit kontrollierten Zerfall des Pellets die Zündtemperatur erreicht wird und Fusionsreaktionen in ausreichender Anzahl stattfinden. Zur Aufheizung kommen auch energiereiche Elektronen- oder Ionenstrahlen in Frage. Allerdings ist hier die Fokussierung auf den Brennstoff wesentlich schwieriger. Eine Voraussetzung für die Zündung besteht darin, daß die Reichweite der 3,5-MeV-α-Teilchen klein gegenüber dem Pelletradius R bleibt. Die Schallgeschwindigkeit c_{S} im aufgeheizten Plasma ist im wesentlichen durch die thermische Geschwindigkeit der Ionen in einer Richtung $c_{\text{S}} \approx c_{\text{th}} = \sqrt{T/M}$ gegeben (M Ionenmasse). Als Zeit der Trägheitshalterung ergibt sich damit: $\tau \approx R/c_{\text{S}}$.

Eine Näherungsrechnung zeigt, daß für den Gewinnfaktor G (Verhältnis der durch Fusion freigesetzten Energie W_{F} zur Energie W des Laserimpulses) gilt:

$$G = \frac{W_{\text{F}}}{W} = \left(\frac{W}{W_{\text{B}}}\right)^{1/3} \left(\frac{n}{n_{\text{S}}}\right)^{2/3} \sim nR. \qquad (7.78)$$

W_{B} bezeichnet die Laserenergie W, die bei einer Teilchendichte $n = n_{\text{S}} = 4{,}7 \cdot 10^{22}$ cm^{-3}, wie sie im festen Brennstoff unter kryogenen Bedingungen vorliegt, benötigt wird, um $G = 1$ zu erhalten. Für D-T-Brennstoff im Mischungsverhältnis $1:1$ ist $W_{\text{B}} = 1{,}6$ MJ. Diese Energie der Laserimpulse erscheint perspektivisch gerade erreichbar. Gegenwärtig stehen jedoch erst einige 10 kJ zur Verfügung. Zur Erzielung eines Energiegewinns $G \approx 100$ bis $1\,000$ ist nach Gl. (7.77) eine Kompression des Brennstoffes auf ein Vielfaches der Festkörperdichte unerläßlich ($n/n_{\text{S}} \approx 10^2$ bis 10^4). Eine Analyse des Absorptionsvorganges von Laserstrahlung zeigt, daß dieser Prozeß mit dem Auftreten von Beschleunigungskräften am absorbierenden Medium verknüpft ist, so daß die notwendige Kompression zwanglos in das Konzept der Laserfusion eingefügt werden kann. Abb. 7.37 stellt die Vorgänge schematisch dar. Die Absorption der Laserstrahlung führt zur schnellen Expansion der Substanz in der Absorptionszone und bedingt (als eine Art Rückstoß) steile, auf das Pelletzentrum zulaufende Stoßwellen, die eine Aufheizung und Kompression hervorrufen.

Das nächste Ziel der Laserfusion besteht darin, die erforderliche Zündtemperatur zu erreichen und in der Mikroexplosion eines D-T-Pellets die aufgewandte Energie zu kompensieren ($G = 1$).

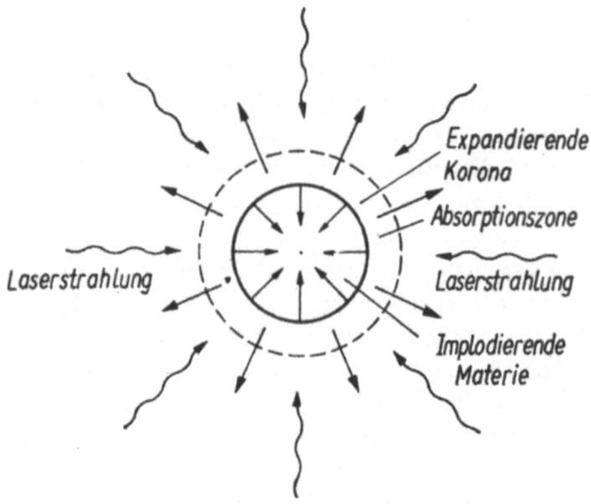

Abb. 7.37. Prinzip der Laserfusion

Wie Gl. (7.77) zeigt, ist dafür ein Mindestwert des Produktes aus Pelletradius R und Pelletdichte ϱ im komprimierten Zustand notwendig. Die zahlenmäßige Auswertung ergibt dafür $\varrho R \gtrsim 1\ \text{g/cm}^2$. Es wird erwartet, daß gegenwärtig konzipierte bzw. im Bau befindliche Anlagen diesen Wert noch in den 80er Jahren zu erreichen gestatten. Dabei werden Hochleistungs-Laser-Impulse von rund 300 kJ Energie das Fusionsgemisch auf etwa 1000fache Dichte des festen Wasserstoffes komprimieren.

7.8.4. Fusionskraftwerke

Bereits heute liegen umfangreiche Konzepte und Entwicklungsstudien zukünftiger Fusionskraftwerke vor. Für ihre Realisierung ist jedoch die Lösung zahlreicher weiterer wissenschaftlicher und technologischer Probleme mit extremem Schwierigkeitsgrad notwendig. Neben Kraftwerken, die eine Direktumwandlung der kinetischen Energie der Reaktionsprodukte der Fusion in elektrische

Energie anstreben, dominieren Entwürfe, die eine Umwandlung in Wärmenergie mit nachfolgender konventioneller Umsetzung in Elektroenergie vorsehen. Abb. 7.38 zeigt das Schema eines solchen Kraftwerkes. Das heiße Plasma 1 ($T \approx 200$ Mill. Grad) befindet sich im Zentrum eines torusförmigen Vakuumgefäßes (kleiner Radius $r \approx 2$ m). Durch ein Vakuum 2 ist das magnetisch eingeschlossene Plasma von der Gefäßwand 3 getrennt. Während die bei der D-T-Fusion entstehenden α-Teilchen ihre Energie (3,5 MeV) durch Coulomb-Stöße im Plasma abgeben und dieses nachheizen, dringen die Neutronen (14,1 MeV) durch die erste Wand. Der Neutronenfluß ist außerordentlich hoch (z. B. 10^{15} Neutronen/cm^2 s) und ergibt zusammen mit der Absorption von Bremsstrahlung, dem Aufprall von Ladungsträgern usw. eine hohe Wandbelastung (bis zu 500 W/cm^2). In einem auf die Vakuumwand folgenden Moderator 4 (sog. *Blanket*) muß die kinetische Energie der Neutronen in Wärme umgesetzt und das für den Betrieb erforderliche Tritium erzeugt werden. Dies leistet ein Lithiummoderator, der die Neutronen abbremst und gleichzeitig durch Kernumwandlungen Tritium produziert. Über das Isotop ^{7}Li (vgl. Abschn. 7.8.1.) kann dabei ein echter *Brutprozeß* realisiert werden, d. h., es wird eine größere Menge Brennstoff (T) erzeugt, als der Reaktorbetrieb erfordert. Der Lithiummoderator wird von einer Absorptionsschicht 5 umschlossen, die den Austritt der Neutronen und γ-Quanten verhindert. An der Peripherie des Reaktors sind schließlich die supraleitenden Magnetspulen 6 für die Plasmahalterung angeordnet.

Die Auskopplung der Wärmeenergie erfolgt mit einem Lithiumkreislauf. Nach einer (z. B. mit flüssigem Kalium betriebenen) Zwischenstufe folgt abschließend eine Dampfturbinenstufe. Als typische Leistungsgrößen werden 5000 MW thermische und 2500 MW elektrische Leistung erwartet. Dafür ist im stationären Betrieb bei einer Abbrandrate von 3 % eine Zufuhr von rund 10^{23} Brennstoffatomen je Sekunde (d. h. etwa 0,4 Gramm D-T-Brennstoff je Sekunde) erforderlich.

Das in Abb. 7.38 dargestellte Schema ist prinzipiell auch auf einen Laserfusionsreaktor übertragbar. Hier werden im Zentrum des Vakuumgefäßes, das der Lithiummoderator umgibt, periodisch kleine D-T-Kugeln ($r \sim 1$ mm) gezündet. Die Folgefrequenz der Mikroexplosionen (von denen jede etwa 20 bis 30 kg Sprengstoff äquivalent ist) liegt bei 1 bis 10 Hz.

Gegenüber der Kernspaltung läßt die Fusion als Grundlage einer zukünftigen Energiewirtschaft entscheidende Vorteile erwarten. Dies ist das wesentliche Motiv für die verstärkten Anstrengungen bei ihrer weiteren Untersuchung. Solche

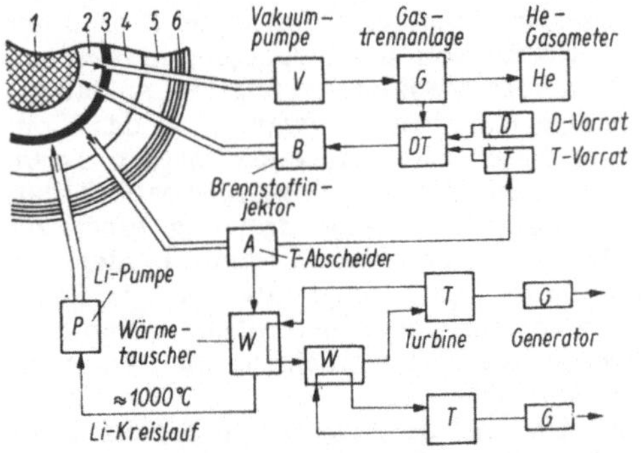

Abb. 7.38. Schema eines Fusionskraftwerkes; *1* Plasma; *2* Vakuum; *3* Erste Wand; *4* Blanket; *5* Abschirmung; *6* Magnetfeldspulen

Vorteile sind:

– Großes Energiepotential (im Falle der D-D-Reaktion praktisch unbegrenzt),

– kein Ausstoß langlebigen radioaktiven Abfalls,

– hohe biologische Sicherheit (ein Havariefall mit explosionsartiger Umsetzung großer Mengen von Kernbrennstoff, d. h. sog. Leistungsexkursion, kann prinzipiell ausgeschlossen werden),

– kurzer Tritium-Brutzyklus beim D-T-Reaktor.

7.9. Weiterführende Literatur

CAP, F.: Einführung in die Plasmaphysik. I. Theoretische Grundlagen; II. Wellen und Instabilitäten; III. Magnetohydrodynamik. Wissenschaftliche Taschenbücher Bd. 72–74. Berlin: Akademie-Verlag 1970/72.
Wissensspeicher Plasmatechnik. Leipzig: VEB Fachbuchverlag 1983.
NEUMANN, W.: Spektroskopische Methoden der Plasmadiagnostik. Berlin: Akademie-Verlag 1975.

8. Astrophysik

8.1. Die Planeten und das Sonnensystem

8.1.1. Überblick über das Planetensystem

Die die Sonne umlaufenden Planeten – einschließlich ihrer Satelliten – und Kleinkörper bilden das Planetensystem, dessen Erforschung traditioneller Gegenstand der Astronomie ist. Die Untersuchungsmethoden haben sich im Lauf der Zeit geändert. Im 17. und 18. Jahrhundert dominierte die Planetenbeobachtung und -beschreibung am Fernrohr, während im 19. Jahrhundert zunehmend astrophysikalische Untersuchungsmethoden (Photometrie, Spektroskopie, Polarimetrie) Eingang fanden. Mit der Entwicklung der Raumfahrt wurde die direkte Untersuchung der Körper des Planetensystems eingeleitet, wodurch sich eine interdisziplinäre Zusammenarbeit von Astronomen und Geowissenschaftlern ergab.

Zum Planetensystem gehören die neun großen Planeten, deren Satelliten, die Planetoiden, die Kometen und die interplanetare Materie. Die Körper des Planetensystems bewegen sich unter dem Einfluß der Gravitationswirkung der Sonne. Die Bahnen und die Bewegungen der Körper lassen sich daher durch die Keplerschen Gesetze beschreiben. Wie aus Tab. 8.1, die die Bahnparameter der Planeten enthält, hervorgeht, liegen die Bahnen der Planeten nahezu in einer Ebene (s. Abschn. 8.6.).

Auf Grund ihrer physikalischen und chemischen Eigenschaften lassen sich die vier sonnennächsten Planeten (Merkur, Venus, Erde, Mars) zur Gruppe der terrestrischen, die folgenden vier Objekte (Jupiter, Saturn, Uranus, Neptun) zu den jupiterähnlichen Planeten zusammenfassen.

Tabelle 8.1. Bahndaten der Planeten

Planet	Mittlere Entfernung von der Sonne [10^6 km]	Umlaufzeit um die Sonne [Jahre]	Numerische Exzentrizität	Bahnneigung zur Ekliptik [°]
Merkur	57,91	0,2408	0,2056	7,0
Venus	108,21	0,6152	0,0068	3,4
Erde	149,60	1,0000	0,0167	0,0
Mars	227,9	1,881	0,0934	1,8
Jupiter	778,3	11,86	0,0485	1,3
Saturn	1427	29,46	0,0556	2,5
Uranus	2870	84,02	0,0472	0,8
Neptun	4496	164,79	0,0086	1,8
Pluto	5946	247,7	0,253	17,1

(Der äußerste Planet Pluto läßt sich gegenwärtig noch nicht sicher einordnen.)

Wesentliche Kennzeichen der terrestrischen Planeten sind die relativ kleinen Massen und die großen mittleren Dichten, während bei den jupiterähnlichen Planeten die beträchtlich größeren Massen, die sehr niedrigen mittleren Dichten, die ausgedehnten Atmosphären, starken Magnetosphären und ausgeprägten Trabantensysteme hervorstechen. Tab. 8.2 enthält einige globale Parameter der Planeten.

8.1.2. Innerer Aufbau der Planeten

8.1.2.1. Erdähnliche Planeten

Anstöße für die Untersuchung des inneren Aufbaus der Planeten ergaben sich aus den bei der Erforschung des Erdinnern angewandten Methoden. Die Entdeckung des Schalenaufbaus der Erde (Kruste, Mantel, Kern) wurde durch seismologische Methoden ermöglicht, die auch

Tabelle 8.2. Physikalische Eigenschaften der Planeten

Planet	Äquatorradius [km]	Masse in Erdmassen	Mittlere Dichte [kg m^{-3}]	Abplattung	Rotationsperiode [Tage]	Magnetisches Moment [T m^3]
Merkur	2439	0,0553	5440	0	58,6	$4,9 \cdot 10^{12}$
Venus	6052	0,8150	5240	0	−243,0	$< 1 \cdot 10^{12}$
Erde	6378	1,0000	5520	0,0034	1,00	$8,0 \cdot 10^{15}$
Mars	3397	0,1074	3960	0,0132	1,02	$(2 \cdot 10^{12})$
Jupiter	71398	317,89	1320	0,061	0,41	$1,4 \cdot 10^{20}$
Saturn	60300	95,17	690	0,096	0,43	$< 1 \cdot 10^{20}$
Uranus	25400	14,56	1340	0,06	(0,45)	
Neptun	24300	17,24	1750	0,02	(0,65)	
Pluto	(3000)	(0,0017)			6,39	

bereits bei der Erkundung des Mondes und des Mars Anwendung fanden. Während diese Verfahren auf die erdartigen Himmelskörper beschränkt sind, bietet die Interpretation von Meßwerten des Magnetfeldes und des Wärmestroms die Möglichkeit für Aussagen über den Aufbau der jupiterähnlichen Planeten. Wesentlichen Aufschluß geben Untersuchungen der Figur und des Schwerefeldes eines Himmelskörpers. Die das Gravitationspotential mit beschreibenden Gravitationsmomente können aus der Analyse der Bahnen von Satelliten und Raumsonden gewonnen werden. Diese Größen sind mit der Dichteverteilung im Planeteninnern verknüpft und enthalten somit Informationen über den inneren Aufbau. So läßt sich die Dichteverteilung im Planeteninneren durch die dimensionslose Größe

$$\delta = \frac{C}{MR_A^2} \qquad (8.1)$$

charakterisieren (M Masse; R_A mittlerer Äquatorradius; C eines der Hauptträgheitsmomente). Je stärker die Masse zum Zentrum hin konzentriert ist, um so kleiner ist δ. Für einen Körper konstanter Dichte gilt $\delta = 0,4$.

Die annähernde Kugelgestalt der Planeten deutet darauf hin, daß sich ihr Inneres im wesentlichen wie eine Flüssigkeit im eigenen Schwerfeld verhält. Daher läßt sich aus der Bedingung des hydrostatischen Gleichgewichts die Grundgleichung

$$\frac{dp}{dr} = -g\varrho + \frac{2}{3}\omega^2\varrho r \qquad (8.2)$$

(p Druck im Abstand r vom Zentrum; $g(r)$ Schwerebeschleunigung; $\varrho(r)$ Dichte; ω Winkelgeschwindigkeit) angeben, in der der zweite Summand auf der rechten Seite der Gleichung die durch die Planetenrotation bedingte Zentrifugalkraft beschreibt.

Für die Berechnung von Modellen des inneren Aufbaus der Planeten durch Integration der Gl. (8.2) ist die Kenntnis der Zustandsgleichung $\varrho(p, T)$ erforderlich, die bei kondensierter Materie wesentlich komplizierter und materialabhängiger ist als bei Gasen. Im Planeteninneren treten Diskontinuitäten auf, die in Phasenübergängen (z. B. Hochdruckmodifikationen der Minerale, Übergang vom festen zum flüssigen Zustand, Übergang vom molekularen zum metallischen Wasserstoff) ihre Ursache haben. Seismologische Untersuchungen der Erde und des Mondes haben ferner markante Diskontinuitäten aufgezeigt, die eine Folge der Differenzierung des ursprünglich flüssigen Materials im Erdschwerefeld bzw. Mondfeld sind, so daß die Komponenten nach der Dichte geordnet sind. Ein solches Verhalten dürfte bei allen erdartigen Planeten vorliegen, bei denen sich die Eisenkerne vom Mantelgestein absonderten, während sich die Krusten aus leichtem Gestein bildeten.

Die Berechnung des inneren Aufbaus der Planeten wird durch die Schalenstruktur erschwert, da für jede Schale eine besondere Zustandsgleichung gilt und keine direkten Angaben über die chemische Zusammensetzung des jeweiligen Materials – abgesehen von der obersten Schicht – vorliegen. Daher muß bei den Modellberechnungen schrittweise vorgegangen werden, indem man die chemische Zusammensetzung und die Dichte der Schalen so lange verändert, bis die integralen Größen (Masse, Radius usw.) richtig wiedergegeben werden. An den Diskontinuitäten springen die Dichte und andere Parameter, während der Druck stetig bleibt.

Die Erdkruste, die äußerste Schale unseres Planeten, wird durch die Mohorovičić-Diskontinuität begrenzt, deren Tiefe unter den Kontinenten im Mittel 30 bis 40 km, unter den Ozeanen etwa 10 km beträgt. An diese Schicht schließt sich nach innen der Erdmantel an, der wegen Phasenübergängen in mehrere Unterschalen gegliedert ist. Im oberen Teil besteht er aus basischen Silikaten, die ab etwa 400 km Tiefe zu Hochdruckoxiden zerfallen. Der untere Erdmantel besteht wahrscheinlich aus Oxiden mit dichter Kristallgitterpackung.

Die Gutenberg-Wiechert-Diskontinuität in

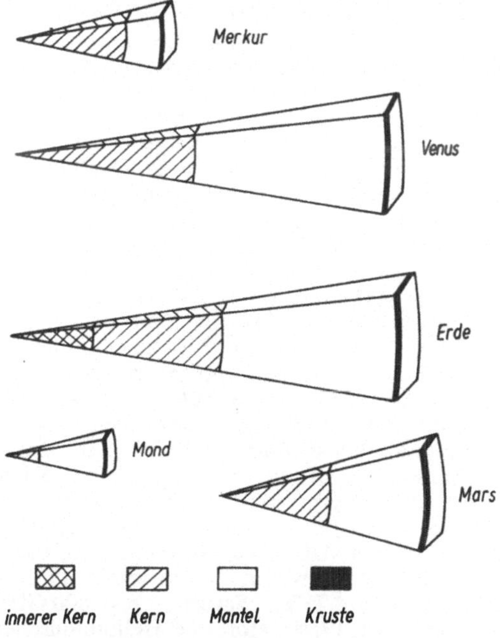

Abb. 8.1. Aufbau der erdähnlichen Planeten und des Mondes

Tabelle 8.3. Schalenaufbau der Erde

Schalenaufbau			Diskontinuität	Modelldaten an der unteren Schalengrenze (nach BULLEN)	
Schale	Begrenzung [km]	Bezeichnung		Druck [GPa]	Dichte [kg m^{-3}]
A_1	0–15	obere Kruste	Conrad	0,4	3 300
A_2	15–33	untere Kruste	Mohorovičić		
B	33–410 }	oberer	Byerly		
C	410–1 000 }	Mantel		38	4 490
D'	1 000–2 700 }	unterer	Repetti	123	5 380
D''	2 700–2 878 }	Mantel		134	5 670/9 900
E'	2 878–4 560 }	äußerer	Gutenberg-Wiechert	294	11 900
E''	4 560–4 710 }	Kern		305	12 300
F	4 710–5 160	Lehmannsche Zone	Lehmann I	333	12 700
G	5 160–6 378	innerer Kern	Lehmann II	368	13 000

2 900 km Tiefe trennt den Erdmantel vom Erdkern, der im wesentlichen aus Eisen mit Beimengungen von Nickel, Kobalt,. Silicium und. anderen Elementen besteht. Wie aus seismologischen Befunden (Verschwinden der Ausbreitungsgeschwindigkeit der transversalen seismischen Wellen) hervorgeht, ist der äußere Erdkern flüssig. Erst in 5 100 km Tiefe wird er fest. In Tab. 8.3 ist der Schalenaufbau der Erde zusammengestellt.

Wegen der niedrigen Wärmeleitfähigkeit gelangt die durch den radioaktiven Zerfall langlebiger Isotope von U, Th und K freigesetzte Wärme nur langsam nach außen, so daß sich der Erdkern noch nicht entscheidend abkühlte. Die Zentraltemperatur unseres Planeten liegt vermutlich bei etwa 4000 K. Die Schmelztemperatur wird gegenwärtig nur im äußeren. Erdkern überschritten. Jedoch ist in einer Tiefe von 100 bis 200 km das Material teilweise aufgeschmolzen. Die relativ geringe Viskosität dieser Schicht gestattet das „Schwimmen" der lithosphärischen Platten.

Die Venus, deren Masse und Durchmesser sich von denen der Erde nur wenig unterscheiden, hat vermutlich einen ähnlichen inneren Aufbau wie unser Planet.

Die bisher für den Mars berechneten Dreischalenmodelle zeichnen sich durch eine relativ dicke Kruste (im Verhältnis zur Erde) und durch einen kleinen Kern aus, der vermutlich vorwiegend aus Eisensulfid FeS und nur zum geringen Teil aus metallischem Eisen besteht.

Demgegenüber besitzt der Merkur offensichtlich einen Eisenkern, der sich bis zu etwa 3/4 des Radius erstreckt, wie aus der großen mittleren Dichte des Planeten hervorgeht.

8.1.2.2. Jupiterähnliche Planeten

Im Gegensatz zu den erdähnlichen Planeten weisen die jupiterähnlichen Himmelskörper eine sonnenähnliche Zusammensetzung auf, so daß Wasserstoff und Helium die dominierenden chemischen Elemente dieser Riesenplaneten sind. Da sowohl Jupiter als auch Saturn rund das Doppelte der von der Sonne absorbierten Energie abstrahlen, besitzen beide Planeten offenbar ungleich intensivere innere Energiequellen als etwa die Erde. Deshalb düften die Zentralgebiete beider Planeten heißer sein als das Erdinnere. Bei den Riesenplaneten gibt es keine scharf definierte Oberfläche. Vielmehr gehen die Atmosphären ohne markanten Dichtesprung stetig in das Planeteninnere über, da es oberhalb der kritischen Werte von Druck und Temperatur, die beim molekularen Wasserstoff bei $p = 1,3$ MPa und $T = 33$ K liegen, keine Phasengrenze zwischen gasförmigem und flüssigem Zustand gibt. Bei etwa $p = 300$ GPa geht H$_2$ in eine metallische Modifikation über und verhält sich dann ähnlich wie ein Alkalimetall. Dieser Phasensprung liegt beim Jupiter in einem Zentrumsabstand von etwa $0{,}75 R_{\text{Jupiter}}$, beim Saturn von rund $0{,}5 R_{\text{Saturn}}$. Vermutlich besitzen die jupiterähnlichen Planeten kleine feste Kerne aus schwereren chemischen Elementen. Diese „erdartigen" Kerne sind möglicherweise von Mänteln „eisartiger" Komponenten (H$_2$O, NH$_3$, CH$_4$) umgeben. Über die tatsächliche Struktur dieser Gebiete ist wegen der extremen Drücke (Jupiter: $p = 4$ TPa; Saturn: $p = 800$ GPa) nichts bekannt. Wasserstoff und Helium mischen sich im flüssigen Zustand nur in bestimmten Proportionen. Daher gibt es in den wasserstoffreichen Gebieten der jupiterähnlichen Planeten ver-

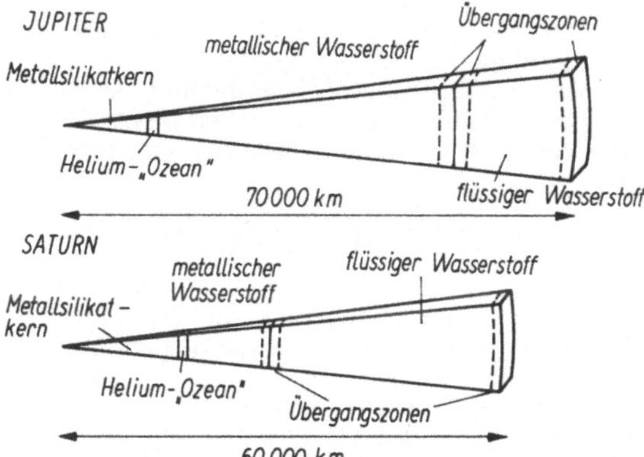

Abb. 8.2. Aufbau der jupiterähnlichen Planeten und des Saturnsatelliten Titan

mutlich Schalen mit Sprüngen im Heliumanteil. Innerhalb der Schalen wird die Energie vornehmlich durch Konvektion transportiert. Konvektion im metallischen Wasserstoff ist auch die Ursache für das starke Magnetfeld des Jupiter.

Bei Uranus und Neptun, die wahrscheinlich ähnlich wie die beiden Riesenplaneten aufgebaut sind, fehlen die Zonen der metallischen Wasserstoffphase, da in beiden Planeten der Druck dafür zu gering ist.

8.1.3. Planetenoberflächen

Die Untersuchung des Zustands der Planetenoberflächen liefert Randbedingungen für Modellberechnungen des inneren Aufbaus der Planeten und gibt Hinweise für die thermische Entwicklung. Da die jupiterähnlichen Planeten vermutlich keine festen Oberflächen besitzen, beschränken sich die Betrachtungen auf die erdähnlichen Körper. Bewertet man die Planetenoberflächen (einschließlich Mond) nach geologischen Gesichtspunkten, so zeigt sich, daß sich die Planeten und der Erdmond nach der Oberflächenbeschaffenheit in eine Sequenz nach den Massen anordnen: Mond, Merkur, Mars, Venus, Erde.

Für die Erdoberfläche sind globale tektonische und magmatische Aktivität (Plattentektonik, Gebirgsbildung, rezenter Vulkanismus), Erosion, Transport und Ablagerung von Oberflächenmaterial durch Hydrosphäre und Atmosphäre charakteristisch. Demgegenüber gibt es beim wesentlich masseärmeren Mond seit etwa $3 \cdot 10^9$ Jahren keine den gesamten Körper umfassende tektonische und magmatische Aktivität. Weiterhin besaß der Mond nie eine nennenswerte Atmosphäre. Daher ist seine Oberfläche dem ständigen Bombardement von Meteoriten und kleineren interplanetaren Teilchen sowie der solaren Korpuskularstrahlung ausgesetzt. Die Venus nimmt in der Folge der Oberflächeneigenschaften die Übergangsposition zwischen den heute völlig inaktiven Körpern und der magmatisch und dynamisch aktiven Erde ein.

Aus der Oberflächenbeschaffenheit der erdähnlichen Himmelskörper folgt, daß sich die Krusten durch Erstarren aus dem schmelzflüssigen Zustand gebildet haben. Bei den inaktiven Körpern Mond, Merkur und Mars sind zwei Generationen von Krusten zu erkennen: 1. „kontinentale" Gebiete und 2. Mare-Flächen („Meere") (Bezeichnungen stammen aus der Selenographie). Wegen der tektonischen und magmatischen Prozesse sowie wegen der Erosion sind auf der Erde keine älteren Krusten als $4 \cdot 10^9$ Jahre erhalten. Auch heute bilden sich auf unserem Planeten – in den mittelozeanischen Rücken – neue Krusten.

Der Einfall meteoritischer Körper hat die ersten Krusten der erdähnlichen Planeten (und des Mondes) besonders unmittelbar nach ihrer Entstehung beeinträchtigt. Ein auftreffender Meteorit bewirkte eine Stoßwelle, die das Projektil und das umgebende Gestein verdampfte, die Kruste in weitem Umkreis zertrümmerte und teilweise zum Schmelzen brachte. Die nachfolgende Verdünnungswelle schleuderte das flüssige Material aus und bildete einen Krater. Die morphologischen Eigenschaften der Einschlagskrater (Kraterdurchmesser, Höhe der Ringwälle) auf den verschiedenen erdähnlichen Himmelskörpern sind vor allem mit der Schwerebeschleunigung und der Entweichgeschwindigkeit korreliert (Tab. 8.4). Auf der Erde sind mehrere hundert Einschlagskrater bekannt, die aber sämtlich von selteneren jüngeren Meteoritentreffern stammen.

Tabelle 8.4. Morphologische Eigenschaften der Einschlagskrater für verschiedene erdartige Himmelskörper

Himmelskörper	Schwerebeschleunigung (Erde = 1)	Entweichgeschwindigkeit [km s^{-1}]	Häufigkeitsmaxima der Kraterdurchmesser [km]	
			Krater mit Zentralberg	Krater mit innerem Ring
Mond	0,16	2,4	86	250
Merkur	0,37	4,3	45	130
Mars	0,38	5,0	30	95
Erde	1,00	11,2	12	41

8.1.4. Planetenatmosphären

8.1.4.1. Erdähnliche Planeten

Die Gashüllen, welche die erdartigen Planeten umgeben, haben ihren Ursprung in der vulkanischen Tätigkeit dieser Himmelskörper. Die heute beobachteten Atmosphären spiegeln einen Gleichgewichtszustand zwischen den in geologischen Zeiträumen ablaufenden Freisetzungs- und Verlustvorgängen wider. Jede Atmosphäre verliert Gas, da in den oberen Atmosphärenschichten, in denen die mittlere freie Weglänge groß ist, jene Moleküle bzw. Ionen, deren Geschwindigkeiten die Entweichgeschwindigkeit übersteigen, in den Weltraum entweichen. Unter der vereinfachenden Annahme, daß die Geschwindigkeiten der Teilchen in den oberen Atmosphärenschichten einer Maxwell-Verteilung gehorchen, ist die Lebensdauer einer Atmosphäre ohne Nachlieferung

$$\tau_A \sim \exp\left[\frac{gR\mu}{kT_A}\right]. \tag{8.3}$$

Hierbei sind: g Schwerebeschleunigung; R Planetenradius; μ Molekülmasse; T_A Atmosphärentemperatur; k Boltzmann-Konstante. Aus Beziehung (8.3) folgt, daß leichte Gase eher entweichen als schwere.

Prozesse an der Planetenoberfläche – Kondensationsvorgänge, chemische Reaktionen, biologische Aktivitäten – verbrauchen Gas bzw. ändern die chemische Zusammensetzung der Atmosphäre.

In den unteren Atmosphärenschichten herrscht – wenigstens annähernd – hydrostatisches Gleichgewicht, so daß die barometrische Höhenformel gilt:

$$p(h) = p(o)\exp\left[-\frac{g\mu h}{kT}\right] = p(o)\exp(-h/H). \tag{8.4}$$

Dabei sind $p(h)$: Gasdruck in der Höhe h; T Gastemperatur; $H = (kT/g\mu)$ Skalenhöhe der Atmosphäre.

Von den erdähnlichen Planeten besitzt der Merkur ebenso wie der Mond keine Atmoshäre im eigentlichen Sinn. Die winzigen nachgewiesenen Gasmengen stammen vom Sonnenwind und vom radioaktiven Zerfall des Oberflächengesteins.

Wenn sich auch die Atmosphären von Venus und Mars erheblich in ihrer Mächtigkeit voneinander unterscheiden, stimmen sie in der chemischen Zusammensetzung in den unteren Schichten weitgehend überein (Tab. 8.5). Der Hauptbestandteil ist CO_2. Da die Marsatmosphäre sehr dünn ist (Oberflächendruck $p(0) = 700$ Pa), stellt der CO_2-Schnee an den Polkappen einen beträchtlichen Gasvorrat dar. Die jahreszeitlichen Schwankungen in der Ausdehnung der Polkappen wirken sich spürbar auf den Atmosphärendruck aus.

In der unteren Venusatmosphäre verhindert die große CO_2-Dichte ein Entweichen der vom Venusboden emittierten thermischen Strahlung, so daß sich eine Bodentemperatur von $T = 700$ K einstellte. Das verdampfende H_2O und die anderen flüchtigen Substanzen bilden eine dichte Wolkenschicht, wodurch sich die Glashauswirkung verstärkt.

Gegenüber den Atmosphärenzusammensetzungen von Venus und Mars ist in der Erdatmosphäre die große Häufigkeit des Sauerstoffs hervorzuheben, die sich durch biologische Aktivitäten ergab. Darüber hinaus bewirkte die Anwesenheit flüssigen Wassers, daß ein großer Teil des ursprünglich vorhandenen CO_2 vornehmlich als $CaCO_3$ im Sedimentgestein gebunden wurde.

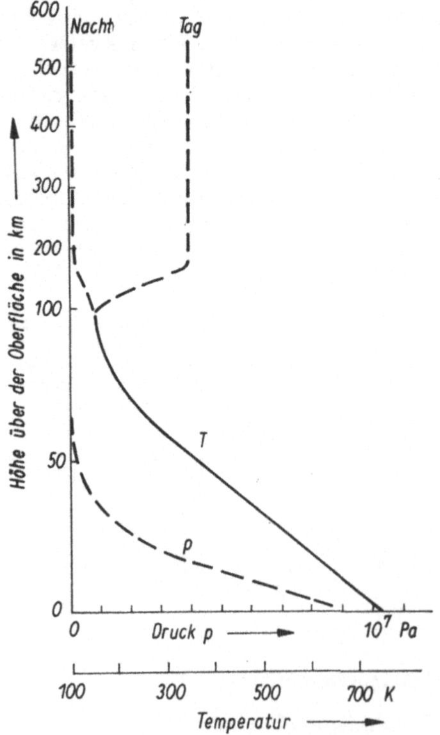

Abb. 8.3. Temperaturverlauf und Druckschichtung in der Venusatmosphäre

Tabelle 8.5. Chemische Zusammensetzung der unteren Planetenatmosphären der erdartigen Planeten [Volumenprozent]

Substanz	Venus	Erde	Uerde (nach RUBEY)	Mars
CO_2	97	0,03	91	95
N_2	<2	78,09	6,4	2,7
O_2	$<0,1$	20,95	0	0,15
Ar		0,93		1,6
H_2O	0,1	1–2		
Wolkenmaterial	H_2SO_4	H_2O	H_2O	H_2O, CO_2

8.1.4.2. Jupiterähnliche Planeten

Im Gegensatz zu den erdähnlichen Himmelskörpern spiegeln die Atmosphären der jupiterähnlichen Planeten im wesentlichen die Zusammensetzung des solaren Urnebels wider. In der Jupiteratmosphäre wurden spektralanalytisch H_2, He, CH_4, NH_3, (H_2O), HCN, C_2H_6, C_2H_2, PH_3, CO und CO_2 nachgewiesen. Die dichte Wolkendecke zeigt markante streifige zum Äquator parallele Strukturen, die relativ langlebig und beim Jupiter besonders ausgeprägt sind. Infolge der schnellen Rotation herrscht bei den Riesenplaneten eine äquatoriale Strömung vor. In den hellen Zonen der Streifenstruktur strömt warmes Gas nach oben, wolkenbildende Bestandteile kondensieren, während das abgekühlte Gas in den dunklen Bändern absinkt. Der Druck ist in den Zonen stets höher als in den dunklen Bändern, so daß die Streifenstruktur stationäre Hochs und Tiefs anzeigt.

Bei dem auffälligen Großen Roten Fleck (Größe etwa Erdoberfläche) in der südlichen tropischen Zone des Jupiter handelt es sich um einen langlebigen Wirbel, dessen Entstehungsmechanismus unbekannt ist. Kleinere Gebilde dieser Art wurden bei Jupiter und Saturn beobachtet, wobei ihre Lebensdauer relativ kurz war.

Die oberste Wolkenschicht des Jupiter besteht aus NH_3-Kristallen, tieferliegende Schichten werden von Tröpfchen aus NH_4SH und H_2O gebildet.

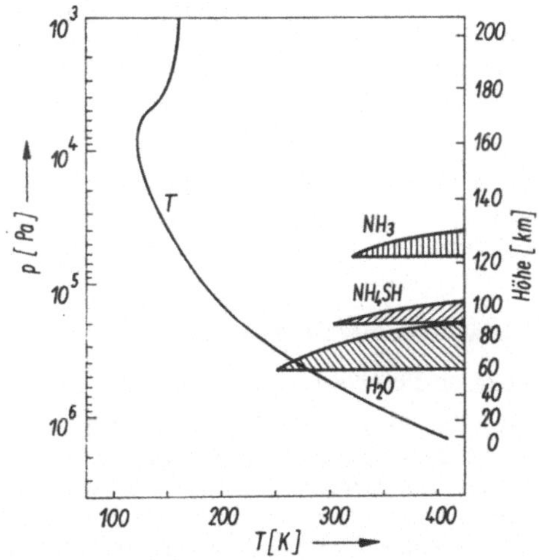

Abb. 8.4. Aufbau der unteren Jupiteratmosphäre

8.1.5. Magnetosphären

Magnetfelder der Planeten entstehen durch einen Dynamoeffekt, der durch Strömungen des elektrisch leitenden Materials im Planeteninnern bedingt und mit der Rotation des Himmelskörpers verknüpft ist. Näherungsweise sind die planetaren Magnetfelder – zumindest in geringen Abständen von der Oberfläche – Dipolfelder, wobei die Dipolachsen um kleine Beträge von den Rotationsachsen abweichen (bei der Erde um 11°5, beim Jupiter um 11°). Beim Magnetfeld der Erde konnten säkulare Veränderungen nachgewiesen werden, in Zeiträumen von 10^5 Jahren treten sogar Polaritätsänderungen auf.

Im Gegensatz zu den unteren Atmosphärenschichten sind die Teilchen in den oberen Bereichen der Gashülle ionisiert, so daß das Bewegungsverhalten dieses Gases entscheidend durch das Magnetfeld beeinflußt wird. Daher heißt diese Zone Magnetosphäre. Sie ist durch die Wechselwirkung mit dem Magnetfeld des Sonnenwindes begrenzt. Um jeden Planeten bildet sich durch das Auftreffen des Sonnenwindes auf das magnetische Hindernis eine Stoßwellenfront in Form einer Bugstoßwelle. Der Sonnenwind, der die Magnetosphäre umströmt, preßt auf der Sonnenseite das Magnetfeld zusammen und zieht es auf der der Sonne abgewandten Seite zu einem langen Magnetschweif auseinander, dessen Länge bis zu 100 Erdradien beträgt. Auf der Tagseite der Erde befindet sich die Bugstoßwelle in einem Abstand von rund 15 Erdradien vom Erdmittelpunkt.

Sieht man von der Erde ab, so besitzen die erdähnlichen Planeten nur schwache Magnetfelder und dementsprechend schwach ausgebildete Magnetosphären. Die bei der Venus, die kein merkliches Magnetfeld besitzt, nachgewiesene Bugstoßwelle dürfte auf die Wechselwirkung zwischen Sonnenwind und Venusionosphäre zurückzuführen sein.

Die irdische Magnetosphäre enthält Protonen und Elektronen niedriger Energie (< 1 keV). In dieses Plasma sind torusartige Zonen hochenergetischer Partikeln eingebette, die Strahlungsgürtel definieren, deren Abstand je nach der Teilchenenergie unteschiedlich ist. Der Bereich der hochenergetischen Protonen (> 30 MeV) ist etwa 1,5 Erdradien, der der hochenergetischen Elektronen ($> 1,6$ MeV) rund 3,5 Erdradien vom Erdzentrum entfernt. Innerhalb eines Gürtels bewegen sich die Teilchen auf Schraubenbahnen um die Feldlinien. Bei der Annäherung an die Pole wird das Teilchen in einem bestimmten Abstand vom Pol reflektiert.

Die Magnetosphäre des Jupiter macht sich durch die nichtthermische Radiostrahlung bemerkbar. Das Magnetfeld des Jupiter kann bis in 20 Jupiterradien Abstand grob durch einen Dipol angenähert werden. Ähnlich wie bei der Erde befinden sich in diesem Gebiet Strahlungsgürtel hochenergetischer Teilchen. Die Intensität der Korpuskularstrahlung ist um den Faktor 10^4

größer als bei der Erde. Der Saturn scheint eine wesentlich schwächere Magnetosphäre als der Jupiter zu besitzen, während bei Uranus und Neptun bisher keine Magnetfelder nachgewiesen werden konnten.

8.1.6. Satellitensysteme

Sieben der neun Planeten des Systems werden von insgesamt mehr als 40 Satelliten begleitet. Dabei ist die Tendenz für die Ausbildung von Trabantensystemen bei den jupiterähnlichen Planeten ungleich größer als bei den erdartigen Himmelskörpern. Während Merkur und Venus keinen Trabanten besitzen, wird die Erde vom fünftgrößten Satelliten des Planetensystems umlaufen. Da bei keinem anderen Planeten der Größenunterschied zwischen Planet und Satellit so gering ist wie bei Erde und Mond, bezeichnet man dieses System auch als Doppelplanet. Die Begleiter des Mars, Phobos und Deimos, gehören mit mittleren Durchmessern von 21 bzw. 12 km zu den kleinsten Trabanten überhaupt. Sie sind von unregelmäßiger Gestalt und weisen wie der viel größere Erdmond Einschlagkrater auf.

Jupiter besitzt mit mehr als 20 bekannten Monden das größte Trabantensystem, wobei sich in der Anordnung drei Gruppen unterscheiden lassen. Die innersten Satelliten, zu denen die vier großen bereits von Galilei entdeckten Monde gehören, bilden eine zum Planetensystem analoge Anordnung. Sie bewegen sich in der Äquatorebene des Jupiter auf Kreisbahnen und rotieren gebunden. Die weiter außen liegenden Satelliten haben kleinere Radien als 100 km. Sie lassen sich nach ihren Abständen vom Jupiter in zwei Gruppen unterteilen. Die zur inneren Gruppe gehörenden Monde haben große Bahnhalbachsen zwischen 11 und $12 \cdot 10^6$ km. Außerdem liegen ihre Bahnneigungen zwischen 25° und 30° relativ zur Äquatorebene des Planeten. Die Satelliten der äußeren Gruppe weisen größere mittlere Abstände als $20 \cdot 10^6$ km vom Jupiter auf und bewegen sich rückläufig. Bei allen

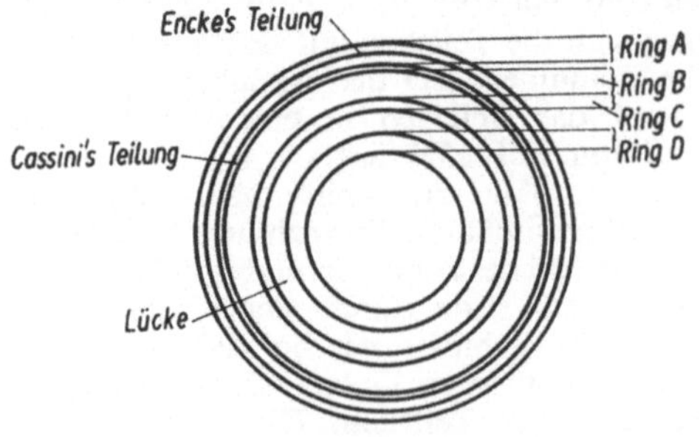

Abb. 8.5. Struktur des Saturnrings

kleineren Satelliten handelt es sich vermutlich um eingefangene Planetoiden (s. Abschn. 8.6.).

Die vier Galileischen Monde sind ebenso wie der Erdmond von der Größe der erdähnlichen Planeten und daher diesen vergleichbar. Alle vier Monde besitzen vermutlich Atmosphären. Die beiden inneren Monde Io und Europa sind wahrscheinlich ähnlich wie unser Mond aufgebaut, während für die äußeren Satelliten Ganymed und Kallisto Modelle mit Silikatkern und Eismantel diskutiert werden. Neuerdings wurde bei Jupiter ein schwaches Ringsystem – vergleichbar denen bei Saturn und Uranus – nachgewiesen.

Das Satellitensystem des Saturn umfaßt nahezu 20 bekannte Objekte. Zu ihnen gehört der größte Mond des Planetensystems, Titan ($R = 2900$ km). Entsprechend seiner geringen mittleren Dichte besteht er vermutlich vor allem aus NH_3 und H_2O. Seine Atmosphäre ist dichter als die Marsatmosphäre und enthält H_2, CH_4 und C_2H_6. Die übrigen Saturntrabanten sind wesentlich kleiner als Titan.

Zum Satellitensystem des Saturn ist das auffällige Ringsystem zu zählen, das aus vielen Minitrabanten besteht und in mehrere Teilringe zerfällt. Die Partikeln und Brocken, aus denen der Ring besteht, bewegen sich in der Äquatorebene des Saturn. Die Ringdicke beträgt nur etwa 4 km.

Ebenso wie der Saturn besitzt der Uranus ein Ringsystem mit mindestens neun sehr schmalen konzentrischen Teilringen, die nur bei Sternbedeckungen auszumachen sind. Außerdem besitzt der Uranus fünf Monde, deren Ausmaß nur ungenau bekannt sind.

Der größere der beiden Neptunmonde, Triton, bewegt sich rückläufig auf einer Kreisbahn, während sich die Nereide, durch eine extreme Exzentrizität ($e = 0,75$) auszeichnet. Ebenso wie über den äußersten Planeten Pluto ist über den erst kürzlich aufgefundenen Trabanten Charon wenig bekannt.

8.1.7. Kleinkörper des Sonnensystems

8.1.7.1. Kleine Planeten

Seit Beginn des 19. Jahrhunderts wurden mehrere Tausend kleiner Himmelskörper entdeckt, die vornehmlich im Bereich zwischen Mars und Jupiter die Sonne umlaufen. Sie bezeichnet man als kleine Planeten, Planetoiden oder Asteroiden. Mit abnehmender Helligkeit nimmt die Anzahl der kleinen Planeten rasch zu. Die Gesamtzahl der Objekte, deren Durchmesser 1 km übersteigt, wird auf mehr als 10^5 geschätzt. Die Masse aller Planetoiden dürfte etwa $2,4 \cdot 10^{21}$ kg (= 0,0004 Erdmassen) betragen, wovon rund die Hälfte auf das größte Objekt seiner Art, Ceres, entfällt.

Die Häufigkeitsverteilung der großen Bahnhalb-
achsen *a* zeigt, daß bestimmte Werte von *a* von
den kleinen Planeten gemieden werden, bei denen
Resonanz zur Jupiterbewegung besteht. Anderer-
seits gibt es Häufungsstellen. So befinden sich die
Trojaner in zwei Gruppen (Achilles-Gruppe,
Patroclus-Gruppe) im 60°-Winkelabstand vom
Jupiter.

Die größeren Planetoiden besitzen Kugelgestalt,
während die kleineren Objekte unregelmäßige
Brocken sind, wie aus dem Lichtwechsel dieser
Himmelskörper hervorgeht. Vermutlich sind
diese kleinen Planetoiden den Marsmonden
äußerlich ähnlich.

8.1.7.2. Meteorite

Unter Meteoriten versteht man Brocken außer-
irdischen Materials, die beim Flug durch die
Erdatmosphäre nicht vollständig verdampft sind
und auf der Erde gefunden werden. Analog verwendet man diesen Begriff auch für Körper, die
auf andere Planeten und Monde treffen. Die in
der Atmosphäre beobachtete Leuchterscheinung
– auch von kleinen restlos verdampfenden Teilchen – nennt man Meteor. Die im interplanetaren Raum vorhandenen Kleinstkörper, die zu
Meteoren und Meteoriten werden können, heißen Meteoroide. Die auf der Erde gefundenen
Meteorite teilt man nach ihre Zusammensetzung
in Eisen-, Stein-Eisen- und Steinmeteorite ein.
Eisenmeteorite bestehen aus einer Eisen-Nickel-
Legierung (etwa 90 % Fe + 9 % Ni) mit Beimengungen von Kobalt und Kupfer. Bei den
Steinmeteoriten unterscheidet man Chondrite
und Achondrite, je nachdem ob sie Chondren
enthalten oder nicht. Chondren sind glasige Kügelchen aus Silikaten (Olivin, Pyroxen), die
in die feinkörnige Grundmasse der Chondrite
eingelagert sind.

8.1.7.3. Kometen

Kometen sind relativ häufige Kleinkörper des
Planetensystems, die durch die Hülle des leuchtenden Gases (Koma) und den Schweif auffallen,
die bei der Annäherung der Kometen an die
Sonne aus dem eigentlichen Kometenkern freigesetzt werden.

Nach der Größe ihrer Bahnen unterscheidet man
zwischen kurzperiodischen (etwa 100 bekannte
Objekte mit Umlaufzeiten um die Sonne unter
200 Jahre) und langperiodischen Kometen (rund
500 entdeckte Objekte mit Umlaufzeiten über
200 Jahre). Die langperiodischen Kometen bewegen sich auf sehr langgestreckten, oft parabel-
nahen Ellipsenbahnen, die im Gegensatz zu den
zur Ekliptik konzentrierten Bahnen der kurzperiodischen Objekte räumlich beliebig orientiert
sind.

Aus der Anzahl der beobachteten Kometen läßt
sich extrapolieren, daß es im Umkreis von einem
Lichtjahr um die Sonne eine große Kometen-
wolke gibt, zu der 10^6 bis 10^9 Objekte gehören.

Die in den Spektren nachgewiesenen Substanzen lassen vermuten, daß die Kometenkerne
Körper mit Durchmessern von einigen Kilo-
metern sind, die schneeballartig aus festem H_2O,
NH_3, CH_4, CO_2, $(CN)_2$, CH_3CN und ähnlichen
Verbindungen mit eingelagerten Silikatpartikeln
bestehen. Bei der Annäherung an die Sonne
sublimieren bzw. verdampfen die flüchtigen Komponenten, so daß sich der Kometenkern mit einer
Gas-Staubhülle, der Koma, umgibt. Durch die
Wechselwirkung des Sonnenwindes mit dem
ionisierten Gas der Koma entsteht der gerade,
von der Sonne weg gerichtete Gasschweif, während die aus dem Kern freigesetzten festen Partikeln den gekrümmten Staubschweif bilden.

Der ständige Verdampfungsprozeß bei der Annäherung an die Sonne bewirkt Auflösungs-
erscheinungen bei den Kometen. So wurden
Teilungen in mehrere Bruchstücke und auch vollständige Auflösungen beobachtet. Die nach dem
Zerfall in der ursprünglichen Bahn umlaufenden
Teilchen entsprechen Meteoriden. Wenn die
Erde solch einen Partikelstrom passiert, beobachtet man gehäufte Sternschnuppenfälle.

8.1.7.4. Zodiakallichtmaterie

Die längs der Ekliptik beobachtete Lichterschei-
nung, deren Intensität mit dem Winkelabstand
von der Sonne abnimmt, das Zodiakalleuchten,
wird durch interplanetare Mikrometeoride
(Durchmesser zwischen 1 und 100 μm) verursacht. Solche Teilchen wurden durch Raumsonden direkt nachgewiesen. Die irregulären Teilchen sind in einer flachen ellipsoidischen Wolke
mit der Sonne im Zentrum und der Ebene der
Ekliptik als Symmetrieebene konzentriert.

8.2. Aufbau und Entwicklung der Sterne

8.2.1. Die Sonne als Fixstern

Die Sonne – der Prototyp eines Sterns – besitzt
den Spektraltyp G2 und gehört zur Leuchtkraftklasse V. Sie ist mit einer scheinbaren visuellen
Helligkeit von $-26{,}86$ Größenklassen das hellste
Objekt am Himmel; wogegen sie beim Vergleich
mit anderen Fixsternen zu den Zwergsternen gerechnet werden muß, denn ihre absolute visuelle
Helligkeit beträgt nur 4,71 Größenklassen. (Zum
Größenklassensystem s. Abschn. 8.2.2.1.) Die
effektive Oberflächentemperatur der Sonne ist

rund 6000 K und ihre Leuchtkraft, d. h. die gesamte je Sekunde ausgestrahlte Energie, beträgt $3{,}90 \cdot 10^{26}$ J/s.

Der Beobachtung unmittelbar zugänglich ist nur eine äußere dünne Schicht, die Sonnenatmosphäre. Das Sonneninnere ist nicht sichtbar, da die von dort kommende Strahlung wegen der großen Dichte nur sehr kurze Weglängen zurücklegen kann. Temperatur und Dichte nehmen nach dem Zentrum stark zu. Die Zentraltemperatur liegt bei etwa 15 Millionen Grad, die Zentraldichte bei rund 100 g/cm³. Unter diesen Bedingungen wird in den zentrumsnahen Gebieten, durch Kernfusion aus Wasserstoff (dem häufigsten Element der Sonne) zu Helium Energie freigesetzt, die im allgemeinen durch Strahlung nach außen transportiert wird, in Schichten mit starkem Temperaturgefälle durch Konvektion.

Der überwiegende Teil des unmittelbar sichtbaren Lichts geht von der untersten Atmosphärenschicht der Sonne, der *Photosphäre*, aus. Über der Photosphäre liegt die *Chromosphäre*, an die sich nach außen die *Korona* anschließt. Die Photosphäre besitzt eine Dicke von rund 500 km. Ihr Aufbau läßt sich aus dem Helligkeitsgang (Randverdunklung) vom Mittelpunkt der Sonnenscheibe zum Sonnenrand sowohl im integralen als auch im spektralen Licht ermitteln. Wie das Sonneninnere besitzt auch die Photosphäre eine Druck- und Temperaturschichtung. Im unteren Bereich beträgt die Temperatur nahezu 7000 K, an der Photosphärenobergrenze dagegen etwa 4000 K. Die mittlere Dichte der Photosphäre liegt bei 10^{-7} g/cm³.

Die Photosphäre besitzt eine körnige Struktur. Auf einem dunkleren Hintergrund heben sich kleine hellere Gebiete, die *Granulen*, ab, die im Mittel Durchmesser von etwa 1000 km haben. Die Granulation hat ihre Ursache darin, daß aus tieferen Schichten heiße Materie nach oben strömt, die heller als die kühlere Umgebung ist. Die Lebensdauer der Granulen beträgt mehrere Minuten. In der sich nach außen an die Photosphäre anschließenden Chromosphäre, die eine Höhe von rund 10000 km aufweist, aber nur eine Dichte von 10^{-12} g/cm³ besitzt, herrschen komplizierte physikalische Bedingungen. In ihr steigt die Temperatur von 4000 K (an der Obergrenze der Photosphäre) auf mehrere 100000 K an. Die obere Chromosphäre wird durch Stoßwellen aufgeheizt, die ihre Energie wahrscheinlich aus der unterhalb der Photosphäre befindlichen Wasserstoffkonvektionszone erhalten, die die Photosphäre als Schallwellen durchlaufen und wegen der geringeren Dichte in der Chromosphäre Überschallgeschwindigkeit erreichen. Während aus der Photosphäre der Hauptteil des kontinuierlichen Sonnenlichts stammt, wer-

den dem Spektrum durch die kühleren Gase in der unteren Chromosphäre die Absorptionslinien aufgeprägt, die 1802 von WOLLASTON entdeckt und später von FRAUNHOFER eingehender untersucht wurden, nach dem sie benannt sind. Die Chromosphäre kann bei Sonnenfinsternissen unmittelbar beobachtet werden, wenn der Mond die Photosphäre abdeckt. Im Spektrum erscheinen dann an der Stelle, wo sonst die dunklen Fraunhoferlinien auftreten, die hellen Emissionslinien der chromosphärischen Gase (Blitz-Spektrum).

Die Chromosphäre geht in die äußere Schicht der Sonnenatmosphäre, die Korona, über, die wegen ihrer sehr geringen Dichte, die in der Höhe von einem Sonnenradius etwa $8 \cdot 10^{-18}$ g/cm³ beträgt, ebenso wie die Chromosphäre ohne besondere Hilfsmittel nicht beobachtbar ist. Bei der Temperatur, die in der Korona eine Größenordnung von 10^6 K hat, sind auch die schwereren Elemente, wie Eisen, sehr stark ionisiert. Die hohe Temperatur wird wie in der Chromosphäre durch Stoßwellen aufrechterhalten, die in tieferen Schichten ihren Ursprung haben.

In der Korona und auch in der oberen Chromosphäre entsteht die solare Röntgenstrahlung. Ebenso stammt die Radiostrahlung im Bereich der Meterwellen aus der Korona, da diese Schicht Strahlung dieser Wellenlängen nicht durchläßt. Dagegen stammt die kurzwelligere Radiostrahlung aus tieferen Schichten. Außer der elektromagnetischen Strahlung sendet die Sonne einen Teilchenstrom, den *Sonnenwind*, aus. Dabei handelt es sich hauptsächlich um Elektronen und Protonen, die mit Geschwindigkeiten von etwa 500 km/s vielfach in Wolken oder gebündelten Strömen die Sonne verlassen. Man kann den Sonnenwind als eine ständige Expansion der Sonnenkorona auffassen. Das interplanetare Gas ist mit diesem Partikelstrom identisch. Der jährliche Massenverlust der Sonne durch diesen Teilchenstrom beläuft sich auf $4 \cdot 10^{19}$ g.

8.2.1.1. Sonnenaktivität

Die Gesamtheit aller veränderlichen, kurzzeitigen Ereignisse auf der Sonne wird als Sonnenaktivität bezeichnet, wobei die Sonnenflecke die auffälligste und bekannteste Erscheinung sind, die Gebiete in der Photosphäre darstellen, die sich dunkel gegen die Umgebung abheben. Die größeren Sonnenflecken besitzen im allgemeinen einen dunklen Kern, die *Umbra*, der von einem helleren, radiale Struktur aufweisenden Hof, der *Penumbra*, umgeben ist. Die Durchmesser der Sonnenflecken liegen zwischen 1000 und 200000 km. Die Sonnenflecken treten häufig in Gruppen auf, wobei sich neben den Hauptflecken meist Nebenflecken bilden. Die Lebensdauer

---

eines Flecks beträgt zwischen einem Tag und mehreren Monaten, wobei die Lebensdauer etwas von der Größe abhängt.

Die Häufigkeit der Sonnenflecke ist einem Wechsel mit einer Periode von etwa 11 Jahren unterworfen. Die Höhen der Maxima deuten eine überlagerte Periode von etwa 80 Jahren an.

Der gegenüber der Umgebung geringen Helligkeit im Fleckenzentrum entspricht eine um etwa 1 200 K geringere mittlere Temperatur. In die Flecken strömt von unten wirbelartig Masse ein, während nach oben Masse abgegeben wird. In den Flecken sind stets starke Magnetfelder mit Flußdichten von einigen 0,1 Tesla vorhanden, deren Feldlinien senkrecht aus den Umbren, geneigt aus den Penumbren austreten. Während eines Zyklus ist die Polarität der den Gruppen vorangehenden Flecken auf der nördlichen Sonnenhemisphäre stets gleich, während die Polarität der vorangehenden Flecken auf der südlichen Sonnenhälfte entgegengesetzt ist. Beim nächsten Zyklus schlägt dieses Verhalten um.

In Verbindung mit den Flecken treten stets *Fackeln* auf, die aber auch allein zu beobachten sind. Ihre mittlere Lebensdauer ist etwas größer als die der Flecken. Die Fackeln haben gegenüber ihrer Umgebung eine größere Helligkeit, die auf eine um einige 100 K überhöhte Temperatur vor allem in der Chromosphäre schließen läßt. Die Fackeln bevorzugen die Fleckenzone.

Die *Protuberanzen* sind Aktivitätserscheinungen, die nur bei Sonnenfinsternissen oder mit besonderen Hilfsmitteln am Sonnenrand zu beobachten sind. Die Protuberanzen sind Materieausbrüche, die weit über die Chromosphäre hinausragen, wobei Höhen von 100000 km nicht selten sind. Ihre Lebensdauer beträgt oft mehrere Monate. In ruhigem Zustand erheben sie sich wie Bogenbrücken, deren Länge rund 150000 km ausmacht, während ihre Dicke 10000 km beträgt. Bei plötzlichen Aktivitätsstadien verändern die Protuberanzen ihre Gestalt oft innerhalb weniger Stunden. Dabei erfolgt ein Massenaustausch mit der umgebenden Chromosphäre. In den Aktivitätsphasen steigen die Protuberanzen bei Geschwindigkeiten von 500 km/s auf Höhen von mehr als 1 Million km.

Kurzzeitige Helligkeitsanstiege in begrenzten Gebieten der Photosphäre und Chromosphäre bezeichnet man als *Sonneneruptionen*, deren Lebensdauer je nach der Größe des Gebiets zwischen einigen Minuten und einer Stunde liegt. Dem schnellen Helligkeitsanstieg folgt ein langsamerer Intensitätsabfall. In ihrer Häufigkeit zeigen die Eruptionen die gleiche Zeitabhängigkeit wie die Sonnenflecken.

Im Radiofrequenzbereich macht sich die Sonnenaktivität als „Störstrahlung" bemerkbar, die sich der Radiostrahlung der ruhigen Sonne über-

lagert. Die langsam veränderliche Komponente, die im Meter- und Dezimeterwellengebiet zu beobachten ist, und ein thermisches Spektrum zeigt, geht von den überhitzten koronalen Verdichtungen aus. Bei den kurzzeitigen Radioausbrüchen oder *Bursts*, die in Zeitintervallen von weniger als einer Sekunde bis zu Minuten ablaufen, ist die Strahlung nichtthermischen Ursprungs (Synchrotronstrahlung sowie Plasmaschwingungen). Die Intensität der kurzzeitigen Radiostrahlung kann um mehrere Zehnerpotenzen ansteigen.

8.2.2. Die Fixsterne

8.2.2.1. Zustandsgrößen der Sterne

Wie die Sonne sind die Fixsterne selbstleuchtende Körper. Da sie jedoch wegen der wesentlich größeren Entfernung punktförmig erscheinen, lassen sich über die Helligkeitsverteilung auf der Sternscheibe – mit Ausnahme der Bedeckungspaare sowie bei einigen Riesensternen mittels der Fleckeninterferometrie – und andere Oberflächenerscheinungen keine Aussagen machen. Alle Angaben über physikalische Zustandsgrößen müssen aus der Quantität, Qualität und Richtung der Strahlung gewonnen werden, die vom Stern gemessen wird. Eine wesentliche Beobachtungsgröße ist die je Flächen- und Zeiteinheit aufgefangene Energie S (Beleuchtungsstärke). Aus historischen Gründen ist das astronomische Helligkeitssystem gemäß dem psychophysischen Gesetz von WEBER und FECHNER ein logarithmisches System. Danach ist die Helligkeitsdifferenz $m_1 - m_2$ zweier Sterne in Größenklassen nach der Beziehung

$$m_1 - m_2 = -2,5 \lg \frac{S_1}{S_2} \tag{8.5}$$

mit dem Verhältnis S_1/S_2 der Beleuchtungsstärken verknüpft. Der Nullpunkt ist durch eine Anzahl exakt vermessener, heller Standardsterne genau definiert. Zur Kennzeichnung der Helligkeit in Größenklassen dient das hochgestellte m, z. B. 6^m (Stern 6. Größe). Es ist erforderlich, neben dem Größenklassenwert den wirksamen Spektralbereich, in dem die jeweilige Messung durchgeführt wird, anzugeben. So unterscheidet man z. B. visuelle (m_v) und photographische Helligkeiten (m_{pg}). Die bolometrische Helligkeit (m_{bol}) ist ein Maß für die Gesamtstrahlung eines Sterns über alle Wellenlängenbereiche. Aus der Differenz der Helligkeit in verschiedenen Spektralbereichen erhält man den *Farbindex* (z. B. $m_{pg} - m_v$), der ein Maß für die Eigenfarbe des Sterns und damit für seine Temperatur ist. In der Astronomie muß meßtechnisch ein Helligkeitsbereich von -26^m9 (Sonne im Zenit) bis etwa

---

25^m (schwächste z. Z. beobachtete Objekte) überbrückt werden. Das entspricht einem Verhältnis der Strahlungsströme von 10^{21}.

Als Maß für den absoluten Strahlungsstrom eines Sterns dient die auf die Normalentfernung von 10 Parsec (pc) umgerechnete scheinbare Helligkeit, die als „absolute Helligkeit" M bezeichnet wird. (Die Entfernungseinheit 1 pc $= 3{,}086 \cdot 10^{16}$ m ist der Abstand, aus dem der mittlere Erdbahnhalbmesser unter einem Winkel von einer Bogensekunde erscheint). Zwischen scheinbarer Helligkeit m, der absoluten Helligkeit M und der Entfernung r (in pc) eines Sterns besteht wegen der Intensitätsabnahme einer Lichtquelle mit dem Quadrat der Entfernung die Beziehung: $m = M + 5 \lg r - 5$. Die bolometrische absolute Helligkeit charakterisiert die Gesamtstrahlung eines Sterns, seine Leuchtkraft. Bei der Sonne beträgt sie $3{,}90 \cdot 10^{26}$ J/s. Es gibt Sterne, deren Leistung mehr als das 10000fache bzw. weniger als das 0,001fache davon beträgt. In Tab. 8.6 sind Beispiele für die Umrechnung des astronomischen Helligkeitssystems in physikalische Einheiten (Beleuchtungsstärke außerhalb der Erdatmosphäre bzw. Strahlungsleistung des Sterns) angegeben.

Tabelle 8.6. Beispiele für die Umrechnung des astronomischen Helligkeitssystems in physikalische Einheiten

m	physikalische Größe
$m_v = 0$	$2{,}65 \cdot 10^{-6}$ lx
$m_v = -13{,}94$	1 lx
$m_{bol} = 0$	$2{,}52 \cdot 10^{-12}$ W/cm²
$M_v = 0$	$2{,}52 \cdot 10^{29}$ cd
$M_{bol} = 0$	$3{,}02 \cdot 10^{28}$ W

Neben der Quantität der Sternstrahlung ist für die Charakterisierung eines Sterns die spektrale Zusammensetzung der Strahlung von Bedeutung. Das helle kontinuierliche Spektrum läßt sich – zumindest in nicht zu breiten Wellenlängenbereichen – durch die Intensitätsverteilung eines schwarzen Strahlers einer bestimmten Temperatur anpassen. Die so ermittelte Temperatur stimmt im allgemeinen nicht genau mit der aus der Leuchtkraft bei bekanntem Sternradius R aus dem *Stefan-Boltzmann*schen Gesetz

$$L = 4\pi R^2 \sigma T_e^4 \tag{8.6}$$

abgeleiteten *effektiven Temperatur* überein. Dem Kontinuum sind nämlich wie im Sonnenspektrum Absorptionslinien, Fraunhoferlinien, überlagert. Jenseits der Seriengrenzen der Atome (z. B. unterhalb 365 nm bei der Balmer-Serie des Wasserstoffs und unterhalb 912 nm bei der Lyman-Serie) wird im Sternspektrum gegenüber

einem schwarzen Strahler durch Absorption des Lichts bei den gebunden-freien Übergängen im Intensitätsverlauf ein Sprung hervorgerufen. Das Absorptionspektrum variiert beträchtlich von Stern zu Stern. Rein phänomenologisch lassen sich die Sternspektren in eine Sequenz einordnen, die vom einfachsten Typ des nur von der Balmerserie des Wasserstoffs unterbrochenen Kontinuums bis zum komplizierten, von zahlreichen Linien und Banden durchsetzten Spektrum reicht. Die Spektralklassen werden mit großen lateinischen Buchstaben bezeichnet, Zwischenstufen werden dezimal unterteilt. Die zunächst naheliegende Annahme, daß die Unterschiede der Spektren hauptsächlich auf Unterschiede in der chemischen Zusammensetzung zurückzuführen sind, wurden von M. N. SAHA widerlegt. Die Vielfalt der Absorptionsspektren lassen sich im wesentlichen durch unterschiedliche Temperaturwerte bei einer in erster Näherung für alle Typen gleichen chemischen Zusammensetzung erklären. Mit abnehmender Temperatur lassen sich die Spektraltypen in der Folge O, B, A, F, G, K, M anordnen (Abb. 8.6). Im Linienspektrum drückt sich außerdem die Leuchtkraft eines Sterns aus. Bei ein und demselben Spektraltyp ist eine Linie um so schärfer, je höher die Leuchtkraft ist. Diese Tatsache hat ihre Ursache darin, daß bei höherer Leuchtkraft im allgemeinen ein Stern eine größere Ausdehnung und eine geringere Atmosphärendichte besitzt. Daher wird die Druckverbreiterung der Linien geringer sein als bei Sternen niedriger Leuchtkraft und damit verbundener höherer Atmosphärendichte. Nach diesem Kriterium ordnet man die Sterne in Leuchtkraftklassen ein: I = sehr hohe Leuchtkraft, V = niedrige Leuchtkraft. Die Sonne gehört der Leuchtkraftklasse V an.

Zwischen einigen Zustandsgrößen, die den Stern als Ganzes charakterisieren (Tab. 8.7), bestehen auf Grund der physikalischen Definition Beziehungen. So ergeben sich die mittlere Dichte und die Schwerebeschleunigung an der Oberfläche aus Sternmasse und Sternradius, während die mittlere Energiefreisetzung je Massen- und Zeiteinheit aus der Leuchtkraft und der Masse eines Sterns folgt. Ferner besteht zwischen der Leuchtkraft L, dem Radius R und der effektiven Temperatur T_e der oben genannte Zusammenhang $L = 4\pi R^2 \sigma T_e^4$. Wie bereits oben erwähnt wurde, wird der Spektraltyp im wesentlichen durch die Temperatur in den oberflächennahen Schichten, also durch die effektive Temperatur und die Dichte der Sternatmosphäre, die ihrerseits stark von der Schwerebeschleunigung an der Sternoberfläche abhängt, bestimmt. Natürlich ist das Aussehen des Spektrums auch von der chemischen Zusammensetzung abhängig. Daraus

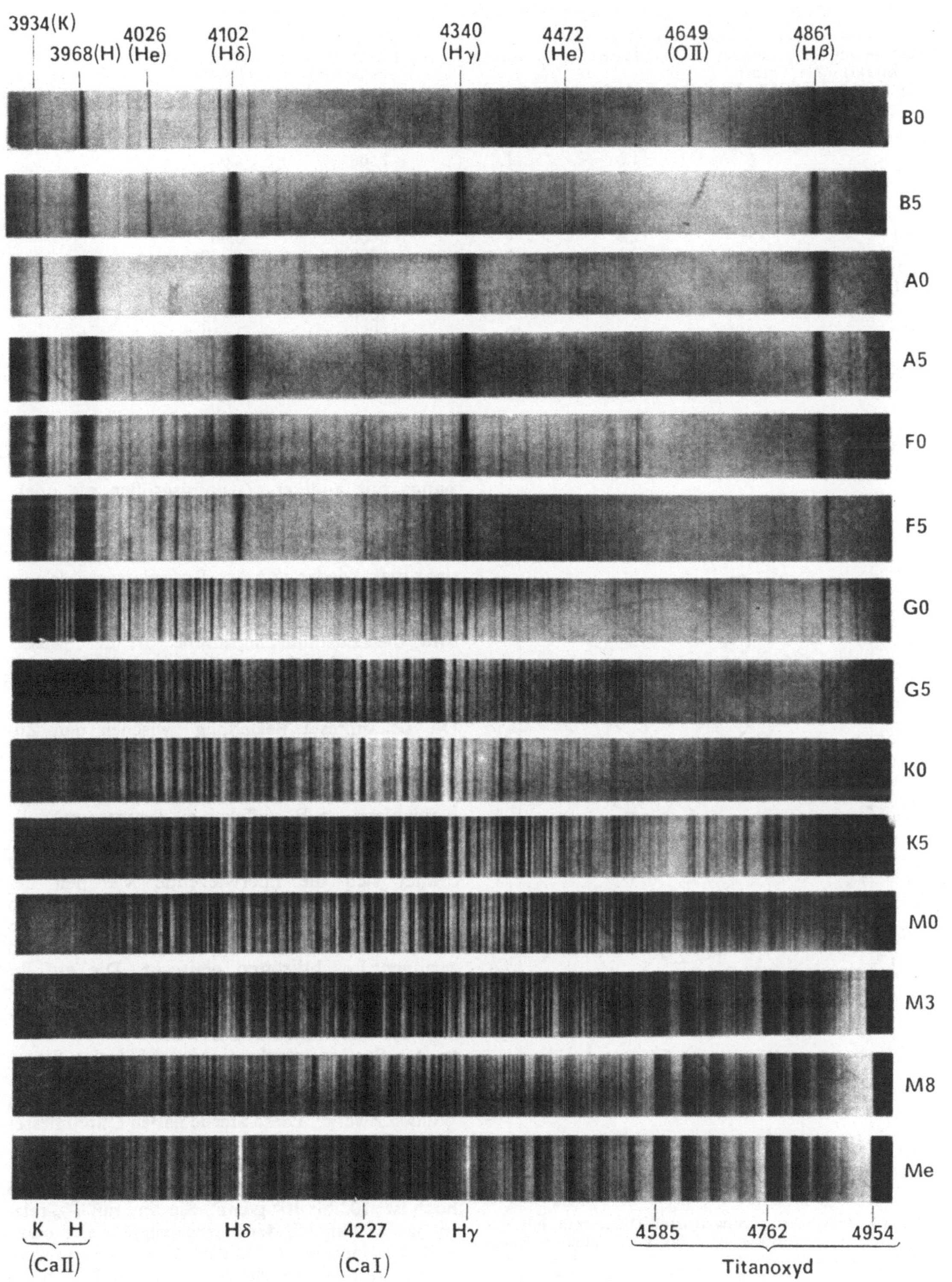

Abb. 8.6. Sternspektren nach der Harvard-Klassifikation. Die Wellenlänge ist in Angström angegeben (1 Å = 0,1 nm). Das unterste Spektrum ist ein M-Stern mit Emissionslinien

Tabelle 8.7. *Mittlere Zustandsgrößen für Sterne verschiedener Spektral- und Leuchtkraftklassen*

Spektral- und Leuchtkraft-Klasse	Leucht-kraft $[L_\odot]$	Masse $[M_\odot]$	Radius $[R_\odot]$	Effektive Temperatur [K]	Mittlere Dichte [g/cm³]
BoV	$8 \cdot 10^3$	20	7,5	22 000	0,06
AoV	60	3	2,7	10 500	0,3
FoV	6	1,8	1,4	7 500	1,0
GoV	1	1,1	1,0	6 000	1,4
KoV	0,4	0,8	0,8	4 200	2,2
MoV	0,06	0,5	0,6	3 500	3,0
FoIII	15	2,5	4	6 000	0,06
GoIII	40	2,5	6	5 200	$4 \cdot 10^{-3}$
KoIII	80	3,5	16	4 000	$1 \cdot 10^{-3}$
MoIII	400	5,0	40	3 500	$1 \cdot 10^{-4}$
BoI	$2 \cdot 10^5$	50	20	25 000	$1 \cdot 10^{-2}$
AoI	$2 \cdot 10^4$	16	40	11 000	$3 \cdot 10^{-4}$
FoI	$6 \cdot 10^3$	12	60	6 500	$1 \cdot 10^{-4}$
Weißer Zwerg Ao	$5 \cdot 10^{-4}$	0,6	10^{-2}	7 000	$5 \cdot 10^5$

folgt, daß – sieht man vom Magnetfeld und der Rotationsgeschwindigkeit ab – nur vier Zustandsgrößen, nämlich Masse, Radius, Leuchtkraft und

chemische Zusammensetzung, als voneinander unabhängig anzusehen sind. Meist wird noch der Spektraltyp wegen des komplizierten Zusammenhangs mit anderen Zustandsgrößen als unabhängige Größe angegeben. Aus der Theorie des inneren Aufbaus der Sterne folgt, daß nur zwei Größen wirklich voneinander unabhängig sind, sieht man wieder von der Rotationsperiode und vom Magnetfeld ab. Ausdruck für die verwickelten Beziehungen zwischen den Zustandsgrößen sind die Zustandsdiagramme. In der Masse-Leuchtkraft-Beziehung zeigen die Massen und Leuchtkräfte der Hauptreihensterne einen empirischen Zusammenhang der Form $L = M^{3,5}$.

Die bekannteste Beziehung zwischen den Zustandsgrößen der Sterne ist das nach seinen Entdeckern benannte *Hertzsprung-Russell-Diagramm* (HRD), in dem über dem Spektraltyp (oder einem Äquivalent, z. B. effektive Temperatur) die Leuchtkraft (oder die absolute Helligkeit) aufgetragen ist (Abb. 8.7). In diesem Diagramm ordnet sich die überwiegende Mehrheit der Sterne in der *Hauptreihe* an, die sich diagonal von großen Leuchtkräften und hohen effektiven Temperaturen zu niedrigen Temperaturen und geringen Leuchtkräften erstreckt. Die auf ihr befindlichen Sterne, die auch Zwerge genannt werden und zu denen die Sonne gehört, ordnet man der Leuchtkraftklasse V zu.

In der Sonnenumgebung sind 92% der Sterne Hauptreihensterne. Unterhalb der Hauptreihe liegen die absolut lichtschwachen, aber heißen Weißen Zwerge. Diese Sterne haben Durchmesser von der Größenordnung des Erddurchmessers, so daß – da ihre Masse etwa der Sonnenmasse entspricht – ihre mittlere Dichte außerordentlich hoch ist: 10^5 bis 10^6 g/cm³. Sie sind mit 7% relativ häufig. Nur 1% der Sterne befinden sich oberhalb der Hauptreihe. Da diese Sterne gleiche Temperatur und damit gleiche Flächenhelligkeit wie

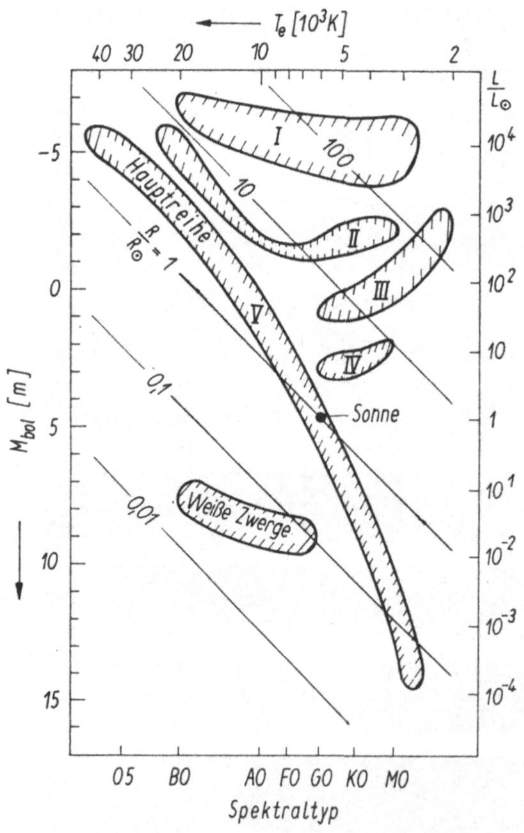

Abb. 8.7. Das Hertzsprung-Russell-Diagramm mit der Lage der Leuchtkraftklassen I bis V. T_e effektive Oberflächentemperatur der Sterne; L/L_e und R/R_e Leuchtkraft und Radius der Sterne in Einheiten der Sonnenwerte

Zwerge haben, resultiert ihre höhere Leuchtkraft aus ihrer Größe. Diese Riesensterne werden unterteilt in I Überriesen, II helle Riesen, III normale Riesen und IV Unterriesen. Wegen der Beziehung (8.6) ist im HRD der Radius der Sterne eindeutig festgelegt. (In der logarithmischen Darstellung der Abb. 8.7 ergeben sich geneigte Geraden.)

Gegenwärtig sind etwa 20000 Sterne bekannt, deren Zustandsgrößen – hauptsächlich Leuchtkraft und Spektraltyp – zeitlichen Änderungen unterworfen sind. Etwa 90 % aller bekannten physischen veränderlichen Sterne sind Pulsationsveränderliche, d. h., ihr Lichtwechsel wird durch mehr oder weniger regelmäßige Veränderungen des Radius verursacht. Im Gegensatz dazu wird bei den Eruptionsveränderlichen (z. B. Novae und Supernovae) der Lichtwechsel vorwiegend durch eine oder mehrere Eruptionen, worunter im allgemeinen Massenauswürfe mit Helligkeitsanstiegen zu verstehen sind, die den Stern als Ganzes oder auch nur seine Atmosphäre beeinflussen, hervorgerufen.

Etwa jeder vierte Stern ist Mitglied eines Doppeloder auch Mehrfachsystems, bei dem die gegenseitige Anziehung der einzelnen Komponenten so groß ist, daß sich die Sterne um den gemeinsamen Schwerpunkt bewegen. Der Abstand zwischen den Komponenten eines Doppelsterns kann so klein sein, daß Materie zwischen den Komponenten ausgetauscht wird, kann aber auch bis zu 10^{16} m betragen. Doppelsterne haben große Bedeutung für die Astrophysik, da nur bei ihnen zuverlässige Angaben über Masse, Durchmesser und Dichte erhalten werden können.

8.2.2.2. Die Sterne als Gaskugeln

Fast die gesamte Sternmasse ist im Sterninnern konzentriert. Da das Sterninnere so undurchsichtig ist, daß keine Strahlung direkt nach außen gelangt, geben nur theoretische Überlegungen und Berechnungen Auskunft über die Struktur des Sterninnern. Bei der Berechnung von Sternmodellen, die den Verlauf von Temperatur, Dichte und chemischer Zusammensetzung vom Sternzentrum zur Sternoberfläche angeben, wird davon ausgegangen, daß die überwiegende Mehrzahl der Sterne zeitlich konstante Zustandsgrößen besitzt. Für diese Sterne muß dann auch der innere Aufbau, von dem die Zustandsgrößen abhängen, über einen längeren Zeitraum unveränderlich sein. Daher muß sich ein solcher Stern überall im mechanischen Gleichgewicht befinden, weil sonst die nicht ausgeglichenen Kräfte zu einer schnellen Änderung des Sternaufbaus führen würden. Mechanisches Gleichgewicht erfordert, daß sich an jeder Stelle innerhalb des Sterns alle auftretenden Kräfte gerade aufheben. Bei einem nichtrotieren-

den Stern ohne Magnetfeld sind die einzigen auftretenden Kräfte jene, die von der Massenanziehung und vom Druck herrühren.

Betrachten wir längs des Radius r eine Säule von 1 cm² Bodenfläche, so muß der Druck $P(r)$ beim Fortschreiten um dr in Richtung Oberfläche genau um den Betrag dP abnehmen, der dem Gewicht der in dem Volumenelement 1 cm² · dr eingeschlossenen Masse entspricht, nämlich

$$\varrho(r)\, \mathrm{d}r\, G\, \frac{\mathfrak{M}_r}{r^2} \quad (\varrho(r) \text{ Dichte der Sternmaterie}; G$$

Gravitationskonstante; $\mathfrak{M}_r$ Masse innerhalb der Kugel vom Radius r). Daraus folgt die Bedingung des mechanischen Gleichgewichts:

$$\frac{\mathrm{d}P}{\mathrm{d}r} = -\varrho G\, \frac{\mathfrak{M}_r}{r^2}. \tag{8.7}$$

Eine weitere Gleichung ergibt sich aus der Massenaufteilung im Sterninnern. Eine Kugelschale der Dicke dr enthält die Masse: $\mathrm{d}\mathfrak{M}_r = 4\pi\varrho r^2\, \mathrm{d}r$, d. h. es gilt:

$$\frac{\mathrm{d}\mathfrak{M}_r}{\mathrm{d}r} = 4\pi\varrho r^2. \tag{8.8}$$

Die Gl. (8.7) erlaubt bereits eine rohe Abschätzung für Druck P_c und Temperatur T_c im Sternzentrum, wenn wir für Masse und Radius die Mittelwerte zwischen Zentrum und Oberfläche wählen, für ϱ die mittlere Dichte $\bar{\varrho}$ einsetzen und den Druckgradienten durch P_c/R ersetzen (R Radius des Sterns). Man erhält

$$P_\mathrm{c} \approx 4\bar{\varrho} G\, \frac{\mathfrak{M}}{R}.$$

Für die Sonne ergibt sich $P_\mathrm{c} \approx 10^{15}$ Pa. Aus der Zustandsgleichung der idealen Gase $P = \frac{\varrho}{\mu}\,\mathfrak{R}T$ erhält man für die Temperatur im Zentrum der Sonne die Größenordnung $T_\mathrm{c} \approx 10^7$ K. (Hierbei wurde angenommen, daß die Molmasse μ allein durch das vollständig ionisierte Wasserstoffgas bestimmt wird: $\mu = 1/2$.) Die mittlere kinetische Energie der Teilchen $E_\mathrm{kin} = \frac{3}{2}kT$ liegt bei 1 keV und ist damit wesentlich größer als die zur vollständigen Ionisierung der kosmisch häufigsten Elemente benötigte Energie. Die Materie des Sterninnern besteht daher aus einem vollständig ionisierten Plasma. Das Maximum der Planckschen Strahlungsfunktion liegt nach dem Wienschen Verschiebungsgesetz $\lambda_\mathrm{m}T = 0{,}288$ [cm Grad] im Röntgenbereich ($\lambda_\mathrm{m} \approx 0{,}3$ nm). Wegen der hohen Temperatur und Dichte ist das Sterninnere optisch sehr dicht, der Absorptionskoeffizient sehr groß. Die mittlere freie Weglänge eines Photons beträgt nur wenige Millimeter. Wegen der häufigen Absorptions- und Reemissionsprozesse stellt sich im Strahlungsfeld sehr rasch ein Gleichgewicht ein. Abweichungen von der Planckschen Hohlraumstrahlung sind nur durch den nach

---

außen fließenden Nettostrom bedingt, der die Leuchtkraft des Sterns bestimmt. (Bei der Sonne macht zum Beispiel der Anteil dieses Nettostroms in 100000 km Abstand vom Zentrum an der dort vorhandenen Strahlungsdichte nur den Bruchteil 10^{-12} aus.)

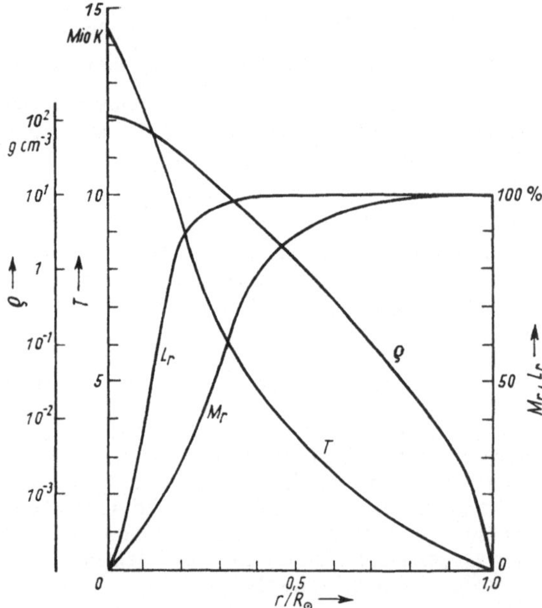

Abb. 8.8. Temperatur- und Dichteverlauf in der Sonne sowie Verlauf des Massenanteils M_r der Sonnenmasse, der sich in einer Kugel mit dem Radius r befindet, und des Anteils L_r der von der Sonne ausgestrahlten Energie, der innerhalb einer Kugel mit dem Radius r freigesetzt wird

Für die vollständige Berechnung des Sternaufbaus sind noch zwei weitere Gleichungen erforderlich. Eine Gleichung ergibt sich aus der Bedingung, daß der Zuwachs der Leuchtkraft dL_r längs der Strecke dr gleich sein muß, der in der Kugelschale $4\pi r^2\,dr$ freigesetzten Energie. Bezeichnet ε den je Massen-Zeiteinheit freigesetzten Energiebetrag – im überwiegenden Fall sind Kernfusionsprozesse die Energiequelle – dann gilt:

$$\frac{dL_r}{dr} = 4\pi r^2 \varepsilon\varrho. \qquad (8.9)$$

Die vierte Grundgleichung des Sternaufbaus folgt aus dem Mechanismus des Energietransports. In großen Gebieten des Sterns wird die Energie durch Strahlung nach außen transportiert. Durch Konvektion wird Energie in den Kerngebieten von Sternen hoher Masse bzw. in äußeren Schichten bei Sternen geringer Masse (z. B. bei der Sonne), wo das Temperaturgefälle sehr groß ist, weitergeleitet. Wärmeleitung ist maßgebend in Weißen

Zwergen und im Kern von roten Riesensternen, in denen Fermi-Dirac-Entartung vorliegt. Bei Strahlungstransport bestimmt der Temperaturgradient dT/dr sowie die Absorption (Opazität) hauptsächlich die nach außen fließende Energiemenge:

$$L_r = -4\pi r^2 \frac{16}{3} \frac{\sigma T^3}{\varkappa\varrho} \frac{dT}{dr}. \qquad (8.10)$$

($\varkappa$ Massenabsorptionskoeffizient).

Diese Gleichung zeigt, daß die Leuchtkraft eines Sterns nicht unmittelbar von den Kernenergieprozessen in seinem Inneren abhängt. Das ist bedeutsam für die Stabilität der Sterne. Falls die Energiefreisetzungsrate im Innern abnimmt, und die Ausstrahlung nicht mehr deckt, kann das Defizit nur durch die potentielle Energie des Sterns kompensiert werden. Der Stern kontrahiert. Nach dem Theorem von POINCARÉ wird nur die Hälfte der frei werdenden potentiellen Energie zur Deckung des Defizits genutzt, die andere Hälfte erhöht die thermische Energie, wodurch die Temperatur im Innern ansteigt. Wegen der starken Temperaturabhängigkeit der Kernprozesse wird diese Quelle stärker angeregt, bis sie den Bedarf wieder decken kann und die Kontraktion zum Stillstand bringt. Bei einem Anwachsen der Energiefreisetzungsrate stabilisiert sich der Stern durch Expansion und Temperaturerniedrigung. Im stabilen Zustand hat ein Stern die Leistung seiner Kernenergiequelle seiner Leuchtkraft angepaßt.

Die vier Grundgleichungen (8.7) bis (8.10) bestimmen vollständig den Sternaufbau, wenn man hierzu noch die Zustandsgleichung der Materie $\varrho = f(T, P)$, den Absorptionskoeffizienten und die Energiefreisetzungsrate ε hinzunimmt. Die letztgenannten drei „Materialgleichungen" sind Funktionen des Druckes, der Temperatur und der chemischen Zusammensetzung. Mit den Randbedingungen: a) $M_r = 0$, $L_r = 0$ für $r = 0$ und b) $M_r = M$, $P = 0$ für $r = R$ ist der Sternaufbau eindeutig durch Masse und chemische Zusammensetzung bestimmt (*Eindeutigkeitssatz des Sternaufbaus, Vogt-Russell-Theorem*). Der Verlauf einiger Zustandsgrößen im Innern der Sonne zeigt Abb. 8.8. Die Lage eines Sterns im Hertzsprung-Russel-Diagramm hängt also nur von seiner Masse und chemischen Zusammensetzung ab. Da die Sternatmosphären keine nennenswerten Unterschiede in der Elementenhäufigkeit zeigen, müssen stärkere Unterschiede im Sterninnern vorliegen. Dies ist verständlich, da im Laufe der Sternentwicklung bei den Kernfusionsprozessen allmählich schwerere Elemente aus Wasserstoff aufgebaut werden.
Im weiten Temperatur- und Dichtebereich der Sternmaterie sind unterschiedliche Zustandsglei-

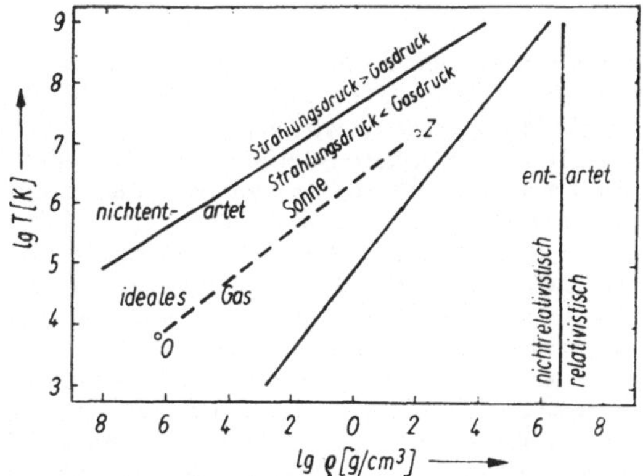

Abb. 8.9. Bereiche verschiedener Zustandsgleichungen für die Sternmaterie. Eingezeichnet ist der Temperatur-Dichte-Verlauf in der Sonne vom Zentrum (Z) bis zur Oberfläche (O)

chungen gültig (s. Abb. 8.9). Bei geringen Dichten und hohen Temperaturen wird der Strahlungsdruck $P_\mathrm{s} = \dfrac{4\sigma}{3c}\,T^4$ gegenüber dem Gasdruck wesentlich. Bei hohen Dichten tritt die „Fermi-Dirac-Entartung" ein. Sterne mit entartetem Elektronengas sind Weiße Zwerge. Bei Dichten über 10^{15} g/cm³ sind auch Neutronen entartet (Neutronensterne).

8.2.2.3. Energieproduktion und kosmische Häufigkeit der Elemente

Die von den Sternen abgestrahlte Energie wird im Sterninnern hauptsächlich durch Kernreaktionen freigesetzt, bei denen sich leichtere Atomkerne zu schwereren aufbauen. Die dem Massendefekt nach der Einsteinschen Äquivalenzbeziehung $E = mc^2$ äquivalente Energie wird ausgestrahlt. Die wichtigsten Prozesse sind dabei die Proton-Proton-Kette, der Kohlenstoff-Stickstoff-

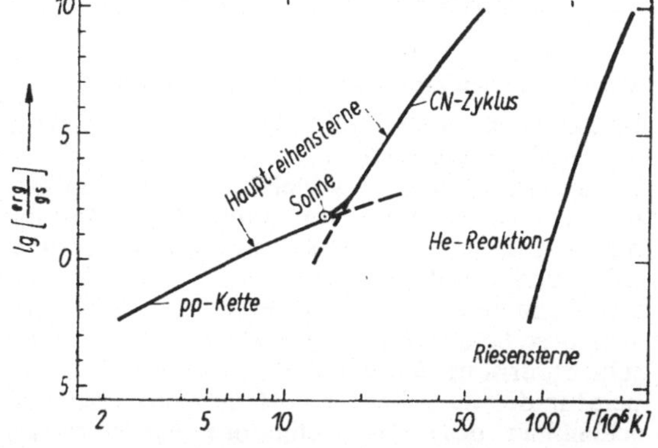

Abb. 8.10. Abhängigkeit der Energiefreisetzungsrate ε von der Temperatur bei den verschiedenen Kernprozessen

Sauerstoff-Zyklus und die Heliumreaktion. Bei den beiden zuerst genannten Prozessen wird Helium aus Wasserstoff aufgebaut, während bei der Heliumreaktion Kohlenstoff gebildet wird.

Proton-Proton-Kette:

$$H^1 + H^1 \rightarrow H^2 + e^- + \nu$$
$$H^2 + H^1 \rightarrow He^3 + \gamma$$
$$He^3 + He^3 \rightarrow He^4 + 2\,H^1$$

Kohlenstoff-Stickstoff-Zyklus:

$$C^{12} + H^1 \rightarrow N^{13} + \gamma$$
$$N^{13} \rightarrow C^{13} + e^- + \nu$$
$$C^{13} + H^1 \rightarrow N^{14} + \gamma$$
$$N^{14} + H^1 \rightarrow O^{15} + \gamma$$
$$O^{15} \rightarrow N^{15} + e^+ + \nu$$
$$N^{15} + H^1 \rightarrow C^{12} + He^4$$

Helium-Reaktion:

$$He^4 + He^4 \rightarrow Be^8 + \gamma$$
$$Be^8 + He^4 \rightarrow C^{12} + \gamma.$$

Diese Reaktionen können nur bei extrem hohen Temperaturen von mindestens einigen 10^6 K ablaufen, da nur dann die Reaktionspartner infolge ihrer Wärmebewegung die erforderliche Geschwindigkeit besitzen, um die gegenseitige elektrische Abstoßung zu überwinden. Die mittleren Geschwindigkeiten der Atomkerne reichen nicht aus, um Kernprozesse zu ermöglichen. Da die Geschwindigkeiten der Atomkerne nach einer Maxwell-Verteilung verteilt sind, gibt es immer eine – wenn auch kleine – Anzahl von Kernen, die mit anderen reagieren können, da ihre Geschwindigkeit die mittlere erheblich übersteigt. Dadurch ist gewährleistet, daß die Reaktionen im Sterninnern langsam und nicht explosionsartig ablaufen. Wie Abb. 8.10 verdeutlicht, ist die Effektivität der genannten Prozesse in Abhängigkeit von der Temperatur unterschiedlich.

Die Sterne der Hauptreihe im HRD sind ähnlich aufgebaut. Lediglich ihre Masse nimmt längs der Hauptreihe mit sinkender Leuchtkraft ab. Die massereicheren Sterne besitzen eine höhere Zentraltemperatur als die masseärmeren. Daraus folgt, daß in Sternen mit Massen unterhalb 2 Sonnenmassen die Proton-Proton-Kette, bei massereicheren Sternen der CN-Zyklus abläuft.

Die Zentraltemperatur der Sterne auf der Hauptreihe reicht nicht aus, um die Heliumreaktion wirksam werden zu lassen. Die Riesensterne lassen sich nur durch chemisch inhomogene Modelle erklären. Bei ihnen sind die Zentraltemperaturen hoch genug, damit auch die Heliumreaktion ablaufen kann.

Nach Beobachtungen an verschiedenen kosmischen Objekten ist die Häufigkeitsverteilung der

---

verschiedenen Elemente im Weltall weitgehend gleich. Das häufigste Element ist Wasserstoff (s. Tab. 8.8). Die Kernfusionsprozesse im Sterninnern können die Entstehung der schweren Elemente erklären. Die Wasserstoffverbrennung ergibt Helium, die Helium-Reaktion Kohlenstoff, aus dem durch weitere Anlagerung von α-Teilchen Sauerstoff, Neon und Magnesium aufgebaut werden. Für die noch schwereren Elemente kommen verschiedene Prozesse in Frage, die in späten Stadien der Sternentwicklung oder bei einem Supernovaausbruch wirksam werden. Die aus den kernphysikalischen Daten nach diesen Prozessen berechneten Häufigkeiten stimmen recht gut mit den beobachteten überein.

Tabelle 8.8. Häufigkeit der Elemente

Element	Anzahl [%]	Masse [%]
H	91,8	70,8
He	8,0	24,7
O	$9,2 \cdot 10^{-2}$	3,6
C	$3,2 \cdot 10^{-2}$	$2,9 \cdot 10^{-1}$
Ne	$2,5 \cdot 10^{-2}$	$3,8 \cdot 10^{-1}$
N	$9 \cdot 10^{-3}$	$9,5 \cdot 10^{-2}$
Si	$3 \cdot 10^{-3}$	$6,3 \cdot 10^{-2}$

8.2.3. Sternentwicklung

Durch die im Innern ablaufenden Kernprozesse ändert sich ständig die chemische Zusammensetzung eines Sterns. Da der Aufbau des Sterns aber eindeutig durch Masse und chemische Zusammensetzung bestimmt ist, ändert sich dieser durch die Energiefreisetzung notwendigerweise im Laufe der Zeit. Mit der zeitlichen Veränderung der Struktur des Sterns ändern sich auch die beobachtbaren Zustandsgrößen wie Leuchtkraft, Radius und effektive Temperatur, so daß der Ort des Sterns im Hertzsprung-Russell-Diagramm zeitabhängig ist. Die Berechnungen ergeben folgendes Bild.

8.2.3.1. Kontraktionsphase

Die im interstellaren Medium entstandenen Verdichtungen oder Protosterne kontrahieren in wenigen Jahren durch freien Fall der Teilchen auf das Schwerezentrum zu. Infolge der Kompression entsteht im Zentrum schließlich eine Druckwelle, die sich als Stoßwelle durch den ganzen Stern fortpflanzt und den Stern aufheizt. Die Energie des freien Falles hat sich in thermische Energie umgewandelt, wobei der Stern jetzt ein quasihydrostatisches Gleichgewicht erreicht hat und durch Kontraktion bei steigender Temperatur der Hauptreihe zuwandert. Die Kontraktion liefert dem Stern auch die ausgestrahlte Energie. Bei Erreichen der Hauptreihe hat sich die Zentral-

temperatur so weit erhöht, daß die Kernprozesse im Innern (Proton-Proton-Kette oder CN-Zyklus) zünden. Der Stern wird stabil.

Die Kontraktionsphase ist eine relativ kurze Phase im Leben eines Sterns; je nach Sternmasse umfaßt sie eine Zeitspanne von einigen 10^5 bis 10^8 Jahren. Sterne unterhalb einer Grenzmasse von etwa 0,07 Sonnenmassen erreichen jedoch niemals die zur Zündung der Kernprozesse nötige Temperatur und damit die Hauptreihe. Man nennt diese (bisher allerdings nicht beobachteten) Sterne *schwarze Zwerge*. Man kann Sterne in der Kontraktionsphase nur kurz vor Erreichen der Hauptreihe, rechts und oberhalb der Hauptreihe, in sehr jungen Sternhaufen beobachten. Zuvor sind sie in dichte Wolken interstellarer Materie eingehüllt, die ihre Strahlung absorbieren. Lediglich die Infrarotstrahlung des durch den Stern aufgeheizten interstellaren Staubes ist nachweisbar (*Infrarotsterne*). Erst wenn die Staubdichte in der Umgebung der Sterne wegen des Drucks der Sternstrahlung sinkt, wird der Stern sichtbar. Er bleibt noch eingebettet in den noch vorhandenen Resten des Staubes (*Kokon-Sterne*).

8.2.3.2. Hauptreihenstadium

Auf der Hauptreihe verbleibt der Stern die längste Zeit seines „Lebens". Die Energiefreisetzung erfolgt verhältnismäßig langsam in den zentrumsnahen Gebieten, die etwa 10 bis 20% der Gesamtmasse ausmachen. Erst nachdem dort 10% des Wasserstoffs verbraucht sind, der Stern einen mit Helium angereicherten Kern bekommen hat, und dadurch chemisch inhomogen geworden ist, ändert er seine Eigenschaft merklich und verläßt die Hauptreihe wieder. Die Aufenthaltszeit auf der Hauptreihe, die „Lebensdauer" eines Sterns, hängt von seiner Masse ab und ist in Jahren etwa

$$t = 10^{10} \, \mathfrak{M}^{-2},$$

wenn die Masse $\mathfrak{M}$ in Sonnenmassen ausgedrückt wird.

8.2.3.3. Entwicklung zum Riesenstadium

Ist der Wasserstoff im Kerngebiet aufgebraucht, hört die Energieerzeugung dort zunächst auf.

Die Energiequellen verschieben sich nach außen, nachdem sich infolge von Kontraktion der inneren Gebiete die Temperatur erhöht hat und sich noch vor dem Absterben der Zentralquelle eine Schalenquelle herausgebildet hat. Während sich diese Schalenquelle immer weiter nach außen schiebt, erhöht sich durch Kontraktion die Temperatur des ausgebrannten Heliumkerns, so daß schließlich dort das Heliumbrennen einsetzen kann. Dieser innere Strukturwandel wird in den Zustandsgrößen sichtbar. Während der Kontraktion des Heliumkerns expandieren die äußeren Schichten, so daß der Stern zum Riesen wird

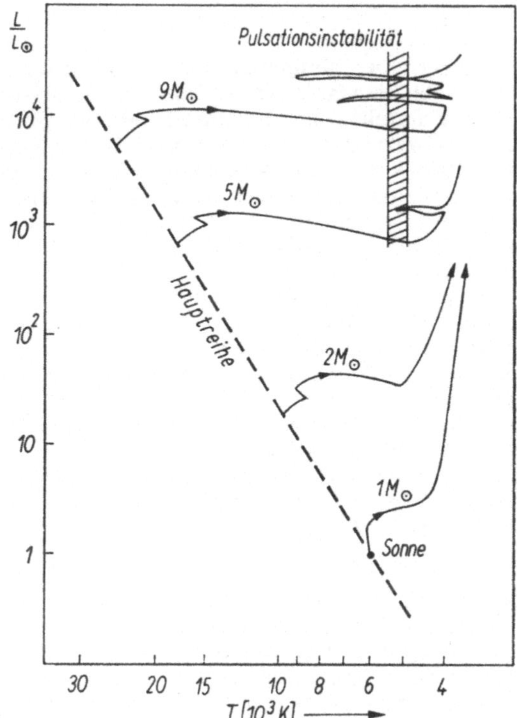

Abb. 8.11. Entwicklung zum Riesenstadium

(Abb. 8.11). Im weiteren Verlauf „verbrennt" das gesamte Helium im Kern des Sterns zu Kohlenstoff, so daß das Heliumbrennen in eine äußere Schale verlegt wird. Die Entwicklung zum Riesenstern erfolgt wiederum verhältnismäßig rasch, nämlich im Laufe von wenigen 10^6 Jahren. Zwischen Hauptreihe und Riesenast ist das HRD daher nahezu leer. Erst im Riesenstadium wird die Verweildauer wieder größer. Außerdem vereinigen sich dort die Entwicklungswege verschiedener Sternmassen von der gesamten Hauptreihe, so daß die Besetzungsdichte wieder größer wird. Die Entwicklungswege durchkreuzen mehrmals ein Gebiet, in dem die Sterne gegenüber radialen Pulsationen instabil werden. Man beobachtet dort die Pulsationsveränderlichen, wie die *Cepheiden*. Da die Berechnungen ergaben, daß die Grundschwingung der Pulsation davon abhängt, mit welcher Leuchtkraft der Stern den Instabilitätsstreifen betritt, konnte die empirisch gefundene Perioden-Leuchtkraft-Beziehung der Cepheiden auch theoretisch begründet werden.

In den Entwicklungsphasen nach dem Riesenstadium geben die Sterne vermutlich Masse ab. Dieser Vorgang läuft zumindest bei einigen Sternen explosionsartig ab und wird als Supernovaausbruch beobachtet. Bei einem derartigen Ausbruch erhöht sich die Leuchtkraft eines Sterns innerhalb weniger Tage etwa um den Faktor 10^5 bis 10^6. Als Überrest einer im Jahre 1054 aufgeleuchteten Supernova wird der Krebsnebel im Sternbild Stier beobachtet.

8.2.3.4. Endphasen der Sternentwicklung

Bisher wurden zwei Endstadien der Sternentwicklung durch die Beobachtung nachgewiesen: Weiße Zwerge und Neutronensterne. In beiden Fällen handelt es sich um kollabierte Objekte, bei denen die Kernenergiequellen versiegt sind. Sie sind isotherm aufgebaut, im Innern ist die Temperatur konstant. Der Sternaufbau ist daher verhältnismäßig einfach zu berechnen, da lediglich die Gleichung für das hydrostatische Gleichgewicht (8.7) [zusammen mit Gl. (8.8)] zu lösen ist. In den Weißen Zwergen ist der Druck durch das entartete Elektronengas gegeben. Sie bestehen vorwiegend aus Helium mit einer dünnen Wasserstoffoberfläche. Die Modellrechnungen ergeben, daß stabile Konfigurationen nur für Massenwerte unterhalb 1,44 Sonnenmassen (*Chandrasekharsche Grenzmasse*) möglich sind. Der Durchmesser ist von der Größenordnung des Erddurchmessers, wobei sich eine Dichte von 10^5 bis 10^7 g/cm³ ergibt. Die Ausstrahlung wird aus dem Vorrat an thermischer Energie der Ionen gedeckt. Der Verlust ändert nicht den Radius, da der Druck vom Elektronengas herrührt. Die Abkühlungszeit ist von der Größenordnung 10^{10} Jahre. Das zweite stabile Endstadium der Sterne wird bei Dichten von 10^{15} bis 10^{16} g/cm³ erreicht. Bei diesen Dichten sind die Atome (Kerne plus Schalen) in Neutronen aufgespalten, die ebenfalls entartet sind. Der Entartungsdruck eines Neutronengases ist entsprechend dem Verhältnis der Neutronenmasse zur Elektronenmasse um fast 2 000mal größer als beim Elektronengas; er kann bei einem 2 000mal größeren Gravitationspotential das mechanische Gleichgewicht aufrecht erhalten. Dementsprechend sind die Neutronensterne bei gleicher Masse 10^3mal kleiner als die Weißen Zwerge, d. h. sie haben einen Radius von etwa 10 km. Das starke Gravitationspotential (von der Größenordnung c^2) erfordert jetzt die allgemeinrelativistische Behandlung des Sternaufbaues auf Grund der Einsteinschen Gravitatonsgleichungen, wie sie zuerst 1938 von J. R. OPPENHEIMER durchgeführt wurde. Danach führen die Endphasen der Sternentwicklung nur unterhalb einer kritischen Masse von etwa 2 Sonnenmassen auf stabile Konfigurationen.

Die Neutronensterne wurden 1967 als schwache Radioquellen entdeckt, von denen periodische Radiopulse von wenigen Millisekunden ausgehen. Die Periodenlänge liegt bei den rund 200 bisher bekannten „Pulsaren" zwischen 0,03 und 4 Sekunden. Die Pulsperiode wird auf die rasche Rotation der Objekte zurückgeführt. Beim Kollaps eines Sterns bleibt der Drehimpuls erhalten; die beobachtete Rotationsgeschwindigkeit von Hauptreihensternen führt demnach für 10 km große Objekte zu Äquatorgeschwindigkeiten von 10^5 km/s bzw. zu Rotationsperioden $\gtrsim$ 1 ms. Im gleichen Sinne wächst auch die Intensität eines ursprünglich vorhandenen (schwachen) Magnetfeldes beim Kollaps um einen Faktor 10^{10} an, denn die Gesamtzahl der magnetischen Feldlinien bleibt erhalten. Das starke Magnetfeld und die schnelle Rotation eines Neutronensterns sind Ursachen für die Entstehung der pulsförmig empfangenen Radiostrahlung.

8.3. Das Milchstraßensystem

8.3.1. Aufbau des Milchstraßensystems

Unserem Sternsystem, dem Milchstraßensystem, gehören außer der Sonne und allen mit bloßem Auge sichtbaren Sternen etwa 10^{11} weitere Sterne sowie große Mengen an gas- und staubförmiger nichtstellarer Materie an, die sich zwischen den Sternen befindet. Das System hat näherungsweise die Form eines Diskus, dessen Symmetrieebene von der Sonne aus gesehen in der Milchstraße liegt.
Etwa die Hälfte aller Sterne befindet sich in Doppel- und Mehrfachsternen oder auch in Sternhaufen, bei denen man nach morphologischen Gesichtspunkten offene und kugelförmige Sternhaufen unterscheidet. Die Mitgliederzahl beträgt bei den offenen Haufen zwischen 100 und 10^4, bei den Kugelhaufen zwischen 10^5 und 10^7 Sternen.
Für eine quantitative Aussage über die Struktur des Milchstraßensystems ist es erforderlich, die Entfernungen der Sterne zu ermitteln. Die trigonometrische Methode, die als Basis den Erdbahndurchmesser benutzt und die 1838 erstmals zu erfolgreichen Ergebnissen führte, besitzt gegenwärtig eine Reichweite von etwa 50 Parsek (pc) = 163 Lichtjahren (LJ). In größeren Entfernungen ist der Meßfehler von gleicher Größenordnung wie das Ergebnis. Daher werden die meisten Entfernungen von Sternen photometrisch aus dem Vergleich der gemessenen Intensität I eines Sterns mit seiner Strahlungsleistung (Leuchtkraft) L gewonnen. In der Astronomie wird der historisch gewachsene Begriff der scheinbaren Sternhelligkeit m verwendet. Die scheinbaren Helligkeiten zweier Sterne sind mit den entsprechenden Intensitäten durch die Beziehung

$$m_1 - m_2 = -2,5 \lg \frac{I_1}{I_2} \qquad (8.11)$$

verknüpft. Der Nullpunkt der Helligkeitsskala wird durch Standardsterne definiert, die über den Himmel verteilt sind. Die Einheit der Helligkeit ist die Größenklasse. Der scheinbar hellste Fixstern Sirius hat die scheinbare Helligkeit $m = -1^m44$, die mit bloßem Auge gerade noch sichtbaren Sterne $m = +6^m$, die mit den leistungsfähigsten Teleskopen noch nachweisbaren Sterne $m = +25^m$.
Äquivalent zur Strahlungsleistung (Leuchtkraft) L wird die absolute Helligkeit M benutzt, die gleich der Helligkeit ist, die ein Stern im Abstand von 10 pc (= 32,6 LJ) aufweisen würde. Für die absolut hellsten Sterne ist $M = -9^m$, für die absolut schwächsten Sterne etwa $M = +20^m$, für die Sonne $M = +4^m7$.
Zwischen der scheinbaren und der absoluten Helligkeit und der Entfernung r in pc eines Sterns besteht die Relation

$$m - M = 5 \lg r - 5 + A . \qquad (8.12)$$

In dieser Beziehung ist A die Lichtschwächung, die das Sternlicht durch die interstellaren Staubteilchen auf dem Weg vom Stern zum Beobachter erfährt. Diese Extinktion beträgt in der Nähe der Milchstraßenebene etwa 2 bis 3 Größenklassen/kpc, so daß Sterne in der Umgebung der Symmetrieebene nur bis in Entfernungen von etwa 3 kpc ($\approx$ 10000 LJ) zu erfassen sind, wenn man von zufälligen Durchsichtskanälen absieht. Dieser Entfernung entsprechen rund 10% des gesamten Systems in der Symmetrieebene. Senkrecht zur Symmetrieebene ist die interstellare Extinktion wesentlich geringer als in der Milchstraße.
Da die interstellare Extinktion wellenlängenabhängig ist (genähert gilt $A \sim \lambda^{-1}$), ist sie im Radiowellengebiet zu vernachlässigen. Somit ist z. B. das neutrale interstellare Wasserstoffgas, das bei $\lambda = 21$ cm eine Emissionslinie besitzt, aus dem gesamten Sternsystem zu beobachten. Daher ergänzen Untersuchungen im Radiobereich die optischen Beobachtungen wirkungsvoll.
Im optischen Spektralbereich werden zur Ermittlung der Struktur des Milchstraßensystems zwei Wege beschritten. Bei der individuellen Methode werden für einzelne Objekte die Entfernungen nach der Beziehung (8.12) ermittelt, wobei die absoluten Helligkeiten M aus spektralen oder anderen Kriterien gewonnen werden. Dabei werden im allgemeinen Objekte großer Strahlungsleistung (Sterne des oberen Teils der Hauptreihe im Hertzsprung-Russell-Diagramm, Überriesensterne, offene und kugelförmige Sternhaufen, Gebiete ionisierten nichtstellaren Wasserstoffs) benutzt.
Beim statistischen Verfahren werden die beobachteten Sternanzahlen $N(m)$ je Flächeneinheit bis zu einer bestimmten scheinbaren Helligkeit mit der zu ermittelnden Anzahl der Sterne in der

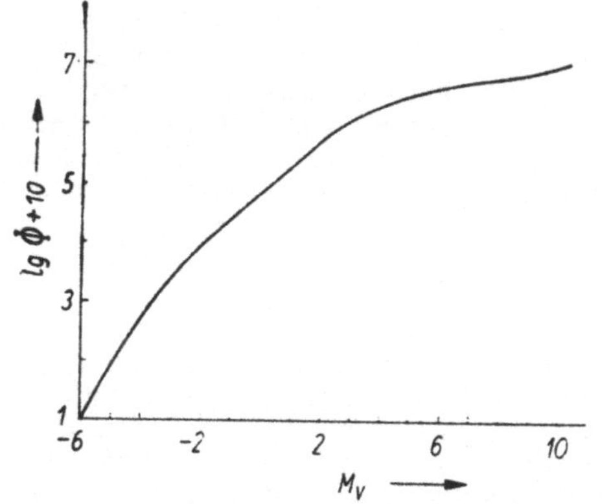

Abb. 8. 12. Leuchtkraftfunktion in der Sonnenumgebung

Raumeinheit $D(r)$ (= Dichtefunktion) in Abhängigkeit von der Entfernung und mit der relativen Verteilung der Sterne über die absolute Helligkeit $\varphi(M)$ (= Leuchtkraftfunktion) zur Schwarzschildschen Integralgleichung der Stellarstatistik verknüpft:

$$N(m)\,dm = \omega\,dm \int_0^\infty r^2 D(r)\,\varphi(M)\,dr. \qquad (8.13)$$

Dabei ist ω der Raumwinkel des untersuchten Gebietes. Gl. (8.13) wird im allgemeinen durch numerische Verfahren gelöst, wobei häufig die Leuchtkraftfunktion $\varphi(M)$ als bekannt vorausgesetzt, und zwar die der Sonnenumgebung ($r \leqq 10\,\text{pc} = 32{,}6\,\text{LJ}$) verwendet wird, die in Abb. 8.12 dargestellt ist. Diese Abbildung verdeutlicht die große Häufigkeit der Sterne geringer Strahlungsleistung. Die Leuchtkraftfunktion ist ortsabhängig. So ist z. B. in vielen offenen Sternhaufen die relative Anzahl leuchtkraftstarker Sterne größer als in der Sonnenumgebung.

Die Sterndichte (Anzahl der Sterne in der Raumeinheit) beträgt in der Sonnenumgebung etwa $0{,}1\,\text{pc}^{-3}$ (= $3{,}5\,\text{LJ}^{-3}$). Berücksichtigt man die Massen der einzelnen Sterne und einen Beitrag der interstellaren Materie von etwa 20%, so folgt die Massendichte in unserer Nachbarschaft zu etwa $4{,}5 \cdot 10^{-24}\,\text{g cm}^{-3}$. Von den Sternen der Sonnenumgebung entfallen auf die Hauptreihe des Hertzsprung-Russell-Diagramms 91%, auf den Riesenast 0,7% und auf die Weißen Zwerge 8%.

Die Strukturuntersuchungen ergaben, daß das Zentrum des Milchstraßensystems in Richtung zum Sternbild Sagittarius in einer Entfernung von etwa 85 kpc (21 000 LJ) zu suchen ist. In den zentrumsnahen Bereichen befindet sich ein ellipsoidischer Zentralkörper, in dem die Sterndichte die in der Sonnenumgebung beobachtete um etwa zwei Größenordnungen übertrifft. Der Durchmesser dieses Gebietes liegt bei etwa 6 kpc

($\approx$ 19 000 LJ). Dieser Zentralkörper ist in eine diskusförmige Scheibe eingebettet, deren Ausmaß in der Symmetrieebene rund 35 kpc (= 115 000 LJ) ausmacht. Die Dicke der Scheibe beträgt im Zentrum ungefähr 5 kpc (= 16 300 LJ). Scheibe und Zentralkörper sind von einem nahezu sphärischen Halo, für den Kugelsternhaufen typisch sind und der einen Durchmesser von etwa 50 kpc (= 163 000 LJ) aufweist, umhüllt.[1] Innerhalb der Scheibe sind in einer relativ sehr dünnen Schicht (Dicke etwa 200 pc = 650 LJ) die nichtstellare Materie und die aus ihr entstandenen jungen Objekte (Sterne der Spektraltypen O und B, offene Sternhaufen) konzentriert. Diese Objekte bilden eine Spiralstruktur aus, die im optischen Spektralbereich wegen der geringen Reichweite nur bruchstückhaft, im Radiowellengebiet aber im gesamten System zu erkennen ist. Im Zentralgebiet befindet sich eine rotierende und expandierende dünne Scheibe aus interstellarem Gas, deren Durchmesser etwa 1 kpc (= 3 260 LJ) ausmacht. Im Zentrum wurde eine intensive Radioquelle aufgefunden, die nichtthermische Strahlung aussendet. Ihr Durchmesser beläuft sich auf nur wenige Lichtjahre. Über ihre Natur ist wenig bekannt.

Die beobachtete Polarisation des Sternlichts, die durch den interstellaren Staub verursacht wird, belegt die Existenz eines großräumigen interstellaren Magnetfelds von etwa 10^{-9} bis 10^{-10} T, in dem die interstellaren Staubteilchen ausgerichtet sind.

8.3.2. Bewegungsverhältnisse im Milchstraßensystem

Die Interpretation der Radial- und Tangentialgeschwindigkeiten von Sternen vom Sonnentyp in unserer weiteren Umgebung zeigte, daß sich die Sonne relativ zu diesen Sternen mit einer Geschwindigkeit von 20 km s^{-1} in Richtung auf das Sternbild Hercules zu bewegt. Aus der Streuung der Geschwindigkeiten um diesen Wert ist zu schlußfolgern, daß die durchschnittliche individuelle Geschwindigkeit (Pekuliargeschwindigkeit) für alle Hauptreihensterne etwa vom gleichen Betrag ist. Für alte Sterne (Unterzwerge, RR Lyraeveränderliche) ergeben sich deutlich größere Pekuliargeschwindigkeiten (> 50 km s^{-1}). Relativ zur Gesamtheit der mehr als 100 bekannten Ku-

---

[1]) Neuere Ergebnisse lassen vermuten, daß sich in dem ausgedehnten Halo eine große Anzahl von Objekten mit geringer Strahlungsleistung befindet. Daher dürfte die Gesamtmasse des Milchstraßensystems um rund eine Größenordnung größer sein als bisher angenommen wurde.

gelsternhaufen unseres Systems bewegt sich die Sonne mit einer Geschwindigkeit von etwa 200 km s^{-1} in eine Richtung, die senkrecht auf der Richtung zum Zentrum steht und in der Symmetrieebene liegt. Dieser Befund ist als Widerspiegelung des Umlaufs der Sonne auf einer kreisförmigen Bahn um das Zentrum des Milchstraßensystems zu deuten. Als Umlaufgeschwindigkeit wird $V_{rot} = 220$ km s^{-1} angenommen. Die Umlaufzeit um das Zentrum beträgt damit $2{,}5 \cdot 10^8$ Jahre.

Wegen der Massenkonzentration zum Zentrum hin ist eine differentielle Rotation zu beobachten, die sich durch die Oortschen Rotationsformeln beschreiben lassen. Danach ist die Radialgeschwindigkeit RG eines Sterns in der Milchstraßenebene mit der Entfernung r in der galaktischen Länge l ($l = 0°$ in Richtung zum Zentrum des Systems) durch

$$RG = Ar \sin 2l \tag{8.14}$$

und die Tangentialgeschwindigkeit EB des betreffenden Sterns durch

$$EB = Ar \cos 2l + Br \tag{8.15}$$

gegeben. Hierbei sind die Konstanten $A = 15$ km s^{-1} kpc^{-1} und $B = -10$ km s^{-1} kpc^{-1}. Den Geschwindigkeitskomponenten der Beziehungen (8.14) und (8.15) überlagern sich die Pekuliarbewegungen der Objekte.

Die Auswertung der beobachteten Radialgeschwindigkeiten des interstellaren Wasserstoffgases im Radiowellengebiet zeigt, daß die Rotationsgeschwindigkeit mit wachsender Entfernung vom Zentrum des Systems rasch ansteigt, sein Maximum bei einem Zentralabstand von rund 8 kpc (= 26000 LJ) mit etwa 260 km s^{-1} erreicht und nach außen langsam abfällt. Daraus läßt sich

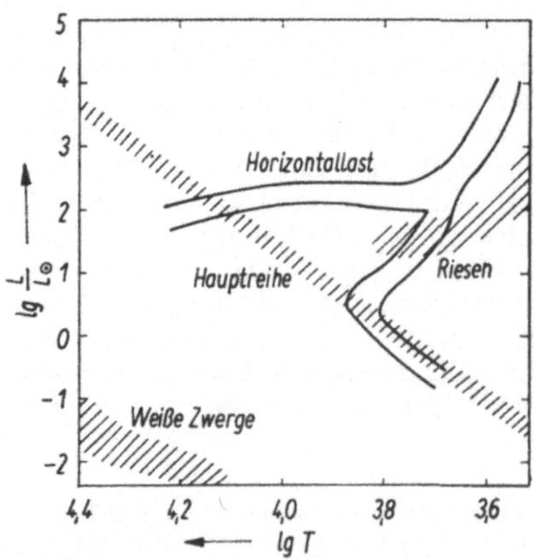

Abb. 8.13. Hertzsprung-Russell-Diagramm für Sterne der Halopopulation (offen) und der extremen Population I (gestrichelt)

die Masse des inneren Teils des Milchstraßensystems zu rund $1{,}5 \cdot 10^{11}$ Sonnenmassen $= 3 \cdot 10^{41}$ kg abschätzen, wobei der Anteil der nichtstellaren Materie im gesamten System etwa 5 % beträgt. Die Gesamtmasse einschließlich des Halos dürfte bei 10^{12} Sonnenmassen liegen.

8.3.3. Populationen

Die unterschiedliche Verteilung von Objekten mit verschiedenen Eigenschaften am Himmel spiegelt die unterschiedliche räumliche Anordnung dieser Himmelskörper wider und weist auf unterschiedliche Sternpopulationen hin. Heute kennt man fünf Populationstypen. Dabei dienen als Kriterien: a) die räumliche Anordnung, vor allem die Konzentration zur Symmetrieebene des Systems (ausgedrückt durch den mittleren Abstand von dieser Ebene $\bar{z}$), b) die kinematischen Eigenschaften, insbesondere die Geschwindigkeitskomponente senkrecht zur Milchstraßenebene v_z, c) das Alter τ und d) die relative Häufigkeit Me der schwereren chemischen Elemente (Kernladungszahl $Z \geq 6$).

Die extreme Population I ist eng an die Symmetrieebene gebunden, besitzt somit nur eine kleine Geschwindigkeitskomponente senkrecht zur Milchstraßenebene. Die Objekte dieser Population sind sehr jung und weisen eine relativ große Häufigkeit an schwereren chemischen Elementen auf. Demgegenüber ist die Halopopulation durch große Abstände von der Symmetrieebene und demzufolge auch große Geschwindigkeitskomponenten v_z, ein hohes Alter und geringe Häufigkeit an schweren chemischen Elementen gekennzeichnet. Typische Zahlenwerte und einige charakteristische Vertreter der Populationen enthält Tab. 8.9. Darüber hinaus kommt die unterschiedliche Anordnung der Sterne beider extremen Populationen im Hertzsprung-Russell-Diagramm in Abb. 8.13 zum Ausdruck, was vor allem auf die unterschiedliche chemische Zusammensetzung zurückzuführen ist.

8.4. Extragalaktische Sternsysteme

Mit bloßem Auge sind als schwache nebelhafte Gebilde sichtbar der Andromedanebel und die beiden Magellanschen Wolken am Südhimmel. Im Teleskop lassen sie sich in Einzelobjekte auflösen: Kugelhaufen, offene Sternhaufen, Überriesen, veränderliche Sterne, leuchtende Gasnebel u. a. Es erweist sich, daß sie und viele andere, mit Teleskopen sichtbaren Nebel Sternsysteme außerhalb der Milchstraße sind (extragalaktische Sternsysteme, Galaxien).

Tabelle 8.9. Sternpopulationen und ihre Hauptvertreter

Eigenschaft	Halopopulation	Zwischen-population II	Scheiben-population	Ältere Population I	Extreme Population I
$\bar{z}$ [pc]	2000	700	400	160	120
v_z [km s^{-1}]	75	25	17	10	8
τ [10^9 Jahren]	> 6	5 bis 6	1,5 bis 5,0	0,1 bis 1,5	< 0,1
Me [Massenprozent]	0,003	0,01	0,02	0,03	0,04
Anteil an Gesamt-masse [%] des inneren Systems	23	67		7	3
Verteilung	glatt	glatt	glatt?	inhomogen, Spiralarme	extrem inhomogen, Spiralarme
Vertreter	Kugelhaufen Unterzwerge RR Lyrae mit $P > 0^{d}4$	Schnelläufer mit $v_z > 30$ km/s langperiodische Veränderliche	Sterne des Milchstraßen-zentralkörpers Planetarische Nebel Novae	Sterne des Spektraltyps A Metallinien-sterne	interstellare Materie junge Sterne offene Stern-haufen Cepheiden

8.4.1. Morphologie und Aufbau der Galaxien

8.4.1.1. Typen der Galaxien

Man unterscheidet nach ihrem Aussehen sechs Typen von normalen Galaxien: elliptische Galaxien E, SO Galaxien, Spiralnebel S, Balkenspiralen SB, irreguläre Galaxien I, sowie kompakte Galaxien (Abb. 8.14).

In den *elliptischen Nebeln* sind nur selten Strukturen erkennbar; ihre Helligkeit nimmt vom Zentrum allmählich nach dem Rand hin ab. Die beobachtete Elliptizität hängt ab von der wahren Abplattung des Systems und von der Blickrichtung auf die Hauptebene des Systems. Man kennzeichnet die Elliptizität durch die Größe 10 $(a - b)/a$ (a große Halbachse, b kleine Halbachse der beobachteten Ellipse). EO bedeutet einen kreisförmigen Nebel ($a = b$). Die elliptischen Galaxien bestehen aus alten Sternen der Population II. Nur vereinzelt enthalten sie interstellares Gas.

Spiralgalaxien besitzen in der Hauptebene Spiralarme, die normalerweise tangential am Rande eines hellen Kerngebietes am gegenüberliegenden Punkt entspringen und das Kerngebiet in Form einer logarithmischen Spirale umwinden. Meist sind nur zwei Arme vorhanden, die sich noch in Seitenarme aufspalten können. Von der Seite gesehen, erscheinen Spiralgalaxien spindelförmig mit dunklen Streifen absorbierender staubförmiger Materie durchsetzt. In den Spiralarmen findet man Objekte der Population I: heiße, junge Sterne und gasförmige und staubförmige interstellare Materie. Im Kerngebiet befinden sich Objekte der Population II. Spiralgalaxien sind umgeben von einem sphärischen Halo, bestehend aus Population-II-Sternen und Kugelhaufen.
Je nach der Größe des Kerngebiets teilt man die Spiralgalaxien in Untertypen Sa bis Sc (gelegentlich noch bis Sd und Sm) ein. In dieser Sequenz werden die Spiralarme immer offener und aufgelockerter.

Balkenspiralen SB unterscheiden sich von den normalen Spiralgalaxien durch einen Balken, der geradlinig durch den Kern geht und an dessen beiden Enden die Spiralarme entspringen. Die Größe des Kerngebiets ist auch hier ein Maß für die Einteilung der Balkenspiralen in Untergruppen SBa bis SBc.

SO-Galaxien gelten als Übergangstyp zwischen elliptischen und Spiralgalaxien. Sie ähneln den großen Kerngebieten der Sa-Spiralen. Sie besitzen einen scharfen Rand; im Zentrum befindet sich ein heller punktförmiger Kern.

Die *irregulären Galaxien* besitzen keine symmetrische Form. Sie bestehen aus Ansammlungen von Sternen (vorwiegend der Population I), Gas und dunkler Staubmaterie.

Das Merkmal der *kompakten Galaxien* ist ihre 100- bis 1000mal größere Flächenhelligkeit. Sie haben relativ zu anderen Galaxien einen kleineren Durchmesser und zeigen in der meist kreisrunden Gestalt keine Strukturen.

8.4.1.2. Masse, Leuchtkraft und Dynamik der Galaxien

Die Masse von Einzelgalaxien wird aus der Rotation des Systems ermittelt. Hierzu muß die Radialgeschwindigkeit einzelner Punkte in verschiedenen Abständen vom Zentrum bestimmt werden. Die Umlaufbewegung hängt vom Verlauf des Gravitationspotentials ab und läßt auch Rückschlüsse auf die Massenverteilung zu. Bei Spiralgalaxien rotieren die inneren Partien wie ein starrer Körper mit konstanter Winkelgeschwindigkeit. Ein voller Umlauf dauert etwa 10 bis 100

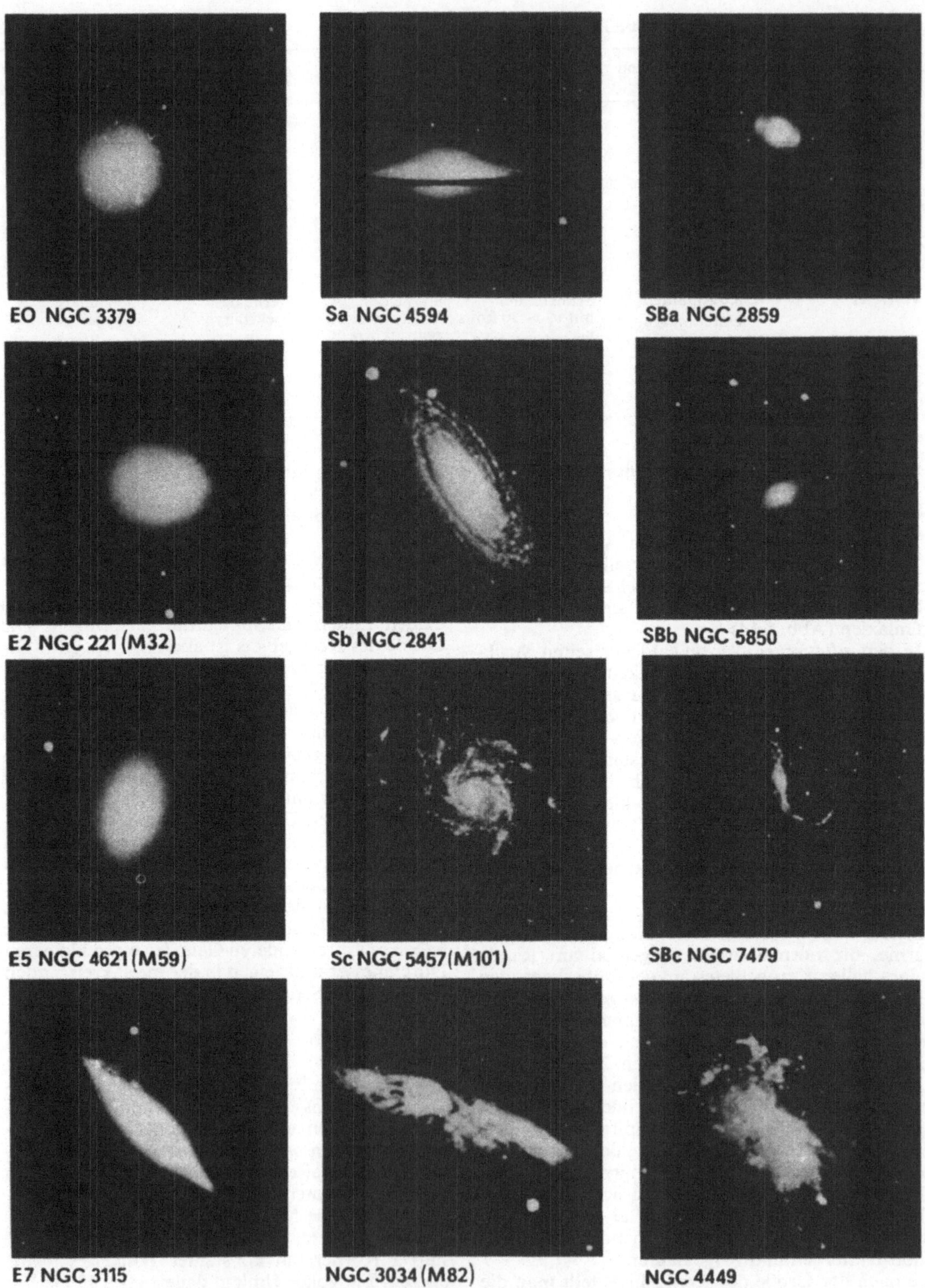

Abb. 8.14. Die Hubble-Typen der Galaxien. NGC 3034 und NGC 4449 sind irreguläre Galaxien

Millionen Jahre. Die anschließenden Partien bis zum Rand rotieren mit konstanter Geschwindigkeit von 100 bis 300 km/s, woraus man auf einen ausgedehnten, wasserreichen und nichtleuchtenden Halo schließen muß, in den die sichtbare Galaxie eingebettet ist. Elliptische Galaxien besitzen im allgemeinen keine Rotation. Hier bewegen sich die Sterne unabhängig voneinander im gemeinsamen Gravitationspotential um das Zentrum. Die spektroskopisch aus der Linienverbreitung ermittelte Geschwindigkeitsdispersion ergibt mittels des Virialsatzes die Masse des Gesamtsystems. Auch Doppelgalaxien, für die Hinweise ergeben, daß sie gravitativ gebunden sind, lassen, wie Doppelsterne, eine Massenbestimmung zu. Da nur die radiale Geschwindigkeitskomponente meßbar ist und die Bahnneigung unbekannt ist, erhält man nur statistische Mittelwerte.

Die Spannweite der Masse ist bei den elliptischen Systemen sehr groß: sie reicht von 10^5 Sonnenmassen bei den sicher im Kosmos am häufigsten vorhandenen Zwergsystemen bis zu 10^{13} Sonnenmassen bei den seltenen Überriesensystemen. Der Massebereich der Spiralgalaxien ist enger: zwischen 10^{10} und 10^{11} Sonnenmassen. Vermutlich benötigen sie zusätzlich eine Mindestmasse in dem ausgedehnten Halo, der die Stabilität der Scheibe, also den Spiraltyp, erst ermöglicht. Entsprechend den Massen streuen auch die absoluten Helligkeiten von -9^m bis -22^m bei den elliptischen Galaxien und von -16^m bis -22^m bei den Spiralgalaxien. Das Verhältnis von Masse zu Leuchtkraft ist bei den Spiralgalaxien kleiner als bei den elliptischen Systemen. Unser Milchstraßensystem und der Andromedanebel zählen mit -19^m und -20^m zu den absolut hellen Galaxien.

Die Durchmesserwerte reichen von 1 000 Lichtjahren bei Zwergsystemen bis 150 000 Lichtjahre bei Riesengalaxien. Der mittlere Abstand der Sterne in den Galaxien beträgt ungefähr 10^7 Sterndurchmesser. Bei den Geschwindigkeiten der Sterne von rund 100 km/s ist ein direkter Zusammenstoß erst im Laufe von 10^{19} Jahren, also weit über der Lebenszeit eines Sternes, zu erwarten. Auch eine enge Begegnung, die den Stern durch gravitative Wechselwirkung um 90° aus seiner Bahn lenkt (gravitativer Stoß) erfolgt im Mittel nur alle 10^{14} Jahre. Man kann daher das „Sternengas" der Galaxien als stoßfrei betrachten. Bei Abwesenheit von interstellarer Materie sind daher Galaxien stabil; insbesondere haben elliptische Galaxien im Laufe ihrer Existenz von 10^{10} Jahren ihre Form nicht verändert. Anders verhält es sich bei Anwesenheit von interstellarem Gas, da dieses nicht stoßfrei ist. Aufheizung durch Sternstrahlung und kosmische Strahlung sowie durch Stoßwellen, die von Supernovaexplosionen ausgehen, Turbulenz und Abkühlungsprozesse lassen im Gravitationspotential einer rotierenden Galaxie eine gasförmige Scheibe von einigen hundert Lichtjahren Dicke in der Äquatorebene entstehen, wie man sie bei den Spiralgalaxien beobachtet. Kompressionen und Kondensationen im Gas führen immer wieder zu Sternentstehungen. Dies erfolgt vorwiegend in den Spiralarmen, die als Potentialwellen durch das Gas laufen und eine Dichtewelle im Gas hervorrufen.

8.4.2. Hubble-Effekt

Wegen der großen Entfernungen der Galaxien von über Millionen bis Milliarden Lichtjahren können an ihnen keine Eigenbewegungen nachgewiesen werden. Man ist auf Messung der Radialgeschwindigkeit angewiesen, die sich nach dem Doppler-Effekt aus der Linienverschiebung $\Delta\lambda$ im Spektrum bestimmen läßt. Die relative Linienverschiebung $z = \Delta\lambda/\lambda_0$ (λ_0 Laboratoriumswellenlänge) ergibt nach der klassischen Doppler-Formel die Geschwindigkeit $v = cz$ (c Lichtgeschwindigkeit).

Fast ausschließlich sind die Linien der Spektrallinien der Galaxien nach größeren Wellenlängen, also nach dem Roten verschoben (z positiv), was eine von uns weggerichtete „Flucht"-Bewegung bedeutet. Lediglich bei Galaxien der näheren Umgebung kommen auch Bewegungen auf uns zu (Blauverschiebung). Ende der zwanziger Jahre entdeckte E. P. HUBBLE (1889–1953), daß zwischen Entfernung r und Rotverschiebung z (bzw. Fluchtgeschwindigkeit v) eine lineare Beziehung besteht (Hubble-Effekt):

$$cz = v = Hr. \tag{8.16}$$

Der Wert der Proportionalitätskonstante H (Hubble-Konstante) läßt sich schwer frei von möglichen systematischen Verfälschungen bestimmen. Er liegt nach den gegenwärtigen Erkenntnissen im Intervall $50 \leq H \leq 100$ km/s je Mpc, d. h. die Fluchtgeschwindigkeit nimmt um diesen Betrag zu, wenn man Galaxien betrachtet, die jeweils 1 Mpc oder rund 3 Millionen Lichtjahre weiter entfernt sind. Tatsächlich gilt für den Doppler-Effekt die relativistische Form

$$\frac{\lambda_0 + \Delta\lambda}{\lambda_0} = \sqrt{\frac{1 + v/c}{1 - v/c}}, \tag{8.17}$$

so daß auch Werte $z \geq 1$ möglich sind. Indem die Kosmologie den Hubble-Effekt theoretisch begründete, machte sie die Rotverschiebungen z der Spektren extragalaktischer Objekte zu einem Maßstab für die enormen extragalaktischen Distanzen (s. Abschn. 8.5.).

8.4.3. Pekuliare oder aktive Galaxien

Die Auffassung, daß Galaxien stabile und unveränderliche Objekte sind, wurde durch die Entdeckung der aktiven Galaxien revidiert. Auf diese Aktivität deuten verschiedene Merkmale hin, die nicht immer gemeinsam auftreten: Stark verbreiterte Emissionslinien, intensive Radiostrahlung, nichtthermische Kontinuumsstrahlung, zeitliche Variabilität, Auswürfe und Schweife. In allen Fällen gehen die Aktivitäten vom Kerngebiet der Galaxien aus.

8.4.3.1. Seyfert-Galaxien

Rund 10% der helleren Spiralgalaxien gehören zu diesem Typ. Sie besitzen einen sehr hellen sternförmigen Kern, in dem sehr breite Emissionslinien auf turbulente Bewegungen interstellarer Gaswolken von 1000 km/s und darüber hinweisen. Die Kontinuumsstrahlung des Kerns ist größtenteils nichtthermischer Natur, nämlich Synchrotronstrahlung, und variiert im optischen Bereich mit Zeitskalen von Wochen und Monaten. Sie muß daher einem sehr kompakten Bereich entstammen. Im Kern befinden sich auch kleine, starke Radioquellen; manche Kerne senden Röntgenstrahlung aus. Seyfert-Galaxien besitzen viel Ähnlichkeit mit Quasaren (8.4.3.3.).

8.4.3.2. Radiogalaxien

Normale Galaxien, wie unsere Milchstraße, senden nur eine relativ geringe Radiostrahlung etwa von der Stärke 10^{30} bis 10^{32} Watt aus. Sie setzt sich im wesentlichen zusammen aus der thermischen Strahlung des ionisierten Wasserstoffs im interstellaren Gas und aus der nichtthermischen Synchrotronstrahlung der Supernovaüberreste und der Elektronen im Halo. Eine millionenmal stärkere Strahlung entsteht in den Radiogalaxien. Das Spektrum hat die Form eines Potenzspektrum $F_\nu \sim \nu^{-\alpha}$, wie es für Synchrotronstrahlung charakteristisch ist, wenn für das Energiespektrum der Elektronen die Beziehung $N(E) \sim E^{-(1+2\alpha)}$ gilt. Der Spektralindex α liegt nach den Beobachtungen zwischen 0,6 und 1,0 mit einer starken Häufung bei 0,8. Interferometrische Untersuchungen ergaben, daß die Struktur der Radioquellen sehr mannigfaltig sein kann. In vielen Fällen stammt die Strahlung aus zwei ausgedehnten Gebieten, die oft weit außerhalb der Galaxien liegen, aber zumeist mehr oder weniger symmetrisch zu ihr angeordnet sind. Die wahren Abstände der Radiokomponenten reichen von einigen tausend Lichtjahren bis zu 20 Millionen Lichtjahre. Entsprechend variiert auch der Durchmesser der Komponenten. Aus der Strahlungsleistung ergibt sich die in den relativistischen Elektronen und im Magnetfeld gespeicherte Energie zu 10^{50} bis 10^{53} J. Aus der Lebensdauer der relativistischen Elektronen und aus statistischen Untersuchungen hinsichtlich der Verteilung der Radioemissionsgebiete konnte man schließen, daß das Radiostadium höchstens 10^5 bis 10^7 Jahre andauert, also ein vergleichsweise kurzes Stadium im Leben einer Galaxie ist.

8.4.3.3. Quasare

Quasare sind sternförmig. Nur ihre hohe Rotverschiebung (bis $z = 4$) läßt erkennen, daß es sich offenbar um sehr helle Kerngebiete weitentfernter Galaxien handelt. Physikalische Merkmale sind die hohe Leuchtkraft (im optischen Bereich über 100mal mehr als die der Milchstraße), die starke Infrarot- und Röntgenstrahlung, bei vielen Quasaren die Radiostrahlung mit den gleichen Strukturen, wie sie von den Radiogalaxien bekannt sind, nichtthermische Kontinuumsstrahlung auch im optischen Bereich und deren Variabilität mit einer Zeitskala von Tagen bis Monaten. Das Emissionsgebiet kann daher nicht größer als einige „Lichtwochen" sein. Zum Teil starke Emissions- und Absorptionslinien, wie sie auch im interstellaren Gas der Milchstraße auftreten, stammen aus einem größeren Gebiet von 1 bis 10 pc Durchmesser. Absorptionslinien zeigen im gleichen Quasar oft ein System von unterschiedlichen Rotverschiebungen. Dies deutet darauf hin, daß die Absorptionslinien in Wolken entstehen, die sich bis zu 1/3 Lichtgeschwindigkeit relativ zu den Emissionsgebieten bewegen und vermutlich vom Quasarkern ausgeschleudert wurden.

8.5. Kosmologie

8.5.1. Das kosmologische Problem

Die Kosmologie geht von dem Prinzip des „perfekten Copernicanismus" aus. Nach diesem gibt es keine ausgezeichneten Gegenden oder Richtungen im Universum. Sieht man – für genügend große kosmische Systeme – von allen lokalen Effekten als „Schwankungserscheinungen" ab, so ist nach diesem „kosmologischen Prinzip" die Materie im homogen Raum verteilt und ihre Bewegung ist isotrop.

Darauf, daß das kosmologische Prinzip mit den tatsächlichen Verhältnissen im Kosmos nach Maßgabe der astronomischen Beobachtungen desto besser erfüllt ist, je größer der erforschte Ausschnitt des Weltalls ist, beruht die theoretische Kosmologie seit Newton über Einstein bis heute. Tatsächlich haben die astronomischen Beobachtungen die Homogenität und Isotropie der kosmischen Materie, des Weltraumes und der ihn erfüllenden Strahlung immer besser bestätigt.

Unter der Voraussetzung des kosmologischen Prinzips zeigte 1922 der sowjetische Mathematiker ALEXANDER FRIEDMANN (1888–1925), daß gemäß Einsteins Allgemeiner Relativitätstheorie sich entwickelnde Kosmen, in Sonderheit kollabierende oder expandierende kosmische Räume, die allgemeinen mathematischen „Weltmodelle" sind; ein statischer Kosmos ist gegen die kleinsten Störungen instabil und wird zum Evolutionskosmos. Friedmanns theoretische Voraussage, die u. a. die Astronomen ARTHUR S. EDDINGTON (1882–1944), WILLEM DE SITTER (1872–1934) und EINSTEIN selbst weiter ausbauten, erwiesen sich als völlig zutreffend. 1928 wurden von dem amerikanischen Astronomen EDWIN HUBBLE (1889–1953) die entsprechenden Dopplerschen Rotverschiebungen der Spektren ferner Galaxien entdeckt. Die Frequenzverschiebungen $-\Delta v/v$ nehmen linear mit der Entfernung der kosmischen Lichtquellen von der Erde zu. Der Wert des Proportionalitätsfaktors, der die „Fluchtgeschwindigkeiten" v der fernen Weltinseln mit ihren jeweiligen Entfernungen s voneinander verbindet, die sogenannte Hubble-Konstante H_0 in Hubbles Gesetz,

$$\frac{-\Delta v}{v} = H \frac{s}{c} = \frac{v}{c}, \qquad (8.18)$$

wurde verschiedentlich revidiert. Neuere Entfernungsbestimmungen führten zu einer Reduzierung des ursprünglich von HUBBLE angenommenen Wertes von H auf 15 bis 30 km s^{-1} pro Millionen Lichtjahre. Jedoch ergab sich prinzipiell in voller Übereinstimmung mit Friedmanns Rechnungen eine Vorgeschichte des uns astronomisch zugänglichen Kosmos, aus der geschlossen wurde, daß vor 10 bis 20 Milliarden Jahren die Massendichte des Kosmos so hoch war wie jetzt die Dichte der Materie im Atomkern, und daß dieses hochenergetische „Uratom" dann im Verlaufe einer kosmischen Expansion zerfiel, wobei sich während des Zerfallsprozesses erst die Galaxien und dann die Sterne bildeten. Im Laufe dieses Entwicklungsprozesses entstanden bereits vorher die Elementarteilchen und dann die Atomkerne und Atome. Ein „stark gealterter" Überrest eines sehr frühen Zustandes der Welt ist die theoretisch vorausgesagte und dann 1965 von den Radioastronomen endlich aufgefundene „schwarze Hintergrundstrahlung" (3-Kelvin-Strahlung), die den Weltraum anscheinend gleichmäßig erfüllt (exakter Wert ~ 2,7 K). Allerdings zeigte sich nun wieder theoretisch, daß diese Eigentümlichkeiten der „relativistischen Kosmologie" gar nicht typisch für die Allgemeine Relativitätstheorie sind, sondern vielmehr durch das kosmologische Prinzip selbst erzwungen werden. Genau so, wie man im Rahmen der Allgemeinen Relativitätstheorie Einsteins gemäß FRIEDMANN die Evolutionskosmen begründen kann, kann man dies auch im Rahmen der Newtonschen Gravitationsdynamik tun. Dies zeigte schon 1934 der englische Astronom EDWIN MILNE (1894–1950). Die mathematischen Gleichungen für die „Newtonschen Weltmodelle" sind sogar exakt dieselben; nur bestimmt in der Relativitätstheorie die die Struktur des Kosmos charakterisierende Konstante die Krümmung des Raumes; in der Newtonschen Dynamik hat sie hingegen die Bedeutung einer Gesamtenergie der Welt (die wiederum in Einsteins Theorie nicht definierbar ist).

Diese Äquivalenz besteht nicht nur für die Theorien von Newton und Einstein in ihren jeweiligen Originalformen, sondern auch für alle möglichen Modifikationen dieser Theorien – etwa im Sinne einer einheitlichen geometrischen Feldtheorie gemäß Einstein oder im Sinne der „Mach-Einstein-Doktrin" von der wechselseitigen Bedingtheit von Raum und Materie. Alle diese theoretischen Ansätze führen zumindest qualitativ – eben auf Grund des kosmologischen Prinzips – auf ähnliche Weltmodelle, und die heutigen astronomischen Beobachtungsmöglichkeiten reichen nicht aus, um quantitative Entscheidungen zwischen ihnen treffen zu können.

8.5.2. Kinematik und Dynamik des Kosmos

In einem isotropen homogenen Kosmos sind nur reine Radialbewegungen der (im Mittel genommenen) homogen verteilten kosmischen „Fundamentalpartikeln" möglich, deren Gravitationsfelder das kosmische Gravitationspotential definieren. Den kosmischen Partikeln ist dann eine universelle Weltzeit t zuschreibbar, die die gemeinsame Zeit ist, die alle mit den kosmischen Fundamentalpartikeln verbundenen Uhren anzeigen. Die Weltzeit t ist also sowohl die Newtonsche Universalzeit als auch die Lorentzsche Lokalzeit bzw. die Einsteinsche Eigenzeit der Fundamentalpartikeln. Als solche „Fundamentalpartikeln" kann man astronomisch entweder die Galaxien oder die Galxienhaufen ansehen.

Die Räume t = const definieren ein universelles Ruhsystem der Fundamentalpartikeln. Die isotrope Radialbewegung bedingt eine Expansion der Räume; die Partikel-Distanzen $r_{AB} = R(t) r_{0AB}$ werden so zur Funktion der Universalzeit t. Die Metrik dieser Raum-Zeit wird notwendig dargestellt durch das Robertson-Walkersche Linienelement der Allgemeinen Relativitätstheorie

$$ds^2 = c^2 \, dt^2 - R^2(t) \frac{dr_0^2}{\left(1 + \frac{\varepsilon}{4} r_0^2\right)^2}. \qquad (8.19)$$

Nach (8.19) betragen die Krümmungsradien der Räume $t = \text{const}$:

$$\frac{R(t)}{\sqrt{\varepsilon}}. \qquad (8.20\,a)$$

Diese Räume sind elliptisch (sphärisch), eben oder hyperbolisch gekrümmt, je nachdem, ob $\varepsilon \gtrless 0$ ist.

$$d\mathfrak{r}_0^2 = \sum \delta_{ik}\, dx_0^i\, dx_0^k \quad (i, k = 1, 2, 3) \qquad (8.20\,b)$$

ist das dreidimensionale euklidische Linienelement. Die innere Metrik der Räume $t = \text{const}$ ist dann durch

$$d\sigma^2 = \frac{R^2\, d\mathfrak{r}_0^2}{\left(1 + \dfrac{\varepsilon}{4}\, r_0^2\right)^2} = \frac{d\mathfrak{r}^2}{\left(1 + \dfrac{\varepsilon}{4}\, r_0^2\right)^2} \qquad (8.20\,c)$$

gegeben.

Die Radialbewegung der Partikeln läßt sich aber auch einfach als Änderung ihrer euklidischen Distanzen r beschreiben:

$$\dot{r} = \dot{R} r_0, \qquad \dot{\mathfrak{r}} = \dot{R}\mathfrak{r}_0, \qquad \dot{R} = \frac{dR}{dt} \qquad (8.21\,a)$$

wo

$$r = R r_0, \qquad \mathfrak{r} = R\mathfrak{r}_0 \qquad (821\,b)$$

ist. Weil t nun die Newtonsche Universalzeit aller Partikeln ist, ist die Kinematik der Fundamentalpartikeln galileisch darstellbar. Die rein radiale Partikelbewegung ist durch

$$\mathfrak{v}_A = \frac{d\mathfrak{r}_A}{dt} = \frac{\mathfrak{r}_A}{r_A}\frac{dr_A}{dt} = \dot{r}_A \frac{\mathfrak{r}_{0A}}{r_{0A}} = \dot{R}\mathfrak{r}_{0A} \qquad (8.22)$$

gegeben. Sie ist in dieser Form aber nur in einem Bezugssystem mit ruhendem Massenmittelpunkt $\mathfrak{R}$ realisiert ($\dot{\mathfrak{R}} = 0$); in einem allgemeineren Galileischen Bezugssystem würde statt (8.22)

$$\frac{d\mathfrak{r}_A'}{dt} = \frac{\mathfrak{r}_A}{r_A}\frac{dr_A}{dt} + \frac{d\mathfrak{R}}{dt} \qquad (8.23)$$

gelten. Daher ist dasjenige Inertialsystem vor allen anderen Galileischen Systemen privilegiert, in dem der Koordinatenursprung $\mathfrak{r} = \mathfrak{R} = 0$ ruht. Der Kosmos definiert einen absoluten Raum im Sinne Newtons. Die kinematische Gruppe der zulässigen Transformationen reduziert sich also auf die (8.22) invariant lassenden dreidimensionalen Drehungen in den Räumen $t = \text{const}$ (d. h. auf die triviale gemeinsame Untergruppe der homogenen Galilei- und der homogenen Lorentz-Gruppe).

Beschreiben wir nun in der klassischen Mechanik ein System von Partikeln, das isotrop expandiert, so entspricht dies einer Dilatation der Teilchenabstände:

$$\mathfrak{r}_{AB} = \dot{R}\mathfrak{r}_{0AB} = \dot{r}_{AB}\frac{\mathfrak{r}_{0AB}}{r_{0AB}}, \qquad \dot{r}_{AB} = \dot{R} r_{0AB}. \qquad (8.24)$$

Nehmen wir eine im Mittel homogene Verteilung der Partikeln an, so folgt aus (8.24) für die mittleren Partikeldistanzen $r = R r_0$ (und damit für den euklidischen Radius des Partikelsystems) die Beziehung

$$\dot{r} = \dot{R} r_0 = v. \qquad (8.25)$$

Die Mechanik des isotrop expandierenden Partikelsystems läßt sich bereits in der Newtonschen Theorie als eine reine Relativmechanik darstellen; diese Darstellung enthält die Aussagen der Newtonschen Kosmologie.

In dem Ruhsystem des Schwerpunktes

$$\mathfrak{R} = 0, \qquad \mathfrak{R} = \sum_A^N m_A\mathfrak{r}_A \left(\sum_B^N m_B\right)^{-1} = 0$$

nimmt die Hamiltonsche Energiefunktion E des N-Teilchensystems eine Form an, die nur die Relativgeschwindigkeiten $\mathfrak{v}_{AB} = \mathfrak{v}_A - \mathfrak{v}_B$, die Relativimpulse $\mathfrak{p}_{AB} = \mathfrak{p}_A - \mathfrak{p}_B = m_A\mathfrak{v}_A - m_B\mathfrak{v}_B$ und die Relativkoordinaten $\mathfrak{r}_{AB} = \mathfrak{r}_A - \mathfrak{r}_B$ enthält. Dies ist die Eigentümlichkeit der Darstellung von Teilchensystemen im Schwerpunktsystem (Föpplsches Theorem der klassischen Mechanik). Die kinetische Energie T eines Systems von N Teilchen läßt sich nämlich schreiben:

$$\begin{aligned}
T &= \frac{1}{2}\sum_A^N m_A v_A{}^2 = \frac{1}{2N}\sum_A^N\sum_B^N \mathfrak{v}_{AB}m_A\mathfrak{v}_A \\
&\quad + \frac{1}{2N}\sum_B^N \mathfrak{v}_B\sum_A^N m_A\mathfrak{v}_A, \\
&= \frac{1}{2N}\sum_A^N\sum_B^N \mathfrak{v}_{AB}\mathfrak{p}_A \\
&\quad + \frac{1}{2N}\sum_B^N \mathfrak{v}_B M\dot{\mathfrak{R}}, \\
&= \frac{1}{2N}\sum_{A>B}^N\sum \mathfrak{v}_{AB}(m_A\mathfrak{v}_A - m_B\mathfrak{v}_B) \\
&\quad + \frac{1}{2N}\sum_B^N \mathfrak{v}_B M\dot{\mathfrak{R}}, \qquad (8.26)
\end{aligned}$$

wo mit $M = \sum_A^N m_A$,

$$\mathfrak{R} = \sum_A^N m_A\mathfrak{r}_A M^{-1} \qquad (8.27)$$

die Schwerpunktkoordinaten sind. Im Schwerpunktsystem $\mathfrak{R} = \dot{\mathfrak{R}} = 0$ gilt also

$$T = \frac{1}{2N}\sum_{A>B}^N\sum \mathfrak{v}_{AB}\mathfrak{p}_{AB}. \qquad (8.28)$$

Sind die Partikeln alle gleich (dies gilt angenähert für die „Fundamentalpartikeln" bis auf statistische Schwankungen):

$$m_A = \frac{M}{N}, \qquad (8.29\,a)$$

ist daher also

$$\mathfrak{p}_A = \frac{M}{N}\,\mathfrak{v}_A, \qquad \mathfrak{p}_{AB} = \frac{M}{N}\,\mathfrak{r}_{AB}, \qquad (8.29\,\mathrm{b})$$

so geht die kinetische Energie T in einen Ausdruck über, der nur die Relativgeschwindigkeiten $\mathfrak{v}_{AB} = \mathfrak{v}_A - \mathfrak{v}_B$ enthält:

$$T = \frac{M}{2N^2}\sum_{A>B}^{N}\sum v_{AB}^2, \qquad (8.30)$$

was im kosmischen Falle der isotropen Dilatation mit $v_{AB} = |\mathfrak{v}_{AB}| = \dot{r}_{AB} = \dot{r}$ einfach

$$T = \tfrac{1}{2}M\dot{r}^2 = \tfrac{1}{2}M\dot{R}^2 r_0^2 \qquad (8.31)$$

ergibt.
Die Wechselwirkungsenergie U ist die Newtonsche potentielle Gravitationsenergie:

$$U = -\gamma\sum_{A>B}^{N}\sum \frac{m_A m_B}{r_{AB}} = -\gamma\frac{M^2}{N^2}\sum_{A>B}^{N}\sum \frac{1}{r_{AB}}. \qquad (8.32\,\mathrm{a})$$

Sie führt mit dem Mittelwert r von r_{AB} auf

$$U = -\gamma\frac{M^2}{r} = -\gamma\frac{M^2}{Rr_0}. \qquad (8.32\,\mathrm{b})$$

Insgesamt ergibt sich somit für das Energieintegral E die Hamilton-Funktion

$$\begin{aligned}
E = T + U &= \frac{M}{N^2}\sum_{A>B}\sum\left(\frac{v_{AB}^2}{2} - \frac{\gamma M}{r_{AB}}\right) \\
&= \frac{M\dot{r}^2}{2} - \gamma\frac{M^2}{r} = \frac{M\dot{r}^2}{2} + M\varphi \\
&= \text{const.} \qquad (8.33)
\end{aligned}$$

Dieser Ausdruck für E enthält zunächst die Größen M und r, die Masse und Radius des N-Teilchensystems sind. In der Kosmologie würden sich diese Größen auf das „ganze Universum" beziehen. Tatsächlich ist diese „absolute Größe der Welt" aber für ihre Kinematik und Dynamik irrelevant. Denn der Energiesatz (8.33), d. i. die Aussage der Zeitunabhängigkeit $E = \text{const}$ der Hamilton-Funktion, können wir mit Hilfe der auf die Maßeinheit r_0 normierten Größen

$$R = \frac{r}{r_0}, \quad \dot{R} = \frac{\dot{r}}{r_0}, \quad \mathfrak{M} = \frac{M}{r_0^3}, \quad h = \frac{E}{Mr_0^2} \qquad (8.34)$$

umformen, wo $\mathfrak{M}$ im wesentlichen die „spezifische schwere Masse" ist.
Damit ergibt (8.33) einen Ausdruck, der nur noch den Distanzfaktor $R(t)$ enthält:

$$\frac{\dot{R}^2}{2} - \frac{\gamma\mathfrak{M}}{R} = h = \text{const.} \qquad (8.35)$$

Diese Form des Energiesatzes der klassischen Partikelmechanik einer homogenen und iso-

tropen „Teilchenwolke" ist die Friedmannsche Fundamentalgleichung der Kosmologie.
Das Potential $\varphi = -\dfrac{\gamma M}{r}$ in der Newtonschen Hamilton-Funktion E genügt formal einer Poisson-Gleichung

$$\Delta\varphi = 4\pi\gamma M\delta(\mathfrak{r}). \qquad (8.36)$$

Es sieht also aus wie das Newtonsche Potential einer sich bei $r = 0$ befindenden Punktmasse M. Tatsächlich ist die Newtonsche Massendichte aber durch

$$\varrho = \sum_A \frac{M}{N}\,\delta(\mathfrak{r} - \mathfrak{r}_A) \qquad (8.37)$$

(mit $\mathfrak{r}_A = $ Ort des Teilchens A) gegeben.
Definitionsgemäß ist mit einer mittleren schweren Massendichte ϱ, die durch homogene „Verschmierung" von ϱ über das ganze Partikelsystem entsteht, die schwere Newtonsche Masse

$$M = \frac{4\pi}{3}\,\varrho r^3 = \frac{4\pi}{3}\,\varrho R^3 r_0^3, \qquad (8.38)$$

also

$$\mathfrak{M} = \frac{4\pi}{3}\,\varrho R^3. \qquad (8.38\,\mathrm{a})$$

Ist die schwere Masse zeitunabhängig:

$$\frac{dM}{dt} = \frac{d\mathfrak{M}}{dt} = 0 \qquad (8.39\,\mathrm{a})$$

und ist ferner die Gravitationszahl γ tatsächlich konstant

$$\frac{d\gamma}{dt} = 0, \qquad (8.39\,\mathrm{b})$$

so ergibt die Hamilton-Funktion (8.33) die Newtonsche Bewegungsgleichung für eine Radialbewegung im Feld der schweren Masse γM:

$$\ddot{r} = -\frac{\gamma M}{r^2} \qquad (8.40)$$

oder, in reinen Relativgrößen geschrieben,

$$\ddot{R} = -\frac{\gamma\mathfrak{M}}{R^2}, \qquad (8.41)$$

welche für jede Fundamentalpartikel P_A des Kosmos gilt. Gl. (8.41) stellt die Bewegung einer Fundamentalpartikel unabhängig von der „absoluten Größe der Welt" dar.
In der Allgemeinen Relativitätstheorie bildet die Hamiltonsche Gleichung (8.35) gemeinsam mit (8.41) das vollständige System der Einsteinschen· Gleichungen für eine ·homogen-isotrope Materieverteilung mit der Robertson-Walkerschen Metrik (8.19), und zwar ebenfalls unter der Voraussetzung, daß (8.39) erfüllt ist. Das

---

Hamilton-Integral (8.35) entspricht der Feldgleichung

$$R_{44} - \frac{1}{2} g_{44} R = -\frac{3\dot{R}^2}{R^2} = \frac{3\varepsilon c^2}{R^2}$$

$$= -\frac{8\pi\gamma}{c^2} T_{44} = -8\pi\gamma\varrho, \qquad (8.42)$$

und die Bewegungsgleichung (8.41) der Feldgleichung

$$R_{44} = \frac{3\ddot{R}}{R} = -4\pi\gamma\varrho. \qquad (8.43)$$

(Alle anderen Einsteinschen Gleichungen sind dann mit (8.19) identisch befriedigt.) Aus (8.42) und (8.43) folgt notwendig (8.39). Die Einsteinschen Gravitationsgleichungen

$$R_{\mu\nu} - \frac{1}{2} g_{\mu\nu} R = -\frac{8\pi\gamma}{c^2} T_{\mu\nu} \quad (\mu, \nu = 1, 2, 3, 4)$$

$$(8.44)$$

liefern – als Realisierung des starken Äquivalenzprinzips Einsteins – die dynamischen Gleichungen in der Form

$$\mathrm{Div}_\nu \left(\frac{8\pi\gamma}{c^2} T^\nu_\mu \right) = 0; \qquad (8.44\,\mathrm{a})$$

ferner ist $\gamma = \mathrm{const}$, $c = \mathrm{const}$, also gilt

$$\mathrm{Div}_\nu \left(T^\nu_\mu \right) = 0. \qquad (8.44\,\mathrm{b})$$

Im Falle der Metrik (8.19) und „reiner Materie" (ohne Druck und Spannungen) reduziert sich (8.44 b) auf

$$\frac{\mathrm{d}}{\mathrm{d}t} \varrho + \frac{3\dot{R}}{R} \varrho = 0, \qquad (8.45)$$

d. i. $\mathfrak{M} = \frac{4\pi}{3} \varrho R^3 = \mathrm{const}$, die Erhaltung der Ruhmasse. Der Vergleich der Einsteinschen Gleichungen (8.42) und (8.43) mit (8.35) ordnet ferner die relativistische Raumkrümmung aus der Metrik (8.19) der Energiekonstante h zu; es ist

$$h = -\frac{\varepsilon}{2} c^2. \qquad (8.46)$$

Insbesondere entsprechen ebenen euklidischen Räumen $\varepsilon = 0$ Newtonsche Teilchensysteme mit verschwindender Gesamtenergie $E = h = 0$.
In der Newtonschen Theorie geht die Kosmologie von der Partikeldynamik aus, in der Allgemeinen Relativitätstheorie hingegen von den Einsteinschen Feldgleichungen. Die Einsteinschen Feldgleichungen liefern die Weltmodelle, wenn das kosmologische Prinzip postuliert wird. Hingegen ist die Poisson-Gleichung (8.36) rein formaler Natur; das Wesentliche steht bei Newton im Energieintegral (8.33).

R und $\varrho \sim R^{-3}$ sind Funktionale der Weltzeit t. Auch die Hubble-Konstante

$$H = \frac{\dot{R}}{R}, \qquad \dot{H} = \frac{\ddot{R}}{R} - H^2 \qquad (8.47)$$

ist ein Funktional der Zeit (und von der Größenordnung des reziproken „Weltalters"): Mit H und $\dot{H}$ lauten die Einsteinschen Gleichungen

$$H^2 = \frac{8\pi}{3} \gamma\varrho + \frac{2h}{R^2}, \qquad (8.47\,\mathrm{a})$$

$$\dot{H} = -4\pi\gamma\varrho - \frac{2h}{R^2}. \qquad (8.47\,\mathrm{b})$$

Der Weltradius $R(t)$ besitzt ein Maximum an einem Zeitpunkt $t = t_0^*$, an dem H verschwindet:

$$H^2(t^*) = \frac{8\pi}{3} \gamma\varrho(t^*) + \frac{2h}{R^2(t^*)} = 0. \qquad (8.48)$$

Ein solches Maximum gibt es ersichtlich nur für negative Energiewerte $h < 0$, also für einen sphärisch gekrümmten Kosmos $\varepsilon > 0$.
Ebene Räume (Systeme mit verschwindender Gesamtenergie) und hyperbolische Räume (mit positiver Gesamtenergie h) expandieren ständig: $R \to \infty$, $\varrho \geqq 0$ für $t \to \infty$.
Es gibt zur Zeit keinen Hinweis auf eine Raumkrümmung, so daß bis zum heutigen Zeitpunkt das Gravitationspotential $\mathfrak{M}/R$ den Term h in der Friedmannschen Gleichung noch weit überwiegt. Daher bestimmt der ebene Einstein-de-Sitter-Raum mit $h = \varepsilon = 0$ die ganze überblickbare Vergangenheit des Universums in ausreichender Näherung. Damit gilt

$$\sqrt{R}\,\dot{R} = \sqrt{2\gamma\mathfrak{M}}, \qquad R = \left(\frac{9}{2} \gamma\mathfrak{M} \right)^{1/3} t^{2/3}. \qquad (8.49)$$

Für die Massendichte ergibt sich $\varrho \sim R^{-3} \sim t^{-2}$ und der Hubble-Parameter beträgt

$$H = \frac{\dot{R}}{R} = \frac{2}{3} \frac{1}{t}.$$

8.5.3. Optik und Thermodynamik des Kosmos

Die Überlegenheit der Allgemeinen Relativitätstheorie Einsteins als Fundament der Kosmologie gegenüber der Newtonschen Darstellung besteht darin, daß in der Allgemeinen Relativitätstheorie der Einfluß des kosmischen Raumes auf alle physikalische Prozesse eindeutig und frei von allen zusätzlichen Hypothesen ableitbar ist. Die Raum-Zeit-Welt der Kosmologie definiert mit ihrer vierdimensionalen Metrik (1) die Geochronometrie, in der alle physikalischen Gleichungen zu formulieren sind. Dies geschieht gemäß dem Allgemeinen Relativitätsprinzip ein.

deutig durch die allgemein-kovariante Schreibung der in der speziell-relativistischen Physik gültigen Gleichungen, z. B. der Maxwellschen Gleichungen oder der Gleichungen der Thermodynamik. Wird in diese Gleichungen die kosmologische Metrik kovariant eingesetzt, so entstehen die kosmologische Optik, Elektrodynamik, Thermodynamik usw. Physikalisch ist dies eine Konsequenz von Einsteins Deutung der Äquivalenz von Trägheit und Schwere.

Da faktisch alle Voraussagen über den Kosmos auf der Interpretation empfangener elektromagnetischer Strahlung beruhen, ist diese Leistung der Allgemeinen Relativitätstheorie ausschlaggebend für die übliche Darstellung der Kosmologie in ihrem Rahmen.

Wir betrachten Weltmodelle mit einer isotropen und räumlich homogenen Verteilung der Materie, wie sie von FRIEDMANN hergeleitet wurden. Das Ruhsystem der kosmischen Materie ist gegeben durch eine Metrik von der Robertson-Walkerschen Form:

$$ds^2 = c^2\, dt^2 - R^2(t)\, d\sigma^2 \qquad (8.50)$$

(c = Lichtgeschwindigkeit).

Hierbei ist

$$d\sigma^2 = \frac{\sum \delta_{ik}\, dx_0^i\, dx_0^k}{\left(1 + \dfrac{\varepsilon}{4}\, r_0^2\right)^2} \qquad (8.50\,\mathrm{a})$$

(mit $i, k = 1, 2, 3$ und ε = const)

das Linienelement eines dreidimensionalen Raumes t = const mit konstanter Krümmung; $\varepsilon > 0$ entspricht einer positiven, $\varepsilon < 0$ einer negativen und $\varepsilon = 0$ einer verschwindenden Krümmung dieses dreidimensionalen Raumes. Man kann natürlich immer so normieren, daß $\varepsilon = +1$, $\varepsilon = 0$ oder $\varepsilon = -1$ gesetzt wird. Der Abstand zweier Punkte in einem dreidimensionalen Raum zur Zeit t ist gegeben durch

$$s = R(t) \int_{P_1}^{P_2} d\sigma. \qquad (8.50\,\mathrm{b})$$

Aus (8.50b) ist zu entnehmen, daß der räumliche Abstand zweier Weltpunkte eine Funktion der Zeit ist. Diese Zeitabhängigkeit bedeutet eine radiale Relativbewegung der Weltpunkte zueinander, und aus einer solchen Relativbewegung resultiert ein radialer Doppler-Effekt. Wird im Punkt P_1 eine Lichtwelle mit der Schwingungsdauer Δt_1 ausgesandt und im Punkt P_2 empfangen, so hat sie infolge dieses Doppler-Effekts in P_2 eine andere Schwingungsdauer Δt_2. Das Verhältnis der beiden Schwingungsperioden ist gegeben durch

$$\frac{\Delta t_2}{\Delta t_1} = \frac{\nu_1}{\nu_2} = \frac{R(t_2)}{R(t_1)} = 1 + \frac{\Delta \lambda}{\lambda} = 1 + z, \qquad (8.51)$$

wo ν_1 und ν_2 die jeweilige Frequenz und λ die Wellenlänge in P_1 bedeuten. Ist die Entfernung zwischen den Punkten P_1 und P_2 – im kosmologischen Maßstab gesehen – nicht sehr groß, so folgt hieraus die angenäherte Beziehung

$$1 + z = 1 + \frac{\dot R}{R}\,(t_2 - t_1). \qquad (8.51\,\mathrm{a})$$

Berücksichtigen wir nun wieder (8.50b), so gilt in derselben Näherung die Formel für den Hubble-Effekt (s. Abschn. 4.2.)

$$z = \frac{\dot R}{R}\, \frac{s}{c} = H\, \frac{s}{c}. \qquad (8.51\,\mathrm{b})$$

Der Koeffizient $H = \dfrac{\dot R}{R}$ in (8.51b) ist die Hubble-Konstante (Gl. (8.16)). Aus (8.51) folgt eine ständige Verschiebung dieser Spektrallinien ins Rote, d. h. zu niedrigen Frequenzen hin, wenn die Entfernungen der Weltpunkte zueinander monoton anwachsen.

Für das Volumen V eines dreidimensionalen Gebietes gilt gemäß (8.50b)

$$V = \frac{4\pi}{3}\, R^3(t)\, r_0^3, \qquad (8.52)$$

d. h., das Volumen eines gegebenen Gebietes des Raumes ist eine Funktion der kosmischen Zeit t.

Der gemäß den Einsteinschen Gleichungen für das Gravitationsfeld zur Metrik (8.50) gehörende räumlich homogene und isotrope Materietensor hat die Form

$$T_4^4 = c^{-2}u(t), \quad T_i^k = -\frac{p}{c^2}\,\delta_i^k, \quad T_{i4} = 0 \qquad (8.53)$$

(mit δ_i^k = Kronecker-Tensor; $i, k = 1, 2, 3$). Die Einsteinschen Gleichungen $R_{\mu\nu} - \tfrac{1}{2} g_{\mu\nu} R = -8\pi\gamma c^{-2} T_{\mu\nu}$ reduzieren sich wieder auf zwei unabhängige gewöhnliche Differentialgleichungen, die sich zusammenfassen lassen in den relativistischen Energiesatz (8.44) der nunmehr für $p > 0$ lautet

$$\dot u + \frac{3\dot R}{R}\,(u + p) = 0 \qquad (8.54\,\mathrm{a})$$

und die weitere Feldgleichung

$$\frac{3\ddot R}{R} = -\frac{4\pi\gamma}{c^4}\,(u + 3p) \qquad (8.54\,\mathrm{b})$$

(der Punkt bedeutet wieder die Ableitung nach der Zeit t).

Dies sind zwei Gleichungen für die drei Funktionen u, p und R; sie treten an die Stelle der beiden Gleichungen (8.42) und (8.43). Ist eine Zustandsgleichung

$$p = p(u)$$

gegeben, so bestimmt der Energiesatz (8.54a) die Energiedichte u als Funktion von R, und (8.54b) ist dann die Bestimmungsgleichung für R als Funktion von t. Wichtig ist, daß in den Energiesatz (8.54a) die Krümmung ε des dreidimensionalen Raumes nicht eingeht, die Thermodynamik also von der Raumkrümmung unabhängig ist. Im Materietensor (8.53) ist die Dichte der Gesamtenergie u die Summe aus der Dichte der Ruhenergie ϱc^2, der der Strahlungsenergie u_s und der der thermischen inneren Energie i. Der Druck p setzt sich aus dem Strahlungsdruck p_s und dem Gasdruck π zusammen:

$$u = \varrho c^2 + u_s + i, \tag{8.55a}$$

$$p = p_s + \pi. \tag{8.55b}$$

Die Zustandsgleichungen lauten

$$p_s = \tfrac{1}{3} u_s \tag{8.56a}$$

bzw.

$$\pi = \tfrac{2}{3} i, \tag{8.56b}$$

wobei ein einatomiges (nichtrelativistisches) Gas vorausgesetzt wird, was etwa den kosmischen Verhältnissen entspricht.

Im gegenwärtigen Zustand des Universums findet ein Umsatz von Ruhenergie in strahlende und thermische Energie bei den thermonuklearen Prozessen im Sterninnern statt. In den Sternen und auch in der interstellaren Materie ist ferner ein Austausch von strahlender und thermischer Energie möglich. Entscheidend für das Verständnis der Thermodynamik (und damit der physikalischen Chemie) des Universums ist nun die Bemerkung, daß seit dem „Urzustand" des Universums bei $t = 0$ (in dem extreme physikalische Bedingungen herrschten) der Energieumsatz kosmologisch nicht bedeutsam ist. Es ist also vorauszusetzen, daß beim gegenwärtigen Zustand des Universums und auch einige Milliarden Jahre zurückgerechnet der durch die thermonuklearen und andere Prozesse bewirkte Austausch zwischen den drei Energiearten gegenüber dem Gesamtbetrag dieser drei Energien vernachlässigbar klein ist, weil die den Energieaustausch bewirkenden Prozesse zu wenig zahlreich und zu wenig intensiv sind. (Diese Annahme steht offenbar im logischen Zusammenhang mit der grundlegenden Annahme einer räumlich homogenen Materieverteilung, die davon ausgeht, daß die Existenz von Massenverdichtungen in der Form von Sternen und Sternsystemen in erster Näherung unwesentlich für die Makrostruktur des Kosmos ist.) Unter der Voraussetzung eines vernachlässigten Austausches zwischen Ruhenergie, Strahlungsenergie und Thermoenergie zerfällt der Energiesatz (8.54a) in drei unabhängige Bedingungen für jede der drei Energiearten:

Für die Ruhenergie folgt mit

$$p = 0 \tag{8.57a}$$

aus (8.54a) der Energiesatz in der Form (8.45)

$$\dot{\varrho}/\varrho = -3\dot{R}/R \tag{8.57b}$$

mit dem Integral

$$\varrho R^3 = \text{const.} \tag{8.58a}$$

Aus (8.58a) und (8.52) folgt

$$M = \varrho V = \text{const.} \tag{8.58b}$$

Dies besagt, daß bei einem von der Zeit abhängigen Volumen V die Dichte der Ruhmasse umgekehrt proportional zum Volumen ist und der Gesamtbetrag der Ruhenergie Mc^2 also erhalten bleibt:

$$Mc^2 = V\varrho c^2 = \text{const.} \tag{8.58c}$$

Für die strahlende Energie folgt mit der Zustandsgleichung (8.56a) aus dem Erhaltungssatz (8.54a)

$$\dot{u}_s/u = -4\dot{R}/R \tag{8.59a}$$

mit dem Integral

$$u_s R^4 \sim u_s V R = E_s R = \text{const} \tag{8.59b}$$

(mit der Gesamtenergie $E_s = u_s V$ der Strahlung). (8.59b) besagt, daß sich bei einer Expansion des Volumens die Dichte der Strahlungsenergie gemäß

$$u_s \sim V^{-4/3} \tag{8.59c}$$

verdünnt, so die gesamte strahlende Energie E_s mit $V^{-1/3} \sim R^{-1}$ abnimmt. Mit Hilfe des Stefan-Boltzmannschen Gesetzes kann eine Strahlungstemperatur T_s definiert werden:

$$u_s \sim T_s^4.$$

Mit dieser folgen aus (8.59b) die von M. V. LAUE angegebenen Gesetze für die Strahlung im relativistischen Kosmos

$$V^{1/3} T_s = \text{const}, \quad \text{Entropie } S \sim V T_s^3 = \text{const.} \tag{8.59d}$$

Die Expansion ist also ein adiabatischer Prozeß, $dS = 0$, und die Strahlungstemperatur T_s ist umgekehrt proportional der Kubikwurzel des Volumens und nimmt entsprechend diesem Gesetz bei der Expansion des Volumens ab.

Die Gesamtenergie E_s der Strahlung setzt sich zusammen aus den Energien $E_\nu = h\nu$ der einzelnen Photonen mit den Frequenzen ν. Eine unmittelbare Wechselwirkung zwischen den Photonen gibt es nicht. Ferner ist eine Wechselwirkung durch die Vermittlung des kosmischen Gases gemäß der Voraussetzung ausgeschlossen, daß von einem Austausch der Strahlungsenergie mit der thermischen Energie abgesehen werden kann. Daher bedeutet die Abnahme der Gesamtenergie der Strahlung eine Abnahme der Energie jedes einzelnen Photons nach dem allgemeinen Gesetz:

$$E_v R = h \nu R = \text{const.} \qquad (8.60)$$

Dies ist die von V. LAUE angegebene Herleitung für die kosmische Rotverschiebung (8.51) der Frequenz

$$\nu \sim R^{-1}. \qquad (8.60\,a)$$

Schließlich folgt für die thermische Energiedichte aus dem relativistischen Energiesatz (8.54a) und der Zustandsgleichung (8.56b)

$$iR^5 \sim iVR^2 = \text{const.}, \qquad (8.61\,a)$$

und hieraus für die Gesamtwärmeenergie $I = iV$ des kosmischen Gases

$$IV^{2/3} = \text{const.} \qquad (8.61\,b)$$

Die Dichte der thermischen Energie ist somit umgekehrt proportional zu $V^{5/3}$, die Gesamtwärmeenergie I nimmt daher proportional $V^{-2/3}$ ab. Definieren wir eine Gastemperatur T_{gas} mit Hilfe der Gasgleichung

$$I_{gas} \sim T_{gas},$$

so folgt aus (8.61b) die adiabatische Abkühlung des kosmischen Gases

$$T_{gas} \sim R^{-2} \sim V^{-2/3}. \qquad (8.61\,c)$$

Es gibt somit für die drei verschiedenen Energieformen drei verschiedene Temperaturen: die Strahlungstemperatur T_s, die Gastemperatur T_{gas} und die der Ruhenergie zuzuordnende Temperatur T_0. Da ein Übergang der Ruhenergie in eine andere Energieform voraussetzungsgemäß ausgeschlossen ist, beträgt die Temperatur der Ruhenergie gemäß einer von E. SCHRÖDINGER angegebenen Abschätzung

$$\left(\frac{2\pi mk}{h^2}\right)^{2/3} \exp\left(\frac{mc^2}{kT_0}\right) > T_0^{3/2}\varrho^{-1} \qquad (8.62)$$

(mit der Ruhmasse m eines Gasteilchens; k Boltzmann-Konstante), so daß praktisch $T_0 \to \infty$ zu setzen ist. Die Existenz von drei verschiedenen kosmischen Temperaturen ist zu interpretieren als eine Folge der Eigentümlichkeit der kosmischen Thermodynamik, die Gesamtruhenergie unverändert zu lassen, während die strahlende Energie und die Wärmeenergie bei der Expansion des Kosmos nach verschiedenen Gesetzen abnehmen, wenn der Austausch zwischen den drei Energiearten vernachlässigt werden kann. $u = \varrho c^2$ ist heute im wesentlichen die Ruhenergiedichte der Sterne. 1965 wurde radioastronomisch ein universeller Strahlungsfluß u_s entdeckt (der nicht die integrale Strahlung der einzelnen Sterne und Sternsysteme ist). Diese universelle elektromagnetische Strahlung erfüllt den kosmischen Raum isotrop und genügt ganz

exakt dem Planckschen Strahlungsgesetz für die Wärmestrahlung. Ihre schwarze Temperatur beträgt heute knapp 3, weswegen sie auch „3-Kelvin-Strahlung" genannt wurde. Die relativistische Kosmologie betrachtet sie als Ergebnis der adiabatischen Abkühlung einer zu früheren Zeiten des Kosmos entstandenen thermischen Strahlung auf heute 2,7 Kelvin.
Daß der Kosmos tatsächlich nicht stationär ist, folgt aus der Differentialgleichung (8.54b). Im Einstein-de-Sitter-Kosmos ist gemäß (8.49) $R \sim t^{2/3}$.
Wir können nun aus den allgemeinen thermodynamischen Beziehungen Schlüsse auf die Vergangenheit des Kosmos ziehen und hieraus den gegenwärtigen Zustand des Kosmos historisch verstehen. Gegenwärtig überwiegt im Kosmos bei weitem die Ruhenergie, deren Dichte

$$\varrho = (10^{-29} - 10^{-31}) \text{ g cm}^{-3}$$

beträgt. Die durch die 3-Kelvin-Strahlung gegebene Dichte der Strahlungsenergie ist

$$u_s/c^2 \approx 10^{-34} \text{ g cm}^{-3}.$$

Hingegen ist die Dichte der thermischen Energie vernachlässigbar klein:

$$i/c^2 \ll 10^{-35} \text{ g cm}^{-3}.$$

Dementsprechend übertrifft gegenwärtig die Strahlungstemperatur des Kosmos um Größenordnungen die Gastemperatur. Der Kosmos ist zur Zeit ein „Materie-Kosmos".
Man entnimmt jedoch aus den Gl. (8.59d) und (8.61c), daß in der Vergangenheit des Kosmos die Verhältnisse anders waren. Mit abnehmenden kosmischen Distanzen, also mit gegen Null gehenden R, übertrifft die Strahlungsenergie die Ruhenergie. Für $R \to 0$ geht sowohl die Dichte der Strahlungsenergie wie diejenige der thermischen Energie gegen Unendlich. Sowohl die Strahlungs- wie die Gastemperaturen wachsen mit $R \to 0$ über alle Grenzen (wobei die für die Gase natürlich dann auch ultrarelativistisch entarten).
Hierbei ist nun aber zu beachten, daß für genügend klein gewordene kosmische Distanzen R, bei den dann bestehenden hohen Dichten, Drücken und Temperaturen, die Voraussetzung eines vernachlässigbaren Austausches zwischen den drei Energiearten sicher nicht mehr zutrifft, was die obigen Schlüsse grundsätzlich modifiziert. Immerhin sieht man, daß zu einer Zeit, in der die kosmischen Abstände auf einen sehr kleinen Bruchteil der heutigen Distanzen zusammengeschrumpft waren, die Ruhenergie im Gegensatz zum heutigen Zustand keine Bedeutung hatte und daß die zur damaligen Zeit ungeheuren Temperaturen, Energiedichten und Drücke von Strahlung und Wärme für das

Universum entscheidend waren, $u \gg \varrho c^2$, (sogenannter „Urknall" oder „big bang" der Kosmologie). Das Zurückrechnen bis zum Zusammenschrumpfen aller Distanzen auf $R \to 0$ (die kosmologische Singularität) mit unendlichen Dichten und Drücken hat keine physikalische Bedeutung, da nichts über die Zustandsgleichung der Materie unter so abnormen Verhältnissen bekannt ist.

8.5.4. Kosmos und Metagalaxis

Grundsätzlich beruht die Kosmologie auf dem Postulat der Persistenz und der Selbstkonsistenz der Naturgesetze im gesamten Kosmos. Ohne dieses Postulat, das bei der Formulierung des allgemeinen Relativitätsprinzips Einsteins und des kosmologischen Prinzips impliziert wird, wäre jede kosmologische Theorienbildung von vornherein gegenstandslos, da dann der Schluß von der Laboratoriumsphysik auf die Physik im Universum unmöglich wäre und auch alle Korrespondenzbetrachtungen in der Kosmologie ihren Sinn verlören.

Dies zeigt, wie methodisch verfehlt kosmologische Hypothesen sind, die auf Grund der mathematischen Singularitäten, die die einfachsten analytischen Ansätze für die mathematischen Weltmodelle enthalten, über eine „Schöpfung des Universums" vor einigen 10 Milliarden Jahren spekulieren. Diese mathematischen Singularitäten besagen – wie EINSTEIN bemerkte – nur, daß wir die physikalischen Elementargesetze noch nicht gut genug formuliert haben, um sie uneingeschränkt auch auf die extremsten Zustände im Kosmos anwenden zu können.

EINSTEIN forderte daher zunächst Begründung und Ausbau einer einheitlichen Feldtheorie für die Gravitation (d. i. für die Raum-Zeit-Metrik) und die Materie (d. i. für die Materiefelder der Quantentheorie). Er betonte, daß für sehr große Dichten seinen allgemein-relativistischen Gravitationsgleichungen und den in sie eingehenden Feldgrößen keine „reale Bedeutung mehr zukommen" sollte. Denn gemäß Einstein ist eine Aufspaltung der physikalischen Realität in „Gavitation" und „übrige Materie" überhaupt nur als ein Grenzfall sinnvoll. Grundsätzlich bilden die Materie und ihre „Existenzformen Raum und Zeit" (ENGELS) eine untrennbare Einheit.

Überdichte und übermassive Materie besitzt andere Qualitäten als die Materie unter den sogenannten „Normalbedingungen" des irdischen Laboratoriums. Dies ist ein grundlegender Aspekt der von ENGELS und von LENIN klassisch formulierten Erkenntnis des dialektischen Materialismus von der qualitativen Unerschöpflichkeit der Materie, die sich nach LENIN in der Unerschöpflichkeit der Eigenschaften jedes ihrer Teilchen widerspiegelt.

Eine theoretische Kosmologie, die eine selbstkonsistente Theorie über die Beziehungen zwischen dem Kosmos als Ganzem und der ihn bildenden Materie geben soll, muß auf dieser qualitativen Unendlichkeit jedes seiner Teilsysteme aufbauen. Jede gedankliche Einschränkung der möglichen Qualitäten der Materieteilchen führt zu scheinbaren Grenzen der Verstehbarkeit des Kosmos aus sich selbst.

Zwei weitere prinzipielle Fragen der heutigen kosmologischen Forschung beziehen sich auf die Unabhängigkeit der Form der Friedmannschen Gleichung (8.35) von der absoluten Größe des kosmischen Systems. Jede homogen-isotrope Materieverteilung genügt der Friedmannschen Gleichung, und dies gilt sowohl gemäß der Newtonschen als auch der Einsteinschen Gravitationstheorie. Daher beschreibt Friedmanns Gleichung nicht nur die Kinematik und Dynamik des „Kosmos als Ganzen", sondern auch in allen ähnlichen kosmischen Systemen, und zwar desto genauer, je größer diese Systeme sind, weil dann die „Oberflächeneffekte" an den Grenzen des Systems für dessen Dynamik vernachlässigbar werden.

Die erste Frage wurde durch die Radioastronomie virulent. Die Radioteleskope dringen in weitere kosmische Entfernungen (mehrere Milliarden Lichtjahre) ein als die optischen Instrumente. Dies liegt vor allem daran, daß bestimmte galaxienartige Objekte, wie die Quasare, u. a. im Radiobereich sehr viel intensiver strahlen als im visuellen Bereich. Daher hat man die quantitativen Grundlagen der Kosmologie, insbesondere die Bestimmung des Hubble-Parameters H und auch die Abschätzung der mittleren kosmologischen Massendichte ϱ neuerdings hauptsächlich auf radioastronomische Daten zu stützen versucht. Dies ergab aber Schwierigkeiten beim Anschluß dieser Ergebnisse an diejenigen aus den optischen Beobachtungen der weiteren Umgebung (bis zu Distanzen von einigen 100 Millionen Lichtjahren), die seit HUBBLE mit wachsender Genauigkeit bestimmt wurden.

Denkbar ist nun, daß tatsächlich zwei verschiedene Expansionsbewegungen beobachtet werden. Die optischen Bestimmungen des Hubble-Effektes ergaben nicht die theoretisch behandelte „Expansion des Kosmos", sondern die Expansion eines großen Teilsystems, zu dem unsere Galaxis gehört. Dieses Teilsystem aus einigen Hundert Millionen Galaxien wird jetzt „Supergalaxis" genannt. Wenn aber alle großen kosmischen Systeme instabil werden und expandieren, so erhebt sich eine Frage, die bereits KANT und

LAMBERT (und dann wieder BOLTZMANN) diskutiert haben und die auch mit am Beginn der relativistischen Kosmologie stand: Hat es überhaupt einen Sinn, den „Kosmos als Ganzes" als ein physikalisches System zu betrachten? Besteht der Kosmos nicht vielmehr aus einer nach oben nicht abbrechenden Hierarchie von immer größeren Systemen, von denen die Astronomie heute eben die Galaxien und Galaxienhaufen und die Supergalaxien kennt? Und ist dann das, was heute – die derzeitigen Grenzen der astronomischen Beobachtungen ausschöpfend – als „Kosmos" erscheint, nicht ebenfalls auch wieder eine weitere höhere Stufe in dieser Hierarchie der kosmischen Systeme? Dann ist das, was die Astronomie und die Relativitätstheorie heute als „Kosmos" bezeichnen, tatsächlich eine „Metagalaxis", von der es im Universum eventuell eine unendliche Anzahl ähnlicher Systeme gibt, die allerdings Abermilliarden von Lichtjahren voneinander entfernt sind. Wegen der grundsätzlichen Ähnlichkeit der Kinematik und Dynamik aller großen kosmischen Systeme ist hier eine Entscheidung schwer zu fällen, es sei denn, man findet kosmische Objekte auf, die mit Sicherheit nicht mehr zu unserer Metagalaxis gehören.

8.6. Kosmogonie

Die erste auf dem Newtonschen Gravitationsgesetz und den Prinzipien der Mechanik beruhende Beschreibung der Bildung des Planetensystems wurde von KANT (1755) mit der „Nebularhypothese" eines infolge der Eigengravitation kontrahierenden Urnebels formuliert. Der besondere erkenntnistheoretische Wert dieser Kantschen Hypothese liegt darin, daß eine gesetzmäßige Entwicklung als Ursache für die Entstehung von Planetensystemen und Sternen angenommen wird, wie FRIEDRICH ENGELS hervorhob.
Ein gleichermaßen evolutionärer, aber im Hinblick auf den Zustand der präplanetaren Materie und auf die Drehimpulsbilanz unterschiedlicher Ansatz wurde von LAPLACE (1796) mit der Hypothese einer rotierenden heißen Uratmosphäre der ursprünglichen kontrahierenden Sonne gegeben.
Abgesehen von „Katastrophenhypothesen" (seit BUFFON 1749), welche die Entstehung des Planetensystems zu einem nahezu unikalen Phänomen machen, beziehen sich nahezu alle in der Folgezeit erarbeiteten Ansätze zur Beschreibung der Prozesse der Entwicklung von Planetensystemen auf die Hypothesen von KANT

oder LAPLACE. Zumeist sind diese Ansätze Weiterentwicklungen im Verständnis einzelner Teilprozesse im Rahmen einer der beiden Basishypothesen.

8.6.1. Kants Nebularhypothese

Nach KANT ist die Materie des Sonnensystems ursprünglich quasikontinuierlich über den gesamten Raum des Sonnensystems verteilt gewesen mit einer Massendichte, die vielleicht kleiner als

$$\varrho \approx \frac{M}{V} \approx \frac{2 \cdot 10^{33} \text{ g}}{V} \approx 10^{-21} \text{ g cm}^{-3}$$

M = Sonnenmasse
V = Volumen des Urnebels

war, so daß die Materie des Sonnensystems primär bis in die Nähe der nächsten Fixsterne reichte. Diese ursprüngliche Materie war gas- und staubförmig mit einem sehr großen Übergewicht der kleineren Partikeln gegenüber den größeren. Diese Partikeln bewegten sich im allgemeinen statistisch ungeordnet in einem von KANT als „chaotisch" bezeichneten Bewegungszustand. Jedoch war diesem chaotischen Bewegungszustand noch zusätzlich eine systematische Bewegung aufgeprägt, ein endlicher Gesamtdrehimpuls. Dieser Gesamtdrehimpuls des Sonnenurnebels entstand, weil sich die Urwolke der Sonne gleichzeitig mit einer großen Anzahl anderer Urwolken, nämlich denjenigen eines Sternsystems von Millionen von Sonnenmassen, herausbildete, wobei dann alle Urwolken – in statistischer Verteilung – verschiedene innere Drehimpulse mitnahmen.
Durch ihre eigene Newtonsche Gravitationsanziehung kollabierte nun die Sonnenwolke; bei diesem Kollaps stießen ihre Partikeln laufend zusammen, und ihre ungeordnete Bewegung wurde durch unelastische Stöße aufgezehrt. Hierbei verfügte schon KANT über die Einsicht, daß sich die hierbei verbrauchte „lebendige Kraft" (die Bewegungsenergie) in Wärme umsetzte. Ohne den primären Drehimpuls würde die ganze Urwolke in eine einzige Zentralmasse kollabieren. Die systematische Bewegung kann durch die Stöße jedoch nicht zum Verschwinden gebracht werden. Sie enthält den „Trägheitswiderstand" in Form der Zentrifugalkräfte

$$\frac{v^2}{R} \sim \omega^2 R \tag{8.63}$$

v = Geschwindigkeit
ω = Winkelgeschwindigkeit.

Auf Grund dieser Trägheitskräfte entstanden im Sonnennebel Wirbel unterschiedlicher Stärke. Beträgt die Stärke eines solchen Wirbels etwa gerade

$$\frac{\mathfrak{M}}{\pi} = \sqrt{\gamma M R} = \omega R^2, \qquad (8.64)$$

so führt dies zu einer Bewegung der Wirbelmassen mit der Geschwindigkeit $v = \omega R$ im Abstand R um das Zentrum.

Im Endergebnis entsteht eine sehr große Massenkonzentration im Zentrum. Diese Massenkonzentration umfaßt tatsächlich über 99 % der Gesamtmasse des Nebels, besitzt aber nur einen sehr geringen Drehimpuls (weniger als 1 %). Um dieses Zentrum bewegen sich relativ kleine Massen (zusammen weniger als 1 % der Gesamtmasse) mit großen Bahndrehimpulsen. Ihre Bewegungsbahnen sind fast komplanar und fast kreisförmig; jedoch eben nur „fast", weil diese Struktur des Sonnensystems nicht das alleinige Ergebnis der dynamischen Prinzipien Newtons, sondern auch das Ergebnis einer statistischen Ausmittlung der ursprünglich ungeordneten Bewegungen der primären Staubpartikeln ist. Somit bringt die Kosmogonie Elemente des Zufalls in die Struktur der kosmischen Systeme hinein, was ebenfalls ENGELS bemerkte.

Die ursprünglich um das Zentrum rotierenden Massenringe der Urwirbel werden dadurch zu Planeten, daß zufällige Inhomogenitäten innerhalb der Ringe, die sich zunächst auf Grund von Kohäsionskräften gebildet hatten, sich dann durch ihre Gravitationskraft vergrößern, wobei mit wachsender Größe der Inhomogenitäten auch die Gravitationsinstabilität ständig anwächst, so daß der Konzentrationsprozeß sich selbst beschleunigt. Die gesamte Ringmasse zieht sich schließlich zu einer Planetenmasse (und den Massen der Satelliten) zusammen. Ein Planet im Abstand R_0 vom Zentrum entsteht aus einem Wirbelring der Breite $2\,\Delta R$. Aus dynamischen und aus rein geometrischen Gründen folgt, daß die äußeren Planeten größere Massen als die inneren Planeten in sich vereinigen werden. Das 3. Keplersche Gesetz führt zu einer differentiellen Rotation der Ringmaterie. Jedoch wächst der Drehimpuls je Massenelement proportional $\sqrt{R}$ an. Da nun wieder aus rein geometrischen Gründen die äußeren Ringschichten mehr zur Gesamtmasse eines Planeten beitragen als die inneren, bekommt jeder Planet eine rechtsläufige Eigenrotation um eine etwa auf seiner Bahnebene senkrecht stehende Achse. Diese Eigenrotation ist eine direkte Folge der Erhaltung des Drehimpulses des Wirbelringes. Der Gesamtdrehimpuls des Ringes zerfällt in den (größeren) Bahndrehimpuls und den (kleineren) Rotationsdrehimpuls des Planeten. Die Eigenrotation wird

im Mittel desto größer sein, je mehr Masse der Planet in sich vereinigt; daher rotieren die äußeren Planeten schneller als die inneren.

Analog zur Entstehung des Sonnensystems, aber in einem kleineren Maßstab und mit einer variierten Verteilung der Verhältnisse von Massen und Bewegungen zwischen Zentralkörper und Satelliten, entstanden auch die Satellitensysteme der Planeten. Überhaupt ist nach KANT der Entstehungsprozeß des Sonnensystems nicht nur der Prototyp für die Frühgeschichte der Sterne, so daß jeder Stern in der Regel ein Planetensystem besitzt, sondern auch ein Modell für die Kosmogonie von kosmischen Systemen beliebiger Größe: Nach denselben Prinzipien wie das Planetensystem entstanden auch die Sternsysteme einschließlich der Kantschen Weltinseln, der Galaxien und Galaxienhaufen.

Diese Analogie der kosmogonischen Prozesse bedingt z. B. die morphologische Analogie, die zwischen der Struktur der Galaxien (der Spiralnebel) und der Kantschen Urnebel eines Sonnensystems besteht: Dieselben dynamischen Gesetze wirken auf analoge Systeme mit verschiedenen Größenordnungen in der Systemhierarchie.

Diese kosmogonische Analogie ermöglichte auch die nach 1900 von J. JEANS vorgenommene Übertragung der Kantschen Ideen über die Gravitationsinstabilitäten sowie über die kosmogonische Bedeutung der cartesianischen Wirbel aus der Kosmogonie der Sonnensysteme auf die Kosmogonie der Galaxien.

Die potentielle Energie einer aus dem Unendlichen auf den Radius R kollabierten (kugelförmigen) Wolke der Masse M ist darstellbar als

$$-V = \frac{3}{5}\,\gamma\,\frac{M^2}{R}. \qquad (8.65)$$

Für ihre (innere) thermische Energie gilt

$$E_t = \tfrac{3}{2}NkT, \qquad (8.66)$$

wobei die N die Teilchenzahl der Wolke und T ihre Temperatur symbolisieren.

Im Sinne einer größenordnungsmäßigen Betrachtung gilt offenbar als Bedingung für den weiteren Kollaps

$$\frac{3}{5}\,\gamma\,\frac{M^2}{R} > \frac{3}{2}\,NkT \quad \text{bzw.} \quad R < R_c \qquad (8.67)$$

mit

$$R_c = \frac{2}{5}\,\gamma\,\frac{M\mu}{kT}, \qquad (8.68)$$

wobei μ die mittlere Molekülmasse der (als homogen angenommenen) Wolke ist.

Für die hier durchgeführte größenordnungsmäßige Einordnung der relevanten physikalischen Prozesse sind aber die leicht unterschiedlichen Werte der Vorfaktoren unwesentlich. Im folgenden wird einfach der Wert $\frac{2}{5}$ verwendet.

Der mit (8.68) in Abhängigkeit von M, μ und T gegebene kritische Radius läßt sich auch als Funktion von μ, ϱ und T darstellen, wobei ϱ die mittlere Massendichte der Wolke ist:

$$R_J = \left(\frac{15}{8\pi} \frac{kT}{f\mu\varrho} \right)^{1/2}. \tag{8.69}$$

Die Kollapsbedingung ist dann gemäß JEANS

$$R > R_J. \tag{8.70}$$

Die Minimalmasse für den Kollaps, $M > M_{min}$, ist

$$M_{min} = \frac{5}{2} \sqrt{\frac{15}{8\pi}} \left(\frac{kT}{f\mu} \right)^{3/2}. \tag{8.71}$$

Die damit gegebene Größenordnung ist $M_{min} \approx 10^3$ Sonnenmassen. Dieser Wert kann im Falle der Kontraktion fördernder äußerer Drücke oder Magnetfelder kleiner ausfallen. Im Falle von mit der Spiralstruktur möglicherweise verknüpften Dichtestoßwellen gilt $M_{min} = 120$ Sonnenmassen. Einen möglichen Einfluß auf die Kollapsbedingungen können auch thermochemische Instabilitäten durch H_2-, CO- bzw. H_2O-Entstehung bzw. -Zerfall ausüben.

Eine entscheidende Modifikation kann auch durch den Einfluß der Rotation auf die Kontraktionsprozesse erfolgen. Für die kinetische Energie einer (starr) rotierenden Kugel gilt

$$E_{kin} = \tfrac{1}{2} I\omega^2, \tag{8.72}$$

wobei I das Trägheitsmoment ist. Mit $I = \tfrac{2}{5} Mr^2$ folgt, daß die Rotation den Kollaps verhindert im Falle

$$\frac{M}{5} \omega^2 R^2 > \frac{3}{5} \gamma \frac{M^2}{R} \quad \text{bzw.} \quad v > v_{krit}, \tag{8.73}$$

mit

$$v_{krit} = \left(\frac{3\gamma M}{R} \right)^{1/2}. \tag{8.74}$$

Die beobachteten Rotationsgeschwindigkeiten von Wolken liegen weit unter diesem Wert, so daß eine derartige Stabilisierung zumindest in den Anfangsphasen des Kollaps nicht wesentlich ist, wie dies Kants Ansatz auch annimmt.

Jedenfalls bildet sich die Sonne der Masse M_s gleichzeitig mit einem Sternhaufen von einigen Hundert Sternen ähnlicher Massen.

Für den Prozeß der Entstehung der Sonne und ihres Planetensystems ist die relativ kurze Zeit nach der primären Ausbildung von Gravitationsinstabilitäten, ein Zeitraum von nur einigen 10 Mio Jahren, entscheidend. Dies ist der Zeitraum bis zur Zündung von Kernfusionsprozessen im Sonneninnern.

Nach Ausbildung der entsprechenden Gravitationsinstabilität kontrahierte ein Teil der Wolke von größenordnungsmäßig einer Sonnenmasse unter der Wirkung der eigenen Schwere. Dieser Kontraktionsprozeß ist mit der von HELMHOLTZ untersuchten Energieproduktion einer Gaskugel durch Umsetzen ihrer potentiellen Gravitationsenergie V in Arbeit verbunden. Die energetischen und thermischen Verhältnisse in der kontrahierenden Ursonne werden quantitativ beschrieben durch ein Theorem von POINCARÉ, nach dem die innere Energie U der Gaskugel immer gleich dem halben Betrag der jeweiligen potentiellen Gravitationsenergie ist:

$$U = \frac{1}{2} |V| = \frac{3}{10} \gamma \frac{M_s^2}{r} \tag{8.75}$$

(r = momentaner Sonnenradius).

Die Energiedifferenz

$$V(r_1) - V(r_2) + U(r_1) - U(r_2)$$
$$= \tfrac{1}{2}(V(r_1) - V(r_2))$$

zwischen den verschiedenen Kontraktionsstadien verliert die Sonne in Form von Wärmestrahlung.

Die innere Energie U ist im wesentlichen ungeordnete kinetische Energie und repräsentiert sich phänomenologisch als Wärmeenergie. Entsprechend der kinetischen Gastheorie gilt für die Temperatur im Innern der Ursonne daher $U \sim T$.

Der Prozeß der Sonnenkontraktion hörte nach einigen 10 Mio Jahren auf, nämlich mit dem Zeitpunkt, an dem die Temperatur T im Sonneninnern so groß wurde, daß ein Kernfusionsprozeß nach dem Betheschen p-p-Zyklus (s. 8.2.2.3.) gezündet wurde (Temperaturen von $\sim 10^6$ K), welcher von da an die Energiebilanz der Sonne reguliert.

Der Prozeß der Entstehung des Planetensystems fand vor rund 4,5 bis $5,0 \cdot 10^3$ Mio Jahren statt. Die Erde ist etwa genau so alt wie das Planetensystem selbst.

Da das sogenannte Weltalter t_0 (die reziproke Hubble-Konstante H_0) der Kosmologie mindestens 10^4 Mio Jahre beträgt, fand die Entstehung des Sonnensystems unter normalen kosmologischen Bedingungen statt, die sich nicht wesentlich von den heutigen unterschieden (s. Abschn. 8.6.).

8.6.2. Laplacesche Rotationshypothese

Die Laplacesche Hypothese über die Bildung des Planetensystems ermöglicht ebenfalls, kinematische Charakteristika des Planetensystems anschaulich abzuleiten. Dabei postuliert der Laplacesche Ansatz nicht eine kollabierende Wolke, sondern setzt eine kontrahierende rotierende Ursonne mit einer riesigen glühenden Atmosphäre, die mindestens den Raum des heutigen Planetensystems ausfüllte, als Anfangsstadium voraus.

Die Atmosphäre der Laplaceschen Ursonne kühlte durch Abstrahlung ab, verdichtete sich dabei und erhöhte als Folge der Erhaltung des Drehimpulses die Rotationsgeschwindigkeit. Laplace nahm weiterhin an, daß in der Folge dieses Kontraktionsprozesses an der äußeren Grenze der Atmosphäre die durch die Rotation hervorgerufene Zentrifugalkraft die Anziehungskraft der inneren Masse schließlich kompensierte. Die sich dabei ablösenden Teile bildeten Ringe um die weiter kontrahierende Sonne, wobei sich dieser Prozeß mehrfach wiederholte. Die Ringe kondensierten und führten letzlich zur Planetenbildung, wobei sich dieser Prozeß der Ringbildung bei den Planeten wiederholen konnte, so daß analog die Satellitensysteme entstanden.

Schwierigkeiten für die Laplacesche Kosmogonie ergeben sich aus der Theorie der Gleichgewichtsfiguren rotierender fluider Körper. Demgemäß plattet sich eine rotierende Kugel ab, zuerst zu einem zweiachsigen, dann zu einem dreiachsigen (Jacobischen) Rotationsellipsoid. Sie wird dann über eine Ausbuchtung (Poincarésche Birne) instabil und im wesentlichen in zwei Teile vergleichbarer Größe zerfallen.

Die Teilungsmechanismen für die Ursonne stoßen auch auf eine prinzipielle Schwierigkeit, da nicht verständlich ist, wieso die letzlich aus der kontrahierenden Sonne entstandenen Planeten mit nur ungefähr 1/700 der Sonnenmasse mit $3,1677 \cdot 10^{43}$ kg m² s⁻¹ einen viel größeren Drehimpuls als die Sonne mit $1,7 \cdot 10^{41}$ kg m² s⁻¹ haben.

Diese Schwierigkeit besteht aber nicht für die Satellitensysteme wie für das Planetensystem, da die Spinbeträge der Zentralkörper der Satellitensysteme weitaus größer sind als die Bahndrehimpulse der dazugehörigen Satelliten (Jupiterspin – $6,72 \cdot 10^{38}$ kg m² s⁻¹; Jupitersatelliten-Bahndrehimpuls – $0,0446 \cdot 10^{38}$ kg m² s⁻¹; Saturnspin – $8,72 \cdot 10^{37}$ kg m² s⁻¹; Saturnsatelliten-Bahndrehimpuls – $0,0974 \cdot 10^{37}$ kg m² s⁻¹; Uranusspin – $1,998 \cdot 10^{36}$ kg m² s⁻¹, Uranussatelliten-Bahndrehimpuls – $0,017 \cdot 10^{36}$ kg m² s⁻¹). Hier liegt einer der wesentlichen Unterschiede vor zwischen der Struktur des Sonnensystems und dem Aufbau der Satellitensysteme der großen Planeten (s. Abschn. 8.1.6.).

8.6.3. Die Kosmogonie kosmischer Systeme verschiedener Größen

In ihren Diskussionen des Ansatzes von KANT zeigten DARWIN, EMDEN, POINCARÉ und später O. J. SCHMIDT u. a., daß die Urwolke des Sonnensystems als ein Gemisch aus Gas, Staub und Meteoriten nach den Gesetzen der statistischen Mechanik behandelt werden kann. Die Urwolke Kants enthält dann tatsächlich alle Charakteristika des Planetensystems, wenn man davon ausgeht, daß diese Ursonne ein Drehmoment besaß, das dem heutigen gesamten Bahndrehimpuls der Planeten in etwa entspricht. Dieses Bahndrehimpulsmoment beträgt nur etwa $\frac{1}{700}$ desjenigen Rotationsmoments, welches die Ursonne haben müßte, um – wie der von Laplace postulierte Urgasnebel – als quasistarrer Körper mit einem Radius a zu rotieren, der praeterpropter der heutigen Ausdehnung des Sonnensystems entspricht, so daß a etwa gleich der Plutodistanz, $a \approx R_{(Pluto)}$, ist. Es gilt für eine als homogen angenommene Urwolke im Sinne von Laplace

$$\alpha M a^2 \omega \approx 700 \sum (m_\mathrm{p} R_\mathrm{p}^2 \Omega_\mathrm{p}) \quad \text{mit } \alpha \leq \tfrac{2}{3} \qquad (8.76)$$

wobei $M = 700 \sum m_\mathrm{p}$ die Masse des Sonnensystems und damit angenähert die Sonnenmasse, m_p die Massen der Planeten, R_p deren Halbachsen und Ω_p die Keplerschen Winkelgeschwindigkeiten sind. ω wäre die Winkelgeschwindigkeit der starr rotierenden Ursonne, so daß $\omega \approx \Omega_{(Pluto)}$ wäre. Das 3. Keplersche Gesetz liefert dann

$$R_\mathrm{p}^3 \Omega_\mathrm{p}^2 = \gamma M, \quad R^2 \Omega = \sqrt{\gamma M R}; \qquad (8.77)$$

also ist tatsächlich

$$\alpha M \sqrt{\gamma M a} \approx 700 \sum (m_\mathrm{p} \sqrt{a_\mathrm{p}}) \sqrt{\gamma M},$$
$$\alpha M \sqrt{a} \approx 700 \sum (m_\mathrm{p} \sqrt{R_\mathrm{p}}). \qquad (8.78)$$

Daher konnte nur der 700. Teil der Masse M der Urwolke sich als selbständige Planeten behaupten, deren Kepler-Bewegungen den Drehimpuls

$$\approx \frac{\alpha}{700} M \sqrt{\gamma M a} \text{ als Bahndrehimpulse}$$

$$m_\mathrm{p} R_\mathrm{p}^2 \Omega_\mathrm{p} = m_\mathrm{p} \sqrt{\gamma M R_\mathrm{p}}$$

aufnahmen. Die unelastischen Stöße zwischen den Partikeln der Kantschen Urwolke verzehrten fast die gesamte kinetische Energie und kompensierten die Impulse der Partikeln, so daß die Gravitation der Wolke zur Accretion der frei fallenden Massen im Zentrum führte. Diese zentrale Massenkonzentration erfaßte also $\frac{699}{700}$ der Gesamtmasse als Zentralkörper „Sonne", praktisch ohne Drehimpuls. Die Fallenergie dieser Massen wurde zur Wärmeenergie der Sonne (z. T. gespeichert und z. T. wieder ausgestrahlt, entsprechend den Theoremen der mechanischen Wärmelehre von HELMHOLTZ, KELVIN und POINCARÉ).

Der Drehimpuls verblieb zu 99% als Bahndrehimpuls der Planeten (vor allem des Jupiter und des Saturn). Genauso sorgte der Gravitationskollaps und die Aufzehrung der kinetischen Energie bei den unelastischen Stößen gemäß POINCARÉ und SCHMIDT dafür, daß die Bewegungsbahnen der Planeten sich einer Hauptebene anschmiegen, die durch das Rotationsmoment der Urwolke definiert ist. Die Elemente von Kants „Wirbelringen" bestimmen dabei gemäß den Gesetzen der Hydrodynamik sowohl die Bahnelemente als auch Größe und Eigenrotation der Planeten (dies zeigte Weizsäckers Darstellung der Kantschen Kosmogonie mit den Mitteln der statistischen Theorie turbulenter Bewegungen explizit).

Je größer die Planeten sind, desto kreisförmiger und angeschmiegter sind ihre Bahnen; denn das Fehlen von Bahnneigung und -exzentrizität ist das Resultat einer statistischen Mittelung über viele „Planetesimalen". Die kinetische Energie dieser Planetesimalen wird hauptsächlich zur Wärmeenergie in erster Linie der Sonne, in zweiter zur inneren Wärme der Planeten. Ein Himmelskörper hat daher eine desto größere innere Wärme, je größer er ist. Die Sonne gewann – entsprechend dem Helmholtz-Kelvinschen Prozeß der mechanischen Erzeugung von Wärme durch Gravitationskonzentration – schließlich eine Kerntemperatur von mehreren Millionen Grad, die ausreichte, thermonukleare Reaktionen zu zünden. Der nächstgroße Körper, der Jupiter, hat nur ein Promill der Sonnenmasse; er blieb daher ein Planet (und wurde keine Nebensonne). Die kleinen Planeten und Monde blieben im Inneren kalt und wurden nicht aufgeschmolzen.

Natürlich treten bei der Entwicklung des Planetensystems neben der Gravitation und den unelastischen Stößen auch andere Kräfte in Erscheinung, welche die Feinstruktur des Sonnensystems beeinflussen. Die Aufheizung der Sonne führt zu deren Leuchten und damit auch zum Strahlungsdruck, auf dessen kosmogonische Bedeutung schon SCHWARZSCHILD, ARRHENIUS und EDDINGTON hinwiesen. ALFVÉN sieht eine wesentliche Komponente in den „eingefrorenen Magnetfeldern", welche das Sonnensystem aus seiner praestellaren Vorgeschichte mitnahm, und deren Intensität durch die Komprimierung der Feldlinien bei der Kontraktion der Urwolke stark anwächst.

Alle derartigen Effekte könnten Einzelheiten der Bildung der Sonne und der Planeten quantitativ beeinflussen. Das Gerüst der Kosmogonie gibt aber Kants Hypothese, ergeben Himmelsmechanik, statistische Mechanik und mechanische Wärmelehre. Zur Wertung von Einwänden gegen die klassische Theorie ist es wichtig, Kants und Laplaces Ansätze zu unterscheiden, denn alle Argumente beziehen sich auf die Problematik der Drehimpulsverteilung. Laplaces, als Gasnebel rotierende Ursonne, hat die Schwierigkeit, daß sie 99% ihres Drehimpulses im Laufe ihrer Entwicklung verloren und auf die Planeten übertragen haben müßte. Kants Kosmogonie geht davon aus, daß die Urwolke niemals als Stern rotierte, weil das Drehmoment um den Faktor $\frac{1}{700}$ zu klein war. Hätte die Ursonne tatsächlich ein Drehmoment von $\alpha M a^2 \omega$ besessen, so wäre sie zu einem Doppel- (bzw. Vielfach-) Stern geworden, wie dies unmittelbar aus der Theorie der Gleichgewichtsfiguren der Himmelskörper folgt.

Nach KANT wären aber auch die Satellitensysteme der Planeten, in Sonderheit der großen Planeten, in ihre Entwicklungsgeschichte verkleinerte Modelle der Kosmogonie des Sonnensystems. Solche Satellitensysteme besitzen nur Jupiter, Saturn, Uranus und Neptun. Erde und Erdmond bilden eher einen Doppelplaneten; sie sind gleichzeitig entstanden. Die kleinen Marsmonde scheinen eingefangene Planetoide zu sein, die vorher durch die Störungen durch den Jupiter aus ihren Bahnen geworfen waren.

Bei den großen äußeren Planeten macht aber der gesamte Bahndrehimpuls des Satelliten immer nur einen Bruchteil des jeweiligen Rotationsmoments der Planeten aus. Die Drehimpulsverteilung in diesen Systemen entspricht daher völlig den Konsequenzen, die aus dem Laplaceschen Ansatz zu erwarten sind: Die inhomogen geschichtete Uratmosphäre der großen Planeten kollabierte und das überschüssige Rotationsmoment wurde stufenweise als Gasringe (bzw. als Gas- und Staubringe) abgeschleudert, aus denen sich dann Accretion durch die Monde bildeten. Dabei konnten später die inneren Monde noch ihre Bahndrehimpulse auf Kosten des Rotationsmoments der Planeten vergrößern, mit Hilfe der von DARWIN untersuchten Gezeitenkopplung. Dadurch wuchsen die Abmessungen der Satellitensysteme an. (Auch beim Doppelplaneten „Erde-Mond" ist wohl der Bahndrehimpuls auf Kosten der Rotation von Erde und Mond via Gezeitenwirkung angewachsen.) Kleine Satelliten können auch wieder eingefangene Planetoide oder Meteoriten sein; sie bewegen sich dann auf Bahnen, die mit dem Laplaceschen Modell nicht vereinbar sind.

Im allgemeinen gibt die von LAPLACE begründete, von POINCARÉ, NÖLKE u. a. ausgebaute „Uratmosphärehypothese" genau so die Grundwahrheiten der Satellitenkosmogonie wieder, wie Kants „Urwolkenhypothese" die Entstehung des Planetensystems darstellt. Das Kriterium zwischen „KANT" und „LAPLACE" sind Größe und Verteilung der Drehimpulse; diese sprechen beim Planetensystem für KANT, bei den Satelliten-Systemen für LAPLACE. Ob die

Hypothesen von KANT und von LAPLACE jeweils qualitativ und größenordnungsmäßig, beziehungsweise die Kosmogonie des Sonnensystems (KANT) und der Satellitensysteme (LAPLACE) erklären, macht deutlich, welche Naturgesetze und welche Kräfte in der Kosmogonie führend sind. Dies sind eben die „Newtonschen", nämlich die Gravitation, Trägheit und (unelastische) Stöße. Die Newtonschen Prinzipien bestimmen über die Gravodynamik und die statistische Mechanik die Kosmogonie des Sonnensystems und über die Theorie der rotierenden Flüssigkeiten die Kosmogonie der Satellitensysteme (und unter anderen Anfangsbedingungen die Entstehung von Mehrfachsystemen: Doppelsterne etc.).
Es gibt drei Idealfälle:
1. Die Bildung von Doppel- und Mehrfachsystemen (JACOBI, POINCARÉ, JEANS). Größenordnungsmäßig führt das Rotationsellipsoid von JACOBI über Poincarés Birne zur Aufspaltung und „Gleichverteilung" (kleine Zahlenverhältnisse) von Masse und Drehimpuls auf die Komponenten und Bewegungen (Bahnmoment, Spin). (Umverteilungen der Drehimpulse später via Gezeitenkopplung.)
2. Bei der Satellitenbildung nach LAPALCE bindet der Zentralkörper fast die gesamte Masse und fast den gesamten Drehimpuls (als Spin).
3. Im Planetensystem ist dagegen fast die gesamte Masse in der (nahezu „spinlosen") Sonne gebunden, während der Drehimpuls fast völlig der Bahndrehimpuls der nahezu „masselosen" Planeten ist.
Was tatsächlich geschieht, hängt von den Anfangsbedingungen im „Urnebel" (bzw. im „Protostern") ab, d. h. von deren Masse, Dichte und Drehimpuls, insbesondere vom Verhältnis der Gravitationskraft zur Zentrifugalkraft. Doppelsterne entstehen bei spezifisch großem, Planetensysteme bei nahezu verschwindendem Drehimpuls der Urwolke. Alle anderen Kräfte und Gesetze (Strahlungskräfte, Magnetismus usw.) sind nur für die „Feinstrukturen" der Systeme (oder für deren Peculiaritäten) verantwortlich.

8.7. Weiterführende Literatur

HECKMANN, O.: Theorien der Kosmologie. Berlin, Heidelberg, New York: Springer-Verlag 1968.
TREDER, H.-J.: Relativität und Kosmos. Berlin: Akademie-Verlag; Oxford: Pergamon Press; Braunschweig; Vieweg & Sohn 1968. 2. ber. Aufl. 1970.
TREDER, H.-J.: Elementare Kosmologie. Berlin: Akademie-Verlag 1975.

Sachverzeichnis

39 Grimsehl IV, 17. Aufl.

Brownsche Bewegung 470
Bruchverhalten 360, 368
Brüter, schneller 196
Brutfaktor 196, 200
Brutprozeß 560
BSG-Theorie 415
Burgers-Vektor 331
Bursts 571
β-Spektrum 146
β-Strahlung 141
β-Zerfall 94, 99, 109, 138, 144, 146, 202, 203, 205, 214ff., 253, 256ff., 265

Cabibbo-Winkel 260, 261
Čerenkow-Effekt (s. a. Tscherenkow-) 184, 205, 426
Ceres 568
Chalkogene 80
Charmonium-Zustände 240
Charon 568
chemische Bindung 269, 272ff.
– Kräfte 267, 268, 277
– Physik 267
– Verschiebung 315, 317, 431
Chemisorption 273, 442
Child'sches Gesetz 426
chirale Moleküle 502
cholesterinische Phase 501
Chondren 569
Chondrite 569
Chromosphäre 570
Clausius-Clapeyron'sche Gleichung 462
--Mosotti-Formel 371
Clusterstruktur 144, 484
CNO-Zyklus 202
Cockroft-Walton-Generator 170
Cole-Cole-Bogen (-Kreis) 476
Color-Hypothese 237, 249
--Quantenzahl 241
Compound-Kern 126ff., 139, 155
----Reaktion 129, 135
----Zustände 157
Compton-Streuung 23ff., 184ff., 222, 348
--Wellenlänge 122
Confinement 199, 200, 249
Cooper-Paar 101, 416, 417
Copernicanismus 586
Coriolis-Kraft 59
Cotton-Mouton-Effekt 289
Coulomb-Anregung 165
--Barriere 95, 143, 201
--Energie 100, 124, 138, 143
--Korrektur 527
--Kraft 118, 139, 154, 203, 508, 555
--Logarithmus 530
--Schwelle 127, 135
--Wechselwirkung 80, 539
CP-Transformation 216
Crowdion 332
Curie (Maßeinheit) 143
--Weiß-Gesetz 373, 376, 386, 391

Dampfdruck 461ff., 480ff., 493
Dauerstrom 413
de-Broglie-Wellenlänge 74, 188, 272, 329, 349
Debye-Hückel'sche Abschirmlänge 528ff.
--Länge 446
--Potential 528
--Scherrer-Verfahren 327
--Sears-Effekt 465

Debye-Temperatur 151, 352, 410
--Waller-Faktor 354
Debye'sche Abschneidefrequenz 363
– Näherung 351
– Plasmen 527
– Theorie der Dipolflüssigkeiten 475ff.
Debye'sches T^3-Gesetz
dE/dx-Detektoren 182, 190
Defektelektronen 422
Deflektor 175
Deformation der Bindungen 292
– der Kerne 104, 155
Deformationsparameter 161
Deformationsschwingungen 292, 303, 306, 308
de-Haas-van-Alphen-Effekt 427
Deimos 568
Dekoration 332
delokalisiertes Elektron 283
Depolarisation 289
DESY (Deutsches Elektronen-Synchroton) 227
Deuteron 96, 116, 122
Diamagnetismus 381, 503
Dichteverteilung 563
dielektrische Verluste 369, 475
dielektrischer Tensor 369
Dielektrizitätskonstante 368, 432, 474ff., 491
Differentialgleichung für Kugelfunktionen 39
–, hermitesche 33
differentielle Abtastung 311ff.
Diffusion 288, 317, 358, 378, 469ff., 497, 511, 512, 515, 548, 558
–, antipolare 498
Diffusionsnebelkammer 192
Diffusions-Thermoeffekt 472
Dimensionsquantisierung 448
Dinode 191
Dipol-Dipol-Kopplung 313, 315, 384
Dipolenergie im Magnetfeld 58
Dipolfeld 371
Dipolflüssigkeit 474
Dipolkräfte 270, 273, 284, 287, 517
Dipolmolekül 475
Dipolmoment 75, 270, 284ff., 294, 297, 298, 306, 308, 503
– des Neutrons 102
– des Protons 102
–, elektrisches 40, 69, 103
–, magnetisches 57, 67, 73, 101
Dipolorientierung 474, 475
Dipolstrahlung, elektrische 40
–, magnetische 44
Dipolübergänge 148
Dirac-Gleichung 62ff., 201, 257
direkte Übergänge 433
direkter Prozeß 126, 132, 135, 400
Dispersion 168, 495, 496
Dispersionsfunktion 552
Dispersionskräfte 270, 273, 284, 286, 287, 462, 464, 517
Dispersionskurve 343, 395, 408
Dispersionsrelation 343
Dispersionssignal 311
Display 503
Dissoziation 487, 488
Dissoziationsenergie 274, 279, 282, 300, 301
Dissoziationsspannungseffekt 497
Dissoziationswärme 277, 283
Distorted-Wave-Born-Approximation (DWBA) 133
Domäne (Weiß'scher Bezirk) 389

Donator 424, 449
--Akzeptor-Übergang 438
Door-Way-Zustand 135
Doppelbindung 282, 283, 290
Doppelbrechung 74, 502
Doppelhelix 286
Doppelmolekül 286
Doppelquantenübergang 90
Doppelresonanzmethode 88
Doppelsondenmethode 535ff.
Doppelsterne 574
doppelte Spaltbarriere 140
Doppler-Effekt 591
---, transversaler 356
--Verbreiterung 85, 89, 151
--Verschiebung 85
Dosimetrie ionisierender Strahlung 189
Dotierungsgrenze 447
Drehimpuls 211, 213, 163
Drehimpulserhaltung 109, 215
Drehimpulsoperator 27, 31, 61
Drehimpulsquantenzahl 31, 159
Drehinversion 324
Drehkristallverfahren 327
Drehprozesse 389
Drehungen 324
Dreiachsen-Spektrometer 349
Dreierstöße 539
Dreifachbindung 283, 290
Drei-Körper-Problem 22
Dreiphononenwechselwirkung 363
Dreiteilchenzerfall 145
Drift, elektrische 548
Driftgeschwindigkeit 406, 426
Driftkammer 190
Drifttheorie, klassische 547
Druckwasser-Reaktor 195, 197
Druyvesteyn-Verteilung 541
D-T-Brennstoff 559, 560
Dualismus Welle – Korpuskel 26, 203
Duanten 175
Dublett 314
Dublett-Aufspaltung 57, 61, 64ff.
Duhem-Margules'sche Gleichung 481
duktiler Bruch 368
Dulong-Petit'sche Regel 352
Durchlässigkeitskoeffizient 128
Durchschlag, elektrischer 426
dynamische Deformation 164
Dynamoeffekt 567
D-Zustand 123
Δ-Resonanz 234
Δ-Isobare 154
δ-Elektron 180

Eccle'sche Beziehung 552
Edelgase 80, 268, 286
Edelgaskonfiguration 274
Edison-Effekt 443
e-Einfang 144
effektive Elektronenzahlen 275
– Masse 406, 427
– Temperatur 572
– Zustandsdichte 422
effektives Feld 310
Eichfeldtheorie 249
Eichinvarianz 248, 262
Eichtransformation 248
Eigenfehlordnung 331
Eigenfunktion 29, 78
Eigenhalbleiter 405, 422
Eigenschwingungen 303, 353
Eigenwertspektrum 29, 316
Eigenzeit 587

Galilei 568, 588
Galileische Monde 568
Ganymed 568
Gaschromatograph 87
Gasionisation 525
Gaskonstante, universelle 85
Gasverstärkung 189
Gaszähler 188
Gauß-Verteilung 85
Gebirgsbildung 565
gebunden-frei-Strahlung 542
--gebunden-Strahlung 542
Gefrierpunktserniedrigung 487, 493, 511
Geiger-Müller-Zählrohr 189
--Nutall'sche Regel 143
Germanium-Detektor 191
Gesamtdrehimpuls 57, 67, 72
Gesamtparität 214
Gesamtzerfallswahrscheinlichkeit 258
Geschwindigkeitsverteilung 540
gestaffelte Konformation 293
g-Faktor, Anomalie des 83
gg-Kern 100, 101, 105
Gibbs'sche Phasenregel 459, 462
Gitter, kubisches 328
--, reziprokes 328
Gitterdeformation 438
Gitterenergie 336
Gitterkonstante 50
Gittermodell der Flüssigkeiten 479
Gitterschwingungen 358
Gitterspektrograph 85
Gitterstörungen 423
Gitterstruktur 325, 339
Gitterwärmeleitfähigkeit 412
Gläser, metallische 335
--, organische 516, 523
Glastemperatur 508
Gleichgewichtsabstand 279
Gleichstrom-Josephson-Effekt 418
Gleichverteilungssatz 349, 407
Gleitmechanismus 365
Gleitmodul 360
Gleitspiegelebene 324
Glühemission 443
Gluon 247 ff.
--Bremsstrahlung 251
--Quark-Kopplung 250
Gluonenfeld 92, 120, 248
Goldman-Gleichung 500
Goudsmit-Uhlenbeck-Hypothese 60
Gradient-B-Drift 546
Granulation 570
Granulen 570
Gravitationswechselwirkung 204
grenzflächenaktive Substanzen 505
Grenzgesetz der Viskosität 497
Grenzgesetze der Thermodynamik 492
Grenzstruktur 280
Grenzviskositätszahl 508, 511, 513, 515
Größenklassen 571
Größenklassensystem 569
Großer Roter Fleck 567
Grüneisen-Parameter 351
Grundmolekül 294, 508, 515
Grundvektoren 323
Grundzustandsenergie 155
Gruppengeschwindigkeit 25
Gutenberg-Wiechert-Diskontinuität 563
Gyrationsfrequenz 544
Gyrationsradius 544

gyromagnetisches Verhältnis 58, 67, 103, 309, 384
γ-Spektroskopie 191
γ-Strahlung 141
γ-Zerfall 147

Hadron 204, 208
Hadronenspektroskopie 233, 239, 248
hadronische Prozesse 257
Häufigkeitsverteilung der Kerne 105
Halbleiter 384, 421
Halbleiterdetektoren 190
Halbwertszeit 142
Hall-Effekt 407, 449
Halogene 80
Halterung, magnetische 556
Hamilton-Jacobi'sche Differentialgleichungen 19
--Operator 27, 58
--Operator des Kern-Schalenmodelles 158
harmonische Näherung 349
Hauptquantenzahl 61
Hauptreihe 574
Hauptreihensterne 574
Hauptserie 47
Hauptvalenzbindung 267, 291, 295
He I 509
He II 506
^{3}He-^{4}He-Entmischungsmethode 402, 507
heiße Elektronen 425
Helimagnetismus 384, 391
Helium-Molekül 280
Helix-Struktur 502, 503
Helizität 216, 258, 259
helle Riesen 575
hermitescher Operator 212
Hertz'sche Lösung 306
Hertzsprung-Russell-Diagramm 574
Heterogrenzen 447
heteronukleare Wechselwirkung 314
heteropolare Bindung 273, 335
HF-Spektroskopie 319
Higgs-Teilchen 262, 265
Hinderungsbarriere 294
hochaufgelöste NMR-Spektren 314
Hochauflösung innerhalb der Dopp-ler-Breite 89
Hochfrequenz-Plasma-Niederdruck-entladung 86
Hochfrequenzspektroskopie (s. a. HF-Spektroskopie) 516
Hochtemperatur-Supraleiter 421
Höhenstrahlung 186
Hohlkathoden-Lichtquelle 85
homöopolare Bindung 273, 335
Homogenität von Raum und Zeit 210
Hooke'sches Gesetz 343, 521
hornartige Substanzen 522
Hubble-Effekt 591
Hubbles Gesetz 587
Hückel-Gleichung 498
Hückel'sche Regel 283
Hund'sche Regeln 82
Hybrid-Funktionen 282
Hybridisierung 281, 282, 290 ff., 297, 301, 337
Hydratationsenergie 484
hydrodynamische Kraft 549
Hydrosol 504
hydrostatisches Gleichgewicht 563, 566
Hyperfeinstruktur 54, 71, 73, 87, 101, 104, 308, 387, 398, 399

Hyperonen 207, 212 ff., 219
Hyperladung 219, 260
Hysterese 373, 390
Hyperschall 348, 362

ideale Flüssigkeit 454
ideale Plasmen 527
Impulsbilanz für Lichtstreuung 347
Impulserhaltung 106, 210, 328
Impulsnäherung 134, 157
Impulsoperator 27
Impulsraum 155
indirekte Bewegung 315
--Spin-Spin-Kopplung 315
-- Übergänge 433
indirekter Austausch 385
Induktionsbeschleuniger 172
Induktionskräfte 270, 273, 284 ff., 517
induziertes Dipolmoment 371
Infrarot-Spektroskopie 294, 304, 305, 516
inklusive Prozesse 264
Inkompressibilität der Kernflüssigkeit 165
innere Energie 455, 477
- Freiheitsgrade 302
- Konversion 150
- Koordinaten 154, 300, 303
- Reibung 288, 497, 512
inneres Feld 371, 474
Interbandübergänge 431, 433
interferierende Kugelwellen 513
Interferometer 85
Interkombinationslinie 76
Interkombinationsverbot 76
intermediärer Reaktionsmechanismus 135
intermediäres Boson 262, 256, 257
intermetallische Phasen 342
intermolekulare Kräfte 269, 273, 463
interplanetare Materie 562
- Teilchen 565
intramolekulare Kräfte 273
Inversionsdichte 424
Inversionsschicht 447
Inversionsspektrum 71, 297
Inzidenzenergie 182
Io 568
Ion 267, 268
Ionenäquivalentleitfähigkeit 495
Ionenatmosphäre 490
Ionenbindung (s. a. heteropolare Bin-dung) 268, 269, 273, 335
Ionenimplantation 182, 331, 360
Ionenleitung 378
Ionenlösung 483
Ionenpolarisation 369
Ionenquelle 171, 175
Ionenradius 274 ff., 336
Ionenschallwellen 553
Ionenschmelzen 483
Ionenwolke 489 ff.
Ionisationsbremsung 182, 183
Ionisationskammer 137, 140, 188
Ionisationsminimum 181
Ionisationspotential 181
Ionisierungsenergie 81, 184, 273
Ionisierungsgrad 538
IR-inaktiv 306
--Spektroskopie (s. a. Infrarot-Spek-troskopie) 270, 308
irreduzible Darstellung 235
Isobare 94
Isochronzyklotron 176
isoelektronische Ionen 275

Namenverzeichnis

Abragam 318
Aggarwal 435
Agrawal 376
Aleonard 393
Alfven 543, 551, 599
Altschuler 318
Alvarez 102
Ambler 214
Andrew 316
Argyle 395
Arrhenius 484, 486, 487, 488, 599
Arzimovich 558
Aspnes 431
Atzmony 356
Aubert 238, 241
Augustin 238
Avogadro 17, 322

Bachem 466
Back 69
Baily 225, 240
Baird 359
Balandin 205, 240
Balmer 18
Barber 227, 229, 393
Bardeen 415
Barkla 50
Barnett 59, 60
Barth 358
Basow 43, 556
Batchelder 351
Baumeister 433
Bauminger 356
Beatti 460
Becquerel 141
Behrens 255
Beneking 426
Benoit 401
Berton 388
Berzelius 322
Bethe 84, 114
Biquard 465
Bjerrum 484
Bjorken 237, 244
Bloch 76, 102, 309, 323
Boa 366
Bogoljubow 453
Bohm 549
Bohr 37, 39, 45, 46, 100, 126, 203, 20
Boltzmann 269, 540, 595
Born 453
Bos 97
Bozorth 389
Bragg 268, 322, 325
Breit 71, 75
Bridgeman 460, 469
Brill 335, 337
Brillouin 347
Brockhouse 396
Brönsted 483
de Broglie 25
Brossel 87, 88
Brühl 326, 327,
Brunnée 170
Buffon 595
Bullen 564

Bunsen 270
Butcher 425

Cantow 511
Casimir 72
Chadwick 93, 203
Chang 437
Chaussy 388
Cherap 395
Chrisky 353
Cockroft 170
Cohen 338
Cole 476
Compton 23
Cooper 415
Coster 51
Couper 268
Cowan 203
Crookes 526
Curie 141

Daguerre 440
Dalton 17, 267, 322
Darwin 598, 599
Date 392
Davisson 442
Dean 434, 439
Deaver 418
Debye 23, 270, 285, 298, 351, 400,
  492, 494, 495, 496, 465, 475, 489,
  490, 527, 528
Dehmelt 318, 399
Demokritos 17
Derenzo 259
Dingle 449
Dirac 62, 203, 215
Dodd 363
Döpel 195
Doll 418
Dolling 344
Dresselhaus 427
Drude 17, 323, 406
Druyvesteyn 535
Duderstadt 198
Duhem 481
Dulong 408
Dutton 440

Eccles 501
Eckstein 138
Eddington 586, 599
Eder 333
Eggerton 438
Ehrenreich 431
Einstein 23, 41, 43, 59, 515, 549, 586,
  594
Elsässer 25
Emden 598
Empedokles 525
Engels 594, 595
Erickson 391
Eucken 352, 357, 366
Eyring 469

Fabry 85
Fairbank 418
Falkenhagen 285, 489, 492, 495, 496,
  497, 499

Fan 432, 435
Faraday 17, 66, 322, 525
Fechner 571
Feher 399
Fendler 510
Fermi 96, 134, 147, 195, 253, 256
Feynman 257
Fisher 436
Fjodorow 322
Flagmeyer 330
Fleckenstein 500
Flerow 139
Fletcher 425
Flory 514
Folbert 425
Forrer 386
Fowler 46
Fox 514
Franck 22
Frank 184
Fraunhofer 17, 66, 570
Frenkel 63
Fresnel 22
Friedberg 392
Friedman 258
Friedmann 586, 587, 590
Friedrich 50, 322, 325, 326
Frisch 189
Fröhlich 415
Frosch 439
Fuoss 497, 499
Fursow 195

Gärtner 396
Gardner 83
Gauß 269
Gay-Lussac 322
Geballe 358
Gebauer 71
Gehrke 85
Geiger, 18, 142, 189
Geist 330
Gell-Mann 235, 257
Gerlach 60, 74
Germer 25, 442
Giauque 400
Giaver 420
Gibby 317
Glashow 237
Gobeli 432
Goeppert-Mayer 159
Goldhaber 258
Goldschmidt 322, 336
Goldstein 17
Gorter 309
Gottschalch 332
Goudsmit 60, 63
Gredenuk 205, 240
Green 453
Grimm 335, 337
Grodzino 258
de Groot 246
Grotrian 21, 48, 49, 65, 74, 308
Grüneisen 410
Guldberg 488, 537
Gutowsky 400

Pickering 45
Pictet 462
Pierce 464
Pietsch 326, 327
Pines 317
Pippard 428
Planck 19, 20, 23, 42, 487
Pohl 441
Poinoaré 576, 597, 598, 599
Połandov 375
Ponomarew 205, 240
Pospisil 411
Pound 356
Powell 206, 436
Preston 387
Prins 457
Prochorow 43
Prout 17
Pugh 395
Purcell 76, 83, 102

Rabi 71, 74, 75
Räuber 399
Raman 307, 347
Ramdas 436
Ramsey 75
Rausch von Traubenberg 71
Réaumur 322
Rebka 356
Reines 203
Retherford 82, 83, 85
Reynolds 412
Rich 224
Richter 238
Riedel 469
Rietz 18
Roberts 434
Robinson 392
Robson 254
Röntgen 17, 50
Rollins 363
Rompe 526
Rubbia 266
Rubens 346
Ruby 401
Rudolph 131
Rutherford 18, 19, 141, 142, 192, 203
Rydberg 18

Sackmann 502
Saha 572
Sako 201
Salam 261
Samoilow 484
Sawyer 373
Saxon 124
Scalapino 419
Schaefer 347
Schiele 497
Schintlmeister 189
Schlemmbach 373
Schlüter 550
Schmidt 141, 366, 598
Schneider 399
Schoenflies 322

Scholtan 512
Schrieffer 415
Schrödinger 27, 28, 203, 592
Schubert 347
Schüler 71, 85
Schulz 511
Schwarzschild 599
Schwinger 84
Sears 465
Seeber 322
Seitz 351
Series 83
Shedlowsky 495
Sheline 133
Shinozaki 396
Shockley 342
Shull 391
Siegbahn 52
Simmons 351
Simon 402
Sinclair 396
Sitenke 119
de Sitter 586
Slater 286
Smekal 307
Smolenskij 377
Smyth 370
Snoek 474
Sommer 83
Sommerfeld 22, 47, 323, 406, 408
Specht 140
Spicer 403
Spitzer 435, 531
Stark 69, 70
Staudinger 513
Steenbeck 526
Steinberg 207
Steinsträsser 501
Stensen 322
Stern 60, 74
Stilwell 412
Stokes 347, 494
Stoney 17, 323
Stranski 334
Strassmann 137
Strauser 391
Strukov 375
Stuart 510
Studna 431
Sudarshan 257
Sunyar 258
Sutherland 269
Svedberg 512
Swan 436
Szymanski 165

Tacke 51
Taglauer 443
Talbot 440
Tamm 121, 184
Taraskin 375
Tartakowskij 119
Taylor 363, 419
Teegarden 438
Telegdi 258

Templeton 428
Thiele 454
Thomas 83, 434
Thompson 127
Thomson 18, 23, 25, 269
t'Hooft 261
Ting 238
Toschek 90
Tower 373
Townes 43
Townsend 22, 549
Tretyakov 255
Trouton 462

Uhlenbeck 60, 63

van Arkel 474
van de Graaff 170
van der Waals 451, 452,,455
van't Hoff 268, 292, 486, 487
Varikash 375
Veyssie 388
Voigt 322
Voshage 170
Vousden 374

Waage 488, 537
Wall 207
Walter 338
Walton 170
Wapstra 97
Ward 261
Waugh 317, 344
Weber 571
Weigert 294
Weinberg 261
Weiss 386, 425
von Weizsäcker 101
Weksler 178
Welker 432
Wernick 356
Wert 364
Wertheim 454
Wesley 224
Westphal 439
Wien 496, 497
Wilson 192, 496
Windsch 373
Winzer 411
Wöhler 271
Wollan 391
Wollaston 570
Wood 22
Woods 124
Wu 214

Yang 147, 214, 262
Yevick 454
Young 322, 354
Yukawa 53, 121, 122, 204
Yvon 453

Zavoiski 318, 397, 76
Zeeman 59, 66
Zernicke 457
Zinow 205, 240

Berichtigungen zum unveränderten Nachdruck der 17. Auflage

S. 18, 1. Sp., 17. Zeile von oben: RITZ (1878–1909);
23. Zeile von oben: Rydberg-Ritzsches Kombinationsprinzip

S. 44, 2. Zeile unter Gl. (1.193c): $\Delta m = \pm 1$

S. 53/55: Man spricht heute sachlich richtiger von Myonen, nicht mehr von μ-Mesonen

S. 62 nach Gl. (1.261): $\bar{\sigma}_y$

S. 74, 1. Sp., 18. Zeile von oben: I. RABI

S. 76, r. Sp., 22. Zeile von oben: $2^3 S$ (statt $2^2 S$)

S. 89 Legende zu Abb. 1.93: V Relativgeschwindigkeit ...

S. 113 vor Gl. (2.66): ... über ϑ integriert ...

S. 116 nach Gl. (2.82): Wie in Gl. (2.74) ...

S. 125 Legende zu Abb. 2.29: [nach G. R. SATCHLER 1973]

S. 138, 1. Sp., 2. Zeile unter Gl. (2.117): der Bethe-Weizsäcker-Formel Gl. (2.4) ...

S. 149, 1. Sp., 7. Zeile von unten: (s. Abschn. 2.2.6 und ...

S. 162, 1. Sp., letzte Zeile: ... Gl. (2.146) ...

S. 166: Gl. (2.149) $K = e z (F + v \times B)$

S. 169 Legende zu Abb. 2.74: [nach R. BIERI, F. EVERLING, J. MATTAUCH 1955]

S. 179, Tabelle 2.11 Ionensynchrotrone – Durchmesser: Berkeley 30 Dubna 56

S. 186 nach Gl. (2.179): Aus Gl. (2.24) ...

S. 187, 1. Sp., 14. Zeile von oben: ... vom Winkel und damit von T_n ab, ...

S. 216, r. Sp., letzter Satz: Diese Verletzung der CP-Invarianz läßt sich im Rahmen der einheitlichen Theorie der elektroschwachen Wechselwirkung beschreiben.

S. 256, 1. Sp.: $H_{fi} = e \int (\bar{\Psi}_f \gamma^\mu \Psi_i) \tilde{A}_\mu \, d^3x$

S. 309, 1. Sp., vor Gl. (4.48): ... im Magnetfeld B eine Energie ...

S. 310, Gl. (4.60): $t_{\pi/2} =$

S. 552, r. Sp., 3. Zeile über Gl. (7.71): ... die Brechzahl $n = c_0 \, k/\omega$ ...

S. 556, Abb. 7.30: Die Leistungsdichte ist in MW/m^3 angegeben.

J. Ranft, Leipzig, und G. Ranft †

Elementarteilchen

Eine Einführung in die Hochenergiephysik

Teil 1

268 Seiten mit 110 Abbildungen. (Band 59/1).
Kartoniert DDR 32,50 M; Ausland 32,50 DM
Bestell-Nr.: 665 747 0 Bestellwort: Ranft, Elementarteil. 1

Der erste Band enthält neben einer allgemeinen Einführung und einer Darstellung der kinematischen Grundlagen eine Übersicht über die wichtigsten Fakten und Probleme auf den Gebieten der elektromagnetischen, der schwachen und der starken Wechselwirkung der Elementarteilchen.

Aus dem Inhalt: Grundbegriffe der Hochenergiephysik · Relativistische Kinematik und S-Matrix · Elektromagnetische Wechselwirkungen · Schwache Wechselwirkung · Anhang: Dirac-Gleichung · Feynman-Regeln · Teilchen

BSB B. G. TEUBNER VERLAGSGESELLSCHAFT, LEIPZIG

Fundamentale physikalische Konstanten*)

Name, Symbol		Numerischer Wert (in Klammern Standard- abweichung in Einheiten der letzten Dezimalen)	SI-Einheit	Andere Einheiten
Lichtgeschwindigkeit	c	2,99792458 (1,2)	10^8 m s^{-1}	10^{10} cm s^{-1}
	c^2	8,98755179 (5,4)	10^{16} m^2 s^{-2}	10^{20} cm^2 s^{-2}
Elementarladung	e	1,6021892 (46)	10^{-19} C	
		4,803242 (14)		10^{-10} cm$^{3/2}$ g$^{1/2}$ s^{-1} (e.s.E.)
		1,6021892 (46)		10^{-20} cm$^{1/2}$ g$^{1/2}$ (e.m.E.)
(negative) spezifische Elektronenladung	e/m_e	1,7588047 (49)	10^{11} C kg^{-1}	
spezifische Protonen-ladung	e/m_p	9,578756 (27)	10^7 C kg^{-1}	
Wirkungsquantum	h	6,626176 (36)	10^{-34} J s	10^{-27} erg s (cm^2 g s^{-1})
		4,1357013 (26)		10^{-15} eV s
	$\hbar = h/2\pi$	1,0545887 (57)	10^{-34} J s	10^{-27} erg s (cm^2 g s^{-1})
		0,6582173 (41)		10^{-15} eV s
magnetische Feldkon-stante	μ_0	$4\pi = 12,5663706$	10^{-7} H m^{-1}	
elektrische Feldkon-stante	$\varepsilon_0 = 1/\mu_0 c^2$	8,85418782 (7)	10^{-12} F m^{-1}	
magnetisches Fluß-quantum	$\varphi_0 = h/2e$	2,0678506 (54)	10^{-15} J s C^{-1}	
Josephsonrelation	$2e/h$	4,853939 (13)	10^{14} Hz V^{-1}	

Massen:

Name, Symbol		Numerischer Wert	SI-Einheit	Andere Einheiten
Atomare Masseneinh.	u	1,6605655 (86)	10^{-27} kg	10^{-24} g
		931,50167 (26)		MeV
Elektron	m_e	9,109534 (47)	10^{-31} kg	10^{-28} g
		5,4858026 (21)		10^{-4} u
	$m_e c^2$	0,5110034 (14)		MeV
		8,187241 (42)	10^{-14} J	10^{-7} erg (cm^2 g s^{-2})
Proton	m_p	1,6726485 (86)	10^{-27} kg	10^{-24} g
		1,007276470 (27)		u
	$m_p c^2$	938,2796 (27)		MeV
		1,503302 (8)	10^{-10} J	10^{-3} erg (cm^2 g s^{-2})
Neutron	m_n	1,6749543 (86)	10^{-27} kg	10^{-24} g
		1,008665012 (37)		u
	$m_n c^2$	939,5731 (27)		MeV
		1,505374 (8)	10^{-10} J	10^{-3} erg (cm^2 g s^{-2})
Myon	m_μ	1,883566 (11)	10^{-28} kg	
		0,1134292 (3)		u
	$m_\mu c^2$	105,5948 (35)		MeV
		1,692865 (9)	10^{-11} J	10^{-4} erg

m_p/m_e 1836,15152 (70)

Magnetische Momente:

Name, Symbol		Numerischer Wert	SI-Einheit	Andere Einheiten
Bohrsches Magneton	μ_B	9,274078 (36)	10^{-24} J T^{-1}	10^{-21} cm$^{5/2}$ g$^{1/2}$ s^{-1} (e.m.E.)
Elektron	μ_e	9,284832 (36)	10^{-24} J T^{-1}	10^{-21} cm$^{5/2}$ g$^{1/2}$ s^{-1} (e.m.E.)
	μ_e/μ_B	1,0011596567 (35)		
Kernmagneton	μ_N	5,050824 (20)	10^{-27} J T^{-1}	10^{-24} cm$^{5/2}$ g$^{1/2}$ s^{-1} (e.m.E.)
Proton	μ_p	1,4106171 (55)	10^{-26} J T^{-1}	10^{-23} cm$^{5/2}$ g$^{1/2}$ s^{-1} (e.m.E.)
	μ_p/μ_N	2,7928456 (11)